유전학원론

제 6 판

GENETICS

D. Peter Snustad · Michael J. Simmons

대표역자 이정주
공 역 자 김상구 · 박기인 · 서동상 · 서봉보 · 정기화 · 황혜진

월드사이언스
worldscience.co.kr

유전학원론 제6판

인　　쇄 | 2013년 4월 15일
발　　행 | 2013년 4월 25일

저　　자 | D. Peter Snustad · Michael J. Simmons
대표역자 | 이정주
공 역 자 | 김상구 · 박기인 · 서동상 · 서봉보 · 정기화 · 황혜진
발 행 인 | 박선진
발 행 처 | (주)도서출판 월드사이언스

주　　소 | 서울특별시 서초구 방배4동 864-31 월드빌딩 1층
등록일자 | 1988년 2월 12일
등록번호 | 제 16-1601호
대표전화 | (02) 581-5811~3
팩　　스 | (02) 521-6418

E-mail | worldscience@hanmail.net
U R L | http://www.worldscience.co.kr

정　　가 | 40,000원
I S B N | 978-89-5881-209-8

이 도서의 국립중앙도서관 출판시도서목록(CIP)은 서지정보유통지원시스템 홈페이지(http://seoji.nl.go.kr)와 국가자료공동목록시스템(http://www.nl.go.kr/kolisnet)에서 이용하실 수 있습니다. (CIP제어번호: CIP2013000011)

헌정의 말

부인이며, 가장 좋은 친구인 Judy에게
D.P.S.

나의 가족, 특히 Benjamin에게
M.J.S.

저자에 대하여

D. Peter Snustad 교수는 트윈시티에 있는 미네소타 대학의 명예교수이며, 학사 학위를 미네소타 대학에서, 석·박사 학위는 Davis의 캘리포니아 대학에서 받았다. 그는 교수직을 미네소타에서 1965년, 농학 및 식물 유전학과(Department of Agronomy and Plant Genetics)에서 시작하였으며, 미네소타의 새로운 유전학과(Department of Genetics)의 원년 멤버가 되었고 2000년에 식물학과(Department of Plant Biology)로 옮겼다. 미네소타에서 43년 동안, 그는 일반생물학에서 생화학적 유전학에 걸친 내용을 강의했다. 그의 초기 연구는 박테리오파지 T4와 그 숙주 대장균에 대한 연구에 초점이 맞추어져 있었다. 그의 연구는 1980년대에 애기장대의 세포골격으로 옮겨갔으며, 옥수수의 글루타민 합성유전자에 대해 연구해 보기도 했다. 그는 Morse-Amoco와 Dagley Memorial 교수상과 Fellow of the American Association for the Advancement of Science에 선출되기도 했다. 캐나다의 야생 자연에 대한 꾸준한 사랑이 그를 미네소타 인근에 머무르도록 하고 있다.

Michael J. Simmons는 유전학, 세포생물학, 발생학 교수직을 트윈시티에 있는 미네소타 대학에서 맡고 있다. 그는 학사 과정을 펜실베니아의 Latrobe에 있는 St. 빈센트 대학에서 마쳤으며, 유전학 분야로 석·박사 과정을 Madison에 있는 위스콘신 대학에서 마쳤다. 그는 유전학과 집단유전학을 포함하여, 다양한 과정을 가르쳤다. 그의 실험실에서 연구 프로젝트를 수행하며 많은 학생을 지도하고 있다. 그의 이른 경력 중에서, 그는 미네소타 대학에서 그의 학부생 지도에 대한 공로를 인정받아 Morse-Amoco 교수상을 수상하였다. Simmons 박사의 연구는 초파리의 유전적 전이 인자에 대한 유전학적 중요성에 초점이 맞추어져 있다. 그는 National Institutes of Health에서 자문위원으로 근무하고 있으며, *Genetics* 저널의 편집 위원으로 21년간 활동하고 있다. 그의 취미는 피겨 스케이팅이며, 이것은 미네소타의 기후와도 잘 맞는다.

서문

최근 유전학은 급격한 변화를 이루어 왔다. 지금은 유전체 DNA까지도, 광대하고 세심하게 분석할 수 있다; 개체 유전자의 기능은 새로운 기술의 놀라운 발달과 함께 연구할 수 있으며; 생명체는 그들의 유전체 내에 이질적이거나 변형된 유전자의 도입에 의하여 유전적으로 변화될 수 있다. 유전학을 가르치고 배우는 방법 역시 변화해 왔다. 정보에 접근하고 송출하는 전자기기는 어디서나 이용이 가능하다; 새로운 매체에 접근하는 것 역시 발전해 왔다; 그리고 많은 대학의 교실은 "능동적 학습" 전략을 사용하기 위해 다시 디자인되고 있다. 이번 *Genetic* 판은 이들 과학적, 교육적 진보를 담기 위해 개정되었다.

목표

*Genetics*는 기본 원리에 새로운 정보를 균형 있게 조정하였다. 이 6판에서는, 우리는 4가지 주요 목표를 설정했다.

- 고전, 분자, 집단 유전학의 중요한 개념을 제시함으로써 **유전의 기본원리에 초점을 둔다**. 유전학의 빠른 발전은 유전자 복제, 전달, 발현 및 돌연변이에 대한 기초 원리에 뿌리를 두고 있다. 이 교재는 이들 원리에 철저히 충실하도록 고안되었다. 유전학의 최근 발전상과 그 실용적 중요성에 대한 이해는 강력한 기초에 바탕을 두지 않으면 안 된다는 사실을 확신시키고 있다. 더구나 우리는 고전, 분자 및 집단 유전학을 모두 포용하는 넓고 깊이가 있도록 균형을 유지해야 한다고 믿고 있다. 그리고 유전학에서는 늘 발전하는 정보의 양을 견고하나 — 유연성 있게 — 연구해서 체계화시켜야만 한다.
- 과학적 개념은 관찰과 실험을 통해 어떻게 발전하는지를 보여줌으로써 이해시켜야 하기 때문에, 특히 **과학적 과정에 대해 초점을 두어야 한다**. 우리 교재는 어떻게 유전학 원리들이 다른 과학자들의 작업에서 어떻게 발생되어왔는지를 보여주는 많은 예들을 제공한다. 과학은 관찰, 실험 그리고 발견 등의 과정을 거치는 학문임을 강조한다.
- 사회적 문제에 대한 유전학적 관련성을 제시하거나 인간의 예를 취급함으로써 **인류유전학에 초점을 두고 있다**. 학생들이 인류유전학에 대한 비상한 관심을 갖고 있다는 것을 경험을 통해 우리들은 알고 있으며, 이러한 관심 때문에 학생들은 인간을 실례로 복잡한 개념을 이해하는데 용이하다. 결과적으로 우리는 어디에서나 가능한 유전 원리를 제시하기 위해서 인간의 예를 들고 있다. 또한 우리는 이 교재를 통하여 인간 유전체 연구 사업(Human Genome Project), 인간 유전자 지도 작성, 유전자 치료, 유전병, 유전 상담 등의 토론을 벌이도록 한다. 유전적 검색, DNA 지문 채취, 유전공학, 복제, 줄기세포 및 유전자 치료와 같은 논쟁들은 사회적, 법률적 및 유전학의 윤리적 분야에 관하여 강렬한 토론이 작열했다. 우리는 학생들이 이와 같은 이슈의 토론에 참여하는 것은 중요하다고 믿는다. 그리고 이 책은 학생들이 그런 토론에 신중한 호감을 끄는 배경이 되기를 희망한다.
- **비판적인 사고 기술의 발전에 초점을 맞추기 위해서** 실험적 데이터나 문제의 분석을 강조하여 숙달시키고자 하였다. 유전학은 항상 문제풀이에 관한 철저한 강조 때문에 생물학에서 다른 분야와 크게 다르다. 이 교재에서 우리는 여러 가지 방법으로 고전유전학적 원리의 발전과 분자유전학에서의 실험적 토의 그리고 집단유전학과 양적유전학의 통계적인 해석을 통해서 유전학의 분석적 특징을 구체화시켰다. 우리는 주요개념의 발전에 대한 논리적 분석으로 관찰과 실험적 사실을 통합하는데 역점을 두었다. 각 장에는 2세트의 연습문제 — *기본문제*, 즉 기초적 유전분석을 다룬 간단한 문제이며, 자신의 실력을 검정하는 *지식 검사*, 즉 다른 개념과 기

술을 결합시킨 좀 복잡한 내용을 담고 있다. 한 세트의 *질문과 문제*는 연습문제에 뒤따라 학생들이 그들의 분석적 기술을 발달시키고 장마다 제시된 개념에 대한 이해를 증진시킬 수 있도록 도와준다. 각 장에는 문제를 가장한 *문제 해결 훈련* 도판을 갖고 있고, 적절한 사실과 개념을 나열하고, 문제를 분석하고 풀이를 제시하였다.

제6판의 내용과 구성

이 판은 전 판의 구성과 유사하다. 하지만 몇몇 자료들은 사려 깊은 최신화를 위해서 엄선되어졌다. 이 판에 수록된 것들은, 우리가 이해하기 쉽도록 노력하였으나 사전적이지는 않다.

책은 24개 장으로 구성된다- 전판보다 1장이 감소하였다. 1-2장은 유전학에 대해 소개하며, 세포 분열의 기초, 그리고 유전학의 모델 동물들을 소개하며; 3-8장에서는 고전유전학과 미생물의 유전학적 분석을 위한 기본적 과정을 제시하였으며; 9-13장에서는 DNA복제, 전사, 번역, 돌연변이 및 유전자의 정의를 포함한 분자 유전학의 토픽을 제공하며; 14-17장은 분자유전학과 유전체학의 보다 더 발전된 토픽을 나열했고; 18-21장은 유전자 발현의 조절과 발생, 면역 및 암의 유전적 기초를 다루었고; 22-24장은 양적유전, 집단유전 및 진화유전학의 개념을 제공했다.

전 판에서처럼, 우리는 다른 코스 포맷에서 사용될 수 있는 내용을 만들기 위해 노력했다. 많은 연구자들은 화제를 우리가 여기에 삽입한 방식으로 보여주기를 선호하였고, 이 내용은 고전유전학부터 시작하여, 분자유전학, 그리고 양적, 집단적, 그리고 진화유전학으로 끝난다. 그러나 이 책은 교수가 다른 방법으로 화제를 제시할 수 있도록 구성되었다. 그들은 예를 들자면, 기본적인 분자유전학부터 시작하여 (9-13장), 고전유전학을 보여주고 (3-8장), 더 진보된 분자유전학의 화제(14-21장), 그리고 양적, 집단, 및 진화유전학(22-24장)으로 끝을 맺었다. 변환적으로, 그들은 고전과 분자유전학 사이에 양적, 집단유전학을 끼워 넣을 수 있다.

제6판의 교수법

본 교재는 토픽 과제의 관련을 강조하고, 중요한 개념의 이해를 쉽게 하며, 학생들이 개념의 납득을 평가하는데 돕기 위해서 특별히 고안한 특집기사를 포함한다.

- **각 장을 여는 장식 사진.** 각 장은 논의되는 토픽의 중요성을 강조하는 삽화나 간결한 담화로 시작하였다.
- **장의 윤곽.** 각 장의 중요한 절은 장의 첫 면에 편리하게 나열하였다.
- **절의 요약.** 본문의 중요한 각 내용은 절의 앞에 간단히 요약하였다.
- **요점.** 이 학습 도우미는 각 장의 대단원의 말단에 삽입했다. 이들은 학생이 시험을 보기 위해서, 혹은 중심 생각을 개괄하는데 도움을 주도록 디자인되었다.
- **화제집중 박스.** 책 전체를 통해 특별한 주제가 분리된 Focus 박스에 제시된다. 여기의 정보는 그 장에 제시된 개념, 기술, 또는 능력을 개발하거나 이해하는데 도움을 준다.
- **컷팅 엣지 박스.** 이들 박스의 내용은 즐겁고 새로운 유전학의 발전들을 살펴본다 — 심지어는 진행 중인 연구의 대상까지도 살펴본다.
- **문제해결 훈련.** 각 장은 학생이 분석과 해법을 통해 학생들을 지도하는 대표적인 문제들을 포함한다. 우리는 문제를 중요한 정보를 담고 있는 것에 따라 선택하였으며, 이 박스는 문제와 개념에 관련 있는 사실들을 나열하며, 어떻게 답을 얻을 수 있을지 설명한다. 문제의 결과는 Student Companion Site에서 토의된다.
- **기초적 연습문제.** 각 장의 끝에는 그 장에서 부가시킨 기본 개념을 강화하도록 몇 가지 연습문제를 제시했다. 이 간단한 한 단계 연습문제는 기초유전학적 분석을 설명하거나 중요한 정보를 강조하기 위하여 고안되었다.
- **지식 점검.** 각 장에는 학생이 그들의 분석적이며 해결적인 문제 풀이 능력을 키울 수 있는 복

잡한 문제들을 수록해 놓았다. 이 부분의 문제는 다른 개념과 기술을 통합하기 위해 구성되었으며, 각 문제를 분석하면서 우리는 학생들을 해답으로 한 걸음씩 단계적으로 인도할 수 있다.

- **연습문제.** 각 장은 다뤄진 화제 순서 대로 구성된 한 폭의 연습문제를 끝부분에 포함한다. 더 어려운 질문과 문제들은 초록색 숫자로 지정되었으며, 이들은 학생들에게 장에서 다루어지는 개념에 대한 이해 증진과 분석적인 기술의 증진을 도모하게 한다.
- **부록.** 각각의 부록은 유전학 분석에서 유용하게 사용될 수 있는 기술적 자료를 제공한다.
- **용어풀이.** 이 부분에서는 중요한 용어를 정의하고 있으며, 학생들은 토픽을 명확히 이해하고 시험을 준비하는 데 유용함을 발견할 것이다.
- **해답편.** 해답은 홀수 문제에 한하여 이 책의 뒤에 수록했다.

온라인 자료

BOOK COMPANION WEB SITE

www.wiley.com/go/global/snustad
이 특이적인 웹사이트는 학생들에게 부가적인 내용를 제공하고 각 장의 내용을 확장하는 World Wide Web 자료를 포함한다.

문제은행

문제은행은 Instructor Companion site에 있으며, 각 장마다 약 50개의 문항을 포함하고 있다. 그것은 MS 워드 파일과 컴퓨터화된 문제 은행과 같이 온라인에서 사용이 가능하다. 이 사용하기 편리한 문제 생성 프로그램은 사진, 프린트 테스트, 학생의 답안지, 그리고 답안 핵심을 모두 제공한다. 소프트웨어의 발달된 모습은 당신으로 하여금 정확한 특성에 맞는 시험 문제를 출제할 수 있도록 허락할 것이다.

파워포인트 프레젠테이션

고도로 시각화된 파워포인트 강의 프레젠테이션이 각 장마다 중요 개념을 보여주기 위해 숨겨진 텍스트 아트와 함께 준비 되어있다. 프레젠테이션은 Instructor Companion site에서 볼 수 있다.

강의 전후 평가

이 평가 기구는 교수로 하여금 강의 전에 학생의 이해와 선행 읽기와 뒤따르는 강의의 격려를 위해 준비될 수 있고, 약한 부분의 향상을 측정할 수 있다. 두 개의 퀴즈가 각 장마다 제공된다.

퀴즈 연습

Student Companion site에서 볼 수 있으며, 이들 퀴즈는 학생들이 지속적으로 피드백을 받을 수 있고 그들 자신 스스로가 테스트를 할 수 있는 20개의 문항을 각 장마다 포함하고 있다.

질문과 문제에 대한 대답

홀수 문제에 대한 해답은 학생들이 접근하기 쉽도록 책의 마지막에 구성되어 있다. 본 교재의 모든 질문과 문제에 대한 해답은 Istructor Companion site에서 교수만이 이용할 수가 있다.

일러스트레이션과 사진

6판의 일러스트레이션과 사진은 Instructor companion site에서 jpeg 파일과 파워포인트 형식으로 모두 열람 가능하다. 선 일러스트레이션은 최적의 프레젠테이션 경험을 제공하기 위해 사용되었다.

감사의 표시

전 판과 마찬가지로, *Genetics*의 이번 판도 우리 저자가 강의한 유전학 강좌의 영향을 받았다. 우리는 우리 학생들이 준 교재 내용과 교수법에 관한 건설적 피드백에 대하여 감사하며, Minnesota 대학교의 동료들에게도 토픽의 주체에 관한 그들의 지식과 전문가적 의견을 공유하게 한 점에 대해서 감사한다. 다른 연구 기관의 유전학 교수들 역시 많은 도움이 되는 제안을 제공하였다. 특별히, 우리는 아래의 reviewer들에게 감사를 드린다:

6판 REVIEWERS

Manhattan Marymount 대학의 Ann Aguano; 조지아 대학의 Mary A. Bedell; Weber 주립대학의 Jonathan Clark; San Jose 주립대학의 Robert Fowler; Loyola Marymount 대학의 Cheryl Hertz; 위스콘신 대학의 Shawn Kaeppler; 아이다오에 있는 Brigham Young 대학의 Todd Kelson; Central Arkansas 대학의 Richard D. Noyes; 캔사스 대학의 Maria E. Orive; Kean 대학의 Rongsun Pu.

전판의 REVIEWERS

루이지애나 Xavier 대학의 Michelle Boissere; Coastal Carolina 대학의 Stephen P. Bush; Southern 코넷티컷 주립대학의 Sarah Crawford; 콜롬비아에 있는 South 캐롤라이나 대학의 Xiongbin Lu; George Mason 대학의 Valery N. Soyfer; Central Arkansas 대학의 David Starkey; 애리조나 대학의 Frans Tax; 미시간 대학의 Tzvi Tzfira; 콜럼버스에 있는 오아이오 주립대학의 Harald Vaessin; St. Louis에 있는 워싱턴 대학의 Sarah VanVickle-Chavez; 플로리다 대학의 Willem Vermerris; 콜럼비아에 있는 South Carolina 대학의 Alan S. Waldman.

이번 판의 출판에 많은 분들이 공헌하였다. Kevin Witt, Senior Editor와 Michael Palumbo, Assistant Editor는 본 교재의 윤곽에 대한 아이디어를 준비했고 이번 일을 시작하였다. 애리조나 주립대학의 Dr. Pamela Marshall은 전 판의 많은 개선점을 제시했고, 많은 유전학 선생님들로 구성된 패널들은 그녀의 제안에 사려 깊은 의견을 제시해 주었다. 그 페널 맴버는: Manhattan Marymount College의 Anna Aguano; San Jose 주립대학의 Robert Fowler; 미네소타 대학의 Jane Glazebrook; 위스콘신 대학의 Shawn Kaeppler; 아이다오에 있는 Brigham Young 대학의 Todd Kelson; 미시시피 주립대학의 Dwayne A. Wise로 구성되어 있다. 우리는 유전학에 경험이 많은 이들 선생님들의 정보에 대단히 감사드린다.

Jennifer Dearden과 Lauren Morries는 많은 논리적인 세부사항을 이번 판을 준비하는데 도와주었고, Lisa Passmore는 많은 새로운 사진들을 제공해 주었다. Jennifer MacMillan은 숙련된 사진 편집자로서 기술적으로 전체적인 사진 프로그램을 조화시켜 주었다. 우리는 모든 이들 공헌자들에게 감사드린다. 창의적인 텍스트 레이아웃을 디자인한 숙련된 디자이너인, Maureen Eide에게 감사드리고, 일러스트레이션을 돋보이게 해 준 Precision Graphics와 Aptara에게 감사드린다. Elizabeth Swain은 숙련된 프로덕션 편집자로, 특히 이번 판의 출판에 공을 세웠으며, Betty Pessagno는 충실히 원고를 정리하였고, Lilian Brady는 마지막 교정을 봐주었고, Stephen Ingle은 인덱스를 준비해 주었다. 우리는 이들의 모든 완벽한 작업에 감사드린다. 우리는 이번 판을 미래의 독자들에게 건네준 마케팅 매니저인 Clay Stone에게 감사드린다. 다음 판에 대한 약속과 함께, 우리는 학생들, 조교, 교수, 그리고 다른 독자들이 우리에게 이번 판에 대한 코멘트를 보내주는 것에 대해 감사할 것이다. Jennifer Dearden at John Wiley&Sons, Inc., 111 River Street, Hoboken, NJ, 07030.

역자서문

21세기는 뇌 과학의 시대라고 합니다. 뇌 과학은 정보과학의 뜻을 내포하고 있습니다. 정보과학에는 IT와 BT가 주류를 이룹니다. 생명과학분야에서는 BT가 기대되는 분야입니다. 모든 학문은 독립적일 수는 없습니다. 그런데 BT가 발전하기 위해서는 생명과학분야에서도 유전학이 기초가 되는 현실이 눈앞에 나타나고 있습니다. 여기에는 분자생물학을 비롯하여 생명과학의 모든 분야의 연구활성화가 필수조건이지만 공학분야의 IT를 비롯하여 컴퓨터과학은 절대 조건이 아닐 수 없습니다. 따라서 유전학 학문이 인류를 위해서 공헌하는 역할을 하려면 생명과학을 벗어나서 전자공학의 도움 없이는 불가능할 것으로 생각됩니다. 유전학도 내용을 분석하면 생명의 다양성을 강조하고 있어서 21세기의 과학과 일맥상통하는 면을 볼 수 있습니다. 역자들은 한 평생 유전학 강의와 연구를 통해 많은 인력을 양성하였습니다. 금번 John Wiley & Sons 사의 "Genetics" 제6판의 한국어판 번역출판계약을 통해 본 교재인 "유전학원론"을 출판하게 되었습니다. 유전학원론의 내용은 고전적유전학에서 현대유전학이 발전된 과정을 설명하면서 과학의 발전과정을 알려주고 있습니다. Mendelism의 중요성을 강조한 내용에서 학문을 계주경기에 비교되는 과정의 중요성을 역설한 내용이 특이합니다. 본서의 여러 가지 장점은 원저서의 서문에 자세히 밝혔으니 그것을 통해서 확인하기를 바라며 "유전학의 이정표" "Focus on"란을 매 장마다 준비해서 학생들에게 유전학의 개념을 밝히며 동시에 숨은 뜻(behindstory)을 밝힌 점은 학생들에게 학문에 접근성을 높여주고 있습니다. 또한 연구방법을 상세히 설명하면서 물리학, 화학, 수학 등 자연과학의 다른 분야와의 연관성이 중요함을 드러낸 점은 학생들에게 좋은 참고가 될 것입니다. 뿐만 아니라 새롭거나 중요한 학술 용어의 어원을 밝힌 점도 좋은 참고가 될 것입니다. Central Dogma를 비롯하여 분자유전학적 개념의 논리(DNA 구조, RNA 전사, 번역, 유전자 상호작용)의 상세한 설명은 호기심 많은 학생들에게 흥미를 유발시킬 수 있다고 생각합니다. 그 외에도 Gene, Applications of Molecular Genetics, Genomics and Bioinformatics, Transposable Genetic Elements, Regulation & Gene Expression, The Genetic Basis of Cancer 및 Evolutionary 등에 비중을 두어 기술한 내용은 본 교재의 특성입니다. 역자들은 본 교재를 통해 학생들이 생명의 본질과 다양성, 유전학의 응용면에서 학문의 깊이와 무한한 가치를 함께 깨닫기 바랍니다. 또한 일반 독자에게는 유전학이 의학, 농학, 약학 및 사회과학에도 미치는 영향에 대하여 "다윈의 종의 기원"이 사회에 미친 영향 못지않음을 이해했으면 좋겠습니다. 우리는 본 교재의 내용이 방대하고 전문적 내용이 우리 생활 언어에 접근하기 어려워 어색한 곳이 있을 것으로 생각되나 판을 거듭하면서 앞으로 수정해 나갈 것을 약속합니다. 제6판 출판에 있어 내용 교정에 힘써 주신 공역자 황혜진 교수께 감사드리고, 끝으로 본 교재를 출판해 주신 월드사이언스 박선진 사장님과 원고 정리, 교정, 편집 등에 수고해 주신 편집 직원들에게도 감사의 뜻을 전합니다.

2013년 4월 선두리에서

대표역자 이정주

역자소개

김상구

(현) 서울대학교 생명과학부 명예교수
kimsg@snu.ac.kr

박기인

(현) 전북대학교 생명과학과 교수
park253@jbnu.ac.kr

서동상

(현) 성균관대학교 유전공학과 교수
dssuh@skku.ac.kr

서봉보

(현) 경북대학교 생명과학부 교수
bbseo@knu.ac.kr

이정주

(현) 서울대학교 생명과학부 명예교수
cclee1@hanmail.net

정기화

(현) 공주대학교 생물학과 교수
kwchung@kongju.ac.kr

황혜진

(현) 이화여자대학교 과학교육과 시간강사
hzwhang@gmail.com

목 차

CHAPTER 10

CHAPTER 11

CHAPTER 12

CHAPTER 13

돌연변이, DNA 수리, 그리고 재조합 320

CHAPTER 14

분자유전학의 기술들 366

CHAPTER 15

유전체학 397

CHAPTER 16

분자유전학의 응용 439

CHAPTER 17

CHAPTER 18

CHAPTER 19

CHAPTER 20

CHAPTER 21

CHAPTER 22

복합형질의 유전 607

CHAPTER 23

집단유전학 634

CHAPTER 24

진화유전학 656

유전에 대한 과학

1

장의 개요

개인의 유전체

우리들 각자는 엄청난 수의 세포로 이루어져 있으며, 그 각각의 세포들은 수 센티미터 길이의 얇은 실들을 포함하고 있다. 그 실들이 바로 우리가 누구인지를 결정하는, 즉 인간이면서 우리 자신일 수 있도록 작용하는 주요 실체이다. 너무나도 중요한 이 세포 내의 실들은 DNA로 이루어져 있다. 매번 세포가 분열할 때마다 그 DNA가 복제되고, 동일하게 두 딸세포로 나뉘어 들어간다. 따라서 각 세포의 DNA 양 — 우리가 유전체(genome)라고 부르는 — 은 계속 동일하게 보존된다. 사실, '모든 정보가 모여 있는 도서관'이라고 부를 수 있는 유전체는, 세포가 살아 있는 상태를 유지하기 위해 사용하는 주요 설명서 세트라고 볼 수 있다. 궁극적으로는 세포의 모든 활동이 여기에 의존적이기 때문이다. 따라서 DNA에 대해 아는 것은 세포에 대해 아는 것이며, 더 큰 의미에서는 세포가 속한 생명체에 대해 아는 것이라고 볼 수 있다.

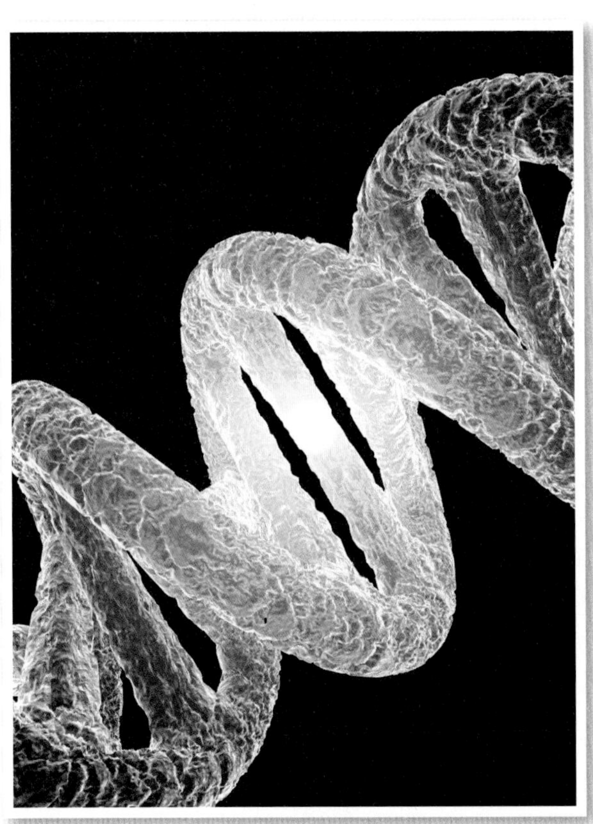

데옥시리보핵산(DNA)의 컴퓨터 예술 영상.

DNA의 중요성을 인정한다면, 그것에 대해 아주 세세한 것까지 알기 위해 그렇게나 엄청난 노력이 이뤄졌다는 사실은 별로 놀라운 일이 아니다. 사실, 20세기의 마지막 10년 동안 인간 유전체 프로젝트(Human Genome Project)라는 전 세계적인 캠페인이 시작되었고, 2001년에 몇몇 이름 모를 공여자들로부터 얻어진 인간 DNA 시료들에 대해 포괄적인 분석이 이루어졌다. 그 범위나 중요성에 있어서 놀랄만한 것이었던 이 작업은, 인간 유전체에 대한 미래의 모든 연구를 위한 토대를 마련해 주었다. 그 후 2007년, 인간 DNA의 분석은 새로운 전기를 맞게 되었다. 인간 유전체 프로젝트의 두 연구자들이 직접 자신의 DNA를 해독하였던 것이다. 물론, 한 개인의 유전체를 분석하는 것이 이제는 아주 쉽다거나 용이하다고 얘기한다면 그건 과장일 수 있다. 유전체 정보를 얻기 위해서는 상당한 연구가 수행되어야만하고 그 비용도 아직 상당히 비싸기 때문이다. 그러나 DNA를 연구하는 기술이 점차 효율적으로 바뀌고, 그에 대한 연구비용도 이제는 그다지 과도하지 않다. 사실상, 이제 곧 우리는 우리 자신들의 유전체를 분석하는 것도 가능해질 것이며, 이것은 우리가 스스로에 대해 생각하는 방식이나 우리의 생활에 분명히 영향을 미치게 될 것이다.

유전학으로의 초대

이 책은 유전학, 즉 DNA를 다루는 과학에 관한 것이다. 유전학은 또한 우리 자신에게 매우 크게 영향을 미치는 과학들 중 하나이다. 농업과 의학에서의 응용을 통해, 유전학은 우리가 먹고, 건강할 수 있도록 도움을 준다. 또한, 무엇이 우리를 인간으로 만들며, 또 무엇이 우리를 우리 자신이라는 개인들로 구분 지을 수 있게 해주는지에 대한 통찰을 제공한다. 유전학은 비교적 젊은 과학이다—20세기 초반에 출현했지만 그 분야와 중요성이 크게 확장되면서 이제는 모든 생물학에서 가장 뚜렷한, 혹자는 가장 중요하다고도 말하는 위치를 차지하게 되었다.

유전학은 생물들의 특징이 어떻게 부모에서 자손으로 전달되는가—즉, 어떻게 그것이 유전되는가—를 연구하면서 시작되었다. 20세기 중반까지도 유전물질이 무엇인지를 확실히 아는 사람은 없었다. 그러나, 유전학자들은 이 물질이 세 가지 요건을 충족시켜야만 함을 알고 있었다. 첫째, 복제가 되어 사본이 부모에서 자손으로 전달될 수 있어야 한다. 둘째, 정보를 암호화하고 있어서 그것이 속한 세포나 생물체의 발달이나 기능, 그리고 행동을 지시할 수 있어야 했다. 셋째, 비록 오랜 기간 동안 한 번만 변한다고 할지라도 변화가 가능하여 개체들 사이의 차이점을 설명할 수 있는 것이라야 했다. 수십 년 동안, 유전학자들은 무엇이 유전 물질이 될 수 있는지를 궁금하게 여겼었다. 그러다가 1953년에 DNA의 구조가 밝혀졌고 이것은 유전학사상 가장 두드러진 사건이 되었다. 비교적 짧은 시간 안에 연구자들은 DNA가 어떻게 유전물질로 기능하는지—즉, 어떻게 그것이 복제되며, 어떻게 정보를 암호화했다가 발현시키고, 또 어떻게 변화할 수 있는지를 밝혀내었다. 이런 발견들로 인해 유전학은, 드러나는 현상들을 분자수준에서 설명할 수 있는 시대를 맞게 되었다. 동시에, 유전학자들은 우리 자신을 포함하여 생물체들의 전 유전체를 구성하는 DNA를 어떻게 분석하는지를 배우게 되었다. 유전의 연구에서 시작되어 전 유전체에 대한 연구에 이르기까지 이러한 발전은 놀라운 것이었다.

현역 유전학자이자, 가르치는 사람으로서, 우리는 여러분들에게 유전에 대한 과학을 설명하려고 이 책을 집필했다. 제목이 시사하는 것처럼 이 책은 여러분들이 분명하게 이해할 수 있도록 충분히 자세하게 유전학의 원리를 전달하고자 계획되었다. 우리는 여러분들이 각 장들을 읽고 그 설명들을 학습하며, 장 말미의 문제들이나 질문들과 씨름하기를 바란다. 우리 모두는 학습—그리고 연구나 수업 혹은 저작 등의 작업도 마찬가지로—이 수고로운 것임을 알고 있다. 책의 저자로서 우리는 여러분들이 이 책을 학습하는 데 투자한 노력의 댓가로 유전학을 잘 이해하게 되기를 바란다.

유전학의 소개에 대한 이 장은 앞으로 나올 장들에서 우리가 무엇을 더 자세히 설명할지를 제시하고 있다. 여러분들 중 몇몇은 이 장을 살펴보면서 기초생물학이나 화학에서 배운 내용을 다시 한 번 돌아보게 될 것이다. 물론 혹시 어떤 사람들에게는 전혀 새로운 작업이 될 수도 있다. 우리의 충고는 세세한 것에 집착하지 말고 그냥 읽어보라는 것이다. 여기서 강조할 것은 유전학 전 분야를 통해 다루어지는 커다란 주제들에 관한 것이다. 유전학적 이론에 대한 좀 더 자세한 사항은 이후의 장들에서 다루어질 것이다.

유전학에서의 세 가지 기념비적 사건들

유전학은 어떻게 형질들이 유전되는지를 발견했던 수도사 그레고르 멘델의 연구에 뿌리를 두고 있다. 제임스 왓슨과 프랜시스 크릭이 DNA의 구조를 밝힘으로써 유전의 분자적 기초가 드러나게 되었다. 인간 유전체 프로젝트는 현재 사람 DNA의 자세한 분석에 관여하고 있다.

과학적 지식과 이해는 보통 점진적으로 발전한다. 여기에서 우리는 이제 간신히 100년이 된 유전학의 짧은 역사 동안 발생했던 그러한 발전들을 살펴보고자 한다. 세 가지 위대한 이정표가 이 역사를 통해 드러난다. (1) 생물체에서 형질의 유전을 조절하는 규칙의 발견; (2) 유전현상을 일으키는 물질의 규명과 그 구조의 해석; (3) 인간 및 다른 생물체들의 유전물질에 대한 포괄적 분석에 관한 것이다.

멘델: 유전자와 유전 법칙

■ 그림 1.1 그레고르 멘델(Gregor Mendel).

유전학은 20세기에 발달한 학문이지만, 그 기원은 19세기에 살았던 오스트리아의 수도승 그레고르 멘델(*Gregor Mendel*)(■ **그림** 1.1)의 연구에서 비롯되었다. 확실한 것이 별로 없는 상황에서도 그는 혁신적인 연구를 수행했다. 그의 연구는 수도원의 정원에서 길렀던 완두에서 서로 다른 형질이 어떻게 유전되는지에 관한 것이었다. 그의 방법은 서로 다른 형질을 나타내는 완두들을 교잡하는 것이었다 — 예를 들어, 키 작은 완두를 키 큰 완두와 교배하여 자손이 어떤 형질을 물려받게 되는가를 보는 것이었다. 세심한 분석으로 멘델은 어떤 결정적 패턴을 식별해 낼 수 있었고, 이로 인해 자신이 연구했던 형질들에 관여하는 유전 요소들의 존재를 가정하게 되었다. 우리는 지금 이 요소들을 **유전자(gene)**라고 부른다.

멘델은 정원 완두의 여러 유전자를 연구하였다. 각 유전자들은 서로 다른 특징들과 관련된다 — 예를 들어, 식물의 키, 꽃의 색깔, 혹은 종자의 모양 등. 그는 이들 유전자들이 서로 다른 형태로 존재한다는 것을 알아내었고, 이것을 우리는 **대립인자(allele)**라고 부른다. 예를 들어 키 유전자의 한 형태는 완두 식물을 2 m 이상 자라게 하는 반면, 다른 형태의 유전자는 약 50 cm 밖에 자라지 못하게 한다.

멘델은 완두가 각 유전자에 대해 두 개의 사본을 가진다고 제안했다. 이들 사본들은 같을 수도, 혹은 다를 수도 있다. 생식 과정 중에, 사본 중 하나가 무작위로 생식 세포나 배우자로 들어간다. 암 배우자(난자)와 수 배우자(정자)가 수정시에 연합되어 하나의 세포를 형성하면 접합자(zygote)가 되고 새로운 식물로 발달한다. 배우자 형성시에 두 개의 사본이 (세포당)하나로 감소되었다가 수정됨에 따라 다시 2개를 회복하는 것은 멘델이 발견한 유전 법칙의 근간이 된다.

멘델은 유전요소(즉, 유전자)들이 불연속적 존재(discrete entity)임을 강조했다. 한 유전자의 서로 다른 대립인자들은 교배를 통해 하나의 생물체로 들어왔다가 다시 배우자 생산 과정 중에 나뉠 수 있다. 그러므로 한 식물체 내에 서로 다른 대립인자들이 같이 존재하게 되었다고 해도 그 자체가 변화하거나 손상되는 것이 아니다. 멘델은 또한 서로 다른 유전자들의 대립인자들은 서로 서로 독립적으로 유전됨을 발견했다.

이 발견들은 1866년에 브륀의 자연사 회보(proceedings of the Natural History Society)에 발표되었는데, 이 잡지는 멘델이 살아생전 연구했던 도시의 과학협회 저널이었다. 이 논문은 크게 주목받지 못했고, 멘델은 다른 여러 가지 일들로 여생을 보냈다. 그가 죽은 지 16년이 되던 1900년이 되어서야 이 논문이 마침내 빛을 보게 되었고, 유전학이 출현하게 되었다. 멘델이 발견했던 형태의 분석법은 곧 많은 종류의 생물체들에 성공적으로 적용될 수 있었다. 물론, 모든 결과가 멘델의 원리와 정확하게 맞아 떨어지는 것은 아니었다. 여러 가지 예외들이 발견되었고 그에 대해 더 자세한 조사가 이루어지면서 유전자들의 행동과 성질에 대한 새로운 통찰을 얻을 수 있었다. 우리는 3장에서 멘델의 연구에 대해서 자세히 살펴보고, 인간의 유전을 포함한 유전학 공부에 멘델의 원리를 적용해 볼 것이다. 4장에서는 멘델의 아이디어들에 대한 몇 가지 세분화된 내용을 탐구해 볼 것이다. 5장, 6장, 그리고 7장에서는 멘델의 유전 원리가 유전자들이 자리하고 있는 세포 내 구조물인 염색체의 행동과 어떤 관계가 있는지도 살펴보게 될 것이다.

왓슨과 크릭: DNA의 구조

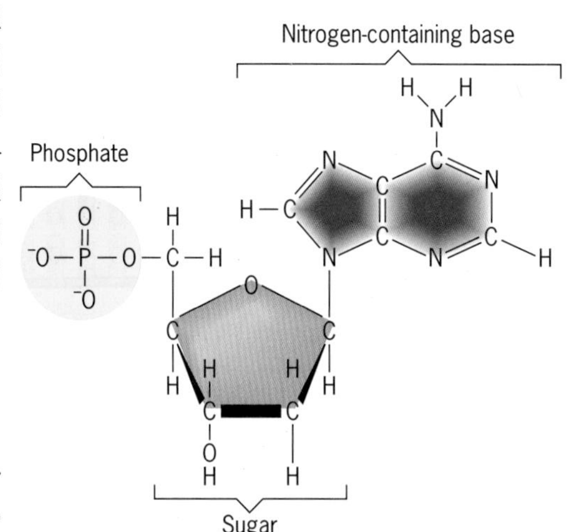

■ 그림 1.2 뉴클레오티드의 구조. 이 분자는 인산기, 당(이 경우에는 데옥시리보오스), 그리고 질소를 포함하고 있는 염기(여기서는 아데닌)의 세 요소들로 이루어져 있다.

멘델 논문의 재발견은 식물, 동물, 그리고 미생물들에 대한 여러 유전 연구들을 촉발시켰다. 모든 이들의 마음 속에는 "유전자란 무엇인가?"라는 질문이 자리하고 있었다. 20세기 중반, 마침내 이러한 질문에 대한 해답이 얻어졌다. 유전자가 **핵산(nucleic acid)**이라고 불리는 물질로 구성되어 있음이 밝혀진 것이다.

핵산은 **뉴클레오티드(nucleotide)**라는 구성 요소들로 이루어져 있다(■ **그림** 1.2). 각 뉴클레오티드는 3가지 하위 요소들로 이루어져 있는데; (1) 당 분자; (2) 인산 분자; (3) 질소를

■ 그림 1.3 프랜시스 크릭(Francis Crick)과 제임스 왓슨(James Watson).

포함한 분자이면서 약한 염기성인 화학 특성을 가지는 분자가 그것이다. RNA라고 불리는 **리보핵산(Ribonucleic acid)**은 구성 당이 리보오스(ribose)이다; 반면, DNA라 불리는 **데옥시리보핵산(Deoxyribonucleic acid)**의 구성 당은 데옥시리보오스(deoxyribose)이다. RNA나 DNA 내의 뉴클레오티드들은 그 염기에 의해 구분된다. RNA에서는 4종류의 염기들이 있는데, 아데닌(adenine, A), 구아닌(guanine, G), 시토신(cytosine, C), 그리고 우라실(uracil, U)이다; DNA의 염기는 A, G, C와 티민(Thymine, T)이다. 그러므로 DNA와 RNA 모두 4가지의 뉴클레오티드로 이루어지며, 그 중 3가지 염기는 두 핵산 분자에 모두 사용된다.

1953년, 제임스 왓슨(*James Watson*)과 프랜시스 크릭(*Francis Crick*)이 뉴클레오티드들이 DNA 내에 어떻게 구성되어 있는가를 추론해 내었을 때 핵산 연구에 커다란 전기가 마련되었다(■ **그림 1.3**). 왓슨과 크릭은 뉴클레오티드들이 서로서로 연결되어 사슬을 형성한다고 제안했다. 그 연결은 한 뉴클레오티드의 인산기와 다른 뉴클레오티드의 당 분자 사이의 화학적 상호작용에 의해 형성된다. 질소를 포함하고 있는 염기들은 이러한 상호작용에는 개입하지 않는다. 그러므로, 뉴클레오티드 사슬은 인산-당 골격으로 구성되며 여기에 염기들이 골격의 당 분자마다 하나씩 붙어 있는 것이다. 사슬의 한쪽 끝에서 다른 쪽 끝으로 가면서 염기들은 그 사슬마다 특징적인 직선상의 서열을 형성한다. 이러한 염기서열은 유전자마다 다르다. 왓슨과 크릭은 DNA 분자가 두 개의 뉴클레오티드 사슬로 구성되어 있다고 주장했다(■ **그림 1.4*a***). 이 사슬들은 특정 염기쌍 사이의 약한 화학적 인력으로 서로 붙들고 있다; 즉, A와 T, G와 C가 쌍을 이룬다. 이러한 염기쌍 규칙 때문에 이중가닥인 DNA 분자에서 한쪽 사슬의 뉴클레오티드 서열을 알면 다른 가닥의 뉴클레오티드 서열을 알 수 있다. 이런 의미에서, 한 DNA 분자의 두 뉴클레오티드 사슬은 서로 상보적(complementary)이다.

두 가닥으로 이루어진 DNA 한 분자는 종종 '하나의 이중(duplex) 나선'으로 묘사된다. 왓슨과 크릭은 한 분자의 이중 DNA에 존재하는 두 가닥들이 나선모양으로 서로 감겨 있다는 사실을 알아냈다(■ **그림 1.4*b***). 이 나선 분자들은 놀랄 만큼 길어질 수 있다. 어떤 것들은 수억 개의 뉴클레오티드 쌍을 포함하며, 그 길이는 10 cm도 넘는다. 이 분자가 매우 가늘지 않았더라면(약 수억 분의 1 cm 정도이다) 맨 눈으로도 그것을 볼 수 있을 것이다.

DNA처럼 RNA도 뉴클레오티드가 연결된 사슬로 구성되어 있다. 그러나 DNA와는 달리, RNA 분자는 보통 단일가닥이다. 비록 일부 바이러스들이 RNA 유전체를 갖지만, 대부분 생물체들의 유전자는 DNA로 구성되어 있다. 우리는 9장에서 DNA와 RNA의 구조에 대해 자세하게 논의할 것이다. 그리고 10, 11, 12장에서 이들 거대분자들의 유전적 중요성에 대해서도 살펴보도록 하자.

인간 유전체 프로젝트: DNA의 서열화와 유전자 목록의 작성

20세기 초반에는 유전학자들의 꿈이 유전자를 구성하고 있는 물질들을 규명하는 것이었다면, 20세기 후반의 유전학자들에게는 DNA 분자의 염기서열을 결정하는 방법이 그 꿈의 자리를 대신했다고 할 수 있다. 20세기 말에 이들의 꿈은 현실이 되어 인간을 포함한 여러 생물들의 DNA 염기서열을 결정하는 사업들이 추진되기 시작했다. 생물체의 DNA 염기서열을 얻는 것 — 소위 *DNA서열화(DNA sequencing)*라고 하는 — 은 이론적으로 생물체의 모든 유전자들을 분석하는 데 필요한 정보들을 제공하는 것이 된다. 우리는 한 생물체의 특징적인 모든 유전자들을 합쳐 그 생물의 **유전체(genome)**라고 부른다. 그러므로 유전체의 서열화란 생물체의 모든 유전자를 서열화한다는 의미이다. 그리고 더 나아가 우리는 이제 DNA 일부는 유전자를 구성하지 않는다는 것도 알게 되었다. 이들 비유전자성 DNA들의 기능은 늘 분명하지 않다. 그러나 이들은 많은 유전체들에 존재하며 종종 매우 풍부하다. 이 장의 뒤에서 다루고 있는 유전학의 이정표(A Milestone in Genetics)에서는 최초로 서열화된 유전체인 ΦX174가 어떻게 서열화 될 수 있었는지를 소개하고 있다.

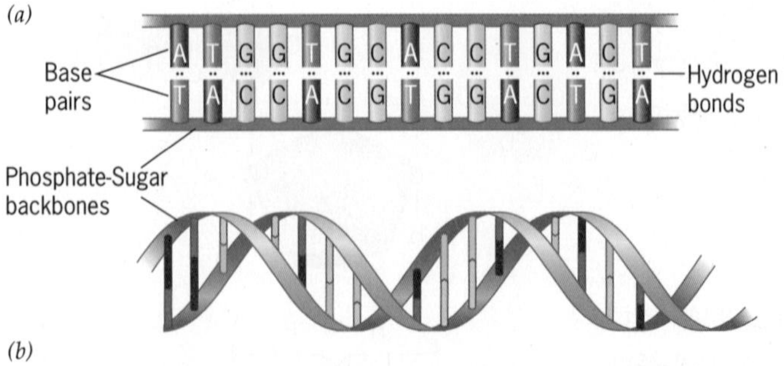

모든 서열화 작업들에서의 백미는 **인간 유전체 프로젝트(Human Genome Project)**일 것

■ 그림 1.4 DNA, 쌍으로 된 염기들 사이의 수소 결합에 의해 서로 붙들려 있는 상태의 두 가닥 분자. (*a*) 상보적 뉴클레오티드 사슬들로 구성된 DNA 분자를 2차원적으로 표시한 것. (*b*) 이중 나선 형태의 DNA 분자.

이다. 이것은 인간 유전체 내의 약 30억 뉴클레오티드들의 서열을 결정하기 위한 국제적인 노력이다. 처음 계획되었을 때는 여러 나라 연구자들의 공동노력이 개입된 것으로, 대부분의 작업이 각 정부들에 의한 지원금으로 이루어졌다. 그러나 과학자이자 사업가인 크레이그 벤터(Craig Venter)에 의해 사적인 지원금으로 시작된 사업이 공적 지원사업과 나란히 경쟁하게 되었다. 2001년, 이 모든 노력의 결과로 인간 유전체에 대한 두 편의 긴 논문이 나오게 되었다. 이 논문들은 인간 DNA의 27억 뉴클레오티드가 결정되었음을 보고했다. 이 DNA서열들에 대한 컴퓨터 분석은 인간 유전체들이 약 30,000~40,000개 유전자를 포함하고 있을 것으로 추정했다. 좀 더 최근의 분석은 인간의 유전자 수를 20,000~25,000개 정도로 낮춰 집계하고 있다. 이들 유전자들은 위치, 구조, 그리고 잠정적 기능들에 의해 정리되었다. 이제는 이들이 인간의 무수한 특징들에 어떻게 영향을 미치는지에 대한 연구에 노력이 집중되고 있다.

■ 그림 1.5 자동 DNA 염기서열 분석기의 작업을 위해 시료를 준비하고 있는 연구자.

세균, 곰팡이, 식물, 그리고 동물 등 다른 많은 생물의 유전체들 역시 서열화되었다. 이러한 작업들 중 대부분은 인간 유전체 프로젝트나 그와 밀접하게 연관된 사업들의 일환으로 이루어진 것이다. 이러한 서열화 노력은 처음에는 유전학 연구에 특별히 유용한 생물들에 집중되어졌다. 우리는 이 책의 여러 부분에서 유전학적 지식의 발전을 위해 연구자들이 이 모델생물들을 어떻게 이용했었는지에 대해 자세히 살펴 볼 것이다. 현재 서열화 작업들은 모델 생물들을 넘어 다양한 식물, 동물, 미생물들로 이동하고 있다. 예를 들어, 모기와 이것이 매개하는 말라리아 기생충의 유전체가 서열화되었고, 꿀벌, 포플러 나무, 그리고 멍게의 유전체도 밝혀졌다. 이들 서열화 작업의 목적 일부는 의학적이거나 혹은 농업적인, 또는 상업적 중요성을 가진다; 한편으로는 단순히 어떻게 유전체가 기원했고 어떻게 지구상에서 생물체들이 다양화되었는지에 대한 우리의 이해를 돕는 것이다.

이 모든 DNA서열화 작업들은 유전학을 완전히 뒤바꿔놓았다. 유전자들은 이제 비교적 쉽게 분자 수준에서 연구될 수 있으며, 엄청난 수의 유전자들을 동시에 연구하는 것도 가능하다. 유전체를 이루고 있는 DNA서열 분석에 기초한 이러한 유전학적 연구방법은 이제 **유전체학(genomics)**이라고 불린다. 이것은 DNA서열화 기술과 로봇공학, 그리고 컴퓨터 과학의 발전에 의해 가능해진 것이다(**■ 그림 1.5**). 연구자들은 이제 유전학에 대한 질문을 다루기 위해 DNA서열들을 포함한 거대한 데이터베이스를 구성하고 검색할 수 있게 되었다. 현재 여러 유용한 데이터베이스들이 사용되고 있으나, 우리는 미국 국립보건원(U.S. National Institute of Health)에서 운영하는 국립 생명공학정보센터(*National Center for Biotechnology, NCBI*)에 저장되어 있는 데이터베이스에 초점을 맞추게 될 것이다. NCBI 데이터베이스는 http://www.ncbi.nlm.nih.gov/에서 무료로 이용할 수 있으며 유전자, 단백질, 유전체, 논문들과 발행물들에 관한 데이터베이스 뿐 아니라, 유전학, 생화학 및 분자생물학 등의 분야에 중요하게 이용될 수 있는 여러 중요한 정보들을 저장하고 있다. 그들은 현재까지 서열화된 모든 유전체들의 완전한 뉴클레오티드 서열을 포함하는 자료들로서, 지속적으로 갱신된다. 게다가, NCBI의 웹사이트에는 관심 항목들 — 유전자와 단백질 서열, 연구논문 등 — 의 탐색에 사용되는 여러 도구들이 있어서 여러 모로 유용하다. 16장을 비롯한 책의 여러 부분에서 우리는 이러한 도구들 몇 가지를 여러분에게 소개하게 될 것이다. 이러한 도구들을 다룰 때는 특정 질문들에 대한 해답을 찾기 위해 NCBI 웹사이트를 방문해 보기를 적극 권한다.

요점

- *그레고르 멘델은 어떻게 형질들이 유전되는지를 설명하기 위해 지금은 유전자라고 불리는 특정요소의 존재를 가정하였다.*
- *유전자의 다른 형태인 대립인자들은 개체들 사이의 유전적 차이들을 설명해 준다.*
- *제임스 왓슨과 프랜시스 크릭은 DNA의 구조를 밝혀 이 거대분자가 두 개의 상보적인 뉴클레오티드 사슬로 구성되어 있음을 제시했다.*
- *RNA가 유전물질인 일부 바이러스를 제외하면 DNA는 모든 생명체의 유전물질이다.*
- *인간 유전체 프로젝트는 인간의 유전체를 구성하는 DNA의 모든 뉴클레오티드 서열을 결정하였다.*
- *유전체의 DNA서열화는 한 생물체의 모든 유전자들을 규명하고 목록을 만들기 위한 자료를 제공한다.*

유전물질로서의 DNA

생물 정보는 DNA로부터 RNA를 거쳐 단백질로 흐른다.

모든 세포성 생물체에서 유전 물질은 DNA이다. 이 물질은 반드시 *복제(replicate)*가 가능하여 그 사본을 세포에서 세포로, 또한 부모에서 자손으로 전달될 수 있도록 해야 한다; 그리고 세포활성을 지시할 *정보(information)*를 가짐으로써 생물의 발달과 기능, 그리고 행동을 조절할 수 있어야 한다; 마지막으로 시간이 흐름에 따라 *변화(change)*가 가능하여 서로 다른 환경에 생물 집단들이 적응할 수 있어야 한다.

DNA 복제(DNA REPLICATION): 유전 정보의 증식

한 생물체의 유전물질은 세포분열 과정을 통해 모세포에서 딸세포들로 전달된다. 이것은 또한 생식을 통해 부모에서 자손으로 전달된다. 한 세포에서 다음 세포로, 또한 부모에서의 자손으로의 정확한 전달은 이중가닥의 DNA 분자가 복제될 수 있는 능력에 기초한다. DNA 복제는 매우 정확하다. 수억 개의 뉴클레오티드로 이루어진 분자들도 거의 실수 없이—있어도 아주 드물다—복제된다.

DNA 복제의 과정은 이중가닥의 DNA를 구성하고 있는 가닥들이 상보적이라는 성질에 기초를 두고 있다(■ **그림 1.6**). 이들 가닥들은 특정 염기쌍들 사이에서 발생하는 비교적 약한 결합인 수소결합에 의해 서로 붙들려 있다—A와 T, 그리고 G와 C가 짝을 이룬다. 이 결합들이 끊어지면, 나뉜 가닥들은 새로운 상대가닥들을 합성하는 데 주형으로 사용될 수 있다. 새로운 가닥들은 주형가닥의 반대쪽에 새로운 뉴클레오티드가 차례로 삽입되어 조립됨으로써 생긴다. 이러한 삽입은 염기쌍 규칙에 따라 일어난다. 그러므로, 합성되는 한쪽 가닥의 뉴클레오티드 서열은 주형가닥의 뉴클레오티드 서열로부터 지정되는 것이다. 복제 과정이 끝나면 각 주형가닥들은 새로 합성된 상대가닥들과 짝을 이룬다. 따라서, 하나의 원래 이중가닥으로부터 두 개의 똑같은 DNA 이중 나선이 생성된다.

DNA 복제의 과정은 저절로 일어나는 것이 아니다. 대부분의 생화학적 과정들과 마찬가지로, 이것은 효소에 의해 매개된다. 10장에서는 여러 효소들에 의해 이루어지는 DNA 복제의 과정에 대해 자세히 살펴보게 될 것이다.

유전자 발현: 유전 정보의 이용

DNA 분자들은 세포의 활성을 지시하는 정보를 포함하며 이 세포들로 구성된 생물체의 발

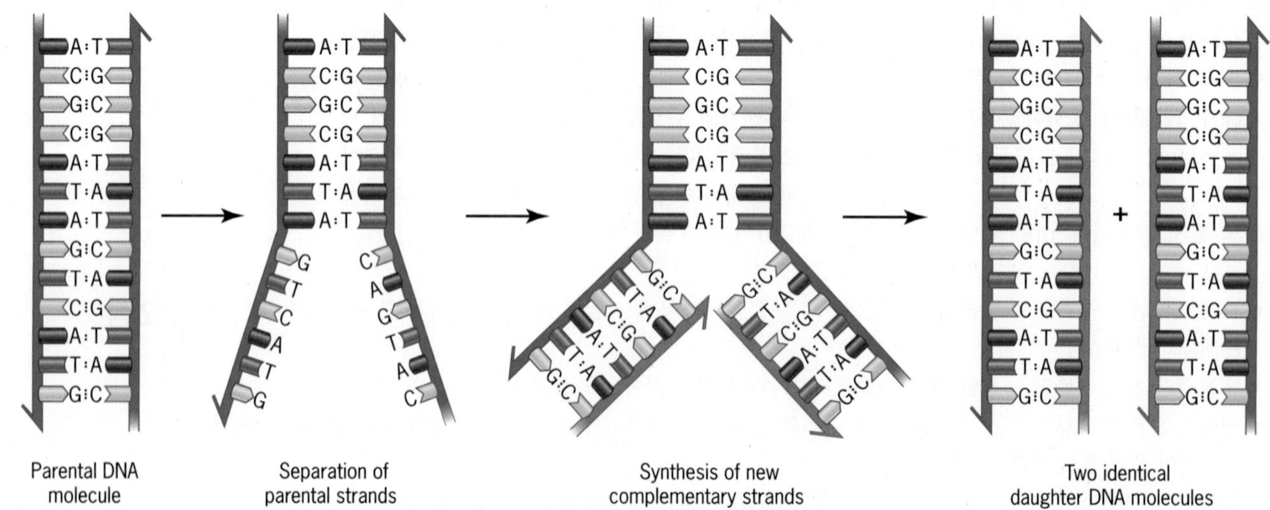

■ **그림 1.6** DNA 복제. 원래의 분자에 존재하던 두 가닥들은 서로 반대 방향으로 놓여 있다(화살표로 표시). 이 가닥들이 나뉘고 원래의 가닥들을 주형으로 하여 새로운 가닥들이 합성된다. 복제가 완료되면 두 개의 똑같은 이중가닥 DNA 분자들이 생산된다.

달과 기능, 그리고 행동을 조절한다. 이러한 정보는 유전체의 DNA 분자 내에 뉴클레오티드 서열로 암호화된다. 세포성 생물체들 중 가장 작은 유전체를 가지는 것으로 알려진 것은 *마이코플라즈마(Mycoplasma genitalium)*로 580,070개의 뉴클레오티드 쌍으로 구성되어 있다. 대조적으로, 인간의 유전체는 32억 뉴클레오티드 쌍으로 이루어진다. 이들 유전체 내에서 DNA에 포함된 정보는 우리가 유전자라고 부르는 단위로 조직화된다. *M. genitalium*은 482개의 유전자를 가지며, 사람의 정자세포는 약 20,500개의 유전자를 갖는다. 각 유전자는 DNA 분자의 길이를 따라 배열되어 있는 뉴클레오티드 쌍들로 이루어진다. 특정 DNA 분자는 수많은 여러 유전자들을 포함할 수 있다. 하나의 *M. genitalium* 세포에서, 모든 유전자들은 하나의 DNA 분자(이 생물의 염색체) 위에 자리하고 있다. 사람의 정자세포에서는 유전자들이 23개의 서로 다른 DNA 분자들(각각이 서로 다른 염색체들임)에 자리한다. *M. genitalium*에서는 대부분의 DNA가 유전자를 구성하는 반면, 사람의 DNA 대부분은 유전자가 아니다. 15장을 비롯한 이 책의 여러 곳에서 유전체의 유전자 부분과 비유전자 부분에 대해 살펴볼 것이다.

각 유전자들의 정보들은 어떻게 조직되고 발현되는가? 이러한 질문은 유전학의 중심 주제이며 11장과 12장에서 집중적으로 다룰 것이다. 여기서는 대부분의 유전자들이 단백질을 합성하는 지령을 가졌다고만 말해 두도록 하자. 각 단백질들은 하나 이상의 아미노산 사슬로 이루어져 있다. 이 사슬은 **폴리펩티드(polypeptide)**라고 불린다. 20가지의 서로 다른 아미노산들이 자연적으로 존재하며 수많은 아미노산들이 다양한 방식으로 모여서 폴리펩티드를 만든다. 각 폴리펩티드는 아미노산 순서가 독특하다. 일부 폴리펩티드들은 단 몇 개의 아미노산으로 이루어져 있어서 매우 짧고 또 어떤 것들은 수천 개의 아미노산들로 이루어져 매우 긴 것도 있다.

하나의 폴리펩티드를 구성하는 아미노산의 서열은, 유전자를 이루는 암호화 단위들의 순서에 의해 결정된다. 이들 암호화 단위를 **코돈(codon)**이라고 부르며, 연속한 3개의 뉴클레오티드로 이루어진다. 전형적인 유전자는 수백, 혹은 수천 개의 코돈을 포함한다. 각 코돈들은 폴리펩티드 내에서 특정 아미노산의 삽입을 지정한다. 그러므로, 하나의 유전자 내에 암호화된 정보는 하나의 폴리펩티드 합성 지시에 사용되며, 이 폴리펩티드가 바로 유전자 산물이다. 때때로, 암호화 정보가 어떻게 사용되느냐에 따라 하나의 유전자들이 여러 개의 폴리펩티드를 만들기도 한다. 그러나 이러한 폴리펩티드들은 보통 일부 공통된 아미노산 서열을 가짐으로써 서로 닮아 있는 연관성을 갖는다.

유전정보가 폴리펩티드를 만들도록 발현되는 것은 두 단계로 이루어진다(■ **그림 1.7**). 첫째로는, 유전자의 DNA에 포함된 정보가 RNA분자로 복사되는 것이다. 이 RNA는 DNA 이중가닥의 한쪽 가닥을 따라 단계적으로 조립된다. 이러한 조립과정 중에는 DNA의 T는 RNA의 A와 짝을 이루고, DNA의 C는 RNA의 G와, DNA의 G는 RNA의 C와, 그리고 DNA의 A는 RNA의 U와 짝을 이루게 된다. 그러므로 RNA의 뉴클레오티드 서열은 유전자의 DNA가닥으로부터 결정된다. RNA가 생산되는 이러한 과정을 **전사(transcription)**라고 부르며, RNA자체를 **전사체(transcript)**라고 한다. 이 RNA 전사체는 결국 그 주형 DNA로부터 분리되어 일부 생물체의 경우 첨가나 결실, 혹은 염기 변화를 겪게 된다. 결과적으로 얻어진 분자를 **전령 RNA(messenger RNA)** 혹은 단순히 **mRNA**라고 하며, 이것은 폴리펩티드 합성에 필요한 모든 정보를 포함하고 있다.

유전정보 발현의 두 번째 단계는 **번역(translation)**이라고 불린다. 이 단계에서는 유전자의 mRNA가 폴리펩티드 합성의 주형으로 작용한다. 이제 mRNA상에 존재하게 된 각 유전자의 코돈들은 폴리펩티드 사슬의 특정 아미노산 삽입을 지정한다. 한 번에 하나씩의 아미노산이 추가된다. 그러므로 폴리펩티드는 mRNA 한쪽 끝의 코돈부터 다른 쪽 끝으로 코돈을 하나씩 읽어가면서 단계적으로 합성된다. 폴리펩티드 합성이 완료되면 mRNA로부터 분리되어 3차원적 모양으로 정확하게 접히고, 세포에서의 역할을 수행한다. 일부 폴리펩티드들은 보통 서열의 첫 번째에 위치하는 메티오닌 아미노산을 제거함으로써 변형된다.

우리는 한 생물체의 모든 단백질들을 종합하여 **프로테옴(proteom)**이라고 부른다. 사람

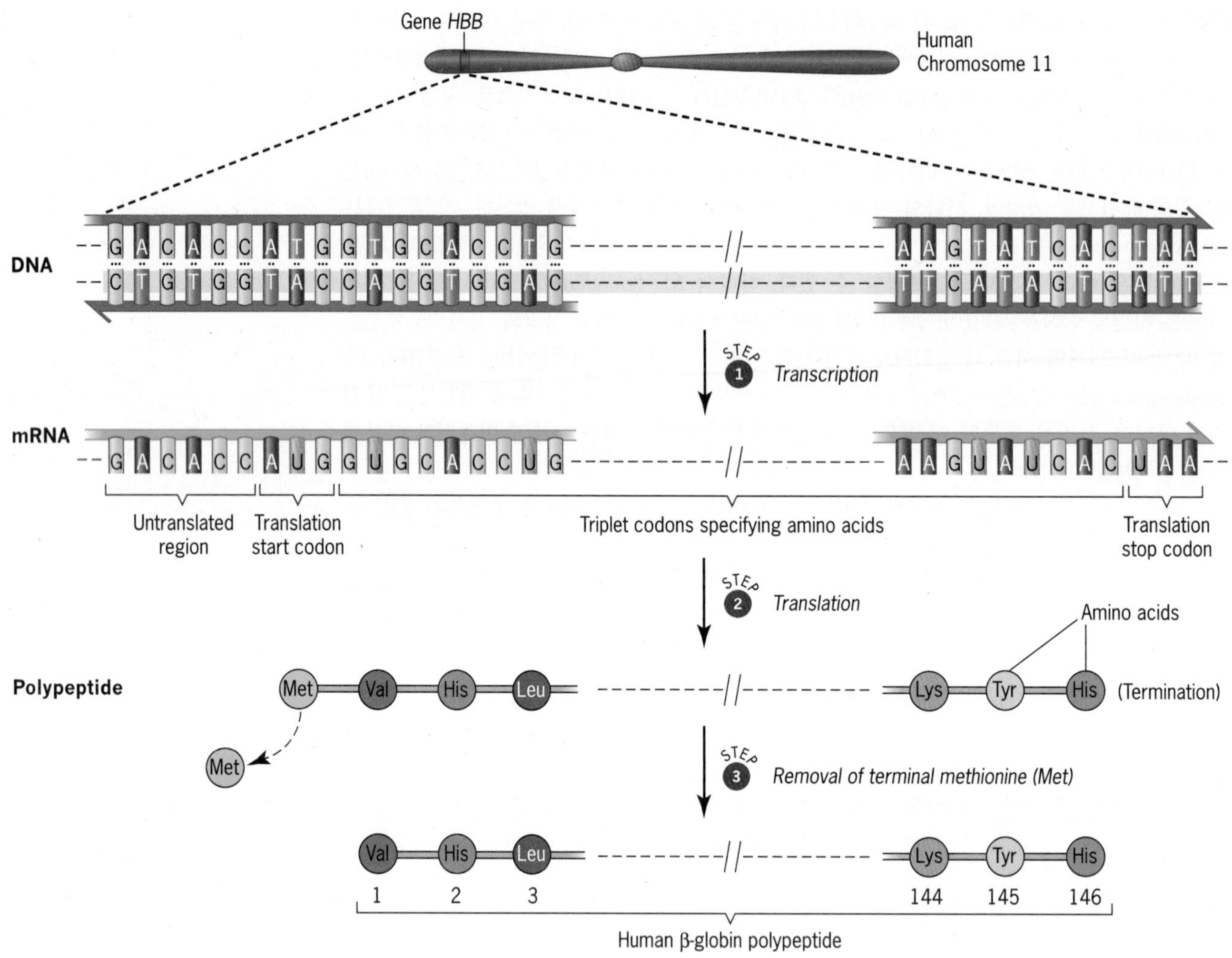

■ 그림 1.7 헤모글로빈의 β-글로빈 폴리펩티드를 암호화하고 있는 인간의 *HBB* 유전자가 발현되는 과정. 전사 과정(1 단계) 중에는 *HBB* DNA의 한 가닥(여기서는 밝게 표시된 아래 가닥)이 상보적 RNA를 합성하는 데 주형으로 작용한다. 변형과정을 거친 후에 얻어진 mRNA(전령 RNA)는 β-글로빈 폴리펩티드의 합성을 위한 주형으로 사용된다. 이 과정은 번역(2 단계)이라고 불린다. 번역 중에는, mRNA의 각 트리플렛 코돈(3중자 암호)이 폴리펩티드 사슬에 통합되는 아미노산을 지정하게 된다. 번역은 개시암호(start codon)에 의해 시작되며, 이 암호는 메티오닌(Met)의 통합을 지시한다. 이 과정은 종결암호(stop codon)에 의해 끝나며 이때는 아미노산이 통합되지 않는다. 번역이 완료된 후에는 최초의 메티오닌이 제거되고(3 단계) 성숙한 β-글로빈 폴리펩티드가 생산된다.

의 경우 약 2만~25,000개의 유전자들로 프로테옴을 구성하는 수십만 개의 단백질을 만들 수 있다. 이렇게 방대한 수의 사람 프로테옴이 가능한 이유는, 한 유전자가 서로 다르지만 연관성이 있는 여러 개의 폴리펩티드들을 만들 수 있으며, 이들이 다시 여러 가지 복잡한 방식으로 조합되어 서로 다른 단백질을 만들기 때문이다. 또 다른 이유로는 서로 다른 유전자들에 의해 암호화된 폴리펩티드들이 조합되어 단백질을 생산할 수 있기 때문이기도 하다. 만약 인간 유전체의 유전자 수가 크다면, 그 프로테옴의 수는 진짜로 방대한 수라고 할 수 있다.

세포 내의 모든 단백질들에 대한 연구 — 그 조성, 구성 폴리펩티드의 아미노산 서열, 이들 폴리펩티드들과 혹은 단백질들 사이의 상호작용, 그리고 당연히 이들 복잡한 분자들의 기능 등에 대한 — 를 **단백질체학(프로테오믹스, proteomics)**이라고 한다. 유전체학(지노믹스)과 마찬가지로, 단백질체학은 유전자들과 유전자 산물 연구에 사용되는 기술들의 발달과 아미노산 서열을 분석하고 데이터베이스를 검색하는 컴퓨터 프로그램들의 발달에 의해 가능해진 것이다.

이 모든 것들을 고려하면, 정보의 흐름은 DNA로 구성된 유전자들로부터 RNA로 구성된 매개체를 통해 아미노산으로 구성된 폴리펩티드로 일어난다는 것이 명확해진다(■ **그림** 1.8). 따라서, 일반적으로 정보 흐름은 DNA → RNA → 폴리펩티드로 이루어지며, 이것이 *분자생물학의 중심원리*(*central dogma of molecular biology*)로 일컬어지는 과정이다. 몇몇 단원에서 우리는 이 단계의 처음이 역전된 상황을 보게 될 것이다. 즉, RNA가 DNA 합성의 주형으로 사용되는 것인데, *역전사*(*reverse transcription*)라고 하는 이 과정은, 후천성 면역결핍증(acquired immune deficiency syndrome), 혹은 AIDS를 일으키는 특정 형태의 바이러스 활성에 중요한 역할을 한다; 이것은 또한 인간 유전체를 포함한 많은 생물들의 유전체 내용과 구성에 지대한 영향을 미친다. 17장에서는 유전체에 대한 역전사의 영향을 공부하게 될 것이다.

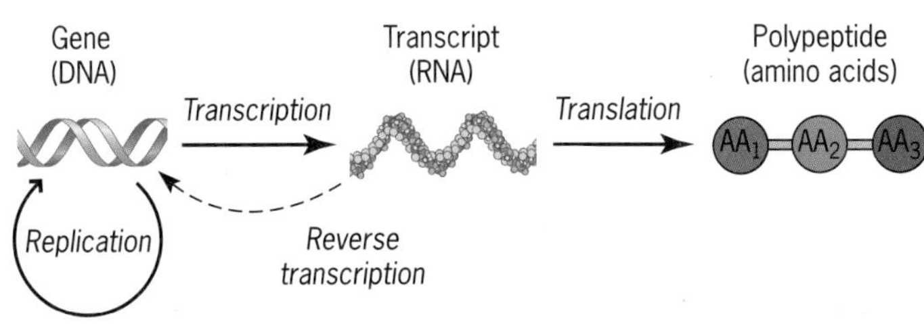

■ **그림 1.8** 분자생물학의 중심원리는 유전정보가 어떻게 증폭되고(DNA 복제를 통해) 발현되는지(전사와 번역을 통해)를 보여준다. 역전사과정에서는 RNA가 DNA 합성의 주형으로 사용된다.

한 때는 모든, 혹은 거의 모든 유전자들이 폴리펩티드를 암호화한다고 생각했었다. 그러나 최근의 연구는 이러한 생각이 틀린 것임을 보여준다. 많은 유전자들은 폴리펩티드들을 암호화하지 않으며, 대신, 그 최종산물로 세포 내에서 매우 중요한 역할을 담당하는 RNA를 만든다. 우리는 11장과 19장에서 이러한 RNA들과 이들을 만드는 유전자들에 대해 살펴 볼 것이다.

돌연변이: 유전 정보의 변화

DNA 복제는 아주 정확한 과정이지만, 그래도 완벽한 것은 아니다. 신장되는 DNA 가닥 내에서 낮지만 측정 가능한 빈도로 뉴클레오티드들이 잘못 삽입된다. 그러한 변화는 유전자 내에 암호화된 정보를 바꾸거나 망가뜨릴 가능성을 만든다. DNA 분자들은 또한 전자기 방사나 화학물질들에 의해 간혹 손상을 입는다. 물론 이렇게 유도된 손상들은 수리될 수도 있지만, 수리과정은 종종 흉터를 남긴다. 일련의 뉴클레오티드 서열이 결실되거나 중복될 수 있고, 혹은 전체 DNA 분자 구조 내에서 재배열이 일어날 수도 있다. 이러한 모든 종류의 변화를, 우리는 **돌연변이(mutation)**라고 부른다. 돌연변이의 발생에 의해 변화된 유전자들은 돌연변이 유전자라고 불린다.

종종 돌연변이 유전자들은 생물체에서 달라진 형질이 나타나도록 한다(■ **그림** 1.9). 예를 들어, 사람 유전체의 어떤 유전자는 β-글로빈(globin)이라는 단백질을 암호화한다. 이 폴리펩티드는 146개 아미노산 길이로서 혈액에서 산소를 운반하는 단백질인 헤모글로빈의 성분이다. β-글로빈의 146개 아미노산들은 β-글로빈 유전자의 146개 코돈과 상응하는 것이다. 이 코돈들 중 6번째가 폴리펩티드의 글루탐산을 지정한다. 아주 옛날에, 이름 모를 어떤 사람의 생식세포에서 이 코돈의 가운데 뉴클레오티드가 A:T쌍에서 T:A쌍으로 바뀌었고, 이 돌연변이는 이 사람의 후손들에 전달되었다. 이제는 몇몇 인간 집단에 널리 퍼진 이 돌연변이는 변화된 6번째 코돈 때문에 β-글로빈 내에 발린을 삽입하도록 한다. 이 사소해 보이는 변화는 헤모글로빈을 만들고 저장하는 세포인 적혈구의 구조에 악영향을 미친다. 정상 유전자만을 가진 사람들이 원반형의 적혈구를 가지는 반면, β-글로빈에 대해 돌연변이 유전자만을 가지는 사람들은 낫 모양의 적혈구를 가지게 된다. 낫 모양의 적혈구는 신체에 산소를 효과적으로 전달하지 못한다. 결과적으로 낫 모양의 적혈구를 가지는 사람들은 심각한 질병을 나타내게 되는데, 사실상 그것 때문에 죽을 수도 있다. 겸상 적혈구 빈혈증(sickle-cell anemia)이라고 불리는 이 병은 β-글로빈의 돌연변이로 추적 가능하다. 13장에서는 이와 같은 돌연변이의 성질과 원인들을 살펴보기로 하자.

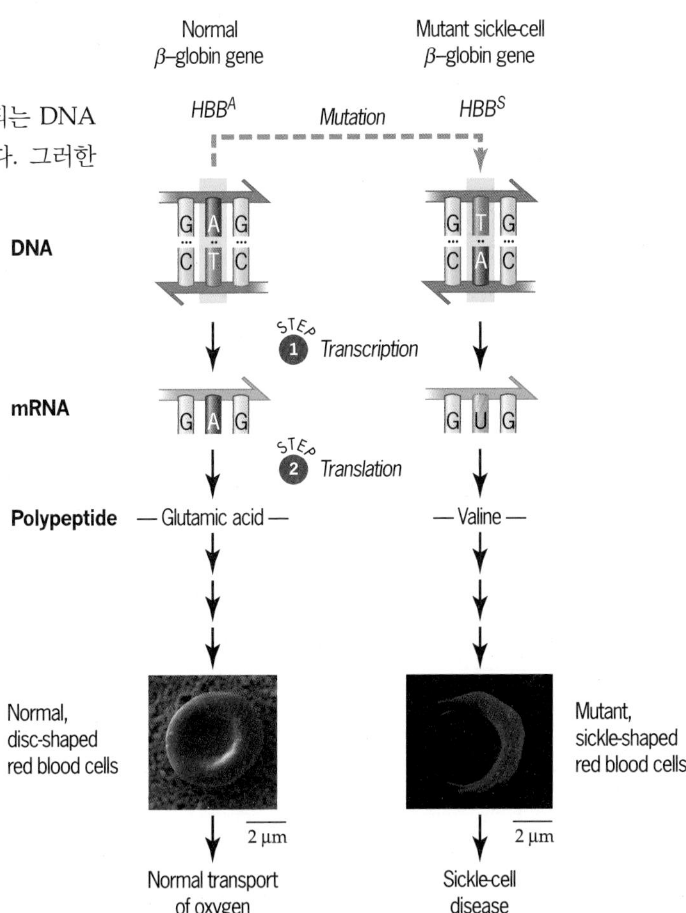

■ **그림 1.9** 인간의 β-글로빈 유전자에서 일어난 돌연변이의 성격과 결과. 겸상적혈구 빈혈증을 일으키는 돌연변이 유전자(오른쪽 상단의 HBB^S)는 β-글로빈 유전자(왼쪽 상단의 HBB^A)에서의 단일 염기쌍 치환에 의해 생긴 것이다. 돌연변이 유전자가 전사와 번역을 거치면, 정상적인 β-글로빈이 글루탐산을 포함하고 있는 위치(왼쪽 중앙)에 발린 아미노산을 가진 β-글로빈 폴리펩티드(오른쪽 중앙)가 생산된다. 이렇게 바뀐 하나의 아미노산은 정상적인 원반형 세포(왼쪽 아래)가 아니라 낫 모양의 적혈구(오른쪽 아래)가 생기도록 한다. 낫 모양(겸상) 세포들은 심각한 형태의 빈혈을 유발한다.

돌연변이의 과정은 또다른 측면을 갖는다 — 그것은 생물들의 유전물질에 다양성을 도입한다. 시간이 흐르면, 돌연변이 유전자들이 집단 내에 퍼질 것이다. 여러분들은 왜 돌연변이 β-글로빈이 일부 인류집단에 비교적 흔하게 존재하는지 의아할 수도 있을 것이다. 이 돌연변이 유전자와 비돌연변이 유전자를 둘 다 가지는 사람들은 말라리아를 일으키는 혈액 기생충에 저항적이라는 사실이 드러났다. 따라서 이런 사람들은 말라리아가 생명을 위협하는 지역의 환경에서는 생존 가능성이 높아진다. 이렇게 증가된 생존력 때문에 그들은 다른 사람들보다 더 많은 자손을 낳을 것이고 그들이 가진 그 돌연변이 대립인자는 집단 내에 퍼지게 된다. 이러한 예는 집단의 유전적 조성 — 여기서는 인간 집단 — 이 어떻게 시간이 흐르면서 변화하는지를 보여준다.

요점

- *DNA가 복사될 때, 이중가닥의 분자들에서 각 가닥은 상보적인 가닥의 합성에 주형으로 작용한다.*
- *유전물질이 발현될 때는, DNA 이중가닥의 한쪽만이 상보적인 RNA가닥의 합성시에 주형으로 사용된다.*
- *대부분의 유전자에서, RNA합성(전사)으로 전령 RNA(mRNA)가 될 분자가 만들어진다.*
- *mRNA에 암호화된 정보는 폴리펩티드의 아미노산 서열로 번역된다.*
- *돌연변이들은 유전자의 DNA서열을 변화시킨다.*
- *돌연변이에 의해 생긴 유전적 다양성은 생물학적 진화의 기초이다.*

유전학과 진화

유전학은 진화 연구에 많은 기여를 한다.

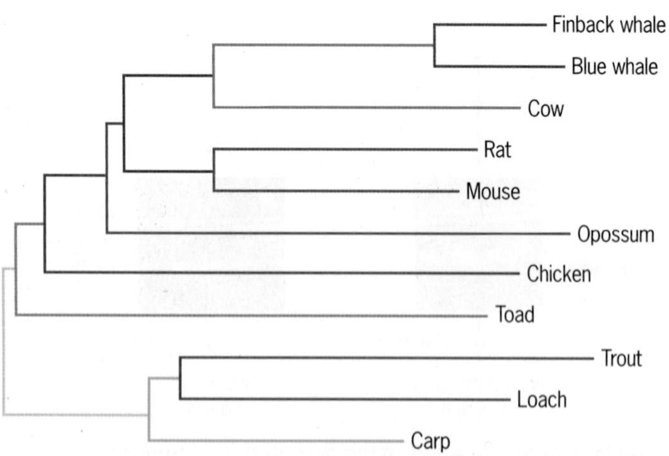

■ **그림 1.10** 서로 다른 11종류의 척추동물들 사이의 진화적 연관관계를 보여주는 계통수. 이 나무(계통수)는 이 동물들의 미토콘드리아에서 발견된 DNA에 존재하는 시토크롬 b 유전자의 서열을 비교하여 구성한 것이다. 이 11 종류의 동물들은 시토크롬 b 유전자 서열의 유사도에 따라 위치가 결정되었다. 이 나무는 세 물고기 종들의 자리를 제외하면 화석 연구로부터 얻어진 자료 등 다른 정보와도 부합한다. 미꾸라지는 실제로 송어보다는 잉어와 더 가깝다. 이러한 차이는 DNA서열 비교의 결과를 해석할 때 조심해야 할 점이 있음을 보여준다.

오랜 시간이 지나면서 점차적으로 돌연변이들이 DNA에 축적되므로, 우리는 서로 다른 개체들에서 나타나는 차이로서 돌연변이의 효과를 알아볼 수 있다. 멘델의 완두 계통들은 서로 다른 돌연변이 유전자들을 가지고 있으며 서로 다른 민족 집단의 인간도 마찬가지다. 거의 모든 종들에서 적어도 몇 가지의 관찰 가능한 변이들은 유전적 기초를 가진다. 19세기 중반, 멘델과 동시대 인물들인 찰스 다윈(*Charles Darwin*)과 알프레드 월레스(*Alfred Wallace*)는 이러한 변이들이 시간이 지나면 종을 서로 달라지게 — 즉, 진화하게 — 할 수 있다는 제안을 했다.

이러한 다윈과 월레스의 생각은 과학적 사고를 크게 변화시켰다. 그들은 생물학에 역사적 관점을 도입했으며 모든 생물들이 공통조상으로부터 나온 후손이므로 서로 연관된다는 개념에 대한 증거를 제시했다. 그러나 이러한 생각이 제안되었을 당시에는 멘델의 유전에 대한 연구는 진행중이었고 유전학은 아직 생기지도 않았었다. 생물학적 진화에 대한 연구는 멘델의 발견이 빛을 본 20세기 초반에 촉발되어, 그 세기 말에 출현한 DNA서열화 기술에 의해 새로운 전기를 맞았다. DNA서열화 방법에 의해 우리는 서로 다른 생물들의 유전물질들에서 유사성과 차이점을 관찰할 수 있게 되었다. DNA의 뉴클레오티드 서열이 역사적 산물이라는 가정을 받아들이면, 이러한 유사성과 차이점을 시간의 틀 속에서 해석할 수 있게 된다. 비슷한 DNA서열을 가진 생물들은 최근의 공통조상에서 나온 후손들이고, 덜 유사한 DNA서열을 가진 생물들은 좀 더 먼 공통조상으로부터 유래한 것이다. 이러한 논리를 사용하여, 연구자들은 생물들 사이의 역사적 연관성을 확립할 수 있다(■ **그림 1.10**). 우리는 이런 연관성을 계통수(phylogenetic tree)라고 부르거나, 혹은 좀 더 간단히 **계통(phylogeny)**이라고 한다. 이 말은 그리스어의 "종족의 기원"이라는 의미에서 나온 말이다.

오늘날, 계통수의 구성은 진화학 연구에서 중요한 부분이다. 생물학자들은 유전체 프로젝트와 미국 국립 과학 재단의 "생명의 나무(Tree of life)"프로젝트에서 나온 DNA서열 자료들, 그리고 생물이나 화석에서 수집된 해부학적 자료들을 이용하여 종들 사이의 유전적 연관성을 구분한다. 우리는 23장과 24장에서 진화에 대한 유전적 기초에 대해 알아볼 것이다.

요점

- *진화는 생물집단에서 돌연변이가 생기고, 전달되고 퍼져 나가는 데 의존한다.*
- *DNA서열 자료들은 진화의 역사적 과정들을 연구하는 방법을 제공한다.*

유전학적 분석의 수준

DNA 분자로 이루어진 유전자로부터 생물집단들에 이르기까지, 유전학자들은 여러 가지 서로 다른 관점에서 접근하여 연구한다.

유전적 분석은 서로 다른 여러 수준으로 이루어진다. 가장 오래된 형태의 유전적 분석은 서로 다른 계통의 생물들이 교배되었을 때 형질들이 어떻게 유전되는지에 관심을 두는 멘델의 발자취를 따르는 것이다. 또다른 형태의 유전적 분석은 왓슨과 크릭, 그리고 여러 유전체 프로젝트 종사자들처럼 유전물질의 분자적 구성에 초점을 두는 방법이다. 아니면, 다윈과 월레스를 모방하여 생물집단 전체에 초점을 맞추는 것이다. 이러한 모든 수준의 유전적 분석은 오늘날의 연구에 일상적으로 사용된다. 비록 이 책의 여러 곳에서 이러한 방법들을 만나게 되겠지만 여기서 간단히 소개를 해보도록 하자.

고전유전학(CLASSICAL GENETICS)

DNA 구조의 발견 이전의 시기를 종종 *고전 유전학의 시대(era of classical genetics)*라고 부른다. 이 시기의 유전학자들은, 멘델이 완두를 사용했던 것과 마찬가지로, 서로 다른 생물 계통들 사이의 교배 결과를 분석함으로써 연구했다. 이러한 형태의 분석에서는, 교배 후 얻어진 자손에서 형질 차이의 유전을 연구함으로써 — 예를 들어 큰 키의 완두와 키 작은 완두 — 유전자가 규명되었다. 형질의 차이는 다른 형태의 유전자 때문이다. 때로는 하나 이상의 유전자들이 하나의 형질에 영향을 미치기도 하고, 때로는 온도나 영양성분 같은 환경 요인이 효과를 발휘하기도 한다. 이러한 복잡성은 유전적 분석을 어렵게 한다.

유전자 연구에 대한 고전적인 접근은 유전자를 가지고 있는 세포학적 실체인 염색체들의 구조와 행동에 관한 연구와 연결될 수 있다. 유전 양식을 분석함으로써, 유전학자들은 특정 염색체와 특정 유전자를 연결시킬 수 있다. 좀 더 자세히 분석하면 유전자들을 염색체의 특정 위치에 지정하는 것도 가능하다. 이러한 작업을 염색체 지도화(chromosome mapping)라고 한다. 이러한 연구들은 한 세대에서 다음 세대로 유전자와 염색체들의 전달을 강조하기 때문에, 종종 *전달유전학(transmission genetics)*이라고 불린다. 그러나 고전적인 유전학은 유전자와 염색체의 전달에만 국한되는 것은 아니다. 이것은 유전물질의 성질에 대한 연구 — 어떻게 형질을 조절하고 어떻게 돌연변이 되는가 — 에 대해서도 연구한다. 우리는 고전 유전학의 요점들을 3~8장에서 다루도록 할 것이다.

분자유전학(MOLECULAR GENETICS)

DNA구조의 발견과 함께 유전학은 새로운 시기로 진입했다. 복제, 발현, 그리고 유전자의 돌연변이 등은 이제 분자 수준에서 연구된다. 유전적 분석에 대한 이러한 접근은 DNA 분자들이 쉽게 서열화 되면서 새로운 수준으로 올라서게 되었다. 분자 유전학적 분석은 DNA 서열 연구에 그 뿌리를 둔다. DNA서열에 대한 지식과, 다른 DNA서열들과의 비교분석으로 유전학자들은 유전자를 화학적으로 정의할 수 있게 되었다. 유전자의 내부 구성물 — 암호화 서열, 조절 서열, 그리고 비암호화 서열들—이 규명될 수 있고, 그 유전자에 의해 암호화되는 폴리펩티드의 성질이 예측될 수 있다.

그러나 유전적 분석에 대한 분자적 접근법은 DNA서열들에 대한 연구 그 이상이다. 유전학자들은 특정 부위에서 DNA 분자를 자르는 방법을 배웠다. 유전자 전체나 혹은 일부가 어떤 DNA 분자에서 잘려져 다른 DNA 분자로 삽입될 수 있다. 이러한 "재조합" DNA 분자들은 세균 세포나 적당한 효소들이 첨가된 시험관 내에서 복제될 수 있다. 반나절 만에 실험실에서 특정 유전자들이 mg의 양으로 생산될 수 있다. 간단히 말해, 유전학자들은 유전자를 어느 정도 마음대로 조작할 수 있게 된 것이다. 이러한 인위적 조작은 연구자들로 하여금 유전현상을 아주 자세하게 연구할 수 있게 해준다. 유전학자들은 심지어 한 생물의 유전자들을 다른 생물로 옮기는 방법도 배웠다. 우리는 이 책의 여러 장들에서 이러한 분자 유전학적 분석들에 대한 사례들을 만날 수 있다.

집단유전학(POPULATION GENETICS)

유전학자들은 또한 생물체의 전체 집단 수준에서도 연구할 수 있다. 집단 내의 개체들은 하나의 유전자에 대해 여러 가지의 서로 다른 대립인자들을 가진다; 아마도 개체들은 많은 유전자들에서 서로 다른 대립인자들을 가질 것이다. 이러한 차이들은 개체들을 유전적으로 두드러지게 하여 독특하게 한다. 다시 말하면, 집단의 구성원들은 그들의 유전적 조성에 있어서 서로 다르다. 유전학자들은 이러한 다양성의 증거를 찾으려 하며, 또한 이들의 중요성을 이해하고자 한다. 그들의 가장 기본적인 접근방식은 집단 내 특정 대립인자의 빈도를 결정하고 그 빈도가 시간에 따라 변하는지를 확인한다. 만약 그렇다며 그 집단은 진화하는 것이다. 그러므로 집단 내의 유전적 다양성을 측정하는 것은 생물학적 진화를 연구하는 기초가 된다. 이것은 또한 신체의 크기나 질병에 대한 감수성과 같은 복잡한 형질의 유전을 이해하기 위한 노력에도 유용하게 사용된다. 종종 복잡한 형질들은 농업적으로나 의학적으로 중요하기 때문에 상당한 관심의 대상이 된다. 이러한 집단 수준의 유전학적 분석에 대해서는 22, 23, 24장에서 다루게 될 것이다.

요점

- *고전적 유전 분석에서는 서로 다른 계통들의 생물들이 교배된 후 그 형질의 유전을 살펴봄으로써 유전자들이 연구된다.*
- *분자 유전학적 분석법에서는 유전자들이 분리되고, 서열화되며, 조작되고, 유전자 발현 산물들이 조사됨으로써 분석된다.*
- *집단 유전학적 분석에서는 생물 집단들에 존재하는 개체들 사이의 다양성을 측정함으로써 유전자들이 연구된다.*

세계의 유전학: 인류의 노력과 유전학적 응용

유전학은 연구실 밖의 여러 분야와 연관성을 가진다.

유전학은 유럽의 수도원 내에서 시작되었지만 지금은 세계적인 사업이다. 유전학의 중요성과 세계적 관심은 세계 여러 나라 유전학자들의 경연장인 현대의 과학 잡지에서 뚜렷하게 드러난다. 이것은 또한 농업, 의학, 그리고 세계적으로 이루어지는 인류의 여러 가지 노력들에 적용되는 유전학의 수많은 방식들에서도 두드러진다. 14, 15, 16, 23, 그리고 24장에서는 이러한 유전학의 응용에 대해서 알아보게 될 것이다. 다음은 그 중 가장 중요한 몇 가지를 소개한 것이다.

농업에서의 유전학

최초의 도시화가 시작되었을 당시에도, 인류는 이미 작물을 재배하고 동물을 사육하는 것

Angus

Beef master

Simmental

Charolais

Armin Floreth/imagebroker/Alamy

■ 그림 1.11 소의 품종들.

을 알고 있었다. 그들은 또한 선택적 교배에 의해 그 작물이나 가축들을 개량하는 방법도 알고 있었다. 이 같은 멘델 전의 유전학적 적용은 확실히 효과가 있었다. 오랜 세대를 거치면서 가축과 작물들은 그들의 야생형 조상들과는 매우 달라졌다. 예를 들어, 소들은 그 모양새와 행동이 많이 변했다(■ **그림** 1.11). 그리고 테오신테(teosinte)라고 불리던 야생 잡초의 후손인 옥수수는 너무 많이 변해서 인간의 재배 없이는 더 이상 자라지 못하는 품종이 되었다(■ **그림** 1.12).

선택적 교배 프로그램 — 이제는 유전적 이론으로 무장된 — 은 농업에서 늘 중요하게 작용한다. 점점 늘어나는 인류 집단을 부양하기 위해 생산성이 높은 밀, 옥수수, 쌀, 그리고 다른 많은 식물들이 육종가들에 의해 개발되었다. 선택적 교배 기술은 또한 육우나 젖소, 돼지, 양과 같은 동물 뿐 아니라 그늘을 드리우는 나무나 잔디, 그리고 정원용 꽃들 같은 원예식물에도 적용되어 왔다.

1980년대 초에, 작물과 가축 개량에 대한 고전적 접근들은 분자 유전학적 접근들로 보강되거나 일부는 대체되었다. 몇몇 종들의 염색체에 대해 자세한 유전적 지도가 완성되어 농업적 중요성을 가지는 유전자들을 정확히 겨냥할 수 있게 된 것이다. 낟알의 양이나 질병 감수성을 결정하는 유전자들의 위치를 정확히 알게 됨으로써 육종가들은 이제 그러한 특정 대립인자들을 농업 품종들로 도입하기 위한 구체적 계획을 수립할 수 있게 되었다. 이러한 지도화 작업들은 집요하게 계속되어 몇몇 종들에 대해 완전한 유전체 서열이 얻어졌다. 다른 작물이나 가축의 유전체 서열화 작업들도 아직 진행되고 있다. 유용성을 가질만한 모든 종류의 유전자들이 이러한 사업들에 의해 규명되어 연구 중에 있다.

식물이나 동물 육종가들은 또한 다른 종들의 유전자들을 작물이나 가축에 도입하기 위해 분자 유전학적 기술을 사용한다. 이렇게 한 생물의 유전적 구성을 변화시키는 과정은 처

■ 그림 1.12 옥수수 자루들(오른쪽)과 그 조상인 테오신테(왼쪽).

(a)

(b)

■ 그림 1.13 농업에서 이루어지는 유전자 조작 식물의 사용. (a) 유럽 조명충나방의 애벌레는 옥수숫대를 먹어치운다. (b) 옆에 나란히 놓인 옥수숫대들은 조명충나방에 감수성을 나타내는 작물(아래쪽)과 저항성을 나타내는 작물(위쪽)에서 얻은 옥수숫대를 비교한 것이다. 이러한 저항성 작물은 *Bacillus thuringiensis*에서 유래한 살충 단백질 유전자를 발현시킨다.

음에는 초파리와 같은 실험동물들을 사용함으로써 개발된 것이다. 오늘날 이러한 방법들은 많은 종류의 생물체들에서 유전 물질들을 증가시키는 데 널리 사용된다. 외래 유전자들의 도입으로 변화된 식물이나 동물들을 *GMOs(genetically modified organisms)*, 즉 유전적으로 조작된 생물이라고 부른다. BT 옥수수가 그 예이다. 미국에서 현재 재배되는 많은 옥수수 품종들이 *Bacillus thurigiensis*라는 세균의 유전자를 가지고 있다. 이 유전자는 많은 곤충에 독성을 나타내는 단백질을 암호화한다. BT 독소 유전자를 가진 옥수수 계통들은 과거에 막대한 손실을 입혀왔던 유럽 조명충에 대해 저항성을 나타낸다(■ **그림 1.13**). 그러므로, BT 옥수수는 자신을 위한 살충제를 생산하는 것이다.

GMO들의 개발과 사용은 세계적인 논란을 일으켰다. 예를 들어, 아프리카와 유럽 국가들은 BT 옥수수를 재배하거나 미국산 BT 옥수수를 구매하기를 꺼린다. 그들의 혐오는 여러 가지 이유에 기인하는데, 소농장주들과 거대 농업 회사들 간의 이익 충돌, 유전적으로 조작된 식품을 소비하는 것의 위험성에 대한 우려 등이 포함된 것이다. 또한 BT 옥수수가 나비나 꿀벌 같이 해충이 아닌 곤충을 죽일 수도 있다는 우려도 한 몫 한다. 분자 유전학의 발전은 농업을 심각하게 변화시킬 수 있는 도구와 재료들을 제공한다. 오늘날, 정책 입안자들은 이러한 새로운 기술들이 가지는 여러 가지 가능성들에 대해 고민하고 있다.

의학에서의 유전학

고전 유전학은 의사들에게 돌연변이 유전자들에 의해 발생하는 여러 유전병들의 목록을 제공했다. 이들 질병들에 대한 연구는 멘델의 연구가 재발견된 직후에 시작되었다. 1909년, 영국의 의사이자 생화학자였던 아치볼드 게로드 경(Sir Archibald Garrod)은 '*선천성 대사질환(Inborn Errors of Metabolism)*'이라는 책을 출간했다. 이 책에서 그는 어떻게 대사 장애가 돌연변이 대립인자를 추적할 수 있는지를 기록했다. 그의 연구는 매우 영향력이 커서 그 이후 수십 년 동안 인간에서 많은 수의 유전성 질환들이 발견되었다. 이러한 연구를 바탕으로 의사들은 유전성 질환을 진단하고, 가족력을 추적하며, 특정 개인이 그러한 질환을 물려받게 될 가능성을 예측하는 법을 배웠다. 오늘날 많은 병원과 진료소들은, 유전질병을 물려받을 확률에 대해 사람들에게 조언할 수 있도록, 훈련받은 *유전 상담원(genetic counselor)*이라고 하는 전문가를 두고 있다. 우리는 3장에서 유전상담에 대한 여러 분야들을 논의하게 될 것이다.

대부분의 인류 집단에서 게로드가 연구했던 것과 같은 유전질환을 가진 사람들은 그다지 흔치 않다. 예를 들어, 신생아들 중 아미노산 대사 질환의 하나인 페닐케톤뇨증(phenylketonuria)의 빈도는 만 명당 한 명 꼴이다. 그러나 돌연변이 인자들은 좀 더 흔한 인류 질환들—예를 들어 암이나 심장병 같은—에도 역시 기여한다. 22장에서는 심장질환에 얼마나 취약한 가와 같은 복잡한 형질의 유전적 위험도를 측정할 수 있는 방법에 대해 탐구해 볼 것이다. 21장에서는 암의 유전적 기초에 대해서 알아보도록 하자.

분자 유전학의 발달로 개인에서 돌연변이 인자를 찾아내는 새로운 방법들이 제공되고 있다. 현재 DNA 분석에 기초한 진단법은 이미 사용되고 있다. 일례로, 병원 실험실에서는 혈액이나 구강 상피 세포를 이용하여 *BRCA1* 유전자의 돌연변이 대립인자를 검사할 수 있다. 이 유전자를 가진 사람들은 유방암에 걸릴 유전적 소인이 높다. 만약 한 여자가 그 돌연변이 인자를 가졌다면, 그녀는 유방암의 발생을 막기 위해 유방절제술을 권고 받을지도 모른다. 또한 그녀는 아이를 갖지 않도록 권유될 수도 있는데, 그 이유는 그녀의 아이들이

BRCA1 돌연변이 유전자를 물려받을 확률이 50%나 되기 때문이다. 그러므로 이러한 새로운 분자유전학적 기술의 적용은 관련된 사람들에게서 어려운 문제들을 야기한다.

분자유전학은 질병치료에 대해서도 새로운 방법을 제공한다. 수십 년 동안 당뇨병은 동물, 주로 돼지에서 얻어진 인슐린으로 치료했다. 오늘날에는 완전한 사람 인슐린이 인간 유전자를 가진 세균에서 제조된다. 거대한 통 속에서 세균들이 산업적 규모의 인슐린 폴리펩티드를 생산하도록 배양된다. 이전에는 사체로부터 분리되던 인간의 성장호르몬 역시도 세균에서 제조된다. 이 호르몬은 성장호르몬 유전자들의 돌연변이로 충분한 양의 성장호르몬이 생산되지 않는 아이들을 치료하는 데 사용된다. 추가적인 호르몬 치료가 없으면 이 아이들은 왜소증에 걸리게 된다. 요즘은 의학적으로 중요한 여러 가지 단백질들이라면 일반적으로, 해당 인간 유전자들로 형질전환된 세균 세포들에서 생산된다. 그러한 단백질들의 대규모 생산은 신생 생물공학 산업의 한 단면이다. 세균 세포에서 인간의 단백질을 생산하는 방법에 대해서는 16장에서 살펴보게 될 것이다.

인간의 유전자 치료는 분자 유전학적 기술이 질병을 치료하는 또다른 방법이다. 이 치료 전략은 건강하고 기능적인 특정 유전자 사본을, 돌연변이 유전자 만을 가진 개인의 세포에 주입하는 것이다. 삽입된 유전자는 개인이 물려받은 망가진 유전자를 보상해준다. 지금까지, 인간의 유전자 치료는 혼란스러운 결과를 내놓았다. 심각한 호흡기 질환인 낭포성 섬유증(Cystic Fibrosis, CF)에 걸린 개인들을 위해, 정상 *CF* 유전자를 폐세포에 도입함으로써 치료하려는 방법은 성공적이지 못했다. 그러나 의학유전학자들은 해당 정상 유전자들을 나중에 면역세포와 혈액 세포로 분화될 골수 세포에 도입함으로써 면역계와 혈액 세포 질병들을 치료하는 데는 성공하였다. 우리는 16장에서 인간 유전자 치료의 새로운 기술들과 이에 관련된 위험성들을 논의하고자 한다.

사회 속의 유전학

현대 사회는 기초과학 연구에서 나온 기술들에 상당히 의존적이다. 우리의 제조 및 서비스 산업은 대량생산, 빠른 통신, 그리고 대량의 정보처리를 위한 기술 위에 세워져 있다. 우리의 생활양식 또한 이 기술들에 의존한다. 좀 더 근본적인 수준에서, 현대 사회는 식량과 건강관리를 제공하는 기술에 의존한다. 우리는 이미 어떻게 유전학이 이러한 중요한 요구에 기여하는지를 살펴보았다. 그러나 유전학은 다른 방법으로도 사회에 영향을 미친다.

한 가지는 경제적인 것이다. 유전학적 연구로부터 얻어진 발견들은 생명공학 산업에서 무수한 사업들을 촉발시킨다. 약품이나 진단시약 시장, 그리고 DNA 프로파일링 서비스를 제공하는 회사들은 세계적인 경제 성장에 기여해 왔다. 다른 하나는 법적인 것이다. DNA 서열들은 개인마다 다르고 이러한 차이를 분석함으로써 사람들의 신원을 확인할 수 있다. 그러한 분석들은 이제 친자 감별, 범죄 현장에서의 범죄 확인이나 무고한 피고인의 구제, 유산 소송에서의 권리 확인, 사망자 신원 확인 등 여러 상황에서 일상적으로 사용되고 있다. DNA 분석에 기초한 증거들은 전 세계의 법정에서 이제는 일상적인 일이 되었다.

그러나 유전학의 영향이 우리 사회의 물질적, 상업적, 법적 측면에만 미치는 것은 아니다. 유전학의 주제인 DNA가 우리의 필수적인 부분이기 때문에 유전학은 우리 존재의 핵심을 건드린다. 유전학으로부터 얻어진 발견들은 심각하고 어려운, 때로는 혼란스러운 실존적 문제를 야기한다. 우리는 누구인가? 우리는 어디에서 왔는가? 우리의 유전적 구성이 우리의 성질을 결정하는가? 우리의 재능은 어떤가? 우리의 학습 능력은? 우리의 행동은? 그것이 우리가 문화를 구축하는 데도 역할을 했을까? 우리가 사회를 이루는 방식에 대해서 영향을 미치진 않을까? 우리가 다른 사람을 대하는 방식에 대해서도 영향을 미칠까? 우리의 유전자와 그들이 우리에게 어떻게 영향을 미치는지에 대한 지식이 도덕과 정의, 선과 악, 자유와 책임에 대한 우리의 생각에 영향을 미칠까? 그런 지식은 우리가 인간이 된다는 것이 가지는 의미에 대한 생각을 변화시킬까? 좋든 싫든 이러한 시범적 질문들은 멀지 않은 미래에서 우리를 기다리고 있다.

요점
- *유전학에서의 발견들은 농업과 의학에서 그 과정과 실천방법들을 변화시킨다.*
- *유전학의 발전은 윤리적, 법적, 정치적, 사회적, 그리고 철학적 문제들을 야기한다.*

기초 연습문제

기본적인 유전분석 풀이

1. 세포의 유전적 정보는 어떻게 발현되는가?

답: 유전정보는 DNA의 서열로 암호화된다. 이 서열들은 처음에는 상보적인 RNA를 합성하는 데—전사라고 불리는 과정—사용되고, 다시 그 RNA는 번역이라고 불리는 과정에 의해 폴리펩티드의 아미노산들을 순차적으로 지정하는 데 주형으로 사용된다. 폴리펩티드의 각 아미노산들은 DNA의 3 뉴클레오티드 서열과 상응한다. 서로 다른 아미노산들을 암호화하는 3개의 뉴클레오티드들을 코돈이라고 한다.

2. 돌연변이의 진화적 중요성은 무엇인가?

답: 돌연변이는 유전자(그리고 유전체의 비유전자 부분에도 역시)의 DNA서열에 변화를 만든다. 이러한 변화들은 오랜 시간동안 집단의 개체들에 축적되고 결국 개체들에서 관찰 가능한 차이를 만들게 된다. 하나의 개체군(집단)은 오랜 시간 동안 축적된 서로 다른 돌연변이에 의해 다른 집단과 달라질 수 있다. 그러므로 돌연변이는 집단 수준에서 서로 다른 진화적 결과를 만든다.

지식검사

서로 다른 개념과 기술의 통합

1. 하나의 유전자가 10개의 코돈을 포함한다고 하자. 이 유전자는 몇 개의 암호화 뉴클레오티드를 갖는가? 생성된 폴리펩티드에는 몇 개의 아미노산이 있겠는가? 10개의 코돈을 가진 모든 가능한 유전자들이 있다면 이들이 만들어 내는 서로 다른 폴리펩티드의 종류는 몇 가지나 될까?

답: 이 유전자는 30개의 뉴클레오티드를 가진다. 그 폴리펩티드는 10개의 아미노산을 가질 것이며(종결코돈을 생각하지 않은 경우) 각각은 유전자의 코돈과 상응하는 것이다. 각 코돈들이 20개의 아미노산 중 하나를 지정한다고 하면, 10개 코돈 길이의 모든 가능한 조합의 유전자들은 총 20^{10}개라는 엄청난 숫자의 폴리펩티드를 만들 것이다!

연습문제

이해력 증진과 분석력 개발

1.1 유전에 대한 멘델의 핵심 아이디어는 어떤 것이었는지 몇 문장으로 정리해보라.

1.2 DNA와 RNA는 모두 뉴클레오티드로 구성되어 있다. 뉴클레오티드를 이루는 것은 어떤 분자들인가?

1.3 DNA에는 어떤 염기들이 존재하는가? RNA에는 어떤 염기들이 존재하는가? 이들 핵산들 각각에는 어떠한 당(sugar)들이 존재하는가?

1.4 유전체(genome)란 무엇인가?

1.5 DNA의 한 가닥의 서열이 TAAGCCTGC이다. 만약 이 가닥이 DNA 합성의 주형가닥으로 사용된다면, 새로 합성된 가닥의 서열은 어떠할 것인가?

1.6 한 유전자가 138개의 코돈을 포함한다. 이 유전자의 암호화 서열에는 몇 개의 뉴클레오티드가 존재하는가? 이 유전자에 의해 암호화되는 폴리펩티드에는 몇 개의 아미노산들이 존재할 것으로 생각되는가?

1.7 전사되고 있는 어떤 유전자의 주형가닥이 TAGCTTAGT이다. 이 주형으로부터 만들어지는 RNA의 서열은?

1.8 전사(transcription)와 번역(translation)의 차이점은 무엇인가?

1.9 RNA는 DNA 주형으로부터 합성된다. RNA를 주형으로 한 DNA 합성은 일어날 수 있을까? 설명해보라.

1.10 α-글로빈 유전자는 모든 척추동물 종에 존재한다. 수백만 년 동안 이 유전자의 DNA서열은 각 생물 종들의 계통에 따라 변화해 왔다. 결과적으로 α-글로빈 단백질의 아미노산 서열도 계통에 따라 변화했다. 이 폴리펩티드의 141개 아미노산 중에서 사람은 상어의 α-글로빈과는 68개 아미노산이 틀리고; 잉어와는 17개 아미노산; 소와는 79개의 아미노산 자리에서 차이가 난다. 이 자료가 척추동물 종들의 진화적 계통을 시사하는가?

1.11 겸상적혈구 빈혈증은 β-글로빈 유전자에서 하나의 코돈에서 생긴 돌연변이에 기인한다; 이 돌연변이가 β-글로빈 폴리펩티드의 6번째 아미노산을 글루탐산 대신 발린으로 바꾸기 때문이다. 경증의 빈혈은 같은 아미노산이 리신으로 바뀐 경우에 발생한다. 이 유전자의 두 가지 돌연변이에 대해 어떻게 설명할 수 있겠는가? 이 두 돌연변이를 모두 가진 개인들은 빈혈에 시달릴까? 설명해보라.

1.12 혈우병은 혈액 응고 기작이 결손된 유전질환이다. 이러한 결손 때문에 혈우병인 사람들은 베이거나 멍든 것 때문에 죽기도 하는데, 특히 간이나 폐, 신장 등의 내부 장기가 손상을 입는 경우에 그러하다. 치료법 중 하나는 기증된 혈액으로부터 혈액 응고인자들을 분리하여 주입해 주는 것이다. 혈액응고 인자는 인간의 유전자로부터 생산된 어떤 단백질이다. 이 인자를 산업적 규모로 생산하는 데 사용될 수 있는 현대의 유전학적 방법은 어떤 것이겠는지 제안해 보라. 선천성 혈우병을 인간 유전자 치료에 의해 교정할 수 있는 방법이 있는가?

세포분열

장의 개요

- 세포와 염색체
- 유사분열(체세포분열)
- 감수분열(생식세포분열)
- 유전학 연구용 모델 생물들의 생활사

돌리(Dolly)

양은 오랫동안 스코틀랜드의 척박한 환경에서 길러진 동물이다. 핀 도싯(Finn Dorset)과 스코티시 블랙페이스(Scottish Backface)들은 그 곳에서 양치기들에 의해 사육되는 품종들이다. 해마다 봄이 되면 가을 동안 임신했던 양들이 새끼를 낳는다. 이들은 매우 빨리 자라 떼를 이루거나 푸줏간으로 가게 된다. 1997년 초에 독특한 양 한 마리가 세상에 나왔다. 돌리라는 이름의 이 양은 아버지는 없었지만, 어머니가 셋이었다. 게다가, 그 양의 유전자들은 세 어미 중 하나와 완전히 일치했다. 한 마디로, 돌리는 복제양이었다.

스코틀랜드 에딘버러 인근에 있는 로슬린 연구소(Roslin Institute)의 과학자들은 블랙페이스 암양(난자 제공 어미)으로부터 얻은 난자와 핀 도싯 암양(유전적 어미)의 유선세포를 융합함으로써 돌리를 만들어 내었다. 블랙페이스 암양의 난자에 있던 유전물질은 유선세포를 융합시키기 전에 제거되었다. 이렇게 해서 새로 유전물질을 받게 된 난자는 분열하도록 촉진되었다. 배아가 생겨났고, 또 다른 블랙페이스 암양(임신 어미 혹은 대리모)의 자궁에 이식되었다. 배아가 자라고 발생하면서 대리모의 임신기간이 끝나자 돌리가 태어났다.

돌리, 최초의 복제 포유동물. 오른쪽 사진은 복제과정을 보여주고 있다.

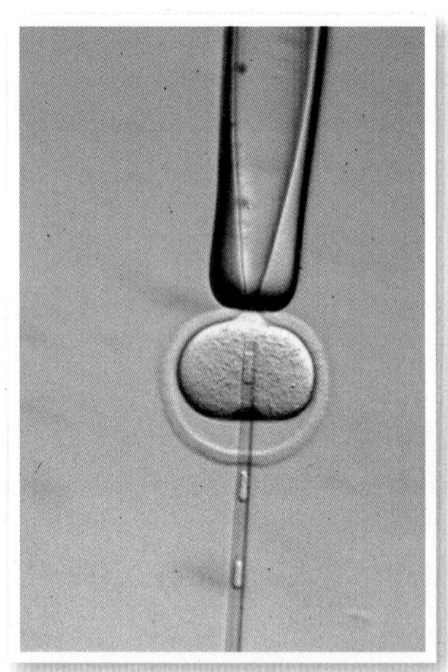

길고 가는 마이크로피펫 안쪽에 3개의 세포핵들이 보인다. 가장 앞 쪽의 핵은 보다 넓은 피펫에 붙들려 있는 제핵난자(핵이 제거된 난자) 내부로 그 유전물질이 삽입되고 있다.

돌리를 만드는 데 사용되었던 기술은 생식에 관한 세포학적 기초를 마련했던 한 세기 간의 기초연구로부터 얻어진 것이다. 일반적인 발생 과정에서는 여성에서 나온 난자가 남성으로부터 생긴 정자와 수정되고, 이렇게 얻어진 접합자가 분열하면 유전적으로 동일한 세포들이 생겨난다. 이러한 세포들은 여러 번 분열하여 다세포의 개체를 만들게 된다. 그 개체 내에서는 특정 그룹의 세포들이 다른 양식의 세포분열(감수분열)을 통해 특수한 생식세포인 난자나 정자를 생산한다. 그런 생물체로부터 생긴 난자는 또 다른 개체에서 생산된 정자와 융합하여 새로운 자손을 만든다. 이 자손은 자라고 세대를 거치면서 새로운 주기가 지속된다. 그러나 최초로 복제된 포유동물인 돌리는 이러한 전체적인 과정에서 벗어난 방식으로 창조된 것이다.

세포와 염색체

원핵세포와 진핵세포 모두에서 유전물질은 염색체로 조직화된다.

그레고르 멘델이 정원완두를 이용한 그의 실험을 수행하기 수십 년 전인 19세기 초반, 생물학자들은 생물들이 세포로 구성되어 있다는 사실을 밝혔다. 일부 생물들은 단 하나의 세포로 구성되지만, 다른 생물들은 수조 개의 세포들로 구성된다. 각 세포는 물질을 얻고 에너지를 추출하고 저장하며, 생식을 포함한 다양한 활성들을 수행할 수 있는 분자들이 복잡하게 모여 있는 곳이다. 가장 간단한 생명 형태인 바이러스는 세포로 이루어져 있지 않다. 그러나 바이러스도 기능을 나타내기 위해서는 세포 내로 들어가야만 한다. 따라서 모든 생명체들은 세포적 기초를 갖는다고 할 수 있다. 유전의 과학을 둘러보기 위한 준비로서 우리는 세포생물학에 대한 개요를 전체적으로 살펴보고자 한다. 그리고 유전자가 존재하는 세포 내 구조물인 염색체에 대해서도 논의해 보도록 하자.

세포 환경

살아 있는 세포들은 수많은 종류의 분자들로 이루어져 있다. 가장 풍부한 것은 물이다. 작은 분자들, 예를 들어 염, 당, 아미노산, 그리고 특정 비타민들은 물에 잘 녹으며 일부 커다란 분자들도 물과 잘 상호작용한다. 이런 종류의 모든 물질들은 친수성(hydrophilic)이라고 불린다. 다른 종류의 분자들은 물과 잘 상호작용하지 않는다. 그것들은 소수성(hydrophobic)이라고 불린다. **세포질(cytoplasm)**이라고 불리는 세포 내부에는 친수성과 소수성 물질들이 모두 포함되어 있다.

세포를 구성하는 분자들은 구조나 기능이 매우 다양하다. 전분이나 글리코겐 같은 **탄수화물(carbohydrates)**들은 세포 내 활동을 위한 에너지를 저장한다. 이 분자들은 더 간단한 당인 포도당으로 구성되어 있다. 포도당 단위체(subunit, monomer)들은 서로 연합하여 긴 사슬형의 중합체(polymer)를 형성한다. 세포는 이러한 사슬형태로부터 떨어져 나온 포도당들이 화학적으로 더 작은 화합물—궁극적으로는 이산화탄소와 물—로 분해될 때 에너지를 얻는다. 세포는 또한 여러 종류의 **지질(lipids)**들을 포함하고 있다. 이 분자들은 작은 유기 화합물인 글리세롤(glycerol)과, 지방산(fatty acid)이라고 불리는 좀 더 큰 유기 화합물 사이의 화학적 상호작용에 의해 형성된다. 지질은 세포 내 여러 구조물들을 만드는 중요한 구성 성분이다. 이들은 또한 에너지원으로도 사용된다. **단백질(proteins)**은 세포 내에서 가장 다양한 분자들이다. 각 단백질 분자는 하나 혹은 그 이상의 폴리펩티드들로 이루어지며, 이 폴리펩티드들은 아미노산들이 사슬을 이룬 것이다. 종종 하나의 단백질이 두 개의 폴리펩티드들로 구성될 때가 있는데, 이 경우 이합체(dimer)라고 불린다. 하나의 단백질이 많은 수의 폴리펩티드들로 구성된다면, 다합체(multimer)를 이룬다고 한다. 세포 내에서, 단백질들은 여러 구조물들을 만드는 구성 성분이다. 이들은 또한 화학반응들을 촉매한다. 우리는 이러한 촉매 단백질들을 **효소(enzyme)**라고 부른다. 세포들은 또한 핵산(nucleic acids)을 포함하고 있으며, 이것은 우리가 이미 1장에서 생명의 중심에 있다고 설명했던 DNA와 RNA들이다.

세포는 **막(membrane)**이라고 불리는 얇은 층으로 둘러싸인다. 여러 가지 형태의 분자들이 세포막을 구성한다; 그러나 주된 성분들은 지질과 단백질이다. 막은 또한 세포 내부에도 존재한다. 이러한 내부 막들은 하나의 세포를 여러 구획들로 나눌 수도 있고, **세포소기관(organelle)**이라고 불리는 특수한 구조물들을 형성하는 데 도움을 주기도 한다. 막들은 유동적이다. 막 내부의 많은 분자들은 강한 화학적 힘들에 의해 그 장소에 강하게 묶여 있는 것이 아니다. 결과적으로, 이들은 서로 미끄러져 끊임없이 변화하는 분자들의 바다를 만들 수 있다. 어떤 종류의 세포는 세포막 바깥이 견고하고 단단한 벽으로 둘러싸인다. 식물의 세포벽은 복잡한 탄수화물인 셀룰로오즈(cellulose)로 구성되어 있다. 세균의 세포벽은 뮤레인(murein)이라고 불리는 좀 다른 종류의 물질로 구성된다.

세포벽과 세포막은 세포 내부를 외부 세계와 구분해준다. 그러나 이들이 세포를 밀봉해

버리는 것은 아니다. 이 구조물들은 어떤 물질들은 투과시키고, 다른 물질들에 대해서는 채널이나 관문을 통해 이들이 선택적으로 지나갈 수 있게 한다. 세포벽과 세포막을 통과하여 물질들을 수송하는 것은 세포의 중요한 활성 중 하나다. 세포막은 또한 세포의 외부 환경에 있는 물질들과 상호작용하는 분자들을 포함하고 있다. 그러한 분자들은 세포에 환경조건에 대한 필수적인 정보들을 제공하며, 이것 또한 중요한 세포 활성을 매개하는 작용이다.

원핵세포와 진핵세포

생물계를 살펴보면 두 가지 기본적 종류의 세포를 발견할 수 있다: 원핵세포와 진핵세포(■ 그림 2.1)가 그것이다. **원핵세포(prokaryotic cell)**는 보통 1 μm(1 mm 1000개로 나눈 것 중 하나)보다 더 작으며, 복잡한 내막계나 막으로 이루어진 소기관들이 없다. 그들의 유전물질 — 즉, DNA — 은 특수한 세포 내 구획에 의해 분리되어 있지 않다. 이런 종류의 세포구조를 가진 생물체들은 원핵생물(prokaryotes)이라고 불린다. 예를 들자면, 지구에 가장 풍부하게 존재하는 세균(bacteria)들과 염호, 온천, 그리고 심해의 화산 분출구 같이 극단적인 환경에서 발견되는 고세균(archaea)들이다. 다른 모든 생물들 — 식물, 동물, 원생생물, 그리고 곰팡이 — 들은 모두 진핵생물(eukaryotes)들이다.

진핵세포(eukaryotic cell)들은 원핵세포들보다 보통 적어도 10배 이상 크며, 복잡한 내막계를 가지고 있어서 그중 일부는 뚜렷하고 잘 조직화된 세포소기관들로 나타난다. 예를 들면, 진핵세포들은 모두 한 개 혹은 그 이상의 **미토콘드리아(mitochondria, 단수: mitochondrion)**를 포함하고 있는데, 이들은 음식물로부터 에너지를 뽑아내는 데 사용되는 타원체의 세포소기관이다. 조류와 식물세포들은 **엽록체(chloroplast)**라고 불리는 또 다른 종류의 에너지 수확 세포소기관을 갖는다. 이것은 태양 에너지를 붙잡아 화학 에너지로 변형시켜 준다. 미토콘드리아나 엽록체 모두 막에 의해 둘러싸여 있다.

모든 진핵세포의 표식은 그들의 유전물질이 커다랗고, 막에 의해 경계가 구분되는 **핵(nucleus)**을 포함한다는 것이다. 진핵세포의 핵은 **염색체(chromosome)**라고 불리는 불연속적 구조물로 조직화되어 있는 DNA가 안전한 장소에 존재할 수 있도록 한다. 개개의 염색체들은 세포분열기에 응축되고 두꺼워져서 관찰이 가능해진다. 원핵세포에서는 DNA가 보통 잘 구분된 핵 내에 존재하지 않는다. 진핵세포와 원핵세포에서 염색체의 DNA가 조직화되는 방법에 대해서는 9장에서 살펴보게 될 것이다. 진핵세포 내의 DNA 일부는 핵 내부에 있지 않다. 이들 핵 외 DNA는 미토콘드리아와 엽록체에 위치한다. 15장에서는 이들의 구조와 기능에 대해 알아보도록 하자.

원핵세포나 진핵세포 모두 많은 수의 **리보솜(ribosome)**을 포함하고 있다. 이것은 단백질 합성에 관여하는 작은 세포소기관으로서, 이 과정에 대해서는 12장에서 살펴보게 될 것이다. 리보솜들은 세포질 전체에서 발견된다. 리보솜들은 막으로 구성된 것은 아니지만, 진핵세포의 경우 종종 **소포체(endoplasmic reticulum)**라는 막성 구조물과 연계된다. 소포체는 **골지 복합체(Golgi complex)**와 연결될 수 있는데, 이들은 세포 내부에서 물질의 화학적 변형과 수송에 관여하는 막성 주머니나 소낭들의 모임이다. 진핵세포에서는 작고 막으로 둘러싸인 또 다른 세포소기관을 발견할 수 있다. 동물세포에서는 골지복합체에 의해 **라이소좀(lysosome)**들이 생겨날 수 있다. 이 소기관들은 세포질로 누출된다면 위험할 수도 있는 여러 종류의 소화효소들을 가지고 있다. 동물세포와 식물세포 둘 다 **페리옥시좀(perioxisome)**을 가지는데, 이들은 지방이나 아미노산 같은 물질의 대사에 사용되는 작은 세포소기관들이다. 진핵세포의 내부 막들이나 소기관들은 pH나 염농도같은 화학적 조건들이 서로 다른 상태로 존재할 수 있도록 세포 내 구획들로 이루어진 체계를 만들어 준다. 이러한 다양성은 세포가 수행해야 하는 여러 과정들에 적합하도록 서로 다른 내부 환경들을 제공해준다.

진핵세포들의 모양이나 활성들은 섬유나 실같은 시스템 및 이와 연계된 분자들에 의해 영향을 받는데, 이들은 모두 **세포골격(cytoskeleton)**을 형성한다. 이 물질들은 세포의 모양을 잡아주고, 일부 세포들이 그들의 환경을 가로질러 움직일 수 있도록 해주는데 이러한 현

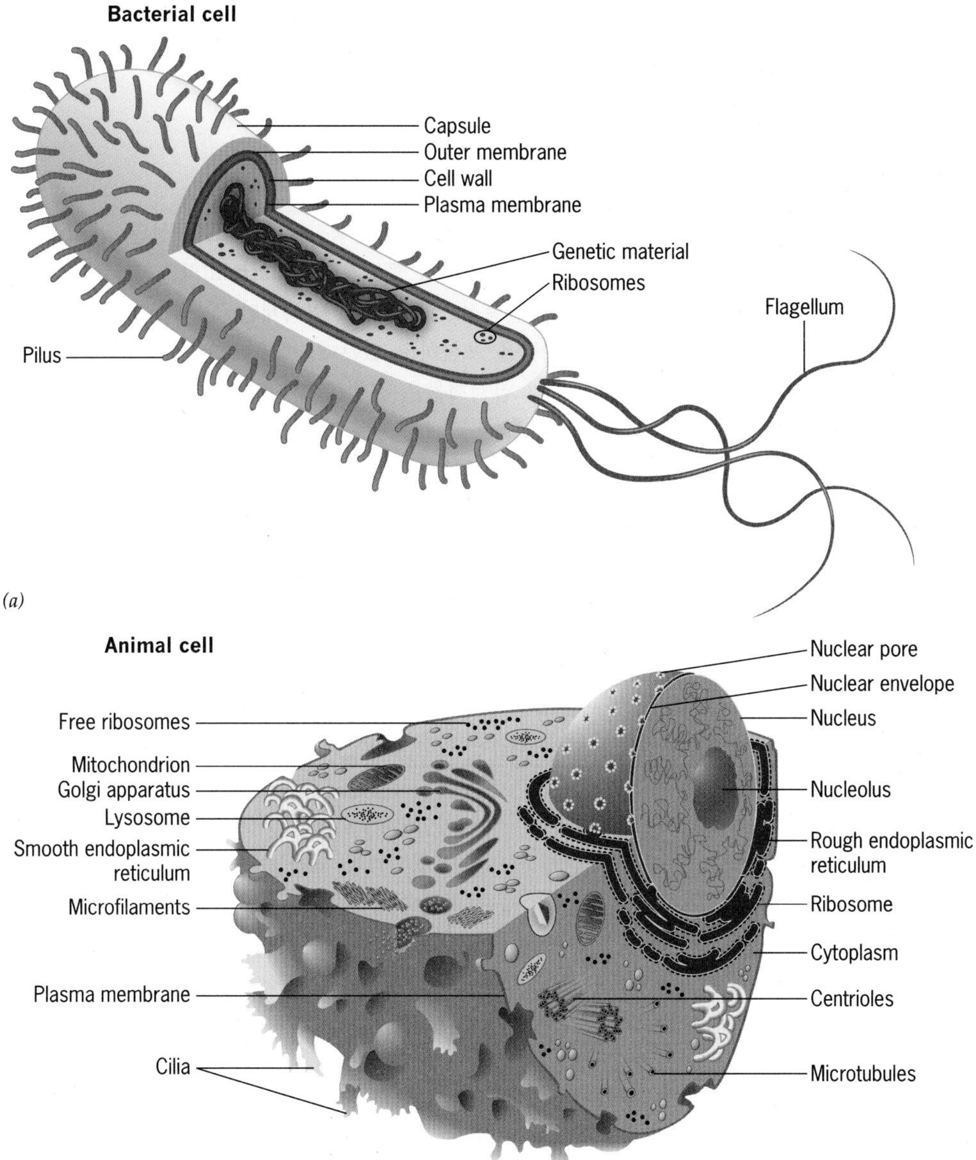

■ 그림 2.1 원핵세포(*a*)와 진핵세포(*b*, *c*)의 구조.

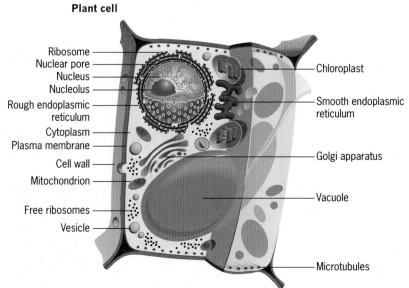

상을 **이동성(motility)**이라고 한다. 세포골격들은 세포소기관들이 자리 잡을 수 있도록 붙잡아주며, 세포 내부에서 특정 위치로 물질을 이동시키는 현상인 **세포 내 운송작용(트래피킹, trafficking)**에도 중요한 역할을 담당한다.

염색체: 유전자들이 위치하는 곳

각 염색체들은 하나의 이중가닥 DNA 분자와 일련의 단백질 분자들로 구성된다; RNA 역시 염색체들과 연계될 수 있다. 원핵세포들은 간혹 **플라스미드(plasmid)**라고 불리는 다수의 작은 DNA 분자들을 포함하긴 하지만, 전형적으로 하나의 염색체만 갖는다. 대부분의 진핵세포들은 여러 개의 서로 다른 염색체들을 포함하고 있는데, 예를 들어, 인간의 정자 세포는 23개의 염색체를 갖는다. 진핵세포의 염색체들은 진핵세포의 염색체보다 일반적으로 더 크고 복잡하다. 원핵세포 염색체나 플라스미드의 DNA는 모두 원형(circular)이며, 진핵세포의 미토콘드리아나 엽록체에서 발견되는 대부분의 DNA 분자들 역시 원형이다. 그러나 대조적으로, 진핵세포 핵 내의 염색체에 존재하는 DNA들은 선형(linear)이다.

많은 진핵세포들은 각 염색체들을 두 개씩 가진다. 이런 상태를 **이배체(diploid)**라고 부르며, 이것은 진핵생물체의 몸에 존재하는 세포 — **체세포(somatic cell)** — 들의 특징이다. 대조적으로, 성세포 혹은 **배우자(gamete)**들은 보통 각 염색체들을 하나씩만 가지며, 이러한 상태를 **반수체(haploid)**라고 부른다. 배우자들은 생물체의 생식조직인 **생식계통(germ line)**의 세포들에 존재하는 이배체 세포들로부터 생겨난다. 식물과 같은 일부 생물들에서는 생식계통 세포들이 정자와 난자를 모두 생산한다. 인간과 같은 다른 생물체들에서는 난자나 정자 중 오직 한 종류의 배우자만 생산한다. 암 배우자와 수 배우자가 수정 과정에서 융합하면 이배체 상태가 회복되며, 그 결과로 생긴 접합자(zygote)가 새로운 생물체로 발달하게 된다. 동물의 발생 과정 중에는 소수의 세포들이 생식계통 세포들을 구성하기 위해 따로 저장된다. 나머지 세포들은 동물의 체 조직을 형성한다. 식물에서는 발생이 덜 결정적이다. 식물체 일부에서 얻은 조직들, 예를 들어 줄기나 잎 등에서 나온 조직들은 생식기관을 포함한 전체 식물을 만드는 데 사용될 수 있다. 그러므로, 식물에서 생식계통 세포와 체세포성 조직을 구분하는 것은 동물에서처럼 그렇게 명확하지는 않다.

염색체들은 현미경을 통해 조사할 수 있다. 원핵세포의 염색체들은 전자현미경적 기술을 통해서만 관찰할 수 있지만, 진핵세포의 염색체들은 광학현미경 하에서도 관찰이 가능하다(■ **그림** 2.2). 일부 진핵세포의 염색체들은 낮은 배율(20×)을 통해서도 충분히 볼 수 있을 정도로 크지만, 다른 것들은 좀 더 고배율(>500×)이 필요하다.

진핵세포의 염색체들은 각 염색체가 더 작은 부피로 응축되는 세포 분열 중에 가장 명확하게 관찰된다. 이 시기에 염색체들이 더 고도로 응축될수록 특정 모양을 구분하는 것이

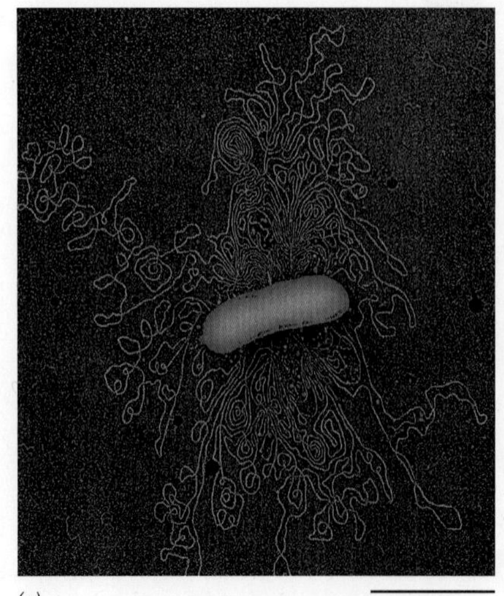

■ 그림 2.2 (*a*) 세포에서 빠져 나온 세균 염색체를 보여주는 전자현미경 사진. (*b*) 세포분열 중인 인간의 염색체들을 광학현미경으로 관찰한 것. 복제된 염색체들에서 수축되어 있는 부분이 동원체로서 세포분열 중에 염색체들을 움직이는 방추사가 부착하는 부위이다.

가능해진다. 예를 들어, 각 염색체는 공통된 지점에서 서로 묶여 있는 평행한 두 개의 막대로 보일 수 있다(■ **그림** 2.2*b*). 각 막대는 하나의 염색체가 복제 과정을 거쳐 생겨난 동일한 염색체 사본이 응축과정을 겪은 것이고, 이들이 붙어 있는 공통 지점은 **동원체(centromere)**라 불리며 세포분열 중에 염색체를 이동시키는 기구와 연합하게 된다. 6장에서는 광학현미경으로 관찰한 진핵세포 염색체들의 구조를 살펴보게 될 것이다.

19세기의 첫 10년 동안, 염색체 상에 위치한 유전자들을 발견하게 되었다. 5장에서는 이러한 발견을 이끈 실험적 증거들을 돌아보고, 7장과 8장에서는 염색체 내에서 유전자들의 위치를 결정할 수 있었던 몇 가지 기술들에 대해 공부해 보도록 하자.

세포분열

살아 있는 세포들에 의해 수행되는 많은 활동들 중에서, 분열은 가장 놀라운 것이다. 하나의 세포는 두 개의 세포들로 분열할 수 있고, 이들 각각은 다시 또 두 개로 분열할 수 있으며 오랫동안의 이런 과정을 통해 **클론(clone)**이라 불리는 세포 집단을 형성할 수 있다. 실수만 없다면 한 클론 내의 모든 세포들은 유전적으로 동일하다. 세포분열은 다세포 생물이 성장하는 전 과정이기도 하지만, 또한 생식의 기초이기도 하다.

막 분열하려고 하는 세포는 **모세포(mother cell)**라고 하며, 분열로 생긴 세포들을 **딸세포(daughter cell)**라고 한다. 원핵세포가 분열할 때는 모세포의 내용물들은 두 딸세포에 거의 동등하게 분배된다. 이러한 과정은 **이분법(fission)**이라고 불린다. 모세포의 염색체는 이런 분열 전에 복제되고 그 복제물인 사본들은 딸세포들에 각각 전달된다. 적절한 조건 하에서라면, 사람의 장에 서식하는 세균인 대장균(*Escherichia coli*) 같은 진핵생물들은 매 20분 내지 30분마다 분열한다. 이런 속도라면 하나의 대장균 세포는 단 하루 만에 천조 개 보다도 많은 대략 2^{50}개의 세포들로 이루어진 클론 덩어리를 형성할 수 있을 것이다. 물론, 현실적으로, 대장균은 이렇게 고도의 분열 속도를 유지하지는 않는다. 세포가 축적될수록 분열 속도는 감소하게 되는데 영양분이 고갈되고 노폐물이 쌓이기 때문이다. 그럼에도 불구하고, 하나의 대장균 세포는 충분한 자손들을 생산할 수 있어서 하루 만에 육안으로 관찰이 가능한 크기의 덩어리로 자란다. 우리는 이런 세포 덩어리를 **군락(콜로니, colony)**이라고 부른다.

진핵세포의 분열은 원핵세포의 분열보다 더 복잡하고 정교한 과정을 따른다. 일반적으로, 많은 수의 염색체들이 복제되어야 하고 그 복제물들은 딸세포로 정확하게 배분되어야만 한다. 세포소기관들—미토콘드리아, 엽록체, 소포체, 골지 복합체, 등등—도 역시 딸세포에 배분되어야 한다. 그러나 이런 것들의 분배과정은 동등하지도, 정확하지도 않다. 미토콘드리아와 엽록체들은 무작위로 딸세포에 들어가게 된다. 소포체나 골지 복합체들은 분열기에 분해되었다가 딸세포에서 나중에 다시 재형성된다.

진핵세포는 분열할 때 마다 일련의 단계들을 거치게 되는데, 이들이 모여 **세포주기(cell cycle)**를 이룬다(■ **그림** 2.3). 단계들의 진행은 $G_1 \rightarrow S \rightarrow G_2 \rightarrow M$으로 나타낸다. 이런 진행에서, S기는 염색체들이 복제되는 기간으로, DNA *합성(synthesis)*이 필요하며, "S"라는 표시로 이것을 나타낸다. 세포주기의 M기는 모세포가 실제로 나뉘는 시기이다. 이 시기는 보통 두 단계로 구성된다: (1) **유사분열(체세포성 핵분열, mitosis)**은 복제된 염색체들이 동등하고 정확하게 두 딸세포로 분배되는 시기이고, (2) **세포질분열(cytokinesis)**은 두 딸세포가 물리적으로 서로 나뉘는 과정이다. "M"이라는 표시는 *유사분열(mitosis)*을 의미하는 것으로, 그리스어의 '실'이란 단어에서 따온 것이다; 유사분열 중에는 염색체들이 세포 내에서 실같이 보인다. G_1과 G_2기는 S기와 M기의 "사이(틈)" 기간이다.

■ 그림 2.3 동물세포의 세포주기. 이 주기는 24시간 길이를 나타내고 있다. 세포주기의 기간은 진핵세포의 종류에 따라 다양하다.

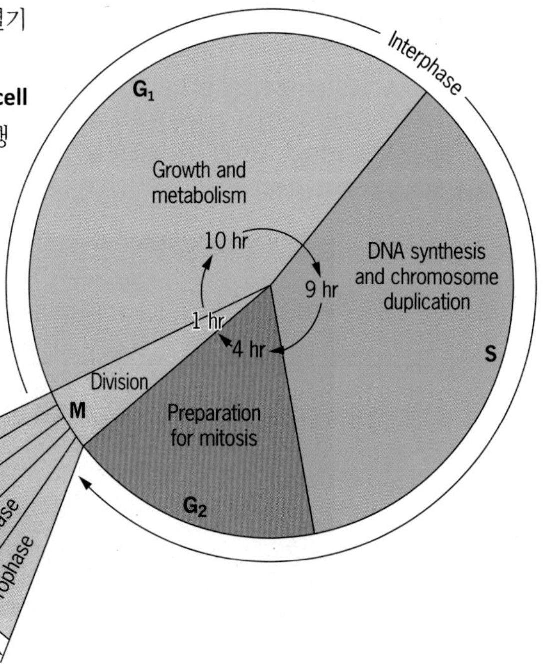

세포주기의 길이는 세포 유형마다 다양하다. 배아에서는 성장이 매우 빠르며 따라서 주기가 30분 정도로 짧을 수도 있다. 천천히 자라는 성체의 조직에서는 수개월이 걸리기도 한다. 신경계나 근육조직에 있는 일부 세포들은 그들이 특수화된 기능들을 습득하게 되면 더 이상 분열하지 않는다. 진핵세포의 세포주기 진행은 여러 가지 형태의 단백질들에 의해 엄격하게 조절된다. 이런 단백질들의 활성이 파괴되면, 세포들은 조절되지 않는 방식으로 분열하게 된다. 세포분열에 대한 이러한 조절 실패는 오늘날 가장 주요한 사망원인인 암을 유발할 수도 있다. 21장에서는 암에 대한 유전적 기초에 대해 조사해 보도록 하자.

요점

- *생명체의 가장 기본 단위인 세포는 막으로 둘러싸여 있다.*
- *유전자를 포함하고 있는 세포 내 구조물인 염색체들은 DNA, RNA, 그리고 단백질로 구성되어 있다.*
- *진핵생물에서는 염색체들이 막으로 분리된 핵 내에 위치하지만, 원핵생물에서는 그렇지 않다.*
- *진핵세포들은 미토콘드리아, 엽록체, 그리고 소포체 등 막으로 구성된 세포소기관들과 함께 복잡한 내막계를 갖는다.*
- *반수체의 진핵세포들은 각 염색체들을 하나씩만 갖지만, 이배체의 세포들은 해당 염색체를 두 개씩 포함하고 있다.*
- *원핵세포들은 이분법에 의해 분열하고, 진핵세포들은 유사분열과 세포질 분열을 통해 분열한다.*
- *진핵세포의 염색체들은 세포의 DNA가 합성될 때 복제되고 곧이어 유사분열을 거치게 되는데, 이것은 세포주기의 S기에 나타나는 특징이다.*

유사분열(체세포분열)

진핵세포가 분열할 때는 그들의 유전물질이 동등하고 정확하게 그 자손들로 분배된다.

복제된 염색체들이 모세포에서 딸세포로 질서 있게 분배되는 것은 유사분열의 핵심이라고 할 수 있다. 모세포의 각 염색체는 유사분열이 시작되기 전, 정확히는 S기에 복제된다. 이 시기에는 각 염색체들이 너무 펴져 있고 가늘기 때문에 잘 구별되지 않는다. 핵 내부에 존재하는 모든 염색체들에 의해 형성되는 가느다란 가닥들의 네트워크를 **염색질(크로마틴, chromatin)**이라고 한다. 유사분열 중에 염색체들은 짧아지고 두꺼워지므로 — 즉, 염색질들이 "응축(condense)"된다 — , 개별 염색체들을 구분할 수 있게 된다. 유사분열 후에 염색체들은 다시 느슨해지는 "탈응축(decondense)"을 겪게 되므로 염색질 네트워크가 다시 형성된다. 생물학자들은 종종 개별 염색체들이 관찰되지 않는 시기를 **간기(interphase)**라고 부른다. 이 시기는 비교적 길며, 연속된 유사분열 사이의 시기를 말한다.

유사분열이 시작될 때, 각 염색체는 이미 복제가 완료된 상태에 있다. 복제물들은 **자매 염색분체들(sister chromatids)**이라고 불리는데, 아주 가깝게 연계되어 있으며 염색체의 동원체 부분이 연결되어 있다. *자매(sister)*라는 말은 약간 잘못 붙여진 것인데, 왜냐하면 이 염색분체들은 원 염색체의 사본들로, 자매 보다 더 가깝기 때문이다. 아마도 "쌍둥이(twin)"

■ 그림 2.4 (*a*) 배양된 동물세포에서의 유사분열 방추체가 염색되었으며, 두 개의 성상체들로부터 뻗어 나온 미세소관(녹색)들이 보인다. (*b*) 두 쌍의 중심립들을 보여주는 전자현미경 사진.

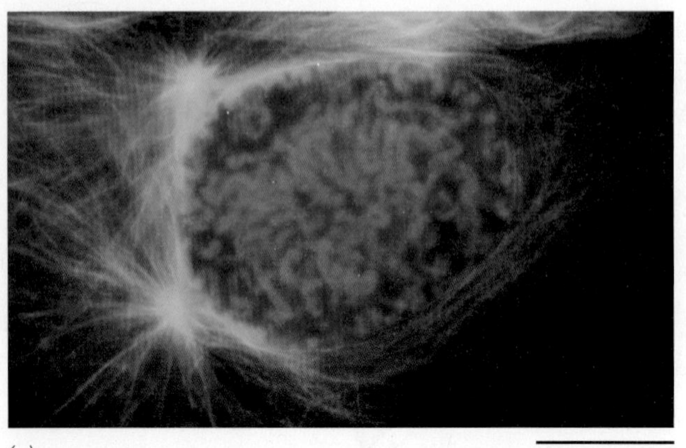

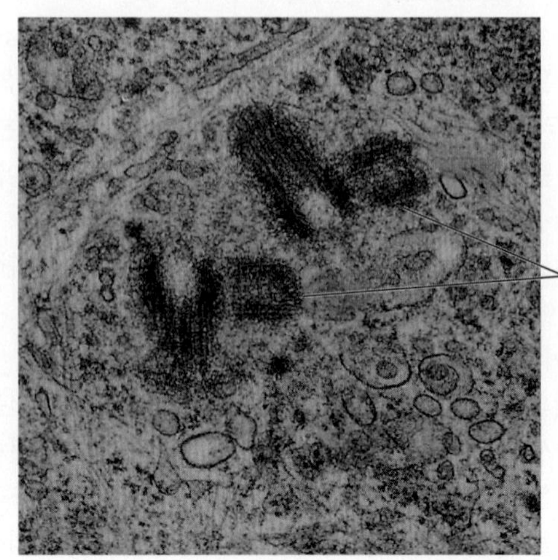

이라는 말이 상황을 더 잘 설명할 수 있겠지만, 자매라는 말이 일반적으로 사용되므로 여기서도 그렇게 쓰기로 하자.

복제된 염색체들을 딸세포로 분배하는 것은 세포골격을 이루는 **미세소관(microtubule)**들에 의해 조직화되어 수행된다. 이 섬유들은 튜불린(tubulin)이라 불리는 단백질들로 이루어져 있으며, 염색체에 부착되어 분열 중인 모세포 내부에서 이들이 이리저리 움직이도록 한다. 유사분열 중에 이 미세소관들이 모여 **방추체(spindle)**라 불리는 복잡한 배열을 형성하게 된다(■ **그림 2.4*a***). 방추체의 형성은 진핵세포의 세포질에서 발견되는 핵 근처의 **미세소관 형성 센터(microtubule organizing center, MTOC)**와 연관되어 있다. 동물 세포에서 MTOC들은 **중심체(centrosome)**라 불리는 작은 세포소기관으로 분화된다; 이 소기관들은 식물세포에는 존재하지 않는다. 각 중심체는 두 개의 원통 모양인 **중심립(cetriole)**들을 포함하고 있으며, 서로 직각으로 배열되어 있다(■ **그림 2.4*b***). 중심립들은 중심립주변물질(pericentriolar material)이라 불리는 퍼져 있는 기질에 의해 둘러싸여 있는데, 이것이 유사분열 방추체를 만드는 미세소관의 형성을 촉발시킨다. 동물세포에 존재하는 하나의 중심체는 간기 중에 복제된다. 세포가 유사분열기로 진입함에 따라, 미세소관들이 복제된 딸 중심체들 주위에 형성되면서 태양이 빛나는 형태의 **성상체(aster)**를 만들게 된다. 이 중심체들은 세포의 반대편으로 이동하고 그 곳에서 앞으로 일어날 유사분열의 축을 확립해준다. 중심체의 마지막 위치가 분열 중인 모세포의 양 극이 된다. 식물세포에서는 이러한 극을 지정하며 유사분열 방추체를 형성하는 MTOC들에서 뚜렷한 중심체가 발견되지 않는다.

방추체가 형성되고, 퍼져 있던 염색체 네트워크로부터 복제된 염색체가 응축되는 현상은 **전기(prophase)**라 불리는 유사분열의 첫 시기에 나타나는 특징이다(■ **그림 2.5**). 방추체 형성

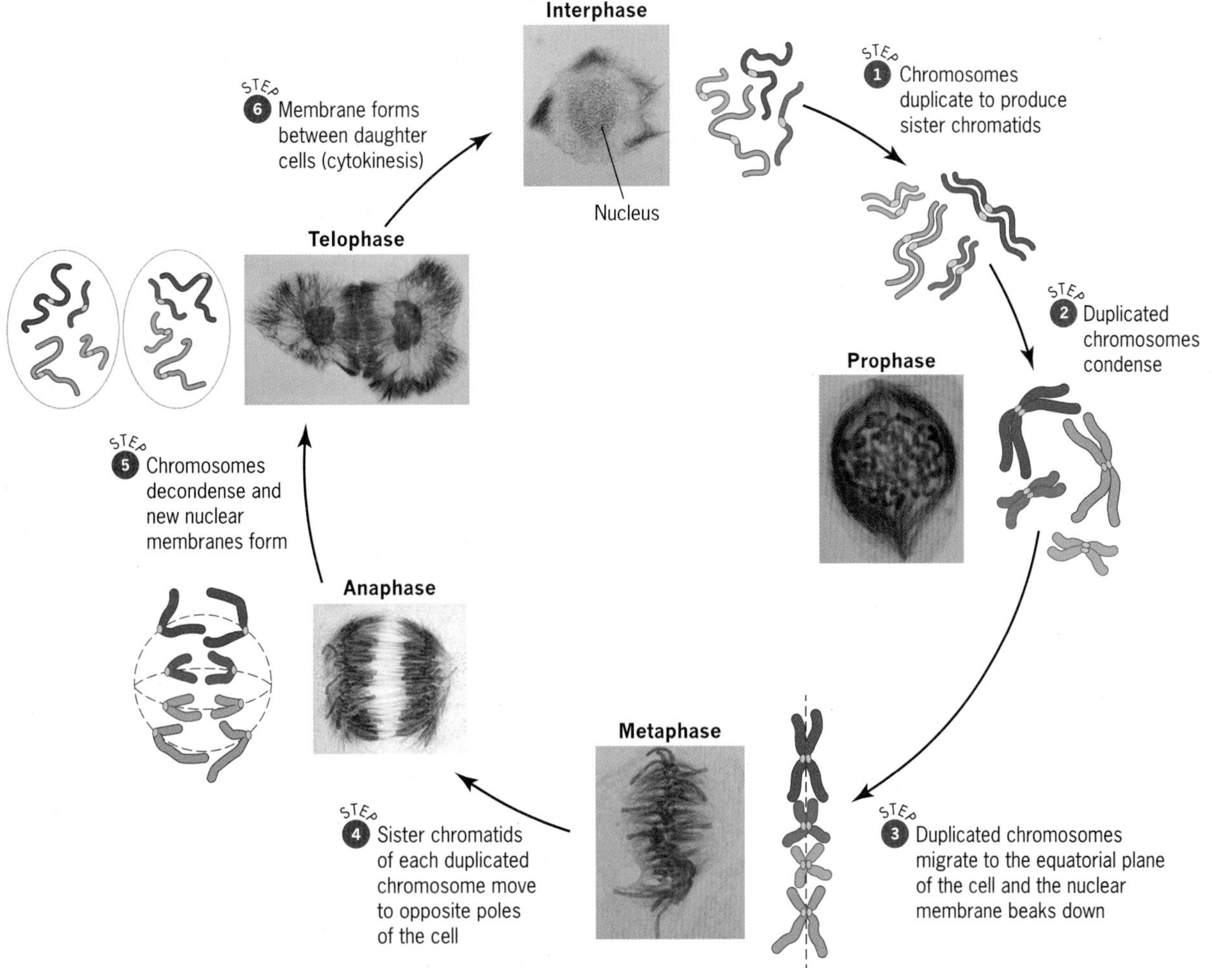
Interphase
STEP 1 Chromosomes duplicate to produce sister chromatids
Nucleus
STEP 2 Duplicated chromosomes condense
Prophase
STEP 3 Duplicated chromosomes migrate to the equatorial plane of the cell and the nuclear membrane beaks down
Metaphase
STEP 4 Sister chromatids of each duplicated chromosome move to opposite poles of the cell
Anaphase
STEP 5 Chromosomes decondense and new nuclear membranes form
Telophase
STEP 6 Membrane forms between daughter cells (cytokinesis)

■ 그림 2.5 붉은 나리꽃인 하이만투스(*Haemanthus*)에서의 유사분열.

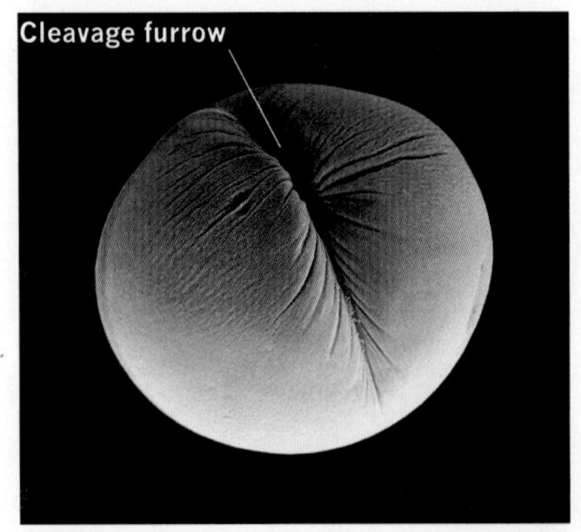

(a)

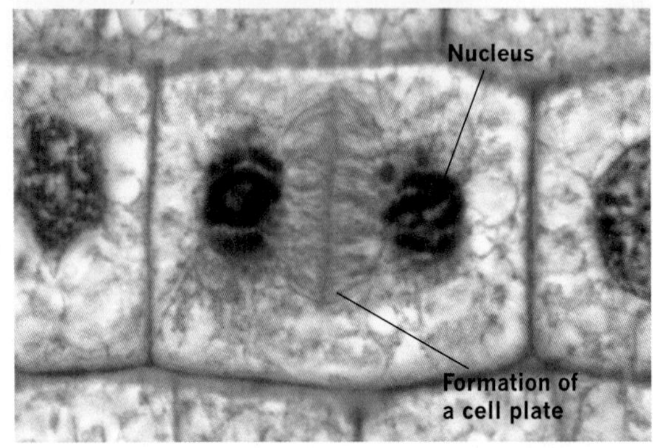

(b)

■ 그림 2.6 동물세포(*a*)와 식물세포(*b*)에서의 세포질분열. 이 동물세포는 수정란으로 처음으로 분열하고 있는 중이다. 세포질분열은 분열 중인 세포의 중앙부 주변이 수축하면서 이루어진다. 이러한 수축으로 인해 분열 홈(cleavage furrow)이 생기는데, 사진에서는 이러한 세포의 한 쪽 면을 보여주고 있다. 식물세포에서는 세포질분열이 딸세포들 사이의 막으로 이루어진 세포판이 형성됨으로써 이루어진다; 마지막에는 셀룰로오즈로 이루어진 세포벽들이 이 세포판의 양쪽에 만들어진다.

과 함께 많은 세포 내 소기관들, 예를 들어, 소포체나 골지 복합체 같은 것들의 분해가 이루어진다. 핵 내부에서 RNA 합성에 관여했던 짙은 부분인 **인(nucleolus)**도 역시 사라진다; 그러나, 미토콘드리아와 엽록체 같은 다른 형태의 소기관들은 그대로 남아 있다. 소포체의 분해와 함께, 핵막(nuclear envelope)도 조각이 나 많은 수의 소낭이 되고, 세포질에서 형성된 미세소관들이 핵 공간으로 진입한다. 이 미세소관들의 일부는 염색체의 **방추사부착점(키네토코어, kinetochore)**들에 부착하는데, 이것은 복제된 염색체의 동원체와 연합되어 있는 단백질 구조물을 말한다. 방추체의 미세소관이 방추사부착점에 결합하는 것은 세포가 유사분열 **중기(metaphase)**로 진입하고 있음을 알려준다.

중기에는 복제된 염색체들이 방추체의 양 극 사이 중간쯤으로 이동한다. 이러한 이동은 방추체 미세소관들의 길이 변화와, 방추사부착점 근처에서 작용하여 힘을 만들어내는 구동단백질들의 작용에 의해 이루어진다. 방추기구는 방추사부착점에 결합하지 않는 미세소관도 포함하고 있다. 이러한 부가적 미세소관들은 방추기구(spindle apparatus)를 안정화시키는 것으로 보인다. 방추기구들의 작용에 의해 복제된 염색체들은 세포 중앙의 단일 면에 위치하게 된다. 이 중앙 적도면을 **중기판(metaphase plate)**이라고 부른다. 이 단계에서는 복제된 염색체의 각 자매염색분체들이 방추사부착점에 결합한 미세소관들에 의해 서로 다른 쪽 극에 연결되어 있다. 자매염색분체들의 이러한 극성 배열은 유전물질이 딸세포로 정확하고 동등하게 분배되는 데 있어 필수적이다.

복제된 염색체의 자매염색분체들은 유사분열 **후기(anaphase)**에 서로 분리된다. 이러한 분리는 방추사부착점에 결합해 있는 미세소관들이 짧아지고, 자매염색체들을 서로 붙들어주던 물질들이 분해되면서 일어난다. 미세소관들이 짧아지면서, 자매염색분체들은 세포의 반대편 극으로 잡아당겨진다. 분리된 자매염색분체들은 이제 염색체들이라고 할 수 있다. 염색체들이 양 극으로 이동하는 동안 양 극 자체도 움직이기 시작하여 멀어진다. 이런 이중의 움직임으로 인해 분열 중인 세포 내에서 두 세트의 염색체들은 확실하게 독립된 공간으로 나뉠 수 있다. 일단 이런 분리가 이루어지면, 염색체들은 응축이 풀려 염색사가 되고 유사분열 초기에 소실되었던 세포소기관들이 다시 만들어진다. 한 세트의 염색체들은 핵막으로 둘러싸이게 된다. 염색체들의 풀림과 세포 내 소기관들의 재형성이 유사분열 **말기(telophase)**의 특징이다. 유사분열이 완료되면, 두 딸세포들 사이에 막이 형성됨으로써 두 세포가 분리된다. 식물세포에서는 세포벽도 두 딸세포 사이에 다시 축적된다. 딸세포들의 이런 물리적 분리는 세포질분열(cytokinesis)이라고 불린다(■ 그림 2.6).

모세포의 분열에 의해 생산된 딸세포들은 유전적으로 동일하다. 각 딸세포들은 원래 모세포에 존재했었던 염색체들의 복제에 의해 생성된 완전한 세트의 염색체들을 포함한다. 따라서 유전물질은 완전하고 정확하게 모세포에서 딸세포로 전달된다. 그러나 간혹 유사분열 중에 실수가 발생할 수 있다. 염색분체가 분열 방추체로부터 떨어져 딸세포 중 하나로 들어가지 못하거나, 염색분체들이 엉키게 되어 그 일부가 부러져 소실될 수도 있다. 이런 형태의 사건들은 딸세포들 사이의 유전적 차이를 만들게 된다. 6장에서는 이런 사건의 결과에 대해 고찰해 보고 21장에서 한 번 더 논의해 보도록 하자.

요점

- *세포가 유사분열로 진입함에 따라, 복제된 염색체들은 막대형의 소체로 응축된다(간기).*
- *유사분열이 진행되면서, 염색체들은 세포의 중기판으로 이동한다(중기).*
- *유사분열의 후반에 복제된 염색체의 자매염색분체들을 붙들고 있던 동원체가 나뉘고, 자매염색분체들은 서로 분리(disjoined)된다(후기).*
- *유사분열이 끝나가면서 염색체들은 다시 풀리고 핵막이 그 주위에 다시 형성된다(말기).*
- *유사분열과 세포질분열에 의해 생산된 딸세포들은 동일한 세트의 염색체들을 갖는다; 그러므로, 딸세포들은 유전적으로 동일하다.*

감수분열(생식세포분열)

유성생식에는 염색체의 수를 절반으로 감소시키는 기작이 포함된다.

만약 배우자(gamete)의 염색체 수를 n으로 표시한다면, 두 배우자들의 융합에 의해 생기는 접합자(zygote)들은 $2n$을 갖는 것으로 나타낼 수 있을 것이다. 우리는 배우자의 n개 염색체들을 반수체(haploid) 상태로 부르며, 접합자의 $2n$ 염색체들을 배수체(diploid) 상태라고 한다. **감수분열(miosis)**이란 그리스어의 "감소(diminution)"를 뜻하는 단어에서 온 것으로, 배수체 상태를 반수체 상태로 감소시키는 과정이다. 즉, 이 과정을 통해 한 세포의 염색체 수가 절반으로 줄어든다. 결과적으로 생기는 반수체 세포들은 배우자가 되거나 후에 배우자가 될 세포를 만들기 위해 분열한다. 그러므로 감수분열은 진핵생물들에서의 생식에 있어 핵심적인 역할을 수행한다. 만약 이 과정이 없다면, 생물체들은 매 세대마다 두 배의 염색체 수를 가지게 될 것이다. 이런 상황은 세포의 크기와 대사능력에 대한 분명한 한계를 고려해 볼 때 얼마 못 가 중단될 것이다.

만약 배수체 세포 내에서 염색체들을 관찰한다면, 그들이 쌍을 이룬다는 것을 발견할 수 있을 것이다(■ **그림** 2.7). 예를 들어, 인간의 체세포는 23쌍의 염색체들을 갖는다. 각 쌍들은 뚜렷이 구분된다. 서로 다른 염색체쌍들은 서로 다른 유전자 세트를 운반한다. 쌍을 이루는 염색체들을 상동염색체(homologous chromsome)들 혹은 그냥 단순히 **상동체(homologue)**들이라고 부른다. 이것은 "서로 일치하는(in agreement with)"이라는 뜻의 그리스어에서 온 것이다. 상동체들은 동일한 세트의 유전자들을 운반한다. 그러나 5장에서 살펴보게 되겠지만, 이 유전자들의 서로 다른 대립인자들을 운반할 수 있다. 서로 다른 염색체쌍들은 **이형체(heterologue)**들이라고 불린다. 감수분열 중에 상동체들은 서로 아주 밀접하게 연계된다. 이러한 연합은 궁극적으로 염색체의 수를 반수체로 줄이는 잘 조직된 과정의 기초가 된다. 염색체 수의 감소는 각각의 반수체 세포들이 각 상동염색체 쌍의 구성원 중 정확히 하나만 받는 방식으로 이루어진다.

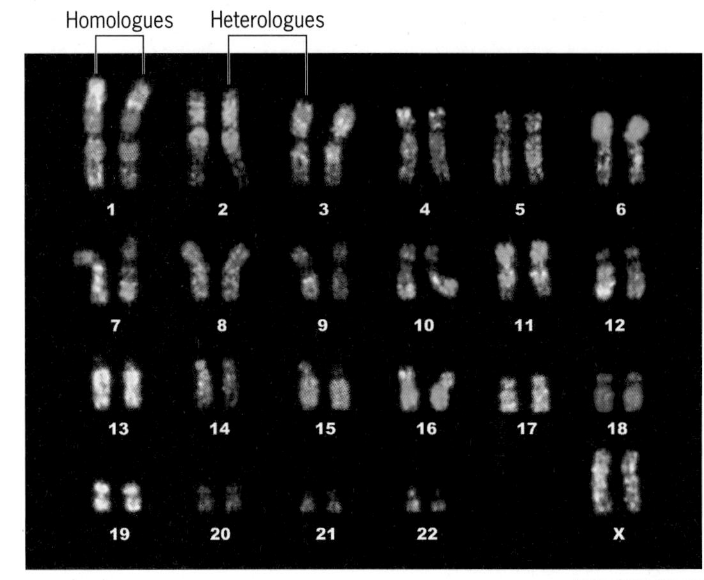

■ 그림 2.7 인간의 세포에서 발견되는 23쌍의 상동염색체들.

감수분열의 과정은 두 번의 세포분열을 포함한다(■ **그림** 2.8). DNA 합성과 관계된 염색체 복제는 이러한 분열 중 첫 번째 분열 전에 발생한다. 따라서, 단계의 진행은 '염색체 복제 → 감수분열 I → 감수분열 II'의 순서를 따른다. 만약 우리가 반수체의 DNA 양을 c로 나타낸다면, 이 단계들은 DNA의 양을 두 배로 늘리고($2c$에서 $4c$로), 다시 이것을 반으로 줄인 다음($4c$에서 $2c$로), 그것을 다시 절반으로 줄이는($2c$에서 c로) 것으로 표시할 수 있다. 전체적인 효과는 염색체 수($2n$)를 반 수(n)로 줄이는 것이다.

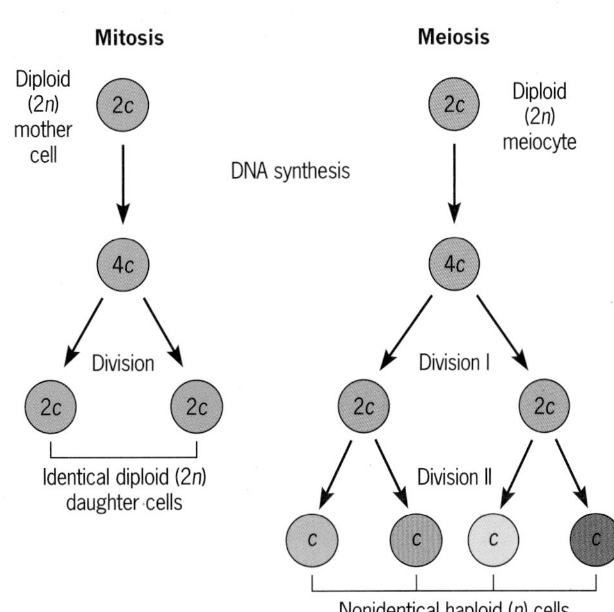

■ 그림 2.8 유사분열과 감수분열의 비교; c는 유전체 내에 존재하는 DNA의 절반에 해당하는 양을 나타낸다.

감수분열 I

감수분열에서 발생하는 두 번의 세포분열이 ■ **그림** 2.9에

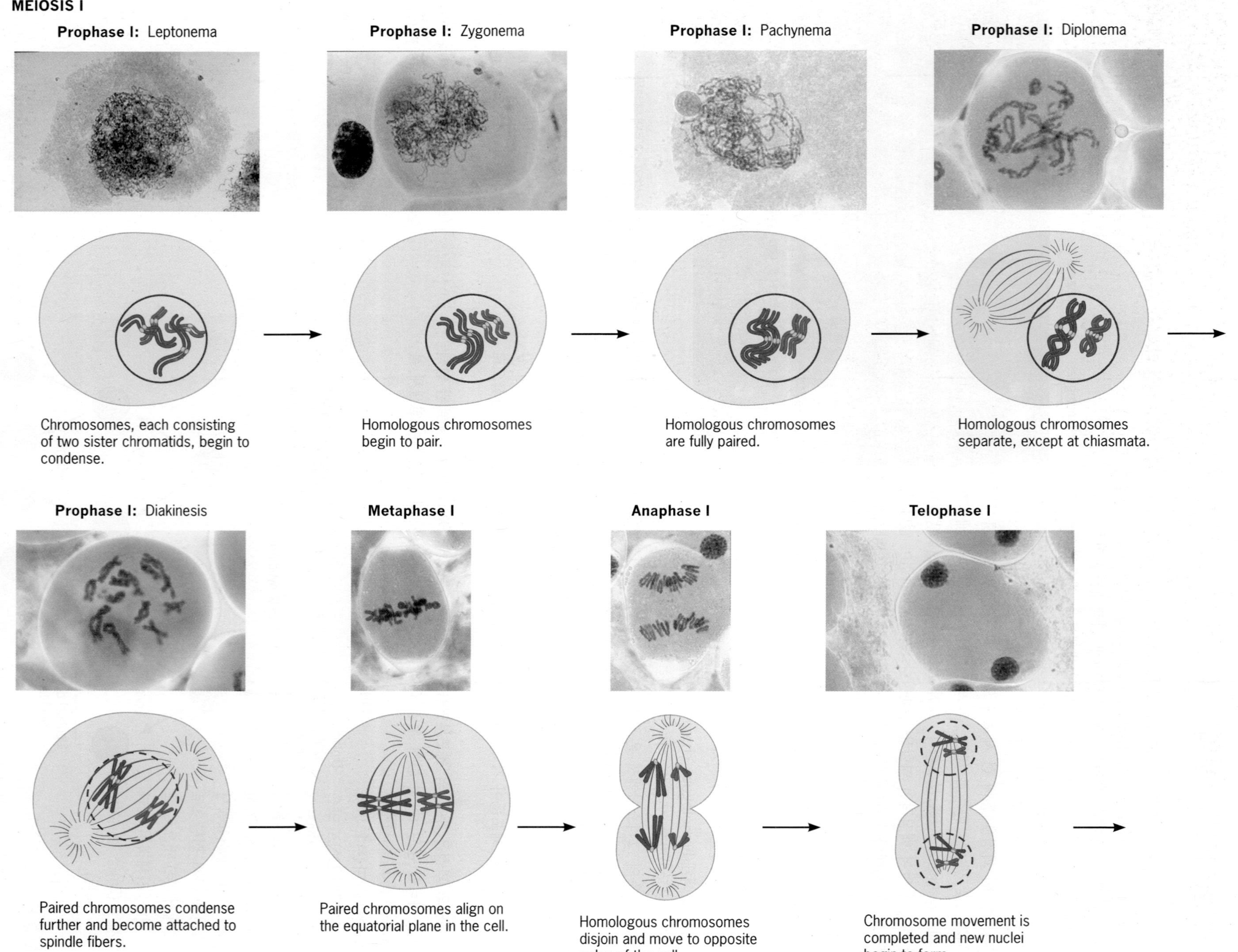

MEIOSIS I
Prophase I: Leptonema
Prophase I: Zygonema
Prophase I: Pachynema
Prophase I: Diplonema
Chromosomes, each consisting of two sister chromatids, begin to condense.
Homologous chromosomes begin to pair.
Homologous chromosomes are fully paired.
Homologous chromosomes separate, except at chiasmata.
Prophase I: Diakinesis
Metaphase I
Anaphase I
Telophase I
Paired chromosomes condense further and become attached to spindle fibers.
Paired chromosomes align on the equatorial plane in the cell.
Homologous chromosomes disjoin and move to opposite poles of the cell.
Chromosome movement is completed and new nuclei begin to form.

■ 그림 2.9 식물인 나팔나리(*Lilium longiflorum*)에서 일어나는 감수분열.

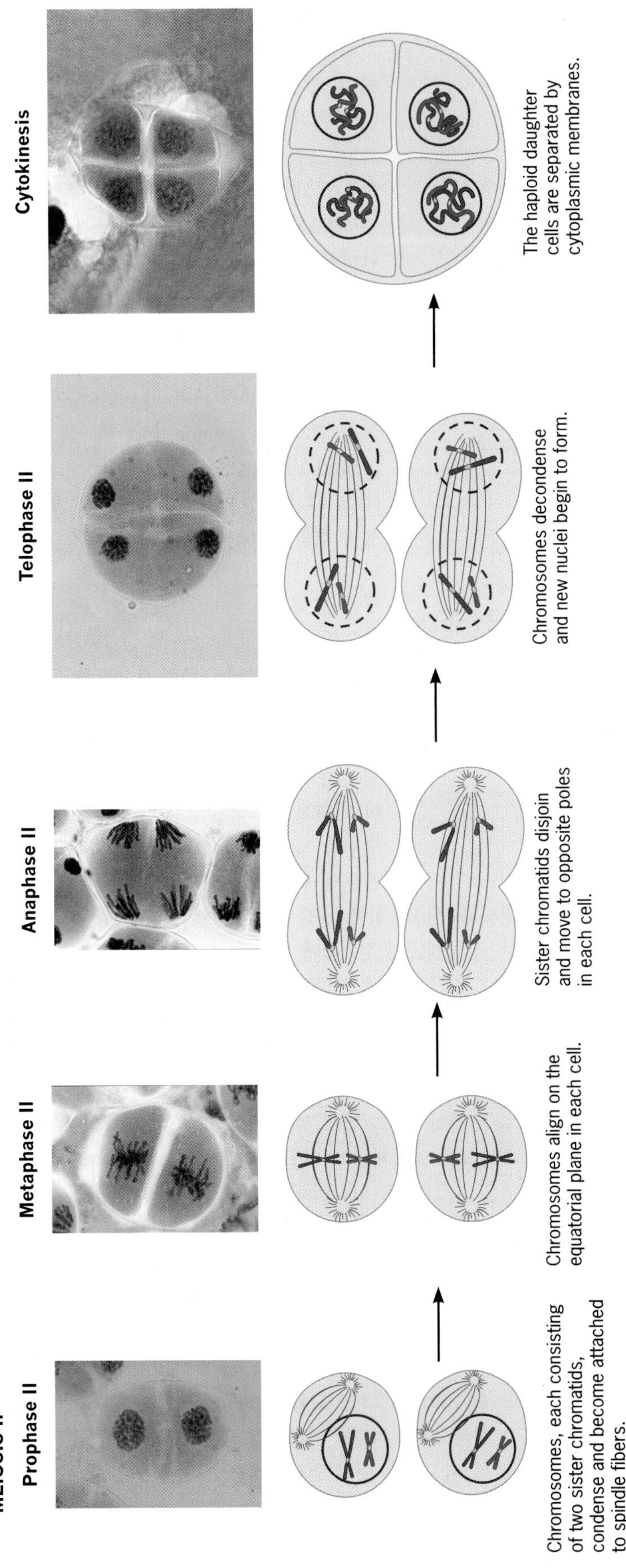
MEIOSIS II
Prophase II
Chromosomes, each consisting of two sister chromatids, condense and become attached to spindle fibers.
Metaphase II
Chromosomes align on the equatorial plane in each cell.
Anaphase II
Sister chromatids disjoin and move to opposite poles in each cell.
Telophase II
Chromosomes decondense and new nuclei begin to form.
Cytokinesis
The haploid daughter cells are separated by cytoplasmic membranes.

■ 그림 2.9 (계속)

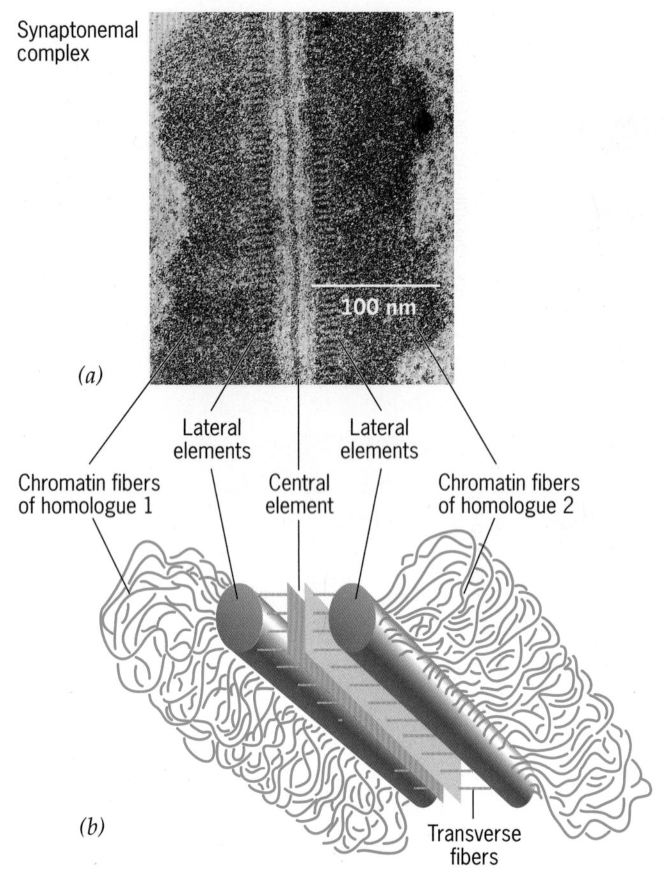

■ 그림 2.10 감수분열 전기 I에서 상동염색체들 사이에 형성되는 접합복합체(synaptonemal complex)의 구조를 보여주는 전자현미경 사진(*a*)과 그 모식도(*b*).

도식화되어 있다. 첫 번째 감수분열은 복잡하고 시간이 오래 걸린다. 분열이 시작될 때 염색체들은 이미 복제되어 있고, 결과적으로 각 염색체들은 두 개의 자매염색분체들로 구성되어 있다. 감수분열 I 시기의 전기, 혹은 그냥 간단히 **전기 I(prophase I)**로 표기하는 시기는 5개의 단계로 구분할 수 있는데, 각각 그리스어에서 유래한 용어들이다. 이 단어들은 염색체들의 모양이나 행동에 대한 주요 특징을 나타내고 있다.

세사기(leptonema)는 그리스어의 "얇은 실들(thin threads)"이라는 뜻의 단어에서 온 것으로, 전기 I의 가장 이른 단계이다. 세사기 단계(leptotene stage)라고도 불리는 이 시기 중에는 복제된 염색체들이 퍼져 있던 염색질 네트워크 상태로부터 응축하게 된다. 광학현미경으로 관찰하면 개별 염색체들을 간신히 볼 수 있지만, 전자현미경이라면 개별 염색체들이 두 개의 자매염색분체들로 이루어져 있는 것으로 보인다. 염색체 응축이 지속되면서, 세포는 **접사기(zygonema)**로 진행한다. 이 말은 그리스어의 "쌍을 이룬 실들(paired threads)"라는 뜻의 단어에서 온 것이다. 이 접사기 단계(zygotene stage)에서는 상동염색체들이 서로 밀착된다. 상동체들 사이의 이러한 쌍 형성을 **접합(synapsis)**이라고 부른다. 일부 생물 종들에서는 접합이 염색체 말단에서 시작해서 중앙 지역 쪽으로 퍼져 나간다. 일반적으로 접합은 쌍을 이루는 염색체들 사이에 단백질 구조물이 형성되는 것과 동시에 이루어진다(■ 그림 2.10). 이 구조물은 **접합복합체(synatonemal complex)**라고 불리며 세 개의 평행한 막대 구조로 이루어져 있는데, 하나는 각 염색체와 연결된 것들로 측면요소(lateral element)들이라 불리고, 다른 하나는 이 측면요소들 사이의 중앙에 위치한 것으로 중앙요소(central element)라고 불린다. 접합복합체의 또 다른 요소는 여러 개의 사다리형 가로대들처럼 생긴 구조물로, 이것이 측면요소들과 중앙요소들을 연결하고 있다. 염색체 쌍 형성과 연이은 감수분열 사건에서 접합복합체의 기능은 아직 완전히 밝혀져 있지 않다. 어떤 종류의 감수분열 세포들에서는 이러한 구조물이 나타나지 않기도 한다. 그러므로, 접합복합체가 감수분열 I기의 염색체쌍 형성에 정말 필수적인 것은 아닐지도 모른다. 상동체들이 전기 I에 어떻게 서로를 찾을 수 있는지 그 과정 역시 잘 이해되지 못하고 있다. 최근 연구에 따르면, 상동체들은 감수분열 I기의 세사기 중에 실질적으로 쌍을 이루기 시작할 수도 있음이 제시되고 있다. 이러한 쌍 형성은 상동염색체들이 간기의 핵 내에서 동일한 영역에 남아 있으려는 경향에 의해 촉진될 수도 있다. 따라서, 상동체들은 서로를 찾기 위해 멀리 가지 않아도 될 것이다.

접합이 진행되면서 복제된 염색체들은 더 작은 부피로 응축을 지속한다. 이 과정을 통해 두꺼워진 염색체들이 바로 이 **태사기(pachynema)**의 특징이다. 이 용어는 그리스어의 "두꺼운 실들(thick threads)"이라는 뜻의 단어에서 온 것이다. 태사형 시기(pachytene stage)로도 불리는 이 시기에는 쌍을 이룬 염색체들을 광학현미경 하에서도 쉽게 관찰할 수 있다. 각 쌍들은 두 개의 복제된 염색체들로 이루어지며, 이 염색체들 각각은 두 개의 자매염색분체들로 구성된다. 우리가 상동체들을 센다면, 이들의 쌍을 **2가(bivalent)** 염색체라고 나타낼 수도 있지만, 쌍의 가닥 수를 세어 **4분체(tetrad)**로 이루어진 염색체로 나타낼 수도 있다. 태사기 중—혹은 약간 그 전 후 시기에—에 쌍을 이룬 염색체들이 물질을 교환할 수도 있다(■ 그림 2.11). **교차(crossing over)**라고 불리는 이 현상과 그 결과에 대해서는 7장에서 살펴보기로 하자. 여기서는 각 자매염색분체들이 태사기에 끊어질 수 있으며, 그 잘린 조각들이 4분체 내의 염색분체들 사이에서 바뀔 수 있다는 것만 알아두고 가자. 따라서 교차 중에 발생하는 절단과 재결합은 쌍을 이룬 염색체들 사이에서 유전물질이 재조합될 수 있도록 한다. 이런 형태의 교환이 발생한다는 사실은 세포가 감수분열 I기의 다음 단계인 **복사기(diplonema)**로 진입하면서 관찰될 수 있다. 복사기란 용어는 그리스어의 "2개의 실들(two threads)"이라는 단어에서 온 것이다. 복사기(diplotene stage로도 부름) 중에는 쌍을 이룬 염색체들이 약간 분리된다. 하지만 교차가 발생한 지점에서는 가깝게 접촉하고 있다. 이러한 접촉지점들은 **교차점(키아즈마타, chiasmata)**[단: chiasma — 그리스어의 "교차하다"라는 뜻의 단어에서 옴 —]이라고 부른다. 면밀히 조사하면 각 교차점에서는 4분체를 이루는 네 개의 염색분체 중에서 오직 두 개만이 관여하고 있음을 알 수 있다. 복사기는 매우 오래 지속된다. 예를 들어, 인간의 여성에서는 복사기가 40년 이상 지속될 수도 있다.

전기 I의 마지막에 다다르면 염색체들은 더욱 응축되고 핵막은 붕괴되며, 방추기구가 형성된다. 방추체의 미세소관들은 핵 공간을 뚫고 들어가 염색체들의 방추사부착점에 결합한다. 염색체들은 아직도 교차점들에 의해 서로 붙들려 있다가 방추기구의 축에 직각으로 놓여진 세포의 중심 판으로 이동한다. 이런 이동은 **이동기(diakinesis)**라고 불리는 전기 I의 마지막 단계의 특징이다. 이것은 그리스어의 "~를 통한 이동(movement through)"이라는 뜻의 단어에서 온 것이다.

중기 I(metaphase I) 시기에는 쌍을 이룬 염색체들이 방추체의 양 극을 향해 방향을 잡는다. 이런 방향설정은 세포가 분열할 때 각 쌍의 구성원 하나가 각기 한쪽 극으로 갈 수 있도록 해준다. 간기 I의 마지막과 중기 I 기간 중에, 2가 염색체들을 붙들고 있던 교차점들은 동원체로부터 염색체 말단을 향해 미끄러져 나간다. 말단화(terminalization)라고 불리는 이 현상은 염색체 쌍의 각 구성원 사이에 반발력이 커지고 있음을 나타내 준다. **후기 I(anaphase I)** 중에는 쌍을 이룬 염색체들이 서로 완전히 나뉜다. *염색체 분리(chromosome disjunction)*라고 불리는 이 과정은 세포 내 2가 염색체들의 각 염색체들에 미치는 방추기구의 작용에 의해 매개된다. 분리된 염색체들이 양 극에 모이면서 첫 번째 감수분열은 거의 끝나게 된다. 다음 단계인 **말기 I(telophase I)**에서는 방추기구가 분해되고, 딸세포들이 막에 의해 분리되며, 염색체들이 풀어지면서 각 딸세포의 염색체 주변으로 핵이 만들어진다. 일부 생물종에서는 염색체 풀림이 완전히 이루어지지 않고 딸핵도 형성되지 않은채로 딸세포들이 곧 바로 2번째 분열로 진행한다. 감수분열 I에 의해 생산된 딸세포들은 반수체 염색체들을 포함한다; 그러나 각 염색체들은 아직도 2개의 염색분체들로 이루어져 있다. 그러나 이 염색분체들은 전기 I 중에 염색체쌍들끼리 교환한 유전물질들 때문에 유전적으로 동일하지 않을 수도 있다.

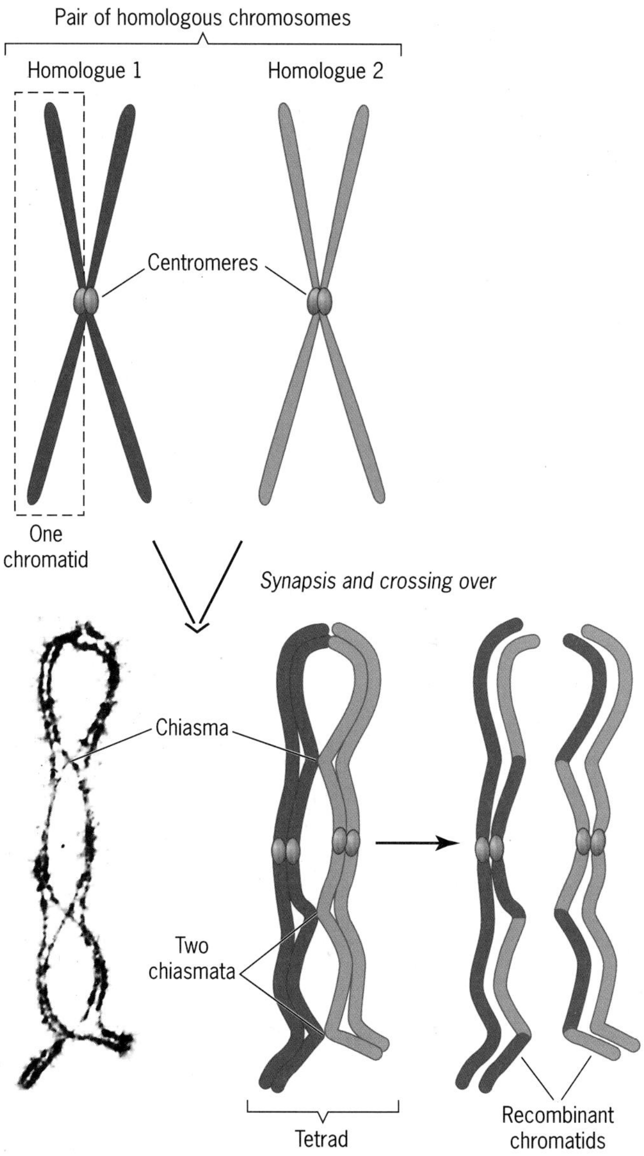

■ 그림 2.11 감수분열 전기 I 시기의 복사기 과정 중에, 상동염색체 쌍인 2가 염색체에서 생기는 교차점들(chiasmata).

감수분열 II와 그 산물

감수분열 II기의 **전기 II(prophase II)** 중에는 염색체들이 응축되고 새로운 방추기구에 부착된다. **중기 II(metaphase II)**에는 이들이 세포의 적도판에 위치하도록 이동한다. **후기 II(anaphase II)**가 되면 그들의 동원체들은 나뉘어 자매염색분체들이 양 극으로 이동할 수 있도록 한다. 이 현상은 *염색분체 분리(chromatid disjunction)*라고 불린다. **말기 II(telophase II)** 시기에는 분리된 염색분체들 — 이제는 염색체로 불린다 — 이 양 극에 모이고 그 주위로 딸핵들이 형성된다. 각 딸핵들은 반수체의 염색체 세트를 포함하고 있다. 따라서 기계론적으로 보면, 감수분열 II 과정은 유사분열과 거의 똑같다. 그러나 그 산물은 반수체로서, 유사분열 산물과는 달리, 감수분열 II를 통해 생긴 세포들은 유전적으로 동일하지 않다.

이 세포들이 서로 다른 한 가지 이유는 감수분열 I기 중에 상동염색체들이 쌍을 이루었다가 서로 분리되기 때문이다. 각 염색체쌍 내에서 하나의 상동체는 그 생물의 모계로부터 물려받은 것이고, 다른 하나는 부계로부터 유전된 것이다. 감수분열 I기 중에는 모계와 부계로부터 유전된 상동체들이 모여 접합한다. 이들이 감수분열 방추체 상에 위치할 때의 방향은 방추체의 극에 대해 무작위로 설정된다. 그리고 나서 분리되는 것이다. 각 염색체쌍들에 대해 딸세포의 절반이 첫 번째 감수분열시 모계로부터 유전된 상동체를 받고, 나머지 절반은 부계로부터 유전된 상동체를 받게 된다. 따라서 첫 번째 감수분열이 끝나면, 감수분열 산물들은 서로 다를 수밖에 없다. 이런 차이는 감수분열 I기 중에 분리되는 염색체쌍들의 수에 따라 더 복잡해진다. 각 쌍들이 독립적으로 분리되기 때문이다. 그러므로, 만약 인간에서처럼 23쌍의 염색체가 있다면, 감수분열 I은 2^{23}가지의 염색체가 다른 딸세포들을 생산할 수 있다. 즉, 8백만 가지 이상의 가능성이 존재하는 것이다.

감수분열로부터 생긴 세포가 달라지는 또 다른 이유는 감수분열 I기 중에 상동염색체들이 교차에 의해 유전물질을 교환하기 때문이다. 이 과정은 셀 수 없을 만큼의 서로 다른 유전적 조합을 만들어낼 수 있다. 상동체들의 무작위적 분리에 의해 만들어지는 다양성에 교차에 의해 생기는 다양성까지 더하면, 감수분열로 생긴 어떤 것들도 서로 같을 가능성이 별로 없다는 것을 쉽게 알 수 있다.

요점

- *이배성의 진핵세포들은 감수분열에 의해 반수체의 세포를 만든다. 이 과정은 한 번의 염색체 복제와 두 번의 세포 분열(감수분열 I과 감수분열 II)로 이루어진다.*
- *감수분열 I기에는 상동염색체들이 쌍을 이루었다가(접합), 유전물질을 교환하며(교차), 다시 나뉘게(염색체 분리)된다.*
- *감수분열 II기에는 염색분체들이 서로 분리된다.*

유전학 연구용 모델 생물들의 생활사

유전학자들은 실험에 알맞은 미생물, 식물, 그리고 동물들에 대해 연구 초점을 맞춘다.

유전학이 시작되었을 때 연구에 사용되었던 생물들은 정원이나 농장에서 쉽게 얻을 수 있는 것들이었다. 몇몇 초기 유전학자들은 좀 다른 형태의 생명체들, 예를 들면 나방이나 카나리아 등에 대한 유전으로 연구를 확장하기도 했지만, 유전학이 발달하면서 연구는 실험실이나 야외 실험 장소에서의 조절된 실험에 적합한 생물체들에 초점이 맞춰졌다. 오늘날에는 선별된 집단의 미생물들, 식물들, 그리고 동물들이 유전학 연구에 매우 유용하다. 이런 생물들은 종종 **모델 생물(model organism)**들로 불리는데, 이들이 유전적 분석에 잘 이용되기 때문이다. 이들 대부분은 실험실에서 쉽게 자라고,생활사가 비교적 짧으며, 유전적으로 다양하다. 게다가 오랜 동안의 연구를 통해 유전학자들이 여러 가지 종류의 돌연변이 계통을 분리해 확립시켜 놓았다. 우리는 이 책에서 여러 번 유전학적 모델 생물들을 만나게 될 것이다. **표 2.1**은 그들 중 몇 가지의 정보를

표 2.1

몇 가지 중요한 유전학적 모델 생물들

Organism	Haploid Chromosome Number	Genome Size (in millions of base pairs)	Gene Number
Saccharomyces cerevisiae (yeast)	16	12	6,268
Arabidopsis thaliana (flowering plant)	5	157	27,706
Caenorhabitis elegans (worm)	5	100	21,733
Drosophila melanogaster (fly)	4	170	17,000
Danio rerio (zebra fish)	25	1,600	23,524
Mus musculus (mouse)	20	2,900	25,396

요약해 놓은 것이다. 다음 절에서는 유전학적으로 중요한 세 가지 생물종들의 생활사에 대해 살펴보기로 하자.

빵 효모(*SACCHAROMYCES CEREVISIAE*)

제빵에 사용되는 효모(yeast)는 20세기 초반에 유전 연구에 도입되었다. 그러나 유전학 실험실에서 흔해지기 오래 전부터 이 생물은 부엌에서 빵을 만들 때 발효제로 사용되었었다. 효모는 특정 조건 하에서는 분열하여 긴 균사를 형성하기도 하지만, 단세포성 곰팡이다. 효모세포들은 실험실의 간단한 배지 위에서 배양될 수도 있고, 단 며칠 동안에 하나의 모세포로부터 다수의 세포들을 얻을 수도 있다. 게다가 서로 다른 생장 특징들을 나타내는 돌연변이 계통들을 쉽게 분리할 수도 있다.

빵 효모(*S. cerevisiae*)가 생식할 때는 유성생식과 무성생식이 둘 다 가능하다(**■ 그림 2.12**). 무성생식(asexual reproduction)은 출아(budding)라고 불리는 과정을 통해 일어나는데, 반수체 핵의 유사분열 과정을 포함한다. 이런 핵 분열 후에는, 딸핵 하나가 작은 싹, 혹은 자손 세포로 이동한다. 결국 싹은 세포질분열에 의해 모세포에서 분리된다. 유성생식(sexual reproduction) 과정은 반대 교배형(mating type; *a*와 α로 표시됨)의 반수체 세포들이 만나 — 교배(mating)라고 불리는 사건 — 융합하여 이배체의 세포를 형성하고 이것이 감수분열을 일으킬 때 발생한다. 감수분열에 의해 네 개의 반수체 산물들이 자낭(ascus, 복수; asci)이라 불리는 주머니 내부에 형성된다. 각각의 산물들은 자낭포자(ascospore)라고 불린다. 이 주머니를 해부함으로써 연구자들은 각 감수분열 산물들을 분리하고, 새로운 배양 접시로 옮겨 배양하여 새로운 효모 군락이 형성되도록 한다.

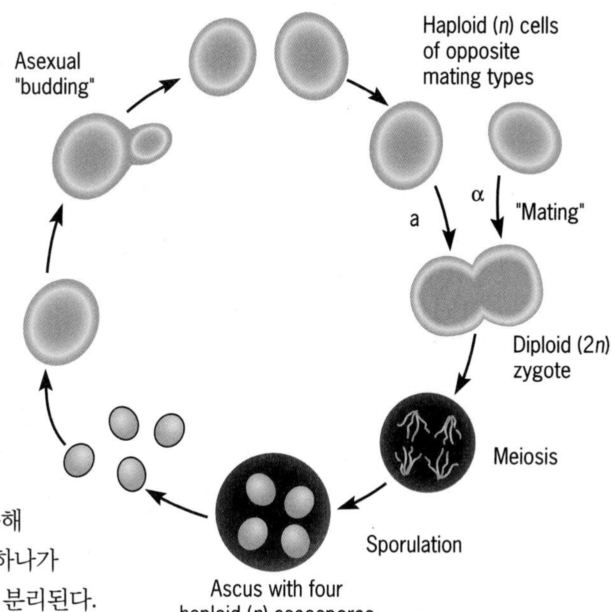

■ 그림 2.12 효모(*Saccharomyces cerevisiae*)의 생활사; n은 염색체의 반 수를 나타낸다. 감수분열의 반수체 산물들은 자낭포자(ascospore)라고 불리며 자낭(ascus)이라고 불리는 주머니형 구조물 내에 위치하고 있다.

애기장대(*ARABIDOPSIS THALIANA*), 빨리 자라는 식물

정원용 식물들은 유전적으로 연구된 최초의 생물들이었다. 오늘날 유전학자들은 종종 서양에서 쥐귀 냉이(mouse ear cress)라고도 불리는 풀인 애기장대(*A. thaliana*)에 관심을 집중하고 있다. 매우 빨리 자라는 이 생물은 무, 배추, 그리고 카놀라와 같은 식용 식물들과 친척이다; 그러나 농작물로서나 원예적 가치는 없다. 애기장대의 생식기관은 꽃에 위치한다(**■ 그림 2.13**). 수 배우자는 **수술(stamen)** 끝에 있는 **꽃밥(anther)**에서 감수분열에 의해 생산된다. 암 배우자는 꽃의 중앙부 **암술(pistil)** 밑의 **씨방(ovary)**에서 감수분열에 의해 생산된다. 애기장대와 같은 식물에서 감수분열 산물들은 보통 웅성 감수분열(male meiosis)로부터 생기는 **소포자(microspore)**와, 자성 감수분열(female meiosis)로부터 생기는 **대포자(megaspore)**로 불린다.

효모와 비교하면, 애기장대의 생식은 복잡해 보인다(**■ 그림 2.14**). 성숙한 식물은 이들이 소포자와 대포자를 생산하기 때문에 **포자체(sporophyte)**라고 불린다; 이 단어에서 접미사인 "phyte"는 그리스어에서 식물을 뜻한다. 애기장대 생식에서 수 배우자의 생성은, 이배체인 소포자모세포(microspore mother cell) — 불행히도, 예상했겠지만 이런 형태의 세포를 소포자부세포라고 부르지는 않는다 — 가 감수분열 후에 네 개의 반수체 소포자들을 만들 때 시작된다. 각 소포자들은 다시 유사분열을 통해 **꽃가루(화분립, pollen grain)**들을 만든다. 꽃가루는 영양세포 내에 위치한 두 개의 생식세포 혹은 정자세포를 포함한다; 정자 세포와 영양세포 내의 핵들은 모두 반수체이며 서로 동일하다. 꽃가루 내 세 개의 핵들이 애기장대의 **수 배우체(male gametophyte)**를 형성한다. 식물학적 용어인 "배우체(gametophyte)"는 사실상 꽃가루가 수(웅성) 배우자를 포함하고 있는 매우 작은 식물이라는 사실에서 생긴 말이다.

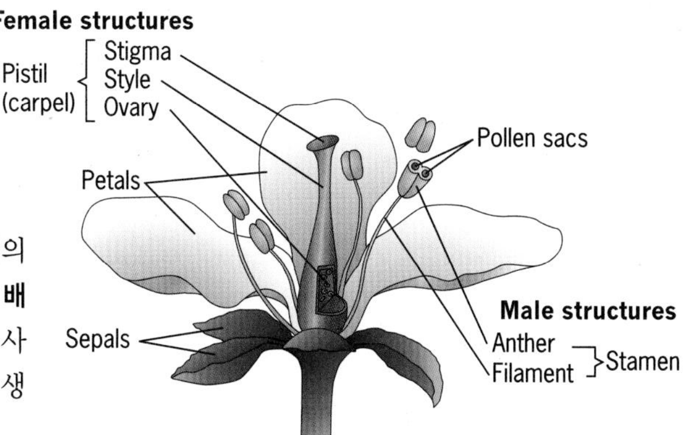

■ 그림 2.13 전형적인 꽃에서의 웅성 및 자성 생식기관.

애기장대의 생식에서 암 배우자의 생성을 살펴보면, 이배체의 대포자모세포(megaspore mother cell)가 감수분열을 거쳐 네 개의 반수체 세포들을 만든다; 그러나, 이 세포들 중

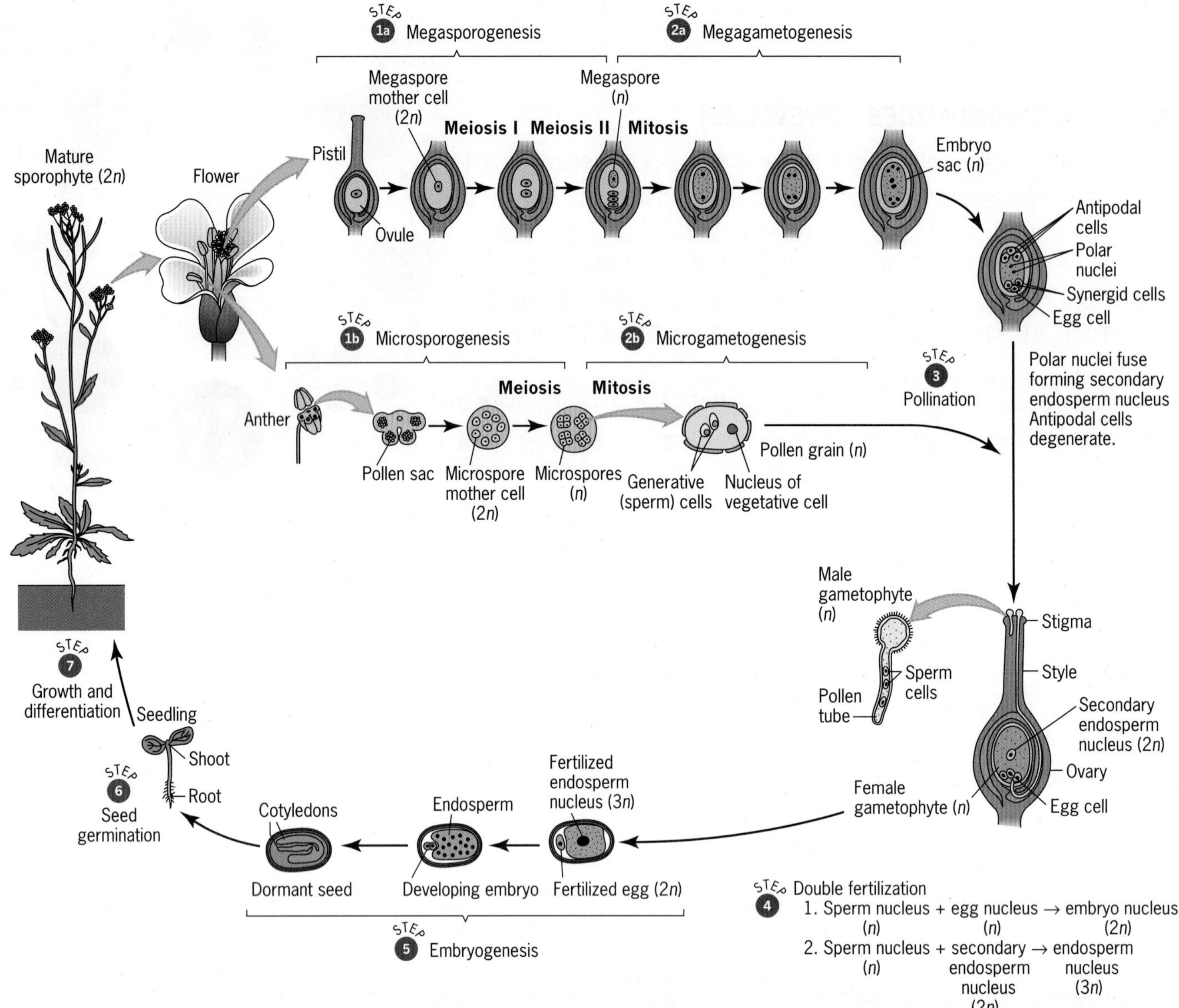

■ 그림 2.14 모델 생물인 애기장대(*Arabidopsis thaliana*)의 생활사.

3개는 곧 퇴화되고, 하나만 기능적인 감수분열 산물로 남게 되는데, 이것이 대포자(megaspore)가 된다. 그 다음, 대포자 내의 반수체 핵이 세 번의 유사분열을 거쳐 총 8개의 동일한 반수체 핵들이 **배낭(embryo sac)**이라고 불리는 구조 내에 나타난다. 세포질 분열이 일어나면 8개 중 6개가 세포막에 의해 서로 분리된다. 이들 중 3개는 배낭의 꼭대기로 이동하고, 3개는 배낭 아래쪽으로 이동한다. 아래쪽의 세포들 중 하나는 알세포(egg)가 되고, 나머지 둘은 조세포(synergid cell)들이 된다. 조세포를 나타내는 용어는 이 세포들이 알세포의 옆에 남아 있기 때문에, 그리스어의 "함께 일하다(to work together)"라는 말에서 이름이 붙여진 것이다. 배낭 꼭대기의 3개 세포들은 반족세포(antipodal cell)들로 불린다. 이것은 그리스어로 "반대편에 있는(on the opposite side of)"이라는 뜻이다. 이들은 곧 퇴화된다. 세포막에 의해 둘러싸이지 않은 나머지 2개의 핵들은 배낭 중간에 남아 있다. 이 극핵들(polar nuclei)은 곧 융합하여 이배체의 핵을 형성하며, 2차 배젖핵(secondary endosperm nucleus)이라고 불린다. 이것은 나중에 종자(seed) 내에서 영양조직을 발달시키는 데 중요한 역할을 담당한다. 배낭 내의 세포들과 핵들은 애기장대의 **암(자성) 배우체(female gametophyte)**를 형성한다.

성숙한 꽃가루 입자가 암술의 머리인 주두(stigma)에 떨어지면, 꽃가루관이 암술을 통과

해 씨방 내부로 자라게 된다. 애기장대와 같은 식물에서는 수정(fertilization)이 2번의 사건을 포함한다: (1) 꽃가루관 내부의 정자세포 하나가 암 배우체 내의 알세포와 융합하여 *2배체의 접합자(diploid zygote)*를 형성하는 것으로, 이 접합자는 곧 배아로 발달하게 될 것이다. 그리고, (2) 다른 정자 세포의 핵이 암 배우체 내의 2차 배젖핵과 결합하여 *3배체의 배젖핵(triploid endosperm nucleus)*을 만드는 것이다. 이것은 곧 영양조직(배젖)의 발달을 지시하게 될 것이며 배아를 둘러싼 종자가 발아를 할 때 배아에 영양분을 공급하게 된다. 애기장대가 성숙시기에 도달할 때까지는 약 5주가 걸리는데, 이것은 다른 현화식물들에 비하면 짧은 것이다. 따라서 애기장대로 실험하는 과학자들은 연구를 상당히 빨리 진척시킬 수 있다.

생쥐(*MUS MUSCULUS*)

생쥐는 생명의학 연구에 있어 매우 필수적인 것이 되었다. 쥐들은 약물이나 화학물질, 식품

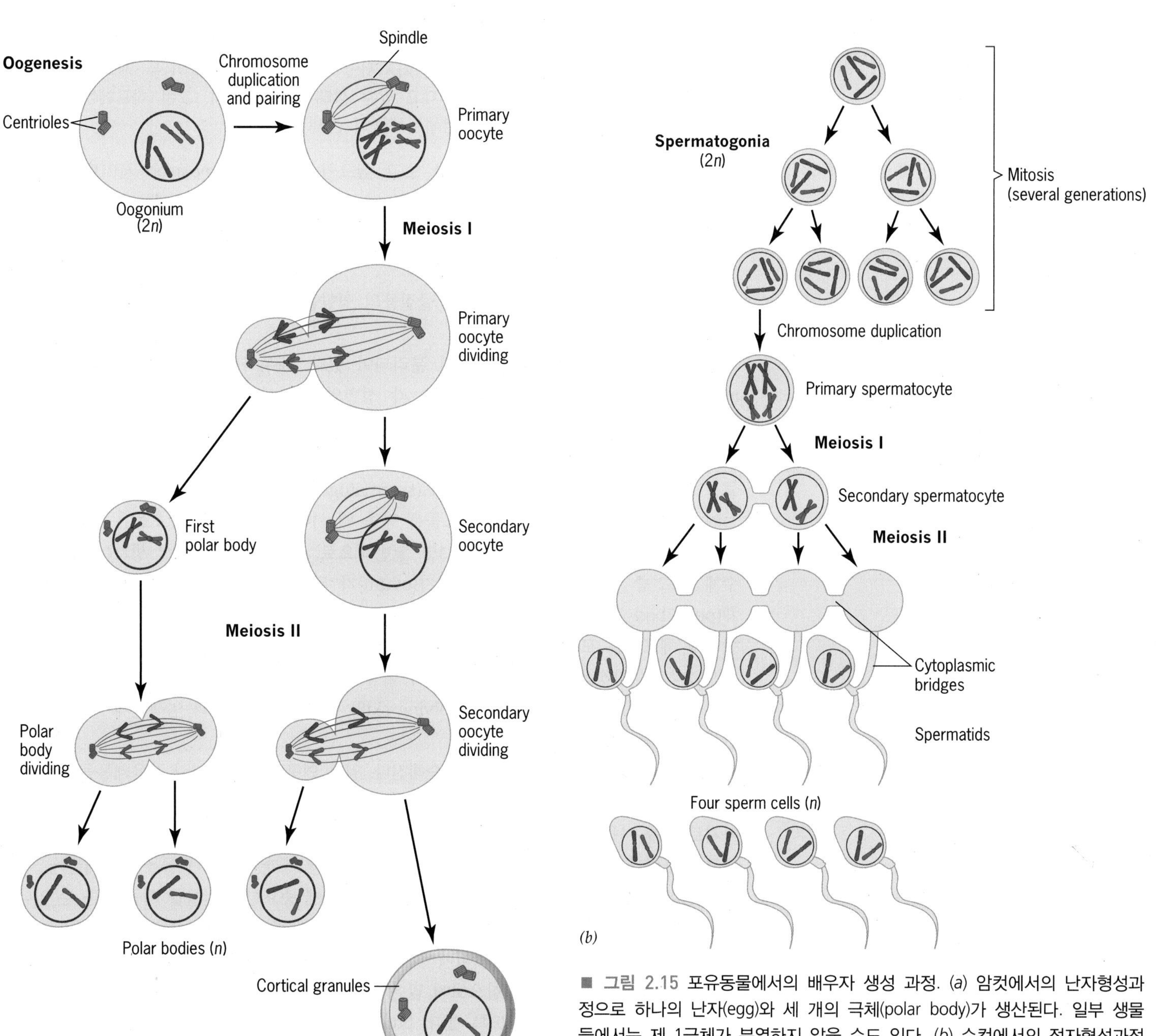

■ 그림 2.15 포유동물에서의 배우자 생성 과정. (*a*) 암컷에서의 난자형성과정으로 하나의 난자(egg)와 세 개의 극체(polar body)가 생산된다. 일부 생물들에서는 제 1극체가 분열하지 않을 수도 있다. (*b*) 수컷에서의 정자형성과정에 의해 네 개의 정자세포들이 만들어지며 이들은 성숙하게 될 때까지 세포질 다리(cytoplasmic bridges)를 통해 서로 연결된 채로 존재한다.

문제 풀이 기술

염색체와 염색분체 계수

문제

고양이(*Felis domesticus*)는 체세포에 36쌍의 염색체들을 갖는다. (a) 고양이의 성숙한 정자세포에는 몇 개의 염색체들이 존재할까? (b) 첫 번째 감수분열로 진입하는 세포에는 얼마나 많은 수의 염색분체가 존재하겠는가? (c) 두 번째 감수분열로 진입하는 세포에는 몇 개의 염색분체가 존재하겠는가?

사실과 개념

1. 염색체들은 쌍을 이룬다 — 즉, 각 쌍에는 2개의 상동염색체들이 존재한다.
2. 염색체 복제로 한 세포의 각 염색체는 2개의 염색분체들을 갖게 된다.
3. 첫 번째 감수분열로 인해 복제된 염색체들의 수(염색분체의 수도 마찬가지로)가 2배수로 줄어든다. 즉 1/2로 줄어든다.
4. 두 번째 감수분열로 인해 염색분체들의 수는 다시 2배수로 줄어들게 된다.

분석과 해결

a. 만일 고양이의 이배체성 체세포에 36개의 염색체쌍이 있었다면, 모두 $2 \times 36 = 72$개의 염색체가 존재하는 것이다. 이것이 감수분열이 끝난 반수체의 정자세포에서는 절반으로 줄어들테니 $72/2 = 36$개의 염색체가 존재하게 될 것이며, 혹은 각 상동염색체쌍들 중 하나씩의 염색체들이 존재하게 된다.

b. 첫 번째 감수분열에 진입하는 세포는 막 복제된 72개의 염색체들을 갖는다. 각 염색체들이 두 개씩의 염색분체들을 가지므로, 모두 합하면 $72 \times 2 = 144$개의 염색분체들이 이 세포에 존재하게 된다.

c. 두 번째 감수분열에 진입하는 세포는 36개의 상동염색체쌍들 중 하나씩만을 가지지만 아직 이 염색체들이 두 개의 자매염색분체들을 가지고 있는 상태이다. 따라서, 그런 세포에는 $36 \times 2 = 72$개의 염색분체들이 존재할 것이다.

더 많은 논의를 보고 싶으면 Student Companion 사이트를 방문하라.

들, 그리 인간의 건강에 관계된 여러 물질들의 영향을 검사하는 수많은 연구과제들에서 실험대상이 되어왔다.

쥐들은, 인간과 마찬가지로, 성이 분리되어 있다. 배우자의 형성 — **배우자형성과정(gametogenesis)**이라고 불리는 과정 — 은 각 성별의 생식선에서 이루어진다. 난자형성과정(oogenesis)은 암컷의 생식선인 난소에서 알세포(egg)가 생기는 것이다. 그리고 정자형성과정(spermatogenesis)은 수컷의 생식선인 정소에서 정자(sperm)가 생기는 것이다. 이 과정들은 난원세포(oogonia) 혹은 정원세포(spermatogonia)라고 불리는 미분화된 이배체 세포들이 감수분열을 통해 반수체의 세포들을 만들 때 시작된다. 반수체 세포들은 곧 성숙한 배우자(gamete)들로 분화한다(■ **그림** 2.15). 일반적으로, 자성 감수분열에서 생기는 네 개의 반수체 세포 중 하나만이 알세포 즉 난자(ovum)가 된다; 다른 나머지 세 개의 세포들은 극체(polar body)들이라고 불리며 퇴화한다. 반대로, 웅성 감수분열의 결과 얻어지는 네 개의 반수체 세포들은 모두 정자(sperm)로 발달한다. 배우자형성과정은 다른 포유동물들에서와 유사하다. 이 과정을 통해 염색체의 수가 어떻게 줄어드는지를 얼마나 잘 이해했는지 평가해보려면 문제 풀이 기술(problem solving skill) 부분의 염색체들과 염색분체 수 세기에 관한 문제를 풀어보도록 하라.

쥐들은 7–8주가 되면 성적으로 성숙해진다. 일부 연구소들은 커다란 사육계통들을 유지함으로써 다양한 연구과제를 위한 동물들을 공급하기도 한다. 여러분들이 상상하는 바와 마찬가지로 쥐를 이용한 연구는 다른 모델 동물들을 이용하는 과제들보다 상당히 시간이 많이 걸리고 연구비가 많이 든다. 그러나, 쥐들은 인간과 가장 가까운 모델 동물들이기 때문에, 이들을 이용한 연구는 인간의 건강과 질병에 대한 쟁점들에 중요한 통찰들을 제공해 줄 수 있다.

효모나 애기장대 혹은 생쥐와는 달리, 우리 자신의 종인 인간은 유전학적 실험에 사용될 수 없다. 그러므로, 엄격한 의미에서 인간(*Homo sapiens*)은 모델 생물은 아니다. 그러나 우리는 인간의 세포들을 배양함으로써 많은 것을 배워왔고 이러한 진보는 실험실에서 인간의 유전물질을 연구할 수 있도록 했다. Student Companion 사이트를 방문하면 유전학의 이정표: 인간 세포들의 배양(A Milestone in Genetics: Culturing Human Cells) 편에서 좀 더 자세한 내용들을 알 수 있을 것이다.

요점

- *효모에서는, 반대의 교배형을 가진 반수체 세포들이 융합하여 접합자를 형성하며, 이것이 감수분열을 거쳐 네 개의 반수체 세포들을 만든다.*
- *애기장대의 생식기관 내에서는 감수분열로 소포자들과 대포자들이 생산되며, 이것이 곧 수배우체와 암 배우체로 발달한다.*
- *애기장대의 생식에서는 이중 수정(double fertilization)에 의해 배아로 발달하는 2배체의 접합자와 종자 내의 영양조직으로 발달하는 3배체의 배젖이 생긴다.*
- *쥐를 포함한 다른 포유동물들에서는, 자성 감수분열에 의해 생긴 하나의 세포만이 알세포로 발달하는 반면, 웅성 감수분열에 의해 생긴 네 개의 세포들은 모두 정자로 발달한다.*

기초 연습문제

기본적인 유전분석 풀이

1. 다음 그림들은 유사분열의 어떤 시기인지 밝혀라.

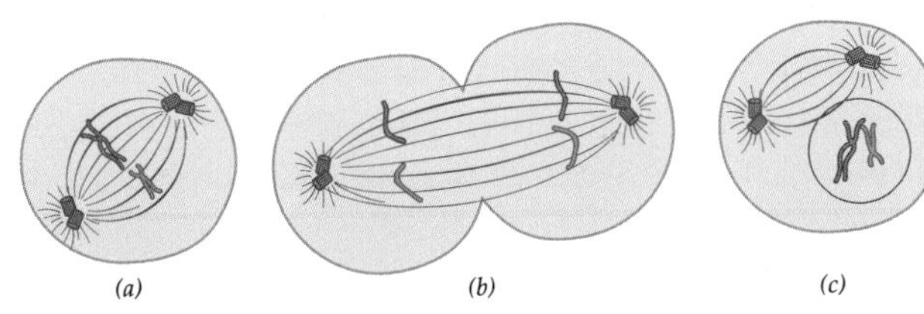

(*a*) (*b*) (*c*)

답: (*a*) 중기; (*b*) 후기; (*c*) 전기

2. 왜 감수분열을 겪는 이배체의 모세포가 네 개의 반수체 세포들을 만들게 되는가?

답: 감수분열 중에는 염색체 복제가 두 번의 분열 사건에 앞서 발생한다. 만약 이배체의 모세포에 존재하는 염색체 수를 2*n*이라고 한다면, 복제 후에는 그 세포가 4*n*의 염색분체를 포함하게 될 것이다. 첫 번체 감수분열 중에 상동염색체들이 쌍을 이루고, 이들이 다시 다른 딸세포들로 나뉘게 되므로, 각 세포들은 2*n*개의 염색체들을 받는다. 두 번째 감수분열 중에 두 염색분체들을 결합시키는 동원체가 나뉘고 각 염색분체들은 서로 다른 딸세포로 분배된다. 이렇게 연속적인 2번의 분열로 얻어진 4개의 세포들은 따라서 *n*개의 염색분체들(이제 염색체로 불린다)을 포함하게 된다. 따라서, 이배체 상태의 모세포는 감수분열에서 생기는 네 개의 세포들에서 반수체 상태로 감소된다.

3. 다음 그림은 감수분열 전기 I의 어느 시기인지 밝혀라.

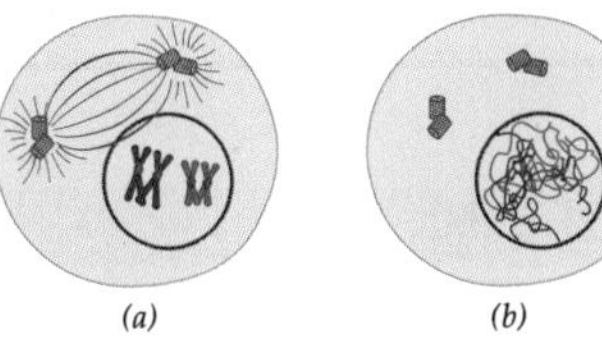

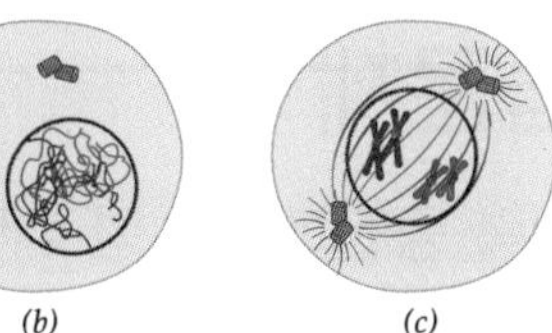

(*a*) (*b*) (*c*)

답: (*a*) 복사기; (*b*) 세사기; (*c*) 이동기

4. 생쥐의 체세포에는 20쌍의 염색체들이 존재한다. 다음과 같은 세포들에는 몇 개의 염색분체들이 존재하겠는가?

(a) 제 1차 난모세포

(b) 제 2차 난모세포

(c) 성숙한 정자세포

답: (a) 80개. 40개의 염색체들(한 쌍 당 2개씩 20쌍)이 감수분열 I기 이전에 복제된다; (b) 40개. 상동염색체들(각각은 아직 두 개의 염색분체들로 이루어져 있다)이 첫 번째 감수분열 중에 서로 다른 세포들로 분배된다; (c) 20개. 반 수의 염색체들을 갖는다.

지식검사

서로 다른 개념과 기술의 통합

1. 유사분열과 감수분열의 주된 차이는 무엇인가?

답: 유사분열에서는 한 번의 염색체 복제와 이어서 발생하는 한 번의 분열로 이루어진다. 감수분열에서는 한 번의 염색체 복제 후에 두 번의 분열이 발생한다. 그리고, 첫 번째 감수분열 중에는 상동염색체들이 서로 쌍을 이룬다. 상동성에 기초한 이러한 쌍형성은 유사분열에서는 발생하지 않는다. 유사분열에 의해서 생긴 두 개의 딸세포는 그 것이 유래한 모세포와도 같고, 그리고 서로 동일하다. 감수분열에서의 두 번의 연속적 분열에 의해 생기는 4개의 세포들은 서로 같지 않으며, 그것이 유래한 모세포와도 다르다. 이배체 세포가 유사분열을 일으킬때는 그로부터 생긴 딸세포 역시 이배체가 된다. 이배체 세포가 감수분열을 겪

을 때는 그로부터 유래한 세포들은 반수체가 될 것이다.

2. 예쁜꼬마선충(*Caenorhabditis elegans*)은 기생성이 아닌 작은 벌레로서, 유전 연구에 사용된다. 이 벌레들 중 일부는 난자와 정자를 모두 생산할 수 있는 자웅동체(hermaphrodites)이다. 예쁜꼬마선충의 자웅동체 개체는 5쌍의 상동염색체들을 갖는다. 다음과 같은 세포들에서는 몇 개의 염색체가 관찰되겠는가?

(a) 자웅동체 개체의 정자세포
(b) 자웅동체 개체에서 얻은 수정란

자웅동체 개체에서 얻은 다음과 같은 세포들에는 몇 개의 염색분체들이 존재하겠는가?

(c) 첫 번째 감수분열로 진입하는 세포
(d) 두 번째 감수분열로 진입하는 세포
(e) 두 번째 감수분열을 완료한 세포

답: (a) 5개. 정자들은 반수체이다. (b) 10개. 수정란은 수정에 의해 난자의 염색체와 정자의 염색체들을 모두 갖게 된다. (c) 20개. 감수분열 I기로 진입하는 세포에서는 10개의 염색체들이 모두 각각 복제되어 2개씩의 염색분체들을 만든다. (d) 10개. 상동염색체들은 첫 번째 감수분열에서 서로 다른 세포로 나뉜다; 그러나 각 상동체들의 염색분체들은 아직 동원체에 의해 서로 결합되어 있는 상태이다. (e) 5개. 감수분열의 최종산물은 반수체이다.

3. 사람의 정자는 DNA 상에 약 3.2×10^9 뉴클레오티드 쌍을 가지고 있다. 다음의 각 상황에는 얼마나 많은 DNA가 존재하는가: (a) 제1정모세포; (b) 제2정모세포; (c) 제1정모세포 분열에 의한 제1극체?

답: (a) $4 \times 3.2 \times 10^9 = 12.8 \times 10^9$ 뉴클레오티드쌍, 왜냐하면 제1정모세포는 DNA의 $4c$ 함량을 갖고 있기 때문; (b) $2 \times 3.2 \times 10^9 = 6.4 \times 10^9$ 뉴클레오티드쌍, 왜냐하면 제2정모세포는 DNA의 $2c$ 함량을 갖고 있기 때문; (c) $2 \times 3.2 \times 10^9 = 6.4 \times 10^9$ 뉴클레오티드쌍, 왜냐하면 제1극체는 DNA의 $2c$ 함량을 갖고 있기 때문이다.

연습문제

이해력 증진과 분석력 개발

2.1 탄수화물과 단백질은 모두 선형 중합체들이다. 이 중합체들에서는 어떤 형태의 분자들이 서로 연결되는가?

2.2 모든 세포들은 막으로 둘러싸인다; 일부 세포들은 세포벽에 의해서도 둘러싸인다. 세포막과 세포벽의 차이는 무엇인가?

2.3 원핵세포와 진핵세포의 주된 차이는 어떤 것인가?

2.4 반수체 상태와 배수체 상태를 구분하시오. 어떤 형태의 세포들이 반수체들인가? 또 어떤 형태의 세포들이 배수체인가?

2.5 원핵세포와 진핵세포에서 염색체들의 크기와 구조를 비교하시오.

2.6 진핵세포의 세포주기에서 간기와 분열기(M기) 중에 나타나는 주요 사건은 어떤 것들인가? 염색체에 초점을 맞추어 설명하시오.

2.7 일반적으로 더 길게 유지되는 시기는 간기와 분열기중 어느 것인가? 왜 이중 하나가 다른 하나보다 더 길게 유지되는지를 설명할 수 있겠는가?

2.8 동물세포와 식물세포의 미세소관 형성센터는 어떤 점에서 차이가 나는가?

2.9 다음 사건들과 유사분열 시기를 짝지으시오.

단계: (1) 후기, (2) 중기, (3) 전기, (4) 말기

사건들: (a) 미세소관이 방추사부착점에 결합, (b) 유사분열 방추체의 형성, (c) 적도판으로의 염색체 이동, (d) 핵막이 사라짐, (e) 염색체의 응축, (f) 염색체가 양 극으로 이동, (g) 동원체의 분리, (h) 염색체의 풀림, (i) 인의 재형성

2.10 진핵세포의 세포 분열 중에서 발생하는 다음 사건들을 맞는 순서대로 빠른 것부터 나열하시오.

(a) 핵막의 형성
(b) 중심체들이 핵의 반대편으로 이동
(c) 염색체의 복제
(d) 염색체의 응축
(e) 미세소관이 방추사부착점(키네토코어)에 부착
(f) 염색체들이 양 극으로 이동

2.11 인간에서 β-글로빈 유전자는 11번 염색체 상에 존재하며, 헤모글로빈의 또 다른 성분인 α-글로빈의 유전자는 16번 염색체 상에 위치한다. 이 두 염색체들이 감수분열기에 서로 쌍을 이룰 것으로 예측될 수 있겠는가? 여러분의 답을 설명해보라.

2.12 인간의 정자 세포는 23개의 염색체들을 포함한다. 막 감수분열로 진입하는 중인 정원세포에 존재하는 염색체의 수는 몇 개일까? 감수분열의 중기 I 시기에 있는 정원세포에는 몇 개의 염색분체들이 존재하겠는가? 중기 II 시기의 세포에는 몇 개가 존재하겠는가?

2.13 감수분열을 겪는 세포에서는 교차가 염색체 복제 전에 발생할까, 아니면 복제 후에 발생할까?

2.14 감수분열 중에 교차를 일으킨 염색체들에서 관찰할 수 있는 특징은 어떤 것인가?

2.15 감수분열 시기 중에서 염색체 분리는 언제 발생하는가? 또, 염색분체 분리는 언제 발생하는가?

2.16 애기장대에서, 잎 조직은 반수체인가, 이배체인가? 암 배우체에는 몇 개의 핵이 존재하는가? 수 배우체에는 몇 개의 핵이 존재하는가? 이 핵들은 반수체인가, 배수체인가?

2.17 이 장의 표 1에 주어진 정보를 이용해 볼 때, 유전체 크기(DNA의 염기쌍으로 측정된)와 유전자수 사이에 상관이 있는가? 설명해보라.

2.18 애기장대 암 배우체의 조세포들은 그들 사이에 위치한 알세포와 유전적으로 동일한가?

2.19 원핵생물인 대장균의 한 세포는 4,288개의 단백질들을 암호화할 수 있는 유전자들을 가지며, 이 유전자들은 약 4백 60만 염기쌍의 DNA로 이루어져 있다. 진핵생물인 효모는 약 천 2백만 염기쌍들로 구성된 DNA를 가지며 이들은 6,268개의 유전자들로 구성되어 있다. 이 DNA는 16개의 뚜렷한 염색체들로 나뉘어 있다. 원핵생물이 가진 염색체가 진핵생물이 가진 염색체 몇몇 염색체들보다 더 크다는 사실이 놀라운가? 여러분의 답변을 설명해보라.

2.20 감수분열시기에 나타나는 염색체들의 행동양식을 고려해 볼 때, 짝수의 염색체쌍을 갖는 생물들(예를 들면, 초파리는 4쌍)이 홀수의 염색체쌍을 갖는 생물(예를 들면 인간은 23쌍의 염색체를 갖는다) 보다 더 이점을 가지겠는가?

2.21 현화식물들에서는 꽃가루에서 나온 두 개의 핵들이 수정에 참여한다. 이 핵들은 암 배우체에서 생긴 어떤 핵들과 결합하는가? 이 수정 사건들로 인해 어떤 조직이 형성되는가?

2.22 초파리의 반수 유전체는 약 1.2×10^8개의 뉴클레오티드쌍들을 포함한다. 다음 세포에는 몇 개의 뉴클레오티드 쌍들이 존재하겠는가?

(a) 체세포
(b) 정자세포
(c) 수정란
(d) 1차 난모세포
(e) 제 1 극체
(f) 2차 정모세포

2.23 붉은 빵곰팡이(*Neurospora*)는 체세포에 14개의 염색체들(7쌍)을 가진다. 다음 세포들에는 몇 개의 염색체들이 존재하겠는가?

(a) 암 배우체의 자낭 핵
(b) 수 배우체의 자낭 핵
(c) 수정된 자낭의 핵

멘델 유전학: 유전의 기본 원리

장의 개요

- 유전에 대한 멘델의 연구
- 멘델 원리의 적용
- 유전적 가설의 검증
- 인류 유전학에서의 멘델식 원리

유전학의 탄생: 과학적 혁명

과학은 자연 현상에 대한 주의 깊은 관찰, 이러한 현상들에 대한 깊은 생각, 그리고 그러한 현상들의 원인과 결과를 검증할 수 있는 아이디어들을 설정해보는 것 등이 포함된 복합적인 노력이다. 과학의 발전은 종종 통찰력 깊은 한 개인의 연구에 의해 이루어진다. 예를 들어 니콜라스 코페르니쿠스(Nicolaus Copernicus)가 천문학에 미친 영향이나, 아이작 뉴튼(Isaac Newton)이 물리학에 미친 영향, 혹은 찰스 다윈(Charles Darwin)이 생물학에 미친 영향들이 그러하다. 이들은 모두 혁신적인 새 아이디어를 도입함으로써 자신들이 속한 과학 분야에서 그 원리들의 진로를 바꾸었다. 사실상 그들은 과학적 혁명을 시작한 것이었다.

19세기 중반에 오스트리아의 수도승이였던 그레고르 멘델(Gregor Mendel)은 다윈과 동시대인으로서, 생물학 분야에서 또 다른 혁명의 기초를 다져, 완전히 새로운 과학인 유전학을 탄생시켰다. 1866년 "식물 잡종화 실험(Experiments in Plant Hybridization)"이라는 제목으로 출판된 멘델의 생각은, 어떻게 생물들의 특징들이 유전되는지를 설명하려는 노력이었다. 많은 사람들이 이전에도 그러한 설명을 위해 시도했었지만 그다지 성공적이지 못했었다. 멘델은 그의 논문 서두에서 그들의 실패에 대해 다음과 같이 언급했다:

완두(*Pisum sativum*), 멘델 실험의 재료.

"쾰로이터(Kölreuter), 게르트너(Gärtner), 헤르베르트(Herbert), 레코크(Lecoq), 비쿠라(Wichura) 등 많은 수의 사려 깊은 관찰자들이 매우 끈기를 가지고 생애 일부를 바쳐 이러한 목적을 위해 노력했다..... [그러나] 이 분야의 연구를 살펴본 사람들이라면 누구라도, 모든 수많은 연구들 중에서 단 하나도, 잡종의 자손들이 나타내는 형태의 수를 결정하거나 혹은 각 세대에 따른 이 형태들을 확실하게 정리하고, 혹은 그들의 통계적인 관계를 확실히 말할 수 있는 방법이나 혹은 그것을 가능하게 한 정도까지 수행한 실험은 없었다는 것을 확신하게 될 것이다.[1]"

그리고 그는 유전의 기작을 설명하기 위한 자신의 노력을 이렇게 설명했다:

"그렇게 광범위한 노력에 착수하기 위해서는 정말로 용기가 필요했다; 그러나 이것은 생물 형태의 진화 역사와 연관하여 그 중요성이 절대로 과대평가될 수 없는 문제에 대해 그 해답에 도달할 수 있는, 유일하게 올바른 방법으로 드러났다."

"이 논문은 그러한 자세한 실험의 결과 기록을 제시한다. 이 실험은 실제적으로는 작은 식물 그룹으로 제한되어 수행되었다. 그리고 이제 8년의 연구 끝에 핵심적인 결론에 도달했다. 수행되었던 각각의 실험들에 대한 계획이, 요구된 목적을 달성하기에 가장 잘 맞는 것이었는지는 독자들의 호의적인 판단에 맡기도록 한다"[2]

[1,2]Peters, J. A., ed. 1959. 유전학의 고전적 논문들(*Classic Papers in Genetics*). Prentice-Hall, Englewood Cliffs, NJ.

유전에 대한 멘델의 연구

완두로 수행된 멘델의 실험들은 어떻게 형질들이 유전되는지를 설명해준다.

그레고르 요한 멘델(Gregor Johann Mendel, 1822~1884)의 일생은 19세기 중반에 걸쳐 있다. 그의 부모는 당시 중앙 유럽 합스부르크 왕국의 일부였던 모라비아 지역의 농부였다. 시골에서의 성장은 그에게 동식물을 기르는 법을 가르쳤고 자연에 대한 관심을 고취시켰다. 21세의 나이에 멘델은 농장을 떠나 브륀(오늘날 체코 공화국의 브루노)의 가톨릭 수도원으로 들어갔다. 1847년에 그는 사제 서품을 받고 그레고르라는 사제명을 얻는다. 그리고 곧 지역 고등학교에서 교편을 잡고 1851년부터 1853년까지 비엔나 대학에서 공부할 시간을 갖는다. 브륀으로 돌아온 후에 그는 교육 사제로서의 삶을 시작하며 그를 유명하게 한 유전 실험을 하게 된다.

멘델은 여러 가지 정원 식물들로 실험을 수행했고, 심지어 몇몇 실험에서는 꿀벌을 이용하려는 노력도 했다. 그러나 그의 위대한 성공은 완두로 이루어졌다. 1864년 그는 그의 완두 실험을 완료했다. 1865년에 멘델은 지역의 자연사 학회에서 자신의 결과를 발표하고 그 다음해에 학회지에 자세한 기록들을 실었다. 이 장의 말미 [유전학의 이정표]에는 1866년 멘델의 논문에 대한 내용이 실려 있다. 불행하게도, 이 논문은 세 사람의 식물학자들인, 네델란드의 휴고 드프리스(Hugo de Vries), 독일의 칼 코렌스(Carl Correns), 오스트리아의 에릭 폰 체르막-세이제넥(Eric von Tschermak-Seysenegg)에 의해 재발견된 1900년까지 별로 빛을 보지 못했다. 이 사람들은 유전에 대한 자신의 학설을 지지할 만한 과학 문헌들을 찾다가 각자 35년 전에 멘델이 수행한 자세하고 사려 깊은 분석을 발견한 것이었다. 특히 영국의 생물학자인 윌리엄 베이트슨(William Bateson)의 열렬한 홍보 덕에 멘델의 생각은 빠르게 지지를 얻게 되었다. 멘델 발견의 이 옹호자는 유전 연구를 설명하는 데 유전학[genetics — "생긴다(to generate)"는 뜻의 그리스어에서 따옴]이라는 새로운 용어를 고안했다.

멘델의 실험 생물, 정원 완두

멘델이 성공한 한 가지 원인은 그가 자신의 실험생물을 매우 신중하게 선택했다는 점이다. 정원 완두(*Pisum sativum*)는 발아 시 떡잎이 두 장 나오는 쌍떡잎식물이다. 완두는 실험정원이나 온실 화분에서 쉽게 자란다.

완두 생식에서의 한 가지 특이한 점은 꽃잎이 굳게 닫혀 있어서 화분이 들어오거나 나가는 것이 방해를 받는다. 이것은 같은 꽃의 암배우자와 수배우자가 연합하여 종자를 생산하도록 하는 자가교배(self-fertilization) 시스템을 강화시킨다. 결과적으로, 개개의 완두 식물들은 매우 근친교배율이 높아서 세대가 바뀌어도 별로 유전적 다양성을 나타내지 않는다. 이러한 균일성 때문에 이러한 계통들을 *순계(true-breeding)*라고 한다.

연구 초기에 멘델은 서로 다른 여러 순계 완두를 얻었으며 각각은 특정 성질들에 의해 구별되었다. 한 품종의 완두는 2m까지 자라는 반면 다른 것은 0.5m 정도 밖에 되지 않는다. 또 다른 변이는 녹색 완두를 만들지만 다른 것은 노란 색 종자를 만든다. 멘델은 이렇게 대비되는 형질들을 이용하여 완두의 특징들이 어떻게 유전되는지를 결정했다. 예를 들면 식물의 키와 같은 완두 계통들 사이의 한 가지 차이점에 초점을 맞추어 그는 한 번에 한 가지 형질들의 유전에 대한 연구를 할 수 있었다. 다른 생물학자들은 동시에 많은 형질들의 유전을 이해하려고 하였으나 그러한 연구 결과들은 너무 복잡하여 유전에 대한 기본적 원리를 발견할 수 없었다. 멘델은 두 식물들 사이에서 같거나 다르게 관찰되는 대조적 차이 — 큰 것과 작은 것 혹은 녹색 종자와 황색 종자 — 들에 집중함으로써 다른 생물학자들이 실패한 곳에서 성공할 수 있었다. 게다가 그는 그가 수행한 실험들에 대해 주의 깊은 기록들을 유지했다.

단성잡종 교배: 우성과 분리의 법칙

한 실험에서 멘델은 완두 식물의 키에 대한 유전을 조사하기 위해 키가 큰 완두와 작은 완

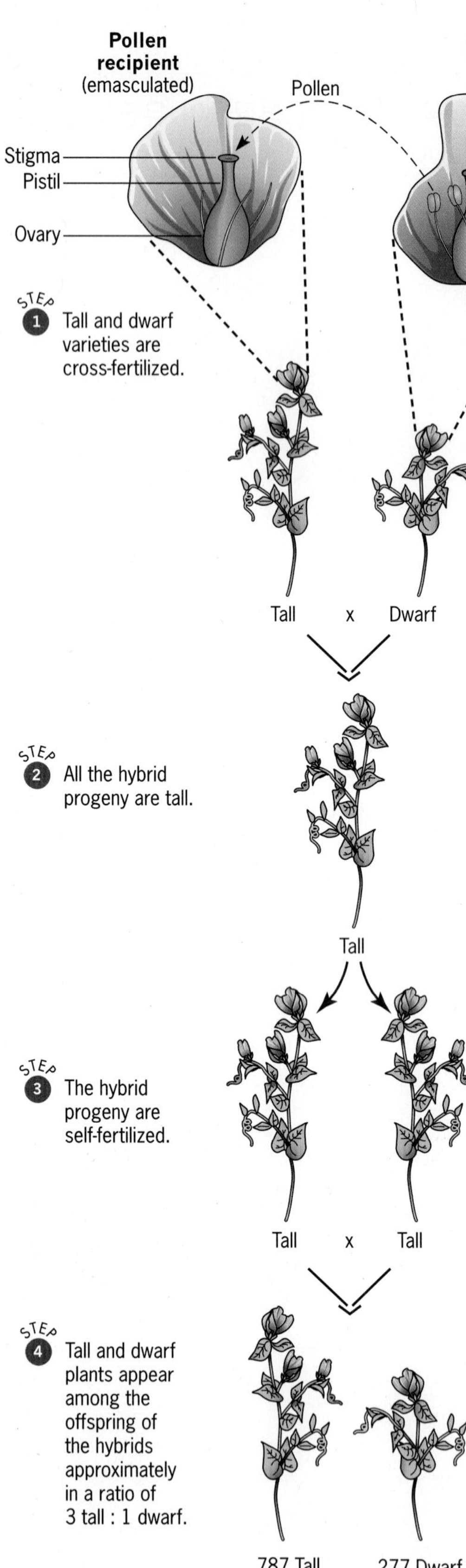
Pollen recipient (emasculated)
Pollen donor
Pollen
Stigma
Pistil
Ovary
Anther
Stamen
STEP 1 Tall and dwarf varieties are cross-fertilized.
Tall
x
Dwarf
STEP 2 All the hybrid progeny are tall.
Tall
STEP 3 The hybrid progeny are self-fertilized.
Tall
x
Tall
STEP 4 Tall and dwarf plants appear among the offspring of the hybrids approximately in a ratio of 3 tall : 1 dwarf.
787 Tall
277 Dwarf

■ 그림 3.1 키가 큰 완두와 작은 완두 계통에 대한 멘델의 교배.

두에 대해 **타가교배(cross-fertilization)**, 간단히 말해 교배(cross)를 실시했다(■ **그림** 3.1). 그는 조심스럽게 한 쪽의 꽃에서 화분이 성숙하기 전에 꽃밥(수술머리)을 제거하였고 다른 계통의 화분을 성숙시켜 완두의 암술머리(씨방으로 통하는 암술대 끝의 끈끈한 부분)에 옮겨주었다. 이러한 타가교배에서 얻어진 종자는 다음 해에 파종되어 잡종 자손을 얻었을 때 모두 동일하게 키가 컸다. 멘델은 교배를 수행하는 방법(키 큰 수배우자와 키 작은 암배우자의 교배, 또는 키 작은 수배우자와 키 큰 암배우자의 교배)과 상관없이 키가 큰 잡종을 얻었다; 그러므로 두 가지 상호교배는 같은 결과를 나타낸다. 그러나 좀 더 중요한 것은 멘델이 이런 교배의 자손에서 모든 개체들이 키가 컸기 때문에 마치 작은 특징은 사라지는 것처럼 보인다는 것에 주목했다는 점이다. 이러한 키 큰 잡종들의 유전적 조성을 조사하기 위해 멘델은 이들을 자가교배(완두에서는 자연스럽게 일어나는)시켰다. 그 자손들을 조사했을 때 그는 자손들이 키가 큰 것과 작은 것들로 이루어져 있음을 발견했다. 사실상 그가 정원에서 재배한 1,064개 자손들 중 787개는 키가 컸고, 277개는 작은 것이어서 그 비율이 약 3:1을 나타냈다.

멘델은 작은 특징의 출현에 놀랐다. 분명히 키가 큰 것과 작은 것 사이의 교배로 얻어진 잡종은 비록 자신은 키가 크지만, 키 작은 자손을 생산할 능력을 가진 것이다. 멘델은 이들 잡종들이 작은 성질에 대한 잠재적 유전 요소를 가지며, 이들은 키가 큰 요소의 발현에 의해 효과가 가려진다고 추론했다. 그는 이러한 잠재적 요소를 **열성(recessive)**으로, 발현되는 요소를 **우성(dominant)**으로 불렀다. 그는 또한 이들 열성과 우성 요소들이 그 잡종 개체가 생식할 때는 서로 분리된다고 추론했다. 이로써 그는 다음 세대에서 다시 작은 특징이 나타나는 것을 설명할 수 있었다.

멘델은 6가지의 다른 형질들에 대해서도 비슷한 실험을 수행했다: 종자의 조직, 종자의 색깔, 콩깍지의 모양, 콩깍지의 색깔, 꽃의 색깔, 그리고 꽃의 위치(표 3.1). 한 가지 형질만을 연구하기 때문에 **단성잡종 교배(monohybrid cross)**라고 불리는 각 실험들에서, 멘델은 두 가지 대조적인 특징들 중 잡종에서는 오직 한 가지만 관찰했고, 이들 잡종들이 자가교배 되었을 때는 두 가지 형태의 자손들이 생산되었는데, 그 각각은 원래의 교배에 사용한 부모 개체를 닮는다는 것을 알게 되었다. 나아가, 그는 이들 자손들이 일관성 있게 3:1의 비율로 나타난다는 사실을 발견했다. 그러므로 멘델이 연구한 각 형질은 두 가지 형태로 존재하는 하나의 유전적 요소에 의해 조절되는 것으로 보였다. 한 가지는 우성이고 다른 하나는 열성으로 작용하는 것이다. 이들 유전 요소들은 이제는 **유전자(gene)**라고 불리는데, 1909년 덴마크의 식물 육종가였던 빌헬름 요한센(Wilhelm Johannsen)에 의해 고안된 단어이다; 우성이나 열성 형태는 **대립인자(allele)**라고 불리는데 이것은 그리스어의 "다른 또 하나"라는 뜻의 말에서 온 것이다. 대립인자들은 한 유전자의 서로 다른 형태들을 뜻한다.

이러한 교배에서 멘델이 관찰한 규칙적인 수의 관계는 그로 하여금 또다른 중요한 결론에 도달하게 했다: 유전자들이 쌍으로 존재한다는 것이다. 멘델은 그가 실험에 사용한 각 부모 계통들이 두 개의 동일한 유전자 사본을 가진 — 현대적 어휘로는 이배체(diploid)이고 **동형접합성(homozygous)**인 — 것으로 제안했다. 그러나 배우자 생산 과정 중에는 이들 두 사본들이 하나로 줄어든다는 것이다. 즉, 감수분열로 얻어진 배우자들은 유전자의 한 사본만을 가진다 — 현대적으로 말하면 이들은 반수체(haploid)이다.

멘델은 이배체 유전자수는 정자와 난자가 만나 접합자를 형성할 때 회복됨을 인식했던 것이다. 게다가 그는 만약 정자와 난자가 유전적으로 서로 다른 식물에서 온 것이라면 그들이 교배될 때는 잡종의 접합자를 만들며 하나는 모계 쪽에서, 다른 하나는 부계 쪽에서 온 서로 다른 대립인자를 받을 것이라는 사실을 이해했다. 그러한 자손은 **이형접합성(heterozygous)**이라고 한다. 멘델은 이형접합체(heterozygote)에 존재하는 서로 다른 대립인자들은 그들이 하나는 우성이고 다른 하나는 열성이라고 하더라도 반드시 같이 존재

표 3.1

멘델의 단성 잡종 교배의 결과들

Parental Strains	F_2 Progeny	Ratio
Tall plants × dwarf plants	787 tall, 277 dwarf	2.84:1
Round seeds × wrinkled seeds	5474 round, 1850 wrinkled	2.96:1
Yellow seeds × green seeds	6022 yellow, 2001 green	3.01:1
Violet flowers × white flowers	705 violet, 224 white	3.15:1
Inflated pods × constricted pods	882 inflated, 299 constricted	2.95:1
Green pods × yellow pods	428 green, 152 yellow	2.82:1
Axial flowers × terminal flowers	651 axial, 207 terminal	3.14:1

할 것이며, 이 이형접합체가 생식할 때 배우자로 들어가는 확률도 동일할 것임을 깨달았다. 나아가, 그는 혼합된 배우자 집단 — 절반은 우성 대립인자를, 절반은 열성대립인자를 가지는 — 에서 일어나는 무작위적 수정은 두 대립인자가 모두 열성인 일부 접합자들을 만들 수 있다는 사실을 인식했다. 그러므로 그는 잡종 식물의 자손에서 열성 특징이 다시 출현하는 것을 설명할 수 있었다.

멘델은 그가 가정했던 유전요소들을 나타내는 기호를 사용했는데, 이것은 가히 방법적 혁신이라고 할 수 있었다. 그는 그러한 기호들을 사용하여 유전현상을 분명하고 간결하게 설명할 수 있었다. 그리고 교배의 결과도 수학적으로 분석할 수 있었다. 그는 심지어 미래의 교배들에 대해서도 그 결과에 대해 예측할 수 있었다. 유전학적 문제를 분석할 때 기호를 사용하는 관습이 멘델 이래로 훨씬 세련되어지긴 했지만 그 기본 원리는 그대로 남아 있다. 기호들은 유전자들을 나타내고(혹은, 좀 더 정확하게는 대립인자들), 멘델이 발견한 유전의 규칙들에 따라 조작된다. 이러한 조작들이 공식적인 유전 분석의 핵심이다. 이러한 주제들에 대한 소개로, 키 큰 완두와 키 작은 완두 사이의 교배를 기호로 나타내어 보자(■ **그림 3.2**).

두 가지 순계 품종들, 즉 키가 큰 것과 작은 것은 식물의 키를 결정하는 한 유전자에 대해 서로 다른 대립인자를 동형접합성으로 가진 것들이다. 작은 키에 대한 대립인자는 열성으로, 소문자 *d*로 표시된다; 큰 키에 대한 대립인자는 우성으로, 해당 글자의 대문자 D로 표시한다. 유전학에서 어떤 유전자의 대립인자를 표시하는 데 선택되는 문자는 보통 열성 형질을 설명하는 단어에서 뽑는다(*d*, for dwarfness). 그러므로 키가 크거나 작은 완두 계통들은 각각 *DD*, *dd*로 표시된다. 각 계통들의 대립인자 조성을 그것의 **유전자형(genotype)**이라고 한다. 대조적으로, 각 계통들의 외형, 즉 키가 크거나 작은 특징을 **표현형(phenotype)**이라고 한다.

부모 계통(parental strain)들, 즉 키가 크거나 작은 완두 식물들이 실험의 **P** 세대(**P** generation)를 구성한다. 그들의 잡종 자손들은 라틴어의 '아들' 혹은 '딸'이라는 뜻의 단어에서 온, 첫 번째 **자손** 세대(**filial** generation) 혹은 $\mathbf{F_1}$이라고 불린다. 각 부모가 동등하게 자손에 기여하므로, $\mathbf{F_1}$ 식물의 유전자형은 반드시 *Dd*여야 한다. 즉, 이들은 식물의 키를 조절하는 유전자들의 대립인자들에 대해 이형접합성이다. 그러나 그들의 표현형은 *D*가 *d*에 대해 우성이기 때문에 *DD*부모 계통과 동일하다. 생식세포 형성 과정 중에 이들 $\mathbf{F_1}$ 식물들은 두 종류의 배우자인 *D*와 *d*를 동일한 비율로 생산하게 된다. 이형접합성 유전자형에서 다른 대립인자들이 공존한다고 해서 대립인자들이 바뀌지는 않으며, 이들은 배우자 형성시에 단순히 서로 나뉘어 **분리(segregate)**된다. 이러한 대립인자의 분리 과정은 멘델이 발견한 가장 중요한 발견이라고 할 수 있다.

자가 교배 시 각각의 이형접합체에서 생산된 두 종류의 배우자들은 가능한 모든 방법으로 만날 수 있다. 그러므로 그들은 4종류의 접합자를 생산한다(여기서 우리는 난자를 먼저 쓴다): *DD*, *Dd*, *dD*, 그리고 *dd*. 그러나 우성 현상 때문에, 이들 유전자

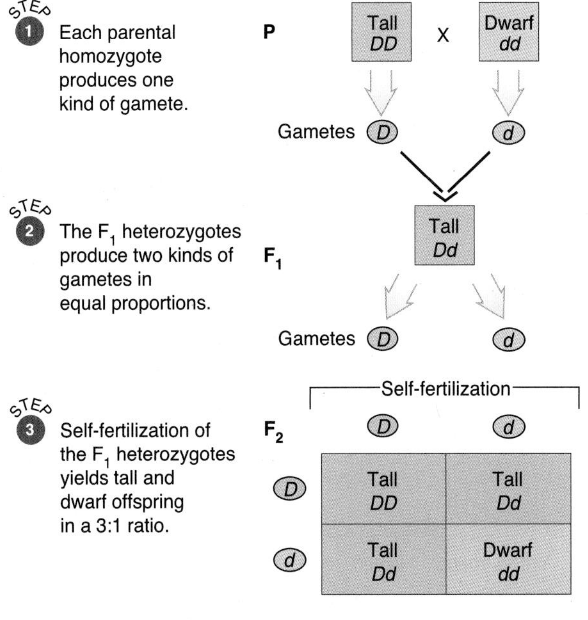

■ **그림 3.2** 키가 큰 완두와 작은 완두 사이의 교배에 관한 기호 표시.

형 중에서 3가지는 모두 동일한 표현형을 갖는다. 그러므로 다음 세대, 즉 F_2에서는 식물들이 키가 크거나 작은 비율은 3:1로 나타난다.

멘델은 이 분석을 한 단계 더 발전시켰다. F_2 식물들을 자가교배시켜 F_3를 얻도록 한 것이다. F_2의 키 작은 모든 자손들은 오로지 작은 자손만 생산했고, 이로써 이들이 모두 *d* 대립인자만을 가지는 동형접합성임을 알 수 있었다. 그러나 키 큰 F_2 식물들은 2가지 범주로 구분되었다. 대략 1/3은 오직 키 큰 자손만 생산했고, 나머지 2/3는 키가 큰 자손과 작은 자손을 모두 생산했다. 멘델은 큰 키 자손 중 1/3은 순계인 *DD* 동형접합성이고, 나머지 2/3는 *Dd*인 이형접합성일 것이라고 정확하게 결론을 내렸다. 1/3과 2/3라는 이 비율은 그의 분석이 키 큰 F_2 식물 중 *DD*와 *Dd* 유전자형이 1:2의 비율로 나타나리라 예상한 것과 정확히 일치했다.

우리는 멘델의 이러한 분석과 단성잡종 교배에서 발견한 것들을 다음 두 가지 원리로 언급함으로써 정리하고자 한다.

1. **우성의 법칙(The Principle of Dominance):** *이형접합자에서 하나의 대립인자는 다른 하나의 존재를 감출 수 있다.* 이 원리가 말하는 것은 유전적 기능에 대한 것이다. 몇몇 대립인자들은 분명히 단 한 개의 사본만 존재해도 표현형을 조절할 수 있다. 이러한 현상에 대해서는 뒤의 장들에서 생리학적 설명을 고려하기로 하자.
2. **분리의 법칙(Principle of Segregation):** *이형접합자에서 두 개의 서로 다른 대립인자들은 배우자 형성시에 서로 나뉘게 된다.* 이 원리는 유전적 전달에 대한 언급이다. 하나의 대립인자는 그것이 비록 이형접합자 내에서 다른 대립인자와 함께 존재한다고 하더라도 다음 세대로 그대로 정확하게 전달된다. 이 현상에 대한 생물학적 기초는 2장에서 다룬 감수분열 과정 중에 일어나는 상동염색체의 쌍 형성과 곧이어 일어나는 염색체들의 분리이다. 5장에서는 유전에 대한 염색체설을 가능하게 한 실험들에 대해 알아보도록 하자.

양성잡종 교배: 독립적 분리의 법칙

멘델은 또한 두 가지의 서로 다른 형질들을 가진 식물들로 실험을 수행했다(■ **그림** 3.3). 그는 노랗고 둥근 씨앗을 만드는 식물을, 녹색이고 주름진 씨앗을 만드는 식물과 교배했다. 이 실험의 목적은 씨앗의 두 가지 특징 즉, 색깔과 형태가 서로 독립적으로 전달되는지를 확인하기 위한 것이었다. F_1의 씨앗들이 모두 둥글고 노란 것이었기 때문에 이들 두 특징들에 대한 대립인자들이 우성이었다. 멘델은 이들 씨앗을 키워 다시 자가 교배가 일어나도록 했다. 그리고 그는 여기서 얻어진 F_2 씨앗들을 그 표현형 대로 분류하였다.

F_2의 4가지 표현형 그룹들은 색깔과 형태의 모든 가능한 조합들을 나타냈다. 두 집단들은 노랗고 둥근 씨앗과 주름지고 녹색인 씨앗으로서 부모 계통의 형질을 닮은 것이었다. 나머지 두 집단, 즉 녹색이면서 둥근 콩과, 노란 색이면서 주름진 씨앗들은 두 형질의 새로운 조합을 나타냈다. 이 4가지 집단들은 대략 9(둥근 황색):3(둥근 녹색):3(주름진 황색):1(주름진 녹색)의 비율을 나타냈다(그림 3.3). 이러한 숫자들의 관계는 멘델의 통찰력을 통해 간단한 설명으로 분석될 수 있었다: 두 가지 형질은 각각 분리될 수 있는 서로 다른 대립인자들에 의해 조절되며 이들 두 유전자들은 독립적으로 전달된다는 것이다.

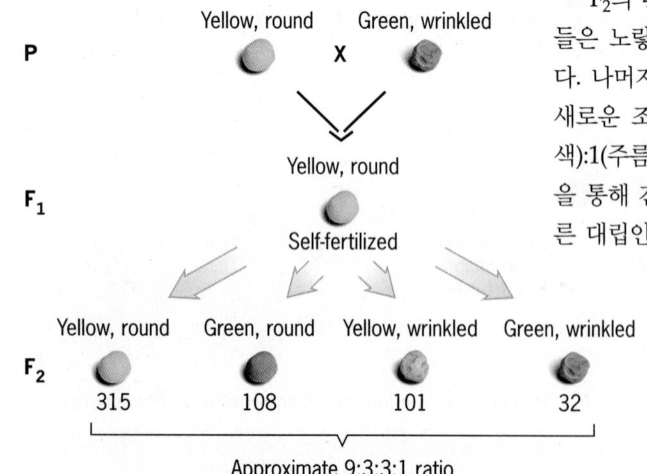

■ **그림 3.3 노랗고 둥근**(yellow, round) **완두와, 녹색이면서 주름진**(green, wrinkled) **완두 사이의 교배에 대한 멘델의 실험.**

멘델의 방법을 이용하여 이러한 두-요소(two-factor), 혹은 **양성잡종 교배(dihybrid cross)**의 결과를 분석해보자. 우리는 각 유전자들을 문자로 표시할 수 있다. 열성 대립인자에는 소문자를, 우성 대립인자에는 대문자를 사용한다(■ **그림** 3.4). 종자의 색깔을 나타내는 유전자에 대해서는 녹색에 *g*(green), 노란색에 *G*를 사용하고; 종자의 형태에 관한 유전자에 대해서는 주름진 것에 *w*(wrinkled), 둥근 것에 *W*를 사용한다. 순계인 부모 계통들은 분명히 동형접합성이므로, 노랗고 둥근 씨앗의 식물은 *GG WW*가 되며, 녹색의 주름진 씨앗을 가진 식물은 *gg ww*가 될 것이다. 그러한 두 요소 유전자형은 관용적으로 대립인자 쌍 사이에 간격을 두어 표시한다.

이배체 식물에 의해 생산된 반수체 배우자는 각 유전자에 대해 하나씩의 사본만 가진다. 따라서 *GG WW* 식물의 배우자는 종자 색깔 유전자 사본 하나(*G* 대립인자)와 종자 형태 유전자 사본 하나(*W* 대립인자)를 가진다. 그러한 배우자들은 *G W*로 표시된다. 비슷한 추론에 의해, *gg ww* 식물의 배우자는 *g w*로 표시된다. 이들 두 배우자 사이의 수정에 의해 두 유전자에 대해 이형접합성인 F_1 잡종이 생산된다. *Gg Ww*로 표시되는 이 식물은 노란 색이고 둥근 콩을 만들므로, *G*와 *W*가 우성임을 나타낸다.

분리의 법칙은 이 F_1 잡종이 4가지 서로 다른 유전자형의 배우자들을 만들 수 있음을 예측한다: (1) *G W*, (2) *G w*, (3) *g W*, (4) *g w*. 만약 각 유전자들이 그 대립인자들을 독립적으로 분리시킨다면 이들 4가지 형태는 동일한 빈도로 생길 것이다; 즉, 각각은 25%씩 나타날 것이다. 이러한 가정 하에, F_1을 자가교배 시키면 동일한 빈도로 16가지의 접합자 유전자형이 생길 것이다. 우리는 그림 3.4에서와 같이 배우자들을 조직적으로 연합시킴으로써 이러한 접합자 종류들을 얻을 수 있다. 그리고 나서, 이들 F_2 유전자형들을 우성 대립인자인 *G*와 *W*를 사용하여 그 표현형을 결정할 수 있다. 모두 합하면, 이들은 4종류의 뚜렷한 표현형 집단들로 정리되는데, 그 상대적인 비율은 유전자형 배열을 차지하고 있는 자리의 수에 의해 표시될 수 있다. 절대빈도를 위해 우리는 총 수 16으로 각 수를 나눈다:

노랗고 둥근	9/16
노랗고 주름진	3/16
녹색이고 둥근	3/16
녹색이고 주름진	1/16

이러한 분석은 두 가지 가정에 의해 예측될 수 있다: (1) 각 유전자는 그 대립인자들로 분리된다. 그리고, (2) 이러한 분리는 각 유전자에 독립적이다. 두 번째 가정은 두 유전자들의 대립인자가 분리되는 사건들 사이에 어떠한 연관이나 연결도 없음을 뜻한다. 예를 들어, 형태 유전자 중 *W*를 받은 배우자는 색깔 유전자 분리를 통해 *G*를 받을 확률과 동일한 가능성으로 *g*를 받게 된다.

그렇다면 실험 자료들은 우리 분석이 예측한 것과 잘 맞을까? ■ **그림 3.5**는 F_2의 네 가지 표현형 비율에서 확률과 숫자빈도를 이용한 2가지 방법으로 예측값과 실험값을 비교해준다. 숫자 빈도를 위해서 우리는 조사된 씨앗의 총수에 따른 예상 비율을 곱함으로써 예상치를 계산한다. 어떤 방법을 사용하든, 관찰값과 예상값 사이에는 분명한 일치성이 존재한다. 그러므로 우리 분석이 기초한 가정들 즉, 종자 색깔과 형태 유전자들이 독립적으로 분리된다는 가정은 관찰된 자료와 잘 부합한다.

멘델은 다른 형질들의 조합을 가지고 비슷한 실험을 수행했고, 각 실험에서 유전자들이 독립적으로 분리된다는 사실을 알 수 있었다. 이러한 실험들의 결과는 멘델로 하여금 다음과 같은 세 번째 가정을 도출하도록 하였다.

3. 독립적 분리의 법칙(The Principle of Independent Assortment): *서로 다른 유전자들의 대립인자들은 서로 독립적으로 분리, 혹은 분배(assort)된다.* 이 원리는 5장에서 다루게 될, 감수분열시 서로 다른 상동염색체 쌍들의 행동에 기초한 유전적 전달의 또 다른 규칙이다. 그러나 모든 유전자들이 독립적 분리의 원리를 따르는 것은 아니다. 7장에서는 몇 가지 중요한 예외들을 살펴보게 될 것이다.

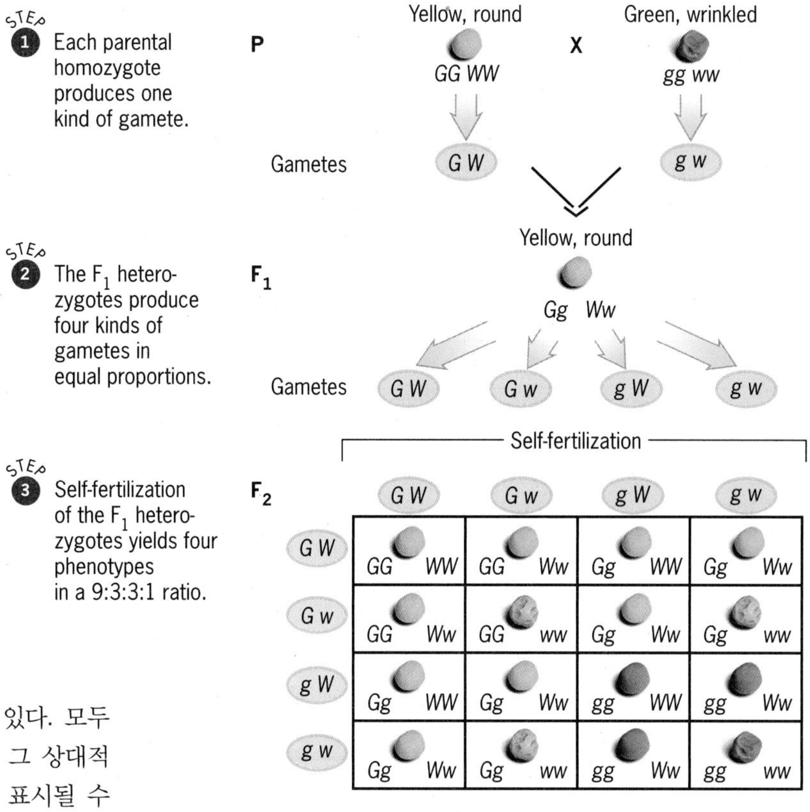

STEP 1 Each parental homozygote produces one kind of gamete.

P: Yellow, round *GG WW* X Green, wrinkled *gg ww*

Gametes: *G W* , *g w*

STEP 2 The F_1 heterozygotes produce four kinds of gametes in equal proportions.

F_1: Yellow, round *Gg Ww*

Gametes: *G W*, *G w*, *g W*, *g w*

Self-fertilization

STEP 3 Self-fertilization of the F_1 heterozygotes yields four phenotypes in a 9:3:3:1 ratio.

F_2

	G W	*G w*	*g W*	*g w*
G W	*GG WW*	*GG Ww*	*Gg WW*	*Gg Ww*
G w	*GG Ww*	*GG ww*	*Gg Ww*	*Gg ww*
g W	*Gg WW*	*Gg Ww*	*gg WW*	*gg Ww*
g w	*Gg Ww*	*Gg ww*	*gg Ww*	*gg ww*

F_2 Phenotypes	Genotypes	Genotypic ratio	Phenotypic ratio
Yellow, round	*GG WW*	1	9
	GG Ww	2	
	Gg WW	2	
	Gg Ww	4	
Yellow, wrinkled	*GG ww*	1	3
	Gg ww	2	
Green, round	*gg WW*	1	3
	gg Ww	2	
Green, wrinkled	*gg ww*	1	1

■ **그림 3.4** 멘델의 양성 잡종 교배 실험에 대한 기호 표시.

F_2 phenotypes	Observed Number	Observed Proportion	Expected Number	Expected Proportion
Yellow, round	315	0.567	313	0.563
Green, round	108	0.194	104	0.187
Yellow, wrinkled	101	0.182	104	0.187
Green, wrinkled	32	0.057	35	0.063
Total	**556**	**1.000**	**556**	**1.000**

■ **그림 3.5** 멘델의 양성잡종 교배의 결과에서 예상값과 관찰값을 비교한 것.

요점

- *멘델은 정원 완두에서, 서로 다른 유전자에 의해 조절되는, 일곱 가지 서로 다른 형질들의 유전에 대해 연구하였다.*
- *멘델의 연구는 유전에 대한 3가지 원리들을 형성시켰다: (1) 한 유전자의 대립인자들은 우성이거나 열성이다. (2) 한 유전자의 서로 다른 대립인자들은 배우자 형성시 서로 나뉘게 된다. (3)서로 다른 유전자들의 대립인자들은 독립적으로 분리된다.*

멘델 원리의 적용

멘델의 원리들은 서로 다른 계통의 생물들 사이에서 교배 결과를 예측하는 데 사용될 수 있다.

만약 한 형질의 유전적 기초가 알려져 있다면, 멘델의 원리들은 교배의 결과들을 예측하는 데 사용될 수 있다. 3가지 방법이 있는데, 두 가지는 모든 접합자의 유전자형이나 표현형을 체계적으로 계산하는 것에 기초한 것이고, 한 가지는 수학적 통찰에 근거를 둔 것이다.

퍼네트 사각형법(PUNNETT SQUARE METHOD)

하나나 두 개의 유전자들이 관련된 상황에서는, 모든 배우자들을 글자로 쓰고 그들을 체계적으로 연합시켜 접합자 유전자형을 배열하는 것이 가능하다. 일단 이러한 배열들이 얻어지면 우성의 법칙을 이용하여 관련된 표현형을 결정할 수 있다. 이러한 방법은 영국의 유전학자인 R. C 퍼네트(R. C. Punnett)의 이름을 따서 *퍼네트의 사각형 방법(Punnett square method)*으로 불리는데, 교배의 결과를 예측하는 직접적인 방법이다. 흔히 **잡종간 교배(intercross)**라고 부르는 멘델의 실험(그림 3.4)인 노랗고 둥근 F_1 잡종을 교배하는 데 이것을 사용했었다. 그러나 두 유전자 쌍 이상이 관여된 좀 더 복잡한 상황에서는 퍼네트 사각형법은 다루기가 힘들어진다. 그림 3.8에서는 어떻게 퍼네트 사각형법이 확률의 개념을 사용하는 유전적 문제에 접근하는 것과 연관되는지를 실어놓았다.

분지법(FORKED-LINE METHOD)

둘 이상의 유전자들이 관여된 교배의 결과를 예측하는 또 다른 방법은 *분지법(forked-line method)*이다. 여기서는 체계적으로 배우자들을 연합시켜 네모 칸에 자손들을 채워 넣는 대신에, 분지선을 사용하여 항목별로 정리한다.

일례로, 3가지 독립적으로 분리되는 유전자들에 대해 이형접합성인 완두들의 잡종간 교배를 실시한다고 하고, 그 각각의 인자들이 하나는 식물의 키를, 다른 하나는 종자의 색깔을, 그리고 나머지는 종자의 형태를 조절한다고 가정해보자. 이 삼성잡종교배(trihybrid cross) — *Dd Gg Ww* × *Dd Gg Ww* — 는 세 가지 유전자들이 독립적으로 분리되기 때문에 세 가지 단성잡종 교배인 *Dd* × *Dd*, *Gg* × *Gg*, 그리고 *Ww* × *Ww* 로 분리해서 생각할 수 있다. 각 유전자에 대해 우리는 그 표현형이 3:1의 비율로 나타날 것으로 예상할 수 있다. 그러므로, 예를 들어 *Dd* × *Dd* 교배라면 키가 큰 것과 작은 것의 비율은 3:1로 나타날 것이다. 분지법을 사용하면 (■ 그림 3.6), 우리는 이들 각각의 비율을 조합하여 교배 자손들의 모든 표현형 비율을 알 수 있다.

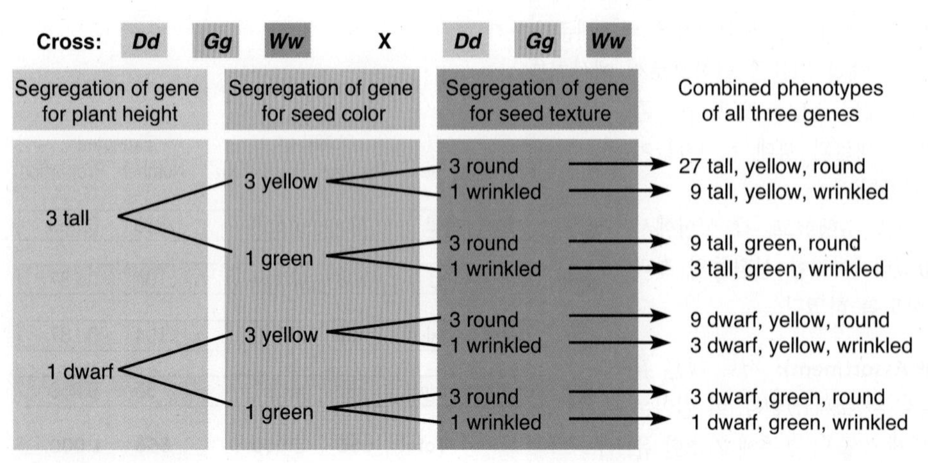

■ 그림 3.6 독립적으로 분리되는 완두의 3가지 유전자들이 관여한 잡종간 교배 결과를 예측하기 위한 분지법.

우리는 이 방법을 다중 이형접합자 개체와 다중 동형접합자들 사이의 교배결과를 분석하는 데

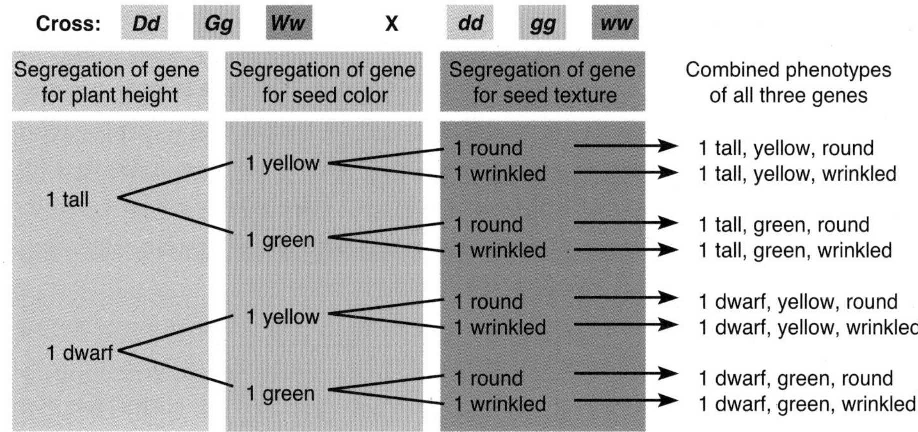

■ 그림 3.7 완두의 독립적 분리 유전자 3개가 관여된 검정교배 결과를 예측하기 위한 분지법.

사용할 수도 있다. 이러한 형태의 교배는 **검정교배(testcross)**라고 불린다. 예를 들어, *Dd Gg Ww*인 완두 식물이 *dd gg ww*인 식물과 교배된다면, 우리는 이형접합 부모의 세 유전자들이 각각 1:1의 비율로 우성과 열성 대립인자로 분리됨을 표시하고 동형접합성 부모가 이들 유전자에 대해 오로지 열성 대립인자만 전달함을 표시함으로써 자손의 표현형을 예측할 수 있다. 그러므로 교배 자손들의 유전자형, 그리고 궁극적으로 표현형은 이형접합성 부모가 어떤 대립인자를 전달하느냐에 달려있다(**■ 그림 3.7**).

확률법(PROBABILITY METHOD)

퍼네트 사각형법과 분지법을 대신할 수 있는 또다른 좀 더 빠른 방법은 **확률(probability)**의 원리에 기초한 것이다. 멘델의 분리는 동전 던지기와 같다; 이형접합체가 배우자를 생산할 때, 절반은 한 대립인자를, 절반은 또다른 대립인자를 갖게 된다. 특정 배우자가 우성 대립인자를 포함할 확률은 1/2이고, 그것이 열성 대립인자를 포함할 확률 역시 1/2이다. 이러한 확률들은 이형접합자에 의해 생기는 두 가지 형태의 배우자들이 나타나는 빈도이다. 우리는 두 이형접합자들 간의 교배를 예측하는 데 이 빈도들을 이용할 수 있을까? 그러한 교배에서는 배우자들이 무작위로 연합하여 다음 세대를 구성하게 될 것이다. *Aa* × *Aa*의 교배를 가정해 보자(**■ 그림 3.8**). 한 접합자가 *AA*가 될 확률은 두 배우자들이 독립적으로 생산되기 때문에 연합하는 배우자들이 모두 *A*를 가질 단순한 확률로서 (1/2) × (1/2) = (1/4)가 된다. 그러나 *Aa* 이형접합자에 대해서는 그 비율이 1/2이 되는데, 그 이유는 이 한 가지 이형접합성을 만드는 데 두 가지 방법, 즉 알세포의 *A*가 정자의 *a*가 만나는 방법과 그 반대로 만나는 방법이 있기 때문이다. 이러한 각 사건들이 1/4의 확률로 발생하므로 모든 확률은 (1/4) + (1/4) = (1/2)가 된다. 그러므로 *Aa* × *Aa* 교배에서 생기는 유전자형의 확률 분포는 다음과 같다.

AA	1/4
Aa	1/2
aa	1/4

우성의 법칙을 적용하면, (1/4) + (1/2) = (3/4)의 자손들이 우성 표현형을, 그리고 1/4의 자손이 열성 표현형을 나타낼 것으로 결론지을 수 있다.

이러한 단순한 상황에서는 확률법을 사용하는 것이 불필요한 것처럼 보인다. 그러나 좀 더 복잡한 상황이 되면, 이것은 분명히 자손의 결과를 예측하는 가장 편리한 접근이 된다. 예를 들어, 4가지의 서로 다른 유전자들이 모두 이형접합자인 식물들 사이의 교배를 생각해

Cross: ***Aa*** **X** ***Aa***

		Male gametes ♂ *A* (1/2)	*a* (1/2)
Female gametes ♀	*A* (1/2)	*AA* (1/4)	*Aa* (1/4)
	a (1/2)	*aA* (1/4)	*aa* (1/4)

Progeny:

Genotype	Frequency	Phenotype	Frequency
AA	1/4	Dominant	3/4
Aa	1/2		
aa	1/4	Recessive	1/4

■ 그림 3.8 퍼네트 사각형법의 내용에 관한 확률법을 보여주는 잡종간 교배. 교배로부터 얻어진 각 유전자형의 빈도는 퍼네트 사각형의 빈도로부터 얻어질 수 있으며, 이형접합성 부모들로부터 생기는 두 가지 형태의 배우자들의 빈도를 곱해서 얻을 수도 있다.

Cross: *Aa Bb* X *Aa Bb*

		Segregation of *A* gene	
		A- (3/4)	*aa* (1/4)
Segregation of *B* gene	*B-* (3/4)	*A- B-* (3/4) x (3/4) = 9/16	*aa B-* (1/4) x (3/4) = 3/16
	bb (1/4)	*A- bb* (3/4) x (1/4) = 3/16	*aa bb* (1/4) x (1/4) = 1/16

Progeny:

Genotype	Frequency	Phenotype	Frequency
A- B-	9/16	Dominant for both genes	9/16
aa B-	3/16	Recessive for at least one gene	7/16
A- bb	3/16		
aa bb	1/16		

■ 그림 3.9 두 유전자가 관여된 잡종간 교배에 대해 확률법을 적용한 것. 이 교배에서는 각 유전자가 우성과 열성 표현형을 각각 3/4과 1/4의 확률로 분리시킨다. 이 분리가 독립적으로 발생하기 때문에, 안쪽 네모 칸 안의 조합된 표현형의 비율은 가장자리의 확률들을 곱하여 얻어질 수 있다. 적어도 한 유전자에 대해 열성 표현형을 나타내는 자손의 빈도는 관련된 네모 칸의 빈도를 더하여 얻어진다(갈색 네모).

보자. 물론 각 유전자는 독립적으로 분리된다. 어느 정도의 자손이 4개 유전자 모두에서 동형접합성 열성이 될까? 이러한 질문에 대답하기 위해, 우리는 한 번에 하나씩 생각해 보자. 우선 첫 번째 유전자에 대해, 자손이 열성 동형접합체가 될 확률은 1/4이고, 두 번째에 대해서도, 세 번째에 대해서, 그리고 4번째에 대해서도 마찬가지이다. 그러므로 독립적 분배 법칙에 의해 4가지 모두 열성의 동형접합성이 되는 자손의 비율은 (1/4) × (1/4) × (1/4) × (1/4) = (1/256)이다. 확실히, 확률법은 256칸의 퍼네트 사각형을 그리는 것보다는 나은 방법이다!

이제 좀 더 어려운 질문을 생각해 보자. 네 유전자 모두가 동형접합성인 자손의 비율은 얼마나 될까? 확률 계산에 앞서, 우리는 질문을 만족시키는 유전자형을 먼저 결정해야만 한다. 각 유전자에 대해 두 가지 형태의 동형접합체가 존재한다. 즉, 우성과 열성 동형접합성이다. 그리고 그들은 자손의 절반을 차지한다. 따라서 4 유전자 모두 동형접합성이 되는 자손의 비율은 (1/2) × (1/2) × (1/2) × (1/2) = (1/16)이 된다.

확률법의 위력을 실감하기 위해 한 문제 더 생각해 보기로 하자. *Aa Bb* × *Aa Bb* 교배를 가정하고 그 자손 중에서 적어도 하나의 유전자에 대해 열성 표현형을 나타내는 비율을 알고 싶다고 하자(■ **그림** 3.9). 세 가지 형태의 유전자형이 이 조건을 만족시키는데, (1) *A- bb*(실선은 *A*나 *a*를 뜻한다), (2) *aa B-*, 그리고 (3) *aa bb*이다. 그러므로 이 질문에 대한 답은 이들 유전자형의 각각의 확률을 더해야 한다. *A- bb*의 확률은 (3/4) × (1/4) = (3/16)이고, *aa B-*는 (1/4) × (3/4) = (1/16), 그리고 *aa bb*는 (1/4) × (1/4) = (1/16)이다. 따라서 모두 더하면 7/16이라는 답을 얻을 수 있다.

요점

- *교배의 결과는 퍼네트 사각형을 이용하여 체계적으로 유전자형을 열거함으로써 예상될 수 있다.*
- *두 개 이상의 유전자가 포함되어 있으면, 교배 결과를 예측하는 데 분지법이나 확률법이 사용된다.*

유전적 가설의 검정

카이 제곱 검정은 유전적 가설의 예측이 실험에서 얻은 자료들과 일치하는지 평가하는 간단한 방법이다.

과학적 탐구들은 항상 자연 현상을 관찰함으로써 시작된다. 관찰은 우리에게 그 현상에 대한 어떠한 생각이나 의문을 일으킨다. 그리고 이러한 생각이나 질문들은 더 깊은 관찰이나 실험을 통해 좀 더 완전하게 탐구된다. 잘 설정된 과학적 사고를 **가설(hypothesis)**이라고 한다. 관찰이나 실험의 결과로 모인 자료들은 과학자로 하여금 가설을 검사할 수 있게 해준다. 즉, 특정 가설이 수용될지 거부될지를 결정하는 것이다.

유전학에서는, 일반적으로 교배의 결과가 가설과 일치하는지를 판단하는 데 관심을 갖는다. 일례로, 완두콩의 색깔과 모양에 관한 멘델의 양성잡종 교배실험에서 얻어진 자료들을 고려해 보자. F_2에서 556개의 완두들이 조사되었고 4가지 표현형집단으로 분리되었다(그림 3.3). 이 자료로부터 멘델은 완두의 색과 모양이 서로 다른 유전자들에 의해 조절되며 그 각각의 유전자들은 두 가지 대립인자들 — 한 가지는 우성이고 다른 하나는 열성인 — 로 분리되는데, 이 두 유전자들은 독립적으로 분리된다는 가설을 세웠다. 실험에서 얻어진 자료들은 이 가설들과 실제로 잘 부합하는 것일까? 이 질문에 답을 하기 위해서는 실험 결과를 가설의 예측과 비교해야 할 필요가 있다. 그림 3.5에 제시된 비교는 실험결과들이 정말로 가설과 일치함을 제시하고 있다. 네 가지 표현형 집단 모두에서, 관찰값과 예상값의 차이는 미미하다. 이 차이가 너무 적기 때문에 우리는 편안하게 그럴 수도 있다고 생각한다. 즉, 그러한 차이는 기회에 의한 것으로 돌려진다. 따라서 멘델이 그의 자료를 설명하기 위해 품었던 가설은 그의 양성잡종 실험 결과와 맞아도 너무나 잘 맞는다. 만약 그렇지 않았더라면 우리는 그 가설을 받아들이기를 주저했을 것이고, 멘델의 유전학적 원리 모두가 의심스러운 것이 되었을 것이다. 우리는 여기서 또 다른 가능성 하나를 고려하게 될 텐데, 바로 멘델의 자료가 가설과 지나치게 잘 맞는다는 점이다. 이 장의 말미에 유전학의 이정표에서는 이 가능성에 대해 다루고 있다.

불행히도, 유전적 실험의 결과들이 멘델의 실험에서와 같이 항상 가설이 예측하는 바와 늘 잘 부합하지는 않는다. 예를 들자면, 멘델의 업적을 재발견했던 한 사람인 휴고 드프리스(Hugo DeVries)의 자료를 생각해 보자. 드프리스는 그의 실험 정원에서 자라던 식물인 동자꽃(campion)의 서로 다른 변이들을 교배하였다. 하나는 붉은 꽃잎에 털이 난 잎을 가지는 것이었고, 다른 하나는 흰 꽃에 매끈한 잎을 가지는 것이었다. 모든 F_1 식물들은 붉은 꽃에 털이 난 잎을 가지고 있었고, 이들끼리 교배하여 얻은 F_2 식물들은 네 가지 표현형 집단들로 나뉘었다(■ **그림** 3.10). 이 결과들을 설명하기 위해, 드프리스는 꽃 색과 잎 모양이 두 개의 서로 다른 유전자들에 의해 조절되는 것으로서 각 유전자들은 하나는 우성, 다른 하나는 열성인 각각 두 가지 대립인자들로 나뉘며, 이 두 유전자들은 독립적으로 분리된다고 제

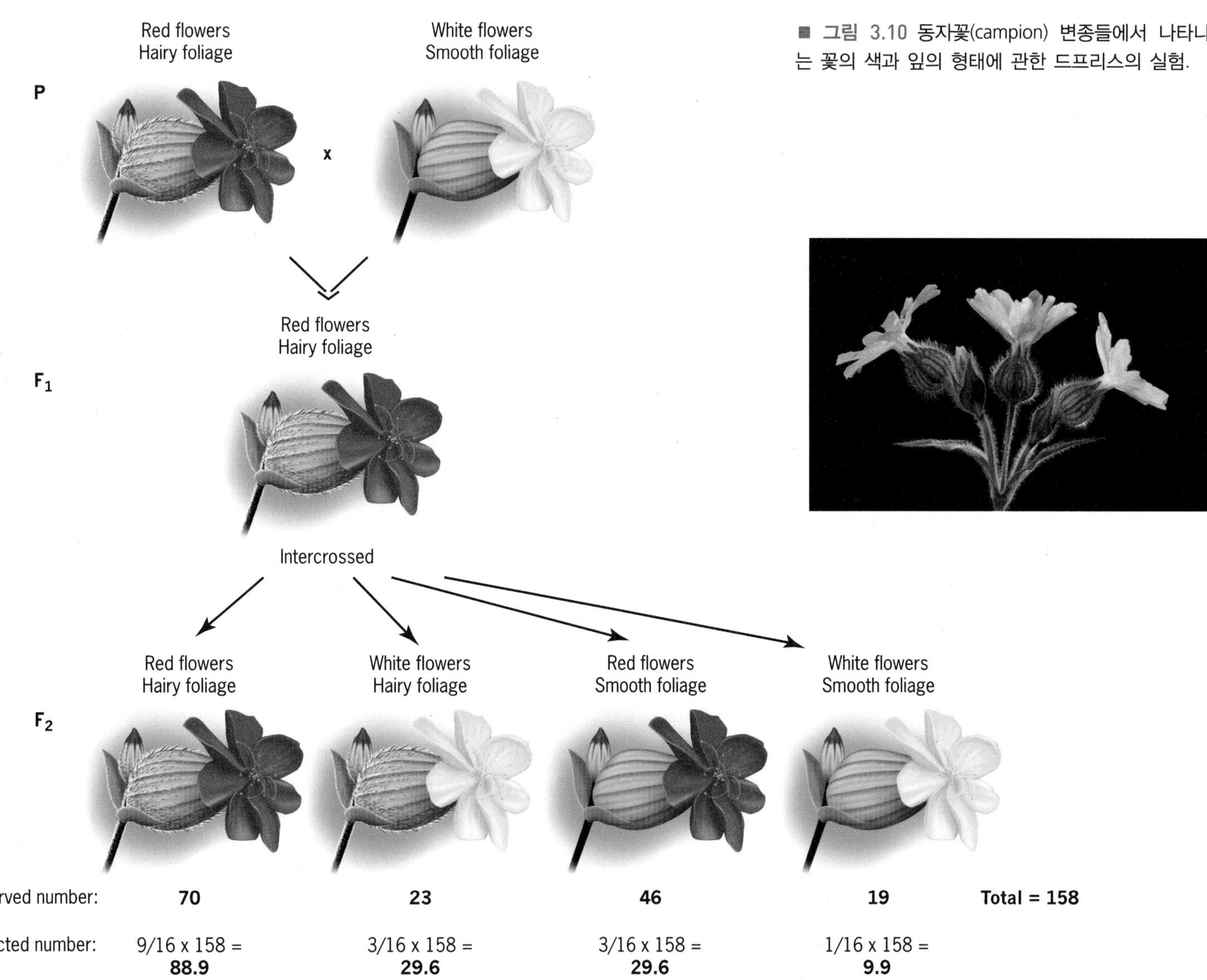

■ 그림 3.10 동자꽃(campion) 변종들에서 나타나는 꽃의 색과 잎의 형태에 관한 드프리스의 실험.

안했다; 즉, 그는 단순히 멘델의 가설을 동자꽃에 적용한 것이다. 그러나, 드프리스의 자료를 멘델의 가설이 예측한 바와 비교해 보면, 우리는 몇 가지 심각한 편차를 발견하게 된다. 이 차이는 실험이나 가설에 의문을 제기할 만큼 충분히 큰 값일까?

카이제곱 검정(CHI-SQUARE TEST)

드프리스의 자료에 대해서나, 여타의 다른 유전학적 자료에 대해서도 마찬가지로, 우리는 실험결과를 가설이 예측하는 것과 비교하기 위한 객관적인 방법이 필요하다. 이 과정은 어떻게 우연한 기회가 실험결과에 영향을 미칠 수 있는지를 고려하는 것이라야 한다. 가설이 옳다고 하더라도, 우리는 실험에서 얻은 결과가 가설의 예측과 정확하게 맞을 것으로 기대하지는 않는다. 멘델의 자료가 그랬던 것처럼, 자료가 약간만 벗어난다면 우리는 그 편차를 실험결과의 우연에 의한 차이로 간주할 것이다. 그러나 만약, 자료가 많이 벗어나는 경우에는 우리는 무엇인가가 잘못되었다고 의심하게 될 것이다. 실험이 부정확하게 수행되었거나 — 예를 들자면, 교배실험을 잘못했거나, 혹은 자료를 잘못 기록했거나 — 혹은, 단순히 가설이 잘못되었을 수 있다. 관찰값과 예상값 사이의 가능한 차이는 분명히, 작은 값에서 큰 값까지 연속적으로 나타날 것이므로, 우리는 실험 수행에 대한 의구심을 갖거나 혹은 가설을 받아들일 것이냐를 결정하기 위해서 이 차이가 어느 정도의 큰 값이어야 하는지를 결정해야만 한다.

이러한 편차를 측정하기 위한 한 가지 방법은 **카이 제곱(Chi square, χ^2)**으로 불리는 통계치를 이용하는 것이다. *통계*치란, 자료로부터 계산된 값을 뜻하는 것으로, 예를 들어 한 세트의 실험 점수들의 평균값은 통계값이다. χ^2 통계치는 실험자로 하여금 우리가 교배 실험에서 얻은 숫자들과 같은 자료들을 예상 값과 비교할 수 있도록 한다. 만약 그 비교가 잘 맞지 않는다면 즉, 자료가 예상값과 부합되지 않는다면, χ^2는 임계값를 벗어나게 되고, 우리 실험에 기술적인 오류가 없었는지 혹은 가설을 기각할지를 결정할 것이다. 만약 χ^2 값이 이 수치 이하라면, 우리는 잠정적으로 실험 결과가 가설의 예상과 부합하는 것으로 결정할 수 있다. 그러므로 χ^2 통계값은 가설을 검증하는 간단하고 객관적인 과정이다.

일례로, 멘델과 드프리스의 실험 자료들을 고려해보자. 멘델의 F_2 자료들은 제시된 가정과 일치하는 것으로 보이는 반면, 드프리스의 F_2 자료들은 평가하기 곤란한 약간의 차이를 보인다. ■ **그림 3.11**은 관련된 계산들을 요약한 것이다.

F_2의 각 표현형 집단에 대해서, 우리는 예상된 자손의 수와 실험에서 관찰된 자손의 수 사이에 나타나는 차이를 계산한다. 이 값을 제곱함으로써 네 가지 표현형 값의 차이에 대한 플러스나 마이너스 값의 효과를 없애도록 한다. 그리고 각 제곱값들을 해당 예상 자손 값들로 나눈다. 이 과정은 제곱된 각 차이값들을 예상값의 크기와 균형이 맞도록 한다. 만약 두 가지 표현형에서 계산된 제곱값이 동일하다면, 더 작은 예상값을 갖는 것이 계산에 상대적으로 더 많은 기여를 하게 된다. 마지막으로, 모든 항목들을 더하여 χ^2 값을 얻도록 한다. 멘델의 자료에 대해서는, χ^2 값이 0.51이고, 드프리스의 자료에서는 이 값이 22.94이다. 이러한 통계는 네 가지 표현형 집단들에서 나타나는 관찰값과 예상값 사이의 차이를 요약해 주는 것이다. 만약 관찰값과 예상값이 잘 맞는다면 χ^2 값은 멘델의 자료에서처럼 매우 작을 것이다. 만약 심각한 차이가 있다면 드프리스의 자료에서처럼 그 값이 매우 커진다. 분명히, 작은 값에서 큰 값으로의 연속선 상에서 우리는 어떤 χ^2 값이 우리 실험이나 가설에 의심을 가질만한 값인지를 결정해야만 한다. 이 **임계값(critical value)**은 관찰값과 예상값의 차이가 기회에 의한(우연히 생긴) 것이라고 보기 어려운 지점에서 결정된다.

임계값을 결정하기 위해서는 어떻게 우연한 기회가 χ^2 값에 영향을 미치는지를 알 필요가 있다. 우선, 제안된 유전적 가설이 참이라고 가정해 보자. 그리고, 세심하고 정확하게 실험을 수행한다고 상상해 보자. 실험은 정확할 뿐 아니라, 여러 번 수행되며 그때마다 χ^2 값을 계산한다. 모든 통계가 그래프로 기록되어 매번 어떤 값들이 얼마나 자주 나타나는지를 보여준다. 우리는 그러한 그래프를 *빈도 분포(frequency distribution)*라고 부른다. 다행히도,

	F_2 Phenotype	Observed Number	Expected Number	$\frac{(\text{Observed} - \text{Expected})^2}{\text{Expected}}$
Mendel's dihybrid cross	Yellow, round	315	313	0.01
	Green, round	108	104	0.15
	Yellow, wrinkled	101	104	0.09
	Green, wrinkled	32	35	0.26
	Total:	**556**	**556**	**0.51 = χ^2**
DeVries's dihybrid cross	Red, hairy	 70	88.9	4.02
	White, hairy	 23	29.6	1.47
	Red, smooth	 46	29.6	9.09
	White, smooth	 19	9.9	8.36
	Total:	**158**	**158**	**22.94 = χ^2**

Formula for chi-square statistic to test for agreement between observed and expected numbers:

$$\chi^2 = \sum \frac{(\text{Observed} - \text{Expected})^2}{\text{Expected}}$$

■ 그림 3.11 멘델과 드프리스의 F_2 자료들에 관한 χ^2 값의 계산.

χ^2 값의 빈도 분포는 통계학적 이론으로부터 알려져 있다(■ **그림** 3.12). 그러므로, 우리는 이 값을 얻기 위한 실험을 실제로 여러 번 반복할 필요는 없다. 임계값은 분포도의 상위 5%를 자르는 점이다. 완전히 우연에 의해서라면 χ^2 값은 5%의 경우(실험 회수)에서만 이 값을 벗어날 것이다. 그러므로 만약 우리가 1회의 실험을 수행하고 χ^2 값을 계산했더니 이 값이 임계값보다 컸다면, 그것은 5% 미만으로 발생하는 좀 이상한 세트의 결과를 관찰한 것이거나, 아니면 실험이 수행된 방법에 문제가 있거나 혹은 가설의 정당성에 문제가 있는 것으로 생각할 수 있다. 실험이 적당하게 수행되었다는 것을 가정하면, 가설을 거부하는 쪽으로 결정할 수 있다. 물론, 우리는 이 방법으로도 5% 정도는 진실인 가설을 거부할 수 있게 된다는 점도 깨달아야 할 것이다.

따라서, 임계값을 알기만 하면, 우리는 χ^2검사 방법으로 가설을 평가할 수 있게 된다. 그러나, 이 임계값 — 그리고 관련된 빈도 분포의 모양 — 은 실험의 표현형 집단의 수에 따라 달라진다. 통계학자들은 χ^2 통계와 관련된 **자유도(degree of freedom)**에 따라 임계값들을 도표화 해놓았다(표 3.2). χ^2 값에 대한 이 지표는 표현형 집단의 수에서 1을 뺀 수로 결정된다. 우리 예에서는 4 − 1

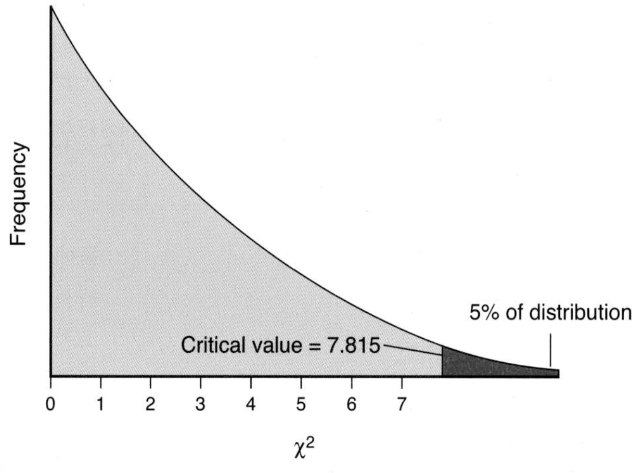

■ 그림 3.12 χ^2통계치의 분포.

표 3.2

5% 임계값에서의 카이 제곱(χ^2)값 목록[a]

Degrees of Freedom	5% Critical Value
1	3.841
2	5.991
3	7.815
4	9.488
5	11.070
6	12.592
7	14.067
8	15.507
9	16.919
10	18.307
15	24.996
20	31.410
25	37.652
30	43.773

[a]Selected entries from R. A. Fisher and Yates, 1943, *Statistical Tables for Biological, Agricultural, and Medical Research*. Oliver and Boyd, London.

= 3의 자유도를 갖는다. 자유도 3에 대한 χ^2 분포에서의 임계값은 7.815이다. 멘델의 자료에 대한 χ^2 값은 0.51로 임계값보다 훨씬 적다. 따라서 검증된 가설을 위협하는 점은 전혀 없다. 그러나 드프리스의 자료에 대한 χ^2 값은 22.94로, 임계값보다 훨씬 큰 수이다. 그러므로 관찰된 자료는 유전적 가설과 부합하지 않는다. 우습게도, 드프리스는 이 자료를 1905년에 내놓으면서 유전적 가설과 부합하는 것으로 판단했다. 불행히도 그는 χ^2 검증을 수행하지 않았던 것이다. 드프리스는 또, 그의 자료가 멘델의 생각이 맞으며, 널리 적용될 수 있음을 시사하는 증거라고 주장했는데, 종종 과학자들은 잘못된 이유 때문에 옳은 판단을 내리기도 한다.

요점

- *카이 제곱 통계값은 자료를 구성하는 모든 범주들에서 계산된 수들의 합으로서, χ^2=Σ(관찰값 − 예상값)^2/예상값으로 계산된다.*
- *각 카이 제곱 통계값은 자유도라는 수치와 연관되는데, 이것은 자료범주의 수에서 1을 뺀 숫자이다.*

인류 유전학에서의 멘델식 원리

멘델의 원리는 인간 형질의 유전에 대한 연구에도 적용될 수 있다.

인류 유전학에 대한 멘델 원리의 적용은 1900년대 멘델의 논문이 재발견된 직후에 시작되었다. 그러나 사람에서는 교배를 조절한다는 것이 불가능하기 때문에 발전은 매우 느리게 진행되었다. 인류 유전에 대한 분석은 가계자료들에 의존하는데, 종종 이러한 자료는 완전하지 않다. 게다가 인간은 다른 실험 생물과는 달라서 많은 자손을 생산하지 않으므로 멘델비율을 구별하는 것이 매우 어려우며, 인간들을 조절된 환경 하에서 유지하거나 관찰할 수도 없다. 이러한 이유들로 인해, 인간에 대한 유전학적 분석은 상당히 어려운 작업이다. 그럼에도 불구하고 인간 유전을 이해하려는 동기는 매우 강했으며, 우리는 오늘날, 많은 장애물이 있음에도 수천 개의 인간 유전자들에 대해 알게 되었다. **표 3.3**의 목록은 인간 유전자들에 의해 조절되는 몇 가지 조건*들을 보여준다. 이 책의 후반부에는 이러한 여러 조건들에 대해 논의해 보기로 하자.

유전적 조건(genetic condition)* : 일반적으로 사용될 때는 '유전질병'이라는 뜻이지만, 이 책에서는 '유전에 의해 정해진 상황'이라는 의미로 사용되었다. 유전적 특징, 유전형질 등의 단어로 문맥에 따라 다양하게 이해될 수 있으나 여기서는 번역의 통일성을 위하여 문자 그대로 번역하기로 한다.

가계도(PEDIGREE)

가계도(Pedigree)는 가족 구성원들 사이의 관계를 표현한 그림이다(**■ 그림 3.13*a***). 관습적으로 남자는 네모, 여자는 원으로 표시한다. 네모와 원을 연결하는 가로선은 혼인관계를 나타낸다. 혼인 관계에서 얻어진 자손들은 바로 아래에 첫째 자식을 왼쪽부터 하여 오른쪽으로 나타낸다. 특정 유전적 조건을 가진 개인들은 색을 칠하거나 검게 하여 나타낸다. 가계도에서 세대는 보통 로마 숫자로 나타내며, 세대 안의 개인들은 로마 숫자 뒤에 아라비아 숫자를 써서 표시한다.

우성 대립인자에 의해 나타나는 형질들은 찾아내기가 쉽다. 보통 그러한 우성 대립인자를 가진 모든 사람들은 형질을 나타내므로 가계도를 통해 그 인자의 전달을 추적할 수가 있다(**■ 그림 3.13*b***). 이상을 보이는 모든 개인들은 가족에서 우성 유전자가 새로운 돌연변이의 결과로 나타나지 않는 한, 적어도 한쪽 양친은 결함이 있는 것으로 추정된다. 그러나 대부분의 새로운 돌연변이는 그 빈도가 매우 낮아서 백만분의 일 정도이다. 결과적으로 자발적으로 우성 돌연변이가 나타날 가능성은 매우 적다. 감소된 생존력이나 번식력을 가지는 우성 형질들은 집단에서 결코 빈번하게 나타나지 않는다. 그러므로, 그러한 조건을 나타내는 대부분의 사람들은 우성 대립인자에 대해 이형접합성이며, 배우자가 그러한 형질을 나타내지 않는다면 그들 자손들의 절반만이 그 조건을 물려받을 것이다.

열성 형질들은 이상이 없어 보이는 부모들로부터 태어날 수 있기 때문에 확인하기가 쉽지 않다. 그러한 열성 대립인자의 전달을 추적하기 위해서는 종종 수 세대의 가계 자료가 필요하다(**■ 그림 3.13*c***). 그럼에도 불구하고 많은 열성 형질들이 인간에서 발견되었는데, 적어도 4,000개 이상이다. 드문 열성 형질들은 배우자들이 서로 관련이 있을 때 즉, 그들이 사촌지간이라든지 할 때, 더 잘 나타나는 경향이 있다. 이런 증가된 경향성은 친척들이 그들의 공통조상으로부터 온 대립인자를 공유하기 때문에 나타나는 것이다. 형제들은 그들 대립인자들의 절반을 공유하며, 이복형제들은 1/4을, 그리고 사촌의 경우는 그들 대립인자의 1/8을 공유하게 된다. 그러므로 친족 간의 결혼이 이루어지는 경우, 자손들이 특정 열성 대립인자를 동형접합성으로 가질 확률은, 혈연관계가 없는 부모들의 경우에서보다 더 높다. 인류 유전학에 대한 많은 고전적 연구들은 이러한 친족 간 결혼, 특히 사촌 간의 결혼들을 분석함으로써 이루어졌다. 우리는 이러한 주제에 대해 4장에서 좀 더 자세하게 다룰 것이다.

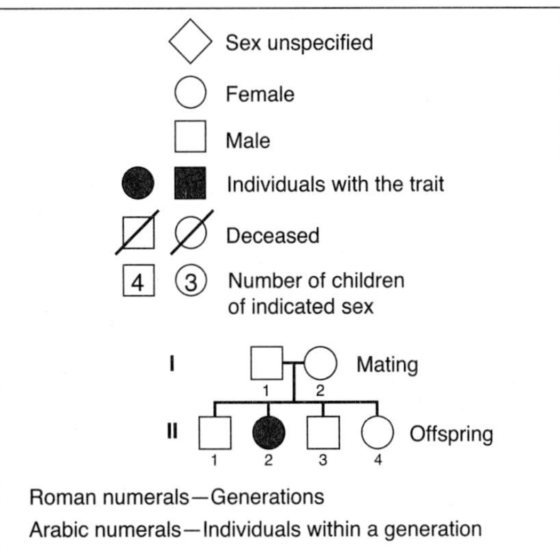

(*a*) Pedigree conventions

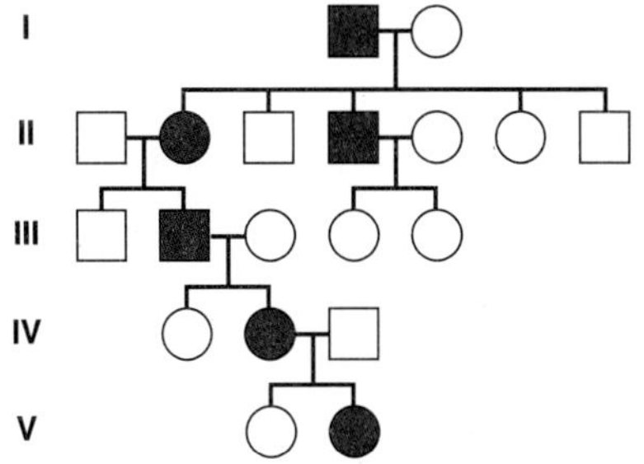

(*b*) Dominant trait

(*c*) Recessive trait

■ **그림 3.13** 인간의 가계도에서 나타나는 멘델 유전. (*a*) 가계도 기호들. (*b*) 우성형질의 유전. 형질이 매 세대마다 나타난다. (*c*) 열성형질의 유전. 영향을 받은 두 개인들은 모두 친척들 사이의 자손이다.

표 3.3

인간의 유전적 조건들

우성 형질들
- 선천성 연골 발육 부전증(Achondroplasia, 왜소증)
- 단지증(Brachydactyly)
- 선천성 야맹증
- 엘러-단로스 증후군(Ehler-Danlos syndrome, 연결 조직 이상)
- 헌팅턴 병(Huntington's disease, 신경계 질병)
- 마르판 증후군(Marfan syndrome, 큰 키와 어색한 자세)
- 신경섬유종(Neurofibromatosis, 몸에 종양 같은 것들이 자람)
- PTC(Phenylthiocarbamide) 미각 이상
- 과부선(Widow's peak)
- 양털형 모발(Woolly hair)

열성 형질들
- 백색증(Albinism, 색소 결핍)
- 알캅톤뇨증(Alkaptonuria, 아미노산 대사 이상)
- 운동 실조증(Ataxia telangiectasia, 신경 질환)
- 낭포성 섬유증(Cystic fibrosis, 호흡계 질환)
- 위센형 근이영양증(Duchenne muscular dystrophy)
- 갈락토오스혈증(Galactosemia)
- 글리코겐 저장성 질병(Glycogen storage disease)
- 페닐케톤뇨증(Phenylketonuria, 아미노산 디사 이상)
- 겸상적혈구 빈혈증(Sickle-cell disease, 헤모글로빈 질병)
- 테이-삭스 질병(Tay-Sachs disease, 지질 저장성 질병)

인간 가계들에서의 멘델식 분리

인간의 경우, 한 부부가 출산하는 아이의 수

는 일반적으로 매우 적은 수이다. 오늘날 미국에서는 그 수가 평균 2 정도이다. 개발도상국에서는 6~7명 정도이다. 그러한 수치들은 멘델이 완두 실험에서 얻었던 통계적 수치들의 근처에도 다다르지 못한다. 결과적으로, 인간 가족들에서의 표현형적 분리비는 그것에 대한 멘델의 예상 값으로부터 심각하게 벗어난다.

일례로, 어떤 열성 대립인자에 대해 이형접합성인 한 부부를 생각해 보자. 이 경우 동형접합성은 폐와 기도에 축적되는 점액질 때문에 호흡이 잘 이루어지지 못하는 심각한 질병인 낭포성섬유증(cystic fibrosis)을 나타낸다고 하자. 만약 4명의 자녀를 갖는다고 할 경우, 우리는 그 중 정확히 3명은 병에 걸리지 않을 것이며 1명만 낭포성섬유증에 걸릴 것이라고 예측할 수 있을까? 답은 아니오, 이다. 물론 이것이 가능할 수는 있겠지만, 유일한 경우는 아니다. 실상 다섯 가지의 가능성이 존재한다.

1. 4명 모두 정상.
2. 3명은 정상, 1명은 병에 걸림.
3. 2명은 정상, 2명이 병에 걸림.
4. 1명은 정상, 3명이 병에 걸림.
5. 4명 모두 병에 걸림.

직관적으로, 멘델의 3:1의 비율과 부합하는 2번째 결과가 가장 가능성이 있는 것으로 보인다. 우리는 멘델의 원리를 이용하고 각각의 출생을 독립사건으로 다룸으로써, 이러한 결과 및 다른 경우들에서의 확률을 계산할 수 있다(■ **그림** 3.14).

특정 출생에 대해, 아이가 병에 걸리지 않을 확률은 3/4이다. 그러므로 4명의 아이가 모두 정상일 확률은 $(3/4) \times (3/4) \times (3/4) \times (3/4) = (3/4)^4 = 81/256$이다. 비슷한 방법으로, 한 아이가 병에 걸릴 확률은 1/4이다. 따라서 네 아이 모두가 병에 걸릴 확률은 $(1/4)^4 = 1/256$이다. 다른 세 가지 경우의 확률을 계산하기 위해 우리는 각각이 독립된 사건의 집합임을 인식할 필요가 있다. 예를 들어, 3명의 아이가 정상이고 1명만 환자인 경우는 네 개의 독립 사건들로 구성된다; 만약 우리가 병에 걸리지 않은 아이를 U로, 병에 걸린 경우를 A로 나타낸다면, 그리고 출생 순서대로 아이들을 표시한다면, 다음과 같은 사건들로 나타낼 수 있다.

UUUA, UUAU, UAUU, 그리고 AUUU

각 사건들의 확률이 $(3/4)^3 \times (1/4)$이므로, 3명이 정상이고 1명만 병에 걸릴 총 확률은, 출생 순서를 상관하지 않는다면, $4 \times (3/4)^3 \times (1/4)$가 된다. 계수 4는 병에 걸리지 않은 세 아이와 병에 걸린 한 아이가 생기는 방법의 수이다. 비슷한 방법으로, 병에 걸린 2명과 정상인 2명의 아이가 나타날 확률은 이런 경우가 6가지로 나타나기 때문에 $6 \times (3/4)^2 \times (1/4)^2$이 된다. 한 아이만 정상이고 3명이 병에 걸릴 확률은 이러한 경우의 수가 4가지로 나타나므로 $4 \times (3/4) \times (1/4)^3$가 된다. 그림 3.14는 계산 결과를 빈도 분포의 형태로 요약한 것이다. 기대했던 대로, 3명의 정상 자녀와 1명의 환자 아이가 나올 확률이 가장 높다(확률 108/256).

이 예에서, 아이는 두 가지 표현형 중 하나가 될 것이다. 다양한 결과와 관련된 가능성이 오직 두 가지 경우만 있기 때문에, 이것을 **이항분포 확률(binomial probabilities)**이라고 부른다. 이항분포 확률의 초점은 위의 분석을, 두 가지 표현형으로 분류되는 다른 상황에도 일반화시킬 수 있다는 점이다.

Parents

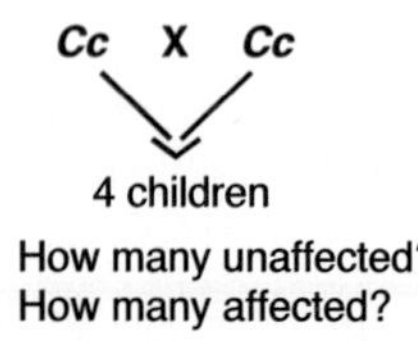

Number of children that are:

Unaffected	Affected	Probability
4	0	1 x (3/4) x (3/4) x (3/4) x (3/4) = 81/256
3	1	4 x (3/4) x (3/4) x (3/4) x (1/4) = 108/256
2	2	6 x (3/4) x (3/4) x (1/4) x (1/4) = 54/256
1	3	4 x (3/4) x (1/4) x (1/4) x (1/4) = 12/256
0	4	1 x (1/4) x (1/4) x (1/4) x (1/4) = 1/256

Probability distribution:

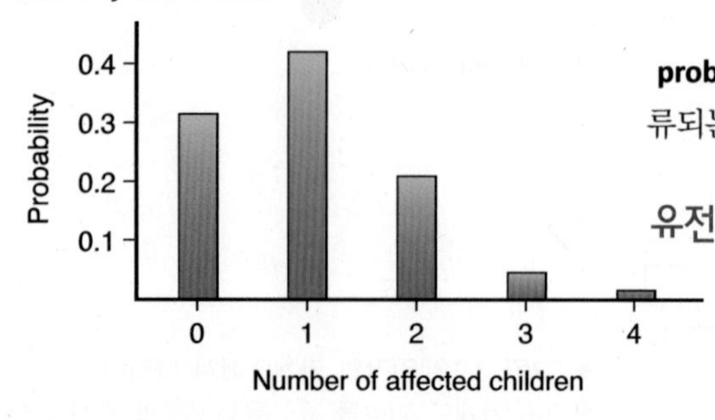

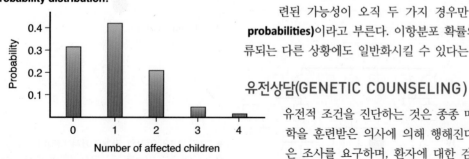

■ 그림 3.14 네 명의 자녀들에서 열성형질이 분리될 확률들의 분포.

유전상담(GENETIC COUNSELING)

유전적 조건을 진단하는 것은 종종 매우 어려운 과정이다. 전형적으로, 진단은 유전학을 훈련받은 의사에 의해 행해진다. 이들 조건들에 대한 연구는 상당히 주의 깊은 조사를 요구하며, 환자에 대한 검사, 친척들에 대한 면담, 출생과 사망 및 결혼에 대한 필수적인 통계를 통한 선별작업 등을 포함한다. 축적된 자료들은 임상적 조건들을 결정하고 그 유전 양식을 결정하는 기초를 제공한다.

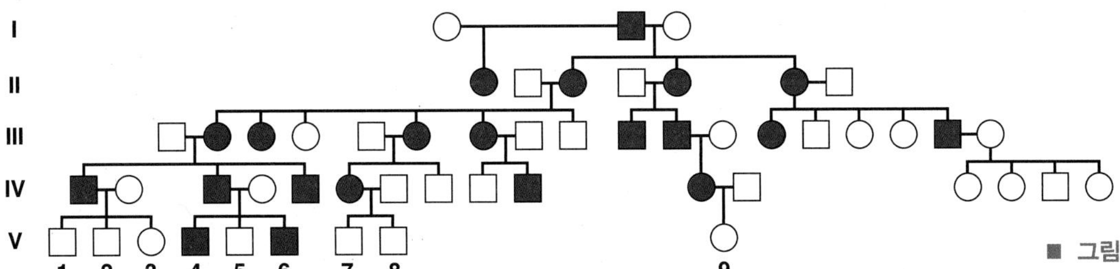

■ 그림 3.15 유전성 비용종형 대장암(hereditary nonpolypoid colorectal cancer, HNPCC)의 유전을 보여주는 가계도.

예비 부모들은 그들의 아이들이 특정 유전병을 물려받을 위험성에 대해 알고 싶어 하며, 특히 다른 가족 구성원들에 환자가 있는 경우는 더 그렇다. 그러한 위험성을 측정하고 그러한 점을 예비 부모들에게 설명해 주는 것이 *유전상담자*의 책임이다. 위험을 측정하기 위해서는 유전학에 대한 지식뿐 아니라 확률과 통계를 잘 다루는 것이 필요하다.

한 예로, **비용종성 대장암(nonpolypoid colorectal cancer)**을 나타내는 가계를 생각해 보자(■ **그림 3.15**). 이 질병은 여러 가지 유전성 암 중 하나이다. 이것은 일반적인 인구집단에서 500명당 1명 꼴로 나타나는 우성 돌연변이에 의해 발생한다. 돌연변이를 가진 개인에서 유전성 비용종성 대장암이 나타나는 평균 나이는 42세이다. 이 가계도에서 우리는 한 세대당 적어도 1명 이상에서 암이 나타나며, 암에 걸린 모든 사람들은 환자 부모를 가진다는 것을 발견할 수 있다. 이러한 사실들은 이 질병이 우성 양식으로 유전된다는 것과 일치하는 것이다.

상담의 문제는 V세대에 발생한다. 표시된 9명의 사람들 중에서 2명이 병에 걸렸고, 7명은 그렇지 않다. 병에 걸리지 않은 7명의 사람들의 부모 중 한 사람은 이형접합성이 분명한 환자이다. 그러므로, 병에 걸리지 않은 이들 7명 중 일부는 돌연변이를 물려받았을 수 있고 나중에 비용종성 대장암에 걸릴 수 있다. 시간이 지나봐야 알겠지만 말이다. 병에 걸리지 않았어도 돌연변이를 가진 사람들은 나이가 들어감에 따라 질병에 걸릴 가능성이 점점 증가한다. 그러므로 그들이 병에 걸리지 않은 채로 오래 살아남을수록 그들이 보인자가 아닐 확률도 증가한다. 이러한 상황에서 위험성은 개인 나이의 함수이며, 같은 집단, 즉 가능하면 같은 가족 구성원들의 발병 나이에 근거하여 경험적으로 결정될 수 있을 것이다. 물론 병에 걸리지 않은 7명의 사람들은 발암성 돌연변이를 갖지 않았을까 걱정하며 인생을 살아야 한다. 게다가 어떤 시기에 이르면, 그들은 아이를 낳아 그 유전자를 넘겨줄 위험을 감수할지를 결정해야만 한다. 우리는 22장에서 다른 종류의 유전성 암과 그에 관련된 유전상담을 다루게 될 것이다.

다른 예로, ■ **그림 3.16**의 유전적 조건을 고려해보자. 그림 3.16*a*에 R과 S라고 표시된 한 부부는 그들의 아이 T가 **백색증(albinism)**에 걸릴 가능성에 대해 걱정한다. 이 병은 상염색체성 열성 질환으로 피부, 눈, 그리고 머리카락에 멜라닌 색소가 전혀 없는 것이 특징이다. 예비 엄마인 S는 백색증이고, 예비 아빠 R은 백색증에 걸린 2명의 형제가 있다. 그러므로 이들의 아이는 백색증에 걸릴 확률이 꽤 높은 것으로 보인다.

이런 위험성은 다음 두 가지 요인에 의존적이다: (1) R이 백색증 대립인자(a)에 대해 이형접합성 보인자일 확률, 그리고 (2) 그가 만약 보인자라면 이 대립인자가 T에 전달될 확률이다. 백색증에 분명히 동형접합성인 S는 그녀의 자손들에게 확실히 이 인자들을 전달할 것이다.

첫 번째 가능성을 결정하기 위해서는 R의 가능한 유전자형을 생각할 필요가 있다. 이들 중 그가 열성 대립인자에 대해 동형접합성(aa)일 확률은 그 자신이 백색증이 아니기 때문에 배제된다. 그러나 다른 두 가지 유전자형 AA와 Aa는 분명히 가능성이 있다. 이들 각각에 대한 가능성을 계산하기 위해, R의 두 부모가 모두 이형접합성일 것이라는 사실을 주목할 필요가 있다. 왜냐하면 그들은 이미 2명의 백색증 자손을 낳았기 때문이다. 따라서 R이 출생하게 된 혼인 관계는 $Aa \times Aa$가 된다. 이러한 관계에서는 자손의 2/3가 Aa로 백색증이 아니며 1/3이 AA로 역시 백색증이 아닐 가능성이 있다(그림 3.16*b*). 그러므로 R이 백색증에 대해 이형접합성이어서 인자를 가질 확률은 2/3이다. 그가 이 인자를 자손에 전달할 확률을

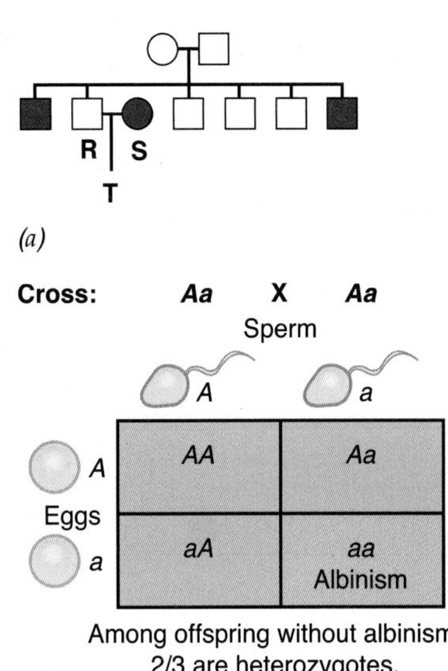

■ 그림 3.16 백색증 가족에 대한 유전상담. (*a*) 백색증의 유전을 보여주는 가계도. (*b*) 백색증이 아닌 자손들 중 이형접합자의 빈도가 2/3임을 보여주는 퍼네트 사각형.

결정하기 위해서는 단순히 *a*가 그가 만든 배우자의 절반에 존재한다는 것만 고려하면 된다.

요약하면, T가 *aa*가 될 위험성은,

= [R이 *Aa*일 확률] × [R이 *Aa*라는 가정 하에 *a*를 전달할 확률]
= (2/3) × (1/2) = (1/3)

그림 3.16의 예는 위험성이 정확하게 결정될 수 있는 단순한 상담 상황에 지나지 않는다. 종종 상황은 훨씬 복잡해서 위험성을 측정하는 일은 상당히 어렵게 된다. 유전상담자의 책임은 가계도 정보를 분석하고 그 위험성을 가능한 한 정확하게 결정하는 것이다.

유전적 위험성의 계산을 연습하기 위해, 문제 풀이 기술: 가계도를 보고 예측하기 편의 문제를 풀어보라.

오늘날 유전상담은 잘 확립된 직업이다. 각 유전상담자는 석사 학위를 받고 유전상담 훈련 프로그램을 관리하고 보장하는 기관인 미국 유전상담협회의 훈련 인증을 받아야 한다. 미국에만 약 2,500명의 인증 받은 유전상담사들이 있다. 유전상담사들은 유전질병을 추정하기 위해 가족력을 얻어 평가하도록 훈련을 받는다. 또한 사람들에게 유전질병에 대해 교육하고 어떻게 이 질병들을 막거나 대처해야 하는지 그 방법을 제공하도록 훈련을 받는다. 유전상담사들은 건강관리 팀의 일부로 활동하며 그들의 전문성을 종종 유전질병의 원인에 대해 잘 알지 못할 수도 있는 다른 건강관리 전문인들을 위해 발휘하기도 한다. 유전상담자들은 자신들의 일이 초래할 수 있는 윤리적, 법적 영향을 잘 알고 있어야만 하며, 환자들이 가지게 되는 심리적, 사회적, 문화적, 종교적 욕구에 대해서도 민감해야 한다. 유전상담자들은 또한 의사소통에도 능해야 한다. 일을 하면서, 그들은 유전의 원리를 잘 모르거나 혹은 어떤 위험성이 계산되어야 하는지에 대해 이해를 못할 수도 있는 환자들에게 복잡한 문제들을 설명해야 만 할 것이다. 미래에는, 현재 진행 중인 인간 유전체 사업에 많은 부분을 의존하고 있는 유전 정보에 대한 기금도 계속 증가할 것이고 이것이 유전상담의 작업을 좀 더 도전적인 것으로 만들 것이다.

문제 풀이 기술

가계도를 보고 예측하기

문제

다음 가계도는 인간에서 한 열성 형질의 유전을 나타낸 것이다. 이 형질을 나타내는 사람은 열성 대립인자인 *a*에 대해 동형접합성이다. 만약 서로 사촌지간인 H와 I가 결혼해서 아이를 낳는다면 이 아이가 그 열성 형질을 갖게 될 확률은 얼마인가?

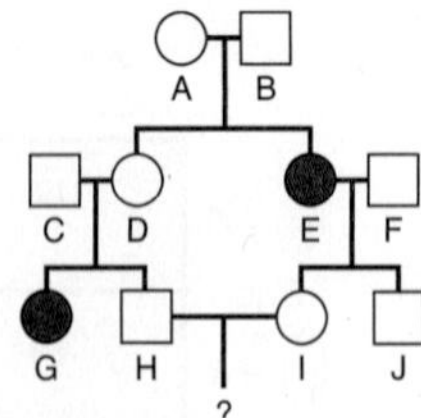

사실과 개념

1. 아이는 부모 모두가 그 열성 대립인자를 가지고 있어야만 형질을 나타낼 수 있다.
2. 부모 한쪽(H)은 그 형질을 가진 자매(G)가 있다.
3. 다른 쪽 부모(I)의 어머니(E)는 그 형질을 갖고 있다.
4. 이형접합자가 열성 대립인자를 자손에 물려줄 확률은 1/2이다.
5. 두 이형접합자 사이의 결혼에서는 2/3의 자손들이 형질을 나타내지 않는 보인자일 가능성이 있다(그림 3.16*b* 참조).

분석과 해결

한 쪽 부모인 I는 그녀의 어머니가 그 대립인자에 대해 동형접합성이기 때문에 자신은 그 형질을 보이지 않는다고 해도 분명히 이형접합자인 보인자가 될 것이다. 그러므로 I는 1/2의 확률로 그녀의 아이들에게 열성 대립인자를 전달하게 된다. H의 누이가 형질을 가지고 있으므로, 그 부모들은 분명히 모두 이형접합자일 것이다. 그러므로 형질을 나타내지 않는 H는 이형접합자일 확률이 2/3이다. 그리고 이 경우라면, 1/2의 확률로 자손에게 열성 대립인자를 물려줄 것이다. 이 모든 요인들을 종합하여 H와 I의 아이가 그 형질을 보일 확률을 다음과 같이 계산할 수 있다: 1/2(I가 열성 대립인자를 물려줄 확률) × 2/3(H가 이형접합자일 확률) × 1/2(H가 이형접합자라는 가정 하에 열성 대립인자를 물려줄 확률) = 1/6. 이 정도면 상당한 정도의 위험이다.

더 많은 논의를 보고 싶으면 Student Companion 사이트를 방문하라.

- *가계도는 인간 가족들에서 우성이나 열성 형질들을 규명하는 데 사용된다.*
- *유전상담자는 가계도 분석으로 한 개인이 특정 형질을 물려받을 위험성을 평가할 수 있다.*

요점

기초 연습문제

기본적인 유전분석 풀이

1. 매우 근친교배된 두 종류의 생쥐 계통이 있다. 하나는 검은 털이고 다른 하나는 회색 털이다. 이들을 교배하였더니 모든 자손이 검은 털이었다. 이 잡종 자손의 잡종간 교배 결과를 예상하시오.

답: 두 계통의 생쥐들은 털 색을 조절하는 유전자에 대해 서로 다른 대립인자를 가진 동형접합성 개체들이다: 검은 털 유전자에 대해 *G*를, 회색 털 유전자에 대해 *g*를 사용하면, F_1 잡종이 모두 검은 색이었으므로 *G*는 *g*에 대해 우성이다. 유전적으로 *Gg*인 쥐들이 교배되면, *G*와 *g*는 분리되어 F_2 자손들을 형성할 때 *GG*, *Gg*, *gg*의 비율을 1:2:1로 나타나게 한다. 그러나 *G* 대립인자가 우성이므로 *GG*와 *Gg*의 표현형은 모두 검은 털이다. 그러므로 F_2의 표현형 비율은 검은 털과 회색 털의 비율이 3:1로 나타난다.

2. 독립적으로 분리되는 세 유전자에 대해 이형접합성인 어떤 식물(*Aa Bb Cc*)이 자가수분되었다. 자손들 중에서 (a) *AA BB CC*인 식물의 빈도를 예측하라, (b) *aa bb cc*의 빈도는 얼마인가? (c) *AA BB CC*이거나 *aa bb cc*인 확률은? (d) *Aa Bb Cc* 개체들의 빈도는? (e) 세 유전자 모두가 이형접합성은 아닐 확률은?

답: 유전자들이 독립적으로 분리된다고 했으므로, 각 문제들을 풀 때 한 번에 하나씩 생각해서 분석할 수 있다. (a) *Aa*가 자가교배되면 1/4의 자손이 *AA*이고, *B*나 *C*에 대해서도 마찬가지로 *BB*의 확률이나 *CC*의 확률도 1/4이다. 그러므로 *AA BB CC*가 될 빈도(확률)는 (1/4) × (1/4) × (1/4) = 1/64가 된다. (b) *aa bb cc* 개체도 비슷한 방식으로 빈도가 계산될 수 있다. 각 유전자에 대해 열성 동형접합자가 될 확률은 각각 1/4이므로, 세 유전자 모두가 열성 동형접합성이 될 빈도(즉 확률)는 (1/4) × (1/4) × (1/4) = 1/64이다. (c) 세 유전자 모두가 우성 동형접합성이거나 세 유전자 모두 열성 동형접합성일 확률은 두 사건이 서로 배타적이므로 (a)와 (b)의 확률을 더하면 1/64 + 1/64 = 1/32가 된다. (d) 세 유전자가 모두 이형접합성인 자손의 빈도를 얻기 위해서는 각 확률들을 곱한다. 각 유전자에 대해 이형접합성 자손이 될 확률은 1/2이므로, 세 유전자 모두 이형접합성이 될 확률은 (1/2) × (1/2) × (1/2) = 1/8이다. (e) 세 유전자가 모두 이형접합성은 아닐 확률은 1에서 (d)의 계산값을 빼서 얻을 수 있다. 따라서 1 − (1/8) = 7/8이다.

3. 두 종의 순계 완두가, 하나는 긴 줄기에 보라색 꽃을 피우며, 다른 하나는 짧은 줄기에 흰 꽃을 피운다. 모든 F_1 식물들은 긴 줄기에 보라색 꽃을 피웠다. 이 식물을 키가 작고 흰 꽃인 완두와 역교배(backcross)시켰을 때, 53개체의 긴 줄기에 보라색 식물; 48개체의 긴 줄기에 흰 꽃 식물; 47개의 짧은 줄기에 보라색 꽃 식물; 52개체의 짧은 줄기에 흰 꽃 식물들이 생산되었다. 줄기 길이와 꽃 색깔 유전자가 독립적으로 분리된다고 할 수 있는가?

답: 줄기 길이와 꽃 색깔 유전자들이 독립적으로 분리된다는 가설은 실험값으로 카이 제곱 통계치를 계산함으로써 평가될 수 있다. 이 통계치를 얻기 위해서는, 결과가 유전적 가설이 예측하는 값과 비교되어야 한다. 두 유전자들이 독립적으로 분리된다는 가정하에, F_2의 네 가지 표현형 비율은 총 200개에 대해 각각 25%씩 출현해야 한다. 즉, 각각은 50개체씩 나온다. 카이 제곱값을 계산하기 위해, 각 표현형 개체들에 대해 관찰값과 예상치 사이의 차이를 얻고 이 차이를 제곱하자. 이것을 다시 예상치로 나누고 모든 항목을 더하면 결과는 다음과 같이 얻어진다:

$$\chi^2 = (53 - 50)^2/50 + (48 - 50)^2/50 + (47 - 50)^2/50 + (52 - 50)^2/50 = 0.52$$

이 값은 다시 자유도 3(표현형 그룹의 수에서 1을 뺀다)을 가지는 빈도 분포의 카이 제곱값과 비교된다. 계산된 카이 제곱 값이 0.52로 임계치(표 3.2의 7.815)보다 훨씬 작다. 따라서 줄기 길이와 꽃 색깔 유전자들의 독립적 분리 가설을 기각할 증거가 없다. 그러므로 우리는 잠정적으로 이들 유전자들이 독립적으로 분배된다는 생각을 받아들일 수 있다.

4. 다음 가계도에서 분리된 형질은 우성 대립인자 때문인가, 아니면 열성 대립인자 때문인가?

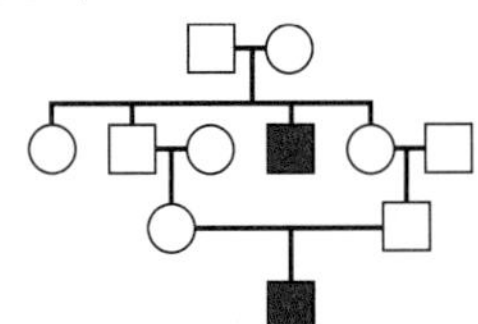

답: 영향을 받은 개인들이 영향 받지 않은 두 부모를 가졌으므로, 이것은 이 형질이 우성 대립인자에 기인한다는 가설과는 부합하지 않는다. 그러므로 이 형질은 열성 대립인자에 의한 것으로 보인다.

5. 3명의 자녀가 있는 가족에서, 2명이 아들이고 1명만 딸일 확률은 얼마인가?

답: 이 질문에 대답하기 위해서는 이항 확률 이론을 적용해야 한다. 어떤 자녀라도 아들이 될 확률은 1/2이고 딸이 될 확률도 1/2이다. 각 자녀들이 태어나는 것은 독립 사건이다. 그러므로 2명의

아들과 1명의 딸이 될 확률은 $(1/2)^3$이고 이것은 출생 순서에 관계없이 동일하다. 마지막 항목인 이항 계수로 출생 순서에 따른 방법 — BBG, BGB, 그리고 GBB — 을 계산하면 3이 된다. 따라서 최종 답은 $3 \times (1/2)^3 = 3/8$이 된다.

지식검사

서로 다른 개념과 기술의 통합

1. 페닐케톤뇨증(Phenylketonuria)은 인간의 대사질환으로 열성 유전자 *k*에 의해 유발된다. 만약 2명의 이형접합성 보인자들이 결혼하여 다섯 아이를 가지게 된다면, (a) 아이들 모두가 병에 걸리지 않을 확률은? (b) 4명은 병에 걸리지 않고 1명만 페닐케톤뇨증에 걸릴 확률은? (c) 적어도 3명의 아이가 병에 걸리지 않을 확률은? (d) 첫째 아이가 병에 걸리지 않은 딸일 확률은?

답: 이들 질문들에 대답하기에 앞서, 2명의 이형접합성 개인들 사이의 혼인으로부터 특정 아이가 병에 걸리지 않을 확률은 3/4이고, 병에 걸릴 확률은 1/4임에 주목하자. 그리고 태어난 아이가 아들일 확률과 딸일 확률도 어느 출생에나 마찬가지로 각각 1/2임을 고려하라.

(a) 5명 모두 병에 걸리지 않을 확률을 계산하기 위해서는 곱셈의 법칙(부록 A)을 사용하면 된다. 특정 아이가 병에 걸리지 않을 확률은 3/4이고, 5명의 아이들은 독립적으로 태어난다. 결과적으로, 다섯 아이가 모두 병에 걸리지 않을 확률은 $(3/4)^5 = 0.237$이다. 이것은 $p = 3/4$, $q = 1/4$인 이항확률 분포(부록 A와 B를 참고하라)의 첫째 항이다.

(b) 네 명이 병에 걸리지 않고 1명만 병에 걸릴 확률을 계산하기 위해서는, 부록 A의 이항 분포의 두 번째 항을 계산하면 된다.

$=[5!/(4!1!)] \times (3/4)^4 \times (1/4)^1 = 5 \times (81/1024) = 0.399$

(c) 적어도 세 아이가 병에 걸리지 않을 확률을 계산하려면 이항 분포의 다음 세 항을 더하면 된다.

사건	이항공식	확률
5명이 모두 정상	$[(5!)/(5!\ 0!)] \times (3/4)^5(1/4)^0 =$	0.237
4명이 정상, 1명이 PKU	$[(5!)/(4!\ 1!)] \times (3/4)^4(1/4)^1 =$	0.399
3명이 정상, 2명이 PKU	$[(5!)/(3!\ 2!)] \times (3/4)^3(1/4)^2 =$	0.264
	총계	0.900

(d) 첫째 아이가 병에 걸리지 않은 딸일 확률을 결정하기 위해서는 곱셈의 법칙을 이용하라: P(병에 걸리지 않음, 그리고 딸) = P(병에 걸리지 않음) × P(딸) = (3/4) × (1/2) = (3/8)

2. 야생집단의 생쥐들은 회갈색 털(혹은 아구티, *agouti*)을 가진다. 그러나 어떤 종류의 실험실 계통은 노란색 털을 가진다. 노란 털 쥐 한 마리를 여러 마리의 암컷 아구티들과 교배시켰다. 모든 교배에서 총 40마리의 자손이 얻어졌고, 22마리는 아구티, 18마리는 노란 털을 갖고 있었다. 여기서 얻어진 아구티 F_1들끼리 교배시켜 F_2를 얻었는데 모두 아구티였다. 비슷한 방식으로 F_1의 노란 털 생쥐들끼리 교배해서 F_2를 얻었더니 두 집단으로 나뉘었는데, 30마리는 아구티였고, 54마리는 노란 털이었다. 연속된 노란 털의 F_2끼리들의 교배에서도 노란 털과 아구티 자손이 분리되어 나타났다. 이 털 색 차이에 대한 유전적 근거는 어떤 것인가?

답: 아구티와 아구티 사이의 교배에서는 아구티만 생산되고, 노란 털 동물끼리의 교배에서는 노란 털과 아구티가 모두 나온다. 그러므로 노란 털이 우성 대립인자 *A*에 의해, 그리고 아구티는 열성 *a*인자에 의해 결정될 것이라는 가설이 가능하다. 이러한 가설에 따르면, 처음 교배 실험에 사용한 암컷 아구티들은 *aa*이고 노란 털 쥐는 *Aa*가 된다. 우리는 실험에 사용된 수컷 쥐가 이형접합성임을 알 수 있는데, 그 이유는 아구티와 교배되었을 때 거의 같은 수로 노란색 F_1과 아구티 F_1을 생산했기 때문이다. 이들 중에서 아구티들은 *aa*이고, 노란색 쥐는 *Aa*일 것이다. 이러한 유전자형 결정은 F_2 자료로부터 얻어질 수 있는데, 이 자료에서는 F_1 아구티는 순종이었고, F_1 노란색 쥐는 두 종류의 표현형으로 분리된 자손을 생산했기 때문이다. 그러나 노란 털과 아구티의 분리비(54:30)는 멘델 비율이 예측하는 3:1에서 매우 벗어나는 것으로 보인다. 이것이 가설을 기각할 만큼 충분히 적합성이 떨어지는 것일까?

우리는 χ^2을 이용하여 가설의 예측과 실험 자료 사이의 불일치를 검사할 수 있다. 가설에 따르면, 노란 털 × 노란 털의 교배에서 F_2의 3/4은 노란색이고 1/4은 아구티일 것으로 예상한다. 이러한 비율을 이용하여 각 표현형 집단의 예상 숫자를 계산하고 자유도가 2 − 1로 1인 χ^2값을 계산할 수 있다.

F_2 표현형	관찰값	예상값	(관찰값−예상값)/예상값
노란 털(*AA*와 *Aa*)	54	(3/4) × 84 = 63	1.286
아구티(*aa*)	30	(1/4) × 84 = 21	3.857
총계	84	84	5.143

χ^2 값이 5.143으로 자유도 1의 임계값 3.841보다 훨씬 크다. 결론적으로, 우리는 털 색이 3:1의 멘델비로 나뉜다는 가설을 기각할 수 있다.

털 색이 가정한 대로 분리되지 않는 이유는 무엇일까? 우리는 연속적인 노란 털 × 노란 털 사이의 교배에서 순계가 확립되지 않음에 주목해서 단서를 찾을 수 있다. 이것은 모든 노란 털의 쥐가 *Aa*로 이형접합성이며 이들 사이에서 생긴 동형접합성의 *AA*쥐는 성체 시기까지 살아남지 않음을 시사한다. 사실상 태내 사망이 F_2 자료에서 노란 털 쥐가 적게 나오는 이유이다. 임신한 암컷 쥐들의 자궁을 자세히 조사한 결과 배아의 1/4이 죽어 있었다. 이러한 죽은 배들은 분명히 유전적으로 *AA*였을 것이다. 따라서 *A*대립인자는 하나의 사본만 있을 때는 노란 털이라는 표현형을 나타내지만, 두 개의 사본이 있는 경우 치사를 유발한다. 이 배아 사망률까지를 함께 고려하면 태어난 F_2 자손의 2/3가 노란 털이고(*Aa*), 1/3이 아구티(*aa*)일 것으로 가설을 변형할 수 있다. 그러면 이 변경된 가설이 자료와 부합하는지에 대해 χ^2값을 계산함으로써 검사를 할 수 있다.

F_2 표현형	관찰값	예상값	(관찰값−예상값)/예상값
노란 털(*Aa*)	54	(2/3) × 84 = 56	0.071
아구티(*aa*)	30	(1/3) × 84 = 28	0.143
총계	84	84	0.214

이 χ^2 통계값은 χ^2 분포표에서 자유도 1의 임계값보다 작다. 따라서, 이 자료는 변경된 가설이 예측하는 바와 부합한다.

연습문제

이해력 증진과 분석력 개발

3.1 멘델의 관찰에 기초하여 다음과 같은 완두 교배의 결과를 예측하여라.

(a) 키가 큰 것(우성이고 동형접합성이다)과 키가 작은 품종을 교배시킴

(b) (a)의 자손을 자가수분 한 것

(c) (a)로부터 얻은 자손을 원래의 키 큰 부모와 교배한 것

(d) (a)의 자손을 원래의 키 작은 부모 식물과 교배한 것

3.2 멘델은 둥근 완두를 주름진 완두와 교배한 후 이들을 자가수분시켜 그 자손을 얻었다. F_2에서 그는 5,474개의 둥근 완두와 1,850개의 주름진 완두를 관찰했다. *W*와 *w*를 각 씨 모양에 적용하여 멘델의 교배를 도식화하고 각 세대의 식물들에 대한 유전자형을 표시하라. 결과는 분리의 법칙에 부합하는가?

3.3 한 유전학자가 야생의 회색쥐를 흰쥐(알비노)와 교배하였다. 이들의 모든 자손은 회색쥐였다. 이 자손들을 서로 교배하여 F_2를 얻었는데, 이들은 198마리의 회색쥐와 72마리의 흰쥐로 구성되어 있었다. 이러한 결과를 설명할 수 있는 가설을 제안하고, 교배를 그려서 가설의 예측과 결과를 비교하여라.

3.4 한 여자가 안검하수증(ptosis)이라고 불리는 희귀한 눈꺼풀 이상 증상을 가진다. 이 질환은 눈이 완전히 떠지지 않는 것이다. 이러한 조건은 우성 대립인자인 *P*에 의해 유발된다. 이 여인의 어머니도 안검하수증이 있었지만 그녀의 아버지는 정상 눈꺼풀을 갖고 있었다. 그녀의 외할머니는 안검하수증이 있었다.

(a) 이 여자의 유전자형과 그녀의 아버지, 그리고 그녀의 어머니의 유전자형은 무엇인가?

(b) 그녀가 정상 눈꺼풀의 남자와 결혼한다면 그녀 아이들 중 안검하수증을 나타내는 아이는 얼마나 되겠는가?

3.5 비둘기에서 우성 인자인 *C*는 깃털에 체크무늬를 나타내도록 하고, 그 열성 대립인자인 *c*는 단순한 패턴을 나타내도록 한다. 깃의 색깔은 독립적으로 분리되는 다른 유전자에 의해 조절되는데; 우성 인자인 *B*는 붉은색 깃털을, 열성 대립인자인 *b*는 갈색 깃털을 나타나게 한다. 갈색이면서 체크무늬를 나타내는 순계의 비둘기를, 무늬가 없는 순계의 붉은색 비둘기와 교배시켰다.

(a) 이들 자손의 표현형을 예측하라.

(b) 이들 자손들끼리 교배된다면 F_2에서는 어떤 표현형이 어떠한 비율로 나오게 될까?

3.6 쥐에서, *F* 대립인자는 색깔 있는 털을 나타내고 흰 털을 나타내는 *f*에 대해 우성이다. 그리고 대립인자 *B*는 정상 행동을 나타내며, 일종의 운동부조화 현상인 춤추는 듯 한 행동을 하게 하는 *b* 대립인자에 대해 우성이다. 다음 교배들에서 부모의 유전자형들을 제시하라.

(a) 색이 있고 정상 행동을 하는 쥐를, 흰색이면서 정상 행동을 하는 쥐와 교배시켜 31마리의 색이 있고 정상행동을 하는 쥐와 8마리의 색이 있으면서 춤추는 행동을 하는 쥐를 얻었다.

(b) 색이 있는 정상 쥐와, 색이 있는 정상 쥐를 교배시켜, 39마리의 색 있는 정상 쥐, 14마리의 색 있고 춤추는 쥐, 12마리의 흰색 정상 쥐, 3마리의 희고 춤추는 쥐를 얻었다.

(c) 색이 있는 정상 쥐를, 흰색의 춤추는 쥐와 교배시켜, 8마리의 색 있는 정상 쥐, 7마리의 색 있고 춤추는 쥐, 9마리의 흰 정상 쥐, 6마리의 희고 춤추는 쥐를 얻었다.

3.7 토끼에서, 우성 대립인자인 *B*는 검은 털을, 열성 인자인 *b*는 갈색 털이 나타나게 한다; 독립적으로 분리되는 또 다른 우성 유전자 *R*은 긴 털을, 그 열성 대립인자 *r*(*rex*)은 짧은 털이 나게 한다. 동형접합성이면서 검은색 긴 털을 가진 토끼를 짧은 갈색 털의 토끼와 교배시켰다. 그리고 그 자손들끼리 교배시켜 F_2를 얻었다. F_2에서 길고 검은 털을 가진 토끼가 두 유전자 모두에 이형접합성인 경우의 비율은 얼마나 될까?

3.8 짧은뿔 소에서 유전자형 *RR*은 붉은 털(red)이고, 유전자형 *rr*은 흰 털(white)을 나타낸다. 그리고 유전자형 *Rr*은 얼룩얼룩한 털(roan)이 된다. 한 육종가가 붉은 털, 흰 털, 얼룩 털의 암소들과 수소를 가졌다면, 다음과 같은 교배에서 어떤 표현형이 얼마의 비율로 생산될지 예측해보라.

(a) 붉은 털(red) × 얼룩 털(roan);
(b) 붉은 털(red) × 붉은 털(red);
(c) 얼룩 털(roan) × 얼룩 털(roan);
(d) 흰 털(white) × 얼룩 털(roan);
(e) 붉은 털(red) × 흰 털(white);

3.9 다음과 같은 교배에서 F_1 배우자, F_2 유전자형, F_2 표현형들의 종류와 수를 말해보라.

(a) *AA* × *aa*
(b) *AA BB* × *aa bb*
(c) *AA BB CC* × *aa bb cc*
(d) 이 답들로부터 제시되는 일반적인 공식은?

3.10 한 연구자가 식물에서 6개의 독립적으로 분리되는 유전자들을 연구했다. 각 유전자들은 우성과 열성 대립인자를 가지고 있었다: *R*은 검은 줄기, *r*은 붉은 줄기; *D*는 키가 큰 식물, *d*는 키가 작은 식물; *C*는 통통한 콩깍지, *c*는 수축된 콩깍지; *O*는 둥근 열매, *o*는 달걀형 열매; *H*는 털이 없는 잎, *h*는 털이 있는 잎; *W*는 자주색 꽃, *w*는 흰색 꽃을 나타나게 했다. (P1) *rr Dd CC Oo hh Ww* × (P2) *Rr dd cc oo Hh ww*의 교배에 대해 다음 질문에 답하시오.

(a) P1이 생산하는 배우자는 몇 종류인가?
(b) 이 교배에서 얻어진 자손은 몇 가지의 유전자형이 가능한가?
(c) 이 교배에서 나온 자손에서는 몇 가지의 표현형이 가능한가?
(d) 자손 중에서 *Rr Dd cc Oo hh ww*인 유전자형을 얻을 확률은?
(e) 검은 줄기, 작은 키, 수축된 콩깍지, 달걀형 열매, 털이 많은 잎, 자주색 꽃의 표현형을 동시에 가지는 자손을 얻을 확률은?

3.11 아래 상황에 대해, 해당 χ^2 값에 대한 자유도를 결정하고, 관찰된 χ^2 값이 가정된 유전적 비율을 채택하는지 기각하는지 결정하여라.

	가설의 예상 비율	관찰된 χ^2 값
(a)	3:1	8.0
(b)	1:2:1	12.0
(c)	1:1:1:1	6.0
(d)	9:3:3:1	2.0

3.12 멘델은 노랗고 둥근 F_1 종자를 심어 녹색의 주름진 콩에서 자란 식물과 검정 교배시켜 다음과 같은 결과를 얻었다: 30개의 둥글고 노란색 콩, 25개의 둥글고 녹색 콩, 28개의 주름지고 노란색 콩, 27개의 주름지고 녹색 콩. 이 결과는 콩의 색깔과 모양을 결정하는 유전자들이 독립적으로 분배되고 각 유전자는 두 대립인자로 분리된다는 가설과 부합하는가?

3.13 키가 큰 것이 40개, 작은 것이 10개 관찰된 완두 교배에서 이 교배가 *Dd* × *dd*로부터 얻어진 1:1의 비율과 부합한다고 할 수 있는지 카이 제곱 검정을 실시해보라.

3.14 냉이(Shepherd's purse)의 열매는 삼각형이거나 달걀형이다. 삼각형 열매를 가지는 식물을 달걀형 열매를 가지는 식물과 교배시켜 F_1 잡종을 얻었으며 이것은 모두 삼각형 열매를 맺었다. 이 F_1 잡종끼리 교배하였을 때, 80개의 F_2 식물을 얻었는데, 72개는 삼각형 열매를 나타냈고, 8개만 달걀형 열매를 맺었다. 이 결과는 열매의 모양이 두 대립인자를 가지는 하나의 유전자에 의해 결정된다는 가설과 부합하는가?

3.15 사람의 백색증(Albinism)은 열성 대립인자인 *a*에 의해 유발된다. 보인자(*Aa*)로 알려진 사람과 백색증인 사람(*aa*)들 사이의 결혼에서는 얼마의 자손들이 정상 피부식을 가질 것으로 기대되는가? 세 아이의 경우 1명은 정상이고 나머지 2명이 백색증에 걸릴 확률은 얼마인가?

3.16 남편과 부인 모두가 백색증 보인자들로 알려졌다면, 5명의 자손들이 다음과 같은 조합을 나타낼 확률을 구하여라: (a) 5명 모두 백색증이 아닐 확률; (b) 3명은 백색증이 아니고 2명만 백색증일 확률; (c) 2명이 백색증이 아니고, 3명이 백색증일 확률; (d) 1명은 백색증이 아니고 4명이 백색증일 확률.

3.17 사람에서 눈의 백내장(cataract)과 뼈가 잘 부서지는 현상은 서로 독립적으로 분리되는 우성 유전자에 의해 유발된다. 백내장이 있으면서 약한 뼈를 가진 남자가, 정상 눈이지만 뼈가 약한 여자와 결혼했다. 남자의 아버지는 정상 눈을 가지고 있었고, 어머니는 정상뼈를 가졌다. 여자의 아버지는 정상뼈를 가지고 있었다. 이 부부의 첫째 아기가, (a) 이 두 질병으로부터 자유로울 확률은?; (b) 백내장이지만 건강한 뼈를 가질 확률은?; (c) 약한 뼈를 가졌지만 백내장은 아닐 확률은?; (d) 두 질병을 모두 가질 확률은?

3.18 그림 3.15의 가계도의 V세대에서 총 9명의 자손들 중 2명이 암 유발 돌연변이를 가지고 나머지 7명은 이 돌연변이를 가지지 않을 확률은 얼마인가?

3.19 한 남자와 한 여자가 모두 하나의 유전자에 대해 이형접합성이고, 그들이 4명의 아이를 갖는다면, 네 아이 모두가 이형접합자가 될 확률은 얼마이겠는가?

3.20 8명의 아이가 한 날에 출생했다: (a) 4명은 아들이고 4명은 딸일 확률은? (b) 8명 모두 딸일 확률은? (c) 8 아기의 어떤 조합이 가장 많이 나올 것으로 기대되는가? (d) 적어도 한 아이가 딸일 확률은?

3.21 5명의 아이를 가진 가족에서 적어도 2명이 딸일 확률은 얼마인가?

3.22 아래의 가계도는 어떤 우성 형질의 유전을 보여준다. 다음 제시

한 혼인에서 얻어진 자손이 이 형질을 나타낼 확률을 구하여라: (a) III-2 × III-3; (b) III-1 × III-4.

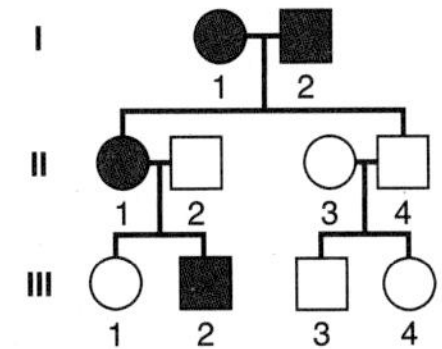

3.23 아래의 가계도는 어떤 열성 형질의 유전을 보여준다. 반대의 증거가 없다면, 이 가족들과 결혼한 개인들은 이 열성 인자를 가지지 않는다고 가정하라. 다음과 같은 결혼에서 그 자녀들이 이 형질을 나타낼 확률을 구하라; (a) III-1 × III-12; (b) III-4 × III-14; (c) III-6 × III-13; (d) IV-1 × IV-2.

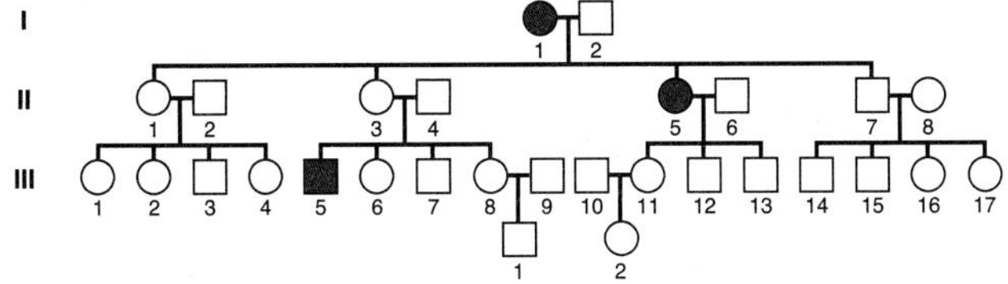

3.24 아래의 가계도에서 나타난 형질이 우성 형질인지 열성 형질인지 결정하라. 이 형질들은 집단 내에서 빈번한 것이 아니라고 가정한다.

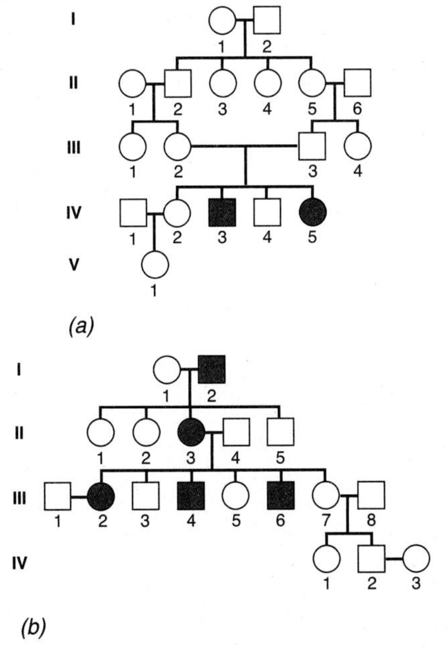

3.25 문제 3.24번의 가계도 (*b*)에서 만약 혼인이 가능하다고 할 경우, III-1과 III-2 부부가 이 형질을 나타내는 아이를 가질 확률은? III-5와 IV-2 부부가 이 형질을 나타내는 아이를 가질 확률은 얼마인가?

3.26 세 개의 독립적으로 분배되는 유전자에 대해 이형접합성인 완두끼리 교배되었다.

(a) 세 유전자 모두가 열성 동형접합성인 자손이 나올 확률은 얼마나 되는가?

(b) 세 유전자 모두가 동형접합성인 자손이 나올 확률은 얼마나 되는가?

(c) 하나의 유전자에 대해서는 동형접합성이고 나머지 두 유전자에 대해서는 이형접합성인 자손이 나올 확률은 얼마나 되나?

(d) 적어도 한 유전자에 대해 열성 동형접합성인 자손이 나올 확률은 얼마나 되는가?

3.27 아래의 가계도는 어떤 열성 형질의 유전을 나타낸 것이다. III-2과 III-3 부부가 이 형질을 나타내는 아이를 가질 확률은 얼마인가?

3.28 한 유전학자가 키 큰 완두와 키 작은 완두를 교배했다. 모든 F_1들은 키가 컸다. 이 F_1들을 자가교배하여 F_2를 키 별로 분류했더니: 62개의 키 큰 것과 26개의 키 작은 것으로 나뉘었다. 이 결과들로부터 그 유전학자는 완두의 왜소성이 열성 대립인자(*s*)에 의해 발생하며 키가 커지는 것은 우성 대립인자(*S*)에 의해 일어나는 것으로 결론지었다. 이 가설에 의하면 2/3의 키 큰 F_2 식물은 이형접합성으로 *Ss*일 것이다. 이러한 예상을 검정하기 위해, 유전학자는 62개의 키 큰 식물로부터 화분을 이용하여, 수술을 제거한 키 작은 완두를 수정시켰다. 다음 해에, 62개의 각 교배로부터 얻은 3개씩의 씨를 뿌려 성숙할 때까지 식물을 키웠다. 만약 한 교배에서 작은 것이 전혀 나오지 않았다면 그 화분을 제공한 부모는 동형접합성인 *SS*로 분류했고; 한 개라도 작은 것이 나오면 화분을 제공한 키 큰 식물은 *Ss*로 분류했다. 이러한 자손 검색법을 이용하여 그 유전학자는 62개의 키 큰 F_2 식물 중 29개가 *SS*로 동형접합성이었고 33개가 Ss의 이형접합성이라고 결론을 내렸다.

(a) 카이 제곱 검정을 사용하여, F_2 식물의 2/3가 이형접합성일 것이라는 예측의 적합도 검정을 실시해보라.

(b) 유전학의 기념비적 사건(A Milestone in Genetics)에서 읽은 것과 마찬가지로, 멘델의 1866년 논문(Student Companion 사이트에서도 볼 수 있다)을 읽고 왜 키가 큰 F_2 식물을 그 유전자형으로 분류하는 것이 정확하지 않은지 설명하라.

(c) 유전학자의 키 큰 F_2 분류 과정에서 불확실성을 보정하고 키 큰 F_2 식물에서 동형접합자와 이형접합자의 예상 빈도를 계산해보라.

(d) 카이 제곱 검정을 사용하여 (c)에서 얻은 예측을 평가하라.

3.29 백색증을 연구하고 있는 한 연구자가 4명의 아이 중 적어도 한 아이가 백색증인 대가족 집단을 발견했다. 이 가족들의 어떤 부모도 백색증을 나타내지는 않는다. 아이들 중 백색증이 없는 아이와 백색증을 가진 아이의 비율은 1.7:1이다. 이 연구자는 멘델의 분리의 법칙에 따라 3:1의 비율이 나올 것으로 예상했기 때문에 이 비율에 매우 놀랐다. 여러분은 이 연구자가 얻은 자료의 명확한 비멘델성 분리비를 설명할 수 있겠는가?

4 멘델 법칙의 확장

장의 개요

- 대립인자들의 변이와 유전자 기능
- 유전자의 활동: 유전자형에서 표현형까지
- 동계교배: 가계도의 재조명

유전학, 멘델의 수도원 정원을 넘어 발전하다

1902년, 멘델의 논문을 읽고 흥분한 영국의 생물학자 윌리엄 베이트슨(William Bateson)은 멘델의 독일어 본문을 영어로 번역하여 출간하고 거기에 그가 "멘델리즘-우성, 분리, 그리고 독립적 분배에 관한 법칙"이라고 언급한 간단한 설명을 첨가하였다. 좀 더 후인 1909년에 그는 [*멘델의 유전 원리*]를 출판하였는데, 여기에 멘델의 발견을 지지할 수 있는 모든 증거들을 요약하여 실었다. 이 책은 크게 두 가지 점에서 주목할 만하다. 첫째, 여러 가지 식물과 동물을 이용한 교배 실험들의 결과를 조사하고, 각 경우에서 멘델의 법칙이 적용되었음을 증명했던 것이다. 둘째, 이 실험들이 가지는 중요성을 고려했을 뿐 아니라, 그가 "단위 특징들(unit characters)"이라고 불렀던 유전자의 기본 속성에 관한 질문들을 유발시켰다. 베이트슨이 책을 출판했던 시기에는 "유전자(gene)"란 단어가 아직 생겨나지 않았었다.

베이트슨의 책은 과학의 세계로 멘델리즘의 원리가 널리 퍼지는 데 중요한 역할을 했다. 식물학자, 동물학자, 박물학자, 원예가, 그리고 동물 육종가들은 평이하고 간단한 언어로 된 메시지를 이해했다: 소, 양, 고양이, 쥐, 토끼, 기니피그, 닭, 비둘기, 카나리아를 비롯하여 완두, 해바라기, 면화, 밀, 보리, 토마토, 옥수수와 온갖 원예종으로 검증된 멘델의 원리들은 광범위한 것이었다. 이 책의 서문에서 베이트슨은 "그러므로 유전에 대한 연구는, 이미 그 결과가 풍부한, 생리학에서 잘 정리된 분야가 될 것이고, 단언컨대 아주 뛰어난 학문이 될 것입니다"[1]라고 언급했다.

정원에서 자라는 다양한 식물 종들. 여러 식물들을 이용한 실험으로 우성, 분리, 그리고 독립적 분배라는 멘델의 법칙이 확장되었다.

[1]Bateson, W. 1909. *Mendel's Principles of Heredity*. University Press, Cambridge, England.

대립인자들의 변이와 유전자 기능

유전자들의 다양한 대립인자들이 여러 가지 방식으로 표현형에 영향을 미친다.

멘델의 실험은 유전자들이 서로 다른 형태로 존재함을 알려주었다. 그가 연구했던 7가지 형질—종자 색, 종자 모양, 식물의 키, 꽃의 색깔, 꽃의 위치, 콩깍지의 모양, 콩깍지의 색—에 대해 그는 우성과 열성인 두 대립인자를 발견했다. 이러한 발견은 마치 하나의 대립인자가 아무 것도 안 하면 다른 것이 표현형을 결정하는 데 모든 일을 하는 것처럼, 대립인자들 사이의 간단하고 기능적인 이분법을 제시한다. 그러나 20세기 초반의 연구들은 이것이 과도하게 단순화된 것임을 증명했다. 유전자들은 둘 이상의 대립인자들로 존재할 수도 있고, 각 대립인자들은 표현형에 서로 다른 영향을 미칠 수 있다.

불완전우성과 공우성

동형접합성일 때나 이형접합성일 때나 표현형에 미치는 효과가 같으면 그 대립인자는 우성이다—즉, 유전자형 *Aa*와 *AA*는 표현형적으로 구별이 되지 않는다. 그러나 때때로 이형접합자는 관련된 두 동형접합자들의 어느 쪽과도 다른 표현형을 가진다. 금어초(*Antirrhinum majus*)의 꽃 색이 그 예이다. 희거나 붉은 품종들은 꽃 색을 결정하는 유전자들의 서로 다른 대립인자에 대해 동형접합성이다; 이들 사이의 교배로 생긴 이형접합자는 분홍색 꽃이 된다. 그러므로 붉은색에 대한 대립인자(*W*)는 흰색 대립인자(*w*)에 대해 **불완전하게(incompletely)**, 혹은 **부분적으로 우성(partially dominant)**이다. 가장 그럴 듯한 설명은 이 식물에서의 색소침착 정도가 색깔 유전자에 의해 지정되는 산물의 양에 의존적이라는 것이다(■ **그림 4.1**). 만약 *W* 대립인자는 이 산물을 생산하지만 *w* 대립인자는 그렇지 않다면, *WW* 동형접합체는 이형접합체인 *Ww*보다 두 배의 산물을 생산할 것이고 따라서 더 짙은 색깔을 나타낼 것이다. 여기서와 같이 이형접합체의 표현형이 양쪽 동형접합체 표현형의 중간일 때, 이 부분적 우성 대립인자를 **중간우성(semidominant)**이라고 한다(라틴어의 '절반'이라는 뜻으로, '절반의 우성'이라는 뜻이다).

Phenotype	Genotype	Amount of gene product
Red	*WW*	2x
Pink	*Ww*	x
White	*ww*	0

■ **그림 4.1** 금어초(snap dragon) 꽃 색깔의 유전적 기초. 대립인자 *W*는 *w*에 대해 불완전한 우성이다. 표현형 간의 차이는 *W* 대립인자에 의해 지정되는 산물들의 양 차이에 기인한다.

단순한 우성 법칙의 또 다른 예외는, 이형접합체가 연관 동형접합자들 각각에서 발견되는 특징들을 모두 나타낼 때이다. 이것은 인간의 혈액형에서 발견되는데, *항원(antigen)*이라고 하는 특별한 세포 산물들을 검사함으로써 결정된다. 하나의 항원은 혈액의 혈청 부분으로부터 얻어지는 요소(항체)들과의 반응성에 의해 추적될 수 있다. 이들 요소들은 면역계에 의해 생산되는 것들로, 상당히 특이적으로 항원을 인식한다. 그러므로, 예를 들면, 항-M이라고 불리는 혈청은 인간 혈액 세포의 M항원 만을 인식한다; 항-N이라고 불리는 혈청은 혈액 세포들의 N항원 만을 인식한다(■ **그림 4.2**). 이들 혈청들 중의 한 가지가 혈액형 검사에서 특정 항원을 감지하면, *응집(agglutination)*이라 불리는 세포의 뭉침 현상이 발생한다. 그러므로, 서로 다른 혈청들에 대한 세포의 응집 검사에 의해 의학 기술자들은 어떤 항원이 존재하며 따라서 어떤 혈액형인가를 판별할 수 있다.

M과 N 항체를 생산하는 능력은 두 대립인자를 가지는 하나의 유전자에 의해 결정된다. 하나의 대립인자는 M 항원이 생산되도록 하고; 다른 하나는 N 항원이 생산되도록 한다. M 대립인자에 동형접합체는 M 항원만을 생산하고, N 대립인자에 동형접합성인 사람은 *N* 항원 만을 만든다. 그러나, 이들 두 대립인자에 이형접합성인 사람은 두 종류의 항원을 모두 생산한다. 두 대립인자들이 이형접합체의 표현형에 독립적으로 기여하기 때문에 이들을 **공우성(codominant)**이라고 말한다. 공우성이란 대립인자 기능의 독립성을 함축하고 있다. 어떠한 대립인자도 우성이 아니고 서로에 대해 부분적인 우성을 나타내는 것도 아니다. 그러므로 앞서의 모든 예들에서처럼 대문자나 소문자로 이 대립인자들을 구별하는 것은 적당하지가 않다. 대신에, 공우성 대립인자들은 유전자 기호에 위첨자를 써서 표시하며 이 경우에는 문자 *L*을 사용한다—혈액형을 처음 발견한 칼 란트슈타이너(Karl Landsteiner)를 기리기 위한

Genotype	Blood type (antigen present)	Reactions with anti-sera: Anti-M serum	Anti-N serum
$L^M L^M$	M (M)		
$L^M L^N$	M N (M and N)		
$L^N L^N$	N (N)		

■ **그림 4.2** 특정 항혈청을 사용한 응집반응에 의해 혈액 세포의 M과 N 항원을 추적할 수 있다.

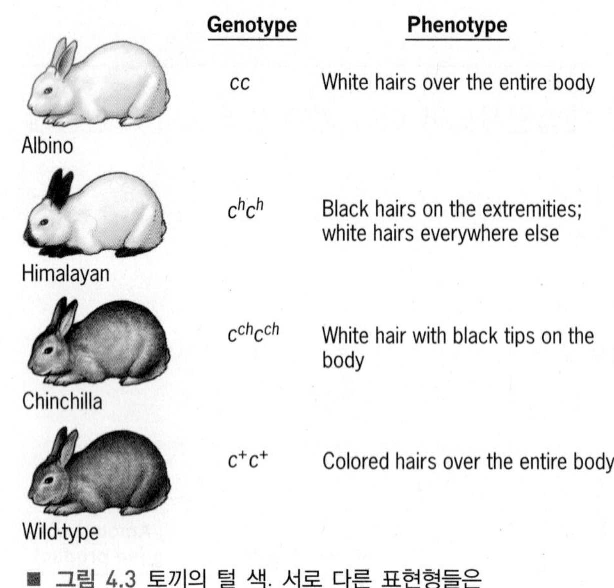

Genotype
Phenotype
cc
White hairs over the entire body
Albino
c^hc^h
Black hairs on the extremities; white hairs everywhere else
Himalayan
$c^{ch}c^{ch}$
White hair with black tips on the body
Chinchilla
c^+c^+
Colored hairs over the entire body
Wild-type

■ 그림 4.3 토끼의 털 색. 서로 다른 표현형들은 c 유전자에 대한 네 가지의 서로 다른 대립인자에 의해 나타나는 것이다.

것이다. 그러므로 *M* 대립인자는 L^M, 그리고 N 대립인자는 L^N이다. 그림 4.2는 L^M과 L^N으로 형성될 수 있는 세 가지 유전자형과 그들의 표현형을 보여준다.

복대립 인자들

유전자가 두 가지 대립인자 상태로만 존재한다는 멘델식 개념은, 세 개, 네 개 혹은 그 이상의 대립인자를 가진 유전자들이 발견되면서 변형되어야만 했다. **복대립인자들(multiple alelles)**을 가진 유전자의 고전적인 예는 토끼의 털 색을 조절하는 유전자이다(■ **그림 4.3**). 색깔을 결정하는 유전자는 소문자 *c*로 표시하며 네 가지 대립인자를 가지는데, 그 중 3가지는 첨자로 구별한다: *c*(*albino*, 백색), c^h(*himalayan*, 히말라야형), c^{ch}(*chinchilla*, 친칠라), 그리고 c^+(*wild type*, 야생형). 동형접합성 조건에서는, 각 대립인자들은 털 색에 고유한 영향을 미친다. 야생 집단에서 대부분의 토끼들이 c^+인자에 대해 동형접합성이므로, 이 대립인자를 **야생형(wild type)**이라고 한다. 유전학에서는 야생형 대립인자를 유전자 표시에 플러스 위첨자를 써서 나타내는 것이 관례이다. 의미가 분명할 때는, 문자는 종종 삭제되고 플러스 표시만으로 나타내기도 한다; 그러므로, c^+는 단순히 +로 표시될 수 있다.

*c*유전자의 다른 대립인자들은 **돌연변이(mutant)**—즉, 토끼의 진화과정 중 어느 시기에 야생형 대립인자로부터 생겨난 것이 틀림없는 야생형 대립인자의 변형 형태이다. *히말라야형*과 *친칠라형* 대립인자들은 첨자로 표시되지만, 알비노 대립인자는 그냥 단순히 *c*문자만으로 표현한다(이것은 colorless란 뜻으로 알비노 조건의 다른 표현이다). 이러한 표현은 유전학적 명명법의 또 다른 관습을 나타내는 것이다: 유전자는 돌연변이 대립인자, 보통 가장 비정상적인 표현형을 나타내는 것과 관련된 대립인자로부터 이름이 결정된다. 돌연변이 대립인자에 대한 명명의 관습은 3장에 논의된 바와 같이 열성 대립인자로 이름을 짓는 것과 부합하는데, 왜냐하면 가장 돌연변이가 심한 대립인자들이 열성이기 때문이다. 그러나, 때론 돌연변이 인자가 우성일 수도 있는데, 이런 경우 유전자는 그 표현형을 따서 이름이 지어진다. 예를 들어, 쥐에서 어떤 한 유전자가 꼬리 길이를 조절한다. 이 유전자의 첫 번째 돌연변이 인자는 이형접합체에서 꼬리의 단축을 일으키는 것으로 발견되었다. 그래서 이 우성 돌연변이는 *T*(Tail-length)로 표시된다. 이 유전자의 다른 모든 대립인자들—여러 개가 있다—은 그들이 우성이냐 열성이냐에 따라 대문자나 소문자(*t*)로 표시되며, 서로 다른 대립인자들은 각각 위첨자로 구별된다.

복대립인자들의 다른 예는 인간의 혈액형 연구로부터 얻어졌다. A, B, AB, O혈액형은 이전에 논의된 M, N, MN식 혈액형과 마찬가지로 서로 다른 혈청으로 혈액 시료를 검사함으로써 구분된다. 하나의 혈청은 A항원을 추적하며 다른 하나는 B항원을 찾아낸다. 세포에 A항원만 존재하면, 혈액형은 A형이 된다; B항원만 존재하면 혈액형은 B형이다. 두 항원이 모두 존재하면, 혈액형은 AB형이고 어떤 항원도 존재하지 않는 경우에는 O형이 된다. A와 B항원에 대한 혈액형은 M과 N 항원에 대한 혈액형과는 완전히 독립적이다.

A와 B항원을 생산하는 유전자는 문자 *I*를 써서 나타낸다. 이것은 세 가지 대립인자를

표 4.1

ABO식 혈액형에서의 유전자형, 표현형, 그리고 그 빈도들

Genotype	Blood Type	A Antigen Present	Frequency in B Antigen Present	U.S. White Population (%)
I^AI^A or I^Ai	A	+	−	41
I^BI^B or I^Bi	B	−	+	11
I^AI^B	AB	+	+	4
ii	O	−	−	44

가진다: I^A, I^B, 그리고 i이다. I^A대립인자는 A항원의 생산을 지정한다. 그리고 I^B인자는 B항원의 생산을 지정한다. 그러나 i대립인자는 항원을 지정하지 않는다. 여섯 가지의 가능한 유전자형들이 네 가지의 구별 가능한 표현형—A, B, AB, 그리고 O형을 나타낸다(표 4.1). 이 체계에서는, I^A와 I^B대립인자가 공우성이고 각각은 I^A I^B이형접합체에서 동등하게 발현된다. 그리고 i대립인자는 I^A와 I^B대립인자 둘 다에 대해 열성이다. 세 대립인자 모두 인간 집단에서 상당한 빈도로 발견된다. 따라서 I 유전자는 **다형적(polymorphic)**이라고 하는데, 이 말은 그리스어의 "많은 형태를 갖는다"는 단어에서 온 것이다. 우리는 24장에서 개체군과 유전적 다형성의 진화적 중요성에 대해 고찰해 볼 것이다.

대립인자 계열(Allelic Series)

복대립 인자들의 여러 구성원들 사이에 존재하는 기능적 관계들은 동형접합체들 사이의 교배를 통해 이형접합성 조건들을 만들어 봄으로써 연구될 수 있다. 예를 들어, 토끼에서 c 유전자의 네 가지 대립인자들은 6가지 서로 다른 이형접합체들로 만들어질 수 있다: c^h c, c^{ch} c, c^+ c, c^{ch} c^h, c^+ c^h, 그리고 c^+ c^{ch}이다. 이들 이형접합체들로 대립인자들 사이의 우성관계를 연구할 수 있다(■ 그림 4.4). 야생형 대립인자는 이 계열의 모든 대립인자들에 대해 완전히 우성이다; 친칠라 대립인자는 히말라야와 알비노 대립인자에 대해 부분적으로 우성이다. 그리고 히말라야 대립인자는 알비노 대립인자에 대해 완전히 우성이다. 이들, 우성관계는 $c^+ > c^{ch} > c^h > c$로 정리될 수 있다.

우성의 순서는 털 색에 대한 대립인자의 영향과 나란히 배열된다. 이에 대한 가능한 설명은 c유전자가 털의 검정 색소 형성에서 한 단계를 조절한다고 보는 것이다. 야생형 대립인자는 이 과정이 완전하게 기능하는 것이어서 몸 전체에 색깔이 있는 털이 나온다. *친칠라*와 *히말라야* 대립인자는 부분적으로만 기능하는 것들이어서 일부만 색이 섞인 털이 나온다. *알비노* 대립인자는 전혀 기능하지 않는다. 비기능적 대립인자는 **영(null)** 혹은 **무형태(amorphic)**('형태가 없다'는 뜻의 그리스어에서 온 말)의 대립인자로 불린다; 이들은 항상 완전하게 열성이다. 부분적으로 기능하는 대립인자들은 **저형태(hypomorphic)**의 대립인자로 불리는데 이 말은 '형태의 아래'란 그리스어에서 유래한 것이다; 이들은 야생형 대립인자를 포함하여 보통 더 기능적인 대립인자에 대해 열성을 나타낸다. 이 장의 후반부에는 이러한 차이들에 대한 생화학적 기초에 대해 논의해 볼 것이다.

Phenotype	Genotype
Wild-type	c^+c c^+c^{ch} c^+c^h
Light chinchilla	$c^{ch}c$
Light chinchilla with black tips	$c^{ch}c^h$
Himalayan	c^hc

■ 그림 4.4 토끼에서 c 대립인자의 서로 다른 조합에 의해 나타나는 표현형들. 대립인자들은 한 계열을 형성한다. 야생형 대립인자인 c^+는 다른 모든 대립인자와 영대립인자인 c(알비노)에 대해 우성이다; 하위형(hypomorphic) 대립인자인 c^{ch}(친칠라)는 다른 형인 c^h(히말라야)에 대해 불완전한 우성이다.

대립성 확인을 위한 유전자 돌연변이 검사

어떤 돌연변이 대립인자는 기존의 대립인자가 새로운 유전적 상태로 변화할 때—즉, **돌연변이(mutation)**라고 불리는 과정에 의해 생긴다. 이러한 사건은 늘 유전자의 물리적 조성이 변화하는 것을 포함하며(13장 참조), 때로는 추적이 가능한 표현형적 영향을 가지는 대립인자를 만들어 내기도 한다. 예를 들어, 만일 c^+대립인자가 영 대립인자로 돌연변이를 일으켰다면, 이 돌연변이에 동형접합성인 토끼는 알비노(백색) 표현형을 가지게 될 것이다. 그러나 새로운 돌연변이에 대해, 표현형에 근거하여 유전자를 지정하는 것이 항상 가능한 것은 아니다. 예를 들어, 토끼에서는 여러 개의 유전자들이 털 색을 지정하며 이 중 어느 하나의 돌연변이가 털의 색소를 감소시키거나 변형, 혹은 아주 없애버릴 수도 있다. 그러므로, 토끼 집단에서 새로운 털 색이 출현한 것만으로는 어떤 유전자가 돌연변이 된 것인지 분명하지 않다.

새로운 돌연변이가 열성인 경우에 한해서는 대립인자의 정체를 결정하기 위해 간단한 검사법이 사용될 수 있다. 이 과정은 새로운 열성 돌연변이를, 알고 있는 유전자의 열성 돌연변이와 교배하는 과정을 포함한다(■ 그림 4.5). 만약 이들의 잡종 자손이 돌연변이 표현형을 나타낸다면, 그 새로운 돌연변이와 검사 돌연변이는 같은 유전자의 대립인자들이다. 만약 잡종자손이 야생형 표현형을 나타낸다면, 그 새로운 돌연변이와 검사 돌연변이는 같은 유전자의 대립인자가 아니다. 이 검사는 같은 유전자의 돌

New recessive mutation		Tester genotype		Hybrid phenotype	Conclusion
c^*c^*	X	$a\,a$	→	Wild-type	a and c^* not alleles
		$b\,b$	→	Wild-type	b and c^* not alleles
		$c\,c$	→	Mutant	c and c^* alleles
		$d\,d$	→	Wild-type	d and c^* not alleles

■ 그림 4.5 대립성을 확인하기 위한 열성 돌연변이 검사의 일반적 개요. 만약 돌연변이를 둘 다 가진 잡종이 돌연변이 표현형을 나타낸다면 두 돌연변이들은 대립인자이다.

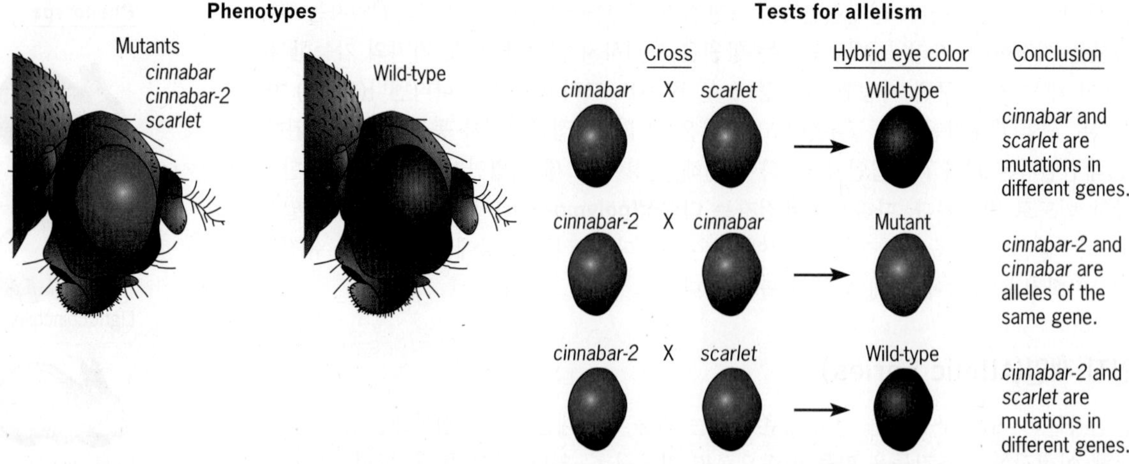

■ **그림 4.6** 초파리에서 열성 눈 색 돌연변이가 관여된 대립인자 검정(allelism test). 표현형이 동일한 세 개의 돌연변이인 *cinnabar*, *scarlet*, 그리고 *cinnabar-2*를 서로 다른 돌연변이들에 동형접합성인 초파리들과 서로 교배시켜 대립인자인지 검정하였다. 잡종의 표현형은 *cinnabar*와 *cinnabar-2*는 서로 대립인자로 같은 유전자이며, *scarlet*은 이 유전자의 대립인자가 아님을 말해준다.

연변이들은 동일한 유전적 기능이 망가진 것이라는 이론에 근거한 것이다. 만약 그러한 두 돌연변이들이 조합된다면, 그 생물은 그 돌연변이의 기원이 비록 독립적으로 발생한 것이라고 하더라도 이 기능이 비정상으로 나타날 것이고, 돌연변이 표현형이 드러날 것이다.

이 검사는 오로지 열성 돌연변이들에 대해서만 적용할 수 있다는 것을 기억해야 한다. 우성 돌연변이들은 그들이 기존의 야생형 유전자의 영향력까지도 압도하기 때문에 이런 방식으로는 검사될 수 없다.

일례로, 초파리(*Drosophila melanogaster*)의 눈 색에 영향을 미치는 두 가지 열성 돌연변이들에 대해 생각해 보기로 하자(■ **그림 4.6**). 이 생물은 거의 한 세기 동안 유전학자들에 의해 연구되어 왔다. 두 가지 독립적으로 분리된 돌연변이들은 *cinnabar*와 *scarlet*이라고 불리는 것들이다. 이 둘은 표현형적으로 거의 구별이 되지 않으며, 표현형은 모두 밝은 빨간색 눈이 생기게 한다. 야생형 파리의 눈 색은 짙은 빨간색이다. 우리는 *cinnabar*와 *scarlet* 돌연변이가 하나의 색깔 결정 유전자에 대한 대립인자인지, 아니면 서로 다른 두 유전자에 생긴 각각의 돌연변이인지 알고 싶다. 답을 알기 위해서는, 각 돌연변이에 대해 동형접합성인 개체들을 교배시켜 잡종 자손을 얻어야 한다. 만약 그 잡종 자손이 밝은 빨간색 눈을 가진다면, 우리는 *cinnabar*와 *scarlet*이 같은 유전자의 대립인자들이라고 결론을 내릴 수 있다. 만약 이들이 짙은 빨간색의 눈을 가진다면 우리는 이들이 서로 다른 유전자들의 돌연변이라고 결정할 수 있다.

이 잡종 자손들은 짙은 붉은색 눈을 가진 것으로 드러났다; 즉, 그들은 돌연변이가 아니라 야생형의 표현형을 나타내고 있었다. 그러므로, *cinnabar*와 *scarlet*은 같은 유전자의 대립인자가 아니라, 각각이 분명히 색소생성 과정의 조절에 관여하는 서로 다른 두 유전자들의 돌연변이들이다. 우리가 *cinnabar-2*라고 하는 세 번째 돌연변이를 *cinnabar*나 *scarlet* 돌연변이들과의 관계에서 대립성을 조사했을 때는, *cinnabar-2*와 *cinnabar*의 잡종 조합이 돌연변이 표현형(밝은 빨강 눈)을 나타내며, *cinnabar-2*와 *scarlet*의 조합은 야생형 표현형(짙은 빨강 눈)을 가짐을 발견했다. 이러한 결과는 *cinnabar*와 *cinnabar-2*가 색을 결정하는 한 유전자의 대립인자이고 *scarlet* 돌연변이는 이 유전자의 대립인자가 아니라는 것을 말해준다. 즉, *scarlet* 돌연변이는 색을 결정하는 다른 유전자를 지정한다.

돌연변이들이 특정한 유전자의 대립인자들인지를 검사하는 것은 한 개체 내에서 이 돌연변이들을 조합한 유전자형의 표현형적 영향에 근거하여 이루어진다. 만약 잡종의 조합이 돌연변이를 나타내면, 그 돌연변이들은 대립인자들인 것으로 결론을 내릴 수 있고; 만약 야생형 표현형이 나온다면 그 돌연변이들은 대립인자가 아니라고 결정할 수 있다. 13장에서는, 현대적 용어로 *상보성검정*(*complementation test*)이라고 불리는 이러한 검사법을 이용하여 유전학자들이 어떻게 개개 유전자들의 기능을 결정할 수 있는지 논의하고 있다.

돌연변이 효과의 차이

유전자들은 몇 가지 뚜렷한 방식으로 표현형을 변화시키는 돌연변이들에 의해 발견된다. 예를 들어, 어떤 돌연변이는 눈의 색깔이나 모양을 바꿀 수도 있고, 행동을 변화시키거나, 불임을 초래하기도 하고, 심지어는 개체를 죽일 수도 있다. 각 돌연변이들의 영향은 매우 다양하므로, 많은 수의 유전자들을 가지고 있는 각 생물체들에서의 유전자들도 여러 가지 방식으로 변화할 수 있음을 알 수 있다. 자연계에서, 돌연변이들은 진화의 원료를 제공한다(24장 참조).

종자의 모양이나 색깔 등 형태적인 면을 변화시키는 돌연변이는 *가시돌연변이*(*visible mutation*)이라고 불린다. 대부분의 가시 돌연변이들은 열성이지만 일부는 우성인 것도 있다. 유전학자들은 이러한 돌연변이들의 성질을 분석함으로써 유전자에 대해 많은 것을 알게 되었다. 우리는 이 책 전체를 통해 이러한 분석들에 대한 많은 예를 접하게 될 것이다. 생식을 제한하는 돌연변이들은 *불임돌연변이*(*sterile mutation*)라고 불린다. 몇몇 불임돌연변이들은 암수 모두에 영향을 미치지만 대부분은 암컷이나 수컷의 어느 한 쪽에만 영향을 미치기도 한다. 가시돌연변이와 마찬가지로, 불임성은 우성이거나 열성이다. 일부 불임성은 완전히 생식을 제한하기도 하고, 반면 어떤 것들은 약간 감소된 정도의 생식성이 나타나게 할 수도 있다.

필수적인 생존 기능을 방해하는 돌연변이는 *치사돌연변이*(*lethal mutation*)라고 불린다. 이것이 표현형적으로 드러나게 되면 개체는 사망한다. 우리는 많은 유전자들이 치명적 상태로 변화할 수 있음을 알고 있다. 그러므로 모든 유전자들 중 많은 수가 생명을 유지하는 데 절대적으로 필요하다. 개체 발생의 초기에 발현되는 우성치사성은 그 돌연변이를 가진 개체를 죽게 하기 때문에 돌연변이 발현 후 한 세대 만에 사라진다; 그러나 생애의 후반에 작용하는 우성 치사성, 특히 생식 시기 이후의 우성 치사성은 다음 세대로 전달될 수 있다. 열성 치사성은 그들이 이형접합성 조건에서는 야생형 대립인자에 의해 숨겨질 수 있기 때문에 집단 내에 오랫동안 잔존할 수 있다. 열성 치사성 돌연변이들은 이형접합성 보인자들의 자손에서 나타나는 특이한 분리비로 추적될 수 있다. 그 예가 쥐의 *황색-치사성*(*yellow-lethal*) 돌연변이인 A^Y이다(■ **그림 4.7**). 이러한 돌연변이는 우성 가시돌연변이로 털 색을 회갈색(야생형 털 색으로 아구티라고 알려져 있고 대립인자 A^+에 의해 결정된다)이 아니라 노란색이 되도록 한다. 그러나, A^Y 돌연변이는 열성 치사성으로 A^YA^Y 동형접합성 개체를 발생 초기에 죽도록 한다. A^YA^+ 이형접합체들 사이의 교배로 두 가지 형태의 생존 가능한 자손들이 생산되는데, 노란색(A^YA^+)과 회갈색(A^+A^+)의 비율이 2:1로 나온다. 충분한 숫자의 자손들이 얻어진다면, 이러한 비율은 A^Y가 단순히 우성 가시 돌연변이일 때 얻어질 수 있는 3:1의 비율과는 쉽게 구별된다.

유전학자들은 유전자들과 그 돌연변이들을 표시하는 데 서로 다른 관습들을 사용해 왔다. 멘델은 유전자를 표시하는 데 글자를 사용하는 관례를 처음 시작한 사람이다. 그러나, 그는 단순히 A부터 시작하여 교배실험에 유전자를 표시할 필요가 있을 때 알파벳들을 하나 하나 진행시켜 사용했다. 윌리엄 베이트슨(William Bateson)은 기억하기 쉬운 글자를 사용하여 유전자를 표시한 최초의 인물이다. 이 기호로, 베이트슨은 유전자의 표현형적 효과를 설명하는 단어의 첫 글자를 선택했다 — 즉, 푸른(blue) 꽃을 만드는 유전자에는 *B*를, 긴(long) 꽃가루를 만드는 유전자에는 *L*을 사용했다. 알려진 유전자의 숫자가 점차 커지자 새로 발견된 유전자들을 표시하는 데 두 글자 이상을 사용할 필요가 있었다. 유전자 명명법과 표시법에 대한 여러 형태들이 Focus on의 [유전적 기호]에 논의되어 있다.

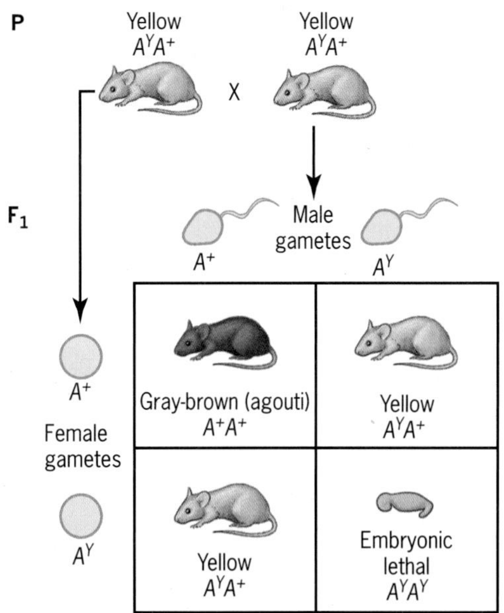

■ **그림 4.7** 쥐의 노란 털-치사 돌연변이인 A^Y 대립인자: 색에 대해서는 우성이며 치사성은 열성이다. 이 돌연변이에 이형접합자인 보인자들끼리의 교배는 이형접합성인 노란색 쥐와 쥐색(아구티)인 동형접합자를 2:1의 비율로 생산한다. 노란 털 동형접합자는 배 상태에서 죽는다.

폴리펩티드를 만드는 유전자의 기능

돌연변이들에 의해 드러나는 광범위한 변이들은, 생물체들이 많은 수의 서로 다른 유전자들을 가지며 이들 유전자들은 복대립 상태로 존재한다는 것을 시사한다. 그러나, 이것은 어떻게 유전자가 실제로 표현형에 영향을 미치는지를 말해 주지는 않는다. 눈 색깔이나 종자의

FOCUS ON

유전적 기호

윌리엄 베이트슨(William Bateson)은 기억을 쉽게 하기 위해 유전자 기호를 선택하여 사용하는 법을 처음 시작한 사람이다. 멘델의 연구를 논의하던 중에, 그는 키가 큰 완두에 대해서는 *T*로 우성 대립인자를, 작은 완두에 대해서는 *t*로 열성인자를 표시하였다. 나중에 돌연변이 형질에 기초하여 대립인자 표시를 선택하는 것이 관례가 되자 이들 기호들은 *D*(키가 큰 것)와 *d*(작은 것)로 바뀌었다. 이러한 관례는 특정 유전자의 우성과 열성 대립인자들을 그 유전자에 의해 영향을 받는 형질을 기억하기 쉬운 한 글자로 나타내는 단순하고 일관성 있는 표시법을 제공한다. 베이트슨은 유전학(genetics), 대립다형(*allelomorph*, 후에 그냥 allele로 축소됨), 동형접합자(*homozygote*), 이형접합자(*heterozygote*)라는 단어도 고안했으며, 교배 계획에서 세대를 표시하는 P, F_1, F_2 등의 관례를 도입했다.

베이트슨이 개발한 유전자 명명 체계는 발견된 유전자의 수가 영어 알파벳의 용량을 넘지 않는 범위에서만 잘 기능할 수 있었다; 그 결과, 하나의 유전자를 표시하는 데 두 문자 이상의 글자들이 필요하게 되었다. 예를 들어, 초파리의 어떤 돌연변이는 눈 색이 빨강(red)이 아니라 적자색(carmine)이 되도록 한다. 이 대립인자가 발견되었을 때, 한 글자 기호인 *c*는 이미 초파리 날개를 평평하지 않고 굽게 만드는 돌연변이를 나타내고 있었으므로, 눈 돌연변이에 대해서는 *cm*이라는 기호가 주어졌다. 오늘날에는 수백 개의 유전자가 발견되어 종종 세 글자나 네 글자의 기호, 혹은 문자와 숫자의 조합들이 유전자를 표시하는 데 사용된다. 예를 들어, 초파리의 *cmp* 유전자의 돌연변이는 날개를 쭈글쭈글하게(crumpled) 만들며, 옥수수의 *Sh1*과 *Sh2* 돌연변이는 낟알을 수축(shrunken)하게 한다.

복대립 인자들의 발견은 유전적 기호들을 더욱 복잡하게 한다; 대립인자들을 구별하는 것이 더 이상 대문자와 소문자만으로는 적당하지 않기 때문에 유전학자들은 기본적인 유전자 기호를 구분 기호와 조합하기 시작했다. 초파리 유전학자들은 이러한 과정을 처음으로 적용하였다. 그들은 구분 기호를 기본적인 유전자 기호에 위첨자를 써서 만들었다. 보통, 유전자 기호와 위첨자는 둘 다 연상의 중요성을 갖는다. 그러므로, 예를 들어, cn^2는 초파리에서 발견된 두 번째의 주홍색(cinnabar) 눈 대립인자를 표시하는 데 사용된다; 그리고 ey^D는 초파리의 눈이 없는(eyeless) 우성 돌연변이를 표시하는 데 사용된다. 이러한 관례는 토끼나 생쥐 같은 다른 실험 동물들에도 확장되었다. 식물 유전학자들도 이러한 방법을 변형시켜 받아들였다. 그들은 돌연변이를 구별하는 데 줄표를 사용한다; 예를 들어, *sh2-6801*은 1968년에 발견된 *sh2*유전자의 돌연변이 대립인자를 나타낸다.

유전적 명명법이 개발되자, 야생형 대립인자를 나타내기 위한 특별한 표시가 필요하게 되었다. 초창기의 초파리 유전학자들은 플러스 표시(+)를 사용할 것을 제안해 종종 기본 유전자 기호에 위첨자로 사용하기도 했다(예를 들어, c^+). 이러한 표시는 야생형 유전자가 표준이거나 정상이라는 생각을 포함하는 것으로, 오늘날까지 널리 사용된다. 그러나 다른 유전자 표시법도 꾸준히 사용되었다. 식물 유전학자들은 유전자 기호 자체를 야생형 대립인자를 표시하는 것으로 사용하는 경향이 있으나, 이를 강조하기 위해 첫 글자만 대문자로 쓴다. 그러므로, *Sh2*는 옥수수에서 발견된 두 번째 수축성 낟알 유전자의 야생형 대립인자이고, *sh2*는 돌연변이 대립인자이다.

유전적 명명법은 유전자들이 폴리펩티드를 지정한다는 사실의 발견으로 더욱 복잡해졌다. 이러한 발견은 폴리펩티드 유전자 산물을 기억하기 쉽게 하는 유전자 표시가 도입되도록 했다. 예를 들어, 하이포크산틴-구아닌 당인산 전이효소(hypoxanthine-guanine phosphoribosyl transferase)라는 폴리펩티드를 지정하는 인간의 유전자는 *HPRT*로 표시되며, 알콜탈수소 효소(alcohol dehydrogenase)라는 폴리펩티드를 지정하는 식물의 유전자는 *Adh*로 표시된다. 모든 유전자 기호에 대문자를 사용하는지 아니면 첫 글자에만 사용하는지 하는 것은 생물에 따라 달라진다.

오늘날에는 유전자와 대립인자들을 표시하는 여러 가지 특수 체계들이 존재한다. 서로 다른 생물들을 연구하는 연구자들 — 초파리, 생쥐, 식물, 혹은 사람 등 — 은 약간 다른 언어를 사용한다. 후에, 우리는 바이러스, 세균, 그리고 곰팡이의 유전자들을 표시하는 또 다른 유전적 사투리들에 대해 살펴보게 될 것이다. 이런 상이한 명명법은 유전학의 기호들이 새로운 발견에 반응하여 진화함을 시사하는 것으로, 역동적이고 젊은 과학의 성장을 보여주는 증거가 된다.

모양, 혹은 식물의 키와 같은 형질들에 영향을 미칠 수 있도록 하는 것은 유전자의 무엇인가? 초기의 유전학자들은 이러한 질문에 답을 할 수 없었다. 그러나 오늘날에는 대부분의 유전자들이 결국 표현형에 영향을 미칠 수 있는 산물들을 지정한다는 것이 분명히 알려져 있다. 베이트슨의 책에서 논의되었고 영국의 의사인 아치볼드 게로드 경(Student Companion 사이트의 유전학의 이정표: 게로드의 선천성 대사질환편 참고)을 포함한 여러 과학자들에 의해 지지되었던 이러한 생각은 조지 비들(George Beadle)과 에드워드 테이텀(Edward Tatum)이 유전자의 산물이 *폴리펩티드(polypeptide)*라는 사실을 발견했던 20세기 중반에 강력하게 제기되었다(**■ 그림 4.8**).

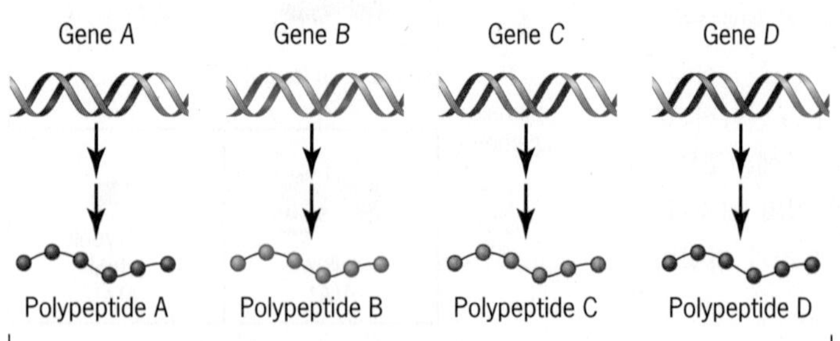

■ 그림 4.8 유전자와 폴리펩티드 사이의 관계. 각 유전자들은 서로 다른 폴리펩티드들을 지정한다. 이러한 폴리펩티드들이 생물의 표현형에 영향을 미치도록 작용한다.

폴리펩티드들은 아미노산의 선형 사슬로 구성된 거대분자들이다. 모든 생물체는 수천 가지의 서로 다른 폴리펩티드들을 만들며 각각은 아미노산 서열이 모두 다른 것이 특징이다. 이들 폴리펩티드들은 *단백질(protein)*의 기본적 구성물들이다. 둘 혹은 그 이상의 폴리펩티드들이 연합하여 단백질을 형성한다. *효소(enzyme)*라고 불리는 어떤 단백질들은 생화학 반응의 촉매로 작용한다; 다른 것들은 세포의 구조적 구성성분을 만들고; 또 다른 것들은 세포들 사이에서 혹은 세포 내로 물질의 이동을 담당한다. 비들과 테이텀은 각 유전자들이 특정 폴리펩티드의 합성에 대한 책임을 가진다고 제안했다. 한 유전자가 돌연변이 되면, 그것의 폴리펩티드 산물은 만들어지지 않든지 생물체 내에서 역할이 바뀌게 된다. 폴리펩티드를 만들지 못하거나 변화시키는 돌연변이들은 종종 표현형적 효과와도 관련된다. 이러한 효과가 우성인지 열성인지는 돌연변이의 성격에 따라 다르다. 12장에서는 어떻게 유전자들이 폴리펩티드를 생산하는지를 자세히 살펴보고, 13장에서는 돌연변이들의 분자적 기초에 대해 논의해 보도록 하자.

왜 어떤 돌연변이는 우성이고 어떤 것은 열성일까?

유전자가 폴리펩티드를 만든다는 사실이 발견되자 우성과 열성 돌연변이의 성질에 대한 통찰을 얻을 수 있었다. 우성 돌연변이들은 이형접합자들에서 동형접합자와 같은 표현형적 영향을 나타낸다. 반면, 열성 돌연변이들의 효과는 그 대립인자의 동형접합자에서만 나타난다. 이러한 발현의 차이는 무엇 때문에 일어나는가?

열성 돌연변이들은 종종 유전자 기능을 상실하는 것과 관련된다. 즉, 그 유전자가 더 이상 폴리펩티드를 지정하지 않거나 기능하지 않는 폴리펩티드를 만들 때 나타난다(■ **그림 4.9**). 그러므로 열성돌연변이들은 전형적 **기능상실(loss-of-function)** 대립인자들이다. 그러한 대립인자들은 야생형대립인자와의 이형접합성 조건에서는 거의 영향이 없거나 구별될 만한 효과를 보이지 않는데, 그 이유는 야생형 대립인자가 개체에서 정상적인 기능을 수행하는 기능적 폴리펩티드를 지정하기 때문이다. 그러므로 '돌연변이/야생형' 이형접합자의 표현형은 야생형 동형접합자의 표현형과 동일하다. 초파리의 *cinnabar* 돌연변이는 열성 기능상실 대립인자의 한 예이다. *cinnabar* 유전자의 야생형 대립인자는 초파리의 눈에 축적되는 갈색 색소를 합성하는 효소로 기능하는 폴리펩티드를 생산한다. *cinnabar* 유전자의 기능상실 돌연변이에 동형접합성인 초파리들은 이러한 효소를 생산하지 못하고, 결과적으로, 눈의 갈색 색소를 합성하지 못하게 된다. 동형접합성 *cinnabar* 돌연변이의 표현형은 밝은 빨간색이다—수은의 원광인 진사(cinnabar)의 색깔과 같아 이것을 따서 유전자의 이름이 붙여졌다. 그러나, *cinnabar* 돌연변이에 이형접합성인 초파리와 야생형 대립인자를 가진 초파리들은 짙은 눈 색을 가진다; 즉, 이들은 표현형적으로 야생형과 구별이 되지 않는다. 이러한 파리들에서는, 기능상실 대립인자들은 야생형 대립인자에 대해 열성인데, 야생형 대립인자들이 충분한 양의 갈색 색소를 합성할 수 있는 충분한 양의 효소를 생산할 수 있기 때문이다. 이 장의 앞에 언급했던 *scarlet* 돌연변이들도 열성 기능상실 대립인자의 한 예이다. *scarlet* 유전자의 야생형 대립인자는 *cinnabar* 유전자의 야생형 대립인자와는 다른 효소를 생산한다. 두 가지 효소—따라서 두 야생형 대립인자 모두—가 모두 초파리 눈의 갈색 색소 합성에 필수적이다. 만약 어느 하나의 효소라도 없다면, 이 갈색 색소의 결핍 때문에 짙은 빨강이 아닌 밝은 빨간색의 눈이 나타난다.

Wild-type allele produces a functional polypeptide.

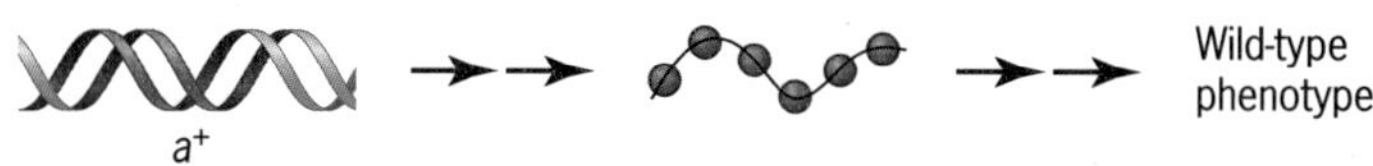

Recessive amorphic loss-of-function allele does not produce a functional polypeptide.

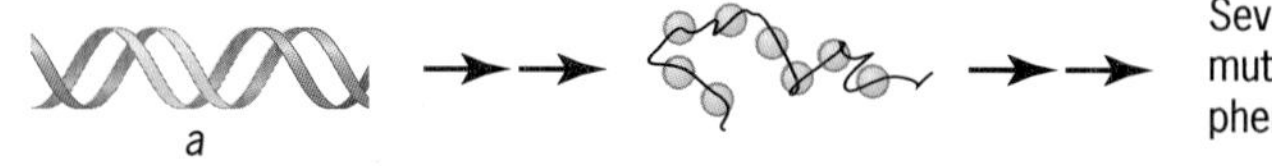

Recessive hypomorphic loss-of-function allele produces a partially functional polypeptide.

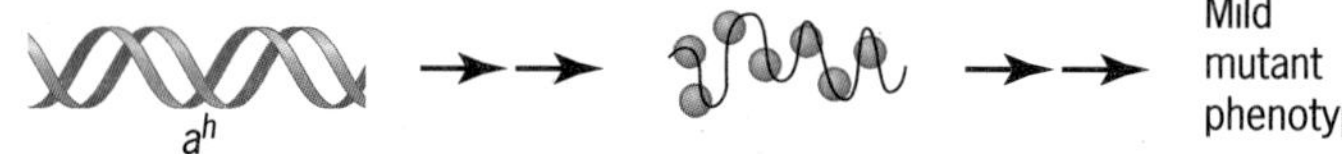

Dominant-negative allele produces a polypeptide that interferes with the wild-type polypeptide.

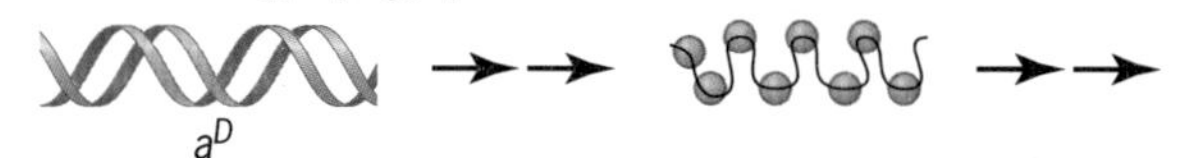

(a)

Genotype	Polypeptides present	Phenotype	Nature of mutant allele
a^+ a		Wild-type	Recessive
a^+ a^h		Wild-type	Recessive
a^+ a^D		Mutant	Dominant

(b)

■ 그림 4.9 열성 기능상실 돌연변이(loss-of-function mutation)와 우성 기능획득 돌연변이(gain-of-function)의 차이점. (a) 열성 및 우성 돌연변이들의 폴리펩티드 산물들. (b) 야생형 대립인자 하나와 돌연변이 대립인자 하나로 구성된 이형접합자들의 표현형들.

일부 열성 돌연변이들은 부분적인 기능상실을 초래하기도 한다. 예를 들어, 토끼나 고양이 같은 포유동물의 털 색 유전자에 대한 히말라야 대립인자는 온도가 낮은 몸 부위에서만 기능할 수 있는 폴리펩티드를 만든다. 이러한 부분적 기능 상실은 왜 히말라야 대립인자에 동형접합성인 동물들이 신체의 말단—즉, 꼬리, 다리, 귀, 코끝—의 털에서만 색깔이 있고 나머지 부분에서는 그렇지 않은지를 설명해준다. 신체의 말단에서는, 이 대립인자들에 의해 만들어진 폴리펩티드가 기능적인 반면, 나머지 부분에서는 그렇지 않다. 그러므로 히말라야 대립인자의 발현은 온도 감수적(temperature sensitive)으로 나타난다.

일부 우성 돌연변이들도 유전자 기능의 상실을 포함할 수 있다. 만약 한 유전자에 의해 조절되는 표현형이 유전자 산물의 양에 민감하다면, 기능상실 돌연변이는 야생형 대립인자와의 이형접합성 조건에서도 돌연변이 표현형을 드러낼 수 있다. 그러한 경우에, 야생형 대립인자는 그 자체로는 완전히 정상 기능을 제공할 수 있는 충분한 유전자 산물을 공급할 수 없는 것이다. 사실상, 기능상실 돌연변이는 야생형 표현형에 필요한 수준 이하로 유전자 산물의 생산을 감소시킨다.

다른 우성 돌연변이들은 실상은 야생형 폴리펩티드의 활성을 방해하거나, 활성을 중화시키거나 제한하는 폴리펩티드를 만듦으로써 야생형 대립인자의 기능을 방해한다(그림 4.9). 그러한 돌연변이들은 때로는 **우성-방해 돌연변이(dominant-negative mutation)**라고 불린다. 생쥐 *T* 유전자의 몇몇 돌연변이는 이러한 우성-방해돌연변이의 한 예이다. 우리는 이미 이형접합성 조건에서 이들 돌연변이들이 꼬리의 길이를 짧게 한다는 것을 살펴 본 바 있다. 동형접합성 조건에서는 동물의 몸통 발달이 이루어지지 않기 때문에 이들은 치사성이다. 그러므로 *T* 유전자는 생쥐 몸의 상당 부분을 형성하는 데 필수적이다. 세포학적 수준에서, 그 대립인자의 폴리펩티드 산물은 배 발생 과정에 중요한 사건들을 조절한다. 우성-방해 *T* 대립인자의 폴리펩티드 산물은 야생형 폴리펩티드보다 약간 더 짧으며 이형접합자에서는 야생형 폴리펩티드의 기능을 방해한다. 결과적으로 완전히 꼬리가 없는 쥐가 생기는 것이다.

몇몇 우성 돌연변이들은 야생형 대립인자와의 이형접합성 조건에서 돌연변이 표현형을 일으키는데, 그 이유는 그들이 유전자 산물의 기능을 증가시키기 때문이다. 이러한 증가된 기능성은 돌연변이가 새로운 폴리펩티드를 만들었거나, 그 돌연변이로 인해 야생형 폴리펩티드가 생산되지 않아야 할 때 생산되도록 하기 때문에 발생한다. 이러한 방식으로 작동하는 우성 돌연변이를 **기능획득 돌연변이(gain-of-function)**라고 부른다. 초파리에서는, *Antennapedia*(*Antp*)라고 알려진 돌연변이가 이러한 우성 기능획득 돌연변이의 예이다. 야생형 대립인자와의 이형접합 조건에서, *Antp*는 초파리 머리의 촉수가 생길 자리에 다리를 발달시킨다. 이러한 괴상한 해부학적 변형은 *Antp* 돌연변이가 *Antennapedia* 유전자 산물인 폴리펩티드를 머리에서 생산되게 하기 때문이다. 정상적이라면 이 유전자 산물은 머리에서는 생기지 않아야 한다; *Antennapedia* 유전자 산물은 그러므로 그 기능 영역을 확장한 것이다.

우리는 여기서 비들과 테이텀의 연구가 제시했던 것처럼 모든 유전자들이 폴리펩티드를 생산하는 것은 아님을 말해 둘 필요가 있다. 현대의 과학은 많은 유전자들에서의 최종 산물이 폴리펩티드가 아니라 RNA임을 밝혔다. 이런 종류의 유전자들에 대해서는 이 책의 후반부에 살펴보기로 하자.

요점

- *유전자들은 종종 복대립인자들을 가진다.*
- *돌연변이 대립인자들은 우성일 수도, 열성일 수도, 불완전하게 우성일 수도, 혹은 공우성일 수도 있다.*
- *만약 각 부모들로부터 열성인자들을 물려받은 잡종이 돌연변이 표현형을 나타내면, 그 열성 돌연변이들은 같은 유전자의 대립인자들이다; 만약 그 잡종이 야생형 표현형을 나타낸다면, 그 열성 돌연변이들은 서로 다른 유전자들의 대립인자들이다.*
- *대부분의 유전자들은 폴리펩티드를 암호화한다.*
- *동형접합성 조건에서 열성 돌연변이들은 종종 폴리펩티드의 활성을 없애거나 감소시킨다.*
- *일부 우성 돌연변이들은 유전자의 야생형 대립인자들에 의해 암호화되는 폴리펩티드의 활성을 방해하는 폴리펩티드를 생산한다.*

유전자의 활동: 유전자형에서 표현형까지

표현형은 환경적 요소와 유전적 요소 모두에 의해 영향을 받는다.

20세기 초반의 유전학자들은 어떻게 유전자가 특정 표현형을 나타내는지에 대한 막연한 생각을 가지고 있었다. 그들은 유전자의 구조나 기능의 화학에 대해서는 아무것도 알지 못했으며 그것을 연구할 기술도 개발하지 못했었다. 그들이 유전자의 활동에 대해 제안했던 것은 표현형 분석으로부터 추정한 것이 전부였다. 이러한 분석들은 유전자들이 단독으로 작용하지는 않는다는 것을 보여주었다. 오히려 그보다는 환경적 영향을 받으며, 때로는 다른 유전자들과 협력하여 작용한다. 이러한 분석들은 또한, 하나의 특정 유전자들이 여러 가지 다른 형질들에 영향을 미친다는 것을 보여준다.

환경의 영향

유전자는 생물학적인 환경과 물리적인 환경 모두의 영향 하에서 기능한다. 물리적 환경의 요인들은 연구하기가 더 쉬운데, 잘 조절된 조건의 실험실에서 특정 유전자형의 개체를 키울 수도 있고, 온도, 빛, 영양성분, 습도 등의 영향을 측정하는 것이 가능하기 때문이다. 한 예로, *shibire*라고 알려진 초파리의 돌연변이를 생각해 보기로 하자. 정상적인 사육 온도인 25°C에서는, *shibire* 돌연변이 초파리의 생존과 생식이 가능하다. 그러나 급작스런 충격에는 매우 예민하다. *shibire* 초파리를 흔들면, 이들은 일시적으로 마비되어 배지 바닥에 떨어진다. *shibire*라는 단어도 실은 일본어의 "마비"란 뜻이다. 그러나, 이 초파리들을 약간 높은 배양 온도인 29°C에서 자라게 하면, 모든 초파리들은 충격이 없어도 바닥에 떨어져 모두 죽어버린다. 그러므로, *shibire* 돌연변이는 온도 감수적이다. 25°C에서는 돌연변이들이 생존 가능하지만, 29°C에서는 치명적이다. 한 가지 가능한 설명은 25°C에서 돌연변이 유전자가 부분적으로 기능적인 단백질을 만들지만 29°C에서는 완전히 기능이 없어진 단백질을 만들기 때문이라는 것이다.

인간의 유전자 발현에 대한 환경의 영향

인류 유전학적 연구는 어떻게 물리적 환경이 표현형에 영향을 미치는지에 대한 예를 제공해준다. **페닐케톤뇨증(Phenylketonuria**, PKU)은 아미노산 대사의 열성 질환이다. 돌연변이 대립인자에 동형접합성인 유아는 뇌에 독성물질을 축적한다; 치명적이지는 않을지라도, 이러한 물질들은 뇌 발달에 영향을 미쳐 정신 능력을 손상시킬 수 있다. PKU의 해로운 영향은 음식물로 섭취되는 특정 아미노산인 페닐알라닌으로 추적할 수 있다. 그 자체로 독성이 있는 것은 아니지만, 페닐알라닌은 독성이 있는 다른 물질로 대사된다. 정상적인 일반식을 먹인 PKU 아기들은 충분한 페닐알라닌을 섭취하게 되는데, 이 때문에 이 질환의 가장 나쁜 영향이 드러나게 된다. 그러나, 페닐알라닌 함량이 낮은 음식물을 먹인 PKU 아기들은 보통 심각한 정신 지체 현상 없이 자란다. PKU가 신생아에서 진단될 수 있기 때문에, PKU 동형접합성인 아기들이 출생 직후부터 페닐알라닌 함량이 낮은 식사를 하도록 처방되면 이 질환의 임상적 영향은 감소될 수 있다. 이러한 예는 어떻게 환경적 요소—식사—가 개인적 비극일 수도 있었던 표현형을 변화시킬 수 있는지를 잘 설명해준다.

생물학적 환경도 유전자의 표현형적 발현에 영향을 미칠 수 있다. 인간의 **대머리(pattern baldness)**는 잘 알려진 예다. 여기에 연관된 생물학적 요소는 개인의 성별이다. 이른 나이의 대머리 현상은 인간의 두 성에서 서로 다르게 발현되는 대립인자에 기인한다. 남성에서는, 이 대립인자의 동형접합자와 이형접합자 모두에서 머리가 벗겨지지만, 여성에서는 동형접합자만 머리가 벗겨지려는 경향이 나타날 뿐이고 보통 머리카락이 가늘어지는 정도로 국한된다. 이 대립인자의 발현은 보통 남성 호르몬인 **테스토스테론(testosterone)**에 의해 유발된다. 여성들은 이 호르몬이 훨씬 적게 생산되며 따라서 대머리가 생길 위험도 적다. 대머리의 성-영향성은 생물학적 요소가 유전자의 발현을 조절할 수 있음을 보여준다.

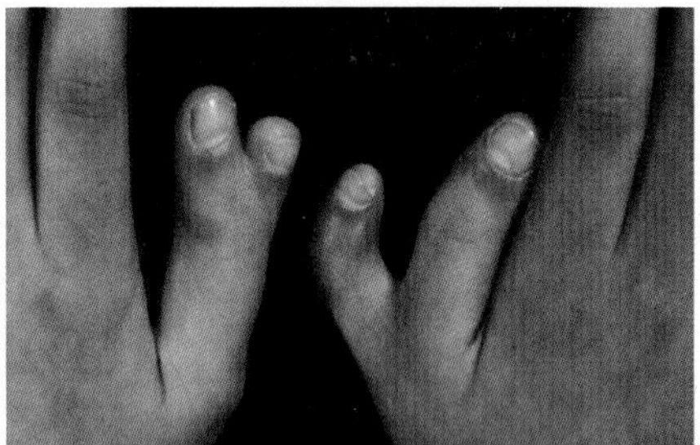

Biophoto Associates/Photo Researchers

(*a*)

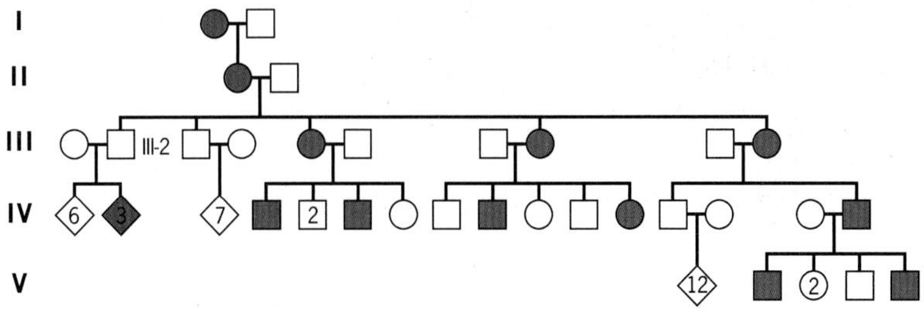

(*b*)

■ 그림 4.10 인간의 다지증(Polydactyly). (*a*) 여분의 손가락을 나타내는 표현형. (*b*) 불완전한 침투도를 가진 우성 형질의 유전을 보여주는 가계도.

침투도(PENETRANCE)와 발현도(EXPRESSIVITY)

어떤 개인이 해당 유전자형을 가졌음에도 그러한 특징을 나타내지 않을 때 그 형질은 *불완*

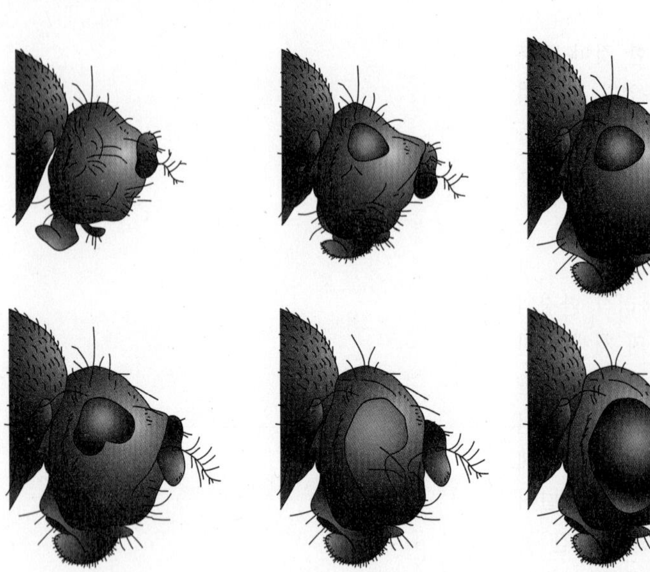

■ 그림 4.11 초파리 *Lobe* 돌연변이의 다양한 발현도(expressivity). 각 초파리들은 이 우성 돌연변이에 대해 이형접합성이다; 그러나 이들의 표현형은 완전히 눈이 없는 것으로부터 거의 야생형에 가까운 눈 까지 매우 다양하게 나타난다.

*전 침투도(incomplete penetrance)*를 가진다고 한다. 불완전 침투도의 한 예는 인간에서의 **다지증(polydactyly)** — 여분의 손가락이나 발가락이 존재하는 것 — 이다(■ **그림 4.10*a***). 이러한 조건은 우성 돌연변이인 *P* 때문인데, 유전자를 가진 사람들에서 발현된다. ■ **그림 4.10*b***의 가계도에서는 III-2로 표시된 사람은 여분의 손가락이나 발가락을 가지지 않음에도 불구하고 분명히 인자를 가지고 있다. 그 이유는 그의 어머니와 그의 세 자녀들이 다지증(즉, III-2를 통해 돌연변이가 전달되었음을 뜻하는)이기 때문이다. 불완전 침투도는 유전자형에 대한 잘못된 결정을 유도할 수 있기 때문에 가계도 분석의 심각한 문제가 될 수 있다.

*발현도(expressivity)*라는 용어는 어떤 형질이 그 형질을 나타내는 개인들 사이에서 일률적으로 동일하게 나타나지 않을 때 사용된다. 초파리에서 우성인 *Lobe* 눈 돌연변이(■ **그림 4.11**)가 그 예이다. 이 돌연변이와 관련된 표현형은 극단적으로 다양하게 나타나는데, 몇몇 이형접합성 초파리들은 아주 작은 겹눈을 가지는 반면, 일부 초파리들은 커다랗고 엽상인 눈을 가진다. 그리고 이들 두 극단 사이를 모두 채우는 다양한 표현형들이 존재한다. *Lobe* 돌연변이는 그러므로 *가변성 발현도(variable expressivity)*를 나타낸다고 한다.

불완전한 침투도와 가변성 발현도는 하나의 유전자형과 그 표현형 사이의 경로가 상당한 변화를 일으킬 수 있다는 사실을 시사한다. 유전학자들은 이러한 변화의 일부가 환경요소 때문이지만, 또 일부는 유전적 배경에 존재하는 요소들 때문이라는 것을 알고 있다. 그런 요소들에 대한 분명한 증거는 둘 혹은 그 이상의 유전자들이 특정 형질에 영향을 미칠 수 있음을 보여주는 교배실험으로부터 얻어진다.

■ 그림 4.12 서로 다른 품종들의 닭에서 보여지는 볏의 모양. (*a*) 미국산 와이언도트(Wyandottes)의 장미볏(rose); (*b*) 인도산 브라마(Brahmas) 닭에서 나타나는 완두볏(pea); (*c*) 장미볏과 완두볏을 나타내는 닭을 교배하여 얻은 잡종의 호두볏(walnut); (*d*) 레그호온(Leghorns)의 홑볏(single).

유전자 상호작용(GENE INTERACTION)

하나의 형질이 하나 이상의 유전자들에 의해 영향을 받을 수 있다는 초기 증거들은 베이트슨과 퍼네트의 닭 교배 실험으로부터 얻어졌다. 그들의 연구는 멘델의 논문이 재발견된 직후에 수행된 것이었다. 사육용 닭들은 서로 다른 볏 모양을 나타낸다(■ **그림 4.12**): 와이언도트(Wyandotte)는 "장미(rose)" 볏을 가지며, 브라마(Brahma)들은 "완두(pea)" 볏을 가진다. 그리고 레그호온(Leghorn)들은 "홑볏(single)"을 가진다. 와이언도트와 브라마의 교배로 생긴 닭들은 또 다른 형태의 볏인 "호두(walnut)" 볏을 가진다. 베이트슨과 퍼네트는 볏의 형태가 두 개의 독립적으로 분리되는 유전자인 *R*과 *P*(각각 2개의 대립인자를 가짐)에 의해 결정됨을 발견했다(■ **그림 4.13**). 장미볏을 가진 와이언도트는 유전자형이 *RR pp*이고, 완두볏의 브라마는 유전자형이 *rr PP*이다. 이들 두 품종 사이의 F_1 잡종은 *Rr Pp*가 되며, 표현형적으로 호두볏을 가진다. 만약 이 잡종들을 서로 교배하면 자손에서는 모두 네 가지 형태의 볏이 나타난다: 9/16 호두볏(*R- P-*), 3/16 장미볏(*R- pp*), 3/16 완두볏(*rr P-*), 그리고 1/16 홑볏(*rr pp*). 레그호온 품종은 홑볏을 가지며, 따라서 이들은 두 가지 열성 대립인자에 대해 모두 동형접합성이다.

베이트슨과 퍼네트의 연구는 두 가지 독립적으로 분리되는 유전자들이 하나의 형질에 영향을 미친다는 것을 증명했다. 두 유전자들의 서로 다른 조합들은 서로 다른 표현형을 만드는데, 아마도 생화학적 혹은 세포 수준에서 이들의 산물들이 서로 상호작용하기 때문으로 보인다.

상위성

두 개 혹은 그 이상의 유전자들이 한 가지 형질에 영향을 미칠 때, 그들 중 한 유전자의 대립인자가 표현형적 영향을 압도할 수 있다. 어떤 대립인자가 그러한 압도

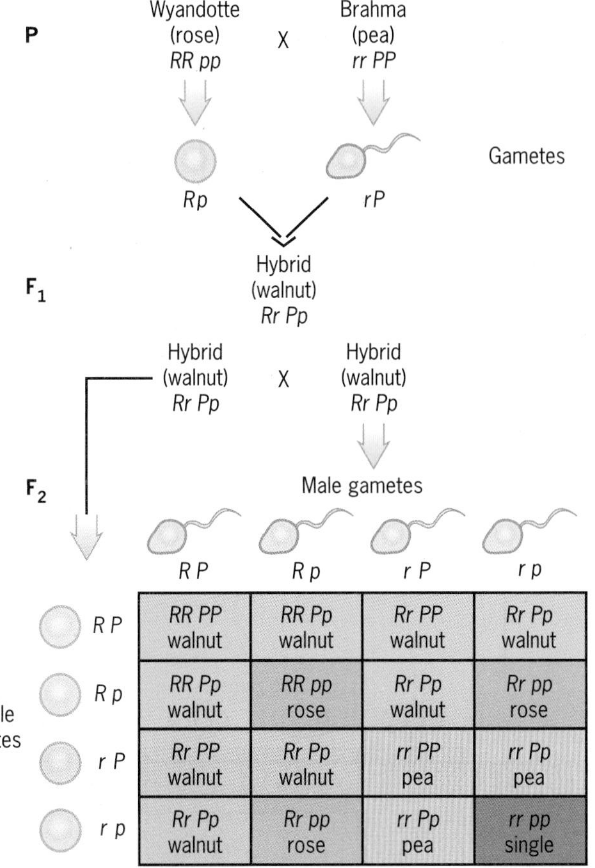

■ 그림 4.13 닭의 볏 모양에 관한 베이트슨과 퍼네트의 실험. F_1끼리의 교배 결과 네 종류의 서로 다른 표현형(서로 다른 색으로 칠함)이 9:3:3:1의 비율로 나왔다.

적 영향을 미칠 때, 이것은 관여된 다른 유전자들에 대해 **상위적(epistatic)**이라고 말한다; *상위성(epistasis)*이라는 용어는 "위에 서 있다"는 뜻의 그리스어에서 온 것이다. 예를 들어, 우리는 초파리의 눈 색 발현에 많은 수의 유전자들이 관여하고 있다는 사실을 알고 있다. 만약 이들 중 어떤 유전자가 기능상실 대립인자에 대해 동형접합성이라면, 색소 합성 경로가 막혀 비정상적인 눈 색이 생기게 될 것이다. 이러한 대립인자들은 다른 모든 유전자들의 작용을 모두 무효화시켜, 표현형에 대한 그들의 효과를 가리게(masking) 된다.

어떤 한 유전자의 돌연변이 대립인자가 다른 유전자의 돌연변이 대립인자의 존재를 가릴 때를 상위적이라고 한다. 우리는 이미 초파리에서 *cinnabar* 유전자의 열성 돌연변이가 초파리 눈의 색을 밝은 빨간색으로 만드는 것에 대해 살펴보았다. 또 다른 유전자의 열성 돌연변이는 눈을 희게 한다. 이 두 돌연변이들이 같은 초파리에서 동형접합성으로 존재할 경우 초파리의 눈은 흰색이 된다. 그러므로 *white* 돌연변이는 *cinnabar* 돌연변이에 대해 상위적이다.

어떤 생리학적 기작이 *white* 돌연변이를 *cinnabar* 돌연변이에 대해 상위적으로 만드는가? 수 년 동안 이 질문에 대한 답은 알려지지 않았었다. 그러나, 최근의 분자생물학적 분석은 *white* 유전자의 폴리펩티드 산물이 초파리 눈으로 색소를 옮긴다는 것을 보여주었다. 이 유전자가 돌연변이 되면, 비록 초파리의 다른 조직에서 붉은색소가 합성되더라도 전달자 폴리펩티드가 생산되지 않고 눈은 색깔이 없는 상태가 된다. 그러므로 cinnabar와 white 돌연변이 모두에 동형접합성인 초파리는 흰 눈을 갖게 된다.

*cinnabar*와 *white* 사이의 관계처럼, 상위적 관계에 대한 분석은 유전자가 표현형을 조절하는 방식에 대한 통찰을 제공한다. 이러한 분석의 고전적 예가 베이트슨과 퍼네트의 연구로부터 얻어졌다. 이들은 스위트피 *Lathyrus odoratus*(**■ 그림 4.14*a***)의 꽃 색에 대한 유전적 연구를 수행했다. 이 식물의 꽃은 자주색이거나 흰색인데 — 그들이 안토시아닌(anthocyanin) 색소를 포함하면 자주색이 되고, 이것을 포함하지 않으면 흰색이 된다. 베이트슨과 퍼네트는 흰색 꽃을 가진 서로 다른 두 품종을 교배하여 F_1 잡종을 얻었는데, 이들은 모두 자주색 꽃이었다. 그들은 이들 잡종들을 다시 교배하여, F_2에서 9 자주색 : 7 흰색의 비율을 얻었다. 그들은 두 가지 서로 다른 독립적 유전자들인 *C*와 *P*가 안토시아닌 색소 합성에 관여하며 이들 각각에 열성인 대립인자들은 색소합성을 하지 못한다고 제안함으로써 이 결과를 설명하였다(**■ 그림 4.14*b***).

이러한 가설을 생각해보면, 부모 품종은 상호 보완적인 두 유전자형 즉, *cc PP*와 *CC pp*였을 것이다. 두 품종이 교배되면, 이들은 *Cc Pp*인 이중 이형접합자를 만들고 이들은 자주색 꽃을 가진다. 이러한 체계에서는, 각 유전자의 우성 대립인자는 안토시아닌 색소 합성에 필수적이다. F_2에서는, 식물의 9/16이 *C- P-*이고 자주색이며; 나머지 7/16은 적어도 하나의 열성대립인자에 대해 동형접합성이 되어 흰색 꽃을 가진다. 여기서 이중의 열성동형접합자인 *cc pp*는 단일 열성동형접합자와 표현형적으로 다르지 않음에 주목하라. 베이트슨과 퍼네트의 연구는 열성 대립인자 각각이 다른 유전자의 우성 대립인자에 대해 상위적일 수 있음을 보여준다. 이에 대한 가능한 설명은, 각 우성 대립인자들이 생화학적 전구체로부터 안토시아닌 색소를 합성하는 한 단계를 조절하는 효소를 생산한다는 것이다. 만약 우성 대립인자가 없다면, 이 생합성 경로의 단계들은 막히게 되고 안토시아닌은 생산되지 않는다:

$$\text{Precursor} \xrightarrow{C} \text{Intermediate} \xrightarrow{P} \text{Anthocyanin}$$

Genotype	Precursor	Intermediate	Anthocyanin
C–P–	+	+	+
cc *P–*	+	–	–
C–pp	+	+	–
cc *pp*	+	–	–

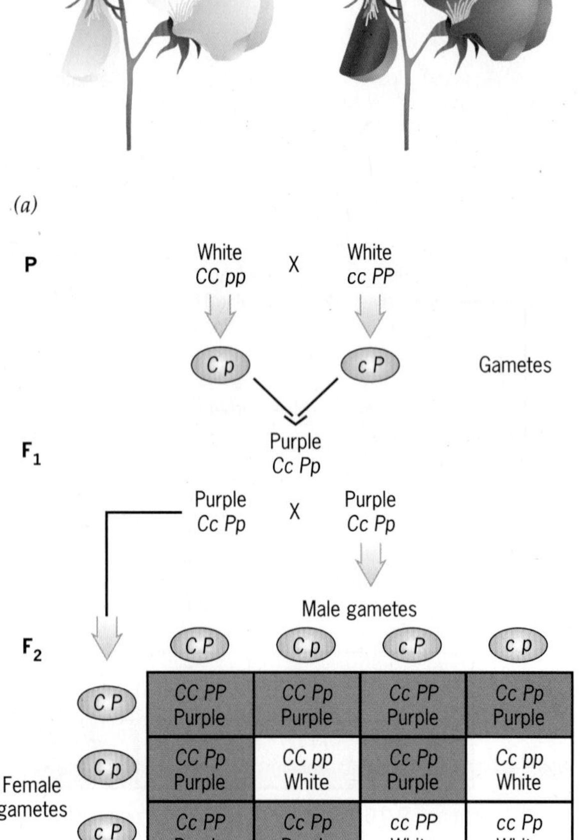

	CP	Cp	cP	cp
CP	CC PP Purple	CC Pp Purple	Cc PP Purple	Cc Pp Purple
Cp	CC Pp Purple	CC pp White	Cc Pp Purple	Cc pp White
cP	Cc PP Purple	Cc Pp Purple	cc PP White	cc Pp White
cp	Cc Pp Purple	Cc pp White	cc Pp White	cc pp White

■ **그림 4.14** (*a*)스위트피의 흰 꽃과 자주색 꽃. (*b*)스위트피 꽃 색의 유전적 조절에 관한 베이트슨과 퍼네트의 실험.

베이트슨과 퍼네트의 첫 번째 교배는 두 가지 흰색 스위트피 계통들 사이의 대립인자 검정에 해당된다. 각 계통은 모두 자주색 색소 생산에 관여하는 한 유전자(각 계통에서 서로 다른)에서의 열성 돌연변이에 동형접합성이다. 두 흰 계통이 교배되면, F_1 식물은 자주색 꽃을 피운다. 이 결과는 그 두 흰색 계통의 식물들이 자주색 색소 합성에 관여하는 서로 다른 유전자들에서의 돌연변이에 동형접합성임을 말해주는 것이다.

상위성에 대한 또 다른 고전적 연구는 조지 셜(George Shull)이 '양치기의 지갑(shepherd's purse)'이라고 불리는 잡초인 냉이(*Bursa bursa-pastoris*)를 사용한 연구로부터 얻어졌다(■ **그림 4.15*a***). 이 식물의 종자 주머니는 삼각형이거나 계란형이다. 계란형 주머니들은 이 식물이 두 가지 유전자의 열성 대립인자에 동형접합성일 때 즉, 유전자형이 *aa bb*일 때만 생긴다. 만약 두 유전자 중 하나에 우성 대립인자가 존재하면, 이 식물은 삼각형의 씨주머니를 만든다. 이러한 결론에 대한 증거는 이중 이형접합성 식물들끼리의 교배로부터 얻어진다(■ **그림 4.15*b***). 그러한 교배로부터 얻어진 자손의 비율은 15 삼각형 : 1 계란형으로서, 한 유전자에 존재하는 우성 대립인자가 다른 유전자의 열성 대립인자들에 대해 상위적으로 작용함을 시사한다. 이러한 자료는 주머니 모양이 두 유전자 중 하나라도 있으면 삼각형을 만들게 되는 중복된 발달 경로에 의해 결정됨을 제시한다. 한쪽의 경로는 *A* 유전자의 우성대립인자가 관여하고, 다른 하나는 *B* 유전자의 우성대립인자가 관여한다. 한 가지 전구물질이 이들 경로 중의 하나를 통해 씨주머니를 삼각형으로 만드는 산물로 전환된다. 동형접합성 열성 대립인자들에 의해 두 경로가 모두 막혔을 때만 삼각형 표현형이 억제되고 계란형 주머니가 만들어진다:

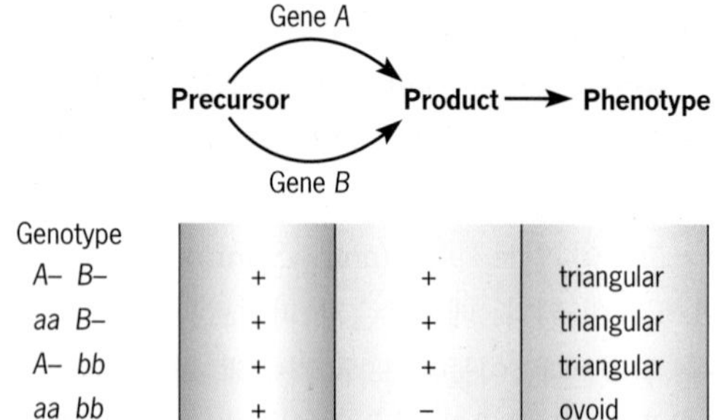

Genotype			
A– B–	+	+	triangular
aa B–	+	+	triangular
A– bb	+	+	triangular
aa bb	+	–	ovoid

상위성의 또 다른 사례는 한 유전자의 산물이 다른 유전자의 발현을 방해하는 것이다. 예를 들어, 여름 호박의 열매 색깔 유전에 대해 생각해 보자. *C*라는 우성 대립인자를 가지는 식물은 흰색 열매를 만드는 반면에, *c*에 동형접합성인 식물은 색깔이 있는 열매를 만든다. 만약 호박이 또 다른 독립 유전자인 *g*에 대해 동형접합성이라면 열매는 녹색이 될 것이다. 그러나, 이 유전자의 우성 대립인자인 *G*를 가진다면 호박은 노란색이 될 것이다. 이러한 관찰은 두 유전자가 녹색 색소의 합성 단계를 조절함을 시사한다. 첫 번째 단계는 색이 없는 전구체를 노란색 색소로 바꿔주고, 두 번째 단계는 이 노란색 색소를 녹색 색소로 전환시킨다. 만약 첫 번째 단계가 막히면(*C*대립인자 때문에), 어떤 색소도 생산되지 않으며 열매는 흰색이 된다. 만약 두 번째 단계만이 막히게 되면(*G*대립인자의 존재 때문에), 노란색 색소는 녹색 색소로 바뀌지 못하고 호박은 노란색이 된다. 우리는 이러한 생각을 이 생합성 경로의 색소 합성에 대한 유전적 조절을 보이는 다음과 같은 그림으로 정리할 수 있다.

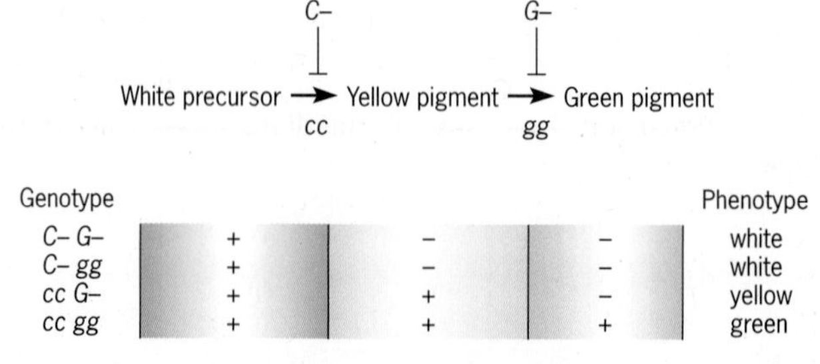

Genotype				Phenotype
C– G–	+	–	–	white
C– gg	+	–	–	white
cc G–	+	+	–	yellow
cc gg	+	+	+	green

(a)

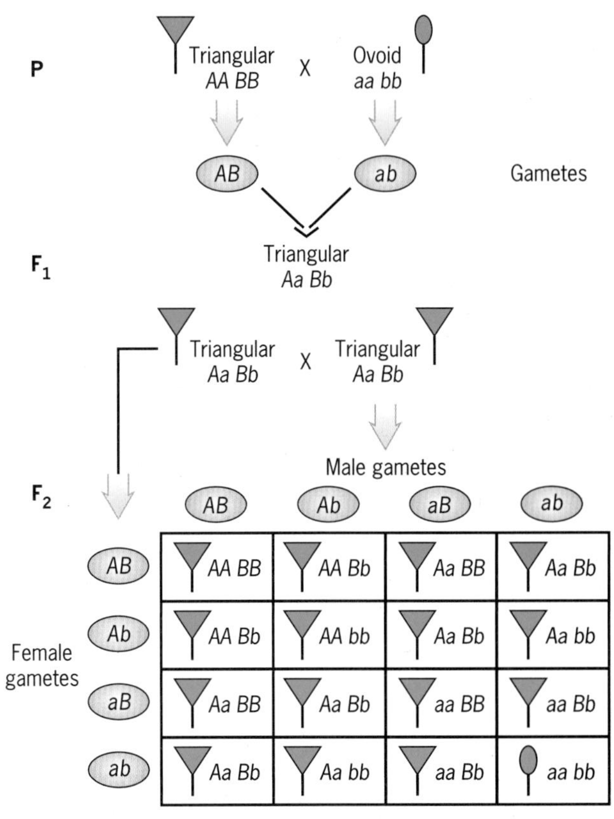

(b)

■ **그림 4.15** (*a*) 냉이(*Bursa bursa-pastoris*)의 삼각형 열매. (*b*) 냉이의 열매 모양에 대한 이중의 유전자 조절을 보여주는 교배.

이 도해의 화살표는 경로의 단계를 보여준다. 화살표 아래의 유전자형은 일어나야 할 단계를 허용하는 것인 반면, 화살표 위의 유전자형은 이 단계가 일어나는 것을 방해하는 것이다. 유전학에서 유전자형의 억제 효과는 경로의 해당 단계에 대한 유전자형에 —┤ 막대기를 그려서 표시하는 것이 관례이다. 이 예에서는 *C* 대립인자가 첫 번째 단계를 억제하며 *G* 대립인자는 두 번째 단계를 방해한다. 첫 단계 억제자로서의 역할 때문에, *C* 대립인자는 다른 유전자의 두 대립인자에 대해 상위적이다. 다른 유전자에 어떠한 대립인자가 오든지에 상관없이, *C* 대립인자는 식물이 흰색 열매를 생산하도록 한다.

■ **그림 4.16**은 열매-색깔-결정 유전자들 두 개가 모두 이형접합성인 식물들 사이의 교배 결과를 보여준다. *Cc Gg*인 식물들끼리 교배되면, 세 가지 표현형적 집단으로 분류되는 자손들을 생산한다: 흰색, 노란색, 그리고 녹색. 녹색 열매를 가진 자손은 두 유전자들의 열성 대립인자에 모두 동형접합성이다; 즉, 이들은 *cc gg* 이고, 그들의 빈도는 1/16이다. 노란 열매를 가진 자손은 *c*에 대해서는 동형접합성이고 적어도 하나의 *G*는 가진다; 그들의 빈도는 3/16이다. 흰 열매를 가진 자손은 적어도 *C*사본 하나는 가진다; 유전자형의 나머지는 문제가 되지 않는다. 흰 열매인 식물의 빈도는 12/16이다.

이러한 예들은, 특정 표현형이란 종종 하나 이상의 유전자들에 의해 조절되는 과정의 결과임을 시사한다. 각 유전자는 이러한 과정을 구성하는 한 경로의 한 단계를 조절한다. 하나의 유전자가 비기능적이거나 혹은 부분적으로만 기능적인 상태로 돌연변이 되면, 이 과정이 방해를 받을 수 있으며 돌연변이 표현형이 나타날 수 있다. 많은 현대 유전학적 분석들은 대사나 발달과 같은 중요한 생물학적 과정들에 관여하는 경로들을 조사한다. 유전자들 사이의 상위성 관계를 연구하는 것은 이러한 과정들에 작용하는 각 유전자들의 역할을 알아내는 데 도움을 준다.

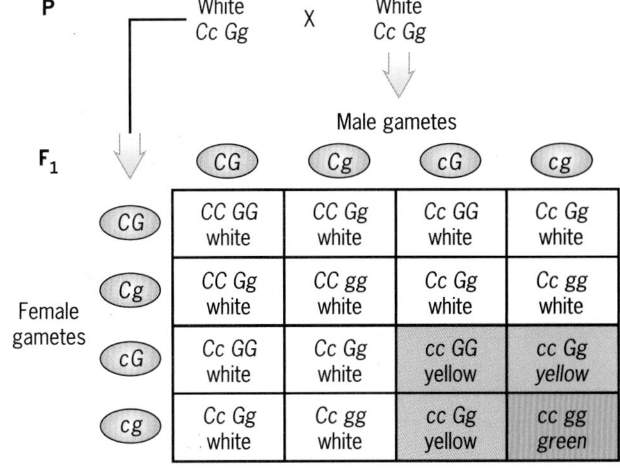

■ **그림 4.16** 여름 호박에서, 열매 색깔을 조절하는 두 유전자에 대해 이형접합성인 식물을 교배하여 얻은 자손들의 분리비.

다면발현(PLEIOTROPY)

하나의 표현형이 많은 유전자에 의해 영향을 받을 수 있다는 것뿐만 아니라, 하나의 유전자가 많은 표현형에 영향을 미칠 수 있다는 것도 사실이다. 하나의 유전자가 표현형의 여러 가지 측면에 영향을 미칠 때, 이것을 **다면발현적(pleiotrpic)**이라고 한다. 이 말은 "많이 바꾼다"라는 그리스어에서 나온 말이다. 인간의 페닐케톤뇨증을 일으키는 유전자가 한 예이다. 이 유전자의 열성 돌연변이의 주된 효과는 뇌에 독성물질을 축적하여 정신지체를 일으킨다는 것이다. 그러나 이 돌연변이는 멜라닌 색소의 합성을 방해하고 머리카락의 색을 밝게 한다; 그러므로 PKU인 사람들은 종종 엷은 갈색이나 금발을 가진다. 생화학적 검사는 PKU 환자의 혈액과 오줌이 정상인에게는 드물거나 없는 화합물을 포함하고 있음을 보여준다.

문제 풀이 기술

기본 유전분석을 설명함

문제

어떤 식물에서의 꽃 색깔은 독립적으로 분리되는 2개의 유전자 *B*와 *D*에 의해 결정된다. 우성 대립인자인 *B*는 색소 전구물질이 파란 색소로 전환되도록 한다. 이 유전자의 열성 대립인자인 *b*에 동형접합성인 조건에서는 이러한 전환이 방해를 받으며, 따라서 푸른 색소가 존재하지 않아 꽃 색깔은 희다. 다른 유전자인 우성 대립인자인 *D*는 푸른 색소가 파괴되도록 하는 것인 반면, 이 유전자의 열성 대립인자인 *d*는 아무런 효과를 나타내지 않는다. 순계인 흰 꽃과 푸른 꽃을 교배하여 얻은 모든 F_1 식물들은 모두 흰 꽃을 피운다. (a) 이 F_1 식물의 유전자형은 무엇인가? (b) 최초의 교배에서 사용된 식물들의 유전자형은 어떤 것들인가? (c) 만약 F_1 식물들이 자가 교배된다면, F_2에서는 어떤 표현형이 어떤 비율로 나타나게 될 것인가?

사실과 개념

1. 한 유전자의 우성 대립인자(*D*)는 다른 유전자의 두 대립인자들(*B*와 *b*)에 대해 상위적이다.
2. 푸른 꽃의 식물은 적어도 하나의 *B* 대립인자를 가지고 있어야 하고, *D* 대립인자는 가지면 안 된다.
3. 흰 꽃의 식물들은 적어도 하나의 *D* 대립인자를 가졌다는 조건하에서는 *bb*일 수도 있고 *BB* 혹은 *Bb*일 수도 있다.
4. 순계는 특정 유전자들에 대해 동형접합성이다.
5. 유전자들이 독립적으로 분리된다면, 완전한 유전자형을 이루는 요소들과 관련된 확률들을 곱한다.

분석과 해결

이 분석은 그 생화학적 경로를 그려보는 것으로 시작하는 것이 좋다 — 즉, '말로 되어 있는 문제'를 도식화해보면 해법을 쉽게 찾을 수 있을 것이다.

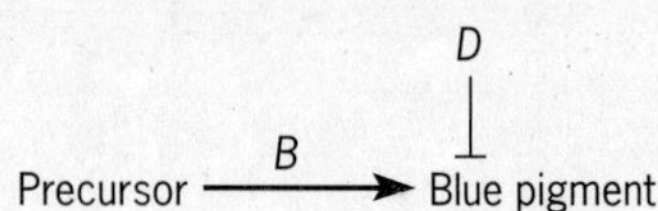

푸른 색소의 합성을 위해서는 *B* 대립인자의 작용이 필요하다. *D* 대립인자의 억제 작용은 끝이 무딘 화살표로 색소 지점에 표시되어 있다. 이제 문제의 질문을 살펴보자.

a. 중요한 관찰은 F_1 식물의 꽃이 흰색이라는 것이다. 이 식물들은 순계의 푸른 꽃 계통과의 교배에 의해 얻어진 것이므로 분명히 *B* 대립인자를 가지고 있을 것이다. 그러나 이 대립인자의 활동에 의해 생산된 푸른 색소는 분명히 분해될 것이다. 따라서 F_1 식물들은 *D* 대립인자를 반드시 가질 것이다. 그러나, 그들의 푸른 부모 계통이 그 인자를 가지고 있지 않으므로 F_1 식물들은 이 인자에 대해 동형접합성은 아닐 것이다. 따라서 이들은 *D* 대립인자에 대해 이형접합성임에 틀림없다. 유전자형적으로 이들은 *BB Dd*이거나 *Bb Dd* 중 하나다. 문제에서 주어진 정보로부터 살펴보면 이 둘 모두 가능성이 있다.

b. 교배에 사용된 푸른 식물은 반드시 *BB dd*이다. 흰 꽃의 식물은 *BB DD*이거나 *bb DD*이다 — 그들이 이들 중 어느 것인지는 확신할 수 없다.

c. 만약 F_1 식물이 *BB Dd*라면, 이들이 자가교배 되었을 때 오직 *D*와 *d* 대립인자들만 분리될 것이고 1/4의 확률로 자손들이 푸른색을 나타낼 것이다(1/4의 *BB dd*는 푸른색, 3/4의 *BB DD*와 *BB Dd*는 흰색). 만약 F_1 식물이 *Bb Dd*라면, 이들이 자가교배 되었을 때는 두 유전자 모두가 우성과 열성으로 분리될 것이고 자손들 중에서 *BB dd*와 *Bb dd*는 푸른 색이다. 이 표현형 그룹은 전체의 $(3/4) \times (1/4) = 3/16$을 차지할 것이다. 나머지 모든 자손들 — $1 - (3/16) = 13/16$ — 은 흰 꽃이 될 것이다.

더 많은 논의를 보고 싶으면 Student Companion 사이트를 방문하라.

이러한 일련의 표현형적 영향은 대부분의 유전자들에서 흔한 것으로 이 유전자들이 조절하는 생화학적 세포 경로 사이의 상호연결로부터 나타나는 결과이다.

다면발현의 또 다른 예는 초파리의 강모 형성에 영향을 미치는 돌연변이 연구에서 얻어진 것이다. 야생형 초파리는 머리와 가슴에 길고 부드럽게 굽어진 강모를 가진다. *singed*라는 강모 돌연변이에 대해 동형접합성인 초파리는 몸의 이 부분들에 짧고 꼬인 강모를 가지는데 마치 불에 그슬려 놓은 것과 같은 형태의 강모이다. 그러므로 야생형의 *singed* 유전자 산물은 정상적인 강모 발달에 필요한 것이다. 이것은 또한 건강하고 생식력 있는 난자의 생산에도 필요하다. 어떤 *singed* 돌연변이에 대해 동형접합성인 암컷 초파리들이 완전히 불임인데; 부화하지 않는 약하고 못생긴 알을 낳는 것으로 이 사실을 알 수 있었다. 그러나 이들 돌연변이들은 수컷의 생식력에는 영향을 미치지 않는다. 그러므로, *singed* 유전자는 암컷에서는 강모형성과 난자 생산을, 수컷에서는 강모 형성을 다면발현적으로 조절한다.

요점

- *유전자의 활동은 생물학적, 물리적 환경 요소들에 의해 영향을 받는다.*
- *둘 이상의 유전자들이 하나의 형질에 영향을 미칠 수 있다.*
- *하나의 돌연변이 대립인자가, 다른 유전자에서의 돌연변이 대립인자가 표현형에 미치는 영향을 없애버리는 경우를 상위적이라고 한다.*
- *하나의 유전자가 다수의 서로 다른 표현형에 영향을 미치는 경우를 다면발현적이라고 한다.*

동계교배: 가계도의 재조명

유전학자들은 친족들 사이에서 이루어지는 혼인의 영향을 분석하기 위해, 간단한 통계치인 근친계수를 이용한다.

유전학자들은 순계(true breeding strain)를 만들려고 하거나, 혹은 열성 대립인자가 동형접합자가 되었을 때의 효과를 알아보기 위해서 항상 동계교배(inbreeding) 현상에 관심을 가져왔다. 게다가, 동계교배가 자연계에서 발생할 때는 식물이나 동물 집단의 특징에 영향을 미칠 수 있다. 이 절에서는 동계교배의 효과를 분석하기 위한 방법들을 고려해 보기로 한다. 또한 가계도에서 공통조상을 연구하는 데 필요한 기법도 소개하고자 한다.

동계교배의 효과

동계교배는 공통조상에 의해 서로 연관되어 있는 개체들에서의 짝짓기가 이루어질 때 발생한다. 친족들끼리의 짝짓기는 종종 **근친교배(consanguineous mating)**라고 불리는데, 이것은 "같은 혈통의"라는 라틴어에서 온 것이다. 인류 집단에서는 이러한 형태의 짝짓기가 드물며, 문화나 민족, 혹은 지리학적인 요인에 의존하여 나타난다. 많은 문화에서 가까운 친척끼리의 혼인—예를 들어 자매나 이복 형제 간의—은 표면적으로 금지되어 있으며 좀 먼 친척 간의 결혼은 허용되긴 하지만 사람들이나 종교기관의 허락을 얻어야만 한다. 이러한 제한들은 동계교배가, 전혀 관련이 없는 사람들끼리의 혼인에서보다 질병에 걸리거나 허약한 아이들을 더 많이 낳도록 하는 경향 때문에 존재하게 되었다. 이러한 경향성은, 우리가 아는 바와 같이, 근친혼 또는 근친교배에서 얻어진 아이들은 해로운 열성 대립인자에 대해 동형접합성이 될 가능성이 증가하는 데서 비롯된다. 그러나 어떤 문화권에서는, 근친혼이 받아들여질 뿐 아니라 장려되기도 하였다. 예를 들어, 고대 이집트의 왕족들은 오누이 간의 결혼에 의해 유지되었는데, 아마도 왕가의 혈통에 대한 '순수성'을 보존하기 위해서였던 것 같다. 폴리네시아에서는 비교적 최근까지도 비슷한 관습이 존재했다.

인류집단에서 근친혼의 발생은 열성 대립인자들에 의해 유발되는 유전성 조건들의 분석에 도움을 주기도 했다. 사실, 가장 최초로 밝혀진 인간의 유전자는 사촌지 간에 출생한 아이들에서 열성동형접합자들이 많은 빈도로 출현하는 것을 관찰함으로써 밝혀진 것이다; 자세한 내용은 Student Companion 사이트의 '유전학의 이정표'에 실린 '게로드의 선천성 대사 결핍(Garod's Inborn error of metabolism)' 부분을 참고하라. 인류유전학에서의 여러 고전적 연구들은 사회적으로 고립된 집단들에서 이루어진 근친혼들을 연구함으로써 얻어졌다—예를 들면, 미국 동부와 중서부에 작은 공동체로 흩어져 사는 종교 집단인 아만파(Amish) 교도들에 대한 연구를 들 수 있다. ■ **그림 4.17**은 백색증인 사람이 10명이나 있는 한 아만파 가족의 가계도를 보여준다. 백색증인 사람들은 모두 유럽에서 이주했던 두 사람(I-1과 I-2)의 후손이었다. 이 가계도에서의 근친혼은 두 줄의 혼인선으로 표시되어 있다. 백색증인 사람들은 모두 그러한 혼인에서 출현했다. 그러므로 이 가계도는 어떻게 동계교배가 열성 조건을 만들며, 그것을 유전학자가 분석할 수 있는지를 잘 보여준다.

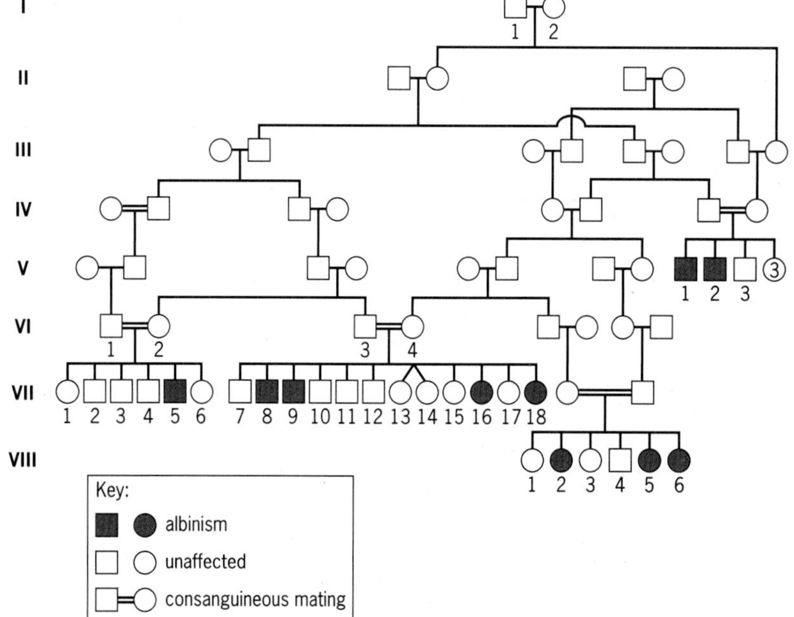

■ 그림 4.17 미국 중서부의 아만파 집단(Amish community) 내 근친혼의 자손에서 나타나는 백색증. 근친혼은 이중선으로 표시했다. 백색증인 사람은 열성 대립인자에 대해 동형접합성으로, 모두 근친혼 관계에서 출생했다.

동계교배의 영향은 또, 친척들 사이의 계획된 짝짓기가 가능한 실험종에서도 분명히 드러난다. 예를 들어, 쥐나 생쥐 혹은 기니피그 등의 동물들을 한배 새끼들끼리 교배할 수 있는데, 세대를 거듭해 이런 식으로 교배를 계속 해 나가면 **근교계통(inbred line)**이 얻어진다. 이런 계통들은 유전적으로 매우 순수하지만—즉, 특정 유전자들에서 서로 다른 대립인자들의 분리가 발생하지 않는다—종종 관련이 없는 개체들 사이의 교배로 이루어진 계통들보다 활력이 떨어진다. 우리

(a)

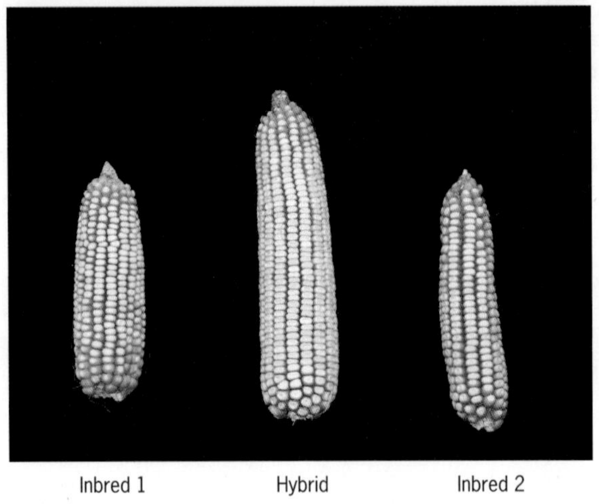

(b)

■ 그림 4.18 (*a*) 옥수수의 근친계통과 그 교배로부터 얻어진 잡종 자손. 근친계통의 식물들은 잡종자손보다 키가 더 작고 더 약하다. (*b*) 근친계통의 식물로부터 수확된 옥수수는 잡종자손에서 수확된 것보다 훨씬 더 작다.

는 이런 활력 감소를 **근교약세(inbreeding depression)**라고 부른다. 자가수정(self-fertilization)이 가능한 식물에서는, 수세대 동안의 반복된 자가교배에 의해 매우 높은 수준의 근교계통이 만들어질 수 있다. 각 계통은 창시종 식물 집단에 존재했던 여러 대립인자들에 대해 동형접합성일 것으로 기대된다. ■ **그림 4.18**은 옥수수에서의 자가교배 결과를 보여준다. 근교계통의 식물은 키가 작고, 적은 수의 낟알을 가진 옥수수가 되었다. 반대로, 두 근교계통들 사이의 교배로 얻어진 식물은 키도 크고, 많은 알갱이들을 가진 큰 옥수수를 생산한다. 이 식물들은 많은 유전자들에 대해 이형접합성일 것이다. 이들의 튼튼함은 **잡종강세**(hybrid vigor 혹은 **heterosis**)라고 불리는 현상이다. 이 말은 근교계통들을 교배하여 균일하게 높은 수확을 내는 이형접합성 자손들을 만드는 교배 방법을 처음 시작한 선구적 식물 육종가 조지 셜(George Shull)이 1914년에 소개한 것이다. 이후로 셜의 기술은 식물 육종 산업의 표준이 되었다.

동계교배에 대한 유전적 분석

남매나 이복 남매, 혹은 사촌 간의 혼인들은 모두 동계교배의 예들이다. 그러한 혼인이 일어나면 우리는 그 자손을 *근친계통*(*inbred*)이 되었다고 말한다. 근친계통의 개인들은 연관성이 없는 부모들 사이의 자녀들과는 달리 중요한 차이점을 갖는다: 같은 조상을 갖기 때문에 한 유전자의 두 사본이 동일할 수 있다는 것이다—즉, 그 유전자들은 근친계통의 조상에 존재했던 한 유전자로부터 유전된 것이기 때문이다. 이러한 개념을 이해하기 위해 이복형제 간의 혼인을 표시한 단순한 가계도를 생각해 보자.

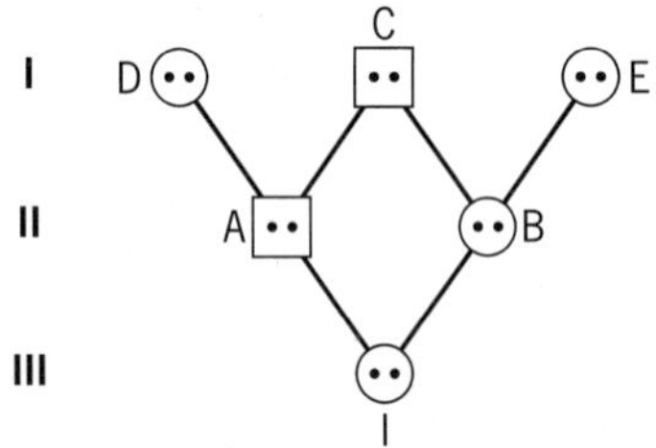

각 개인들 내부의 두 점들은 특정한 한 유전자의 두 사본을 뜻하며, 각 개인을 연결하는 선은 어떻게 유전자들이 부모에서 자손으로 전달되었는지를 보여준다. 가계도를 그린 이 방법은 우리가 이전에 사용했던 것과는 다르다. 이것은 각 부모가 어떻게 유전자를 그 자손에 기여하는지를 분명히 하고 있어서, 여러 세대를 통한 특정 유전자의 전달을 추적할 수 있도록 해준다.

A와 B로 표시된 II세대의 두 개인들은 이복남매이다. 이들은 같은 아버지인 C로부터 태어났다. 그러나 어머니들(D와 E)은 다르다. A와 B 사이의 혼인으로 태어난 I는 근친계통이다. I는 A로부터 한 유전자 사본을 받고 B로부터도 한 유전자 사본을 받았음에 주목하라. 그러나, 이 두 사본들은 A와 B의 공동의 아버지인 C로부터 유래한 것일 수 있다. 따라서 I의 그 두 유전자 사본들은 C에 존재했던 유전자 사본 하나로부터 유래했기 때문에 동일한 것일 수 있다. *혈통에 의한 동일화*(*identity by descent*, 동조성)의 가능성은 동계교배의 중요한 결과이다. 그 유전자 사본이 이러한 유전에 의해 동일한 개인들은 그 유전자의 특정 대립인자에 대해 분명히 동형접합성이다. 따라서 근친혼들은 연관이 없는 개인들 사이에서의 혼인들보다 상대적으로 더 많은 동형접합자를 생산할 것으로 기대되며, 그것은 지금까지 보아온 바와 같이 동계교배의 뚜렷한 영향 중 하나이다.

우리가 고려하고 있는 가계도에서 C는 I의 *공통조상*(*common ancestor*)으로 언급되는데, 그것은 C에서 시작된 두 경로가 I에서 수렴되기 때문이다. 그 두 경로는 C → A → I와 C → B → I로서, 유전학자들이 *근친교배 고리*(*inbreeding loop*)라고 부르는 경로를 형성한다.

이 고리는 C의 특정 유전자 사본이 어떻게 가계도의 양쪽으로 전달되어 I의 동일한 두 사본을 만들게 되는지를 보여준다.

어떤 동계교배 분석에서도 가장 기본적으로 결정해야 하는 것은 한 개인의 두 유전자 사본이 혈통에 의해 동일한 것일 가능성을 계산하는 것이다. 직관적으로, 이러한 가능성은 동계교배의 강도에 따라 증가할 것이다. 그러므로 남매 간의 혼인에서 생긴 자손은 이복남매 사이의 혼인에서 생긴 자손들보다 동조성의 가능성이 더 클 것이다. 동계교배의 정도를 측정하려는 노력은 미국의 유전학자 시월 라이트(Sewall Wright)의 선구적 작업으로 시작되었다. 1921년에 라이트는 자신이 **근친교배 계수(inbreeding coefficient)**라고 부른 수학적 정량법을 발견했다. 라이트의 연구는 너무 복잡해서 여기서 논의하기는 힘들지만 가계도 내의 개인들 사이의 관계를 분석하는 것을 포함하고 있었다. 이 연구에서 그는 어떻게 근친계수를 계산하며, 근친교배의 정도를 측정하는 데 그것을 어떻게 이용할 수 있는지를 밝혔다. 1940년대에 미국의 찰스 코터만(Charles Cotterman)은 라이트의 근친교배 계수가 동조성의 확률과 같은 것임을 보여주었다. 그러므로 우리는 근친교배 계수를 F로 표시하며, 한 개인의 두 유전자 사본이 공통조상에서 유래했기 때문에 동일할 가능성으로 정의한다.

근친교배 계수를 계산하려면 라이트와 코터만에 의해 개발된 다음 방법을 따르면 된다. 우선, 근친계통인 개인의 공통조상을 찾는다. 양친들을 통해 공통조상을 그 근친계통의 개인과 연결한다. 우리가 고려중인 가계도에서는 I가 1명의 공통조상을 갖고 있다; 그러나 다른 형태의 가계도에서는 1명의 근친계통 개인이 1명 이상의 공통조상을 가질 수도 있다. 예를 들어, 남매 간의 혼인에서 생긴 자손은 2명의 공통조상을 갖게 된다:

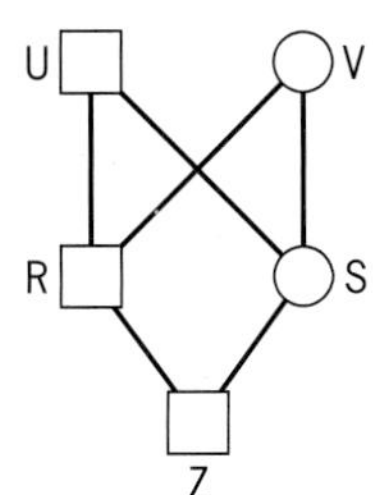

이 경우에서 Z의 두 조부모들(U와 V)은 모두 공통조상이 된다. 두 개의 유전적 경로가 이 조부모들 각각으로부터 Z로 수렴된다. 따라서, 남매 간의 혼인에 대한 가계도는 다음과 같은 분명한 두 개의 근친교배 고리를 갖고 있다:

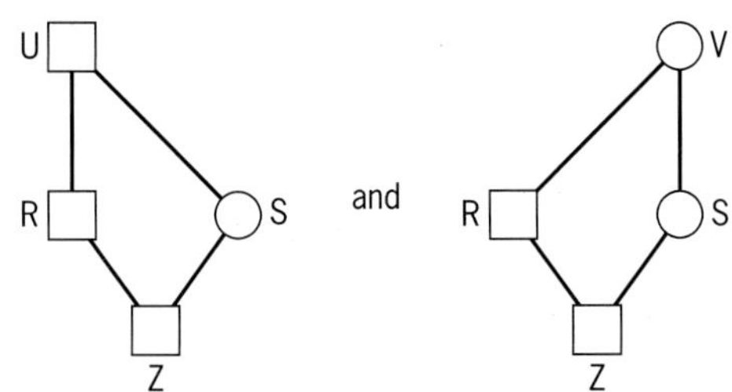

근친교배 계수를 계산하는 두 번째 단계는 1명의 공통조상에 의해 결정되는 각 근친교배 고리에 존재하는 개인들의 수(n)를 세는 것이다. 이복 남매 간의 혼인에 대한 가계도에서는, 하나의 근친교배 고리가 3명의 개인들을 포함하게 된다. (근친계통인 개인 자신은 제외한다.) 따라서 이런 이복 남매 간의 혼인에 대한 가계도의 n은 3이다. 친남매 간의 혼인에 대한 가계도에서는 2개의 근친교배 고리가 존재하고, 각 고리는 3명의 개인들이 포함되어 있으므로, $n = 3$이다.

근친교배 계수를 계산하는 세 번째 단계는 각 근친교배 고리에 대해 $(1/2)^n$으로 그 양을 계산하여 모두 더함으로써 결과를 얻는 것이다. 여기서 얻은 합이 바로 근친계통인 개인에 대한 근친교배 계수인 F 값이다. 즉, 그의 두 유전자 사본이 공통조상에서부터 물려 받아 동일한 것이 되었을 가능성에 대한 값이다. 이복 남매 간의 혼인에서는 $F = (1/2)^3 = 1/8$

이다. 친남매 간의 혼인에 의해 생긴 자손의 F는 $(1/2)^3 + (1/2)^3 = 1/4$이다. 따라서, 예상한 바와 같이, 친남매 간의 혼인에서 얻어진 자손의 근친교배 계수는 이복 남매 사이의 혼인에 의해 생긴 자손의 근친교배 계수 보다 크게 나타난다.

각 근친교배 고리에 대해 계산했던 인자인 $(1/2)^n$은 고리의 공통조상에 존재하는 두 유전자 사본 중 어느 하나가 근친계통의 개인에서 동일한 두 유전자 사본을 생산해 낼 가능성을 뜻한다. 이 가능성에 대해 이해하기 위해서 이복 남매 간의 혼인에 초점을 맞추어보자. 두 가지 경우를 생각해야 하는데, 1과 2로 표시된 다음 그림을 보자.

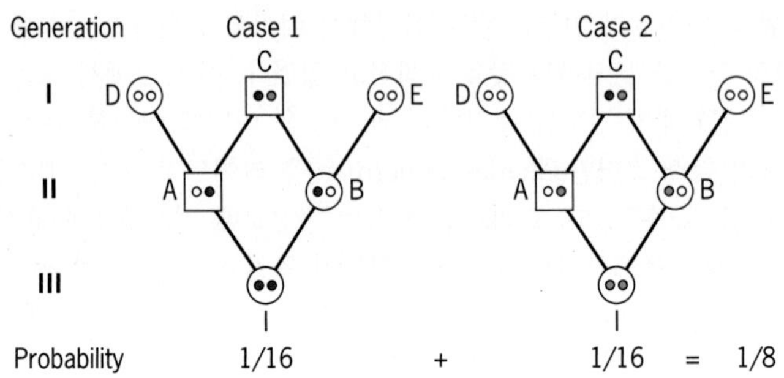

1번의 경우에, 공통조상인 C에 존재하는 왼쪽(붉은색)의 유전자 사본이 딸인 A에 전달될 확률은 1/2이다; 그러면 A에서 이 유전자 사본이 I로 전달될 확률도 1/2이다. 따라서, C의 "왼쪽" 유전자 사본이 I로 전달될 확률은 $(1/2) \times (1/2) = 1/4$이다. 비슷하게, "왼쪽" 유전자 사본이 B를 통해 I로 전달될 확률 역시 $(1/2) \times (1/2) = 1/4$이다. 모두 고려하면, C의 "왼쪽" 유전자사본이 I에서 2개의 동일한 사본으로 존재할 확률은 A를 통한 것과 B를 통한 동시 사건의 확률인 $(1/4) \times (1/4) = 1/16$이다. 2번의 경우에도 비슷한 추론에 의해 C의 "오른쪽" 유전자 사본(푸른 색)이 I에서 동일한 유전자 사본을 2개 만들게 되는 가능성이 1/16임을 알 수 있다. 그러므로 C에 존재하는 "왼쪽"이나 "오른쪽" 유전자 사본 어느 하나가 I에서 동일한 두 개의 유전자 사본으로 존재하게 될 확률은 $(1/16) + (1/16) = 1/8$로, 우리가 앞에서 보았던 $(1/2)^3$과 동일하게 계산된다. 따라서 $(1/2)^n$의 인수를 이용하여 계산하는 방법은 특정한 공통조상에 존재하는 어느 한 유전자 사본이 근친계통인 개인에서 동일한 두 사본으로 존재하게 될 확률을 계산하는 간단한 방법이 될 수 있다.

근친교배 계수를 계산하는 이러한 방법은 대부분의 가계도에서 효과를 발휘한다. 그러나, 어느 공통조상 자신이 근친계통인 경우에는 이 방법은 좀 변형되어야 할 필요가 있다. 이 변형에서는 공통조상에 대한 $(1/2)^n$의 인자를 $[1 + F_{CA}]$와 곱하게 되는데, 여기서 F_{CA}는 그 공통조상의 근친교배 계수가 된다. 예를 들어, 위의 가계도에서 T의 근친교배 계수는 $F_T = (1/2)^3 \times [1 + F_{CA}]$로 계산되는데, F_{CA}가 $(1/2)^3 = 1/8$이므로, $F_T = (1/2)^3 \times [1 + (1/8)] = 9/64$가 된다. 변경된 항목인 $[1 + F_{CA}]$는 CA에 존재하는 "왼쪽" 혹은 "오른쪽" 유전자 사본이 이미 혈통에 의해 동일해졌을 가능성을 설명한다.

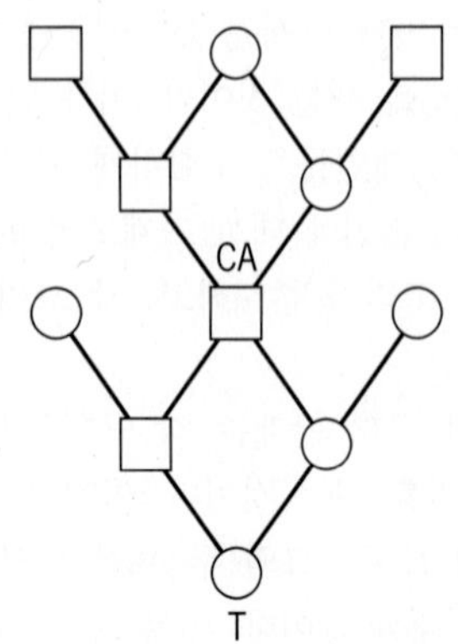

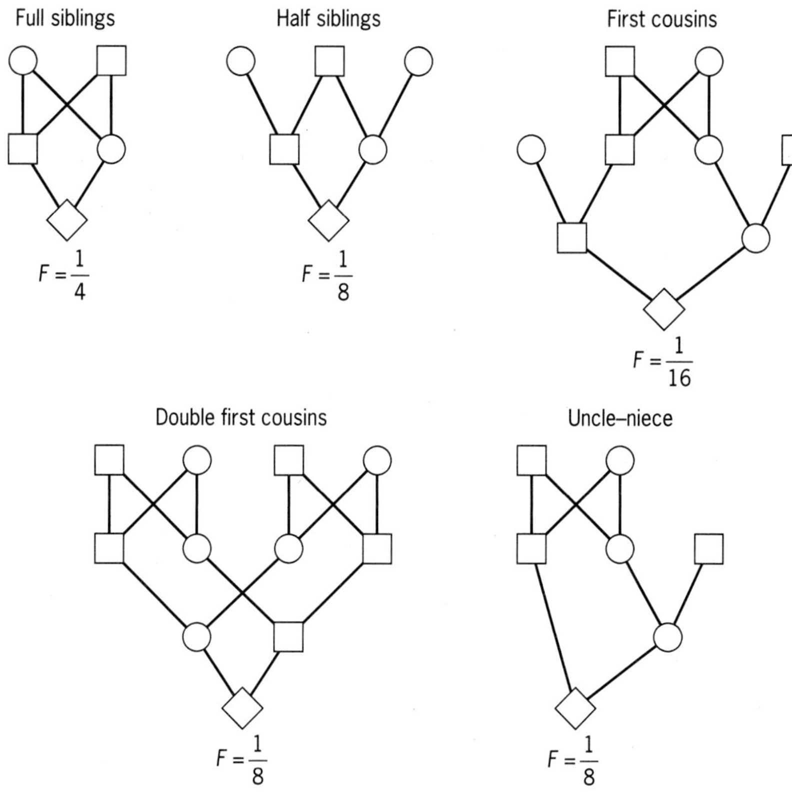

■ 그림 4.19 서로 다른 가계도에서의 근친교배 계수 값 *F*.

라이트와 코터만에 의해 정의된 근친교배 계수는 동계교배의 강도를 정확히 평가해준다. **■ 그림 4.19**는 여러 가지 형태의 근친혼들에서 얻은 자손들에 대한 근친교배 계수 값들을 보여준다.

예를 들어, 인류 집단에서는 혈연관계가 없는 부모들 사이에서 태어난 자손의 페닐케톤뇨증(PKU)의 발병 빈도가 약 1/10,000인데 반해; 사촌 간의 혼인에서 태어난 자손들에서는 약 7/10,000로 증가한다. 이 두 빈도값의 차이인 6/10,000은 F = 1/16이라는 동계교배의 효과에 기인한 것이다. 더 가까운 친족들 사이의 자손일수록 PKU에서의 빈도 차이가 더 커질 것으로 기대할 수 있다. 예를 들어, 이복 남매 사이의 자손들은 근친교배 계수(근친계수)가 1/8이며, 이 값은 사촌 간의 자손이 갖는 값의 2배이다. 동계교배의 효과가 F에 비례하여 나타나기 때문에, 우리는 이복 남매 사이에서 태어난 자손들 사이에서의 PKU 발생 빈도는, 사촌지간의 자손들에서 나타나는 동계교배 효과의 2배일 것이며, 일반 집단에서의 PKU 빈도가 추가될 것으로 예상할 수 있다. 따라서, 이복 남매 사이에서 태어난 자손들의 PKU 발생 빈도는 2 × (0.0006) + 0.0001 = 0.0013으로 예측된다. 친남매 사이에서 태어난 자손들의 예측 빈도는 4 × (0.0006) + 0.0001 = 0.0025로 계산할 수 있는데, 이것은 이들이 사촌 간의 자손들보다 4배 큰 근친계수를 갖기 때문이다.

근친계수를 이용하는 또 다른 방법은 식물의 키나 작물의 생산량 같은 복잡한 표현형에서의 감퇴현상을 측정하는 것이다. 그러한 형질들은 많은 수의 유전자들에 의해 영향을 받는다. **■ 그림 4.20**은 반복된 자가수정을 통해 얻은 옥수수의 근친계통들에서 수집한 자료를 보여준다. 각 동계교배 단계마다 씨앗을 회수해 두었다가 마지막에 그 씨앗들을 뿌려 옥수수 식물을 키운 후 두 가지 시험 성질인 키와 수확량을 측정한 것이다. 그림 4.20에서 보는 바와 같이 이 두 형질들은 모두 근친계수의 함수에 따라 비례적으로 감소한다. 이러한 비례적 감소에 대한 가장 단순한 설명은, 동계교배가 진행됨에 따라 — 즉, F 값에 비례하여 — 서로 다른 유전자들의 열성 대립인자들이 동형접합성이 되었고, 이들 동형접합자들이 이 형질에 대해 낮은 값을 발현시켰기 때문이라는 것이다. 따라서 해로운 열성동형접합자들의 발생 빈도 증가는 근교약세의 기초로 작용한다.

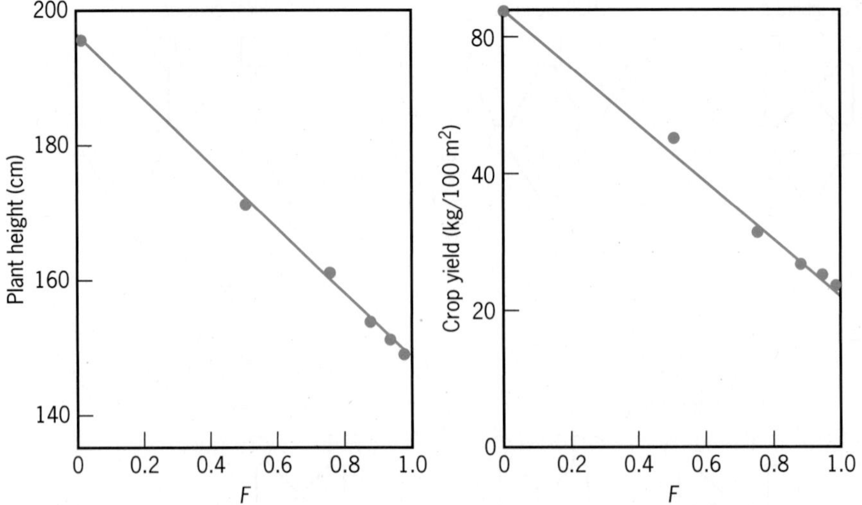

■ 그림 4.20 옥수수의 동계교배에 의한 키와 수확량 감소. 동계교배의 강도는 근친교배 계수인 *F*로 측정된다.

유전적 연관성의 측정

근친교배 계수는 또한, 유전적 연관성(genetic relationship)의 정도를 측정하는 데도 사용될 수 있다. 친남매 사이는 이복 남매들보다 분명히 더 가깝게 연관되어 있다. 삼촌과 조카딸은 이복 남매들보다 더 가까울까? 이복 남매들은 사촌들보다는 더 가깝다. 그렇다면 이들은 겹사촌지간(double first cousin)의 관계보다 더 가까울까? 이러한 질문에 답하기 위해서는 두 친척들이 공통조상에 의해 공유하게 된 유전자들이 어느 정도인지를 결정해야만 한다.

일반적인 친척들 — 즉, 친족들 자신들은 근친계통이 아니다 — 에 대해서 우리는 그들이 혼인하여 낳는 자손들을 생각해 봄으로써 공유하는 유전자들의 양을 계산할 수 있다. 분명히, 이들의 자손은 근친계통이기 때문에, 우리는 일반적인 방법대로 그의 근친계수를 계산할 수 있다. 그런 다음, 그 두 친족이 공유하는 유전자량을 결정하기 위해서는, 단순히 그들 자손의 근친계수에 2를 곱하기만 하면 된다. 이렇게 얻어진 값은 **혈연계수(coefficient of relationship)**라고 불린다. 친남매들에 대해서는, 가상의 자손에 대한 근친계수가 1/4이므로, 이 친남매들의 혈연계수(혹은, 이들이 공유하는 유전자들의 분율)는 $2 \times (1/4) = 1/2$이다. 비슷한 추론에 의해, 이복 남매들의 혈연계수는 1/4이며, 사촌들은 1/8, 그리고 겹사촌들의 혈연계수는 1/4이 된다. 삼촌과 조카의 혈연계수는 1/4이다. 따라서 이복 남매들, 겹사촌들, 그리고 삼촌과 조카에서의 혈연관계들은 이들이 모두 그들의 유전자들을 1/4만큼 공유하기 때문에 동일하게 나타난다. 대조적으로, 친남매들은 이들이 유전자의 절반을 공유하기 때문에 훨씬 가까우며, 그냥 사촌들은 1/8의 유전자만을 공유하기 때문에 덜 가깝다고 할 수 있다.

요점

- *동계교배는 동형접합자의 빈도는 증가시키고, 이형접합자의 빈도는 감소시킨다.*
- *동계교배의 효과는 근친계수에 비례적인데, 근친계수는 한 개인의 두 유전자 사본이 공통조상으로부터 물려받아 동일한 것일 확률을 말한다.*
- *혈연계수는 공통조상에 의해 두 개인들이 공유하게 되는 유전자들의 분율을 의미한다.*

기초 연습문제

기본적인 유전분석 풀이

1. 한 연구자가 인간의 새로운 혈액형 결정법을 개발했다. 이 체계는 두 가지 항원인 *P*와 *Q*에 대한 것으로, 각각은 *N*이라는 유전자의 서로 다른 대립인자에 의해 지정된다. 이들 항원들의 대립인자들은 일반적인 인구집단에서 거의 동일한 빈도로 나타난다. 만약 N^P와 N^Q 대립인자들이 공우성이라면 N^PN^Q 이형접합자에서는 어떤 항원들이 나타나야 하는가?

답: P와 Q 항원들이 둘 다 나타나야 한다. 왜냐하면 공우성은 이형접합자의 두 대립인자가 모두 발현된다는 뜻이기 때문이다.

2. 어떤 정원식물에서 꽃의 색은 복대립인자를 가지는 어떤 한 유전자의 조절을 받는다. 이 유전자의 동형접합자와 이형접합자 식물들의 표현형은 다음과 같다. 우성의 순서대로 대립인자들을 배열하시오.

동형접합자들

WW	붉은색
ww	순수한 흰색
w^sw^s	붉은 점 무늬의 흰색
w^pw^p	규칙적인 붉은 패치 부분을 가지는 흰색

이형접합자들

W 다른 어떤 대립인자와 함께	붉은색
w^p w^s나 *w*와 함께	규칙적인 붉은 패치 부분을 가지는 흰색
w^sw	붉은 점 무늬의 흰색

답: *W*는 모든 대립인자에 대해 우성, w^p는 w^s와 *w*에 대해 우성, 그리고 w^s는 *w*에 대해 우성이다. 그러므로 우성의 순서는 $W > w^p > w^s > w$이다.

3. 독립적으로 발견된 두 생쥐 계통은 어떤 열성 돌연변이에 동형접합성일 때 눈이 작아진다; 이 두 계통의 표현형은 서로 구별이 되지 않는다. 한 계통에서 이 돌연변이는 *little eye*라고 불리고, 다른 계통의 쥐에서는 *tiny eye*라고 불린다. 눈이 완전히 없어지도록 하는 우성 돌연변이에 이형접합성인 세 번째 계통의 쥐는 *Eyeless*라고 불린다. 여러분들이라면 이 세 가지 *little eye, tiny eye, Eyeless* 돌연변이들이 같은 유전자의 서로 다른 대립인자형인지를 어떻게 결정하겠는가?

답: 두 열성 돌연변이들이 같은 유전자의 대립인자인지를 결정하는 방법은 각각의 돌연변이에 동형접합성인 개체를 교배시켜 잡종 자손의 표현형을 평가하는 것이다. 만약 표현형이 돌연변이라면 돌연변이들은 같은 유전자의 대립인자이다; 만약 야생형으로 나온다면 둘은 대립인자가 아니다. 이 문제의 경우, 우리는 *little eye*와 *tiny eye*의 쥐를 교배시켜 그들의 자손을 관찰한다. 만약 자손이 작은 눈을 가진다면, 두 돌연변이들은 같은 유전자의 대립인자들이다; 만약 그들의 눈이 정상 크기라면, 이 두 돌연변이들은 서로 다른 유전자의 대립인자들이다. 우성 돌연변이인 *Eyeless*에 대해서는 대립성을 확인할 수 있는 방법이 없다. 그러므로, 우리는 *Eyeless*가 *little eye*나 *tiny eye* 돌연변이의 대립인자인지를 확인할 수는 없다.

4. 불완전 침투도(incomplete penetrance)와 가변성 발현도(variable expressivity)를 구별하라.

답: 불완전 침투도란 어떤 형질에 대한 유전자형을 가진 개인이 이러한 형질을 전혀 나타내지 않는 것이다. 가변성 발현도란 그러한 형질에 대한 유전자형을 가진 사람들에서 형질의 발현 정도가 서로 다른 정도로 나타날 때를 말한다.

5. 어떤 종류의 파리에서, 야생형 눈 색깔은 붉은색이다. *w* 돌연변이에 동형접합성인 돌연변이 계통에서는 눈 색이 완전히 하얗다; *y* 돌연변이에 동형접합성인 또 다른 돌연변이주에서는 눈 색이 노랗다. 동형접합성인 흰 눈 돌연변이체와 동형접합성 노란 눈 돌연변이체를 교배하여 얻은 자손은 모두 붉은 눈이었다. 이들 자손들끼리 교배하였더니 자손이 다음과 같이 얻어졌다: 92마리의 붉은 눈, 33마리의 노란 눈, 41마리의 흰 눈. (a) 이러한 교배로 추정할 때, 몇 개의 유전자가 눈 색을 조절하는가? 설명하시오. (b) (a)의 답이 하나 이상이라면 하나가 다른 한 유전자에 대해 상위성인가?

답: (a)에 답하기 위해서는, F_1 파리들이 모두 붉은 눈임—즉, 모두 야생형의 눈—에 주목해야 한다. *w*와 *y* 돌연변이는 그러므로 같은 유전자의 대립인자형이 아니고 우리는 적어도 두 개의 유전자가 눈 색을 결정한다고 결론을 내릴 수 있다. (b)에 답하기 위해서는 우리는 F_2 파리의 표현형 비율이 독립된 두 유전자가 나타낼 것으로 예상되는 9:3:3:1에서 벗어나 있음을 주목해야 한다. F_2 자손이 오로지 3 그룹의 표현형 집단으로 이루어져 있고 그 비율은 9 붉은색: 4 흰색: 3 노란색으로 나타난다. 확실히 *ww* 동형접합체는 *y* 유전자의 존재에 상관없이 파리의 눈을 흰색으로 만든다. 그러므로, *w*유전자는 *y* 유전자에 대해 상위적이라고 간주될 수 있다.

6. 근친교배 계수의 발견자인 시월 라이트는 사촌 간의 혼인에서 출생하였다. 라이트 박사의 가족들에 대한 가계도를 그리고 그의 공통조상과 근친교배 고리를 찾아보라. 그리고 라이트 박사의 근친교배 계수를 계산해 보라.

답: 사촌 간의 결혼에 대한 가계도는 다음과 같다.

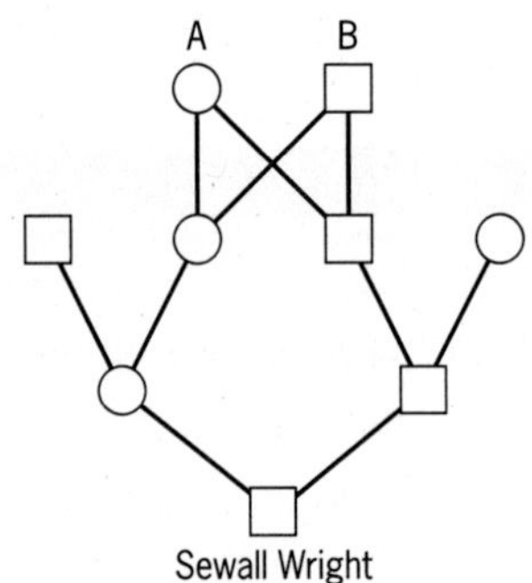

여기서는 A와 B, 2명의 공통조상이 존재하며, 각각은 근친계통인 사람에서 끝나는 하나씩의 근친교배 고리를 형성하고 있다. 하나의 고리는 가계도의 왼쪽을, 다른 하나는 가계도의 오른쪽을 차지한다. 근친계통인 사람을 제외하면 각 고리는 5명의 구성원을 포함하고 있다. 따라서 공통조상들이 그 이전의 근친혼에 의해 영향 받지 않았다고 가정할 때, 사촌 간의 혼인에서 얻어진 자손인 라이트 박사의 근친교배 계수는 $(1/2)^5 + (1/2)^5 = 1/16$이 된다.

지식검사

서로 다른 개념과 기술의 통합

1. 한 유전학자가 두 종류의 순종 생쥐 계통들을 얻었는데, 각각은 독립적으로 발견된 열성 돌연변이에 동형접합성이었고 몸에 털이 없었다. 하나는 *naked*, 다른 하나는 *hairless*로 이름이 붙여진 것이다. 이들 두 돌연변이가 대립인자인지를 결정하기 위해 그 유전학자는 이 두 쥐들을 교배시켰다. 모든 자손들은 표현형적으로 정상이었다; 즉 모두 온 몸에 털이 있었다. 이들 F_1 쥐들을 서로 교배시켜 F_2에서 115마리의 정상 쥐와 85마리의 돌연변이 쥐를 얻었다. *naked*와 *hairless* 돌연변이는 대립인자인가? F_2에서의 정상쥐와 돌연변이 쥐의 분리를 어떻게 설명할 수 있는가?

답: F_1 잡종의 표현형이 모두 정상이었으므로 *naked*와 *hairless*는 대립인자가 아니다. 그러므로 *naked*와 *hairless* 돌연변이들은 서로 다른 유전자들의 돌연변이로 나타난 것이다. F_2의 분리비를 설명하기 위해서 이들 돌연변이와 우성 대립인자에 대해 몇 가지 기호를 채택하기로 하자.

n = naked mutation, N = wild-type allele
h = hairless mutation, H = wild-type allele

이들 기호를 사용하면, 각 순종 계통의 유전자형은 *nn HH* (*naked*)와, *NN hh*(*hairless*)가 된다. 그러므로 이들 두 계통의 교잡에서 얻어진 F_1 잡종은 *Nn Hh*가 된다. 이들 잡종들끼리 교배를 가정하면 우리는 자손에서 여러 가지의 유전자형이 나올 것으로 예상할 수 있다. 그러나 각 열성 대립인자들이 동형접합성일 때는 몸의 털이 생기지 않는다. 그러므로 유전자형이 *N- H-*인 쥐만 털을 만들것이다; 나머지 *nn*이나 *hh* 혹은 둘 모두 열성의 동형접합성인 쥐는 털이 생기지 않을 것이다. 우리는 naked와 hairless가 독립적으로 분배된다는 가정 하에 야생형과 돌연변이형의 빈도를 예측할 수 있다. 이 빈도는 *N- H-*가 $(3/4) \times (3/4) = 9/16 = 0.56$(확률의 곱셈 법칙에 의해)이고, *nn*이거나 hh일 확률은 $(1/4) + (1/4) - [(1/4) \times (1/4)] = 7/16 = 0.44$(확률의 덧셈 법칙에 의해)이다. 그러므로 만약 200마리의 F_2 자손이 생겼다면, 우리는 $200 \times 0.56 = 112$마리가 야생형이고, $200 \times 0.44 = 88$마리가 돌연변이형일 것으로 기대할 수 있다. 관찰된 빈도가 115마리의 야생형과 85마리의 돌연변이형으로 예측값의 근사값이다. 즉, 털 형성에 관계한 이들 두 유전자들이 독립적으로 분배된다는 가설은 맞다.

2. 초파리의 열성 돌연변이 *w*는 흰 눈(white eye)을 만들고, 다른 열성 돌연변이인 *v*는 주홍빛(vermilion) 눈을 만든다. 또 다른 세 번째 열성 돌연변이인 *bw*는 눈 색을 갈색(brown)이 되도록 한다. 야생형의 눈 색은 짙은 빨강이다. 어떤 것 끼리 교배를 해도 잡종 자손은 짙은 붉은색의 눈을 가지며 두 유전자 모두가 동형접합성 열성인 경우 흰 눈이 된다. 이 세 돌연변이들이 몇 개의 유전자로 정의될 수 있는가? 만약 짙은 붉은색의 야생형 눈이 두 개의 서로 다른 색소 축적에 기인한 것이라면, 즉 갈색 색소와 붉은색 색소 때문이라면 이들 표현형들은 어느 유전자들에 의해 조절되는가? 이들 유전자들이 색소 축적에 대한 생합성 경로로 배열될 수 있는가?

답: 세 유전자 돌연변이 모두는 서로 다른 세 유전자로 정의될 수 있는데, 그 이유는 어떠한 두 동형접합성 돌연변이를 교배하더라도 그 자손은 야생형 눈 색을 갖기 때문이다. *w* 돌연변이는 이에 동형접합성인 파리들에서 붉은색소도, 갈색 색소도 만들지 못하기 때문에 모든 색소의 발현을 억제한다; *v* 돌연변이는 이에 동형접합성인 파리들이 밝은 빨간색의 눈을 갖는 것으로 미루어 갈색 색소의 발현을 방해한다; *bw* 돌연변이는 이에 동형접합성인 파리들이 갈색 눈을 가지는 것으로 보아 붉은색소의 발현을 억제하는 것이다. 그러므로, 야생형의 *v* 유전자는 갈색 색소의 발현을 조절하고, 야생형의 *bw*유전자는 붉은색소의 발현 조절에 필요하며, 야생형의 *w* 유전자는 두 색소의 발현에 필수적이다. 따라서 우리는 각 색소의 발현이 서로 다른 경로에서 이루어지며 이들 경로의 기능들이 야생형의 *w* 유전자에 의존적임을 제시함으로써 이러한 발견을 정리할 수 있다.

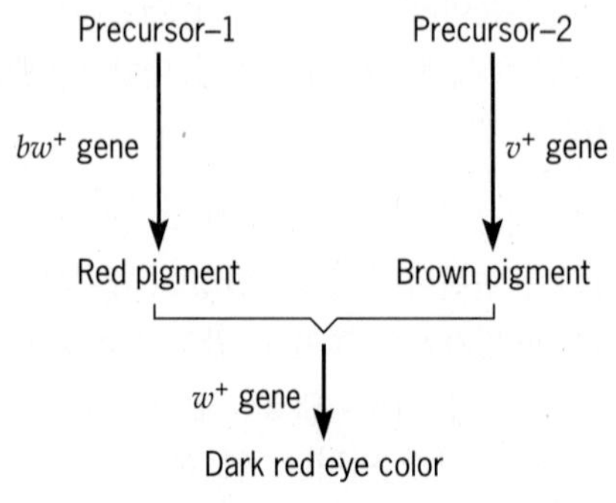

3. 다음과 같은 가계도에서, M의 근친교배 계수를 계산하라.

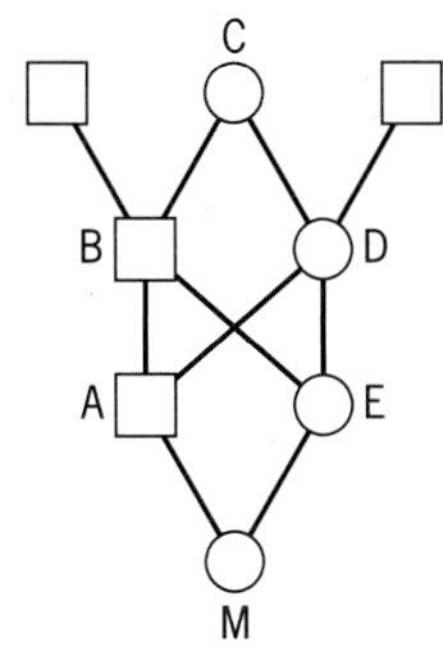

답: M은 3명의 공통조상(B, C, D)을 갖는다. 즉, 이들로부터 나온 후손 표시 선 2개가 모두 결국 M에서 수렴된다. 다음과 같은 4개의 근친교배 고리가 분명하다(공통조상은 밑줄이 그어져 있다):

(1) A B $\underline{\text{C}}$ D E　　(n = 5)
(2) A D $\underline{\text{C}}$ B E　　(n = 5)
(3) A $\underline{\text{B}}$ E　　(n = 3)
(4) A $\underline{\text{D}}$ E　　(n = 3)

M의 근친교배 계수 F_M을 구하기 위해 각 고리에 대해 $(1/2)^n$을 사용하고 이 결과를 합하면 다음과 같다.

$$F_M = (1/2)^5 + (1/2)^5 + (1/2)^3 + (1/2)^3 = 5/16$$

연습문제

이해력 증진과 분석력 개발

4.1 M형 혈액형의 남자와 결혼한 N형 혈액형의 여자로부터 태어나는 아이들에게서 관찰될 수 있는 혈액형들은?

4.2 토끼에서 털의 색깔은 유전자 c의 대립인자들에 의해 결정된다. 본문에 주어진 내용을 참고하여 다음과 같은 교배로부터 기대되는 표현형과 비율을 예측하라: (a) $c^+c^h \times c^+c^{ch}$; (b) $c^+c^h \times c^+c$; (c) $c^+c^+ \times cc$; (d) $c^hc \times cc$; (e) $c^+c \times c^+c$; (f) $cc^{ch} \times cc$.

4.3 쥐에서는 다섯 가지의 계열 대립인자들이 털 색을 결정한다. 우성의 순서는: A^Y(노란털, 동형접합성 치사) > A^L(밝은색 복부를 가진 아구티) > A^+(야생형 아구티) > a^t(그을린 검은색) > a(검은색)으로 나타난다. 다음 각 교배에 대해 부모종의 털 색을 제시하고 이 교배에서 나오는 자손들의 표현형 비율을 예측하시오: (a) $A^Ya \times A^La^t$; (b) $A^YA^L \times A^YA^L$; (c) $A^La^t \times A^LA^L$; (d) $a^ta \times A^Ya$; (e) $A^YA^L \times A^YA^+$; (f) $A^YA^L \times A^+a^t$: (g) $a^ta \times aa$; (h) $A^+a^t \times a^ta$; (i) $A^LA^L \times A^YA^+$.

4.4 담배나 달맞이꽃 혹은 붉은 클로버 같은 몇몇 식물 종에서 알세포와 화분의 대립인자 조합들이 식물의 생식적 불화합성에 영향을 미친다는 것이 알려졌다. S^1S^1과 같은 동형접합성 조합은 발달하지 않는데, 그 이유는 S^1 화분이 S^1-의 암술머리에서는 작용을 하지 않기 때문이다. 그러나 S^1 화분은 S^2S^3 암술머리에서는 잘 발달한다. 다음과 같은 교배에서는 어떠한 자손들이 생길 것으로 예상되는가? (밑씨가 먼저 쓰였다): (a) $S^1S^2 \times S^2S^3$; (b) $S^1S^2 \times S^3S^4$; (c) $S^4S^5 \times S^4S^5$; (d) $S^3S^4 \times S^5S^6$.

4.5 ABO 혈액형에 대한 정보를 바탕으로 다음과 같은 혼인에서 기대되는 표현형과 그 비율을 제시하시오: (a) $I^Ai \times I^BI^B$; (b) $I^BI^B \times ii$; (c) $I^Ai \times I^Bi$; (d) $I^Ai \times ii$.

4.6 A형의 혈액형인 여자가 아이를 출산했는데, O형이었다. 여자는 AB형인 사람은 아이 아빠가 될 수 없다고 주장한다. 이 주장에 어떤 취할 점이 있는가?

4.7 AB형 혈액형인 여자가 A형 혈액형의 아이를 출산했다. 2명의 남자가 서로 아빠라고 주장하는데 한 사람의 혈액형은 A형이고, 다른 사람은 O형이었다. 유전적 자료가 이 중 1명을 아빠로 결정할 수 있을까?

4.8 어떤 식물군락의 꽃 색깔이 파랑(blue), 자주(purple), 청록색(turquoise), 연파랑(light-blue), 혹은 흰색(white)이었고, 서로 다른 개체들 사이의 교배에서 다음과 같은 결과를 얻었다면,

Cross	Parents	Progeny
1	purple × blue	all purple
2	purple × purple	76 purple, 25 turquoise
3	blue × blue	86 blue, 29 turquoise
4	purple × turquoise	49 purple, 52 turquoise
5	purple × purple	69 purple, 22 blue
6	purple × blue	50 purple, 51 blue
7	purple × blue	54 purple, 26 blue, 25 turquoise
8	turquoise × turquoise	all turquoise
9	purple × blue	49 purple, 25 blue, 23 light-blue
10	light-blue × light-blue	60 light-blue, 29 turquoise, 31 white
11	turquoise × white	all light-blue
12	white × white	all white
13	purple × white	all purple

이 식물의 꽃 색깔 유전에 관여하는 유전자들과 대립인자들의 수는 얼마인가? 다음 표현형들에 대해 가능한 유전자형을 말해보시오: (a) 자주색(purple); (b) 파랑(blue); (c) 청록색(turquoise); (d) 연파랑(light-blue); (e) 흰색(white).

4.9 혈액형이 AB형이면서 M형인 여자가, O형이면서 MN형인 남자와 결혼했다. 만약 A-B-O혈액형 유전자들과 M-N혈액형 유전자들이 서로 독립적으로 분배된다면, 이 부부가 낳는 아이들의 혈액형은 어떠한 비율로 나오게 될까?

4.10 어떤 일본 쥐 계통은 춤추기(waltzing)이라고 부르는 특이하고 부조화스러운 걸음걸이를 나타내며, 이것은 열성 대립인자 *v*에 기인한다. 우성 대립인자인 *V*는 정상적인 형태의 움직임을 나타낸다. 최근 어떤 쥐유전학자가 또 다른 부조화 움직임을 나타내는 돌연변이를 발견했다. 이 돌연변이는 *tango*라고 불리는데, *waltzing* 유전자와 대립인자일 수도 있고, 아니면 완전히 다른 유전자의 돌연변이일 수도 있었다. *waltzing*과 *tango* 돌연변이가 대립인자인지를 결정하기 위한 검사를 제시하라, 그리고 만약 이들이 대립인자라면 이들을 부호로 표시해보라.

4.11 사람의 선천성 귀머거리는 열성 조건으로 유전된다. 아래의 가계도에서 열성 동형접합성으로 생각되는, 귀가 안 들리는 두 사람이 4명의 아이를 낳았는데 모두 정상 청각을 가지고 있다. 적당한 설명을 제시하시오.

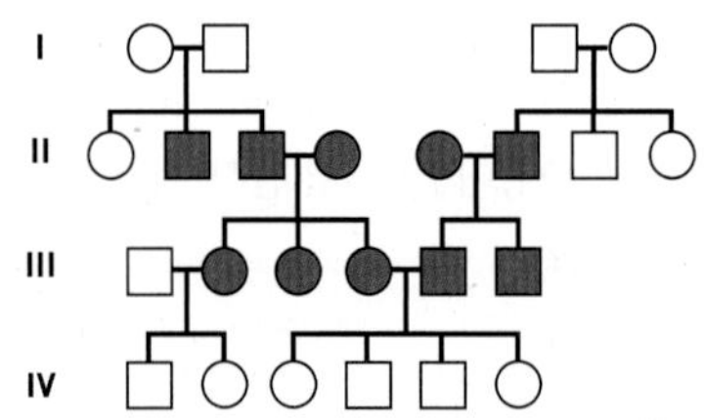

4.12 초파리에서, 서로 독립적으로 분배되는 열성 돌연변이인 *brown*과 *purple*은 눈에서의 붉은색소 합성을 방해한다. 그러므로, 두 유전자 중 하나에 동형접합자는 갈색이 나는 자주색(brownish purple) 빛의 눈을 가진다. 그러나 이들 두 돌연변이에 모두 이형접합성인 개체는 야생형과 같이 짙은 붉은색 눈을 가진다. 이러한 이중 이형접합자끼리 교배한 경우, 어떤 형태의 자손들이 어떠한 비율로 나올 것인가?

4.13 초파리의 우성 돌연변이 *Plum*도 역시 갈색이 나는 자주색 눈을 나타내도록 한다. 유전적 실험으로 *Plum*이 *brown*이나 *purple* 유전자와 대립인자인지를 결정할 수 있을까?

4.14 본문에 주어진 정보를 바탕으로, 왜 노란 털 쥐가 순계가 아닌지 설명하시오.

4.15 한 부부가 4명의 아이를 낳았다. 부모 모두 대머리가 아닌데도 두 아들 중 1명은 대머리고 딸들은 대머리가 없었다.

(a) 이 중 1명의 딸이 대머리인 남자와 결혼하여 아들을 낳았다면, 이 아들이 자라서 대머리가 될 확률은 얼마인가?

(b) 이 부부가 딸을 낳았다면, 그녀가 자라서 대머리가 되지 않을 확률은?

4.16 아래의 가계도는 운동부조화가 특징인 희귀한 신경성 질환인 운동실조증(ataxia)의 유전을 보여준다. 운동실조증은 우성인가, 열성인가? 설명해보라.

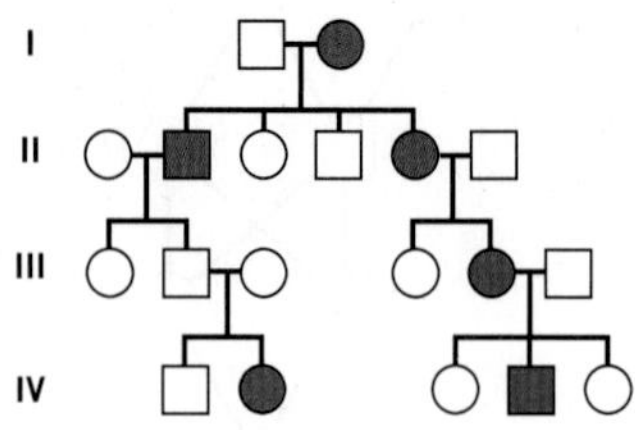

4.17 장미볏(*R*)과 완두볏(*P*) 대립인자를 둘 다 가진 닭은 호두볏을 가진다. 반면, 두 대립인자가 모두 없으면(즉 유전적으로 *rr pp*)인 경우는 홑볏이 된다. 본문에 설명된 이들 두 유전자들 사이의 상호작용에 관한 정보를 바탕으로, 다음 교배들에서의 예상 표현형과 비율을 결정하시오.

(a) *Rr Pp* × *Rr pp*

(b) *Rr pp* × *rr pp*

(c) *RR Pp* × *rr Pp*

(d) *rr PP* × *Rr Pp*

4.18 장미볏의 닭이 호두볏의 닭과 교배되어 20마리의 호두볏; 10마리의 장미볏; 4마리의 완두볏; 8마리의 홑볏 병아리가 생겼다. 부모의 유전자형을 결정하시오.

4.19 우성 대립인자인 *C*를 가진 여름호박은 흰 열매를 맺는 반면, 열성 대립인자인 *c*를 동형접합성으로 가지는 식물은 색깔이 있는 열매를 맺는다. 열매의 색깔이 있고 우성 대립인자 *G*를 가진 식물은 노란색의 열매가 달린다; 반면 이 대립인자가 없으면(즉, 유전자형이 *gg*이면), 열매의 색은 녹색이 된다. *Cc Gg*와 *cc GG* 식물 사이의 교배로 얻어진 자손의 표현형과 분리비는? *C*와 *G*는 독립적으로 분배된다고 가정한다.

4.20 닭의 흰 레그호온(Leghorn) 종은 우성 대립인자 *C*에 대해 동형접합성이다. 그리고 이것은 색깔 있는 깃털이 나게 한다. 그러나 이들 품종은 독립적으로 분배되는 또 다른 우성 대립인자 *I*에 대해서도 동형접합성인데, 이 인자는 깃털의 색소침착을 방해한다. 결과적으로 레그호온은 흰 깃을 가지게 된다. 흰색 와이언도트(Wyandotte) 닭은 이 두 유전자를 모두 갖지 않는다, 즉 *cc ii*이다. 레그호온 암탉과 와이언도트 수탉 사이의 교배에서 생긴 F_2 자손들의 표현형과 그 분리비는?

4.21 열성 돌연변이인 *scarlet*에 동형접합성인 초파리는 갈색 색소를 합성하지 못하기 때문에 밝은 빨간색의 눈을 나타낸다. 또 다른 열성 돌연변이인 *brown*에 동형접합성인 초파리는 붉은색 색소를 합성하지 못하므로 갈색을 띠는 자줏빛의 눈을 나타낸다. 이들 두 돌연변이에 모두 동형접합성인 초파리는 어느 색소도 생산하지 못하므로 흰눈이 된다. *brown*과 *scarlet*은 독립적으로 분배된다. 만일 이들 두 돌연변이에 모두 이형접합성인 초파리와,

두 돌연변이에 모두 열성 동형접합성인 초파리와의 교배가 이루어진다면 어떠한 종류의 자손의 어떤 비율로 나올 것인가?

4.22 어떤 포유동물의 털 색을 결정하는 아래의 가상적인 계획에 대해 고려해보라. 유전자 *A*는 흰색 색소인 P_0 를 회색 색소인 P_1으로 전환시키는 것을 조절한다; 우성 대립인자 *A*는 이 전환에 필수적인 효소를 생산하고, 열성 대립인자 *a*는 생화학적 활성이 없는 효소를 만든다. 유전자 *B*는 회색 색소인 P_1을 검정 색소인 P_2로 전환시키는 것을 조절한다; 우성 대립인자 *B*는 이 전환에 활성을 나타내는 효소를 생산하며, 열성 대립인자 *b*는 이 활성이 없는 효소를 만든다. 세 번째 유전자의 우성 대립인자인 *C*는 *A*유전자에서 나온 효소의 활성을 완전히 억제한다; 즉, 이것은 $P_0 \rightarrow P_1$ 반응을 방해하는 것이다. 대립인자 *c*는 이 반응을 방해하지 못하는 결손형 폴리펩티드를 만든다. 유전자 *A*, *B*, *C*가 독립적으로 분배되며 다른 유전자의 개입은 없다는 가정하에, *Aa Bb Cc* × *aa Bb cc* 교배의 F_2 자손에서 기대되는 표현형적 분리비는 얼마인가?

4.23 만약 앞의 문제에서 세 번째 유전자의 우성 대립인자인 *C*가 유전자 *A*에서 생산되는 효소의 활성이 아니라 *B*유전자에서 생산되는 효소의 활성을 완전히 억제한다면, 즉, $P_1 \rightarrow P_2$ 반응을 방해한다면, F_2의 표현형 분리비는 어떻게 기대되는가?

4.24 미크로네시아의 물총새(*Halcyon cinnamomina*)는 계피색(붉은 갈색) 안면을 가졌다. 일부 새들에서 이 색은 가슴팍까지 계속되어 세 가지의 무늬를 만는다: 원형, 방패형, 삼각형. 어떤 새들은 가슴털에 색을 띠지 않는다. 가슴에 삼각형 무늬의 색을 가진 수컷이 가슴이 흰 암컷과 교배되었고 모든 자손들이 가슴에 방패형 무늬를 가졌다. 다시 이 자손들끼리의 교배에서 3마리의 원형 무늬: 6마리의 방패 무늬: 3마리의 삼각형 무늬: 4마리의 흰 가슴을 나타내는 F_2의 표현형 비를 얻었다: (a) 이 형질의 유전 양식을 결정하여라. 그리고 세 세대의 모든 새들에 대한 유전자형을 표시하여라. (b) 흰 가슴의 수컷이 방패형 무늬의 암컷과 교배되어 F_1의 분리비가 1마리의 원형: 2마리의 방패형: 1마리의 삼각형으로 나타났다면, 이들 부모와 자손들의 유전자형은 무엇인가?

4.25 어떤 나무에서 종자의 색깔은 독립적으로 분리되는 네 유전자 *A*, *B*, *C*, *D*에 의해 결정된다. 이들 유전자들의 열성 대립인자 (*a*, *b*, *c*, *d*)들은 종자의 색소 생합성 경로에서 반응을 촉매하지 못하는 효소들을 만든다. 이 경로는 다음과 같다.

White precursor $\xrightarrow{A}$ Yellow $\xrightarrow{B}$ Orange $\xrightarrow{C}$ Red
Orange $\xrightarrow{D}$ Blue

붉은색과 파란색의 색소가 있다면 종자 색깔은 보라색이 된다. 유전자형 *Aa bb Cc Dd*와 *Aa Bb cc dd*가 교배되었다.

(a) 이 두 부모종의 종자 색은?
(b) 이 교배에서 나온 자손이 흰색 종자를 가질 확률은?
(c) 이 교배에서 붉은색, 흰색, 그리고 푸른 색 자손들의 상대적인 비율을 결정하라.

4.26 순계의 검은색과 노란색의 래브라도 리트리버들을 여러 쌍 교배했다. 모든 F_1 자손들은 검은색이었다. 이들 자손들끼리 교배했을 때, 이 F_2 자손들은 92마리의 검정: 40마리의 노랑: 28마리의 초콜렛 색의 강아지들로 구성되어 있었다. (a) 래브라도 리트리버의 털 색 유전을 설명하여라. (b) 털 색이 나타나는 생화학 경로를 제안해 보고 이 유전자들이 어떻게 털 색을 결정하게 되는지 설명해보라.

4.27 각각이 순종 계통에서 나온, 흰색 꽃을 가진 두 식물이 교배되었다. 모든 F_1 식물들은 붉은 꽃을 가지고 있었다. 이 F_1이 교배되었을 때 F_2들은 180개의 붉은 꽃과 145개의 흰 꽃 식물로 구성되어 있었다. (a)이 식물 종에서의 꽃 색 유전에 대한 설명을 제안해 보라. (b) 꽃 색소의 생화학 경로를 제시하고 이 경로의 각 단계를 조절하는 유전자들을 나타내보라.

4.28 어떤 가상의 식물에서 색소에 대한 생화학적 경로가 다음과 같이 유전적으로 조절된다고 하자:

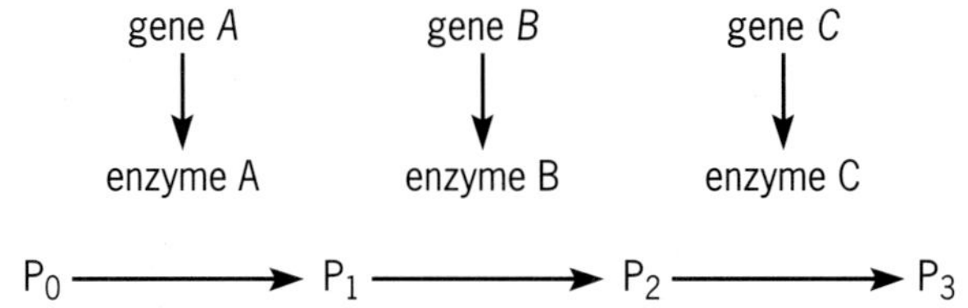

유전자 *A*가 흰색 색소인 P_0를 또 다른 흰색 색소인 P_1으로 전환시키는 효소를 생산한다고 가정하자; 우성 대립인자인 *A*는 이 전환에 필수적인 효소를 만들고, 열성 인자 *a*는 생화학적 활성이 없는 결손 효소를 만든다. 유전자 *B*는 흰색 색소인 P_1으로부터 분홍색 색소인 P_2로의 전환을 조절한다; 우성 대립인자 *B*는 이러한 전환에 필수적인 효소를 생산하며, 열성 대립인자인 *b*는 결함이 있는 효소를 만든다. 세 번째 유전자 *C*의 우성 대립인자인 *C*는 이 분홍 색소 P_2를 붉은색 색소인 P_3로 전환시키는 효소를 만들며, 이것의 열성 대립인자 *c*는 이러한 전환이 불가능한 변형된 효소를 만든다. 네 번째 유전자 *D*의 우성 대립인자인 *D*는 효소 *C*의 기능을 완전히 저해하는 폴리펩티드를 만들어 $P_2 \rightarrow P_3$의 반응을 억제한다. 이 유전자의 열성 대립인자 *d*는 이 반응을 억제하지 못하는 폴리펩티드를 만든다. 꽃의 색이 독립적으로 유전되는 이들 네 유전자들에 의해서만 결정된다고 가정하라. 유전자형이 *Aa bb CC DD*와 *aa Bb cc dd*인 식물 사이의 교배에서 얻어진 F_2 중 (a) 붉은 꽃의 비율은? (b) 분홍 꽃의 비율은? (c) 흰 꽃의 비율은 얼마인가?

4.29 다음 가계도들에서 A, B, 그리고 C의 근친교배 계수는 얼마인가?

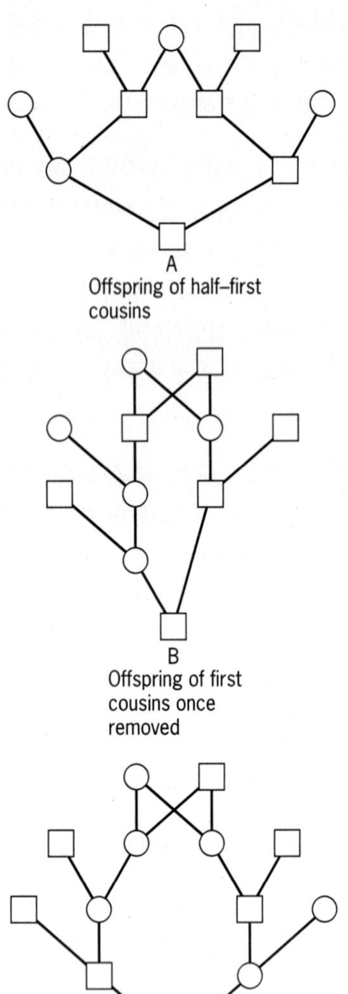

4.30 A, B, 그리고 C는 모두 쥐의 근친계통이고 모두 완전히 동형접합성이라고 가정하자. A가 B와 교배되었고, B는 C와 교배되었다. 그리고 나서 A × B 잡종을 C와 교배하여 그 자손들을 다시 B × C 잡종과 교배하였다. 마지막 교배에서 얻어진 자손의 근친교배 계수는 얼마인가?

4.31 마벨(Mable)과 프랭크(Frank)는 이복 남매이고, 티나(Tina)와 팀(Tim) 역시 마찬가지다. 그러나, 이들끼리는 공통조상을 갖지 않는다. 만약 마벨이 팀과 결혼하고, 프랭크가 티나와 결혼하여 아이를 갖는다면, 아이 유전자의 어느 정도가 공통조상에 의해 같아지게 될까? 이 아이들은 사촌 간 보다 더 가까울까, 아니면 더 멀까?

4.32 다음 가계도에서 I의 근친교배 계수가 0.1875라고 하자. I의 공통조상인 C의 근친교배 계수는 얼마이겠는가?

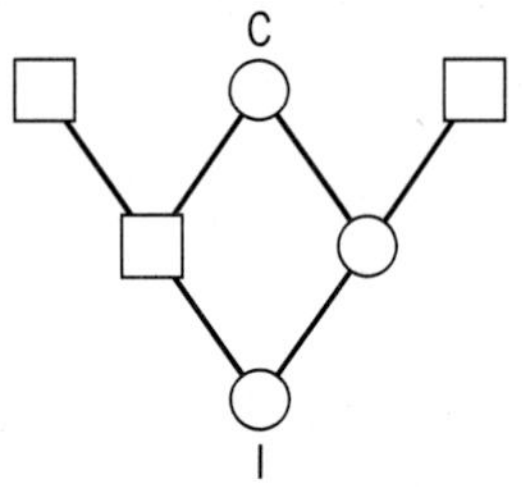

4.33 무작위로 수분된 옥수수 계통이 평균 30cm 길이의 옥수수를 생산한다. 한 세대의 자가 교배 결과 옥수수의 길이가 20cm로 줄어들었다. 만약 자가 교배가 한 세대 이상 더 지속된다면 옥수수의 길이가 어떻게 될지 추측해보라.

멘델 유전학의 염색체적(染色體的) 기초

5

장의 개요

- 염색체
- 유전의 염색체설
- 인간의 성 연관 유전자
- 성염색체와 성 결정
- X 연관 유전자의 양적 보정

성, 염색체, 그리고 유전자

무엇이 생명체를 남성과 여성으로 발생하도록 하는가? 왜 두 가지의 성적(性的) 표현형만이 있는가? 생명체의 성은 유전자가 결정하는가? 20세기 초 멘델 연구가 재발견된 이후, 이러한 문제들은 유전학자의 흥미를 유발시켰다.

유전자가 성 결정(性結定)의 역할을 한다는 발견은 이전에는 별개였던 두 분야, 즉 유전현상을 연구하는 유전학(genetics)과 세포를 연구하는 세포학(cytology)의 접목으로부터 나왔다. 20세기 초 이 두 학문은 미국의 유전학자인 모건(Thomas Hunt Morgan)과 세포학자인 윌슨(Edmund Beecher Wilson)의 교류를 통해서 만나게 되었다.

초파리, *Drosophila melanogaster*.

세포학자인 윌슨은 염색체의 행동에 관심이 있었다. 염색체의 조성은 사람을 포함해 많은 종의 성 결정에 중요한 역할을 한다고 판명되었다. 윌슨은 두 성(性)의 염색체 조성의 차이를 처음으로 조사한 사람의 하나였다. 그와 그의 동료들은 이러한 차이가 성염색체라는 특별한 한 쌍의 염색체에 국한됨을 알아내었다. 윌슨은 감수분열 동안에 이 성염색체들의 행동이 성의 유전을 설명할 수 있다는 것을 알아내었다.

유전학자인 모건은 유전자를 밝히는 데 관심이 있었다. 그는 노랑초파리(*Drosophila melanogaster*) 연구에 집중했으며, 암수에 따라 표현형의 분리비가 다르게 나타나는 유전자를 발견했다. 그는 그 유전자가 성 염색체상에 위치한다고 가정했으며, 그의 제자인 브리지스(Carvin Bridges)가 이 가설이 사실임을 입증했다. 유전자가 염색체 위에 존재한다는 모건의 발견은 굉장한 성과였다. 멘델이 가정했던 추상적인 유전적 요소가 결국은 세포 내의 가시적 구조 위에 실제로 위치하고 있는 것이었다. 유전학자들은 감수 분열시의 염색체 행동으로 분리의 법칙과 독립의 법칙을 설명할 수 있다.

특정 유전자가 한 생명체의 성을 결정한다는 발견은 훨씬 뒤에, 또 다른 학문인 분자생물학이 유전학 그리고 세포학과 접목되면서 이루어졌다. 세포학자, 유전학자 그리고 분자생물학자는 성적인 표현형이 성염색체 형과 일치하지 않는 매우 드문 사람들을 연구함으로써 특정한 성 결정 유전자를 찾아낼 수 있었다. 오늘날, 이 세 분야의 학자들은 어떻게 이러한 유전자가 성적 발달을 조절하는가를 알아내려고 노력하고 있다.

염색체

각 종들은 각각 독특한 염색체 세트를 가지고 있다.

염색체는 독일 세포학자인 발데이어(W. Waldeyer)에 의하여 19세기 후반에 발견되었다. 많은 다양한 생명체들을 연구한 결과, 염색체는 모든 세포의 핵에 존재한다는 것을 알게 되었다. 염색체는 분열 중인 세포를 염색하면 가장 잘 볼 수 있다. 이 시기의 염색체들은 조그만 덩어리로 응축되고 꽉 차게 구성된 실린더 모양을 하고 있다. 세포분열의 간기 동안의 염색체는 염색을 해도 잘 보이지 않는다. 이 시기의 염색체는 매우 엉성하게 구성되어 있고 핵 내에 이리저리 흩어져 있는 상태의 가는 실 같은 모양을 하고 있다. 그러므로 염색을 하면 핵 전체가 염색이 되어서 염색체는 동정이 되지 않는다. 이렇게 분산된 상태의 실 가닥을 **염색질(chromatin)**이라고 부른다. 염색질의 어떤 부위는 다른 부위보다 더 어둡게 염색되며, 이는 근본적인 구성의 차이가 있는 것을 의미한다. 밝은 부위는 **진정염색질(euchromatin)** 그리고 어두운 부위를 **이질염색질(heterochromatin)**이라 하며, 이 염색질들의 다른 기능적 의미를 19장에서 논의하겠다.

염색체수

종들이 갖고 있는 염색체수는 항상 기본수(n)의 짝수 배수를 가진다. 사람의 기본수는 23개이며, 성숙된 난자와 정자는 23개의 염색체를 갖고 있다. 간혹 간세포 중 일부의 세포는 기본수의 4배인 92개의 염색체를 갖고 있는 경우도 있지만, 사람의 대부분 세포들은 기본수의 두 배인 46개의 염색체를 갖고 있다.

기본수(n)의 염색체 한 세트인 **반수체(haploid)**를 *반수체 유전체(haploid genome)*라고 한다. 대부분의 체세포는 **2배체(diploid, 2n)**이므로 각 염색체를 두 개씩 가지고 있다. 각각의 염색체를 4개씩 가지면 **4배체(tetraploid, 4n)**, 8개씩 가지면 **8배체(octaploid, 8n)**라고 한다. 이러한 증가(1, 2, 4, 8, ...)는 염색체 복제가 연속적으로 일어남으로써 발생한다.

염색체의 기본수는 종마다 다양하다. 생물 유전체의 염색체 수는 생명체의 크기나 생물학적 복잡성과는 무관하여 10개에서 40개 정도의 염색체를 갖고 있다(표 5.1). 아시아계 사슴인 먼트잭(muntjac)은 단 3개의 염색체들을 가지고 있는 반면, 어떤 양치류는 수백 개의 염색체들을 유전체 안에 갖고 있다.

성 염색체

어떤 동물의 — 예를 들어 메뚜기(grasshopper) — 암컷은 수컷보다 염색체를 하나 더 많이 갖고 있다(■ **그림 5.1***a*). 이 여분의 염색체를 **X 염색체(X chromosome)**라 부른다. 이 종들의 암컷은 두 개의 X 염색체를 가지며 수컷은 하나만을 가지고 있다. 그래서 암컷은 세포학적으로 XX, 수컷은 XO로 표시하는데, 여기서 O는 염색체가 없다는 것을 의미한다. 암컷의 감수분열 시기에 두 개의 X 염색체는 짝을 이루고, 다시 분리되어 하나의 X 염색체를 가지는 난자를 만든다. 수컷의 감수분열 동안에는 하나의 X만이 다른 염색체와 독립적으로 이동되어 정자의 반만 X 염색체를 갖게 된다. 그리하여, 정자와 난자가 수정되면, 두 종류의 접합자(接合子: zygote)가 형성된다. 즉, 암컷이 되는 XX와 수컷이 되는 XO가 그것이다. 각 접합자가 될 확률은 동일하기 때문에 이 종의 생식 기구(機構: mechanism)는 암수를 1:1로 유지한다.

사람을 포함한 다른 많은 종에서는 암수가 같은 수의 염색체를 가진다(■ **그림 5.1***b*). 이런 수적(數的) 동일성은 **Y 염색체(Y chromosome)**라 불리는 수컷의 염색체 때문인데, 이 Y 염색체는 감수분열을 할 때 X 염색체와 짝을 이룬다. Y 염색체는 형태적으로 X 염색체와 구별이 된다. 예를 들어 사람의 Y 염색체는 X 염색체보다 짧고 동원체가 한쪽 끝에 위치한다(■ **그림 5.2**). X 염색체와 Y 염색체의 공통적인 부분은 염색체의 일부분 뿐이며 주로 짧은 말단 부위가 공통적이다. 수컷의 감수분열 시기 동안 X와 Y 염색체는 서로 분리되어 X 염

표 5.1

여러 생물들의 염색체 수

Organism	Haploid Chromosome Number
Simple Eukaryotes	
Baker's yeast (*Saccharomyces cerevisiae*)	16
Bread mold (*Neurospora crassa*)	7
Unicellular green alga (*Chlamydomonas reinhardtii*)	17
Plants	
Maize (*Zea mays*)	10
Bread wheat (*Triticum aestivum*)	21
Tomato (*Lycopersicon esculentum*)	12
Broad bean (*Vicia faba*)	6
Giant sequoia (*Sequoia sempervirens*)	11
Crucifer (*Arabidopsis thaliana*)	5
Invertebrate Animals	
Fruit fly (*Drosophila melanogaster*)	4
Mosquito (*Anopheles culicifacies*)	3
Starfish (*Asterias forbesi*)	18
Nematode (*Caenorhabditis elegans*)	6
Mussel (*Mytilus edulis*)	14
Vertebrate Animals	
Human (*Homo sapiens*)	23
Chimpanzee (*Pan troglodytes*)	24
Cat (*Felis domesticus*)	36
Mouse (*Mus musculus*)	20
Chicken (*Gallus domesticus*)	39
Toad (*Xenopus laevis*)	17
Fish (*Esox lucius*)	25

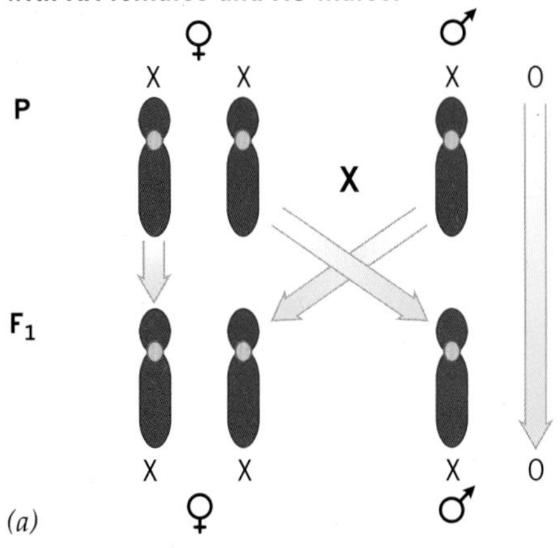

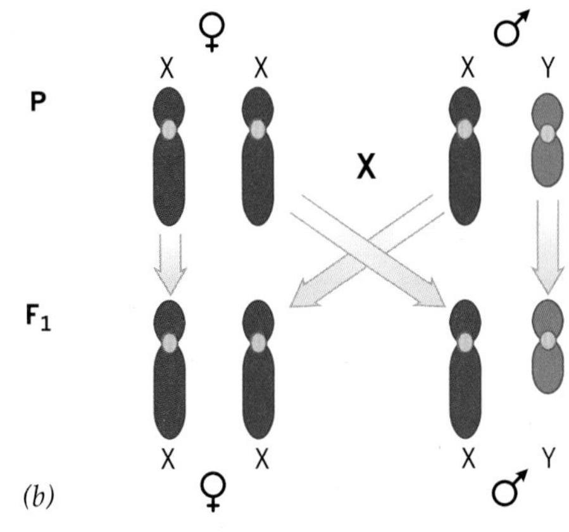

■ 그림 5.1 동물의 성 염색체의 유전. (*a*) 메뚜기와 같은 XX 암컷/XO 수컷 동물들. (*b*) 사람과 초파리와 같은 XX 암컷/XY 수컷 동물들.

색체 또는 Y 염색체 만을 가지는 두 종류의 정자를 생산한다. 두 종류의 정자가 되는 비율은 거의 동일하다. 한편, XX인 암컷은 한 종류의 X를 가지는 난자를 생산한다. 만약 수정이 무작위적으로 일어난다면 접합자의 반은 XX가 될 것이고, 또 다른 반은 XY가 되어 성비는 1:1이 된다. 그러나 사람의 경우 Y 염색체를 가진 정자가 수정 시 X 염색체를 가진 정자보다 유리하기 때문에 실제 접합자의 비율은 약 1.3:1이다. 그러나 발생과정 동안 XX와 XY의 생존률의 차이에 의하여 출생 시는 남자가 조금 더 줄어들어 결국 남자가 약간 많게 된다(성비 1.07:1). 그리고 결혼의 시기가 되면 여분의 남자는 제거되어 성비는 거의 1:1에 가깝게 된다.

이와 같은 X와 Y 염색체를 **성염색체(sex chromosome)**라고 하고, 유전체의 나머지 염색체들은 **상염색체(autosome)**라고 한다. 성염색체는 20세기 초기에 맥클렁(McClung), 스티븐스(Stevens), 서튼(Sutton), 그리고 윌슨(Wilson)과 같은 미국의 세포학자들의 연구로 발견되었다. 이 발견은 멘델학설의 출현과 거의 동시에 이루어졌으며 멘델의 법칙과 염색체의 감수분열시 행동사이의 관계에 관한 연구에 자극을 주었다.

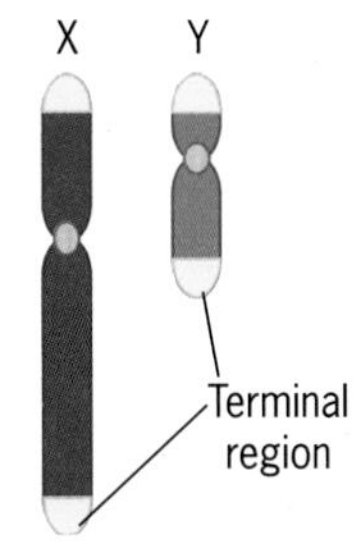

■ 그림 5.2 사람의 X와 Y 염색체. 말단 부위를 두 염색가 공유한다.

요점

- *각 염색체는 세포가 분열하는 동안 볼 수 있다. 세포 분열 사이에는 염색질이라고 불리는 섬유모양으로 분산되어 있다.*
- *이배체인 체세포들은 반수체인 배우자의 두 배 염색체를 갖고 있다.*
- *남성과 여성의 세포들은 서로 다른 성염색체를 가지고 있다. 그러나 이들 세포의 상염색체들은 같다.*

유전의 염색체설

초파리에서 성 연관 유전의 특성에 관한 연구는 감수분열 시기의 염색체의 행동이 멘델의 분리와 독립의 법칙에 기초하고 있다는 첫 번째 증거를 제시했다.

1910년경 많은 생물학자들은 유전자가 염색체상에 위치하고 있는 것이 아닌가하고 추측했지만 명확한 근거가 없었다. 과학자들은 염색체와 연관되어 있는 유전자를 찾을 필요가 있었다. 이것은 돌연변이 대립유전자와 염색체를 형태적으로 구분할 수 있어야 가능했다. 더욱이 유전자의 전달 양식은 생식과정에서 염색체의 행동과 일치하는 것을 보여줄 수 있어야 했다. 이러한 필요조건들은 미국의 생물학자 모건이 노랑초파리(*Drosophila melanogaster*)에서 특이한 눈의 색깔을 갖고 있는 돌연변이를 발견함으로써 충족되었다. 모건은 1909년경 초파리를 이용한 실험을 시작하였다. 초파리는 세대가 짧고 많은 자손을 생산하며 실험실에서 값싸게 사육할 수 있기 때문에 유전학 실험에 아주 이상적인 곤충이다. 더욱이 노랑초파리는 단지 4쌍의 염색체만을 가지고 있으며, 한 쌍의 성염색체를 가진다(암: XX, 수: XY). X 염색체와 Y 염색체는 형태학적으로 서로 구분되며 상염색체들과도 구분이 가능하다. 실험을 통해서 모건은 흰 눈 색 돌연변이가 X 염색체와 함께 유전이 되는 것을 밝혔으며, 실제로 흰 눈 색 유전자가 X 염색체에 위치한다고 제안했다. 후에 그의 제자 브리지스는 이러한 유전의 염색체설에 대한 명확한 실험적 증거를 얻었다.

유전자의 유전현상과 염색체와의 관련에 대한 실험적 증거

모건의 실험은 야생형 붉은 눈이 아닌 흰 눈을 가진 돌연변이 수컷 초파리의 발견과 함께 시작되었다. 흰 눈의 수컷을 야생형의 암컷과 교배하였을 때 모든 자손은 붉은 눈이었다. 이는 흰 눈이 붉은 눈에 대해 열성임을 나타낸다. 모건은 이 자손의 암컷을 야생형의 수컷과 다시 교배하면 특이한 분리 양상을 보이는 것을 발견하였다. 암컷 모두와 수컷의 반은 붉은 눈을 가졌고, 수컷의 다른 반은 흰 눈을 가졌다. 이러한 유전 양식은 눈 색의 유전이 성염색체에 연관되어 있음을 암시한다. 모건은 눈 색에 관한 유전자는 Y 염색체가 아니라 X 염색체상에 있으며, 흰 눈과 붉은 눈의 표현형을 보이는 것은 두 개의 대립유전자가 있기 때문이라고 제안했다(돌연변이 대립유전자는 w, 야생형 대립유전자는 w^+).

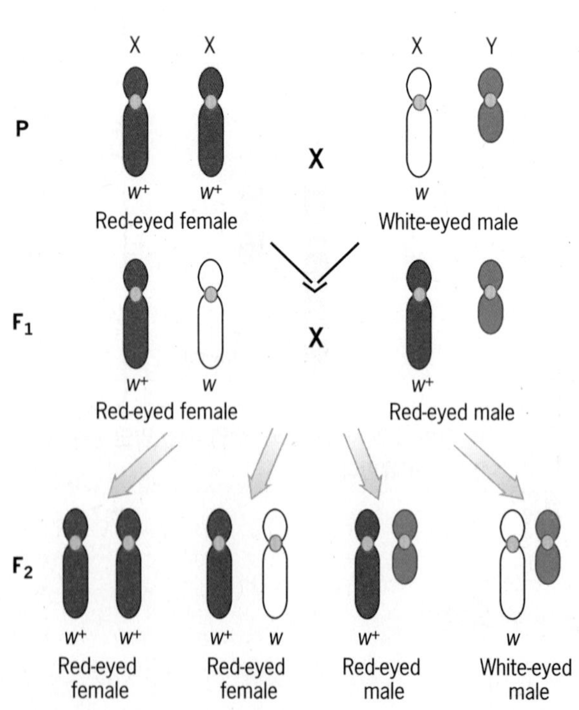

■ 그림 5.3 초파리의 흰 눈의 유전을 보여주는 모건의 실험. 성과 함께하는 돌연변이 형질의 유전은 눈 색 유전자가 Y 염색체가 아닌 X 염색체에 있음을 암시한다.

모건의 가설은 ■ **그림 5.3**에 도식화되어 있다. 첫 번째 교배의 야생형 암컷은 대립유전자 w^+에 대한 동형접합으로 추정되었고, 그 암컷과 교배한 흰 눈의 수컷은 Y 염색체가 아니고, X 염색체위에 돌연변이 w의 대립유전자를 가지고 있는 것으로 추정되었다. 한 유전자에 대해서 하나의 복사본(copy) 만을 가지고 있는 개체를 **반접합자(hemizygote)**라 부른다. 이 교배에서 나온 자손 중에서 수컷은 그들의 어미로부터 X 염색체를 물려받고 아비로부터 Y 염색체를 물려받는다. 따라서 모계로부터 유전된 X가 w^+ 대립유전자를 가지고 있으므로 이 자녀 수컷들은 붉은 눈이다. 반면 암컷 자손은 양친 모두에게서 X를 물려받는다(어미로부터 물려받은 w^+를 가진 X 염색체 그리고 아비로부터 물려받은 w를 가진 X 염색체). 그러나 w^+가 w에 대해서 우성이기 때문에, 이형접합체인 F_1 암컷은 붉은 눈을 가지게 된다.

F_1의 암컷과 수컷을 서로 교배시키면 네 가지 성염색체 조합의 유전인자형 자손이 나온다. 암컷인 XX 초파리는 붉은 눈인데 적어도 하나의 w^+ 대립유전자가 있기 때문이다. 수컷인 XY 초파리는 흰색 또는 붉은 눈인데, 이것은 어느 X 염색체가 이형접합체인 F_1 암컷으로부터 전달되었는지에 따른다. 이들 암컷에서 w와 w^+가 분리되어져서 F_2 수컷의 반은 흰 눈이 되는 것이다.

모건은 그의 가설을 확인하기 위한 부가적인 실험을 수행하였다. ■ **그림 5.4*a*** 실험에서 그는 눈 색 유전자가 이형접합으로 추정되는 암컷들과 흰 눈 돌연변이 수컷을 교배시켰다. 예상한 대로 자손은 암수 모두의 반은 흰 눈이고, 나머지 반은 붉은 눈이었다. 또 다른 실험(■ **그림 5.4*b***)에서, 그는 흰 눈 암컷을 붉은 눈 수컷과 교배

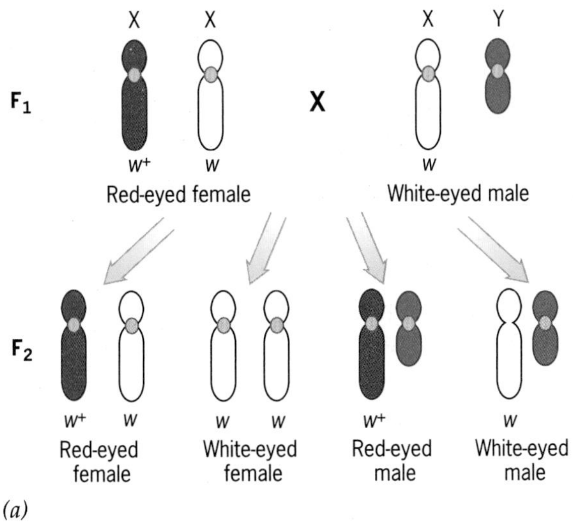

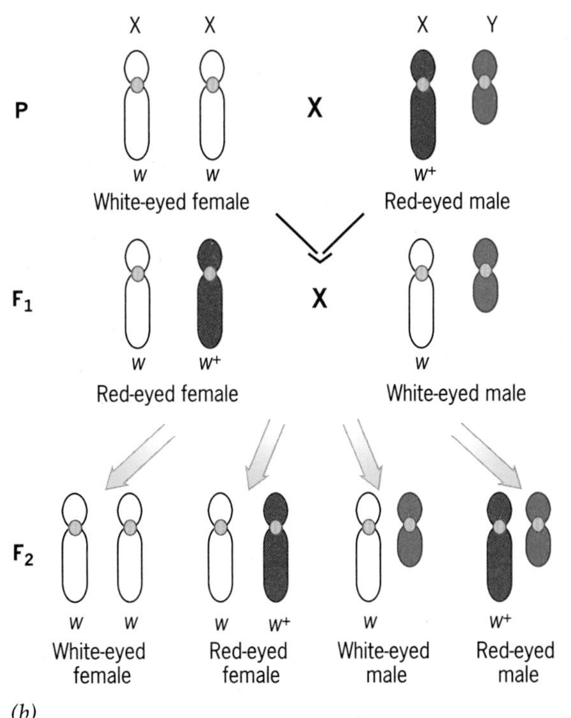

■ 그림 5.4 초파리의 눈 색 유전자가 X 염색체와 연관된다는 모건의 가설에 대한 실험적 검증. 각 실험에서 눈 색은 X 염색체와 함께 유전된다. 그래서 이런 교배의 결과는 눈 색 유전자가 X 연관성이라는 모건의 가설을 뒷받침했다.

했다. 이번에는 모든 암컷 자손이 붉은 눈을 가졌고 모든 수컷 자손은 흰 눈이었다. 이런 자손을 서로 교배했을 때 모건이 예상한 대로 분리되는 것을 관찰하였는데, 자손은 암수 모두, 반은 붉은 눈이고 나머지 반은 흰 눈이었다. 눈 색에 대한 유전자가 X 염색체위에 연관되어 있다는 모건의 가설은 이와 같은 실험적인 검증으로 증명되었다.

염색체설의 증거로서 비분리현상

모건은 초파리의 생식과정에서 X 염색체의 전달과 그 눈 색 유전자의 전달을 연계함으로써, 눈 색에 대한 유전자가 X 유전자에 존재함을 증명하였다. 그러나 유전자의 전달 규칙에 예외적인 현상들까지도 염색체의 행동으로 설명함으로써 염색체설의 증거를 제시했던 사람은 바로 그의 제자인 브리지스였다.

브리지스는 모건의 실험 중 하나를 대규모로 실행했다. 그는 흰 눈의 암컷 초파리를 붉은색 수컷과 교배하여 많은 F_1 자손을 얻었다. 기대한 대로 거의 모든 F_1 파리들이 붉은 눈의 암컷이거나 흰 눈의 수컷이었지만 브리지스는 몇 몇 예외적인 파리(흰 눈의 암컷과 빨간 눈의 수컷)를 발견했다. 그는 이들이 어떻게 해서 발생하였는지 알아보기 위해서 교배실험을 하였다. 예외적인 수컷은 모두 불임이었지만, 암컷은 임신능력이 있었다. 이들을 정상인 붉은색 눈의 수컷과 교배하여, 많은 수의 흰 눈 암컷 자손과 빨간색 눈 수컷 자손을 낳았다. 이와 같이 그 예외적인 F_1 암컷은 비록 매우 드물지만, 의외로 많은 자손을 생산했다.

브리지스는 이러한 실험 결과를 통해 예외적인 F_1 초파리가 P 세대 암컷의 감수분열 시기에 비정상적 X 염색체 행동의 결과로 유발되었다고 설명했다. 보통, 이들 암컷의 X 염색체는 감수분열 시기에 분리(disjoin)되어야 하나, 때때로 X 염색체는 분리가 되지 않고, 2개

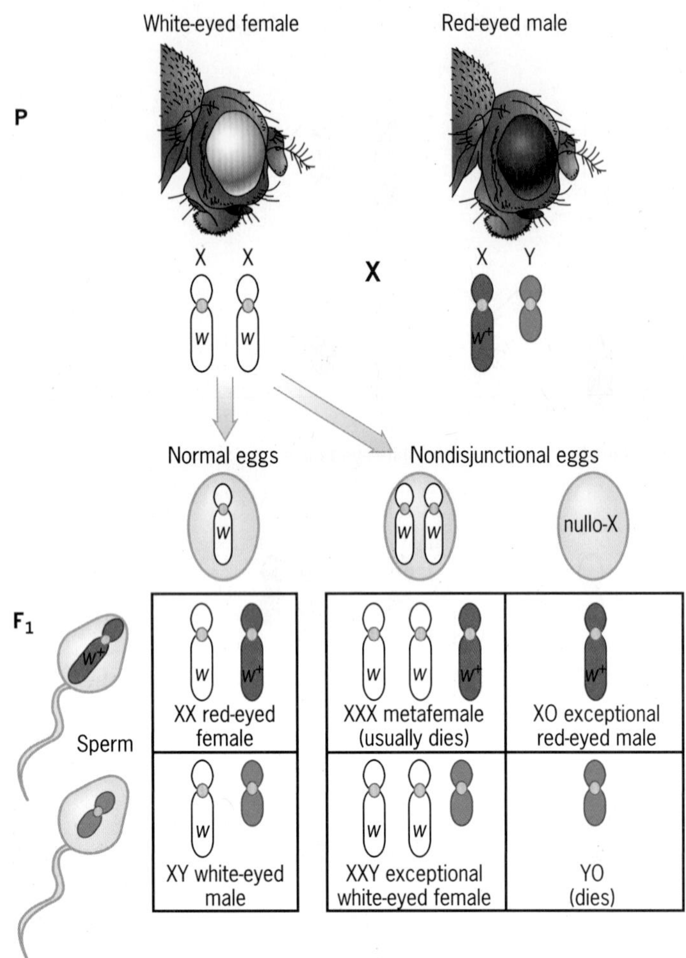

■ 그림 5.5 X 염색체의 비분리는 브리지스의 실험에서 예외적 자손들이 출현하게 된 원인이다. 두 개의 X 염색체를 갖거나 X 염색체를 갖지 않는 비분리 알들은 X 염색체나 Y 염색체를 갖는 정자와 수정하여 네 종류의 접합자를 만든다. XXY 접합자는 흰 눈의 암컷으로 발생하고, XO 접합자는 붉은 눈의 불임 수컷으로 발생하며, XXX와 YO 접합자는 죽는다.

의 X 염색체를 가진 알이나 혹은 X 염색체를 가지지 않는 초파리의 알을 생산한다. 그리고 정상적인 정자와 그러한 비정상적 알이 수정되면 비정상적인 수의 성염색체를 가진 접합자가 만들어진다. ■ **그림 5.5**는 그러한 가능성을 모식도로 나타내고 있다.

만약 두 개의 X 염색체를 가진 알(보통 diplo-X라 함; 인자형은 X^wX^w)이 Y 염색체를 가진 정자와 수정이 되면 접합자는 X^wX^wY가 된다. 이 접합자의 각 X 염색체는 *w* 유전자를 가지므로 이 초파리는 흰 눈을 가진다. 만약에 X가 없는 알(nullo-X)이 X를 가지는 정자와(X^+) 수정이 되면 접합자는 X^+O가 된다("*O*"는 염색체가 없음을 나타낸다). 이 접합자의 유일한 X 염색체는 w^+를 가지므로 빨간 눈을 갖는 초파리가 된다. 브리지스는 XXY 초파리가 암컷이었고 XO 초파리는 수컷으로 추정했다. 그가 관찰했던 예외적인 흰 눈 암컷은 X^wX^wY이었고, 붉은 눈 수컷은 X^+O였다. 브리지스는 이들 예외적인 파리들의 염색체 조성을 직접 염색체를 관찰하여 확인했다. XO 개체들은 수컷이기 때문에, 그는 초파리에서 Y 염색체는 실제로 성적 표현형과는 무관하다고 결론지었다. 그러나 XO 수컷들은 항상 불임이었기 때문에 Y 염색체는 수컷의 성적 기능에 중요하다.

브리지스는 정상적 정자와 비정상인 알의 수정은 두 가지의 다른 종류의 접합자를 생산할 수 있음을 알았다: $X^wX^wX^+$(diplo-X 알과 X를 가지는 정자로부터)와 *YO*(nullo-X 알과 Y를 가지는 정자로부터). $X^wX^wX^+$ 접합자는 붉은 눈의 암컷으로 발생되지만 허약했다. 이들(메타자성: metafemales)은, 누더기 같은 날개와 식각(蝕刻)된 복부 같은 해부학적 이상 증후군으로 XX 암컷과 구별할 수 있다. 유전학자들은 그들이 초(super)와는 관련이 없음에도 불구하고, 브리지스에 의해 만들어진 그들을 부적절하게 초자성(superfemales)이라고 불렀다. *YO* 접합자는 살지 못하고 죽게 된다. 이것으로 보아 성염색체를 가지는 대부분의 다른 동물과 마찬가지로 초파리에서도 적어도 하나의 X 염색체가 생존에 필요하다.

브리지스는 이러한 교배들로부터 얻은 예외적인 자손을 설명함으로써 염색체설의 정당성을 보여주었다. 각각의 예외적인 현상들은 감수분열 동안에 염색체들이 비정상적으로 행동하기 때문에 발생한다. 브리지스는 감수분열의 한 시기에 염색체의 분리가 되지 않는 현상을 비정상적 **비분리(nondisjunction)**라고 불렀다. 이러한 현상은 잘못된 염색체의 행동, 부정확하거나 불완전한 접합, 또는 동원체 기능 이상으로부터 발생할 수 있다. 브리지스의 데이터로부터 정확한 원인을 상술하기는 불가능하나, 그는 그 예외적인 XXY 암컷에서 아마도 성염색체가 다음과 같은 방식으로 분리되기 때문에 고 빈도로 이러한 자손을 생산할 것으로 생각했다. 즉 X 염색체가 서로 분리되거나, 혹은 X 염색체가 Y 염색체로부터 분리되거나 할 때, 후자의 경우, Y 염색체로부터 분리된 X가 제 1 감수분열 시기에 어느 한 쪽의 극으로 이동하면 diplo-X나 nullo-X가 생산된다. 그리고 정상적인 정자에 의해서 수정될 경우 그러한 비정상적인 알들이 예외적인 접합자들을 형성하는 것이다.

브리지스는 암컷의 감수분열 시기 동안 일어나는 염색체의 비분리현상의 효과를 관찰하였다. 우리는 수컷의 감수분열 시기 동안의 염색체 비분리현상의 효과들에 대해서도 적절한 실험으로 연구할 수 있다는 것을 명심해야 한다.

모건과 제자들의 초파리 연구(Student Companion 사이트의 유전학의 이정표: 모건의 초파리 사육실 편 참고)는 모든 유전자는 염색체 위에 존재하며, 생식과정 중 염색체 전달 특성으로 멘델의 법칙이 잘 설명될 수 있다는 견해를 크게 강화시켰다. **유전의 염색체설**이라 불리는 이 개념은 생물학의 가장 중요한 성과로 자리 잡았다. 20세기 초반에 만들어진 유전의 염색체설은 모든 유전 연구의 통일된 틀이 되었다.

멘델의 분리의 법칙과 독립의 법칙의 염색체적 기초

멘델은 두 가지 유전 법칙을 확립했다. (1) 한 유전자의 대립유전자는 서로 분리된다, (2) 다른 유전자들의 대립유전자는 독립적으로 나누어진다. 유전자는 염색체 위에 존재한다는 발견으로 이러한 원리(법칙)가 염색체의 감수분열 현상이라는 관점에서 설명이 가능해졌다.

분리의 법칙(Principle of Segregation)

제 1차 감수분열 시기에 상동염색체는 접합한다. 상동염색체의 하나는 어머니로부터 또 다른 하나는 아버지로부터 왔다. 만약에 어머니가 *A* 대립유전자의 동형접합체이고 아버지는 다른 *a* 대립유전자의 동형접합체라면 자손은 이형접합인 *Aa*가 된다. 제 1차 감수분열 후기에서 쌍을 이룬 염색체는 분리되어 세포의 양극으로 이동하여 하나의 염색체는 대립유전자 *A*를 가지고, 다른 하나는 대립유전자 *a*를 가진다. 이러한 두 염색체의 물리적 분리로 대립유전자는 서로 분리되어, 결국 각각 다른 딸세포에 나뉘어 존재하게 된다. 멘델의 분리의 법칙은 제 1차 감수분열 후기에 상동염색체가 분리된다는 데 근거를 둔다(■ **그림 5.6**).

독립의 법칙(Principle of Independent Assortment)

독립의 법칙 또한 첫 번째 감수분열 후기의 염색체 분리에 근거한다(■ **그림 5.7**). 관계를 쉽게 이해하기 위해서 두 개의 다른 염색체 쌍을 생각하자. 이형접합의 *Aa Bb*가 *AA BB* 암컷과 *aa bb* 수컷으로부터 생산되었다고 가정하고 두 유전자가 다른 염색체 위에 존재한다고

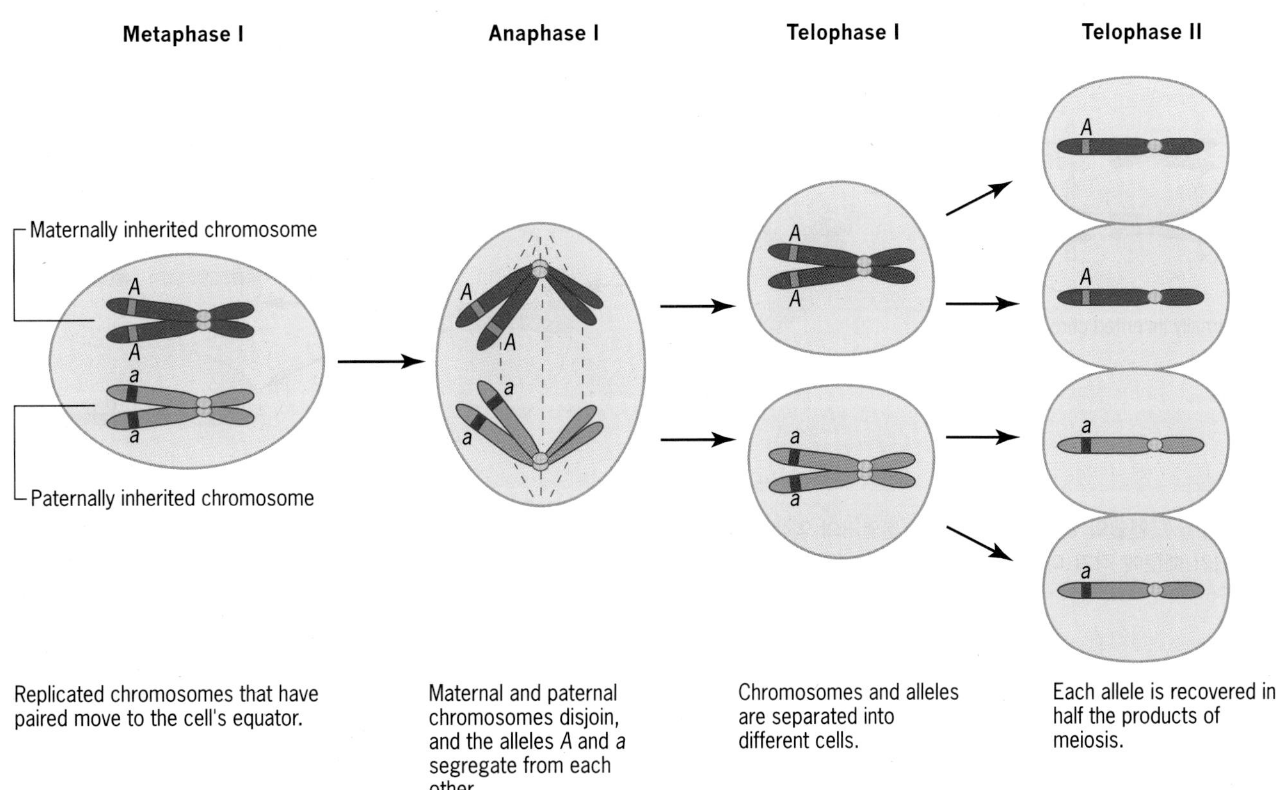
Metaphase I
Anaphase I
Telophase I
Telophase II
Maternally inherited chromosome
Paternally inherited chromosome
A
a
Replicated chromosomes that have paired move to the cell's equator.
Maternal and paternal chromosomes disjoin, and the alleles A and a segregate from each other.
Chromosomes and alleles are separated into different cells.
Each allele is recovered in half the products of meiosis.

■ 그림 5.6 멘델의 분리의 법칙과 감수분열시 염색체 행동. 대립유전자의 분리는 쌍을 이룬 염색체들이 제 1차 감수분열 후기에 분리되는 것으로 설명될 수 있다.

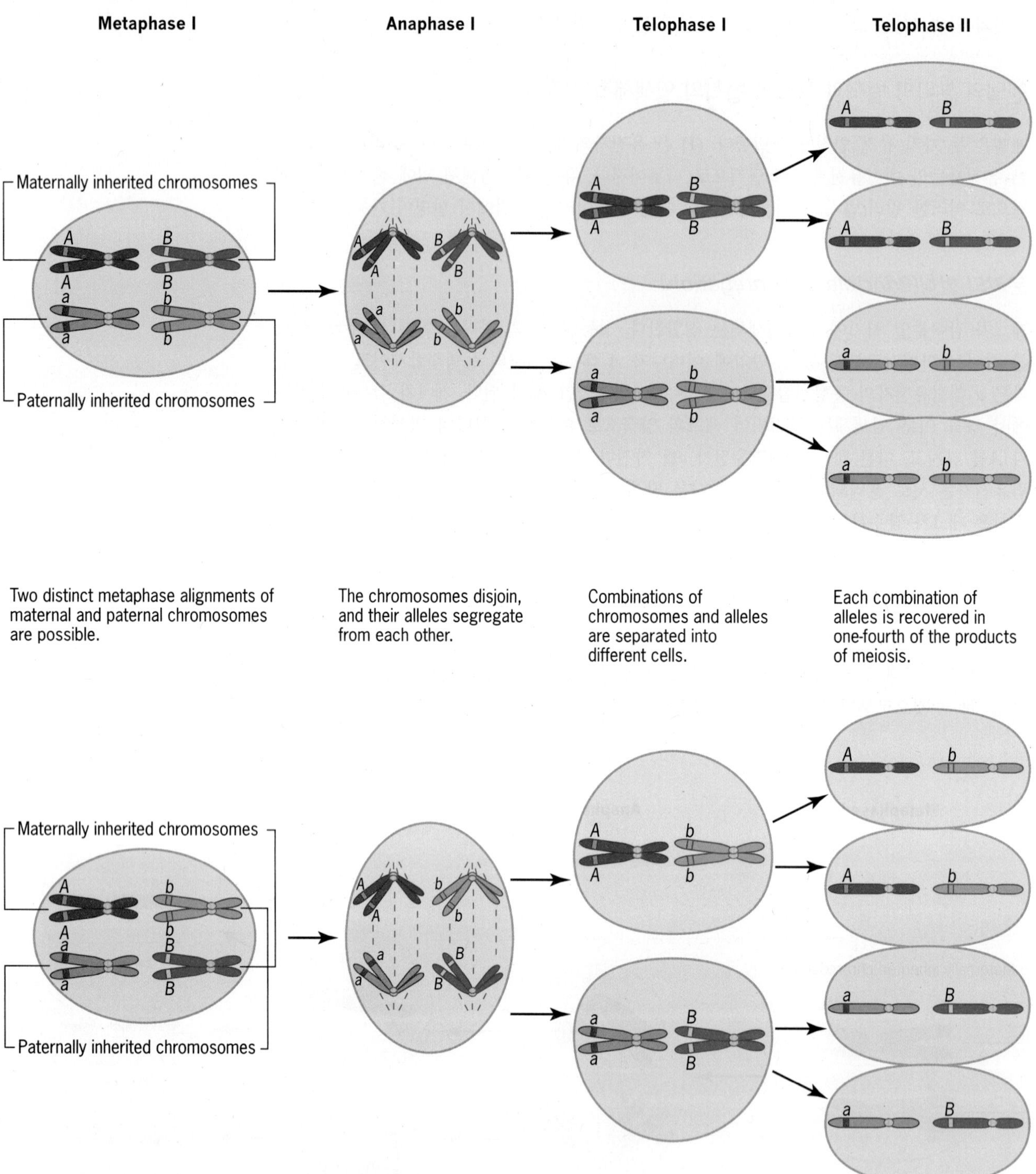
Metaphase I
Anaphase I
Telophase I
Telophase II
Maternally inherited chromosomes
Paternally inherited chromosomes
A
B
a
b
Two distinct metaphase alignments of maternal and paternal chromosomes are possible.
The chromosomes disjoin, and their alleles segregate from each other.
Combinations of chromosomes and alleles are separated into different cells.
Each combination of alleles is recovered in one-fourth of the products of meiosis.
Maternally inherited chromosomes
Paternally inherited chromosomes

■ 그림 5.7 멘델의 독립의 법칙과 감수분열기의 염색체 행동. 양친으로부터 받은 염색체는 세포적도면에 무작위적으로 배열되기 때문에 각기 다른 쌍의 염색체상의 대립유전자는, 제 1차 감수분열 후기에 독립적으로 분리된다.

가정해 보자. 제 1차 감수분열 전기에 대립유전자 A와 a를 가진 염색체들은, 대립유전자 B와 b를 가진 염색체들처럼, 쌍을 이룬다. 감수분열 중기에는 두 쌍의 염색체들이 후기에 분리되기 위해서 방추체 상에서 위치를 잡게 된다. 두 쌍의 염색체들이 있기 때문에 두 종류의 중기 배열, 즉

$$\frac{A}{a}\,\frac{B}{b} \text{ 또는 } \frac{A}{a}\,\frac{b}{B}$$

가 가능한데 이들의 확률은 모두 같다. 여기서 스페이스(띄움)는 다른 쌍의 염색체를 나타내고 막대기는 각 쌍의 상동염색체들을 구분한다. 후기에 위와 아래의 대립유전자들은 각각 반대 극으로 이동한다. 상동염색체가 분리될 때 *A*와 *B* 대립유전자가 같은 극으로 갈 확률은 50 퍼센트이며, 반대 극으로 갈 확률 역시 50 퍼센트이다. 마찬가지로 *a*와 *b*대립유전자가 같은 극으로 갈 확률도 50 퍼센트이고 반대쪽으로 갈 확률도 50 퍼센트이다. (염색체 수가 감소되는 시기) 감수분열이 끝나면, 배우자의 반은 부모형 대립유전자 조합을 가지며(*A B* 또는 *a b*), 반은 새로운 조합을 가진다(*A b* 또는 *a B*). 모두 네 종류의 배우자가 각각 전체의 1/4씩 생긴다. 이러한 배우자가 생기는 확률이 동일한 것은 제 1차 감수분열 기에 두 쌍의 염색체가 독립적으로 행동하기 때문이다. 그러므로 멘델의 독립법칙은 서로 다른 염색체쌍들이 중기에 무작위로 배열되는 것에 관한 진술이라고 할 수 있다. 독립의 법칙에 대한 염색체적 기초를 잘 이해했는지 보려면, 문제풀이 기술 부분의 X-연관과 상염색체성 유전에 대한 내용을 잘 읽고 풀어보도록 하라. 7장에서 우리는 동일한 염색체 쌍 위에 있는 유전자는 독립의 법칙을 따르지 않는다는 것을 다루게 될 것이다. 대신에, 이들 유전자는 물리적으로 서로 연결되어 있어서 감수분열 기에 서로 같이 움직인다.

문제 풀이 기술

X 연관과 상염색체성 유전

문제

초파리의 날개 길이를 조절하는 유전자는 X 염색체에 위치한다. 이 유전자의 열성 돌연변이 대립인자는 날개를 작게 만들기 때문에 *m*으로 나타내고, 긴 날개를 만드는 야생형 대립인자는 m^+로 나타낸다. 상염색체위에 존재하는 유전자 중의 한 유전자는 눈의 색을 조절한다. 이 유전자의 열성 돌연변이 대립인자는 눈의 색을 갈색으로 만들기 때문에 *bw*이라고 나타내고, 붉은 눈을 만드는 이 유전자의 야생형 대립인자는 bw^+로 나타낸다. Miniature 날개와 붉은 눈을 가진 순계 암컷과 정상 날개에 갈색 눈을 가진 순계 수컷을 교배하였다. (a) F_1 초파리의 표현형을 예측하시오. (b) 이들을 자가 교배한다면, F_2에서 어떤 표현형이 어떤 비율로 나타날 것인가?

사실과 개념

1. X 연관 형질이라면 교배에서 얻는 암컷과 수컷 자손들은 다른 표현형을 보일 것이다.
2. 수컷의 X 염색체는 그의 어미로부터 유전되며, 암컷의 X 염색체는 그의 아비로부터 유전된다.
3. X 연관 유전자와 상염체성 유전자는 독립적으로 나뉜다.
4. 유전자들이 독립적으로 나뉠 때는, 전체 유전자형의 구성 유전자들에 대한 확률을 곱한다.

분석과 해결

a. 초기 교배의 부모는 m/m; bw^+/bw^+ 암컷과 m^+/Y; bw/bw 수컷이다. F_1에서 암컷은 m/m^+; bw/bw^+이고, 돌연변이 유전자는 모두 열성이므로 그들은 긴 날개와 붉은 눈을 가질 것이다. 그리고 F_1의 수컷은 m/Y; bw/bw^+로 X 연관 열성 돌연변이가 반접합성이므로 miniature 날개와, 우성인 상염체성 bw^+ 대립인자에 의해 붉은 눈을 가질 것이다.

b. F_2의 표현형과 그들의 비율을 얻기 위해서는 X 연관 부분과 상염색체 부분으로 나누어 문제를 풀어야한다. X 연관 부분은 F_1의 m/m^+ 암컷과 m/Y 수컷과의 교배에서 네 종류의 자손이 얻어질 것이다. (1) miniature 날개의 m/m 암컷들, (2) 긴 날개의 m/m^+ 암컷, (3) miniature 날개의 m/Y 수컷, 그리고 (4) 긴 날개의 m^+/Y 수컷이 각각 전체의 1/4씩 얻어질 것이다. 상염색체 부분은 F_1의 bw/bw^+ 암컷과 bw/bw^+ 수컷과의 교배에서 세 종류의 자손이 얻어질 것이다. (1) 붉은 눈의 bw^+/bw^+ 초파리들, (2) 붉은 눈의 bw/bw^+ 초파리들, 그리고 (3) 갈색 눈의 bw/bw 초파리들이 얻어질 것이고, 표현형적 비율은 3 붉은 눈: 1 갈색 눈이 될 것이다. 문제를 풀기위해 X 연관 부분과 상염색체 부분을 합하여, 2 × 4 표현형적 빈도 표를 만들 수 있다. 두 가지 상염색체성 표현형과 네 가지 X 연관 표현형을 표의 열과 행에 나타냈다. 그리고 각 칸에는 합친 표현형의 빈도를 나타냈다.

		X-Linked Phenotypes			
		Miniature Female (1/4)	Normal female (1/4)	Miniature male (1/4)	Normal male (1/4)
Autosomal Phenotypes	Red (3/4)	3/16	3/16	3/16	3/16
	Brown (1/4)	1/16	1/16	1/16	1/16

더 많은 논의를 보고 싶으면 Student Companion 사이트를 방문하라.

요점

- *유전자는 염색체 위에 위치한다.*
- *감수분열 시기의 염색체의 분리는 유전자의 분리의 법칙과 독립의 법칙의 원인이 된다.*
- *감수분열 시기 동안의 비분리 현상은 배우자에서 그리고 결국 접합자에서의 염색체의 수적 이상을 유발한다.*

인간의 성 연관 유전자

인간의 X와 Y연관 유전자들은 연구되어져 왔다.

염색체설의 발전은 초파리의 흰 눈 돌연변이의 발견으로 시작되었다. 계속된 연구로 이 돌연변이가 X-연관 유전자이며 열성 대립유전자임을 알게 되었다. 유전학 역사에 있어서 이러한 중요한 사건이 아주 행운이라고 할 수 있을지는 몰라도, 사실 모건의 흰 눈 돌연변이 발견은 경이적인 것은 아니었다. 그러한 돌연변이는 반수체인 수컷에서 즉각적으로 나타나기 때문에 탐지하기가 쉽다. 반면에 상염색체 상의 열성 유전자는 두 개의 돌연변이 대립유전자가 동형접합상태가 될 경우에만 나타나므로 발견하기 어렵다.

마찬가지로, 인간에게 있어서도 열성 X 염색체 연관성 형질들은 열성의 상 염색체상의 형질들 보다 더 쉽게 확인이 된다. 남성은 단지 하나의 열성 대립유전자로 X-연관 형질을 나타내지만, 여성은 양친으로부터 하나씩 두 개의 열성유전자를 받아야 하므로, X 연관 형질을 보이는 것은 대부분이 남성이다.

혈우병: X 연관성 혈액응고 질병

사람의 **혈우병(hemophilia)**은 X 연관 형질로서 잘 알려진 질병 중의 하나이다. 이 병을 가진 사람은 혈액응고에 필요한 인자를 생산하지 못하기 때문에 상처가 나게 되면 계속 출혈을 하게 되어 약물 치료를 하지 않으면 죽게 된다. 인류 집단 내에서 이 질환을 가지고 있는 사람은, 극소수의 여성 환자가 보고된 바 있지만 거의 대부분이 남성이다. 반면에 상염색체의 유전자 돌연변이가 일어나 생기는 혈액응고 질병은 남성과 여성 모두에서 발견된다.

혈우병의 가장 유명한 경우는 20세기 초 러시아 황족에서 볼 수 있다(■ **그림 5.8**). 니콜라스 2세 황제와 알렉산드리아 황후는 네 딸과 아들 하나를 두었다. 아들인 알렉시스는 혈우병을 앓았다. 알렉시스의 병의 원인이 되는 X 연관 돌연변이는, 이형접합성 보인자인 어머니로부터 전달된 것이다. 알렉산드리아 황후는 영국의 빅토리아 여왕의 손녀였는데, 빅토리아 여왕도 혈우병 유전자의 보인자였다. 가계도 기록을 보면 빅토리아 여왕이 돌연변이 유전자를 그녀의 아홉 자식 중 셋에게 전달해 주었음을 알 수 있다. 즉 알렉산드리아 어머니인 엘리스, 혈우병의 두 아들을 둔 베아트리스, 자신도 환자였던 레오폴드가 바로 그들이다. 빅토리아가 가지고 있었던 그 유전자는 그녀 자신의 발생 초기의 세포나 양친 중 한 사람의 생식세포에서 발생한 돌연변이였거나 먼 모계혈족의 생식세포에서 발생한 돌연변이였을 것이다.

역사적으로 혈우병은 치명적인 질환이었다. 대부분의 혈우병 환자들은 20살이 되기 전에 죽음을 맞이하였다. 오늘날에는, 효과가 좋고 비교적 저렴한 치료제 덕분에 혈우병 환자들의 수명이 늘어났고 건강하게 살 수 있게 되었다.

색맹: X 연관성 시각장애

사람의 색 인식은 눈의 망막에 위치하는 원추세포의 광수용체 단백질에 의해서 매개된다. 광수용체 단백질은 세 가지가 동정되었는데, 하나는 푸른빛, 하나는 초록빛, 나머지 하나는

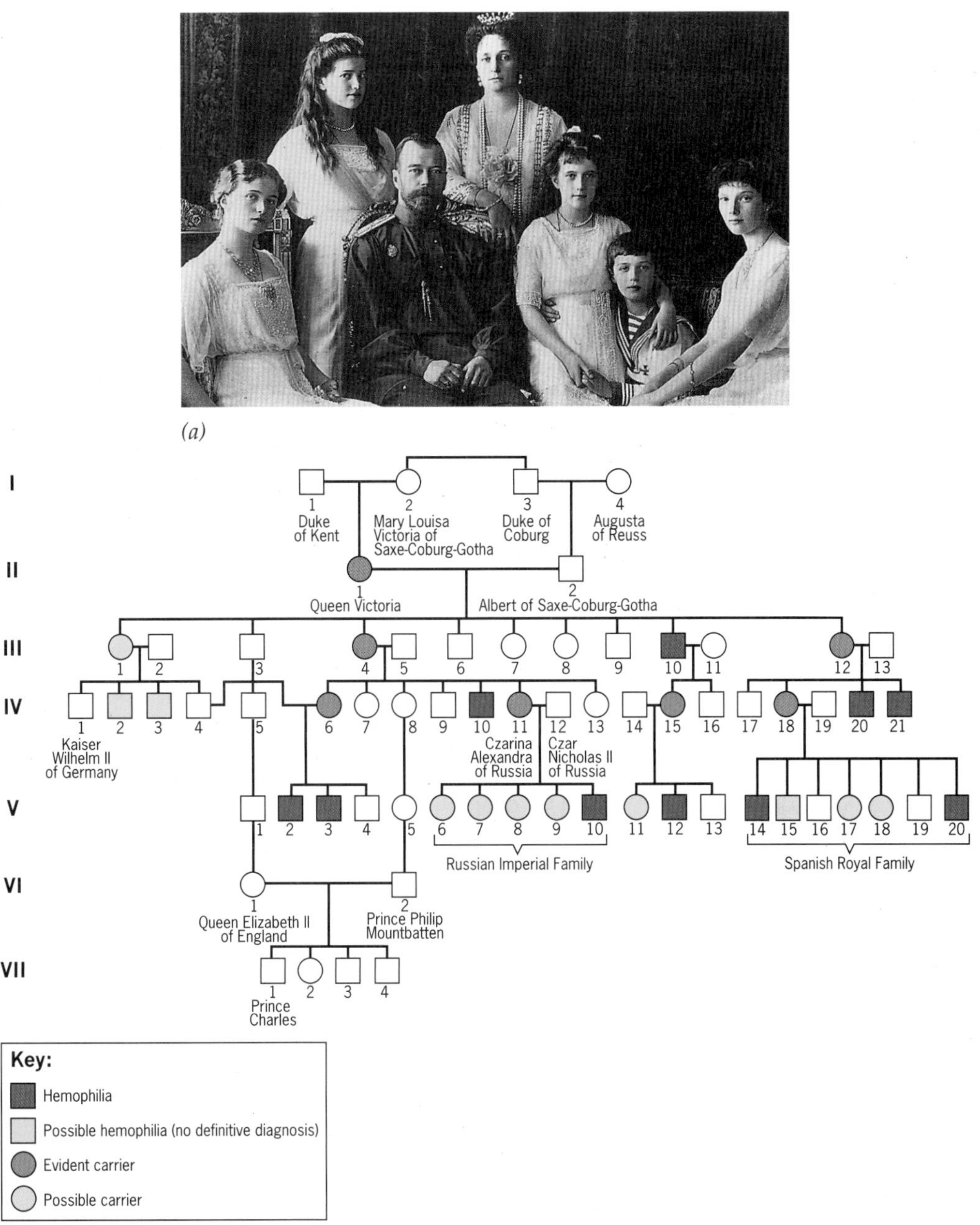

■ 그림 5.8 왕가의 혈우병 (*a*) Czar Nicholas II 러시아 왕가. (*b*) 유럽 왕가의 혈우병. 왕가들 간의 결혼으로 영국 왕실의 혈우병 돌연변이 유전자가 독일, 러시아 그리고 스페인 왕가로 전해졌다.

붉은 빛을 흡수한다. 색맹은 이러한 수용체 단백질의 어느 하나에 결함이 있으면 생긴다. 붉은색과 녹색을 인지하는 데 결함이 있는 고전적 유형의 색맹은 X-연관성 유전을 따른다. 약 5 ~ 10%의 남성들이 적록색맹이고, 여성은 보다 적은 1% 미만이다. 이와 같은 사실은 이 돌연변이 대립유전자가 열성임을 암시한다. 분자수준의 연구로 X 염색체상에는 실제 두 가지의 색 인식 유전자가 있다고 밝혀졌다; 하나는 녹색 빛에 대한 수용체를 암호화하고, 다른 하나는 붉은색 빛에 대한 수용체를 암호화한다. 더 자세한 분석으로 이 두 수용체가 구조적으로 매우 유사함을 알게 되었는데, 아마도 이들을 암호화하는 유전자가 매우 오래 전에 한 개의 광수용체 유전자로부터 중복되어 진화했기 때문일 것이다. 세 번째 색채 유전자는 파란빛에 대한 수용체를 암호화하는데 상염색체 상에 위치한다.

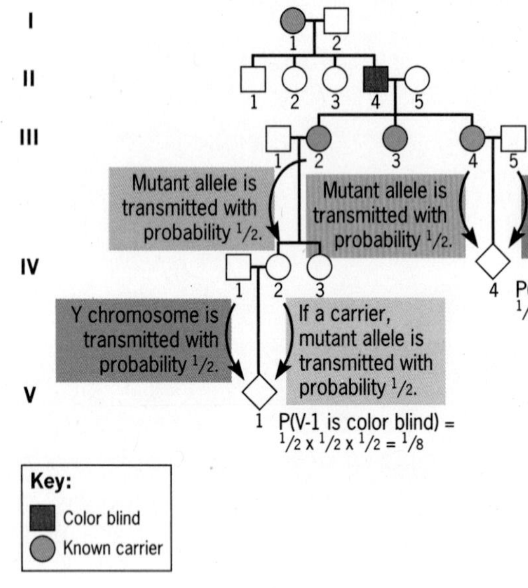
I
II
III
IV
V
Mutant allele is transmitted with probability 1/2.
Mutant allele is transmitted with probability 1/2.
Y chromosome is transmitted with probability 1/2.
P(IV-4 is color blind) = 1/2 x 1/2 = 1/4
Y chromosome is transmitted with probability 1/2.
If a carrier, mutant allele is transmitted with probability 1/2.
P(V-1 is color blind) = 1/2 x 1/2 x 1/2 = 1/8
Key:
Color blind
Known carrier

■ 그림 5.9 X 연관성 색맹의 분리 양식을 보여주는 가계도 분석.

■ **그림 5.9**에서는 열성 X-연관 질환인 색맹을 유전시킬 확률을 계산하는 방법을 보여주고 있다. 그림의 III-4처럼 이형접합성 보인자는 그 돌연변이 유전자를 그녀 자식에게 1/2의 확률로 전달한다. 그러나 특정 아이가 색맹이 될 확률은 아이가 형질을 나타내기 위해서는 남성이어야 하기 때문에 1/4이 된다. 가계도에서 IV-2로 표시된 여성은 색맹에 대한 돌연변이 유전자의 보인자일 가능성이 있는데, 왜냐하면 그녀의 어머니가 보인자이기 때문이다. IV-2의 인자형의 불확실성으로 인해서 색맹아이를 가질 확률을 계산할 때 1/2이라는 또 다른 요인을 도입하여 계산하면 그녀의 아이에 대한 확률은 1/4 × 1/2 = 1/8이 된다.

인간 Y 염색체상의 유전자들

인간 게놈 프로젝트를 통해 인간의 Y 염색체 상에서 유전자일 가능성이 있는 307개를 찾아냈지만 그들 중 100개 미만의 유전자들만 기능하는 것으로 보인다. 반면에 인간의 X 염색체 위에는 1,000개가 넘는 유전자가 확인되었다. 인간 게놈 프로젝트 연구 전에는 Y 염색체의 유전적 구성은 거의 알려진 것이 없었다. 전통적인 가계도 분석으로 아버지에서 아들로 유전물질인 Y 염색체가 전달되는 특성은 쉽게 확인할 수 있지만, 단지 소수의 Y 염색체와 관련된 형질만이 밝혀졌다. 인간 게놈 프로젝트의 결과는 Y 염색체와 관련된 형질의 결여에 관한 설명을 제시하였다. Y 염색체 상에 있는 몇몇 유전자들은 남성의 생식에 필요한 것으로 보여 이러한 유전자 안에서의 돌연변이는 남성의 생식 능력을 방해할 것이다. 따라서 그 돌연변이가 다음 세대로 전달될 기회는 거의 없거나 완전히 없을 것이다.

X와 Y 염색체 공통으로 존재하는 유전자

몇 가지 유전자는 X와 Y 염색체에 동시에 존재하는데, 대부분 단완의 말단근처에 위치한다(그림 5.2). 이들 유전자들의 대립유전자는 X 연관 또는 Y-연관 유전 양식을 따르지 않는다. 대신에 상염색체의 유전양식과 흡사하여 어머니와 아버지로부터 아들과 딸 모두에게 전달된다. 이러한 유전자를 **유사상염색체 유전자(pseudoautosomal genes)**라 부른다. 남성에게 이러한 유전자를 가지는 부위는 X와 Y 염색체의 짝짓기에 관여하는 듯하다.

요점

- *혈우병이나 색맹과 같은 열성 X 연관성 돌연변이에 의해 유발되는 질병은 여성보다 남성이 더 흔하다.*
- *사람의 Y 염색체는 X 염색체 보다 더 적은 유전자를 운반한다.*
- *유사상염색체 유전자는 사람의 X 염색체와 Y 염색체에 모두 존재한다.*

성염색체와 성 결정

몇몇 생물체는 독특한 성염색체가 암컷과 수컷의 표현형을 결정한다.

동물계에서 성은 가장 두드러진 표현형이다. 암컷과 수컷이라는 구별되는 성을 가지는 동물은 성적으로 두 가지 형태를 가진다. 때때로 이러한 이형성은 환경적 인자에 의해서 결정되기도 한다. 예를 들어 바다거북의 성은 온도에 의해서 결정된다. 30°C 이상에서 배양된 알은 암컷으로 부화하고, 이보다 낮은 온도에서는 수컷으로 된다. 많은 다른 종에서 성적 이형성은 한 쌍의 성염색체에 포함되어있는 유전적 인자에 의해서 만들어진다.

사람의 성 결정

(사람의) 여성은 XX이고 남성은 XY라는 사실의 발견은, 사람의 성이 X 염색체의 수나 Y

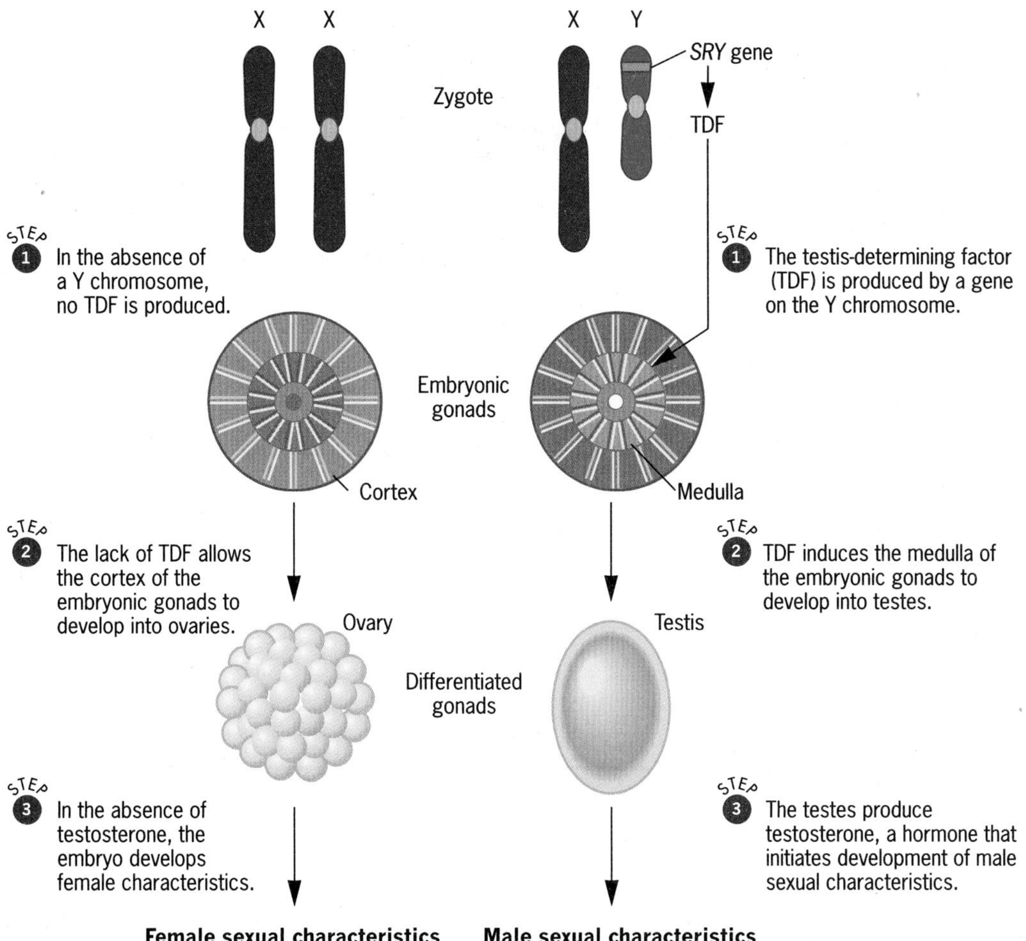

■ 그림 5.10 사람의 성 결정 과정. 남성의 성적 발달은 Y 염색체상의 한 유전자에 의한 TDF의 생산에 의해서 좌우된다. 이 인자가 없으면 배는 여성으로 발달한다.

염색체의 유무에 의해서 결정되어질 수 있음을 시사했다. 현재 우리가 아는 바는 두 번째 가설이 맞다. 사람과 여러 태반성 포유동물에서 남성은 Y 염색체의 우성적 효과에 의해 결정된다(■ **그림** 5.10). 이러한 사실은 비정상적인 수의 성염색체를 가진 개체를 연구하여 알게 되었다. XO 동물은 암컷이 되고 XXY는 수컷이 된다. Y 염색체의 우성적 효과는 발생 초기에 현저히 나타나는데 Y 염색체는 이 시기에 원시 생식선을 정소로 분화시킨다. 일단 정소가 형성이 되면 남성의 2차 성징의 발현을 자극하는 호르몬인 테스토스테론을 분비한다.

연구자들은 **SRY(*s*ex-determining *r*egion *Y*)**이라 불리는 유전자의 산물인 **정소 결정인자(TDF: testis-determining factor)**를 발견했다. *SRY*는 Y 염색체의 단완에 있는 유사상염색체의 바로 바깥에 위치한다. *SRY*의 발견은 성이 자신의 유전자 조성과 일치하지 않는 사람을 분석함으로써 가능했다. XX 남성과 XY 여성이 그들이다(■ **그림** 5.11). 몇몇 XX 남성은 X 염색체 상에 끼어 들어간 Y 염색체의 절편을 가지고 있는 것으로 밝혀졌다. 이 절편에는 남성의 원인이 되는 유전자를 가지고 있었다. 몇몇 XY 여성은 불완전한 Y 염색체를 가지고 있는 것으로 나타났다. 그러한 결손된 Y 염색체의 절편은 XX 남성이 갖고 있는 절편에 해당되었다;. 즉, XY 여성에서 이 절편의 결실은 그들의 정소를 발달시키지 못했다. 이러한 보조적 증거들은 Y 염색체의 특정 절편이 웅성의 발달에 필요함을 보여준다. 분자 수준의 분석으로 이 웅성 결정 절편 위의 *SRY* 유전자를 동정하게 되었다. 부가적

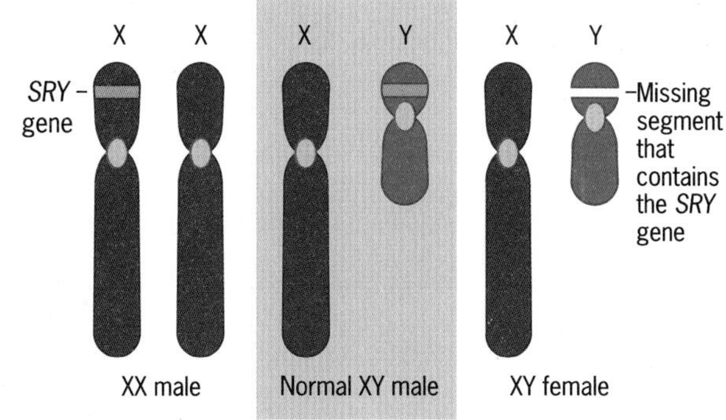

■ 그림 5.11 정상 남자의 Y 염색체 짧은 팔에 TDF가 위치함을 보여주는 증거. TDF는 *SRY* 유전자의 산물이다. XX 남성에서 이 유전자를 포함하고 있는 부위가 X 염색체의 한 곳에 삽입되어 있고, XY 여성에서는 Y 염색체의 이 부위가 결실되어 있다.

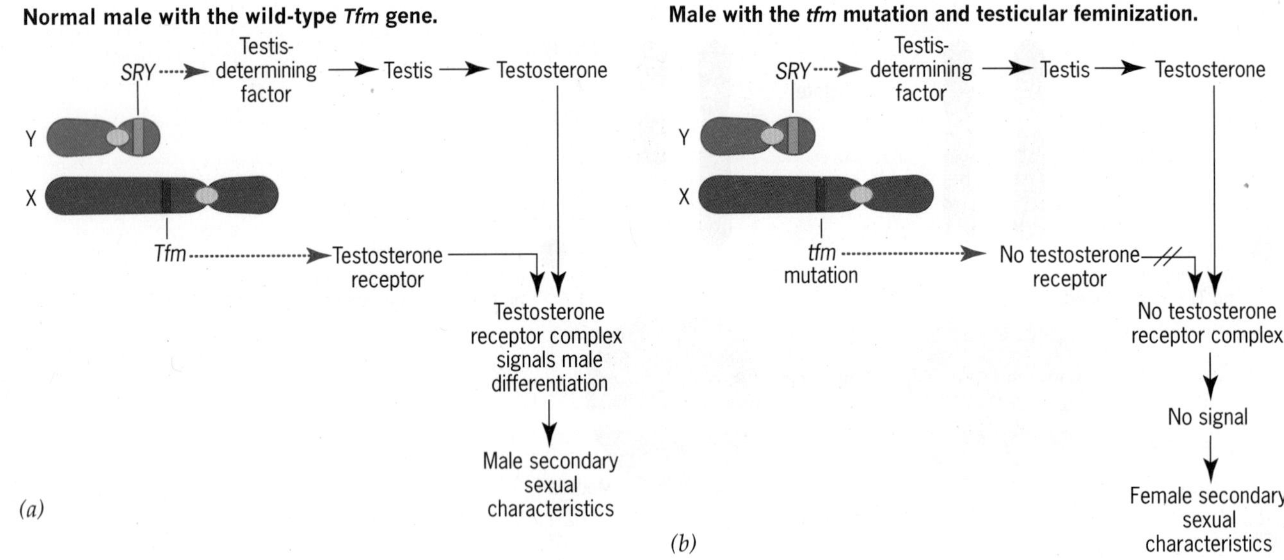

■ 그림 5.12 고환성 여성화는 테스토스테론 수용기의 생산을 저해하는 X-연관성 돌연변이인 *tfm*에 의해서 유발된다. (*a*) 정상 남성. (*b*) *tfm* 돌연변이에 의한 여성화 남성.

인 연구결과에서 *SRY* 유전자가 (인간의 *SRY* 유전자와 유사하게) 쥐의 Y 염색체에도 있고 이것이 웅성 발달을 조절한다.

정소가 형성된 후 테스토스테론 분비는 남성 성징을 나타나게 한다. 테스토스테론은 많은 종류의 세포 위에 있는 수용기에 결합한다. 수용기에 결합되면 호르몬 수용기 복합체는 신호를 세포에 전달하고 어떻게 분화할 것인지를 지시한다. 많은 종류의 세포가 협조적으로 분화함으로써 두터운 근육조직, 수염, 저음과 같은 남성의 특징을 갖게 한다. 만약 테스토스테론 신호전달 체계가 잘못되면 이러한 특징들은 나타나지 않게 되고, 해당 개체는 여성으로 발전한다. 이와 같은 잘못된 한 예는 테스토스테론 수용체를 만들 수 없음으로 해서 발생한다(**■ 그림 5.12**). 이러한 생화학적 결함이 있는 XY 개체는 초기에 남성으로 발전한다. 즉 정소도 형성되고 테스토스테론도 생산된다. 그러나 테스토스테론은 발생 신호를 전달하기 위해서 표적세포에 도달해야 하고 그렇지 않으면 아무 효과가 없다. 테스토스테론 수용기가 없는 개체는 배 발생 동안에 성이 바뀌어 여성의 성징을 얻게 된다. 그러나 이들의 난소는 발달되지 않으므로 불임이다. 이러한 증상을 *고환성여성화*(*Testicular feminization*)라 하는데, X 연관성 유전자로서 테스토스테론 수용기를 암호화하는 *tfm* 유전자의 돌연변이에서 생긴다. *tfm* 돌연변이는 어머니로부터 아들(표현형적으로는 여자)에게로 X 연관성 양식으로 유전된다.

초파리의 성 결정

사람과 달리 초파리의 Y 염색체는 성 결정에 아무런 역할을 하지 않는다. 초파리의 성은 X 염색체와 상염색체의 비율로 결정된다. 이러한 성 결정 기구는 1921년에 브리지스가 비정상 염색체 조성을 가진 초파리를 분석함으로써 밝혀졌다.

정상적인 배수성 초파리는 한 쌍의 성염색체(XX나 XY)와 세 쌍의 상염색체 AA를 가진다. 여기서 각각의 A는 상염색체의 반수를 나타낸다. 유전적 조작을 통해서 브리지스는 비정상적 수의 염색체 수를 가지는 초파리를 만들어 냈다(표 5.2). 그는 X대 A의 비율이 1.0 이상이면 암컷이었고 0.5 이하이면 수컷이 됨을 관찰하였다. X: A 비율이 0.5에서 1.0인 파리는 양성의 성질을 모두 지녔다. 브리지스는 이들을 간성이라고 불렀다. 이들 파리의 어느 것에서도 Y 염색체는 성적 표현형에 영향을 주지 못했다. 그러나 Y는 수컷이 임

표 5.2

초파리의 상염색체에 대한 X 염색체의 비율과 그 표현형

X Chromosomes (X) and Sets of Autosomes (A)	X:A Ratio	Phenotype
1X 2A	0.5	Male
2X 2A	1.0	Female
3X 2A	1.5	Metafemale
4X 3A	1.33	Metafemale
4X 4A	1.0	Tetraploid female
3X 3A	1.0	Triploid female
3X 4A	0.75	Intersex
2X 3A	0.67	Intersex
2X 4A	0.5	Tetraploid male
1X 3A	0.33	Metamale

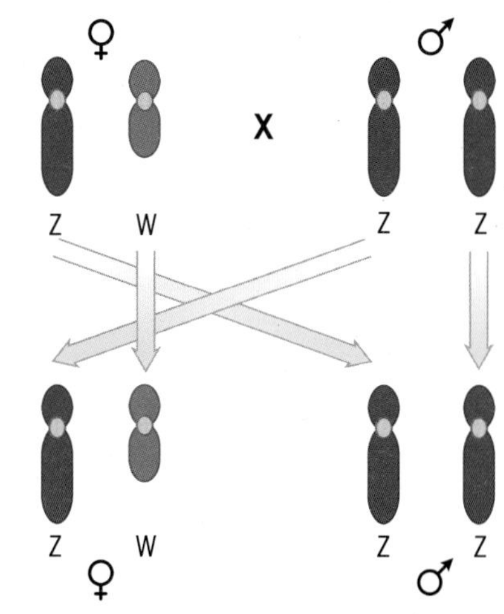

■ 그림 5.13 새의 성결정. 암컷은 이형 배우자성(ZW)이고 수컷은 동형 배우자성(ZZ)이다. 자손의 성은 Z나 W라는 성염색체에 의해서 결정되고, 암컷에 의해서 전달된다.

성을 갖는 데는 필수적이었다.

기타 동물의 성 결정

초파리와 사람에서, 수컷은 두 가지의 배우자(X 염색체를 가진 것과 Y 염색체를 가진 것)를 생산한다. 이러한 이유로 수컷을 **이형배우자적(heterogametic)**, 그리고 암컷을 **동형배우자적(homogametic)**이라 한다. 그러나 조류, 나비, 몇몇 파충류에서는 이와는 반대로(■ **그림 5.13**) 수컷은 동형성(ZZ), 암컷은 이형성(ZW)이다. 그러나 Z-W 성염색체 체계의 성결정 기구에 대하여는 별로 알려지지 않았다.

꿀벌에서(■ **그림 5.14**) 성은 그 동물이 반수체냐 배수체냐에 따라 결정된다. 이배체 배아는 수정된 알로부터 생기며 암컷이 된다; 반수체 배아는 미수정란에서 생기며 수컷이 된다. 특정 암컷이 생식형(여왕)으로 성숙하게 될지 아닐지는 유충시기에 어떻게 영양을 공급받느냐에 따라 달라진다. 이 체계에서 여왕벌은 자신이 낳는 미수정란의 비율을 조절함으로써 수컷과 암컷의 비율을 통제할 수 있다. 수컷은 숫자가 적기 때문에, 대부분의 자손은 불임이기는 하나 암컷이고 꿀을 찾는 일벌들이 된다. 성결정의 반수-배수 체계에서 알은 여왕벌의 몸에서 감수분열을 통해서 생산되고, 정자는 수컷에서 체세포분열을 통해서 생산된다. 이러한 체계의 수정된 알은 배수성의 염색체 수를 가질 것이고 미수정란은 반수체가 된다.

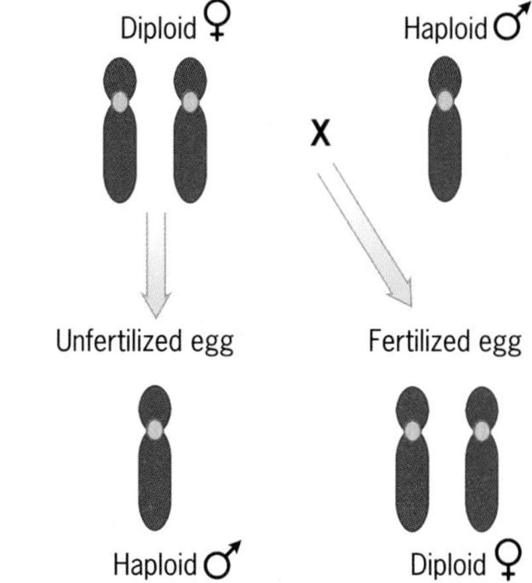

■ 그림 5.14 꿀벌의 성결정. 수정란으로부터 온 암컷은 이배체이나, 미수정란으로부터 온 수컷은 반수체이다.

어떤 종의 장수말벌도 성 결정에 있어서 반수-배수 체계를 가진다. 이런 종에서 배수체의 수컷이 종종 생기지만 불임이다. *고치벌(Bracon hebetor)*이라는 종에 대한 면밀한 유전적 분석으로 배수성 수컷은 X라 불리는 성 결정 좌위가 동형접합이고, 배수성 암컷은 항상 이 좌위에 대해서 이형접합임을 알게 되었다. 고치벌의 성 결정 좌위는 여러 개의 대립유전자를 가지고 있고, 유전적으로 무관한 수컷과 암컷을 교배하면 거의 항상 이형 접합성 배수체가 되어 암컷으로 된다. 그러나 유전적으로 근친관계인 교배에서는 자손은 성 결정 좌위가 동형접합이 되어, 이 경우 불임의 수컷이 생기게 된다.

요점

- *인간의 성은 Y 염색체 상에 있는 SRY 유전자의 지배적인 영향에 의해 결정된다. 이 유전자의 산물인 정소 결정 인자(TDF)는 인간 배아가 남성으로 발생하게 한다.*
- *초파리에서 성은 상염색체 쌍에서 X 염색체의 비율에 의해 결정된다. X: A가 0.5 이하면 수컷, 1.0이상이면 암컷, 0.5와 1.0 사이면 간성이 된다.*
- *벌의 성은 염색체 세트의 수에 의하여 결정된다. 반수체는 수컷이 되고 이배체는 암컷이 된다.*

X 연관 유전자의 양적 보정

여러 메커니즘이 암컷과 수컷 동물의 X 연관 유전자 산물을 같은 양으로 맞춰준다.

동물의 발생은 유전자수의 불균형에 민감하다. 일반적으로 각각의 유전자는 두 개의 복사본을 가진다. 이 복사본보다 적거나 많으면 비정상적 표현형을 유발시키고, 때로는 죽음을 초래한다. 그러므로 많은 종들이 두 개의 X 염색체를 가지면 암컷이 되고 하나를 가지면 수컷이 되는 성 결정 체제를 갖는다는 것은 수수께끼이다. 이런 종들에게서 X 연관 유전자의 산술적 차이는 어떻게 조화를 이룰 수 있을까? 결론적으로 이러한 차이를 보상하는 세 가지 가능한 기구(機構)가 있다: (1) 각각의 X 연관 유전자는 암컷보다 수컷에서 두 배로 더 발현되거나, 혹은 (2) 암컷의 X-연관 유전자 하나의 복사본은 암컷에서 불활성화 되거나, (3) 각각의 X연관 유전자는 수컷에서 발현하는 만큼의 절반 정도만 암컷에서 발현한다. 첫 번째 기구는 초파리(*Drosophila melanogaster*)에서, 두 번째 기구는 포유류 동물에서, 그리고 세 번째 기구는 선충(*Caenorbabditis elegans*)에서 쓰인다. 이들 기구에 대하여는 19장에서 초파리와 포유류의 유전자량 보정에 대하여 자세히 토의할 것이다.

수컷 초파리의 X 연관 유전자의 과잉활성화

초파리의 X-연관 유전자의 양적보상은 수컷에 있는 유전자들의 활성을 증가시켜 이루어진다. *과잉활성화(hyperactivation)*라고 하는 이러한 현상은 수컷에 있는 X 염색체의 여러 곳에 결합하여 유전자 활성을 2배 만큼 증가시킬 수 있는 여러 단백질 복합체들이 관여한다(19장 참조). 암컷에서처럼 이런 단백질 복합체가 결합하지 않을 때는, X-연관 유전자의 과잉 활성화도 일어나지 않는다. 이런 식으로 암컷과 수컷의 X 연관 유전자의 전체 활성은 거의 같게 된다.

포유동물 암컷의 X 연관 유전자의 불활성화

태반이 있는 포유동물에서 X-연관 유전자들의 양적 보상은 암컷의 X 염색체의 하나가 *불활성화(inactivation)*됨으로써 얻어진다. 이러한 메커니즘은 1961년 영국의 유전학자 마리 리온(Mary Lyon)의 쥐에 관한 실험에 의해서 처음 제안되었다. 리온과 다른 학자들의 연구로 X 염색체의 불활성화는 쥐의 배가 수천 개의 세포로 구성되는 시점에서 일어난다는 것을 알게 되었다. 이 시점에서 각각의 세포는 자신의 X 염색체 중 하나를 불활성화 시키는 독립적인 결정을 하게 된다. 불활성화될 염색체는 무작위로 선택되어지지만, 한 번 선택이 되게 되면 그 세포의 모든 자손 세포에서도 불활성화된 채로 남는다. 그래서 암컷 포유동물은 두 가지 유형의 세포 클론을 포함하는 *유전적 모자이크(genetic mosaics)*이다. 모계로부터 유전된 X 염색체는 이러한 클론의 반에서 불활성화되고, 부계로부터 유전된 X 염색체는 나머지 반에서 불활성화된다. 그러므로 한 X-연관 유전자에 대해서 이형접합인 암컷은 두 가지 다른 표현형을 보일 수 있다. 이러한 표현형적 모자이크의 좋은 예가 고양이와 쥐의 털색 연구로부터 밝혀졌다(■ **그림 5.15**). 두 동물에서 X 염색체는 털의 착색 유전자를 가지고 있다. 이 유전자의 이형접합인 암컷은 밝고 어두운 털의 반점을 보인다. 밝은 반점은 하나의 대립유전자에 의하여 나타내고, 어두운 반점은 다른 대립유전자에 의하여 나타난다. 고양이의 색소를 만드는 한 대립유전자는 검은색소를, 다른 하나는 오렌지 색소를 생산하는데 이러한 얼룩무늬를 나타내는 표현형을 '삼색(별갑이) 고양이'라고 한다. 털의 각각의 반점은 멜라닌세포(melanocyte)라는 색소를 생산하는 세포들의 한 클론이다. 이 멜라닌세포들은 X 염색체가 불활성화될 때의 전구세포로부터 체세포분열을 계속하여 만들어진 것이다.

X 염색체의 불활성화 기구에 대하여 아직 잘 모르고 있지만 화학적 분석으로 이들의 DNA가 많은 메틸기가 붙음으로써 변형되어 있다는 것을 알게 되었다. 또, **바소체(Barr body)**라는 검게 염색되는 구조로 응축이 되는데(■ **그림 5.16**), 이것을 관찰했던 캐나다의 유

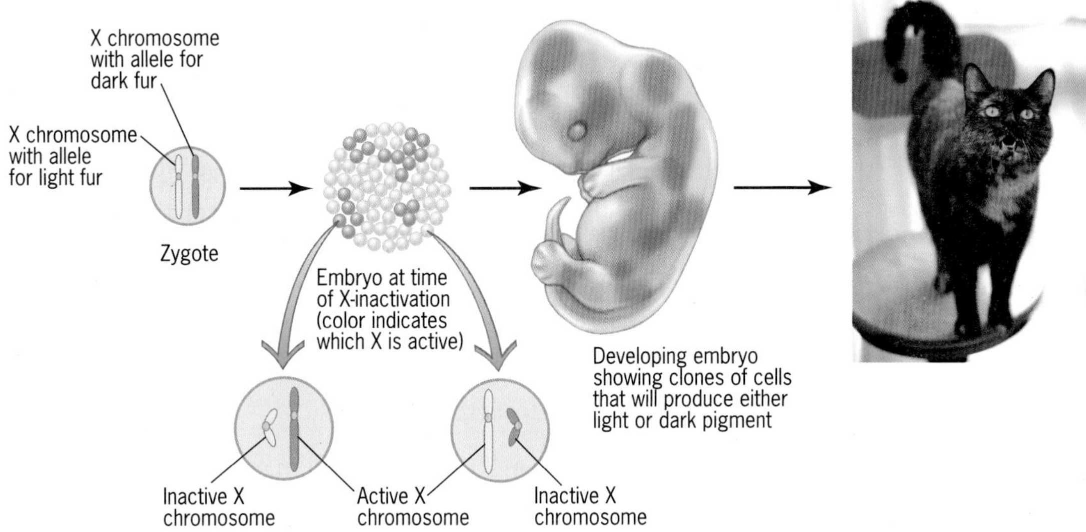

■ 그림 5.15 암컷 포유동물의 X 염색체 불활성화로부터 기인하는 색깔 모자이크 현상. 접합자의 한 X 염색체는 검은 털색 대립유전자를 갖고 있고, 다른 X 염색체는 밝은 털색 대립유전자를 갖고 있다. 초기 배의 각 세포들에서는 두 X 염색체 중 하나가 무작위적으로 불활성화된다. 어떤 X 염색체가 선택되었던 간에 그 세포의 자손들은 선택된 X 염색체가 불활성화된 채로 남는다. 그러므로 발생과정의 클론을 구성하는 세포들에서는 하나의 털색 대립유전자가 발현된다. 이 유전적 모자이크가 밝거나 검은 털 조각을 갖는 별갑이 고양이를 만든다.

전학자인 머레이 바(Murray Barr)의 이름을 붙였다. 이 구조는 핵막의 안쪽 표면에 붙어 있으며, 이곳에서 세포 내의 다른 염색체와는 다르게 복제된다. 불활성화된 X 염색체는 모든 체세포 내에 변형된 상태로 남아있다. 그러나 몇몇 X 연관 유전자는 두 개의 복사본 모두 난자형성에 필수적이므로 생식세포에서 다시 활성을 띠게 된다. X 염색체의 불활성화에 대한 토의는 19장에서 더 하겠다.

세포학적으로 두 개 이상의 X 염색체를 가진 사람을 동정할 수 있다(6장 참조). 이들의 X 염색체 하나를 제외한 나머지가 불활성화되었기 때문에 대부분 이런 사람들은 표현형상으로 정상인 여자이다. 모든 불활성화된 X 염색체는 바소체로 응축된다. 이러한 관찰로부터 세포는 X 불활성화를 방지하는 데 필요한 제한된 양의 어떤 인자를 가지고 있는 것 같다고 생각된다. 이런 인자가 어떤 X 염색체 하나를 활성화 상태가 되도록 이용되면, 나머지 어떤 X 염색체 하나를 모두 불활성화된다.

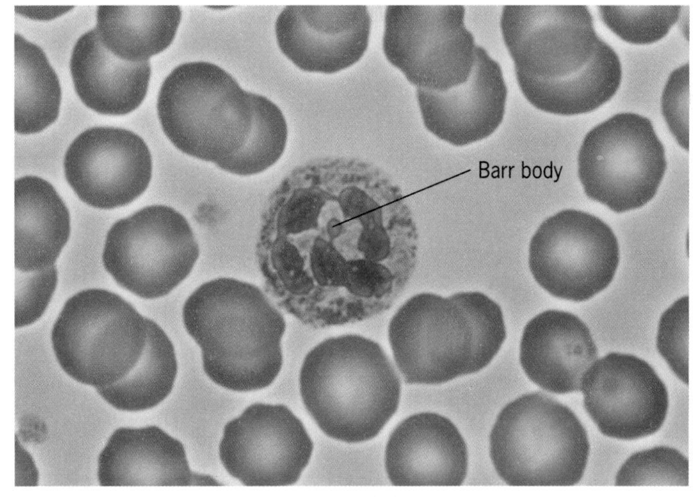

■ 그림 5.16 여성 세포안의 바소체.

요점

- *초파리에서 X 연관 유전자의 양적 보상은 수컷 초파리의 X 염색체 하나가 과잉 활성화됨으로써 이루어진다.*
- *포유동물에서 X 연관 유전자의 양적 보상은 암컷의 X 염색체 두 개 중 하나가 불활성화됨으로써 이루어진다.*

기초 연습문제

기본적인 유전분석 풀이

1. 적자색 눈의 돌연변이 초파리 수컷을 붉은 눈의 야생형 초파리와 교배시켰다. 둘 사이에서 낳은 모든 F_1 자손은 붉은 눈을 가졌다. 이 자손들 간의 교배에서는, 3가지 다른 형태 — 붉은 눈의 암컷, 붉은 눈의 수컷, 적자색 눈의 수컷 — 의 F_2 자손이 태어난다. 수컷과 암컷은 F_2에서 같은 빈도이며, 수컷들 중에서 2가지 형태는 같은 빈도이다. 이 결과는 *prune* 돌연변이가 X 염색체에 있다는 것을 나타내는가?

답: 이 교배 실험의 결과는 *prune* 돌연변이가 X 염색체에 있다는 가설과 일치한다. 이 가설에 따라서, 첫 번째 교배에서 수컷은 *prune* 돌연변이의 반수체이다. 그 짝인 암컷은 *prune* 유전자좌위에 야생형 대립유전자의 동형접합체 이다. F_1의 암컷 자손은 돌연변이와 야생형 대립유전자의 이형접합이여야 하고, 수컷 자손은 야생형 대립유전자의 반수체이다. F_1 초파리들끼리 교배되면, 이들은 부계로부터 야생형 대립인자를 물려받는 암컷을 생산하게 되며, 이들은 모두 붉은 눈을 갖는다. 또한, 어미로부터 돌연변이 인자나 야생형 대립인자를 받은 수컷이 생길 수 있으며, 이 두 가지 수컷의 생성 가능성은 동일하다. 그러므로 이 가설에 따라, F_2 사이에서 나온 암컷 자손과 수컷 자손의 절반은 붉은 눈이고, 남은 수컷 자손의 절반은 적자색 눈이며 관찰할 수 있다.

2. 아래에 있는 가계도는 인간 혈우병의 유전을 보여준다. (a) II-2가 혈우병의 대립유전자를 옮길 확률은 얼마인가? (b) III-1이 혈우병에 걸릴 확률은 얼마인가?

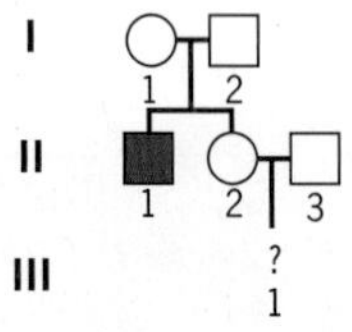

답: (a) II-2는 그녀의 형제가 환자이므로 어머니는 보인자이다. 그녀가 보인자일 가능성은 그녀의 어머니가 그녀에게 돌연변이 대립유전자를 물려줬을 확률인 2분의 1이다. (b) III-1이 병에 걸릴 확률은 3가지 요인에 의존한다. (1) II-2가 보인자이다, (2) II-2가 돌연변이 대립유전자를 전달하였다, 만약 그녀가 전달하였다면 (3) II-3은 Y 염색체를 물려준다. 각각의 경우는 2분의 1의 확률을 나타낸다. 그러므로 III-1이 병에 걸릴 확률은 $(1/2) \times (1/2) \times (1/2) = 1/8$이다.

3. 인간과 초파리는 성 결정에 염색체 기구가 어떻게 다르게 작용하나?

답: 인간의 경우, 성은 Y 염색체의 우성의 효과에 의해 결정된다. Y 염색체가 없는 경우, 개체는 여자로 발생한다. 초파리의 경우, 성은 상염색체의 세트에 대한 X 염색체의 비에 의해서 결정된다. X:A 비가 1과 같거나 혹은 더 많을 때 개체는 암컷으로 발생하고, X:A비가 0.5와 같거나 혹은 적을 때 개체는 수컷으로 발생한다. 이 기준 사이인 경우 개체는 간성으로 발생한다.

4. 인간과 초파리의 다른 두 성에서 X 염색체의 양적 보상 기구는 어떻게 작용하나?

답: 인간의 경우, XX인 여자의 X 염색체 중 하나는 발생 초기에 체세포 안에서 불활성화된다. 초파리의 경우, 수컷의 단일 X 염색체는 과잉 활성화되어 그 염색체의 유전자는 XX 암컷이 갖고 있는 유전자의 두 배 만큼 활성화된다.

지식검사

서로 다른 개념과 기술의 통합

1. Lesch-Nyhan 증후군은 미국인 50,000 명당 1명 꼴로 발생하는 심각한 대사성 질환이다. 퓨린이라는 분자는 DNA의 생화학적 전구물질인데, 이 증후군을 가진 사람은 신경조직과 관절에 퓨린이 쌓인다. 이런 생화학적 이상은 HPRT(hypoxanthine-guanine phosphoribosyltransferase)라는 효소가 결함이 있으면 발생하는데, 이 효소는 X 염색체상에 위치한 유전자에 의해서 암호화된다. 이 효소에 결함을 가지는 사람은 행동을 통제하지 못하고, 자기 자신을 물어뜯거나 긁는 자기 파괴성 행동을 보이게 된다. 아래 가계도의 IV-5와 IV-6으로 표시된 남자들은 Lesch-Nyhan 증후군을 가지고 있다. V-1과 V-2가 이 질환을 물려받을 확률은?

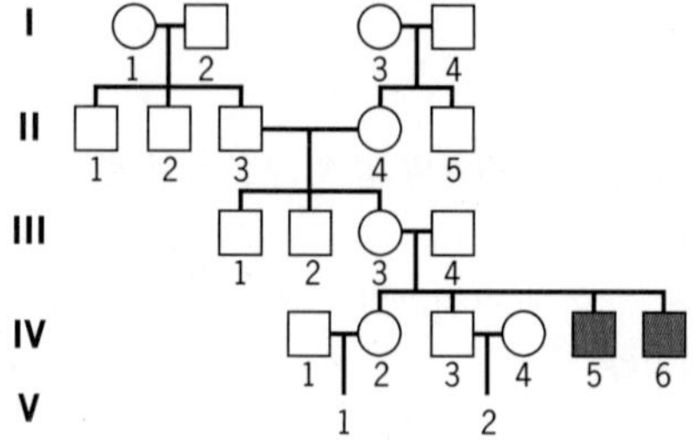

답: III-3은 아들 2명이 질환을 가지고 있으므로 돌연변이 대립유전자(h)의 이형접합성 보인자이다. 그러나 그녀 자신은 돌연변이 표현형을 보이지 않기 때문에 그녀의 다른 X 염색체는 야생형 대립유전자(H)를 가진다. III-3이 H/h 인자형을 가지게 되면 그녀가 이 돌연변이 대립유전자를 그녀의 딸(IV-2)에게 전해줬을 가능성은 1/2이다. 그리고 IV-2가 이 대립유전자를 그녀의 아이(V-1)에게 전할 확률은 1/2이고 이 아이가 아들일 확률은 1/2이다. 그래서 V-1이 Lesch-Nyhan 증후군을 가질 확률은 $(1/2) \times (1/2) \times (1/2) = 1/8$이다. V-2는 Lesch-Nyhan 증후군을 가질 확률은 0이다. 이 아이의 아버지(IV-3)는 보인자가 아니며, 설사 보인자라고 해도 아들에게 이 돌연변이 대립유전자를 전달하지 않을 것이다. 이 아이의 어머니는 이 가계 밖의 출신이며, 이 형질이 매우 드물기 때문에 보인자일 가능성이 매우 희박하다. 그래서 V-2는 실제로 Lesch-Nyhan 증후군을 앓을 가능성이 없다.

2. 한 유전학자가 흰 눈(white)과 흑색 몸(ebony)의 암컷 초파리를 빨간색 눈과 회색 몸(gray)을 가진 야생형 수컷과 교배하였다. F_1 중에서 모든 암컷은 빨간색 눈과 회색 몸이었고 모든 수컷은 흰색의 눈에 회색 몸이었다. 이들을 서로 교배하여 자손을 얻고, 눈과 몸의 색을 구분하여 계산하였다. 총 384마리 중에서 다음의 결과를 얻었다.

형질의 조합			
눈색	체색	수컷	암컷
흰색	검정색	20	21
흰색	회색	70	73
붉은색	검정색	28	25
붉은색	회색	76	71

눈과 체색의 유전에 대하여 설명하시오.

답: F_1의 결과는 돌연변이 표현형 둘 다 열성임을 말한다. 더욱이, 암컷과 수컷이 다른 눈 색 표현형을 가지기 때문에 눈 색 유전자가 X 연관이고 체색 유전자는 상염색체 상에 위치함을 알 수 있다. F_2에서, 다른 염색체 상에 존재하는 유전자가 그렇듯이, 두 유전자는 독립적으로 분리된다. 아래에서 몇 종류의 파리의 인자형을 보이고 있다(w: 흰 눈 돌연변이, e: 검정 체색 돌연변이, +: 야생형 대립유전자). 초파리 유전학의 관습에 의거하여, 성염색체는 X와 Y로서 왼쪽에, 상염색체는 오른쪽에 나타낸다. 물음표는 야생형이거나 또는 돌연변이 대립유전자가 될 수 있다는 의미이다.

형질의 조합		인자형	
눈 색	체색	수컷	암컷
흰색	검정색	$w/Y\ e/e$	$w/w\ e/e$
흰색	회색	$w/Y\ +/?$	$w/w\ +/?$
붉은색	검정색	$+/Y\ e/e$	$+/w\ e/e$
붉은색	회색	$+/Y\ +/?$	$+/w\ +/?$

3. 1906년, 영국의 생물학자인 돈캐스터(L. Doncaster)와 레이노르(G. H. Raynor)는 까치밥나무 나방인 Abraxas의 육종 실험에 대한 결과를 발표했다. 영국에는 이 나방이 2가지 색깔의 종류가 있다. 하나는 석류석이라고 불리며, 날개에 큰 검은 점이 있다. 다른 하나는 젖빛이라고 불리며, 많은 더 작은 검은 점이 있다. 돈캐스터와 레이노르는 젖빛 암컷과 석류석 수컷을 교배하여 모든 F_1 자손이 석류석인 것을 발견했다. 그들은 다시 F_1끼리 교배하여 F_2를 얻었는데, 이들은 두 종류의 암컷(석류석과 젖빛)과 한 종류의 수컷(석류석)으로 구성되어 있었다. 돈캐스터와 레이노르는 또한 F_1 나방을 검정 교배하였다. 석류석 F_1 암컷은 젖빛 수컷과 교배시켜 젖빛 암컷과 석류석 수컷을 얻었다.—수컷은 모두 석류석이었다. 그리고 석류석 F_1 수컷을 젖빛 암컷과 교배시켜 네 종류의 자손을 얻었다. 즉 석류석 수컷, 석류석 암컷, 젖빛 수컷 그리고 젖빛 암컷을 얻은 이 실험의 결과에 대한 설명하라.

답: 석류석과 젖빛 표현형의 유전은 확실히 성과 연관되어 있다. 그러나 나방의 경우, 암컷은 이형배우자(ZW)이고, 수컷은 동형배우자(ZZ)이다. 그러므로 젖빛 암컷은 Z 염색체의 열성 대립유전자(l)가 반접합성이며, 석류석 수컷은 Z 염색체의 우성 대립유전자(L)에 대해 동형접합이라는 가설을 세울 수 있다. 이 두 형태의 나방을 교배했을 때, 그들은 우성 대립유전자(L)에 대해 반접합성인 석류석 암컷과 두 대립유전자(Ll)가 이형접합인 석류석 수컷을 낳는다. F_1 나방 사이의 교배는 다른 대립유전자에 대해 각각 반접합성인 석류석(L) 암컷과 젖빛(l) 암컷을 그리고 이형접합인 Ll나 혹은 동협접합인 LL인 석류석 수컷을 낳는다. *Abraxas*의 반점 양상이 Z 염색체의 유전자에 의해 조절된다는 가설은 F_1 석류석을 이용한 검정 실험의 결과로 역시 설명된다. 반접합성인 우성 대립유전자 L을 가지는 석류석 F_1 암컷과 동형접합인 ll을 가지는 젖빛 수컷을 교배시키면, 반수체인 l을 가지는 젖빛 암컷과 이형접합인 Ll을 가지는 석류석 수컷을 낳는다. Ll 이형접합체를 가지는 석류석 F_1 수컷과 반접합성인 l을 가지는 젖빛 암컷을 교배시키면, 이형접합인 Ll을 가지는 석류석 수컷과 반접합성인 L을 가지는 석류석 암컷, 동형접합인 ll을 가지는 젖빛 수컷 그리고 반접합성인 l을 가지는 젖빛 암컷을 낳는다. 공교롭게도 이 시기에는 돈캐스터와 레이노르는 *Abraxas*의 성염색체의 성질을 알지 못한 채 그들의 연구 결과를 발표했다. 그래서 그들은 성염색체의 전달과 날개 반점 양상의 유전에 대해 개념적으로 연관시키지 못했다. 만약 그들이 이런 연관을 밝힐 수 있었다면, T.

H. 모건에 의해 이루어진 초파리에서의 성연관 증명은 아마 때 늦은 아이디어로 판명났을 지도 모른다.

연습문제

이해력 증진과 분석력 개발

5.1 이형배우자성 수컷(heterogametic males)을 갖는 동물에서 수컷과 암컷을 결정해 주는 정자의 유전적 차이점은 무엇인가?

5.2 그을린 형태의 강모(Singed bristle)를 갖는 수컷초파리가 사육 중에 출현하였다. 이 이상한 표현형이 X 연관 돌연변이 때문이라는 것을 어떻게 결정할 것인가?

5.3 여치의 장미빛의 체색은 열성 돌연변이에 의해서 유발되는데, 야생형 체색은 초록이다. 만약 체색 유전자가 X 염색체 상에 있으면 동형접합성 rosy 암컷과 반접합성 야생형 수컷과의 교배로부터 어떤 종류의 자손들이 얻어질 수 있을까(여치류에서 암컷은 XX이고 수컷은 XO이다)?

5.4 *Anopheles culicifacies*(모기의 일종)에서 *golden body*(*go*)는 열성 X 연관 돌연변이이고 *brown eye*(*bw*)는 열성으로 상염색체상의 돌연변이이다. 갈색 눈의 동형접합성 XX 암컷과 금빛체색(golden body)을 갖는 반접합성 수컷을 교배했다. 이들의 F_1 자손의 표현형을 예측하라. 만약 F_1 자손끼리 서로 교배하였을 때, 어떤 종류의 자손이 어떤 비율로 F_2에서 나타날까?

5.5 아래 유전자형인 사람의 성적 표현형은 무엇인가?

XX, XY, XXY, XXXY, XO.

5.6 사람의 한 X 연관 유전자인 *g*는 녹색에 대한 색맹을 유발한다; 야생형 G는 정상적으로 색을 구별한다. 정상적인 색을 구별하는 남자(a)와 여자(b)가 3명의 자식을 가졌고, 이들 모두는 정상의 사람과 결혼하였다. 색맹 아들(c)은 정상인 딸(f)이 하나 있다; 정상의 딸(d)은 색맹 아들 1명(g)와 2명의 정상 아들(h)을 두었다; 그리고 정상의 딸(e)은 정상의 여섯 아들(i)을 두었다. 이 가족의 개인들(a~i)에 대한 알맞은 유전자형을 밝히시오.

5.7 아버지와 아들이 모두 색맹이라면, 아들의 형질은 아버지에게서 전달된 것인가?

5.8 아버지가 혈우병인 정상의 여자가, 혈우병인 남자와 결혼하였다. 이들의 첫 아이가 혈우병을 가질 확률은?

5.9 X 연관성 색맹을 가진 남자가 색맹에 대해서 가족력이 없는 여자와 결혼하였다. 이 부부의 딸이 색맹인 남자와 결혼을 하여, 낳은 색맹 손녀딸이 정상의 남자와 결혼하였다. 이 마지막 부부가 색맹인 아이를 가질 확률은? 만약 이 부부가 이미 색맹인 아이를 가지고 있다면 다음 아이가 색맹일 확률은?

5.10 색맹이며 A 혈액형을 갖고 있는 남자와 정상의 색각과 O 혈액형을 갖는 여자가 아이를 낳았다. 여자의 아버지는 색맹이었다. 색맹은 X-연관 유전자에 의하여 결정된다. 그리고 혈액형은 상염색체상의 유전자에 의해 결정된다.

(a) 남자와 여자의 유전자형은?
(b) 그들의 아이가 색맹이며 B 혈액형일 확률은?
(c) 그들의 아이가 색맹이며 A 혈액형일 확률은?
(d) 그들의 아이가 색맹이며 AB 혈액형일 확률은?

5.11 주홍색 눈(vermilion eye)를 유발하는 열성 X 연관 유전자에 대하여 동형접합인 초파리를 붉은 눈의 야생형 수컷과 교배하였다. 자손 중에 수컷은 모두 주홍색 눈이고 거의 모든 암컷은 빨간색 눈이었다. 그러나 몇 마리의 암컷은 주홍색 눈이었다. 주홍색 눈의 암컷이 생긴 이유를 설명하시오.

5.12 초파리의 주홍색 눈은 X 염색체 위의 열성 유전자(*v*)에 의하여 생긴다. 그리고 굽은 날개는 상염색체상의 열성 유전자(*cu*)에 의해 생기며, 검은 체색은 다른 상염색체의 열성 유전자(*e*)에 의하여 생긴다. 주홍색 눈의 수컷과 굽은 날개와 검은 체색의 암컷을 교배 하였더니 F_1 수컷은 표현형은 정상이었다. 만약에 이 수컷들을 주홍눈에 굽은 날개, 그리고 검은 체색을 가진 암컷과 검정교배한다면, F_2 자손 중 중홍눈에 굽은 날개, 그리고 검은 체색을 가진 수컷이 나올 확률은 얼마인가?

5.13 열성 X 연관 돌연변이인 흰 눈 유전자(*w*)와 이것의 야생형 유전자(w^+)에 대하여 이형접합인 암컷 초파리를 야생형 붉은 눈의 수컷과 교배하였다. 자손의 수컷은 반은 흰 눈, 그리고 반은 붉은 눈이다. 자손의 암컷은 거의 모두가 붉은 눈이었으나, 몇 마리는 흰 눈이었다. 흰 눈 암컷이 생긴 이유를 설명하라.

5.14 초파리의 눈을 검게 만드는 *chocolate*(*c*)라는 열성 돌연변이 유전자가 있다. 이 돌연변이 형질은 상염색체 상의 *brown*(*bw*) 돌연변이의 표현형과 구별이 불가능하다. Chocolate 눈 색의 암컷과 brown 동형접합 수컷을 교배하여 야생형의 F_1 암컷과 초콜렛색 눈의 F_1 수컷을 얻었다, 만약 F_1끼리 교배한다면, 어떤 자손이 어떤 비율로 나오리라 기대되는가(이중 돌연변이는 각각의 돌연변이와 같은 표현형을 나타낸다고 가정하라)?

5.15 인간의 Y 염색체상의 *SRY* 유전자에 돌연변이가 발생하여 정소결정인자를 생산하지 못한다고 하자. 이 돌연변이와 정상의 X

염색체를 가지는 사람의 표현형을 예측하시오.

5.16 한 여자가 X 염색체 상에 고환성여성화 돌연변이(*tfm*)를 가지며, 다른 X 염색체는 야생형 대립유전자(*Tfm*)를 갖고 있다. 이 여자가 정상의 남자와 결혼을 한다면 그녀 자식 중 얼마가 표현형적으로 여자가 될까? 이들 중에서 얼마가 임성을 가질까?

5.17 두 개의 X 염색체와 하나의 Y 염색체를 가진 사람은 남자일까 여자일까?

5.18 초파리의 *bb*(bobbed bristles) 대립유전자와 야생형 강모 대립유전자(+)는 X 염색체와 Y 염색체의 상동성 절편에 존재한다. 다음 교배로부터 생기는 자손의 인자형과 표현형을 정하시오:

(a) $X^+ X^{bb} \times X^+ Y^{bb}$

(b) $X^+ X^{bb} \times X^{bb} Y^+$

(c) $X^{bb} X^{bb} \times X^{bb} Y^+$

(d) $X^{bb} X^{bb} \times X^+ Y^{bb}$

5.19 다음의 같은 염색체 조성을 가진 초파리의 성을 예측하시오(A는 상염색체의 반수를 말한다):

(a) 4X 4A

(b) 3X 4A

(c) 4X 5A

(d) 1X 3A

(e) 6X 6A

(f) 1X 2A

5.20 병아리의 줄무늬 깃(barred feathers)은 열성 대립유전자 때문이다. 줄무늬 수탉과 줄무늬가 없는 암탉을 교배하여 모든 자손은 줄무늬가 되었다. 이들 F_1 병아리들끼리 다시 교배하여 F_2 자손을 얻었다. 이들 중 수컷은 모두 줄무늬였고 암컷의 반은 줄무늬, 나머지는 줄무늬가 아니었다. 이와 같은 결과가 '이 줄무늬 깃 유전자는 성염색체의 어느 하나에 위치한다.'라는 가설에 부합되는가?

5.21 체색이 황색인 열성 X 연관 돌연변이를 가지는 초파리 수컷을 동형 접합성 야생형 회색체색의 암컷과 교배하였다. 이 교배에서 얻은 암컷 자손은 모두 회색 체색을 띠었다. 이들의 체색이 왜 황색과 회색반점의 모자이크 현상을 나타내지 않는가?

5.22 다음의 염색체 조성을 가지는 인간 세포의 핵에서 몇 개의 바소체를 볼 수 있는가?

(a) XY

(b) XX

(c) XXY

(d) XXXX

(e) XXXXX

(f) XXYY

5.23 어떤 사슴의 수컷은 두 개의 비상동성 성염색체 X(X_1와 X_2)와 Y 염색체를 가진다. 각각의 X 염색체는 크기가 Y 염색체의 반이고 동원체는 염색체의 한쪽 말단에 붙어 있다. Y 염색체의 동원체는 염색체 중간에 위치한다. 이 종의 암컷은 X 염색체 각각 두 개의 복사본을 가지며 Y 염색체 하나가 없다고 한다. 동수의 암과 수의 정자(더 정확히, 장래 암컷을 결정하는 정자와 수컷을 결정하는 정자)를 가지도록 하기 위하여 정자형성 시 X와 Y 염색체의 짝짓기와 분리가 어떻게 일어나야 하는지 설명하시오.

5.24 새의 일종인 멕시코산 잉꼬를 육종하여, 자연산은 갈색 눈을 갖고 있으나 붉은 눈을 갖고 있는 A와 B계통을 얻었다. 교배 1에서 A계통의 수컷과 B계통의 암컷을 교배하였는데, 자손 모두가 갈색 눈을 갖고 있었다. 교배 2에서 A계통의 암컷과 B계통의 수컷을 교배하여 얻은 자손은 수컷이 모두 갈색 눈이었고 암컷은 모두 붉은 눈이었다. 그리고 F_1끼리를 교배하여 다음과 같은 결과를 얻었다.

표현형	**교배 1의 F_2 비율**	**교배 2의 F_2 비율**
갈색 수컷	6/16	3/16
붉은색 수컷	2/16	5/16
갈색 암컷	3/16	3/16
붉은색 암컷	5/16	5/16

이 결과를 유전적으로 설명하여라.

5.25 1908년 두르햄과 매리얏은 카나리아로 교배 실험을 하여 보고하였다. 계피색 카나리아는 부화할 때 핑크 눈을 가지며, 녹색 카나리아는 검은색 눈을 가진다. 두르햄과 매리얏은 계피색 암컷과 녹색 수컷을 교배하여 F_1을 관찰하였더니 모두 녹색 계통과 같은 검은색의 눈을 가지고 있었다. F_1의 수컷을 녹색 암컷과 교배하였을 때, 모든 수컷은 검은 눈을 가진 반면에 암컷은 검은 눈과 핑크 눈이 같은 비율로 나왔다. 그리고 F_1 수컷을 계피색 암컷과 교배하였더니 검은 눈의 암컷, 핑크 눈의 암컷, 검은 눈의 수컷, 그리고 핑크 눈의 수컷이 같은 비율로 나왔다. 이 결과를 설명하시오.

6 염색체 수와 구조의 변이

장의 개요

- 세포학적 기법
- 배수성
- 이수성
- 염색체 구조의 재배열

염색체, 농업과 문명

밀은 약 10,000년 전 중동지역에서 경작이 시작되었으며 오늘날 세계 10억 이상의 인구의 주곡이 되고 있다. 밀은 노르웨이에서 아르헨티나에 이르기까지 다양한 환경에서 재배되고 있으며 지역 특성에 적응한 17,000여 품종이 개발되었다. 연간 밀의 총 생산량은 6천만 톤에 달하며 이는 전 세계 인간이 소비하는 음식 칼로리의 20% 이상에 해당한다. 밀은 분명히 주요 농작물이며, 문명의 대들보라고 얘기하는 사람들도 있다.

오늘날 재배 밀인 *Triticum aestivum*은 최소한 세 가지 다른 종 간의 잡종이다. 그 원종은 시리아, 이란, 이라크, 터키에서 자생하는 생산성이 적은 화본과 초본이었다. 이 지역의 고대인들은 이들 초본의 일부를 재배해 왔던 것으로 보인다. 비록 정확한 경로는 알려져 있지 않지만 두 종이 교잡되어 작물로써 더 우수한 하나의 종이 만들어진 것은 분명하다. 지속적인 경작을 통해 이 잡종은 선택적으로 개발되었고 그 후 또 다른 제3의 종과 종간교배를 시켜 경작에 더욱 적합한 3중 잡종을 만들었다. 오늘날의 밀은 이들 3종 교잡식물에서 유래한 것이다.

3중 잡종으로 된 밀이 그 조상 종들보다 더 우수한 점은 무엇인가? 이 교잡종은 알이 더 크고 추수하기가 쉽고 광범위한 환경조건에서도 재배가 잘 된다는 것이다. 오늘날 이들 개발 종의 염색체적 기초를 알고 있다. 3중 잡종으로 된 밀은 각 기원종이 가지는 염색체를 가지고 있으므로 유전학적으로는 3가지 다른 종의 유전체가 혼합된 것이다.

밀밭.

세포학적 기법

유전학자들은 특정 염색체를 동정하고 그들의 구조를 분석하기 위해 염색액을 이용한다.

유전학자들은 특정 염색액으로 분열하고 있는 세포를 염색한 다음 현미경으로 관찰함으로써 염색체 수와 구조를 연구한다. 염색한 염색체의 분석은 **세포유전학(cytogenetics)**이라고 하는 분야의 주요 연구 활동이다.

세포유전학은 염색체를 발견하고 유사분열, 감수분열, 수정 시에 염색체의 행동을 관찰한 19세기 유럽의 몇몇 생물학자들에 의해 시작되었다. 이런 연구는 현미경이 더 좋아지고 표본제작과 염색체 염색법이 더 개발된 20세기에 전성기를 이루었다. 염색체상에 유전자가 존재한다는 증거는 세포유전학 분야에 흥미를 불러일으켰고, 이것은 염색체 수와 구조에 대한 연구의 원인이 되었다. 오늘날 세포유전학은 응용의 면에 큰 의미를 가지고 있는데 특히 의학분야에서 어떤 질환이 어느 염색체 이상과 관계 있는지를 결정할 때 세포유전학을 이용한다.

유사분열에서 염색체의 분석

학자들은 분열세포 중 중기상태인 세포에 대해 세포유전학적 분석을 수행한다. 중기상태인 세포를 많이 모으기 위해 동물의 배나 식물의 근단과 같은 분열이 왕성한 조직을 이용해 왔다. 그렇지만, 세포배양기법이 개발됨에 따라 다른 형태의 세포에서도 염색체를 연구할 수 있게 되었다(■ 그림 6.1). 예를 들어, 사람 백혈구의 경우 말초혈액을 채취해서 분열하지 않는 적혈구와 분리하여 배양배지에 넣는다. 그 후 백혈구에 화학물질로 처리하여 세포가 분열하도록 자극을 준 다음, 분열 중간쯤에 세포의 샘플을 세포학적 분석을 위해 준비한다. 방추사의 기능을 없애는 화학물질로 분열세포를 처리하는 것이 일반적인 과정이다. 이런 저해의 효과로, 세포는 유사분열 중 염색체가 가장 잘 보이는 시기에 분열을 멈추게 된다. 그 후 분열이 중지된 세포를 저장액에 침적시키면 삼투현상으로 인해 세포가 물을 흡수하여 팽창하게 된다. 각 세포의 내용물은 물이 들어감으로써 희석되어 세포가 현미경 관찰을 위한 슬라이드글라스에 압착할 때 염색체가 뭉치지 않고 퍼지게 된다. 이 기법은 그 뒤에 염색체 분석을 더욱 활성화시켰고 특히 염색체 수가 많은 세포도 쉽게 분석할 수 있게 되었다. 오랫동안 사람의 세포는 48개의 염색체를 가진다고 잘못 생각되어 왔다. 각 체세포 내에 있는 염색체를 팽윤법을 이용한 뒤에야 비로소 46개라는 정확한 수가 결정되었던 것이다. Student Companion 사이트에 제공된 유전학의 이정표: "Tjio와 Levan, 사람의 염색체 수를 정확히 계수하다"를 읽어 보라.

1960년대 후반과 1970년대 초반까지는 분산된 염색체는 DNA에 들어있는 당 분자와 반응하여 보랏빛을 띠는 포일겐 시약(Feulgen reagent)이나 진홍색인 초산-카민(aceto-carmin)

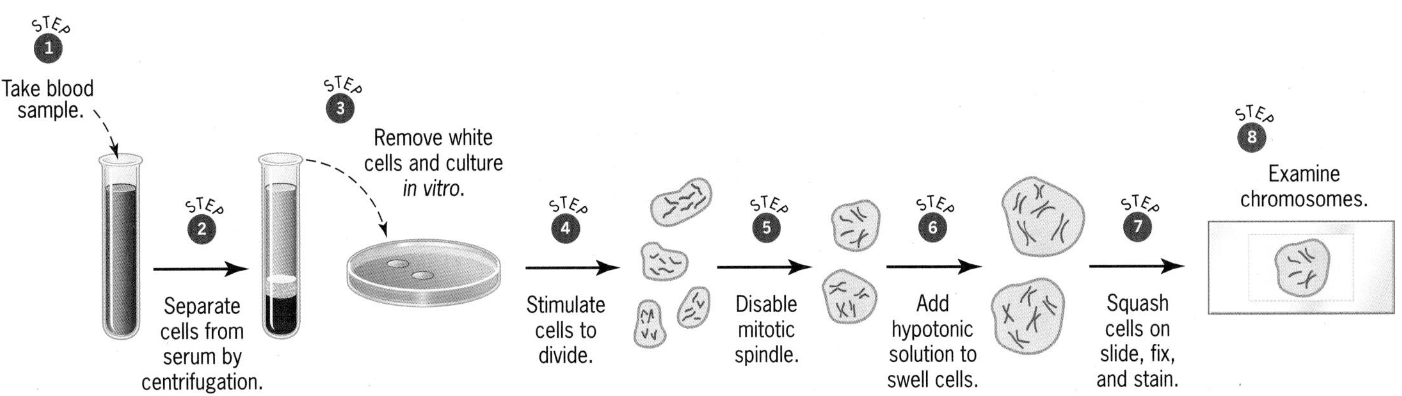

■ 그림 6.1 세포학적 분석을 위한 세포의 프레파라트 제작.

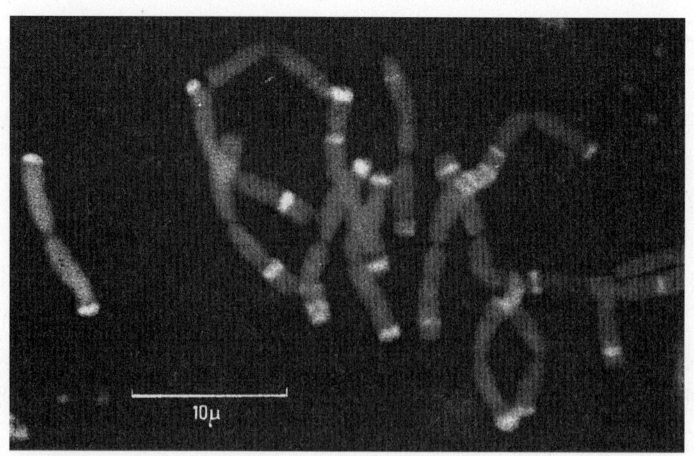

■ 그림 6.2 퀴나크린으로 염색한 *Allium carinatum* 식물의 중기 염색체.

으로 염색하였다. 이런 염색법은 염색체 전체가 균일하게 염색되기 때문에 염색체의 크기가 아주 차이가 나거나 동원체의 위치가 아주 다르지 않는 한 염색체 각각을 구분할 수 없었다. 오늘날 세포유전학자들은 염색체의 길이를 따라 차별적으로 염색되는 염료를 사용하고 있다. 항 말라리아 약재로 사용되는 키닌(quinine) 계통의 *퀴나크린(quinacrine)*은 이런 염료 중의 첫 번째 경우이다. 퀴나크린으로 염색한 염색체는 밝은 띠와 어두운 부분이 보이는 독특한 형태의 분염을 나타낸다. 그렇지만 퀴나크린은 형광물질이기 때문에 띠의 형태는 광원을 자외선으로 사용할 때만 나타난다. 자외선을 조사하면 염색체 속으로 삽입된 퀴나크린 분자가 에너지를 방출하게 된다. 염색체의 어떤 부분은 밝게 빛나고 어떤 부분은 어둡게 나타난다. 이런 차별성 형광기법은 항상 염색체상에 밝고 어두운 띠의 형태가 각 염색체마다 독특하게 나타나도록 한다(**■ 그림 6.2**). 따라서 퀴나크린 띠의 형태를 이용하여 세포유전학자들은 한 세포 내에 있는 특정염색체의 동정이 가능하고 구조변이, 예를 들어 어떤 띠가 결실되었는지를 결정할 수 있다.

형광이 아닌 염료를 이용한 좋은 염색기법도 개발되었다. 가장 잘 알려진 것이 김자(*Giemsa*)라는 염료혼합물인데, 이것은 염료의 발명자인 Gustav Giemsa의 이름을 딴 것이다. 퀴나크린과 마찬가지로 김자도 각 염색체상에 항상 독특한 띠를 나타낸다(**■ 그림 6.3**). 염색체에 퀴나크린이나 김자로 염색하였을 때 왜 독특한 띠를 보이는지는 아직 분명하지 않지만 아마 이런 종류의 염료가 특정 DNA 아니면 그 부위와 연관된 단백질과 차별적으로 반응할 수도 있다고 본다. 이런 표적 DNA서열은 각 염색체 내에 독특하게 분포하고 있다고 본다.

오늘날 세포유전학자들이 이용하는 가장 뛰어난 기법은 **염색체 채색(chromosome painting)**이라는 것이다. 이 기법은 실험실에서 특정염색체의 DNA단편을 분리 확인하여 이들을 형광염료로 표지한 다음 분산된 염색체에 처리하면 색깔을 달리하는 각 염색체 상을 만드는 것이다. 이런 단편은 특정 유전자에서 왔을 수도 있다. 이런 DNA단편을 실험실에서 화학적으로 형광으로 표지하여 슬라이드 글라스위에 산재한 염색체에 결합시킨다. 적당한 조건에서 DNA단편은 그 염기서열과 상보적인 염색체 DNA에 결합할 것이다. 이런 결합은 DNA단편에 있는 형광염료를 염색체 DNA에 표지해 준다. DNA단편과 염색체 내의 상보적 DNA 간의 특이한 상호작용의 성질때문에 우리는 DNA단편을 *탐침(probe)*이라고 한다. 하나의 세포에서 많은 양의 DNA에 상보적으로 결합하는 탐침을 찾았다. 이들 탐침을 결합시킨 후에 염색체를 적당한 파장의 광에 노출시킨다. 색을 달리하여 나타나는 띠나 점들은 염색체 상에 존재하는 탐침의 표적 즉 상보적인 DNA서열이 있는 곳을 나타낸다. **■ 그림 6.4**는 이런 기법으로 분석한 사람의 염색체를 나타내고

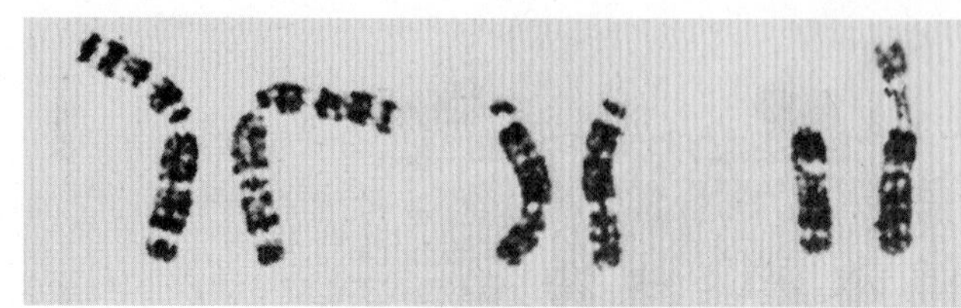

■ 그림 6.3 김자로 염색한 아시아 사슴계통의 중기 염색체.

있다. 두 종류의 사람 DNA단편을 각각 다른 형광염료로 표지하여 동시에 염색체 채색에 이용하였다. 하나의 단편은 염색체의 모든 동원체에 결합하여 연분홍색 형광을 발하는 것이다. 다른 단편은 몇 개의 염색체에서만 결합하여 밝은 녹색의 형광을 띄게 한 것이다. 그러므로 전개된 모든 염색체 중 이들 몇 개의 염색체들만 두드러져 보인다. 그림 2.7은 사람 DNA단편으로 만든 탐침들을 이용하여 채색한 사람 염색체를 나타내고 있다. 각 염색체 상은 독특한 띠의 형태를 보여주고 있다. 따라서 각 쌍의 염색체는 이 기법으로 정확하게 동정할 수 있다.

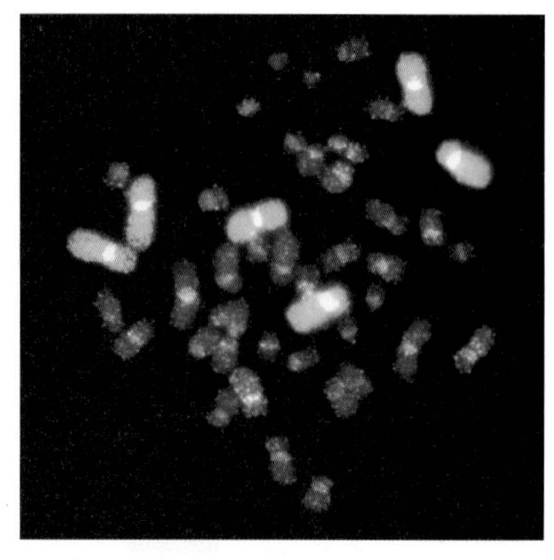

■ 그림 6.4 염색체 채색. 사람의 DNA로 제작한 탐침들을 사람 염색체에 적용하였다. 각 탐침은 이들과 상보적인 DNA염기서열이 염색체상의 어디에 위치하는지를 나타내기 위하여 다른 색(연분홍색 또는 밝은 녹색)으로 표지되었다. 연분홍색 탐침은 모든 염색체의 동원체의 DNA를 표적으로 한 반면 밝은 녹색은 3쌍의 염색체의 DNA를 표적으로 한 것이다.

사람의 핵형

사람의 이배체 세포는 46개의 염색체 즉, 44개의 상염색체와 여자는 XX, 남자는 XY인 두 개의 성염색체를 가지고 있다. 유사분열 중기에서 46개 각 염색체는 두 개의 동일한 자매염색분체를 가지고 있다. 이들을 적당히 염색하면 복제된 염색체 각각은 크기, 모양, 분염상으로 알아볼 수 있다. 세포학적 분석을 위하여, 잘 펴진 중기 상을 염색한 후 현미경 사진을 찍고 각 염색체를 가위로 오려 똑같은 염색체끼리 짝을 지은 후 가장 큰 염색체부터 가장 작은 염색체의 순서로 배열한다(**■ 그림 6.5**). 가장 큰 염색체가 1번이고 가장 작은 염색체가 21번이다(처음 공식적 배열의 착오로 두 번째 가장 작은 것을 22번으로 나타내었다). X 염색체는 중간 크기이고 Y 염색체는 22번과 크기가 거의 같다. 염색체를 오려 만든 이런 도해를 **핵형(karyotype)**이라 한다. 전문가들은 염색체 수와 구조의 이상을 동정하는 데 핵형을 이용할 수 있다.

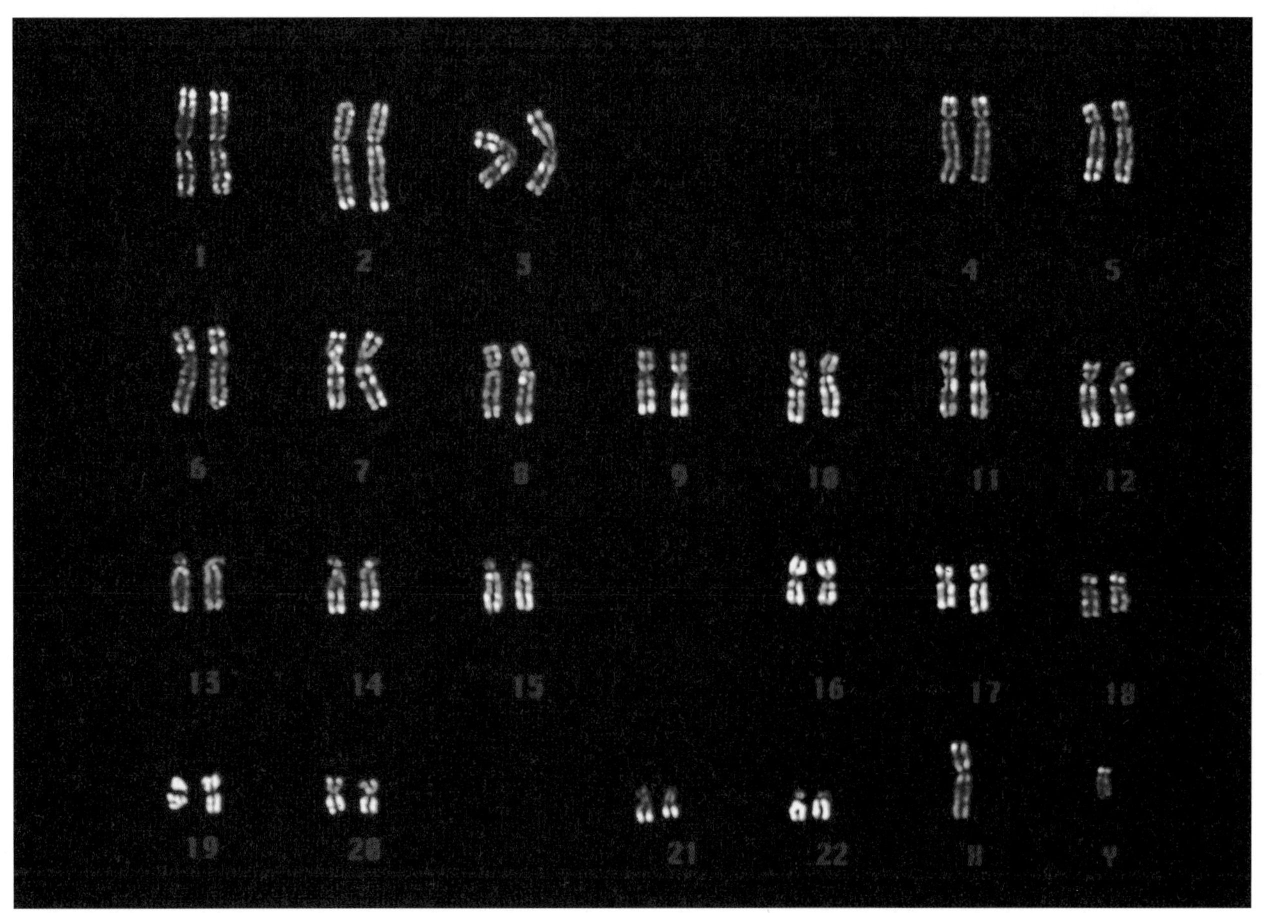

■ 그림 6.5 각 염색체의 띠를 나타내기 위하여 염색한 남자의 핵형. 상염색체는 1번에서 22번으로 나타내었고 X와 Y는 성염색체이다.

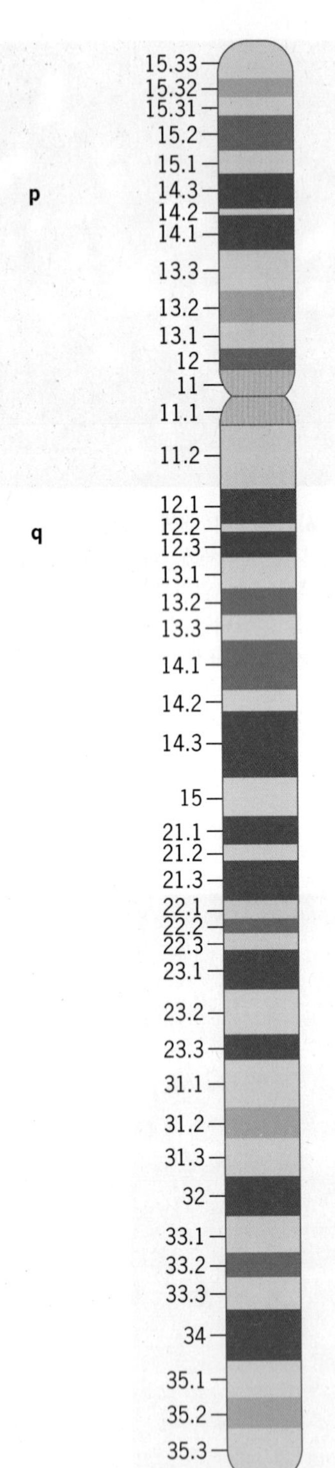

■ 그림 6.6 사람의 5번 염색체의 핵형도. 각 팔의 부위들은 동원체에서 시작하여 숫자로 나타내었다. 각 분절에서의 띠는 소수점으로 하여 숫자로 나타내었다.

분염이나 채색기법을 이용하기 이전에는 사람의 염색체 각각을 동정하기 어려웠다. 세포유전학자들은 단지 염색체를 크기 순서로 무리를 만들었고, 가장 큰 무리를 A군, 그 다음을 B군 등등으로 분류하였다. 비록 그들은 사람의 염색체를 7개의 군으로 나눌 수는 있었지만, 각 군 내에 속하는 각 염색체를 동정할 수가 없었다. 오늘날 분염과 채색기법의 결과로 우리는 24개의 염색체 각각을 동정할 수 있다. 또한, 이들 기법은 염색체의 각 팔을 구별하고 각 팔의 특정부위를 조사할 수 있도록 한다. 동원체를 기준으로 염색체를 긴 팔과 짧은 팔로 나눈다. 짧은 팔을 *p*로, 그리고 긴 팔을 *q*로 나타낸다. 예를 들어 5번 염색체의 짧은 팔을 세포유전학자들은 5p로 간단히 나타낸다. 염색체의 각 팔의 내의 특정부위는 동원체에서 시작하여 숫자를 부여하여 나타낸다(**■ 그림** 6.6). 따라서 5번 염색체의 짧은 팔에서 우리는 동원체에 가장 가까운 부위를 5p11로 하여 5p12, 5p13, 5p14 그리고 동원체에서 가장 먼 부위를 5p15로 나타낸다. 각 부위 내에 존재하는 각 띠는 소수점을 찍어 나타낸다. 예를 들어 13.1, 13.2, 13.3은 5p13부위 내에 3개의 띠를 나타낸다. 염색체 내의 분염상을 *핵형도*(*ideogram*)라고 한다.

세포유전학적 변이: 개관

많은 생물의 표현형은 세포 내 염색체 수의 변화에 크게 영향을 받으며, 때로는 염색체의 부분적 변화에 의해서도 표현형의 차이를 보인다. 이런 수적인 변화를 보통 그 생물의 *배수성*(*ploidy*)에서의 변이라고 표현한다. 완전하고 정상인 염색체 세트를 가진 생물을 *정배수체*(*euploid*)라고 한다. 여분의 염색체 세트를 가진 생물을 *배수체*(*polyploidy*)라고 하고, 배수성의 정도는 보통 *n*으로 표시하는 한 세트의 기본 염색체 수를 참고하여 표시한다. 따라서 두 세트의 염색체를 가지는 이배체는 2*n*개의 염색체를 가지며, 세 개의 세트로 된 3배체는 3*n*개의 염색체를 가지며, 네 세트로 된 것은 4*n*개 등등으로 나타낸다. 특정염색체나 염색체 단편이 소실되었거나 추가된 생물을 *이수체*(*aneuploid*)라고 한다. 그러므로, 이런 생물들은 특정 유전자의 불균형으로 고통을 받는다. 이수성과 배수성의 차이는 이수성은 유전체의 일부 중에서 보통 한 염색체의 수적 변화인 반면, 배수성은 염색체 전체를 이루는 세트의 수적 변화이다. 이수성은 유전적 불균형이 일어났음을 의미하지만 배수성은 그렇지 않다.

세포유전학자들은 생물의 염색체에서 일어나는 여러 가지 구조적 변화도 목록으로 작성하였다. 예를 들어, 한 염색체의 일부가 다른 염색체에 융합하거나 염색체 내에서 하나의 단편이 그 염색체의 나머지 부분과 뒤바뀌는 경우도 있다. 이런 구조적 변화를 *염색체의 재배열*(*rearrangement*)이라 한다. 어떤 재배열은 감수분열 중 염색체의 비정상적 분리를 유발하므로 이수성과 연계될 수도 있다. 다음 절에서는 이 모든 세포유전학적 변이 즉 배수성, 이수성, 염색체 재배열에 대해 다루기로 한다.

요점

- *보통 세포유전학적 분석은 분열 세포에서의 염색체를 다룬다.*
- *퀴나크린이나 김자와 같은 염색액은 세포 내의 각 염색체를 동정하는 데 이용할 수 있는 분염상을 만든다.*
- *핵형은 세포유전학적 분석을 위해 배열된 한 세포의 염색체들을 나타낸다.*

배수성

어떤 생물에서 여분의 염색체 세트는 생물체의 외형과 임성에 영향을 미친다.

여분의 염색체 세트가 존재하는 **배수성(polyploidy)**은 식물에서는 흔하지만 동물에서는 아주 드물다. 현재까지 알려진 모든 식물의 속 중 약 절반은 배수체로 된 종이 포함되어 있으며, 모든 초본류의 2/3 정도가 배수체이다. 이런 종의 대부분은 무성생식을 한다. 주로 유성생식을 하는 동물에서는 배수성이 아주 드문데, 그 이유는 아마 성 결정 기작과 관련이 있는 것 같다.

배수성의 일반적인 효과 중의 하나는 세포의 크기가 증가한다는 것인데, 그 이유는 핵 내에 염색체 수가 더 많기 때문인 것 같다. 세포의 크기가 커지는 것은 가끔 생물체 전체가 커지는 것과 관련성이 있다. 이런 특징은 인간이 작물로써 많은 배수체 식물을 이용하는 것으로 보아 아주 중요한 의미가 있다. 이들 종은 더 큰 열매와 과실을 만드는 경향이 있어서 농업에서 생산량을 증대시킨다. 밀, 커피, 감자, 바나나, 딸기, 목화는 모두 배수체 식물이다. 장미, 국화, 튤립 등 많은 관상용 식물도 배수체이다(■ **그림** 6.7).

불임성인 배수체

외형적으로 튼튼해 보이지만 많은 배수체인 종은 불임이다. 여분의 염색체 세트가 감수분열에서 불규칙적으로 분리되어 아주 불균형적인 배우자를 만든다. 만약 이런 배우자들이 수정되면 만들어진 접합자는 거의 죽게 된다. 그러므로 이런 접합자들이 생존할 수 없기 때문에 많은 배수체 종들은 불임이 되는 것이다.

한 예로써, n개의 염색체를 3세트를 가진 어떤 3배체 종을 생각해보자. 따라서 전체 염색체 수는 $3n$개이다. 감수분열이 일어날 때, 각 염색체는 상동염색체들끼리 짝을 이루고자 할 것이다(■ **그림** 6.8). 한가지 가능성은 각 상동염색체들 중 두 개는 염색체 길이를 따라 짝을 이루고 나머지 하나의 염색체는 그냥 남아있게 될 것이다. 이 때 짝을 이루지 않은 염색체를 **1가염색체(univalent)**라고 한다. 또 다른 가능성은 3개의 염색체 모두가 짝을 이루게 되어 각 염색체는 서로 부분적으로 대합이 된 **3가염색체(trivalent)**를 이루게 된다. 어떤 경우이든, 제1분열 후기에 염색체가 어떻게 이동할 것인지를 예측하기는 어렵다. 가능성이 높

(a)

(b)

(c)

(d)

■ 그림 6.7 농업과 원예에서 중요한 배수체 식물들. (a) 국화(4배체), (b) 딸기(8배체), (c) 목화(4배체), (d) 바나나(3배체).

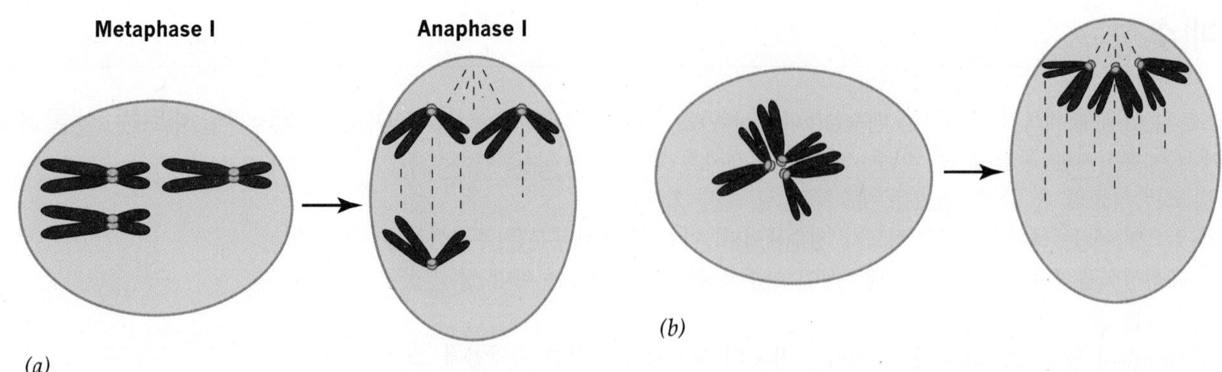
Metaphase I
Anaphase I
(a)
(b)

■ 그림 6.8 3배체의 감수분열. (a) 1가 염색체의 형성. 3개의 상동염색체 중에 2개는 접합을 이루고 후기에서 양극으로 이동하여 하나의 1가 염색체를 남긴다. (b) 3가 염색체의 형성. 모든 3개의 상동염색체가 접합을 이루어 어느 한 극으로 이동한다. 그러나 다른 종류의 후기 분리 방식도 있을 수 있다.

은 것은 두 개의 상동염색체는 한쪽으로 이동하고 남은 하나의 염색체는 다른 쪽으로 이동한다. 하나의 염색체만 고려한다면 두 개이거나 한 개의 염색체를 가진 배우자를 만든다는 것이다. 하지만, 상동염색체 3개가 모두 한쪽으로 이동하여 전혀 염색체가 없거나 3개의 상동염색체를 가진 배우자를 만들 수도 있다. 이런 불확실한 분리는 그 세포에 3개씩 있는 각 염색체를 고려해 보면 어떤 배우자가 가지는 총 염색체 수는 0에서 $3n$까지 다양할 것이다.

이런 배우자의 수정으로 된 접합자는 거의 죽는다고 본다. 따라서 대부분의 3배체는 불임이다. 농업과 원예에서 이런 불임은 무성생식으로 해결해 나가고 있다. 무성번식은 삽목(바나나), 접목(사과 종류), 구근번식(튤립) 등 여러 가지 방법이 있다. 한 가지 기작이 **무수정생식(apomixes)**인데, 이것은 감수분열이 안 된 난자를 만드는 변형된 감수분열이다. 즉 이들 난자는 종자를 만들어 새로운 식물로 발아한다. 이런 식으로 번식하는 식물은 민들레인데 이런 방식으로 생식하는 아주 성공적인 배수성 잡초이다.

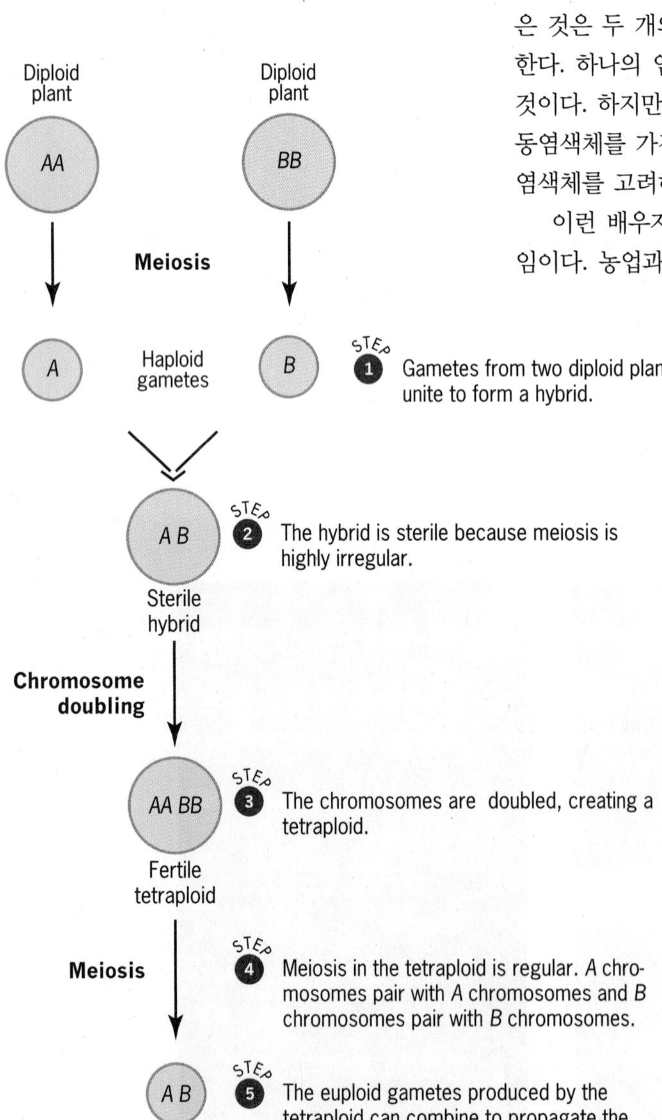
Diploid plant
Diploid plant
AA
BB
Meiosis
A
Haploid gametes
B
STEP 1 Gametes from two diploid plants unite to form a hybrid.
AB
STEP 2 The hybrid is sterile because meiosis is highly irregular.
Sterile hybrid
Chromosome doubling
AA BB
STEP 3 The chromosomes are doubled, creating a tetraploid.
Fertile tetraploid
Meiosis
STEP 4 Meiosis in the tetraploid is regular. A chromosomes pair with A chromosomes and B chromosomes pair with B chromosomes.
AB
STEP 5 The euploid gametes produced by the tetraploid can combine to propagate the organism sexually.
Gamete

■ 그림 6.9 이배체인 두 종 간의 교잡과 염색체 배가에 의해 임성인 4배체가 생기는 방식.

임성인 배수체

3배체에서 일어나는 감수분열의 불확실성은 똑같은 염색체 조를 4개 가진 4배체에서도 존재한다. 이런 4배체도 불임이다. 그렇지만, 어떤 4배체 식물은 유성생식으로 살 수 있는 식물을 만들 수 있다. 면밀한 실험으로 이런 종은 뚜렷한 두 세트의 염색체를 가진다는 것과 각 세트는 배가되었다는 것을 알 수 있었다. 따라서 임성인 4배체들은 종이 다르지만 유연관계가 있는 두 종류의 이배체 간의 교잡에 의해 만들어진 어떤 교잡종에서 염색체 배가로 생겨난 것 같다. 즉 이런 종들의 대부분은 같거나 유사한 염색체 수를 가지고 있다. ■ **그림 6.9**는 이런 4배체 종의 기원에 대한 가능한 기작을 나타내고 있다. A와 B로 나타낸 두 이배체 종들이 교배되어 각 부모종으로부터 한 세트씩의 염색체들을 물려받은 잡종이 생산된다. 그런 잡종은 A와 B 염색체들이 서로 짝을 이루지 못하므로 불임일 것이다. 그렇지만, 만약 이 잡종에서 염색체가 배가된다면 감수분열이 진행될 수 있을 것이다. A와 B종의 각 염색체는 정확히 상동인 것과 짝을 이룰 수 있다. 그러므로, 감수분열의 분리로 A+B인 완전한 염색체 세트를 가진 배우자를 만들 수 있다. 수정을 통해 이들 이배체 배우자는 사배체인 접합자를 만들기 위해 결합할 것이고, 이 4배체는 양친계통의 염색체 세트의 균형을 가지기에 살 수 있을 것이다.

종은 다르지만 근연인 종 간의 교잡에 이은 염색체 배가의 시나리오는 분명히 식물의 진화에서 많이 일어났다. 어떤 경우는 이런 과정이 반복되어 뚜렷한 다른 염색체 세트를 가진 복합적인 배수체가 만들어졌다. 가장 좋은 예가 오늘날 빵을 만드는 밀인, *Triticum aestivum*이다(■ **그림** 6.10). 이 중요한 곡물은 3개의 다른 염색체 세트가 배가되어 만들어진 6배체이다. 각 세트는 7개의 염색체로 구성되며, 배우자에는 총 21개, 그리고 체세포에는 42개의 염색체가 존재한다. 이 장의 서두에서 언급한 바와 같이 밀은 두 번의 교잡이 일어나서 만들어진 것 같다. 첫 번째 교잡은 4배체를 만들기 위해 두 종의 이배체 종이 관여하였고, 두 번째 교잡은 이 4배체에 다른 이배체가 결합되어 6배체가 된 것 같다. 세포유전학자들은 이런 진화과정에 관여했을 것으로 추정되는 원종을 중동지역에서 찾아내었다. 2010년에 밀 유전체에서 많은 DNA의 염기서열을 결정하였다. 이 유전체는 사람 유전체 크기의 거의 5배가 될 만큼 아주 크다. 이들 모든 DNA의 분석은 밀의 진화 경로를 추적하는 데 큰 도움이 될 것이다.

다른 종에서 기원한 염색체는 감수분열 중 상호 간섭하지 않고 분리되기 때문에 여러 종 간의 교잡에서 생긴 배수체는 한 종의 염색체 배가에 의해 생긴 배수체보다 임성을 가질 기회가 크다. 다른 종 간의 교잡에 의해 생긴 배수체를 **이질배수체(*allo*polyploid)**라 하며, 이런 배수체는 배수성에 기여한 유전체가 서로 다르다. 한 종의 염색체 배가에 의해 생긴 배수체를 **동질배수체(*auto*polyploid)**라 하며, 이런 배수체에서는 하나의 유전체가 복제되어 여분의 염색체 세트를 만든 것이다.

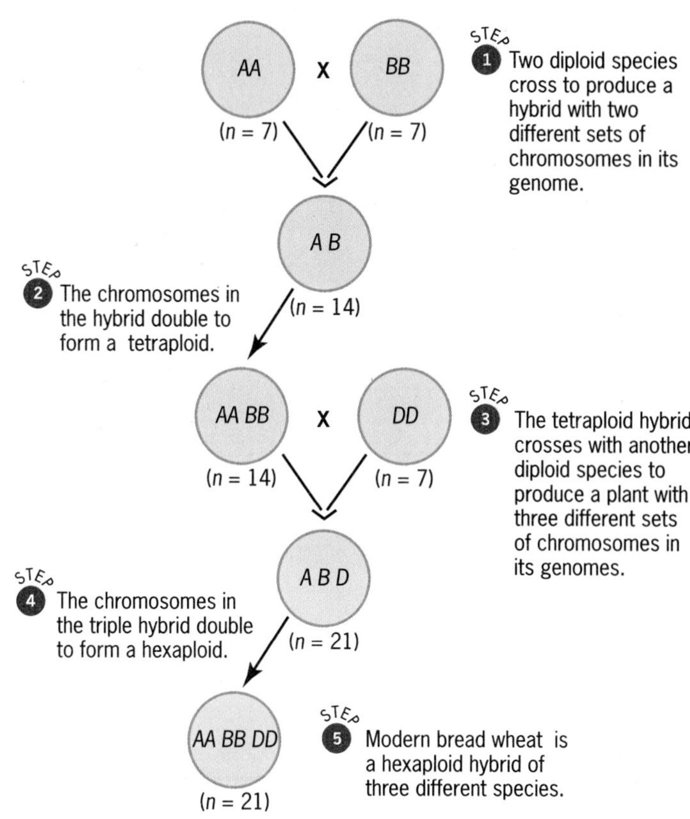
AA
x
BB
(n = 7)
(n = 7)
STEP 1 Two diploid species cross to produce a hybrid with two different sets of chromosomes in its genome.
A B
(n = 14)
STEP 2 The chromosomes in the hybrid double to form a tetraploid.
AA BB
x
DD
(n = 14)
(n = 7)
STEP 3 The tetraploid hybrid crosses with another diploid species to produce a plant with three different sets of chromosomes in its genomes.
A B D
(n = 21)
STEP 4 The chromosomes in the triple hybrid double to form a hexaploid.
AA BB DD
(n = 21)
STEP 5 Modern bread wheat is a hexaploid hybrid of three different species.

■ **그림 6.10** 다른 종들 간의 연속교배에 의한 6배체 밀의 기원. 각 잡종마다 염색체 배가가 일어났다.

배수체를 만드는 데는 염색체 배가가 중요한 관건이다. 이런 사건의 한 가지 가능한 기작은 하나의 세포가 체세포분열 후 세포질분열이 일어나지 않은 경우이다. 이런 세포는 보통 두 배의 염색체 수를 가지게 된다. 이런 세포가 계속 분열을 하여 배수체로 된 세포의 클론이 생겨날 수 있게 되고, 이들이 무성번식을 하는 생물체로 되든지 아니면 배우자를 만들 수 있는 생물체로 될 수 있다. 식물에서 생식세포계열은 동물에서와 같이 발생초기에 별로도 분화하지 않는다는 것을 기억해야 한다. 오히려 생식조직은 많은 세포분열을 거친 후에 분화한다. 만약 이런 세포분열을 하는 세포 하나가 우연히 염색체가 완전히 배가되어 분화한다면 그 생식계통이 결국은 배수체로 발생할 수 있다. 또 다른 가능성은 감수분열이 수가 반감되지 않는 배우자(정상배우자의 두 배인 염색체)를 만드는 식으로 변경되는 것이다. 만약 이런 배우자가 수정이 된다면 배수체인 접합자가 만들어질 것이다. 이런 접합자는 배수성의 성질에 따라 다르겠지만 스스로 배우자를 만들 수 있는 성숙한 식물체로 발생할 것이다.

조직 특이적인 배수성과 다사성

일부 생물에서는 특정 조직이 발생 중에 배수체가 된다. 이런 배수체화는 유전자를 가지고 있는 각 염색체들의 많은 사본이 필요하기 때문인 것으로 보인다. 이런 배수체 세포를 만드는 과정 즉 **핵 내 유사분열(endomitosis)**은 염색체 복제 후 생긴 자매염색분체의 분리와 관계가 있다. 그렇지만, 세포분열을 수반하지 않기 때문에 여분의 염색체 세트가 하나의 핵 내에 축적된다. 예를 들면, 사람의 간과 신장에서 한번의 핵 내 유사분열로 4배체인 세포를 만든다.

가끔 배수화는 자매염색분체의 분리가 일어나지 않아서 생긴다. 이런 경우에 복제된 염색체는 서로서로 중첩되어 쌓이게 된다. 이런 염색체를 **다사성(polytene)**이라고 한다. 다사염색체의 가장 잘 알려진 예는 초파리 유충의 침샘에서 발견된다. 각 염색체는 9번의 복제를 거쳐 한 세포 내에 약 500개의 사본을 만든다. 이 복제물들이 단단히 쌍을 이루어 두꺼

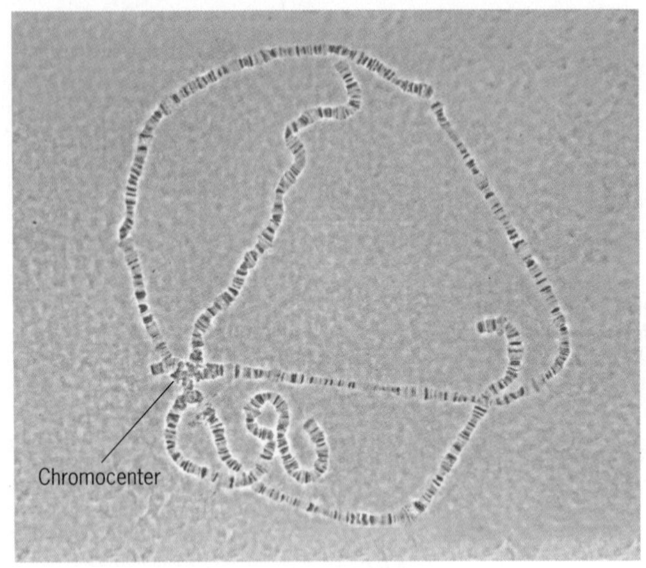

■ 그림 6.11 초파리의 다사염색체.

운 뭉치의 염색사를 만든다. 이런 뭉치는 너무 커서 해부현미경과 같은 저배율에서도 볼 수 있다. 이들 실 뭉치의 길이를 따라 나선의 꼬임 정도에 따라 염색사의 밀도의 변이를 보인다. 이런 염색체를 염색했을 때 더욱 치밀한 염색질 부위는 진하게 염색되기 때문에 염색질에 밝고 어두운 분염상이 나타난다(■ **그림 6.11**). 이런 분염상은 언제나 같은 결과로 나타나기 때문에, 염색체 구조의 상세한 분석에 이용된다.

초파리의 다사염색체는 다음 두 가지 추가적 특징들을 갖는다.

1. 상동인 다사염색체는 접합하고 있다. 우리는 보통 상동염색체의 쌍 형성이 감수분열중인 염색체의 특징이라고 생각한다. 그렇지만, 많은 곤충류 체세포 염색체들도 핵 내에서 염색체를 구성하는 한 방법으로 접합을 이룬다. 초파리의 다사염색체가 접합을 이룰 때 큰 염색사의 뭉치가 더 크게 된다. 이런 접합은 염색체의 길이를 따라 정확하게 이루어지기 때문에 접합하는 두 염색체는 완전히 일직선으로 된다. 따라서 각 분염상은 정확히 일치되기 때문에 접합을 이룬 염색체 각각은 구분할 수 없게 된다.
2. 초파리 다사염색체의 모든 동원체는 소위 염색체중심(chromocenter)이라고 하는 진하게 염색된 덩어리로 되어있다. 동원체 주변의 물질도 이런 진한 덩어리로 몰려든다. 이 결과, 염색체의 양팔이 염색체 중심립에서 뻗어 나온 것 처럼 보인다. 이들 팔은 대부분이 유전자를 가진 염색체의 일부인 진정염색질로 되어 있다. 균일하게 염색되는 염색체중심은 동원체를 둘러싸고 있는 유전자가 거의 없는 이질염색질로 되어있다. 진정염색질로 된 염색체 팔들과는 달리 이런 이질염색질은 다사가 아니다. 따라서 진정염색질과 비교하여 복제가 많이 일어나지 않고 있다.

1930년대에 C. B. Bridges는 다사염색체의 상세한 모식도를 논문에 발표하였다(■ **그림 6.12**). Bridges는 각 염색체를 자신이 번호를 부여한 분절로 나누었다. 또 각 분절은 더 세분화하여 *A–F*의 세부분절로 나타내었다. Bridges는 각 세부분절 내에 각 염색체의 길이를 따라 문자와 숫자를 가진 위치를 만들면서 모든 진한 띠를 열거하였다. 문자와 숫자로 표시된 Bridges의 표시 방법은 이런 유사한 염색체의 외형을 서술하는 데 아직도 이용되고 있다.

초파리의 다사염색체는 세포주기의 간기에 있는 것이다. 따라서 대부분의 세포학적 분

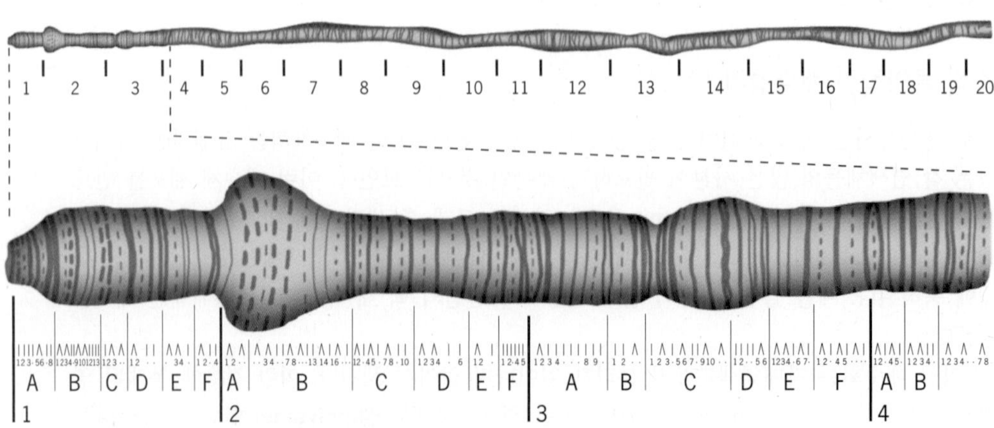

■ 그림 6.12 Bridges의 다사염색체 지도. (*위*) 다사염색체 X의 분염상. 염색체를 20개의 분절로 나누어 번호를 부여하였다. (*아래*) Bridges 다사염색체 중 X 염색체 왼쪽 말단의 상세한 지도.

석이 분열하는 염색체에서 이루어진다 할지라도, 가장 철저하고 세밀한 분석은 실제로 다사 모양으로 된 간기 염색체에서 행해진다. 이런 염색체는 파리와 모기를 포함한 이시목 곤충 내의 많은 종에서 발견된다. 불행하게도 사람에서는 다사염색체가 나타나지 않는다. 따라서 초파리에서와 같은 고해상의 구조적 분석은 사람에서는 불가능하다.

요점

- *배수체는 여분의 염색체 세트를 갖는다.*
- *많은 배수체는 그들이 가지는 많은 염색체 세트로 인해 감수분열에서 불규칙적으로 분리되기 때문에 불임이다.*
- *종간교잡 후 염색체 배가로 만들어진 배수체는 그들이 구성하는 유전체가 독립적으로 분리된다면 임성일 수도 있다.*
- *초파리 유충의 침샘과 같은 특정 조직에서는 세포분열이 일어나지 않고 연속적인 염색체의 복제가 일어나서 세포학적 분석에 아주 이상적인 커다란 다사염색체를 만든다.*

이수성

어떤 염색체나 염색체 단편의 소실이나 추가는 표현형에 영향을 미친다.

이수성(aneuploidy)은 유전체 일부에서의 수적 변화, 보통 어떤 한 염색체의 양적 변화를 말한다. 한 개의 염색체가 추가되거나 하나의 염색체가 소실되어 비정상적인 염색체 조합을 가진 개체를 이수체라고 한다. 이수체란 정의에는 염색체의 단편의 증감도 포함된다. 따라서 한 염색체의 팔이 결실된 개체도 이수체로 간주한다.

이수성은 원래 한 염색체의 불균형으로 인해 표현형에서 변화가 나타난다고 알려진 식물에서 연구되었다. 고전적 연구는 흰 독말풀인 *Datura stramonium*에서 염색체 이상을 분석한 Albert Blakeslee와 John Belling에 의한 것이다. 이배체인 이 종은 12쌍의 염색체 즉 체세포에서는 24개의 염색체를 가지고 있다. Blakeslee는 표현형에 변이가 있는 식물을 수집하여 어떤 경우에 그 표현형이 비정상적인 방법으로 유전된다는 것을 알았다. 이런 특이한 변이형은 분명히 암컷을 통해 전해지는 우성의 형태로 일어난다. 변이형의 염색체를 조사한 결과, Belling은 모든 경우에 하나가 더 많은 염색체가 있음을 알았다. 상세히 분석한 결과 각 변이형 계통마다 여분의 염색체가 다른 염색체임을 알았다. 모두 합해서 12종류의 다른 변이체가 있었고, 각 변이형은 *Datura*의 서로 다른 각 염색체들이 3개씩 있는 것과 일치하였다(■ **그림** 6.13). 이런 삼중화를 **3염색체성(trisomy)**이라고 한다. 이런 변이형의 불균형적 원인은 감수분열 중 비정상적인 염색체 행동에 기인하였다.

Belling은 3염색체성의 표현형이 모계를 통해 더 잘 전해지는 이유를 밝혔다. 화분관이 자라는 중에 이수체인 화분 특히 $n + 1$의 염색체를 가진 화분은 완전히 정배수로 된 화분과 경쟁이 되지 않는다. 결론적으로 3염색체성 식물의 여분의 염색체는 항상 모계에서 유래한 것이다. 흰 독말풀을 이용한 Belling의 연구는 각 염색체는 정상적인 생장과 발육을 위해 적당한 양으로 존재해야 한다는 것이다.

Belling의 연구 이후, 이수체는 사람 등 많은 종에서 밝혀졌다. 하나의 염색체나 그 일부가 모자라는 생물을 **저이수체(*hypo*ploid)**라고 한다. 하나의 염색체나 그 일부가 더 많을 때는 **고이수체(*hyper*ploids)**라고 한다. 이들 용어는 염색체 이상에서 널리 사용되고 있다.

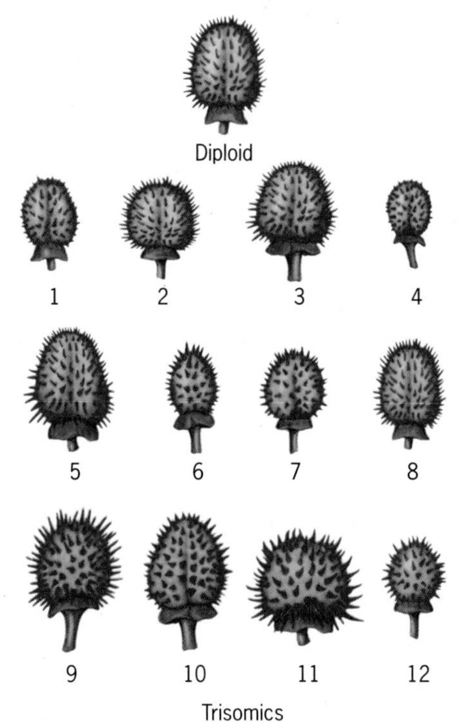

■ 그림 6.13 정상과 3염색체성인 흰 독말풀의 종자모양. 12종류의 3염색체성 각각을 나타내었다.

사람의 3염색체성

사람에서 가장 잘 알려져 있고 가장 빈도가 높은 염색체 이상은 21번 염색체가 추가된 것인

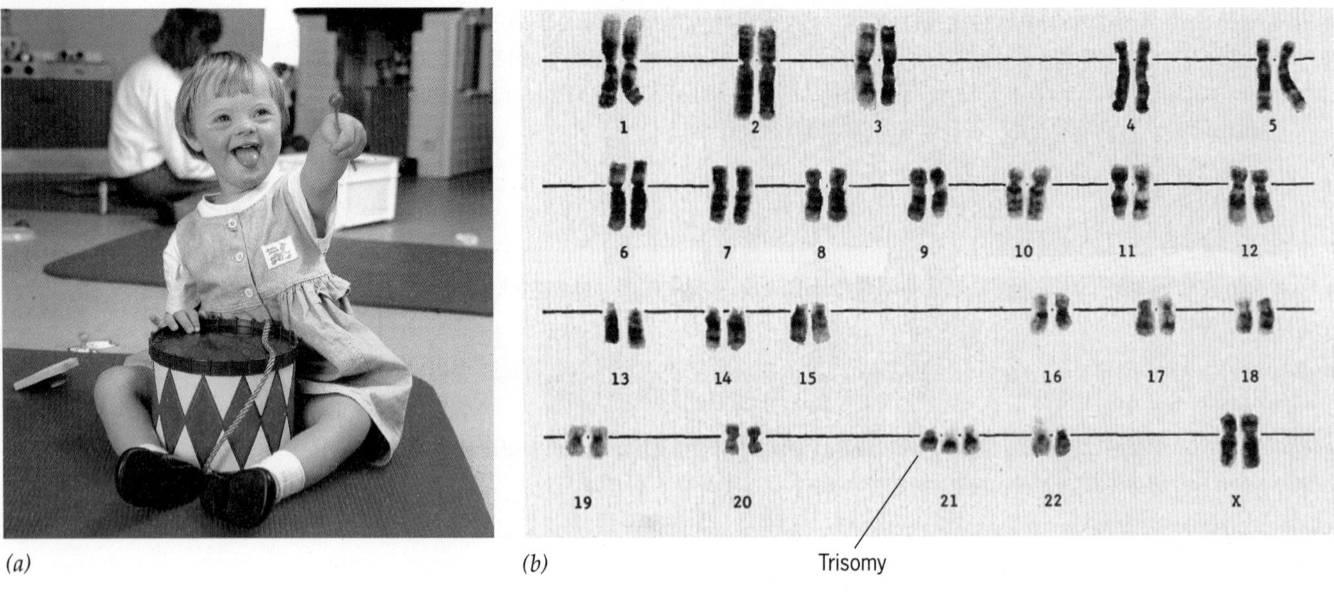

■ 그림 6.14 다운증후군. *(a)* 다운증후군에 걸린 여자 아이. *(b)* 21번 염색체가 3개(47, XX, +21)인 여자 아이의 핵형.

다운증후군(Down syndrome)이다(■ **그림 6.14*a***). 이 증후군은 1866년 영국의 의사인 Langdon Down에 의해 처음 기술되었지만, 염색체적 기초는 1959년에 알려졌다. 다운증후군을 가진 사람들은 보통 키가 작고, 특히 발목의 관절이 약하다. 또 그들은 두개골이 넓고, 들창코이며, 홈이 뚜렷한 큰 혀를 가지며 두툼한 손과 손바닥에 원인선이 있다. 정박아이기 때문에 특별한 훈련과 관심을 가져야 한다. 다운증후군에 걸린 사람은 일반인보다 수명이 짧다. 또한 이 환자는 보통 노인들에서 나타나는 치매의 일종인 알츠하이머 병에 걸린다. 다운증후군에 걸린 사람들은 일반인보다 더 빠른 40 ~ 50대에 나타난다.

다운증후군에서 여분의 21번 염색체는 3염색체성의 한 예이다. ■ **그림 6.14*b***는 다운증후군에 걸린 여자의 핵형을 나타내고 있다. 두 개의 X 염색체와 여분의 21번 염색체 등 모두 합쳐 47개의 염색체를 가지고 있다. 그래서 이런 사람들의 핵형은 47, XX, + 21로 표시한다.

3염색체성 21은 감수분열 중 염색체 하나의 비분리현상에 의해 일어난다(■ **그림 6.15**). 비분리는 부모 중 어느 쪽에서나 일어나지만 여자에서 그 가능성이 높다. 또한 비분리현상의 빈도는 어머니 연령에 비례하여 증가한다. 따라서 25세 이하인 어머니 중에 다운증후군의 아이를 가질 위험은 1,500명 중 한 명인 반면, 40세인 어머니 중에는 100명 중 한 명 정도이다. 이렇게 위험률이 증가하는 것은 어머니의 연령에 따라 감수분열 중의 염색체 행동에 영향을 미치는 요인에 기인한다. 여자에서 감수분열은 태아시기에 시작하지만 난자가 수정된 후까지 감수분열을 마치지 못한다. 수정 전의 오랜 기간 동안 감수분열을 하는 세포는 제1분열 전기에서 머문다. 이런 정지상태에서 염색체는 접합을 이루지 못할 수도 있다. 전기에서의 이 기간이 길면 길수록 접합을 이루지 못해 염색체의 분리가 비정상으로 될 기회가 높다. 그러므로 나이가 많은 어머니가 젊은 어머니보다 이수체인 난자를 만들 가능성이 높다.

13번과 18번의 3염색체성도 보고되고 있지만 출현빈도가 낮고 이런 환자는 출생 후 수주일 내에 사망한다. 사람에서 관찰된 생명에 지장이 없는 다른 3염색체성은 X 염색체가 3개인 핵형 즉 47, XXX이다. 이런 사람은 3개의 X 염색체 중 2개가 불활성화되기 때문에 살 수 있다. X 염색체가 3개인 사람은 여자이고 표현형에서도 거의 정상이다. 때때로 약간의 정신박약을 보이고 임신이 잘 되지 않기도 한다.

사람에서 47, XXY 핵형도 살아갈 수 있는 3염색체성이다. 이런 사람은 3개의 성염색체,

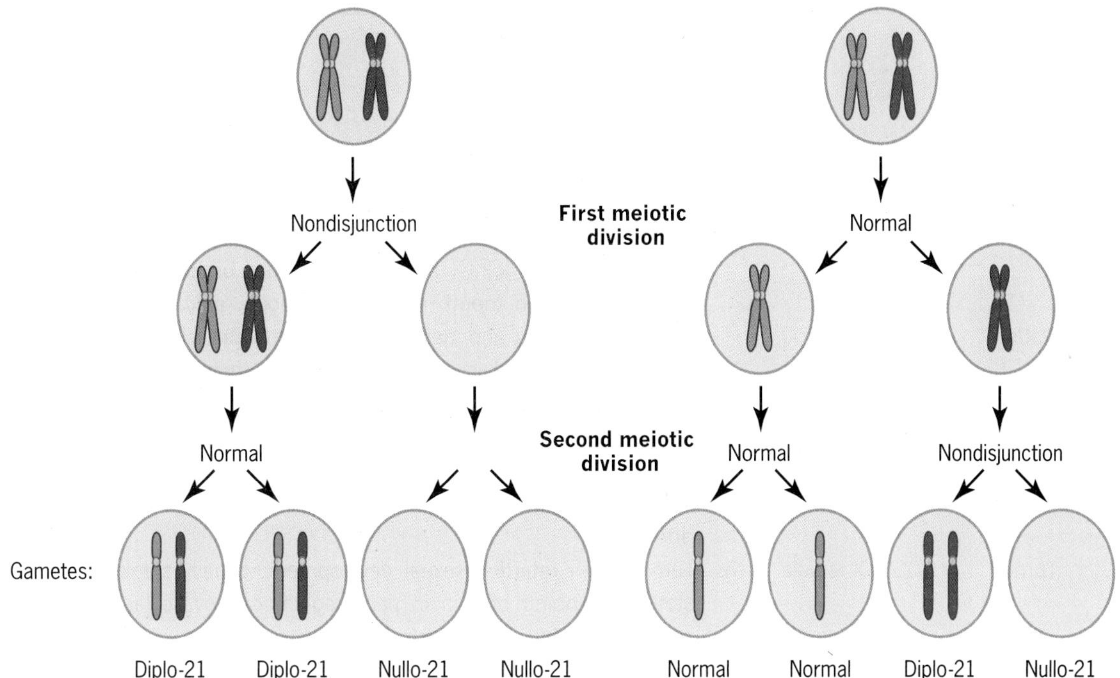

■ 그림 6.15 21번 염색체의 비분리현상과 다운증후군의 기원. 감수분열 제1분열 중의 비분리는 정상적인 배우자를 만들지 못하고 2개의 21번을 가진 배우자(diplo-21)나 21번이 없는 배우자(nullo-21)를 만든다. 제2분열 중의 비분리 결과 동일한 2개의 자매 염색체(diplo-21)를 가진 배우자와 21번이 없는(nullo-21) 배우자를 만든다.

즉 두 개의 X와 한 개의 Y를 가진다. 표현형에서 이들은 남자이지만 여자의 2차 성징도 나타나고 불임이다. 1942년에 H. F. Klinefelter가 이런 상태와 관련한 이상을 기술하였기 때문에 **클라인펠터 증후군(Klinefelter syndrome)**이라고 한다. 이들은 정소가 작고, 가슴이 커지고, 사지가 길고, 몸에 털이 거의 없다. XXY 핵형은 예외적인 XX난자와 하나의 Y를 가진 정자의 수정에 의하거나, 하나의 X를 가진 난자와 예외적인 XY를 가진 정자 간의 수정에 의해 생겨날 수 있다. 모든 클라인펠터 환자의 약 3/4는 XXY형이다. 그 외에도 XXYY, XXXY, XXXYY, XXXXY, XXXXYY, XXXXXY와 같은 복잡한 핵형도 알려져 있다. 클라인펠터 증후군인 사람들은 그들의 세포에서 모두 하나 이상의 바소체를 가지며, 두 개 이상의 바소체를 가진 환자는 보통 어느 정도의 정신지체를 보인다.

사람에서 살 수 있는 또 다른 3염색체성은 47, XYY이다. 이런 사람은 남자이고, 46, XY인 남자보다 키가 크다는 것을 제외하고는 어떤 증세도 나타나지 않는다. 사람에서 모든 그 외의 3염색체성은 정확한 유전자 용량의 중요성을 증명하듯 배 시기에 치사한다. 어떤 염색체가 3염색체이더라도 다 살 수 있는 *Datura*와는 달리 사람은 많은 종류의 염색체가 불균형인 경우 살지 못한다(**표 6.1** 참조).

1염색체성

1염색체성(monosomy)은 어떤 이배체 개체에서 하나의 염색체가 소실 되었을 때 일어난다. 사람에서 생존 가능한 1염색체성은 45, X 핵형 한 종류뿐이다. 이런 사람들은 하나의 X 염색체와 이배체 조성의 상염색체를 가진다. 표현형에서 이들은 여자이지만 정상적으로 발달하지 못하여 거의 불임이다. 45, X인 사람은 보통 키가 작고, 물갈퀴가 달린 날개형 목을 가지며, 청각장애와 심장혈관 이상을 보인다. 1938년 Henty H. Turner가 처음 이 증상을 기술하였기에 **터너증후군(Turner syndrome)**이라 부른다. 45, X인 사람은 하나의 성염색체가 없는 난자나 정자로부터 생겨나거나 수정 후 가끔 유사분열에서 하나의 성염색체가 소실되

표 6.1

사람에서 비분리현상의 결과 생긴 이수성

Karyotype	Chromosome Formula	Clinical Syndrome	Estimated Frequency at Birth	Phenotype
47, 121	2*n* + 1	Down	1/700	Short, broad hands with palmar crease, short stature, hyperflexibility of joints, mental retardation, broad head with round face, open mouth with large tongue, epicanthal fold.
47, 113	2*n* + 1	Patau	1/20,000	Mental deficiency and deafness, minor muscle seizures, cleft lip and/or palate, cardiac anomalies, posterior heel prominence.
47, 118	2*n* + 1	Edward	1/8,000	Congenital malformation of many organs, low-set, malformed ears, receding mandible, small mouth and nose with general elfin appearance, mental deficiency, horseshoe or double kidney, short sternum; 90 percent die within first six months after birth.
45, X	2*n* − 1	Turner	1/2,500 female births	Female with retarded sexual development, usually sterile, short stature, webbing of skin in neck region, cardiovascular abnormalities, hearing impairment.
47, XXY	2*n* + 1	Klinefelter	1/500 male births	Male, subfertile with small testes, developed breasts, feminine-pitched voice, knock-knees, long limbs.
48, XXXY	2*n* + 2			
48, XXYY	2*n* + 2			
49, XXXXY	2*n* + 3			
50, XXXXXY	2*n* + 4			
47, XXX	2*n* + 1	Triplo-X	1/700	Female with usually normal genitalia and limited fertility, slight mental retardation.

어 생겨난다(■ **그림** 6.16). 후자의 경우는 많은 터너 환자가 체세포성 모자이크(*somatic mosaics*)라는 것이 알려짐으로써 그 근거를 뒷받침하고 있다. 이런 사람들은 그들의 체세포에서 두 가지 핵형, 즉 어떤 것은 45, X이고 어떤 것은 46, XX인 것이 있다. 이런 핵형의 모자이크는 분명히 46, XX 접합자의 발생 중 하나의 X 염색체가 소실되었을 때만 일어난다. 하나의 염색체를 소실한 세포에서 분열한 모든 후손세포들은 45, X이다. 만일 소실이 발생 초기에 일어나면, 몸의 상당량의 세포가 이수체일 것이고 그 사람은 터너증후군의 증상을 보일 것이다. 만약 소실이 발생 후기에 일어난다면 이수체인 세포의 그 수가 적을 것이므로 증후군의 증상이 감소될 것이다.

XX/XO 염색체 모자이크는 특이한 표현형을 나타내는 초파리에서도 일어난다. 초파리의 성은 X 염색체 대 상염색체 세트의 비로 결정되기 때문에 이런 초파리는 몸의 일부는 수컷이 되고 일부는 암컷으로 된다. 즉 XX 세포는 암컷으로 발달하고 XO는 수컷으로 발달한다. 이런 초파리에서와 같이 수컷과 암컷의 구조 둘 다를 가지는 것을 **자웅동체(gynandro-**

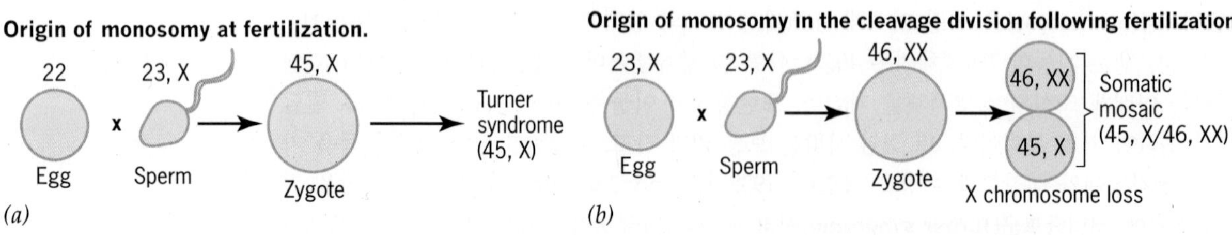

■ 그림 6.16 터너증후군 환자의 기원; 수정 시(*a*)와 수정 후의 난할 중(*b*) 발생.

FOCUS ON

양수검사와 융모검사

Minneapolis에 살고 있는 앤더슨씨 부부는 그들의 첫째 아이가 태어나길 기대하고 있었다. Donald와 Laura 양쪽 집 모두 어떤 유전적 이상도 드러난 적이 없었지만, 단지 부인이 38살이라는 이유 때문에 태아가 이수성이 아닌지 검사하기로 결정하였다. 의사는 **양수검사(amniocentesis)**를 하였다. 복강을 통해 주사기로 자라고 있는 태아 주변의 공간에서 액체를 소량 채취한다(■ **그림 1**). 양막강이라고 하는 이 공간은 막으로 쌓여 있다. 이 과정에서 두려움을 없애기 위해 국부마취를 한다. 초음파를 이용하여 바늘을 안전하게 삽입하여 필요한 양의 양수를 뽑아낸다. 양수에는 태아에서 떨어져 나온 핵을 가진 세포들이 있기 때문에 태아의 핵형을 결정할 수 있다. 보통 원심분리하여 양수에서 태아세포를 분리하여 수일에서 수 주일 동안 배양한다. 이런 세포학적 분석으로 태아가 이수체인지를 알아 낸다. 다른 종류의 검사를 통해 신경관 이상이나 그 외 돌연변이와 같은 여러 종류의 이상을 검사할 수 있다. 이런 검사는 약 3주 정도 걸린다. 부인의 경우 검사가 약 3주일이 걸쳐 수행하였지만 어떤 이상도 발견하지 못하였고, 그로부터 20주 후에 건강한 여자 이이를 출산하였다.

융모검사(chorionic biopsy)는 태아의 염색체 이상을 확인하는 또 다른 방법이다. 융모는 나중에 태반을 만드는 자궁벽과 엉켜있는 태아막이다. 자궁조직으로 밀고 들어간 작은 융모의 돌출을 융모 털이라고 한다. 태반이 발생하기 전 임신 10-11주에 자궁경부로 구멍이 있는 플라스틱 관을 삽입하여 융모 털을 채취한다. 이 과정도 물론 초음파 검사를 병행하며 이루어진다. 채취한 표본에는 산모와 태아조직이 섞여 있다. 이들 조직을 분리한 다음 태아세포를 염색체 이상 분석에 사용한다.

융모검사는 양수검사 (임신 14-16주에 비해 10-11주)보다 일찍 검사할 수 있지만, 그만큼 정확성은 낮은 편이다. 게다가, 양수검사의 결과보다 잘못된 결과가 초래될 가능성이 대략 2-3%로 조금 더 높다고 알려져 있다. 이러한 이유로, 융모검사는 임신 중 태아의 유전적인 결합이 생겼다는 확신적인 이유가 생겼을 경우에만 확인하는 경향이 있다. Laura Anderson 같이 일반적인 임신의 경우, 양수천자가 보다 우선적인 검사방법이다.

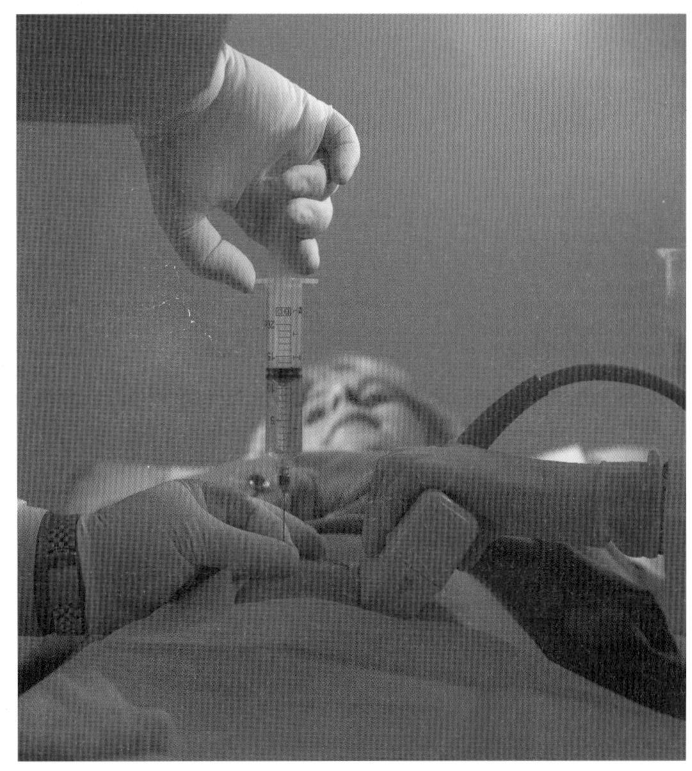

■ **그림 1** 염색체나 생화학적 이상의 산전진단을 위하여 임산모의 양막강에서 양수를 채취하는 의사.

morphs)라고 한다.

45, X 핵형인 사람은 그들의 세포에서 바소체가 나타나지 않는 것으로 보아 하나의 X 염색체는 불활성화가 되지 않는다는 것을 알 수 있다. 그렇다면 정상인 XX 여자와 마찬가지로 동일한 수의 활성을 가진 X 염색체를 가진 터너환자는 왜 표현형에서 이상을 나타내는가? 여기에 대한 답은 아마 정상인 XX 여자의 경우 두 개의 X 염색체 모두에서 활성을 가진 소량의 유전자가 있다고 본다. 이런 불활성화가 일어나지 않은 유전자는 분명히 적당한 성장과 발육을 위해 두 배의 양이 요구된다. 최소한 어떤 X-연관 유전자들이 Y 염색체에도 존재한다는 발견은 XY인 남자가 왜 정상적으로 자라고 발달하는지를 설명해주고 있다. 또한, XX 여자에서 불활성화가 일어난 X 염색체는 난자형성 과정 중에 활성을 회복하는데, 이는 아마 정상적인 난자 기능을 위해 두 개의 X-연관 유전자가 필요하기 때문인 것 같다. 이런 유전자를 하나만 가지는 45, X인 사람은 이런 양적 요구를 충족할 수 없기 때문에 불임이 된다고 본다.

이상하게도 쥐에서 XO 핵형을 가진 개체는 어떤 해부학적 이상도 나타나지 않는다. 이런 발견은 터너 환자에 관련한 인간 유전자와 같은 유전자가 쥐에서는 정상적인 생장과 발생을 위해 하나만 있어도 된다는 것을 의미한다. XO 터너증후군 핵형의 기원을 조사하기

문제 풀이 기술

성 염색체 비분리의 추적

문제

색맹인 남자가 정상인 여자와 결혼하였다. 표현형이 정상인 그들의 딸은 정상인 남자와 결혼하여 3명의 자녀를 두었는데, 정상인 아들 한 명, 색맹인 아들 1명, 그리고 색맹이고 터너증후군인 여자 1명이었다. 터너증후군이고 색맹인 여자 아이의 염색체적 기원에 대해 설명하라.

사실과 개념

1. 색맹은 X-연관 열성 돌연변이(*cb*)에 의해 일어난다.
2. 터너증후군은 X 염색체의 1염색체이다(유전자형 XO).
3. 1염색체는 유사분열이나 감수분열 중 비분리에 의해 일어난다.
4. XX인 사람에서 유사분열의 비분리는 XO와 XX인 모자이크를 만든다.

분석과 해결

분석하기 위하여 가계도를 작성하고 모든 사람들을 가계도에 나타내어라. 또한, 색맹은 X-연관 열성 돌연변이에 의해 일어난다는 것을 알고 있기 때문에 가계도 상에 대부분 유전자형을 기입할 수 있다.

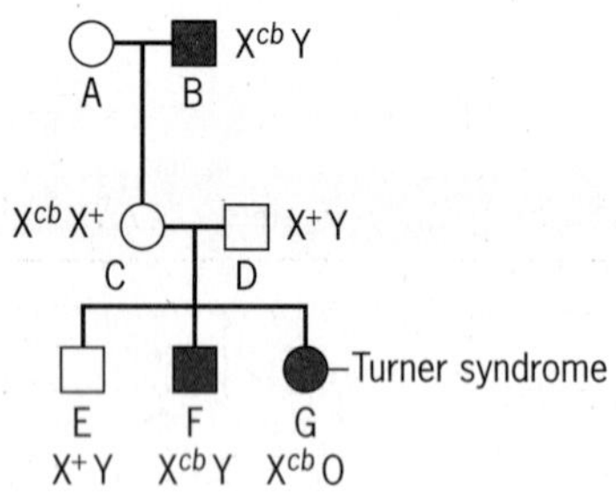

색맹인 남자 B는 문제의 아이의 어머니인 딸에게 *cb* 돌연변이를 가진 X 염색체를 필히 전해주기 때문에 이 가계도에서 아주 중요하다. C 자신은 색맹이 아니기 때문에 그 여자는 돌연변이 대립인자에 대해 이형접합체 ($X^{cb}X^{+}$)임이 틀림없다. 마찬가지로 그 여자의 남편 D는 색맹이 아니므로 유전자형이 $X^{+}Y$이다. 이들 부부의 첫째와 둘째 아이의 유전자형은 확실히 결정할 수 있다. 막내 아이인 G는 터너 환자이기 때문에 X 염색체 하나만 가지고 있다. 이 아이는 색맹이기 때문에 아마 유전자형이 $X^{cb}O$일 것이다. 이 유전자형은 X^{cb}인 난자와 성염색체가 없는 정자 사이의 수정에 의해 만들어졌다. 이 각본에서는 G의 아버지에서 감수분열 중 비분리가 있었다는 것을 알 수 있다. 또 다른 가능성은 X^{cb}를 가지고 있는 난자가 X 염색체를 가지고 있는 정자와 수정하여 배 발생 초기에 이 염색체를 소실하였을 수도 있다. 두 번째 가정에서 G는 체세포 모자이크 (XX/XO)세포일 것이다(그림 6.16*b* 참조). 그렇지만, 이런 설명은 G가 색맹이라는 것만으로는 정당화 할 수 없다. 그 이유는 G가 체세포 모자이크라면 핵형이 $X^{cb}X^{+}$이고 망막의 일부 세포는 정상인 색상을 인지할 수 있기 때문이다. G가 색맹이라는 것은 그 여자의 망막에 아니 그 여자의 신체 어디에도 $X^{cb}X^{+}$를 가지지 않는다는 것을 의미한다. 그러므로 G의 아버지에서 감수분열 중에 성염색체 비분리가 일어났다고 보는 것이 그녀가 색맹이면서 터너증후군이 된 것에 대한 좀 더 그럴듯한 설명이 된다.

더 많은 논의를 보고 싶으면 Student Companion 사이트를 방문하라.

위해서는 '문제 풀이 기술: 성염색체 비분리의 추적' 편에 제시된 문제를 참고하라.

염색체 분절의 결실과 중복

어떤 염색체 분절이 없어진 것을 **결실(deletion** or **deficiency)**이라 한다. 큰 분절의 결실은 세포학적으로 염색체 내의 분염상을 연구함으로써 확인할 수 있지만 작은 분절의 결실은 확인이 불가능하다. 이배체 생물에서, 어떤 염색체 분절의 결실은 부분적으로 저이수체의 유전체를 만든다. 이런 저이수체는 만약 결실된 것이 크다면 표현형에 영향을 미치게 된다. 전형적인 예가 **묘성증후군(*cri-cu-chat* syndrome)**이다(■ **그림** 6.17). 결실된 부위의 크기도 다양하다. 이런 결실된 염색체와 정상인 염색체 하나씩을 가진 이형접합성인 사람은 46 del(5)(p14)의 핵형을 가지는데, 여기서 괄호 안의 의미는 5번 염색체 하나의 짧은 팔(p)의 14부위가 결실되었음을 의미한다. 이런 사람들은 육체적으로 정신적으로 큰 손상을 받는다. 즉 이런 환자는 어린이 때 애처로운 고양이 울음소리를 내는 데서 이름이 붙여졌다.

염색체 분절이 추가된 것을 **중복(duplication)**이라 하고, 추가된 중복부위는 어느 한 염색체에 붙어 존재하거나 새로이 떨어진 염색체 즉 "유리된 중복"으로 존재할 수도 있다. 어느 경우이거나 효과는 같다. 이런 생물체는 유전체의 일부가 고이수체이다. 결실에서와 마찬가지로 이런 고이수성도 표현형에 영향을 미친다.

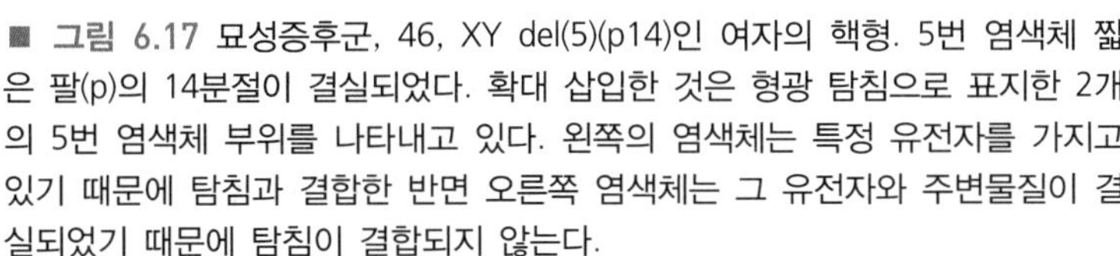

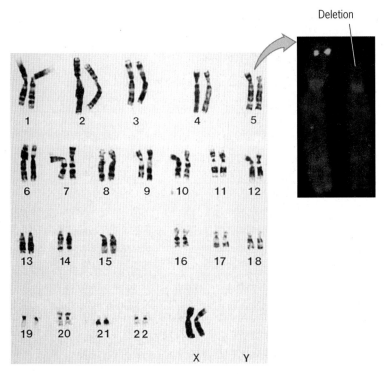

■ **그림 6.17** 묘성증후군, 46, XY del(5)(p14)인 여자의 핵형. 5번 염색체 짧은 팔(p)의 14분절이 결실되었다. 확대 삽입한 것은 형광 탐침으로 표지한 2개의 5번 염색체 부위를 나타내고 있다. 왼쪽의 염색체는 특정 유전자를 가지고 있기 때문에 탐침과 결합한 반면 오른쪽 염색체는 그 유전자와 주변물질이 결실되었기 때문에 탐침이 결합되지 않는다.

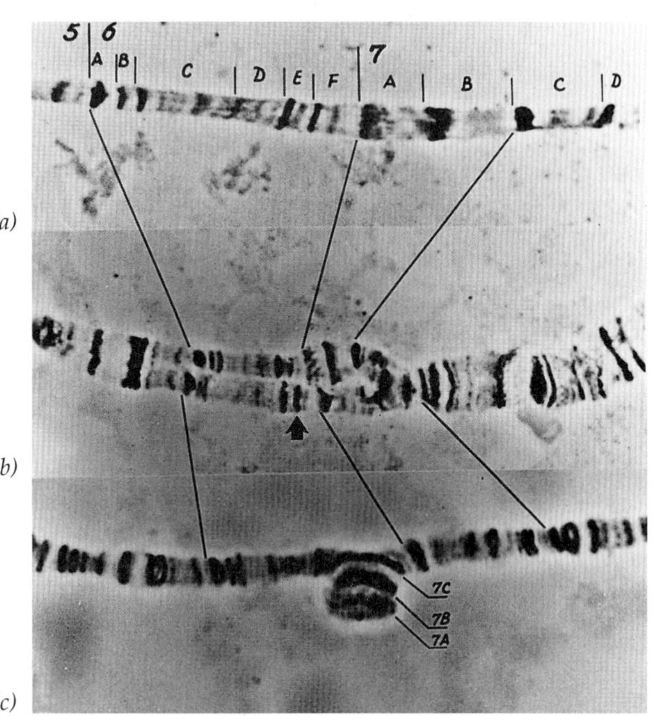

■ **그림 6.18** 초파리 X 염색체의 중앙에 있는 (*a*) 6번과 7번 분절의 정상 구조, (*b*) 6F-7C 분절이 결실(화살표)된 염색체와 정상인 염색체로 된 이형접합자, (*c*) 6F-7C 분절이 역으로 직렬 중복된 것을 보여주는 다사염색체. (*b*)에서 뚜렷한 7A-7C 분절의 띠가 위의 염색체에서는 나타나는 반면 아래 염색체에서는 나타나지 않은 것으로 보아 아래 염색체의 그 부분이 결실됨을 나타낸다. (*c*)에서 중복된 분절은 왼쪽에서 오른쪽으로 7C, 7B, 7A, 7A, 7B, 7C로 읽는다.

결실과 중복은 염색체의 구조적 이상의 두 가지 형태이다. 커다란 이상은 퀴나크린이나 김자와 같은 분염시약으로 염색하여 분열중인 염색체에서 확인할 수 있다. 그렇지만, 작은 이상은 이런 방법으로 확인하기 어려워서 보통 다른 유전적 또는 분자적 기법을 이용한다. 결실과 중복을 연구하는 데 가장 좋은 생물은 초파리이며, 초파리의 다사염색체는 상세한 세포학적 분석으로 쌍을 이루지 않는 부분을 확인할 수 있기 때문이다. ■ **그림 6.18*b***는 초파리 침샘에서 두 개의 접합을 이룬 염색체 중 한 염색체에서의 결실을 보여주고 있다. 두 개의 염색체는 약간 분리되었기에 우리는 아래에 있는 염색체에서 결실된 것임을 알 수 있다.

중복된 분절도 다사염색체에서 확인할 수 있다. ■ **그림 6.18*c***는 초파리 X 염색체 중앙에 있는 한 분절의 직렬 중복을 나타내고 있다. 이런 분절이 직렬로 중복된 것들은 서로 접합을 이루어야 하기 때문에 염색체는 그 중앙에 접합을 이루지 못해 하나의 혹을 가지는 것 같이 나타난다. 초파리에서 막대 눈 돌연변이는 직렬중복과 관계가 있다(■ **그림 6.19**). 이 X-연관 우성돌연변이는 크고 타원형인 겹눈을 좁은 막대 눈으로 변형시킨다. 1930년대에 C. B. Bridges는 막대 눈 돌연변이를 가진 X 염색체를 분석하여 눈의 모양에 대한 유전자를 가지는 16A부위가 분명히 직렬로 중복되었다는 것을 알았다. 16A의 직렬3중복도 관찰되었고, 이런 경우 겹눈은 아주 작게 되어 표현형이 이중 막대 눈으로 나타난다. 돌연변이형의 눈을 나타내는 정도는 16A 부위의 카피 수와 관계가 있는데, 이는 표현형을 결정하는 데 유전자의 양이 중요하다는 증거가 된다. 그 외의 많은 직렬중복도 초파리의 다사염색체 분석을 통해 밝혀졌다. 오늘날 분자적 기법으로 여러 생물에서 작은 직렬로 중복된 것도 확인할 수 있게 되었다. 예를 들어, 헤모글로빈 단백질을 암호화하는 유전자는 포유류에서 직렬로 중복되어 있다(19장). 유전자 중복은 비교적 흔하게 나타나며 진화에서 중요한 변이의 근원으로 작용하고 있다.

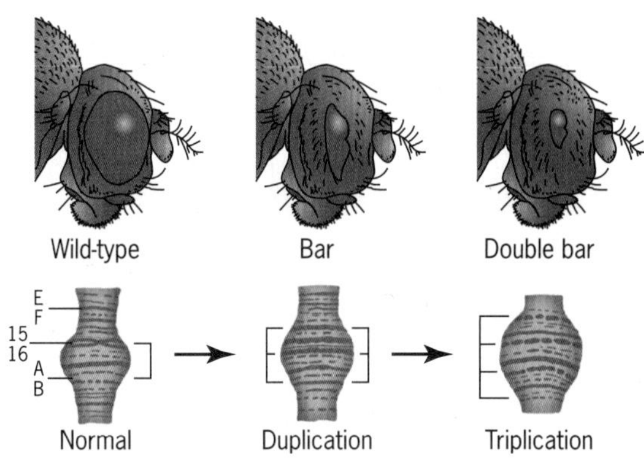

■ **그림 6.19** 초파리의 눈 크기에 대한 X 염색체 16A분절에서의 중복의 효과.

요점

- *사람의 다운증후군과 같은 3염색체성에서는 한 염색체가 3개 나타나며, 사람의 터너증후군과 같은 1염색체성에서는 어떤 염색체가 단지 하나만 나타난다.*
- *이수성은 어떤 염색체 분절의 소실이나 중복도 포함할 수 있다.*

염색체 구조의 재배열

하나의 염색체는 자체에서 재배열될 수도 있고 다른 염색체에 연결될 수도 있다.

유전적으로 아주 가까운 종 간에서도 염색체의 수와 구조에서 상당한 변이가 있는 것은 사실이다. 예를 들어, 노랑초파리(*Drosophila melanogaster*)는 한 쌍의 성염색체, 두 쌍의 크고 중부동원체형(중앙에 동원체를 가진)인 상염색체와 한 쌍의 작은 점과 같은 상염색체로 된 4쌍의 염색체를 가진다. 노랑초파리와 유연관계가 먼 다른 초파리인 *Drosophila virilis*는 한 쌍의 성염색체, 4쌍의 차단부형 상염색체와 한 쌍의 점과 같은 상염색체를 가지고 있다. 따라서 같은 속에 속한다 할지라도 종마다 다른 염색체 배열을 하고 있다. 이런 차이는 진화과정을 통해 유전체의 분절이 재배열된 것임을 의미한다. 사실 염색체 재배열에 의한 동일 종 내 변이형들이 발견되는 것은 유전체가 계속적으로 재구성되고 있다는 것을 암시한다. 이런 재배열은 염색체 내의 분절의 위치를 바뀌게 할 수도 있고 다른 염색체들의 분절이 융합하여 존재하게 할 수도 있다. 어느 경우이거나 간에 유전자의 순서가 바뀌게 된다. 세포유전학자들은 앞에서 논한 중복이나 결실 등 여러 가지 염색체 재배열을 확인하였다. 여기서 또 다른 두 가지 재배열의 형태, 즉 하나의 염색체 내의 분절의 방향이 바뀌는 역위와, 다른 염색체들의 분절이 융합하는 전좌에 대해 생각해보자. 사람에서 염색체 재배열은 어떤 경우에 특정 형태의 암으로 발달할 수 있는 경향을 나타내므로 의학적인 중요성을 가진다. 우리는 이런 종류의 재배열과 암과의 관계를 21장에서 알아본다.

역위

역위(inversion)는 하나의 염색체 분절이 떨어져서 180도 회전하여 다시 그 염색체에 결합할 때 일어난다. 결과적으로 그 염색체 내의 유전자 순서가 역으로 된다. 이런 재배열은 실험실에서 염색체를 단편으로 절단하는 X선 조사에 의해 일으킬 수 있다. 때로는 이들 단편들이 원래 순서로 다시 붙지만 단편들이 돌아다니는 중에 역위가 일어난다. 역위는 보통 한 염색체에서 다른 염색체로 돌아다닐 수 있는 DNA서열인 전이인자의 작용으로 자연 상태에서도 생겨난다는 증거가 있다(17장). 가끔 이동하는 중에 전이인자는 염색체를 단편으로 끊어서 그 조각이 비정상적인 방법으로 재결합하여 역위가 일어나기도 한다. 역위는 핵 내에서 염색체 꼬임의 결과 기계적 절단에 의해 생긴 염색체 단편이 재결합해서도 생길 수 있다. 어느 누구도 자연적으로 생기는 역위의 어느 정도가 이들 기작 중 어떤 것이 원인이 되어 발생한 것인지는 알지 못한다.

세포유전학자들은 역위가 일어난 분절 내에 동원체를 가지느냐 가지지 않느냐에 따라 역위를 두 가지 형으로 구분한다(■ 그림 6.20). **동원체포함역위(pericentric inversion)**는 동원체를 포함하는 것이고, **동원체비포함역위(paracentric inversion)**는 동원체를 포함하지 않는 것이다. 중요한 것은 동원체포함역위는 염색체 두 팔의 상대적 길이를 변화시킬 수 있는 반면 동원체비포함역위는 그렇지 않다는 것이다. 따라서 만약 차단부동원체형인 염색체가 양팔의 어느 부위에서 절단된 역위가 일어난다면(즉, 동원체포함역위) 중부동원체형인 염색체로 바뀐다는 것이다. 그렇지만 차단부동원체형인 염색체에서 염색체의 긴 팔 내에 두 절단 점을 가진 역위가 일어난다면(즉, 동원체비포함역위) 염색체의 형태는 바뀌지

Pericentric inversion—includes centromere.

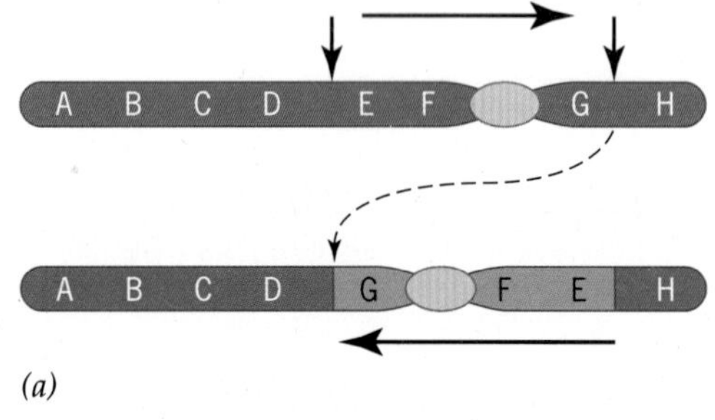

(a)

Paracentric inversion—excludes centromere.

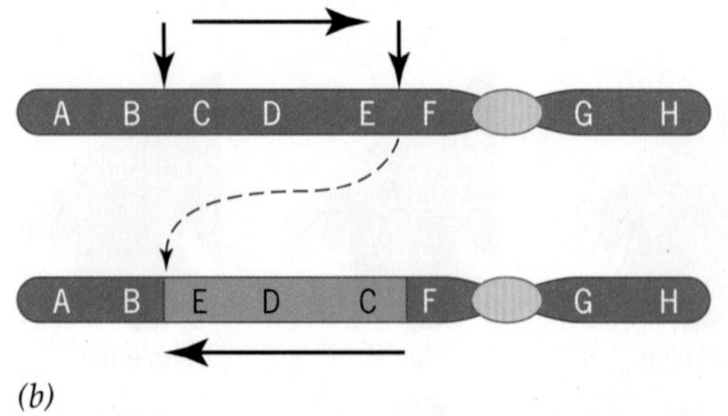

(b)

■ 그림 6.20 동원체포함역위와 동원체비포함역위. 염색체가 두 곳에서 절단되어 그 안의 단편이 역으로 자리잡게 된다. 동원체포함역위(*a*)에서는 역위된 부위에 동원체가 들어있기 때문에 염색체 팔의 길이가 변화한다. 반면에 동원체비포함역위(*b*)는 동원체를 포함하지 않기 때문에 길이에 변화가 없다.

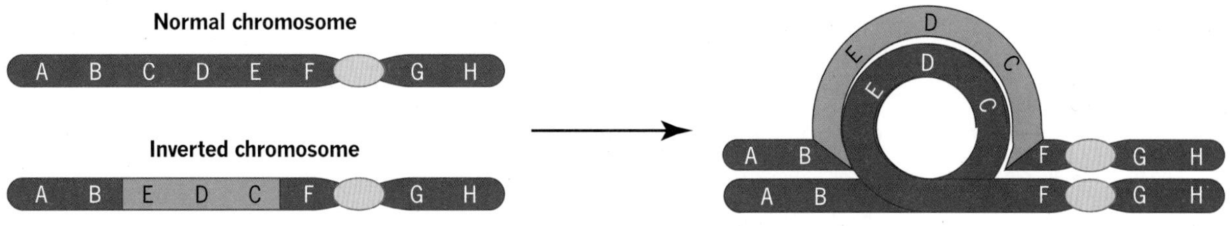

■ 그림 6.21 정상인 염색체와 역위된 염색체 사이의 접합.

않고 그대로 있다. 그렇기 때문에 보통 세포학적 방법으로 동원체포함역위는 동원체비포함역위보다 쉽게 찾아낼 수 있다.

하나의 염색체에서 역위가 일어났으나 상동인 다른 하나의 염색체는 정상인 개체를 역위 이형접합자라고 한다. 감수분열 중에 역위가 일어난 염색체와 역위가 일어나지 않은 염색체 간에는 염색체 길이를 따라 각 지점마다 접합이 일어난다. 그렇지만 역위로 인해 염색체는 그들의 유전자가 역으로 되어 있는 부위에서 쌍을 이루기 위해서는 루프를 형성하여야만 한다. **■ 그림 6.21**은 이런 쌍을 이루는 배열을 보여주고 있다. 즉 하나의 염색체는 루프를 이루고 다른 하나의 염색체는 그 루프를 따라 배열한다. 실제로 역위가 일어난 것과 일어나지 않은 염색체 중 어느 하나는 그들 간의 접합을 최대화하기 위하여 루프를 형성할 수 있다. 그렇지만 역위의 말단부근에서 쭉 뻗어 쌍을 이루지 않는 경향이 있다. 우리는 7장에서 역위 이형접합자의 유전적 중요성을 알아본다.

전좌

전좌(translocation)는 한 염색체의 분절이 떨어져서 다른 (즉, 비상동인) 염색체에 다시 결합할 때 일어난다. 유전적 중요성은 한 염색체상의 유전자들이 다른 염색체로 옮겨진다는 것이다.

두 개의 비상동인 염색체 단편이 유전물질의 손실이 전혀 없이 상호 교환이 되었을 때 이를 *상호전좌(reciprocal translocation)*라고 한다. **■ 그림 6.22*a***는 초파리의 두 개의 큰 염색체 간에 상호전좌가 일어난 것을 나타내고 있다. 이들 염색체는 그들의 우측 팔의 단편을 상호 교환하였다. 감수분열 중 (또는 유충 침샘의 다사염색체를 보이는 세포에서) 이런 전좌된 염색체는 전좌가 일어나지 않은 상동염색체와 십자형이거나 대각선 같은 모양으로 접합을 이룰 것으로 예상된다 (**■ 그림 6.22*b***). 두 개의 전좌된 염색체는 대각선의 중앙에서 서로 반대방향으로 접합이 일어나고, 두 개의 전좌가 일어나지 않은 염색체도 마찬가지 배열을 한다. 즉 접합을 최대화하기 위하여 전좌가 일어난 염색체와 전좌가 일어나지 않은 염색체는 서로 교대로 되어 십자형의 양 팔을 형성한다. 이런 접합 배열은 전좌된 이형접합체를 알아내는 기준이 된다. 전좌된 염색체가 동형으로 존재하는 세포는 십자형 양상을 형성하지 않는다. 대신에 전좌된 염색체는 구조적으로 똑 같은 염색체와 정상적으로 접합을 이루게 된다.

십자형 접합은 제1분열에서 반대편 극으로 분포할 수도 있고 그렇지 않을 수도 있는 4개의 동원체가 관계하기 때문에, 전좌된 이형접합체에서 염색체의 분리는 다소 확실하지 않으며 이수체인 배우자를 만드는 경향이 있다. **■ 그림 6.23**에서 도해한 바와 같이 모두 3가지 가능한 분리방법이 있다. 이 그림에서 실제 각 염색체의 두 개의 염색분체 중 하나만 나타낸 것이다. 또한 각 동원체는 염색체 이동을 알아낼

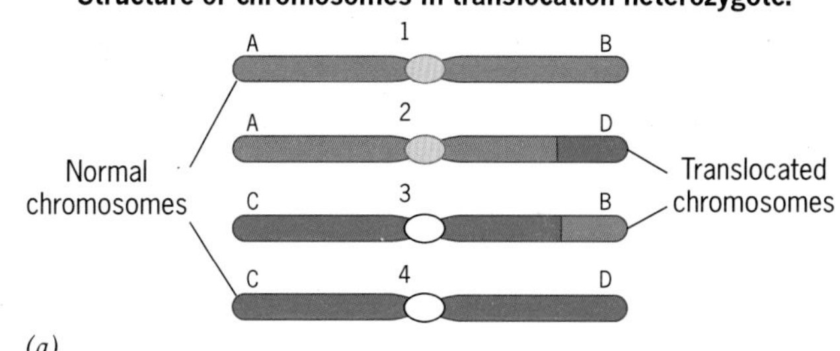

(*a*)

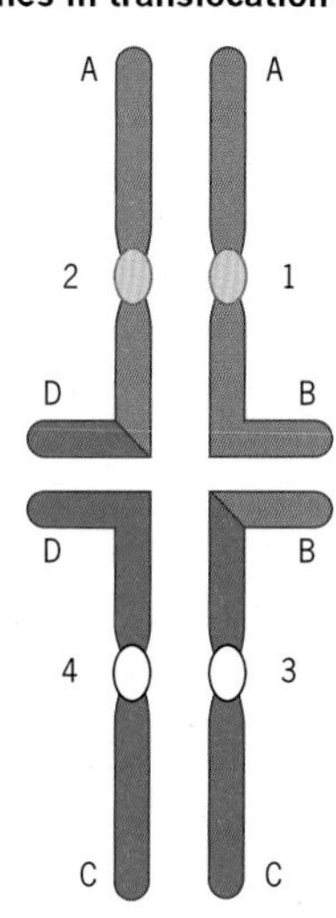

(*b*)

■ 그림 6.22 상호전좌가 일어난 염색체들 간에 접합형태의 구조(*a*). (*b*)에서 접합은 염색체가 복제된 후인 감수분열 제1분열 전기에 일어난다.

Adjacent disjunction I.

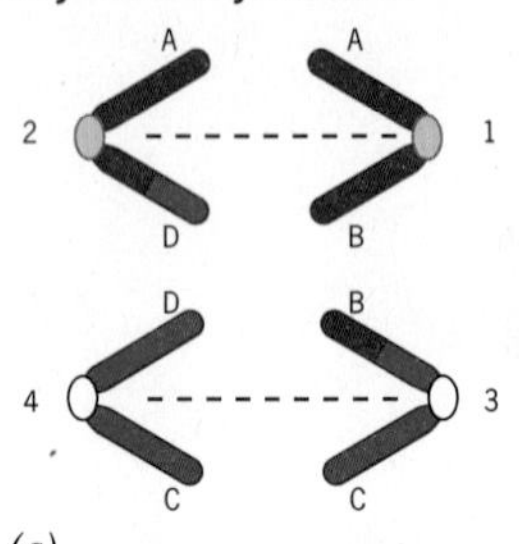

Centromeres 1 and 3 go to one pole and centromeres 2 and 4 go to the other pole, producing aneuploid gametes.

(a)

Adjacent disjunction II.

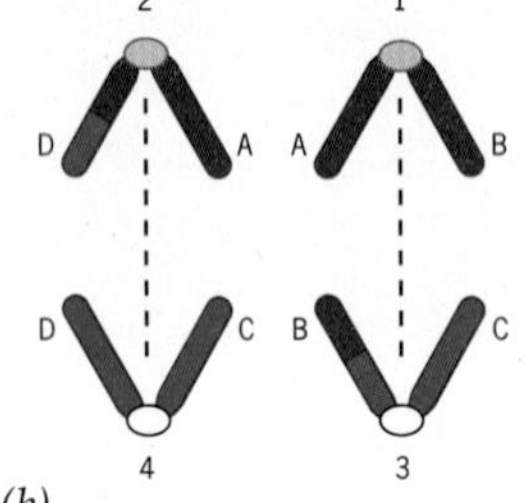

Centromeres 1 and 2 go to one pole and centromeres 3 and 4 go to the other pole, producing aneuploid gametes.

(b)

Alternate disjunction.

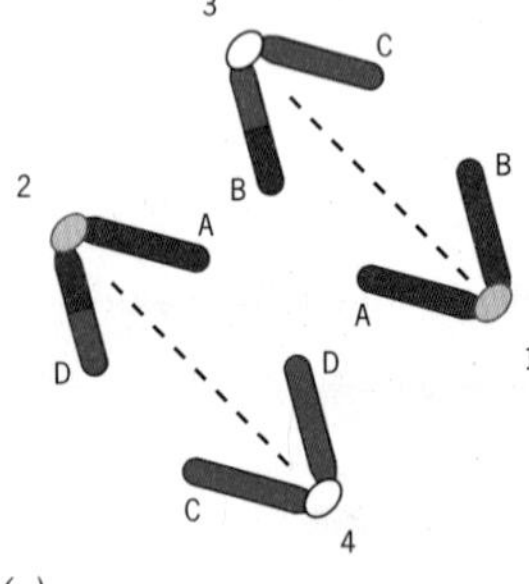

Centromeres 2 and 3 go to one pole and centromeres 1 and 4 go to the other pole, producing euploid gametes.

(c)

■ 그림 6.23 감수분열 제1분열 중 전좌가 일어난 이형접합체에서의 분리의 종류. 간단히 하기 위하여 각 복제된 염색체의 하나의 자매염색분체만 나타내었다. (a) 후기에서 상동염색체의 동원체가 서로 반대극으로 가는 인접분리. (b) 후기에서 상동염색체의 동원체가 같은 극으로 가는 또 다른 인접분리. (c) 후기에서 상동염색체의 동원체가 각각 다른 극으로 가는 선택분리.

수 있도록 번호로 표지했다. 즉, 두 개의 흰색으로 나타낸 동원체와 두 개의 회색으로 나타낸 동원체는 서로 상동(즉, 동일한 염색체 쌍에서 나온 것)이다.

만약 동원체 2번과 4번이 같은 극으로 이동하면 1번과 3번은 반대 극으로 이동하여 결과적으로 생겨난 배우자는 어떤 염색체 분절은 그 만큼 유전자가 결실되고 다른 것은 중복되기 때문에 이수성인 배우자만 만들 것이다(그림 6.23*a*). 또 동원체 1번과 2번이 한 극으로 이동하고 3번과 4번이 다른 극으로 이동해도 이수체의 배우자만이 만들어질 것이다(그림 6.23*b*). 어느 경우이거나 십자형에서 서로 인접한 동원체가 같은 극으로 이동하기 때문에 *인접분리(adjacent disjunction)*라 한다. 같은 극으로 이동한 동원체가 다른 염색체의 것일 경우(즉, 그들이 이형일 경우) 인접분리 I형이라 한다(그림 6.23*a*). 같은 극으로 이동한 염색체가 동일한 염색체일 경우(즉, 그들이 상동일 경우) 이런 경우를 인접분리 II형이라 한다(그림 6.23*b*). 또 다른 가능성은 1번과 4번 동원체가 한 극으로 이동하고 2번과 3번이 다른 극으로 이동하는 것이다. *교차분리(alternative disjunction)*라고 하는 이런 경우는 비록 그들 배우자의 반은 전좌된 염색체를 가진다고 할지라도 정배수인 배우자를 만든다(그림 6.23*c*).

인접분리에 의한 이수체 배우자의 생성은 전좌가 일어난 이형접합체가 왜 임성이 떨어지는지를 설명하고 있다. 이런 배우자가 정상인 배우자와 수정했을 때, 생겨난 접합자는 유전적으로 균형이 맞이 않아서 살아갈 수 없을 것이다. 식물에서 이수체 배우자는 특히 웅성에서 식물체 자체가 살아갈 수 없어서 배우자를 거의 만들지 못한다. 그러므로 전좌된 이형접합체는 임성이 낮다는 것이 특징이다.

복합염색체와 로버트숀 전좌

때때로 하나의 염색체가 상동인 염색체에 융합하거나, 두 개의 자매염색분체가 서로 붙어서 하나의 유전적 단위를 형성한다. **복합염색체(compound chromosome)**는 그것이 하나의 기능을 가진 동원체로 되어 있는 한 그 세포 내에서 안정적으로 존재할 수 있다. 만약 복합염색체가 두 개의 동원체를 가진다면, 그 복합염색체가 세포분열 중 서로 다른 극으로 당겨져 잘라질 수도 있다. 복합염색체는 상동염색체 분절의 결합으로 생겨날 수도 있다. 예를 들어, 초파리에서 두 개의 2번 염색체의 우측 팔이 좌측 팔에서 분리되어 동원체가 붙어 있으면 복합염색체를 만든다. 가끔 세포유전학자들은 이런 구조를 두 개의 팔이 동일하기 때문에 **동완염색체(isochromosome)**라고 부른다. 복합염색체는 상동염색체 분절의 융합으로 일어나므로, 비상동염색체 사이의 융합이 발생한 전좌와는 다르다.

복합염색체는 T. H. Morgan의 부인인 Lillian Morgan에 의해 1922년에 처음으로 발견되었다. 이 복합염색체는 두 개의 X 염색체가 융합되어 만들어진 이중 X, 즉 부착 X *염색체(attached X chromosome)*이다. 이것은 세포학적 분석에서 확인된 것이 아니라 유전적 실험의 결과로·알게 된 것이다. Lillian Morgan은 어떤 열성 돌연변이에 동형접합성인 암컷을 야생형 수컷과 교배시켰다. 이런 교배에서 우리가 보통 예상하기로는 모든 암컷 자손은 야생형이고 모든 수컷 자손은 돌연변이형이 된다. 그렇지만, Morgan은 정반대의 결과를 관찰하였다. 즉 모든 암컷 자손은 돌연변이형이고 모든 수컷 자손은 야생형이었다. 더 많은 연구 결과 돌연변이형인 암컷의 X 염색체가 서로 붙어있다는 것을 알았다. ■ **그림 6.24**는 이런 염색체 부착의 유전적 중요성을 나타내고 있다. 부착 X인 암컷은 두 종류, 즉 두 개의 X를 가진 난자와 X가 없는 난자를 만들고, 정상인 수컷은 X를 가지는 것과 Y를 가지는 두 종류의 정자를 만든다. 모든 가능한 방식으로 배우자들이 결합한 결과 두 종류의 살 수 있는 자손이 생기는데, 변이형 XXY 암컷은 모계의 부착 X 염색체와 부계의 Y 염색체를 물려받은 것이고, 야생형 XO 수컷은 부계에서 하나의 X 염색체를 받았으나 모계로부터 X 염색체를 받지 않은 것이다. Y 염색체는 임성에 필수적인 것이기 때문에 XO인 수컷은 불임이다. Lillian Morgan은 XXY인 암컷을 다른 계통인 야생형 XY에 역교배를 시켜 부착 X 염색체를 보존 증식할 수 있었다. 이런 교잡의 수컷 자손은 그들의 모계가 가진 Y 염색체를 물려

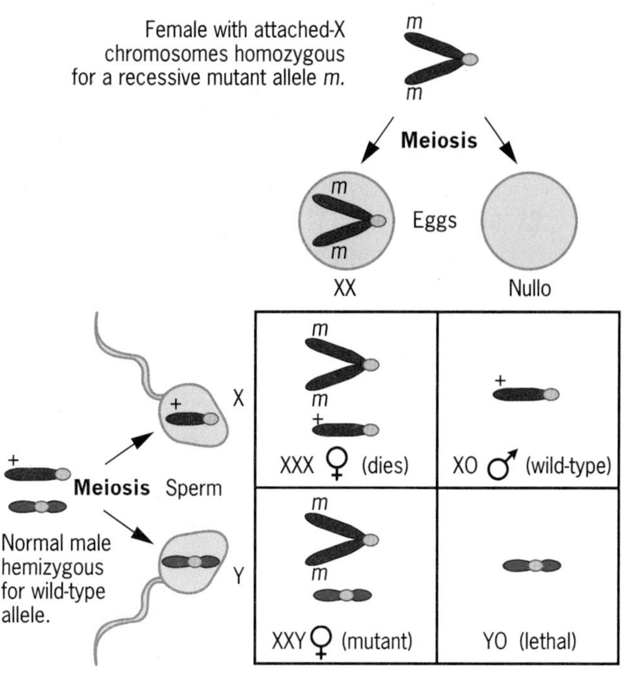

■ 그림 6.24 정상인 수컷과 부착 X 염색체를 가진 암컷과의 교배 결과.

받는다. 그들은 임성이 있기 때문에 이들을 동일 세대의 XXY와 교잡할 수 있고, 부착 X 염색체는 암컷 계통에서 계속 유지될 수 있다.

비상동인 염색체들도 그들의 동원체에서 융합하여 **로버트숀 전좌(Robertsonian translocation)**라고 하는 구조를 만들 수가 있는데, 이 이름은 이것을 발견한 세포학자인 W F. Robertson의 이름을 딴 것이다(■ **그림 6.25**). 예를 들어, 만약 차단부동원체형인 염색체가 융합하여 중부동원체형인 하나의 염색체를 만든다. 융합에 관여한 두 개의 작은 짧은 팔은 이 과정에서 간단히 사라진다. 이런 염색체 융합은 진화과정에서 빈번히 일어난다.

염색체의 끝과 끝이 결합하여 두 개의 동원체를 가진 구조를 형성할 수도 있다. 만약 두 개의 동원체 중 하나가 불활성화 된다면 융합된 염색체는 안정을 이룰 수 있을 것이다. 이런 융합은 분명히 사람의 진화과정에서도 일어난다. 중부동원체형인 사람의 2번 염색체는 유인원의 유전체에 존재하는 두 개의 차단부동원체형인 염색체와 일치한다. 상세한 세포학적 분석의 결과 이들 두 개의 차단부동원체형인 염색체의 말단이 융합되어 사람의 2번 염색체를 만들었음을 알게 되었다.

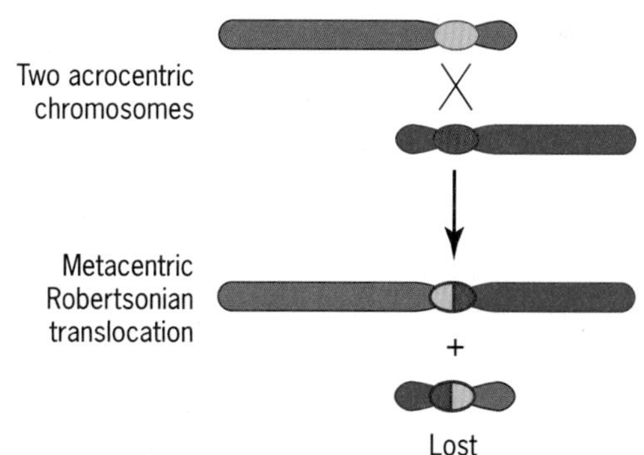

■ 그림 6.25 두 개의 비상동 차단부 동원체의 염색체 사이에서의 로버트숀 전좌에 의한 중부동원체성 염색체의 형성.

요점

- *역위는 어떤 염색체의 절편에서 유전자 순서가 역으로 바뀐다.*
- *전좌는 두 개의 비상동인 염색체 간에 염색체 단편을 서로 교환한다.*
- *복합염색체는 상동염색체의 융합이나 상동염색체의 팔의 융합으로 생겨난다.*
- *로버트숀 전좌는 비상동인 염색체 융합의 산물이다.*

기초 연습문제

기본적인 유전분석 풀이

1. 어떤 종은 두 쌍의 염색체를 가지는데, 하나는 길고 하나는 짧다. 유사분열 중기의 염색체들을 도시하라. 각 염색분체를 나타내어라. 상동염색체는 쌍을 이루는가?

답: 이 종에서 유사분열 중기는 아래의 그림과 같이 보일 것이다. 각 염색체는 복제되어 있기 때문에 각 염색체는 두 개의 자매염색분체로 되어 있다. 그렇지만 그림은 감수분열이 아니라 유사분열을 보여주고 있기 때문에 상동염색체는 쌍을 이루지 않는다.

2. A종 식물은 감수분열 제1분열 중기에서 10개의 2가염색체를 나타내고 B종 식물은 이 때에 14개의 2가염색체를 나타낸다. 두 종이 교잡하여 자손의 염색체가 배가되었다. (a) 자손에서 감수분열 제1분열 중기에 몇 개의 2가염색체가 나타날 것인가? (b) 자손은 임성일 것인가 아니면 불임일 것인가?

답: (a) 자손은 두 양친 염색체의 복합체이다. A종에서 기본 염색체 수는 10이고 B종의 기본 염색체 수는 14이다. 따라서 자손에게 기본 염색체 수는 10 + 14 = 24이고 염색체가 배가되었기에 감수분열 제1분열 중기에서 24개의 2가염색체가 나타난다. (b) 자손은 이질4배체가 되기 때문에 임성을 가진다.

3. (a) 다운증후군인 여자, (b) 13번 염색체가 3염색체성인 남자, (c) 터너증후군인 여자, (d) 클라인펠터 증후군인 남자, (e) 11번 염색체의 짧은 팔에서 어떤 결실이 일어난 남자의 핵형은 무엇인가?

답: (a) 47, XX, +21, (b) 47, XY, +13 (c) 45, X (d) 47, XXY (e) 46, XY del(11p)

4. (a) 역위 이형접합자와, (b) 전좌 이형접합자에서 감수분열 제1분열 전기에서 어떤 종류의 접합 형태를 볼 수 있는가?

답: (a) 루프 배열, (b) 십자형 배열.

지식검사

서로 다른 개념과 기술의 통합

1. 어느 초파리 유전학자는 체색을 회색이 아닌 황색으로 만드는 열성 돌연변이(*y*)에 동형접합성인 부착 X 염색체를 가지고 있는 암컷을 얻었다. 한 실험에서 그녀는 이런 암컷을 야생형 수컷과 교배시켰고, 다른 한 실험에서는 이들 암컷을 X와 Y 염색체가 부착되어 있는 즉 복합 XY 염색체를 가진 수컷과 교배시켰다. 이런 두 가지 교배에서 자손의 표현형을 예측하고 만일 있다면 어느 것이 불임인지를 지적하라.

답: 자손의 표현형을 예측하기 위하여 우리는 그들의 유전자형을 알 필요가 있다. 이들 유전자형을 결정하는 가장 쉬운 방법은 각 교배에서 만들어지는 접합자의 종류를 도식화하는 것이다.

첫째, 우리는 노란색 몸을 가진 부착X인 암컷과 보통 야생형인 수컷 간의 교배를 생각한다. 암컷은 두 종류의 배우자 즉 XX인 것과 X가 없는 난자를 만든다. 수컷도 두 종류의 배우자 즉 X나 Y를 가진 정자를 만든다. 이들을 모든 가능한 방법으로 조합했을 때 4종류의 접합자가 만들어진다. 그렇지만 단지 두 종류만이 살 수 있다. XXY인 접합자는 Y 염색체를 가지는 것 이외에는 모계와 같은 노란색 몸을 가진 것으로 발생할 것이고, XO 접합자는 Y 염색체가 없는 것을 제외하고는 부계와 같은 회색의 몸으로 발생할 것이다. 암컷에서 여분의 Y 염색체는 임성과는 관계없지만 수컷에서 Y 염색체의 결실은 불임이 되게 한다.

		Eggs: $\widehat{X^yX^y}$	Eggs: 0
Sperm	X^+	$\widehat{X^yX^y}\ X^+$ (die)	X^+O gray males
Sperm	Y	$\widehat{X^yX^y}\ Y$ yellow females	YO (die)

이제 노란색의 몸을 가진 부착X인 암컷과 복합 XY 염색체를 가진 수컷과의 교배를 생각해보자. 암수 모두 두 종류의 배우자 즉 암컷은 위와 동일한 배우자 그리고 수컷은 XY이거나 성염색체가 없는 정자를 만들 것이다. 이들이 모든 가능한 방법으로 결합되었을 때 두 종류의 접합자만이 살 수 있음을 알 수 있다. 즉 부착 X 염색체를 가진 노란색의 암컷과 복합 XY 염색체를 가진 회색인 수컷이다. 이들 살 수 있는 두 가지 형은 임성일 것이다.

		Eggs	
		$\widehat{X^y X^y}$	0
Sperm	$\widehat{X^+Y}$	$\widehat{X^y X^y}$ $\widehat{X^+Y}$ (die)	$\widehat{X^+Y}$ 0 gray males
	0	$\widehat{X^y X^y}$ 0 yellow females	0 0 (die)

2. 표현형적으로 정상인 한 남자가 14번 염색체 긴 팔 전부와 짧은 팔 일부, 그리고 21번 염색체의 긴 팔의 대부분을 가지고 있는 전좌된 염색체를 가지고 있다.

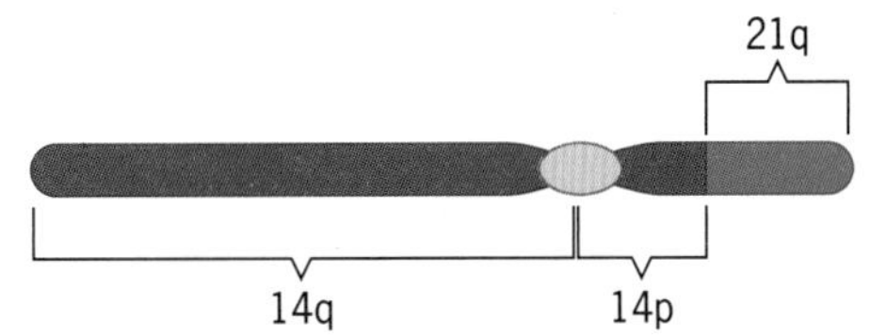

이 남자는 이 밖에도 정상인 14번 염색체와 정상인 21번 염색체를 하나씩 더 가지고 있다. 만약 그가 세포학적으로(표현형에서도) 정상인 여자와 결혼을 한다면, 이 부부가 표현형적으로 비정상인 아이를 낳을 수 있는 가능성은 있는가?

답: 그렇다. 그 부부는 세포학적으로 비정상인 남자에서 생길 수 있는 비정상적인 감수분열로 인해 다운증후군인 아이를 낳을 수 있다. 이 남자의 감수분열에서 전좌된 염색체 T(14, 21)는 정상적인 염색체 14번 및 21번과 함께 3가를 형성하면서 접합을 이루게 된다. 이 3가 염색체의 분리는 6가지 다른 형의 정자를 만들며 그 중 4개는 이수체이다.

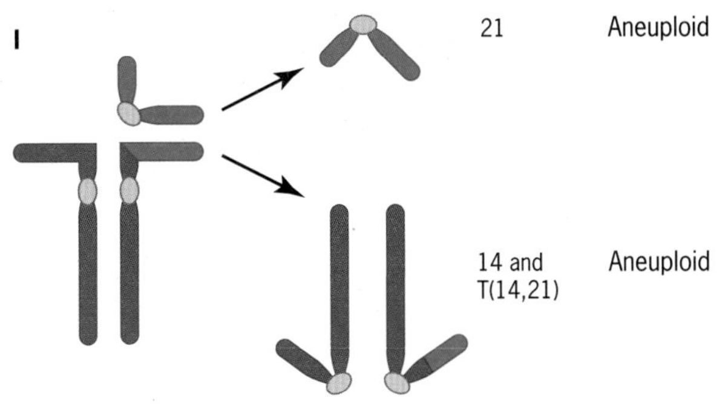

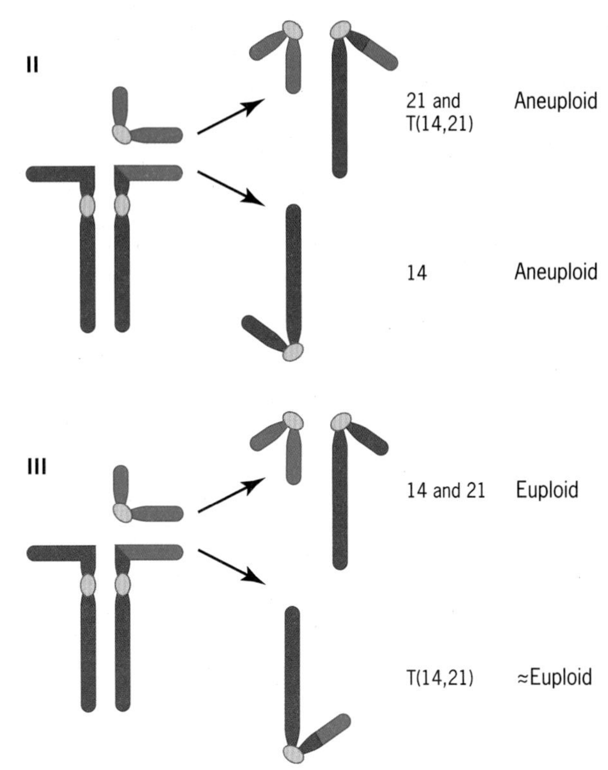

하나의 정상 14번 염색체와 하나의 정상 21번 염색체를 가지고 있는 난자가 이수체인 정자와 수정하면 아래 표와 같이 이수체인 접합자를 만들 것이다. 비록 14번 염색체의 3염색체성이나 1염색체성과 21번 염색체의 1염색체성은 모두 치사가 되지만 21번 염색체의 3염색체성은 치사하지 않는다. 따라서 이 부부는 다운증후군을 가진 아이를 낳을 수 있다.

Disjunction	Sperm	Zygote	Condition	Outcome
I	21	14, 21, 21	monosomy 14	dies
	14, T(14, 21)	14, 14, T(14, 21), 21	trisomy 14	dies
II	14	14, 14, 21	monosomy 21	dies
	T(14, 21), 21	14, T(14, 21), 21, 21	trisomy 21	Down
III	14, 21	14, 14, 21, 21	euploid	normal
	T(14, 21)	14, T(14, 21), 21	≈euploid	normal

연습문제

이해력 증진과 분석력 개발

6.1 사람의 핵형에서, X 염색체는 7개의 상염색체(소위 C그룹의 염색체)와 거의 크기가 비슷하다. 이 그룹에 속하는 다른 여러 염색체와 X 염색체를 구분하는 데 어떤 방법이 이용될 수 있겠는가?

6.2 사람에서 세포학적으로 이상인 22번 염색체는 처음 발견된 도시의 이름을 따서 필라델피아 염색체라고 하는데, 이는 만성백혈병과 관계가 있다. 이 염색체는 긴 팔의 일부가 소실되었다. 여러분은 하나의 정상인 22번 염색체와 하나의 필라델피아 염색체 그리고 정상 21번 염색체를 가지고 있어서 그의 체세포 염색체 수가 47개인 사람의 핵형을 어떻게 나타낼 것인가?

6.3 감수분열 중에 어떤 4배체는 3배체보다 염색체가 더 규칙적으로 행동하는 이유는 무엇인가?

6.4 다음 표는 4종류의 식물과 그들 간의 F_1 잡종에 대한 자료를 나타내고 있다.

	감수분열 제1분열 중기		
종 또는 F_1 잡종	근단의 염색체 수	2가 염색체 수	1가 염색체 수
A	20	10	0
B	20	10	0
C	10	5	0
D	10	5	0
A × B	20	0	20
A × C	15	5	5
A × D	15	5	5
C × D	10	0	10

(a) A종의 염색체 기원을 추적하라.

(b) D종과 B종 간의 잡종에서 감수분열 제1분열 중기에 관찰될 수 있는 2가염색체와 1가염색체는 몇 개일 것으로 예상되는가?

(c) C종과 B종 간의 잡종에서 감수분열 제1분열 중기에 관찰될 수 있는 2가염색체와 1가염색체는 몇 개일 것으로 예상되는가?

6.5 배우자의 염색체 수가 11개인 식물 A종과 5개를 가진 근연종인 B종을 교잡시켰다. 잡종은 불임이었고 화분모세포의 현미경적 관찰에서 염색체 접합을 이루지 못하였다. 왕성하게 자라는 잡종식물의 어느 한 부위를 영양번식을 시켜 얻은 식물체의 체세포에 32개의 염색체를 가지고 있으며 이 식물은 임성이었다. 여기에 대해 설명하라.

6.6 n = 5인 종 A와 n = 7인 근연 종 Y를 교배시켰다. F_1은 단지 몇 개의 화분을 만들었으며 이들을 Y종의 배주에 수정시킬 수 있었다. 이 교잡에서 몇몇 식물을 얻었는데 모두 19개의 염색체를 가지고 있었다. 다음 F_1의 자가수정으로 소수의 F_2 식물을 얻었는데 모두 24개의 염색체를 가지고 있었다. 이들 식물은 양친 어느 것과도 표현형에서 차이가 있었으며 높은 임성을 보였다. 이들 임성인 F_2 식물이 만들어진 일련의 과정을 설명하라.

6.7 사람에서 다음의 유전자형을 가진 경우 성은 무엇인가? : XXX, XY, XO, XXXX, XXY, XYYY

6.8 만약 여자의 제 2난모세포의 분열 중에 18번 염색체의 비분리가 일어난다면, 이 분열의 결과로 성숙된 난자가 3염색체성 18을 가지게 될 확률은 얼마인가?

6.9 노란 체색을 만드는 X-연관 열성 돌연변이에 이형접합성인 암컷 초파리와 야생형 수컷을 교배시켰다. 자손 중 한 마리는 회색의 몸을 가지고 있었지만, 몸 일부가 노란색이었다. 이 노란 부분은 분명히 수컷이었지만, 회색인 부분은 암컷이었다. 이 초파리의 특이한 표현형을 설명하라.

6.10 초파리의 4번 염색체는 너무 작아서 1염색체성이거나 3염색체성이라도 살 수가 있고 임성이 있다. 흔적눈(*ey*) 등 여러 유전자는 이 염색체 상에 위치하고 있다. 만약 이 흔적 눈 유전자에 동형접합성이면서 세포학적으로는 정상인 초파리를, 정상적인 4번 염색체에 1염색체성인 초파리와 교배시킨다면 어떤 종류의 자손이 어떤 비로 만들어질 것인가?

6.11 X-연관 색맹이나 터너증후군이 아닌 한 여자가 정상인 아버지와 색맹인 어머니를 모시고 있다. 부모 중 어느 쪽에서 성염색체의 비분리가 일어났는가?

6.12 사람에서 헌터증후군은 완전 침투도를 가진 X-연관 형질인 것으로 알려져 있다. A가정에서 두 부부는 표현형이 정상이지만 1명의 정상인 아들과, 헌터증후군과 터너증후군을 모두 가진 1명의 *딸* 그리고 헌터증후군을 가진 1명의 아들을 낳았다. B가정에서는 표현형이 정상인 부부 사이에서 2명의 표현형이 정상인 딸과, 헌터증후군과 클라인펠터증후군을 모두 가진 1명의 *아들*을 낳았다. C가정에서는 표현형이 정상인 부부가 정상인 딸 한 명, 헌터증후군인 딸 1명과, 헌터증후군인 *아들* 1명을 낳았다. 각 가정에서 이태릭체로 나타낸 아이의 기원을 설명하라.

6.13 비록 XYY인 남자는 표현형이 정상이라 할지라도 그들은 XY인 남자보다 성염색체 이상을 가진 아이를 더 많이 낳을 것으로 예상되는가? 설명하라.

6.14 초파리의 타선염색체에서 분염띠의 순서는 1 2 3 4 5 6 7 8이다. 이 염색체와 상동인 것의 순서는 1 2 5 4 3 6 7 8이다. 어떤 종류의 염색체 변화가 일어났는가? 접합을 이룬 염색체 형태를 도시하라.

6.15 여러 가지 염색체의 서열은 다음과 같다. (a) 1 2 3 6 7 8; (b) 1 2 3 4 5 5 6 7 8; (c) 1 2 3 4 5 8 7 6. 각각은 어떤 염색체 변화

가 일어났는가? 이들 염색체가 서열이 1 2 3 4 5 6 7 8인 염색체와 어떻게 접합이 일어날 것인지를 도시하라.

6.16 식물에서 전좌를 일으킨 이형접합자는 약 50%의 화분이 불임이다. 그 이유는 무엇인가?

6.17 식물에서 하나의 염색체 서열은 A B C D E F이고 다른 한 염색체의 서열은 M N O P Q R이다. 이들 염색체 간의 상호전좌는 다음과 같은 배열을 가진 염색체를 만들었다. 즉 한 염색체는 A B C P Q R이고 다른 염색체는 M N O D E F이다. 이형접합성 개체에서 감수분열이 일어날 때 이 전좌된 염색체는 정상 염색체와 어떻게 접합을 이루겠는가?

6.18 초파리에서 유전자 *bw*와 *st*는 각각 2번과 3번 염색체상에 있다. *bw* 돌연변이의 동형접합체는 갈색 눈을 만들고 *st* 돌연변이의 동형접합성인 초파리는 주홍색 눈을 만든다. *bw*와 *st* 두 인자에 모두 동형접합성인 초파리는 흰색 눈이 된다. 두 인자에 이형접합성인 수컷을 *bw*; *st* 동형접합성인 암컷과 개체별로 교배시켰다. 한 교배를 제외하고는 모두가 4종류의 자손 즉 야생형, 갈색, 주홍색, 흰색 눈의 자손을 만들었다. 한 가지 예외적인 경우는 단지 야생형과 흰색 눈의 자손만 만들었다. 이 예외적인 경우에 대해 설명하라.

6.19 표현형이 정상인 한 소년은 45개의 염색체를 가졌지만 그의 여동생은 46개의 염색체를 가졌음에도 다운증후군이었다. 이런 역설적인 상황에 대해 설명하라.

6.20 복합염색체와 로버트손 전좌의 차이를 설명하라.

6.21 부착-X 염색체에 흰 눈을 가진 초파리를 노란 체색을 가진 수컷과 교배시켰다. 양친의 표현형은 둘 다 X-연관 열성변이에 의해 일어난다. 자손의 표현형을 예측하라.

6.22 한 여자가 부착-21번 염색체를 가지고 있다. 만약 그녀의 남편은 세포학적으로 정상이라면 그들의 첫째 아이가 다운증후군일 확률은 얼마인가?

6.23 세 집단의 초파리들에서 다사염색체를 분석한 결과 2번 염색체의 한 부위에서 3가지 다른 띠가 발견되었다.

집단	띠 번호
P1	1 2 3 4 5 6 7 8 9 10
P2	1 2 3 9 8 7 6 5 4 10
P3	1 2 3 9 8 5 6 7 4 10

이 초파리 집단들 간의 진화적 관계를 설명하라.

6.24 여러 지역의 초파리 6개체군 각각이 커다란 하나의 상염색체에서 특이한 분염띠를 가지고 있었다.

(a) 12345678
(b) 12263478
(c) 15432678
(d) 14322678
(e) 16223478
(f) 154322678

배열 (a)를 원래의 순서라고 가정한다. 다른 배열들이 생길 수 있었던 가장 가능성 있는 발생순서를 말하고, 어떤 형태의 염색체 이상이 그러한 변화를 만들었는지 설명하라.

6.25 아래의 모식도는 한 남자, 한 여자, 그들의 자식의 핵형에 관한 두 쌍의 염색체를 나타내고 있다. 아버지와 어머니의 표현형은 정상이고 아이(소년)은 이상한 증후군에 걸려 몸을 가누지 못하고 심한 정신적 장애로 고생하고 있다. 이 아이의 표현형에 대한 유전적 기초는 무엇인가? 아이의 염색체는 저이수체인가, 아니면 고이수체인가?

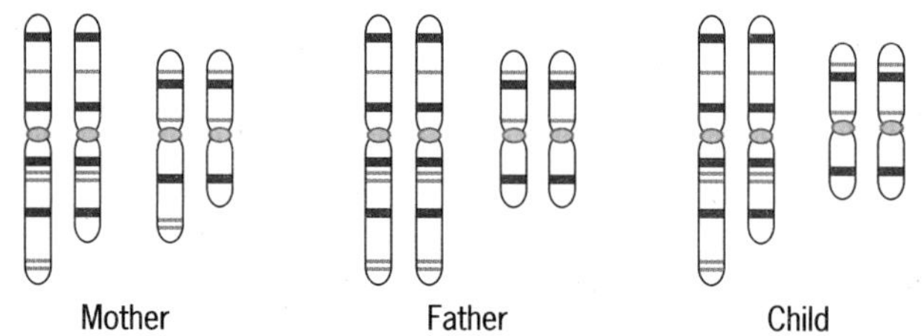

6.26 X 염색체와 하나의 상염색체 사이에 상호전좌가 일어나서 이형접합성인 수컷 쥐를 정상 핵형을 가진 암컷 쥐에 교배시켰다. 전좌에 관여한 상염색체는 털의 색에 관여하는 유전자를 가지고 있다. 수컷의 전좌된 상염색체상의 대립인자는 정상이고 전좌가 일어나지 않은 상염색체상의 대립인자는 변이형이다. 그렇지만, 야생형 대립인자가 변이인자에 대해 우성이기 때문에 수컷의 털은 야생형(검은색)이다. 암컷 쥐는 털을 결정하는 유전자의 변이인자를 동형으로 가지고 있기 때문에 엷은 색을 띤다. 그들의 자손을 조사한 바, 수컷은 모두 엷은 색이고 암컷은 모두 엷은 색과 검은색의 반점으로 나타났다. 이런 특별한 결과를 설명하라.

6.27 초파리에서, 상염색체의 유전자 *cinnabar*(*cn*)와 *brown*(*bw*)는 각각 갈색과 적색 눈을 위한 산물을 조절한다. *Cinnabar* 변이인자에 대해 동형접합성인 초파리는 밝은 적색 눈을 가지며, *bw*에 동형접합성인 초파리는 갈색 눈이다. 두 인자 모두에 대해 동형접합성인 초파리는 흰색 눈을 가진다. 유전자 *cn*과 *bw*의 변이인자에 대해 동형접합성인 어떤 수컷이 Y 염색체에 *bw*의 야생

형 인자(bw^+)가 부착되어 있기 때문에 밝은 적색 눈을 가진다. 만약 이런 수컷을 *cn*과 *bw* 변이인자에 대해 동형접합성인 암컷과 교배시킨다면 어떤 형의 자손이 만들어지겠는가?

6.28 초파리에서 흔적날개(*vg*), 털이 난 몸(*h*), 흔적 눈(*ey*)은 각각 2번, 3번, 4번 염색체에 있는 열성 돌연변이이다. X선으로 조사한 야생형 수컷을 이들 세 유전자의 변이인자에 대해 동형접합성인 암컷과 교배시켰다. 그 후 F_1 수컷(모두 표현형이 야생형)을 3중 열성동형접합성인 암컷과 검정교배를 시켰다. 대부분의 F_1 수컷은 이들 세 유전자가 각각 독립분리 때 예상되는 것과 같이 8종류의 자손이 거의 같은 비로 만들어졌다. 그렇지만, 단지 한 마리의 F_1 수컷은 4종류의 자손 즉 (1) 야생형, (2) 흔적 눈, (3) 흔적날개이고 털이 있는 몸, (4) 흔적날개이고 털이 있고 흔적 눈을 가진 자손이 전체 자손의 약 1/4씩 만들어졌다. 이런 예외적인 한 마리의 수컷이 가지는 염색체 이상은 어떤 종류이며 어느 염색체가 관여한 것인가?

6.29 한 남자의 성염색체에 대한 세포학적 조사 결과 그는 어떤 삽입된 전좌를 가지는 것으로 나타났다. Y 염색체에서 조그만 단편이 결실되어 X 염색체의 짧은 팔로 삽입되었다. 이 삽입된 단편은 남자로의 분화를 담당하는 유전자(*SRY*)를 가지고 있었다. 만약 이 남자가 핵형이 정상인 부인과 결혼한다면 어떤 형의 자식이 만들어지겠는가?

진핵생물의 연관, 교차, 염색체 지도 작성

7

장의 개요

세계 최초의 염색체 지도

오늘날의 염색체 구조는 유전학적 연구와 세포학적 연구의 합작으로 이루어졌다. 이런 연구의 초석이 된 것은 T. H. Morgan에 의해 초파리의 흰색 눈을 지배하는 유전자가 X 염색체상에 위치한다는 것을 증명했을 때였다. 그 이후에 모건의 제자들은 X 염색체상에 다른 유전자들도 존재함을 증명하였고, 마침내 그들은 염색체의 한 지도 상에 이들 유전자 각각의 위치를 정할 수 있었다. 이 지도는 직선이었고 각 유전자는 그 염색체 위에 특정한 점 즉, 유전자좌위에 위치하고 있었다(■ **그림 7.1**). 그러므로, 지도의 구조가 의미하는 것은 하나의 염색체는 유전자들이 일렬로 배열되었다는 것이다.

염색체 지도를 작성하는 과정은 당시 모건 연구실의 학부 학생이었던 A. H. Sturtevant에 의해 고안되었다. 1911년 어느 날 밤 Sturtevant는 그의 수학숙제를 제쳐놓고 몇 가지 실험 자료의 값을 구하는 데 몰두하였다. 그 이튿날 해가 뜨기 전에 그는 세계 최초의 염색체 지도를 만들었다. 그는 지도 상에 각 유전자의 위치를 어떻게 결정했을까? 그 당시에는 유전자를 볼 수 있을 만큼 좋은 현미경도 없었고, 두 유전자 간의 거리를 측정할 수 있을 만큼 정교한 측정기도 없었다. 사실, 이 작업을 하는 데 어떤 정교한 기구도 사용하지 않았다. 대신에 그는 전적으로 초파리의 교배실험에서 얻은 자료를 분석하는 데 의존하였다. 그의 방법은 간단하면서도 탁월하였고 감수분열 중에 일반적으로 일어나는 하나의 현상을 이용했다. 이 방법론은 모든 후속 연구노력에서 염색체상에 유전자들의 구성을 연구하는 초석이 되었다.

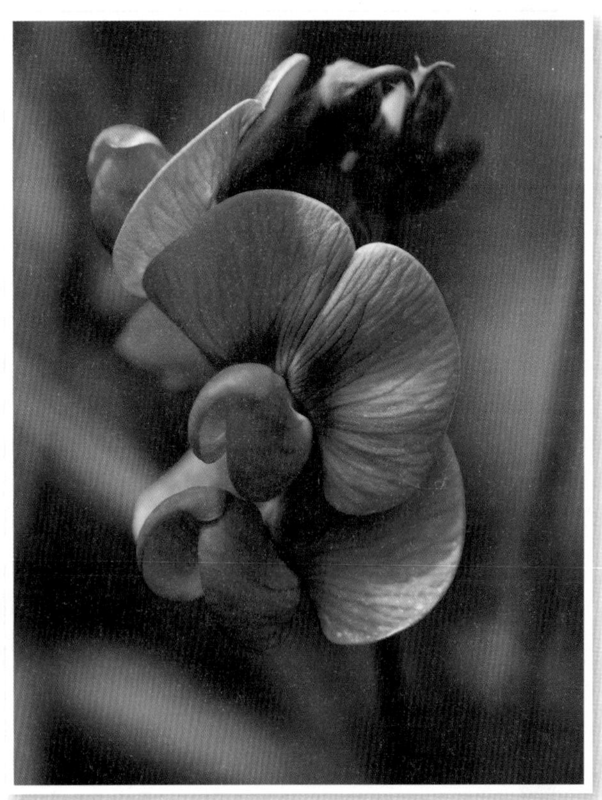

유전자 간의 연관은 스위트피를 이용한 실험에서 처음 발견되었다.

연관, 재조합 및 교차

동일 염색체상에 있는 유전자들은 감수분열 중에 같이 이동하지만 염색체 단위에서 연관된 유전자의 대립인자들은 교차에 의해 재조합될 수 있다.

Sturtevant는 지도를 작성할 때 동일염색체상에 존재하는 유전자들은 같이 전해 질 것이라는 원리에 기초를 두었다. 이런 유전자들은 실제로 동일 염색체상에 존재하고 있기 때문에 감수분열 중에 하나의 단위로 이동하게 된다. 이런 현상을 **연관(linkage)**이라고 한다. 초기의 유전학자들은 연관의 속성에 대해 확실히 알지는 못했지만 모건과 그의 제자들을 비롯한 일부 유전학자들은 유전자들은 실에 염주 알을 꿰맨 것 같이 서로 서로 붙어있다고 생각했다. 따라서 이들 학자들은 분명히 염색체 구조가 선상 모형이라는 견해를 가지고 있었다.

초기 유전학자들 역시 연관이 절대적인 것만은 아니라는 알았다. 그들의 실험 자료에서 동일염색체상의 유전자들은 감수분열을 거치면서 분리되고 새로운 유전자 조합이 생길 수 있다는 것을 증명하였다. 그렇지만, **재조합(recombination)**이라는 현상은 간단히 유전적 학설로서는 설명하기 어렵다.

한 가지 가설은 감수분열 중에 상동염색체가 쌍을 이루고 물리적인 물질의 상호교환이 유전자를 분리하고, 이때에 유전자의 재조합이 일어난다는 것이다. 이런 생각은 세포학적 관찰 즉 염색체의 일부분이 서로 바뀌어 있음을 암시하는 짝을 이룬 염색체의 공간배열을 볼 수 있게 되자 더욱 고무되었다. 교차 부위에서 마치 각각이 끊어져서 상대편 염색체에 다시 결합하는 것과 같이 상동염색체 간의 교차가 일어난다. 이 교차되는 점을 **교차점(chiasma**; 복수는 chiasmata)이라고 한다. 유전학자들은 교차점을 만드는 과정, 즉 쌍을 이룬 염색체들 간의 상호교환의 교환과정을 서술하기 위해 교차라는 용어를 사용하기 시작했다. 그들은 재조합 — 연관된 유전자들의 분리와 새로운 유전자의 조합 — 은 교차의 산물이라고 생각했다.

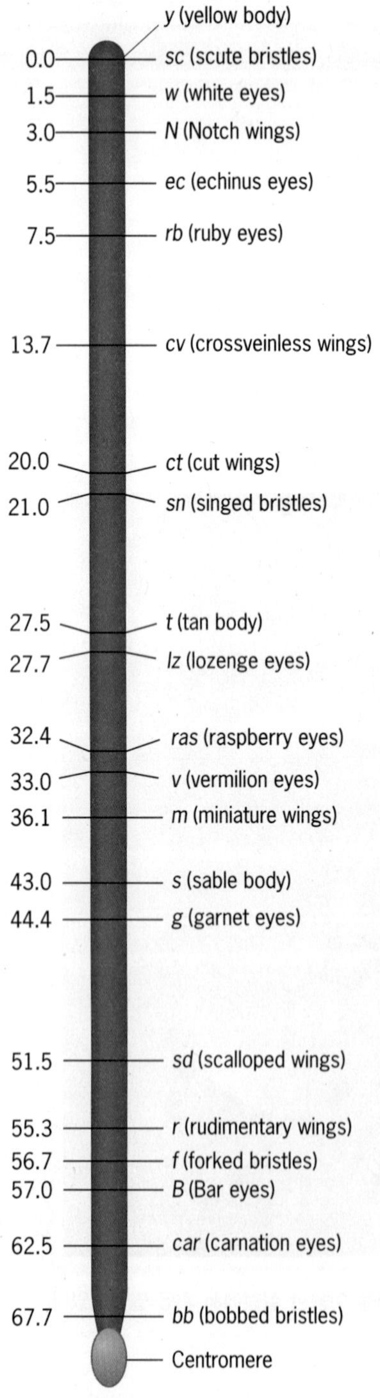

y (yellow body)
0.0 sc (scute bristles)
1.5 w (white eyes)
3.0 N (Notch wings)
5.5 ec (echinus eyes)
7.5 rb (ruby eyes)
13.7 cv (crossveinless wings)
20.0 ct (cut wings)
21.0 sn (singed bristles)
27.5 t (tan body)
27.7 lz (lozenge eyes)
32.4 ras (raspberry eyes)
33.0 v (vermilion eyes)
36.1 m (miniature wings)
43.0 s (sable body)
44.4 g (garnet eyes)
51.5 sd (scalloped wings)
55.3 r (rudimentary wings)
56.7 f (forked bristles)
57.0 B (Bar eyes)
62.5 car (carnation eyes)
67.7 bb (bobbed bristles)
Centromere

■ 그림 7.1 초파리 X 염색체의 유전자 지도.

연관과 재조합에 대한 초기 증거

연관에 대한 몇몇 초기 증거는 W. Bateson과 R. C. Punnett에 의해 수행되었다(■ **그림 7.2**). 이들은 꽃 색과 화분의 길이가 다른 두 가지 품종을 교잡하였다. 그들은 적색의 꽃에 긴 화분을 가진 식물과 흰색 꽃에 짧은 화분을 가진 식물을 교잡하였다. 모든 F_1 식물은 적색의 꽃과 긴 화분을 가지는 것으로 보아 적색은 흰색에 대해, 그리고 긴 화분은 짧은 화분에 대해 각각 우성임을 나타낸다. F_1 식물을 자가수정 시켰을 때, 그들의 자손에서 나타나는 표현형의 분포가 특이함을 알았다. 두 개의 독립분리의 유전자에 대해 기대했던 9:3:3:1이 아니라 24.3:1.1:1:7.1의 비를 얻었다. 우리는 그림 7.2의 하단부에서 관찰 결과와 기대결과 사이에 상당한 차이가 있음을 알 수 있다. 실험에서 얻은 총 803개체의 F_2 식물 중 두 종류의 양친 종류는 유의적으로 더 많이 만들어졌고 두 종류의 양친계통이 아닌 종류는 적게 만들어졌다. 이런 상당한 차이를 보이는 것에 대해 두 가지 형질 즉 꽃의 색과 화분의 길이가 독립적으로 분리된다는 가설을 검정하기 위한 카이제곱 통계학을 도입하여 검정할 필요가 없는 것 같다. 분명히 이 두 가지 형질은 독립분리하지 않는다. 그럼에도 불구하고 우리는 관찰된 결과가 예상되는 결과와 얼마나 벗어났는지를 보여주기 위해 그림 7.2에서 카이제곱을 하여 삽입하였다. 카이제곱의 값은 자유도(표 3.2)의 카이분포에 대한 기준치인 7.8보다 훨씬 크다(표 3.2 참조). 결과적으로 우리는 꽃의 색과 화분길이에 관련된 유전자들이 독립적으로 분리된다는 가설을 기각한다.

Bateson과 Punnett는 그들의 실험결과를 복잡하게 설명하였지만 그들의 설명은 잘못된 것으로 판명되었다. 꽃의 색에 대한 유전자와 화분길이에 대한 유전자가 동일염색체상에 위치한다는 것이 올바른 설명이다. 결과적으로, 이 두 유전자는 감수분열 중에 같이 행동하려는 경향이 있다. 여기에 대한 설명은 ■ **그림 7.3**에 도시하였다. 꽃의 색에 대한 유전자의 대립유전자는 *R*(적색)과 *r*(흰색)이고, 화분길이에 대한 유전자의 대립유전자는 *L*(긴 것)과

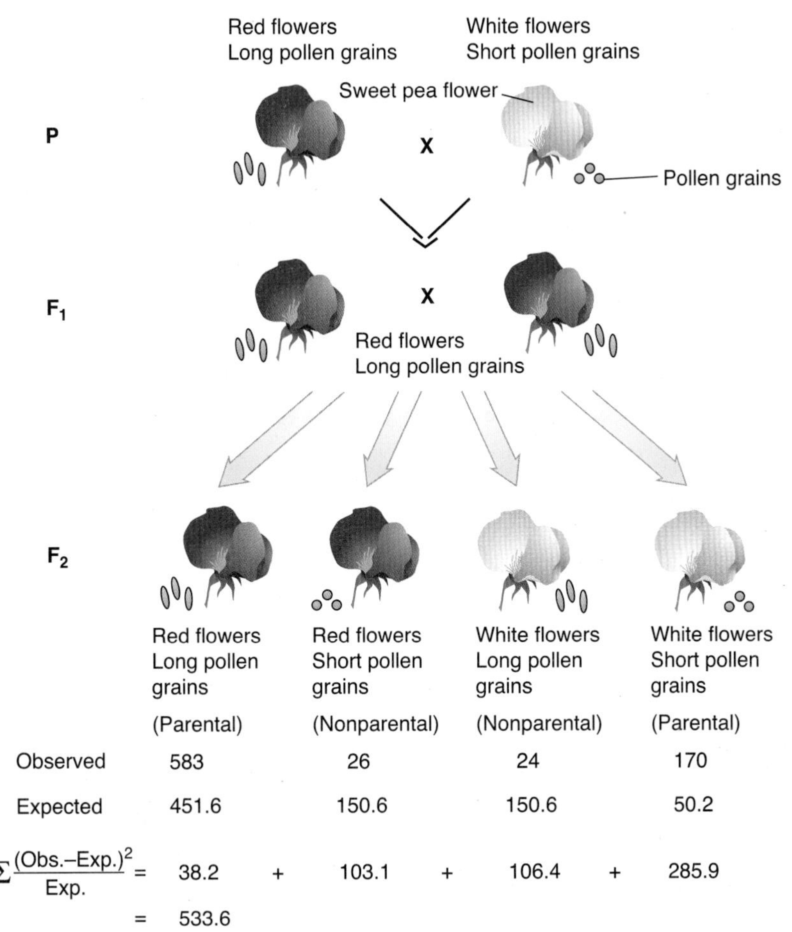

■ 그림 7.2 스위트피를 이용한 Bateson과 Punnett의 실험, F_2에서의 결과는 꽃 색과 화분길이에 관련된 유전자는 독립적으로 분리되지 않음을 시사한다.

l(짧은 것)이며, *R*과 *L*은 우성이다(여기서는 관례적으로 대립유전자 표시를 열성표현형보다는 우성표현형에서 참고했다는 데에 주목하라). 꽃의 색과 화분길이에 관계하는 유전자는 연관되어 있기 때문에 이형접합성인 F_1 식물의 배우자는 두 종류의 배우자 즉 *R L*과 *r l*을 만들 것으로 기대된다. 그렇지만 두 유전자 사이에 교차가 한번 일어나서 그들의 대립유전자가 재조합되어지면 다른 두 종류의 배우자 즉, *R l*과 *r L*을 만들 것이다. 물론 재조합된 두 종류의 배우자의 빈도는 두 유전자 사이의 교차의 빈도에 의존한다.

Bateson과 Punnett가 F_1에서 자가수정 대신에 검정교배를 수행하였다면 실험결과의 설명을 이끌어 낼 수 있었을 것이다. 검정교배로 생긴 자손은 이형접합성인 F_1 식물의 배우자형을 바로 표현형으로 나타낸다. ■ **그림 7.4**는 이런 검정교배의 분석을 나타내고 있다. 이형접합성인 F_1 스위트피는 두 가지 열성대립유전자 모두를 가지는 동형접합체와 교잡시켰다. 1,000개체의 자손식물 중 920개체는 두 양친계통의 어느 한 쪽과 유사하고 나머지 80개체는 재조합체이다. 이형접합성인 F_1 식물체가 만든 재조합형의 배우자의 빈도는 80/1,000 = 0.08이다. 우리는 이 빈도를 유전자 간의 연관 정도의 척도로써 *재조합 빈도*라고 하는 빈도로 이용할 수 있다. 강하게 연관된 유전자들은 재조합이 거의 일어나지 않지만 약하게 연관된 유전자들에서는 재조합이 가끔 일어난다. 여기서 두 유전자 간의 교차는 그렇게 쉽게 일어나지 않는다는 의미가 내포되어 있다.

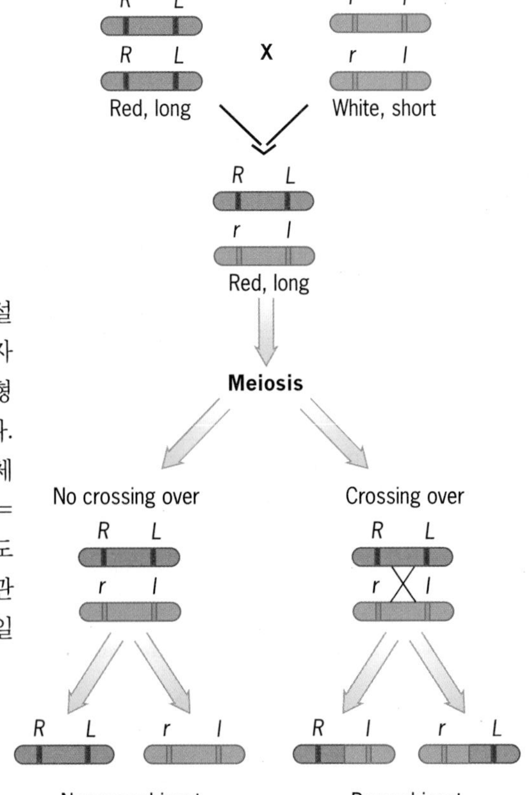

■ 그림 7.3 스위트피에서 꽃 색과 화분길이에 관여한 유전자들 간의 연관의 가설. F_1에서 두 개의 우성 대립유전자 *R*과 *L*은 동일염색체상에 위치하고 열성대립유전자 *r*과 *l*은 상동염색체에 존재한다.

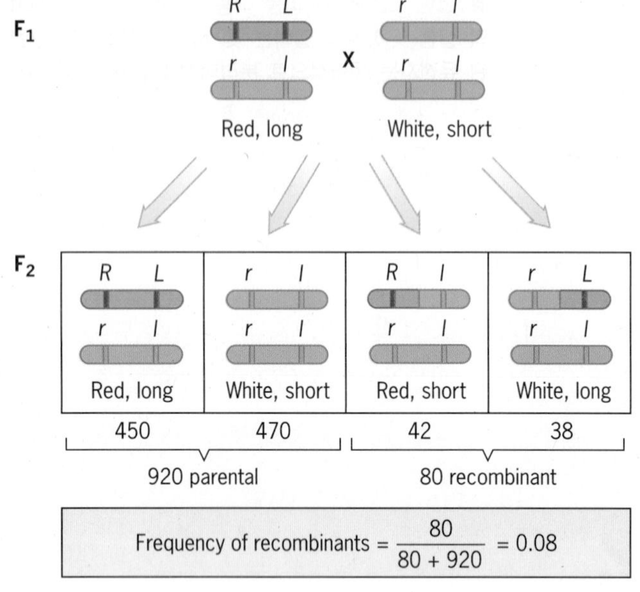

■ 그림 7.4 스위트피의 유전자들 간의 연관에 대한 검정교배. F_2에서 재조합된 자손이 전체의 8%이기 때문에 꽃 색과 화분길이를 담당하는 유전자들은 다소 강하게 연관되어 있다.

어떤 두 유전자에 대해서 재조합 빈도는 결코 50%를 넘지 않는다. 이 상한선은 유전자가 아주 멀리 떨어져 있는 상태, 즉 어떤 염색체의 양 말단에 있을 경우 도달하는 값이다. 유전자가 다른 염색체상에 있을 때도 50%가 되므로, 사실상 50%의 재조합이란 유전자가 독립적으로 분리된다는 것을 의미한다. 예를 들어, 유전자 *A*와 *B*가 다른 염색체상에 있고 *AA BB* 개체를 *aa bb* 개체와 교배시켰다고 가정하자. 이 교배에서 *Aa Bb* 자손을 두 유전자가 열성인 양친에 검정교배를 시켰다. *A*와 *B*유전자는 독립적으로 분리되기 때문에, F_2의 표현형에서는 교배시의 두 양친형과 같은 두 종류(*Aa Bb*와 *aa bb*)와 재조합된 두 종류(*Aa bb*와 *aa Bb*)가 생겨날 것이다. 또한 F_2의 표현형에서 각 종류는 25%의 빈도로 나타날 것이다(그림 5.7 참조). 따라서 다른 염색체상에 있는 두 유전자가 관여한 검정교배에서 생겨난 전체 재조합 자손의 빈도는 50%일 것이다. 재조합 빈도가 50% 이하라는 것은 유전자가 연관되어 있음을 의미한다.

연관된 유전자와 관계된 교배는 대립유전자가 이형접합성인 개체에서 배열되어 있는 방식의 **연관상(linkage phase)**을 나타내기 위해 보통 도표로 나타낸다(■ **그림 7.5**). Bateson과 Punnett의 스위트피를 재료로 한 실험에서 이형접합자 F_1 식물은 한쪽 양친으로부터 두 개의 우성 대립유전자 *R*과 *L*을 받으며, 다른 양친으로부터 두 개의 열성 대립유전자인 *r*과 *l*을 받는다. 따라서 우리는 이런 식물의 유전자형을 *R L*/*r l*로 표기하며, 여기서 사선(/)은 다른 양친으로부터 유래된 대립유전자들을 분리한다는 의미이다. 이런 기호를 해석하는 또 다른 방법은 사선의 왼쪽과 오른쪽에 있는 대립유전자들은 각각의 부모로부터 받은 서로 다른 상동염색체상에 있는 유전자형을 의미한다. 이 예에서와 같이 사선의 한쪽에 두 개의 우성대립유전자가 모두 있을 때 이 유전자형은 *상인(coupling)*이라고 한다. *R l* /*r L*과 같이, 사선의 양쪽에 우성과 열성대립유전자가 나누어져 있을 때 이 유전자형은 상반(repulsion)이라고 한다. 이런 용어들로 인해 우리는 두 종류의 이형접합체를 구분할 수 있다.

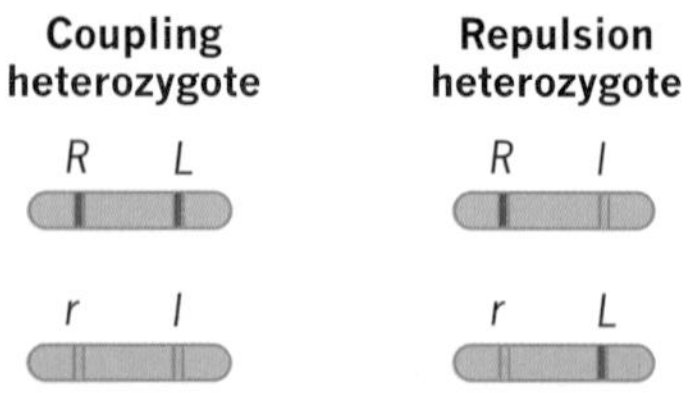

■ 그림 7.5 이중 이형접합자의 연관상을 보여주는 상인과 상반.

재조합의 물리적 기초로써 교차

재조합 배우자는 상동염색체 간의 교차의 결과로 생겨난다. 이런 과정에는 ■ **그림 7.6**에서 모식화한 것과 같이 염색체 간의 물리적 상호교환이 관계한다. 상호교환은 복제된 염색체가 쌍을 이루고 있을 때인 감수분열 제 1분열 전기 동안에 일어난다. 비록 4개의 상동염색분체가 **4분체(tetrad)**를 형성하고 있지만, 실질적으로는 단지 두 가닥만이 한 점에서 교차된다. 이들 각각의 염색분체는 교차부위에서 절단되고, 절단된 두 조각은 재조합체를 형성하기 위하여 다시 결합한다. 다른 두 개의 염색분체는 이 부위에서 재조합되지 않는다. 그러므로 한 번의 교차가 일어나면 총 4개의 염색분체 중 두 개의 재조합 염색분체가 형성된다.

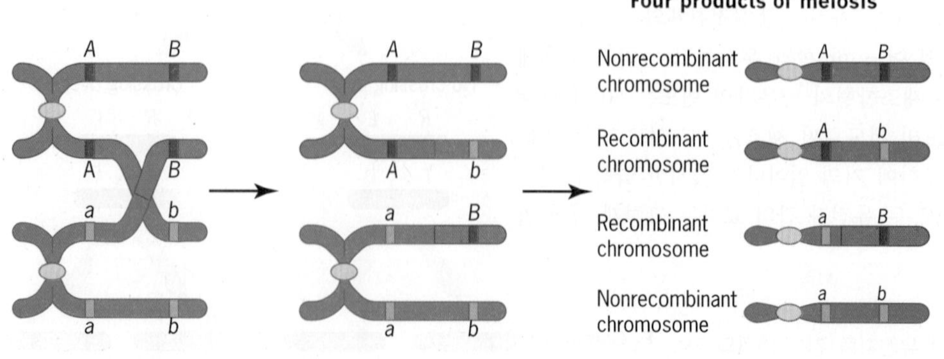

■ 그림 7.6 유전자 간의 재조합의 기초인 교차. 감수분열 중 쌍을 이룬 염색체들 사이의 상호교환은 감수분열 말기에 재조합된 염색체를 만든다.

단지 한 점에서 두 개의 염색분체만이 상호교환에 관여한다고 하지만, 나머지 두 개의 염색분체는 다른 위치에서는 교차될 수 있다. 따라서 4분자에서 복수의 교차가 일어날 가능성이 있다(■ **그림 7.7**). 예를 들면, 2중, 3중, 4중 교차라고 하는 2개, 3개, 4개까지도 분리되는 상호교환이 있을 수도 있다(이들의 유전적 중요성은 다음 절에서 알아본다). 그렇지만, 자매염색분체 간의 상호교환은 그들이 유전적으로 동일하기 때문에 유전적 재조합체를 만들 수 없다는 것에 유념하여야 한다.

교차 중에 무엇이 염색분체의 절단을 일으

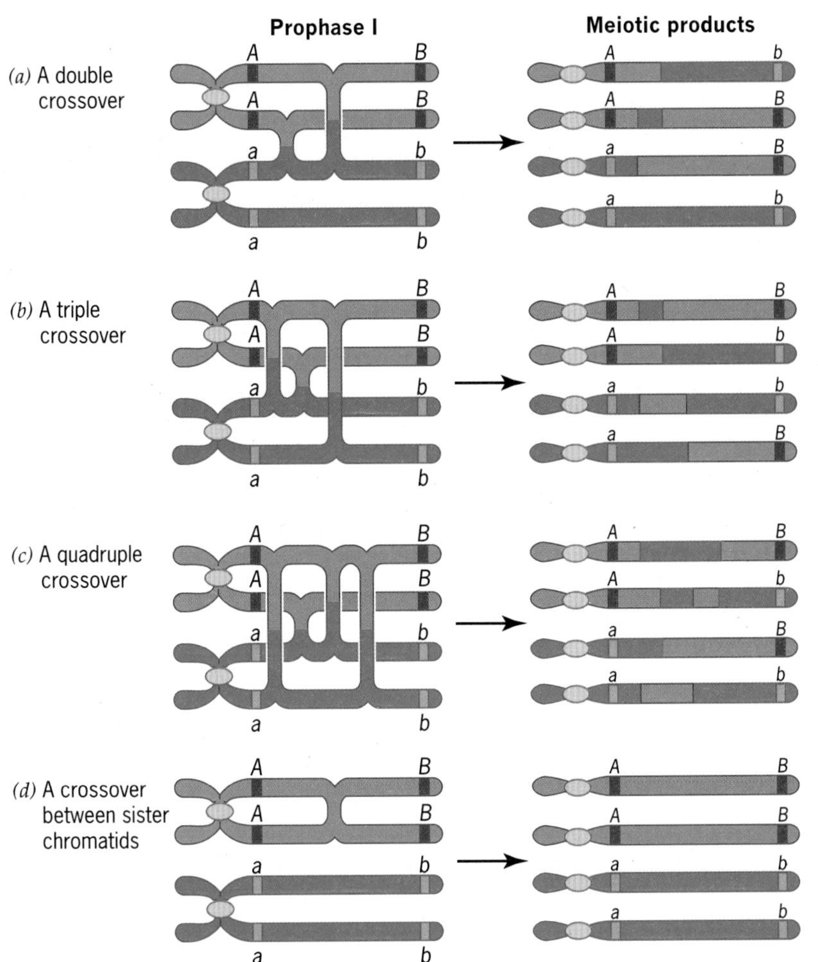

■ 그림 7.7 감수분열 제1분열 전기 중에 염색체 간에 발생하는 다중 상호교환과 자매염색분체 사이의 상호교환의 결과.

키는가? 절단은 염색분체 내에 있는 DNA에 작용하는 효소에 의해 절단되고, 효소는 또한 이들 절단된 것을 수선하는 작용, 즉 염색분체의 단편을 서로 다시 붙이는 작용도 하고 있다. 13장에서 이 과정에 대한 분자적인 면을 더 자세히 다루고 있다.

교차가 재조합을 일으킨다는 증거

1931년 Harriet Creighton과 Barbara McClintock은 유전적 재조합이 염색체들 사이에 물질의 상호교환과 관계있다는 증거를 찾았다. Creighton과 McClintock은 형태적으로 차이를 보이는 옥수수의 상동염색체를 연구하였다. 이들 상동염색체 간의 물질적 상호교환이 그 염색체가 가지고 있는 어떤 유전자들 간의 재조합과 상호관계가 있는지를 결정하는 것이 그들 연구의 목적이었다.

두 가지 형태를 보이는 옥수수의 9번 염색체를 분석에 이용할 수 있었다. 즉 하나의 염색체는 정상이고 다른 하나의 염색체는 염색체의 각 팔의 말단에 세포학적 이상을 가진 것, 즉 한쪽 말단은 이질염색질로 된 혹을 가지며 다른 말단은 다른 염색체의 일부가 부착된 것이다(■ **그림 7.8**). 이들 두 가지 형태의 9번 염색체는 재조합을 유전적으로 확인하는 데 표지로 이용되었다. 하나의 표지 유전자는 옥수수의 알의 색(*C*: 유색, *c*: 무색)을 지배하는 것이고, 다른 하나는 배유의 탄수화물형(*Wx*: 전분질, *wx*: 밀납질)이었다. 그들은 다음과 같은 검정교배를 수행하였다.

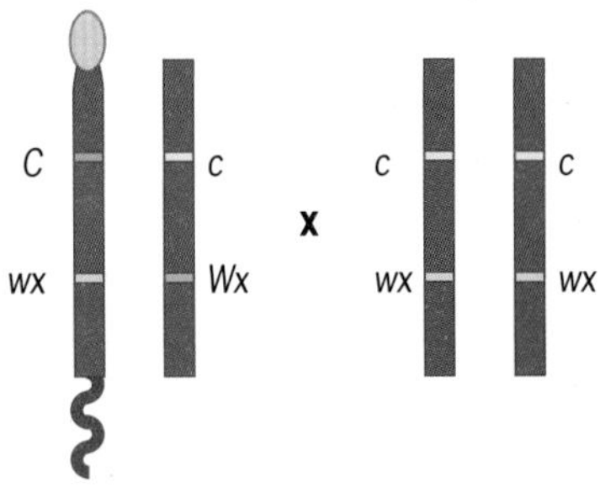

그 후 그들은 재조합된 자손이 두 가지 형태가 다른 9번 염색체 간의 상호교환의 증거인지를 조사하였다. 그들의 결과는 재조합체인 *C Wx*와 *c wx*는 이상을 보이는 두 종류의 표지 중 하나만을 가지는 9번 염색체를 가지고 있었고, 다른 하나의 비정상 표지는 분명히 이전 세대에서 정상적인 9번 염색체와 상호교환을 통해 잃어버렸음을 보여주었다.

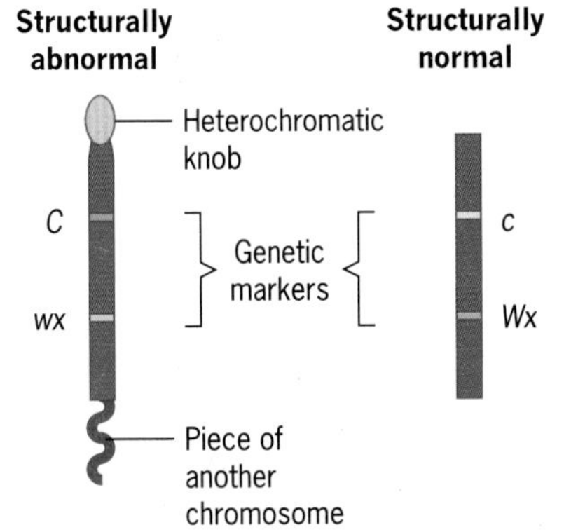

■ 그림 7.8 Creighton과 McClintock의 실험에 이용한 옥수수 9번 염색체의 두 가지 형태.

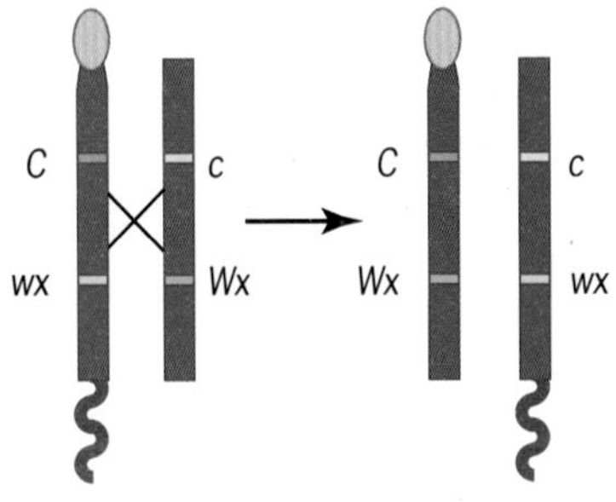

이런 실험적 확인은 재조합이 접합을 이룬 염색체들 간의 물질적 상호교환에 의해 일어난다는 것을 강하게 암시하고 있다.

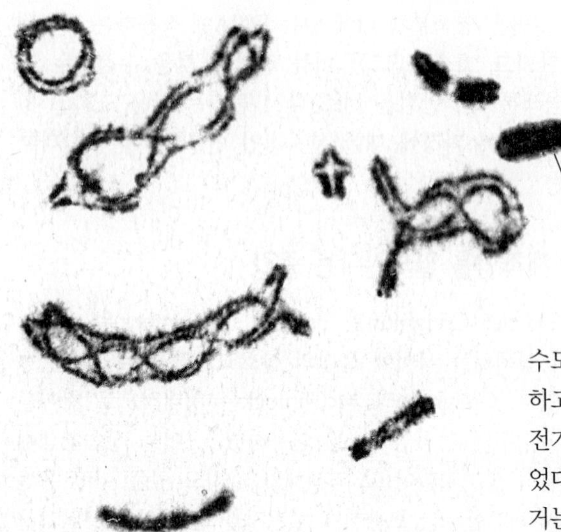

■ 그림 7.9 메뚜기(*Chorthippus parallelus*) 수컷의 감수분열의 복사기. 8개의 상염색체는 2가염색체이고 X 염색체는 1가염색체이다. 4개의 작은 2가 염색체 각각은 하나의 교차점을 가진다. 나머지 2가염색체들은 2–5개의 교차점을 가지고 보여주고 있다.

교차점과 교차시기

교차에 대한 세포학적 증거는 교차점을 쉽게 관찰할 수 있는 감수분열 제1분열 전기 말에 볼 수 있다. 이 때 쌍을 이룬 염색체들은 서로 살짝 밀어내어 동원체와 교차점 부위만 붙어있다(■ **그림 7.9**). 이런 부분적 분리는 교차점의 수를 정확히 헤아릴 수 있도록 한다. 예상한 바와 같이, 큰 염색체는 작은 염색체보다 더 많은 수의 교차점을 가진다. 따라서 교차의 수는 염색체 길이에 거의 비례한다.

감수분열 제1분열 전기 말에 교차점의 출현은 그 때에 교차가 일어난다는 것을 의미할 수도 있다. 그렇지만, 다른 실험적 증거는 실제로 그 이전에 교차가 일어난다는 것을 암시하고 있다. 이런 실험 중 재조합 빈도를 변화시키기 위해서 열 충격을 이용하기도 하였다. 전기 말에 열 충격을 가했을 때 거의 효과가 없지만 더 일찍 했을 때는 재조합 빈도가 바뀌었다. 따라서 재조합 즉 교차를 일으키는 것은 감수분열 전기 초반에 일어난다. 또 다른 증거는 DNA 합성 시의 분자수준의 연구에서 알 수 있다. 비록 대부분의 DNA는 감수분열이 시작되기 전 간기 중에 합성되지만 소량은 제 1분열 전기에 합성된다. 이런 제한된 DNA 합성은 우리가 논한 바와 같이, 교차와 관련된 것으로 생각되는 절단된 염색분체 단편을 수선하는 것으로 해석된다. 정확한 시간에 관한 실험으로 이 DNA 합성이 전기 초반에 일어나지만 그 후에는 일어나지 않는다는 것을 알 수 있었다. 그러므로 종합적 증거로 보아 교차는 교차점이 보이기 훨씬 전인 초반부에 일어난다.

그렇다면 교차점들의 정체는 무엇이며 무엇을 의미하는가? 대부분의 유전학자들은 교차점은 단지 실제 상호교환 과정의 흔적에 불과하다고 믿고 있다. 아마 상호교환을 거친 염색분체는 전기 중에는 거의 서로 엉켜있다. 마침내 이런 엉킴이 풀어지고 염색분체는 방추사에 의해 세포의 양쪽으로 분리된다. 그러므로 각 교차점은 아마 전기 초의 태사기에서 일어난 교차로 생긴 어떤 얽힘을 나타낸다.

그러나 이런 엉킴은 도대체 왜 일어나는가? 많은 유전학자들은 교차에 의해 생긴 엉킴은 감수분열 제1분열 중에 이가염색체를 서로 붙들기 위한 것이라고 믿고 있다. 어떤 생물에서는 제1분열 전기를 오래 유지한다. 예를 들어, 사람의 여자에서는 전기가 40년 이상 유지되기도 한다. 교차가 제대로 일어나지 않는다면, 쌍을 이룬 상동염색체들이 이 긴 시간동안 우연히 떨어지게 되고, 떨어진 상동염색체들은 연이은 후기 과정 중에 제대로 분리되지 않을 수도 있다. 제1분열 중에 염색체의 분리 착오는 결국 이수성인 배우자를 만들 수 있다. 따라서 교차는 쌍을 이룬 상동염색체가 서로 붙어있게 하고 분열이 일어날 때 상동염색체가 딸세포에게 적절하게 하나씩 분배되도록 한다. 이런 식으로 하여 비분리를 최소화하고 배우자에서 이수성을 크게 감소시킨다.

요점

- *유전자 간의 연관은 멘델의 독립분리에 기초한 예상 값에서의 편차로써 알 수 있다.*
- *재조합의 빈도는 연관의 강도를 측정한다. 연관이 없으면 그 빈도는 50%이지만 아주 강하게 연관되어 있으면 그 빈도는 0이다.*
- *재조합은 염색체가 복제된 후 감수분열 제1분열 전기 초에 쌍을 이룬 상동염색체 간의 상호작용에 의해 일어난다.*
- *염색체를 따라 어느 한 점에서 상호교환(교차)은 감수분열의 4분체에 존재하는 4개의 염색분체 중 2분자 간에 일어난다.*
- *감수분열 제1분열 전기 말에는 교차가 교차점으로 관찰된다.*

염색체 지도 작성

감수분열 제 1분열 전기 중에 교차는 다음의 두 가지 관찰이 가능한 결과를 만든다.

1. 전기 말의 교차점 형성.
2. 교차점의 서로 반대편에 있는 유전자들 간의 재조합.

연관된 유전자들은 그 유전자들의 대립유전자들이 얼마나 빈번하게 재조합되는지를 연구함으로써 한 염색체상에 지도화될 수 있다.

그렇지만, 두 번째 결과는 재조합된 염색체상의 유전자들이 형질이 발현되는 다음 세대에서만 알 수 있다.

유전학자들은 감수분열 중에 일어나는 교차의 수를 셈으로써 염색체 지도를 작성한다. 그렇지만, 실제적인 교차과정을 볼 수 없기 때문에 직접 셀 수는 없다. 대신에 유전학자들은 교차점이나 재조합이 된 염색체의 수 중 어느 하나를 계수함으로써 교차가 얼마나 일어났는지를 계산해야만 한다. 교차점은 세포학적 분석을 통해 계수할 수 있는 반면, 재조합된 염색체는 유전적 분석을 통해서만 계수할 수 있다. 진도를 나가기 전에 염색체 지도 상의 거리가 의미하는 바를 분명히 정의해야만 한다.

유전적 거리의 한 척도로서의 교차

Sturtevant의 기본적 견해는 유전자들 사이의 교차의 수를 계산함으로써 어떤 염색체상의 위치들 간의 거리를 측정하는 것이었다. 멀리 떨어져 있는 점들 간에는 가까이 있는 것들보다 교차가 더 많이 일어날 것이다. 그렇지만, 교차의 수는 통계적 의미에서 이해해야만 한다. 어떤 특정세포에서 두 위치 간에 교차가 일어날 수 있는 기회는 낮을 수도 있지만, 큰 세포집단으로 보면 이런 교차는 각각이 독립적이기 때문에 더 많이 일어날 것이다. 따라서 우리가 측정할 필요가 있는 양은 어떤 특정 염색체 부위에서의 교차의 *평균*수이다. 사실, 유전자 지도 거리는 이런 평균값에 근거하고 있다. 이런 생각은 다음과 같은 공식적인 정의를 옳게 하는 것이므로 상당히 중요하다. *어느 한 염색체상의 두 점 간의 거리는 그들 간의 교차된 수 의 평균이다.*

이런 정의를 이해하는 한 가지 방법은 감수분열이 일어나고 있는 100개의 난모세포를 생각하는 것이다(■ **그림 7.10**). 어떤 세포는 *A*와 *B* 유전자 간에 교차가 일어나지 않았고 어떤 세포는 하나, 둘 혹은 그 이상의 교차가 *A*와 *B* 사이에서 일어날 것이다. 감수분열 말에 100개의 배우자가 생길 것이고, 각각의 배우자는 *A*와 *B* 유전자 사이에 없거나 하나, 둘 또는 그 이상의 교차가 일어난 염색체를 가질 것이다. 우리는 이들 유전자좌위 간의 지도 거리를 염색체 표본에서의 교차의 평균수를 계수함으로써 계산할 수 있다. 그림 7.10의 자료에서 얻은 결과는 0.42이다.

실제로, 우리는 감수분열의 결과로 생긴 염색체상의 상호교환 하나하나를 볼 수 없다. 대신에, 우리는 상호 교환된 양쪽에 있는 대립유전자의 재조합을 관찰함으로써 교차가 있었음을 추론한다. 한 염색체상에 대립유전자들이 재조합되었다는 것은 틀림없이 교차에 의해서 생긴 것이다. 그러므로 재조합된 염색체를 계수하는 것은 교차로 인해 상호 교환된 점을 계산하는 방법의 한 수단이기도 하다.

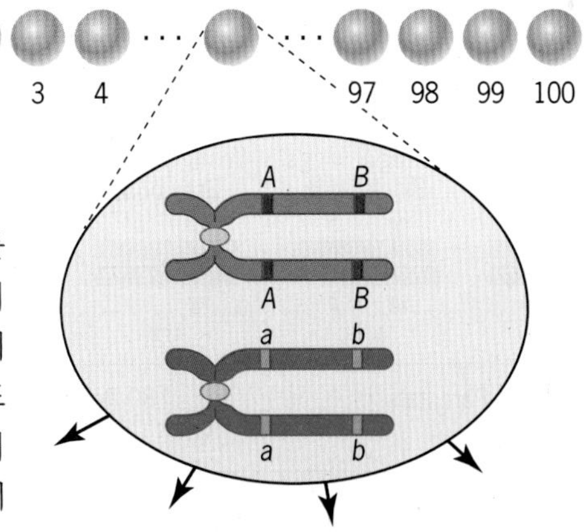

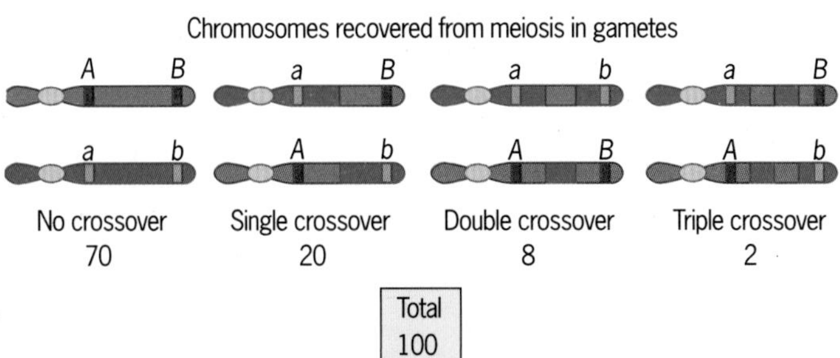

Average number of crossovers between *A* and *B* =

$$0\times\left(\frac{70}{100}\right) + 1\times\left(\frac{20}{100}\right) + 2\times\left(\frac{8}{100}\right) + 3\times\left(\frac{2}{100}\right) = 0.42$$

■ **그림 7.10** 감수분열에서 생긴 염색체의 유전자들 간의 평균 교차 수의 계산.

2점 검정교배에 의한 재조합 지도 작성

지도를 작성하는 과정을 설명하기 위하여, ■ **그림 7.11**에서 2점 검정교배를 생각해 보자. 야생형 초파리 암컷을 두 가지 상염색체 변이인자 즉 짧은 날개를 만드는 것인 흔적날개(*vestigial*; *vg*)이면서 검은 체색을 만

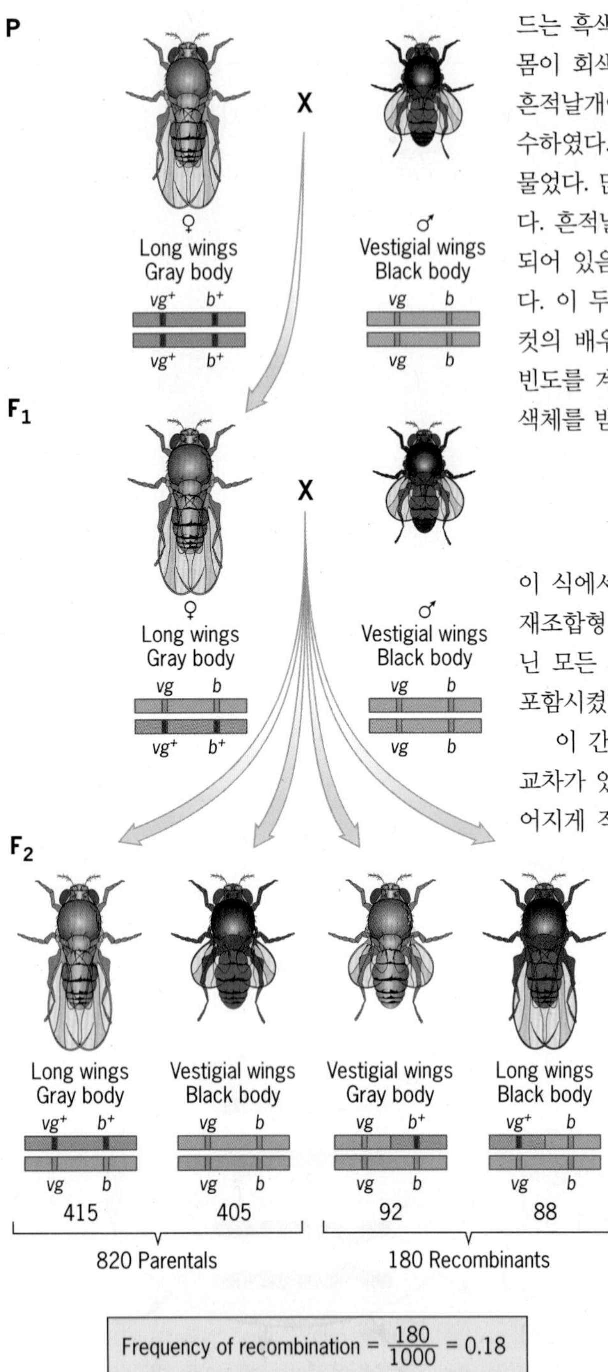

■ 그림 7.11 초파리에서 두 개의 연관된 유전자 *vg*(흔적 날개)와 *e*(흑 체색)를 이용한 실험.

드는 흑색(*black*; *b*)에 대해 동형접합성인 수컷과 교배시켰다. 모든 F_1 초파리는 긴 날개이고 몸이 회색이었다. 따라서 야생형 대립유전자(vg^+와 b^+)가 우성이다. 모든 F_1 초파리 암컷을 흔적날개이면서 검은 체색인 수컷과 검정교배를 시켜 얻은 F_2를 표현형 별로 분류하고 계수하였다. 제시한 자료에서와 같이 4가지 표현형이 있었고, 두 가지는 많았고 두 가지는 드물었다. 많은 군의 표현형은 원래의 양친과 거의 같았고, 드문 군은 재조합형의 표현형이었다. 흔적날개와 흑색 유전자는 재조합체의 수가 전체 자손 수의 50% 이하이기 때문에 연관되어 있음을 알 수 있다. 그러므로 이런 유전자들은 동일염색체상에 위치하는 것이 틀림없다. 이 두 유전자 간의 거리를 결정하기 위하여 두 대립유전자에 대해 이형접합성인 F_1 암컷의 배우자에서 발생하는 평균 교차수를 계산해야만 한다. 우리는 재조합된 F_2 초파리의 빈도를 계산함으로써 이것을 할 수 있는데, 이들 각 개체는 *vg*와 *b* 사이에 한번 교차된 염색체를 받았음을 알고 있다. 따라서 전체 자손 표본 중 평균 교차 수는

비재조합체		재조합체
(0) × 0.82	+	(1) × 0.18 = 0.18이다.

이 식에서 초파리 각 군의 교차 수는 괄호 안에 넣었고 다른 수치는 그 군의 빈도이다. 비재조합형의 자손은 이 자료에서 어떤 교차된 염색체에 더해지지 않았지만, 재조합체만이 아닌 모든 자료를 이용하여 평균 교차수를 계산해야 한다는 것을 강조하기 위하여 계산식에 포함시켰다.

이 간단한 분석은 감수분열에서 얻어진 100개의 염색체 중 평균 18개가 *vg*와 *b* 사이에 교차가 있었다는 것을 나타낸다. 따라서 *vg*와 *b*는 유전자 지도 상에서 18단위(unit) 만큼 떨어지게 작성된다. 가끔 유전학자들은 모건의 업적을 기리기 위하여 지도장위를 **센티-모건(centiMorgan)**, 약칭 cM으로 호칭한다. 100센티-모건은 1모건(M)에 해당한다. 그러므로 우리는 *vg*와 *b*가 18cM(즉 0.18 M) 떨어져 있다고 말할 수 있다. 지도 거리는 재조합 빈도와 같으며 백분율로써 사용한다는 것을 유념하라. 나중에 재조합 빈도가 0.5에 가까울 때 지도 거리는 실제로 더 멀다는 것을 알게 될 것이다.

3점 검정교배에 의한 재조합 지도 작성

우리는 두 개 이상의 유전자가 관여한 경우에도 검정교배에서 얻은 자료를 이용하여 재조합 지도 작성에 이용할 수 있다. ■ **그림 7.12**는 야생형 초파리 수컷과 3개의 X-연관 열성 돌연변이, 즉 판형(*scute*; *sc*) 털, 성게형(*echinus*; *ec*) 눈, 교차시맥이 없는(*crossveinless*; *cv*) 날개에 대해 동형접합성인 암컷을 교배시킨 C. B. Bridges와 T. M. Olbrycht에 의한 실험을 도시하고 있다. 그들은 F_1끼리 교배시켜 F_2 자손을 얻어서 분류하고 계수하였다. 우리는 이 교배에서 암컷이 하나의 X 염색체상에는 3가지 열성대립유전자를 가지고 있고 다른 하나의 X 염색체상에는 야생형 대립유전자를 가진다는 것을 알고 있다. 또한 F_1 수컷은 하나의 X 염색체 상에 모두 열성 변이인자를 가지고 있다. 따라서 이런 교배는 3가지 유전자에 대해 상인인 암컷에 F_1 검정교배를 하는 것과 마찬가지이다.

F_2 초파리는 8종류의 뚜렷이 구별되는 표현형이 나타났고, 이 중 두 종류는 양친형의 것이고 나머지 6종류는 재조합체이다. 양친형의 두 종류는 개체수가 가장 많았다. 수가 비교적 적은 재조합체는 종류가 다른 교차된 염색체를 가지고 있다. 각 재조합체를 만드는 데 관여한 교차를 계산하기 위하여 먼저 우리는 염색체상에 유전자들이 어떤 순서로 배열되어 있는지를 결정해야 한다.

유전자 순서의 결정

다음의 3가지 가능한 유전자 순서가 있다.

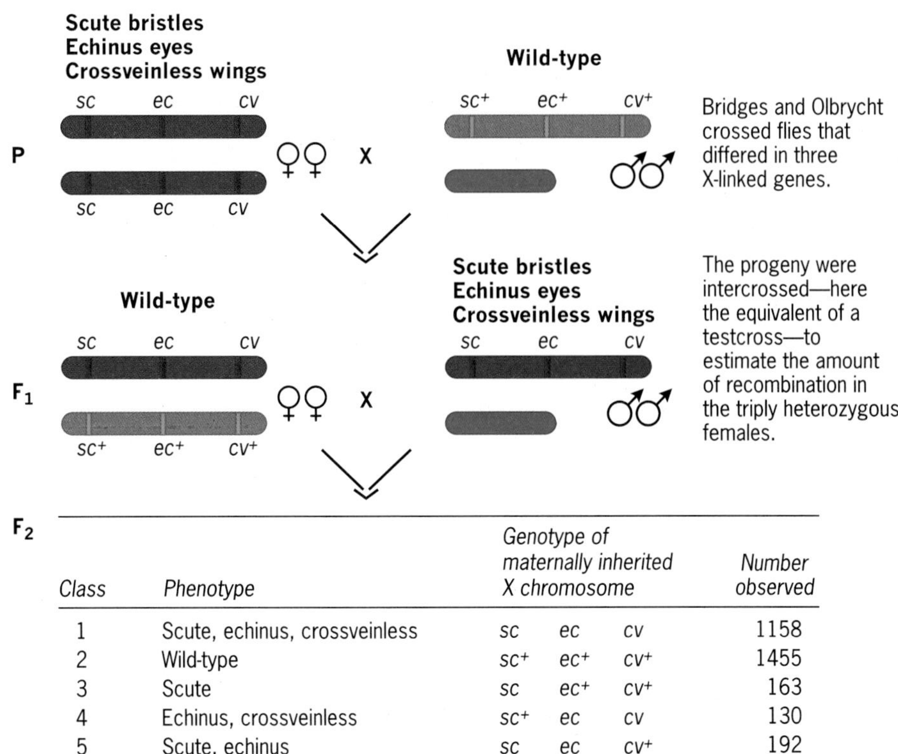

Class	Phenotype	Genotype of maternally inherited X chromosome			Number observed
1	Scute, echinus, crossveinless	*sc*	*ec*	*cv*	1158
2	Wild-type	sc^+	ec^+	cv^+	1455
3	Scute	*sc*	ec^+	cv^+	163
4	Echinus, crossveinless	sc^+	*ec*	*cv*	130
5	Scute, echinus	*sc*	*ec*	cv^+	192
6	Crossveinless	sc^+	ec^+	*cv*	148
7	Scute, crossveinless	*sc*	ec^+	*cv*	1
8	Echinus	sc^+	*ec*	cv^+	1
				Total:	3248

■ 그림 7.12 초파리의 X 연관 유전자 *sc*, *ec*, *cv*를 이용한 Bridges와 Olbrychy의 3점 교배. 1926년 *Genetics* 11:41에 발표한 Bridges, C. B. and Olbrycht, T. M의 자료.

1. *sc* — *ec* — *cv*
2. *ec* — *sc* — *cv*
3. *ec* — *cv* — *sc*

순서가 *cv*-*ec*-*sc*와 같은 또 다른 여러 가지 가능성은 염색체의 오른쪽과 왼쪽을 구분할 수 없기 때문에 이들 순서 중 하나와 같은 것이다. 정확한 유전자 순서는 어느 것일까?

이런 의문을 해결하기 위하여 우리는 6가지 재조합된 계급들을 세심하게 보아야 한다. 그들 중 4종류는 유전자들에 의해 구획화가 된 두 구역 중 어느 한 곳에서 한 번의 교차로 생겨날 수 있다. 나머지 두 종류는 두 구역의 각각에서 한 번씩 상호교환이 일어난, 즉 이중교차가 일어나야만 한다. 이중교차는 양쪽의 유전적 표식자에 대해 중앙에 있는 유전자를 바꾸기 때문에 유전자 순서를 결정하는 하나의 방법이 될 수 있다. 원래 우리가 알기로는 이중교차는 단일교차보다 적게 일어난다. 결과적으로 6종류의 재조합된 계급 중에서 두 가지 드문 재조합체는 이중교차가 일어난 염색체로 나타내야만 한다.

이 자료에서 빈도가 낮은 이중교차형인 7번(*sc* ec^+ *cv*)과 8번(sc^+ *ec* cv^+)은 각각 1개체뿐이다(그림 7.12). 양친형인 1번(*sc ec cv*)과 2번(sc^+ ec^+ cv^+)과 이들을 비교해 보면, 우리는 echinus가 scute와 crossveinless에 대해 바뀌어 있다는 것을 안다. 결과적으로 echinus 유전자는 다른 두 유전자 사이에 위치해야만 한다. 그러므로, 정확한 유전자 순서는 (1) *sc*-*ec*-*cv*이다.

유전자 간의 거리 계산

유전자 순서가 정해지고 나면 우리는 인접한 유전자들 간의 거리를 계산할 수 있다. 다시

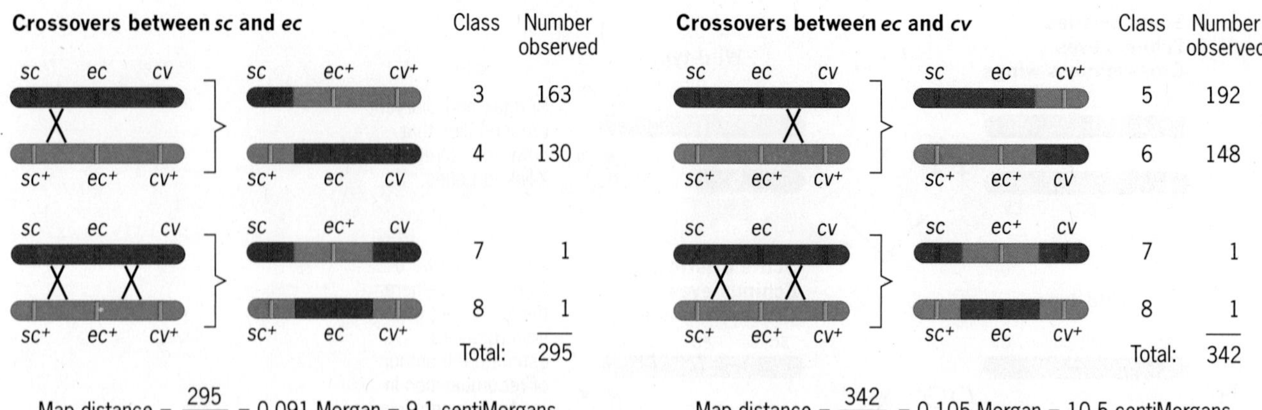

■ 그림 7.13 Bridges와 Olbrycht의 자료를 이용한 유전적 지도 거리의 계산. 각 유전자 간의 거리는 평균 교차 수로 얻어진다.

한번 더 말하자면, 이 과정은 각 염색체 부위에서의 평균 교차수를 계산하는 것이다(**■ 그림 7.13**).

일단 *sc*와 *ec* 간 부위의 길이를 이 유전자들 사이에서 한 번의 교차가 발생한 재조합체를 확인함으로써 얻을 수 있다. 이런 재조합체에는 3번(*sc* ec^+ cv^+), 4번(sc^+ *ec cv*), 7번(*sc* ec^+ *cv*) 그리고 8번(sc^+ *ec* cv^+)이다. 3번과 4번은 *sc*와 *ec* 간에 한 번의 교차가 일어난 것이고, 7번과 8번은 *sc*와 *ec* 간 그리고 *ec*와 *cv* 간, 즉 두 번의 교차가 일어난 것이다. 따라서 *sc*와 *ec* 간의 평균 교차수를 계산하는 데 이들 4종류의 빈도를 이용할 수 있다.

$$\frac{\overset{\text{3번}}{163} + \overset{\text{4번}}{130} + \overset{\text{7번}}{1} + \overset{\text{8번}}{1}}{\text{전체}} = \frac{295}{3{,}248} = 0.091$$

따라서 F_1 암컷의 감수분열에서 생긴 전체 100개의 염색체 중 9.1개는 *sc*와 *ec* 간에 한 번의 교차가 일어난 것이다. 그러므로 이들 유전자 간의 거리는 9.1지도단위(또는 원한다면 9.1 cM)이다.

비슷한 방법으로, 우리는 *ec*와 *cv* 간의 거리를 계산할 수 있다. 이 구역에서의 한 번의 교차는 4가지 재조합체, 즉 5번(*sc ec* cv^+), 6번(sc^+ ec^+ *cv*), 7번과 8번이다. 이중 재조합체는 그들의 두 번의 교차 중 한번이 *ec*와 *cv* 간에서 일어났기 때문에 여기에 포함시킨다. 이들 4종류의 전체 빈도는:

$$\frac{\overset{\text{5번}}{192} + \overset{\text{6번}}{148} + \overset{\text{7번}}{1} + \overset{\text{8번}}{1}}{\text{전체}} = \frac{342}{3{,}248} = 0.105$$

가 된다. 결론적으로 *ec*와 *cv* 간의 거리는 10.5 단위 떨어져 있다.

이들 두 구역에 대한 자료를 종합하면 우리는 다음과 같은 지도를 얻을 수 있다.

sc—9.1—*ec*—10.5—*cv*

이런 식으로 계산된 지도 거리는 부가적이다. 따라서 우리는 *sc*와 *cv* 간의 거리는 그들 간의 지도구간 길이의 합으로 다음과 같이 계산할 수 있다.

$$9.1\text{ cM} + 10.5\text{ cM} = 19.6\text{ cM}$$

우리는 이 유전자들 간의 평균 교차수를 다음과 같이 직접 계산함으로써 이 값을 구할 수 있다.

비교차형	단일 교차형	이중 교차형
1과 2	3, 4, 5, 6	7과 8

$$(0) \times 0.805 + (1) \times 0.195 + (2) \times 0.0006 = 0.196$$

여기서 교차 수는 괄호 안에 나타내었고, 곱한 수는 교차를 가진 종류들의 전체 빈도이다. 다시 말하면, 각 재조합체는 그 빈도와 교차된 수의 곱에 따라 거리지도에 기여하게 된다.

Bridges와 Olbrycht는 *sc, ec, cv* 이외에 *ct*(*cut wings*), *v*(*vermilion eyes*), *g*(*garnet eyes*), *f*(*forked bristles*) 의 7가지 X-연관 유전자에 대해 재조합 실험으로 연구하였다. 인접한 유전자들 간의 재조합 빈도를 계산함으로써 그들은 X 염색체상의 큰 절편의 지도를 작성하였다(■ 그림 7.14). 지도의 한쪽 끝은 *sc*이고 반대편 끝은 *f*이었다. 그들이 연구했던 유전자 하나하나는 실제로 X 염색체상의 특정부위에 대한 *표지*(*marker*)가 되었다. 이들 표지들 간의 모든 지도구간의 거리를 합하여 본 바, 그들은 지도를 작성한 단편의 전체 길이가 66.8 cM임을 알았다. 따라서 이 단편 내의 평균 교차 수는 0.668이었다.

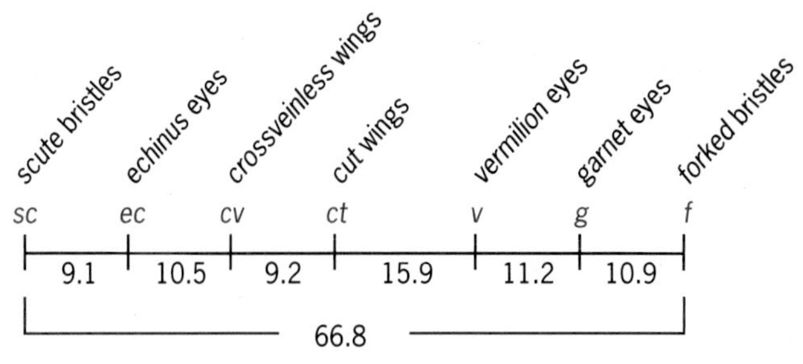

■ 그림 7.14 초파리의 7개의 X-연관 유전자에 대한 Bridges와 Olbrycht의 지도.

간섭과 일치계수

3점 교배는 2점 교배보다 한 가지 중요한 이점이 있다. 즉 3점 교배는 인접한 부위에서 상호교환이 서로서로 독립적인지를 결정하는 이중교차를 확인할 수 있다. 예를 들어, *sc*와 *ec* 간의 부위(X 염색체 지도 상의 I 구역)에서의 교차와 *ec*와 *cv*(II 구역) 간의 부위에서의 교차는 독립적으로 일어나는가? 아니면 한쪽 구역의 교차가 다른 구역의 교차형성을 억제하는가?

이런 의문을 해결하기 위해서 우리는 각 교차가 독립적이라고 가정하고 예상되는 이중교차의 빈도를 계산해야만 한다. 우리는 두 개의 인접한 부위의 교차빈도를 곱함으로써 이 값을 계산할 수 있다. 예를 들어, Bridges와 Olbrycht의 지도 상에서 I 구역의 교차빈도는 (163 + 130 + 1 + 1)/3248 = 0.091이고, II 구역에서의 교차빈도는 (192 + 148 + 1 + 1)/3248 = 0.105이다. 독립적이라고 가정한다면, *sc*와 *cv* 사이의 이중교차의 예상빈도는 (0.091) × (0.105) = 0.0095가 될 것이다. 이제 우리는 이 예상빈도와 2/3248 = 0.0006인 관찰빈도를 비교할 수 있다. 분명히 *sc*와 *cv* 간의 이중 교차는 예상한 빈도보다 훨씬 더 적다. 이 결과가 의미하는 것은 하나의 교차는 실제 부근의 또 다른 교차의 형성을 방해한다는 소위 **간섭(interference)**이라는 현상이 있음을 암시한다. 간섭의 정도는 관례상 **일치계수(coefficient of coincidence; c)**로 계산되며, 일치계수는 예상되는 이중교차의 빈도에 대한 관찰된 이중교차의 비로 다음과 같이 계산된다.

$$c = \frac{\text{관찰된 이중교차 빈도}}{\text{예상된 이중교차 빈도}} = \frac{0.00006}{0.0098} = 0.063$$

간섭계수는 I로 나타내며 간섭정도는 $I = 1 - c = 0.937$이다.

이 예에서, 일치계수는 거의 0에 가까운 값이기 때문에 간섭이 아주 강하다(I가 1에 가깝다). 다른 극단적인 예로 일치계수가 1에 가깝다는 것은 간섭이 전혀 없다는 것이다. 다시 말하면, 교차가 서로서로 독립적으로 일어난다는 것을 의미한다.

많은 연구결과에서 간섭이 강하게 나타나는 것은 20 cM 이하일 때로 알려졌다. 따라서 짧은 염색체 구역 내에서의 이중교차는 아주 드물다. 그렇지만, 먼 부위에 대해 생각해 본다면 교차가 다소 독립적으로 일어나는 점으로 갈수록 간섭이 약해진다. 따라서 간섭의 정도는 지도 거리의 함수 이다.

유전적 지도가 작성되면 실험결과를 예측하는 데 지도를 이용할 수 있다. 지도를 이용한 예측을 알아내는 방법은 "문제 풀이 기술: 유전적 지도 거리를 이용한 교배 결과의 예측" 부분을 참고하라.

문제 풀이 기술

유전적 지도 거리를 이용한 교배 결과의 예측

문제

유전자 *r*, *s*, *t*는 초파리의 X 염색체의 중앙에 존재한다. *r*은 *s*의 왼쪽에 15 cM 떨어져 있고, *t*는 *s*의 오른쪽에 20 cM 떨어져 있고 일치계수(*c*)는 0.2이다. 한 유전학자가 이들 열성 돌연변이 유전자 3개 모두를 가지는 X 염색체를 만들고자 한다. 초파리의 한 계통은 *r*과 *t*에 대해 동형접합성이고 다른 한 계통은 *s*에 대해 동형접합성이다. 두 계통을 교배시켜 3개의 유전자에 대해 이형접합성인 초파라 $r\ s^+\ t\ /r^+\ s\ t^+$인 암컷을 얻었다. 이런 암컷들을 야생형 수컷들과 교배시켰다. 만약 유전학자가 이들 암컷으로부터 10,000마리의 자손 초파리를 얻었다면 그들 중에 3개 유전자 모두 돌연변이인 *r s t*는 얼마나 많이 생기겠는가?

사실과 계념

1. 좁은 지도 거리(20 cM 이하)에 대해, 지도 거리는 그 구간에서의 단일 교차빈도와 같다.
2. 일치계수는 관찰된 이중교차 빈도를 예상 이중교차빈도로 나눈 값이다.
3. 이중교차의 예상빈도는 두 개의 교차가 독립적으로 일어난다는 가정에서 계산된다.
4. 수컷의 X 염색체는 그들의 모계로부터 전해진다.

분석과 해결

3개의 유전자 모두 돌연변이 인자를 가진 수컷은 야생형과 교배한 $r\ s^+\ t/r^+\ s\ t^+$인 암컷에서 이중교차가 일어났을 때만 만들어진다. 이런 이중교차의 빈도는 두 유전자 지도 거리(15 cM과 20 cM)와 일치계수(여기서 $c = 0.2$)로 계산된 간섭정도의 함수이다. 일치계수는 관찰된 이중교차빈도로 예상되는 이중교차빈도로 나눈 값이기 때문에 다음과 같이 간단히 수리적 재배열로 풀 수 있다. 즉, 관찰된 이중교차빈도 = $c \times$ 예상되는 이중교차 빈도. 예상되는 이중교차빈도는 인접한 지도구간 내에서 독립적으로 교차가 일어난다는 가정 하에서 $0.15 \times 0.20 = 0.03$으로 계산된다. 따라서 10,000마리의 수컷 자손 중에 $0.2 \times 3\%$는 하나의 교차가 *r*과 *s* 사이에 그리고 또 다른 하나의 교차가 *s*와 *t* 사이에 일어난 X 염색체를 가질 것이다. 그렇지만 단지 이들 60마리 중 반 즉, 30마리만 3개의 돌연변이를 가진 X 염색체를 가질 것이고 나머지 30마리는 세 유전자 모두 야생형일 것이다.

더 많은 논의를 보고 싶으면 Student Companion 사이트를 방문하라.

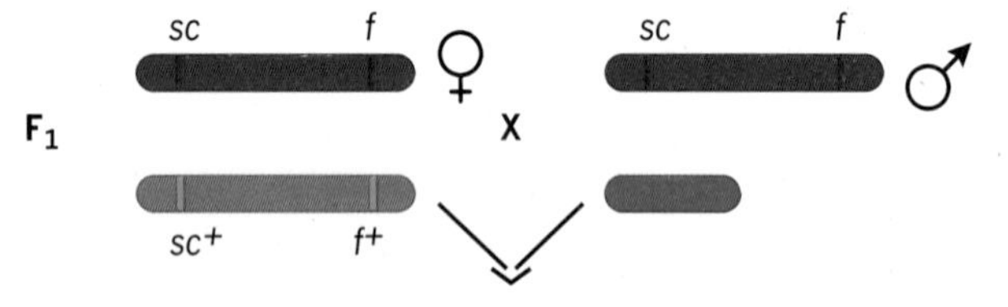

F_2 Phenotype	Genotype of maternally inherited X chromosome	Number observed	
Scute, forked	sc f	698	Parentals 1629
Wild-type	sc+ f+	931	
Scute	sc f+	816	Recombinants 1619
Forked	sc+ f	803	
		Total = 3248	

Percent recombination = $\frac{1619}{3248}$ x 100% = 50%

Map distance = 66.8 centiMorgans

Not equal

■ 그림 7.15 지도 거리와 재조합 백분율 간의 불일치. 유전자 *sc*와 *f* 간의 지도 거리는 그들 간에 관찰된 재조합 백분율보다 훨씬 크다.

재조합 빈도와 유전적 지도 거리

앞 절에서 우리는 유전적 표지의 재조합 빈도 자료를 이용하여 염색체 지도를 어떻게 작성하는지를 생각해 보았다. 이런 자료를 통해 우리는 교차가 염색체의 어느 표본구역에서 일어났는지를 알 수 있다. 이런 교차들의 위치를 정하고 그 수를 셈으로써 우리는 유전자들 간의 거리를 계산하고 염색체 지도 상에 유전자의 위치를 설정할 수 있다.

이런 방법은 유전자들이 상당히 가까운 거리에 있을 때는 잘 맞지만, 서로 아주 멀리 떨어져 있으면 재조합 빈도가 실제 지도 거리를 나타내주지 못할 수도 있다(■ 그림 7.15). 한 예로써, Bridegs와 Olbycht의 X 염색체상의 양 말단에 있는 유전자들, 즉 왼쪽 끝의 *sc*와 오른쪽 끝의 *f*가 66.8 cM 떨어져 있는 경우를 생각해 보자. 그렇지만, *sc*와 *f* 사이의 재조합 빈도는 가능한 최대치인 50%였다. 이 재조합 빈도를 이용하여 지도 거리를 계산한다면, 우리는 *sc*와 *f*가 50지도단위 떨어져 있다는 결론을 얻었을 것이다. 물론 지도 상의 거리인 66.8 cM은 각 구간의 합으로 얻어진 것이면, 훨씬 더 큰 값이다.

이 예는 어떤 염색체상에서 평균 교차 수에 의존하는 실제 유전적 거리는 관찰된 재조합 빈도보다 더 클 수 있음을 보여준다. 좀 멀리 떨어져 있는 유전자 사이에는 다중 교차가 일어날 수 도 있고, 이 중 일부는 유전적으로 재

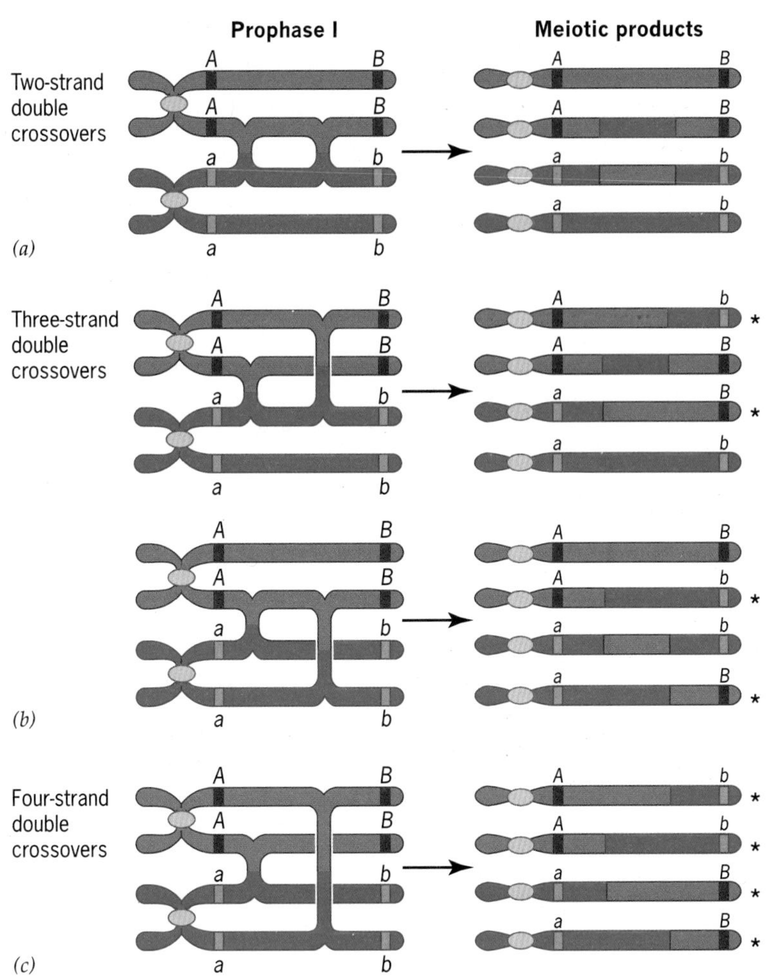

■ 그림 7.16 두 개의 유전자좌위 간의 이중교차의 결과. (*a*) 2가닥 이중교차는 비재조합 염색체를 만든다. (*b*) 3가닥 이중교차는 재조합염색체와 비재조합염색체를 각각 반반씩 만든다. (*c*) 4가닥 이중교차는 단지 재조합염색체만 만든다.

조합된 염색체를 만들지 않는다(■ **그림 7.16**). 이것을 알아보기 위하여 4분체 내 두 개의 염색분체 간의 교차로써 양쪽의 유전적 표지의 재조합을 일으키는 경우를 생각해 보자. 만일 동일한 두 염색분체 사이에 또 한 번의 교차가 일어나면, 양쪽의 유전적 표지는 원래의 배열로 될 것이다, 즉, 두 번째의 교차가 처음의 교차를 취소시켜 재조합 염색분체가 비재조합 염색분체 형으로 되돌아간다. 따라서 이들 4가닥 사이에는 두 번의 교차가 일어났다 할지라도, 그 결과 형성된 염색분체는 양쪽 표지에 대해 어떤 재조합형도 되지 않는다.

이런 두 번째의 예는 이중교차가 어떤 염색체상의 평균 교차 수에 기여한다 할지라도 재조합 빈도에는 기여하지 않는다는 것을 보여주고 있다. 4중 교차도 같은 효과를 가질 것이다. 이들 복수의 상호교환은 재조합 빈도와 유전적 지도 거리 간의 차이의 원인이 된다. 실제로 20 cM 이하의 거리에 대해서는 차이가 아주 적다. 이 정도의 거리에 대해서는 간섭이 거의 모든 복수의 교차를 억제할 만큼 강하다는 것이고 재조합 빈도는 유전적 지도 거리의 좋은 척도가 된다. 20 cM 보다 큰 값에 대해서는 복수의 교차가 더 잘 일어나기 때문에 이들 두 가지 양에 차이가 있다. ■ **그림 7.17**은 재조합 빈도와 유전적 지도 거리 간의 수학적 상호관계를 나타내고 있다.

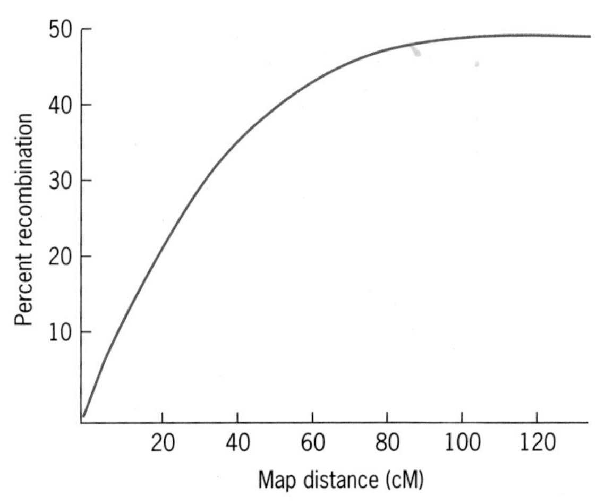

■ 그림 7.17 재조합 빈도와 유전자 지도 거리 사이의 관계. 20 cM 보다 낮은 값의 경우, 재조합 백분율과 지도 거리 간의 관계가 거의 직선으로 나타난다; 20 cM 보다 높은 값의 경우, 재조합 백분율은 지도 거리를 과소평가한다.

요점

- *염색체상의 유전적 지도 작성은 감수분열 중에 일어나는 교차의 평균수에 기초한다.*
- *유전적 지도 거리는 교배실험에서 유전자 간의 재조합반도를 계산하여 측정한다.*
- *20% 이하의 재조합 빈도는 바로 지도 거리에 상응하지만 20% 이상의 재조합 빈도는 복수의 교차가 일어나더라도 재조합된 염색체를 만들지 않기 때문에 지도 거리가 적을 수도 있다.*

세포유전학적 지도 작성

유전학자들은 염색체들의 세포학적 지도 상에 유전자의 위치를 결정하는 기법을 개발하였다.

재조합 지도는 거리의 측정치로써 교차 빈도를 이용하여 유전자의 상대적 위치를 결정하게 한다. 그렇지만, 염색체상의 띠와 같은 세포학적 표지와 유전자를 관련지어 위치를 정할 수는 없다. 이런 종류의 위치결정은 결실이나 중복과 같은 염색체 재배열에 대한 표현형적 효과를 연구해야 한다. 이런 종류의 재배열은 세포학적으로 인지할 수 있기 때문에 염색체상에 존재하는 특정 영역과 연관될 수 있다. 만약 표현형적 효과가 재조합 지도 상에서 이미 위치가 정해진 유전자와 연관될 수 있다면, 이들 유전자의 지도 위치는 어떤 염색체의 세포학적 지도 상의 위치와 연결될 수 있다. *세포유전학적 지도 작성*(*cytogenetic mapping*)이라고 하는 이런 과정은 크고 띠를 가진 다사염색체가 있고, 아주 상세한 세포학적 지도를 제공할 수 있었던 초파리 유전학에 의해 대부분 연구되었다.

결실과 중복을 이용한 유전자의 위치결정

세포학적 지도 작성의 한 예로써, 초파리 X-연관 흰 눈 좌위를 결정하는 것에 대해 생각해 보자. 이 유전자의 야생형은 눈에서의 색소 침착에 필수적이다. 이 유전자는 X 염색체의 한쪽 말단 부근의 지도위치 1.5에 위치하고 있다. 그러나 양쪽 말단의 어느 쪽 근처인가? 세포학적으로 그 말단에서 얼마나 떨어져 있는가? 이런 의문을 해결하기 위하여 우리는 다사로된 X 염색체의 세포학적 지도 상에 백색유전자의 위치를 알아야 할 필요가 있다.

한 가지 방법은 완전 열성인 흰 눈 유전자(*w*)를 가진 하나의 X 색체와 세포학적으로 정해진 결실(보통 *Df*로 표시함)을 가진 다른 하나의 X 염색체로 이루어진 이형접합성인 초파리를 만드는 것이다(■ **그림** 7.18). 이들 *w/Df* 이형접합체는 결실에 대한 흰 눈 좌위의 위치를 알 수 있는 기능적 검정을 제공한다. 만약 흰 눈 유전자 *Df* 염색체의 결실 부위에서 있다면 *w/Df* 이형접합체는 그들의 어느 염색체상에서도 흰 눈 유전자의 기능적 인자를 가지고 있지 않기 때문에 눈의 색소를 만들 수 없다. *w/Df* 이형접합체의 눈은 백색(변이형)일 것이다. 그렇지만 만약 흰 눈 유전자가 *Df* 염색체의 결실 부위에 있지 않다면 *w/Df* 이형접합체는 그 *Df*인 X 염색체상의 어딘가에 기능을 가진 흰 눈 유전자를 가지기 때문에 그들의 눈은 적색(야생형)이 될 것이다. *w/Df* 이형접합체의 눈을 관찰함으로써 우리는 어떤 특정 결실이 흰 눈 유전자의 결실을 포함하는지 아닌지를 결정할 수 있다. 만약 가지고 있다면, 흰 눈 유전자는 그 결실부위 내에 존재할 것이다.

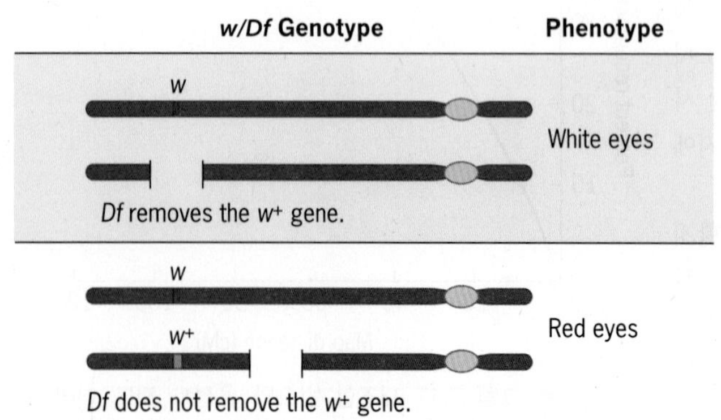

■ **그림 7.18** 초파리의 한 염색체 내에 어떤 유전자의 좌위를 정하기 위한 결실지도의 원리. 흰 눈으로 되게 하는 열성 돌연변이 *w*로 정의한 X 염색체상의 유전자를 예로 하였다.

또 다른 종류의 X 염색체 결실을 이용하여 연구자들은 X 염색체의 왼쪽 말단 근처로 흰 눈 유전자의 자리를 지정할 수 있었다(■ **그림 7.19**). 각 결실을 열성의 흰 눈 돌연변이 염색체와 조합했더니, 단지 그들 중 하나의 $Df(1)w^{rJ1}$만 흰 눈을 나타냈다. 이 결실이 흰 눈 돌연변이를 회복시키지 못했으므로 우리는 *white* 유전자가 그 결실 염색체 조각 내에 있음을 알 수 있다. 즉, 3A1과 3C2로 나타나는 다사염색체의 띠 사이 어디인가가 그 자리일 것이다. 더 작은 결실들을 이용하여 *white* 유전자는 거대 염색체상의 띠 3C2 즉, $Df(1)w^{rJ1}$

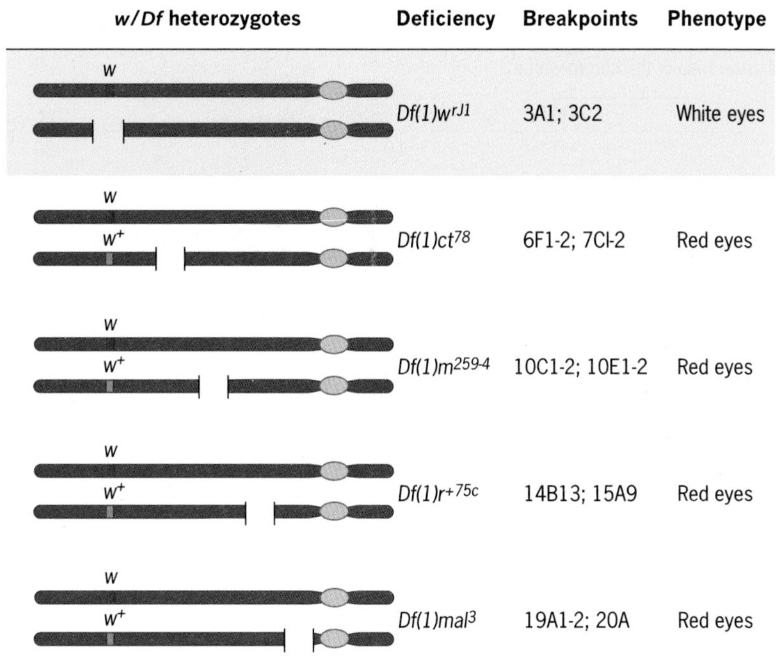

w/Df heterozygotes
Deficiency
Breakpoints
Phenotype
w
Df(1)w^rJ1
3A1; 3C2
White eyes
w
w+
Df(1)ct^78
6F1-2; 7Cl-2
Red eyes
w
w+
Df(1)m^259-4
10C1-2; 10E1-2
Red eyes
w
w+
Df(1)r+^75c
14B13; 15A9
Red eyes
w
w+
Df(1)mal^3
19A1-2; 20A
Red eyes

*Df(1)w^rJ1*로 관찰된 눈색 돌연변이체는 *흰색* 눈 유전자가 X 염색체상의 3A1과 3C2 띠 사이에 위치함을 시사한다.

■ 그림 7.19 결실지도에 의한 초파리 X 염색체상의 흰색 눈 유전자의 위치결정. 결실된 단편은 Bridges의 다사염색체를 이용한 세포학적 지도에 맞추어 나타내었다.

의 오른쪽 경계 근처로 지정될 수 있었다.

유전자의 세포학적 위치를 결정하는 데 중복을 이용할 수도 있다. 이 방법은 열성변이인자의 표현형을 숨기는 어떤 중복을 찾는 것을 제외하고는 결실의 방법과 비슷하다. ■ **그림 7.20**는 어떤 다른 염색체에 전좌된 X 염색체의 조그만 단편에 대한 중복을 이용한 지도 작성의 한 예를 나타내고 있다. 이들 중복 중의 하나인 *Dp*2만 흰 눈 유전자를 감추거나, 혹은 유전학자들의 말처럼 그 돌연변이를 '회복(recover)' 시켰다. 따라서 야생형 흰 눈 유전자가 중복된 부위 안에 있어야만 한다. 이것은 다사로 된 X 염색체상의 2D와 3D 사이의 구획 어딘가에 흰 눈 유전자가 위치해야 함을 나타내며, 이것은 위에서 논한 결실의 결과와 일치한다.

결실과 중복은 초파리 염색체의 세포학적 지도 상에 유전자의 위치를 결정하는 데 특별히 유용한 것이었다. *결실 지도 작성(deletion mapping)*에서의 기본원리는 열성 변이인자를 나타나게 하는 결실부위에 변이인자에 대한 야생형 인자가 없다는 것이다. 이 사실은 결실부위 내에 그 유전자의 위치를 정할 수 있도록 한다. *중복 지도 작성(duplication mapping)*의 기본원리는 열성유전자를 감추게 하는 중복은 변이형에 대한 야생형 유전자가 있어야 한다는 것이다. 이 사실은 중복된 구획 내에 그 유전자가 위치한다는 것이다.

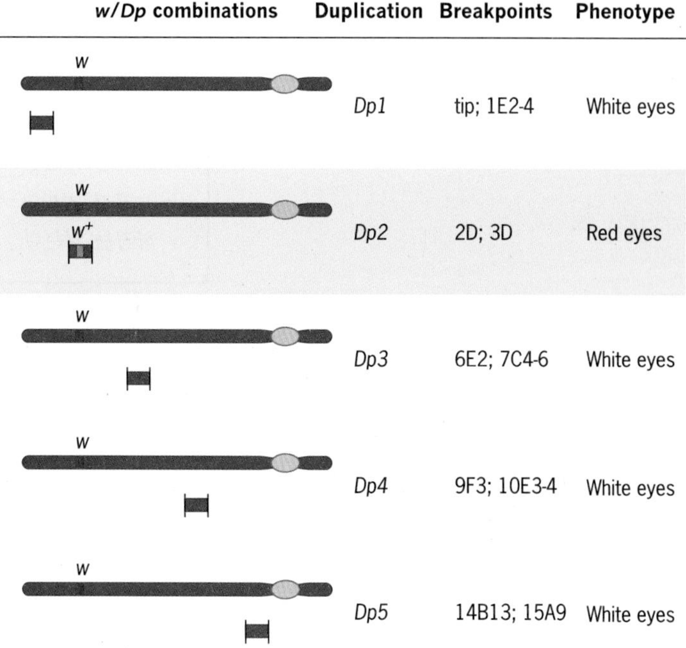

w/Dp combinations
Duplication
Breakpoints
Phenotype
w
Dp1
tip; 1E2-4
White eyes
w
w+
Dp2
2D; 3D
Red eyes
w
Dp3
6E2; 7C4-6
White eyes
w
Dp4
9F3; 10E3-4
White eyes
w
Dp5
14B13; 15A9
White eyes

*Dp2*와의 실험에서 나온 야생형 눈색은 *흰 눈* 유전자가 X 염색체상의 2D와 3D 사이에 있음을 나타낸다.

■ 그림 7.20 중복지도에 의한 초파리 X 염색체상의 흰색 눈 유전자의 위치결정. 각각의 중복은 다른 염색체에 전좌된 X 염색체의 단편이다. 그렇지만 간단히 하기 위하여 다른 염색체는 표시하지 않았다. 중복된 단편은 Bridges의 다사염색체를 이용한 세포학적 지도에 맞추어 나타내었다.

유전적 거리와 물리적 거리

유전적 거리를 측정하고 재조합 지도를 작성하는 과정은 쌍을 이룬 염색체들 간에 교차의 출현빈도에 근거하고 있다. 직감적으로, 우리는 긴 염색체는 짧은 염색체보다 교차가 더 많이 일어날 것이고 이런 관계는 유전적 지도의 길이와 관계가 있다는 것을 예측하게 된다. 대부분의 경우 우리의 추측은 사실이다. 그렇지만, 염색체 내의 어떤 구역은 다른 구역보다 교차가 잘 일어나는 경향이 있다. 따라서 유전적

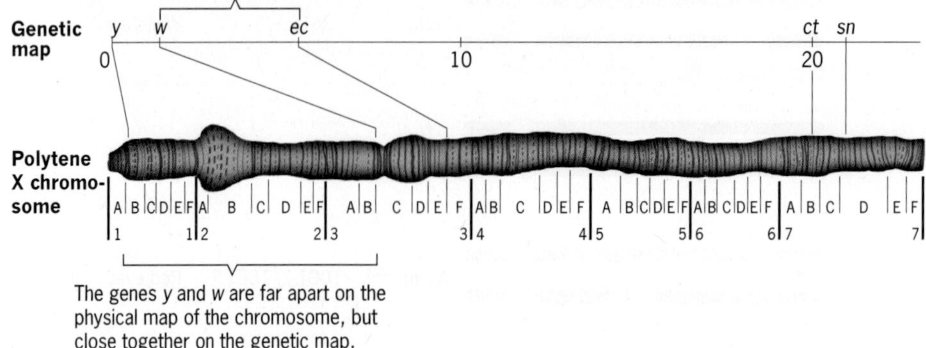
The genes w and ec are far apart on the genetic map, but close together on the physical map of the chromosome.
Genetic map
y w ec ct sn
0 10 20
Polytene X chromosome
A B C D E F A B C D E F A B C D E F A B C D E F A B C D E F A B C D E F A B C D E F
1 12 23 34 45 56 67 7
The genes y and w are far apart on the physical map of the chromosome, but close together on the genetic map.

■ 그림 7.21 초파리 X 염색체의 좌측 말단과 유전자 *y*(황색 채색), *w*(흰색 눈), *ct*(절단 날개), *sn*(곱슬 강모)를 나타내는 유전적 지도의 해당 위치.

지도 상에서 거리는 염색체의 세포학적 지도에서의 물리적 거리와 정확히 일치하지 않는다(■ **그림 7.21**). 교차는 염색체 말단과 동원체 부근에서는 잘 일어나지 않는 경향이 있다. 결과적으로 이들 부위는 유전적 지도 상에서 수축되어 나타난다. 교차가 더 빈번하게 일어나는 다른 부위는 지도 상에서 쭉 늘어나 보인다.

비록 유전적 거리와 물리적 거리 간에 일정한 상호관계는 없다 할지라도, 어떤 염색체의 유전적 지도와 세포학적 지도는 공선적이다. 즉, 특정부위는 같은 순서를 가진다. 그러므로 재조합 지도 작성은 어떤 하나의 염색체를 따라 실제 유전적 순서를 나타낸다. 그렇지만, 그들 간의 실제 물리적 거리는 아니다.

요점

- *초파리에서 유전자는 세포학적으로 알려진 결실과 중복을 열성 돌연변이와 조합함으로써 유전자의 위치를 결정할 수 있다.*
- *결실은 결실의 말단 점 간에 위치한 열성 돌연변이의 표현형이 나타나도록 할 것이고, 반면에 중복은 돌연변이 표현형을 감출 것이다.*
- *유전적 지도와 세포학적 지도는 공선적이다. 그렇지만, 유전적 거리는 세포학적 거리에 비례하지는 않는다.*

사람의 연관분석

가계도 분석은 사람 염색체상에 유전자의 위치를 결정하는 방법을 제공하고 있다.

사람의 연관을 찾아내고 분석하기 위하여 유전학자들은 가계도에서 자료를 모아야 한다. 가끔 이런 자료는 한계가 있고 불완전하거나 그들이 제공한 정보가 명확하지 않다. 그러므로 사람의 연관지도를 작성하는 일은 많은 어려운 문제점을 가지고 있다. 사람에 대한 고전적인 연관의 연구는 두 종류 이상의 유전자가 동시에 유전되는 가계도에 초점을 맞추었다. 오늘날 현대 분자적 방법들을 이용하여 학자들은 동일 가계도에서 수십 종의 다른 표지의 유전을 분석할 수 있다. 이런 많은 유전자좌위 분석은 연관을 찾아내고 상세한 염색체 지도를 작성하는 능력을 향상시켰다. 사람에서 가장 연구하기 쉬운 연관관계는 X 염색체상의 유전자들 간의 관계이다. 이런 유전자들은 쉽게 확인될 수 있는 유전양식에 따른다. 만약 두 개의 유전자가 이런 양식을 따른다면, 두 유전자는 분명히 연관되어 있어야 한다. 그렇지만, 상염색체에 있는 유전자 간의 연관을 결정한다는 것은 훨씬 어렵다. 사람의 유전체는 22개의 다른 상염색체를 가지며, X-연관을 보이지 않는 어떤 유전자는 이들 염색체 중 어느 한 염색체에 존재할 것이다. 어떤 유전자가 어느 상염색체에 존재할 것인가? 다른 유전자는 그 유전자와 연관되어 있는가? 이들 유전자의 지도 위치는 어느 장소인가? 이런 문제들이 인류유전 학자들에게는 풀어야 할 의문점들이다.

사람의 가계도에서 연관을 어떻게 찾는지를 알기 위하여 J. H. Renwick와 S. D. Lawler의 몇 가지 연구를 알아보자. 1955년에 이들은 ABO혈액형을 조절하는 유전자(4장 참조)와 슬개조 증후군이라고 하는 아주 드문 상염색체 질환 중의 하나인 우성 돌연변이 유전자 간의 연관에 대한 증거를 보고하였다. 슬개조 증후군에 걸린 사람은 손톱과 종지뼈가 비정상적이다. 이들이 연구한 어떤 가계도의 일부를 ■ **그림 7.22*a***에 나타내었다. 이 가계도의 모든 사람에서 *NPS1*으로 나타낸 슬개조 증후군 환자인지 아닌지를 나타내었고 또한 대부분의 사람의 ABO혈액형도 결정되었다.

II세대의 부인은 *NPS1*돌연변이가 처음으로 나타났다. 그녀의 부모 누구도 또 그녀의 11명이나 되는 형제자매 어느 누구도 슬개조 증후군을 보인 적이 없었다. 이 가계도에서

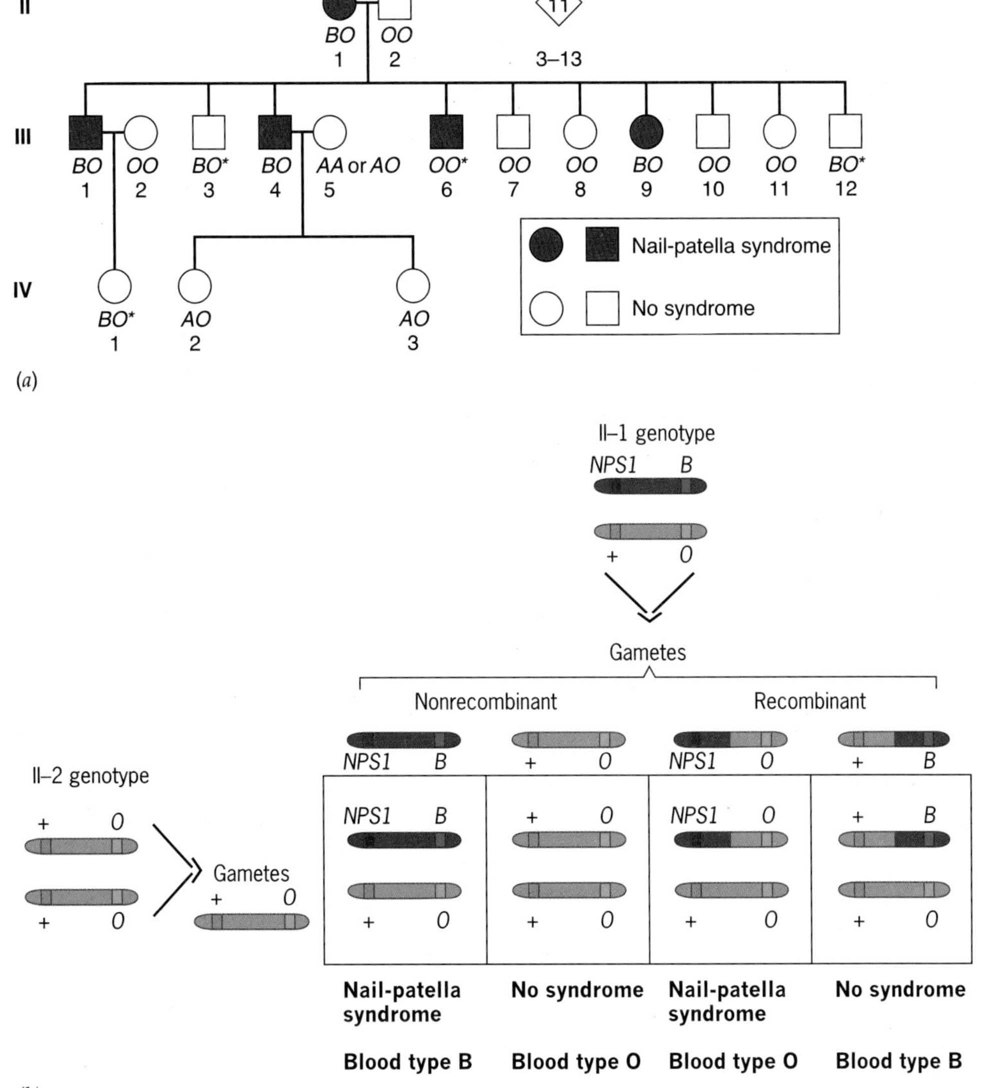

■ 그림 7.22 사람 가계도의 연관분석. (*a*) *ABO*혈액형과 슬개조 증후군 사이의 연관을 보여주는 가계도의 일부. 슬개조 증후군에 걸린 사람은 적색으로 나타내었다. 알 수 있는 데까지 ABO혈액형의 유전자형은 각 구성원 표시 아래에 나타내었다. 별표는 재조합체이다. (*b*) II 세대의 부부에 의해 생겨날 수 있는 유전자형을 나타내는 Punnett 사각형.

슬개조 증후군을 나타낸 5명의 자녀 중 단지 1명(II-16)만 제외하고는 혈액형이 B형이었다. 이런 관찰은 *NPS1*돌연변이가 유전적으로 *ABO* 유전자좌위의 *B*대립유전자와 연관되어 있다는 것을 암시한다. 만약 이런 추정이 옳다면, II세대의 부인은 유전자형이 *NPS1 B*/+*O*, 즉 그녀는 이형접합성이고 상반일 것임이 틀림없다.

■ **그림 7.22*b***는 이 가계도에서 일어나고 있는 유전적 현상을 도해하고 있으며, 완벽하지는 않지만 *NPS1*과 *ABO* 유전자좌위 간의 거리를 계산할 수 있다. 그림 7.22*b*에 나타낸 교배 조건은 검정교배와 같다. II-1부인은 두 종류의 재조합 염색체와 두 종류의 재조합이 되지 않은 염색체를 가진 4종류의 배우자를 만들 것이다. 이 배우자들이 II-1의 남자에 의해 만든 한 가지 형의 배우자(+*O*)와 결합되었을 때, 4가지 유전자형이 나올 수 있다. 그림 7.22*a*의 가계도에서 보여준 바와 같이 II-1과 II-2는 모두 4종류의 아이들을 낳았다. 그렇지만, 총 10명의 아이들 중 단지 3명(그림 7.22*a*에서 별표로 III-3, III-6, III-12)은 재조합되었고 나머지 7명은 재조합되지 않았다. 따라서 우리는 *NPS1*과 *ABO* 간의 재조합 빈도를 3/10 = 30%로 계산할 수 있다. 그렇지만, 이 계산은 모든 가계도에 적용될 수 있는 것은 아니다. 더 정리하기 위하여 그들의 손자 손녀의 자료를 첨가할 수 있는데, 그들 중의 단지 1명(IV-1)이 재조합된 것이었다. 모두 합하면, 10 + 3 = 13명의 자손 중 3 + 1 = 4명이 재조합된 아이였다. 따라서 우리는 *NPS1*과 *ABO* 유전자좌위 간의 재조합 빈도가 4/13 = 31%이라고 결론지을 수 있다. 연관지도의 의미에서 이들 유전자 간의 거리는 약 31 cM이라는 것이다. Renwick와 Lawler는 *NPS1*과 *ABO* 유전자 간의 연관에 대한 많은 다른 가계를 연구하였다. 모든 자료를 종합한 바, 이들은 두 유전자 간의 재조합 빈도가 약 10% 정도인 것으로 계산되었다. 따라서 *NPS1*과 *ABO* 유전자 간의 지도 거리는 약 10cM이다.

*NPS1*과 *ABO* 유전자좌위에 대한 Renwick와 Lawler의 연구에서 두 유전자는 연관되어 있지만 이들 유전자가 존재하는 특정 상염색체를 찾아낼 수 없었다. 특정 상염색체에 어떤 유전자의 위치를 결정한 것은 1968년 R. P. Donahue 등이 *FY*로 나타내는 Duffy 혈액형의 유전자좌위가 1번 염색체상에 존재한다는 것을 증명한 것이 처음이었다. 정상보다 더 긴 염색체로 된 변이형 1번 염색체의 발견으로 이것을 증명하게 되었다. 가계도 분석 중 특정 가계에서 이런 긴 1번 염색체가 *FY*대립유전자와 함께 분리되는 것을 알았다. 따라서 *FY*유전자좌위는 1번 염색체에 할당되었다. 계속적인 연구결과 이 유전자좌위는 1p31로 정리되었다. 다른 여러 가지 기법을 이용한 바, *NPS1*과 *ABO* 유전자좌위는 9번 염색체 긴 팔의 말단부위에 위치시킬 수 있었다.

1980년대 초까지 두 개의 다른 유전병의 연관 표지, 즉 예를 들자면 두 개의 다른 유전질환을 가진 가계를 찾기가 어려웠기 때문에 유전자 지도 작성의 과정은 아주 느리게 진행되었다. 그렇지만, 1980년대에 들어와서 DNA 자체에서 유전적 변이형을 동정하는 것이 가능하게 되었다. 이들 변이형은 염색체 일부의 DNA 염기서열에서의 차이로 생겨난다. 예를 들어, 어떤 사람에서 특정 염기서열이 DNA 가닥 중의 하나에서 GAATTC이고, 다른 한 사람에서는 하나의 뉴클레오티드가 틀린 GATTTC일 수도 있다. 비록 이런 분자적 차이에 이용되는 기법에 대한 논의는 뒤의 장으로 넘기겠지만, 여기서 사람의 중요한 유전병 등에 대한 유전자의 지도를 작성하는 데 이 방법이 얼마나 도움이 되는지 알아 볼 수 있다. 만약 정상적인 표현형의 분석 이외에 가계도의 모든 구성원들에 대해 DNA에서 분자적 표식자의 유무를 분석한다면, 학자들은 각 표식자와 연구 중인 유전자와의 연관을 찾을 수 있다. 그 후 정당한 통계적 기법으로 유전자와 연관된 표식자 사이의 거리를 계산할 수 있다.

이 방법은 유전학자들로 하여금 사람의 유전질환에 관련된 많은 유전자들의 지도를 작성할 수 있도록 했다. 가장 두드러진 예 중의 하나가 4번 염색체상에 있는 헌팅턴 무도병(*HD*)에 대한 유전자의 위치를 찾아낸 연구였다. 이 병에 걸린 환자는 쇠약해지고 궁극적으로 신경질환으로 사망하게 된다. 이런 노력은 Student Companion 사이트의 헌팅턴 질환에 대한 '유전학의 이정표'에 논의되어 있다. 여기서는 일련의 분자 표식자들과 *HD*유전자 사이의 연관에 대해 대가족들의 가계도를 분석하고 있다. 엄청나게 힘든 일이였지만, *HD*유전자는 이들 유전자 표지 중의 하나에서 4 cM 내로 지도가 작성되었다. 이런 정밀한 위치 결정으로 *HD*유전자 자체의 분리와 분자적 특성을 밝힐 수 있었다.

분자 표식자들은 완전히 독립적인 분석들로부터 인간의 염색체 지도를 작성할 수 있도록 했다. 만약 유전자 *A*가 일련의 가계도에서 표지 x와 연관된 것으로 나타나고, 유전자 *B*는 다른 일련의 가계도에서 표지 *x*와 연관된 것으로 나타났다면, 유전자 *A*와 *B*는 분명히 서로 연관되어 있다. 따라서 이들 표식자들의 분석은 유전학자들에게 동일 가계도에서 분리되지 않는 유전자들 간의 연관관계를 결정할 수 있게 하였다.

가계도를 이용한 재조합 자료의 분석은 염색체상의 연관지도를 만들 수 있게 하였다. 그러나, X 연관된 경우를 제외하면, 이런 분석은 지도 작성이 되고 있는 염색체가 어떤 것인지나, 해당 유전자가 물리적으로 해당 염색체의 어느 부분을 차지하고 있는지에 대한 정보를 주지는 못한다. 이런 도전은 염색체 분염이나 염색체 채색과 같은 세포학적 기술의 발달에서 다룬다(6장).

요점

- *사람 유전자들의 연관은 가계도를 분석하여 찾을 수 있다.*
- *가계도 분석은 사람에서 유전자들을 지도 작성하기 위한 재조합 빈도를 계산할 수 있도록 해준다.*

재조합과 진화

재조합의 발생이나 그 억제는 진화에 주요한 역할을 한다.

재조합은 유성생식에서 필수적인 한 과정이다. 감수분열 중에 염색체들이 만나서 교차가 일어나면 대립유전자들의 새로운 재조합이 생겨나는 기회가 된다. 이런 재조합의 어떤 것은 생물체의 생존과 생식력을 증대시키는 이점을 가질 수도 있다. 시간이 지남에 따라 이런 강점은 집단 내로 퍼지게 되고 그 종의 유전적 조성의 표준형으로 퍼져나갈 것으로 예측된다. 그러므로 감수분열을 통한 재조합은 진화적 변화를 일으키기 위한 유전적 변이를 섞는 한 방법이다.

재조합의 진화적 중요성

우리는 한 종은 유성생식을 하고 다른 한 종은 유성생식을 하지 않는 두 종을 비교함으로써 재조합의 진화적 중요성을 알 수 있다. 유용한 하나의 돌연변이가 각 종에서 일어났다고 생각해 보자. 시간이 지남에 따라 이들 돌연변이는 퍼져나갈 것으로 기대할 수 있다. 또한 그들이 퍼져 나가는 동안 다른 유익한 돌연변이가 각 종의 돌연변이가 없는 개체에서 일어났다고 생각해 보자. 무성생식을 하는 생물에서는 두 번째 돌연변이가 첫 번째 돌연변이와 재조합될 가능성이 없지만 유성생식을 하는 생물에서는 두 돌연변이가 재조합되어 하나의 돌연변이를 가진 생물보다 더 유익한 계통을 만들 수 있다. 이런 재조합 계통은 집단 내에서 빠르게 확산될 것이다. 진화적 관점에서 보면, 재조합은 서로 다른 유용한 대립인자들이 한 생물체 내에 모이도록 할 수 있다.

역위에 의한 재조합의 억제

재조합의 유전자 섞음은 염색체 재배열에 의해 방해될 수 있다. 물론 이형접합성인 경우 재배열의 절단 점 근처에서의 교차는 억제된다. 그 이유는 아마 재배열이 염색체 접합을 혼란스럽게 하기 때문이다. 그럼으로 많은 재배열은 재조합빈도를 감소시키는 것으로 본다. 이런 효과는 역위된 이형접합체에서 가장 잘 알려져 있는데 역위의 절단 점 부근에서 일어나는 교차는 역위된 부위 내에 교차가 일어나는 염색체의 선택적 소실을 만들기 때문이다.

재조합-억제효과를 알아보기 위하여 염색체의 긴 팔에서 일어난 어떤 역위를 생각해

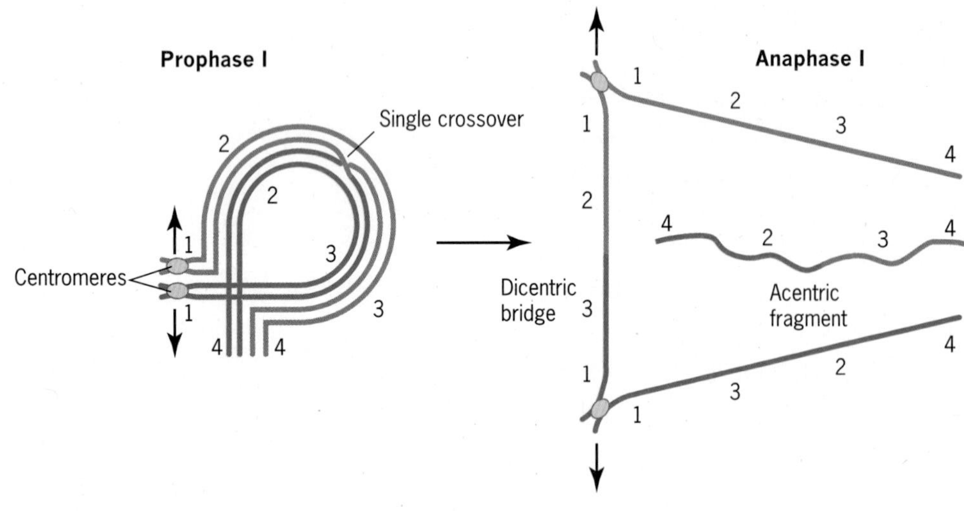

■ 그림 7.23 역위된 이형접합체에서의 재조합 억제. 염색분체 간의 교차로 생겨난 이중동원체성(1 2 3 1)과 무동원체성 염색체(4 3 2 4)는 이수체를 만들 것이고 이들이 수정된 개체는 다음 세대에 살 수 없을 것이다. 결과적으로 역위된 염색체와 정상인 염색체 간의 교차로 인한 산물은 회복되지 않는다.

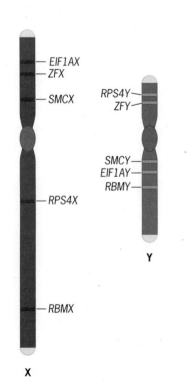

보자(■ 그림 7.23). 만약 역위된 염색체와 역위가 일어나지 않은 염색체로 된 4분체 간에 교차가 일어난다면, 두 개의 재조합된 염색분체를 만들 것이다. 그렇지만 이들 염색분체 중 두 개는 동원체가 없어 즉, *무동원체성*(*acentric*) 단편이 되어 감수분열 제1분열 후기에 적당하게 어느 한 극으로 이동할 수가 없다. 다른 염색분체는 두 개의 동원체를 가져서 서로 반대 극으로 잡아당겨져 *이중동원체성* 염색분체 다리(dicentric chromatid bridge)를 형성한다. 결과적으로 이 다리가 끊어져서 염색분체를 조각으로 만들 것이다. 역위된 부위 내에서 교차로 생긴 무동원체와 이중동원체성인 염색분체들은 감수분열 중에 생긴다고 하더라도 생존 가능한 접합자를 이루지는 못할 것이다. 소실이 되던지 결실이 되던지 이런 염색분체 두 종류는 이수체이고 보통 이런 이수성의 경우 치사한다. 그러므로 이들 염색분체는 다음 세대에서 자연선택에 의해 제거될 것이다. 염색분체 소실의 효과는 이형접합체에서 역위된 염색체와 역위가 일어나지 않은 염색체 사이에 재조합을 억제하는 것이다.

유전학자들은 동일 염색체 상의 서로 다른 두 유전자들의 대립인자들을 유지하기 위해 역위와 그 교차-억제 성질을 이용해 왔다. 예를 들어, 구조적으로 정상인 이 염색체가 열성 대립유전자 *a*, *b*, *c*, *d*, *e*를 가지고 있다고 가정하자. 만약 구조적으로 정상이고 야생형 대립유전자 a^+, b^+, c^+, d^+, e^+를 가지고 있는 다른 염색체와 쌍을 이룬다면 열성과 야생형 대립유전자들은 재조합으로 뒤섞일 것이다. 이런 뒤섞임을 방지하기 위하여 열성대립유전자들을 가진 염색체는 역위가 일어난 야생형 대립유전자들을 가진 염색체와 쌍을 이루도록 할 수 있다. 역위된 부위 내에서 이중교차가 일어나지 않는 한 이런 구조적 이형접합성은 재조합을 억제할 것이다. 다중 돌연변이를 가진 염색체는 완전한 하나의 유전단위로써 자손에게 전해질 수 있다.

재조합 억제 기법은 역위된 염색체를 가지고 있고 그 염색체에 우성 돌연변이 인자를 가지고 있어 세포학적 기법을 응용하지 않고도 탐색이 가능한 염색체를 가진 초파리 실험에 이용되어 왔다. 그러한 표지 역위를 가진 염색체는 **균형 염색체(balancers)**라고 불리는데, 그것이 관심 염색체를 재조합에 의한 뒤섞임 없이 이형접합자 상태로 유지할 수 있도록 해주기 때문이다.

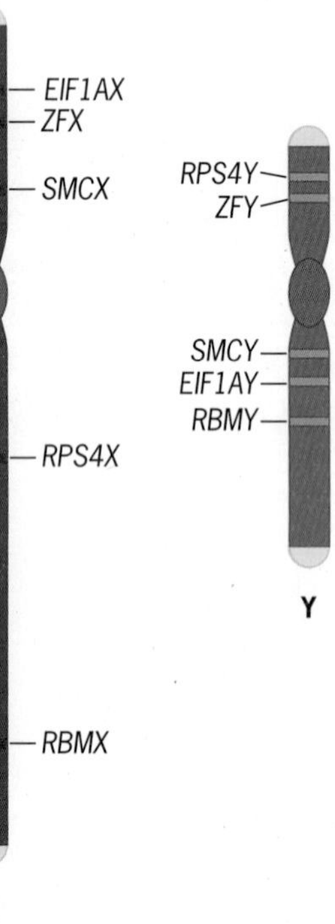

역위에 의한 재조합의 억제는 포유동물의 성염색체의 진화에 중요한 역할을 했던 것으로 보인다. 인간의 X 염색체와 Y 염색체 상에 존재하는 19개의 유전자들에 대해 연구한 브루스 란(Bruce Lahn)과 데이비드 페이지(David Page)의 분석으로부터 그 증거가 얻어졌다. 이 공유 유전자들은 X와 Y 염색체 상의 서로 다른 자리를 차지하고 있는데, 이것은 진화경로 중에 역위가 이들의 재배열했음을 시사하는 발견이다. 그리고, X와 Y에 연관된 이 공유 유전자들의 DNA서열들은 서로 다른 정도로 분기해왔다. 이런 분기의 정도에서의 변이를 연구함으로써, Lahn과 Page는 인간의 성염색체들에서 4개의 "진화적 지층"—즉, 서로 다른 진화 시간 동안 재조합이 억제되었던 지역—을 구분해냈다. Lahn과 Page는 포유동물의 진화적 계통이 공룡, 악어, 그리고 새들의 진화했던 고대 파충류의 계통에서 분기한 후 언젠가 한 쌍의 상염색체들로부터 인간의 X와 Y 염색체가 기원한 것으로 추정했다. 2억 4천만 년~3억 2천 만 년 사이에 생긴 역위로 인해 Y 염색체가 생겼고, 이것이 X 염색체와 Y 염색체 간의 지역적 재조합을 억제했다. 궁극적으로 인간이 되었던 계통에서는, 적어도 세 번의 추가적인 역위가 발생했는데, 그 중 2번은 대략 8천 만 년~1억 3천 만 년 전 쯤 발생하였으며, 한 번은 3천 만 년~5천 만 년 전에 발생한 것이다. 이러한 역위의 효과는 X

EIF1AX
ZFX
SMCX
RPS4X
RBMX
X

RPS4Y
ZFY
SMCY
EIF1AY
RBMY
Y

■ 그림 7.24 사람의 X와 Y 염색체상의 위상염색체성 유전자 외에 공유하는 유전자의 순서.

와 Y 염색체 상에 존재하는 영역들 사이에서 교차를 억제해왔다. 자연선택을 통해 X 염색체 상에는 기능적인 유전자들이 계속 보유되었지만, Y 염색체 상에서는 대부분의 유전자들이 무작위 돌연변이들의 축적에 의해 퇴화되었다. 따라서, 오늘날의 Y 염색체는 X 염색체보다 훨씬 적은 기능적 유전자들을 가지고 있으며, 남아 있는 것들도 X 염색체와는 다른 순서로 배열되어 있다(■ **그림 7.24**).

재조합의 유전적 조절

재조합과 같은 중요한 과정이 유전적 조절을 받는다는 것은 놀라운 일이 아니다. 효모와 초파리 등 많은 생물체에 대한 연구는 재조합에는 많은 유전자 산물이 관여한다는 것을 입증하였다. 이들 유전자 산물의 일부는 염색체 접합에 관여하고 어떤 산물은 상호교환에 관여하고 어떤 산물은 끊어진 염색분체를 다시 연결하는 데 관여한다. 이런 작용에 대해서는 13장에서 상세히 다룰 것이다.

어느 누구도 설명하지 못한 한 가지 기이한 현상은 초파리의 수컷에서는 교차가 일어나지 않는다는 것이다. 초파리는 사람을 포함한 대부분의 종에서 교차가 암수 공히 일어나는 것과는 다르다. 또한 재조합의 양은 종마다 다양하다는 것을 알고 있다. 아마도 재조합을 일으키는 사건들 자체가 진화적 변화에 종속된 것이 아닐까 한다.

요점

- *재조합은 생물체에 좋은 유전자들을 같이 모이게 할 수 있다.*
- *염색체 재조합 특히 역위는 재조합을 억제시킬 수 있다.*
- *재조합은 유전적 조절을 받는다.*

기초 연습문제

기본적인 유전분석 풀이

1. 보랏빛 꽃과 윤기가 없는 잎을 가진 금어초의 한 근친 계통과 흰 꽃과 윤기가 나는 잎을 가진 금어초의 다른 한 근친 계통을 교배시켰다. 보랏빛 꽃과 윤기가 없는 잎을 가진 F_1 식물을 흰 꽃과 윤기가 나는 잎을 가진 계통에 역교배를 시켜 F_2 식물을 얻어 조사한 바, 50개체는 보랏빛이고 윤기가 없는 것이고 46개체는 흰 꽃이고 윤기가 있는 것이고, 12개체는 보랏빛이고 윤기가 있는 것이고 10개체는 흰 꽃이고 윤기가 없었다. (a) F_2에서 4종류 중 어느 것이 재조합체인가? (b) 꽃의 색과 잎의 결에 대한 유전자들이 연관되어 있다는 증거는 무엇인가? (c) 이 실험의 교배를 모식도로 나타내어라. (d) 이들 두 유전자 간의 재조합 빈도는 얼마인가? (e) 이들 유전자 간의 유전적 지도 거리는 얼마인가?

답: (a) F_2에서 마지막 두 종류 즉 보랏빛이고 윤기가 있는 것과 흰 꽃이고 윤기가 없는 것이 재조합체이다. 표현형에서 이들 재조합체들의 어느 것도 처음 교배에서 이용한 계통에서 나타나지 않았다. (b) 재조합체는 F_2 식물체의 18.6%였으며, 이 값은 만일 이들 두 유전자가 연관되어있지 않다면 예상되는 50%보다 훨씬 적었다. 그러므로 이들 유전자는 금어초의 유전체 내 어떤 동일염색체 상에 확실히 연관되어 있다. (c) 모식도로 나타내기 위하여 우리는 먼저 꽃의 색과 잎의 결에 대한 대립유전자를 표시하여야 한다. W = 보랏빛, w = 흰색; S = 윤기가 없는 것, s = 윤기가 나는 것; 여기서 대문자는 그 대립유전자가 우성이라는 것을 나타낸다. 첫 번째 교배는 $W\ S/W\ S \times w\ s/w\ s$이고 여기서 얻은 F_1은 $W\ S/w\ s$이다. 역교배는 $W\ S/w\ s \times w\ s/w\ s$이고 여기서 4종류의 자손 즉 (1) $W\ S/w\ s$, (2) $w\ s/w\ s$, (3) $W\ s/w\ s$, (4) $w\ S/w\ s$가 생긴다. (1)과 (2)는 양친형이고 (3)과 (4)는 재조합체이다. (d) 재조합 빈도는 18.6%이다. (e) 유전적 지도 거리는 재조합 빈도인 18.6 cM으로 계산된다.

2. 교차가 일어났다는 증거는 무엇인가? 언제 어디에서 관찰이 가능한가?

답: 아마 교차는 감수분열 제1분열 전기 중의 접합기나 태사기에 일어난다. 그렇지만, 이들 시기에 염색체를 쉽게 분석할 수 없고 불가능한 것은 아니지만 세포학적 분석으로 동정하기가 어렵다. 교차가 일어났다는 것을 증명할 수 있는 가장 좋은 세포학적 증거는 감수분열 제1분열이 끝날 때인 복사기 중에 가능하다. 이 시기에는 쌍을 이룬 상동염색체가 서로 약간 반발하여 그들 간의 상호교환이 교차점으로 나타난다.

3. 유전학자들이 배우자에게서 확인된 100개의 염색분체 각각에 대해 감수분열 중에 일어난 상호교환의 수를 계산하였다. 이 자료는 다음과 같다.

교환 수	빈도
0	18
1	20
2	40
3	16
4	6

본 연구에서 분석한 염색체의 유전적 길이는 몇 cM인가?

답: 이 염색체의 유전적 길이는 감수분열 말에 하나의 염색분체 당 상호교환의 평균수이다. 자료에 의해 평균은 0 × (18/100) + 1 × (20/100) + 2 × (40/100) + 3 × (16/100) +4 × (6/100) = 1.72 모건, 즉 172 cM이다.

4. 초파리의 3가지 X-연관 열성 표식자, 즉 *y*(노란 체색), *ct*(짧은 날개), *m*(소형날개)와 야생형 대립유전자를 가진 이형접합성인 암컷을 *y ct m*인 수컷과 교배시켜 다음과 같은 자손을 얻었다.

표현형	개체 수
1. 노란 체색, 짧은 날개, 소형 날개	30
2. 야생형	33
3. 노란 체색	10
4. 짧은 날개, 소형 날개	12
5. 소형 날개	8
6. 노란 체색, 짧은 날개	5
7. 노란 체색, 소형 날개	1
8. 짧은 날개	1
	계: 100

(a) 어느 계급들이 양친형인가? (b) 어느 계급들이 이중교차로 된 것인가? (c) 어느 유전자가 다른 두 유전자의 중간에 위치하는가? (d) 교배에 이용한 이형접합성인 암컷의 유전자형은 무엇인가? (염색체 상에 표지들의 정확한 순서와 함께 정확한 연관 상을 나타내어라.)

답: (a) 양친의 계급들은 그 수가 가장 많이 나온다. 따라서 이 자료에서 계급 1과 2가 양친형이다. (b) 이중 교차 계급은 수가 가장 적게 나온다. 따라서 이 자료에서는 계급 7과 8이 이중교차형이다. (c) 양친 계급들은 모든 3개의 변이인자가 동일한 X 염색체에 들어가 있고 이들 암컷의 다른 X 염색체는 3개 모두가 야생형 인자가 있는 이형접합성인 것을 우리에게 알려주고 있다. 이중 교차 계급은 이중 상호교환으로 중앙에 있는 표식자는 양쪽에 끼고 있는 표식자와는 각각 분리될 것이기 때문에 3개의 유전자 중 어느 것이 중앙에 있는지를 알게 해 준다. 이 자료에서 대립유전자 *ct*가 이중교차에서 *y*와 *m*과 분리되었다. 따라서 유전자 *ct*가 *y*와 *m*의 중간에 있음이 틀림없다. (d) 이 교배에서 이용된 이형접합성인 암컷의 유전자형은 *y ct m*/+++이다.

5. 한 초파리 유전학자가 X 염색체의 세포학적 지도 상에 곱슬 털강모(*sn*)유전자의 위치를 정하는 실험을 수행하였다. 열성 *sn* 변이인자에 대해 반접합자인 수컷을, 불완전 우성인 막대 눈(*B*)으로 표지된 X 염색체에 역위가 여러 번 발생한 균형 염색체를 가졌으며, 이 X 염색체에 여러 가지 결실(*Df*)이 존재하는 암컷과 교배시켰다. 따라서 교배 식을 보면 *sn*/*Y* 수컷 × *Df*/*B* 암컷이다. 네 종류의 결실을 가진 초파리들과 교배시킨 결과는 다음과 같이 나타났다.

결실	절단 부위들	막대 눈이 아닌 암컷 자손의 표현형
1	2F; 3C	야생형
2	4D; 5C	야생형
3	6F; 7E	곱슬털
4	7C; 8C	곱슬털

X 염색체의 세포학적 지도는 20분절로 나누었고 각각은 A–F로 나누었다. 이 세포학적 지도에서 *sn* 유전자는 어디에 있는가?

답: 표현형적으로 곱슬 털에 대해 검사된 막대 눈이 아닌 암컷은 *Df*/*sn*이다. 곱슬 털 돌연변이는 두 종류의 결실 3과 4에서 야생형을 회복시키지 못했다. 따라서 두 종류에서 공통적으로 결실이 된 부위 즉 7C–7E 부위에 유전자가 있다.

6. 다음의 가계도는 1928년 M. Madlener가 작성한 3세대에 걸친 한 가정을 나타내고 있다. 증조부인 I-1은 색맹과 혈우병을 가지고 있다. 색맹에 대한 대립유전자를 *c*라 하고 *h*를 혈우병에 대한 것으로 나타낸다면 5명의 손자손녀의 유전자형은 무엇인가? 가계도의 누가 색맹과 혈우병 유전자 사이의 재조합을 보여주는가?

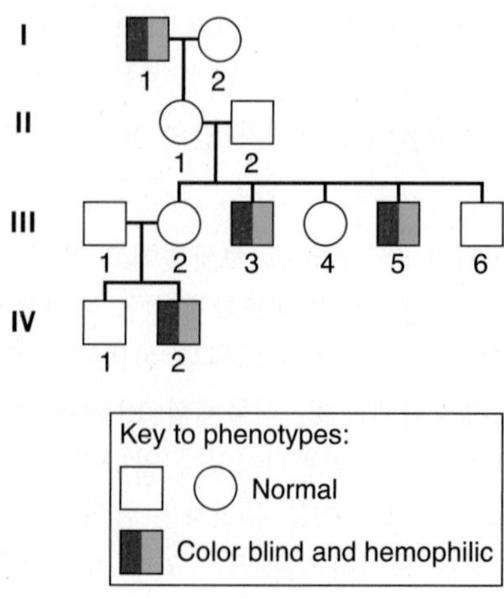

답: 색맹과 혈우병에 대한 유전자들은 X-연관되어 있다. I-1은 색맹과 혈우병을 가지고 있기 때문에 그의 유전자형은 분명히 *c h*이다. 그의 딸인 II-1은 표현형은 정상이기에 돌연변이가 일어나지 않은 인자인 *C*와 *H*를 가지고 있어야 한다. 더욱이 II-1은 그녀의 아버지로부터 *c*와 *h*를 물려받았고 그녀가 가지고 있는 변이가 일어나지 않은 대립유전자는 그녀의 어머니로부터 물려받은 X 염색체상에 있어야만 한다. 그러므로 II-1의 유전자형은 *C H*/*c h* 즉 두 유전자좌위에 대해 상인인 이형접합자이다. I-1의 첫째 손녀인 III-2는 상인인 이형접합자이다. 이 여자가 이런 유전자형이라는 것은 그녀의 아들이 색맹과 혈우병 두 가지를 가지고(*c h*) 있으며, 그녀의 아버지가 표현형적으로 정상(*C H*)이기 때문에 유추가 가능하다. 분명히 III-2는 *c h*를 가진 염색체를 그녀의 어머니로부터 물려 받았다. I-1의 손자 두 명(III-3과 III-5)은 색맹과 혈우병 둘 다 가지고 있다. 따라서 이들의 유전자형은 *c h*가 분명하다. 다른 손자인 III-6은 색맹도 혈우병도 아니기에 유전자형은 *C H*이다. 나머지 손녀(III-4)의 유전자형은 불확실하다. 이 부인은 그녀의 아버지로부터 *C H* 염색체를 물려받았다. 그렇지만, 그녀의 어머니로부터 물려받을 수 있는 염색체는 *C H*, *c h*, *C h*, *c H*일 수가 있다. 가계도상에서 그녀가 물려 받은 것이 이들 염색체 중 어느 것인지를 결정할 수가 없다. 우리가 III-4의 유전자형에 대해 말 할 수 있는 것은 *C*와 *H*를 가진 염색체를 가지고 있다는 것뿐이다. 우리가 유전자형을 할당할 수 있는 4명의 손자손녀 중 어느 누구도 색맹과 혈우병 유전자 간의 재조합된 증거를 보이지 않았다. IV 세대의 증손자들도 마찬가지였다. 증손자 중 1명은 유전자형이 *C H*이고 다른 1명은 *c h*이다. 따라서 가계도 전체로 보아 *C*와 *H*유전자 사이에 재조합된 증거는 없다.

지식검사

서로 다른 개념과 기술의 통합

1. R. K. Sakai, K. Akhtar와 C. J. Dubash(1985, *J. Hered* 76: 140–141)는 남부아시아에서 말라리아의 운반체인 모기 *Anopheles culicifacies*의 검정교배 자료를 발표하였다. 이 자료는 3가지 돌연변이, 즉 *bw*(갈색눈), *c*(무색눈), *Blk*(검은 체색)를 포함하고 있다. 각 교배에서 상반의 이형접합자는 그 유전자의 열성동형인 모기와 교배시켜서 그들의 자손이 양친의 유전자형인지 재조합형의 유전자형인지를 확인하여 그 수를 계수하였다. 이 교잡에 사용한 세 유전자는 연관되어 있는가? 만약 그렇다면 연관지도를 작성해보라.

교배	상반 이형접합자	자손 양친형	자손 재조합	재조합형 비율
1	*bw* + / + *c*	850	503	37.2
2	*bw* + / + *Blk*	750	237	24.0
3	*c* + / + *Blk*	629	183	22.5

답: 각 교배에서 재조합 빈도는 50% 이하이기 때문에 이들 세 유전자좌위 모두가 연관되어 있다. 연관지도 상에 각 유전자의 위치를 설정하기 위하여 관찰된 재조합 빈도로부터 각 쌍의 유전자 간의 거리를 측정하였다.

bw —24.0— *Blk* —22.5— *c*

37.2

*bw*와 *c* 간의 재조합 빈도(교배 1에서의 37.2%)는 이들 유전자 간의 실질적인 거리(45.6)보다 낮음에 유의하라. 이것은 멀리 있는 유전자에 대해서는 재조합 빈도가 실제 유전적 거리보다 낮게 계산된다는 것을 보여주고 있다.

2. 곱슬털(*sn*), 무시맥(*cv*), 주홍색 눈(*v*)은 초파리에서 3개의 X 연관 열성변이인자에 기인한다. 이들 세 유전자에 대해 이형접합성인 암컷을 곱슬 털이고 무시맥이며 주홍색 눈을 가진 수컷과 교배시켜서 다음과 같은 자손을 얻었다.

계급	표현형	개체수
1	곱슬 털, 무시맥, 주홍색	3
2	무시맥, 주홍색	392
3	주홍색	34
4	무시맥	61
5	곱슬 털, 무시맥, 주홍색	32
6	곱슬 털, 주홍색	65
7	곱슬 털	410
8	야생형	3
		계: 1,000

X 염색체상에서 이들 유전자들의 정확한 순서는 무엇인가? *sn*과 *cv*, *sn*과 *v*, *cv*와 *v* 간의 유전적 지도 거리는 얼마인가? 일치계수는 얼마인가?

답: 이들 자료를 분석하기 전에 우리는 8종류의 자손을 만든 이형접합자 암컷의 유전자형을 알아야 한다. 우리는 자료에서 수가 가장 많은 양친형의 두 계급(2와 7)을 동정함으로써 유전자형의 확인이 가능하다. 이들 두 계급으로 보아 이형접합성인 암컷의 X 염색체

하나에는 *cv*와 *v*돌연변이 인자를 가지고 다른 하나의 X 염색체상에는 *sn*변이인자를 가진다. 그러므로 암컷 초파리의 유전자 순서는 모르기에 괄호로 묶지만 유전자형은 (*cv* + *v*)/(+ *sn* +)이다.

유전자 순서를 결정하기 위하여 우리는 6가지 재조합체 중 이중교차의 계급을 알아야 한다. 이들은 수가 가장 작은 1번과 8번이다. 따라서 곱슬 털의 유전자가 무시맥 날개와 주홍색 눈 유전자 중간에 있다. 우리는 다음과 같은 유전자형을 가진 암컷과 이중교차의 효과를 조사함으로써 입증할 수 있다.

$$\frac{cv + v}{+ sn +}$$

이러한 유전자형에서 두 번의 상호교환은 계급 1과 8에 일치하는 관찰된 이중교차형인 *cv sn v*이거나 +++ 중 어느 하나인 배우자를 만들 것이다. 따라서 앞에서 나타낸 유전자 순서(*cv sn v*)는 맞다.

유전자 순서가 결정되었기 때문에 우리는 *cv*와 *sn* 사이의 교차를 나타내는 계급과 *sn*과 *v* 사이의 교차를 나타내는 계급을 결정할 수 있다.

*cv*와 *sn* 간의 교차:

계급:	3		5		1		8		
수:	34	+	32	+	3	+	3	=	72

*n*과 *v* 간의 교차:

계급:	4		6		1		8		
수:	61	+	65	+	3	+	3	=	132

교차의 평균수를 계산함으로써 우리는 두 유전자들 간의 거리를 결정할 수 있다. *cv*와 *sn* 간의 거리는 72/1000 = 7.2 cM이고, *sn*과 *v* 간의 거리는 132/1000 = 13.2 cM이다. 또 우리는 *cv*와 *v* 간의 거리가 7.2 + 13.2 = 20.4 cM임을 계산할 수 있다. 그러므로 이 세 유전자의 연관지도는 다음과 같다.

cv—7.2—*sn*—13.2—*v*

일치계수를 계산하기 위하여 우리는 관찰된 이중교차 빈도와 예상된 이중교차빈도를 이용한다. 일치계수(c)는

$$c = \frac{\text{관찰된 이중교차 빈도}}{\text{예상된 이중교차 빈도}} = \frac{0.006}{0.072 \times 0.132} = 0.63$$

으로써 어느 정도 간섭이 있다.

3. 어느 초파리 유전학자가 X 염색체상에 존재하는 하나의 열성 치사 돌연변이 *l(1)r13*을 연구하고 있다. 이 돌연변이는 막대 눈(*B*)에 대해 불완전우성으로 표지된 균형 X 염색체와 함께 유지되고 있다. 동형접합성과 반접합자인 상태에서 *B*돌연변이는 눈의 모양이 좁은 막대모양으로 되게 한다. 이형접합성인 상태에서는 눈이 신장모양으로 된다. *B*의 야생형 대립유전자에 대해 동형접합성이거나 반접합자들은 크고 둥근 눈을 만든다. 이 초파리 계통에서 *l(1)r13*을 유지하기 위하여 매 세대마다 유전학자는 *B* 수컷을 *l(1)r13/B*암컷과 교배시켜 수컷 자손은 막대 눈이 되는 자손 중 신장 모양의 눈을 가진 암컷 자손을 선발한다. 유전학자는 *l(1)r13*의 세포학적 위치를 결정하고자 하였다. 이 목표를 달성하기 위하여 그녀는 *l(1)r13/B* 암컷을 그들의 유전체 내에 X 염색체의 작은 단편에 대해 여러 가지 중복을 가진 수컷과 교배시켰다. 모든 중복된 것은 Y 염색체에 붙어 있었다. 따라서 이들 교배에서 사용한 수컷의 유전자형은 *X/Y-Dp*로 나타낼 수 있다. 유전학자는 막대 눈이 아닌 수컷 자손이 있는지 모든 교배의 자손을 분석하였다. 아래에 나타낸 결과로부터 *l(1)r13*의 세포학적 위치를 결정하라.

Dp명	Dp 분절*	막대 눈이 아닌 수컷의 출현 여부
1	2D–3D	가
2	3A–3E	가
3	3D–4A	부
4	4A–4D	부
5	4B–4E	부

*X 염색체의 긴 팔은 20분절로 나누어져 있고 염색체 말단에서 동원체 방향으로 1-20번으로 번호가 매겨져 있다. 각 분절은 A–F까지 6소구역으로 나누어져 있고 각 분절의 A는 각 분절의 말단이다.

답: 유지계통에서 치사 돌연변이를 유지하기 위한 교배는 *B/Y* 수컷 × *l(1)r13/B* 암컷 → *B/Y* 수컷(막대 눈, *l(1)r13/B* 수컷은 죽음), *l(1)r13/B* 암컷(신장 모양의 눈)과 *B/B* 암컷이 생기도록 한다. 매 세대 치사 돌연변이를 유지시키기 위해서 교잡은 *B/Y* 수컷과 *l(1)r13/B* 암컷을 교배시킨다. 치사 돌연변이의 세포학적 위치를 결정하기 위한 교배는 *l(1)r13/B* 암컷 × *X/Y-Dp* 수컷 → *l(1)r13/Y-Dp* 수컷(만약 살아있다면, 막대 눈이 아님), *B/Y-Dp* 수컷(막대 눈), *l(1)r13/X* 암컷(막대 눈이 아님), *B/X* 암컷(신장 모양의 눈)을 만든다. 막대 눈이 아닌 수컷 초파리가 나온 첫 번째 계급은 특정 중복이 열성치사를 나타나게 하는지 아닌지에 대한 자료를 제공하고 있다. 만약 숨겨준다면 이들 수컷은 배양된 자손 중에 나타날 것이다. 그렇지 않다면, 그들은 나타나지 않을 것이다. 자료에서 두 가지 중복 *Dp 1*과 *Dp 2*가 치사 돌연변이를 감추었다. 따라서 돌연변이는 이들 중복의 경계선, 즉 2D와 3E 사이의 어디엔가 있다. 두 중복이 겹치는 부분이 3A에서 3D까지이므로 치사돌연변이의 위치를 더 자세히 정할 수 있다. 그러므로 돌연변이는 X 염색체의 3A–3D 내에 위치한다.

4. 한 부인이 두 개의 우성 형질, 즉 하나는 백내장으로써 아버지로부터 유전 받았고 하나는 다지증(육손)으로써 어머니로부터 유전 받았다. 그녀의 남편은 어떤 형질도 없는 정상이다. 만일 이들 두 형질에 대한 유전자가 동일염색체상에서 15 cM떨어져 있다면 이들 부부의 첫째 아기가 두 가지 형질, 즉 백내장과 다지증에 걸릴 기회는 얼마인가?

답: 아이가 두 가지 형질을 가지는 기회를 계산하기 위해서 우리는

부인의 유전자형에서 연관 상을 결정하여야 한다. 부인은 그녀의 어머니로부터 백내장을 그리고 아버지로부터 다지증을 유전 받았기 때문에 두 변이인자는 서로 반대편 염색체, 즉 상반되어 있어야 한다.

$$\frac{C\ +}{+\ P}$$

한 명의 아이가 두 가지 변이인자를 유전 받기 위해서는 부인이 재조합형인 염색체, 즉 *C P*를 만들어야 한다. 우리는 간섭 때문에 15 cM 거리의 두 유전자들 사이에서 이런 사건이 일어날 확률이 15% 재조합과 동일할 것으로 추정할 수 있다. 그렇지만, 재조합체의 절반만이 *C P*이다. 따라서 그 아이가 두 가지 변이인자를 유전받을 기회는 (15/2)% = 7.5%이다.

연습문제

이해력 증진과 분석력 개발

7.1 멘델은 염색체의 존재도 알지 못하였다. 그가 염색체에 대해 알았다면 독립분리의 법칙에 어떤 변화를 주었을 것인가?

7.2 유전자형이 *Cc Dd Ee* × *cc dd ee*인 개체 간의 교잡에서 1000 개체의 자손을 얻었다. *C-D-ee*인 자손이 400개체였다. *c*, *d*, *e* 유전자는 동일염색체상에 있는가? 다른 염색체상에 있는가를 설명해보라.

7.3 만약에 *a*는 *b*에 연관되어있고, *b*는 *c*에 그리고 *c*는 *d*에 연관되어 있다면, 재조합 실험이 *a*와 *d* 간의 연관을 밝힐 수 있겠는가? 설명해보라.

7.4 쥐는 크기가 거의 같은 19개의 상염색체를 가지고 있다. 만약 두 개의 상염색체성 유전자를 무작위로 선택하였다면, 그들이 동일염색체상이 존재할 확률은 얼마인가?

7.5 다른 염색체상에 존재하는 유전자들이 재조합될 빈도는 50%이다. 동일 염색체상에 존재하는 두 개의 유전자가 이런 빈도로 재조합될 가능성이 있는가?

7.6 만약 두 유전자좌위가 13 cM 떨어져 있다면, 감수분열 제1분열 전기에서 그들 간의 해당부위 내에 한 번의 교차가 일어난 세포는 전체 중 얼마인가?

7.7 유전자 *a*와 *b*는 30 cM 떨어져 있다. a^+b/a^+b인 개체가 $a\ b^+/a\ b^+$인 개체와 교배되었다.

(a) 교배를 그리고, 부모가 만든 배우자들과 F_1의 유전자형을 표시해보라.

(b) F_1은 어떤 종류의 배우자를 어떤 비로 만들 것인가?

(c) 만약 F_1이 *a b/a b* 개체와 교배된다면, 기대되는 자손의 종류와 그 비는 얼마인가?

(d) 이 예에서의 연관상은 상인인가? 상반인가?

(e) 만약 F_1이 자가수정이 되었다면 예상되는 자손의 종류와 그 비는 얼마인가?

7.8 앞의 문제에서 원래의 교배가 $a^+\ b^+/a^+\ b^+ \times a\ b/a\ b$이라 가정하고 (a)-(e)까지 답해보라.

7.9 만약 앞의 두 문제에서 재조합 빈도가 20% 대신에 30%였다면 배우자와 검정교배의 비가 어떻게 변화될 것인가?

7.10 적색 잎과 정상적인 종자를 맺는 옥수수의 한 동형접합성인 품종을 녹색이고 수술에 씨가 맺는 한 품종에 교잡시켰다. 그 잡종을 녹색이고 수술종자인 품종에 역교배시켜 다음과 같은 결과를 얻었다. 즉 적색, 정상 201; 적색, 수술종자 211; 녹색 정상 210; 녹색 수술종자 199. 식물의 색과 종자형은 연관되어 있는가? 설명하라.

7.11 몸의 색과 날개 길이를 조절하는 유전자에 이형접합성이면서 표현형적으로 야생형인 암컷 초파리와 흑체색(대립유전자 *b*)이고 흔적 날개(대립유전자 *vg*)에 동형접합성인 수컷을 교배시켰다. 이 교배에서 다음과 같은 자손이 만들어졌다: 회색이고 정상 날개인 초파리 140; 회색이고 흔적 날개인 초파리 39; 흑체색이고 정상 날개인 초파리 42; 흑체색이고 흔적 날개인 초파리 47. 이 자료는 몸의 색과 날개 길이에 대한 유전자 간에 연관을 나타내는가? 염색체상에 유전적 표지를 나타내면서 이 교배를 도시하라.

7.12 몸의 색과 날개 길이를 조절하는 유전자에 이형접합성이면서 표현형적으로 야생형인 암컷 초파리와 흑체색이고 흔적 날개에 동형접합성인 수컷을 교배시켰다. 이 교배에서 다음과 같은 자손이 만들어졌다: 회색이고 정상 날개인 초파리 15; 회색이고 흔적 날개인 초파리 200; 흑체색이고 정상 날개인 초파리 225; 흑체색이고 흔적 날개인 초파리 11. 이 자료는 몸의 색과 날개 길이에 대한 유전자 간에 연관을 나타내는가? 염색체상에 유전적 표지를 나타내면서 이 교배를 도시하라.

7.13 토끼에서 우성 대립유전자 *C*는 털색에 필요하다. 열성 대립유전자 c는 털색이 없다(백색). 최소한 하나의 *C* 대립유전자만 있으면, 다른 유전자에 의해 털이 흑색(*B*, 우성)이나 갈색(*b*, 열성)이 되도록 한다. 갈색에 동형접합성인 계통의 토끼를 백색의 동형접합성인 계통과 교배시켰다. 그 후 F_1은 두 열성 인자에 동형접합성인 토끼와 교배시켜 다음과 같은 새끼를 얻었다: 흑색 21; 갈색 58; 백색 98; 유전자 *b*와 *c*는 연관되어 있는가? 재조합 빈도는 얼마인가? 염색체상에 유전적 표지를 나타내면서 이 교배를 도시하라.

7.14 토마토에서 초장이 큰 것(*D*)은 왜소한 것(*d*)에 대해 우성이고, 과일의 둥근 모양(*P*)는 배 모양(*p*)에 대해 우성이다. 초장의 높이와 과일 모양에 관한 유전자는 그들 간에 30%의 재조합 빈도로 연관되어 있다. 둥근 과일을 가지는 하나의 키가 큰 식물(I)을 왜소하고 배 모양의 과일을 가지는 식물과 교잡시켰다. 이 교잡에서 다음과 같은 결과를 얻었다: 크고 둥근 것 91; 왜소하고 배 모양인 것 119; 크고 배 모양인 것 38; 왜소하고 둥근 것 52. 둥근 과일을 가지는 또 다른 키가 큰 식물(II)을 왜소하고 배 모양의 과일을 가진 품종과 교배하여, 다음과 같은 결과를 얻었다: 크고 배 모양인 것 23; 왜소하고 둥근 것 19; 크고 둥근 것 7; 왜소하고 배 모양인 것 11. 염색체상에 유전적 표지를 나타내면서 이들 두 교배를 도시하라. 만약 둥근 종자를 가지고 키가 큰 두 식물을 서로 교배시켰을 때(즉 I×II), 이 교배에서 어떤 표현형이 어떤 비로 나오겠는가?

7.15 초파리에서 유전자 *sr*(줄무늬 가슴)과 *e*(칠흑 체색)는 3번 염색체 왼쪽 말단에서 각각 60과 72 cM에 위치하고 있다. e^+에 대해 동형접합성이고 줄무늬가 있는 암컷을 sr^+에 대해 동형접합성인 칠흑색 수컷과 교배시켰다. 모든 자손은 표현형적으로 야생형이었다(체색이 회색이고 줄무늬가 없었다).

(a) F_1 암컷에서 어떤 종류의 배우자가 어떤 비로 만들어질 것인가?

(b) F_1 수컷에서는 어떤 종류의 배우자가 어떤 비로 만들어질 것인가?

(c) 만약 F_1 암컷이 줄무늬이고 칠흑색인 수컷과 교배된다면, 예상되는 자손의 종류와 그 비는 얼마인가?

(d) 만약 F_1 수컷과 암컷을 교배시켰을 때, 이 교배에서 어떤 자손이 어떤 비로 생겨날 것인가?

7.16 초파리에서 유전자 *a*와 *b*는 2번 염색체상의 20.0과 44.0에 위치하고, 유전자 *c*와 *d*는 3번 염색체상의 8.0과 20.0에 위치한다. 이들 4 유전자에 대해 야생형 대립유전자의 동형접합성인 초파리를 열성 대립유전자에 동형접합성인 초파리에 교배시켰고, F_1 암컷을 네 유전자 모두 열성인 부계의 초파리와 역교배시켰다. 이 역교배에서 어떤 자손이 어떤 비로 생겨날 것인가?

7.17 초파리 유전자 *vg*(흔적 날개)와 *cn*(주홍색 눈)은 2번 염색체상의 70.0과 55.0에 각각 위치한다. 흔적 날개의 동형접합성인 암컷과 주홍색에 동형접합성인 수컷을 교배시켰다. F_1 잡종은 표현형적으로 야생형이었다(긴 날개와 적갈색 눈).

(a) F_1에서는 얼마나 많은 배우자가 어떤 비로 만들어질 것인가?

(b) 만약 이들 암컷을 주홍색이고 흔적 날개인 수컷과 교배시키면, 어떤 종류의 자손이 어떤 비로 생겨날 것인가?

7.18 초파리에서 유전자 *st*(주홍색 눈), *ss*(무돌기 강모), *e*(칠흑 체색)는 3번 염색체상에 다음과 같은 지도 위치에 있다.

st	*ss*	*e*
30	55	76

이들 각 대립유전자는 야생형 대립유전자에 대해 열성이다(st^+: 적갈색 눈; ss^+: 밋밋한 강모; e^+: 회색 체색). 유전자형이 $st\ ss\ e^+/st^+\ ss^+\ e$로써 표현형이 야생형인 암컷을 세 인자에 열성인 수컷과 교배시켰다. (a) 간섭이 전혀 없는 경우와 (b) 완전 간섭이 있는 경우를 가정하여, 그들의 교배에서 생겨나는 자손의 표현형의 종류와 그 빈도는 얼마인가?

7.19 옥수수에서 자주색 잎을 담당하는 *Pl*(녹색 잎 *pl*에 대해 우성), 옥수수의 수염이 연어피부색인 것 *sm*(노란 색인 *Sm*에 대해 열성), 크기가 작은 *py*(정상 크기인 *Py*에 대해 열성)인 유전자는 6번 염색체 상에 있으며 지도 상의 위치는 다음과 같다.

pl	*sm*	*py*
45	55	65

Pl sm py/*Pl sm py* × *pl Sm Py*/*pl Sm Py*교배에서 얻은 잡종을 *pl sm py*/*pl sm py* 식물과 검정교배시켰다. 간섭이 없는 경우와 완전 간섭인 경우를 고려하여 자손의 표현형의 종류와 그 비를 예측해보라.

7.20 옥수수에서 유전자 *Tu*, *j2*, *gl3*는 4번 염색체 상에 90, 97, 107에 각각 위치하고 있다. 만약 이들 유전자의 열성 대립유전자에 대해 동형접합성인 식물을 우성대립유전자에 대해 동형접합성인 식물과 교잡시키고, 그 F_1 식물을 세 유전자에 대해 열성인 식물과 검정교배 시킨다면, 어떤 유전자형이 어떤 비로 나오리라 예상되는가? 이 지도 거리 간에 간섭은 완전하다고 가정해보라.

7.21 파리를 연구하는 유전학자가 세 개의 X-연관 열성 돌연변이(*y*, 노란 체색; *ec*, 성게형 눈; *w*, 백색 눈)에 대해 동형접합성인 암컷과 야생형 수컷 간에 교배를 행하였다. 그 후 그는 F_1 암컷을 세 유전자에 변이형인 수컷과 교배시켜 다음과 같은 결과를 얻었다.

수컷 수	암컷	개 체
+ + *ec w*	+ + +	950
y ec ec w	*y ec w*	938
y + *ec w*	*y* + +	16
+ *ec ec*	+ *ec w*	14
y + *ec w*	*y* + *w*	36
+ *ec ec*	+ *ec* +	46
+ + *ec w*	+ + *w*	0
y ec ec w	*y ec* +	0

유전자좌위 *y*, *ec*, *w*의 순서를 결정하고 X 염색체의 연관 지도 상에 유전자 간의 거리를 계산하라.

7.22 한 초파리 전공 학자가 세 개의 X-연관 돌연변이(*y*, 노란체색;

B, 막대눈 모양; *v*(주홍색 눈)에 대해 동형접합성인 암컷을 야생형 수컷과 교배시켰다. 체색이 회색이면서 막대형 눈이고 적갈색 눈을 가진 F_1암컷을 $y\ B^+\ v$인 수컷과 교배시켜 다음과 같은 결과를 얻었다.

표현형	개체 수
yellow, bar, vermilion wilde- type	581
yellow bar, vermilion	200
yellow, vermilion bar	173
yellow, bar vermilion	46

X 염색체상에 이들 세 유전자의 순서를 결정하고 그들 유전자 간의 거리를 계산하라.

7.23 세 가지 열성 돌연변이 *e*(칠흑 체색), *st*(진홍색 눈), *ss*(무돌기 강모)에 이형접합성인 암컷 초파리를 검정교배하여 다음과 같은 자손을 얻었다.

표현형	개체수
야생형	134
칠흑 체색	16
칠흑 체색, 진홍색	136
칠흑 체색, 무돌기 강모	694
칠흑 체색, 진홍색, 무돌기 강모	156
진홍색	736
진홍색, 무돌기 강모	20
무돌기 강모	108

(a) 유전자가 연관되었다는 것은 무엇으로 아는가?
(b) 원래 이형접합성인 암컷의 유전자형은 무엇인가?
(c) 유전자들의 순서를 결정하라.
(d) *e*와 st 간의 유전자 거리는 얼마인가?
(e) *e*와 *ss* 간의 유전자 거리는 얼마인가?
(f) 일치계수는 얼마인가?
(g) 이 실험의 교배를 모식도로 나타내어라.

7.24 다음과 같은 X 염색체상의 유전자형을 가진 암컷 초파리를 생각해 보자.

$$\frac{w \quad dor^+}{w^+ \quad dor}$$

열성 대립유전자 *w*와 *dor*는 변이형 눈의 색(각각, 흰색과 오렌지색)을 만든다. 그렇지만, *w*는 *dor*에 대해 상위이다. 즉, 유전자형이 *w dor*/*Y*와 *w dor*/*w dor*는 흰색 눈을 나타낸다. 만약 *w*와 *dor* 간에 28%의 재조합 빈도가 있다면 이 이형접합성인 암컷에서 수컷 초파리의 어떤 정도가 어떤 비로 나올 것인가? 적색이나 오렌지색을 가지는 초파리의 비는 얼마이겠는가?

7.25 초파리에서 X-연관 열성 돌연변이 *prune*(*pn*)과 *garnet*(*g*)는 0.3의 빈도로 재조합된다. 이들 두 돌연변이는 눈의 색을 흑적색 대신에 갈색으로 만든다. *pn*에 대해 동형접합선인 암컷과 *g*에 대해 반접합성인 수컷을 교배하여 얻은 F_1들에서 암컷은 모두 흑적색의 눈이었는데 이들을 갈색 눈의 F_1 수컷과 교배하였다. 이 마지막 교배에서 흑적색의 눈을 가질 수컷의 빈도를 예측해보라.

7.26 초파리에서 야생형 대립유전자에 대해 열성 변이 인자인 *x*, *y*, *z*의 세 유전자가 있다고 가정하자. 이 세 유전자좌위에 대해 이형접합성인 암컷과 야생형 수컷 간의 교배에서 다음과 같은 자손을 얻었다.

암컷	+ + +	1515
수컷	+ + +	55
	+ + *z*	630
	+ *y z*	65
	x + +	43
	x y +	640
	x y z	52
		합계 = 3,000

이들 자료를 이용하여, 세 유전자의 연관 지도를 작성하고 일치계수를 계산해보라.

7.27 선충류인 *Caenorhabditis elegans*에서, 연관된 유전자 *dpy*(땅딸막한 몸)과 *unc*(둔한 행동)는 빈도 *P*로 재조합되어 있다. 만약 이들 유전자에서 열성 돌연변이를 가지는 상반인 이형접합체가 자가수정이 되었다면, 자손 중 얼마가 땅딸막하고 둔한 행동을 할 것인가?

7.28 다음 검정교배에서 유전자 *a*와 *b*는 30 cM 떨어져 있고, *b*와 *c*는 20 cM 떨어져 있다: $a + c/+ b + \times a\,b\,c/a\,b\,c$. 만약, 연관 지도 상에 이 구역의 일치계수가 0.5라고 한다면, 1,000개체의 자손 중 세 유전자가 열성동형접합자인 개체는 얼마일까?

7.29 세 열성 돌연변이 *a*, *b*, *c*에 대해 이형접합성인 암컷 초파리를, 세 가지 돌연변이에 모두 동형접합성인 수컷과 교배시켰다. 교

배 결과는 다음과 같다.

표현형	수
+ + +	225
+ + *c*	1,044
+ *b c*	288
a + +	330
a b +	918
a b c	195

이들 유전자의 정확한 순서를 나타내는 연관지도를 작성하고, 유전자들 간의 거리를 계산하라.

7.30 하나의 열성치사 돌연변이인 *l(2)g14*를 가지고 있는 초파리의 2번 염색체는 굽은 날개에 대해 우성 돌연변이로 표지된 균형 염색체 계통으로 유지되어 왔다. 후자의 이 우성 돌연변이인 *Cy*는 열성치사 효과와 관련이 있지만 이 효과는 *l(2)g14*와는 다른 것이다. 따라서 *l(2)g14/Cy*를 가진 초파리는 살 수 있고, 이런 초파리는 굽은 날개를 가진다. *Cy* 돌연변이가 없는 초파리는 정상 날개를 가진다. 한 학자가 *l(2)g14/Cy*를 가진 암컷 초파리를, *Cy* 염색체에 대해 균형인 여러 종류의 결실(동형인 경우 모두 치사)이 있는 2번 염색체를 가진 수컷(유전자형 *Df/Cy*)들과의 교배에서 정상날개를 가진 자손의 유무를 계수하였다.

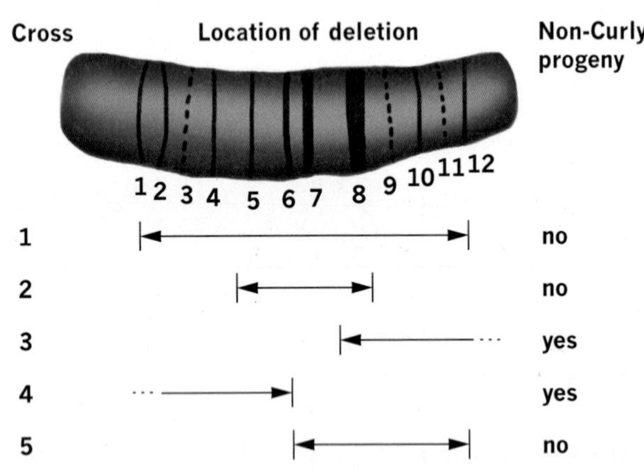

치사 돌연변이인 *l(2)g14*는 어느 띠에 존재하는가?

7.31 다음의 가계도는 1937년 C. L. Birch가 작성한 것으로써 어느 한 가정의 X-연관 색맹과 혈우병의 유전을 보여주고 있다. II-2의 유전자형은 무엇인가? 그녀의 아이들 중 어느 아이가 색맹과 혈우병 유전자 간에 재조합이라는 증거를 나타내는가?

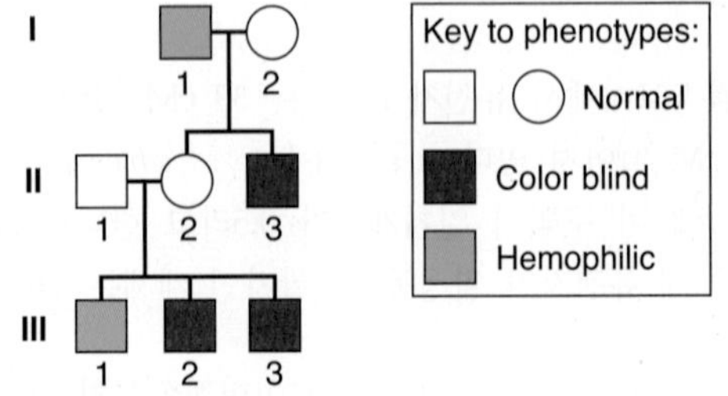

7.32 다음의 가계도는 1938년 B. Rath가 작성한 것으로써 한 가정의 X-연관 색맹과 혈우병의 유전을 나타내고 있다. II-1의 가능한 유전자형은 무엇인가? 가능한 유전자형에 따라 II-1의 아이들이 색맹과 혈우병 유전자 간에 재조합된 증거를 제시해보라.

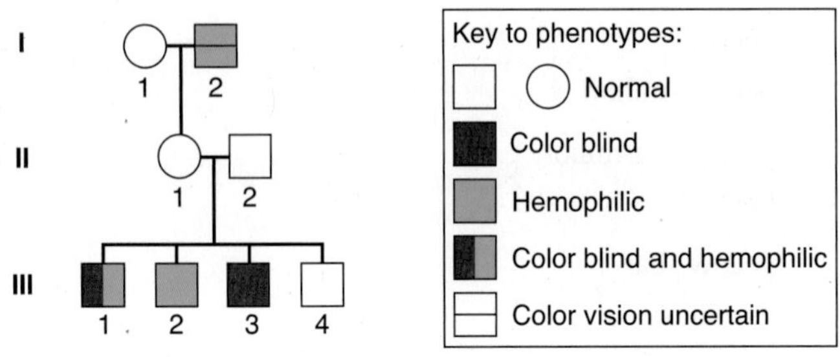

7.33 자신은 정상이지만 아버지가 색맹인 부인이 정상인 남자와 결혼하여 혈우병인 첫째 아들을 낳았다. 색맹과 혈우병은 X-연관 열성 돌연변이에 의해 생겨나고 두 유전자는 20 cM 떨어져 있다. 이 부부는 둘째아이를 가지고자 한다. 둘째아이가 혈우병이 되거나, 색맹이 되거나, 혈우병과 색맹 둘 다 가지거나 어느 것도 가지지 않을 확률은 각각 얼마인가?

7.34 옥수수의 두 계통 M1과 M2는 네 개의 열성 돌연변이 *a, b, c, d*에 대해 동형 접합성이다. W1 계통은 이들 돌연변이에 대한 우성 대립유전자의 동형접합성이다. M1과 W1 간의 교잡에 의한 잡종은 많은 종류의 재조합체를 만드는 반면, M2와 W1 간의 교잡에 의한 잡종은 결코 재조합체를 만들지 못한다. M1과 M2의 차이는 무엇인가?

7.35 한 초파리 유전학자는 3번 염색체의 왼쪽 팔에 큰 역위가 일어난 초파리 계열을 동정하였다. 이 역위 내에는 두 개의 돌연변이 *e*(흑 체색)와 *cd*(주홍색 눈)를 가지고 있었고, 그 오른쪽에는 *sr*(줄무늬 가슴)으로 그리고 왼쪽에는 *ro*(거친 눈)의 유전자가 양쪽에 있었다. 유전학자는 역위 부위 내에 *e*와 *cd*인자 대신에 그들의 야생형 인자를 넣기를 원했다. 즉 그가 계획한 것은 야생형이고 역위가 일어나지 않은 염색체와 변이체이고 역위된 염색체를 재조합시켜 수행하고자 한다. 이 목적을 달성하고자 하는데 유전학자가 고려해야 하는 사건은 무엇인가? 설명해보라.

세균과 바이러스의 유전학

8

장의 개요

- 유전학에서의 바이러스와 세균
- 바이러스의 유전학
- 세균의 유전학
- 세균의 유전물질 교환기작
- 세균의 유전적 교환에 대한 진화적 중요성

다중 약물 내성 세균: 작동하는 시한폭탄?

오스카 피터슨(Oscar Peterson)은 19세기 말 무렵에 미네소타주로 이주해 온 노르웨이인의 후손으로서 행복하게 살아가던 어린이였다. 그렇지만 그의 행복한 어린 시절은 오래가지 못했다. 그의 어머니는 쉴 새 없는 기침, 가슴 통증 및 고열을 나타내는 심한 질병을 앓았다. 그의 어머니는 *Mycobacterium tuberculosis* 세균에 의해 유발되는 무서운 질병인 결핵(tuberculosis: TB)에 걸린 것이다. *M. tuberculosis*는 이 세균에 감염된 사람이 기침이나 재채기를 할 때 나오는 공기를 통해 다른 사람에게 옮겨가기 때문에 전염성이 매우 강하다. 그 당시 TB는 효과적인 치료법이 없었기 때문에 매우 치명적인 질병이었다. 맑은 공기의 공급을 위해서 피터슨의 가족은 추운 겨울 동안에도 유리창을 열고 잠을 자야했다. TB는 전염성이 매우 강하므로 질병을 가진 가족들은 거의 격리시켜야 했다. 그들의 친구들도 전염을 우려하여 방문하는 것을 꺼렸다. 오스카가 14살 되었을 때 그의 어머니는 사망했고, 곧 그의 생활은 바뀌어야 했다. 그의 아버지가 일하는 동안, 그는 3명의 남동생을 돌보기 위해 학교를 자퇴해야만 했다.

20세기 초반에 수천명의 이주민들은 피터슨 가족과 비슷하게 결핵의 재앙으로부터 살아남기 위해 필사적인 노력을 해야 했다. 그 후, 알렉산더 플래밍(Alexander Flaming)이 페니실린을 발견하였으며, 세균성 질병의 치료에 대한 혁명이 뒤따랐다. 1940년대에서 1950년대 동안, 과학자들은 매우 효과적인 많은 종류의 항생제들을 동정하였다. 그 결과로 미국에서의 결핵 발병률은 1970년대 동안 급격히 떨어졌다. 그 당시 대부분의 의사들은 결핵은 머지않아 지구상에서 완전히 사라질 것으로 예상했다. 그렇지만, 불행히도 그들의 예상은 적중하지 못했다.

사람에게 결핵을 유발시키는 세균인 *Mycobacterium tuberculosi.*

1991년 11월 16일에 'New York Times'는 머리기사로 '약물-내성 TB가 뉴욕 감옥에서 13명의 사망자를 발생시켰다.'라는 제목을 실었다. 곧, 죄수의 죽음을 초래했던 동일한 약물-내성 *M. tuberculosis* 균주에 의해 교도관도 사망했다. 불행히도, 이 약물-내성 균주는 단지 빙산의 일각에 불과했다. 오늘날, 많은 종류의 *M. tuberculosis* 균주들이 단지 한두 종류의 항생제에 대하 저항성을 보이는 것이 아니라, 많은 종류의 약물 및 항생제에 대해 저항을 보이고 있다. 약물-저항성 세균은 두 종류로 분류된다: 다중-약물 저항성(multi-drug-resistant, MDR) 균주는 대부분의 일반적으로 조제된 항생제에 대해 저항성을 보이는 반면, 대부분의 약물에 대해 저항성을 나타내므로 광범위성 약물-저항성(extensively drug-resistant: XDR-TB) 균주라고 불리는 XDR 균주는 MDR-TB의 치료에 사용되는 항생제에 대해서도 저항성을 보인다. *M. tuberculosis*의 MDR 및 XDR 균주들은 전 세계적으로 존재하는데, 특히 뉴욕에서 시베리아까지 여러 곳의 감옥에서 빈번하게 출현한다. 다중-약물 내성 세균에 대한 유전적 기초는 이 장의 뒷부분(플라스미드 및 에피솜 참조)과 제17장에서 다루게 될 것이다.

MDR과 XDR 세균의 진화는 인류의 건강에 얼마나 심각한 영향을 미치는 것일까? 세계적인 결핵 권위자 중 한 사람인 리 라이치만(Lee Reichman) 박사는 MDR-*M. tuberculosis*를 "시한폭탄"으로 비유하였다. 전 세계적으로 대략 20억명(미국에서는 1500만명)이 잠복성 *M. tuberculosis*에 감염되어 있다. 감염된 사람들 중, 매년 840만명이 결핵에 걸리며 200만명이 사망한다. 2010년 3월 18일에 세계보건기구(WHO)는 2008년 동안 44만명의 MDR-TB 및 XDR-TB 환자가 세계적으로 증가한 것으로 발표하였다. 지구상의 일부 지역에서는 결핵을 가진 4명 중 1명은 정상적인 항생제 투여로 치료효과를 제대로 나타내지 못하는데, 이들은 *M. tuberculosis*의 MDR과 XDR 균주에 감염되어 있다. "시한폭탄"이 폭발하기 전에 우리는 지금 바로 MDR-TB의 위험으로부터 대피할 수 있는 방안을 찾는 일을 시작해야 할 것이다.

유전학에서의 바이러스와 세균

세균과 바이러스는 유전학이라는 학문의 발전에 중대한 기여를 하였다.

우리는 수많은 세균 및 바이러스들과 함께 세상을 살아가고 있다. *M. tuberculosis*와 같은 일부 미생물들은 해롭지만, 요구르트를 제조할 때 필요한 세균같이 일부 미생물들은 이로움을 주고 있다. 미생물들은 지구의 생태계 유지에 중요한 역할을 한다. 그들은 바위를 부식시키고, 환경에 존재하는 물질들로부터 에너지를 획득하며, 원자상태의 질소를 다른 생명체가 이용할 수 있는 화합물로 고정시키며, 죽은 생명체를 분해시키는 역할을 한다. 만약 미생물들이 이와 같은 역할을 수행하지 않는다면, 우리가 알고 있는 생활은 불가능할 것이다. 이와 같이 매우 작은 생명체들은 인간과 같은 거대한 다세포 생물들을 생존할 수 있게 한다.

유전학자들은 멘델의 유전법칙과 유전의 염색체설이 완전히 확립된 이후인 20세기 중반에서부터 세균과 세균을 숙주로 하는 바이러스에 대해 연구하기 시작했다. 초창기 세균과 바이러스 유전학자들은 이 작은 생물들이 유전자와 염색체를 구성하는 다양한 분자들의 구성과 생화학적 특성을 더 정확하게 이해시킬 수 있는 유전학적 분석 영역을 확장시킬 것으로 전망했는데, 실제로 이런 전망은 실현되었다. 세균과 바이러스의 유전적 분석은 연구자들로 하여금 유전자와 그 산물의 화학적 본질을 이해하게 해 주었다. 요즘 우리가 분자생물학으로 부르는 대부분의 연구 분야가 세균과 바이러스의 연구로부터 시작되었다.

연구자의 입장에서 세균과 바이러스는 옥수수나 초파리 등의 생물과 비교할 때 여러 가지 장점을 가지고 있다. 첫째, 미생물은 작고, 번식이 빨라서 며칠 이내에 거대 집단을 형성할 수 있다. 한 단일 시험관 내에서 10^{10} 개체의 세균을 배양시킬 수 있지만, 10^{10} 개체의 초파리를 배양하기 위해서는 15 ft × 14 ft × 14 ft의 배양실을 필요로 한다. 둘째, 세균과 바이러스는 생화학적으로 고안된 배지에서 배양시킬 수 있다. 연구자는 실험 목적에 맞춰 배지의 영양분을 바꿀 수 있기 때문에, 미생물이 어떤 영양분을 요구하는지와 대사 과정 동안 그 화합물이 어떤 과정을 거치는지를 알 수 있다. 또한 항생제와 같은 약물은 세균을 선택적으로 죽이기 위해 배지에 투여될 수 있다. 이와 같은 약물 처리는 세균의 항생제 저항성 및 민감성을 확인하게 해 준다. 예를 들면 어떤 환자로부터 유래한 *M. tuberculosis*가 특정 항생제에 대해 저항성을 가지는지를 결정할 수 있다. 셋째, 세균과 바이러스는 상대적으로 단순한 구조와 생리현상을 보인다. 따라서 기본적인 생물학적 현상을 연구하는 데 이상적이다. 마지막으로, 미생물 집단으로부터 유전적 돌연변이체를 탐색하기가 용이하다. 만약 우리가 세균이나 바이러스를 조사해 보면, 거의 언제나 그들 중에 다른 표현형을 나타내는 개체들이 존재하고 그 표현형이 유전된다는 것을 알 수 있다. 예를 들면, 어떤 세균의 일부 균주는 유일한 에너지원으로 락토오스를 함유한 생화학적으로 고안된 배지에서 자랄 수 있지만, 다른 균주는 그렇지 못하다. 락토오스가 함유된 배지에서 자랄 수 없는 균주는 락토오스의 대사와 관련된 돌연변이체이다. 세균과 바이러스로부터 돌연변이체를 얻는 방법은 에너지 요구성, 단백질 합성 및 분자 수준에서의 세포 분열과 같은 다양한 표현형들을 분석함으로써 향상되었다.

최근 수십년 동안 분자생물학의 발전은 세균과 바이러스 유전체에 대한 엄청난 정보를 제공하고 있다. 오늘날, 많은 종류의 세균과 바이러스에 대한 유전체의 완전한 염기서열을 알고 있다. 이 염기서열들은 다양한 미생물들의 진화적 유연관계를 고려한 물질대사의 유전적 조절에 대한 상세한 정보를 제공해 주고 있다. 우리는 이와 같은 정보에 대해서는 제15장(비교 유전체학)에서 일부 다루게 될 것이다.

이 장에서는 유전적 연구에 중요한 역할을 담당해온 몇 가지 세균과 바이러스에 대해 집중적으로 알아보고자 한다. 해당 미생물로는 대장균으로 불리는 세균인 *Escherichia coli*와 *E. coli*에 감염되는 2종류의 바이러스들이다. 우리는 먼저 *E. coli*와 같은 세균을 감염시키는 가장 단순한 미생물인 바이러스에 대해서 알아보고자 한다.

요점

- *세균과 바이러스의 작은 크기, 짧은 세대주기 및 단순한 구조는 미생물이 유전학적 연구의 중요한 모델 시스템이 되게 하였다.*
- *많은 유전학의 기본적 개념들은 세균과 바이러스에 대한 연구로부터 유추되었다.*

바이러스의 유전학

바이러스는 오로지 살아 있는 숙주 세포에 감염됨으로써 증식할 수 있다. 박테리오파지는 세균에 감염되는 바이러스이다. 몇 가지 중요한 유전학적 개념들이 박테리오파지의 연구로부터 밝혀졌다.

바이러스는 생명체와 무생물의 경계선에 위치하며 두 세계를 넘나든다. 예를 들면, 담배 모자이크병으로 불리는 담배 잎의 탈색을 유발시키는 바이러스에 대해 알아보자. 담배 모자이크 바이러스(Tobacco Mosaic Virus: TMV)는 여러 해 동안 결정 상태로 선반 위에 보관될 수 있다. 이 상태의 바이러스는 생명체의 특성과 관련된 어떤 특징도 보여주지 않는다. 증식하지 않으며, 성장하거나 발생하지도 않는다. 또한, 에너지를 이용하지 못하며, 환경으로부터의 자극에 대해 반응하지도 못한다. 그렇지만, TMV가 포함된 부유액이 담배 식물의 잎에 묻으면, 부유액 속의 TMV는 세포 내로 감염되어 증식하고, 식물세포에 의해 공급되는 에너지를 이용하여 세포 신호에 반응한다. 그들은 생명체의 특징들을 명확하게 보여준다.

바이러스가 유전학 연구의 이상적인 도구로 활용되어진 이유는 이와 같은 바이러스의 단순성에 기인한다. 더 복잡한 진핵생물체로부터 해답을 얻기 어려운 질문들이 바이러스 연구를 통하여 풀리기도 한다. 우리는 제9장에서 유전정보가 DNA와 RNA 속에 보관되어 있음을 설명하기 위하여 바이러스를 이용한 실험을 접할 것이다. 또한, 10, 11, 12장에서는 DNA의 복제, 전사 및 번역의 기작을 밝히기 위해 바이러스를 이용한 실험들에 대해서도 알아 볼 것이다. 이 단원에서 우리는 세균에 감염되는 박테리오파지를 대상으로 바이러스 유전체의 구성 및 유전학자들이 바이러스 유전체를 분석한 방법들에 대해 초점을 맞추어 논의하게 될 것이다.

세균에 감염되는 바이러스들을 **박테리오파지(Bacteriophage**, "to eat bacteria"라는 그리스어로부터 유래)라 부른다. 지금까지 동정된 수많은 종류의 박테리오파지 중에서, 두 종류가 특히 유전학적 개념들을 밝히는 데 중요한 기여를 하였다. 이 두 바이러스는 모두 대장균 *E. coli*에 감염된다. 박테리오파지는 감염된 세포 내에서의 생활사의 스타일에 기초하여 독성(virulent)과 온순(temperate)의 두 가지 형으로 나눌 수 있다. 박테리오파지 T4(파지 T4)는 독성 파지로서 자손 바이러스를 생산하기 위해 숙주 세포의 대사 기구를 이용하는데, 그 과정동안 숙주를 죽인다. 박테리오파지 람다(λ)는 온순 대장균 파지(coliphage)로서, T4처럼 숙주 세포를 죽이거나 혹은 숙주와 특별한 관계를 가지면서 숙주가 세포 분열을 할 때마다 숙주의 유전체와 같이 자신의 유전체를 복제하기도 한다. 박테리오파지 T4와 λ를 이용해 수행된 연구 결과는 인간 면역결핍성 바이러스(human immunodeficiency virus: HIV)와 같은 다른 종류의 바이러스를 이해하는 데 필요한 유전적 패러다임을 확립하는 기초를 제공했다(제17장의 HIV에 대한 논의 참조).

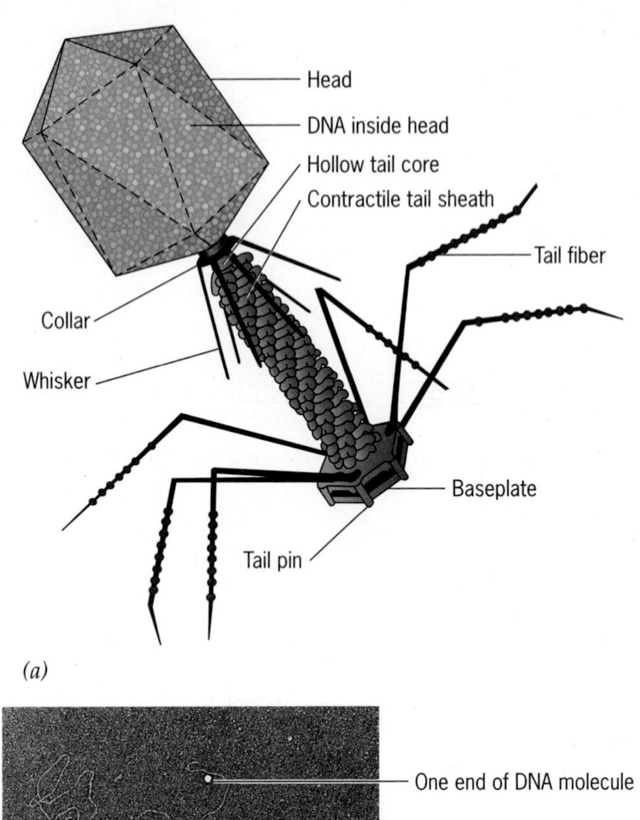

(a)

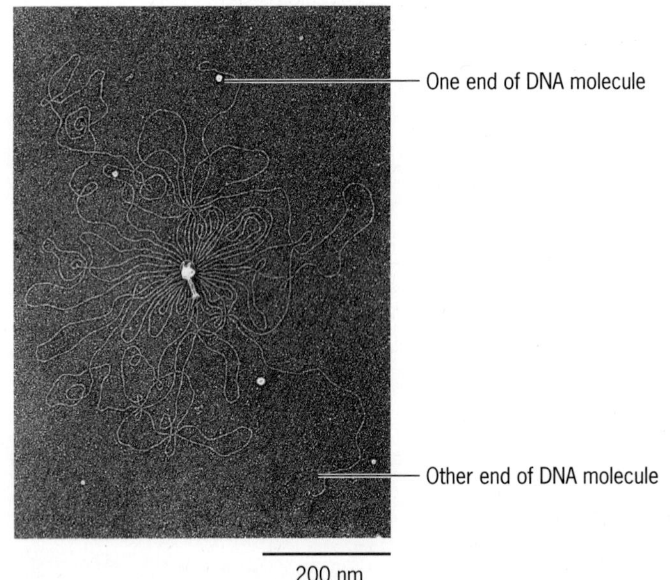

(b)

■ 그림 8.1 박테리오파지 T4. (*a*) 박테리오파지 T4의 구조를 보여주는 모식도 및 (*b*) 삼투압 쇼크에 의해 박테리오파지 T4로부터 추출된 DNA의 전자현미경 사진. DNA 사진에서 선형 DNA의 양 끝이 보인다.

박테리오파지 T4

박테리오파지 T4는 큰 바이러스로서 유전 물질인 이중나선의 DNA 분자를 단백질성 머리(head) 속에 포장하여 보관한다(**■ 그림 8.1*a***). 이 바이러스는 대부분이 단백질과 DNA로 구성되어 있으며, 각각의 분자는 대체로 반반씩 차지한다(**■ 그림 8.1*b***). T4 염색체는 대략 168,800 bp 길이로서 150개 정도의 특징이 밝혀진 유전자와 아직 특징이 밝혀지지 않는 비슷한 수의 유전자로 추정되는 염기서열을 포함한다. 바이러스의 꼬리(tail)는 몇 가지 중요한 요소들을 포함하고 있다. 꼬리의 중앙 빈 관(central hollow core)은 파지 DNA를 세균 속으로 침투시킬 때 이동의 통로 역할을 한다. 꼬리 초(tail sheath)는 중앙 관을 세균 벽을 통해 수축시키고 밀어 넣는 작은 근육으로서의 기능을 가진다. 6개의 꼬리 섬유(tail fiber)는 숙주 세포에 존재하는 수용체와 결합하며, 기저판에 존재하는 꼬리 핀(tail pin)은 수용체에 단단히 부착시키는 역할을 한다. 파지가 성공적으로 *E. coli* 내로 침투하기 위해서는 모든 요소들이 정확하게 자기 역할을 수행해야만 한다.

박테리오파지 T4는 **용균성 파지(lytic phage)**로서, 세균 내로 침투하면 자신을 복제하면서 숙주를 죽이며, 감염 세포 당 대략 300 자손의 바이러스를 생산한다(**■ 그림 8.2**). 파지 DNA가 숙주 세균 속으로 침투된 후, 매우 신속히 숙주 유전자들의 전사, 번역 및 복제를 중단시키는 단백질의 합성을 지시하며(2분 이내), 숙주의 대사 기구를 바이러스가 조절하게 된다. 일부 파지 유전자는 숙주 DNA를 분해시키는 뉴클레아제(nuclease)를 암호화한다. 다른 파지 단백질은 파지 DNA의 복제를 개시한다. 조금 후에, 바이러스의 구조적 요소들을 암호화하는 유전자들을 발현시킨다. 이어서 감염 후 17분이 경과한 시점이면, 자손 파지의 조립이 시작되어 감염성 자손 파지가 숙주 세포의 내부에 축적되기 시작한다. 감염 25분 후에는 *리소자임(lysozyme)*으로 불리는 파지-암호화 효소가 세균의 세포벽을 분해시키고 세균을 파괴시켜 감염 세포 당 대략 300 자손 파지를 방출시킨다.

위에서도 언급되었지만, T4는 숙주 DNA를 분해하는 뉴클레아제를 암호화한다. 분해된 산물은 파지 DNA의 합성에 사용된다. 그런데 이 효소는 어떻게 바이러스 DNA의 파괴 없이 숙주 DNA 만을 선택적으로 분해할 수 있을까? 해답은 T4 DNA에는 시토신 대신에 특이한 염기인 5-hydroxymethylcytosine(HMC: $-CH_2OH$기가 어떤 원자에 부착된 시토신)을 가진다는 것이다. 그 외에도 포도당 분자의 변형물이 HMC에 부착된다. 이와 같은 변형은 뉴클레아제가 숙주의 DNA를 분해하는 동안, T4 DNA를 자신의 뉴클레아제의 분해로부터 보호하는 역할을 한다.

박테리오파지 T4의 염색체에 존재하는 유전자들은 진핵생물에서와 비슷하게 재조합 빈도로 유전적 지도를 작성할 수 있다. 그렇지만, 바이러스는 감수분열을 수행하지 않는 단일 염색체만을 가지므로, 지도 작성 방법은 초파리와 같은 진핵생물에서 사용되는 방법과는 상당히 다르다. 교배는 서로 다른 두 가지 유전자형의 파지를 동시에 숙주 세균에 감염시킴으로서 이루어지며, 재조합 유전자형을 가진 자손 파지를 스크린하게 된다. 센티모르간(cM)으로 표시되는 유전적 거리는 유전적 마커 사이에서 일어난 교차의 평균 수로 계산된다. 짧은 거리에 대해서는 지도상의 거리가 자손에서 관찰되는 재조합 염색체의 비율과 대략적으로 일치한다.

T4 파지는 여러 종류의 돌연변이 대립유전자를 보여준다. 온도-민감성(*ts*) 돌연변이는 가장 유용하게 활용된다. 야생형 T4는 대략 25°C에서 42°C 사이의 온도 범위에서 자랄 수 있다. 열-민감성 돌연변이체는 25°C에서는 자랄 수 있지만, 42°C에서는 자라지 못한다. 따라서 파지를 낮거나 높은 온도에서 배양함으로 *ts* 돌연변이체를 야생형으로부터 분리할 수 있다. 온도-민감성 돌연변이체와 그 밖의 T4 돌연변이체 균주들에 대해서는 제12장과 13장에서 다루게 될 것이다.

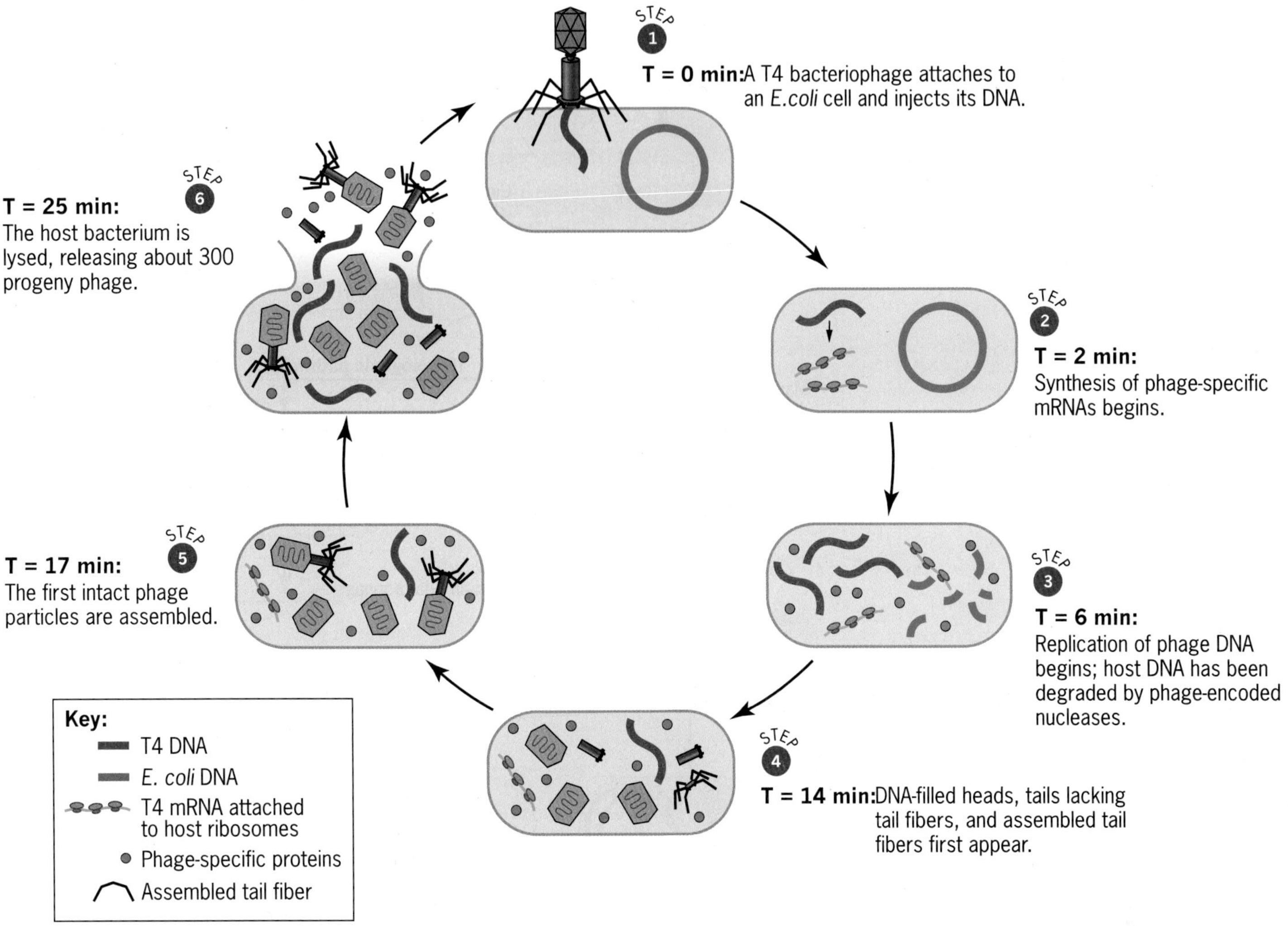

STEP 1
T = 0 min: A T4 bacteriophage attaches to an E.coli cell and injects its DNA.
STEP 2
T = 2 min:
Synthesis of phage-specific mRNAs begins.
STEP 3
T = 6 min:
Replication of phage DNA begins; host DNA has been degraded by phage-encoded nucleases.
STEP 4
T = 14 min: DNA-filled heads, tails lacking tail fibers, and assembled tail fibers first appear.
STEP 5
T = 17 min:
The first intact phage particles are assembled.
STEP 6
T = 25 min:
The host bacterium is lysed, releasing about 300 progeny phage.
Key:
T4 DNA
E. coli DNA
T4 mRNA attached to host ribosomes
Phage-specific proteins
Assembled tail fiber

■ 그림 8.2 박테리오파지 T4의 생활사.

(a)
50 nm
(b)
Head
DNA packaged in head
Tail

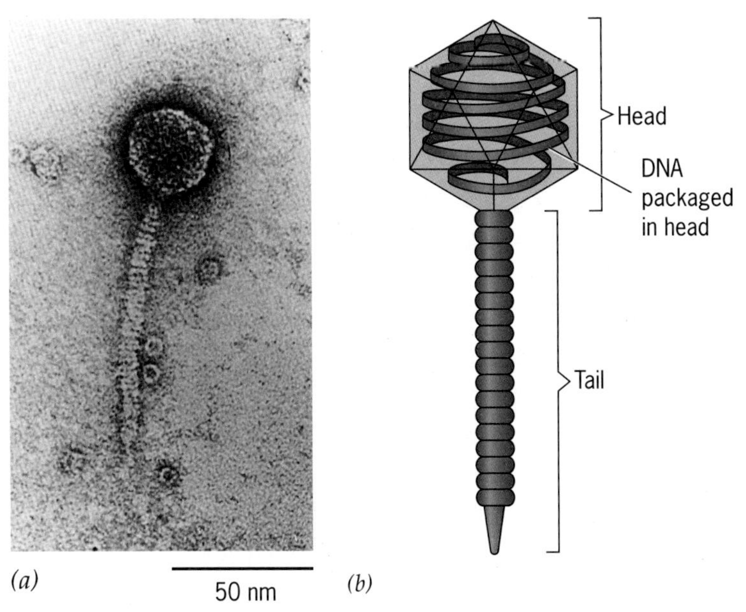

■ 그림 8.3 박테리오파지 λ. 박테리오파지 λ의 구조를 보여주는 전자현미경 사진(*a*) 및 모식도(*b*).

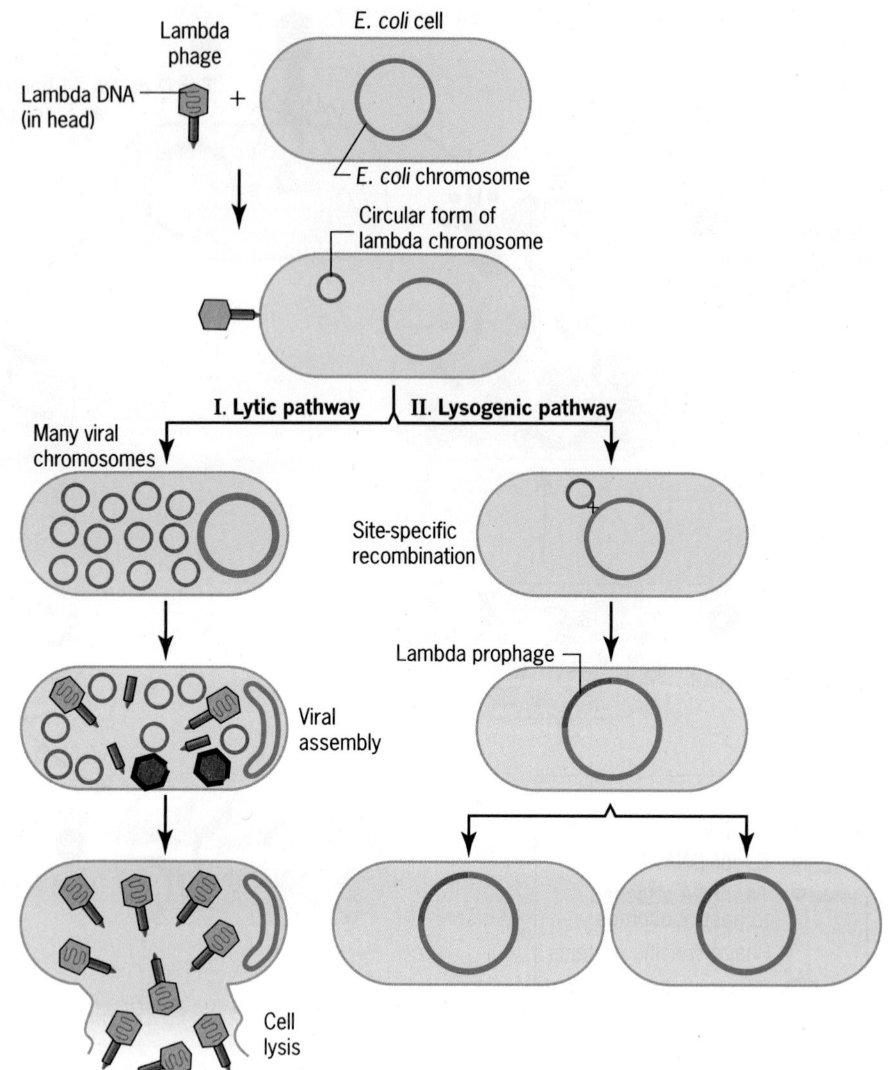

■ 그림 8.4 박테리오파지 λ의 생활사. 람다의 두 가지 세포 내 상태: 용균성 성장과 용원성.

박테리오파지 람다

박테리오파지 람다(λ)는 유전학의 발전에 큰 기여를 한 다른 종류의 대장균 파지이다. λ는 T4보다 작지만, 생활사는 더 복잡하다. λ 유전체는 48,502 bp 길이의 이중나선 DNA 분자로서 대략 50개의 유전자를 포함하고 있다. 이 선형 DNA는 λ 머리속에 포장되어 있다(■ 그림 8.3). *E. coli* 속으로 침투된 직후, λ DNA 분자는 환형으로 전환되어 그 후의 숙주세포 내에서 일어나는 후속적인 사건에 대해 참여한다.

세포 내에서, 환형 λ 염색체는 두 가지 경로 중 하나를 따라가게 된다(■ 그림 8.4). 첫 번째 경로는 파지 T4와 똑같이 환형 DNA가 용균성 경로로 들어가서 숙주 세포를 용균시키는 효소들을 암호화하는 것이다. 혹은, 두 번째 경로로서, **용원성 경로(lysogenic pathway)**를 선택하는 것으로, 숙주 세균의 염색체 속으로 λ DNA를 삽입시킨 후 숙주 염색체와 같이 복제되는 것이다. 이와 같이 숙주 염색체에 삽입되어 있는 상태의 λ 염색체를 **프로파지(prophage)**라 부른다. 이 프로파지 상태를 유지시키기 위해서는 용균성 경로에 관여하는 단백질을 암호화하는 프로파지 유전자들(예를 들면, 파지 DNA의 복제에 관여하는 효소들, 파지 형태형성에 관여하는 구조 단백질 및 세포 용균을 촉매하는 리소자임)은 발현되지 않아야 된다.

λ 염색체의 삽입은 환형 λ DNA와 환형 *E. coli* 염색체 간의 부위-특이적 재조합(site-specific recombination) 사건에 의해 일어난다(■ 그림 8.5). 이 재조합은 λ 염색체상에 존재하는 특이적 부착 부위 *attP*와 세균 염색체상에 존재하는 *attB* 간에 일어나며, λ *int* 유전자의 산물인 λ 인터그라아제(integrase)가 이 과정을 매개한다. λ 염색체는 숙주 세포의 염색체 속으로 공유결합에 의해 삽입된다. 부위-특이적 재조합은 *attP*와 *attB*가 다음과 같은 15 염기의 동일한 서열을 보이는 가운데 지역에서 일어난다.

GCTTTTTTATACTAA
CGAAAAAATATGATT

위의 가운데 동일한 핵심 서열을 제외하고는 *attP*와 *attB*는 전혀 다른 염기서열을 가진다. 재조합은 삽입될 때 핵심 서열 내에서 일어나므로, 프로파지가 삽입된 양 부위인 *attB/P* 및 *attP/B* 부위는 모두 15 염기의 핵심 서열을 포함한다. 이와 같은 구조는 프로파지가 숙주 염색체로부터 빠져나올 때도 거의 동일한 부위-특이적 재조합 기작에 의존하므로 매우 중요하다.

매 10^5회의 세포분열마다 λ 프로파지는 저절로 숙주 염색체로부터 절단되어 나와서 용균성 경로로 들어간다. 이런 현상이 프로파지를 용원 상태에 있다고 말하는 이유로, 낮은 빈도이지만 용균을 유발할 수 있다. λ 프로파지의 절단은 자외선의 노출에 의해서도 유도할 수 있다. 절단 과정은 핵심 서열 *attB/P* 및 *attP/B* 부위 간의 부위-특이적 재조합에 의해 매우 정교하게 일어나며, 본래의 통합 전 DNA 형태인 자율 λ 염색체를 생산한다. 절단 과정은 λ 인터그라아제와 λ *xis* 유전자의 산물인 λ 엑시자아제(excisase)를 필요로 한다. 이 두 효소는 원칙적으로 λ 염색체 통합의 역 기작인 부위-특이적 재조합을 매개한다. 간혹, 절단이 비정상적으로 일어나서 세균 DNA 일부가 파지 DNA와 함께 절단되어 나온다. 이런 사건이 일어나면, 해당 바이러스는 한 숙주 세균의 유전자를 다른 세균에게로 전달시키는 현상을 나타낼 수 있다. 이것의 기작에 대해서는 나중에 논의하게 될 것이다('세균의 유전물질 교환 기작' 참조).

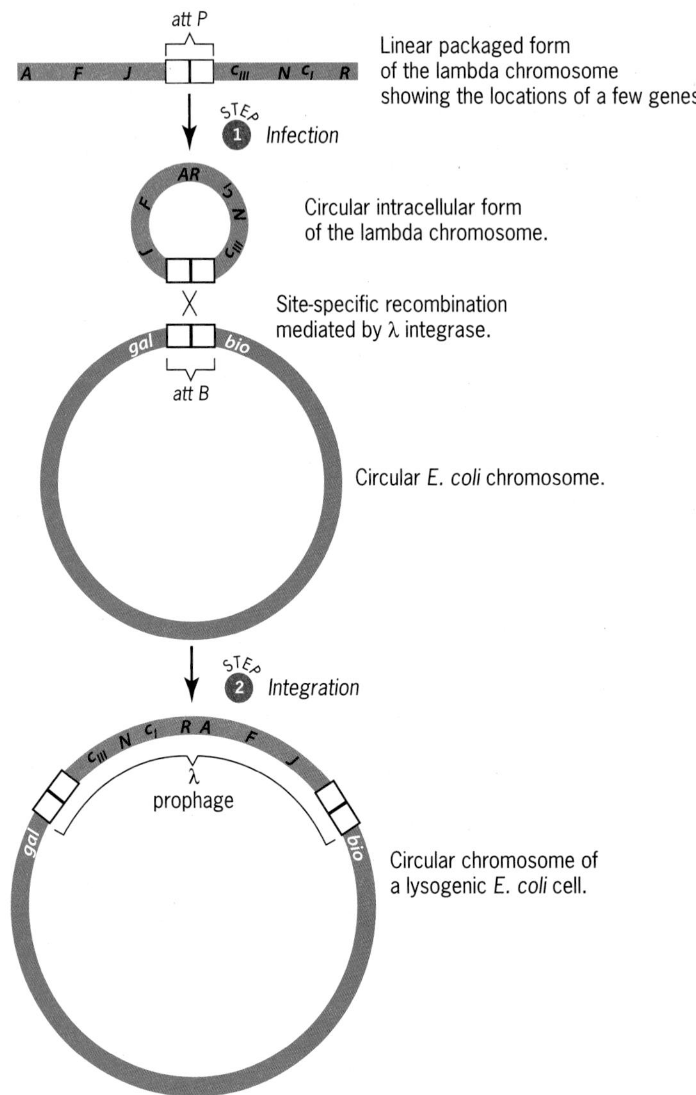

■ 그림 8.5 DNA 분자의 *E. coli* 염색체 속으로 삽입.

파지 λ에 대한 연구는 우리가 유진직 현상들을 이해하는 데 많은 기여를 하였다. λ 염색체의 복제에 대해서는 제9장에서 다루게 될 것이다. λ 프로파지의 발견은 인간 면역결핍증 바이러스(HIV)(제17장) 및 다양한 척추동물의 RNA 종양 바이러스(제21장)에 대한 프로바이러스 상태에 대한 패러다임을 제공하였다(프로파지를 발견한 André Lwoff는 1965년에 생리의학 분야에 대한 노벨상을 공동으로 수상하였다).

요점

- *바이러스는 살아 있는 숙주 세포 내로의 감염에 의해서만 증식할 수 있는 절대 기생체(obligate parasites)이다.*
- *박테리오파지는 세균에 감염되는 바이러스이다.*
- *박테리오파지 T4는 용균성 파지로서 E. coli에 침투하여 증식한 후 숙주 세포를 용균시킨다.*
- *박테리오파지 람다(λ)는 T4처럼 용균성 경로로 들어가거나, 용원성 경로로 들어가서 세균의 염색체 속으로 자신의 염색체를 삽입시킨다.*
- *세균 염색체에 삽입되어 있는 상태의 λ 염색체를 프로파지라 부르며, 용균성에 관여하는 유전자들의 발현은 억제된다.*

세균의 유전학

세균은 돌연변이에 의해 바뀐 표현형을 나타낼 수 있는 유전자를 포함한다. 세균의 유전자 전달은 단일 방향으로 공여체 세포에서 수용체 세포로만 전달된다.

대부분 세균들의 유전 정보는 수천 개의 유전자를 포함하는 단일 주 염색체와 플라스미드(plasmid)와 에피솜(episome)으로 불리는 다양한 개수의 "미니-염색체"에 저장된다. 플라스미드는 독립적으로 복제되는 환형 DNA 분자로서 3개에서부터 수백 개의 유전자를 가진다. 일부 세균은 주 염색체 외에 11개까지의 다른 플라스미드를 가지기도 한다. 에피솜은 플라스미드와 비슷하지만, 독립적으로 복제되거나 λ 프로파지와 유사하게 주 염색체에 삽입된 상태로 복제된다.

세균은 단순한 분열에 의한 무성생식을 하므로, 각 딸세포는 단일 카피의 염색체를 물려받는다. 세균은 일배체(monoploid) 상태이지만, 둘 혹은 그 이상의 동일한 염색체 카피를 가지는 "다핵성" 세포가 간혹 존재한다. 세균의 염색체는 진핵생물에서의 체세포 분열과 생식세포 형성과정에서 나타나는 유사분열과 감수분열을 하지 않는다. 따라서 진핵생물의 유성생식 동안 일어나는 재조합 사건(감수분열 동안의 교차)이 세균에서는 일어나지 않는다.

그럼에도 불구하고, 진핵생물의 진화에서와 마찬가지로 세균의 진화에 재조합은 매우 중요하게 작용해 왔다. 실제로 세균에서는 유성생식과 비슷한 "의사유성적 과정(parasexual process)"이 일어난다. 우리는 앞으로 세균의 유전학에서 이용되는 몇 가지 돌연변이체들과 세균 간의 단일 방향성 유전자 전달 기작에 대해 알아 볼 것이다.

세균의 돌연변이 유전자

세균은 액체 배지에서 자라지만, 때로 산소를 요구하거나 한천을 포함하는 반고체 배지의 표면에서 살 수도 있다. 세균이 반고체 배지에서 자라게 되면, 각 세균은 계속된 분열을 통해 기하급수적인 성장을 하게 됨으로써 배지의 표면에 눈으로 볼 수 있는 콜로니(colony)를 형성한다. 배양 접시에 나타나는 콜로니의 숫자는 처음 배양 접시에 접종한 세균의 숫자를 예측하는 데 사용된다.

각 세균 종은 특이적 색깔과 형태를 보이는 콜로니를 형성한다. 예를 들면, *Serratia marcescens*는 붉은 색소를 생산하기 때문에 특징적인 붉은색 콜로니를 형성한다(■ **그림 8.6**). 세균 유전자의 돌연변이는 콜로니 색깔과 형태를 모두 바꿀 수 있다. 더욱이 느린 성장을 나타내는 어떤 돌연변이는 작은 콜로니를 형성한다. 어떤 돌연변이는 콜로니 형태의 변화없이 세포의 형태를 변화시킨다. 이와 같은 콜로니의 색깔 및 형태와 관련된 돌연변이체 외에도 여러 종류의 다른 돌연변이체들이 세균의 유전학적 연구에 유용하게 활용된다.

특정 에너지원의 이용 능력을 억제시킨 돌연변이체

야생형 *E. coli*는 에너지원으로서 거의 모든 종류의 당을 에너지원으로 이용할 수 있다. 그렇지만 일부 돌연변이체들은 락토오스를 이용하여 자라지 못한다. 즉, 이 돌연변이체들은 다른 당이 포함된 배지에서는 잘 자라지만, 유일한 에너지원으로 락토오스만 포함된 배지에서는 자라지 못한다. 다른 돌연변이체는 갈락토오스를 이용하여 자라지 못하며, 또다른 돌연변이체는 아라비노오스만을 이용해서는 자라지 못한다. 세균의 돌연변이체를 표시하는 표준 명명법은 적절한 윗첨자를 포함한 3 알파벳 약어로 표기하는 것이다. 표현형에 대해서는 첫 글자는 대문자로 표기하며, 유전자형에 대해서는 3 글자 모두 이탤릭체의 소문자로 표기한다. 따라서 락토오스를 에너지원으로 이용할 수 있는 야생형 *E. coli*는 표현형으로는 Lac^{+}, 유전자형으로는 lac^{+}로 표기한다. 에너지원으로 락토오스를 이용할 수 없는 돌연변이체는 표현형으로는 Lac^{-}, 유전자형으로는 lac^{-}(혹은 때로 *lac*)으로 표기한다.

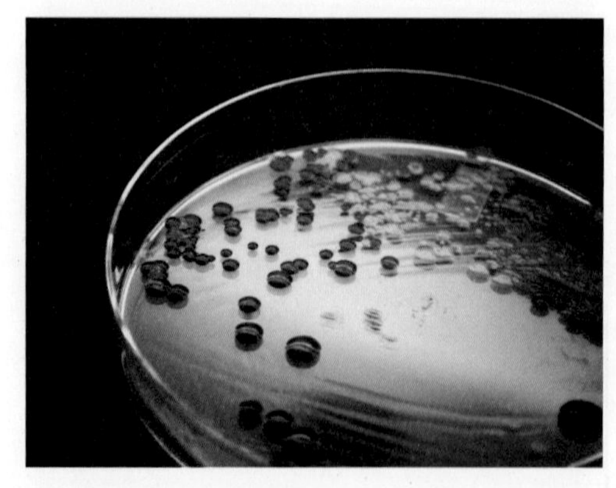

■ 그림 8.6 세균의 콜로니. 한천 배지에서 자라는 *Serratia marcescens* 세균의 콜로니를 보여주는 사진. 이 세균의 특징적인 콜로니 색깔은 세균이 생산하는 붉은 색소 때문이다.

필수 대사물을 합성할 수 없는 돌연변이체

야생형 *E. coli*는 하나의 에너지원과 일부 무기염류를 포함한 최소 배지(minimal medium)

에서 성장할 수 있다. 야생형은 아미노산, 비타민, 퓨린, 피리미딘 및 그 밖의 모든 대사물을 생산할 수 있다. 이런 야생형 세균을 **원영양체(prototroph)**라 부른다. 필수 대사물을 합성하는 데 필요한 효소를 암호화하는 어떤 한 유전자에 돌연변이가 일어나게 되면, 이 세균은 자라기 위해서는 새로운 영양분을 요구하게 된다. 이 세균은 필요한 영양분이 배지에 첨가되면 자라지만, 결핍되면 자라지 못한다. 이와 같은 추가적인 영양분을 요구하는 돌연변이체를 **영양요구체(auxotroph)**라 부른다. 예를 들면, 야생형 *E. coli*는 트립토판을 새롭게 합성할 수 있기 때문에, 표현형으로 Trp^+이고 유전자형으로는 trp^+가 된다. 트립토판 영양요구체는 Trp^-와 trp^-이다.

약물 및 항생제 저항성 돌연변이체

야생형 *E. coli*는 암피실린(ampicillin)이나 테트라싸이클린(tetracycline)과 같은 항생제에 의해 죽는다. 표현형적으로 야생형은 Amp^s와 Tet^s이다. *E. coli*가 이들 항생제에 대해 저항성을 가지게 하는 돌연변이 대립유전자는 amp^r 및 tet^r로 각각 표시된다. 이런 돌연변이 대립유전자를 가진 세균은 해당 항생제가 포함된 배지에서 자랄 수 있지만, 야생형 세균은 자랄 수 없다. 그래서 항생제는 저항성에 대한 유전자를 가진 세균을 선별할 때 사용될 수 있다. 저항성 유전자들은 우성 선택 마커로 작용한다.

세균은 유전적 연구에 적합하게 빠른 분열을 하여 큰 세포 집단을 이룬다. 세균의 특정 유전자형을 선택하기 위한 선택 배지(selective media)는 비교적 쉽게 준비할 수 있다. 결과적으로, 세균은 어떤 유전자 내에서의 돌연변이나 가깝게 연관된 유전자 사이의 재조합과 같은 매우 드물게 일어나는 사건을 연구하기가 적합하다. 이런 내용에 대해서는 제13장에서 다루게 될 것이다.

세균의 단일방향 유전자 전달

진핵생물에서는 재조합에 의해 유전자의 상호 교환이 일어나지만, 세균에서 일어나는 재조합 사건은 유전자를 한 세균에서 다른 세균으로 전달하게 한다. 따라서 유전자 전달은 양방향이 아니라 *단일방향(unidirectional)*이다. 세균에서의 재조합 사건은, 진핵생물에서 두 개의 완전한 염색체 간에서 일어나는 것과는 달리, 한 염색체의 조각(**공여체 세포**로부터)과 완전한 염색체(**수용체 세포** 안으로) 사이에서 대개 일어난다. 간혹 예외적인 경우는 있지만, 수용체 세포는 공여 염색체의 선형 조각과 완전한 환형 염색체를 가지게 되기 때문에 보통 부분 이배체(partial diploid)가 일시적으로 형성된다. 재조합을 위해서는 *교차가 짝으로 일어나야 하며*, 공여 염색체 조각은 수용체 염색체 속으로 삽입된다(■ **그림 8.7*a***). 만약 단일 교차나 홀수 번의 교차가 일어나게 되면, 수용체 염색체의 모양은 파괴되어 생존할 수 없는 선형 DNA 분자를 생산할 것이다(■ **그림 8.7*b***).

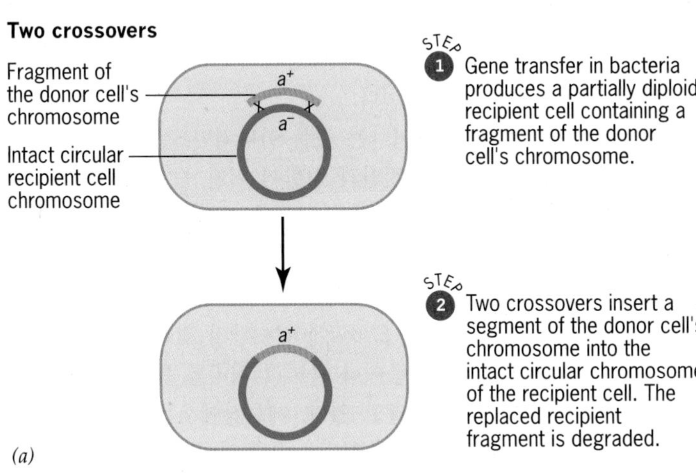
Two crossovers
Fragment of the donor cell's chromosome
Intact circular recipient cell chromosome
a^+
a^-
STEP 1 Gene transfer in bacteria produces a partially diploid recipient cell containing a fragment of the donor cell's chromosome.
STEP 2 Two crossovers insert a segment of the donor cell's chromosome into the intact circular chromosome of the recipient cell. The replaced recipient fragment is degraded.
(a)

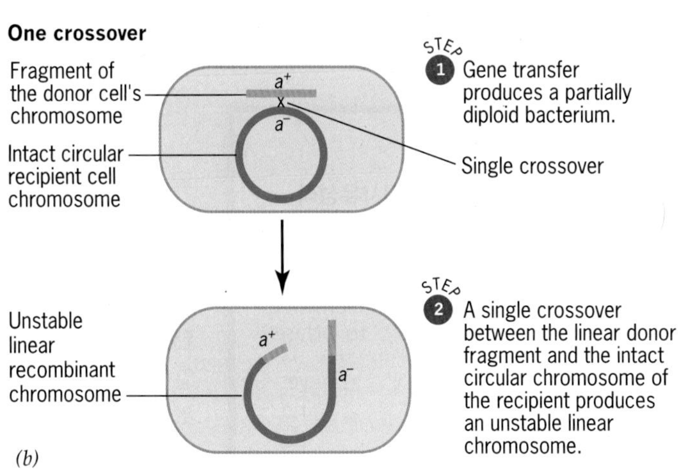
One crossover
Fragment of the donor cell's chromosome
Intact circular recipient cell chromosome
a^+
a^-
STEP 1 Gene transfer produces a partially diploid bacterium.
Single crossover
Unstable linear recombinant chromosome
STEP 2 A single crossover between the linear donor fragment and the intact circular chromosome of the recipient produces an unstable linear chromosome.
(b)

■ 그림 8.7 세균의 재조합. 세균에서 일어나는 의사유성적 과정은 공여체 세포의 염색체 일부 조각과 수용체 세포의 완전한 염색체를 동시에 가지는 부분 이배체를 형성시킨다. (*a*) 환형 염색체의 형태를 유지하기 위해서는 짝수의 교차가 일어나서 공여체의 염색체 조각이 수용체 염색체 속으로 삽입되어야 한다. (*b*) 공여체 염색체의 조각과 환형의 수용체 염색체 사이의 단일 교차는 환형 염색체의 형태를 파괴시켜 선형 DNA 분자를 생산하게 하는데, 이런 DNA는 복제될 수 없으며 결국은 분해된다.

요점

- *세균은 보통 하나의 주 염색체를 가진다.*
- *야생형 세균은 원영양체로서, 최소한의 단일 에너지원과 무기 분자만으로 자라고 증식하는 데 필요한 모든 물질을 합성할 수 있다.*
- *영양요구체 돌연변이 세균은 자라기 위해서 부가적인 영양분을 요구한다.*
- *세균에서의 유전자 전달은 단일방향으로, 공여체 세포의 유전자가 수용체 세포로 전달되지만, 수용체로부터 공여체로의 전달은 일어나지 않는다.*

세균의 유전물질 교환기작

세균들은 세 가지 다른 의사유성적 과정에 의해 유전물질을 교환한다.

세균에서는 뚜렷이 구분되는 세 가지 의사유성적 과정이 일어난다. 이 세 과정 간의 가장 큰 차이점은 DNA가 어떻게 한 세포에서 다른 세포로 전달되는지에 대한 기작이다(■ 그림 8.8). **형질전환(transformation)**은 한 세균(공여체 세포)으로부터 방출된 자유로운 DNA 분자가 다른 세균(수용체 세포) 속으로 들어가는 과정이다. **접합(conjugation)**은 공여체 세포와 수용체 세포 간의 직접적인 접촉에 의해 DNA가 전달되는 과정이다. **형질도입(transduction)**은 세균 DNA가 박테리오파지의 매개에 의해 공여체 세포에서 수용체 세포로 전달되는 과정이다.

Transformation: uptake of free DNA.

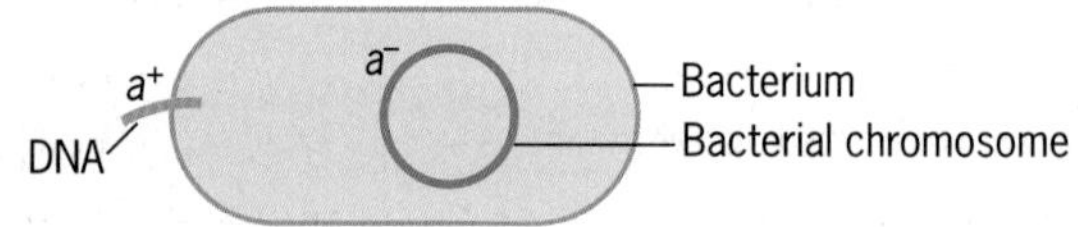

Conjugation: direct transfer of DNA from one bacterium to another.

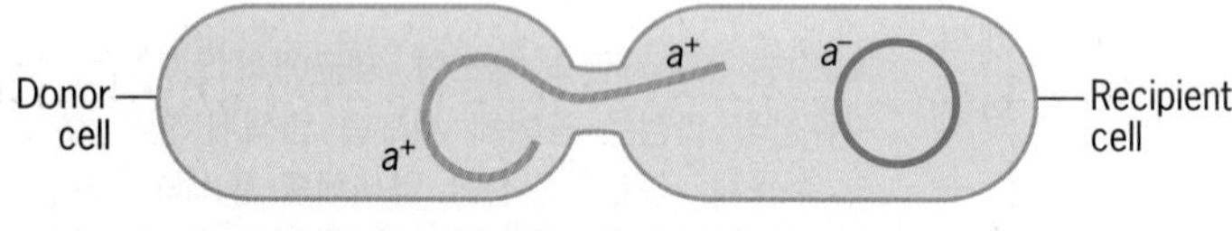

Transduction: transfer of bacterial DNA by a bacteriophage.

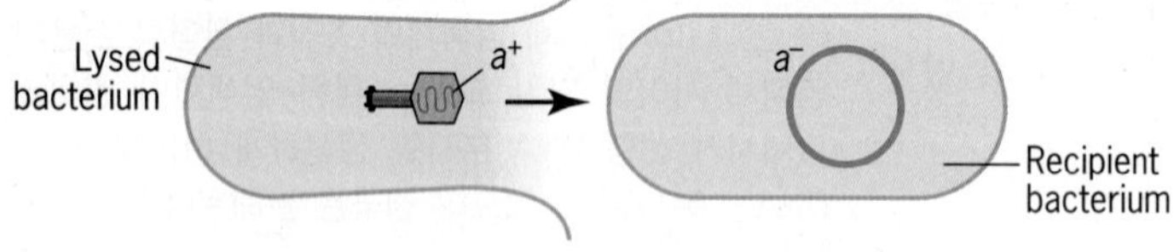

■ 그림 8.8 세균에서 일어나는 유전자 전달의 세 가지 방식.

세 가지 의사유성적인 과정인 형질전환, 접합 및 형질도입은 두 가지 단순한 기준으로 구분될 수 있다(표 8.1). (1) 그 과정은 세포 간 접촉을 필요로 하는가? (2) DNA를 분해하는 효소인 디옥시리보뉴클리아제(DNase)에 대해 그 과정은 민감한가? 이 두 가지 기준은 매우 쉽게 검사할 수 있다. 디옥시리보뉴클리아제에 대한 민감성은 세균이 자라는 배지에 단순히 디옥시리보뉴클리아제만 첨가해 줌으로써 확인할 수 있다. 만약 유전자 전달이 더 이상 일어나지 않는다면, 그 과정은 형질전환에 의한 것이다. 박테리오파지의 단백질성 외피 및 세균의 세포벽이나 세포막은 형질도입이나 접합 과정 동안 디옥시리보뉴클리아제에 의한 공여체 DNA의 분해를 막아주기 때문이다.

세균의 유전자 전달에 세포 간의 접촉이 요구되는지는 간단한 실험으로 결정할 수 있다. 세포 간의 접촉을 필요로 하는 접합은 유전자형이 다른 두가지 세균 균주를 U자형 배양 튜브(U-shaped culture tube)의 반대 팔에 각각 배양함으로서 확인한다(■ 그림 8.9). U-튜브 팔로 분리된 두 세균의 배양은 DNA 분자와 바이러스들은 통과할 수 있으나 세균 세포는 통과할 수 없는 유리 필터로 분리되어 있다. 이런 조건에서는 접합은 일어날 수 없는데, 그 이유는 필터가 세포 간의 접촉을 막기 때문이다. 만약 DNase가 U-튜브의 배양액에 존재하는 조건에서 유전자 전달이 일어났다면, 그것은 형질도입에 의한 것이다.

세 가지의 의사유성적 과정은 모든 세균에서 일어나는 것은 아니지만, 형질도입은 아마도 모든 세균에서 일어나는 기작으로 여겨진다. 형질전환과 접합이 어떤 종에서 일어나는지 아닌지는 그 종이 의사유성적 과정에 필요한 유전자와 대사 기구를 진화적으로 획득하였는지에 의해 결정된다. 예를 들면, *E. coli*는 자유 DNA를 세포 내로 포획하는 데 요구되는 단백질을 만드는 유전자가 존재하지 않기 때문에, 자연 상태에서 자라는 *E. coli*에서는 형질전환은 일어나지 않는다. 자연 상태의 서식지에 자라는 *E. coli*에서는 단지 접합과 형질도입만 일어난다. 그렇지만, 과학자들은 실험실에서 화학 약품이나 물리적 처리를 통해 DNA를 세포 내로 침투시켜 *E. coli*를 형질전환시키는 방법을 알고 있다. 제14장에서는 외부 DNA를 *E. coli* 세포 내로 전달시켜 "클로닝"하는 인위적 형질전환법에 대해 알아보게 될 것이다.

표 8.1

세균에서 일어나는 세 가지 의사유성적 기작의 구분

Recombination Process	Criterion: Cell Contact Required?	Criterion: Sensitive to DNase?
Transformation	no	yes
Conjugation	yes	no
Transduction	no	no

형질전환

프레데릭 그리피스(Frederick Griffith)는 1928년에 *Streptococcus pneumoniae*(폐렴쌍구균)에서의 형질전환을 발견하였다. 폐렴쌍구균도 다른 생물체와 같이 여러 표현형의 유전적 다양성을 보인다(표 8.2). 그리피스의 형질전환 실험에서 다루어진 두 가지 중요한 표현형적 특징은 (1) 균체를 싸고 있는 다당류(복잡한 당 중합체) 협막의 존재 유무와 (2) 협막의 종류 즉, 협막에 존재하는 다당류의 특이적 분자 조성이다. 폐렴쌍구균을 배양 접시에서 혈액을 함유한 한천 배지에 키웠을 때, 협막이 있는 균은 크고 매끈한 콜로니를 형성하기 때문에 S형으로 표시한다(■ 그림 8.10). 협막으로 싸여진 폐렴쌍구균은 병원성(pathogenic)으로, 인간이나 쥐와 같은 포유류에 폐렴을 일으킨다. 병원성 S형 폐렴쌍구균은 10^7 세포 당 하나의 비율로 다당류 협막이 없는 비병원성의 돌연변이체로 전환된다. 혈액을 포함한 한천 배지에서 키웠을 때, 협막이 없는 비병원성 폐렴쌍구균은 작고 거친 표면의 콜로니를 형성하기 때문에 R형으로 표시한다(그림 8.10). 다당류 협막은 백혈구의 공격으로부터 박테리아 세포가 파괴되지 않게 보호하기 때문에 병원성을 나타내는 데 꼭 필요한 요소이다. 협막이 존재할 때는 이들은 다당류의 분자 조성과 궁극적으로 세포의 유전자형에 따라 몇 가지 다른 항원의 유형(유형 I, II, III 등)으로 나누어진다.

서로 다른 협막의 표현형은 면역학적으로 결정할 수 있다. 만약 II형 세포를 토끼의 혈관에 투여한다면, 토끼의 면역계는 II형 세포와 특이적으로 반응하는 항체를 만든다. 이러한 II형 항체는 II형의 폐렴쌍구균과 응집되나, I형이나 III형 균과는 응집되지 않는다.

그리피스는 예상치 못한 실험 결과를 얻었는데, 그것은 열처리로 죽인 IIIS형 폐렴쌍구균(살았을 경우 병원성)과 살아 있는 IIR형 폐렴쌍구균(비병원성)을 섞어서 생쥐에 주사하면 많은 생쥐가 감염되어 죽게 되며, 또한 죽은 생쥐에서는 살아 있는 IIIS형이 발견된 것이다(■ 그림 8.11). 열처리된 IIIS형 균주만을 생쥐에 주사하였을 경우는 죽지 않았다. 따라서 발견된 병원성은 열처리시 죽지 않은 IIIS형 세포에 의한 것은 아니었다. 생쥐 사체로부터 회수된 살아있는 병원성의 폐렴쌍구균은 III형의 다당류 협막을 가지고 있었다. 이러한 결과는 협막이 없는 R형 세포가 돌연변이를 일으켜 협막이 있는 S형 세포로 되돌아간 돌연변이에 기인할 수 있다. 그러나 그러한 돌연변이가 일어난다면 그 결과로 생기는 세포는 IIIS형이 아니라 IIS형이 되어야 할 것이다. 따라서 비병원성 IIR 세포의 병원성 IIIS 세포로의 형질전환은 돌연변이에 의해서는 설명될 수 없다. 그 대신에 죽은 IIIS 세포의 일부 구성 요소("형질전환 핵심물질")가 살아있는 IIR 세포를 IIIS형으로 전환시킨 것이 틀림없다.

리차드 시아(Richard Sia)와 마틴 도손(Martin Dawson)이 1931년에 수행한 실험에서, 그리피스에 의해 기술된 형질전환으로 불리는 현상이 살아있는 숙주에 의해 매개되는 것이 아님을 밝혔다. 살아있는 IIR 세포를 열처리로 죽인 IIIS 세포와 함께 시험관에 넣고 키웠을

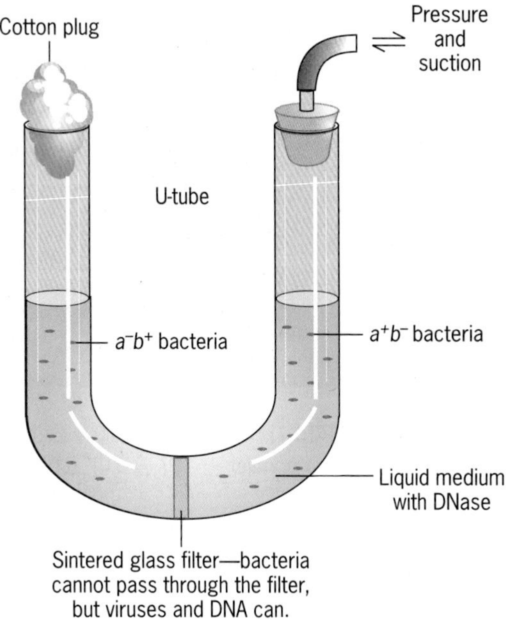

■ 그림 8.9 세균에 대한 U-튜브 배양 실험. U-튜브는 재조합이 일어날 때 세포간의 접촉이 요구되는지를 결정하는 데 사용된다. 유전자형이 서로 다른 세균을 세포간의 접촉이 억제되는 유리 필터로 분리된 튜브 양쪽 팔 안의 배지에 배양한다. 만약 재조합이 일어난다면, 그것은 접합은 아니다.

표 8.2

혈액 한천배지에서 배양된 *Streptococcus pneumoniae* 균주의 특징

	Colony Morphology				Reaction with Antiserum Prepared Against	
Type	Appearance	Size	Capsule	Virulence	Type IIS	Type IIIS
IIR[a]	Rough	Small	Absent	Avirulent	None	None
IIS	Smooth	Large	Present	Virulent	Agglutination	None
IIIR[a]	Rough	Small	Absent	Avirulent	None	None
IIIS	Smooth	Large	Present	Virulent	None	Agglutination

[a] Although Type R cells are nonencapsulated, they carry genes that would direct the synthesis of a specific kind (antigenic Type II or III) of capsule if the block in capsule formation were not present. When Type R cells mutate back to encapsulated Type S cells, the capsule Type (II or III) is determined by these genes. Thus, R cells derived from Type IIS cells are designated Type IIR. When these Type IIR cells mutate back to encapsulated Type S cells, the capsules are of Type II.

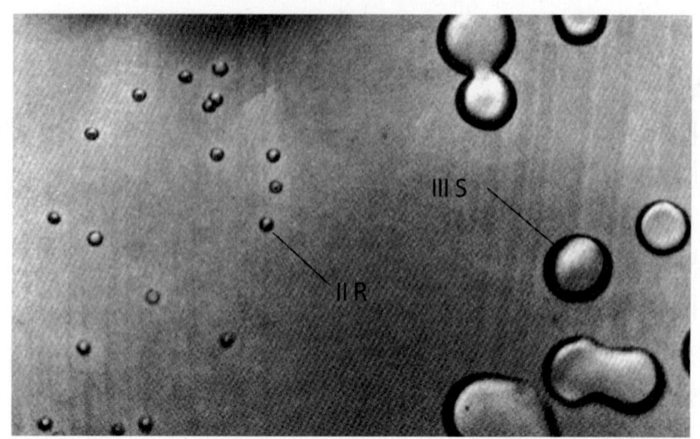

■ 그림 8.10 그리피스가 1928년에 실험에 사용한 두 폐렴쌍구균(*Staphylococcus pneumoniae*) 균주의 콜로니 표현형.

때도 동일한 현상이 관찰되었다. Griffith의 실험에서 형질전환된 IIIS형의 표현형은 자손 세포에도 전달되었기 때문에(즉, 세포의 유전자형에 있어 영구히 유전될 수 있는 변화로 봄), 형질전환의 설명은 폐렴균의 유전학적 기초를 결정하는 중요한 무대를 제공했다. 실제로, 1944년에 오스왈드 에버리(Oswald Avery), 콜린 맥로드(Colin MacLeod) 및 맥클린 맥카티(Maclyn McCarty)에 의해 유전 정보는 단백질이 아니라 DNA에 저장된다는 첫 번째 증거가 폐렴균의 형질전환 실험으로부터 나왔다. 유전 물질로서 DNA임을 밝힌 형질전환 실험의 결정적인 역할에 대해서는 제9장에서 논의하게 될 것이다.

형질전환의 기작은 *S. pneumoniae*, *Bacillus subtilis*, *Haemophilus influenzae* 및 *Neisseria gonorrhoeae*에 대해 상세히 연구되었다. 기본적인 기작은 4종에서 비슷하지만, 각 종마다 기작의 차이는 존재한다. *S. pneumoniae*와 *B. subtilis*는 어떤 생물로부터 유래한 DNA도 받아들이지만, *H. influenzae*와 *N. gonorrhoeae*는 자기 자신의 DNA이거나 가까운 유연관계에 있는 종으로부터 유래한 DNA만 받아들일 수 있다. *H. influenzae*와 *N. gonorrhoeae*는 특이적 짧은 염기서열(*Haemophilus*는 11 bp, *Neisseria*는 10 bp로 구성됨)을 포함한 DNA만을 받아들인다. 이 특이 반복 서열은 각각의 유전체에 대략 600개 정도 존재한다.

비록 세균이 환경으로부터 DNA를 받아들이는 능력을 보유하지만, 모든 세포가 그런 능력을 보유하는 것은 아니다. DNA를 받아들이는 데 요구되는 단백질을 만드는 유전자가 발현되는 세포에서만 일어난다. 이와 같은 세균을 **수용성(competent)**이 있다고 하며, 형질전환 과정을 매개하는 단백질을 **수용성 단백질(competence proteins)**이라고 한다. 세균은 성장 곡선의 후기(세포 농도는 높지만 세포 분열이 멈추기 전 단계)에 수용성을 보인다. 세포가 수용성을 획득하는 기작에 대해서는 *B. subtilis*에서 가장 잘 연구되었다. 수용성 페로몬이라 불리는 작은 펩티드가 세포에 의해 분비되고 높은 세포 농도에 의해 축적될 때 수용성을 가지는 것으로 밝혀졌다. 페로몬의 높은 농도는 형질전환 과정을 수행하기 위해 필요한 단백질을 만드는 유전자의 발현을 유도한다.

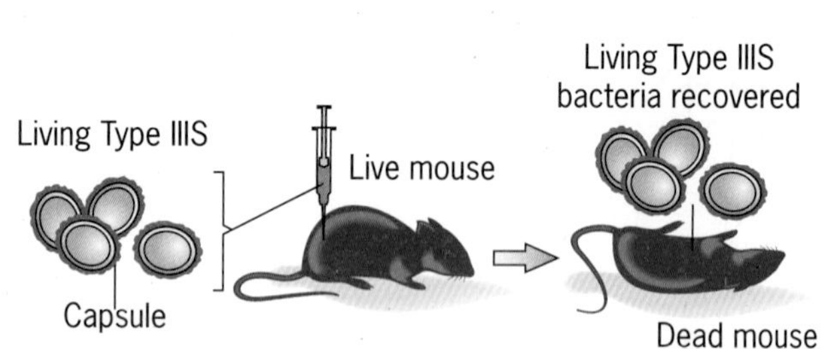

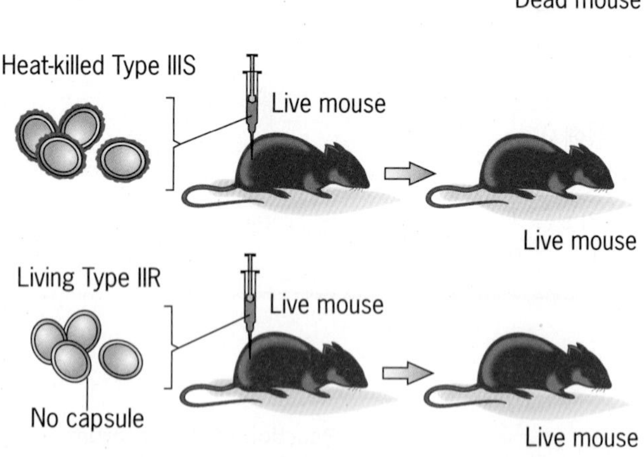

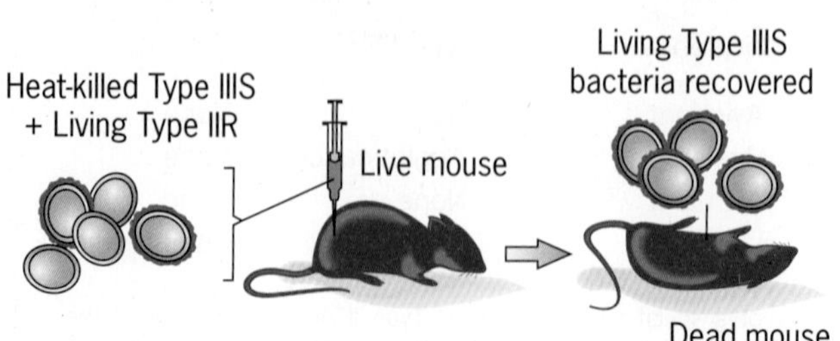

■ 그림 8.11 그리피스에 의한 *Staphylococcus pneumoniae*의 형질전환 발견.

*B. subtilis*에서 일어나는 형질전환 기작에 대해 상세히 알아보자(■ **그림 8.12**). 수용성 유전자들은 여러 개가 뭉쳐 있는 클러스터로 존재하며, 각 클러스터는 *A*, *B*, *C*와 같은 문자로 표기된다. 각 클러스터에 존재하는 첫 번째 유전자는 *A*, 두 번째는 *B*의 방식으로 표시한다. 따라서 다섯 번째 클러스터의 첫 번째 유전자에 의해 암호화된 단백질은 ComEA로 표기된다. ComEA와 ComG 단백질은 수용성 세포의 표면에서 이중나선 DNA에 결합한다. 결합된 DNA는 ComFA DNA 트랜스로케이즈(DNA translocase: DNA를 이동시키는 효소)에 의해 세포 속으로 끌려 들어가면서, 한 가닥의 DNA는 디옥시리보뉴클레아제(deoxyribonuclease: DNA 분해 효소)에 의해 분해되고, 다른 가닥은 단일가닥-DNA 결합단백질과 RecA 단백질(재조합에 필요한 단백질)의 결합에 의해 분해로부터 보호된다. 재조합을 매개하는 RecA와 다른 단백질들의 도움으로 단일가닥 형질전환 DNA는 수용체 세포의 염색체로 접근하고, DNA의 상보적 가닥과 결합한 후 해당 가닥과 교체된다. 교체된 수용체 DNA가닥은 분해된다. 만약 공여체 세포와 수용체 세포가 한 유전자의 서로 다른 대립유전자를 가진다면, 형성된 재조합 이중가닥 DNA는 각 가닥이 각각의 대립유전자를 가지게 된다. 이와 같은 형태의 DNA 이중나선은 **이형이중가닥(heteroduplex**: "heterozygous" double helix)으로 불리는데, 복제될 때 두 개의 상동이중가닥(homoduplex)으로 분리된다.

형질전환 동안 수용성 세포에 의해 받아들여지는 DNA 분자는 대개 완전

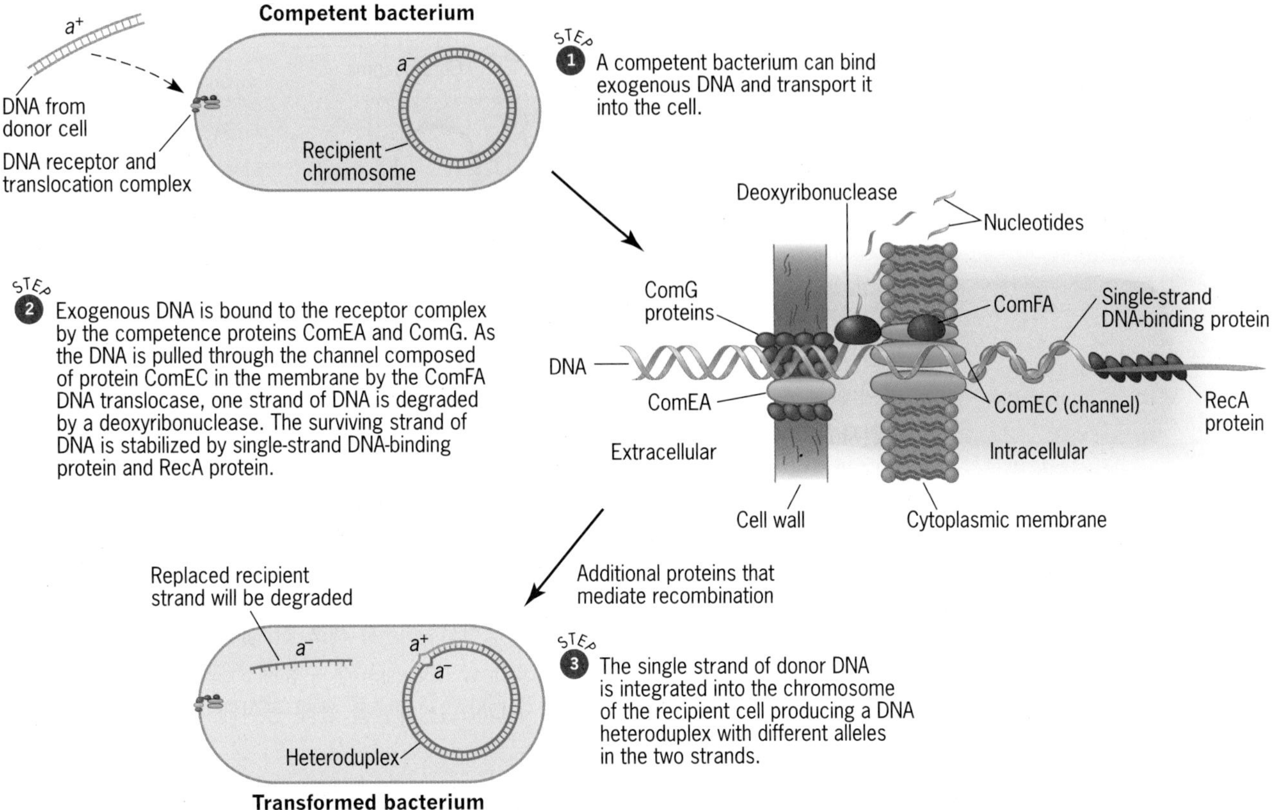

Competent bacterium
a+
a−
DNA from
donor cell
DNA receptor and
translocation complex
Recipient
chromosome
STEP 1 A competent bacterium can bind
exogenous DNA and transport it
into the cell.
Deoxyribonuclease
Nucleotides
STEP 2 Exogenous DNA is bound to the receptor complex
by the competence proteins ComEA and ComG. As
the DNA is pulled through the channel composed
of protein ComEC in the membrane by the ComFA
DNA translocase, one strand of DNA is degraded
by a deoxyribonuclease. The surviving strand of
DNA is stabilized by single-strand DNA-binding
protein and RecA protein.
ComG
proteins
ComFA
Single-strand
DNA-binding protein
DNA
ComEA
ComEC (channel)
RecA
protein
Extracellular
Intracellular
Cell wall
Cytoplasmic membrane
Replaced recipient
strand will be degraded
Additional proteins that
mediate recombination
a−
a+
a−
STEP 3 The single strand of donor DNA
is integrated into the chromosome
of the recipient cell producing a DNA
heteroduplex with different alleles
in the two strands.
Heteroduplex
Transformed bacterium

■ 그림 8.12 *Bacillus subtilis*의 형질전환 기작. 수용성 세균은 외부 DNA와 결합하여 세포 속으로 이동시키는 DNA 수용체/위치이동 복합체를 가지며, DNA-결합 복합체는 수용체 세포의 염색체 DNA와 다시 결합한다. ComEA, EC, FA, 및 G는 수용성 단백질로서, 오로지 수용성 세포에서만 합성된다. 더 상세한 내용은 본문을 참조하기 바람.

한 염색체의 0.2~0.5%에 해당된다. 따라서 두 유전자가 매우 가깝게 위치하지 않으면, 동일한 형질전환 DNA 분자 내에 같이 존재할 수 없다. 두 유전자의 이중 형질전환(즉, a^+b^+ 공여체와 a b 수용체를 이용하여 a를 a^+로 b를 b^+로 전환시킬 경우)은 독립적인 두 번의 형질전환 사건을 요구한다. 이와 같은 두 독립적인 형질전환 사건이 동시에 일어날 가능성은 각 사건이 일어날 가능성의 곱과 같다. 반대로 두 유전자가 가깝게 연관되어 하나의 형질전환 DNA 분자 속에 담겨 옮겨진다면 이중 형질전환체는 훨씬 높은 빈도로 관찰될 것이다. 두 유전적 마커가 동시에 형질전환되는 빈도는 숙주 염색체 상에서 서로가 얼마나 떨어져 있는지를 측정하는 데 사용된다.

접합

대장균은 유전학 연구에서 가장 널리 이용되는 세균이지만 정상적으로 형질전환을 일으키지 않는다. 그렇다면, 대장균 세포 간에도 어떤 유전자 전달의 기작이 있지 않을까? 이 질문에 대한 대답은 "예"이다. 1946년, 조수아 레더버그(Joshua Lederberg)와 에드워드 L. 타튬(Edward L. Tatum)은 접합이라는 기작으로 *E. coli*가 유전자를 전달함을 관찰하였다. 우리는 *E. coli*의 접합 발견의 중요성을 Student Companion 사이트의 "유전학의 이정표: 대장균의 접합"에서 다루었다. 접합은 세균들의 유전적 지도 작성과 그 밖의 유전적 연구에 매우 중요한 도구임이 입증되었다.

접합 동안 특별한 세포 간 채널이 두 세포 간에 형성되어, DNA가 공여체 세포에서 수용체 세포로 전달된다(■ **그림 8.13**). 접합의 과정이 일어나는 동안 공여체 세포와 수용체 세포들은 직접적인 접촉을 하고 있음

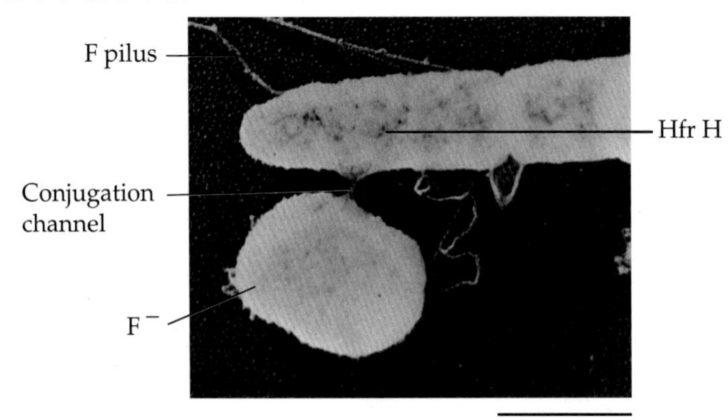

■ 그림 8.13 대장균의 접합. Hfr H 세포와 F⁻ 세포 간의 접합을 보여주는 Thomas F. Anderson의 전자현미경 사진. 공여체 및 수용체 세포는 접합 과정 동안 실제로 더 가깝게 밀착되어 있다. 사진에서 보여주는 접합 채널은 현미경 사진 촬영을 위한 처리과정에서 늘어났다.

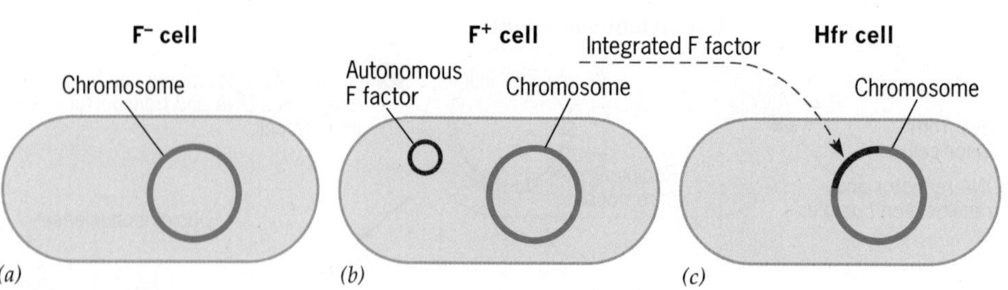

■ 그림 8.14 *E. coli*의 F 인자: F⁻, F⁺ 및 Hfr 세포. (*a*) F⁻ 세포는 F 인자를 가지지 않는다. (*b*) F⁺ 세포는 염색체와 독립적으로 복제하는 F 인자를 가진다. (*c*) Hfr 세포는 염색체 내로 공유결합에 의해 삽입되어 통합된 F 인자를 가진다.

을 명심하기 바라며, 그림 8.13에서 관찰되는 두 세포가 분리된 것처럼 보이는 모습은 현미경 표본을 제작하는 과정 동안 가해진 힘 때문이다.

공여체 세포는 F-성선모(F-pilus)로 불리는 세포 표면 부속물을 가진다. F-성선모의 합성은 **F 인자**(*f*ertility *factor*)로 불리는 작은 환형 DNA 분자 내에 존재하는 유전자에 의해 조절된다. 대부분의 F 인자의 크기는 대략 105 bp 정도이다(그림 8.20 참조). F 인자를 가지는 세균은 유전자를 다른 세균에게 전달할 수 있다. 공여체 세포의 성선모는 F 인자가 결핍된 수용체 세포에 접촉한 후 두 세포가 당겨져 가깝게 붙게 된다. 과거에는 DNA가 성선모를 통해 공여체 세포에서 수용체 세포로 이동하는 것으로 여겼다. 그렇지만, 최근의 실험 결과는 그 예상이 옳지 않은 것으로 밝혀졌다. 성선모는 단지 세포 간 접촉을 확립하는 데 관여하고 DNA 전달과는 관계가 없다. 성선모가 공여체 세포와 수용체 세포를 함께 모으면, 접합 채널이 두 세포 간에 형성되고, 이어서 DNA는 채널을 통해 공여체 세포에서 수용체 세포로 전달된다.

F 인자는 다음 두 가지 상태로 존재할 수 있다: 즉, (1) 세균 염색체와는 독립적으로 복제되는 "*자율 상태*(*autonomous state*)" 및 (2) 세균 염색체에 공유결합으로 삽입되어 염색체의 다른 부위와 함께 복제되는 "*통합 상태*(*integrated state*)"이다(■ 그림 8.14). 이런 특징을 보이는 유전적 인자를 에피솜(episome)이라 부른다(이 장의 뒷 부분에서 플라스미드와 에피솜에 대해 논의하게 될 것이다). 자율 상태의 F 인자를 가진 공여체 세포를 **F⁺ 세포(F⁺ cell)**라 부른다. F 인자가 결핍된 수용체 세포는 F⁻ 세포로 불린다. F⁺ 세포가 F⁻ 세포와 접합(교배)하게 되면, 단지 F 인자만 전달된다. F 인자는 전달되는 동안 복제되기 때문에 공여체와 수용체 세포 모두는 하나의 F 인자를 갖게 되므로 두 세포가 모두 F⁺ 세포가 된다. 따라서 F⁺ 세포 집단을 F⁻ 세포 집단과 섞어두면, 거의 모든 세포들이 F 인자를 획득한다.

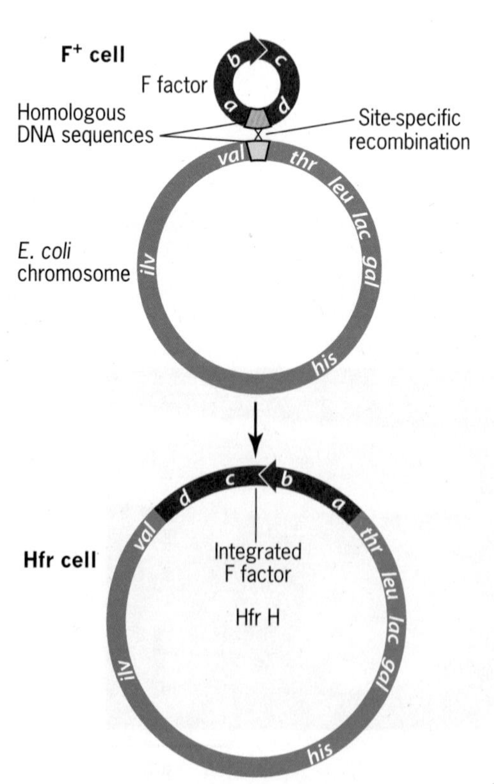

■ 그림 8.15 자율상태 F 인자의 통합에 의한 Hfr 세포의 형성. F 인자와 염색체에 존재하는 상동 DNA서열 간의 부위-특이적 재조합에 의해 F 인자는 공유결합으로 염색체 안으로 삽입된다.

F 인자는 부위-특이적 재조합 사건에 의해 세균의 염색체 속으로 통합되어질 수 있다(■ 그림 8.15). F 인자의 통합은 F 인자와 세균의 염색체 모두에 많은 카피로 존재하는 짧은 DNA서열에 의해 매개된다. F 인자의 통합은 F 인자와 세균 염색체 모두에 다수로 존재하는 짧은 DNA서열에 의해 매개된다. 따라서 F 인자는 세균 염색체의 다른 여러 부위에 삽입될 수 있다. 통합된 F 인자를 가진 세포를 **Hfr 세포**(*h*igh-*f*requency *r*ecombination)라 부른다. 통합 상태에서 F 인자는 접합 동안 Hfr 세포에서 수용체(F⁻) 세포로 염색체의 전달을 매개한다. 세포들은 염색체가 완전히 전달하기 이전에 대부분 서로 분리되기 때문에, 완전한 염색체가 Hfr 세포에서 수용체 세포로 전달되는 경우는 매우 드물다.

접합 동안 공여체 세포에서 수용체 세포로의 DNA를 전달하는 기작은 F⁺ × F⁻ 교배에서 F 인자만의 전달 과정이나 Hfr × F⁻ 교배에서 세균의 염색체가 전달되는 과정은 동일한 것으로 보인다. 전달은 *oriT*(*ori*gin of *t*ransfer)로 불리는 특정 부위에서 개시된다. *oriT*는 F 인자에서 DNA 복제를 개시하는 세 부위 중의 하나다. 다른 두 부위는 *oriV*와 *oriS*로 세포 분열 동안 복제를 개시하지만 접합 동안에는 복제를 개시하지 않는다. *OriV*는 세포가 이분법으로 분열하는 동안 작용하는 1차적인 복제 기원 서열이며, *oriS*는 *oriV*가 없거나 기능을 나타내지 못할 때 활동하는 2차적인 복제 기원이다.

접합 동안 환형 DNA 분자의 한 가닥이 어떤 효소에 의해 *oriT* 부위에서 절단되고, 한 끝이 접합 세포들 간에 형성된 채널을 통해 수용체 세포로 전달된다(■ 그림 8.16). F 인자나 F 인자를 포함하는 Hfr 염색체는 전달되는 동안 '*회전환 복제*(*rolling-circle replication*)' 기작에 의해 복제되는데, 복제 동안 환형 DNA 분자는 "회전"하기 때문이다(제10장의 그림 10.30 참조). 접합 동안 한 카피의 공여체 염색체가 공여체 세포 내에서 합성되고, 공여체 DNA의 전달된 가닥은 수용체 세포 내에서 복제된다.

Hfr × F^- 교배에서 DNA 전달은 통합된 F 인자 내에서 개시되기 때문에, 부분적 F 인자의 전달이 염색체 전달에 앞서 먼저 이루어진다. 나머지 F 인자는 염색체 유전자들 이후에 전달된다. 그래서 수용체 세포는 완전한 Hfr 염색체가 전달되는 드문 경우에만, 완전한 F 인자를 획득하고 Hfr 세포로 전환된다.

다양한 접합에 대한 세밀한 실험은 주로 Hfr H(이 균주를 분리한 영국의 미생물 유전학자 William Hayes의 이름 첫 글자를 따옴)로 불리는 특별한 Hfr 균주를 사용하여 수행되어졌다. 이 균주에서는 그림 8.15에서 보여주듯이 F 인자가 *thr*(threonine) 및 *leu*(leucine) 좌위와 가깝게 통합되어져 있다. 파리에 위치한 파스퇴르연구소에서 근무한 엘리 울만(Elie Wollman)과 프랜코이스 자콥(François Jacob)은 1957년에 유전자형이 thr^+ leu^+ azi^s ton^s lac^+ gal^+ str^s인 Hfr H 세포와 유전자형이 thr^- leu^- azi^r ton^r lac^- gal^- str^r인 F^- 세포 간의 교배를 통해 접합 과정에 대한 새로운 지식을 얻을 수 있었다. *thr* 유전자와 및 *leu* 유전자는 각각 아미노산 트레오닌과 루이신 합성에 관여한다. 대립유전자 azi^s/azi^r, ton^s/ton^r, 및 str^s/str^r는 각각 sodium azide, 박테리오파지 T1 및 streptomycin에 대한 민감성(s)과 저항성(r)을 조절한다. 대립유전자 lac^+/lac^- 및 gal^+/gal^-는 각각 에너지원으로 락토오스와 갈락토오스를 이용하거나(+) 이용하지 못함(−)을 조절한다.

F^+ donor cell
F^- recipient cell
F factor
Pilus
Donor chromosome
Recipient chromosome
STEP 1 The F pili of the F^+ donor cell make contact with the F^- recipient cell and pull the cells together. Genes on the F factor direct the synthesis of the conjugation bridge. One strand of DNA is cleaved at the origin of replication of the F factor.
Origin
Conjugation bridge provides channel between cells
STEP 2 Rolling-circle replication transfers one strand of the F factor into the recipient cell. Replication of the F factor occurs in both cells (one strand is synthesized in each cell) during transfer.
Rolling-circle replication
Replication
STEP 3 Transfer of the F factor is completed, yielding two F^+ bacteria.
F^+ cell
F^+ cell

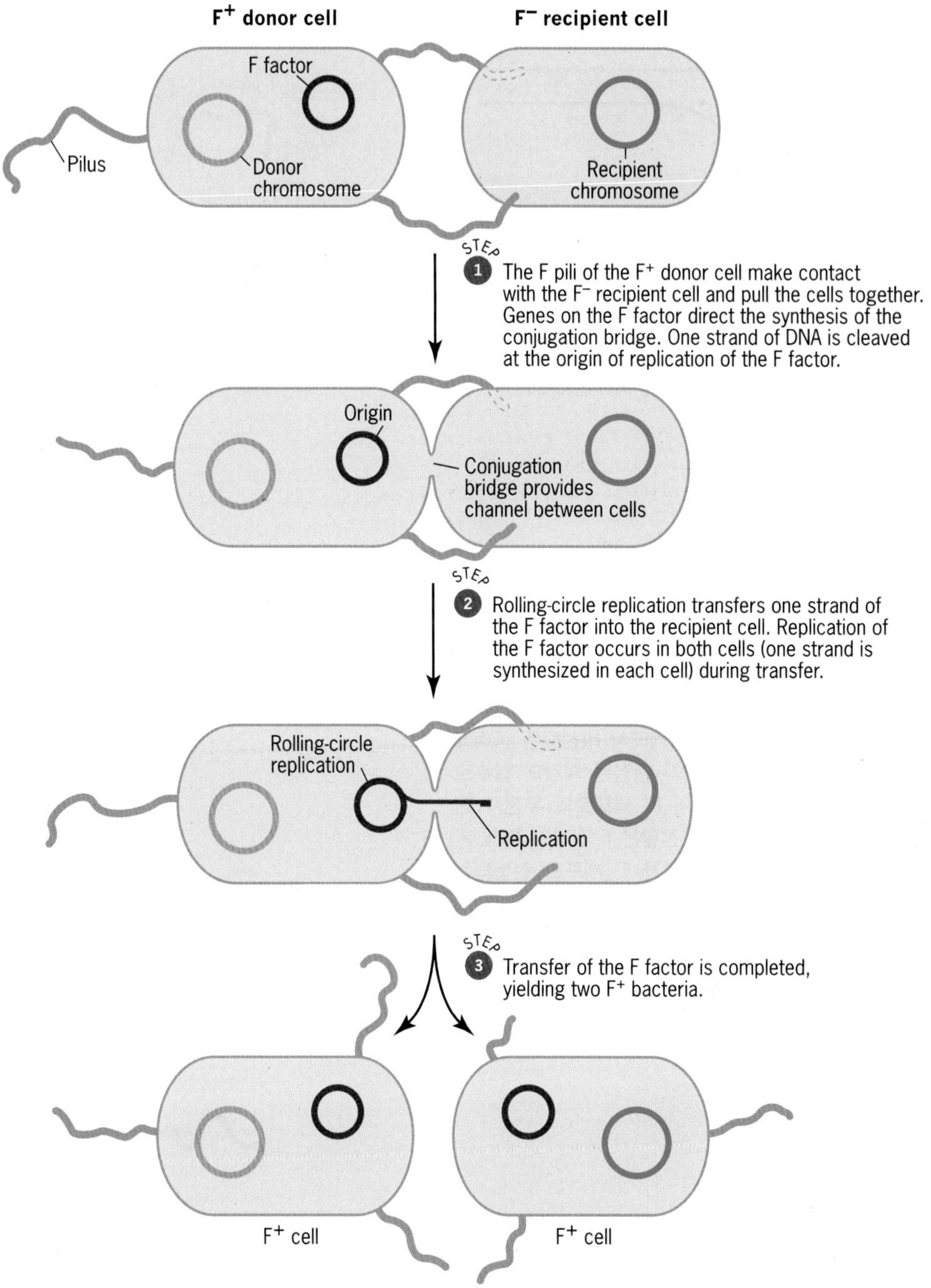

■ 그림 8.16 F^+ 세포와 F^- 세포간의 교배. 공여체 세포의 F 인자는 F^+ 세포에서 F^- 세포로의 전달 과정 동안 복제된다. 전달 과정이 끝나면, 각 세포는 하나의 F 인자 복사체를 가지게 된다.

Hfr H와 F^- 세포를 섞어서 교배를 개시시킨 다음 다양한 시간이 경과된 후, 접합 다리를 파괴시켜 접합 세포가 서로 떨어지게 하기 위해서 세포를 믹서에 넣고 심하게 흔들었다. 갑작스럽게 교배가 중단된 세포들은 아미노산 트레오닌과 루이신은 결핍되고 streptomycin이 함유된 배지로 옮겨졌다. Hfr H 부모의 thr^+ 및 leu^+ 유전자와 F^- 부모의 str^r 유전자를 가진 재조합 세포만이 이 *선택 배지*에서 자랄 수 있다. Hfr H 공여체 세포는 streptomycin에 의해 죽을 것이고, F^- 수용체 세포는 트레오닌과 루이신 없이는 자랄 수 없다.

thr^+ leu^+ str^r 표현형의 재조합체 콜로니는 어떤 다른 공여체의 유전적 마커들이 존재하는지를 확인하기 위해 서로 다른 다양한 선택배지들로 옮겨졌다(제13장의 그림 13.15 참조). 울만과 자콥은 다양한 선택배지에 재조합체가 각 마커 유전자에 대해 공여체 혹은 수용체 대립유전자 중 어느 것을 가졌는지를 결정하기 위해 특정 영양분들을 포함시켰다. Sodium azide를 포함한 배지는 azi^s와 azi^r 세포를 분리하기 위해 사용되어졌다. 박테리오파지 T1을 포함한 배지는 ton^s와 ton^r를 분리하기 위해 사용되어졌다. 유일한 탄소원으로 락토오스를

Summary of the results

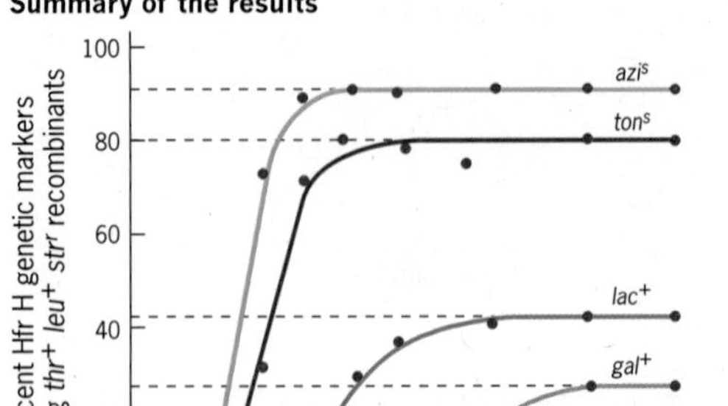

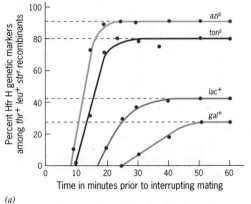

(a)

Interpretation of the results

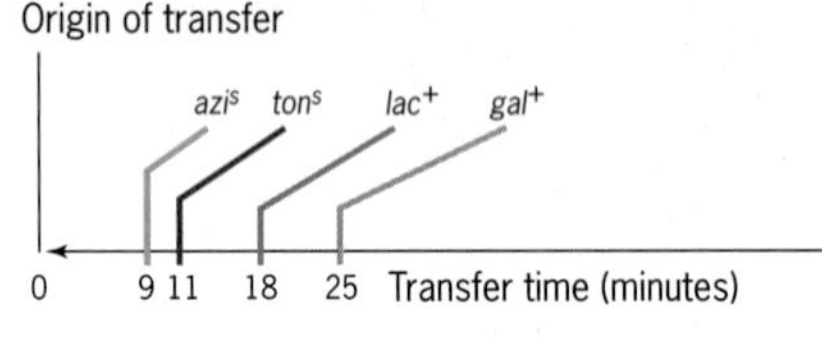

(b)

■ 그림 8.17 울만과 자콥의 고전적인 단절교배 실험. (a) thr^+ leu^+ str^r 재조합체에서 비선택된 공여체 대립유전자의 빈도는 교배가 단절된 시간의 함수로 나타난다. (b) Hfr 세포에서 F^- 세포로의 유전자 전달에 기초한 결과의 해석. 전달은 F 인자의 복제 기원에서 개시되며, 한 유전자가 F^- 세포로 전달되는 시간은 F 인자와의 거리에 의존한다.

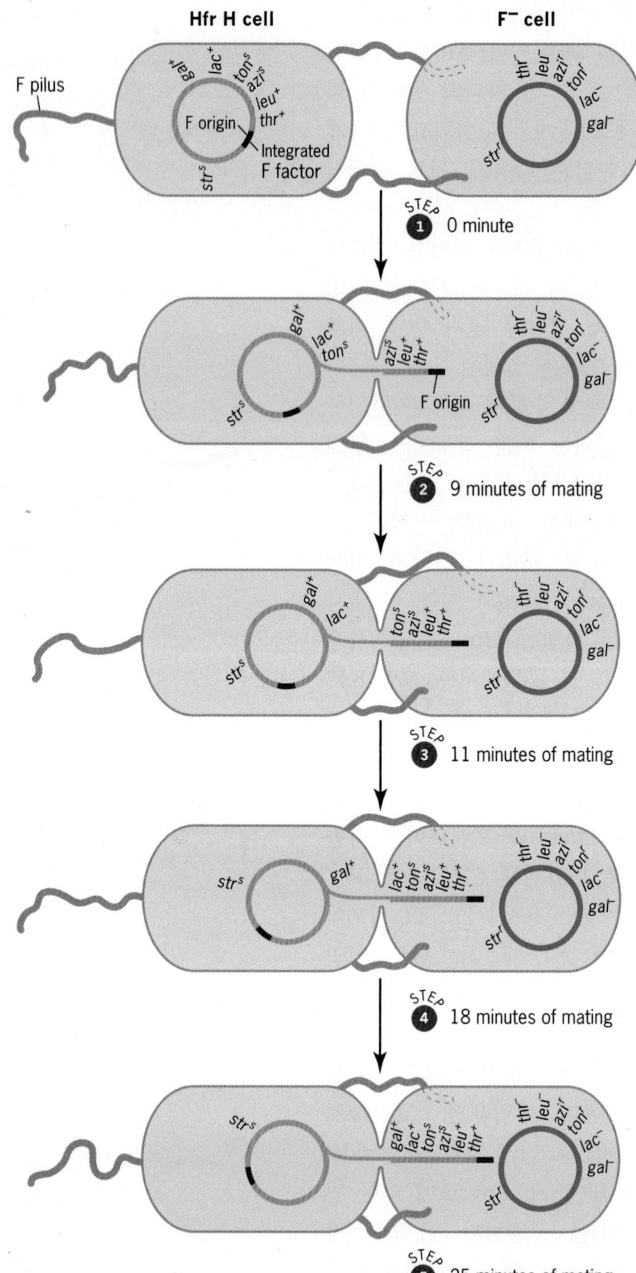

■ 그림 8.18 울만과 자콥의 단절교배 실험 결과의 해석. 유전자의 수평 전달이 공여체(Hfr H) 세포에서 수용체(F^-) 세포로 일어난다. 전달의 시작은 통합된 F 인자 속에 존재하는 복제기원에서 시작되며, 염색체상의 위치에 따른 배열 순서로 전달된다. 염색체는 전달 과정 동안 복제되므로, Hfr과 F^- 세포 모두는 전달된 DNA의 복사체를 가진다.

함유한 배지는 lac^+와 lac^-를, 유일한 탄소원으로 갈락토오스를 함유한 배지는 gal^+과 gal^-을 분리하기 위해 사용되어졌다.

Hfr H와 F^- 세포를 섞어서 교배시킨 후 8분 이전에 접합을 중단시키면, thr^+ leu^+ str^r 재조합체는 검출되지 않았다. thr^+ leu^+ str^r 재조합체는 8분 30초에 처음으로 출현하였으며, 그 후 몇 분이 더 지속되는 동안 최고의 출현 빈도를 보였다. 공여체와 수용체 세포를 혼합시킨 후 다양한 시간 후에 다른 공여체 마커가 재조합체에 존재하는지를 조사하였을 때, 공여체 세포에서 수용체 세포로의 유전자 전달은 특별한 시간적 순서를 보였다(**■ 그림 8.17**). Hfr H azi^s 유전자는 Hfr H와 F^- 세포의 교배 후 대략 9분에 재조합체에서 발견되었다.

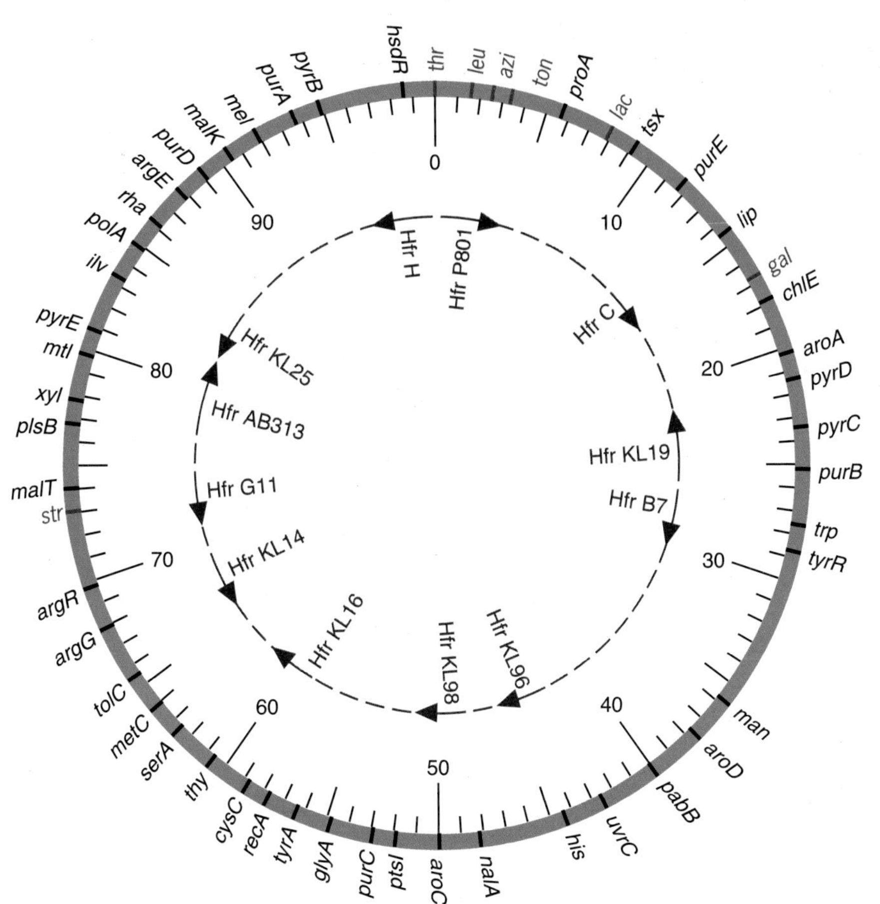

■ 그림 8.19 *E. coli*의 환형 연관 지도. 안쪽 원은 선별된 Hfr 균주에서 F 인자의 삽입 부위를 보여준다. 화살표는 Hfr에 의한 전달이 시계 방향인지 반시계 방향인지를 표시한다. 바깥 원은 선별된 유전자들의 위치를 보여준다. 지도는 100 단위로 나누어졌는데, 각 단위는 1분간의 접합 동안 전달되는 DNA의 길이이다. 빨간색으로 표시된 유전자들은 울만과 자콥의 유명한 단절교배 실험에 사용되었던 유전자들이다(그림 8.17 및 8.18 참조).

ton^{s}, *lac*$^{+}$, 및 *gal*$^{+}$ 마커는 각각 교배 후 11, 18 및 25분경에 처음으로 출현되었다. 이런 결과는 Hfr H로부터 F^{-} 세포로의 유전자 전달이 염색체 상에서 유전자 배열 순서를 반영한 특정한 시간적 전달 순서로 이루어짐을 시사한다(**■ 그림 8.18**).

다른 Hfr 균주를 대상으로 수행된 후속 연구들은 유전자 전달이 염색체의 다른 부위에서 개시될 수 있음을 밝혔다. 우리는 F 인자가 대장균 염색체의 많은 다른 부위에 삽입될 수 있고, 삽입의 부위에 의해서 어떤 유전자부터 전달될 것인지가 결정된다는 것을 알고 있다. 또한 F 인자 통합의 방향은(그림 8.15) 유전자의 전달이 *E. coli* 연관 지도에 대해 상대적으로 시계방향으로 이루어질지 혹은 반시계방향으로 이루어질 지를 결정한다(**■ 그림 8.19**).

Hfr에서 F^{-} 세포로의 완전한 염색체의 전달은 대략 100분이 소요되며, 전달 속도는 비교적 일정한 것으로 보인다. 1분의 유전적 거리는 표준 조건에서 1분의 접합 동안 전달되는 염색체 단편의 길이에 해당된다. 따라서 *E. coli*의 연관 지도는 100분의 간격으로 나누어진다(그림 8.19). 환형 지도에서 출발점에 해당되는 0분은 임의적으로 *thrA* 유전자로 지정되었다. 새로운 돌연변이가 *E. coli*에서 동정된다면, 염색체 상에서 그것의 위치는 먼저 접합 지도 작성으로 결정된다. 접합 지도에 대해 이해력을 향상시키고 싶다면, 이 장의 끝 부분에서 설명하고 있는 '문제 풀이 기술: 접합 데이터를 이용한 유전자 지도 작성'에서 유전자들의 염색체 위치를 유추해 보기 바란다. 더 정확한 지도는 형질전환이나 형질도입의 추가적인 실험을 통해 작성될 수 있다.

플라스미드와 에피솜

앞에서도 언급하였듯이, 세균의 유전물질은 하나의 주 염색체와 플라스미드로 불리는 하나 내지 여러 개의 작은 DNA 분자로 구성되어 있다. **플라스미드(plasmid)**는 염색체 외적인 요

문제 풀이 기술

접합 데이터로부터 유전자 지도 작성

문제

당신은 트립토판 아미노산을 합성하지 못하는 돌연변이체 *E. coli* 균주(Trp⁻)를 동정하였다. *E. coli* 염색체로부터 trp^- 돌연변이의 위치를 결정하기 위해 4종류의 다른 Hfr 균주를 사용하여 단절교배실험을 수행하였다. 모든 실험에서 Hfr 균주들은 해당 유전자의 우성 야생형 대립유전자를 보유하였으며, F^- 균주는 이 유전자에 대한 열성 돌연변이 대립유전자를 가지고 있었다. 다음 데이터는 마커 유전자의 야생형 대립유전자가 Trp^-F^- 균주로 들어가는 데 걸린 시간(분)을 괄호 속에 표시하고 있다. 해당되는 마커 유전자는 thr^+, aro^+, his^+, tyr^+, met^+, arg^+ 및 ilv^+(각 유전자는 아미노산 트레오닌, 방향족 아노산인 페닐알라닌과 트립토판, 히스티딘, 티로신, 메티오닌, 아르기닌, 이소루이신과 발린을 만드는 효소를 각각 암호화함), 및 man^+, gal^+, lac^+ 및 xyl^+(만노오스, 갈락토오스, 락토오스, 자이로스를 각각 에너지원으로 사용하는 대사에 관여함)이다.

Hfr A — man^+(1) trp^+(9) aro^+(17) gal^+(20) lac^+(29) thr^+(37)
Hfr B — trp^+(6) man^+(14) his^+(22) tyr^+(34) met^+(42) arg^+(48)
Hfr C — thr^+(3) ilv^+(20) xyl^+(25) arg^+(33) met^+(39) tyr^+(47)
Hfr D — met^+(2) arg^+(8) xyl^+(16) ilv^+(21) thr^+(38) lac^+(46)

아래의 *E. coli*의 환형 염색체 지도에 다음을 표시하라: (1) 각 유전자의 상대적인 위치, (2) 각 Hfr 균준에서 F 인자가 통합된 위치, (3) Hfr에 대해 염색체 전달의 방향(시계 혹은 반시계 방향을 화살표로 표시).

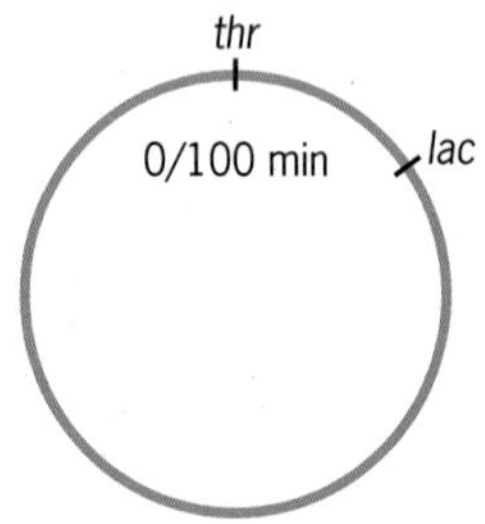

사실과 개념

1. *E. coli*의 염색체는 환형의 DNA 분자이다.
2. 염색체 DNA는 Hfr 공여체 세포에서 F^- 수용체 세포로 회전환 복제 기작에 의해 전달된다.
3. 회전환 복제와 염색체 유전자의 전달은 통합된 F 인자에 있는 복제 기점에서 개시된다.
4. 전달의 방향(시계 혹은 반시계 방향)은 Hfr 염색체에 있는 F 인자의 방향에 의해 결정된다.
5. F 인자는 *E. coli* 염색체의 여러 위치에 양 방향(시계 혹은 반시계 방향)으로 통합될 수 있다.
6. *E. coli* 염색체의 유전자 지도는 분(min)으로 표시되는데, 1분은 한 Hfr 균주로부터 F^- 균주로 1분 동안의 접합 동안 DNA가 전달된 길이를 의미한다.
7. Hfr 세포에서 F^- 세포로 완전한 염색체가 전달되는 데는 100분이 소요되므로, 완전한 환형 염색체의 연관 지도는 100분이다.
8. *E. coli* 염색체의 유전자 지도에서 *thr* 좌위를 임의로 "0"으로 표기하였으며, 연관 거리는 *thr*로부터 시계 방향으로 0에서 100분으로 증가한다.

분석과 해결

각 유전자가 Hfr 세포에서 F^- 세포로 전달되는 순서를 조사한다면, 각 경우에서 연속적인 순서를 확인하게 될 것이다.

서로 다른 Hfr 균주에 따른 유전자 전달의 순서에 상관없이, 인접 유전자와의 거리는 언제나 동일하다는 사실을 주목하라. 예로서, 실험에서 Hfr 균주로서 A나 B 중 어느 것을 이용했는지 관계없이 *man*과 *trp* 간의 거리는 8분이다. 실제로 4가지 Hfr 균주로부터 얻은 결과를 통합하고, *thr*을 "0"에 위치시키면, 아래에 볼 수 있는 것과 같은 환형 유전자 지도를 얻을 수 있다. 환형 지도는 *E. coli* 염색체 DNA가 환형이라는 사실도 만족시킨다.

더 많은 논의를 보고 싶으면 Student Companion 사이트를 방문하라.

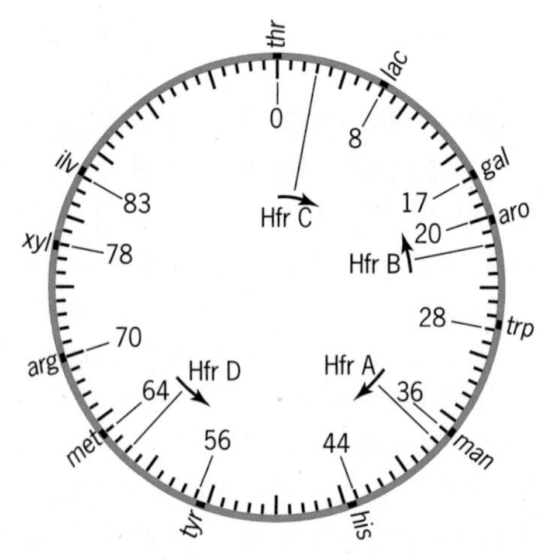

소로서 주 염색체와는 독립적으로 복제될 수 있는 유전적 요소이다. 대부분의 플라스미드는 숙주에 있어 필수적이지 않다. 즉, 세포의 생존과 직결되지 않는다. 그렇지만, 특정 환경적 조건하에서는 필수적이다. 예를 들어 항생제가 존재한다면, 그 항생제에 대한 저항성 유전자를 보유한 플라스미드는 생존을 위해 필수적일 것이다.

*E. coli*에는 F 인자, R 플라스미드 및 Col 플라스미드의 주요한 세 가지 유형의 플라스미드가 있다. F 인자에 대해서는 앞에서 논의하였다(접합 참조). R 플라스미드는 숙주 세포가 항생제나 다른 항세균성 약물에 대해 내성을 갖게 하는 유전자를 가진다. Col 플라스미드(이전에 colicinogenic factor로 불렸다)는 민감한 *E. coli* 세포를 죽이는 단백질을 만든다. 수많은 특징적인 Col 플라스미드가 알려져 있지만, 여기서는 더 이상 논의하지 않기로 한다.

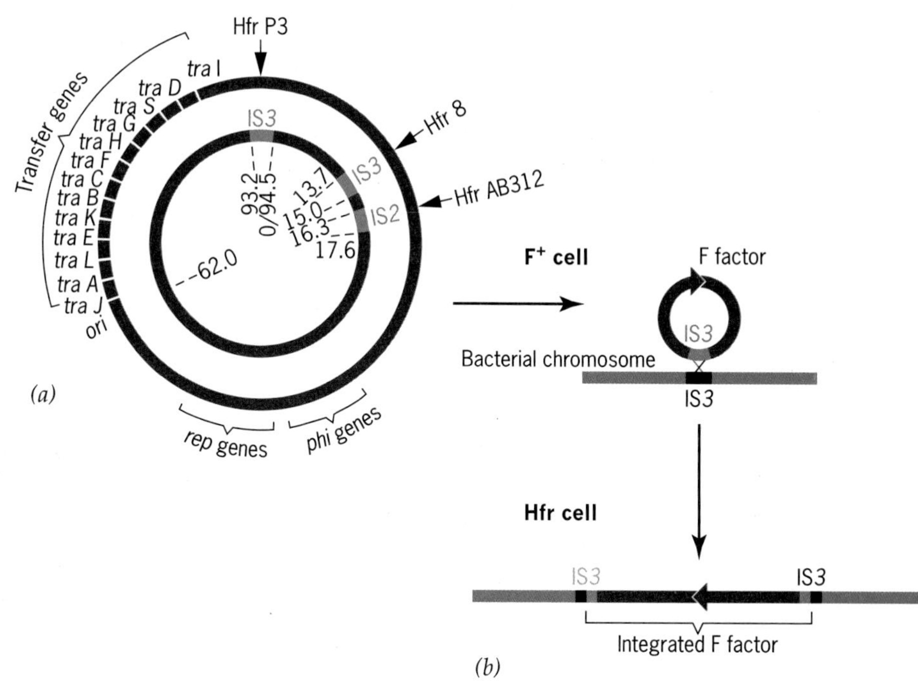

■ **그림 8.20** IS 인자는 F 인자의 통합을 매개한다. (a) *E. coli* 균주 K12에서 F 인자의 구조를 보여주는 간략하게 작성된 지도(단위: kb). 접합성 운반(*tra* 유전자), 전사(*rep* 유전자), 및 파지 성장의 억제(*phi* 유전자)에 관여하는 유전자의 위치를 3개의 IS 인자와 함께 보여주고 있다. 화살표는 각 해당되는 Hfr 균주의 형성 동안 F 인자의 통합을 매개한 특정 IS 인자를 나타낸 것이다. (b) IS 인자 간의 재조합은 F 인자를 세균 염색체 속으로 삽입시켜 Hfr을 유도한다.

일부 플라스미드는 숙주 세포가 접합을 할 수 있는 능력을 부여한다. 모든 F^+ 플라스미드, 많은 R 플라스미드 및 일부 Col 플라스미드가 이런 특징을 가지는데, 이런 것들을 접합성 플라스미드(conjugative plasmid)라 부른다. 다른 R 및 Col 플라스미드는 숙주 세포에게 접합하는 능력을 부여해 주지 못하는데, 이들은 비접합성 플라스미드(nonconjugative plasmid)라 부른다. 많은 R 플라스미드의 접합성은 항생제 및 약물 내성 유전자를 병원성 세균 집단 간에 급속하게 전파시키는 데 매우 중요한 역할을 한다. 숙주 세균이 여러 종류의 항생제에 대해 내성을 갖게 하는 R 플라스미드의 진화는 심각한 의료문제가 되었으며, 비치료 목적의 항생제 사용은 다중 약물 내성 세균의 빠른 진화에 기여해 왔다(On the Cutting Edge: 항생제-내성 세균 참조).

1958년, 프란코이스 자콥과 엘리 울만은 파리에 있는 파스퇴르 연구소에 근무하면서 F 인자와 다른 유전적 인자들의 독특한 특징을 확인하였다. 그들은 이런 특징을 가진 유전 인자들을 에피솜(episome)이라 불렀다. 자콥과 울만에 따르면, **에피솜**은 숙주에 비필수적이며, 독립적으로 복제하거나 숙주 세균의 염색체에 통합되는 유전 인자로 정의하였다. '*플라스미드*'와 '*에피솜*'이란 두 용어는 동의어가 아니다. 많은 플라스미드는 통합된 상태로 존재하지 못하기 때문에 에피솜이 아니다. 마찬가지로 많은 용원성 파지 염색체(예: 파지 λ 유전체)는 에피솜이지만 플라스미드는 아니다.

에피솜이 자신을 염색체 속으로 삽입시키는 능력은 삽입 서열(IS 인자)로 불리는 짧은 DNA서열의 존재에 의존한다. IS 인자는 에피솜과 세균 염색체 모두에 존재한다. 이 짧은 서열(대략 800 bp에서 1400 bp 길이를 보여줌)은 전이할 수 있다. 즉, IS는 한 염색체에서 다른 염색체로 옮겨갈 수 있다(제17장 참조). 또한 IS 인자들은 비상동적 유전적 요소들 간의 재조합도 매개한다. 에피솜의 통합을 매개하는 데 있어 IS 인자의 역할은 *E. coli*의 F 인자 예에서 잘 밝혀져 있다. F 인자와 세균 염색체에서 IS 인자 간의 재조합은 접합 동안 다른 기원과 방향을 가지는 Hfr을 형성시킨다(■ **그림 8.20**).

F' 인자와 반성도입

앞에서도 언급되었듯이, Hfr 균주는 염색체 내에 있는 IS 인자와 F 인자 내에 있는 IS 인자 간의 재조합에 의해 F 인자의 염색체 내로의 통합으로 생성된다(그림 8.20 참조). 재조합 사건은 가역적일까? 실제로, F^+ 세포가 Hfr 배양물에 존재하는데, 이것은 F 인자의 절제를 의미한다(그림 8.20*b*에서 보여주는 통합 사건의 역기작 존재 의미). 또한, ■ **그림 8.21**에서

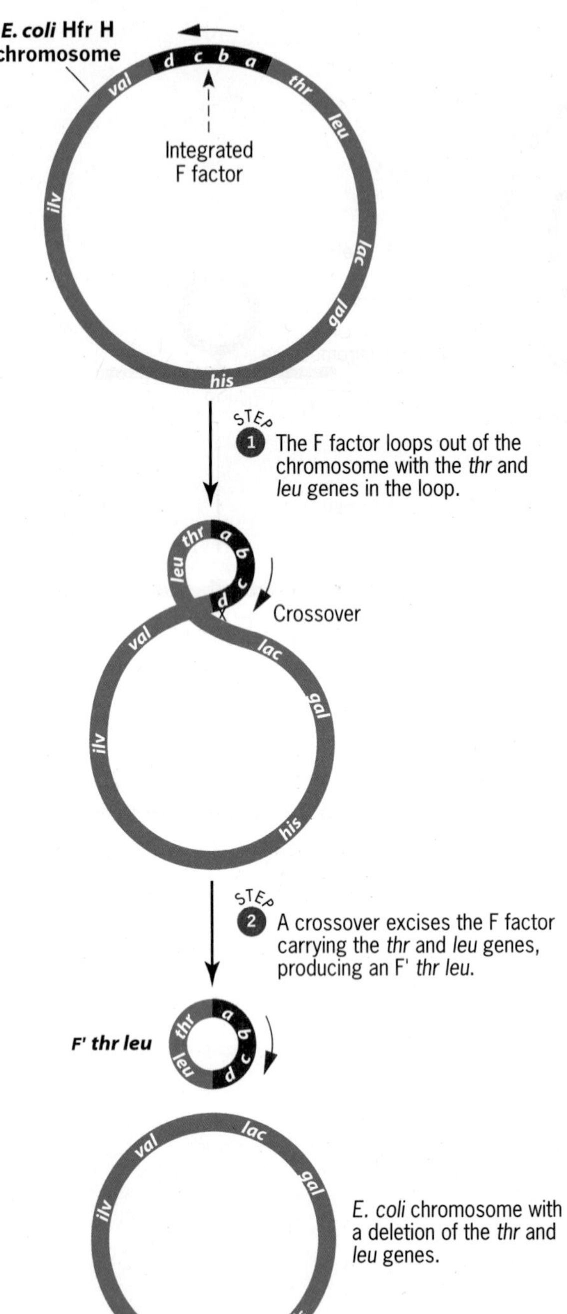

■ 그림 8.21 F′의 형성. 어떤 Hfr 염색체로부터 F 인자의 비정상 절제는 *E. coli*의 *thr*과 *leu* 유전자를 가지는 F 인자를 만든다(F′ *thr leu*로 표기됨).

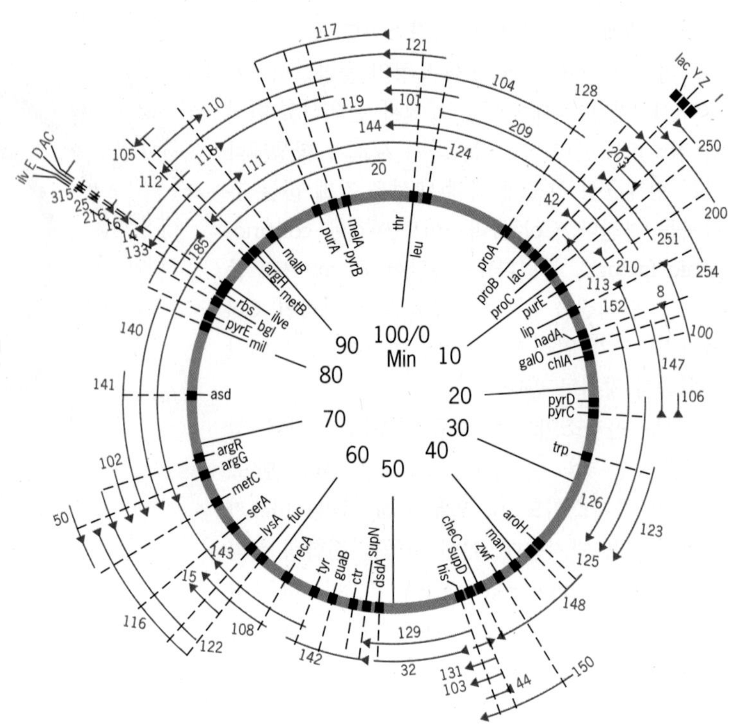

■ 그림 8.22 대장균의 F′들. 대표적으로 잘 알려진 F′들에 존재하는 유전자들을 보여주는 *E. coli* K12의 염색체에 대한 유전 지도. F′는 포함된 염색체 조각의 배열에 맞춰 선형 구조로 그려졌다. 실제로 각 F′들은 말단의 연결에 의해 만들어지는 환형 DNA 분자이다.

보여주는 과정과 같은 비정상적인 절제 사건은 세균 유전자를 가지는 자율 F 인자를 생산하게 한다. F′(F-prime) 인자로 불리는 변형된 F 인자는 에드워드 아델버그(Edward Adelberg)와 사라 번스(Sarah Burns)에 의해 1959년에 처음 동정되었다. F′ 인자는 단일 세균 유전자를 가진 것에서부터 세균 염색체의 절반을 가진 것까지 크기의 범위가 다양하다(■ **그림 8.22**).

F′ 인자가 수용체(F^-) 세포로 전달되는 과정을 **반성도입(sexduction)**이라 부른다. 이것은 $F^+ \times F^-$ 교배에서 F 인자의 전달과 동일한 기작으로 일어난다(그림 8.16 참조). 그렇지만 중요한 한 가지 차이점은 F′ 인자 속에 포함된 세균 유전자는 훨씬 높은 빈도로 수용체 세포로 운반된다는 것이다. F′ 인자는 어떤 한 유전자거나 혹은 연관군 유전자 세트의 두 카피를 가지는 부분 이배체를 만들어 낼 수 있기 때문에, 유전학적 연구에 매우 유용하게 활용된다. 반성도입은 대립유전자 간의 우열 관계를 결정하는 데 이용되며, 한 세포 내에서 어떤 유전자의 두 카피가 필요한 유전적 검사에 이용된다.

그림 8.21에서와 같이, F′ thr^+leu^+ 인자가 Hfr H로부터 F 인자의 비정상적인 절제에 의해 만들어졌다고 가정해 보자. F′ thr^+leu^+ 공여체 세포와 thr^-leu^- 수용체 세포 간의 교배는 thr^-leu^-/F′ thr^+leu^+ 부분 이배체를 유도한다. 이런 부분 이배체는 불안정한 상태여서 F′ 인자가 소실되어 thr^-leu^- 반수체가 되거나, 염색체와 F′ 인자 간의 재조합이 일어나서 안정한 thr^+leu^+ 재조합체를 만들 수 있다.

형질도입

세균에서 다른 유전자 전달 방식인 형질도입은 1952년에 노턴 진더(Norton Zinder)와 조수아 레더버그(Joshua Lederberg)에 의해 밝혀졌다. 진더와 레더버그는 성장하기 위해서는 아미노산을 필요로 하는 *Salmonella typhimurium* 영양요구체를 연구하였다. 한 균주는 페닐알라닌, 트립토판 및 티로신을 요구하였으며, 다른 균주는 메티오닌과 히스티딘을 요구하였다. 두 균주 중 어떤 균주도 이런 아미노산이 결핍된 최소 배지에서 자랄 수 없다. 그렇지만, 진더와 레더버그는 균주들을 섞어서 동시에 배양하였을 때, 드물게 원영양체의 출현을 볼 수 있었다. 더욱이 두 균주를 DNase가 포함된 배지에서 U-관의 두 팔로 분리시켜 키웠을 경우도 원영양성 재조합체는 여전히 출현하였다(그림 8.9 참조). DNase에 대한 둔감성은 형질전환을 배제시켰으며, 원영양체의 출현을 위해 세포 접촉이 요구되지 않은 점은 접합을 배제시키게 했다. 후속 실험을 통해 한 균주가 박테리오파지 P22에 감염되었으며 이 바이러스는 한 세포(공여체)에서 다른 세포(수용체)로 유전자를 운반하였음을 알았다. 따라서 진더와 레더버그가 관찰한 원영양체는 바이러스에 의해 운반된 세균 DNA와 수용체 세포의 염색체에 있던 DNA와의 재조합에 의한 것이었다.

그 후의 연구는 서로 다른 유형의 두 가지 형질도입이 있음을 밝혔다. **일반 형질도입(generalized transduction)**에서는 세균 DNA의 임의적 조각이 파지 염색체 대신에 파지 머리속으로 포장되어진다. **특수 형질도입(specialized transduction)**에서는 재조합 사건이 숙주 염색체와 파지 염색체 간에 일어남으로서, 세균 DNA 조각이 포함된 파지 염색체를 만든다. 세균 DNA를 포함한 파지 입자를 *형질도입 입자(transducing particle)*라 부른다. 일반 형질도입 입자는 오로지 세균 DNA만을 가진다. 특수 형질도입 입자는 언제나 파지 DNA와 세균 DNA를 모두 가진다.

일반 형질도입

일반 형질도입 파지는 어떠한 세균 유전자도 한 세포에서 다른 세포로 옮길 수 있다(일반이란 이름도 이런 이유로 붙여짐). 가장 잘 알려진 일반 형질도입 파지는 *S. typhimurium*에서의 P22와 *E. coli*에서의 P1이다. P22나 P1으로 감염된 세균으로부터 방출된 파지 입자의 단지 1~2%만이 세균 DNA를 가지며, 전달된 DNA의 1~2%만이 재조합에 의해 수용체 세포의 염색체 속으로 삽입되어진다. 따라서 이 과정은 매우 비효율적으로, 어떤 한 세균 유전자에 대한 형질도입의 빈도는 대략 10^6 파지 입자 당 한 개 입자이다.

특수 형질도입

특수 형질도입은 세균 간에 특정 유전자만을 전달하는 바이러스의 특징이다. 박테리오파지 람다(λ)는 가장 잘 알려진 특수 형질도입 파지이다. λ는 단지 *gal*(에너지원으로 갈락토오스를 사용하는 데 필요함)과 *bio*(biotin을 합성하는 데 필수적임) 유전자만을 한 *E. coli*에서 다른 세포로 전달할 수 있다. 우리는 이 장의 앞에서 용원 상태를 확립하기 위해서 *E. coli* 세포 속으로 λ 염색체의 부위-특이적 삽입이 일어남을 알아 본 바 있다. 삽입 부위가 *E. coli* 염색체 상에서 *gal*과 *bio* 유전자 사이인데(그림 8.5 참조), 이것이 왜 λ가 이들 유전자만을 특별히 형질도입하는 지에 대한 설명이다.

용원성 세포에서 통합된 λ 염색체(λ 프로파지)는 드물게 자연 발생적으로 염색체로부터의 절제를 나타내며(대략 10^5 세포 분열 당 1회), 절제된 λ는 용균성 경로로 들어간다. 프로파지 절제는 용원성 세포에 자외선을 조사함으로서도 유도할 수 있다. 정상적인 절제는 원칙적으로 부위-특이적 통합 과정의 역 과정으로, 완전한 환형 파지와 세균 염색체가 만들어지게 한다(■ **그림 8.23*a***). 그러나 때로는 절제가 비정상적이어서, 교차가 원래 부착 부위가 아닌 곳에서 일어난다. 이런 경우, 세균 염색체의 일부가 파지 DNA와 함께 절제되어 나오며, 반면 파지 염색체의 일부는 숙주 염색체에 남게 된다(■ **그림 8.23*b***). 이런 비정상적인 프로파지 절제는 숙주의 *gal*이나 *bio* 유전자를 가지는 특수형 형질도입 파지를 만든다. 이런 형질도입 파지를 λ*dgal*(*gal* 유전자를 가지는 λ 결함 파지)과 λ *dbio*(*gal* 유전자를 가지는 λ 결함 파지)로 각각 표기한다. 이들은 용균성 및 용원성 증식에 요구되는 1개 혹은 그 이상의 유전자를 숙주 염색체에 남겨 두기 때문에 결함 파지이다.

파지 머리는 작기 때문에, 프로파지에 가깝게 위치한 세균 유전자들만이 파지 DNA와

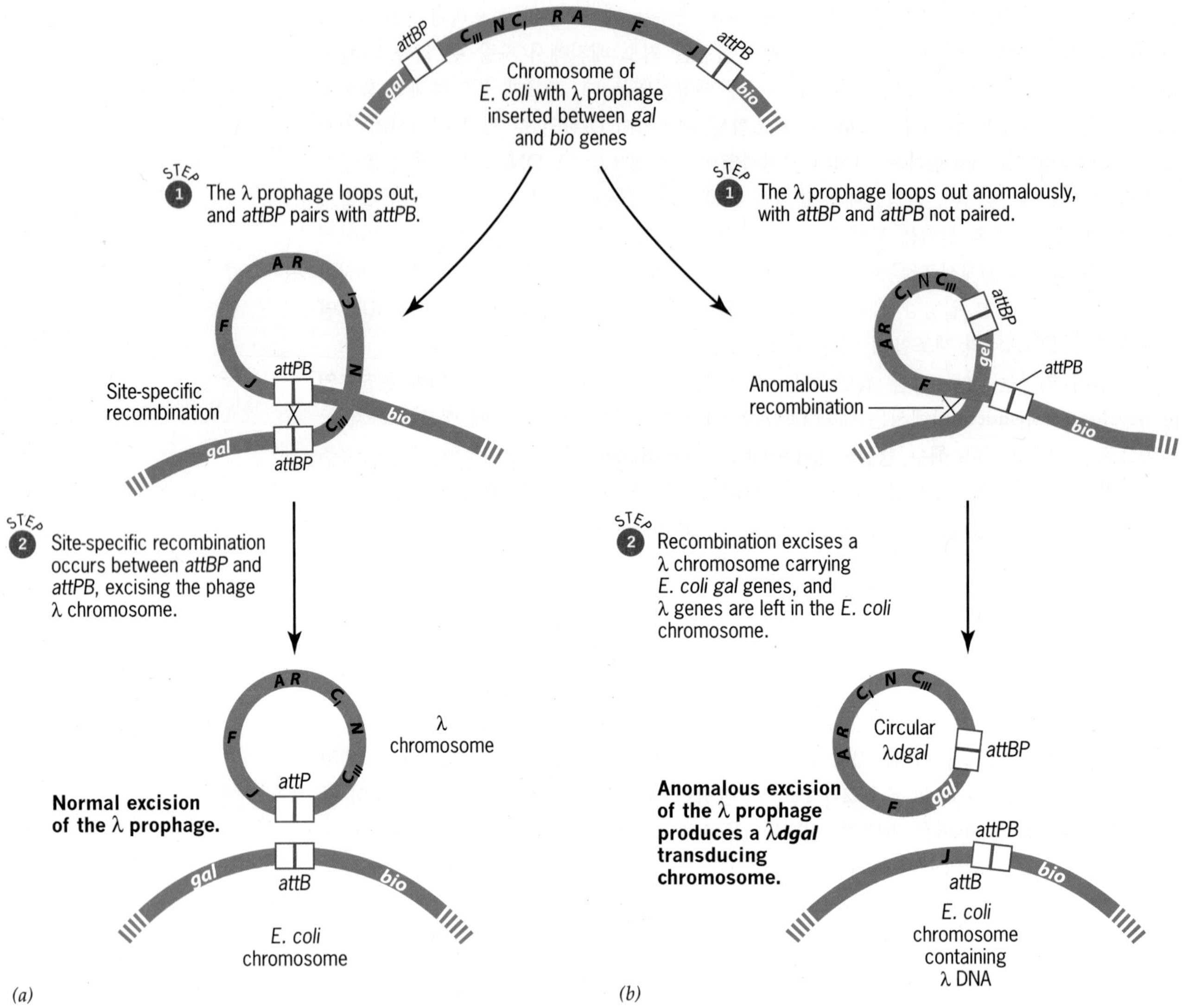
attBP
C_III N C_I R A
F
J
attPB
gal
bio
Chromosome of
E. coli with λ prophage
inserted between gal
and bio genes
STEP 1 The λ prophage loops out,
and attBP pairs with attPB.
STEP 1 The λ prophage loops out anomalously,
with attBP and attPB not paired.
Site-specific
recombination
Anomalous
recombination
STEP 2 Site-specific recombination
occurs between attBP and
attPB, excising the phage
λ chromosome.
STEP 2 Recombination excises a
λ chromosome carrying
E. coli gal genes, and
λ genes are left in the E. coli
chromosome.
λ
chromosome
attP
attB
Normal excision
of the λ prophage.
E. coli
chromosome
Circular
λdgal
Anomalous excision
of the λ prophage
produces a λdgal
transducing
chromosome.
E. coli
chromosome
containing
λ DNA
(a)
(b)

■ 그림 8.23 프로파지의 절제. (*a*) λ 프로파지의 정상적인 절제와 (*b*) 재조합체 λ*dgal* 형질도입 염색체가 생산되는 비정상적인 절제의 비교.

함께 절제되어 파지 머리 안으로 포장된다. 다른 특수 형질도입 파지인 Φ80은 *E. coli trp* 유전자(아미노산 트립토판을 합성하는 데 요구됨) 근처로 통합되며, *trp* 유전자를 형질도입시킨다. 그림 8.23*b*와 같은 특수형 형질도입 입자가 프로파지 절제 동안 형성되려면, 이런 사건은 용원성 세포가 용균성 경로로 들어갈 때만 일어나야 한다. 실제로 형질도입 입자는 1차 용균성 감염으로부터는 만들어지지 않는다. 용원성 세포의 유도에 의해 생성된 용균물에 있는 형질도입 입자의 빈도는 10^6 자손 파지 입자 당 1개이다. 따라서 이런 용균물을 *Lft*(low-frequency transduction) 용균물이라 부른다.

λ*dgal*과 λ*dbio* DNA 분자가 새로운 숙주 세포 속으로 감염된 후의 운명은 어떤 λ 유전자가 결실되었는지에 의해 결정된다. 만약 용균성 성장에 필요한 유전자는 결실되고 *att* 부위와 *int*(intergrase) 유전자는 존재한다면, 그 결함 염색체는 숙주 염색체 속으로 통합될 수 있을 것이다. 그렇지만, 그들은 "보조 파지(helper phage)"로서 활동하는 야생형 λ가 없다면 용균 상태로 들어갈 수는 없다. *int* 유전자가 결실되었다면, 결함 파지 염색체는 야생형 보조 파지가 존재할 때만 통합되어질 수 있다. λ$dgal^+$ 파지가 gal^- 수용체 세포에 감염되면, λ$dgal^+$의 통합은 불안정한 gal^+/gal^- 부분 이배체를 생산할 것이다(■ **그림 8.24*a***). 그러나 형질도입 DNA의 gal^+와 수용체 염색체의 gal^- 사이에서 아주 드물게 재조합이 일어난다면,

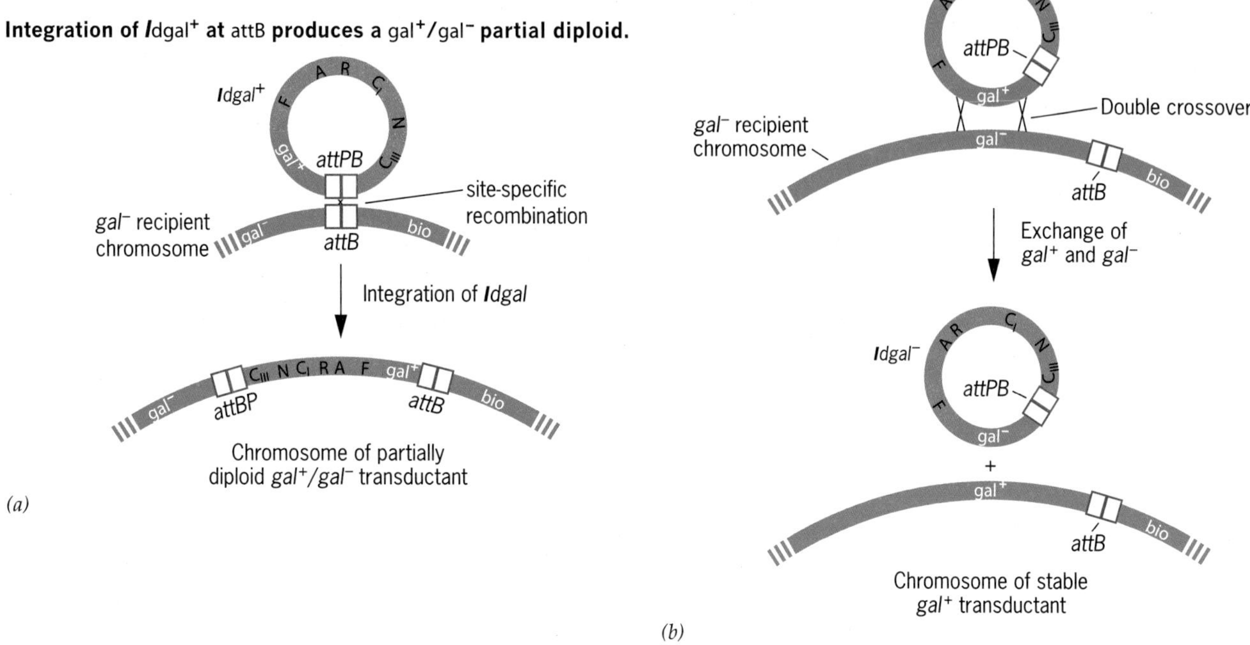

■ 그림 8.24 $\lambda dgal^+$ 형질도입 파지로 감염된 gal^- 수용체 세포에서 일어나는 재조합. (*a*) $\lambda dgal^+$의 *attB* 자리로의 삽입은 불안정한 gal^+/gal^- 부분 이배체를 유도한다. (*b*) 이중 교차는 $\lambda dgal^+$에서 유래한 gal^+ 대립 유전자를 숙주 염색체로 전달한다.

안정된 gal^+ 형질도입체가 형성될 것이다(■ 그림 8.24*b*).

세균에 대해 파지 입자의 비율이 높으면, 수용체 세포는 야생형 λ *phage* 및 $\lambda dgal^+$ 모두에 대해 감염될 것이다. 이런 세포는 야생형 λ 프로파지와 $\lambda dgal^+$ 프로파지를 모두 가지는 이중 용원성 세포가 된다. 결과적으로 형질도입체는 gal^+/gal^- 부분 이배체가 될 것이다. 만약 gal^+/gal^- 형질도입체가 자외선의 조사에 의해 유도되면, 용균물은 50%의 $\lambda dgal$ 입자와 50%의 λ^+ 입자를 포함할 것이다. 두 프로파지는 모두 λ^+ 유전체에 의해 암호화된 유전자 산물을 이용하여 동일한 효율로 복제된다. 이런 용균물을 *Hft*(*h*igh-*f*requency *t*ransduction) 용균물이라 부른다. *Hft* 용균물은 형질도입 사건의 빈도를 매우 높이기 때문에, *Hft* 용균물이 형질도입 실험에 우선적으로 사용된다.

요점

- *세균에서는 세 가지 의사유성적 과정, 즉 형질전환, 접합 및 형질도입이 관찰된다. 세 과정은 두 정의에 의해 구분된다: 유전자 전달이 DNase에 의해 억제되는지 및 세포 간의 접촉이 요구되는지이다.*
- *형질전환은 세균에 의한 자유 DNA의 세포 내 도입이다.*
- *접합은 공여체 세포가 수용체 세포와 결합한 후 DNA를 수용체 세포로 전달하는 것이다.*
- *형질도입은 바이러스가 세균 유전자를 공여체 세포에서 수용체 세포로 전달할 때 일어난다.*
- *플라스미드는 주 염색체와는 다른 여분의 자가복제가 가능한 유전 물질이다.*
- *에피솜은 자율적으로 복제되거나 세균 염색체에 통합된 요소로서 복제될 수 있다.*
- *염색체 유전자를 포함한 F 인자(F′ 인자)는 반성도입에 의해 F^- 세포로 전달된다.*

세균의 유전적 교환에 대한 진화적 중요성

세균들의 유전 물질 교환은 다른 생물체에서와 같이 중요하다.

돌연변이는 새로운 유전적 다양성의 근원이며, 재조합은 이런 다양성의 새로운 조합을 만들며, 자연선택이 작용하는 표현형과 관련된 유전자들의 새로운 재배치를 유도한다. 진핵생물에서 재조합은 유성생식의 한 부분이다. 그렇지만, 세균은 유성생식을 하지 않는다. 그럼에도 불구하고 재조합은 진핵생물과 마찬가지로 세균의 진화에 매우 중요하다. 따라서 유전 물질을 교환하고 유전자들의 재조합 조합체를 만드는 기작이 세균에서도 진화해 온 것은 놀라운 일이 아니다. 의사유성적 기작(형질전환, 접합, 및 형질도입)은 유전자들의 새로운 조합을 가능하게 함으로서 세균에게 새로운 환경 및 서식지의 갑작스런 변화에 적응하고 진화하는 능력을 부여했다.

의사유성적 기작이 세균의 생존에는 유익한 반면에, 이 기작은 세균성 질병을 치료하고자 하는 인류 사회에는 심각한 문제를 가져왔다. 이런 의사유성적 기작은 세균에게 항생제나 약물에 대한 저항력을 부여하는 플라스미드의 급속한 진화와 확산을 촉진하였다. 농업과 의학에서 항생제의 엄청난 사용은 거의 모든 항생제에 대한 저항 유전자를 가지는 플라스미드의 진화를 가져왔다(On the Cutting Edge: 항생제-내성 세균 참조). 실제로 1990년대에 뉴욕 시에서 재발한 폐결핵은 7가지 다른 항생제에 대한 내성을 가진 *M. tuberculosis*라는 균주의 진화가 가져온 결과이었다. 더더욱, 뉴욕에서 발견된 균주가 중국이나 다른 지역에 널리 퍼진 항생제-내성 *M. tuberculosis* 균주와 매우 유사하였다. 따라서 병원성 세균에게 유익한 일이 사람에게는 때때로 해롭게 작용한다.

요점

- *의사유성적 재조합 기작은 세균에서 새로운 유전자 배열의 조합체를 만들게 한다.*
- *의사유성적 기작은 세균이 환경의 변화에 적응하는 능력을 촉진시킨다.*

ON THE CUTTING EDGE

항생제-내성 세균

2010년 3월, 세계보건기구는 결핵을 유발하는 세균인 *M. tuberculosis*의 다중 약물-내성(*m*ultiple *d*rug-*r*esistant: MDR) 균주가 폭발적으로 증가했다고 보고하였다. 어떤 국가에서는 결핵 환자의 1/4이 현재 사용되는 어떤 항생제 투여로도 치료효과가 제대로 나타나지 않는 것으로 알려졌다.

NDM-1(New Delhi metallo-beta-lactamase)로 명명된 한 새로운 유전자는 주요 항생제 복합 그룹인 carbapenems에 대해 세균이 내성을 가지도록 진화한 것이다. Carbapenems는 지금까지 MDR 세균을 치료하는 데 종종 사용되어 왔었다. *NDM-1* 유전자는 플라스미드에 존재하기 때문에 한 세균에서 다른 세균으로 쉽게 이동할 수 있다. 현재까지는 *NDM-1* 유전자는 심한 요도 감염을 유발하는 *E. coli*와 *Klebsiella pneumonia*에서만 관찰되고 있지만, 이 유전자가 다른 세균들로 퍼져 나갈 것이라는 데 대해서는 의심할 여지가 없다. 불행히도 현재 개발되고 있는 항생제 중에서, 단지 두 종류의 항생제만이 *NDM-1* 슈퍼세균에 대해 치료 효과가 기대될 뿐이다.

어떤 요인이 이런 항생제 — 혹은 약물 — 내성 세균의 진화를 유도하였을까? 인간은 이런 위험이 닥치는데 어떤 기여를 하였을까? 우리는 이 문제를 해결할 수 있을까? 있다면, 어떻게 하여야 할까? 항생제와 항생제-내성 세균의 역사를 살펴보면서 해답을 찾아보도록 하자.

미국으로 이민을 간 우크라이나 출신 셀만 워크스만(Selman Waksman)은 1943년에 스트렙토마이신(streptomycin)을 동정하였다. 나중에 그는 이런 부류의 항세균성 약물들을 *항생제*(*antibiotics*)로 칭하였다. 사람에 대한 스트렙토마이신의 첫 번째 치료는 미네소타주, 로체스터에 있는 메이요진료소에서 이루어진 21세의 여성 환자에 대한 적용이다. 이 여자는 상당히 진행된 결핵을 앓고 있었다. 1944년에 그녀에 대한 스트렙토마이신의 실험적 투여가 시작되었는데, 그녀의 결핵이 치유되어 모든 사람들을 놀라게 했다. 스트렙토마이신과 다른 항생제들은 세상에 "기적의 약"으로 알려지며 빠르게 전파되었다. 세균성 감염 환자에 대한 항생제의 투여는 수많은 생명을 구하게 하였다.

사람들은 곧 많은 양의 항생제를 사용하기 시작했다. 1950년에 세계적으로 10톤의 스트렙토마이신을 사용했다. 1955년에는 스트렙토마이신의 전 세계적 사용량은 50톤으로 증가하였으며, 동시에 클로람페니콜(chloramphenicol)과 테트라싸이클린(tetracycline)도 각각 10톤씩 사용했다.

그렇지만, 세균은 곧 역공을 시작했다. 세균은 항생제로부터 자신들을 보호하는 산물을 만드는 새로운 유전자들을 진화시켰다. 항생제 내성 세균의 진화는 자연선택의 결과였다. 항생제 내성 유전자가 없는 세균은 항생제에 의해 죽는다. 항생제 내성 유전자를 가진 세균은 성장과 분열을 하여 세균의 집단을 이루는데, 집단의 모든 개체들은 항생제에 대한 내성을 가진다. 항생제 내성 세균의 확산이라는 결과는 필연적인 것이다.

항생제 및 약물 내성 세균의 진화에 대한 첫 번째 연구가 일본에서 이질을 유발하는 4종의 *Shigella* 균(*S. dysenteriae*, *S. flexneri*, *S. boydii* 및 *S. sonnei*)에 대해 수행되었다. 1953년에는, 하수구 및 오염된 하천으로부터 분리된 *Shigella* 균의 0.2%만이 검사된 어떤 한 항생제 및 약물에 대한 내성을 보였다. 그런데 단지 12년 후, 같은 장소로부터 분리된 항생제 및 약물 내성 *Shigella* 균의 비율은 58%로 증가되었다. 그렇지만, 정말로 불행한 뉴스는 이들이 항생제에 대한 내성을 가진다는 것이 아니라, 내성을 가지는 세균의 대부분이 검사를 실시한 6종류의 항생제나 약물 중(앰피실린, 카나마이신, 테트라싸이클린, 스트렙토마이신, 설파닐아미드 및 클로람페니콜), 최소한 4종류 이상에서 동시에 내성을 보인다는 것이었다. 이들은 *Shigella*의 다중 약물 내성(MDR) 균이었다. *M. tuberculosis*와 같은 다른 세균의 MDR 균주도 또한 출현하기 시작했다.

세균을 항생제로부터 보호하는 유전자들은 보통 R 플라스미드로 불리는 작은 DNA 분자에 존재한다(플라스미드와 에피솜 참조). 많은 R 플라스미드는 스스로 전달될 수 있다. 즉, 그들은 한 세포에서 다른 세포로 혹은 심지어 한 종에서 다른 종으로 자신들을 이동시키는 데 필요한 유전자를 가진다. 또한, 항생제 내성 유전자들은 종종 전이 유전인자(혹은 "점프 유전자")에 속하는 그룹으로서, 한 DNA 분자에서 다른 분자로 옮길 수도 있다(제17장 참조). 따라서 R 플라스미드에 존재하는 유전자들은 급속하게 세균의 여러 집단으로 퍼진다.

MDR 세균이 매우 빠르게 진화하는 이유 중 하나는 우리가 항생제를 남용한다는 것이다. 일반적인 감기나 독감과 같은 바이러스 감염으로 걸리는 병에 대해서도 너무나 자주 항생제가 처방되고 있다. 항생제는 항바이러스 효능이 없으므로, 바이러스 감염에 대해서는 사용되지 말아야 한다. 또한, 가축의 성장력을 떨어뜨리는 세균 감염을 막기 위해서, 항생제는 가축 사료에 "성장 촉진제"로 엄청나게 사용된다. 실제로 미국에서 생산되는 항생제의 거의 절반은 동물 사료의 첨가제로 사용된다. 사료 1톤당 2–50g의 항생제를 첨가하고 있으며, 이는 필연적으로 항생제 내성 세균의 진화를 촉진한다. 이런 내성 세균은 육류 가공장이나 익히지 않은 육류 섭취를 통해 사람에게로 전파된다.

M. tuberculosis, *Staphylococcus aureus*, *Shigella dysenteriae*, 및 다른 병원균들의 MDR 균주들이 온 세계적으로 퍼진 상황에서, 우리는 어쩌면 사람의 치명적인 질병 치료에 사용되는 중요한 항생제의 사용을 제한해야 될 수도 있을 것이다. 실제로 덴마크는 1970년대에 성장 촉진제로 사용되는 페니실린과 테트라싸이클린의 사용을 금했으며, 1986년에 스웨덴은 가축의 성장 촉진제로 사용하는 것을 포함하여 항생제의 비치료용 사용을 금지하는 법을 통과시켰다. 가축 사료에 항생제 첨가를 금지함으로서 발생하는 가축 생산량의 감소와 같은 부정적인 효과는 미미한 것으로 나타났다. 스웨덴은 비치료 목적의 항생제 사용을 금지시킨 이후, 총 항생제의 사용량이 55%나 감소했다. 이제는 스칸디나비아 반도에서 앞장서고 있는 항생제 사용 규제(금지시키거나, 최소한 제한하는 규정)를 미국이나 그 밖의 나라들도 따라야 할 때이다. 정말로 가축 사료에 항생제 첨가가 필요할까? 그리고 세수하는 비누에 항생제 첨가될 필요가 있을까?

기초 연습문제

기본적인 유전분석 풀이

1. 바이러스를 이용한 유전학 연구는 다른 미생물 및 다세포 생물에 비해 어떤 장점이 있는가?

답: 바이러스의 유전학 연구에 대한 두 가지 중요한 장점은 (1) 구조적 단순성, 및 (2) 짧은 생활사이다. 바이러스는 대개 상대적으로 적은 수의 유전자를 가진 단일 선형 염색체를 가지는데, 생활사를 어디서든 약 20분에서 수 시간 이내에 완성한다.

2. 세균과 진핵생물에서 일어나는 교차의 가장 큰 차이점은 무엇인가?

답: 세균에서의 교차는 대개 공여체 세포로부터 유래한 염색체의 조각과 수용체 세포의 완전한 환형 염색체 간에 일어난다(그림 8.7*a* 참조). 결과적으로, 공여체 세포의 염색체 조각이 수용체 세포의 염색체 속으로 삽입되기 위해서는 교차는 반드시 짝으로 일어나야 한다. 단일 교차나 홀수 번의 교차는 환형 DNA의 형태를 파괴시켜 선형의 DNA 분자를 만든다(그림 8.7*b*).

3. 유전물질을 교환하는 것으로 알려진 *E. coli*의 두 균주 $a\ b^+$와 $a^+\ b$를 동일 배지에서 배양하면서, $a^+\ b^+$ 재조합체의 출현을 유도할 수 있다. 그렇지만, 두 균주를 U-관의 반대편 팔에 배양하면(그림 8.9 참조), $a^+\ b^+$ 재조합체가 출현하지 않는다. 두 균주를 동시에 배양할 때 $a^+\ b^+$ 재조합체의 출현은 어떤 의사유성적 과정으로 일어났겠는가?

답: 두 *E. coli* 균주는 접합에 의해 유전정보를 교환한다. 접합은 세균에서 세포 간 직접적 접촉을 요구하는 유일한 의사유성적 과정이다. U-관의 팔을 서로 분리시키는 유리솜 필터는 세포 간의

접촉을 막는다.

4. 당신은 *E. coli*로부터 가깝게 연관된 세 유전적 마커 *a*, *b*, *c*를 동정하였다. 이 마커들은 1분 이내에 Hfr 균주로부터 F^- 균주로 전달되며, 염색체에 *a-b-c*의 순서로 존재한다. 당신은 유전자형이 $a^+\ b\ c^+$와 $a\ b^+\ c$인 파지 P1을 이용하여 형질도입 실험을 수행한다. 교배 1에서 공여체와 수용체 세포는 각각 $a^+\ b\ c^+$와 $a\ b^+\ c$이다. 교배 2에서 공여체와 수용체 세포는 각각 $a\ b^+\ c$와 $a^+\ b\ c^+$이다. 양 교배에서 오로지 $a^+\ b^+\ c^+$ 재조합체만이 콜로니를 형성할 수 있는 최소 고체배지를 준비하였다. 어느 교배에서 더 많은 $a^+\ b^+\ c^+$ 재조합체가 관찰될 것으로 예상되는가?

답: 당신은 교배 2실험에서 더 많은 $a^+\ b^+\ c^+$ 재조합체가 관찰될 것으로 예상할 것이다. 왜냐하면, 교배 1에서는 3개의 야생형 마커를 모두 가지는 염색체를 만들기 위해서 두 번의 교차(한 쌍의 교차)가 필요하지만, 교배 1에서는 $a^+\ b^+\ c^+$ 재조합체를 생산하기 위해서 네 번의 교차(두 쌍의 교차)가 요구되기 때문이다. 다음의 모식도는 $a^+\ b^+\ c^+$ 재조합체가 생산되기 위해 요구되는 교차를 보여준다.

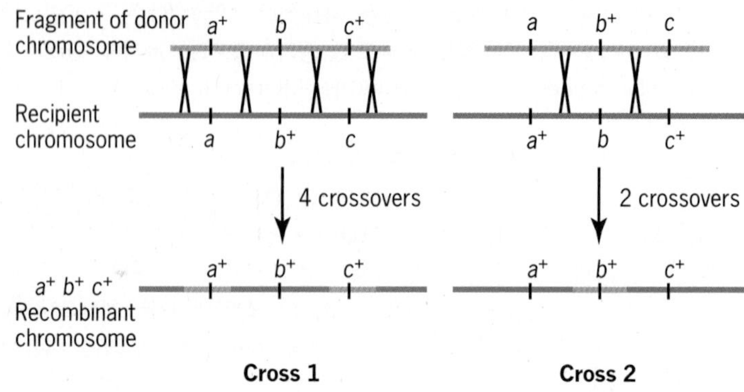

지식검사

서로 다른 개념과 기술의 통합

1. 당신은 히스티딘을 생산하지 못하는 *E. coli* 돌연변이주(His^-)를 분리하였다. *E. coli* 염색체 상에서 his^- 돌연변이의 위치를 결정하기 위해 서로 다른 5가지 Hfr 균주를 이용해 단절교배실험을 수행하였다. 다음 표는 처음 5 마커(돌연변이 유전자들)의 돌연변이 대립유전자들이 His^- 균주 속으로 들어가는 데 소요되는 시간(괄호는 분을 나타냄)을 보여준다.

Hfr A ———	*bio* (4)	*glu* (20)	*his* (27)	*cys* (37)	*tyr* (45)
Hfr B ———	*xyl* (6)	*met* (18)	*tyr* (24)	*cys* (32)	*his* (42)
Hfr C ———	*his* (3)	*cys* (13)	*tyr* (21)	*met* (27)	*xyl* (39)
Hfr D ———	*xyl* (7)	*thr* (25)	*lac* (40)	*bio* (48)	*glu* (62)
Hfr E ———	*his* (4)	*glu* (11)	*bio* (27)	*lac* (35)	*thr* (50)

(a) 다음의 환형 *E. coli* 염색체 지도에서, (1) 각 유전자의 상대적 위치, (2) 각 Hfr 균주에서 F 인자가 통합되어진 위치, 그리고 (3) 각 Hfr에 대하여 염색체 전달의 방향(화살표로 표시)을 표시하라.

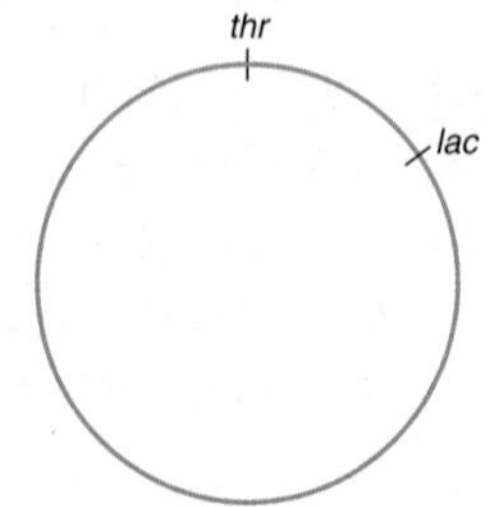

(b) 염색체 상에서 his^- 돌연변이의 위치를 보다 상세하게 결정하기 위해, 박테리오파지 P1 형질도입 실험에서 돌연변이 균주를 수용체로 이용하였다. 파지 P1은 *E. coli* 염색체 DNA 분자의 대략 1%를 포장할 수 있다면, 위 표에서 his^+와 함께 동시 형질도입될 것으로 예상되는 유전자는 어느 것인가? *E. coli* 염색체는 4.6×10^6 bp의 크기를 가졌으며, 형질도입 동안 전체 염색체를 전달하는 데 100분이 소요됨을 상기하라. 당신이 그렇게 답한 이유를 설명하라.

답: (a) 유전자 순서는 아래의 염색체 지도와 같으며, F 인자 삽입 위치와 각 Hfr의 전달 방향은 A부터 E의 화살표로 표기하였다.

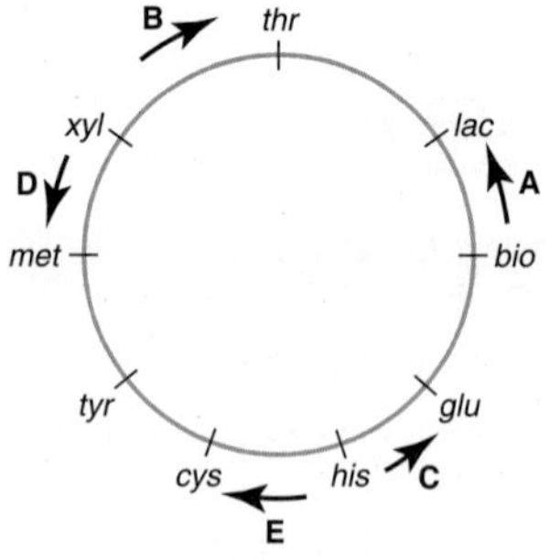

(b) 어떤 마커도 his^+와 동시 형질도입되지 않을 것으로 예상된다. 왜냐하면, 파지 P1은 *E. coli* 염색체의 단지 1%만을 포장할 수 있는데, *his*와 1분 이내에 위치한 다른 유전자는 없다.

2. *E. coli*에서 *thrA*와 비교적 가깝게 연관된 *leuA* 유전자에 대해 두 돌연변이 leu_1과 leu_2의 순서를 결정하기 위해 상호 3점 형질도입 교배 실험을 수행하였다. 각 교배에서 leu^+ 재조합체는 트레오닌은 포함되지만 루이신은 결핍된 최소배지에서 선별되었으며, 이어서 트레오닌이 결핍된 배지에서 thr^+ 혹은 thr^-에 대해 조사하

였다. 실험 결과는 다음 표와 같다.

	교배			
	공여체 마커	수용체 마커	leu^+ 재조합체에서 *thr* 대립유전자	thr^+ 비율 (%)
1.	thr^+ leu_1	thr^- leu_2	350 thr^+ : 349 thr^-	50
2.	thr^+ leu_2	thr^- leu_1	60 thr^+ : 300 thr^-	17

thr 마커와 비교하여 상대적인 leu_1과 leu_2의 순서를 결정하라.

답: 각 교배에서 두 가지 가능한 순서를 보여주는 그림을 아래에 제시하였다. 빨간 점선은 thr^+-leu_1^+-leu_2^+(+ + +) 재조합체에 반드시 포함되어야 하는 두 염색체의 부위를 나타낸 것이다. 만약 순서 1이 맞는다고 가정하면, + + + 재조합체가 만들어지기 위해서는 교배 1에서는 4번의 교차(2 쌍의 교차)가 일어나야 하며, 교배 2에서는 단지 2번의 교차(한 쌍의 교차)가 일어나면 된다. 따라서 + + + 재조합체는 교배 2에서 높은 빈도로 관찰되고 교배 1에서는 거의 나타나지 않을 것이다. 그렇지만 순서 2가 정확한 순서라고 가정하면, + + + 재조합체는 교배 1에서 높게 나타나고 교배 2에서는 드물게 나타날 것이다. 결과는 두 번째 가정과 일치하므로 정확한 유전자 배열 순서는 *thr*-leu_2-leu_1이 된다.

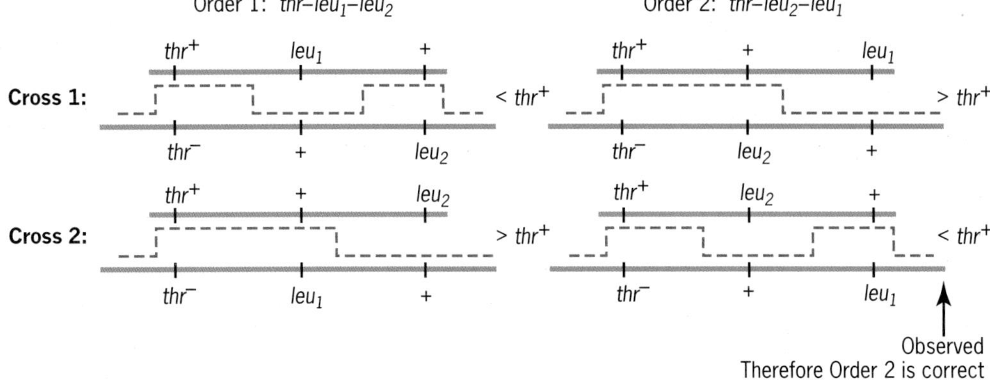

연습문제

이해력 증진과 분석력 개발

8.1 바이러스를 생명체로 볼 수 있는 정의(근거)는 무엇인가? 또한 바이러스를 무생물로 볼 수 있는 정의(근거)는 무엇인가?

8.2 박테리오파지는 다른 바이러스와 어떻게 다른가?

8.3 박테리오파지 T4와 λ의 생활사는 어떻게 다른가? 같은 점은 무엇인가?

8.4 λ 프로파지의 구조는 λ 바이러스 입자(virion) 속에 포장되어 있는 λ 염색체와 어떻게 다른가?

8.5 용원성 감염 동안 λ 염색체가 숙주세포의 염색체 내로 통합되는 기작은 상동 염색체 간의 교차와 어떤 점에서 다른가?

8.6 유전학자는 진핵생물의 염색체상의 유전자 위치를 결정하기 위해 표현형을 변경시키는 돌연변이를 사용한다(예: 초파리의 흰 눈, 완두콩의 흰 꽃과 쪼그라진 씨, 토끼의 털 색). 세균의 유전자 지도 작성을 위해서 어떤 종류의 돌연변이 표현형이 사용되어 왔는가?

8.7 당신은 *Streptococcus pneumoniae*로부터 3가지 돌연변이 *a*, *b*, *c*를 동정하였다. 세 돌연변이 모두 야생형 대립유전자 a^+, b^+, c^+에 대해 열성이다. 당신은 야생형 공여체 세포로부터 DNA를 분리한 후, 유전자형이 *a b c*인 한 균주를 형질전환시키는 데 사용하였다. 그 결과, a^+ b^+와 a^+ c^+ 형질전환체는 관찰되었지만, b^+ c^+ 형질전환체는 관찰되지 않았다. 이 세 돌연변이는 가깝게 연관되었는가? 만약 그렇다면, *Streptococcus* 염색체에서의 유전자 배열 순서는 무엇이겠는가?

8.8 어떤 영양요구성 돌연변이 *E. coli* 균주는 티민이 포함된 배지에서만 자라고, 다른 영양요구성 돌연변이 균주는 루이신이 포함된 배지에서만 자란다. 이 두 균주를 혼합하여 동시에 배양하였더니, 일부 자손이 티민과 루이신 모두가 결핍된 최소 배지에서 자랄 수 있었다. 이 결과를 어떻게 설명할 수 있겠는가?

8.9 만약 지금까지 연구되지 않은 어떤 세균의 종에서 유전적 재조합을 관찰하였다면(즉, 유전자형이 *a* b^+인 균주를 유전자형이 a^+ *b*인 균주와 같이 배양하면, 일부 재조합 유전자형 a^+ b^+와 *a b*가 형성되었다), 그 재조합이 형질전환, 접합 및 형질도입 중 어떤 기작에 의한 것인지를 어떻게 결정할 것인가?

8.10 (a) F^- 세포, F^+ 세포 및 Hfr 세포의 유전자형적 차이점은 무엇인가? (b) 이들의 표현형적 차이점은 무엇인가? (c) 어떤 기작에 의해 F^- 세포가 F^+ 세포로 전환되는가? F^+ 세포는 어떻게 Hfr 세포로 전환되는가? Hfr 세포는 어떻게 F^+ 세포로 전환되는가?

8.11 (a) 유전적 분석에서 F′ 인자는 어떻게 활용되는가? (b) F′ 인자

는 어떻게 형성되는가? (c) 어떤 기작에 의해 반성도입이 일어나는가?

8.12 일반 형질도입과 특수 형질도입의 가장 근본적인 차이점은 무엇인가?

8.13 F 인자의 통합과정에서 IS 인자의 역할은 무엇인가?

8.14 단절교배 실험을 통해 세균 유전자의 지도를 어떻게 작성하는가?

8.15 *동시형질도입*(*cotranduction*)의 의미는 무엇인가? 동시형질도입의 빈도는 유전적 마커의 지도 작성에 어떻게 활용되는가?

8.16 대장균이 탄소원으로 락토오스를 이용하기 위해서는 β-갈락토시다아제와 β-갈락토시드 퍼미아제 두 효소를 필요로 한다. 이 두 효소는 가깝게 연관된 유전자 *lacZ*와 *lacY*에 의해 각각 암호화된다. 다른 유전자 *proC*는 부분적으로 대장균 세포의 프롤린 아미노산 합성을 조절한다. 대립유전자 str^r 및 str^s는 스트렙토마이신에 대한 저항성과 민감성을 각각 나타낸다. Hfr H 균주는 접합 동안 두 *lac* 유전자 *proC* 및 *str*을 이 순서대로 전달하는 것으로 알려져 있다.

유전자형이 $lacZ^-$ $lacY^+$ $proC^+$ str^s의 Hfr H 균주와 유전자형이 $lacZ^+$ $lacY^-$ $proC^-$ str^r인 F^- 균주를 서로 교잡시켰다. 교잡 2시간 후, 혼합체를 희석하여 스트렙토마이신은 포함되고 프롤린은 결핍된 배지에서 자라게 하였다. 분리된 $proC^+$ str^r인 재조합체 콜로니가 유일한 탄소원으로 락토오스가 포함된 배지에서 자랄 수 있는지를 관찰하였을 때, 그들 중 극소수만이 락토오스를 이용하였다. 역교배(Hfr H $lacZ^+$ $lacY^-$ $proC^+$ str^s × F^- $lacZ^-$ $lacY^+$ $proC^-$ str^r)를 시켰을 때, $proC^+$ str^r 재조합체의 상당한 숫자가 유일한 탄소원으로 락토오스가 공급된 배지에서 자랄 수 있었다. *proC*에 대한 *lacZ* 및 *lacY* 유전자의 상대적인 배열 순서는 어떻게 되겠는가?

8.17 10개의 좌위가 표지되어 있는 한 F^+ 균주는 F 인자가 F^+ 균주의 염색체 속으로 삽입될 때마다 언제나 Hfr 자손을 생산한다. F 인자는 환형 염색체의 여러 부위로 삽입될 수 있기 때문에, 다양한 Hfr 균주들이 유전적 마커를 서로 다른 순서로 전달할 것이다. 어떤 Hfr 균주에 대해, 전달되는 마커의 순서는 단절교배 실험으로 결정할 수 있다. 동일한 F^+로부터 유래된 몇 가지 Hfr 균주에 대한 다음의 실험 결과로부터, F^+ 균주에서의 유전적 마커의 순서를 결정하라.

Hfr 균주	마커의 공여 순서
1	— Z-H-R-E →
2	— O-K-S-E →
3	— K-W-O-I →
4	— Z-T-I-O →
5	— H-Z-T-I →

8.18 아래 표에 실린 결과는 대장균에서 트립토판 합성효소의 α 사슬을 암호화하는 *A* 유전자 내에서 돌연변이 위치의 순서를 결정하기 위해 수행한 3점 형질도입 실험으로부터 얻어졌다. *Anth*는 연관되어 있으며 비선택적 마커이다. 각 교배에서, trp^+ 재조합체를 선택한 후 *anth* 마커($anth^+$ 혹은 $anth^-$)에 대해 조사하였다. *anth*와 *A* 유전자의 세 돌연변이 대립유전자들의 배열 순서는 어떻게 되겠는가?

교배	공여체 마커	수용체 마커	trp^+재조합체 중에서 *anth* 대립유전자	% $anth^+$
1	$anth^+$ — A34	$anth^-$ — A223	60 $anth^+$: 300 $anth^-$	17
2	$anth^+$ — A46	$anth^-$ — A223	168 $anth^+$: 200 $anth^-$	46
3	$anth^+$ — A223	$anth^-$ — A34	395 $anth^+$: 380 $anth^-$	51
4	$anth^+$ — A223	$anth^-$ — A46	50 $anth^+$: 270 $anth^-$	16

8.19 박테리오파지 P1은 *E. coli*에서 일반 형질도입을 매개한다. pur^+ pro^- his^- 세균에서 자란 P1 파지로부터 P1 형질도입 용균물을 준비하였다. 유전자 *pur*, *pro*, *his*는 세균에서는 각각 퓨린, 프롤린, 히스티딘의 합성에 필요한 효소를 암호화한다. 용균물의 파지와 형질도입 입자는 pur^- pro^+ his^+ 세포에 감염시켰다. 형질도입이 일어날 수 있는 시간 동안 충분히 감염된 세균을 배양한 후, pur^+ 형질도입체를 선별하기 위해 프롤린과 히스티딘은 포함되지만 퓨린은 결핍된 최소 배지에 도말하였다. 각 외부 마커의 빈도를 결정하기 위해, pur^+ 콜로니는 프롤린이 포함되거나 결핍된 최소배지, 혹은 히스디딘이 포함되거나 결핍된 배지로 옮겼다. 다음에 주어진 결과로부터 *E. coli* 염색체에서 세 유전자의 순서를 결정하라.

유전자형	관찰된 수
pro^+ his^+	200
pro^- his^+	44
pro^+ his^-	300
pro^- his^-	2

8.20 *E. coli*의 *trp A* 유전자에 대한 2종류의 추가적인 돌연변이 *trp A58*과 *trp A487*의 순서를 *trp A223*과 외부 마커 *anth*와 비교하여 결정하기 위해 문제 8.18에서 설명한 3점 형질도입 교배를 수행하였다. 이 교배의 결과는 아래 표에 요약되어 있다. *anth*와 *trp A* 유전자에 있는 세 돌연변이의 순서는 어떻게 되겠는가?

교배	공여체 마커	수용체 마커	trp^+ 재조합체 중에서 *anth* 대립유전자	% $anth^+$
1	$anth^+$ – A487	$anth^-$ – A223	60 $anth^+$: 300 $anth^-$	83
2	$anth^+$ – A58	$anth^-$ – A223	168 $anth^+$: 200 $anth^-$	54
3	$anth^+$ – A223	$anth^-$ – A487	395 $anth^+$: 380 $anth^-$	49
4	$anth^+$ – A223	$anth^-$ – A58	50 $anth^+$: 270 $anth^-$	84

8.21 당신은 히스티딘을 합성하지 못하는 대장균 돌연변이체(His^-)를 동정하였다. 대장균 염색체에서 his^- 돌연변이의 위치를 결정하기 위해, 서로 다른 다섯 Hfr 균주를 이용하여 단절교배 실험을 수행하였다. 아래 표는 처음 5 마커의 야생형 대립유전자가 His^- 균주로 들어간 시간(괄호 안에 분으로 표시)을 보여준다.

Hfr A ———	*his* (1)	*man* (9)	*gal* (28)	*lac* (37)	*thr* (45)
Hfr B ———	*man* (15)	*his* (23)	*cys* (38)	*ser* (42)	*arg* (49)
Hfr C ———	*thr* (3)	*lac* (11)	*gal* (20)	*man* (39)	*his* (47)
Hfr D ———	*cys* (3)	*his* (18)	*man* (26)	*gal* (45)	*lac* (54)
Hfr E ———	*thr* (6)	*rha* (18)	*arg* (36)	*ser* (43)	*cys* (47)

다음 환형의 *E. coli* 염색체 지도에서 (1) *thr*(0/100 min에 위치)에 대한 각 유전자의 상대적 위치, (2) 각 Hfr 균주에서 F 인자의 삽입 위치, 및 (3) 각 Hfr의 염색체 전달 방향을 결정하라.

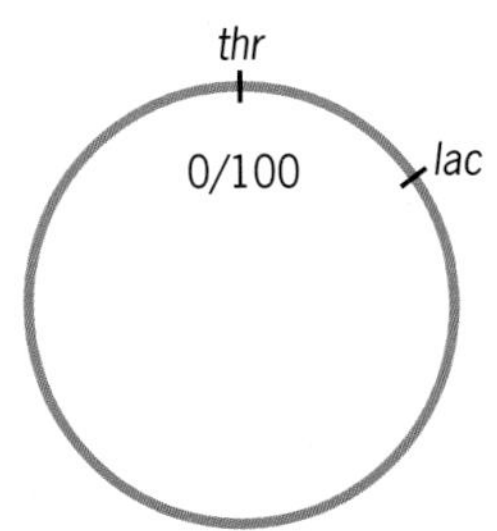

8.22 박테리오파지 T4 염색체에서 *nrd 11*(유전자 *nrd B*, 리보뉴클레오티드 환원효소의 β 사슬 암호화), *am M69*(유전자 63, 꼬리-섬유 결합을 도우는 단백질 암호화), *nd 28*(*denA*, 엔도뉴클레아제 II 효소 암호화) 돌연변이는 유전자 31과 유전자 32 사이에 위치함이 알려져 있다. 돌연변이 *am N54*와 *am A453*은 유전자 31과 32 안에 각각 위치한다. 아래 표에서 주어진 3점 교배실험의 결과로부터, 다섯 돌연변이 위치의 배열 순서를 결정하라.

3점 교배실험 데이터

교배	% 재조합[a]
1. *am A453* — *am* M69 × *nrd* 11	8.4
2. *am A453* — *nrd* 11 × *am* M69	5.2
3. *am A453* — *am* M69 × *nd* 28	7.0
4. *am A453* — *nd* 28 × *am* M69	5.0
5. *am A453* — *nrd* 11 × *nd* 28	4.2
6. *am A453* — *nd* 28 × *nrd* 11	5.8
7. *am N54* — *am* M69 × *nrd* 11	7.0
8. *am N54* — *nrd* 11 × *am* M69	3.8
9. *am N54* — *nd* 28 × *am* M69	3.4
10. *am N54* — *am* M69 × *nd* 28	5.4
11. *am N54* — *nd* 28 × *nrd* 11	3.8
12. *am N54* — *nrd* 11 × *nd* 28	5.8

[a]모든 재조합률은 다음과 같이 구하였다. $\frac{2(\text{야생형 자손})}{\text{총 자손 수}} \times 100$.

9 DNA와 염색체 구조

장의 개요

- 유전물질의 기능
- 유전정보가 DNA 내에 저장되어 있다는 증거
- DNA와 RNA의 구조
- 원핵생물과 바이러스의 염색체 구조
- 진핵생물의 염색체 구조

Nuclein의 발견

1868년 스위스의 젊은 의학도였던 Johann Friedrich Miescher는 환자의 상처를 싸고 있던 붕대에서 묻어 나온 고름세포에서 얻어진 산성 물질에 매료되었다. 그는 고름세포를 붕대와 나머지 부스러기로부터 분리하였고, 그 다음 돼지의 위장에서 분리한 단백질분해효소인 펩신을 세포에 처리하였다. 펩신 처리 후, 그는 세포에서 자신이 nuclein이라 부르던 산성 물질을 회수할 수 있었다. Miescher의 nuclein은 몇 종류의 지방에서만 함께 존재하는 질소와 인을 많이 포함한 점이 특이했다. Miescher는 1869년 인간의 고름세포에 존재하는 nuclein의 발견에 관한 논문을 썼고 이를 학술지에 투고하였다. 그러나 학술지의 편집자는 그 결과에 대해 회의적이었고 자신이 직접 Miescher의 실험을 반복하기로 결심하였다. 그 결과, nuclein에 대해 기술한 Miescher의 논문은 2년 뒤인 1871년까지는 출간되지 못하였다. 그 당시에는 Miescher가 nuclein이라 불렀던 물질의 중요성을 예상하지 못했다.

Miescher의 nuclein에 존재하는 산성물질의 핵심성분인 폴리뉴클레오티드 사슬의 존재는 1940년대까지 기술되지 않았다. 유전정보를 저장하고 전달하는 핵산의 역할은 1944년까지 확립되지 않았으며 1953년까지 DNA의 이중나선 구조가 밝혀지지 않았다. 그 때까지도 유전학자들은 핵산이 구조에 있어 단백질보다 간단하다는 이유로 단백질이 아니라 핵산이 유전정보를 운반한다는 생각을 받아들이는 데 주저하였다.

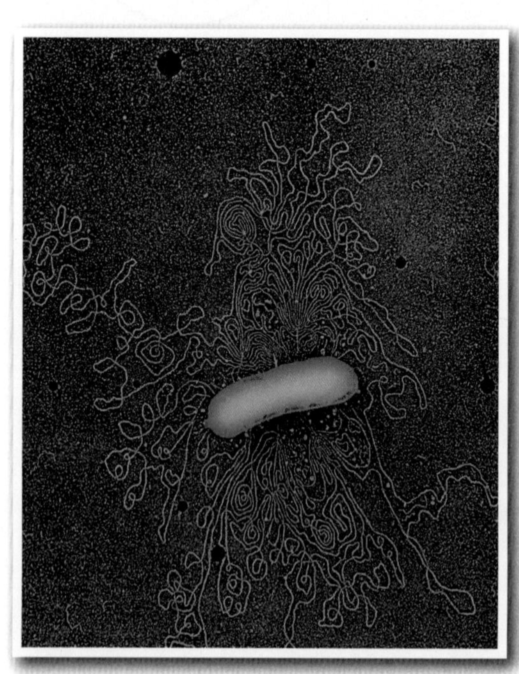

박테리오파지 람다의 DNA를 칼라로 증폭시킨 TEM 사진.

유전물질의 기능

유전물질은 복제되고, 생물의 성장과 발달을 조절하며, 생물이 환경 변화에 적응할 수 있게 한다.

1865년 멘델은 유전자가 유전정보를 전달한다는 것을 밝혔고, 20세기 초 수십 년 동안 유전자의 세대 간 전달 양상에 대한 연구가 광범위하게 이루어졌다. 이러한 고전적 유전학 연구에 의해 유전자의 분자적 성질에 대해 밝혀진 것은 거의 없지만, 그들은 유전물질의 화학적 성질이 무엇이든지 간에 유전물질은 다음과 같은 3가지의 핵심적인 기능을 수행해야 한다는 것을 증명하였다.

1. 유전자형적 기능과 **복제**. 유전물질은 유전정보를 저장해야 하며 부모로부터 자손에게 대대로 정확하게 그 정보를 전달해야 한다.
2. 표현형적 기능 및 **유전자의 발현**. 유전물질은 생물체 표현형의 발달을 조절해야 한다. 즉, 유전물질은 하나의 접합자 세포에서 성숙한 성체가 될 때까지 생물체의 생장과 분화를 지시해야 한다.
3. 진화적인 기능과 **돌연변이**. 유전물질은 생물체가 환경 속에서 적응할 수 있도록 변화를 겪을 수 있어야 한다. 그러한 변화 없이는 진화는 일어날 수 없었을 것이다.

초기의 다른 유전학 연구로 말미암아 유성생식과정에서 유전자 전달의 양상과 염색체 행동 양상에는 어떤 명확한 관계가 있음이 확립되었으며, 이러한 사실은 유전자가 염색체 내에 존재한다는 강력한 증거를 제시하였다. 따라서 이후 유전자의 화학적 근거를 찾으려는 노력들은 염색체 내에 존재하는 분자에 그 초점을 맞추었다.

염색체는 **단백질**과 **핵산**이라는 두 개의 거대한 유기분자(거대분자)로 이루어져 있다. 핵산은 **디옥시리보핵산(DNA)**과 **리보핵산(RNA)**의 두 가지 형태가 있다. 1940년대와 1950년대 초 사이 몇몇 정교한 실험에 의해 유전정보는 단백질이 아니라 핵산에 저장되어 있다는 사실이 분명하게 확립되었다. 이 실험들은 이 장의 다음 절에서 논의될 것이다. 대부분의 생물체에서 유전정보는 DNA에 암호화되어 있다. 일부 작은 바이러스들에서는 유전정보가 RNA에 암호화되어 있다.

요점

- *유전물질은 3가지 필수적인 기능을 해야 한다. 유전형의 기능 – 복제, 표현형의 기능 – 유전자 발현, 그리고 진화적 기능 – 돌연변이.*

유전정보가 DNA 내에 저장되어 있다는 증거

대부분의 생물들에 있어 유전정보는 DNA에 의해 암호화되어 있다. 일부 바이러스의 경우에는 RNA가 유전물질이다.

몇몇 계열의 간접 증거들은 DNA가 살아 있는 생물체의 유전정보를 가지고 있다는 것을 제시하고 있다. 예를 들어, 세포의 DNA 대부분이 염색체 내에 존재하는 반면, RNA와 단백질은 세포질 내에 많이 존재한다. 또한 세포 당 염색체 쌍의 수와 세포 당 DNA 사이에 정확한 상관관계가 존재한다. 2배체 생물의 대부분의 체세포는 반수체인 동종의 생식세포(배우자)의 2배에 해당하는 DNA를 포함하고 있다. DNA의 분자적 구성은 한 개체의 여러 가지 세포들에서 동일한 반면(약간의 예외는 있다), RNA와 단백질은 모두 그 구성이 세포의 유형에 따라 매우 다양하다. DNA는 생물체에서 대단히 빨리 합성되고 분해되는 RNA나 단백질보다 좀 더 안정하다. 유전물질은 정보를 저장하며 부모로부터 자손에게 전달되기 때문에 DNA와 같이 안정할 것이라고 생각되고 있다. 비록 이러한 상관관계가 DNA가 유전물질이라는 사실을 강력히 시사한다고는 해도 결코 그것을 증명하는 것은 아니다.

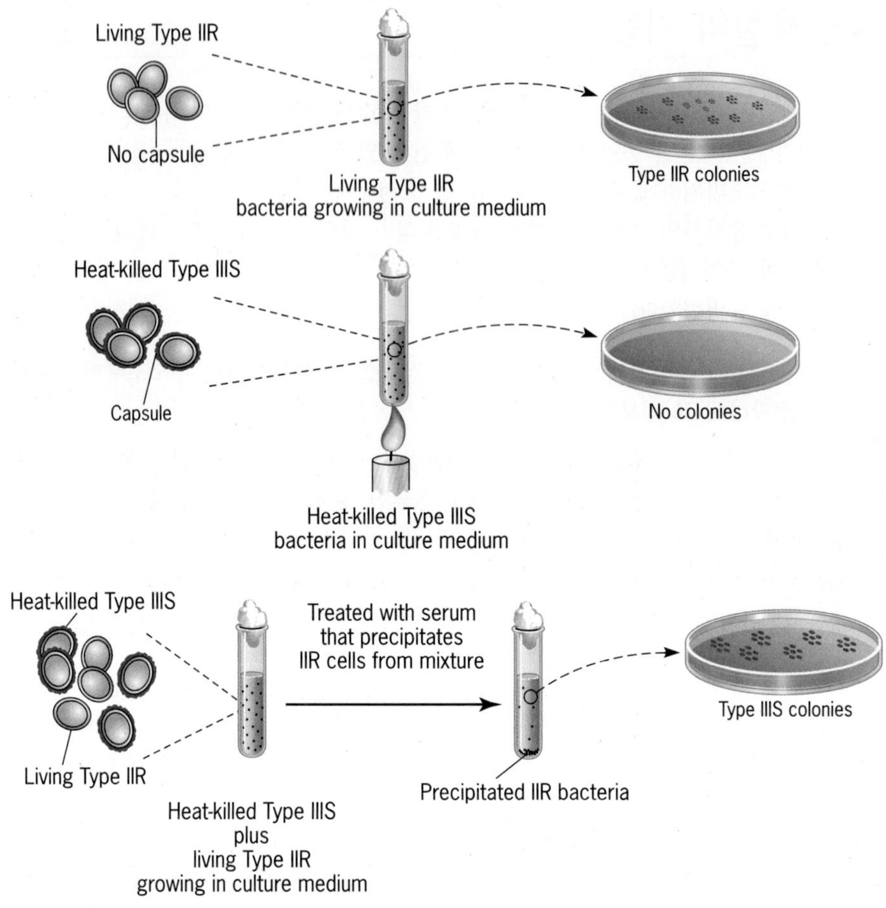

■ **그림** 9.1 Sia와 Dawson에 의해 수행된 폐렴쌍구균의 시험관 내 형질전환 실험.

DNA가 형질전환을 매개한다는 증거

폐렴 쌍구균(*Streptococcus pneumoniae*)에서 형질전환에 대한 Frederick Griffith의 발견은 8장에서 논의되었다. Griffith는 열처리로 죽인 IIIS형 폐렴 쌍구균과 살아있는 IIR형 폐렴 쌍구균을 쥐에 주사하면 다수의 쥐가 폐렴으로 발전하여 죽게 되며, 그들의 시체에서 살아있는 IIIS형이 발견된다는 사실에 주목했다. 열처리로 죽인 세포로부터 무언가가 — 형질 전환 물질 — 살아있는 IIR형 세포를 IIIS형으로 전환시킨 것이다. 1931년 Richard Sia와 Martin Dawson은 같은 실험을 시험관 내(*in vitro*)에서 수행하였고, 쥐들은 형질전환 과정에서 아무런 역할도 하지 않는다는 것을 보여주었다(■ **그림** 9.1). Sia와 Dawson의 실험은 Oswald Avery, Colin MacLeod, 그리고 Maclyn McCarty가 폐렴 쌍구균(*S. pneumoniae*) 실험에서 DNA가 형질전환 물질이라고 설명했던 실험으로 이어졌다. Avery와 동료들은 DNA가 IIR형 세포들이 IIIS형으로 형질전환 되기 위해 요구되는 IIIS형의 유일한 성분이라는 것을 보여주었다(■ **그림** 9.2).

그러나 어떻게 정제한 DNA가 실제로 순수한 것인지를 확신할 수 있을까? 거대분자인 물질이 완전하게 정제되었다는 것을 증명하는 것은 극히 어려운 일이다. 아마도 정제한 DNA에는 몇몇 단백질 분자가 포함되었을 것이고 이 오염된 단백질은 관찰된 형질전환에 영향을 줄 수도 있을 것이다. Avery, MacLeod 그리고 McCarty의 실험에서 DNA가 형질전환의 근본 물질이라는 것을 결정적으로 증명한 것은 DNA, RNA, 단백질을 분해하는 효소를 이용한 것이다. 각 개별 실험에서, IIIS형 세포에서 얻어진 고도로 정제된 DNA에 (1) DNA를 분해시키는 **deoxyribonuclease(DNase)**, (2) RNA를 분해시키는 **ribonuclease(RNase)**, (3) 단백질을 분해하는 **protease** 효소를 처리한 후, 이 DNA가 IIR 세포를 IIIS 세포로 형질 전환시키는 능력이 있는지의 여부를 검증하였다. 오직 DNase를 처리한 DNA 시료에서만 형질전환 활성에 있어 영향이 있었다(형질전환 능력을 완전히 없

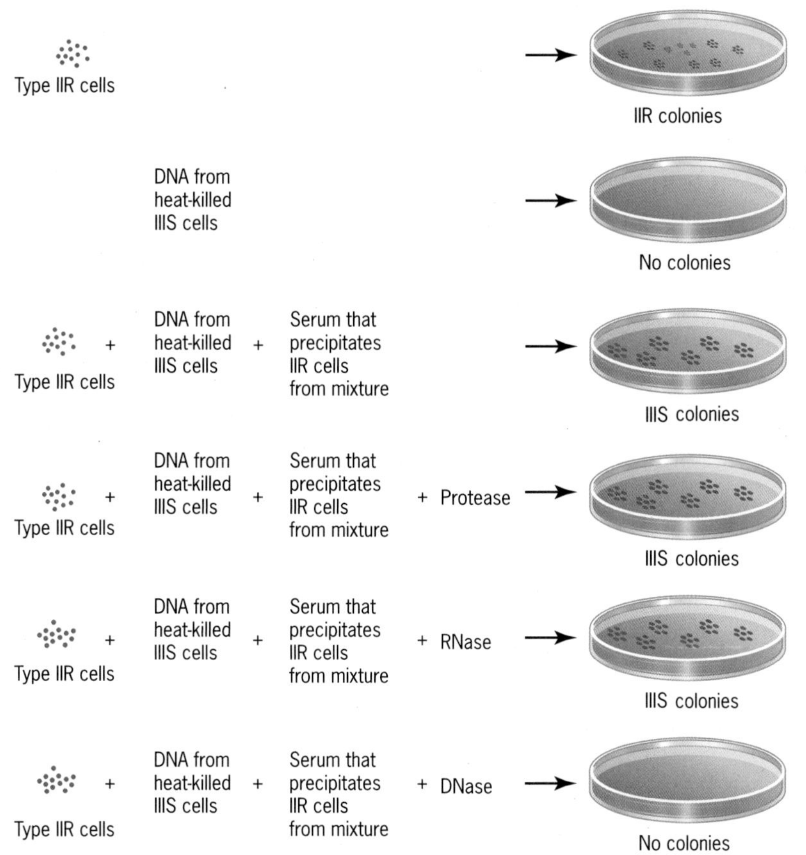

■ 그림 9.2 형질전환의 근본 매개체는 DNA라는 Avery, MacLeod, McCarty의 증명.

애 버렸다(그림 9.2).

비록 형질전환이 어떠한 분자적 기작으로 일어나는지 다년간 알려지지 않았지만 Avery와 그의 동료들의 결과는 폐렴쌍구균에 있어 유전정보는 DNA에 존재한다는 것을 명확히 하였다. 현재 유전학자들은 폐렴쌍구균의 염색체 내에 있는 III형의 협막 합성을 지시하는 유전정보를 운반하는 DNA 절편들이 형질전환 과정 중에 물리적으로 IIR형 수용체세포의 염색체에 삽입되었다는 것을 알고 있다.

박테리오파지 T2 유전정보는 DNA가 운반한다는 증거

DNA가 유전물질이라는 것을 입증하는 또 다른 증거는 1952년 Alfred Hershey(1969년 노벨상 수상자)와 Martha Chase에 의해 발표되었다. 그들의 실험 결과는 특정 박테리오파지(bacteriophage T2)의 유전정보가 DNA에 존재한다는 것을 보였다. 그들의 결과는 과학자들이 유전물질로서의 DNA를 받아들이는 데 있어 중요한 영향력을 행사하였다. 이러한 영향력은 Hershey-Chase 실험의 명료성이 가져온 결과였다.

바이러스는 가장 작은 생명체이다. 그들의 생식이 세포 생물체와 동일한 과정을 거쳐 핵산에 저장된 유전정보에 의해 조절된다는 의미에서 볼 때 바이러스는 적어도 살아있다(8장). 그러나 바이러스는 적절한 숙주세포에서만 생식할 수 있는 비세포성 기생생물이다. 그들의 생식은 전적으로 숙주의 대사 기구(리보솜, 에너지 생성계 등)에 의존한다. 바이러스는 단순한 구조 및 화학적 조성(대부분 단백질과 핵산만을 포함)과 매우 빠른 생식(최적 조건에서 어떤 세균성 바이러스는 15–20분이 걸림) 때문에 많은 유전과정 연구에 있어 매우 유용하였다.

대장에 흔히 존재하는 세균인 대장균(*E. coli*)을 감염시키는 박테리오파지 T2는 50%의 단백질과 50%의 DNA로 구성되어 있다(**■ 그림** 9.3). 1952년 이전의 실험들은 모든 박테리오파지 T2의 증식이 대장균 세포 내에서 일어난다는 것을 밝혔다. 따라서 Hershey와 Chase가 단백질이 세포 외부에 흡착하는 반면 바이러스 입자인 DNA는 세포 내에 들어간다는

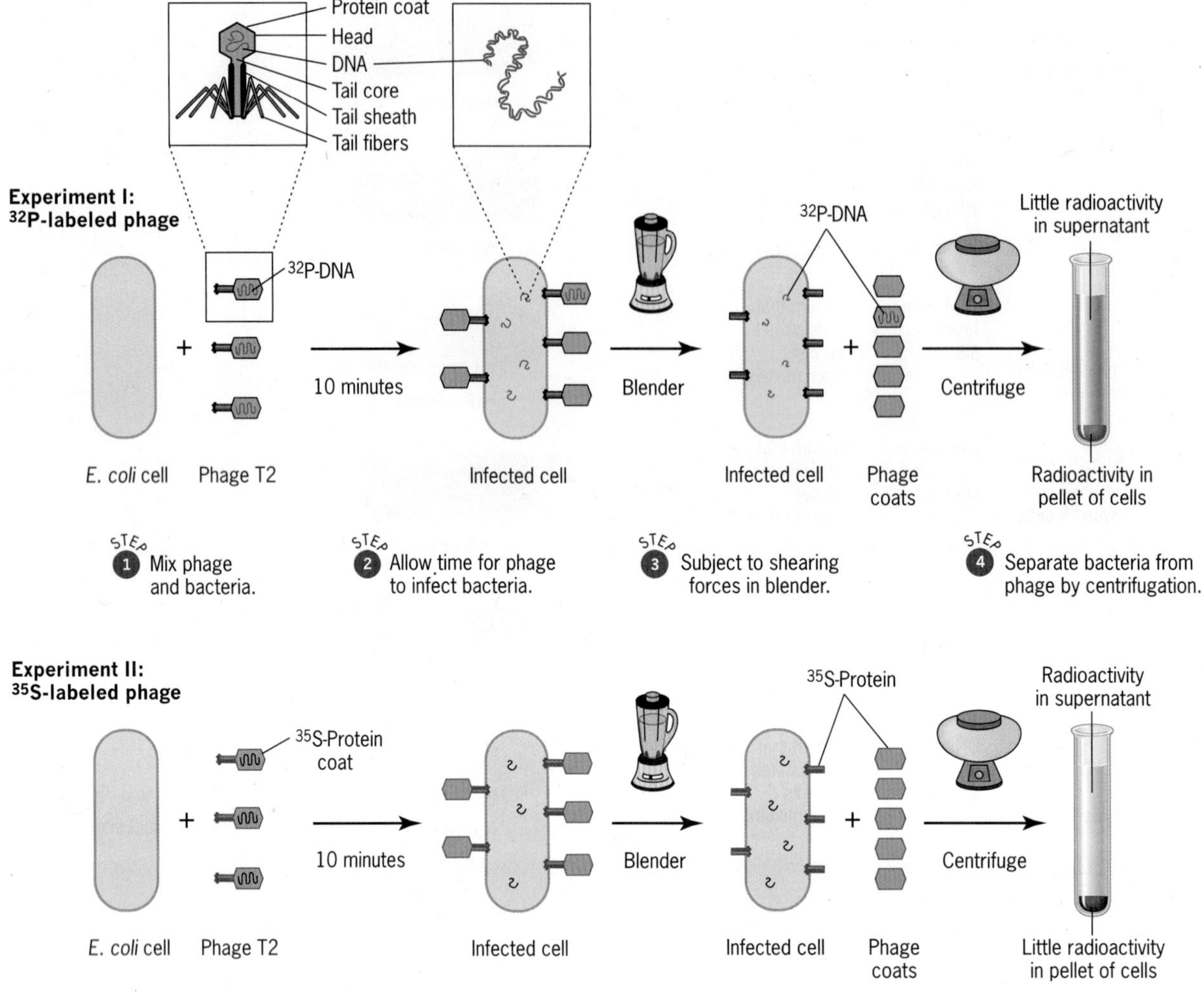

■ 그림 9.3 박테리오파지 T2의 유전정보는 DNA에 존재한다는 Hershey와 Chase의 설명.

것을 보였을 때, 이것이 암시하는 바는 바이러스의 증식에 필요한 유전정보는 DNA라고 할 수 있었다. Hershey-Chase 실험의 원리는 DNA에는 인(P)이 있지만 황(S)이 없으며, 단백질에는 황이 있고 인이 없다는 점이다. 따라서 Hershey와 Chase는 (1) 보통의 동위원소인 ^{31}P 대신 방사성 동위원소인 ^{32}P를 포함한 배지에서 키운 파지 DNA와 (2) 보통의 동위원소인 ^{32}S 대신 방사성 동위원소인 ^{35}S를 포함한 배지에서 키워서 파지의 단백질 껍질을 각각 특이적으로 표지할 수 있었다(그림 9.3).

^{35}S로 표지된 T2 파지를 몇 분 동안 대장균 세포와 혼합하여 감염시킨 다음, 교반기에 넣고 전단력(剪斷力)을 가하면 대부분의 방사능(단백질)은 자손 파지의 증식에 영향을 주지 않고 세포로부터 제거할 수 있었다. 그러나 ^{32}P로 표지한 DNA를 가진 T2 파지를 사용했을 때에는 방사능은 모두 세포 내에서 발견되었다. 즉 DNA는 교반기에서 전단력에 의해 제거되지 않는다. 느린 속도로 원심분리하면 세포는 침전하는 반면 파지는 현탁액에 존재하게 되어 감염된 세포와 파지의 단백질껍질과 분리되었다. 이 결과는 바이러스의 DNA는 숙주세포로 들어가고 단백질 껍질은 세포 밖에 남음을 의미한다. 자손 바이러스는 세포 내에서 증식되기 때문에 Hershey와 Chase의 결과는 자손 바이러스의 DNA 분자와 단백질 껍질 모두를 합성하도록 지시하는 유전정보는 부모의 DNA에 존재해야 한다는 것을 제시하게 되었다. 게다가 자손 파지는 일부의 ^{32}P를 가짐이 밝혀졌지만 부모 파지의 ^{35}S는 없었다.

T2 파지의 유전물질은 DNA라는 Hershey와 Chase의 증명에 하나의 결점이 있었다. ^{35}S(단백질)의 상당량이 DNA와 함께 숙주 내로 주입되는 것이 밝혀진 것이다. 따라서 이

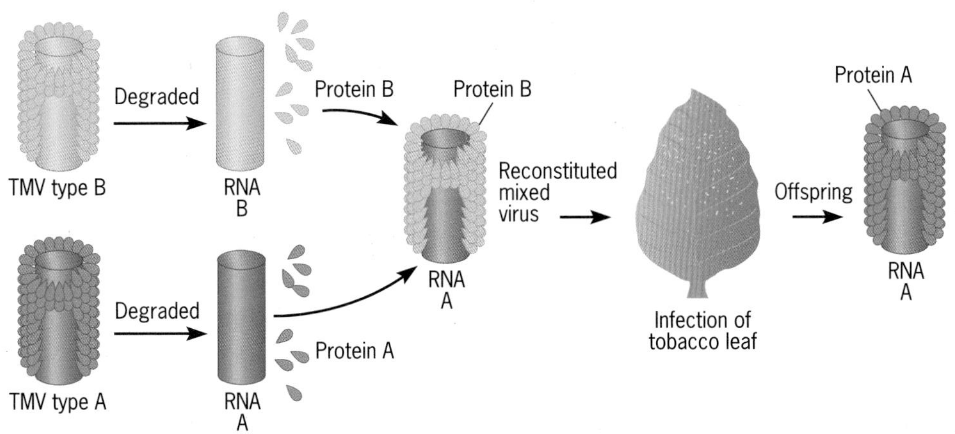

■ 그림 9.4 담뱃잎 모자이크 바이러스(TMV)의 유전물질은 단백질이 아니라 RNA라는 사실의 증명. TMV는 DNA를 전혀 포함하지 않으며 RNA와 단백질로 이루어져 있다.

적은 비율의 파지 단백질이 유전정보를 포함하다고 주장할 수 있었다. 최근에 과학자들은 순수한 파지 DNA로 대장균 원형질체(세포벽이 제거된 세포)를 감염시킬 수 있는 방법을 개발하였다. 트랜스펙션(Transfection)이라 불리는 이 실험에서는 정상적인 자손 파지가 만들어지며, 따라서 이러한 세균성 바이러스의 경우에 있어서 유전물질은 DNA라는 것을 증명하였다.

일부 바이러스의 경우 유전정보가 RNA에 저장되어 있다는 증거

점점 더 많은 바이러스들이 확인되고 연구됨에 따라 그들 중 일부가 RNA와 단백질만을 포함하는 반면 DNA가 없다는 것이 분명해졌다. 현재까지의 모든 연구에 의하면, 비록 핵산이 RNA이지만, 이러한 RNA 바이러스가 다른 생물체와 다름없이 단백질이 아니라 핵산에 유전정보를 포함하는 것이 분명해졌다. RNA 바이러스에서 유전물질로서의 RNA를 확립시킨 최초의 실험 중 하나는 이른바 Heinz Fraenkel-Conrat과 동료들의 재구성 실험으로 1957년에 발표되었다. 단순하지만 명확한 그들의 실험은 단백질 껍질 속에 RNA 한 분자로 이루어져 있는 작은 바이러스인 담뱃잎 모자이크바이러스(TMV)로 수행했다. 서로 다른 TMV의 종류는 단백질 껍질의 화학적 조성의 차이에 근거해서 구별될 수 있다. Fraenkel-Conrat과 동료들은 서로 다른 두 계통의 TMV 입자를 바이러스의 단백질 껍질과 RNA를 분리하는 화학물질로 처리하여 이 단백질과 RNA를 분리하였다. 그 다음 한 바이러스 종류의 단백질과 다른 종류의 RNA 분자를 섞어주고, 이들 각각의 단백질과 RNA로 이루어진 온전한 감염성 바이러스로 재구성이 일어나는 조건하에 두었다. 담뱃잎이 재구성된 혼합 바이러스에 감염되었을 때, 자손 바이러스는 표현형으로도, 유전자형적으로도 언제나 RNA 공급원으로 사용된 부모의 바이러스 종류와 동일했다(**■ 그림 9.4**). 따라서 TMV의 유전정보는 단백질이 아닌 RNA에 저장되어 있다.

요점

- *대부분의 살아 있는 생물의 유전정보는 디옥시리보핵산(DNA)에 저장된다.*
- *일부 바이러스의 경우에, 유전정보는 리보핵산(RNA)에 존재한다.*

DNA와 RNA의 구조

DNA는 보통 이중나선으로 되어있고, 아데닌은 티민과 구아닌은 시토신과 짝을 이룬다. RNA는 대개 한 줄로 이어진 나선 구조이고 티민 대신 우라실을 포함한다.

RNA 바이러스를 제외한 모든 생물의 유전정보는 DNA에 저장되어있다. DNA의 구조는 무엇이며 유전정보는 어떠한 형태로 저장되어 있는가? DNA의 어떠한 구조적 특징이 유전정보를 세대 간에 정확하게 전달할 수 있도록 하는가? 이러한 질문에 대한 답, 즉 유전암호의 특성과 유전정보 전달에 있어 DNA 이중나선의 상보적 사슬의 역할은 우리가 생물의 본질을 이해하는 데 가장 중요한 질문이라는 것은 의심할 나위가 없다.

DNA와 RNA의 화학적 구성단위의 성질

Miescher가 발견했던 nuclein의 중심 요소였던 핵산은 뉴클레오티드라는 소 단위체의 반복으로 이루어진 거대분자이다. 각 뉴클레오티드는 (1) 인산기, (2) 오탄당, (3) 염기라 불리는 질소를 포함한 고리 모양의 화합물로 이루어져 있다(■ **그림** 9.5). DNA에서는 당이 2-디옥시리보오스(그래서 이름이 디옥시리보오스 핵산이다), RNA에서는 당이 리보오스(그래서 리보오스 핵산)이다. DNA에서는 보통 4개의 다른 염기: **아데닌(A)**, **구아닌(G)**, **티민(T)**, **시토신(C)**이 존재한다. RNA도 보통 아데닌, 구아닌 그리고 시토신을 포함하지만 티민 대신에 다른 염기인 **우라실(U)**이 있다. 아데닌과 구아닌은 두 개의 고리를 가진 염기로 **퓨린**이라 불

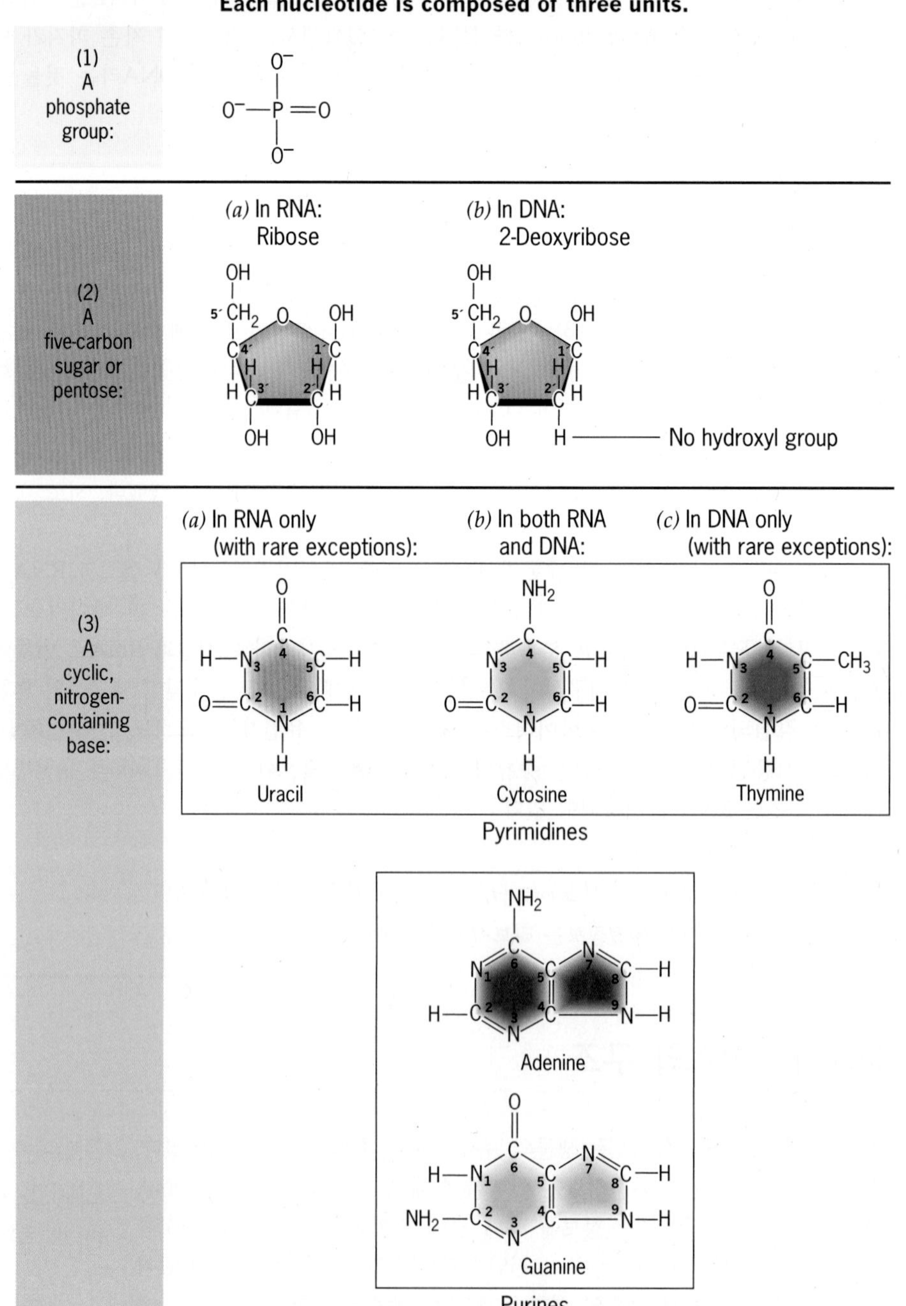

■ 그림 9.5 핵산의 구조적 구성요소. 오탄당에 있는 탄소와 염기의 고리구조에 있는 탄소와 질소의 표준 넘버링 시스템은 각각 (2)와 (3)에서 보여준다. 하나의 고리를 가진 염기는 피리미딘이라고 불리고, 두 개의 고리를 가진 염기는 퓨린이다.

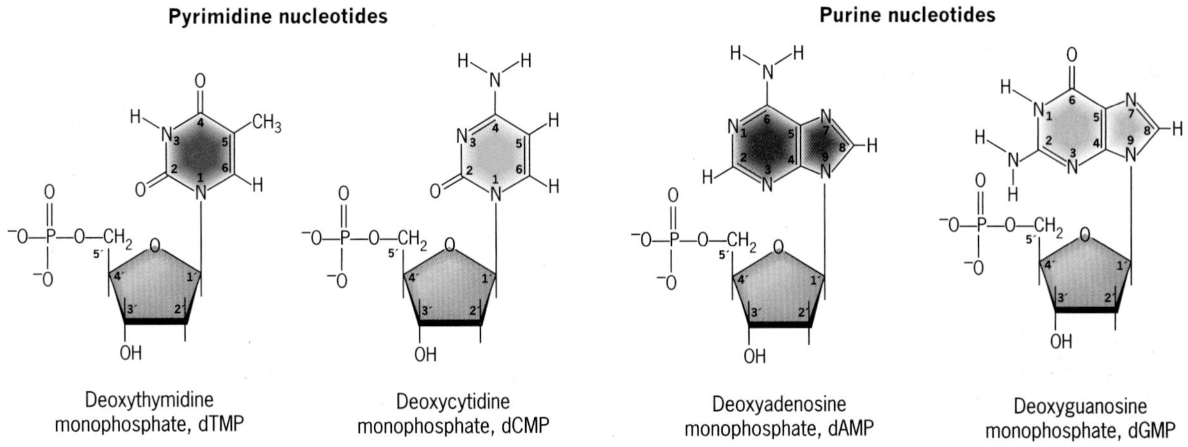

Pyrimidine nucleotides
Purine nucleotides
Deoxythymidine monophosphate, dTMP
Deoxycytidine monophosphate, dCMP
Deoxyadenosine monophosphate, dAMP
Deoxyguanosine monophosphate, dGMP

■ **그림 9.6** DNA에 일반적으로 존재하는 4가지 디옥시리보오스의 구조. 염기의 고리에 있는 탄소와 질소는 피리미딘의 경우에는 1에서 6까지 그리고 퓨린의 경우에는 1에서 9까지 번호를 붙인다. 따라서 뉴클레오티드의 당에 있는 탄소는 염기에 있는 탄소와 구분하기 위하여 1′에서 5′를 사용하여 번호를 붙인다.

리고, 시토신, 티민 그리고 우라실은 하나의 고리를 가진 염기로서 **피리미딘**이라고 불린다. 그러므로 DNA와 RNA는 모두 4종류의 소단위들, 즉 뉴클레오티드들을 가진다. 이들은 각각 두 개의 퓨린 뉴클레오티드와 두 개의 피리미딘 뉴클레오티드를 포함한다(■ 그림 9.6). DNA와 RNA 같은 폴리뉴클레오티드에서는 이러한 단위체들이 결합하여 긴 사슬을 이룬다(■ 그림 9.7). RNA는 보통 뉴클레오티드의 긴 서열로 구성된 한 가닥의 중합체로 존재한다. DNA에는 부가적인—그렇지만 매우 중요한—구성단계가 하나 더 있다. 즉, DNA는 보통 두 가닥으로 이루어진 분자이다.

DNA의 구조: 이중나선

생물학 역사상 가장 획기적인 사건 중 하나는 James Watson과 Francis Crick(■ 그림 9.8)이 DNA의 정확한 구조를 추론한 1953년에 일어났다. 그들이 제시한 DNA 분자의 이중나선 모델은 곧바로 유전정보 전달의 멋진 기구를 제시하였다(Student Companion 사이트에 제공된 '유전학의 이정표'에 실린 이중나선 참조). Watson과 Crick의 이중나선 구조는 다음 두 가지 증거가 그 주된 근거가 되었다.

1. Erwin Chargaff와 그의 동료들이 DNA의 조성을 여러 생물에서 분석했을 때, 티민의 농도는 항상 아데닌의 농도와 같고 시토신의 농도는 항상 구아닌의 농도와 같다는 것을 발견하였다(표 9.1). 그들의 결과는 티민과 아데닌 뿐만 아니라 시토신과 구아닌이 어떤 정해진 상호관계를 가지고 DNA에 존재한다는 것을 강하게 암시하였다. 또한 그들의 데이터는 피리미딘(티민과 시토신)의 총 농도가 퓨린(아데닌과 구아닌; 표 9.1 참조)의 총 농도와 항상 같다는 것을 보여주었다. 이와는 반대로[티민 + 아데닌]/[시토신 + 구아닌]의 비율은 각 생물의 DNA에 따라 다양하였다.
2. 순수한 분자 결정에 X선의 초점을 맞추었을 때, 방사선들은 분자들 속의 원자에 의해서 특정한 양상으로 회절하는데, 이를 회절양상이라고 하며 분자를 구성하는 요소의 구조에 대한 정보를 제공한다. 이 *X선 회절양상*은 카메라로 빛에 감광되는 필름에 빛을 기

5´ end
Adenine
Thymine
Cytosine
Guanine
5′
3′
3´ end

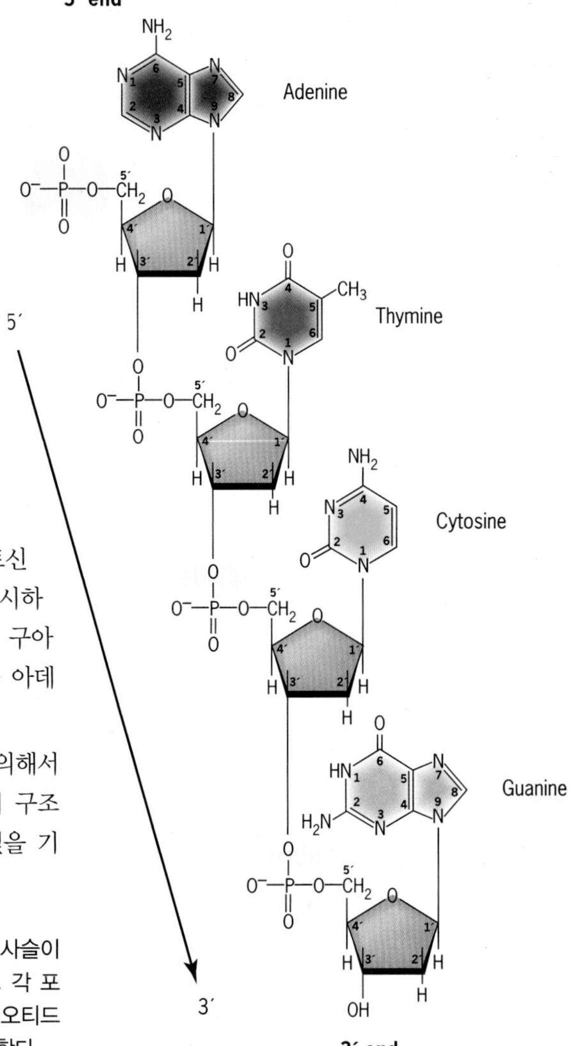

■ **그림 9.7** 포스포디에스테르 결합으로 뉴클레오티드들을 연결함으로써 폴리뉴클레오티드 사슬이 형성된다. 폴리뉴클레오티드 사슬은 5′ → 3′의 화학적 극성을 가짐을 주시하라(위에서 아래로). 각 포스포디에스테르 결합은 한 뉴클레오티드에 있는 2′-디옥시리보오스의 5′탄소와 인접한 뉴클레오티드에 있는 2′-디옥시리보오스의 3′탄소를 연결하여 폴리뉴클레오티드 사슬에 화학적 극성을 부여한다.

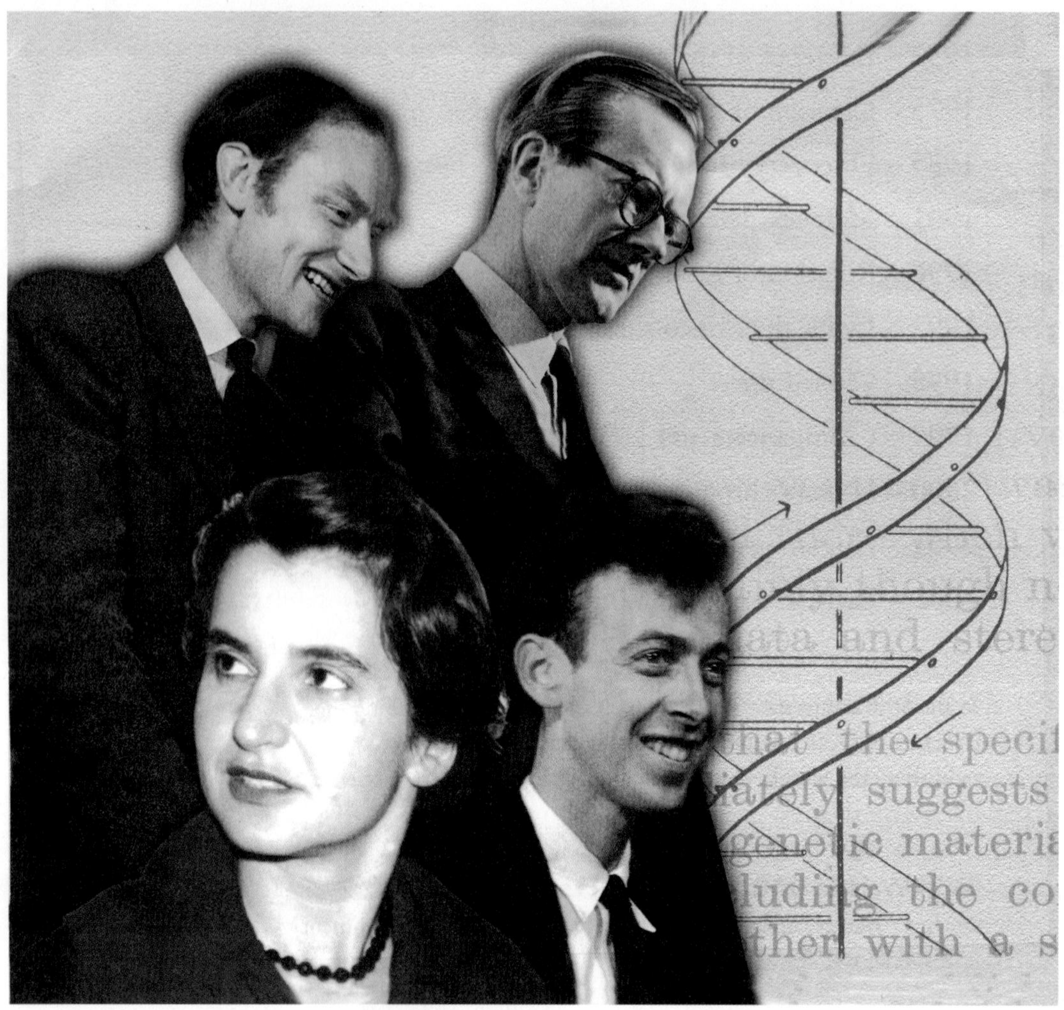

■ 그림 9.8 이중나선 DNA를 발견한 네 명의 주요 연구자들 — 왼쪽 상단으로부터 시계 방향으로 Francis Crick, Maurice Wilkins, James Watson, 그리고 Rosalind Franklin.

표 9.1

다양한 생물에서 얻어진 DNA의 염기구성

Species	% Adenine	% Guanine	% Cytosine	% Thymine	Molar Ratios $\frac{A+G}{T+C}$	$\frac{A+G}{T+C}$
I. Viruses						
Bacteriophage λ	26.0	23.8	24.3	25.8	0.99	1.08
Bacteriophage T2	32.6	18.1	16.6	32.6	1.03	1.88
Herpes simplex	13.8	37.7	35.6	12.8	1.06	0.36
II. Bacteria						
Escherichia coli	26.0	24.9	25.2	23.9	1.04	1.00
Micrococcus lysodeikticus	14.4	37.3	34.6	13.7	1.07	0.39
Ramibacterium ramosum	35.1	14.9	15.2	34.8	1.00	2.32
III. Eukaryotes						
Saccharomyces cerevisiae	31.7	18.3	17.4	32.6	1.00	1.80
Zea mays (corn)	25.6	24.5	24.6	25.3	1.00	1.04
Drosophila melanogaster	30.7	19.6	20.2	29.4	1.01	1.51
Homo sapiens (human)	30.2	19.9	19.6	30.3	1.01	1.53

록할 수 있는 것처럼 X선으로 감광되는 필름 위에 기록될 수 있다. Watson과 Crick은 Maurice Wilkins, Rosalind Franklin과 그의 동료들이 제공한 DNA의 X선 결정 구조학적 자료를 이용하였다(■ 그림 9.9). 이 자료들은 DNA가 고도로 조직되어 있으며 분자의 축을 따라 0.34 nm (1 nm = 10^{-9}m)마다 반복되는 하위구조가 존재하는 두 가닥의 구조라는 것을 나타내고 있었다.

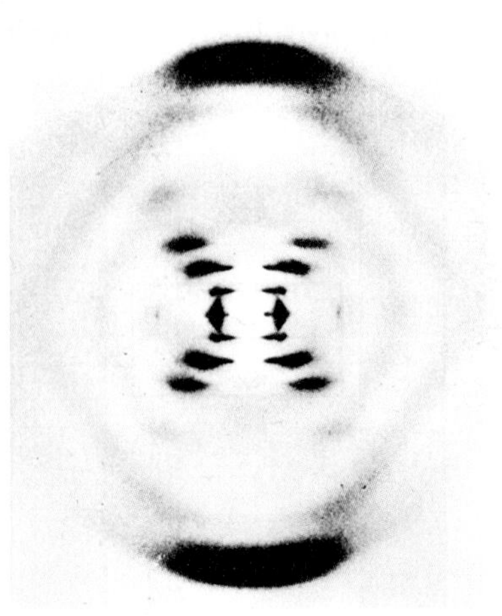

■ 그림 9.9 DNA에서 얻어진 X선 회절양상의 사진. 중심부의 십자가 모양은 DNA가 나선형 구조를 가졌다는 것이고, 위와 아래의 어두운 띠는 각 염기가 분자의 축과 수평방향으로0.34 nm씩 간격을 두고 쌓여져 있음을 나타내는 것이다.

Chagaff의 화학적 자료와 Wilkins와 Franklin의 X선 회절 자료, 그리고 모형 연구에서 얻은 추론을 근거로, Watson과 Crick은 DNA는 우선(佑旋; right-handed)하는 **이중나선(double helix)**으로 존재하며, 이 이중나선은 두 개의 폴리뉴클레오티드 사슬이 서로 서로 나선상으로 꼬여있다고 제안하였다(■ 그림 9.10). Watson, Crick, Wilkins는 그들의 이중나선 모델에 관한 연구로 1962년에 노벨 생리의학상을 공동 수상하였다. 불행하게도 Franklin은 1958년 37세의 나이로 요절하여 노벨상을 수상하지 못하였다.

각 폴리뉴클레오티드 사슬은 서로 인접한 디옥시리보오스 부분들을 연결하는 포스포디에스테르 결합에 의해 연결된 뉴클레오티드의 배열로 구성된다(표 9.2). 두 개의 폴리뉴클레오티드 사슬은 마주보는 염기 간의 수소결합에 의해 나선상 구조로 결합되어있으며(표 9.2), 이 결과로 생긴 염기쌍은 나선 계단의 발판과 같이 분자의 축에 수직으로 쌍을 이룬다(그림

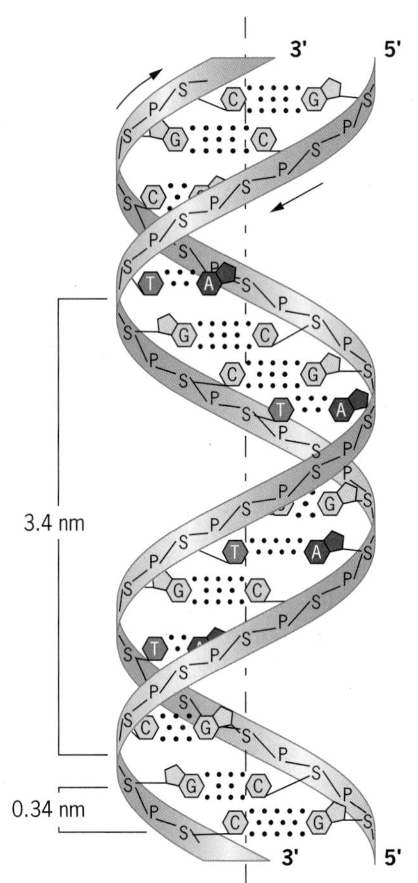

■ 그림 9.10 DNA 이중나선 구조의 모식도.

표 9.2

DNA 구조에 있어서 중요한 화학결합

(a) *Covalent bonds*

Strong chemical bonds formed by sharing of electrons between atoms.

(1) In bases and sugars

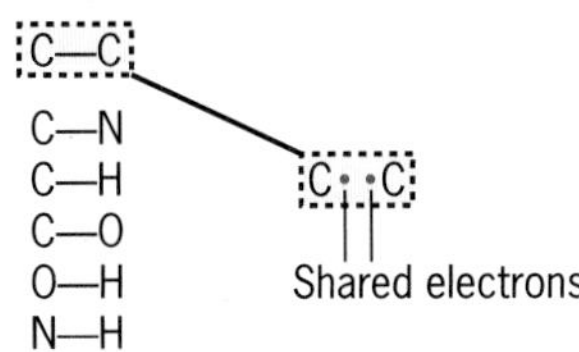

(2) In phosphodiester linkages

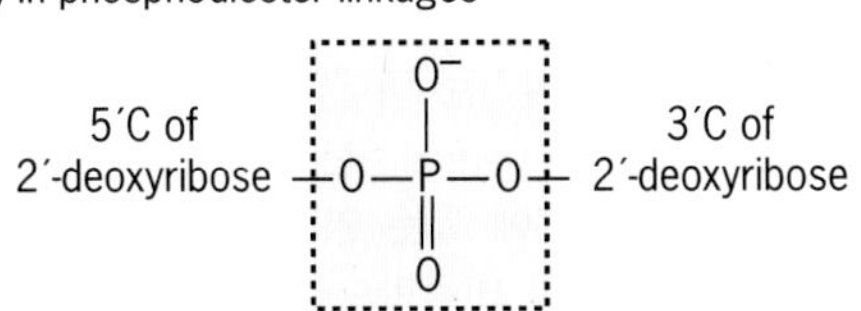

(b) *Hydrogen bonds*

A weak bond between an electronegative atom and a hydrogen atom (electropositive) that is covalently linked to a second electronegative atom.

N — H•••••O —

N — H•••••N

(c) *Hydrophobic "bonds"*

The association of nonpolar groups with each other when present in aqueous solutions because of their insolubility in water.

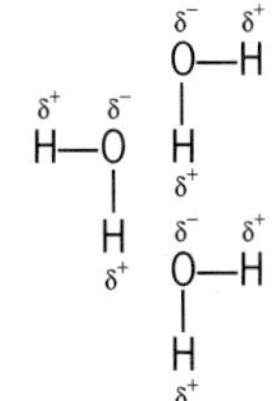

Water molecules are very polar (δ^- O and δ^+ H's). Compounds that are similarly polar are very soluble in water ("hydrophilic"). Compounds that are nonpolar (no charged groups) are very insoluble in water ("hydrophobic").

The stacked base pairs provide a hydrophobic core.

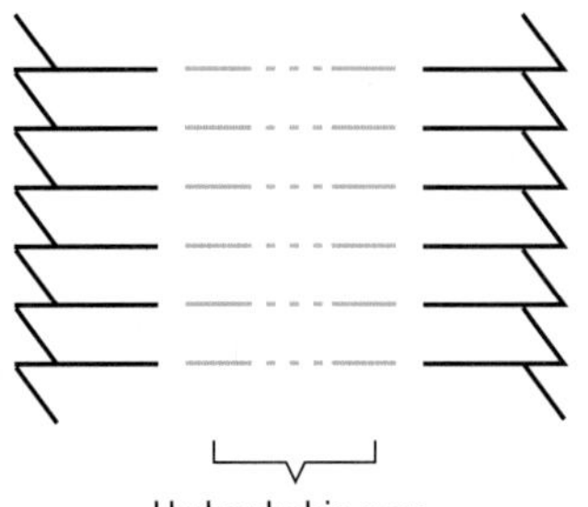

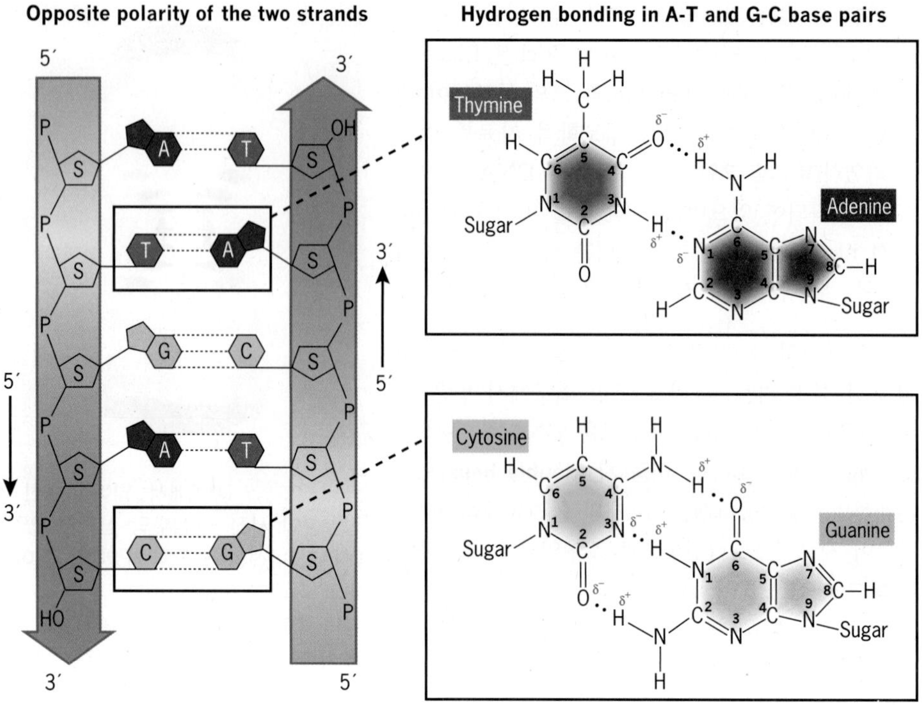

Opposite polarity of the two strands

Hydrogen bonding in A-T and G-C base pairs

■ **그림 9.11** 티민(T)과 아데닌(A) 사이, 그리고 시토신(C)과 구아닌(G) 사이의 수소결합 및 화학적 극성이 서로 반대인 두 가닥을 보여주고 있는 DNA 이중나선의 모식도. DNA에서 T-A와 G-C 염기쌍은 두 염기 사이의 수소결합 능력에 따라 결정된다. S = 당 2-디옥시리보오스; P = 인산기.

9.10). 염기쌍의 형성은 특이적이다. 즉 아데닌은 항상 티민과, 구아닌은 항상 시토신과 쌍을 이룬다. 따라서 모든 염기쌍은 하나의 퓨린과 하나의 피리미딘으로 구성된다. 염기쌍 형성의 특이성은 정상적으로 배치된 염기의 수소결합 능력에서 기인한다(■ **그림 9.11**). 염기쌍의 보편적인 구조적 배치에 있어서, 아데닌과 티민은 두 개의 수소결합을 형성하고, 구아닌과 시토신은 세 개의 수소결합을 형성한다. 각 염기가 일반적인 구조적 상태로 존재할 때, 수소결합은 시토신과 아데닌 또는 티민과 구아닌 사이에서는 형성되지 않는다.

문제 풀이 기술

DNA의 염기 양 계산하기

문제

이중가닥의 유전체 DNA를 결핵균(*Mycobactrrium tuberculosis*)으로부터 분리하여, 화학적분석을 한 결과 DNA 염기 중 33%가 구아닌 잔기였다. 이 정보에 근거하여, 결핵균 DNA 염기 중 아데닌 잔기의 비율을 결정하는 것이 가능한가?

단일가닥의 유전체 DNA를 박테리오파지 ΦX174에서 분리하여, 화학적 분석을 한 결과 DNA 염기 중 22%가 시토신이었다. 이 정보에 근거하여, ΦX174의 DNA 염기 중 아데닌의 비율을 결정하는 것이 가능한가?

사실과 개념

1. 이중가닥 DNA 중, 한 가닥에 있는 아데닌은 항상 상보적인 가닥의 티민과 함께 쌍을 이루고, 구아닌은 반대편 가닥의 시토신과 쌍으로 존재한다.
2. 단일가닥 DNA에서는 일반적으로 염기쌍을 형성하지 않는다. 그러나 머리핀구조를 형성하는 단일가닥 내의 염기 사이에서 일부 염기쌍을 형성하지만, 이중가닥 DNA처럼 엄격하게 A:T와 G:C 염기쌍 형성이 이루어지지는 않는다.

분석과 해결

결핵균의 이중가닥 유전체 DNA에서, 한 가닥에 있는 모든 A는 상보적인 가닥에 있는 T와 수소결합을 형성하고, 모든 G는 상보적인 가닥에 있는 C와 수소결합을 형성한다. 따라서, 만일 33%의 염기가 구아닌이라면, 33%의 염기는 시토신이다. 이는 염기 중 66%는 G와 C이고, 34% (100%−66%)는 A와 T로 되어있다는 것을 의미한다. A는 항상 T와 쌍을 이루기 때문에, 반은 A이고, 반은 T이다. 그러므로, 결핵균의 DNA에 있는 17% (34% × 1/2) 염기는 아데닌이다.

박테리오파지 ΦX174의 단일가닥 DNA에서는 일반적으로 염기쌍이 형성되지 않지만, 단일가닥 DNA 내에 있는 염기 사이에서 쌍을 이루는 경우가 있다. 결과적으로, 시토신 비율만으로 DNA의 아데닌 잔기의 비율을 예측할 수는 없다. 실제로, ΦX174의 DNA처럼 단일가닥 DNA에서는 티민의 비율에 근거하여 아데닌의 비율을 예측할 수 없다.

더 많은 논의를 보고 싶으면 Student Companion 사이트를 방문하라.

일단 DNA 이중나선 한 가닥의 염기 배열 순서를 알게 된다면 다른 가닥에 있는 염기의 배열순서도 특이적 염기쌍 형성 때문에 역시 알 수 있다. 따라서 DNA 이중나선의 두 가닥은 상보적이라고 한다. *이러한 특성, 즉 이중나선의 두 가닥이 가지는* **상보성(complementarity)**은 *유전정보의 저장과 세대에 걸친 전달에 DNA가 적합하도록 만들었다*(10장).

DNA에서 염기쌍은 1회전(360°) 당 10개의 염기쌍이 0.34 nm 간격으로 쌓여 있다(그림 9.10). 두 상보적인 사슬의 당-인산 골격은 서로 역평행(*antiparallel*)이다(그림 9.11 참조). DNA 이중나선을 한 방향으로 따라가 보면 한 가닥에 있는 포스포디에스테르 결합은 한 뉴클레오티드의 3′탄소로부터 인접한 뉴클레오티드의 5′탄소로 이어지는 반면, 상보적인가닥에서는 5′에서 3′으로 이어진다. DNA 이중나선의 상보적 가닥의 이러한 "상반되는 극성"은 DNA 복제와 전사 그리고 조합에 중요한 역할을 한다.

DNA 이중나선의 안정성은 부분적으로 염기쌍 사이에서 형성되는 많은 수소결합 수(비록 수소결합 자체는 공유결합에 비하면 매우 약한 결합이지만)와 쌓여진 염기쌍 사이에서 형성되는 소수성결합(또는 stacking forces)에서 일부 기인한다(표 9.2). 염기쌍이 쌓였을 때의 특성은 DNA 구조의 공간 채움 그림(space-filling diagram)으로 가장 잘 설명된다(■ **그림 9.12**). 염기쌍의 평면은 비교적 비극성이어서 소수성인(물에 용해되지 않는) 경향이 있다. 물에 녹지 않는 특성 때문에 쌓여진 염기쌍의 이러한 소수성 중심부는 세포의 수용성 원형질에 존재하는 DNA 분자를 상당히 안정하게 한다. DNA 이중나선 구조의 공간 채움 그림에 의하면 이 구조에 존재하는 2개의 홈이 같지 않음을 알 수 있는데, 이때 보다 넓은 곳을 주홈(major groove)이라 하고 다른 한 쪽을 부홈(minor groove)이라 한다.

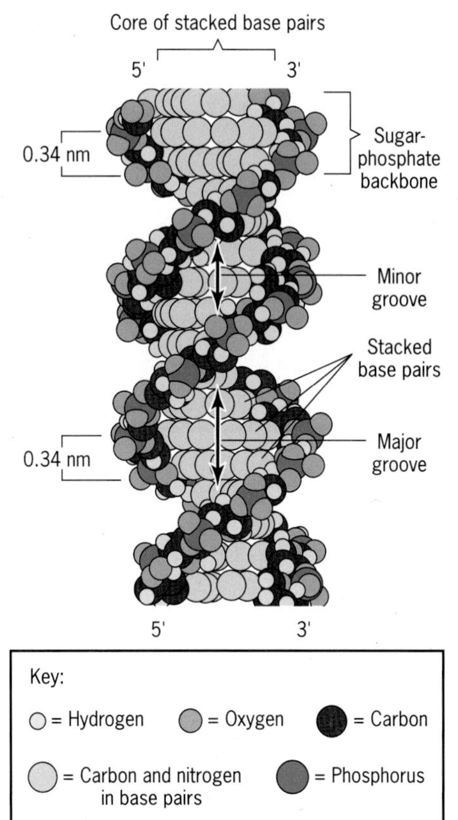

■ 그림 9.12 DNA 이중나선을 공간 채우기 모델로 그린 모식도.

DNA 구조: 이중나선의 다른 형태들

방금 기술한 Watson-Crick의 이중나선 모형은 **B-DNA**라 불린다. B-DNA는 DNA가 생리적 조건(저농도의 염이 포함된 수용액)에서 취하는 형태이다. 비록 전부는 아니지만 살아있는 세포의 수용성 원형질에서 존재하는 DNA 분자의 대부분은 B구조로 존재한다. 그러나 DNA는 고정된 불변하는 분자가 아니다. 그와는 정반대로 DNA는 상당한 형태적 유연성을 보인다.

DNA 분자의 형태는 환경에 따라서 변화한다. 주어진 DNA 분자나 DNA 분자의 절편의 정확한 형태는 상호작용하고 있는 분자의 특성에 의해 좌우될 것이다. 실제로 세포 내에 있는 B-DNA는 그림 9.10에서 보는 것처럼 1회당 10개의 뉴클레오티드 쌍을 가지고 있는 것이 아니라 평균 10.4개의 뉴클레오티드 쌍을 가지고 있다. 고농도의 염분이나 부분적으로 탈수된 상태에서는 DNA가 **A-DNA**로 존재하는데, 이는 B-DNA와 같이 우선(*右旋*)성이나 1회전당 11개의 뉴클레오티드가 존재한다(표 9.3). A-DNA는 B-DNA에 비해 짧고 직경이 2.3 nm인 굵은 이중나선이다. 생체 내에서 DNA 분자는 분명히 A-DNA로는 존재하지 않는다. 그러나 A-DNA형태는 DNA-RNA heteroduplex(상보적인 RNA 사슬과 염기쌍을 이룬 RNA를 포함한 DNA이중나선)와 RNA-RNA 이중나선이 생체 내에서 이와 유사한 구조로 존재하기 때문에 중요하다.

어떤 DNA서열은 좌선(*左旋*)형으로 존재한다는 것이 밝혀졌는데, 이 이중나선형은

표 9.3

DNA의 다른 형태들

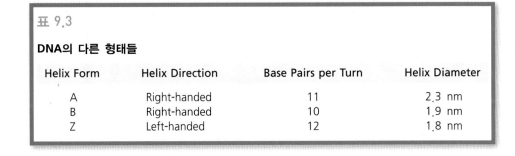

Helix Form	Helix Direction	Base Pairs per Turn	Helix Diameter
A	Right-handed	11	2.3 nm
B	Right-handed	10	1.9 nm
Z	Left-handed	12	1.8 nm

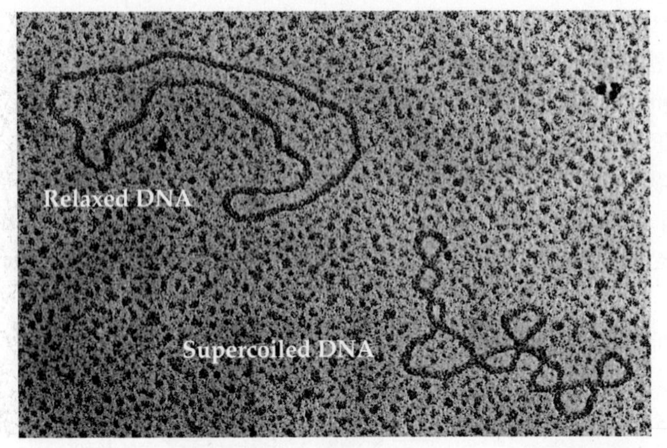

■ 그림 9.13 이완된 것과 음성 슈퍼코일된 DNA 구조의 비교. 이완된 구조는 이중나선 1회전 당 10.4 염기가 있는 B-DNA이다. 음성 슈퍼코일된 구조는 B-DNA가 10.4 염기마다 1회전 이하로 회전될 때 일어난다.

Z-DNA(Z는 인산-당 골격구조의 지그재그 형을 뜻한다)로 불린다. Z-DNA는 G : C와 C : G 염기쌍이 교대로 존재하는 DNA올리고머(oligomer)로 형성된 결정체의 X선 회절분석에 의해 발견되었다. Z-DNA는 G : C가 풍부하고 퓨린과 피리미딘이 교대로 존재하는 이중나선에서 존재한다. Z-DNA는 좌선(*左旋*)성의 특이한 특징 이외에도 1회전당 12개의 염기가 있으며, 그 지름이 1.8 nm이고 하나의 깊은 홈이 있다는 점에서 A, B-DNA와 차이가 있다(표 9.3). 살아 있는 세포 내에서의 Z-DNA의 기능은 아직 분명하지 않다.

DNA 구조: 생체 내에서의 음성(좌회전) 초나선(NEGATIVE SUPERCOILS *IN VIVO*)

살아 있는 세포에 존재하는 모든 기능적인 DNA 분자들은 매우 중요한 또 하나의 조직화를 나타내는 데, 바로 슈퍼코일을 형성한다는 점이다. DNA 분자의 한 가닥이나 두 가닥이 절단된 후, 한 쪽 끝이 고정되어 있어서 완전히 회전하지는 못하는 다른 가닥을 중심으로 다른 쪽 말단의 상보적인 가닥이 돌거나 꼬일 때 DNA 분자에 **슈퍼코일(supercoil; 초나선)**들이 생긴다. 이러한 수퍼코일링은 DNA 분자가 꼬인 전화선이나 꼬인 고무줄처럼 조밀하게 감긴 구조로 접히도록 한다(**■ 그림 9.13**, 오른쪽 아래). 슈퍼코일들은 DNA 복제(10장) 및 여러 과정들에서 핵심적인 역할을 담당하는 효소들에 의해 DNA 분자에 도입되기도 하고, 제거되기도 한다.

슈퍼코일은 회전이 자유롭지 않은 고정된 말단을 가진 DNA 분자에서만 생길 수 있다. 분명히, 대부분의 원핵생물 염색체나 미토콘드리아 같은 진핵생물 소기관에 존재하는 환형 DNA 분자의 말단들은 고정되어 있다. 진핵생물 염색체들에 존재하는 거대한 선형 DNA 분자들 역시 말단 부분이나 중간 부분들이 염색체의 비-DNA 요소들에 부착되어 있다. 이러한 부착으로 인해 효소들은 대부분의 원핵성 염색체에 존재하는 환형 DNA 분자에 슈퍼코일을 도입하는 것과 같은 방식으로, 진핵생물 염색체에 존재하는 선형 DNA에도 슈퍼코일을 도입할 수 있다.

하나의 환형 DNA 분자를 고려해 봄으로써 슈퍼코일을 가장 쉽게 시각화해 볼 수 있다. 만약 공유결합으로 완전히 닫힌 이중나선 DNA 분자의 한 가닥을 끊어서 그 끊어진 가닥의 끝을 상보적 가닥 주위로 한 바퀴(360°) 돌리면 그 분자에 슈퍼코일이 하나 생길 것이다(**■ 그림 9.14**). 만약 그 끊어진 말단을 DNA 이중나선이 감기는 것과 같은 방향(오른 꼬임)으로 회전시키면 양성 슈퍼코일(더 꼬인 DNA 상태; overwound DNA)이 생길 것이다. 만약 반대 방향(왼 꼬임)으로 돌리게 되면 음성 슈퍼코일(덜 감긴 DNA 상태; underwound DNA)이 얻어질 것이다. 비록 이것이 DNA에서의 슈퍼코일을 정의하는 가장 쉬운 방법이기는 하지만, 생체 내의 DNA에 슈퍼코일이 이런 식으로 생기는 것은 아니다. 그 기작은

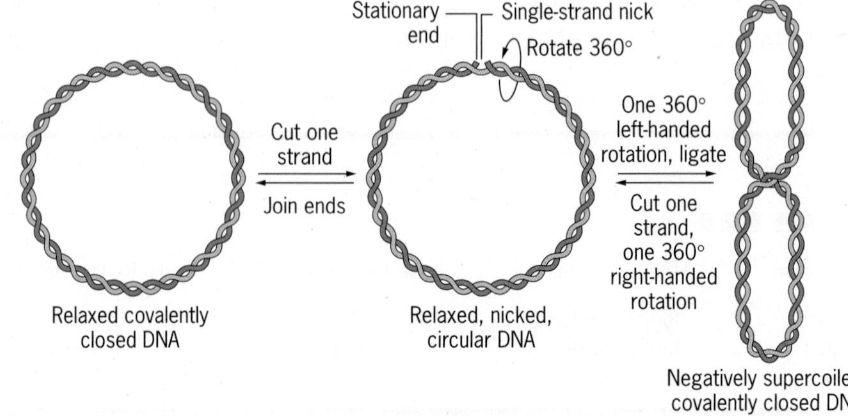

■ 그림 9.14 음성 슈퍼코일된 DNA의 시각적 정의. DNA 슈퍼코일의 구조는 여기에서 나타낸 기작에 의해 대부분 분명하게 설명되지만, DNA 슈퍼코일은 생체 내에서는 다른 기작으로 만들어진다(10장 참조).

10장에서 논의될 것이다.

바이러스에서 거대한 진핵생물에 이르기까지 대부분의 모든 생물체에 존재하는 DNA 분자들은 생체 내 **음성 슈퍼코일(negative supercoiling)**을 나타내며, 염색체의 생물학적 기능 대다수가 해당 DNA의 음성 슈퍼코일 구조에 의해서만 수행될 수 있다. (고세균을 감염시키는 일부 바이러스의 DNA는 양성 슈퍼코일이다.) 복제(10장), 재조합, 유전자 발현, 그리고 유전자 발현의 조절 등에 있어서도 음성 슈퍼코일이 관여한다는 많은 증거들이 있다. DNA 분자에 존재하는 음성 슈퍼코일의 양은 세균 염색체나 진핵생물 염색체에서 비슷하게 나타난다.

요점

- *DNA는 보통 이중나선으로 존재하며 두 가닥은 상보적 염기 사이에서 형성되는 수소 결합으로 결합되어 있다. 아데닌은 티민과 구아닌은 시토신과 쌍을 이룬다.*
- *이중나선 각 가닥의 상보성은 DNA가 유전정보를 저장하며 세대를 걸쳐 전달할 수 있는 적합한 구조이다.*
- *DNA 이중나선의 두 가닥은 화학적으로 극성이 반대이다.*
- *RNA는 티민 대신 우라실을 포함한 단일가닥의 분자로서 존재한다.*
- *세포에서 기능적 DNA 분자는 음성 슈퍼코일의 형태로 되어있다.*

원핵생물과 바이러스의 염색체 구조

원핵생물과 바이러스에서 DNA 분자들은 음성 슈퍼코일 영역들을 가지고 있다.

DNA 구조에 대한 대부분의 지식은 원핵생물의 연구에서 왔으며, 이는 무엇보다도 그들이 진핵생물보다 생화학적으로나 유전적으로 덜 복잡하기 때문이다. 원핵생물들은 *단수체(monoploid)*이다. 이들은 유전자의 한 세트(유전체의 단일 카피)만 가지고 있다. 대부분의 바이러스와 원핵생물에서 단일 염색체 내에 한 세트의 유전자들만이 저장되어 있으며, 이는 다시 말해 핵산 한 분자만을 포함하고 있다는 것이다(RNA 혹은 DNA).

알려진 것 중 가장 작은 RNA 바이러스는 오직 세 개의 유전자만을 가지고 있으며, 많은 바이러스 유전체의 완전한 뉴클레오티드 서열이 알려져 있다. 예를 들어 박테리오파지 MS2 유전체의 단일 RNA분자는 3,569개의 뉴클레오티드와 4개의 유전자로 이루어져 있다. 가장 작은 DNA 바이러스는 단지 9-11개의 유전자만을 가지고 있다. 이 경우에도 마찬가지로, 몇 가지에서는 완전한 뉴클레오티드 서열들이 알려져 있다. 예를 들어 박테리오파지 ϕX174의 유전체는 11개의 유전자를 가진 5,386 뉴클레오티드 길이의 단일 DNA 분자이다. 박테리오파지 T2와 동물 수두 바이러스와 같은 큰 DNA 바이러스들은 약 150개의 유전자를 포함하고 있다. 대장균과 같은 세균은 2,500에서 3,500개의 유전자를 가지고 있으며, 이들이 대부분은 하나의 DNA 분자에 존재한다.

최근까지, 원핵생물의 염색체는 단백질이 결합되고 복잡한 형상을 가진 진핵생물의 염색체와는 달리 "나출된 DNA 분자"로 특징지어졌다. 이러한 잘못된 인식은 부분적으로는 (1) 발표된 원핵생물의 "염색체" 사진 때문인데, 대사적으로 활성을 띠거나 기능적인 염색체가 아니라 분리된 DNA 분자의 전자현미경 사진이었다. 그리고 (2) 발표된 진핵생물의 염색체 사진은 감수분열이나 체세포분열시의 고도로 응축된 염색체(이 또한 대사적으로 비활성 상태임)의 사진이라는 점에 기인한다. 기능적인 원핵생물의 염색체 혹은 핵양체(nucleoid; 핵막으로 싸여 있지 않기 때문에 핵이 아니라 핵양체로 불린다)는 분리된 바이러스와 세균 DNA 분자의 전자현미경 사진과는 거의 유사점이 없는 것으로 밝혀졌다. 이는 대사적 활성을 띠는 간기의 진핵생물의 염색체가 체세포분열이나 감수분열 중기의 염색체와 거의 형태적으로 닮은 점이 없는 것과 동일하다.

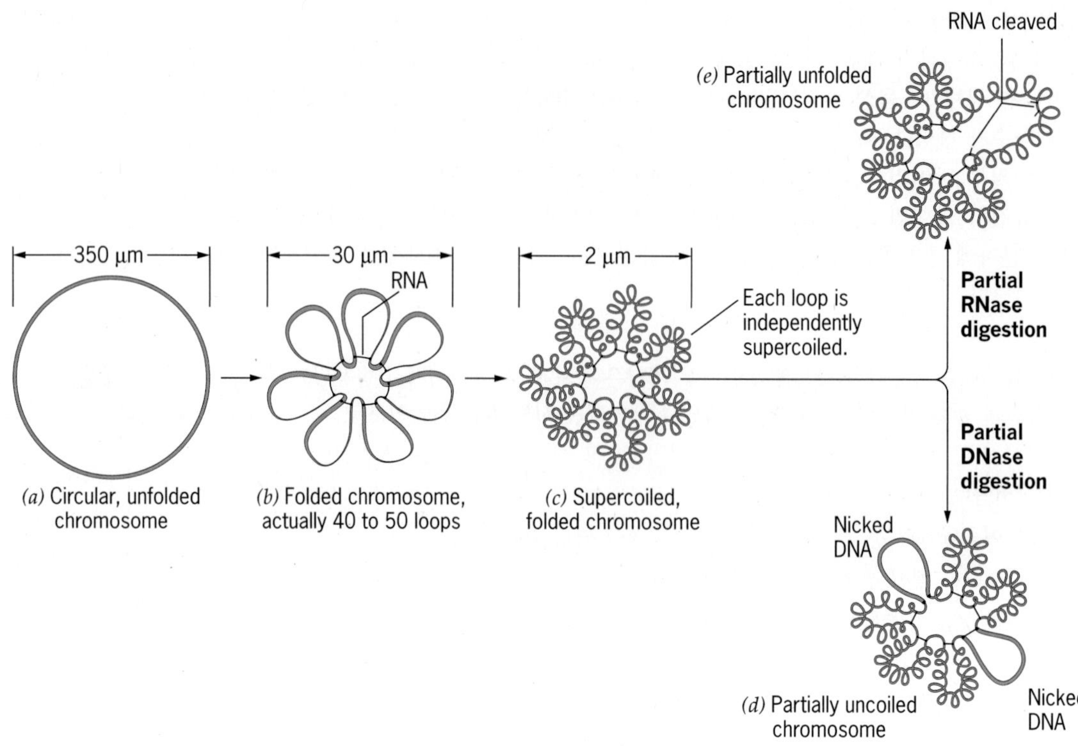

■ 그림 9.15 대장균 염색체가 기능하는 상태의 구조를 나타낸 모식도.

대장균 염색체 내에 존재하는 환형 DNA 분자의 전체 길이는 약 1500 μm이다. 대장균 세포는 직경이 단지 1-2 μm이기 때문에 각 세균에 존재하는 DNA 분자들은 고도로 응축된(접히거나 꼬여서) 상태로 존재해야 한다. 대장균 염색체를 이온세제(세포를 분해하는 데 쓰는 일반적 화학물질)가 없는 상태에서 조심스런 과정으로 분리하고 폴리아민(염기성 혹은 양이온을 띤 작은 단백질)과 같은 고농도의 양이온 속에 두거나, 음전하로 하전된 DNA 인산기를 중성화시키는 1M의 염속에 두게 되면 생체 내에서의 nucleoid와 크기가 비슷한 고도로 응축된 염색체가 남게 된다. **접혀진 유전체(folded genome)**라고 불리는 이 구조는 활성을 띠는 세균 염색체이다. 비록 작긴 하지만 활성을 가지는 세균 세포 내에 존재하는 세균성 바이러스의 염색체는 세균의 접혀진 유전체와 매우 유사하다.

대장균 염색체 내의 거대한 DNA 분자는 접혀진 유전체 내에서 50-100개의 *도메인* 혹은 고리로 이루어져 있으며 각 도메인 혹은 고리는 독립적으로 음성 슈퍼코일링되어 있다(**■ 그림 9.15**). RNA와 단백질 모두는 접혀진 유전체의 구성요소이며, deoxyribobuclease(DNase)나 ribonuclease(RNase) 중 하나를 처리함으로써 부분적으로 느슨하게 할 수 있다. 각 염색체의 도메인은 독립적으로 슈퍼코일되어 있기 때문에 DNA의 내부 서열을 자르는 DNase를 염색체에 처리함으로써 DNA 가닥에 "nick"을 생기게 하면 이런 절단이 일어난 도메인의 DNA만을 느슨하게 하고 절단틈이 생기지 않은 도메인은 여전히 슈퍼코일된 상태로 남아있을 것이다. RNase로 RNA connector를 파괴하면 DNA 분자가 50에서 100개의 고리로 조직화되는 것을 방해함으로써 부분적으로 접혀진 유전체를 펴지게 한다. 그런 RNase 처리는 염색체의 도메인의 슈퍼코일링에는 영향을 끼치지 못할 것이다.

요점

- *원핵생물이나 바이러스의 염색체에 있는 DNA 분자들은 음성 초나선형 꼬임 도메인을 가지고 있다.*
- *세균의 염색체는 약 50개의 도메인으로 나눠지는 원형의 DNA 분자를 가지고 있다.*

진핵생물의 염색체 구조

진핵세포의 염색체들은 체세포분열과 감수분열 동안 매우 응축되어진 거대한 DNA 분자들을 가진다. 세포의 염색체의 중심립과 말단소립은 독특한 구조를 가진다.

진핵생물의 유전체는 원핵생물에는 없는 복잡성을 포함하고 있다. 원핵생물과 달리 대부분의 진핵생물들은 각각의 부모에게서 물려받은 유전자의 완전한 세트 두 개가 존재하는 이배체이다. 6장에서 논의되었듯이 일부의 현화식물은 배수성(즉, 유전체의 여러 사본들이 존재한다)을 가진다. 게다가 진핵생물의 대장균에 비해 2-15배의 유전자를 가질 뿐이지만 DNA의 양이 그보다 훨씬 더 많다. 게다가 이러한 DNA 대부분은 적어도 단백질이나 RNA 분자를 암호화하는 유전자들은 포함하고 있지 않다.

대부분의 진핵생물들은 원핵생물 DNA의 수배에 이르는 양을 포함할 뿐만 아니라 각 염색체에 존재하는 유전자가 두 카피(이배체) 혹은 여러 카피(다배체)이다. 대장균의 염색체의 전체 길이가 1500 μm 혹은 1.5 mm에 해당하는 것을 떠올려 보자. 그리고 인간의 경우 반수체의 염색체, 혹은 유전체가 1,000 mm의 DNA를 포함한다고 생각해 보자(혹은 이배체 세포당 2,000 mm). 게다가 이러한 크기의 DNA가 15~85 mm의 DNA를 포함하는, 모양과 크기가 제 각각인 23개의 염색체로 나뉜다고 생각해 보라. 최근까지 유전학자들에게는 이러한 DNA가 어떻게 염색체들로 배열되는지에 대한 정보가 거의 없었다. 원핵생물과 같이 염색체 내의 DNA 분자는 하나일까 혹은 더 많이 있을까? 사람의 가장 큰 염색체 내에 존재하는 85 mm(85,000 μm)의 DNA가 어떻게 길이 10 μm, 직경 0.5 μm인 체세포분열 중기 때의 염색체 형태로 응축될 수 있을까? 대사적으로 활성이 있는 간기의 염색체의 구조는 무엇일까? 다음 절에서 이러한 의문 중 일부에 대한 답을 생각해 보자.

진핵생물 염색체의 화학적 구성

보통, 간기의 염색체는 광학현미경으로는 보이지 않는다. 그러나 최근 분리된 **염색질**(핵에서 분리된 DNA, 염색체 단백질, 기타 염색체 구성물의 복합체)에 대한 화학적 분석과 전자현미경, X선 회절연구는 진핵생물 염색체의 구조에 대한 귀중한 정보를 제공하였다.

간기의 핵에서 염색체가 분리되면, 각 염색체들은 인지되지 않는다. 대신에 비 규칙적인 핵단백질의 침전이 관찰될 것이다. 분리된 염색질의 화학적 분석은 이것이 대부분 DNA로 구성되어 있으며 RNA가 일부 포함된 단백질과 함께 구성되어 있다는 것을 밝혔다(■ **그림 9.16**). 단백질은 크게 (1) **히스톤**이라 불리는 염기성 단백질(중성 ph에서 양전하를 띰)과 (2) 집합적으로 **비히스톤 단백질**로 불리는 이질적이며 대개 산성을 띠는 단백질의 두 개의 종류가 있다.

히스톤은 염색질에 있어 중요한 구조적 역할을 한다. 이들은 모든 고등 진핵생물의 염색질에서 DNA 양에 상응하는 양이 존재한다. 이러한 히스톤과 DNA의 상관관계는 모든 진핵생물에서 보존되어 있다. 모든 식물과 동물의 히스톤은 다섯 종류의 단백질로 구성되어 있다. *H1*, *H2a*, *H2b*, *H3* 그리고 *H4*로 불리는 이러한 다섯 종류의 히스톤은 거의 모든 세포 유형에 존재한다. 약간의 예외로서, 어떤 정자에서는 히스톤이 **프로타민(protamine)**이라는 다른 종류의 작은 염기성 단백질로 치환되어있다.

다섯 가지 히스톤 단백질은 H1:H2a:H2b:H3:H4가 약 1:2:2:2:2의 몰수비로 존재한다. 이들은 DNA와 특이적으로 복합체를 이루어 **뉴클레오좀(nucleosome)**이라 불리는 염색질의 기본구조 소단위체인 작은(직경 약 11 nm 높이 6.5 nm) 타원형의 구체를 형성한다. 히스톤은 진화과정에서 매우 잘 보존되어 왔다. 즉 모든 진핵생물에서 다섯 가지 중 네 가지 유형의 히스톤이 유사하다.

단백질에 존재하는 20개의 아미노산 대부분은 전하에 있어 중성이다. 즉, 이들은 pH 7에서 어떠한 전하도 띠지 않는다. 그러나 일부는 염기성이고 일부는 산성이다. 히스톤은 양전하를 띤 두 아미노산인 아르기닌과 리신을 20~30% 정도 포함하고 있기 때문에 염기성이다(그림 12.1). 아르기닌과 리신의 노출된 $-NH_3^+$기는 히스톤이 다중양이온(polycation)으로

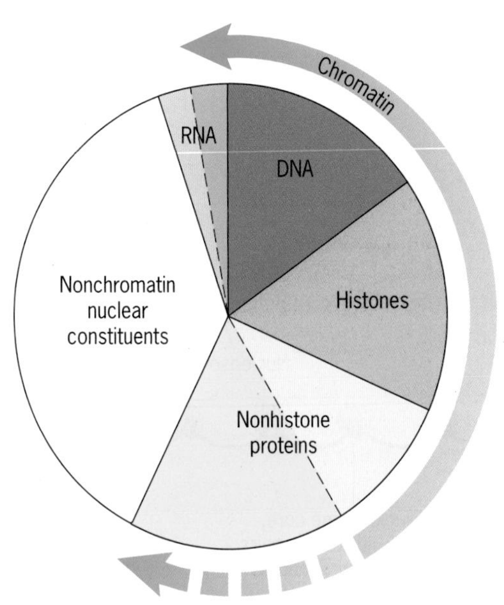

■ 그림 9.16 전체 핵 내용물의 기능에 따른 염색질의 화학적 조성. 염색질의 DNA와 히스톤 양도 상대적으로 일정하다. 그러나 존재하는 비히스톤성 단백질들의 양은 염색질의 분리에 사용된 방법에 따라 다르다(끊어진 화살표).

작용할 수 있게 한다. 양전하로 하전된 히스톤의 작용기는 음전하로 하전된 인산기 때문에 음이온화한 DNA와의 상호작용에 있어 매우 중요하다.

한 개체에서의 모든 세포 유형뿐만 아니라 여러 종들 사이에서도 히스톤 H2a, H2b, H3, H4의 변화가 거의 없다는 사실은 그들이 염색질구조(DNA 포장)에 있어 중요하고 유전자 발현 조절에 있어서는 비특이적으로만 관여할 것이라는 생각과 부합하는 것이다. 그러나 나중에 이야기될 것이지만, 히스톤의 화학적 변형은 염색체구조를 변화시킬 수 있으며 이것은 변형된 염색질에 있는 유전자의 발현 수준을 증감시킬 수 있다.

이와는 반대로 염색질의 비히스톤 단백질 부분은 많은 수의 이질적인 단백질들로 구성되어 있다. 게다가 비히스톤성 염색체 단백질 부분은 같은 개체의 세포 유형에 따라 서로 다양하다. 따라서 비히스톤 염색체단백질들은 아마도 DNA를 염색체로 포장하는 데 중심적인 역할을 하지는 않을 것이다. 그 대신에, 그들은 유전자 세트나 특정 유전자의 발현을 조절하는 데 있어 역할을 하는 것 같다.

염색체당 하나의 큰 DNA 분자

전형적인 진핵생물의 염색체는 1~20 cm (10^4~2×10^5 μm)의 DNA를 포함하고 있다. 감수분열과 체세포분열의 중기 동안에, 이 DNA는 단지 1-10 μm 길이의 염색체로 포장된다. 어떻게 이 모든 DNA가 유사분열과 감수분열시에 존재하는 작은 염색체로 응축될 수 있을까? 많은 DNA 분자들이 염색체에 평행하게 배열되어 있을 것인가(*multineme* 모형 혹은"multistrand" 모형) 아니면 오직 하나의 DNA 이중나선(*unineme* 또는 "single strand" 모형)이 염색체의 한쪽 끝에서 다른 쪽 끝으로 이어져 있을 것인가?(여기에서 가닥이라는 것은 DNA 이중나선을 뜻하는 것이지 DNA의 각 폴리뉴클레오티드 사슬을 뜻하지 않음에 주의)

각 염색체는 염색체의 한쪽 끝에서 동원체를 통과하여 다른 한쪽 끝까지 연장된 거대한 DNA 분자 하나로 된 것처럼 보인다. 그러나 다음 절에서 논의하는 바와 같이 거대한 DNA 분자는 염색체 내에서 고도로 응축(꼬이고 접혀서)되어 있다.

진핵생물 염색체에서 DNA 포장의 3단계

인간의 유전체 중에서 가장 큰 염색체는 하나의 거대한 분자로 존재하리라 믿어지는 약 85 mm (85,000 μm, 또는 8.5×10^7nm)의 DNA를 포함하고 있다. 이 DNA 분자는 직경이 약 0.5 μm이고 길이가 10 μm인 유사분열 중기의 구조로 포장된다. 즉 나출된 DNA 분자로부터 중기 염색체까지 거의 10^4배로 응축이 발생한다. 어떻게 이런 응축이 일어나는가? 염색체의 어떤 구성요소가 포장과정에 관여되어 있는가? DNA 분자는 각 염색체마다 다른 방법으로 포장되는가 아니면 보편적인 포장 도식이 있는가? 포장에 단계가 있을까? 분명히 감수분열과 체세포분열시의 염색체는 간기의 염색체보다 더 응축되어 있다. 세포분열시 유전물질을 적절히 분리하도록 설계된 이러한 특별한 구조에 어떠한 추가적인 단계의 응축이 일어나는가? 발현된 유전자와 발현되지 않은 유전자의 서열은 서로 다르게 포장되어 있을 까? DNA가 염색체로 포장되는 것에는 세 가지 다른 단계가 존재함을 증명하는 몇 가지 증거에 대해 알아보자.

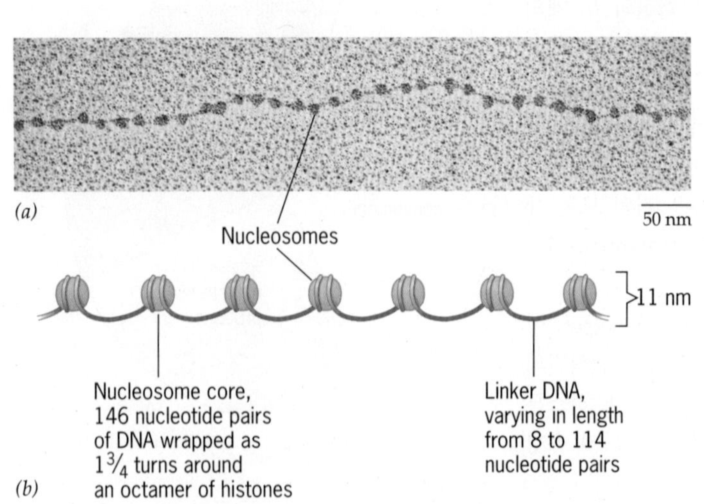

■ 그림 9.17 간기의 핵으로부터 분리한 염색질의 '실에 꿴 구슬' 구조를 보여주는 전자현미경 사진(*a*)과, 저해상도로 그린 모식도(*b*). 생체 내에서 DNA 링커들은 아마도 뉴클레오좀들 사이에서 감겨서 응축된 11-nm 섬유를 형성할 것이다.

분리된 염색질을 전자현미경으로 검사해 보면, 이것은 가는 실로 연결된 일련의 타원형 구슬(직경 11 nm, 길이 6.5 nm)로 구성되어 있음이 발견된다(■ **그림 9.17*a***). DNA의 규칙적이고 주기적인 포장에 관한 증거가 다양한 뉴클리아제에 의한 염색질의 분해에 관한 연구에서 도출되었다. 이러한 연구들은 146 염기쌍 길이의 DNA 절편은 뉴클리아제에 의한 분해로부터 보호된다는 것을 밝혔다. 게다가 이러한 뉴클레아제에 의한 염색질의 부분적인 분해는 일정한 크기들의 집합으로 된 단편들을 만들며, 이 크기들은 가장 작은 단편의 정수 배이다. 이러한 결과들은 염색질이 뉴클레아제 저항성 형태(그림 9.17*a*)로 포장되어 있는DNA가 들어있는 반복되는 구조 — 추측컨대 전자현미경 하에서 보이는 구슬(■ **그림 9.17*b***)을 가지고 있다면 멋지게 설명된다. 이 구슬 혹은 염색질 소 단위체는 **뉴클레오좀(necleosome)**이라 불린다. 현재의 염색질 개념에 따르면, **연결사(linker)** 혹은 구슬 간 DNA 가닥이 뉴클레아제에 의해 공격받는 것으로 추측된다.

엔도뉴클레아제(endonuclease; DNA 사슬 내부를 자르는 효소)에 의한 염색질 내 DNA의 부분적 분해 후에는 약 200 염기쌍 길이의 DNA 절편이 각 뉴클레오좀에 남는다. 이 뉴클레아제 저항성 구조는 **뉴클레오좀 핵(nucleosome core)**이라 불린다. 그것의 구조(모든 진핵생물에서 본질적으로 불변이다)는 146개의 염기쌍 길이의 DNA와 히스톤 H2a, H2b, H3, H4들이 각각 두 분자씩으로 구성되어 있다. 히스톤은 엔도뉴클레아제에 의한 절단으로부터 뉴클레오좀 핵(nucleosome core)에 있는 DNA를 보호한다. 뉴클레오좀 핵 결정체의 물리적 연구(X선 회절분석과 그와 유사한 분석)는 히스톤 8합체의 둘레를 1.65회전하는 슈퍼나선으로 DNA가 감겨있다는 것을 보여주었다(■ **그림 9.18*a***).

완전한 염색질 소단위체는 뉴클레오좀 핵, 연결사 DNA, 그리고 비히스톤 염색체 단백질로 구성되어 있는데, 구조의 바깥쪽에 히스톤 H1 한 분자의 결합으로 전체가 안정화되어 있다(■ **그림 9.18*b***). 연결사 DNA의 크기는 종에 따라, 세포 유형에 따라 다양하다. 연결사는 짧게는 8개의 염기쌍에서 길게는 114 염기쌍까지 보고되었다. 완전한 뉴클레오좀(뉴클레오좀 핵에 대조적으로)은 히스톤 8합체의 표면에 DNA 슈퍼나선의 완전한 2회전(DNA 166 염기쌍 길이)과 히스톤 H1 한 분자의 결합으로 이 구조를 안정화시키는 것으로 증명되고 있다(그림 9.18*b*).

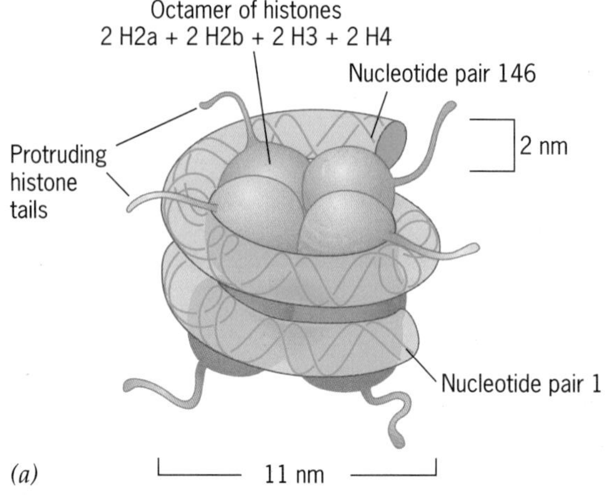

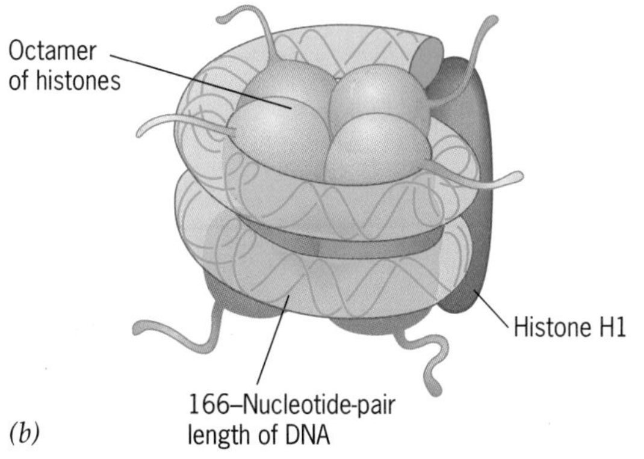

■ 그림 9.18 (*a*) 뉴클레오좀 핵과 (*b*) 완전한 뉴클레오좀의 전체구조의 모식도. 뉴클레오좀 핵은 히스톤 8합체 — 히스톤 H2a, H2b, H3, H4 각각 2분자씩 — 둘레를 음성 슈퍼코일된 DNA가 1.65번 회전하는 146 염기쌍을 포함하고 있다. 완전한 뉴클레오좀은 166염기쌍을 포함하고 있으며 히스톤 8합체 둘레를 DNA가 약 2회전하고 있다. 히스톤 H1 한 분자는 완전한 뉴클레오좀을 안정화시키는 것으로 생각된다.

(*a*)

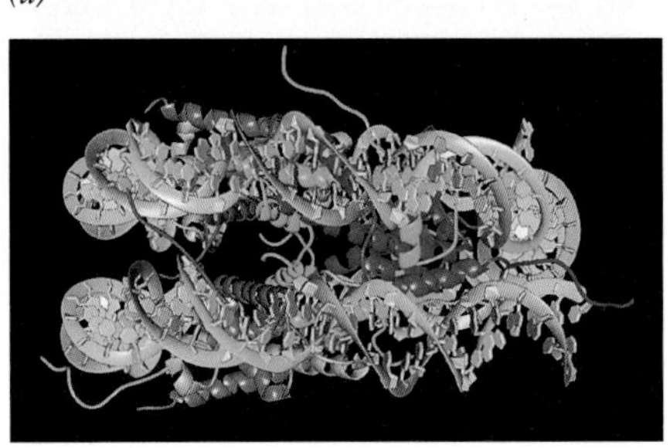

(*b*)

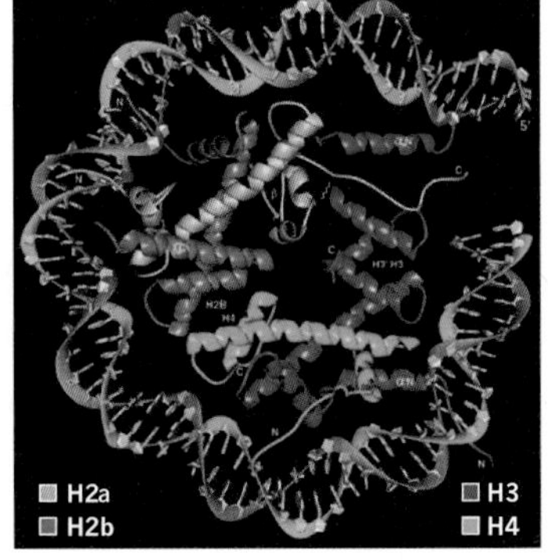

(*c*)

■ 그림 9.19 X-선 회절 연구에 의해 0.28-nm 해상도를 기초한 뉴클레오좀 핵의 구조. 뉴클레오좀 핵의 거대분자 구성을 위에서 본 것(*a*)과 전체 회전축에 직각으로 본 것(*b*). (*c*) 뉴클레오좀의 반쪽 구조를 나타낸 모식도. DNA의 전체 회전과 히스톤들의 상대적 위치를 더 분명히 보여준다. DNA의 상보적 가닥은 갈색과 녹색으로, 그리고 히스톤 H2a, H2b, H3, 그리고 H4는 각각 노란색, 붉은색, 청색, 그리고 녹색으로 보인다.

뉴클레오좀 핵의 구조가 0.28 nm 해상도의 X-선 회절 분석 연구에 의해 결정되었다. 여기서 얻어진 뉴클레오좀 핵의 고해상도 지도는 음성 슈퍼코일 DNA를 이루는 146개의 DNA 염기쌍과 8개 히스톤 분자 모두의 정확한 위치를 보여주고 있다(■ **그림 9.19*a*, *b***). 히스톤의 말단 절편들의 일부는 DNA 슈퍼나선의 회전부분의 위와 사이로 지나감으로써 뉴클레오좀의 안정성을 증가시킨다. 다양한 히스톤 분자들 사이와 히스톤과 DNA 사이의 상호작용은 슈퍼코일된 DNA 73 염기쌍만을 포함하는 뉴클레오좀 핵의 반쪽 구조에서 가장 분명히 볼 수 있다(■ **그림 9.19*c***)

진핵생물 염색체의 기본적인 구조적 요소는 뉴클레오좀이다. 그러나 모든 뉴클레오좀의 구조는 같은가? 그렇다면, 뉴클레오좀의 구조는 유전자 발현과 유전자 발현의 조절에 어떤 역할을 하는가? 전사적으로 활성인 부위의 염색질 내 뉴클레오좀의 구조는 불활성 염색질 내의 뉴클레오좀 구조와는 다른 것으로 알려져 있다. 그렇다면 이 구조와 기능 사이의 상호관계를 만드는 세부 기구는 무엇일까? 히스톤 분자들의 일부 말단은 뉴클레오솜에서부터 튀어나와 있고, 메틸(−CH_3) 그리고 아세틸 그룹들과 같은 화학 그룹들을 붙이거나 제거하는 효소들이 접근하기 쉽다. 이들 그룹의 첨가는 변형된 히스톤을 포함하고 있는 뉴클레오좀으로 포장된 유전자들의 발현 정도를 변화시킬 수 있다(19장).

분리된 중기염색체의 전자현미경 사진은 단단히 꼬이거나 접힌 울퉁불퉁한 섬유의 덩어리를 보여준다(■ **그림 9.20**). 이 **염색사(chromatin fiber)**는 평균 30 nm의 직경을 가지고 있다. 감수분열의 초기 단계에 광학현미경과 전자현미경에 의해서 관찰되는 구조를 비교하였을 때, 광학현미경은 우리로 하여금 30 nm의 섬유가 단단히 포장되거나 응축된 부분들만을 보게 하는 것이 분명하다. 실제로 간기 염색질을 매우 부드러운 방법으로 분리하면, 이 또한 30 nm 섬유로 되어있다(■ **그림 9.21*a***). 그러나 이들 섬유의 구조는 사용한 방법에 따라 매우 다양하게 보인다. 저온 전자현미경(고정된 염색질보다 급냉동 염색질을 사용하는 현미경)으로 관찰했을 때, 30 nm 섬유는 덜 단단히 포장된 "지그재그" 구조를 보인다 (■ **그림 9.21*b***).

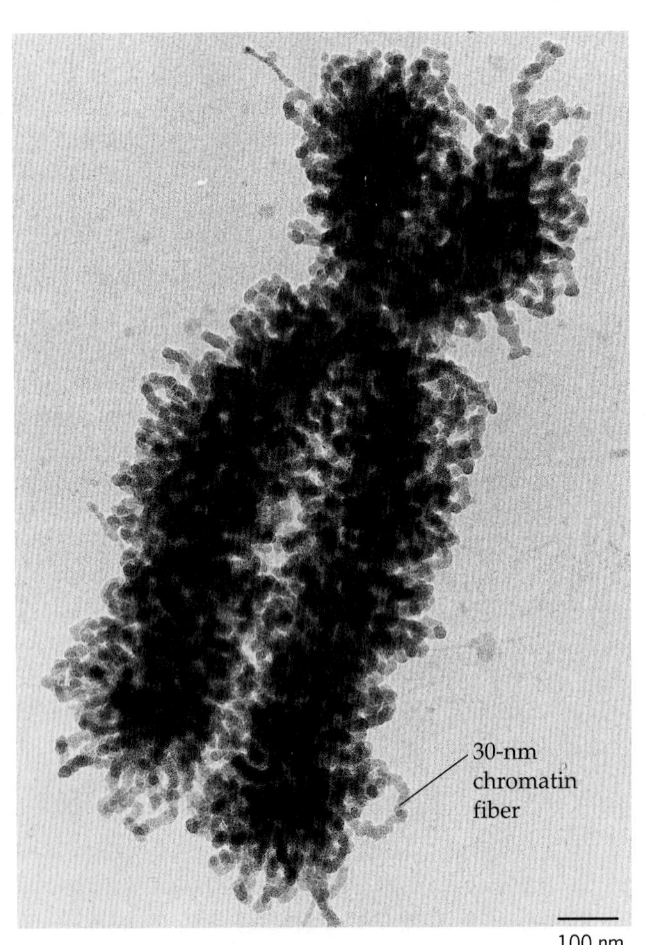

■ **그림 9.20** 30-nm 염색사의 존재를 보여주는 중기 인간 염색체의 전자현미경 사진. 이 사진은 각 염색분체들이 잘 꼬이거나 접힌 하나의 거대한 30-nm 섬유를 포함하고 있음을 보여준다.

염색체에서 보이는 30 nm 섬유의 구조는 무엇인가? 가장 잘 알려진 두 모델은 솔레노이드 모델(■ **그림 9.21*c***)과 지그재그 모델(■ **그림 9.21*d***)이다. 생체 내에서 뉴클레오좀은 11 nm 뉴클레오좀에서 30 nm 염색사로 응축되기 위해 분명히 서로 상호작용을 한다. 이들이 조건에 따라 솔레노이드 구조를 가지는지 지그재그 구조를 가지는지 또는 둘 다를 가지는지는 여전히 불확실하다. 확실한 것은 염색질 구조는 정적이지 않다는 것이다. 염색질은 뉴클레오좀에서 돌출된 히스톤 꼬리와 히스톤 H1의 화학적 변형에 의하여 확장되고 수축될 수 있다.

중기염색체는 정상적인 진핵생물의 염색체에서 최대로 응축되어 있다. 명백히 이러한 고도로 응축된 염색체의 기능은 진핵생물 염색체의 거대한 DNA 분자가 서로 다른 염색체의 DNA 분자들과 엉키는 것을 막고 그 결과 딸염색체가 후기에 분리되는 동안 파괴되지 않게 하여 딸핵으로 분리를 촉진하는 구조로 포장하고 조직화하는 것이다. 앞 절에서 주지했듯이 중기염색체의 기본적인 구조적 단위는 30 nm 염색사이다. 그러나 그 다음의 분명한 의문은 어떻게 이러한 30 nm 섬유가 중기에 관찰되는 구조로 더 응축되는가이다. 불행히도 아직 이 질문에 대한 분명한 대답은 없다. 중기염색체의 굵은 구조가 히스톤과 관계없다는 증거는 있다. 히스톤이 제거된 분리된 중기염색체로부터 얻어진 전자현미경 사진은 DNA의 거대한 덩어리로 둘러싸인 중심 혹은 **뼈대(scaffold)**를 드러내었다(■ **그림 9.22**). 이 염색체 뼈대는 비히스톤 염색체 단백질로 구성되어야 한다. 그림 9.22에서 보이는 것처럼 DNA 분자의 명확한 끝이 없음을 주의하다. 이러한 발견 또한 한 염색체당 하나의 거대한 DNA 분

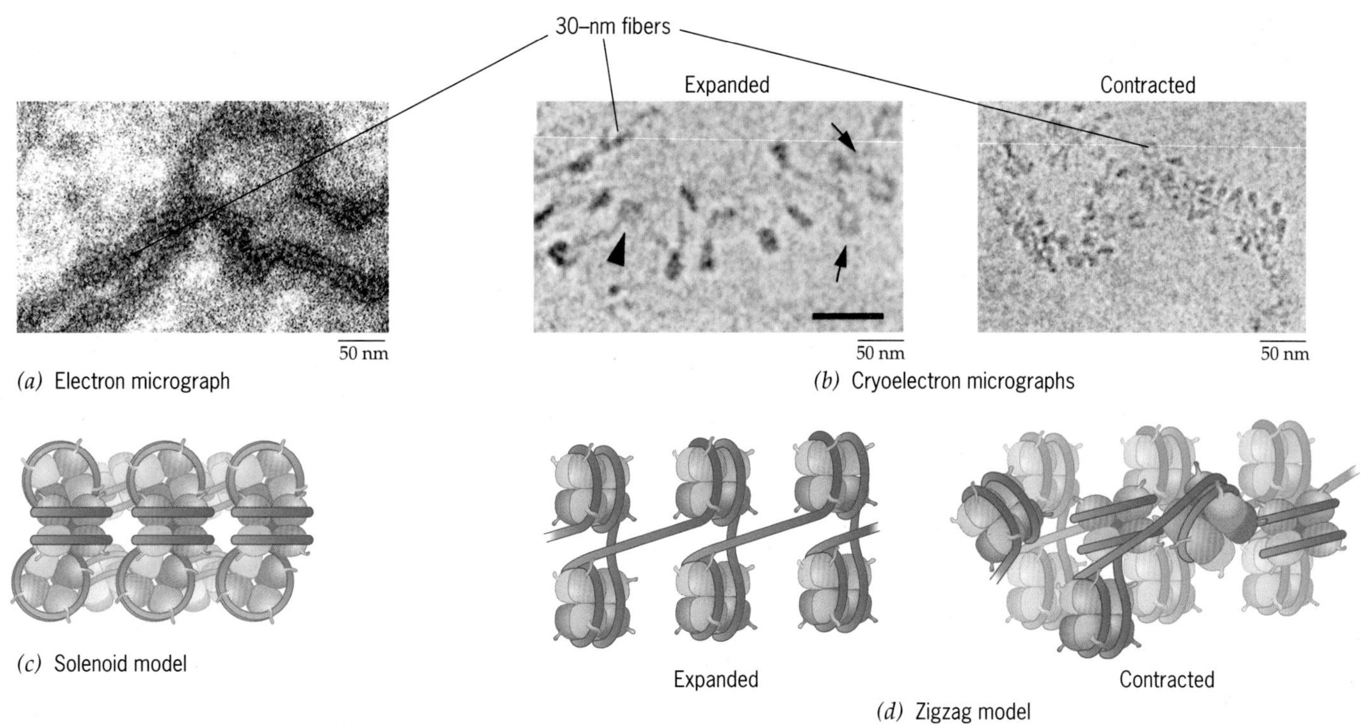

■ 그림 9.21 진핵생물 염색체의 30-nm 염색사의 전자현미경 사진(*a*)과 저온전자현미경 사진(*b*). 30-nm 염색사의 구조는 그것을 분리하거나 사진을 찍는 데 사용한 방법에 따라 다른 것 같다. (*c*) 한 가지 보편화된 모델에 의하면 30-nm 섬유는 11-nm 뉴클레오좀 섬유가 회전당 6개의 뉴클레오좀으로 된 솔레노이드 구조로 꼬여져 만들어진다. (*d*) 그러나, 염색을 고정시키지 않고 급속 동결 후 보면, 그것은 Z자형의 구조를 나타내는데 그 밀도 — 팽창되거나 응축된 — 는 히스톤 분자의 이온 강도와 화학적 변형에 따라 다르다.

자의 개념을 지지하는 것이다.

요약하면, 10^3~10^5 μm 길이의 진핵생물 염색체 DNA가 수 μm 길이의 중기 염색체로 포장되기 위해서는 적어도 3단계의 응축화 과정이 필요하다(**■ 그림 9.23**).

1. 응축의 첫 단계는 음성 슈퍼코일 상태의 DNA를 뉴클레오좀으로 포장하는 것으로서, 직경 11-nm의 간기 염색사를 만들게 된다. 분명히, 이 과정에는 H2a, H2b, H3, 그리고 H4가 각각 2개씩 사용된 히스톤 8합체 분자가 사용된다.
2. 응축의 두 번째 단계는 두께 11-nm의 뉴클레오좀 섬유가 추가적으로 접히거나 감겨 30-nm의 염색사를 만드는 것이다. 히스톤 H1은 11-nm의 뉴클레오좀 섬유가 30-nm의 염색사를 만드는 이러한 초나선화에 관여한다.
3. 마지막으로, 비히스톤성 염색체 단백질들이 이 30-nm 염색사를 고도로 응축된 중기 염색체 구조로 포장하는 데 관여하는 뼈대를 형성하는 것이다. 이 세 번째 응축단계는 진핵생물의 염색체에 존재하는 거대한 DNA 분자의 단편을 독립적으로 슈퍼코일된 도메인 혹은 고리로 분리하는 데 관여하는 것으로 보인다. 이 세 번째 응축이 어떠한 기작에 의해 일어나는 지는 알려지지 않았다.

동원체와 말단소체

2장에서 논의된 바와 같이 각 염색체 쌍의 두 상동염색체(각자는 자매염색질을 포함하고 있다)는 감수분열 후기 I 동안에 감수분열 방추사의 맞은편 극으로 분리된다. 비슷하게, 감수분열 후기 II와 체세포분열의 후기동안에는 각 염색체의 자매염색분체들이 맞은편의 방추사 극으로 이동하고, 딸염색체가 된다. 이러한 후기의 이동은 방추사 미세소관이 염색체

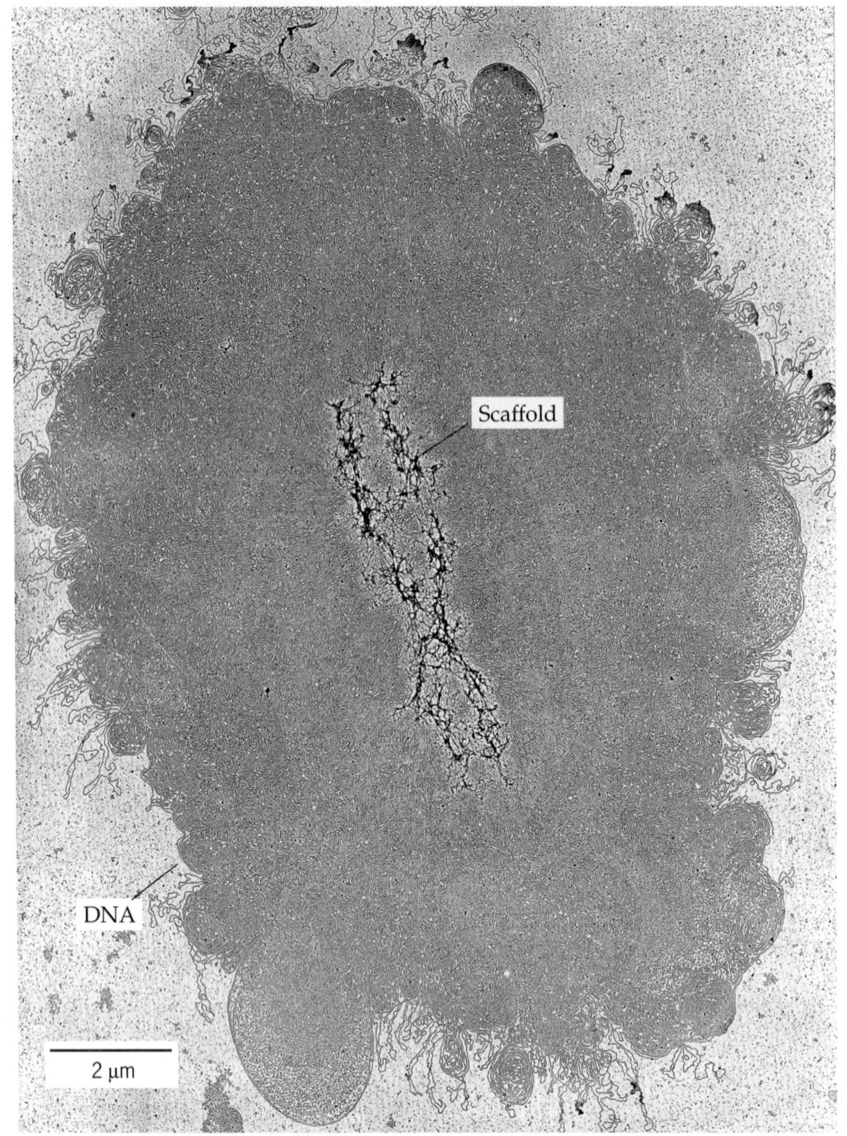

■ 그림 9.22 히스톤이 제거된 인간의 중기 염색체의 전자현미경 사진. 비히스톤 단백질로 구성된 중심부의 뼈대(scaffold)를 거대한 DNA pool이 둘러싸고 있다. 뼈대의 형태는 히스톤 제거 전의 중기 염색체의 모양과 대략 비슷함에 유의.

의 특정 영역인 동원체에 부착하는 것에 의존적이다. 모든 동원체들이 동일한 기본 기능을 수행하기 때문에, 한 종의 서로 다른 염색체에 존재하는 동원체들이 비슷한 구조적 구성요소들을 포함한다는 사실은 별로 놀라운 것이 아니다.

중기 염색체의 동원체는 보통 수축된 영역으로 인식될 수 있다(그림 9.20). 실제로, 두 개의 기능적인 동원체들을 형성하는 것은 중기에서 후기로 넘어가기 위한 필수 단계이며, 하나의 기능적인 동원체가 딸 염색체에 반드시 존재해야 비분리의 해로운 효과를 피할 수 있다. 무동원체성 염색체 조각들은 대부분 유사분열이나 감수분열 시에 소실된다.

다세포 식물과 동물의 동원체 구조는 종에 따라 크게 다르다. 그들이 공통적으로 가지는 한 가지 특징은 긴 직렬배열로 자주 반복되는 특정 DNA서열이 존재한다는 것이다. 다른 DNA서열들은 종종 이러한 반복 서열들에 묻혀 있는 것으로 나타난다. 예를 들어, 인간 염색체의 각 동원체들은 alpha("alphoid"라 부르기도 한다) 부수체 서열(satellite sequence)이라 불리는 171개의 염기쌍 서열을 5,000개에서 15,000개 정도 복사본으로 가진다(**■ 그림 9.24**). [부수체 서열(satellite sequence)은 농도구배 원심분리 동안 독특한 부수체(satellite) 밴드를 형성한다. 10장의 원심분리기술 부분을 참조]. Huntington Willard와 그의 동료들은 인간 X 염색체의 동원체의 450,000 염기쌍 조각이 동원체 기능을 하기에 충분하다는 것을 밝혔다. 이러한 조각은 대부분 alpha 부수체 서열(satellite sequences)로 구성되며 CENP-B 상자(CENP-B boxes)라 불리는 산재된 동원체 단백질(interspersed centromere protein)(CENP) 결합 부위를 포함한다. 그 두 구성요소가 동원체 기능에 중요한 역할을 한다.

말단소체(텔로미어, **Telomere**; 그리스어로 "말단"과 "부분"인 *telos*와 *meros*에서 기원함) 또는 진핵생물 염색체의 말단은 수십 년 동안 특이한 특성을 가진다는 것이 알려져 있었다. *텔로미어*라는 용어를 1938년에 처음 도입한 Hepman J. Muller는 X-선으로

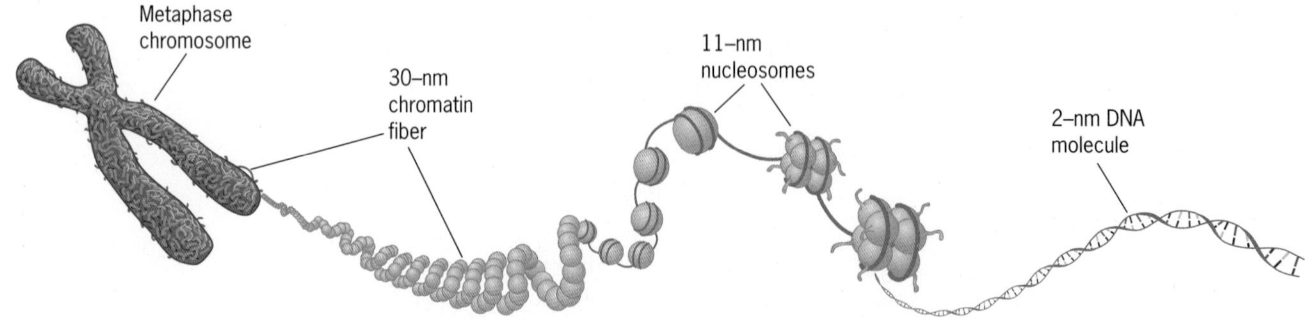

■ 그림 9.23 염색체에 존재하는 여러 수준에서의 DNA 포장을 보여주는 모식도. 2-nm DNA 분자는 처음 11-nm 뉴클레오좀으로 응축되고, 이것이 30-nm 염색사로 응축된다. 30-nm 섬유는 비히스톤 염색체 단백질로 이루어진 염색체 뼈대에 붙어 슈퍼코일된 도메인 또는 고리로 분리된다.

염색체를 부러뜨려 자연적인 말단이 사라지게 한 초파리 염색체들은 자손으로 전달되지 못함을 증명했다. 옥수수 염색체에 대한 고전적인 연구에서 Barbara McClintock는 파손된 염색체의 새로운 말단은 점착성이 있고 서로 융합하는 경향이 있다는 것을 보였다. 그와는 반대로 정상적인(절단되지 않은) 염색체의 말단은 안정하며 서로 다른 말단이나 파손된 말단과 융합하는 경향은 보이지 않았다. McClintock의 결과는 말단소체가 염색체의 파손에 의해서 생성되는 말단과는 다른 특이한 구조를 가져야 한다는 것을 시사하는 것이었다.

말단소체가 특이한 구조를 가진다고 생각하는 또 다른 이유는 선형 DNA 분자들의 복제기작이 양 가닥의 말단들을 복제하지 못한다고 알려져 있기 때문이다(10장). 따라서 말단소체가 이들의 복제를 촉진하는 구조를 가지거나 아니면 이러한 난제를 해결하는 특수한 복제효소가 있어야 한다. 그들의 구조가 어떻든지 간에 말단소체는 적어도 세 가지 중요한 기능을 해야 한다. 그들은 (1) Deoxyribonuclease에 의해서 선형의 DNA 분자의 말단이 분해되는 것을 막아야 하며, (2) 다른 DNA 분자의 말단과 융합하는 것을 막고, (3) 선형 DNA 분자의 말단이 손실 없이 복제되도록 촉진해야 한다.

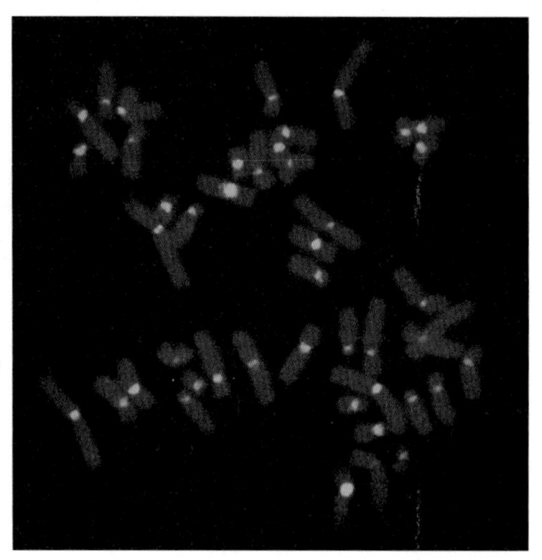

■ 그림 9.24 인간 염색체의 동원체(빨간색) 내의 알파 부수체 DNA서열(노란색)의 위치. *In Situ* Hybridization 참고.

진핵생물 염색체 말단소체는 직렬로 반복되는 짧은 뉴클레오티드 서열을 포함하는 특이한 구조를 가지는 것으로 밝혀졌다. 비록 이러한 서열들은 종에 따라 약간 변이가 있지만 현재까지 연구된 거의 모든 종에서 기본적으로 반복되는 단위는 $5'T_{1-4}A_{0-1}G_{1-8}3'$의 유형이었다. 예를 들어 사람의 반복서열은 TTAGGG인데, 원생생물인 *Tetrahymena thermophila*는 TTGGGG이며, 식물인 *Arabidopsis thaliana*는 TTTAGGG이다. 대부분의 종에서 말단소체 근처에 부가적인 DNA 반복서열이 존재하는데, 이를 말단소체-연관서열(telemere-associated sequence)이라 한다.

척추동물에서 TTAGGG 반복서열은 고도로 보존되어 있다. 이 반복서열은 포유류, 조류, 파충류, 양서류, 어류를 포함하는 100종 이상에서 확인되었다. 말단소체 내에서 이 기본적인 반복단위의 반복회수는 종에 따라 다르고, 한 종 내에서도 염색체에 따라 다르며 동일 염색체라 할지라도 세포형에 따라 다르다. 인간의 정상(비 암세포인) 체세포에서 말단소체는 보통 500에서 3,000개의 반복서열을 포함하고, 노화하면서 점점 짧아진다. 대조적으로 생식세포와 암세포의 말단소체는 노화하면서 짧아지지 않는다(10장의 "인간에서의 말단소체와 노화" 참조).

몇몇 종의 말단소체는 앞에서 언급된 형태의 짧은 중간반복서열로 이루어져 있지 않다. 예를 들어, *D. melanogaster*의 말단소체는 유전체 내의 한 장소에서 다른 장소로 이동할 수 있는 특수한 두 DNA서열로 구성되어 있다. 그들의 이동성으로 인하여, 그러한 서열은 *가동성 유전 인자(transposable genetic element)*라고 불린다(17장 참조).

대부분의 말단소체들은 3′말단에 구아닌이 많은 단일 DNA 가닥으로 끝을 맺는다(소위 3′-돌출말단을 갖는다고 한다). 이 돌출말단은 *Tetrahymena*와 같은 섬모충류에서는 짧으나 (12~16개의 염기), 인간의 경우 이 말단은 매우 길다(50~500개의 염기). 말단소체의 구아닌이 많은 반복서열은 Watson과 Crick이 밝힌 DNA의 구조와는 다른 수소결합을 형성할 수 있다. 말단소체의 반복 염기서열을 포함하는 올리고뉴클레오티드는 용액상태에서 이러한 특이적 구조를 형성하지만, 생체 내에서도 존재하는지는 알려져 있지 않다.

인간 및 그 외 몇 몇 종들에서의 말단소체들은 **t-loop**라고 불리는 구조를 형성하는 것으로 알려졌는데, 여기서는 3′-말단의 단일가닥이 상류의 말단소립 반복서열(포유류에서의 TTAGGG)로 끼어들어간다(■ 그림 9.25). 이 t-loop의 DNA는 **shelterin**이라고 부르는 말단소체-특이 단백질 복합체에 의해 DNA 복구과정에서 생기는 분해나 변화로부터 보호를 받는다. Shelterin은 여섯 개의 다른 단백질로 구성되어 있는데 그 중 세 개는 특이적으로 말단소체 반복 서열에 붙는다. TRF1과 TRF2는 이중가닥의 반복 서열에 붙고, POT1 (***P***rotection ***O***f ***T***elomeres ***1***)은 단일가닥의 반복 서열에 붙는다. TIN2와 TPP1은 POT1을 DNA에 붙은 TRF1과 TRF2에 달라붙게 하며, TRF2와 관련된 단백질 Rap1은 말단소체 길이 조절을 돕는다. Shelterin은 대부분의 세포에 충분한 양으로 존재하며, 이 염색체 보완물

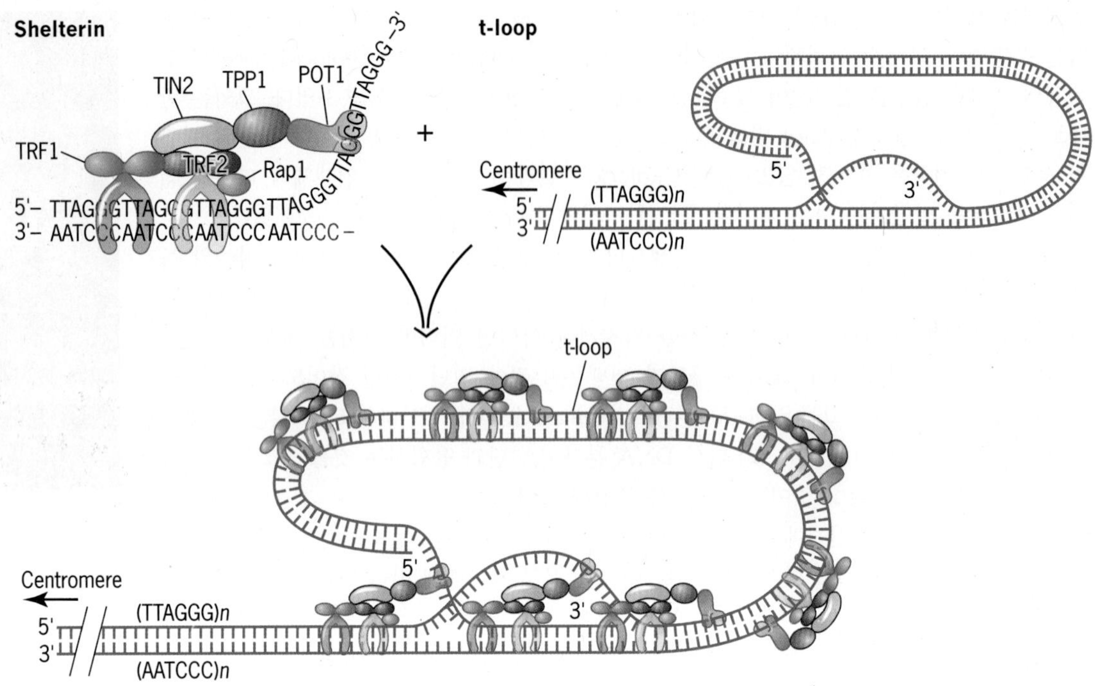

■ 그림 9.25 Shelterin으로 덮힌 t-loop의 형성으로 안정화된 인간 말단소체의 모형. 3′-말단은 상류 말단소체 반복서열에 끼어 들어가서 상보적 가닥과 쌍을 이룸으로서 t-loop을 형성한다. Shelterin은 어떤 연관된 단백질들(보이지 않음)과 나열된 여섯 개의 단백질 단위로 이루어져 있다. TRF1과 TRF2는 말단소체 반복서열 결합인자 1과 2이다; 이들은 특이적으로 이중가닥으로 된 반복서열에 붙는다. 단백질 POT1은 특이하게 말단소체 DNA의 3′-말단에 삽입되어 단일가닥으로 된 TTAGGG 반복서열에 붙게 된다. TIN2와 TPP1은 POT1을 TRF1과 TRF2에 연결하고 TRF2-연관된 Rap1은 말단소체 길이 조절을 돕는다.

내에서 모든 단일 또는 이중 가닥의 말단소체 반복 서열을 덮고 있다.

현재까지, t-loop들은 척추동물들, 섬모충류인 *Oxytricha fallax*, 원생동물인 *Trypanosoma brucei*, 그리고 식물인 *Pisum sativum*(완두)에서 밝혀진 바 있다. 따라서, 이들은 대부분의 종들에서 아마도 중요한 말단소체 성분일 것이다.

반복되는 DNA 서열들

위에 언급했던 동원체와 말단소체는 많이 반복되는 DNA 염기서열을 포함하고 있다. 실제로 진핵생물의 염색체는 반수체 염색체 전체에서 때로는 백만 번까지 반복되는 많은 DNA 서열을 포함하고 있다. 이러한 반복서열을 포함하고 있는 DNA를 **반복성 DNA(repetitive DNA)**라 부르며 진핵생물 유전체의 중요한 구성원(15~80%)이다.

반복성 DNA에 대한 최초의 증거는 원심분리를 이용한 진핵생물 DNA에 대한 연구로부터 얻어졌다. 대장균과 같은 원핵생물의 DNA가 분리되어 단편화되고 6M 염화세슘(CsCl) 용액 속에서 장시간 고속으로 원심분리 되면 DNA는 CsCl 용액의 밀도와 같은 부분에서 원심분리 튜브 내에 띠를 형성할 것이다(10장). 대장균의 경우, 이 띠는 CsCl의 밀도와 A:T와 G:C를 50%씩 포함하고 있는 DNA의 밀도가 동일한 곳에서 형성된다. DNA의 밀도는 G : C 성분이 증가함에 따라 늘어난다. G : C 염기쌍의 추가적인 수소결합은 염기간에 좀 더 강한 결합을 생기게 하고, 따라서 A : T 염기쌍보다 더 높은 밀도를 가진다. 진핵생물의 DNA를 CsCl 용액과 같은 평형농도구배 조건으로 원심분리하면, 하나의 큰 띠와 한 두 개의 작은 띠들로 분리된다. 이 작은 DNA띠는 **부수체띠(satellite band)**라고 불리며, 이러한 띠 속에 있는 DNA를 **부수체 DNA**라고 한다. 초파리의 먼 친척인 *Drosophila virlis*의 유전체는 3개의 구별되는 부수체 DNA들을 포함하고 있고, 각자 7개의 염기쌍으로 된 반복서열로 구성되어 있다. 진핵생물에 존재하는 다른 부수체 DNA들은 긴 반복적인 서열을 가지고 있다.

다양한 진핵생물 종의 염색체에서 반복되는 DNA 염기서열 형태에 관해 우리가 아는 것의 대부분은 DNA 재생 실험으로부터 나왔다. DNA 이중나선의 두 가닥은 상보적인 염기들 사이의 상대적으로 약한 수소결합에 의해 이어져있다. DNA 분자가 수용액에서 100°C 근처까지 가열되면 이들 결합은 끊어지고 DNA의 상보적 가닥들은 분리가 된다. 이를 **변성(denaturation)** 이라 한다. 만약 DNA의 상보적인 단일사슬이 적절한 조건 하에서 천천히 냉각되면, 상보적인 염기사슬은 서로를 찾고 염기쌍을 이룬 이중나선을 다시 형성하게 된다. DNA의 상보적인 단일사슬의 이중나선 재형성을 **재생(renaturation)**이라 부른다.

만일 한 DNA 염기서열이 여러 번 반복된다면, 변성으로 인해 유전체상에 오직 한번 존재하는 염기서열의 재생속도보다 훨씬 빠르게 재생하는 수많은 상보적인 단일 사슬들이 생길 것이다. 실제 DNA 재생률은 직접적으로 카피수에 비례한다(유전체에 있는 염기서열의 카피수)—카피수가 많으면 많을수록 재생속도는 빨라지고 재생에 요구되는 시간은 덜 들게 된다.

진핵생물 유전체들의 재생률에 대한 수학적 분석으로, 이 유전체들에 서로 다른 그룹의 반복되는 DNA 혹은 반복성 DNA가 존재하고 있음을 알게 되었다. 최근의 유전체 서열화 작업들은 진핵생물 유전체에 존재하는 반복성 DNA들의 여러 형태들에 대한 추가적 정보를 제공하고 있으며, 현재 진행 중인 서열화 사업들로 인구 집단들에 나타나는 서열들의 다양성에 대한 정보도 얻을 수 있게 되었다(On The Cutting Edge: 1000 유전체 프로젝트 부분 참고). 염색체에서 다른 DNA 염기서열의 위치는 초기에 언급한 재생실험과 유사한 실험에 의해 직접적으로 확인될 수 있다. "제자리 혼성화(*in situ* hybridization)"라고 부르는 이 실험에서는 표식처리된 DNA 가닥은 염색체에 존재하는 변성된DNA와 이중 가닥을 형성하는 것이다(부록 C의 *in situ* 혼성화 반응 참조).

진핵생물 유전체에서 고도로 반복되는 염기서열은 단백질을 암호화하지 않는다. 실제 전사조차도 되지 않는다. 다소 덜 반복적인 염기서열이 단백질을 암호화하기도 하는데, 많은 양을 필요로 하며 몇 개의 유전자에 의해 각각 암호화되는 리보솜 단백질이나 근 단백질 액틴과 미오신 같은 경우이다. 세포는 단백질 합성에 요구되는 리보솜을 만들기 위해서 많은 리보솜 RNA를 필요로 하기 때문에 리보솜 RNA를 생성하는 유전자도 사본이 여러 개 존재하는(multicopy) 유전자이다.

반복 DNA서열의 가장 대표적인 것이 **가동성 유전 인자(transposable genetic elements)**로, 한 염색체 내의 한 위치에서 다른 위치로 또는 다른 종류의 염색체까지 이동할 수 있는 DNA서열(17장), 혹은 이 전이 인자들로부터 유래한 불활성 서열들이다. 초파리에서 약 90종의 전이인자가 밝혀져 있고, 그들의 운동성을 의미하는 *hobo*, *pogo*, *gypsy* 등의 흥미로운 이름으로 불린다. 인간 유전체의 많은 부분(40-50%)이 전이인자이거나 이로부터 유래된 것이다. 옥수수 유전체의 약 80%는 이동가능한 전이인자 또는 그들의 유도체로 구성되어 있다. 이러한 반복적 전이인자는 15장과 17장에서 더 자세하게 토의될 것이다.

요점

- *각 진핵생물의 염색체는 뉴클레오좀이라 불리는 11-nm 타원 구슬 형태로 포장된 거대한 DNA 한 분자를 포함한다.*
- *유사분열과 체세포분열에서 나타나는 응축된 염색체는 30-nm 염색사로 구성되어 있다.*
- *유사분열중기에서 30-nm의 섬유들은 비히스톤성 염색체 단백질로 구성된 뼈대(scaffold)에 의해 여러 영역으로 나눠진다.*
- *동원체(방추사 부착 부위)와 염색체의 말단소체(끝부분)는 그들의 기능을 촉진시키는 특이적 구조를 가지고 있다.*
- *진핵생물 유전체는 일부 염기서열이 백만 번 이상 반복되는 DNA 염기서열을 포함하고 있다.*

ON THE CUTTING EDGE

천 개의 유전체에 대한 서열화 사업(1000 Genome Project)

얼마나 많은 DNA 염기 변이가 특정 군집의 사람들 사이에 존재하는가? 또 다른 군집으로 부터는? 이 질문들은 국제과학자 협회에서 2008년에 발족시킨 벤처에서 발표한 1000 게놈 프로젝트에서 다루어지게 될 것이다. 프로젝트의 목표는 전 세계적으로 조상 그룹을 대표하는 사람들로부터 적어도 2500 게놈을 판독하는 것이다(표 1). 이 인간 유전체 염기서열의 모음은 인간의 유전적 다양성에 관한 상세한 정보를 제공할 것이다. 유전체의 어느 곳에서 서열 차이를 발견할 수 있을까? 그들의 빈도는 어떨까? 같은 조상 집단에서 유래한 유전체들은 다른 조상 집단에서 나온 유전체들보다 염기서열이 더 비슷할까?

현재 몇몇 개개인에 대한 완벽한 유전체 염기서열—약 30억 염기쌍—들이 밝혀져 있으며, 더 빠르고 경제적인 염기서열 분석법 등 새로운 기술들의 발달로 1000 게놈 프로젝트의 목표 달성이 점점 가까워지고 있다.

표 1

1000 게놈 프로젝트: 선택한 게놈들의 세계적 분포

500 Genomes of European Ancestry: 100 genomes from each of the following locations: Utah, United States; Toscani, Italy; England and Scotland; Finland; and Spain.

500 Genomes of East Asian Ancestry: 100 genomes from each of the following locations: Beijing, China; Tokyo, Japan; South China; Xishaungbanna, China; and Ho Chi Minh City, Vietnam.

500 Genomes of West African Ancestry: 100 genomes from each of the following locations: Ibadan, Nigeria; Webuye, Kenya; Western Gambia; Navrongo, Ghana; and Blantyre, Malawi.

500 Genomes of American or African American Ancestry: 70 genomes from each of the following locations: Medellin, Columbia; Lima, Peru; Puerto Rico; and Los Angeles (with Mexican ancestry); plus 79 genomes from Barbados; 80 genomes from Jackson, Mississippi (with African ancestry); and 61 genomes from the southwestern regions of the United States (with African ancestry).

500 Genomes of South Asian Ancestry: 100 genomes from each of the following locations: Assam, India; Calcutta, India; Hyderabad, India; Bombay, India; and Lahore, Pakistan.

이미 우리는 인간 유전체에 대한 몇몇 확실한 변이 종류들—특히 염색체에 직렬 반복으로 존재하는 짧은 DNA 염기서열과 같은—을 알고 있다. 이 염기서열들은 매우 다양한 카피수로 존재하여 개개인을 식별—즉, 개개인을 식별하거나 구별하는 데—하는 데 매우 중요하게 활용할 가치가 있다. 우리는 이들 다양한 염기서열의 활용—법의학적이며 친자관계의 경우나, 폭발이나 충돌 혹은 비극적인 사건후 신원확인이 안 되는 시체의 식별에 활용되는 DNA 프로파일링 이라고 하는 과정(원래는 DNA 지문이라고 함)—에 대해 16장에서 논의 할 것이다.

1000 게놈 프로젝트는 여러 다른 유전적 변이, 예를 들어, 단일 뉴클레오티드 다형현상(SNPs), DNA에서의 삽입과 결실 그리고 큰 구조적 변화와 같은 경우에 초점을 맞출 것이다. 프로젝트는 적어도 1% 빈도로 일어나는 인간 게놈의 염기서열 변이들 대부분을 식별하고자 한다.

세 가지 시범 사업들이 2008–2009년에 수행되었는데, 계획의 실행 가능성을 평가하고 전체 목표를 어떻게 최상으로 달성할 것인가를 결정하기 위한 것이었다. 2008년에 180명으로부터 유전체의 주된 부분이 판독되었고, 2/3 회원 가족들(부모와 자식)의 유전체 서열이 거의 완전히 밝혀졌다. 그리고 2009년에는 900명의 유전체로부터 많은 유전자가 집중된 부위에 대한 염기순서를 얻었다. 이 일의 성공을 바탕으로, 주 프로젝트는 2009년과 2010년에 전체 22개의 다른 집단으로부터 2500 유전체들을 판독하게 되었다. 프로젝트에 의해 축적된 모든 데이터는 National Center for Biotechnology Information에서 유지하고 있는 웹 사이트를 통해 모든 사람에게 공개되고 있다.

그러면 우리는 이 DNA 염기서열 정보를 가지고 무엇을 하는가? 한 예로는 다른 인간 집단들 사이의 유전적 연간관계를 연구하는 데 사용하게 될 것이며 그 결과 우리는 누구이며 우리는 어디로부터 왔는가를 보다 더 잘 이해하게 될 것이다. 또 다른 활용으로는 질병들—심장 질환, 암, 치매, 류머티스성 관절염, 행동 장애들, 그리고 많은 다른 종류의 질병들—에 대한 우리들의 감수성에 영향을 주는 대립형질들의 특정 염기서열 변이체들과의 연관을 알아 내는 것이다. 그래서, 프로젝트의 장기적 의의는 인류 건강의 유전적 근거에 대한 우리의 이해를 향상시킬 것이라는 점이다.

기초 연습문제

기본적인 유전분석 풀이

1. 과학자들이 DNA와 단백질에 방사성 동위원소로 표지 할 때, 이들 고분자의 어떤 화학적 구조상의 차이점을 이용하는가?

답: DNA는 인(보통 동위원소가 ^{31}P이다)을 포함하고 있지만, 황은 포함하고 있지 않다; 방사성 동위원소인 ^{32}P을 함유하고 있는 배지에서 키운 세포에서 DNA는 표지 된다. 단백질은 황(보통 동위원소가 ^{32}S이다)을 포함하고 있지만 인은 아주 약간이거나 거의 없다; 방사성 동위원소인 ^{35}S를 포함하고 있는 배지에서 키운 세포에서 단백질은 ^{35}S로 표지된다.

2. 만약 DNA 이중나선의 한 가닥의 염기서열이 ATCG이라면 다른 쪽 가닥의 서열은 무엇인가?

답: 이중나선의 두 가닥은 상보적이기 때문에 아데닌은 항상 티민과 구아닌은 항상 시토신과 결합한다. 따라서 첫 번째 가닥의 서열로부터 두 번째 가닥의 서열을 유추할 수 있다. ATCG의 경우, 이중나선은 다음과 같은 구조를 가질 것이다.

ATCG
TAGC

3. 기본문제 2의 이중나선에서 상보적 가닥의 서열은 어떻게 DNA의 단일가닥으로 쓰여 지는가?

답: DNA 이중나선의 두 가닥은 화학적 특성이 반대이다. 둘 다 같은 방향에서 읽혔을 때, 한 가닥은 5′ → 3′의 극성을, 다른 쪽은 3′ → 5′극성을 가진다. 통념 상 왼쪽의 5′-말단에서 읽기 시작해서, 오른쪽의 3′-말단에서 끝이 나기에 이중나선의 위쪽가닥은 5-ATCG-3로 읽혀지고 상보적 가닥은 5′-CGAT-3′이다. 이중나선의 구조는 다음과 같다.

5′-ATCG-3′
3′-TAGC-5′

4. 만약 DNA와 단백질의 혼합물이 박테리아의 형질전환과 같은 분석에 의해 유전정보를 포함하고 있음이 드러난다면, 연구자들은 유전정보가 DNA나 단백질 성분 중 어느 것에 들어 있는지 어떻게 증명할 수 있나?

답: 효소의 생물학적 특이성은 많은 조사에서 사용되는 강력한 도구이다. DNase효소는 DNA를 단일 뉴클레오티드로 잘라버린다. 프로테아제는 단백질을 더 작은 성분으로 분해한다. 만약 DNA와 단백질의 혼합물이 DNase로 처리하여 유전정보가 파괴되었다면 유전정보는 DNA에 있는 것이고, 혼합물에 프로테아제를 처리하여 유전정보를 잃었다면, 단백질 성분에 유전정보가 담겨 있는 것이다.

5. 인간 염색체의 말단에 존재하는 단일가닥 DNA 부분들은 핵산 분해효소나 기타 다른 효소들에 의한 분해로부터 어떻게 보호를 받는가?

답: 인간 염색체의 말단소체(텔로미어)에 존재하는 단일가닥의 3′-돌출말단들은 말단의 상류에 있는 텔로미어 반복서열(TTAGGG)로 끼어들어 t-loop라고 불리는 올가미 구조를 형성한다(그림 9.25 참조). T-loop들 내의 DNA 분자들은 셸터린(Shelterin)이라고 불리는 텔로미어 특이적 단백질 복합체로 덮여 있다. 셸터린 복합체 내의 단백질 중 하나인 POT1은 텔로미어의 단일가닥 반복서열에 특이적으로 결합하여 이들이 손상된 DNA의 수리에 관여하는 여러 핵산 분해효소들이나 기타 효소들에 의해 분해되는 것을 막는다.

지식검사

서로 다른 개념과 기술의 통합

1. 홍조류인 *Polyides rotundus*는 유전정보를 이중나선의 DNA에 포함하고 있다. DNA를 *P. rotundus*세포에서 추출하여 분석하였을 때 32%의 염기가 구아닌인 것이 발견되었다. 이러한 정보로부터 이 DNA에 있는 티민의 비율을 결정할 수 있는가? 만약 그렇다면 몇 퍼센트인가? 할 수 없다면 왜 그런가?

답: DNA 이중나선의 두 가닥은 한쪽 사슬에 있는 구아닌과 다른 사슬에 있는 시토신과, 이와 동일하게 아데닌과 티민은 서로 상보적이다. 그래서 G와 C의 농도는 항상 같으며 A와 T도 마찬가지이다. 만약 이중나선 DNA의 32%가 G라면 다른 32%는 C이다. 합해서 G와 C는 *P. rotundus* DNA에 있는 염기의 64%를 포함한다. 따라서 36%의 염기가 A와T이다. A와 T의 농도는 같아야 하므로, 18%(36% × 1/2)의 염기가 T이어야만 한다.

2. 대장균 바이러스 ϕX174는 유전정보를 단일가닥의 DNA에 포함한다. ϕX174 바이러스 입자로부터 DNA를 추출해서 분석했을 때, 21%의 염기가 G로 밝혀졌다. 이러한 정보로부터 이 DNA에 있는 티민이 몇 %인지를 결정할 수 있는가? 만약 그렇다면 몇 퍼센트인가? 아니라면 왜 아닌가?

답: 아니다! A = T와 G = C의 관계는 이중나선 DNA 분자에서만 성립되는 것인데 이는 상보적인 사슬 때문이다. 단일가닥 핵산에서는 가닥 사이에서 제한된 결합만이 일어나거나 일어나지 않기 때문에 DNA에 포함된 G로부터 다른 세 염기의 %를 결정할 수 없다.

3. 만약 각 G_1기의 인간 염색체가 하나의 DNA 분자를 포함하고 있다면, 얼마나 많은 DNA 분자가 (a) 인간의 난자, (b) 인간의 정자, (c) G_1기에 있는 인간의 2배체 체세포, (d) G_2기에 있는 인간의 2배체 체세포, (e) 인간의 제1 난모세포의 핵에 존재할 것인가?

답: 정상적인 사람의 반수체 세포는 23개의 염색체를 포함하고 있으며, 정상적인 사람의 2배체 세포는 46개의 염색체 혹은 상동인 23쌍이 있다. 만약 복제되기 전의 염색체가 하나의 DNA 분자를 포함하고 있다면, 복제 후의 염색체들은 각 염색분체당 하나씩 2개의 분자를 포함할 것이다. 따라서 인간의 정자와 난자는 23개의 염색체 DNA 분자를 포함한다. 그리고 2배체 체세포는 G_1기와 G_2기에서 각각 46과 92개의 염색체 DNA 분자를 포함한다. 그리고 제1난모세포는 92개의 그러한 DNA 분자를 포함한다.

연습문제

이해력 증진과 분석력 개발

9.1 (a) Griffith의 형질전환 실험은 Avery나 그의 동료들의 실험과 어떻게 다른가? (b) 각 실험들의 핵심적 의의는 무엇이었나? (c) Avery와 동료들의 실험이DNA가 유전정보를 운반한다는 직접적인 증거를 제공한 반면 Griffith의 업적은 왜 유전물질로서의 DNA에 대한 증거가 되지 못했나?

9.2 유형 IIIS 폐렴쌍구균 세포로부터 세포가 전혀 포함되어 있지 않은 추출물을 얻었다. 이 추출물을 (a) protease, (b) RNase, (c) DNase로 처리하였을 때, 수용체인 유형 IIR 세포를 유형 IIIS로 형질전환 시키는 능력에 어떤 효과가 있나? 그렇다면 이유는 무엇인가?

9.3 가열 멸균한 유형 III 폐렴쌍구균과 살아있는 유형 II를 혼합했을 때 유형 II가 유형 III의 생명력을 회복시킨 것이 아니라 유형 III로부터 유형 II에 유전물질을 전달시킨 결과를 낳았다는 것을 어떻게 증명할 수 있었을까?

9.4 파지 T2와 같은 박테리오파지나 세균성 바이러스의 거대분자 구성은 어떻게 이루어져 있는가?

9.5 (a) Hershey와 Chase에 의해 수행된 실험의 목적은 무엇인가? (b) 어떻게 이러한 목적을 성취하였는가? (c) 이 실험의 중요성은?

9.6 Fraenkel-Conrat과 동료들은 재구성실험에서 담배 모자이크 바이러스의 유전정보가 단백질보다는 RNA에 있다는 것을 어떻게 증명했는가?

9.7 (a) Watson과 Crick이 DNA 모형을 연구함에 있어서 유용했던 배경자료는 무엇인가? (b) 이 모델을 작성하는 데 있어 이들의 기여했던 바는 무엇인가?

9.8 (a) Watson과 Crick에 의해 제안된 DNA 구조의 기본구조로서 왜 이중나선이 선택되었나? (b) 왜 모형에서 수소결합이 염기를 연결하는 데 도입되었나?

9.9 (a) 만약 바이러스가 200,000 염기쌍의 이중가닥 DNA를 포함한다면 얼마나 많은 뉴클레오티드가 존재할 것인가? (b) 얼마나 많은 완전한 회전이 각각의 가닥에 생기는가? (c) 얼마만큼의 인산원자가 존재하는가? (d) 바이러스 안에 있는 DNA의 길이는 얼마나 되는가?

9.10 DAN와 RNA의 차이점은 무엇인가?

9.11 TMV로부터 RNA가 추출되었고 35%의 시토신을 갖고 있는 것으로 밝혀졌다. 이 정보를 이용하여 TMV의 염기 중 아데닌의 퍼센트가 얼마인지 예측할 수 있는가? 만약 그렇다면 몇 퍼센트인가? 아니라면 그 이유는?

9.12 DNA가 *Staphylococcus afermentans*의 세포로부터 추출되었고 그 염기구성이 분석되었다. 그 결과 45%가 시토신인 것으로 밝혀졌다. 이 정보를 이용하여 아데닌이 몇 퍼센트인지를 예측할 수 있는가? 그렇다면 몇 퍼센트인가? 아니라면 그 이유는?

9.13 Watson과 Crick의 모델에서 하나의 가닥 또는 나선이 5′-ACT-GCACA-3′의 염기서열을 갖는다면 상보적인 DNA 가닥의 염기서열은 어떻게 되는가?

9.14 다음 DNA 구조에 관한 진술이 사실인지 거짓인지 지적하라 (각각의 문자는 DNA 염기의 농도를 나타낸다).

(a) A + T = G + C
(b) G/C = 1
(c) A/T = C/G
(d) T/A = C/G
(e) A + G = C + T
(f) A = G, C = T
(g) 각각의 가닥에서 A = T
(h) 분리되었을 때 이중나선의 두 가닥은 서로 동일하다.
(i) DNA 이중나선의 구조에는 변이가 없다.
(j) 수소결합은 수용액상의 세포질에 있는 이중나선을 안정화시킨다.
(k) 일단 DNA 이중나선 중 한 가닥의 염기서열이 알려지면 두 번째 가닥의 서열도 알 수 있다.
(l) 소수성 결합은 수용액상의 세포질에 존재하는 이중나선에 안정성을 제공한다.
(m) 각 뉴클레오티드쌍은 인산기 둘, 데옥시리보오스 두분자, 두개의 염기를 갖는다.

9.15 다양한 바이러스로부터 핵산을 추출한 후 이들의 염기조성을 분석하였다. 아래에 주어진 결과를 바탕으로 이들 바이러스 핵산의 물리적 특성을 추정하면?

(a) 40% A, 40% T, 10% G, 10% C
(b) 35% A, 15% T, 25% G, 25% C
(c) 35% A, 30% U, 30% G, 5% C

9.16 A, B 그리고 Z형 DNA의 구조를 비교하면?

9.17 이중나선 DNA 분자의 절반이 변성되었을 때의 온도를 T_m이라 한다. 왜 T_m값은 DNA의 GC함량에 직접 의존하는가?

9.18 2배체 호밀식물 *Secale cereale*는 대략 DNA의 1.8×10^8 bp와 $2n = 14$개의 염색체를 가지고 있다. (a) 유사분열 중기, (b) 감수분열 중기 I, (c) 유사분열 말기 그리고 (d) 감수분열 말기 II일 때 호밀세포의 핵에서 DNA는 얼마나 될까?

9.19 각 진핵생물 염색체(polytene 염색체는 제외)는 하나의 거대한 DNA를 가지고 있다. 세포주기 동안 단계마다 진핵생물의 염색체에서 이 DNA 분자의 조직화 정도는 어떻게 다르게 나타나는가?

9.20 *Drosophila melanogaster*의 2배체 핵은 약 3.4×10^8개의 염기쌍을 가지고 있다. (1) 모든 핵 DNA가 뉴클레오좀으로 포장되어 있고, (2) 뉴클레오좀 링커의 평균길이가 20염기쌍이라고 가정하자. *D. melanogaster* 2배체 핵에 존재하는 뉴클레오좀은 몇 개인가? 히스톤 H2a, H2b, H3, H4는 몇 개가 필요한가?

9.21 T_m값과 GC함량과의 관계는 다음 식으로 표현할 수 있다. $T_m = 69 + 0.41(\%\ GC)$. (a) 약 40% GC 함량인 대장균 DNA의 융해온도(T_m)를 계산하라. (b) $T_m = 75°C$인 인간의 신장세포 DNA의 GC%를 계산하라.

9.22 진핵생물의 염색체 내에 있는 고도로 반복된 DNA서열 대부분은 RNA나 단백질 산물을 만들지 않음이 실험적으로 알려졌다. 이런 결과는 고도로 반복된 DNA의 기능에 대해 무엇을 시사하는가?

9.23 초파리(*Drosophila virilis*)의 부수체 DNA는 밀도구배 원심분리에 의해 주 띠(main band) DNA로부터 분리할 수 있다. 이 부수체 DNA를 약 40 bp 절편으로 절단하고 변성-재생 실험을 통해 분석한다면 같은 조건하에서 비슷하게 절단한 주 띠의 DNA로 실험한 재생역학과 비교하면 그들(부수체 DNA)의 혼성화 역학은 어떠한 차이점을 보이겠는가? 그리고 그 이유는 무엇인가?

9.24 (a) (1) 동원체의 기능은? (2) 말단소체의 기능은? (b) 말단소체는 어떤 구조적인 특이성이 있는가? (c) 텔로머라아제(telomerase)의 기능은 무엇인가? (d) 염색체가 X선과 같은 고에너지의 방사능에 의해 파괴되어 절단되었을 때 절단된 끝은 다른 절편의 끝에 붙어 연결되는 경향을 보인다. 이러한 현상은 왜 나타나는가?

9.25 전기, 중기, 후기, 말기, 간기 중 진핵세포 염색체가 물질대사적으로 가장 활성화된 때는?

9.26 진핵생물 염색체의 뼈대(scaffold)는 히스톤 단백질로 구성되어 있는가? 아니면 비히스톤 단백질로 되어 있는가? 그것을 실험적으로 결정하려면 어떻게 해야 하는가?

9.27 (a) 염색체 단백질들인, 히스톤 그리고 비히스톤 단백질 중 각 진핵생물에서 가장 잘 보존되어 있는 것은 어느 것인가? 왜 이러한 현상이 일어났을까? (b) 한 진핵생물이 각 조직이나 세포로부터 분리한 염색사의 히스톤 단백질 그리고 비히스톤성 염색체 단백질들의 이질성을 비교하면 어느 단백질이 더 높은 이질성을 보이겠는가? 이 두 단백질이 각 조직이나 세포의 염색체에서 똑같게 동질성을 보이지 않는 이유는 무엇인가?

9.28 (a) 만약 인간 유전체의 반수체가 3×10^9개의 염기쌍을 포함하고 있으며 염기쌍의 평균 분자량이 660이라면 인간 DNA 1 mg당 평균적으로 몇 카피의 DNA가 존재할 것인가? (b) 인간 유전체 1카피의 분자량은 얼마인가? (c) 만약 작은 식물인 애기장대의 반수체 유전체 크기가 7.7×10^7이라면 1 mg의 애기장대 DNA에는 평균 몇 카피의 애기장대 유전체가 존재하겠는가? (d) 애기장대 유전체 1카피의 분자량은 얼마인가? (e) 유전학자들에게 이러한 종류의 계산의 중요한 이유는 무엇일까?

DNA와 염색체 복제

장의 개요

- 생체 내 DNA 복제의 기본양상
- 원핵생물의 DNA 복제
- 진핵생물 염색체 복제의 독특한 양상

일란성 쌍생아들: 그들은 똑같은가?

출생 이후 유년 시절과 청년기를 거쳐 성인이 되어서도 메리와 쉐리는 서로 혼동되어져 왔다. 그들이 따로 떨어져 있을 때, 메리는 남들에게 반 이상을 쉐리로 불렸고, 쉐리 역시 메리로 오인되었다. 함께 있을 때에도, 친구들은 외관상 차이보다는 그들이 입고 있는 옷으로 구분했다. 부모조차도 그들을 구분하는 데 애를 먹었다. 메리와 쉐리는 일란성 쌍생아이다. 그들은 하나의 수정란에서 발생되어, 초기 난할시 배가 두 개의 세포로 쪼개지고, 둘 다 완전한 배로 발생이 진행되었다. 두 개의 배는 모두 정상적으로 배시기와 태아기를 거쳐 분화되었고, 1955년 4월 7일, 태어난 한 아이는 메리로, 다른 아이는 쉐리로 이름이 붙여졌다.

사람들은 메리와 쉐리 같은 일란성 쌍생아의 아주 흡사한 외형이 "그들이 같은 유전자를 가지고 있기 때문이다."라고 설명하곤 한다. 그러나, 이는 사실이 아니다. 보다 정확하게 얘기하면, 일란성 쌍생아는 동일한 부모 유전자 복제본을 가지고 있다고 해야 한다. 그러나 대부분의 사람들은 유전자의 복제본이 실제로 동일하다고 믿고 있음을 여기서 알게 된다. 만약 인간의 유전체가 20,500개의 유전자를 가지고 있다면, 이 모든 유전자들의 복제본이 일란성 쌍생아에서 정확히 일치할 것인가?

아이오와 주 축제에 참가한 4쌍의 일란성쌍생아와 어머니들.

인간의 삶은 0.1 mm의 직경을 갖는 조그만 구, 즉 하나의 세포로부터 시작된다. 이 세포는 태아 발생을 거치면서 수백만 개의 세포가 된다. 성인의 평균세포 수는 약 65조(65,000,000,000,000)이다. 몇몇 예외는 있지만, 이 65조의 세포는 각각 약 20,500개의 유전자 각각에 대한 복제본을 가지고 있다. 이 65조의 세포 내에 존재하는 이 모든 유전자의 복제본들이 과연 동일할까? 만약 그렇다면, 유전자가 복제되는 과정은 고도로 정확해야 한다. 게다가, 신체 내 세포들은 정적이지도 않다. 어떤 조직에서는 오래된 세포가 계속적으로 새로운 세포로 교체된다. 예를 들어, 건강한 사람의 골수세포는 1분에 약 2백만 개의 적혈구 세포를 생산해 낸다. 사람의 몸에 있는 모든 유전자 복제본이 동일하지는 않다 하더라도, 유전자가 복제되는 과정은 매우 정확하다. 사람의 반수체 유전체는 약 DNA 의 3×10^9 뉴클레오티드 쌍을 포함하고 있고, 이들은 각 세포분열 동안에 복제되어야 한다. 이 장에서, 우리는 DNA가 어떻게 복제되는지를 살펴보고, 이 정확성을 가능하게 하는 메커니즘에 중점을 둘 것이다.

생체 내 DNA 복제의 기본 양상

DNA 복제는 반 보존적 양상으로 특정한 복제 기점에서 시작되고, 보통 각 복제 기점으로부터 양쪽 방향으로 진행된다.

사람의 DNA 가닥 합성은 1분당 약 3,000 뉴클레오티드 속도로 일어난다. 세균의 경우는 1분에 약 30,000 뉴클레오티드가 새롭게 DNA 사슬에 첨가된다. 분명히, DNA 복제를 담당하는 세포의 기계장치는 매우 빠르게 작동되어야 하나, 그보다 더 중요한 것은 고도로 정확해야 한다는 것이다. 사실 DNA 복제는 평균 1/10억(1조) 개 뉴클레오티드에서 오차가 생길 만큼 정확하다. 일란성 쌍생아는 대부분의 유전자가 실제 동일하지만, 몇몇 유전자는 복제 착오와 돌연변이에 의해 바뀔 수 있다(13장). 신속 · 정확한 DNA의 복제 메커니즘의 주요 양상은 대부분 알려져 있으나, 많은 분자수준의 세부 사항들은 여전히 해명되어야 할 부분으로 남아있다.

DNA 합성은 RNA 합성(11장), 단백질 합성(12장)과 마찬가지로 3단계를 거친다. (1) 개시, (2) 사슬신장, 그리고 (3) 종결이다. 이 중요한 거대분자 합성의 3단계 각각의 메커니즘을 이 장과 다음 장에서 살펴본다. 첫 번째로 DNA 복제의 몇 가지 주요 양상을 살펴보겠다.

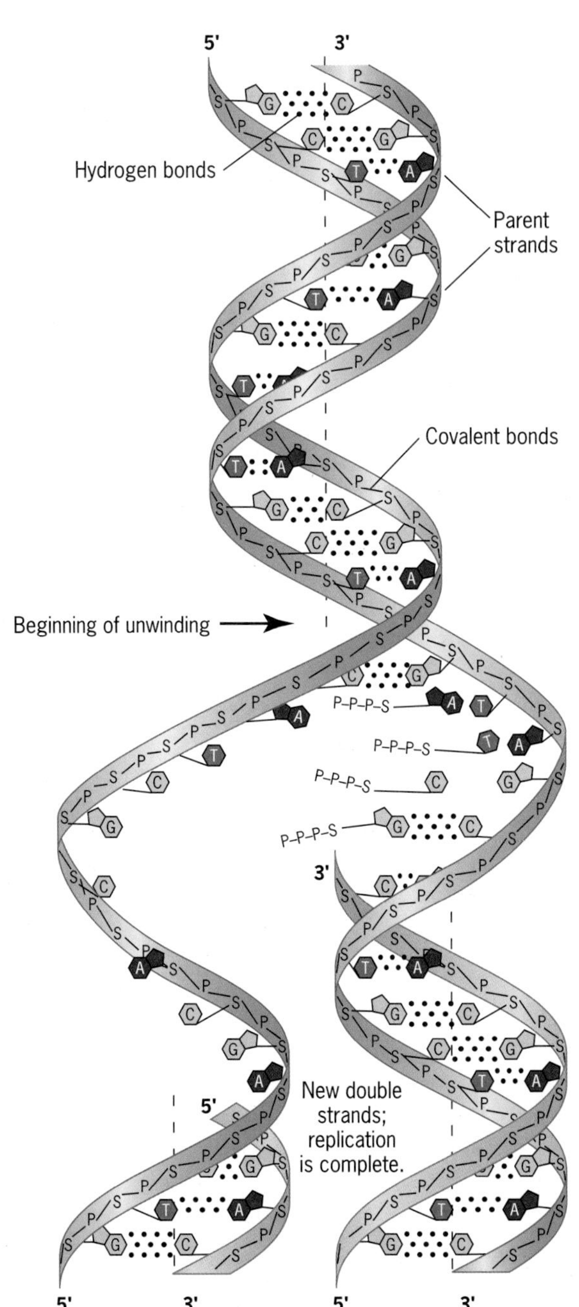

■ 그림 10.1 왓슨과 크릭에 의해 제안된 상보적 염기쌍 형성에 기초를 둔 DNA 반보존적 복제 모델. 양친가닥 각각이 보존되며, 새로운 상보가닥 합성에 주형으로 제공된다. 즉 각 자손가닥 내의 염기서열은 양친가닥 내 염기의 수소 결합능력에 의해 결정된다.

반보존적 복제

왓슨과 크릭이 상보적 염기쌍을 가진 DNA의 이중나선 구조를 제안하고 5주 후, 그들은 이중나선이 복제될 수 있는 기작을 제안하는 다른 논문을 발표하였다[1]. 그들은 이중나선의 상보적인 가닥이 풀리고 분리되어, 각 가닥이 새로운 상보가닥을 합성하도록 유도할 수 있다고 제안하였다(■ 그림 10.1). 각 부모가닥의 염기서열은 주형으로 사용되는데, 예를 들어 양친가닥의 아데닌은 새로운 상보가닥에 티미딘을 끼워 넣을 수 있는 수소결합 능력을 가지는 주형으로서 제공된다. 왓슨과 크릭이 제안한 기작은 가능한 여러 복제 기작 중에서 부모 분자의 반만이 보존되므로 **반보존적 복제(semiconservative replication)**라 불리는 기작이다(■ 그림 10.2). 보존적 복제는 부모의 이중나선이 그대로 보존되고 새로운 자손 이중나선이 합성된다. 분산 복제는 부모 DNA 분자의 양 가닥의 질편이 보존되고 상보적 절편의 합성의 주형으로 사용되어 자손 DNA 가닥에 분산되어 결합한다.

1958년 메셀슨과 스탈은 대장균의 염색체가 반보존적인 방식으로 복제된다고 제안하였다. 그 후 1962년에 존 케언스(John Cairns)는 대장균의 염색체가 이중으로 된 DNA 한 분자로 되어 있음을 증명하였다. 케언스, 메셀슨, 그리고 스탈이 제시했던 결과들은 종합되어 대장균 내의 DNA 복제가 반보존적임을 보여주었다.

메셀슨과 스탈은 가벼운 질소 동위원소 ^{14}N 대신에 무거운 질소 동위원소인 ^{15}N이 들어있는 배지에서 대장균 세포를 여러 세대 배양하였다. DNA의 퓨린과 피리미딘 염기는 질소를 포함하기 때문에 ^{15}N 포함 배지에서 성장한 세포의 DNA는 ^{14}N 포함배지에서 성장한 세포의 DNA보다 더 큰 밀도(단위 부피당 무게)를 갖는다. 밀도가 다른 분자들은 **평형밀도구배원심분리(equilibrium density-gradient centrifugation)**방법으로 분리할 수 있기 때문에, 메셀슨과 스탈은 ^{15}N 배지에서 배양한 세포를 ^{14}N배지로 옮겨 다양한 기간 동안 배양한 후 세포의 DNA 밀도변화를 추적하여 DNA 복제의 3가지 가능한 방식을 구분할 수 있었다.—이를 밀도 전달 실험(density transfer experiment)라 한다.

대부분의 DNA의 밀도는 세슘클로라이드(CsCl)같은 무거운 염 용액의 밀도

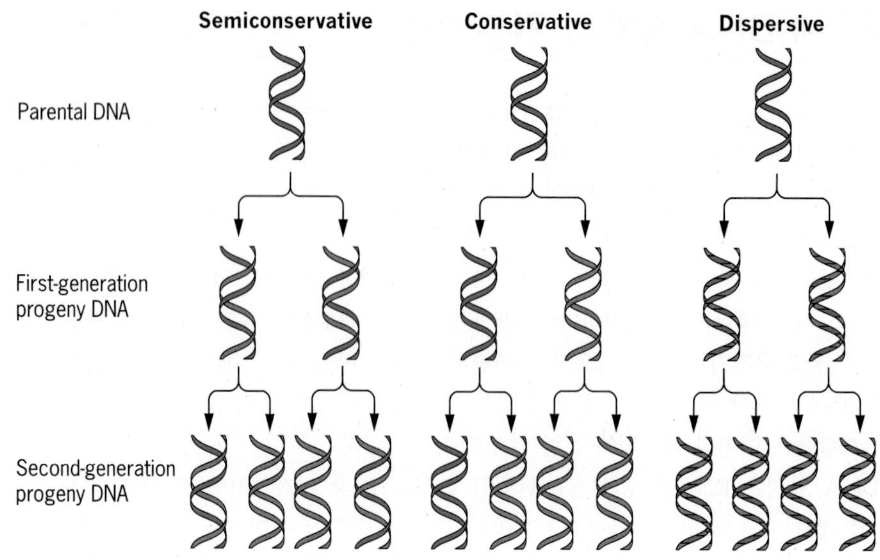

■ **그림 10.2** DNA 복제의 세 가지 모델: (1) 반보존적, 부모 이중나선의 각 가닥은 보존되고 새로운 상보적 자손 가닥의 합성을 이끈다. (2) 보존적, 부모의 이중나선은 보존되고 새로운 자손 이중나선의 합성을 이끈다. (3) 분산적, 각 부모 가닥 단편들만 보존되어 새로운 상보적 가닥 단편들의 합성을 이끌고 이어서 새로운 자손 가닥과 결합한다.

와 비슷하다. 예를 들어, 6M CsCl의 밀도는 약 1.7g/cm^3이고, ^{14}N을 갖는 대장균 DNA는 1.710g/cm^3의 밀도를 갖는다. ^{14}N대신 ^{15}N을 갖는 대장균의 DNA 밀도는 1.724g/cm^3으로 증가한다. 6M CsCl용액을 고속으로 장시간 원심분리하면 평형밀도구배가 형성된다(■ **그림 10.3**). 만일 DNA가 이 같은 밀도구배 내에 존재한다면, DNA는 자신의 밀도와 동일한 CsCl용액 밀도 위치로 이동할 것이다. 그러므로 만약에 무거운 ^{15}N 동위원소를 포함하는 대장균 DNA와 가벼운 ^{14}N 동위원소를 포함하는 대장균 DNA를 혼합하여, CsCl 평형밀도 구배 원심 분리시키면, DNA 분자들은 무거운 DNA(^{15}N를 포함하는) 밴드와 가벼운 DNA(^{14}N를 포함하는)밴드의 둘로 분리될 것이다.

메셀슨과 스탈은 ^{15}N배지에서 여러 세대 배양한 세포(무거운 DNA를 가짐)를 취해, 여러 번 세척하여 ^{15}N배지를 제거한 후 ^{14}N배지로 옮겼다. 세포를 다양한 시간 동안 ^{14}N배지에서 배양시킨 후 DNA를 추출하여 CsCl 평형밀도구배 내에서 분석하였다. 실험결과(■ **그림 10.4**)는 반보존적 복제와 유일하게 일치하였으며, 보존적 복제나 분산복제와는 부합되지 않았다. ^{14}N배지에서 한 세대 성장시킨 세포에서 추출한 DNA는 모두 무거운 DNA와 가벼운 DNA사이의 중간 밀도를 가졌다. 이러한 중간밀도를 잡종 밀도(hybrid density)라고 한다. ^{14}N배지에서 두 세대 성장시키면 DNA의 반은 잡종밀도이고, 반은 가벼운 밀도를 가졌다. 이러한 결과들은 왓슨과 크릭에 의해 예견되었던 반보존적 복제 양상에 정확히 일치하는 것이었다(그림 10.2 참조). ^{15}N배지에서 자란 양친형 이중나선 DNA가 ^{14}N배지 내에서 한 세대 반보존적 복제를 거쳐 한 가닥(old strand)은 ^{15}N, 다른 가닥(new strand)은 ^{14}N을 갖는 두 개의 자손 이중나선을 생산한다. 이러한 분자들은 잡종밀도를 갖게 된다.

보존적 복제는 잡종밀도를 갖는 DNA를 만들지 않는다. 무거운 DNA가 가벼운 ^{14}N 배지 내에서 한 세대 보존적 복제를 하면, DNA의 반은 무거운 밀도를, 반은 가벼운 밀도를 가지게 된다. 만약 복제가 분산되어 일어난다면, 메셀슨과 스탈은 매 세대 무거운 ^{15}N으로부터 가벼운 ^{14}N으로 DNA가 이동하는 것을 관찰했을 것이다. 즉 한 세대 후에는 절반의 무게 혹은 잡종 밀도를 가질 것이고, 두 세대 후에는 1/4의 무게로 줄어들 것이다. 이러한 가능성들은 메셀슨과 스탈의 실험결과와 일치되지 않았다. 곧 이어 다른 여러 미생물들에서도 DNA 복제가 반보존적으로 일어난다는 것이 증명되었다.

진핵생물 염색체의 반보존적 복제는 1957년 테일러(J. Herbert Taylor), 우즈(Philip Woods), 그리고 휴즈(Walter Hughes)에 의해 콩(*Vicia faba*)의 근단 세포를 이용하여 최초로 입증되었다. 테일러와 동료들은 방사성 [^{3}H]-티미딘이 포함된 배지에서 8시간 정도 콩의 근단을 키워 염색체를 표지하였다. 그 후 이 근단을 방사성 포함배지에서 꺼내어 세척한 후 알칼로이드인 콜히친(colchicine)이 포함된 비방사성 배지로 옮겨주었다. 콜히친은 미세소관에 결합하여 기능적인 방추사 형성을 억제하는 것으로 알려져 있다. 결과적으로, 딸 염색체는 정상적인 후기 분리(anaphase separation)를 거치지 못한다. 즉 핵 한 개 당 염색체의 수는 콜히친이 존재할 경우 한 세포주기마다 2배가 된다. 각 세포 세대에서 염색체수가 배가(doubling)되는 현상을 이용하여 테일러와 동료들은 방사성 티미딘이 순차적으로 삽입된 각 세포가 몇 번의 DNA 복제를 했는지 결정할 수 있었다. 콜히친 처리 후 첫 번째 중기(c-metaphase)에서, 핵은 12쌍의 염색분체를 갖게 될 것이고(염색분체는 동원체에 여전히 결합되어 있는 상태). 두 번째 중기에서 핵은 24쌍의 염색분체를 갖게 된다.

테일러와 동료들은 **자동방사사진법(autoradiography)**이라 불리는 방법을 이용하여 연속적인 c-metaphase들에서의 세포 내 염색체의 방사능 분포를 결정할 수 있었다. 방사선 자동사진법은 낮은 에너지의 방사선에 감도가 있는 사진 유액에 노출시켜 세포 표본이나 분자의 방사성 동위원소 위치를 결정하는 방법이다. 유액은 할로겐화 은을 포함하고 있어 방사선 동위원소의 붕괴로 이온화 분자에 노출되면 아주 작은 검은 반점을 만든다. 방사선 자동사진법은 우리가 보는 영상을 사진으로 만들 수 있듯이, 거대 분자, 세포나 조직 안의 방사성의 위치 영상을 연구할 수 있다. 이 둘의 차이는 카메라에 쓰이는 필름은 가시광선에 감광되나 방사선 자동사진법에 쓰이는 필름은 방사선에 감광된다는 것이다. 성장하는 세포에서 DNA를 방사성 수소(3중 수소)를 포함하는 티민의 데옥시리보뉴클레오티드인 ^{3}H-티미딘으로 특이적으로 표지시킬 수 있어, 방사선 자동사진법은 특히 DNA 대사 연구에 유용하다. 티미딘은 DNA에만 끼어들어 가기 때문에, 세포의 다른 주요 구성물에는 존재하지 않는다.

콩(*Vicia faba*) 염색체 내의 방사성의 분포를 방사선 자동사진법으로 조사했을 때, 콜히친 처리 후 첫 번째 중기(1st c-metaphase)에서는 각 쌍의 두 염색분체가 모두 표지되어 있다(■ **그림 10.5*a***). 그러나 두 번째 중기에서는 각 쌍의 하나의 염색분체만이 표지되었다(■ **그림 10.5*b***). 염색체당 하나의 DNA 분자는 반보존적 복제에 의해 생성된다는 설에 정확히 일치되는 결과이다(■ **그림 10.5*c***). 1957년 테일러와 동료들은 콩(*Vicia faba*)에서 염색체 DNA가 각 세포분열 동안에 반보존적으로 분리된다고 결론지을 수 있었다. 대두(broad bean)에서 이중나선이 반보존적으로 복제된다는 이러한 결론은 각 염색체는 한 분자의 DNA를 포함한다는 증거들이 나오고 나서야 얻을 수 있었다. 비슷한 실험들이 몇몇 다른 진핵생물들에서 행해져, 모든 경우에 있어 복제는 반보존적임을 입증하게 되었다. '문제 풀이 기술: 염색체들에서의 ^{3}H 표지 양상 예측하기' 편의 문제를 풀어 봄으로써 여러분의 염색체 복제에 대한 이해 정도를 검사해 보기 바란다.

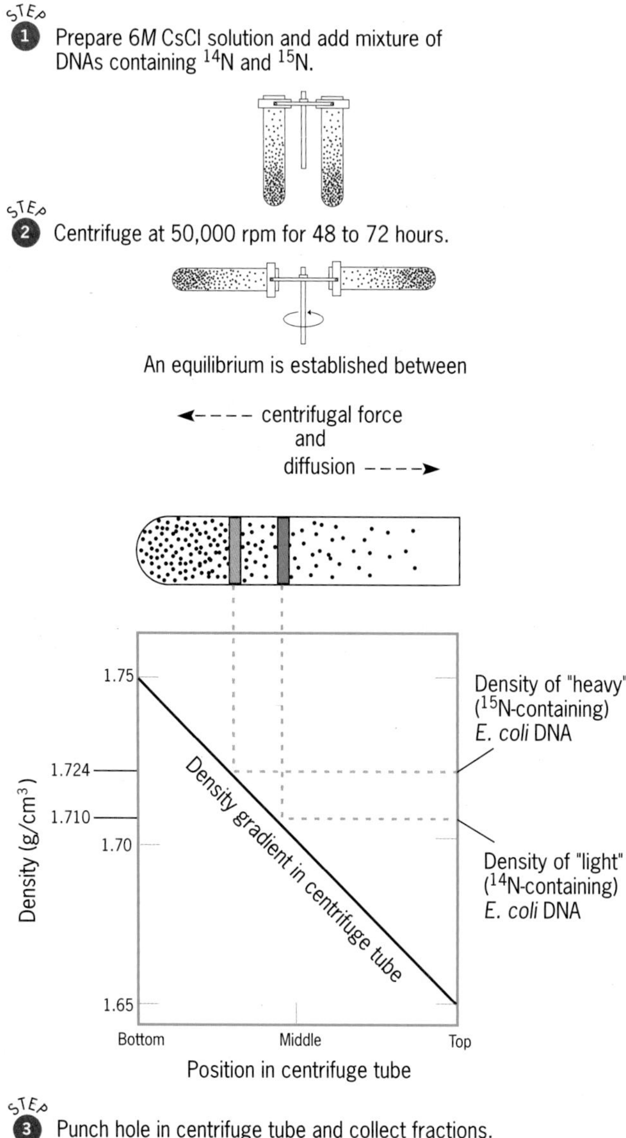

■ **그림 10.3** CsCl **평형밀도구배 원심분리.**

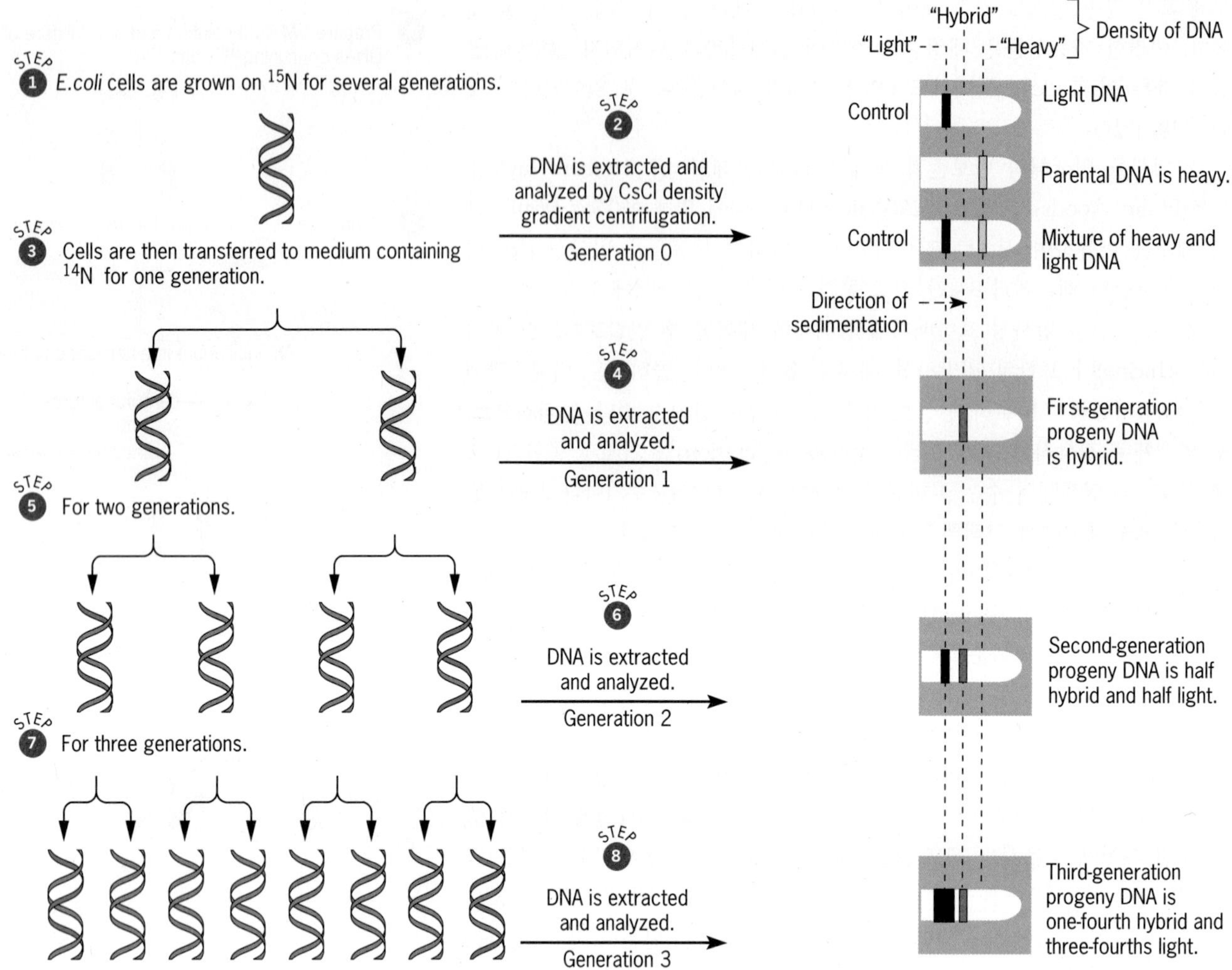
"Hybrid"
"Light"
"Heavy"
Density of DNA
STEP 1 E.coli cells are grown on ^{15}N for several generations.
STEP 2 DNA is extracted and analyzed by CsCl density gradient centrifugation.
Generation 0
Control
Light DNA
Parental DNA is heavy.
Control
Mixture of heavy and light DNA
STEP 3 Cells are then transferred to medium containing ^{14}N for one generation.
Direction of sedimentation
STEP 4 DNA is extracted and analyzed.
Generation 1
First-generation progeny DNA is hybrid.
STEP 5 For two generations.
STEP 6 DNA is extracted and analyzed.
Generation 2
Second-generation progeny DNA is half hybrid and half light.
STEP 7 For three generations.
STEP 8 DNA is extracted and analyzed.
Generation 3
Third-generation progeny DNA is one-fourth hybrid and three-fourths light.

■ 그림 10.4 메셀슨과 스탈의 실험은 대장균에서 반보존적 기작에 의한 DNA 복제가 일어나는 것을 보여준다. 모식도는 대장균 염색체가 반보존적 복제를 할 경우에 예상되는 결과를 보여준다. 대장균 염색체의 복제가 보존적 복제나 분산적 복제를 한다면 다른 결과가 얻어질 것이다(그림 10.2 참조).

유일한 복제기점

케언스의 실험 결과로 대장균 환형 염색체 상에 **복제기점(origin of replication)** 즉 개시부위가 존재한다는 것은 입증되었으나 기점이 유일한 부위인지, 복제 염색체 내에 무작위하게 위치하는 부위인지에 대한 정보는 제공하지 못하였다. 세균이나 바이러스 염색체에서는 보통 염색체당 하나의 독특한 복제기점이 존재하며, 이 단일 복제기점이 전체 염색체의 복제를 조절한다. 진핵생물의 거대한 염색체 상에서는 여러 개의 기점(origins)이 집단적으로 각 염색체에 있는 거대 DNA 분자의 복제를 조절한다. 진핵생물 염색체에서 이들 많은 복제기점들 역시 특정부위에서 발생한다는 증거들이 나오고 있다. 각각의 기점은 *레플리콘(replicon)*이라 불리는 DNA 복제단위를 조절한다. 즉 대부분의 원핵생물의 염색체는 단 하나의 레플리콘만 가지고 있는 반면 진핵생물 염색체는 보통 많은 수의 레플리콘을 가지고 있다.

Autoradiographs of *Vicia faba* chromosomes

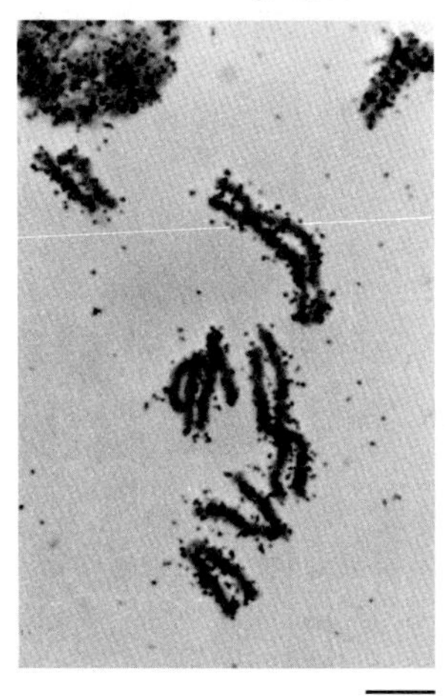

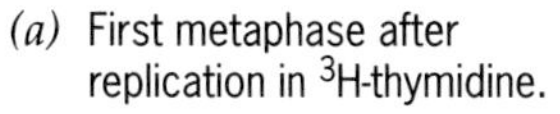

(*a*) First metaphase after replication in ^{3}H-thymidine.

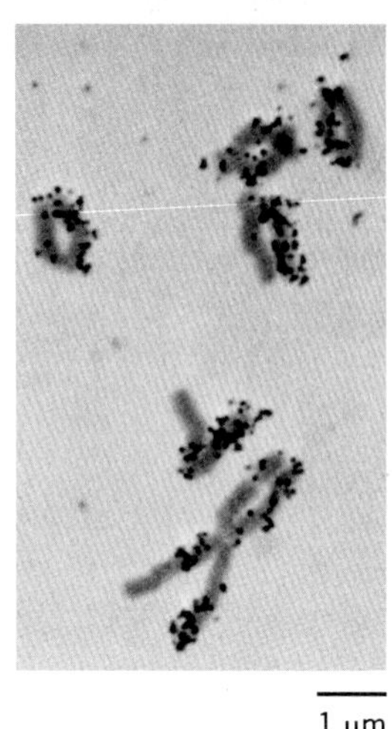

(*b*) Second metaphase after an additional replication in ^{1}H-thymidine.

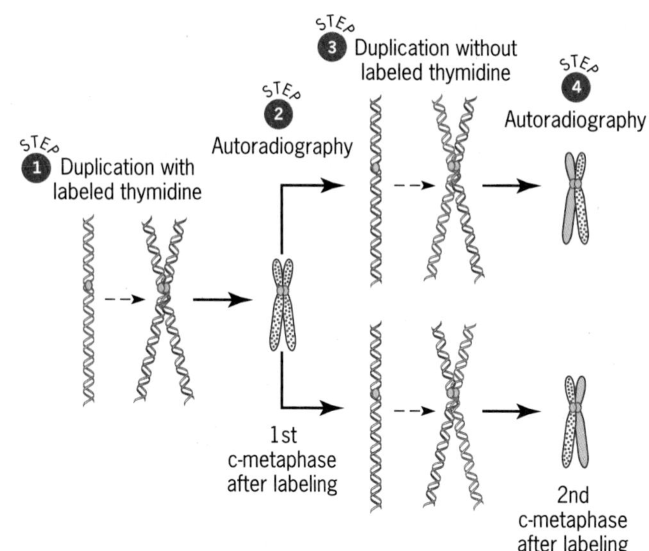

(*c*) Interpretation of the autoradiographs shown in (*a*) and (*b*) in terms of semiconservative replication.

■ 그림 10.5 테일러와 그의 동료들이 대두, *Vicia faba*의 염색체 DNA가 반보존적 메커니즘에 의해 복제됨을 보인 실험결과 및 설명.

대장균 염색체상의 *OriC*라 불리는 유일한 복제기점은 상당히 자세하게 성격이 규명되어 왔다. *OriC*는 245 뉴클레오티드쌍 길이이고, 두 가지의 보존된 반복 서열을 포함한다(■ 그림 10.6). 그 중 하나의 보존서열은 13-bp 서열이 연속적으로 3번 반복되어 존재한다. 이들 세 개의 반복서열들은 **복제기포(replication bubble)**라 불리는 가닥의 분리가 일어나는 부분의 형성을 촉진하는 A:T 염기쌍이 풍부하다. 3개의 수소결합을 갖는 G:C 염기쌍과는 대조적으로 A:T 염기쌍은 단 2개의 수소결합만을 갖고 있음을 기억할 것이다(9장). 즉 DNA 내의 A:T가 풍부한 부위의 두 DNA 가닥은 보다 적은 에너지를 가지고도 쉽게 분리된다. 변성부위의 형성은 모든 이중가닥 DNA 복제에 있어 필수적인 첫 단계이다. *OriC*의 또 다른 보존된 요소는 9bp 서열로서 이는 4번 반복되어 산재되어 있다. 이 4개의 서열들은 복제기포 형성에 중요한 역할을 하는 단백질의 결합부위이다. 우리는 기점에서 DNA 합성이 개시되는 과정과 이에 관여하는 단백질을 보다 상세하게 이 장의 후반부에서 논의할 것이다.

진핵생물 염색체 상의 많은 복제기점(multiple origins) 역시 특정 DNA서열인 것으로 나타났다. 효모(*Saccharomyces cerevisiae*)에서는 환형으로 만들어진 DNA 단편이 독립적 단위로(지동적으로) 복제되도록 하는 염색체 DNA 부분이 규명되어 분석되었다. 즉 이러한 서열은 염색체 외적 자기 복제 단위(extrachromosomal self replicating unit)가 존재할 수 있도록 해준다. 이런 서열을 *ARS*(*A*utonomously *R*eplication *S*equence, 독립적 복제단위) *인자*라 한다. 효모의 유전체에서 이들의 빈도는 복제기점의 수와 맞아 떨어지고, 어떤 것은 기점으로 작용한다는 것이 실험적으로 밝혀졌다. ARS 인자는 50bp 길이이며, 핵심적인 11-bp의 A:T rich 서열을 포함하고 있으며, 추가적으로 이와 비슷한 불완전한 사본서열들도 가지고 있다.

ATTTATPuTTTA
TAAATAPyAAAT

문제 풀이 기술

염색체들의 ³H 표지 양상 예측

문제

*Haplopappus gracilis*는 두 쌍의 염색체($2n = 4$)들을 갖고 있는 2배체 식물이다. 방사선에 노출된 적이 없는 이 식물의 G_1 기 세포를 ^3H 티미딘이 포함된 배지에 옮겼다. 이 배지에서 한 세포 주기가 지난 후에 두 자손 세포들을 방사성이 없는 배지로 세척한 후, ^1H 티미딘과 콜히친이 들어 있는 배지로 옮겼다. 그리고 한 세포주기 동안 이 배지에서 배양한 후, 두 번째 세포 주기의 중기 까지 두었다. 각 세포로부터 염색체들을 슬라이드 글라스 위에 펼쳐, 염색하고, 사진을 찍은 후에, 저에너지 방사선에 감수성 유액으로 감광시켰다. 하나의 딸세포들은 각각 두 개의 딸 염색사를 가진 여덟 개의 염색체를 갖고 있는 중기의 모습을 보였다. 방사선 자동사진법에 의한 방사성의 분포를 중기의 핵상 위에 그려 보아라.

사실과 개념

1. 각 G_1 기의 염색체는 한 개의 이중나선 DNA를 갖는다.
2. DNA 복제 방식은 반보존적이다.
3. 딸 염색사는 유사분열 중기에 한 동원체에 붙어 있다.
4. 동원체의 복제는 유사분열 말기 전에 일어나고, 그때 각 염색분체는 딸 염색체가 된다.
5. 콜히친은 유사분열 말기에 딸 염색체들을 분리시키는 방추사 단백질에 결합하여, 기능이 있는 방추사의 형성을 방해한다. 그 결과 콜히친이 존재하면 각 세포 주기동안 염색체수는 배가 된다.

분석과 해결

모든 네 염색체들은 같이 복제될 것이다. 그러므로 우리는 한 염색체만을 살펴본다. 첫 번째 복제는 ^3H 티미딘은 존재하나, 콜히친은 없이 일어나는 것을 다음 그림에 방사성을 붉은색으로 나타냈다.

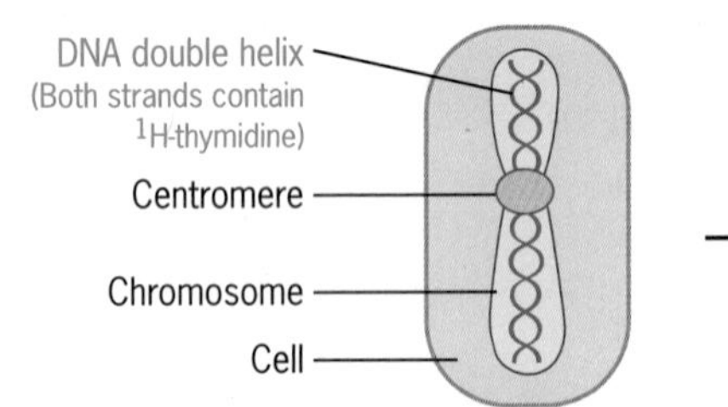

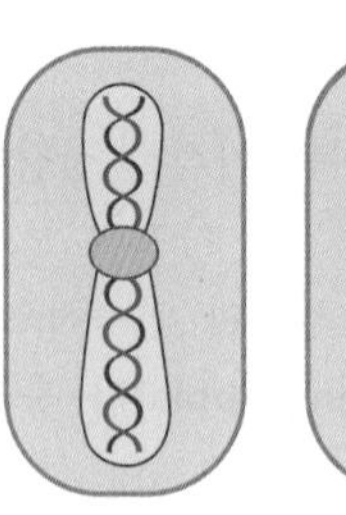

두 번째와 세 번째 복제(^1H 티미딘과 콜히친 배지)는 다음 그림으로 나타냈다.

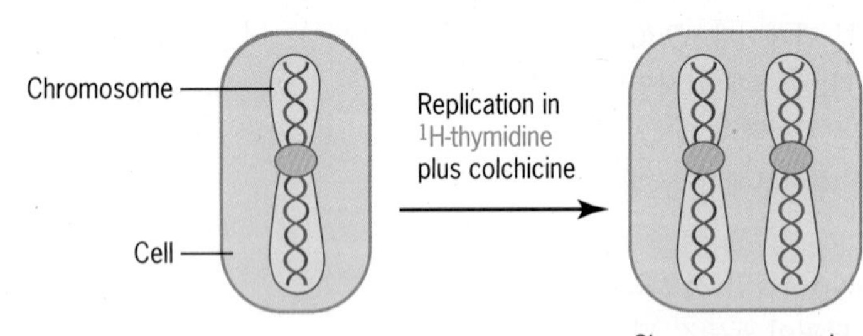

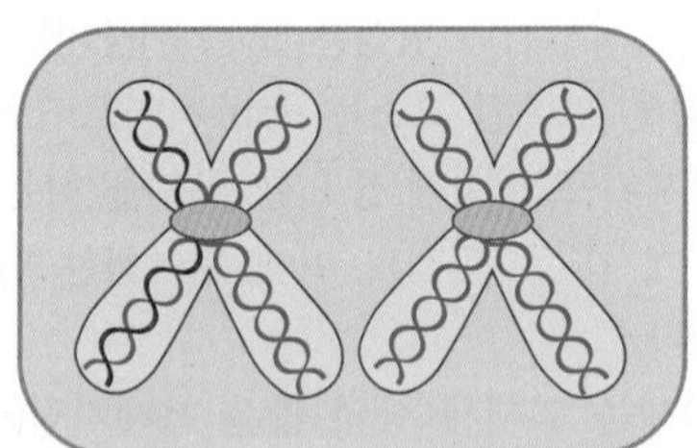

Each of the four chromosomes in *H. gracilis* will produce two metaphase chromosomes as shown above.

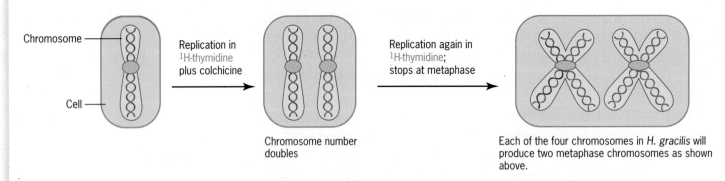

유사분열 중기의 염색체들을 방사선 자동사진법으로 보면, 여덟 개 염색체 위의 방사성(붉은 점으로 표시) 분포는 다음과 같다.

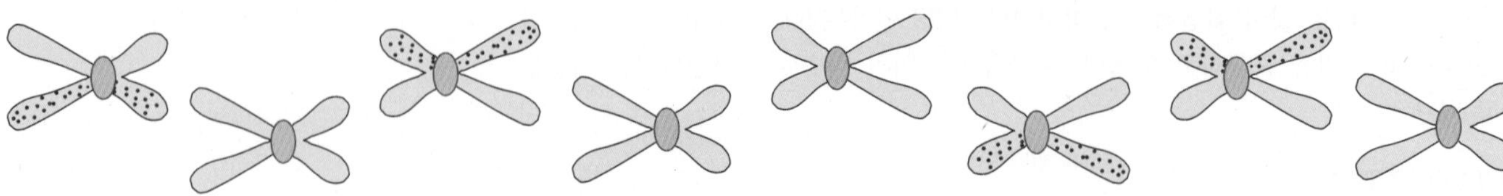

더 많은 논의를 보고 싶으면 Student Companion 사이트를 방문하라.

(Pu는 2개의 퓨린 중 하나이고, Py는 2개의 피리미딘 중 하나가 위치하는 곳이다.)

ARS 인자가 복제의 원점으로 기능할 수 있는 능력은 이 보존된 핵심서열 내의 염기쌍 변화가 발생하면 사라진다.

다세포 진핵생물에서 복제 기점의 특성을 밝히려는 시도는 성공적이지 못했다. 생체 내에서 복제가 전체 유전체의 특정한 염기서열에서 일어난다는 증거에도 불구하고, 기능적인 시작점의 구성을 밝히는 것은 어려움으로 남아있다. 이러한 복제기점의 동정 실패 원인으로는 두 가지를 들 수가 있다. 첫 번째는, 효모를 통해 기능적인 분석을 했었지만, 플라스미드나 인공 염색체의 복제를 증명하는 가능성이 있는 복제원점이, 다른 진핵생물에서는 믿을 만한 결과가 나오지 않았다. 예를 들어, 포유동물 세포에서 플라스미드의 복제를 일으키는 서열들은 종종 무작위적이거나 여러 부위에서 복제 개시를 일으킨다. 두 번째는 복제 시작점을 특징짓기 어려운 수천 개의 비교적 긴 DNA서열에서 복제의 개시가 원생동물에서 일어난다는 증거가 제시된 것 처럼 이런 점들이 복제 원점의 규명을 어렵게 한다.

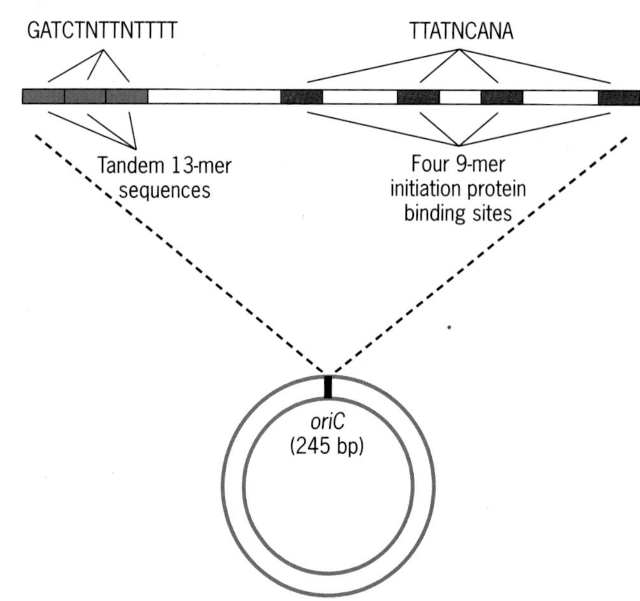

■ 그림 10.6 대장균 염색체 내의 단 하나의 복제원점, *oriC*의 구조.

방사선 자동사진법(AUTORADIOGRAPHY)을 통한 복제분기점 가시화

세균 염색체의 복제형태는 1963년 케언스(J.Cairns)에 의한 방사선 자동사진법을 통해 처음으로 결정되었다. 케언스는 대장균을 다양한 시간별로 [^{3}H]-티미딘 배지에서 배양한 후, 염색체가 파괴되지 않을 정도로 가볍게 세포를 용균시키고(긴 DNA 분자는 마찰에 민감하다), 막 여과지(membrane filter)에 조심스럽게 염색체를 흡착시켜 모았다. 이 여과지를 슬라이드글라스에 붙여서 β 입자(^{3}H 분해 시 방출되는 저에너지 전자)에 민감한 감광유제로 도말하고, 충분한 방사선 분해가 일어나도록 여러 시간 동안 어두운 조건하에 두었다. 현상된 방사선 자동사진을 관찰했을 때 대장균 염색체가 복제되는 동안 중간체로 존재하는 θ-형태의 환형구조를 갖는다는 것이 확인되었다(■ **그림 10.7*a***) 이러한 방사선 사진들은 더 나아가 두 개의 상보적인 양친가닥의 풀림(가닥의 분리에 필수적)과 반보존적 복제가 거의 동시에 일어남을 보여주었다. 양친 이중나선은 나선의 꼬임을 풀기 위해 360° 회전을 해야 하기 때문에 '회전 고리(swivel)'가 존재해야 한다. 유전학자들은 이 회전 고리가 토포아이소머레이즈(topoisomerase)라는 효소의 작용에 의해 야기되는 일시적인 단일가닥의 절단 부분(이중나선 중 한 가닥의 phosphodiester 결합 하나가 절단되어 생김)임을 알게 되었다.

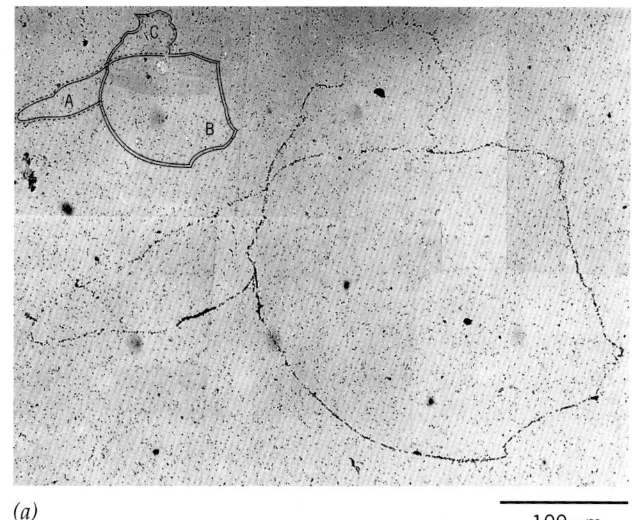

대장균 염색체의 복제는 한 방향으로만 일어나는 것이 아니라, 양쪽 방향(bidirection)으로 진행된다. 각각의 Y-형 구조는 **복제분기점(replication fork)**이고, 2개의 복제분기점은 환형 염색체 둘레를 따라 계속 반대 방향으로 움직인다(■ **그림 10.7*b***).

이 환형 대장균 염색체의 양방향 복제는 세포분열 동안에 일어나는 데 국한하여 논의된다. 이것과 Hfr 세포에서 F$^-$

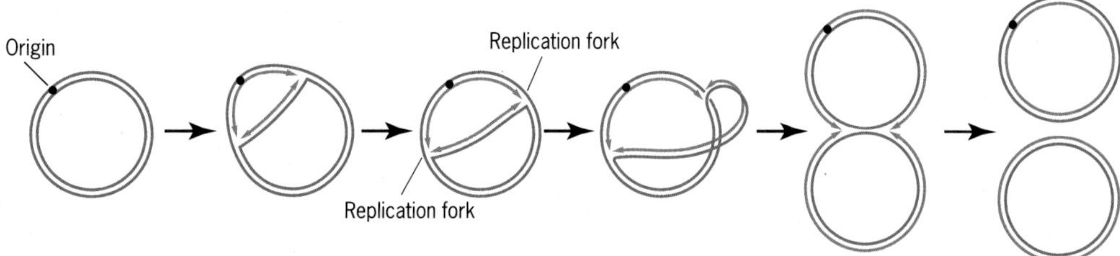

(b) Bidirectional replication of the circular *E. coli* chromosome.

■ 그림 10.7 자동방사사진에 의한 대장균 염색체 복제의 가시화. *(a)* [^{3}H]-티미딘 존재 하에서 2세대를 성장한 세포로부터 얻은 θ형 복제 염색체에 대한 케언스의 자동방사사진으로, 이를 설명하는 그림이 왼쪽 상단에 있다. DNA의 방사성을 갖는 가닥은 실선으로, 비방사선가닥은 점선으로 표시했다. 루프 A와 B는 [^{3}H]-티미딘 하에서 2차 복제를 완성했다. C 지역은 두 번째 복제 중이다. *(b)* 한 개의 특정 복제원점에서 시작된 대장균 염색체의 양방향 복제로 케언스의 결과가 어떻게 일어나는가를 설명하는 모식도.

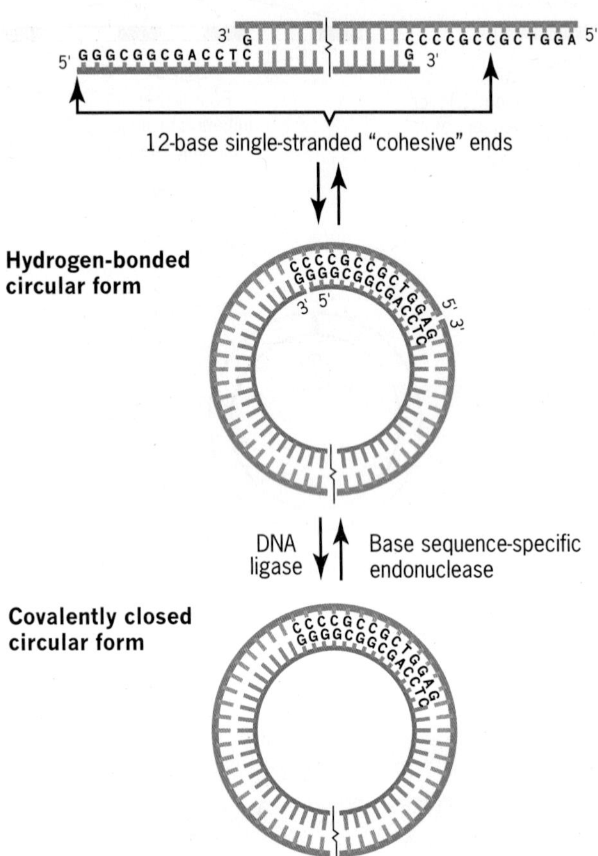

■ 그림 10.8 람다 파지 염색체의 3가지 형태. 상보적 부착 말단을 가지는 선형 λ염색체가 수소 결합에 의한 환형 λ염색체로 변했다가 공유결합에 의해 완전한 환형 λ염색체를 형성하는 과정이 제시되어 있다. 염색체가 선형이 되는 것은 감염 과정 시 꼬리에 있는 작은 구멍을 통해 파지 머리에서 숙주세포로 주입되는 과정을 촉진시키는 적응 현상인 것으로 보인다. 숙주세포에서의 복제에 앞서, 염색체는 공유결합으로 완전히 닫힌 환형으로 전환된다. 여기서는 성숙한 파지의 말단 부분만을 보여주고 있다; 톱니 모양의 세로 선은 염색체의 중간 부분이 생략되어 있음을 표시한다. 람다 염색체의 전체 크기는 48,502 뉴클레오티드 쌍 길이이다.

세포로 염색체를 전달하는 회전환 복제와 혼돈해서는 안 된다(8장). 몇몇 바이러스 염색체들이 회전환 복제 방식에 의해 복제되는데, 이것에 대해서는 이 장 후반부의 "회전환 복제(Rolling Circle Replication)" 부분을 참고하라.

양 방향적 복제(BIDIRECTIONAL REPLICATION)

양방향 복제는 대장균에 감염하는 몇몇 작은 세균 바이러스를 이용한 실험에서 처음으로 확실하게 설명되었다. 박테리오파지 람다(bacteriophage lambda : phage λ)는 단 17.5 μm 길이의 짧은 단일 선형 DNA 분자를 갖는다. 파지 람다염색체는 각각의 상보적 가닥의 5′말단에 12 염기쌍 길이의 단일가닥 영역을 갖는다는 점이 특징이다(**■ 그림** 10.8). 부착 말단("cohesive" 혹은 "sticky" 말단)이라고 하는 이런 단일가닥 말단은 서로 상보적이다. 그래서 람다염색체의 부착 말단은 수소결합으로 환형구조를 형성할 수 있다. 람다염색체가 숙주세포로 주입된 후 일어나는 첫 번째 현상 중 하나가 공유결합에 의한 닫힌 환형분자로 전환되는 것이다(그림 10.8). 수소결합에 의한 환형구조에서 공유결합에 의한 닫힌 환형구조로의 전환은 DNA 연결효소에 의해 촉매된다. *DNA 연결효소(ligase)*는 DNA 이중나선 상의 단일가닥 절단을 봉합하는 중요한 효소로서 대부분의 생물체에서 DNA 복제, DNA 수리 및 DNA 분자 간 재조합에 필요하다. 대장균 염색체처럼, 람다염색체는 θ-형 중간체를 거쳐 환형형태로 복제된다.

람다염색체가 양방향복제를 한다는 것을 뒷받침하는 증거는 고농도의 아데닌과 티민을 갖는 부분(A-T가 풍부한 영역)과 다량의 구아닌과 시토신을 갖는 영역(G-C가 풍부한 영역)이 분리되는 현상이다. 특히, 람다염색체는 매우 높은 A-T 함량을 갖는 몇 개의 절편을 포함한다. 쉬뇌스(Maria Schnos)와 인만(Ross Inman)은 람다염색체의 복제가 특정기점에서 시작되어 단일방향이 아닌 양방향으로 진행된다는 것을 증명하기 위해, 변성 지도 작성(denaturation mapping) 기술을 이용하였는데 이 때 물리적 표지로 이 A:T 집중부위를 이용하였다.

DNA 분자를 고온(100°C)이나 높은 pH(pH 11.4)에 노출시켰을 때, 이중나선구조의 상보적 가닥을 유지하는 수소결합과 소수성결합이 절단되어, 두 가닥으로 분리된다. 이 과정을 변성(denaturation)이라 한다. G-C 염기쌍에서의 삼중수소결합과는 대조적으로, A-T 염기쌍은 이중수소결합에 의해 결합되어 있기 때문에 A-T가 풍부한 DNA 분자는 G-C가 풍부한 DNA 분자보다 더 쉽게(낮은 pH 혹은 낮은 온도에서) 변성된다. 람다염색체를 적당한 조건(pH 11.05)에서 10분 간 노출시켰을 때, A:T-집중부위는 변성되어 전자현미경상에서 관찰되는 변성기포(denaturation bubbles)를 형성하는 반면, G-C가 풍부한 영역 이중나선의 상태로 유지된다(**■ 그림** 10.9). 이런 변성기포들은 람다염색체가 완전한 선상, 환형 혹은 θ-형 복제 중간체인지를 확인하는 물리적 표지로 사용될 수 있다.

많은 수의 θ-형 복제 중간체에서 변성기포의 위치와 상대적인 분지점(Y형 구조)의 위치를 조사한 결과 쉬뇌스와 인만의 실험에서 두 분지점 모두 환형 염색체를 따라서 반대방향으로 움직이는 복제분기점이라는 것을 증명했다. **■ 그림** 10.10은 복제가 (*a*) 한 방향과 (*b*) 양방향으로 진행될 경우 쉬뇌스와 인만의 실험에서 기대되는 결과를 나타낸 것이다. 나타난 결과는 명백히 람다염색체의 복제가 양방향으로 이루어짐을 증명하는 것이었다.

선상구조로 복제되는 염색체를 갖는 몇몇 생물체에서도 하나의 고정된 기점에서 양방향 복제가 일어나는 것이 증명되었다. 작은 박테리오파지의 하나인 T7파지는 염색체 복제 시

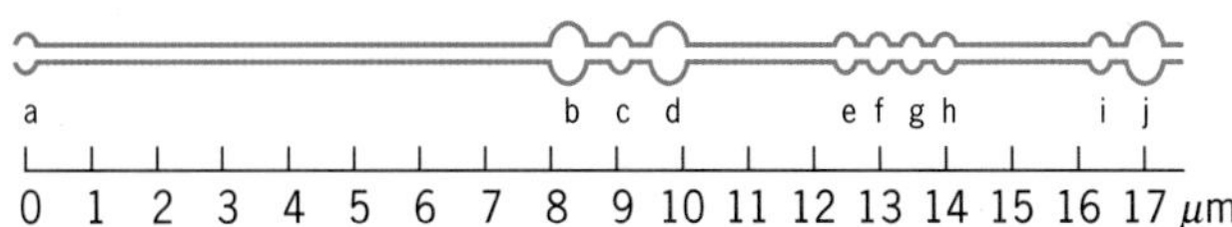

(a) AT-rich denaturation sites in the linear λ chromosome.

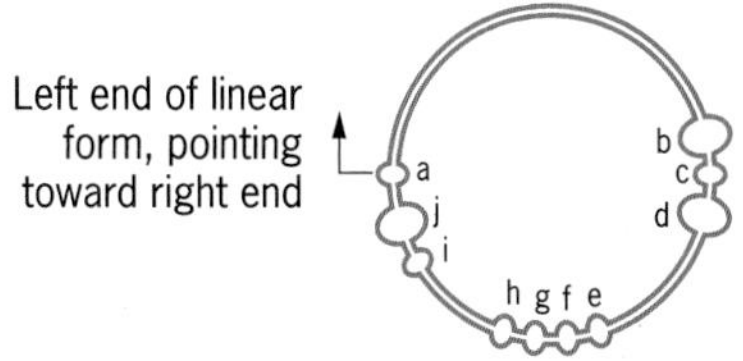

(b) AT-rich denaturation sites in the circular form of the λ chromosome.

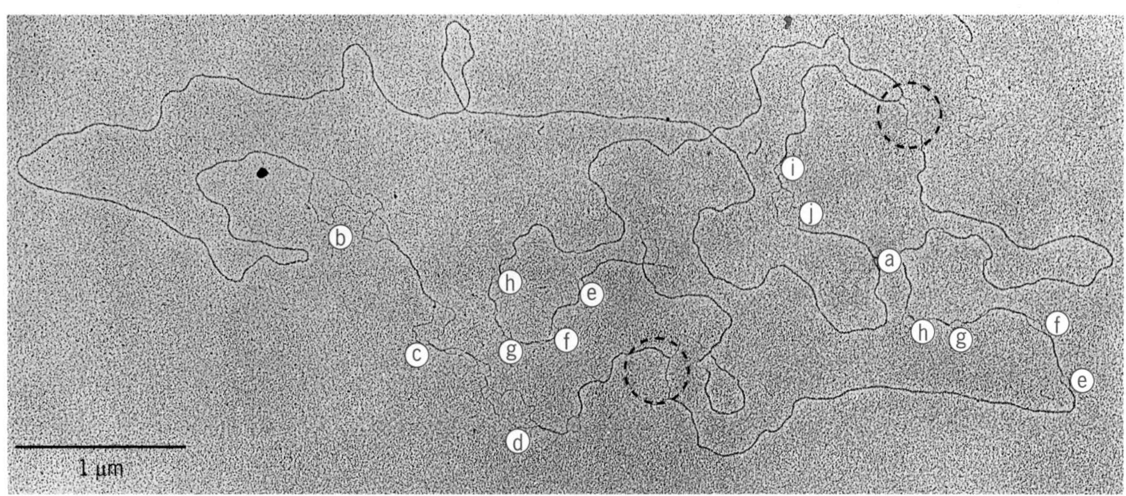

(c) AT-rich denaturation bubbles in a θ-shaped replicating λ chromosome.

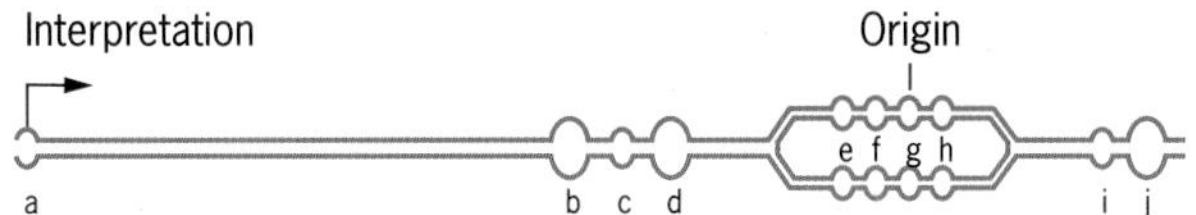

(d) Diagram in linear form of the λ replicative intermediate shown in (c).

■ 그림 10.9 λ 파지 염색체 복제가 양 방향으로 이루어짐을 증명하기 위해 물리적 표식자로서 AT가 많아 변성되는 지역(AT-rich denaturation site)을 이용한 것. 선형의 λ 염색체에서 AT-rich 변성 기포가 생기는 위치(*a*)와 환형의 λ 염색체에서 변성 기포가 생긴 위치(*b*)를 보여주고 있다. 전자현미경 사진(*c*)은 부분적으로 복제되고 있는 λ 염색체에서 *a*부터 *j*로 표시한 변성 기포들의 위치와 복제 분기점(점선의 원으로 표시)을 보여준다. 부분적으로 복제된 염색체(*c*)의 구조가 (*d*)에 모식도로 그려져 있다.

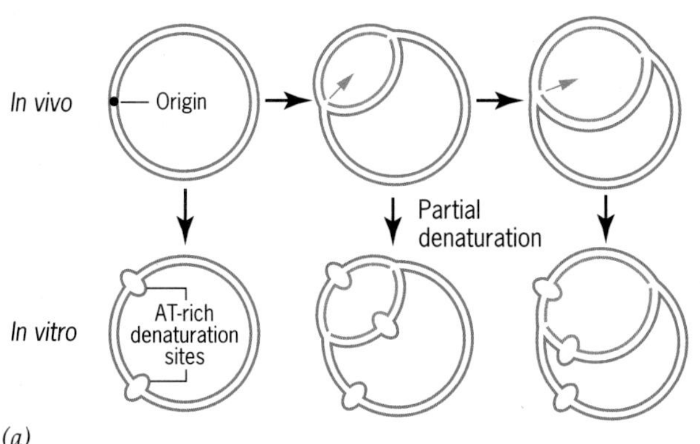

(a)

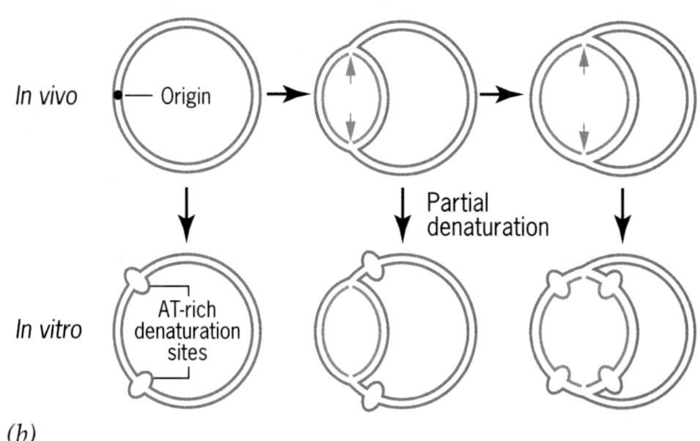

(b)

■ 그림 10.10 쉬뇌스(Schnös)와 인만(Inman)이 (*a*) 한 방향, 그리고 (*b*) 양방향적 염색체 복제를 구분하기 위해 사용한 변성지도의 이론적 설명.

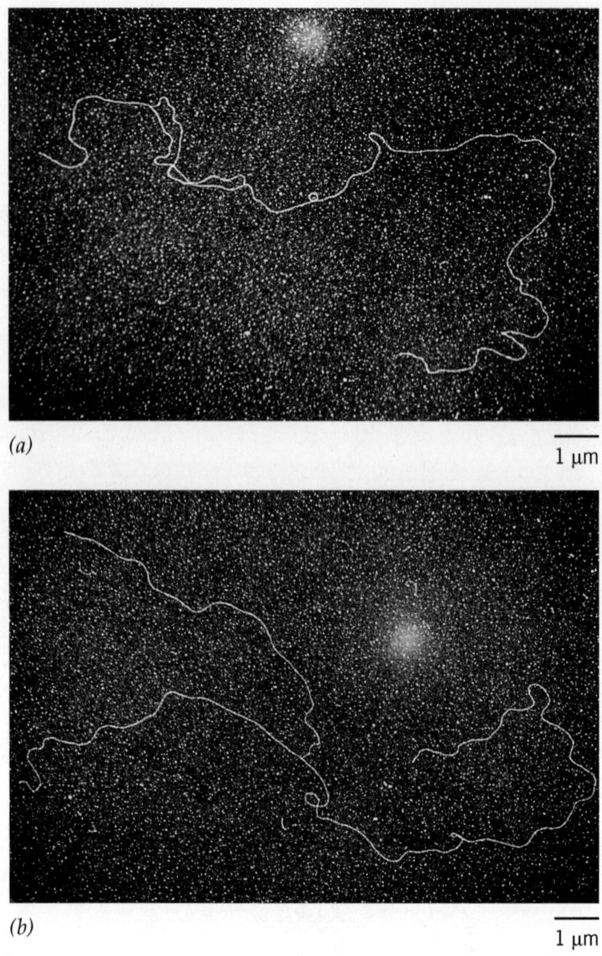

■ 그림 10.11 복제되는 박테리오파지 T7 염색체의 전자현미경 사진. 파지 T7 염색체는 대장균이나 파지 염색체와는 달리 선형구조로 복제된다. 복제원점은 염색체 한쪽 끝(보여지는 염색체의 왼쪽 끝)에서 17% 정도 떨어진 곳에 있다. (*a*) 선형염색체 복제초기의 형태는 눈 모양(-○-)이다. 복제는 한 원점에서 양방향으로 진행되어, 왼쪽 방향으로 움직이는 분기점이 DNA의 왼쪽 끝에 이를 때까지 진행되며, (*b*)에서 볼 수 있는 것과 같은 Y형 구조를 만든다. 두 선형 염색체가 만들어질 때까지 오른쪽 복제분기점이 남아 있는 한 복제는 지속된다. 진핵생물의 염색체 같은 T7보다 매우 큰 염색체의 복제는 다수의 복제 기점에서 일어나 동시다발적으로 많은 눈 모양이 자란다.

한 기점에서 시작하여 "눈(eye)"구조(■ **그림 10.11*a***)를 형성하며 하나의 분기점이 끝에 도달할 때까지 양방향으로 복제된다. Y형 구조의 복제(■ **그림 10.11*b***)는 제 2의 분기점이 DNA의 반대편 말단에 이를 때까지 계속되어 두 개의 자손염색체를 만든다.

진핵생물의 염색체 DNA의 복제도 역시 양방향으로 이루어진다. 하지만 항상 양방향복제가 보편적인 것은 아니다. 람다염색체와 마찬가지로 θ형 구조를 거쳐 복제되는 대장균파지(coliphage) P2 염색체는 한 기점으로부터 한 방향으로 복제가 된다.

요점

- *DNA 복제는 반보존적이다. 부모 이중나선의 두 상보적 가닥이 풀리고, 분리되어, 각각이 새로운 상보가닥 합성 시 주형으로 제공된다.*
- *주형가닥 내 염기의 수소결합능력이 새롭게 합성되는 가닥의 염기서열을 결정한다.*
- *복제는 특정한 기점에서 개시되어 보통 각 기점으로부터 양방향으로 진행된다.*

원핵생물의 DNA 복제

DNA 복제는 많은 수의 단백질들의 협력반응이 필요한 복합반응이다.

자동방사사진과 전자현미경으로 DNA 복제를 연구한 결과 각 복제분기점에서 합성되는 2개의 자손가닥들은 거대 분자 수준에서 같은 방향으로 늘어난다는 것이 관찰되었다. 이중나선의 상보적 가닥들이 정반대의 극성을 갖기 때문에, 이러한 신장은 한 가닥은 5′말단에서(즉 3′ → 5′) 그리고 다른 가닥은 3′말단에서(5′ → 3′) 합성이 이루어지고 있다는 뜻이 된다. 그러나 이미 언급하였듯이, DNA 복제를 촉매하는 효소인 **DNA 중합 효소(DNA polymerase**: Focus on의 시험관 내에서의 DNA 합성 참고)들은 유리된 3′-OH를 필요로 하므로 5′ → 3′합성만이 가능하다(■ **그림 10.12**). 이와 같은 명백히 상반되는 결과에서 흥미로운 역설이 발생했다. 오랜 동안 생화학자들은 3′ → 5′방향의 합성을 촉매하는 새로운 중합효소를 찾았지만 어떤 것도 발견되지 않았다. 대신에, 여러 실험을 통해 모든 DNA 합성은 5′ → 3′방향으로만 일어남을 확인하였다.

분명히, DNA 복제 메커니즘은 연구자들이 원래 생각했던 것(그림 10.1 참조)보다는 훨씬 더 복잡한 것임이 틀림없었다. 더욱이 DNA 중합효소가 시발체가닥의 유리된 3′-OH를

FOCUS ON

시험관 내에서의 DNA 합성

생명현상에 관련되는 분자수준의 메커니즘은 대부분 세포를 파괴하여 여러 세포 내 소기관, 거대분자, 그리고 구성요소들로 분리시켜, 특정대사를 수행할 수 있는 생체외 시스템(*in vitro*), 즉 시험관 내에서 생체 내 시스템을 재구성하는 방법에 의해 연구되어왔다. 이런 생체외 시스템은 생체 내 시스템보다 더 쉽고 자세하게 생화학적 분석을 할 수 있다. 그러나 생체외 시스템에서 밝혀진 현상이 생체 내에서도 일어난다고 생각해서는 안 된다. 생체 내 연구에서 독립적인 증거가 제공되어 생체외 연구결과를 정당화시킬 때만이 이러한 추정은 가능하다.

DNA 복제는 시험관 내에서의 연구로 증명되고 계속해서 증명되고 있는 귀중한 영역 중의 하나이다. DNA 복제 과정에 대한 많은 지식은 그와 같은 연구로부터 추정된 것이다. DNA 생체외 합성은 1957년 콘버그(Arthur Kornberg)와 동료들에 의해 최초로 이루어졌다. 콘버그(이 공로로 1959년 노벨상을 수상함)는 이미 존재하는 DNA 사슬에 뉴클레오티드를 공유적으로 첨가하는 효소를 대장균에서 추출하였다. DNA 중합효소 혹은 콘버그효소라고 초기에 불리던 이 효소는 현재 **DNA 중합효소 I**으로 알려져 있다.

콘버그와 동료들이 DNA 합성을 촉매하는 이 효소에 의한 기작에 대해 많은 집중적인 연구를 수행한 결과들로 DNA 중합효소에 대한 많은 지식을 갖게 되었다. 이 효소는 4종류의 데옥시리보뉴클레오시드(deoxyribonucleosides) — 데옥시아데노신 삼인산(deoxyadenosine triphosphate, dATP), 데옥시티미딘 삼인산(deoxythymidine triphosphate, dTTP), 데옥시구아노신 삼인산(deoxyguanosine triphosphate, dGTP), 데옥시시티딘 삼인산(deoxycytidine triphosphate, dCTP) — 의 각 5′-삼인산들과 Mg^{2+}이온 및 기존 DNA가 존재해야만 활성을 가진다. 이 DNA는 적어도 일부는 이중가닥이고 일부는 한 가닥이어야만 한다. 효소는 기존의 DNA 가닥의 3′-OH기에 뉴클레오티드를 첨가시킨다. 그러므로 DNA 가닥은 오직 5′ → 3′ 방향으로 확장한다.

DNA 중합효소 I은 polA 유전자에 의해 암호화된 103,000 분자량을 갖는 단일 폴리펩티드이다. 그러나 DNA 중합효소 I이 대장균에서 실질적인 "DNA 복제효소(replicase)"가 아닌 것이 밝혀졌다. DNA 중합효소 I이 실질적인 DNA 복제효소가 아니라는 첫 번째 증거는 1969년 데루시아(Peter DeLucia)와 케언스(John Cairns)에 의해 발표되었다. 그들은 polA 유전자의 돌연변이에 의해 이 효소가 결핍된 대장균 종에서도 DNA 복세가 일어남을 보고했다. 이 결과는 대장균에서의 DNA 복제가 DNA 중합효소 I의 활성, 적어도 이 효소의 5′ → 3′ 중합효소활성을 필요로 하지 않음을 의미한다. 한편 데루시아와 케언스는 이 polA1 돌연변이종이 자외선에 고도로 민감하다는 사실도 발견했다. DNA 중합효소 I의 세 가지 효소활성은 모두 세포 내에서 중요한 역할을 한다. 대장균에서 DNA 중합효소 I의 주요기능은 자외선 등에 의해 유도되는 DNA 내의 손상을 복구하는 것이다(13장). 그리고 이 장 후반부에서 볼 수 있듯이, DNA 중합효소 I의 5′ → 3′ 외부 핵산분해효소(exonuclease) 활성 역시 염색체 복제의 한 단계에 관여한다.

오늘날 많은 다른 생물들에서 DNA 중합효소의 특성에 대한 시험관 내 연구가 수행되고 있다. 최근 발견된 중합효소들 중에는 **트렌스리존 중합효소(translesion polymerase)**가 있는데 이것은 중합효소가 복제하지 못하는 DNA 내의 상처나 결함을 복제할 수 있는 흥미로운 것이다. 사람과 포유동물에서 **DNA 중합효소 에타(DNA polymerase eta[η])**는 손상된 DNA를 복제하는 데 중요한 역할을 한다. DNA 중합효소 에타를 지정하는 *POLH* 유전자(XPV 유전자라고도 함)의 돌연변이로 기능을 잃은 유전자를 동형접합성으로 갖고 있는 개체는 유전병인 색소성 건피증(xeroderma pigmentosum[XP]) 환자가 된다. 색소성 건피증 환자는 햇빛에 매우 민감하여, 햇빛 내의 UV에 노출되면 심한 피부암이 발생한다(13장 참조).

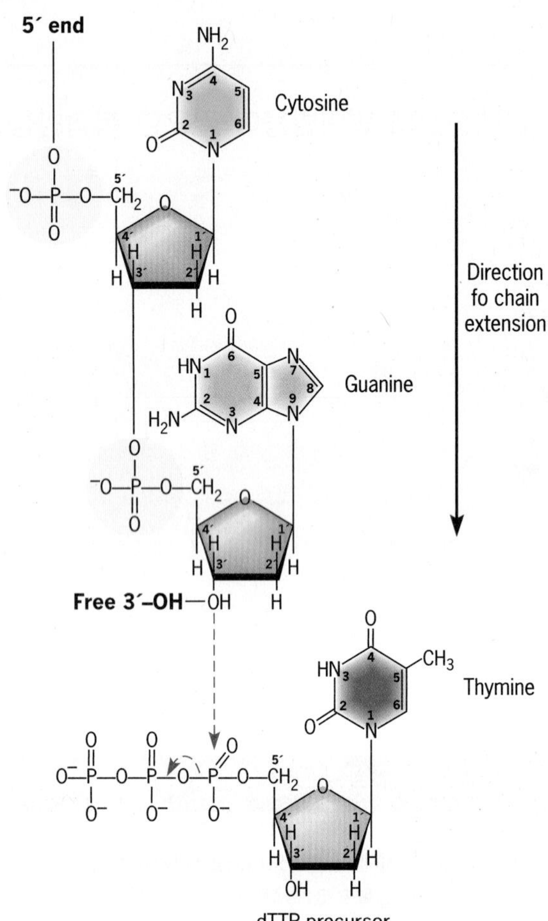

■ 그림 10.12 DNA 중합효소의 작동 메커니즘. 즉, 5′ → 3′방향으로의 DNA 시발체가닥의 공유적 신장. 기존사슬인 뉴클레오티드 데옥시구아닐레이트(deoxyguanosine 5′-phosphate)를 갖는 3′말단에서 종결된다. 이 모식도는 DNA 중합효소가 피로인산염(pyrophosphate; P_2O_7)의 이탈과 함께 사슬의 3′말단에 데옥시티미딘 일인산(deoxythymidine monophosphate;deoxythymidine triphosphate이 전구체)이 첨가되도록 촉매하는 것을 보여 주고 있다.

반드시 필요로 한다는 사실은 이 효소가 완전히 새로이(*de novo*) 새로운 가닥의 합성을 시작할 수 없음을 말한다. 새로운 DNA 가닥의 합성이 어떻게 개시될까? DNA의 두 양친가닥이 풀려야 되기 때문에, 특히 대장균 염색체같이 환형 DNA인 경우에는 회전축의 필요성을 고려하여야 한다. 마지막으로, 복제원점에서 가닥 분리영역 혹은 복제 기포는 어떻게 형성되는가? 이런 고찰들을 통해 DNA 복제는 1953년 왓슨과 크릭에 의해 반보존적 복제 메커니즘이 제안되었을 당시 생각했던 것보다 훨씬 더 복잡함을 알게 되었다.

한 가닥에서의 연속적 합성 및 다른 가닥에서의 불연속적 합성

앞에서 보았듯이, 각 복제분기점에서 합성되는 2개의 새로운 가닥은 크게 보면 같은 방향으로 신장된다. DNA 이중나선의 상보적 가닥이 반대 방향의 화학적 극성을 갖고 있으므로 한 가닥은 5′ → 3′방향으로, 다른 가닥은 3′ → 5′방향으로 신장된다(**■ 그림 10.13*a***). 그러나 DNA 중합효소는 5′ → 3′방향의 합성만을 촉매할 수 있다. 이같은 역설의 해결은 DNA 중 한 가닥의 합성은 **연속적**이고, 다른 한 가닥은 **불연속적**이라는 증거가 제시되어 가능하게 되었다. 분자수준에서 DNA 상보가닥의 합성은 정반대의 물리적 방향으로 일어나지만(**■ 그림 10.13*b***), 두 개의 새로운 가닥 모두 같은 5′ → 3′화학적 방향으로 신장된다. 5′ → 3′방향으로 신장되는 가닥 즉, **선도가닥(leading strand)**의 합성은 *연속적*이다. **지연가닥(lagging strand)**으로 불리는 3′ → 5′방향으로 신장되는 가닥은 짧은 절편(5′ → 3′으로 합성되는)의 합성과 이 짧은 단편들을 계속 공유결합시킴으로써 만들어진다.

DNA 복제의 이와 같은 불연속적인 양상에 대한 첫 번째 증거는 [^{3}H] 티미딘 함유배지에서 매우 짧은 시간동안 대장균 세포와 박테리오파지 T4-감염 대장균 세포를 배양시켜 방사성 동위원소로 표지되는 매개체를 연구함으로써 얻어졌다(펄스-표지실험, pulse-labeling experiment). 이 표지된 DNA들을 분리하여, 변성시킨 후 고속도원심분리를 하여 슈크로오스구배에 따라 침전속도를 측정하여 분석하였다. 예를 들어 대장균 세포들을 5초, 10초, 30초 동안 펄스-표지 시켰을 때 표지의 대부분은 1000에서 2000 뉴클레오티드 길이의 짧은 단편에서 발견되었다(**■ 그림 10.13*c***). 이러한 작은 DNA를 1960년대 후반 이를 발견한 과학자인 라이지(Reiji)와 오카자키(Tuneko Okazaki)의 이름을 따서 오카자키 절편이라고 하며, 그 길이는 100~200 뉴클레오티드이다. 더 긴 시간의 펄스표지를 하면 표지의 대부분이 대장균이나 파지 T4 염색체 크기로 추정되는 긴 DNA 분자에서 발견된다. 만약 세포를 짧은 시간동안 ^{3}H-티미딘으로 펄스표지하고, 비방사성 배지로 옮겨 더 키우게 되면(pulse-chase 실험), 표지된 티미딘은 염색체 크기의 DNA 분자에 존재한다. 이러한 펄스-체이스 실험의 결과는 이것이 오카자키 절편이 DNA 복제의 실제 중간 생성물이며, 대사과정의 부산물 일종이 아님을 가리키기 때문에 중요한 의미를 갖는다.

DNA 연결효소에 의한 DNA 틈새(NICK)의 공유적 폐쇄

앞 단락에서 보았듯이 DNA의 지연가닥합성이 불연속적이라면, 오카자키 절편을 연결시켜 완전한 긴 염색체 DNA 가닥을 만드는 메커니즘이 필요하다. 이 메커니즘은 **DNA 연결효소(DNA ligase)**라는 효소에 의해 행해진다. DNA 연결효소는 DNA 분자 내의 틈새(nick; 인산화결합만 손실; 손실되는 염기는 없다)를 NAD나 ATP의 에너지를 이용하여 공유적으로 폐쇄하는(covalent closure)반응을 촉매한다. 대장균 DNA 연결효소는 조효소로 NAD를 사용하지만, 몇몇 DNA 연결효소는 ATP를 사용한다. DNA 연결효소의 반응을 **■ 그림 10.14**에 보여주고 있다. 먼저 연결효소의 AMP는 틈새에서 5′-인산기와 인산화 결합을 형성하고, DNA의 인접 인(phosphorus) 원자 위의 3′-OH에 의해 틈새가 친핵성 공격(nucleophilic

Relatively low-resolution techniques such as autoradiography and electron microscopy show that at the macromolecular level both nascent DNA chains are extended in the same overall direction at each replication fork.

(a)

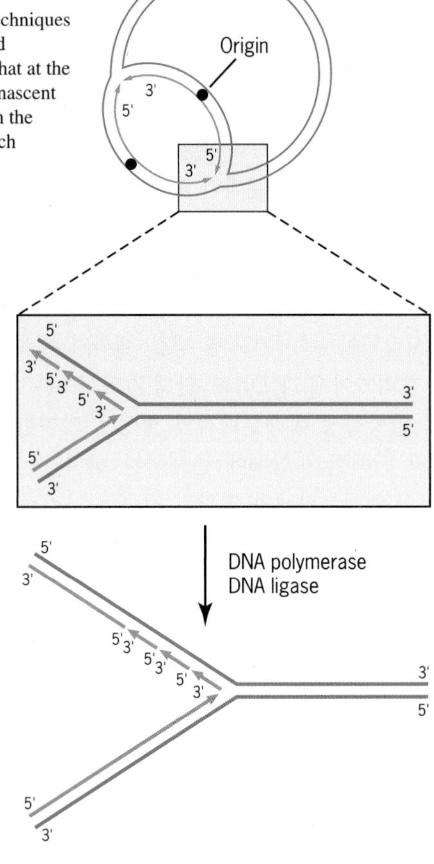

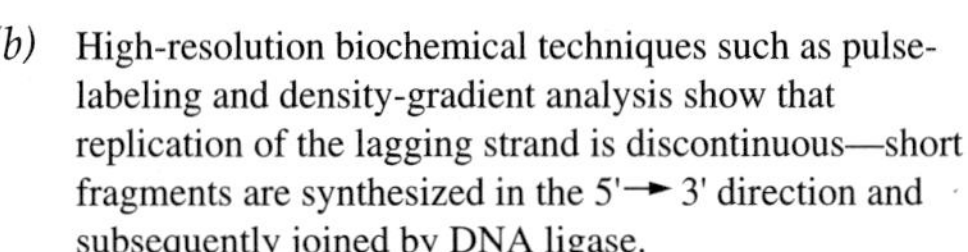

(b) High-resolution biochemical techniques such as pulse-labeling and density-gradient analysis show that replication of the lagging strand is discontinuous—short fragments are synthesized in the 5'→3' direction and subsequently joined by DNA ligase.

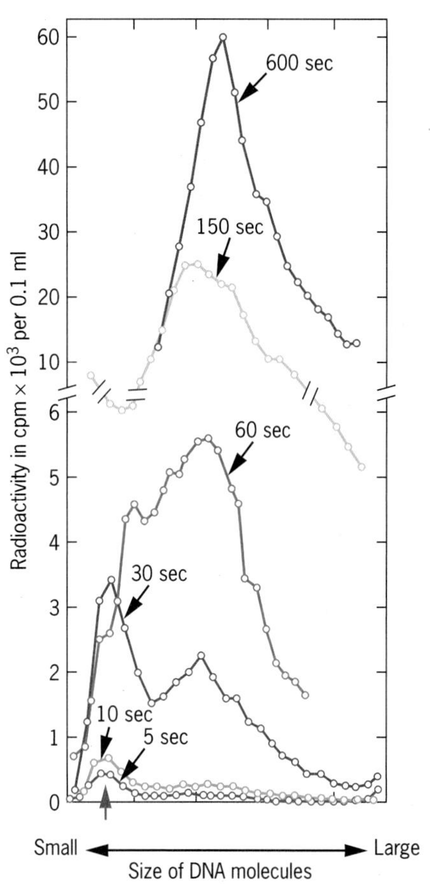

(c) Sucrose density gradient analysis of *E. coli* DNA pulse-labeled with ^{3}H-thymidine, extracted, and denatured during centrifugation. The gradients used separate DNA molecules based on size.

■ 그림 10.13 DNA 복제 분기점(replication fork)에서의 선도가닥의 연속적 합성과, 지연가닥의 불연속적 합성.(*a*) 비록 복제시작점에서 합성되는 새로운 DNA의 양 가닥은 같은 방향으로 확장해나가는 것으로 나타내었지만, (*b*) 분자 수준에서는 그들은 실제로 반대방향으로 합성되고 있다. (*c*) 오카자키와 동료들의 펄스-표지 실험 결과는 대장균의 새로운 DNA가 짧은 단편인 1000에서 2000 뉴클레오티드의 길이인 것을 보여주고 있다. 붉은 화살표는 구배의 오카자키 단편의 위치를 표시하고 있다.

attack)을 받게 됨으로써 틈새 부위의 인접한 뉴클레오티드 사이에 인산디에스테르 결합이 생기게 된다. DNA 연결효소는 하나 혹은 그 이상의 뉴클레오티드들이 손실된 DNA 내의 파괴된 틈(gap이라고 불리는)에서는 어떤 활성도 갖지 않는다. 갈라진 틈은 DNA 중합효소와 DNA 연결효소의 조화된 활성에 의해서만 메워질 수 있다. DNA 연결효소는 DNA 복제뿐만 아니라 DNA 수리, 그리고 재조합 과정에서 중요한 역할을 하는데, 이에 대해서는 13장에서 다루기로 한다.

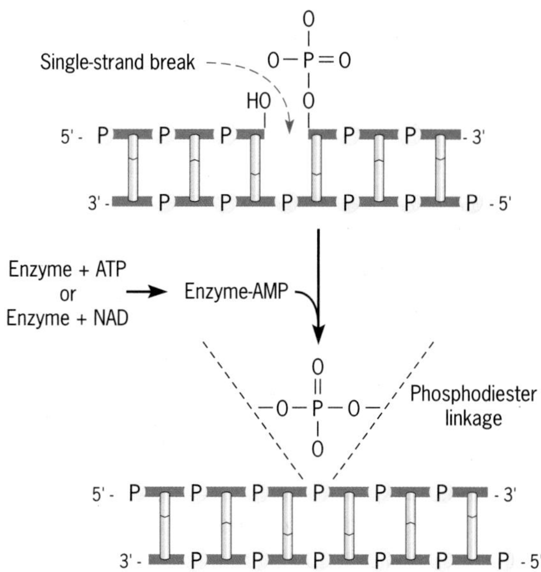

■ 그림 10.14 DNA 연결효소는 DNA 내 틈새 자리를 결합시킨다. 에스테르 결합에 필요한 에너지는 종에 따라 아데노신 삼인산(ATP)이나 NAD(nicotinamide-adenine dinucleotide)에 의해 제공된다.

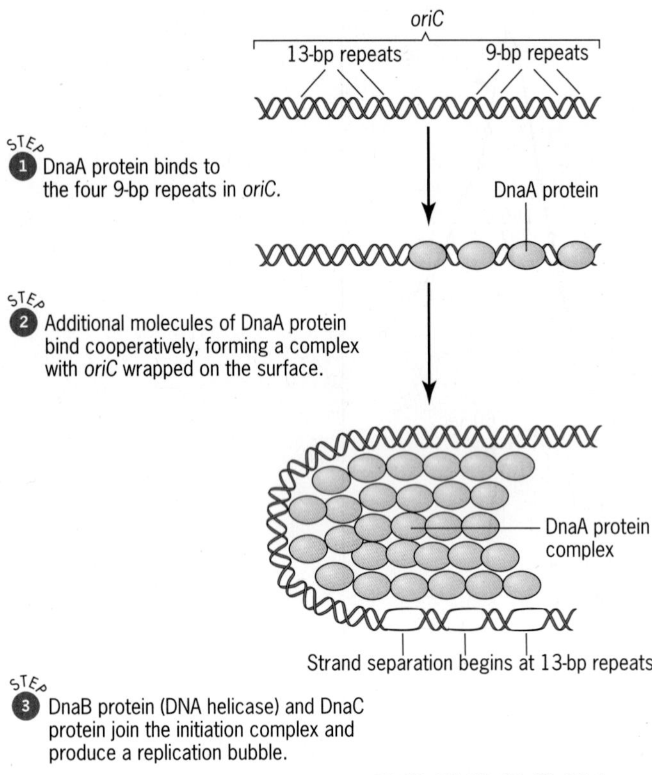
oriC
13-bp repeats
9-bp repeats
STEP 1 DnaA protein binds to the four 9-bp repeats in oriC.
DnaA protein
STEP 2 Additional molecules of DnaA protein bind cooperatively, forming a complex with oriC wrapped on the surface.
DnaA protein complex
Strand separation begins at 13-bp repeats
STEP 3 DnaB protein (DNA helicase) and DnaC protein join the initiation complex and produce a replication bubble.

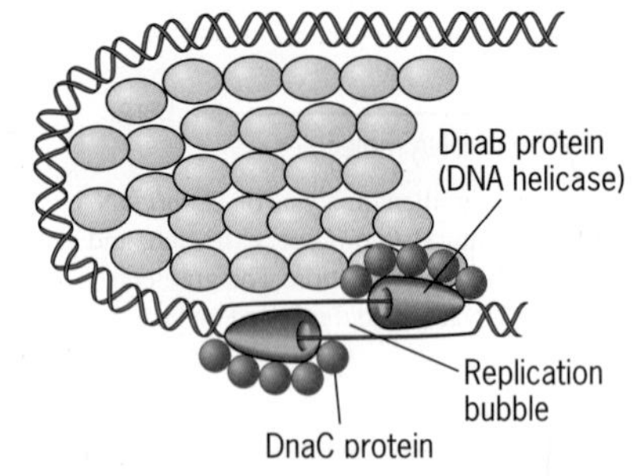
DnaB protein (DNA helicase)
Replication bubble
DnaC protein

■ 그림 10.15 대장균염색체의 *OriC*에서의 DNA 복제 촉발(prepriming).

DNA 복제의 개시

대장균 염색체 복제는 *oriC*, 즉 복제가 개시되는 특정한 염기서열에서 시작되어 가닥이 분리되는 *복제 기포* 영역이 형성된다. 이들 복제 기포는 *프리프라이밍 단백질(prepriming protein)*과 *oriC* 사이의 상호작용에 의해 형성된다(■ **그림** 10.15). 프리프라이밍(prepriming)의 첫 단계는 *dnaA* 유전자 산물(DnaA 단백질) 네 분자가 4개의 *oriC*의 9 염기쌍 반복서열에 결합하는 것이다. 다음으로 DnaA 단백질은 단백질복합체 표면을 둘러싼 *oriC* DNA와 함께 20–40 폴리펩티드의 중심(core)을 형성하기 위해 협조적으로 결합된다. 이중가닥의 분리는 *oriC* 내의 13 bp가 3번 일렬로 반복되는 서열 내에서 시작되어, 복제기포가 생길 때까지 지속된다. DnaB 단백질(육합체 DNA 헬리카아제)과 DnaC 단백질(역시 6분자)이 개시복합체에 결합하여, 2개의 양방향성 복제분기점의 형성에 기여한다. DnaT 단백질 역시 프리프라이밍 단백질 복합체에 존재하긴 하지만, 기능은 알려져 있지 않다. *oriC*에서의 개시복합체와 연관된 것으로 알려진 다른 단백질들은 DnaJ 단백질, DnaK 단백질, PriA 단백질, PriB 단백질, PriC 단백질, DNA 결합단백질 Hu, DNA 자이라아제, 그리고 단일가닥 DNA 결합단백질(SSB) 등이다. 그러나 프리프라이밍 과정에서 그들의 기능적 연관성이 알려져 있지 않고, 어떤 경우에는 관련성이 있기는 하나, 정확한 역할은 알려져 있지 않다. 주로 DnaA 단백질이 개시 과정에거 *oriC* 영역의 가닥 풀림을 유발하는 것으로 보인다.

RNA 시발체를 갖는 DNA 사슬의 개시

이미 논의되었듯이, 모든 기존의 DNA 중합효소는 DNA 시발체가닥 내의 유리된 3′-OH와 적절한 DNA 주형가닥이 활성을 나타내는 데 필수적이다. 완전히 새로운 DNA 가닥의 합성을 개시할 수 있는 DNA 중합효소는 아직 알려진 바가 없다. 즉 어떤 특별한 메커니즘이 새로운 DNA 가닥의 복제를 개시하기 위해 존재해야 한다. 선도가닥의 연속적 합성은 복제기점에서만 개시기능을 필요로 하는 데 반해, 지연가닥의 불연속적인 합성은 각각의 오카자키절편에서 이러한 '개시'현상이 일어나야 한다.

RNA 중합효소(DNA 주형으로부터 RNA분자의 합성을 촉매하는 복합체 효소)는 DNA 상의 특정부위에서 새로운 RNA가닥의 합성을 개시할 수 있다고 알려져 있다. 이때, 새롭게 생긴 RNA가 DNA 주형과 수소결합을 형성함에 의해 RNA-DNA 하이브리드가 생성되게 된다. DNA 중합효소가 RNA이든 DNA이든 유리된 3′-OH 말단을 가지는 뉴클레오티드 사슬을 신장시킬 수 있기 때문에, 과학자들은 DNA 합성이 RNA 시발체에 의해 개시될 것이라는 생각을 시험해 본 결과, 이러한 생각이 옳다는 것을 증명하였다.

새로운 연구 보고들로 각각의 새로운 DNA 사슬은 **DNA 시발효소(DNA primase)**가 합성하는 짧은 **RNA 시발체(RNA primer)**에 의해 합성이 개시된다는 것을 알게 되었다(■ **그림** 10.16). 대장균의 DNA 시발효소는 *dnaG* 유전자의 산물이다. 원핵생물에서 이들 RNA 시발체들은 10~60뉴클레오티드 길이인 반면 진핵생물은 더 짧아서 단지 10 뉴클레오티드 길이 정도이다. RNA 시발체는 DNA 중합효소가 폴리뉴클레오티드 사슬을 공유적으로 신장시키는 데 필요한 유리된 3′-OH 기를 제공한다. 대장균에서 데옥시리보뉴클레오티드는 **DNA 중합효소 III**(다수의 DNA 중합효소들과 교정 부분을 참조)에 의해 선도가닥에 연속적으로, 혹은 지연가닥에서 불연속적인 오카자키절편의 합성을 위해 RNA 시발체에 첨가된다. DNA 중합효소 III는 기존의 오카자키절편의 RNA 시발체와 만나면 오카자키절편의 합성을 종결짓는다.

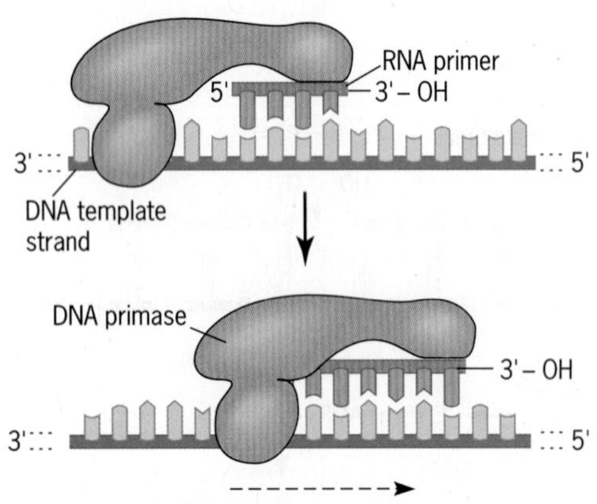
RNA primer
5'
3' – OH
3'
5'
DNA template strand
DNA primase
3' – OH
3'
5'

■ **그림 10.16** RNA 시발체를 갖는 DNA 가닥합성 개시. DNA 시발효소는 주형가닥과 상보적인 짧은 RNA 가닥(10-60뉴클레오티드 길이)의 합성을 촉매한다. 그러고 나서 DNA 중합효소Ⅲ는 RNA 시발체의 유리된 3′-OH를 이용하여 데옥시리보뉴클레오티드를 사슬에 첨가(그림 10.20참조)시켜 신장시킨다.

이어서 RNA 시발체가 잘려지고, DNA 사슬로 바뀐다. 이 과정은 대장균에서 DNA 중

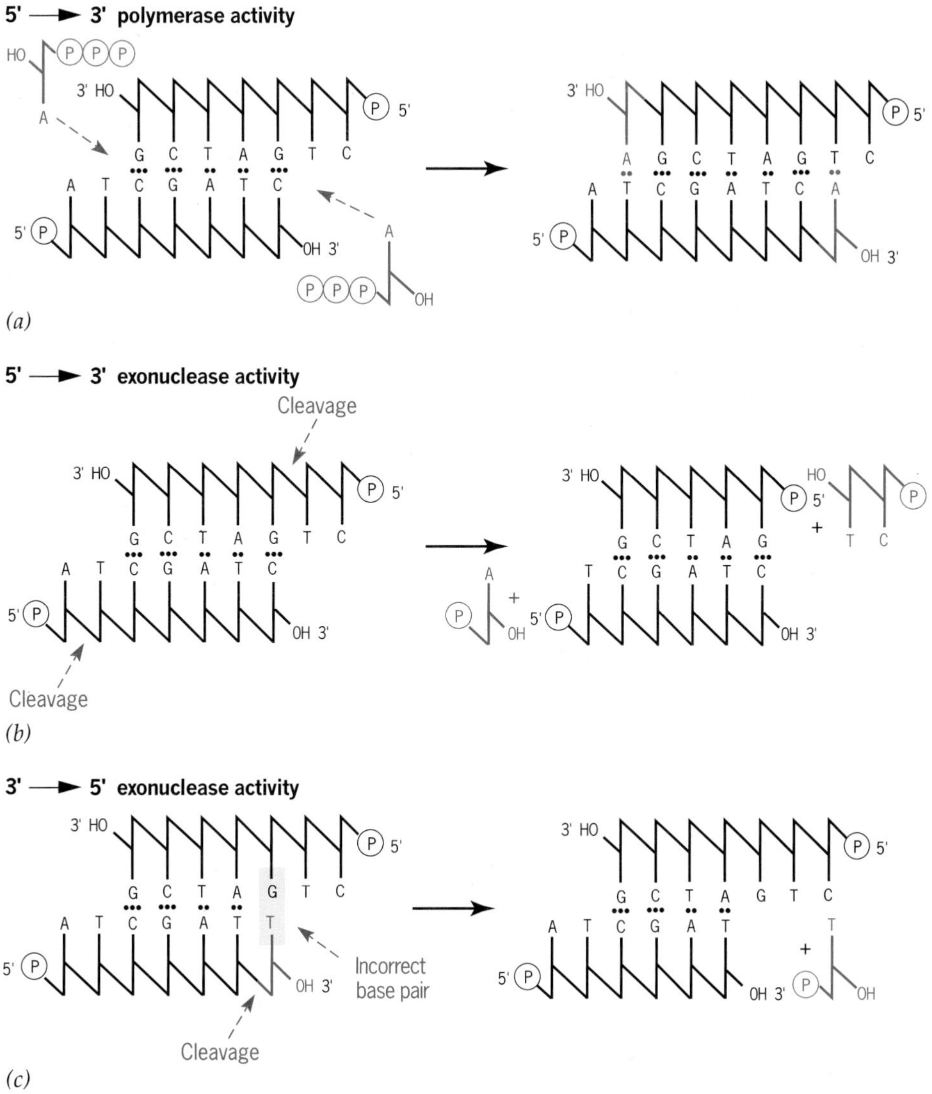

■ **그림 10.17** 대장균의 DNA 중합효소 I이 가지는 세 가지 활성. 여기서 DNA 분자들은 납작한 막대기 모형으로 그려져 있다. 한 가닥은 위에, 다른 가닥은 아래쪽에 놓여 있다. 막대기 모형(stick diagram)은 상보적 가닥들의 상반된 화학적 극성(5′→3′ 방향이나 3′→3 방향)을 잘 보여준다. 본문에 설명한대로, 대장균 세포에서 3가지의 효소 활성, 즉 (*a*) 5′→3 중합효소 활성, (*b*) 5′→3′외부핵산분해효소 활성, 그리고 (*c*) 3′→5′외부핵산분해효소 활성이 모두 중요한 역할을 담당한다.

합효소 I에 의해서 일어난다. 그림 10.12에 나타낸 5′ → 3′*중합효소 활성*(5′ → 3′ *polymerase activity*) 이외에 DNA 중합효소 I은 DNA 가닥의 5′말단을 잘라내는 5′ → 3′*외부핵산가수분해효소 활성*(5′ → 3′ *exonuclease activity*)과 3′말단을 자르는 3′ → 5′*외부핵산가수분해효소 활성*(5′ → 3′ *exonuclease activity*)의 두 가지 외부핵산가수분해효소 활성이 있다. 즉, DNA 중합효소 I은 세 가지 다른 효소 활성(■ **그림 10.17**)을 갖고 있고 대장균 염색체의 복제에 있어 세 활성 모두 중요한 역할을 한다.

DNA 중합효소 I의 5′ → 3′외부핵산가수분해효소 활성은 RNA 시발체를 잘라 제거하고, 동시에, 인접한 오카자키 절편의 자유 3′-OH 말단을 시발체(프라이머)로 이용하여 RNA를 DNA로 대체한다. 시발체 교체 메커니즘에 기초하여 예측할 수 있듯이, DNA 중합효소 I의 5′ → 3′외부핵산가수분해효소 활성이 결여된 대장균 *polA* 돌연변이종은 RNA 시발체를 제거하고 오카자키절편을 결합시키는 기능이 손상된다. DNA 중합효소 I이 RNA 시발체를 DNA 사슬로 교체한 후에는 한 오카자키 단편의 3′-OH 기가 기존의 오카자키 절편의 5′-인산그룹 옆에 놓이게 된다. 이 산물은 DNA 연결효소의 적당한 기질로서, DNA

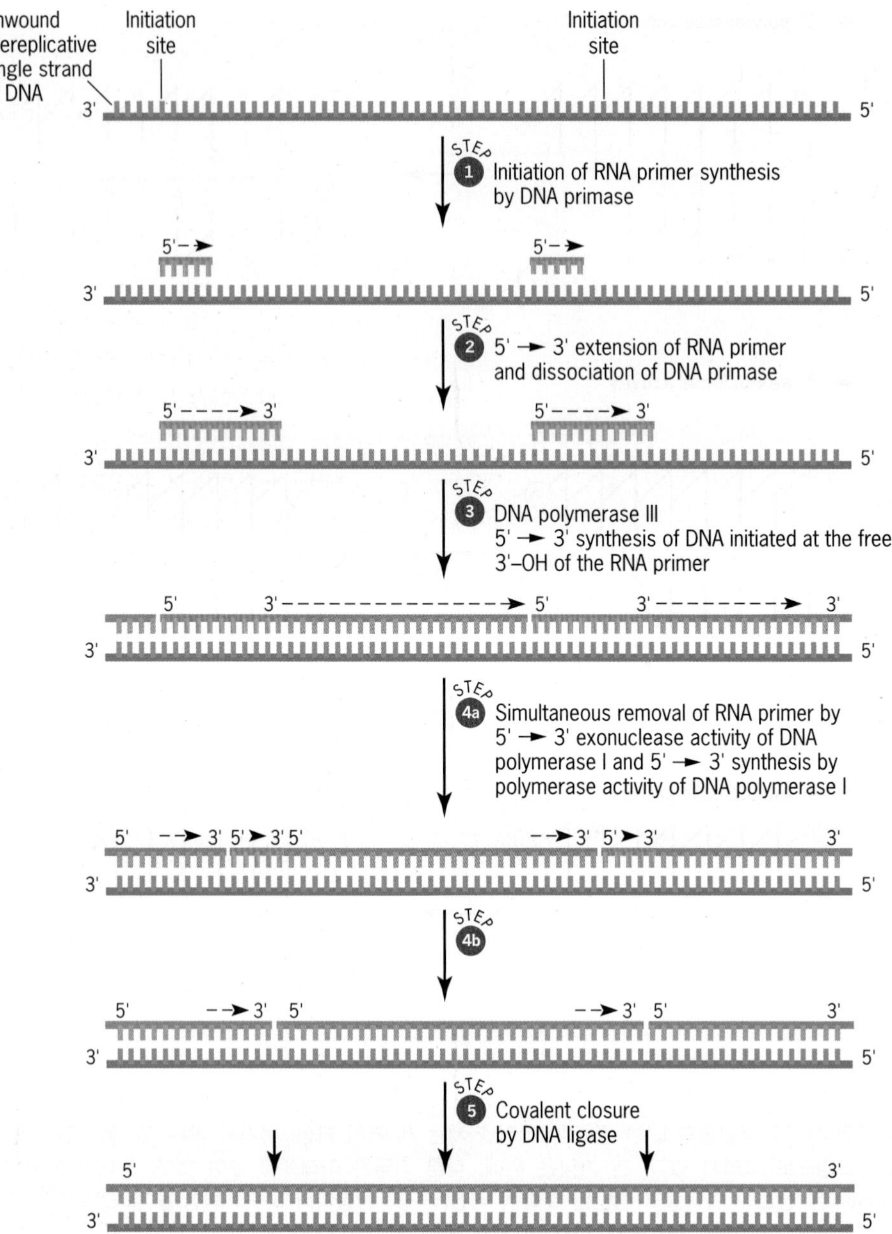
Unwound prereplicative single strand of DNA
Initiation site
Initiation site
3'
5'
STEP 1 Initiation of RNA primer synthesis by DNA primase
5'→
STEP 2 5' → 3' extension of RNA primer and dissociation of DNA primase
5' - - - - → 3'
STEP 3 DNA polymerase III
5' → 3' synthesis of DNA initiated at the free 3'–OH of the RNA primer
STEP 4a Simultaneous removal of RNA primer by 5' → 3' exonuclease activity of DNA polymerase I and 5' → 3' synthesis by polymerase activity of DNA polymerase I
STEP 4b
STEP 5 Covalent closure by DNA ligase

■ 그림 10.18 DNA 지연가닥복제 시 RNA 시발체의 합성과 교체. 짧은 RNA 가닥이 DNA 합성(그림 10.16 참조)을 위한 3′-OH 시발체로 제공되기 위해 합성된다. RNA 시발체는 DNA 중합효소 I이 가지고 있는 두 가지 효소능, 즉 5′ → 3′중합효소 합성과 5′ → 3′외부핵산분해효소 활성에 의해 곧 DNA로 대체된다. DNA 연결효소는 인접한 3′-OH와 5′-phosphates(PO_4) 사이의 인산디에스테르 결합 형성을 촉매하여 새로 만들어진 DNA 사슬을 공유결합 시킨다(그림 10.14 참조).

연결효소에 의해 인접하는 오카자키 절편 사이에 인산디에스테르 결합이 형성된다. 불연속적 복제 중에 RNA 시발체가 대체되는 과정은 ■ **그림 10.18**에 그려 놓았다.

헬리카아제, DNA 결합단백질, 그리고 토포아이소머라아제(TOPOISOMERASE)에 의한 DNA 풀림

반보존적 복제에서는 양친 DNA 분자의 두 가닥이 새로운 상보적 가닥이 합성되는 동안 먼저 분리되어야 한다. DNA 이중나선은 한 회전씩 풀리지 않고는 분리될 수 없는 두 가닥으로 꽉 맞물린 나선이므로, DNA 복제는 풀림 과정이 필요하다. 각 회전은 약 10 뉴클레오티드 길이로, DNA 분자는 10개의 복제된 염기쌍마다 한번씩 360°를 회전해야 한다. 대장균에서 DNA는 1분에 약 30,000 뉴클레오티드의 속도로 복제된다. 즉 복제되는 DNA 분자는 양친 DNA 가닥의 풀림을 촉진시키기 위해 1분당 3,000회전을 해야 하는 것이다. 이 풀림과정(■ 그림 10.19*a*)은 **DNA 헬리카아제(DNA helicase)**에 의해 촉매된다. 대장균의 주요 DNA 헬리카아제는 *DnaB* 유전자 산물이다. DNA 헬리카아제는 ATP로부터 얻은 에너지

DNA helicase catalyzes the unwinding of the parental double helix.

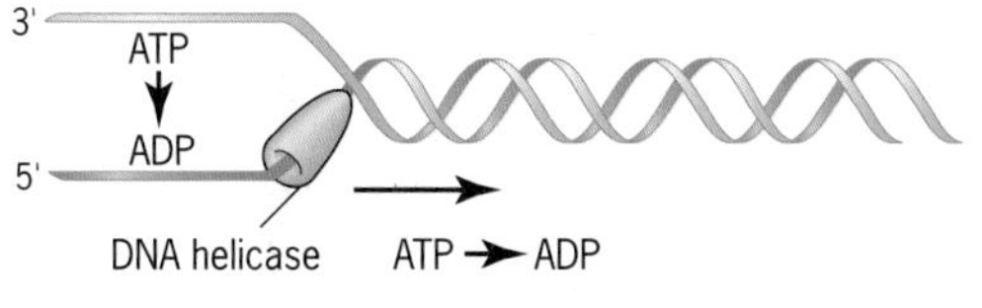

(a)

Single-strand DNA-binding (SSB) protein keeps the unwound strands in an extended form for replication.

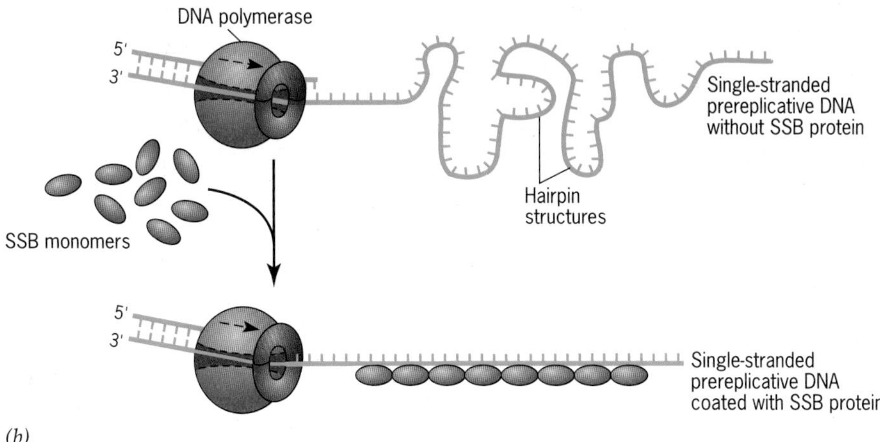

(b)

■ **그림** 10.19 기능적인 주형 DNA가 만들어질 때 (*a*) DNA 헬리카아제(양친 이중나선을 풀리게 함) 와 (*b*) 단일가닥 DNA 결합(SSB) 단백질(펼쳐진 DNA 가닥을 유지시킴) 이 필요하다. SSB 단백질이 없으면, DNA 단일가닥은 가닥 간 염기 쌍짓기(*b*, 위)에 의해 헤어핀 구조를 형성하게 되고, 이 헤어핀 구조는 DNA 합성을 지연·저해시킨다.

를 이용하여 DNA 분자를 풀어낸다.

일단 DNA 가닥이 DNA 헬리카아제에 의해 풀리게 되면, 이 가닥들은 복제되기 위해 단일가닥 형태로 유지되어져야 한다. 이 상태에서 분리된 가닥은 **단일가닥 DNA 결합단백질(single-strand DNA-binding protein, SSB protein)**에 싸여 유지된다(■ **그림** 10.19*b*). SSB 단백질이 DNA 단일가닥에 결합하는 것은 협동적이라서, 첫 SSB 단위체가 결합하게 되면 추가적으로 다른 단위체들이 DNA 사슬 위의 인접 지역에 달라붙는 것이 촉진된다. SSB 단백질의 결합은 협조적이기 때문에, DNA 전체 단일가닥부위는 급속하게 SSB 단백질로 덮이게 된다. SSB 단백질 코팅이 일어나지 않으면, 상보적인 가닥들은 다시 서로 결합될 수도 있고, 혹은 상보적이거나 부분적으로 상보적인 뉴클레오티드 서열을 갖는 짧은 단편 사이에 수소결합이 형성되어 가닥 내에서 헤어핀 구조를 만들 수도 있다. 헤어핀 구조는 DNA 중합효소활성을 방해하는 것으로 알려져 있다. 대장균의 SSB 단백질은 *ssb* 유전자에 의해 암호화되어있다.

대장균 염색체가 환형 DNA 구조를 갖고 있는 것을 우리는 이미 알고 있다. 1분에 3000 회전을 해야만 대장균 DNA는 복제기간 동안 양친가닥의 풀림이 가능해진다(■ **그림** 10.20). 이는 복제 분기점 앞에서 DNA가 꼬이는(양성 슈퍼코일) 것을 방지하는 회전축이 있어야 한다는 것이다. 환형 DNA 분자가 복제되는 동안 요구되는 회전축은 **DNA 토포아이소머라아제(DNA topoisomerase)**라는 효소에 의해 제공된다. 토포아이소머라아제는 DNA 분자 내의 일시적인 절단을 일으키지만, 잘린 분자를 잡아두기 위해 공유적 결합(covalent linkages)을 이용한다. 토포아이소머라아제에는 두 가지가 있다: (1) DNA 토포아이소머라아제 I은 DNA 내의 단일가닥에 일시적인 틈새를 만들고, (2) DNA 토포아이소머라아제 II는 DNA 내의 이중가닥에 일시적인 틈새를 만든다. 이들 차이의 중요한 결과는 토포아이소머라아제 I 활성은 DNA 로부터 슈퍼코일을 한 번에 하나 제거하는 반면, 토포아이소머라아제 II는 한 번에 두 개의 슈퍼코일을 제거하거나 도입한다는 것이다.

토포아이소머라아제 I의 활성에 의한 일시적인 단일가닥 절단은 회전축을 제공한다. 이 회전축은 회전 고리를 제공하는 손상되지 않은 가닥 내의 인산디에스테르 결합을 이용하여 절단면의 반대편에서 DNA 절편이 각각 회전될 수 있도록 한다(■ **그림** 10.21). 토포아이소머

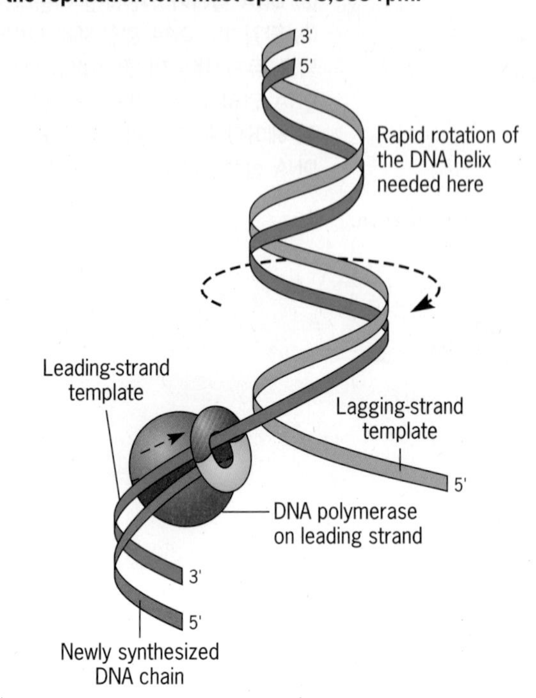
To unwind the template strands in *E. coli*, the DNA helix in front of the replication fork must spin at 3,000 rpm.
3'
5'
Rapid rotation of the DNA helix needed here
Leading-strand template
Lagging-strand template
5'
DNA polymerase on leading strand
3'
5'
Newly synthesized DNA chain
(a)

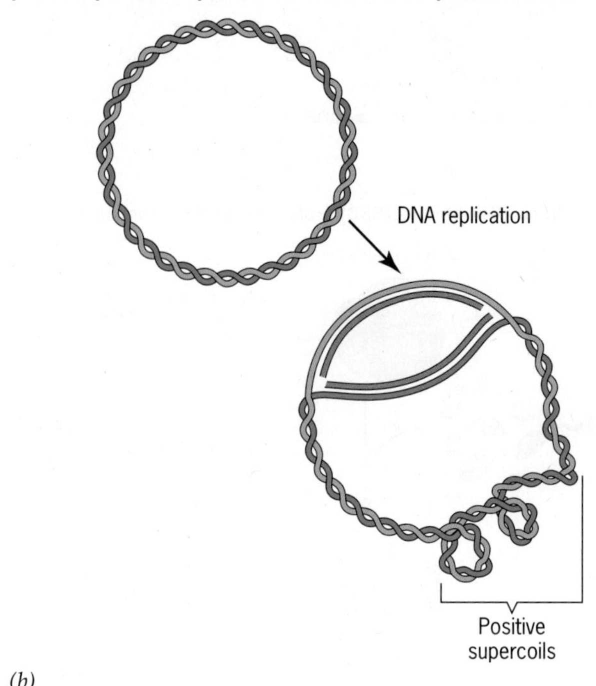
Without a swivel or axis of rotation, the unwinding process would produce positive supercoils in front of the replication forks.
DNA replication
Positive supercoils
(b)

■ 그림 10.20 대장균이나 파지 λ 염색체 같은 환형의 DNA 분자 복제 시 필요한 회전축. *(a)* 복제 동안 복제분기점 앞의 DNA는 헬리카아제에 의해 사슬이 풀려야만 한다. *(b)* 회전축이 없이 풀리면 복제분기점 앞의 DNA에는 양성 슈퍼코일이 형성된다.

라아제 I은 에너지 면에서 효과적으로, 이들은 절단 부위의 인산그룹과 효소사이의 공유적 결합 내에 절단된 인산디에스테르 결합에너지를 저장하여 보존한다.

DNA 토포아이소머라아제 II는 일시적인 이중가닥 절단을 유도하고, 에너지(ATP) 요구성 메커니즘에 의해 한 번에 2개의 음성 슈퍼코일을 첨가하거나, 2개의 양성 슈퍼코일을 제거한다. 이들은 DNA의 양쪽가닥을 잘라, 절단 부위에서 양끝을 공유결합으로 고정한 후, 온전한 이중나선을 절단 부위로 통과시킨 후, 절단을 재봉합하는 과정을 거친다(**■ 그림 10.22**). 슈퍼코일 DNA를 완화시키고 DNA에 음성 슈퍼코일을 도입하는 것과 더불어, 토포아이소머라아제 II는 맞물린 환형 DNA를 분리할 수도 있다.

가장 잘 밝혀진 type II 토포아이소머라아제는 대장균의 **DNA 자이라아제(DNA gyrase)**이다. DNA 자이라아제는 *gyrA* 유전자[원래는 날리딕신산(nalidixic acid)에서 딴 *nalA*]에 의해 암호화되는 2개의 α 소단위와, *gyrB* 유전자[이전에는 코우머마이신(coumermycin)을 딴 *cou*]에 의해 암호화되는 2개의 β 소단위로 이루어진 사합체이다. 날리딕신산(nalidixic acid)과 코우머마이신(coumermycin)은 DNA 자이라아제의 α와 β 소단위에 각각 결합하여 DNA 합성을 방해한다. 즉 DNA 자이라아제 활성은 대장균에서 일어나는 DNA 복제에 꼭 필요하다.

대장균 염색체 DNA는 음성 슈퍼코일 상태인 것을 상기하라(9장). 박테리아 염색체의 음성 슈퍼코일은 ATP에 의해 제공되는 에너지를 이용하여 DNA 자이라아제가 도입한다. 이와 같은 DNA 자이라아제의 활성은 풀림문제에 또 다른 해결책을 제시한다. 이완된 DNA의 상보적 가닥을 풀어 복제분기점 전방에 양성 슈퍼코일을 만드는 대신에 복제는 음성 슈퍼코일 DNA를 풀어 분기점 전방의 DNA를 느슨하게 만들 것이다. 슈퍼코일의 압력은 풀리는 동안 감소하기 때문에(즉 가닥의 분리가 에너지면에서 안정적이다) 복제분기점 뒤쪽의 음성 슈퍼코일은 풀림과정을 이끌어낼 것이다. 그러므로 이와 같은 DNA 자이라아제 활성이 박테리아에서 DNA 복제가 행해질 때 왜 필요한지를 쉽게 이해할 수 있다. 다시 말해, 자이라아제는 단순히 복제 분기점 앞에 형성되는 양성 슈퍼코일을 제거할 수 있다.

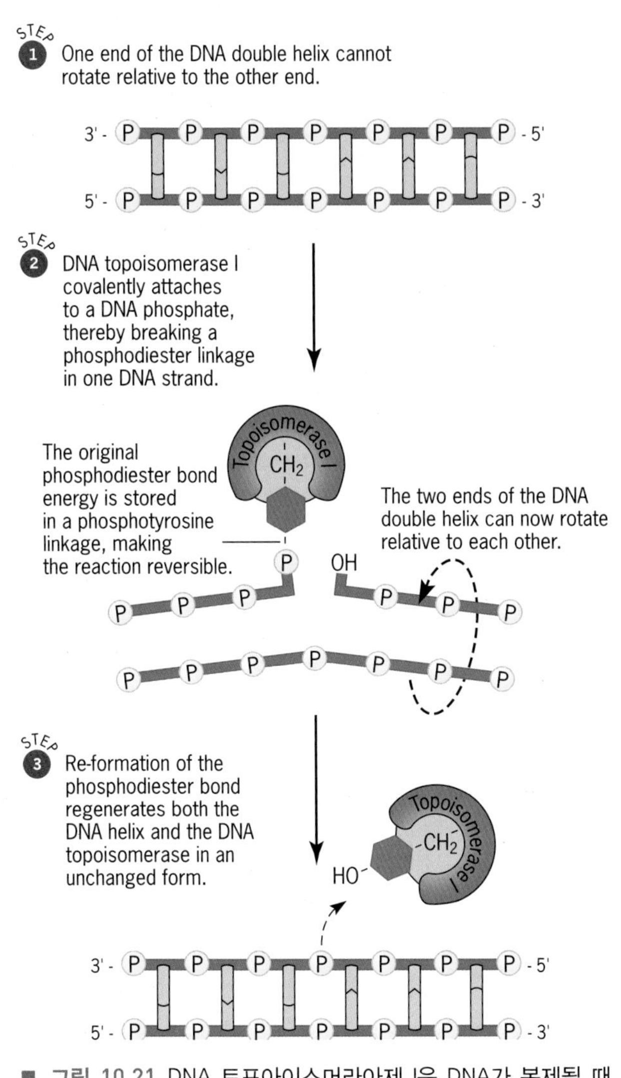
STEP 1 One end of the DNA double helix cannot rotate relative to the other end.
STEP 2 DNA topoisomerase I covalently attaches to a DNA phosphate, thereby breaking a phosphodiester linkage in one DNA strand.
The original phosphodiester bond energy is stored in a phosphotyrosine linkage, making the reaction reversible.
Topoisomerase I
The two ends of the DNA double helix can now rotate relative to each other.
STEP 3 Re-formation of the phosphodiester bond regenerates both the DNA helix and the DNA topoisomerase in an unchanged form.

■ 그림 10.21 DNA 토포아이소머라아제 I은 DNA가 복제될 때 회전축으로 작용하는 일시적인 단일가닥 절단을 일으킨다.

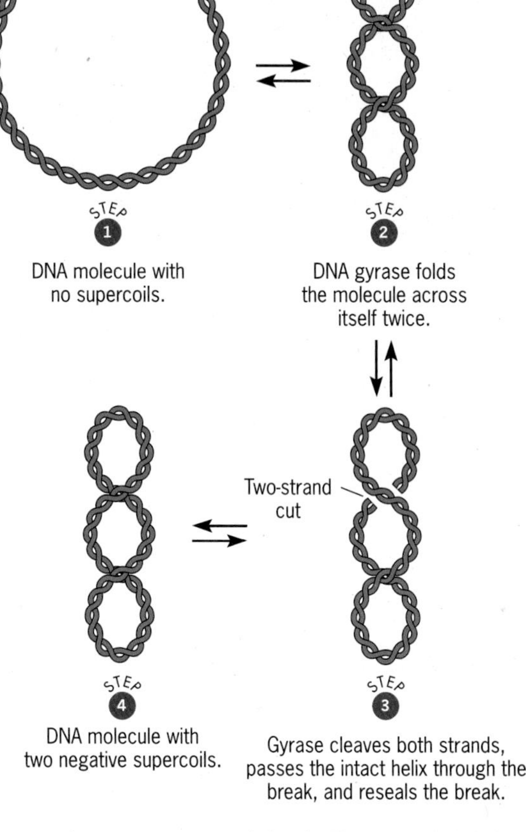
STEP 1 DNA molecule with no supercoils.
STEP 2 DNA gyrase folds the molecule across itself twice.
Two-strand cut
STEP 3 Gyrase cleaves both strands, passes the intact helix through the break, and reseals the break.
STEP 4 DNA molecule with two negative supercoils.

■ 그림 10.22 DNA 복제에 필요한 DNA 자이라아제, 대장균에서는 토포아이소머라아제 II의 작용기작.

다양한 DNA 중합효소들과 교정

DNA 중합효소는 생장하는 폴리뉴클레오티드 사슬의 3′말단을 하나하나 연장시키는 효소이다. 모든 중합효소들은 두 기본 구성요소로써의 DNA가 필요한데, 하나는 시발체(primer) 기능을 하는 DNA이고, 다른 하나는 주형으로서의 기능을 하는 DNA이다(■ **그림 10.23**).

1. *시발체 DNA*는 DNA가 합성되는 동안 뉴클레오티드가 첨가될 수 있도록 유리된 3′-OH 말단을 제공한다. DNA 중합효소 I은 *de novo*(새롭게) DNA 가닥합성을 개시할 수 없다. 반드시 이미 존재하는 DNA 사슬에 있는 유리된 3′-OH가 필요하다. DNA 중합효소 I은 시발체 DNA 사슬 말단의 3′-OH와 추가되는 데옥시리보뉴클레오티드의 5′-인산 사이에 인산디에스테르결합(phosphodiester bridge) 형성을 촉매한다.

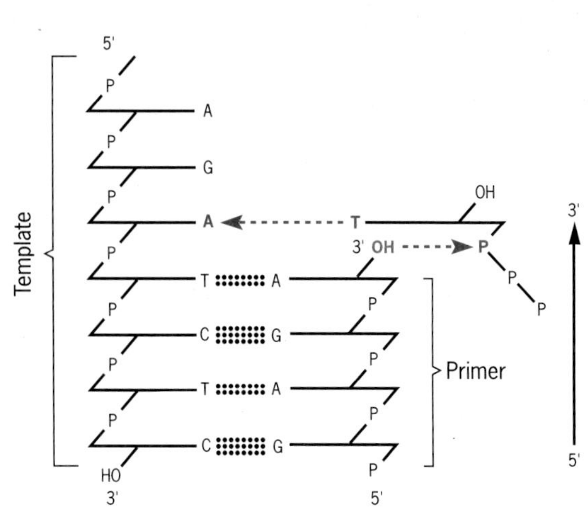
Template
Primer
3' OH
OH
HO

■ 그림 10.23 DNA 중합효소의 시발체와 주형의 필요성. DNA 분자는 그림 10.17에서 보여주는 것처럼 편평한 막대모양으로 모식화하였다. 모든 DNA 중합효소는 유리된 3′-OH를 갖는 시발체가닥(오른쪽)을 필요로 한다. 시발체가닥은 뉴클레오티드(예를 들어 dTMP, 유입되는 전구체 dTTP로부터 유래)의 첨가로 인해 공유적으로 신장된다. 또한 DNA 중합효소는 주형가닥(왼쪽)을 필요로 하는데, 이는 합성되는 가닥의 염기서열을 결정한다. 새로운 가닥은 주형가닥과 상보적으로 된다.

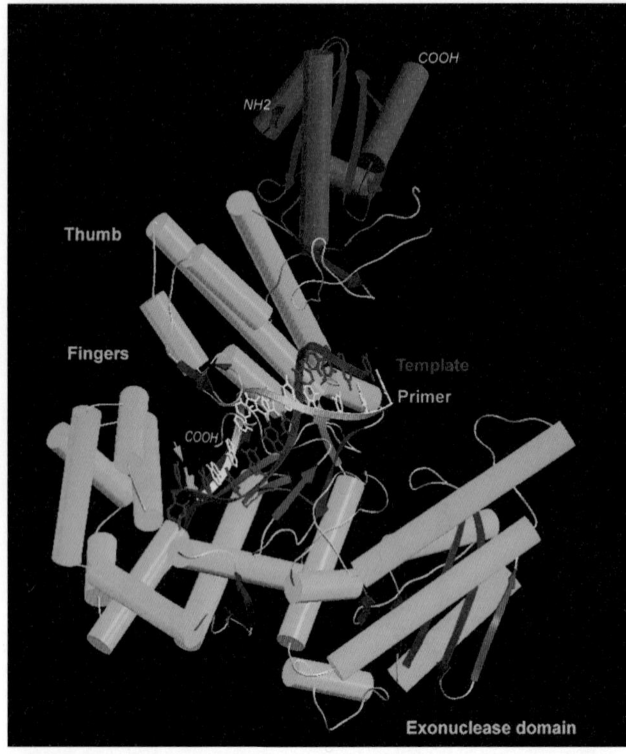

(a)

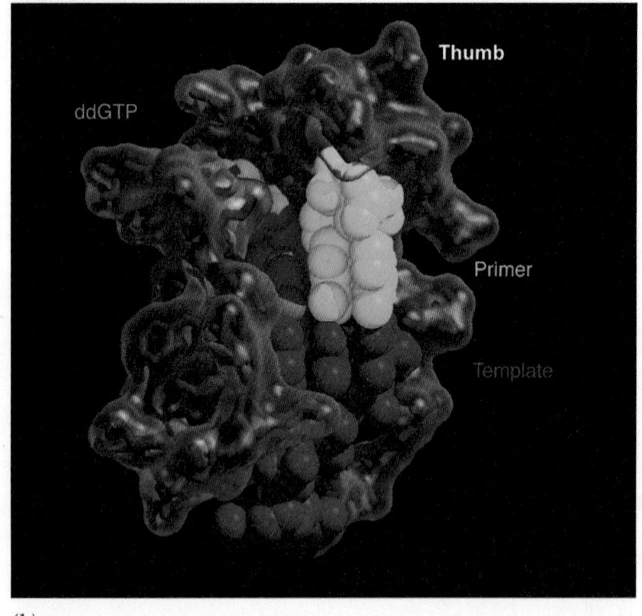

(b)

■ 그림 10.24 주형-시발체 DNA와 뉴클레오시드 삼인산(ddGTP) 전구체와 T7 파지 DNA 중합효소 사이의 복합체 모식도(*a*) 그리고 공간-충전 모델(*b*). 주형가닥, 시발체가닥과 뉴클레오시드 삼인산은 노랑, 심홍색 그리고 청록색으로 표시하였다. 단백질 복합체는 자주색, 녹색, 오렌지색 그리고 회색으로 나타내었다. 뉴클레오시드 삼인산, 시발체 말단 그리고 주형가닥들이 강한 병렬 위치에 모여 있는 것을 주목하라(*b*).

2. *주형 DNA*는 새로운 DNA 사슬의 상보적 서열을 특정짓는 뉴클레오티드 서열을 제공한다. DNA 중합효소 I은 DNA 주형을 필요로 한다. 이 DNA 주형의 염기서열의 염기쌍 짓기 능력에 의해 새롭게 합성되는 가닥의 상보적 염기서열의 합성을 지시하게 된다.

DNA 중합효소에 의해 촉매되는 반응은 시발체 말단의 3′-OH에 의해 뉴클레오시드 삼인산의 내부 인 원자, 즉 뉴클레오티드에 붙은 인 원자가 핵친화적(nucleophilic)으로 공격을 받으면서 피로 인산염이 제거되는 것이다. 이 반응 메커니즘은 DNA 중합효소 I에 의해 공유결합적으로 신장되는 데 있어서, 시발체 DNA 가닥의 유리된 3′-OH가 반드시 필요하며, 합성방향이 항상 5′ → 3′인 까닭도 설명한다(그림 10.12).

대장균에는 적어도 DNA 중합효소 II, DNA 중합효소 III, DNA 중합효소 IV, 그리고 DNA 중합효소 V라는 네 가지 다른 DNA 중합효소가 있다. DNA 중합효소 I과 II는 수리효소이다. DNA 중합효소 I, II와는 대조적으로 DNA 중합효소 III는 많은 서로 다른 소단위로 구성된 복합효소이다. DNA 중합효소 I 처럼, DNA 중합효소 III는 5′ → 3′중합효소와 3′ → 5′외부핵산가수분해효소 활성을 갖는다. 그러나 5′ → 3′외부핵산분해효소 활성은 오직 한 가닥의 DNA 상에서만 활성을 나타낸다. 최근 DNA 중합효소 IV와 DNA 중합효소 V의 특성이 밝혀졌는데, DNA 중합효소 II와 같이 손상된 DNA의 복제과정에 중요한 역할을 한다(13장 참조).

진핵생물체은 훨씬 많은 수의 중합효소들을 암호화하는데, 적어도 15가지 이상의 DNA 중합효소들이 현재까지 밝혀져 있다. 포유류에서 규명된 DNA 중합효소는 α, β, γ, δ, ε, κ, ζ, η, θ, κ, λ, μ, σ, ϕ 그리고 Rev1이라고 불린다. DNA 중합효소 중 둘 이상이(α, δ and/or ε) 핵 DNA의 반보존적 복제를 함께 수행한다. DNA 중합효소 γ는 미토콘드리아의 DNA 복제를 담당하며, DNA 중합효소 β, ε, κ, ζ, η, θ, λ, μ, σ, ϕ 그리고 Rev1은 핵 DNA 수리효소이거나 다른 대사 기능에 관여한다. 진핵생물 DNA 중합효소 중 어떤 것들은 원핵생물 DNA 중합효소가 갖고 있는 3′ → 5′외부핵산가수분해효소 활성을 가지고 있지 않다.

지금까지 연구되어온 진핵생물과 원핵생물의 모든 DNA 중합효소는 모두 동일한 기본적인 반을 촉매하는데, 바로 시발체가닥 말단의 유리 3′-OH가 뉴클레오시드 삼인산 전구체의 뉴클레오티드 인(즉 가장 안쪽 인 원자)을 핵친화적으로 공격(nuceophilic attack)하는 것이다. 즉 모든 DNA 중합효소는 이미 존재하는 시발체가닥의 유리된 3′-OH기를 절대적으로 필요로 한다. 이 DNA 중합효소 중 어떤 것도 새로이(*de novo*) 새로운 DNA 가닥의 합성을 개시할 수 없으며, 모든 DNA 합성은 5′ → 3′방향으로 일어난다.

주요 복제성 DNA 중합효소들은 놀랍도록 정교하여 오차율이 10^{-5}에서 10^{-6}의 초기 빈도로 잘못된 뉴클레오티드를 삽입한다(일부 수리 중합효소들은 실수-유발성이다; 13장 참조). 최근에 DNA 중합효소, 뉴클레오시드 삼인산 전구체와 주형-시발체인 DNA 복합체의 크리스탈 구조의 연구로 DNA 합성의 높은 정확도를 이해할 수 있게 되었다. 도블리에(Sylvie Doublie)와 동료들은 1998년 대장균의 중합효소 I과 비슷한 T7 파지 중합효소의 구조를 해상도 0.22 nm 수준에서 결정할 수 있었다. 그 결과는 중합효소가 마치 작은 손처럼 생겨서, 들어오는 뉴클레오시드 삼인산, 주형, 그리고 시발체 말단을 엄지와 손가락, 그리고 손바닥을 이용해 꽉 움켜쥐는 것 같은 모양을 하고 있음을 보여준다(■ **그림 10.24**). 효소는, 진입하는 뉴클레오시드 삼인산이 시발체가닥의 말단에 나란히 놓여 주형가닥의 첫 번째 홑 염기와 수소결합을 형성하는 위치가 되도록 자리를 잡는다.

대장균의 "복제효소(replicase)"인 중합효소 III는 다형복합효소(multimeric enzyme, 여러 소단위를 갖는 효소)로 그 완전한 형태인, **완전효소(holoenzyme)**는 약 900,000 달톤의 분자량을 갖는다. 시험관 내에서 촉매활성을 갖는 최소한의 중심부는 3개의 소단위를 포함한다: α(*DnaE* 유전자 산물), ε(*DnaQ* 산물), θ(*holE* 유전자 산물). τ(*DnaX* 산물) 소단위의 첨가로 촉매 핵심부가 이합체가 되며(dimerization) 활성이 증가한다. 촉매중심부는 다소 짧은 DNA 가닥을 합성하는데 이는 DNA 주형에서 분리되는 경향 때문이다. 염색체에 존재하는 긴 DNA 분자를 합성하기 위해서는 주형에서 중합효소가 빈번히 분리되는 현상이 없어져야 한다. DNA 중합효소의 β 소단위(*DnaN* 산물)는 중합효소가 주형 DNA와 유리되지 않도록 이합체 클램프(dimeric clamp)를 형성한다(■ **그림 10.25**). β-이합체는 복제되는 DNA 분자를 에워싸 고리를 형성하여, DNA 중합효소 III가 분리되지 않고 DNA를 따라 이동할 수 있도록 한다. DNA 중합효소(holoenzyme)는 최소한 20 폴리펩티드로 구성되며 두 개의 복제분기점에서 새 DNA 가닥을 합성한다. DNA 중합효소 III 완전효소(holoenzyme)의 구조적 복합성은 ■ **그림 10.26**에 나타내었다. 그림은 잘 알려진 7개 유전자에 의해 암호화되는 대표적인 폴리펩티드 중 16개를 보여주고 있다.

이미 살펴본 바와 같이, 10억 개의 염기쌍 복제 시 단 하나의 오차만 있을 정도로 DNA 복제의 정확성은 놀라울 정도이다. 이 같은 높은 정확성은 3×10^9 뉴클레오티드 쌍을 갖는 포유류에서와 같은 큰 유전체에서는 (특히, 견딜만한 수준의 돌연변이하중을 유지하기 위해) 필수적이다. DNA 복제의 고도의 정확성이 없다면, 이 장의 처음에서 얘기되었던 일란성 쌍생아는 외형적으로 보다 덜 비슷할 것이다. 실제로, DNA 내의 4가지 뉴클레오티드의 유동적인 구조에 기초하여, 관측된 DNA 복제의 정확성은 기대했던 것보다 더 높았다. 뉴클레오티드 내 열역학적 변화는 A:T와 G:C 이외의 수소결합 염기쌍 형성을 가능하게 하여 10^{-5}~10^{-4}, 즉 1/10,000~1/100,000의 오차율을 보인다. 관측되는 오차율보다 10,000배 정도 큰 이 오차율은 DNA 복제의 높은 정확성이 어떻게 이루어지는지를 다시 생각해 보게 한다.

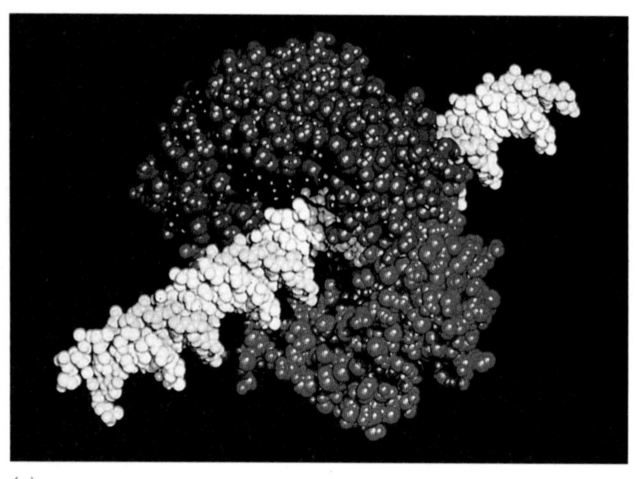

(*a*)

(*b*)

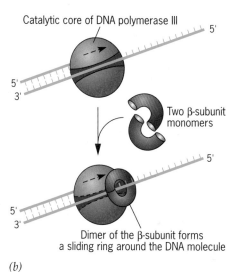

■ **그림 10.25** DNA 중합효소 III의 β 소단위(적색과 황색)가 DNA 분자(청색)에 효소를 고정시키는 space-filling 모델(*a*)과 모식도(*b*).

생물체는 합성되는 DNA 사슬을 **교정(proofreading)**하는 메커니즘이 진화됨에 의해 DNA 복제 중에 오차를 줄이는 문제를 해결하게 되었다. 교정과정은 오차를 찾기 위해 새로운 DNA 사슬의 말단을 검색하고 그를 수정하는 것이다. 이 과정은 DNA 중합효소의 3′ → 5′외부핵산가수분해효소 활성에 의해 이루어진다. 주형-시발체 DNA가 말단의 잘못 짝짓기(mis-match) 즉, 시발체의 3′끝에 짝을 짓지 못하거나, 잘못 짝지워진 염기(또는 서열들)가 생기면, DNA 중합효소의 3′ → 5′외부핵산가수분해효소 활성이 짝을 짓지 않은 염기(들)를 잘라낸다(■ **그림 10.27**). 적절한 염기쌍 말단이 생겼을 때는, 효소의 5′ → 3′ 중합효소 활성으로 시발체가닥의 3′말단에 뉴클레오티드를 첨가하여 재합성을 시작한다.

대장균의 DNA 중합효소 I과 같은 단합체 효소(monomeric enzyme)는 이 활성을 갖고 있다. 다합체 효소에서, 3′ → 5′교정 외부핵산가수분해효소 활성은 종종 개별적인 소단위에 존재한다. 대장균의 DNA 중합효소 III 같은 경우, 이 같은 교정기능은 ε 소단위에 의해 행해진다. 대장균의 DNA 중합효소 IV는 외부핵산가수분해효소 활성을 갖고 있지 않다. 진핵생물에서, DNA 중합효소 γ, δ, 그리고 ε는 3′ → 5′교정 외부핵산가수분해효소 활성을 갖고 있으나, DNA 중합효소 α와 β는 이 활성이 없다.

이 장의 서두에 토론하였던 일란성 쌍생아인 메리와 쉐리는 DNA 복제과정에 교정기능이 없다면 작은 배가 어른이 되는 동안 일어난 수십억번의 세포 분열로 그들의 유전

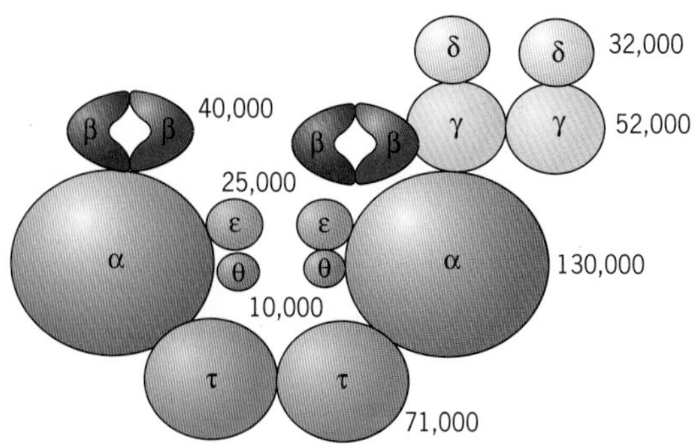

■ **그림 10.26** 대장균 DNA 중합효소 III 완전효소(holoenzyme)의 구조. 숫자는 서브유닛의 크기를 달톤으로 나타낸다.

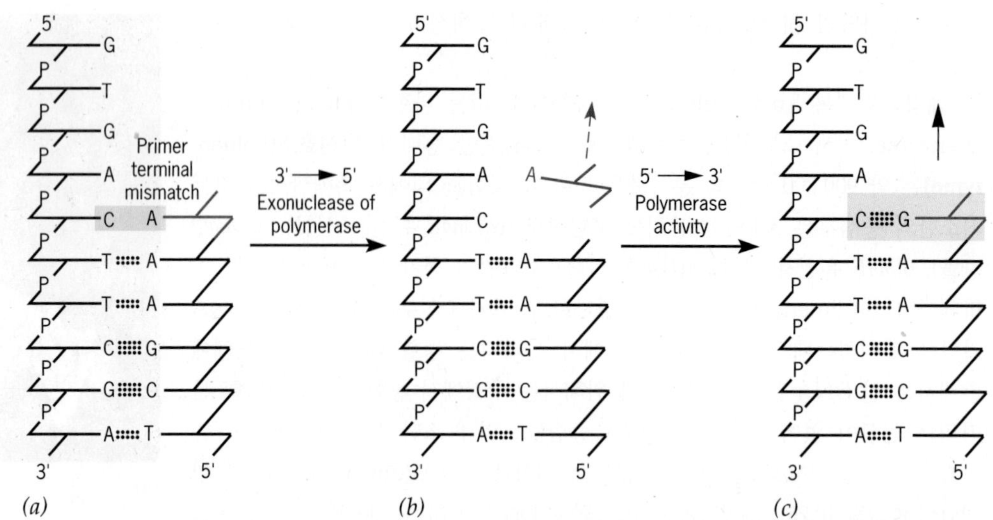

■ **그림 10.27** DNA 복제 시 DNA 중합효소의 3′ → 5′외부핵산가수분해효소 활성에 의한 교정메커니즘. DNA 분자는 그림 10.17에서 보여주는 것처럼 편평한 막대모양으로 모식화하였다. 주형과 시발체의 3′말단 부분에 염기가 잘못 짝지워졌다면(*a*) DNA 중합효소의 3′ → 5′외부핵산가수분해효소 활성에 의하여 잘못된 뉴클레오티드를 제거한다(*b*). 그리고 시발체 말단에 올바른 염기가 존재하면 DNA 중합효소가 시발체가닥의 5′ → 3′ 공유적 신장을 촉진하게 된다(*c*).

자에는 변화가 축적되었을 것이다. 일란성 쌍생아의 유전적 동일성은 DNA 복제 과정의 교정과 DNA 수리효소의 활성에 의하여 유지된다(13장). 이들 효소는 지속적으로 DNA를 꼼꼼히 살펴서 다양한 손상을 수리하여 유전적 변화가 다음 세대로 전해지지 않도록 한다.

프라이모좀과 레플리좀

지연가닥에서의 오카자키 절편의 개시는 **프라이모솜(primosome**; DNA 시발효소와 DNA 헬리카아제를 포함하는 단백질 복합체)에 의해 수행된다. 프라이모솜은 DNA 분자를 따라 이동하고, DNA 헬리카아제는 ATP로부터 얻은 에너지를 이용하여 이중나선을 풀리게 하고, DNA 시발효소는 계속적인 오카자키 단편에 대한 각각의 RNA 시발체를 합성한다. RNA 시발체는 DNA 중합효소 III에 의해 데옥시뉴클레오티드가 공유적으로 첨가되어 신장된다. DNA 토포아이소머라아제는 DNA를 일시적으로 절단(이는 DNA 풀림에 대한 회전축을 제공)하고, 그리고 DNA가 꼬이지 않도록 유지시킨다. 단일가닥 DNA 결합단백질이 풀린 복제 전 DNA를 둘러싸 DNA 중합효소 III가 작용할 수 있도록 펴진 상태를 유지시킨다. RNA 시발체는 DNA 중합효소 I에 의해 DNA로 대체되고, 단일가닥의 절단 부위는 DNA 연결효소에 의해 봉합된다. 그리고 나서 DNA는 응축되어 핵양체로 되거나, DNA 자이라아제에 의해 약간의 음성 슈퍼코일이 만들어져 대장균 유전체는 접혀 포개어진다. 이들 효소와 DNA 결합단백질은 모두 각 복제분기점에서 동시에 작용한다(■ **그림 10.28**).

복제분기점이 양친 이중나선을 따라 움직임에 따라, 2개의 DNA

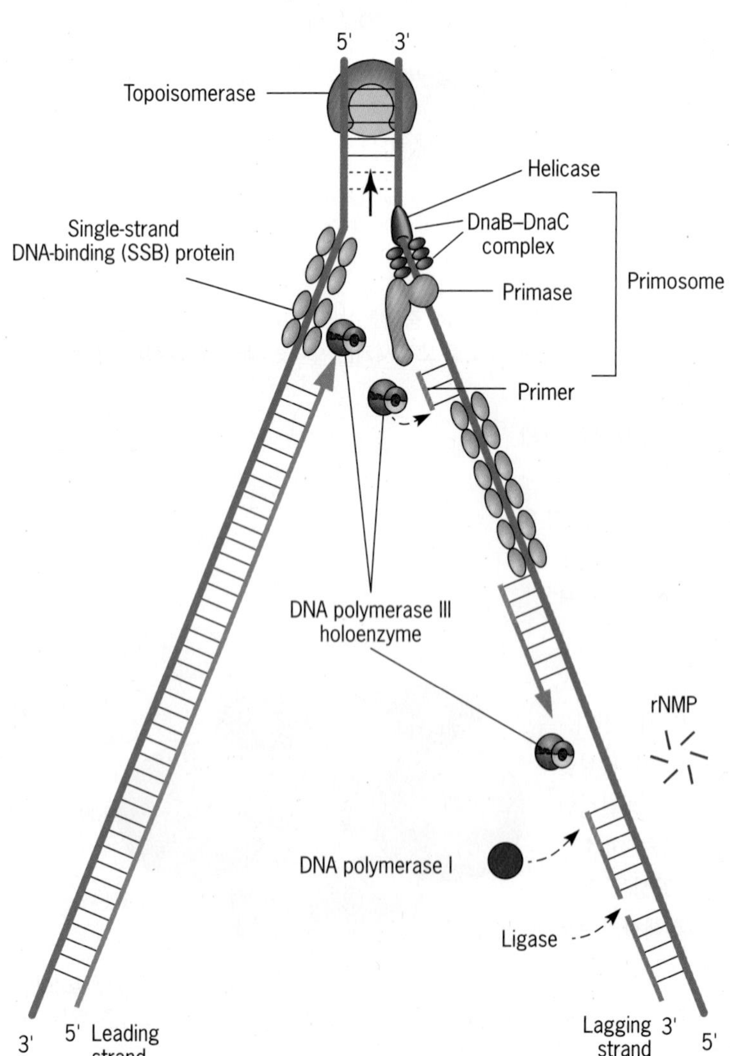

■ **그림 10.28** 대장균 복제기구의 주요 요소를 보여주는 복제 분기점의 모식도이다. rNMP = ribo-nucleoside monophosphates.

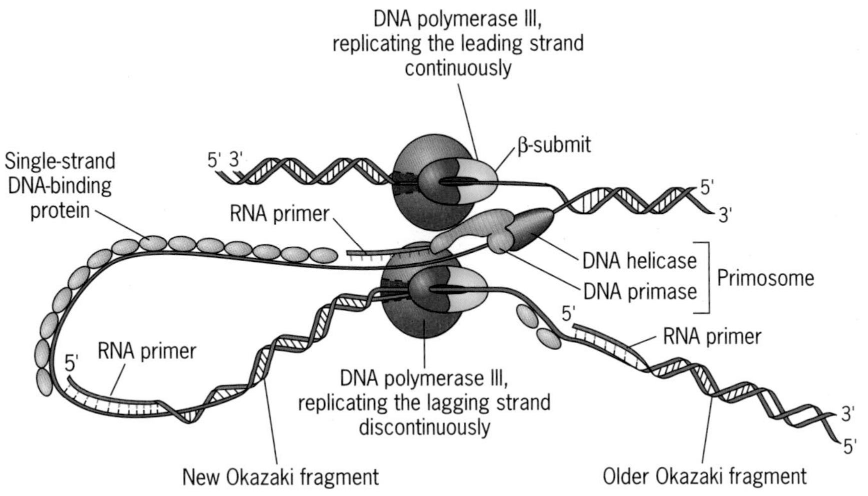
DNA polymerase III,
replicating the leading strand
continuously
β-submit
Single-strand
DNA-binding
protein
5' 3'
5'
3'
RNA primer
DNA helicase
DNA primase
Primosome
5'
RNA primer
5'
RNA primer
DNA polymerase III,
replicating the lagging strand
discontinuously
3'
5'
New Okazaki fragment
Older Okazaki fragment

■ 그림 10.29 대장균 레플리좀의 모식도. 선도가닥과 지연가닥을 복제하는 DNA 중합효소 III의 두 촉매중심을 보이고 있으며, 양친 이중나선을 풀리게 하는 프라이모좀, RNA 시발체를 가지고 새로운 사슬의 합성을 개시하는 것을 보이고 있다. 전체 레플리좀은 양친 이중나선을 따라 이동하며, 각 요소들은 협력적으로 각각의 기능을 수행해간다.

가닥(선도가닥과 지연가닥)은 앞서 언급되었듯이 고도로 협동적인 연쇄 반응을 거쳐 복제된다. 복제분기점에서 DNA 분자를 따라 움직이는 완전한 복제 기구를 **레플리솜(replisome)**이라 한다(그림 10.29). 레플리솜은 DNA 중합효소 III 완전효소(holoenzyme)가 포함되어 있다. 한 촉매중심은 선도가닥을 복제하고, 두 번째 촉매중심은 지연가닥을 복제하며, 프라이모솜은 양친 DNA 분자를 풀리게 하고, 지연가닥의 불연속적인 합성에 필요한 RNA 시발체를 합성한다. 중합효소 III 완전효소의 두 개의 촉매중심이 선도가닥과 지연가닥 모두를 합성하기 위해, 지연가닥이 DNA 중합효소 III의 두 번째 촉매중심까지 고리를 형성하는 것으로 생각된다(■ **그림 10.29**).

대장균에서 복제의 종결은 *terA*와 *terB*라는 영역의 다양한 곳에서 일어난다. 이곳에서 각각 반시계 방향과 시계 방향으로 복제기점이 진행되는 것을 막아준다. 그리고 DNA 토포아이소머라아제나 재조합효소들이 초기 DNA 분자와 분리되게 한다. 이 장의 앞부분에서 DNA 복제의 놀라운 정확성은 이미 살펴보았다. 살아있는 생물체에서 DNA 복제를 담당하는 세포기구를 살펴보았는데, 이와 같은 이상적인 기구(기능불량에 대한 안전장치를 갖고 있는)는 대장균의 유전정보가 세대 간에 성확히 전달될 수 있도록 진화해 왔다.

회전환 복제(ROLLING-CIRCLE REPLICATION)

이 장의 앞부분에서 우리는 θ형, 눈(eye)형, Y형 복제 DNA를 살펴보았다. 이제 또 다른 DNA 복제형태 중 하나인 **회전환 복제(rolling-circle replication)**를 살펴보고자 한다. 회전환 복제는 (1) 바이러스들이 그들의 유전체를 복제할 때, (2) 세균에서 공여세포로부터 수용세포로 DNA를 운반하는 유전적 교환의 한 형태로(8장), 그리고 (3) 양서류의 난자형성과정 동안 리보솜의 RNA 유전자 군집을 가진 염색체외 DNA를 증폭시킬 때 사용된다.

이름에서도 알 수 있듯이, 회전환 복제는 환형의 DNA 분자를 복제하는 메커니즘이다. 회전환 복제는 양친 환형 DNA 가닥 중 하나가 그대로 유지된 채 새로운 상보적 가닥의 합성을 위해 회전하며 주형으로 제공되는 독특한 양상을 보인다(즉 rolling-circle, ■ **그림 10.30**). 복제는 서열특이적인 내부핵산가수

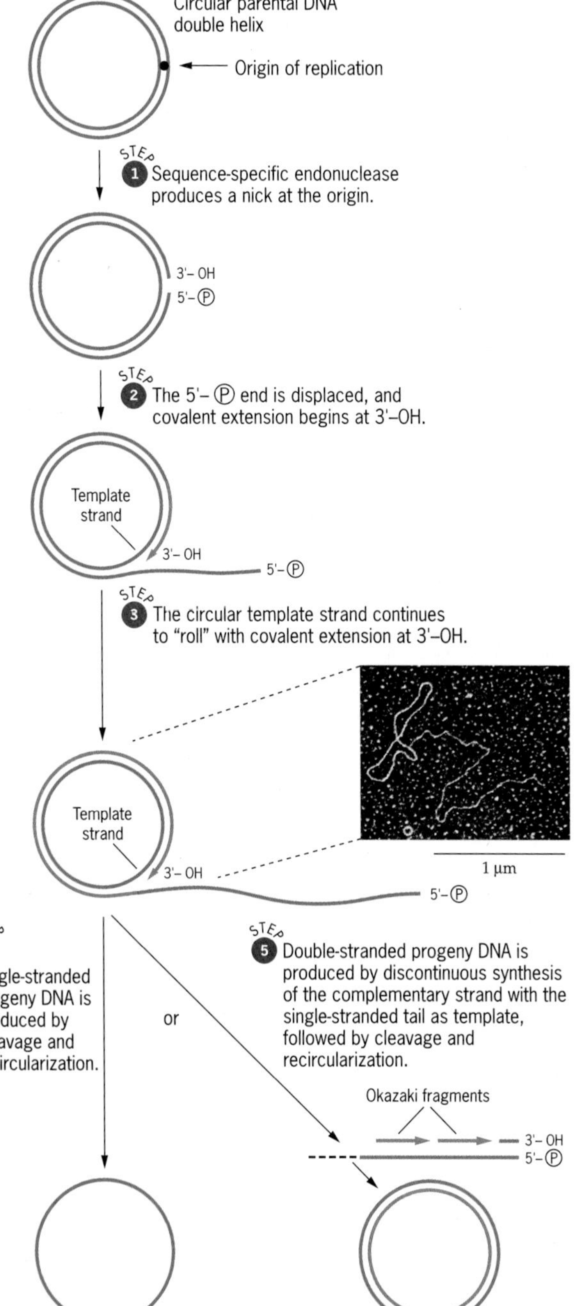
Circular parental DNA
double helix
Origin of replication
STEP 1 Sequence-specific endonuclease produces a nick at the origin.
3'– OH
5'–Ⓟ
STEP 2 The 5'–Ⓟ end is displaced, and covalent extension begins at 3'–OH.
Template strand
3'– OH
5'–Ⓟ
STEP 3 The circular template strand continues to "roll" with covalent extension at 3'–OH.
Template strand
3'– OH
5'–Ⓟ
1 μm
STEP 4 Single-stranded progeny DNA is produced by cleavage and recircularization.
or
STEP 5 Double-stranded progeny DNA is produced by discontinuous synthesis of the complementary strand with the single-stranded tail as template, followed by cleavage and recircularization.
Okazaki fragments
3'– OH
5'–Ⓟ

■ 그림 10.30 DNA의 회전환 복제. 사진은 박테리오 파지 ΦX174 DNA 분자가 회전환 기작에 의해 복제되는 전자현미경사진이다. 단일가닥 꼬리가 이중가닥이며 환형인 복제 DNA로부터 신장된다.

분해효소가 기점에서 한 가닥을 절단하여 3′-OH기와 5′-인산기 말단을 만듦에 따라 시작된다. 5′말단은 온전한 주형가닥이 그 축을 따라 회전함에 따라 고리로부터 멀리 떨어지게 된다. 그리고 공유적 신장이 절단된 가닥의 3′-OH기에서 일어나게 된다. 환형 주형 DNA는 여러 번 360°를 회전하므로 각 회전마다 하나의 완전한 단위 길이 DNA 가닥의 합성이 진행되어, 회전환 복제는 환형염색체의 외곽길이보다 더 긴 단일가닥 말단을 생성한다(그림 10.30). 회전환 복제는 단일가닥 혹은 이중가닥의 자손 DNA 모두를 만들 수 있다. 환형의 단일가닥 자손분자는 복제기점에서 단일가닥 말단에 위치 특이적으로 절단되어 얻어진 단위길이분자가 다시 환형 구조를 이루어 생성된다. 이중가닥 자손분자가 생성되기 위해서는, 절단과 환형을 이루기에 앞서 단일가닥 말단부가 상보적 가닥의 불연속적 합성에 대한 주형으로 사용된다. 회전환 복제에 관련하는 효소와, 이들 효소에 의해 촉매되는 반응들은 기본적으로 θ형 매개체에 연관된 DNA 복제를 담당했던 것들과 같다.

요점

- *DNA 복제는 많은 수의 단백질의 참여를 필요로 하는 복합적 반응이다.*
- *DNA 합성은 5′ → 3′방향으로 신장되는 자손가닥에서는 연속적이나, 3′ → 5′방향으로 신장되는 가닥은 불연속적으로 일어난다.*
- *새로운 DNA 가닥은 DNA 시발효소에 의해 합성되는 짧은 RNA 시발체에 의해 개시된다.*
- *DNA 합성은 DNA 중합효소에 의해 촉매된다.*
- *모든 DNA 중합효소는 늘어나는 시발체가닥과, 복제되는 주형가닥을 반드시 필요로 한다.*
- *모든 DNA 중합효소는 시발체가닥 내에 유리된 3′-OH를 꼭 필요로 하고, 모든 DNA 합성은 5′에서 3′방향으로 일어난다.*
- *DNA 중합효소의 3′ → 5′외부핵산가수분해효소 활성은 합성될 때 새 가닥을 교정하고, 시발체가닥의 3′말단에 잘못 짝지워진 뉴클레오티드를 제거한다.*
- *복제에 관여하는 효소와 DNA 결합단백질들은 각 복제분기점에서 레플리솜으로 모이며, 분기점이 양친 DNA 분자를 따라 이동할 때 동시에 함께 작용한다.*

진핵생물 염색체 복제의 독특한 양상

비록 모든 생명체에서 DNA 복제의 주요 특징은 같으나, 몇 가지 과정은 오직 진핵 생물에서만 일어난다.

DNA 복제에 대한 정보는 주로 대장균과 대장균에 기생하는 바이러스에 대한 연구로부터 얻어져 왔다. 따라서 진핵생물체의 DNA 복제에 유용하게 적용할 수 있는 정보는 많지 않다. 그러나 DNA 복제의 대부분의 양상이 기본적으로 원핵생물과 사람을 포함한 진핵생물에서 같다는 결론은 충분히 얻을 수 있었다. RNA 시발체와 오카자키 절편의 길이는 원핵생물보다 진핵생물에서 더 짧지만, 선도가닥과 지연가닥은 원핵생물에서와 마찬가지로 진핵생물도 각각 연속적 메커니즘과 불연속적 메커니즘에 의해 복제된다. 한편, 구조적으로 더 복잡한 진핵생물에서만 특이적인 몇 가지 DNA 복제양상이 존재한다. 예를 들어, 진핵생물에서 DNA 합성은 세포주기의 짧은 시간 내에 일어나고, 원핵생물과 같이 연속적이지는 않다. 진핵생물 염색체 내의 거대 DNA 분자는 각 염색체가 단 하나의 기점만 가지고 있다면, 복제되기에는 너무 길고 시간도 오래 걸리게 된다. 따라서 진핵생물 염색체는 많은 복제기점을 가진다. 그리고 각각의 복제분기점에서 선도가닥과 지연가닥을 복제하기 위해 하나의 DNA 중합효소로 이루어진 두 개의 촉매복합체를 사용하기보다는, 진핵생물체는 두 개의 다른 중합효소를 이용한다.

9장에서 보았듯이 진핵생물 DNA는 뉴클레오좀이라는 히스톤을 포함하는 구조 내에 포장되어 있다. 이들 뉴클레오좀이 복제분기점의 이동을 방해할까? 만약 그렇지 않다면, 레플리솜은 어떻게 뉴클레오좀을 지나서 이동할까? 뉴클레오좀이 완전히 또는 부분적으로 분해되는 것인가, 아니면 레플리솜이 DNA 분자를 복제할 때 분기점이 뉴클레오좀 표면을 미끄러져 지나는 것인가? 마지막으로, 진핵생물 염색체들은 선형 DNA 분자들을 포함하고 있으며, 선형 DNA 분자의 말단에 대한 불연속적 복제는 특별한 문제가 된다. 우리는 진핵생물들에서의 염색질 복제에 관한 이러한 문제들을 이 장의 마지막 부분에서 다룰 것이다.

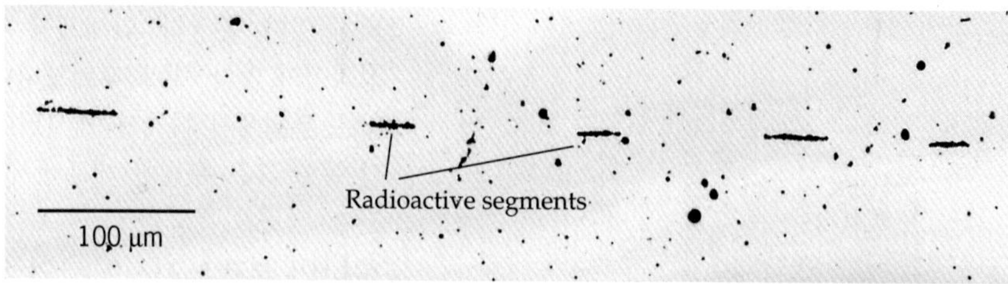
Radioactive segments
100 µm

(a) Autoradiograph of a portion of a DNA molecule from a Chinese hamster cell that had been pulse-labeled with ^{3}H-thymidine.

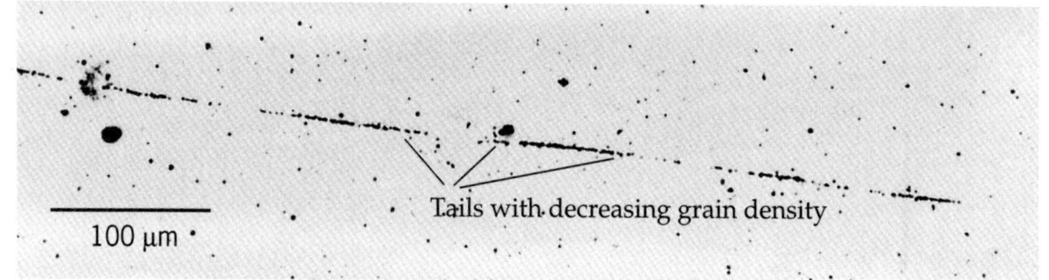
Tails with decreasing grain density
100 µm

(b) Autoradiograph of a segment of a DNA molecule from a Chinese hamster cell that was pulse-labeled with ^{3}H-thymidine and then transferred to non-radioactive medium for an additional growth period.

세포주기

세균을 최적배지에서 성장시키면 DNA 복제는 세포주기 전반에 걸쳐 연속적으로 일어난다. 그러나 진핵생물에서 DNA 복제는 S기에만 일어난다(합성 Synthesis, 2장). 정상적인 진핵생물의 세포주기는 G_1기(유사분열이 끝난 후 바로, Gap), S기, G_2기(유사분열을 준비), 그리고 M기(유사분열)로 구성된다. 아주 빠르게 분열하는 배세포에서, G_1과 G_2는 매우 짧거나 존재하지 않는다. 모든 세포에서 세포주기를 계속 진행할 것인가에 대한 결정은 두 지점에서 내려진다. 즉 (1) S기 진입시기와 (2) 유사분열 진입시기(자세한 것은 2장 참조)이다. 이러한 검문점들은 DNA가 세포 분열 주기 동안 오로지 한 번만 복제되도록 돕는다.

염색체당 많은 레플리콘

노랑초파리의 가장 큰 염색체 내의 DNA 분자는 약 6.5 × 10^7 뉴클레오티드쌍을 갖는다. 초파리에서의 DNA 복제속도는 25°C에서 약 2,600 뉴클레오티드쌍/분 정도이다. 한 복제분기점이 이 거대 DNA 분자를 복제하기 위해서는 약 17.5일이 소요된다. 중심기점에서 양방향으로 복제한다고 하더라도 이런 DNA 분자는 복제하는 데 약 8.5일이 소요된다. 그러나 실제로 초파리 배의 염색체가 3~4 분 내에 복제되고, 초기난할 동안에 핵분열이 9~10분마다 한 번씩 일어나는 것으로 볼 때, 각 거대 DNA 분자가 많은 수의 복제기점을 가지고 있어야 한다는 것이 분명하다. 실제로 가장 큰 초파리 염색체의 DNA가 3.5분 이내에 완전히 복제되기 위해서는 분자 전체에 약 7,000개 이상의 복제분기점이 같은 간격을 두고 존재해야 한다. 즉 진핵생물염색체의 가장 큰 DNA 분자가 관찰되는 세포분열 시간 내에 복제되기 위해서는 많은 복제기점들이 필요하다.

진핵생물염색체에 많은 기점이 존재한다는 첫 번째 증거는 햄스터(Chinese hamster) 세포를 배양하여 펄스표식(pulse-labeling) 실험으로 얻었다. 1968년 후버만(Joel Huberman)과 리지(Arthur Riggs)는 몇 분 동안 ^{3}H-티미딘으로 세포를 펄스(Pulse) 표지하여, DNA를 추출한 후, 표지된 DNA를 방사선자동사진 분석한 결과, 노출된 은 입자가 일렬로 배열되어 있음을 관찰했다. 그들의 결과는 간단하게 말하면 각 DNA 거대분자들은 많은 복제기점을 포함한다는 것이다(■ 그림 10.31*a*). 펄스(Pulse) 표지 후 비방사성배지에서 짧은 시간동안 키웠을 때는(pulse-chase 실험) 높은 입자 밀도의 중앙부위와 양쪽의 낮은 입자 밀도를 갖는 꼬리 부위를 갖는 것이 일렬로 배열되어 있었다(■ 그림 10.31*b*). 이러한 결과는 진핵생물에서의 복제가 대부분의 원핵생물과 같이 양방향으로 일어남을 보여준다. 감소된 밀도를 갖는 꼬리부분은 복제분기점이 중앙기점에서 양방향으로 움직임에 따라 세포 내 ^{3}H-티미딘이 ^{1}H-티미딘에 의해 점차 희석된 결과이다(■ 그림 10.31*c*).

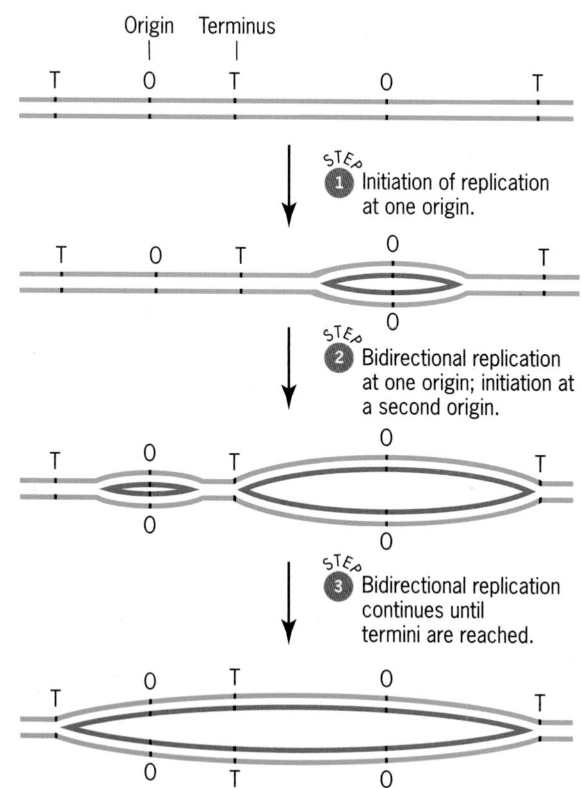
Origin
Terminus
T O T O T
STEP 1 Initiation of replication at one origin.
STEP 2 Bidirectional replication at one origin; initiation at a second origin.
STEP 3 Bidirectional replication continues until termini are reached.

(c) Diagrammatic interpretation of the replication of the DNA molecules visualized in *(a)* and *(b)*.

■ **그림 10.31** 진핵생물의 거대 DNA 분자 내의 다량의 레플리콘이 양방향적 복제를 한다는 증거. 방사성의 나란한 배열은(*a*) 복제가 여러 원점에서 일어남을 지시하며, 감소되는 입자밀도를 갖는 꼬리가 관측되는 것은(*b*) 복제가 각 원점으로부터 양방향으로 일어남을 의미한다(*c*).

하나의 복제원점과 두 개의 말단 사이에서 복제되는 DNA 단편을 **레플리콘(replicon)**이라 한다. 원핵생물의 전체 염색체는 보통 하나의 레플리콘이다. 몇몇 종의 진핵생물 염색체에 많은 레플리콘이 존재한다는 것은 전자현미경에 의해서도 직접 입증되었다. 사람과 포유류의 유전체에는 약 10,000개의 복제기점이 30,000-300,000bp 간격을 두고 염색체에 분포되어 있다. 분명히, 염색체당 레플리콘의 수는 다세포 진핵생물의 성장과 발생단계에서 고정적이지 않다. 발생 후기보다는 배 발생 시와 같이 급속도로 세포분열을 하는 동안에는 더 많은 부위에서 복제가 개시된다. 아직까지 어떤 요인에 의해 어떤 복제기점이 어떤 특정기간 동안 혹은 특별한 세포에서 작동되도록 결정되는지는 밝혀지지 않았다.

하나의 복제분기점에서의 두 개 이상의 DNA 중합효소

간단한 세균인 대장균의 복제기구(replisome) 복잡성을 볼 때(그림 10.28와 10.29) 진핵생물의 복제기구는 더욱 복잡할 것이라고 예상할 수 있다. 진핵생물에서의 복제기구의 구조에 대해서는 여전히 아는 바가 미진하지만, DNA 복제의 많은 부분들이 진핵과 원핵생물에서 동일하다.

원핵생물의 경우에서와 같이, 진핵생물에서의 DNA 합성에 대한 정보의 많은 부분이 시험관 내 DNA 복제 체계의 개발과 분석으로부터 얻어졌다. 진핵생물의 DNA 바이러스 복제에 대한 연구로부터 많은 정보를 얻을 수 있었는데, 이 중 원숭이 바이러스(SV40)는 특히 유용하다. SV40 바이러스의 복제는 거의 완전히 숙주세포의 복제기구들에 의해 이루어진다. 단 T 항원이라는 바이러스 단백질만이 SV40 염색체의 복제에 필요하다.

원핵생물에서처럼, 부모 DNA 나선이 풀리기 위해서는 DNA 토포아이소머라아제와 DNA 헬리카아제가 필요하다. 풀린 나선은 복제 단백질A(Rp-A)이라 불리는 단일 나선 DNA-결합 단백질에 의해 펼쳐진 상태로 유지된다. 그러나 원핵생물의 복제과정과 다르게 진핵생물의 염색체 DNA의 복제에는 3가지 다른 DNA 중합효소의 작용이 필요하다. 그 중합효소는 중합효소 α(Pol α), 중합효소 δ(Pol δ), 그리고 중합효소 ε(Pol ε)이다. 적어도 두 가지 중합효소(아마도 세 가지 모두가)가 각각의 복제기점에 위치해 있고, 각각의 중합효소는 다수의 소단위로 이루어진다. 또한 대장균 레플리좀이 13개의 단백질을 가지고 있는 것으로 알려진 반면, 효모와 포유류의 레플리좀은 적어도 27개의 다른 구성요소를 가지고 있다.

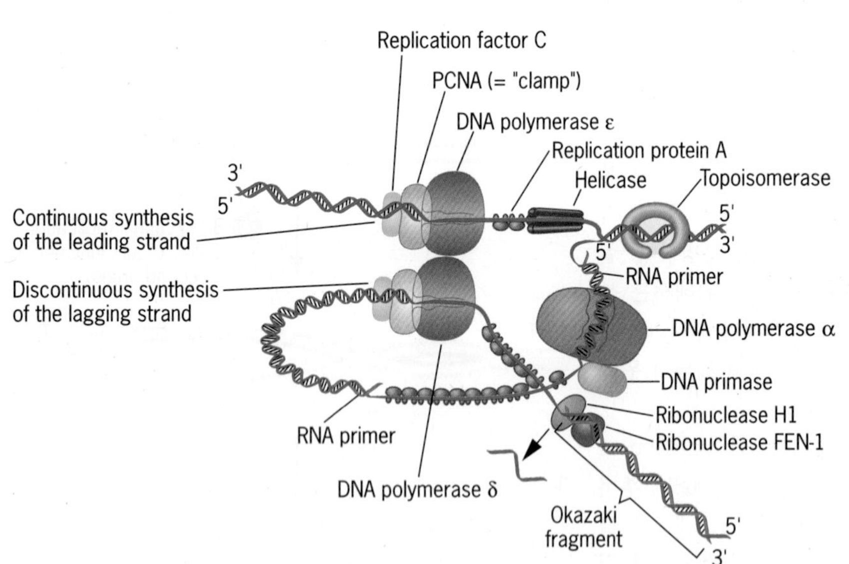

■ 그림 10.32 진핵생물 레플리솜의 주요 구성요소. 각 레플리솜에는 두 종류의 다른 α, δ (또는 ε) 중합효소가 포함된다. DNA 중합효소 α-DNA 시발효소 복합체는 RNA 시발체를 합성하고 짧은 단편의 DNA를 붙인다. 그 다음 DNA 중합효소 δ는 지연가닥에서의 오카자키 절편들을 합성을 마치고, 중합효소 ε는 선도가닥의 지속적인 합성을 촉매한다. PCNA(proliferating cell nuclear antigen)는 대장균 DNA 중합효소Ⅲ의 β 소단위와 동일하며, 긴 DNA 분자의 합성을 용이하게 하기위해 DNA 분자에 중합 효소 δ나 ε를 조인다. RNA 가수분해 효소인 H1과 FEN-1(F1 nuclease 1)은 RNA 시발체를 제거하고, 중합효소 δ가 틈을 메우며, 대장균에서와 같은 방식으로 DNA 연결효소가 잘려진 부분을 봉합한다 (그림 10.18 참조).

진핵생물에서, Pol α는 복제원점에서의 복제 개시와 지연가닥의 불연속적 합성 과정에서의 오카자키 절편의 시발체 형성에 필요하다. Pol α는 DNA 시발효소(DNA primase)가 포함된 안정적인 복합체에 존재하여, 그것들은 정제과정에서 같이 정제된다. 그 시발효소는 RNA 시발체를 합성하고, 이것은 Pol α에 의해 데옥시리보뉴클레오티드로 신장되어 전체 약 30 뉴클레오티드 길이의 RNA-DNA 혼성 사슬을 만든다. 이러한 RNA-DNA 시발체 사슬은 Pol δ에 의해 연장된다. Pol δ는 지연가닥의 복제를 완료시키고, Pol ε는 선도가닥의 복제를 촉매한다. Pol δ는 활성화되기 위해 PCNA(proliferating cell nuclear antigen) 단백질 및 복제인자 C(Rf-C)와 상호작용하여야 한다(■ 그림 10.32). PCNA는 움직일 수 있는 죄는 기구와 같아, 그것은 지속적인 복제를 하기위해 Pol δ를 DNA에 묶어둔다(중합효소가 주형으로부터 떨어지는 것을 막기 위한 것임). PCNA는 대장균의 DNA

중합효소 III의 β 소단위와 같다(그림 10.25). PCNA가 DNA 위로 가기 위해서는 Rf-C가 필요하다. PCNA는 삼합체로 된 단백질로 닫힌 고리 형태를 취한다. Rf-C는 PCNA의 형태 변화를 유도하여, PCNA가 DNA를 둘러싸서 꼭 필수적인 움직일 수 있는 죄는 기구를 만든다.

중합효소 δ와 ε가 갖고 있는 3′ → 5′활성은 교정기능에 필요하다(그림 10.27). 그러나 이 효소들은 5′ → 3′외부핵산 분해효소 활성을 가지고 있지 않다. 그러므로 이 효소들은 대장균에서 활동하는 DNA 중합효소 I처럼 RNA 시발체를 제거할 수 없다. 대신에 RNA 시발체는 리보핵산가수분해효소 H1(RNA-DNA 이중가닥에 있는 RNA를 분해하는)과 리보핵산가수분해효소 FEN-1(F1 nucleas 1), 이들 두 효소에 의해 절단된다. Pol δ는 틈을 채우고, DNA 연결효소는 끊어진 부분을 연결시킴으로써 공유결합으로 온전히 연결된 자손가닥들을 생산한다.

앞에서 살펴보았듯이 진핵생물은 적어도 α, β, γ, δ, ε, κ, ζ, η, θ, ι, λ, μ, σ, ϕ 그리고 Rev1과 같은 15가지의 DNA 중합효소를 갖고 있다. DNA 중합효소 γ는 미토콘드리아의 DNA 복제에 관여하고, 다른 DNA 중합효소들은 DNA 수리와 다른 경로에서 중요한 역할을 한다(13장).

복제분기점에서의 뉴클레오좀 복제

9장에서 논의된 것처럼, 진핵생물 간기 염색체의 DNA는 약 11 nm의 구슬모양의 뉴클레오좀에 포장된다. 각 뉴클레오좀은 8합체 히스톤 분자주위를 두 번 감는 166 뉴클레오티드쌍의 DNA를 포함한다. 뉴클레오좀의 크기와 DNA 복제기구(레플리솜)의 큰 크기를 고려해 볼 때, 복제분기점은 온전한 뉴클레오좀을 지나 이동할 수는 없을 것 같다. 그럼에도 불구하고 초파리의 복제 크로마틴을 전자현미경으로 보면 확실히 정상적인 구조를 갖는 뉴클레오좀이 복제분기점 양쪽에 일정한 간격을 두고 위치함을 보여준다(■ **그림 10.33*a***). 즉 뉴클레오좀은 복제분기점의 앞(복제 전 DNA)에서와 마찬가지로 복제분기점 뒤(복제 후 DNA)에서도 같은 구조를 갖고, 간격을 유지하고 있다. 이러한 관찰은 레플리좀들이 뉴클레오좀 내에 포장된 DNA를 복제하기 위해서 뉴클레오좀들이 해체되었다가 재발리 그 다음에 다시 재조립된다는 것을 시사한다; 즉, DNA 복제와 뉴클레오좀 조립이 매우 밀접하게 연관되어 있음을 뜻한다.

뉴클레오좀의 히스톤 양과 DNA 양이 같기 때문에, 각 세포 주기 동안 뉴클레오좀을 복제하기 위해서는 대량의 히스톤들이 합성되어야만 한다. 히스톤 합성은 세포주기 전반에 걸쳐 일어나긴 하지만 히스톤 생합성의 폭발적 증가는 S기(크로마틴 복제에 충분한 히스톤을 만들어내는 시기) 동안에 일어난다. 뉴클레오좀 복제양상을 조사하기 위해 밀도전달 실험을 했을 때 양 자손 DNA 분자상의 뉴클레오좀은 양친(또는 복제 전) 히스톤 복합체와 새로

Nucleosome spacing in replicating chromatin.

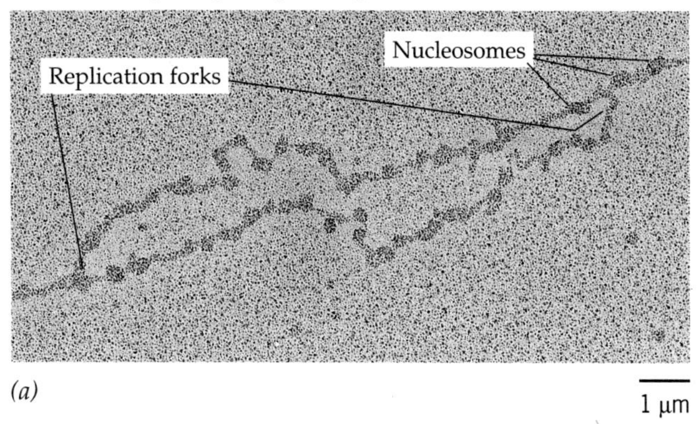

Nucleosome assembly during chromosome replication.

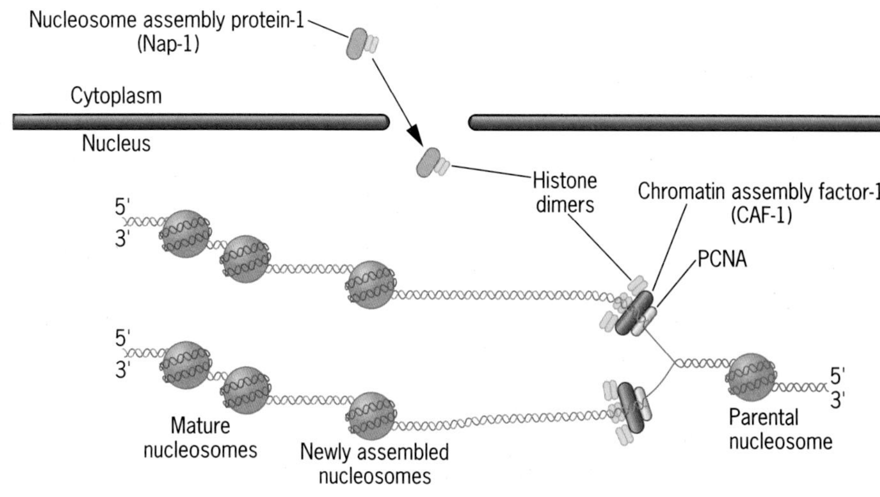

■ **그림 10.33** 진핵생물의 염색체 복제과정 중 뉴클레오좀의 해체와 결합. (*a*) 전자현미경 사진은 초파리에서 두 개의 복제분기점 양쪽에 뉴클레오좀이 존재하고 있음을 보인다. DNA 복제가 진핵생물에서 양방향으로 진행되므로, 즉 각 가지지점은 복제분기점이다. (*b*) 염색체 복제과정 중 새로운 뉴클레오좀의 결합에 필요한 단백질인 히스톤들은 세포질로부터 뉴클레오좀 결합장소인 핵에 수송되어 농축된다. PCNA = proliferating cell nuclear antigen(그림 10.32 참조).

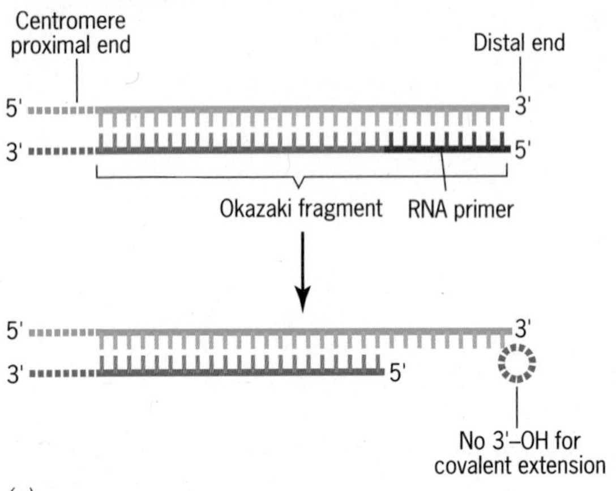

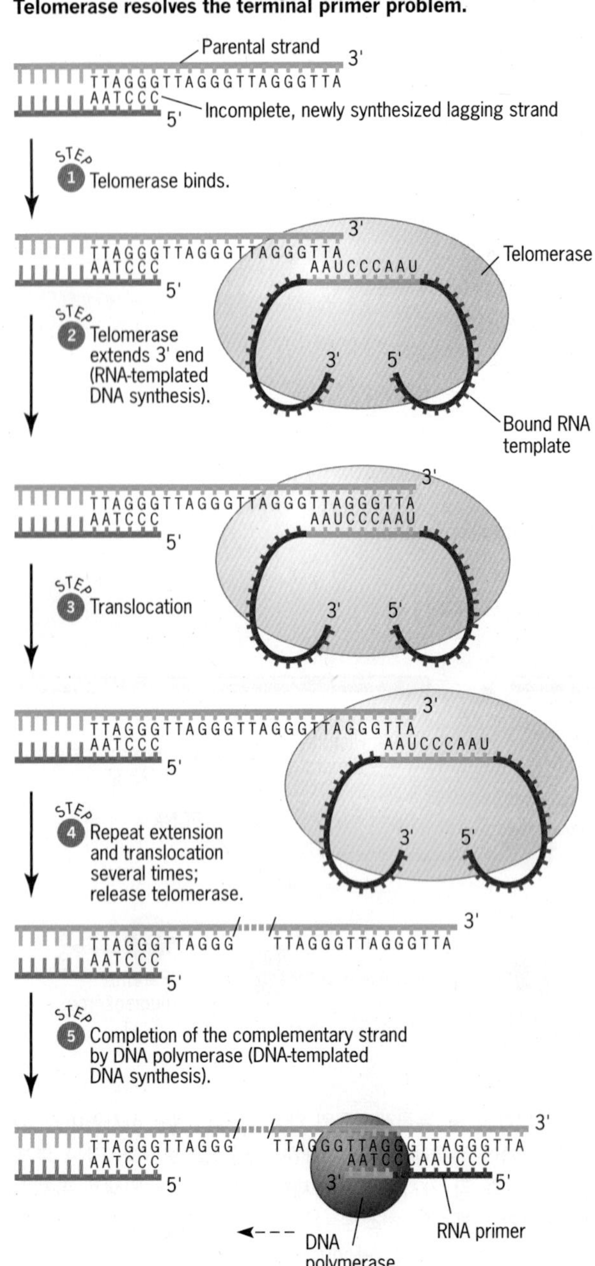

운(또는 복제 후) 복합체 모두에 포함되는 것으로 밝혀졌다. 즉 단백질 수준에서 뉴클레오좀 복제는 분산 메커니즘에 의해 일어나는 것이다.

많은 수의 단백질이 진핵생물의 염색체 복제기간 동안에 일어나는 뉴클레오좀의 분리와 조립에 관여한다. 가장 중요한 둘은 *n*ucleosome *a*ssembly *p*rotein-1(Nap-1)과 chromatin *a*ssembly *f*actor-*1*(CAF-1)이다. Nap-1은 히스톤을 합성되는 세포질에서 세포핵으로 운반하는 역할을 하고, CAF-1은 앞서 옮겨진 히스톤들을 뉴클레오좀 조립이 일어나는 염색체 위치로 이동시킨다(■ **그림** 10.33*b*). Cap-1은 PNCA(*p*roliferating *c*ell *n*uclear *a*tigen)에 결합하여 DNA 복제 장소로 히스톤을 옮기는데, PNCA는 DNA 주형에 중합효소 δ를 묶어두는 죔쇠 역할을 하는 단백질이다(그림 10.32 참조). CAF-1은 초파리에게는 필수 단백질이지만 효모의 경우에는 다른 단백질이 CAF-1의 역할을 해줄 수 있기 때문에 필수 단백질은 아니다.

다른 많은 단백질도 뉴클레오좀 구조에 영향을 미친다. 일부는 염색질 재구성(chromatin remodeling)에 관여하는데, 이것은 뉴클레오좀 구조를 변화시켜 그 안에 포장된 유전자들의 발현을 활성화 시키거나 억제하는 방법이다. 다른 단백질들은 특정 히스톤들에 메틸기나 아세틸기를 첨가함으로써 뉴클레오좀 구조를 변화시킨다. 게다가 진핵생물은 주요 히스톤과 구별되는 부수적인 히스톤을 가지고 있고, 이런 부수적인 히스톤이 뉴클레오좀과 결합함으로써 뉴클레오좀의 구조를 바꿀 수 있다. 예를 들어 초파리에서 H3.3이란 히스톤이 뉴클레오좀으로 들어가서 결합하면 높은 수준의 유전자 전사가 일어난다. 그러므로 뉴클레오좀의 구조는 변함이 없이 유지되는 것이 아니라, 오히려 유전자 발현의 조절에 중요한 역할을 담당하고 있다(11장의 On the Cutting Edge: 염색질 재구성과 유전자 발현 및 19장의 염색질 재구성 부분을 참고하라).

텔로머라아제(TELOMERASE): 염색체 말단의 복제

말단소체(telomere) 혹은 염색체 말단의 독특한 구조에 대해서는 이미 9장에서 다루었다. 말단소체가 특별한 구조를 가져야 한다고 생각했던 초기의 이유는 DNA 중합효소가 선상염색체에서 지연가닥의 말단부위 DNA 절편을 복제할 수 없기 때문이다. 불연속적으로 복제되는 DNA 분자의 말단에서 말단부 오카자키 절편의 RNA 시발체가 제거되면 데옥시뉴클레오티드의 중합반응을 위해 유리된 3′-OH(시발체)를 제공할 DNA 가닥은 존재하지 않는다(■ **그림** 10.34a). 이는 말단소체가 이 부분의 복제를 촉진하기 위한 독특한 구조를 가지거나 지연가닥 말단이 복제되는 수수께끼를 해명할 어떤 특별한 효소가 존재해야 함을 시사한다. 실제로 이 두 가지 설 모두 맞다는 것을 보이는 증거들이 나오고 있다. 말단소체의 특수한 구조는 **텔로머라아제(telomerase)**라고 불리는 RNA 포함 효소에 의해 말단소체가 길어질 수 있도록 한다. 이 독특한 효소는 1985년 엘리자베스 블랙번(Elizabeth Blackburn)와 캐롤 그라이더(Carol Greider)에 의해 발견되었다. 이들은 2009년, 노벨 생리의학상을 공동 수상했는데, 블랙번과 함께 말단소체의 독특한 구조가 어떻게 분해로부터 보호되는가를 밝힌 쟉크 쇼스타크(Jack Szostak)도 함께 받았다.

■ 그림 10.34 염색체 텔로머라아제의 복제. (*a*) 시발체가닥말단의 유리된 3′-OH가 요구되기 때문에, DNA 중합효소는 지연가닥의 말단에서 DNA 합성을 개시하는 RNA 시발체를 대체할 수 없다. (*b*) 이와 같은 염색체말단은 텔로머라아제라는 특별한 효소에 의해 복제되는데, 이로써 복제가 되는 동안 염색체말단이 점차 짧아지는 것을 방지하게 된다. 지연가닥말단의 뉴클레오티드 서열은 텔로머라아제의 필수요소인 짧은 RNA 분자에 의해 결정된다. 그림의 텔로머라아제 서열은 사람의 것이다.

사람은 말단소체에 반복되는 TTAGGG 서열을 갖고 있는데, 텔로머라아제가 어떻게 염색체 끝을 첨가시키는지 보여준다(■ **그림 10.34*b***). 텔로머라아제는 3′돌출부의 G-rich 서열을 인식하고, 한 번에 하나의 5′ → 3′반복단위를 신장시킨다. 텔로머라아제의 독특한 특징은 RNA가닥주형을 포함한다는 것이다. 몇 번의 말단소체 반복단위가 텔로머라아제에 의해 첨가된 후에는, DNA 중합효소가 상보가닥의 합성을 촉매한다. 텔로머라아제 활성이 없다면, 선형 염색체는 점차적으로 짧아질 것이다. 만일 초래되는 말단결실이 필수적인 유전자에 영향을 미치게 된다면, 짧아진 염색체는 치명적인 것이 될 것이다.

많은 암세포에서 한 가지 변화가 관찰되었는데, 텔로머라아제를 암호화하는 유전자가 대부분의 체세포에서는 발현되지 않으나 암세포에서는 발현된다는 것이다. 그리하여 암 치료에 대한 한 가지 접근법이 연구되었는데, 그것은 암세포가 텔로미어를 잃게 하여 결국 죽게 하기 위해 텔로머라아제 억제자를 개발하는 것이다. 그러나 어떤 암세포는 활성을 띠는 텔로머라아제를 가지고 있지 않는 경우도 있기 때문에 이러한 접근법 역시 문제가 있다.

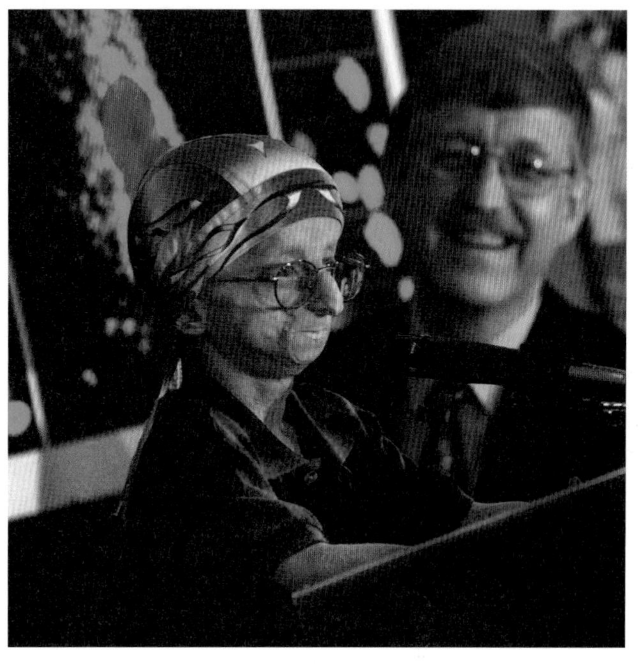

■ 그림 10.35 조로증(progeria) 환자인 15세의 존 태킷(John Tacket)이 2003년 4월 16일, 빠른 노화가 특징인 이 희귀한 치명적 질환을 일으키는 유전자가 발견되었음을 알리는 뉴스 컨퍼런스에 초대되어 자신의 질병에 대해 이야기 하고 있다. 태킷의 오른쪽에 보이는 사람은 미국 국립보건원(NIH) 원장인 프랜시스 콜린스(Francis S. Collins)이다.

말단소체 길이와 사람의 노화

초기 배세포와는 달리, 대부분의 사람의 체세포들은 텔로머라아제(telomerase)활성이 결여되어 있다. 사람 체세포를 배양해 보면, 이것들은 노화와 죽음이 일어나기 전에 제한된 횟수만 분열한다(보통 20~70 세포세대 정도). 여러 배양된 체세포에서 말단소체(telomere) 길이를 측정했을 때 말단소체 길이와 노화-죽음 이전의 세포분열 횟수 사이에 관련이 있음을 알 수 있었다. 긴 말단소체를 갖는 세포가 짧은 말단소체를 갖는 세포보다 더 오래 생존하는 것이다. 즉 더 많은 세포분열을 거친다. 텔로머라아제 활성이 없다고 가정하면, 세포배양기간이 늘어남에 따라 말단소체 길이는 감소하게 된다. 종종, 배양되는 체세포가 무제한적으로 증식하는 능력을 획득하는 것이 발견되는데, 이같이 죽지 않는 세포들은 그들의 선조와는 달리 텔로머라아제 활성을 갖고 있음이 밝혀졌다. 모든 암의 공통된 특징 중 하나는 조절되지 않는 세포분열, 즉 불멸성이므로 과학자들은 암에 대응하기 위한 한 가지 방법으로 암세포에서 텔로머라아제 활성을 저해하는 방법을 제시했다.

말단소체 길이와 노화 사이의 연관에 대한 증거들이 **조로증(progerias**; 조기 노화가 특징인 유전 질병)이라는 병을 갖고 있는 사람들을 연구함으로써 얻어지고 있다. 조로증의 가장 심각한 형태인, 허친슨-길포드(Hutchinson-Gilford) 증후군(■ **그림 10.35**)은 노화(주름, 대머리, 그리고 다른 노화현상들)가 출생 후 바로 시작되어 10대에 사망하게 된다. 이 증후군은 세포 내 핵의 모양을 조절하는 데 관여하는 단백질인 라민 A(lamin A) 유전자에서의 우성 돌연변이에 의해 유발된다. 왜 이 돌연변이가 조기 노화를 일으키는지는 알려져 있지 않다. 다소 심하지 않은 증상을 보이는 베르너 증후군(Werner syndrome)은 노화가 10대에 시작되어, 40대에 보통 사망하게 된다. 베르너 증후군은 *WRN* 유전자의 열성 돌연변이에 의해 발생하며 이 유전자는 DNA 수리 과정에 관여하는 단백질을 암호화한다. 다시 말하지만, 우리는 아직도 어떻게 이 단백질들의 소실이 조기 노화를 일으키는지 이해하지 못하고 있다. 그러나 이 두 가지 형태의 조로증을 가진 개인들의 체세포들은 짧은 말단소체를 가지고 있으며 배양 시 감소된 증식력을 보인다. 이것은 감소된 말단소체 길이가 노화 과정에 기여하고 있다는 가설과 부합하는 것이다.

현재, 말단소체의 길이와 세포의 노화 사이의 관계는 완전한 상관관계를 보인다. 말단소체가 짧아지는 것이 노화를 일으킨다는 직접적 증거는 없지만, 그럼에도 불구하고 둘의 연관관계는 놀라운 것이다. 말단소체의 단축이 인간에 노화과정에 기여한다는 가설에 대해서는 앞으로 많은 연구가 이루어질 것이다.

요점

- *진핵생물 염색체의 거대 DNA 분자의 복제는 많은 기점에서부터 양방향으로 진행된다.*
- *세 개의 DNA 중합효소들(α, β, ε)이 진핵생물의 각 복제 분기점에 존재한다.*
- *염색체 말단의 독특한 염기서열인 말단소체는 텔로머라아제라고 불리는 독특한 효소에 의하여 염색체 말단체 부가된다.*

기초 연습문제

기본적인 유전분석 풀이

1. 대장균세포를 ^{14}N가 포함된 일반 배양액에서 배양하고, 조금 무거운 질소 동위원소인 ^{15}N가 포함된 배지에서 1세대를 길렀다. ^{14}N와 ^{15}N는 이 대장균들의 DNA에 어떻게 분포하는가?

답: DNA는 반보존적으로 복제되기 때문에, 양친 DNA 사슬에는 ^{14}N가 분포하고, ^{15}N을 포함하는 새로운 상보적인 DNA 사슬을 합성하기 위한 주형으로 사용될 것이다. 그러므로 각각의 DNA 이중나선은 아래 그림과 같이 하나는 가벼운 사슬, 또 다른 하나는 무거운 사슬을 갖게 된다.

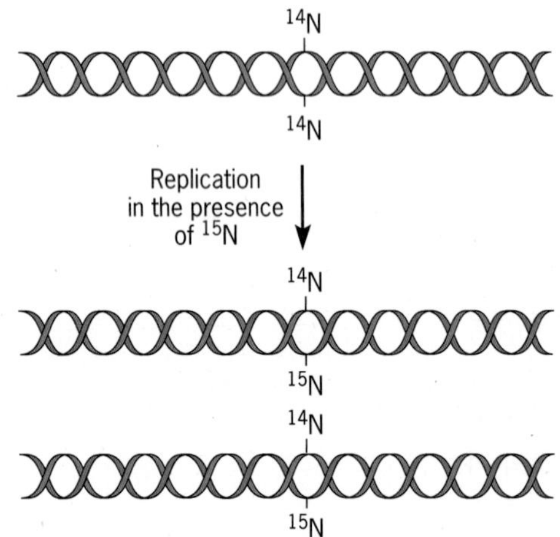

2. 방사능을 갖는 (^{3}H) 티미딘을 쥐의 세포가 자라고 있는 배양액에 첨가하였다. 이 세포는 전에 어떠한 방사능에도 노출된 적이 없다. 만약 이 세포가 ^{3}H-티미딘이 첨가되고 S기에 진입한다면, 이 세포의 염색체 DNA는 다음 유사분열 중기에 어떠한 방사능 분포를 나타낼 것인가(^{3}H-티미딘이 첨가된 후의 첫 중기)?

답: 각각의 미리 복제된 염색체는 염색체 한 쪽 끝에서 동원체를 지나 다른 끝부분까지 뻗어있는 거대한 하나의 DNA 분자를 함유하고 있다는 것을 기억하라. 이 DNA 분자는 앞에서 대장균에 대해서 살펴본 것과 같이 반보존적으로 복제될 것이다. 중기에는 복제된 두 개의 자손 이중나선들은 아래에서 보이는 것과 같이, 동원체에 연결이 된 상태의 자매 염색분체로 보일 것이다.

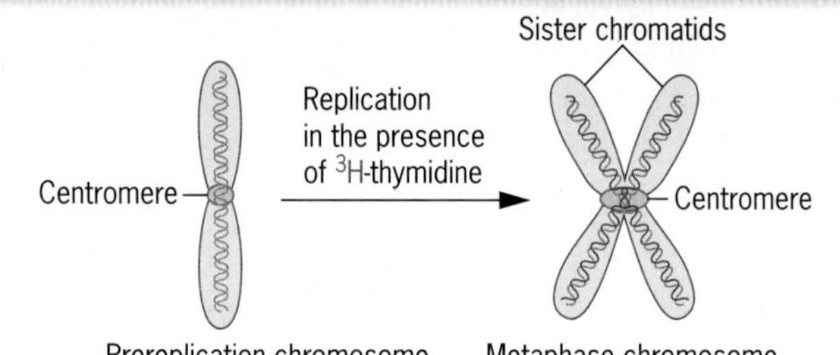

3. DNA 중합효소는 주형 사슬과 시발체 사슬, 두 가지 모두가 존재하는 경우에만 DNA를 합성할 수 있다. 왜 그런가? 이 두 사슬의 기능은 무엇인가?

답: DNA 중합효소는 자유 3′-OH기에만 DNA 사슬을 연장할 수 있다. 왜냐하면, 신장 기작에는 데옥시리보뉴클레오시드 삼인산 전구체의 내부 인 원자에 대한 그 3′-OH의 핵친화적 공격이 이루어지면서 피로인산염이 떨어지는 과정이 관여하기 때문이다. 3′-OH 말단을 가지는 가닥이 시발체 사슬이 되며, 합성 중에 늘어나게 된다. 주형 사슬은 합성되는 사슬의 염기 배열 순서를 결정한다. 새로운 사슬은 주형 사슬에 상보적인 사슬이 될 것이다. 이러한 작용들은 다음의 그림으로 설명된다.

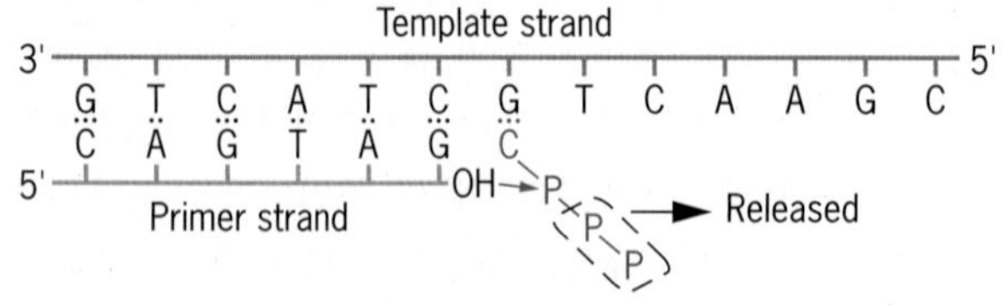

4. 자동 방사 사진이 어떻게 한 방향으로 진행되는 DNA의 복제와 양방향으로 진행되는 DNA의 복제를 구분하는 데 사용되는가?

답: 세포를 ^{3}H-티미딘을 함유하고 있는 배양액에서 짧은 시간 배양한 후, 방사능이 없는 배양액으로 옮겨 배양하고 자동 방사 사진을 찍는다. 한쪽 방향으로 진행되는 DNA의 복제와 양 방향으로 진행되는 DNA의 복제는 다른 표지 양상을 나타낼 것으로 예측되며, 이러한 양상은 밑의 그림이 보여주는 바와 같다.

Unidirectional replication **Bidirectional replication**

Origin
Origin
STEP 1 Replication in ^{3}H-thymidine
Origin Fork
Fork Origin Fork
STEP 2 Replication during ^{1}H-thymidine chase
Radioactivity
STEP 3 Autoradiographs
Single tail of decreasing silver grain density
Two tails of decreasing silver grain density

5. 왜 대부분의 체세포들은 제한된 횟수 만 세포분열을 하고 분열을 멈추는가? 만약 그들이 계속 분열한다면 무슨 일이 일어날까? 암 세포들은 어떻게 이 장애를 극복하는가?

답: 대부분의 체세포들은 텔로머라아제의 활성이 적거나 없다. 그 결과 염색체의 말단소체는 세포분열할 때마다 짧아진다. 만약 체세포들이 텔로머라아제 없이 분열한다면, 염색체는 말단소체를 잃게 되고, 결국 염색체 말단 근처의 필수 유전자를 잃게 되어 세포는 죽게 된다. 정상 체세포가 암세포로 전환되는 필수 과정은 텔로머라아제 합성 증가로, 암세포의 조절되지 않는 세포분열 동안 말단소체는 짧아지지 않는다.

지식검사

서로 다른 개념과 기술의 통합

1. 대장균세포를 무거운 ^{15}N이 포함된 배지에서 몇 세대를 배양하였다. 그리고 그 세포를 원심 분리하여 모은 후 완충용액으로 씻고 이를 ^{14}N 방사성동위원소 포함배지로 옮겼다. 두 세대를 기른 후 그 세포를 다시 ^{15}N 배지에서 한 세대를 더 길렀다. 이를 원심분리하여 모은 후 DNA를 추출한다. 추출한 DNA를 CsCI 평형밀도구배 원심분리를 거쳐 분석했다. 이들 세포의 DNA는 밀도구배 내 어디에 위치할 것인가?

답: 메셀슨과 스탈은 대장균에서 DNA 복제가 반보존적임을 증명했다. 그들은 대조실험을 통해 (1) 양 가닥 모두 ^{14}N (2) 한 가닥은 ^{14}N, 다른 한 가닥은 ^{15}N (3) 양 가닥 모두 ^{15}N을 갖는 DNA이중나선이 각각 밀도구배 내에 세가지 띠, 즉 (1) 가벼운 띠, (2) 잡종 띠, (3) 무거운 띠에 위치함을 보였다. 양 가닥 모두 ^{15}N을 갖는 DNA 이중나선으로 시작하고, ^{14}N배지에서 두 세대를, 그리고 난 후 ^{15}N 배지에서 한 세대를 배양했을 때, 반보존적으로 복제가 일어난다면 8개의 DNA 분자가 생기는데, 즉 아래와 같이 양 가닥 모두 ^{15}N인 두 개의 DNA와, 한 가닥은 ^{14}N을 한 가닥은 ^{15}N을 갖는 혼성분자 6개를 갖게 된다. 그러므로 DNA의 75%(6/8)는 잡종밴드로, 25%(2/8)는 무거운 밴드로 보여 지게 된다.

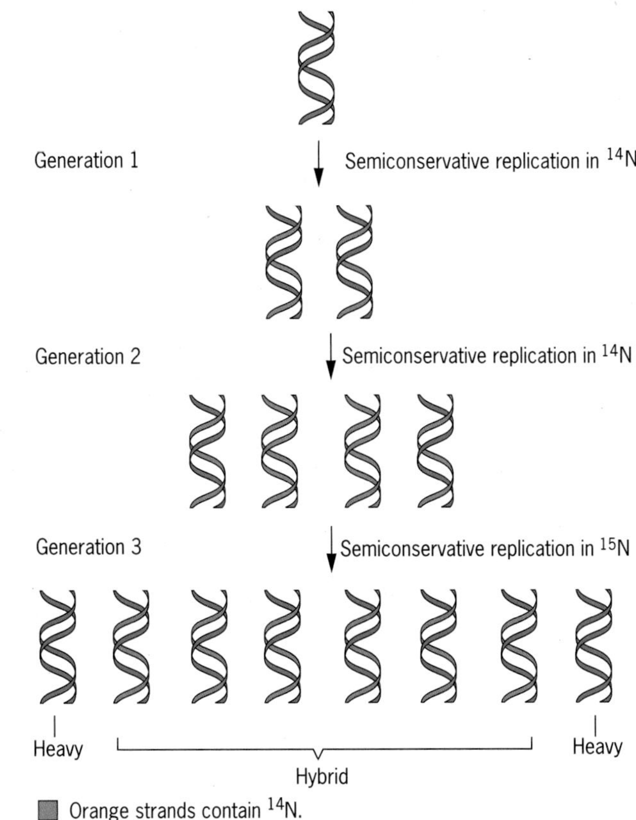

2. 노랑초파리의 X 염색체는 22,422,827 염기쌍 길이의 거대한 DNA를 갖고 있다. 배 발생의 초기 난할 시기동안, 핵분열은 10분 밖에 걸리지 않는다. 만약 복제 분기점이 분당 2,600 염기쌍의 속도로 이동한다면, 10분 동안 전체 X 염색체에 얼마나 많은 복제분기점이 요구되는가? DNA 분자에 균일하게 복제 분기점이 분포한다고 가정하라.

초파리 성체의 체세포들에서의 세포분열은 더 천천히 일어난다. 만약 체세포가 20시간의 주기와 8시간의 S기를 갖는다면, 유사분열의 S기 동안 X 염색체의 완전한 복제를 위하여는 몇 개의 복제 분기점이 필요한가?

만약 초파리에서 오카자키 단편의 평균 크기가 250 염기쌍이라면, X 염색체의 복제에 얼마나 많은 오카자키 단편이 합성되는가? 얼마나 많은 RNA 시발체가 필요한가?

답: 만약 분당 2,600 염기쌍의 속도로 복제 분기점이 움직인다면, 10분 동안 26,000 염기쌍을 움직일 것이고 두 딸 이중나선에서는 각각 26,000 염기쌍의 DNA 사슬이 합성될 것이다. X 염색체는 22,422,827 염기쌍을 갖고 있고, 10분에 각 복제 분기점은 26,000 염기쌍을 복제한다. 그러므로 배 발생의 초기 난할기의 X 염색체를 완전히 복제하기 위해서는 867개(22,422,827 염기쌍/26,000 염기쌍)의 복제 분기점이 필요하다.

마찬가지로 초파리 성체의 체세포는 S기가 8시간이며, X 염색체의 DNA를 8시간 안에 완전히 복제하기 위해서는 18개의 복제분기점이 필요하다. 한 복제분기점은 1,248,000 염기쌍(26,000 염기쌍/분 × 480 분)을 8시간에 복제한다.

초파리 X 염색체의 거대 DNA를 복제하는 데는 89,691개(22,422,827 염기쌍/250 염기쌍)의 오카자키 단편의 합성이 필요하다. 오카자키 단편의 합성은 RNA 시발체가 각각 필요하므로 89,691개의 RNA 시발체 합성이 요구된다.

연습문제

이해력 증진과 분석력 개발

10.1 대장균의 DNA 중합효소 I은 분자량 103,000의 단일 폴리펩티드이다.

(a) 중합효소의 기능 이외에 이 폴리펩티드가 갖는 효소기능은?

(b) 이러한 활성들의 생체 내에서의 기능은 무엇인가?

(c) 대장균세포에서 이런 기능들은 중요한가? 왜 그러한가?

10.2 대장균 세포를 이용 가능한 질소원이 ^{15}N만 있는 배지에서 많은 세대를 배양하였다. 그리고 이들을 질소원으로 ^{14}N만 포함된 배지로 옮겼다.

(a) ^{14}N 포함배지에서 한 세대를 배양한 세포의 DNA 복제가 (i) 보존적, (ii) 반보존적, (iii) 분산적으로 일어날 경우에 기대되는 DNA의 ^{15}N, ^{14}N 분포는 어떠한가?

(b) ^{14}N 포함배지에서 두 세대를 배양했을 때 (i) 보존적, (ii) 반보존적, (iii) 분산복제가 일어나면 기대되는 DNA 분포는 어떠한가?

10.3 *6M* CsCl에서 원심 분리시키면, 왜 ^{15}N을 포함하는 DNA 밴드가 ^{14}N을 포함하는 DNA 밴드와 다른 곳에 위치하는가?

10.4 다음과 같은 시발체를 갖는 DNA 주형이 *in vitro* DNA 합성계

3′ P —TGCGAATTAGCGACAT— P 5′
5′ P —ATCGGTACGACGCTTAAC—OH 3′

(Mg^{2+}, 과량의 네 종류 데옥시리보뉴클레오티드 삼인산등)에 있다. 이 계는 5′ → 3′외부핵산가수분해효소 활성이 결여된 대장균 돌연변이형 DNA 중합효소를 가지고 있다. 이러한 돌연변이 효소의 5′ → 3′중합효소와 3′ → 5′외부핵산가수분해효소 활성은 정상적인 대장균의 DNA 중합효소 I과 동일하다. 단지 5′ → 3′외부핵산가수분해효소 활성만 없는 것이다.

(a) 이 최종산물의 구조는 어떻게 될 것인가?

(b) 이 연쇄반응 중 첫 단계는 무엇인가?

10.5 DNA 복제의 연속적 양식과 불연속적 양식은 실험적으로 어떻게 구별할 수 있을까?

10.6 대장균 세포는 I, II, III, IV 그리고 V의 5가지 다른 DNA 중합효소를 갖고 있다. 어떤 효소가 세포 분열 시 반보존적 복제에 작용하는가? 대장균에서 나머지 4가지는 어떤 역할을 하는가?

10.7 *Boston barberry*는 염색체 4개를 갖는 이배체 가상식물이다. *Boston barberry* 세포는 현탁배양 시 잘 자란다. 이 식물의 G_1-단계세포가 자라고 있는 배지에 [^{3}H]티미딘을 넣어주었다. [^{3}H]티미딘 포함배지에서 한 세대 성장시킨 후, 콜히친을 배지 내에 첨가하였다. 그럼 배지에는 [^{3}H]티미딘과 콜히친이 들어있게 된다. [^{3}H]티미딘 포함배지에서 두 세대를 키운 후(물론 두 번째 세대는 콜히친이 있을 때), 2개의 자손세포(이제 각각 8개의 염색체를 갖고 있다)를 비방사성 티미딘([^{1}H]티미딘)과 콜히친이 들어있는 배지로 옮겼다. 콜히친 존재하에서 자란 세대는 정상적인 세포주기에 따라 염색체의 배가는 일어나나 세포분열은 일어나지 않게 된다. 2개의 자손세포들은 아래 그림과 같이 보여지는 중기염색체를 가질 때까지 세포주기를 거쳐 계속 자라게 하였다.

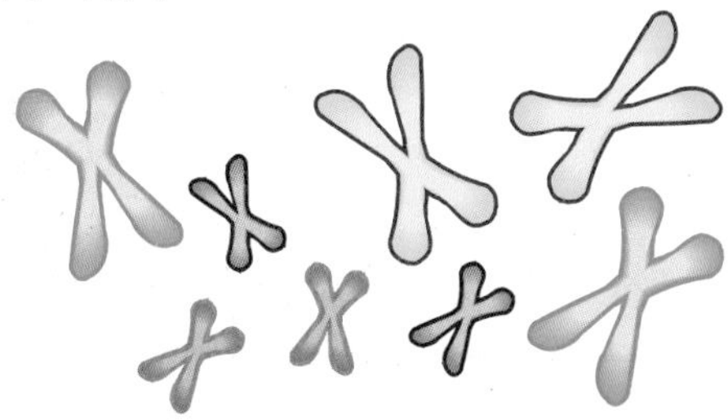

만약 이 중기염색체(큰 염색체 4개와 작은 염색체 4개)의 자동방사사진을 찍었다면, 방사성(자동방사사진에서 은 입자에 의해 표시됨) 양상은 어떻게 나타나겠는가? (단, DNA 재조합은 없는 것으로 가정한다.)

10.8 연습문제 10.7의 실험에서 콜히친을 첨가하는 시간([^{3}H]티미딘 포함배지에서 한 세대 성장한 후)에 [^{3}H]티미딘 대신 비방사성 티미딘으로 바꾸었다고 가정을 하자. 그리고 나서 세포를 콜히친과 비방사성 티미딘 포함배지에서 연습문제 10.7에서 보여준 것과 같은 중기에 도달할 때까지 유지시켰다. 이들 염색체의 자동방사성사진은 어떻게 보이겠는가?

10.9 어떤 진핵생물의 세포(세포 배양된 것)의 DNA를 [^{3}H]티미딘을 배지에 첨가하여 짧은 시간동안 표지하였다고 가정하자. 그 다음 표지(방사성)를 제거하고 세포를 비방사성 배지에 다시 현탁 시켰다고 가정한다. 비방사성 배지에서 짧은 시간 생장시킨 후, 이 세포로부터 DNA를 분리하여 희석한 후 적당한 막에 조심스럽게 깔아 자동방사 사진을 찍었다. 만약 그림과 같은 자동방사 사진이 얻어졌다면

——···· ——···· ——····

이 세포에서의 DNA 복제 특징이 무엇을 의미하는 것이며, 왜 그런가?

10.10 다음 효소들을 대장균의 복제과정 중 작용하는 순서대로 나열하시오. (1) DNA 중합효소 I, (2) DNA 중합효소 III, (3) DNA 시발체, (4) DNA 자이라아제 그리고 (5) DNA 헬리카아제

10.11 15개의 DNA 중합효소: α, β, γ, δ, ε, ι, ζ, η, θ, κ, λ, μ, σ, ϕ 그리고 Rev1이 포유류에서 규명되어 있다. 이들 중합효소의 세포 내 위치와 기능은 어떠한가?

10.12 대장균 염색체는 약 4×10^6bp이며 한 개의 복제원점에서 양방향으로 복제되는 데 약 40분의 시간이 소요된다. 초파리의 가장 큰 염색체는 약 6×10^7bp이다. (a) 이 염색체가 거대한 DNA 한 분자만을 가지고 있으며, DNA 중앙에 위치한 단 하나의 원점에서 양방향으로 복제된다면, 전체염색체가 복제되는 데는 몇 시간이 걸리겠는가? 단 초파리에서 DNA가 복제되는 속도는 대장균의 복제속도와 같다고 가정한다. (b) 실제 복제속도는 원핵생물보다 진핵생물에서 느리게 일어난다. 각 복제 분기점의 초파리에서는 10,000bp/min의 속도로, 대장균에서는 100,000/min속도로 이동한다면, (a)와 같이 단 하나의 양 방향적 레플리콘을 갖는 가장 큰 초파리염색체를 복제하는 데 얼마나 걸리겠는가? (c) 초파리 배의 초기 난할동안, 핵은 9–10분마다 분열한다. (a), (b)의 계산에 의하면 이렇게 빠른 핵분열은 초파리 염색체당 몇 개의 레플리콘을 가지고 있음을 의미하는가?

10.13 박테리아를 무거운 동위원소 ^{15}N만을 질소원으로 이용할 수 있는 배지에서 많은 세대 배양시켰다. 이를 ^{14}N 배지에서 한 세대 배양시킨 후, ^{15}N배지로 옮겨 한 세대 더 성장시켰다. 이런 박테리아로부터 DNA를 분리하여 CsCl 평형밀도구배에서 원심분리하면, DNA가 구배 내의 “light,” “hybrid,” 그리고 “heavy”의 어느 밴드에 위치할 것이라고 생각하는가?

10.14 박테리오파지 람다염색체는 몇 개의 A-T rich 절편을 가지는데, 이 부분은 pH 11.5에 10분정도 노출시키면 변성이 된다. 이와 같은 부분 변성 후에 선형으로 포장된 형태의 람다 DNA 분자의 구조는 그림 10.9*a*에 보여지고 있다. 이것이 대장균세포 내로 주입되어지면, 람다 DNA는 상보적 단일가닥 말단 사이의 수소결합에 의해 DNA 연결효소를 통해 공유적으로 폐쇄된 환형분자로 전환된다. 그리고 나서 이는 θ-형 구조로 복제된다. 전체 람다염색체는 17.5 μm 길이이다. 복제의 유일한 기점은 그림 10.9*a*와 같이 선형의 왼쪽 끝으로부터 14.3 μm 쯤에 위치한다. (1) 대략 6 μm 길이의 람다염색체 DNA절편의 복제 후와 (2) 부분적으로 복제된 DNA를 pH 11.05에서 10분 동안(*in vitro*) 노출 시킨 후 전자현미경으로 관찰될 것이라 예상되는 구조를 (a), (b)에 대해 그려라. (a) 복제가 기점으로부터 양방향으로 진행될 경우, (b) 복제가 기점으로부터 한 방향으로 진행될 경우.

10.15 원핵생물의 DNA 반보존적 복제 시 다음의 단계를 촉매하는 각각은 어떤 효소의 활성인가?

(a) 자손 DNA 분자 내의 음성 슈퍼코일 형성
(b) RNA 시발체 합성
(c) RNA 시발체의 제거
(d) 시발체가닥 3′-OH 말단에서의 DNA 사슬의 공유적 신장
(e) DNA 시발체가닥 3′-OH 말단에서의 뉴클레오티드 교정

10.16 나무 중 한 종은 매우 큰 1.8×10^{12} DNA 염기쌍의 유전체를 갖고 있다.

(a) 만약에 DNA가 한 가닥의 선형 분자라면 길이는 얼마나 될까?
(b) 만약에 DNA가 10개의 염색체에 균등하게 나뉘어져 있고, 각 염색체에는 한 개의 복제 분기점이 있다면, 세포주기의 S기에 복제하는 데 얼마나 시간이 걸릴까(DNA 중합효소는 분당 2×10^4 bp의 속도로 합성할 수 있다고 가정하라)?
(c) 활발하게 성장하는 세포는 세포주기 중 S기가 약 3,000분이다. 복제 분기점이 균등하게 분포한다고 가정하면 각 염색체에는 몇 개의 복제 분기점이 존재할까?
(d) 복제 분기점과 인접한 복제 분기점 사이에는 몇 개의 염기쌍이 있을까?

10.17 진핵생물염색체의 거대 DNA는 왜 복제분기점이 많아야 하는가?

10.18 대장균에서 5′ → 3′중합효소 활성은 없으나, 정상적인 5′ → 3′ 외부핵산가수분해효소 활성을 갖는 *polA* 돌연변이종을 분리해 내었다. 그러나 DNA 중합효소 I의 5′ → 3′중합효소 활성은 유지하는 반면, 5′ → 3′외부핵산가수분해효소 활성이 완전히 결핍된 *polA* 돌연변이종은 찾아내지 못하였다. 이와 같은 결과는 어떻게 설명할 수 있을까?

10.19 또 다른 대장균의 *polA* 돌연변이종은 DNA 중합효소의 3′ → 5′외부핵산가수분해효소 활성이 없다. DNA 합성속도가 이 돌연변이종에서 변화될까? 이 돌연변이가 개체의 표현형에 어떤 영향을 끼치게 될까?

10.20 많은 복제원점들이 A:T-rich 중심서열을 포함하는 것은 이미 밝혀져 있다. 이들 A:T-rich 중심의 기능적 중요성이 있는가? 만약 그렇다면, 왜 그런 것인가?

10.21 (a) DNA 시발효소활성이 회전환 복제를 개시하기 위해 필요하지 않은 이유는? (b) 회전환의 단일가닥 꼬리에서 발생하는 지연가닥의 불연속적 합성에는 DNA 시발효소 활성이 필요한데, 왜 그러한가?

10.22 DNA 중합효소 I은 대장균염색체 복제 시 RNA 시발체를 제거하기 위해 필요하다. 그러나 DNA 중합효소 III가 대장균에서의 실제 복제효소이다. DNA 중합효소 III는 왜 RNA 시발체를 제거하지 않는가?

10.23 대장균에서, 양친 이중나선을 풀고, 신장되는 주형 형태 내의 풀린 가닥을 유지하는 데는 3가지 단백질이 필요하다. 이들 단백질은 무엇이며 각각의 기능은 무엇인가?

10.24 대장균의 DNA 중합효소 I과 III의 구조는 얼마나 유사한가? DNA 중합효소 III holoenzyme의 구조는 어떠한가? 대장균의 *dnaN* 유전자 산물의 기능은 무엇인가?

10.25 대장균의 *dnaA* 유전자 산물은 *oriC*에서 DNA 합성을 개시하는 데 필요하다. 기능은 무엇이며, DnaA 단백질이 개시과정에 필수적이라는 것은 어떻게 알게 되었는가?

10.26 프라이모좀이란 무엇이며, 기능은 무엇인가? 프라이모좀에 존재하는 필수효소들은 무엇인가? 대장균 레플리솜의 주요 요소는 무엇인가? 유전학자들은 이들 요소들이 DNA 복제에 필요하다는 걸 어떻게 결정할 수 있었을까?

10.27 진핵생물의 염색체 DNA는 세포주기 중 S기 동안에 뉴클레오좀으로 포장된다. 진핵생물 DNA의 반보존적 복제 시 존재하는 레플리솜과 뉴클레오좀의 크기나 복잡성이 제기하는 문제점은 무엇인가? 어떻게 이 장애를 극복할 수 있겠는가?

10.28 염색체 복제에 필수적인 산물을 암호화하는 유전자에 온도-민감성 돌연변이를 갖는 2개의 대장균 돌연변이종이 있다. 두 종 모두 25°C에서는 정상적으로 DNA를 복제하고, 분열되지만 42°C에서는 DNA 복제와 분열이 불안정하다. 한 종의 세포를 25°C에서 42°C로 옮겨 배양시켰을 때, DNA 합성이 즉각 중단되었다. 다른 종의 세포를 동일하게 처리했을 때, DNA 합성이 계속되나 약 반시간 동안 감소된 속도로 작동한다. 이들 두 유전자 산물의 기능에 대해 어떤 결론을 내릴 수 있겠는가?

10.29 진핵생물의 염색체 DNA 복제와 원핵생물의 DNA 복제의 방식이 어떻게 다른가?

10.30 (a) 박테리아 *Salmonella typhimurium*의 염색체는 약 5×10^6 뉴클레오티드를 포함하고 있다. *S. typhimurium* 염색체 복제 시 얼마나 많은 오카자키 절편이 생겨날 거라고 생각되는가? (b) 노랑초파리의 가장 큰 염색체는 대략 8×10^7 뉴클레오티

드 정도이다. 이 염색체 복제시 얼마나 많은 오카자키 절편이 생기겠는가?

10.31 효모 *S. cerevisiae*에서 *est1*(*e*ver-*s*hor*t*er telomere)이라는 돌연변이를 갖는 반수체 세포는 각 세포분열마다 끝부분의 telomere를 손실하게 된다. 이들 세포의 자손에 이 돌연변이가 표현형에 어떤 영향을 주게 될지 예상해보라.

10.32 진핵생물염색체 안의 거대 DNA 분자 한 끝에 존재하는 DNA 이중가닥 염기서열이 다음과 같다.

5′-(동원체 서열)-GATTCCCCGGGAAGCTTGGGGGGCCCATCTTCGTACGTCTTT-3′
3′-(동원체 서열)-CTAAGGGGCCCTTCGAACCCCCCGGGTAGAAGCATGCAGAAA-5′

당신은 시험관 내에서 진핵생물의 레플리좀을 다시 구성할 수 있다. 그러나 텔로머라아제의 활성은 없다. 만약 위의 서열을 시험관 내에서 복제한다면 어떤 산물이 얻어질 것으로 예측되는가?

11 전사와 RNA 가공

장의 개요

- 유전정보의 전달: 중심원리
- 유전자 발현의 과정
- 원핵생물에서의 전사
- 진핵생물에서 전사와 RNA 공정
- 진핵생물의 분할된 유전자들: 엑손과 인트론
- RNA 스플라이싱에 의한 인트론의 제거

단순한 암호를 이용한 정보의 저장과 전달

우리는 컴퓨터 시대에 살고 있다. 컴퓨터는 일터로 가는 것부터 우주선이 달에 착륙하는 것을 보는 것 등 실질적으로 우리 생활의 모든 측면에 큰 영향을 미친다. 이 전자적 마술사는 번개 같은 속도로 데이터를저장하고 재생하며 분석한다. 컴퓨터의 '뇌'는 마이크로프로세서인 작은 실리콘 칩으로 되어 있고 이는 많은 전자에너지를 거의 동시에 암호화할 수 있는 전자회로의 정교하고 통합된 배열로 만들어져 있다. 놀라운 업적을 수행하는 데에 컴퓨터는 0과 1을 기초로 하는 언어인 이진법을 사용한다. 따라서 컴퓨터에 사용되는 알파벳은 전보에서 사용되는 모스 부호(dots and dashes)와 같다. 이 둘은 영어의 알파벳이 26개로 되어 있는 데 반해 단지 두 가지 기호만을 가진다. 분명 컴퓨터가 이진법으로 이런 놀라운 일을 수행할 수 있다면 방대한 정보는 복잡한 암호나 긴 알파벳을 사용하지 않고 저장 재생되어질 수 있다. 11장과 12장에서 우리는 (1) 어떻게 생물의 유전정보가 단지 4개의 문자 즉 DNA에서 4개의 염기쌍으로서 쓰여지는 지와 (2) 이 유전정보가 개체의 성장과 발달동안 어떻게 발현되는 지를 알아본다. 우리는RNA가 유전자 발현과정에서 중요한 역할을 수행한다는 것을 알게 될 것이다.

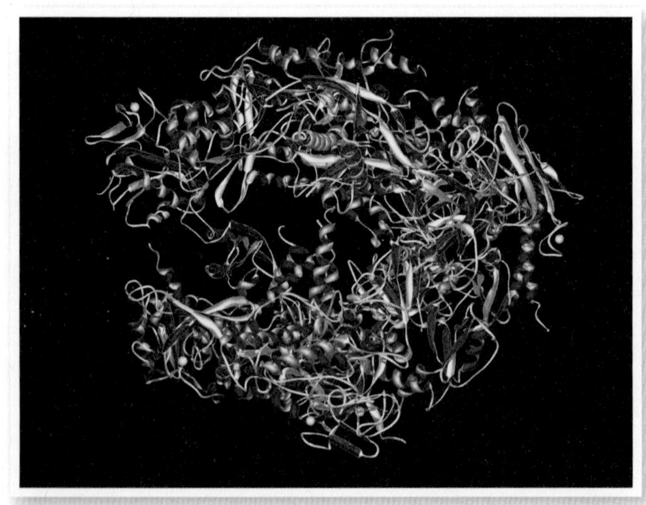

RNA 중합효소 II 구조의 컴퓨터 모델 — 진핵생물에서 핵 유전자들의 전사를 촉매 한다.

유전정보의 전달: 중심원리

생물학의 중심원리는 DNA에 저장된 정보가 전사 과정을 통해 RNA로 전달되며, 다시 번역을 통해 단백질로 전달된다는 것이다.

분자생물학의 중심원리에 따르면, 유전정보는 보통 두 가지 경로를 통해 흐른다: (1) 세대를 거치면서 DNA에 저장된 정보가 DNA로 전달되는 것과, (2) 한 생물체 내의 표현형적 발현 과정에서 DNA로부터 단백질로 정보가 전달되는 것이다(■ **그림 11.1**). RNA 바이러스들의 복제 중에는 정보가 RNA로부터 DNA로 흐를 수도 있다. DNA에서 단백질로의 유전정보 흐름은 두 가지 단계가 관여하는데; (1) **전사(transcription)**는 DNA로부터 RNA로 유전정보가 전달되는 것이고, (2) **번역(translation)** 과정을 통해 RNA의 정보가 단백질로 전달된다. 더하여, 유전정보는 RNA 종양 바이러스들이 그들의 RNA 유전체를 DNA 프로바이러스 형태로 전환시키는 과정에서 RNA에서 DNA로 정보가 흘러갈 수 있다(21장 참조). 그러므로, DNA에서 RNA로의 정보 전달은 가끔 방향이 역전되기도 한다. 그러나 RNA에서 단백질로의 정보 흐름은 언제나 단일 방향으로 이루어진다.

전사와 번역

앞서 논의했던 바와 같이, 유전정보의 발현은 전사와 번역의 두 단계를 통해 이루어진다(그림 11.1). 전사과정 중에는 유전자의 DNA 한 가닥이 **전사체(transcript)**라고 불리는 상보적인 RNA가닥을 합성하는 데 주형으로 이용된다. 예를 들어, 그림 11.1에서는 뉴클레오티드 서열 AAA를 포함하고 있는 DNA가닥이 RNA 전사체의 상보적 서열인 UUU를 만드는 주형으로 이용된다. 번역과정 중에는, RNA 전사체의 뉴클레오티드 서열이 유전자 산물인 폴리펩티드 내의 아미노산 서열로 전환된다. 이러한 전환은 **유전암호(genetic code)**에 따라 이루어지며, **코돈(codon)**이라고 불리는 유전자 전사체 내의 세 뉴클레오티드 서열(트리플렛, 삼중자 암호)에 의해 아미노산이 지정된다. 예를 들면, 그림 11.1에 나타나 있는 RNA 전사체 내의 UUU 트리플렛(triplet)은, 유전자 산물인 폴리펩티드 내에 페닐알라닌(Phe) 아미노산을 지정하게 된다. 번역작업은 **리보솜(ribosome)**이라고 불리는 복잡한 거대 분자 기계들에서 이루어지는데, 이것은 3~5개의 RNA들과, 50~90개의 단백질들로 이루어져 있다. 그러나 번역 과정에는 다른 많은 거대 분자들이 더 필요하다. 이 장에서는 전사에 대해서만 초점을 맞추기로 하고, 번역에 대해서는 12장에서 살펴보기로 하자.

리보솜에서 번역되는 RNA 분자들은 **전령 RNA(messenger RNA, mRNA)**라고 불린다. 원핵생물에서는 전사 산물인 **1차 전사체(primary transcript)**가 보통 mRNA 분자로 사용된다(■ **그림 11.2a**). 진핵생물에서는 1차 전사체들이 번역에 앞서 종종 특정 서열에서 잘리고 양 말단이 변화되어야만 한다(■ **그림 11.2b**). 따라서, 진핵생물에서는 1차 전사체들은 보통 mRNA들의 전구체들이고, 따라서 그런 것들은 **pre-mRNA(전 전령 RNA)**라고 불린다. 고등 진핵생물에서 대부분의 핵 유전자들과 하등 진핵생물들의 일부 유전자들은. 이 유전자들의 발현 서열 즉, *엑손(exon)*들을 분리하는 비 암호화 서열인 *인트론(intron)*들을 포함하고 있다. 이렇게 *분할된 유전자(split gene)*들의 전체 서

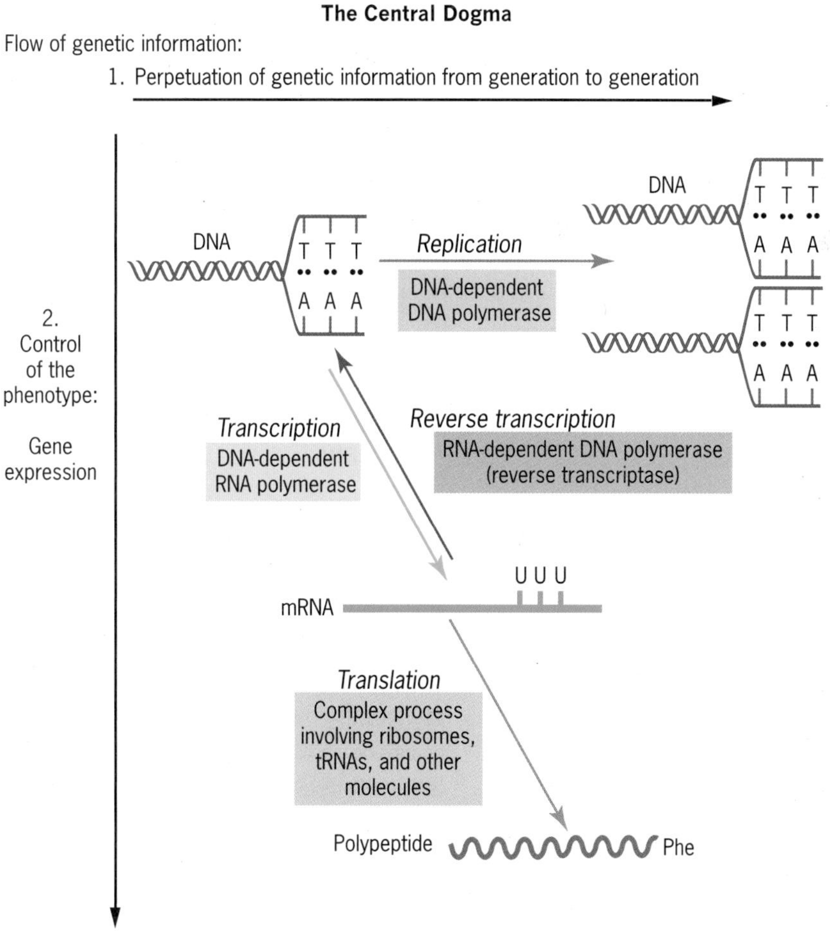

■ **그림 11.1** 분자생물학의 중심설에 따른 유전정보의 전달 경로. 복제와 전사 번역이 모든 생물에서 일어난다. 역전사는 일부 RNA 바이러스에 감염된 세포에서만 일어난다. RNA 바이러스들의 복제 과정 중에 발생하는 RNA에서 RNA로의 정보 전달은 여기서는 나타내지 않았다.

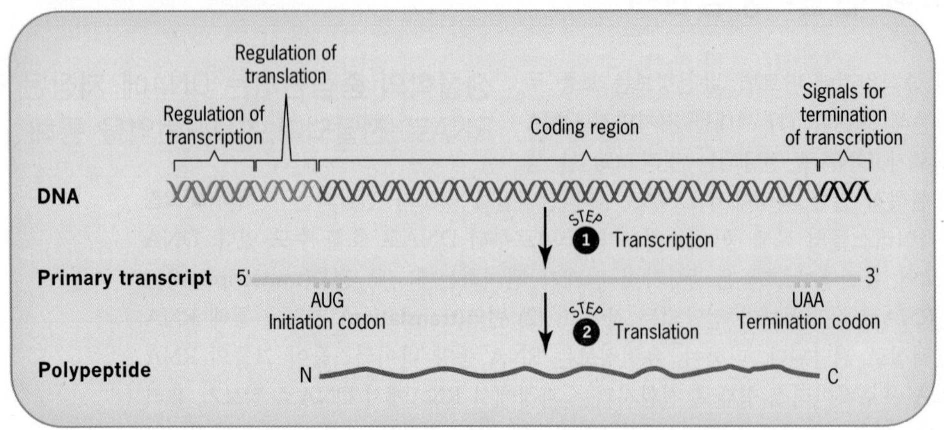

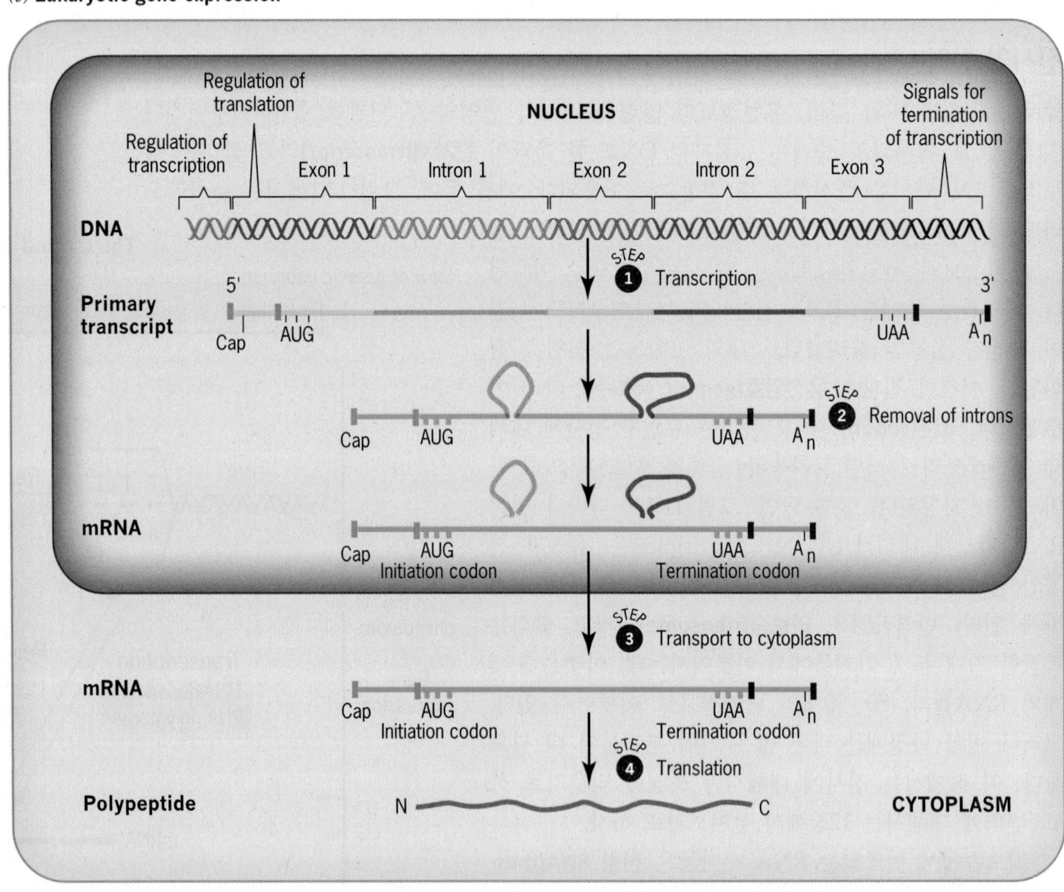

■ **그림 11.2** 유전자 발현은 (*a*) 원핵생물이나 (*b*) 진핵생물에서 모두 전사와 번역 두 단계를 거쳐 일어난다. 진핵생물에서는 1차 전사체 혹은 pre-mRNA가 종종 인트론의 제거, 5′말단의 7-메틸구아노신 모자 구조(7-methylguanosine cap)의 첨가, 그리고 3′말단의 poly A 꼬리 구조[$(A)_n$] 추가에 의해 가공되어야만 한다. 더하여, 진핵생물의 mRNA들은 핵으로부터 번역될 장소인 세포질로 운반되어야만 한다.

열이 pre-mRNA로 전사되고, 비암호화 인트론 서열들은 *스플라이소좀*(*spliceosome*)이라고 불리는 거대 분자 구조에서 이루어지는 *접합*(*스플라이싱, splicing*) 반응에 의해 곧 제거된다.

RNA 분자의 다섯 가지 형태

유전자 발현에는 5가지의 RNA 분자들이 핵심적 역할을 담당하고 있다. DNA의 유전정보를 단백질이 합성되는 리보솜으로 실어 나르는 중간 매개물인 mRNA에 대해서는 이미 설명했다. **운반 RNA(transfer RNA, tRNA)**들은 번역 중에 mRNA 내의 코돈들과 아미노산 사이의 어댑터로서 기능하는 작은 RNA 분자들이다. **리보솜 RNA(ribosomal RNA, rRNA)**들은 mRNA의 뉴클레오티드 서열들을 폴리펩티드 내의 아미노산 서열들로 번역하는 복잡한 기구인 리보솜을 구성하고 촉매역할을 담당하는 구성요소들이다. **소형 핵 RNA(small nuclear RNA, snRNA)**들은 유전자 전사체들로부터 인트론을 제거하는 핵 내 기구인 스플라이소좀의 구조적 성분들이다. **마이크로 RNA(miRNA)**들은 20~22 뉴클레오티드 길이의 짧은 단일가닥 RNA들로서 작은 머리핀-모양의 전구체들이 잘려 만들어지는데, 상보적 서열을 가지는 mRNA들의 분해를 일으키거나 그 번역을 억제함으로써 이 mRNA들의 발현을 막는다. mRNA들이나 snRNA들의 역할에 대해서는 이 장에서 다룬다. tRNA와 rRNA들의 구조와 기능에 대해서는 12장에서 자세하게 다룰 것이다. miRNA들에 의한 유전자 발현 조절 기작에 대해서는 19장에서 다루게 될 것이다.

다섯 가지 RNA — mRNA, tRNA, rRNA, snRNA, 그리고 miRNA — 는 모두 전사에 의해 생긴 것이다. 폴리펩티드를 지정하는 mRNA와는 달리, tRNA, rRNA, snRNA 그리고 miRNA 유전자들의 최종 산물은 RNA 분자들이다. 이 네 가지 RNA 분자들은 번역되지 않는다. ■ **그림 11.3**은 진핵생물에서의 유전자 발현에 대한 전체적 개관에서 전사 기점과 5가지 RNA 분자들의 기능을 강조해 보여주고 있다. 이 과정은 원해생물에서와 유사하다. 그러나 원핵생물에서는 DNA가 핵막에 의해 리보솜과 분리되어 있지 않다. 게다가 원핵성 유전자들은 RNA 전사체의 공정 중에 제거되는 비암호화 서열도 거의 가지지 않는다.

요점

- *분자생물학의 중심원리는 유전정보가 세대를 통해 DNA에서 DNA로, 그리고 전사과정 중에는 DNA에서 RNA로, 번역 과정을 통해 RNA에서 단백질로 흐른다는 것을 말한다.*
- *전사과정은 유전자의 DNA 한 가닥으로부터 상보적인 서열의 RNA 전사체가 합성되는 과정을 포함한다.*
- *번역은 RNA 전사체의 뉴클레오티드 서열에 저장되어 있는 정보가 유전자 코드에 따라 폴리펩티드 유전자 산물의 아미노산 서열로 전환되는 것이다.*

유전자 발현의 과정

유전자의 뉴클레오티드 서열에 저장된 정보는 mRNA라 불리는 불안정한 중간물질을 통해 단백질의 아미노산 서열로 번역된다.

어떻게 유전자들이 생물의 표현형을 조절하는가? 어떻게 유전자의 뉴클레오티드 서열들이 세포, 조직, 기관, 혹은 전체 생명체의 성장과 발달을 지시하는가? 유전학자들은 한 생물체의 표현형이 환경에 의해 부과된 제한 안에서 작용하는 모든 유전자들의 효과가 종합되어 생기는 것이라고 알고 있다. 그들은 또한 한 생명체가 가지는 유전자 수는 그 종의 발생학적 복잡성 정도에 따라 증가하며 그 변화 정도가 크다는 것도 알고 있다. MS2 파지 같이 아주 작은 바이러스의 RNA 유전체는 단 4개의 유전자만을 가지지만, T2 파지 같이 큰 바이러스의 경우는 약 200개 가량의 유전자를 가진다. 대장균 같은 세균은 대략 4,000개의 유전자를 포함하고 있으며, 포유류인 인간은 약 20,500개의 유전자를 가지고 있다. 이 장과 다음 장에서는 유전자가 그들의 산물인 RNA와 단백질을 만드는 방법에 대해 살펴본다. 유전자 산물들이 종합적으로 성숙한 생물의 표현형을 조절하는 방법에 대해서는 그 다음 장들, 특히 20장에서 다루게 될 것이다.

mRNA 중개물질(INTERMEDIARY)

만약 진핵생물의 모든 유전자들이 핵 내에 위치하고, 단백질들은 세포질에서 합성된다면, 어떻게 이 유전자들이 그들의 단백질 산물 내 아미노산 서열을 조절할 수 있을까? 유전자들 내에 뉴클레오티드 쌍들의 순서로 저장된 유전정보는 어떻게든 세포질의 단백질 합성

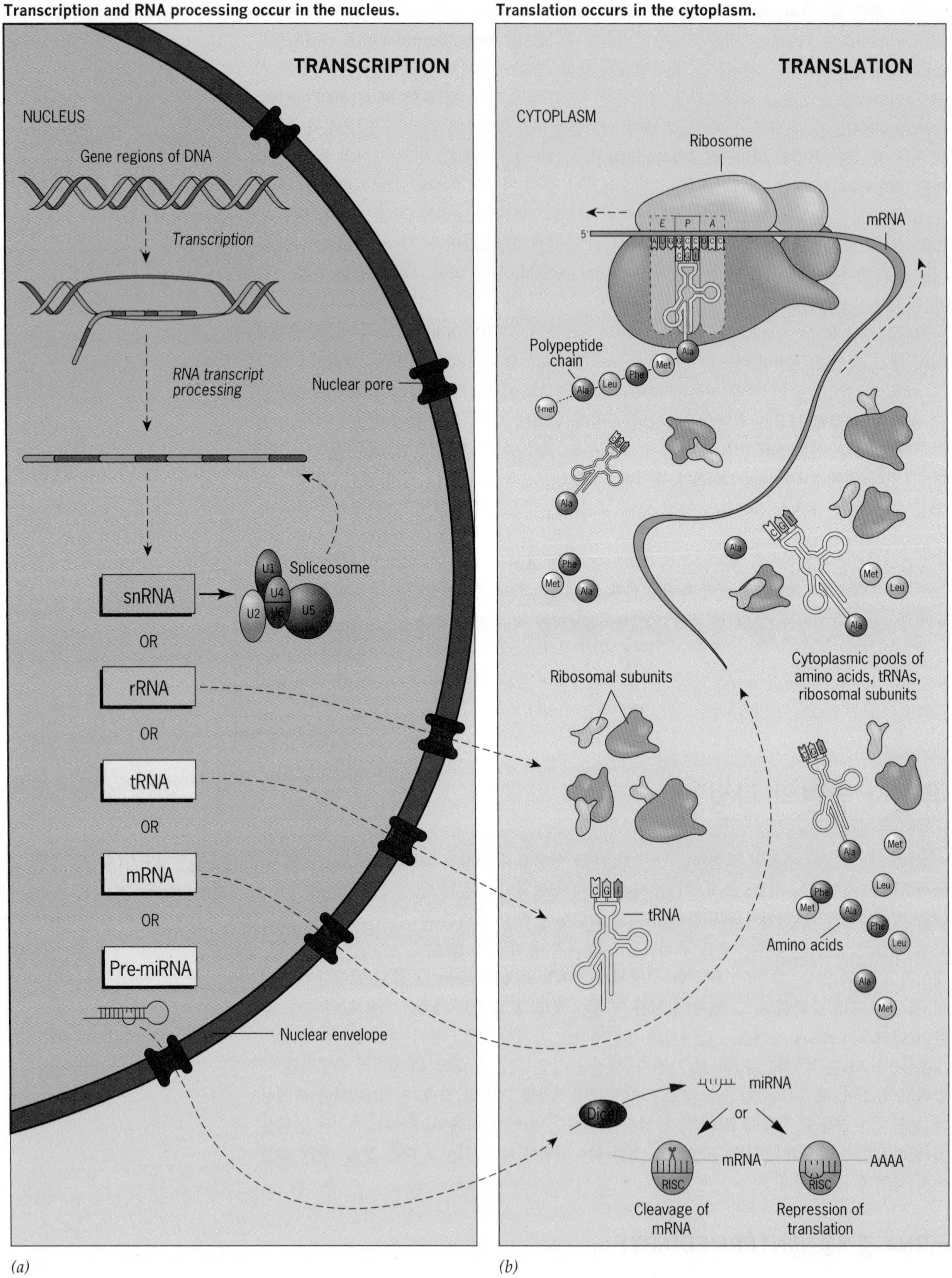
Transcription and RNA processing occur in the nucleus.
TRANSCRIPTION
NUCLEUS
Gene regions of DNA
Transcription
RNA transcript processing
Nuclear pore
Spliceosome
snRNA
OR
rRNA
OR
tRNA
OR
mRNA
OR
Pre-miRNA
Nuclear envelope
Translation occurs in the cytoplasm.
TRANSLATION
CYTOPLASM
Ribosome
mRNA
Polypeptide chain
Ribosomal subunits
Cytoplasmic pools of amino acids, tRNAs, ribosomal subunits
tRNA
Amino acids
Dicer
miRNA
or
mRNA
AAAA
RISC
Cleavage of mRNA
Repression of translation

(a) (b)

■ 그림 11.3 유전자 발현의 전체적 개요: miRNA, snRN, tRNA, rRNA, 그리고 mRNA가 전사되는 것, snRNA의 스플라이싱 기능, miRNA에 의한 유전자 발현의 조절, 그리고 tRNA, rRNA, mRNA 및 리보솜 등의 번역 작용에서의 역할 등을 강조해서 그렸다. 다이서(dicer)는 miRNA 전구체를 miRNA로 가공하는 핵산분해효소이고 RISC는 RNA-유도성 침묵 복합체(RNA-induced silencing complex)를 말한다.

장소로 옮겨져야만 한다. 핵으로부터 세포질로 유전정보를 전달할 전령이 필요한 것이다. 전령에 대한 필요성은 진핵생물에서 더 뚜렷하지만, 그 전령의 존재에 대한 최초의 증거는 원핵생물에 대한 연구로부터 나왔다. 짧은 수명을 가지는 전령 RNA의 존재에 대한 초기 증거들 중 몇 가지가 '부록 D: 불안정한 전령 RNA' 부분에 논의되어 있다.

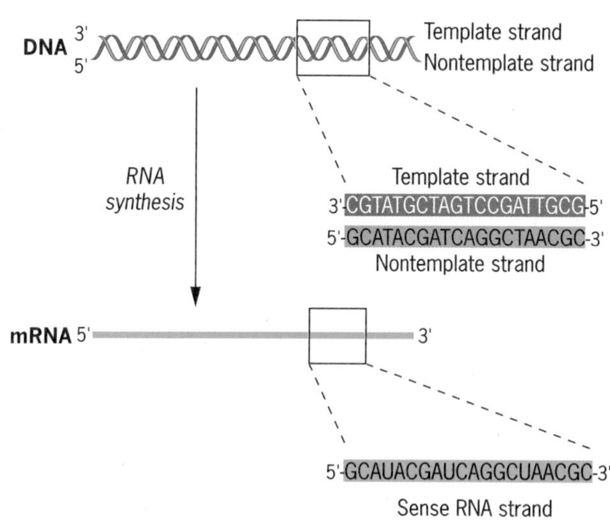

■ 그림 11.4 RNA 합성은 DNA 한 가닥만을 주형으로 사용한다.

RNA 합성의 일반적 특징들

RNA 합성은 다음과 같은 다른 점만 제외하면 DNA 합성(10장)과 비슷한 방법으로 이루어진다: (1) 데옥시리보뉴클레오시드 삼인산(deoxyribonucleoside triphosphate) 전구체가 아니라 리보뉴클레오시드 *삼인산(ribonucleoside triphosphate)*이 전구체로 사용된다. (2) 특정 영역 내에서 오직 한 가닥의 DNA만 상보적인 RNA 분자의 합성에 주형으로 사용된다. 그리고 (3) RNA 사슬들은 기존의 시발체(프라이머)가닥을 요구하지 않는 새로운(*de novo*) 합성의 개시가 가능하다. 생산되는 RNA 분자는 DNA **주형가닥(template strand)**에 상보적이며 역평행하다. 그리고 티미딘(thymidine)이 유리딘(uridine)으로 치환된 것만 빼면 DNA **비주형가닥(nontemplate strand)**과는 동일하다(**■ 그림 11.4**). 만약 그 RNA 분자가 mRNA라면, 단백질 유전자 산물 내의 아미노산 서열을 지정하게 될 것이다. 그러므로, mRNA 분자들은 RNA로 된 암호화 가닥(coding strand)들이다. 이들은 그 뉴클레오티드 서열들이 단백질 유전자 산물들 내의 아미노산 서열을 지정하는 "의미를 만들기(make sense)" 때문에 **센스가닥(sense strand)**이라고도 불린다. 어떤 mRNA에 상보적인 RNA 분자를 안티센스 RNA(antisense RNA)라고 부른다. 이러한 용어는 때로는 DNA의 두 가닥에 대해서도 종종 확장되어 사용된다. 그러나, DNA가닥에 대한 *센스(sense)*나 *안티센스(antisense)*라는 용어의 사용은 일관성이 없다. 따라서, 우리는 유전자의 전사가닥과 비전사가닥을 지칭할 때는 *주형가닥(template strand)*과 *비주형가닥(nontemplate strand)*이라는 말을 사용할 것이다.

DNA 사슬에서처럼, RNA가닥의 합성은 사슬 말단의 3′-OH 그룹에 리보뉴클레오티드를 첨가함으로써 5′→3′ 방향으로 일어난다(**■ 그림 11.5**). DNA에서와 마찬가지로, 이 반응에는 리보뉴클레오시드 삼인산 전구체의 뉴클레오티드 인 원자(안쪽인 원자)에 대한 3′-OH의 핵친화적 공격(nucleophilic attack)으로 피로인산염(ppi)이 제거되는 과정이 관여한다. 이 반응은 **RNA 중합효소(RNA polymerase)**라고 불리는 효소에 의해 촉매된다. 전체 반응은 다음과 같다:

$$n(\text{RTP}) \xrightarrow[\text{RNA polymerase}]{\text{DNA template}} (\text{RMP})_n + n(\text{PP})$$

여기에서 n은 사용된 리보뉴클레오시드 삼인산(ribonucleoside triphosphate, RTP), RNA에 통합된 리보뉴클레오시드 일인산(ribonucleoside monophosphate, RMP), 그리고 반응에 의해 생기는 피로인산염(pyrophosphate, PP)의 몰 수를 나타낸다.

RNA 중합효소들은 **프로모터(promoter)**라고 불리는 특정한 뉴클레오티드 서열에 결합하고, 전사인자들의 도움을 받아 프로모터 근처의 전사 개시 지점에서 RNA 합성을 개시한다. 진핵생물에서 프로모터들은 원핵생물의 것 보다 일반적으로 더 복잡하다. 대부분의 원핵생물에서는 한 가지 RNA 중합효소가 모

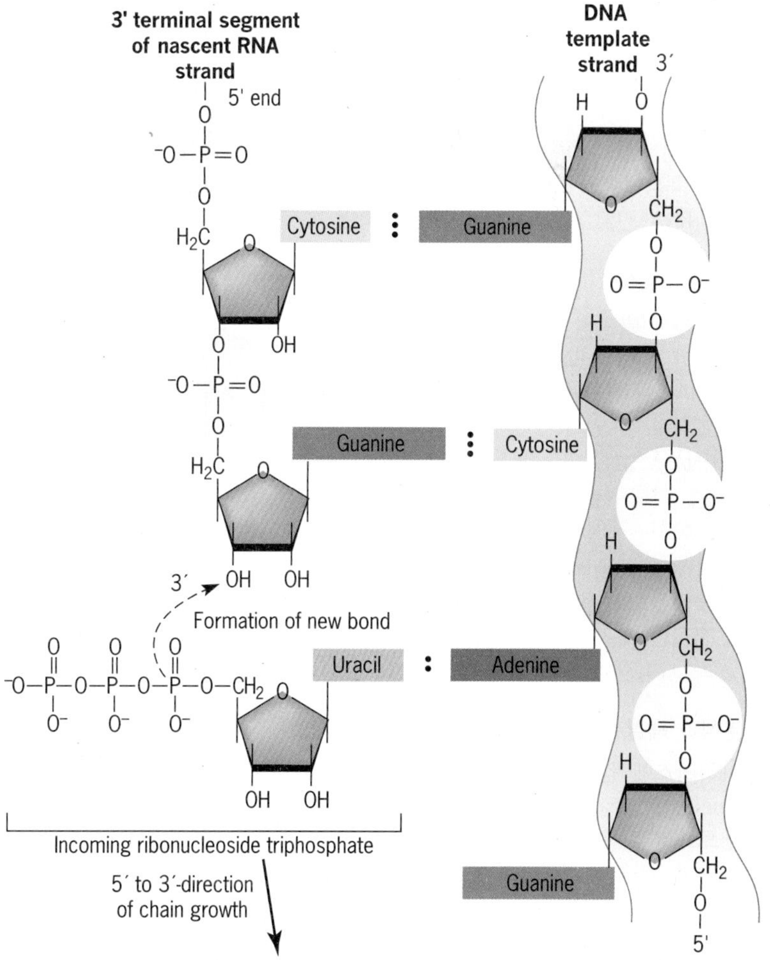

■ 그림 11.5 RNA 중합효소에 의해 촉매 되는 RNA 사슬의 신장 반응.

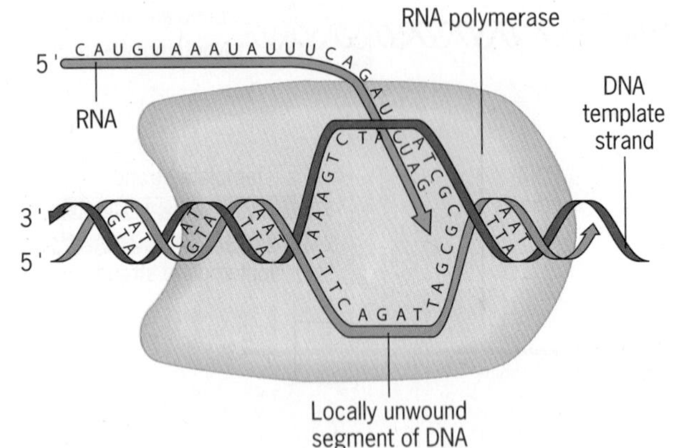

든 전사를 수행하지만, 진핵생물에는 5가지의 서로 다른 RNA 중합효소들이 존재하며, 각 중합효소들이 특정 집단의 RNA들을 합성하는 데 작용한다. RNA 합성은 RNA 중합효소에 의해서 DNA가 풀리는 부분인 **전사 기포(transcription bubble)**라고 불리는 부분 내에서 일어난다(■ **그림 11.6**). RNA 분자의 뉴클레오티드 서열은 DNA의 주형가닥과 상보적이며, 우라실이 티민을 대체한다는 것을 제외하면 RNA 합성에는 DNA 합성에서와 마찬가지로 동일한 염기쌍 규칙이 적용된다. 결과적으로, 세포나 바이러스, 그리고 기타 감염성 생물체들에서 얻은 염색체들 같이 서로 다른 시료로부터 얻어진 DNA에 그들이 혼성화되는지를 살펴봄으로써 RNA 전사체들의 기원을 확인할 수 있다('문제 풀이 기술: 바이러스와 숙주의 DNA로부터 전사된 RNA들의 구별' 부분을 참고하라).

■ **그림 11.6** RNA 합성은 부분적으로 DNA가 풀리는 부분에서 일어난다. 이 *전사 기포(transcirption bubble)*는 주형가닥의 몇 개 뉴클레오티드들이 RNA 사슬의 신장 말단과 염기쌍을 형성할 수 있도록 한다. DNA 분자의 풀림(unwinding)과 재감김(rewinding)은 RNA 중합효소에 의해 촉매된다.

문제 풀이 기술

바이러스와 숙주 DNA로부터 전사된 RNA들의 구별

문제

바이러스에 감염된 대장균 세포는 두 가지 종류의 RNA 전사체, 즉 세균과 바이러스의 전사체들을 만들게 될 기회를 갖는다: 만약 바이러스가 T4처럼 용균성 박테리오파지라면, 바이러스 전사체만 만들어질 것이다; 만약 M13같이 비용균성 박테리오파지에 감염되었다면, 바이러스와 세균의 전사체가 모두 만들어질 것이다; 만약 람다 같은 용원성 프로파지가 감염되었다면, 오로지 세균 세포의 전사체만 만들어질 수도 있다. 여러분이 방금 새로운 DNA 바이러스를 동정했다고 가정하라. 바이러스에 감염된 세포에서 어떤 형태의 RNA 전사체들이 만들어졌는지 어떻게 결정할 수 있겠는가?

사실과 개념

1. 유전자 발현의 첫 번째 단계(전사 과정) 중에는 DNA의 한 가닥만이 상보적 RNA 합성의 주형으로 사용된다.
2. RNA들은 ^{3}H-uridine을 포함한 배지에서 세포를 키움으로써 ^{3}H로 표지될 수 있다.
3. DNA는 고온이나 높은 pH에 노출시킴으로써 각 구성가닥들을 단일가닥으로 분리시켜 변성시킬 수 있다.
4. 바이러스 DNA와 숙주 세포의 DNA는 둘 다 분리되어 변성되고 막에 부착되어 이후의 혼성화 실험에 사용될 수 있다('부록 D: 불안정한 전령 RNA의 증거' 부분에서 그림 1을 참고하라).
5. 적절한 조건이 주어진다면, 단일가닥이 된 상보적 RNA와 DNA가 시험관 내에서 안정한 이중 나선을 형성할 것이다.

분석과 해결

바이러스에 감염된 세포에서 합성된 RNA 전사체의 근원은 ^{3}H-uridine이 포함된 배지에서 짧은 시간 동안 그 세포를 배양하고, 이 세포로부터 RNA을 추출한 후 이것을 단일가닥의 바이러스 DNA나 세균의 DNA와 혼성화시켜 봄으로써 결정할 수 있다.

a. 우선 변성된 바이러스 DNA가 결합되어 있는 막, 두 번째는 변성된 숙주 DNA가 붙은 막, 그리고 세 번째는 비특이적으로 결합하는 ^{3}H-표지 RNA를 측정할 대조군으로 사용할 것으로, DNA가 결합되어 있지 않은 막을 준비한다.
b. 그 다음 적절한 혼성화 용액을 준비하고 그 안에 3개 막—바이러스 DNA가 붙은 것, 숙주 DNA가 붙은 것, 그리고 DNA가 없는 것—을 넣는다.
c. ^{3}H-표지된 RNA를 추출하여 막의 DNA와 혼성화되도록 한다. 그런 후에는 막을 잘 헹구어 혼성화되지 않은 RNA들을 제거한다. 남아 있는 RNA들은 막의 DNA에 특이적으로 결합한 것이거나 혹은 막 자체에 비특이적으로 붙어 있는 것들이다. 결합된 RNA의 정도는 개별 막이 얼마나 방사능을 나타내는지를 측정함으로써 결정할 수 있다.
d. DNA가 없는 막 위의 방사능은 막에 붙은 비특이적인 RNA "배경(background)"을 나타내 준다. 이 방사능의 정도를 다른 두 막들이 나타내는 방사능의 양으로부터 빼주면, 바이러스DNA나 세균의 DNA에 특이적으로 붙은 RNA의 양을 측정할 수 있다. 이 결과는 표지된 전사체들이 바이러스에서 온 것인지, 아니면 숙주세포에서 나온 것인지, 혹은 둘 다에서 나온 것인지를 구분할 수 있도록 해준다. T4와 M13에 감염된 세포 및 람다를 가지고 있는 세포들을 이용한 결과가 아래에 정리되어 있다. (+표시는 RNA 전사체가 특이적으로 혼성화되었음을 나타낸다.)

	아래 물질을 포함한 막에 혼성화된 RNA	
	대장균 DNA	파지 DNA
파지 T4에 감염된 대장균 세포	–	+
파지 M-13에 감염된 대장균 세포	+	+
람다 프로파지를 가지고 있는 대장균 세포	+	–

새로 발견한 바이러스에 감염된 세포에서는 어떤 패턴의 혼성화가 관찰되는가?

더 많은 논의를 원하면 Student Companion 사이트를 방문하라.

요점

- *진핵생물에서 유전자들은 핵 안에 존재하는 반면, 폴리펩티드들은 세포질에서 합성된다.*
- *mRNA 분자는 DNA에서 단백질을 합성하는 리보솜으로 유전자 정보를 제공하는 중간매개체로서의 기능을 한다.*
- *RNA 합성은 RNA 중합효소에 의해 촉매되며, 그 과정은 DNA 합성과 많은 점에서 유사하다.*
- *RNA 합성은 DNA가닥이 분리되는 곳에서 일어나며 DNA 한 가닥만이 RNA 합성의 주형으로 기능한다.*

원핵생물에서의 전사

전사 — 유전자 발현의 첫 번째 단계 — 는 DNA(유전자)에 저장된 유전정보를 mRNA 분자로 전달하는 것이다. mRNA 분자들은 이 정보를 세포질의 리보솜 — 단백질의 합성 장소 — 으로 운반한다.

전사의 기본적인 특징은 원핵생물과 진핵생물에서 동일하지만 상세한 부분(프로모터 서열과 같은)에서는 많이 다르다. 대장균의 RNA 중합효소는 아주 자세하게 연구되어 있으니, 여기에서 논의해 보도록 하자. RNA 중합효소는 이 종의 모든 RNA 합성을 촉매한다. 고세균에서의 이 효소들은 상당히 다른 구조를 가지는데 이에 대해서는 여기서 논의하지 않기로 한다.

하나의 RNA 분자를 만들어내는 DNA의 전사 부위를 **전사단위(transcription unit)**라고 부른다. 전사단위들은 개별 유전자들과 동등한 것일 수도 있고, 혹은 여러 개의 연속된 유전자들을 포함하는 것일 수도 있다. 여러 유전자들의 암호화 서열들을 포함하는 거대한 전사체들은 세균에서는 흔한 것이다. 전사의 과정은 세 단계로 나뉠 수 있다: (1) 새로운 RNA 사슬의 합성 **개시(initiation)**, (2) 사슬의 **신장(elongation)**, 그리고 (3) 전사의 **종결(termination)**과 초기 RNA 분자의 방출(■ **그림 11.7**)이다.

전사를 논의할 때 생물학자들은 각각 mRNA 분자의 어떤 자리로부터 전사체의 5′말단과 3′말단 쪽으로 위치한 지역을 *상류(upstrean)*와 *하류(downstream)*로 각각 일컫는다. 이들 용어는 RNA 합성이 5′에서 3′ 방향으로 일어난다는 사실에 기초한 것이다. 유전자의 상류와 하류 영역들은 특정 기준 점에 대해 그 전사체의 해당 5′ 단편이나 3′ 단편들을 지정하는 것이다.

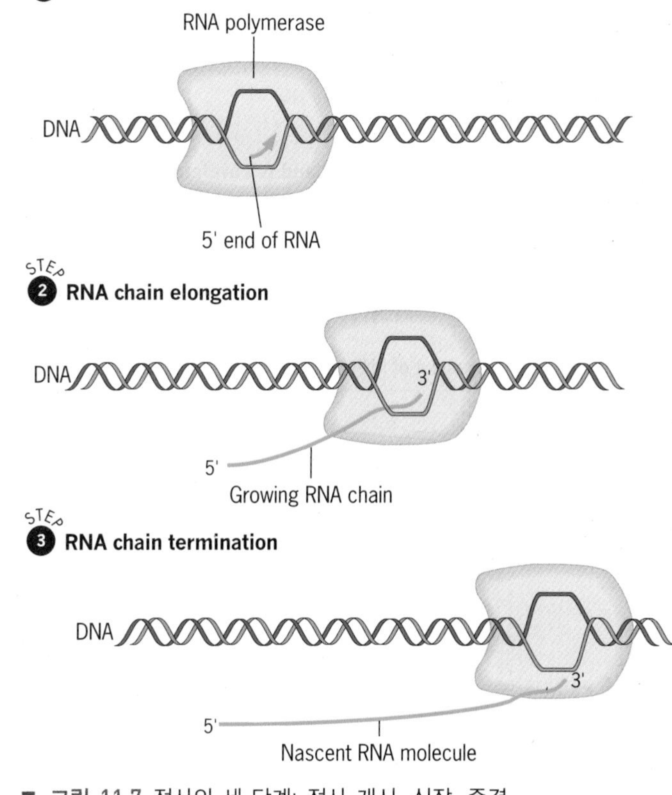

■ **그림 11.7** 전사의 세 단계: 전사 개시, 신장, 종결.

RNA 중합효소: 복합 효소

전사를 촉매하는 RNA 중합효소는 복잡한 다중체의 단백질이다. 대장균 RNA 중합효소는 분자량이 480,000 가량이며 다섯 개의 폴리펩티드로 이루어져 있다. 두 개는 동일하므로 이 효소는 네 개의 다른 폴리펩티드로 이루어진 셈이다. RNA 중합효소로서의 완전효소(holoenzyme)는 $\alpha_2\beta\beta'\sigma$로 이루어져 있으며 α 소단위체는 RNA 중합효소의 *4합체 핵심(tetrametic core $\alpha_2\beta\beta'$)*의 형성에 관여한다. β 소단위체는 리보뉴클레오시드 3인산과 결합할 수 있는 부위가 있으며 β′ 소단위체는 DNA 주형과 결합할 수 있는 부위가 있다.

σ **요소(sigma factor)**는 전사개시에만 관여하고 사슬이 신장에는 아무 기능을 하지 않는다. RNA 사슬 개시가 일어난 후 σ 요소가 방출되고 사슬의 신장(그림 11.5)은 핵심효소(core enzyme: $\alpha_2\beta\beta'$)에 의해 촉매 된다. 시그마의 기능은 DNA의 전사 개시부위나 프로모터 부위를 인식하고 거기에 RNA 중합효소를 결합시키는 것이다. 핵심 효소(σ가 없는)는 시험관 내(*in vitro*)에서 DNA로부터의 RNA 합성을 촉매할 것이지만, DNA

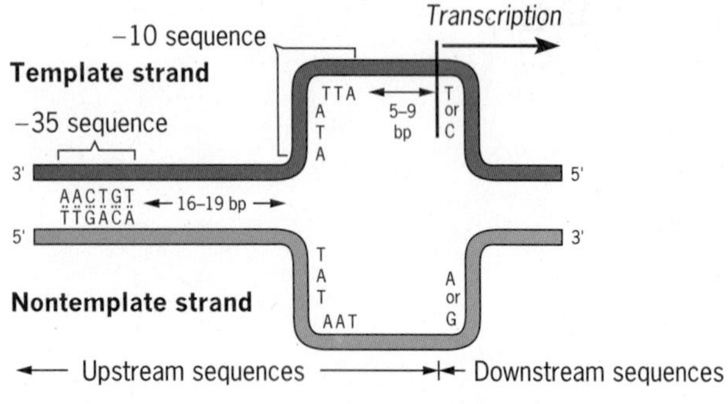

Localized unwinding

■ 그림 11.8 대장균의 전형적인 프로모터 구조. RNA 중합효소는 프로모터의 −35 서열에 결합하여 AT가 많은 −10 서열에서 DNA가닥을 풀기 시작한다. 전사는 전사 기포 내의 −10 서열에서 5~9 염기쌍 아래에서 시작된다.

의 양쪽가닥에서 무분별하게 아무 곳에서나 합성을 개시할 것이다. 반대로, 완전효소(σ인자 존재)는 생체(*in vivo*)에서 사용되는 바로 그 부분에서 시험관 내(*in vitro*) RNA 사슬 합성을 개시한다.

RNA 사슬의 전사개시

RNA 사슬 합성의 개시는 3가지 단계로 이루어진다: (1) RNA 중합효소의 완전효소가 DNA의 프로모터 영역에 결합하는 것; (2) RNA 중합효소에 의해 DNA의 두 가닥들의 일부가 풀려서 주형가닥이 새로 들어오는 리보뉴클레오티드들과 염기쌍을 형성할 수 있게 자유로워지는 것; 그리고 (3) 초기 RNA 사슬 내에 몇 개의 리보뉴클레오티드들 사이에서 인산-디-에스테르 결합이 형성되는 것이다. 완전효소는 8~9개의 결합이 만들어지는 동안 프로모터 영역에 결합된채로 남아 있다; 그러고 나서 시그마 인자가 분리되고 핵심 효소는 RNA 합성의 신장을 시작한다. 개시과정 중에, 2~9개의 짧은 리보뉴클레오티드들이 합성되어 방출된다. 이같은 불완전한 합성은 일단 10개 이상의 리보뉴클레오티드들로 이루어진 사슬이 합성되면 멈추게 되고, RNA 중합효소는 프로모터로부터 하류 쪽으로 이동하기 시작한다.

관례적으로, 전사단위 내부나 근처의 뉴클레오티드 쌍들이나 뉴클레오티드들은 전사 개시 부위(+1로 표시됨)—RNA 전사체의 첫 번째 (5′) 뉴클레오티드에 해당하는 DNA 뉴클레오티드쌍—를 기준으로 번호가 붙여진다. 전사 개시 부위 앞에 있는 염기쌍들은 (−)를 붙이고; 전사 개시 부위 뒤에 따라 나오는 염기들(전사 방향과 비교하여)에는 (+)를 붙인다. 전사 개시부위 앞의 뉴클레오티드 서열들은 **상류서열(upstream sequence)**이라고 불리며; 개시 부위를 따라 나오는 서열들은 **하류서열(downstream sequence)**이라고 불린다.

앞서 언급했던 바와 같이, RNA 중합효소의 시그마 소단위는 DNA의 프로모터에 RNA 중합효소가 결합하는 것을 촉매한다. 수 백 개의 대장균 프로모터들이 서열화 되었으며, 이들은 놀라우리만큼 서로 공통점이 없는 것으로 드러났다. 이 프로모터들 내부의 2가지 짧은 서열들이 인식 가능할 정도로 보존적이었지만 이들 조차도 서로 다른 두 프로모터들에서 동일한 적은 드물었다. 이 두 보존 서열의 중심점은 전사 개시 부위 앞쪽으로 약 10 뉴클레오티드쌍과 35 뉴클레오티드쌍 떨어진 곳이다(■ **그림** 11.8). 따라서 이들은 각각 **−10 서열(−10 sequence)**과 **−35 서열(−35 sequence)**이라고 불린다. 비록 이 서열들도 유전자들에 따라 변이가 있지만 몇 뉴클레오티드들은 매우 보존적이다. 이렇게 보존된 유전 요소들에 존재하는 뉴클레오티드 서열들은 종종 **공통서열(consensus sequence)**이라고 불린다. 비주형가닥의 −10 공통서열은 TATAAT이고; −35 공통서열은 TTGACA이다. 시그마 소단위는 처음에 −35 서열을 인식하고 결합한다; 따라서 이 서열은 종종 **인식 서열(recognition sequence)**이라고 불린다. AT가 많은 −10 서열은 DNA의 부분적 풀림을 촉진시키며 이것은 새로운 RNA 사슬의 합성에 필수적이다. −35와 −10 서열 사이의 거리는 대장균 프로모터에서는 상당히 보존적이라서 그 길이가 15 뉴클레오티드 미만이거나 20 뉴클레오티드 이상인 경우는 없다. 그리고, 대장균의 RNA에서 첫째 염기(5′ 염기)는 보통 90% 이상의 경우에서 퓨린이 차지한다.

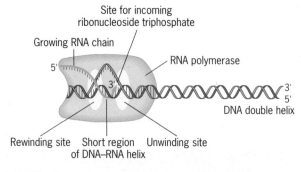

(*a*) **RNA polymerase is bound to DNA and is covalently extending the RNA chain.**

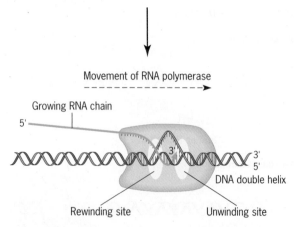

(*b*) **RNA polymerase has moved downstream from its position in (*a*), processively extending the nascent RNA chain.**

■ 그림 11.9 대장균의 RNA 중합효소에 의해 촉매되는 RNA 사슬의 신장.

RNA 사슬의 신장

RNA 사슬의 신장은 σ 소단위가 방출 된 후 RNA 중합효소의 핵심효소에 의해 촉매된다. RNA 사슬의 공유결합에 의한 신장(그림 11.5)은 DNA가 부분적으로 풀리는 영역인 전사기포(transcription bubble) 내에서 발생한다. RNA 중합효소

분자는 DNA를 푸는 활성과 DNA 재감김 활성을 모두 갖는다. RNA 중합효소는 DNA 이중 나선을 따라 움직이면서 RNA 중합이 일어나는 부위 앞의 DNA 이중나선을 지속적으로 풀고, 중합 부위 뒤의 상보적 DNA가닥들을 다시 감는다(■ **그림 11.9**). 대장균에서 전사 기포의 평균 길이는 18 뉴클레오티드쌍이며, 1초당 약 40개의 리보뉴클레오티드들이 신장되는 RNA 사슬에 첨가된다. RNA 중합효소가 DNA 분자를 따라 이동하면서 초기에 합성된 RNA 사슬은 DNA로부터 분리된다. 신장되는 사슬과 DNA 사이의 일시적인 염기쌍 형성 영역은 매우 짧아서, 약 단 3 염기쌍 정도의 길이이다. 전사 복합체의 안정성은 초기 RNA와 DNA 주형가닥 사이의 염기쌍에 의한 것이 아니라, DNA와 신장 중인 RNA 사슬이 RNA 중합효소에 결합하기 때문에 유지된다.

RNA 사슬의 종결

RNA 사슬의 종결은 RNA 중합효소가 **종결신호(termination signal)**와 만났을 때 일어난다. 이 때 전사 복합체가 해리되고 합성된 RNA 분자는 떨어져 나간다. 대장균의 전사 종결자(transcription terminator)는 두 가지 형태가 있다. 그 중 하나는 *rho*(ρ)라는 단백질의 존재하 에서만 종결이 되는 것이다. 그러므로 이 종결서열을 *rho 의존성 종결자*(*rho-dependent-terminator*)라고 한다. 또 다른 형태는 rho가 관여하지 않고 전사종결이 완료되는 것이다. 이 서열을 *rho 비의존성 종결*(*rho-independent-terminator*)라고 한다.

Rho 비의존성 종결자는 G : C-풍부 지역(G : C-rich region) 뒤쪽으로 주형가닥에 A가 있는 A : T 염기쌍이 6개나 그 이상으로 따라 나오는 부분이다(■ **그림 11.10** 위). G : C-풍부 지역의 뉴클레오티드 서열은 단일가닥의

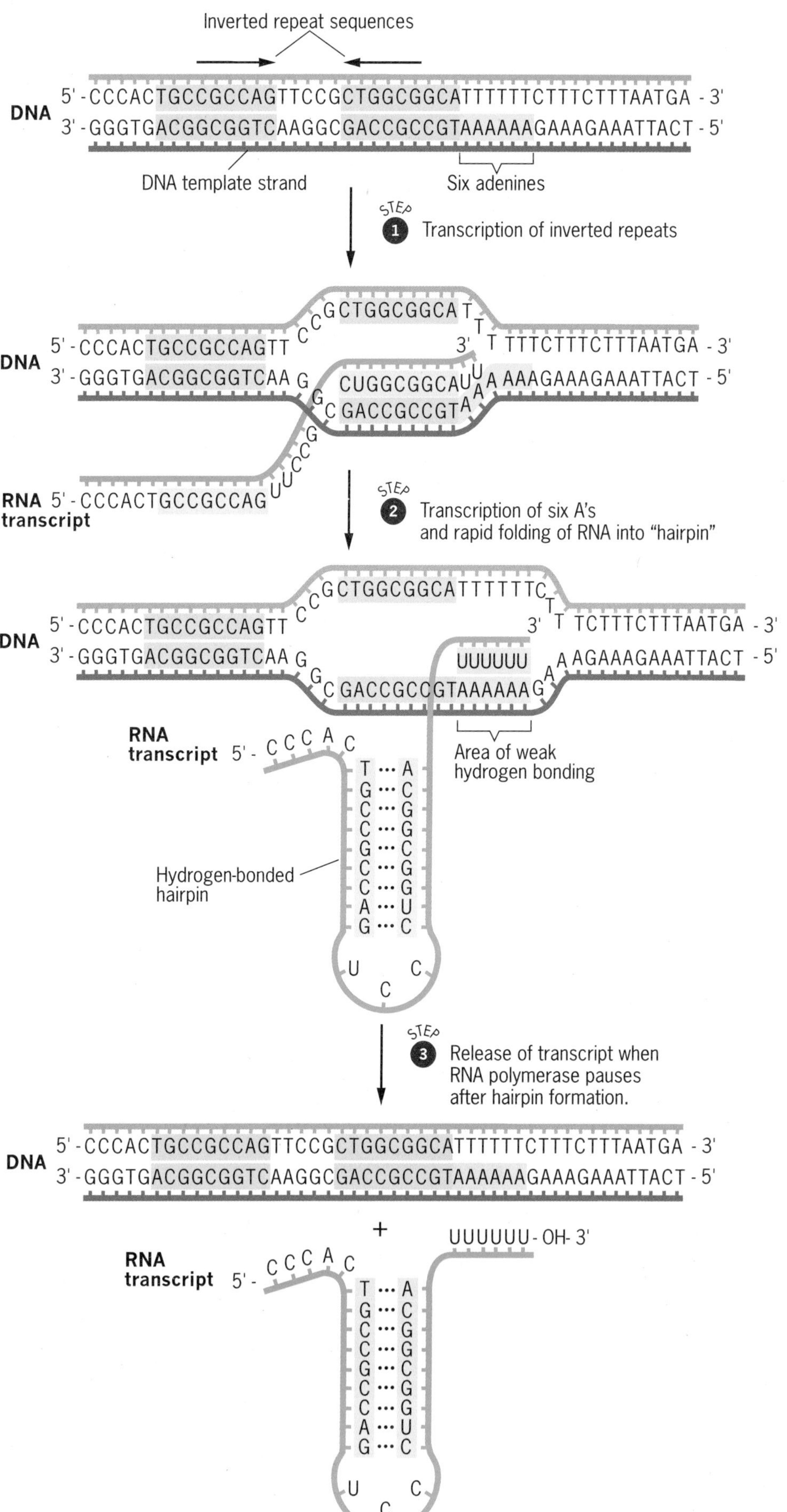

■ **그림 11.10** Rho-비의존적 전사 종결의 메커니즘. 전사는 DNA 주형을 따라 진행되면서 역으로 반복된 염기서열(명암처리)이 있는 DNA 부위를 만나게 된다. 이들 반복서열이 전사될 때 RNA 전사체는 서로 상보적인 염기서열을 가지게 될 것이다. 결과적으로 그들은 수소결합을 하게 되어 헤어핀 구조를 형성하게 된다. RNA 중합효소가 이 헤어핀을 만날 때 멈추게 되고 주형가닥을 따라 다음에 나오는 A's와 새로 합성된 전사체의 U's 사이의 약한 수소결합이 끊어지면 DNA로부터 전사체가 분리된다.

RNA가 염기쌍을 이루어 헤어핀 구조를 형성하게 된다(그림 11.10 아래). RNA 헤어핀 구조는 RNA 사슬의 합성 후 즉시 형성되어 DNA를 따라 RNA 중합효소의 이동을 늦추어서 사슬 확장을 멈추게 한다. A : U염기쌍이 약하므로 다른 염기쌍보다 염기를 분리하는 에너지가 덜 필요하므로 헤어핀 지역 이후의 U's는 헤어핀 구조에 의해 RNA 중합효소가 이동하지 못하게 될 때 DNA 주형으로부터 새로 합성되는 RNA 사슬이 잘 떨어지게 한다고 여겨진다.

Rho-의존성 전사 종결이 일어나는 메커니즘은 종결자리로부터 위쪽에 수소결합한 헤어핀구조가 형성된다는 점에서 rho-비의존성 종결의 메커니즘과 비슷하다. 양쪽의 경우 이 헤어핀들은 RNA 중합효소의 이동을 방해하고 결과적으로 전사를 멈추게하는 원인이 된다. 그렇지만 Rho-의존성 종결의 경우들은 두가지 추가적인 염기서열을 포함하고 있다: 역반복서열의 상류에 존재하는 50~90 뉴클레오티드쌍들은 RNA가닥에 G들이 별로 없고 C들만 많은 부분을 만들며, 이것은 머리핀 구조나 다른 2차 구조를 형성하지 않는다. 그리고, 전사체의 3번 말단 근처에 *rut*(for rho utilization)라고 불리는 로-단백질 결합 부위를 지정하는 서열이 있다. 로-단백질은 전사체의 *rut* 서열에 결합하고 RNA 중합효소를 따라 5′에서 3′쪽으로 움직인다. 중합효소가 머리핀 구조를 만나면 멈추게 되고 이 때 로-단백질이 중합효소를 따라잡으면서 머리핀 구조를 지나게 된다. 로-단백질은 자신의 헬리케이즈(helicase) 활성을 이용하여 RNA 전사체의 말단에서 DNA/RNA 염기쌍을 풀고 전사체를 방출시킨다.

전사, 번역 및 mRNA 분해의 동시 발생

원핵생물에서, 번역과 mRNA 분자의 분해는 종종 합성(전사)이 완료되기 전에 시작된다. mRNA 분자의 합성, 번역, 분해가 모두 5′에서 3′ 방향으로 발생하기 때문에, 이 세 과정은 함께 동일한 mRNA 분자 상에서 동시에 발생할 수 있다. 원핵생물에서는, 폴리펩티드 합성 기구가 핵막에 의해 mRNA 합성 장소와 분리되어 있지 않다. 따라서, 일단 mRNA의 5′ 말단이 합성되었으면, 즉시 폴리펩티드 합성의 주형으로 사용될 수 있다. 실제로, 원핵생물에서의 전사와 번역은 종종 밀접하게 연계된다. 오스카 밀러(Oscar Miller), 바바라 햄캘로(Barbara Hamkalo), 그리고 그 동료들은 세균에서의 이런 전사와 번역 사이의 연계를 전자현미경으로 관찰할 수 있는 기술을 개발했다. 대장균에서 한 유전자의 전사와 그 산물인 mRNA의 번역이 연계되어 있음을 보여주는 사진 중 하나가 ■ **그림 11.11**에 제시되어 있다.

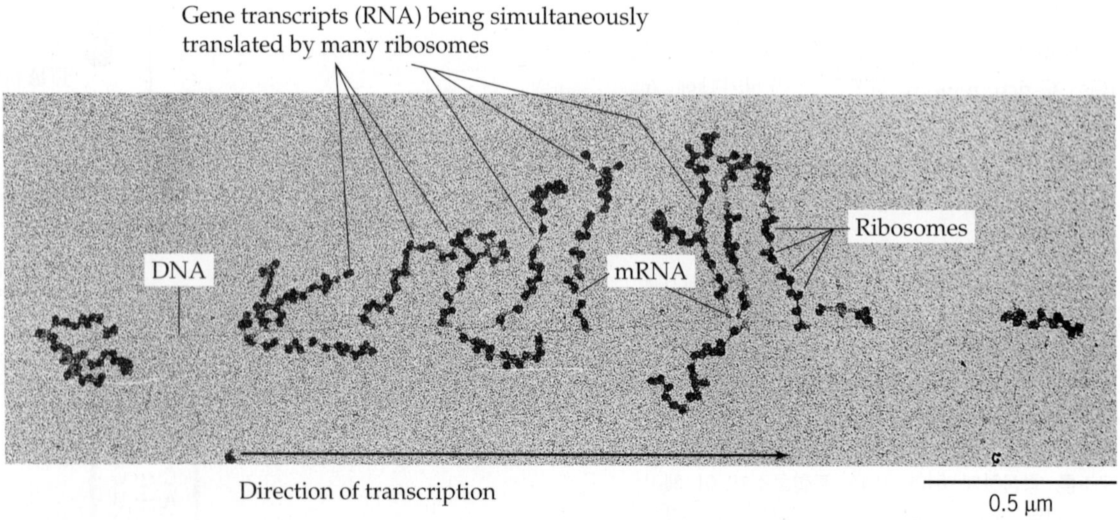

■ **그림 11.11** 대장균에서 유전자의 전사와 번역의 연계를 보여주는 Oscar Miller와 Barbara Hamkalo의 전자현미경 사진. DNA, RNA, 그리고 각 mRNA 분자를 번역하는 리보솜이 보인다. 리보솜에서 합성되고 있는 폴리펩티드 사슬은 합성 동안에 3차 구조로 접혀져서 보이지 않는다.

요점

- *RNA 합성은 세단계로 일어난다: (1) 개시; (2) 신장; (3) 종결.*
- *전사를 촉매하는 효소인 RNA 중합효소는 복잡한 다합체 단백질이다.*
- *RNA 사슬의 공유결합에 의한 신장은 부분적으로 풀리는 DNA 영역 내에서 발생한다.*
- *RNA 사슬의 신장은 RNA 중합효소가 전사 종결 신호를 만날 때 중지된다.*
- *원핵생물에서 mRNA 분자의 전사, 번역, 분해는 종종 동시에 일어난다.*

진핵생물에서 전사와 RNA 공정

다섯 가지의 서로 다른 효소들이 진핵생물의 전사를 촉매하며, 얻어진 RNA 전사체들은 인트론이라 불리는 비암호서열을 제거하는 것을 포함하여 3가지의 중요한 변화를 겪게 된다. 일부 RNA 전사체들의 뉴클레오티드 서열들은 RNA 편집에 의해 전사 후에 변형된다.

비록 RNA 합성의 전체 과정은 원핵생물과 진핵생물에서 비슷하지만 진핵생물에서의 과정은 상당히 복잡하다. 진핵생물에서 RNA는 핵에서 합성되고 단백질을 암호화하는 RNA는 리보솜에서의 해독을 위해 세포질로 이동해야 한다. 어떤 경우 번역이 핵에서 일어난다는 증거도 있다; 그렇지만 대부분은 분명히 세포질에서 일어난다.

원핵생물의 mRNA는 종종 두 개 또는 그 이상의 유전자의 암호 지역을 가지고 있다. 이러한 mRNA를 다유전자적(multigenic)이라 말한다. 그에 반해 많은 진핵생물의 전사체 들은 하나의 유전자의 암호지역만을 가지고 있다[단유전자적(monogenic)이라 함]. 그럼에도 불구하고 선충류의 일종인 *Caenorgabditis elegans*가 전사단위의 4분의 1까지 다유전자적일 거라는 증거가 제시되고 있다. 분명히 진핵생물의 mRNA는 단유전자적 이거나 다유전자적일 것이다.

진핵생물에는 다섯 가지 다른 RNA 중합효소가 존재한다. 각 효소는 특별한 유전자 그룹의 전사를 촉매 한다. 게다가 진핵생물에서 대부분의 제1차 전사체는 해독을 위한 세포질로의 이동전에 주된 세 가지 변형을 겪게 된다(■ **그림 11.12**).

1. 7-메틸구아노신 캡(7-methy guanosine cap)이 제1차 전사체의 5′말단에 첨가된다.
2. Poly(A) tail이 사슬 종결이 아니라 절단으로 생기는 전사체의 3′말단에 첨가된다.
3. 비암호 인트론(intron) 서열이 전사체에서 스플라이싱 되어 제거된다.

대부분의 진핵생물 mRNA의 **5′캡**은 5′-5′인산결합에 의해 전사체의 첫 뉴클레오티드에 결합된 7-메틸구아노신 잔기이다. 3′ **poly(A) tail**은 20~200개 길이의 뉴클레오티드 중합체인 폴리아데노신이다.

진핵생물에서 핵 내의 제1차 전사체는 RNA 분자 크기가 다양하게 존재하기 때문에 **이질핵 RNA(hnRNA, heterogeneous nuclear RNA)**라고 한다. hnRNA의 상당부분이 비암호 인트론 서열로, 제1차 전사체에서 삭제되고 핵에서 분해된다. 많은 hnRNA가 핵을 떠나기 전에 다양한 프로세싱을 거치는 pre-mRNA로 구성되어 있다. 또한 진핵생물에서 RNA 전사체는 합성 동안 또는 그 후 즉시 RNA 결합단백질로 둘러싸인다. 이 단백질은 프로세싱과 세포질로 이동시 RNA를 분해하는 효소인 리보뉴클레아제에 의해 전사체가 분해되는 것을 보호한다. 진핵생물의 전사체의 평균 반감기는 5시간이지만 대장균에서는 평균 5분 이하의 반감기를 가진다. 진핵생물의 유전자 전사체가 RNA 결합단백질과 복합체를 형성함으로써 부분적으로 안정성을 향상시킨다.

5가지 RNA 중합효소/5가지 유전자 세트

대장균에서는 하나의 RNA 중합효소가 모든 전사를 촉매하지만 단세포의 효모로부터 인간에 이르기까지 진핵생물에는 3에서 5종류의 다른 RNA 중합효소들이 있다. **RNA 중합효소 I, II, III**로 이루어진 세 종류의 효소는 모든 생물은 아니더라도 대부분의 진핵생물에 존재하고 있다. 세 종류 전부 대장균 RNA 중합효소보다 더 복잡하며 10가지 이상의 소단위

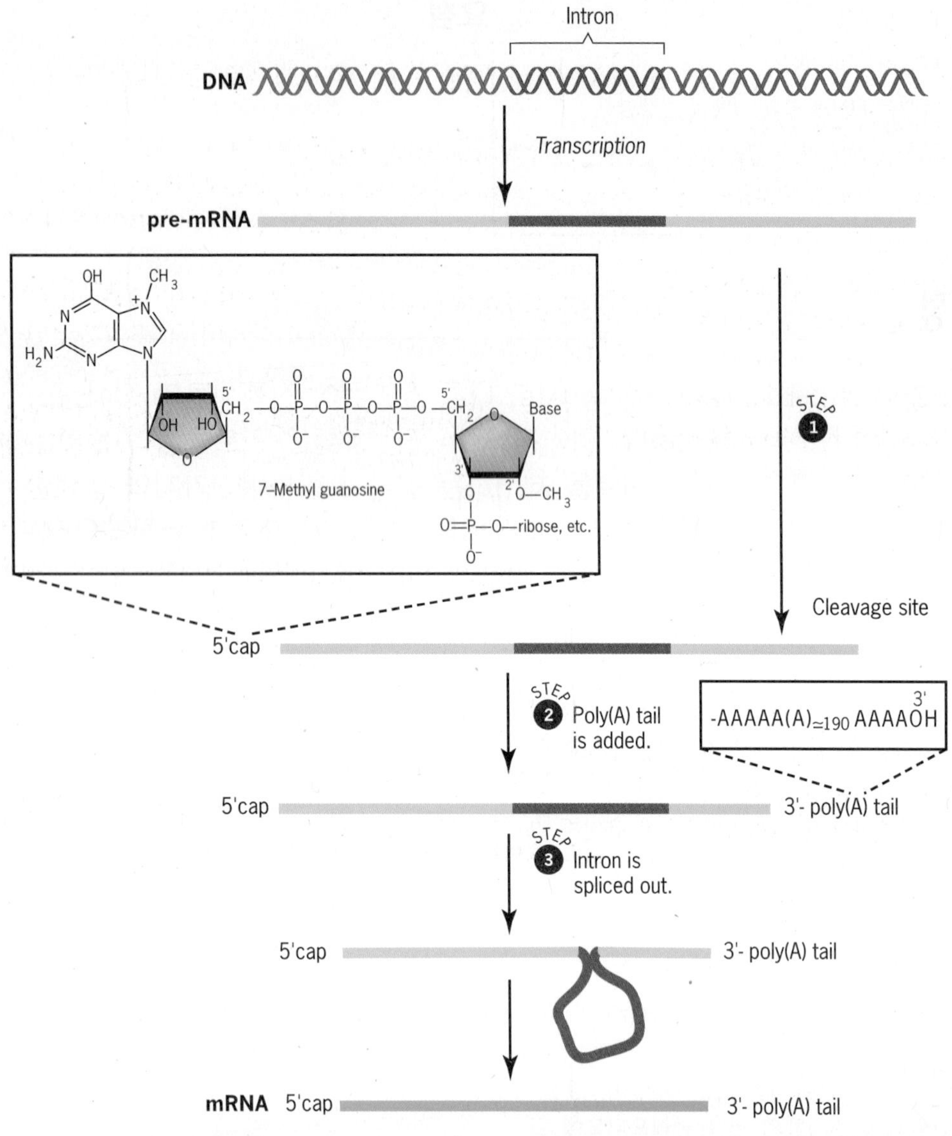

■ 그림 11.12 진핵생물에서 대부분의 유전자 전사체는 세 가지의 전사 후 프로세싱 과정을 거친다.

체로 구성되어 있다. 이에 더하여 대장균 효소와 달리 모든 진핵생물 RNA 중합효소들은 RNA 사슬의 합성을 시작하기 위하여 **전사인자(transcription factors)**라고 부르는 다른 단백질의 도움이 필요하다.

진핵생물의 다섯 가지 RNA 중합효소의 주된 특징은 **표 11.1**에 요약되어 있다. RNA 중합효소 I은 rRNA가 합성되어 리보솜 단백질들과 결합하는 특별한 핵 부위인 인(nucleolus)에 위치한다. RNA 중합효소 I은 5S rRNA를 제외하고 모든 rRNA의 합성을 촉매한다. RNA 중합효소 II는 단백질을 암호화하는 핵 유전자와 hnRNA를 지정하는 유전자를 전사한다. RNA III는 운반 RNA(tRNA)와 5S rRNA 분자, 그리고 소형 핵 RNA(snRNA)들을 전사한다. 현재까지 **RNA 중합효소 IV**와 **V**은 오직 식물에서만 확인되었지만 특히 곰팡이(fungi)와 같은 다른 진핵생물에도 존재한다는 암시가 있다.

RNA 중합효소 IV와 V는 *염색질 재구성(chromatin remodeling)*이라고 불리는 염색체 구조 변화에 의해 유전자의 전사를 중지하는 데 중요한 역할을 담당한다('On the Cutting Edge: 염색질 재구성과 유전자 발현' 부분과 19장 참조). 염색질 재구성은 뉴클레오좀(그림 9.18 참조)에 있는 히스톤 꼬리들이 화학적으로 변경되고 단백질들이 이들 변경된 그룹들과 상호 작용할 때 일어나며 염색질이 더 응축되거나 덜 응축되는 원인이 된다. RNA 중합효소 IV는 *siRNAs(small interfering RNAs)*라고 부르는 짧은 RNA로 가공되는 전사체를 합성하는데 이것은 유전자 발현의 중요한 조절자이다(19장 참조). 하나의 작용 메커니즘은 다른 단백질과 상호 작용하여 염색질 구조를 변형(응축 또는 완화)하는 데 관계한다. RNA 중합효소 V는 siRNAs 부류들과 siRNAs에 의해 조절받는 비암호(antisense) 유전자들의 전사체들을 합성한다. 비록 상세한 과정은 아직 연구해보아야 하지만 siRNAs는 이들 비암호 전사체와 뉴클레오좀 연관된 단백질들 — 어떤 종류는 잘 분석되어 있고 또 다른 것은 잘 모르지만 — 과 상호 작용하여 염색질을 전사될 수 없는 구조로 응축시키는 것 같다.

표 11.1

진핵생물의 다섯 가지 RNA 중합효소의 특성

Enzyme	Location	Products
RNA polymerase I	Nucleolus	Ribosomal RNAs, excluding 5S rRNA
RNA polymerase II	Nucleus	Nuclear pre-mRNAs
RNA polymerase III	Nucleus	tRNAs, 5S rRNA, and other small nuclear RNAs
RNA polymerase IV	Nucleus (plant)	Small interfering RNAs (siRNAs)
RNA polymerase V	Nucleus (plant)	Some siRNAs plus noncoding (antisense) transcripts of siRNA target genes.

ON THE CUTTING EDGE

염색질 재구성과 유전자 발현

진핵생물의 DNA는 뉴클레오좀이라고 하는 대략 11-nm 구형에 포장되어 있는데 히스톤 8합체의 표면 둘레를 DNA가 감겨 있는 것이다(그림 9.18 참조). 이들 뉴클레오좀 안에는 히스톤의 전하를 띠는 아미노 말단 꼬리가 DNA에 단단하게 붙어서 구조를 매우 밀집하게 유지한다. 그러면 어떻게 전사조절 요소와 큰 RNA 중합효소 복합체들이 프로모터에 접근하여 뉴클레오좀에 있는 유전자들을 전사하는가? 해답은 발현을 시킬 필요가 있는 유전자를 가지고 있는 뉴클레오좀의 구조가 전사에 필요한 단백질이 프로모터에 붙도록 수정하는 것이다.; 다시말해 **염색질 개조(chromatin remodeling)**가 전사할 수 있기 전에 반드시 일어나야 한다.

몇가지 염색질 개조의 종류가 있는데 그 일부를 19장에서 보다 상세하게 논의한다. 염색질 개조 단백질들은 보통 다중 결합의 단백질 복합체들이다. 어떤 것은 ATP로부터 에너지 공급을 필요로 한다. 염색질 개조는 (1) 뉴클레오좀이 DNA를 따라 이동하면서 특정 DNA 서열이 뉴클레오좀들 사이에 위치하도록 하거나 (2) 뉴클레오좀들 사이의 공간을 변경시키거나 혹은 (3) 뉴클레오좀이 없는 틈새를 만들도록 히스톤 8합체를 제거할 수 있다. 그러나 무엇이 이 염색질 개조 과정들을 조절하는가? 염색질 개조의 특이한 경로를 시작하는데 무슨 신호가 필요한가?

염색질 개조를 조절하는 신호들은 아직도 잘 연구되지 않았다. 그러나 DNA에 있는 뉴클레오티드와 뉴클레오좀에 있는 히스톤의 튀어나온 꼬리에 있는 아미노산들의 화학적 변형이 주된 역할을 한다(**■ 그림 1**). 포유동물의 많은 유전자들은 그들의 전사시작 자리 위쪽에 디뉴클레오티드 서열 5'–CpG–3'이 많은 서열을 가지고 있다. 이 CpG–많은 부위를 CpG 섬이라 부르며

5'–CpG–3'
3'–GpC–5'

중요한 조절 서열들이다. CpG 섬들에 있는 시토신들은 메틸화되기 쉬운데 methyl(CH_3) 그룹의 첨가로 메틸화된 CpG 섬들은 그래서 전사를 조절하는 단백질들의 부착 자리들이다. 많은 경우에 있어 CpG 섬의 메틸화는 인접한 유전자들의 전사를 억제하게 된다. 그러나 어떤 경우에는 염색질 개조가 활성과 억제를 포함한 유전자 발현에 전반적인 변화를 초래할 수 있다는 최근의 연구도 있다.

뉴클레오좀의 튀어 나온 히스톤 꼬리에 있는 아미노산들은 또한

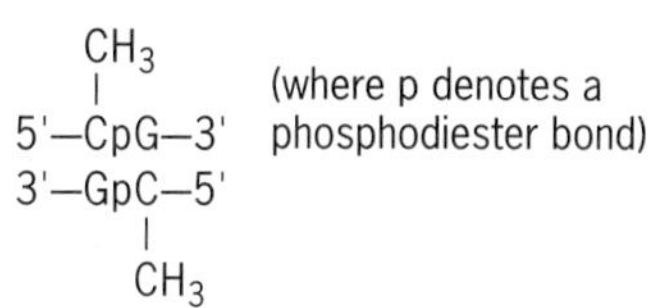

(*a*) DNA methylation

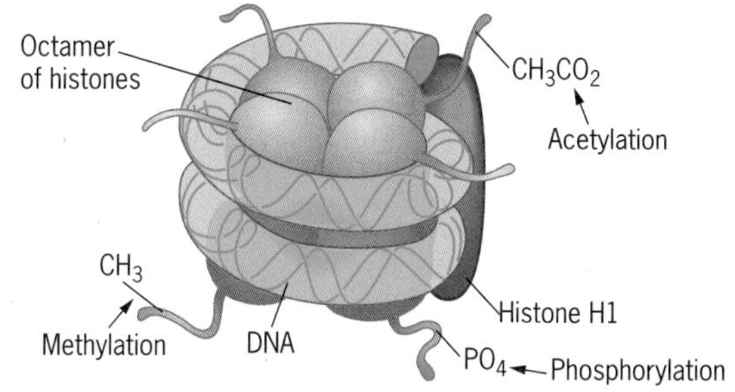

(*b*) Histone modifications

■ 그림 1 염색질 재구성에 수반되는 (*a*) DNA와 (*b*) 히스톤의 화학적 변형.

메틸화되고 DNA상의 이 메틸 그룹들과 히스톤들은 함께 염색질을 촘촘하게 하여 유전자 발현을 억제한다. 그러나 메틸화가 전체 이야기는 아니다! 튀어 나온 히스톤 꼬리들은 두 가지 추가적인 변형을 받는다: 아세틸화(acetylation) acetyl(CH_3CO_2) 그룹의 첨가; 그리고 인산화(phosphorylation) phosphate(PO_4) 그룹의 첨가.

아세틸화는 이 변형들 중에서도 더 중요하다. 아세틸 그룹은 아세틸라제(acetylase)라고 부르는 효소에 의해 히스톤 꼬리에 있는 특정 리신(lysine)잔기에 붙어서 이 리신의 양전하를 중화시킨다(그림 12.1 참조). 결과적으로 아세틸화는 음전하를 띤 DNA와 히스톤 꼬리 사이의 상호작용을 감소시키고 전사시작에 필요한 염색질 개조를 위한 단계에 들어가게 한다.

포유동물에서 enhanceosome으로 불리는 단백질 복합체는 프로모터로부터 위쪽 DNA에 결합하고 뉴클레오좀으로부터 튀어 나온 히스톤 꼬리에 아세틸 그룹을 붙이는 아세틸라제를 보충함으로써 활성화 과정을 시작한다. 그러면 염색질 개조 단백질은 복합체의 구조를 변형하여 전사조절 요소와 RNA 중합효소가 프로모터에 접근하기 쉽게 만든다. **■ 그림 2**는 염색질 개조와 전사에서 메틸화 아세틸화 인산화의 효과에 대한 개요도를 보여주고 있다.

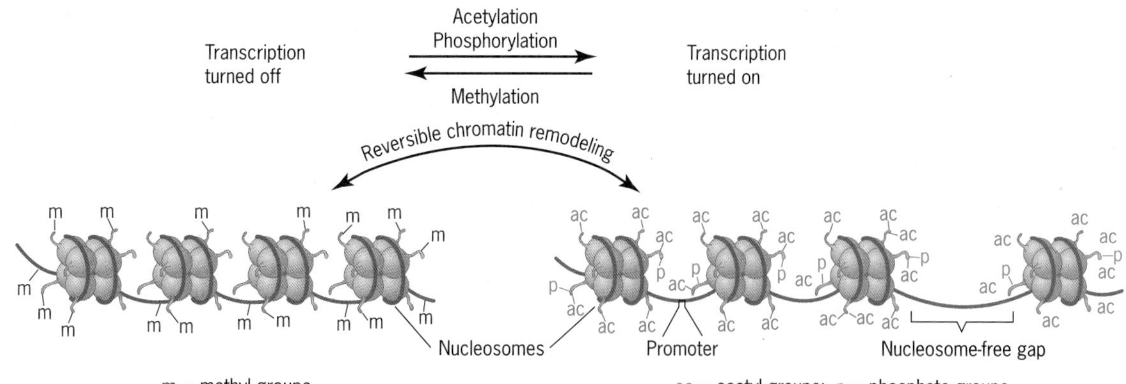

■ 그림 2 염색질 재구성과 전사에 미치는 (1) DNA와 히스톤의 메틸화, (2) 히스톤의 아세틸화, 그리고 (3) 히스톤의 인산화의 영향.

계속

ON THE CUTTING EDGE (continued)

최근의 증거는 유전자 발현에 관한 큰 변화들 — 어떤 유전자들은 높게 조절하고 또 다른 유전자는 낮게 조절하는 — 이 염색질 개조가 원인이라는 것이다. 정말로 몇몇 인간 장애들이 염색질 개조에서 유전적 결함의 결과로 알고 있다. 급성 림프모구백혈병과 Rett 증후군 (심각한 신경 결함)의 한 형태는 두 경우 모두 염색질 개조의 결함의 결과이다. Rett 증후군은 생후 4년 내에 운동기능의 상실과 정신지체가 되는데 X 염색체상의 *methly-CpG-binding protein 2*를 암호화하는 *MECP2* 유전자에 돌연변이가 원인이다. 최근의 증거는 MECP2는 많은 양으로 만들어 지는데 직접적으로 뉴클레오좀에 붙어서 실제적으로 공동 결합자리에 히스톤 H1과 경쟁한다는 것이다. 정말로 MECP2가 뉴클레오좀에 결합하면 그 구조를 변화시키고 그 안에 있는 유전자들의 발현을 변하게 한다. 실질적으로 *MECP2* 유전자의 돌연변이는 어떻게 염색질 개조를 바꾸고 신경단위(neuron)에서의 유전자 발현을 변화시키는가? 아직도 상세한 것은 연구해야만 한다. 그렇지만 이 분야에서의 진행되고 있는 연구와 새로운 정보는 의심없이 가까운 미래에 가능해질 것이다.

RNA 사슬의 개시

원핵생물과 달리 진핵생물의 RNA 중합효소는 그 자체만으로는 전사를 개시하지 못한다. 모든 진핵생물의 RNA 중합효소들은 RNA 사슬의 합성을 개시하기 위해 전사조절 인자들의 도움이 필요하다. 이들 전사인자들은 DNA의 프로모터에 결합하여 RNA 중합효소가 전사를 시작하기 전에 적절한 개시 복합체를 형성해야 한다. RNA 중합효소 I, II, III는 각기 다른 프로모터와 전사조절 요소를 이용한다. 이 절에서는 대부분의 진핵생물 유전자를 전사하는 RNA 중합효소 II에 의한 pre-mRNA 합성을 개시하는 데 중점을 둘 것이다.

모든 경우 전사개시는 부분적으로 풀린 DNA 절편이 형성되는 것과 관계가 있으며 이들 DNA가닥은 상보적인 RNA가닥이 합성하는 데 주형으로 작용할 수 있도록 결합이 풀려 자유로워진다(그림 11.6). 전사가 개시되기 위한 이런 DNA 단편의 부분적 풀림에는 몇 가지 전사인자들과, 전사단위의 프로모터 내에 존재하는 특수한 서열들과의 상호작용이 관여한다. RNA 중합효소 II에 의해 인지되는 프로모터들은 전사 개시지점으로부터 상류에 위치하는 몇 가지 보존 서열들, 혹은 모듈들로 구성된다. 생쥐의 티미딘 키나아제(thymidine kinase) 유전자의 프로모터 성분들이 ■ **그림 11.13**에 제시되어 있다. RNA 중합효소 II에 의해 인식되는 다른 프로모터들은, 전부는 아닐지라도, 이 구성 요소들 중 일부를 포함한다. 전사 개시부위(위치 +1 지점)와 가장 가까운 보존 요소는 **TATA 박스(TATA box)**라고 불린다; 이것은 공통서열 TATAAAA(비주형가닥에서 5′→3′ 방향으로 읽은 것)를 가지며, 중앙의 위치는 대략 −30 지점이다. TATA box는 전사 시작점을 잡는 데 중요한 기능을 한다. 두 번째 보존된 요소는 **CAAT box**로 −80에서 GGCCAATCT 염기서열을 가진다. 다른

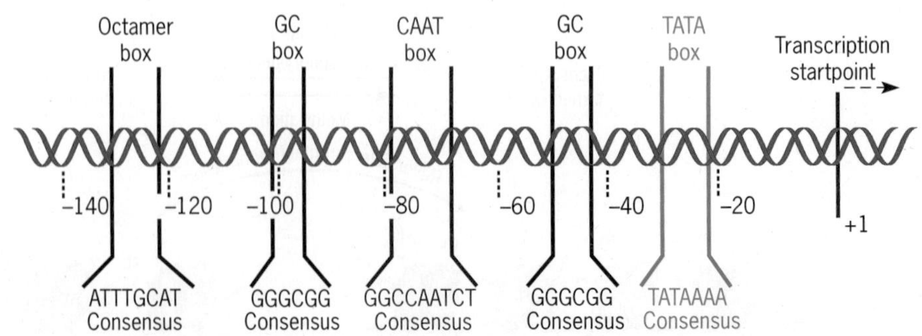

■ **그림 11.13** RNA 중합효소 II에 의해 인식되는 프로모터 구조. TATA box와 CAAT box는 단백질을 암호화하는 대부분의 핵 유전자 프로모터에서 동일 지역에 위치한다. GC box와 octamer box는 다른 위치에 하나 또는 여러 카피로 존재하거나 없을 수도 있다. 여기서 보이는 서열은 각 프로모터 요소의 공통 염기서열이다. 보존된 프로모터 요소들은 쥐의 티미딘 키나아제 유전자에서의 위치로 표시하였다.

두 보존 요소, 즉 공통서열 GGGCGG를 가지는 *GC 박스(GC box)*와 공통서열 ATTTGCAT를 가지는 *옥타머 박스(octamer box)* 역시 RNA 중합효소 II가 인식하는 프로모터들에서 종종 나타난다; 이들은 프로모터의 전사 개시 효율에 영향을 미친다.

RNA 중합효소 II에 의한 전사의 개시에는 몇 가지 **기본 전사인자(일반 전사인자, basal transcription factor)**들에 의한 도움이 필요하다. 그리고, 또 다른 전사인자들과 *인핸서(enhancer)*와 *사일런서(silencer)*라고 불리는 조절 서열들이 개시 효율을 조절한다(19장 참조). 올바른 서열에서 전사가 효율적으로 개시되기 위해서는 반드시 기본 전사인자들이 프로모터와 상호작용해야 한다(■ **그림 11.14**). 각각의 기본 전사인자들은 **TFIIX**(Transcription Factor **X** for RNA polymerase **II**)로 표시되는데, 이것은 RNA 중합효소 **II**를 위한 전사인자 X라는 뜻으로 여기서의 **X**는 개별 인자들을 지칭하는 글자이다.

TFIID는 프로모터와 상호 작용하는 첫 번째 전사인자로, TATA 결합단백질(TBP)과 몇 개의 작은 TBP 결합단백질을 가지고 있다(그림 11.14). TFIIA가 이들 복합체에 결합하고 그 다음으로 TFIIB가 결합한다. 먼저 TFIIF가 RNA 중합효소 II와 결합하고 나서 TFIIF와 RNA 중합효소 II가 전사개시 복합체와 함께 결합한다. TFIIF는 두 개의 소단위체를 가지는데 그 중 하나는 DNA를 푸는 기능을 가진다. 따라서 아마도 TFIIF는 전사를 개시하는 데 필요한 DNA 이중나선을 푸는 것을 촉매할 것이다. 그리고 TFIIE는 전사 시작점의 하류(downstream)쪽의 전사개시 복합체에 결합한다. TFIIH와 TFIIJ가 TFIIE 이후에 복합체에 결합하는 데 그 위치는 알려져 있지 않다. TFIIH는 헬리케이즈(helicase) 활성을 가지며 RNA 중합효소 II에 의한 사슬 신장 중에 같이 움직이면서 전사 영역('전사 기포' 부분)의 가닥을 풀어준다.

RNA 중합효소 I과 III도 비슷한 과정에 의해 전사를 개시하지만, 중합효소 II에서 보다는 좀 더 단순하다. RNA 중합효소 IV과 V에 의한 개시 기작은 현재 연구 중에 있다. 중합효소 I과 III에 의해 전사되는 유전자들의 프로모터들은 비록 가끔 일부 동일한 조절 요소들을 포함하기는 하지만, 중합효소 II의 프로모터와는 상당히 다르다. RNA 중합효소 I이 이용하는 프로모터들은 2개의 부분으로 나눠는데; 하나는 약 −45~+20까지의 핵심 서열과, −180~−105 지점을 차지하는 상류의 조절 요소로 구성된다. 이 두 개의 영역들은 비슷한 서열을 가지며, 둘 다 GC가 풍부하다. 핵심 서열로도 개시가 이루어질 수 있지만; 개시의 효율은 상류의 조절 서열이 존재할 때 훨씬 증가한다.

흥미롭게도, RNA 중합효소 III에 의해 전사되는 대부분의 유전자들이 가지는 프로모터들은 전사 단위 내에 존재하므로, RNA 중합효소 I과 II에 의해 전사되는 단위에서처럼 개시 지점 상류가 아니라 전사 개시부의 하류에 위치한다. 중합효소 III에 의해 전사되는 다른 유전자들의 프로모터들은 중합효소 I과 II에서처럼 전사 개시지점 상류에 위치한다. 사실상, 중합효소 III의 인식 프로모터들은 3개의 집단으로 나뉠 수 있으며, 그 중 2개는 전사 단위 내부에 위치하는 프로모터들을 갖는다.

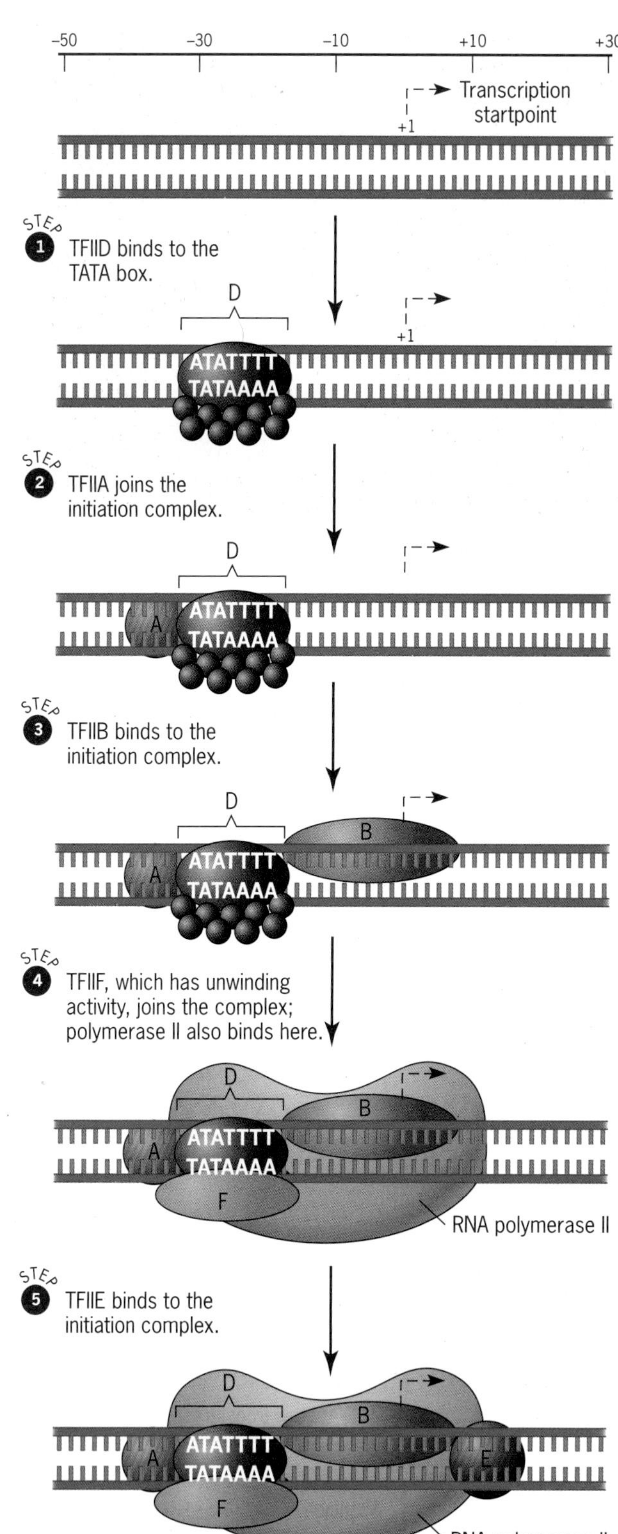

−50
−30
−10
+10
+30
Transcription startpoint
+1
STEP 1 TFIID binds to the TATA box.
D
ATATTTT
TATAAAA
STEP 2 TFIIA joins the initiation complex.
A
STEP 3 TFIIB binds to the initiation complex.
B
STEP 4 TFIIF, which has unwinding activity, joins the complex; polymerase II also binds here.
F
RNA polymerase II
STEP 5 TFIIE binds to the initiation complex.
E

■ **그림 11.14** RNA 중합효소 II에 의한 전사 개시에는 프로모터 영역에서의 기본 전사인자들에 의한 개시 복합체 형성이 필수적이다. 이 복합체의 결합은 TATA 결합단백질(TBP)을 가지는 TFIID가 TATAbox에 결합할 때 시작된다. 다른 전사조절 요소들과 RNA 중합효소 II가 복합체에 끼게 된다.

RNA 사슬 신장과 5' 메틸구아노신 캡의 첨가

일단 진핵생물의 RNA 중합효소가 전사개시 복합체로부터 유리되고나면 원핵생물의 RNA 중합효소에서와 같은 기작에 의해 RNA 사슬 신장을 촉매 한다(그림 11.5와 그림 11.6 참조). 다양한 RNA 중합효소들에 대한 결정 구조 분석들은 이 중요한 효소의 핵심적 특징들을 볼 수 있는 좋은 사진들을 제공해왔다. 비록 진정세균, 고세균, 그리고 진핵생물의 RNA 중합효소들은 다른 하부구조를 가지고 있지만 그

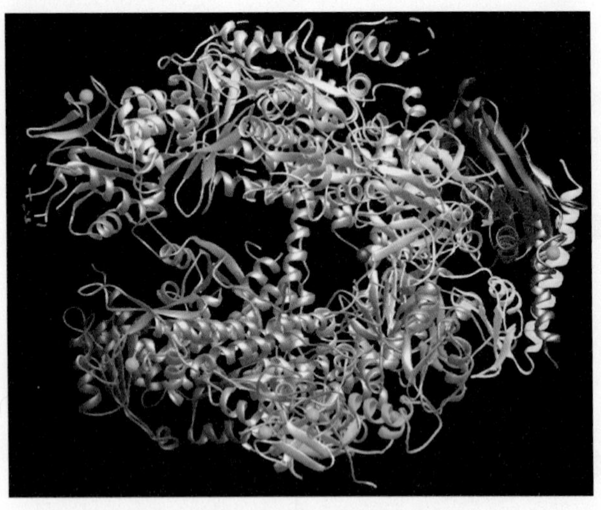

(a) **Crystal structure of yeast RNA polymerase II.**

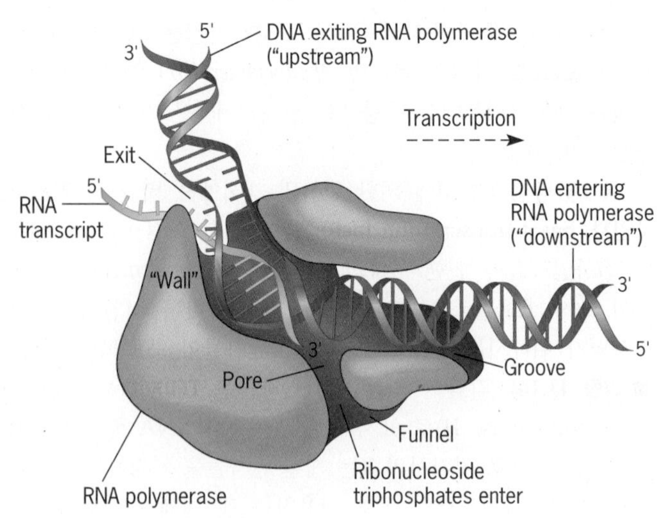

(b) **Diagram of the interaction between DNA and RNA polymerase based on crystal structures and other structural analyses.**

■ **그림 11.15** RNA 중합효소의 구조. (a) 효소 RNA 중합효소II의 결정구조. (b) RNA 중합효소의 도형으로, DNA(청색)와 초기 RNA 사실(녹색)과의 상호작용을 보여주고 있다. RNA 중합효소의 소단위체 구성은 박테리아, 고세균, 진핵생물 효소 사이엔 비록 다르지만, 기본 구조적 특징은 모든 종에서 매우 유사하다.

주된 특징과 활성 메커니즘은 매우 유사하다. 효모의 RNA 중합효소 II(resolution = .28 nm)의 결정구조를 ■ **그림 11.15a**에서 보여주고 있다. RNA 중합효소의 구조적 특징과, 이것이 DNA 및 신장중인 RNA 전사체와 어떻게 상호작용하고 있는지를 보여주는 모식도는 ■ **그림 11.15b**에 있다.

신장과정의 초기에 진핵생물의 pre-mRNA의 5′말단은 7-메틸구아노신(7-MG) 캡이 더해져서 변형된다. 7-MG 캡은 신장하는 RNA 사슬이 약 30개의 뉴클레오티드가 되었을 때 첨가된다(■ **그림 11.16**). 7-MG 캡은 둘 이상의 메틸기를 가지며 비정상적인 5′-5′ 3인산 결합(triphosphate linkage)을 한다(그림 11.12). 이 5′의 모자구조는 그림 11.16에서 나타낸 생합성 경로에 의해 전사와 동시에 첨가된다. 7-MG 캡은 번역의 개시에 관여하는 단백질 인자들에 의해 인식되고(12장), 핵산분해효소(nuclease)들에 의해 신장 중인 RNA 사슬이 분해되지 못하도록 돕는다.

진핵성 유전자들은 뉴클레오좀들로 조직화된 염색질에 존재한다는 것을 기억할 것이다(9장). 그렇다면 어떻게 RNA 중합효소들이 뉴클레오좀에 포장된 DNA들을 전사할까? 뉴클레오좀은 그 안의 DNA가 전사가 가능해지도록 그 전에 해체되어야만 할까? 놀랍게도, RNA 중합효소 II는 FACT(*fa*cilitates *c*hromatin *t*ranscription)라고 불리는 단백질 복합체의 도움으로 뉴클레오좀을 통과해서 지날 수 있다. 이 단백질 복합체는 뉴클레오좀으로부터 H2A/H2B 이합체를 제거하여 히스톤 '육합체(hexasome)'만 남겨둔다. 중합효소 II가 뉴클레오좀을 지나간 후에는 FACT와 보조 단백질들이 히스톤 이합체의 재부착을 도와 뉴클레오좀 구조를 회복시킨다. 또한, 우리는 활발히 전사되는 유전자들을 포함하고 있는 염색질들은 불활성 유전자들을 가진 염색질들보다 덜 응축된 구조를 갖는다는 점을 알아야 한다. 활성 유전자들을 가진 염색질은 아세틸기가 많은 히스톤들을 포함하는 경향이 있고(9장), 불활성 유전자들을 가지는 염색질들은 더 적은 아세틸기를 가진 히스톤들을 포함하는 경향이 있다. 이러한 차이들은 19장에서 더 자세히 논의될 것이다.

Early stage in the transcription of a gene by RNA polymerase II.

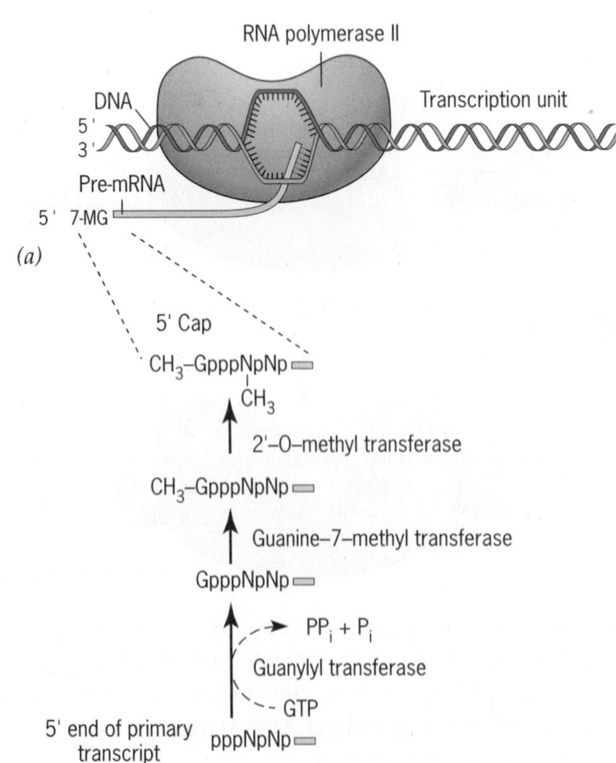

(b) **Pathway of biosynthesis of the 7-MG cap.**

■ **그림 11.16** 신장과정이 시작된 이후 7-메틸구아노신 (7MG) 캡이 pre-mRNA의 5′말단에 첨가된다.

사슬 절단에 의한 종결과 3' 폴리(A) 꼬리의 첨가

RNA 중합효소 II에 의해 합성된 RNA 전사체의 3′말단은 전사가 종결되어 만들어지는 것이 아니라 제1차 전사체의 내부핵산분해적 절단(endonucleo-

■ **그림 11.17** Poly(A) 꼬리가 폴리A 중합효소에 의해 전사체의 3′말단에 더해진다. 폴리A 중합효소에 의한 3′말단의 poly(A) 꼬리는 엔도뉴클레아제에 의해 AAUAAA라고 하는 폴리아데닐화 신호 아래로 전사체가 절단되고 나서 만들어진다.

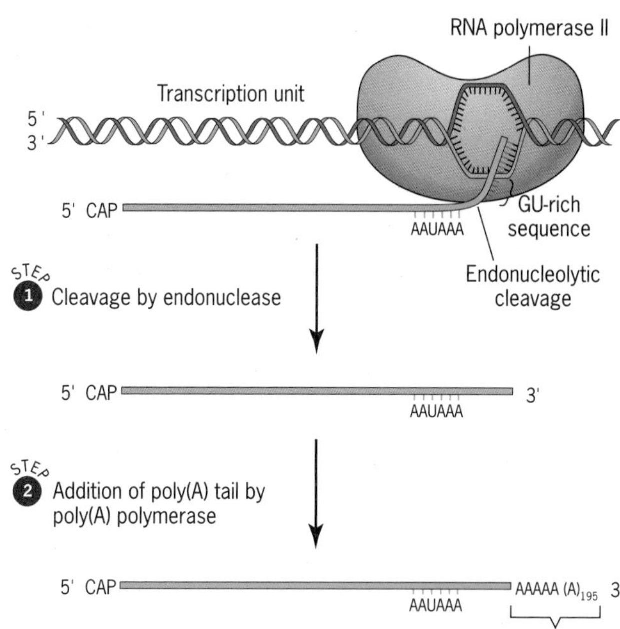

lytic cleavage)으로 만들어진다(■ **그림 11.17**). 실질적인 전사 종결 사건들은 성숙한 전사체의 3′말단이 될 부위로부터 1,000~2,000 뉴클레오티드 하류에 위치한 여러 부위에서 발생한다. 즉, 전사는 3′말단이 될 부위 아래로 더 진행되고 끝의 말단은 엔도뉴클레아제 활성에 의한 절단으로 제거된다. 전사체의 3′말단을 만드는 이러한 절단 사건은 보통, 보존된 폴리아데닐화 신호인 공통서열 AAUAAA로부터 11~30 뉴클레오티드 하류, 그리고 전사체 말단 근처에 위치한 GU가 많은 서열로부터의 상류에서 발생한다. 절단 이후에 **폴리 (A) 중합효소[poly (A) polymerase]**가 폴리 (A) 꼬리를 첨가하여, 전사체 3′말단에 아데노신 일인산 잔기가 약 200개 뉴클레오티드 길이로 생기게 된다(그림 11.17). 진핵성 mRNA에 폴리 (A) 꼬리가 첨가되는 것을 **폴리아데닐화(polyadenylation)**라고 한다.

전사체에 폴리 (A)가 생기기 위해서는 AAUAAA서열을 인식하고 결합하는 특수 요소, GU-rich 서열에 결합하는 촉진 인자, 엔도뉴클레아제, 그리고 폴리(A) 중합효소가 필요하다. 이런 단백질들은 사슬의 절단과 폴리아데닐화가 밀접하게 연계된 반응으로 일어나도록 하는 다합체성 복합체를 만든다. 진핵성 mRNA들의 폴리 (A) 꼬리들은 이들의 안정성을 증가시키고, 핵에서 세포질로 수송되는 데 중요한 역할을 담당한다.

RNA 중합효소 II와는 대조적으로, 중합효소 I과 III는 특정한 종결 신호에 반응한다. RNA 중합효소 I은 연관된 종결자 단백질에 의해 인식되는 18-뉴클레오티드 길이의 서열에 반응하여 전사를 종결시킨다. RNA 중합효소 III는 대장균에서의 로-비의존성 종결자와 유사한 종결 신호에 반응한다(그림 11.10 참조).

RNA 편집: mRNA 분자의 정보내용 변화

분자생물학의 중심원리에 따르면, 유전 정보는 유전자 발현 과정 중에 DNA에서 RNA로, 다시 RNA에서 단백질로 흐른다. 보통은 mRNA 매개체에서 유전정보가 바뀌지는 않는다. 그러나 RNA 편집의 발견으로 예외가 있음이 밝혀졌다. **RNA 편집(RNA editing)** 과정은 두 가지 방법 [(1) 각 염기의 구조 변화 (2) 유리딘 일인산 잔기의 삽입과 제거]으로 유전자 전사체의 정보내용을 변경시킨다.

한 염기에서 다른 염기로의 치환이 되는 RNA 편집의 첫 번째 형태는 드물게 일어난다. 이 편집형태는 토끼와 인간에서의 apolipoprotein-B(*apo-B*) 유전자와 mRNA 연구를 통해 밝혀졌다. Apolipoprotein은 순환계에서 어떤 지방 분자를 수송하는 혈액단백질이다. 간에서 *apo-B* mRNA는 4563개의 아미노산을 갖는 단백질을 암호화하고 장(intestine)의 *apo-B* mRNA는 2,153개의 아미노산의 단백질 합성을 지시한다. 이는 pre-mRNA의 C가 U로 치환되어 UAA 전사종결 코돈을 생성하여 불완전한 apolipoprotein이 된 것이다(■ **그림 11.18**). UAA는 번역과정 동안 폴리펩티드 사슬을 종결하는 세 개의 코돈 중 하나로 만약 UAA 코돈이 mRNA 암호지역(coding region) 내에 만들어진다면 번역동안 폴리펩티드를 종결시켜서 불완전한 유전자 산물을 만들어 내게 된다. C → U 치환은 시토신에서 아미노기를 제거하는 염기 특이적 RNA결합단백질에 의해 촉매 된다. RNA 편집의 이와 유사한 예로는 쥐의 뇌세포에 존재하는 글루탐산 수용체(glutamate receptor)를 암호화하는 mRNA를 들 수 있다. C → U 치환의 더 광범위한 mRNA 편집 형태로는 식물의 미토콘드리아에서도 일어나는데 이들 유전자 전사체의 대부분이 약간씩 편집된다. 미토콘드리아는 자신의 DNA 유전체와 단백질 합성기구(15장)를 가지고 있다. 식물의 미토콘드리아에 존재

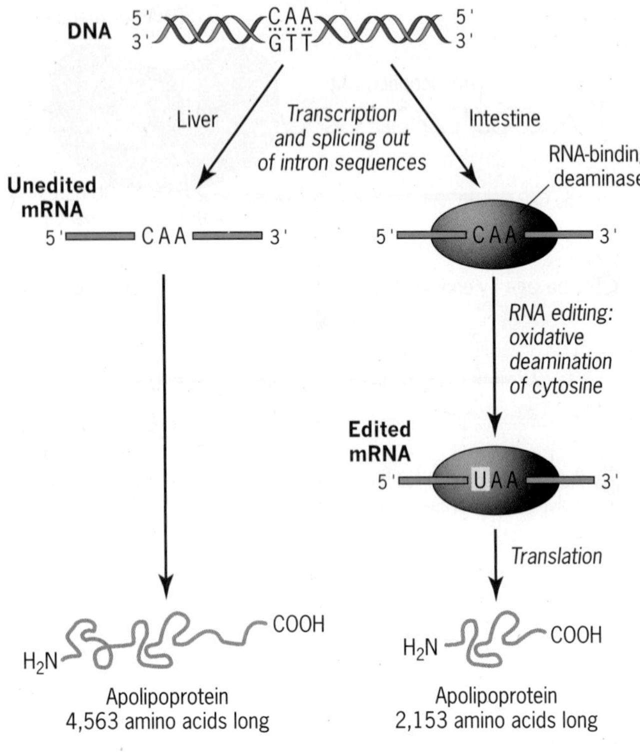

■ **그림 11.18** 포유류 장 내의 apolipoprotein-B mRNA의 편집과정.

하는 어떤 전사체 대부분의 C가 U로 치환된다.

두 번째로, 좀 더 복잡한 형태의 RNA 편집이 트리파노솜(인간에서 수면병을 일으키는 편모성 원생생물 집단)의 미토콘드리아에서 발생한다. 이 경우에서는, 유리딘 일인산 잔기가 유전자 전사체에 삽입(종종 결실되기도 함)되어, 그 mRNA 분자에 의해 지정되는 폴리펩티드에 커다란 변화를 일으킨다. 이러한 RNA 편집과정은 또 다른 미토콘드리아 유전자들에서 전사되는 **안내 RNA(guide RNA)**들에 의해 매개된다. 안내 RNA들은 편집될 pre-mRNA들과 부분적으로 상보적인 서열을 포함한다. 안내 RNA들과 pre-mRNA들 사이의 결합으로, 안내 RNA에서 쌍을 형성하지 못하는 A 잔기들이 있는 틈이 형성된다. 안내 RNA들은 편집의 주형으로 작용하여 안내 RNA의 A들 반대편에 있는 pre-mRNA 분자들 틈에 U들을 삽입한다.

왜 이런 RNA 편집 과정이 발생할까? 이 mRNA들의 마지막 뉴클레오티드 서열들은 왜 대부분의 핵 유전자들에서처럼 미토콘드리아 유전자의 서열에 의해 결정되지 않는 것일까? 아직 이에 대한 대답은 완전히 추측일 뿐이다. 트리파노솜들은 원시적인 단세포 진핵생물로, 진화 초기에 다른 진핵생물들로부터 분기했다. 일부 진화학자들은 RNA 편집이 조상 세포들에서는 흔한 것이었으며, 이때는 많은 반응들이 단백질 대신 RNA에 의해 이루어졌을 것으로 추측해 왔다. 다른 견해로는, RNA 편집이 유전자 발현의 패턴을 변화시키는 원시적인 기작이라는 것이다. 이유야 어떻든 간에, RNA 편집은 트리파노솜과 식물의 미토콘드리아에서 유전자 발현에 중요한 역할을 하고 있다.

요점

- *진핵생물에는 3~5가지의 다른 RNA중합효소가 존재한다. 각 중합효소는 각기 다른 유전자를 전사한다.*
- *진핵생물의 유전자 전사체는 세 가지 주된 변형을 거친다. (1) 5′말단에 7-메틸 구아노신 캡의 첨가, (2) 3′말단의 폴리 꼬리 첨가, (3) 비암호 인트론 서열의 제거.*
- *어떤 진핵생물의 전사체 정보는 번역 전에 전사체의 염기서열을 변화시키는 RNA편집에 의해 바뀌기도 한다.*

진핵생물의 분할된 유전자들: 엑손과 인트론

대부분의 진핵생물의 유전자는 암호화서열 엑손 사이에 끼어들어 있는 인트론이라 불리는 비 암호화 서열을 포함하고 있다. 인트론은 세포질에 그들이 전달되기 전 RNA 전사체로부터 제거된다.

원핵생물의 경우 밝혀진 유전자들 대부분은 폴리펩티드 아미노산 서열을 지정하는 연속적인 뉴클레오티드쌍으로 구성되어 있다. 1977년 3개의 진핵생물 유전자에 대하여 분자수준의 분석을 통해 놀라운 사실을 알게 되었다. 생쥐와 토끼의 β-글로빈(헤모글로빈 2개의 서로 다른 단백질 중 하나) 유전자와 병아리의 오브알부민(ovalbumin: 달걀 저장단백질) 유전자 연구로 암호서열 사이의 비 암호 서열이 있음을 밝혔다. 곧 비 암호 서열이 많은 진핵생물의 유전자 내에 존재함을 알게 되었다. 이들 유전자의 암호서열을 **엑손**(**exon**: **ex**pressed sequence)이라고 부르고 암호서열 사이의 비 암호서열을 **인트론**(**intron**: **int**ervening sequence)이라 한다.

포유동물의 β-글로빈 유전자의 인트론에 대한 초기 증거 중 하나로는 전자현미경으로 유전체 DNA-mRNA 혼성체를 보이게 한 결과를 들 수 있다. DNA-RNA 이중체들은 DNA 이중나선보다 더 안정해서, 부분적으로 변성된 DNA 이중나선들을 적당한 조건 하에서 상동의 RNA 분자와 같이 두게 되면, RNA가닥은 동일한 서열의 DNA가닥을 제치고 자신의 상보적인 DNA가닥과 혼성화 될 것이다(■ **그림 11.19*a***). 이렇게 얻어진 DNA-RNA 혼성 구조는 **R-루프(R-loop)**라고 불리는 단일가닥 DNA 영역을 포함하게 되는데, 이 부분은 RNA 분자가 DNA-RNA 이중체를 형성하면서 DNA가닥을 밀어낸 곳이다. 이런 R-루프들은 전자현미경상을 통해 직접 관찰이 가능하다.

셜리 틸그만(Shirley Tilghman), 필립 레더(Philip Leder), 그리고 그 동료들은 정제된 생쥐 β-글로빈 mRNA를 β-글로빈 유전자를 포함하고 있는 DNA 분자에 혼성화시켜, 이중가닥의 DNA로부터 분리된 두 개의 R-루프들을 관찰하였다(■ **그림 11.19*b***). 그들의 결과는 β-글로빈 mRNA에는 존재하지 않는 뉴클레오티드 서열이 β-글로빈 유전자에 존재하며, 따라서 이 서열은 β-글로빈 폴리펩티드의 아미노산을 암호화하지는 않는다는 것을 증명했다. 틸그만과 동료들이 핵에서 분리된 β-글로빈 유전자 전사체, 즉 1차 전사체 혹은 pre-mRNA로 생각되는 분자들을 이용해서 R-루프 실험을 반복했을 때는, 오직 하나의 R-루프 만이 관찰되었다(■ **그림 11.19c**). 이는 제1차 전사체가 엑손과 인트론의 완전한 구조적 유전자 서열을 가지고 있음을 말해준다. 세포질 mRNA와 핵의 pre-mRNA를 사용한 R-루프 실험을 종합하면, 1차 전사체가 성숙한 mRNA로 전환되는 가공 과정 중에 인트론 서열은 잘려 나가고 엑손 서열들이 서로 연결된다는 것을 알 수 있다.

틸그만과 동료들은 생쥐의 β-글로빈 유전자들의 서열을 β-글로빈 폴리펩티드의 아미노산 서열과 비교해 봄으로써 자신들의 R-루프 실험 결과 해석이 올바름을 확신했다. 그들의 결과는 유전자의 그 지점에 유전자들이 비암호화 인트론을 포함하고 있다는 것을 보여주었다. 연이은 연구들도 생쥐의 β-글로빈 유전자가 실제로 2개의 인트론을 가지고 있음을 밝혔다. 이 연구들과 인트론의 발견에 대한 추가 정보는 Student Companion 사이트의 '유전학의 이정표: 인트론들'에서 얻을 수 있다.

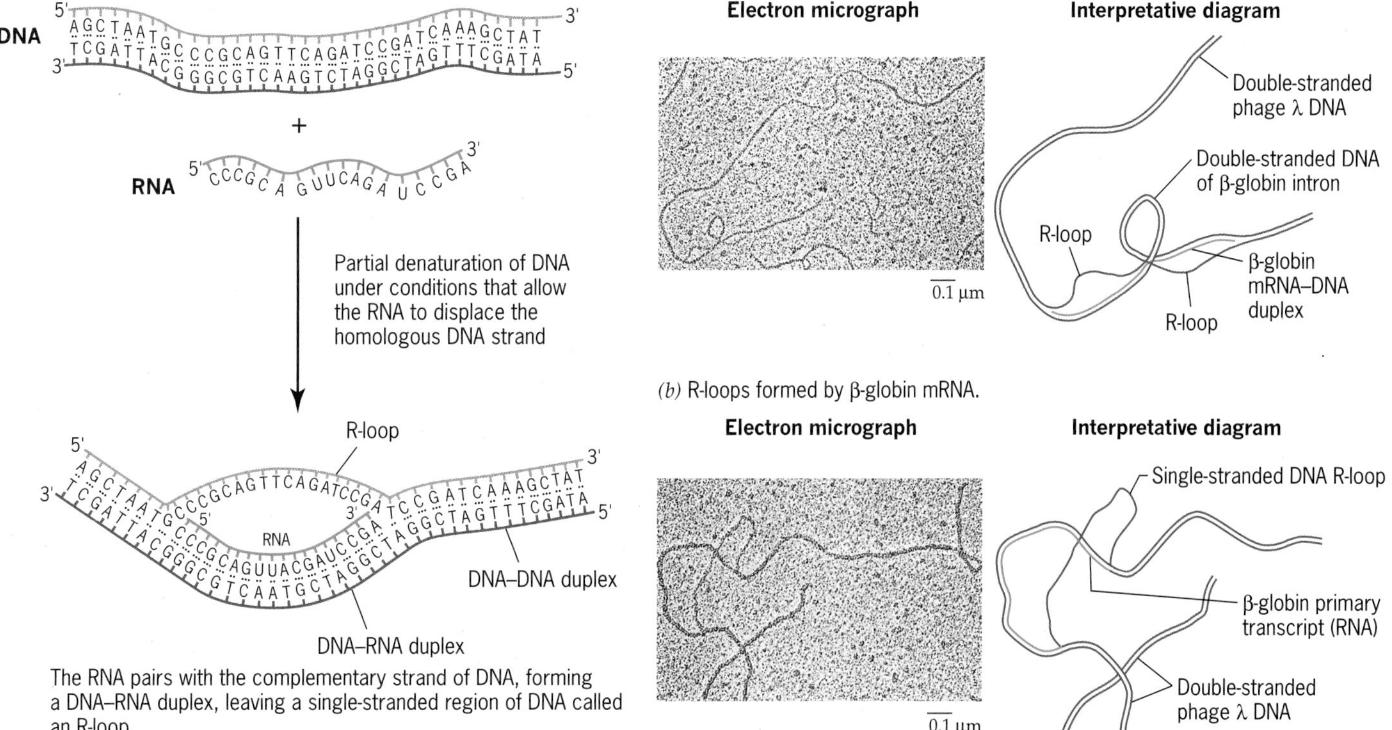

(a) The technique of R-loop hybridization.

(b) R-loops formed by β-globin mRNA.

(c) R-loop formed by β-globin primary transcript (pre-mRNA).

■ **그림 11.19** 생쥐의 β-글로빈 유전자 내 인트론에 대한 R-루프 증거. (a) R-루프 혼성화. (b) R-루프 조건에서 생쥐의 β-글로빈 유전자를 mRNA와 혼성화시키면, 이 때 생기는 DNA-RNA 혼성체에서는 2개의 R-루프들이 관찰된다. (c) 생쥐 β-글로빈 유전자의 1차 전사체나 pre-mRNA들을 R-루프 실험에 사용하면, 하나의 R-루프만 관찰된다. 이 결과들은 인트론 서열이 1차 전사체에는 존재하지만 이 전사체들이 성숙한 mRNA를 생산하는 공정 중에 제거된다는 것을 증명하는 것이다.

일부 매우 큰 진핵생물 유전자

포유류 글로빈 유전자와 병아리 오브알부민 유전자(Student Companion 사이트의 '유전학의 이정표' 부분 참조)에 대한 연구에 이어 많은 진핵생물 유전자에서 비암호 인트론의 존재가 밝혀졌다. 사실 고등동물과 식물에서 분절유전자(interrupted gene)는 비분절 유전자(uninterrupted gene)보다 훨씬 일반적이다. 예를 들어, 비텔로제닌 A2(vitellogenin A2; 난황 단백질이 된다)를 암호화하는 아프리카 발톱 개구리(*Xenopus laevis*)의 유전자는 33개의 인트론들을 포함하며, 닭의 1α2 콜라겐 유전자는 적어도 50개의 인트론들을 가진다. 이 콜라겐 유전자는 37,000 뉴클레오티드 쌍에 걸쳐 있으나 mRNA 분자의 크기는 4,600 뉴클레오티드 길이에 지나지 않는다. 다른 유전자들은 비교적 적은 수의 인트론들을 가지지만 그 크기가 매우 크다. 예를 들어, 초파리의 *Ultrabithorax*(*Ubx*) 유전자는 약 70,000 뉴클레오티드쌍 길이에 이르는 하나의 인트론을 갖는다. 현재까지 알려진 가장 큰 유전자는 인간의 *DMD* 유전자로, 돌연변이로 기능을 잃게 되면 뒤센형 근 이영양증(Duchenne muscular dystrophy)을 일으킨다. 이 *DMD* 유전자는 2,500,000 뉴클레오티드쌍에 걸쳐 있으며 78개의 인트론을 포함한다.

이러한 인트론이 대부분의 고등동물과 식물의 유전자에 존재하기는 하지만 꼭 필수적이지는 않다. 왜냐하면 이들 유전자 모두가 인트론을 가지고 있는 것은 아니기 때문이다. 성게의 히스톤 유전자와 4개의 초파리의 열충격 유전자들은 인트론이 없는 것을 보여주는 첫 번째 동물 유전자들이었다. 우리는 현재 고등 동식물의 많은 유전자가 인트론이 없다는 것을 알고 있다.

인트론: 생물학적 중요성?

현재, 과학자들은 진핵생물의 엑손-인트론 유전자 구조가 가지는 생물학적 중요성에 대해 비교적 조금밖에 알고 있지 못하다. 인트론들은 크기에서의 변화가 많아서, 50 뉴클레오티드에서 수천 뉴클레오티드쌍 길이까지 다양하다. 이러한 사실은 인트론들이 유전자 발현 조절에서 중요한 역할을 하지 않을까 하는 추측을 낳게 한다. 비록 어떻게 인트론들이 유전자 발현을 조절하는 지는 명확하지 않지만, 새로운 연구들은 일부 인트론들이 활성화 하거나 억제하는 방식으로 유전자 발현을 조절할 수 있음을 보여주었다. 어떤 인트론들은 조직에 따라 달리 사용되는 프로모터들을 포함한다; 또 어떤 것들은 전사체들의 축적을 향상시키는 서열들을 포함하고 있기도 하다. 인트론들이 엑손들보다 더 빨리 돌연변이들을 축적시킨다는 사실은 말단 부분을 제외한 인트론의 특정 뉴클레오티드 서열들은 그다지 중요한 것이 아님을 시사한다.

어떤 유전자의 경우 각각의 엑손이 다르면 단백질 산물에서도 서로 기능이 다른 부위(domain)를 암호화한다. 이는 항원의 경사슬(light chain)과 중사슬(heavy chain)을 암호화하는 유전자의 경우 분명히 알 수 있다(그림 20.17 참조). 포유류의 글로빈 유전자의 경우 가운데의 엑손이 단백질의 헴과 결합하는 부위를 암호화한다. 진핵생물의 엑손-인트론 구조가 단절되지 않은(단일 엑손의) 조상 유전자들이 융합에 의해 새로운 유전자로 진화하는 과정에서 생겨난 것이라는 고려해 볼만한 추측들도 있다. 만약 이 가설이 맞다면, 인트론들은 단순히 진화과정의 잔재일 뿐이다.

다른 한편으로, 인트론들은 서로 다른 엑손들의 암호화 서열들이 재조합에 의해 서로 재조립되는 속도를 증가시켜 진화 과정의 속도를 증가시키는 선택적 잇점을 제공할 수도 있다. 일부 경우에서는, 전사체를 스플라이싱 하는 대체 방법들로 인해 연관 단백질들의 집단이 만들어진다. 이런 경우에는 인트론들로 인해 하나의 유전자로부터 다수의 산물들이 생겨난다. 쥐의 트로포닌 T(troponin T) 전사체에서 발생하는 대체 스플라이싱이 그림 19.2에 설명되어 있다. 시토크롬 b(cytochrome b)를 암호화하는 효모의 미토콘드리아 유전자에서는, 인트론이 그 유전자의 1차 전사체를 가공하는 데 관여하는 효소 유전자의 엑손들을 포함하고 있다. 따라서, 서로 다른 인트론들은 실제로 서로 다른 역할을 담당하고 있으며, 많은 인트론들은 아무런 생물학적 중요성을 가지지 않을 수도 있다. 많은 진핵성 유전자들이 인트론을 가지지 않으므로, 이런 비암호화 영역들은 정상적인 유전자 발현에 필요치 않다.

요점

- *전부는 아니지만 대부분의 진핵생물 유전자는 엑손이라 불리는 암호화된 서열과 인트론이라 불리는 비 암호화된 서열로 분리된다.*
- *일부 유전자들은 매우 큰 인트론을 포함하지만, 다른 것들은 다수의 작은 인트론들을 가진다.*
- *인트론의 생물학적 중요성에 대해서는 여전히 토론되고 있다.*

RNA 스플라이싱에 의한 인트론의 제거

비암호화 인트론들은 여러 가지 기작에 의해 유전자 전사체로부터 제거된다.

다세포 진핵생물의 단백질을 암호화하는 대부분의 핵 유전자는 인트론을 가지고 있다. 효모와 같은 단세포 진핵생물에서도 어느 정도의 유전자들은 비암호 인트론을 가진다. 원핵생물인 고세균과, 일부 바이러스의 유전자들에서도 역시 드물지만 인트론들이 발견된다. 이렇게 "분할된(split)" 유전자들의 경우에, 1차 전사체는 그 유전자의 전체 서열을 모두 포함하고 있으며, 인트론 서열들은 RNA 공정(가공, RNA processing) 과정 중에 잘려진다(그림 11.12 참조).

단백질을 암호화하는 유전자의 경우 스플라이싱 기작은 정교해야만 한다. 이 때는 인트론을 향해 있는 엑손 말단의 코돈이 바르게 읽히도록 단 하나의 뉴클레오티드까지 정확하게 연결되어야만 한다(■ **그림 11.20**). 이 정도의 정확성을 위해서는 정확한 스플라이싱 신호가 필요할 것으로 보이는데, 아마도 엑손-인트론 연접부 근처의 인트론 내에 존재하는 뉴클레오티드 서열들이 사용되는 것 같다. 그러나, 핵 유전자들의 1차 전사체들에서는, 서로 다른 인트론들에서 완벽히 공통되는 서열들이라고는 다음과 같은 인트론 말단의 두 개 뉴클레오티드 뿐이다.

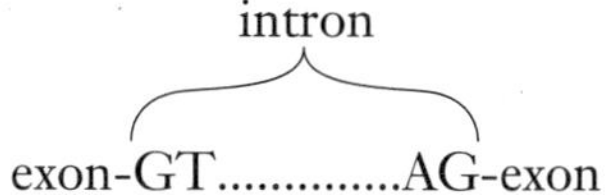

여기 나타낸 서열들은 DNA 비주형가닥(T가 U인 것만 빼면 RNA 전사체와 같은 서열의)의 것이다. 그리고 엑손-인트론 연접부에 짧은 공통서열들이 존재하는데, 핵 유전자에서 공통 서열 연접부는 다음과 같다.

exon — intron — exon

$$A_{64}G_{73}G_{100}T_{100}A_{68}A_{68}G_{84}T_{63}............6Py_{74\text{-}87}N\ C_{65}A_{100}G_{100}\ N$$

숫자로 이루어진 아래 첨자들은 이 지점에서 나타나는 공통 염기들의 빈도를 백분율로 나타낸 것이다; 따라서 100이라는 첨자는 이 위치에서는 항상 그 하나의 염기가 존재함을 뜻한다. N은 네 가지 표준 뉴클레오티드 중 어느 것이라도, 그리고 Py는 그 자리에 피리미딘 중 어떤 한 염기가 나타남을 표시한다. 서로 다른 RNA 스플라이싱 기작들이 사용되는 tRNA 유전자나, 미토콘드리아와 엽록체의 구조 유전자들에서는 엑손-인트론 연접부가 다르다. 그러나, 서로 다른 종들에서는 엑손-인트론 연접부에 일부 서열이 보존되어 있음을 보여준다.

최근의 연구는 스플라이싱과 인트론 서열들이 유전자 발현에 영향을 미칠 수 있음을 보여준다. 그 중요성에 대한 직접적 증거는 여러 진핵생물들에서 이 부위에 생긴 돌연변이에 의해 돌연변이 표현형이 유발된다는 것으로부터 제공되었다. 실제로, 그러한 돌연변이들은 때로는 인간에서도 헤모글로빈 질환 같은 유전성 질병들을 일으킨다.

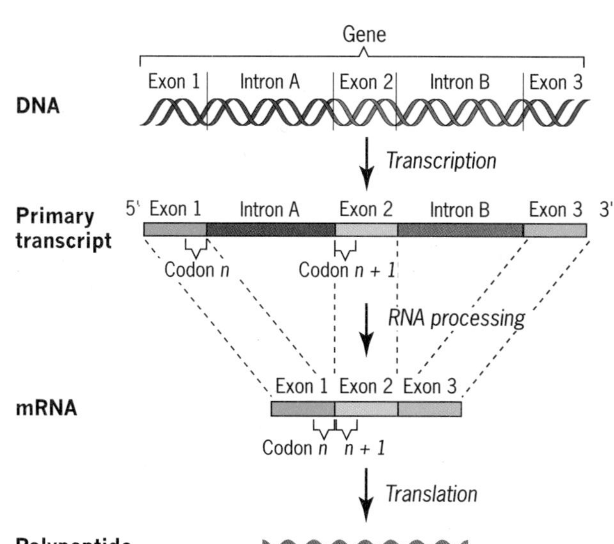

■ 그림 11.20 RNA 스플라이싱에 의한 제1차 전사체로부터 인트론의 제거. 스플라이싱 과정은 엑손의 코돈이 올바른 아미노산 서열로 번역되도록 하기 위해서는 하나의 뉴클레오티드까지 정확해야 한다.

유전자들 내 비암호화 서열의 발견으로, 유전자 발현 중에 어떻게 인트론 서열들이 제거되는지에 대한 관심이 높아졌다. 진핵생물 유전자들의 인트론 서열들이 엑손 서열들과 함께 전사된다는 초기 증명들은 1차 전사체들의 가공과정에 대한 연구에 초점을 맞추었다. 전사와 번역 기작에 대한 중요한 정보들이 시험관 내 시스템(*in vitro* system)에서 얻어졌던 것 처럼, RNA 스플라이싱 사건을 이해하기 위한 열쇠는 시험관 내 스플라이싱 시스템을 만드는 것에 있었다. 이런 시스템들을 이용하여, 연구자들은 RNA 전사체에서 인트론을 제거하는 3가지 유형이 존재함을 밝혔다.

1. tRNA 전구체들의 인트론들은 특수한 엔도뉴클레아제(endonulcease)와 연결효소(리가아제, ligase)들의 활성으로 촉매되는 반응들에 의해 스플라이싱 된다.
2. 일부 rRNA 전구체들의 인트론들은 RNA 분자 자체에 의해 매개되는 독특한 자가촉매적 반응에 의해 제거된다. (어떠한 단백질도 이 과정에 관여하지 않는다.)
3. 핵 내 pre-mRNA(hnRNA) 전사체들의 인트론들은 스플라이소좀(spliceosome)이라고 불리는 복잡한 리보뉴클레오프로테인(ribonucleoprotein; RNA 포함 단백질) 입자들에 의해 수행되는 2단계 반응에 의해 스플라이싱된다.

이런 3가지 인트론 제거 기작들은 다음 세 절에서 논의될 것이다. 인트론을 제거하는 다른 기작들도 있지만 여기서는 간단히 하기 위해 생략하기로 한다.

tRNA 전구체의 스플라이싱: 독특한 뉴클레아제와 리가아제 활성

tRNA 전구체의 스플라이싱 반응은 효모(*Saccharomyces cerevisiae*)를 통해 자세하게 연구되어졌다. 시험관 내 스플라이싱 실험과 온도감수성 스플라이싱 돌연변이체(temperature sensitive splicing mutant)들이 효모의 tRNA 스플라이싱 기작을 연구하는 데 사용되어졌다. 효모 tRNA전구체의 인트론 제거 과정은 두 가지 단계에 의해서 이루어진다. 우선 핵막에 결합된 *스플라이싱 엔도뉴클레아제*가 인트론의 양끝을 정확하게 절단한다. 그 다음 복잡한 일련의 반응을 통해서 tRNA의 두 부분을 *스플라이싱 리가아제*가 결합시켜 완전히 성숙된 tRNA를 형성한다. 이러한 반응의 특이성은 핵산 서열에 있기보다는 tRNA 전구체의 3차 구조에 기인한다.

자가촉매적 스플라이싱

물질대사는 효소가 촉매 하는 일련의 반응으로 일어난다. 중요하게 생각되어지는 이들 모든 효소는 단백질로 때때로 하나의 폴리펩티드 사슬 또는 복합적인 이질다합체(heteromultimer)이다. 경우에 따라서는 효소의 기능을 수행하기 위해서는 비단백질의 보조인자(cofactor)가 필요하다. 따라서 공유결합이 변형될 때는 하나의 효소에 의해 촉매되는 반응이 있음을 추측할 수 있다. 따라서 1982년, *Tetrahymena thermophila*의 rRNA 전구체에 존재하는 인트론이 어떤 단백질 효소 활성의 개입 없이도 잘려진다는 토마스 체흐(Thomas Cech)와 그 동료들의 발견은 상당히 놀라운 것이었다. 그러나, 이 rRNA 전구체로부터 인트론을 제거하는 활성이 RNA 분자 그 자체의 내재적인 것이라는 사실은 현재 잘 알려져 있다. 실제로 체흐와 시드니 알트만(Sidney Altman)은 1989년 촉매성 RNA들의 발견에 대한 공로로 노벨 화학상을 공동 수상했다. 게다가, 그러한 *자가-스플라이싱(self-splicing)*, 혹은 *자가-촉매적(autocatalytic)* 활성은 몇몇 하등 진핵생물들의 rRNA 전구체에서와, 여러 생물종들의 미토콘드리아 및 엽록체에서 다수의 rRNA, tRNA, 그리고 mRNA 전구체들에서 발생한다는 것이 확인되었다. 이런 인트론들 중 다수에서 발생하는 자가-스플라이싱 기작은 *Tetrahymena*의 rRNA 전구체에 의해 이용되는 것과 같거나 매우 유사하다(■ **그림 11.21** 참조). 다른 경우에서의 자가 스플라이싱 기작은 핵의 mRNA 전구체들에서 관찰되는 스플라이싱과 유사하지만, 스플라이소좀의 개입이 없이 이루어진다(다음 절의 내용 참조).

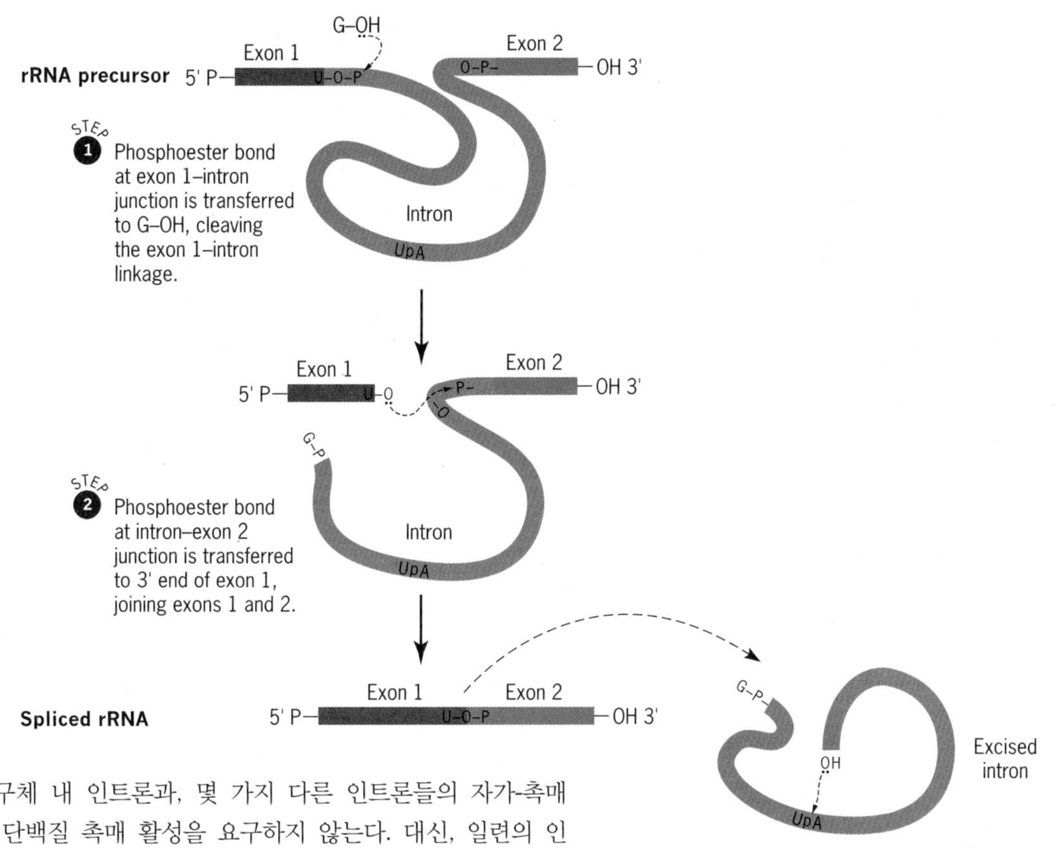

■ **그림** 11.21 *Tetrahymena thermophila*의 rRNA 전구체에서 발생하는 자가-스플라이싱 기작과 이에 따른 인트론 단편의 고리화 과정.

*Tetrahymena*의 rRNA 전구체 내 인트론과, 몇 가지 다른 인트론들의 자가-촉매적 절제는, 외부의 에너지나 단백질 촉매 활성을 요구하지 않는다. 대신, 일련의 인산에스테르 결합의 전이가 관여하는데, 이 과정 중에 결합이 사라지거나 생기지 않는다. 이 과정에는 보조인자로 자유 3′-OH기를 가진 구아닌 뉴클레오시드나 혹은 구아닌 뉴클레오티드(GTP, GDP, GMP, 혹은 구아노신 모두 작동함)가 필요하고, 여기에 1가 혹은 2가 양이온도 필요하다. G-3′-OH에 대한 요구는 절대적이어서, 다른 어떤 염기도 이 뉴클레오시드나 뉴클레오티드보조인자를 대체할 수 없다. 두 번의 인산에스테르 결합 이동에 의해 인트론이 잘려지고, 잘린 인트론은 곧 다른 인산에스테르 결합 이동에 의해 환형 분자가 된다. 이 반응들이 그림 11.21에 도식화되어 있다.

제거된 인트론의 자기촉매적 고리화 현상은 전부는 아니지만 rRNA전구체의 자가 스플라이싱 반응이 기본적으로 인트론 구조 자체에 있다는 것을 제시한다. 아마 자기촉매적 활성은 인트론의 2차 구조 아니면 적어도 RNA 전구체의 2차 구조에 의존할 것으로 추측된다. 이 자가-스플라이싱 RNA들의 2차 구조는 반응 그룹들을 가까운 병렬 구조로 놓이게 함으로써 인산에스테르 결합 전이가 발생할 수 있도록 해야만 한다. 그 자가-스플라이싱 인산에스테르 결합 전이는 강한 가역반응이므로, 잘린 인트론들의 빠른 분해나 스플라이싱된 rRNA들을 세포질로 이동시시킴으로써 정반응의 스플라이싱이 일어나도록 유도할 수 있다.

그 자가 촉매적 스플라이싱 반응들이 자연스러운 분자 내 반응이며, 따라서 농도와 상관이 없음에 주의하라. 게다가, 그 RNA 전구체들은 구아노신-3′-OH 보조인자가 결합하는 활성 중심을 형성할 수 있다. rRNA 전구체들의 이 자가촉매적 스플라이싱은 촉매 부위가 단백질에 국한되지 않음을 증명한다; 그러나, 효소로서의 트랜스(*trans*) 촉매활성은 없으며 오로지 시스(*cis*) 촉매활성만 존재한다. 일부 과학자들은 자가촉매적 RNA 스플라이싱이 초기의 RNA에 기초했던 세상(RNA-based world)의 흔적일 수도 있다고 믿고 있다.

PRE-mRNA 스플라이싱: snRNAs snRNPs 스플라이소좀

핵의 pre-mRNA에 존재하는 인트론들은, 앞의 두 절에서 설명했던 효모의 tRNA 전구체나 *Tetrahymena*의 rRNA 전구체들에 있는 인트론들처럼, 두 단계로 절단되어 나온다. 그러나 여기에서의 인트론들은 단순한 스플라이싱 핵산분해효소나 리가아제들에 의해 스플라이

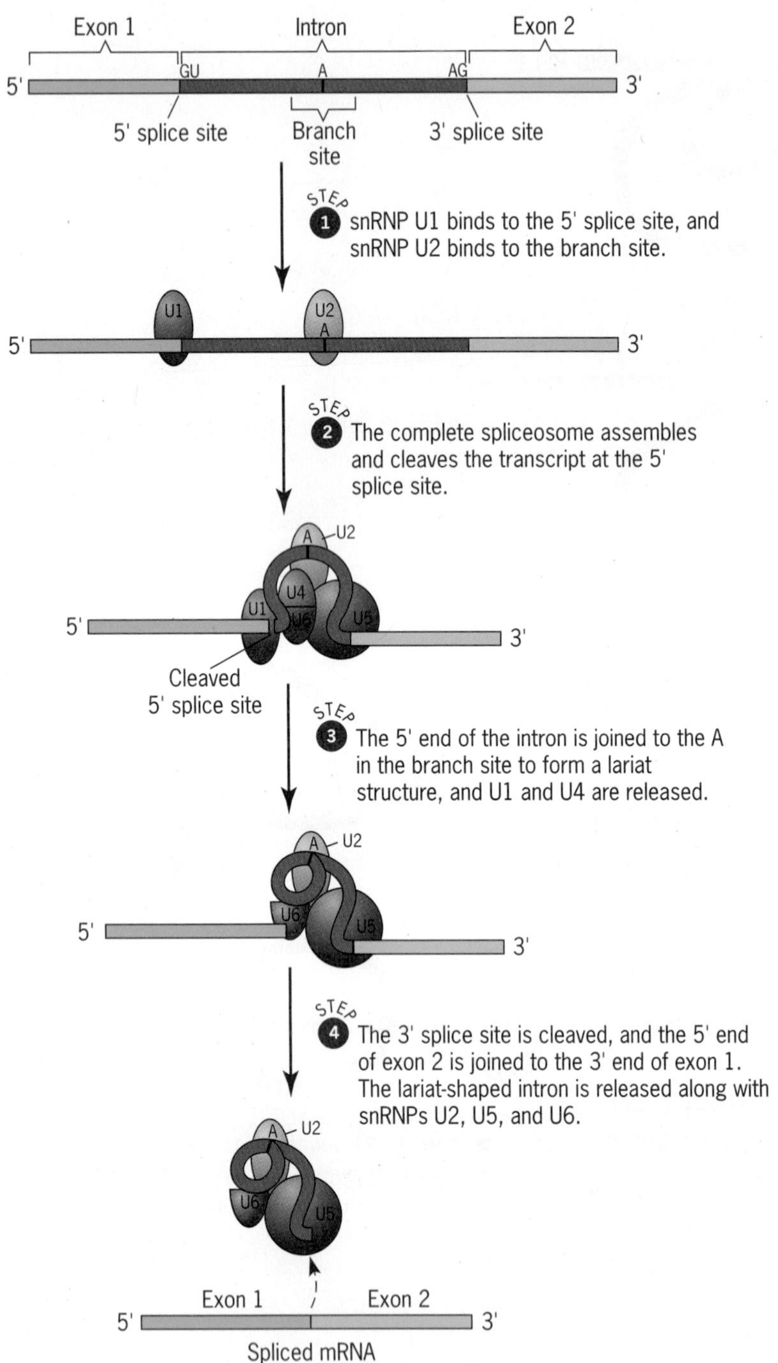
Exon 1
Intron
Exon 2
GU
A
AG
5'
3'
5' splice site
Branch site
3' splice site
STEP 1 snRNP U1 binds to the 5' splice site, and snRNP U2 binds to the branch site.
U1
U2
A
STEP 2 The complete spliceosome assembles and cleaves the transcript at the 5' splice site.
U2
U4
U1
U6
U5
Cleaved 5' splice site
STEP 3 The 5' end of the intron is joined to the A in the branch site to form a lariat structure, and U1 and U4 are released.
STEP 4 The 3' splice site is cleaved, and the 5' end of exon 2 is joined to the 3' end of exon 1. The lariat-shaped intron is released along with snRNPs U2, U5, and U6.
Spliced mRNA

■ **그림 11.22** 핵의 pre-mRNA의 스플라이싱에서 snRNA를 포함한 snRNP의 가정된 역할.

싱되거나 자가촉매적으로 처리되는 것이 아니며, 구아노신 보조인자도 요구하지 않는다. 대신에, 핵의 pre-mRNA 스플라이싱은 **스플라이소좀(spliceosome)**이라고 불리는 복잡한 RNA 단백질 구조물에 의해 수행된다. 이 구조물들은 여러 면에서 리보솜을 닮았다. 이들은 snRNA(small nuclear RNA)라고 불리는 일련의 작은 RNA 분자들과 약 40개 정도의 단백질들을 포함하고 있다. 핵의 pre-mRNA 스플라이싱에서의 2 단계들에 대해서는 알려져 있지만(■ **그림 11.22**), 스플라이싱 공정에서의 일부 세부사항은 아직 불확실하다.

U1, U2, U4, U5, U6라고 불리는 5개의 snRNA가 핵 pre-mRNA의 스플라이싱 반응에서 스플라이소좀 구성성분으로 포함되어 있다(snRNA U3는 인에 존재하며 아마도 리보솜 형성에 관여하는 것 같다). 포유류에서 이러한 snRNA의 크기는 100개의 뉴클레오티드(U6)에서 215개의 뉴클레오티드(U3) 범위에 있다. 효모(*S. cerevisiae*)의 어떤 snRNA는 이보다 크다. snRNA는 유리된 RNA 상태로 존재하지 않는다. 대신에, 이들은 **snRNP**(**s**mall **n**uclear **r**ibo**n**ucleo**p**rotein)라고 불리는 작은 크기의 핵 RNA-단백질 복합체 내에 위치한다. 스플라이소좀들은 스플라이싱 공정 중, 네 가지의 snRNP들과 단백질-스플라이싱 인자들이 모여 조립된다.

snRNA들인 U1, U2, 그리고 U5 각각은 특수한 SNP 입자들에 따로 존재한다. snRNA인 U4와 U6는 네 번째 snRNP에 함께 존재하는데; U4와 U6 snRNA들은 분자 간에 서로 상보적인 두 개의 부분을 갖고 있어서 U4/U6 snRNP 내에서 염기쌍을 형성하고 있다. 네 가지 형태의 snRNP 입자들 각각은 7개의 잘 알려진 snRNP 단백질 성분들과, snRNP 입자들마다 독특한 한 개 혹은 그 이상의 단백질을 가진다.

핵 내 pre-mRNA 스플라이싱에서의 첫 단계에는 5′의 인트론 스플라이스 자리(↓GU-intron)에서의 절단, 그리고 절단 부위에 있는 G의 5′탄소와 인트론 3′말단 근처의 보존된 A 잔기가 가진 2번 탄소 사이에 생기는 분자 내 인산에스테르 결합의 형성이 관여한다. 이 단계는 완전한 스플라이소좀 상에서 일어나고(그림 11.22), ATP 가수분해가 요구된다. U1 snRNP가 초기 절단 반응에 앞서 5′스플라이스 자리에 결합해야만 한다는 증거가 있다. 인트론의 5′말단에서 절단 부위를 인식하는 데는, 이 부위에서의 공통서열과 snRNA U1의 5′말단 근처에 있는 상보적 서열 사이의 염기쌍 형성이 관여하는 것으로 보인다. 그러나, 적어도 일부 snRNP들이 인트론의 공통서열에 결합하도록 하는 특이성은, snRNA들과 특정 snRNP 단백질들 둘 다에 의한 것이다.

스플라이싱 복합체에 두 번째로 추가되는 snRNP는 U2 snRNP이다. 이것은 일치서열 중 100% 보존된 A잔기에 결합한다. 이 잔기는 스플라이싱된 인트론의 올가미 구조(lariat structure)의 분지점이 된다. 그 후 U5 snRNP가 3′스플라이싱 부위에 결합하고 U4/U6 snRNP가 더해져서 완전한 스플라이소좀이 형성된다(그림 11.22). 5′인트론 스플라이싱 부위가 첫 번째 단계에서 절단되었을 때 U4 snRNA는 스플라이소좀에서 방출된다. 스플라이싱의 두 번째 단계에서 인트론의 3′ 스플라이싱 부위가 절단되고 두 개의 엑손은 정상적인 5′ → 3′포스포디에스테르 결합에 의해 연결된다(그림 11.22). 이제 스플라이싱된 mRNA는 세포질로 분비될 준비와 리보솜에서 해독될 준비가 되어 있다.

요점

- *비암호화 인트론 서열은 세포질로 수송되기 전에 핵 내 RNA 전사체에서 제거된다.*
- *tRNA전구체의 인트론은 스플라이싱 엔도뉴클레아제와 리가아제 활성에 의해서 제거되는 데 비해 어떤 rRNA전구체의 인트론은 자기촉매적 활성으로 스플라이싱된다.*
- *핵 pre-mRNA의 인트론은 스플라이소좀이라 불리는 복잡한 리보뉴클레오프로테인 구조에서 제거된다.*
- *인트론 절제 과정은 뉴클레오티드 수준까지 정확하게 이루어져야만 하고 실제로도 그렇게 이루어지므로, 인트론에 가까운 엑손 말단의 코돈들이 번역 중에 정확히 읽힐 수 있도록 한다.*

기초 연습문제

기본적인 유전분석 풀이

1. 만약 어떤 유전자 일부분의 주형가닥이 3′-GCTAAGC-5′의 염기서열을 가진다면 이 유전자의 RNA 전사체의 염기서열은 무엇인가?

답: RNA 전사체는 주형가닥에 상보적이고 화학적으로 반대의 극성을 가질 것이다. 따라서 그 서열은

DNA 주형가닥	3′-GCTAAGC-5′
RNA 전사체	5′-CGAUUCG-3′

2. 대장균에서 한 유전자의 비주형가닥의 서열이

5′-TTGACA-(18 bases)-TATAAT-(8 bases)-GCCTTCCAGTG-3′

라면 이 유전자의 RNA 전사체의 염기서열은 어떻게 되나?

답: 이 유전자는 완벽하게 −35와 −10 프로모터 서열을 가지고 있다. 전사는 −10 TATAAT 서열로부터 5개에서 9개 하위서열에서 시작되고 전사체의 5′-말단은 퓨린을 가지고 있어야 한다. 이 주형가닥과 전사체의 5′-말단은 다음과 같은 구조를 갖는다.

DNA 주형가닥
(−35 서열)　　　　(−10서열)
3′-AACTGT-(18 bases)-ATATTA-(8 bases)-CGGAAGGTCAC-5′
RNA 전사체:　　　　　　　　　　5′-GCCUUCCAGUG-3′

3. 기본문제 2에서 보여준 비주형가닥이 대장균이 아니라 초파리 유전자의 일부였다고 하더라도 같은 전사체를 만들어낼 수 있는가?

답: 아니다. 초파리 같은 진핵생물에서의 전사를 조절하는 프로모터 서열은 대장균 같은 원핵생물과 다르기 때문이다. 따라서 대장균 유전자가 초파리에 있었다면 아마도 전사되지 않았을지도 모른다.

4. 침팬지의 핵 내의 유전자의 초기 전사체나 pre-mRNA가 다음과 같은 서열을 가졌다:

5′-G—exon 1—AGGUAAGC—intron—CAGUC—exon 2—A-3′

인트론이 제거된 후에 생길 것으로 생각되는 mRNA 서열은 어떤 것인가?

답: 인트론은 두 개의 뉴클레오티드 말단이 보존되어 있다. 비주형 DNA가닥에 5′-GT —AG-3′와, RNA 전사체에 5′-GU —AG-3′이다. 그래서 인트론 서열은 거의 5′-GUUAAGC—intron—CAG-3′이다. 인트론이 정확하게 제거된다면 mRNA의 서열은,

5′-G—exon 1—AGUC—exon 2—A-3′

일 것이다.

지식검사

서로 다른 개념과 기술의 통합

1. 인슐린과 성장호르몬 같은 의학적으로 중요한 인간 단백질이 세균에서 만들어지고 있다. 유전공학을 이용하여 이들 단백질을 암호화하는 DNA 서열을 세균에 삽입한다. 세균 내에 인간 유전자 산물의 많은 양을 만들어 내는 유전자를 대장균 안에 삽입하고자 한다. 인간 유전자를 추출하여 대장균에 삽입시 어떤 문제점이 발생하는가?

답: 전사를 개시하는 데 필요한 프로모터 서열은 포유류와 세균이 많이 다르다. 따라서 세균의 프로모터에 암호지역을 융합(fuse)시키지 못하면 대장균에서 발현되지 않을 것이다. 게다가 인간 유전자는 인트론을 가지고 있다. 대장균 내에 RNA 전사체에서 인트론을 제거하는 스플라이소좀이나 이와 동일한 기구를 가지고 있지 않으므로 인간 유전자의 인트론이 있으면 정확히 발현

되지 않을 것이다.

2. 인간의 β-글로빈 유전자를 선형의 박테리오파지 λ 염색체에 삽입하여 다음과 같은 DNA 분자를 만들었다. DNA:DNA duplex보다 DNA:RNA duplex가 이루어지기 쉬운 조건하에서 이 DNA 분자를 인간의 β 글로빈 mRNA와 혼성화 시켜서 전자현미경으로 관찰하였을 때 어떤 핵산 구조를 볼 수 있겠는가?

답: 인간의 β 글로빈 제1차 전사체는 인트론들과 세 개의 엑손을 가지고 있을 것이다. 그러나 세포질로 들어가기 전에 인트론이 전사체에서 스플라이싱된다. 따라서 성숙한 mRNA분자는 인트론이 없이 세 개의 엑손만을 가지게 된다. R형 고리 조건에서 mRNA는 상보적인 DNA가닥과 결합된다. 그러나 mRNA에 인트론이 없으면 인트론은 오른쪽 그림에서 보이는 바와 같이 이중가닥의 DNA처럼 남게 된다.

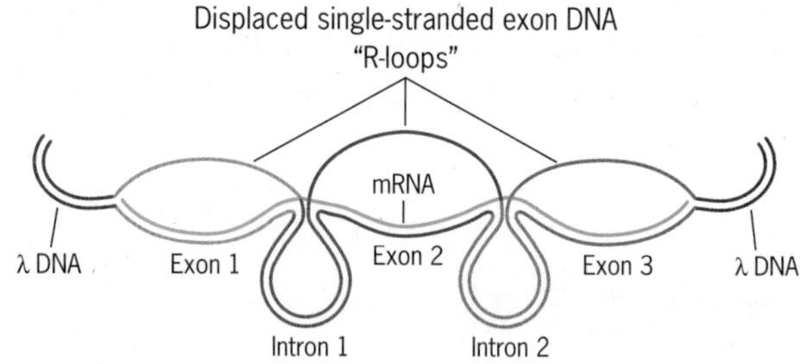

연습문제

이해력 증진과 분석력 개발

11.1 DNA와 RNA의 (a) 화학적 (b) 기능적 (c) 세포 내 위치 차이점을 기술하라.

11.2 다음 DNA 주형서열이 mRNA로 전사될 때 그 염기서열은? 5′-AGGTCAAC-3′

11.3 다음 mRNA 서열은 어떤 DNA 염기서열로부터 전사되었는가? 5′-AUGCU-3′

11.4 mRNA 가설은 어떤 증거들로 확립되었는가?

11.5 세포에서 단백질이 합성되는 곳은?

11.6 원핵생물의 mRNA와 진핵생물의 mRNA의 세 가지 차이점을 나열하라.

11.7 원핵세포에는 어떤 형태의 RNA 분자가 있는가? 진핵세포는? 이들 RNA분자들의 기능은?

11.8 많은 진핵유전자는 암호서열 또는 엑손 사이에 인트론을 가지고 있다. 이들 유전자가 발현될 때 인트론은 어느 단계에서 제거되는가?

11.9 수십 년 동안 생명체 내의 분자반응은 폴리펩티드를 가진 효소의 촉매에 의해 일어난다고 생각되어져 왔다. 그러나 *Tetrahymena*의 rRNA 전구체와 같이 어떤 RNA 전구체의 인트론은 어떤 단백질의 도움 없이 자기촉매적으로 절단된다. 이와 같은 자기촉매적 스플라이싱은 어떻게 일어나는 것인가?

11.10 스플라이소좀은 유전자 발현 경로에서 어떤 기능을 하는가? 그들 고분자 구조는 무엇인가?

11.11 고등 진핵생물에서 단백질을 암호화하는 핵 유전자 내의 인트론이 스플라이소좀에 의해 정확하게 절단되기 위한 구성요소는?

11.12 다음의 용어들 중 하나와 그 아래 기술되어 있는 각각의 설명을 연결하라. *용어*: (1) sigma(σ) factor; (2) poly(A) tail; (3) TATAAT; (4) exons; (5) TATAAAA; (6) RNA polymerase III; (7) intron; (8) RNA polymerase II; (9) heterogeneous nuclear RNA (hnRNA); (10) snRNA; (11) RNA polymerase I; (12) TTGACA; (13) GGCCAATCT (CAAT box).

설명:

(a) *E. coli*의 프로모터에서 비주형가닥의 서열(−10)로서 RNA 중합효소와 결합되었을 때 그 위치에서의 DNA 풀림을 촉진시킨다.

(b) Small 5S rRNA를 제외한 모든 rRNA의 합성을 촉매하는 핵에서의 RNA 중합효소.

(c) 프로모터에서 전사개시 역할을 하는 원핵세포의 RNA 중합효소의 소단위체.

(d) 많은 진핵생물들의 유전자에서 발견되는 암호서열 사이의 비암호서열(intervening sequence).

(e) 진핵생물의 프로모터에서 보존된 뉴클레오티드 서열(−30)로서 전사개시에 관여한다.

(f) 진핵세포의 핵에 위치한 작은 RNA 분자들은 대부분 스플라이소좀(spliceosome)의 구성 요소들로서 핵의 유전자 전사체들로부터 인트론의 삭제에 참여한다.

(g) 단백질을 암호화하는 핵의 유전자들을 전사시키는 RNA

중합효소.

(h) 유전자의 최종적인 가공 후의 RNA 전사체에서의 서열과 일치하는 진핵생물 유전자의 서열.

(i) 진핵세포의 핵에 존재하는 제1차 전사체들의 군집.

(j) 전사개시 위치로부터 상류의 35 뉴클레오티드상에 위치된 *E. coli*의 프로모터서열.

(k) 전사개시 점으로부터 약 80뉴클레오티드상류에 존재하는 진핵세포 프로모터의 비주형가닥에서 보존된 서열.

(l) 운반 RNA(tRNA) 분자들과 소형 핵 RNA(snRNA)의 합성을 촉매하는 핵의 RNA 중합효소.

(m) 대부분의 진핵세포의 전령 RNA(mRNA)의 3′말단에 참가되는 20-200 뉴클레오티드 길이의 폴리아데노신 잔기들.

11.13 (a) 다음의 핵 pre-mRNA 중에서 잠재적으로 인트론을 가지고 있는 것은?

(1) 5′-UAGCUGUUUGUCAUGACUGACUGGUCACUAUC-GUACUAACCUGUCAUGCAAUGUC-3′

(2) 5′-UAGGUUCGCAUUGACGUACUUCUGAAACUACU-AACUACUAACGCAUCGAGUCUCAA-3′

(3) 5′-UGACCAUGGCGCUAACACUGCCAAUUGGCAAU-ACUGACCUGAUAGCAUCAGCCAA-3′

(4) 5′-UAGCAGUUCUGUCGCCUCGUGGUGCUGCUG-GCCCUUCGUCGCUCGGGCUUAGCUA-3′

(5) 5′-UAGUCUCAUCUGUCCAUUGACUUCGAAACU-GAAUCGUAACUCCUACGUCUAUGGA-3′

(b) 위 5개의 pre-mRNA 중 하나는 인트론 서열이 제거된다. 스플라이싱이 끝난 후 mRNA 서열은?

11.14 진핵생물 유전자의 인트론 기능은?

11.15 세 개의 인트론이 들어 있는 특정한 유전자를 파지 λ 염색체에 삽입하였다. (a) 이 유전자의 제1차 전사체가 분리해 낸 핵에서 정제되었다. 제1차 전사체가 R형 고리 형태로 재조합 λ 염색체와 혼성화되면 R형 고리구조는 어떻게 보이겠는가? (b) 유전자의 제1차 전사체에서 만든 mRNA를 폴리리보솜에서 분리하여 재조합 λ 염색체를 이용한 R형 고리 혼성화 실험으로 조사하였다. R형 고리 구조는 어떻게 보이겠는가?

11.16 대장균의 DNA 절편이 다음과 같은 염기쌍을 가진다. 만일 프로모터가 다음 서열의 왼쪽에 위치되어 있다면 RNA 중합효소에 의해 DNA 절편이 전사되었을 때 RNA 전사체의 염기서열은?

```
3′-ACGTAACTGAAATAGCGTCAGGTA-5′
   ||||||||||||||||||||||||
5′-TGCATTGACTTTATCGCAGTCCAT-3′
```

11.17 대장균의 DNA 절편이 다음과 같은 염기쌍을 가진다. RNA 중합효소에 의해 DNA 절편이 전사되면 RNA 전사체의 염기서열은?

```
3′-ATATTACTGCAATGGGCTGTATCG-
   ||||||||||||||||||||||||
5′-TATAATGACGTTACCCGACATAGC-

ATGCTACTGCTATTCGCTGTATCG-5′
||||||||||||||||||||||||
TACGATGACGATAAGCGACATAGC-3′
```

11.18 대장균의 DNA 절편이 다음과 같은 염기쌍을 가진다. RNA 중합효소에 의해 DNA 절편이 전사되면 RNA 전사체의 염기서열은?

```
3′-AACTGTACGTGCTACCTTGCTGATATTACT-
   ||||||||||||||||||||||||||||||
5′-TTGACATGCACGATGGAACGACTATAATGA-

GCAAATTGCCGCGATTGCCGTAGGATCTA-5′
|||||||||||||||||||||||||||||
CGTTTAACGGCGCTAACGGCATCCTAGAT-3′
```

11.19 인간 DNA 절편이 다음과 같은 염기쌍을 가진다. RNA 중합효소에 의해 DNA 절편이 전사되면 RNA 전사체의 염기서열은?

```
3′-ATATTTACGTGCTACCTTGCTGATAGGACT-
   ||||||||||||||||||||||||||||||
5′-TATAAATGCACGATGGAACGACTATCCTGA-

GCAAAATCGCGGTACGATCGCGGTCATTA-5′
|||||||||||||||||||||||||||||
CGTTTTAGCGCCATGCTAGCGCCAGTAAT-3′
```

11.20 인간의 유전체는 DNA에 존재하는 네 가지 뉴클레오티드 쌍들을 이용하여 엄청난 양의 정보를 저장해야만 한다. 단 네 개의 글자로 구성된 알파벳을 이용하여 많은 양의 정보를 저장할 수 있는 가능성에 대해 모르스 부호나 컴퓨터 언어가 우리에게 말해 주는 것은 무엇인가?

11.21 분자 유전학에서 중심원리(central dogma)란 무엇인가? RNA 종양 바이러스의 발견이 이 중심원리에 미친 영향은 어떤 것이었나?

11.22 5개의 효소가 촉매하는 다섯 단계 생합성 경로를 통해 물질대사 산물 X를 만든다. 물질대사 경로가 유전적 조절하에 있다면, 이 때 필요한 최소한의 유전자 수는 얼마인가? 더 많은 유전자가 관여할 수도 있을까? 그 이유는?

11.23 DNA, RNA, 폴리펩티드 합성의 공통점은?

11.24 유전자 발현의 두 단계는? 세포 내 어디에서 일어나는가?

11.25 원핵생물과 진핵생물의 mRNA와 제1차 전사체의 구조를 비교하여라. 평균적으로, 어느 생물에서 더 많은 차이가 나타나겠는가?

11.26 유전자 발현에 관여하는 RNA의 5가지 분자는? 그 기능은? RNA 5가지 분자는 핵과 세포질 중 어느 곳에서 기능을 수행

하는가?

11.27 진핵생물에서 단백질 합성에 RNA 중간산물이 필요한 이유는? RNA 합성이 핵에서 일어나고 단백질 합성은 세포질에서 일어난다는 것을 어떻게 증명했는가?

11.28 400개의 아미노산을 가지고 있는 두 개의 폴리펩티드를 암호화하는 진핵생물의 두 유전자가 있다. 유전자 하나는 엑손 하나만 가지고 있고 다른 유전자는 41,324 뉴클레오티드쌍 길이의 인트론을 가지고 있다. 어떤 유전자가 더 빨리 전사되는가? 그 이유는? 이 유전자들에 의해 생산된 mRNA들이 번역될 때는, 어느 mRNA가 더 빨리 번역될 것으로 생각되는가? 그 이유는?

11.29 RNA 전사체가 핵에서 합성되어 세포질로 이동한다는 사실을 증명할 실험을 디자인하라.

11.30 전체 RNA를 배양중의 인간 세포에서 추출하였다. 이 RNA를 티미딘 키나아제(thymidine kinase)를 암호화하는 인간 유전자의 비주형가닥과 섞어서 이 RNA-DNA 혼합체를 재생 조건에서 12시간 동안 방치했다. 이 과정에서 RNA-DNA duplex가 형성되겠는가? 각각에 대한 이유를 제시하시오. 티미딘 키나아제 유전자의 주형을 가지고 동일한 실험을 수행하였다. 기대되는 결과와 이유를 말하시오.

11.31 대장균으로부터 RNA 중합효소를 포함하고 있는 두 종류의 세포 추출액을 준비하고, *argH* 유전자를 가진 DNA 절편을 주형 DNA로 이용하여 시험관 내 RNA 합성을 촉매하는 두 가지 독립된 실험에 사용하였다; 하나의 추출액은 크기의 차이가 큰 RNA 사슬의 합성을 촉매하였다. 다른 하나는 모두 같은 크기인 RNA 사슬 합성을 일으켰다. 이 두 추출물들에 존재하는 RNA 중합효소들의 조성에는 어떤 차이점이 있겠는가?

11.32 원핵생물은 전사와 해독이 동시에 일어난다. 진핵생물에서와 어떻게 다른가?

11.33 RNA 중합효소 II에 의해 전사되는 유전자의 프로모터에 항상 존재하는 두 요소는? 이들 요소는 어디에 위치하는가? 그들의 기능은?

11.34 진핵생물의 유전자 전사체는 어떤 방법으로 변형되는가? 이들 전사후 변형의 기능은?

11.35 RNA 편집이 진핵생물의 단백질 다양성에 어떻게 공헌하는가?

11.36 tRNA 전구체와 *Tetrahymena* rRNA 전구체, 그리고 핵 pre-mRNA 각각의 인트론이 다르게 제거되는 기작은 어떠한가? 어떤 과정에 snRNA가 관여하는가? snRNA의 기능은?

11.37 인간의 유전자 중 커다란 인트론의 5′스플라이싱 부위가 GT에서 CC로 변하는 돌연변이가 있다. 이 돌연변이에 동형접합성인 사람의 표현형은 어떻게 되겠는가?

11.38 배양시켜 자라고 있는 인간의 세포에서 모든 RNA들이 분리되었다. 그리고, 하우스키핑 유전자(housekeeping gene; 모든 세포에서 반드시 발현되는 유전자)의 커다란 인트론을 가진 DNA 단편을 분리, 정제하여 분리한 RNA들과 섞어주고, 이 DNA-RNA 혼합물을 재생 조건에서 12시간 동안 보존하였다. 이 과정 중에 DNA-RNA 이중체들이 생길 것이라 생각하는가? 여러분의 예상에 대한 이유를 설명하라. 동일한 실험을 세포질 내 RNA들을 이용하여 수행하였다. 이번에는 DNA-RNA 이중체가 형성되겠는가? 이유는 무엇인가?

번역과 유전암호

12

장의 개요

- 단백질 구조
- 유전자와 폴리펩티드 공선성
- 단백질 합성: 번역
- 유전암호
- 암호-tRNA 상호작용

겸상적혈구 빈혈증: 단일 염기쌍 변화의 강력한 영향

1904년에 존경받는 시카고 내과의사였던 제임스 헤릭(James Herrick)과 헤릭의 밑에서 인턴으로 일하던 어네스트 아이언(Ernest Irons)은 그들 환자들 중에서 한 사람의 혈액세포를 조사했다. 그들은 그 젊은 사람의 적혈구 세포 대다수가 다른 환자들의 둥근 도넛 모양의 적혈구 세포와는 대조적으로 현저하게 가늘고 길다는 것을 발견했다. 헤릭과 아이언은 다른 많은 환자들의 혈액세포를 조사했으나 이와 같은 적혈구 세포는 결코 보지 못했었다. 그들은 신선한 혈액 표본을 구해서 현미경 관찰을 여러 번 반복했으나 항상 똑같은 결과를 얻었다. 이 환자의 혈액은 그 당시 농부들이 곡식을 수확하는 데 사용했던 낫 모양의 세포들을 항상 포함하고 있었다.

그 환자는 무기력하고 현기증이 심하던 시기를 경험한 20세의 대학생이었다. 여러 관점에서 그 환자는 정신적으로나 육체적으로 정상인 것처럼 보였다. 그의 주된 문제는 피로였다. 그러나 신체검사에서는 확장된 심장과 림프절을 보여주었다. 그의 심장은 그가 휴식을 취하고 있을 때도 항상 너무 심하게 작동하는 것 같았다. 혈액검사 결과 이 환자는 빈혈증으로 나타났다. 즉 그의 혈액 헤모글로빈 함량은 정상수준의 약 절반이었다. 헤모글로빈은 폐에서 다른 조직으로 산소를 운반하는 복합단백질이다. 헤릭과 아이언은 이 환자의 임상적인 증상과 비정상적인 적혈구 세포 때문에 혼란스러웠다. 헤릭은 1910년에 그의 관찰을 발표하기 전 6년 동안 그 환자의 증상을 기록했다. 그의 논문에서 헤릭은 빈혈의 만성적 특징과 겸상적혈구 세포의 존재를 강조했다. 1916년 32살 때 그 환자는 심각한 빈혈과 신장 손상으로 죽었다.

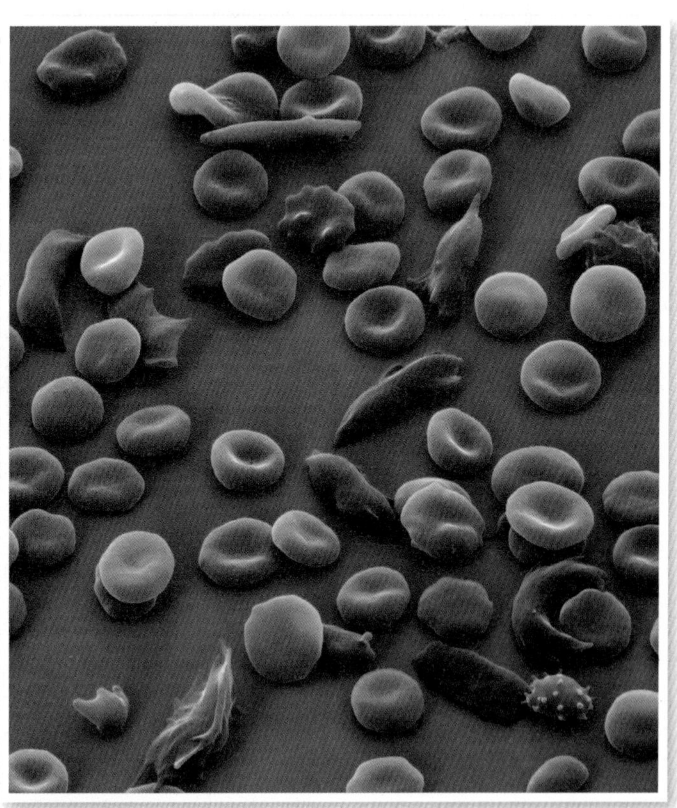

겸상적혈구 환자의 혈액에 존재하는 정상 적혈구와 초승달 모양의 적혈구를 주사전자현미경으로 관찰한 것.

제임스 헤릭은 분자적 수준에서 이해된 첫 번째 선천성 인간 질병인 겸상적혈구 빈혈에 대한 서술을 제일 먼저 출판한 사람이었다. 1949년에 라이너스 폴링(Linus Pauling)과 그의 동료들은 건강한 사람과 겸상적혈구 빈혈증을 가진 사람의 헤모글로빈의 차이점을 상세히 기록 보고하였다. 헤모글로빈은 두 개의 α 글로빈 사슬과 두 개의 β 글로빈 사슬의 네 개의 폴리펩티드와 철 함유 헴 그룹을 가지고 있다. 1957년에 버논 잉그램(Vernon Ingram)과 그의 동료는 겸상세포 헤모글로빈의 β 사슬의 여섯 번째 아미노산은 발린인데 반해 정상 성인의 해당 자리에는 글루탐산이 있음을 증명했다. 이 단일 폴리펩티드 사슬에서의 단일 아미노산 변화가 겸상적혈구 빈혈증의 모든 증상의 원인이다.

DNA에 뉴클레오티드 서열로 저장되어 있는 유전 정보가 어떻게 생물의 표현형을 조절하는가? 겸상적혈구 빈혈증을 일으키는 돌연변이와 같이 유전자 내의 뉴클레오티드 쌍의 변화가 어떻게 유전자의 첩보원이나 마찬가지인 단백질의 구조를 바꾸는가? 11장에서 우리는 DNA 내의 뉴클레오티드쌍 서열에 저장되어 있는 유전정보가 핵에서 세포질의 단백질 합성 장소로 정보를 전달하는 mRNA 분자 내 뉴클레오티드 서열로 전달되는 것에 대해서 논의했다. DNA에서 RNA로의 정보의 전달, 즉 전사와 RNA 가공과정은 핵에서 일어난다. 이 장에서 우리는 mRNA 내의 뉴클레오티드 서열에 저장되어 있는 유전정보가 폴리펩티드 유전자 산물의 아미노산 서열을 지정하는데 이용되는 과정을 공부한다. 이 과정, 즉 **번역(translation)**은 세포질 내의 리보솜이라고 부르는 복잡한 작업대에서 일어나며 많은 거대분자들의 참여를 요구한다.

단백질 구조

단백질은 20개의 서로 다른 아미노산으로 이루어진 복합 고분자이다.

종합적으로 단백질은 세포 습윤 무게의 약 15%를 구성한다. 물 분자는 생체 세포 전체 무게의 70%를 차지한다. 물을 제외하면 단백질은 총질량의 견지에서 단연 가장 많은 구성성분이다. 단백질은 세포질량의 중요한 구성요소일 뿐만 아니라 모든 세포의 생존에 절대 필요한 많은 역할을 한다. 단백질의 합성을 논의하기 전에 우리는 그들의 구조와 더 친숙해질 필요가 있다.

폴리펩티드: 20종의 서로 다른 아미노산 소단위

단백질은 폴리펩티드로 구성되어 있고, 모든 폴리펩티드는 유전자에 의해 암호화되어 있다. 각 폴리펩티드는 공유결합에 의해 함께 연결된 긴 서열의 아미노산으로 구성되어 있다. 대부분의 단백질에는 20개의 서로 다른 아미노산이 존재한다. 때때로 한 개의 폴리펩티드가 합성된 후에 하나 또는 그 이상의 아미노산이 화학적으로 변형되어 성숙한 단백질 내에 새로운 아미노산을 만든다. ■ **그림 12.1**에 20개의 일반적인 아미노산의 구조가 나타나 있다. 프롤린을 제외한 모든 아미노산은 *자유 아미노기(free amino group)*와 *자유 카르복실기(free carboxyl group)*를 함유한다.

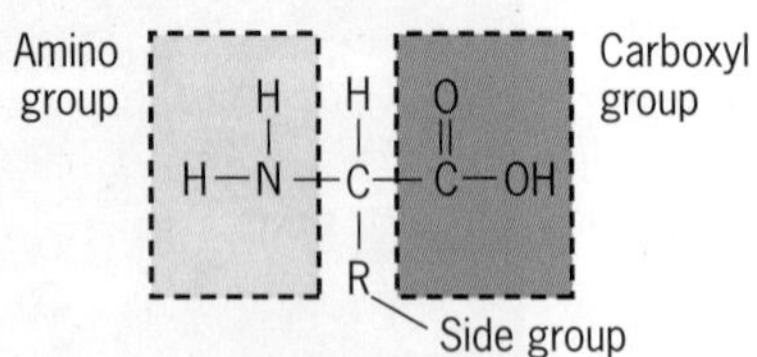

아미노산은 붙어 있는 *측쇄기*(**R**adical, **R**로 표시)에 따라 서로 다르다. 매우 다양한 측쇄기는 단백질의 구조적 다양성을 제공한다. 이 측쇄기들은 네 가지 유형으로 나뉜다. (1) 소수성이거나 비극성인것, (2) 친수성이거나 극성을 띠는 것, (3) 산성이거나 음전하를 띠는 것, 그리고 (4) 염기성이거나 양전하를 띠는 것이다(그림 12.1). 아미노산 측쇄기의 화학적 다양성은 단백질의 거대한 구조적이고 기능적인 다변성의 원인이 된다.

펩티드(peptide)는 두 개 혹은 그 이상의 아미노산으로 구성된 화합물이다. 폴리펩티드는 길이에 있어 인슐린(insulin)의 51개 아미노산으로부터 비단(silk) 단백질인 피브로인(fibroin)의 1,000개 아미노산에 이르기까지 긴 아미노산의 서열이다. 폴리펩티들에서 일반적으로 발견되는 20가지의 서로 다른 아미노산들을 고려하면, 만들어질 수 있는 서로 다른 폴리펩티드들의 수는 실로 방대하다. 예를 들어 100 아미노산 길이를 가진 폴리펩티드가 만들 수 있는 다른 아미노산 서열의 수는 20^{100}이다. 20^{100}은 이해하기에 너무 크므로 짧은 펩티드를 생각해 보자. 일곱 개 아미노산 길이의 펩티드에서는 12억 8천만(20^7)개의 각기 다른

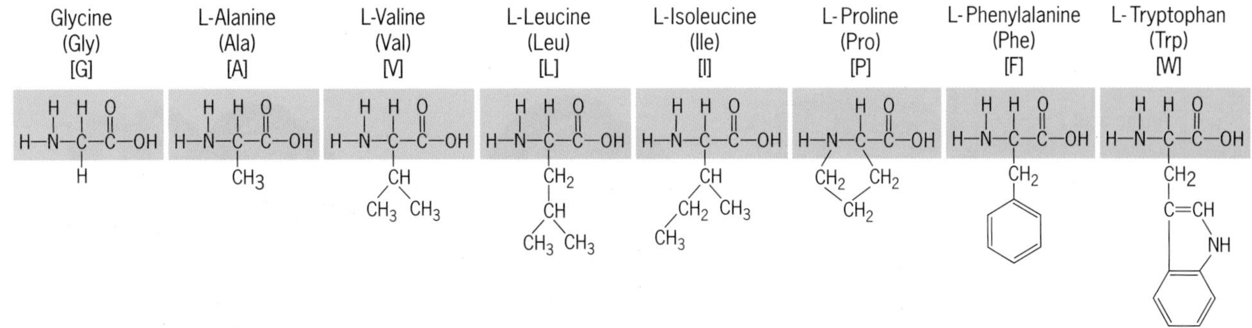

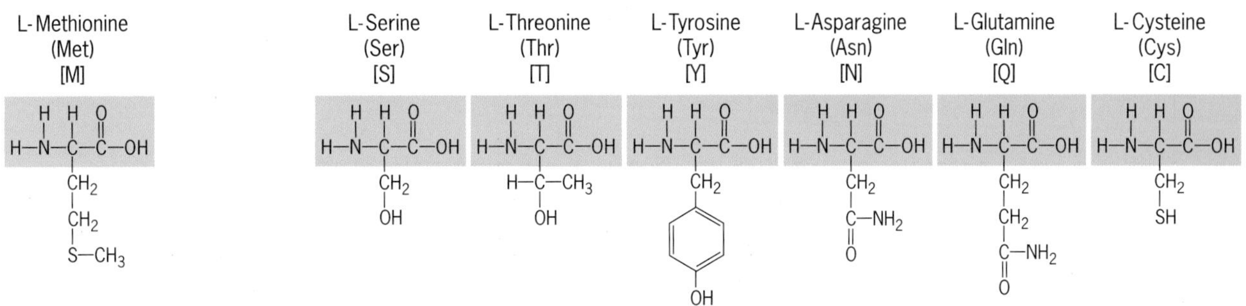

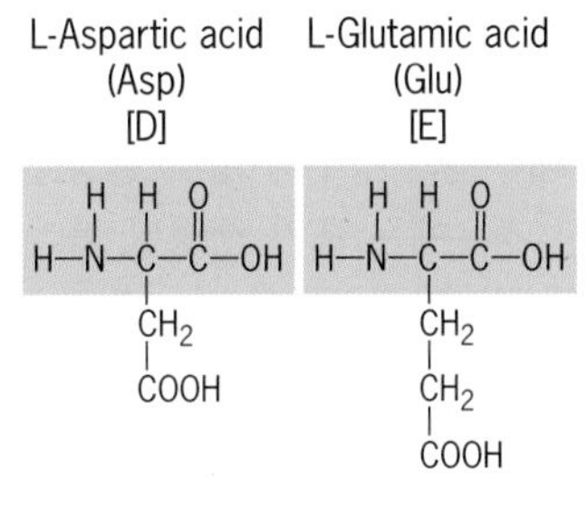

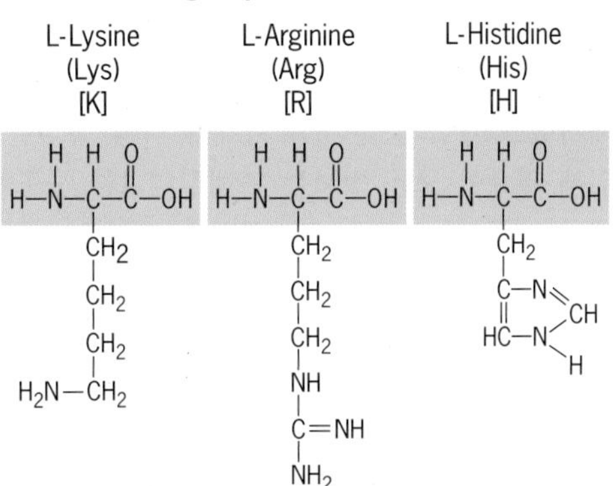

■ 그림 12.1 단백질에서 보통 발견되는 20개 아미노산의 구조. 단백질이 합성되는 동안에 펩티드 결합을 형성하는 아미노기와 카르복실기가 그늘진 부분에 나타나 있다. 각 아미노산마다 각기 다른 측쇄기가 그늘진 부분 아래에 나타나 있다. 각 아미노산에 대한 표준 세 문자 약어들은 소괄호 안에, 한 글자 표시는 대괄호 내에 표시되어 있다.

아미노산 서열이 가능하다. 폴리펩티드 내의 아미노산은 **펩티드 결합(peptide bond)**이라 부르는 연결에 의해 공유결합 되어 있다. 각 펩티드 결합은 한 아미노산의 아미노기와 두 번째 아미노산의 카르복실기 간의 반응으로 물분자가 제거됨으로써 형성된다(■ **그림 12.2**).

Peptide bond

$H_2N-C(H)(R_1)-C(=O)-OH + H-N(H)-C(H)(R_2)-C(=O)-OH \longrightarrow H_2N-C(H)(R_1)-C(=O)-N(H)-C(H)(R_2)-C(=O)-OH + H_2O$

Amino acid 1 Amino acid 2 Dipeptide

■ 그림 12.2 두 아미노산들 사이의 물 분자 제거에 의한 펩티드 결합의 형성. 각 펩티드 결합은 인접 아미노산들 사이의 아미노기와 카르복실기를 연결시킨다.

단백질: 복잡한 3차원 구조

네 가지 다른 수준의 구성(1차, 2차, 3차, 4차)은 단백질의 복잡한 3차원구조에서 특징적이다. 폴리펩티드의 *1차 구조(primary structure)*는 유전자의 뉴클레오티드 서열에 의해 지정되는 아미노산 서열이다. 폴리펩티드의 *2차 구조(secondary structure)*는 폴리펩티드 단편 내의 아미노산들의 공간적 상호작용을 말한다. 폴리펩티드의 *3차 구조(tertiary*

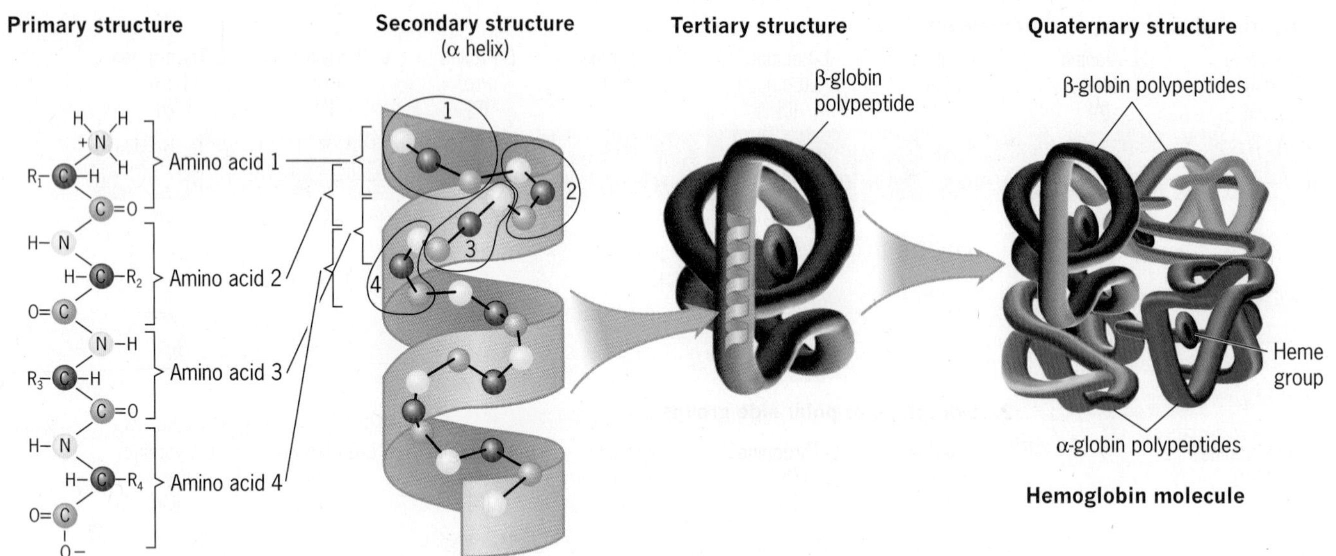

■ 그림 12.3 단백질의 네 가지 수준의 조직화, 즉 (1) 1차, (2) 2차, (3) 3차, (4) 4차 구조가 인간의 헤모글로빈을 보기로 사용하여 설명되어 있다.

structure)는 3차원 공간에서 자신의 전체적인 접힘을 뜻하며, *4차 구조*(*quaternary structure*)는 둘 이상의 중합체 단백질의 결합과 관련되어있다. 헤모글로빈은 4가지 수준의 구조적 구성을 모두 나타내는 단백질복잡성의 훌륭한 예이다(■ **그림 12.3**).

많은 폴리펩티드들은 자신들의 1차 구조에 의해 지시되는 독특한 형태로 자동적으로 접힐 것이다. 만약 적절한 용매처리에 의해 변성(펼쳐짐)된다면, 대부분의 단백질은 변성제를 제거했을 때 그들 원래의 형태를 다시 형성할 것이다. 그래서 대부분의 경우에 형태 결정을 위해 필요한 모든 정보는 단백질의 1차 구조에 존재한다. 어떤 경우에는 초기 생성된 폴리펩티드의 정확한 3차 구조형성을 도와주는 **샤페론(chaperon)**이라는 단백질들의 상호작용에 의해 단백질이 접히게 된다.

단백질에서 가장 흔한 형태의 2차 구조는 *알파나선*(*α-helices*)과 *베타병풍*(*β-sheet*)구조(그림 12.3)이다. 두 구조는 서로에게 근접하게 위치한 펩티드 결합간의 수소결합에 의해 유지된다. α 나선은 모든 펩티드 결합이 근처에 있는 또 다른 펩티드 결합과 수소결합을 이루는 견고한 원통이다. β 병풍은 하나의 폴리펩티드가 저절로, 때로는 반복적으로 접혀서 생성되며 평행한 단편들은 인접한 펩티드 결합간의 수소결합에 의해 유지된다.

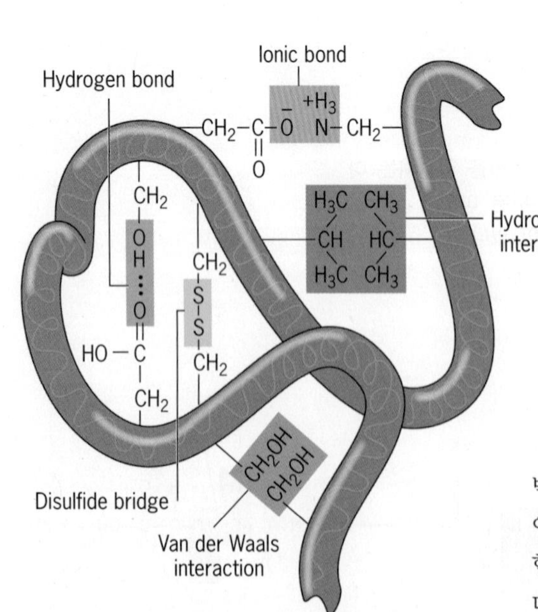

■ 그림 12.4 폴리펩티드의 3차 구조 또는 3차원 형태를 결정하는 5가지 분자적 상호작용. 이황화 연결은 공유결합이고: 모든 다른 상호작용은 비공유결합이다.

한 폴리펩티드의 인접한 아미노산들과 절편들의 공간적 구성은 자신의 2차 구조를 결정하는 반면에, 완전한 폴리펩티드의 전체적인 접힘은 자신의 3차 구조나 *형태*(*conformation*)를 결정한다. 일반적으로 친수성 측쇄(hydrophilic side chain)를 가진 아미노산들은 (수용성 세포질과 접촉하며) 단백질의 표면에 위치하는 데 반해, 소수성 측쇄(hydrophobicside chain)를 가진 아미노산들은 단백질의 내부에서 서로 상호작용한다. 단백질의 3차 구조는 주로 비교적 많은 수의 비공유결합에 의해 유지된다. 단백질 형태에 있어서 중요한 역할을 하는 공유결합은 적절하게 배치된 시스테인 잔기들 사이에 생기는 이황화(S — S)결합뿐이다(■ **그림 12.4**). 그렇지만, 4가지 다른 형태의 비공유결합, 즉 (1) 이온결합, (2) 수소결합, (3) 소수성 상호작용, (4) 반데르발스 상호작용도 일어난다(그림 12.4).

이온결합(ionic bonds)은 예를 들어 리신과 글루탐산의 측쇄기(side group) 같은 반대 전하를 가진 아미노산 측쇄기 사이에서 생성된다(그림 12.1). 이온결합은 어떤 조건하에서는 강력한 힘이지만 극성 물분자가 하전된 그룹을 중화시키거나 감싸기 때문에 살아 있는 세포의 수용성 내부에서는 상대적으로 약한 상호작용이다. **수소결합(hydrogen bonds)**은 음전하 원자(부분적인 음전하를 가진 원자)와 다른 음전하 원자에 결합되어 있는 수소원자(양전하) 간의 약한 상호작용이다. **소수성 상호작용(hydrophobic interactions)**은 비극성 그룹이 수용성 내에 존재할 때 그들의 물에 대한 불용성 때문에 서로 간에 결합하는 것을 말한다. 수소결합과 소수성 상호작용은 DNA 구조에서도 중요한 역할을 하므로, 우리는 9장(표 9.2 참조)에서 약간 자세히 다루었다. **반데르발스 상호작용(Van der Waals interactions)**은 가깝게 위치해 있는 원자들 사이에서 발생하는 약한 인력이다. 반데르발스 힘은 매우 약해서 공유결합 세기의 천분의 일에 불과하지만 그들은 거대분자들이 밀접하게 정렬된 지역의 형태를 유지하는 데 중요한 역할을 한다.

4차 구조는 하나 이상의 폴리펩티드를 가진 단백질에서만 존재한다. 헤모글로빈은 4차 구조의 좋은 예로서 두 개의 α 글로빈 사슬과 두개의 β 글로빈 사슬의 4분자로 구성되어 있으며, 네 개의 철 함유 헴 그룹을 함유하고 있다(그림 12.3).

몇몇 경우에 1차 번역산물들은 **인테인(intein)**이라 불리는 짧은 아미노산 서열을 갖는데, 이것은 초기 생성된 폴리펩티드로부터 자발적으로 절단된다. 인테인은 진핵생물과 원핵생물 모두에서 나타난다. 예를 들어, 최초로 발견된 인테인 중 하나는 결핵균인 *Mycobacterium tuberculosis*의 재조합과 DNA 수선에 관련된 RecA 단백질에 존재하였다.

단백질의 2차, 3차, 4차 구조는 보통 관련된 폴리펩티드의 1차 구조에 의해서 결정되므로 우리는 이 장의 나머지를 유전자가 폴리펩티드의 1차 구조를 조절하는 기작에 초점을 맞추었다.

요점

- *대부분의 유전자는 폴리펩티드(polypeptides)로 이루어진 고분자인 단백질을 통해서 생물체의 표현형에 영향을 준다.*
- *각각의 폴리펩티드는 서로 다른 아미노산들이 모여서 생기는 사슬 모양의 중합체(polymer)이다.*
- *각각의 폴리펩티드의 아미노산 서열은 하나의 유전자의 뉴클레오티드(nucleotide)서열에 의해 지정된다.*
- *단백질이 가진 방대한 기능의 다양성은 부분적으로 그들의 복잡한 3차 구조의 결과이다.*

유전자와 폴리펩티드의 공선성

유전자에서 뉴클레오티드 쌍의 서열은 그 폴리펩티드 산물에서 아미노산의 직선대응적 서열을 지정한다.

대부분의 유전자는 폴리펩티드를 암호화한다. 유전자가 어떻게 이와 같이 하는지—즉, 유전자의 뉴클레오티드 서열이 어떻게 폴리펩티드의 아미노산서열로 명기되는지—탐구하기에 앞서, 유전자와 그 폴리펩티드 산물 사이의 연관에 대한 이해를 높이기 위해 두 고전적 유전 연구에 대해 고찰해보자.

비들과 테이텀: 1 유전자-1 효소

1930년대 말 동안, George Beadle와 Boris Ephrussi는 초파리 눈 색깔 돌연변이체에 대한 초창기 실험들을 수행하였다. 그들은 특수한 눈 색소들의 합성에 필요한 유전자들을 규명했으며, 이것은 효소에 의해 촉매되는 대사 경로가 유전적 조절 하에 있음을 시사하는 것이다. 그들의 결과는 Beadle이 더 연구를 하는데 사용 될 이상적인 개체를 찾는 동기가 되었다. 그는 연어색 빵 곰팡이인 *Neurospora crassa*(붉은 빵곰팡이)를 선택하였는데, 이 곰팡이들은 오직 (1) 무기염, (2) 간단한 당류(단순당), 그리고 (3) 한 종의 비타민인 바이오틴(biotin)만 포함된 배지에서 자랄 수 있기 때문이었다. 이러한 성분들만 포함되어 있는 *Neurospora* 성장 배지를 "최소배지(minimal medium)"라 부른다. Beadle와 그의 새로운 동료인 Edward Tatum은 *Neurospora*가 다른 모든 필수 대사산물들, 예를 들어 퓨린이나 피리미딘들, 아미노산, 그리고 여러 비타민들을 생합성(*de novo* synthesis)할 수 있을 것이라고 추론했다.

Beadle과 Tatum은 야생형 붉은 곰팡이의 무성포자(conidia)에 X선 또는 자외선을 조사하여 새로운 생장요소를 요구하는 돌연변이화된 포자를 얻어, 이들로부터 형성된 클론을 선별함으로써 이러한 예상을 시험하였다(■ 그림 12.5). 단지 한 유전자에 하나의 돌연변이를 가

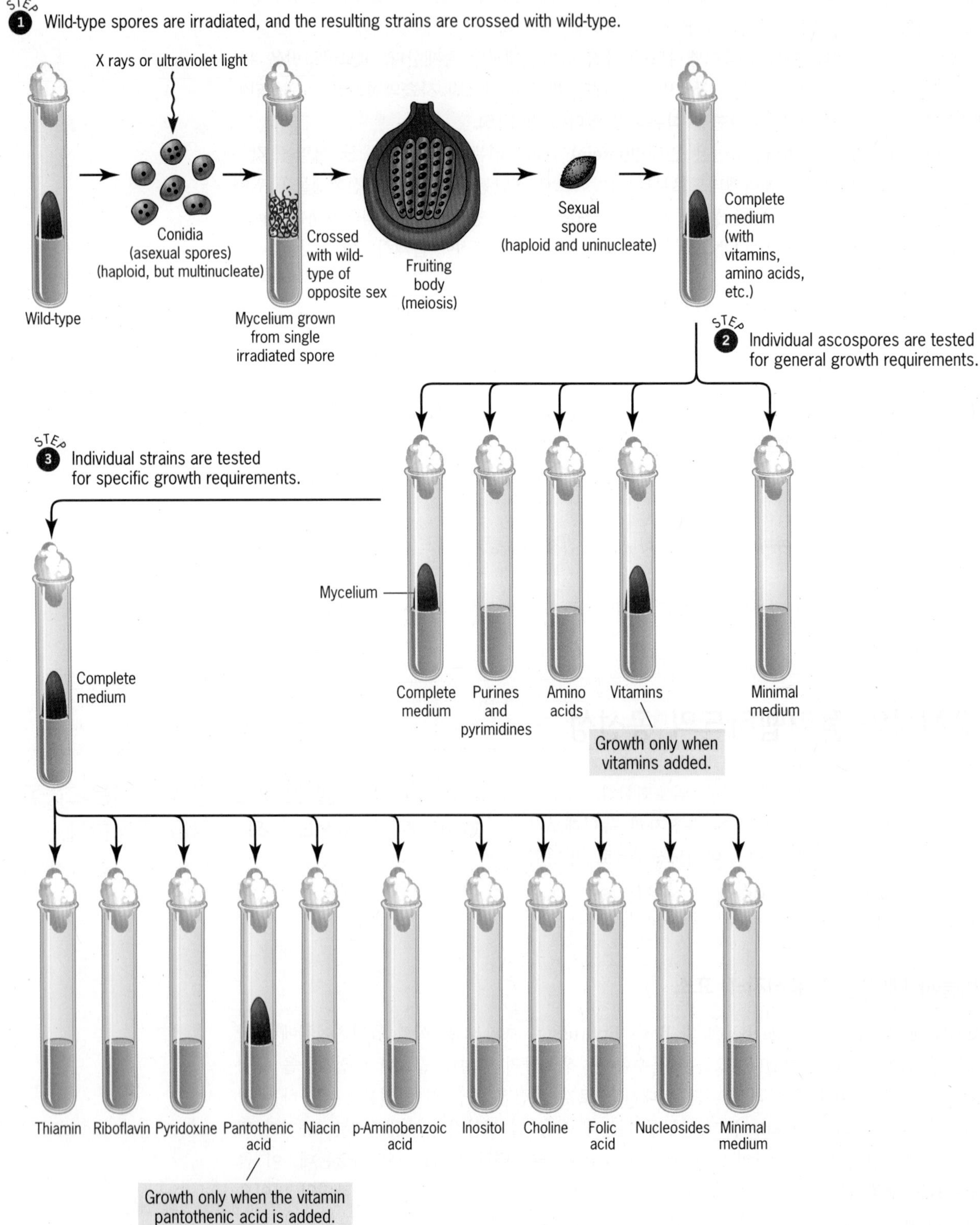

■ 그림 12.5 1유전자-1효소 가설을 유도한 Beadle과 Tatum의 빵 곰팡이 실험의 도해.

지는 곰팡이 계통을 선별하기 위하여, 그들은 돌연변이 계통을 야생형과 교배했을 때 1:1의 돌연변이주와 야생형 비를 보이는 돌연변이주만 연구하였다. 그들은 모든 아미노산, 퓨린, 피리미딘과 비타민이 공급된 배지(완전배지, complete medium)에서는 자라는 반면에 최소배지에서 자라지 못하는 돌연변이 주들을 찾았다. 그들은 단지 아미노산만, 혹은 비타민만이 공급된 배지 등의 방식으로 만든 배지에서 이들 돌연변이주들의 생장능력을 분석하였다(그림 12.5 두 번째 단계). 한 예로 Beadle과 Tatum은 비타민이 있는 상태에서는 생장하지만, 아미노산이나 다른 생장요소가 공급된 배지에서는 자라지 못하는 돌연변이 계통들을 찾았다. 다음으로 그들은 각각의 비타민을 개별적으로 공급한 배지에서 이들 비타민 요구주들의 생장하는 능력을 조사하였다(그림 12.5 세 번째 단계).

이러한 방식으로, Beadle과 Tatum은 각 돌연변이로 인해 한 가지 생장인자를 요구하게 되었음을 증명했다. 돌연변이주에 대한 유전적 분석과 생화학적 연구를 연관시킴으로써, 그들은 여러 사례에서 하나의 돌연변이가 하나의 효소 활성을 소실하게 한다는 사실을 증명했다. Beadle과 Tatum에게 1958년의 노벨상을 안겨주었던 이 연구는, 곧 여러 실험실에서 많은 생물들을 이용한 비슷한 연구들에 의해 증명되었다. 결국 '*일 유전자-일 효소*(*one gene-one enzyme*)'라는 개념은 분자유전학의 주요 원리가 되었다.

Beadle과 Tatum의 연구 이후에 많은 효소들과 구조단백질들은 이성 다합질체(heteromultidimer), 즉 각 폴리펩티드는 분리된 유전자에 의해 암호화된 2개 혹은 그 이상의 다른 폴리펩티드를 가지고 있음이 밝혀졌다. 한 예로 대장균의 트립토판 합성효소(tryptophan synthetase)는 *trpA* 유전자에 의해 암호화된 α폴리펩티드 2개와 *trpB* 유전자에 의해 암호화된 β폴리펩티드 2개로 구성된 이질사합체(heterotetramer)이다. 유사하게 우리들의 폐로부터 신체의 모든 다른 조직에 산소를 수송하는 헤모글로빈은 4개의 산소결합 헴 그룹뿐만 아니라 2개의 α글로빈 사슬과 2개의 β글로빈 사슬을 포함하는 사합체(tetrameric)단백질이다(그림 12.3). 다른 효소의 예로, 대장균의 DNA중합효소 III(10장)와 RNA 중합효소 II(11장)는 각각 독립적인 유전자에 의해 암호화되는 많은 다른 폴리펩티드를 가지고 있다. 따라서 *일 유전자-일 폴리펩티드*(*one gene-one polypeptide*) 개념으로 수정되었다.

유전자의 암호화 서열과 그 폴리펩티드 산물 사이의 공선성

일 유전자-일 폴리펩티드 관계를 잘 알게 되었으니 이제, 우리는 유전자의 뉴클레오티드 쌍 서열이 그 유전자가 암호화하는 폴리펩티드 아미노산 서열과 직선대응적인지를 물을 수 있다. 즉, 유전자의 암호화 서열의 첫 번째 염기쌍은 폴리펩티드의 첫 번째 아미노산을, 두 번째 염기쌍은 두 번째 아미노산을 지정하는 이런 체계적 방식으로 결정되는가? 해답은 유전자와 그 폴리펩티드 산물이 정말로 직선대응적 구조라는 것이다; 이러한 연관관계를 ■ **그림 12.6*a***에서 설명하고 있다. 11장에서 논의한 바와 같이, 다핵세포 진핵생물들의 유전자 대부분은 비암호화 인트론으로 끊겨 있다. 그러나, 유전자에서 인트론의 존재는 공선성 개념을 무효화시키지는 못한다. 유전자에서 인트론의 존재는 단순히, 유전자의 염기쌍 위치와 그 유전자에 의해 지정된 폴리펩티드 아미노산의 위치 사이의 물리적 거리에 어떤 직접적 연관이 있는 것은 아님을 말해준다(■ **그림 12.6*b***).

유전자와 그 폴리펩티드 산물간의 공선성(colinearity)에 대한 최초의 강력한 증거는 트립토판 합성효소의 α 소단위체를 암호화하는 대장균 유전자에 관한 Charles Yanofsky 등의 연구로부터 얻어졌다. 앞에서 언급했듯이, 이 효소는 *trpA* 유전자에 의해 암호화된 두 개의 α폴리펩티드와 *trpB* 유전자에 의해 암호화된 두 개의 β 폴리펩티드를 갖고 있다. Yanofsky 와 동료들은 *trpA* 유전자의 돌연변이에 대한 자세한 유전적 분석을 수행하고, 그 유전적 자료를 트립토판 합성효소 α 폴리펩티드의 야생형과 돌연변이형 서열에 대한 생화학적 자료와 연관시켰다. 그들은 *trpA* 유전자의 돌연변이 지도 위치와 트립토판 합성효소 α 폴리펩티드의 합성 아미노산 치환 사이의 직접적인 관계를 증명했다(■ **그림 12.7**). 공선성에 대한 명확한 증거는 유전자의 뉴클레오티드 서열과 폴리펩티드 산물의 아미노산 서열을 직접적으로 비교함으로써 얻어졌다.

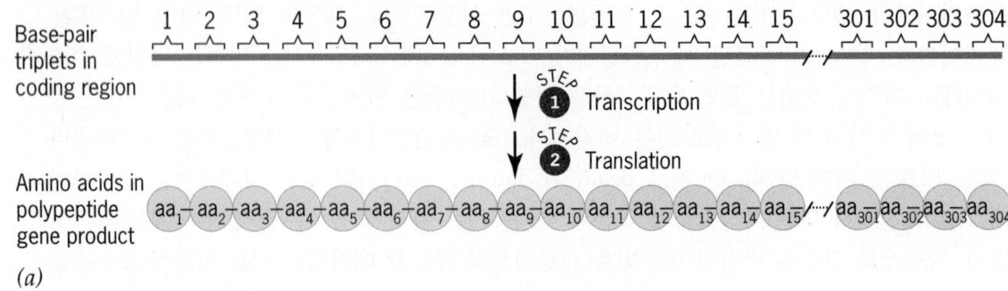

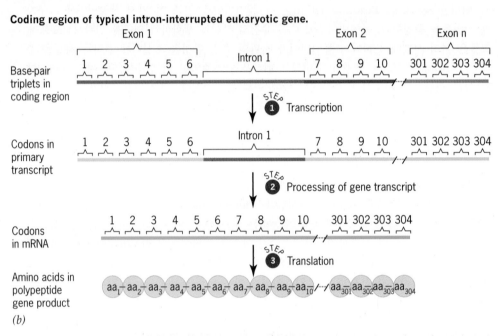

Coding region of typical intron-interrupted eukaryotic gene.

Exon 1 Exon 2 Exon n

Base-pair triplets in coding region

1 2 3 4 5 6 Intron 1 7 8 9 10 301 302 303 304

STEP 1 Transcription

Codons in primary transcript

1 2 3 4 5 6 Intron 1 7 8 9 10 301 302 303 304

STEP 2 Processing of gene transcript

Codons in mRNA

1 2 3 4 5 6 7 8 9 10 301 302 303 304

STEP 3 Translation

Amino acids in polypeptide gene product

aa1 aa2 aa3 aa4 aa5 aa6 aa7 aa8 aa9 aa10 aa301 aa302 aa303 aa304

(b)

■ 그림 12.6 유전자들과 그 폴리펩티드 산물들의 암호화 부위간의 공선성.

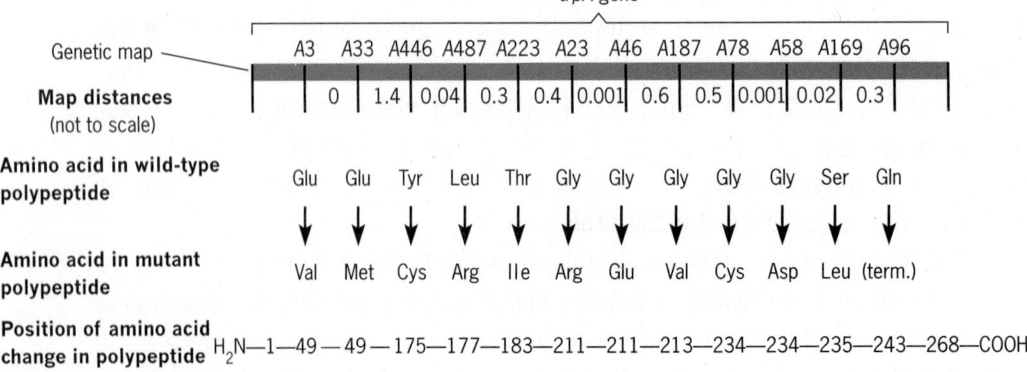

■ 그림 12.7 유대장균 *trpA* 유전자와 그 폴리펩티드 산물인 트립토판 합성효소의 폴리펩티드간의 공선성. *trpA* 유전자의 돌연변이 지도 위치는 위쪽에 보이고, 이 돌연변이에 의해 생성된 아미노산 치환의 위치는 지도 아래쪽에 보인다.

요점

- *Beadle과 Tatum의 Neurospora 실험은 일 유전자-일 효소 가설을 이끌어 내었으며, 그 후 일 유전자-일 폴리펩티드 개념으로 수정되었다.*
- *유전자의 뉴클레오티드 쌍과 폴리펩티드 산물의 아미노산 서열은 공선적(colinear)이다.*

단백질 합성: 번역

mRNA 분자내의 유전적 정보는 유전암호의 규정에 따라 폴리펩티드 내의 아미노산 서열로 번역된다.

mRNA의 뉴클레오티드 서열에 저장된 유전정보가 유전암호의 지정에 따라 폴리펩티드 유전자 산물의 아미노산 서열로 해독되는 과정은 복잡하며, 여러 개 거대분자의 작용을 필요로 한다. 이들은 (1) 각각의 리보솜에 존재하는 50개 폴리펩티드와 3-5개 RNA 분자(정확한 조성은 종마다 다르다), (2) 최소한 20개의 아미노산 활성효소(amino acid-activating enzyme), (3) 40-60개의 다른 tRNA 분자와 (4) 폴리펩티드 사슬 개시, 신장, 종결에 관여하는 많은 수용성 단백질을 포함한다. 이들 많은 거대분자들, 특히 리보솜의 구성원들은 각 세포에 대량으로 존재하기 때문에, 해독계는 각 세포의 물질대사 기구의 주된 부분을 구성한다.

단백질 합성의 개관

번역과정의 자세한 부분에 초점을 맞추기 전에 우리는 단백질 합성의 과정을 전체적으로 알아보아야 한다. 단백질 합성의 개요, 즉 단백질 합성의 복잡성과 단백질 합성과 관련된 주된 거대분자들에 대한 설명이 ■ **그림 12.8**에 나타나 있다. 유전자 발현의 첫 단계인 전사에는 유전자에 저장된 정보가 전령 RNA(mRNA) 매개체로 전달되는 과정이 포함되며, 이 분자는 세포질의 폴리펩티드 합성 장소로 정보를 실어 나른다. 전사는 11장에서 자세히 다루었다. 두 번째 단계인 번역은 mRNA 분자의 정보가 폴리펩티드 유전자 산물인 아미노산 서열로 전달되는 것이다.

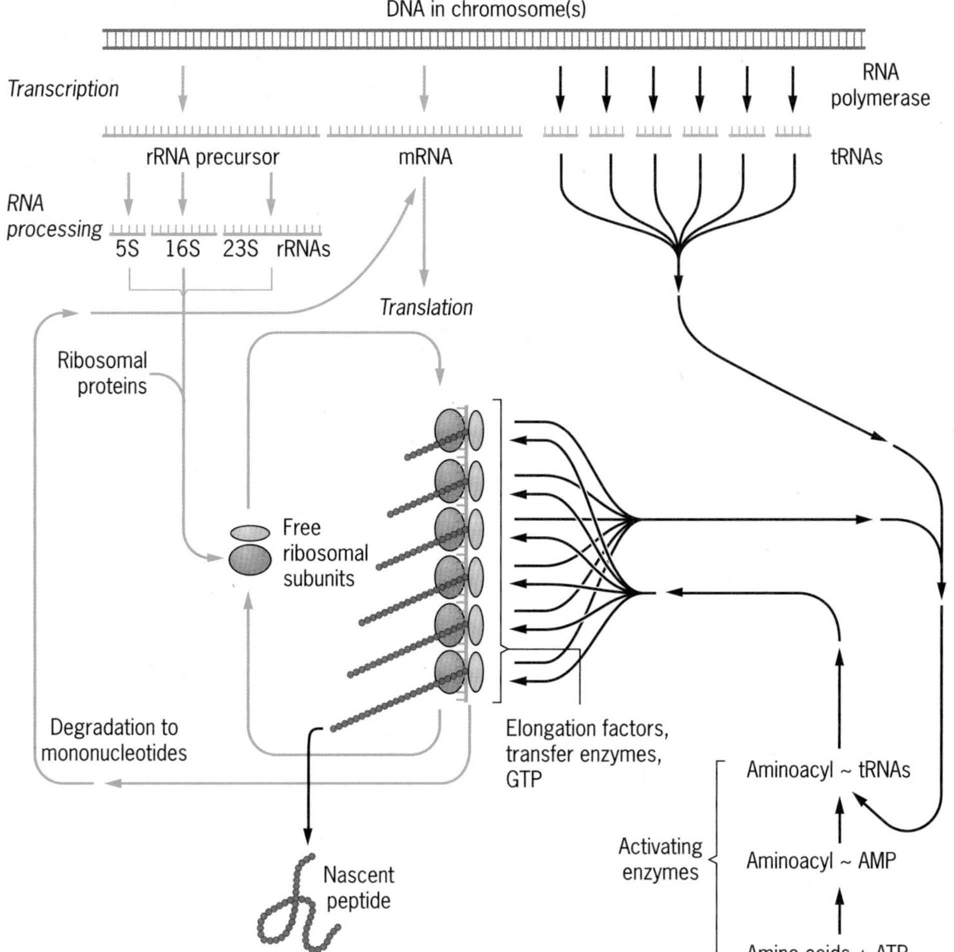

■ 그림 12.8 단백질 합성의 개요. 여기 있는 rRNA분자의 크기는 박테리아의 것이고 진핵생물에는 더 큰 rRNA가 존재한다. 단순화를 위해 모든 RNA 종류들은 단일 DNA의 연속적인 단편으로부터 전사되는 것으로 나타냈다. 사실상, 다양한 종류의 RNA들은 하나에서 다수의 염색체의 각기 다른 위치에 있는 유전자들의 전사체이다. 단백질 합성의 다양한 단계에 대한 세부사항은 이장의 뒤에서 나오는 절에서 계속 논의된다.

번역은 리보솜에서 일어나는데 리보솜은 세포질에 위치한 복잡한 거대 분자구조이다. 번역에는 세 가지 형태의 RNA가 관여하는데 모두 DNA 주형(염색체 유전자들)으로부터 전사된다. mRNA 이외에 3~5개의 RNA 분자들(tRNA)이 각 리보솜 구조의 일부로 존재하고 40~60개의 작은 RNA 분자들(tRNA)은 mRNA의 특정 뉴클레오티드 서열에 반응하여 폴리펩티드 내에 적절한 아미노산을 삽입시키는 과정을 매개하는 어댑터 분자로 기능한다. 아미노산들은 **아미노아실-tRNA-합성효소(aminoacyl-tRNA synthetase)**라고 불리는 일련의 활성화 효소들에 의해 올바른 tRNA 분자에 해당 아미노산을 부착시킨다.

mRNA 분자의 뉴클레오티드 서열은 유전암호의 지시에 따라서 적절한 아미노산 서열로 번역된다. 일부 초기 합성 폴리펩티드들은 아미노 말단이나 카르복시 말단에 소포체나 미토콘드리아, 엽록체, 혹은 핵 등 특정 세포 내 소기관으로 이동되기 위해 필요한 신호로 기능하는 짧은 아미노산 서열을 포함하고 있다. 예를 들어, 이제 막 합성된 분비성 단백질들은 아미노 말단에 그 신생 폴리펩티드가 소포체의 막으로 이동하도록 하는 *신호서열(signal sequence)*을 포함하고 있다. 미토콘드리아나 엽록체로 수송되어야 하는 단백질들의 아미노 말단에도 비슷한 표적화 서열(targeting sequence)이 존재한다. 일부 핵단백질들은 카르복시 말단에 표적화 꼬리를 포함한다. 많은 경우에 있어서 표적화 펩티드들은 그 단백질이 적절한 세포 소기관으로 이동된 후에는 특정 펩티다아제 효소들의 작용으로 제거된다.

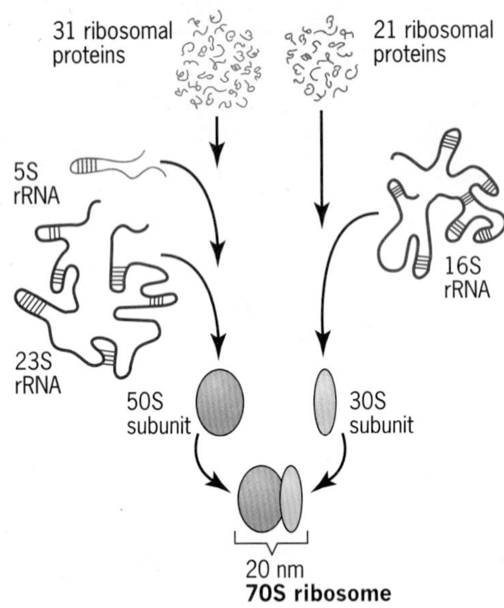

리보솜은 폴리펩티드를 만드는 데 필요한 기계와 도구가 장착된 작업대라고 생각된다. 어떤 의미에서 이들은 비 특이적인데, 특정 mRNA 분자에 의해 지정되는 어떤 폴리펩티드(어떤 아미노산 서열)든지 합성할 수 있다. 하나의 mRNA 분자는 여러 리보솜들에 의해 동시에 번역될 수 있어서 폴리리보솜(polyribosome) 혹은 폴리솜(polysome)을 형성한다. 단백질 합성에 관한 이 같은 간단한 개관을 염두에 두고, 이제부터 번역 기구의 보다 중요한 요소들에 대해 자세히 살펴보도록 하자.

단백질 합성에 필요한 구성요소: 리보솜들

살아있는 세포는 물질대사의 다른 어떤 부분보다 단백질 합성에 더 많은 에너지를 소비한다. 대부분 세포의 전체 건조질량 중 삼분의 일은 단백질 생합성에 직접적으로 참여하는 분자들로 이루어져 있다. 대장균에서 대략 200,000개의 리보솜이 각 세포 건조무게의 25%를 차지한다. 세포 물질대사계의 주된 부분이 단백질 합성과정과 관련된다는 사실은 우리 지구에 존재하는 생명 형태 내에서 그 중요성을 입증하는 것이다.

방사성 아미노산의 존재 하에 짧은 시간 동안 세포를 키워 단백질 합성장소를 표지하고 자동방사선 사진을 찍으면, 단백질이 리보솜에서 합성된다는 사실을 보여준다. 원핵생물에서 리보솜은 세포 전체에 걸쳐 분포하고 진핵생물에서는 세포질, 주로 소포체(endoplasmic reticulum)라는 광대한 세포 내 막의 망상구조에 위치해 있다.

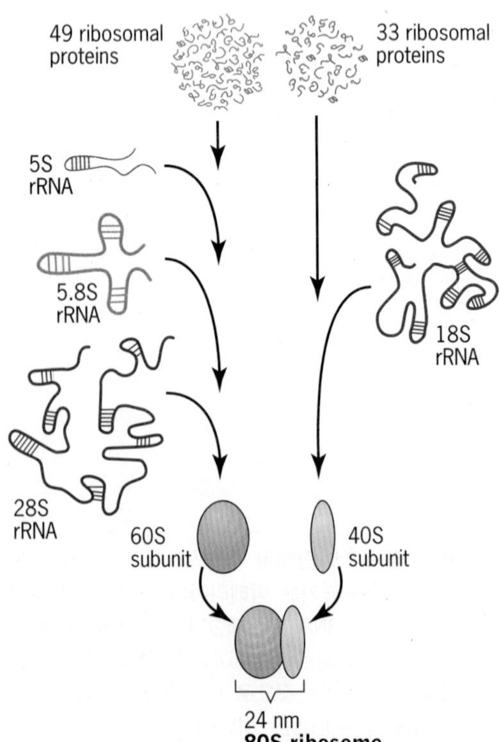

■ 그림 12.9 원핵생물과 진핵생물 리보솜의 거대 분자 조성.

리보솜의 대략 절반은 단백질이고 절반은 RNA이다(■ 그림 12.9). 리보솜은 두 소단위로 구성되어 있는데 하나는 크고 하나는 작다. 이들은 mRNA 분자의 해독이 완료될 때 분리되고 해독 개시 동안에 재결합된다. 각 소단위들은 커다랗고 접혀진 RNA 분자를 포함하고 있으며, 그 위에 리보솜 단백질들이 조립된다. 리보솜 크기는 원심분리 중의 침강 속도를 나타내는 용어인 스베드베리 단위(Svedberg unit, S)로 가장 흔히 표현된다. [1 S는 10^{-13}초의 침강계수(속도/원심력)와 같다.] 대장균의 리보솜은 대부분의 원핵생물처럼 2.5×10^6의 분자량과 70S의 크기와 대략 20nm × 25nm의 넓이를 가지고 있다. 진핵생물의 리보솜은 더 크다(보통 약 80S). 그러나 크기는 종에 따라 변이가 있다. 진핵생물 세포의 미토콘드리아와 엽록체에 존재하는 리보솜은 더 작다(보통 약 60S).

비록 리보솜의 크기와 거대분자 조성은 다양하지만 리보솜의 전체적인 3차원 구조는 모든 생물에서 기본적으로 똑같다. 대장균에서 작은(30S) 리보솜 소단위체는 16S(약 6×10^5 분자량) RNA 분자와 21개의 다른 폴리펩티드를 포함하고, 큰(50S) 단위체는 두 개의 RNA 분자(5S, 분자량 4×10^4; 23S, 분자량 약 1.2×10^6)와 31개의 폴리펩티드를 포함하고 있다. 포유동물 리보솜의 경우 작은 소단위체는 18S RNA 분자와 33개의 폴리펩티드를 갖고 있으며 큰 소단위체는 5S, 5.8S, 28S 크기의 3가지 RNA 분자와 49 폴리펩티드를 가지고 있다. 세포 소기관 내에 존재하는 해당 rRNA 크기는 5S, 13S, 21S이다.

Masuyasu Nomura와 그의 연구진은 대장균의 30S 리보솜 소단위체를 각각의 거대분자로 분해하여 다시 각 구성요소로부터 기능적인 30S 소단위체를 재구성할 수 있었다. 이 방법으로 그들은 각 rRNA와 리보솜 단백질 분자의 기능을 연구하였다.

리보솜 RNA 분자는 mRNA 분자와 마찬가지로 DNA 주형으로부터 전사된다. 진핵생물에서 rRNA 합성은 인에서 일어나고(그림 2.1을 보라), RNA 중합효소 I에 의해 촉매 된다. 인은 핵의 고도로 분화된 구성요소로서 오로지 rRNA를 합성하고 이들을 리보솜으로 조립하는 일만 한다. rRNA 유전자는 유전자 간 공간 부분에 의해 분리된 나란히 중복된 배열로 존재한다. rRNA 유전자의 이 나란한 세트의 전사는 전자현미경으로 직접 볼 수 있다. **■ 그림 12.10**은 이렇게 관찰된 전사를 모식도로 보여준다.

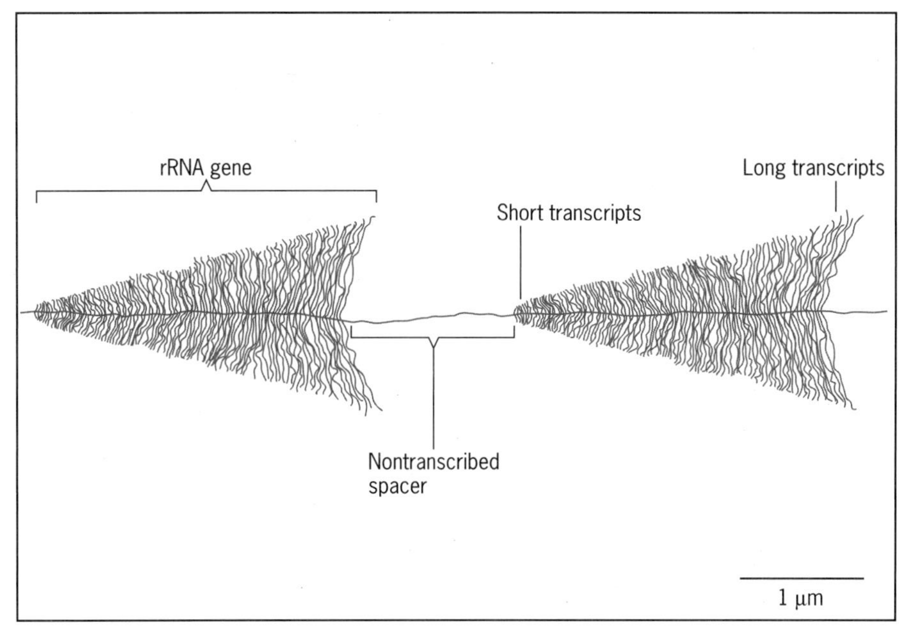

■ 그림 12.10 영원(*Triturus viridescens*)의 인에 존재하는 나란히 반복된 rRNA 유전자들의 전사를 보여주는 전자현미경 사진의 모식도. 각 rRNA 유전자마다 점점 길이가 증가하는 섬유들이 있고 유전자들은 전사되지 않는 간격에 의해 분리되어 있다.

rRNA 유전자의 전사로 리보솜에서 발견되는 RNA 분자들보다 큰 전구체가 생성된다. 이 rRNA 전구체는 전사 후 가공(post-transcriptional processing)을 거쳐서 성숙한 rRNA 분자로 생성된다. 대장균에서 rRNA 유전자 전사체는 30S 전구체이고, 엔도뉴클레아제의 절단에 의해 5S, 16S, 23S rRNA와 4S tRNA 분자를 생성한다(**■ 그림 12.11*a***). 포유동물에서 5.8S, 18S, 28S rRNA는 45S 전구체(**■ 그림 12.11*b***)로부터 절단되는 반면에 5S rRNA는 독립된 유전자 전사체의 전사 후 가공에 의해 생성된다. rRNA 전구체의 전사후 절단에 더하여, rRNA의 많은 뉴클레오티드는 전사 후(post-transcriptional) 메틸화된다. 메틸화는 rRNA 분자를 리보뉴클레아제에 의한 분해로부터 보호한다고 생각된다.

현재까지 연구된 모든 생물의 유전체(genome)에는 rRNA 유전자가 대단히 많은 카피로 존재한다. rRNA 유전자의 풍부함은 세포당 존재하는 많은 수의 리보솜을 고려해 보면

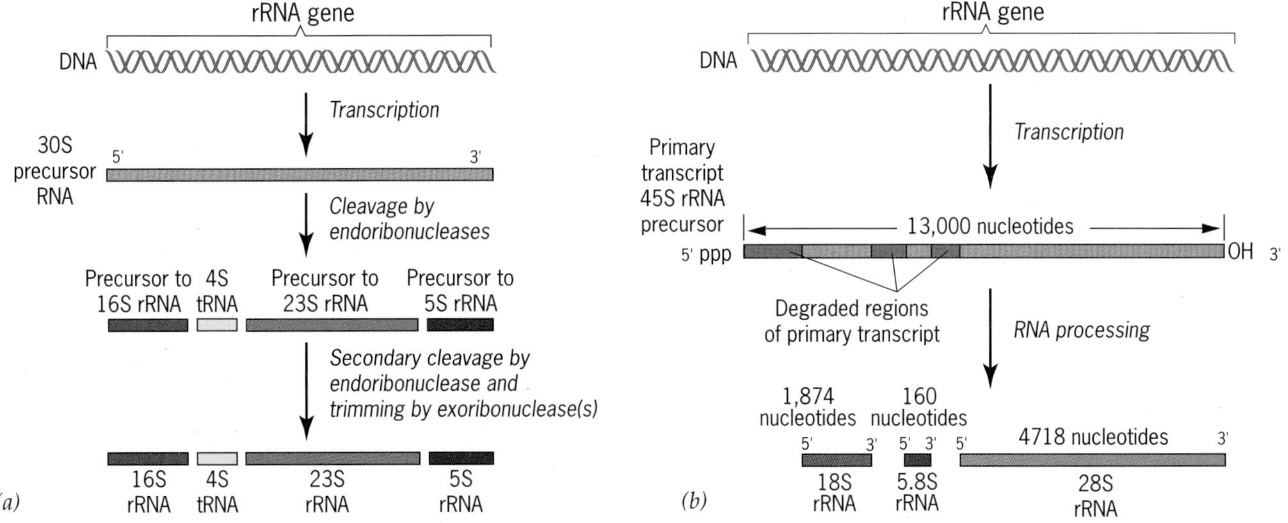

■ 그림 12.11 (*a*) 대장균 30S rRNA 전구체의 합성과 가공, (*b*) 포유동물 45S rRNA 전구체의 합성과 가공.

놀라운 일이 아니다. 대장균에서 일곱 개의 rRNA 유전자(*rrnA~rrnE, rrnG, rrrnH*)는 염색체 상의 분명한 세 좌위에 분포해 있다. 진핵생물에서 rRNA 유전자는 수백에서 수천 카피로 존재한다. 진핵생물의 5.8S-18S-28S rRNA 유전자는 염색체의 **인형성 부위(nucleolar organizer region)** 지역에 일렬중복으로 존재한다. 옥수수와 같은 일부 진핵생물에는 한 쌍의 인형성 부위(옥수수의 염색체 6)가 있다. 초파리와 남아프리카 발톱두꺼비인 *Xenopus laevis* 에서는 성염색체가 인형성 부위를 운반한다. 인간은 염색체 13, 14, 15, 21, 22의 짧은 팔에 위치한 5쌍의 인 형성 부위를 가진다. 진핵생물의 5S rRNA 유전자는 인 형성 부위에 위치하지 않는다. 대신에 그들은 여러 염색체들에 걸쳐 분산되어 있다. 그러나 5S rRNA 유전자는 5.8S-18S-28S rRNA 유전자처럼 매우 풍부하다.

단백질 합성에 필요한 구성요소: tRNA

비록 리보솜이 단백질 합성에 필요한 많은 구성 요소를 제공하지만 각 폴리펩티드에 대한 특이성은 mRNA 분자에 암호화되어 있고 암호화된 mRNA 정보가 폴리펩티드의 아미노산 서열로 해독되는 데는 추가로 전달 RNA(transfer RNA, tRNA) 분자를 필요로 한다. 화학적으로 생각하면 아미노산과 뉴클레오티드 혹은 mRNA의 코돈 사이에는 직접적인 상호작용이 있을 것 같지 않음을 알 수 있다. 그래서 1958년에 Francis Crick은 단백질 합성 동안에 mRNA의 코돈에 의해 아미노산 특이성을 매개하는 매개체 분자를 제안했다. 매개체 분자는 다른 연구자들에 의해 곧 증명되어 작은(4S, 70~95 뉴클레오티드 길이) RNA 분자임이 밝혀졌다. 이 분자들은 처음에는 수용성 RNA(sRNA)로 불렸고 후에 전달 RNA(tRNA)로 불리게 되었는데 이는 번역 동안에 mRNA의 코돈 서열과 상보적이어서 그와 염기쌍을 형성할 수 있는 안티코돈(anticodon), 즉 삼중 뉴클레오티드 서열(tripletnucleotide sequence)을 가지고 있다. 20개 아미노산들 각각에 대해 1~4개의 tRNA들이 존재한다.

아미노산은 아미노산의 카르복실기와 tRNA의 3′-OH기 말단 사이의 고에너지(매우 반응적인) 결합에 의해 tRNA에 붙어있다. tRNA는 두 단계 과정을 거쳐 아미노산을 활성화시키는데 이 두 반응은 아미노아실 tRNA 합성효소라는 동일한 효소에 의해 촉매 된다. 20개의 아미노산 각각에 대해 최소한 하나의 아미노아실 tRNA 합성효소가 있다. 아미노아실 tRNA 합성의 첫 번째 단계에서는 아데노신 3인산(ATP)의 에너지를 이용하여 아미노산을 활성화시킨다.

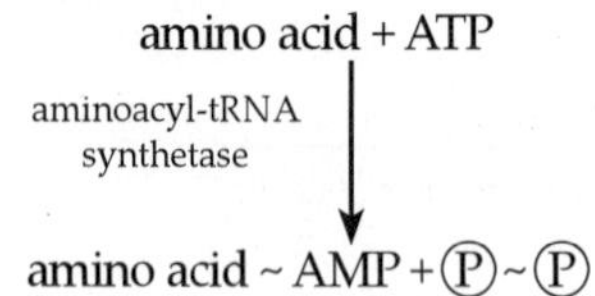

아미노산~AMP 중간물질은 아미노아실 tRNA 합성의 두 번째 단계, 즉 적절한 tRNA와 반응을 수행하기 전에는 일반적으로 효소로부터 방출되지 않는다.

amino acid ~ AMP + tRNA

aminoacyl-tRNA synthetase ↓

amino acid ~ tRNA + AMP

아미노아실 tRNA는 리보솜의 단백질 합성을 위한 기질이며, 활성화된 각각의 tRNA는 정확한 mRNA 코돈을 인식하여 펩티드 결합 형성을 촉진하는 입체구조(3차원 구조)로 아미노산을 제공한다.

tRNA는 유전자로부터 전사된다. rRNA의 경우처럼 tRNA는 전사 후 가공(절단, 삭제, 메틸화 등)되는 더 큰 전구체 분자의 형태로 전사된다. 성숙된 tRNA 분자는 1차 tRNA 유전자 전사체에는 존재하지 않는 몇 개의 뉴클레오시드를 가진다. 이노신(inosine), 슈도유리딘(pseudouridine), 디하이드로유리딘(dehydrouridine), 1-메틸구아노신(1-methylguanosine)과 다른 몇 가지와 같은 특수한 뉴클레오시드는 전사되는 동안에 RNA에 삽입된 네 개의 뉴클레오시드의 전사 후 변형과 효소-촉매 변형에 의해 생성된다.

크기(70~95 뉴클레오티드 길이)가 작기 때문에 tRNA는 단백질 합성에 관여하는 더 큰 다른 RNA들 보다 구조적인 분석이 용이하다(■ **그림 12.12**). Robert W. Holley와 그의 연구진은 1965년에 효모의 알라닌 tRNA의 완전한 뉴클레오티드 서열과 클로버잎 구조를 발표했고, Holley는 이 연구로 1968년 노벨 생리의학상을 공동 수상했다. 효모의 페닐알라닌 tRNA의 3차원 구조는 1974년 X선 회절 연구에 의해 결정되었다(■ **그림 12.13**). 각 tRNA의 안티코돈은 그 분자의 중심 근처 고리(수소결합이 없는 부분) 내에서 생긴다.

tRNA 분자가 작은 크기에도 불구하고 많은 특이성을 가지고 있다는 것은 분명하다. 이들은 (1) 정확한 코돈에 반응하기 위해서 올바른 안티코돈을 가져야 할 뿐만 아니라, (2) 정확한 아미노산으로 활성화되기 위해서 정확한 아미노아실 tRNA 합성효소에 의해 인식되어야 하고, (3) 매개 분자로서의 기능을 수행할 수 있도록 리보솜의 적절한 자리에 결합해야 한다.

각 리보솜에는 세 개의 아미노아실-tRNA 결합부위가 있다(■ **그림 12.14*a-b***). *A* 또는 **아미노아실 부위(aminoacyl site)**에는 새로 들어오는 아미노아실-tRNA가 결합하고 tRNA는 폴리펩티드 사슬 신장에 첨가될 다음 아미노산을 운반한다. *P* 또는 **펩티드 부위(peptidyl site)**에는 신장 중인 폴리펩티드 사슬이 부착된 tRNA가 결합한다. *E* 또는 **출구 부위(exit site)**에는 분리된 빈 tRNA가 붙는다.

박테리아 *Thermus thermophilus*의 70S 리보솜의 3차원적 구조는 X-ray 결정학에 의해

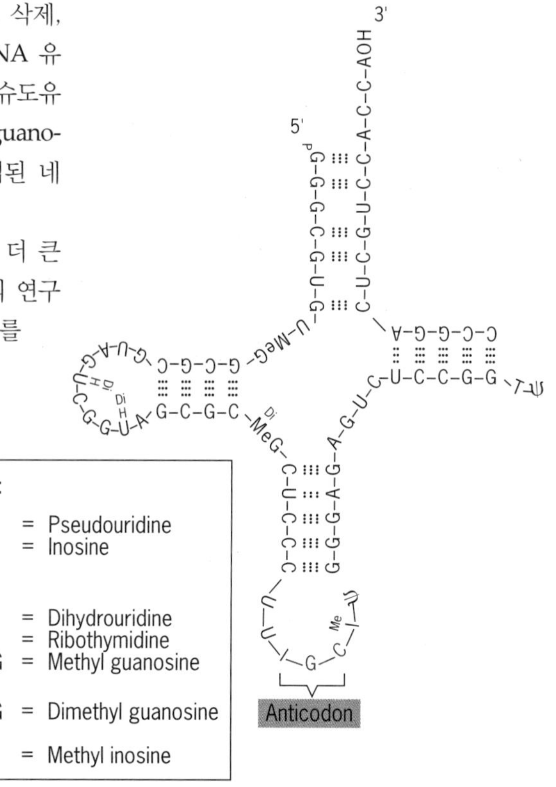

■ 그림 12.12 효모(*S. cerevisiae*)의 알라닌 tRNA의 뉴클레오티드 서열과 클로버잎 형태. tRNA에 존재하는 변형된 뉴클레오시드의 이름은 삽입된 상자 내에 표기하였다.

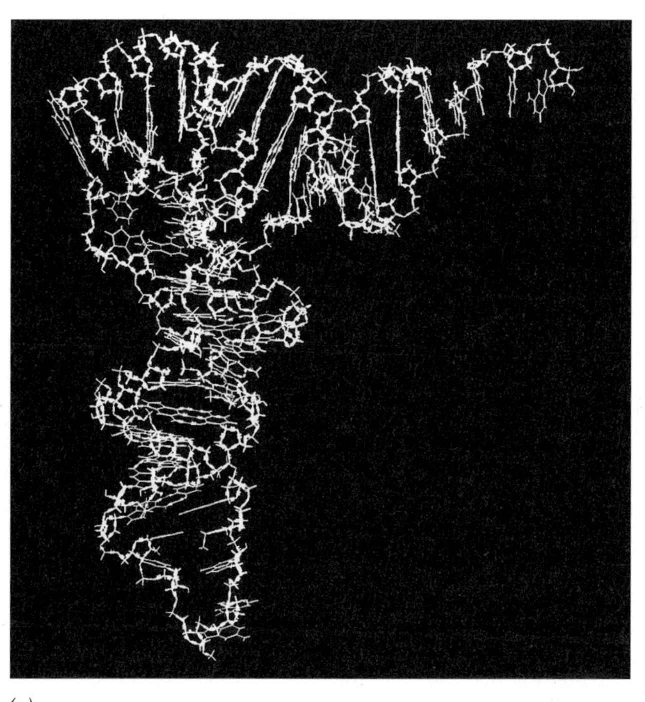

(a)

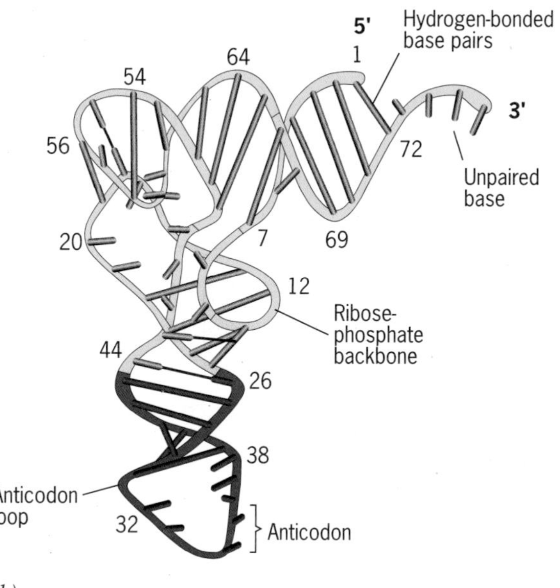

(b)

■ 그림 12.13 X선 회절 자료에 기초한 효모의 페닐알라닌 tRNA 분자 모델의 *(a)* 사진, *(b)* 해석 그림.

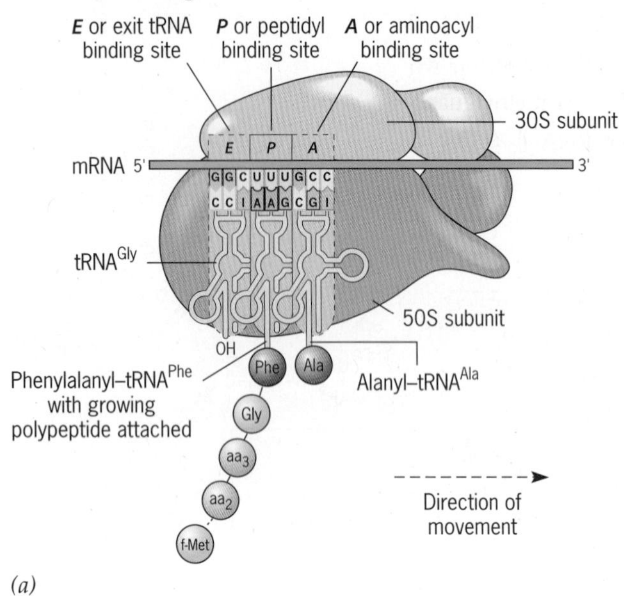

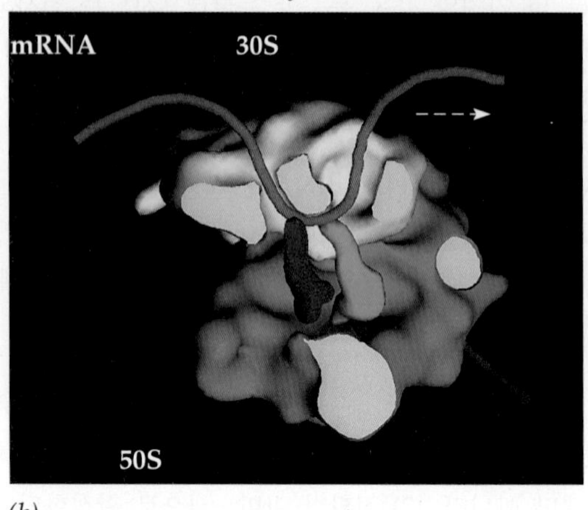

■ 그림 12.14 대장균의 리보솜 구조. (*a*) 각각의 리보솜 mRNA 복합체는 세 개의 아미노아실-tRNA 결합자리를 가진다. *A*, 즉 아미노아실-tRNA 자리에는 알라닐-$tRNA^{Ala}$ 복합체가 들어간다. *P*, 즉 펩티딜 자리에는 페닐알라닐-tRNA와 공유결합되어 있는 신장 폴리펩티드 사슬을 가진 페닐알라닐-$tRNA^{Phe}$가 들어간다. *E*, 즉 출구자리에는 리보솜에서 방출되기 전의 $tRNA^{Gly}$가 들어간다. (*b*) 리보솜의 30S 소단위체(밝은녹색)에 결합해 있는 mRNA 분자(오렌지 색)는 리보솜의 50S 소단위체(파란색)에 주로 위치하는 tRNA-결합 부위에 특이성을 부여해 준다. *P*와 *A* 부위에 위치하는 아미노아실-tRNAs는 각각 붉은 색과 어두운 녹색으로 나타냈다. *E* 부위는 채워져 있지 않다.

0.55 nm의 해상도로 최근에 알게 되었다(■ **그림 12.15*a-c***). 그 결정 구조는 50S와 30S의 경계면에서 3개의 tRNA 결합부위의 위치, 그리고 rRNAs와 리보솜 단백질의 상대적인 위치를 보여주고 있다.

비록 아미노아실-tRNA 결합 부위는 주로 50S에 존재하고, mRNA 분자는 30S 소단위와 결합되어 있지만, 이들 부위에 결합하는 아미노아실-tRNA에 대한 특이성은 결합 부위의 일부를 구성하는 mRNA코돈에 달려 있다(그림 12.14*b*). 리보솜이 mRNA를 따라 이동할 때(또는 mRNA가 리보솜을 타고 이동할 때) 다른 mRNA 코돈이 결합 부위 내에 나타남에 따라 *A*, *P*, 그리고 *E* 부위에서의 아미노아실-tRNA에 대한 특이성은 변하게 된다. 따라서 리보솜 결합 부위 자체(mRNA를 뺀)는 어느 아미노아실-tRNA와도 결합할 수 있다.

번역: mRNA 주형을 이용한 폴리펩티드의 합성

우리는 단백질 합성계의 모든 주된 구성요소에 대해서 살펴보았다. mRNA 분자는 폴리펩티드 유전자 산물의 아미노산 서열에 대한 명세서를 제공한다. 리보솜은 번역과정에 필요한 많은 거대분자 구성원들을 제공한다. tRNA는 mRNA의 코돈에 상응하여 아미노산을 폴리펩티드로 합성하는 데 필요한 매개체 분자를 제공한다. 이 외에도 몇 개의 수용성 단백질이 번역과정에 참여한다. mRNA 분자의 뉴클레오티드 서열이 폴리펩티드 산물의 아미노산 서열로 번역되는 과정은 (1) 폴리펩티드 사슬개시, (2) 사슬 신장, (3) 사슬 종결의 세 단계로 나눌 수 있다.

번역: 폴리펩티드 사슬 합성의 개시

번역의 **개시(initiation)**는 새로운 폴리펩티드 사슬의 첫 번째 두 아미노산 간의 펩티드 결합이 형성되기까지의 모든 순서를 포함한다. 비록 개시과정의 몇몇 면에서는 원핵생물과 진핵생물이 똑같지만 일부는 다르다. 그래서 우선 대장균에서의 폴리펩티드 사슬의 개시를 알아보고 진핵생물의 번역 개시의 독특한 면을 살펴볼 것이다.

70S ribosome—crystal structure

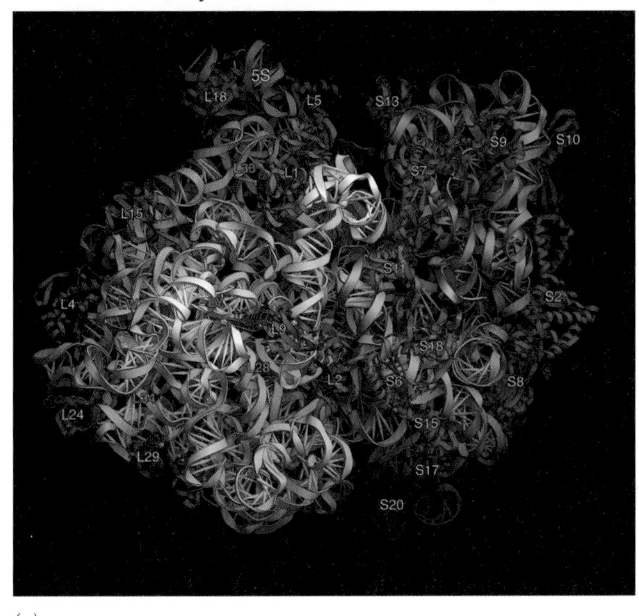

(a)

50S subunit—crystal structure

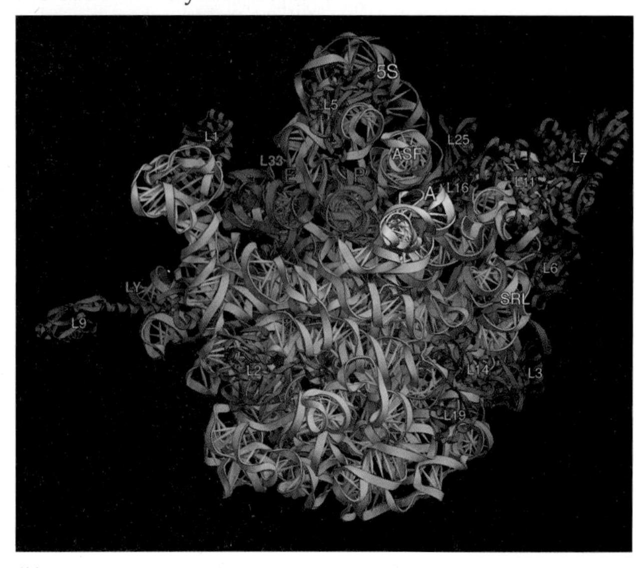

(b)

30S subunit—crystal structure

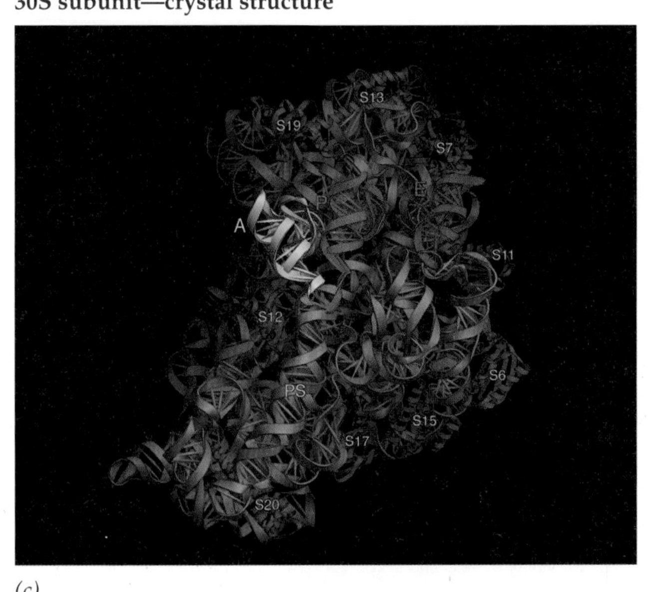

(c)

■ 그림 12.15 *Thermus thermophilus*의 리보솜 구조. 70S 리보솜의 결정 구조를 0.55 nm 해상도로 얻은 것으로서, 완전한 리보솜(*a*) 및 30S(*c*) 소단위들의 경계면을 보여주고 있다. (*a*) 왼쪽에 50S 소단위, 그리고 오른쪽에 30S 소단위가 보인다. (*b*, *c*)(*a*)에서 보여준 구조를 왼쪽(*b*)으로, 그리고 오른쪽(*c*)으로 90° 돌려서 얻은 50S와 30S의 경계면들, *A*, *P*, 그리고 *E* 부위들의 tRNA들은 각각 금색, 오렌지색, 빨간색으로 나타나고 있다. 구성성분들: 16S rRNA(청록색), 23S rRNA(회색); 5S rRNA(밝은 파란색); 30S rRNA(짙은 파란색) 그리고 50S 소단위 단백질(진홍색); L1, 큰 소단위 단백질 1; S7, 작은 소단위 단백질 7.

대장균의 경우 개시과정에는 리보솜의 30S 소단위체, 특정 개시tRNA, mRNA 분자, 세 개의 수용성 단백질인 **개시인자(initiation factors)**, 즉 **IF-1**, **IF-2**, **IF-3** 그리고 한 분자의 GTP가 관여한다(■ **그림 12.16**). 번역은 70S 리보솜에서 일어나지만 리보솜은 폴리펩티드의 합성이 완결된 후에 30S와 50S 소단위체로 분리된다. 번역 개시의 첫 번째 단계에서 자유 30S 소단위체는 mRNA 분자 그리고 개시인자와 상호작용한다. 50S 소단위체는 개시과정의 마지막 단계에서 70S 리보솜을 형성하기 위해 복합체로 결합된다.

폴리펩티드의 합성은 번역 **개시 코돈(initiation codon)** — 주로 AUG, 가끔은 GUG — 에 반응하는 $\mathbf{tRNA_f^{Met}}$라는 특정 tRNA에 의해서 시작된다. 이것은 모든 폴리펩티드가 합성되는 동안에 메티오닌에서 시작됨을 의미한다. 아미노 말단 메티오닌은 그 후에 많은 폴리펩티드로부터 잘려진다. 그래서 기능적인 단백질은 아미노 말단 메티오닌을 필요로 하지 않는

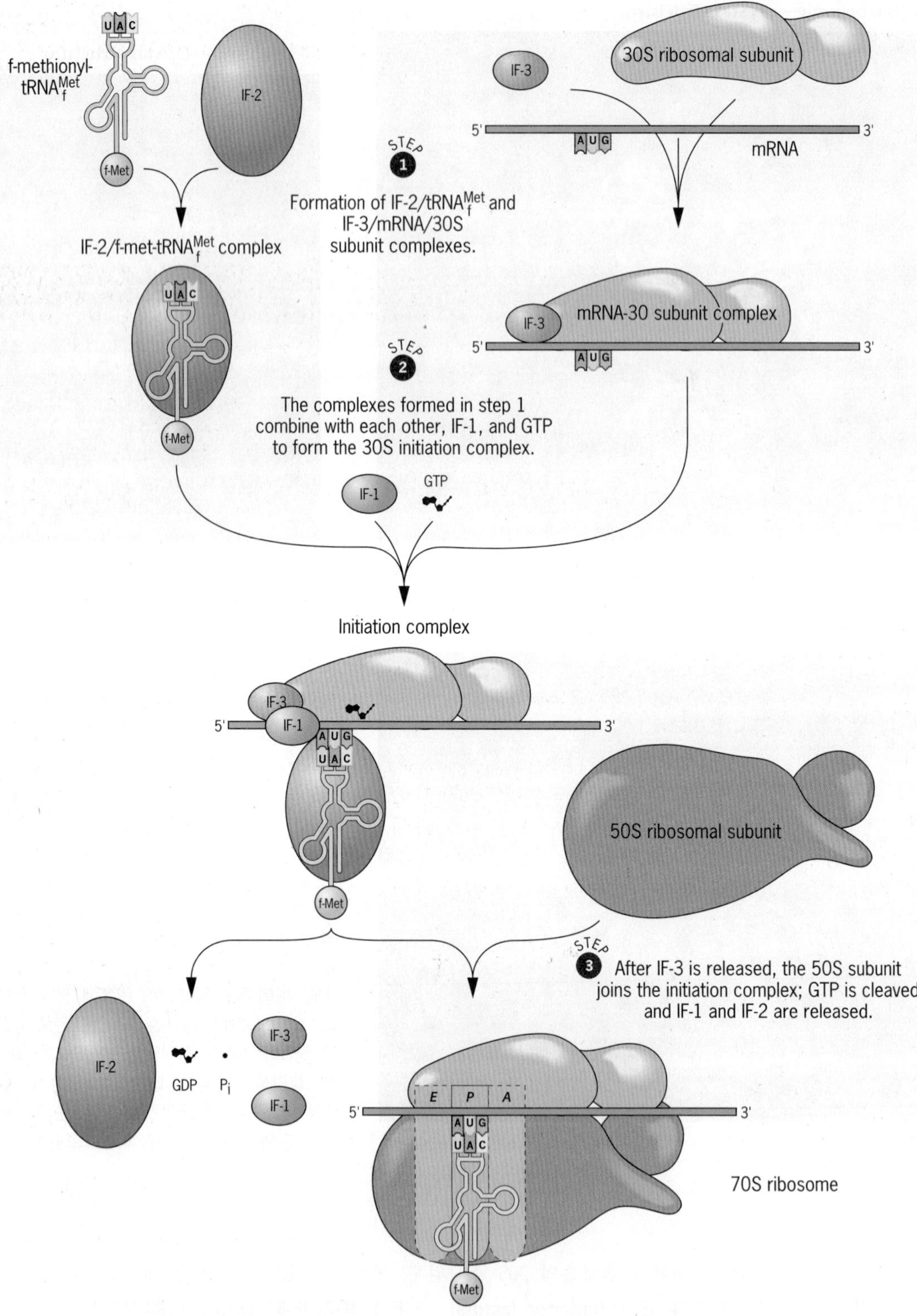

f-methionyl-tRNA$_f^{Met}$
IF-2
f-Met
30S ribosomal subunit
IF-3
5'
3'
AUG
mRNA
STEP 1
Formation of IF-2/tRNA$_f^{Met}$ and IF-3/mRNA/30S subunit complexes.
IF-2/f-met-tRNA$_f^{Met}$ complex
mRNA-30 subunit complex
STEP 2
The complexes formed in step 1 combine with each other, IF-1, and GTP to form the 30S initiation complex.
IF-1
GTP
Initiation complex
50S ribosomal subunit
STEP 3
After IF-3 is released, the 50S subunit joins the initiation complex; GTP is cleaved and IF-1 and IF-2 are released.
GDP
P_i
E P A
70S ribosome

■ 그림 12.16 대장균에서의 번역 개시.

다. 개시 tRNA$_f^{Met}$의 메티오닌은 포르밀(formyl, $-\overset{O}{\overset{\|}{C}}-H$)기로 봉쇄된 아미노기를 가진다(그래서 tRNA$_f^{Met}$에 첨자 "f"가 사용된다). 다른 메티오닌 tRNA, 즉 **tRNA^{Met}**는 내부 메티오닌 코돈에 반응한다. 두 메티오닌 tRNA는 같은 안티코돈을 가지며 둘 다 메티오닌에 대한 똑같은 코돈(AUG)에 반응한다. 그러나 단지 메티오닐-tRNA$_f^{Met}$만이 단백질 개시인자인 IF-2와 반응하여 개시과정을 시작한다(그림 12.16). 따라서 메티오닐-tRNA$_f^{Met}$만이 mRNA의 AUG 개시코돈에 반응해서 리보솜에 결합한다. 또한 메티오닐-tRNA$_f^{Met}$는 일부 mRNA

분자에서 생기는 대체 개시코돈인 GUG(내부에 존재할 때는 발린코돈)와 반응해서 리보솜에 결합한다.

폴리펩티드 사슬 개시는 두 개의 복합체 형성으로 시작된다. (1) 하나는 개시인자 IF-2와 메티오닐-$tRNA_f^{Met}$를 함유하고, (2) 다른 하나는 mRNA 분자, 30S 리보솜 소단위체, 개시인자 IF-3을 가진다(그림 12.16). 30S 소단위체와 mRNA 복합체는 IF-3의 존재하에서만 형성되고 IF-3은 개시과정을 시작하는 30S 소단위체의 능력을 조절한다. 30S 소단위체와 mRNA 복합체의 형성은 부분적으로는 16S rRNA의 3′말단 근처 뉴클레오티드 서열과 mRNA 분자의 5′말단 근처 서열 사이에 형성되는 염기쌍에 의해 결정된다(■ 그림 12.17). 원핵생물의 mRNA에는 AUG 개시코돈으로부터 약 7뉴클레오티드 상류에 위치한 보존된 폴리퓨린 영역 AGGAGG의 공통 서열이 있다. 이 보존된 헥사머(hexamer)는 이를 발견한 과학자들의 이름을 따라 **샤인 달가노 서열(Shine Dalgarno sequence)**이라 불리며, 이것은 16S 리보솜 RNA의 5′말단 근처의 서열에 대해 상보적이다. mRNA의 샤인 달가노 서열이 변형되면 이들은 더 이상 16SrRNA와 염기쌍을 형성하지 못하고 변형된 mRNA는 해독되지 않거나 아주 비효율적으로 해독되는 것으로 보아 이 염기쌍 형성은 해독에 중요한 역할을 한다는 것을 알 수 있다.

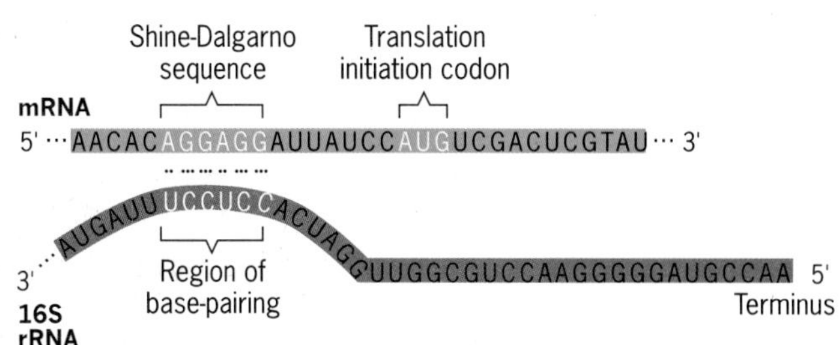

■ 그림 12.17 mRNA의 Shine-Dalgarno 서열과 16S rRNA의 5′말단 근처의 상보적인 서열간의 염기쌍 결합으로 인해 mRNA/30S 리보솜 소단위체 개시 복합체가 형성된다.

IF-2/메티오닐-$tRNA_f^{Met}$복합체와 mRNA/30S 소단위체/IF-3 복합체는 개시인자 IF-1와 한 분자의 GTP가 서로 결합하여 완전한 30S 개시복합체를 형성한다. 해독 개시의 마지막 단계는 50S 소단위체가 30S 개시 복합체에 결합하여 완전한 70S 리보솜을 형성하는 것이다. 개시인자 IF-3은 50S 소단위체가 복합체와 결합되기 전에 반드시 복합체로부터 분리되어야 한다. 즉 IF-3과 50S 소단위체는 동시에 30S 소단위체와 결합되지는 않는다. 50S 소단위체의 첨가에는 GTP의 에너지와 개시인자 IF-1과 IF-2의 방출이 필요하다.

50S 리보솜 소단위체의 부착으로 개시 tRNA인 메티오닐-$tRNA_f^{Met}$는 mRNA의 AUG 개시 코돈과 그 tRNA의 안티코돈이 나란히 되도록 펩티드(*P*) 부위에 자리를 잡는다. 메티오닐-$tRNA_f^{Met}$만이 아미노아실(*A*) 부위를 통과하지 않고 직접 *P* 부위로 들어갈 수 있다. 개시AUG가 *P* 부위에 자리 잡음으로 해서 mRNA의 두 번째 코돈이 *A* 부위에 자리 잡고, 이 부위에서의 아미노아실 tRNA 결합 특이성을 결정하여 폴리펩티드 합성, 즉 사슬 신장의 두 번째 단계를 준비한다.

진핵생물에서는 번역의 개시가 더 복잡하여 몇 개의 수용성 개시인자가 관여한다. 그래도 두 가지 특징을 제외한 전체적인 과정은 유사하다. (1) 개시 tRNA의 메티오닌 아미노기는 원핵생물에서처럼 포르밀화되어 있지 않다. (2) 대장균에서처럼 개시 복합체가 샤인 달가노/AUG 해독 개시점이 아니라 mRNA의 5′말단에서 형성된다. 진핵생물에서개시 복합체는 5′말단에서 시작하여 mRNA를 순서대로 조사해서 AUG 개시코돈을 찾는다. 그래서 비록 주어진 AUG가 해독을 개시하는 데 이용되는 효율은 인접한 뉴클레오티드 서열에 달려 있지만 진핵생물에서는 해독이 보통 mRNA 분자의 5′말단 근처의 AUG에서 시작된다. 최적의 개시 서열은 5′-GCC(A또는 G)CC**AUG**G-3′이다. **AUG** 개시코돈으로부터 3염기 상류에 있는 퓨린(A 혹은 G)과 개시코돈 뒤에 바로 따라 나오는 G는 가장 중요해서, 번역 개시의 효율에 10배 이상으로 영향을 미칠 수 있다. 이 서열 내의 다른 염기들을 바꾸면 개시 효율이 약간 떨어지게 된다. 진핵생물에서 적정한 전사 개시에 이러한 서열을 필요로 하는 것은 이를 제안한 Marilyn Kozak를 따라 '**Kozak의 법칙**'이라 한다.

원핵생물과 마찬가지로 진핵생물도 특별한 개시 tRNA인 $\mathbf{tRNA_i^{Met}}$(개시자라는 의미의 첨자 "i"를 사용한다)를 가지고 있지만 메티오닐-$tRNA_i^{Met}$의 아미노기는 포르밀화되어 있지 않다. 개시 메티오닐-$tRNA_i^{Met}$는 대장균에서와 같이 개시과정 동안에 수용성 개시인자와 반응하여 직접 *P* 부위로 들어간다.

진핵생물에서 캡 결합 단백질(cap-binding protein, CBP)은 mRNA의 5′말단에서 7-메틸 구아노신 캡(7-methyl guanosine cap)과 결합한다. 그 다음 다른 개시인자가 CBP-mRNA 복합체에 결합하고 계속해서 리보솜의 작은(40S) 소단위체가 뒤따른다. 완전한 개시복합체는 mRNA 분자를 따라서 5′→ 3′으로 이동하면서 AUG 코돈을 찾는다. AUG 코돈이 발견되면 개시인자는 복합체로부터 분리되고 큰(60S) 소단위체가 메티오닐-tRNA/mRNA/40S 소단위체 복합체와 결합하여 완전한(80S) 리보솜을 형성한다. 80S 리보솜/mRNA/tRNA 복합체는 해독의 두 번째 단계인 사슬 신장을 준비하기 시작한다.

번역: 폴리펩티드 사슬 신장

폴리펩티드 사슬 **신장(elongation)**은 원핵생물과 진핵생물 양쪽 다기본적으로 똑같다. 폴리펩티드 신장에 대한 각 아미노산의 첨가는 세 단계로 이루어진다. (1) 리보솜의 *A* 부위에 아미노아실-tRNA의 결합, (2) 새로운 펩티드 결합 형성에 의한 *P* 부위 tRNA에서 *A* 부위 tRNA로의 신장하는 폴리펩티드 사슬의 이전, (3) 다음 코돈이 *A* 부위로 오도록 리보솜이 mRNA를 따라 이동한다(■ **그림 12.18**). 3단계 반응 동안 폴리펩티드-tRNA와 아미노산

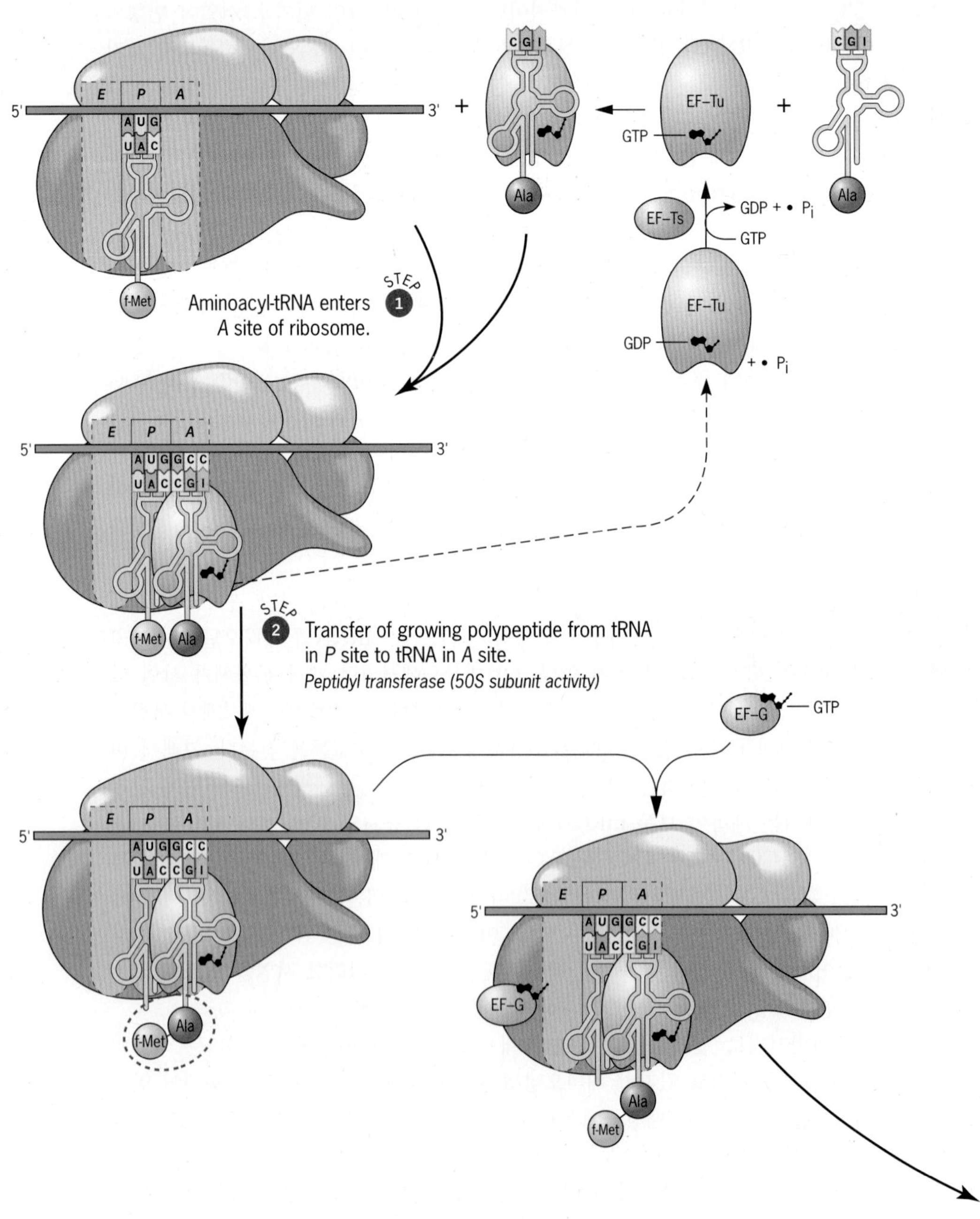

■ 그림 12.18 대장균에서의 폴리펩티드 사슬 신장.

이 없는 tRNA는 A에서 P 부위로 그리고 P 부위에서 E 부위로 각각 이동한다. 이 3단계 반응은 신장과정 동안 순환적인 방법으로 되풀이된다. 대장균에서 사슬 신장에 관여하는 수용성 인자들이 여기에 설명되어 있다. 진핵생물에서도 비슷한 인자들이 사슬신장에 참여한다.

첫 번째 단계에서는 A 부위로 들어가는 코돈에 의해 결정되는 아미노아실-tRNA가 진입하여 리보솜의 A 부위와 결합한다(그림 12.18). 다음 아미노아실-tRNA의 안티코돈의 세 개 뉴클레오티드는 반드시 A 부위에 존재하는 mRNA 코돈의 뉴클레오티드와 쌍을 이루어야 한다. 이 단계에서는 한 분자의 GTP(**EF-Tu · GTP**)를 운반하는 **신장인자 Tu(elongation factor Tu**, **EF-Tu)**가 필요하다. GTP는 아미노아실-tRNA가 A 부위에 결합하는데 필요하지만 펩티드 결합이 형성될 때까지는 분해되지 않는다. GTP가 분해된 후 EF-Tu · GDP는 리보솜으로부터 방출된다. EF-Tu · GDP는 비활성이어서 아미노아실 tRNA에는 결합하지 않을 것이다. EF-Tu · GDP는 **신장인자 Ts(elongation factor Ts**, **EF-Ts)**에 의해서 활성 EF-Tu · GTP 형태로 바뀌는데, 이 과정에서 한 분자의 GTP가 가수분해된다. EF-Tu는 메티오닐-tRNA를 제외한 모든 아미노아실-tRNA와 반응한다.

사슬 신장의 두 번째 단계는 A 부위의 아미노아실-tRNA의 아미노기와 P 부위의 tRNA에 붙어 있는 신장 중인 폴리펩티드 사슬의 카르복실기 말단 간의 펩티드 결합이다. 이것은 P 부위의 tRNA로부터 신장 중인 사슬을 떼어 A 부위의 tRNA에 그 사슬을 공유결합시킨다(그림 12.18). 이 핵심반응은 **펩티딜 전이효소(peptidyl transferase)**에 의해 촉매되는데, 이 효소적 활성은 리보솜의 50S 소단위체 내에서 이루어진다. 우리가 주의해야 할 것은 펩티딜 전이효소 활성은 리보솜 단백질보다는 23S rRNA 분자에 존재한다는 것인데, 이것도 아마 RNA 세계의 또 다른 유물일 것이다. 펩티드 결합 형성에는 1단계의 EF-Tu에 의해 리보솜으로 운반된 GTP 한 분자의 가수분해가 필요하다.

사슬 신장의 세 번째 단계에서는 리보솜의 A 부위에 존재하던 펩티딜-tRNA는 P 부위로 이동하고 P 부위의 아미노산이 없는 tRNA는 E 부위로 이동하며 리보솜은 mRNA 분자의 3′말단 쪽으로 세 개의 뉴클레오티드만큼 이동한다. 이러한 이동에는 GTP와 **신장인자 G(elongation factor G**, **EF-G)**가 필요하다. 리보솜이 전이과정 동안 형태 변화를 하는 것으로 보아 리보솜은 mRNA 분자를 따라 이동하는 것 같다. 리보솜의 이동을 위한 에너지는 GTP의 가수분해에 의해서 제공된다. 펩티딜-tRNA가 A 부위로부터 P 부위로 이동함으로써 A 부위는 빈자리로 남겨지고 리보솜은 사슬 신장의 다음 회전을 준비하기 시작한다.

진핵성 폴리펩티드의 하나인 실크 단백질 피브로인(fibroin)의 신장은 Oscar Miller, Barbara Hamkalo와 그의 동료들에 의해 개발된 기술을 이용하여 전자현미경으로 볼 수 있다. 대부분의 단백질들은 합성과정동안 리보솜의 표면 위에서 접힌다. 그러나 피브로인은 Miller와 그의 공동연구자들에 의해서 사용된 조건하에서는 리보솜의 표면으로부터 길게 뻗쳐진 채 남아있다. 결과적으로 길이가 신장하고 있는 초기 폴리펩티드 사슬은 그들이 mRNA의 5′말단에서 3′말단까지 이동하게 됨에 따라 리보솜에 부착되어 있는 것처럼 보여 질 수 있다(■ **그림** 12.19). 피브로인은 200,000 달톤 이상의 질량을 가진 거대 단백질이다. 이것은 50에서 80리보솜을 함유한 거대 폴리리보솜에서 합성된다.

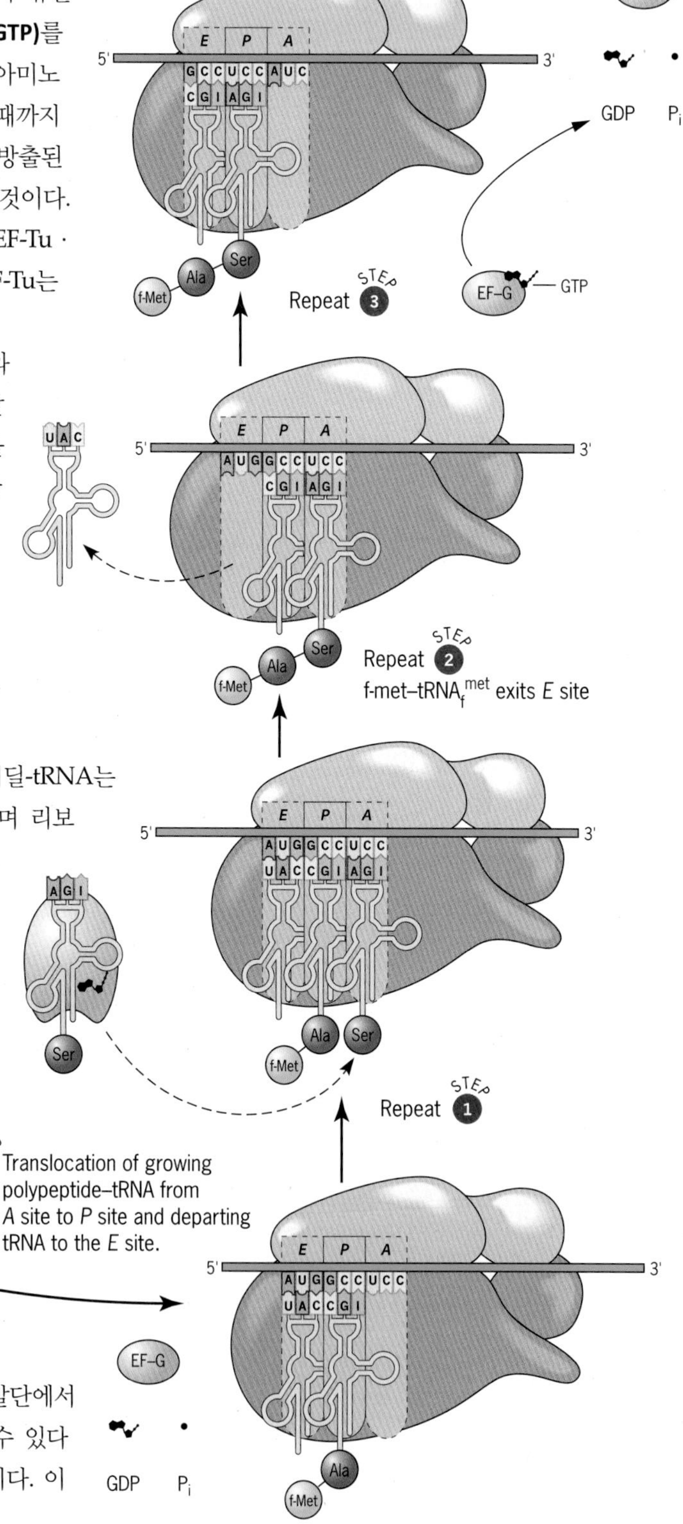

■ **그림** 12.18 (*계속*)

폴리펩티드 사슬 신장은 빠르게 진행된다. 대장균에서, 신장 중인 폴리펩티드 사슬

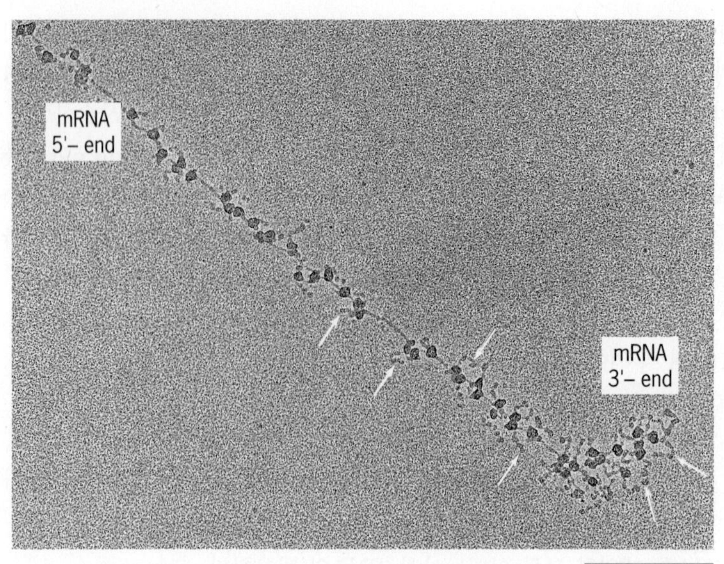

■ 그림 12.19 누에 *Bombyx mori*의 후부 견사선 세포에서 피브로인 mRNA의 번역을 보여주는 전자현미경 사진. 화살표는 신장하는 피브로인 폴리펩티드를 가리킨다. mRNA의 3′말단으로 갈수록 길이가 길어지는 것에 주목하라.

에 하나의 아미노산을 첨가하는 데 필요한 3가지 과정이 모두 발생하는 데는 0.05초가 채 걸리지 않는다. 그래서 300 아미노산을 함유한 폴리펩티드 합성에는 단지 15초가 걸린다. 그 복잡성에도 불구하고 번역기구의 정확성과 효율성은 실로 놀랍다.

번역: 폴리펩티드 사슬의 종결

폴리펩티드 사슬 신장은 세 가지 **사슬 종결코돈(chain-termination codons**, UAA, UAG, UGA) 중의 어떤 것이 리보솜의 *A* 부위에 들어가면 **종결(termination)**된다(■ **그림** 12.20). 이들 세 종결코돈은 **유리인자(방출인자; release factor**, **RFs)**라 불리는 수용성 단백질에 의해서 인지된다. 대장균에는 2개의 유리인자인 RF-1과 RF-2가 있다. RF-1은 종결코돈 UAA와 UAG를 인지하고 RF-2는 UAA와 UGA를 인지한다. 진핵생물에서는 **단일 유리인자(eRF)**가 3개의 종결코돈 모두를 인식한다. *A* 부위에 유리인자가 존재하게 되면 펩티딜 전이효소의 활성이 바뀌어 초기 폴리펩티드의 카르복시 말단에 하나의 물 분자를 첨가시킨다. 이러한 반응은 *P* 부위의 tRNA 분자로부터 폴리펩티드를 방출하고, 유리 tRNA의 *E* 부위로의 이동을 유도한다. 종결은 mRNA 분자가 리보솜에서 떨어져 나오고 리보솜이 소단위체로 분리됨으로써 완료된다. 그리고 나서 리보솜 소단위체는 앞에서 설명한 대로 단백질 합성의 또 다른 순환을 시작할 준비를 한다.

요점

- *mRNA 분자의 뉴클레오티드 서열이 운반하는 유전정보는 리보솜이라 불리는 복잡한 거대분자 기구에 의해서 폴리펩티드 유전자 산물의 아미노산 서열로 번역된다.*
- *번역과정은 복잡하고 많은 종류의 RNA와 단백질 분자의 참여를 필요로 한다.*
- *운반 RNA(tRNA) 분자는 변환 분자(adaptor)로서, 아미노산과 mRNA 코돈 사이의 상호작용을 매개한다.*
- *번역 과정은 폴리펩티드 사슬의 개시, 신장, 종결 과정을 포함하며 유전암호의 지정에 따라 진행된다.*

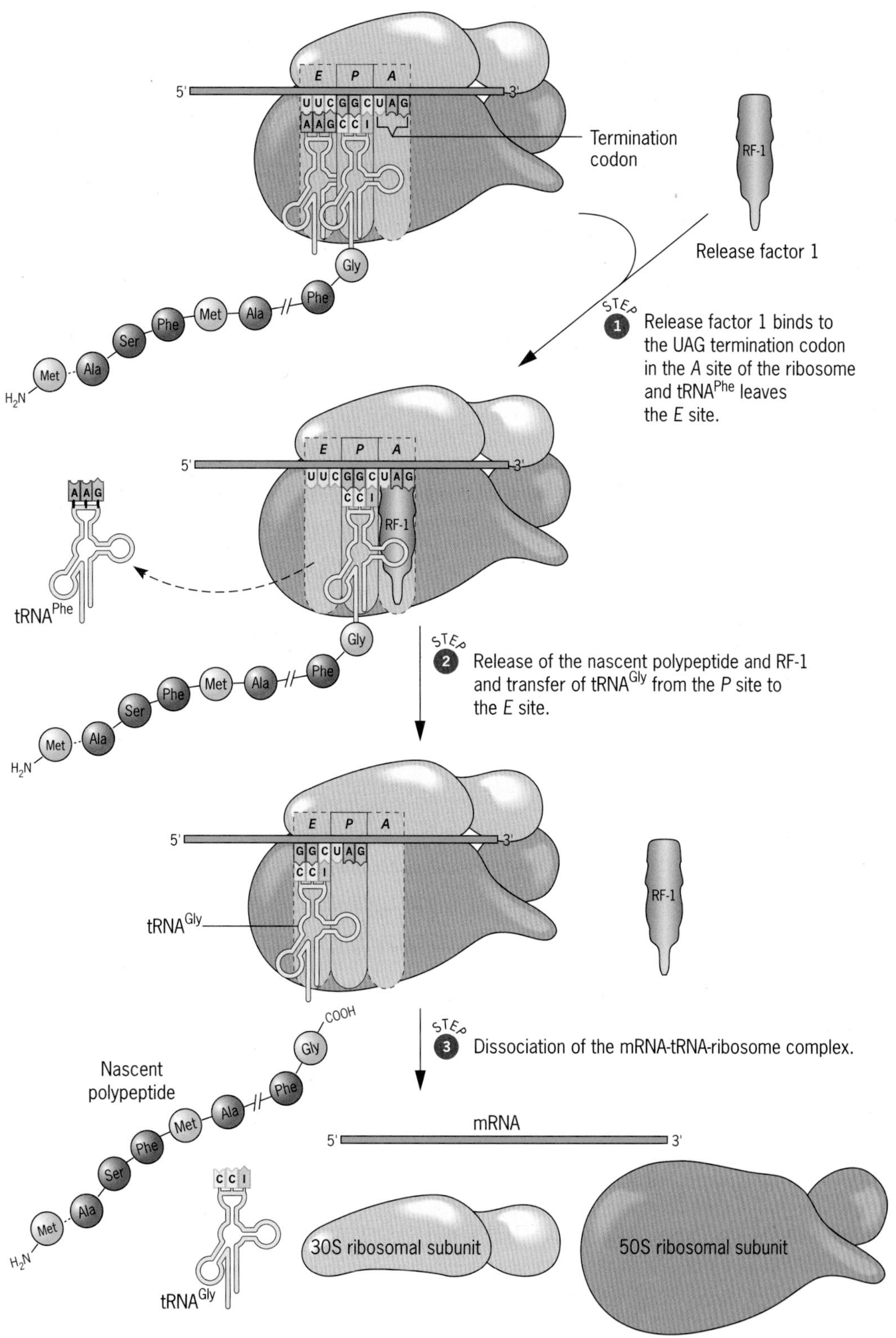

5'
E
P
A
3'
UUCGGCUAG
AAGCCI
Termination codon
RF-1
Release factor 1
STEP 1 Release factor 1 binds to the UAG termination codon in the A site of the ribosome and tRNA^Phe leaves the E site.
Gly
Phe
Ala
Met
Phe
Ser
Ala
Met
H2N
AAG
CCI
tRNA^Phe
STEP 2 Release of the nascent polypeptide and RF-1 and transfer of tRNA^Gly from the P site to the E site.
GGCUAG
tRNA^Gly
COOH
Nascent polypeptide
STEP 3 Dissociation of the mRNA-tRNA-ribosome complex.
mRNA
30S ribosomal subunit
50S ribosomal subunit

■ 그림 12.20 대장균에서의 폴리펩티드 사슬 종결. 포르밀메티오닌의 포르밀기는 번역동안 제거된다.

유전암호

유전암호는 겹치지 않는 암호로서, 세 뉴클레오티드로 구성된 RNA 코돈들이 각 아미노산들과 폴리펩티드 개시 및 종결을 지시한다.

유전자가 폴리펩티드의 구조를 조절한다는 사실이 명백해짐에 따라, 어떻게 DNA의 네 가지 다른 뉴클레오티드 서열이 단백질에 존재하는 20개의 아미노산 서열을 조절하는지에 관심이 집중되었다. mRNA 매개체의 발견(11장)으로, 질문은 이제 mRNA 분자에 존재하는 네 염기의 서열이 어떻게 폴리펩티드의 아미노산 서열을 결정하는지에 집중되었다. mRNA 염기서열을 아미노산 서열과 연관시키는 유전암호의 성질은 무엇인가? 명백히 암호로 이용되는 상징 혹은 문자는 염기여야 한다. 그러나 하나의 아미노산 혹은 하나의 아미노아실-tRNA를 지정하는 단위 또는 단어인 코돈은 무엇으로 구성되는가?

유전암호의 성질: 개요

유전암호의 주요성질은 1960년대에 연구되었다. 암호를 해독하는 것은 과학사에서 가장 흥미 있는 분야 중의 하나였기 때문에 거의 매일 새로운 정보가 발표되었다. 1960년대 중반까지 유전암호는 대체로 해결되었다. 유전암호의 특수성에 초점을 맞추기 전에 우리는 그것의 가장 중요한 성질을 고찰해 보자.

1. *유전암호는 세 개의 뉴클레오티드로 구성된다(triplet)*; mRNA의 세 뉴클레오티드가 폴리펩티드 산물 내의 아미노산 하나를 지정한다. 따라서 각 코돈은 세 개의 뉴클레오티드들을 포함한다.
2. *유전암호는 중복되지 않는다(non-overlapping)*; mRNA의 각 뉴클레오티드는 단 하나의 코돈에 속해 있다. 단, 유전자가 중복되어 있어서, 하나의 뉴클레오티드 서열이 서로 다른 두 개의 해독틀(reading frame)로 읽히는 드문 경우는 예외로 한다.
3. *유전암호는 쉬는 부분을 갖지 않는다(comma-free)*; mRNA 분자의 암호화 영역 내에는 쉼표나 다른 형태의 구두점이 존재하지 않는다. 번역 중에는 코돈들이 연속적으로 읽힌다.
4. *유전암호는 퇴화되어 있다(degenerate)*; 두 개의 아미노산을 제외하면, 모든 아미노산들은 하나 이상의 코돈들에 의해 지정된다.
5. *유전암호에는 규칙성이 있다(ordered)*; 주어진 하나의 아미노산을 지정하는 여러 코돈들이나 비슷한 성질을 가지는 아미노산들을 지정하는 코돈들은 매우 연관되어 있어서, 일반적으로 하나의 뉴클레오티드만 차이가 있을 뿐이다.
6. *유전암호는 개시코돈(start codon)과 종결코돈(stop codon)을 포함한다*; 폴리펩티드 사슬을 개시하고 종결시키는 데에는 특별한 코돈이 사용된다.
7. *유전암호는 거의 보편적이다(universal)*; 일부 예외가 있기는 하지만, 코돈들은 바이러스에서 인간에 이르기까지 모든 생물체에서 동일한 의미를 갖는다.

코돈당 세 개의 뉴클레오티드

번역동안 20개의 다른 아미노산들이 폴리펩티드에 결합한다. 따라서 mRNA의 네 염기들로 최소한 20가지의 서로 다른 코돈들을 만들 수 있어야 한다. 코돈당 2개의 염기를 사용한다면 단지 4^2 또는 16가지의 가능한 암호들만 만들 수 있다. 이것은 명백하게 충분하지 않다. 코돈당 세 개의 염기들은 4^3 또는 64개의 가능한 암호를 만들 수 있다. 이것은 분명히 너무 많다.

1961년에 Francis Crick과 그의 연구진은 *트리플렛 코드*(코돈당 세 개의 뉴클레오티드)를 뒷받침하는 첫 번째의 강력한 증거를 발표했다. Crick과 그의 연구진은 화학물질 프로플라빈(proflavin)에 의해 박테리오파지 T4의 *r*II좌위에서 유도된 돌연변이에 대해서 유전적 분석을 수행했다. 프로플라빈은 단일 염기쌍 첨가와 결실을 일으키는 돌연변이원 물질이다(13장). 파지 T4 *r*II 돌연변이체는 대장균 균주 K12 세포에서 자랄 수 없지만 대장균 균주 B세포에서는 야생형 파지처럼 자랄 수 있다. 야생형 T4는 두 균주에서 동등하게 잘 성장한다. Crick과 그의 연구진은 프로플라빈 유도성 역 돌연변이체(revertant)를 분리해 냈다. 이러한 역돌연변이체들은 돌연변이가 일어난 원래의 자리에서 역돌연변이가 일어났다기보다는 인접 지역에서의 부가적인 돌연변이의 발생에 기인하는 것으로 보인다. 돌연변이체 생물에서 야생형으로 회복되는 두 번째 위치에서의 돌연변이를 **억제 돌연변이(suppressor mutation)**라 하는데 이는 원래 돌연변이 효과가 억제되거나 취소되기 때문이다.

Crick과 그의 연구진은 원래의 돌연변이가 하나의 염기쌍 삽입 또는 결실에 의해 일어났다면 억제 돌연변이에서는 원래 돌연변이가 일어난 자리 또는 근처의 자리에서 하나의 염기쌍의 결실 또는 삽입이 일어나야 한다는 것을 깨달았다. 만약 mRNA의 연속적인 뉴클레오티드 트리플렛이 아미노산을 지정한다면 모든 뉴클레오티드 서열은 해독과정 동안 세가지 다른 방식으로 인식되어지거나 읽혀질 수 있다. 예를 들어, 서열 AAAGGGCCCTTT는 (1) AAA, GGG, CCC, TTT, (2) A, AAG, GGC, CCT, TT 또는 (3) AA, AGG, GCC, CTT, T로 읽혀질 수 있다. 한 mRNA **해독틀(번역틀, reading frame)**은 번역동안에 읽혀지는 (리보솜의 *A* 부위에 위치) 일련의 뉴클레오티드 트리플렛이다. 단일 염기쌍 삽입이나 결실은 유전자의 해독틀과 돌연변이 뒤쪽 유전자 부분에 대한 mRNA의 해독틀을 변화시킬 것이다. 이 효과는 ■ **그림 12.21*a***에 설명되어 있다. 그리고 나서 억제 돌연변이는 야생형에 대한 역교배의 자손을 선별함으로써 단일돌연변이체로 분리되었다. 원래의 돌연변이와 마찬가지로 억제 돌연변이도 돌연변이체 표현형을 생산하는 것으로 밝혀졌다. Crick과 그의 연구진들은 다음으로 원래의 억제 돌연변이에 대한 플라빈 유도성 억제 돌연변이를 분리해냈다.

그리고 나서 Crick과 그의 연구진은 분리해 낸 모든 돌연변이를 두 개의 그룹으로 분리하였는데, (비록 어느 그룹이 어느 곳의 돌연변이인지는 몰랐지만) 염기 추가에 대해서는 (+)로, 결실에 대해서는 (−)로 구분하였다. 이는 (+) 돌연변이는 (−) 돌연변이를 억제하지만 또 다른 (+) 돌연변이는 억제하지 않는다는 생각에 기초한 것이다(그림 12.21). Crick 등은 (+)와 (−) 돌연변이들을 다양하게 조합하여 재조합체를 만들어냈다. 단일 돌연변이체에서와 같이 두 개의 (+) 돌연변이나 두 개의 (−) 돌연변이의 재조합체는 항상 돌연변이체 표현형을 가졌다. 그러나 세 개의 (+) 돌연변이 또는 세 개의 (−) 돌연변이로 만든 재조합체는 야생형의 표현형을 나타냈다(■ **그림 12.21*b***). 이것은 세 염기쌍의 추가나 결실이 유전자의 나머지 부분을 야생형 해독틀로 만든다는 사실을 시사한다. 이 결과는 단지 각 코돈이 세 개의 뉴클레오티드로 구성되었을 때만이 가능하다.

시험관 내 번역 연구로부터 나온 증거는 Crick 등의 결과를 곧 입증하였고, 암호의 트리플렛 성질이 확실히 정립되었다. 보다 중요한 일부 결과들은 다음과 같다: (1) 세 염기들은 리보솜에 아미노아실-tRNA의 특이적 결합을 촉진하는 데 충분하다. 예를 들어 5′-UUU-3′은 리보솜에 페닐알라닐-$tRNA^{phe}$의 결합을 촉진한다. (2) 반복적인 두 개의 뉴클레오티드 서열로 이루어진 화학적으로 합성된 mRNA 분자들은 아미노산 서열을 교대로 가지는 혼성 중합체(copolymer)(두 개의 다른 소단위체로 구성된 거대한 사슬모양 분자)의 합성을 지시한다. 예를 들어, 폴리$(UG)_n$이 인위적인 mRNA로 사용된 시험관 내 해독계에서는 반복적인 혼성중합체$(cys\text{-}val)_m$이 합성된다(첨자 *n*과 *m*은 각 중합체에 뉴클레오티드와 아미노산 개수를 의미한다). (3) 한편, 반복적인 세 개의 뉴클레오티드 서열을 가진 mRNA는 세 개의 동일 중합체(homopolymer)(시험관 계에서는 이런 mRNA가 드물게 개시됨)의 합성을 지시한다. 예를 들어 폴리$(UUG)_n$은 폴리류신, 폴리시스테인, 폴리발린의 혼합물의 합성을 지시한다. 이 결과들은 세 개의 다른 해독틀을 가진 트리플렛 코드와 일치한다. 폴리$(UUG)_n$이 해독틀 1에서, UUG, UUG로 해독되면 폴리류신이 생성되고, 해독틀 2에서, UGU, UGU로 해독되면 폴리시스테인이 생성되고, 해독틀 3에서, GUU, GUU로 해독되면 폴리발린이 생성된다. 궁극적으로 암호의 트리플렛 특성은 유전자와 mRNA의 뉴클레오티드 서열과 그들의 폴리펩티드 산물 내의 아미노산 서열을 비교함으로써 확실하게 결정되었다.

A single base-pair deletion restores the reading frame changed by a single base-pair addition.

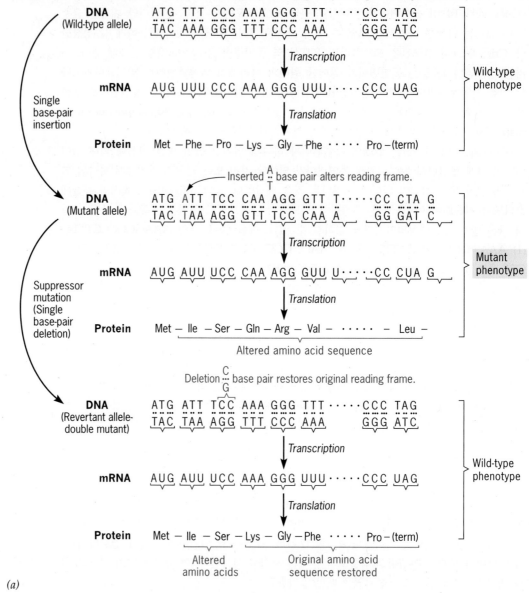

DNA (Wild-type allele)
ATG TTT CCC AAA GGG TTT·····CCC TAG
TAC AAA GGG TTT CCC AAA GGG ATC

Transcription

mRNA AUG UUU CCC AAA GGG UUU·····CCC UAG

Translation

Protein Met – Phe – Pro – Lys – Gly – Phe ····· Pro – (term)

Wild-type phenotype

Single base-pair insertion

Inserted A:T base pair alters reading frame.

DNA (Mutant allele)
ATG ATT TCC CAA AGG GTT T·····CC CTA G
TAC TAA AGG GTT TCC CAA A GG GAT C

Transcription

mRNA AUG AUU UCC CAA AGG GUU U·····CC CUA G

Translation

Protein Met – Ile – Ser – Gln – Arg – Val – ····· – Leu –

Altered amino acid sequence

Mutant phenotype

Suppressor mutation (Single base-pair deletion)

Deletion C:G base pair restores original reading frame.

DNA (Revertant allele-double mutant)
ATG ATT TCC AAA GGG TTT·····CCC TAG
TAC TAA AGG TTT CCC AAA GGG ATC

Transcription

mRNA AUG AUU UCC AAA GGG UUU·····CCC UAG

Translation

Protein Met – Ile – Ser – Lys – Gly – Phe ····· Pro – (term)

Altered amino acids

Original amino acid sequence restored

Wild-type phenotype

(a)

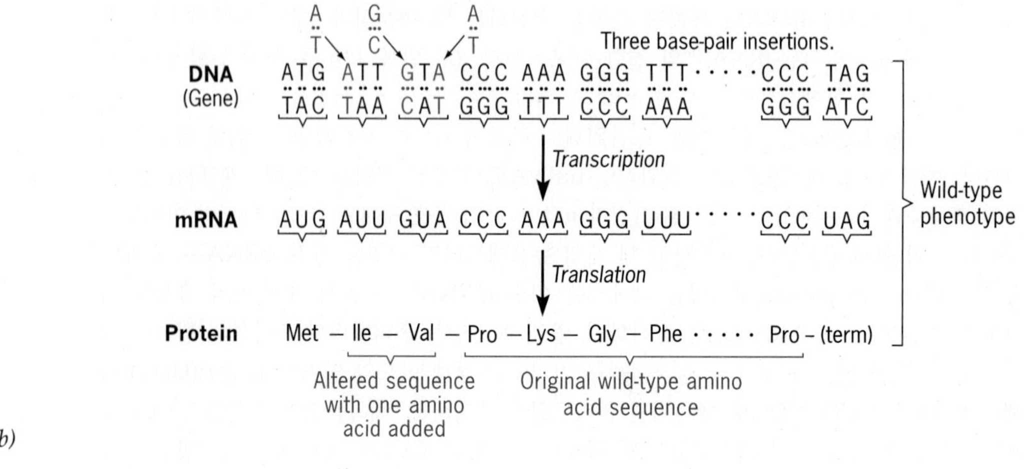

(b)

■ 그림 12.21 유전암호가 트리플렛 코드라는 초기 증거. 자세한 설명은 본문 참조.

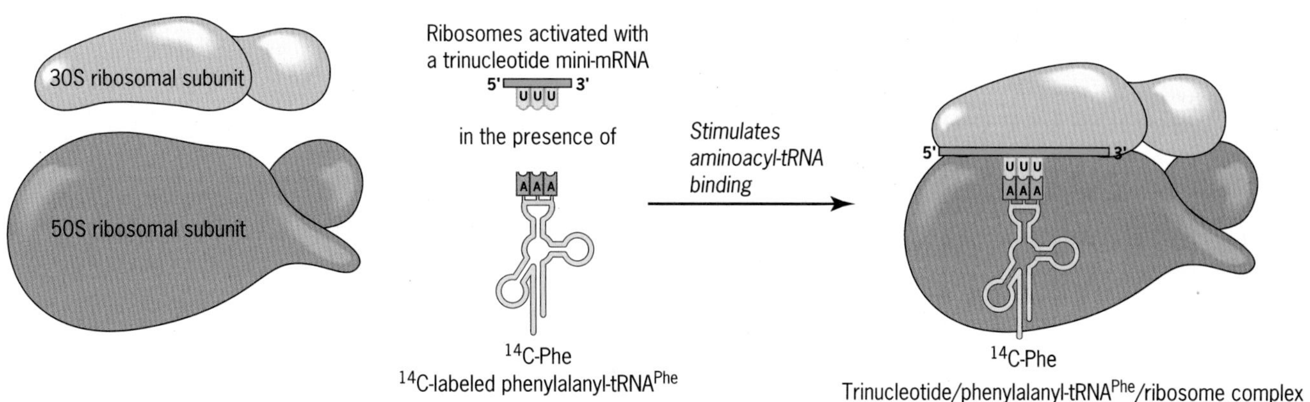

■ 그림 12.22 합성 트리뉴클레오티드 mini-mRNAs에 의한 aminoacyl-tRNA와 리보솜의 결합 자극. 이 트리뉴클레오티드-활성 리보솜 결합 분석의 결과는 과학자들이 유전암호를 해독하는 데 도움을 주었다.

암호해독

유전암호의 해독은 1960년대에 몇 년간 계속되었고 많은 연구실 간에 강도 높은 경쟁을 유발시켰다. 새로운 정보가 빠르게 축적되었지만 때때로 초기의 자료와 일치하지 않기도 했다. 사실상 암호해독은 중요한 도전이었다.

유전암호를 해독하기 위해서는 과학자들이 몇 가지 질문에 대한 해답을 얻어야 했다. (1) 어떤 암호가 20개 아미노산의 각각을 지정하는가? (2) 가능한 64개의 코돈 중 얼마나 많은 것이 사용되는가? (3) 암호는 어떻게 중단되는가? (4) 암호는 바이러스, 박테리아, 식물, 동물에서 똑같은 의미를 지니는가? 이 질문들에 대한 해답은 세포외 번역계(cell-free system)에서 행해진 두 가지 실험 결과로부터 얻어졌다. 첫 번째 형태의 실험은 시험관 내(*in vitro*)에서 합성 mRNA를 번역시키고, 단백질에 20가지의 아미노산 중 어느 것이 통합되는지를 결정하는 것이었다. 두 번째 실험에서 리보솜은 단지 세 개의 뉴클레오티드 길이로 된 미니-mRNA에 의해 활성화되었다. 그런 후에 연구자들은 그 각각의 세-뉴클레오티드 메시지에 의해 활성화된 리보솜에 결합될 수 있도록 활성화되는 것이 어떤 아미노아실-tRNA들인지를 결정하였다(■ **그림** 12.22).

1960년대의 10년간 — 유전자암호의 해독의 시대 — 은 생물학의 역사상 가장 흥미로운 시대였다. 유전암호 해독은 어렵고 인내를 요하는 일이었다. 그리고 그 진행은 일련의 큰 발전이 되었다. 우리는 Student Companion 사이트에 제공된 "유전학의 이정표: 유전암호의 해독" 부분에서 이러한 중요한 발전들에 대해 논의했다. Marshall Nirenberg, Severo Ochoa, H. Ghobind Khorana, Philip Leder와 그의 동료들은 합성 mRNA 검사와 세뉴클레오티드 결합 분석을 수행한 시험관 내 번역 실험 결과들을 종합하여, 64개의 모든 트리플렛 코돈들의 의미를 밝힐 수 있었다(표 12.1). Nirenberg와 Khorana는 유전암호에 대한 연구로 효모의 alanine tRNA의 뉴클레오티드 서열을 밝힌 Robert Holley와 함께 1968년 노벨 생리의학상을 공동수상했다. Ochoa는 이미 1959년에 RNA중합효소 (RNA polymerase)의 발견으로 노벨상을 받았다.

개시코돈과 종결코돈

유전암호는 또한 번역 수준에서 유전정보의 구두점을 제공해준다. 원핵생물과 진핵생물 둘 다에서 암호 AUG는 폴리펩티드 사슬을 개시하는데 이용된다(표 12.1). 드문 경우지만 GUG도 개시코돈으로 사용된다. 두 경우 다 개시코돈은 개시 tRNA, 즉 원핵생물의 $tRNA_f^{Met}$, 진핵생물의 $tRNA_i^{Met}$에 의해서 인지된다. 원핵생물에서 AUG 코돈이 해독 개시 코돈으로 작용하기 위해서는 mRNA 분자의 5′말단의 비번역 부분에 샤인-달가노(Shine-Dalgarno) 서열이라는 적절한 뉴클레오티드 서열 이후에 AUG가 존재해야 한다. 진핵생

표 12.1

유전암호[a]

First (5′) letter	Second letter: U	Second letter: C	Second letter: A	Second letter: G	Third (3′) letter
U	UUU Phe (F)	UCU Ser (S)	UAU Tyr (Y)	UGU Cys (C)	U
	UUC	UCC	UAC	UGC	C
	UUA Leu (L)	UCA	UAA Stop (terminator)	UGA Stop (terminator)	A
	UUG	UCG	UAG Stop (terminator)	UGG Trp (W)	G
C	CUU Leu (L)	CCU Pro (P)	CAU His (H)	CGU Arg (R)	U
	CUC	CCC	CAC	CGC	C
	CUA	CCA	CAA Gln (Q)	CGA	A
	CUG	CCG	CAG	CGG	G
A	AUU Ile (I)	ACU Thr (T)	AAU Asn (N)	AGU Ser (S)	U
	AUC	ACC	AAC	AGC	C
	AUA	ACA	AAA Lys (K)	AGA Arg (R)	A
	AUG Met (M) (initiator)	ACG	AAG	AGG	G
G	GUU Val (V)	GCU Ala (A)	GAU Asp (D)	GGU Gly (G)	U
	GUC	GCC	GAC	GGC	C
	GUA	GCA	GAA Glu (E)	GGA	A
	GUG	GCG	GAG	GGG	G

= Polypeptide chain initiation codon

= Polypeptide chain termination codon

[a]Each triplet nucleotide sequence or codon refers to the nucleotide sequence in **mRNA** (not DNA) that specifies the incorporation of the indicated amino acid or polypeptide chain termination. The one-letter symbols for the amino acids are given in parentheses after the standard three-letter abbreviations.

물에서는 리보솜이 mRNA 분자의 5′말단부터 검사하기 시작하여 첫 번째로 만나게 되는 AUG가 개시코돈이다. 내부 위치에서 AUG는 $tRNA^{Met}$에 의해서 인식되고 GUG는 발린 tRNA에 의해서 인식된다.

세 코돈 UAA, UAG, UGA는 폴리펩티드 사슬종결을 지정한다(표 12.1). 이 코돈들은 tRNA보다는 단백질 유리인자에 의해서 인지된다. 원핵생물은 두 개의 유리인자인 RF-1, RF-2를 가진다. RF-1은 UAA, UAG 코돈에 반응해서 폴리펩티드를 종결하고 RF-2는 UAA, UGA 코돈에서 종결한다. 진핵생물은 세 개의 종결코돈 모두를 인식하는 단일 유리인자를 가진다.

퇴화되어 있으며 규칙적인 암호

메티오닌과 트립토판을 제외한 모든 아미노산은 하나 이상의 암호에 의해 지정된다(표 12.1). 세 개의 아미노산, 즉 류신, 세린, 아르기닌은 각각 6개의 다른 암호에 의해 지정된다. 이소류신은 세 개의 암호를 가진다. 다른 아미노산들은 각각 2개에서 4개의 암호를 가진다. 아미노산당 하나 이상의 코돈을 가지는 것을 **퇴화(degeneracy)**라 한다. 유전암호의 퇴화는 무작위적이지 않다. 그 대신에 고도로 규칙적이다. 대부분의 경우에 하나의 주어진 아미노산을 지정하는 여러 코돈들은 단지 하나의 염기, 즉 코돈의 세 번째 혹은 3′염기에 의해 달라진다. 퇴화에는 두 가지 형태가 있다. (1) 부분퇴화(partial degeneracy)는 세 번째 염기가 두 피리미딘(pyrimidine; U, C) 중의 하나이거나 또는 두 퓨린(purine; A, G) 중의 하나일 때 일어난다. 부분퇴화는 세 번째 염기가 퓨린이 피리미딘으로 또는 그 반대로 바뀔 경우 다른 아미노산을 지정한다. (2) 완전퇴화(complete degeneracy)의 경우는 코돈의 세 번째 염기가 네 염기 중에서 어느 것이라도 코돈 같은 아미노산을 지정한다. 예로 GUU, GUC, GUA, GUG는 모두 발린을 암호화한다(표 12.1).

문제 풀이 기술

돌연변이원에 의해 유발되는 아미노산의 치환 예측

문제

화학물질인 히드록실아민(NH_2OH)은 시토신에 수산기(–OH)를 전달하여 히드록시메틸시토신(hmC)을 생산하게 되고 히드록시메틸시토신은 시토신과 다르게 아데닌과 쌍을 이루게 된다. 그러므로, 히드록실아민은 DNA의 G:C를 A:T 염기쌍으로 치환되도록 한다. 만일 여러분이 T4 파지 같은 이중가닥 DNA 바이러스를 히드록실아민으로 처리한다면, 바이러스에 의해 암호화되는 단백질에서 어떤 아미노산 치환이 유도되어질 것인가?

사실과 개념

1. 유전암호의 성질—mRNA 내 64가지 트리플렛들의 의미—은 표 12.1에 제시되어 있다.
2. mRNA 코돈의 첫 2개 뉴클레오티드가 그 mRNA에 의해 지정되는 폴리펩티드 내의 아미노산을 결정하는데 충분하면, 완전한 퇴화가 발생한다.
3. 코돈 내 3′ 뉴클레오타이드의 염기가 두 피리미딘이나 두 퓨린 중의 하나일 때 동일한 아미노산이 지정된다면, 부분 퇴화가 발생한다.
4. 하이드록실아민은 G:C 염기쌍이 포함된 DNA 트리플렛 염기쌍에 의해 지정되는 코돈만 변화시킬 것이다.
5. 만약 G:C 염기쌍이 트리플렛의 (3′)위치를 차지한다면, 하이드록실아민은 그 유전암호가 퇴화되지 않았을 경우에, 즉 코돈의 3′ 뉴클레오티드가 그 의미를 결정하는 곳에 위치하는 경우에만 아미노산 치환을 유발할 것이다. 오로지 두 개의 코돈만 3′위치에서 퇴화되지 않는데; 바로 5′-AUG-3′의 메티오닌 코돈과, 5′-UGG-3′의 트립토판 코돈이다.
6. 3′부분의 완전퇴화나 부분퇴화를 가진 코돈들에 대해서는, 하이드록실아민이 코돈의 3′염기를 바꾼다고 해도 아미노산 치환은 발생하지 않을 것이다. 그것은 G:C → A:T 변화와 A:T → G:C 치환을 유도할 것(주어진 첫 염기가 주형가닥에 있는 곳)이다. 그러나 부분 혹은 완전 퇴화를 고려할 때 결과로 얻어지는 코돈은 그래도 동일한 아미노산을 지정할 것이다. AAG인 라이신 코돈을 예로 들면, AAA로 바뀔 것이고 이것도 라이신 코돈이며, UUC 페닐알라닌 코돈은 UUU 페닐알라닌 코돈으로 변할 것이다. 그러나 어느 경우에도 아미노산 치환은 발생하지 않는다.

분석과 해결

히드록실아민에 의해 어떤 아미노산 치환이 발생할 것이냐는 질문에 대한 답은 유전암호에 대한 주의 깊은 특성분석을 필요로 한다(표 12.1). 히드록실아민 돌연변이유발의 잠재적 타겟은 코돈에 있는 첫 번째 (5′)와 두 번째 위치에 있는 C′s와 G′s를 포함하는 mRNA 코돈을 지정하는 DNA 삼중염기와 세 번째(3′) 위치에 G′s 또는 C′s를 가지고 있는 비퇴화 코돈을 지정하는 삼중염기이다. 64개 DNA 삼중염기 중 51개는 G:C 또는 C:G 염기쌍을 포함하고 있듯이, 실제로, 유전체에는 비타겟 보다 잠재적 타겟인 것이 더 많이 있다. 예로써 아르기닌 코돈 5′-AGA-3′를 생각해보라. 이는 3′-TCT-5′ 서열을 가지고 있는 하나의 DNA 주형가닥으로부터 전사될 것이다(반대로 해도 같은 순서로 염기를 유지). 이 서열에 있는 C는 히드록시메틸레이션 되어 hmC로 되고, 이것은 아데닌과 쌍을 이룰 것이다. 두 번의 반보존적인 복제 후에, DNA 주형가닥은 이 위치에서 3′-TTT-5′서열을 포함할 것이고, 이 서열의 전사는 5′-AAA-3′ mRNA 코돈을 생성할 것이다. AAA는 라이신 코돈이기 때문에 mRNA의 해독은 그 결과에 의해 발생하는 폴리펩티드에서 라이신이 삽입되게 할 것이다. 그래서 히드록실아민 효과의 한 예는 아르기닌 잔기 자리의 라이신 교체가 될 것이다. 이 과정은 다음 그림으로 나타내었다.

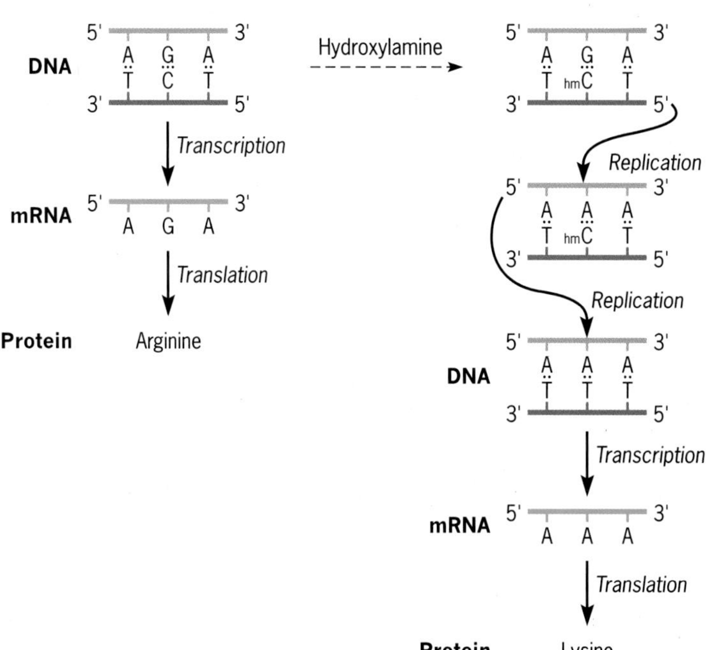

히드록실아민-유도 아미노산 치환의 비타겟 코돈에 의해 지정되는 아미노산들은 오직 페닐알라닌(UUU, UUC), 이소루이신(AUU, AUC, AUA), 티로신(UAU, UAC), 아스파라긴(AAU, AAC), 라이신(AAA, AAG)이다. 다른 아미노산들은 모두 히드록실아민 돌연변이 유발의 잠재적 타겟이 되는 C′s를 가지고 있는 한 개 이상의 G:C′s를 포함하는 DNA 염기쌍 삼중염기에 의해 특정화된다.

더 많은 논의를 원하면 Student Companion 사이트를 방문하라.

과학자들은 유전암호의 **규칙(order)**이 돌연변이적인 치사를 최소화하는 방편으로써 진화되었다고 생각한다. 코돈의 세 번째 위치의 많은 염기 치환은 아미노산의 변화를 가져오지 않는다. 더군다나 비슷한 화학적 성질을 가진 아미노산(예로 류신, 이소류신, 발린)은 서로 하나의 염기만 다른 코돈을 갖는다. 즉 많은 경우 하나의 염기쌍 치환은 화학적 성질이 매우 비슷한 다른 아미노산(예, 발린이 이소류신)으로 바뀐다. 대부분의 경우 이런 형태의 보존적 염기치환은 돌연변이의 영향을 최소화한 활성적 유전자 산물을 만든다. 유전암호에 대한 여러분의 이해를 시험하기 위해 "문제 풀이 기술: 돌연변이원에 의해 유발되는 아미노산 치환의 예측"에 도전해 보라.

거의 보편적인 암호

돌연변이로 인한 아미노산의 치환이나 관련 핵산과 폴리펩티드의 서열화 등, 시험관 내 연구를 통해 이용할 수 있는 많은 정보가 있으므로 다른 종들에서 64코돈의 의미를 비교할 수 있다. 유전암호는 거의 **보편적(universal)**이다. 즉 유전암호는 몇몇 예외가 있지만 모든 종에서 똑같은 의미를 가진다.

유전암호 보편성의 가장 중요한 예외는 포유동물, 효모와 몇몇 다른 종들의 미토콘드리아에서 볼 수 있다. 미토콘드리아는 자신의 염색체와 단백질 합성기구를 가지고 있다(15장). 비록 미토콘드리아와 세포질계가 비슷하지만 몇 가지 다른 점이 있다. 인간을 포함한 다른 포유류의 미토콘드리아에서 (1) UGA는 사슬종결이 아니라 트립토판을 지정한다. (2) AUA는 이소류신 코돈이 아니라 메티오닌 코돈이다. (3) AGA와 AGG는 아르기닌 코돈이 아니라 사슬종결 코돈이다. 다른 60개의 코돈은 포유동물의 미토콘드리아와 핵의 mRNA에서 똑같은 의미를 가진다(표 12.1). 다른 몇몇 종들의 미토콘드리아에서, 그리고 일부 원생동물의 핵 전사체에서도 코돈의 의미가 다른 드문 경우가 있기는 하다.

요점

- *단백질들을 구성하는 각각의 20개의 아미노산은 mRNA 상에서 하나 또는 그 이상의 뉴클레오티드 트리플렛(triplets)에 의해서 지정된다.*
- *mRNA 상의 4개의 염기들이 만들 수 있는 64개의 가능한 트리플렛(triplets) 중에서 61개는 아미노산을 지정하고, 3개는 종결신호를 의미한다.*
- *암호는 각 뉴클레오티드들이 단 하나의 코돈에 속하는 방식으로 겹쳐지지 않으며, 대부분의 아미노산들이 2~4개의 코돈들에 의해 지정되는 퇴화현상을 나타내고, 연관된 코돈들은 비슷한 아미노산을 지정하는 식으로 규칙적이다.*
- *유전암호는 거의 보편적이다; 약간의 예외가 있지만, 64개의 트리플렛(triplets)은 모든 생물체에서 같은 의미를 가진다.*

암호-tRNA 상호작용

mRNA 분자들 속에 있는 코돈들은 번역과정 동안에 아미노아실-tRNA(aminoacyl-tRNA)에 의해 인식된다.

mRNA의 뉴클레오티드 서열이 폴리펩티드 산물이 정확한 아미노산 서열로 해독되기 위해서는 아미노아실 tRNA에 의한 코돈의 정확한 인식이 필요하다. 유전암호의 퇴화성(degeneracy) 때문에 주어진 아미노산을 지정하는 다른 코돈을 인식하는 몇 개의 tRNA가 존재하거나, 주어진 tRNA의 안티코돈이 몇 개의 다른 코돈과 염기쌍을 형성할 수 있어야 한다. 실제로 이 두 가지 현상이 모두 발생한다. 어떤 아미노산의 경우에는 몇 개의 tRNA가 존재하고 어떤 tRNA는 하나 이상의 코돈을 인식한다.

tRNA에 의한 코돈 인식: 유동가설

tRNA의 안티코돈과 mRNA의 코돈 사이의 수소결합에서 처음의 두 염기 간에는 강한 염기쌍 형성이 일어난다. 코돈의 세 번째 염기의 염기쌍 형성은 약하게 이루어지는데 이를 Crick은 *유동(wobble)*이라 했다. 분자간 거리와 입체적(3차원 구조)관점을 기초로 하여 Crick은 코돈과 안티코돈 상호작용의 세 번째 코돈 염기에서의 염기쌍 형성에 따른 몇 가지 유형의 유동 가설을 제안했다. 그의 제안은 실험 결과로 강력하게 뒷받침되었다. 표 12.2에 Crick의 유동 가설에서 예견된 염기쌍이 나타나있다.

유동가설(wobble hypothesis)에 의하면 완전퇴화를 보이는 코돈을 가진 아미노산은 적어도 2개의 tRNA가 있어야 하는데 이는 사실로 밝혀졌다. 또한 유동 가설은 6개의 세린 코돈에 세 개의 tRNA가 존재함을 예견했다. 세 개의 세린 tRNA가 밝혀졌다: (1) 코돈 UCU, UCC에 결합하는 $tRNA^{Ser1}$(안티코돈 AGG), (2) 코돈 UCA, UCG에 결합하는 $tRNA^{Ser2}$(안티코돈 AGU), (3) 코돈 AGU, AGC에 결합하는 $tRNA^{Ser3}$(안티코돈 UCG)이다. 이들의 특이성은 정제된 아미노아실-tRNA가 세뉴클레오티드로 활성화된 리보솜에 결합하는지를 살피는 시험관 내 실험으로 증명되었다.

마지막으로, 몇몇 tRNA들은 염기로 이노신(inosine)을 포함하는데, 이것은 퓨린인 하이포크산틴(hypoxanthine)으로부터 만들어진다. 이노신은 아데노신(adenosine)이 전사 후 변형을 거쳐 생성된 것이다. Crick의 유동가설에 의하면 이노신이 안티코돈(유동 위치)의 5′ 위치에 위치하면 코돈의 아데닌, 우라실, 시토신과 염기쌍을 형성한다는 것이다. 사실 안티코돈의 5′위치에(그림 12.12 참조) 이노신(I)을 포함한 정제된 알라닐-tRNA는 GCU, GCC, GCA에 의해 활성화된 리보솜과 결합한다(■ **그림** 12.23). 안티코돈의 5′위치에 이노신을 가진 다른 종류의 정제된 tRNA를 통해서도 같은 결과를 얻었다. 그래서 Crick의 유동가설은 퇴화되었으나 규칙적인 유전암호와 tRNA들 사이의 상관관계를 잘 설명한다.

표 12.2

유동가설에 따른 tRNA 안티코돈의 5′ 염기와 mRNA 코돈의 3′ 염기 사이의 염기쌍 형성

Base in Anticodon	Base in Codon
G	U or C
C	G
A	U
U	A or G
I	A, U, or C

코돈 인식이 바뀐 tRNA를 만드는 억제 돌연변이들

미토콘드리아를 제외한다고 해도 유전암호는 절대적으로 보편적이지는 않다. 코돈 인식과 번역에 있어서의 작은 변이들이 잘 보고되어 있다. 예를 들어 대장균과 효모에서 tRNA 유전자의 어떤 돌연변이는 안티코돈을 변화시키고 그래서 코돈들이 돌연변이 tRNA에 의해 인식된다. 이 돌연변이는 처음에 *억제 돌연변이(suppressor mutation)*로서 검출되었는데 이는 다른 돌연변이 효과를 억제하는 뉴클레오티드 치환이다. 억제 돌연변이는 tRNA 유전자에서 일어난다는 것이 밝혀졌다. 이들 억제 돌연변이의 대부분은 변형된 tRNA의 안티코돈을 바꾼다.

tRNA 특이성을 변화시키는 억제 돌연변이의 대표적인 예는 폴리펩티드 산물을 지정하는 유전자의 암호화서열 내에 UAG 사슬종결 트리플렛을 생성하는 돌연변이를 억제하는 것이다. 이를 *앰버(amber)* 돌연변이라 하며, 이는 절단된 폴리펩티드를 합성한다. 유전자 내에 사슬 종결 트리플렛을 생성하는 돌연변이를 **넌센스 돌연변이(nonsense mutation)**라 하며, 이에 반해 **미스센스 돌연변이(missense mutation)**는 다른 아미노산을 지정하는 코돈으로 바뀌는 것을 말한다. 미스센스 돌연변이를 가진 유전자는 완전한 폴리펩티드를 암호화하지만 폴리펩티드 유전자 산물 내에 아미노산 치환이 일어난다. 넌센스 돌연변이는 절단된 폴리펩티드를 만드는데, 사슬의 길이는 유전자 내의 돌연변이 위치에 따라 달라진다. 넌센스 돌연변이는 종종 단일 염기쌍 치환에 의해 야기되는데 이는 ■ **그림 12.24*a***에 설명되어 있다. 넌센스 돌연변이를 가진 유전자에서 생성된 폴리펩티드 단편은 거의 모두 다 비활성이다(■ **그림 12.24*b***).

넌센스 돌연변이의 억제는 넌센스 코돈(UAG, UAA, UGA)을 인식하는 돌연변이 tRNA를 만드는 tRNA 유전자의 돌연변이에서 나타난다. 이들 돌연변이 tRNA를 **억제 tRNA**라 한다. 대장균의 *앰버 su3* 돌연변이에 의해 생성된 앰버(UAG) 억제 tRNA의 염기서열을 살펴보면 안티코돈이 변형되었음을 알 수 있다. 이 독특한 *앰버* 억제 돌연변이는 $tRNA^{Tyr2}$ 유전자(대장균의 두 개의

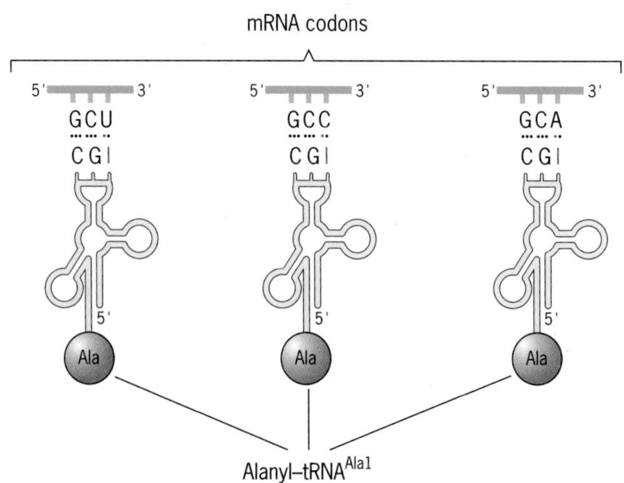

■ 그림 12.23 Crick의 유동 가설에 기초한 알라닐-$tRNA^{Ala1}$의 안티코돈과 GCU, GCC, 그리고 GCA인 mRNA 코돈 사이의 염기쌍 형성. 세뉴클레오티드 활성화 리보솜 결합 분석은 실제로 알라닐-$tRNA^{Ala1}$가 이 세 코돈들과 모두 염기쌍을 형성할 수 있음을 보여주었다.

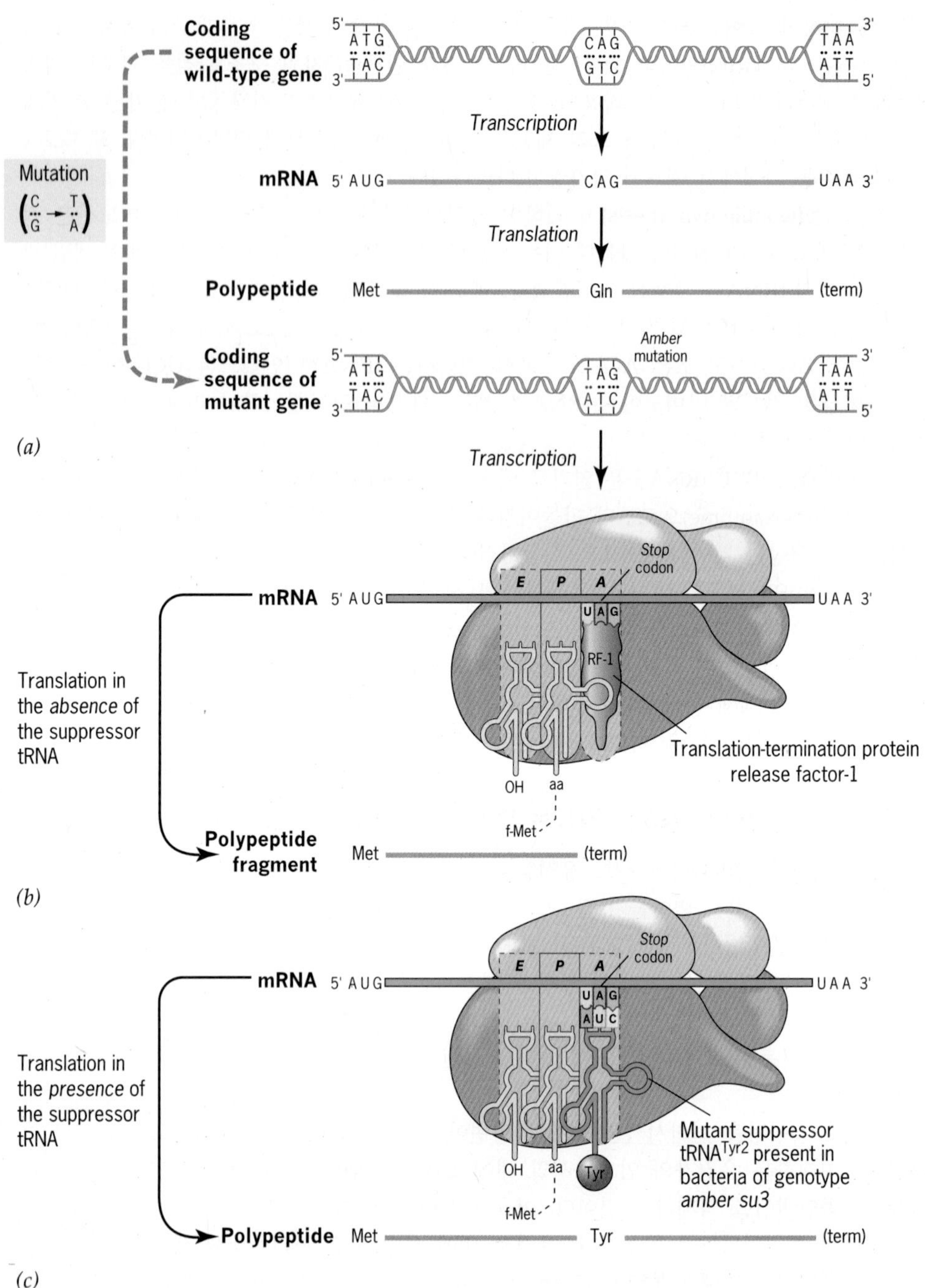

■ 그림 12.24 (a) *Amber*(UAG) 사슬종결돌연변이의 생성, (b) 억제 tRNA가 없을 때와(c) 억제 tRNA가 존재할 때 폴리펩티드 유전자 산물에서의 효과. *Amber* 돌연변이에서는 CAG글루타민(Gln) 코돈이 UAG 사슬종결 코돈으로 바뀐다. 억제 tRNA가 삽입한 티로신을 함유한 폴리펩티드는 기능을 할 수도 있고 못할 수도 있다. 그러나 돌연변이체 표현형의 억제는 폴리펩티드가 기능적일 때만 일어난다.

티로신 tRNA 유전자 중의 하나)에서 일어난다. 야생형(비억제자) $tRNA^{Tyr2}$의 안티코돈은 5′-G′UA-3′(G′는 구아닌 유도체)이다. 돌연변이체(억제자) $tRNA^{Tyr2}$의 안티코돈은 5′CUA-3′이다. 단일염기치환으로 인해서 억제자 $tRNA^{Tyr2}$의 안티코돈은 5′-UAG-3′ *앰버*코돈과 염기쌍을 이룰 수 있다(염기쌍은 항상 반대 극성의 가닥과 관련되어 있음을 상기하자). 즉

mRNA : 5′-UAG-3′(codon)
tRNA : 3′-AUC-5′(anticodon)

그래서 억제 tRNA는 넌센스 코돈을 가진 mRNA로부터 완전한 폴리펩티드를 합성하게 해준다(■ **그림 12.24c**). 이런 폴리펩티드는 억제 tRNA에 의해 삽입된 아미노산이 단백질의 화학적 성질을 심하게 바꾸지 않는다면 기능을 할 것이다. 추가적으로, "On the Cutting Edge: Selenocysteine, 21번째 아미노산"을 보라.

요점

- *유동 가설(Wobble Theory)은 어떻게 하나의 tRNA가 두 개나 그 이상의 코돈에 대응할 수 있는지를 설명한다.*
- *일부 억제 돌연변이들은 tRNA의 안티코돈을 변화시켜 mRNA에 존재하는 사슬종결 코돈을 인식하고 아미노산을 삽입하도록 한다.*

ON THE CUTTING EDGE

SELENOCYSTEINE, 21번째 아미노산

대부분의 단백질에서 발견되는 20가지 아미노산의 구조는 그림 12.1에서 보여주고 있으며, 이 아미노산들의 각각을 지정하는 코돈 및 폴리펩티드 사슬의 시작과 암호들은 표 12.1에 제시되어 있다. 그렇지만, 몇몇 단백질에는 또 다른 아미노산 — **셀레노시스테인(selenocysteine)** — 이 있는데 번역 중에 유전암호에 의해 지정된다. 셀레노시스테인은 시스테인의 유황(sulfur) 그룹 자리에 필수적인 미량 원소 셀레늄(selenium, 원자번호 34)을 포함하고 있다(■ **그림 1***a*). 단백질에 존재하면 — **셀레노단백질(selenoproteins)**이라 부르는 — 반응성 셀레늄은 보통 활성화 부위에 자리하여 산화/환원 반응에 관여한다(수소 제거/첨가). 셀레노단백질은 모든 살아있는 생명체 — 원핵생물, 진핵생물, 그리고 고세균 — 에서 중요한 물질 대사의 임무를 수행한다. 셀레노시스테인은 번역과정에서 사슬 종결신호로 작용하는 코돈 UGA에 반응하여 폴리펩티드 속으로 삽입된다. 셀레노단백질을 암호화하는 mRNA는 특징적인 셀레노시스테인 삽입 서열[selenocysteine insertion sequences(SECIS elements)]을 포함하고 있어 UGA 코돈에 반응하여 폴리펩티드 속으로 셀레노시스테인의 삽입을 유도하는 특이적 번역 인자들과 상호 작용한다(■ **그림 1***b*). SECIS 요소의 구조와 위치는 원핵생물, 고세균, 그리고 진핵생물 사이에서도 다르다. 그렇지만, 모든 경우에, SECIS 요소들은 tRNA의 사슬내 수소결합에 의해 형성되는 헤어핀 구조와 유사한 헤어핀 유사 구조를 형성한다. 진핵생물에서, 이 요소들은 mRNA의 3'-비번역 부위에 위치하고 있다.

셀레노시스테인은 5'-UCA-3' 안티코돈과 독특한 머리핀 영역을 가지는 tRNA를 갖는다. 이 tRNA는 세린(serine)의 첨가로 활성화되면, 셀레노시스테인으로 전환된다. 셀레노단백질을 암호화하는 mRNA의 번역 동안, selenocysteyl-tRNA는 셀레노시스테인-특이성 번역 인자의 도움으로 UGA 코돈에 반응한다(그림 1*b*). 이 셀레노시스테인-특이성 번역 인자는 리보솜의 A 자리에 셀레노시스테인-tRNA가 들어가는 동안 신장 인자 Tu를 대체한다. 셀레늄이 없으면, 셀레노단백질을 암호화하는 mRNA의 번역은 UGA 셀레노시스테인 코돈에서 끝나는 번역으로 끝이 잘린꼴의 폴리펩티드의 합성으로 귀결된다. 그래서 SECIS 요소가 결여된 mRNA의 UGA 코돈은 폴리펩티드 사슬 종결을 지정하는 반면에, 아래쪽에 SECIS 헤어핀 구조를 가진 mRNA의 UGA 코돈은 셀레노시스테인을 지정하게 된다.

번역동안 코돈에 의해 지정되는 다른 변형 아미노산이 있는가? 지금까지, 하나의 다른 보고된 예가 있는데, 측쇄 끝에 피롤린(pyrroline) 고리를 가진 라이신(lysine)인 피로라이신(pyrrolysine)이 있다. 피로라이신은 약간의 고세균과 한 종의 세균에서 발견된 폴리펩티드에 들어 있지만 진핵생물에는 없으며, 일반적으로 사슬 종결 신호로 사용되는 UAG 코돈에 반응한다. UAG 코돈이 사슬 종결보다 피로라이신 삽입을 지정하는 메커니즘은 아직도 연구 중에 있다.

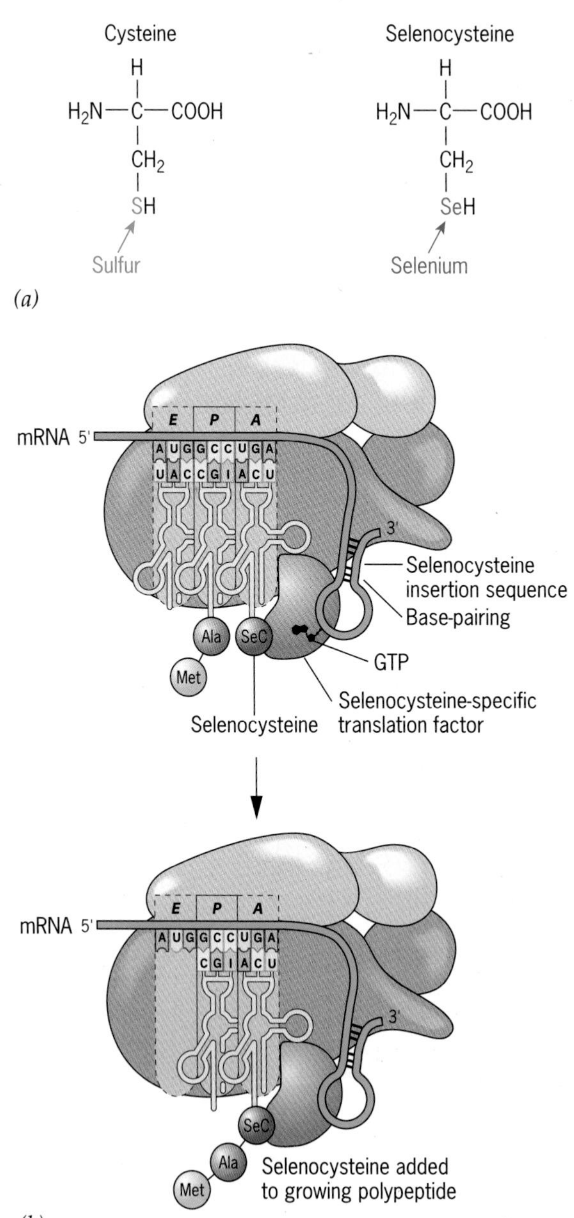

■ **그림 1** (*a*) 시스테인과 셀레노시스테인의 구조 비교. (*b*) 번역되는 mRNA에 셀레노시스테인 삽입서열이 존재할 때, 신장 중인 폴리펩디드에 UGA 코돈에 반응한 셀레노시스테인이 삽입된다.

기초 연습문제

기본적인 유전분석 풀이

1. 인간 β-글로빈의 폴리펩티드는 146개의 아미노산으로 되어있다. 인간 β-글로빈의 mRNA를 암호화하는 부분의 길이는 얼마인가?

답: 각 아미노산은 3개의 뉴클레오티드를 가진 코돈으로 이루어져 있다. 그러므로 인간 β-글로빈의 146개의 아미노산은 438 (146 × 3)개의 뉴클레오티드로 구성된 암호서열로부터 합성될 것이다. 그러나 종결코돈이 코돈 끝 부분에 있기 때문에 길이가 438 + 3 = 441개의 뉴클레오티드로 되어 있어야 한다. 인간 β-글로빈이나 다른 많은 단백질의 경우 아미노기 말단의 메티오닌(개시코돈 AUG)은 합성과정동안 β-글로빈으로부터 제거된다. 개시코돈의 첨가는 β-글로빈의 암호화 서열을 444개(441 + 3)로 증가시키는 것이다.

2. 만약 5′-AUGUUUCCCAAAGGG-3′의 서열을 가진 mRNA의 암호화 부분이 번역된다면, 어떤 아미노산 서열을 만들겠는가?

답: (아미노기)-메티오닌-페닐알라닌-프롤린-리신-글리신-(카복실기). 아미노산 서열은 **표 12.1**에서 보여주듯이 유전자 코드를 사용하여 유추할 수 있다. AUG는 메티오닌 개시코돈이고 뒤를 이어 페닐알라닌 코돈 UUU, 프롤린코돈 CCC, 리신 코돈 AAA, 글리신 코돈 GGG이다.

3. 유전자의 주형가닥이 3′-TACAAAGGGTTTCCC-5′서열을 가진다면, 전사되고 번역된 아미노산 서열은 어떻게 되나?

답: 이 유전자의 전사에 의해 만들어진 mRNA 서열은 5′-AUGUUUCCCAAAGGG-3′이다. 이 mRNA는 기본문제 2에서 논의된 바와 같이 같은 염기서열을 보여준다. 그래서 번역되었을 때 같은 펩티드를 만들 것이다. NH_2-Met-Phe-Pro-Lys-Gly-COOH.

4. 초파리의 유전자에서 뉴클레오티드쌍의 어떤 서열이 아미노산 메티오닌-트립토판 (아미노기로부터 카복실기로 읽어가면) 서열을 암호화하는가?

답: 메티오닌과 트립토판의 코돈은 각각 AUG와 UGG이다. 그래서 두 개의 아미노산으로 된 메티오닌-트립토판의 mRNA 상의 뉴클레오티드 서열은 5′-AUGUGG-3′이다. 주형 DNA가닥은 mRNA서열(3′-TACACC-5′)에 상보적이고 반대 방향이고, 다른 DNA가닥은 주형가닥에 상보적이어야 한다. 따라서 이 유전자의 염기쌍의 서열은 다음과 같다.

5′-ATGTGG-3′
3′-TACACC-5′

5. 야생형 유전자가 다음과 같은 세 뉴클레오티드쌍 서열을 포함한다:

5′-GAG-3′
3′-CTC-5′

이 트리플렛은 아미노산 글루탐산을 암호화한다. 만약 이 유전자의 두 번째 염기쌍이 A:T에서 T:A로 바뀌었다면 DNA서열은 다음과 같이 된다.

5′-GTG-3′
3′-CAC-5′

그렇다면 이 서열은 여전히 글루탐산을 암호화 할 수 있을까?

답: 아니다. 이것은 아미노산 발린을 암호화한다. 글루탐산의 코돈은 5′-GAG-3′로 이는 DNA의 밑의 가닥이 주형가닥이라는 것을 우리에게 말해주는 것이다. 이 야생 유전자의 전사는 글루탐산 코돈인 mRNA의 서열 5′-GAG-3′를 만들어낸다. 변형된 유전자의 전사는 발린의 코돈인 mRNA의 서열 5′-GUG-3′를 만든다. 사실 이것은 Herrick의 겸상적혈구빈혈증 환자에게서 나타나는 변형된 헤모글로빈의 뉴클레오티드쌍의 변이이다. 이는 다음 장에서 논의 될 것이다. 그림 1.9를 참조하라.

지식검사

서로 다른 개념과 기술의 통합

1. 20개의 보통의 아미노산의 평균질량은 137 달톤(dalton)이다. 질량이 65,760 달톤인 폴리펩티드를 암호화하는 mRNA의 대략적인 길이를 계산하라. 이 폴리펩티드는 동일한 양의 20개 아미노산 모두를 가진다고 추정하자.

답: 이 가정에 기초하여 폴리펩티드는 약 480개의 아미노산을 가진다(65,760 daltons/137 daltons per amino acid). 각 코돈은 3개의 뉴클레오티드를 가지므로 mRNA의 해독 부위는 1,440 뉴클레오티드 길이(480 아미노산 × 아미노산당 3 뉴클레오티드)를 가진다.

2. 항생제인 스트렙토마이신은 mRNA 코돈을 잘못 읽게 하고 $tRNA_f^{Met}$와 리보솜 *P* 부위의 결합을 방해함으로써 민감성 대장균을 죽인다. 민감성 박테리아에서 스트렙토마이신은 리보솜의 30S 소단위체에서 단백질 S12에 의해 결합되어 있다. 스트렙토마이신에 대한 저항성은 단백질 S12를 암호화하는 유전자에 돌연

변이를 일으켜 변형된 단백질이 항생제에 더 이상 결합하지 못하게 됨으로써 생긴다. 1964년에 Luigi Gorini와 Eva Kataja는 아르기닌이나 스트렙토마이신을 보충해 준 최소배지에서 생장하는 대장균의 돌연변이체를 분리해 냈다. 스트렙토마이신이 없을 때 그 돌연변이체는 전형적인 아르기닌 요구성 박테리아처럼 행동했다. 그러나 아르기닌이 없을 때 그 돌연변이체는 스트렙토바이신 의존성 조건치사 돌연변이체였다. 즉 그들은 스트렙토마이신이 있을 때는 생장하지만 없을 때는 생장하지 못했다. Gorini와 Kataja의 실험결과를 설명하라.

답: Gorini와 Kataja에 의해 분리된 스트렙토마이신 의존성 조건치사 돌연변이체는 아르기닌 생합성 효소를 암호화하는 유전자에 미스센스 돌연변이를 함유한다. 배지에 아르기닌이 있다면 이 효소들은 필요 없다. 그러나 아르기닌(단백질 합성에 필요한 20개 아미노산 중의 하나)이 없는 배지에서 생장하기 위해서는 이 효소가 필수적이다.

스트렙토마이신은 박테리아의 mRNA 코돈을 잘못 읽게 한다. 이 오독으로 인해서 코돈은 항생제가 있을 때 잘못된 아미노산의 삽입으로 번역되고 미스센스 돌연변이를 유발한다. 돌연변이체 박테리아에 스트렙토마이신이 존재할 때, 아미노산이 삽입되어(돌연변이 자리에) 활성효소로 되고 이로 인해 세포는 느리지만 생장할 수 있다. 스트렙토마이신이 없을 때는 잘못 읽히지 않으므로 모든 돌연변이체 폴리펩티드는 불활성이다.

연습문제

이해력 증진과 분석력 개발

12.1 일반적인 방법으로 단백질의 분자적 조직화를 설명하고 DNA와 단백질을 화학적 기능적으로 구별하라. 왜 단백질 합성이 유전학에서 중요한가?

12.2 세포에서 단백질이 합성되는 곳은?

12.3 유전자의 잠재적인 대립유전자 수는 유전자에 있는 뉴클레오티드쌍의 수와 직접적으로 연관되어 있는가? 이러한 연관관계가 진핵생물과 원핵생물 중 어디에서 더 잘 드러날 것 같은가? 그 이유는?

12.4 유전자 개념을 왜 Beadle과 Tatum의 1유전자-1효소 가설에서 1유전자-1폴리펩티드 설로 수정해야만 했는가?

12.5 (a) 왜 유전암호는 단일이나 이중암호가 아닌 삼중암호(triple code)인가?

(b) 유전암호에 의해 얼마나 많은 아미노산이 지정되는가?

(c) 306 아미노산 길이의 폴리펩티드에서 가능한 아미노산 서열은?

12.6 유전암호를 해독하는 데 사용된 실험적 증거에는 어떤 것이 있는가?

12.7 유전암호의 (a) 퇴화(degenerate), (b) 규칙화(ordered), (c) 보편성(universal)은 어떤 의미인가?

12.8 티민 유사체인 5-브로모우라실은 전이(transition, 퓨린 → 퓨린, 피리미딘 → 피리미딘으로의 치환)라 부르는 DNA의 단일 염기쌍 치환을 유도하는 화학 돌연변이원이다. 유전암호(표 12.1)의 알려진 성질을 이용하여 다음 중 5-브로모우라실에 의해 높은 빈도로 유도되는 아미노산 치환을 골라라. 그 이유는?

(a) Met → Val;
(b) Met → Leu;
(c) Lys → Thr;
(d) Lys → Gln;
(e) Pro → Arg;
(f) Pro → Gln

12.9 연습문제 12.8을 이용하여 왜 5-브로모우라실이 높은 빈도의 His → Arg 또는 His → Pro 치환을 유도하는지 설명해보라.

12.10 아미노산 류신을 지정하는 6개 코돈을 인식하는 데 필요한 tRNA의 최소한의 수는 얼마인가?

12.11 리보솜의 크기, 위치, 기능, 고분자 조성을 기술해보라.

12.12 (a) 고등생물에서 리보솜이 생기는 곳은? (b) 세포 내에서 단백질의 합성이 왕성히 일어나는 리보솜의 위치는?

12.13 번역에 관여하는 3가지 종류의 RNA와 이들의 특징 및 기능을 기술해보라.

12.14 (a) mRNA와 폴리솜 형성과는 어떤 관계가 있는가? (b) 특이성에 있어서 rRNA가 mRNA, tRNA와 다른 점은? (c) tRNA 분자는 크기와 나선구조에 있어서 DNA, mRNA와 어떻게 다른가?

12.15 아미노아실 tRNA의 형성과정은?

12.16 번역의 시작(a)과 종결(b)은?

12.17 유동가설(wobble hypothesis)의 중요성은 무엇인가?

12.18 아미노산의 평균 분자량이 100 달톤이라면 350,000 달톤의 폴리펩티드를 지정하는 mRNA는 몇 개의 뉴클레오티드로 이루

어져 있나?

12.19 A, G, U, C, I(이노신) 염기는 모두 tRNA 안티코돈의 5′위치에서 나타난다.

(a) 이중 mRNA 코돈의 3′위치의 세 개의 다른 염기와 쌍을 형성할 수 있는 것은?

(b) 완전히 퇴화된 코돈에 의해 지정되는 아미노산의 모든 코돈을 인식하는 데 필요한 최소한의 tRNA의 수는?

12.20 2025년이라고 가정하라. 인간이 첫 화성탐사에서 화성 표면 아래에 존재하는 열수 표출구에서 번성하는 화성의 몇몇 생물체를 발견했다. 몇 분의 분자생물학자들은 그 생물체로부터 단백질과 핵산을 추출하여 중요한 발견을 하였다. 그들의 첫 발견은 지구에 존재하는 20개 아미노산 대신에 화성의 생물체에서 존재하는 아미노산은 단지 14개의 서로 다른 아미노산을 가지고 있었다. 그들의 두 번째 발견은 이러한 생물체에서 발견되는 DNA와 RNA는 지구의 살아있는 생물에 존재하는 4개 뉴클레오티드 대신에 단지 2개의 서로 다른 뉴클레오티드를 가지고 있었다. (a) 화성생물과 지구 생물이 전사와 번역이 유사하게 일어난다고 가정하라. 화성 생물체에서 모든 아미노산을 지정하기 위해 화성 생물체 코돈에 존재해야하는 뉴클레오티드의 최소한의 수는 얼마인가? (b) 위에 제시된 화성 생물체의 유전암호가 지구에서 사용되는 유전암호처럼 퇴화될 수 있을 것이라 예측하는가?

12.21 원핵생물과 진핵생물의 번역의 기본적인 차이점은?

12.22 다음의 단백질 합성기구 구성원들의 기능은 무엇인가?

(a) 아미노아실-tRNA 합성효소,

(b) 유리인자 1,

(c) 펩티딜 전이효소,

(d) 개시인자,

(e) 신장인자 G

12.23 102 nm 길이의 한 대장균 유전자가 분리되었다. 이 유전자가 지정할 수 있는 최대한의 아미노산 수는?

12.24 (a) 넌센스 돌연변이와 미스센스 돌연변이의 차이점은?

(b) 생물에서 넌센스나 미스센스 돌연변이는 자주 발생하는가?

(c) 그 이유는?

12.25 인간의 α글로빈 사슬은 150 아미노산 길이이다. 인간의 α글로빈을 지정하는 데 필요한 mRNA의 뉴클레오티드 수는?

12.26 리보솜의 *A*와 *P*, *E* 아미노아실-tRNA 결합부위의 기능은?

12.27 (a) 어떠한 방법의 유전암호지정으로 돌연변이적 치사를 최소화시키는가?

(b) 폴리펩티드 유전자 산물에서 발린대신 류신이 삽입되도록 하는 염기쌍 변화는 왜 돌연변이 표현형이 잘 드러나지 않도록 하는가?

12.28 (a) 원핵생물 mRNA의 샤인 달가노 서열의 기능은?

(b) mRNA에서 샤인 달가노 서열을 제거하면 번역에 어떤 영향을 미치는가?

12.29 (a) 리보솜과 스플라이소좀의 유사점은? (b) 차이점은?

12.30 인간 mRNA의 5′말단이 다음과 같다.

5′cap-CAAUAGCAGAUUCAAUGGAGCCCGAUG-CAAGGAUGCCGACCUAUCUUGACCAGUUUAAGCUU...3′

이 mRNA가 번역된다면 이 mRNA에 의해 지정될 아미노산 서열은?

12.31 원핵생물 mRNA의 부분적인(5′subterminal) 뉴클레오티드 서열이 다음과 같다.

5′-.....AGGAGGCUCGAACAUGUCAAUAUGC-UUGUUCCAAUCGUUAGCUGCGCAGGACCGU-CCCGGA......3′

이 mRNA가 해독된다면 이 부분적인 mRNA에 의해 지정될 아미노산서열은 무엇인가?

12.32 다음은 세균의 DNA 염기서열이다(프로모터 서열은 왼쪽에 위치하지만 나타내지 않았다).

↓

5′-CAATGAAGCGCAAATTTAGCATGTACATTAG CATATGATAC-3′

5′-CAAUGAAGCGCAAAUUUAGCAUGUACAU-UAGCAUAGGCUAC-3′

(a) 이 DNA 조각의 주형으로부터 전사되는 mRNA 분자의 리보뉴클레오티드 서열은 무엇인가?

(b) 이 mRNA에 의해 암호화되는 폴리펩티드 아미노산 서열은 무엇인가?

(c) 만약 27번째 뉴클레오티드 A가 T로 변하는 돌연변이가 일어나면, 전사와 번역의 결과로 만들어진 아미노산 서열은 무엇인가?

12.33 Alan Garen은 대장균의 alkaline phosphatase 유전자의 독특한 넌센스(사슬종결) 돌연변이를 연구했다. 이 돌연변이는 야생형 폴리펩티드의 트립토판 위치에 alkaline phosphatase 폴리펩티드의 사슬종결로 발생한 것이다. Garen은 돌연변이 유발원을 처리하여 염기가 치환된 역돌연변이체를 얻었으며 이들의 아미노산 서열을 결정하였다. 7종류의 서로 다른 역돌연변이체들은 야생형의 트립토판 위치(돌연변이의 종결위치)에 다른 아미노산이 치환된 것들이다. 이들 치환된 아미노산은 트립토판, 세린, 티로신, 류신, 글루탐산, 글루타민, 리신이다. Garen에 의해 연구된 넌센스 돌연변이는 앰버(UAG), 오커(UAA), 오팔(UGA) 중 어느 넌센스 돌연변이인가? 그 이유는?

12.34 다음 DNA 염기서열은 세균 구조유전자의 주형을 나타낸 것이다(프로모터 서열은 왼쪽에 위치하지만 나타내지 않았다).

↓

5′-GATCATGAATAGCACGGGTATGATCATCCGACGCTAAAT-3′
3′-CTAGTACTTATCGTGCCCATACTAGTAGGCTGCGATTTA-5′

(a) 이 DNA 조각으로부터 전사되는 mRNA 분자의 리보뉴클레오티드서열은 무엇인가? 번역 개시와 종결 코돈이 존재한다고 가정하라.

(b) 이 mRNA로부터 암호화되는 폴리펩티드의 아미노산 서열은 무엇인가?

(c) 만약 15번째 뉴클레오티드 C:G 염기쌍이 결실되어지는 돌염변이가 일어난다면, 돌연변이 유전자에 의해 암호화되는 폴리펩티드는 무엇인가?

13 돌연변이, DNA 수리, 그리고 재조합

장의 개요

- 돌연변이: 진화에 필요한 유전적 다양성의 근원
- 돌연변이의 분자적 기초
- 돌연변이: 그 과정의 기본적 특징
- 돌연변이: 표현형적 효과
- 상보성 검정에 의한 돌연변이들의 위치 지정
- 화학물질의 돌연변이 유발력 검사: 에임즈 검사
- DNA 손상수리 기구
- DNA 수리 결함과 관련된 사람의 유전병
- DNA 재조합 기구

색소성 건피증: 사람의 손상유전자의 수리결함

한 여름날 태양은 분부시게 빛났다. 대부분의 어린이들이 해변에서 보내기에 완벽한 날씨. 나단(Nathan)의 모든 친구들은 짧은 옷이나 수영복을 입었다. 그러나 나단은 친구들과 함께 놀기 위해 긴 바지와 긴 팔 셔츠를 입었다. 그리고 넓은 차양의 모자를 쓰고 손과 얼굴에 두껍게 햇빛 차단제를 발랐다. 반면에 그의 친구들은 햇빛을 즐겼고 검게 그을렸다. 나단은 햇빛이 직접 닿는 것을 피하며 살았다. 나단은 상염색체성 열성 형질이며 250,000명의 어린이 중 한 명이 앓고 있는 색소성 건피증(xeroderma pigmentosum)이란 유전질병을 갖고 태어났다. 나단의 피부세포는 자외선(태양광선 중에 높은 에너지를 가짐) 조사에 극히 민감하다. 자외선은 나단의 피부세포 DNA에 화학적 변화를 일으키는데, 이 변화는 짙은 반점뿐 만 아니라 피부암을 일으킨다.

나단의 친구들은 햇빛에서 노는 것을 두려워하지 않는다. 다만 유일한 걱정은 햇빛에 화상을 입는 것이다. 그들의 피부세포는 자외선에 노출되어 일어나는 DNA의 변화를 교정해 주는 효소를 가지고 있다. 그러나 나단의 피부세포는 자외선으로 생긴 DNA의 구조 변화를 수리해 주는데 필요한 효소 중의 하나가 결핍되어 있다. 색소성 건피증은 여기에 관계되는 9가지 인간 유전자 중에 어느 하나라도 유전적 결함이 있으면 발생한다. 게다가, 여러 물리 화학적 요인들에 의해 손상된 DNA를 수리하지 못한다는 것 때문에 다른 유전병이 생긴다는 것도 알려져 있다. 이렇게 DNA 손상수리효소들의 유전적 결함이 있을 때 생명을 위협하는 유전질병이 발생하는 것으로 보아 이들 효소의 중요성을 다시금 깨닫게 한다.

생명체에서의 핵심적 역할을 고려하면, DNA를 완전하게 보호하는 기작의 진화는 당연한 것으로 보인다. 더욱이 이 장에서 논의는 바와 같이 살아있는 세포들은 손상되거나 염기가 잘못 짝 지워진 DNA를 지속적으로 탐색하는 수많은 효소들을 갖고 있다. 결함이 검색되면, 특정 유형의 손상에 대응하도록 진화된 DNA 수리 효소가 바로 잡는다. 이 장에서 우리는 DNA에서 일어나는 변화들과 이들 변화가 수정되는 과정들, 그리고 상동 DNA 분자들 사이의 재조합 과정에 관해 살펴보겠다.

어린이들이 야외에서 놀고 있다. 하얀 보호복을 입고 있는 어린이는 상 염색체성 열성 유전병인, 햇빛에 매우 민감한 색소성 건피증 환자이다. 이 어린이는 피부암에 걸리지 않기 위해서는 햇빛에 노출되는 것을 피해야 한다.

돌연변이: 진화에 필요한 유전적 다양성의 근원

돌연변이(유전물질의 유전적 변화)는 생물체가 진화하게끔 새로운 유전적 변화를 가져다준다.

우리는 앞장에서 유전현상은 생식과정 동안 부모에서 자녀로 전해지는 유전자에 근거한다는 것과 유전자는 RNA에서는 뉴클레오티드로, DNA에서는 뉴클레오티드 쌍의 배열로 암호화된 유전정보를 보존한다는 것을 알았다. 또한, 우리는 DNA의 반보존적 복제 동안 이 유전정보가 어떻게 정확히 복제되는가를 알았다. 이 정확한 복제는 부분적으로 DNA 합성을 촉매하는 DNA 중합효소가 관여하는 교정활성(proofreading activity)과 관련이 있는 것으로 보인다. 이런 기구는 한 세대에서 다음 세대로 유전정보를 정확하게 전달하게 한다. 그럼에도 불구하고, 실제로는 유전물질 내에 오류가 발생한다. 이러한 유전물질에서 생기는 유전적인 변화를 돌연변이라 한다.

이 **돌연변이(mutation)**란 용어는 (1) 유전물질 내에 생기는 변화, (2) 이러한 변화가 생기는 과정을 말한다. 돌연변이 결과로 나타나는 새로운 표현형으로 보이는 생물을 **돌연변이체(mutant)**라 부른다. 넓은 의미로는, 돌연변이란 한 생명체의 유전자형이 갑작스런 유전적인 변화를 일으킨 것을 말한다. 그러나, 이미 존재하던 유전적 다양성들이 새로 조합되도록 하는 재조합 때문에 한 생물체의 유전자형 변화가 생기고, 또 그에 따른 표현형 변화가 나타나는 것은, 새로운 돌연변이에 의한 변화와는 반드시 구분되어야 한다. 이 두 가지 변화는 모두 매우 낮은 빈도로 새로운 표현형을 만들어 낸다. 한 생물의 유전자형에서 돌연변이적 변화는 염색체 수와 구조의 변화(6장 참조) 뿐만 아니라 개별 유전자구조의 변화를 포함한다. 한 유전자 내의 특정한 위치에서 일어나는 돌연변이를 **점 돌연변이(point mutation)**라 한다. 점 돌연변이는 한 염기쌍이 다른 쌍으로 치환되거나 유전자 내 특정 위치에 한 개 또는 몇 개의 뉴클레오티드 쌍이 삽입 또는 삭제되는 것을 말한다. 오늘날, *돌연변이*란 용어는 유전자 내에서 일어나는 변화에만 국한하는 좁은 의미로 주로 쓰인다. 이 장에서, 우리는 좁은 의미로 제한된 돌연변이 과정을 알아보려 한다.

돌연변이는 모든 유전적 변이의 궁극적인 공급원이다. 이것은 진화를 위한 재료를 제공한다. 재조합기구는 유전적 다양성을 재구성하여 새로운 조합을 만들고, 자연적 또는 인위적인 선택으로 현재의 환경적 조건에 가장 잘 적응하는 조합 또는 동식물 사육자가 원하는 조합을 만들어 낸다. 돌연변이가 없다면, 모든 유전자는 단 한 가지 형태로 존재하여 대립유전자가 존재하지 않을 것이며 전통적인 유전분석도 할 수 없을 것이다. 가장 중요한 것은 생물이 환경변화에 맞춰 진화하지도 적응하지도 못했을 것이다. 일정한 정도의 돌연변이는 새로운 유전적 다양성을 제공하는 데 필수적이며 생물이 새로운 환경에 적응하도록 도와준다. 그러나 동시에 돌연변이가 너무 자주 발생한다면, 한 세대에서 다른 세대로 유전정보를 전달하는 데 혼란을 가져올 것이다. 우리가 기대하는 것처럼, 돌연변이율은 유전적 통제 아래에 있고 그 기구는 다양한 환경조건 아래에서 일어나는 돌연변이 정도를 조절하도록 진화되어왔다.

요점

- *돌연변이는 유전물질에서 일어나는 유전적인 변화를 말하며, 이 변화는 진화를 위한 재료를 제공한다.*

돌연변이의 분자적 기초

돌연변이는 유전자의 뉴클레오티드 서열을 여러 방법으로 바꾼다. 예를 들어 염기쌍을 다른 것으로 치환하거나 또는 한 개 이상의 염기쌍이 결실되거나 삽입된다.

왓슨과 크릭이 DNA 이중나선구조를 해명하고, 유전정보가 세대에서 세대로 정확히 전달되는 것을 설명하기 위해 특정 염기쌍에 기초한 반보존적 복제를 제안했을 때, 그들은 함께 자연돌연변이(spontaneous mutation)를 설명하는 기구를 제안하였다. 왓슨과 크릭은 DNA 염기 구조가 정적인 구조가 아님을 지적했다. 수소원자는 퓨린이나 피리미딘의 한 위치에서 다른 위치로 움직일 수 있는데—예를 들면 아미노 그룹에서 질소 고리로 수소원자가 움직일 수 있다. 이 같은 화학적 동요를 **호변이성변동(tautomeric shift)**이라 한다. 호변이성변동은 드물긴 하지만, 이로 인해 염기쌍 짝짓기 능력이 변화되기 때문에 DNA 대사에서 상당히 중요한 부분을 차지한다. 9장에서 논의되었던 뉴클레오티드 구조는 매우 일반적이고 안정화된 형태로서, 아데닌은 티민과, 구아닌은 시토신과 항상 짝을 이룬다. 보다 안정된 형태인 티민 · 구아닌의 케토형(keto form)과 아데닌 · 시토신의 아미노형(amino form)은 간혹 각각의 덜 안정적인 형태인 에놀형(enol form)과 이미노형(imino form)으로 호변이성변동(tautomeric shift)을 하게 된다(■ **그림 13.1**). 이 염기들이 불안정한 호변체 형태(tautomeric form)로 존재하는 것은 아주 짧은 기간 동안일 것으로 생각된다. 그러나 염기가 복제되거나, 새로운 DNA 사슬에 삽입되는 그 순간에 호변이성 형태로 존재하게 되면 돌연변이가 생기게 된다. 이미노나 에놀형 상태로 염기가 존재할 때, 아데닌은 시토신과, 구아닌은 티민과 염기쌍을 지을 수 있게 된다(■ **그림 13.2*a***). 연이은 복제로 잘못된 염기쌍이 분리되므로, 이같은 사건의 궁극적 영향은 A:T에서 G:C로 혹은 G:C에서 A:T로 염기치환이 발생하는 것이다(■ **그림 13.2*b***).

DNA 염기 내 호변이성변동(tautomeric shift)으로 야기되는 돌연변이는 DNA 사슬내

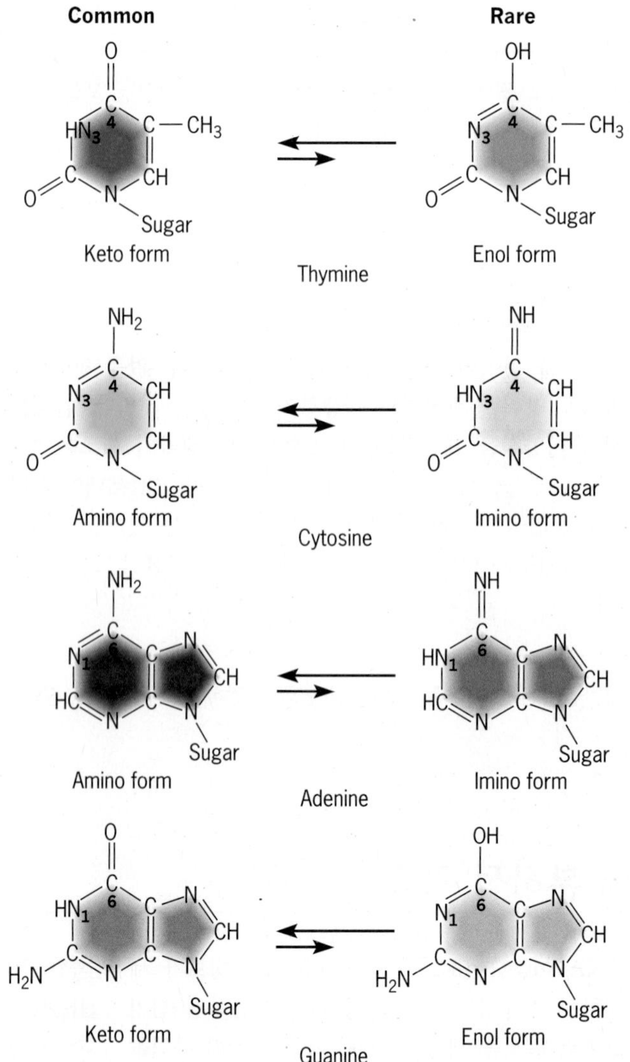

■ **그림 13.1** DNA의 네 가지 일반적인 염기의 호변체 형태들(tautomeric forms). 피리미딘의 3번과 4번 위치 사이에서, 퓨린의 1번과 6번 위치에서 수소원자의 변환은 쌍형성 능력을 변화시킨다.

Hydrogen-bonded A:C and G:T base pairs that form when cytosine and guanine are in their rare imino and enol tautomeric forms.

Rare A:C base pair

Cytosine (rare imino form)

Adenine (common amino form)

Rare G:T base pair

Thymine (common keto form)

Guanine (rare enol form)

(a)

Mechanism by which tautomeric shifts in the bases in DNA cause mutations.

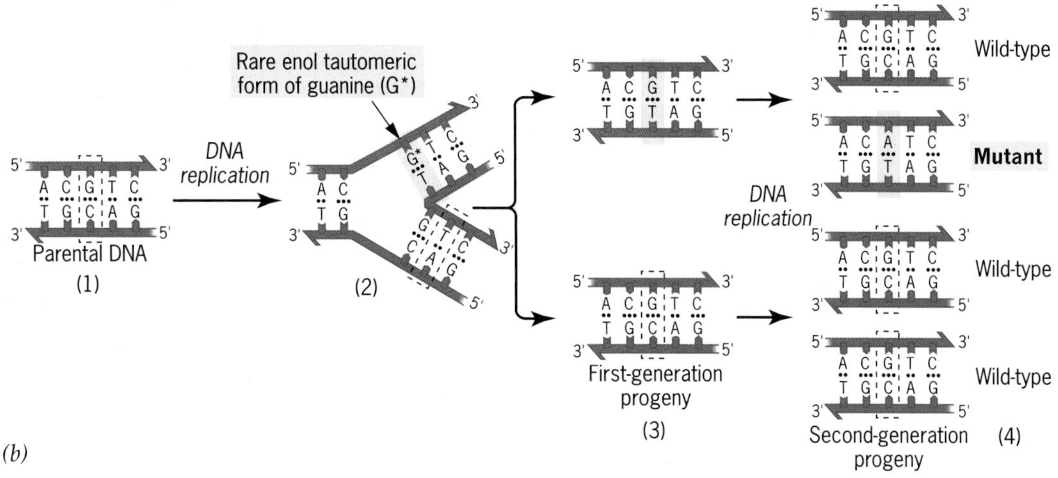

(b)

■ 그림 13.2 DNA의 뉴클레오티드 호변이성변동(tautomeric shift)의 *(a)* 염기쌍짓기와 *(b)* 돌연변이에 대한 효과. *(a)*에서 보이는 A:C, G:T 같은 드문 염기쌍은 티민과 아데닌이 각각 드문 에놀형과 이미노형으로 존재할 때 생긴다. *(b)* 구아닌(1)은 복제시 에놀형(G*)으로 호변이성변동을 거친다(2). 에놀형일 때 구아닌은 티민과 염기쌍을 이룬다(2). 계속되는 복제(3에서 4) 동안 구아닌은 안정적인 케토형으로 바뀐다. 에놀형 구아닌 반대편에 삽입된 티민은 다음 복제에서 아데닌 삽입을 유발한다(3~4). 결과적으로 G:C가 A:T 염기쌍으로 치환된다.

의 퓨린을 상보가닥의 퓨린으로, 피리미딘을 상보가닥 내 피리미딘으로 대체시키게 된다. 이 같은 염기쌍 치환을 **전이(transition)**라 한다. 퓨린이 피리미딘으로 바뀌는 경우나 그 역의 경우의 염기쌍 치환은 **전환(transversion)**이라 한다. 4가지 종류의 전이와 8가지의 전환이 생길 수 있다(**■ 그림 13.3*a***). 점 돌연변이의 세 번째 형태는 하나 또는 몇 개의 염기쌍이 첨가되거나 결실되는 것이다. 염기쌍의 첨가와 결실은 **해독틀 변경 돌연변이(frameshift mutation)**라 하는데, 이는 첨가 혹은 결실에 의해 돌연변이가 일어난 뒷부분에 있는 유전자의 염기쌍 해독틀(mRNA 코돈과 폴리펩티드 유전자 산물의 아미노산을 지정)을 변화시키기 때문이다(**■ 그림 13.3*b***).

세 가지 점 돌연변이(전이, 전환, 해독틀 변경 돌연변이)는 모두 자연적으로 발생할 수 있는 돌연변이이다. 원핵생물에서 연구되어 온 자연돌연변이의 대부분이 염기쌍 치환보다는 하나의 염기쌍 첨가나 결실에 의한 것이었다. 이들 해독틀 변경 돌연변이는 대부분 기능이 없는 유전자 산물을 만들어 낸다.

그 원인이나 분자수준의 메커니즘, 자연돌연변이 발생 빈도 등에 대해서는 더 많은 연구가 되어져야 하지만, 세 가지 주요 요소는 (1) DNA 복제기구의 정확도, (2) 손상된 DNA

Twelve different base substitutions can occur in DNA.

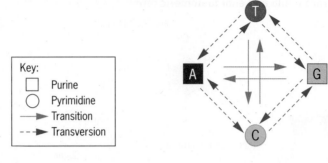

Key:
□ Purine
○ Pyrimidine
——► Transition
- - -► Transversion

T A G C

(a)

Insertions or deletions of one or two base pairs alter the reading frame of the gene distal to the site of the mutation.

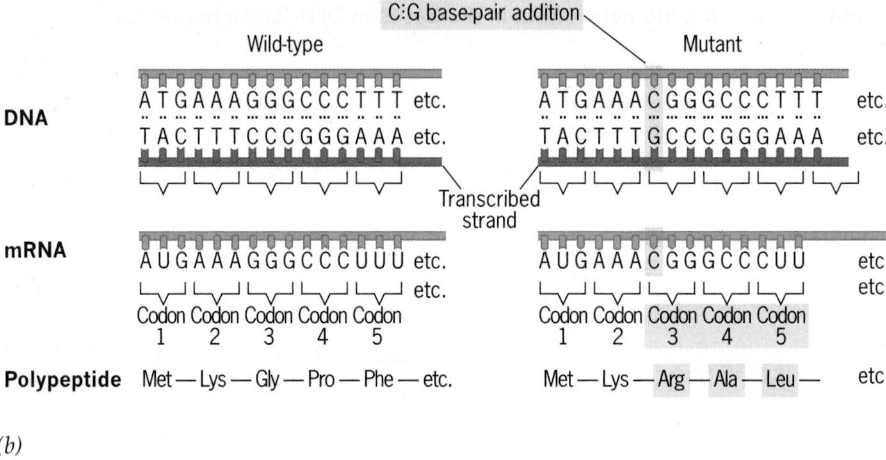

(b)

■ 그림 13.3 DNA에서 발생하는 점돌연변이의 형태. (*a*) 염기치환(base substitution) 돌연변이와 (*b*) 해독틀변경(frameshift) 돌연변이. (*a*) 염기치환에는 4가지의 전이(transition, 퓨린에서 퓨린으로, 피리미딘에서 피리미딘으로, 실선)와 8가지의 전환(transversion, 퓨린에서 피리미딘으로 혹은 그 역으로, 점선)이 있다. (*b*) 돌연변이 유전자(오른쪽 위)는 정상유전자(왼쪽 위)의 6번째, 7번째 염기쌍 사이에 C:G 염기쌍이 삽입되어 생겼다. 이것은 돌연변이가 일어난 유전자의 뒷부분 해독틀(전사 번역되는 방향, 즉 그림의 왼쪽에서 오른쪽으로)을 변경시키게 된다. 해독틀의 변경으로 인해 mRNA 코돈이 변화되고, 결과적으로 돌연변이가 일어난 뒷부분의 세 염기쌍에 대응하는 폴리펩티드 아미노산이 변화된다.

를 수리하도록 발전되어 온 여러 가지 기구들의 효율, (3) 환경에 이미 존재하는 돌연변이 유발물질에의 노출 정도이다. DNA 복제기구나 DNA 수리기구의 혼란은 유전적 조절을 받으며, 이 둘 모두 돌연변이율을 증가시키게 된다.

유도 돌연변이

많은 자연발생적 돌연변이들이 초기 유전학자들에 의해 동정되고 연구되었다. 그러나 유전학은 1927년 뮬러(Hermann J. Muller)가 초파리에서 X-선이 돌연변이를 유발시키는 것을 발견함으로써 극적인 변화를 맞이하게 되었다. 돌연변이를 유도할 수 있는 능력은 유전적 분석에 완전히 새로운 접근법을 마련할 수 있는 길을 열어 주었다. 유전학자들은 이제 관심 유전자에서 돌연변이를 만들고, 사라진 유전자 산물의 효과를 연구할 수 있게 되었다.

뮬러는 초파리의 정자에 X-선을 처리하면 X 염색체 상의 열성 치사 빈도가 급격히 증가하는 것을 증명하였다(X-선은 가시광선에 비해 파장이 짧은 전자기적 방사선이다; 그림 13.10 참조). 뮬러의 연구는 외부 인자에 의하여 돌연변이가 유도될 수 있다는 것을 처음으로 제시한 것이다. 이러한 중요한 발견으로 그는 1946년에 생리학, 의학 분야에서 노벨상을 받았다.

X선의 돌연변이 유발력에 관한 뮬러의 명백한 증명은 그가 초파리의 X 염색체에서 치사 돌연변이를 동정할 수 있는 간단하고 정확한 기술을 개발했기 때문에 가능한 것이었다. ***ClB* 방법**이라고 불리는 이 기술은 정상적인 X 염색체와, 뮬러가 그의 실험에서 사용하기위해 특별히 제작한 변형된 X 염색체(***ClB* 염색체**)를 동시에 가지는 이형접합성 암컷을 사용하는 것이다.

ClB 염색체는 3가지 중요한 구성요소를 가지고 있다. (1) *C*는 교차억제(*c*rossover suppressor)를 의미하는데, *ClB* 염색체는 긴 역위를 갖고 있어, 구조적으로 정상인 염색체와 이형접합체를 이루면 유전자 재조합의 발생을 억제한다. 긴 역위를 갖고 있는 *ClB* 염색체와 정상적인 X 염색체와의 사이에서 교차가 일어나면 복제와 결실이 생기기 때문에 죽게 되며 정상적인 X 염색체를 가지는 자손만이 살아남게 된다(7장 참조). (2) *l*은 *ClB* 염색체에 존재하는 열성 치사 돌연변이(*l*ethal mutation)를 말하는 것이다. X 염색체에 연관된 열성 치사 돌연변이를 동형접합으로 가지는 암컷과 반접합성인 수컷들은 살지 못한다. (3) *B*는 봉안(*b*ar-eye) 돌연변이로 막대 모양의 눈 표현형, 즉 좁고 막대 모양으로 생긴 눈을 가진 돌연변이이다. 이러한 우성 형질 때문에 *B* 돌연변이는 *ClB* 염색체를 이형접합체로 갖는 암컷을 쉽게 동정할 수 있도록 한다. 열성 치사 돌연변이(*l*)와 막대형 눈 돌연변이는 *ClB* 염색체의 역위된 부분 안에 위치하고 있다.

뮬러는 수컷 파리들을 X-선 조사 후 *ClB* 암컷들과 교배시켰다(■ **그림** 13.4). 이 교배에서 태어난 막대형 눈을 가진 딸들을 모두 암컷 부모의 *ClB* 염색체와 X-선 조사된 수컷 부모의 X 염색체를 가질 것이다. 수컷의 생식세포에 모두 X-선을 조사하였기 때문에 각각의 막대형 눈을 가진 딸들은 돌연변이를 가질 수 있는 X 염색체를 갖고 있다. 막대 눈을 가진 딸들을 각각 야생형 수컷들과 교배시켰다. 막대 눈을 가진 딸들이 갖는 X-선 조사된 X 염색체에 성 연관 치사 유전자가 있으면 교배 후 생긴 자손들은 모두 암컷일 것이다. 수컷들은 X 염색체가 반접합성이기 때문에 *ClB* 염색체를 받은 것들은 *ClB* 염색체가 가지고 있는 열성 치사(*l*) 때문에 죽는다. 그리고 X-선 조사된 X 염색체를 받은 수컷도 열성 치사 유전자가 유발된 것이라면 또한 죽을 것이다. *ClB* X 염색체를 가지는 딸들과 X-선 조사되었으나 치사유전자를 가지지 않는 야생형 수컷들과의 교미에서는 암컷과 수컷의 비율이 2 : 1이 된다(단지 *ClB* 염색체를 가진 수컷만이 죽을 것이다). *ClB* 방법은 새로 유도된 성과 연관된 열성 치사 인자를 분석하는 확실하고 오차가 없는 좋은 방법이다. 단순히 수컷 자손이 있고 없음을 헤아리면 된다. 이러한 방법으로 뮬러는 X-선을 수컷파리에 조사함으로써 X 염색체에 연관된 치사 돌연변이 빈도를 150배 까지 증가시켰다.

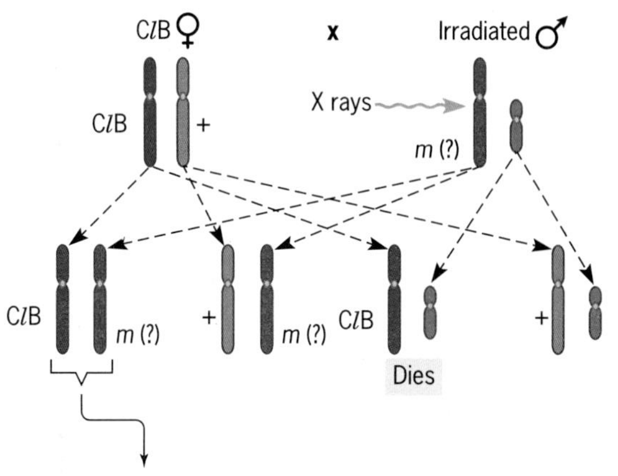

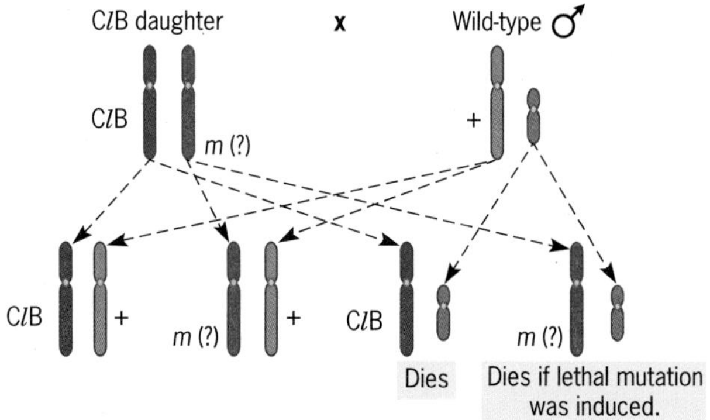

■ **그림** 13.4 뮬러에 의하여 사용된 *ClB*기법은 초파리의 X-연관 열성 치사돌연변이를 검출 할 수 있도록 한다. 교배 II에서 보여주는 교배에서는 만약에 방사선 조사된 X 염색체 위에서 열성 치사돌연변이가 존재 한다면 암컷 자손만 나올 것이다. 만약에 방사선 조사된 X 염색체 위에서 열성 치사돌연변이가 존재하지 않는다면 교배 II로부터 자손의 1/3이 수컷일 것이다. 그러므로 교배 II의 자손들에 수컷들이 존재하는가, 아닌가로 치사돌연변이를 선별할 수 있다.

우리는 초파리의 X 염색체 상에서 X-선으로 유발된 돌연변이들에 대한 뮬러의 증명에 대해, Student Companion 사이트의 "유전학의 이정표: 뮬러, X-선의 돌연변이 유발력을 증명하다"편에서 더 자세히 논의하였다.

뮬러의 선구자적인 초파리 실험 후에 다른 연구자들이 곧 X-선이 다른 생물체, 즉 식물, 동물, 미생물 등에게도 돌연변이원으로 작용한다는 것을 증명했다. 더욱이 다른 형태의 고에너지 전자기성 방사선과 많은 화학 물질들이 돌연변이원임을 밝혔다. 유전자의 돌연변이를 유도하는 능력이 유전학의 발전과정에 크게 공헌을 하였다. 연구자들은 관심 있는 유전자에 돌연변이를 유도하고 그들의 기능을 "제거(knock out)"시킬 수 있게 되었다. 돌연변이 생물체로 야생형 유전자 산물의 기능에 대한 정보를 얻기 위한 연구를 할 수 있다. 이와 같은 돌연변이 분석과정은 많은 생물학적 과정 분석의 강력한 도구라는 것이 증명되었다.

X-선은 생체조직에 많은 영향을 주기 때문에, X-선 유발 돌연변이는 그에 관련된 분자수준의 기구에 대해 정보를 거의 제공하지 못했다. DNA에 특이적인 영향을 끼치는 화학물질의 발견으로 인해 분자수준에서의 돌연변이를 보다 쉽게 이해할 수 있게 되었다.

최초로 알려진 돌연변이 유발 화학물질은 겨자가스(mustard gas, sulfur gas)였다. 아우어부크(C. Auerbuch)와 동료들은 2차 대전 중 겨자 가스 및 이와 유사한 화학물질이 돌연변이 유발효과를 가진다는 것을 발견하였다. 그러나 화학전쟁에서 이 겨자가스를 사용하였기 때문에 영국정부는 이 결과를 극비에 부쳤다. 그래서 전쟁이 끝나기 전까지 아우어부크와 동료들은 그들의 결과를 알릴 수도 없었고, 동료 유전학자들과 논의할 수도 없었다. 그

Alkylating agents

$Cl—CH_2—CH_2—S—CH_2—CH_2—Cl$
Di-(2-chloroethyl) sulfide
(Mustard gas)

$CH_3—CH_2—O—SO_2—CH_3$
Ethyl methane sulfonate
(EMS)

$CH_3—CH_2—O—SO_2—CH_2—CH_3$
Ethyl ethane sulfonate
(EES)

(a)

Base analogs

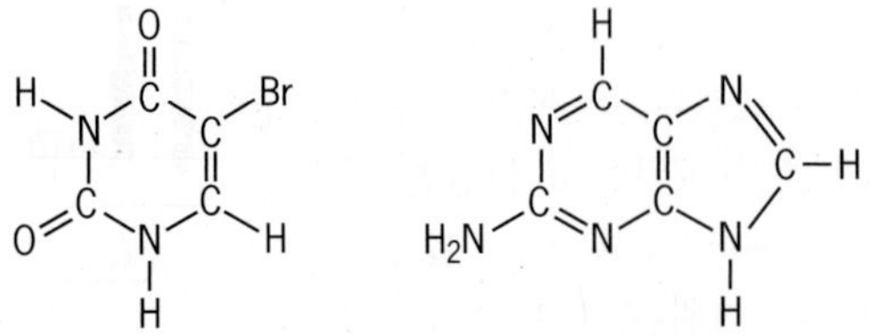

5-Bromouracil
(5-BU)

2-Aminopurine
(2-AP)

(b)

Acridines

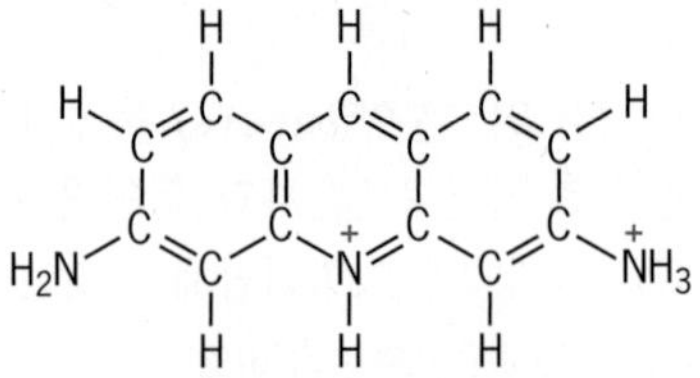

2,8-Diamino acridine
(Proflavin)

(c)

Deaminating agent
HNO_2
Nitrous acid

(d)

Hydroxylating agent
NH_2OH
Hydroxylamine

(e)

■ 그림 13.5 몇몇 강력한 화학적 돌연변이들.

5–Bromouracil : adenine base pair.

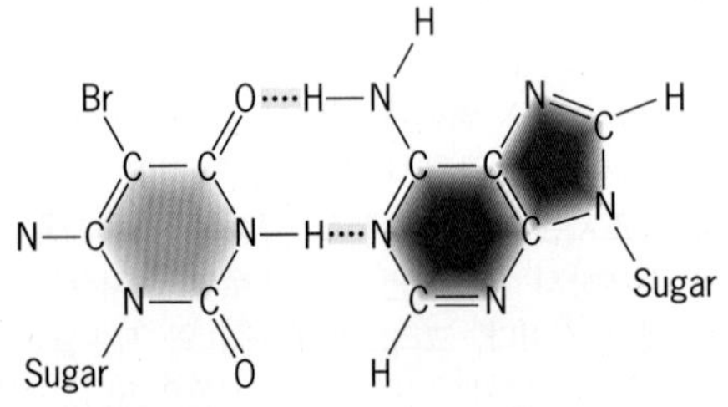

5–Bromouracil
(keto form)

Adenine

(a)

5–Bromouracil : guanine base pair.

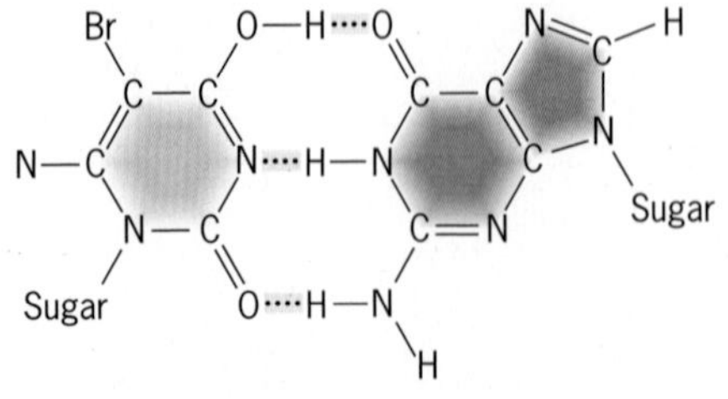

5–Bromouracil
(enol form)

Guanine

(b)

■ 그림 13.6 5-브로모우라실과 아데닌 사이의 염기쌍짓기(*a*)와 5-브로모우라실과 구아닌 사이의 염기쌍짓기(*b*).

들이 연구해 온 화합물은 화학적 돌연변이의 큰 범주에 속하는 하나의 예이다. 이 화학 돌연변이원은 알킬기(CH_3—, CH_3CH_2— 등)를 DNA의 염기에 전달하는 물질(알킬화제, alkylating agent) 중 하나였다. X선과 같이 겨자가스는 DNA에 많은 영향을 미친다. 후에 화학적 돌연변이가 DNA에 끼치는 특별한 영향에 대해서 논의할 것이다(■ **그림 13.5**)

화학물질로 유도되는 돌연변이

화학돌연변이원은 2가지로 구분되는데 (1) 복제중인 DNA에서만 돌연변이를 유발하는 것, 이를테면 염기유사체(정상적인 DNA염기와 유사한 구조를 갖는 퓨린, 피리미딘)와, (2) 알킬화제, 아질산(nitrous acid)과 같이 복제되는 DNA와 복제되지 않는 DNA 모두에 돌연변이 유발효과를 갖는 것들이 있다. 염기유사체(base-analogue)는 복제가 진행되는 동안 DNA내 정상적인 염기 위치에 삽입되어 돌연변이 효과를 나타낸다. (1)의 돌연변이원에 속하는 아크리딘 염색약도 역시 DNA로 삽입되어 복제 시 오류가 생길 가능성을 높인다.

돌연변이원인 **염기유사체(base analogs)**는 정상적인 염기와 구조가 비슷하여 복제가 진행되는 동안 DNA로 삽입되게 된다. 그러나 이는 정상적인 염기와는 충분히 구분되기 때문에 잘못된 염기쌍 짓기 빈도를 높이는 결과를 초래하게 된다. 즉 돌연변이율을 높이게 되는 것이다. 가장 일반적인 염기유사체는 5-BU 또는 5-브로모우라실(5-bromouracil)과 2-아미노퓨린(2-aminopurine)이다. 피리미딘인 5-BU은 티민유사체로서, 티민의 5번 위치의 메틸기(—CH_3)와 유사한 브로민(bromine)이 5번 위치에 있는 것이다. 그러나 이 브로민은 전하분포를 변화시켜 호변이성변동 빈도를 증가시킨다(그림 13.1). 보다 안정한 케토형일 때 5-브로모우라실은 아데닌과 염기쌍을 짓고, 에놀형으로 호변이성 변동이 된 이후에는 5-브로모우라실은 구아닌과 염기쌍을 짓는다(■ **그림 13.6**). 5-브로모우라실의 돌연변이 효과는 보통 염기의 호변이성변동(그림 13.2*b*)에 의한 예상결과인 전이(transition)와 같다.

만약 5-BU이 새로 합성되는 DNA에 삽입되는 시기에 에놀형으로 존재한다면, 주형가닥 구아닌의 반대편에 삽입되어, 결국 G : C → A : T 전이가 야기된다(■ **그림 13.7*a***). 반대로 5-브로모우라실이 케토형으로 존재할 때에는 주형가닥 아데닌이 있는 반대편(티민이 삽입될 자리)에 삽입되고, 잇따른 복제 시 에놀형으로 호변이성변동을 거치게 된다면 A : T → G : C 전이가 야기된다(■ 그림 13.7*b*). 즉, 5-브로모우라실은 A : T ↔ G : C 양방향 전이를 유도한다. 5-브로모우라실 유도성 전이의 양방향성이 중요한 이유는 티민 유사체에 의해 유도된 돌연변이가 5-브로모우라실로 인해 역돌연변이를 일으켜 다시 야생형이 유발될 수 있다는 것이다. 2-아미노퓨린도 유사한 방식으로 작용하지만 아데닌이나 구아닌 자리에 삽입된다.

아질산(HNO_2)은 복제 중인 DNA와 비복제 중인 DNA 모두에 작용하는 강력한 돌연변이원이다. 아질산은 아데닌, 구아닌, 시토신의 아미노기를 산화적 탈아미노 반응을 일으켜 제거한다. 이 반응은 아미노기를 케토기로 전환시켜 수소결합능력을 변화시킨다(■ 그림 13.8). 아데닌은 탈아미노화 되어 하이포크산틴(Hypoxantine)이 되고, 이는 티민보다는 시토신과 염기쌍 짓기를 한다. 시토신은 우라실로 전환되어, 구아닌 대신 아데닌과 염기쌍을 짓게 된다. 구아닌이 탈 아미노화되면 크산틴(Xantine)이 되는데, 이는 마치 구아닌처럼 시토신과 염기쌍을 이룬다. 따라서 구아닌의 탈아민화 반응은 돌연변이적이지 않다. 아데닌의 탈 아미노 반응은 A : T → G : C 전이를 초래하고, 시토신의 탈 아미노 반응은 G : C → A : T 전이를 일으키기 때문에, 아질산은 A : T ↔ G : C 양방향으로 전이를 일으킨다. 결과적으로 아질산-유발돌연변이는 아질산에 의해 역으로 돌연변이가 발생되어 야생형으로 되돌려질 수 있다. '화학적 돌연변이원에 의해 유발되는 아미노산 변화의 예측'에 대한 문제풀이 연습을 통해 아질산 유발 돌연변이에 대한 이해도를 검사해 보라.

프로플라빈(그림 13.5*c*), 아크리딘 오렌지(acridine orange)와 같은 **아크리딘계 염색약(acridine dyes)**은 해독틀 변경 돌연변이(frameshift mutation, 그림 13.3*b*)를 유발하는 강력한 돌연변이원이다. 양전하를 띠는 아크리딘은 차곡차곡 쌓여진 DNA 염기쌍들 사이에 끼어들게 된다(■ 그림 13.9). 이렇게 됨으로써, 이들은 이중나선의 견고함을 증가시키고, 분자 내에 약간의 휘어짐을 유발하여 형태를 변화시킨다. 아크리딘이 끼어든 DNA가 복제될 때에 염기쌍의 첨가나 결실이 발생하게 된다. 이 같은 첨가나 결실(보통 하나의 염기쌍이 첨가되거나 결실된다)은 예상되는 바와 같이 돌연변이가 일어난 유전자 뒤쪽 부분의 해독틀이 변경되게 한다(그림 13.3*b*). 즉 아크리딘 유발성 돌연변이는 보통 기능이 없는 유전자 산물을 만들게 된다.

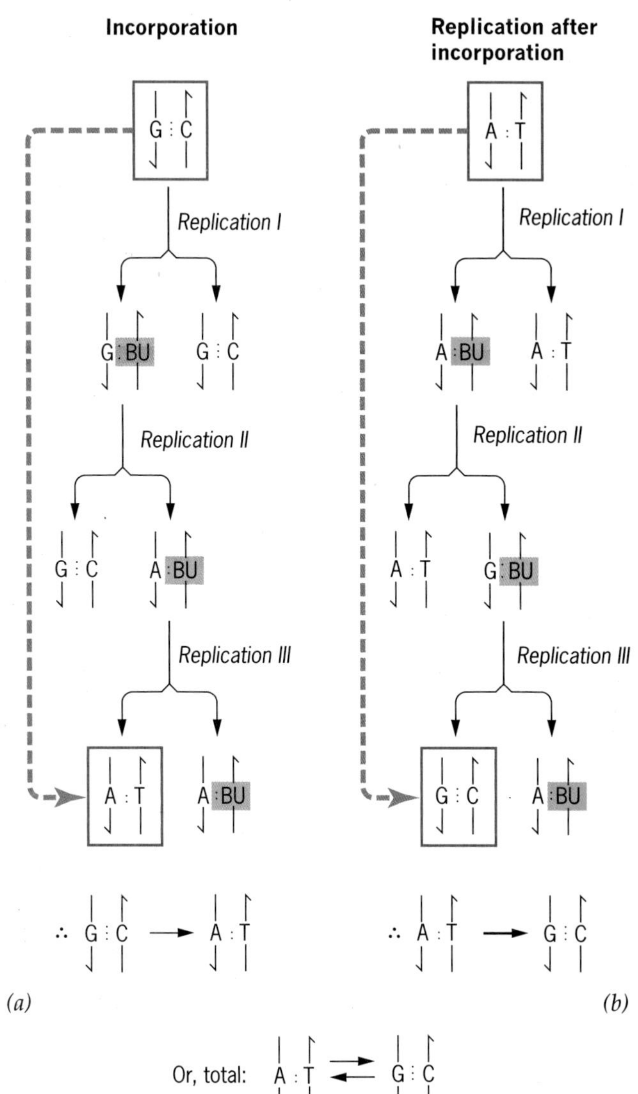

■ 그림 13.7 5-브로모우라실의 돌연변이 유발효과. (*a*) 5-브로모우라실(BU)이 DNA 에 삽입될 때 드문 형태인 에놀형으로 존재하면 G:C → A:T 전이(transition)를 유도하게 된다. (*b*) 5-브로모우라실이 보다 일반적인 케토형으로 DNA에 삽입되고(회색), 후속복제동안 에놀형으로 전환되면 A:T → G:C 전이(transition)가 유발된다. 즉 5-브로모우라실은 A:T ↔ G:C 양방향으로 전이(transition)를 유도할 수 있다.

알킬화제(alkyiating agents)는 알킬기를 다른 분자로 공여하는 화학물질이다. 질소가스(nitrogen), 겨자가스(sulfur mustard), MMS(methyl methane sulfonate), EMS (ethyl methane sulfonate) 등이 이에 속한다(그림 13.5*a*). 이들은 DNA에 여러 영향을 미친다. 알킬화제는 관여된 약품의 반응성에 의존적인 빈도로 전이, 전환, 해독틀 변경 돌연변이, 그리고 심지어 염색체 이상을 포함한 모든 형태의 돌연변이들을 유발한다. 알킬화제에 의해 돌연변이가 발생하는 한 가지 기구는 메틸 혹은 에틸기를 염기에 전달하여 염기쌍 짓기 능력을 변화시키는 것이다. 예를 들어, EMS는 7-N과 6-*O* 위치에서 DNA 염기의 에틸화(ethylation)를 일으킨다. 7-ethylguanine이 만들어지면, 티민과 염기쌍을 이루어 G : C → A : T 전이를 야기한다. 다른 염기의 알킬화는 실수-유발성 DNA 수리기구를 활성화시켜 수리 과정 중에 전이, 전환, 그리고 해독틀 변경 돌연변이들이 생기도록 한다. 어떤 알킬화제, 특히 이중 기능적 알킬화제(2개의 반응성 알킬기를 가지고 있는 시약)는 DNA 사슬과 또는 분자들 사이에 교차결합, 그리고 염색체 절단과 이와 관련된 염색체 이상을 일으킨다(6장). 따라서 알킬화제 부류의 물질들은 염기 유사체(base analog), 아질산(nitrous acid) 또는 아크리딘(acridine)보다 특이적 돌연변이 효과는 떨어진다.

대부분의 알킬화제들과는 대조적으로 **하이드록실화 시약(hydroxylating agent)**인 하이드록실아민(hydroxylamine: NH_2OH)은 특이적인 돌연변이 효과를 가지고 있다. 이것은 단지

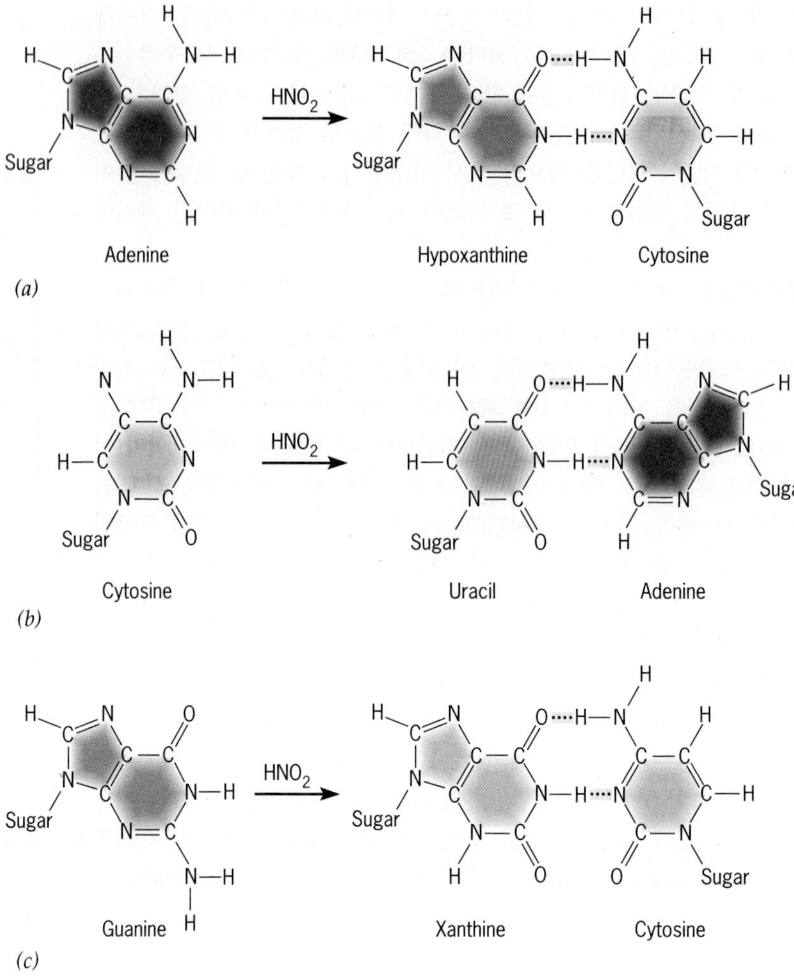

■ 그림 13.8 아질산(Nitrous acid)은 DNA의 염기를 산화적 탈아미노화시켜 돌연변이를 유발한다. 아질산은 (*a*) 아데닌을 하이포크산틴으로 전환하여 A:T → G:C 전이를 야기하고, (*b*) 시토신은 우라실로 전환하여 G:C → A:T 전이를 야기한다. 그리고 (*c*) 구아닌은 크산틴으로 전환하지만 이는 직접적으로 돌연변이 효과를 갖지 않는다. 다시 말해 아질산이 아데닌과 시토신에 나타내는 결과는 A:T ↔ G:C 양방향으로 전이를 유도하는 능력이 있음을 말한다.

G:C → A:T 전이 만을 일으킨다. 하이드록실아민을 가지고 DNA를 처리했을 때 시토신의 아미노기가 하이드록실화(hydroxylation) 된다. 이 결과에 의한 하이드록실시토신은 아데닌과 염기쌍 짝짓기를 하여 G:C → A:T 전이를 유도한다. 이러한 특이성 때문에, 하이드록실아민은 전이 돌연변이를 분리하는데 매우 유용하다. 아질산이나 염기유사체에 의해 유도된 전이가 원래대로 회복되는 돌연변이들은 하이드록실아민에 의한 전환력(revertibility)에 근거하여 두 가지 종류로 나뉘어진다. (1) 돌연변이가 생긴 자리에서 A:T 염기쌍을 가지고 있는 것은 하이드록실아민에 의한 전환이 유도되지 않는 것들이다. (2) 돌연변이가 생긴 자리에서 G:C 염기쌍을 가지고 있는 것은 하이드록실아민에 의해 전환이 유도되는 것들이다. 결국에 하이드록실아민은 특별한 돌연변이가 A:T → G:T 또는 G:C → A:T 중 어떤 전이가 일어났는지를 결정하는데 사용될 수 있다.

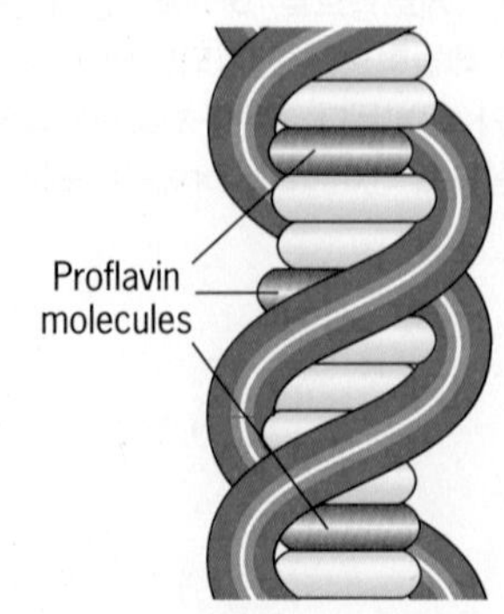

■ 그림 13.9 DNA 이중나선내 프로플라빈(proflavin)의 삽입. X-선 회절연구는 양전하를 띠는 아크리딘 염색약(acridine dye)이 차곡차곡 쌓여진 DNA 염기쌍 사이에 끼어 들어가 있음을 보여주었다.

방사선에 의한 돌연변이 유도

가시광선보다 파장이 짧고 높은 에너지를 가지고 있는 전자기적 스펙트럼 부위(■ **그림 13.10**)는 **이온화 방사선(ionizing radiation**; X rays, gamma rays, cosmic rays)과 **비이온화 방사선(nonionizing radiation**; ultraviolet light)으로 구분된다. 이온화 방사선은 매우 에너지가 높고 생체조직을 통과할 수 있기 때문에 의학적 진단에 매우 유용하다. 이 과정에서, 고에너지 광선은 원자와 충돌하여 전자를 방출시켜 양전하를 가진 자유 라디칼이나 이온을 남긴다. 계속해서 이러한 이온들이 다른 분자와 충돌하여 더 많은 전자를 방출시킨다. 그 결과 고에너지 광선이 살아있는 조직을 통과하는 자취를 따라서 이온의 콘(cone)이 형성된다. 이러한 이온화의 과정은 ^{32}P, ^{35}S, 핵 반응기에서 사용되는 우라늄 238과 같은 방사성 동

문제 풀이 기술

화학적 돌연변이원에 의해 유발되는 아미노산 변화 예측

문제

유전 암호의 성질은 표 12.1에 제시되어 있다. 그림 13.8에 설명되어 있는 바와 같이, 아질산은 아데닌, 시토신, 그리고 구아닌을 탈아민화 시킨다(아데닌을 하이포크산틴으로 바꾸어 시토신과 결합하게 하고; 시토신을 우라실로 변화시켜 아데닌과 짝짓게 한다; 구아닌이 크산틴으로 바뀌면 그대로 시토신과 염기쌍을 형성한다). 만약 복제중이 아닌 담배모자이크 바이러스(TMV) 집단을 아질산으로 처리한다면 이 아질산이 어떤 돌연변이를 유발하고, 그에 의해 야생형 폴리펩티드 내에 존재하는 히스티딘(His) 잔기를 다른 아미노산으로 치환할 것으로 예측할 수 있겠는가?

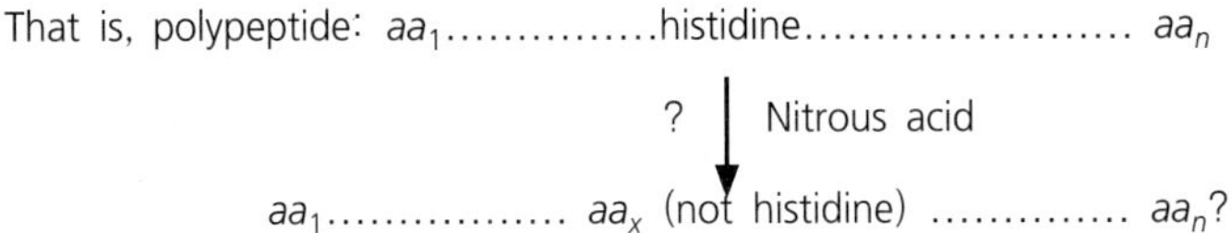

만약 바뀐다면 어떤 메커니즘에 의하여, 어떤 아미노산으로 바뀌는가? 만약 안 바뀐다면, 왜 안 바뀌는가?

사실과 개념

1. TMV의 유전 정보는 mRNA와 같은 단일가닥 RNA에 저장되어 있다.
2. TMV의 유전체 RNA는 DNA와 같이 상보적인 이중가닥 중간체를 매개로 DNA와 같이 복제된다.
3. 비록 담배모자이크 바이러스들이 아질산 처리시에 복제 중이 아니었어도, 이들을 담배 잎에 감염시켜 복제되도록 하면 특정 형태의 돌연변이가 아질산 처리에 의해 유도되었는지를 결정할 수 있다.
4. 히스티딘 암호는 CAU와 CAC이다. 따라서 TMV 유전체(RNA)는 바이러스에 의해 암호화되는 폴리펩티드들에서 히스티딘을 지정하는 모든 자리에 이 서열 중 하나를 포함하고 있을 것이다.
5. TMV 유전체의 아데닌과 시토신은 아질산 유도성 돌연변이가 발생할 수 있는 가장 가능성 있는 표적들이다.

분석과 해결

아질산이 아데닌과 시토신을 탈 아민화시키면, 각각 하이포크산틴과 우라실이 만들어진다. 변형된 TMV RNA들이 복제가 진행되는 동안, 하이포크산틴은 시토신과 우라실은 아데닌과 짝을 짓는다. 결과적으로 A와 C들은 G와 U들로 전환된다. 이들 염기의 탈 아민화의 결과 돌연변이가 일어난 바이러스의 RNA의 반보전적 복제에 의하여, TMV 유전체의 히스티딘 암호가 타이로신, 아르기닌 그리고 시스테인 암호로 바뀐다. 그러므로 아질산 돌연변이원은 야생형 TMV 단백질 내 일부 히스티딘들을 티로신, 아르기닌, 그리고 시스테인 등으로 바꾸어 돌연변이 단백질을 만든다. 다음 모식도에서 자세히 보여주고 있다.

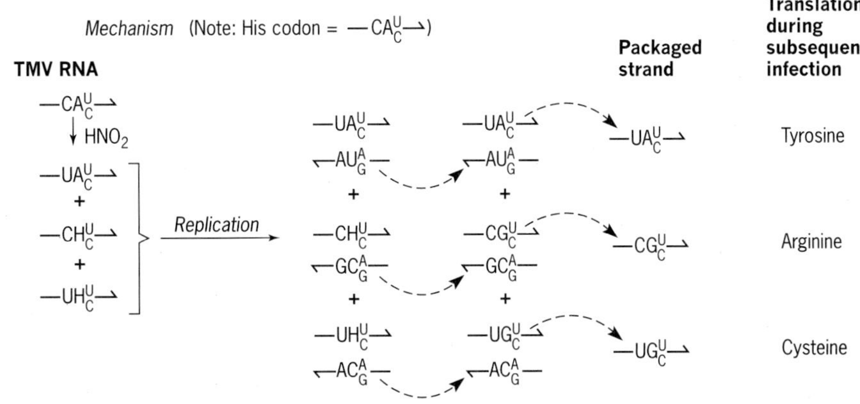

더 많은 논의를 보고 싶으면 Student Companion 사이트를 방문하라.

위원소에 의해 방출되는 알파, 베타, 감마선뿐 만 아니라 X-선, 양성자, 중성자를 생산하는 기계에 의해서도 유도된다.

이온화 광선보다 낮은 에너지를 가지고 있는 UV 광선은 단지 고등식물이나 동물의 표피만을 통과하고 이온화를 일으키지 않는다. UV 광선은 에너지를 UV 광선과 충돌하는 원자에 분산시켜 전자를 바깥 궤도들(outer orbitals)에서 더 높은 수준으로 올리는 *흥분상태(excitation)*가 되게 한다. 이온화 형태 또는 흥분상태의 원자를 가진 분자들은 정상적으로 안정한 상태의 원자를 가진 분자들 보다 화학적으로 훨씬 반응성이 높다. DNA 분자에 존재하는 원자들의 반응성 증가는 이온화 광선과 UV 광선의 돌연변이 유발력의 원인이 된다.

X-선과 여러 이온화 방사선들은 **렌트겐 단위(roentgen units; r** units)로 정량화 되는데,

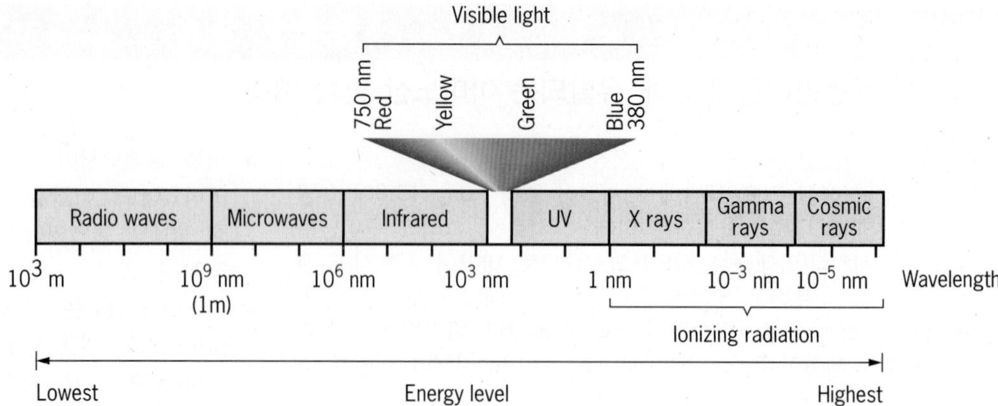

■ 그림 13.10 전자기적 스펙트럼.

표준적인 조건에서 단위 부피 당 방사선의 수로 측정된다. 특히, 1 렌트겐 단위는 0°C와 수은계 760 mm의 압력에 공기 1 cm^3 부피 당 2.083×10^9 이온쌍이 나오는 이온화 광선의 양이다. 렌트겐 단위의 방사선 조사량은 시간 단위를 포함하지 않는다는 것에 주의해야 한다. 낮은 강도로 긴 시간 방사선을 조사하는 것이나 높은 강도로 짧은 시간 쪼이는 것은 동일한 방사선의 조사량이다. 이 점은 매우 중요한데, 왜냐하면 대부분의 연구에서 점 돌연변이(point mutation)의 유발빈도는 직접적인 방사선 조사량에 비례하기 때문이다(■ **그림 13.11**). 예를 들면, 노랑초파리 정자에 대한 X-선 조사는 방사선 조사량을 1,000-r씩 증가시키면 약 3% 정도의 돌연변이율의 증가를 일으킨다. X-선에 의한 돌연변이 유도의 이러한 직선적인 관계는 각각의 돌연변이가 하나의 이온화 반응에 의해 발생한다는 것(single-hit kinetics)을 보여준다. 즉, 표준조건하에서 모든 이온화는 일정한 돌연변이 유발의 가능성을 가진다는 것이다.

안전 방사선 조사량의 수준은 얼마인가? 원자폭탄의 개발과 이용, 최근 원자력 발전소에서의 사고는 이온화 방사선의 노출과 관련된 일들이다. 돌연변이율과 방사선 조사량과의 직선적인 관계는 중요한데, 이것은 안전 수준의 방사선 조사량이란 없다는 것을 말해준다. 조사량이 많으면 높은 돌연변이율을, 조사량이 낮으면 낮은 돌연변이율을 나타낸다. 하지만, 매우 낮은 수준의 방사선 조사라도 돌연변이율은 낮지만 실제적으로는 돌연변이를 유발할 가능성을 갖게 된다. 그러나 종에 따라 이 가능성은 다르다.

노랑초파리의 정자에 매우 낮은 수준의 방사선 조사를 장시간 했을 때(만성 방사선 조사)와, 같은 양을 높은 강도로 짧은 시간 조사하였을 때(급성 방사선 조사)도 같은 비율로 돌연변이를 유발했다. 반면 생쥐에서는 만성 방사선 조사는 동일양의 급성 방사선 조사보다 다소 낮은 돌연변이를 유발하는 것으로 밝혀졌다. 더욱이 쥐에 간헐적으로 방사선을 조사하였을 때 돌연변이 빈도는 동일한 방사선 양을 계속적으로 조사하였을 때 보다는 약간 낮았다. 초파리나 포유류에서 방사선 조사에 대한 서로 다른 반응이 나타나는 것은 손상된 DNA를 수리하는 능력의 차이에 기인하는 것으로 생각된다. DNA 손상의 수리기구는 노랑초파리의 정자에서는 없지만, 쥐의 정모세포나 난모세포에는 존재할 것이다. 방사선 조사가 노랑초파리와 포유류에서 다른 정도로 돌연변이를 유발하는 것으로 나타나지만 돌연변이를 유발한다는 것은 틀림없는 사실이다. 방사선 조사도 결실, 중복, 역위, 전좌와 같은 다양한 염색체 구조의 변화를 유발한다(6장 참조). 염색체 구조의 이러한 변화들은 방사선 조사에 의하여 염색체가 절단됨으로써 일어난다. 이러한 변화들은 염색체에 두 개의 절단이 필요하기 때문에 점 돌연변이를 유발하는 단일 충격 유발과는 다르다.

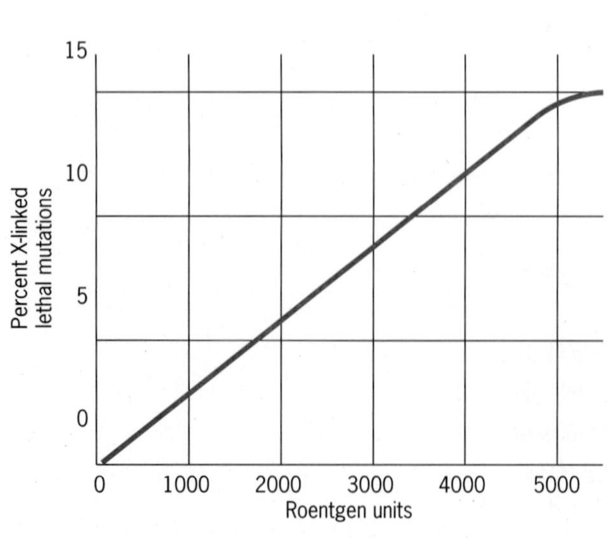

■ 그림 13.11 노랑 초파리에서 방사선 조사량과 돌연변이 발생 빈도의 관계.

UV 조사(Ultraviolet radiation)는 이온화 반응(ionization)을 일으키는데 충분한 양의 에너지를 가지고 있지 않다. 퓨린이나 피리미딘에 순간적으로 UV 광선의 에너지가 흡수되면 반응성이 높아지거나 혹은 전이 상태가 된다. UV 광선은 낮은 에너지 때문에 다세포 생물의 표피 정도밖에 통과할 수 없다. 따라서 다세포 생물들에서는 오직 표피층의 세포만 UV의 효과에 노출된다. 그렇지만 UV 광선은 단세포 생물의 강력한 돌연변이 유발원으로 작용한다. DNA가 가장 많은 에너지를 흡수하는 UV 파장은 254 nm이다. UV 광선의 최대 돌연변이력도 역시 이 254 nm에서 나타나는 것으로 미루어, UV 광선에 의해 유도되는 돌연변이 과정은 직접적으로 퓨린과 피리미딘이 UV 광선의 에너지를 흡수함으로써 매개됨을 알 수 있다. 시험관 내(*in vivo*) 연구에서는 피리미딘(특히 티민)이 254 nm 파장을 강하게 흡수하여 결과적으로 매우 반응성이 높아지게 된다. UV 광선의 흡수에 의하여 피리미딘 수화물과 티민 이합체(thymine dimer)가 만들어진다(■ 그림 13.12). 여러 가지의 실험적 증거가 티민 이합체의 형성이 UV 광선의 주요한 돌연변이 유발효과임을 보여준다. 티민 이합체는 간접적으로 두 가지 방식에 의해 돌연변이를 일으킨다. (1) 이합체는 DNA 이중나선 구조를 파괴하고 정확한 DNA 복제를 방해한다. (2) 세포는 티민이합체가 생긴 손상된 DNA의 수리과정에서 때때로 오류를 일으킨다(이 장의 뒷부분의 DNA 수리기구 부분을 참조).

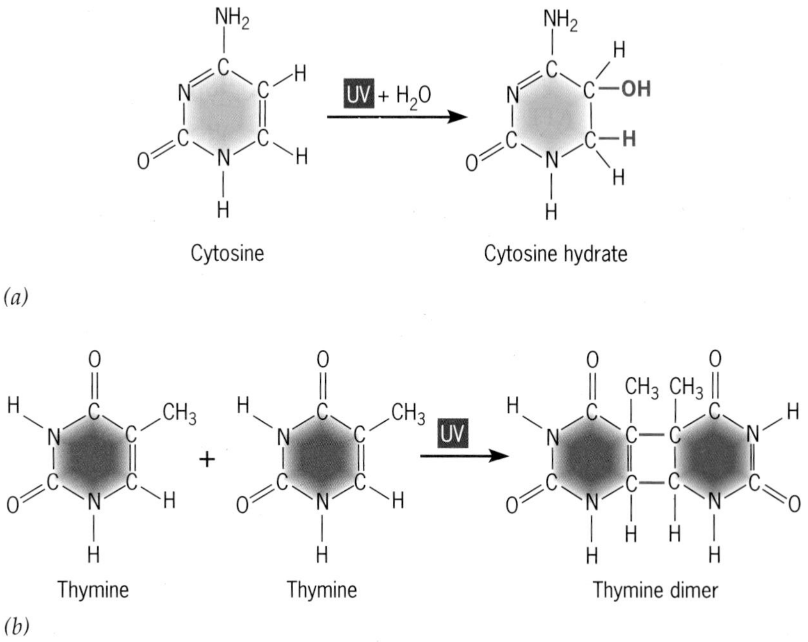

(a) Cytosine $\xrightarrow{UV + H_2O}$ Cytosine hydrate

(b) Thymine + Thymine $\xrightarrow{UV}$ Thymine dimer

■ 그림 13.12 UV 방사선 조사에 의한 피리미딘 광생성 물질. (*a*) 복제 동안 비정상적인 염기쌍 짝짓기를 야기하는 시토신의 수화물 형태로의 가수분해. (*b*) 인접한 티민 분자들 간의 교차결합으로 티민 이합체를 형성하는데 이것은 DNA복제를 방해한다.

유전적 전이 인자에 의해 유도되는 돌연변이

살아있는 생물의 어떤 DNA인자는 어떤 위치에서 다른 위치로 이동할 수 있다. 이러한 **전이인자(transposons)** 또는 유전적 전이인자(transposable genetic elements)는 17장에서 다루어진다. 전이인자가 어떤 유전자내로 삽입이 되면 이 유전자는 기능을 잃게 된다(■ 그림 13.13). 만약 중요한 유전자를 암호화하고 있는 유전자에 전이인자가 삽입되면 돌연변이가 나타나게 될 것이다. 실제로 유전학자들은, 옥수수, 초파리, 대장균 등의 많은 생물에서의 돌연변이들이 중요한 유전자에 이러한 전이인자가 삽입됨으로써 생겨났다는 것을 알게 되었다. 사실 멘델이 실험한 완두의 *주름진*(*wrinkled*) 대립유전자(3장)와 초파리에서 유발된 첫 번째 흰눈 돌연변이(w^1)(5장) 둘 다 전이인자의 삽입으로 야기된 것이다. 17장에서 보다 자세하게 전이인자가 이동함으로써 어떻게 돌연변이가 생기는 것인지에 대하여 살펴보기로 하겠다.

3염기 반복의 확장과 인간의 유전병

앞의 절에서 논의되었던 모든 형태의 돌연변이들이 인간에서도 나타난다. 그리고 인간의 질병과 관련된 또 다른 형태의 돌연변이도 발생한다. 한 개에서 여섯 개로 구성된 염기쌍의 반복을 **단순반복(simple tandem repeats)**이라고 하는데 이러한 반복서열은 인간 유전체 전체에 걸쳐 분포되어 있다. 이와 같은 단순반복 중 **3 염기쌍의 반복(trinucleotide repeats)**은 카피 수가 증가되기도 하는데 이러한 카피 수의 증가는 인간의 유전병을 야기시킨다. 여러 가지 3 뉴클레오티드들이 카피 수의 증가를 일으키는 것으로 보고되어 있다. X 염색체에서의 CGG 3염기 반복이 증가함으로써 취약성 X 염색체 증후군(fragile X syndrome)이 일어나게 되며, 이 질병은 인간의 유전성 정신박약 중 두 번째로 흔한 형태이다(16장). 일반적인 X 염색체에서는 *FRAXA*위치에 CGG가 6번에서 50번 정도 반복되어 나타나는데, 돌연변이의 경우는 1,000번까지 반복되는 것을 볼 수 있다(16장 Focus On: 3 염기쌍 반복과 취약 X 증후군 참조).

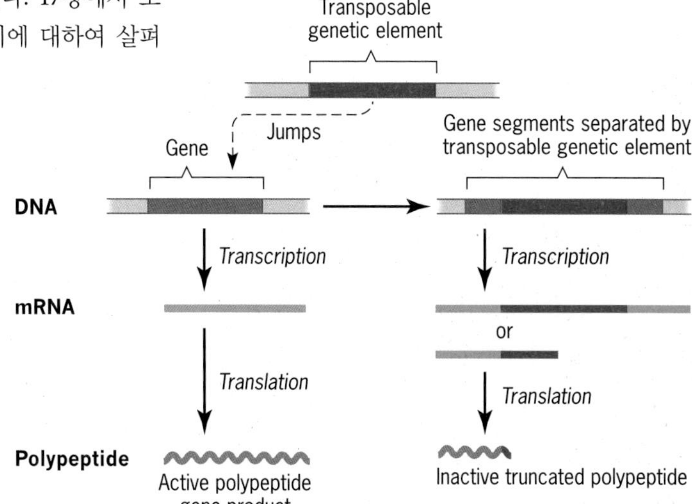

■ 그림 13.13 전이인자 유도성 돌연변이 기구. 보통 야생형 유전자(왼쪽)로 유전적 전이인자(빨간색)가 삽입되면 이 유전자는 기능을 잃게 된다(오른쪽). 절단된 유전자 산물은 전이인자의 삽입에 의해 전사나 번역 종결신호가 생겼기 때문이다.

헌팅턴병(Huntington disease), 근경직성 근위축증(myotonic dystrophy), 케네디병(Kennedy disease), 덴타토루브랄 팔리도루시안 위축증(dentatorubral pallidoluysian atrophy), 마차도 요셉 질병(Machado Joseph disease), 그리고 교두소뇌운동실조(spinocerebellar ataxia)같은 신경관련 유전병은 CAG와 CTG 3염기의 반복과 연관이 있다. 이러한 모든 신경관련 질병은 병의 정도가 3염기의 반복수와 연관이 있다. 즉 카피 수가 많을수록 질병의 증상은 심해진다. 더욱이 이러한 질병과 연관된 3 염기의 반복은 체세포에서, 그리고 세대와 세대의 사이에서 불안정하다. 이러한 불안정성은 *예상(anticipation)* 현상을 일으키는데, 이것은 다음 세대로 내려 갈수록 카피 수가 증가함에 따라 증세의 정도가 심해지거나 더 어린 나이에 발병하는 것이다. 3염기 수의 증가에 대한 메커니즘에 대해 16장에서 토의하겠다.

요점

- *돌연변이는 화학물질, 이온화 방사선, UV 광선, 유전적 전이인자에 의해 유도된다.*
- *점 돌연변이에는 3가지 형태가 있다 : (1) 전이—퓨린이 퓨린으로, 피리미딘이 피리미딘으로 치환되는 현상, (2) 전환—퓨린이 피리미딘으로, 피리미딘이 퓨린으로 치환되는 현상, (3) 해독틀 변경 돌연변이—하나 또는 두 개의 염기쌍이 첨가되거나 결실되는 돌연변이가 일어나 해독틀을 바꿔버리는 현상.*
- *몇몇 유전병은 3염기의 반복적 확장에 의해 야기되기도 한다.*

돌연변이: 그 과정의 기본적 특징

돌연변이는 바이러스에서 인간까지 모든 생물체에서 발생한다. 돌연변이는 자연적으로 발생하거나 혹은 돌연변이원에 의해 유도된다. 돌연변이는 보통 무작위적이고, 비적응성 과정이다.

돌연변이는 살아있는 모든 생물의 모든 유전자에서 발생한다. 이 돌연변이는 생물이 환경적 변화에 적응하도록 새로운 유전적 다양성을 제공한다. 그래서 돌연변이는 진화과정에서 필수적이었으며 앞으로도 계속 그러할 것이다. 우리가 돌연변이의 표현형이 미치는 효과와 돌연변이가 일어나는 다양한 형태의 메커니즘에 대해 논의하기 전에 이 중요한 과정의 기초적인 특징 몇 가지를 생각해 보기로 한다.

돌연변이: 체세포 돌연변이와 생식세포 돌연변이

돌연변이는 다세포 생물의 발생과정의 어떤 단계에서나, 어떤 세포에서도 일어날 수 있다. 돌연변이의 즉각적인 영향과 표현형적 변화를 일으키는 능력은 돌연변이의 우성여부, 변이가 일어난 세포형과 생물의 생활주기 중 일어난 때에 따라 결정된다. 고등동물에서, 배우자가 되는 생식세포는 발생초기에 다른 세포 계열에서 분리된다(2장). 모든 **생식세포 돌연변이(germinal mutations)**는 생식세포에서 일어나고, **체세포 돌연변이(somatic mutations)**는 체세포에서 일어난다.

■ 그림 13.14 원래의 델리셔스 애플은 체세포 돌연변이 결과 얻어진 것이었다. 이것은 추가적인 체세포 돌연변이들을 선별함으로써 지속적으로 개량되어 왔다.

만일 돌연변이가 체세포에서 발생했다면, 돌연변이 표현형은 그 체세포에서만 나타날 것이다. 그리고 그 돌연변이는 배우자를 통해 그 다음 자손으로 전달되지 않을 것이다. 델리셔스 애플(Delicious apple)과 네이블 오렌지(navel orange)는 체세포에서 발생한 돌연변이 결과 만들어진 돌연변이체 표현형의 예이다(**■ 그림 13.14**). 델리셔스 애플은 1881년에 제시 해이엇(Jessie Hiatt)이라는 아이오와의 한 농부에 의해 발견되었다. 이것은 추가적인 체세포 돌연변이를 선별함으로써 지속적으로 개량되어 왔다. 원래의 돌연변이들이 발생했던 그 과일 나무들은 체세포 모자이크성이다. 운 좋게도, 델리셔스 애플이나 네이블 오렌지 둘 다 영양생식이 가능했었고, 접붙이기와 싹에서 생긴 많은 자손들들은 오늘날에도 원래의 돌연변이들을 지속시키고 있다.

만약 우성돌연변이가 생식세포 계에서 일어난다면, 이 영향은 그 자손에서 즉시 표현될 것이다. 만약 돌연변이가 열성이라면, 그 효과는 이배체에서 나타나지 않을 것이다. 생식세포 돌연변이는 유기체 생식주기의 어느 단계에서든 일어날 수 있다. 만약 돌연변이가 한 개의 배우자에서 발생한다면, 오직 하나의 자손만이 그 돌연변이 유전자를 가지게 될 것이다. 만약 어떤 돌연변이가 정소나 난소의 원시 생식 계통의 세포에서 발생한다면 여러 배우자들이 그 돌연변이를 물려받을 것이고 그 돌연변이가 보존될 가능성은 훨씬 커진다. 따라서, 돌연변이 대립인자의 우성이나 열성, 그리고 특정 돌연변이가 발생한 생식주기의 단계 등은 그 돌연변이 대립인자가 한 생물체에 출현할 가능성을 결정하는 데 주요 요인들이 된다.

가축동물에서 가장 최초로 기록된 우성 생식세포 돌연변이는 1791년 메사추세츠 주의 도버 시의 찰스 강 근처 농장에서 라이트(Seth Wright)에 의해 발견되었다. 양떼 중에서 라이트는 특이하게도 짧은 다리를 가진 수양을 발견하였다. 그는 뉴잉글랜드 부근의 낮은 돌울타리를 뛰어넘을 수 없는 짧은 다리를 가진 양떼를 키우는 게 유리할 것이라고 생각했다. 라이트는 다음 계절에 15마리의 암양과 짧은 다리를 가진 수양을 교배시켰다. 그러자 태어난 새끼 양 15마리 중에 2마리가 짧은 다리를 가진 것이었다. 그 후로 짧은 다리 양끼리 교배하여 모든 개체의 표현형이 짧은 다리를 갖는 계통을 확립시켰다.

돌연변이: 자연 돌연변이와 유도 돌연변이

라이트(Wright)가 발견한 짧은 다리 양과 같은 새로운 돌연변이가 발생했을 때, 이것은 환경적인 요인이었을까? 혹은 살아있는 유기체에서 유전과정 결과 생긴 것일까? **자연돌연변이(spontaneous mutation)**는 알려진 원인이 없이 자연적으로 생기는 것이다. 이 돌연변이는 정말 자연적인 것이고, 낮은 빈도로 일어나는 것이며, 실제로는 환경에 존재하는 알려지지 않은 요인으로 생겨날 수 있다. **유도돌연변이(induced mutation)**는 생물의 DNA(바이러스의 경우 RNA)가 변화를 일으키는 물리적, 화학적 원인에 노출되어 생긴 돌연변이이다. 이러한 이온화 방사선, 자외선, 그리고 다양한 화학물질 등과 같은 원인을 **돌연변이원(mutagens)**이라 한다.

실제, 어떤 돌연변이가 자연적으로 일어났는지 돌연변이원으로 유도된 것인지를 증명하기는 불가능하다. 연구자들은 단지 인공적인 것과 자연적으로 생긴 화합물의 잠재적 돌연변이 유발능력을 측정할 수 있다. 유전학자들도 각각의 돌연변이가 자연적인 돌연변이인지 유도된 돌연변이인지를 구별할 수 없다. 단지 집단 수준에서 그러한 차이점을 구별할 수밖에 없다. 돌연변이원을 처리한 집단에서 돌연변이율이 100배 증가했다면 집단 내에서 존재하는 매 100개의 돌연변이 중에 평균 99개가 돌연변이원으로 유도되었을 것이다. 그래서 연구자들은 돌연변이 유발원에 노출된 집단과 돌연변이원에 노출되지 않은 대조집단을 통계적으로 비교함으로써 자연돌연변이와 유도 돌연변이를 비교할 수 있다.

자연 돌연변이들은 비록 관측된 빈도가 유전자마다, 또 생물마다 다양하다고는 해도, 자주 발생하지는 않는다. 파지와 박테리아의 다양한 유전자에 대한 자연돌연변이 빈도 측정은 세대 당 뉴클레오티드 쌍 당 10^{-8}에서 10^{-10}으로 관측된다. 진핵생물의 돌연변이 추정치는 세대 당 뉴클레오티드 쌍 당 약 10^{-7}에서 10^{-9}로 관측된다(데이터를 이용할 수 있는 유전자들만을 고려할 때). 평균 유전자는 보통 길이가 1000 뉴클레오티드 쌍을 가지는 것으로 추정되므로, 유전자 당 돌연변이율은 세대 당 약 10^{-4}에서 10^{-7}로 다양하다.

돌연변이원을 처리하면 돌연변이의 빈도는 10의 지수배로 증가한다. 세균과 바이러스에서 유전자당 돌연변이의 빈도는 강력한 화학적 돌연변이원을 처리했을 때 1% 이상까지 증가할 수 있다. 즉, 처리된 생물의 유전자당 1% 이상이라는 것은 그 세균이나 바이러스 집단에서 1% 이상의 개체들이 해당 유전자에 하나의 돌연변이를 가지고 있다고 달리 언급될 수 있다.

돌연변이: 무작위적이고 비적응적인 과정이다

전통적으로 구서제로 쓰이는 항응고제에 더 이상 쥐가 죽지 않게 되었다. 또한 많은 바퀴벌레 집단은 1950년대 바퀴벌레를 섬멸하려고 쓰인 독극물인 클로데인(chlordane)에 더 이상 반응하지 않는다. 집파리 집단은 많은 살충제에 높은 수준의 저항성을 보인다. 점점 더 많은 병원성 미생물들은 개발된 항생제에 저항성을 가지게 되었다. 인간에 의한 살충제와 항생제 도입은 이들 유기체에게 새로운 환경을 만들어준 셈이다. 그들은 이 화학물질에 대한 저항성을 가진 형으로 진화함으로써 그들에게 부과된 환경변화에 적절히 적응했다. 살충제와 항생제에 대한 저항성을 갖는 돌연변이가 발생하고, 이러한 돌연변이체는 이런 원인이 존재하는 환경에서 선택적으로 유리하다. 이런 화학물질에 민감한 생물은 죽을 것이고, 저항성을 갖는 돌연변이체는 다수로 증식되어 새로운 저항성을 가진 집단을 형성한다. 이와 같은 예는 돌연변이와 자연선택을 통한 진화를 잘 설명할 수 있다.

이러한 예는 돌연변이의 본질에 대한 기본적인 의문점을 일으킨다. 돌연변이는 단지 환경적인 스트레스에 의하여 순전히 무작위적으로 일어나는 일인가? 또는 돌연변이는 환경의 통제를 받는가? 예를 들면, 여러 세대동안 생쥐꼬리를 자른다면 결국 꼬리 없는 새로운 품종의 생쥐를 만들 수 있는가? 획득 형질(acquired trait) — 생물체가 환경적 요인에 의해 형질을 갖게됨 — 의 유전을 믿었던 라마르크(Jean Lamarck)와 그의 제자 루이셍코(Trofim Lysenko)의 믿음에도 불구하고 이에 대한 대답은 "아니다"이다. 생쥐는 계속해서 꼬리를 지닌 채로 태어난다.

현재에서 생각해보면, 루이셍코의 획득형질이 유전된다는 라마르키즘(Lamarckism)에 대한 생각이 1937년에서 1964년을 거쳐 그가 막강한 권력을 가졌던 소련에게 어떻게 받아들여졌는지 이해하기 어렵다. 그러나 규모가 작은 배양으로 수억의 유기체를 가지는 미생물 분야에서도 라마르키즘을 반증하기는 쉬운 일이 아니다.

예를 들면, 스트렙토마이신이 없는 환경에서 자라는 대장균 같은 박테리아 집단을 생각해 보자. 스트렙토마이신에 노출되었을 때, 대부분의 박테리아는 항생제에 의해 죽을 것이다. 그러나 그 집단이 충분히 크다면, 모든 세포가 그 항생제에 저항성을 갖는 스트렙토마이신 저항성 집단이 곧 생겨날 것이다. 스트렙토마이신은 낮은 빈도이나 무작위적으로 발생되는 집단 내 이미 존재하는 돌연변이체를 단순히 선별하는가? 혹은 모든 세포가 스트렙토마이신이 있을 때 저항성을 가지는 쪽으로 발전될 가능성을 조금은 갖고 있는 것일까? 유전학자들은 이 두 가능성을 어떻게 구별할 수 있을까? 그들은 배양액에 항생제 스트렙토마이신을 처리하여 저항성을 탐지할 수 있다. 저항성을 가진 박테리아가 스트렙토마이신에 노출되기 전부터 존재했던 것인지 또는 항생제에 의해 유도된 것인지를 어떻게 결정할 수 있을까?

1952년 레더버그(Joshua Lederberg와 Esther Lederberg)들은 **복제평판법(replica plating)**이라는 중요한 새로운 기법을 개발하였다. 이것은 항생제에 노출되기 전 박테리아 배양액체에 항생제-저항성 돌연변이체가 존재하는지를 밝혀주는 기법이다(■ **그림** 13.15). 그들은 처음 박테리아 배양액체를 희석하고 반 고형인 영양 한천배지가 들어 있는 평판접시의 표면에 박테리아를 접종했다. 그리고 각각의 박테리아가 한천배지 표면에 군락(colony)을 형성할 때까지 평판(plate) 배양하였다. 그 다음 평판을 뒤집어 벨벳 천을 두른 나무 원통에 눌러 각 군락에서 몇 개의 세포들이 벨벳 천에 묻도록 했다. 그 다음 스트렙토마이신이 포함된 멸균 영양 한천배지 평판을 벨벳 천에 묻혔다. 이 복제평판법으로 여러 평판을 복제하였고, 각각의 평판은 약 200개 정도의 박테리아 군락을 갖게 조절했다. 스트렙토마이신이 포함된 선택 평판을 하룻밤 배양한 후, 대부분의 군락은 자라지 못했지만 드물게 스트렙토마이신 저항성 군락이 형성됐다.

레더버그 부부는 계속해서 비선택 배지(스트렙토마이신이 없는)의 군락들을 스트렙토마이신이 포함된 배지에서 길러봄으로써 저항성 유무를 검사하였다. 그들이 결과는 결정적이었다. 선택 복제 평판에서 자랐던 원래의 군락들은 언제나 스트렙토마이신 세포들을 포함하고 있었고, 반면 선택 복제 평판에서 자라지 못했던 원래의 비선택 배지 상의 군락들은 저항성 세포들을 거의 포함하고 있지 않았다(그림 13.15).

만약 군락 성장의 초기 단계에서 스트렙토마이신에 저항성을 갖는 박테리아를 만드는

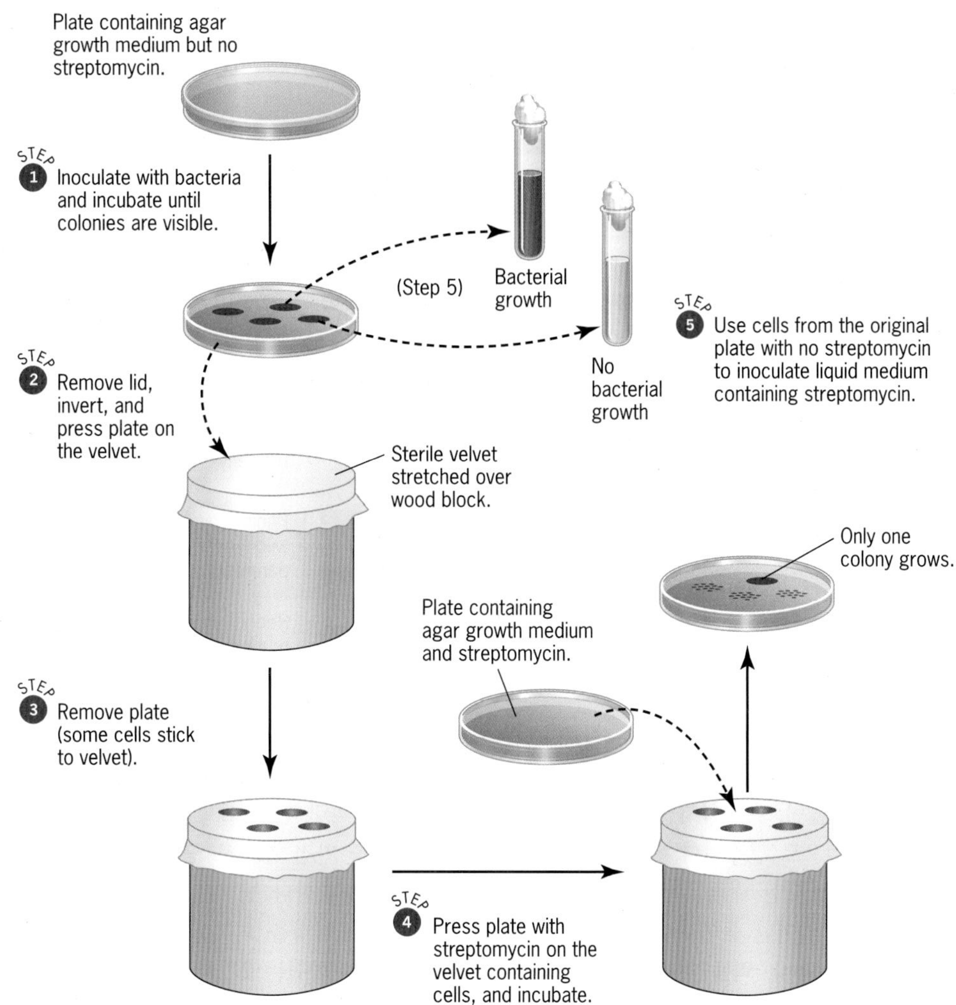

Plate containing agar growth medium but no streptomycin.
STEP 1 Inoculate with bacteria and incubate until colonies are visible.
(Step 5)
Bacterial growth
No bacterial growth
STEP 5 Use cells from the original plate with no streptomycin to inoculate liquid medium containing streptomycin.
STEP 2 Remove lid, invert, and press plate on the velvet.
Sterile velvet stretched over wood block.
Only one colony grows.
Plate containing agar growth medium and streptomycin.
STEP 3 Remove plate (some cells stick to velvet).
STEP 4 Press plate with streptomycin on the velvet containing cells, and incubate.

■ 그림 13.15 레더버그(Joshua Lederberg와 Esther Lederberg)가 돌연변이의 특성이 무작위적인지 아닌지를 증명하기 위해 사용한 복제 평판법. 간단하게 하기 위해, 단지 4군락만을 각 평판 위에 보여주고, 5 단계에서는 단지 2개만 스트렙토마이신 저항성 실험을 하였다. 사실은 돌연변이 군락의 정확한 수를 알아내기 위해서는 각 평판에 200개 정도의 콜로니가 되도록 조절한 많은 평판들이 사용되어야 한다.

돌연변이가 발생한다면, 저항성이 있는 세포는 2개, 4개, 8개로 분열하여 마침내 많은 수의 저항성을 가진 박테리아로 늘어날 것이다. 그러므로 만약 돌연변이가 무작위적으로 발생하고, 비적응성이라면, 비선택 평판에 형성된 많은 군락들은 하나 이상의 항생제 저항성 세균 세포를 포함할 것이고, 후에 선별 배지에서 검사될 때 저항성 배양을 보일 것이다. 그러나 만약 돌연변이가 적응적이고, 항생제에 노출된 직후에 스트렙토마이신 저항성 돌연변이가 발생한다면, 복제평판 후에 선택 평판에서 저항성 군락을 만든 비선택 평판의 군락들은, 비선택 평판 상의 다른 군락들보다 스트렙토마이신 저항성 세포들을 포함할 가능성이 더 크지 않을 것이다. 즉 애초에는 별 차이가 없었을 것이다.

복제평판기술을 이용하여 레더버그는 항생제에 노출되기 전 박테리아 집단에 스트렙토마이신 저항성 돌연변이체가 이미 있었다는 것을 증명했다. 그 결과와 다른 많은 실험의 결과는 루이셍코가 믿는 것처럼 환경적 스트레스가 유전적 변화의 원인이 되거나 (그렇게) 이끈 것이 아니라는 것을 보여주는 것이다. 이런 환경스트레스는 새로운 환경에 더 잘 적응할 수 있는 표현형을 가진, 이미 존재하고 있는 드문 돌연변이를 단순히 선택하는 것이다.

돌연변이: 가역적인 과정

위에서 논의되었던 것처럼, 야생형 유전자에서 일어나는 돌연변이는 비정상적 표현형을 보이는 돌연변이 대립유전자를 생산할 수 있다. 그러나 돌연변이 대립유전자 역시 야생형 표현형을 가지는 형태로 다시 돌연변이 될 수 있다. 즉, 돌연변이는 가역적이라는 것이다.

돌연변이의 표현형 형태로 야생형 유전자에 돌연변이가 일어나는 것을 *정방향 돌연변이*

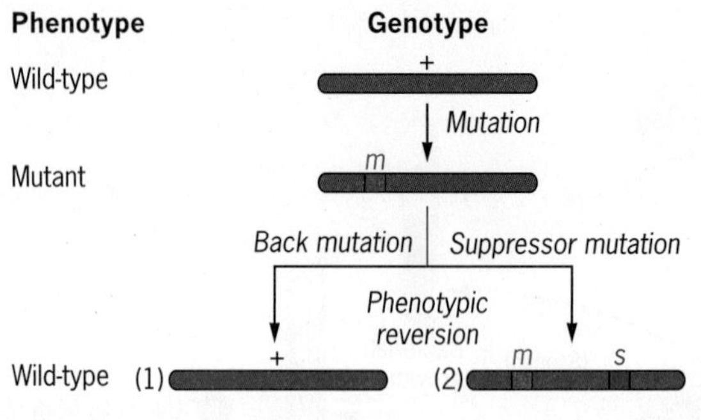

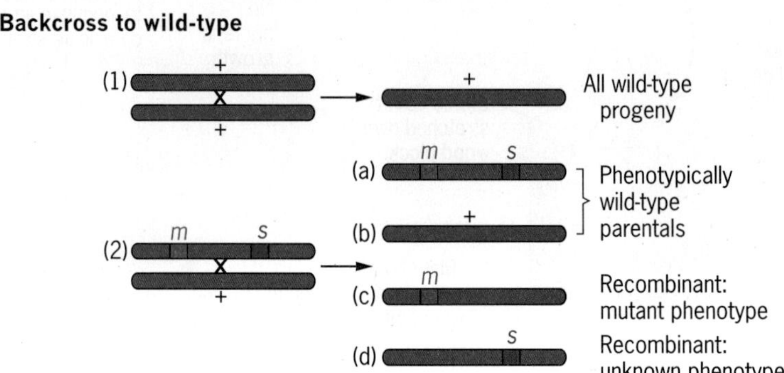

■ 그림 13.16 한 생물의 원래 야생형 표현형이 회복되는 것은 (1) 복귀 돌연변이와 (2) 억제 돌연변이에 의해 발생할 수 있다(단순히 하기 위해 동일한 염색체 상에서의 사건으로 표현되었다). 어떤 돌연변이체들은 두 가지 기작 모두에 의해 회복될 수 있다. 이 두 가지 형태의 역돌연변이체들은 원래의 야생형 개체와의 역교배에 의해 구분될 수 있다. 복귀 돌연변이가 일어났다면, 모든 역교배 자손은 야생형일 것이다. 만약 억제 돌연변이가 원인이라면 역교배 자손 중에는 돌연변이 표현형을 가지는 자손이 나올 것이다(2*c*).

(*forward mutation*)이라 한다. 그러나 때때로 야생형과 돌연변이 표현형의 정의는 꽤 임의적이다. 예를 들면, 유전학자들은 사람의 눈 색에서 갈색과 파란 눈 색에 대한 대립유전자를 모두 야생형으로 간주한다. 그러나 거의 전체가 갈색 눈을 가진 개체로 구성된 집단에서는 파란 눈 색에 대한 대립유전자를 돌연변이 대립유전자로 생각한다.

두 번째 일어난 돌연변이가 처음의 돌연변이로 원래 표현형을 회복한다면 이를 **회귀돌연변이(reversion)**, **역돌연변이(reverse mutation)**라 부른다. 회귀는 2가지 방법으로 일어난다. (1) **복귀 돌연변이(back mutation)**로 원래 돌연변이가 일어난 유전자의 같은 위치에 두 번째 돌연변이가 일어난다. 그래서 야생형 뉴클레오티드 순서로 회복되는 것이다. (2) **억제 유전자 돌연변이(suppressor mutation)**는 유전체 상의 다른 위치에 두 번째 돌연변이가 일어나 처음 일어난 돌연변이의 영향을 상쇄하는 것(■ **그림 13.16**)이 있다. 복귀 돌연변이는 원래의 유전자의 야생형 뉴클레오티드 서열을 회복하는 반면, 억제 돌연변이는 그렇지 않다. 억제 돌연변이는 원래의 돌연변이가 발생한 유전자의 다른 지역에서 발생할 수가 있으며, 때로는 다른 유전자, 심지어 다른 염색체 상에서도 발생한다.

어떤 돌연변이는 주로 복귀 돌연변이에 의해서 회복되는 반면, 다른 돌연변이는 거의 억제 돌연변이에 의해서 회복된다. 그래서 유전적 연구에서 연구자들은 이런 두 가지의 가능성을 밝히기 위해, 원래의 야생형을 표현형적 복귀체(revertant)와 역 교배함으로써 구분을 하여야 한다. 야생형 표현형이 억제 돌연변이에 의해서 회복된 것이라면 원래의 돌연변이는 여전히 존재하며, 재조합에 의해서 억제 돌연변이와 분리가 된다(그림 13.16). 만약 야생형 표현형이 복귀 돌연변이에 의해서 회복된다면, 역교배에서 얻은 모든 자손은 야생형이 될 것이다.

요점

- *돌연변이는 생식세포와 체세포에서 모두 발생하지만, 생식세포에서 발생한 돌연변이만 자손으로 전달된다.*
- *돌연변이는 자연적으로 발생하거나 주위의 돌연변이 유발 인자에 의해서 유도되기도 한다.*
- *돌연변이는 일반적으로 비적응성 과정이며 환경적 스트레스는 이미 존재하는 개체를 단순히 선택하고, 돌연변이는 무작위적으로 일어난다.*
- *돌연변이체의 야생형 표현형의 회복은 복귀 돌연변이나 억제 돌연변이로 생긴다.*

돌연변이: 표현형적 효과

표현형에서의 돌연변이의 효과의 범위는 관찰이 안 될 정도의 변화부터 치사에 이르는 것까지 다양하다.

표현형에 돌연변이가 미치는 영향의 범위는, 특별한 유전적, 생화학적 기법에 의해 확인할 수 있는 아주 작은 변화에서부터 광범위한 형태상의 변화와 치사에 이르는 것까지 매우 다양하다. 유전자란 특정한 폴리펩티드를 암호화하는 특이적인 뉴클레오티드 서열이다. 주어진 유전자에 일어나는 어떠한 돌연변이는 새로운 대립유전자를 만들게 된다. 특별한 기술에 의해 인식할 수 있는 작은 돌연변이 효과를 가지고 있는 유전자를 **동위대립유전자(isoalleles)**라 부른다. 어떤 돌연변이는 유전자 산물의 활성을 모두 잃게 되는 **영대립유전자(null alleles)**가 된다. 만약에 생존에 반드시 필요한 유전자에 돌연변이가 발생하여 이 유전자를 동형접합으로 갖게 되면 치사가 된다. 이와 같은 돌연변이를 **열성 치사(recessive lethals)**라 한다.

돌연변이는 열성이거나 우성이다. 바이러스와 박테리아와 같은 반수체의 개체에서[더 정확히 말하면 일배체(단수체, monoploid)] 우성과 열성 돌연변이는 두 가지 모두 그들이 유래한 개체의 표현형적 효과로 인지될 수 있다. 박테리아에서 돌연변이의 열성과 우성의 여부는 부분적 배수체(partial diploid)에 의해 결정할 수 있다. 초파리나 인간같은 이배체 생물에서 열성 돌연변이는 동형접합성 상태일때만 표현형을 변화시킬 것이다. 따라서 이배체 생물에서 대부분의 열성 돌연변이들은 그것이 처음 발생했을 때는 인식되기 어려운데, 이들이 이형접합자 상태로 존재하기 때문이다. 예외로 성 연관 돌연변이는 이형배우자성 성(heterogametic sex, 사람과 초파리의 경우는 수컷, 새의 경우 암컷)에서 반접합성 상태로 발현된다. 성 연관 열성 치사돌연변이는 성비를 변화시킨다. 왜냐하면 치사돌연변이를 가지는 반접합자 개체는 생존할 수 없기 때문이다(■ 그림 13.17).

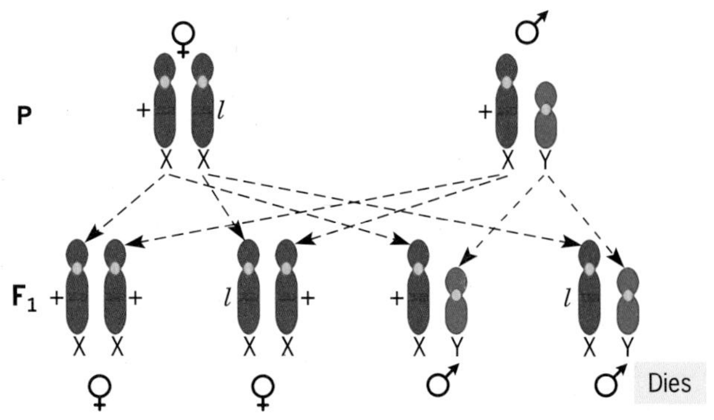

■ 그림 13.17 X 연관성 열성 치사 유전자에 의한 성비의 변화. X 연관성 열성 치사 돌연변이가 이형접합인 경우 암컷과 수컷의 자손 비율이 2:1이 된다.

돌연변이의 표현형적 효과: 보통 해롭고 열성이다

유전학자에 의해서 연구되고 확인된 돌연변이의 대부분이 해로운 돌연변이이고 열성이다. 물질대사에 관한 유전적 조절이나 해당 돌연변이를 규명하는 기술들에 대해 알려져 있는 사실들을 고려해 보면 이런 결과는 당연한 것이다. 4장에서 논의했듯이, 대사는 각 단계마다 하나 이상의 유전자에 의해 암호화된 특이적 효소가 촉매함으로써 연속적 화학반응으로 일어난다. 유전자의 돌연변이는 이러한 대사경로에 장애를 발생시킨다(■ 그림 13.18). 이러한 장애는 유전자의 염기서열의 변화가 폴리펩티드의 아미노산 서열에 변화를 유발시켜(■ 그림 13.19), 기능이 없는 산물을 만들기 때문이다(그림 13.18). 이것이 돌연변이의 가장 일반적인 효과이다. 활성이 있는 효소를 암호화하는 야생형 대립유전자와 부분적으로 활성이 있거나 거의 활성이 없는 효소를 암호화하는 돌연변이의 대립유전자가 같이 존재하면, 대부분의 관찰되는 돌연변이는 열성이 된다. 만약 세포가 어떤 효소에 대해서 활성과 비활성형의 두 가지를 모두 가진다면, 활성을 갖는 효소가 반응을 촉매하게 된다. 그러므로 활성이 있는 산물을 지정하는 대립유전자는 보통 우성이 되고, 비활성 산물을 암호화하는 대립유전자는 열성이 된다(4장 참조).

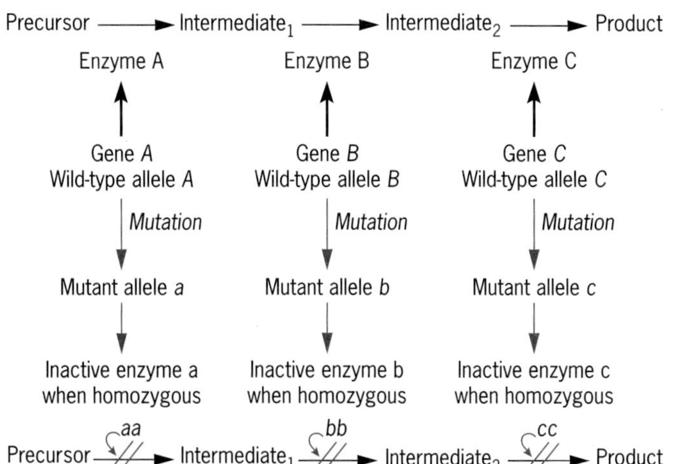

■ 그림 13.18 열성 돌연변이 대립유전자는 종종 대사경로에 장애를 유발한다. 대사경로는 위 그림처럼 몇 단계일 수도 있고 더 많은 단계일 수도 있다. 각 유전자의 야생형 대립유전자는 보통 해당되는 반응을 촉매하는 기능이 있는 효소를 암호화한다. 야생형 유전자에 발생한 대부분의 돌연변이는 활성이 없거나 약해진 활성을 갖는 변형된 형태의 효소를 만든다. 불활성 산물을 만드는 돌연변이 대립인자에 동형접합성인 경우 필요한 효소 활성의 부족으로 대사의 장애를 유발시킨다.

유전암호의 퇴화(degeneracy)와 규칙성 때문에, 많은 돌연변이가 개체의 표현형에 영향을 미치지 않는다. 이와 같은 돌연변이를 **중립적 돌연변이(neutral mutation)**라 한다(12장 참조). 그러나 대부분의 표현형상으로 인지되는 효과가 있는 돌연변이가 왜 활성이 감소된 유전자 산물이나

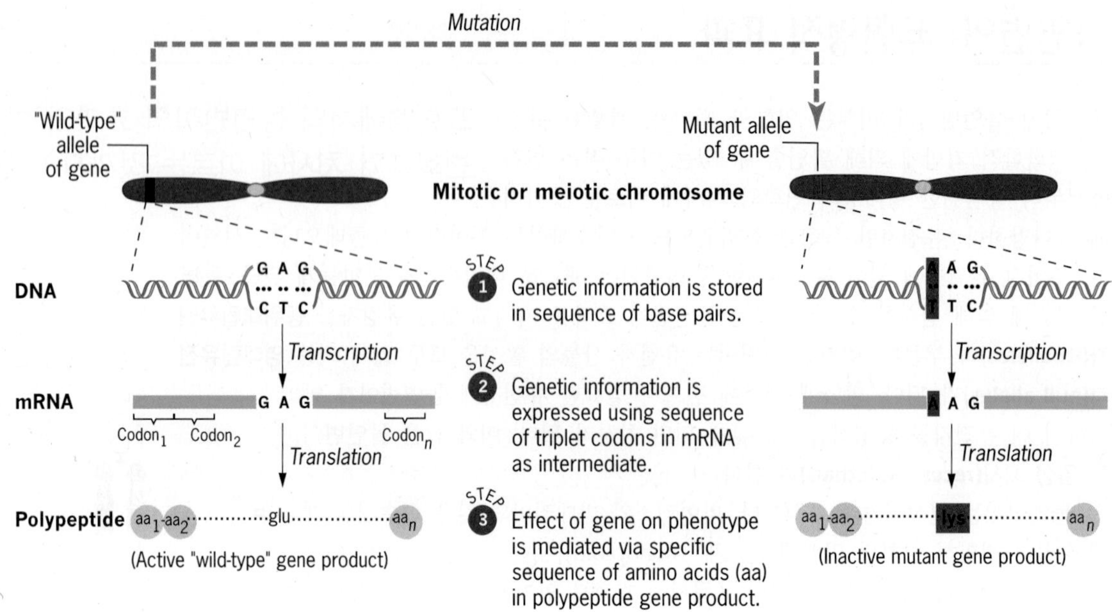

■ 그림 13.19 돌연변이 과정과, 야생형과 돌연변이 대립유전자 발현의 개요. 돌연변이는 유전자의 뉴클레오티드 쌍의 서열을 변화시키고, 결국 폴리펩티드의 아미노산 서열을 변화시킨다. G:C 염기쌍(왼쪽 위)이 A:T쌍(오른쪽 위)으로 돌연변이를 일으켰다. 이 돌연변이는 하나의 mRNA 코돈 GAG를 AAG로 변화시키고, 폴리펩티드의 한 아미노산인 글루탐산(glu)을 리신(lys)으로 변화시킨다. 이런 변화로 기능이 없는 유전자 산물이 만들어지게 된다.

혹은 활성이 전혀 없는 유전자 산물을 만들게 할까? 야생형 효소나 구조단백질을 암호화하는 야생형 대립유전자는 진화가 진행되면서 최적 활성을 갖도록 선택되었다. 그래서 고도로 적응된 아미노산 서열을 무작위로 변화시키는 돌연변이는 보통 활성이 덜 있거나 완전하게 불활성화 된 산물을 만든다. 시계나 자동차 같은 복잡하고 정교하게 만들어진 기계와 비교할 수 있을 것이다. 만약 어떤 기계의 필수 부분을 무작위적으로 변형시킨다면 변형시키기 이전만큼 잘 작동되지 않을 것이다. 돌연변이 대립인자와 야생형 대립인자간의 상호작용, 그리고 돌연변이에 대한 이러한 관점은 외관상으로 나타나는 표현형적 효과가 있는 대부분의 돌연변이가 열성이고 해롭다는 의견과 일치한다.

인간의 글로빈(GLOBIN) 유전자의 돌연변이 효과

인간의 돌연변이 헤모글로빈은 돌연변이의 해로운 효과를 보여주는 좋은 예이다. 1장과 12장에서 우리는 헤모글로빈의 구조와 낫 모양 세포 헤모글로빈(겸상 세포 헤모글로빈 sickle-cell hemoglobin)이 나타내는 충격적인 영향에 대해 논의하였다. 성인의 헤모글로빈의 주요 구조에 대해 다시 언급하자면 성인 헤모글로빈(헤모글로빈 A)은 동일한 두 개의 *알파*(α)*사슬*과 두 개의 *베타*(β)*사슬*으로 구성되어 있다. α사슬은 141 아미노산으로 구성되어 있고, β사슬은 146개의 아미노산으로 되어 있다. 아미노산 서열의 유사성 때문에 모든 글로빈 사슬(구조 유전자)은 동일 조상으로부터 진화한 것으로 생각된다.

여러 가지의 성인 헤모글로빈 돌연변이체들이 규명되었고, 몇 개는 심각한 표현형적 효과를 가지고 있다. 많은 변이체가 초기에 전기영동상의 행동(전하량 차이로 발생하는 전기장에서의 이동 — 14장 참조)의 변화로 발견되었다. 헤모글로빈 변이체는 돌연변이가 유전자 산물의 구조와 기능에 미치는 효과와 표현형에 미치는 효과를 잘 보여주는 예이다.

헤모글로빈 A와 헤모글로빈 S의 아미노산 서열이 결정되어 서로 비교되었을 때 헤모글로빈 S는 단지 하나의 아미노산 서열만 헤모글로빈 A와 달랐다. 헤모글로빈 A의 β사슬은 아미노 말단으로부터 6번째 아미노산이 글루탐산이고(음전하를 띰) 헤모글로빈 S의 β사슬은 이 자리에 발린이 위치한다(중성 pH에서 전하를 띠지 않음). 헤모글로빈 A와 헤모글로빈 S의 α사슬은 동일하다. 이와 같이, 한 폴리펩티드에서 오직 하나의 아미노산이 변함으로 해서 표현형에 심각한 영향을 준 것이다. 이외에도 단백질 구조와, 나아가 표현형에 영향을 미치는 돌연변이에 대한 이와 유사한 많은 예가 있다.

헤모글로빈 S의 경우, β사슬의 6번째의 글루탐산이 발린으로 바뀜으로써 새로운 결합이 형성되어 단백질의 입체구조(conformation)를 변화시키고, 결국 헤모글로빈 분자를 뭉치게 한다. 이러한 변화는 적혈구의 모양을 매우 이상하게 (낫 모양으로) 변화시킨다. HBB^A를 생기게 한 HBB^S 유전자의 돌연변이 변화는 T:A 염기쌍 대신 A:T 염기쌍이 대체된 것이다 (그림 1.9). 이러한 A:T → T:A 염기쌍 변화는 단백질의 아미노산 서열 결과와 알려진 코돈 지정으로부터 예견되었으며, 나중에 HBB^A와 HBB^S 유전자 서열을 분석함으로써 증명되었다.

β사슬 아미노산 변화를 일으키는 100개 이상의 헤모글로빈 변이체가 알려져 있다. 대부분이 헤모글로빈 A의 정상적인 β사슬과 한 개의 아미노산 서열이 다르다. 그리고 많은 α폴리펩티드의 변이체도 동정되었다.

이 헤모글로빈의 예는 돌연변이가 유전자 구조를 바뀌게 하고, 보통 한 개 내지 수 개의 염기가 변하는데, 결국 유전자 산물인 폴리펩티드의 아미노산 서열을 변화시킨다는 것을 알려준다. 이러한 단백질 구조의 변화는 표현형 변화를 유발하여 돌연변이로 인식되게 한다.

사람의 돌연변이: 대사경로의 장애

4장에서, 한 개 혹은 그 이상의 유전자에 의해 암호화되는 효소가 촉매하는 대사경로의 유전적 조절에 대해서 다루었다. 돌연변이가 그런 유전자에서 발생했을 때, 대사경로의 장애가 발생하여 비정상적 표현형을 나타내게 된다(그림 13.18). 대사의 유전적 조절은 사람을 포함한 모든 생명체에 적용이 된다('On the Cutting Edge: 8세포기의 전 배아에서 테이-삭스 돌연변이 탐지하기' 참조).

대사에 미치는 돌연변이의 영향은 실제로 어떤 대사경로를 고려하여도 설명할 수 있다. 그 중 방향성 아미노산인 페닐알라닌과 티로신의 대사는 좋은 예로서, 사람의 돌연변이에 대한 초기의 연구로 이 경로에 장애가 있음이 밝혀졌다(Student Companion 사이트에 제공된 4장의 유전학의 이정표: 게로드의 선천성 대사질환 참조). 페닐알라닌과 티로신은 단백질 합성에 필요한 필수 아미노산이다. 이들은 미생물에 의해서 만들어지지만 사람은 (새로이) 합성할 수 없기 때문에 두 아미노산은 음식물로 섭취해야 한다.

잘 알려진 페닐알라닌-티로신 대사의 유전성 질환은 페닐케톤뇨증(phenylketonuria)인데 페닐알라닌 히드록실라제(phenylalanine hydroxylase)가 없어서 발생한다. 이 효소는 페닐알라닌을 티로신으로 변환시킨다. 열성 상염색체상의 질환인 페닐케톤뇨증을 앓는 신생아는 페닐알라닌이 적은 식사를 유지하지 않으면 심각한 정신지체 현상이 나타난다(Student Companion 사이트에 제공된 4장의 유전학의 이정표 참조). 페닐알라닌-티로신 대사가 최초로 연구된 유전성 질환은 알캅톤뇨증(alkaptonuria)이었는데, 열성 상염색체 상의 돌연변이로서 호모겐티산 산화효소(homogentisic acid oxidase)가 불활성화 됨으로써 발생한다. 유전자라는 개념의 진화에 주요한 역할을 했던 알캅톤뇨증은 4장에서 다루었다.

다른 두 가지의 유전성 질환들이 티로신의 분해에 필요한 효소들을 암호화하는 유전자들에 발생한 돌연변이 때문에 생긴다; 둘 다 상염색체성 열성이다. 티로신증(tyrosinosis)과 티로신혈증(tyrosinemia)은 각각 티로신 트랜스아미나제(tyrosine transaminase)와 *p*-하이드록시페닐피루브산 산화효소(*p*-hydroxyphenylpyruvic acid oxidase) 결핍에 의한 것이다. 두 효소들은 티로신을 이산화탄소(CO_2)와 물(H_2O)로 분해하는 데 필요하다. 티로신증은 매우 드물어서 단 몇 사례만이 연구되어 있다. 티로신증을 가진 사람들은 그들의 혈액과 소변에 티로신이 매우 증가해 있고, 다양한 선천성 이상을 나타낸다. 티로신혈증을 가지는 사람들은 혈액과 소변에서 티로신의 양과 *p*-하이드록시페닐피루브산의 양이 모두 증가한다. 티로신혈증을 가지는 대부분의 신생아들은 간 기능 이상으로 생후 6개월 내에 사망한다.

피부와 머리카락과 눈의 색소가 없는 백색증(albinism)은 티로신을 멜라닌으로 변환시

ON THE CUTTING EDGE

8세포기의 전 배아에서 테이-삭스 돌연변이 탐지하기

인간의 유전성 질환 중에서 테이-삭스 병(Tay-Sachs disease)만큼 비극적인 질병은 없다. 이 질병을 유발하는 유전자가 동형접합인 유아는 출생 시에는 정상이다. 그러나 몇 달 이내에 이들은 큰소리에 매우 민감하게 되고 눈의 망막에 선홍색 반점이 나타난다. 이런 초기 증상은 부모나 의사에게 종종 발견이 안 되는 수가 있다. 출생 후 6개월 내지 1년쯤에 이 병을 가진 아이는 정신지체, 실명, 귀먹음, 그리고 신체기능 통제의 마비를 초래하는 점진적인 신경학적 퇴보를 보이기 시작한다. 두 살 즈음에는 통상적으로 몸 전체가 마비가 되며, 만성적인 호흡기 감염으로 인한 장애를 일으킨다. 세 네 살의 나이에 죽게 된다.

테이-삭스병을 일으키는 분자수준에서의 결함은 알려져 있으나 효과적인 치료법은 아직 알려져 있지 않다. 테이-삭스병에서 그나마 다행인 점은 굉장히 드물다는 점이다. 그러나 중부 유럽의 아시케나지 유대민족은 매우 높은 빈도로 발병한다. 테이-삭스병은 이들 민족의 3,600명 중에 1 명에게서 발병하고 이 유대민족의 성인 30명중 1명은 이형접합상태의 돌연변이 유전자를 가지고 있다. 만약, 이 유대출신의 남녀가 결혼한다면 둘 다 돌연변이 유전자를 가질 확률은 1,000명당 1 명이다(0.033 × 0.033). 만약 둘 다 보인자라면, 그들의 평균 1/4의 자손이 이 돌연변이 유전자가 동형접합이 될 것이고, 테이-삭스병이 발병할 것이다.

테이-삭스병을 일으키는 돌연변이는 헥소사미니다제(hexosaminidase) A 효소를 암호화하는 *HEXA* 유전자에 위치한다. 이 효소는 강글리오사이드(ganglioside) G_{M2}라는 복합지질에 작용하여, 다음과 같이 더 작은 강글리오사이드(G_{M3})와 아세틸 갈락토사민(*N*-acetyl-*D*-galctosamine)으로의 분해를 촉매하며 ■ **그림 1**에 나타냈다. 강글리오사이드 G_{M2}는 신경세포를 감싸 이웃세포와 절연시키므로써 신경자극의 전달을 가속화시킨다. 이것을 분해하는 효소가 없으면, ganglioside G_{M2}가 축적되어 신경세포를 질식시킨다. 또한 뉴런에 복합지질이 쌓이면 신경세포의 작용을 저해하여 신경계의 퇴화를 유발하며 결국은 마비를 일으킨다.

테이-삭스병은 와렌 테이(Warren Tay)에 의해 1881년에 밝혀졌고, 생화학적 기초 지식이 알려진 지도 25년이 넘었지만, 아직까지도 이 비극적 질병에 관한 효과적인 치료법이 없다. 어떤 유전성 질환은 효소요법(결핍된 효소를 환자에게 투여하여 치료하는 방법)으로 치료가 가능하지만, 이 방법은 테이-삭스병에는 적용되지 않는다. 왜냐하면, 이 효소는 뇌세포와 순환계를 구분시켜 주는 장벽을 통과할 수 없기 때문이다. 게다가, 체세포 유전자 요법(기능이 있는 유전자를 체세포에 투여하여 치료하는 방법)은 현재 불가능하다(16장 참조). 왜냐하면 아직까지 유전자를 뉴런에 도입하는 확립된 체계가 없기 때문이다.

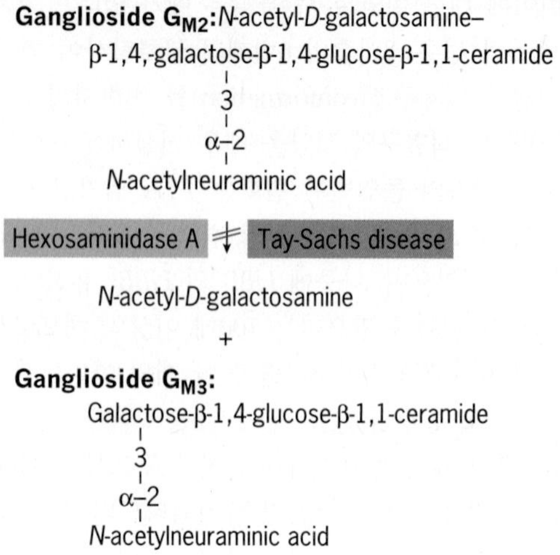

테이-삭스 질환은 양수천자법(amniocentesis)으로 출생 이전에 탐지할 수가 있는데(6장 참조), 이 방법은 이 질병을 연구하기 위해서 널리 사용되고 있다. 최근 섬세한 DNA 수준의 검사법이 개발되어 과학자들이 테이-삭스병을 일으키는 돌연변이 유전자를 단일 세포에서부터 분리된 DNA로 검사할 수 있게 되었다. 이 DNA 검사법은 시험관 내 수정으로 얻어진 8세포기의 전 배아에서 테이-삭스 돌연변이를 검사하는 데 이용될 수 있다. 하나의 세포가 DNA 검사법에 사용되고 나머지 일곱 개의 세포는 모체의 자궁으로 이식될 때 정상적인 배로 분화되는 능력을 유지하고 있다. 그 치명적인 테이-삭스병 돌연변이 유전자가 동형접합이 아닌, 정상으로 판정된 배만이 어머니의 자궁에 이식된다. 이 방법으로 양친이 모두 테이-삭스병 돌연변이 유전자의 보인자일 경우에도, 이 질병을 가지는 아이를 낳는다는 두려움 없이 아이를 가질 수 있다.

Ganglioside G_{M2}: *N*-acetyl-*D*-galactosamine–β-1,4,-galactose-β-1,4-glucose-β-1,1-ceramide
3
α–2
N-acetylneuraminic acid

Hexosaminidase A ↓ Tay-Sachs disease

N-acetyl-*D*-galactosamine
+
Ganglioside G_{M3}:
Galactose-β-1,4-glucose-β-1,1-ceramide
3
α–2
N-acetylneuraminic acid

■ **그림 1 테이-삭스 대사 장애.**

키는 과정의 장애로 발생한다. 한 유형의 백색증은 티로신으로부터 멜라닌을 만드는 첫 단계를 촉매하는 효소인 티로시나아제(tyrosinase)가 없어서 발생한다. 다른 유형은 그 다음 단계의 장애로부터 발생한다. 백색증은 상염색체 상의 열성 형질로서 유전되며, 이형접합자도 정상 수준의 착색 상태를 가진다. 그러므로 다른 유전자의 돌연변이로 백색증에 걸린 두 환자간의 아이들은 정상이다.

단일대사경로인 페닐알라닌-티로신 대사의 연구로 다섯 개의 다른 유전성 질환을 밝혔는데, 모두 이 경로의 각 단계를 통제하는 유전자의 돌연변이에 의해서 발생한다. 대사의 유전적 조절 메커니즘은 사람에 있는 다른 대사경로에서도 같은 양상을 보인다.

조건 치사 돌연변이: 유전학 연구의 강력한 도구

동위대립유전자(isoallele)에서 치사에 이르는 모든 돌연변이 중에서, **조건 치사 돌연변이 (conditional lethal mutations)**는 유전학 연구에 가장 유용하다. 이런 돌연변이는 한 가지 환경, 즉 (1) *제한적 조건*(*restrictive conditions*)에서 치사이지만 (2) *허용적 조건*(*permissive conditions*)에서는 살 수 있다. 유전학자들은 조건 치사 돌연변이를 이용하여 반수체 생물에서도 유전산물의 활성이 상실된 필수 유전자의 돌연변이를 연구하였다. 조건 치사 돌연변이를 가지는 돌연변이체들은 허용적 환경에서 증식할 수 있으며, 그 유전자에 대한 정보는 제한 조건 하에서 해당 유전자 산물의 부재 결과가 어떻게 나타나는지를 연구함으로써 추정할 수 있다. 연구자들은 조건 치사 돌연변이를 발생에서부터 광합성에 이르기까지 매우 다양한 생물학적 과정을 연구하는 데 이용하였다.

조건 치사 표현형을 가지는 세 가지 주요한 돌연변이체는 (1) 영양 요구성 돌연변이체 (auxotrophic mutants), (2) 온도 감수성 돌연변이체(temperature sensitive mutants), (3) 억제자 감수성 돌연변이체(suppressor-sensitive mutants)들이다. **영양요구체(auxotrophs)**는 야생형, 즉 *원영양성*생물(*prototrophic* organisms)들은 합성할 수 있는 필수대사물질(아미노산, 퓨린, 피리미딘, 비타민 등)을 합성할 수 없는 돌연변이이다. 영양요구체들은 대사물질이 배지에 공급이 될 때만 생육할 수 있으나(허용성 환경) 필수대사물질이 없을 때는 자랄 수 없다(제한적 환경). **온도감수성 돌연변이체(temperature sensitive mutants)**는 한정된 온도에서만 살 수 있다. 대부분의 온도감수성 돌연변이체는 열감수성(heat-sensitive)을 가지지만, 어떤 것은 저온감수성(cold-sensitive)을 띠기도 한다. 온도감수성은 돌연변이 유전자 산물(예를 들면, 저온에서는 활성을 가지나, 고온에서는 부분적인 또는 완전히 불활성화 되는 효소)이 높은 열이나 저온에 의해 변성되기 때문에 발생한다. 때때로 유전자 산물의 합성과정만이 열에 감수성을 갖기도 한다. 일단 합성이 되면, 돌연변이된 유전자의 산물은 야생형 유전자 산물 만큼 안정되어 있다. **억제자 감수성 돌연변이체(Suppresor-sensitive mutants)**는 두 번째 유전적 요소인 억제자가 있어야 생육할 수 있으며, 억제자가 없으면 살 수 없다. 억제자 유전자는 억제자 감수성 돌연변이에 의해서 발생한 표현형의 결함을 회복시키거나 보상한다. 또는 이 억제자 유전자는 돌연변이에 의해서 변형된 유전자 산물을 비필수적으로 만든다. 우리는 한 종류의 억제자 돌연변이인 *엠버* 돌연변이(*amber* mutation)를 12장에서 다루었다.

이제, 조건 치사 돌연변이가 어떻게 생물학적 과정(생물학적 과정을 각각의 단계로 분석하기 위하여)을 연구하는데 이용될 수 있는지 간단히 생각해보자. 간단한 생화학적 경로로 예를 들어 설명해보자.

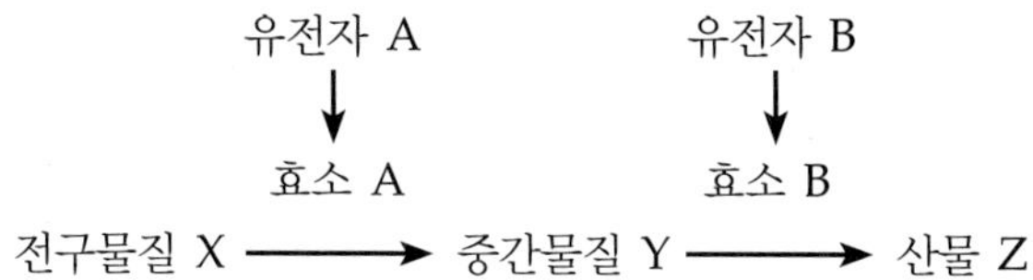

중간물질 Y는 전구물질 X로부터 유전자 *A*의 산물인 효소 A의 작용으로 생산된다. 그리고 중간물질 Y는 유전자 *B*의 산물인 효소 B에 의해서 산물 Z로 빠르게 바뀐다. 만약 그렇다면, 중간물질 Y는 극소량 존재할 것이고 분리와 동정이 쉽지 않을 것이다. 그러나 유전자 *B*에 돌연변이를 가진 돌연변이체는 불활성의 효소 B를 만들거나 혹은 전혀 효소 B를 생산할 수 없기 때문에, 중간물질 Y는 종종 고농도로 축적되어 동정과 분리를 용이하게 한다. 마찬가지로, 유전자 *A*의 돌연변이도 전구물질 X를 동정하는데 도움을 준다.

이런 방법으로, 주어진 대사경로의 반응 순서를 결정할 수 있다. 살아있는 동물의 형태발생(morphogenesis)은 최종 3차원 입체구조를 만들도록 부분적으로 단백질을 거대분자 구조에 순서적으로 첨가함으로써 진행된다. 단백질 첨가의 순서의 결정은 관련된 단백질을

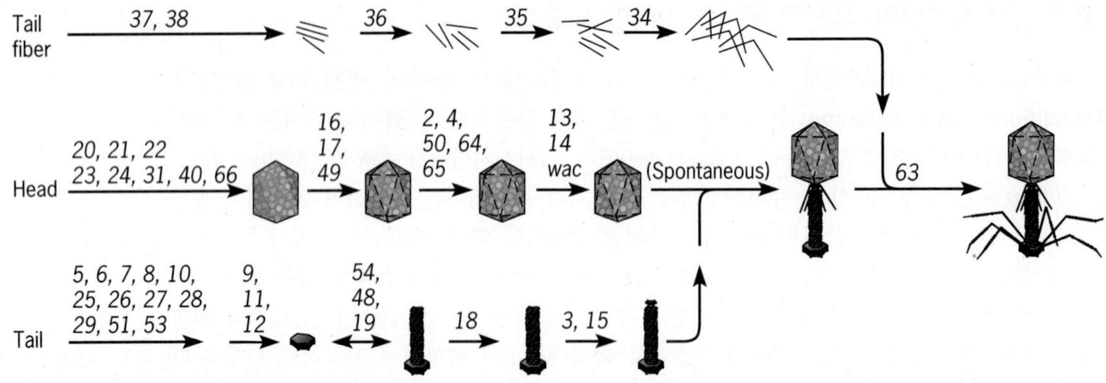

■ **그림 13.20** 박테리오파지 T4의 형태발생지도. 형태발생 경로는 에드가, 우드, 킹, 그리고 공동연구자들의 연구에 근거하였다. 머리, 꼬리, 그리고 꼬리 섬유는 서로 별개의 경로를 통해서 생산되어 형태발생의 말기에 결합된다. 숫자는 T4 유전자를 나타내는데, 각각의 유전자 산물들은 경로의 각 단계에 필요하다. 머리와 꼬리 형성의 초기 단계의 순서는 알려져 있지만 도표에는 간단히 표시하기 위해 생략하였다.

암호화하는 유전자에 결함이 있는 돌연변이체를 분리하여 연구함으로써 할 수 있다. 이와 같은 돌연변이는 한 가지 폴리펩티드의 활성을 없애버리므로, 생물학적 과정을 각 단계별로 분해하여 연구할 수 있도록 하는 강력한 도구가 된다.

생물학적 과정에 대한 돌연변이 분석이 얼마나 자세한 내용을 알 수 있게 해주는 가는 로버트 에드가(Robert Edgar), 조나단 킹(Jonathan King), 윌리암 우드(William Wood)와 그의 동료들에 의한 연구로 훌륭하게 보고된 바 있다. 이들은 T4 박테리오파지의 형태발생의 완전한 경로를 알아냈다. 이 복잡한 과정은 T4의 유전체 내의 대략 200개의 유전자 중 약 50개의 유전자의 산물이 필요하다. 각각의 유전자는 바이러스의 구조단백질이나 형태발생 경로의 하나 이상의 단계를 촉매하는 효소를 암호화한다. (1) 약 50개 유전자에서 각각의 온도 감수성과 억제자 감수성 조건 치사 돌연변이인 T4 파지 돌연변이체를 분리함으로써, (2) 이러한 돌연변이가 제한적 환경에서 자랄 때 축적되는 구조물들을 전자현미경과 생화학적 기술로 분석함으로써, 에드가, 킹, 그리고 우드는 T4 파지의 형태발생의 경로를 완전히 밝혀냈다(■ **그림 13.20**).

많은 다른 생물학적 과정들도 돌연변이 연구로 성공적으로 분석되었다. 식물의 광합성의 전자전달계와 박테리아의 질소고정 경로들이 그러한 예이다. 현재, 돌연변이를 이용한 분석은 고등식물과 동물의 분화와 발생과정을 연구하는데 새로운 인식을 갖게 하였다(20장). 연구자들은 또한 초파리의 행동과 학습을 연구하는데 돌연변이를 이용하고 있다. 원칙적으로 과학자들은 유전적 통제 하에 있는 어떠한 과정을 연구하기 위해서는 돌연변이를 이용할 수 있어야 한다. 모든 유전자는 무기능의 상태로 돌연변이를 일으킬 수 있다. 그래서 생물학적 과정을 돌연변이로 분석하는 것은 오직 생물학자의 독창적인 재능에 달려 있다고 할 수 있다.

요점

- *생물체의 표현형에 미치는 돌연변이의 영향은 매우 사소한 것에서부터 치사에 이르는 것까지 다양하다.*
- *대부분의 돌연변이는 1차 유전자 산물인 폴리펩티드의 아미노산 서열이 바뀌어서 표현형에 영향을 준다.*
- *돌연변이가 일어난 폴리펩티드는 대사경로의 장애를 유발한다.*
- *조건 치사 돌연변이는 생물학적 과정을 분석하는데 강력한 도구로 이용된다.*

상보성 검정에 의한 돌연변이들의 위치 지정

상보성 또는 트랜스 검정은 돌연변이가 같은 유전자 안에 위치하는가 아니면 두 개의 다른 유전자 안에 있는가를 결정한다.

1 유전자-1 폴리펩티드 개념(12장)의 출현으로 과학자들은 유전자를 생화학적으로 정의할 수 있었으나 그들은 두 개의 돌연변이가 동일한 유전자에서 일어났는지 또는 다른 유전자에서 일어났는지를 확인하는데 이용할 유전적 도구를 가지지 못했다. 이러한 문제는 1940년대에 에드워드 루이스(Edward Lewis)가 기능적 대립성에 대한 상보성 검사를 개발하면서 해결될 수 있었다. 루이스의 연구를 논하기에 앞서, 몇 가지 용어를 정의할 필요가 있겠다. 이중 이형접합체(double heterozygote)는 두 개의 돌연변이와 그들의 야생형 대립유전자를 가지고 있는, 즉 m_1과 m_1^+를 m_2와 m_2^+와 함께 갖는 것으로서, 이 배열은 바뀔 수도 있다(그림 13.21). 두 개의 돌연변이가 같은 염색체상에 있을 때 이러한 배열을 **상인(coupling)** 또는 **수평배열(*cis*-configuration)**이라 부른다. 이러한 유전자형을 가진 이형접합체를 **수평-이형접합체(시스-이형접합체, *cis*-heterozygote)**라 부른다(■ **그림 13.21a**). 두 개의 돌연변이가 다른 염색체 상에서 존재할 때, 이런 배열을 **상반(repulsion)** 또는 **엇갈린 배열(*trans*-configuration)**이라 부른다. 이러한 유전자형을 가지고 있는 개체가 **엇갈림-이형접합체(트랜스-이형접합체, *trans*-heterozygote)**이다(■ **그림 13.21b**).

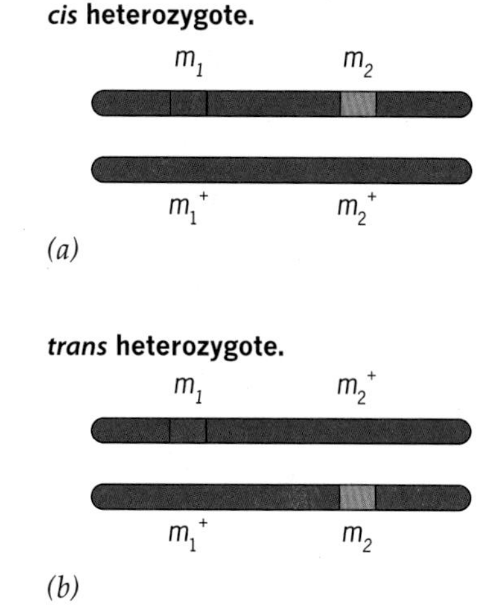

■ 그림 13.21 *시스-트랜스* 이형접합체의 유전적 표지의 배열.

1940년대와 1950년대에 Lewis는 어떤 돌연변이들이 *cis*와 *trans* 조성을 갖는 초파리의 표현형이 다른 것을 발견하였다. 그것은 눈 색 열성 돌연변이인 *white*(*w*)와 *apricot*(*apr*)이었다. X 연관 돌연변이 *apr*와 *w*가 동형접합체인 초파리들은 야생형 초파리의 빨간 눈과 대조적으로 각각 살구색 눈(apricot-colored)과 흰 눈(white-eye)을 가진다. 유전자형이 *apr w*/*apr*$^+$ *w*$^+$인 *cis* 이형접합체는 야생형과 같은 빨간 눈을 가지고 있었다(■ **그림 13.22*a***). 한편 유전자형이 *apr w*$^+$/*apr*$^+$ *w*인 *trans* 이형접합체들은 밝은 살구 색 눈을 가지고 있었다(■ **그림 13.22*b***). 두 개의 유전자형들은 모두 같은 돌연변이와 야생형 유전자 정보를 포함하지만 다른 배열 내에 있다. 같은 유전적 마커들을 포함하고 있으나 다른 배열을 갖는 생물체에서 다른 표현형을 보일 때 마커들이 **위치효과(position effect)**를 보인다고 한다. Lewis가 관찰한 위치효과를 ***cis-trans* 위치효과**라 한다.

Lewis의 시스-트랜스 위치효과에 대한 발견은 기능적인 대립형질에 대한 **상보성 검정(complementation test)** 또는 **트랜스 검정(*trans* test)**을 발달시켰다. 유전학자들은 상보성 검정으로 동일하거나 유사한 표현형을 만들어 내는 돌연변이가 동일 유전자에 있는지 또는 다른 유전자에 있는지 결정할 수 있게 되었다. 돌연변이들은 트랜스-이형접합자들의 표현형들을 결정함으로써 쌍으로 검사되어야만 한다. 즉, 각 돌연변이들의 쌍들에 대해 트랜스-이형접합자들이 모두 만들어져야 하며 이들이 돌연변이 표현형을 갖는지 야생형 표현형을 갖는지 검사되어야 한다.

이상적으로 말하면 상보성 검정 또는 트랜스 검정은 흔히 빠뜨리기 쉬운 **시스 검정(*cis*-test**,대조구)과 함께 이루어져야 한다. 시스 검정은 돌연변이 각 쌍들의 표현형이 돌연변이형 인지 야생형인지 결정하기 위하여 시스 이형접합체를 만들어서 행해진다. 그래서 상보성 검정 또는 트랜스 검정과 시스 검정을 **시스-트랜스 검정(*cis-trans* test)**이라고 한다. 각각 하나

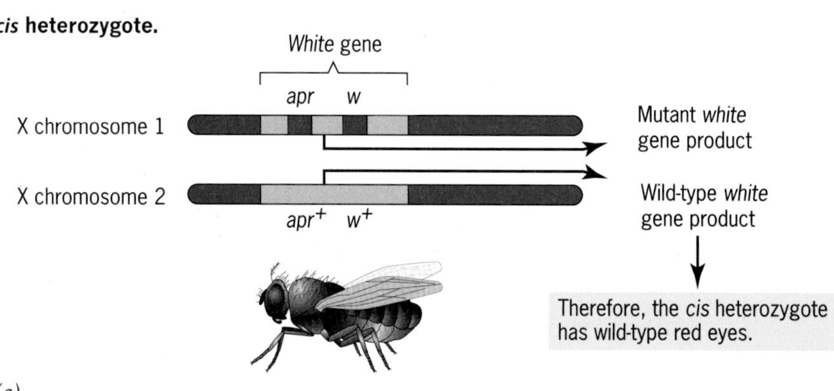

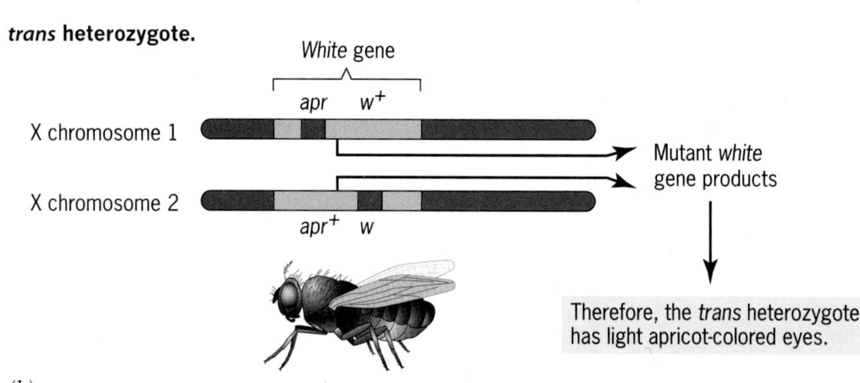

■ 그림 13.22 초파리의 *apr*와 *w* 돌연변이로 Edward Lewis가 발견한 *시스-트랜스* 위치 효과.

의 야생형 염색체를 가지는 시스 이형접합체는 돌연변이가 동일 유전자에 있거나 다른 두 유전자에 있든지 간에 야생형 표현형을 가져야 한다. 시스 이형접합체는 트랜스 검정 결과의 타당성을 위해서는 야생형 표현형을 가져야 한다. 시스 이형접합체 표현형이 돌연변이형을 가진다면 트랜스 검정은 두 돌연변이가 동일 유전자상에 있는지 결정하기 위해서 사용되어질 수 없다. 따라서 트랜스 검정은 우성 돌연변이에서는 사용될 수 없다.

이배체 생물의 경우, 트랜스 이형접합체는 관심있는 돌연변이 각각을 가지는 동형접합체를 교배시켜 만들 수 있다. 바이러스의 트랜스 이형접합체는 두 개의 다른 돌연변이체를 숙주세포에 감염시켜서 만들 수 있다. 두 돌연변이의 트랜스 이형접합체가 만들어지면, 트랜스 또는 상보성 검정의 결과는 같은 정보를 준다.

1. 트랜스 이형접합체가 돌연변이체 표현형(두 돌연변이 중 하나에 대한 동형접합자인 개체 또는 세포의 표현형)을 가진다면, 그 두 돌연변이는 동일한 기능의 단위 즉, 같은 유전자에 있다.
2. 트랜스 이형접합체가 야생형의 표현형을 가진다면, 그 두 돌연변이는 두 개의 다른 기능의 단위 즉, 두 개의 다른 유전자에 있다.

트랜스 이형접합체에 있는 두 돌연변이가 동일 유전자상에 있을 때, 두 염색체는 그 유전자의 불완전한 카피를 가질 것이다. 결과적으로 트랜스 이형접합체는 기능이 없는 유전자의 산물만을 가지며 돌연변이 표현형을 나타낼 것이다.

트랜스 이형접합체가 야생형 표현형을 가질 때, 두 돌연변이는 서로 상보적이거나 상보성을 보인다고 말하며, 다른 유전자에 위치한다. 이 경우 트랜스 이형접합체는 두 유전자의 기능적인 산물을 가지고 있으며 야생형 표현형을 가진다.

그러면 잘 분석되어진 박테리오파지 T4의 *amber* 돌연변이로 트랜스 검정실험하여 상보성의 개념을 살펴보자. 필수 유전자 안의 *amber* 돌연변이는 조건 치사 돌연변이이다(이 장의 조건 치사 돌연변이 부분을 참조: 유전 연구를 위한 강력한 도구). 제한적 숙주세포인 대장균 B 계통에 감염되면 치사로 자손은 생기지 않는다. 반면 허용적인 숙주세포인 대장균 CR63 계통에 감염되면 야생형 표현형을 나타내어 세포 당 약 300개의 자손을 생산한다. 조건적 치사 돌연변이를 가지고 연구하는 경우, 돌연변이와 야생형 표현형 사이의 구분은 가장 효과적이다: 즉, 죽거나 정상 생장을 보인다.

Amber 돌연변이는 유전자의 암호 부위 안에 해독 종결 삼중염기를 만든다(그림 12.24 참조). 결과적으로 돌연변이 유전자의 산물은 전혀 기능을 하지 못하는 잘라진 폴리펩티드이다. 따라서 *amber* 돌연변이를 가지고 수행하는 상보성 검정은 일반적으로 명확하다.

우리가 고려해야 할 세 개 *amber* 돌연변이 중 두 개(*am*B17과 *am*H32)는 파지 머리의 주된 구조단백질을 암호화하는 유전자 *23*에 있다. 다른 돌연변이(*am*E18)는 *18*번째 유전자에 있고, 파지 꼬리의 주된 구조적인 단백질을 암호화한다(그림 13.20 참조).

유전자 *23*의 돌연변이 *am*B17(머리 유전자)과 유전자 *18*의 *am*E18(꼬리 유전자)의 트랜스 이형접합체는, 기능이 있는 야생형 머리와 꼬리를 만드는 유전자들을 갖고 있다(**■ 그림 13.23*a***). 그 결과 이 트랜스 이형접합체는 야생형 표현형을 나타낸다(정상 파지 자손을 얻는다). 돌연변이 *am*B17과 *am*E18은 다른 두 유전자에 위치하므로 상보적이다.

돌연변이 *am*B17과 *am*H32(둘 다 머리 유전자에 있는)의 트랜스 이형접합체는 유전자 *23*의 기능이 없는 산물만 만든다(**■ 그림 13.23*b***). 그러므로 트랜스 이형접합체는 돌연변이 표현형(치사 이거나 자손이 없는)을 갖는다.

상보성 검정을 통하여 연구자는 같은 표현형을 갖는 독립적인 돌연변이가 같은 유전자 안에 있는지 아니면 다른 유전자에 있는 것인가를 결정할 수 있다. 예를 들면 10개의 *amber* 돌연변이가 모두 한 유전자 안에 있을 수도 있고, 한 개는 한 유전자에 그리고 9개는 다른 유전자 안에 있을 수 있으며 10개가 각각 다른 10개의 유전자 안에 있을 수 있다.

상보성은 두 개의 서로 다른 돌연변이들을 가지는 염색체들이 동일한 원형질 내에 존재할 때 만들어지는 유전자 산물들이 기능한 결과이다. 상보성은 두 염색체의 재조합과는 관

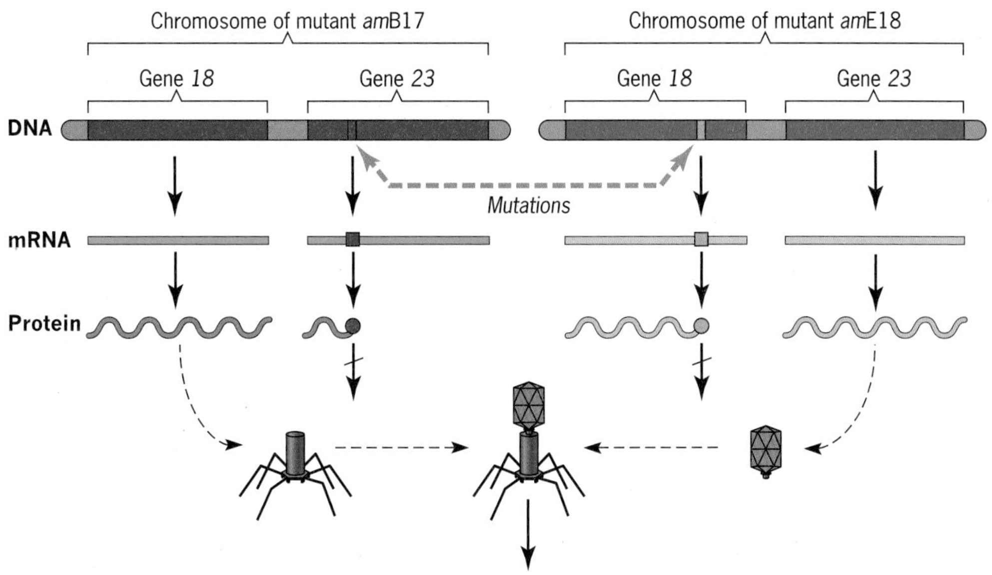

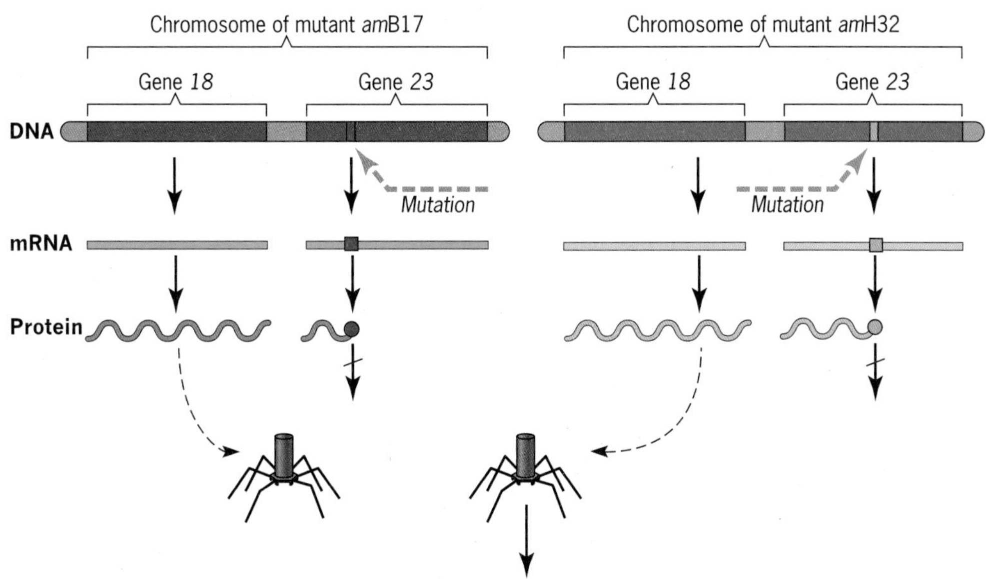

■ 그림 13.23 트랜스 이형접합체의 상보성과 비상보성. (*a*) 파지 T4 머리의 주된 구조단백질을 암호화하는 유전자 *23*에 있는 *am*B17 돌연변이와 파지 꼬리의 주요한 구조단백질을 암호화 하고 있는 유전자 *18*에 있는 *am*E18 간의 상보성. 세포안에서 머리와 꼬리 모두가 합성되고, 그 결과로 감염성 자손 파지가 형성된다. (*b*) 트랜스 이형접합체가 *23* 유전자에 두 개의 돌연변이(*am*B17과 *am*H32)를 가지고 있을 때, 머리가 만들어지지 않아서 감염성 자손 파지가 조립되지 못한다.

련이 없다. *상보적이냐 아니냐는 각 트랜스 이형접합자들의 표현형(야생형이냐 돌연변이형이냐)에 의해 평가된다. 반대로, 재조합은 염색체의 절단과, 각 부분들의 재조합으로 야생형과 이중 돌연변이 염색체가 실제로 형성되는 것이다.*

상보성 검정. 혹은 트랜스 검정은 *기능적 대립성(functional allelism)*을 정의한다. 즉, 두 돌연변이들이 같은 유전자에 있느냐, 아니면 다른 두 개의 유전자에 존재하는지를 결정하는 것이다. 하나의 트랜스 이형접합체 내에서 서로 상보적이지 않은 두 돌연변이들은 같은 기능적 단위, 즉 동일한 유전자에 존재하는 것이다. 둘 혹은 그 이상의 돌연변이들이 한 염색체의 동일한 좌위에 존재할 때 발생하는 *구조적 대립성(structural allelism)*은 재조합 검정에 의해 결정된다. 재조합되지 않는 두 개의 돌연변이들은 구조적으로 대립성이다; 그 돌연변이들은 같은 자리에서 발생한 것이거나 공통의 자리에 겹쳐서 존재하는 것이다.

구조적으로, 그리고 기능적으로도 대립성인 돌연변이들은 **동형 대립유전자(homoallele)**들이라고 하며, 이들은 서로 상보적이지도, 재조합을 일으키지도 않는다. 돌연변이 동형대립인자들은 같은 유전자 내의 동일한 자리의 결손이거나 공통 부위에 겹쳐 있는 결함을 가진다. 기능적으로는 대립성이지만 구조적으로는 대립성이 아닌 돌연변이들은 **이형 대립유전자(heteroallele)**들이라고 하며, 이들은 서로 재조합을 할 수 있지만 상보적이지는 않다. 돌연변이 이형대립인자들은 같은 유전자 내의 서로 다른 부위에서 돌연변이가 발생한 것이다.

요점

- *상보성 검정은 같은 표현형을 만드는 두 돌연변이가 같은 유전자 안에 있는지 다른 유전자 안에 있는지를 결정하는데 사용된다.*
- *동형 대립유전자들은 한 유전자 안의 같은 장소에 위치하는 돌연변이이고, 이형 대립유전자들은 한 유전자 안의 다른 장소에 위치하는 돌연변이이다.*

화학물질의 돌연변이 유발력 검사: 에임즈 검사

에임즈 검사는 간단하고 저렴한 검사법으로 화학물질의 돌연변이 유발력을 측정하는데 사용한다.

돌연변이를 일으키는 물질(mutagenic agent)은 동시에 **발암물질(carcinogens)**로 암을 유발시킨다. 여러 가지 암의 공통된 특성은 일반적인 세포에서는 세포분열이 정지되지만 악성세포에서는 계속해서 분열이 일어난다는 것이다. 일반적인 생물학적 과정에서 세포 분열은 유전적인 조절을 받는다. 어떤 특정한 유전자는 세포 내, 세포 사이, 외부 환경의 신호에 대한 반응으로 세포분열을 조절하는 물질을 암호화한다. 이러한 유전자가 기능을 수행하지 못하도록 돌연변이가 일어나면, 세포분열을 조절할 수 없다. 우리는 돌연변이 유발물질이나 발암물질에 노출되지 않기를 바라지만, 산업적으로나 농업적으로 이용되는 많은 기술들이 화학물질과 관련이 되어 있다. 해마다 많은 새로운 화학물질들이 만들어지기 때문에 이러한 물질들이 사용되기 전에 돌연변이와 암 유발정도를 측정해야 할 필요가 있다.

전통적으로 화학물질의 암 유발력(carcinogenicity) 시험은 설치류(보통 갓 태어난 쥐)에서 시행된다. 이 연구는 시험되는 물질을 먹이거나 주사한 후 실험동물에서 종양의 발생을 조사하는 것이다. 돌연변이 실험도 이와 비슷하게 행해진다. 그러나 위와 같은 동물에서 돌연변이는 낮은 빈도로 일어나고, 쥐와 같은 실험동물을 큰 집단으로 유지하는 것은 비용이 많이 들며, 게다가 위와 같은 실험동물 실험은 예민하지 못한 즉, 낮은 수준의 돌연변이는 거의 검출되지 않는 단점이 있다.

부루스 에임즈(Bruce Ames)와 그의 동료들은 많은 수의 화학물질의 돌연변이유발력(mutagenicity)에 대하여 조사할 수 있는 매우 민감한 기술을 개발하였는데, 그들의 방법은 빠르고 비용이 적게 든다. 에임즈와 그의 동료들은 히스티딘의 생합성에 필요한 유전자에 전이(transition), 전환(transvertion), 해독틀변경(frameshift) 돌연변이 등이 존재하는 다양한 영양요구성 *Salmonella typhimurium* 돌연변이체를 만들었다. 히스티딘이 결핍된 배지에

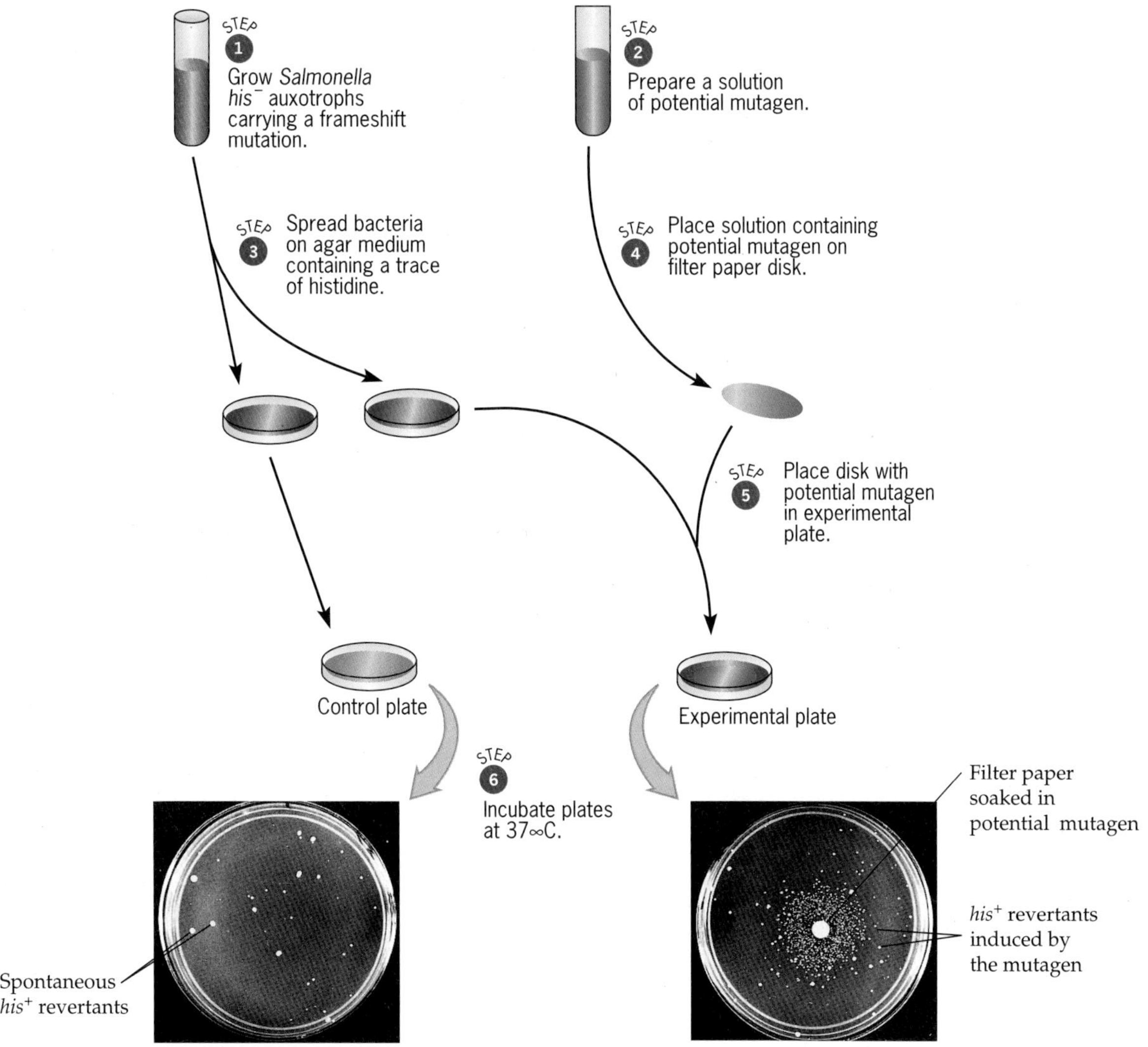

■ **그림** 13.24 돌연변이유발력을 검사하는 에임즈 검사. 각 평판 접시의 배지는 미량의 히스티딘과 알고 있는 수의 *his*⁻ 세포들(특정 *Salmonella typimurium*이 '검사균주'로 사용되며 이들은 해독틀변경 돌연변이를 가지고 있다)을 포함하다. 왼쪽의 대조군 접시는 이 특정 균주의 자발적 역돌연변이율을 추정할 수 있는 근거를 제공한다. 오른쪽의 실험 접시는 잠재적 돌연변이원, 여기서는 발암물질인 2-aminofluorene에 의해 유발된 역돌연변이의 빈도를 보여준다.

알고 있는 수의 돌연변이체를 접종하고 정상적으로 복귀체를 형성하는 균의 군락수를 헤아림으로써 이들 영양요구성 돌연변이체가 정상형으로 복귀되는 것을 결정하게 된다. 어떤 화학 물질은 복제되고 있는 DNA에서만 돌연변이를 유발하기 때문에 소량의 히스티딘(몇 세대 분열에는 충분하지만 눈에 보이는 균 군락을 형성하기에는 충분하지 않다)을 배지에 첨가한다. 특정한 물질에 의해 유도되는 복귀 돌연변이의 빈도는 자연복귀 빈도와 직접적으로 비교하여 그 물질의 돌연변이력을 측정할 수 있다(■ **그림** 13.24). 돌연변이원이 다른 종류의 돌연변이를 유발하는 능력은 서로 다른 종류의 돌연변이를 가진 계통, 즉 전이를 가진 계통, 해독틀에 변형이 일어난 시험 계통으로 구분하여 확인할 수 있다.

몇 년 동안에 걸친 수천 가지 종류의 화학물질들에 대한 검사로, 에임즈와 그의 동료들은 돌연변이 유발력과 암 유발력 사이에는 90% 이상의 상호관계가 있다는 것을 발견하였다.

처음에는, 몇 가지 강력한 발암물질들이 시험균주에서 돌연변이를 일으키지 않는 것으로 밝혀졌다. 곧이어 그들은 이런 많은 발암물질들이 진핵세포들에서 강력한 돌연변이 유발성 유도물질로 대사된다는 것을 발견했다. 따라서, 에임즈와 그 동료들은 그들의 검사 시스템에 쥐의 간 추출물을 첨가하여, 검사되는 물질의 대사산물들에 의한 돌연변이 유발력을 추적하고자 시도했다. 미생물을 사용한 돌연변이 유발력 검사법에 쥐의 간 추출물을 이용한 활성화 시스템을 연계함으로써, 이 검사법의 이용성은 크게 증가하게 되었다. 예를 들어, 불에 탄 고기에서 발견되는 질산염(nitrate)은 그 자체로는 돌연변이를 일으키는 물질도 아니고 발암성을 갖지도 않는다. 그러나, 진핵세포에서 질산염들은 니트로사민(nitrosamine)들로 변화되는데, 이것은 매우 강한 돌연변이 유발 물질이며 발암성도 크다. 에임즈의 돌연변이 유발력 검사들은 담배연기 농축물의 여러 화학적 성분들에 해독틀 변경 돌연변이를 일으킬 수 있는 물질들이 존재하고 있음을 증명했다. 일부 경우에서, 간 추출물에 의한 활성화는 돌연변이 유발성에 필수적이고; 또 다른 경우에서는 할성화가 필요하지 않을 수도 있다. 에임즈 검사는 화학물질들의 돌연변이 유발성을 검사하는 빠르고 경제적이며 민감한 방법이다. 돌연변이를 일으키는 물질이 발암물질일 수도 있기 때문에 에임즈 검사법은 발암성일 가능성이 높은 화학물질들을 검사하기 위해서도 사용될 수 있다.

요점

- *부르스 에임즈와 그의 동료들은 히스티딘 생합성 효소를 지정하는 유전자의 다양한 salmonella 돌연변이 계통을 이용하여 화학물질의 돌연변이 유발성을 검사하는 경제적이고, 효율적인 방법을 개발하였다.*

DNA 손상수리 기구

살아있는 생명체는 DNA의 손상을 감지하고, 이의 수리 과정을 개시하는 많은 효소를 갖고 있다.

세균에서 사람에 이르기까지 생물이 갖고 있는 다양한 DNA 손상수리 기작은 생식세포와 체세포가 수용할 수 있을 정도의 돌연변이를 유지하게 해준다. 예를 들어 대장균에서는 손상된 DNA를 수리하는데 뚜렷이 구분되는 최소 5가지의 수리 기구를 갖고 있다. (1) 광의존성수리(light-dependent repair) 또는 광재활성화(phtoreactivation), (2) 절제수리(excision repair), (3) 미스매치 수리(mismatch repair), (4) 복제후 수리(postreplication repair), (5) 오류 유발성 수리(error-prone repair)이다. 더욱이 절제수리에는 적어도 두 가지 기구가 있고, 이 절제수리 기작은 DNA에 특이한 종류의 손상을 주는 여러 가지 효소의 작용에 의해 시작된다. 포유류는 광재활성화를 제외한 대장균이 갖고 있는 수리기구를 모두 갖고 있다. 포유동물의 세포는 거의 빛에 노출되지 않으므로 광재활성화는 포유류에서 상대적으로 덜 필요하다. 인간과 다른 포유류에서는 의심의 여지없이 대장균이 갖고 있지 않은 수리 기구도 갖고 있는 것으로 추정되나, 그 수리기구에 대해서는 더 많은 연구를 필요로 하고 있다.

인간에게 DNA 수리과정은 중요하며 이 장의 처음에서 다루었던 색소성건피증(Xeroderma pigmentosum) 같은 유전적 질병은 DNA 수리의 이상에 의하여 심각한 결과를 가져온다. 이러한 몇몇 유전병에 대해서는 이 장에서 논의하도록 하겠다.

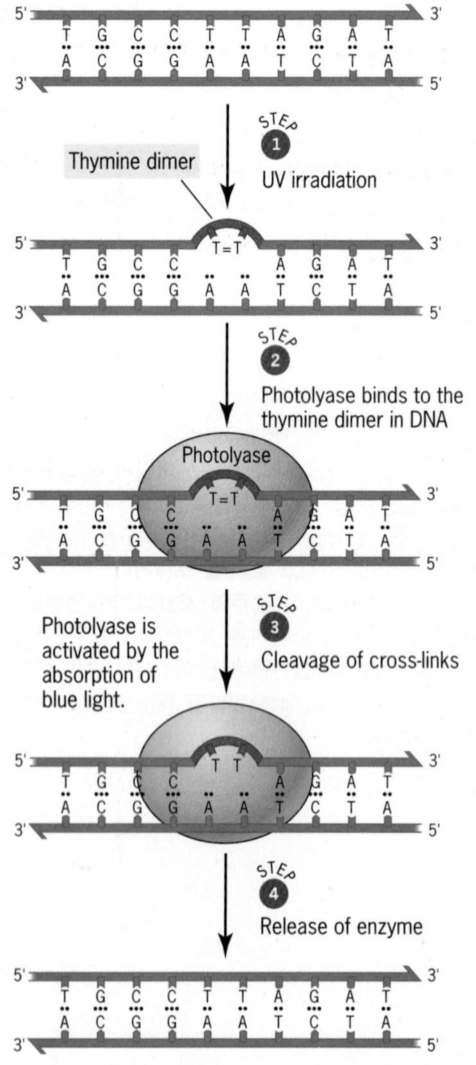

■ 그림 13.25 광재활성 광효소(photolyase)에 의한 티민 이합체의 절단. 화살표는 DNA의 상보적 가닥의 반대 극성을 표시한다.

광의존성 수리

세균 DNA의 *광의존성 수리(Light-dependent repair)*나 **광재활성화(Photoreactivation)**는 **DNA 광 효소(DNA photolyase)**라 불리는 광 활성 효소에 의해 수행된다. DNA가 자외선에 노출되면, 서로 옆에 위치한 티민(thymine)은 공유결합을 형성하여 티민 이합체(thymine dimer)를 형성한다(그림 13.12*b*). DNA 광 효소는 티민 이합체에 결합하고, 광 에너지를 이용하여 공유결합을 제거한다(**■ 그림 13.25**). 광 효소는 어두운 곳에서도 DNA의 티민 이합체에 결합하지만 가시광선, 특히 청색파장 스펙트럼 영역의 에너지 없이는 티민 분자 간 형성된 결합을 절단할 수 없다. 또한 광 효소는 시토신 이합체(cytosine dimer)와 시토신-티민 이합체(cytosine-thymine dimer)를 절단할 수 있다. 그러므로 자외선을 세균의 돌연변이를 유도하는데 사용할 때는, 자외선에 조사된 세균을 몇 세대 동안 어두운 곳에서 배양하면 돌연변이 발생빈도는 최대가 된다.

절제수리

손상된 DNA의 **절제수리(excision repair)**는 최소한 세 단계를 거친다. 첫 단계는, DNA수리 엔도뉴클레아제(endonuclease) 또는 엔도뉴클레아제 함유 효소 복합체가 손상된 DNA

의 염기를 인식하고, 그곳에 결합하여, 절단하는 것이다. 두 번째 단계는, DNA 중합효소(polymerase)가 손상되지 않은 상보적 가닥을 주형으로 틈을 채운다. 세 번째 단계는, DNA 연결효소(ligase)가 DNA 수리를 완성하는 것으로 DNA 중합효소에 의해 중합 후 남겨진 두 가닥 사이의 절단 부위를 연결한다. 절제수리에는 두 가지의 주요한 형태가 있다. **염기절제(base excision repair)** 수리계는 DNA의 비정상적인 또는 화학적으로 변형된 염기를 제거하고, **뉴클레오티드 절제수리(nucleotide excision repair)** 경로는 티민 이합체 같은 DNA의 커다란 이상을 제거한다. 두 절제수리 경로는 어두운 곳에서도 일어나며 세균과 사람에게서 매우 유사한 기작으로 일어난다.

염기 절제수리는 비정상적인 염기를 인식하는 DNA 글리코실라제(glycosylase)라는 효소에 의해 개시된다(■ 그림 13.26). 각각의 글리코실라제는 아미노기가 제거된 염기, 산화된 염기등의 변화된 염기의 특이적 형태를 인식한다(2단계). 글리코실라제는 비정상적인 염기와 2-데옥시리보오스 사이의 글리코실결합을 절단하고, 제거된 염기자리에 AP부위(apurinic, apyrimidinic site)를 형성한다(3단계). AP뉴클레아제는 AP부위를 인식하고, 염기가 없는 그 위치에서 당-인산(sugar-phosphate) 결합을 제거하는 인산디에스터라아제(phosphodiesterase)와 함께 작용한다(4단계). DNA 중합효소가 상보적인 주형가닥을 이용해서 결손된 뉴클레오티드를 대치하면(5단계), DNA 연결효소가 두 가닥의 홈을 연결한다(6단계).

뉴클레오티드 절제수리는 티민 이합체와 비정상적인 잔기가 붙은 염기와 같은 DNA의 큰 손상 부위를 제거한다. 뉴클레오티드 절제수리는 특유한 절단 뉴클레아제(excision nuclease)의 활성으로 손상된 뉴클레오티드의 한 쪽을 절단하고 손상된 염기를 갖는 올리고 뉴클레오티드를 절제한다. 이 뉴클레아제를 DNA 대사에서 다른 역할을 하는 엔도, 엑소뉴클레아제와 구분하기 위하여 **엑시뉴클레아제(excinuclease)**라 한다.

대장균의 뉴클레오티드 절제수리 경로를 ■ **그림 13.27**에 나타내었다. 대장균에서 엑시뉴클라아제의 활성은 *uvrA*, *uvrB*, *uvrC*(*uvr*은 *UV* repair에서 유래)의 세 유전자의 산물을 요구한다. 두 개의 uvrA 폴리펩티드와 하나의 uvrB 폴리펩티드를 함유하는 삼합체 단백질은 DNA 손상부위를 인식하며 그곳에 결합하고, ATP 에너지를 이용하여 손상 부분에서 DNA를 구부린다. 그리고 UvrA 이합체는 방출되고, UvrC 단백질이 UvrB-DNA 복합체에 결합한다. UvrC 단백질은 손상 뉴클레오티드로부터 3′쪽의 4~5번째 인산디에스테르 결합과, 5′쪽에서는 손상부위로부터 8번째 인산디에스테르 결합을 절단한다. DNA 헬리케이즈 II인 *uvrD* 유전자 산물은 절단된 그 12-mer 짜리의 뉴클레오티드 조각을 방출시킨다. 마지막 2단계는 DNA 중합효소 I이 틈(gap)을 메우고, DNA 연결효소가 DNA에 남아 있는 홈(nick)을 봉한다.

사람의 뉴클레오티드 절제수리는 대장균에서 일어나는 경로와 유사한 경로를 통해 일어나지만, 약 4배 이상의 단백질이 관여한다. 사람의 엑시뉴클라아제 활성은 최소한 15개의 폴리펩티드를 필요로 한다. 단백질 XPA(xeroderma pigmentosum protein *A*)는 DNA의 손상된 뉴클레오티드를 인식하여, 결합하고, 엑시뉴클라아제 활성에 필요한 다른 단백질을 도입시킨다. 사람에게서 절제되는 올리고 단량체(Oligomer)는 대장균에서 제거되는 12합체 보다 긴 24에서 32 뉴클레오티드이다. 제거된 틈은 DNA 중합효소 δ 또는 ε에 의해 채워지고, DNA 연결효소는 틈을 연결함으로써 임무를 완수한다.

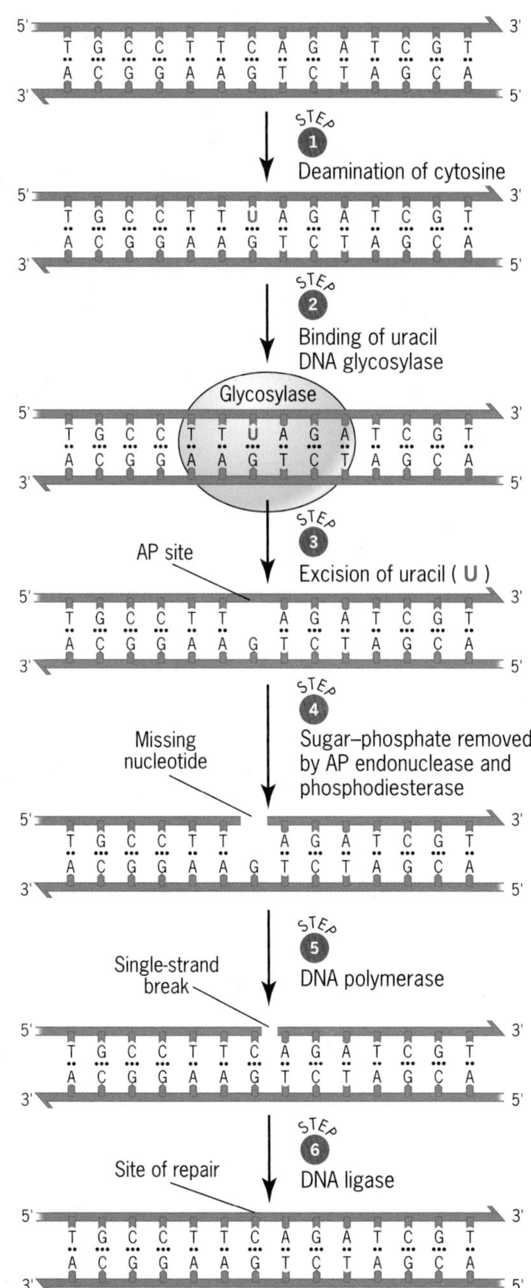

■ 그림 13.26 염기 절제에 의한 DNA 수리경로. 염기절제수리는 여러 다른 DNA 글리코실라제 중 어떤 하나에 의해 개시된다. 그림에서는 우라실 DNA 글리코실라제가 수리과정을 시작한다.

다른 DNA 수리 기구

지난 몇 년 동안, DNA 수리 기작에 관한 연구들은 자외선에 의해 유발되는 티민 이합체부터 여기 다 설명하기 어려운 많은 종류의 변화들로 인한 손상에 대해 DNA를 지속적으로 검사하는 DNA 수리 효소 집단이 존재한다는 것을 증명해 왔다. 이런 연구의 새로운 결과들은 이전에 몰랐던 몇몇 DNA 중합효소들이 여러 가지 DNA 수리과정에 중요한 역할을 한다는 것을 보여주었다. 이 중요한 DNA 수리과정들에 대한 자세한 논의는 이 교재 범위

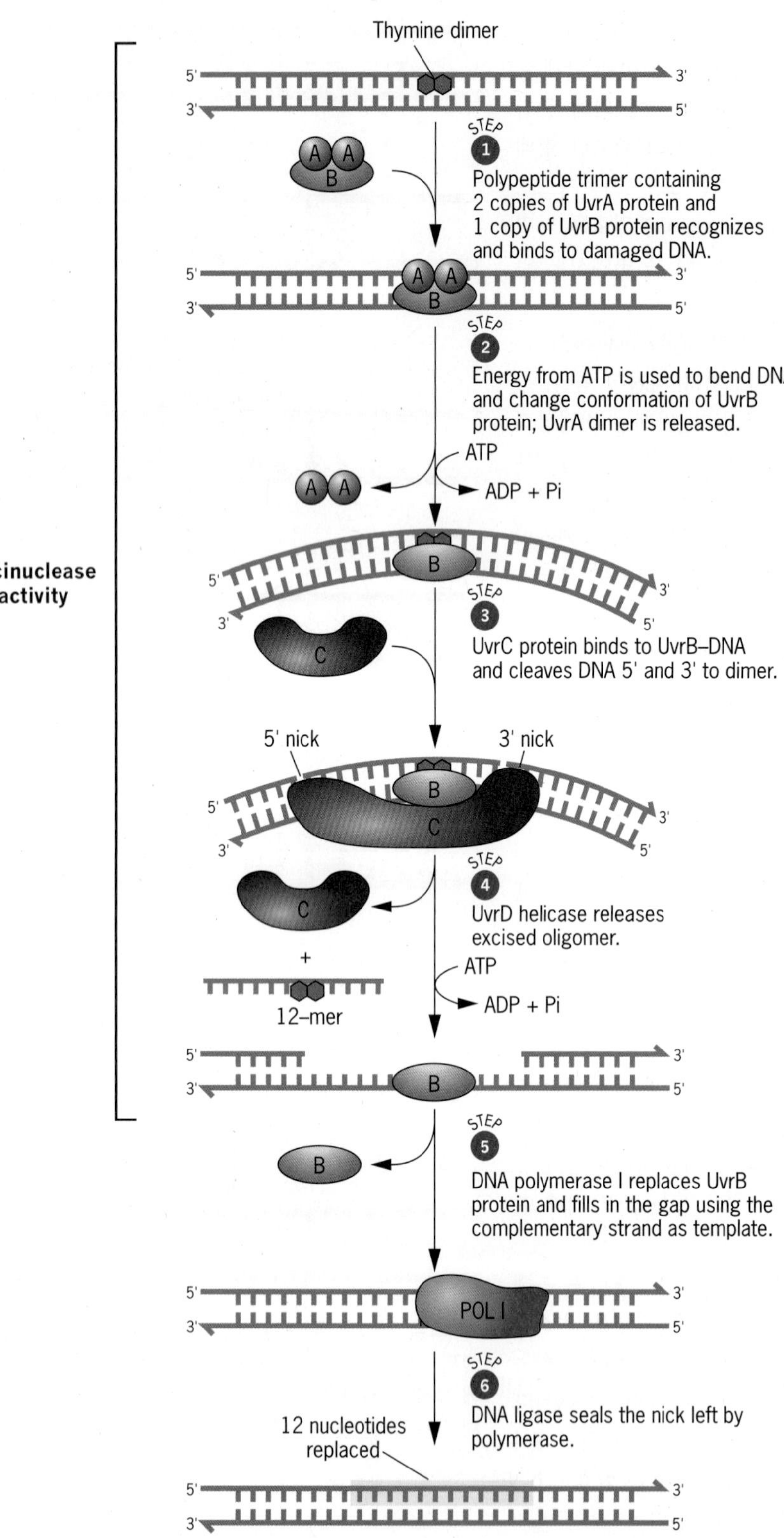
Thymine dimer
5'
3'
STEP 1
Polypeptide trimer containing 2 copies of UvrA protein and 1 copy of UvrB protein recognizes and binds to damaged DNA.
STEP 2
Energy from ATP is used to bend DNA and change conformation of UvrB protein; UvrA dimer is released.
ATP
ADP + Pi
Excinuclease activity
STEP 3
UvrC protein binds to UvrB–DNA and cleaves DNA 5' and 3' to dimer.
5' nick
3' nick
STEP 4
UvrD helicase releases excised oligomer.
12–mer
STEP 5
DNA polymerase I replaces UvrB protein and fills in the gap using the complementary strand as template.
POL I
STEP 6
DNA ligase seals the nick left by polymerase.
12 nucleotides replaced

■ 그림 13.27 대장균에서 뉴클레오티드 절제 경로에 의한 DNA 수리 엑시뉴클레아제 활성은 세 개의 유전자 산물을 요구한다(*UvrA*, *UvrB*, *UvrC*). 뉴클레오티드 절제는 인간에서 많은 단백질을 포함하는 것을 제외하면 비슷한 경로로 일어나고, 24에서 32-뉴클레오티드 길이의 올리고머는 절제된다.

를 넘어서는 것이다. 그럼에도 불구하고, 이 수리기구들의 중요성은 아무리 강조해도 지나치지 않다. 생물의 생존에 있어 유전적 청사진을 온전하게 유지하는 것보다 더 중요한 것은 없다.

10장에서, DNA 중합효소가 3′ 또는 5′엑소뉴클레아제 활성에 의해 신장하는 가닥의 3′말단에 미스 매치된 뉴클레오티드를 제거하고, DNA가 합성되는 동안 DNA 가닥의 이상을 교정하는 기작에 대해 논의하였다. **미스매치 수리(mismatch repair)** 경로는 복제 후 DNA에 남아있는 미스 매치된 뉴클레오티드를 수정함으로서 복제교정을 뒷받침 해 준다. 미스매치에는 종종 DNA의 정상적인 네 염기가 관여한다. 예를 들면, T는 G와 잘못된 염기쌍을 형성할 수 있다. T와 G가 모두 DNA의 정상적인 성분이므로, 미스매치 수리계는 주어진 자리에서 T나 G 중 어느 것이 올바른 서열인지를 결정해야만 한다. 수리계는 주형가닥을 구분함으로써 이러한 분별을 할 수 있는데, 주형가닥은 원래의 뉴클레오티드 서열을 포함할 것이고, 새로 합성된 가닥은 잘못 삽입된 염기(실수)를 포함할 것이다. 세균에서 이러한 구분은 새로 복제된 DNA의 메틸화 양상에 기초하여 이루어질 수 있다. 대장균에서는 GATC 서열의 A가 합성 후에 메틸화된다. 따라서 주형가닥은 메틸화되어 있고, 새로 합성된 가닥은 메틸화되지 않은 상태인 시간 간격이 존재한다. 미스매치 수리계는 이러한 메틸화 상태의 차이를 이용하여 새로 합성된 가닥에서 잘못 삽입된 뉴클레오티드를 제거하고 메틸화된 주형가닥을 이용하여 올바른 뉴클레오티드로 대체한다.

대장균에서 미스매치 수리는 *mutH*, *mutL*, *mutS*, *mutU*(*uvrD*) 등 4개의 유전자 산물이 필요하다. MutS 단백질은 미스매치 부위를 인식하고, 그 곳에 결합하여 수리 과정을 개시한다. MutH와 MutL 단백질은 그 복합체에 결합한다. MutH는 미스매치된 곳의 5′ 또는 3′쪽의 반만 메틸화(hemimethylation)된 GATC 부위에서, 메틸화 되지 않은 가닥을 절단하는 *GATC 특이적 엔도뉴클레아제 활성*(*GATC-specific endonuclease activity*)을 갖는다. 이 절단과정은 미스매치 부위에서 1,000뉴클레오티드 또는 그 이상 떨어진 곳에서 일어날 수 있다. 순차적인 절단은 MutS, MutL, DNA 헬리케이즈 II(MutU)와 적당한 엑소뉴클라아제를 요구한다. 만약 절단이 미스매치 된 곳의 5′쪽 GATC에서 일어난다면, 대장균의 엑소뉴클라아제 VII와 같은 5′ → 3′엑소뉴클라아제가 필요하다. 만약 뉴클레오티드 절단이 미스매치된 3′쪽에서 일어난다면 대장균의 엑소뉴클레아제 I과 같은 5′ → 3′뉴클레아제 활성이 필요하다. 메틸화 되지 않은 가닥에서 미스 매치된 뉴클레오티드 제거 후에 DNA 중합효소 III가 1,000 bp 이상의 틈을 채우고, DNA 연결효소가 틈을 연결한다.

대장균의 MutS, MutL 단백질과 상동성을 갖는 단백질이 곰팡이, 식물, 그리고 포유류들에서 동정되었는데, 이것은 비슷한 수리 경로가 진핵생물에서도 발생함을 시사한다. 사실 미스매치 수리는 인간세포 핵 추출물에 의해 시험관 내에서 확인되었다. 이 회복수리계는 이중나선 DNA에 유전정보를 저장하는 안전한 보호를 위한 공통적인 기구일 것이다.

대장균에서 광의존성 수리, 절제수리, 미스매치 수리는 각각 *phr*(*pho*toreactivation), *uvr*, *mut* 유전자의 돌연변이에 의해서 제거시킬 수 있다. 이러한 수리 기구들이 하나 이상 결손된 돌연변이체들에서는 또다른 DNA 수리계인 *복제 후 수리*(*postreplication repair*)가 작동하고 있다. DNA 중합효소 III가 주형가닥에서 티민 이합체를 발견하면 중합과정은 정지한다. DNA 중합효소는 티민 이합체 부위를 지나서 어느 위치에서 다시 DNA 합성을 다시 시작한다. 주형가닥의 티민 이합체가 있는 부위에 새로 형성된 상보적 가닥은 틈이 남는다. 이 지점에서는 자손 이중나선의 양 가닥은 원래 있던 뉴클레오티드 서열을 잃는다. 손상된 DNA 분자는 대장균의 경우 *recA* 유전자 산물에 의해 매개되는 재조합 의존성 수리 과정에 의해 수리된다. RecA 단백질은 상동 재조합에 필요하며, 상동 이중나선 사이의 한 가닥의 교환을 자극한다. 복제 후 수리가 되는 동안 RecA 단백질은 틈이 있는 DNA 단일가닥에 결합하고, 자매 이중나선의 상동 단편과 함께 염기쌍 형성을 유도한다. 티민 이합체 반대편의 틈은 자매이중나선의 상동 DNA가닥으로 채워진다. 자매 DNA에서 이러한 과정 때문에 생긴 틈은 DNA 중합효소에 의해 틈이 메워지고 DNA 연결효소에 의해 틈이 연결된다. 티민 이합체는 주형가닥에 여전히 남아 있으나, 상보적인 가닥은 완전하다. 만약 티민 이합체가 절제수리로 제거가 안 된다면 복제 후 수리는 DNA 복제 시 마다 반복될 것이다.

지금까지 서술된 DNA 수리계는 매우 정확하다. 그러나 대장균 세포의 DNA가 자외선 같은 강력한 돌연변이원에 의해 크게 손상되었을 때 세포는 그들의 생존을 위해 과감한 수리과정을 수행한다. DNA 수리의 전체장치인, 재조합과 복제 단백질이 합성되는 동안 세포는 **SOS 반응(SOS response)**을 한다. *umuC*, *umuD*(*UV mu*table) 두 유전자의 산물인 두 단백질은 DNA 중합효소 V의 소단위들인데, 이 중합효소는 염색체의 손상 영역 즉, DNA 중합효소 III가 복제를 하지 못한 지역의 DNA 복제를 촉매한다. DNA 중합효소 V는 손상된 영역의 뉴클레오티드가 정확하지 않게 복제되더라도, 주형가닥의 손상된 부위를 가로 질러 DNA를 복제한다. 이 *에러 나기 쉬운 수리*(*error-prone repair*) 체계는 주형가닥의 손상된 뉴클레오티드 반대편에 새로 합성된 가닥의 틈들을 없애기는 하지만, 복제에 따른 에러는 급격히 증가한다.

DNA 손상에 의해 SOS 체계가 유도 되는 기작이 자세히 밝혀졌다. 두 가지 중요한 조절 단백질인 LexA와 RecA는 SOS 반응을 조절한다. 둘 다 DNA가 손상되지 않은 세포에서도 낮은 수준으로 합성된다. 이러한 조건하에 LexA는 DNA 부위에 결합하여 SOS 반응 동안 유도되는 유전자의 발현을 낮은 수준으로 유지한다. 세포가 자외선에 노출되거나 다른 요인으로 DNA 손상이 일어날 때, RecA 단백질은 DNA 중합효소 III가 복제를 못함으로써 야기되어진 손상된 단일가닥의 DNA 부위에 결합한다. RecA와 DNA의 상호작용으로 RecA가 활성화 되면 LexA는 자기 스스로 절단되어 비활성화 된다. LexA가 비활성화 되면 SOS 유전자(*recA*, *lexA*, *umuC*, *umuD*, 그리고 그 외 것들)의 발현 수준이 증가되어 에러 나기 쉬운 수리(error-prone repair)체계가 활성화된다.

SOS 반응이 시작되면 심하게 손상된 DNA들의 치사 효과를 피하기 위해 다소 극단적이고 위험한 시도를 한다. 에러 나기 쉬운 수리 체계가 작동하면 돌연변이율은 급증한다.

DNA 수리 기구에 관한 최근의 연구는 밝혀야 할 많은 새로운 수리 과정이 남아 있다는 것을 보여준다. 지난 몇 년 동안 몇몇 새로운 DNA 중합효소들이 DNA 수리에 독특한 역할을 하는 것이 밝혀졌다. 이러한 연구 결과는 우리가 우리의 유전정보의 보전과 보호에 관한 기구에 관해 연구하여야 할 것이 많이 있다는 것을 의미한다.

요점
- *많은 DNA 수리체계가 생물들에서 유전정보를 안전하게 보존하는 방향으로 진화하였다.*
- *각각의 수리 경로는 DNA에 나타나는 다양한 손상을 수리한다.*

DNA 수리 결함과 관련된 사람의 유전병

몇몇 인간의 유전병은 DNA 수리 경로의 결함에 의한 것이다.

이 장의 첫 부분에서 논하였듯이 색소성건피증(XP) 환자는 빛에 아주 민감하다. XP환자가 태양광선에 노출되면 노출된 피부의 피부암 발생 빈도는 급격히 증가하는데, XP환자의 세포는 자외선에 의해 유도되는 티민 이합체 같은 손상된 DNA를 회복시키는데 문제가 있는 것으로 보인다(■ **그림 13.28**). 즉, XP환자는 DNA 수리에 관여하는 최소 8개의 다른 유전자 중 어떤 것의 결함에 기인하는 것으로 보여 진다. 그들 중 7개의 유전자 *XPA*, *XPB*, *XPC*, *XPD*, *XPF*, *XPE*, *XPG*의 산물은 뉴클레오티드 절제수리에 필요하다(표 13.1). 그것들은 정제, 분석되어졌는데 엑시뉴클레아제의 활성에 필수적인 것으로 보여 진다. 인간의 엑시뉴클레아제 활성에는 최소 15개의 폴리펩티드가 필요하기 때문에 *XP*유전자의 목록은 멀지 않은 미래에 더 많이 밝혀질 것이다. 또 다른 인간의 유전병인 코카인증후군(Cockayne syndrome), 황결핍성 모발이영양증(trichothiodystrophy), 또한 뉴클레오티드의 절제수리 이상으로 발병한다. 코카인증후군에 걸리면 성장장애와 정신지체가 나타나지만 피부암 발생빈도는 낮다. 황결핍성 모발이영양증 환자는 연약한 모발과, 작은 키, 각질 피부를 보이고, 정신지체가 나타난다. 코카인증후군과 황결핍성 모발이영양증 환자는 전사와 결합된 절제수리의 한 형태에 결함이 있다. 그러나 전사와 관련 수리 과정은 이제 연구가 시작된 단계이다.

게다가 XP환자의 일부는 피부세포 손상과 더불어 신경학적 이상 증상을 나타낸다. 이것은 아마도 신경세포의 조기 사멸에 의한 것으로 보인다. 매우 오래 사는 신경세포에 대한 이러한 영향은 노화의 원인과 관련된 흥미로운 암시를 준다. 노화의 요인에 관한 한 가지 이론은 체세포 돌연변이의 축적 때문이다. 만약 그렇다면, 수리체계의 이상은 XP환자의 신경세포의 경우에 나타나는 것 같이 노화 과정을 가속화시킬 것이고, 이것이 바로 XP환자들

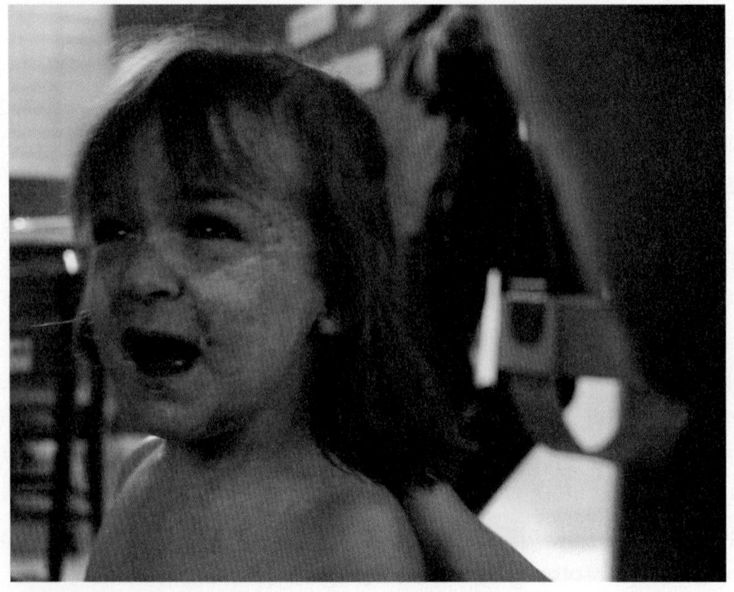

■ 그림 13.28 색소성 건피증 환자의 표현형적 효과. 이 악성 질병에 걸린 사람들은 햇빛에 노출되면 광범위한 피부암을 발달시킨다.

표 13.1

DNA 수리 결함에 의한 사람의 유전병들

Inherited Disorder	Gene	Chromosome	Function of Product	Major Symptoms
1. Xeroderma pigmentosum	*XPA*	9	DNA–damage–recognition protein	UV sensitivity, early onset skin cancers, neurological disorders
	XPB	2	3′ → 5′ helicase	
	XPC	3	DNA–damage–recognition protein	
	XPD	19	5′ → 3′ helicase	
	XPE	11	DNA–damage–recognition protein	
	XPF	16	Nuclease, 39 incision	
	XPG	13	Nuclease, 59 incision	
	XPV	6	Translesion DNA polymerase η	
2. Trichothiodystrophy	*TTDA*	6	Basal transcription factor IIH	UV sensitivity, neurological disorders, mental retardation
	XPB	2	3′ → 5′ helicase	
	XPD	19	5′ → 3′ helicase	
3. Cockayne syndrome	*CSA*	5	DNA excision repair protein	UV sensitivity, neurological and developmental disorders,
	CSB	10	DNA excision repair protein premature aging	
4. Ataxia–telangiectasia	*ATM*	11	Serine/threonine kinase instability, early onset progressive neurodegeneration, cancer prone	Radiation sensitivity, chromosome
5. Nonpolyposis colon cancer (Lynch syndrome)	*MSH2*	2	DNA mismatch recognition protein (like *E. coli* MutS)	High risk of familial colon cancer
	MLH1	3	Homolog of *E. coli* mismatch repair protein MutL	
	MSH6	2	MutS homolog 6	
	PMS2	7	Endonuclease PMS2	
	PMS1	2	Homolog of yeast mismatch repair protein	
6. Fanconi anemia	*FA* (8 genes, *A-H*, on 5 different chromosomes)			Sensitivity to DNA–cross–linking agents, chromosome instability, cancer prone
7. Bloom syndrome	*BLM*	15	BLM RecQ helicase	Chromosome instability, mental retardation, cancer prone
8. Werner syndrome	*WRN*	8	WRN RecQ helicase	Chromosome instability, progressive neurodegeneration, cancer prone
9. Rothmund–Thomson syndrome	*RECQL4*	8	RecQ helicase L4	Chromosome instability, mental retardation, cancer prone
10. Nijmegan breakage syndrome	*NBSI*	8	DNA–double–strand–break–recognition protein	Chromosome instability, microcephaly (small cranium), cancer prone

의 신경세포에서 나타나는 것으로 보인다. 그러나 현재 체세포 돌연변이와 노화를 연결 짓는 데이터는 거의 없다.

유전성 비용종성 대장암(린치 증후군)은 DNA 미스매치 수리경로의 결함이 유전된 결과로 알려져 있다. 이 증후군은 적어도 7개의 다른 유전자들의 돌연변이가 원인인데, 표 13.1에 그중 5개가 포함되어 있다. 이 유전자들 중 몇몇은 대장균과 효모의 미스매치 수리 유전자와 상동성이 있다. 그러므로 사람의 미스매치 수리 경로는 박테리아와 곰팡이와 닮아 있다. 이 대장암의 유형은 200명 중 약 1명이 발병하므로, 암의 일반적인 유형이다. 우리가 유전적 결함을 보다 잘 알게 될 때. 아마도 우리는 이들 암 치료에 수술, 화학요법 그리고 방사선 치료보다 더 효율적인 치료법을 개발할 수 있을 것이다.

모세혈관 확장성 운동실조증(Ataxia-telangiectasia), 환코니 빈혈증(Fanconi anemia), 그

리고 블룸 증후군(Bloom syndrome)은 DNA 대사 결함과 관련이 있다고 알려진 인간의 유전성 질환이다. 세 질환이 모두 상 염색체성 열성 유전을 하며, 모두 고빈도의 악성종양을 보이는데, 특히 모세혈관 확장성 운동실조증과 환코니 빈혈증에서 그러하다. 모세혈관 확장성 운동실조증 환자의 세포는 이온화 방사선에 비정상적 감수성을 보이는데, 방사선 유발에 의한 DNA 손상의 수리에 결함이 있다는 것을 암시한다. 환코니 빈혈증 환자의 세포는 마이토마이신C(mitomycin C)와 같은 항생제에 의해 형성된 DNA 나선 내의 교차연결(cross-link)을 제거하는데 결함이 있다. 블룸 증후군과 네이메헌 절단 증후군(Nijmegan breakage syndrome)은 고빈도의 염색체 절단 현상을 보이는데, 이것은 염색체 이상과 자매 염색분체 교환을 유발한다(6장 참고). 모세혈관 확장성 운동실조증은 세포 주기의 조절에 관여하는 키나아제의 결핍에 의한 것이고, 블룸 증후군, 워너 증후군(Werner syndrome), 로트먼드-톰슨 증후군(Rothmund-Thomson syndrome)은 특이한 DNA 헬리케이즈(helicase)(헬리케이즈 RecQ 집단의 구성원)의 변화에 의한 것이다. 표 13.1은 DNA 수리 경로의 결함으로 인해 잘 알려진 몇몇 인간의 유전병을 나타낸 것이다.

요점

- *DNA 수리경로의 중요성은 DNA 수리 결함에 기인하는 사람의 유전성 질환으로 설득력 있게 증명된다.*
- *또한 어떤 유형의 암은 DNA 수리 경로의 결함과 관련이 있다.*

DNA 재조합 기구

상동 DNA 분자들 사이에서의 재조합은 수많은 효소의 작용과 관련이 있다. 그 효소들은 DNA 나선을 절단하고, 풀고, 이중가닥의 단일가닥이 상동 DNA 분자로 침입하게 하고, 수리하고, 연결하는 활성을 갖고 있다.

우리는 7장에서 상동염색체 사이의 재조합의 주요한 특징들을 다루었다. 그러나 이 과정의 분자적 세부사항에 대해서는 고려하지 않았다. 손상된 DNA의 수리에 관련된 많은 유전자 산물이 상동염색체 간의 재조합이나, 교차에 필요하기 때문에 우리는 이러한 중요한 과정의 분자적인 면을 검토할 필요가 있다. 더욱이, 재조합은 보통 DNA의 수리 합성을 수반한다. 그렇기 때문에 지금까지의 절에서 다루었던 많은 정보가 재조합 과정과 관련이 있다.

재조합: DNA 분자의 절단(CLEAVAGE)과 재결합(REJOINING)

7장에서 크레이튼과 맥클린톡의 실험을 다루었는데, 이 실험들은 양친 염색체가 절단되고 단편들이 새로운 방식으로 재결합 됨으로써 교차가 발생한다는 것을 나타내었다. 재조합이 절단과 재결합으로 일어난다는 것을 보여주는 증거가 자동방사선사진술(autoradiography)과 다른 기술에 의해서 획득되었다. 더욱이, 아직 특정 사항에 대해서는 아직 잘 모르지만, 재조합 과정의 주요한 특징은 지금 잘 확립이 되었다.

교차에 대한 분자적 세부사항의 대부분은 대장균과 효모의 *재조합-결핍 돌연변이체(recombination-deficient mutants)*의 연구에 근거한다. 이들 돌연변이체의 생화학적 연구로 이들이 재조합에 필요한 다양한 효소와 단백질에 결함이 있는 것으로 나타났다. 또한 유전적 생화학적 연구의 결과로 인해 분자적 수준에서 거의 완전한 재조합의 원리를 알게 되었다.

교차에 대한 현재의 일반적인 모델의 대부분은 1964년 홀리데이(Robin Holliday)에 의해서 제안된 모델로부터 출발했다. 홀리데이 모델은, 당시 대부분의 유전적 데이터를 수리 합성과 관련한 절단과 재결합의 기구로 설명할 수 있었던 최초의 모델 중 하나이다. 최신의 홀리데이 모델을 ■ **그림 13.29**에 보여주고 있다. 이 기구는 다른 모델과 마찬가지로

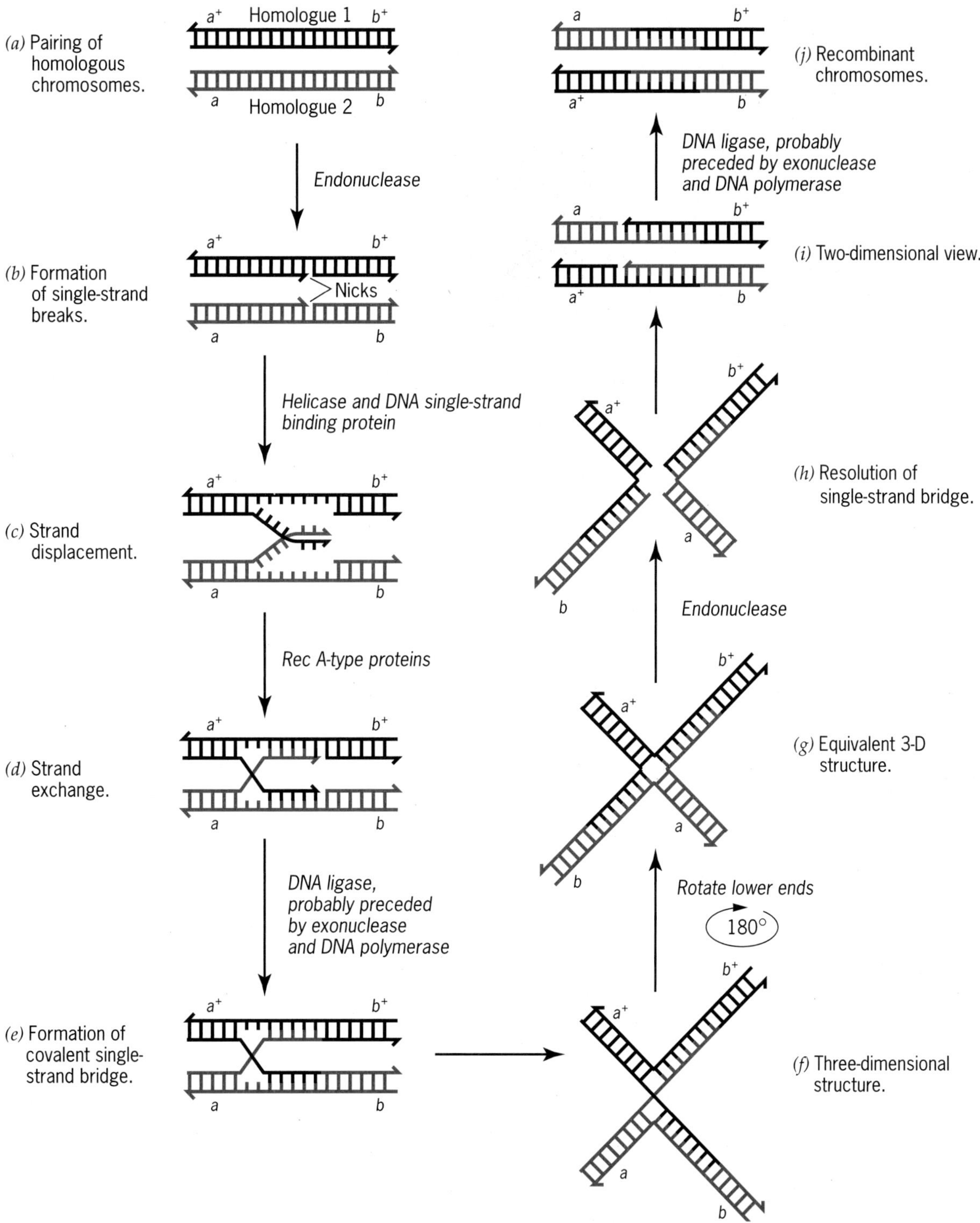

■ 그림 13.29 상동성 DNA 분자들 사이의 재조합에 대한 메커니즘. 이 경로는 1964년 홀리데이(Robin Holliday)가 독창적으로 제안한 모델을 근거로 하였다.

핵산 내부효소가 두 개의 양친 DNA 분자 각각을 단일가닥 절단함으로써 시작한다(절단). 절단 부위 한 쪽의 단일가닥 절편이 DNA 헬리케이즈(helicase)와 단일가닥 결합단백질의 도움으로 그들의 상보적 가닥과 치환된다. 헬리케이즈는 단일가닥 절단 부위의 부근에 있는 두 가닥의 DNA를 푼다. 대장균의 *RecBCD 복합체(complex)*는 DNA의 단일가닥 절단을 일으키는 엔도뉴클레아제(endonuclease) 활성과, 흠(nick)이 나타난 지역에서 상보적

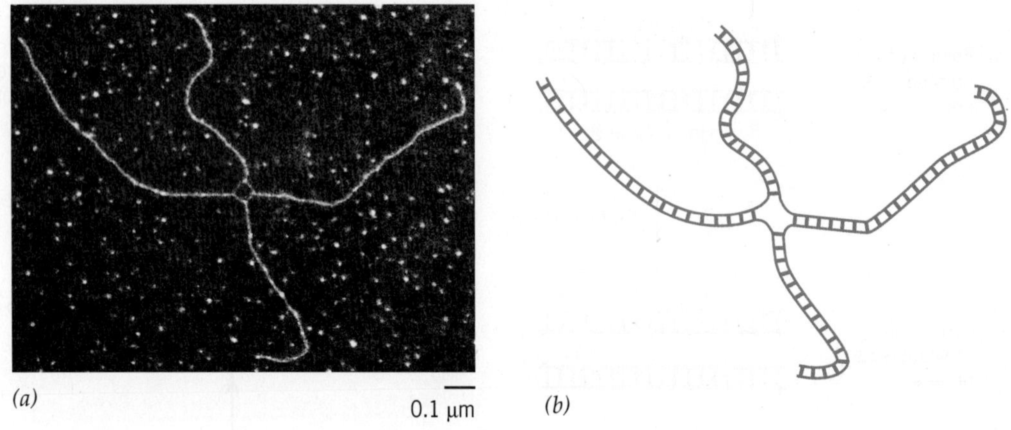

■ 그림 13.30 카이 형태(*chi form*)의 전자현미경 사진(*a*)과 그 모식도(*b*). 재조합 과정에 있는 두 개의 DNA 분자가 전자현미경상에 포착되었다. 이 전자현미경 사진은 홀리데이 재조합 매개체의 존재를 알려주는 직접적인 물리적 증거를 제공한다. 이 분자는 그림 13.29에 제시된 초기 홀리데이 모델의 (*g*)에 나타낸 이론적 구조와 정확히 일치한다. 사진은 사우스 플로리다 대학의 *H. Potter*와 하버드 대학의 *D. Dressler*의 호의로 제공되었다.

가닥의 DNA를 푸는 헬리케이즈 활성을 가진다.

치환된 단일가닥은 짝 상대를 바꾸어 상동염색체의 손상되지 않은 상보적 가닥과 염기짝을 이룬다. 이 과정은 대장균 RecA 단백질(RecA protein)과 같은 단백질에 의해서 자극된다. RecA형 단백질은 진핵 및 원핵생물의 많은 종에서 특성이 규명되었다. RecA 단백질과 이것의 상동 단백질들은 *단일가닥합성*(*single-strand assimulation*)을 자극하는데, 이 과정에 의해서 단일가닥의 DNA가 DNA 이중나선의 상동부분(homolog)을 치환시킨다. RecA형 단백질은 두 단계 만에 두 개의 DNA 이중나선 사이의 단일가닥의 상호교환(reciprocal exchanges)을 촉진시킨다. 첫 단계에서 이중나선의 한 가닥은 두 번째 상동성 이중나선에 의해서 합성되며 동일한 또는 상동가닥을 치환하며 상보적 가닥과 염기 짝을 이룬다. 두 번째 단계에서 치환된 단일가닥은 첫 단계와 마찬가지로 첫 번째 이중나선에 의해서 합성된다. RecA 단백질은 짝을 이루지 않은 DNA가닥에 결합하여 이러한 교환을 매개하며, 상동성 DNA서열을 찾는데 도움을 준다. 그리고 상동성 이중나선이 찾아지면, 그 중 한 가닥을 짝짓지 않은 가닥으로 치환하는 것을 촉진시킨다. 만약 상보적 서열이 단일가닥으로 미리 존재한다면 RecA 단백질의 존재가 재생율(the rate of renaturation)을 50배 이상 증가시킨다.

절단된 가닥은 다시 DNA 연결효소에 의해서 새로운 조합으로 연결된다. 원래의 절단이 두 개의 상동가닥에서 같은 자리에 생기지 않으면 DNA 연결효소가 재결합 단계(re-union step)를 촉매하기 전에 개조가 필요하다. 이러한 개조는 보통 엑소뉴클레아제에 의한 뉴클레오티드의 절단(excision)과 DNA 중합효소에 의한 수리합성을 포함한다. 지금까지 기술된 과정에서 카이형(*chi forms*)이라는 X 모양의 재조합 중간자가 만들어지는데, 이것은 몇몇 종에서 전자현미경으로 관찰되었다(■ **그림 13.30**). 카이형태는 효소촉매 절단과 상보성 DNA가닥의 재결합에 의해 풀려서 두 개의 재조합 DNA 분자를 만든다. 대장균에서 카이형 구조는 *recG*나 *ruvC* 유전자(repair of *UV*-induced damage)의 산물에 의해서 풀리는데, 각 유전자는 카이 연결부에서 단일가닥 절단을 촉매하는 엔도뉴클리아제를 암호화한다(그림 13.29 참조).

실질적인 증거에 의하면 상동성 재조합은 하나 이상의 기구(機構)에 의해서 일어나는 것 같다(아마도 여러 개의 다른 기구에 의해서). *S. cerevisiae*에서 이중나선 절단으로 생긴 DNA 분자의 말단은 고도로 재조합을 일으킨다(recombinogenic). 이 사실과 기타 다른 증거들은 효모에서의 재조합이 종종 양친 이중가닥 나선들 하나에서 생긴 이중가닥 절단을 포함한다는 것을 시사한다. 그리하여, 1983년 조스타크(Jack Szostak)와 스탈(Franklin Stahl), 그리고 몇몇 동료들은 교차의 *이중나선 절단모델(double-strand break model)*을 제안했다. 재조합은 홀리데이 모형에서처럼 단일가닥 절단이 일어나는 것이 아니라, 양친형 이중나선들 중 하나에서 생기는 이중가닥의 절단을 포함한다. 초기의 절단이 커져서 양 가닥의 틈(gap)으로 이어진다. 끊겨진 이중나선의 이중가닥 틈에서 형성된 두 개의 단일가닥 말단이 손상되지 않은 이중나선을 공격하여 이 지역의 상동가닥의 절편과 치환된다. 틈은 수리합성으로 채워진다. 이러한 과정은 두 개의 단일가닥 다리로 연결된 두 개의 상동 염색체를 만든다. 이 다리는 홀리데이 모델에서처럼, 엔도뉴클레아제에 의해서 풀린다. 이중가닥절단 모델과 홀리데이 모델 둘 다 교차가 발생하는 지역의 표지유전자에 대한 재조합 염색체의 생산을 훌륭하게 설명한다.

유전자 전환: 재조합과 관련된 DNA 수리합성

지금까지, 상동염색분체의 절단과 단편의 상호교환에 관한 재조합 사건만을 다루었다. 그러나 자낭균의 4 분자 분석으로 유전적 변화가 항상 상호적인 것만은 아닌 것으로 드러났다. 예를 들면, *Neurospora*에서 서로 가깝게 연관된 두 개의 돌연변이를 갖고 있는 *Neurospora*를 교배하고, 야생형 재조합체를 포함하는 자낭들을 분석하면, 이들 자낭들은 종종 상호 교차 계급인 이중돌연변이 재조합체를 포함하지 않는다.

두 개의 서로 가깝게 연관된 돌연변이, m_1과 m_2를 생각해 보자. m_1 m_2^+를 m_1^+ m_2와 교배할 때, 다음과 같은 유형의 자낭이 종종 발견된다:

포자 쌍 1: m_1^+ m_2
포자 쌍 2: m_1^+ m_2^+
포자 쌍 3: m_1 m_2^+
포자 쌍 4: m_1 m_2^+

야생형 m_1^+ m_2^+ 포자가 있으나, m_1 m_2 이중돌연변이 포자는 자낭에 없다. m_1^+ m_2^+ 염색체가 생산될 때마다 m_1 m_2 염색체를 생산할 것이다. 그러나 이 자낭에서 $m_2^+ : m_2$ 비율은 기대치인 2:2가 아닌 3:1이다. m_2 대립유전자들 중 하나가 m_2^+ 대립유전자로 "전환"된 것이다. 그래서 이러한 유형의 비상호적 재조합을 **유전자 전환(gene conversion)**이라 하며, 다소 혼동시키는 의미를 가짐에도 불구하고, 이 용어는 광범위하게 30년 이상 사용되었다. 우리는 유전자 전환이 돌연변이로부터 기인한다고 생각할 수도 있다. 그러나 유전자 전환은 돌연변이보다 높은 빈도로 발생하며, 상동염색체 위에 있는 대립유전자를 생산하며 외부 표지유전자의 상호적 재조합과 상관관계가 있다. 최근의 관찰 결과, 유전자 전환은 교차시기에 발생하는 사건으로부터 발생한다고 한다. 유전자 전환은 교차과정의 절단과 절제(excision), 그리고 재결합과 관계된 DNA 수리 합성으로부터 유발된다고 생각된다.

매우 근접하게 연관된 표지유전자에서는 유전자 전환은 상호 재조합보다 더 빈번하게 발생한다. 효모의 *his1* 유전자에 관한 한 연구에서 1,081개의 자낭 중에서 980개는 유전자 전환을 보이는 his^+ 재조합체를 갖는 반면, 101개는 고전적인 상호 재조합을 보였다.

유전자 전환의 가장 두드러진 특징은 1:1 대립인자 비율이 유지되지 않는다는 점이다. 이러한 현상은 양친의 짧은 DNA 단편이 분해되고 다른 대립유전자를 가지는 DNA가 주형가닥으로 재합성된다면 쉽게 설명이 가능하다. 이 장에서 설명된 절제수리(excision repair)의 기구가 교차에 관한 홀리데이 모델의 교차되는 부근의 표지유전자에 대한 유전자 전환을 설명해 준다. 그림 13.29*d*–*i*에서, a^+와 b^+ 좌위 사이의 DNA 절편은 두 개의 상동염색체로부터 온 상보적 DNA가닥이 염기쌍을 이룬다. 만약 이 절편 위에 위치한 세 번째 쌍의 대립유전자가 이 교배에서 분리된다면, 두 개의 이중나선에서 미스매치(mismatches)가 나타날 것이다. 그러한 미스매치를 포함하는 DNA 분자(즉, 이중나선의 두 개의 상보적 가닥에 있는 다른 대립유전자)를 **이형이중체(heteroduplexes)**라 한다. 그러한 이형이중체 분

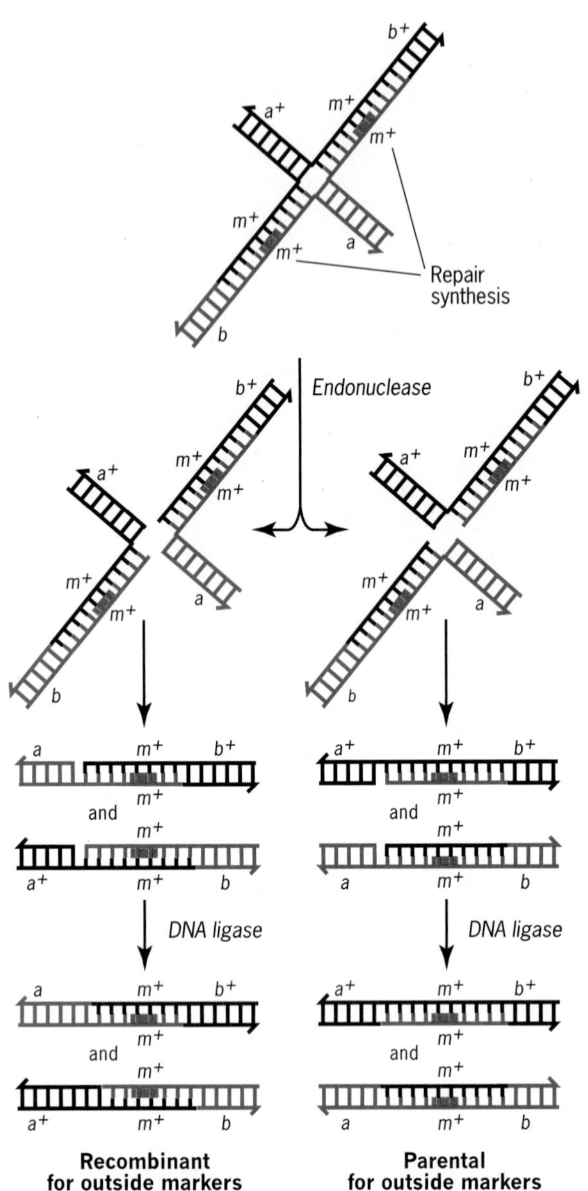

■ 그림 13.31 유전자 전환과 관련 있는 외부 표지 유전자의 재조합형(그림 아래 왼쪽) 또는 양친형 조합(그림 아래 왼쪽)의 조성. 제일 위에 있는 재조합 중간 생성물은 그림 13.29g에서 설명한 것과 동일하다. 본문 중에 삽입된 그림의 사분체 중 미스매치 수리된 염색분체들을 보여주고 있다. 이 4분 염색체는 3 m^+ : 1 m의 유전자 전환 자낭 패턴을 만든다. 수직면에서(왼쪽) 단일가닥의 절단은 외부의 표지 유전자의 재조합형(a^+ b와 a b^+) 배열을 만드는 반면, 수평면의 절단은 외부 표지 유전자의 양친형(a^+ b^+와 a b) 배열을 만든다.

자는 재조합 과정에서 중간자(intemdiate)로 발생한다.

만약, 그림 13.29e가 세 번째 대립유전자 쌍을 포함하도록 변형되고, 다른 두 개의 염색분체가 첨가되면, 4분 염색체는 다음과 같은 조성을 가지게 된다.

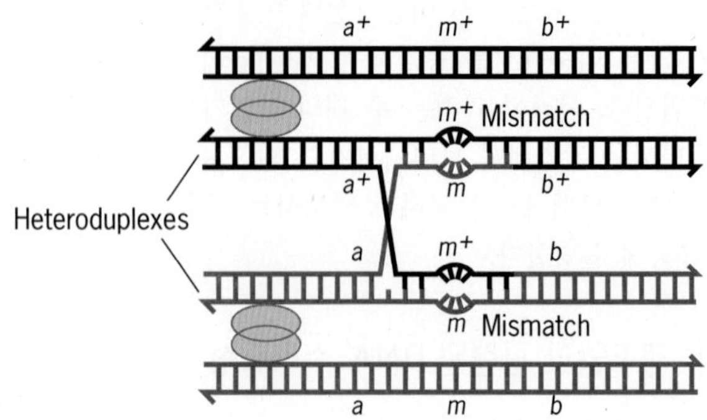

만약, 미스매치가 절제수리(여기서 m 가닥이 절제되고 주형으로서 상보적 m^+ 가닥으로 재합성된다. 그림 13.27 참조)에 의해서 바뀌면, 다음과 같은 4분 염색체가 형성된다.

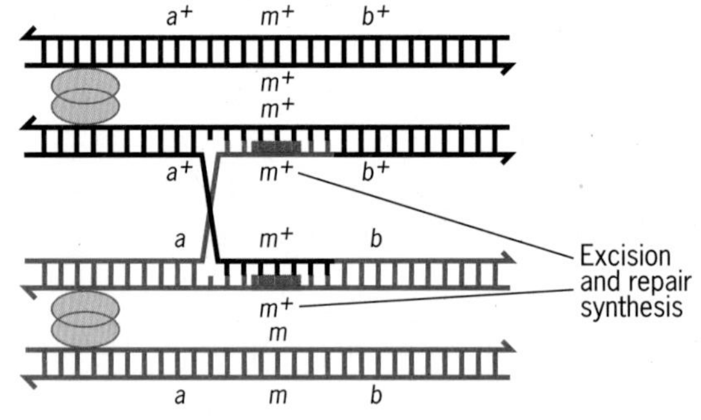

뒤이은 체세포 분열기의 반보존적 DNA 복제의 결과로 이러한 4분 염색체는 여섯 개의 m^+ 자낭포자와 두 개의 m 자낭포자를 포함하는 자낭을 만들게 된다(3 : 1의 유전자 전환율).

지금까지 설명한 사분체의 두 개 미스매치 중 하나만 체세포 분열 전에 수리된다고 가정해 보자. 이 경우에, 남아있는 이형이중체의 반보존적 복제는 하나의 m^+ 동형이중체(homoduplex)와 하나의 m 동형이중체를 만들고, 결과적으로 자낭은 자낭포자를 $5m^+ : 3m$ 비율로 가진다. 이러한 5 : 3 유전자 전환이 실제로 일어난다. 이것들은 미 수리 이형이중체의 감수분열 후(유사 분열) 분리의 결과로 생긴다.

유전자 전환은 약 50%의 기회로 외부 표지유전자의 상호 재조합과 관련이 있다. 이러한 상관관계는 그림 13.29에서 보여준 재조합에 대한 홀리데이 모델로 훌륭하게 설명된다. 만약 4분 염색체 중 두 개의 재조합 염색분체를 그림 13.29g에 나타낸 것과 동등한 형태로 그린다면, 외부 표지유전자의 상호적 재조합과 유전자 전환의 관계는 쉽게 설명이 된다(■ 그림 13.31). 두 개의 염색분체를 연결하는 단일가닥 다리가 재조합 단계에서 완료되기 위해서는 엔도뉴클레아제의 분해에 의해 풀려야 한다. 이 분할과정은 그림 13.31의 카이형태(chi form)에서 수평 또는 수직으로 일어날 수 있다. 수직 분할은 유전자 전환과 외부 표지유전자의 상호적 재조합을 보이는 자낭을 만들 것이다. 수평 분할은 유전자 전환과 부근의 표지유전자의 양친형 재조합을 보이는 자낭을 만들 것이다. 그러므로 만약 분할이 반은 수직으로, 반은 수평으로 일어나면, 유전자 전환은 관찰된 바와 같이, 50% 정도로 외부 표지유전자의 상호적 재조합과 관련이 있을 것이다.

- *교차는 상동 DNA 분자를 절단시켜 그것이 새로운 조합으로 재결합 되도록 한다.*
- *유전적 표지자가 서로 근접하게 연관되어 있으면, 종종 비 상호적인 재조합이나, 유전자 전환이 일어나는데 대립유전자의 분리 비는 3 : 1을 갖는다.*
- *이러한 유전자 전환은 재조합과정에서 발생하는 DNA 수리 합성에서 기인한다.*

요점

기초 연습문제

기본적인 유전분석 풀이

1. 진화에서 돌연변이의 역할을 고려하여라. 돌연변이가 없어도 생물종이 진화할 수 있는가?

답: 아니다. 돌연변이는 모든 새로운 유전적 변이의 궁극적인 근원으로, 진화의 첫 과정에 있어서 필수적이다. 재조합과정은 이 유전적 변이의 새로운 조합을 만들고 자연 선택(또는 인공적인)은 그들이 살아가는 환경에 최고로 적합한 생물을 유지시킨다. 돌연변이 없이는 진화는 일어날 수 없다.

2. 야생형 유전자 단편의 염기서열은 다음과 같다.

5′-ATG TCC GCA TGG GGA-3′
3′-TAC AGG CGT ACC CCT-5′

이 유전자 단편이 전사를 일으킨 mRNA 염기서열은

5′-AUG UCC GCA UGG GGA-3′

이고 이 mRNA를 번역하여 생산한 아미노산 서열은

methionine-serine-alanine-tryptophan-glycine

이다.

만약 단일 염기 치환이 유전자 안에서 일어나, 7번째에 위치한 G:C가 A:T로 바뀐 돌연변이 유전자에서 polypeptide를 생산하면 무슨 효과가 나타나는가?

답: 돌연변이 유전자 단편의 mRNA 염기서열은 다음과 같이 생성된다.

5′-AUG UCC ACA UGG GGA-3′

그리고 아미노산 서열은 다음과 같다.

methionine-serine-threonine-tryptophan-glycine

돌연변이 polypeptide의 3번째 아미노산은 야생형의 polypeptide alanine 대신에 threonine임을 참고하라. 그리하여, 유전자의 염기쌍 치환의 대부분은 아미노산 치환을 유발한다.

3. 2번 문제에서와 같은 유전자 서열에서 12번째 G:C가 A:T로 바뀌는 염기 치환이 발생한다면, 이 돌연변이가 유전자에 의해 생산된 polypeptide는?

답: mRNA의 서열의 결과

5′-AUG UCC GCA UGA GGA-3′
(UGA: termination codon)

4번째 코돈이 tryptonphan 코돈인 UGG가 세 가지 종결 코돈의 하나인 UGA로 바뀌었다. 그 결과, 이 돌연변이의 polypeptide는 이 위치에서 번역이 종결되어 잘라진 단백질을 만든다.

4. 2번 문제에서와 같은 염기에 한 A:T 염기쌍이 유전자 서열 6과 7사이에 삽입되면, 이 유전자의 polypeptide에는 어떤 변화를 일으키는가?

답: 돌연변이 유전자의 mRNA 염기서열은 다음과 같다.

5′-AUG UCC AGC AUG GGG A-J′

그리고 변경된 mRNA에서 변경된 polypeptide가 생산된다.

methionine-serine-serine-methionine-glycline
(serine-methionine-glycline: altered amino acid sequence)

이 염기쌍의 삽입은 mRNA의 돌연변이 부근에서부터 3개씩 읽는 코돈의 해독틀을 바꾼다. 그 결과 삽입 위치의 하류에 모든 아미노산은 바뀌고, 보통 기능이 없는 일반적이지 않는 단백질이 생산된다. 많은 경우, 삽입은 번역에 적합한 해독틀 내에 종결코돈을 만들어, 절단된 폴리펩티드가 생산되도록 한다.

5. 다음 그림에서 화살표 끝이 각 가닥의 3′말단을 표시해주는 두 DNA 분자들이 끊어졌다 재결합되는 교차를 겪는다고 하면, 표시된 두 재조합체들은 같은 빈도로 생산되겠는가?

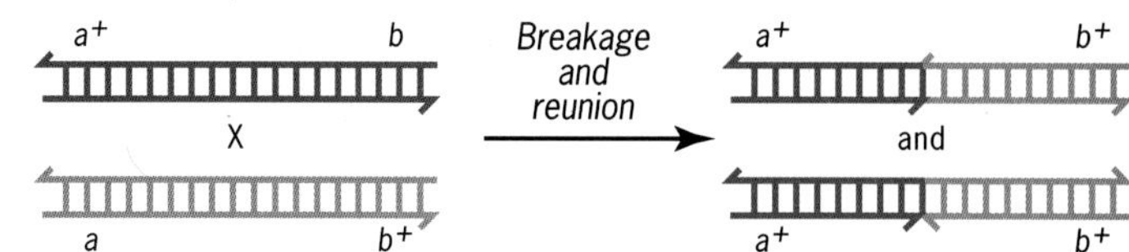

답: 아니다. 재조합이 되는 동안에 같은 극성의 DNA가닥들만 연결될 수 있다. 두 번째 재조합체는 생산될 수 없다.

지식검사

서로 다른 개념과 기술의 통합

1. 야노프스키(Charles Yanofsky)는 트립토판을 함유한 배지에서만 자라는 영양요구성(auxotrophic) 대장균 돌연변이체를 많이 분리하였다. 어떻게 그러한 돌연변이체를 동정할 수 있을까? 특정 트립토판 요구성 돌연변이체가 아질산으로 유발시킨 돌연변이(a nitrous acid-induced mutation)에 의하여 유도되었다면 5-BU(5-bromouracil)를 처리함으로써 원영양성(prototrophy)으로 복귀시킬 수 있는가?

답: 돌연변이원으로 처리한 박테리아는 트립토판이 있는 배지에서는 자랄 수 있어서 원하는 돌연변이체도 생육할 수 있다. 이 박테리아를 다시 희석하여 트립토판을 함유한 한천배지에 도말한다. 레더버그(Lederbergs)가 개발한 평판복제법으로 트립토판이 결핍된 플레이트 위에 군락을 복제한다(그림 13.15). 원하는 트립토판 영양요구주는 트립토판이 있는 플레이트에서는 자라지만, 트립토판이 없는 플레이트에서는 자랄 수 없다. 아질산과 5-BU는 A:T ↔ G:C 양방향으로 전이(transition) 돌연변이를 유발하기 때문에, 아질산으로 유발된 어떠한 돌연변이도 5-BU로 역돌연변이가 가능하다.

2. 만약 당신이 최근에 신종 박테리아를 발견하여 이름을 *Escherichia mutaphilium*이라고 명명하였다고 하자. 그 동안 당신은 이 박테리아(*E. mutaphilium*)의 *mutA* 유전자와 유전자 산물인 트리뉴클레오티드 돌연변이효소(trinucleotide mutagenase)를 연구해 왔다. *E. mutaphilium*는 거의 일반적인(universal) 유전암호를 사용하며 분자유전학적으로 볼 때 모든 다른 면은 *E. coli*와 비슷하였다.

야생형 트리뉴클레오티드 돌연변이 효소의 아미노 말단으로부터 여섯 번째 아미노산은 히스티딘이고, 야생형 *mutA* 유전자에서는 여섯 번째 아미노산에 해당하는 자리의 삼중 염기서열(triplet nucleotide-pair sequence)이 다음과 같았다.

......
3′-GTA-5′
5′-CAT-3′

이 삼중서열(triplet)에서 단일 뉴클레오티드 치환이 있는 7개의 돌연변이체의 특징을 규명하였다. 더욱이, 돌연변이가 일어난 트리뉴클레오티드 돌연변이 효소는 모두 분리 정제되어 서열이 확인되었다. 이들은 아미노 말단으로부터 여섯 번째 아미노산이 글루타민, 타이로신, 아스파라긴, 아스파라긴산, 알기닌, 프롤린, 그리고 류신으로 7개 모두 달랐다.

mutA1, *mutA2*와 *mutA3*는 서로 재조합체를 만들지 않으나, 다른 4개의 돌연변이체와(*mutA4*, *mutA5*, *mutA6*, 그리고 *mutA7*)는 서로 재조합을 일으켜 진정한 야생형 재조합체가 된다. 마찬가지로, *A4*, *A5*와 *A6*는 서로 재조합이 안 되지만 다른 4개의 돌연변이체와 교배를 하여 야생형 재조합체를 만든다. 마지막으로, *mutA1*과 *mutA7*의 교배로부터 생기는 야생형 재조합체의 비율은 *mutA6*와 *mutA7*으로부터 생기는 것보다 두 배가 높다.

*A1*과 *A6* 돌연변이체에 5-BU(5-bromouracil)를 처리하면 야생형으로 역돌연변이가 일어나지만 *A2*, *A3*, *A4*, *A5*와 *A7*은 5-BU로 역돌연변이를 유도할 수 없었다. *A2*와 *A4* 돌연변이체는 최소배지에서 잘 자라나, *A3*와 *A5* 돌연변이체는 완전돌연변이(null mutation: 완전히 활성이 없는 산물을 생산한다)이기 때문에 최소배지에 자랄 수 없었다. 이러한 차이점을 이용해서 *mutA3*와 *mutA5* 유전자형에서 *mutA2*와 *mutA4* 유전자형으로 돌연변이의 발생을 선별하였다. 돌연변이체 *A3*와 *A5*는 5-BU나 HA(hydroxylamine)를 처리해서 *A2*와 *A4*로 돌연변이가 유도된다. 그러나 *A3*은 *A4*로, *A5*는 *A2*로 돌연변이가 유발되지 않는다.

위에서 주어진 정보와 유전암호(표 12.1)의 성질을 이용해서 트리뉴클레오티드 돌연변이효소의 6번째 아미노산 위치에서 아미노산 치환을 가지는 7개의 돌연변이가 어떤 폴리펩티드를 지정하는지를 추정하고, 그러한 당신의 추정을 뒷받침하는 근거를 제시하시오.

답: 주어진 정보로부터 다음의 추론이 가능하다.

(a) 야생형 His 코돈은 유전자의 뉴클레오티드쌍 서열에 근거하여 CAU이다.

(b) 7개의 돌연변이 폴리펩티드의 6번째 위치의 아미노산 코돈은 CAU와 결부된 단일 염기 치환이다. 왜냐하면 돌연변이체는 모두 단일 뉴클레오티드쌍 치환으로 야생형으로부터 유발되었기 때문이다. 그래서 유전암호의 퇴화(degeneracy)가 특정한 코돈지정을 추론하는 인자는 아니다.

(c) 특히 각 코돈의 세 번째 (3′) 자리의 퇴화(degeneracy)라는 유전암호의 성질 때문에, 첫 번째 두 자리(5′ 염기와 중간의 염기)의 단일 염기 치환으로 세 개의 아미노산 치환이 가능하지만 위치 3(코돈의 3′ 염기)의 단일 염기치환으로, 단지 하나의 아미노산 변화만이 가능하다. 토의를 쉽게 하기 위해서, 트리플렛의 세 개의 뉴클레오티드쌍 위치를 위치 1(코돈의 5′염기에 해당함), 위치 2(중간 뉴클레오티드상), 위치 3(mRNA 코돈의 3′ 염기에 해당)으로 나타낸다.

(d) *A1*, *A2*과 *A3*은 서로서로 재조합하지 않기 때문에, 이들은 트리플렛의 같은 자리인 위치 1 또는 위치 2의 염기쌍 치환으로부터 발생한다. *A4*, *A5*와 *A6*도 마찬가지다. *A7*은 다른 6개의 돌연변이 대립유전자와 재조합되므로 *A7*은 위치 3에서 단일 염기 치환으로 아미노산이 변화하였다.

(e) His 코돈 CAU의 위치 3에서 단일 염기 변화와 관련되는 코돈을 가지는 아미노산은 유일하게 Gln(코돈 CAA)이다.

그래서 *mutA* 폴리펩티드는 여섯 번째 아미노산으로 글루타민을 가진다.

(f) *mutA7*(세 번째 자리 치환)이 *mutA6*과의 교배에서, *mutA1*과의 교배보다 두 배나 많은 야생형 재조합체를 가지므로 *A1*의 치환은 위치 1이며 *A6*의 치환은 위치 2이다. 위의 (4)와 조합해보면, 이것은 위치1에 *A2*와 *A3* 치환을, 위치 2에 *A4*와 A5 치환을 가지게 한다.

(g) *mutA1*과 *mutA6*은 5-BU에 의해서 야생형으로 복귀가 유도되므로 이들은 His를 암호화하는 뉴클레오티드쌍의 전이 돌연변이와 관련 있다, 즉

$$(mutA1)\,\frac{\text{ATA}}{\text{TAT}} \xleftrightarrow{\text{5-BU}} \frac{\text{GTA}}{\text{CAT}} \xleftrightarrow{\text{5-BU}} \frac{\text{GCA}}{\text{CGT}}\,(mutA6)$$

(h) *mutA3*과 *mutA5*는 hydroxylamine에 의해서 각각 *mutA2*와 *mutA4*로 돌연변이가 유도되므로, G:C → A:T 전이(transition)에 의해서 *A3*은 *A2*와, *A5*는 *A4*와 특이적으로 이어진다.

즉

$$(mutA3)\,\frac{\text{CTA}}{\text{GAT}} \xrightarrow{\text{HA}} \frac{\text{TTA}}{\text{AAT}}\,(mutA2)$$

그리고

$$(mutA5)\,\frac{\text{GGA}}{\text{CCT}} \xrightarrow{\text{HA}} \frac{\text{GAA}}{\text{CTT}}\,(mutA4)$$

종합적으로, 이러한 추론들은 트리뉴클레오티드 돌연변이 효소 폴리펩티드, mRNA, 그리고 7개 돌연변이체들의 유전자에 존재하는 아미노산, 그리고 코돈, 뉴클레오티드 쌍들 사이에 오른쪽과 같은 관계를 확립시킨다.

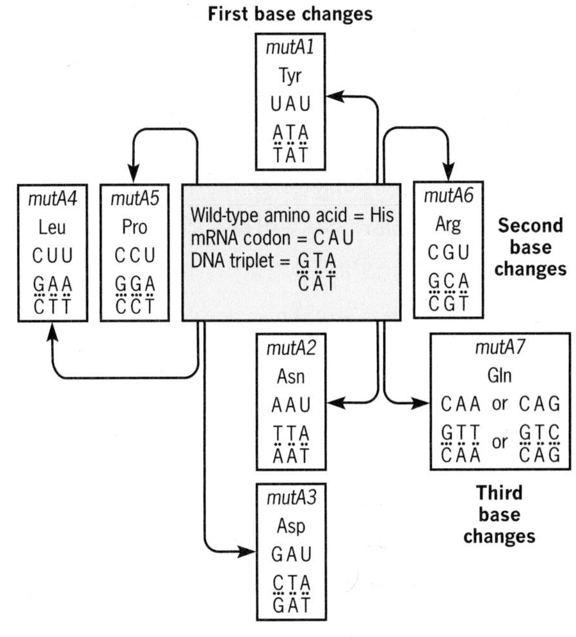

연습문제

이해력 증진과 분석력 개발

13.1 다음과 같은 DNA와 RNA의 점돌연변이를 (1) 전이(transitions), (2) 전환(transversions), (3) 해독틀변경(reading frameshifts)으로 표시하시오. (a) C가 T로; (b) A가 G로; (c) G가 A로; (d) C가 T로; (e) UUG CUA AUA가 UUG CUG AUA로 (f) UAU ACC UAU가 UAU AAC CUA로 변이되었다.

13.2 트립토판 아미노산을 지정하는 DNA 단편에 염기치환 돌연변이(missense mutation)가 일어날 수 있다. 염기치환이 같은 빈도로 일어난다면 전이와 전환 돌연변이의 비는 어떻게 되나?

13.3 치사(lethal)와 가시적 돌연변이가 방사선 조사된 파리에서 일어나는 것으로 기대된다. (a) 성연관 치사와 (b) 성연관 가시 돌연변이를 검사하는 방법을 대략적으로 기술하시오.

13.4 박테리아에서 특정 약품에 저항성을 보이는 돌연변이를 검출하는 방법을 기술하시오. 특정 약품에 의해서 유발되었는지 아니면 기존의 돌연변이인지를 어떻게 구별할 수 있을까?

13.5 인간의 자연 발생 돌연변이는 박테리아보다 일반적으로 높은데, 이 말은 곧 인간의 각각의 유전자가 박테리아보다 더 빈번하게 돌연변이를 일으킨다는 말인가? 설명해보라.

13.6 특정 가계의 전암성 병변(intestinal polyposis)은 단일 우성 유전자에 의해서 결정된다. 직장암으로 사망한 한 여성의 후손 중에서 12명은 동일 종류의 암으로 사망했으며, 5명은 intestinal polyposis를 앓고 있다. 혈연관계가 있는 모든 친족도 검사를 했으나 이상 증후는 없었다. 이 결함성 유전자의 기원에 대해서 설명해보라.

13.7 사람의 청소년기 근 위축증(juvenile muscular dystrophy)은 성 연관 열성유전자에 의해서 결정된다. 조사를 해본 결과, 33명의 환자가 약 800,000명 중에서 발견되었다. 조사자들은 이 연구를 시작했을 때, 추적할 수 있는 모든 경우를 다 찾아 분석했다. 이 질환의 증상은 남성에서만 나타난다. 이 질병을 가진 사람의 대부분은 초기에 사망했으며, 21살까지 산 사람은 없었다. 보통, 한 가정에서 한 경우만 발견되었으나, 때때로 같은 가정에서 두 세 경우도 있었다. 이 질환의 간헐적인 발병에 대해서 기술하고 이 유전자가 집단 내에서 존속되는 경향에 대해서 설명해보라.

13.8 체세포 돌연변이에서 유래된 네이블 오렌지나 델리셔스 애플 같은 상품은 감귤 농장과 사과과수원에서 널리 보급되어 있다.

그러나 동물에서는 체세포 돌연변이에서 유래되는 형질들은 거의 유지가 안 된다. 이유를 설명해보라.

13.9 무리 중에 한 마리의 짧은 다리 양이 나타났다면 이 짧은 다리의 양이 돌연변이로 유발된 것인지 아니면 환경적인 이유에서 유발된 것인지를 확인하는 실험을 제시하시오. 만약 돌연변이라면 어떤 식으로 이 돌연변이가 열성인지, 아니면 우성인지를 결정할 수 있는가?

13.10 DNA 중합효소와 같은 효소들은 어떻게 돌연변이 유발 유전자(mutator; 돌연변이율을 증가시키는 유전자)와 항돌연변이 유전자(antimutator; 돌연변이율을 감소시키는 유전자)의 작용에 관여하는지를 설명하시오.

13.11 어떻게 자연발생 돌연변이율이 자연선택으로 최적화 될 수 있는가?

13.12 옥수수의 *Dt* 돌연변이유발(mutator) 유전자는 무색의 호분(*a*)을 유색의 호분을 만드는 우성의 대립유전자(*A*)로 돌연변이화하는 율을 증가시킨다. 상호교배(reciprocal)를 할 때(즉, 씨의 양친 *dt*/*dt*, *a*/*a* × *Dt*/*Dt*, *a*/*a*와 씨 양친 *Dt*/*Dt*, *a*/*a* × *dt*/*dt*, *a*/*a*), *Dt*/*Dt*의 씨 양친(seed parents) 교배는 이것의 상호교배보다 세배나 많은 반점이 있는 낱알을 만들어 냈다. 이 결과를 설명해보라.

13.13 단일 돌연변이가 페닐알라닌을 티로신으로 전환시키지 못하게 한다. (a) 이 돌연변이 유전자는 다면발현을 보이는가(pleiotropic)? (b) 설명해보라.

13.14 어떻게 정상 헤모글로빈(hemoglobin A)과 헤모글로빈 S를 구별할 수 있는가?

13.15 CTT가 글루탐산(glutamic acid)을 지정하는 DNA 트리플렛(DNA의 전사된 가닥)이라면 어떤 DNA와 mRNA 염기의 트리플렛 변이가 β-글로빈 사슬의 6번째 발린과 리신의 원인이 되는가?

13.16 박테리오파지 T4의 유전체는 약 50%의 A : T 염기쌍과 50%의 G:C 염기쌍으로 되어있다. 염기유사체인 2-아미노퓨린은 호변이성변동에 의해 A : T를 G : C로 그리고 G : C를 A : T로 치환시킨다. 하이드록실아민은 시토신에 특이적으로 작용하여 G : C를 A : T로 치환시킨다. 만약에 많은 수의 독립적인 돌연변이가 2-아미노퓨린에 의하여 박테리오파지 T4에서 생긴다면, 하이드록실아민 처리에 의하여 야생형으로 돌아가는 복귀 돌연변이의 기대 확률은 얼마인가?

13.17 베타 글로빈 사슬과 알파 글로빈 사슬이 공통 조상을 가진다고 한다면, 현재 이 두 서열에 존재하는 차이는 어떻게 설명할 수 있겠는가? DNA와 mRNA 코돈에서의 어떤 변화가, 해당 자리에서 서로 다른 아미노산을 가져오는 차이를 설명할 수 있겠는가?

13.18 한 박테리아 변종의 모든 세포는 배지에 스트렙토마이신이 특정 농도가 되면 죽는다. 스트렙토마이신에 저항성을 가지는 돌연변이가 발생하였다. 이 스트렙토마이신에 저항성을 지니는 변종은 두 가지였다. 어떤 종은 스트렙토마이신이 있거나 없거나 살 수 있었다. 다른 종은 스트렙토마이신이 없으면 살 수 없었다. 스트렙토마이신 감수성 계통에서 두 유형의 스트렙토마이신 저항성 변종을 확립하는 실험방법을 기술하시오.

13.19 파리의 한 계통이 1,000 뢴트겐(r)의 X-선으로 처리되었다. X-선 처리로 특정 유전자의 돌연변이율이 2% 정도 상승되었다. 만약에 이 파리에 3,000 r, 3,500 r, 5,000 r의 X-선을 처리하였을 때 이 유전자의 돌연변이율은 얼마만큼 증가하는가?

13.20 X-선으로 유도된 염색체 절단의 빈도가 조사량의 총량에 따라서 변화하고, X-선이 조사된 비율에 따라 변화하지 않는 이유는 무엇인가?

13.21 원자력 반응기가 과열되어 트리튬(H^3), 방사성 요오드(I^{131})와 방사성 크세논(X^{133})이 만들어 졌다. 다른 두 방사성 동위원소보다 방사성 요오드가 더욱 우리에게 영향을 끼치는 이유는 무엇인가?

13.22 한 사람이 사고로 100r의 X-선을 한꺼번에 조사 받았다. 또 다른 사람은 40여 번 5 r씩 조사받았다. 집중효과는 없다고 가정하고 위 두 사람에게 기대되는 돌연변이의 비율을 산정하시오.

13.23 *Neurospora crassa*의 유전자형이 x^+ m^+ z인 *A* 교배형과 유전자형이 x m z^+인 *a* 교배형을 교배하였다. *x*, *m* 그리고 *z* 유전자는 가깝게 연관되어 있고 염색체위의 순서는 *x*–*m*–*z*이다. 이 교배로부터 얻어지는 자낭에는 감수분열로 얻어지는 네 개의 산물들이 각각 두 개씩 들어있다. 만약 감수분열로 얻어진 4개의 산물들의 유전자형들이, *m* 좌위에서 유전자 전환이 발생했고, *x* 와 *z* 좌위에서 상호적 재조합이 발생한 것을 보여준다면, 네 개의 산물들은 어떤 유전자형을 가지겠는가? 밑의 괄호 안에 그 하나의 자낭 안에 생기는 네 개의 반수체 산물들의 유전자형, 즉 *m*에서 유전자 전환이 발생했고, 측면 표식자들(*x*, *z*)의 재조합이 발생했음을 보여주는 유전자형들을 적어보라.

Ascus Spore Pairs

1–2	3–4	5–6	7–8
( )	( )	( )	( )

13.24 아질산은 어떻게 돌연변이를 유발하는가? 바이러스를 아질산으로 처리하면, DNA와 mRNA에 어떤 결과를 기대할 수 있을까?

13.25 아질산으로 유발된 돌연변이는 전이(transition)인가? 전환(transversion)인가?

13.26 당신이 새로운 세 종류의 살충제의 돌연변이 유발력을 에임즈 검사하고 있다. 해독틀 변형이나 전이돌연변이를 검사하는 두 종류의 his^- 계통으로 다음과 같은 결과를 얻었다.

Strain 1	전이 돌연변이체 대조군 (살충제 −)	전이 돌연변이체 + 살충제	전이 돌연변이체 + 살충제 + 쥐의 간 효소
살충제 #1	21	150	17
살충제 #2	18	25	13
살충제 #3	25	300	250

Strain 2	해독틀 이동 돌연변이체 대조군 (살충제 −)	해독틀 이동 돌연변이체 + 살충제	해독틀 이동 돌연변이체 + 살충제 + 쥐의 간 효소
살충제 #1	5	3	7
살충제 #2	7	7	120
살충제 #3	6	11	5

세 종류의 살충제가 유발 시킨 돌연변이의 종류는?

13.27 5-BU의 작용과 돌연변이 유발 효과는 아질산과 어떻게 다른가?

13.28 시드니 브래너와 A. O. W. 스트래튼은 넌센스 돌연변이들이 DNA 염기서열 안의 단일염기가 삽입되고 다른 단일염기가 결실되면, T4 박테리오파지의 *rII*유전자의 폴리펩티드 합성의 종결을 일으키지 않는 것을 발견하였다. 이 현상을 어떻게 설명할 수 있나?

13.29 세이무어 벤저와 언스트 후리즈는 T4 박테리오파지의 *rII*유전자에서 자연발생 돌연변이와 5-브로모우라실에 의해 유도되는 돌연변이를 비교 하였다. 자연발생 돌연변이율보다 돌연변이원이 수백 배 높은 돌연변이($rII^+ \rightarrow rII$)를 유발시켰다. 5-브로모우라실에 의해 유도된 돌연변이의 대부분(98%)은 5-브로모우라실의 처리로 야생형($rII \rightarrow rII^+$)으로 바뀌었다. 이와 같은 결과를 토의하라.

13.30 아크리딘으로 유발된 DNA의 변화가 어떻게 불활성 단백질을 만들 수 있을까?

다음 문제는 12장에 주어진 아미노산-코돈 사이의 관계를 이용하시오.

13.31 헤모글로빈의 α와 β 구성요소의 유전자에 돌연변이가 발생하면 탈라세미아나 겸상적혈구 빈혈증과 같은 혈액 질환이 발생한다. 당신이 이 질환의 새로운 형태를 중국 가족에서 발견하였다. 정상과 돌연변이의 헤모글로빈 구성요소의 5′말단의 DNA 염기서열은 다음과 같다.

Normal 5′-ACGTTATGCCGTACTGCCAGCTAACT-GCTAAAGAACAATTA……-3′9
Mutant 5′-ACGTTATGCCTGTACTGCCAGCTAACT-GCTAAAGAACAATTA….-3′

(a) 돌연변이 헤모글로빈 유전자에는 어떤 돌연변이가 일어나는가?
(b) 정상과 돌연변이 유전자로부터 전사된 mRNA의 번역되는 부분의 코돈은 어떤 것인가?
(c) 정상과 돌연변이 폴리펩티드의 아미노산 서열은 어떻게 되는가?

13.32 박테리오파지 MS2는 유전정보를 RNA에 갖고 있다. 이것의 염색체는 DNA에 유전정보를 저장하는 생물의 다유전자성(polygenic) 분자의 mRNA와 유사하다. MS2 소염색체(mini-chromosome)는 4개의 폴리펩티드를 암호화한다(즉, 4개의 유전자를 가지고 있다). 이들 네 유전자의 하나는 129개 아미노산으로 구성된 MS2 피복 단백질을 암호화한다. MS2의 전체 RNA 서열은 밝혀져 있다. 피복 단백질 유전자의 코돈 112는 CUA인데, 이것은 류신을 암호화한다. 만약 당신이 활발하게 복제되고 있는 MS2 집단을 돌연변이 유발물질 5-BU로 처리한다면, MS2 피복 단백질의 112번 위치(Leu → 다른 아미노산)에 어떤 아미노산 치환이 기대되는가? (*참고*: MS2 박테리오파지는 상보성 RNA를 주형으로 복제되며 DNA처럼 염기짝을 이룬다.)

13.33 피복 폴리펩티드 112위치에 5-BU로 유도된 다른 아미노산 치환(문제 13.32)들은 같은 빈도로 발생하는가? 만약 그렇다면 그 이유를 제시하시오. 또, 아니라면 그렇지 않은 이유를 제시하시오. 발생한다면 어떤 치환이 더 빈번할까?

13.34 만약에 비복제성 MS2 파지 현탁액을 5-BU로 처리한다면 어떤 돌연변이가 발생할까?

13.35 아질산은 아데닌, 시토신, 구아닌을 탈아민화시키는 것(아데닌 → 하이포크산틴, 이것은 아데닌과 염기쌍을 이룸; 시토신 → 우라실, 이것은 아데닌과 염기쌍을 이룸; 구아닌 → 크산틴, 이것은 시토신과 염기쌍을 이룸)을 상기하면서, 만약에 성숙한(비복제성) T4박테리오파지 현탁액을 아질산으로 처리하여 돌연변이를 유발시킨다면 야생형 폴리펩티드의 글리신 잔기가 다른 아미노산으로 치환이 일어나는 돌연변이가 발생하겠는가? (*참고*: 파지 현탁액을 돌연변이 처리한 후, 아질산은 제거되었다. 처리된 파지를 대장균에 감염시켜 유발된 돌연변이를 관찰하였다) 그렇다면, 어떤 기구에 의한 것인가? 그렇지 않다면 왜 그러한가?

13.36 유전암호의 성질, 13.32 문제의 MS2 파지에 대한 정보, 그리

고 13.35 문제의 아질산에 관한 정보를 잘 상기하면서, 성숙한 (비복제성) 파지 MS2의 현탁액을 이용하여 아질산으로 돌연변이 발생을 시켰을 때, 글리신이 다른 아미노산으로 변하는 것과 같은 아미노산 치환이 일어날까? 정말로 그렇다면 어떤 기구에 의한 것인가? 안 일어난다면 왜 그러한가?

13.37 아질산이 고빈도의 치환(Tyr → Ser 또는 Tyr → Cys)을 일으킨다고 기대할 수 있을까? 이유를 설명해보라.

13.38 다음 중 어느 아미노산 치환이 5-BU로 처리하였을 때 가장 높은 빈도로 유도되겠는가? (a) Met → Leu; (b) Met → Thr; (c) Lys → Thr; (d) Lys → Gln; (e) Pro → Arg; (f) Pro → Gln. 이유를 제시해보라.

13.39 야생형 단백질의 일부 서열은

NH_2-Trp-Trp-Trp-Met-Arg-Glu-Trp-Thr-Met

야생형으로부터 단일 점 돌연변이에 의한 각 돌연변이는 다음과 같이 서로 달랐다. 이들 정보를 이용하여, 야생형 폴리펩티드에 대한 mRNA의 서열을 결정하라. 만약에 한 개 이상의 가능성이 있다면, 가능한 모두를 제시해보라.

돌연변이체	폴리펩티드의 아미노산 서열
1	Trp-Trp-Trp Met
2	Trp-Trp-Trp-Met-Gly-Glu-Trp-Thr-Met
3	Trp-Trp-Trp-Met-Arg-Gln-Trp-Thr-Met
4	Trp-Trp-Trp-Met-Arg-Glu-Trp-Met-Met

13.40 프로플라빈(proflavin)과 같은 아크리딘 염료(acridine dyes)는 주로 단일 염기 첨가나 결실을 유발한다고 알려져 있다. 야생형 유전자의 mRNA 염기서열은

5′-AUGCCCUUUCCCAAAGGGUUUCCCUAA-3′

이다. 프로플라빈에 의해서 돌연변이가 이 유전자 안에서 일어났고 이 돌연변이의 역돌연변이(revertant)가 마찬가지로 프로플라빈에 의하여 유도되었으며 동일 유전자내의 두 번째 자리의 억제 돌연변이에 의해서 발생하였다고 가정하자. 이 역돌연변이체(이중돌연변이)의 유전자에 의해 암호화된 폴리펩티드 서열이

NH_2-Met-Pro-Leu-Ser-Lys-Gly-Phe-Pro-COOH

이라면 가장 그럴듯한 이 역돌연변이(이중돌연변이)의 염기서열을 유추해보라.

13.41 대장균 돌연변이 8개를 독립적으로 분리하였다. 이들은 모두 히스티딘이 없이는 자라지 못하며(his^-), 이들로 모든 시스와 트랜스 이형접합체(partial diploids) 실험을 하였다. 모든 시스 이형접합체들은 히스티딘이 없어도 자랄 수 있었다. 히스티딘이 없으면 자랄 수 없는 다른 것들과 다른, 자랄 수 있는 두 트랜스 이형접합체가 얻어 졌다. 실험 결과를 자라는 것은 "+"로, 자라지 않는 것은 "0"로 첨부 표에 나타내었다. 이들 8개의 돌연변이에 의해 몇 개의 유전자가 밝혀졌는가? 어떤 돌연변이 계통들이 같은 유전자 안에 있는가?

Growth of *Trans* Heterozygotes (without Histidine)

Mutant	*1*	*2*	*3*	*4*	*5*	*6*	*7*	*8*
8	0	0	0	0	0	0	+	0
7	+	+	+	+	+	+	0	
6	0	0	0	0	0	0		
5	0	0	0	0	0			
4	0	0	0	0				
3	0	0	0					
2	0	0						
1	0							

13.42 연습문제 13.41에서 설명한 돌연변이들이 다음 결과를 얻었다고 가정하라. 몇 개의 유전자들이 밝혀지는가? 어떤 돌연변이 계통들이 같은 유전자 안에 있는가?

Growth of *Trans* Heterozygotes (without Histidine)

Mutant	*1*	*2*	*3*	*4*	*5*	*6*	*7*	*8*
8	+	+	+	+	+	+	0	0
7	+	+	+	+	+	+	0	
6	+	+	+	+	0	0		
5	+	+	+	+	0			
4	+	+	0	0				
3	+	+	0					
2	0	0						
1	0							

13.43 초파리의 *white, white cherry* 그리고 *vermilion* 들은 모두 눈 색에 영향을 주는 X 연관 돌연변이들이다. 세 돌연변이 모두 붉은 눈의 야생형 대립유전자에 대해 열성이다. 흰 눈의 암컷을 버밀리언 수컷과 교배하여 흰 눈 수컷과 붉은 눈(야생형) 암컷 자손들을 얻었다. 흰 눈 암컷과 화이트체리 수컷을 교배하여 흰 눈 수컷과 옅은 체리 색의 암컷을 얻었다. 이들 결과가 나타내는 것은 눈 색에 영향을 주는 세 돌연변이들이 같은 유전자 안에 있다는 것인가? 만약 그렇다면 어떤 돌연변이들인가?

13.44 박테리오파지 X의 *loz*(*l*ethal *o*n *Z*) 돌연변이들은 대장균 계통 Y에서는 자라나 대장균 계통 Z에서는 자랄 수 없는 조건 치사 돌연변이이다. 다음 표의 결과들은 대장균 계통 Z에 돌연변이들 짝을 감염시켜 상보성 분석을 한 것이다. 감염된 세포에서 자손 파지가 만들어지는 것은 "+"로 그리고 자손 파지가 얻어지지 않는 것은 "0"으로 나타내었다. 그리고 함께 모든 가능한 시스 검정을 수행하였고, 모든 시스 이형접합체들은 야생형의 파지 자손을 얻었다.

Mutant	*1*	*2*	*3*	*4*	*5*	*6*	*7*
7	+	+	0	+	0	0	0
6	+	+	+	+	+	0	
5	+	+	0	+	0		
4	0	0	+	0			
3	+	+	0				
2	0	0					
1	0						

(a) *loz* 돌연변이체 7번이 나타내는 명백히 비정상적인 상보성 행동에 대해 가능한 세 가지 설명을 제시하라.

(b) 세 가지 가능한 설명 사이의 차이를 구별할 수 있는 간단한 유전 실험은 무엇인가?

(c) 왜 제안된 실험이 세 가지 가능한 설명 사이의 차이를 구별할 수 있는가를 설명해보라.

분자유전학의 기술들

장의 개요

- 유전자의 규명, 증폭, 분리에 사용되는 기초 기술들
- DNA 도서관의 구축과 검색
- DNA, RNA 및 단백질에 대한 분자 수준의 분석
- 유전자와 염색체에 대한 분자적 분석

인간 성장호르몬을 이용한 뇌하수체성 왜소증의 치료

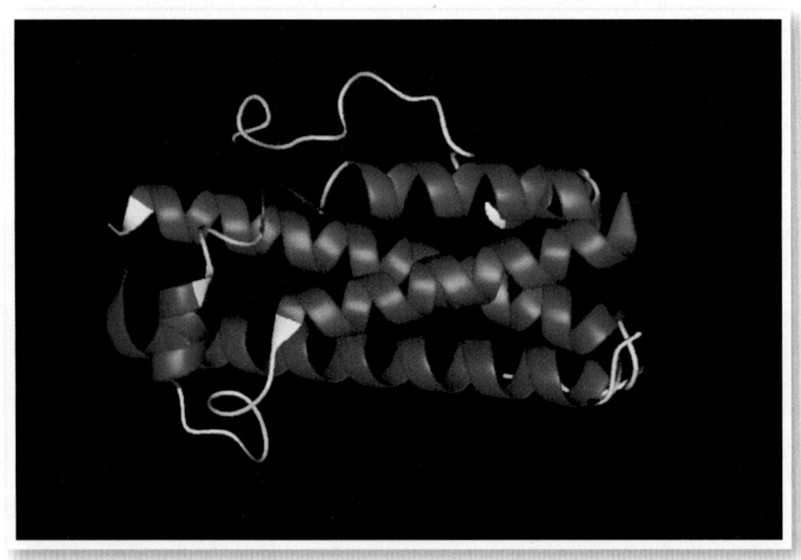

인간성장호르몬 구조의 컴퓨터로 그린 모델.

Kathy는 다복하고, 쾌활하며, 약간의 장난을 좋아하고, 영리한 점 등 전반적인 면에서 전형적인 어린이였다. 실제로 Kathy가 보통의 아이들과 다른 단 한 가지는 체구였다. 그녀는 인간 성장호르몬(human growth hormone) 결핍으로 인한 뇌하수체 왜소발육증을 가지고 태어났다. Kathy는 과거 떠돌이 서커스단에서 공연하는 난쟁이 어릿광대같이 Kathy의 인생 전체가 비정상적인 작은 키로 살 수밖에 없는 듯했다. 그러나 열 살 때, Kathy는 박테리아에서 합성된 인간 성장호르몬(hGH)의 치료를 받기 시작했다. 그녀는 치료 첫 해 동안 5인치나 자랐다. 성장 시기 동안 인간 성장호르몬의 치료를 계속 받음으로써, Kathy는 성인의 정상적인 키 분포에서 작은 축에 속하게 되었다. 이러한 치료가 없었다면, 그녀는 비정상적인 작은 키로 살았을 것이다.

Kathy가 정상적인 신장까지 자랄 수 있게 해준 인간 성장호르몬은 원하는 산물을 합성하기 위해 고안되거나 변형되어진 유전자를 사용하는 유전공학의 첫 번째 산물 중의 하나이다. 인간 성장호르몬은 합성한 박테리아 조절인자에 인간 성장호르몬을 암호화하는 서열을 연결시킨 변형된 유전자를 가지고 있는 대장균에서 처음 생산되었다. 이 키메라 유전자는 시험관에서 합성되어지고 형질전환에 의해 대장균 안으로 들어간다. 1985년, 대장균에서 생산되어진 인간 성장호르몬은 미국 식품의약국(U.S. Food Drug Administration)에 의해 인간에게 사용되도록 승인된 유전공학의 두 번째 의학적 산물이 되었다. 첫 번째 산물인 인간 인슐린은 1982년에 승인되었다.

과학자들은 어떻게 대장균에서 인간 성장호르몬이나 인간 인슐린을 생산해 낼 유전자를 만들 수 있었을까? 그들은 인간 성장호르몬 또는 인간 인슐린 유전자의 암호화 서열을 *E. coli* 세포 내에서 발현을 확실하게 할 조절인자 서열(regulatory sequences)과 결합시킴으로써 이러한 업적을 성취했다. 그들은 시험관 속에서 유전자들을 결합시키고 이것을 발현시킬 수 있는 살아 있는 박테리아에 도입시켜야 했다. 과거에 박테리아에서 인간의 단백질 합성은 과학소설과 같은 것이었다. 오늘날 인간의 단백질은 배양중인 박테리아나 진핵세포들 내에서 일상적으로 생성된다. 이 단원에서 우리는 연구자들이 다른 종에서부터 유도된 성분들로부터 유전자들을 만들거나 박테리아와 진핵세포 둘 다에서 이러한 새로운 유전자들을 발현시키도록 하는 강력한 분자 유전학 방법에 초점을 맞추었다.

유전자와 염색체에 대해 분자 수준의 연구를 가능하게 했던 **재조합 DNA 기술(recombinant DNA technology)**의 발달로, 오늘날 우리는 유전자들의 구조에 대해 많은 것을 알 수 있게 되었다. 재조합 DNA를 이용한 접근법은 특정 유전자들의 **클로닝(cloning)**으로 시작된다. 유전자의 클로닝이란 유전자를 분리하고, 이것을 플라스미드(plasmid)나 바이러스 염색체같은 작은 자가-복제성 유전 요소(self-replicating genetic element)들에 삽입시켜, 이들이 적절한 숙주세포(예를 들면 대장균)에서 복제되는 동안 유전자도 증폭되도록 하는 것이다. 유전자들을 클로닝하는데 사용하는 이 작은 자가 복제성 유전요소들을 **클로닝 벡터(cloning vector)**라고 한다. 유전자 클로닝(gene cloning) — 특정 유전자의 분리와 증폭 — 은, 성체에서 얻은 하나의 세포로부터 돌리(Dolly)라는 이름의 양을 만들어 내는 것 같은 생물체 클로닝(생물복제, cloning of organism)과는 다른 것이다.

특정 유전자의 분리와 클로닝은 복잡한 과정이다. 그러나, 어떤 유전자가 클론화된 후에는 유전자의 구조-기능 관계를 밝히기 위한 여러 종류의 조작에 사용될 수 있다. 보통, 클론화된 유전자는 서열화된다; 즉, 그 유전자의 뉴클레오티드 서열이 결정되는 것이다. 만약 그 유전자의 기능이 아직 밝혀져 있지 않다면, 그 서열을 3가지 거대 유전자은행들에 저장된 수천 개의 유전자들과 비교할 수 있다. 컴퓨터 유전자은행들은 하나는 독일에, 하나는 일본, 그리고 나머지 하나는 미국에서 관리한다(15장의 유전자은행에 대한 Focus on 부분을 참조하라). 때때로 어떤 유전자의 기능은 그 기능이 알려져 있는 다른 유전자들과의 유사성에 기초하여 추론될 수 있다. 유전자의 서열이 주어지면, 유전자 암호에 대한 지식도 있기 때문에, 그 유전자에 의해 생산되는 폴리펩티드의 아미노산 서열을 예측할 수 있다. 폴리펩티드의 예상 아미노산 서열은 그 기능에 대한 단서를 제공할 수 있는 아미노산 서열을 탐색하는 데 사용될 수 있다. 핵산과 단백질 서열 데이터베이스들은 분자유전학 연구를 위한 중요한 자원이 되었으며, 그들은 기초 생물학적 연구와 이 연구들의 다양한 응용을 위해 점점 더 중요해질 것이다(15장, 16장).

유전자의 규명, 증폭, 분리에 사용되는 기초 기술들

재조합 DNA, 유전자 클로닝, 그리고 DNA 증폭 기술들은 과학자들이 어떤 개체로부터 어떤 DNA서열을 분리하고 특성을 기술할 수 있게 한다.

포유동물의 반수체 유전체는 약 3×10^9 뉴클레오티드쌍을 포함하고 있다. 만약 평균 유전자의 조합된 엑손들이 3,000 뉴클레오티드 쌍의 길이라면(많은 유전자들이 이보다 크다), 그 유전자의 암호화 영역은 유전체의 서열 중 100만 분의 1을 나타내는 것이 될 것이다. 비록 포유동물 유전체 DNA의 대부분이 유전자로 구성되어 있지 않다고는 해도, 그래도 어떤 유전자 하나를 분리하는 것은 속담처럼 건초 더미에서 바늘을 찾는 것과 같을 것이다. 유전자와 DNA서열의 분석에 사용되는 대부분의 기술들은 그 서열을 상당량의 순수한 형태로 요구한다. 어떻게 단일 유전자를 가지고 있는 DNA 분자 조각들을 찾아내어, 그에 대한 구조와 기능을 분자 수준에서 연구할 수 있도록 순수한 형태의 서열로 충분한 양을 얻을 수 있을까?

재조합 DNA 기술과 유전자 클로닝 기술의 발달로, 분자 유전학자들은 커다란 염색체의 유전자들이나 일부 조각들을 분리하고 복제시키며, 핵산 서열화 기술, 전자현미경 기술, 그리고 기타 여러 분석 기술을 이용하여 연구할 수 있는 방법을 얻게 되었다. 정말로, 유전자나 기타 여러 DNA서열들은 두 가지의 독특한 접근법에 의해 증폭될 수 있다 — 하나는 *생체 내(in vivo)*에서, 다른 하나는 *시험관 내(in vitro)*에서 서열을 복제하는 것이다. 두 번째 접근법은 관심 DNA서열의 양 쪽 뉴클레오티드 서열을 알 때만 사용할 수 있다.

첫 번째 접근법에서는, 관심 유전자를 가지고 있는 소염색체를 시험관에서 만들고, 이것을 적당한 숙주 세포에 도입하게 된다. 이런 유전자 클로닝 과정에는 두 가지 필수적인 단계가 포함된다: (1) 관심 유전자가 작은 자가-복제 염색체에 통합되는 것(시험관 내에서), 그리고 (2) 그 재조합 소염색체가 적당한 숙주 세포 내에서 스스로 복제되는 것(생체 내에서)이다. 단계 1은 두 개 혹은 그 이상의 서로 다른 DNA 분자가 시험관 내에서 연결되어 **재조합 DNA 분자들(recombinant DNA molecules)**을 생성하게 되는 것으로, 예를 들자면, 대장균의 플라스미드(plasmid)나 기타 자가 복제성 소염색체(self-replicating minichromosome)에 삽입된 인간 유전자 같은 것이다. 단계 2는 진정한 유전자 복제 과정으로, 그 재조합 DNA 분자가 복제되는 것, 즉 "클론화(cloned)"되어 다음 생화학적 분석에 사용될 수 있을 정도로 동일한 많은 수의 사본을 만들어 내는 과정이다. 비록 이 전체 과정이 종종 재조합 DNA 기술, 혹은 유전자 클로닝 기술이라고 불리지만, 이 용어는 사실 이 과정의 독립된 두 단계를 뜻하는 것이다.

세 번째 접근법에서는, 관심 DNA서열이나 유전자의 양 옆 서열들에 상보적인 짧은 DNA가닥들을 합성하고, 특수한(열 저항성) DNA 중합효소에 의해 시험관 내에서 해당 서열의 증폭을 개시하는 데 이것을 사용하게 된다. 중합효소 연쇄반응(polymerase chain reaction, PCR)이라고 불리는 이 과정은 대단히 강력한 유전자 증폭 도구다. 증폭된 유전자 산물들은 이후에 분석되고 서열화 될 수 있다. 그리고, 필요하다면 클로닝 벡터에 삽입되어 추가적 연구를 위해 생체 내에서 복제될 수도 있다. PCR에 의한 DNA서열의 증폭은 생체 내에서 그 서열을 클론화 해야 할 필요성을 매우 감소시켰다. 따라서, PCR에 의한 DNA서열의 증폭을 포함하고 있는 과정들이 이전의 생체 내 증폭 방법들을 대체시켜 왔다. 그러나, PCR은 관심 유전자나 DNA서열 측면의 뉴클레오티드 서열이 알려져 있을 때만 사용될 수 있다.

제한효소의 발견

어떤 생물로부터 관심 유전자 혹은 관심 DNA서열을 클론화하고 서열화할 수 있는 능력은, 반드시 **제한 내부핵산분해효소(제한 효소, restriction endonuclease)**라고 불리는 특정 집단의 효소들에 의존적이다. (그리스어로 *éndon*은 "내부(within)"라는 뜻이고, 따라서 endonuclease는 DNA 분자의 내부를 자른다.) 많은 엔도뉴클레아제들이 DNA에 무작위 절단을 일으키지만, 제한 효소들은 부위-특이적(site-specific)이어서, 제2형 제한효소(type II restriction enzyme)들은 **제한 부위(restriction site)**라고 불리는 특정 뉴클레오티드 서열에서만 DNA 분자를 자른다. 제2형 제한 효소들은 DNA이 어디서 나온 것인가에 상관없이 이러한 부위들에서 절단을 일으킨다. 서로 다른 제한 효소들은 다른 미생물들에서 생산된 것으로, 서로 다른 서열의 DNA서열을 인식한다(표 14.1). 이 제한효소들은 효소를 생산하는 속(genus)의 첫 문자와 종(species)의 처음 두 문자를 사용해서 명명 된다. 만약 효소가 오직 특별한 균주에 의해 생산되어진다면, 균주를 나타내는 글자를 이름에 덧붙인다. 한 종의 세균에서 밝혀진 최초의 제한효소는 I로 표시되며, 두 번째로 밝혀진 것은 II 등으로 표시한다. 따라서, 제한 효소 *Eco*RI은 대장균(*Escherichia coli*)의 *R*Y13 균주에서 생산된다. 수 백 종의 제한효소들이 밝혀져 순수 분리되었다; 따라서, 많은 DNA서열들에서 DNA 분자를 자를 수 있는 제한 내부핵산분해효소들을 사용할 수 있다. 제한효소들에 대한 광범위한 목록들을 보고 싶다면, http://en.wikipedia.org/wiki/List_of_restriction_enzyme_cutting_site:_A#Whole_list_navigation 사이트를 참고하라.

제한효소는 1970년에 Hamilton Smith와 Daniel Nathans에 의해 발견되었다. Smith와 Nathans는 제한효소 발견이라는 선구적인 연구를 수행한 Werner Arber와 함께 1986년 생

표 14.1

대표적인 제한효소의 인식 서열과 절단 부위

Enzyme	Source	Recognition Sequence[a] and Cleavage Sites[b]				Type of Ends Produced
EcoRI	*Escherichia coli strain* RY13	5'–GAA TTC–3' 3'–CTT AAG–5'	Restriction digest →	5'–G 3'–CTTAA–5'	+ 5'–AATTC–3' G–5'	5' Overhangs
HincII	*Haemophilus influenzae* strain R_c	5'–GTPy PuAC–3' 3'–CAPu PyTG–5'	→	5'–GTPy–3' 3'–CAPu–5'	+ 5'–PuAC–3' 3'–PyTG–5'	Blunt
HindIII	*Haemophilus influenzae* strain R_d	5'–AAG CTT–3' 3'–TTC GAA–5'	→	5'–A 3'–TTCCGA–5'	+ 5'–AGCTT–3' A–5'	5' Overhangs
HpaII	*Haemophilus parainfluenzae*	5'–CC GG–3' 3'–GG CC–5'	→	5'–C 3'–GGC–5'	+ 5'–CGG–3' C–5'	5' Overhangs
AluI	*Arthrobacter luteus*	5'–AG CT–3 3'–TC GA–5'	→	5'–AG–3' 3'–TC–5'	+ 5'–CT–3' 3'–GA–5'	Blunt
PstI	*Providencia stuartii*	5'–CTG CAG–3' 3'–GAC GTC–5	→	5'–CTGCA–3' 3'–G	+ G–3' 3'–ACGTC–5'	3' Overhangs
ClaI	*Caryophanon latum*	5'–ATC GAT–3' 3'–TAG CTA–5'	→	5'–AT 3'–TAGC–5'	+ 5'–CGAT–3' TA–5'	5' Overhangs
SacI	*Streptomyces achromogenes*	5'–GAG CTC–3' 3'–CTC GAG–5'	→	5'–GAGCT–3' 3'–C	+ C–3' 3'–TCGAG–5'	3' Overhangs
NotI	*Nocardia otitidis*	5'–GCGG CCGC–3 3'–CGCC GGCG–5'	→	5'–GC 3'–CGCCGG–5'	+ 5'–GGCC GC–3' CG–5'	5' Overhangs

[a] The axis of dyad symmetry in each palindromic recognition sequence is indicated by the red dot; the DNA sequences are the same reading in opposite directions from this point and switching the top and bottom strands to correct for their opposite polarity. Pu indicates that either purine (adenine or guanine) may be present at this position; Py indicates that either pyrimidine (thymine or cytosine) may be present.
[b] The position of each bond cleaved is indicated by an arrow. Note that with some restriction endonucleases, the cuts are staggered (at different positions in the two complementary strands).

리학 및 의학분야에서 노벨상을 수상했다. 제한효소의 생물학적 기능은 바이러스성 DNA와 같은 외래 DNA 침입(invasion)으로부터 박테리아의 유전물질을 보호하려는 것이다. 그래서 제한효소는 때때로 원핵생물의 면역체계라 불린다.

한 생물체의 DNA에 존재하는 모든 제한 부위들은 그 생물체 자신의 엔도뉴클레아제들에 의해 잘리지 않도록 보호되어야 한다; 그렇지 않으면, 그 생물은 자신의 DNA를 분해하는 자살을 감행하게 될 것이다. 많은 경우에서, 이런 내부적 절단 부위의 보호는, 생물체 자신의 제한 효소들에 의해 인식되는 뉴클레오티드 서열 내에서 하나 이상의 뉴클레오티드들이 **메틸화(methylation)**되는 것으로 가능해진다(■ 그림 14.1). 메틸화는 DNA 복제 후에 빠르게 일어나는데, 그 생물이 합성하는 부위 특이적 메틸화효소(site-specific methylase)들이 촉매한다. 각 제한 효소들은 외래 DNA 분자를 일정하게 정해진 숫자의 단편으로 자를 것이고, 그 숫자는 특정 DNA 분자에 존재하는 제한 부위의 수에 따를 것이다.

제한효소의 흥미 있는 특징으로는 보통 **회문구조(palindrome)** DNA서열을 인식한다는 것으로 아래의 별 의미 없는 말의 예와 같이 이는 중앙의 중심축에서 대칭적으로 앞이나 뒤에서 같게 읽혀지는 뉴클레오티드 쌍의 서열을 말하는 것이다.

← →
AND MADAM DNA

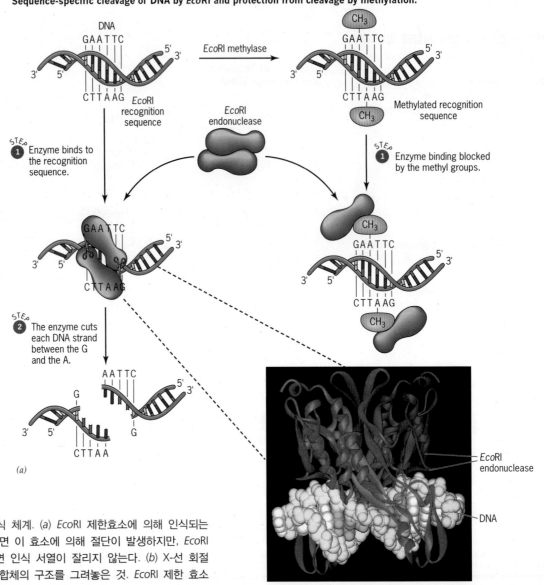

Sequence-specific cleavage of DNA by *Eco*RI and protection from cleavage by methylation.

DNA
GAATTC
CTTAAG
*Eco*RI recognition sequence
*Eco*RI methylase
CH_3
Methylated recognition sequence
*Eco*RI endonuclease
STEP 1 Enzyme binds to the recognition sequence.
STEP 1 Enzyme binding blocked by the methyl groups.
STEP 2 The enzyme cuts each DNA strand between the G and the A.
AATTC
G
CTTAA
(a)
*Eco*RI endonuclease
DNA

(b) **Structure of an *Eco*RI-DNA complex based on X-ray diffraction data.**

■ 그림 14.1 *Eco*RI 제한-수식 체계. (a) *Eco*RI 제한효소에 의해 인식되는 서열이 메틸화되어 있지 않으면 이 효소에 의해 절단이 발생하지만, *Eco*RI 메틸레이즈에 의해 메틸화되면 인식 서열이 잘리지 않는다. (b) X-선 회절 자료에 기초한 *Eco*RI-DNA 복합체의 구조를 그려놓은 것. *Eco*RI 제한 효소의 두 소단위들이 붉은색과 푸른색으로 나타나 있다.

그리고, 많은 제한 효소들의 유용한 특징 하나는 이들이 평평하지 않은 절단을 일으킨다는 것인데, 즉 이중 나선의 두 가닥에서 다른 지점에 절단을 만든다(그림 14.1). [다른 제한효소들은 두 가닥의 같은 지점에서 절단을 일으켜 끝이 평평한 무딘 말단(blunt end)을 만든다.] 제한 부위들의 회문구조 때문에, 평평하지 않은 절단(staggered cut)은 DNA 절편이 단일 가닥으로 된 상보적 말단을 갖게 만든다. 예를 들면, 잘릴 DNA서열이 다음과 같다고 하면:

제한 효소 *Eco*RI으로 처리했을 때 다음과 같이 잘린다.

결과적으로 얻어진 모든 DNA 절편들이 상보적인 단일 말단 부분을 갖기 때문에, 이들은 서로 수소결합을 만들 수 있고, 적절한 조건이 주어진다면, DNA 연결효소(DNA ligase)를 사용하여 각 가닥들에 사라졌던 인산디에스테르 결합을 다시 만들어줌으로써 재-연결이

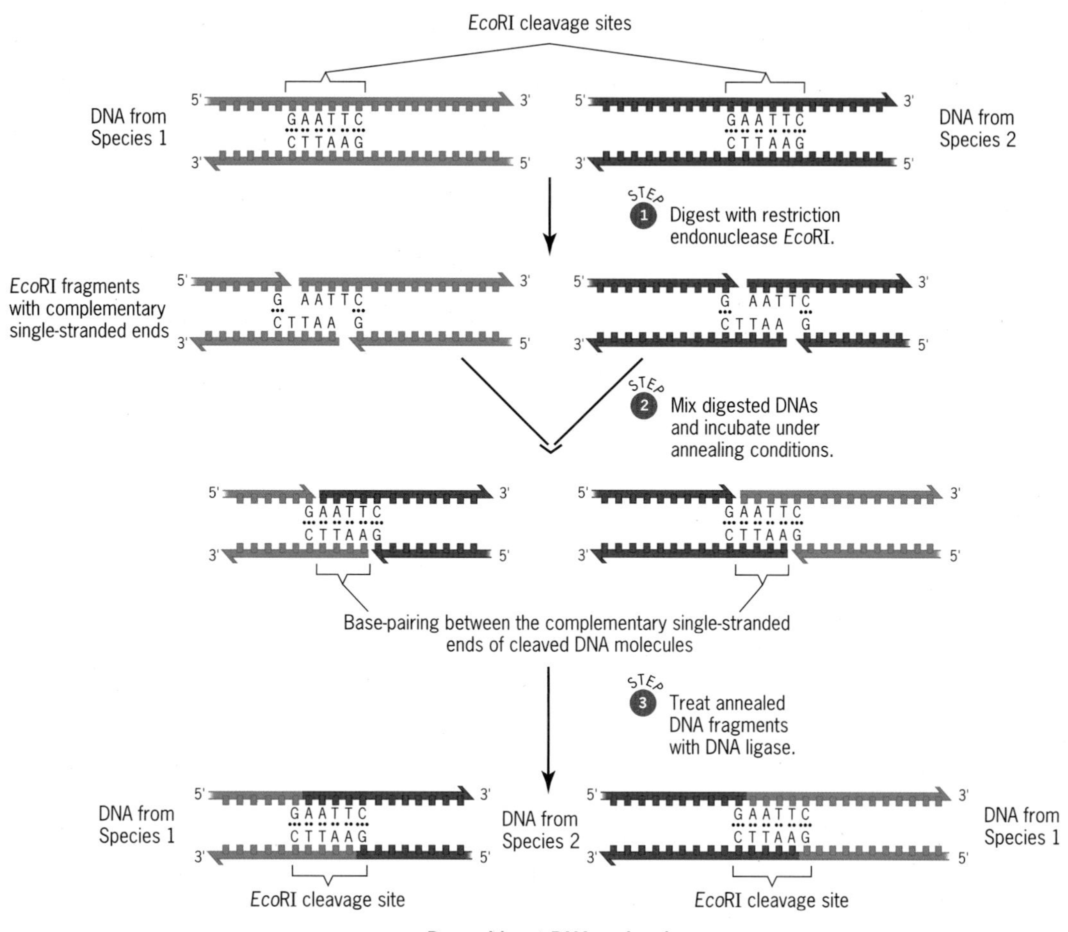

■ 그림 14.2 시험관 내에서의 재조합 DNA 분자 형성. 다른 두 종으로부터 분리된 DNA 분자들이 제한 효소로 절단되고, 결합 조건에서 섞이면, DNA 연결효소를 이용해 공유적으로 연결될 수 있다. DNA 분자들은 동물, 식물, 혹은 미생물 등 어떤 생물에서도 얻을 수 있다. DNA를 제한효소인 *Eco*RI으로 자르면 DNA의 기원과는 상관없이 동일한 상보성 단일가닥 말단인 5′-AATT-3′이 생긴다.

가능하다(10장). 따라서, DNA 분자들은 **제한 단편(restriction fragment)**이라 불리는 조각으로 잘릴 수도 있고, 그 조각들은 DNA 연결효소에 의해 거의 마음대로 다시 붙일 수도 있다.

시험관 내의 재조합 DNA 생산

제한효소는 DNA의 근원에 상관없이 특정한 뉴클레오티드쌍 서열의 절단을 촉진한다. DNA가 그것을 인식하는 뉴클레오티드 서열을 함유하는 한, 파지 DNA, 대장균 DNA, 옥수수 DNA, 인간 DNA 또는 다른 어떤 DNA도 자를 것이다. 그래서 *Eco*RI 제한효소는 같은 상보적인 단일가닥에 말단 5′-AATT-3′를 가진 조각을 만들어 낼 것이며, 두 개의 *Eco*RI 조각들은 그들의 기원과 관계없이 공유적으로 연결할 수 있다. 즉 대장균 DNA로부터 온 두 개의 *Eco*RI 제한 조각이나 인간 DNA로부터 온 두 개의 *Eco*RI 제한 조각을 연결할 수 있는 것처럼 인간 DNA로부터 온 *Eco*RI 제한 조각은 대장균 DNA로부터 온 *Eco*RI 조각에 쉽게 연결될 수 있다. ■ **그림 14.2**에 그려진 형태의 DNA 분자처럼, 서로 다른 두 생물에서 기원한 DNA 단편을 포함하는 것을 재조합 DNA 분자라고 부른다. 유전학자가 자기 마음대로 그러한 재조합 DNA를 만드는 능력은 지난 30년 동안 분자 생물학을 혁신시켜 온 재조합 DNA 기술의 바탕이다.

첫 번째 재조합 DNA 분자는 1972년 스탠퍼드 대학의 폴 버그(Paul Berg) 실험실에서 만들어졌다. 버그의 연구팀은 원숭이 바이러스(simian virus) 40(SV40)의 작은 원형 DNA 분자에 람다 파지(lamda phage)의 유전자를 가지고 있는 재조합 DNA를 만들어 냈다. 1980년, 버그는 이런 업적을 인정받아 화학 분야에서 노벨상을 공동 수상했다. 그 후 곧 스탠리 코헨(Stanley Cohen)과 그 동료들은 스탠포드에서 한 DNA 분자로부터 나온 *Eco*RI 제한 조각을 자기 복제를 하는 플라스미드의 유일한 *Eco*RI 제한부위로 삽입했다. 이 재조합

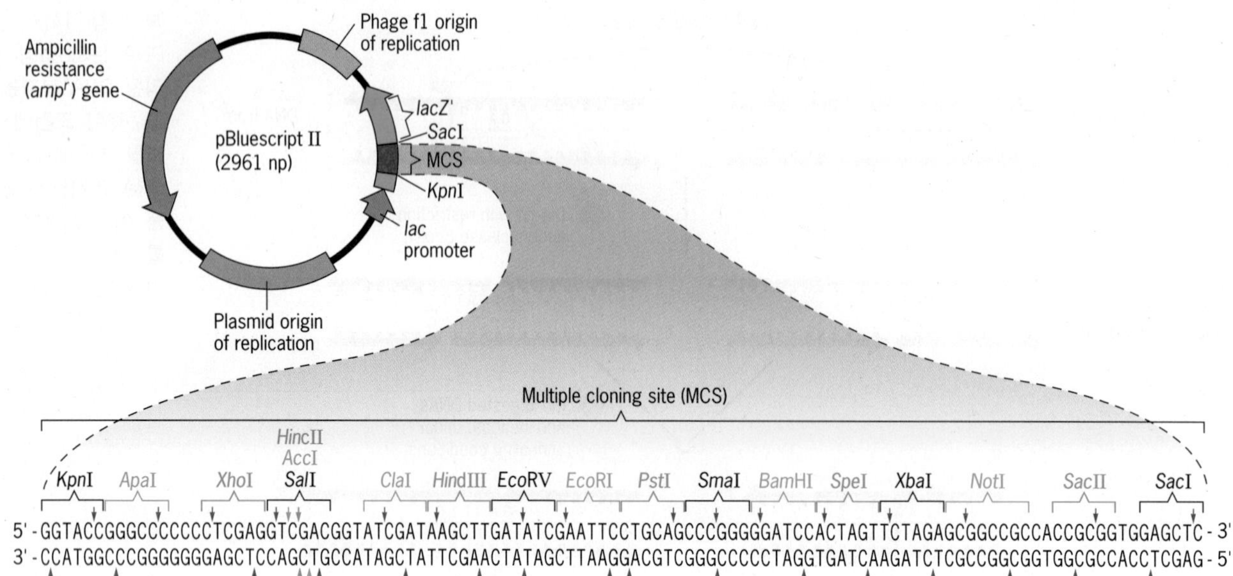

■ **그림 14.3** 플라스미드 클로닝 벡터 Bluscript II는 (1) 이중가닥의 DNA 합성을 조절하는 복제 원점, (2) 단일가닥의 DNA 합성을 조절하는 파지 f1 복제 원점, (3) 우성선택표지자(dominant selectable marker)로서 앰피실린-저항성 유전자(*amp*^{r}), (4) *lac* 유전자의 프로모터와 *lacZ*유전자의 프로모터에 인접한 절편(*Z'*), 그리고 유일한 제한효소 절단 부위들(18자리를 보임)을 가진 폴리링커(polylinker) 또는 복수의 클로닝 자리[multiple cloning site(MCS)]를 포함하고 있다. MCS는 *lacZ'* 유전자 절편 내에 위치한다; 그래서, 외래 DNA가 MCS 내로 삽입되면, *lacZ'*기능이 중단된다. 제한효소 인식서열의 위치를 보여주는 표시와 괄호 묶음은 MCS DNA 서열 위에 있다. 절단 부위는 푸른색과 녹색 화살로 각각 표지한 *Acc*I와 *Hinc*II를 제외하고 모두 붉은 화살로 표지하였다.

플라스미드가 형질전환에 의해 대장균 세포 안으로 넣어졌을 때, 이것은 마치 어버이의 플라스미드처럼 정상의 자율적인 복제 형태를 나타내었다.

클로닝 벡터에서 재조합 DNA의 증폭

재조합 DNA 기술의 다양한 적용은 그림 14.2에 제시된 재조합 DNA 분자의 구축 뿐 아니라, 이런 재조합 분자들의 **증폭(amplification)**을 필요로 한다; 즉, 이 분자들의 많은 사본들인 **클론들(clones)**을 만들어야 한다. 이것은 재조합 DNA 분자에 삽입된 부모 DNA 분자들이 자기 복제를 할 수 있도록 함으로써 가능해진다. 실제로는, 관심 유전자나 DNA서열이 특별히 선택된 클로닝 벡터에 삽입된다. 흔히 사용되는 클로닝 벡터 대부분은 플라스미드로부터 혹은 박테리오파지 염색체로부터 유래한 것이다(8장).

하나의 클로닝 벡터는 3가지 필수 요소들을 갖는다: (1) 복제 원점, (2) 일반적으로 숙주 세포에 약물 저항성을 부여하는 **우성 선택 표지 유전자(dominant selectable marker gene)**, 그리고 (3) 적어도 하나 이상의 유일한 *제한 효소 절단 부위(restriction endonuclease cleavage site)*로, 복제원점이나 선택 표지 유전자를 망가뜨리지 않는 벡터 영역에 오직 한 번만 존재하는 절단 부위를 갖도록 하는 것이다(■ **그림 14.3**). 현대적인 클로닝 벡터들은 **폴리링커(polylinker)**, 혹은 **다중 클로닝 부위(multiple cloning site, MCS)**라고 불리는 단일 제한 부위들의 연결부를 포함하고 있다(그림 14.3).

많은 클로닝 벡터들이 변형된 플라스미드들인데, 이들은 세균의 염색체 바깥에 존재하는 이중가닥의 원형 DNA 분자들이다(8장). 플라스미드의 크기 범위는 약 1 kb(1 kilobase = 1,000 base pairs)에서부터 200 kb가 넘는 것 까지 있으며, 많은 것들이 자율적으로 복제된다. 많은 플라스미드들은 또한 이상적인 선택 표지자라고 할 수 있는 항생제-저항성 유전자들을 갖고 있다.

플라스미드 벡터를 사용하는데 제한적 요인은 단지 상대적으로 작은 외래 DNA 삽입체 — 최대 10~15 kb 크기 — 만을 받아들인다는 것이다. 그래서, 과학자들은 매우 큰 삽입체가 존재할 때라도 복제할 수 있는 벡터를 찾았다. 몇 가지 벡터들을 이들이 받아들이

표 14.2

몇몇 클로닝 벡터들과 삽입체의 최대 크기

Vector	Maximum Insert Size
Plasmids	15 kb
Phagemids	15 kb
Phage lambda	23 kb
Cosmids	44 kb
Bacterial artificial chromosomes (BACs)	300 kb
Phage P1 artificial chromosomes (PACs)	300 kb
Yeast artificial chromosomes (YACs)	600 kb

는 삽입체의 최대 크기에 따라 **표** 14.2에 나열하였다. 파지 람다 벡터는 여러 해 동안 널리 사용되었다; 그러다가 바이러스의 요소들과 플라스미드를 결합시킨 좀 더 세련된 벡터들이 만들어졌다. **파지미드(phagemid)**는 M13과 같은 *파지(phage)*의 요소와 플라스*미드*(plas*mid*) 일부분을 결합시킨 것이다. **코스미드(cosmid)**는 플라스*미드*(plas*mid*) 내에 람다의 점착말단(cohesive end; *cos* site)(그림 10.8)을 포함하고 있다. **효모 인공 염색체(yeast artificial chromosome, YAC)**들은 선형 소염색체들로서, 효모 염색체에 필수적인 부분들인 복제원점, 동원체, 그리고 말단소체를 비롯하여, 선택 표지 인자와 다중 클로닝 자리를 포함하고 있다. **세균 인공 염색체(bacterial artificial chromosome, BAC)**들과 **P1 인공 염색체(P1 artificial chromosome, PAC)**들은 다중 클로닝 부위 및 선택 표지 유전자와 함께 세균의 생식(fertility, F) 인자를 갖거나 파지 *P*1 염색체를 갖는 것들이다. YACs, BACs, 그리고 PACs는 플라스미드나 파지 람다 클로닝 벡터 보다 훨씬 더 큰 외래 DNA 삽입체를 받아들일 수 있다(표 14.2).

블루스크립트(Bluscript)(그림 14.3)는 파지미드 벡터로서, 여러 제한 효소들에 의한 단일 절단 부위들을 가지는 하나의 다중 클로닝 부위(MCS)와, 2개의 독립된 복제 원점들, 그리고 좋은 선택 표지자를 갖는다. 이 선택 표지 유전자는 숙주 세균 세포를 암피실린에 저항적으로 만든다. MCS는 β-갈락토시다아제(β-galactosidase) 유전자인 *lacZ*의 암호화 영역에서 5′ 부분 내에 위치하는데, 이 효소는 젖당(lactose)의 대사과정 중 첫 단계를 촉매한다(18장). 외래 DNA가 MCS의 어떤 제한 부위 내에 삽입되면, 이것은 플라스미드에서 암호화되는 *lacZ* 산물의 기능을 망가뜨리게 된다. 이와 같은 β-갈락토시다아제의 아미노말단부 불활성화는 세포 내의 블루스크립트 플라스미드가 외래 DNA 삽입체를 포함하고 있는지를 결정할 수 있도록 하는 훌륭한 관찰법을 제공한다.

이런 관찰법은 다음과 같다. 세포 내에 β-갈락토시다아제가 존재하면 이것이 보통 X-gal이라고 불리는 기질인 5-브로모-4-클로로-3-인돌릴-β-D-갈락토시드(5-bromo-4-chlroro-3-indolyl-β-D-galactoside)를 갈락토오스와 5-브로모-4-클로로인디고(5-bromo-4-chlroroindigo)로 분해한다. X-gal은 무색이지만; 5-브로모-4-클로로인디고는 푸른색이다. 따라서, 활성형의 β-갈락토시다아제를 포함하고 있는 세포들은 X-gal이 포함되어 있는 한천 배지 상에서 푸른색 군락을 형성하지만, β-갈락토시다아제 활성이 없는 세포들은 X-gal 평판 배지에서 흰색 군락을 만든다(■ **그림 14.4**).

이와 같이 블루스크립트 벡터들을 위한 발색 표시자(color indicator)를 제공하는 β-갈락토시다아제 활성에 대한 분자적 기초는 좀 더 복잡하다. 대장균의 *lacZ* 유전자는 3 kb 이상의 길이인데, 이 유전자 전체를 플라스미드에 넣는다면 벡터가 필요 이상으로 커질 것이다. 블루스크립트 벡터는 이 *lacZ* 유전자의 일부분만을 포함하고 있다. 이 *lacZ′* 유전자 단편은 β-갈락토시다아제의 아미노 말단 부분만을 암호화한다. 그러나, *lacZ′* 유전자 단편의 기능적 사본의 존재가 추적될 수 있는 이유는 유일한 형태의 상보성 때문이다. 블루스크립트 플라스미드 내 *lacZ′* 유전자 단편의 기능적 사본이, 특정 *lacZ* 돌연변이 대립유전자를 염색체나 F′ 플라스미드 상에 가지고 있는 세포에 존재하게 되면, 이들 두 결손 *lacZ* 돌연변이 서열

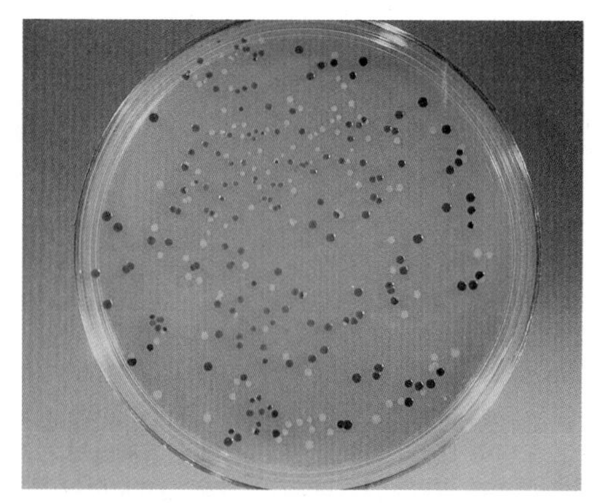

■ **그림 14.4** X-gal을 이용하여 β-갈락토시다아제 활성을 갖거나(푸른색), 갖지 않는(흰색) 대장균 군락들을 구분하는 것을 보여주는 사진. 이 경우에서, 흰색 군락의 세포들은 외래 DNA 단편이 다중 클로닝 부위에 삽입되어 있는 블루스크립트 플라스미드를 포함하고 있고, 푸른 군락의 세포들은 삽입체가 없는 블루스크립트 플라스미들을 가진다.

들은 함께 있을 때 β-갈락토시다아제 활성을 가지는 폴리펩티드들을 생산한다. *lacZ* ΔM15 라고 불리는 이러한 돌연변이 대립인자는 아미노말단에서 11~14번 아미노산들이 없는 Lac 단백질을 만든다. 이 아미노산들이 없으면 돌연변이 폴리펩티드들은 활성형인 사합체형 효소를 만들기 위한 상호작용을 할 수 없다.

블루스크립트 플라스미드 내 *lacZ′* 유전자 단편에 의해 암호화되는 아미노 말단 단편의 존재(첫 147개의 아미노산들)는 ΔM15 결실 폴리펩티드들의 사합체 형성을 촉진한다. 이것이 활성형 β-갈락토시다아제를 만들어줌으로써, 블루스크립트 상에 완전한 *lacZ* 유전자를 넣지 않고도 X-gal 발색 검사에 사용할 수 있게 한다.

BACs, PACs, 그리고 YACs으로 큰 유전자와 게놈 절편 클로닝

일부 진핵성 유전자들은 매우 크다. 예를 들어, 근육세포에서 근섬유들을 막에 결합시키는 단백질인 인간의 디스트로핀(dystrophin) 유전자는 2,000 kb가 넘는 길이이다. 거대한 유전자나 염색체들에 대한 연구는 커다란 외래 DNA 삽입체를 받아들일 수 있는 벡터들, 예를 들자면 BAC, PAC, 그리고 YAC 등(표 14.2)을 이용하면 훨씬 용이해진다. 이 벡터들은 300-600 kb 크기의 삽입체를 받아들인다. BACs과 PACs은 YACs보다 덜 복잡하고 보다 쉽게 만들고 사용하기 쉽다. 이에 더하여, BACs과 PACs은 플라스미드 벡터와 같이 대장균에서 복제한다. 그래서, BACs과 PACs 벡터는 포유동물과 현화식물의 경우와 같은 큰 유전자와 게놈의 연구에 YACs 벡터를 대신한다.

PAC 벡터는 외래 DNA 삽입물이 결핍된 벡터들에 대한 음성 선택을 가능하게 하는 방식으로 구성되었다. 이러한 PAC 벡터들은 *Bacillus subtilis*의 *sacB* 유전자를 포함한다. 이 유전자는 효소인 레반 수크라아제(levan sucrase)를 암호화하고 있으며 이 효소는 과당 그룹들이 다양한 탄수화물들로 이동되는 것을 촉매화 한다. 이 효소의 존재는 5% 설탕(sucrose)을 포함한 배지에서 자란 *E. coli* 세포들에게는 치명적이다. 이 유전자에서 *Bam*HI 제한효소 부위에 외부 DNA를 삽입해서 *sacB* 유전자를 비활성화 함으로써 외부 DNA가 삽입된 백터들을 선별하는데 사용할 수 있다. 외부 DNA가 삽입된 벡터들은 5% 설탕을 함유한 배지에서 자랄 수 있다; 외부 DNA가 없는 벡터들은 이 배지에서 자라지 못한다. 외부 DNA가 없는 세포들은 5% 설탕의 존재 하에서는 성장 후 첫 한 시간내에 용해된다. 결과적으로 모든 살아 있는 세포들은 *sacB* 유전자 내부에 위치한 외부 DNA를 포함한다 — 외부 DNA 삽입은 레반 수크라아제 활성을 제거한다.

PAC과 BAC 벡터는 대장균과 포유동물 세포 양쪽에서 복제할 수 있는 **왕복 벡터(shuttle vector)**로 만들어졌다(■ 그림 14.5). 이 pJCPAC-Mam1 왕복 벡터는 외부 DNA가 삽입된 벡터들을 포함하는 세포들의 양성적인 선별을 가능케 하는 *sacB* 유전자를 포함하며, 더불어 포유동물의 세포 내에서 벡터의 복제를 용이하게 하는 복제 원점(*OriP*)과 엡스타인 바 바이러스(Epstein-Barr virus)의 핵 항원 1(nuclear antigen 1)을 암호화하는 유전자를 가지고 있다. 그리고, 퓨로마이신 저항성 유전자인 *pur*ʳ를 가지고 있어서, 벡터를 가지고 있는 포유동물 세포가 퓨로마이신 항생제를 포함한 배지에서 선택될 수 있도록 한다. 비슷한 BAC 셔틀 벡터들도 확립되어 있다.

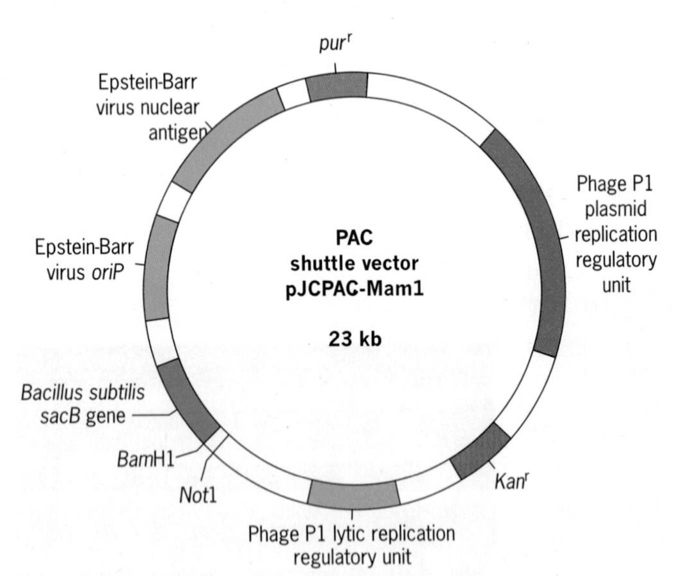

■ 그림 14.5 PAC에서 유래된 포유동물 셔틀 벡터인 pJCPAC_Mam1의 구조. 이 벡터는 대장균에서나 포유동물 세포에서 모두 복제가 가능하다. 이것은 박테리오파지 P1 플라스미드 복제 단위의 조절을 받아 대장균에서 낮은 수준으로 복제되거나, 파지 P1 용균성 복제 단위를 유도함으로써(*lac* 유도성 프로모터의 조절 하에서 일어남, 18장 참조) 증폭될 수 있다. 포유동물 세포에서는 복제원점(*oriP*)과 엡스타인-바(Epstein Barr) 바이러스의 핵 항원 1을 이용함으로써 복제가 가능하다. *kan*ʳ 유전자와 *pur*ʳ 유전자는 각각 대장균과 포유동물 세포에서의 유성 선택 표지자로 작용한다. *Bacillus subtilis*에서 유래한 *sacB* 유전자는 DNA 삽입체가 결핍된 벡터들에 대한 음성 선택에 사용될 수 있다(자세한 내용은 본문 참조). *Bam*HI과 *Not*I은 이 두 제한 효소가 자르는 부위를 나타낸다.

중합효소 연쇄반응에 의한 DNA서열의 증폭

오늘날, 우리는 인간 유전체를 포함하여 많은 유전체들의 완벽한 또는 거의 완벽한 뉴클레오티드 서열들을 가지고 있다. GenBank 그리고 다른 데이터베이스에 저장된 이러한 서열들의 유용성은 연구원들이 클로닝 벡터나 숙주세포를 사용하지 않더라도, 관심 있는 유전자나 다른 DNA서열들을 분리하는 것을 가능하게 했다. DNA서열의 증폭은 전체적으로 시험관 내(*in vitro*)에서 이루어지고 그 서열은 단지 몇 시간 만에 100만 배 또는 그 이상으로

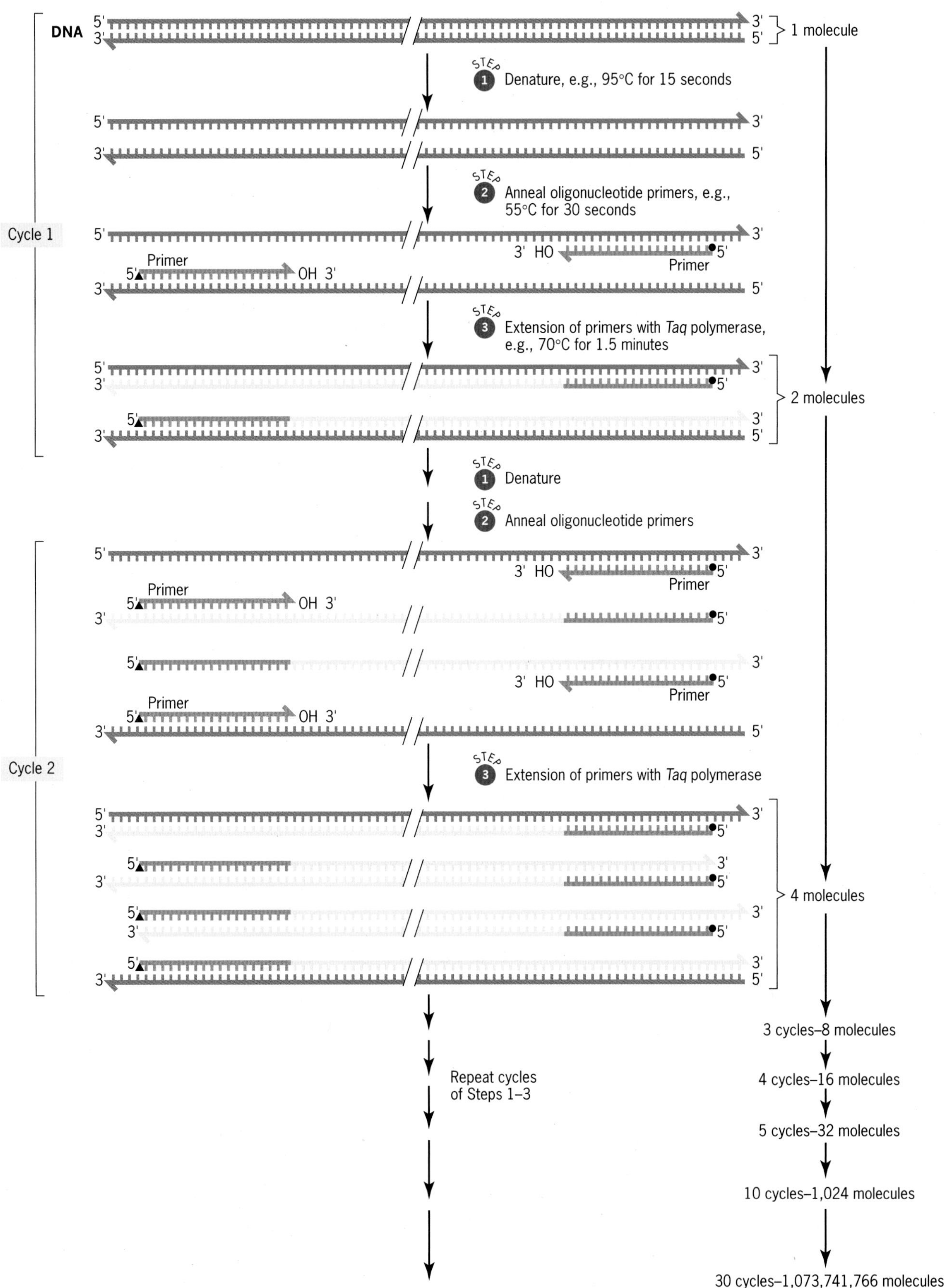

■ 그림 14.6 시험관 내에서 DNA를 증폭시키기 위해 이용되는 PCR 방법. 각 주기는 3단계로 나뉜다. (1) 분석될 유전체 DNA의 변성 (2) 변성된 DNA가 화학적으로 합성된 올리고뉴클레오티드 프라이머와 결합; 이 프라이머들은 관심 DNA영역의 양쪽 편에 있는 자리에 상보적인 서열을 갖고 있다. (3) *Taq* 폴리머라제에 의해 관심 있는 영역의 효소적 복제.

증폭될 수 있다. 이러한 실험에 요구되는 것은 관심 있는 염기서열 근처의 짧은 뉴클레오티들의 염기서열에 대한 지식이다. 유전자 그리고 다른 DNA서열의 이러한 시험관 내(*in vitro*) 증폭은 **PCR(중합효소 연쇄 반응**, 보통 PCR로써 언급된다)에 의해 이루어진다. PCR은 시험관 내에서 DNA의 삽입된 조각을 효소적 증폭을 위해서 알고자 하는 염기서열의 측면에 있는 알려진 염기서열에 상보적인 합성올리고뉴클레오티드를 이용한다. DNA서열을 증폭시키는 PCR 과정은 Kary Mullis에 의해 개발됐고 1993년 이 업적으로 노벨 화학상을 받았다.

PCR 법에는 3단계가 포함되는 데 각각은 여러 번 반복된다(**■ 그림** 14.6). 1단계에서는 증폭될 서열을 포함하고 있는 유전체 DNA를 92~95°C에서 15초간 가열함으로써 변성시키는 것이다. 2단계에서는 그 변성된 DNA와 다량의 합성 올리고뉴클레오티드 프라이머를 50~60°C에서 30초간 함께 유지시킴으로써 이들의 결합을 유도한다. 이상적인 결합 온도는 프라이머의 염기 조성에 따라 달라진다. 3단계에서는 DNA 중합효소가 사용되며, 올리고뉴클레오티드 프라이머에 상보적인 부위들 사이에 있는 DNA 단편을 복제하게 된다. 이 프라이머는 뉴클레오티드 사슬의 공유적 신장을 위해 필요한 자유 3′-OH를 제공하며, 변성된 유전체 DNA는 이 때 필요한 주형으로서 작용한다(10장). 중합과정은 보통 70~72°C에서 1.5분간 수행된다. 이와 같은 복제 과정의 첫 번째 사이클에서 생긴 산물들은 다시 변성되고(denatured), 올리고뉴클레오티드 프라이머와 결합하여(annealed), DNA 중합효소에 의해 다시 복제(replicated or polymerized)된다. 이 과정이 여러 번 반복되면 원하는 양의 증폭 산물을 얻을 수 있다. *증폭이 기하급수적으로 이루어짐에* 주목하라. 하나의 DNA 이중나선은 1회의 복제 사이클 후에는 2개의 이중 나선이 되고, 2회의 복제 사이클 후에는 4개, 그리고 3번의 사이클 후에는 8개, 4 사이클 후에는 16개, 그리고 10 사이클 후에는 1,024개의 분자가 되는 방식으로 증폭된다. 30회의 증폭 사이클 후에는 DNA서열의 수가 10억 개 이상의 사본들로 존재하게 될 것이다.

처음 PCR은 복제효소로 대장균의 DNA 중합효소 I을 사용하여 수행되었었다. 이 효소가 변성 과정에서 열에 의해 불활성화되기 때문에, 각 사이클의 세 번째 단계에서는 새로운 효소가 첨가되어야만 했다. DNA의 PCR 증폭에 있어 가장 주요한 발전은 호열성 세균인 *Thermus aquaticus*의 열 안정성 DNA 중합효소를 사용하게 된 것이었다. ***Taq* 중합효소(*Taq* polymerase**; T. *aquaticus* polymerase)라고 불리는 이 중합효소는 변성 과정에서도 활성형으로 남아 있다. 결과적으로, 각 변성 사이클 후에 중합효소를 첨가해야 할 필요가 없게 되었다. 대신에 과량의 *Taq* 중합효소와 올리고뉴클레오티드 프라이머들이 PCR 과정의 초기에 첨가될 수 있고, 증폭 사이클들은 순차적인 온도 변화에 따라 수행될 수 있다. PCR 기계 혹은 열 순환기(thermal cycler)가 자동적으로 온도를 변화시켜 줌으로써 여러 개의 시료를 처리할 수 있고, 따라서 특정 DNA서열의 PCR 증폭은 비교적 쉬운 작업이 되었다.

PCR의 한 가지 단점은 증폭된 DNA 사본에 낮지만 무시하지 못할 정도의 오류가 생긴다는 것이다. 대부분의 DNA 중합효소들과는 달리, *Taq* 중합효소는 3′→5′ 방향의 교정 활성을 갖고 있지 않다. 결과적으로 표준 빈도 이상의 복제 오류가 생기게 하는 것이다. 만약 초기 PCR 사이클에서 부정확한 뉴클레오티드가 삽입된다면, DNA서열 내의 다른 뉴클레오티드들이나 마찬가지로 이것도 증폭될 것이다. 고도의 신뢰성이 요구될 때, PCR은 열에 안정한 *Pfu*(*Pyrococcus furiosus*로부터 얻은)나 *Tli*(*Thermococcus litroralis*에서 얻은) 중합효소를 이용하여 수행되는데, 이들은 3′→5′ 교정활성을 가진다. *Taq* 중합효소의 또 한 가지 단점은 수천 뉴클레오티드쌍 이상의 긴 DNA 영역을 복제하는 것은 비효율적이라는 점이다. 만약 긴 DNA 단편들이 복제될 필요가 있을 때에는 *Taq* 대신 좀 더 진행성이 좋은 *Tfl* 중합효소(Thermus flalvus에서 얻은 것)가 사용된다. *Tfl* 중합효소는 약 35 kb 길이의 DNA 단편까지 증폭할 수 있다. 35 kb 보다 긴 단편들은 PCR에 의해 효과적으로 증폭될 수 없다.

PCR 기술들은 특정 DNA서열이 대량으로 필요한 많은 실험들을 위한 지름길을 제공한다. 이 과정들로 인해 과학자들은 아주 소량의 DNA만 가지고도 유전자와 DNA서열들에 대한 결정적 구조를 얻을 수 있다. 한 가지 중요한 응용은 한정된 양의 태아 DNA만 사용할 수 있는 산전 진단의 경우처럼, 인간의 유전질병을 진단하는 데 사용하는 것이다. 두 번째 응용은 아주 적은 시료로부터 분리된 DNA를 이용하여 사람의 신원을 파악하는 법의학적 사례에 이용하는 것이다. DNA서열보다 더 결정적인 신원 확인 증거를 제공할 수 있는 것은 별로 없다. PCR 증폭을 이용함으로써 몇 방울의 혈액이나 정액, 혹은 심지어 개인의 머리카락 등에서 얻은 소량의 DNA로부터 DNA서열 정보를 얻을 수 있다. 따라서, *PCR DNA 프로파일링(지문)* 실험들은 신원 확인이 필요한 법적 사건에서 아주 중요한 역할을 담당한다. PCR의 응용에 관한 내용은 16장에 논의되어 있다.

요점

- *서열 특이적 방식으로 DNA를 인식하고 자르는 제한 효소의 발견은 시험관 내에서 재조합 DNA 생산을 가능하게 했다.*
- *DNA서열들은 클로닝 벡터라고 불리는 작은 자가-복제성 DNA 분자에 삽입될 수 있으며, 형질전환에 의해 살아 있는 세포에 도입된 후에는 생체적 복제에 의해 증폭될 수 있다.*
- *중합효소 연쇄반응(PCR)은 시험관 내에서 특이적 DNA서열을 증폭시키는데 사용할 수 있다.*

DNA 도서관의 구축과 검색

한 생물체에서 하나의 유전자를 클로닝하는 첫 단계는 보통, 전 유전체를 포함하는 DNA 클론들의 집합인 **유전체 DNA 도서관(genomic DNA library)**을 만드는 것이다. 때때로, 한 생물의 개별 염색체들이 크기나 DNA 함량에 기초하여 염색체들을 분류하는 과정에 의해 분리되기도 한다. 분리된 염색체들로부터 얻은 DNA들은 염색체 특이적 DNA 도서관을 만드는데 사용된다. 염색체 특이적 DNA 도서관을 이용할 수 있는 경우에는 특정 염색체에 위치하는 것으로 알려진 유전자를 찾기가 더 쉬워지는데, 특히 인간처럼 거대한 유전체를 가지는 생물들의 경우에 그러하다. 도서관을 구축한 후에는, 복제에 의해 증폭되고, 연구자가 관심을 가지고 있는 개별 유전자나 DNA서열을 찾는데 사용된다.

유전자 클로닝의 또 다른 접근법은 유전자 탐색을 mRNA 사본으로 전사되는 DNA서열에 국한시키는 것이다. RNA 레트로바이러스(17장)들은 역전사효소(reverse transcriptase)라고 불리는 효소를 암호화하는데, 이것은 단일가닥의 RNA 주형에 상보적인 DNA 분자의 합성을 촉매한다. 이러한 DNA 분자를 **상보적 DNA(complementary DNA, cDNA)**라고 한다. 이들은 DNA 중합효소(10장)들에 의해 이중가닥의 cDNA 분자로 전환될 수 있고, 그 이중가닥 cDNA들은 플라스미드 벡터로 삽입될 수 있다. 유전학자들은 mRNA를 이용하여 한 생물에서 발현되는 암호화 영역들만을 포함하는 **cDNA 도서관(cDNA library)**을 구축할 수 있다.

유전체 도서관의 구축

유전체 DNA 도서관들은 보통 한 생물의 전체 DNA를 분리하고, 이 DNA를 적절한 제한효소로 절단한 다음, 이 제한 단편들을 알맞은 클로닝 벡터에 삽입함으로써 만들어진다. 만약 사용된 제한효소가 평평하지 않은 말단을 만들어 단편의 양 끝에 상보적인 단일가닥 말단들이 생성된다면, 이 제한단편들은 동일한 효소로 절단된 벡터 DNA 분자와 직접 연결될 수 있다(■ 그림 14.7). 이런 과정이 사용되면, 외래 DNA 삽입체들은 클로닝을 위해 유

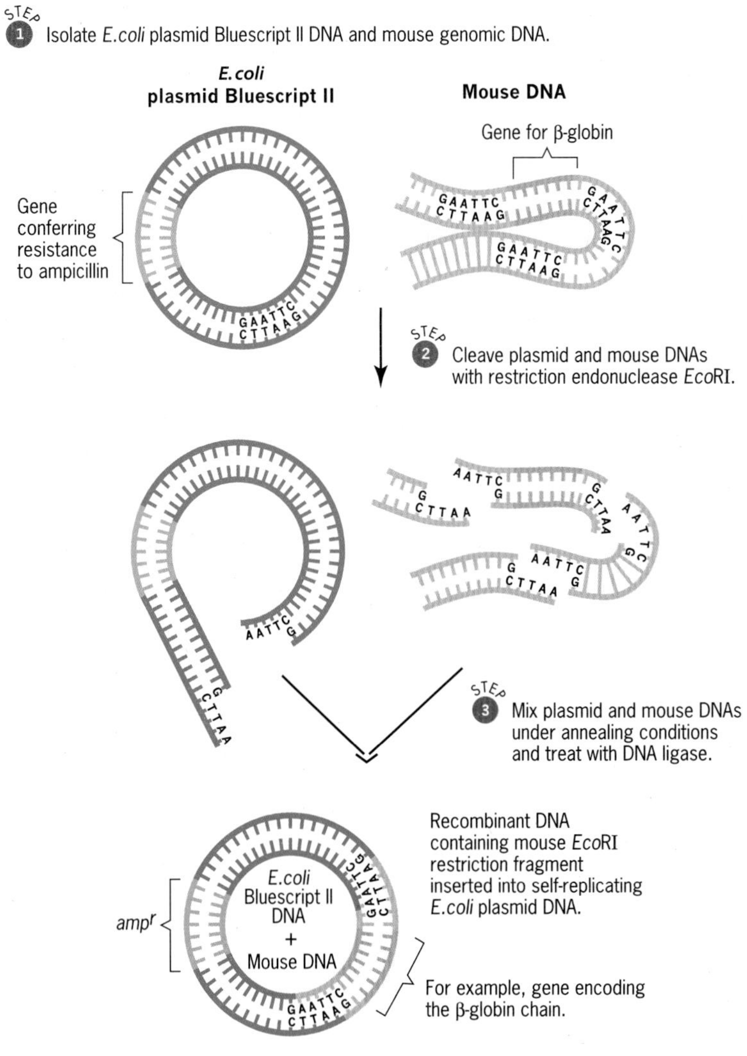

관심 유전자나 서열들의 탐색을 위해 DNA 도서관들을 만들고 검사할 수 있다.

STEP 1 Isolate *E.coli* plasmid Bluescript II DNA and mouse genomic DNA.

E.coli plasmid Bluescript II

Mouse DNA

Gene for β-globin

Gene conferring resistance to ampicillin

STEP 2 Cleave plasmid and mouse DNAs with restriction endonuclease *Eco*RI.

STEP 3 Mix plasmid and mouse DNAs under annealing conditions and treat with DNA ligase.

Recombinant DNA containing mouse *Eco*RI restriction fragment inserted into self-replicating *E.coli* plasmid DNA.

E.coli Bluescript II DNA + Mouse DNA

amp^r

For example, gene encoding the β-globin chain.

■ 그림 14.7 상보적인 단일가닥 말단을 가진 DNA 제한 단편을 클로닝하기 위한 과정.

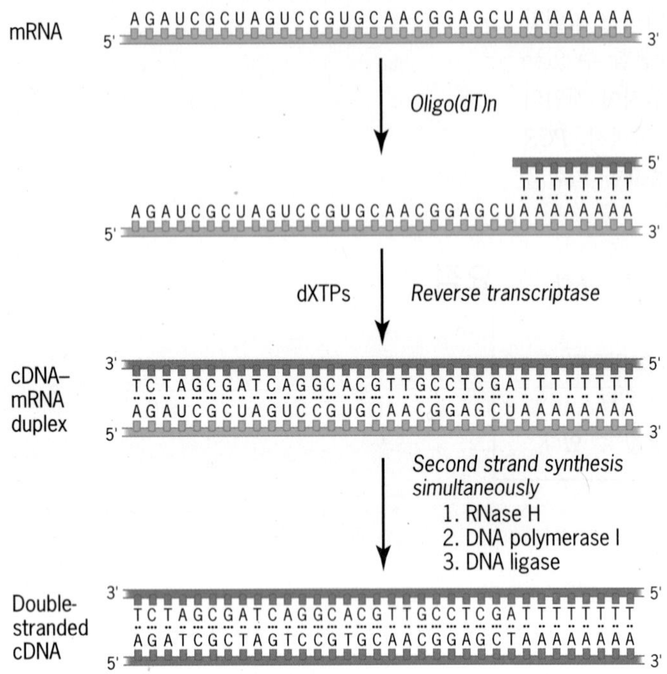

■ 그림 14.8 mRNA 분자로부터 이중가닥 cDNA의 합성.

전체 DNA 단편들을 만들 때 사용했던 효소를 이용하여 절단했을 때 벡터로부터 다시 잘려 나올 수 있다.

일단 유전체 DNA 단편들이 벡터 DNA로 연결되면, 그 재조합 DNA 분자들은 생체 내 복제에 의한 증폭을 위해 숙주 세포로 도입되어야만 한다. 이 단계는 보통 한 세포당 단일 재조합 DNA 분자가 도입되는 조건 하에서, 항생제 감수성 세포들을 형질전환시키는 과정을 포함한다(8장). 대장균이 사용될 때는, 먼저 세균이 DNA에 투과성을 갖도록 화학물질이나 짧은 전기충격으로 처리되어야 한다. 형질전환된 세포들은 이제 벡터의 선택표지 유전자가 성장에 필수적인 조건 하에서 키워져 선발된다.

좋은 유전체 DNA 도서관은 관심 유전체의 모든 DNA서열을 반드시 포함하는 것이다. 커다란 유전체라면, 완전한 도서관들은 수십 만 개의 서로 다른 재조합 클론들을 포함한다.

cDNA 도서관의 구축

고등 동식물의 커다란 유전체에 존재하는 대부분의 DNA서열들은 단백질을 암호화하지 않는다. 따라서 발현되는 DNA서열들은 상보적 DNA (cDNA) 도서관들을 이용하여 작업하면 훨씬 쉽게 발견될 수 있다. 대부분의 mRNA 분자들이 3′말단에 폴리(A) 꼬리를 가지고 있기 때문에, 역전사 효소를 이용한 상보적 DNA가닥의 합성 개시에 폴리(T) 올리고머들이 사용될 수 있다(■ 그림 14.8). 그러면, 그 RNA-DNA 이형이중체들은 리보뉴클레아제 H(ribonuclease H), DNA 중합효소 I, 그리고 DNA 연결효소의 종합적 활성들에 의해 이중가닥 DNA 분자로 전환된다. 리보뉴클레아제 H는 RNA 주형을 분해하며, 이 과정에서 짧은 RNA 단편들이 남게 되는데, 이것들이 DNA 합성의 프라이머들로 작용하게 된다. DNA 중합효소 I은 두 번째 DNA가닥의 합성을 촉매하면서 DNA가닥의 RNA 프라이머들을 제거한다. 그리고 DNA 연결효소가 이중가닥 DNA 분자에 남아 있는 단일가닥 절단부를 연결시킨다. cDNA들과 클로닝 벡터들에 상보적 단일가닥 꼬리들을 첨가해 줌으로써 이 이중나선 cDNA들은 플라스미드나 λ 클로닝 벡터들에 삽입될 수 있다.

DNA 도서관에서의 관심 유전자 검색

고등 동식물들의 유전체는 매우 크다. 예를 들어, 인간의 유전체는 3×10^9 뉴클레오티드 쌍을 포함하고 있다. 따라서, 다세포성 진핵생물들의 유전체 DNA 도서관이나 cDNA 도서관들에서 특정 유전자나 관심 DNA서열을 찾기 위해서는, 백만 개 이상의 서로 다른 서열들을 포함하고 있는 하나의 도서관에서 하나의 DNA서열을 찾아야 할 필요가 있다. 가장 강력한 검색법은 유전적 선별로서, 돌연변이 생물체에서 야생형 표현형을 회복시킬 수 있는 DNA서열을 도서관으로부터 찾아내는 것이다. 유전적 선별이 사용될 수 없으면, 좀 더 고된 분자적 검색법이 수행되어야 한다. 분자적 검색법들은 보통 혼성화 탐침자로서 DNA나 RNA를 사용하거나, cDNA 클론들에 의해 암호화된 유전자 산물을 찾아내기 위해 항체를 사용하는 방법을 포함한다.

유전적 선별

관심 클론을 찾아내는 가장 단순한 방법은 **유전적 선별(genetic selection)**이다. 예를 들어, 페니실린에 저항성을 부여하는 *Salmonella typhimurium*의 유전자는 쉽게 클론화 될 수 있다. 살모넬라의 페니실린 저항성(pen^r) 계통으로부터 DNA를 추출하여 유전체 도서관을 만든다. 페니실린 감수성인 대장균 세포들을 이 도서관 내의 재조합 DNA 클론들로 형질전환시키고 페니실린이 포함된 배지에 도말한다. 여기서는 오로지 pen^r 유전자를 포함하고 있는 형질전환 세포들만 페니실린이 존재하는 곳에서 자랄 수 있을 것이다.

관심 유전자의 돌연변이를 사용할 수 있으면, 유전적 선별은 해당 유전자의 야생형이 돌연변이 생물체의 정상 표현형을 회복시킬 수 있는 능력에 근거해서 이루어질 수 있다. 이런 형태의 선별은 비록 **상보성 검색(complementation screening)**이라고 불리지만, 사실상 불활성 산물을 암호화하는 돌연변이 대립인자들에 대한 야생형 대립인자의 우성(dominance)에 기초한 것이다. 예를 들어, 히스티딘 생합성 효소들을 암호화하는 *S. cerevisiae*의 유전자들은 히스티딘 영양요구주 대장균을 효모 cDNA로 형질전환시켜 히스티딘 결핍 배지에서 길러 자라는 것을 선별함으로써 분리해 낼 수 있다. 실제로도, 많은 동식물 유전자들이 대장균이나 효모에서의 해당 돌연변이를 없앨 수 있는 능력을 바탕으로 규명되어왔다.

상보성 검색에는 제한이 따른다. 진핵성 유전자들은 인트론을 가지고 있으며, 이것은 번역 전에 전사체로부터 제거되어야 한다. 대장균 세포는 진핵성 유전자로부터 인트론을 제거하는 기구를 갖고 있지 않기 때문에, 대장균에서 진핵성 클론을 상보성 검색하기 위해서는 이미 인트론 서열이 제거되어 있는 cDNA를 사용해야만 한다. 그리고, 상보성 검색 과정은 새로운 숙주에 클론화된 유전자의 올바른 전사에 의존적이다. 진핵세포들은 원핵세포들과는 다른 유전자 발현 조절 신호를 가지므로, 상보성 검사에 기초한 접근법은 원핵세포들의 유전자를 검사할 때는 원핵세포 숙주를, 진핵세포 유전자를 검사할 때는 진핵세포를 숙주

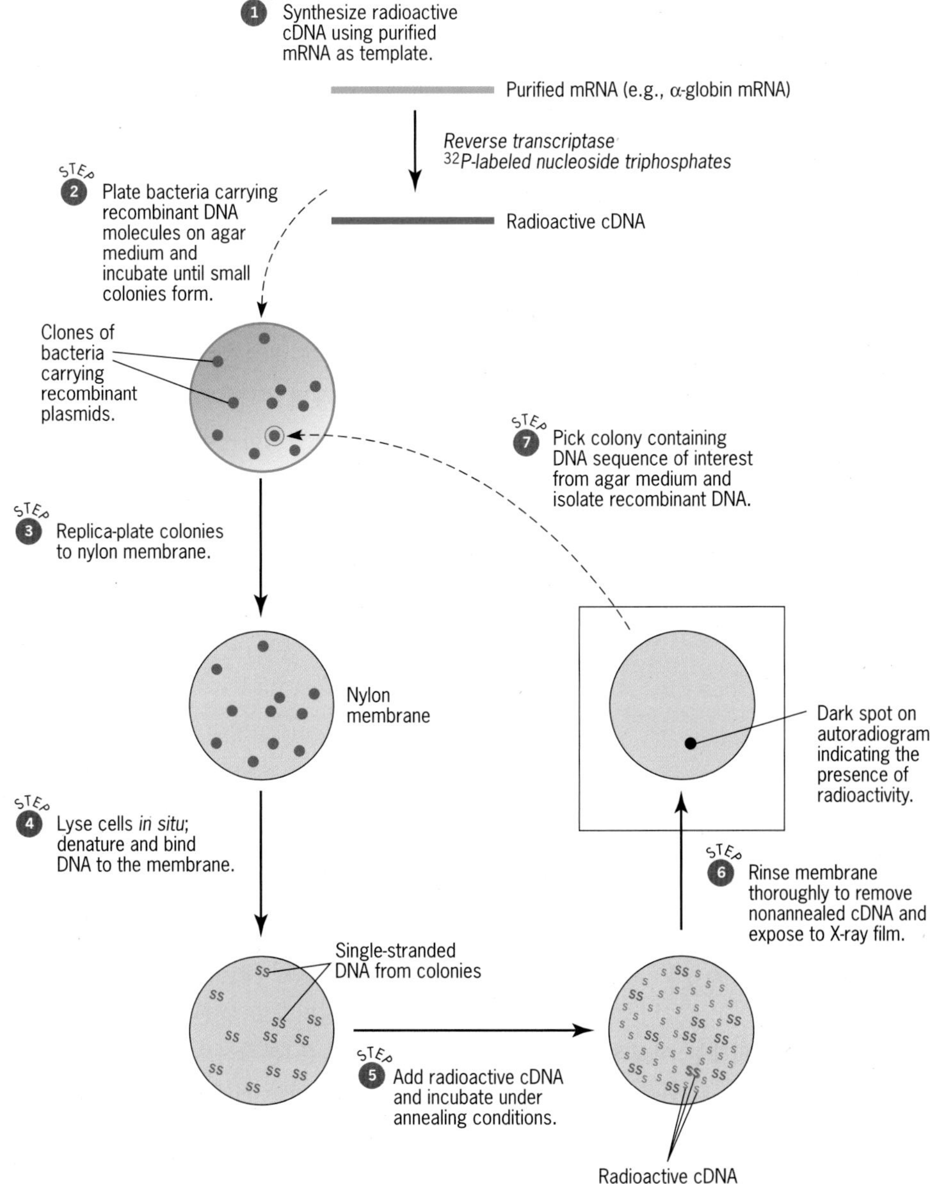

■ 그림 14.9 콜로니 혼성화에 의한 DNA 도서관의 검색. 방사성 cDNA가 혼성화 탐침자(probe)로 사용된다. 자세한 것은 본문을 참고하라.

로 사용하는 경우가 더 많다. 이런 이유로, 연구자들은 상보성 검색 과정에 의한 진핵세포 DNA 도서관의 검색에 *S. cerevisiae*를 자주 사용한다.

분자적 혼성화(Molecular hybridization)

진핵생물에서 처음 분리된 DNA서열들은 특수화된 세포들에서 대량으로 발현되는 유전자들이었다. 이 유전자들은 포유동물 α와 β 글로빈 유전자와 닭의 오브알브민(ovalbumin) 유전자를 포함하고 있다. 적혈구는 헤모글로빈의 합성과 저장에서 매우 특성화되어 있다. 최대의 생합성활성을 갖는 시기 동안 적혈구 세포에서 합성되어진 단백질 분자의 90% 이상은 글로빈 사슬이다. 마찬가지로 오르알부민은 닭의 난관 세포들의 주된 산물이다. 그 결과, 글로빈과 오브알브민 유전자의 RNA 전사체는 각각 적혈구와 난관세포로부터 쉽게 분리되어질 수 있었다. 이 RNA 전사체들은 방사성 cDNA를 합성하는 데 사용될 수 있었고, 이것은 다시 **콜로니 혼성화(*in situ* colony hybridization)**나 **플라크 혼성화(*in situ* plaque hybridization)**에 의해 유전체 DNA 도서관을 검색하는 데 이용될 수 있었다(■ **그림** 14.9). 콜로니 혼성화는 플라스미드와 코스미드 벡터로 제조된 도서관 검색에 이용된다; 플라크 혼성화 반응은 파지 람다 벡터로 된 도서관 검색에 이용할 수 있다. 우리는 *in situ* 콜로니 혼성화에 초점을 맞추지만 두 과정은 사실상 동일하다.

콜로니 혼성화 검색 과정은 형질전환된 세포들이 만든 콜로니들을 나일론 막에 옮기고, 이들을 방사성 표지된 DNA나 RNA 탐침자(probe)와 혼성화시켜, 자동방사선 사진을 얻은 과정을 포함한다(그림 14.9). 표지된 DNA나 RNA 분자들은, 자라난 콜로니들로부터 얻어진 나일론 막 위의 변성 DNA와 이들과의 혼성화를 나타내는, 탐침자로 사용되는 것이다(부록 C: 제 자리 혼성화 기법 참조). 용균된 세포들에서 나온 DNA들은 혼성화 전에 막에 결합되고 이후의 과정에서 떨어지지 않도록 처리된다. 상보적인 DNA가닥과의 혼성화시간이 지난 후에는 DNA가 결합되어 있는 나일론 막은 결합되지 않은 cDNA가 씻겨나가도록 완충염 용액에서 헹구어진다. 그런 후에는 막에 남아 있는 방사능의 존재를 추적하기 위해 X-선 필름에 노출된다. 방사성 cDNA에 상보적인 서열의 DNA를 포함하고 있는 콜로니들만 자동방사선 사진에서 방사성 반점을 만들 것이다(그림 14.9). 방사성 반점들의 위치는 원래의 복제 평판에서 원하는 서열을 가진 콜로니들을 찾아내는 데 사용될 수 있다. 이 콜로니들은 관심 유전자나 관심 DNA서열을 포함하고 있는 DNA 클론들을 분리하는데 이용된다.

요점

- *DNA 도서관들은 완전한 유전체 DNA서열을 모두 포함하고 있거나, 혹은 한 생물체의 mRNA에 대한 DNA 사본(cDNA)만을 포함하도록 구성될 수 있다.*
- *특정 유전자나 DNA서열들은 유전적 상보성을 이용해 DNA 도서관을 검색하거나, 혹은 기능과 서열을 알고 있는 표지 핵산들과의 혼성화를 통해 DNA 도서관을 검색하는 방법으로 분리될 수 있다.*

DNA, RNA 및 단백질에 대한 분자 수준의 분석

DNA, RNA 또는 단백질 분자들은 젤 전기영동에 의해 분리되고, 막으로 옮겨지고 그리고 다양한 절차에 의해 분석될 수 있다.

재조합 DNA 기술의 발달로 인해 유전자와 유전자 산물의 분석에 대해 완전히 새로운 시도들이 생겨나게 되었다. 25년전 만하더라도 완전히 접근 불가능했던 많은 문제들을 이제는 비교적 쉽게 연구한다. 유전학자들은 본질적으로는 어떤 유전자들이더라도 생물체로부터 분리하여 특성을 규명할 수 있다. 하지만 거대한 진핵생물의 유전체로부터 유전자들을 분리한다는 것은 때로는 아주 장기간에 걸친 힘든 작업이다(16장). 어떤 유전자가 클로닝만 된다면, 그 발현을 인간과 같이 아주 복잡한 생물체 내에서도 조사할 수 있다.

어떤 한 특정한 유전자가 신장, 간, 뼈, 모낭, 적혈구 또는 임파구에서 발현되는가? 이 유전자가 개체의 발달과정 전반에 걸쳐, 아니면 발달과정의 어떤 특정한 시기에서만 발현되는가? 이 유전자의 돌연변이 대립유전자는 발달과정 동안 시간적, 공간적으로 원래의 것과 유사하게 발현되는가? 아니면 이 돌연변이 대립유전자들은 변형된 발현 양상을 보이게 되는가? 만약 후자라면, 이 변형된 발현 양상은 유전성 증후군이나 유전병의 원인이 되는가? 우리는 이제 이런 질문들과 또 다른 많은 질문들에 대해 잘 정립된 방법론들을 사용하여 일상적으로 연구하고 있다.

확실히, 유전자 구조와 기능을 연구하는 데 사용되는 모든 방법들을 포괄적으로 고찰해 보는 것은 이 교과서의 한계를 넘는 일이다. 하지만 여기서는 유전자(DNA) 구조와 그 전

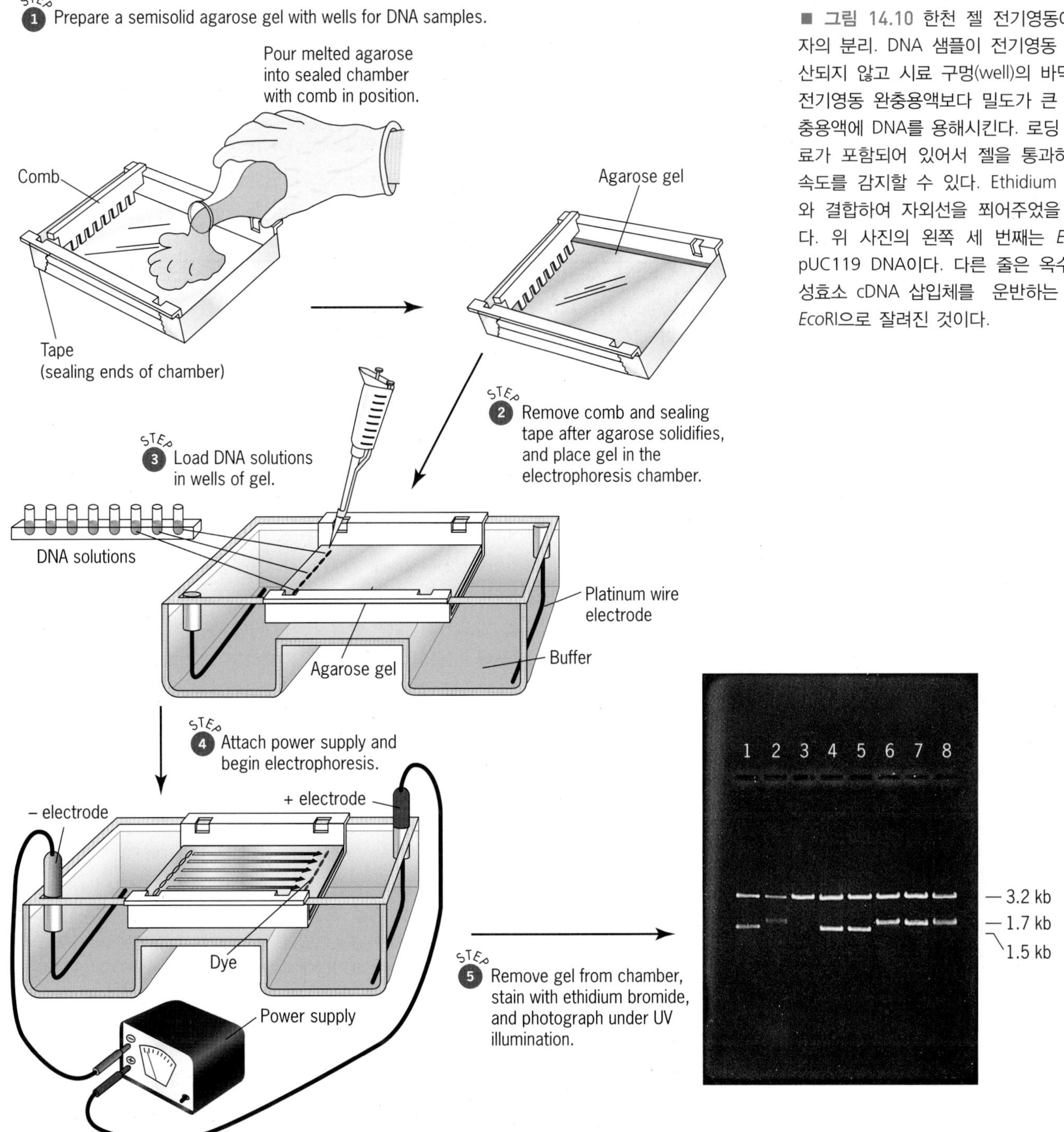

■ 그림 14.10 한천 젤 전기영동에 의한 DNA 분자의 분리. DNA 샘플이 전기영동 완충용액으로 확산되지 않고 시료 구멍(well)의 바닥에 자리 잡도록 전기영동 완충용액보다 밀도가 큰 로딩(loading) 완충용액에 DNA를 용해시킨다. 로딩 완충용액에는 염료가 포함되어 있어서 젤을 통과하는 분자의 이동 속도를 감지할 수 있다. Ethidium bromide는 DNA와 결합하여 자외선을 쬐어주었을 때 형광을 발한다. 위 사진의 왼쪽 세 번째는 *Eco*RI으로 잘려진 pUC119 DNA이다. 다른 줄은 옥수수 글루타민 합성효소 cDNA 삽입체를 운반하는 pUC119 DNA가 *Eco*RI으로 잘려진 것이다.

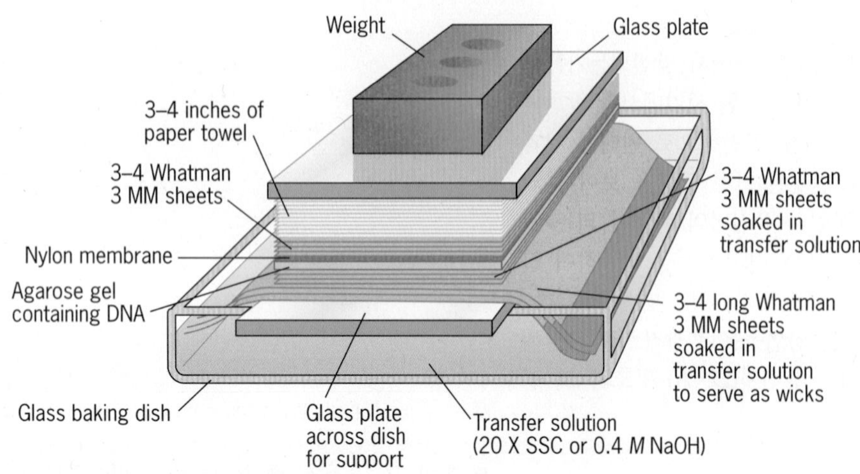

■ 그림 14.11 젤 전기영동에 의해 분리된 DNA를 니트로셀룰로오스나 나일론 막에 전이시키는 과정. 맨 위에 건조한 종이 타월이 저장소 속의 염용액을 빨아들임에 따라, 전이용액은 DNA를 젤로부터 막으로 운반한다 DNA는 막에 단단히 부착된다. DNA가 부착된 막을 건조시킨 후, 혼성화 반응 전에 진공상태에서 구워 DNA를 고정시킨다. SSC는 소금과 시트르산염을 포함하고 있는 용액이다.

사체(RNA), 그리고 그들의 마지막 산물(대부분의 단백질)을 연구하는 데 이용되는 가장 중요한 방법 중 몇 가지를 살펴보도록 하자.

서던 블롯 혼성화에 의한 DNA의 분석

젤 전기영동(gel electrophoresis)은 크기와 전하가 다른 거대 분자를 분리하는 아주 좋은 방법이다. DNA 분자들은 본질적으로 단위 질량당 일정한 전하를 띤다; 따라서, 이들은 크기와 형태에 따라 한천(agarose)이나 아크릴아미드(acrylamide) 젤 상에서 거의 완전히 분리된다. 한천이나 아크릴아미드 젤은 분자를 거르는 체로서 작용하는데, 커다란 분자일수록 작은 분자들보다 통과가 느려지게 한다. 한천 젤은 좀 더 큰 분자(수 백 뉴클레오티드 이상)에 적합하고; 아크릴아미드 젤은 작은 DNA 분자를 분리하는 데 적합하다 ■ 그림 14.10은 한천 젤 전기영동으로 DNA 제한 단편들을 분리하는 것을 보여준다. RNA와 단백질 분자를 분리하는 데 사용하는 과정도 이론적으로는 거의 동일하지만, 각 거대분자의 독특한 성질 때문에 약간 다른 기술들이 사용되기도 한다(24장).

1975년에 E. M. 서던(E. M. Southern)은 연구자들이 젤 전기영동으로 분리된 제한 단편들 중에서 특정 유전자들이나 DNA서열들을 찾아낼 수 있도록 하는 중요한 방법을 발표했다. 이 기술의 핵심적인 특징은 젤 전기영동으로 분리 전개된 DNA 분자들을 니트로셀룰로오즈(nitrocellulose) 막이나 나일론 막(nylon membrane)에 옮기는 것이었다(■ 그림 14.11). DNA를 그런 막으로 옮긴 것을, 후에 과학자들은 이 기술을 발명한 서던의 이름을 따라 서던 블롯(Southern blot)이라고 부른다. DNA 분자들은 막으로 옮기기 전이나 혹은 그 과정에서 알칼리 용액에 젤을 담가 둠으로써 변성된다. 옮겨진 후에는 건조나 UV 조광을 통해 막에 고착된다. 그 다음, 관심 서열을 가지고 있는 방사성 DNA 탐침자와 막 상에 고착된 DNA 분자들이 혼성화된다(부록 C: 제 자리 혼성화 부분을 참고하라). 이 탐침자들은 상보적인 서열을 가지고 있는 DNA 분자들하고만 혼성화될 것이다. 혼성화를 일으키지 않은 탐침자들은 막에서 씻겨 없어지고, 씻긴 막은 X-선 필름에 노출되어 방사성이 존재하는 자리가 추적된다. 필름이 현상되면, 탐침자와 혼성화되었던 DNA서열들의 위치가 검은 띠들로 나타난다(■ 그림 14.12).

젤 전기영동으로 분리된 DNA 분자들을 혼성화 연구를 위해 나일론 막으로 옮겨 여러 가지 분석에 사용하는 것은 매우 유용한 것으로 드러났다(Focus on의 '낭포성 섬유증 유발성 돌연변이 유전자의 추적'을 참조하라).

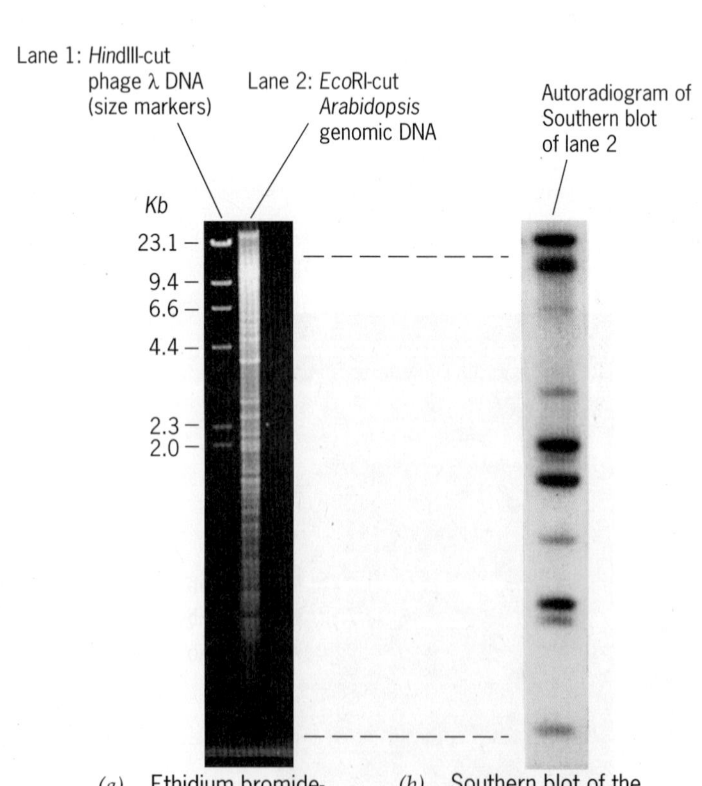

■ 그림 14.12 특정 DNA서열을 포함하고 있는 유전체 제한 단편들을 서던 블롯 혼성화 과정을 통해 찾아낼 수 있다. (*a*) *Hind*III로 절단된 파지 λ DNA(왼쪽 레인)와, *Eco*RI으로 잘린 애기장대(*Arabidopsis thaliana*) DNA(오른쪽 레인)를 포함하고 있는 한천 젤을 에티디움 브로마이드로 염색한 것을 찍은 사진. λ DNA 단편들은 크기 표준자(size marker)로 사용되었다. 애기장대 DNA 단편들은 서던 실험법에 의해 나일론 막으로 옮겨져(그림 14.11), 방사능 표지된 β-튜불린 유전자 단편 클론에 혼성화되었다. 그 결과 얻어진 서던 블롯이 (*b*)에 나타나 있다; 9개의 서로 다른 *Eco*RI 단편들이 β-튜불린 탐침자들과 혼성화되었다.

FOCUS ON

낭포성 섬유증의 원인이 되는 돌연변이 유전자 검사

낭포성 섬유증은 폐, 이자 그리고 간에서 점액이 축적되고 그 이후에 이러한 기관들의 기능 부전이 일어나는 병이다. 이것은 북유럽 출신의 사람들에게 가장 흔한 유전병이다. 16장에서, 우리는 낭포성 섬유증과 이것을 야기시키는 유전자의 규명과 특징에 대해 이야기 했었다. 여기서는 이 질병에 연루된 가족 구성원들로부터 얻은 유전체 DNA에서 *CF* 대립유전자들을 PCR로 증폭하고, 표지된 올리고뉴클레오티드 탐침자에 대한 서던 블롯 혼성화를 이용해 가장 흔한 돌연변이 대립인자를 찾는 과정에 초점을 맞출 것이다.

CF 사례 중 대략 70% 정도가 *CF* 유전자의 특정 돌연변이 대립유전자 때문에 발생한다. 이 돌연변이 대립유전자는 *CFΔF508*로, 폴리펩티드 산물에서 508번째 아미노산인 페닐알라닌 잔기를 없애는 세 염기의 결실을 포함하고 있다. *CF* 유전자의 뉴클레오티드 서열이 알려져 있고, *CFΔF508* 대립유전자가 야생형과 세 염기쌍 차이를 나타내므로, 특정 조건 하에서 CF 야생형 대립유전자나 *ΔF508* 대립유전자에만 특이적으로 혼성화될 수 있는 올리고뉴클레오티드 탐침자를 고안할 수 있었다.

야생형 *CF* 유전자와 유전자 산물은 *ΔF508* 돌연변이에 의해 바뀐 부분에서 다음과 같은 뉴클레오티드 서열과 아미노산 서열을 갖는다.

```
                                  deleted in ΔF508
bases in the coding
strand: 59-AAA GAA AAT ATC ATC TTT GGT GTT-39

amino acids in
product: NH2-Lys Glu Asn Ile Ile Phe Gly Val-COOH
                                amino acid 508
```

반면에 *ΔF508* 대립유전자와 산물은 이러한 서열을 가진다.:

```
                                    deletion
bases in the coding
strand: 5′-AAA GAA AAT ATC AT. . .T GGT GTT-3′

amino acids in
product: NH2-Lys Glu Asn Ile Ile – Gly Val-COOH
                                 Phe absent
```

이런 뉴클레오티드 서열에 기초하여, 랩-치 츠이(Lap-Chee Tsui)와 그 동료들은 *CF* 유전자의 돌연변이와 야생형 대립유전자들의 이 영역을 포함하는 올리고뉴클레오티드를 합성하여 그들의 특이성을 검사하였다. 이들은 표준 세트의 조건 하에서 37°C에서는 하나의 올리고뉴클레오티드 탐침자(올리고-N: 3'-CTTTTATAGTAGAAACCAC–5')가 야생형 대립유전자에 혼성화되는 반면, 다른 것(oligo-ΔF: 3'-TTCTTTTATAGTA. . . ACCACAA-5')은 오직 ΔF508 대립유전자에만 혼성화됨을 증명했다. 그들의 결과는 oligo-ΔF 탐침자가 동형접합자나 이형접합자 상태의 *ΔF508* 대립유전자를 추적하는 데 이용될 수 있음을 보여준다. 츠이와 동료들이 이러한 대립인자 특이적 올리고뉴클레오티드 탐침자를 CF 환자들과 그 부모들에서 *ΔF508* 돌연변이의 존재를 추적하는 데 사용했을 때, 예상대로 대부분의 부모들은 이 돌연변이에 대해 이형접합성이었던 반면, 많은 환자들이 이 돌연변이에 대해 동형접합성임을 알 수 있었다. 결과 중 일부가 ■ **그림 1**에 나타나 있다.

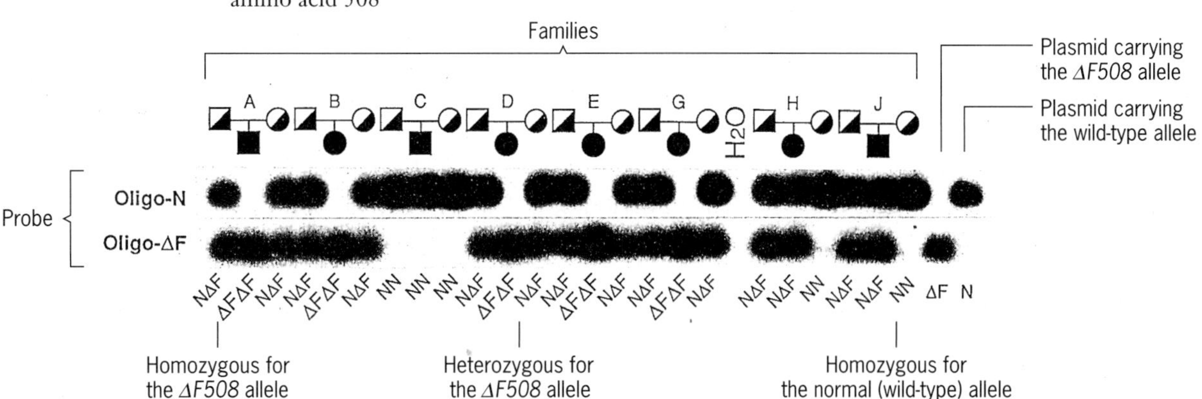

■ 그림 1 *CF* 야생형 대립유전자와 *ΔF508* 돌연변이 대립유전자의 추적. 표지된 대립유전자 특이적 올리고뉴클레오티드 탐침자와 나일론 막으로 옮겨진 유전체 DNA와의 혼성화를 보여주는 서던 블로팅법(그림 14.11)으로 준비된 것이다. 개인별 환자 가족 구성원들로부터 유전체 DNA를 추출하여 PCR로 *CF* 좌위를 증폭하였다. PCR 산물을 젤 전기영동으로 분리하고 변성시켜 막으로 옮긴 후에 방사성 올리고뉴클레오티드 탐침자들(위의 설명 참조)과 혼성화시켰다. 서던 블롯을 2장 준비하여; 한 장은 야생형 *CF* 대립유전자(위쪽 패널)에 특이적인 탐침자와 혼성화시켰고, 다른 하나는 *ΔF508* 대립유전자에 특이적인 탐침자와 혼성화시켰다(아래쪽 패널). 상단의 가계도는 CF를 가진 자녀와 이형접합성인 그들의 부모들을 보여준다. *ΔF508* 대립유전자는 A, B, D, E, G 가족들에 존재하며, 가족 C는 다른 *CF* 대립유전자를 갖는다. 그리고 가족 H와 가족 J는 한쪽의 부모가 *ΔF508* 대립유전자를 가지며, 다른 부모는 또 다른 *CF* 대립유전자를 갖는다. H_2O로 표시된 레인은 대조군으로 오직 물만 포함하고 있다. 상단의 가계도에서, 검게 칠해진 부호는 두 개의 돌연변이 CF 대립인자들을 가지는 사람들을 나타내고, 절반만 칠해진 부호는 하나의 돌연변이 대립유전자와 하나의 야생형 *CF* 대립유전자를 가지는 사람을 나타낸다.

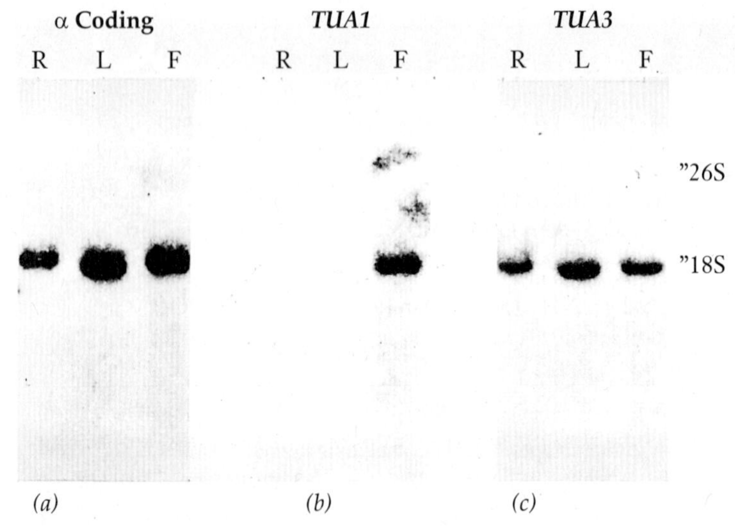

■ 그림 14.13 전형적인 노던 블롯 혼성화 자료. 애기장대(*A. thaliana*) 식물의 뿌리(R), 잎(L), 그리고 꽃(F)에서 전체 RNA를 추출하여 한천 젤 전기영동으로 분리하고, 나일론 막에 옮겼다. (*a*)의 자가방사선 사진은 α-튜불린의 암호화 서열을 포함하고 있는 방사선 탐침자와 혼성화시킨 블롯이다. 이 탐침자는 애기장대에 존재하는 6개의 α-튜불린 유전자들에서 생산되는 모든 전사체들과 혼성화된다. (*b*)와 (*c*)의 자가방사선 사진은 α1-튜불린과 α3-튜불린 유전자들(*TUA1*과 *TUA3*)에 특이적인 DNA 탐침자들과 혼성화시킨 RNA 블롯들이다. 이 결과들은 α3-튜불린 전사체는 분석된 모든 기관에 존재하는 반면 α1-튜불린 전사체는 꽃에만 존재함을 보여준다. 18S와 26S 리보솜 RNA들은 크기 표준자로 사용되었다. 이들의 위치는 RNA들이 나일론 막에 옮겨지기 전에 에티디움 브로마이드로 염색한 젤을 찍은 사진으로부터 결정되었다.

노던 블롯 혼성화를 통한 RNA의 분석

만약 DNA 분자가 한천 젤에서 나일론 막으로 옮겨져 혼성화 연구에 사용될 수 있다면, 한천 젤에서 전기영동된 RNA 분자들도 비슷하게 막으로 옮겨져 분석될 수 있으리라고 예측할 수 있다. 실제로, 유전학 연구실들에서는 그와 같은 RNA 이동과 분석이 일상적으로 사용된다. 이 때의 RNA 블롯들을 **노던 블롯(northern blot)**이라고 부르는데, 서던 블롯 기술에 빗대어, 젤에서 분리되고 막에 옮겨지는 것이 RNA임을 구분하기 위해 이런 이름을 사용한다. 다음 절의 논의와 같이, 이 기술은 단백질을 젤로부터 막으로 옮기는 데도 사용되며, 이 때의 과정은 웨스턴 블로팅(western blotting)이라고 불린다.

노던 블롯 과정은 기본적으로 서던 블롯의 이동에 사용되는 것과 동일하다(그림 14.11). 그러나, RNA 분자들은 RNase에 의한 분해에 매우 민감하다. 그러므로 매우 안정한 이 효소에 의해 실험 기자재들이 오염되지 않도록 실험시에는 특히 주의해야 한다. 더구나 대부분의 RNA 분자들은 2차 구조를 많이 형성하고 있다. 따라서 RNA 분자들을 크기에 기초해 분리하기 위해서는 전기영동시 RNA를 변성된 상태로 유지시켜야 한다. 이를 위해 전기영동시 완충용액에 포름알데히드나 다른 화학변성제를 첨가한다. 적절한 막에 전이시킨 후 RNA 블롯을 서던 블롯에서처럼 RNA나 DNA 탐침자와 혼성화시킨다.

노던 블롯 혼성화 반응(Northern blot hybridizations)(■ **그림 14.13**)은 유전자 발현의 연구에서 매우 유용하다. 이는 특정 유전자가 발현되는 시간과 장소를 결정하는데 사용될 수 있다. 그러나 노던 블롯 혼성화 반응은 단지 RNA 전사체의 축척만을 측정한다는 것을 기억해야 한다. 관찰된 축적이 왜 일어나게 되었는지에 대해서는 아무런 정보도 제공하지 못한다. 전사 수준의 변화는 아마도 전사속도의 변화에 의하거나 전사체의 분해속도의 변화에 의한 것일 수 있다. 이런 가능성들을 구분하기 위해서는 좀 더 정교한 실험이 수행되어야 한다.

역전사효소-PCR(RT-PCR)에 의한 RNAs 분석

역전사효소는 RNA 주형에 상보적인 DNA가닥의 합성을 촉진시킨다. 이는 RNA 주형가닥에 상보적인 DNA를 시험관 내에서 합성하기 위해 사용될 수 있다. 결과적으로 생성된 DNA가닥은 두번째 프라이머와 열에 안정한 *Taq* DNA 중합효소를 사용하여 몇몇 다른 과정(예를 들면, 그림 14.8을 보라)에 의해 이중가닥 DNA로 변환시킬 수 있다. 그 결과로 생성된 DNA는 표준 PCR(이번 장의 PCR에 의한 DNA의 증폭을 보라)로 증폭시킬 수 있다.

연구 중인 mRNA에 상보적이기 때문에 종종 **cDNA**라고 불리는 첫 번째 가닥의 DNA는 모든 mRNA들의 3′-poly(A) 꼬리와 결합하게 되는 oligo(dT) 프라이머를 이용하거나, 혹은 유전자 특이적인 프라이머(관심 RNA 분자에 상보적인 서열)를 이용하여 합성될 수 있다. 유전자 특이적인 올리고뉴클레오티드 프라이머들은 보통 mRNA 들의 3′-비암호화 부분에 있는 서열에 결합할 수 있도록 선택된다. ■ **그림 14.14**는 어떻게 그런 프라이머들이 RT-PCR에 사용되어 특정 유전자 사본을 증폭할 수 있는지를 설명해 준다. 이 증폭 산물들은 젤 전기영동으로 분석된다. 산물들이 젤의 어디에 나타나든, 연구자는 산물이 생산되도록 한 시료가 연구 중인 mRNA를 포함하고 있음을 알게 된다. 따라서 이 방법은 특정 유전자가 전사되었는지를 알 수 있는 빠르고 쉬운 방법이다.

RT-PCR 과정을 변형시킨 여러 방법들이 개발되었는데, 특히 좀 더 정량화하는 것에 중

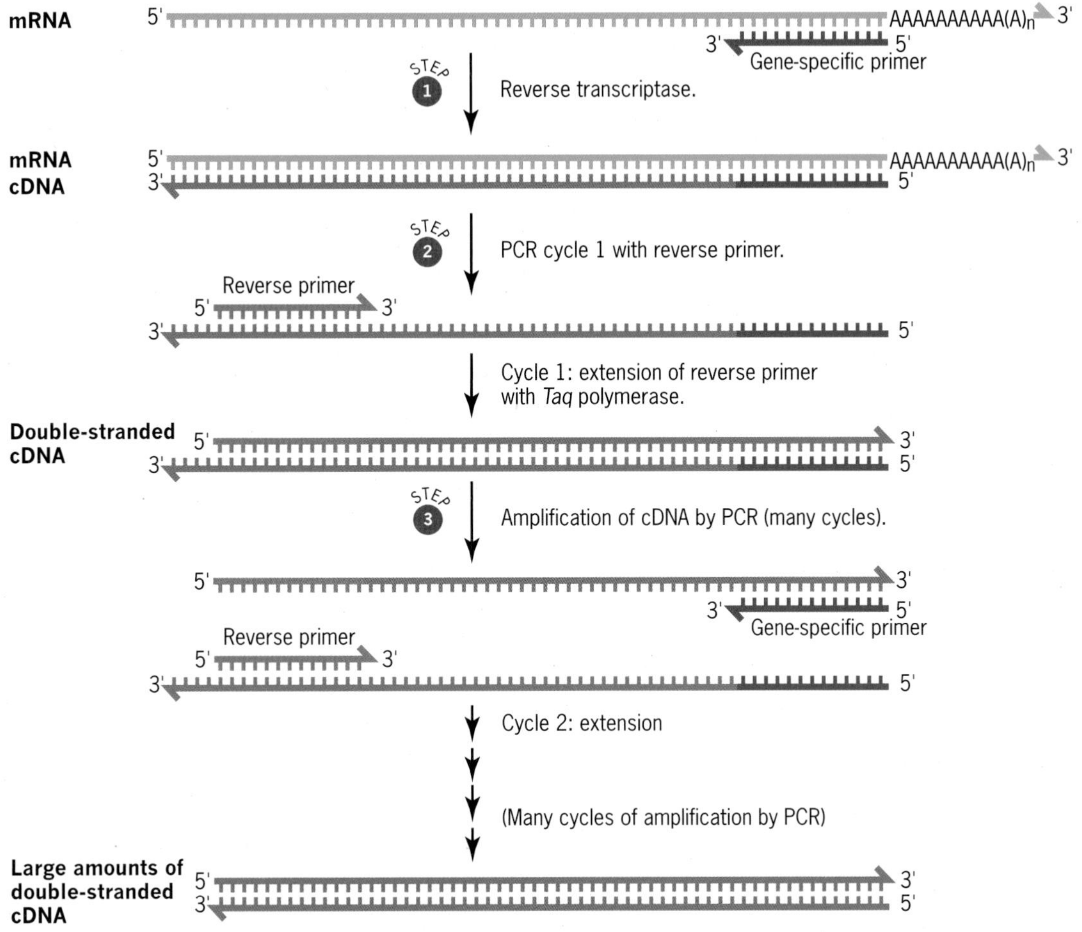

■ 그림 14.14 역전사 효소 PCR(RT-PCR)에 의한 RNA의 탐지와 증폭. 관심 있는 mRNA에 상보적인 단일가닥 DNA를 합성하기 위하여 첫째 역전사효소를 사용하여 특정 유전자 전사체를 증폭시킨다. 합성은 유전자 특이적 올리고뉴클레오티드 프라이머(특정 mRNA에만 붙는 프라이머)로 개시한다. 상보적 DNA가닥은 반대쪽의 프라이머와 *Taq* 중합효소를 사용하여 합성한다. 많은 양의 이중가닥 cDNA는 유전자 특이적 프라이머와 맞은 편의 PCR 프라이머를 이용하여 표준 PCR 반응으로 순차적으로 합성된다.

점을 둔 것이다. 예를 들어, 주어진 RNA의 양과 나온 DNA의 양 사이의 관계를 결정하기 위해 양을 알고 있는 RNA를 분석할 수 있다. 이러한 관계를 알고 있으면 연구자는 실험 시료에 의해 생긴 DNA의 양을 이용하여 시료에 최초로 존재했었던 RNA의 양을 미루어 추정할 수 있다.

웨스턴 블롯(WESTERN BLOT) 기술에 의한 단백질 분석

폴리아크릴아미드 젤 전기영동은 단백질을 분리하고 특성을 규명하는데 이용되는 중요한 도구이다. 기능을 수행하는 많은 단백질들은 두 개 이상의 소단위체로 구성되어 있기 때문에, 개개의 폴리펩티드는 단백질을 변성시키는 변성제인 sodium dodecyl sulfate(SDS) 존재 하에서 전기영동에 의해 분리된다. 전기영동 후에 단백질은 Coomassie blue나 은 염색으로 염색하여 탐지한다. 그러나 젤에서 분리된 폴리펩티드들도 역시 젤로부터 니트로셀룰로오스 막으로 전이시킬 수 있고, 각각의 단백질들은 특정 항체를 사용하여 탐지할 수 있다. 아크릴아미드 젤로부터 니트로셀룰로오스 막으로의 이러한 전이는 **웨스턴 블로팅(western blotting)**이라고 하며 젤로부터 막으로 단백질을 이동시키는 데 전류를 이용한다.

전이 후에는, 단백질이 고정된 막을 이 단백질에 대한 항체를 포함하는 용액 속에 담금으로써 관심 있는 특정 단백질을 확인할 수 있다. 부착되지 않은 항체들은 막으로부터 씻어 내버린 후, 막을 2차 항체를 포함한 용액 속에 담가둠으로써 일차 항체의 존재 유무를 확인하게 된다. 이런 2차 항체는 대체로 면역글로불린(immunoglobulin; 모든 항체를 구성하는 단백질 그룹)과 반응한다(20장). 2차 항체는 방사성동위원소(자기 방사선사진을 위해)나 적절한 기질이 첨가될 때 가시적인 산물을 만들어 내는 효소와 결합되어 있다.

요점

- *DNA 제한단편들과 여러 작은 DNA 분자들은 한천 젤이나 아크릴아미드 젤에 의해 분리될 수 있으며, 서던 블롯이라고 불리는 DNA 젤 블롯을 만들기 위해 나일론 막으로 옮겨질 수 있다.*
- *서던 블롯 상의 DNA들은 표지된 DNA 탐침자들과 혼성화될 수 있으며 자가방사선 사진에 의해 관심 서열이 추적될 수 있다.*
- *RNA 분자들은 젤 전기영동에 의해 분리되고 이후의 분석을 위해 막에 옮겨진다. 이렇게 얻어진 RNA 젤 블롯은 노던 블롯이라고 불린다.*
- *RNA 분자는 역전사효소-PCR (RT-PCR)에 의해 검출되고 분석될 수 있다.*
- *단백질이 젤로부터 막으로 옮겨지면 항체에 의해 검사될 수 있으며, 이것을 웨스턴 블롯이라고 부른다.*

유전자와 염색체에 대한 분자적 분석

제한 효소들이 DNA를 절단한 부위는 그 분자의 물리적 지도를 작성하는 데 사용될 수 있다; 그러나 뉴클레오티드 서열들이야말로 DNA 분자들의 궁극적 지도를 제공한다.

재조합 DNA 기술로 유전학자들은 유전자들, 염색체들, 그리고 전체 유전체의 구조를 결정할 수 있다. 실제로, 분자 유전학자들은 많은 생물체들에 대해 자세한 유전적, 물리적 지도를 구축해왔다(15장).

유전 요소에 대한 궁극적인 물리적 지도는 그 뉴클레오티드 서열이며, 수천 가지의 바이러스, 세균, 미토콘드리아, 엽록체, 그리고 많은 진핵생물 유전체들의 완전한 뉴클레오티드 서열들이 이미 결정되었다. 2004년 10월에, 국제 인간 유전체 서열화 컨소시엄은 인간 유전체의 '거의 완벽한' 서열을 발표했다. 그 서열은 인간 유전체에서 유전자가 많은 부위의 99 % 이상을 커버하는 것이었고, 단 341개의 틈만 포함되어 있었다(15장). 아래 절에서는, 유전자와 염색체에 대해 제한 효소 절단 부위 지도를 작성하는 것과, DNA서열을 결정하는 것에 대해 논의하고자 한다.

제한효소 절단 부위에 기초한 DNA 분자들의 물리적 지도

대부분의 제한효소는 DNA 분자를 특정 부위에서만 절단한다(표 14.1 참조). 따라서 이를 기초로 한 염색체의 **물리적 지도(physical maps)**를 작성할 수 있으며, 이렇게 작성된 염색체 제한효소 지도는 흥미 있는 유전자를 포함하고 있는 DNA 절편을 찾고자 하는 연구자에게 매우 중요한 정보를 제공한다. 제한효소 절편들은 폴리아크릴아미드 젤이나 한천 젤 전기영동으로 쉽게 그 크기를 확인할 수 있다(그림 14.10). DNA의 구성단위인 뉴클레오티드는 한 뉴클레오티드마다 한 개의 인산기를 갖고 있기 때문에 DNA는 단위질량당 본질적으로 일정한 전하를 띠고 있다. 따라서 전기영동 동안 DNA 절편이 이동하는 속도로부터 이들의 길이를 정확하게 측정할 수 있는데, 이동 속도는 길이에 반비례한다.

제한효소가 작용하는 위치를 지도로 만들기 위해 사용되는 과정은 ■ **그림 14.15**에 설명되어 있다. DNA 제한효소 절편들의 크기는 이미 크기가 알려져 있는 DNA 표지군을 사용하여 결정한다. 그림 14.15에서는 1,000 염기쌍의 길이 차이가 있는 DNA 세트를 크기 표지군으로 사용하였다. 약 6,000 뉴클레오티드 염기쌍으로 구성된 DNA 분자를 가정해 보자.

■ 그림 14.15 DNA 분자상의 제한효소 지도를 작성하는 과정을 설명하는 그림 (*a-d*). (*a*) 잘리지 않았거나, (*b*) *Eco*RI, (*c*) *Hin*dIII 또는 (*d*) *Eco*RI과 *Hin*dIII로 절단한 DNA 또는 제한절편들의 구조, (*e*) 한천 젤 전기영동에 의해 DNA 분자들과 절편들이 분리된 모습. 젤의 왼쪽 줄은 분자 크기 마커를 포함하는데, 이 경우는 1,000 뉴클레오티드 염기쌍 길이만큼 차이가 나는 DNA 세트를 사용하였다.

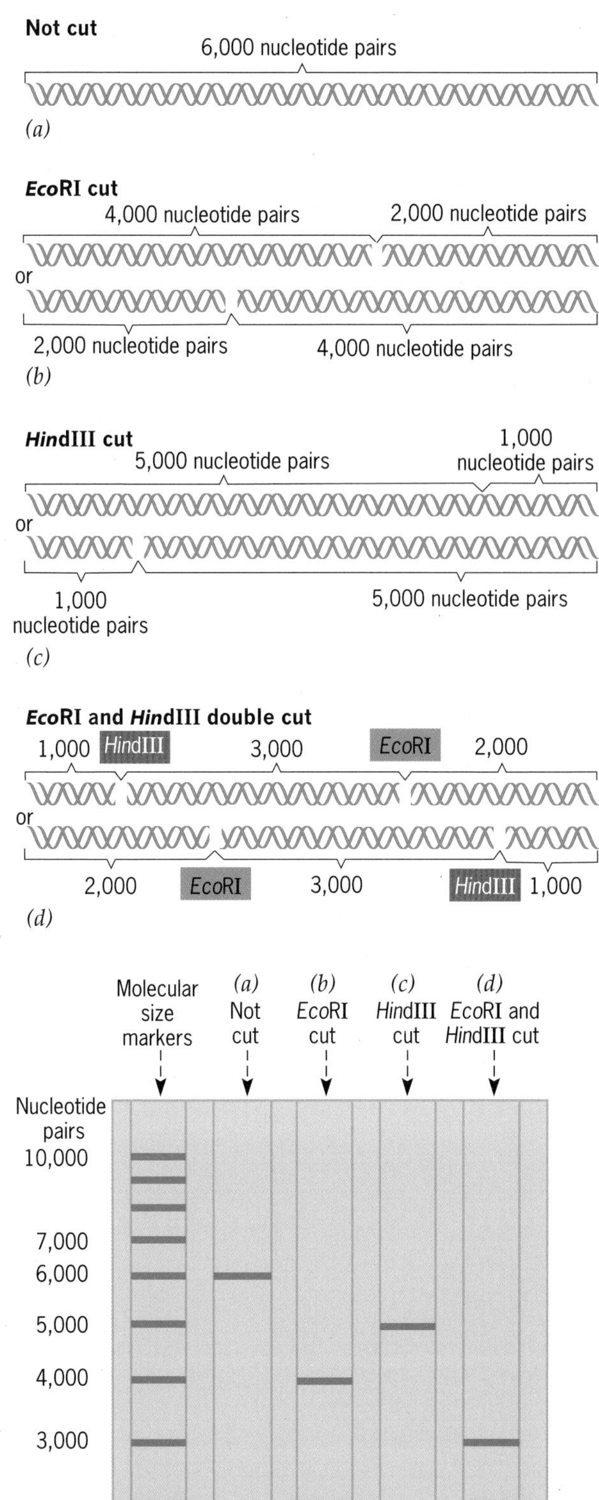

6 kb DNA 분자를 *Eco*RI으로 절단하면 각각 4,000과 2,000 뉴클레오티드 염기쌍 크기의 두 개의 절편이 만들어진다. 그림 14.15*b*에는 *Eco*RI의 가능한 절단 위치를 나타내고 있다. 동일한 DNA 분자를 *Hin*dIII로 절단하면 각각 5,000과 1,000 뉴클레오티드 염기쌍 크기의 절편 2개가 생긴다.

그림 14.15*c*에는 한 개의 *Hin*dIII 절단 부위의 가능한 절단 위치를 나타내고 있다. 그러나 이 결과들만으로는 *Eco*RI과 *Hin*dIII 절단 부위의 상대적인 위치는 아직 추정할 수 없다. *Hin*dIII 절단 부위는 두 개의 *Eco*RI 제한 절편의 양 말단 중 어느 쪽에라도 존재할 수 있다. 이 분자를 *Eco*RI과 *Hin*dIII로 동시에 절단하면 3,000, 2,000 그리고 1,000 뉴클레오티드 염기쌍 크기의 절편 세 개가 만들어진다. 이 결과로부터 두 효소에 의한 제한 부위의 상대적인 위치를 찾을 수 있다. 2,000 뉴클레오티드 염기쌍 크기의 *Eco*RI 절편(*Hin*dIII로는 절단되지 않음)은 그대로 있기 때문에 *Hin*dIII 절단 부위는 다른 *Eco*RI 절단 부위로부터 반대편 끝에 존재함을 알 수 있다(그림 14.15*d*). 이러한 분석 방법을 확장시켜 여러 개의 다른 제한효소를 사용하면 보다 상세한 제한효소 지도를 작성할 수 있다. 많은 종류의 제한효소를 사용하면 전체 염색체의 상세한 제한효소 지도도 만들 수 있다. **제한효소 지도(restriction maps)**는 유전자 지도(7장)와는 달리 DNA 분자의 실질적인 물리적 거리를 반영하고 있다.

다른 분자생물학적 기술과 컴퓨터를 이용한 제한효소 작성법을 조합하면 전체 유전체의 물리적 지도 작성도 가능하다. 이러한 작업이 최초로 수행된 다세포 진핵생물은 발생 과정의 유전적 조절 연구의 매우 중요한 연구 대상인 *Caenorhabditis elegans*라는 벌레이다(20장). 더욱이 *C. elegans*의 유전체에 대한 제한효소 지도는 이들의 유전자 지도와도 상호관련을 갖고 있다. 따라서 *C. elegans*에서 새로운 돌연변이가 확인이 되면 지도 상의 그 위치는 종종, 국제 *C. elegans* 클론 은행에서 야생형 유전자의 클론을 얻는 데 사용할 수 있다.

유전자와 염색체의 뉴클레오티드 서열

특정 유전자나 염색체의 최종적인 물리적 지도는 그 뉴클레오티드 서열이며, 그 유전자나 염색체의 기능을 변화시키는 모든 뉴클레오티드 쌍 변화들을 표시함으로써 완전해진다. 1975년 이전만 해도 염색체의 완전한 염기서열을 밝히는 것은 매우 어려운 작업이었는데 한 실험실에서 수년씩 걸려야 했다. 그러나 1976년 후반에 박테리오파지 ϕX174의 전체 염색체의 5,386 염기쌍이 밝혀지게 되었다. 근래에 와서는 염기서열 결정이 실험실에서 일상적으로 수행되는 일이 되었다. 2,442종의 바이러스, 1,372종의 박테리아, 93종의 고세균, 40종의 진핵생물의 유전체에 대한 완전한 뉴클레오티드 서열이 알려져 있고, 유전체 서열화 프로젝트들이 또 다른 3,670종의 박테리아, 84종의 고세균, 612종의 진핵생물에서 진행되고 있다. 게다가, 인간 유전체 진정 염색질의 99퍼센트에 해당하는 서열이 알려져 있다(15장).

현재 어떤 DNA 분자의 염기서열을 밝힐 수 있는 것은 다음 4가지 중요한 기술의 발달 결과이다. 가장 중요한 도약은 제한효소의 발견으로 이것을 이용하여 염색체의 특성 절편을 균일하게 준비할 수 있게 되었다. 두 번째 중요한 발전은 젤 전기영동 기술의 발달로 인

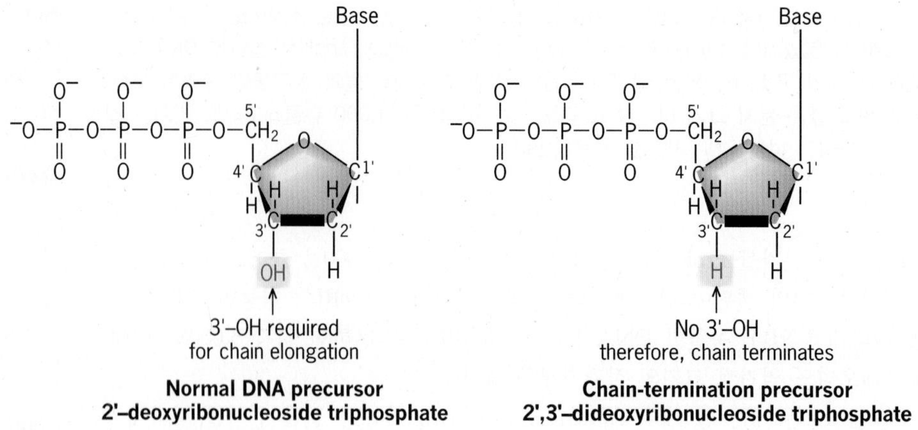

■ **그림 14.16** 정상 DNA 선구체인 2′-deoxyribonucleoside triphosphate와 염기서열 결정 반응에 사용되는 사슬종결체인 2′,3′-dideoxyribonucleoside triphosphate의 구조 비교.

하여 한 개의 염기쌍 차이도 구별할 수 있게 되었다. 세 번째, 유전자 클로닝 기술의 응용은 특정 DNA 분자를 다량 준비할 수 있게 하였다. 마지막으로 DNA 분자의 뉴클레오티드 염기서열을 결정할 수 있는 효율적인 방법들의 개발이다.

DNA서열화 방법은 한 쪽 말단이 동일하고(정확히 같은 뉴클레오티드로 끝나는 모든 것들), 다른 말단의 모든 가능한 부위들(연속적인 모든 뉴클레오티드)에서 종결된 DNA 단편들의 집단들을 만드는 것에 의존적이다. 공통 말단은 서열화 프라이머의 5′-말단이다. 그 프라이머의 3′-말단은 자유-OH 그룹을 포함하고 있어서, DNA 중합효소가 여기에다 사슬을 신장시키게 된다. 사슬의 신장으로 다양한 3′말단들을 가진 단편들이 생기는데, DNA가닥을 따라 모든 가능한 뉴클레오티드 위치에서 끝난 것들이다. 이런 단편들은 폴리아크릴아미드 젤 전기영동을 통해 사슬의 길이별로 분리된다.

오늘날 모든 DNA서열화는 자동화된 DNA서열화 기계들을 사용하여 수행된다. 처음에는 서열화 기계들이 1977년에 프레데릭 생거(Frederick Sanger)와 그 동료들에 의해 발표되었던 서열화 방법을 이용했었다. 생거는 이 업적으로 1980년 노벨 화학상을 공동 수상했는데, 그는 이미 인슐린의 아미노산 서열을 결정한 공로로 1958년에 노벨 화학상을 받은 바 있었다. 현재, 새롭고 더 빨라진 DNA서열화 방법들이 생거 방법을 대체하고 있다.

생거 방법은 특정 사슬 종결자의 존재 하에 시험관 내 DNA 합성을 이용하여 모든 A자리, C자리, G자리, T자리들에서 사슬이 종결된 DNA 단편들이 생기도록 하는 것이다. **2′,3′-디데옥시리보뉴클레오시드 삼인산(2′3′-dideoxyribonucleoside triphosphate, ddXTP)** (**■ 그림 14.16**)들이 생거 실험법에서 가장 자주 사용되는 사슬 종결자들이다. DNA 중합효소들은 DNA 프라이머가닥의 3′-OH 자유 말단을 반드시 요구한다는 사실을 기억할 것이다(10장). 만약 2′,3′-디데옥시리보뉴클레오티드가 사슬의 끝에 첨가되면, 이제 사슬 끝에는 3′-OH가 사라지게 되므로 이후의 신장이 일어나지 않는다. 2′,3′-ddTTP, 2′,3′-ddCTP, 2′3′-ddATP, 그리고 2′,3′-ddGTP를 각각 다른 색깔의 형광염료로 표지하여 DNA 합성 반응의 사슬 종결자로 사용하면, 초기의 단편 집단은 가능한 모든 위치에서 끝난 3′말단을 가진 사슬들을 포함하게 될 것이다. 게다가, ddG로 끝나는 모든 사슬들은 한 가지 색의 형광을 나타낼 것이고, ddA로 끝난 것은 두 번째의 다른 색, ddC로 끝난 것은 세 번째의 다른 색, 그리고 ddT로 끝난 것이 네 번째의 다른 형광을 띠는 식으로 모두 각각 다른 색깔의 형광을 나타내게 된다(**■ 그림 14.17**).

반응 시험관 내의 dXTP와 ddXTP의 비율(X는 네 염기 중 어느 문자)은 약 100:1 정도로 유지되므로, 초기 사슬 내의 주어진 X 자리에서 종결이 발생할 가능성은 약 1/100이다. 이렇게 하면 원래의 프라이머 말단으로부터 수 백 염기쌍 정도 내의 모든 가능한 (X) 종결부위에서 끝난 단편들의 집단이 생긴다.

STEP 1 Set up a DNA polymerization reaction containing the following:

Template strand	3' – AGTGTCAAGA – 5'	DNA polymerase
Primer strand	5' ~OH 3'	dGTP, dATP, dTTP, and dCTP

All four 2',3'–dideoxyribonucleoside triphosphate chain-terminators, each labeled with a different fluorescent dye: ddGTP, ddATP, ddCTP, and ddTTP.

STEP 2 Incubate reaction mixture. Synthesized chains terminating with:

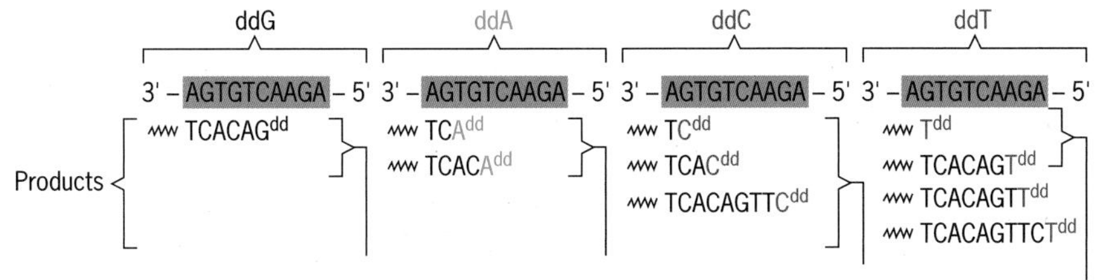

STEP 3 Denature products and separate by polyacrylamide capillary gel electrophoresis.

STEP 4 Record sequence with a scanning laser, a fluorescence detector, and a computer.

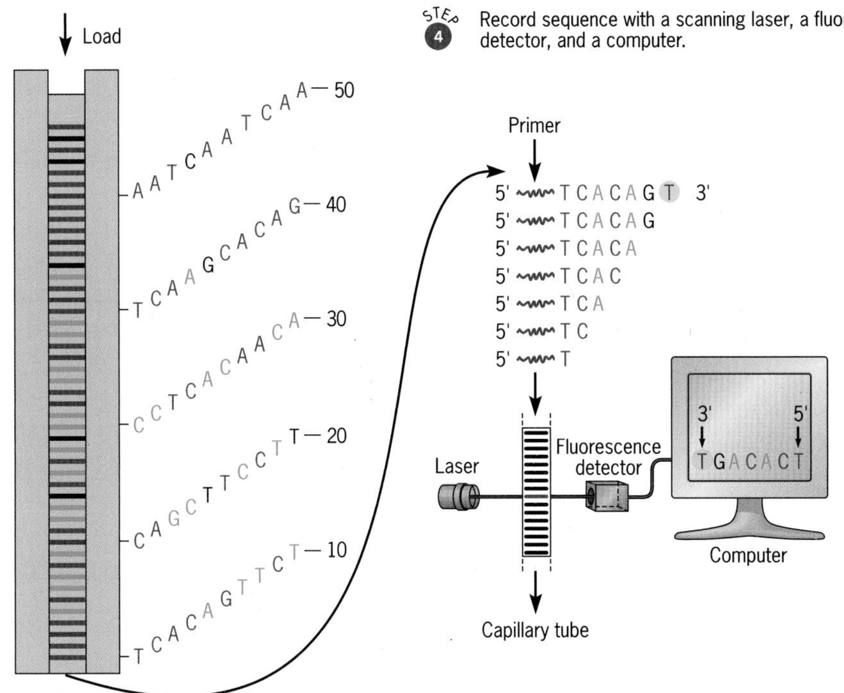

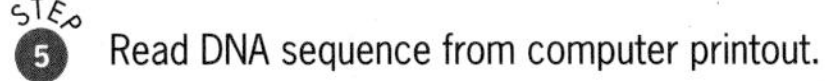

STEP 5 Read DNA sequence from computer printout.

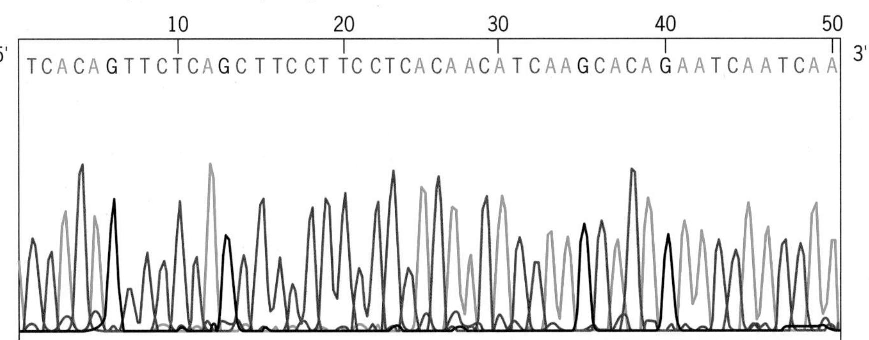

■ 그림 14.17 2′,3′-dideoxynucleoside triphosphate 사슬-종결 과정에 의한 DNA 염기서열 결정. 실험관 내 DNA 합성은 각기 다른 형광염색으로 표지한 4종류의 2′,3′-dideoxy 사슬-종결자: ddGTP, ddATP, ddCTP, ddTTP를 사용하여 실험한다. 반응 혼합물에는 DNA 합성에 필요한 모든 요소들이 들어있다(본문에 상세하게 설명하고 있음). 각 사슬의 3′말단에 있는 dideoxy 종결자는 붙어 있는 염색의 형광에 의해 결정된다. 예에서 보면, ddG는 검은 청색(검은 색으로 보임)의 형광을 내고, ddC는 밝은 청색, ddA는 녹색, 그리고 ddT는 붉은 색 형광을 낸다(컴퓨터 복사의 꼭대기에서 5′ → 3′ 읽음을 보임)의 뉴클레오드 서열은 레이즈 빔을 통과하는 첫 번째 사슬을 시작으로 서열을 읽음으로써 얻어지며, 그리고 한 개의 뉴클레오티드씩 길어져 가장 긴 사슬까지 통과하는 각 사슬을 계속 읽으면 된다.

문제 풀이 기술

유전요소의 뉴클레오티드 서열 결정하기

문제

애기장대(*Arabidopsis thaliana*) 엽록체의 이중가닥 DNA 염색체로부터, 10개 뉴클레오티드쌍 길이의 제한 단편 10μg을 분리했다. 말단 전이효소(terminal transferase)와 dATP를 이용하여 두 가닥의 3'말단에 8개 뉴클레오티드 길이의 poly(A) 꼬리를 그림과 같이 첨가하였다:

5′-X X X X X X X X X X -3'
3′-X′ X′ X′ X′ X′ X′ X′ X′ X′ X′-5'

말단 전이효소
dATP
↓

5′-X X X X X X X X X X A A A A A A A A-3'
3′-A A A A A A A A X′ X′ X′ X′ X′ X′ X′ X′ X′ X′-5'

X와 X′는 4개의 표준 뉴클레오티드 중 어떤 것이나 될 수 있지만, X′는 항상 X에 상보적이다.

두 개의 상보적인 가닥(왓슨가닥과 크릭가닥)은 분리 된 후, 2′,3′-다이디옥시리보뉴클레오티드 삼인산 사슬-종결 방법으로 서열이 결정되었다. 반응 1은 사슬 1, 프라이머, DNA 중합효소, 시험관 DNA 합성에 필요한 다른 구성성분, 그리고 각기 다른 파장의 형광을 내는 색소로 표지한 4개의 표준 dideoxynucleotide triphosphate 사슬 종결체—ddTTP, ddCTP, ddATP, ddGTP를 포함하고 있다.

사슬 1: 3′-A A A A A A A A X′ X′ X′ X′ X′ X′ X′ X′ X′ X′–5′
5′-T T T T T T T T-OH

서열 반응 2는 주형-프라이머 혼합체를 제외하고 반응 1과 같은 구성성분을 포함하고 있다. 반응 2는 상보적 가닥 2를 포함하고 있다; 그래서 반응 2에 사용한 주형-프라이머 혼합체는 다음과 같은 구조를 가진다.

사슬 2: 5′-X X X X X X X X X X A A A A A A A A-3′
HO-T T T T T T T T-5′

DNA 합성을 위한 시간을 갖도록 두 반응을 진행시킨 후, 각각의 반응에서 생성된 DNA를 변성시키고, 반응 산물은 자동화된 DNA서열기기를 사용한 모세관 전기영동으로 분리시킨다. 사슬-종결체를 표지하는데 사용한 색소들은 각각 다른 파장에서 형광을 내는데, 이를 반응 산물들이 모세관에서 분리되어 포토셀에 의해 기록된다(그림 14.17 참조). 표준 서열반응에서, ddG로 끝나는 사슬은 검푸른색의 형광을, ddC로 끝나는 경우는 밝은 푸른색의 형광을, ddA로 끝나는 경우는 녹색의 형광을, 그리고 ddT로 끝나는 경우는 붉은색의 형광을 낸다. 서열반응 1의 컴퓨터 인쇄출력은 다음과 같다.

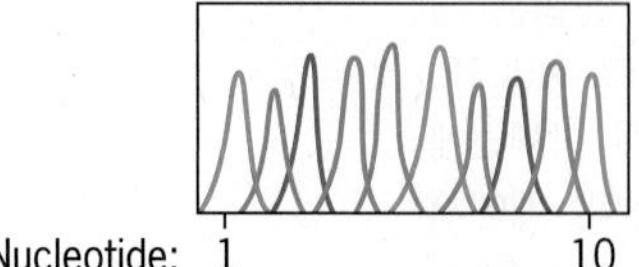

서열반응 2(주형으로 상보적 가닥 2)의 예상되는 컴퓨터 출력물을 그려라. (위에 보인 형식을 사용하라.)

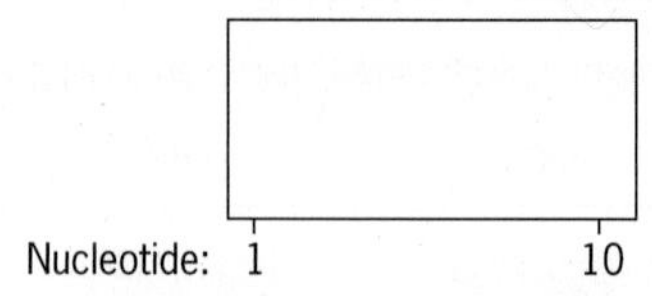

사실과 개념

1. 모든 DNA 중합효소들은 DNA 중합반응으로 신장되는 프라이머 말단에 3′-OH를 절대적으로 요구한다.
2. 모든 DNA 합성은 5′에서 3′로 일어난다. 즉, 모든 합성은 프라이머의 3′말단에 뉴클레오티드가 첨가됨으로써 일어난다.
3. 프라이머가닥의 3′말단에 2′,3′-디데옥시리보뉴클레오시드 일인산의 첨가는 신장을 막을 것이다.
4. 폴리아크릴아마이드 젤 전기영동은 크기와 구조에 따라 DNA가닥을 분리한다.
5. DNA 사슬은 단위 질량당 일정한 전하를 가지고 있다. 즉, 그것들은 뉴클레오티드 당 하나의 음전하를 가지고 있다.
6. 단위 질량 당 일정한 전하 때문에, 폴리뉴클레오티드 사슬은 크기(뉴클레오티드 또는 뉴클레오티드 쌍의 길이)에 따라 분리될 수 있다.
7. 한 개의 뉴클레오티드 길이가 다른 선형 DNA 분자도 수백 뉴클레오티드의 긴 사슬 까지 폴리아크릴아미드 젤 전기영동으로 분리될 수 있다.
8. 전기영동 동안 가장 짧은 사슬은 가장 먼 거리를 이동할 것이다.
9. 얇은 모세관에서 행한 폴리아크릴아미드 젤 전기영동은 뉴클레오티드 한 개 길이가 다른 DNA 사슬도 뛰어나게 분리한다.
10. 왓슨-크릭 이중 나선의 두 가닥은 반대의 화학적 극성을 가지고 있다. 만일 한 가닥이 5′에서 3′ 쪽으로 극성을 가지고 있다면, 상보적인 가닥은 3′에서 5′ 극성을 가진다.

분석과 해결

모든 DNA 합성은 프라이머가닥의 3′-OH 말단에 뉴클레오티드를 첨가하는 것이기 때문에 모든 합성은 5′ → 3′ 방향으로 일어난다. 그러므로 주형의 가닥 1로 합성된 DNA 사슬의 서열은 컴퓨터 인쇄출력에서 왼쪽부터 오른쪽으로 5′에서 3′으로 읽는다. 가장 짧게 합성된 DNA 단편은 밝은 푸른색의 형광을 내는 것이므로, 그것은 ddC로 끝남을 의미하며, 주형가닥의 이 위치에 G가 있었음을 의미한다. 왼쪽(가장 짧은 사슬)부터 오른쪽(가장 긴 사슬)으로 밴드 사닥다리를 읽으면 새로 만들어진 가닥의 서열은 5′-CTGATCAGAC-3′이다. 그러므로, 상보적인 주형가닥(가닥 1)의 서열은 5′-GTCTGATCAG-3′이다. 그러면, 가닥 2를 서열 반응에서 주형가닥으로 사용한다면, 새로 만들어진 가닥은 가닥 1의 서열을 가질 것이며, 뉴클레오티드의 서열(형광 피크로 표시)은 다음에 보이는 것과 같다. 합성가닥의 서열은 가장 짧은 사슬인 왼쪽부터 가장 긴 사슬인 오른쪽으로 읽으면 5′-GTCTGATCAG-3′일 것이다. 그리고 상보적인 주형가닥은 5′-CTGATCAGAC-3′일 것이다.

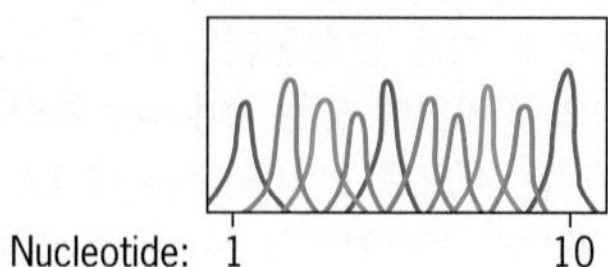

더 많은 논의를 보고 싶으면 Student Companion 사이트를 방문하라.

반응에서 생긴 DNA 사슬들은 변성 과정에 의해 주형으로부터 분리된 후에, 폴리아크릴아미드 모세관 젤 전기영동에 의해 분리된다; 젤 상에서의 이들의 위치는 레이저 스캐너와 형광 검출기에 의해 추적되며, 컴퓨터에 기록된다. 컴퓨터는 각 초기 사슬들이 레이저 빔을 지나며 움직일 때 기록되는 형광 피크들의 순서를 출력한다. 가장 짧은 사슬은 가장 먼저 젤을 통과하며 움직이고, 그 뒤로 뉴클레오티드가 하나씩 더 긴 사슬들이 순서대로 뒤따른다. 각 사슬의 말단에 있는 디데옥시뉴클레오티드가 형광의 색깔을 결정할 것이다. 그래서, 가장 긴 새로이 합성된 DNA 사슬의 서열은 가장 짧은 사슬로부터 가장 긴 사슬까지 형광피크의 서열을 단순히 읽음으로써 결정될 수 있다(그림 14.17). 생거(sanger) 방법을 사용하는 자동 DNA서열화 기계들에 대한 여러분의 이해를 검사하기 위해서는 문제 풀이 기술 편의 '유전 요소들의 뉴클레오티드 서열 결정' 부분을 참고하라.

DNA서열화에 대한 새로운 접근법들이 생거의 사슬-종결법을 대체하고 있는데, 이 새로운, 소위 2세대 DNA서열화로 칭해지는 방법을 사용하는 기계들은 하루에 250억 뉴클레오티드쌍까지 서열화가 가능하다. 새로운 서열화 방법들 중 많은 것들이 합성에 의한 서열화(sequencing-by-synthesis) 법을 이용하는데, 여기서는 고정된 프라이머-주형 복합체들의 프라이머가닥들이 DNA 중합효소가 데옥시리보뉴클레오시드 삼인산(dNTP)을 한 번에 하나씩 추가함으로써 신장되고, 첨가된 뉴클레오티드의 서열은 전하-결합 소자(charge-coupled device, CCD) 센서에 의해 광신호에 기초하여 기록된다. 이러한 과정은 *파이로시퀀싱(pyrosequencing)*이라고 불리는데, 이것이 프라이머가닥의 말단에 뉴클레오티드가 추가될 때 방출되는 피로인산(pyrophosphate)의 검출에 의존적이기 때문이다

또 다른 방법은 물-기름 혼합물 내의 아주 작은 구슬들에 부착된 프라이머가닥들의 신장 과정 동안, 형광으로 표지된 뉴클레오티드가 추가되는 것을 기록하는 데 레이져 빔을 이용하는 것이다. 이 방법은 454 시퀀싱(454 sequencing)이라고 불린다. 그리고 또 다른 방법은 일루미나 시퀀싱(Illumina sequencing)이라고 불리는 것 — 이전에는 솔렉사 시퀀싱(Solexa sequencing)이라고 불렸었다 — 으로, 가역적인 종결자들을 사용하여 신장중인 DNA 가닥에 추가될 때 그 단일 뉴클레오티드들을 추적하는 것이다. 이 방법을 사용하는 서열화 기계들에서는, 많은 수의 반응들이 동시에 발생한다; 따라서 이것은 종종 대량 병렬 서열화(massively parallel sequencing)라고도 불린다. 이 모든 시스템들은 매우 빠르고, 새로운 서열화 전략들이 현재도 개발 중에 있다. 비록 아직은 아니지만, 인간의 전 유전체를 1,000달러에 서열화하려는 목표는 공상 과학에서 출발하여 그럴법한 가능성을 가지게 되었다.

요점

- *DNA 분자의 자세한 물리적 지도는 다양한 제한 효소들에 의해 절단되는 부위를 찾아냄으로써 마련될 수 있다.*
- *DNA 분자의 뉴클레오티드 서열은 유전자와 염색체의 궁극적인 물리적 지도를 제공한다.*

기초 연습문제

기본적인 유전분석 풀이

1. 재조합 DNA 분자라는 것은 무엇인가?

답: 재조합 DNA 분자는 시험관 내에서 보통 서로 다른 종으로부터 얻은 서로 다른 두 개의 DNA 분자 일부로 만들어지는 것이다.

2. 제한효소란 무엇인가?

답: 제한효소는 서열 특이적 방법으로 DNA 분자를 자르는 효소를 말한다. 생성된 모든 조각은 각 말단에서 같은 뉴클레오티드 서열을 가지게 된다. 많은 제한효소는 회문구조로 DNA서열을 인지해서 자르고, 상보적인 단일가닥의 말단을 가진 조각을 만들게 된다.

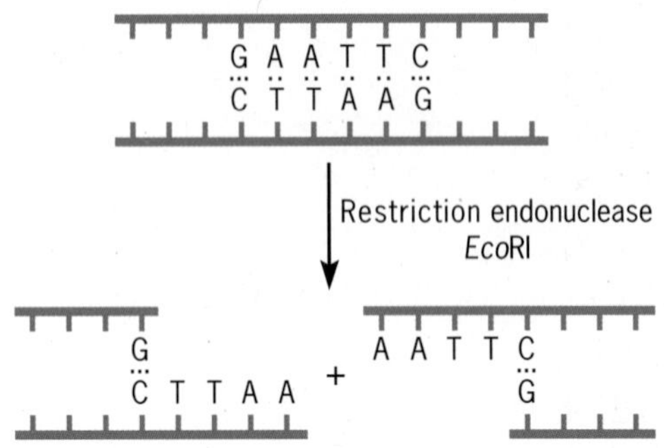

3. 제한효소는 시험관 내에서 재조합 DNA 분자를 만드는 데 어떻게 이용되는가?

답: 두 개의 다른 종으로부터 얻은 DNA 분자는 둘 다 회문구조의 DNA서열을 인식하고 두 가닥으로 잘라내는 제한효소에 의해 잘려진다. 그 결과 잘려진 조각은 상보적 단일가닥 끝을 가지게 된다. 만약 이 DNA 조각이 섞이면 상보적인 말단은 쌍을 이루게 되고 DNA 연결효소는 아래 그림과 같이 재조합 DNA 분자를 만들 것이다.

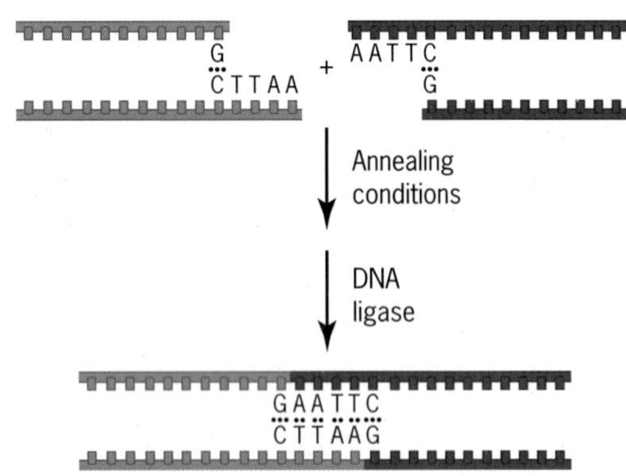

4. 왜 PCR이 DNA 분석에 있어 강력한 도구인가?

답: PCR은 DNA서열을 급속하게 증폭시킨다. 극히 적은 양의 분자로부터 시작해도 특정서열의 많은 양을 얻을 수 있다. 만약 하나의 단일 DNA 분자로 시작해도 10회의 복제를 반복하면 1,024 DNA 이중가닥을 얻을 수 있고, 20회 반복으로는 1,048,576의 DNA 이중가닥을 얻을 수 있다.

5. 2′,3′-dideoxyribonucleoside triphosphate는 DNA서열 분석에 어떻게 사용할 수 있나?

답: 2′,3′-dideoxyribonucleoside triphosphate는 DNA 합성에서 특이적 종결자로서의 기능을 한다. 2′,3′-dideoxyribonucleoside triphosphate가 DNA 사슬에 첨가되면 DNA 중합효소는 3′-OH기가 없기 때문에 더 이상 DNA 사슬을 합성해 나가지 못한다. 시험관 내의 DNA 합성 반응에서 2′-deoxyribonucleoside triphosphate와 2′,3′-dideoxyribonucleoside triphosphate의 적절한 배합은 DNA 사슬이 가능한 뉴클레오티드 모든 위치에서 종결될 수 있게 한다. 젤 전기영동에 의해 합성된 DNA 사슬을 분리하고 형광 표지를 이용하여 젤 상에서의 이들의 위치를 추적하면 그들의 뉴클레오티드 서열을 결정하는 데에도 이용될 수 있다(그림 14.17).

지식검사

서로 다른 개념과 기술의 통합

1. 인간의 유전체(반수체)는 약 3×10^9 뉴클레오티드 쌍의 DNA로 구성되어 있다. 만약 인간의 DNA를 5′-GCGGCCGC-3′을 인식하고 절단하는 제한효소 *Not*I으로 자른다면 얼마나 많은 제한절편이 만들어지겠는가? 단, 인간의 유전체 내에 네 종류의 염기(G, C, A, T)는 균일하고 무작위적 으로 분포하고 있다고 가정하라.

답: 네 종류의 염기가 동일한 양으로 존재하고 무작위로 분포한다고 가정하면, 특정 위치에서 특정 뉴클레오티드가 나타날 확률은 1/4이다. 특정한 두 개의 뉴클레오티드(예를 들어 AG)가 나타날 확률은 $1/4 \times 1/4 = (1/4)^2$이고 여덟 개의 뉴클레오티드가 나타날 확률은 $(1/4)^8$ 또는 1/65,536이다. 따라서 *Not*I은 DNA 분자를 65,536 뉴클레오티드 염기쌍마다 한 번씩 절단한다. 만약 선형 DNA 분자가 n개의 부위에서 잘린다면, $n + 1$개의 절편이 만들어질 것이다. 3×10^9 염기쌍으로 이루어진 유전체의 경우에는 45,776($3 \times 10^9/65{,}536$)개의 *Not*I 제한 부위가 있을 것이다. 만약 인간의 전체 유전체가 DNA 한 분자로 구성되어 있다면 *Not*I으로 절단할 경우 45,776 + 1개의 절편이 만들어질 것이다. 따라서 이런 제한 부위가 24개의 염색체에 분포하고 있기 때문에 전체 인간 유전체에 대한 *Not*I 제한 절편은 45,776 + 24개가 될 것이다.

2. 엽록체형 글루타민 합성효소를 암호화하고 있는 옥수수 유전자(*gln2*)에는 한 개의 *Hin*dIII 제한효소 부위가 있으나 *Eco*RI 제한 부위는 없다고 알려져 있다. 당신이 *Hin*dIII 제한 부위가 있는 앰피실린 저항성 유전자(amp^r)와 *Eco*RI 제한 부위가 있는 테트라

사이클린 저항성 유전자(tet^r) 모두를 갖고 있는 클로닝 벡터를 얻었다고 가정해 보자. 또한 당신이 앰피실린과 테트라사이클린 모두에 민감한 대장균 균주(amp^r tet^r)도 얻었다고 가정해 보자. 그렇다면 당신은 어떻게 완전한 *gln2* 유전자를 담고 있는 옥수수의 유전체 라이브러리(genomic library)를 만들 수 있겠는가?

답: 우선 옥수수의 유전체 DNA를 순수 분리한 다음 *Eco*RI으로 절단한다. 벡터 DNA도 순수 분리한 다음 *Eco*RI으로 절단한다. 옥수수의 *Eco*RI 제한절편과 *Eco*RI으로 절단한 플라스미드 DNA는 단일가닥 말단(5′-AATT-3′)이 서로 상보적이다. 옥수수의 제한절편은 DNA 리가아제(ligase)를 사용하여 *Eco*RI으로 절단한 플라스미드 DNA와 공유결합시켜 원형의 재조합 플라스미드를 만든다. 옥수수의 DNA가 플라스미드의 *Eco*RI 제한 부위로 삽입되어 테트라사이클린 저항성 유전자(tet^r)를 파괴했기 때문에 재조합 플라스미드는 숙주세포에 더 이상 테트라사이클린에 대한 저항성을 제공할 수 없다. 이렇게 만든 재조합 플라스미드는 amp^s tet^s 대장균에 형질전환시킨 다음 앰피실린을 함유하고 있는 배양용 배지에 도말하여 플라스미드를 포함하는 세포들만을 선별한다. 대부분의 대장균은 형질전환되지 않으며 따라서 앰피실린을 함유한 배지에서는 성장하지 못한다. 앰피실린을 포함한 배지에서 자라는 세포들은 이후의 분석을 위해 보관되어야 한다. 옥수수 유전체의 서로 다른 *Eco*RI 단편들을 가지고 있는 이러한 세포 집단은 온전한 *gln2* 유전자를 가진 클론을 포함하고 있을 클론 도서관을 나타내는 것인데, 왜냐하면 이 유전자에는 *Eco*RI 부위가 없기 때문이다. 벡터의 *Hin*dIII 부위도 옥수수의 유전체 *Hin*dIII 절편 도서관을 만드는 데 쓰일 수 있지만, 이 경우 *gln2* 유전자에 *Hin*dIII 제한 부위가 있기 때문에 완전한 *gln2* 유전자를 포함하고 있지는 않다.

연습문제

이해력 증진과 분석력 개발

14.1 (a) 재조합 DNA를 숙주세포로 도입하는 것은 어떤 점에서 돌연변이와 유사한가? (b) 어떤 점에서 다른가?

14.2 아래의 목록은 DNA의 4가지 다른 단일가닥이다. 이 중에서 이중가닥의 형태일 때 제한효소에 의해 절단될 것으로 기대되는 것은?

(a) AGTCCGTTCGAAGCCTCA
(b) ACTCCACTCCCGACTCCA
(c) ACTCCGGAATTCACTCCA
(d) ACTCGTCCAATTGCTCGC

14.3 만일 DNA 분자를 따라 염기서열이 완전히 무작위적으로 나타난다면, (a) 3개와 (b) 4개의 염기쌍 길이의 특정 제한효소 인식서열이 기대되는 빈도는 얼마인가?

14.4 제한효소는 어떤 점에서 다른 엔도뉴클레아제(endonuclease)와 구별되는가?

14.5 재조합 DNA와 유전자 클로닝 기술은 유전학자들에게 어떤 가치가 있는가?

14.6 DNA 분자에서 제한효소에 의해 절단되는 곳의 위치는 어떻게 결정되는가?

14.7 제한효소는 생물학자들에게 매우 귀중한 도구이다. 그러나 제한효소를 암호화하고 있는 유전자는 과학자들을 위한 좋은 도구로 개발되지 않았다. 제한효소를 생산하는 미생물에게 제한효소는 어떤 가치가 있는가?

14.8 미생물의 DNA는 제한효소에 의해 절단되는 인식 부위를 갖고 있음에도 불구하고 왜 제한효소에 의해 분해되지 않는가?

14.9 외부 DNA 절편을 클로닝하는 과정 중 하나는 *Hin*dIII(표 14.1 참조)와 같이 상보적인 가닥 끝을 형성하는 제한효소의 이점을 활용한다. 이 효소는 절단된 DNA와 외부 DNA가 삽입될 벡터 DNA의 양끝에 상보적으로 동일한 끝을 형성한다. 이 방법이 시험관 내에서 말단 전이효소를 사용하여 외부 DNA와 벡터 DNA의 양끝에 상보적인 단일가닥 끝을 합성하는 것보다 유리한 점은 무엇인가?

14.10 당신이 특정 유전자의 구조와 기능을 연구하는 연구팀의 일원이라고 가정하자. 당신의 일은 유전자를 클로닝하는 것이다. 유전자가 들어있는 염색체의 제한효소 지도는 다음과 같다.

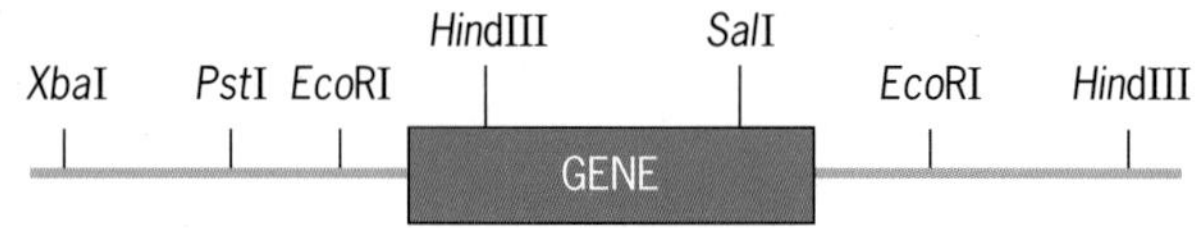

당신이 처음에 할 일은 유전체 DNA 도서관을 만드는 일이다. 플라스미드 벡터인 블루스크립트(Bluescript, 그림 14.3 참조)를 이용하여 어떻게 그런 도서관을 준비할 수 있겠는지 설명하여라. 어떤 제한효소를 이용할지, 배지의 조성은 어떻게 할지, 그리고 사용하려고 하는 숙주 세포는 무엇인지 모두 표시하여라.

14.11 고등 동·식물의 유전체 DNA와 cDNA 클론의 염기서열을 비

교할 때 가장 두드러진 차이점은 무엇인가?

14.12 재조합 DNA와 유전자 클로닝 기술이 개발된 직후 클로닝된 고등 동·식물의 유전자들 대부분은 특정 세포나 조직에서 다량 합성되는 물질들을 암호화하고 있는 것들 이었다. 예를 들어 성숙한 적혈구에서 합성하는 단백질의 약 90%는 α와 β글로빈인데, 최초로 클로닝된 포유동물의 유전자들 가운데 하나가 이 글로빈 유전자들이다. 그렇다면 최초로 클로닝된 고등 진핵생물의 유전자들 가운데 이런 종류의 유전자들이 다수를 차지하는 이유는 무엇인가?

14.13 옥수수 엽록체형 글루타민 합성효소 유전자(*gln2*)의 유전체 클론은 *Hin*dIII에 의해 두 개의 절편으로 절단되지만 완전한 길이의 *gln2* cDNA는 *Hin*dIII에 의해 절단되지 않는다. 그 이유를 설명하여라.

14.14 아래 도해에서 위의 선은 A–D 분절로 구성된 유전자를 보여준다. 아래의 원은 두 개의 융합된 단편(A′-B′, C′-D′)으로 구성되어 있으며 플라스미드 상에 존재하는 이 유전자의 돌연변이형을 보여준다. 당신은 클론된 돌연변이 유전자를 형질전환에 이용함으로써 이배체 세포에서의 표적 돌연변이화를 시도하고 있다. 아래의 그림은 재조합 직전의 플라스미드와 염색체의 원하는 쌍을 보여준다.

A x B C Probe x D
A′ x B′ C′ x D′
Plasmid

당신은 세포로부터 DNA를 준비하고, 이를 X 부위에서 잘리는 효소를 가지고 절단한 후, 바로 위에서 보여주는 탐침과 혼성화한다. 아래의 그림은 Southern 혼성화 반응의 가능한 결과를 보여준다.

1 2 3 4 5

(a) 형질전환 전의 세포의 DNA로부터 만들어진 단편을 보여주는 것은? (b) 목표한 돌연변이가 일어난 것으로 예상되는 세포의 DNA로부터 만들어진 단편을 보여주는 것은 어느 것인가? (c) 만약 두 개의 교차가 A와 B 사이와, C와 D 사이에서 한 번씩 일어난다면 기대되는 혼성화 패턴은 어느 것인가?

14.15 (a) 서던, 노던 그리고 웨스턴 블롯 분석을 수행하는 데 사용되는 공통된 실험 절차는 무엇인가? (b) 서던, 노던 그리고 웨스턴 블롯 분석의 주요 차이점은 무엇인가?

14.16 핵산의 구조와 기능 분석에 있어 PCR 방법이 다른 방법보다 가장 유리한 점은 무엇인가?

14.17 오늘날 사용되는 클로닝 벡터들은 하나의 복제원점과 선택 표지 유전자(일반적으로 항생제 저항성 유전자), 그리고 한 가지의 추가적 요소를 포함하고 있다. 이 추가적 요소는 무엇이고 그 기능은 무엇인가?

14.18 아래의 그림은 DNA 분자 단편의 제한지도를 보여준다. Eco는 제한효소 *Eco*RI이 DNA를 자르는 위치이며 Pst는 제한효소 *Pst*I이 DNA를 자르는 위치를 나타낸다. 잠재적인 제한 자리 위치는 1–6으로 번호를 부여했다. 제한자리 사이의 거리는 아래의 염기쌍에서 보여준다. 굵은 선은 탐침과 유사성을 갖는 분자의 일부분을 나타낸다.

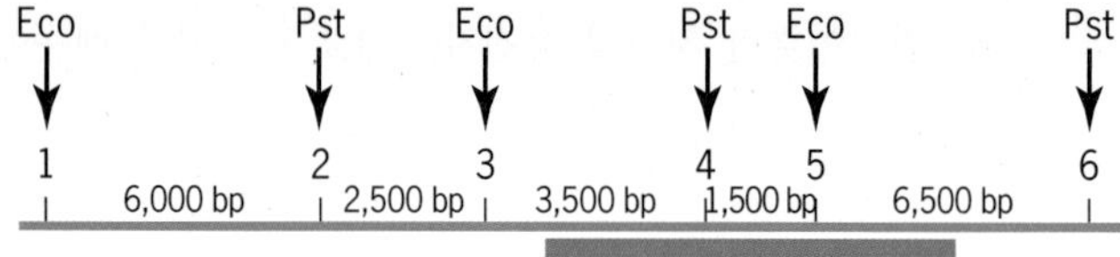

(a) 첫 번째 개체가 1에서 6까지의 제한 자리를 가진다고 가정하자. 만약 DNA가 *Pst*I으로 절단된다면, 탐침을 가지고 혼성화하였을 때 기대되는 크기의 DNA 단편은 무엇인가?

(b) 두 번째 개체가 4번째 자리가 삭제된 돌연변이를 가진다고 가정하자. 만약 DNA가 *Pst*I으로 절단된다면 탐침으로 혼성화하였을 때 기대되는 DNA 단편의 길이는 얼마인가?

(c) 세 번째 개체와 5번째 자리가 삭제된 돌연변이를 가진다고 가정하자. 만약 DNA가 *Pst*I으로 절단된다면, 탐침으로 혼성화였을 때 기대되는 DNA 단편의 길이는 얼마인가?

(d) 만약 첫 번째 개체의 DNA가 *Pst*I와 *Eco*RI으로 절단된다면, 탐침으로 혼성화하였을 때 기대되는 DNA 단편의 길이는 얼마인가?

(e) 만약 3의 DNA가 *Pst*I와 *Eco*RI으로 잘리면 탐침과 혼성화시킬 때 DNA절단의 길이는 얼마인가?

14.19 *CF* 유전자(7번 염색체의 q31에 위치)는 클로닝되어 염기서열이 결정되었으며, CF 환자의 연구결과는 그들의 약 70%가 특정한 3개의 염기쌍이(한 코돈과 동일) 결손된 한 돌연변이 *CF* 대립유전자와 동형접합(homozygous) 임을 보였다. 이러한 결손으로 인해 CF 유전자 산물은 508번째 페닐알라닌이 없다. 만약 당신이 가계 내에 CF를 갖고 있는 가족들에게 그들의 자손중에 CF 환자가 있을 수 있다고 충고하는 유전 카운셀러라 가정하자. 그렇다면 당신은 어떻게 *CFΔF508* 돌연변이 유전자를 갖는 잠재적 CF 환자나 이들의 부모, 친척을 선별하겠는가? 또한 가족 내에서 이 돌연변이 유전자가 검출되었을 때 가족 내에서 다시 CF가 나타날 확률은 얼마라고 말할 수 있

는가?

14.20 곡류는 세계 여러 지역에서 인류와 동물의 중요한 식량자원이다. 그러나 대부분의 곡류는 하나의 위를 가지는 단위(monogastric) 동물에게 필수적인 특정 아미노산은 충분히 포함되어 있지 않다. 예를 들어 옥수수는 리신과 트립토판 그리고 트레오닌이 불충분하게 포함되어 있다. 그래서 식물 유전학자들의 중요한 목표 중 하나는 리신 함량이 증가된 옥수수 변종을 만드는 것이다. 다량의 리신이 함유된 옥수수를 만들기 위한 유전공학의 선행조건으로 분자생물학자들은 리신의 생합성에 관계된 효소의 활성과 생합성 조절에 대한 보다 많은 기초 정보를 필요로 한다. 리신의 생합성을 위한 합성경로의 첫 단계는 dihydrodipicolinate synthase 효소에 의한 촉매이다. (1) 만약 당신이 최근 미국의 한 식물연구소에 고용되었고, (2) 당신의 일이 옥수수에서 dihydrodipicolinate synthase를 암호화하는 DNA 클론을 분리하는 것이라 가정하자. 이 클론을 분리하기 위한 4가지의 방법을 간단히 기술하라(유전학적 방법은 최소한 한 가지 포함시킬 것).

14.21 당신은 세균인 *Shigella dysenteriae*의 돌연변이를 방금 분리해 냈는데, 이것은 항생제인 카나마이신(kanamycin)에 저항적이었고, 여러분은 이 저항성을 일으키는 유전자를 밝히고자 한다. 유전적 선별법을 이용하여 이 관심 유전자를 규명하는 실험법을 고안해 보라.

14.22 고등 진핵생물에서 흥미 있는 단백질을 암호화하고 있는 cDNA 클론을 분리하였다. 이 cDNA 클론은 제한효소 *Eco*RI에는 절단되지 않는다. 이 cDNA를 *Eco*RI으로 절단된 유전체 DNA와의 혼성화 반응을 위한 방사선탐침으로 사용한 결과 서던 블롯 상에서 세 개의 띠가 나왔다. 이러한 결과는 이 진핵생물의 유전체가 관심 있는 이 단백질을 암호화하고 있는 유전자를 3카피 가지고 있다는 것을 말하는가?

14.23 어떤 선형 DNA 분자가 다음 제한 효소들을 이용하여 여러 절단 실험에 사용되었으며 그 결과는 아래와 같다.

***Eco*RI**	***Hind*III**	***Eco*RI and *Hind*III**
5.95	7.97	3.03
7.55	10.07	4.03
10.45	16.97	4.93
11.05	5.53	
8.03		
9.43		

이 데이터에 의해서 제한지도를 그려라.

14.24 어떤 선형 DNA 분자가 다음 제한 효소들을 이용하여 여러 절단 실험에 사용되었으며 그 산물들이 젤 전기영동에 의해 분리되었다. 그 결과는 아래와 같다(단편의 크기는 kb 단위로 나타내었다).

***Eco*RI**	***Eco*RI and *Hind*III**	***Hind*III**	***Bam*HI**	***Eco*RI and *Bam*HI**	***Hind*III and *Bam*HI**
5	5	10	7	5	4
5	4		3	3	3
	1			2	3

DNA 분자의 제한지도를 그려라.

14.25 크기가 12 kb인 환형 플라스미드 DNA를 연구하고 있다. 이 플라스미드에 제한효소 *Bam*HI, *Eco*RI, *Hind*III를 단독으로 또는 가능한 모든 조합으로 가하여 절단하였을 때 다음과 같은 크기의 제한 절편이 얻어졌다.

***Bam*HI**	***Eco*RI**	***Hind*III**	***Bam*HI + *Eco*RI**	***Bam*HI + *Hind*III**	***Eco*RI *Hind*III**	***Bam*HI + *Eco*RI + *Hind*III**
8.05	12	5.6	7.2	4.9	4.375	4.25
3.95	3.9	3.7	3	3.775	2.95	
2.5	1.1	2.3	2.375	2.25		
1	1.475	0.95				
0.8	0.85					
0.75						

결과에 맞게 이 플라스미드의 제한효소 지도를 그려라.

14.26 자동 DNA서열분석기는 각 네 개의 dideoxy(ddX) 사슬 종결 반응에 DNA서열을 규명하기 위해 형광염료를 이용한다. 이 염료는 각기 다른 파장에서 발광하는 것으로 모세관 전기영동에(그림 14.17) 의해 이 반응의 산물이 분리이동된 것을 광전지로 기록하는 것이다. 기본적인 시퀀싱 반응에서는 염기서열은 ddG는 검푸른색으로, ddC는 파란색으로, ddA는 녹색으로, ddT는 빨간색으로 종결되는 것이다. DNA의 짧은 서열은 컴퓨터 프린터로 아래처럼 나오게 된다.

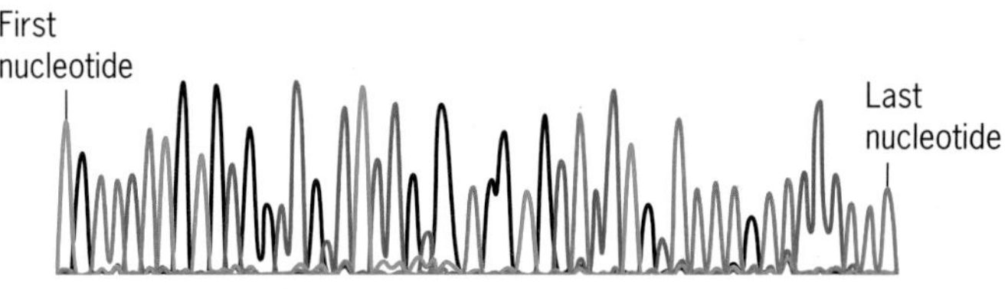

이 DNA의 원래의 가닥의 서열은 무엇인가?
이 DNA 주형가닥의 서열은 무엇인가?

14.27 한 작은 바이러스의 이중가닥 DNA 염색체로부터 10 bp 크기의 *Hpa*I 제한절편 10 μg을 분리해 냈다. 그리고 아래와 같이 말단 전이효소 dATP를 사용하여 두 가닥의 3′끝에 10개의 poly-A 꼬리를 첨가해 주었다.

5′-X X X X X X X X X X-3′
3′-X′ X′ X′ X′ X′ X′ X′ X′ X′ X′-5′
↓ terminal transferase, dATP
5′-X X X X X X X X X X A A A A A A A A A-3′

3′-AAAAAAAA X′ X′ X′ X′ X′ X′ X′ X′ X′ X′-5′

X와 X′은 4개의 염기 중 어떤 것이 될 수도 있으나, X′은 항상 X에 상보적이다.

두 상보적인 가닥(Watson가닥과 Crick가닥)을 분리하고 2′,3′-dideoxyribonucleoside triphosphate chain-종결 방법으로 염기서열을 결정하였다. 아래와 같이 반응은 모두 합성 poly-T octamer를 프라이머로 사용했다.

Watson strand

3′-A A A A A A A A X′X′X′X′X′X′X′X′X′X′-5′

5′-T T T T T T T T-OH

Crick strand

5′-X X X X X X X X X X A A A A A A A A-3′

HO-T T T T T T T T-5′

두 개의 DNA서열화 반응이 수행되었다. 반응 1은 위의 그림처럼 왓슨 주형가닥/프라이머가 사용되었다; 반응 2는 크릭 주형가닥/프라이머가 사용되었다. 두 서열화 반응들에는 DNA 중합효소, 시험관 내 DNA 합성에 필요한 모든 다른 기질들과, 네 가지의 표준 ddNTP 사슬 종결자들 — ddTTP, ddCTP, ccATP, ccGTP — 이 각기 다른 파장의 형광 염료로 표지되어 첨가되었다. 염료들은 서로 다른 파장에서 형광을 발하며, 이것은 모세관 젤 전기영동으로 반응 산물들이 분리될 때 포토셀에 의해 기록된다(그림 14.17). 표준 서열화 반응에서는 ddG로 끝난 사슬은 짙은 청색(컴퓨터 출력물에는 검은 색 피크로 보인다)을 띠며, ddC로 끝난 사슬은 밝은 청색, ddA로 끝난 사슬은 녹색, 그리고 ddT로 끝난 사슬은 붉은 형광을 띤다. 반응 1(왓슨가닥이 주형으로 사용된)에 대한 컴퓨터 출력물은 다음과 같다.

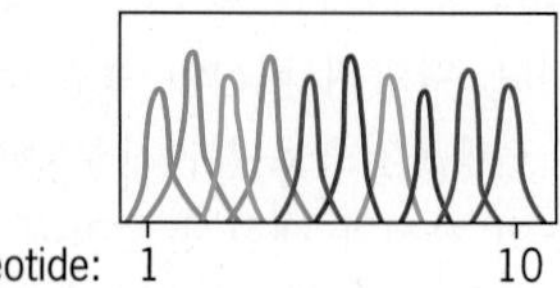

크릭가닥이 주형으로 사용된 반응 2에 대해 예상되는 컴퓨터 출력물을 다음 상자에 그려보라. 모든 DNA 합성은 5′ → 3′ 방향으로 진행되며, 합성된 가닥은 5′에서 3′ 방향으로, 출력물에서는 왼쪽에서 오른쪽으로 읽힌다는 것을 염두에 두라.

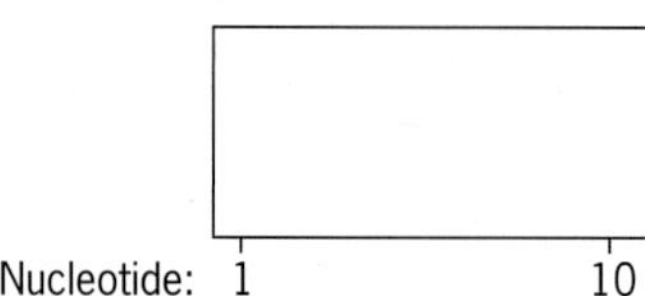

유전체학 15

장의 개요

- 유전체학: 개요
- 염색체에 대한 유전학적, 세포학적, 물리적 지도의 통합
- 지도좌위에 기초한 유전자의 클로닝
- 인간유전체 프로젝트
- 유전체 기능을 위한 RNA와 단백질 분석
- 비교유전체학

네안데르탈인의 유전체: 우리 조상들의 무엇을 알려주는가.

네안데르탈인(*Homo neanderthalensis*)들은 우리의 가장 가까운 진화적 친척관계라고 믿어진다. 그들은 13만 년 전부터 그들이 사라졌던 약 2만 8000년 전까지 아시아와 유럽에서 살았었다. 그들은 과학자들이 독일의 네안더 계곡(독일어로는 Neander Tal이다) 광산에서 발견된 두개골과 몇몇 뼈들에 대해 연구한 결과 그 독특함을 처음 인식했기 때문에 네안데르탈인이라고 불린다. 네안데르탈인들은 4만 5000년에서 3만 년 전까지 우리의 조상들과 유럽에 공존했었으며, 해당 지역의 동굴에서 발견된 고고학적 기록에 따르면 아마도 8만 년 전까지만 해도 중동 지역에 공존했던 것으로 보인다. 실제로, 네안데르탈인과 초기의 인류들은 모두 동굴에 살았었고, 비슷한 도구들을 가지고 있었으며, 사슴과 영양을 사냥하기 위해 창을 사용했었다. 그래서, 항상 생기는 가장 큰 의문점은, 우리 조상들과 네안데르탈인들은 서로 짝짓기를 해서 유전자를 교환했을까 하는 것이다. 고인류학자들은 이 질문에 대해 최근까지도 절대로 긍정적인 답을 할 수 없었다.

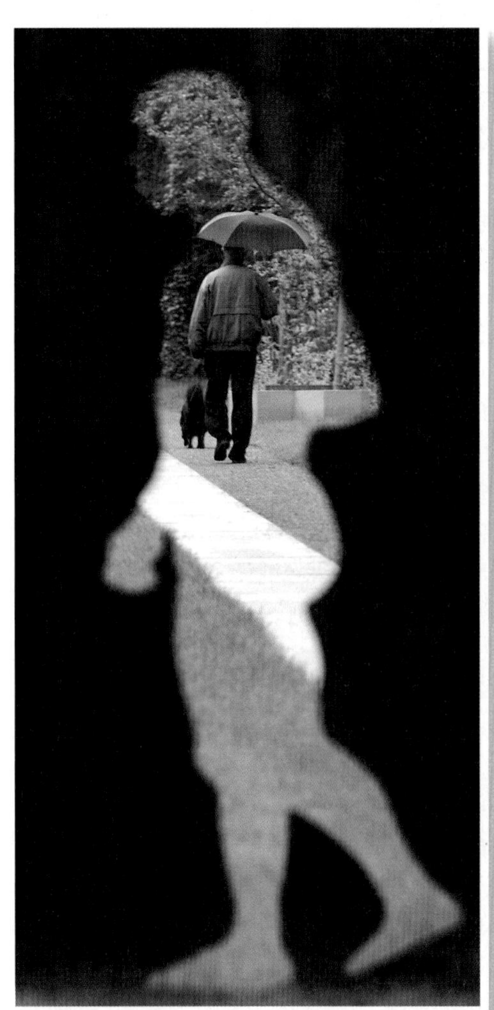

처음으로 네안데르탈인의 화석이 발견된 독일 메트만(Mettman)의 기념물. 도려낸 네안데르탈인의 실루엣을 통해 개와 함께 걷고 있는 사람의 모습을 찍은 사진이다.

2010년 5월, 스반테 파보(Svante Pääbo)가 이끄는 국제 연구팀이 네안데르탈인 유전체 서열의 2/3 가량을 발표하면서 이 질문에 대한 긍정적인 답이 얻어졌다. 어떻게 과학자들은 멸종한 생물의 DNA를 서열화할 수 있을까? 한 가지 가능성은 시베리아에서 발견된 털북숭이 매머드처럼 얼어서 잘 보존된 시료를 발견하는 것이다. 또 다른 가능성은 네안데르탈인의 유전체 서열화에 사용되었던 것처럼 뼈로부터 추출된 DNA를 사용하는 것이다. 뼈에는 동물이 죽고 난 후에도 오랫동안 완전한 DNA가 남아 있으며, 과학자들은 4만 년 전 쯤 크로아티아의 빈디자 동굴(Vindija cave)에 살았던 3명의 네안데르탈인 여성들로부터 얻어진 뼈에서 DNA 조각을 서열화할 수 있었다. 짧은 DNA 조각의 서열화를 반복하고, 오염된 미생물의 DNA서열을 조심스럽게 제거함으로써, 파보와 동료들은 네안데르탈인의 유전체 중 약 2/3 정도를 끼워 맞출 수 있었다.

네안데르탈인 유전체의 약 60% 이상을 조립한 후, 연구팀은 그 서열을 살아 있는 5명의 인간들 — 중국, 프랑스, 파푸아뉴기니, 남아프리카, 그리고 서아프리카로부터 온 — 의 것과 비교하였다. 그들이 발견한 것은 꽤 놀라웠는데, 왜냐하면 이전의 미토콘드리아 DNA서열을 두 종에서 비교한 결과에서는 네안데르탈인이나 인간의 서열에 서로의 흔적이 전혀 보이지 않았었기 때문이다. 그들이 발견한 것은 아프리카인이 아닌 유럽과 아시아인들은 그 유전체의

1~4% 정도를 네안데르탈인에서 물려받았다는 것이었다. 이런 결과들은 네안데르탈인과 인간이 8만 년 전쯤, 즉 인류가 아프리카를 떠난 후 유럽과 아시아 전체로 퍼지기 전에는 서로 교잡했었음을 시사하는 것이다. 따라서 이러한 교잡 시기 이후까지 아프리카에 남아 있던 인류의 유전체는 네안데르탈인의 서열을 갖지 않는다.

이제 네안데르탈인과 인류 사이의 교잡에 관한 질문에 대하여 답이 얻어졌으니, 네안데르탈인의 서열은 인류 진화의 다른 질문들에 대한 답도 제공할 수 있을까? 어떤 유전자들이 인간을 "인간"으로 만드는가? 무엇이 네안데르탈인은 멸종하도록 했지만 인류는 이 지구의 우점종이 되도록 했을까? 인간과 네안데르탈인이 분기한 이후 어떤 유전자들이 진화했을까? 네안데르탈인 유전체 연구팀은 이 두 종을 구분하는데 아주 중요할 수도 있는 몇몇 유전자들을 발견했다. 여기에는 인지능력과 골격의 발달에 관여하는 유전자들이 포함된다; 그러나 이들의 중요성을 평가하기 위해서는 더 많은 연구가 필요하다.

이것이 이야기의 마지막일까? 아니다! 과학자들은 이제 약 40만 년 전 ~5만 년 전 쯤에 아시아에서 살았었던 네안데르탈인의 사촌들인 데니소바인(Denisovans)들의 유전체를 밝히려고 노력중이다. 고인류학자들은 데니소바인들이 뉴기니에 사는 현 주민들의 조상과 교잡했었을 것으로 믿고 있다. 현재 과학자들은 시베리아 동굴에서 발견된 손가락 뼈와 치아로부터 데니소바인의 DNA를 추출했다. 현재까지 이 결과들은 뉴기니 사람 DNA의 4.8% 정도가 데니소바인의 유전체로부터 유래된 것임을 시사한다. 이제 여기서 어디로 가야할까? 다음은 "루시(Lucy)"의 유전체가 될까?

그레고르 멘델(Gregor Mendel)은 완두의 형질에 대한 7 유전자들이 영향을 연구했지만, 한 번의 교배에서 3개 이상의 유전자들을 연구하지는 않았다. 오늘날의 유전학자들은 한 번의 실험에서 한 생물의 모든 유전자들 – 전 유전체 – 의 발현을 연구할 수 있다. 2011년 2월 현재, 바이러스와 결손 바이러스 및 비로이드들의 유전체 2,585가지, 735종의 플라스미드들, 2,362종의 미토콘드리아들, 201종의 엽록체들, 94종의 고세균들, 1,318종의 진정세균들, 그리고 41종의 진핵생물 유전체 서열이 완전히 결정되었다. 그리고 또 다른 370종의 진핵생물 유전체들이 서열화되어 현재 완전한 서열로 정리 중이다. 또 다른 630종의 진핵생물 유전체들이 현재 서열화되고 있으며, 몇몇 인간들에 대한 완전한 유전체 서열은 이제 사용이 가능하다. 마지막으로, 9장에 논의했던 것처럼, 1000 유전체 프로젝트의 목표는 전 세계적으로 조상 집단을 대표하는 민족들로부터 적어도 2,500개의 유전체를 서열화하는 것이다. 정말로, 몇몇 과학자들은 가까운 장래에 인간의 전체 유전체를 천 달러에 서열화하는 것이 가능해질 것으로 예상하고 있다.

유전체가 서열화된 진핵생물의 목록에는 유전학에서 중요하게 사용되는 모델 생물들이 포함된다: 제빵 효모인 *Saccharomyces cerevisiae*, 과일파리인 *Drosophila melanogaster*, 식물인 애기장대 *Arabidopsis thaliana* 등이다. 또한 가장 위험한 형태의 말라리아를 일으키는 원생생물인 *Plasmodium falciparum*, 그리고 이 질병의 전파에 가장 중요한 숙주인 모기 *Anopheles gambiae*도 포함된다. 경제적으로 중요한 곤충인 누에 *Bombyx mori*와 몇몇 척추 동물들: 생쥐(*Mus musculus*), 노르웨이 집쥐(*Rattus norvegicus*), 사육용 닭(*Gallus gallus*)의 조상인 적색야계(Red Jungle Fowl), 참복어(*Fugu rubripes*), 우리의 가장 가까운 생존 친척인 침팬지(*Pan troglodytes*)와 우리 자신(*Homo sapiens*)도 목록에 올라 있다.

인간 유전체 프로젝트의 원래 목적 중 하나는 2005년까지 인간 유전체의 완전한 뉴클레오티드 서열을 결정하는 것이었다. 밝혀진 바와 같이 서열에 대한 두 가지 첫 초안 – 공공 컨소시엄으로 얻어진 것과 민간 회사에 의해 얻어진 것 – 이 2001년 2월에 발표되었다. 실제로, 원래 목표보다 1년이나 앞선 2004년 10월에 인간 유전체의 진정염색질 DNA의 99%에 해당하는 거의 완전한 서열이 발표되었다. 우리의 가장 가까운 생존 친척인 침팬지(*Pan troglodytes*) 유전체의 서열화는 2006년에 완료되었으며, 가장 가까운 진화적 친척으로 이미 멸종한 네안데르탈인(*Homo neanderthalensis*)의 유전체에 대한 2/3의 서열이 2010년에 발표되었다.

지난 20년 동안 이루어진 DNA서열화 기술의 발달로 연구자들은 대량의 서열 자료들을 수집할 수 있었다. 새로운 2세대 서열화 기기들로 이제는 하루 만에 인간의 전체 유전체를 서열화하는 것이 가능해졌다(14장 참조). 그러나 서열화 작업은 늘 쉬운 일이 아니었다. 1968년 노벨상 수상자인 로버트 홀리(Robert Holley)는 효모의 알라닌-tRNA의 77 뉴클레오티드를 결정하는데 수년을 소비했다(그림 12.12를 보라). 서열화 기술의 몇 가지 주요 진전들을 유전체 연구에서의 중요 사건들과 함께 ■ **그림 15.1**에 강조하여 표시했다.

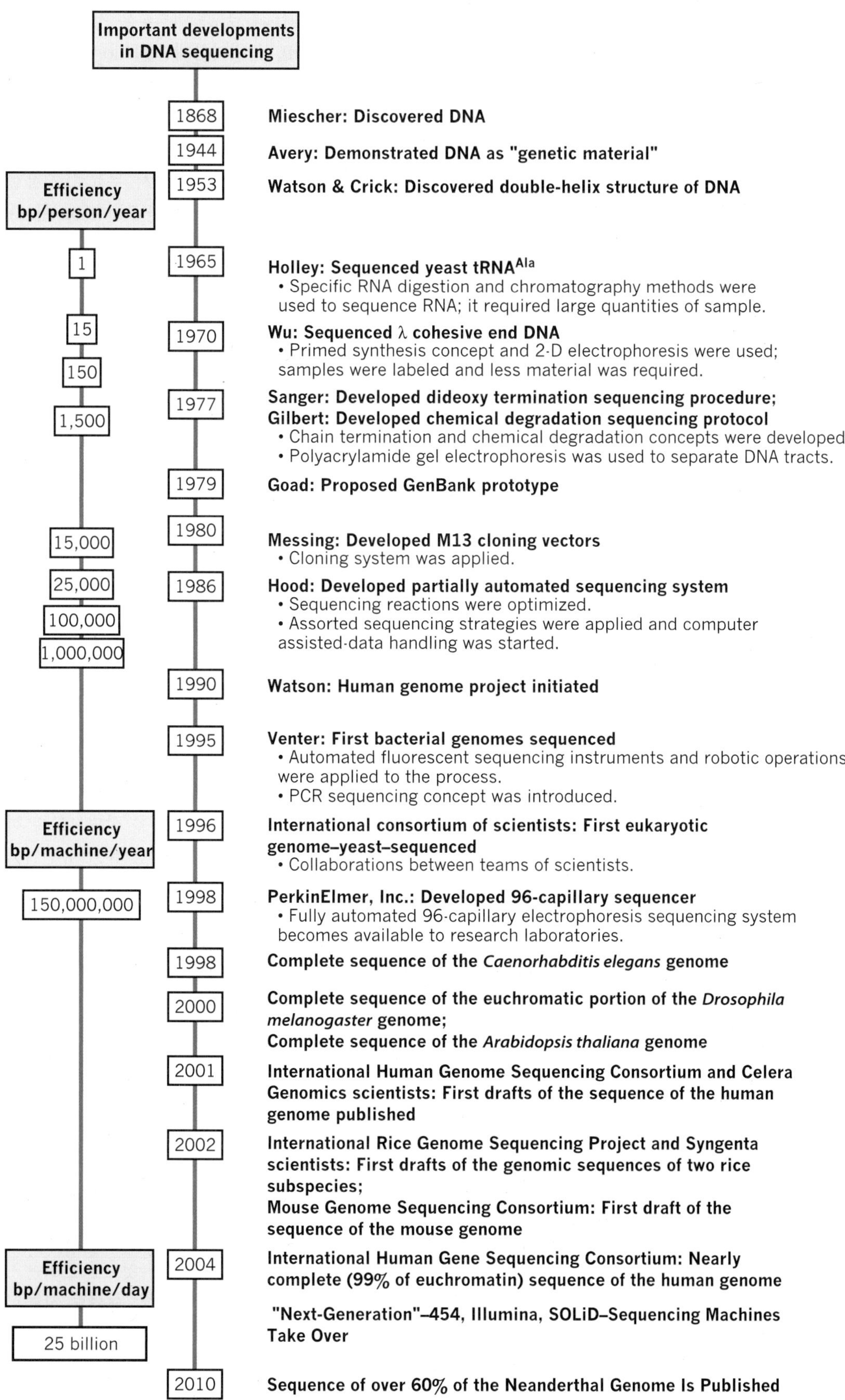

■ 그림 15.1 DNA서열화 효율성의 발달, 서열화 기기들의 생산성을 증폭시킨 몇몇 기술적 발전들, 그리고 DNA서열화에 있어서 특기할 만한 사건들. 처음에는, DNA서열화의 모든 작업들이 직접 사람 손으로 행해졌으므로 상당히 고된 작업이였다. 그러나 이제 완전히 자동화된 서열화장치들이 사람을 대체하게 되었으며 그 효율성이 크게 증가했다.

현 시대에는 대량의 서열 자료들이 매일 축적된다. 이들 자료 중 대부분은 정부기관, 예를 들어 국립보건원(National Institute of Health, NIH), 국립과학재단(National Science Foundation, NSF), 그리고 미연방 에너지관리국(Department of Energy, DOE)들과, 여러 나라의 해당 기관들에 의해 지원되는 연구 사업들로부터 얻어진 것이다. 그러므로, 이들 자료들은 공공의 정보이며, 원하는 사람은 누구라도 그것을 사용할 수 있다. 서열들을 공공화 시키는 작업은 웹(http://www.ncbi.nlm.nih.gov/entrez/query.fcgi)상에서 무료로 사용할 수 있는 서열 데이터베이스를 확립함으로써 이루어졌다(유전자은행에 관한 Focus on 참고).

물론, 단순히 데이터베이스를 사용할 수 있도록 하는 것으로는 충분하지 않다. 우리는 그것들로부터 정보를 뽑아낼 수 있어야만 한다 – 즉, 데이터베이스를 탐색하여 뽑아낸 정보들을 효과적이고 정확하게 분석해야 한다. 이 과정은 관심 대상인 유전체들에 존재하는 광범위한 DNA서열들을 검색할 수 있는 컴퓨터 소프트웨어들을 필요로 한다. 그러한 소프트웨어에 대한 필요는 생물정보학(Bioinformatics)이라고 불리는 학문분야를 탄생시켰다. 이 분야에서 일하는 수학자, 컴퓨터 과학자, 그리고 분자생물학자들은 DNA와 단백질 서열 데이터들로부터 정보를 뽑아낼 수 있는 컴퓨터-탐색 알고리즘을 개발한다.

전체 유전체 서열들의 사용 가능성은 이들 서열들이 포함된 유전자들에 대한 생물정보학적 분석과 기능적 분석에 문을 열어주었다. 유전자칩이라고 불리는 마이크로어레이 덕분에 과학자들은 한 생물체의 모든 유전자들의 발현을 동시에 조사할 수 있게 되었다(이 장의 "유전체 기능을 밝히기 위한 RNA와 단백질 분석"을 참고하라). 다른 방법들은 "기능상실화(knocking out)"나 유전자 발현을 꺼주는 방법으로 대사경로를 분석하기 위해 이미 알려진 뉴클레오티드 서열들을 이용하기도 한다(16장의 "역유전학" 부분을 참고하라).

이 장에서는 유전체의 구조와 기능을 연구하기 위해 사용되는 몇 가지 도구나 기술들에 대해 논의하고, 인간 유전체 계획의 놀라운 발전을 살펴보며, 어떻게 유전체 비교가 진화에 대한 우리의 이해에 기여하는지를 알아보고자 한다. 다음 장에서는, DNA 지문, 인간 유전자 치료, 그리고 유전자전달 미생물, 식물, 그리고 동물의 생산 등과 같은 또 다른 기술적 발전을 다루고자 한다. 또한 어떻게 유전학자들이 인간에서의 두 가지 비극적 조건인 헌팅턴 질병과 낭포성 섬유증을 일으키는 결손 유전자들을 찾게 되었는지를 살펴보도록 하자. 이들 유전자들을 발견하는데 사용되는 방법들은 인간의 다른 많은 질병 유발 유전자들을 발굴하는 방법론적 모델이 되었다.

FOCUS ON

유전자 은행(GeneBank)

1979년, 뉴멕시코의 로스 알라모스 국립 실험실(Los Alamos National Laboratory, LANL)에서 일하던 물리학자 월터 고오드(Walter Goad)는 모든 사용가능한 DNA서열들이 포함될 수 있는 데이터베이스에 대한 생각을 떠올렸다. 1982년부터 1992년 까지 고오드와 그 동료들은 데이터베이스 — 지금은 GenBank로 불리는 — 에 서열들을 통합시켜 LANL에서 유지했었다. 지금 이 데이터베이스는 국립 생명공학 정보센터(National Center for Biotechnology Information, NCBI)에 의해 유지된다. NCBI는 메릴랜드 비더스다에 있는 국립보건원(National Institutes of Health, NIH)의 국립의학도서관(National Library of Medicine)의 분과이다. 고오드와 동료들이 데이터베이스를 만든 이후로 그 정보내용들은 급격히 증가해왔다. 1982년 말에, GenBank는 680,338개의 DNA 뉴클레오티드 서열들을 포함하고 있었다. 그러나 2011년 1월까지 그 수는 1,170억 뉴클레오티드쌍으로 늘었다(■ **그림 1**).

GenBank와 견줄만한 데이터베이스들 역시 유럽과 일본에 설립되었다. 유럽 분자생물학도서관(European Molecular Biology Laboratory, EMBL)의 정보도서관이 1980년에 독일에 설립되었고, 일본 DNA 정보은행(DNA Data Bank of Japan, DDBJ)은 1984년에 완성되었다. GenBank, EMBL, DDBJ는 곧 국제 뉴클레오티드 서열 데이터베이스 협력기구를 구성하였고, 이로 인해 연구자들은 세 데이터베이스를 동시에 검색할 수 있게 되었다.

입력된 서열과 비슷한 서열을 찾기 위해 데이터베이스를 검색하는 프로그램들의 개발은 연구자들에게 중요한 연구 도구를 제공했다. 특히, NCBI의 Entrez 검색 시스템은 매우 유용한 것으로 드러났다. 이 시스템은 http://www.ncbi.nlm.nih.gov/entrez에서 무료로 사용할 수 있다. Entrez 웹사이트에서 검색하고 찾아낼 수 있는 정보의 양은 해마다 증가해 왔다. 그것은 DNA뿐 아니라 단백질 서열을 아우르는데 그치지 않고, PubMed라고 불리는 거대한 참고문헌 데이터베이스를 포함하게 되었다. 이 데이터베이스는 의학과 생물학 분야의 거의 대부분의 잡지들을 망라한다. 오늘날, 여러분들은 NCBI에서 전 세계 데이터베이스를 검색하는 검색엔진을 사용함으로써 이 모든 데이터베이스를 동시에 검색할 수 있다. 그리고 검색 페이지들은 각 데이터베이스에서 발견된(즉, "hit"된) 항목들의 수를 알려준다. 예를 들어 탐색어 "*HBB*(인간의 베타 글로빈 유전자의 약어)"를 이용하여 전체 데이터베이스를 검색("Search across databases")하면, PubMed Central (무료, 논문 전문을 볼 수 있다)에서는 948개의 자료, 57권의 책, 1,725건의 뉴클레오티드 항목(유전자은행 서열), 그리고 726개의 SNP 자료 등을 보여줄 것이다.

Entrez로 검색할 수 있는 모든 데이터베이스에 대해 논의하는 것은 이 책의 범위를 넘어서는 것이다. 여러분들이 직접 이 사이트들을 방문하여 몇 가지 데이터베이스를 탐색해 보라. 이미 언급했던 PubMed와 DNA 데이터베이스를 포함하여 단백질 서열 데이터베이스, 3차원의 거대분자 구조, 암과 연관된 염색체와 유전자들, 발현 서열, 단일 뉴클레오티드 다형성, 전 유전체 서열 등등을 발견할 수 있을 것이다.

어떻게 작동하는지 알아보기 위해 Entrez 검색을 한 번 실시해 보도록 하자. 여러분들이 관심을 가지고 있는 생물체의 DNA 조각으로부터 뉴클레오티드 서열을 결정했다고 가정하자. 그리고 여러분들은 그 DNA가 이미 서열화된 것인지 아니면 현재 데이터베이스의 어느 서열과 비슷한 것인지 등에 대해 알고 싶다. 이러한 정보를 가장 빨리 얻을 수 있는 방법은 여러분의 서열을 입력 서열 혹은 탐색 서열(query sequence)로 하여 BLAST(*B*asic *L*ocal *A*lignment *S*earch *T*ool) 검색을 수행하는 것이다. 이제 NCBI 홈페이지에서 시작해보자. 주소는 http://www.ncbi.nlm.nih.gov/이다. 우선 여러분들이 이 사이트에서의 소프트웨어 사용이 처음이라면 로그인이나 등록을 해야 할 것이다. 그 다음, 인기 자료 목록(Popular Resources List)에 있는 "BLAST"를 선택하고, "nucleotide blast"를 선택하라. 그런 다음, 탐색 상자에 다음 서열을 붙여 넣으라.

5′–ATGAGAGAAATTCTTCATATTCAAGGAGGTCAGTGCGGAAACCAGATGGG
AGCTAAGTTCTGGGAAGTTATTTGCGGCGAGCACGGTATTGATCAAACCG–3′

"BLAST" 버튼을 누르기 전에, 여러분의 작업에 이름을 붙이고(예를 들면, 여러분 이름 등을 이용하라), 여러분의 데이터베이스로는 "Nucleotide collection (nr/nt)"을 선택하라. 이제 "BLAST!" 버튼을 눌러보자. 여러분의 결과가 10초 안에 나타날 것이다. 그것들은 "상당한 일치를 나타내는 서열들(Sequences producing significant alignment)"을 포함하고 있으며 여러분의 검색 서열과 그 각각을 일치시킨 배열을 포함하고 있다.

처음 6개의 서열들은 모두 독립적으로 서열화된 같은 유전자들로, 애기장대(*A. thaliana*)의 β9 튜불린 유전자이다; 나머지들도 같은 종이나 연관종들에서의 밀접하게 연관된 유전자들로, 독립적으로 얻어진 서열들이다. 탐색 서열이 처음 6개 서열과는 완전히 일치하지만, 9번째부터 12번째 서열(애기장대의 β8 유전자)까지와는 12개의 뉴클레오티드 지점에서 다르다는 것에 주목하라. 이 두 서열들은 한 유전자 패밀리의 구성원들로서, 같거나 거의 유사한 기능을 가진 연관 단백질들을 암호화한다.

여러분이 찾아낸 서열들에 대해 좀 더 많은 정보를 원한다고 하자. 접근 번호가 M84706인 6번째 서열을 선택해 보자; 그 숫자를 클릭하라. 그러면 GenBank에 투고된 서열과 그 서열이 최초로 발표된 논문(Snustad et al., 1992) 및 그에 관한 정보를 볼 수 있을 것이다. 논문의 사본을 한 부 얻으려면 PUBMED 상의 논문 번호(1498609)를 클릭하면 된다. 그 논문의 요약 페이지가 처음 나타날 것이다. 여러분이 "Free Full Text"를 누르면 전체 논문의 사본을 다운로드 받을 수 있다.

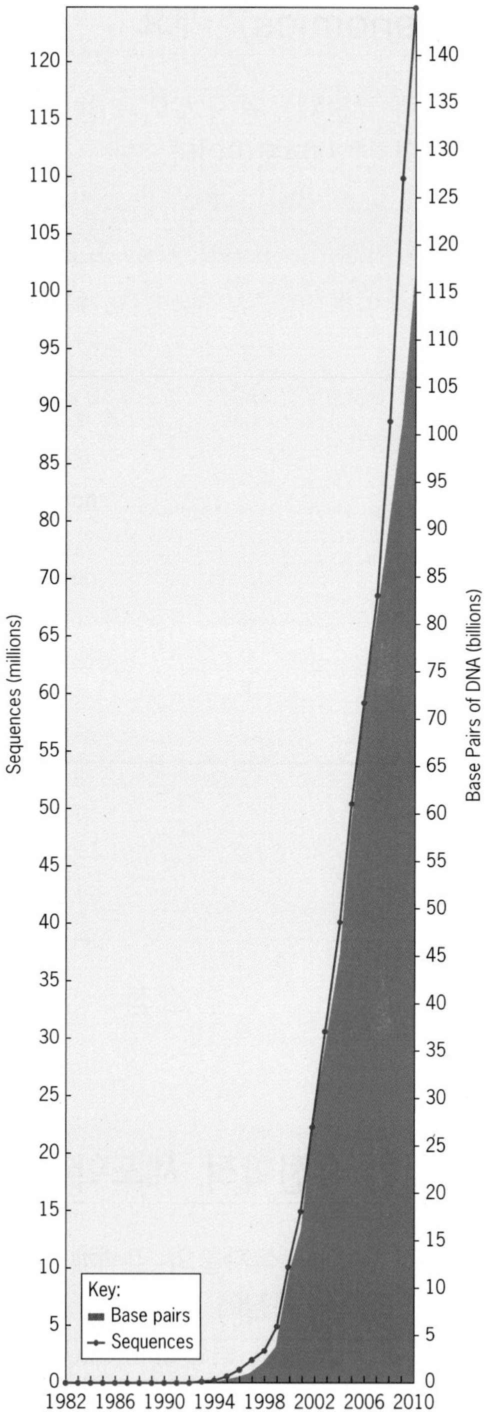

■ **그림 1** 1982년부터 2011년까지 GeneBank의 성장. 왼쪽과 오른쪽의 세로 좌표들은 각각 수집된 DNA서열의 수(붉은 색)와 뉴클레오티드 쌍의 수(푸른 색)를 보여준다. 서로 다른 서열의 수는 1982년 말 606개 였던 것이 2011년 초에는 1억 2천 2백 9십만 개로 늘어났다.

Entrez 웹사이트에 대한 간단한 탐색으로 소프트웨어의 힘과 편리성에 대해 설명하고 DNA 분석에 사용할 수 있는 데이터베이스에 대해서도 알아보았다. 이러한 도구들이 없으면, 유전학자들이 현재 사용 가능한 무수한 숫자들의 DNA서열들로부터 의미를 찾아내기란 상당히 어려울 것이다.

유전체학(genomics): 개요

유전체학은 전체 유전체들의 구조와 기능에 초점을 맞추는 유전학의 한 세부분야이다.

유전학자들은 하나의 완전한 사본으로 이루어진 유전정보, 혹은 하나의 완전한 염색체 세트(단수체 혹은 반수체)를 지칭하는 말로 *유전체(genome)*라는 단어를 70년 이상 사용해 왔다. 그러나 **유전체학(genomics)**이란 상대적으로 새로운 용어이다. 유전체학이란 말은 토마스 로데릭(Thomas Roderick)이 1986년, 유전자 지도를 작성하고, 서열화 하며, 전체 유전체의 기능을 분석하는 유전학의 세부 분야를 지칭하기 위해, 그리고 이러한 분야의 새로운 정보들을 공유하기 위해 만들어진 *유전체학(Genomics)*이라는 과학 잡지의 이름으로 사용하면서 생겨났다.

더 자세한 지도와 유전체의 서열들이 얻어지면서, 유전체학이라는 분야는 유전체의 구조에 대해 연구하는 *구조 유전체학(structural genomics)*, 유전체의 기능을 연구하는 *기능 유전체학(functional genomics)*, 그리고 유전체의 진화를 연구하는 **비교유전체학(comparative genomics)**으로 세분화되었다. 기능 유전체학은 한 유전체로부터 전사된 완전한 세트의 RNA들인 **트랜스크립톰(transcriptome)**과, 한 유전체에 의해 발현되는 전체 단백질 세트인 **프로테옴(proteome)**을 포함한다. 기능 유전체학은 완전히 새로운 학문인 **프로테오믹스(proteomics)**라는 분야를 탄생시켰는데, 이의 목적은 한 생물체의 모든 단백질의 구조와 기능을 결정하는 것이다.

구조 유전체학은 상당한 발전을 이루어 많은 생물체들에 대한 완전한 뉴클레오티드 서열들을 이용할 수 있게 된 반면, 기능 유전체학은 이제 막 폭발적 성장 단계로 진입했다. 새로운 array hybridization과 유전자 칩 기술들로 연구자들은 이제 여러 가지의 성장 및 발달 단계에 있는 한 생물체의 모든 유전자들(전 유전체)의 발현과, 환경 변화에 대한 반응으로 나타나는 모든 유전자발현들을 모니터링할 수 있게 되었다. 이러한 강력한 신기술들은 유전자들과, 그들 간의 상호작용 및 환경과의 상호작용이 어떻게 이루어지는지에 대한 풍부한 정보들을 제공해 줄 것이다.

요점

- *유전체학은 유전체에 대한 유전자 지도 작성, 서열 결정, 기능적 분석, 그리고 비교 생물학적 분석을 수행하는 유전학의 한 분야이다.*

염색체에 대한 유전학적, 세포학적, 물리적 지도의 통합

유전자들과 여러 분자 표식자들의 염색체상 위치는 재조합 빈도, 세포학적 특징에 따른 위치, 혹은 물리적 거리 등에 기초하여 결정될 수 있다.

과학자들이 유전체에서 유전자들의 위치 정보에 근거하여 유전자들을 찾아내고 분리하는 능력은 유전체학 연구에 중요한 공헌을 했다. '*위치지정 클로닝(positional cloning)*'이라고 부르는 이런 접근은 특정종에서 알려진 표현형 효과를 나타내는 어떤 유전자를 찾아 클론화 하는데 사용될 수 있다. 위치지정 클로닝은 인간을 포함하여 여러 종들에서 광범위하게 사용되어 왔다. 16장에서는 헌팅턴 질병과 낭포성섬유증에 대한 인간의 유전자를 찾기 위한 위치지정 클로닝의 사용에 대해 자세하게 다루게 될 것이다.

위치지정 클로닝의 유용성은 관심 유전자가 자리하고 있는 염색체부위의 자세한 지도가 있느냐에 의존하기 때문에, 대부분의 노력들은 인간 유전체와 초파리(*D. melanogaster*), 선형동물(*C. elegans*), 애기장대(*A. theliana*)와 같은 중요한 모델 생물들의 유전체에 대한 자세한 지도를 만드는 것에 집중되어 왔다. 이러한 연구의 목적은 유전체 전체에 걸쳐 비교적 짧은 간격으로 존재하는 분자표식자들을 이용하여 유전적 지도와 물리적 지도가 합쳐진 자세한 유전자지도를 확립하는 것이다. 사람과 초파리 유전체의 경우에는 유전적 지도와 물리적 지도가 염색체들의 세포학적 지도(염색 띠 모양)와 연결될 수 있다(■ **그림 15.2**). 이 장의 다음 절에는 이들 지도 작성에 관한 내용을 다루게 될 것이다.

유전학적 지도(그림 15.2 왼쪽)들이 재조합빈도로부터 만들어짐을 기억하라. 1센티 모건(cM)은 1%의 평균 재조합빈도를 나타내는 거리와 상응한다(7장 참조). 짧은 간격으로 분포되어 있는 표식자를 이용한 유전자 지도—고밀도 유전자 지도—는 종종 *서로 다른 길이의 제한 단편*(*restriction fragment-length polymorphism, RFLP*)들과 같은 분자 표식자를 사용하여 만들어진다. 세포학적 지도(그림 15.2 가운데)는 여러 가지 염색시약들을 처리한 후 현미경상에서 관찰되는 띠 모양에 기초한 것이다(6장 참조). 14장에서 논의된 제한지도(restriction maps)와 같은 **물리적 지도(Physical maps)**(그림 15.2 오른쪽 상단)는 염기쌍(base pair, bp, 킬로 염기쌍(kb, 1,000 bp), 그리고 메가 염기쌍(Mb, 1백만 bp)처럼 염색체를 이루는 거대한 DNA 분자 상에서 부위를 나누는 분자 거리(molecular distance)에 기초하고 있다. 물리적 지도는 종종 겹쳐지는 유전체 클론이나 컨티그(contig)들(그림 15.2의 오른쪽 가운데 참조), 그리고 *서열 표지 부위*(*sequence-tagged site*) 혹은 *STSs*라고 불리는 독특한 뉴클레오티드 서열들(그림 15.2의 아래 오른쪽)의 위치를 포함한다.

한 염색체의 물리적 지도는 여러 가지 방법으로 유전적 지도나 세포학적 지도와 통합될 수 있다. 이미 클론화된 유전자들은 제 자리 혼성화(*in situ* hybridization) 방법에 의해 세포학적 지도 위에 자리가 표시될 수 있다(부록 C). 유전적으로 지도화된 유전자들이나 RFLP들을 물리적 지도 위에 표시함으로써 유전적 지도와 물리적 지도 사이의 상관관계가 성립될 수 있다. 유전적 지도와 물리적 지도 모두에 지도화된 표식자들을 *고정 표식자*(*anchor marker*)라고 부른다. 이들을 이용하여 유전적 지도를 물리적 지도에, 혹은 그 반대로 물리적 지도를 유전적 지도에 고정시킬 수 있다. 염색체의 물리적 지도들은 다음과 같은 방법들로 유전적 지도나 세포학적 지도에 해당지역을 대응시킬 수 있다; (1) 독특한 부분의 유전체 DNA서열들을 약 200-500bp의 길이로 증폭시키는 PCR(그림 14.6 참조)을 수행하고, (2) 이들 서열들을 물리적 지도 위에 겹치는 클론들과 연관시키기 위한 서던블롯을 한다. 그리고 (3) 그들의 염색체 위치(세포학적 지도자리)를 결정하기 위한 제자리 혼성화(*in situ* hybridization)를 실시한다. 이렇게 짧고 독특한 표식 서열들을 *서열 표지 부위*(*sequence-tagged site, STS*)라고 부른다. 또 다른 접근으로는 짧은 cDNA서열(mRNA의 DNA 사본), 혹은 *발현 서열 표지*(*expressed-sequence tag; EST*)를 혼성화 탐침자로 이용하여 물리적 지도를 RFLP 지도(유전적 지도)와 세포학적 지도에 대응시키는 것이다.

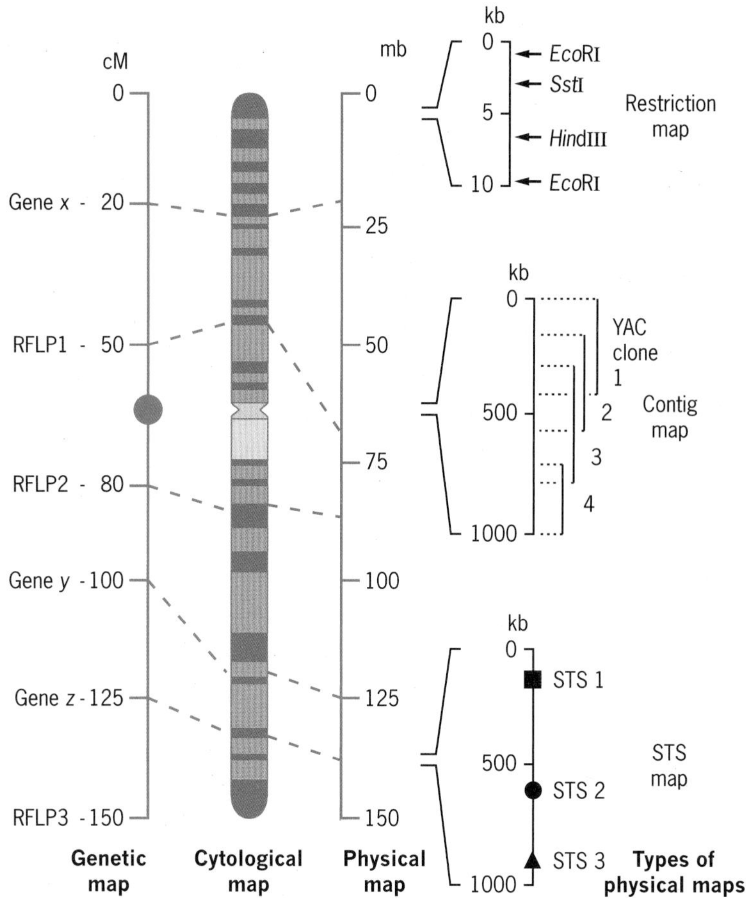

■ 그림 15.2 염색체의 유전적, 세포학적, 그리고 물리적 지도들 사이의 관계. 유전적 지도 거리는 재조합 퍼센드, 혹은 센티모건(cM)으로 측정되는 교차에 기초한 것이다. 반면, 물리적 지도거리는 킬로베이스(kb)나 메가베이스(Mb)로 측정된다. 제한 지도, 컨티그 맵, 그리고 STS(sequence-tagged site)지도 등은 본문에 설명하였다.

물리적 지도 거리는 유전적 지도 거리와 직접적으로 대응되는 것은 아니다. 왜냐하면, 재조합 빈도가 항상 분자적 거리와 비례하는 것은 아니기 때문이다. 그러나, 이 두 지도들은 염색체의 진정염색질 부분에서는 꽤 잘 대응이 이루어진다. 인간의 경우, 1 cM은 평균적으로 약 1 mb의 DNA와 동등한 것으로 평가된다.

제한 단편 길이의 다형성과 짧은 직렬 반복서열들(STRs)의 지도

돌연변이로 인해 어떤 제한 효소 절단 부위의 뉴클레오티드 서열이 바뀌면, 그 효소는 더 이상 이 부위를 인식하지 못한다(■ 그림 15.3a). 반대로, 다른 돌연변이들이 새로운 제한 부위를 만들 수도 있다. 이러한 돌연변이들은 여러 가지의 제한 효소들로 처리하여 생기는 DNA 단편들의 길이를 다양하게 한다(■ 그림 15.3b). 그러한 **제한 단편 길이 다형현상(restriction fragment length polymorphism)**, 혹은 **RFLP**들은 위치지정 클로닝을 위한 세밀

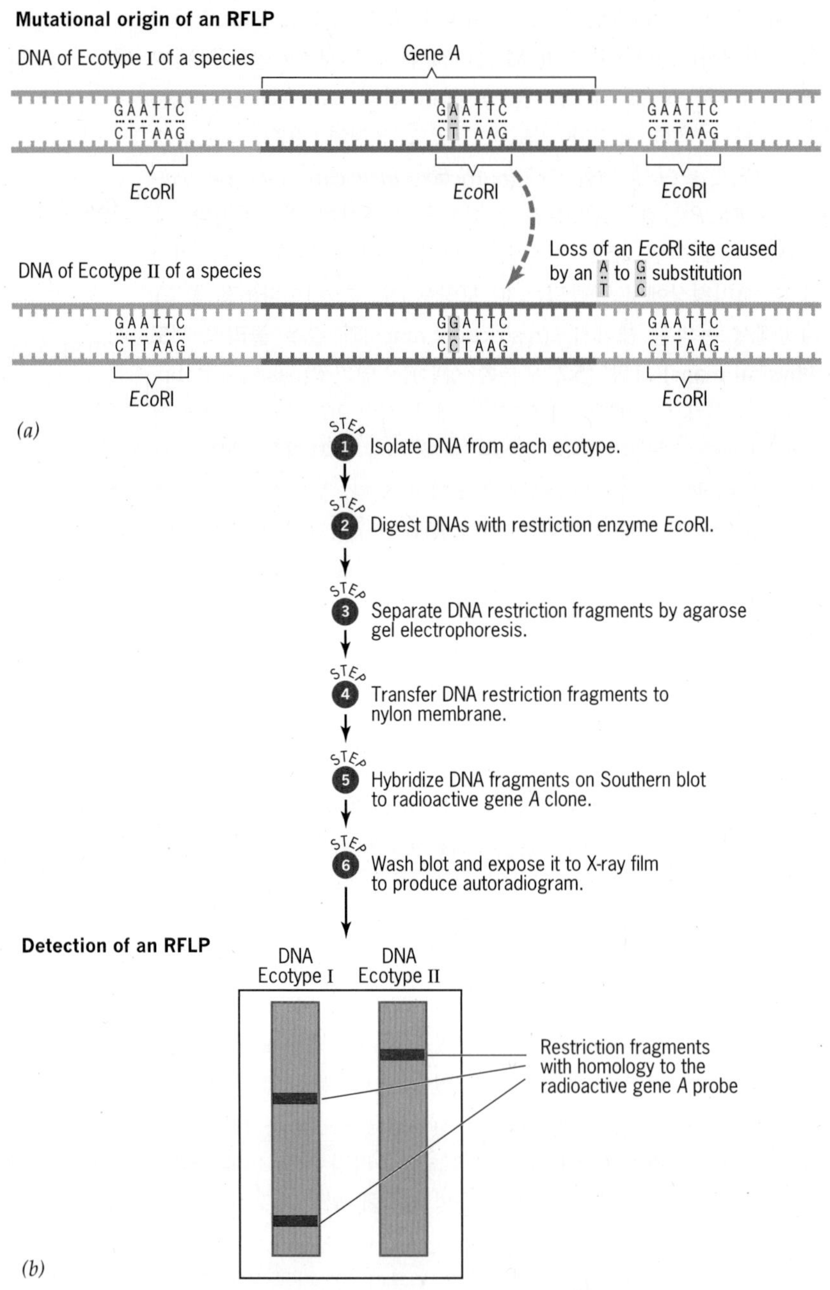

Mutational origin of an RFLP
DNA of Ecotype I of a species
Gene A
GAATTC
CTTAAG
EcoRI
EcoRI
EcoRI
Loss of an EcoRI site caused by an A/T to G/C substitution
DNA of Ecotype II of a species
GGATTC
CCTAAG
(a)
STEP 1 Isolate DNA from each ecotype.
STEP 2 Digest DNAs with restriction enzyme EcoRI.
STEP 3 Separate DNA restriction fragments by agarose gel electrophoresis.
STEP 4 Transfer DNA restriction fragments to nylon membrane.
STEP 5 Hybridize DNA fragments on Southern blot to radioactive gene A clone.
STEP 6 Wash blot and expose it to X-ray film to produce autoradiogram.
Detection of an RFLP
DNA Ecotype I
DNA Ecotype II
Restriction fragments with homology to the radioactive gene A probe
(b)

■ **그림 15.3** 돌연변이의 기원(*a*)과 서로 다른 생태종(ecotype) 등에서의 RFLP 추적(*b*). 여기 보여지는 예에서는 A:T → G:C 염기쌍 치환 결과 생태종 1의 DNA중 *A* 유전자에 존재하던 가운데의 *Eco*R1 인식 서열이 사라졌다. 이와 같은 돌연변이는 생태종 2의 조상이 생태종 1에서 분기했던 초기 단계 중에 발생할 수도 있다.

한 유전적 지도를 작성하는 데 매우 유용한 것으로 밝혀졌다. 그러한 RFLP들은 다른 유전적 표식자와 마찬가지로 염색체 상에 지도화될 수 있다; 즉 교배 시 공우성 대립인자들처럼 분리된다.

서로 다른 지역적 격리종이나 서로 다른 생태형(다른 환경 조건에 적응한 계통), 그리고 서로 다른 계통내 교배집단들에서 얻어진 DNA들은 자세한 유전적 지도를 작성할 때 사용될 수 있는 많은 RFLP들을 포함하고 있다. 실제로, 서로 다른 개인들의 DNA는 심지어 친척이라고 할지라도, 종종 RFLP들을 나타낸다. 몇 몇 RFLP들은 잘린 DNA조각들을 한천 젤 전기영동으로 분리하여 에티디움 브로마이드(ethidium bromide)로 염색한 후 자외선에 노출시켜 봄으로써 직접 눈으로 관찰 할 수도 있다. 다른 RFLP들은 특정 cDNA나 유전체 클론을 방사성 혼성화 탐침자로 사용하여 유전체 서던 블롯 상에서 관찰할 수 있다(그림 15.3*b*). RFLP 자체는 교배의 자손들을 부모형 혹은 재조합형으로 분류할 때 사용할 수 있는 표현형이기도 하다. RFLP들은 교배시 공우성 표식자(마커)로 나뉘어 유전되는데, 두 상동염색체에서 생기는 제한 절편들은 젤에서 직접 관찰하거나, 젤로부터 만든 서던 블롯의 자동

방사사진으로부터 그 절편들을 추적하는 것이 가능하다.

지도거리를 측정하기 위해서는 연구자들이 가계 내에 저절로 돌연변이 대립인자가 분리되어 출현하는 데 의존해야만 하는 인간의 염색체들을 지도화하는데 있어 RFLP 표식자들은 특히 유용함이 증명되었다. 이러한 형태의 가계도 기반 지도화는 가계 내에서 분리된 유전적 표식자가 다양한 지도거리만큼의 연관이 있는 것인지 그렇지 않은 것인지에 대한 확률을 비교함으로써 작성된다. 1992년에, 유전학자들은 인간 24개 염색체 상의 약 2,000개의 RFLP들에 대한 초기 지도를 작성하는데 이러한 과정을 이용하였다. ■ **그림 15.4**는 인간의 1번 염색체에 대한 RFLP지도와 세포학적 지도 사이의 연관관계를 보여준다.

인간들에서, 가장 유용한 RFLP들은 짧은 염기서열들이 반복적으로 나타나는 서열들을 포함하는 것이다. 특정 염색체 상에 존재하는 이러한 서열들의 반복회수는 매우 다양하다. 이러한 부위는 **직렬반복 변수[variable number tandem repeat, VNTR; 소부수체(minisatellites)**로도 불림]나, **짧은 직렬반복 서열[short tandem repeats, STRs; 미소부수체(microsatellites)**로도 불림]이라고 불리는 곳으로, 따라서 매우 다형적이다. VNTR과 STR들은 제한 효소 절단 부위의 위치 차이 때문만이 아니라 제한 부위 사이의 반복 서열들의 횟수 차이 때문에도 그 단편의 길이가 달라진다. 인간의 VNTR와 STR들의 이용에 대해서는 16장에 더 자세히 논의하였다(DNA 프로파일링 부분 참조).

STR들은 2개 혹은 5개 정도의 뉴클레오티드들이 직렬로 다양하게 반복되는 서열들이다. 인간에서 AC/TG(한 가닥에는 AC; 상보적 가닥에는 TG)의 두 뉴클레오티드가 직렬로 다양하게 반복된 서열로 이루어진 STR서열들은 특별히 매우 유용한 표식자로 사용된다. 1996년에, 프랑스 및 캐나다 과학자들로 이루어진 한 연구팀은 인간 유전체에서 5,264개의 AC/TG STR들에 대한 종합적인 지도를 발표했다. 이들 STR들은 인접 표식자들의 평균 거리가 1.6cM, 즉 1.6mb 정도 떨어진 2,335 부위들을 결정할 수 있도록 했다.

1997년까지, 커다란 국제 컨소시엄이 RFLP들을 이용하여 16,000개의 인간 유전자들(EST들과 클론화된 유전자들)을 지도화했고, 이들 지도들을 인간 유전체의 물리적 지도와 통합시켰다. 이러한 공동연구로 20,000개 이상의 STS들이 16,354개의 독립된 좌위들로 지정되었다. 주로 RFLP 표식자와 VNTRs 그리고 STR들로 이루어진 이러한 유전적 지도들은 인간의 많은 질병들과 연관된 돌연변이 유전자들을 찾아내고 규명하는 것을 가능하게 해 주었다(16장).

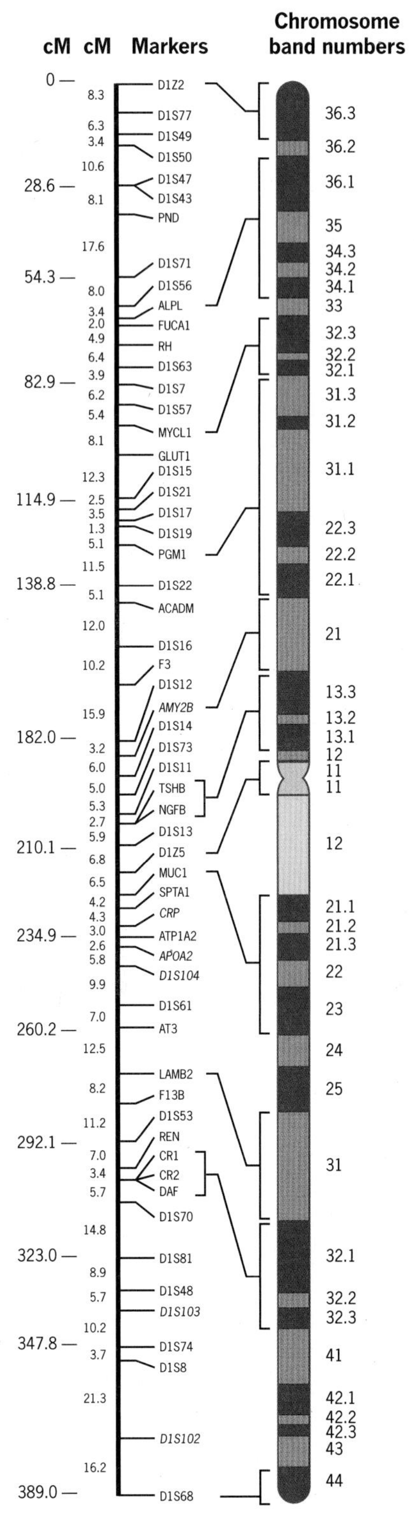

■ **그림 15.4** 인간의 1번 염색체에서 RFLP지도(왼쪽)와 세포학적 지도(오른쪽) 사이의 관계, 분자 표식자들과 몇 가지 유전자들이 중앙에 표시되어 있다. 거리들은 센티모건(cM)으로서, 왼쪽의 최상단 표식자를 0번 위치로 하고, 근접한 표식자들 사이의 거리를 왼쪽부터 2번째 세로줄에 표시했다. 세포학적 지도 왼쪽의 꺾은 괄호는 표시된 유전자들과 분자 표식자들의 염색체상 위치를 보여준다.

세포학적 지도

몇몇 종들에서는 유전자와 클론들이 제자리 혼성화(*in situ* hybridization; 부록 C)를 통해 염색체의 세포학적 지도 위에 지정될 수 있다. 예를 들어, 초파리에서 침샘의 거대 다사염색체(6장)에 나타나는 띠 모양은 염색체에 대한 고해상도의 지도 작성을 가능하게 한다. 그러므로 유전적 내용을 알지 못해도 하나의 클론은 상당히 정확하게 세포학적 지도 위에 자리를 지정할 수 있다. 인간을 포함한 포유동물에서는 형광 제자리 혼성화[fluorescent *in situ* hybridization(FISH; 부록 C; *In Situ* 혼성화 반응 참조)]를 이용하여, 여러 가지 방법으로 밴딩 염색 처리된 염색체 위에 클론의 위치를 정할 수 있다. 부록 C의 그림 1은 어떻게 FISH가 인간 염색체 위에서 특이적인 DNA서열의 염색체 위치를 결정 할 수 있는지를 보여 준다. 만약 이런 서열들과 겹쳐지는 RFLP들이 규명될 수 있다면, 그것들은 염색체의 유전적 지도를 세포학적 지도에 고정시키는 STS 부위로 사용되어 *세포유전학적(cytogenetic)* 지도를 만들 수 있게 된다. 만약 서열들이 서던 블롯 혼성화 실험(14장)으로 물리적 지도에 위치가 정해질 수 있다면, 그것들은 물리적 지도를 염색체의 유전적 지도와 세포학적 지도 모두를 고정시킬 수 있다.

물리학적 지도와 클론 은행

RELP 지도 작성 과정은 염색체의 자세한 지도를 만드는데 사용되어 왔으며, 이렇게 얻어진 염색체 지도는 이제 위치 지정 클로닝을 가능하게 해준다. 이러한 유전적 지도들은 염

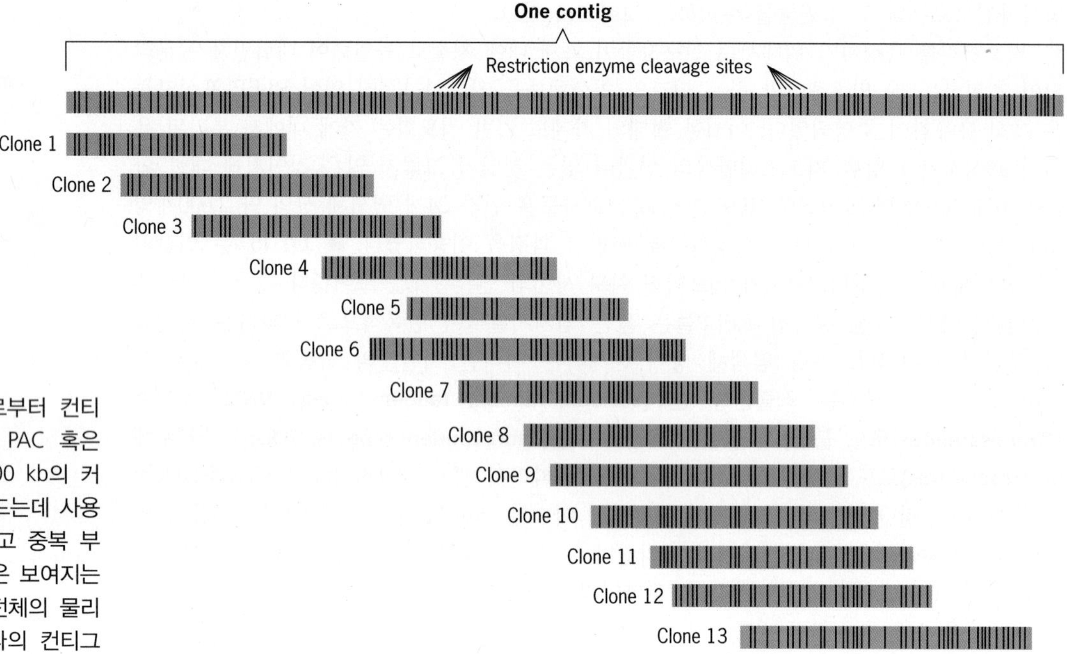

■ 그림 15.5 겹쳐지는 유전체 클론들로부터 컨티그 지도(contig map)를 만든 것. YAC, PAC 혹은 BAC 벡터들(14장)에 포함된 200에서 500 kb의 커다란 유전체 클론들은 컨티그 지도를 만드는데 사용된다. 각 클론들의 제한지도들이 준비되고 중복 부분을 컴퓨터로 찾아낸다. 겹치는 클론들은 보여지는 바와 같이 컨티그 지도로 정렬된다. 유전체의 물리적 지도가 완성되면 각 염색체들은 하나의 컨티그 지도로 표시될 것이다.

색체들의 물리적 지도들로 보강된다. 많은 수의 유전체 클론들을 분리하고 제한 효소 지도들을 작성함으로써, 겹쳐지는 클론들이 발견되면 염색체들의 물리적 지도가 만들어지는데 사용된다. 이러한 과정으로 심지어 전체 유전체의 물리적 지도가 완성 되기도 한다. 이론적으로, 이 과정은 단순하다(■ 그림 15.5). 그러나 실제로는 이 과정은 매우 만만치 않은 작업으로, 특히 유전체가 커지면 더 일이 엄청나게 많아진다. YAC, PAC 혹은 BAC 벡터들(14장)에 들어 있는 커다란 유전체 클론들의 제한 효소 지도들은 컴퓨터로 분석되고 **컨티그(contig)**라고 불리는 겹쳐진 클론 세트들로 조직화된다. 점점 많은 자료가 첨가될수록, 인접한 컨티그들이 연결된다; 한 유전체의 물리적 지도가 완성되면, 각 염색체들은 하나의 컨티그 맵(contig map)으로 표현된다.

전체 유전체의 물리적 지도를 만드는 일은 겹쳐지는 부위를 찾기 위해 대량의 자료 검색을 필요로 한다. 그럼에도 불구하고, 인간을 포함하여, 선형동물, 초파리, 애기장대 등의 몇몇 유전체들에 대한 자세한 물리적 지도들이 사용 가능해졌다. 이 물리적 지도들은 전 염색체들에 걸쳐 있는 목록별 클론들을 모두 가지고 있는 클론 은행을 만드는데 사용된다. 그러므로, 한 연구자가 염색체의 한 부분이나 특정 유전자 클론을 필요로 하고, 그 클론이 이미 클론 은행이나 클론 도서관에 목록화되어 있는 것이라면, 이에 대한 요청이 이루어질 수 있을 것이다. 분명히, 그러한 클론 은행이나 유전체 전체에 대한 연관 물리적 지도의 사용 가능성은 유전적 연구를 극적으로 가속화 시킬 수 있다. 정말로, 특정 유전자에 대한 검색에 있어 물리적 지도의 도움을 받느냐 그렇지 않느냐는 거대한 도서관에서 책을 한 권 찾는데 책의 위치에 대한 정보를 가진 컴퓨터 목록을 사용할 수 있느냐 그렇지 않느냐 하는 것과 마찬가지다.

요점

- *염색체의 유전적 지도는 표식자들 사이의 재조합 빈도에 기초하여 작성된다.*
- *염색체의 세포학적 지도는 현미경으로 관찰되는 염색체들의 세포학적 특징들이나 그 근처에 존재하는 표식자들의 위치에 근거하여 작성된다.*
- *염색체의 물리적 지도는 특정 표식자들 사이의 염기쌍(bp, kb, 혹은 Mb 염기쌍의) 숫자에 기초하여 작성된다.*
- *인간의 염색체들을 포함하여 여러 염색체들에 대해, 유전적 지도와 세포학적 지도, 그리고 물리학적 지도가 통합된 고밀도 지도가 작성되었다.*

지도좌위에 기초한 유전자의 클로닝

염색체에 대한 자세한 유전적, 세포유전학적, 물리적 지도들이 완성되면서, 과학자들은 더듬기식 염색체 탐색과 뛰어넘기식 염색체 탐색이라는 방법으로 유전자를 분리해 낼 수 있게 되었다.

클론화된 초기의 진핵생물 유전자들은 특정 조직이나 세포들에서 매우 높은 수준으로 발현되는 유전자들이었다. 예를 들어, 포유류의 망상적혈구에서 합성되는 단백질의 약 90%는 헤모글로빈이다. 그러므로, α-글로빈과 β-글로빈 mRNA가 망상적혈구로부터 쉽게 분리되어 유전체 도서관 검색을 위한 방사능 cDNA 탐침자를 만드는 데 사용되었다. 그러나, 대부분의 유전자들이 특수화된 세포에서 그렇게 높은 수준으로 발현되는 것은 아니다. 그러면, 중간 혹은 낮은 정도로만 발현되는 유잔자들은 어떻게 클론화 되는가? 한 가지 중요한 접근법은 그 유전자의 위치를 정확히 파악하고, 유전체에서의 그 위치에 기초하여 유전자의 클론을 찾는 방법이다. 이러한 접근법을 **위치지정 클로닝(positional cloning)**이라고 부르며, 그것이 위치한 염색체의 지역에 대한 적당한 지도가 주어진 경우, 유전자를 규명하는 데 사용될 수 있다.

위치지정 클로닝 단계가 ■ **그림 15.6**에 설명되어 있다. 유전적 교배, 혹은 인간의 경우에는 가계도 분석(보통 대가족들에 대한 정보를 요구 한다)을 통해 주어진 염색체의 특정 부위에 일단 유전자의 자리가 지정된다. 물리적 지도에 의해 발견된 염색체 단편의 후보 유전자들을 정상 개체와 돌연변이 개체들로부터 분리하여 그 돌연변이가 해당 유전자의 기능 상실에 의한 것인지를 확인한다. 16장에서 논의된 바와 같이, 헌팅턴 병이나 낭포성 섬유증처럼 인간의 유전질환을 일으키는 유전자들은 이러한 위치지정 클로닝에 의해 규명되었다.

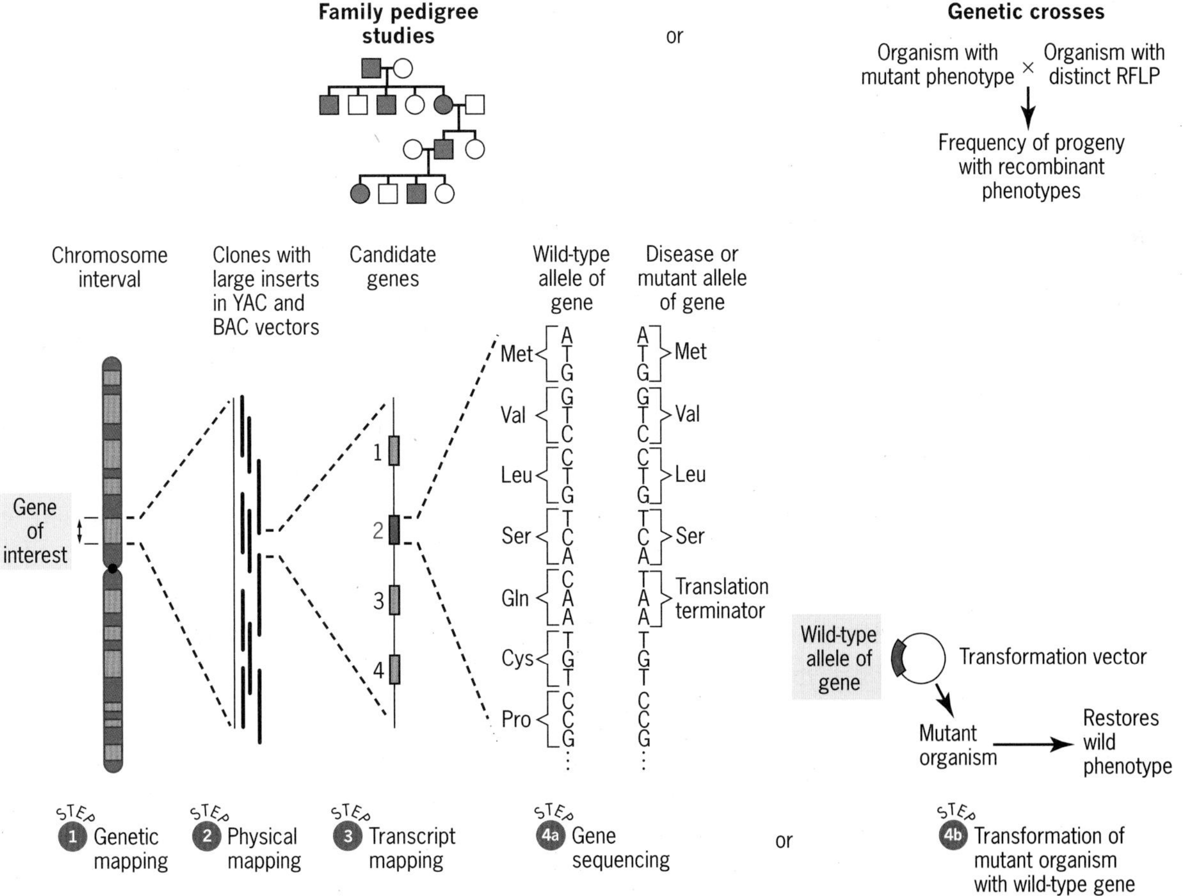

■ 그림 15.6 유전자들의 위치 지정 클로닝에 관계된 단계들. 인간에서는, 가계도 분석으로 반드시 유전적 지도가 준비되어야 하며, 야생형 대립인자와 돌연변이 대립인자에 대한 서열화로 후보 유전자들이 검색된다(step 4a). 다른 종들에서는, 적당한 유전적 교배로 관심 유전자의 위치를 결정하고 야생형 대립인자로 돌연변이 개체를 형질 전환시켜 야생형 표현형이 회복되는지를 판별함으로써 그 후보 유전자들을 검사한다(step 4b).

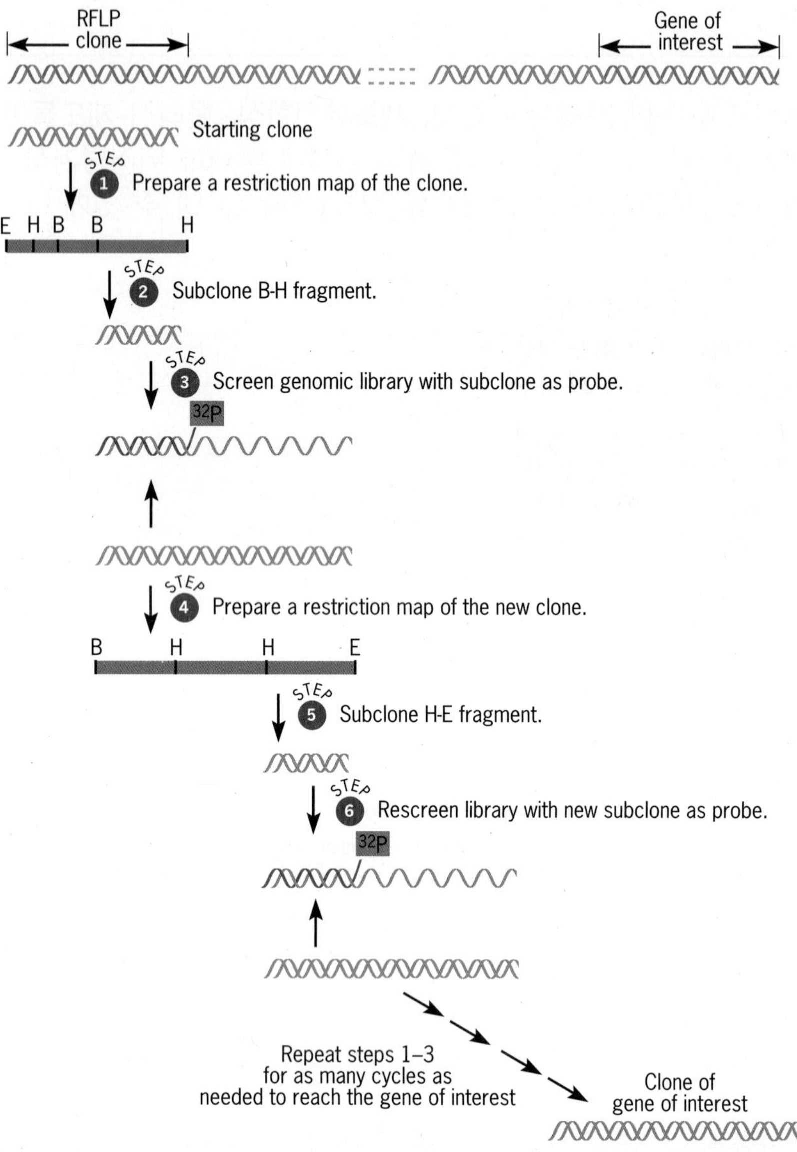
RFLP clone
Gene of interest
Starting clone
STEP 1 Prepare a restriction map of the clone.
E H B B H
STEP 2 Subclone B-H fragment.
STEP 3 Screen genomic library with subclone as probe.
32P
STEP 4 Prepare a restriction map of the new clone.
B H H E
STEP 5 Subclone H-E fragment.
STEP 6 Rescreen library with new subclone as probe.
32P
Repeat steps 1–3 for as many cycles as needed to reach the gene of interest
Clone of gene of interest

■ 그림 15.7 더듬기식 염색체 탐색(chromosome walking)에 의한 위치지정 클로닝. 관심 유전자와 가까운 분자 표식자(상단에 표시한 RFLP 같은)를 찾는 일로부터 시작하여, 관심 유전자에 도달할때까지(아래) step 1부터 step 3을 반복하여 진행한다.

형질전환이 가능한 생물들이면, 후보 유전자의 야생형 유전자 사본을 돌연변이 생물체에 도입하여 야생형 표현형이 회복되는지를 결정할 수 있다. 돌연변이 생물에서 야생형 표현형이 회복되는 것은 도입된 야생형 유전자가 관심 대상의 유전자임을 강력하게 시사하는 것이다.

더듬기식과 뛰어넘기식 염색체 탐색

위치지정 클로닝은 관심 유전자를 지도에서 찾고, 유전자 근처의 RFLP, VNTR, STR이나 분자 표식자를 찾아 그 유전자에 도달할 때까지 염색체 위를 "더듬기(walking)", "뛰어넘기(jumping)" 검색함으로써 이루어진다.

더듬기식 염색체 탐색(Chromosome walk)은 관심 유전자와 가까운 분자표식자(RFLP나 알려진 유전자 클론)를 선별함으로써 시작되며, 이 클론을 겹치는 서열을 가진 유전체 도서관을 검색하는 데 혼성화 탐침자로 사용하게 된다. 도서관 검색으로 발견된 겹침 클론들에 대해 제한 지도를 작성하고, 원래 탐침자와 가장 멀리 있는 제한 단편을 얻어, 다른 제한 효소를 사용하여 만들어진 두 번째 유전체 도서관을 검색하거나, 유전체 DNA를 부분적으로 효소 처리함으로써 준비된 도서관을 다시 재검색하는데 사용한다. 이러한 과정을 여러번 반복하고 일련의 겹치는 클론들을 분리해 냄으로써 연구자는 해당 유전자까지 더듬기식 염색체 탐색을 할 수 있다(**■ 그림 15.7**). 연관지도 상에서 최초의 클론과 목표 유전자의 방향을 결정할 수 있는 정보가 없다면, 더듬기식 염색체 탐색은 그 클론의 양쪽 방향으로 진행되어야 한다. 양 방향의 검색 도중 다른 RFLP가 발견되어 이것이 원래 클론보다 목표 유전자와 더 가까운지를 판단할 수 있으면 검색 방향이 결정될 수 있다.

분리된 관심 유전자 클론을 확인하는 방법은 여러 가지가 있다. 초파리나 애기장대와 같은 실험 생물들에서는 돌연변이 생물체에 야생형 유전자를 도입하여 그것이 생물의 표현형을 야생형으로 회복시켜 주는지를 관찰함으로써 확인이 이루어진다. 인간에서는 일반적으로, 정상 유전자와 몇몇 돌연변이 유전자의 뉴클레오티드 서열을 결정하고 돌연변이 유전자의 암호서열이 기능적인 유전자 산물을 만들어 낼 수 없음을 보여줌으로써 확인된다.

더듬기식 염색체 탐색은 커다란 유전체를 가졌거나(보통 걷기에는 너무 멀다), 여기 저기 산재된 반복성 DNA가 많은 생물(반복 서열은 심각한 장애물이다)에서는 매우 어렵다. 애기장대(*A. thaliana*)나 예쁜꼬마선충(*C. elegans*) 같이 작은 유전체를 가졌거나 산재한 반복 DNA가 거의 없는 경우 더듬기식 염색체 탐색은 훨씬 쉬워진다.

관심 유전자와 가장 가까운 분자표식자와의 거리가 먼 경우에는, **뛰어넘기식 염색체 탐색(chromosome jumping)**이라고 불리는 기술이 긴 더듬기식 기술의 속도를 높이는 데 사용될 수 있다. 한 번의 점프로 100 kb 이상의 거리를 커버하는 것이 가능하다. 더듬기식 방법과 마찬가지로, RFLP, VNTR, 혹은 STR 같은 분자 탐침자를 시작 지점으로 사용하여 점프를 시작할 수 있다. 그러나 뛰어넘기식 염색체 탐색에서는 한 종류의 제한효소를 사용하여 부분 절단된 커다란 DNA 단편을 만들고, 이 유전체 단편들을 DNA 리가아제를 이용하여 원형으로 연결시킨다. 두 번째 제한 효소를 사용하여 원형 분자로부터 연결 조각을 잘라낸다. 이 연결 조각은 긴 단편의 양 말단을 포함한다; 그것은 그 DNA 단편을 서던 블롯 상에서 최초의 분자 탐침자에 혼성화시켜 봄으로써 규명될 수 있다. 연결 단편의 제한지도가 준비되면, 긴 유전체 단편의 뒤쪽 말단에 해당하는 제한 단편을 클론화하여 두 번째 뛰어넘기식 염색체 탐색을 하거나 더듬기식 염색체 탐색을 시작하는데 사용할 수 있다. 뛰어넘기식 염색체 탐색은 인간의 유전체와 같이 커다란 유전체를 가지고 작업할 때 특히 유용함이 증명되었다. 이것은 또한 인간의 낭포성 섬유증 유전자를 찾아낼 때 중요한 역할을 수행하였다(16장).

요점

- *염색체들에 대한 상세한 유전적, 세포학적, 물리적 지도가 만들어짐에 따라 연구자들은 유전체 위에서의 위치에 기초하여 유전자들을 분리할 수 있게 되었다.*
- *만약 제한 단편 길이 다형성과 같은 분자 표식자가 유전자에 가까이 있으면, 그 유전자는 보통 더듬기식 염색체 탐색이나 뛰어넘기식 염색체 탐색과 같은 방법으로 분리될 수 있다.*

인간유전체 프로젝트(Human Genome Project)

인간의 24개 염색체 모두에 대해 세밀한 유전적, 세포유전학적, 그리고 물리적 지도가 사용 가능해졌으며, 인간을 포함한 여러 종류의 유전체들에 대한 거의 완전한 뉴클레오티드 서열이 얻어졌다.

1970년대와 1980년대 초반에 재조합 DNA, 유전자 클로닝, 그리고 DNA서열화 기술이 점점 발달하자, 과학자들은 인간 유전체의 3×10^9 뉴클레오티드 쌍을 모두 서열화하는 가능성에 대해 의논하기 시작했다. 이러한 논의는 1990년, **인간 유전체 프로젝트(Human Genome Project)**을 시작하도록 이끌었다. 인간 유전체 프로젝트의 초기 목표는 (1) 인간의 모든 유전자를 지도화하고, (2) 인간 유전체 전체에 대한 자세한 물리적 지도를 확보하며, (3) 2005년까지 인간의 모든 24개 염색체에 대해 뉴클레오티드 서열을 결정한다는 것이었다. 과학자들은 곧 이 거대한 사업의 착수에는 전 세계적인 노력이 필요함을 깨달았다. 따라서, **국제 인간 유전체 기구(Human Genome Organization, HUGO)**가 설립되어 전 세계 인류 유전학자들의 노력을 통합하게 되었다.

프란시스 크릭과 함께 DNA의 이중 나선 구조를 밝힌 제임스 왓슨이 야심찬 계획의 초대 지도자가 되었다. 이 계획은 거의 20년에 걸쳐 30억 불이 넘는 경비를 들여 완성하기로 되어 있었다. 1993년, 랩치 쯔이(Lap-Chee Tsui)와 함께 낭포성섬유증 유전자를 찾아낸 연구팀의 리더였던 프란시스 콜린스가 이 인간 유전체 계획의 단장으로 선임되어 왓슨을 대체했다. 인간 유전체에 대한 연구 이외에도, 인간 유전체 사업은 대장균(*E. coli*), 효모(*S. cerevisiae*), 초파리(*D. melanogaster*), 애기장대(*A. thaliana*), 예쁜꼬마선충(*C. elegans*) 등을 포함하여 여러 생물의 유전체에 대한 지도화 및 서열화 사업을 지원하고 있다.

인간 유전체의 지도 작성

인간 유전체 지도 작성에서의 발전은 놀라운 것이었다. Y 염색체와 21번 염색체에 대한 완전한 물리적 지도와 X 염색체와 22개의 상염색체에 대한 자세한 RFLP지도가 1992년에 발표되었다. 1995년까지, 유전적 지도는 평균 약 200 kb 간격의 표식자를 포함하고 있었다. 1996년에는 인간 유전체에 대한 자세한 STR 지도가 발표되었고 1997년에는 16,354개의 독립적인 좌위를 포함하고 있는 종합적인 지도가 발표되었다. 이 모든 지도들은 연구자들이 유전체 상에서 그들의 위치에 근거하여 유전자를 클로닝할 때 매우 유용한 것으로 판명되었다.

불행하게도, 인간의 유전적 지도에 있어 해상도는 매우 낮아서 그 간격은 1-10 mb 정도나 되었다. 형광제자리 혼성화(FISH)의 해상도 역시 약 1 mb 정도이다. 좀 더 해상도가

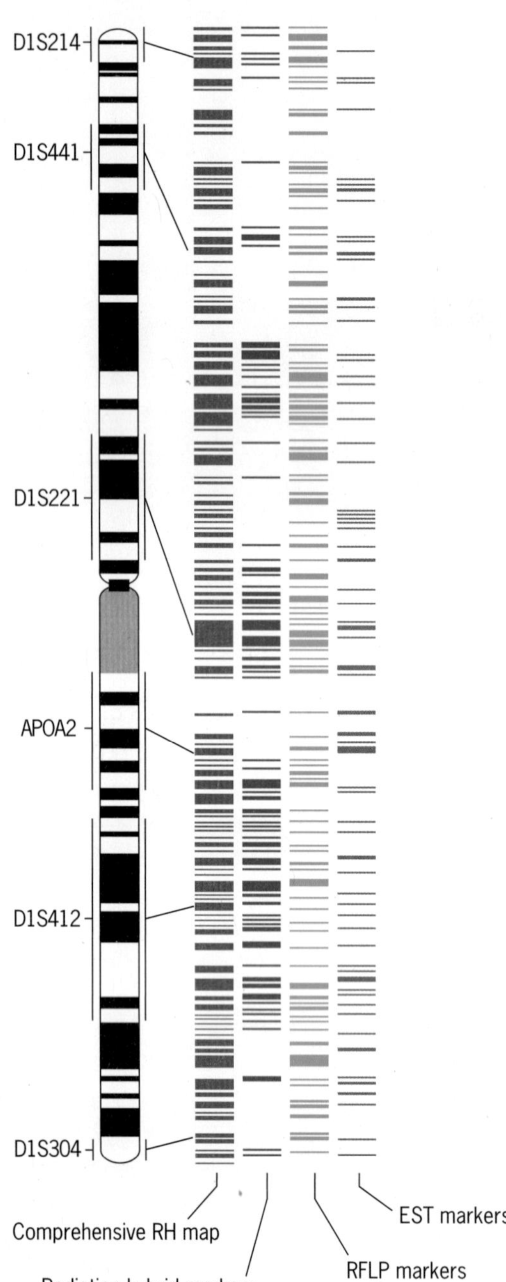

■ 그림 15.8 인간의 1번 염색체에 대한 고해상도의 방사선 융합 지도. 왼쪽에 1번 염색체의 세포학적 지도가 6개의 고정마커(anchor marker)와 함께 표시되어 있다. 세포학적 지도 오른쪽으로, 종합적인 방사선 융합 표식자(붉은 선), 정확한 방사선 융합 표식자(청색 선), RFLP 표식자(녹색 선), 그리고 EST들(보라색 선)을 나타내는 네 가지의 유전학적 지도가 표시되어 있다.

높은(약 50 kb 정도까지 내려가는) 지도가 방사선 융합 지도 작성법(radiation hybrid mapping)으로 얻어졌는데, 이것은 체세포 융합 지도 작성법(somatic cell hybridization mapping)을 변형한 것이다. 표준적인 체세포 융합법은 배양중인 인간의 세포와 설치류의 세포들을 융합시키고 융합세포에 보존된 인간 염색체들과 이 세포에서 추적된 인간 유전자 산물 사이의 관계를 지정하는 것이다.

방사선 융합 지도 작성법은 세포 융합 이전에 사람의 세포에 다량의 방사선을 처리하여 염색체 절단이 일어나도록 함으로써 이루어진다. 방사선 조사된 인간의 세포들은 차이니스 햄스터(혹은 다른 설치류) 세포들과 배양 조건에서 융합이 이루어지는데, 보통은 폴리에틸렌글리콜(polyethylene glycol)과 같은 화학물질을 넣어 융합 효율을 높이도록 한다. 인간-차이니스 햄스터 융합세포들은 적당한 선별 배지에서 길러지고 분류된다.

이 과정 중에 인간 염색체의 많은 조각들이 차이니스 햄스터 염색체로 통합되어 이 설치류 염색체들의 다른 정상 유전자들과 마찬가지로 자손 세포로 전달된다. 다음 중합효소연쇄 반응(polymerase chain reaction, PCR; 14장 참조)을 사용하여 선별된 융합세포들을 검색함으로써 인간의 유전적 표식자가 존재하는지를 검사한다. X-선에 의해 유도된 두 표식자 사이의 절단 정도는 염색체 상의 이들의 거리에 직접적으로 비례한다는 가정을 바탕으로 염색체 지도가 만들어진다.

여러 연구팀들이 이 방사선 융합 지도 작성법을 사용하여 인간 유전체의 고밀도 지도를 만들었다. 1997년, 엘리자베드 스튜어트(Elizabeth Stewart)와 그 동료들은 방사선 융합 패널들을 바탕으로 10,478개의 STS들에 대한 지도를 발표했다; 인간의 1번 염색체에 대한 그들의 지도가 ■ **그림 15.8**에 나타나 있다.

인간유전체의 서열화

유전자 지도화 작업이 빠르게 진전을 나타내고 있었지만, 인간 유전체에 대한 서열화작업은 초기에는 예정보다 늦어지고 있었다. 그러나 1998년 초에 모든 것이 급격히 변화되었다. 1998년 5월 크레이그 벤터(J. Craig Venter)는 셀러라 지노믹스(Celera Genomics)라는 민간회사를 차렸으며 단 3년 내에 인간의 유전체를 서열화하겠다고 발표했다. (자세한 사항은 Student Companion 사이트에 제공된 '유전학의 이정표: 인간 유전체 서열에 대한 두 가지 초안'편을 참고하라.) 곧이어, 인간 유전체 프로젝트 서열화 실험실들의 지도자들도 계획을 수정하여 2003년까지 인간 유전체 서열화 작업을 완료하겠다고 발표했으며, 그것든 당초의 계획보다 2년이나 빠른 것이었다다. 이 때부터 모든 것이 가속화 되었다.

최초로 서열화가 완료된 인간의 염색체는 크기가 작은 22번으로 1999년 12월에 발표되었다. 2000년 5월에는 인간의 21번 염색체에 대한 완전한 서열이 얻어졌다. 그리고 나서 백악관의 개입으로 셀레나 지노믹스의 크레이그 벤터와 인간 유전체 계획의 지도자였던 프란시스 콜린스가 인간 유전체 서열의 초안을 동시에 발표하는 것에 합의했다. 셀레라와 공공사업팀의 서열들은 모두 2001년 2월에 발표되었다. ■ **그림 15.9**는 인간의 1번 염색체 단완 끝의 4-mb 절편에 대한 주석이 달린 서열기반 지도를 보여주고 있다. 이 지도는 인간 유전체 일부분에 존재하는 알려진 유전자와 예상 유전자들의 위치 및 방향을 설명해 준다. 인간 유전체 전체에 대해 이와 비슷한 지도를 보려면 2001년 2월 15일자 네이처(*Nature*)나 2001년 2월 16일자 사이언스(*Science*)를 참조 하라.

인간 유전체에 대한 이 초안들에 포함된 정보의 양은 엄청난 것으로서, 2,650 메가 염기쌍의 DNA(2,650,000,000 bp) 서열을 포함하고 있다. 인간의 유전체는 이미 서열화된 초파리나 애기장대의 유전체보다 25배 이상 크고 이미 서열화된 모든 유전체들의 8배 이상에 해당하는 크기이다.

인간 유전체의 서열은 한 가지 놀라운 점을 알려주었다: 이전의 연구들에서 제시된 추정치인 5만~12만개의 유전가가 아니라 약 2만 5천~3만 개의 유전자가 있는 것으로 드러났기 때문이다. 셀레라 서열에 의해 예측된 26,383개의 유전자에 대한 기능의 분류가 ■ **그림**

Tip of Chromosome 1

Annotation Key

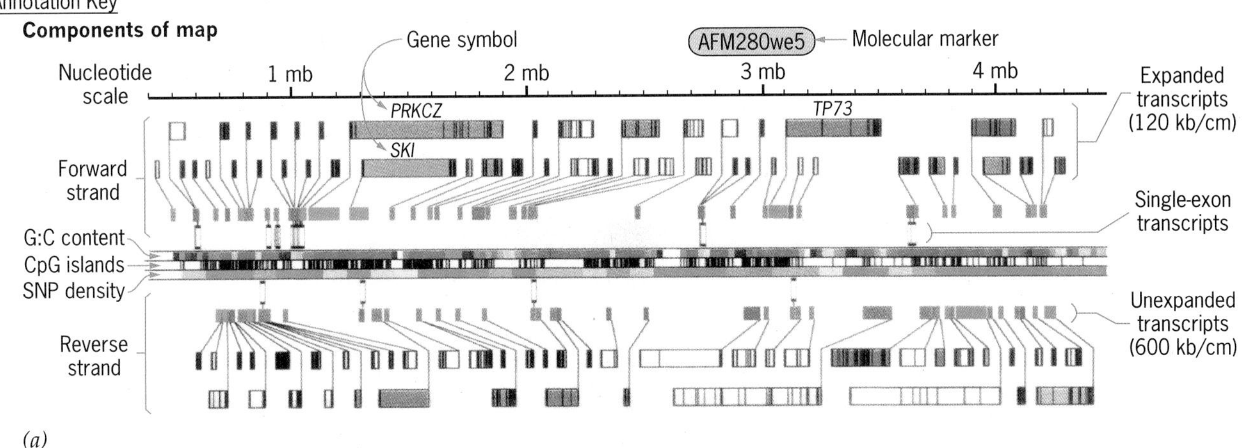

Color code for gene product function

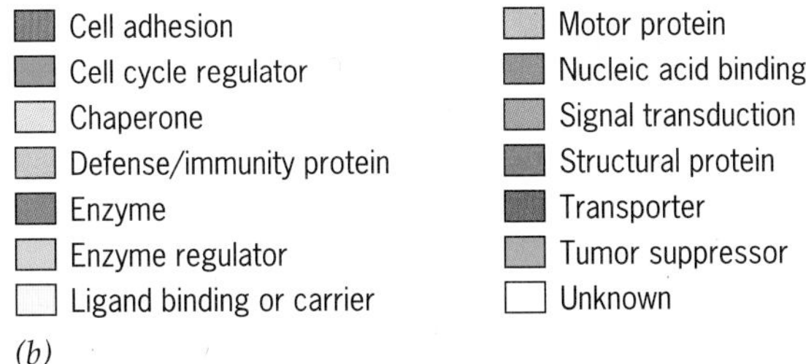

Color code for G:C content and single-nucleotide polymorphism (SNP) density

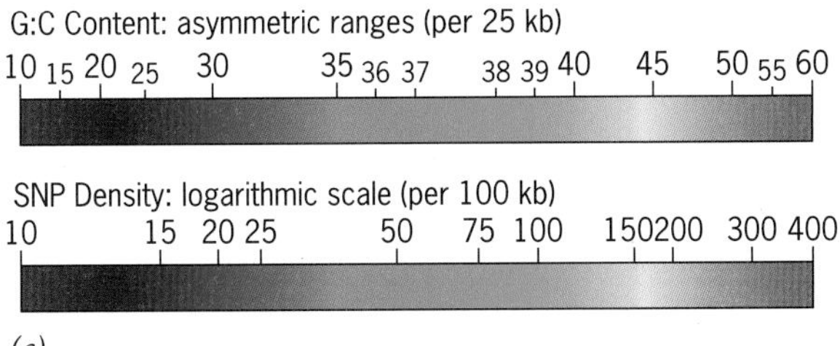

■ 그림 15.9 인간의 1번 염색체 끝 부분 4mb DNA 조각에 대한 서열 기반 지도. 셀레라 지노믹스사의 연구자들에 의해 조립되었다. (*a*)가장 상단의 줄은 mb로 표시한 거리이다. 다음 세 개의 패널은 한 쪽의 DNA 가닥("forward strand")으로부터 예상된 전사체들이다. 반면,아래의 세 패널들은 다른 DNA가닥("reverse strand")에 의해 지정되는 전사체들을 보여준다. 세 패널들 사이의 중앙에 G:C 양, CpG island(유전자 상류에 존재함)의 위치, 단일뉴클레오티드 다형성(SNPs)들이 각각 표시되어 있다. (*b*) 유전자 산물들의 기능에 대한 색 표지. (*c*) G:C 양과 SNP 밀도에 대한 색 기호.

15.10에 실려 있다. 예상된 단백질의 약 60% 정도가 이미 유전체가 서열화된 생물의 단백질들과 유사성을 가진다(■ 그림 15.11). 예상되는 인간 단백질들의 40% 이상이 초파리나 예쁜꼬마선충들과 유사성을 공유하고 있다. 사실, 인간 유전체 서열로 예상된 1,278군의 단백질 중 94군 만이 척추동물에 특이적인 것이다. 나머지는 원핵생물이나 단세포 진핵생물을 포함한 먼 조상의 단백질 도메인으로부터 진화한 것이다.

비록 특정 염색체의 진정염색질 부분에는 발현도가 높은 유전자들이 몰려 있긴 하지만, 평균적으로 인간 유전체에는 145 kb 당 하나의 유전자가 존재한다. 인간 유전자의 평균 길이는 약 27,000 bp로 9개 엑손을 포함한다. 엑손은 유전체의 1.1% 정도만 구성하는 반면, 인트론은 약 24%를 차지하고, 인간유전체의 75%는 유전자 간 DNA(intergenic DNA)로 이루어진다. 유전자 간 DNA의 약 44%는 이동성 유전 인자(transposable genetic elements)들에서 유래한 것이다(자세한 것은 17장 참조).

인간 유전체에 대한 최초의 두 초안들은 아직 불완전하여 100,000개 이상의 틈을 가지고 있었다. 그러므로 국제 인간 유전체 컨소시엄은 이러한 틈을 채우고 서열화를 완성하는 작업을 계속했다. 2004년 10월까지, 이 수는 341개로 줄어들었고 인간 유전체의 진정염색질 DNA의 약 99%에 대해 서열화가 완료되었다. 놀랍게도, 유전체에 존재하는 예상 유전자의 수는 더 줄어들어 좀 더 완전한 서열에서는 단 22,287개의 단백질 암호화 유전자들이 있는 것으로 밝혀졌다. 물론, RNA 산물을 만드는 다른 유전자들도 있다. — rRNA, tRNA,

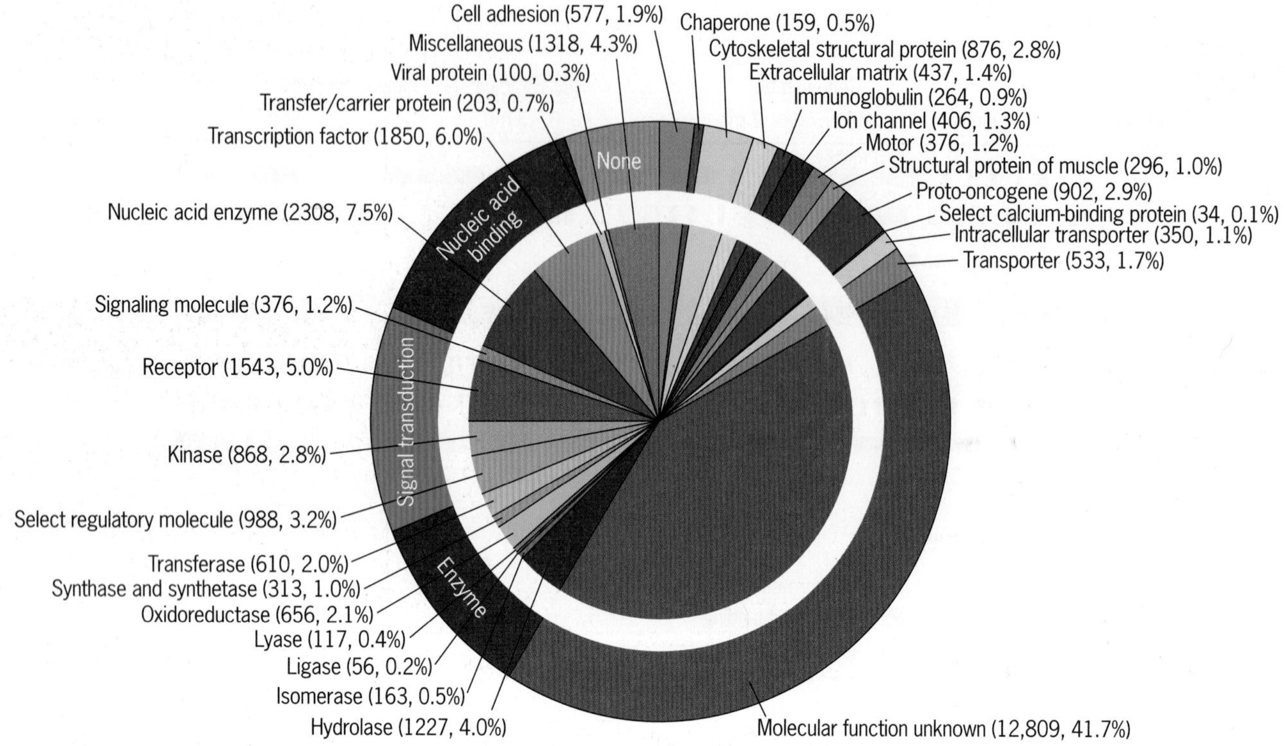

■ **그림 15.10** 셀레라 지노믹스사의 인간 유전체 서열 초안에 의해 예상된 26,383개의 유전자들을 기능적으로 분류한 것. 각 섹터들은 각 기능 집단의 유전자 산물들의 숫자와 퍼센트를 나타낸다(괄호 안에 표시). 일부 집단들은 서로 겹쳐짐에 유의하라: 예를 들어, 원종양 유전자는 신호분자들을 암호화할 수 있다.

snRNA 그리고 miRNA 등 — 이들은 총 유전자의 수를 매우 증가 시킨다.

새로운 서열화 기술의 발전은 인간 유전체와 같이 커다란 유전체의 빠른 서열 분석과 비용의 간소화를 가능하게 하였다. 그리고 그것은 많은 인간 개인의 유전자를 서열화 하는 것을 실현 가능하게 하였다(14장). 실제로 James D. Watson과 J. Craig Venter는 그들의 유전자를 서열화 하였다. 게다가 Jeffrey M. Kidd와 그의 동료는 최근에 다양한 출신의 8명의 유전자의 구조적 변이를 지도화 하였고 서열화 하였다. 이 연구를 위한 각각의 개인들은 아메리카, 아프리카, 아시아, 유럽 혈통으로 선택 하였다. 그 연구자들은 1kb에서 1mb까지 범위의 유전자 변이에 초점을 두었고 많은 양의 구조적 다양성을 문서화 하였다 — 특히 결실, 역위, 삽입. 오늘날 과학자들은 다양한 기원을 갖은 인간 유전체의 서열 다양성의 범위를 결정하기 위해 전 세계적으로 2,500명의 인간 유전체를 서열화 하기에 바쁘다(On the Cutting Edge: 9장의 The 1000 Genomes Project 참조).

인간 유전체에 대한 완전한 서열로 제공된 풍부한 정보들은 이제 막 사용되기 시작했다. 유전체의 단 1.1% 정도만이 폴리펩티드의 아미노산 서열을 지정한다는 것을 감안할 때, 가장 큰 의문점은 유전체의 나머지 부분은 어떤 기능을 하는가에 관한 것이다. 서열화 컨소시엄의 프란시스 콜린스와 여러 지도자들은 이미 이러한 질문에 초점을 맞추기 시작했다. 이들은 새로운 컨소시엄인 ENCODE(*ENC*yclopedia *O*f *D*NA *E*lements)를 설립하고 인간 유전체의 유전자외 기능 요소들을 모두 찾는 것을 목표로 정했다. 이들 요소들에는 프로모터, 인헨서, 사일런서, 메틸화 부위, 아세틸화 부위 및 유전자 발현과 크로마틴 구조를 조절하는데 관여하는 다른 모든 요소들이 포함 된다(■ **그림 15.12**). 이들 요소들을 찾고 기능을 규명하는 일은 인간 유전체를 서열화하는 것 보다 더 큰 도전이 될 것이다.

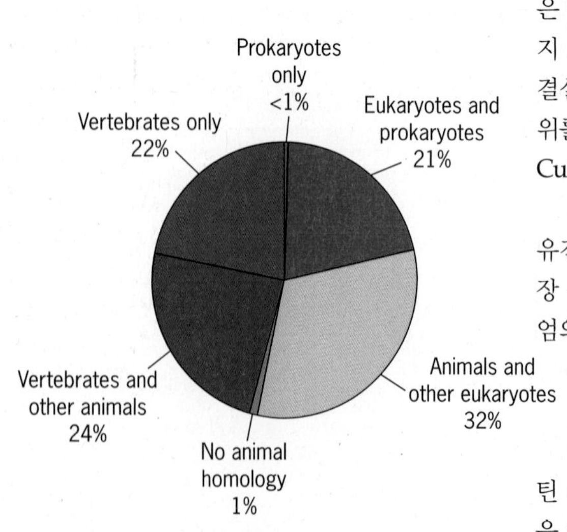

■ **그림 15.11** 공공 데이터베이스의 컴퓨터 조사에 의하여 상동 단백질이 존재하는 것으로 밝혀진 다른 생물들과 인간의 단백질간의 상동성을 예측한 원 그래프.

인간 유전체 내에 존재하는 비유전자적 요소들(nongenic elements)의 동정과 기능의 특성화는 벌써 매혹적인 이야깃거리가 되어 있다. 유전체내 거대한 비암호화 부분인 "dark matter"의 기능은 복잡하고 흥미 있는 주제이다. 비 암호화 DNA의 큰 절편들이 쥐와 인간

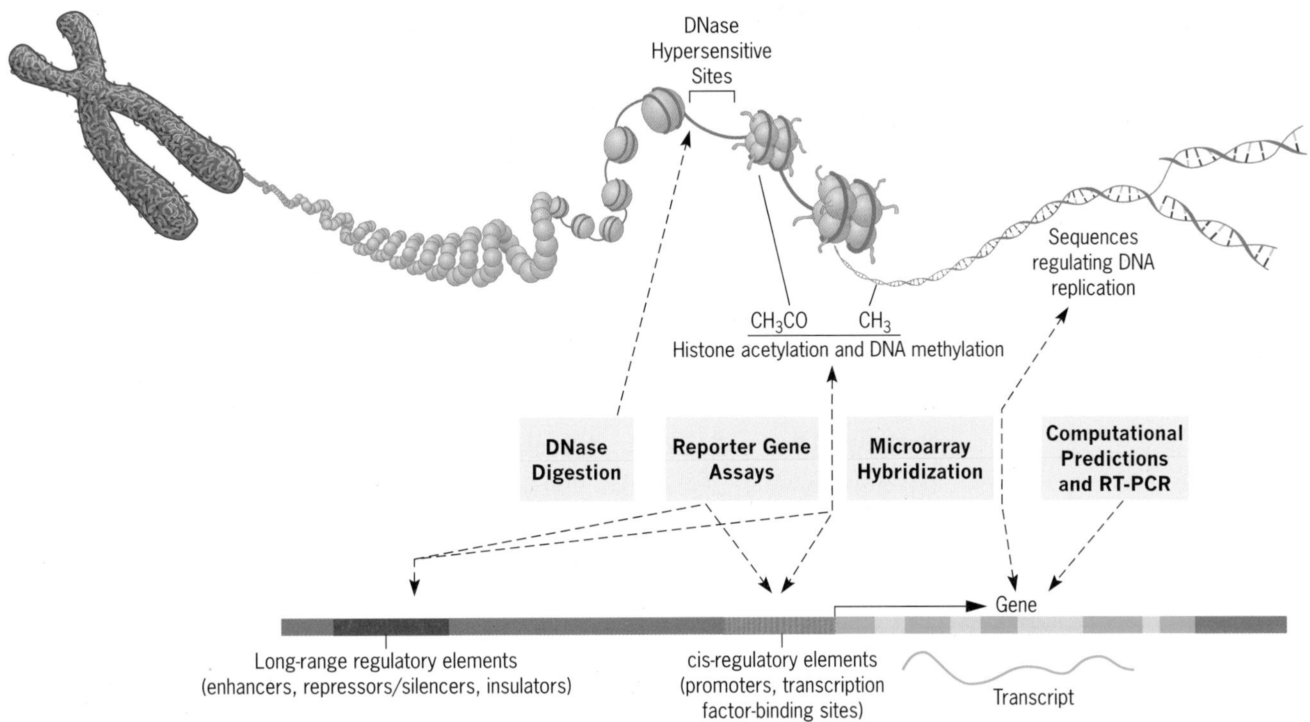

■ **그림 15.12** ENCODE(*ENC*yclopedia *O*f *D*NA *E*lements) 프로젝트 컨소시엄의 목표는 인간 유전체의 비유전성 기능 요소들을 찾아내는 것이다. 이 요소들은 프로모터나 인헨서, 사일런서, 억제인자 결합부위, 전사인자 결합부위, 혹은 아세틸화나 메틸화 같은 화학적 변화가 일어나는 조절 서열들을 포함할 것이다. 이들은 또한 DNA결합 단백질이나 DNA를 뉴클레오좀으로 포장하는 히스톤 단백질들과 상호작용하여 크로마틴의 구조를 변화시키는 서열들도 포함할 것이다. 이들 요소들 중 일부는 DNase 과민부위(전사가 활성화되어 있는 특징적인 크로마틴 — 19장 참조)를 형성하는 크로마틴 구조를 변화시킬 것이다. 이러한 연구들에 사용되는 도구들은 리포터 유전자분석이나 유전자 마이크로어레이 혼성화(이 장의 다음 절에 논의), 그리고 유전체의 전사 지역을 찾기 위해 RNA를 주형으로 중합효소 연쇄 반응을 행하는 역전사 PCR(RT-PCR)들을 포함한다.

에서 보존적으로 존재하는 것으로 미루어, 그들이 중요한 기능적 요소들을 포함하고 있으리라 생각된다. 연구자들이 인간 질병의 위험성을 증가시키는 염기서열을 찾아보니, 약 40%가 유전자 사이의 구역내에 위치하고 있었다. 더욱이 최근 연구에서는 유전체의 약 80%가 기능을 모르는 RNA를 전사하는 것으로 밝혀졌다. 비암호화 RNA의 일부는 중요하고, 조그만 조절 miRNAs를 포함한다(19장 참조). 다른 구성 요소는 조절기능을 갖거나 기능이 알려지지 않은 "크기가 큰 간극 비암호화 RNAs"(large intervening noncoding RNAs)를 함유하고 있다. 유전체내 이 "dark matter"는 염색질(chromatin) 구조를 변형시킴으로써 한 세대에서 다음 세대로의 후생적 유전자 발현을 조절하는 화학적으로 변형된 염기서열을 함유하고 있다(19장 참조). 확실히, 우리는 인간 유전체의 비암호화 구성 요소에 관해 배울 것이 많다.

또 다른 국제 컨소시엄인 인간 프로테옴 기구(*Hu*man *P*roteom *O*rganization, HUPO)가 형성되어 인간 유전체가 암호화하는 모든 단백질들의 구조와 기능을 결정하는 것을 목표로 삼았다. 인간 유전체 서열로 제공되는 풍부한 정보에도 불구하고, 유전체에 대한 기능적 해부는 이제 막 시작되었다. 인간 유전체의 3×10^9 뉴클레오티드에 대한 구조와 기능에 대해 완전히 이해하기 위해서는 아직 갈 길이 멀다.

인간 유전체 서열의 유용성은 이 새로운 지식의 적절한 사용에 대한 완전히 새로운 질문을 야기한다. 이들 질문 다수가 개인의 프라이버시에 대한 권리에 집중되어 있다. 예를 들어, 헌팅턴 질환(16장 참조)과 같은 후발성(late onset) 질환을 일으키는 어떤 돌연변이가 어느 가족에서 발견되었다면, 이 정보에 대해 누가 접근해야 하는가? 그러한 정보가 대중에 공개된다면, 공공연한 차별이 발생할 것이다. 고용자들은 이 가족 구성원을 고용하지 않으려 할 것이고, 의과대학들은 그들의 M. D. 프로그램에 이 재능 있는 젊은 학생의 입학을 허가하지 않을 것이다. 보험회사가 암 위험성을 높이는 돌연변이를 가진 사람이나 후발성 질환을 일으키는 돌연변이를 가진 사람들에게 건강 보험이나 생명보험을 제공하게 될까? 만약 그렇다면, 그 보험은 부자들이나 가능한 정도의 가격이 되진 않을까? 최근 사용가능한 유전정보의 양이 증가하고 있음을 고려 할 때, 미래에는 이러한 정보의 프라이버시를 보호할 수 있는 법이 필요할 것으로 보인다. 사실 미국에서는 유전적 차별 금지법(GINA)이 통과되었고(2008년 5월), 그 법은 고용주와 보험회사들이 유전자 DNA 검사로 얻은 정보들로 사람들을 차별하지 못하도록 보호해 줄 것이다.

인간의 단상형 지도개발 프로젝트(Hapmap Project)

인간의 유전체들은 많은 양의 유전적 변이들을 포함하고 있다. 6장에서는 유전체 내에서의 커다란 변화들—결실, 중복, 역위, 전좌—에 대해 논의했었다. 앞의 절에서는 8개의 인간유전체에 존재하는 중간 크기의 변화들—1kb에서 1mb 범위의 결실, 삽입, 그리고 역위들—에 대해 논의한 바 있다. 작은 변화들—한 두 개 내지 몇 개의 뉴클레오티드 쌍이 삽입되거나 결실 되는 것—은 훨씬 더 빈번하다. 인간 유전체에서 가장 흔한 변화는 하나의 단일 뉴클레오티드 쌍이 치환된 것으로, A:T쌍이 G:C로 바뀐다거나, C:C 쌍이 A:T 쌍으로 변화하는 것이다(13장). 이런 형태의 염기쌍 치환은 인간의 유전체에 많은 수의 **단일 뉴클레오티드 다형성**(***single-nucleotid polymorphisme*, SNPs;** "snips"으로 발음한다)을 만든다. 이런 SNP의 대다수는 유전자의 암호화 영역에 존재하지 않으며, 따라서 돌연변이 표현형을 만들지는 않는다. 두 사람의 같은 염색체를 서열화해서 비교한다면, 평균적으로, 1,200 뉴클레오티드쌍마다 하나의 SNP가 존재한다.

인간 유전체의 SNP들은 마이크로어레이 혼성화나 "유전자 칩" 기술 등(이 장의 후반부에 설명되어 있다. 마이크로어레이와 유전자 칩 부분을 참고하라)에 의해 추적이 가능하다. 간단히 말하자면, DNA 분자의 단일 뉴클레오티드 차이를 찾아낼 수 있는 혼성화 탐침자를 합성한다. 만약 하나의 DNA 분자가 이 탐침자와 완벽하게 상보적이라면, 둘은 결합할 것이다. 따라서, 한 개인의 DNA 일부분이 특정 지점에 A:T 염기쌍을 가지고 있고, 다른 사람의 해당 영역에는 그 지점이 G:C 쌍으로 되어 있다고 한다면, 이 두 사람은 DNA의 그 영역에 의해 유전적으로 구분될 수 있는 것이다. 이런 탐침자와 그 밖의 수 천 가지 진단용 탐침자들이 실리콘 판에 정렬되어 조직적으로 배열될 수 있으며(그림 15.16 참조), 이것은 개인들의 시료로부터 추출된 유전체 DNA에 존재하는 단일 뉴클레오티드 차이를 검사하는 데 사용될 수 있다. 일반적으로, 각 개인들로부터 얻은 DNA는 관심 영역 옆에 위치하는 프라이머를 이용하여 PCR에 의해 증폭되고, 그 증폭된 DNA를 표지하여 진단용 탐침자들이 배열된 판에 혼성화시키게 된다. 펠레젠 사이언스 사(Perlegen Sciences, Inc.)에 의해 수행된 한 연구에서, 연구자들은 이러한 마이크로어레이 기술을 이용하여 71명의 사람들에 대해 150만 곳 이상의 부위에서 유전자형을 결정하는 놀라운 성과를 거두었다! 서로 다른 여러 소집단들에서 이러한 다형성을 연구하면, 인간의 진화역사에서 중요한 유전적 사건들을 추적하고, 암이나 심장병 같은 질병에 대한 개인별 취약성들을 예측할 수 있을 것이다.

각 SNP들은 어떤 한 인간 집단에는 존재하지만 다른 집단에는 존재하지 않을 수도 있다. 존재하는 경우, 집단마다 그 빈도가 다를 수 있다. 인간 집단에 존재하는 대부분의 SNP들은 어떤 한 사람에서 생긴 단일 돌연변이가 집단 내에 퍼져 나감으로써 생긴 것이다. 어느 한 SNP는 돌연변이로 인해 그 SNP가 생겨날 때 그 조상 염색체에 이미 존재하고 있었던 다른 SNP와 연계될 수 있다. 가깝게 연관되어 있는 SNP들은 교차가 이들을 새로운 조합으로 섞어 놓을 가능성이 적기 때문에, 한 단위로 자손에 전달되는 경향이 있다. 같이 유전되는 경향을 나타내는, 한 염색체나 한 영역 상에 존재하는 SNP들은 단상형**(반수체형, haplotype)**이라고 불리는 유전적 단위가 된다(**■ 그림 15.13**). 물론, 진화 경로를 거치면서 돌연변이가 이런 단상형들을 변화시킬 것이며, 교차 역시 새로운 단상형을 만들게 될 것이다.

그들의 빈도와 유전체 상의 분포 때문에, SNP들은 훌륭한 유전적 표식자임이 증명되

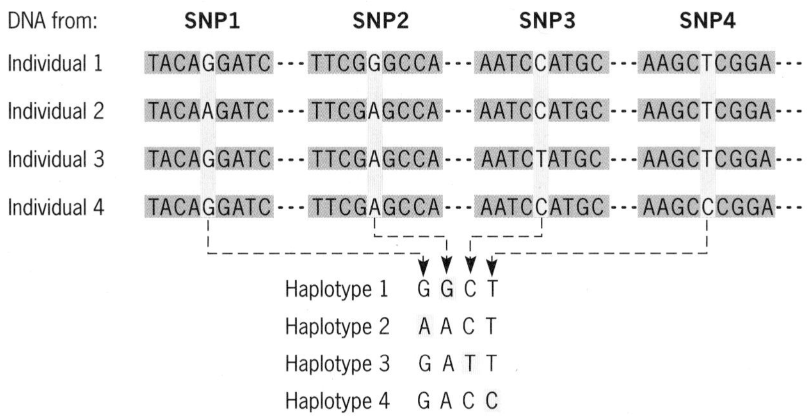

DNA from:	SNP1	SNP2	SNP3	SNP4
Individual 1	TACAGGATC---	TTCGGGCCA---	AATCCATGC---	AAGCTCGGA---
Individual 2	TACAAGATC---	TTCGAGCCA---	AATCCATGC---	AAGCTCGGA---
Individual 3	TACAGGATC---	TTCGAGCCA---	AATCTATGC---	AAGCTCGGA---
Individual 4	TACAGGATC---	TTCGAGCCA---	AATCCATGC---	AAGCCCGGA---

Haplotype 1 G G C T
Haplotype 2 A A C T
Haplotype 3 G A T T
Haplotype 4 G A C C

■ 그림 15.13 단상형들은 한 단위로 유전되는 경향이 있는 연관된 SNP들의 세트와 그 밖의 다른 유전적 표식자들로 이루어진다.

어왔다. SNP들로 정의되는 단상형에 대한 연구는, 서로 다른 민족 집단 간의 관계와 인류 진화에 대해 중요한 정보들을 제공하고 있다(24장 참조). SNP들과 단상형에 대한 연구는 또한, 연구자들이 유방암이나 녹내장, 루게릭 병으로 알려져 있는 근 위축성 측색 경화증(amyotrophic lateral sclerosis, ALS), 그리고 관절염 등과 같은 질병 감수성에 관여하는 유전자들을 찾을 수 있도록 도와준다. 이런 연구에서의 전략은, 많은 사람들의 SNP 유전자형을 결정하고, 그 SNS들(혹은 연관된 SNP들에 의해 결정된 단상형)과 특정 질병과의 연관을 탐색하는 것이다. 일단 어떤 연관이 발견되면, 그 SNP나 단상형은 어떤 한 개인이 그 질병에 걸릴 위험성을 예측하는 데 이용될 수 있으며, 잘하면 실제 그 질병을 유발시키는 유전자를 찾는데도 도움을 줄 수 있다.

인류 집단의 조상과 진화에 대한 연구, 그리고 질병과의 연관성을 밝히는 연구에서 SNP 단상형의 가치가 매우 크기 때문에, 세계의 연구자들은 국제적인 단상형 지도 개발 프로젝트(International HapMap Project)에 착수했다. 이 협력 사업의 목표는 여러 인류 집단에서 얻은 DNA를 이용하여 SNP들을 찾아내고 그 지도를 작성하는 것이다. 이 프로젝트에 의해 얻어진 정보들은 모든 유전체 연구자들을 위한 귀한 자원이 될 것이다.

요점

- *인간 유전체 프로젝트에 협력한 연구자들은 인간의 모든 염색체 24개에 대해 자세한 지도를 작성하였다.*
- *인간 유전체 프로젝트의 다른 참여자들은 여러 가지 모델 생물들의 유전체에 대해 완벽하거나, 거의 완전한 뉴클레오티드 서열을 결정했다.*
- *인간 유전체의 진정염색질 DNA에 대한 거의 완전한 서열이 2004년 10월에 발표되었다.*
- *전 세계의 과학자들이 인간 유전체의 전 세계적 유사성과 차이점을 규명하기 위한 목적으로 국제 인간 단상형 지도개발 프로젝트를 출범시켰다.*

유전체 기능을 위한 RNA와 단백질 분석

유전체 전체에 대한 뉴클레오티드 서열을 사용할 수 있게 되면서 유전자 마이크로어레이, 유전자칩, 그리고 리포터 유전자 기술들이 발달하게 되었고, 연구자들은 한 생물체에서 발현되는 모든 유전자들을 동시에 연구할 수 있게 되었다.

인간 유전체의 완전한 서열을 아는 것은 인간 질병을 일으키는 유전자를 찾고 이들 질병에 대한 성공적인 유전자 치료를 하는데 큰 도움을 줄 것이다. 그러나 이것은 이들 유전자가 무엇을 하는지, 그들이 어떻게 생물학적 과정들을 조절하는지에 대해 말해주지는 않는다. 실상 유전자, 염색체, 혹은 전 유전체의 서열 그 자체만으로는 아무런 정보도 주지 않는다. 그들의 기능에 대한 정보로 보강될 때 만이 그 서열들은 진정한 의미를 갖는다. 그러므로 뉴클레오티드 서열들의 기능에 대한 정보는 아직도 전통적인 유전학적 연구나 분자생물학적 분석들에 의해 얻어져야만 한다. 만약 유전학자들이 수정란에서 성인이 되기까지의 성장과 발생과정에 관여하는 유전적 조절과정을 이해하고자 한다면(20장 참조), 그들은 인간 유전체 서열보다 더 많은 것을 알아야 할 것이다. 그러나 인간 유전체의 궁극적 지도인 뉴클레오티드 서열을 이용할 수 있다면 형태발생(morphogenesis)을 조절하는 유전자 발현의 프로그램들의 이해에 대한 발전이 더욱 빨라질 것이다. "유전자 칩(gene chip)" 혼성화와 같은 새로운 기술의 발달은 완전한 유전체의 서열들을 이용할 수 있도록 고안된 것들이다(아래의 '마이크로어레이 혼성화와 유전자 칩' 참조).

발현된 염기서열들(EXPRESSED SEQUENCES)

커다란 진핵 생물의 유전체에서는 DNA의 아주 적은 부분만이 단백질을 암호화한다. 효모인 *S. cerevisiae*에서는 약 70%의 유전체가 단백질을 암호화하고, 약 2 kb마다 하나의 유전자가 존재한다. 인간의 경우, 유전체의 약 1% 만이 아미노산 서열을 지정하며, 130 kb 마다 하나의 유전자가 존재한다. 그러므로 유전체의 단백질-암호화 내용물에 집중하기 위해 많은 과학자들은 유전체 클론 보다는 cDNA(RNA 분자들에 상보적인 DNA; 14장 참조) 클론들이나 EST들을 분석해 왔다. 1996년 까지 공공의 데이터베이스는 600,000개 이상의 cDNA서열들을 저장하고 있었으며, 그중 450,000개가 인간의 cDNA 였다. 1997년 말이 되자 인간의 cDNA서열 숫자는 거의 두 배가 되어 약 800,000이 되었다. 그러나 이 cDNA서열 중 많은 수가 동일한 유전자 전사체에서 기인한 것이다. 단일 유전자 전사체의 서로 다른 단편으로부터나, 혹은 한 유전자의 전사체가 대체 스플라이싱 되는 것으로 인해 여러 개의 cDNA들이 나올 수 있다. 예를 들어, 혈청의 알부민을 암호화하는 인간의 유전자는 공공 데이터베이스에서 1,300개 이상의 EST로 나타난다.

서로 다른 유전자들의 전사체들은 보통 독특한 3′ 비번역 부위 때문에 구분이 가능하다—즉, 전사체의 3′ 번역코돈과 3′말단 사이 영역의 뉴클레오티드 서열이 다르다. 전사체들의 해당 3′ 비번역 부위들의 서열을 비교해 본 결과 cDNA들은 49,625 묶음으로 그룹이 지어졌다(각 묶음 내의 서열 일치도는 97%로 정함). 인간 유전체에 대해 두 초안이 발표되기 전에도 이 묶음의 숫자는 독립된 유전자들의 수에 대한 좋은 측정치로 간주되었다. 이들 서열 묶음 중에서 4,563개가 알려진 인간 유전자들에 해당된다. EST서열들로부터 유전자 수를 측정하는데 있어서의 한 가지 문제점은 EST들이 한 유전자 전사체의 겹치지 않은 영역으로부터 나온 것일 수 있다는 점이다. 어찌되었든, 현재 EST 데이터베이스로부터 추정된 인간의 유전자 숫자는 그 숫자를 너무 높게 하는 것으로 보인다.

마이크로어레이(MICROARRAYS)와 유전자 칩(GENE CHIPS)

유전체 전체의 서열이 주어지자, 유전학자들은 곧 생물체에서 모든 유전자의 발현을 연구하기 시작했다. 모든 ORF에서 나온 전사체 조각들에 상보적인 올리고뉴클레오티드 혼성화 탐침자를 합성할 수도 있고, 혹은 PCR로 유전체 각 유전자들의 사본을 다량으로 합성할 수도 있다. 그러므로 과학자들은 시간이 지남에 따라, 혹은 발생과정 동안, 또는 환경 변화에 대한 각 반응으로 나타나는 유전자 발현의 변화를 추적할 수 있게 되었다. 그러한 지식들은 암과 같은 인간의 질환이나 노화 과정 등을 이해하는 데 아주 유용한 것으로 판명되었다.

새로운 기술들은 하나의 막 또는 다른 견고한 지지기구 위에 수천 개의 혼성화 탐침자를 갖고 있는 **마이크로어레이(microarray)**를 과학자들이 만들 수 있게 하였다. 어떤 유기체의 유전체내 모든 유전자의 RNA 전사체에 상보적인 올리고뉴클레오티드를 합성할 수 있고, 이들을 혼성화 탐침자로 사용하기 위해 나일론 막, 유리 슬라이드, 그리고 실리콘 표면과 같은 고체 지지기구에 붙일 수 있다. 또는 올리고뉴클레오티드 사슬들을 실리콘 표면 위 마이크로 어레이 내에서 또는 마이크로비드(microbeads)의 배열 위에서 합성할 수 있다. **유전자 칩(gene chips)**의 경우, 수천개의 탐침자가 크기가 1–2 cm^2의 실리콘판에서 합성될 수

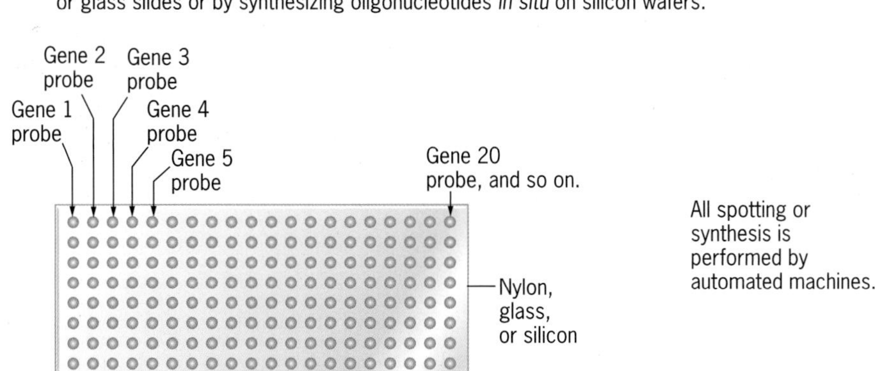
STEP 1 Prepare microarrays by spotting gene-specific oligonucleotides onto nylon membranes or glass slides or by synthesizing oligonucleotides *in situ* on silicon wafers.
Gene 1 probe
Gene 2 probe
Gene 3 probe
Gene 4 probe
Gene 5 probe
Gene 20 probe, and so on.
Nylon, glass, or silicon
All spotting or synthesis is performed by automated machines.

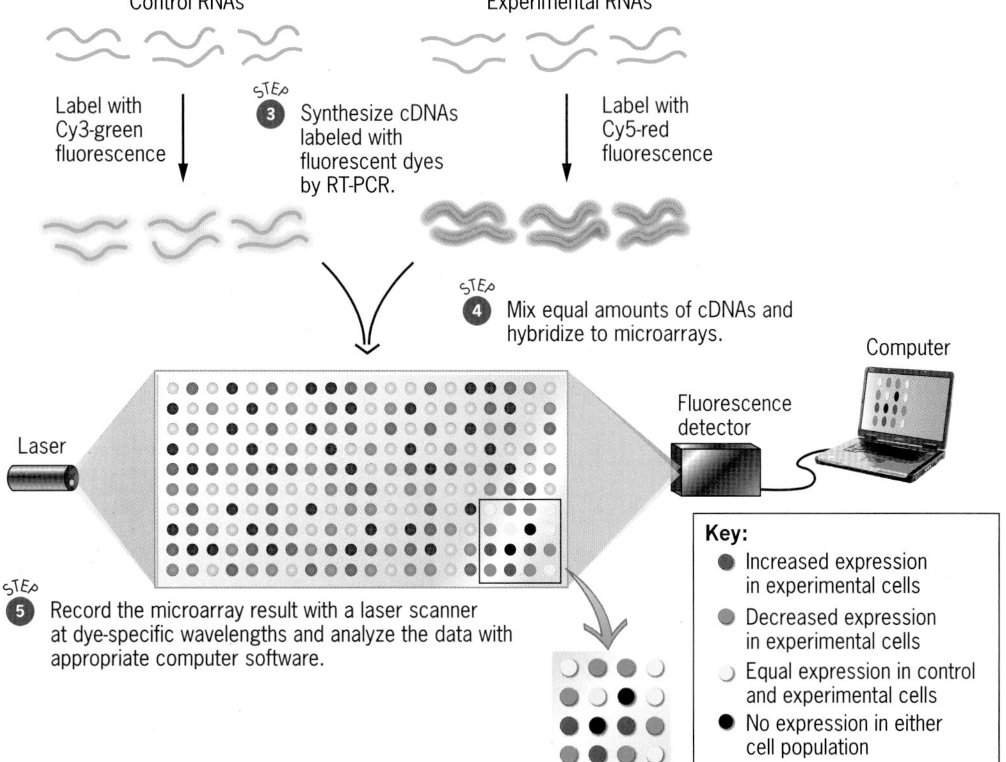
STEP 2 Isolate RNAs from control and experimental cells or tissues.
Control RNAs
Experimental RNAs
Label with Cy3-green fluorescence
STEP 3 Synthesize cDNAs labeled with fluorescent dyes by RT-PCR.
Label with Cy5-red fluorescence
STEP 4 Mix equal amounts of cDNAs and hybridize to microarrays.
Computer
Fluorescence detector
Laser
STEP 5 Record the microarray result with a laser scanner at dye-specific wavelengths and analyze the data with appropriate computer software.
Key:
Increased expression in experimental cells
Decreased expression in experimental cells
Equal expression in control and experimental cells
No expression in either cell population

■ 그림 15.14 유전자 발현을 연구하기 위한 마이크로어레이의 준비와 이용. 표준조직과 실험조직, 예를 들면 정상세포와 암세포로부터 RNAs를 분리하여 서로 다른 형광 물질로 표지된 cDNA를 만드는데 사용하였다. 동량의 cDNA들을 혼합하여 관심 유전자의 cDNA에 상보적인 탐침자들을 포함하고 있는 마이크로어레이에 혼성화시켰다. 혼성화 후 두 형광물질로 표지된 cDNA 집단의 신호를 측정하고 잡음은 제거하는 컴퓨터 소프트웨어와 예민한 레이져 스캐너를 사용하여 이 신호들을 분석하였다.

있다. 하나의 유전자 칩은 수천 개의 유전자들의 발현을 연구하는데 사용될 수 있다.

분석될 RNA들은 표본의 조직이나 세포로부터 분리되어져—예, 정상 세포와 암 세포—RT-PCR을 이용하여 형광 물질이 표지된 cDNAs를 합성하는데 사용된다(14장 참조). 표지된 이 cDNA들은 유전체내 모든 유전자 또는 표본 내 유전자들의 발현 정도를 비교하기 위해 마이크로어레이의 탐침자에 혼성화된다(■ 그림 15.14). 혼성화가 완료된 후 그 어레이는 세척되고 마이크로미터 해상도의 레이져와 형광 검출기로 자세히 조사된 후, 그 결과는 비특이적 반응에 의한 신호들은 제거하고 확실한 결과는 증폭시키도록 만들어진 컴퓨터 소프트웨어를 이용하여 기록하고 분석된다(■ 그림 15.15). ■ 그림 15.16의 유전자 칩은 한 개의 실리콘판 위에 10,000개 이상의 올리고뉴클레오티드 탐침자들이 포함된 마이크로어레이를 보여준다.

유전체 서열화 사업과 유전자 마이크로어레이 혼성화 기술은 전 유전체의 발현에 초점

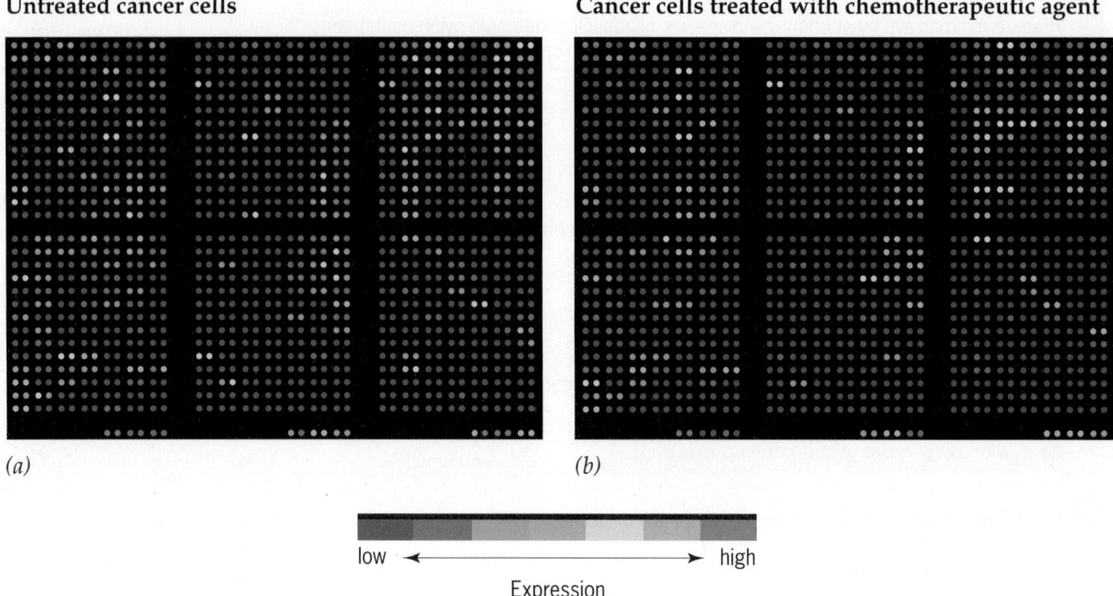

■ 그림 15.15 (*a*) 항암제를 처리하지 않은 인간 암 세포와 (*b*) 항암제를 처리한 인간 암 세포의 588 유전자의 발현 정도를 비교한 마이크로어레이 혼성화 데이터. 사진은 마이크로어레이에서 혼성화 신호의 강도를 측정하기 위해 스캐너를 사용하여 얻어 적절한 컴퓨터 소프트웨어를 사용하여 볼 수 있는 영상으로 변환한 것이다. 항암제로부터 유도된 유전자 발현 강도 변화는 두 개의 어레이를 비교함으로써 알 수 있다.

을 맞추는 기능 유전체학(functional genomics)이라는 새로운 학문 분야를 탄생시켰다. 그러나 일부 유전학자들은 이것이 줄곧 유전학의 원래 목표였다고 주장한다. 이 분야의 지식이 발전해가면서, 유전학자들은 점점 더 많은 유전자들의 발현을 연구하는 것이 가능해졌다. 이제, 사상 처음으로 그들은 한 생물체에서 동시에 모든 유전자들의 발현을 연구할 수 있게 되었다. 탐침자 마이크로에레이를 이용하여 유전학자들은 출아성 효모에서 거의 6,000

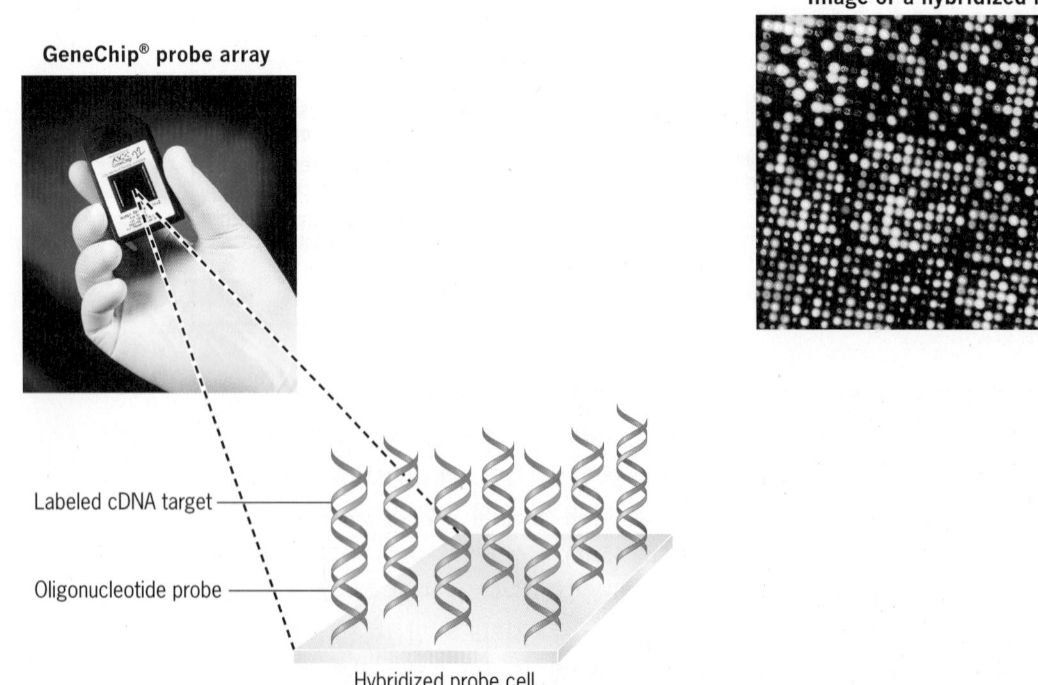

■ 그림 15.16 유전자 칩의 사진(왼쪽 위)과, 한 생물의 모든 유전자 발현을 한꺼번에 분석하는 데 사용되는 유전자 칩의 도해. 이 유전자 칩은 수천 개의 올리고뉴클레오티드 혼성화 탐침자를 포함하고 있다. 연구자들은 유전자 칩을 이용하여 한 번의 실험으로 수천 개 유전자들의 전사체를 측정할 수 있다.

개의 유전자들에 대한 발현을 분석할 수 있으며, 초파리에서는 약 17,000 유전자의 발현을, 애기장대에서는 대략 26,000개의 유전자를, 인간에서는 약 20,500 유전자들의 발현을 연구할 수 있도록 하는 DNA 칩도 사용할 수 있게 되었다. 전 유전체의 발현을 분석할 수 있는 능력은 생물학에서 현재 새로운 지식의 폭발적 증가를 더욱 가속화시킬 것이며, 결국에는 인간의 정상적인 발달과정과 적어도 인간 질병을 일으키는 원인들에 대한 이해를 촉진시키게 될 것이다.

단백질 합성의 리포터로 사용되는 녹색 형광 단백질

어레이 혼성화와 유전자 칩은 유전자가 전사되었는지를 결정하는 데 사용될 수 있다. 그러나 그것은 유전자 전사체가 어떻게 번역되는지에 대한 정보는 주지 못한다. 그러므로 생물학자들은 종종 관심 유전자의 단백질 산물들을 추적하기 위해 항체를 사용한다. 웨스턴 블롯(western blot)들은 전기영동으로 분리된 단백질들을 추적하는 데 이용되고(14장), 생체에서는 형광성분과 연계된 항체가 단백질의 위치를 추적하는 데 사용된다. 그러나 이러한 접근들에서는 모두 세포나 조직, 혹은 생물체의 한 단백질에 대해 한 지점의 시기에 대해서만 분석이 이루어진다.

자연적으로 존재하는 형광단백질인 해파리(*Aequorea victoria*)의 **녹색형광 단백질(green fluorescent protein, GFP)**의 발견으로 단백질 수준에서의 유전자 발현 연구를 할 수 있는 중요한 도구가 마련되었다. GFP는 이제 다양한 종류의 살아 있는 세포에서 특정 단백질의 합성과 분포를 모니터 하는데 사용된다. 이러한 연구들에서는 GFP를 암호화하는 뉴클레오

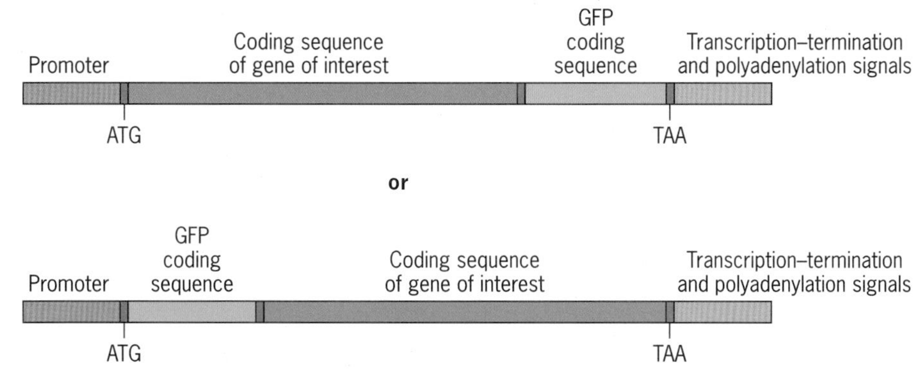

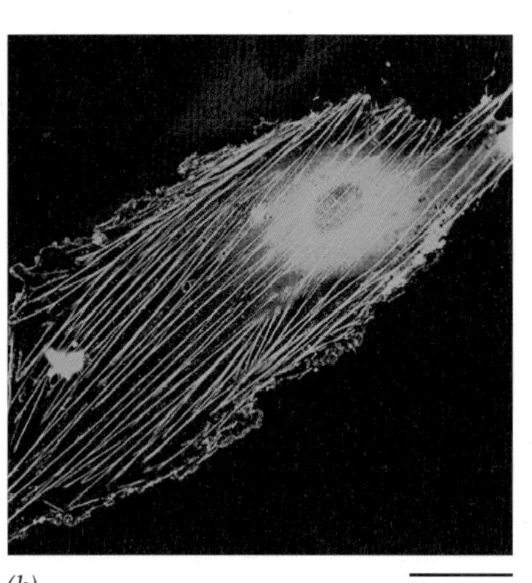

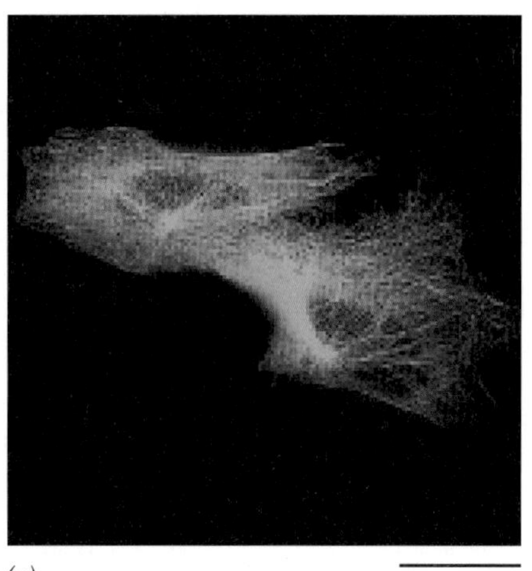

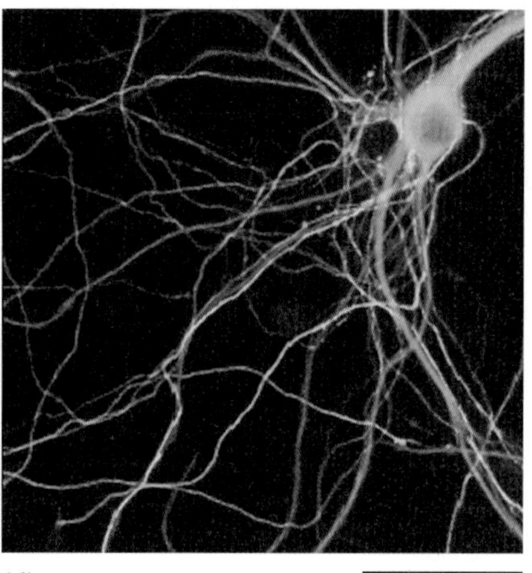

■ 그림 15.17 해파리의 녹색 형광 단백질(Green fluorescence protein, GFP)이 살아 있는 세포의 단백질 위치를 연구하는 데 사용된다. (*a*) GFP 융합 유전자의 구조. GFP 암호화 서열은 관심 유전자의 양 말단이나 중간에 위치하도록 할 수 있다. (*b–d*) 면역 형광법으로 GFP가 달린 단백질들의 위치를 알아낸다: (*b*) 섬유아세포의 평활근 액틴; (*c*) 차이니즈 햄스터 난소 세포들의 미세소관 구조 단백질; (*d*) 두 가지 미세소관 결합 단백질인 MAP2(청색 발광 GFP를 표지)와 녹색 형광을 내는 GFP로 표지된 tau를 쥐의 뉴런에서 이중 표지한 것, 현미경의 필터를 사용했기 때문에 MAP2와 tau는 각각 붉은 색과 녹색으로 보인다.

티드 서열을 포함한 융합 유전자를 만들어, 관심 단백질을 암호화하는 뉴클레오티드 서열의 프레임에 결합시키도록 하고; 이 융합 유전자를 형질전환으로 세포에 도입시킨 후; 형질전환된 세포의 융합 단백질을 청색광이나 UV에 노출시켜 형광을 분석한다(■ **그림 15.17**). GFP는 작은 단백질이기 때문에 융합되는 관심 단백질의 활성을 방해하거나 다른 세포 내 구성성분들과의 상호작용에 영향을 미치지 않는다.

이름이 의미하는 바와 같이 GFP형광은 청색광이나 자외선에 노출되면 밝은 녹색을 나타낸다. GFP의 발색은 암호화된 세린/티로신/글리신의 세 펩티드가 번역 후에 고리화와 산화를 거치면서 이루어진다. 이 발색단은 다 만들어진 단백질이 통 모양으로 접히면서 그 안에 들어가기 때문에 이온이나 용매의 효과로부터 보호된다. 다른 생체발광 단백질들과는 달리, GFP는 발광하기 위해 기질이나 보조인자, 혹은 다른 어떤 물질도 필요로 하지 않으며 단지 청색광이나 UV에 노출시키기만 하면 된다. 그러므로 GFP는 살아 있는 세포에서의 유전자 발현을 연구하고, 오랜 시간에 걸쳐 세포 내 단백질의 위치변화나 움직임을 살피는데 이용된다. GFP 유전자를 돌연변이화 시킴으로써, 분자생물학자들은 청색이나 노란 색을 띠는 변형형태, 혹은 야생형 GFP 보다 35배나 더 밝은 변형형태, 그리고 미소 환경의 pH에 의존적으로 형광을 발하는 GFP들을 만들어냈다. 이러한 GFP 변형체들은 동시에 둘 이상의 단백질에 대해 세포 내 합성이나 위치를 연구하는 데 사용될 수 있다(그림 15.17*d*).

일부 유전학자들은 특정 약물이나 잠재적 치료제를 처리한 세포의 반응으로 나타나는 특정 대사 경로에서 이에 관여하는 단백질들을 암호화하는 유전자들의 발현 변화를 연구하는데 GFP 융합법을 사용하기도 한다. 그들은 연구하고자 하는 유전자의 프레임에 GFP 암호화 영역을 융합한 합성유전자를 만들어 숙주 세포에 도입한 후, 전기영동하여 분리하거나 혹은 다른 기술을 이용하여 융합 단백질의 형광을 정량함으로써 이들의 발현을 추적한다. 계속 개발되는 기술들로 과학자들은 미세관 전기영동(작은 미세관에서 수행되는 전기영동)으로 GFP 융합 단백질을 분리하고, 아주 감도가 좋은 미세발광추적기(microphotodetector)와 세련된 컴퓨터 소프트웨어들로 모니터함으로써 다수의 GFP 융합단백질들의 발현 수준 변화를 연구할 수 있게 되었다. 정말로, 멀지 않은 미래에, 기능 유전체학은 유전자 전사체를 추적하기 위해 DNA칩을 사용하며, 이들 전사체에서 암호화되는 폴리펩티드를 추적하기 위해서는 "단백질 칩"을 사용하는 과정을 포함하게 될 것이다.

요점

- *유전체의 완전한 뉴클레오티드 서열이 일단 결정되면, 과학자들은 그 생물체의 모든 유전자들에 대해서, 공간적 발현 패턴에 대한 연구를 할 수 있다.*
- *유전자 특이적 혼성화 탐침자들이 유전자 칩 상에서 아주 조밀하게 배열되는 기술을 이용하여 연구자들은 수 천개 유전자들의 전사를 동시에 연구할 수 있게 되었다.*
- *녹색의 형광 단백질(해파리에서 분리된)을 만드는 유전자의 암호서열과, 연구하는 생물에서 분리된 유전자를 융합하여, 살아 있는 세포에서 해당 단백질의 위치를 추적할 수 있다.*

비교유전체학(Comparative Genomics)

한 생물체의 유전체 뉴클레오티드 서열을 비교하는 것은 분류학적 연관을 더 잘 이해하게 해 줄 뿐 아니라, 공동 조상으로부터 종의 진화를 일으킨 변화를 이해할 수 있도록 한다.

우리는 이제 2,500종 이상의 바이러스, 1,400종 이상의 고세균과 진정세균들, 그리고 41개의 진핵생물들(다른 370개의 유전체가 조립되고 있으며 630개의 유전체가 서열화 과정 중에 있음)의 유전체에 대한 완전한 뉴클레오티드 서열을 가지고 있으며 이것은 총 약 1,220억 뉴클레오티드의 DNA에 해당하는 분량이다. 이것을 어떻게 사용할 수 있을까? DNA 분자의 서열 자체로는 정말로 아무런 정보를 주지 못한다. 유전학에서는 다양한 단위의 DNA가 가지는 기능을 알아내기 위해 돌연변이 분석법을 사용한다. 그러나 자료은행의 방대한 서열정보들로부터는 어떤 자료를 뽑아 낼 수 있을까? 여기서는 매일매일 축적되는 방대한 수의 새로운 서열들과 현재 사용이 가능한 DNA서열들로부터 정보를 "발굴하는(mine)" 몇 가지 도구들에 대해 간단히 논의해 보고자 한다.

인간 유전체 서열로 의학계에서는 새로운 접근이 이루어질 것이고, 개인의 유전자형에 따라 치료가 이루어지게 될 것이라는 약속을 들어왔다. 예를 들어, *BRCA1*(*BR*east *CA*ncer *1*)이나 *BRCA2* 유전자에 돌연변이를 가진 여자들은 의사들에 의해 다른 여자들보다 더 유방암에 대해 경계심을 가지고 주의 깊게 관찰될 것이다(21장 참조). 그러나 전통적인 유전병 치료에 대한 것이 아닌, 개인의 유전자형에 기초한 의료 치료는 대부분의 경우 아직은 먼 미래의 얘기다. 그렇다면, 유전체 시대의 즉각적 기여는 무엇인가? 이 질문에 대한 답은 분명해 보인다 — 즉, 생물종들이나 분류군들 사이의 진화적 연관성에 대한 이해의 증가라고 할 수 있겠다. 생물들의 유전체 뉴클레오티드 서열들을 비교 — **비교유전체학(comparative genomics)**라고 불리는 연구분야 — 함으로써, 과학자들은 공통조상에서 분기한 종들에서 일어난 많은 변화들을 기록 할 수 있게 되었다. 비교유전체학은 유전학 연구에 있어 강력하고 새로운 도구이다. 진화의 "나무" — 즉, 생물종들이나 분류군들 간의 연관 관계를 보여주는 계통수(phylogeny) — 가 DNA서열을 바탕으로 구성 될 수 있다(분자 계통학에 대해서는 24장을 참조할 것). 우리는 이 장의 마지막 두 절에서 곡류 식물과 몇 가지 포유동물들의 유전체에서 일어난 변화들을 간단히 살펴보고자 한다. 24장은 진화과정에 대한 좀 더 자세한 논의를 제시한다.

생물 정보학

전체 유전체 뉴클레오티드 서열에 대한 지식은 풍부한 정보와 함께 새로운 도전을 제공했다. 우리는 이들 서열들로부터 어떻게 정보를 추출해 낼 수 있는가? 이러한 도전은 **생물 정보학(Bioinformatics**, **bio**logy + **informatics)**이라고 불리는 새로운 과학적 연구 분야를 생겨나게 했다. 여러분들은 모두 생물학이란 생명에 대한 연구라는 것을 알고 있을 것이다. 정보학이란 기록된 정보들을 수집하고, 조작하고, 저장하고, 다시 추출하고, 분류하는 과학이다. 생물 정보학은 생물학적 정보 — 특히 DNA나 단백질 서열들 — 들로 이 모든 일들을 하는 것을 포함한다. 생물 정보학에 관한 통합적 논의는 이 교재의 범위를 벗어난다. 그렇지만 DNA의 뉴클레오티드 서열과 단백질의 아미노산 서열을 연구하는 데 사용되는 몇 가지 도구들에 대해 간단하게 다루어 보기로 하자.

여러분들이 좋아하는 생물체로부터 분리된 DNA 제한 단편을 이제 막 서열화 했다고 가정하자. 여러분은 이 DNA 분자의 기능 분석을 어떻게 시작할 것인가? 우선, 여러분들은 아마도 누군가가 이전에 이 DNA를 서열화 했었거나, 혹은 이와 유사한 DNA를 서열화 한 적이 있는지 물을 것이다. 이러한 질문에 답하려면, 여러분은 비슷한 서열들을 찾을 수 있는 방대한 DNA 데이터베이스를 검색하는 컴퓨터 프로그램이 필요하다. 1980년대에 서열 데이터베이스를 검색하도록 고안된 소프트웨어 프로그램이 처음 개발되었고, 오늘날에는 여러분들이 상상할 수 있는 어떤 것이라도 할 수 있도록 디자인된 프로그램들이 있다. 좀 더 유명한 것들 중 몇몇은 위스콘신 대학의 유전학 컴퓨터 그룹(Genetics Computer Group, GCG)에서 개발된 것들이다. 우리는 뉴클레오티드 서열들이 어떻게 연구되는지를 설명하는데 그들의 프로그램을 몇 가지 사용해 볼 것이다.

이 장의 초반에(Focus on: '유전자은행' 참조), 우리는 Entrez 웹사이트(http://www.ncbi.nlm.nih,gov/entrez)에서 megaBLAST 소프트웨어를 이용하여 탐색 서열과 비슷한 DNA서열을 찾는 것에 대해 논의했었다. 방대한 데이터베이스를 빠르게 검색하는데 사용되는 또 다른 프로그램은 FASTA라고 불리는 것이다. Focus on의 유전자은행(GenBank) 연습문제에서 수행한 검색에서 우리는 애기장대의 β9-튜불린 일부를 암호화하는 서열을 발견했었고 그것이 이 식물의 β8-튜불린 유전자와 매우 연관이 깊음을 알 수 있었다. 게다가 BLAST의 비교 배열 도구는 우리의 탐색 서열이 두 유전자들 각각과 얼마나 유사한지를 정

문제 풀이 기술

DNA 염기서열 조사를 위한 생물 정보학 이용

문제

여러분은 Craig Venter와 James Watson의 선계를 따라 자신의 DNA를 서열화하기로 결정했다. 첫 번째 100개의 뉴클레오티드는 acatttgctt ctgacacaac tgtgttcact agcaacctca aacagacacc atggtgcatc tgactcctga ggagaagtc gccgttactg ccctgtgggg의 서열이었다. 이 DNA의 기능은 무엇인가? 어떤 염색체에 위치해 있는가? 그 서열은 독특한 것인가, 아니면 당신의 유전자 안에 유사한 서열이 있는가? 이 제시된 서열은 다른 종의 유전자에는 있는가?

사실과 개념

1. 전체 인간 유전자는 — 이질염색질 안의 높게 반복되는 DNA의 몇몇 구역을 제외하고 — 서열화되었고 그 서열들은 GenBank 안에 저장되어 있다.
2. 우리와 밀접한 관련이 있는 몇몇 다른 포유류 유전자의 서열 — 침팬지 — 또한 GenBank에서 사용가능하다.
3. NCBI 웹사이트(http://www.ncbi.nlm.nih.gov/)에는 특정 DNA서열 또는 이 서열에 의해 암호화되는 단백질을 찾을 수 있는 생물정보학 도구들이 있다.
4. BLAST(*B*asic *L*ocal *A*lignment *S*earch *T*ool) 소프트웨어는 특이적인 유전자 서열 또는 GenBank 안에 있는 유사한 서열들을 찾을 수 있게 해준다.
5. NCBI 웹사이트는 또한 특이적인 DNA서열과 그 생산물에 관한 연구 결과를 기록한 저작물들을 찾을 수 있도록 해준다.

분석과 해결

GenBank 뉴클레오티드 데이터베이스 내의 "Human genomic + transcript" 서열로 BLAST Search를 하면 100개의 뉴클레오티드가 11번 염색체 위의 인간 β-globin 유전자(*HBB*)의 일부분이라는 것을 알려준다. 그 100개의 뉴클레오티드 서열은 인간 *HBB* 유전자의 한 가닥의 서열과 똑같다. 이 서열은 β-globin 유전자 가까이에 위치해 있는 인간의 δ-globin 유전자의 서열과 매우 유사하다(93% 동일함). 모든 NCBI Genomes(Chromosomes)의 BLAST 검색은 침팬지(*Pan troglodytes*)의 11번 염색체 위의 상동서열로부터 오직 1개의 뉴클레오티드 서열이 다르다는 것을 보여주고 붉은 털 원숭이(rhesus monkey)(*Macaca mulatta*)의 14번 염색체 위에 있는 상동서열과는 단지 7개의 뉴클레오티드가 다른 것을 보여 준다. 분명히 β-globin 유전자의 서열은 모든 영장류에 높게 보존 되어있다. 정말로 더 자세한 조사는 모든 척추동물의 β-globin 유전자가 높게 보존되어 있다는 것을 보여줄 것이다.

더 많은 논의를 보고 싶으면 Student Companion 사이트를 방문하라.

확하게 보여주었다. 여기에서 논의된 기구를 사용하여 더 많은 경험을 얻기 위해선 문제 풀이 기술 부분의 'DNA 염기서열 조사를 위한 생물정보학의 이용' 부분을 보라.

이제 우리의 새로운 서열이 GenBank에서 나타나지 않는다고 하자. 그러면 우리는 이것의 분석을 어떻게 시작할 수 있을까? 뉴클레오티드 서열 내에서 유전자를 찾는 가장 기본적인 단계는 개방해독틀(*o*pen *r*eading *f*rame, ORF)을 찾는 것이다. 이것은 번역틀 내에서 번역 종결 코돈을 만나지 않고 아미노산 서열로 해독될 수 있는 서열을 말한다. "Map"은 이중가닥 DNA를 가능한 6개의 해독틀로 번역할 수 있는 GCG프로그램이다(각 DNA가닥 당 3개씩의 틀이 가능하다). 녹조류인 클라미도모나스(*Chlamydomonas reinhardti*)로부터 얻은 짧은 DNA 조각에서 ORF를 찾아보도록 하자(■ **그림 15.18**). 아미노산에 대한 표준 세 문자 약어는 커다란 단백질 데이터베이스를 다룰 때에는 매우 불편하다; 따라서 생물 정보학 분석에서는 한 문자의 암호(그림 12.1)가 선호된다.

클라미도모나스 DNA의 짧은 단편은 모두 3개의 해독틀에서 번역되는데, 그 중 번역틀 5번만이 종결코돈이 없다(그림 15.18). 따라서 이 DNA 단편 부분을 통과하는 어떤 ORF가 있다면 아마 해독틀 5번으로 읽힐 것이다. 물론, 우리가 유전자를 찾고 있다면, 보통은 그림 15.18의 짧은 DNA서열보다는 훨씬 긴 ORF를 찾으려 할 것이다. 유전자를 찾기 위한 뉴클레오티드 검색을 위해 개발된 소프트웨어들은 프로모터(promoter)나 리보솜 결합 부위(ribosome-binding site), 그리고 다른 보존 서열들을 검색 할 수도 있다. 진핵생물의 경우 유전자에서 나타나는 인트론(intron)들 때문에 원핵생물에서보다 유전자 검색이 더 어렵다. 진핵생물의 유전자검색에는 ORF와 다른 조절 서열들 뿐 아니라 인트론 스플라이싱 부위의 검색까지도 포함된다. 오늘날, 유전자 검색 프로그램들은 각 생물종들이 가지는 개별 유전체의 특징들에 맞춰져 있다. 예를 들어, 염기조성, 코돈 사용도, 그리고 조절 요소들에서 선호되는 특이 서열들 등이다. 예상된 유전자가 진짜이고 그 인트론들이 정확하게 발견된 것인지를 확실하게 아는 방법은 완전한 길이의 cDNA 클론을 해당 유전체 클론의 서열과

DNA sequence

```
                    5' ggcgtgtattaaattgggtaactcttcattgcgtggtgttgtagatagatgagggatggc 3'
Nucleotide pair: 1                                                                    60
                    3' ccgcacataatttaacccattgagaagtaacgcaccacaacatctatctactccctaccg 5'
```

Translation products

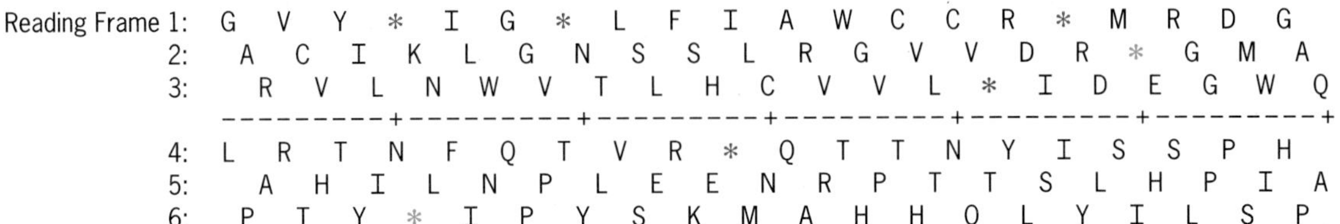

Reading Frame 1: G V Y * I G * L F I A W C C R * M R D G
2: A C I K L G N S S L R G V V D R * G M A
3: R V L N W V T L H C V V L * I D E G W Q
4: L R T N F Q T V R * Q T T N Y I S S P H
5: A H I L N P L E E N R P T T S L H P I A
6: P T Y * I P Y S K M A H H Q L Y I L S P

■ 그림 15.18 *C. reinhardtii*의 60염기쌍 조각의 번역으로부터 6가지의 모든 번역틀에서의 ORF를 찾기 위해 위스컨신 GCG"Map" 프로그램을 사용한 것. 5번을 제외한 모든 번역틀에 번역종결 암호가 있음에 주목하라. 그러므로 이것만이 좀 더 큰 ORF 한 부분이 될 수 있는 해독틀이다. 번역은 항상 5′→3′ 방향임을 기억하라: 그러므로 아미노 말단은 1-3번 산물에서는 왼쪽에, 4-6번 산물에서는 오른쪽에 존재한다. 번역 종결 부위는 별표로 표시했으며, 각 해독틀에 따라 붉은 색, 녹색, 청색 등으로 표시한 밑줄에 상응하는 곳이다.

비교하는 것뿐이다. 현재 십여 가지의 유전자 예상 프로그램들이 존재한다; GRAIL(*G*ene *R*ecognition and *A*nalysis *I*nternet *L*ink), GeneMark(대장균의 유전자 검색에 처음 사용된 것 중 하나), GeneScan, GeneFinder 등이다.

진핵생물 유전체의 한 가지 공통점은 유전자군(gene families)들이 존재한다는 것이다 — 이들은 매우 비슷한 단백질들을 암호화하는 유전자들의 집단이다(종종 이 단백질들은 isoform이라고 불린다). 이 단백질들은 보통 기능들이 중복되거나 겹친다. 유전자군의 모든 유전자들을 비교하기 위해서 생물 정보학자들은 다수의 뉴클레오티드나 아미노산 서열들을 배열시켜 유전자군이나 단백질군의 모든 구성원들을 직접 육안으로 비교할 수 있는 프로그

```
Tubulin     Amino acid                                                                 Amino acid
β6:         1  MREILHIQGGQCGNQIGsKFWEVVCdEHGIDpTGRYvG nsDLQLERVNVYYNEASCGRyV  60
β8:         1  MREILHIQGGQCGNQIGAKFWEVVCAEHGIDsTGRYqG enDLQLERVNVYYNEASCGRFV  60
β2 and β3:  1  MREILHIQGGQCGNQIGAKFWEVVCAEHGIDpTGRYtGD SDLQLERiNVYYNEASCGRFV  60
β7:         1  MREILHIQGGQCGNQIGSKFWEVVnIEHGIDqTGRYvGD SeLQLERvNVYYNEASCGRYV  60
β5:         1  MREILHIQGGQCGNQIGSKFWEVICDEHGIDsTGRYsGDtADLQLERINVYYNEASGGRYV  61
β1:         1  MREILHvQGGQCGNQIGSKFWEVICDEHGvDpTGRYnGDSADLQLERINVYYNEASGGRYV  61
β4:         1  MREILHIQGGQCGNQIGAKFWEVICDEHGIDbTGQYvGDS pLQLERIdVYFNEASGGKYV  60
β9:         1  MREILHIQGGQCGNQIGAKFWEVICgEHGIDqTGQscGD tDLQLERINVYFNEASGGKYV  60
Conserved seqs.   1         2          3                      4        5
```

■ 그림 15.19 한 글자 아미노산 암호를 이용하여 다수의 단백질 서열들을 비교배열 한 것(그림12.1 참조). GCG의 "PileUp" 프로그램으로 얻은 이 배열은 Arabidopsis의 8개 베타 튜불린들의 아미노 말단 부위를 비교한 것이다. 이들은 9개 유전자의 산물들인데, *TUB2*(*TU*bulin *B*eta number *2*)와 *TUB3*은 동일한 산물(β2와 β3 tubulin)을 암호화한다: 이 두 유전자들은 코돈들에서 비특이적인 세 번째 염기들에 해당하는 부위에서만 차이가 난다. 가장 비슷한 서열들이 서로 묶여 있다. 대문자로 쓰여진 아미노산 암호는 인접 서열들이 동일할 때 사용된 것이고, 인접 서열들이 서로 다를 때는 소문자 암호가 사용되었다.

램들을 개발했다. 다수의 비교배열들(multiple alignment)은 단백질 결합 부위와 같은 중요한 조절 요소들로 작용하는 보존된 DNA서열들을 찾아내는 데 특히 유용하다. 이들은 또한 단백질 내의 중요하고, 따라서 보존되어 있는 기능적 도메인들을 찾아내는 데도 유용하게 사용된다. ■ **그림 15.19**는 애기장대의 8개 β-튜불린 유전자들의 아미노 말단들을 배열시켜 놓은 것을 보여준다. 60개 내지 61개의 아미노산들 내에서 4개 정도의 아미노산들이 5영역에서 8개의 모든 단백질들에 보존되어 있음에 주의하라.

그림 15.19의 8개의 β-튜불린을 암호화하는 9개의 유전자들처럼, 매우 유사한 뉴클레오티드 서열을 가진 유전자들은, 항상 그런 것은 아니지만, 종종 그 유사성의 원인을 공동 조상 유전자에서 진화한 것에서 찾을 수 있다. 그러한 유전자들을 **상동적(homologous)**이라고 한다; "비슷하다(similar)"는 것과 "**상동적(homologous)**"이라는 말은 서로 동의어가 아님에 유의하라. 애기장대의 9개의 β-튜불린 유전자들은 상동적이다; 즉, 그들은 상동유전자(homologues)들이다. 정말로, 이 유전자들 중 2개는 최근(진화 시간 규모로)에 유전자 중복 사건에 의해 생긴 것이다; 그들은 오직 30염기쌍(코돈의 비특이적 중복성 염기에 해당)만이 다르며 동일한 폴리펩티드를 암호화한다. 이러한 유전자들은 **동종상동유전자(paralogous gene)** 혹은 **패러로그(paralogue)**—종 내의 상동유전자—라고 한다. 서로 다른 종들 사이의 상동성 유전자들은 **이종상동성 유전자(orthologous gene)** 혹은 **오르소로그(orthologue)**라고 부른다. 애기장대와 클라미도모나스의 튜불린 유전자들은 오르소로그(orthologue)들이다.

원핵생물의 유전체

*Haemophilus influenzae*는 유전체가 완전히 서열화된 최초의 세포성 생물이 되었다; 그 서열은 1995년에 출간되었다. 2011년 2월까지 1,412종의 고세균과 세균들에서 전체 유전체 서열이 공공 데이터베이스에 등록되어 사용 가능해졌고, 다른 3,695종의 서열화 프로젝트가 진행 중에 있다. 서열화된 유전의 크기 범주는 절대공생자인 *Nanoarcharum equitans*의 490,885 bp부터, 비공생 세균들 중에서 가장 작은 유전체를 가졌을 것으로 생각되는 *Mycoplasma genitalium*의 580,076 bp; 다른 어떤 감염성 세균보다도 많은 생명을 앗아간 질병의 원인인 *Mycobacterium tuberculosis*의 4,403,837 bp; 가장 잘 알려진 세포성 미생물인 *Escherichia coli* K12의 4,639,675 bp; 식물 뿌리의 혹을 형성하는 토양세균인 *Bradyrhizobium japonicum*의 9,105,828 bp에 이르기까지 매우 다양하고 넓다. 몇 가지 원핵생물의 유전체 크기와 예상 유전자량은 표 15.1에 실려 있다; 완전한 목록은, http://www.ncbi.nlm.nih.gov/

표 15.1

몇 가지 원핵생물 유전체들의 크기와 유전자량

Species	Genome Size in Nucleotide Pairs	Predicted Number of Genes
Archaea		
Nanoarchaeum equitans	490,885	582
Sulfolobus solfataricus	2,992,245	3,033
Eubacteria		
Bradyrhizobium japonicum	9,105,828	8,373
Escherichia coli, strain K12 MG1655	4,639,675	4,467
Escherichia coli, strain O157 EDL933	5,528,970	5,463
Legionella pneumophila, strain Paris	3,503,610	3,136
Mycobacterium tuberculosis, strain CDC	4,403,837	4,293
Mycobacterium genitalium	580,076	525
Yersinia pestis, strain KIM	4,600,755	4,240

Data are from the NCBI Web site (http://www.ncbi.nim.nih.gov/Genomes).

genomes/lproks.cgi를 보라.

세균 유전체에 대해 좀 더 자세히 논의하기에 앞서, 우리는 종 내에서도 유전체의 크기가 매우 다양하다는 것을 좀 강조할 필요가 있겠다. 실상, *E.coli*, *Prochlorococcus marinus*, 그리고 *Streptococcus coelicolor* 등에 대한 연구들은 같은 종이라도 서로 다른 계통들 사이에서 거의 백만 뉴클레오티드 쌍의 크기까지 차이가 난다고 보고하고 있다.

현재까지 서열화된 세균의 유전체들 중에서 *E. coli* K12의 유전체의 서열은 생물학자들을 가장 흥분시켰던 것 중 하나이다. *E. coli*는 지구상에서 가장 많이 연구되어 가장 잘 알려진 세포성 생물이다. 유전학자, 생화학자, 분자생물학자들은 수십 년 동안 모델 생물체로서 *E. coli*를 이용해왔다. 세균 유전학에 대해 알려진 거의 대부분이 *E. coli*의 연구로부터 나온 것이다. 그러므로 1997년 *E. coli* 유전체의 완전한 서열 발표는 유전학의 역사에서 중요한 이정표가 되었다. *E. coli* 유전체는 4,467개의 단백질 암호화 유전자들을 포함하고 있을 것으로 추정된다. 알려져 있거나 단백질을 지정할 것으로 생각되는 잠정적 유전자들, 그리고 안정한 RNA들을 지정하는 유전자들이 각각 87.8%와 0.8%의 유전체를 구성한다. 그리고 비암호화 반복 요소들이 약 0.7%의 유전체를 차지한다. 그러므로 10.7%의 유전체가 조절 서열들이거나 다른 알려지지 않은 기능들을 가진 서열들을 포함할 것이다.

M. tuberculosis(결핵), *Legionella pneumophila*(레지오넬라병), *Yersinia pestis*(흑사병), 그리고 다른 감염성 세균들의 유전체들은, 이들의 병원성 때문에, 또한 이들 생물체들의 대사에 대한 완전한 이해로 이들 치명적인 질병들을 막을 수 있는 방법을 알아낼 수 있지 않을까 하는 희망 때문에 특별한 관심의 대상이 된다.

*M. genitalium*의 유전체는 그것이 대략 세포성 생명체를 위한 "최소 유전자 세트" 즉, 세포가 증식할 수 있도록 하는 데 필요한 가장 작은 유전자 세트일 것으로 간주되기 때문에 특별한 관심의 대상이 된다. *M. genitalium*의 유전체는 525개 정도의 예상 유전자들만을 포함하는데, 조작된 돌연변이를 이용한 연구 결과로 미루어 볼 때, 이 유전자들 중 적어도 100개 정도는 살아가는데 필요치 않은 것으로 보였다. *M. genitalium* 유전체의 525개 유전자와 다른 세균의 유전자 수를 비교함으로써, 그리고 이들 유전자들의 기능들을 다른 세균들에서의 유전자 기능들과 비교함으로써 연구자들은 세포성 생물체가 증식하는데 요구되는 유전자들의 수를 265-350 사이의 어느 지점으로 추정하고 있다. 물론, 이러한 계산은 추정에 의한 것이므로 확실한 것은 아니다.

화학적으로 합성된 유전체를 갖고 있는 살아있는 박테리아

525개로 예측되는 유전자를 갖고 있는 *Mycoplasma genitalium*의 작은 유전체를 서열화한 후, J. Craig Venter와 동료들은 단일 세포 유기체의 "최소 유전자 세트"—생명을 유지할 수 있는 유전자의 가장 적은 수—에 흥미를 갖게 되었다. "최소 유전자 세트"가 약 300개의 유전자로 구성되어 있다는 가설을 시험하기 위한 준비과정에서, 메릴렌드에 있는 J. Craig Venter 연구소의 연구자들은 박테리아의 전 유전체를 합성해서 만들기로 결정했다. *M. genitalium*의 느린 성장 속도와 기생 생활사 때문에, 연구자들은 더욱 빨리 성장하며 가까운 종인 *M. mycoides*의 유전체를 합성하기로 하였다.

그들의 작업은 *M. mycoides* 두 계통 유전체의 밝혀진 뉴클레오티드 염기서열을 가지고 시작되었다. 그들은 약 80 bp가 오버랩되어 서로 연결될 수 있는 1,080 bp짜리 카세트를 만들기 위한 올리고 뉴클레오티드를 합성하기 시작했다. Venter와 동료들은 카세트들을 서열화 함으로써 그들의 합성과정이 정확하다는 것을 확인하였다. 그 카세트의 말단에는 *Not*I 제한효소 자리를 갖도록 디자인 하였다. 완벽한 유전체 카세트를 조립하는 핵심 전략은 효모 세포에 형질 전환시켜 생체 내에서 상동성 재조합의 산물을 선별하는 것이다. 그들은 첫 번째로 1,080 bp 카세트 1,078개를 조립하였고, 10,080 bp 조립품 109개를 생산하여, 이들을 다시 연결시켜 11개의 100,000 bp짜리의 거대 조립물을 만들었다. 그 100 kb 길이의 유전체 조각들은 완벽한 1,077,947 bp 유전체를 생산하기 위해 연결되었다. 이 합성과 조립

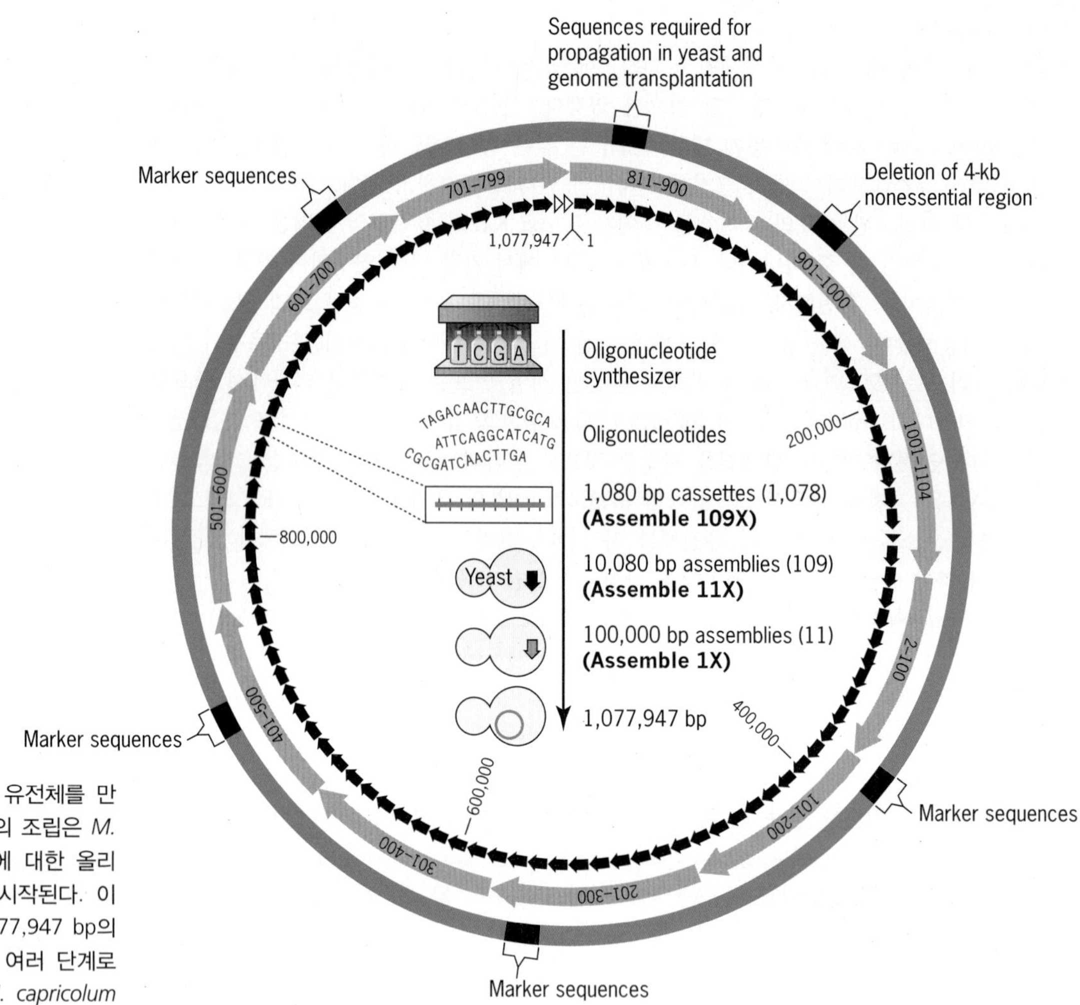

■ 그림 15.20 완전한 합성 박테리아 유전체를 만들기 위한 전략. 합성 박테리아 유전체의 조립은 *M. mycoides* 야생형 계통의 유전체 서열에 대한 올리고뉴클레오티드 서열의 합성에서부터 시작된다. 이들 염기서열들은 여기 나타나 있는 1,077,947 bp의 *M. mycoides*의 유전체를 만들기 위해 여러 단계로 조립된다. 그 유전체는 가까운 종인 *M. capricolum*에 이식됨으로써 기능을 갖고 있음이 확인되었다.

과정이 ■ **그림 15.20**에 묘사되어 있다.

연구팀은 야생형 *M. mycoides* 유전체로부터 합성된 유전체를 구별하는 데 사용하기 위해 4개의 표식 DNA를 삽입하였으며 4 kb 비필수 영역을 제거하였다. 표식 DNA에는 X-gal 배지(그림 14.4 참조)에 푸른 콜로니를 만들어 합성 유전체를 운반하는 세포를 동정할 수 있게 하는 대장균의 *lac Z* 유전자와 테트라사이클린 민감성 세포에 이식한 후 합성 유전체를 운반하는 세포를 선별할 수 있게끔 만들어진 테트라사이클린 저항성 유전자를 포함하고 있다.

그들은 완전히 합성된 유전체를 검사하기 위해 11개의 100 kb 유전체 절편들의 각각에 결합하는 프라이머 쌍들을 사용하여 PCR을 하였고, 이들로부터 얻어진 결과는 야생형 계통의 유전체로부터 얻어진 결과와 비교하였다. 일단 조립된 유전체가 얻어지자, 그들은 조립된 완전한 유전체가 기능을 갖고 있는지를 결정해야만 했다. 이들은 가까운 종인 *M. capricolum* 세포에 합성한 유전체를 이식하였다. 먼저 수용체 세포의 제한 효소 체계는 외부 DNA를 파괴 하지 않도록 삽입 돌연변이 시킴으로써 불활성화하였다(그림 14.1 참조). *M. capricolum*에 완전한 합성 유전체를 이식한 후, 곧바로 이 "이핵세포(binucleate)"는 테트라사이클린을 함유하고 있는 X-gal 배지에 뿌려졌다. 테트라사이클린은 합성한 *M. mycoides* 유전체를 운반하는 세포를 선별하고, X-gal은 푸른 콜로니(우리가 요구하는 세포)와 흰색 콜로니(나머지 수용체 세포)를 구별하여 주었다.

현재 Venter와 공동 연구자들은 완전한 박테리아 유전체를 합성하고 그들을 효모 세포에서 박테리아 세포로 이동시킬 수 있는 기술을 개발하고 있고, 그들은 유전자를 제거한 후 생존능력을 시험함으로써 '최소 유전자 세트'라는 질문에 대해 계속 답을 찾고 있다. 또한 그들은 가치있는 생산물을 합성하고 환경오염 물질을 분해할 수 있는 합성 유전자 함유 박테리아 생산을 시도할 것이다. 비록 현재는 그 과정에 많은 비용이 든다 할지라도, 기술 향상은 미래에 더욱 효과적이고 경제적으로 합성 유전자를 만들어 낼 수 있도록 할 것이다.

엽록체와 미토콘드리아의 유전체

진핵생물은 에너지 대사에 중요한 역할을 하는 막으로 나뉜 구역과 세포소기관을 포함하고 있다. 미토콘드리아는 호기성 또는 산화적 대사에 의하여 유기분자를 에너지로 전환시키고, 엽록체는 물과 이산화탄소로 부터 유기물 합성을 위하여 햇볕으로 부터의 에너지를 사용한다. 이 과정을 광합성이라 부른다. 이러한 세포기관은 대부분 원핵세포로부터 발달하였으며 숙주와의 관계에서 공생적이고—상호 이익적이다. 이들 원핵세포는 호기성대사와 광합성을 수행하는 능력에 따르는 그들의 유전자를 지니고 있었다. 그 결과 미토콘드리아와 엽록체는 그것들의 유전자를 가진다. 그러나 이 소기관들은 그들의 유전자를 발현하기 위하여 세포핵 유전자로부터 암호화되어 유입된 단백질을 이용한다. 오늘날 진핵세포는 이러한 예전의 원핵성 침입자들에 매우 의존하고 있다. 식물은 엽록체 없이는 광합성을 하지 못하고, 식물과 동물 또한 미토콘드리아 없이는 호기성 호흡작용을 하지 못한다.

미토콘드리아 유전체

미토콘드리아 유전체 시스템은 DNA와 DNA에 포함되어 있는 유전자 복제와 발현을 위해 필요한 분자 기구로 구성되어 있다. 이러한 기구는 전사와 번역에 필요한 거대분자를 포함한다. 미토콘드리아는 심지어 그들 자신의 리보솜을 가진다. 많은 거대분자들은 미토콘드리아 유전자에 의하여 암호화되어지지만, 몇몇은 핵 유전자에 의해서 암호화되고 세포기질로부터 유입된다.

미토콘드리아 DNA 혹은 **mtDNA**(보통 이렇게 줄여 쓴다)는 1960년대에 최초로 DNA와 같은 섬유상 물질이 미토콘드리아 안에서 전자현미경 사진으로 발견되었다. 그 후에 이 섬유상 물질은 물리적인 방법과 화학적인 방법에 의하여 추출되고 특성화 되었다. 재조합 DNA기술의 등장은 mtDNA를 자세히 연구하는 것을 가능하게 하였다. 사실 매우 다양한 종으로부터 mtDNA 분자의 완벽한 뉴클레오티드 서열들이 밝혀져 있다. 대표적인 mtDNA들이 표 15.2에 나와 있다. 현재까지 서열화된 미토콘드리아 유전체들의 모든 목록

표 15.2

몇 가지 미토콘드리아와 엽록체 유전체들의 크기와 유전자량

Species	Common Name	Genome Size in Nucleotide Pairs	Predicted Number of Genes
Mitochondrial Genomes			
Arabidopsis thaliana	mouse ear cress	366,924	57
Caenorhabditis elegans	roundworm	13,794	12
Drosophila melanogaster	fruit fly	19,517	37
Homo sapiens	human	16,571	37
Oryza sativa Indica	rice	491,515	96
Saccharomyces cerevisae	baker's yeast	85,779	43
Zea mays subsp. *mays*	corn	569,630	218
Chloroplast Genomes			
Arabidopsis thaliana	mouse ear cress	154,478	129
Chlamydomonas reinhardtii	green alga	203,828	109
Marchantia polymorpha	liverwort	121,024	134
Oryza sativa Japonica	rice	134,525	159
Zea mays subsp. *mays*	corn	140,384	158

Data are from the NCBI Web site (http://www.ncbi.nim.nih.gov/Genomes).

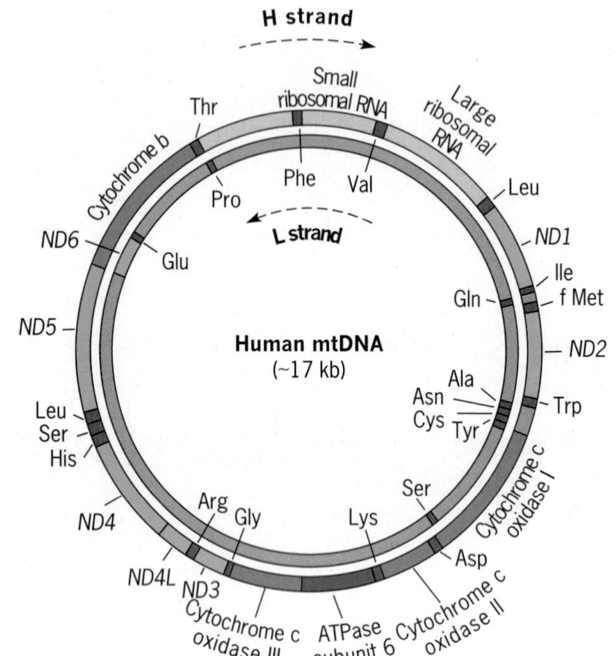

■ 그림 15.21 사람 미토콘드리아 유전체 지도. *ND1-6*은 NADH 환원 효소의 소단위들을 암호화하는 유전자이다; mtDNA내의 tRNA 유전자는 아미노산의 약어로 표시되어 있다. 화살표는 전사의 방향을 보여준다. 안쪽 원에 표시된 유전자들은 DNA의 L(light) 가닥으로부터 전사되어지고, 바깥쪽 원의 유전자들은 DNA의 H(heavy) 가닥으로부터 전사된다.

을 원한다면, http://www.ncbi.nlm.nih.gov/genomes/genlist.cgi?taxid=2759&type=4&name=Eukaryota Organelles를 보라. 미토콘드리아 DNA 분자의 크기는 말라리아를 일으키는 기생충인 *Plasmodium*의 6 kb 크기부터 일부 현화식물들에 존재하는 2,500 kb까지 매우 다양하다. 각각의 미토콘드리아는 여러 개의 DNA 사본들을 함유하고 있다. 각각의 세포들이 보통 많은 미토콘드리아를 가지고 있기 때문에, 세포수 당 mtDNA 분자수는 매우 크다. 예를 들어 척추동물 난모세포는 10^8개의 mtDNA를 가지고 있다. 반면에 체세포 같은 경우는 1,000개 이하를 가지고 있다.

대부분의 mtDNA는 원형이다. 그러나 조류인 *Chlamydomonas reinhardtii*와 짚신벌레인 *Paramecium aurelia* 같은 몇몇 종류는 선형이다. 가장 잘 연구된 것들은 원형의 mtDNA 분자들인데, 그 구성은 매우 다양한 것으로 보인다. 척추동물에서는 37개의 분명한 유전자가 유전자 사이의 공간이 거의 없는 원형 형태의 16-17 kb로 포장되어 있다. 몇몇 꽃피는 식물에서는 100~1000 kb 크기의 커다란 원형 DNA 분자에 그 수를 아직 모르는 유전자들이 흩어져 있다.

동물의 mtDNA는 작고 조밀하다. 예를 들어 사람의 경우 mtDNA는 16,571 bp의 길이에 37개의 유전자를 포함하고 있다(■ **그림 15.21**). 2개는 rRNA를 암호화하고, 22개는 tRNA를 암호화하고, 13개는 미토콘드리아가 에너지를 모으기 위하여 사용하는 과정인 산화적 인산화를 수행하는 폴리펩티드를 암호화한다. 쥐, 닭 그리고 개구리의 mtDNA는 사람의 것과 유사한데, 이것은 척추동물아문 내에서 기본적 구조가 보존되어 있음을 시사하는 것이다. 무척추동물의 mtDNA는 척추동물의 mtDNA와 대략 크기는 유사하지만 다소 다른 유전적 구성을 가지고 있다. 균류의 mtDNA는 동물과 비교하였을 때 상당히 크다. 예를 들어 효모의 경우는 78 kb의 mtDNA 분자를 지니고 있다. 식물의 mtDNA는 다른 생물의 mtDNA 보다 매우 크고(표 15.2), 또한 구조에서의 변이도 매우 크다. 우산이끼, *Marchantia polymorpha*는 식물중에서 첫 번째로 mtDNA서열이 밝혀졌다. 이 원시 비관다발 식물의 mtDNA는 94개의 실질적 개방해독틀(open reading frames, ORF)들을 가지는 186 kb의 원형 분자이다. 관다발식물의 mtDNA는 *Marchantia*의 것보다 크다; 예를 들면 옥수수에는 570 kb의 원형분자가 있다. 고등식물의 mtDNA 분자는 몇 개가 중복된 것을 포함하여 많은 비암호화 서열을 포함한다.

많은—아마도 모든—미토콘드리아 유전자 생산물은 미토콘드리아 안에서 기능한다. 그러나 그들은 단독으로 기능하지 않는다. 많은 핵 유전자 생산물들이 그들의 기능을 증가시키고 가능하게 하기 위하여 유입이 된다. 예를 들어 미토콘드리아 리보솜은 미토콘드리아 유전자들로부터 전사된 rRNA와 핵 유전자에 의하여 암호화된 리보솜 단백질에 의해 구성된다. 리보솜 단백질은 세포기질 안에서 합성되고 리보솜 안에서 조립되기 위해서 미토콘드리아 안으로 유입된다.

호기성 대사에 필요한 많은 폴리펩티드들 또한 세포기질 안에서 합성된다. 이것들은 산화적 인산화 반응을 포함하는 몇몇 단백질의 소단위체를 합성하기 때문이다—예를 들어, 호기성 대사의 에너지를 ATP에 결합시켜 주는 ATPase가 그렇다. 그러나 이 단백질의 소단위체 중 몇몇은 미토콘드리아에서 합성되기 때문에, 완전한 단백질은 핵과 미토콘드리아 유전자 산물의 합성품이다. 이 두 가지 구성요소들은 핵과 미토콘드리아의 유전적 시스템이 그들 생산물의 동등한 양이 만들어지도록 몇 가지 방법으로 조정되는 것임을 암시한다.

엽록체 유전체

엽록체는 **색소체(plastids)**라 불리는 식물 세포기관의 보편적 형태가 특수화된 것이다. 식물학자들은 잡색체(색소를 가지고 있는 색소체), 녹말체(녹말을 가지고 있는 색소체) 그리고 지방체(오일이나 지방을 가지고 있는 색소체)와 같이 색소체의 여러 종류를 구분한다. 3가지 유형 모두 전색소라 불리는 조그만 막성 세포소기관으로부터 발달하며, 특정 식물종은 같은 DNA를 포함하는 것으로 보인다. 이 DNA는 일반적으로 **엽록체 DNA(chloroplast**

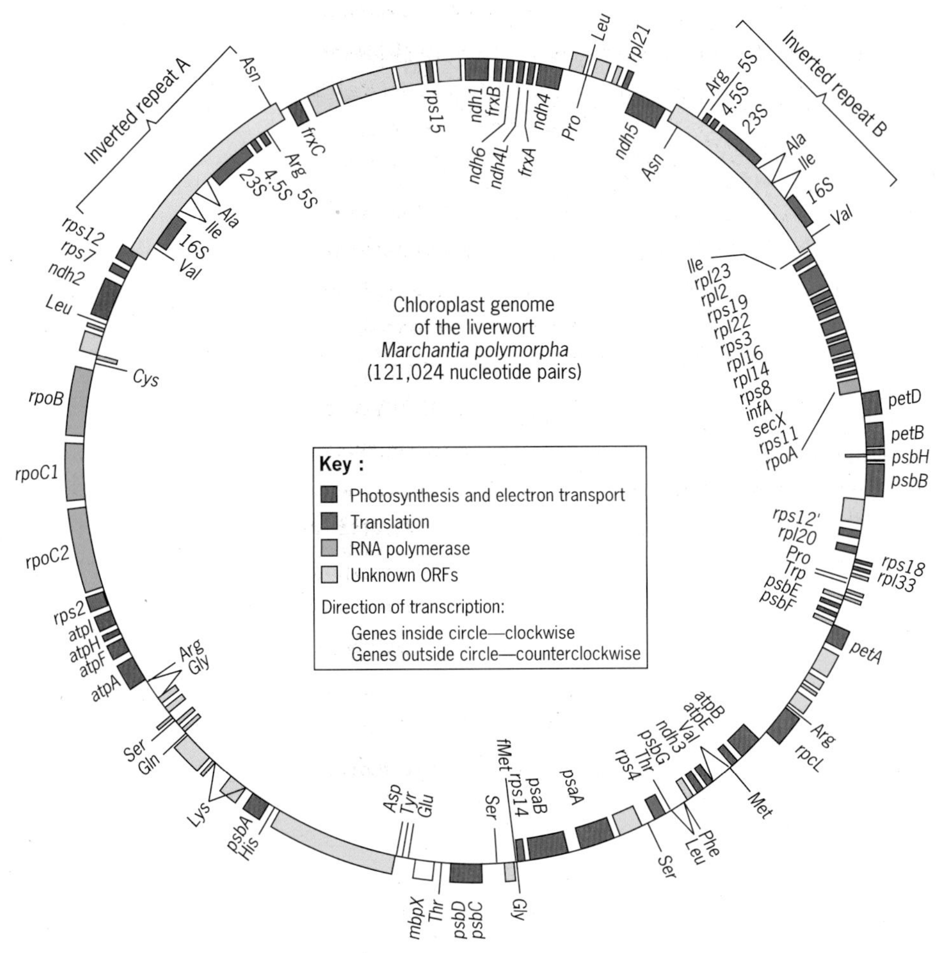

■ 그림 15.22 *Marchantia polymorpha* (우산 이끼) 의 엽록체 유전체 내에서의 유전적 구성. 부호들: *rpo*, RNA polymerase; *rps*, 작은 소단위의 리보솜 단백질; *rpl* and *secX*, 큰 소단위의 리보솜 단백질; 4.5S, 5S, 16S, 23S, 표시된 크기의 rRNA들; *rbs*, ribulose bisphosphate carboxylase; *psa*, photosystem 1; *psb*, photosystem 2; *pet*, cytochrome b/f complex; atp, ATP synthesis; *infA*, initiation factor A; *frx*, iron-sulfur 단백질; *ndh*, 추정되는 NADH 환원효소; *mpb*, 엽록체 투과 효소; tRNA 유전자는 아미노산의 약어로 나타내었다.

DNA)로 불리고, 간단하게 **cpDNA**라고 한다.

고등식물들은 보통 120 kb부터 160 kb 크기의 범위를 갖고, 조류의 경우 85 kb로부터 292 kb 크기를 가진다(표 15.2). *Acetabularia* 속의 몇몇 녹조류는 약 2,000 kb 정도로 cpDNA의 크기가 크다. 염기가 서열화된 식물의 cpDNA들은 원형 분자이다.

한 세포의 cpDNA의 수는 2가지 요소들, 즉 각 엽록체 안의 cpDNA 수와 엽록체의 수에 의존적이다. 예를 들면, 단세포조류 *Chlamydomonas reinhardtii* 안에는 세포 당 엽록체수가 단 하나이며, 약 100 copies 정도의 cpDNA들을 포함한다. 다른 단세포 생물인 *Euglena gracilis* 안에는 세포 당 15개의 엽록체를 갖고 있고, 각각 약 40 copies의 cpDNA를 포함한다.

모든 cpDNA 분자는 기본적으로 같은 유전자 세트를 가지고 있으나, 다른 종내의 이 유전자들은 다른 방식으로 배열되어 있다. 그 기본적인 유전자 세트는 rRNAs, tRNAs, 몇 가지 리보솜 단백질, 태양에너지를 모으는데 관여하는 광계의 다양한 폴리펩티드들, 리불로스-1.5-2인산 카르복실화효소의 촉매적 활성 소단위체, 그리고 엽록체-특이적 RNA 중합효소의 4개의 소단위체들 등이다. 200개 이상의 cpDNA 분자들이 전체가 서열화 되었다. 표 15.2에 몇몇 예가 나열되어 있다. 완전한 목록은 http://www.ncbi.nlm.nih.gov/genomes/GenomesGroup.cgi?taxid=2759&opt=plastid에서 얻을 수 있다.

처음으로 서열화된 cpDNA 2가지는 우산이끼(*Marchantia polymorpha*)(■ **그림 15.22**)와 담배식물(*Nicotiana tabacum*)의 것이다. 담배의 cpDNA는 크고(155,844 bp) 약 150개의 유전자가 포함되어 있다. 대부분 cpDNAs는 rRNAs의 유전자를 갖고 있는 한 쌍의 역반복서열(inverted repeats)을 갖는다.

전에 언급했듯이, 기능적인 엽록체의 발달은 핵과 엽록체 양쪽의 유전자 발현에 의존적이다. 핵 유전자는 핵 안에서 전사되어지고 세포기질 안에서 번역된다. 엽록체 안에서 기능을 하는 핵 유전자의 생산물은 세포기질로부터 유입되어야 한다. 일단 유입되면, 이런 단백질들은 cpDNA가 암호화한 단백질과 함께 반드시 협력하여 행동을 해야만 한다. 따라서 기능적인 엽록체는 핵과 엽록체 유전자 양쪽의 생산물들의 협력 활동에 의존적이다.

진핵생물의 유전체

제빵 효모인 *Saccharomyces cerevisiae*는 전체 유전체가 모두 서열화된 최초의 진핵생물이다. *S. cerevisiae* 유전체의 완전한 12,068 kb 서열은 유럽, 북아메리카, 그리고 일본에서 약 600명 과학자들의 국제적 노력으로 1996년에 모여진 것이다. 효모의 유전체는 5,885개의 잠정적인 단백질-암호화 유전자, 약 140개의 rRNA 유전자, 140개의 소형 핵RNA(snRNA) 유전자, 그리고 200개 이상의 tRNA 유전자들을 포함하고 있다. 연구자들은 효모 유전체의 6,268개 유전자 중 필수적인 거의 모든 유전자들(5,916개, 96.5%)의 결실을 체계적으로 만들어 내었다. 이렇게 검사된 유전자들 중 1,105(18.7%)의 유전자들이 고농도의 포도당 배지에서 자라는데 필수적인 것으로 드러났다—즉, 이들 유전자들의 결실은 치명적이다. 일부 결실들은 치사성을 나타내지 않았는데, 이는 효모 유전체가 다수의 중복된 유전자들을 가지기 때문이다. 치사 효과를 나타나게 하려면, 이 유전자들의 두 개 사본을 모두 결실시켜야 한다. 다른 많은 효모 유전자들이 생물체를 죽이지 않으면서 결실될 수 있다. 그러나 이 유전자들의 기능 저해는 종종 형태변형이나 불량 성장을 나타내는 것과 연관된다.

다른 진핵성 모델 시스템의 유전체 서열화가 속속 이루어졌다, 1998년에는 예쁜꼬마선충(*Caenorhabditis elegans*) 유전체의 99% 서열이 발표되었고, 2000년에는 과일 파리인 *Drosophila melanogaster*와 모델 식물인 애기장대(*Arabidopsis thaliana*)의 거의 완전한 유전체 서열이 그 뒤를 따랐다. 2001년 인간 유전체 서열의 두 가지 초안이 발표된 것은 생물학사의 어떤 사건보다도 전세계적인 뉴스 매체들에 의해 가장 많이 보도되었을 것이다. 이전에 언급했던 바와 같이, 2004년에는 거의 완전한 인간 유전체의 서열이 공개되었다.

이들 서열로부터 우리는 무엇을 배웠을까? 고세균이나 진정 세균류의 유전체와는 대조적으로, 서로 다른 진핵생물 종들의 유전자 밀도는 매우 다양해서, 효모가 1,900 bp당 하나의 유전자를 갖는 것에서부터, 인간의 경우처럼 127,900 bp당 하나의 유전자(서열화 되지 않은 이질염색질까지 포함하면 145,000 bp당 하나)를 갖는 것 까지 범위가 매우 넓다. 표 15.3에 선택된 진핵생물들의 유전체 크기와 유전자 내용이 나와 있다. 수행 중인 서열화 사업과 서열화된 유전체들의 전체 목록은 http://www.ncbi.nlm.nih.gov/genomes/leuks.cgi를 참고하라. 효모처럼 하나의 세포로 이루어진 진핵생물은 1,000에서 2,000 bp당 하나의 유전자를 가진다. 유전자 밀도는 애기장대와 예쁜꼬마선충의 경우 4,000에서 5,000 bp당 하나, 초파리의 경우 9,500 bp당 하나이고, 포유동물의 경우 가장 낮아져 115,000에서 129,000 bp당 하나의 유전자가 존재한다. 이렇게 발생학적 복잡성이 증가할수록 유전자 밀도가 낮아지는 현상은 비암호화 DNA의 기능에 대한 의문을 일으킨다. 이전에 언급했듯이(그림 15.12 참조), 국제 DNA 요소 백과사전(*ENC*yclopedia *O*f *D*NA *E*lement, ENCODE)프로젝트 컨소시엄이 이러한 부분들을 조사하기 위해 최근 발족되었다.

더 큰 유전체를 가질수록 유전자 밀도가 감소하는 한 가지 이유는 이들 유전체들이 상당량의 반복성 DNA(9장 참조)를 갖기 때문이다. 제빵효모는 약 30%의 유전자가 중복되어 있지만 반복 서열은 매우 적게 가진다. 이와는 대조적으로, 다세포성 진핵생물들의 유전체들은 많은 양의 반복성 DNA를 포함하며, 대부분의 경우 이러한 물질의 양은 유전체 크기와 정비례한다. 예를 들어, 예쁜꼬마선충의 작은 유전체는 약 10% 정도만이 중간 반복성 DNA(moderately repetitive DNA)인데 반해, 포유동물의 커다란 유전체는 약 45%가 중간 반복성 DNA로 구성되어 있다. 이러한 중간 반복성 DNA의 대부분은 이동성 유전 요소(transposable genetic elements)로부터 유래한 것들이다(17장 참조).

큰 유전체에서는 고도 반복성 DNA(highly repetitive DNA) 역시 풍부하다; 그러나, 이것의 양은 유전체 크기와는 직접적인 관련이 없다. 실은, 가까운 연관관계의 종들도 종

표 15.3

몇몇 진핵생물 유전체들의 크기와 예상되는 유전자량

Species	Common Name	Genome Size in Nucleotide Pairs	Predicted Number of Genes*	Gene Density (bp/gene)††
Protist				
Plasmodium falciparum	malaria protozoan	22,820,308	5,361	4,300
Fungus				
Saccharomyces cerevisae	baker's yeast	12,057,909	6,268	1,900
Nematode				
Caenorhabditis elegans	roundworm	100,291,841	20,516	4,900
Insect				
Drosophila melanogaster	fruit fly	131,000,899	13,792	9,500
Plant				
Arabidopsis thaliana	mouse ear cress	119,186,496	28,152	4,200
Vertebrates				
Danio rerio	zebra fish	1,571,018,465	23,524	66,800
Homo sapiens	human	2,851,330,913	22,287	127,900
Mus musculus	mouse	2,932,368,526	25,396	115,500
Pan troglodytes	chimpanzee	2,928,563,828	21,098	139,000

Data are from the NCBI Web site (http://www.ncbi.nim.nih.gov/Genomes), the Ensembl Web site (http://www.ensembl.org), or the CBS Genome Atlas Database (http://www.cbs.dtu.dk/services/GenomeAtlas).
*Gene numbers are Ensembl predictions (minus pseudogenes when data are available).
††Values are rounded to the nearest 100 bp.

종 고도 반복성 DNA의 양에서는 차이가 나는 경우가 많다. 예를 들어, 초파리(*D. melanogaster*)의 경우 유전체의 18%가 고도 반복성 DNA인데, 연관종인 *D. virilis*는 고도 반복성 DNA가 45%나 된다. 인간을 포함한 대부분의 종들에서 고도 반복성 DNA 다수가 염색체의 동원체 옆 부분의 지역(동원체성 이질염색질)과 염색체 말단인 텔로미어(telomere) 부분에 존재한다. 이러한 DNA들은 서열화가 어렵다. 사실상, 인간 유전체중 서열화되지 않은 대부분(4억7천2백만 염기쌍)이 고도 반복성 서열들로 이루어져 있다. 그리고 인간 유전체의 24개 틈이 24개 염색체들의 동원체성 이질염색질 부분의 블록에 해당한다.

인트론(intron)들도 진핵성 DNA의 중요 요소이며 이들은 큰 진핵생물 유전체일수록 더 길고 빈번하게 존재한다. 유전자 간 영역(intergenic region)들 또한 커다란 진핵생물 유전체 일수록 길게 존재한다. 반대로, 유전자에 의해 암호화되는 독립된 단백질 도메인(단백질의 기능적인 부분)의 수는 유전체 크기에 따라 달라지는 것처럼 보이지는 않는다. 애기장대에서 암호화되는 단백질 도메인의 예상 숫자는, 애기장대 1,012개, 초파리의 경우는 1,035개, 사람 유전체에서는 1,262개이다. 그러나 인간 및 다른 척추동물들은 전사체 스플라이싱에 대한 대체 경로(19장 참조)들을 많이 이용하여 이들 도메인들을 더 복잡한 조합으로 섞음으로써 단백질의 다양성을 증가시킨다.

곡류 식물들의 유전체 진화

곡물들은 인간과 가축들의 음식 대부분을 제공한다. 그러므로 곡물 생산량의 증대는 지구상에서 점점 늘어나는 인구들을 부양하기 위한 중요한 노력들 중의 하나이다. 이들 농작물 유전체에 대한 지식의 증가는 이러한 목적을 달성하기 위한 열쇠이다. 몇 가지 곡물 종들의 유전체에 대한 최근의 비교 분석들은 이 종들에서의 유전체 보존성 때문에 이들 중 가장 작은 유전체 — 400-mb의 벼 유전체 — 에 대한 지도화와 서열화 작업으로 얻어진 정보들 대부분이 다른 곡물에도 그대로 적용될 수 있음을 시사한다.

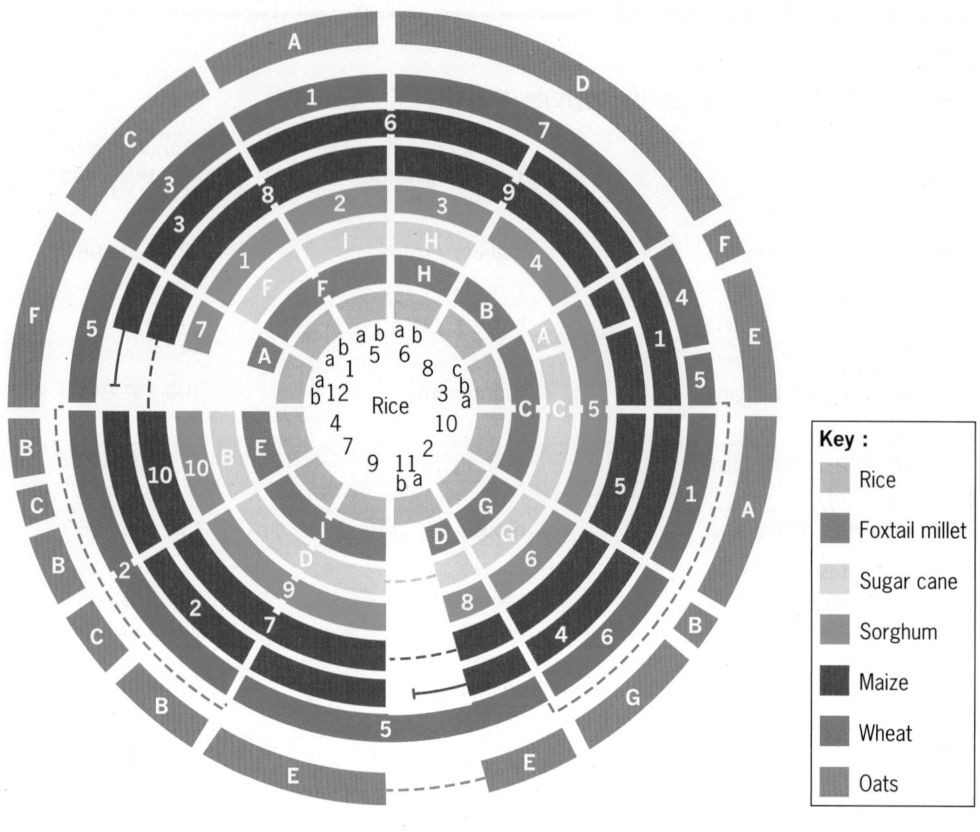

■ 그림 15.23 7가지 곡물류 유전자의 간소화된 비교지도. 다양한 곡류의 염색체들과 염색체들의 절편들은(대문자로 표지함) 가장 작은 유전체를 가지는 쌀(가운데)의 염색체들과 나란히 배열되었다. 옥수수 유전체는 2개의 유사한 유전자 블록들의 중복 영역을 가지므로 2개의 원을 차지하고 있다. 바깥쪽에 점선으로 연결된 것은 밀에서 인접한 단편들을 연결한 것이다. 귀리 염색체의 유사 염색체 단편들은 간단히 하기 위해 점선으로 연결하여 표시하지 않았다.

그레이엄 무어(Graham Moore)와 그 동료들은 몇 가지 곡물 종들의 염색체에 대한 고밀도 지도를 통해 이들이 유전체 크기와 염색체의 수는 크게 다르지만 독특한 DNA서열 블록들과 알려진 유전자들의 연관 관계가 매우 보존되어 있음을 발견했다. 반대로 반복성 DNA서열들의 양과 위치는 매우 다양했다.

곡물 종들에서 나타나는 유전체 구조의 놀랄만한 보존성은 벼의 유전체를 원형으로 배열하여 다른 종들의 보존된 유전자 블록들과 정렬시켜 봄으로써 가장 명확하게 설명된다(■ 그림 15.23). 곡물 유전체들을 원형으로 보여주는 것은 조상들의 염색체가 원형이라든가 하는 의미를 포함하는 것은 아니다; 단지 이것은 유전자들의 상동성 블록들을 가장 잘 정렬할 수 있도록 한 것이다. 이러한 정렬은 옥수수 유전체에서의 각 유전자 블록들이 중복되어 존재함을 강조하여 보여주는 것으로, 이것은 옥수수가 사배체 조상으로부터 진화했음을 시사하는 것이다. 흥미롭게도 한 세트의 유전자들이 옥수수의 작은 염색체 대부분을 차지하고 있고, 두 번째 세트의 유전자들은 커다란 염색체에 주로 존재한다는 것이다.

곡류 유전체들의 보존된 구조들은 수확량이 많고, 해충에 저항적이며, 가뭄에 내성이 있고, 다른 유용한 형질을 가진 품종을 만들어 내려는 식물 육종학자들을 돕는 요소이다. 보존된 유전체 구조 때문에 상대적으로 작은 유전체의 서열화로부터 얻은 정보들이 다른 곡물종들의 육종이나 유전 공학에 보다 쉽게 적용될 수 있을 것이다.

포유동물에서의 유전체 진화

포유동물들의 유전체도 곡류들처럼 유사한 염색체 구조의 보존 현상을 나타낸다. 200종 이상의 포유동물 종들에 대해 유전적 지도화가 행해지고 있지만, 현재는 인간, 생쥐, 개, 집쥐, 그리고 돼지나 소 같은 몇 몇 농업적으로 유용한 동물들에 대해서만 고밀도 지도가 나와 있다. 이런 세밀한 염색체 지도들은, 그러한 지도들이 사용가능한 종들의 유전자들에서 보존된 연관 관계를 증명하는데 사용될 수 있다. 그렇지 않은 종들에 대해서는, **염색체 채색(chromosome painting)**이라고 불리는 과정이 비교유전체 분석에 사용되어 왔다. 염색체 채

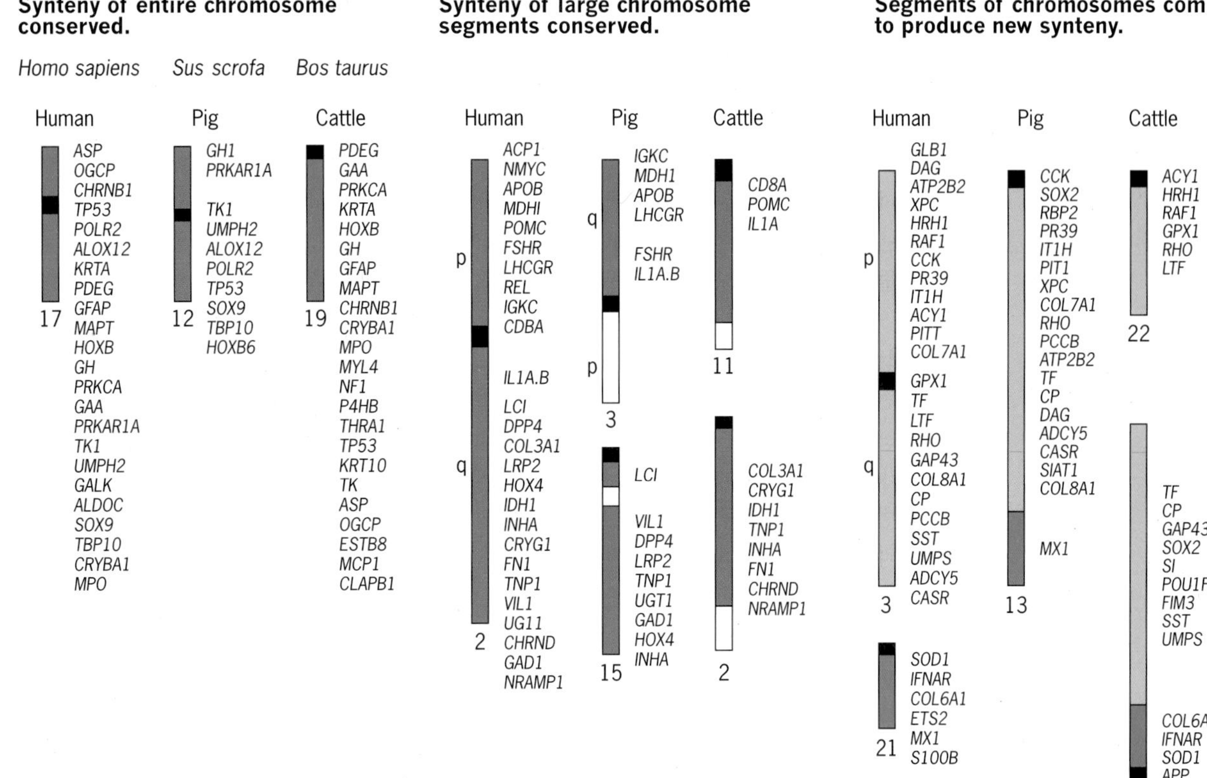

■ 그림 15.24 표유동물들의 염색체 진화. 보존된 신테니(연관 유전자들의 블록이 보존됨)를 나타내는 세 집단의 예가 설명되어 있다. (*a*) 인간의 17번 염색체는 전체 염색체가 보존된 예이다. 신테니는 보존된 채로 일부 유전자의 순서가 바뀌는 역위가 발생했음에 유의하라. (*b*) 인간의 2번 염색체는 커다란 염색체 분절이 보존된 예이다. (*c*) 인간의 3번과 21번 염색체는 염색체 융합에 의해 새로운 신테니를 형성한 예를 보여준다. 몇몇 유전자들의 염색체 상 위치들이 염색체의 오른쪽에 나타나 있다. 돼지에서는 사람에서나 소에서보다 더 적은 수의 유전자들만 지도화 되었다. 각 종들의 염색체 표시들은 염색체 아래에 제시되어 있다.

색법은 형광 *in situ* 혼성화(FISH, 부록 C; *In Situ* Hybridization 참조)를 변형한 것으로, 여기서는 서로 다른 파장을 내는 형광 염료들로 표지된 DNA 혼성화 탐침자들에 의해 염색체들이 서로 다른 색깔로 "채색"된다.

비교유전체학적 연구에서는 한 종에서 얻어진 DNA서열이 연관종들의 염색체를 색칠하는데 사용된다. 그러한 종-간 염색체 채색 실험은 Zoo-FISH 실험이라고 불린다. 그들은 보통 혼성화 조건을 덜 엄격하게 함으로써 상동성 유전자들의 부분적 상보성 가닥들 사이에서도 서로 혼성화가 일어날 수 있도록 한다.

가장 흥미로운 염색체 채색 실험들 중 일부는 염색체 특이적인 유전체 도서관의 서열을 사용하여(14장) 한 종의 서열로 연관 종들의 염색체를 채색한 것이다. 서로 다른 형광염료들은 한 생물종의 서로 다른 두 개 이상의 염색체를 표지하는데 사용될 수 있고, 이들 형광표지 서열들이 연관 종들의 염색체를 "채색"하는데 사용될 수 있다. 염색체 특이적 라이브러리들은 인간의 24개 염색체 모두에서 사용가능하며, 이들 라이브러리의 서열들은 대부분의 영장류 및 약간 더 먼 근연관계의 포유동물들을 포함한 몇 몇 연관종들의 염색체들을 채색하는데 사용되어왔다. 비교연관 자료 및 염색체 채색 자료에 대한 검토를 바탕으로, 바누 코더리(Bhanu Chowdhary)와 동료들은 포유동물 염색체들의 진화는 다음 세가지 보존된 신테니를 포함한다고 결론을 내렸다(신테니란 동일한 염색체 위에 유전자가 존재하는 것이다). 세 가지 범주란 (1) 전체 염색체들의 보존, (2) 염색체의 커다란 분절의 보존, 그리고 (3) 서로 다른 염색체들의 분절이 결합하고 새로운 신테니를 형성하는 것이다. ■ 그림 15.24

에 각 염색체 진화의 형태들이 설명되어 있다.

인간의 염색체 17번 유전자들의 신테니는 돼지의 12번 염색체나 소의 19번 염색체에서 보존된다(그림 15.24*a*). 인간 염색체 13번과 20번에 대해서도 비슷한 형태의 보존이 관찰된다.

인간의 염색체 2번은 2번째 그룹의 보존적 신테니를 나타내는 예로, 염색체들의 커다란 분절이 보존된다(그림 15.24*b*). 인간의 2번 염색체 장완과 단완의 주요 부분들은 돼지와 소의 두 염색체에서 보존되어 있다(말과 고양이에서도 보존됨). 인간의 2번 염색체에 있는 유전자들은 인도 문착(사슴)과 생쥐의 염색체 상에서는 좀 더 흩어져 있다. 인간의 염색체 4, 5, 6, 9와 11번 역시 다른 포유동물에서 커다란 염색체 분절이 보존된다.

보존적 신테니의 세 번째 패턴 — 염색체 분절의 연결로 새로운 신테니 형성 — 은 인간의 3번과 21번 염색체가 서로 융합된 것과 같은 배열의 유전자들을 포함하는 것으로 보인다. 소에서는, 인간의 3번 염색체에 있는 한 블록의 유전자들이 분리되어 존재(22번)하는 반면, 인간의 3번 염색체의 나머지 대부분은 인간의 21번 염색체(그림 15.24*c*) 유전자들과 함께 1번 염색체에 존재한다. 보존된 신테니 형태의 다른 예들은 인간 염색체 12번과 22번, 14번과 15번, 그리고 16번과 19번을 포함한다.

위에서 설명한 유전자들의 광범위한 보존에도 불구하고, 염색체 구조들에 대한 자세한 비교들은 분명히 진화의 과정 중에는 아주 가까운 연관종이라도 상당수의 염색체 재배열이 일어났었음을 보여준다. 인간염색체들과 흰빰 긴팔원숭이인 *Hylobates concolor*의 염색체들을 비교한 결과, 공동조상으로부터 이 두종으로의 진화과정 중에 적어도 21번의 전좌가 발생했었음을 알 수 있었다. 역위 및 다른 유전자내 재배열은 밀접하게 연관된 종들의 유전체에서 특히 빈번하다.

요점

- *비교유전체학 — 유전체들의 뉴클레오티드 서열을 비교하는 — 은 다양한 분류군들 사이의 관계에 대한 새로운 정보를 제공한다.*
- *생물 정보학은 생물학적 시스템, 특히 DNA나 단백질의 서열로부터 그 정보를 저장하고, 비교하며, 정보를 추출해내는 과학이다.*
- *다양한 원핵생물들의 뉴클레오티드 서열들은 독특한 환경 서식지에 대한 그들의 적응에 대해 많은 통찰을 제공한다.*
- *미토콘드리아 유전체는 원형이며 6 kb에서 2500 kb의 크기이다. 엽록체의 유전체는 원형과 선형이 있으며 100개 이상의 유전자가 존재하며 약 120 kb에서 292 kb이다.*
- *진핵생물들의 유전체가 점점 복잡해지면서 유전체에서 단백질을 암호화하는 유전자들의 비율은 점점 줄어들게 되었으며, 대부분의 비암호화 DNA서열들의 기능은 알려지지 않았다.*
- *포유류와 곡류를 대상으로 이루어진 비교유전체학 연구는 연관성 있는 진핵생물들 사이의 유전적 연관(synteny)이 상당히 잘 보존되어 있음을 보여준다.*

기초 연습문제

기본적인 유전분석 풀이

1. 유전자 지도란 무엇인가?

답: 재조합 빈도를 바탕으로 염색체 위에 제한 단편 길이 다형성(RFLP) 표식자나 유전자의 위치를 보여주는 것.

2. 세포학적 지도란 무엇인가?

답: 염색체들의 염색 패턴으로 나타나는 밴드들과 관련하여, 유전적 표식자나 유전자들의 위치를 보여주는 것.

3. DNA 분자나 염색체의 물리적 지도란 무엇인가?

답: 유전자들이나 다른 표식자들의 위치, 혹은 그들 사이의 거리를 염기쌍(bp)이나 킬로 염기쌍(kb) 혹은 메가 염기쌍(mb) 등과 같은 실제 거리에 기초하여 표시한 것.

4. 염색체의 유전자 지도,세포학적 지도, 그리고 물리적 지도는 어떻게 통합될 수 있는가?

답: 한 유전자가 클론화 되어 세 유전자 지도위에 위치가 표시되면, 그것은 유전적, 세포학적, 물리적 지도들을 연관시키는 고정 표식자가 될 수 있다. 세 형태의 지도 모두 염색체의 뉴클레오티드 서열 위치를 동일하게 보여준다. 이들은 직선으로 배열된 표식자들을 지정하는 데 사용하는 단위들에 차이가 날 뿐이다.

5. 염색체 위의 한 유전자의 위치가 어떻게 그 유전자를 규명하고 클론화하는데 사용될 수 있는가?

답: 일단 한 유전자가 유전적, 세포학적, 혹은 물리적 지도 위에서 그 위치가 결정되면 그 유전자와 가까운 RFLP 같은 분자 표식자들이 염색체상 더듬기나 뛰어넘기식 탐색을 시작하는 데 사용될 수 있다. 이렇게 염색체 길이를 따라 연관된 마커들을 계속 찾아나가면서 해당 유전자까지 진행할 수 있다. 유전자의 규명은 그 유전자에 돌연변이를 가진 생물체를 야생형 유전자로 형질 전환 시켜 야생형의 표현형이 회복되는지를 관찰함으로써 확립된다. 사람의 경우 환자와 정상인의 해당 유전자 서열을 비교함으로써 이루어진다(그림 15.6 참조).

지식검사

서로 다른 개념과 기술의 통합

1. 베스트 병(Best disease)은 성인기에 점점 발달하는 일종의 시력 상실이다. 이는 염색체 11번의 상염색체성 우성 돌연변이에 의해 발생한다. 1부터 9까지 표시한 9개의 RFLP 표식자들이 11번 염색체에 번호 순서대로 지도화 되어 있다. 각 부위의 다형성은 첨자로 0부터 N까지 표시했다. $N + 1$이 다음 가계도에 표시된 가족들에서 그 좌위에 존재하는 다형성의 수이다. 이 가족들로부터 DNA를 얻어 적당한 제한효소로 자르고 젤 전기영동을 한 다음 서던 블로팅으로 나일론 막에 옮겨 변성한 후 모든 RFLP 들을 추적할 수 있는 방사성 탐침자와 혼성화시켰다. 이후에 막을 X-선 필름에 노출시켜 자동방사선 사진을 얻어 가족 구성원들에 어떤 RFLP가 존재하는지 결정했다. 결과가 아래에 실려 있다. 원은 여성이고; 사각형은 남성이다; 붉은 기호는 베스트 질병을 가진 사람들을 나타낸다.

I

I-1		I-2	
1^0	1^1	1^0	1^0
2^0	2^1	2^2	2^1
3^1	3^0	3^0	3^2
4^0	4^1	4^1	4^2
5^2	5^0	5^0	5^0
6^1	6^2	6^3	6^4
7^0	7^1	7^2	7^2
8^2	8^1	8^0	8^0
9^0	9^1	9^2	9^3

II

II-1		II-2		II-3		II-4		II-5		II-6	
1^0	1^0	1^0	1^0	1^1	1^0	1^0	1^0	1^1	1^0	1^1	1^0
2^0	2^2	2^0	2^1	2^1	2^1	2^0	2^2	2^1	2^2	2^1	2^2
3^1	3^0	3^1	3^2	3^0	3^2	3^0	3^0	3^0	3^0	3^0	3^0
4^1	4^1	4^0	4^2	4^1	4^2	4^1	4^1	4^1	4^1	4^0	4^2
5^0	5^0	5^0	5^0	5^0	5^0	5^0	5^0	5^0	5^0	5^2	5^0
6^2	6^4	6^1	6^3	6^1	6^4	6^2	6^3	6^1	6^3	6^2	6^3
7^1	7^2	7^1	7^2	7^0	7^2	7^0	7^2	7^0	7^2	7^0	7^2
8^1	8^0	8^1	8^0	8^2	8^0	8^2	8^0	8^2	8^0	8^2	8^0
9^1	9^3	9^1	9^2	9^0	9^2	9^0	9^3	9^0	9^2	9^0	9^3

어떤 RFLP가 베스트 질환을 유발하는 돌연변이와 가장 가까운가? 이 RFLP의 어떤 대립인자가 베스트 질병을 가진 염색체 상에 존재하는가?

답: RFLP좌위 4가 베스트 돌연변이에 가장 가까우며, 다형성 중 4^0가 있는 염색체 11번의 사본에 존재한다. 11번 염색체의 다형성 중에서 오직 4^0대립인자만이 베스트 질환을 가진 세 명의 가족구성원에 존재하며, 이것은 정상시각을 가진 다른 5사람에게는 존재하지 않는다.

2. 초파리(*Drosophila melanogaster*)의 4번 염색체로부터 얻은 DNA를 포함한 11개의 클론들이 모든 짝으로 조합되어 상호 혼성화 실험에 사용되었다. 클론들은 A부터 K까지로 표시되었고; −표시는 혼성화가 관찰되지 않은 것이다.

	A	B	C	D	E	F	G	H	I	J	K
K:	−	−	−	−	+	−	−	−	−	−	+
J:	−	−	+	+	−	+	−	+	−	+	
I:	−	+	−	−	+	−	−	−	+		
H:	−	−	−	−	−	+	−	+			
G:	+	−	+	−	−	−	+				
F:	−	−	−	+	−	+					
E:	−	−	−	−	+						
D:	−	−	+	+							
C:	−	−	+								
B:	−	+									
A:	+										

혼성화 자료를 바탕으로 하면 이 클론들이 지정할 수 있는 컨티그(contig)는 몇 개인가? 이 자료에 의해 결정된 컨티그 지도를 그려보라.

답: 11개의 돌연변이들에 의해 2개의 컨티그가 결정되며 그 지도는 다음과 같다.

Contig 1: A, G, C, D, J, F, H

Contig 2: B, I, E, K

연습문제

이해력 증진과 분석력 개발

15.1 유전적 지도(genetic map), 세포 유전학적 지도(cytogenetic map), 그리고 물리적 지도(physical map)들을 고려해보라. 어떻게 이러한 형태의 지도들이 유전자의 위치지정 클로닝에 사용될 수 있는가?

15.2 염색체상 더듬기와 염색체상 뛰어넘기 탐색은 어떻게 다른가? 관심 유전자를 찾기 위해 왜 어떨 때는 염색체상 더듬기가 아니라 염색체상 뛰어넘기 기법을 이용해야만 하는가?

15.3 컨티그(contig)란 무엇인가? RFLP는? VNTR은 무엇인가? STS는? EST는 무엇인가? 염색체 지도 작성에 이들이 어떻게 사용되는가?

15.4 다음은 두 종의 서로 다른 순계의 호밀계통 A,B로부터 얻은 DNA를 *Eco*RI으로 잘라 수행한 서던 블로팅 결과이다. 현상된 자동방사선 사진 1번은 ^{32}P로 표지된 cDNA1로 탐침한 것이다. 사진 2번은 같은 블롯을 잘 닦고 ^{32}P로 표지한 cDNA2로 다시 탐침시킨 것이다.

	I			II	
	A	**B**		**A**	**B**
a1	___	___	b1		___
			b2		___
a2		___			
a3		___	b3		___
a4	___				

(a) 이 두 계통을 교배하여 얻은 F_1 잡종식물에서 위와 동일한 방법으로 수행한 서던 블로팅에서 볼 수 있을 것으로 기대되는 밴드는 어느 것인가? (b) 이 두 계통에서 밴드 a1으로 나타나는 유전자에 대해 어떤 결론을 내릴 수 있는가? (c) F_1 식물을 밴드 a1, a4, b3 만을 나타내는 식물과 교배하였다. 자손 개체들로부터 DNA를 뽑아 *Eco*RI으로 처리하여 얻어진 조각들을 겔 전기 영동법으로 분리하였다. 잘 분리된 조각들을 나일론 막에 옮겨 방사성 표지를 가진 cDNAI과 cDNAII 탐침자와 혼성화 시켰다. 다음 표는 이 자손들의 DNA를 사용하여 얻은 자동방사선 사진으로 얻어진 밴드들을 정리한 것이다. 이 자료를 해석하라.

	Bands Present						
Plant No.	**a1**	**a2**	**a3**	**A4**	**b1**	**b2**	**b3**
1	+	+	+	+			+
2	+	+	+	+			+
3	+	+	+	+			+
4	+	+	+	+			+
5	+	+	+	+	+	+	+
6	+			+	+	+	+
7	+			+	+	+	+
8	+			+	+	+	+
9	+			+	+	+	+
10	+			+			+

이 자료는 RFLP의 증거를 제공하는가? 몇 개의 좌위에서 그러한가? 이들 중 연관된 RFLP가 있는가? 만약 그렇다면 이 자료로 결정되는 연관 거리는 얼마인가?

15.5 인간 유전체 지도 작성 사업의 일부로, 여러분은 대장암에 관련한 어떤 유전자를 클로닝하려고 한다. 첫 단계는 이 유전자를 RFLP 표식자를 이용하여 위치를 지정하는 것이다. 다음 표에서 RFLP좌위들이 STS(서열 표지 부위)번호(예를 들어 STS1 등)로 표시되어 있다. 그리고 대장암 유전자는 *C*로 표시했다.

Loci	% Recombination	Loci	% Recombination
C, STS1	50	STS1, STS5	12
C, STS2	15	STS2, STS3	32
C, STS3	17	STS2, STS4	12
C, STS4	3	STS2, STS5	50
C, STS5	42	STS3, STS4	20
STS1, STS2	50	STS3, STS5	25
STS1, STS3	37	STS4, STS5	45
STS1, STS4	50		

(a) 서로 다른 RFLP 좌위와 대장암 유전자 사이의 재조합 퍼센트가 표에 주어져 있다. 근접한 RFLP 표식자와 대장암 유전자 사이의 거리와 순서를 나타내는 유전적 지도를 작성 하시오. (b) 인간의 유전체가 약 3.3 × 10^9 bp의 DNA를 포함하며 위의 유전적 지도가 약 3,300 센티모건 정도를 포함한다고 하면, 이 RFLP 지도로 표시된 염색체에는 대략 몇 bp의 DNA가 존재할까? (*힌트*: 일단 인간의 유전체에서 단위 센티모건당 몇 bp의 DNA가 존재하는지를 계산하라.) (c) 대장암 유전자와 가장 가까운 STS 사이에는 몇 bp의 DNA가 존재하는가?

15.6 STRs란 무엇인가? 그들을 때때로 미소부수체(microsatellite)라고 부르는 이유는?

15.7 여러분이 이전에 알려지지 않은 어떤 인간 유전자들을 클로닝했다. 어떠한 가계도 분석도 하지 않고, 인간 유전체에서 세포학적 지도위에 이 유전자의 자리를 지정하는데 어떠한 방법들이 사용될 수 있겠는가? 여러분들이 어떻게 이 과정들을 수행할 지 설명해보라.

15.8 당신이 아직 알려지지 않은 인간 EST를 밝혀냈다. 이 새로운

EST를 STS라 명명하기 전에 무엇을 꼭 행하여야 하겠는가?

15.9 VNTRs와 STRs는 다형현상의 특별한 종류이다. VNTR과 STR의 차이점은 무엇인가?

15.10 인간에서 백색증을 일으키는 어떤 RFLP와 어떤 돌연변이 대립인자는 가계도 분석이나 방사선 융합지도(radiation hybrid mapping)에 기초한 재조합에 의하면 분리되는 것으로 보여지지 않는다. 이러한 관찰은 RFLP가 백색증을 일으키는 돌연변이를 포함한 유전자 내부에 있거나 혹은 겹쳐 있다는 의미로 해석될 수 있는가? 만약 그렇다면, 왜 그렇고 그렇지 않다면 왜 아닌지 이유를 설명하시오.

15.11 사람 유전자의 방사선 융합지도법(radiation hybrid mapping)이 일반적 체세포 융합지도법(somatic cell hybrid mapping)보다 해상도가 더 좋은 이유는?

15.12 사람에서 귀머거리를 유발하는 어느 돌연변이와 어떤 RFLP가 같은 염색체 상의 같은 좌위에 지도화 되었다. RFLP가 귀머거리 돌연변이를 포함하는 유전자와 겹쳐 있는지는 어떻게 알 수 있는가?

15.13 인간 유전체 프로젝트(Human Genome Project)의 목표는 무엇인가? 이들 목표가 달성되면 오늘날 의학 발전에 무슨 효과가 있겠는가? 예측할 수 있는 미래 효과는 무엇인가? 인간 유전체 데이터를 오용할 가능성은?

15.14 인간의 유전성 질병을 일으키는 돌연변이 대립인자를 위치지정 클로닝 하기 위해서 유전적 표식자가 유용하게 사용되려면 RFLP가 돌연변이와 동일한 염색체에 반드시 존재해야 한다. 그 이유는 무엇인가?

15.15 RFLP와 EST 중 어느 형태의 분자 표식자가 인간의 질병 유발 돌연변이 유전자를 더 잘 표시할 수 있을 것인가? 그 이유는?

15.16 박테리오파지 ΦX174는 5,386 bp의 유전체에 11개의 유전자를 포함하고 있다; 대장균의 경우 4,467개의 유전체에 4.639 kb의 유전자가 있을 것으로 예상된다; *S. cerevisiae*는 12.1 mb의 유전체에 약 6,000개의 유전자를 가진다; *C. elegans*는 약 100 mb의 유전체에 약 22,000개의 유전자를 가진다; 그리고 인간의 경우 3,000 mb의 유전체 상에 약 20,500개의 유전자가 추정되고 있다. 어느 유전체의 유전자 밀도가 가장 높은가? 밀도가 가장 낮은 것은? 유전자 밀도와 발생학적 복잡성 사이에 관계가 있는 것으로 보이는가? 만약 그렇다면 그 관계에 대해 설명해 보라.

15.17 *Arabidopsis*의 3번 염색체 일부 조각의 컨티그 맵은 다음과 같다.

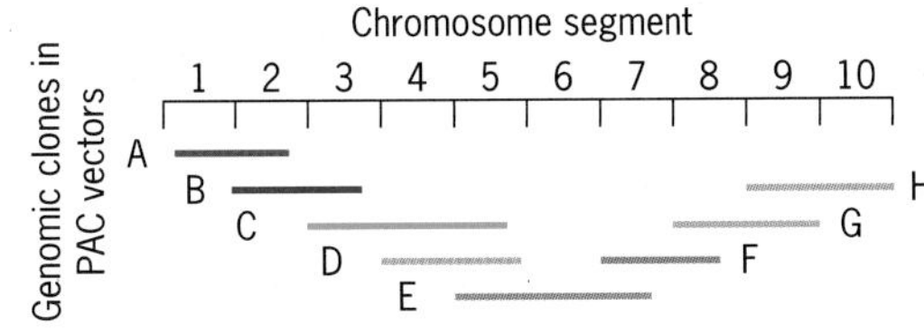

(a) 만약 어떤 EST가 유전체 클론 C, D, E에는 혼성화 되지만 다른 클론들에는 붙지 않는다면, 염색체 3번의 어떤 부분에 이 EST가 존재할까? (b) *ARA* 유전자의 한 클론이 유전체 클론 C, D에만 혼성화 된다면, 이 유전자는 어느 염색체 조각에 위치하겠는가? (c) 어떤 제한단편이 위에 나타낸 클론 중 오직 하나에만 혼성화 된다면 이 조각은 염색체의 어느 부분에 위치하겠는가?

15.18 인간-차이니스 햄스터 사이의 방사선 융합세포(radiation hybrids)가 A부터 Z까지로 표시된 6개의 인간 ESTs의 존재 여부에 대해 검사되었다. 결과는 다음 표에 제시되어 있다. +는 표식자가 존재함을, −는 없음을 나타낸다. 이 자료에 기초하여, EST중 어느 것이라도 서로 가까이 연관된 것이 있는가? 어떤 것들인가? 여러분들의 답을 확인하기 위해서는 어떠한 것들이 더 필요한가?

Marker	Radiation hybrid 1	2	3	4	5	6	7	8
A	+	−	+	+	+	−	+	−
B	+	−	+	−	−	+	−	+
C	+	−	+	+	+	−	+	−
D	−	+	−	−	+	−	+	+
E	+	−	+	+	+	−	+	−
F	−	−	+	+	−	+	+	+

15.19 마이크로어레이 혼성화 기구로써 유전자 칩의 주요 장점은 무엇인가?

15.20 단백질 합성이나 그 위치 추적을 위한 연구에 있어 해파리의 녹색 형광단백질이 다른 모든 방법보다 더 좋은 이유는 무엇인가?

15.21 당신이 24개 인간 염색체 모두의 염색체-특이적 cDNA 라이브러리를 갖고 있다면, 당신은 이 라이브러리들을 원시인 염색체 진화를 연구하는데 어떻게 사용하겠는가?

15.22 곡류 초본들 중에서 오로지 옥수수만 연관된 유전자들의 구역을 두 카피 포함하고 있다. 농업적으로 중요한 이 식물의 기원에 대해 이 옥수수 유전자 세트들의 중복이 시사하는 점은 무엇인가?

15.23 YAC 벡터에 들어 있는 5개의 인간 DNA 클론들이 STS2-STS6으로 표시된 여섯 개의 서열표지 부위로 혼성화 검사되었다. 결과는 다음 표와 같다; +는 STS의 존재를 나타내고, −는 STS가 없음을 나타낸다.

YAC clone	STS 1	2	3	4	5	6
A	−	−	−	+	+	+
B	+	−	−	−	+	−
C	−	+	−	+	−	+
D	+	−	+	−	−	−
E	−	+	−	−	−	+

(a) 이 염색체에서 STS 부위들의 배열순서는?
(b) 이 자료들에 의해 결정된 컨티그 맵을 작성하시오.

15.24 이 장의 도입 부분에서 우리는 *Homo neanderthalensis* 핵 유전체의 2/3의 유전자 서열을 논의하였다. *H. neanderthalensis*의 6개의 미토콘드리아 유전체의 완전한 서열은 여러 면에서 이용되어 진다; 2008년에 *H. neanderthalensis* mtDNA 염기서열이 처음 발표되었다. *H. neantherthalensis*와 *H. sapiens*의 mtDNAs의 염기서열이 어떻게 유사한가? 그 유전체들의 크기는 유사한가? 네안데르탈인과 인간의 mtDNAs에서 관찰된 다양성의 양은 같은가? 만약 아니라면, 네안데르탈인과 인간 집단의 크기에 관하여 우리는 무엇을 말할 수 있는가? *H. neanderthalensis* 미토콘드리아 유전체 내에 얼마나 많은 유전자가 존재하는가? 이 유전자들 몇 개가 단백질을 암호화 하는가? 구조 RNA 분자가 얼마나 되는가? *H. neanderthalensis* mtDNA에는 의사유전자(pseudogene)가 있는가? 이들 질문에 대한 모든 답은 http://www.ncbi.nlm.nih.gov 웹사이트에서 얻을 수 있다.

15.25 여러분들이 클로닝한 작은 DNA조각을 서열화 했다고 가정해 보자. 이 조각의 서열이 아래와 같다.

gtttcgtgttgcaacaaaataggcattcccatcgcggcagttagaatcaccgagt-
gcccagagtcacgttcgtaagcaggcgcagtttacaggcagcagaaaaatc-
gattgaacagaaatggctggcggtaaagcaggcaaggattcgggcaaggc-
caaggcgaaggcggtatcgcgttccgcgcgcgcggg

이 DNA서열의 가능한 기능에 대한 정보를 얻으려는 시도로 여러분들은 PubMed's Entrez 웹사이트(URL: http://www.ncbi.nlm.nih.gov/entrez)를 이용하여 BLAST(nucleotide blast) 검색을 수행하기로 결정했다. Query sequence 상자 안에 이 서열을 붙여 넣거나 타이핑 입력한 후 Focus on GenBank에서 제시된 것과 같은 Format 변화를 시켜 검색되는 정보들의 양을 제한하여 얻도록 한다. 검색을 수행하고 여러분의 퀴어리 서열과 가장 연관이 깊은 서열들을 찾아보자. 이것들은 암호화 서열인가? 이들은 어떠한 단백질들을 만드는가? 처음으로 나열된 서열은 NM_079795.2이다. Entrez의 "Search across databases" tool로 가라(Entrez 홈페이지의 하단에 있는 박스를 클릭하면 된다). NM_079795.2를 입력하고 "Go"를 클릭한다. 그러면 세 가지 데이터베이스, 즉 nucleotide, Gene HomoloGene, Probe, 그리고 UniGene에서의 결과("hits")를 얻는다. 그러면 여러분들은 여러분의 DNA의 기능이나 그것이 암호화하는 단백질들에 대해 알 수 있는 자료들을 얻게 될 것이다. 이러한 탐색 과정으로 여러분들은 자신들이 가진 DNA에 대해 무엇을 알 수 있는가? 탐색 서열로 여러분의 서열 절반만 가지고 BLAST 탐색을 반복해 보라. 그래도 데이터베이스에서 같은 서열을 찾을 수 있는가? 서열의 1/4만 가지고 검색한다면 그래도 같은 서열을 얻을 수 있을까? 자료은행에서 같은 서열을 찾기 위해 탐색서열로 사용할 수 있는 가장 짧은 DNA서열은 무엇인가?

15.26 PubMed's Entrez 웹사이트(http://www.ncbi.nlm.nih.gov/entrez)는 단백질 서열을 찾는데도 사용될 수 있다. 핵산 서열을 사용한 BLAST를 실행하지 말고, 폴리펩티드(아미노산 서열)를 사용하여 단백질 blast를 실행시킬 수도 있다. 여러분들이 아래와 같은 폴리펩티드 일부 서열을 가지고 있다고 하자.

GYDVEKNNSRIKLGLKSLVSKGILVQTKGTGASGS-
FKLNKKAASGEAKPQAKKAGAAKA

Entrez 웹사이트로 가서 왼쪽의 BLAST를 클릭하라. 그리고 protein blast를 클릭하라. 결과를 5-10초 안에 얻을 것이다. 처음에 나열된 2개의 서열은 당신의 탐색서열과 동일할 것이다. 3번째 서열은 한 개의 아미노산이 당신의 탐색서열과 다를 것이다. 당신이 가진 탐색서열의 정체는 무엇인가?

15.27 아래는 초파리(*Drosophila melanogaster*)에서 히스톤의 H2A폴리펩티드를 암호화하는 유전자 서열을 나타낸 것이다.

aagtagtcgaaaccgaattccgtagaaacaactcgcacgctccggtttcgtgttg-
caacaaaataggcattcccatcgcggcagttagaatcaccgagtgcccagagt-
cacgttcgtaagcaggcgcagtttacaggcagcagaaaaatcgattgaa-
cagaaatggctggcggtaaagcaggcaaggattcgggcaaggccaaggc-
gaaggcggtatcgcgttccgcgcgcgcgggtcttcagttccccgtgggtcg-
catccatcgtcatctcaagagccgcactacgtcacatggacgcgtcggagc-
cactgcagccgtgtactccgctgccatattggaatacctgaccgccgaggtcctg-
gagttggcaggcaacgcatcgaaggacttgaaagtgaaacgtatcactcctc-
gccacttacagctcgccattcgcggagacgaggagctggacagcctgat-
caaggcaaccatcgctggtggcggtgtcattccgcacatacacaagtcgct-
gatcggcaaaaaggaggaaacggtgcaggatccgcagcggaagggcaac-
gtcattctgtcgcaggcctactaagccagtcggcaatcggacgccttcgaaa-
catgcaacactaatgtttaattcagatttcagcagagacaagctaaaacaccgac-
gagttgtaatcatttctgtgcgccagcatatatttcttatatacaacgtaatacata-
attatgtaattctagcatctccccaacactcacatacatacaaacaaaaaata-
caaacacacaaaacgtatttacccgcacgcatccttggcgaggttgagtat-
gaaacaaaaacaaaacttaatttagagcaaagtaattacacgaataaatttaata-
aaaaaaactataataaaaacgcc.

인터넷(hettp://www.expasy.org/tools/DNA.html)에서 사용할 수 있는 번역 소프트웨어를 이용하여 이 유전자를 6가지 가능한 번역틀로 해독하고 어느 번역틀이 히스톤 H2A에 대한 것인지 살펴보자. "ExPASy Translation Tool" 상자에 DNA서열을 붙여 넣거나 타이핑하고, "TRANSLATE SEQUENCE"를 클릭하기만 하면된다. 결과적으로 **Met**와 **Stop**이라는 굵은 글자로 표시된 개방해독틀(ORF)을 가진 6개의 해독틀이 나온다. 어느 것이 히스톤 H2A를 지정하는 틀인가?

분자유전학의 응용

16

- 인간의 유전자 규명과 질병의 진단에 사용되는 재조합 DNA 기술
- 인간의 유전자 치료
- DNA 프로파일링
- 세균에서의 진핵생물 단백질 생산
- 형질전환 동물과 식물들
- 역유전학: 유전자 발현 억제를 통한 생물학적 과정의 분석

유전자 치료로 선천성 시력상실 아동의 시력을 개선하다

낸시(Nancy)와 에이든 하스(Ethan Haas) 부부가 그들의 아들인 코레이(Corey)에 대해 느꼈던 첫 번째 이상한 점은 신생아 때 거의 눈을 맞추지 않았다는 것이었다. 그리고 나서 유아기가 되자, 아들은 이곳 저곳에 쿵쿵 부딪치곤 했다; 그러나 그의 가장 특이한 점은 밝은 빛에 끌린다는 것이었다. 아버지의 말에 따르면, 코레이는 "불빛을 계속해서 노려보았다." 10개월이 되었을 때 그는 안경을 쓰기 시작했다. 코레이가 6살이 되었을 때, 의사는 그가 레버의 선천성 흑내장 2형(Leber's congenital amaurosis type II)이라는 희귀한 유전병을 갖고 있음을 발견했다. 코레이를 진찰한 의사는 부모들에게 그가 아마도 40세가 되면 완전히 시력을 잃을 것이라고 말하면서, 그럴 경우를 대비해 점자를 배워야할 것이라고 충고했다.[1]

코레이 하스가 그의 시력을 개선시켜 줄 유전자 치료를 받기에 앞서 비데오 게임기를 가지고 놀고 있다. 코레이는 '레버의 선천성 흑내장 2형'이라고 불리는 희귀한 유전병을 갖고 있다. 이 질병은 시력이 나쁘고, 유전자 치료를 받지 않으면 시력을 상실할 수도 있게 되는 증상을 갖는다.

레버의 선천성 흑내장은 적어도 12개의 서로 다른 유전자들 중 어느 곳에서 발생하는 상염색체성 열성 돌연변이에 의해 발생한다. 제2형은, 이 질병 중 가장 심각한 형태로, *RPE64*라고 불리는 유전자에서의 돌연변이에 의해 일어난다. 이 유전자는 망막색소상피(retinal pigment epithelial, RPE) 세포에서 발현되는 것으로, 안구의 뒤쪽에서 광수용체에 로돕신 색소를 제공해준다. *RPE64* 유전자의 산물이 없으면 광수용체가 퇴화되어 시력을 상실하게 된다.

이런 형태의 시력상실증은 인간에게만 국한되는 것은 아니다; 다른 포유류, 특히 개에서도 역시 발생한다. 실제로, 개에서 *RPE64*의 돌연변이들은 브리아드(Briard) 품종에서는 흔하고 시력상실과 매우 유사한 형태로 발현된다. 2001년에, 펜실베이니아 대학의 과학자들은 기능적인 *RPE64* 유전자를 망막세포에 주입함으로써, 앞을 보지 못하는 개에서 일부 시력을 회복시킬 수 있음을 증명했다. 이러한 연구는 유전병을 가진 인간에서도 유사한 유전자 치료를 시작하게 했다.

인간에서 이루어진 그 같은 첫 시도는, 2008년에 영국과 필라델피아 어린이 병원에서 행해진 것으로 그 목적은 사용되는 유전자치료의 과정이 안전한지를 검사하는 것이었다. 모든 경우에서, 한쪽 눈은 치료를 실시하고 다른 눈은 그대로 두었다. 첫 번째 결과는 기능적인 *RPE64* 유전자로 치료받은 6명의 젊은 성인들 중 4명에게서 나온 것으로, 이들은 치료받은 눈에서 개선된 시각

[1]Waters, R., October 24, 2009. Gene Therapy Gives Sight to Blind Children with Rare Disorder. www.bloomberg.com/apps/news?pid=newsarchive&sid=arwB5NT9QXeg.

[2]Kaiser, J., October 24, 2009. Gene Therapy Helps Blind Children See. http://news.sciencemag.org/sciencenow/2009/10/24-01.html.

을 나타냈다. 그러나, 개에서의 결과에 기초하여, 연구자들은 어린이들에 대한 유전자 치료는 이들이 성인들보다 더 온전한 망막세포들을 많이 가지고 있기 때문에 반응이 더 크게 나타날 수 있다고 예견하였다.[2] 9명의 환자들이 더 치료를 받았는데, 이 중에는 8살에서 11살에 해당하는 어린이 4명이 포함되어 있었다. 그리고 그 결과는 인상적인 것이었다. 그 어린이들은 장애물 비켜가기 능력이 크게 개선되었으며 빛에 대한 감수성도 증가하였다.[3]

치료받은 아이 중 하나가 바로 코레이 하스(Corey Haas)였다. 코레이는 2008년 10월 기자회견 중 기자에게 그가 이제 얼굴을 인식할 수 있으며 크게 인쇄된 책을 읽을 수 있고, 동네에서 자전거를 탈 수도 있을 뿐 아니라, 심지어 배구도 할 수 있게 되었다고 말했다.[4] 코레이의 유전자 치료와 그의 인생에 미친 치료의 영향에 대해 좀 더 자세히 알고 싶다면 www.youtube.com/watch?v=FyR99anGBqE 사이트에서 "유전자 치료의 새로운 희망: 어린 소년의 암흑과의 투쟁(New Hope for Gene Therapy: A Young Boy's Fight against Blindness)"이라는 제목의 비디오를 볼 것을 권한다. 코레이의 개선된 시력이 지속되기를 바라며, 그가 40세가 되어도 실명의 위기에 처하지 않기를 빈다. 그리고, 미래에는 더 많은 유전자 치료 성공 스토리가 있기를 기원한다.

[3]The Children's Hospital of Philadelphia Press Release. December 15, 2010. One Shot of Gene Therapy and Children with Congenital Blindness Can Now See. http://multivu.prnewswire.com/mnr/chop/40752.

[4]Kaiser, J., October 24, 2009.

현재 유전학자들이 박테리오파지 T4의 형태형성 경로에 대해 완벽하게 알고 있는 것처럼(13장), 미래에는 효모세포, 초파리, 애기장대, 혹은 더 나아가 인간의 형태형성 경로에 대해서도 완벽하게 알 수 있게 될 것이다. 게다가, 생물학자들은 학습과 기억의 기초에 대해 어느 정도까지는 이해할 수 있게 될 것이고, 노화 과정을 일으키는 분자적 사건들에 대해서도 알게 될 것이다. 가장 중요하게는, 인간 세포의 분열을 조절하는 복잡한 기작을 이해하게 될 것이고 이러한 지식을 인간의 암이나 치명적 바이러스 감염을 억제하고 치료하는 데도 사용할 수 있게 될 것이다.

인간의 유전자 규명과 질병의 진단에 사용되는 재조합 DNA 기술

위치지정 클로닝 방법으로 헌팅턴 질환과 낭포성 섬유증을 일으키는 돌연변이 유전자들이 밝혀졌다. 인간의 질병을 일으키는 이 유전자들과 여러 돌연변이 유전자들은 DNA 탐침자들을 사용하여 추적될 수 있다.

재조합 DNA기술은 인간의 질병들을 일으키는 결함 유전자들을 찾아내는 방법을 혁신시켰다. 수많은 주요 '질병 유전자들'이 이미 위치지정 클로닝법에 의해 규명되었다(15장 참조). 그리고, 야생형과 돌연변이 대립인자들의 뉴클레오티드 서열을 비교함으로써 질병을 일으키는 돌연변이들이 확인되었다. 야생형의 대립인자에서 암호와 서열이 컴퓨터로 번역되어 유전자 산물의 아미노산 서열을 예측하게 된다. 예상된 아미노산 서열에 기초하여 올리고펩티드들이 합성되면 이러한 정보는 유전자 산물들의 위치와 생체(*in vivo*) 내 기능을 조사하는 데 사용될 항체를 만드는 데 이용될 수 있다. 이러한 연구들의 결과로 미래에는 유전자 치료에 의한 이 질병들의 치료가 가능해질 것이다.

헌팅턴 질환(HUNTINGTON'S DISEASE)

헌팅턴 질환(HD)은 유럽인 조상을 둔 사람들에게서 10,000명 당 한 명 꼴로 나타나는 상염색체성 우성 돌연변이에 의해 발생하는 유전 질환이다. HD를 가진 사람들은 중추신경계의 점진적 퇴화를 겪게 되는데, 보통 30-50세쯤에 발병하여 10년 내지 15년 내에 죽게 된다. 현재까지 HD는 치료가 불가능하다. 그러나, 유전자의 규명과 HD를 일으키는 돌연변이의 탐지로 미래에는 효율적인 치료가 가능할 것이라는 희망을 주고 있다. 질병의 발병이 비교적 늦기 때문에, 대부분의 HD 환자들은 이미 증상이 나타나기 전에 아이가 있는 경우가 많다. 이 질병은 상염색체성 우성이므로 이형접합성인 HD 환자의 아이는 이 질환에 걸릴 확률이 50%나 된다. 이 아이들은 HD 부모의 퇴행과 죽음을 보면서, 자신들도 같은 운명을 겪게 될 확률이 50:50이라는 사실을 알게 된다.

HD를 일으키는 책임 유전자(*HTT*, *huntingtin* 암호화)는 어떤 RFLP와 강하게 연관된 것으로 보인 최초의 인간 유전자들 중 하나였다. 1983년에, 제임스 구젤라(James Gusella), 낸시 웩슬러(Nancy Waxeler), 그리고 그 동료들은 *HTT* 유전자가 4번 염색체 단완 말단 근

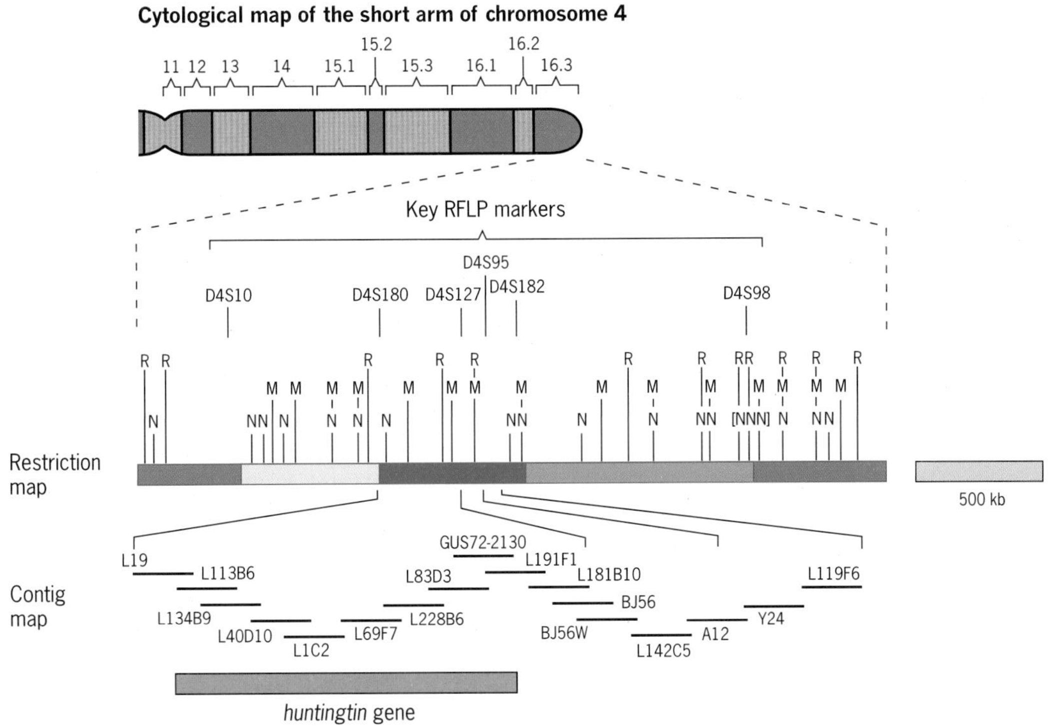

■ 그림 16.1 위치 지정 클로닝(positional cloning)을 이용한 헌팅턴 질병 유전자 규명. 염색체 4번 단완의 세포학적 지도가 가장 위에 표시되었다. *헌팅틴* 유전자의 위치를 정하는데 사용되었던 RFLP 표식자들, 제한지도, 그리고 컨티그 맵들은 세포학적 지도 아래에 나타냈다. M, N, 그리고 R은 각각 *Mlu*I, *Not*I 그리고 *Nru*I 제한 부위를 표시한다.

처에 위치한 RFLP와 동시분리(cosegregation)된다는 것을 증명했다. 이것은 베네주엘라와 미국의 두 대가족에 대한 연구 자료에 기초한 것이었다. 연이은 연구에서 이러한 연관이 약 96% 완전한 것으로 드러났으며; HTT 이형접합자의 4% 자손들만 RFLP와 *HTT* 대립인자 사이의 재조합형인 것으로 나타났다. 일찍부터 *HTT* 유전자가 4번 염색체의 비교적 짧은 영역 내로 위치가 정해졌기 때문에, 일부 과학자들은 *HTT* 유전자가 곧 클론화되어 규명될 수 있을 것으로 기대했었다. 그러나, 이 작업은 기대보다 훨씬 어려웠고 거의 10년이 다 되어서야 완성될 수 있었다.

위치지정 클론화 방법을 사용하여, 구젤라와 웩슬러, 그리고 그 동료들은 처음에 *IT15* (*I*nteresting *T*ranscript number *15*)라고 불렸던 유전자 하나를 분리했고 곧 *헌팅틴*(*huntingtin*)으로 명명했다. 이것은 4번 염색체 단완 말단 근처의 210 kb에 걸쳐 있다(■ 그림 16.1). 이 유전자는 세 뉴클레오티드가 반복된 부분 즉, $(CAG)_n$을 포함하고 있으며, 건강한 사람이라면 각 4번 염색체에 11~34번 반복되어 존재한다. HD에 걸린 개인에서는, *HTT* 돌연변이를 가진 염색체의 경우 42~100회 이상이 반복되는 CAG 반복서열을 가진다. 게다가, HD의 발병 연령은 이 세 뉴클레오티드 서열의 반복 회수와 반비례한다. 희귀하게도 이 질병이 청소년기에 발병한 아이들은 비정상적으로 높은 반복 회수를 가진다. *HTT* 유전자의 세뉴클레오티드 반복 영역은 불안정한데, 반복 회수가 종종 세대를 거치면서 증가하거나 간혹 줄어든다. 구젤라와 웩슬러, 그리고 그 동료들은 72개의 서로 다른 가계들로부터 얻은 염색체에서 확장된 CAG 반복 영역을 조사한 결과 자신들이 올바른 유전자를 찾았다는 것을 확신할 수 있었다.

헌팅틴 유전자는 매우 여러 종류의 세포에서 발현되는 것으로 10~11kb의 커다란 mRNA를 생산한다. *헌팅틴* mRNA의 암호화 영역은 3,144개의 아미노산으로 이루어진 단백질을 만들 것으로 예상된다. 불행하게도, 헌팅틴 단백질의 예상 아미노산 서열은 그 기능에 대한 별다른 정보를 주지 못한다. 그것은 다른 단백질들과는 서열 상동성을 보이지 않는다. 세포 내에서 헌팅틴 단백질은 미세소관이나 소낭들과 연계해서 발견되는데, 이런 사실은 아마도 이 단백질이 어떤 종류의 이동이나 세포골격 부착에 관여함을 시사하는 것이다. *HD* 돌연변이의 우성현상은 돌연변이 단백질이 질병을 일으킨다는 것을 시사한다.

돌연변이 *헌팅틴* 유전자에서의 확장된 CAG 반복서열 영역은 단백질의 아미노 말단 근처에 비정상적으로 긴 여러 개의 글루타민 영역을 만든다. 이렇게 길어진 폴리글루타민 영역은 단백질-단백질 상호작용을 일으켜 헌팅턴 단백질들이 뇌세포에서 덩어리를 만들어 뭉치게 한다. 이러한 단백질 응집이 HD의 임상 증상을 일으키는 것으로 생각된다. 그리고 치료를 위한 현재의 접근법은 이러한 단백질 응집을 없애거나 방해하려는 시도들을 포함한다.

HD는 불안정한 세 뉴클레오티드 반복서열들과 연관된 네 번째 인간 질병이었다. 1991년에 발견된 취약 X 증후군(fragile X syndrome) — 인간에서 가장 흔한 형태의 정신 지체 현상 — 이 확장된 세뉴클레오티드 반복서열(trinucleotide repeat)과 관련된 최초의 인간 질병이었다. 취약 X 증후군을 일으키는 돌연변이의 발견과 그 특징에 대해서는 Focus on의 '취약 X 증후군과 확장된 세뉴클레오티드 반복서열들' 부분에서 다루었다. 그 바로 이후에 근육 조절 능력의 상실과 관련된 근긴장성 근이영양증(myotonic dystrophy)과 척수-뇌 근위축증(spinobular muscular atrophy)이 세뉴클레오티드 반복성의 증가에 의한 것임이 밝혀졌다. 현재까지 40개가 넘는 인간의 질병들 — 그 중 많은 것들이 신경퇴행성 질환들과 관련된다 — 이 확장된 세뉴클레오티드 반복서열의 결과인 것이 드러났다. 이들에는 여러 가지 형태의 척수-소뇌성 운동실조증(spinocerebellar ataxia), DRPLA (dentatorubro-pallido-luysian atrophy; Haw River 증후군), 프리드라이히 운동실조증(Friedreich ataxia), 그리고 취약 X 증후군(Fragile X syndrome) 등이 포함된다. 세뉴클레오티드 반복 서열의 증가에 의한 인간 질병의 빈도가 높은 것으로 보아, 이것은 인간에서 발생하는 일반적인 돌연변이 사건인 것으로 보인다.

비록 이러한 유전적 결함의 규명, 즉 *헌팅틴* 유전자에서의 세뉴클레오티드 반복성의 증가를 확인한 것이 이 질병을 치료할 수 있게 한 것은 아니었지만, HD 돌연변이에 대한 간단하고 정확한 DNA 검사를 가능하게 했다(■ **그림 16.2**). 일단 *헌팅틴* 유전자의 반복 서열 양쪽의 서열이 밝혀지자, 올리고뉴클레오티드 프라이머를 합성하여 이 부위를 PCR로 증폭

■ 그림 16.2 헌팅턴 질병을 일으키는 *헌팅틴* 유전자의 세뉴클레오티드 반복부위 확장 여부를 PCR로 검사한 것(*a*). 이 결과(*b*)는 동일한 돌연변이 *헌팅틴* 대립인자에 대해 이형접합성 부모였던 베네주엘라의 한 가계에서 얻은 것이다. 자녀들의 출생순서와 성은 익명성을 위해 변경되었다. 대부분의 개인들은 실수를 최소화하기 위해 두 번씩 검사되었다.

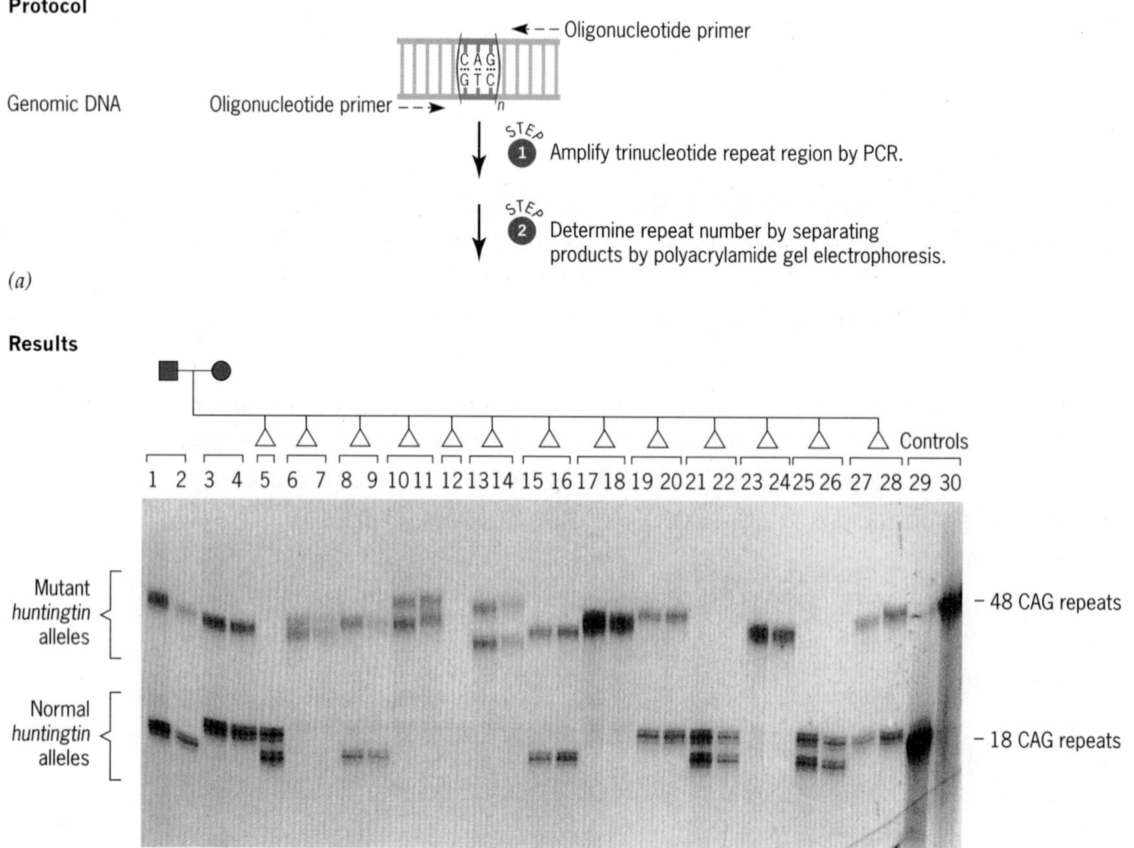

FOCUS ON

취약 X 증후군과 확장된 트리뉴클레오티드 반복 서열들

취약 X 증후군(Fragile X syndrome)은 인간에서 2번째(다운 증후군 다음으로; 6장 참조)로 흔한 형태의 유전성 정신지체 질병이다. 이 질병에 연루된 사람들은 심각한 정신적 지체를 나타낸다; 이들은 얼굴과 행동이 비정상적일 수도 있다. 취약 X 증후군은 남자에서는 4천 명당 한명, 여자에서는 7천명 당 한명 꼴로 발생한다. 가계도 조사는 이 취약 X 증후군이 불완전하게 유전되는 우성 X-연관 돌연변이에 의해 발생함을 시사한다. 반접합성(hemizygous) 남성들의 약 20 퍼센트 가량, 그리고 이형접합성인 여성들의 약 30 퍼센트 가량이 증상을 나타내지 않는다. 취약 X 증후군(Fragile X syndrome)은 불안정한 세 뉴클레오티드 반복과 연관된 최초의 인간 질병이다(이장 앞 부분에 논의된 헌팅턴 질병에 관한 절 참조).

초기의 연구들은, 취약 X 증후군이 티미딘(Thymidine)과 엽산(folic acid)이 결핍된 배지에서 배양된 세포들이 나타내는 세포학적 이상과 관련이 있다는 것을 밝혔다. 이러한 이상 증상—X 염색체 장완의 말단 끝에 생기는 수축현상—은 염색체의 끝부분이 곧 떨어져 나갈 것 같은 인상을 주며(■ **그림** 1*a*), 따라서 취약 X 염색체라 불리게 되었다. 분자적 연구들은 곧 이러한 염색체가 불안정한 세염기 반복 부위, 즉 취약 부위에서 $(CGG)_n$를 포함하고 있음을 밝혔다. 이러한 반복부위는 취약 X 정신 지체 유전자 *1*(*f*ragile X *m*ental *r*etardation-1)을 나타내는 *FMR-1*으로 지정된 유전자의 5'-비번역부위에 위치한다(■ **그림** 1*b*). 이 유전자의 단백질 산물은 FMRP로 표시되며, 신경세포에서 다른 세포들과 연결시키는, 세포체의 긴 돌출부위인 수지상 돌기들에 축적된다.

FMRP는 RNA-결합 단백질이다. 이것은 mRNA 및 번역기구들의 여러 성분들과 복합체로 발견된다. 아마도 mRNA 분자의 이동이나 그들의 번역을 조절하는 데 관여할 것이다. 취약 X 증후군에 걸린 사람은 *FMR-1* 유전자의 전사가 꺼져 있으며, 따라서 FMRP 단백질이 관찰된 정신지체의 원인인 것으로 보인다.

FMRP의 발현 소실이 *FMR-1* 유전자의 5'-영역에서의 불안정한 세뉴클레오티드 반복과 무슨 관계가 있을까? 정상적—즉, 발현되는—*FMR-1* 유전자는 6~59번 반복된 세 뉴클레오티드를 포함한다.

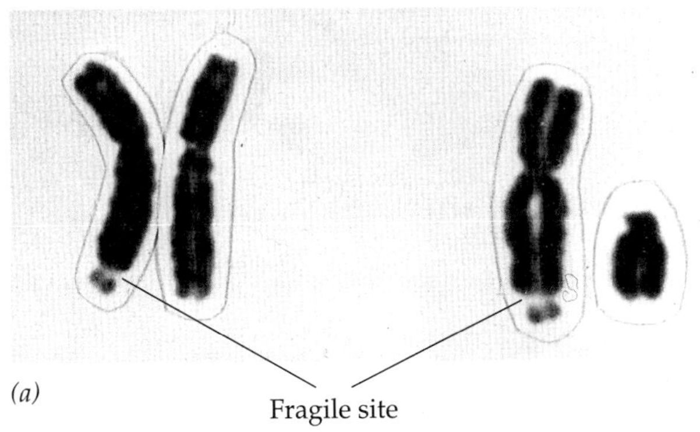

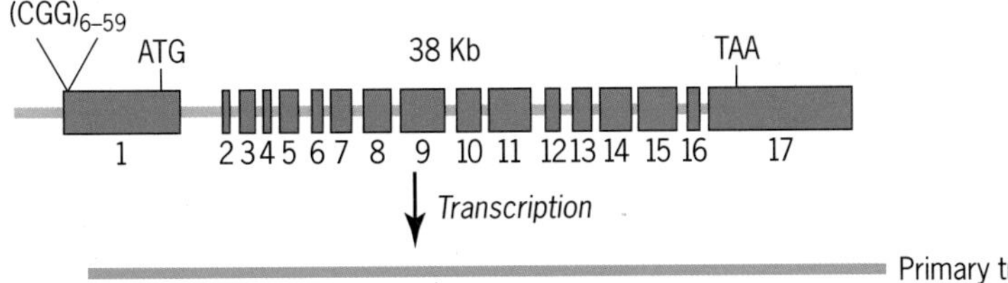

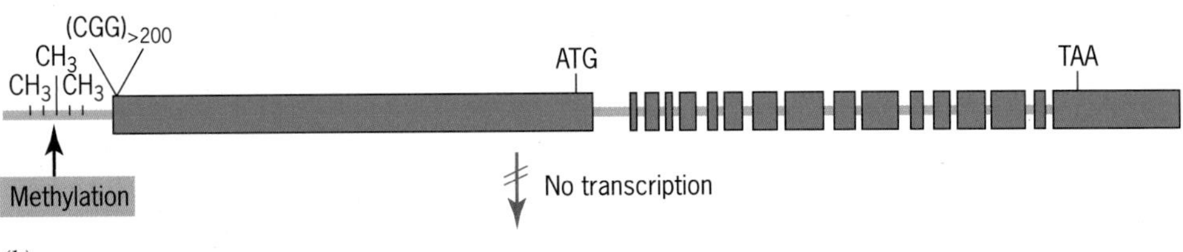

■ 그림 1 (*a*) 한 여인에게서 얻은 취약 X와 정상 X 염색체(왼쪽), 그리고 한 남자의 취약 X와 정상 Y 염색체(오른쪽). (*b*) *FMR-1* 유전자 중 정상(상단), 그리고 돌연변이 대립인자(하단)에서의 CGG 세 뉴클레오티드의 위치와 반복수. 돌연변이 대립인자들의 프로모터들은 매우 심하게 메틸화되며 이것이 전사를 저해한다.

계속

FOCUS ON (continued)

반대로, 비정상적인—즉 발현되지 않는 *FMR-1* 유전자는 취약 X 증후군을 가진 사람들에게서 발견되는데, 200~1,500번 이상 반복된 세뉴클레오티드를 가진다. 아무튼, 세뉴클레오티드 반복회수의 증가는 *FMR-1* 유전자의 발현을 저해한다. 현재 조사되고 있는 한 가지 가설은 반복수의 증가가 *FMR-1* 유전자의 프로모터에서 DNA의 화학적 변형을 일으킨다는 것이다. 취약 X 증후군을 가진 개인에서 이 프로모터는 매우 메틸화되어 있다. 여러 연구들은 DNA의 과메틸화(hypermethylation), 특히 프로모터 주변 영역에서의 과도한 메틸화는, 유전자 활성을 아주 막아버린다는 사실을 보여준다(19장 참조).

염색체에서 세 개의 뉴클레오티드 반복서열이 6~59번에서 200~1,500번으로 증가되는 이유는 무엇인가? 한 가지 가설은 DNA 복제과정에서 DNA 중합효소가 "미끄러지거나(slip)" 혹은 "더듬거릴(stutter)" 수 있다는 것이다(■ **그림 2**). 수리기구가 머리핀 구조를 없앤 후에, 반복부위는 매우 늘어날 수 있다. 이러한 종류의 기작은 왜 반복 부위가 세대를 거칠 때 마다 불안정해지는지를 설명해준다.

불안정한 세 뉴클레오티드 반복서열이 발견되고 나서 1년도 못되어 또다른 신경퇴행성 질환인 척추-연수성 근육위축증(spinobulbar muscular atrophy; 케네디 질병이라고도 알려짐)이 이러한 불안정한 세뉴클레오티드(CAG)$_n$와 관련 있음이 밝혀졌다. 이후 다른 많은 신경퇴행성 질환들이 이러한 세뉴클레오티드 반복서열의 증가와 관련 있는 것으로 드러났다. 가장 잘 알려진 것이 헌팅턴 질환(Huntington's disease)이다. 그러므로 불안정한 세뉴클레오티드 반복서열은 우리 인간에서 중요한 형태의 유전적 결함인 것으로 보인다.

DNA polymerase

DNA polymerase

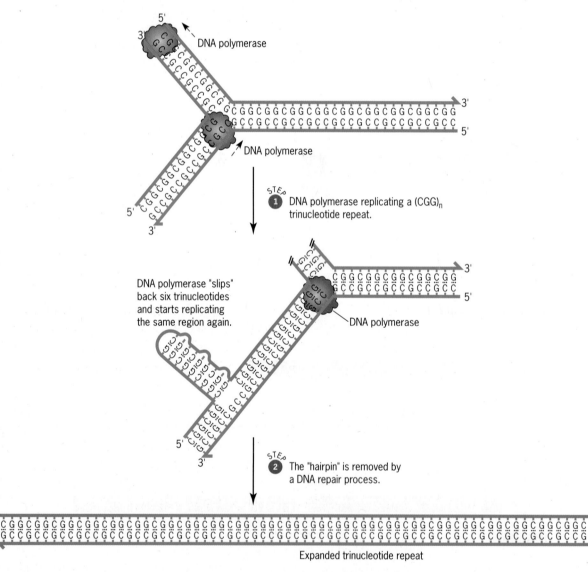

STEP 1 DNA polymerase replicating a (CGG)$_n$ trinucleotide repeat.

DNA polymerase "slips" back six trinucleotides and starts replicating the same region again.

DNA polymerase

STEP 2 The "hairpin" is removed by a DNA repair process.

Expanded trinucleotide repeat

■ 그림 2 반복성 세 뉴클레오티드를 늘어나게 할 수 있는 가능한 기작. 이렇게 나란한 반복서열들의 복제 시, DNA 중합효소가 주형가닥에서 떨어져 나와 뒤로 미끄러졌다가 앞서 복제된 영역에서 다시 복제를 시작한다. 이러한 미끄러짐의 결과로 형성된 머리핀 구조가 DNA 수리 효소에 의해 인식되고 수리 과정이 개시된다. 수리 경로에 관여하는 DNA 중합효소가 풀린 헤어핀에 대해 상보적인 가닥을 합성하도록 하여 반복된 세뉴클레오티드 영역이 늘어나게 된다.

문제 풀이 기술

취약 X-염색체성 정신 지체를 일으키는 돌연변이 대립인자에 대한 검사

문제

인간에서 두 번째로 흔한 형태의 유전성 정신지체는 *FMR-1* 유전자 (fragile X mental retardation gene 1)에서의 확장된 CGG 세뉴클레오티드 반복 서열 때문에 발생한다. 자세한 내용은 Focus on의 '취약 X 증후군과 확장된 세뉴클레오티드 반복서열들' 부분을 참고하라. 세 뉴클레오티드의 반복현상과 인간의 질병 부분을 참고하라. *FMR-1*의 돌연변이 대립인자의 존재를 알아내기 위한 DNA 검사법을 고안해보라. 검사 결과가 어떻게 돌연변이 대립인자에 대해 한 개인이 동형접합성인지 이형접합성인지를 알려줄 수 있겠는가?

사실과 개념

1. 정상적인 사람들은 *FMR-1* 유전자의 프로모터와 번역 개시 부위 사이에 보통 6~59번의 CGG 세뉴클레오티드 서열을 갖는다.
2. 취약 X 증후군인 사람들은 200회 이상의 CGG 반복 서열을 갖는다.
3. 인간 유전체의 전체 진정염색질 부분은 서열화가 완료되었다. 따라서 *FMR-1* 유전자의 이 서열과 그 옆의 유전체 서열은 알려져 있다.
4. PCR은 *FMR-1* 유전자에서 CGG 세뉴클레오티드가 포함되어 있는 해당 영역을 증폭하는 데 사용될 수 있다.
5. 폴리아크릴아미드 젤전기영동은 작은 DNA 분자의 크기를 결정하는 데 사용될 수 있다.

분석과 해결

1. *FMR-1* 유전자의 세뉴클레오티드 반복 서열 옆 부분의 서열에 상보적인, PCR을 위한 정방향(forward)과 역방향(reverse) 프라이머를 합성한다(그림 14.6 참고).
2. 위 프라이머들을 사용하여 검사할 사람들의 유전체 DNA 시료에서 해당 세뉴클레오티드 반복 영역을 증폭한다. 이미 CGG 세뉴클레오티드의 길이를 알고 있는 사람들 — 정상과 확장되어 있는 사람 — 로부터 얻은 유전체 DNA도 증폭에 포함시켜 표준자로 사용한다.
3. 폴리아크릴아미드 젤 전기영동을 이용하여 증폭된 DNA들의 길이를 측정한다(그림 14.10 참조). 표준자들은 이 분석에서 크기 표식자로 사용될 수 있다.
4. 정상 대립인자와 확장된 *FMR-1* 대립인자를 모두 가지는 이형접합자들로부터 얻은 DNA는 두 종류의 증폭 DNA 단편들 — 6~59번 반복되는 크기의 작은 단편과 200회 이상 반복되어 길어진 단편 — 을 만들 것이다. *FMR-1* 대립인자에 대해 동형접합성인 사람들은 두 개의 정상 대립인자를 가진 경우 짧은 단편 한 종류, 두 개의 돌연변이 대립인자들만 갖는 경우에는 긴 종류의 한 가지 증폭 단편만을 만들 것이다.

더 많은 논의를 보고 싶으면 Student Companion 사이트를 방문하라.

할 수 있게 되었고, CAG 반복서열의 횟수는 폴리아크릴아미드 젤 전기영동법으로 결정할 수 있었다. 따라서, 돌연변이 *헌팅틴* 유전자를 가질 위험성이 있는 개인들은 그 존재 여부를 쉽게 검사할 수 있다. PCR 방법은 아주 소량의 DNA만을 요구하기 때문에, HD의 검사는 양수검사나 융모막 생검으로 얻은 태아의 세포에 대해서도 산전 진단으로 실시할 수 있다(6장에서 양수검사와 융모막생검을 다룬 Focus on을 참고할 것). 인간에서 두 번째로 흔한 형태의 정신지체를 일으키는 확장된 CGG 세뉴클레오티드 반복서열을 포함하는 돌연변이 대립인자에 대한 DNA검사를 생각해 봄으로써 *HTT*에 대한 DNA 검사법을 이해했는지 확인해 보라(문제 풀이 기술: 취약 X 증후군에 의한 정신지체를 유발하는 돌연변이 대립인자의 검사 부분을 참고하라).

HD 돌연변이에 대한 DNA 검사가 가능해졌기 때문에, 결함 유전자를 아이에게 유전시킬 위험이 있는 사람들은 가족을 이루기 전에 자신이 그 돌연변이를 가졌는지를 검사할 수 있다. 이형접합성인 한 쪽 부모를 가진 사람은 결함 유전자를 가지지 않을 확률이 50%이다. 검사가 음성이라면, 그 사람은 돌연변이를 전달할 걱정에서 벗어나 가족을 꾸릴 수 있다. 만약 양성으로 나왔다면, 출산 전에 태아를 검사할 수도 있고, 혹은 이 단원의 첫머리에 논의했던 부부들이 했던 것과 마찬가지로 인공수정을 고려할 수도 있다. 만약 8세포기의 전-배아 상태를 검사하여 *HTT* 돌연변이에 음성이 나왔다면, 태아가 정상적인 두 개의 헌팅틴 대립인자를 가졌다는 것을 안 후에 이것을 엄마의 자궁에 이식할 수 있다. 양심적으로 이용된다면, *HTT* 돌연변이에 대한 DNA검사는 이 공포스러운 질병으로 고생하는 사람의 수를 훨씬 감소시킬 수 있을 것이다.

낭포성 섬유증(CYSTIC FIBROSIS)

낭포성 섬유증(Cystic Fibrosis, CF)은 북유럽 가계의 2,000명 신생아중 1명에 영향을 미치는 가장 흔한 형태의 유전질환 중 하나이다. CF는 상염색체 열성으로 유전되며, 이형접합자의

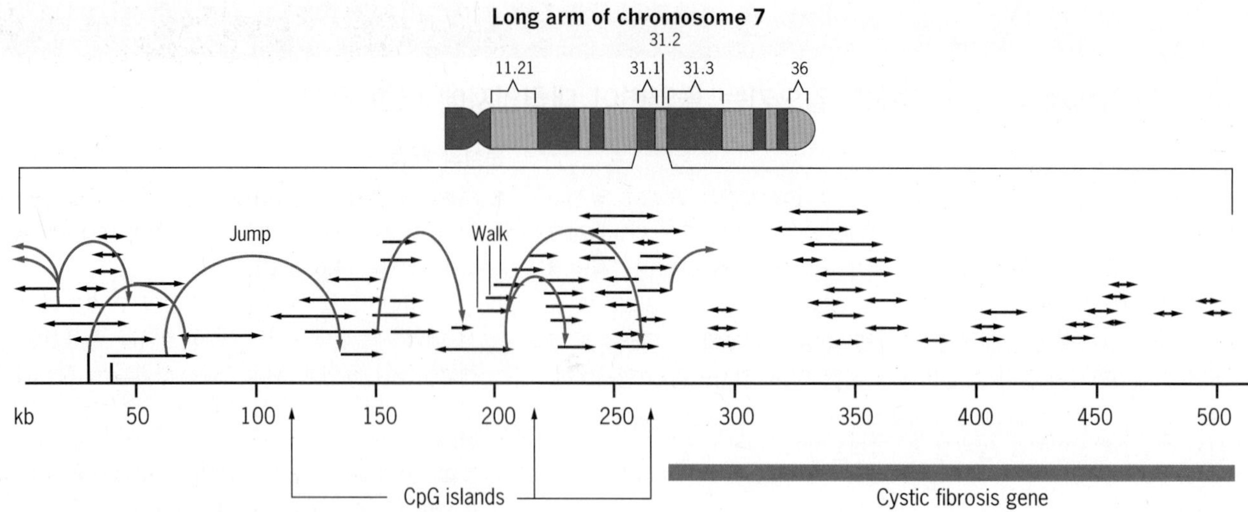

■ 그림 16.3 낭포성 섬유증 유전자의 위치를 찾고 규명하는 데 사용된 염색체상 보행과 도약 서열. 유전자의 5′말단 위치를 표시하는 데 표식자로 사용된 CpG 섬의 위치도 표시되어 있다.

빈도는 백인집단에서 25명당 한명 정도로 추정된다. 미국에서만 3만 명 이상의 사람들이 고통스러운 질병으로 고생하고 있다. CF에서 쉽게 진단되는 증상은 과도하게 소금기가 많은 땀으로, 이것은 돌연변이 유전자에 의한 비교적 순한 형태의 부작용이다. 다른 증상들은 매우 해롭다. 폐, 췌장, 그리고 간이 진한 점액으로 기능 장애를 일으킨다. 이러한 점액은 만성적인 감염을 일으키며 결국에는 이 필수 기관들의 기능상실을 초래한다. 게다가, 점액은 종종 소화관 내에 쌓여 환자가 얼마나 많이 먹든 상관없이 영양흡수를 방해하므로 영양 결핍을 초래한다. 폐 감염도 자주 일어나서 환자들은 종종 폐렴이나 호흡기계의 다른 감염들로 사망하기도 한다. 1940년에, CF로 태어난 신생아의 평균 예상 수명은 2년 미만이었다. 치료법의 발달로, 수명은 매우 증가했다. 오늘날, CF를 가진 어떤 사람의 예상 수명은 약 32년 정도이지만, 삶의 질은 매우 낮다.

CF 유전자의 규명은 위치지정 클로닝을 사용한 주요 성과 중의 하나이다(15장 참조). CF 환자로부터 얻은 세포에 대한 생화학적 검사들은 특정 대사 결함이나 돌연변이 유전자 산물을 찾아내도록 하는 데 실패했다. 그리고 1989년에, 콜린스(Francis Collins)와 츠이(Lap-Chee Tsui)는 그 동료들과 함께 *CF* 유전자를 찾아내고 이 무서운 질병을 일으키는 몇 가지 돌연변이들을 규명하였다. *CF* 유전자의 클로닝과 서열화 작업으로 이 유전자의 산물에 대한 분석이 빠르게 진행되어 질병에 대한 임상적 처방과 미래의 성공적인 유전자 치료를 위한 희망에 한 걸음 더 다가서게 되었다.

CF 유전자는 RFLP와의 동시분리를 근거로 하여 염색체 7번의 장완에 처음 좌위가 지정되었다. RFLP 지도화 작업을 계속하여 이 유전자가 포함된 염색체 7번의 500-kb 영역을 찾을 수 있었다. *CF* 유전자에 근접해 있던 두 개의 RFLP 표식자를 사용하여 염색체상 보행(더듬기식 염색체 탐색; Chromosome walking)(그림 15.7 참조)과 염색체 도약(뛰어넘기식 염색체 탐색; Chromosome jump) 분석을 시작하였고 이 지역에 대한 자세한 물리적 지도가 구성되기 시작했다(■ **그림** 16.3). *CF* 유전자를 찾는 데는 3가지 종류의 정보들을 사용하여 작업을 구체화할 수 있었다.

1. 인간의 유전자들은 종종 **CpG 섬**(**CpG island**, 19장 참조)이라고 불리는, 시토신과 구아닌이 무리를 이룬 부분 다음에 나타난다. 그러한 무리가 *CF* 유전자 바로 상류에 3개나 존재했다(그림 16.3).
2. 중요한 암호화 서열들은 보통 연관 종들에서 보존된 서열로 나타난다. *CF* 유전자의 엑손 서열을 이용하여 인간, 쥐, 햄스터, 그리고 소의 유전체 DNA들로부터 얻은 조각들

을 포함한 서던 블로팅을 실시하였다(종종 *zoo blot*이라고 불린다). 이 결과 엑손들은 매우 보존되어 있는 것으로 드러났다.

3. 앞서 언급했던 바와 같이, *CF* 유전자는 폐, 췌장, 그리고 땀샘 등에서 나타나는 비정상적인 점액질과 관련이 있다고 알려져 있다. 배양된 땀샘 세포들로부터 얻은 mRNA에서 cDNA 도서관을 제작하고 *CF* 유전자의 엑손 탐침자를 사용하여 콜로니 혼성화로 검색하였다(당시에는 *CF* 후보 유전자였다.).

땀샘의 cDNA 도서관을 사용한 것은 *CF* 유전자를 규명하는 데 있어 아주 주효했던 것으로 드러났는데, 노던 블롯 실험 결과 이 유전자가 폐, 췌장, 침샘, 땀샘, 장, 그리고 생식도관계의 상피세포에서만 발현되는 것으로 나타났기 때문이었다. 따라서, *CF* 유전자의 cDNA 클론들은 다른 조직이나 기관들로부터 만들어진 cDNA 도서관을 사용한 실험에서는 발견되지 않았을 것이다. 노던 블롯 결과 역시 잠정적 *CF* 유전자가 적절한 조직에서 발현되고 있음을 보여주었다.

질병 유전자같은 후보 유전자들의 규명은 여러 가족들에서 얻어진 돌연변이 대립인자들과 정상 대립인자와의 비교에 의존적이다. CF는 돌연변이 대립인자의 70%가 동일한 3염기 결실, 즉 *ΔF508*이라고 하는 돌연변이를 포함한다는 점에서 매우 이례적이다. 이 돌연변이는 *CF* 유전자 산물의 508번째 아미노산인 페닐알라닌이 사라지도록 한다. *헌팅틴* 유전자와는 달리, *CF* 유전자의 뉴클레오티드 서열은 매우 유익했던 것으로 드러났다. 이 유전자는 매우 커서 250 kb에 걸쳐 24개의 엑손을 포함한다(■ 그림 16.4). CF의 mRNA는 약 6.5 kb의 길이에 1,480개의 아미노산으로 된 단백질을 암호화한다. 단백질 자료 은행을 검색해 본 결과 *CF* 유전자 산물은 세포를 통해 이온이 출입하도록 하는 구멍을 형성하는 몇 몇 이온 채널들과 유사한 것으로 나타났다. *CF* 유전자 산물, 즉 *낭포성 섬유증 막통과 전도 조절자*(*cystic fibrosis transmembrane conductance regulator, CFTR*)라고 불리는 이 단백질은 호흡기 도관, 췌장, 땀샘, 장, 그리고 다른 여러 기관들의 표피를 덮고 있는 세포들의 막을 관통하는 이온 채널을 형성하며(그림 16.4), 이 세포들로의 물과 염의 흐름을 조절한다. CF 환자에서는 이 CFTR 돌연변이 단백질이 제대로 기능을 하지 못하기 때문에, 염이 상피세포에 쌓이게 되고 점액질이 이들 세포의 표면에 축적된다.

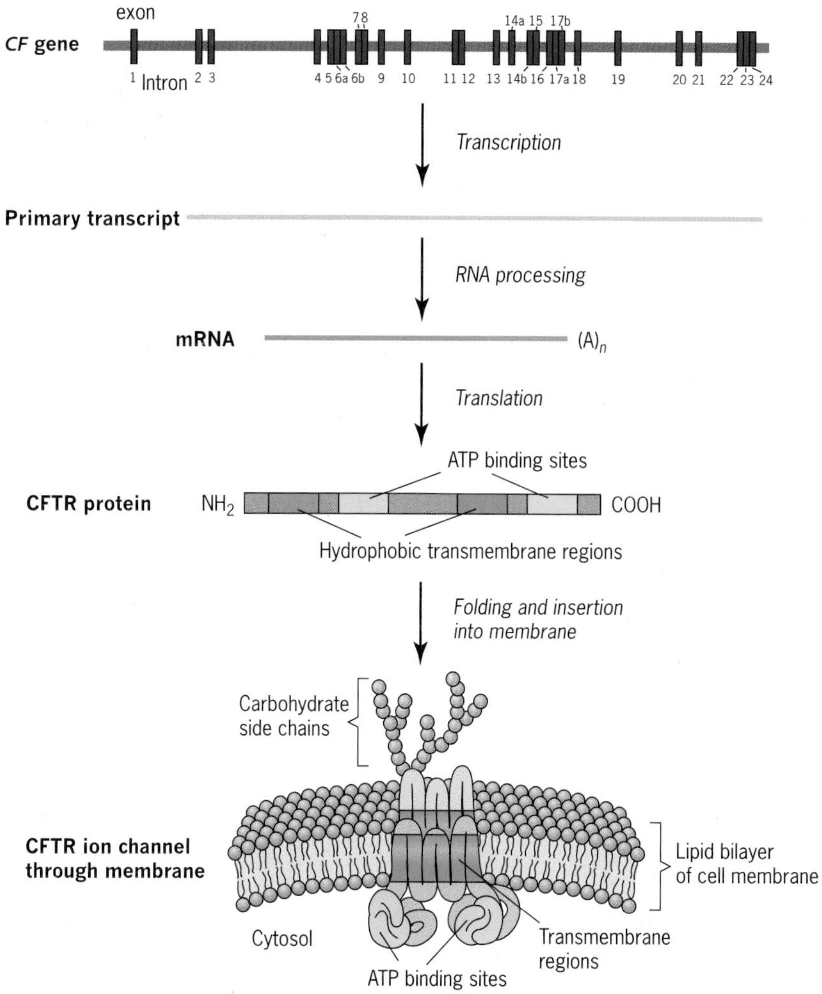

■ 그림 16.4 *CF* 유전자와 그 산물인 CFTR 단백질의 구조. CFTR 단백질은 폐, 장, 이자(췌장), 땀샘, 그리고 일부 다른 기관들의 상피세포막을 관통하는 이온 채널을 형성한다.

호흡 기관을 싸고 있는 점액질의 존재는 만성적이고 점진적으로 녹농균(*Pseudomonas aeruginosa*), 황색 포도상 구균(*Staphylococcus aureus*), 그리고 연관 세균들에 의한 감염을 일으킨다. 이러한 감염은 결국 잦은 호흡곤란과 사망에까지 이르게 한다. 그러나, *CF* 유전자의 돌연변이는 다면적(pleiotropic)이다; 즉, 여러 가지 뚜렷한 표현형적 효과의 원인이 된다. CF 환자에게서는 췌장, 간, 뼈, 그리고 소화관에서의 기능부전이 흔히 나타난다. 비록 CFTR이 염소 이온 채널(그림 16.4)을 형성하지만, 이것은 또한 칼륨과 나트륨 같은 다른 여러 전달 시스템의 활성도 조절한다. 일부 연구자들은 CFTR이 지질 대사와 전달을 조절하는 역할을 할 수도 있다고 제안한다. CFTR은 다른 여러 단백질들과 상호작용하며, 인산화효소와 탈인산화효소들에 의해 인산화/탈인산화를 겪는다. 따라서, CFTR은 여러 기능을 하는 것으로 생각된다. 실제로, CF의 몇몇 증상들은 염소 이온 채널의 기능상실에 의한 것이라기

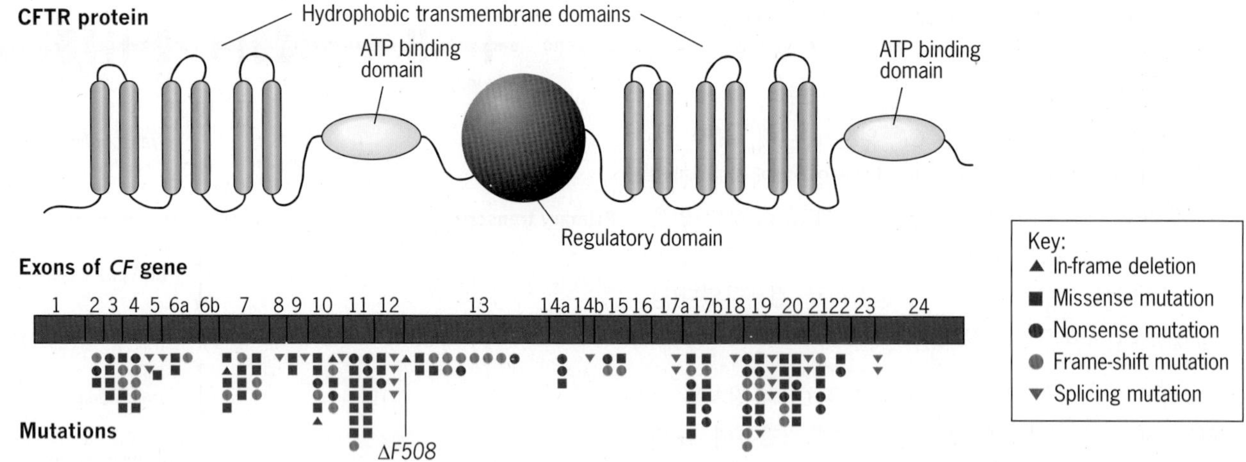

■ 그림 16.5 낭포성 섬유증을 일으키는 *CF* 유전자의 돌연변이들. 낭포성 섬유증을 일으키는 돌연변이들의 분포와 분류가 *CF* 유전자의 엑손 아래에 표시되었다. CFTR 단백질의 모식도는 돌연변이들에 의해 변화된 단백질 부분들을 설명하기 위해 엑손 지도 위에 표시했다. 약 70%의 *CF*가 돌연변이인 *ΔF508*에 의해 유발되며, 이것은 정상 CFTR 단백질의 508번째 위치에 존재하는 페닐알라닌을 없애는 돌연변이이다.

보다는 CFTR의 다른 기능 상실 때문인 것으로 보인다.

CF 질병의 70% 가량이 *ΔF508*의 세 뉴클레오티드 결실에 의한 것이지만, 170가지가 넘는 여러 *CF* 돌연변이들도 밝혀져 있다(■ **그림 16.5**). 이들 돌연변이 중 약 20개가 상당히 흔하고; 다른 것들은 좀 드물어서 많은 것들이 오직 한 개인에서만 나타난다. 이들 돌연변이 중 몇 몇은 14장 Focus on의 '낭포성 섬유증을 일으키는 돌연변이 유전자들'에서 설명한 바와 같은 *ΔF508* 결실에 대한 검사처럼, DNA 검사를 통해 추적될 수 있다. 이 검사들은 양수검사나 융모막 생검에서 얻은 태아 세포에 대해서도 수행될 수 있다. 또한 시험관 수정으로 만들어진 8세포기의 전-착상 배아에 대해서도 성공적으로 수행된 바 있다. CF를 일으키는 돌연변이들이 매우 다양하기 때문에(그림 16.5 참조), 모든 *CF* 돌연변이 대립인자를 추적할 수 있는 DNA 검사를 고안하는 것은 매우 어려운 일이다.

인간의 질병에 대한 분자 수준의 진단

인간의 유전적 질병을 일으키는 돌연변이 유전자들은 종종 유전체 DNA에 대한 검사들로 추적이 가능하다. 일단 인간의 질병에 대한 유전자가 클로닝을 거쳐 서열화 되고 그 질병을 일으키는 돌연변이들의 성질이 알려지면, 보통 돌연변이 대립인자들에 대한 분자적 검사법이 고안될 수 있다. 이러한 검사들은 PCR을 이용하여 해당 DNA 분절을 증폭함으로써 소량의 DNA로도 검사가 가능하다(그림 14.6 참고). 따라서 이들은 양수검사나 융모막 생검에 의해 얻어진 태아 세포에 대한 산전 진단과 함께, 심지어는 시험관 수정에 의한 전-배아로부터 얻어진 단 하나의 세포에 대한 검사까지도 가능하게 한다.

일부 분자적 진단들은 DNA에 특정 제한 효소 부위가 있는지 없는지에 대한 단순한 검사만으로도 가능하다. 예를 들어, 겸상 적혈구 빈혈증을 일으키는 돌연변이(13장 참조)는 제한효소 *Mst*II의 인식부위를 없앤다(■ **그림 16.6**). *HBB*^{s}(겸상 세포) 대립인자는, PCR로 β-글로빈 유전자 일부를 증폭한 후 이 DNA를 *Mst*II 제한효소를 이용하여 자르고, 여기서 얻어진 조각들을 젤 전기영동한 후 서던 블로팅과 이 돌연변이를 포함하는 탐침자로 혼성화하는 과정을 거쳐 정상 β-글로빈 유전자(*HBB*^{A})와 구별될 수 있다. 이 때 탐침자는 정상 β-글로빈 유전자로부터 생긴 두 개의 작은 조각들에 혼성화 되지만, 겸상 세포 β-글로빈 유전자에서는 하나의 큰 조각에만 혼성화된다(그림 16.6). 따라서 이 검사는 동형접합자 뿐 아니라 이형접합자도 조사할 수 있도록 한다.

헌팅턴 질병이나 취약 X 증후군 같은 유전적 질병들은 유전자 내에 늘어난 세 뉴클레

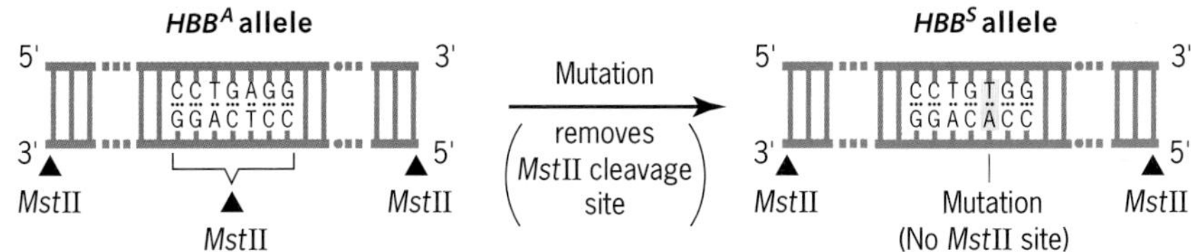

(*a*) **Mutational origin of *HBB^S* (sickle-cell β-globin) gene.**

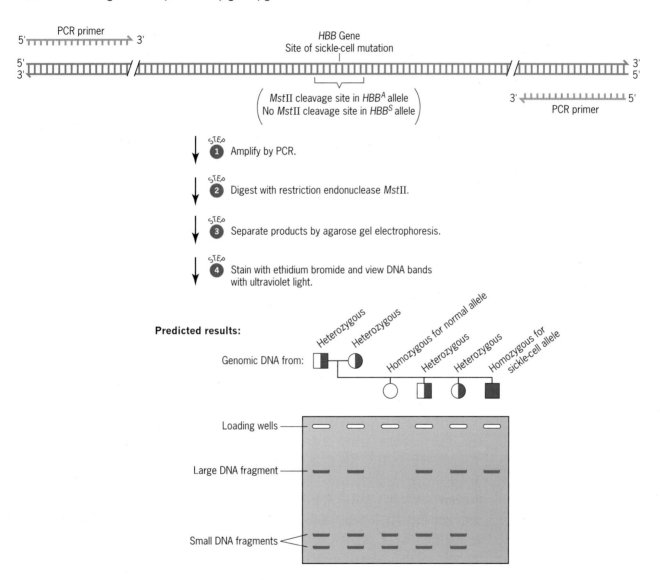

(*b*) **Distinguishing the *HBB^A* and *HBB^S* alleles by simple molecular techniques.**

■ 그림 16.6 (*a*) 정상적인 β-글로빈(*HBB^A*) 대립인자로부터 겸상세포 β-글로빈(*HBB^S*) 대립인자를 만드는 돌연변이는 *Mst*II 절단 부위를 사라지게 한다. 이러한 변화는 간단한 분자적 기술에 의해 두 대립인자를 구분하도록 하는데 이용된다. (*b*) *HBB^S* 대립인자에서의 겸상세포 β-글로빈 돌연변이는 유전체 DNA로부터 *HBB* 유전자 단편을 증폭한 후 제한효소인 *Mst*II로 잘라 보는 것으로 추적될 수 있다.

오티드 반복 부위에 기인하는 것으로, PCR과 서던 블롯이 이 돌연변이 대립인자를 추적하는 데 사용될 수 있다. *헌팅틴* 유전자에 대한 DNA검사는 그림 16.2에 설명되어 있다. 다른 형태의 돌연변이들은 유전체 DNA를 이용한 서던 블롯을 검사하는 대립인자 특이적인 올리고뉴클레오티드를 이용하여 추적할 수 있다. 이 과정은 *CF* 유전자에서의 *ΔF508* 돌연변이 — 낭포성 섬유증의 가장 흔한 원인 — 를 검사하는 방법에 사용되며 14장의 Focus on에 설명되어 있다. 사실, 어떤 질병에 대한 돌연변이가 일단 규명되면, 가장 흔한 원인을 찾기 위한 DNA검사를 개발하는 일은 보통 기계적 절차에 따른다. 분명히, 인간의 질병을 일으키는 돌연변이에 대한 진단 검사 가능성은 유전 상담 분야에 매우 기여했으며 유전 질환이 일어나는 가족들에게 귀중한 정보를 제공한다.

요점

- *위치 지정 클로닝(positional cloning)으로 헌팅턴 질환과 낭포성 섬유증을 일으키는 돌연변이 유전자들이 밝혀졌다.*
- *헌팅틴(huntingtin) 유전자와 CF 유전자의 뉴클레오티드 서열이 그들의 폴리펩티드 산물들의 아미노산 서열을 예측하고, 그 유전자 산물들의 기능에 대한 정보를 얻는 데 이용되었다.*
- *헌팅틴과 CF 유전자들의 특징을 규명하는 과정에서 헌팅턴 질병과 낭포성 섬유증을 일으키는 돌연변이들을 추적하는 DNA 검사법들이 발달하게 되었다.*
- *인간의 유전질환들을 일으키는 돌연변이 유전자들은 종종 DNA 검사에 의해 진단될 수 있다.*
- *유전질환을 일으키는 돌연변이 유전자에 대한 DNA 검사 결과는 유전 상담자들이 병에 걸린 아이를 낳을 위험이 있는 가족들에게 정보를 제공할 수 있도록 한다.*

인간의 유전자 치료

유전자 치료(Gene therapy) — 하나의 정상적인 유전자 사본을, 두 유전자 사본에 모두 결손을 가진 개인에게 도입하는 것 — 는 인간의 유전질환들을 치료하는 강력한 도구이다.

현재까지 집계된 약 6,000개 가량의 인간 유전질환들 중에는 현재 아주 일부만 치료가 가능하다. 이들 중 다수가 당뇨에 대해 인슐린을 주사하는 것처럼, 결손 되었거나 없는 유전자 산물들을 외부로부터 공급할 수가 없는 것들이다. 대부분의 효소들은 불안정하고, 몸에서 활동하는 장소에다가 기능적 형태로 전달할 수가 없거나, 적어도 장기간의 활성을 제공하는 형태로 제공할 수 없는 경우가 많다. 세포막은 단백질 같은 거대 분자들에 대해 불투과적이다; 따라서 효소들은 그들이 요구되는 장소에서 합성되어야 한다. 그러므로, 유전적 질병을 치료하는 것은 문제의 대사물이 순환계를 통해 신체의 적당한 조직으로 퍼질 수 있을 만큼 작은 분자이거나, 질병의 증상이 개인의 식사를 변형함으로써 조절될 수 있는 것이라야 한다. 이외의 다른 많은 유전질환들에 대해서는 **유전자 치료(gene therapy)**가 성공적인 치료를 위한 가장 희망적인 접근법을 제공할 수 있다. 유전자 치료는 정상적인(야생형의) 유전자 사본을 결손 유전자 사본을 가진 개인의 유전체에 추가하는 것을 포함한다. 세포나 생물체로 도입된 유전자를 **트랜스진(transgene**; 즉 전달된 유전자)이라고 하여 내생적인 유전자와 구별하며, 전달 유전자를 가진 생물체를 **트랜스제닉(transgenic)**이라고 부른다. 만약 유전자 치료가 성공적이라면, 전달 유전자인 트랜스진(transgene)은 결손 유전자 산물을 합성하여 정상 표현형으로 회복시킬 것이다.

특정한 예를 고려하기에 앞서, 유전자 치료의 두 가지 형태에 대해 논의할 필요가 있다: **체세포성(somatic cell)** 혹은 **비유전성 유전자 치료(noninheritable gene therapy)**와 **생식세포(germ line)** 혹은 **유전성 유전자 치료(heritable gene therapy)**가 그것이다. 인간과 같은 고등 동물에서는, 생식세포들은 체세포 계열과는 분리된 세포 계열에 의해 생산된다. 따라서 체세포 유전자 치료는 개인의 질병 증상들을 치료하지만 그 질병 자체를 치료할 수는 없다. 즉, 결손 유전자는 체세포 유전자 치료가 행해진 후에도 환자의 생식세포에 그대로 존재하며 그 자손으로 전달될 수 있다. 여기에서 논의할 인간 질환들의 모든 유전자 치료는 체세포 유전자 치료이다. 생식세포 유전자 치료는 쥐와 그 외의 동물들에서 수행되고 있지만 사람한테는 아직 시행되지 않고 있다.

체세포와 생식세포 유전자 치료의 구분은 인간에 대해 논의할 때 매우 중요하다. 인류의

"자연에 대한 서투른 땜질"이라든가 "신(God)의 역할 하기" 등으로 표현되는 우려들은 모두 생식세포 유전자 전달에 대한 것으로 체세포 유전자 치료에 대한 것이 아니다. 주요 도덕적, 윤리적 걱정들은 생식세포에서의 인간 유전자를 변형시킬 것인가에 대한 결정과 관련되어 있다. 반대로, 체세포 유전자 치료는 효소(유전자 산물)치료나 세포 및 조직 혹은 기관 이식과 다를 것이 없다. 이식에 있어서는, 기관에 있는 모든 세포의 유전체들이 환자의 유전자들과는 전혀 다른 유전자들을 가지고 있으며, 이러한 기관 전체가 환자의 몸에 이식되는 것이다. 현재의 체세포 유전자 치료들에서는 환자 자신의 일부 세포들을 빼 내어 수리한 다음 다시 환자의 몸에 이식한다. 따라서, 체세포 유전자 치료는 기관 이식보다 덜 복잡하고 덜 위험하다.

체세포 유전자 치료를 수행하기 위해서는, 돌연변이 유전자가 동형접합성이거나 혹은 이형접합성인 세포 내로 야생형 유전자들을 도입시켜 발현시켜야 한다. 이론적으로는, 몇 가지 서로 다른 방법 중 하나를 이용하여 야생형 유전자를 돌연변이 세포로 전달 할 수 있을 것이다. 가장 흔한 방법으로는, 바이러스들을 이용하여 야생형 유전자를 세포 내로 전달하도록 한다. 레트로바이러스 벡터(retroviral vector)의 경우, 야생형의 트랜스진—레트로바이러스 DNA와 결합되어 있는—은 숙주 세포의 유전체 내로 통합된다. 따라서, 레트로바이러스 벡터가 사용되는 경우에, 트랜스진은 이렇게 처리된 세포 계통의 모든 자손 세포들에게로 전달된다.

아데노바이러스 같은 다른 바이러스 벡터를 사용하면, 숙주의 면역 체계가 감염된 세포와 함께 바이러스를 제거할 때까지만 이 바이러스들의 유전체들이 자발적으로 복제하고 유지되므로, 트랜스진들은 숙주세포에 한시적으로만 존재하게 된다. 레트로바이러스에 대해 이들 벡터가 가지는 이점은 통합과정에서 생길 수 있는 어떤 잠재적 유해 돌연변이도 일어나지 않는다는 것이다(13장 참조). 그러나, 이것은 두 가지 단점을 가진다: (1) 트랜스진의 발현이 일시적이어서 바이러스 감염이 지속되는 동안만 유지된다. 그리고 (2) 대부분의 사람들은 이 바이러스들에 대해 강력한 면역 반응을 일으키는데, 아마도 이전에 동일한 바이러스나 혹은 연관 바이러스에 노출되었었기 때문일 것이다. 예를 들어, 체세포 유전자 치료에 의해 낭포성 섬유증을 치료하려는 초기 시도에서, *CF* 유전자를 가진 아데노바이러스 벡터가 환자에 의해 흡입되었었다. 폐세포가 바이러스에 감염되면 병의 증상을 완화시키도록 *CF* 유전자 산물을 충분히 합성할 수 있으리라 기대했던 것이었다. 불행하게도, 이러한 치료는 효과적이지 못한 것으로 드러났는데, 적어도 부분적으로는 이들 바이러스에 대한 환자의 면역반응 때문이었던 것으로 보인다.

낭포성 섬유증 같은 질환들에서는, 효과적인 유전자 치료란 장기간의 트랜스진 발현을 요구하는 것이므로, 표준적인 아데노바이러스 벡터들은 작동하지 않을 것이다. 트랜스진 발현이 일시적이기 때문에, 치료는 일정 기간마다 반복되어야만 할 것이다. 그러나, 2차 면역반응이 빠르고 효과적인 것을 감안하면, 동일한 바이러스를 이용한 연속적인 치료는 아마도 비효과적일 것이다.

인간의 유전자 치료는 미국 국립 보건원(National Institute of Health, NIH)에서 개발한 엄격한 규제 하에서 수행된다. 제안된 유전자 치료마다 지역(기관이나 의료 센터)과 국가적 차원(NIH)에서 심사위원들의 철저한 심사를 받는다. 유전자 치료 과정이 승인을 받기 위해서는 몇 가지 선결 요건들이 충족되어야 한다.

1. 유전자가 클로닝 되어야 하며 잘 연구되어 있어야 한다; 즉, 반드시 순수한 형태로 사용되어야 한다.
2. 그 유전자를 해당 조직이나 세포에 전달하는 효과적인 방법이 사용 가능해야 한다.
3. 환자에 대한 유전자 치료의 위험성이 조심스럽게 평가되어 그것이 최소한임을 증명해야 한다.
4. 그 질병은 다른 방법으로는 치료가 불가능한 것이어야 한다.

5. 동물 모델이나 인간 세포에서 미리 실험되어, 제안된 유전자 치료가 효과적이라는 자료가 있어야 한다.

유전자 치료 제안서는 이것이 상기 조건들을 충족시킨다는 지역 및 국립 심사위원회의 확신을 얻기 전까지는 승인을 받지 못할 것이다. 게다가, 1999년 겔싱어(Jesse Gelsinger)의 불행한 죽음으로, 심사위원회는 유전자 치료 제안서의 평가에 매우 조심스러운 상황이다. 겔싱어는 당시 18세로 오르니틴 트랜스카바밀라제(ornithine transcarbamylase) 결핍증을 앓고 있었으며, 그의 유전자 치료에 사용되었던 아데노바이러스에 대한 심각한 면역 반응으로 인해 사망한 바 있다.

인간에서 유전자 치료를 처음 이용한 것은 1990년으로, **아데노신 탈아민화 효소 결함에 의한 중증 복합성 면역 결핍증(adenosine deaminase-deficient severe combined immunodeficiency desease, ADA⁻ SCID)**을 앓고 있던 4세의 소녀가 처음으로 트랜스진 치료를 받았을 때이다. 몇몇 다른 ADA⁻ SCID 환자들이 곧 이어 치료를 받았으며 다른 유전질환을 가진 환자들도 소수가 유전자 치료를 받았다. SCID를 가진 사람들은 기본적으로 면역체계를 갖지 않으므로 아주 사소한 감염이라도 아주 심각해지거나 종종 죽음에 이르게 할 수 있다. 일부 SCID 환자들은 아데노신 탈아민화 효소(adenosine demainase, ADA)라 불리는 효소가 없다. 이 효소가 없으면, 그 기질인 데옥시아데노신(deoxyadenosine)의 인산화 형태가 T 림프구(면역 반응에 필수적인 백혈구)에 치명적인 수준으로 축적되어 이 세포를 죽게 한다. T 림프구들은 B 림프구라고 하는 세포를 자극하여 항체를 생산하는 형질 세포들로 발달하도록 한다. 그러므로, T 림프구가 없으면 어떠한 면역 반응도 일어날 수가 없으며, ADA⁻ SCID를 가지고 태어난 아기는 2년 이상 살지 못하고 죽게 된다.

1990년에 행해진 그녀에 대한 유전자 치료 이후, 그 소녀의 형질전환 T 림프구들은 일정 기간 동안만 아데노신 탈아민화효소를 합성하였고, 장기적인 것은 아니었다. 다행스럽게도, 연이은 효소 치료가 ADA⁻ SCID 치료에 효과적임이 입증되었다. 폴리에틸렌글리콜(*p*olyethylene *g*lycon, PEG; 항동결제의 주요 성분)로 안정화된 소의 아데노신 탈아민화효소가 이제 ADA⁻ SCID치료에 사용된다. 4살짜리 유전자 치료 선구자는 이제 음악에 특히 관심이 많은 건강하고 활동적인 젊은 여성이 되었다. 그녀는 또한 유전자 치료에 대한 강력한 옹호자이다.

백혈구 세포들의 짧은 수명으로 인한 제한점을 극복하기 위해, 백혈구 세포를 생산할 수 있는 골수 줄기 세포들이 ADA⁻ SCID와 같은 질병들을 치료하는 데 사용될 수 있었다. 변형된 줄기 세포들은 지속적으로 *ADA* 트랜스진을 가진 T 림프구를 생산할 수 있고, 장기적이거나 영원한 질병의 치료를 가능하게 한다. 실제로, 줄기세포 유전자 치료는 1993년에 ADA-SCID를 가진 두 명의 영아를 치료하는 데 사용되었고 이 방법은 이제 가장 확실한 방법이 되었다. 불행히도, ADA합성은 줄기세포에 그 유전자가 존재하는 짧은 동안만 지속된다.

2000년에 영국과 프랑스의 의사들은, 당시에는 최초의 성공적인 체세포 유전자 치료라고 여겨졌던, 치명적 유전성 질환을 가진 개인들을 치료하는 작업을 수행했다. 그들은 이전에 논의했던 ADA⁻ SCID와 유사한 형태의 SCID를 가진 소년들을 치료했는데, 이들은 X 염색체상의 유전자에서 발생한 돌연변이에 기인한 것이다. 이러한 X-연관성 SCID는 인터류킨-2 수용체(interleukin 2 receptor)의 γ-소단위가 소실되거나 불활성화 됨으로써 발생한다. 인터류킨-2는 신호분자로서 면역계의 세포 발달에 요구되는 것이다. 그러나 인터류킨 2 수용체의 γ-폴리펩티드는 몇 몇 다른 림프구 특이적 성장인자들의 구성 요소로도 사용된다. 종합적으로, 이들은 B 림프구와 T 림프구의 발달을 자극한다. 이 림프구 세포들은 각각 항체 생산 형질세포(antibody producing plasma cell)들의 생산과 살해 T 세포(killer T cell)를 생산하는 데 필요하다. γ-폴리펩티드가 없으면, 그 사람은 기능적인 면역계를 가질 수 없으며 몇 년 이상을 살기 어렵다.

ADA⁻ SCID를 가진 개인들처럼, X-연관 SCID를 가진 소년들도 체세포 유전자 치료의

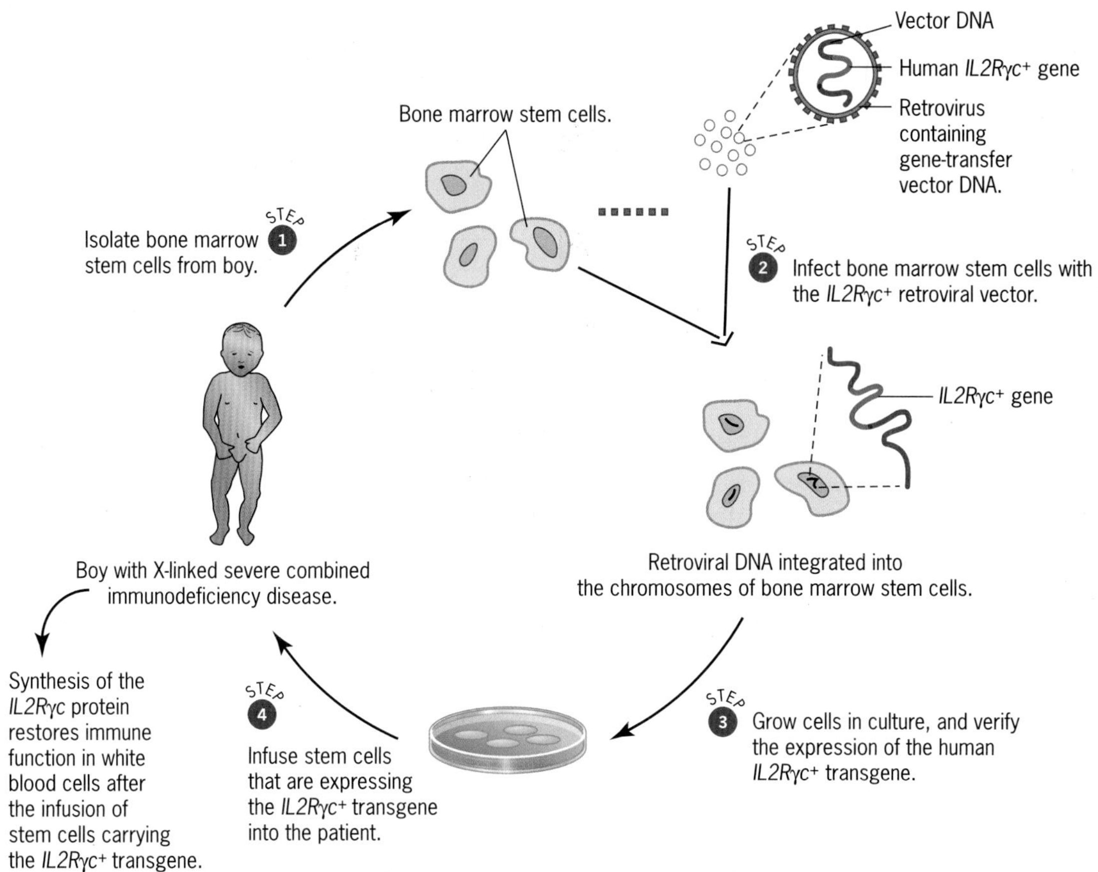
Vector DNA
Human IL2Rγc+ gene
Retrovirus containing gene-transfer vector DNA.
Bone marrow stem cells.
STEP 1
Isolate bone marrow stem cells from boy.
STEP 2
Infect bone marrow stem cells with the IL2Rγc+ retroviral vector.
IL2Rγc+ gene
Boy with X-linked severe combined immunodeficiency disease.
Retroviral DNA integrated into the chromosomes of bone marrow stem cells.
Synthesis of the IL2Rγc protein restores immune function in white blood cells after the infusion of stem cells carrying the IL2Rγc+ transgene.
STEP 4
Infuse stem cells that are expressing the IL2Rγc+ transgene into the patient.
STEP 3
Grow cells in culture, and verify the expression of the human IL2Rγc+ transgene.

■ **그림 16.7** X-연관성 아데노신 탈아민화 효소 결핍성 중증 복합성 면역결핍증(*IL2Rγc*$^-$ SCID)에 대한 체세포 유전자 치료. 이러한 형태의 X-연관성 SCID는 인터류킨 2 수용체의 γ-폴리펩티드의 활성이 결핍됨으로써 발생한다(γ-폴리펩티드는 다른 인터류킨들의 요소로도 사용된다). 유전자 치료는 환자로부터 백혈구 세포를 분리하여, 레트로바이러스를 이용하여 야생형의 *IL2Rγc*$^+$ 유전자를 이들 세포에 도입하고, 배양세포에서 트랜스진의 발현을 확인한 후에 다시 형질 전환된 백혈구 세포를 환자에 주입하는 과정으로 수행된다.

좋은 후보군인 것처럼 보였다. 그래서, 인간의 인터류킨-2의 γ-소단위를 암호화하는 유전자가 클로닝되어 레트로바이러스 벡터에 삽입된 후, X-연관 SCID 환자에서 분리된 조혈모 세포(순환계 세포들의 전구 세포들)로 도입되었다. 그리고 배양 배지에서 이 세포들이 자라는 동안 유전자 발현을 조사했다. 이 유전자(*i*nter*l*eukin 2 *r*eceptor γ common에 대해 *IL2Rγc* 라고 표시하자)의 발현을 확인한 후에, 이 줄기 세포들은 다시 SCID 환자에게 되돌려지도록 주입되었다(■ **그림 16.7**). 다음 해 2년 동안, X-연관 SCID를 가진 14명의 소년들이 치료를 받았다. 모두 14 사례에서 치료 후 몇 달 내에 정상 수준의 T-세포를 만들 수 있었으며 이로써 유전자 치료는 면역결핍증을 치료했다. 따라서, 2년 동안 모든 것들은 유전자 치료가 커다란 성공을 이루었음을 시사한 것으로 보였다. 그리고 나서, 이 소년들 중 한 명이 T-세포 백혈병을 나타냈다. 이 암은 백혈구 세포의 암이다. 후에, 동일한 T-세포 백혈병이 유전자 치료를 받은 다른 환자들에서 감지되었다. 분명히 무엇인가가 잘못되어 있었던 것이다.

레트로바이러스 벡터의 한 가지 이점은 이들이 자신들을 숙주 세포의 염색체 내에 삽입시켜 세포 분열 과정 중에 자손 세포들로 전달된다는 것이다. 그러나, 전이인자들과 마찬가지로, 이들은 자신을 숙주 세포의 유전자 내로 삽입시킴으로써 돌연변이를 유발할 수 있다(그림 13.13 참조). 게다가, 일부 레트로바이러스 DNA들은 삽입 지점에서 가까운 유전자들의 발현을 증가시키는데, X-연관 SCID 환자들에 *IL2Rγc* 유전자를 도입시키는 데 사용되었

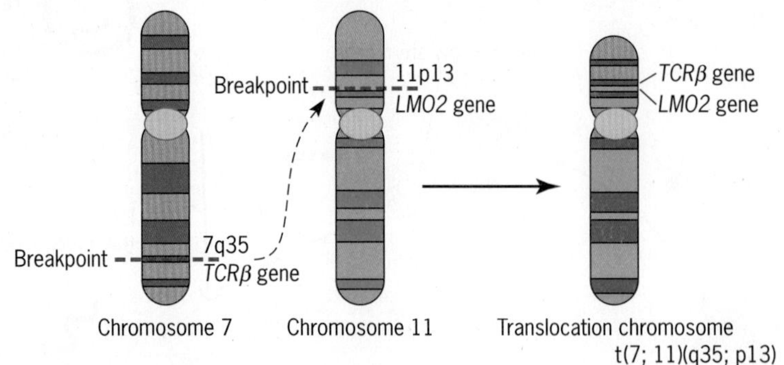

■ **그림 16.8** *LMO* 유전자(*LIM*-only gene 2)는 서로 다른 전사인자들을 연결시키는 다리로 기능하는 작은(156 아미노산) 단백질을 암호화한다. 이것은 T-세포 급성 림프구성 백혈병(T-cell ALL, 백혈구 세포들에 영향을 미치는 암)을 가진 환자들에 대한 연구로부터 밝혀졌다. 이 환자들에서는, 염색체 7번과 11번 사이의 전좌가 발생했다. 이 전좌는 염색체 7번의 *TCRβ* (T-세포 수용체 β 소단위) 유전자를 11번 염색체의 *LMO2* 유전자 옆으로 이동시켜 *LMO2*의 과발현을 야기한다. 과도하게 발현되면, *LMO2*는 T-세포 백혈병을 유발하는 경로에서 발암유전자(oncogene, 21장 참조)로 행동한다.

던 것은 바로 이러한 종류의 벡터(Moloney murine leukemia virus의 성분들로부터 유도된)였던 것이다.

IL2Rγc 유전자를 가진 바이러스 DNA의 위치가 백혈병을 발생시킨 두 명의 소년들에서 조사되었을 때 이 벡터들은 두 경우에서 같은 유전자에 삽입된 것으로 밝혀졌다. 레트로바이러스 벡터들은 독특한 염색체 전좌를 가진 개인들에서 T-세포 급성 림프구성 백혈병(T-cell acute lymphoblastic leukemia, T-cell ALL)과 관련된 것으로 알려진 유전자에 통합되어 있었다. 그러한 전좌는 7번 염색체의 *TCR*β(*T*-*c*ell *r*eceptor β subunit)유전자를 11번 염색체의 *LMO2*(LIM-only) 유전자의 5′ 영역에 융합시킨다(■ **그림 16.8**). *LMO2*는 어떤 전사인자 복합체의 형성에 필수적인 단백질을 암호화한다. *LMO2* 유전자의 발현은 정상적으로는 T-세포의 발달 중에는 낮게 조절된다. 이것이 T-세포에서 과발현되면 세포 분열을 촉진하게 된다. 마치 *LMO2*는 원암유전자(protooncogene), 즉 돌연변이나 변화된 발현에 의해 암을 유발하는 발암유전자(oncogene)가 되는 부류의 유전자(21장 참조)로 분류될 수 있는 것이다. 실제로, *LMO2*는 그림 16.8에서처럼 전좌로 인한 급성 백혈병을 가진 개인들의 T-세포에서 과도하게 발현되며, 유전자 치료를 받은 X-연관성 SCID 환자들 중에서 IL2Rγc 유전자를 가진 레트로바이러스 DNA 삽입으로 생긴 급성 백혈병 환자의 T-세포에서도 과도하게 발현된다.

과학자들은 오랫동안 유전자 치료에 사용되는 레트로바이러스 벡터가 유전자 내로 통합되어 돌연변이를 유발할 수 있다는 것을 알고 있었다. 그러나, 이러한 위험성은 그리 크게 생각되지 않았다. 만약 벡터가 인간 유전체(3×10^9 뉴클레오티드 쌍) 안으로 무작위로 삽입된다면, 그 벡터가 특정 유전자 내로 들어갈 확률은 약 백만 분의 1 정도이다. 그러나, 레트로바이러스 벡터는 발현 유전자로 삽입되는 경향이 있음이 알려져 있다. 인간 유전체에 약 20,500개의 유전자가 있다고 하고, 모든 삽입들이 유전자 내에서 발생하는 경우라면, 어떤 유전자에서 벡터의 무작위적 유전자 내 삽입이 발생할 확률은 약 20,500분의 1이다. 분명하게도, 15개의 삽입 중 2개가 *LMO2* 유전자 내에서 발생했으며, 삽입은 무작위적으로 일어나지 않았다. 오히려 이 특정 벡터는 *LMO2* 유전자로 들어가는 경향이 짙었다.

분명히, 유전자 치료가 인간의 유전성 질병들을 효과적으로 치료하는 데 사용되기에 앞서 우리가 아직 배워야 할 것이 많다. 더 안전한 벡터들이 필요하고, 이 벡터들에서의 유전자 발현을 어떻게 조절할지 배울 필요가 있다. 효과적이고 안전한 유전자 치료 프로토콜을 개발하는 데 얼마나 걸릴까? 우리는 아직 이 질문에 대한 해답을 갖고 있지 못하다; 그러나 우리는 유전자 치료가 인간의 유전성 질병을 치료하는 데 일상적으로 안전하게 사용될 때가 올 것임을 예측할 수 있다.

최근에 이루어진 2건의 유전자 치료는 희망적인 결과를 제공하였다. 하나는 희귀한 형태의 선천성 시력상실증 — 레버의 선천성 흑내장 2형 — 을 가진 어린이를 치료한 것이었는데, 이 장의 앞머리에서 언급한 바 있다. 다른 하나는 카나반 병(Canavan disease)의 치료에 대한 것으로, 이 질병은 상염색체성 열성인 신경퇴행성 질환이다. 카나반 병에 결린 사람은 신경세포에서 생산되는 N-acetylaspartate를 분해하는 효소가 결핍되어 있다. 이 효소를 암호화하는 유전자를 뇌세포에 도입했을 때, 그 효소가 합성되었고 신경계의 기능이 개선되었다. 지금까지 이 두 가지 유전자 치료는 성공적인 것으로 평가되고 있다.

현재의 체세포성 유전자 치료 프로토콜들은 **유전자 추가(gene-addition)** 과정이다; 이들은 단순히 환자의 결손 유전자에 대한 기능적인 유전자 사본을 수용 세포의 유전체에 추가하는 것이다. 사실상, 도입된 유전자들은 숙주 세포들의 염색체 내로 무작위에 가까운 방식으로 삽입된다. 이상적인 유전자 치료 프로토콜은 결손 유전자를 기능적 유전자로 대체하는 것이다. **유전자 치환(gene replacement)**은 상동성 재조합에 의해 매개되며 도입 유전자가 숙주 유전체의 정상적 위치에 자리하도록 한다. 인간에서, 유전자 치환은 보통 *표적화 유전자 전달(targeted gene transfer)*이라고 불린다. 스미디스(Oliver Smithies)와 그 동료들은 1985년에 상동성 재조합을 이용하여 인간의 배양 세포들에서 β-글로빈 좌위의 DNA서열을 표적화 했었다. 그러나, 표적화 유전자 전달의 비율은 매우 낮았다(약 10^{-5}). 그 이후로 스미디스와 카페치(Mario Capecchi), 그리고 몇 연구자들이 개선된 표적화 벡터와 선별 전략들을 개발했다. 결과적으로, 좀 더 효율적인 표적화 유전자 치환이 가능해졌으며, 좀 더 쉽게 제대로 유전자 치환이 된 세포들을 발견할 수 있었다. 미래에는 아마도 표적화 유전자 치환이 인간의 질병에 대한 체세포 유전자 치료 방법이 될 것이다.

요점

- *유전자 치료는 유전자의 정상 사본(야생형)을, 결손 유전자를 가지는 개인의 유전체에 추가하는 과정을 포함한다.*
- *비록 체세포 유전자 치료가 X-연관성 중증 복합성 면역 결핍 질환을 가진 소년들에서 면역 기능을 효과적으로 회복시키긴 했지만, 소년들 중 세 명은 곧이어 백혈병이나 백혈병 유사 질병을 발생시켰다.*
- *체세포 유전자치료는 인간의 많은 유전성 질환 치료에 희망을 주지만, 현재까지의 결과는 실망스러운 것이었다.*

DNA 프로파일링

DNA 프로파일링(지문분석) — DNA 다형성을 기록하는 — 은 개인의 일치나 불일치에 대한 강력한 증거를 제공한다.

지문은 수십 년간 사람의 신원을 확인하는 데 중요한 역할을 해왔다. 실제로, 지문은 종종 범죄 현장의 용의자를 확인하는 중요한 증거를 제공한다. 법의학 사건에서의 지문 사용은 어떠한 두 사람도 동일한 지문을 가지지 않는다는 전제에 근거한다. 마찬가지로, 어떠한 두 사람도 일란성 쌍둥이를 제외하면 동일한 뉴클레오티드 서열의 유전체를 가지지 않을 것이다. 인간의 유전체는 3×10^9 뉴클레오티드 쌍을 포함한다; DNA에서 각 부위는 네 염기쌍 중 하나가 차지한다. 나아가, 인간의 유전체는 여러 가지 형태의 DNA 다형성을 포함하고 있고 그러한 다형성들은 불확실한 신원 확인의 경우에 귀중한 증거를 제공할 수 있다.

DNA 다형성에 대한 기록 패턴 — **DNA 프로파일들(DNA profiles**; 원래는 **DNA 지문**이라고 불렸다)은 이제 개인을 식별하고 구분하는 데 일상적으로 사용된다. DNA서열 자료를

■ 그림 16.9 2001년 9월 11일 세계 무역 센터의 쌍둥이 빌딩이 무너진 현장. 이 붕괴로 거의 3,000명에 달하는 사람들이 사망했고, 그들의 DNA서열이 친척들의 것과 비교되는 DNA 프로파일링이 이루어졌다.

개인 식별에 이용하는 것을 **DNA 프로파일링(DNA profiling**; 이전에는 **DNA 지문분석**이라고 불림)이라고 불린다; 이것은 친자확인, 강간, 살인, 그리고 폭발이나 사고, 다른 비극들 이후에 손상된 사체의 확인 등과 같은 불확실한 신원을 밝히는 데 아주 유용한 도구이다. DNA 프로파일링은 2001년 9월 11일 뉴욕시 세계 무역 센터의 쌍둥이 빌딩의 붕괴 후에 수거된 잔해들에서 사체와 신체 부분들을 밝히는 데 광범위하게 사용되었다(■ 그림 16.9).

두 가지 형태의 DNA 다형성이 DNA 프로파일링에 특히 유용한 것으로 드러났다. 가변 직렬반복서열(variable number tandem repeat, VNTR; 소위성이라고도 불림)들은 10~80 뉴클레오티드 길이로 구성되어 있으며, 짧은 직렬반복서열(short tandem repeat, STR; 미소위성이라고도 불림)들은 2~10뉴클레오티드 길이의 반복 서열로 이루어진다. 이러한 서열들은 반복 회수가 대단히 다양해서 DNA 프로파일링에 매우 적합하다.

수 년 동안, 대부분의 DNA 프로파일들은 특정 제한효소로 잘린 유전체 DNA 조각들을 적절한 DNA 탐침자와 혼성화 시키는 서던 블롯 상의 특정 밴드 형태들로 분석되었다(■ 그림 16.10). 오늘날, 대부분의 DNA 프로파일들은, 조사되는 유전체 DNA 조각들을 증폭시키기 위한, 형광 염료가 부착된 PCR 시발체들을 이용하며, 레이저와 사진기(형광성 추적자들)로 형광성 PCR 산물의 크기를 기록하는 전기영동그래프(electropherogram) 형태로 나타난다(■ 그림 16.11). 14장에서 논의된 자동화된 DNA서열화 기계를 이용하여 DNA의 분리와 추적이 수행된다.

1997년에, 연방수사국(Federal Bureau of Investigation, FBI)은 범죄 조사에 있어 표준 데이터베이스로 사용될 13개의 STR 좌위들을 선발하였다. 모두 합하면, 13개의 STR 좌위들이 종합 DNA 지표 시스템(*C*ombined *DNA* *I*ndex *S*ystem, CODIS)을 구성하게 되며, 이것은 DNA 프로파일링에 널리 이용되고 있다. 이러한 좌위들은 12개의 염색체들에 위치하고 있다(표 16.1). 특정 크기의 산물을 만드는 PCR 시발체를 고름으로써, 동일한 형광염료로 표지된 시발체 쌍을 이용하여 세 개 혹은 그 이상의 STR 좌위들

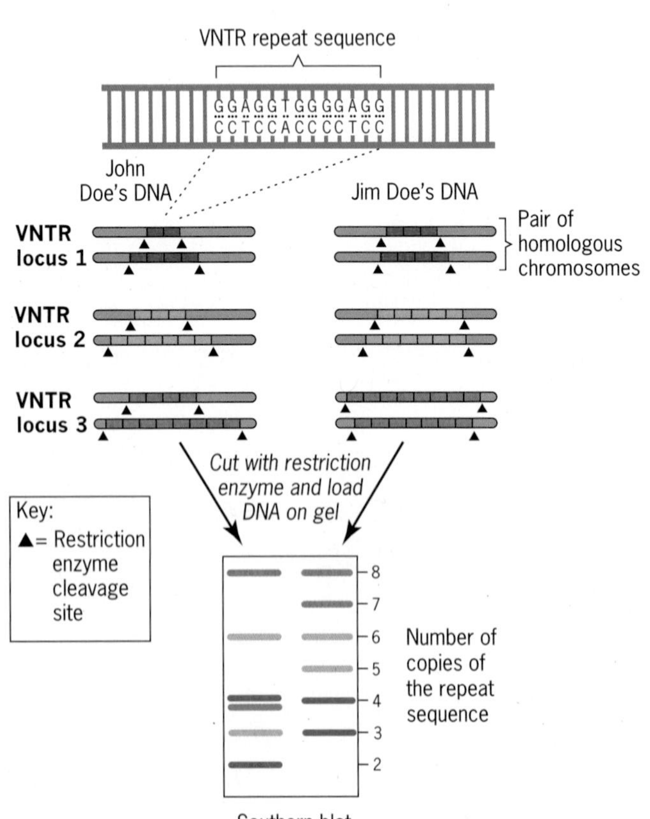

■ 그림 16.10 DNA 지문을 만드는 데 있어서 가변성 직렬 반복서열(VNTR)과 서던 블롯을 이용하는 간단한 도식.

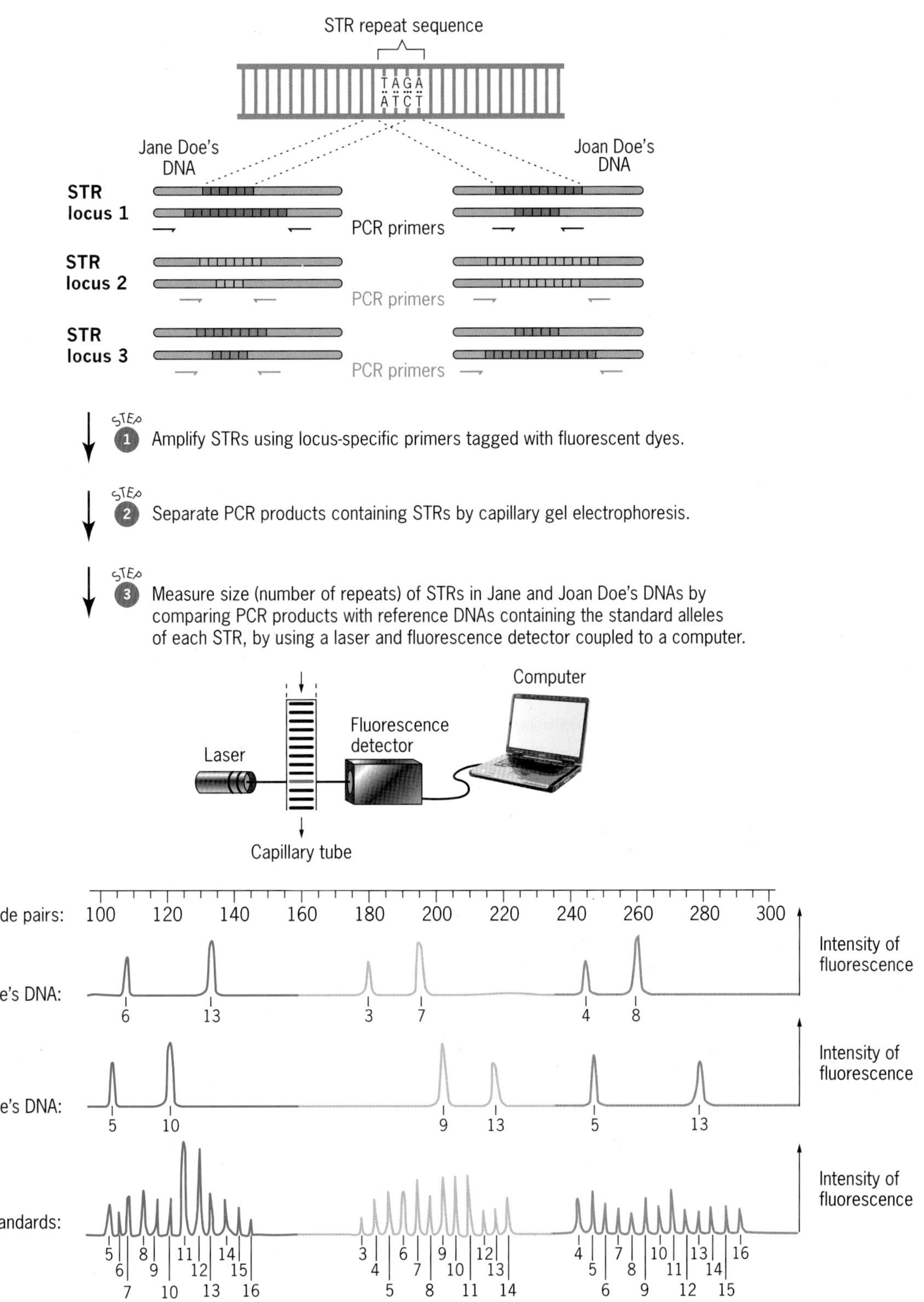

■ 그림 16.11 짧은 직렬 반복 서열(STR), 형광 표지된 시발체를 이용한 PCR, 모세관 젤 전기영동, 그리고 형광 추적장치를 이용하여 DNA 프로파일을 만드는 방법. PCR 산물의 크기는 DNA 프로파일 위에 나타나 있다.

표 16.1

핵심 CODIS 패널의 13개 STR 좌위들

Locus	Chromosome	Repeat Motif	Number of Alleles Observed
1. TPOX	2	GAAT	15
2. D3S1358	3	[TCTG][TCTA]	25
3. FGA	4	CTTT	80
4. D5S818	5	AGAT	15
5. CSF1PO	5	TAGA	20
6. D7S820	7	GATA	30
7. D8S1179	8	[TCTA][TCTG]	15
8. TH01	11	TCAT	20
9. VWA	12	[TCTG][TCTA]	29
10. D13S317	13	TATC	17
11. D16S539	16	GATA	19
12. D18S51	18	AGAA	51
13. D21S11	21	[TCTA][TCTG]	89

이 증폭되어 젤 전기영동으로 분리될 수 있다(■ **그림 16.12*a***). 특정 형광염료로 표지된 3개의 PCR 시발체 쌍들을 이용하여 9개의 STR 좌위까지도 증폭이 가능한데 이들을 하나의 모세관 젤 전기영동 튜브에서 분리할 수 있다(■ **그림 16.12*b***). 여러 개의 STR 좌위들을 1~3번의 PCR 증폭으로 얻어내어 한두 번의 전기영동 분리를 통해 분석하는 것을 다중 STR 분석(multiplex STR analysis)이라고 부른다. 여러 회사들이 형광염료로 표지된 다중 PCR 시발체들을 개발했으며, 이들은 단 2번의 PCR 증폭과 젤 전기영동 분리에 의해 13개 표준좌위

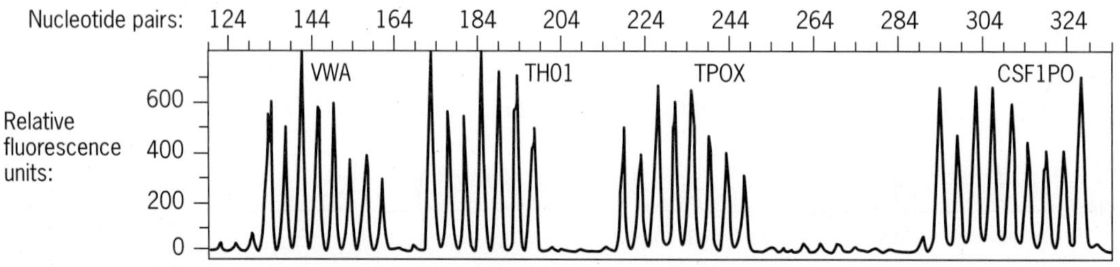

(a) **Electropherogram of STR allelic ladders labeled with a single fluorescent dye and separated by capillary gel electrophoresis.**

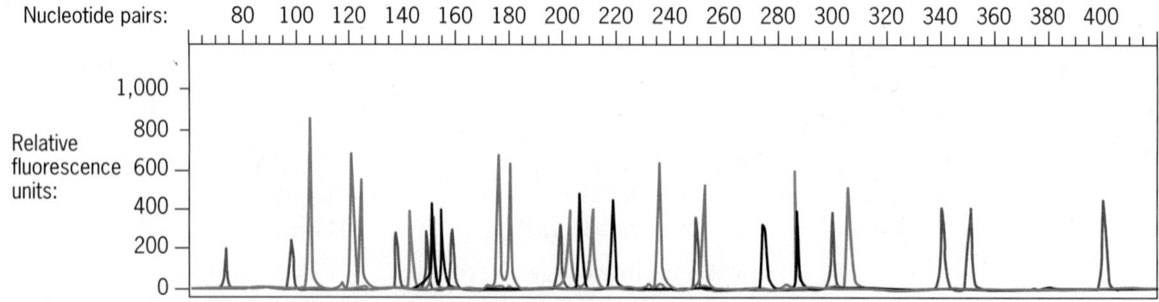

(b) **Electropherogram of STR alleles in genomic DNA using three pairs of PCR primers each labeled with a different fluorescent dye (shown as blue, green, and black peaks). The red peaks represent DNA size standards. In this multiplex STR analysis, nine STR loci are characterized simultaneously.**

■ 그림 16.12 *(a)* 모세관 젤 전기영동으로 분리된, 단일 형광 염료 표지된 다중 STR 크기 표준자의 전기영동그래프(electropherogram). *(b)* 3가지 형광 염료로 표지된 3쌍의 PCR 시발체를 이용하여 9개의 STR 좌위들을 분석한 전기영동그래프. 붉은색 피크는 첨가된 DNA 크기 표식자를 나타낸다.

모두를 분석할 수 있도록 되어 있다.

개인 신원 확인의 경우에 있어서 DNA 지문 분석의 힘과 응용 가능성은 분자유전학에 익숙하거나 DNA 지문 생산에 사용되는 기술에 익숙한 사람이라면 누구라도 뚜렷하게 인식할 것이다. 그럼에도 불구하고, 법의학에서의 DNA 프로파일들의 사용에 대해 오랫동안 많은 논쟁들이 있어왔다. 법의학에서 DNA 지문 사용에 관한 논란들은 관계된 실험실 연구원들의 숙련도나, 지문 생산에 있어서의 인간이 실수할 확률, 그리고 동일한 지문을 가지는 두 개인들이 존재할 확률을 계산하는 것 등과 관계가 있다.

동일한 지문 가능성에 대한 계산을 정확하게 하기 위해서, 연구자들은 문제의 집단에서 나타나는 다형성의 빈도에 관한 믿을만한 정보를 가지고 있어야만 한다. 예를 들어, 근친혼(친척들 사이의 혼인)이 그 집단에서 흔한 일이라면, 동일한 지문이 나타날 확률은 증가할 것이다. 따라서, 두 개인이 일치하는 지문을 가질 확률을 정확히 계산하려면, 연관 집단에서의 다형성 빈도에 대한 믿을만한 정보가 필요하다. 한 집단에서 얻어진 자료들은 절대 또 다른 집단에 대해 추론의 근거가 되지 못하는데, 그 이유는, 서로 다른 집단에서는 다형성 빈도가 다르게 존재할 수 있기 때문이다. 이러한 이유 때문에, 법의학자들은 전세계적으로 여러 집단들에서의 CODIS STR 대립인자 빈도에 대한 광대역의 자료를 수집해 왔으며, 이러한 자료들은 DNA 프로파일들을 이용하는 법의학 사건들에 지침으로 사용된다.

DNA 프로파일링은 적절하게만 사용된다면 강력한 법의학 도구를 제공할 수 있다. DNA 지문은 아주 소량의 혈액이나 정액, 모근 혹은 기타 세포들로부터 준비될 수 있다. 이 세포들로부터 DNA가 추출되어 PCR로 증폭되고, 형광시발체를 이용한 PCR에 의해 STR들이 분석되며, 모세관 젤 전기영동, 형광 추적자/기록자(그림 16.11 참고) 등이 이용된다. DNA 지문분석은 의심스러운 신원 확인 작업에 모두 적용이 가능하지만, 특히 친자확인과 법의학 사건에 매우 유용하게 사용된다.

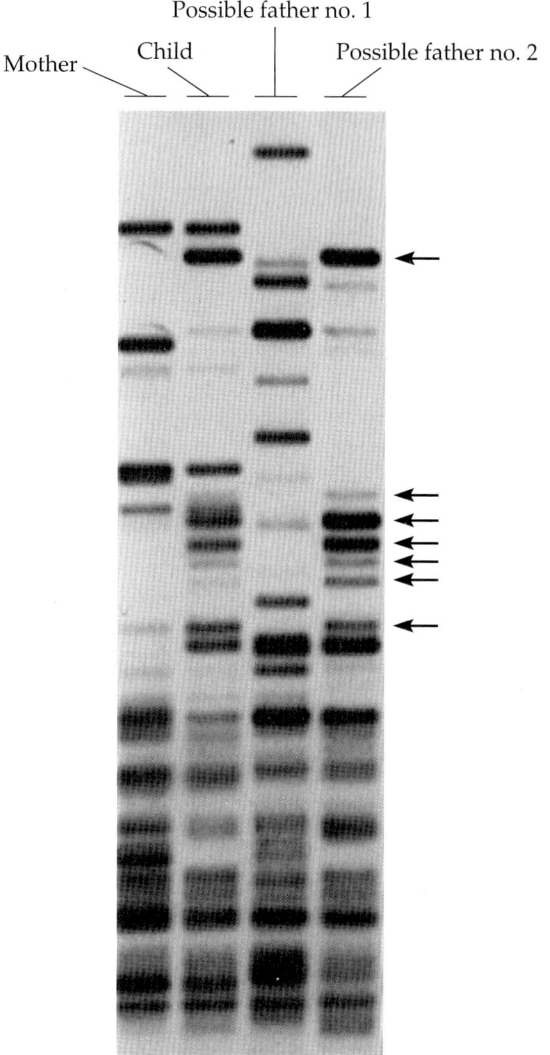

■ 그림 16.13 아이의 아버지라고 주장하는 두 남자와 엄마와 아이로부터 얻어진 DNA 프로파일들. 화살표는 남자 2가 아이의 생물학적 아버지임을 나타내는 띠들을 표시한 것이다.

친자확인(PATERNITY TEST)

과거에는 아버지가 확실치 않은 경우에 종종 아이, 엄마, 그리고 가능한 아버지들의 혈액형을 비교함으로써 판단이 이루어졌다. 혈액형 자료들은 특정 혈액형의 아버지가 그 아이의 아버지가 아님을 증명하는 데 사용될 수 있다. 불행하게도, 이런 혈액형 비교는 아버지가 맞느냐는 확인에 대해서는 거의 도움을 주지 못한다. 대조적으로, DNA 지문은 아버지에 대한 오인을 배제할 뿐 아니라, 친부에 대한 긍정적 확인을 제공하는 데 훨씬 근접해 있다. DNA 시료들은 아이, 어머니, 가능한 아버지들로부터 얻어진 세포들에서 준비되고 DNA 지문들이 그림 16.10과 그림 16.11에서 설명된 바와 같이 만들어진다. 지문들이 비교되면 아이 DNA 지문의 모든 띠들은 부모의 DNA 지문을 조합한 것으로 존재해야 한다. 각 상동염색체 쌍에 대해 아이는 부모로부터 각각 하나씩을 받게 된다. 따라서 아이 DNA 지문에서 대략 절반의 띠들은 어머니로부터 유전된 DNA서열에 의한 것일 테고, 나머지 절반은 아이 아버지로부터 물려받은 DNA서열에 의한 것이 될 것이다.

■ 그림 16.13은 아이의 DNA 지문, 어머니와 아이 아버지일 가능성이 있는 두 남자들의 지문을 보여준다. 이 경우에서, DNA 지문은 두 번째 아버지 후보가 아마도 아이의 생물학적 아버지일 것임을 시사한다. 친자 관계의 확인에 있어서 DNA 지문분석의 정확성은 분석에 사용되는 다형성 좌위의 수를 늘림으로써 훨씬 증가시킬 수 있다. 13개의 CODIS STR 좌위가 모두 분석된다면, 결과는 보통 매우 정확한 것이 된다.

법의학적 적용

DNA 프로파일은 1988년에 범죄 사건의 증거로 처음 사용되었다. 1987년에, 플로리다의 한 판사는 강간범으로 고발된 자에 대한 DNA 증거의 통계적 해석을 제출하겠다는 검사의 요

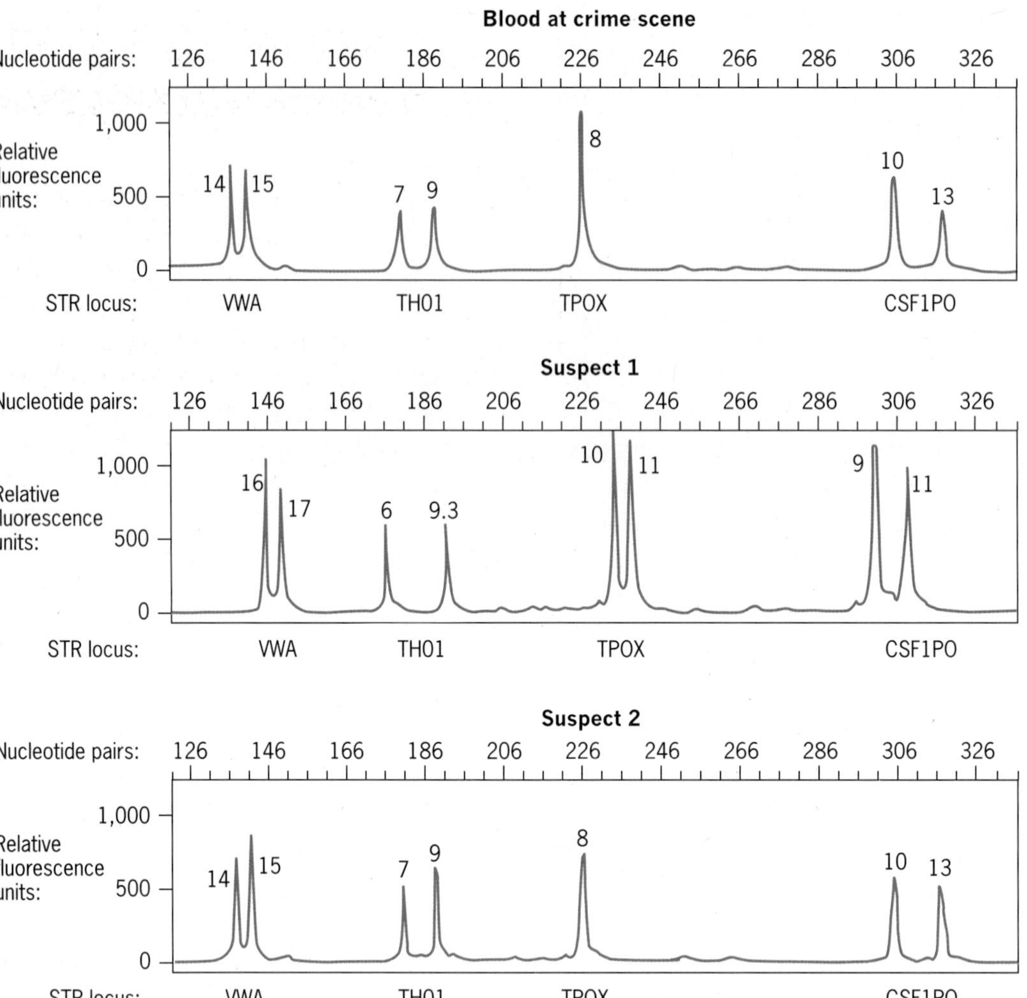

■ **그림 16.14** 4개의 STR 좌위들에서의 DNA 프로파일들. 범죄현장에 있던 혈흔으로부터 DNA를 분리하여 얻은 것과, 범죄 용의자들로부터 얻은 피에서 나온 DNA로부터 준비된 DNA 프로파일이다. 실제 법의학 사례들에서는 13개의 CODIS 좌위들이 모두 비교된다.

구를 기각했다. 잘못된 판결 후에 용의자는 풀려났다. 3달 후에 그는 다시 법정에 섰으며, 또 다른 강간 사건으로 기소되었다. 이번에 그 판사는 검사의 통계적 분석을 허용했는데, 이 자료는 독특한 집단 분석에 기초한 것이었다. 이 분석은 희생자에서 회수된 정액으로부터 나온 DNA 지문이 용의자의 DNA 지문과 완전히 우연에 의해 일치할 확률은 천억 분의 1임을 보여주는 것이었다. 이번에는 용의자가 유죄 판결을 받았다. 범죄 현장에서 조직이나 세포 시료를 얻을 수 있었던 이런 형태의 법의학 사건에서 DNA 지문의 가치는 의심의 여지가 없다. 숙련된 과학자에 의해 수행되고, 해당 다형성의 분포에 관한 유효 집단을 이용하여 추산된다면, DNA 지문들은 현재 이루어지고 있는 범죄와의 싸움에서 훨씬 유용하고 강력한 도구를 제공할 수 있을 것이다.

■ **그림 16.14**는 법의학 사건에서 사용되는 한 형태의 DNA 지문을 보여주는 것이다. 간단히 하기 위해, 그 DNA프로파일은 13개의 CODIS STR 좌위 중 오직 4개만 보여주고 있다. 실제상황이라면, 13좌위 모두에 대한 프로파일이 비교될 것이다. 범죄 현장의 혈흔으로부터 얻어진 DNA 지문이 용의자 2에서 얻어진 DNA 지문과는 일치하지만 용의자 1의 것과는 맞지 않는다. 물론, DNA 일치 자체가 용의자 2가 범죄를 저질렀음을 증명하는 것은 아니다. 그러나 부가적인 DNA 지문들과 지지하는 증거들이 조합된다면, 이것들은 용의자 2가 범죄 현장에 있었음을 시사하는 강력한 증거로 제시될 수 있는 것이다. 아마도 더 중요한 점은 이러한 지문들이 혈흔의 혈구 세포들이 다른 용의자 1의 것은 분명히 아니라는 것을 보여준다는 것이다. 그러므로, DNA 지문은 잘못된 혐의 인정의 빈도를 줄이는 데 있어 아주 귀중한 자료임을 증명해 준다.

13개의 CODIS 좌위들에 대한 STR 프로파일들을 비교하고, 미토콘드리아 DNA 같은 보조적인 증거가 보강된다면, 서로 다른 두 개인들로부터 얻어진 DNA가 우연히 맞을 확률은 거의 사라진다. 실제로, 무작위 혼인이 행해지는 집단에서 연관되지 않은 두 백인이 13개의 CODIS 좌위 모두에서 동일한 DNA 프로파일을 가질 확률은 5.75조 분의 1 가량이다. 분명히, DNA 프로파일링은 개인 신원확인 사례에서는 강력한 도구라고 할 수 있다.

요점

- *DNA 지문분석은 개인 유전체에서의 다형성을 추적하고 기록하는 것이다.*
- *DNA 지문분석법은 개인의 신원에 대한 강력한 증거, 친자확인과 법의학 사건에서 상당히 귀중한 증거들을 제공한다.*

세균에서의 진핵생물 단백질 생산

인간의 인슐린, 성장호르몬, 그리고 다른 여러 중요한 진핵성 단백질들이 유전적으로 조작된 세균들에서 산업적으로 생산될 수 있다.

수십 년 동안, 미생물들은 인간을 위한 중요한 산물들을 생산하는 데 이용되어 왔다. 우리는 인간의 건강에 미치는 항생제의 중요성을 잘 알고 있지만 그것들의 경제적 중요성까지 알고 있는 사람은 드물다. 미국 내에서 항생제 시장은 연간 20억 달러 이상을 차지한다. 미생물들은 또한 다른 물질들을 생산하기도 하는데, 예를 들자면, 항진균제, 아미노산, 그리고 비타민 등이다. 오늘날, 유전공학에 힘입어, 세균들은 인간의 인슐린, 성장호르몬, 그리고 인터페론 등을 생산하는 데 이용되고 있다. 게다가 유전적으로 조작된 미생물들은 중요한 효소들과 기타 유기 분자들을 합성하는 데 사용될 뿐 아니라 오염물질들을 해독하고 바이오매스를 연소 가능한 물질들로 전환하는 데 자신들의 대사 기구들을 제공하고 있다.

인간의 성장호르몬

1982년, 사람의 인슐린은 제약분야에서 새로운 재조합 DNA기술에 의해 상업적으로 생산이 성공한 첫 사례가 되었다. 그 이후로, 의학적 가치가 있는 여러 가지 인간 단백질들이 세균에서 합성되어 왔다. 미생물에서 합성된 초기 인간 단백질들은 혈액 응고인자 VIII(결핍 시 특정 형태의 혈우병을 일으킨다), 플라스미노겐 활성인자(혈전 용해제), 그리고 인간의 성장호르몬(부족하면 왜소증이 발생한다) 등이다. 일례로, **인간의 성장호르몬(human growth hormone, hGH)**을 대장균에서 합성하는 것에 대해 생각해 보자. hGH는 정상적인 성장에 필요한 물질로서 191개의 아미노산으로 이루어진 단일 폴리펩티드 사슬이다. 인슐린과는 달리, 돼지와 소의 뇌하수체에서 생산되는 성장호르몬은 인간에서는 기능을 나타내지 못한다. 인간이나 가까운 영장류에서 얻어진 성장호르몬만이 인간에서 효과를 나타낸다. 그러므로, 1985년 이전에는, 성장호르몬의 주요 공급원이 사람의 시체였다.

대장균에서 발현시키기 위해, hGH 암호서열들은 대장균의 조절 요소들에 의해 조절 받도록 해야 했다. 그래서, hGH 암호서열들은 대장균의 *lac* 오페론(당인 젖당을 이용해 자라는 데 필요한 일련의 유전자 세트, 18장 참조)의 프로모터와 리보솜 결합 서열에 연결되었다. 이렇게 하기 위해서 hGH의 24번째 코돈인 세 뉴클레오티드 내의 *Hae*III 절단 부위가, 1-23 아미노산을 암호화하는 합성 DNA서열을 아미노산 24-191을 암호화하는 부분적인 cDNA서열에 융합시키는 데 사용되었다. 그리고 이 연합체를 *lac* 조절 서열을 가진 플라스미드에 삽입시킨 후 형질전환으로 대장균에 도입했다. 대장균에서 인간의 hGH를 생산하기 위해 사용된 첫 플라스미드의 구조가 ■ **그림 16.15**에 나타나 있다.

이러한 최초의 실험에서, 대장균에서 생산된 hGH는 아미노 말단에 메티오닌을 포함한다(메티오닌은 ATG 개시 코돈에 의해 지정된다). 천연의 hGH는 아미노 말단이 페닐알라닌이다: 처음엔 메티오닌이 존재하지만 효소에 의해 나중에 제거된다. 대장균 역시 아미노

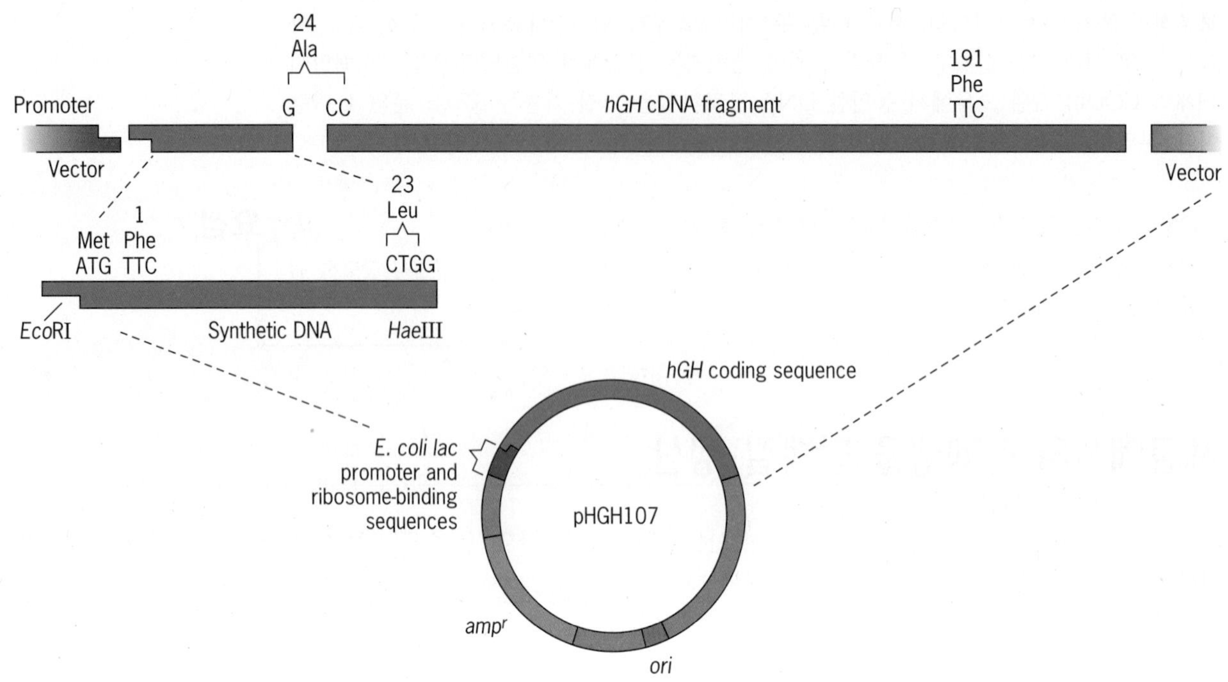

■ 그림 16.15 대장균에서 인간의 성장 호르몬(hGH)을 생산하기 위해 처음 사용되었던 벡터의 구조. amp^r 유전자는 암피실린에 저항성을 제공한다. *ori*는 플라스미드의 복제 원점이다. 아미노산은 아미노 말단에서 시작하여 1부터 191까지 숫자를 붙였다.

말단의 메티오닌을 번역 후에 제거하는 경우가 많다. 그러나, 말단의 메티오닌 제거는 서열 의존적이며, 대장균 세포는 hGH의 말단 메티오닌을 제거하지 않는다. 그럼에도 불구하고, 대장균에서 합성된 hGH는 부가적 아미노산이 존재해도 인간에서 완전한 활성을 보였다. 최근에는, 신호 펩티드를 암호화하는 DNA서열(막을 통과하는 단백질의 이동에 요구되는 아미노산 서열)이 그림 16.15에 나타난 것과 유사하게 *HGH* 유전자 구조물에 첨가되었다. 신호 서열이 첨가되면, hGH는 분비될 뿐 아니라 제대로 처리된다; 즉, 메티오닌 부위가 막을 가로지르는 1차 번역 산물의 이동 과정 중에 나머지 신호서열과 함께 제거되는 것이다. 이 산물은 천연의 hGH와 동일하다. 1985년에, hGH는 미국 식품 의약국(U.S. Food and Drug Administration)에 의해 인간에 대한 사용이 승인된 두 번째 유전공학 의약품이 되었다. 대장균에서 생산된 인간의 인슐린은 1982년에 당뇨병에 대한 승인을 획득했다.

산업적으로 이용되는 단백질들

산업적으로 중요하게 이용되는 일부 효소들이 수년 동안 이들을 합성할 수 있는 미생물들을 이용하여 제조되어 왔다. 예를 들어, 프로테아제(protease)는 *Bacillus licheniformis* 및 기타 세균들로부터 생산되어왔다. 이들 프로테아제들은 세제의 세척 보조제, 소량이 첨가되는 고기 유연제, 그리고 동물의 먹이에 들어가는 소화 보조제 등으로 널리 사용되어 왔다. 아밀라아제는 전분 같은 복잡한 탄수화물을 포도당으로 분해하는 데 널리 사용된다. 이후 포도당은 포도당 이성질화 효소(glucose isomerase)에 의해 과당(fructose)으로 전환되어 식품을 달게 하는 감미료로 사용된다. 아밀라아제들과 포도당 이성질화 효소는 모두 미생물 공정을 거쳐 제조된다.

단백질인 레닌(rennin)은 치즈를 만드는 데 사용된다. 유전공학이 출현하기 이전에는 레닌이 소의 네 번째 위에서 추출되었었다. 이제는 유전적으로 조작된 세균들이 상업적으로 레닌을 생산하는 데 사용된다. 이러한 예들은 모두 현재 중요하게 산업적으로 응용되는 단백질들이다. 미래에는, 산업적으로 응용되는 효소들이 더 많아질 것으로 기대할 수 있는데, 그 이유는 재조합 미생물들(혹은 재조합 식물이나 동식물; 다음 단락에 계속)을 이용해 이 단백질들을 생산하는 것이 용이하기 때문이다.

요점

- *진핵생물에서 소량만 분리되며 값비싸고 중요한 단백질들이 이제는 유전적으로 조작된 세균에서 대량으로 생산될 수 있다.*
- *인간의 인슐린이나 성장호르몬과 같은 단백질들은 각각 인간의 당뇨병과 왜소증을 치료하는 데 사용되는 중요한 약품들이다.*

형질전환 동물과 식물들

합성 유전자, 변형 유전자, 혹은 외래 유전자들이 동식물에 도입될 수 있으며, 이로써 얻어진 유전자조작 생물들은 유전자의 기능을 연구하고, 새로운 산물을 생산하며, 혹은 인간의 유전성 질환들을 연구하기 위한 동물 모델로 사용될 수 있다.

비록 최초의 재조합 DNA 분자가 만들어져 미생물에서 발현되었지만 이제는 외래 유전자나 합성 유전자를 고등 동식물에 도입하여 발현시키는 것이 가능하다. 유전자조작 식물과 동물을 생산하는 방법에 대한 완벽한 논의는 이 책의 범위를 넘어서는 것이지만, 몇 가지 흔히 사용되는 방법과 재조합 DNA 기술이 동식물 교배에 어떻게 적용되었는지 그 초기 응용 몇 가지에 대해 논의해 보도록 하자.

유전자 조작 동물들: 수정란에 DNA 미세주입하기와 줄기세포에 유전자 침투시키기

여러 가지 수많은 동물들이 외래 DNA의 도입으로 변형되어 왔다. 그러나 생쥐(mouse)는 다른 어떤 척추동물보다도 많이 연구되어 왔으므로, 우리는 유전자 조작 생물들을 만드는 데 사용되는 기술들을 쥐에 대한 것으로만 제한해서 다루려고 한다. 트랜스진을 쥐의 염색체로 도입하는 데는 두 가지의 일반적인 방법이 있다. 하나는 DNA를 수정란이나 배아에 주입하는 것(microinjection)이고, 다른 하나는 배양 중인 배아 줄기세포를 형질전환시키는 트랜스펙션(transfection)과정을 사용하는 것이다.

최초의 유전자조작 생쥐들은 수정란에 DNA를 미세주입(microinjection)함으로써 만들어졌다. 사실, 이 방법은 유전자조작된 돼지, 양, 고양이, 그리고 기타 여러 가축들에 대해 거의 전적으로 사용되어왔던 것이다. DNA의 미세주입에 앞서, 모계에서 외과적으로 추출된 난자들은 시험관 내에서 수정이 이루어진다. 그런 후에 매우 가느다란 유리 침을 통해 수정란 내 수컷의 전핵(핵융합 이전에 정자에서 온 반수체 핵)에 DNA를 미세주입한다(■ 그림 16.16). 보통, 관심 유전자 수백, 수천 개 사본이 각 수정란에 주입되므로 종종 여러 번의 통합이 발생한다. 놀랍게도, 다수의 사본들이 유전체에 통합되면, 이들은 보통 머리-꼬리가 연결되어 직렬로 반복된 상태로 염색체 한 부위로 들어가게 된다. 주입된 DNA 분자의 통합은 유전체에 무작위로 삽입되는 것으로 나타난다.

DNA가 수정란으로 주입되기 때문에, 주입된 DNA 분자들의 통합은 보통 배발생 초기에 일어난다. 결과적으로, 일부 생식세포들이 이 트랜스진들을 받을 수도 있다. 예측되는 바와 같이, 주입된 알에서 발생한 동물—G_0 *세대*라고 불리는—들은 거의 항상 유전적 모자이크로서 일부 세포들은 트랜스진을 가지며, 또 일부는 이 유전자를 가지지 않는다. 모든 세포들에 트랜스진을 가지는 동물을 얻기 위해서는 최초(G_0)의 유전자조작 동물들을 교배시켜 G_1 자손을 얻어야 한다. 그들의 유전을 연구하는 대부분의 경우에서, 트랜스진은 안정된 방식으로 자손에게 전달된다.

유전자 조작 생쥐를 만드는 데 현재 널리 사용되는 또 다른 방법은 매우 어린 생쥐 배아들로부터 분리된 배양 세포 집단에 DNA를 주입하거나 침투시키는 것이다(■ 그림 16.17). 이 **배아 줄기세포(embryonic stem cell, ES cell)**들은 생쥐의 포배기 단계에서 발견되는 일단의 세포군인 내세포괴(inner cell mass)에서 얻은 것이다. 그러한 세포들은 시험관에서 배양이 가능한데, DNA로 형질전환 시켜 발생중인 다른 생쥐의 배아로 도입시키게 된다. 도입

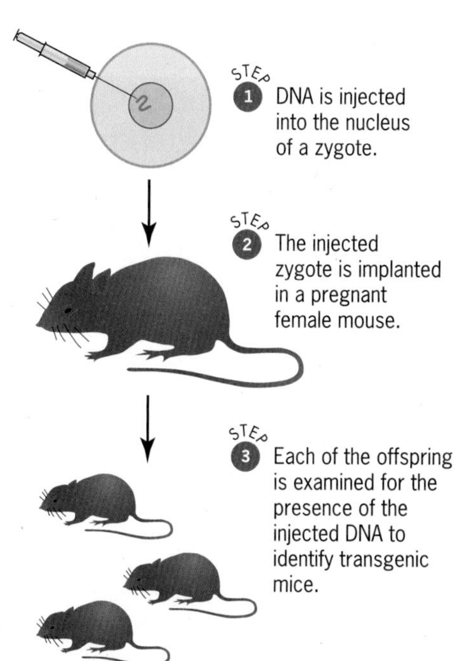

STEP 1 DNA is injected into the nucleus of a zygote.
STEP 2 The injected zygote is implanted in a pregnant female mouse.
STEP 3 Each of the offspring is examined for the presence of the injected DNA to identify transgenic mice.

■ 그림 16.16 DNA를 수정란에 주입하고 암컷 쥐에 착상시켜 발생이 이루어지게 함으로써 형질전환 생쥐가 생산된다.

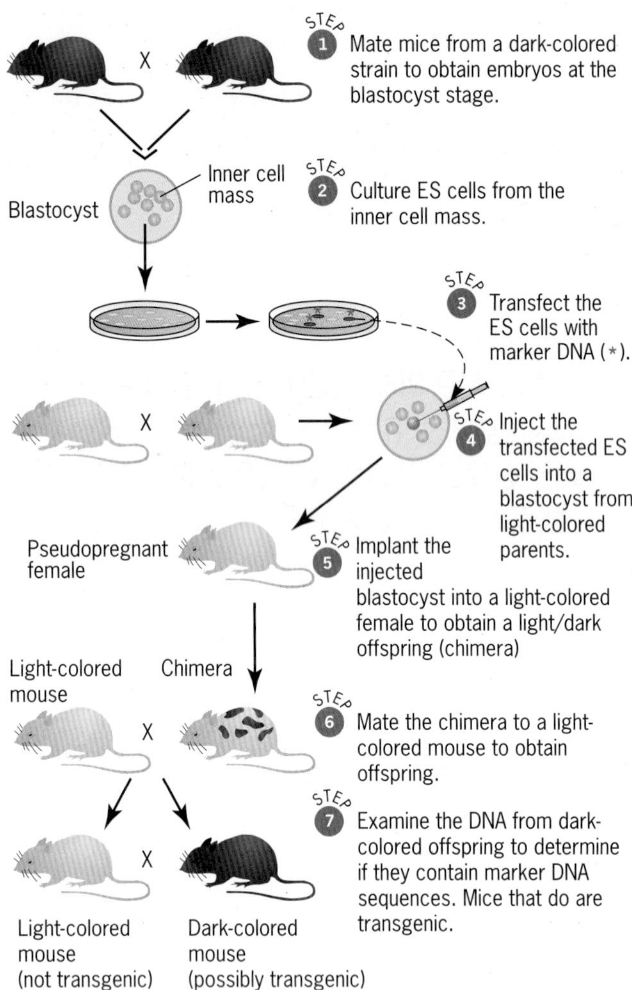
STEP 1 Mate mice from a dark-colored strain to obtain embryos at the blastocyst stage.
X
Blastocyst
Inner cell mass
STEP 2 Culture ES cells from the inner cell mass.
STEP 3 Transfect the ES cells with marker DNA (*).
X
STEP 4 Inject the transfected ES cells into a blastocyst from light-colored parents.
Pseudopregnant female
STEP 5 Implant the injected blastocyst into a light-colored female to obtain a light/dark offspring (chimera)
Light-colored mouse
Chimera
X
STEP 6 Mate the chimera to a light-colored mouse to obtain offspring.
STEP 7 Examine the DNA from dark-colored offspring to determine if they contain marker DNA sequences. Mice that do are transgenic.
X
Light-colored mouse (not transgenic)
Dark-colored mouse (possibly transgenic)

■ 그림 16.17 배아줄기세포(embryonic stem cell, ES cell) 기술을 이용한 형질전환 쥐의 생산.

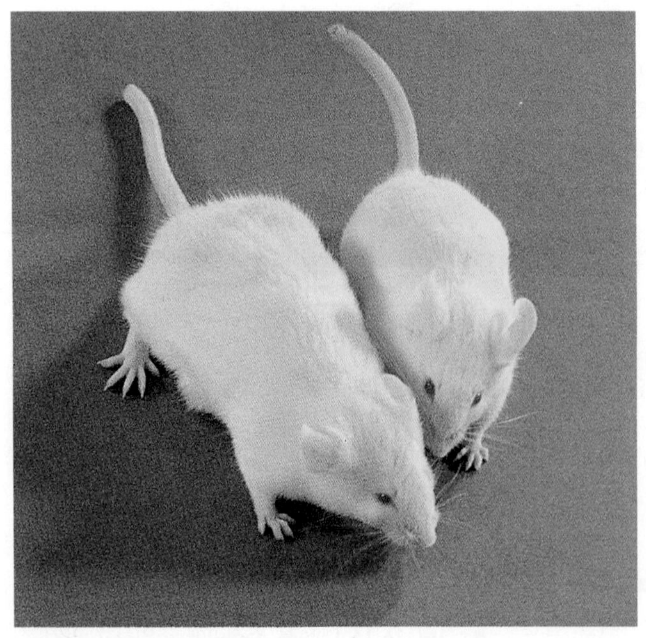

■ 그림 16.18 인간 성장호르몬의 키메릭 유전자를 가진 형질전환 쥐(왼쪽)는 오른쪽 정상 쥐 대조군보다 2배나 크다.

된 ES 세포들 일부가 우연히 성체의 조직을 형성하는 데 기여하게 되고 생쥐가 태어나면, 그 생쥐는 두 종류의 세포군 즉, 자신의 세포와 배양된 ES 세포로부터 유래한 세포들로 몸이 구성된다. 그러한 쥐들을 **키메라(chimera)**라고 부른다. 만약 ES 세포들이 우연히 키메라 쥐들의 생식세포들을 형성하게 된다면, 도입된 외래 DNA는 다음 세대로 전달될 수 있다. 따라서 그런 키메라 쥐들을 서로 교배하면 유전자 조작된 쥐 계통을 확립할 수 있다.

유전자 조작 생쥐들은 전 세계 여러 실험실에서 일상적으로 생산되며, 수천 가지의 유전자 조작 계통들이 만들어졌다. 이들은 포유류에서의 유전자 발현 연구를 위한 귀중한 도구를 제공하며, 여러 가지 유전자 전달 벡터들과 인간에서 사용 가능한 방법들을 검사하기 위한 훌륭한 모델이 되기도 한다. 대부분의 경우에, 트랜스진들은 정상적인 유전 패턴을 보이는데, 이것은 곧 그들이 숙주의 유전체 내로 통합되었음을 시사하는 것이다. 이 장의 후반부에서는 이 기술이 이용되는 중요한 예에 대해 논의하게 될 것이다.

유전자조작 생쥐를 사용한 초기의 실험들 중 하나는, 쥐, 소, 혹은 인간의 성장호르몬 유전자들이 생쥐에서 발현되었을 때 이들의 성장률을 증가시킴을 보여주었다(■ 그림 16.18). 이것은 동물육종가들에게 (1) 상동(같은 종의)의 성장호르몬 유전자를 여분으로 더 도입하거나, (2) 연관된 종의 이종 성장호르몬 유전자 사본을 더 도입하는 것이 축산 동물들의 성장률을 증가시킬 수 있는 것인지에 대한 의문을 불러 일으켰다. 증가된 성장호르몬 수준 때문에 아마도 날씬하면서도 빨리 자라고 육질이 더 좋아지지 않을까 하는 기대와 함께 유전자조작 돼지들이 생산되었다. 다른 과학자들은 비슷한 목적을 가지고 성장호르몬 트랜스진을 물고기와 닭에 도입했다.

형질전환 동물의 또 한 가지 가능성 있는 중요한 이용은 귀중한 단백질들을 젖에서 생산하고 분비하도록 하는 것이다. 인간의 천연 단백질들은 많은 것들이 번역 후에 첨가된 당 잔기 혹은 지질 곁가지들을 포함한다. 세균들은 합성 초기의 단백질에 이러한 부분을 추가하는 효소들을 갖고 있지 않다. 그러한 경우에는 재조합 세균들을 최종 산물 합성에 사용할 수 없다; 이들은 변형되지 않은 형태의 폴리펩티드만을 합성할 것이다. 이러한 이유 때문에, 일부 연구자들은 귀중한 인간의 단백질들, 특히 당단백질과 지질 단백질을 생산하는 대체법을 탐색하기 시작했다. 실제로, 배양 기술로 자라는 생쥐 세포나 햄스터의 세포들은 이제 의료 목적의 인간 단백질들을 생산하는 데 흔히 사용된다.

유전자조작 식물들: TI 플라스미드와 아그로박테리아

식물들은 수십 년 동안 식물 육종가들에 의해 유전적으로 조작되어왔다. 그러나 오늘날 식물육종가들은 식물의 DNA를 직접 변형시킬 수 있으며 재조합 DNA 기술을 이용하여 다른 종의 유전자를 식물 유전체에 빠르게 도입할 수 있다. 실제로, 유전자 조작 식물들은 몇 가지 방법들에 의해 만들어질 수 있다. 널리 사용되는 방법은 **미세발사 충격(microprojectile bombardment)**으로 DNA가 입혀진 텅스텐이나 금 입자를 식물 세포에 쏘는 것이다. 또 다른 방법으로는 **전기천공(electroporation)**이 사용되는데, DNA를 세포 안으로 들어가게 하기 위해 높은 전류를 아주 짧은 시간 동안 사용하는 것이다. 그러나 적어도 쌍떡잎식물의 형질전환 식물 생산에 가장 널리 사용되는 방법은 아마도 **아그로박테리아 매개 형질전환(Agrobacterium tumefaciens-mediated transformation)**일 것이다. 아그로박테리아(*A. tumefaciens*)는 자연적인 유전공학 시스템을 진화시켜온 토양 세균 중 하나이다; 이것은 세균에서 식물 세포로 전달되는

DNA 조각을 포함하고 있다.

식물 세포의 중요한 특징 하나는 그들의 **전형성능(totipotency)**, 즉 하나의 세포에서 전체 식물을 이루는 모든 분화된 세포를 만들 수 있는 능력을 가진다는 것이다. 분화된 많은 식물 세포들이 배아 상태로 역분화(dedifferentiated)되었다가 다시 새로운 세포 형태로 재분화될(redifferentiated) 수 있다. 그러므로 고등 동물에서처럼 생식질 세포와 체세포의 구분이 없는 것이다. 식물 세포의 이러한 전형성능은 유전 공학에 있어서의 주요 이점이 되는데, 이 때문에 변형된 체세포의 낱 세포들로부터 완전한 식물의 재생이 가능하기 때문이다.

아그로박테리아(*A. tumefaciens*)는 쌍떡잎식물에서 근두암종(crown gall)병을 일으키는 원인이다. 그 이름 역시 감염된 식물의 근두(crown)(뿌리와 줄기 사이의 연결 부위)에서 형성되는 혹이나 종양을 의미한다. 식물의 근두는 보통 토양 표면에 위치하므로, 식물들은 보통 이 부부에 상처가 나기 쉽고(예를 들면 심한 바람이 불 때 토양에 의한 마찰 등에 의해), 아그로박테리아 등에 의해 감염이 일어날 수 있다. 아그로박테리아는 식물을 감염시켜 상처 부위에 종양을 형성한다. 아그로박테리아의 감염 후에 두 가지 주요 사건이 발행하는데: (1) 식물 세포가 증식하기 시작하여 종양을 형성하고, (2) 이들이 오파인(opine)이라고 불리는 아르기닌 유도체를 합성하기 시작한다. 합성된 오파인은 보통 아그로박테리아 균주에 따라 노팔린(nopaline)이나 옥토핀(octopine)이다. 이들 오파인들은 감염된 세균에 의해 대사되어 에너지원으로 쓰인다. 노팔린 합성을 유도하는 아그로박테리아 계통은 노팔린에서는 자라지만 옥토핀에서는 자라지 않으며, 그 반대로 옥토핀 합성을 유도하는 세균들은 노팔린에서는 자라지 않는다. 분명히, 아그로박테리아와 숙주 식물들 사이에서 흥미로운 상호관계가 진화했을 것이다. 아그로박테리아는 숙주식물의 대사적 자원을 변경시켜 오파인을 합성하도록 할 수 있고, 이것은 식물에게는 아무 이익이 없지만 세균을 유지하게 한다.

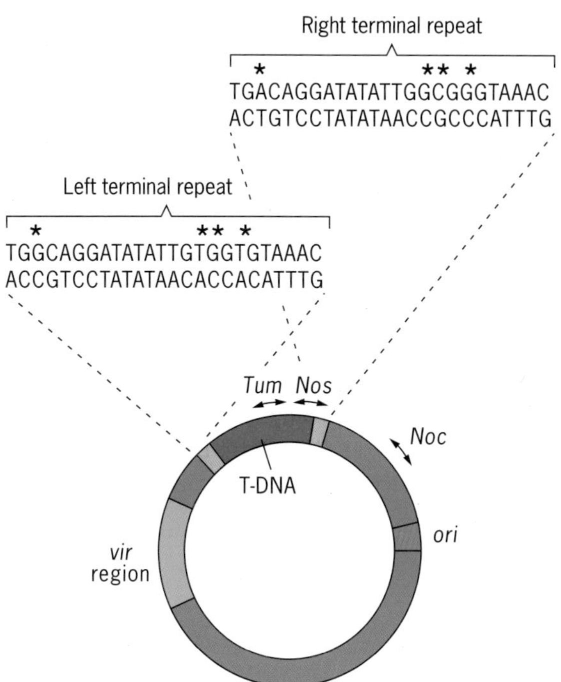

■ 그림 16.19 선별 요소들을 보여주는 노팔린 타입의 Ti 플라스미드인 pTi C58의 구조. 이 Ti 플라스미드는 크기가 210 kb이다. 사용된 기호는 다음과 같다: *ori*, 복제 원점; *Tum*, 종양 형성 유전자; *Nos*, 노팔린 생합성에 관계된 유전자; *Noc*, 노팔린 대사에 관계된 유전자; *vir*, T-DNA 전달에 필요한 독성 유전자. 오른쪽과 왼쪽 말단 반복부위의 뉴클레오티드 쌍 서열들이 상단에 표시되어 있다; 별표는 두 경계 서열에서 다른 네 부위를 나타낸다.

아그로박테리아가 식물에서 근두암종을 유발하도록 하는 능력은, 그것의 종양 유도능(tumor inducing ability) 때문에 **Ti 플라스미드(Ti plasmid)**라고 불리는 커다란 플라스미드 위에 존재하는 유전정보에 의해 조절된다. Ti 플라스미드의 두 가지 요소인 **T-DNA**와 ***vir* 영역(*vir* region)**은 식물 세포의 형질 전환에 필수적이다. 형질 전환 과정 중에 T-DNA(Transfer DNA라는 뜻)는 Ti 플라스미드로부터 절단되어 식물 세포로 옮겨져 숙주 세포의 DNA로 통합된다. 연구 자료들은 T-DNA의 통합이 염색체 상에서 무작위적으로 발생함을 시사한다: 게다가, 일부 경우에서는 여러 번의 T-DNA 통합이 같은 세포 내에서 발생하기도 한다. 노팔린형의 Ti 플라스미드에서는, T-DNA가 23,000 뉴클레오티드쌍으로 이루어진 절편으로, 13개의 유전자가 알려져 있다. 옥토핀형의 Ti 플라스미드들에서는 두 개의 분리된 T-DNA 절편이 존재한다. 간단히 하기 위해 여기서는 노팔린 타입의 Ti 플라스미드만 계속 다루어보도록 하자.

전형적인 노팔린 Ti 플라스미드의 구조는 ■ **그림 16.19**에 있는 것과 같다. Ti 플라스미드의 T-DNA 절편 상에 있는 유전자들 중 일부는 식물호르몬(옥신 인돌아세트산과 시토키닌 이소펜티닐 아데노신)들의 합성을 촉매하는 효소를 암호화한다. 이들 식물호르몬(phytohormone)들은 근두암들의 세포 성장을 일으킨다. T-DNA 영역은 25뉴클레오티드 염기쌍의 불완전 반복서열로 경계가 이루어지는데, 이들 중 하나가 T-DNA 절단과 전달을 위해서 시스(*cis*) 상태로 존재한다. 오른쪽 경계 서열이 결실되면 T-DNA가 식물세포로 전달되는 것은 완전히 막히게 된다.

Ti 플라스미드의 *vir*(독성을 나타내는) 영역은 T-DNA 전달과정에 요구되는 유전자들을 포함하고 있다. 이들 유전자들은 형질전환 과정에서 T-DNA 분절을 자르고 전달하고 통합시키는 데 필요한 DNA 공정 효소들을 암호화하고 있다. *vir* 유전자들은 T-DNA에 시스(*cis*) 혹은 트랜스(*trans*)로 위치할 때 T-DNA 전달에 필요한 기능들을 공급할 수 있다. 그들은 토양에서 아그로박테리아가 자랄 때는 아주 낮은 수준으로 발현된다. 그러나 박테리아가 식물 세포의 상처에 노출되거나 식물세포에서 나온 삼출물에 노출되면 *vir* 유전자들의 발현 수준이 매우 증가된다. 이러한 유도과정은 세균에서는 매우 늦게 일어나서 발현이 최고

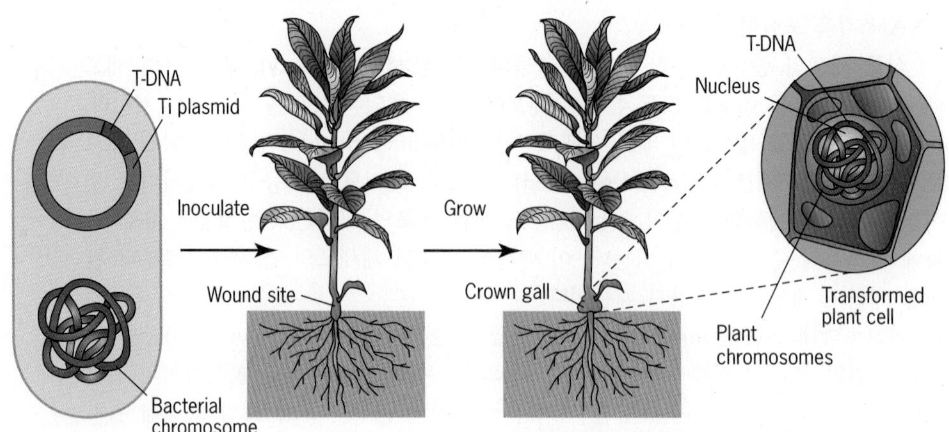

■ 그림 16.20 야생형 Ti 플라스미드를 가진 *Agrobacterium tumefaciens*에 의한 식물 세포의 형질전환. 종양 내의 식물세포들은 염색체 DNA내에 통합된 Ti 플라스미드의 T-DNA분절을 포함하고 있다.

수준에 도달하기까지는 10-15시간이 소요된다. 아세토시링곤(acetosyringone)같은 페놀 화합물들이 vir 유전자의 유도자로 작용하며, 종종 이들 화합물들을 아그로박테리아를 접종한 식물세포에 첨가하여 줌으로써 형질전환 속도가 훨씬 증가될 수 있다. 아그로박테리아의 Ti 플라스미드에 의한 식물세포의 형질전환은 **■ 그림 16.20**에 설명되어 있다.

일단 아그로박테리아 Ti 플라스미드의 T-DNA 영역이 식물 세포로 전달되어 식물 세포의 유전체로 통합된다는 것이 밝혀지자, 식물 유전공학에서의 아그로박테리아의 잠재적 사용 가능성은 분명해졌다. 외래 유전자들을 T-DNA에 삽입시킬 수 있었고 이것은 T-DNA의 나머지 부분과 함께 식물 세포로 전달될 수 있었다. Ti 플라스미드의 종양 형성 유전자가 제거되고, 선별 표식자가 추가되었으며, 적절한 조절 요소들이 더해져 변형되었음에도, 이 방법은 매우 잘 작동한다.

대장균의 트랜스포존인 Tn5로부터 얻어진 *kan*ʳ 유전자는 식물에서 광범위하게 선별 인자로 사용되어 왔다; 이것은 네오마이신 인산전이 효소 II형(neomycin phosphotransferase type II, NPTII)이라고 불리는 효소를 암호화한다. NPTII는 아미노글리코시드 항생제들인 카나마이신 계열의 분자들을 인산화시킴으로써 무독화시키는 원핵성 효소들 중 하나이다. 프로모터 서열과 전사 종결 신호가 세균과 식물에서 서로 다르기 때문에, 원래의 Tn5 *kan*ʳ 유전자는 식물에서는 사용될 수 없다. 대신, NPTII 암호화 서열이 식물 프로모터(암호와 영역의 5′쪽)와 식물의 종결 신호 및 폴리 아데닐화 신호(암호화 영역의 3′쪽)와 함께 제공되어야 한다. 이렇게 원핵성의 암호화 서열 옆에 진핵성의 조절서열들을 붙여 만든 구조물을 **키메릭 선별 표식 유전자(chimeric selectable marker gene)**라고 부른다.

서로 다른 여러 식물 유전자들로부터 얻어진 조절 서열들이 키메릭 표지 유전자들의 구성에 사용되어왔다. 널리 사용되는 선별 표식 유전자는 콜리플라워 모자이크 바이러스(cauliflower mosaic virus, CaMV)의 35S(전사체 크기) 프로모터와 NPTII 암호화 영역, 그리고 Ti 노팔린 합성효소(*nos*) 종결 서열을 포함한다; 이러한 키메릭 유전자는 보통 35S/NPTII/*nos*로 표시한다. 유전자를 식물로 전달하는 데 사용되는 Ti 벡터들은 종양 유도 유전자들이 35S/NPTII/*nos*와 같은 키메릭 선별 표식 유전자로 대체되어 있다. 이제는 식물로 유전자를 전달하는 데 여러 가지 세련된 Ti 플라스미드 유전자 전달 벡터들이 일상적으로 사용된다.

동식물 육종가들이 쉽게 형질전환 동식물들을 생산할 수 있도록 해주는 강력하고 새로운 도구들이 여러 곳에서 사용되고 있다. 1장에서 우리는 옥수수 해충에 저항성인 옥수수의 생산에 대해 살펴보았었다. 가장 널리 사용되는 트랜스진들은 농작물에서 제초제 저항성을 나타내도록 하는 것이다. 이러한 식물들 및 기타 유전적으로 조작된 식물과 동물들의 발달로 이들의 안전성에 대한 문제가 제기되었다. 실제로, 유전적으로 조작된(Genetically modified, GM) 작물들과 기타 이러한 식품들의 안전성에 대한 격렬한 감정적 논의가 세계 여러 곳에서 벌어지고 있다.

요점

- *이제 관심 유전자의 DNA서열은 대부분의 동식물 종들에 도입될 수 있다.*
- *유전자 조작 생물들은 유전자의 기능과 생물학적 과정에 대한 연구를 위한 귀중한 자원이다.*
- *아그로박테리아의 Ti 플라스미드는 식물에 유전자를 전달하는 중요한 도구이다.*

역유전학: 유전자 발현 억제를 통한 생물학적 과정의 분석

역유전학적 접근법(Reverse genetic approach)은 이미 알려져 있는 뉴클레오티드 서열을 이용하여 특정 유전자들의 발현을 억제시킨다.

20세기 생물학에서 새로운 정보들이 폭발적으로 증가하게 된 계기는 생물학적 과정들을 분석하기 위해 유전학적 접근법들을 응용할 수 있었기 때문이라고 할 수 있다(13장 참조). 전통적인 유전학적 접근법은 비정상적인 표현형을 가진 생물개체를 찾아내고 이러한 표현형을 나타내도록 한 책임 돌연변이 유전자의 성격을 규명하는 것이었다. 그리고 그 돌연변이의 효과를 결정하기 위해 돌연변이 개체와 야생형 개체들에 대해 비교 분자생물학적 연구들이 행해졌다. 이러한 연구들로 조사되고 있는 생물학적 과정에 관여하는 산물을 암호화하는 유전자를 규명할 수 있게 되었다. 일부 경우에서는, 이러한 연구들의 결과들로 인해 생물학자들은 그 과정이 일어나는 사건들의 정확한 순서를 결정할 수 있게 된다. T4 박테리오파지에 대한 형태형성과정의 완전한 경로(그림 13.20 참조)는 돌연변이에 대한 분석적 접근의 힘을 보여주는 초기 증거들이다.

지난 20년간, 유전자와 전체 유전체들의 뉴클레오티드 서열이 밝혀져 사용가능하게 되었다. 오늘날, 우리는 그 유전자의 기능을 알기에 앞서 그 서열을 먼저 아는 경우도 종종 있다. 이러한 지식은 생물학적 과정에 대한 새로운 유전학적 접근을 가능하도록 했는데, 이러한 접근들을 종합하여 **역유전학(reverse genetics)**이라고 부른다. 역유전학적 접근은 유전자의 비기능적 돌연변이를 분리하거나 혹은 유전자들의 발현을 억제하도록 하는 방법들을 마련하기 위해 그 뉴클레오티드 서열을 이용한다. 특정 유전자의 기능은 종종 그 유전자의 기능적 산물이 결여된 생물들을 연구함으로써 추정될 수 있다. 이 장의 다음 부분들에서는, 세 가지 서로 다른 역유전학적 접근들에 대해 알아보고자 한다: "녹아웃" 돌연변이 생쥐를 만드는 외래 DNA의 삽입, 식물에서의 T-DNA와 트랜스포존 삽입, 그리고 RNA 방해에 관한 것이다.

생쥐에서의 녹아웃 돌연변이들

이 장의 앞 부분에서 우리는 어떻게 아그로박테리아(Agrobacterium tumefaciens)의 Ti 플라스미드 내 T-DNA 분절이 식물 세포로 이동되고 식물의 염색체로 통합되는지에 대해 논의했었다(그림 16.16과 그림 16.17 참조). 정상적으로, 트랜스진들은 유전체에 무작위로 삽입된다. 그러나 주입된 DNA 혹은 침투된 DNA가 생쥐 유전체의 어떤 서열과 상동인 서열을 포함하고 있다면, 종종 외부의 유전자들은 상동성 재조합에 의해 그 서열 내부로 삽입된다. 이러한 외래 DNA가 유전자 내로 삽입되면, 전이 인자들의 삽입(그림 13.13 참고)에서와 마찬가지로 해당 유전자의 기능은 망가지게(disrupt or "knock out") 될 것이다. 실제로 이러한 접근은 수많은 생쥐 유전자들에서 녹아웃 돌연변이들을 만드는 데 사용되어 왔다.

관심 유전자의 녹아웃 돌연변이를 가지는 생쥐를 만드는 첫 번째 단계는 유전자-표적화 벡터를 만드는 것이다. 이러한 벡터는 해당 유전자의 염색체내 사본 하나와 상동성 재조합을 일으키고 그 과정에서 외래 DNA를 그 유전자에 삽입시킴으로써 그 기능을 망가뜨리게 할 수 있는 능력을 가진 것이다. 관심 유전자의 클론 사본에 항생제인 네오마이신(neomycin)에 저항성을 부여하는 유전자(*neo*^{r})를 끼워 넣으면 그 유전자는 둘로 나뉘어 비기능적으로 바뀐다(■ **그림 16.21**, 1단계). 벡터 내에 *neo*^{r} 유전자가 있기 때문에 네오마이신을 이용하

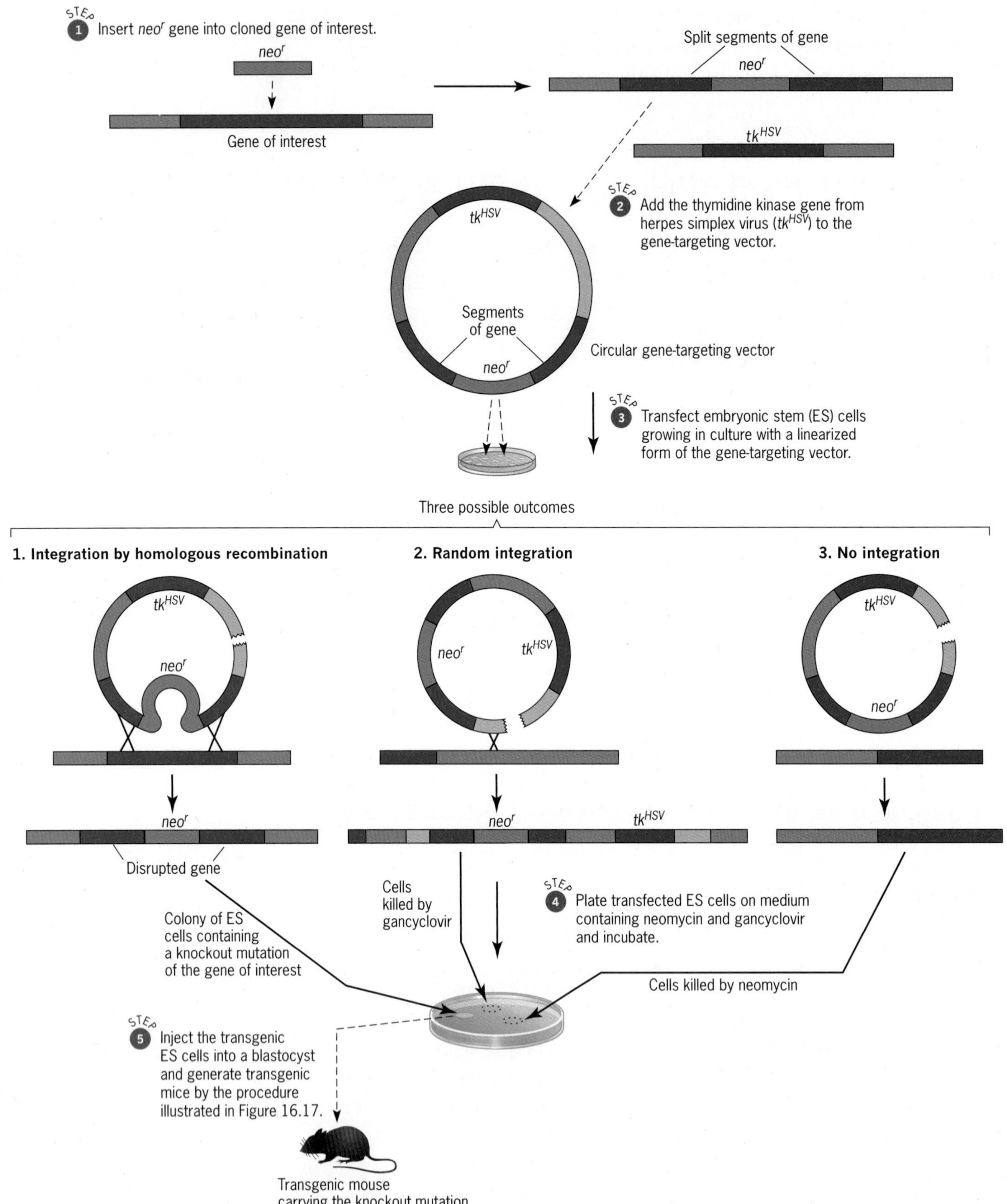

■ 그림 16.21 형질전환된 ES 세포 내에서 유전자 표적화 벡터와 염색체 유전자들 사이의 상동성 교차에 의해 쥐의 녹아웃 개체가 만들어지는 과정. 형질전환된 ES 세포를 배양하여 형질전환 쥐를 만드는 과정은 그림 16.17에 설명되어 있다. neo^r 유전자는 쥐의 세포에 네오마이신 저항성을 부여한다. 그리고 tk^{HSV} 유전자는 뉴클레오티드 유사체인 갠사이클로버(gancyclovir)에 감수적이 되도록 한다. 자세한 설명은 본문을 참고하라.

여 유전자-표적화 벡터 혹은 *neo*^{r} 유전자의 사본이 끼어들어가 있지 않은 세포들을 선택적으로 제거할 수 있다. 삽입된 *neo*^{r} 유전자 양쪽에 남아 있는 유전자 단편들은 그 유전자의 염색체 사본과 상동성 재조합을 일으키는 자리를 제공할 수 있다. 단순포진 바이러스(Herpes Simplex virus, HSV)에서 유래한 티미딘 키나아제 유전자(tk^{HSV})는 클로닝 벡터에 삽입되어(그림 16.21, 2단계) 벡터가 다른 곳에 삽입된 형질전환 생쥐 세포를 제거하는 데 이용된다. 티미딘 키나아제는 갠사이클로버(gancyclovir)를 인산화시키는데, 이렇게 인산화된 뉴클레오티드 유사물이 DNA에 삽입되면 숙주 세포가 죽게 된다. HSV의 티미딘 키나아제가 없을 때는 갠사이클로버는 숙주 세포에 무해하다.

다음 단계는 배양중인 배아줄기 세포(ES cell)들(짙은 털색 쥐로부터 유래한 것)을 유전자-표적화 벡터의 선형 사본으로 트랜스펙션을 통해 형질전환시킨다(그림 16.21, 3단계). 형질전환된 세포들은 바로 네오마이신과 갠사이클로버가 포함된 배지를 넣고 배양된다(그림 16.21, 4단계). ES 세포 내에서는 다음 세 종류의 사건이 발생할 수 있다. (1) 벡터 내부의 갈라진 유전자 서열과 염색체 내의 유전자 서열 사이에 상동성 재조합이 발생하여 *neo*^{r} 유전자가 염색체 유전자 내부로 삽입되면 그 유전자가 파괴된다. 이런 사건이 발생하면 tk^{HSV} 유전자는 염색체 내로 통합되지 않는다. 결과적으로, 이 세포들은 네오마이신에 저항성을 갖는 것이지만 갠사이클로버에 의해 죽지는 않는다. (2) 유전자-표적화 벡터는 숙주 염색체의 어느 곳에서든 무작위로 통합될 수 있다. 이런 일이 발생하면, *neo*^{r} 유전자와 tk^{HSV} 유전자는 둘 다 그 염색체 내에 존재하게 된다. 이렇게 된 세포들은 네오마이신에 저항성을 갖게 되지만 갠사이클로버에 의해 죽게 된다. (3) 유전자-표적화 벡터와 염색체 간에 어떤 종류의 재조합도 발생하지 않는 경우이다. 이런 상황에서의 세포들은 네오마이신에 의해 죽게 된다. 따라서, *neo*^{r} 유전자가 염색체의 해당 유전자에 삽입되어 녹아웃 돌연변이가 만들어진 ES 세포들만 네오마이신과 갠사이클로버가 포함된 배지에서 자랄 수 있다.

이렇게 선별된 ES 세포들은 녹아웃 돌연변이를 포함하고 있는 것으로, 밝은 털색의 부모로부터 생산된 포배로 주입된다. 그리고 이 포배는 밝은 털의 암컷 생쥐에 착상된다(그림 16.17). 이렇게 얻어진 자손 중 일부는 밝은 색과 어두운 색의 털이 부분적으로 나타나는 키메라가 된다. 이 키메라 자손들은 밝은 털의 생쥐와 교배되고, 이로부터 나오는 어두운 털의 자손들은 모두 녹아웃 돌연변이를 가지고 있는지 검사된다. 마지막 단계에서는 그 녹아웃 돌연변이를 가진 암컷과 수컷 생쥐들을 교배하여 돌연변이에 동형접합성인 개체를 얻는다. 유전자의 기능에 따라 그 동형접합성 자손은 정상일수도 있고 비정상 표현형을 나타낼 수도 있다. 사실, 유전자의 산물이 초기 배발생 중에 필수적인 것이라면, 그 녹아웃 돌연변이의 동형접합성은 초기 배아에 치명적으로 작용할 것이다. 다른 경우들을 예로 보자면, 기능이 중복되거나 동일한 다른 연관 유전자가 있는 경우에는, 녹아웃 돌연변이에 동형접합성인 생쥐들도 야생형 표현형을 나타낼 수 있으므로, PCR이나 서던 블롯을 이용하여 그 녹아웃 돌연변이의 존재를 확인해 주어야 한다.

녹아웃 생쥐들은 포유류에 대한 발생학, 생리학, 신경생물학, 면역학 등의 여러 분야에 널리 사용되어 왔다. 녹아웃 생쥐들은, 겸상적혈구 빈혈증으로부터 심장병이나 여러 종류의 암에 이르기까지 인간의 여러 유전병들을 연구하기 위한 모델 시스템을 제공하기도 했다.

인류의 건강과 관련된 연구를 위한 녹아웃 생쥐들의 가치가 매우 높기 때문에, 국립보건원(National Health Institute)은 2006년, 가능한 많은 수의 쥐유전자들에 대한 녹아웃 생쥐들을 만들고자 하는 녹아웃 생쥐 프로젝트(Knockout Mouse Project)를 시작했다. 이 사업은 연이어 북미의 조건적 생쥐 돌연변이화 프로젝트(North American Conditional Mouse Mutagenesis Project)로 확장되었고, 유럽의 조건적 생쥐 돌연변이화 프로젝트(European Conditional Mouse Mutagenesis Project)와 손을 잡고 쥐 유전체 내의 20,000개 유전자 각각에 대해 적어도 하나씩의 녹아웃 돌연변이를 만들려고 노력하고 있다. 이러한 종합적 노력으로 생산된 모든 녹아웃 계통들은 전세계적으로 여러 연구에 유용하게 사용될 수 있을 것이다.

T-DNA와 트랜스포존 삽입

앞 부분에서 우리는 어떻게 아그로박테리아(*Agrobacterium tumefaciens*)가 가진 Ti-플라스미드의 T-DNA 절편이 식물의 염색체 내로 옮겨질 수 있는지에 대해 논의했었다(그림 16.20 참고). T-DNA가 유전자 내로 삽입되면, 그 유전자의 기능이 파괴된다. 트랜스포존은 유전체의 한 부분에서 다른 부분으로 이동할 수 있는 능력을 가진 유전 요소이다(17장 참조). Ti 플라스미드의 T-DNA같이, 트랜스포존(transposon)도 그것이 삽입된 유전자의 기능을 파괴할 수 있다(그림 13.13 참고). 그러므로, T-DNA와 트랜스포존은 역유전학적 분석을 위한 강력한 도구를 제공한다. 두 경우 모두에서, 이 유전 요소들은 **삽입 돌연변이화(insertion mutagenesis)**를 수행하는 데 사용된다. 즉, 유전자 내로 외래 DNA를 삽입시키는 기능상실 돌연변이(null mutation, 종종 "knock out" 돌연변이로 불림)를 유도하는 것이다. 삽입 돌연변이화는 기본적으로 Ti 플라스미드이든 트랜스포존이든 동일하다. 따라서, 우리는 식물인 애기장대(*Arabidopsis thaliana*)의 유전자 기능을 분석하기 위해 T-DNA를 사용하는 방법을 논의함으로써 역유전학을 위한 삽입 돌연변이화의 이용에 대해 설명하고자 한다.

T-DNA가 아그로박테리아에서 식물 세포로 옮겨지면 이것은 유전체의 모든 조성에 끼어들어가게 된다; 즉, T-DNA는 애기장대의 5개 염색체 모두에 흩어져 있게 된다. 그러므로, 형질전환된 애기장대 식물들을 충분한 숫자로 조사하면 이 종의 약 26,000개 유전자 모두에서, T-DNA 삽입이 일어난 각 식물들을 발견할 수 있을 것이다.

실제로, 수십만 개의 T-DNA 삽입체들이 애기장대 유전체의 전체에 걸쳐 지도화되었고, 이러한 삽입체들을 포함하고 있는 종자 저장주들은 오하이오 주립대학의 애기장대 생물학 자원 센터(*A*rabidopsis *B*iological *R*esource *C*enter, ABRC)의 요청에 따라 사용 가능하다. 더하여, 애기장대 연구학회들은 프랑스의 베르자일레스 유전체 자원 센터(*V*ersailles *G*enomic *R*esource *C*enter, VGRC), 독일의 노팅햄 애기장대 보관 센터(*N*ottingham *A*rabidopsis *S*tock *C*enter, NASC), 그리고 일본의 리켄 생물자원 센터(Riken BioResource Center)들을 사용할 수 있다. 캘리포니아 라 졸라의 솔크 연구소에 있는 연구자들은 그들의 T-DNA 삽입지도를 다른 연구팀들이 밝힌 트랜스포존 삽입들과 통합하였다. 이러한 삽입에 대한 서열 기반 지도는 http://signal.salk.edu/cgi-bin/tdnaexpress에서 사용할 수 있다; 1번 염색체 끝에 대한 그들의 지도 요약본이 ■ **그림 16.22**에 나타나 있다.

따라서, 누군가가 애기장대의 특정 유전자의 기능에 대해 관심을 가졌다면, 그 사람은 그 유전자의 T-DNA와 트랜스포존 삽입에 대한 솔크의 웹사이트를 검색할 수 있다; 일단 삽입 돌연변이체가 확인되면, 해당 돌연변이를 가진 종자를 온라인 구매할 수 있다. 삽입 돌연변이체들에 대한 이러한 거대한 수집 작업은 이 모델 생물들의 유전자 기능연구를 위한 아주 귀한 자원이 되는 것으로 드러났다.

RNA 방해

몇 년 더 앞서 그 효과가 페튜니아에서 처음으로 관찰되기는 했지만, 세 번째 역유전학적 접근 — 즉, **RNA 방해(RNA interference, RNAi)** — 에 대한 발견은 파이어(Andrew Fire)와 멜로(Craig Mello) 및 그 동료들이 1998년 발표했던 연구 덕분이다. 파이어와 멜로는 그들의 연구로 2006년 노벨생리의학상을 공동수상했다. 그들이 예쁜꼬마선충(*C. elegans*)에 이중가닥의 RNA(ds RNA)를 주입했을 때, 동일한 뉴클레오티드 서열을 포함하는 유전자들의 발현이 "방해(interfere)"되거나 억제(shut off)되었다. 지난 10년 동안 RNAi는 분자생물학의 최첨단 분야가 되었다. 우리는 이제 이중 나선 RNA(ds RNA)가 바이러스 감염을 저해하고, 이동성 유전 요소들의 확대에 저항하며, 유전자 발현을 조절하는 데 있어 중요한 역할을 한다(19장 참조)는 사실을 알게 되었다. 실제로, RNAi는 분자 유전학의 첨단 분야일 뿐만 아니라 인간의 질병들에 저항할 수 있는 거대한 힘을 가지고 있다. 그러나 이 장에서는 RNAi를 역유전학의 도구 혹은 유전자 기능을 연구하고 생물학적 과정들을 분해해서 살펴보기 위한

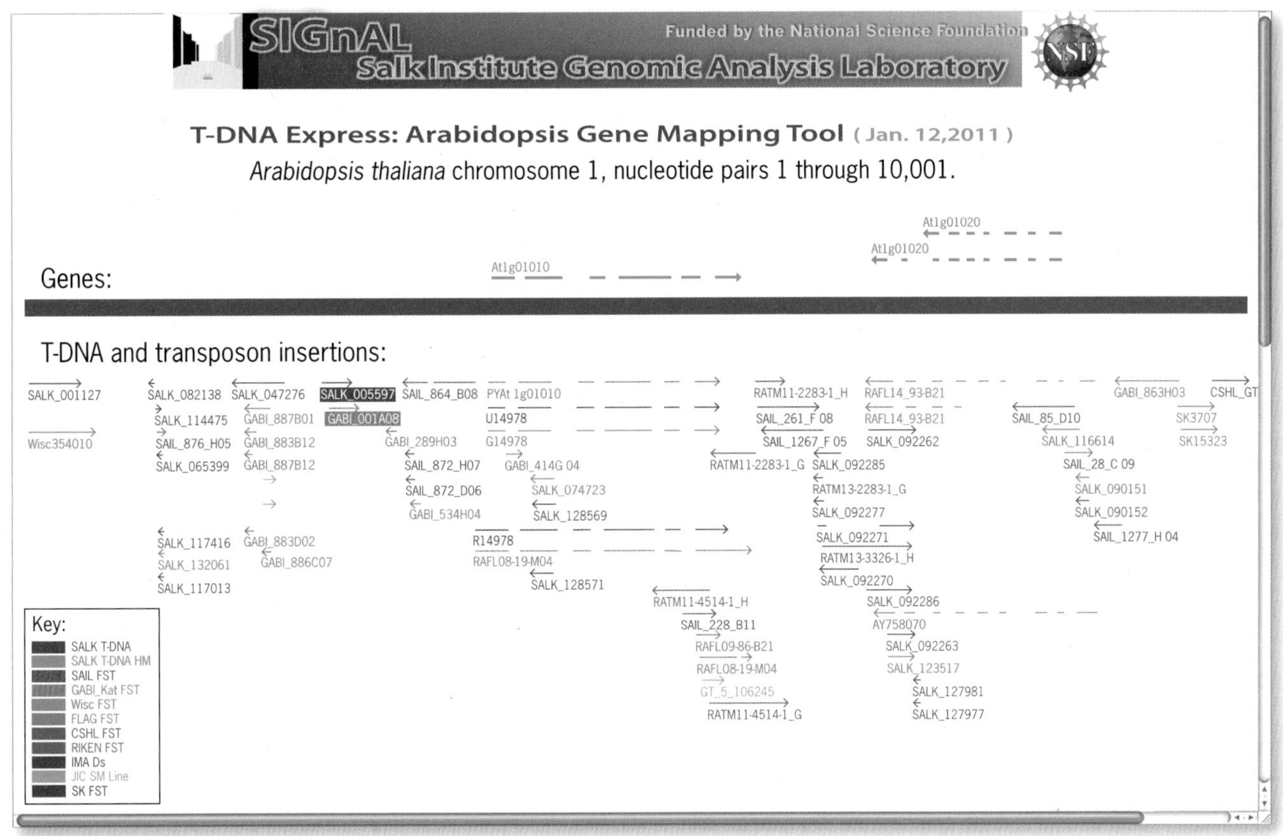

■ 그림 16.22 애기장대의 염색체 1번 말단 10 kb 영역에 삽입된 T-DNA와 트랜스포존의 지도. 옆 서열 표식자(*f*lanking *s*equence *t*ag, FST)들의 위치가 염색체(짙은 푸른색) 아래에 표시되어 있다. 이 자료는 SIGnAL(*S*alk *I*nstitute *G*enomic *A*nalysis *L*aboratory)의 웹사이트인 http://signal.salk.edu/cgi-bin/tdnaexpres에서 얻은 것이다. 1번 염색체의 이 지역에 있는 두 개의 유전자(At1g01010과 At1g01020)들에 대한 기능은 알려져 있지 않다. T-DNA 및 트랜스포존 삽입 계통들은 솔크 연구소(Salk T-DNA), 신젠타 애기장대 삽입 도서관(*S*yngenta *A*rabidopsis *I*nsertion *L*ibrary, SAIL), 독일의 컬렉션(GABI-kat), 위스컨신 대학(Wisc), 프랑스 컬렉션(FLAG), 콜드스프링하버 도서관(*C*old *S*pring *H*arbor *L*abratory, CSHL) 컬렉션, 일본의 리켄 생물자원 센터(Riken BioResource Center), 그리고 싱가포르의 분자농생물학 연구소(*I*nstitute of *M*oelcular *A*grobiology, IMA)와 존 이네스 센터(*J*ohn *I*nnes *C*enter JIC) 및 사스카툰 컬렉션(*S*as*k*toon, SK)에서 얻은 것들이다.

도구라는 것에 초점을 맞추고자 한다.

RNAi는 예쁜꼬마선충(*C. elegans*), 초파리(*D. melanogaster*), 그리고 여러 식물들에서 유전자를 조용하게(그들의 발현을 줄이거나 꺼버리는) 하는 데 광범위하게 사용된다. 이것은 인간을 포함한 모든 종들에 사용될 수 있다. RNAi는 여러 가지 방법들로 수행될 수 있다. 모든 RNAi 실험에서의 공통된 특징은, 연구하고 있는 생물이나 세포에서 조용하게 만들고자 하는 유전자, 혹은 적어도 그 유전자의 일부 뉴클레오티드 서열을 포함하는 dsRNA의 존재이다. 이러한 목적을 위해서는 두 가지 방법이 흔히 사용된다. 첫 번째 접근법은 dsRNA를 시험관에서 합성하여 생물체에 미세주입하는 것이다(**■ 그림 16.23*a***). 두 번째 방법은 하나의 유전자 발현 카세트를 만들 때 연구 대상 유전자의 일부분 서열에 대한 두 개의 사본을 서로 반대방향으로 가지도록 만든 다음 형질전환 방법에 의해 생물에 도입하는 것이다(**■ 그림 16.23*b***). 도입된 트랜스진이 전사될 때 그것은 스스로에게 상보적인 RNA들을 만들게 되고 부분적으로 이중가닥인 줄기-고리(stem-loop) 구조나 "머리핀(hair pin)" 구조를 만들게 된다. 어느 경우든 dsRNA는 RNA에 의해 유도되는 유전자 억제현상(gene silencing)을 촉발시킨다. 그 dsRNA들은 결국 RNA유도성 억제 복합체(RNA induced silencing complex, RISC)와 결합되고 결국 해당 세포나 생물에 따라 분해되거나 번역 억제를 받게 된다(자세한 것은 19장 참조).

RNAi는 예쁜꼬마선충(*C. elegans*)에서는 상당히 쉽게 수행되는데, 이 작은 벌레들

Initiation of RNAi by synthesis and injection of dsRNA.
Initiation of RNAi by introducing a transgene encoding self-complementary RNA.

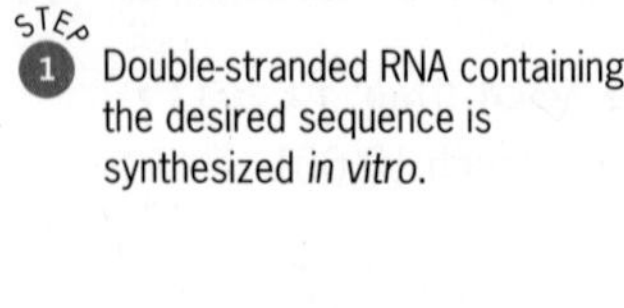
STEP 1 Double-stranded RNA containing the desired sequence is synthesized in vitro.

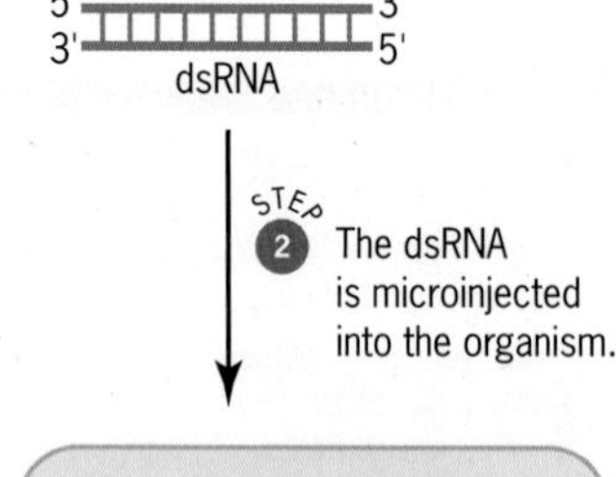
5'
3'
3'
5'
dsRNA
STEP 2 The dsRNA is microinjected into the organism.

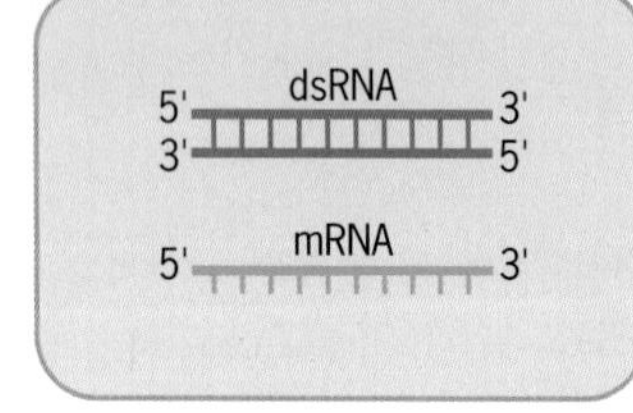
dsRNA
5'
3'
3'
5'
mRNA
5'
3'

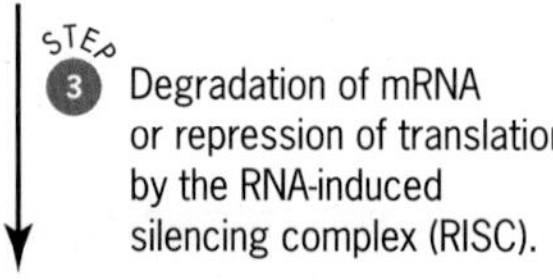
STEP 3 Degradation of mRNA or repression of translation by the RNA-induced silencing complex (RISC).

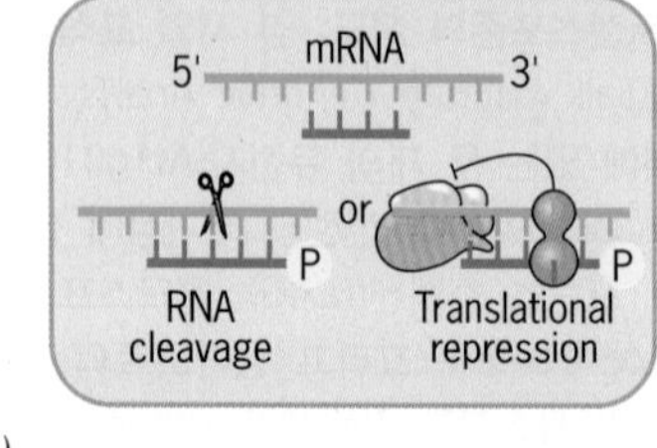
mRNA
5'
3'
or
P
P
RNA cleavage
Translational repression
(a)

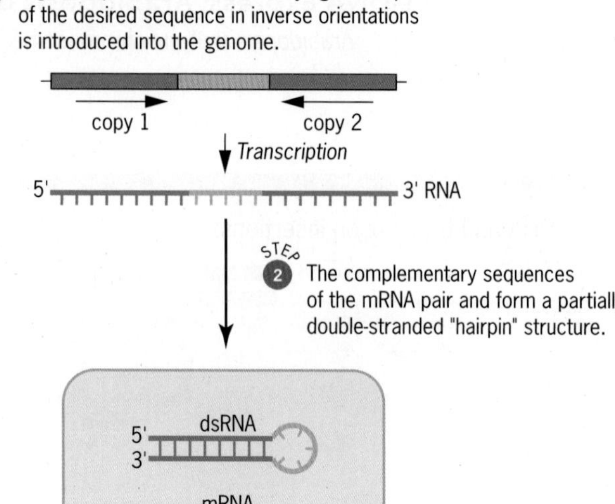
STEP 1 A gene-expression cassette carrying two copies of the desired sequence in inverse orientations is introduced into the genome.
copy 1
copy 2
Transcription
5'
3' RNA
STEP 2 The complementary sequences of the mRNA pair and form a partially double-stranded "hairpin" structure.

dsRNA
5'
3'
mRNA
5'
3'

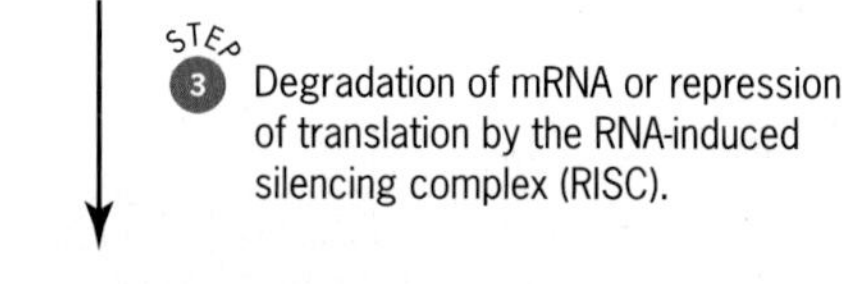
STEP 3 Degradation of mRNA or repression of translation by the RNA-induced silencing complex (RISC).

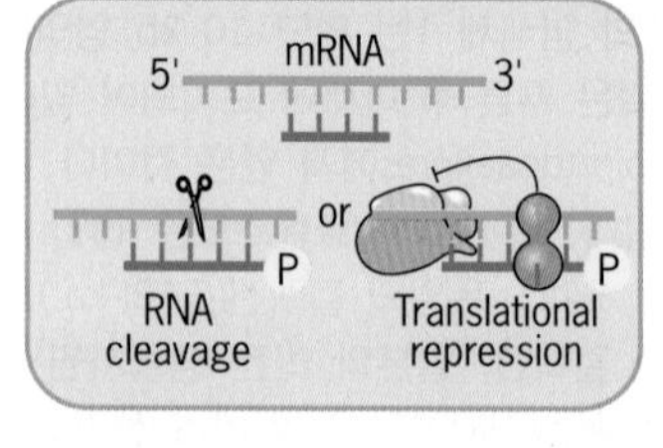
mRNA
5'
3'
or
P
P
RNA cleavage
Translational repression
(b)

■ 그림 16.23 이중 나선 RNA(dsRNA)로 RNAi를 개시하기 위한 두 과정. (*a*) 발현을 억제할 유전자의 뉴클레오티드 서열을 포함하고 있는 dsRNA분자가 시험관에서 합성되어 개체로 주입된다. (*b*) 반대 방향으로 위치한 두 유전자 조각을 포함하고 있는 유전자 발현 카세트가 만들어져 연구 대상 개체로 도입된다. 자신에 상보적인 RNA 전사체가 부분적으로 이중나선인 RNA 머리핀 구조를 형성한다. 양쪽 경우 모두에서, dsRNA는 RNA 유도성 침묵 복합체(RNA induced silencing complex, RISC)에 의해 표적 유전자의 발현 억제를 개시한다. RISC는 표적 mRNA의 분해를 유발하거나 번역을 억제한다(자세한 것은 19장 참조).

에 dsRNA를 미세주입하거나 dsRNA가 포함된 배지에 담그거나, 혹은 해당 유전자의 dsRNA를 합성하는 세균을 먹이면 된다. 이 세 방법은 모두 *C. elegans*의 유전자 침묵화에 효과적이다.

1998년 12월에 *C. elegans* 유전체의 99% 서열이 발표되었다. 2년 이내에 영국, 독일, 스위스, 그리고 캐나다의 협동 연구팀은 RNAi를 이용하여 염색체 I번 위의 2,769개의 예상 유전자들 중 90%를, 그리고 염색체 III의 2,300개 예상 유전자들 중 96%를 조직적으로 조용히 만드는 데 성공했다. 이러한 연구들은 400개 이상의 유전자들의 기능에 대한 새로운 정보를 제공했다. 분명히, RNAi는 생물학적 과정을 분석하는 강력한 도구임에 틀림없다. RNAi는 유전자 발현의 자연적 조절에 관여하는 경로를 이용한다. 동식물들의 유전체에서 수백 개의 유전자들이 생체내 dsRNA를 만드는 마이크로 RNA(**microRNA**)를 암호화하는 것이 밝혀졌다. 현재 우리는 이들 마이크로 RNA(19장 참조)들 중 몇 가지에 대해서만 그 조절 기능을 알고 있다; 그러나, 나머지 마이크로 RNA들의 기능들이 현재 진행 중인 수많은 연구들의 주제이다.

RNAi가 인간 면역 결핍 바이러스(Human immunodeficiency virus, HIV)의 증식을 억제하거나 혹은 발암 유전자(oncogene)의 발현을 억제할 수 있을까? 우리는 이 질문에 대한 해답을 모른다. 그러나, 경제계가 RNAi의 치료적 적용에 대한 가능성에 흥분하고 있음을 알고 있다. 거대 제약회사들이 RNAi 기술에 막대한 투자를 하고 있을 뿐 아니라 여러 신생 회사들이 RNAi를 상업적 목적으로 이용하기 위해 특별히 설립되기도 했다. RNAi 기술이 우리의 기대를 만족시킬 수 있을지는 이제 두고 볼 일이다.

요점

- *역유전학적 접근은 유전자의 비기능 돌연변이를 분리하거나 유전자 발현을 방해하기 위한 방법을 고안하기 위해 알려진 뉴클레오티드 서열을 이용한다.*
- *생쥐에서의 녹아웃 돌연변이들은 상동성 재조합에 의해 외래 DNA를 염색체 내에 삽입시킴으로써 만들어진다.*
- *T-DNA나 트랜스포존의 삽입은 유전자의 비기능화 돌연변이를 만드는 중요 방법을 제공한다.*
- *RNA방해 — 이중가닥 RNA로 유전자 발현을 막는 것 — 는 특정유전자들의 기능을 저해함으로써 생물학적 과정들을 분석하는 데 사용될 수 있다.*

기초 연습문제

기본적인 유전분석 풀이

1. 헌팅턴 질병(HD)을 일으키는 돌연변이 유전자를 찾는 실험에서 어떻게 제한효소 길이 다형현상(restriction fragment-length polymorphism, RFLP)이 사용되는가?

답: HD 연구팀들은 RFLP와 *HTT* 유전자 사이의 연관을 보이는 두 대가족 집단의 구성원들을 조사하였다. 이들은 4번 염색체 상에서 *HTT* 유전자와 강하게 연관되어 있는 RFLP를 발견했다(4% 재조합).

2. 일단 4번 염색체 상에서 *HTT* 유전자와 그 RFLP 사이의 강한 연관성이 결정된 후, 연구팀들이 돌연변이 *HTT* 유전자를 찾기 위해 다음 단계로 수행한 연구는 무엇이었나?

답: 그들은 4번 염색체의 이 지역(약 500 kb에 걸친)에 대해 자세한 제한 지도를 작성했다(그림 16.1 참고).

3. 연구진은 4번 염색체상의 지도화 영역 내에서 어떻게 후보 유전자를 찾아냈나?

답: 이들은 그 지역 내의 암호화 부분이나 엑손 부분을 찾고, 엑손들이 겹치는 클론을 가진 유전체 라이브러리를 검사하는 데 cDNA 클론을 사용했다. 그리고 cDNA들의 서열과 유전체 DNA의 서열을 비교하여 지도화 영역의 엑손-인트론 구조를 추정했다.

4. HD 조사팀은 어떻게 후보 유전자가 *HTT* 유전자임을 확인할 수 있었나?

답: 그들은 HD 환자와 그 가족이지만 정상인 구성원으로부터 후보 유전자 서열을 비교하여 환자 개인의 유전자에서 구조적 이상을 찾아냈다. 그들의 결과는 이제는 *헌팅틴*(*huntingtin*)이라고 불리는 유전자(*HTT*)로 나타나는데, $(CAG)_n$의 세 뉴클레오티드가 반복되는 부분을 포함한다. 여기에서 이 반복 부위는 병에 걸리지 않은 사람에서는 11에서 34번 반복되지만 환자들에서는 42번에서 100번 이상까지도 반복되는 것으로 보인다. 이들은 *헌팅틴* 대립인자의 세 뉴클레오티드가 확장된 것을, 서로 다른 가족들의 72명 구성원들로부터 밝혀냈고 이제는 *헌팅틴*이 HD의 유전자임이 거의 확실시된다.

5. *헌팅틴* 유전자의 서열을 아는 것은 유전 상담자들에게는 어떤 가치가 있는가?

답: *헌팅틴* 유전자의 서열을 아는 것은 유전자의 돌연변이 대립인자의 존재에 대해 상담자들이 간단하고 정확한 진단 검사를 할 수 있도록 해준다. 유전자에서 세 뉴클레오티드 반복 부위 옆 서열들에 맞는 올리고뉴클레오티드 시발체(프라이머)를 사용하여 유전자의 이 부분을 증폭할 수 있다. 그리고 세 뉴클레오티드 반복 횟수는 폴리아크릴아미드 젤 전기영동(그림 16.2를 보라)을 통해 결정할 수 있다. 결과적으로, 돌연변이 유전자를 물려받았을 가능성이 있는 개인들은 가족을 이루기 전에 그 존재에 대해 검사를 받을 수 있다. 만약 돌연변이 유전자가 부모 중 한쪽에 존재한다면, 태아의 세포들이나 혹은 심지어 8세포기의 전-배아 상태에서 얻은 세포 하나로 이 돌연변이 유전자의 존재를 검사할 수 있다. 그러므로 유전 상담자들은 질병의 위험이 있는 가족들에게 유전자의 존재에 대한 정확한 정보를 제공할 수 있다.

지식검사

서로 다른 개념과 기술의 통합

1. 제 1형 척추소뇌성 운동실조증(Spinocerebellar ataxia type 1)은 전형적으로 30세에서 50세 사이에 발병하는 진행성 신경 질환이다. 이 신경 퇴행성 질환은 특정 신경세포들이 소실되는 것에서 비롯된다. 왜 선택적으로 신경세포들이 죽는지는 알려져 있지 않지만 이 질병이 CAG 세 뉴클레오티드들의 반복 회수가 늘어난 것에 기인한다는 것이 밝혀졌다. 정상 대립인자는 28회의 반복 서열이 나타나지만 돌연변이 대립인자들은 43에서 81번까지 세 뉴클레오티드가 반복된다. 이 반복 부위 양쪽의 뉴클레오티드 서열이 주어진다면, 제1형 척추소뇌성 운동실조증을 일으키는 확장된 세 뉴클레오티드 반복 서열의 존재를 어떻게 검사할 수 있겠는가?

답: 제1형 척추소뇌성 운동실조증에 대한 DNA 검사는 그림 16.2에서 설명한 *헌팅틴*에 대립인자에 대한 검사와 유사하다. 일단 해당 CAG 반복 부위의 양쪽에 대한 서열에 맞게 PCR 프라이머를 제작한다. 이들 프라이머들을 이용하여 검사받을 개인의 유전체 DNA로부터 원하는 CAG 반복부위를 증폭한다. 그리고나서, PCR 산물들 전기영동함으로써 세 뉴클레오티드 반복 부위의 크기를 결정한다. 30회 이하의 CAG를 포함한 유전자는 정상 대립인자로 간주하고, 40회 혹은 그 이상의 세 뉴클레오티드 반복서열이 있다면 척추소뇌성 운동실조증을 일으키는 돌연변이 대립인자일 것이다.

2. 여러분이 이제 막 25세의 여성에 대해 척추소뇌성 운동실조증의 DNA 검사를 실시했다. 그녀의 어머니는 이 질환으로 사망했다. 검사결과는 운동실조증에 돌연변이에 양성으로 나타났다. 이 여성과 그녀의 남편은 자신들의 생물학적 자녀를 원하지만 결함 유전자가 유전되기를 원치도 않는다. 어떤 선택이 가능할까?

답: 그들의 선택은 종교적, 도덕적 신념에 따라 결정될 것이다. 한가지 가능성은 임신초기에 양수검사나 융모막 검사로 태아의 세포에서 DNA검사를 실시하여 해당 뉴클레오티드 부위가 확장되어 있는지를 조사함으로써 결함유전자가 존재하지 않을 때만 임신을 지속하는 것이다. 다른 가능성은 시험관 수정을 이용하는 것이다. 운동실조증 DNA검사는 8세포기의 전 배아 상태에서 세포 하나를 얻어 수행할 수 있고 그 전 배아는 검사 결과가 음성으로 나올 때에만 착상을 진행하면 된다. 세 번째 선택은 미래에나 가능할 것으로 보이는데, 이름하자면 유전자 치환 치료를 통해 신경퇴행 현상이 발병하기 전에 질병을 치료하는 효과적인 방법을 이용하는 것이다.

연습문제

이해력 증진과 분석력 개발

16.1 CpG 섬이란 무엇인가? 인간의 유전자를 위치 지정 클로닝하는 데 있어서 CpG 섬은 어떠한 가치가 있는가?

16.2 헌팅턴 질병을 일으키는 돌연변이 유전자는 왜 *헌팅틴*(*huntingtin*)이라고 불리나? 이 유전자가 앞으로 다른 이름으로 불릴 수도 있는 이유는 무엇인가?

16.3 어떻게 *CF* 유전자의 뉴클레오티드 서열이 그 유전자 산물의 구조와 기능에 대한 정보를 얻는 데 사용될 수 있는가?

16.4 어떻게 *CF* 유전자와 그 산물에 대한 규명이 체세포유전자 치료를 통해 낭포성 섬유증을 치료하도록 할 수 있나? 유전자 치료를 통해 낭포성 섬유증이 치료되기 위해서 극복해야 할 장애는 무엇이 있는가?

16.5 근 긴장성 근이영양증(Myotonic dystrophy, MD)은 8,000명당 한 명 꼴로 발병하며 성인의 근육 이영양증의 가장 흔한 형태이다. 이 질환은 진행성 근육퇴화가 특징이고 확장된 CAG반복 지역을 포함하는 우성 돌연변이 유전자에 의해 일어난다. *MD* 유전자의 야생형 대립인자는 세 뉴클레오티드가 5번 내지 30번 반복되어 있다. 돌연변이 대립인자는 50번에서 2,000번 가량 반복된 CAG 세 뉴클레오티드들을 포함하고 있다. *MD* 유전자의 완전한 뉴클레오티드 서열을 이용할 수 있다. 신생아나 양수검사로 얻어진 태아세포 그리고 시험관 수정에서 나온 8세포기의 전배아로부터 얻어진 유전체 DNA를 이용하여 이 근육이영양증을 일으키는 돌연변이 유전자에 대해 진단할 수 있는 방법을 고안해보라.

16.6 인간에서, 퓨린 뉴클레오시드 인산화 효소(purine nucleoside phosphorylase, PNP)의 결핍은 중증복합성 면역결핍증(severe combined immunodeficiency, SCID)과 유사한 중증 T-세포성 면역결핍증을 초래한다. PNP 결핍은 상염색체성 열성 양상을 나타내며, 인간의 PNP를 암호화하는 유전자는 이미 클론화되어 서열이 밝혀져 있다. PNP 결핍이 유전자 치료를 통한 처방의 좋은 후보가 될 수 있을까? 체세포유전자 치료에 의한 PNP 결핍증의 치료에 대한 과정을 고안해보라.

16.7 인간의 단백질들은 이제 대장균과 같은 세균에서 생산될 수 있다. 그러나, 인간의 유전자를 단순히 대장균에 도입하고 그

것이 발현되기를 기대하기는 어렵다. 인간의 성장호르몬과 같은 포유동물 단백질을 생산할 대장균 균주를 만들기 위해서는 어떠한 단계들이 수행되어야 하는가?

16.8 당신은 제초제인 글라이포세이트(glyphosate)를 분해하는 효소를 암호화는 합성 유전자를 만들었다. 그리고 당신의 그 합성 유전자를 애기장대라는 식물에 도입하여 이 유전자 조작 식물이 글라이포세이트에 저항성을 나타내는지 검사하기를 원한다. *A. tumefaciens*를 매개로 형질전환을 실시하여 어떻게 그 합성 유전자를 가진 유전자조작 애기장대를 만들 수 있는지 설명해보라.

16.9 인간의 어떤 VNTR 좌위는 직렬 반복서열인 (TAA)*n*를 포함하고 있으며, 여기에서 *n*은 5에서 20 사이의 수이다. 인간의 이 좌위에서는 얼마나 많은 대립인자들이 발견될 수 있을 것으로 기대되는가?

16.10 숲에서 시체들이 발견되었다. 경찰은 이들이 실종되었던 존스 씨 일가족(두 부모와 아이 2명)을 포함하고 있을 것으로 추측하고 있다. 이들은 뼈에서 DNA를 추출하고 *A*와 *B* 두 유전자에 대한 조사(PCR 이용)를 실시했다. 두 유전자들은 다양한 길이로 직렬 반복 서열을 포함하는 부분이다. 이들은 다른 두 구의 남자 시체들에 대해서도 DNA 검사를 실시했다. 결과는 아래와 같다. 여기에서의 숫자들은 특정 대립인자들에서의 반복 횟수를 나타낸 것이다; 예를 들어, 남자 1은 유전자 *B*에서 7회 반복된 대립인자와 8회 반복된 대립인자를 하나씩 갖고 있다.

	Gene *A*	Gene *B*
male 1	8/8	7/8
male 2	7/8	6/6
male 3	9/10	15/16
woman	8/9	4/5
child 1	8/8	5/6
child 2	8/9	4/6

표의 여자가 두 아이들의 엄마라고 할 수 있을까? 왜 그런가? 만약 있다면, 아이 1의 아버지는 누구이겠는가?

16.11 DNA 지문은 최근의 많은 강간 및 살해 사건의 재판에서 중요한 역할을 하고 있다. DNA 지문이란 무엇인가? DNA 지문이 이러한 법의학적 사건들에서 하는 역할이란? 일부 사건에서는 유전학자들이 DNA 지문 자료가 부적절하게 사용된다고 우려하고 있다. 그들의 걱정은 어떠한 것이며, 이러한 근심은 어떻게 제대로 해결될 수 있을까?

16.12 다음에 제시된 DNA 지문은 어떤 여자와 그녀의 딸, 그리고 소녀의 아버지라고 주장하는 세 명의 남자들로부터 얻은 혈액의 유전체 DNA로부터 분석한 것이다. 이 DNA 지문 자료에 근거하여, 이 친자확인 검사에서 내릴 수 있는 결정은 무엇인가?

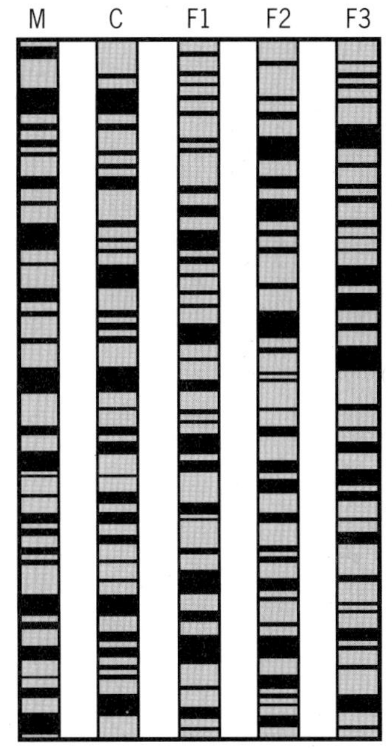

16.13 대부분의 법의학 전문가들은 범죄현장의 혈액 시료나 개인 물품으로부터 얻은 DNA가 살인을 확인하는 결정적 증거를 제공할 수 있다는 데 동의한다. 그러나, 때로 피고변호인들은 혈액 시료를 다루는 데 있어서의 부주의가 시료를 오염시킬 수 있다는 주장으로 성공적인 변호를 하곤 한다. 혈액 시료의 오염이 DNA 지문을 해석하는 데 일으킬 수 있는 문제점은 무엇인가? 그러한 실수가 무고한 사람을 범죄자로 확정하고, 혹은 범죄자를 무죄 방면하도록 할 수 있다고 생각하는가?

16.14 Ti 플라스미드는 T-DNA라고 부르는 부분을 포함하고 있다. 왜 이 부분이 T-DNA라고 불릴까? 그리고 그 중요성은 무엇인가?

16.15 *A. tumefaciens* 매개 형질전환을 이용하여 유전자조작 식물을 만들어보면, 종종 여러 번의 삽입이 일어나곤 한다. 이들 부위들은 전달 유전자의 발현 수준이 매우 다양하다. 형질전환 식물이 하나 이상의 전달 유전자를 가졌는지를 조사하기 위해 여러분이라면 어떤 방법을 사용하겠는가? 만약 그렇다면 염색체의 어느 부분에 삽입되었는지를 알려면 어떻게 해야 할까?

16.16 위험한 부분을 제거한 레트로 바이러스 벡터들은 인간을 포함한 고등동물들의 유전자 치료에 사용될 수 있다. 다른 종류의 유전자 전달 벡터들에 비해 레트로 바이러스 벡터가 가지는 이점은 무엇이고 단점은 무엇인가?

16.17 유전자조작 생쥐들은 이제 전세계의 연구 실험실에서 생산되

어 연구되고 있다. 유전자 조작 생쥐들은 어떻게 생산되는가? 유전자 조작 생쥐들에 대해 수행된 연구들로부터 얻을 수 있는 정보들은 어떠한 것들인가? 이러한 정보들이 의학적 실제에 있어 중요성을 가지는가? 그 이유는 무엇인가?

16.18 두 남자들이 조이스 도(Joyce Doe)가 서로 자기의 아이라고 주장하고 있다. 조이스의 엄마는 그녀의 CODIS STR DNA 프로파일을 분석하도록 하였고, 그 결과 TPOX 좌위에서 8의 대립인자에 대해 동형접합성임이 밝혀졌다(대립인자 8이라는 것은 이 다형성 좌위에 GAAT 서열이 8번 반복된다는 의미이다). 아기인 조이스는 이 좌위에서 8과 11의 대립인자로 이형접합성이다. 친부확인 논쟁을 해결하기 위해, 그 두 남자들은 2번 염색체 상의 TPOX 좌위에서 그들의 STR DNA 프로파일을 검사했다. 남자 1은 이 TPOX 좌위에서 8과 11의 대립인자를 가지고 있었고, 남자 2는 이 좌위에서 대립인자 11에 대해 동형접합성이었다. 이러한 결과가 이 친부 논쟁을 해결해 줄 수 있을까? 만약 그렇다면 누가 그 아기의 생물학적 아버지인가? 만약 그렇지 않다면 그 이유는 무엇인가?

16.19 수많은 중요한 인간 단백질들은 번역 후에 첨가된 탄수화물이나 지질 부분을 포함하고 있다. 세균은 1차 번역 산물에 이러한 부분을 첨가하는 데 필요한 효소를 가지고 있지 않다. 어떻게 이러한 단백질들이 유전자 조작 동물들을 이용하여 생산될 수 있을까?

16.20 리차드 미거(Richard Meagher)와 그 동료들은 애기장대에서 액틴(세포골격의 주요 성분)을 암호화하는 10개 유전자들로 이루어진 유전자 패밀리를 분리해냈다. 그 10개의 액틴 유전자 산물들은 서로 닮아 있었고 종종 몇 아미노산만 다른 것으로 나타난다. 그러므로, 그 10개 유전자들의 암호화 서열들 또한 서로 비슷하므로 한 유전자의 암호와 부분이 다른 9개 유전자들과 교차 혼성화를 나타낼 것이다. 반대로, 이 10개 유전자의 비암호화 부분들은 상당히 분화되어 다르게 나타난다. 미거는 이 10개의 액틴 유전자들이 시공간적으로 상당히 다르게 발현될 것이라고 가정했다. 여러분이 이 가설을 시험하기 위해 미거의 실험실에 채용되었다고 하자. 애기장대에서 이들 10개의 액틴 유전자들에 대한 시, 공간적 발현 패턴을 결정할 수 있는 실험을 고안해보라.

16.21 수정란에 그림 16.15와 유사한 벡터 DNA를 미세주입하여 최초의 유전자조작 생쥐가 얻어졌다. 이 DNA는 *HGH* 유전자에 연결된 포유류의 메탈로티오네인 유전자의 프로모터를 포함한다는 점만 다르고 거의 비슷하다. 얻어진 유전자조작 생쥐는 뇌하수체에서보다 다른 기관이나 조직에서 HGH 발현 수준이 높게 나타난다: 예를 들어, 심장, 폐, 그리고, 간 등에서 그러하다. 그리고 뇌하수체는 위축된다. 유전자조작 생쥐에서 어떻게 하면 뇌하수체에서만 HGH가 발현되도록 조절할 수 있겠는가?

16.22 생물학적 과정을 살피는 데 사용되는 역유전학적 접근들은 전통적인 유전학적 접근들과 어떻게 다른가?

16.23 RNAi 유전자 침묵화가 어떻게 유전자의 기능을 결정하는 데 사용될 수 있는가?

16.24 삽입돌연변이화가 다른 역유전학적 접근법과 다른 점은 무엇인가?

16.25 삽입돌연변이화는 동물과 식물 모두에서 강력한 도구로 사용된다. 그러나, 대량으로 삽입돌연변이를 시행할 때, 식물이 동물에 비해 가지는 주요한 이점은 어떤 것인가?

16.26 우리는 앞서 X-연관인 중증복합성 면역결핍증의 유전자 치료를 받은 후 백혈병에 걸린 두 소년들에서 삽입 돌연변이화가 일으킬 수 있는 불행한 효과를 논의한 바 있다. 미래에는 어떻게 이러한 유전자치료의 부작용을 피할 수 있겠는가? 인간의 질병에 대해 체세포 유전자치료를 하는 것이 100% 안전하다고 생각하는가? 그 이유는 무엇인가?

16.27 애기장대(*Arabidopsis thaliana*)의 어떤 유전자 중 한쪽가닥의 뉴클레오티드 서열은 아래와 같다.

ggcgcaaacaatcttggatgatcggagatctagtcttccggaagtt
atgagtgacgggaggaggaagaagagcgtgaacggaggtgcacc
ggcgcaaacaatcttggatgatcggagatctagtcttccggaagtt
gaagcttctccaccggctgggaaacgagctgttatcaagagtgcc
gatatgaaagatgatatgcaaaaggaagctatcgaaatcgccatctcc
gcgtttgagaagtacagtgtggagaaggatatagctgagaatata
aagaaggagtttgacaagaaacatggtgctacttggcattgcattgtt
ggtcgcaactttggttcttatgtaacgcatgagacaaaccatttcgtt
tacttctacctcgaccagaaagctgtgctgctcttcaagtcgggttaa

이 유전자의 기능(들)은 아직 분명하지 않다. (a) 이 기능을 연구하기 위해 삽입 돌연변이화를 어떻게 사용할 수 있겠는가? (b) 이 유전자의 기능을 탐지하기 위해 RNA저해법을 사용하는 실험을 고안해보라.

16.28 솔크 연구소의 유전체 분석 실험실(Salk Institute's Genome Analysis Laboratory) 웹사이트(http://signal.salk.edu/cgi-bin/tdnaexpress)를 찾아서 그들의 T-DNA 계통들 중에 앞의 질문에서 나온 유전자에 삽입된 것들이 있는지 알아보도록 하자. SIGnAL 웹사이트에서 스크롤을 내려 "Blast"를 선택하고 상자 안의 서열을 오려 붙이거나 타이핑하여 넣는다. 얻어진 지도는 T-DNA 삽입 위치를 보여줄 것이다(상단의 녹색 사각형). 오른 쪽 상단의 푸른 화살표는 애기장대의 염색체 4번에서 유전자를 포함하고 있는 짧은 부분만에 초점을 맞추거나 혹은 상대적으로 큰 부분을 볼 수 있도록 초점을 맞추도록 해준다. 문제의 유전자 내에 T-DNA가 삽입되어 있는가? 아니면 유전자 근처에 있는가?

유전적 전이인자

17

장의 개요

옥수수:
문화유산인 주요 농작물

옥수수는 세계에서 가장 주요한 농작물 중의 하나이다. 옥수수 재배는 5,000년 전에 중앙 아메리카에서 시작되었으며, 콜럼버스가 신세계에 도착했을 때는 옥수수 재배가 북으로는 캐나다에서 남으로는 아르헨티나까지 재배되고 있었다. 북부와 남부아메리카의 원주민들은 각각의 특정한 조건에 적응하는 많은 옥수수 변이 종을 개발했다. 그들은 다양한 색(빨강, 파랑, 노랑, 흰색, 보라색 등)과 낱알을 갖는 옥수수 변이 종을 개발했는데, 이것은 특별한 미적 또는 종교적 가치를 갖고 있다. 예를 들어 미국 남서부 사람들은 파란색 옥수수를 신성하게 여겼으며, 나침반의 동서남북 네 방향을 옥수수 색으로 나타내었다. 어떤 집단은 줄무늬와 점이 있는 옥수수 낱알을 힘의 상징으로 생각하기도 했다.

옥수수에서 볼 수 있는 색깔 유형은 또한 중요한 과학적 의미를 갖는다. 현대 연구에 의해 옥수수 낱알의 줄무늬와 점이 *전이*(*transposition*)라는 유전적 현상의 결과임이 밝혀졌다. 옥수수 유전체(사실 대부분 개체의 유전체 내에서) 내에는 특별한 종류의 DNA서열이 있으며, 이 서열은 움직일 수 있다. 이러한 전이 가능한 유전적 인자(간단히 *전이인자*)는 유전체 내의 한 부분에서 다른 부분으로 움직이는 특별한 능력을 갖는다. 옥수수의 경우 모든 DNA의 85%를 차지한다. 이러한 과정동안 전이인자(transposon)는 염색체를 절단하거나 유전자를 돌연변이 시킬 수 있다. 그러므로 이들 전이인자는 유전적으로 매우 중요한 의미를 갖는다.

옥수수 낱알의 색깔변이. 이 변이의 유전적 연구로부터 전이인자가 발견되었다.

전이인자: 개요

전이가능 인자 — 전이인자(transposons) — 는 많은 종류의 생물체의 유전체에서 발견된다. 그들은 구조적으로 그리고 기능적으로 다양성을 보인다.

전이인자는 다양성이 매우 풍부하다. 매우 다양한 종류의 인자들이 세균, 곰팡이, 원생동물, 식물 그리고 동물 등의 생물체에서 동정되었다. 이들 인자들은 유전체의 구성에 중요하고, — 예를 들어 인간 유전체의 40% 이상 — 그들은 염색체 구조 형성과 유전자 발현의 조절에 있어 명확한 기능을 가지고 있다. 이 장에서 우리는 전이인자의 구조와 행동 양식에 대해서 알아보고 그들의 유전적 그리고 진화적 의미를 살펴볼 것이다.

각 전이인자들이 개별적 특징을 가지기는 하지만, 대부분은 그들이 어떻게 전이되는가에 따라 세 범주로 분류될 수 있다(**표 17.1**). 첫 번째 범주는, 염색체의 원래 위치에서 잘려져 나와 다른 위치로 삽입되면서 전이가 이루어지는 것이다. 절제와 삽입 사건들은 인자 자체가 만드는 전이효소(transposase)라고 불리는 효소에 의해 촉매 된다. 유전학자들은 인자를 물리적으로 염색체의 한 곳에서 잘라 내고 다른 염색체의 새로운 곳에 붙기 때문에 *절단과 접착 전이(cut-and-paste transposition)*라고 부른다. 우리는 이 범주의 인자들을 **절단과 접착 전이인자(cut-and-paste transposons)**라고 부른다.

전이의 두 번째 범주는, 전이 가능 인자 DNA의 복제 과정을 통해서 전이가 완성되는 것이다. 전이인자에 의해 만들어지는 전이효소는 인자와 삽입 가능 위치와의 상호작용을 매개한다. 이 상호작용 동안에, 인자는 복제되고 새로운 위치에 자신의 복사본을 삽입시킨다. 원래의 위치에는 한 복사본이 함께 남아 있게 된다. 인자의 한 복사본이 얻어지기 때문에 유전학자들은 이 메커니즘을 *복제 전이(replicative transposition)*라고 부른다. 이 범주의 인자들을 **복제 전이인자(replicative transposons)**라고 부른다.

전이의 세 번째 범주는, 전이가 인자의 RNA로부터 합성되어지는 인자 복사본의 삽입 과정을 통해서 완성되는 것이다. 역전사 효소라고 불리는 효소는 인자의 RNA 분자를 주형으로 새로 염색체 위치에 삽입될 DNA 분자를 합성한다. 이 메커니즘은 보통의 세포에서 유전 정보가 DNA에서 RNA로 전달되는 것과는 반대로, 유전정보가 RNA에서 DNA

표 17.1

전이기작에 의한 전이인자의 분류

Category	Examples	Host Organism
I. Cut–and–paste transposons	IS elements (e.g., *IS50*)	Bacteria
	Composite transposons (e.g., Tn*5*)	Bacteria
	Ac/Ds elements	Maize
	P elements	*Drosophila*
	hobo elements	*Drosophila*
	piggyBac	moth
	Sleeping Beauty	salmon
II. Replicative transposons	Tn*3* elements	Bacteria
III. Retrotransposons		
A. Retroviruslike elements (also called long terminal repeat, or LTR, retrotransposons)	Ty*1*	Yeast
	copia	*Drosophila*
	gypsy	*Drosophila*
B. Retroposons	*F*, *G*, and *I* elements	*Drosophila*
	Telomeric retroposons	*Drosophila*
	LINEs (e.g., *L1*)	Humans
	SINEs (e.g., *Alu*)	Humans

로 전달되기 때문에 유전학자들은 이것을 *레트로 전이(retrotransopsition)*라고 부른다. 우리는 이 범주의 요소들을 **레트로트랜스포존(retrotransposons)**라고 부른다. 이 방법으로 전이하는 인자들은 레트로바이러스와 관련이 있으며, 따라서 그들을 레트로바*이러스 유사인자(retroviruslike elements)*라고 부른다. 레트로 전이에 관여된 다른 인자들을 간단히 *레트로포존(retroposon)*이라고 한다.

우리는 이 장에서 많은 다양한 전이 가능 인자들의 특이한 내용을 다룰 것이다. 표 17.1의 범주는 이들 인자들을 전이 기작에 따라 분류한 것이다. 절단과 접착 전이인자는 진핵생물과 원핵생물 모두에서 발견된다. 복제 전이인자는 원핵생물에서만 발견되고, 레트로트랜스포존은 진핵세포에서만 발견된다.

요점

- *절단과 접착 전이인자의 삭제는 유전체의 한 위치에서만 일어나고, 다른 곳으로의 삽입은 전이인자 스스로 만들어 내는 전이 효소에 의해서 이뤄진다.*
- *복제 전이인자는 전이되는 과정 동안에 복사본이 만들어진다.*
- *역전이 인자는 DNA 분자로 역전사되는 RNA 분자를 만든다. 이 DNA 분자들은 새로운 유전체 위치에 삽입된다.*

세균의 전이인자

세균성 전이인자는 세균 염색체와 다양한 종류의 플라스미드들 내에서 그리고 사이에서 이동한다.

비록 전이인자가 진핵생물에서 처음으로 발견되었지만, 세균에서 발견된 전이인자는 처음으로 분자수준에서 연구되어 졌다. 여기에는 3가지 주요 유형이 있다: 삽입서열(insertion sequence) 혹은 IS 인자(IS element)라 불리는 것, 복합 전이인자(composite transposons), 그리고 Tn3 유사인자(Tn3-like element)가 그것이다. 이 3가지 유형의 전이인자는 크기와 구조에서 다르다. IS 인자는 가장 단순하고, 전이에 필요한 단백질을 암호화하는 유전자를 포함하고 있다. 복합 전이인자와 Tn3 유사인자는 더욱 복잡하고, 전이과정과는 관계없는 단백질을 암호화하는 유전자를 갖고 있다.

IS 인자

가장 단순한 세균의 전이인자는 **삽입서열(Insertion segeunces)** 또는 **IS 인자(IS element)**이며, 이것은 세균 염색체와 플라스미드에 삽입될 수 있기 때문에 붙여진 이름이다. IS 인자는 대장균의 *lac*⁻ 돌연변이에서 처음으로 확인되었다. 이러한 돌연변이는 높은 비율로 야생형으로 되돌아가는 특성을 갖는다. 결국 분자수준의 분석으로 불안정한 돌연변이들이 *lac* 유전자 안 또는 근처에 외부 DNA를 갖고 있음이 밝혀졌다. 이런 돌연변이와 야생형으로 역 돌연변이를 일으킨 세균의 DNA를 비교했을 때, 여분의 DNA가 사라졌음이 발견되었다. 따라서, 이렇게 유전적으로 불안정한 돌연변이들은 대장균 유전자로 삽입되었던 DNA서열에 의해 유발되었던 것이고, 야생형으로의 역돌연변이는 그 서열들의 절제에 의해 유발된 것이었다. 비슷한 삽입서열들이 다른 많은 세균종들에서도 발견되었다.

IS 인자는 조밀하게 구성되어 있다. 일반적으로 2,500 뉴클레오티드쌍 미만으로 구성되어 있고, 전이를 촉진하거나 조절하는 유전자만을 갖고 있다. 많은 종류의 IS 인자가 동정되었으며, 가장 작은 *IS1*은 길이가 768 뉴클레오티드쌍이다. 각각의 IS 인자는 양 말단에 있는 거의 동일한 서열에 의해 구별된다(■ **그림** 17.1). 이 말단서열이 서로에 대해서 반대 방향으로 위치하고 있기 때문에 그들을 **말단 역위 반복서열(terminal inverted repeats)**이라 한다. 그 길이는 9에서 40 뉴클레오티드쌍이다. 역위 말단 반복서열은 — 전부는 아니지만 — 대부분 전이인자종류에서 특징적이다. 이런 반복서열에서 뉴클레오티드의 돌연변이가 일어나면, 전이인자는 전이능력을 잃게 된다. 그러므로 이러한 돌연변이는 역위 말단 반복서열이 전이

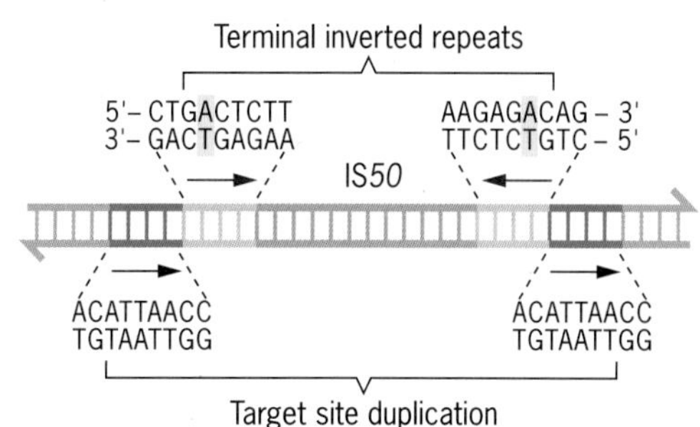

■ **그림** 17.1 삽입되어 있는 *IS50*의 구조. 말단의 역위 반복서열과 표적 부위가 중복되어 있음을 보여주고 있다. 말단 역위 반복서열들은 각 말단에서 4번째 뉴클레오티드쌍이 다르므로 불완전하다.

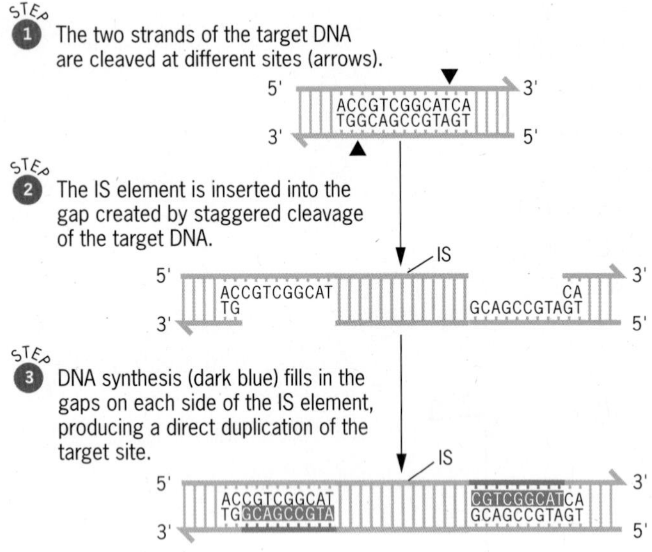

STEP 1 The two strands of the target DNA are cleaved at different sites (arrows).
5'
3'
ACCGTCGGCATCA
TGGCAGCCGTAGT
3'
5'
STEP 2 The IS element is inserted into the gap created by staggered cleavage of the target DNA.
IS
5'
3'
ACCGTCGGCAT
TG
CA
GCAGCCGTAGT
3'
5'
STEP 3 DNA synthesis (dark blue) fills in the gaps on each side of the IS element, producing a direct duplication of the target site.
IS
5'
3'
ACCGTCGGCAT
TGGCAGCCGTA
CGTCGGCATCA
GCAGCCGTAGT
3'
5'

■ 그림 17.2 IS 인자의 삽입에 의한 목표 자리 복제.

과정에 중요한 역할을 하는 것임을 보여준다.

IS 인자들은 보통 전이에 필요한 **전이효소(transposase)**라고 불리는 단백질을 암호화한다. 전이효소는 인자의 말단 근처에 결합하여 DNA의 두 가닥을 절단한다. 이러한 절단으로 IS 인자가 염색체나 플라스미드로부터 빠져나와 동일한 DNA 분자나 다른 DNA 분자의 새로운 위치로 삽입될 수 있다. 따라서 IS 인자들은 절단 후 접착형 전이인자들이다. IS 인자들이 염색체나 플라스미드로 삽입될 때는 삽입 부위에 해당 DNA서열의 일부를 복제하게 된다. 인자의 양쪽에 이런 복제 사본들이 하나씩 자리한다. 이렇게 생겨난 짧은(2개 내지 13개의 뉴클레오티드쌍) 정반복 서열(directly repeated sequence)들은 **목표 자리 중복(target site duplication)**이라고 불리며, DNA의 이중가닥들이 각각 다르게 잘려 생긴 틈 때문에 발생한다(■ 그림 17.2).

하나의 세균 염색체는 특정 형태의 IS 인자를 여러 개 가지기도 한다. 예를 들어, 대장균 염색체에서는 6~10개의 IS*1* 사본들이 발견된다. 플라스미드들도 역시 IS 인자를 포함할 수 있다. F 플라스미드 같은 것들은 전형적으로 적어도 2개의 서로 다른 IS 인자들인 IS2와 IS3을 갖는다. 한 가지 IS 인자가 플라스미드와 염색체 양쪽 모두에 존재한다면, 그 인자는 다른 DNA 분자들 사이에서 상동적 재조합이 일어날 기회를 제공한다. 예를 들어, F 플라스미드의 한 IS 인자가 대장균 염색체에 존재하는 같은 종류의 IS 인자와 쌍을 이루어 재조합을 일으킬 수 있다. 대장균 염색체와 F 플라스미드는 환형 DNA 분자이다. 한 가지 IS 인자가 이 분자들 사이의 재조합을 촉매하면, 더 작은 플라스미드는 더 큰 염색체 내로 통합되어 하나의 환형 분자를 만든다. 그러한 통합 사건이 접합(conjugation) 과정 중의 염색체 전달을 가능하게 하는 Hfr 균주를 만든다. 이런 균주들은 F1 플라스미드의 통합 부위가 다양한데, 재조합을 매개한 IS 인자들이 그들의 전이능력에 힘입어 서로 다른 대장균 균주들마다 다른 염색체 위치를 차지하고 있기 때문이다.

IS 인자들은 서로 다른 두 가지 플라스미드들 간의 재조합을 매개하기도 한다. 예를 들어, ■ 그림 17.3에 그려진 상황을 생각해 보자. 여기서는 한 플라스미드가 항생제인 스트렙토마이신에 저항성을 부여하는 유전자(*str^r*)를 가지고 있으며 이것이 접합 과정 중에 세포들 사이에서 전달될 수 있는 또 다른 종류의 플라스미드(접합성 플라스미드)와 재조합을 일으킨다. 이 재조합 사건은 양측 플라스미드들에 존재하는 IS*1* 인자에 의해 매개되어 *str^r* 유전자와 접합시 전이될 수 있는 능력을 모두 갖는 커다란 플라스미드를 형성한다. 그러한 플라

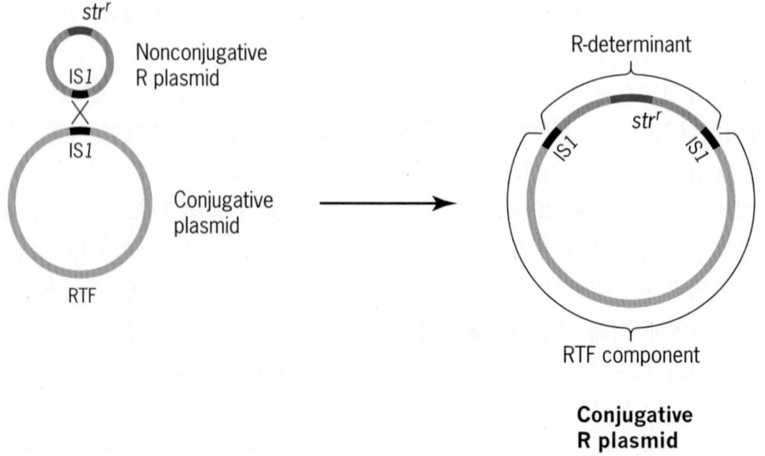

■ 그림 17.3 IS 사이의 재조합에 의한 접합성 R 플라스미드 형성.

스미드들은 그 항생제 저항성 유전자가 세균 집단 내의 개체들 사이에서 수평적으로 확산되도록 하기 때문에 의학적으로 중요하다. 결국 거의 모든 세균 세포들이 저항성 유전자를 획득하게 되고, 그 항생제는 세균 세포들이 일으킨 어떤 감염에 대해서도 치료제로서 더 이상 쓸모없는 것이 되고 만다.

세포들 사이에서 항생제 저항성 유전자를 전달하는 플라스미드들은 **접합성 R 플라스미드(conjugative R plasmid)**라고 불린다. 이러한 플라스미드들은 두 가지 요소를 갖는다: 세포 간의 접합성 전달에 필요한 유전자를 포함하고 있는 *저항성 전달 요소(resistance transfer factor, RTF)*와, 항생제 저항성 유전자를 포함하고 있는 *R-결정인자(R-determinant)*가 그것이다. 접합성 R 플라스미드들은 세균 집단의 세포들 사이에서 빠르게 전달될 수 있는데, 심지어 구균(coccus)과 간균(bacillus)처럼 매우 다른 세포들 사이에서도 전달이 발생한다. 따라서 일단 일부의 미생물계에서 진화가 발생하면, 이것은 비교적 쉽게 다른 부분으로 확산될 수 있다.

일부 접합성 R 플라스미드들은 몇 가지의 서로 다른 항생제 저항성 유전자들을 가진다. 이런 플라스미드들은 IS-매개성 재조합 사건들을 통해 저항성 유전자들이 연속적으로 통합되어 형성된다. 다중 약제 저항성의 진화는 포도상구균(*Staphylococcus*), 장내세균(*Enterococcus*), 나이세리아(*Neisseria*), 쉬겔라(*Shigella*), 그리고 살모넬라(*Salmonella*)를 포함하여 인간에서 병을 일으키는 여러 종에서 발생했다. 오늘날 이질, 결핵, 그리고 임질 같은 질병을 일으키는 많은 세균 감염들은 이 병원균들이 여러 가지 다른 항생제들에 대해 저항성을 획득했기 때문에 치료하기가 어렵다.

복합 전이인자

복합 전이인자(composite transposon)들은 두 개의 IS 인자들이 서로 가까이 삽입될 때 형성된다. 이 인자들이 협동적으로 작용하면 두 IS 인자들 사이의 영역이 이동될 수 있다. 두 IS 인자들이 움직이지 않았을 DNA 영역을 "포착"함으로써 그것에 움직일 수 있는 능력을 부여하는 효과를 나타내는 것이다. ■ **그림 17.4**는 Tn이라는 부호로 표시된 3가지 복합 전이인자의 예를 보여준다. Tn*9*에서는 양측의 IS 인자들이 서로 같은 방향으로 위치하는 반면에, Tn*5*와 Tn*10*에서는 그 방향이 반대로 되어 있다. 이 전이인자들 각각에서 IS 인자들 사이의 영역은 전이와는 아무런 관련이 없는 유전자들을 포함하고 있다. 사실, 이 세 전이인자들 모두에서 양 옆의 IS 인자들 사이에 존재하는 유전자들은 항생제에 저항성을 부여하는 것들로서 의학적으로 중요한 특징을 갖는다. 복합 전이인자들은 그들의 한 부분을 차지하는 IS 인자들과 마찬가지로, 이들이 DNA에 통합될 때 목표 자리 중복을 일으킨다.

때때로, 하나의 복합 전이인자들 내에 있는 측면 IS 인자들은 똑같지 않을 때도 있다. 예를 들면, Tn*5*에서는 오른쪽의 인자는 IS*50*R로 불리는 것으로 전이를 촉진하는 전이인자를 생산할 수 있지만, IS*50*L이라고 불리는 왼쪽의 인자는 그렇지 않다. 이러한 차이는 단일 뉴클레오티드 쌍의 변화에 의해 IS*50*L이 활성 전이효소를 암호화하지 못하기 때문이다.

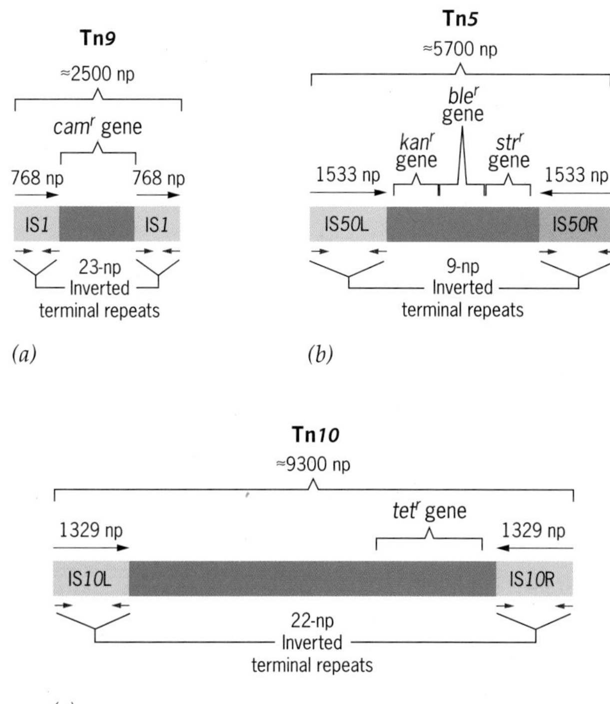

■ **그림 17.4** 복합 전이인자의 유전적 구성. 구성서열의 방향과 길이(뉴클레오티드 쌍, np)가 표시되어 있다. (*a*) Tn*9*는 클로람페니콜저항성 유전자와 양 측면에 위치한 두 IS 인자로 구성되어 있다. (*b*) Tn*5*는 가나마이신, 블레오마이신과 스트렙토마이신 저항성 유전자 양 측면에 자리한 두 개의 IS*50* 인자로 구성되어 있다. (*c*) Tn*10*은 테트라사이클린 저항성 유전자와 측면의 두 IS*10* 인자로 구성되어 있다.

TN*3* 인자

세균은 양 말단에 IS 인자를 가지지 않는 더 큰 전이인자들을 포함하고 있다. 이 전이인자들은 38~40 뉴클레오티드쌍 길이의 단순 역반복서열(simple inverted repeat)들로 끝나 있다; 그러나 절단과 접착 전이인자들과 마찬가지로, 이들도 DNA에 삽입될 때 목표 자리 중복을 일으킨다. Tn*3*으로 알려진 인자들은 이런 형태의 전이인자 중 가장 중요한 예이다.

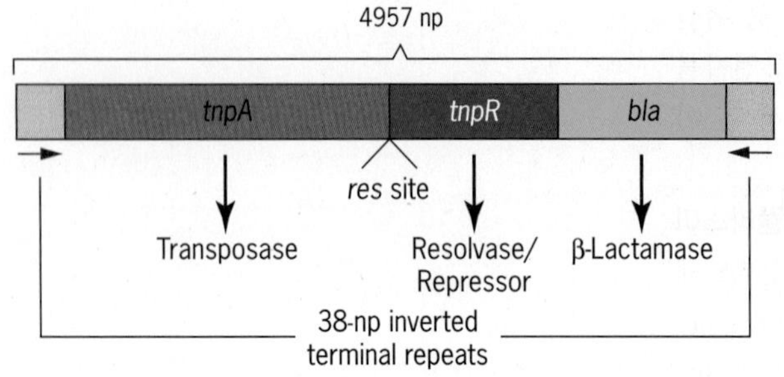

■ 그림 17.5 Tn*3*의 유전학적 구성. DNA서열의 길이는 염기쌍(np)으로 나타냈다.

Tn*3*의 유전적 구성이 ■ **그림 17.5**에 나타나 있다. 여기에는 *tnpA*, *tnpR*, 그리고 *bla*라는 세 유전자가 있는데 각각 전이효소(transposase), 해제효소/억제자(resolvase/repressor), 그리고 베타 락타메이즈(β-lactamase)라고 불리는 효소를 암호화한다. 베타 락타메이즈는 항생제인 암피실린(ampicillin)에 저항성을 부여하며, 다른 두 단백질들은 전이에서 중요한 역할을 수행한다.

Tn*3*은 두 단계 과정으로 움직이는 복제적 전이인자이다(■ **그림 17.6**). 첫 번째 단계에서는 전이효소가 두 개의 환형 분자들—예를 들어, 두 개의 플라스미드들로 하나는 Tn*3*을 가지는 공여 플라스미드이고, 다른 하나는 그것을 갖지 않는 것을 수용체 플라스미드가 된다—의 융합을 매개한다. 결과적으로 **상호통합체(cointegrate)**라고 불리는 구조가 형성된다. 이러한 상호통합체가 형성되는 중에 Tn*3*가 복제되어 두 플라스미드들이 융합되었던 자리에 각각 삽입된다; 상호통합체 내부에서 이들 두 Tn*3* 사본들은 동일한 방향으로 자리를 잡는다. 두 번째 단계에서는 *tnpR*이 암호화한 해제효소가 두 Tn*3* 사본들 사이의 부위 특이적 재조합 사건을 매개한다. 이 사건은 Tn*3*의 *해제부위(resolution site)*인 *res*라고 불리는 부위에서 발생하며, 이것이 완료되면 상호통합체는 풀려서 각각 Tn*3* 사본을 하나씩 가지는 두 개의 플라스미드로 돌아간다.

Tn*3*의 *tnpR* 유전자 산물은 또 한 가지 기능을 더 갖는데, 전이효소와 해제효소 단백질 모두의 합성을 억제하는 것이다. 억제는 *res* 부위가 *tnpA*와 *tnpR* 사이에 위치하기 때문에 발생한다. 이 부위에 *tnpR* 단백질이 결합하여 두 유전자들의 전사를 방해함으로써 두 유전

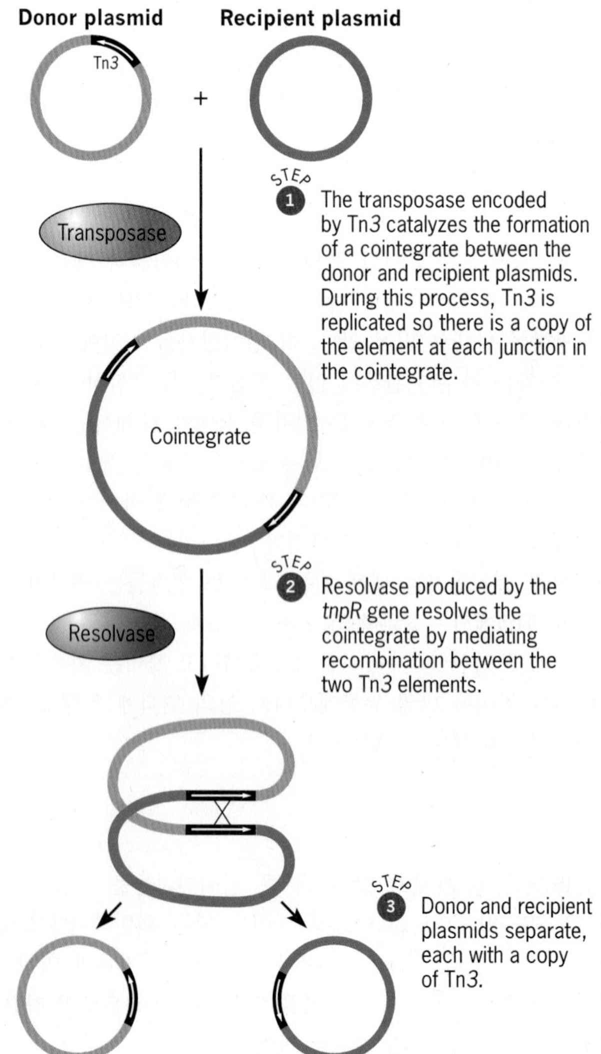

■ 그림 17.6 상호통합체의 형성을 통한 Tn*3*의 전이.

자 산물들은 장기적으로 공급이 부족하게 된다. 결과적으로, Tn3 인자는 움직이지 않은 채 있으려는 경향을 나타낸다.

요점

- *삽입서열(IS element)은 세균의 염색체와 플라스미드 안에 존재하는 절단과 접착 전이인자이다.*
- *IS 인자는 다른 DNA 분자들 사이의 재조합을 매개할 수 있다.*
- *접합성 플라스미드는 항생물질 저항성 유전자를 갖고 있는 전이인자를 하나의 박테리아 세포에서 다른 세포로 이동시킬 수 있다.*
- *복합전이인자는 하나 또는 여러 항생제 저항성 유전자를 포함하는 두 개의 IS 인자로 구성되어 있다.*
- *Tn3는 일시적으로 DNA 분자가 융합한 형태인 상호통합체를 통해 전이되는 복제성 전이인자이다; 상호통합체가 해체되면, 각각의 DNA 분자들은 하나씩의 Tn3 사본을 가지게 된다.*
- *세균의 전이인자는 역위 발단반복부위에 의해 구별된다. 그 전이인자가 DNA 분자 안으로 삽입되면 삽입자리에서 중복(목표 자리 중복)이 일어난다.*

진핵생물의 절단과 접착 전이인자

전이인자는 옥수수의 유전적 불안정성 분석을 통해 발견되었다; 초파리의 전이인자 역시 유전 분석으로 밝혀졌다.

유전학자들은 진핵생물에서 여러 가지 다른 형태의 전이인자를 발견했다. 이들 인자들은 다양한 크기, 구조 그리고 행동양식을 보인다. 어떤 전이인자는 유전체에 많이 존재하고 어떤 것은 드물게 존재한다. 이 절에서는 절단과 접착 기작에 의해 이동하는 진핵생물의 몇몇 전이인자들에 대해 논의하고자 한다. 이 모든 인자들은 그들의 말단에 역위반복서열을 가지며, 그들이 DNA 분자 내로 삽입될 때 목표 자리 중복을 일으킨다. 몇몇은 한 위치에서 다른 위치로 이동하는 것을 촉매하는 전이효소를 암호화한다.

옥수수의 *Ac*와 *Ds* 인자들

옥수수에서의 *As*와 *Ds*인자들은 미국의 과학자인 바버라 맥클린토크(Barbara McClintock)에 의해 발견되었다. 유전적 분석을 통해 맥클린토크는 이 인자들의 활성이 옥수수 낟알의 줄무늬나 점들을 만든다는 사실을 보여주었다. 수 년 후에, 니나 페더로프(Nina Federoff), 요아힘 메싱(Joachim Messing), 피터 스탈링거(Peter Starlinger), 하인즈 새들러(Heinz Saedler), 수잔 웨슬러(Susan Wessler) 및 그 동료들은 이 인자들을 분리하여 그 분자적 구조를 결정하였다.

맥클린토크는 *Ac*와 *Ds* 인자들을 염색체 절단연구에 의하여 발견했다. 그녀는 염색체 절단을 검출하기 위해 옥수수 낟알의 색깔을 조절하는 유전적 표지자를 이용했다. 맥클린토크는 특정 표지자가 소실될 때는 그것이 자리하고 있는 염색체 단편도 역시 사라질 것이며 염색체 절단이 일어났는지를 알 수 있을 것으로 생각했다. 표지자의 소실은 호분, 즉 옥수수 낟알의 삼배성 배젖에서 가장 바깥층의 색깔이 변하는 것으로 추적되었다.

맥클린토크는 유전자 표지자로 9번 염색체의 짧은 팔에 위치한 *C* 좌위의 대립유전자를 사용하였다. 호분 착색 형질의 우성억제자인 C^I 대립유전자는 낟알의 색을 없앤다. 맥클린토크는 배젖이 C^ICC인 낟알을 얻기 위해 C^IC^I 수술의 화분으로 *CC* 이삭을 수정시켰다. (3배체인 배젖은 2개의 대립유전자는 모계에서, 1개의 대립유전자는 부계에서 받는 것을 상기할 것. 2장 참조) 기대했던 대로 이렇게 얻은 낟알의 대부분은 색이 없었으나, 몇 개의 낟알에서 갈색을 띤 자색 반점들이 나타난 것을 발견했다(■ **그림 17.7**). 맥클린토크는 이러한 모자이크에 대하여 색소를 생산하는 조직에서 억제 C^I 대립유전자가 배젖이 발생되는 동안에

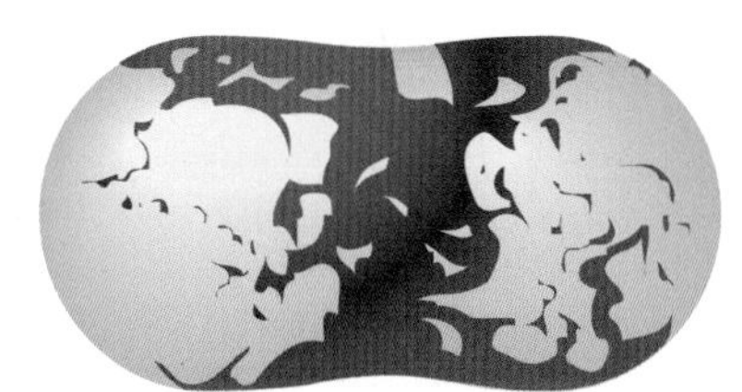

■ 그림 17.7 호분의 색소 형성을 억제하는 C^I 대립유전자가 손실된 옥수수의 낟알. 색깔을 띠고 있는 부분은 -*CC*이고 색깔이 없는 부분은 C^ICC이다.

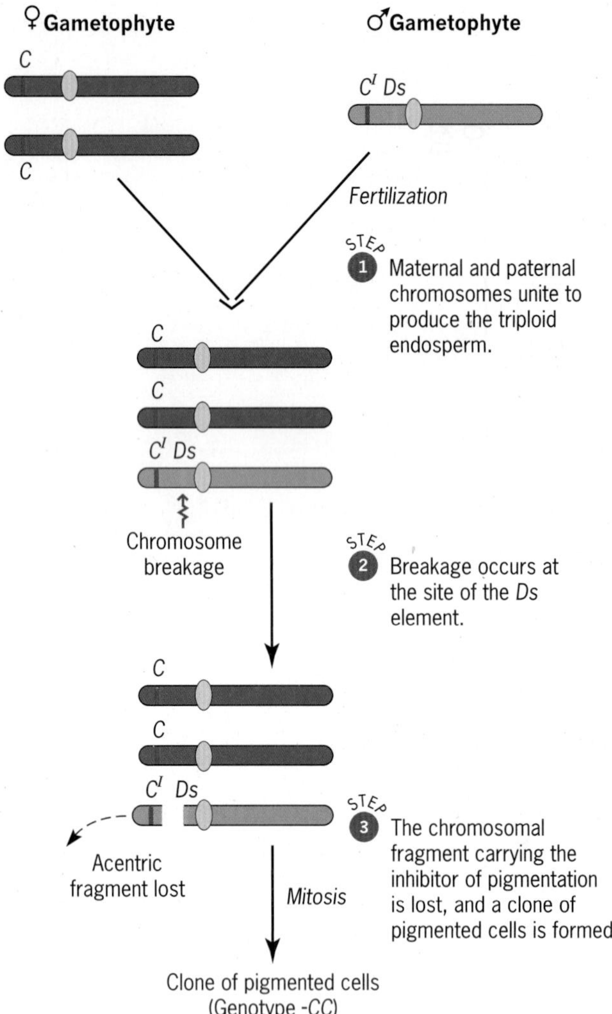

♀Gametophyte
♂Gametophyte
C
C
C^I Ds
Fertilization
STEP 1 Maternal and paternal chromosomes unite to produce the triploid endosperm.
C
C
C^I Ds
Chromosome breakage
STEP 2 Breakage occurs at the site of the Ds element.
C
C
C^I Ds
Acentric fragment lost
Mitosis
STEP 3 The chromosomal fragment carrying the inhibitor of pigmentation is lost, and a clone of pigmented cells is formed.
Clone of pigmented cells (Genotype -CC)

■ 그림 17.8 옥수수의 전이인자 *Ds*에 의해 일어나는 염색체의 절단. 9번 염색체의 짧은 팔에 있는 대립유전자 *C*는 호분의 정상적인 색소를 형성한다. 그렇지만 대립유전자 C^I은 색소 형성을 억제한다.

소실된다고 추측하였다. 그러한 클론의 *C* 대립유전자 소실 유전자형은 *-CC*일 것이다(-는 C^I대립유전자의 소실을 나타낸다).

맥클린토크가 제안한 C^I 대립유전자 소실기작은 **■ 그림 17.8**의 모식도에 설명되어 있다. 화살표로 표시된 자리에서의 절단은 동원체에서 염색체 조각을 분리시켜 무동원체성 단편을 만든다. 그런 단편은 세포 분열 중에 소실되는 경향이 있다; 따라서 이런 세포의 모든 자손들은 부계에서 기원한 염색체의 일부가 결손될 것이다. 소실된 절편이 C^I 대립유전자를 포함하고 있기 때문에 이러한 세포는 색소 형성을 억제할 수 없다. 만약 이와 같은 세포가 호분의 한 부위를 형성한다면, 이 낟알은 그림 17.7에서 보여주는 것과 같은 유색 반점을 나타내게 된다.

맥클린토크는 이들 낟알 모자이크가 9번 염색체의 특정자리에서 절단되기 때문에 일어남을 발견하였다. 맥클린토크는 이러한 절단을 일으키는 인자를 '분리'라는 뜻으로 ***Ds*(Dissociation)**라 명명하였다. 그러나 이 인자 스스로가 염색체 절단을 일으키지는 못하였다. 보다 세밀한 실험을 통해, 맥클린토크는 *Ds*가 활성인자의 뜻을 가진 ***Ac*(Activator)**라는 다른 인자에 의해 활성화되는 것을 발견하였다. *Ac* 인자는 어떤 옥수수 품종에는 존재하지만, 다른 품종들에는 존재하지 않는다. 다른 품종과의 교배를 할 때, *Ac*는 *Ds*와 함께 염색체 절단을 유도하게 된다.

이 *Ac/Ds* 두 인자계는 맥클린토크가 염색체 9번에서 관찰한 유전자 불안전성을 설명해 준다. 그러나 보충 실험에서 이것은 옥수수 유전체 안에 존재하는 많은 불안정성 중의 하나임이 밝혀졌다. 맥클린토크는 염색체 9번 위의 다른 자리에서뿐만 아니라, 다른 염색체 상에서도 절단이 일어난 예들을 발견하였다. 맥클린토크는 이러한 절단이 *Ac*에 의해 활성화된다는 것을 근거로 *Ds* 인자가 관여한다고 추측하였다. 맥클린토크는 유전체 안의 다른 여러 자리에 *Ds*가 존재하고 있으며, *Ds*가 자신의 위치를 다른 위치로 옮기는 것이 가능하다고 제안하였다.

이 설명은 후속된 분석실험으로 연결되었다. *Ac*와 *Ds* 모두 전이인자의 한 종류이다. 이 전이인자들은 서로가 구조적으로 관련되어 있으며 염색체 상의 여러 다른 자리로 삽입할 수 있다. 실제로 *Ac*와 *Ds* 인자의 여러 복사본이 옥수수 유전체 안에 존재하고 있다. 유전적 분석을 통해, 맥클린토크는 *Ac*와 *Ds* 모두 이동 가능함을 밝혀내었다. 맥클린토크는 이 인자들 중 하나가 유전자내 또는 유전자 근처로 삽입되면, 그 유전자의 기능에 변화가 생기는 것을 발견하였다. 극단적인 경우에는 그 기능이 완전히 소실되었다. 이렇게 유전자 표현에 영향을 주기 때문에 맥클린토크는 *Ac*와 *Ds*를 **조절인자(controling elements)**라고 불렀다.

Ac 인자의 DNA서열은 4,563 뉴클레오티드쌍 양 바깥쪽에 11개 뉴클레오티드 쌍 길이의 역반복서열로 구성되어 있다(**■ 그림 17.9*a***). 이들은 말단 역반복 서열들은 전이에 필수적이다. 또한 각 *Ac* 인자는 8 뉴클레오티드쌍 길이의 정반복 서열이 측면에 위치한다. 정반복 서열들이 이 인자가 염색체 내로 삽입되는 자리에서 형성되기 때문에 이들은 목표 자리 복제에 의한 것으로, 그 인자의 구성요소는 아니다.

*Ac*와는 달리, *Ds* 인자는 구조적으로 이질적이다. 이들은 모두 *Ac* 인자와 같은 역말단 반복 서열을 가지며 이것은 이들이 모두 동일한 전이인자에 속해 있음을 증명해준다. 그러나 내부 서열들은 다양하다. 일부 *Ds* 인자들은 *Ac* 인자가 그 내부 서열을 소실함으로써 생겨난 것으로 보인다(**■ 그림 17.9*b***). 이 인자들에서의 결실은 복제나 전이 과정에서의 불완전한 DNA 합성 때문인 것으로 보인다. 다른 *Ds* 인자들은 그들의 말단 반복서열들 사이에 *비-Ac* DNA를 포함한다(**■ 그림 17.9*c***). 이런 특이한 *Ac/Ds* 인자 구성원은 *변이 Ds 인자(aberrant Ds element)*라고 불린다. 세 번째 *Ds* 인자 그룹은 특이한 겹침 구조를 하고 있는

것이 특징이다(■ 그림 17.9*d*); 하나의 *Ds* 인자가 다른 것에 삽입되었지만 방향이 반대로 되어 있다. 이들은 *이중 Ds 인자*(*double Ds element*)로 불리며, 맥클린토크가 그녀의 실험에서 관찰했던 염색체 절단의 원인 인자였던 것으로 보인다.

Ac 인자가 암호화하는 전이효소에 의한 *Ac*/*Ds* 인자의 활성은 절단과 전이, 그리고 돌연변이와 염색체 절단과 같은 유전적 현상을 일으킨다. *Ac* 전이효소는 *Ac*와 *Ds* 인자들의 말단 가까이 있는 염기서열과 상호작용하여 그들의 이동을 촉매한다. 전이효소를 암호화하는 유전자 내에서의 결실 또는 돌연변이들은 전이효소의 활성을 파괴한다. 따라서 그러한 흔적들을 가지고 있는 *Ds* 인자들은 스스로의 전이를 활성화할 수 없다. 그러나 전이효소를 생산하는 *Ac* 인자가 유전체의 어디엔가 존재한다면 이들도 활성화될 수 있다. 이 인자에 의해 생산된 전이효소는 핵 내부로 확산될 수 있고 *Ds* 인자에 결합하여 그들을 활성화시킨다. 따라서 *Ac* 전이효소는 *트랜스-작용*(*trans*-acting) 단백질이다.

Ac/*Ds*와 관련된 전이인자들이 동물을 포함한 다른 여러 생물종에서도 발견되었다. 가장 잘 연구된 것은 전이되는 성질에서 유래된 떠돌이라는 의미의 *호보*(*hobo*)일 것이다. *hobo* 인자는 일부 초파리 종들에서 발견된다. *Ac*/*Ds* 인자들의 다른 유전적 영향을 탐구하려면, '문제풀이 기술: 옥수수에서의 전이인자 활성 분석' 부분의 문제를 풀어보라.

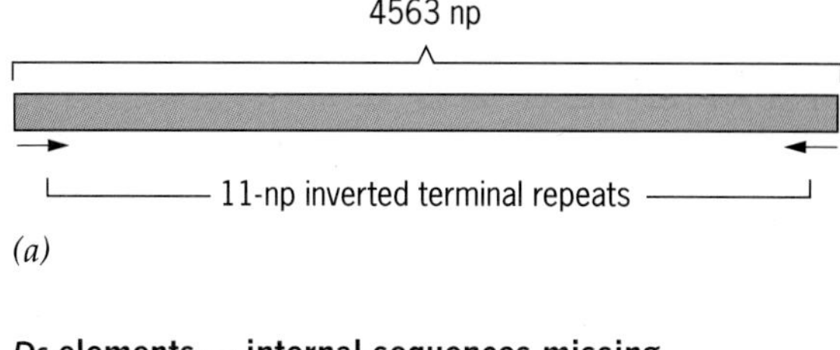

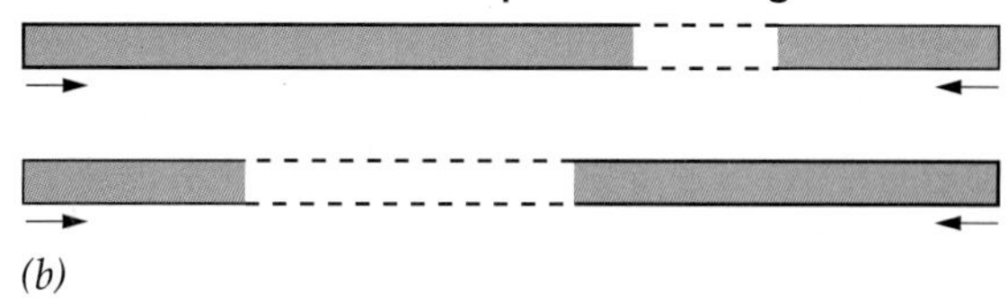

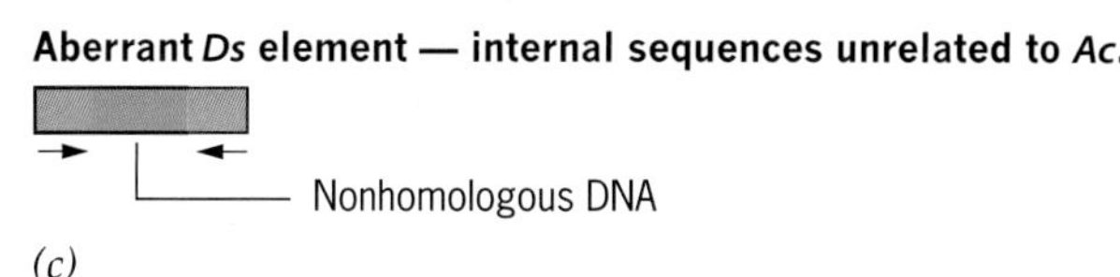

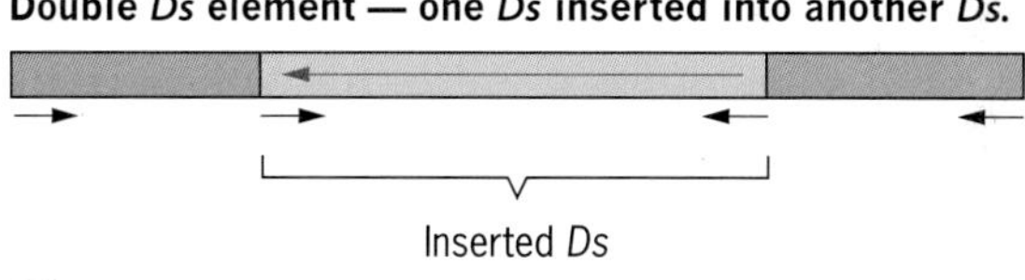

■ 그림 17.9 옥수수 전이인자 *Ac*/*Ds*의 구조. 말단의 역반복서열(짧은 아래쪽 화살표)과 DNA서열 길이(뉴클레오티드 쌍, np).

초파리의 *P* 인자와 잡종부전현상

전이인자에 대한 가장 집중적인 연구는 노랑초파리의 *P* 인자에 대한 것이다. 이러한 *P* 전이인자는 몇몇 다른 실험실에서 연구하는 유전학자들의 협력으로 동정되었다. 1977년에 로드 아일랜드에서 일하던 마거렛 키드웰(Margaret Kidwell)과 제임스 키드웰(James Kidwell), 그리고 호주의 존 스베드(John Sved)는 초파리의 어떤 계통간의 교배로 돌연변이율의 증가, 염색체 절단, 불임 등의 이상이 잡종에서 나타난다는 사실을 발견했다. **잡종부전현상(Hybrid Dysgenesis)**이란 말은 "질적인 오류"를 의미하는 그리스어에서 유래했으며, 이와 같은 비정상적인 증상을 나타내는 데 쓰인다.

키드웰과 동료들은 시험 교배에서 잡종부전현상을 일으키는가 아닌가로 초파리 계통을 두 종류로 분류할 수 있었다. 그리하여 두 가지 계통을 M과 P로 표기했다. M과 P 계통 간의 교배만이 부전잡종을 만드는데 더욱이 수컷이 P 계통일 때만 일어난다. P 계통간의 교배 또는 M 계통간의 교배는 정상적인 잡종을 만든다. 교배에서 얻은 잡종 자손의 표현형을 다음의 간단한 표로 요약할 수 있다: 서로 다른 계통의 모계(maternal)와 부계(paternal)가 잡종부전현상에 기여하므로 M과 P로 표시된다.

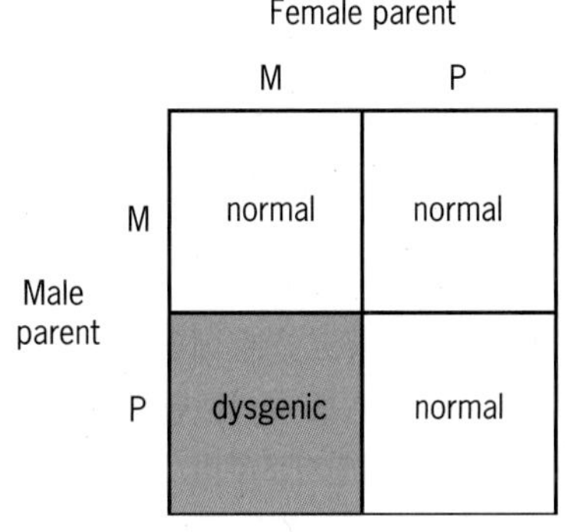

키드웰과 동료들은 이 발견으로 P 계통의 염색체가 이와 같은 유전적 인자를 갖고 있으며, M 계통의 암컷이 만든 알에 들어가면, 활성화된다고 제안했다. 그리고 활성화된 이 인

문제 풀이 기술

옥수수의 전이인자 활성 분석

문제

옥수수의 야생형 *C* 유전자는 짙은 색의 호분 낟알을 만든다. 이 대립유전자가 없으면 호분은 옅은 노란색이 된다. c^{Ds}는 *Ds* 인자가 *C* 유전자의 5′ 비번역 영역에 삽입된 열성 돌연변이이다. 삽입된 곳은 전사 개시점과 첫 번째 폴리펩티드 암호화 서열 사이이다. 근교계 옥수수 계통은 이 돌연변이가 동형접합으로 결실된 *C* 유전자(c^{Δ})를 갖는 동형접합 근교계처럼 옅은 노란 낟알을 만든다. 옥수수 육종가가 $c^{Ds}c^{Ds}$ 근교계 계통을 자성 양친으로, $c^{\Delta}c^{\Delta}$ 근교계 계통을 웅성 양친으로 교배하였다. F_1의 낟알 중에는 옅은 노랑의 호분에 짙은 자색의 반점이 있는 것이 발견되었다. (a) F_1의 이러한 표현형을 설명하라. (b) 만약 *C* 유전자의 암호화 서열에 *Ds* 인자가 삽입되어 있었다면 이 표현형을 예측할 수 있는가?

사실과 개념

1. *Ds* 인자는 *Ac*/*Ds* 전이인자 그룹의 비자동성 구성원으로서, 자동성인인 *Ac* 인자가 존재할 때만 움직인다.
2. 유전자의 5′ 비번역 영역은 그 유전자가 지정하는 폴리펩티드의 특정 아미노산을 지정하는 암호를 포함하지 않는다.
3. 유전자 안으로 전이인자가 삽입되면 유전자 발현이 방해받을 수 있다.
4. 전이인자의 이탈은 전이인자가 삽입될 때 만들어진 목표 자리의 중복을 남긴다.

분석과 해결

a. F_1의 표현형을 설명하려면 *C* 유전자의 5′-비번역 부위에 삽입된 *Ds*에 의해 c^{Ds} 대립인자의 발현이 방해를 받았음을 주목해야 한다. 만약 이 *Ds* 인자가 절제되어 사라진다면, 그 유전자의 발현이 회복될 수도 있다. 옥수수 재배자가 두 근교 계통들을 교배시켰을 때 자신도 모르게 *C* 유전자에 *Ds* 삽입이 있는 계통을 잠재적인 *Ac* 인자를 가진 계통과 교배시켰을 수 있다. 이 경우 F_1 낟알의 3배성 호분은 $c^{Ds}c^{Ds}c^{\Delta}$(Ac)가 된다. c^{Ds} 대립인자의 두 사본은 모계에서 기원한 것이고, c^{Δ}결실 대립인자 하나와 *Ac* 인자는 부계에서 온 것이다. 이런 잡종 유전자형에서는 *Ac*가 *Ds* 인자를 활성화시킬 수 있으며 따라서 C 유전자에서 잘려나오도록 할 수 있다. 그 인자가 비암호화 지역에 삽입되었기 때문에, 그것의 절제는 *C* 유전자의 발현을 회복시킬 것으로 기대된다. 따라서 그러한 절제가 발생한 세포들이 호분 조직을 구성했다면, 그 조직은 밝은 노란색 낟알이 아니라 짙은 자색을 띠게 될 것이다.

b. *Ds*의 절제는 정확하게 일어나지 않는다. 보통 *Ds* 인자가 빠져나갈 때는 *Ds* 삽입 좌위 근처의 유전자 서열에서 몇 개의 뉴클레오티드들이 중복되거나 결실된다. 예를 들어, *Ds* 인자는 종종 그것이 유전자에 삽입될 때 목표 자리 중복을 남기는데 이것은 마치 일종의 전이인자 발자국과 같다. 이런 여분의 뉴클레오티드들은 이들이 유전자의 5′ 비번역 부위같이 암호화 정보를 포함하고 있지 않은 부분에 자리한다면 유전자의 발현을 방해하지는 않을 것이다. 그러나, 만약 유전자의 암호화 영역 내에 위치하게 된다면, 이들은 심각한 문제를 일으킬 수도 있다. 이들은 그 유전자에 의해 암호화되는 폴리펩티드의 길이나 조성을 바꿀 수도 있다. 따라서, *C* 유전자의 암호화 서열로부터 *Ds* 인자가 절제되어 나가는 것은 유전자의 기능을 회복시킬 것 같지 않다. 만일 그러한 *Ds* 삽입이 있었다면 우리는 F_1 낟알에서 짙은 자색의 얼룩을 기대할 수 없을 것이다.

더 많은 논의를 보고 싶으면 Student Companion 사이트를 방문하라.

자는 돌연변이와 염색체 절단을 유도한다. 이러한 연구에 고무되어, 위스콘신 대학의 대학원생인 윌리엄 엥겔스(William Engels)는 부전잡종이 일으키는 돌연변이에 대해 연구하기 시작했다. 1979년에 엥겔스는 높은 비율로 야생형으로 되돌아가는 역돌연변이를 발견했다. 대장균에서의 IS 인자 유도 돌연변이와 비슷한 이런 불안전성은 전이인자가 관련되어 있을 가능성을 강력하게 시사하는 것이었다.

마이클 시몬스(Michael Simmons)와 임 정기(Johng Lim)에 의해 발견된 흰 눈 좌위(*white*)에서의 부전 유도성 돌연변이(dysgenesis-induced mutation)는 전이인자 가설을 검증할 수 있도록 했다. 1980년에 시몬스와 임은 미네소타와 위스컨신에서 각각 연구 중이었는데, 이들은 새로 발견된 흰 눈 돌연변이를 노스 캐롤라이나의 유전학자였던 폴 빙햄(Paul Bingham)에게 보냈다. 빙햄과 그 동료였던 메릴랜드의 유전학자 제랄드 루빈(Gerald Rubin)은 그 흰 눈 유전자로부터 막 DNA를 분리했던 참이었다. 이 DNA를 탐침자로 이용하여 빙햄과 루빈은 돌연변이 흰 눈 대립인자로부터 DNA를 분리하여 이것을 야생형의 흰 눈 DNA와 비교할 수 있었다. 각 돌연변이들에서, 그들은 작은 인자가 흰 눈 유전자의 암호화 영역 내에 삽입되어 있음을 발견했다. 추가적인 실험들은 이 인자들이 P 계통들의 유전체들에는 여러 곳에서 다수의 사본으로 존재함을 밝혀주었다; 그러나, 이들은 M 계통의 유전체들에는 하나도 존재하지 않았다. 따라서 유전학자들은 이러한 P-계통 특이적 전이인자를 ***P* 인자(*P* element)**라고 부르기 시작했다.

DNA서열 분석으로 *P* 인자의 크기가 다양함을 알았다. 가장 큰 인자는 2,907개의 뉴클레오티드 길이로 31개 뉴클레오티드쌍의 말단 역위 반복을 포함하고 있다. 이런 *완전(Complete) P* 인자는 전이효소를 암호화하는 유전자를 갖고 있다. P 전이효소가 완전한 *P* 인자의 말단근처에 결합하면, 그 인자는 유전체의 새로운 위치로 이동할 수 있다. *불완전(Incomplete) P* 인자(■ **그림 17.10**)는 대부분의 내부 서열이 결실되어 있기 때문에 전이효소를 생산할 수 없다. 그러나 전이효소와 결합하는 말단과 하부 말단 서열을 갖고 있어, 이런 인자들은 전이효소를 생산하는 완전 *P* 인자가 유전체상의 어디든 존재하면 움직일 수 있다.

잡종부전현상 시 *P* 인자들의 전이는 오직 생식세포계의 세포에서만 일어난다. 이런 제한은 체세포에서는 *P* 인자의 pre-mRNA로부터 한 인트론을 제거할 수 없기 때문이다. 번역이 될 때, 이 불완전하게 스플라이싱된 RNA는 *P* 인자 이동을 촉매하는 전이효소 활성이 없는 폴리펩티드를 만든다. 결과적으로 체세포들은 *P* 인자활성의 파괴에서 격리된다. 그러므로 잡종부전 현상은 생식세포계에 국한된 현상이다.

초파리의 생식계 세포들 역시 *P* 인자들이 유발할 수 있는 피해를 최소화할 수 있는 방법을 가진다. 가장 효과적인 기작은 *P* 인자 자체로부터 유도된 작은 RNA 분자가 관여하는 것이다. 이 RNA들은 Piwi라는 특이한 이름의 특정 단백질들과 복합체를 형성한다; 따라서 이들은 piwi-상호작용성 RNA 혹은 piRNA라고 표시된다. P 계통의 암컷들은

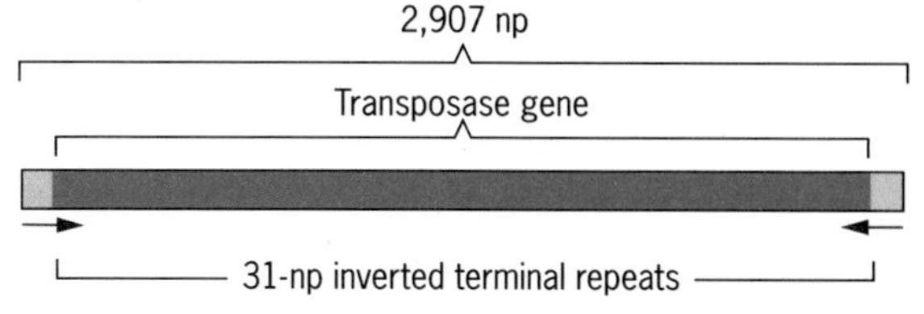

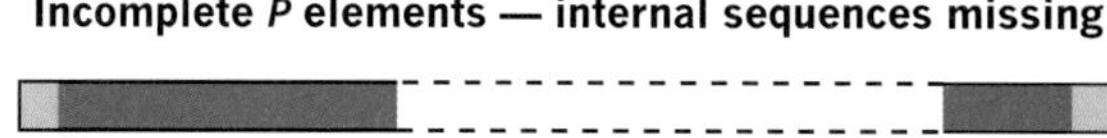

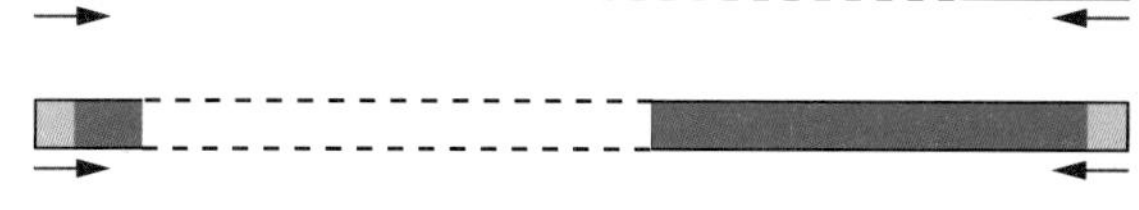

■ **그림 17.10** 초파리의 *P* 인자 구조. DNA서열의 방향과 길이(뉴클레오티드 쌍, np)를 보여준다.

ON THE CUTTING EDGE

작은 RNA들이 *P* 인자 활성을 억제한다

P 인자들이 잡종부전현상을 일으킨다는 발견은 두 가지 기본적 질문을 야기했다. 왜 부전현상이 체세포에서는 발생하지 않으며, P 계통의 어미를 가진 파리에서도 발생하지 않는가? 1986년에 유전학자들은 *P* 인자의 전이효소가 체세포에서는 생산되지 않는다는 사실을 알게 되면서 첫 번째 질문에 대해 답할 수 있었다. 움직임을 촉매하는 전이효소가 없으면 P 인자는 체세포에서 불활성인 채로 남게 된다. 두 번째 질문에 대한 답은 좀 더 최근에 유전학자들이 P 계통의 파리들이 *P* 인자의 활성을 방해하는 작은 RNA들을 만든다는 사실을 알게 되면서 얻을 수 있었다.

유전적 분석으로, 생식세포에서의 잡종부전현상 억제가 초파리 유전체의 한 부위—X 염색체의 왼쪽 텔로미어—에 존재하는 하나의 *P* 인자와 관련된다는 사실을 알게 되었다. 자연집단의 많은 파리들은 이런 종류의 *P* 인자를 가지며, 부전현상을 잘 억제한다. 따라서 X-연관성 텔로미어의 *P* 인자는 유전체의 다른 모든 *P* 인자들이 어디에 존재하든 그들을 조절하는 마법적인 힘을 갖는 것처럼 보인다. 그러나, 하나의 X-연관성 텔로미어 *P* 인자는 그것이 어미로부터 물려받은 것일 때만 힘을 발휘할 수 있다. 부계로부터 물려받은 텔로미어 *P* 인자는 잡종부전 현상을 막을 수 있는 능력을 상실한다.

왜 모계 쪽으로 유전된 텔로미어 *P* 인자만 그렇게 특별한가? 그 인자는 piRNA를 생산하는 유전체 부위에 삽입되어 있음이 밝혀졌다. 많은 다른 좌위들도 piRNA들을 생산하지만 X 염색체의 왼쪽 텔로미어에서는 특별히 많이 생산한다. *P* 인자가 이 좌위 내로 삽입되면, 이것은 P-특이적 pi-RNA, 즉 *P* 인자 서열들로 구성되는 pi-RNA들을 만든다. 이 RNA들은 23~29 뉴클레오티드 길이로 서열상 센스 가닥이거나 안티센스 가닥이다. 게다가, 이 piRNA들은 초파리의 알을 통해 모계로 전달된다. 따라서, 텔로미어의 *P* 인자를 가진 암컷들은 *P*-특이적 piRNA들을 생산할 수 있으며 그 자손들에 이들을 전달한다.

이러한 모계전달의 의미는 무엇인가? 자손에서 안티센스 서열을 가진 piRNA들은 분명히 *P* 인자의 전이효소 유전자 발현에 위협이 될 것이다. 생식세포 계통에서 이 유전자는 pre-mRNA로 전사되고, 이것은 다시 P 전이효소를 암호화하는 mRNA로 가공된다. 그러나 안티센스 pi-RNA가 그 mRNA와 염기쌍을 형성한다면 그 mRNA의 번역은 억제될 것이다. 더욱이, pi-RNA와 mRNA의 혼성 이중체 분자는 세포가 mRNA를 파괴시키는 기구를 촉발시킬 수 있다. 어느 경우든, *P* 인자의 전이효소는 생산되지 않을 것이고, 이것이 없다면 유전체의 어떤 *P* 인자도 움직일 수 없다. 따라서, 텔로미어 *P* 인자로부터 생기는 모계 유전성 piRNA들은 잡종부전 현상이 생기는 것을 방해할 것이다.

이러한 발견들은 다음과 같은 많은 질문들을 불러일으킨다: 텔로미어 좌위는 어떻게 센스 가닥과 안티센스 가닥의 두 가지 piRNA들을 모두 생산하는가? piRNA들은 어떻게 난자의 세포질을 통해 전달되는가? Piwi 단백질이 어떤 역할을 할까? 수컷에서의 piRNA 좌위 상태는 어떤가? 활성일까, 아니면 불활성 상태일까? 만약 불활성 상태라면 그 좌위를 암컷 옮겨줬을 때 다시 활성화될 수 있을까? *P*-특이적 piRNA들은 체세포에서는 생산되는가? 다른 특이성을 가진 piRNA들이 초파리에 존재하는 다른 종류 전이인자들의 이동을 조절하는가? 이 piRNA 기작이 다른 생물에서도 작동할까?

이러한 piRNA를 생산하여 알의 세포질을 통해 자손에 전달한다. 일단 자손에 존재하게 되면, 이 piRNA들은 생식세포에서의 *P* 인자 활성을 억제하여 잡종 부전 현상을 막는다. 이러한 억제성 piRNA들의 모계 전달은 왜 P 암컷과 M 수컷 사이의 자손들이 P 수컷과 P 암컷 사이의 자손들이나 마찬가지로 잡종 부전을 나타내지 않는지를 설명해 준다. "On the Cutting Edge: 작은 RNA들이 *P* 인자의 활성을 억제한다"에서는 이러한 전이인자 조절과 관련된 최신의 발견들 몇 가지를 소개한다.

요점

- *옥수수의 가동성 인자인 Ds는 염색체를 절단시키는 능력 때문에 발견되었으며, 전이효소를 암호화하는 다른 가동성 인자인 Ac에 의해 활성화된다.*
- *가동성 P 인자들은 P 계통과 M 계통 초파리들 사이에서 생기는 자손들의 생식계 이상인 잡종 부전 현상을 일으킨다.*
- *생식세포 계통에서는 P 인자 활성이 P 인자 자체에서 생기는 작은 RNA들(piRNAs)에 의해 조절된다.*

레트로바이러스와 레트로트랜스포존

레트로트랜스포존은 RNA에서 DNA를 복제하는데 역전사효소를 이용한다. 복제된 DNA 복사본은 유전체 DNA의 다양한 위치에 삽입된다.

진핵생물 유전체들은 *Ac*, *P* 같은 전이인자 외에 RNA에서 DNA로 역전사하여 움직이는 전이인자를 갖는다. 이 유전정보 흐름의 역류 때문에, 유전학자들은 "backwards"라는 의미의 라틴어 접두사를 이용하여 **레트로트랜스포존(retrotransposon)**이라는 이름을 사용한다. 역전사는 또한 몇몇 바이러스의 생활 주기에서 굉장히 중요한 역할을 한다. 이러한 바이러스의 유전체는 RNA 단일가닥으로 구성되어 있다. 이러한 바이러스 중 하나가 세포에 감염되면, 역전사 효소에 의해 RNA가 DNA 이중가닥으로 복사된다. RNA에서 DNA로 유전정보가 이동되기 때문에 이러한 바이러스를 **레트로바이러스(retroviruses)**라고 부른다. 우리는 레트로바이러스에 관한 토론과 함께 레트로트랜스포존에 대해 살펴보는 것으로 시작하고자 한다. 나중에 우리는 레트로트랜스포존에 관해 크게 두 그룹으로 나누어 살펴볼 것이다.

레트로바이러스

레트로바이러스는 닭, 고양이, 쥐에서 암의 원인을 밝히는 연구에 의해서 발견되었다. 각각의 경우에서, 암의 생성에 RNA 바이러스가 영향을 주었다. 먼저 바이러스의 생명주기 특성을 살펴보자. 1970년 볼티모어(David Baltimore), 테민(Howard Temin), 그리고 미즈타니(Satoshi Mizutani)가 RNA 의존성 DNA 중합효소—즉, 바이러스가 RNA로 DNA의 복사본을 만들 수 있는—인 **역전사 효소(reverse transcriptase)**를 발견했다. 이로 인해 이들 바이러스의 생활 주기에 대해서 이해할 수 있게 되었다. 이 발견으로 역전사 과정에 대한 연구가 시작되었고 "retro-world"라고 불리는 역전사로부터 유래된 방대한 DNA서열의 정보를 접하게 되었다. 우리는 이제 역전사가 당연히 레트로바이러스를 포함하여, 많은 종류의 DNA서열들을 가진 유전체들을 복제하는 데 관여하고 있음을 알고 있다. 역전사 효소의 발견은 전에는 알지 못했던 유전체의 구성에 대하여 새로운 시야를 열게 하였다.

많은 다양한 종류의 레트로바이러스들이 분리되고 동정되었다. 그러나 가장 전형적인 것은 수천만 명이 감염된 질병인 **AIDS(acquired immune deficiency syndrome)**, 즉 후천성 면역 결핍증의 원인인 **HIV(human immunodeficiency virus)**, 즉 인체 면역결핍 바이러스이다. 에이즈는 20세기의 마지막 4분기 때 처음 발견되었다. 이것은 면역계의 심각한 질병이

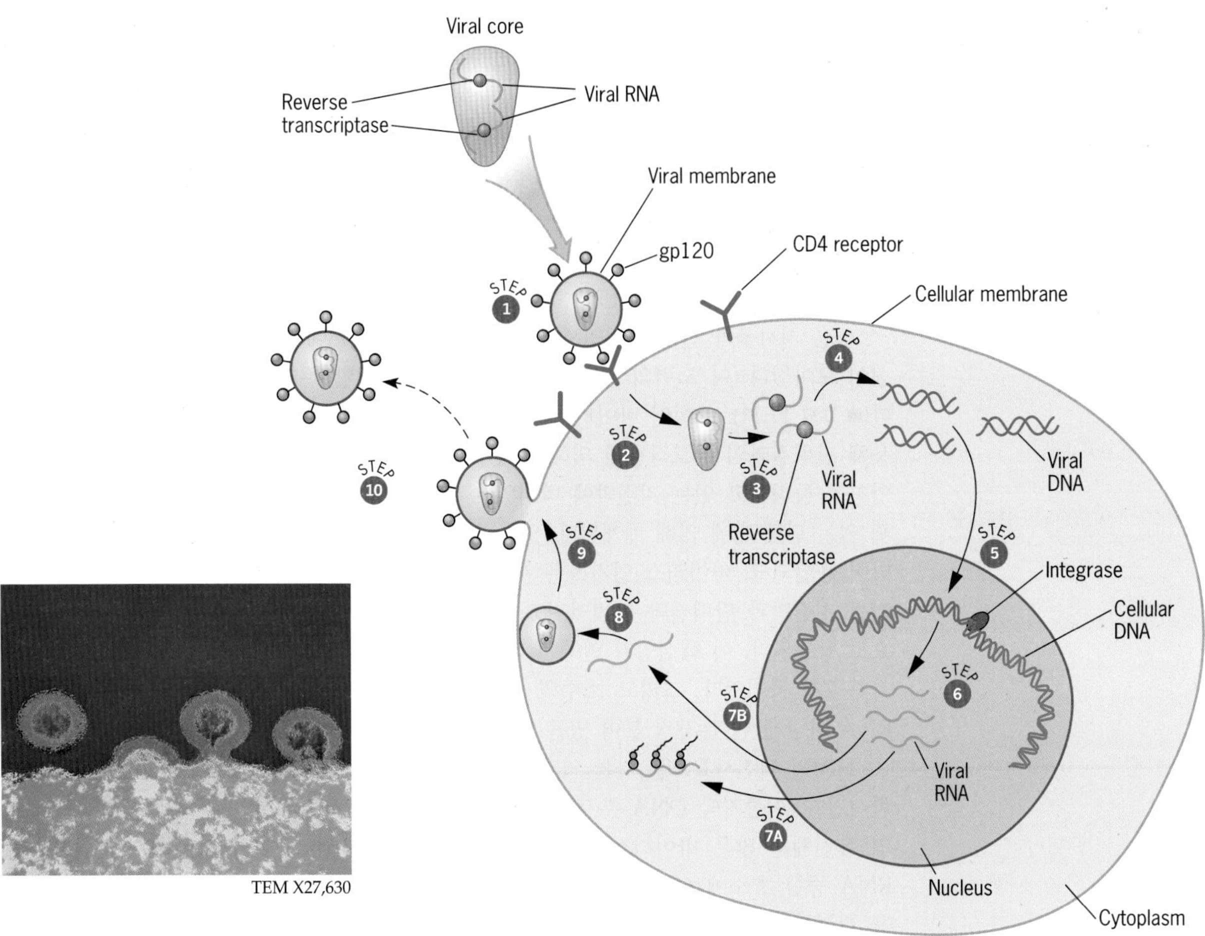

STEP 1 HIV docks with target cell through an interaction between the viral protein gp120 and the cellular CD4 receptor protein.

STEP 2 The viral and cellular membranes fuse, allowing the viral core to enter the cell.

STEP 3 RNA and associated proteins are released from the viral core.

STEP 4 Reverse transcriptase catalyzes the synthesis of double-stranded viral DNA from single-stranded viral RNA in the cytoplasm.

STEP 5 Integrase catalyzes the insertion of viral DNA into cellular DNA in the nucleus.

STEP 6 Cellular RNA polymerase transcribes viral DNA into viral RNA.

STEP 7A Some viral RNA serves as mRNA for the synthesis of viral proteins.

STEP 7B Some viral RNA forms the genomes of progeny viruses.

STEP 8 Progeny virus particles are assembled near the cellular membrane.

STEP 9 Progeny virus particles are extruded from the cell by budding.

STEP 10 Progeny virus particles are free to infect other cells.

■ 그림 17.11 HIV 생활주기. 왼쪽 사진은 세포로부터 출아하는 바이러스 입자를 보여준다.

다. 그 증상은 정상인에게는 해가 없는 미생물을 포함하는 병원균의 감염에 방어할 능력을 상실하는 것이다. 치료하지 않으면, 환자는 이와 같은 감염에 의해서 쓰러지게 되고, 결국 죽게 된다. AIDS는 HIV에 감염된 피나 정액과 같은 체액을 통해서 다른 사람에게 감염되는 질병이다. 이 질병의 처음 증상은 감기와 같다. 감염된 개인은 두통, 발열, 그리고 피곤함을 느낀다. 몇 주 후에, 이 증상들은 감소되고 건강은 겉으로 보기엔 회복된다. 이런 무증후성인 상태는 수년 간 지속될 수도 있다. 그러나 바이러스는 계속 증식하여 몸에 퍼지는데, 면역 체계의 중요한 일을 수행하는 특이한 세포에 감염된다. 결국, 이 세포들은 바이러스의 작용으로 너무나 많이 죽게 되어 면역계는 작용하지 못하게 되고 이 때를 틈타 병원체들이 번성한다. 폐렴이나 여러 종류의 질병들이 시작되는 것이다. AIDS는 많은 나라에서 소집단 내의 주된 사망 원인이다. 예를 들어 에이즈는 정맥주사로 마약을 복용하는 사람들과 성매매에 종사하는 사람들에서 주된 사망 원인이 되며, 지역적으로는 사하라 사막 주변의 집단에서도 주된 사망 원인이다.

높은 치사율과 전 세계적인 확산 때문에, HIV/AIDS에 대하여 많은 집중적인 연구와 관심이 모아졌다. 이 노력의 결과 중 하나가 HIV의 생활 주기를 상세하게 이해하게 된 것이다(■ **그림 17.11**). 구형인 바이러스는 숙주세포의 표면에 위치한 CD4라고 불리는 특별한 수용체 단백질과의 상호작용에 의해서 숙주세포의 안으로 들어간다. 이 상호작용은 바이러스 입자를 둘러싸고 있는 지질막에 박혀있는, gp120이라고 불리는 당단백질(당 분자들이 결합해 있는 단백질)에 의해 매개된다. 일단 gp120은 CD4 수용체와 결합하면, 바이러스와 세포막이 융합되고, 바이러스 입자들은 세포 안으로 들어간다. 세포 안에서 바이러스 입자를 둘러싼 지질막과 단백질막은 벗겨지고, 바이러스 핵심입자 안에 있는 물질들은 세포질 안쪽으로 방출된다. 이 핵심입자 안에는 바이러스 유전체로 작용하는 동일한 단일가닥 RNA 분자가 2개 들어있다. 그리고 소수의 단백질들이 그 유전체의 복제를 촉진하는데, 바이러스 RNA 하나에 한 분자씩 붙어 있는 바이러스의 역전사 효소 2 분자도 여기 포함된다.

HIV의 역전사효소는 다른 역전사효소와 같이 단일가닥의 RNA를 이중가닥 DNA로 전환시킨다. 이중가닥 DNA 분자는 감염세포 염색체의 무작위적인 위치에 삽입되므로, 세포의 유전체는 많은 바이러스 유전체 복사본들을 갖게 된다. 이와 같은 복사본들은 세포의 RNA 중합 효소에 의하여 새로운 바이러스 입자를 조립하는데 필요한 바이러스 단백질들을 합성할 수 있으며 또한 바이러스 유전체인 RNA가 전사될 수 있다. 이 입자들은 세포막을 통해 출아 과정에 의해서 세포 밖으로 나간다. 이들 입자는 다른 세포의 표면에 있는 CD4 수용체와 상호작용을 통해서 감염을 일으킨다. 이와 같은 방법으로 HIV의 유전 물질들은 감수성이 있는 면역세포의 집단에 복제되고 퍼진다.

10Kb 보다 약간 긴 길이의 HIV 유전체에는 몇 개의 유전자가 포함되어 있다. 이들 유전자는 모든 레트로바이러스에서 발견되는 *gag*, *pol*, 그리고 *env*라고 표시하는 유전자들이다. *gag* 유전자는 바이러스 입자의 단백질을 암호화하고, *pol* 유전자는 역전사 효소와, 숙주세포의 염색체 안으로 HIV 유전체의 DNA 형태를 삽입시키는 효소인 삽입효소(integrase)를 암호화한다. 그리고 *env* 유전자는 바이러스의 지질 외피에 내장되는 당단백질을 암호화한다.

그러면 HIV 유전체의 복제에 대해서 자세히 살펴보자(■ **그림 17.12**). 이 과정은 역전사 효소에 의해 촉매되는 것으로, 바이러스 유전체인 단일가닥 RNA에 상보적인 단일가닥 DNA가 합성되는 것으로 시작된다. 이것은 tRNA에 의해 개시되는데, 이 tRNA는 HIV RNA의 중심 왼쪽에 자리한 PBS(*p*rimer *b*inding *s*ite)라고 불리는 서열에 상보적이다(그림 17.12 step 1). 이 tRNA는 HIV 핵심입자 안의 PBS에 미리 결합되어 포장된다. 역전사효소가 바이러스 DNA의 3′끝을 합성한 후에, 핵산분해 효소 H(RNase H)는 RNA-DNA 이중가닥 중에서 유전체 RNA를 분해시킨다(step 2). 이 분해로 초기 DNA의 반복서열(R)이 HIV RNA의 3′끝 쪽의 R 서열과 자유롭게 결합할 수 있게 된다. 그 결과 초기 DNA의 R 지역은 HIV RNA의 5′말단에서 HIV RNA의 3′말단으로 도약(jump)하게 된다(step 3). 역전사효소는 주형으로서 HIV RNA의 5′ 영역을 사용하여 DNA 복사물을 신장시킨다(step 4).

step 5에서 RNase H는 대부분 아데닌과 구아닌으로 구성된 작은 폴리퓨린 지역을 제외하고 RNA-DNA 이중 구조의 모든 RNA를 분해시킨다. 이 폴리퓨린 지역은 HIV 유전체의 절반 3′ 쪽의 2차 DNA가닥 합성의 프라이머로 사용된다(step 6). RNA-DNA 이중구조 안의 tRNA와 유전체 RNA는 제거되고(step 7), 2차 DNA가닥에서 5′말단의 PBS와

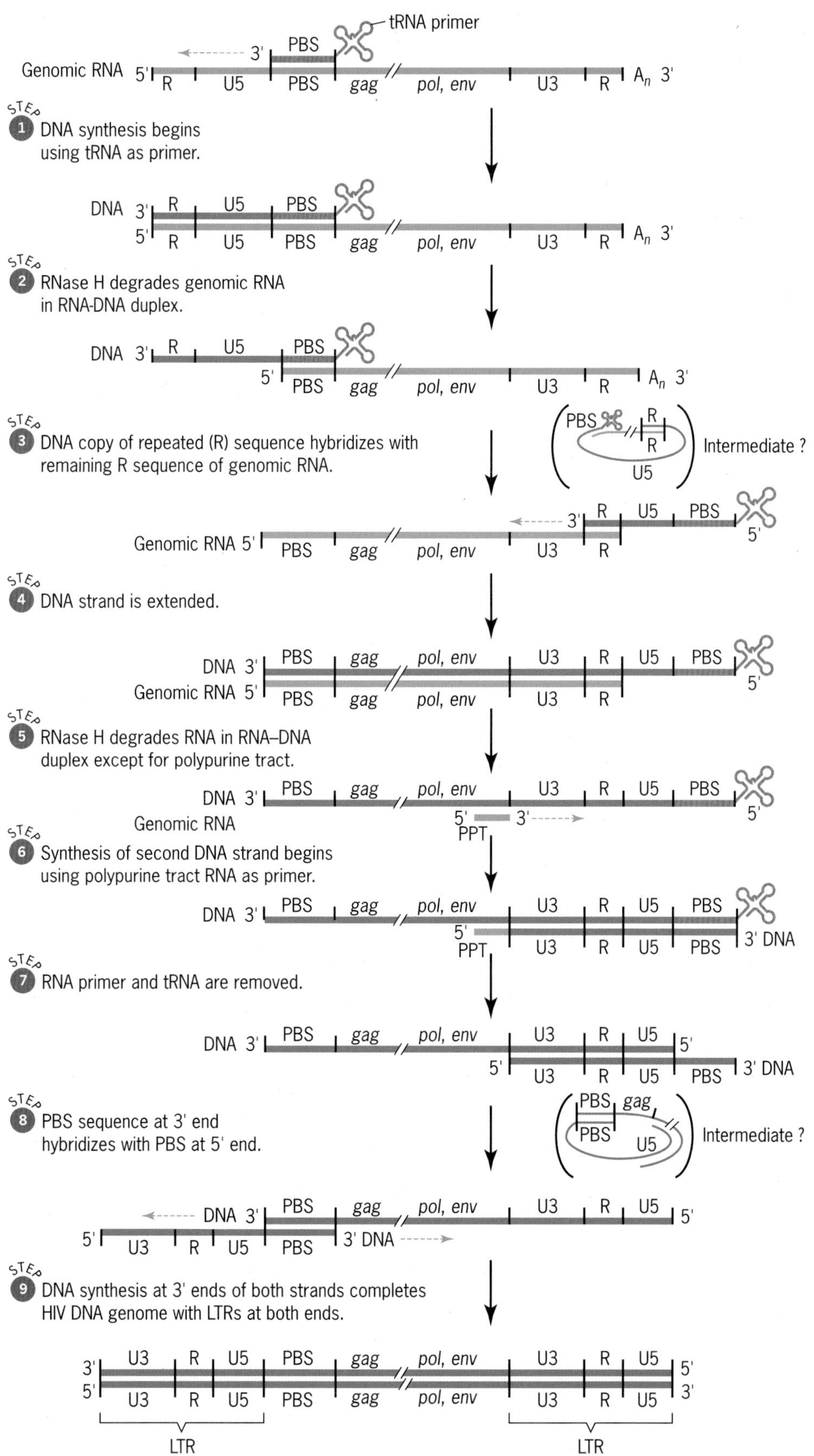

■ 그림 17.12 HIV RNA 유전체의 이중가닥 DNA로의 전환. R, 반복 서열; U5, 5′말단의 독특한 서열; U3, 3′말단의 독특한 서열; PBS, 시발체 결합자리; A_n, poly(A) 꼬리; *gag*, *pol* 그리고 *env*, HIV 단백질을 암호화하는 서열들; PPT, 아데닌과 구아닌의 퓨린이 풍부한 염기서열; LTR, 말단 반복 서열.

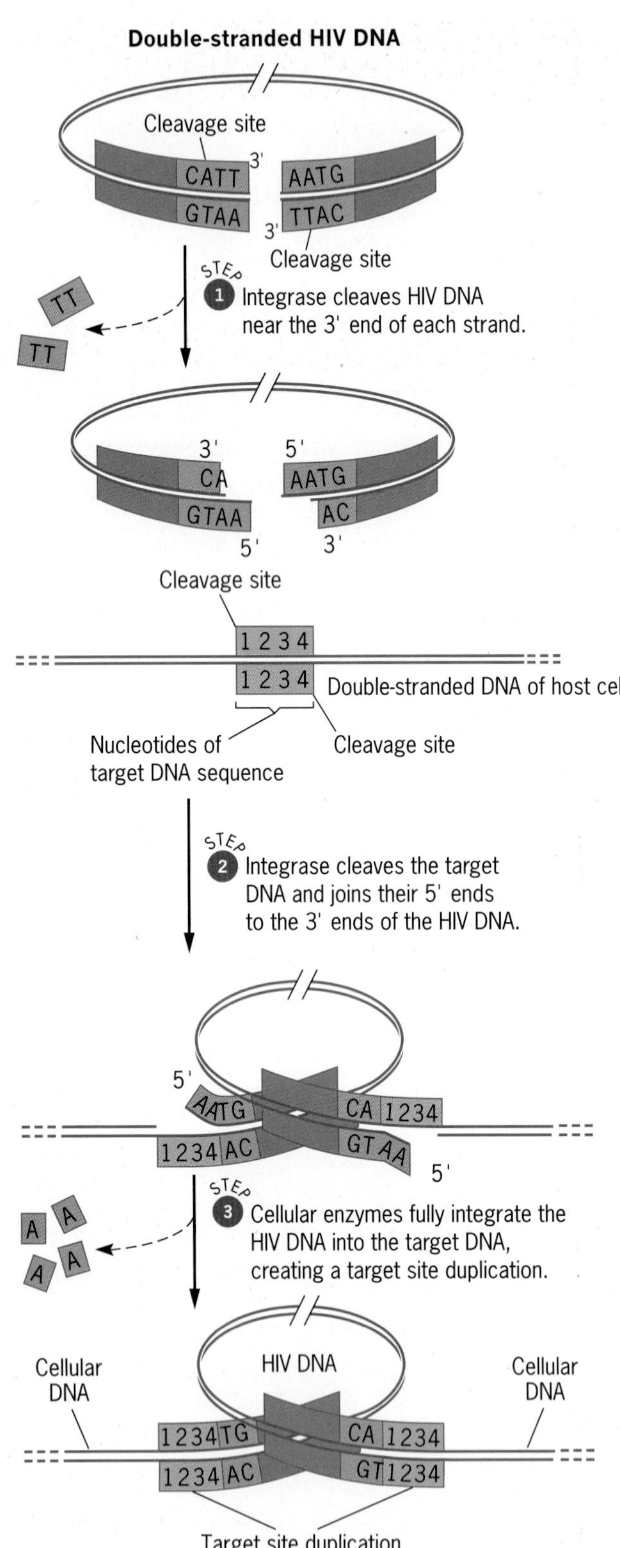

■ 그림 17.13 이중가닥의 HIV DNA가 숙주 세포의 염색체 DNA로 통합되는 과정.

1차 DNA가닥의 5′말단의 상보적인 PBS가 결합을 하는 것에 의해 2차 DNA의 "도약(jump)"이 일어난다(step 8). 2개의 DNA가닥의 3′-수산기 말단은 이중가닥 HIV DNA가 완전히 합성되기 위한 프라이머로 사용이 된다(step 9). 바이러스 RNA를 바이러스 DNA로 전환하는 과정에 DNA 분자의 양 끝에 특정한 서열이 만들어지는 것에 주목하라. 이들 서열을 **긴 말단 반복서열(long terminal repeats, LTRs)**이라고 하며, 숙주세포의 DNA 안으로 바이러스 유전체가 통합되는데 필요하다.

바이러스 DNA의 통합(■ **그림 17.13**)은 엔도뉴클레아제 활성을 갖는 통합효소(integrase)에 의해 촉진된다. 통합효소는 먼저 LTR의 양쪽 끝 부근을 잘라 단일가닥을 만들어 HIV DNA의 3′끝이 짧아지도록 한다(step 1). 이 짧아진 끝은 다음에 통합효소가 숙주세포의 DNA 안의 표적 서열 내의 포스포디에스테르 결합을 공격하는데 사용된다. 이 과정의 결과 HIV의 DNA 3′말단과 숙주세포의 DNA의 5′ 인산 사이에 새로운 포스포디에스테르 결합이 형성된다(step 2). 통합의 마지막 단계에서는 숙주세포의 DNA 수리 효소가 단일가닥 흠집을 메워 HIV DNA 유전체가 숙주세포의 염색체 DNA 안으로 공유결합을 하며 삽입이 되게 한다(step 3). 통합위치의 목표서열이 이 과정에서 중복되는 것에 주목하라. 통합된 HIV 유전체는 그 후 숙주세포 DNA의 다른 절편처럼 복제되고, 숙주세포 유전체의 영구적인 부분이 된다.

우리 인간을 포함하는 현재의 척추동물 유전체 안에는 많은 종류의 레트로바이러스들이 통합되어 존재한다. 이 레트로바이러스들이 나머지 DNA와 함께 복제되기 때문에, 이들은 세포분열 중에 딸세포로 전달되며, 만약 레트로바이러스가 생식세포에 통합되면, 그들은 또한 배우자를 통해 다음 세대로 전달될 것이다. 유전학자들은 바이러스 유전체가 역전사되고 통합되어 유전되는 DNA 서열을 *내재성 레트로바이러스(endogenous retroviruses)*라고 부른다. 대부분 이 서열들은 감염성 바이러스 입자들을 생산하는 기능을 잃어버렸으므로, 그들은 바이러스 감염의 위험성이 없는 오래된 잔재물들이다. HIV는 내재성 레트로바이러스는 아니지만, 만약 HIV가 치사성을 잃고 생식세포를 통해 통합된 형태로 자손에게 유전된다면, 그들도 내재성 바이러스의 하나가 될 것이다.

우리는 이제 두 종류의 레트로트랜스포존에 대해 살펴볼 것이다. 그것은 레트로바이러스의 통합된 형태와 닮은 레트로바이러스 유사인자와 폴리아데닐화된 RNA의 DNA 복사물인 역전이인자이다.

레트로바이러스 유사인자

레트로바이러스를 유사인자(retroviruslike element)들은 많은 다른 생물 즉, 효모, 식물 그리고 동물들에서 발견된다. 크기와 염기서열의 차이에도 불구하고 그들은 모두 같은 기본구조를 가진다: 중앙의 암호화 지역 양쪽에 긴 말단 반복 서열 즉, LTR(long terminal repeat)들이 같은 방향으로 자리한다. 반복서열은 전형적으로 몇 백 뉴클레오티드쌍이다. 각 LTR은 일반적으로 다른 형태의 전이인자에서 발견되는 것과 같은 짧은 역반복 서열로 경계가 형성된다. LTR들의 특징 때문에 레트로바이러스 유사인자들은 때때로 *LTR 레트로트랜스포존(retrotransposons)*이라 불린다.

레트로바이러스 유사인자의 암호 영역은 일반적으로 소수의 유전자들만을 포함하는 데, 보통은 단 두 개만 존재한다. 이들은 레트로바이러스의 *gag*와 *pol* 유전자들과 상동성을 갖는다. *gag*는 바이러스 캡슐의 구조단백질을 암호화하고, *pol*은 역전사 효소/통합효소(integrase)를 암호화한다. 레트로바이러스들은 바이러스의 겉껍질 단백질의 구성물을 암호화하는 세 번째 유전자인 *env*를 가진다. 레트로바이러스 유사인자의 gag와 pol 단백질들은 전이 과정에서 중요한 역할을 한다.

레트로바이러스 유사인자 중 가장 잘 연구된 것 중의 하나는 효모 *Saccharomyyces cerevisiae*의 Ty*1* 전이인자(Ty transposon)이다. 이 인자의 길이는 5.9 킬로베이스(kb)쌍이며, 약 340 염기쌍의 LTR을 갖고 있고, 염색체 내에 삽입되어 복제될 때 5bp의 목표 자리 중복(target site duplication)을 만든다. 대부분의 효모 계통들은 그들의 유전체에 약 35 카피의 Ty*1* 인자를 가진다. Ty*1* 인자들은 두 개의 유전자만을 갖고 있는데, 그것은 *TyA*와 *TyB*로 레트로바이러스의 *gag*와 *pol* 유전자와 상동성이 있다. 생화학적 연구로 두 유전자의 산물이 효모 세포에 바이러스와 같은 작은 입자들을 만들 수 있음이 밝혀졌다. Ty*1* 인자의 전이에는 RNA의 역전사가 관여한다(■ 그림 17.14). RNA가 Ty*1* DNA로부터 합성된 후에, *TyB* 유전자가 지정하는 역전사 효소는 RNA를 주형으로 이용하여 이중나선 DNA를 합성한다. 그러면 새롭게 합성된 DNA는 유전체의 어딘가에 삽입되어 새로운 Ty*1* 인자를 만든다.

레트로바이러스 유사인자들은 초파리에서도 발견되었다. 처음으로 알려진 것은 많은 양의 RNA를 생산하기 때문에 *copia*라고 이름이 붙여졌다. *copia* 인자는 효모의 Ty*1* 인자와 구조적으로 유사하다. 초파리의 또 다른 레트로트랜스포존인 *gypsy*는 유전체의 여기저기를 돌아다닌다고 해서 이런 이름이 붙여졌다. 이들 두 전이인자들은 초파리 세포 안에 바이러스 같은 입자들을 형성한다. 그러나 *gypsy* RNA를 포함하는 입자들만 *gypsy*의 *env* 유전자 산물을 가지고 있기 때문에, 세포막을 통과할 수 있다. 따라서 *gypsy* 인자는 정말로 레트로바이러스일지도 모른다. 이외에도 많은 레트로바이러스 유사인자들이 초파리에서 발견되었다. 그러나 그들의 활성 여부는 아직 정확히 모르고 있다.

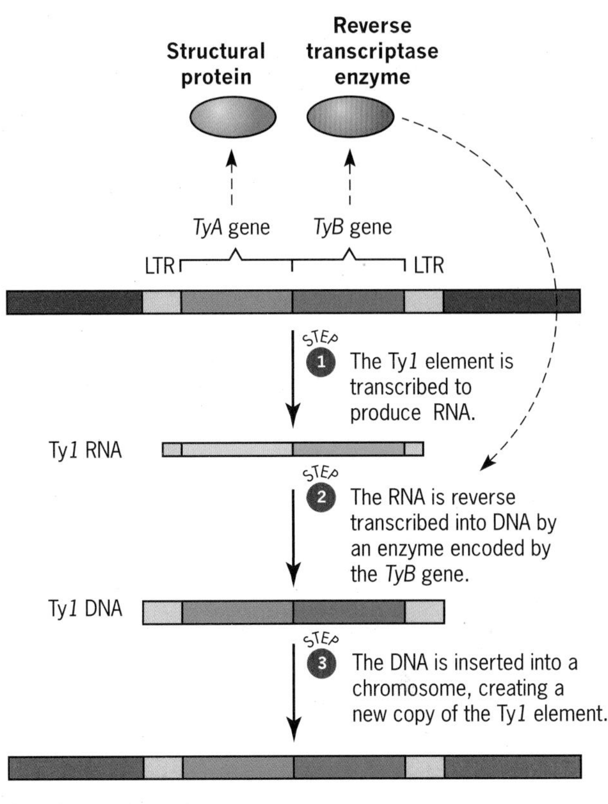
Structural protein
Reverse transcriptase enzyme
TyA gene
TyB gene
LTR
LTR
STEP 1 The Ty1 element is transcribed to produce RNA.
Ty1 RNA
STEP 2 The RNA is reverse transcribed into DNA by an enzyme encoded by the TyB gene.
Ty1 DNA
STEP 3 The DNA is inserted into a chromosome, creating a new copy of the Ty1 element.

■ 그림 17.14 효모 Ty*1* 인자의 전이.

레트로포존

레트로포존(retroposon) 또는 비-LTR 레트로트랜스포존(non-LTR retrotransposon)들은 매우 널리 분포해 있는 레트로트랜스포존 그룹으로, 초파리의 *F*, *G*, *I* 인자 및 포유류의 여러 종류 인자들을 포함한다. 이들 인자들은 자기 자신이 암호화하는 단백질에 의해 RNA 분자가 DNA로 역전사되어 이동한다. 비록 그들이 염색체에 삽입될 때 목표 자리 중복을 만들긴 하지만, 말단에 완전한 구조의 일부로서 역반복 서열이나 정반복 서열 등을 갖지는 않는다. 대신에, 한 쪽 끝에 균일한 A:T 염기쌍 서열을 갖는 것이 특징이다. 이 서열은 레트로포존 RNA의 성숙 과정 중에 3′말단 근처에 첨가되었던 poly(A) 꼬리의 역전사에 의해 생긴 것이다. 그러므로 삽입된 레트로포존들은 폴리아데닐화 RNA의 역전사에 의하여 생긴 것이라는 그 기원의 흔적을 나타낸다.

초파리에서 특별한 레트로포존이 DNA의 불완전한 염색체 복제에 의해 소실되는 DNA를 보충하는 곳인 염색체의 말단소체(telomere)에서 발견되었다. DNA복제 주기마다 염색체는 짧아진다. 이것은 DNA중합효소가 한 방향으로만 움직이며 프라이머의 3′ 쪽에만 뉴클레오티드를 더할 수 있기 때문이다(10장 참조). 일반적으로 프라이머는 RNA이며, 이것이 제거된 후에는 DNA 이중나선 끝이 한 가닥으로 남는다. 그리고 다음 복제 주기에 부족한 가닥은 본래의 것보다 짧게 만들어진다. 이 과정이 계속해서 반복되면 염색체는 말단물질을 잃어버린다.

이 같은 손실을 복원하기 위해 초파리는 *HeT-A*와 *TART*(*t*elomere *a*ssociate *r*etro*t*ransposon)라 부르는 두 종류의 레트로포존들이 관여하는 진기한 기작을 진화시켰다. 파듀(Mary Low Pardue), 레비스(Robert Levis), 비스만(Harold Biessmann), 메이슨(James Mason)과 그들의 동료들은 이들 두 인자들이 자주 염색체 말단에서 전이되어 염색체말단을 수 킬로베이스를 확장시킨다는 것을 발견했다. 결국, 전이된 서열은 불완전한 DNA 복제에 의해 소실되지만, 새로운 전이가 일어나 보충시킨다. *HeT-A*와 *TART* 역전이 인자들은 없어진 염색체 말단 재생의 중요한 기능을 수행한다.

요점

- *레트로바이러스 유전체는 최소한 3개의 유전자를 포함하는 단일가닥 RNA로 구성되어 있다: gag(바이러스 단편의 구조단백질을 암호화함), pol(역전사효소/삽입효소 단백질을 암호화함), env(바이러스의 지질 외피에 내장되는 당단백질을 암호화함).*
- *인간의 HIV 레트로바이러스 세포들은 면역시스템에 영향을 미치고 생명을 위협하는 AIDS를 야기한다.*
- *레트로바이러스 유사인자는 gag와 pol 유전자와 상동성을 갖는 유전자를 가졌다(단, env는 예외).*
- *레트로바이러스 유사인자와 세포 내 염색체에 삽입된 DNA 형태의 레트로바이러스는 긴 말단 반복서열(LTR) 서열로 경계가 표시된다.*
- *레트로포존들은 LTR이 결여되어 있다. 그러나 레트로포존의 한 말단에는 RNA에 poly(A) 꼬리가 붙어 유래된 A : T 염기쌍의 서열을 가지고 있다.*
- *HeT-A와 TART 레트로포존들은 초파리 염색체들의 말단을 구성하는 성분들이다.*

인간의 전이인자

인간 유전체는 전체 인간 DNA의 44%를 집단적으로 차지하는 다양한 전이인자들로 구성되어 있다.

인간 유전체에 대한 서열화로, 이제 우리는 우리 인간의 전이인자들에 대한 중요성을 살펴볼 수 있게 되었다. 인간 DNA의 최소 44%는 레트로바이러스 유사인자(유전자 서열의 8%), 레트로포존(33%), 그리고 절단과 접착 기구(cut-and-paste mechanism)에 의한 전이된 DNA 전이요소들(3%)로 구성된다.

주요한 전이인자는 *L1*이라고 불리는 레트로포존이다. 이 인자는 **LINEs(long interspersed nuclear elements)**로 알려진 서열 그룹에 속한다. 완전한 *L1* 인자는 대략 6kb 길이이고, RNA 중합효소 III에 의해 인식되는 내재 프로모터를 가지고 있다. 2개의 ORF(open reading frames)를 갖고 있는데, 핵산과 결합하는 단백질을 암호화하는 ORF1, 그리고 엔도뉴클레아제와 역전사효소의 활성을 갖는 단백질을 암호화하는 ORF2를 가지고 있다. 인간의 유전체는 3,000에서 5,000개의 완전한 *L1* 인자들을 갖고 있다. 이 불완전한 *L1* 인자들은 이동성이 없다. 그리고 5′말단이 잘려져 전이 활성을 잃어버린 불완전한 *L1* 인자들 역시 500,000개 이상 존재한다: 이 불완전한 *L1* 인자들은 이동성이 없다. 유전체 안의 완전형과 불완전형 *L1* 인자 모두 보통 측면에 짧은 목표 자리 중복서열을 갖는다.

L1 인자의 전이는 완전한 *L1* 인자를 RNA로 전사하고 RNA를 DNA로 역전사하는 과정을 거친다(■ 그림 17.15). 두 과정 모두 핵 속에서 일어난다. 그러나 L1 RNA가 역전사되기 전에, 세포질로 이동되어 폴리펩티드로 번역된다. 그리고 그것과 같이 다시 핵으로 되돌아온다. ORF2가 지정하는 폴리펩티드는 염색체 내 예상 삽입 위치의 DNA 이중가닥 중 한 가닥을 자르는 엔도뉴클레아제 기능을 가지고 있다. 이 잘린 DNA 사슬의 노출된 3′끝은 *L1* RNA를 주형으로 DNA 합성을 위한 프라이머로 제공된다. ORF2 폴리펩티드는 역전사효소로 작용한다. 이런 방법으로, *L1* DNA의 서열은 ORF2 폴리펩티드에 의하여 염색체의 한 가닥 흠집에 합성된다. 새롭게 합성된 *L1* DNA는 계속되는 DNA 합성에 의해서 이중가닥으로 만들어지고, 염색체 안으로 통합되므로, 유전체에는 *L1* 인자가 새로 복제된다. 때때로, *L1* RNA의 5′ 영역이 DNA로 복제되지 않는 수도 있다. 이와 같은 현상이 일어나면, 삽입된 *L1* 인자는 5′ 서열과 프로모터가 결핍되므로, 일반적인 전사로는 RNA를 생성하지 못할 것이다. 따라서 이러한 불완전한 *L1* 인자들은 전이 활성을 잃게 될 것이다.

인간의 유전체에는 전이성 활성을 갖고 있는 적은 수의 *L1* 인자가 존재한다. 전이된 이들 인자의 사본은 일부 개인의 유전적 질병 분석을 통해서 발견되었다. 오늘날 VIII 인자 유전자(혈우병의 원인)와 디스트로핀 유전자(근위축증의 원인)에 *L1* 삽입 돌연변이로 인한 14개의 질병이 확인되었다. 그러므로 *L1* 인자의 전이는 매우 드문 현상으로 여겨진다. 인간

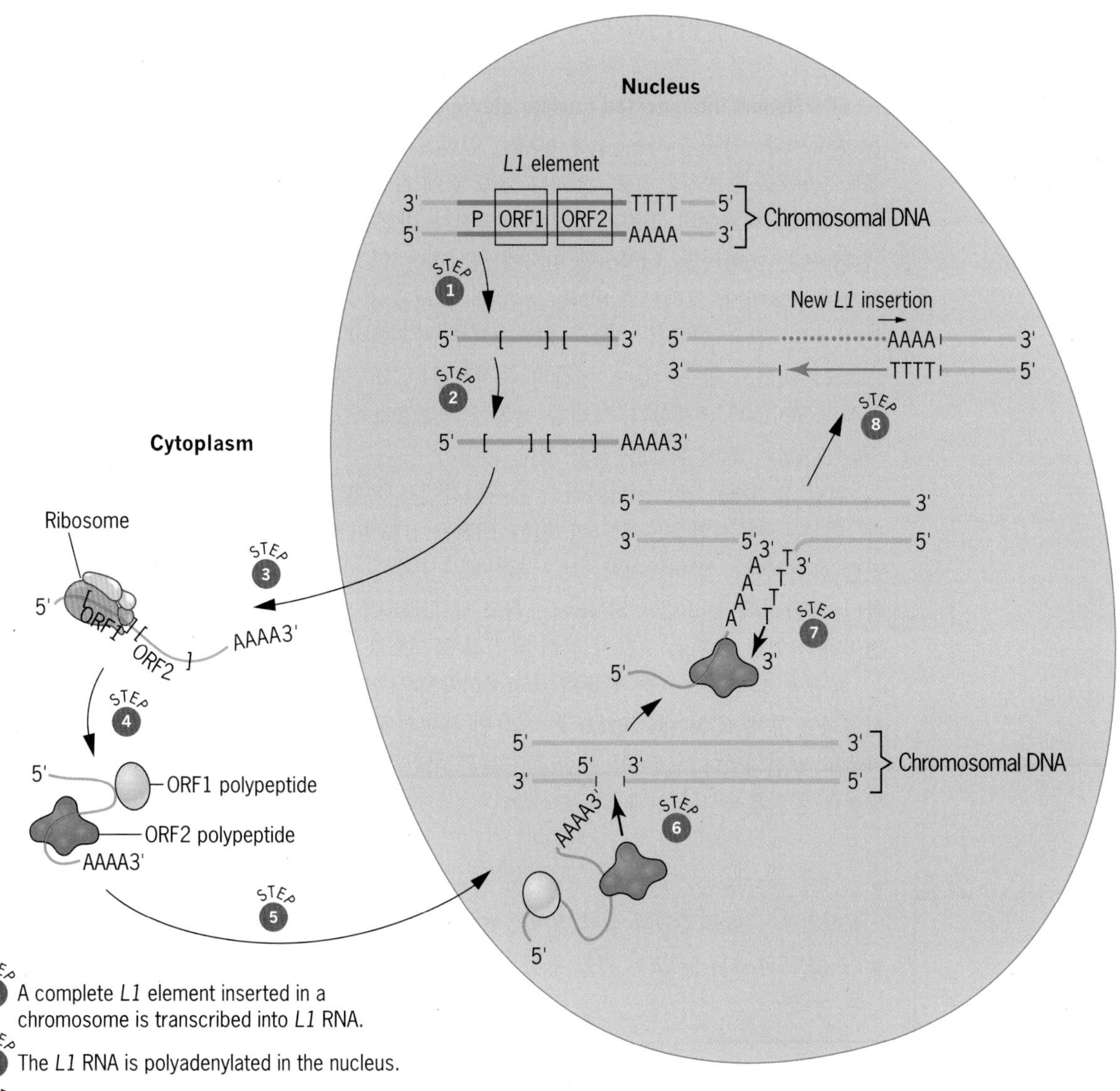

STEP 1 A complete *L1* element inserted in a chromosome is transcribed into *L1* RNA.

STEP 2 The *L1* RNA is polyadenylated in the nucleus.

STEP 3 The polyadenylated *L1* RNA moves into the cytoplasm.

STEP 4 The *L1* RNA is translated into two polypeptides corresponding to each of its ORFs. These polypeptides remain associated with the *L1* RNA.

STEP 5 The *L1* RNA and its associated polypeptides move into the nucleus.

STEP 6 The ORF2 polypeptide nicks one strand of a chromosomal DNA molecule, and the 3' end of the poly(A) tail on the *L1* RNA is juxtaposed to the 5' side of the nicked DNA.

STEP 7 The ORF2 polypeptide exercises its reverse transcriptase function to synthesize a single strand of DNA using the *L1* RNA as a template. The 3' end of the nicked chromosomal DNA serves as the primer for this DNA synthesis.

STEP 8 The newly synthesized single strand of DNA swings into place between the two sides of the nicked chromosomal DNA. Simultaneously, the *L1* RNA is eliminated, and the other strand of chromosomal DNA is nicked to allow for synthesis of a second strand of DNA (dotted line), complementary to the *L1* sequence, in the direction indicated by the thin arrow. All the nicks are repaired to link the newly inserted *L1* element to the chromosomal DNA.

■ **그림 17.15** 인간 유전체 안에서 L1 인자 전이를 위한 가정된 메커니즘. 6-kb의 *L1* 인자는 대부분 두 개의 ORF(open reading frame)인 ORF1, ORF2를 가지고 있고, 공통된 프로모터(P)로부터 전사된다. ORF1에 의해 암호화된 폴리펩티드는 *L1* RNA와 연합되어 RNA가 세포질로 이동하게 한다. ORF2에 의해 암호화된 폴리펩티드는 적어도 두 가지의 촉매작용을 하는 기능이 있다. 첫 번째로, DNA가닥을 자르는 엔도뉴클레아제 기능이다. 두 번째로, 주형 RNA로부터 DNA를 합성하는 역전사효소의 기능이다. 새로 삽입되는 *L1*의 크기는 역전사 효소가 *L1* 주형 RNA를 따라 얼마나 멀리 이동하느냐에 따른다. 만약에 역전사효소가 5'말단에 다다르지 못하면, 삽입은 불완전하게 된다. 불완전한 삽입은 종종 프로모터가 기능을 못하게 만들고 이후의 전이를 위한 *L1* RNA를 만들지 못하게 된다.

유전체는 다른 형태의 LINE 서열인 2종류의 *L2*(315,000 copies)와 *L3*(37,000 copies)를 갖고 있는데, 이들은 전이성 활성은 가지고 있지 않다.

SINES(short interspersed nuclear elements)는 인간 유전체의 전이인자 중 두 번째로 많은 종류이다. 이들 인자는 보통 400bp 길이보다 짧고, 단백질을 암호화하지 않는다. 모든 레트로포존들과 마찬가지로, 그들은 한쪽 끝에 A:T염기쌍의 서열을 가지고 있다. SINE들은 내부 프로모터로부터 전사된 RNA의 역전사 과정을 통해서 전이된다. 자세한 전이과정을 이해하지는 못하지만, LINE-형 인자가 공급하는 역전사 효소가 SINE RNA로부터 DNA의 합성에 필요하다. 그러므로 SINEs는 유전체 안에 증식되어 삽입되기 위해서 LINEs에 의존한다. 이와 같은 면에서 그들은 기능적으로 자율적이고 진정한 레트로포존에 기생하는 레트로포존이라고 할 수 있다. 인간의 유전체에는 *Alu*, *MIR*, 그리고 *Ther2/MIR3* 인자 등 세 종류의 SINEs가 존재한다. 그러나 안쪽에 제한효소가 인식하는 특이 염기서열을 갖고 있는 *Alu* 인자만이 전이 활성을 갖고 있다.

인간 유전체는 레트로바이러스 유사인자에서 유래한 서열을 400,000개 이상 가지고 있다. 대부분 이 서열들은 하나만 있는 LTR들이다. 비록 100개 레트로바이러스 유사인자가 인간 유전체에서 밝혀졌지만, 최근 진화역사상에서 전이성 활성을 갖고 있는 것은 매우 드물다. 불활성화된 LINEs, SINEs, 그리고 레트로바이러스 유사인자들은 그들이 활성을 갖고 전이를 하였던 이후로 시간이 흘러 유전적 화석으로 남은 것이다.

절단과 접착 방식으로 이동하는 전이인자들은 인간 유전체에는 그다지 많지 않다. DNA 서열화를 통해 옥수수의 *Ac/Ds* 인자와 먼 유연관계의 인자 두 가지와, 몇몇 다른 형태의 인자들도 발견되었다. 모든 쓸 만한 증거들은 이런 형태의 전이인자들이 수백만 년 전에 전이 활성을 잃었음을 시사한다.

요점

- *인간의 유전체에는 4종류의 기본적인 전이인자가 존재한다; LINEs, SINEs, 레트로바이러스 유사인자, 그리고 절단과 접착 전이인자(cut-and-paste transposons)이다.*
- *L1 LINE와 Alu SINE는 전이 활성을 갖고 있다; 인간의 다른 전이인자는 활성이 없는 것으로 보인다.*

전이인자의 유전적 그리고 진화적 의미

전이인자들은 유전학자들의 도구로 사용된다. 자연에서 이들은 유전체 진화를 일으킨다.

돌연변이원으로서의 전이인자

전이인자 활성에 의해 종종 자연발생 돌연변이들이 일어난다. 초파리에서 예를 들면, 많은 *white* 유전자좌위의 자연발생 돌연변이들은 전이인자의 삽입에 의한 것이다. 사실 T. H. Morgan에 의해 처음 발견된 *white* 대립유전자 돌연변이인 w^1은 전이인자 삽입에 의한 것이었다. 이들 발견이 의미하는 것은 전이인자들이 강력한 자연적 돌연변이원이라는 것이다. 그들이 유전체를 배회하다 유전자 돌연변이를 일으키고 염색체를 절단한다.

유전학자들은 유전자를 파괴하는 전이인자들의 능력을 이용해왔다. 전이인자 돌연변이화(transposon mutagenesis)는 1970년대와 1980년대 초파리의 *P* 인자를 이용하여 선도적으로 수행되었다. P 계통의 수컷과 M 계통의 암컷을 교배하면 잡종부전현상이 생기는데, *P* 인자는 부계로 유전될 때 강한 활성을 갖는다. 이 인자들이 잡종 자손의 생식계 세포들에서 전이를 일으킬 때 돌연변이를 유발하며 이 돌연변이들은 적절한 교배를 통해 분리될 수 있다. 연구자는 예를 들면 H. J. Muller의 *ClB* 기법(13장 참조)을 이용하여 X 염색체 상에서 발생하는 P-유도성 열성 치사 돌연변이들을 분리해낼 수 있다. 이 유전적 전략으로 유전학자들은 초파리 유전체 안의 거의 모든 유전자들에 *P* 인자를 삽입시킬 수 있다.

다른 형태의 전이인자들도 선충, 어류, 쥐, 그리고 다양한 식물들의 유전체에 돌연변이

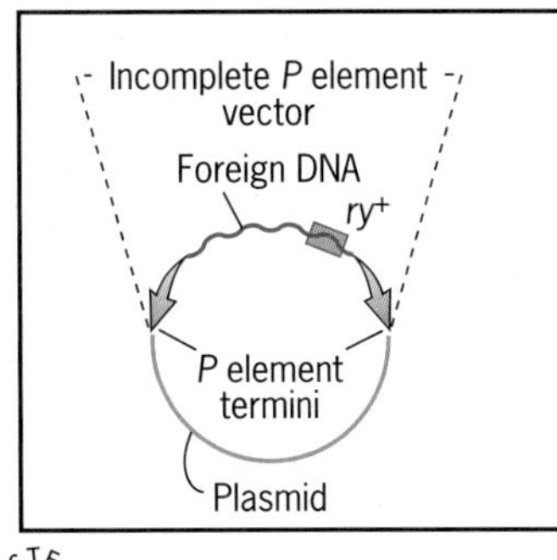

STEP 1 Foreign DNA is inserted into an incomplete *P* element in a plasmid. The insert also contains an eye color gene (ry^+) as a marker. In flies, this gene produces red eyes.

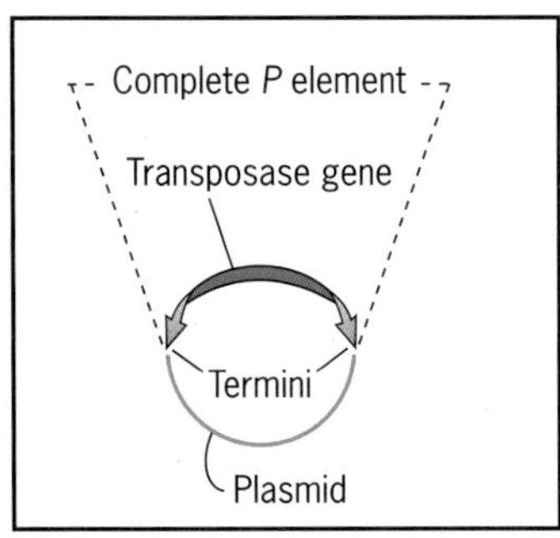

STEP 2 A complete *P* element is inserted into a different plasmid.

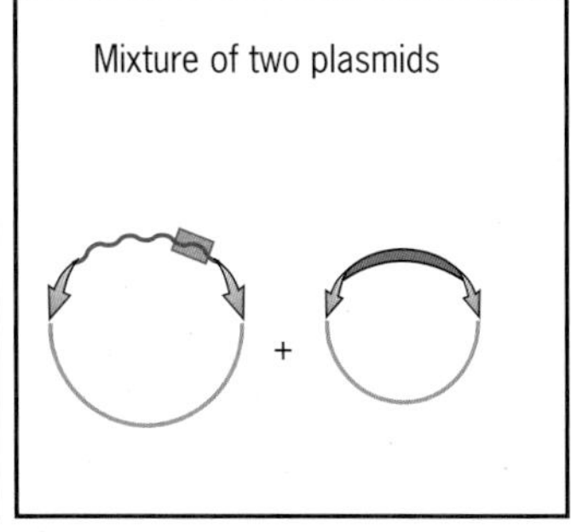

STEP 3 The two plasmids are mixed in solution.

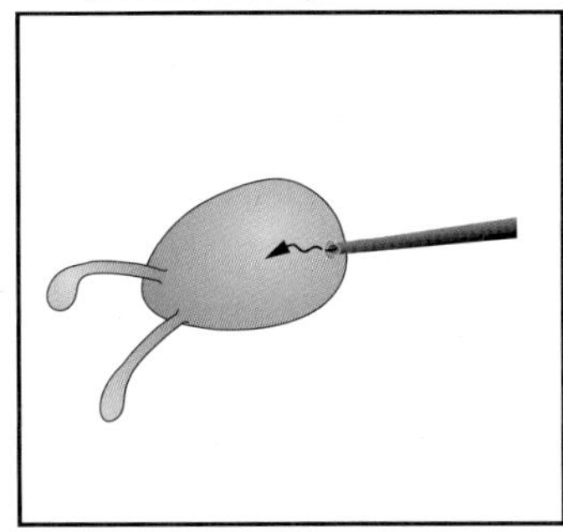

STEP 4 The plasmid mixture is microinjected into a ry^- mutant *Drosophila* embryo. Flies with the ry^- mutation have brown (rosy) eyes.

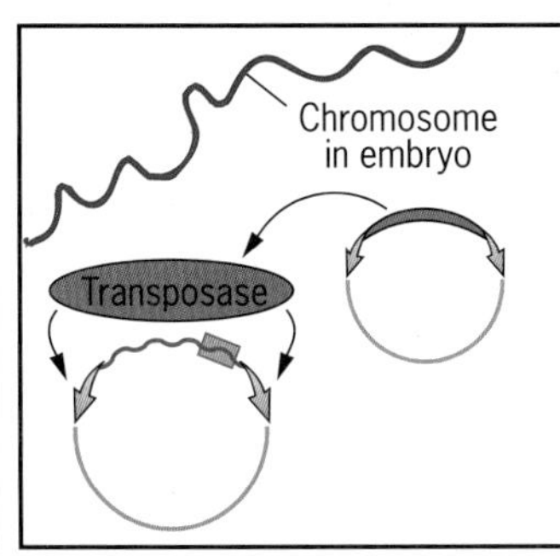

STEP 5 In the embryo's germ line, transposase from the complete *P* element catalyzes excision of the incomplete *P* element from its plasmid.

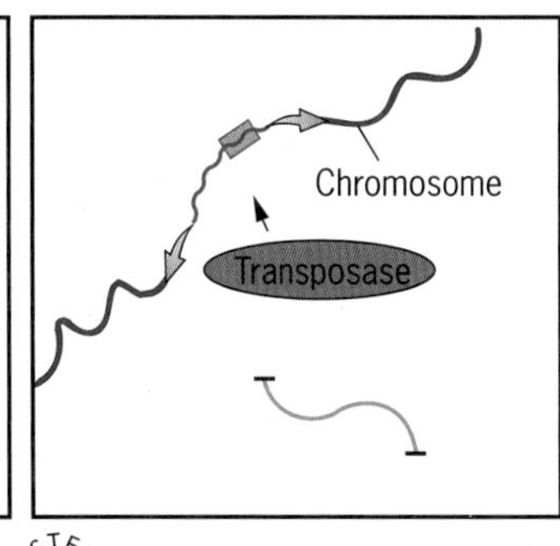

STEP 6 The excised *P* element is inserted into a chromosome in the embryo's germ line.

■ 그림 17.16 노랑 초파리의 *P* 인자 벡터를 이용한 유전적 형질전환. 외래 DNA는 *P* 인자 말단 사이에 삽입되어 완전 *P* 인자에 의해 암호화되는 전이효소의 활성으로 유전체에 통합된다. 유전체에 이 DNA를 가진 초파리를 실험실 배양으로 증식시킬 수 있다.

를 일으키는 데 사용되어 왔다. 전이인자를 이용한 돌연변이화는 전통적인 방법보다 더 좋은데, 그 이유는 전이인자의 삽입에 의해 돌연변이화된 그 유전자가 알고 있는 DNA서열로 "표지되기(tagged)" 때문이다. 이러한 전이인자 표지는, 클론화된 전이인자로부터 만든 탐침자를 이용하여, 크고 복잡한 DNA로부터 해당 유전자를 분리하는 데 사용될 수 있다. **전이인자 표지화(transposon tagging)**에 의한 돌연변이화는 오늘날 표준화된 유전학 기술 중 하나이다.

전이인자에 의한 유전적 형질전환

복합전이인자나 Tn3와 같은 몇몇 대장균 전이인자들은 전이와 관련 없는 유전자들을 운반한다. 이 사실이 의미하는 것은 전이인자들이 유전체 안으로 다른 종류의 유전자를 효율적으로 이동시키는 데 사용될 수 있다는 것이다. 사실상 유전자들이 전이인자의 수하물이 되는 것이다. 또한 생물체 간에 유전자를 이동시키는 데 사용하는 것도 가능하다. 즉, 다른 생물로부터 얻어진 DNA로 또다른 생물을 형질전환시킬 수 있다.

이 아이디어는 루빈(Gerald Rubin)과 스프래들링(Allan Spradling)에게 전이인자가 한 생물체 안으로 클론화된 유전자를 운반할 수 있으리라는 영감을 주었다. 그들은 초파리의 눈 색을 조절하는 많은 유전자 중 하나를 선택하였다. 그것은 크산틴 탈수소효소(xanthin dehydrogenase)를 지정하는 *rosy*(*ry*)라 불리는 유전자였다. 초파리가 야생형 대립인자 ry^+를 동형접합성으로 가지면 붉은 눈을 가지나, 이 효소가 부족한 동형접합성 *ry* 돌연변이는 갈색 눈을 갖는다. 루빈과 스프래들링은 재조합 DNA 기술을 이용하여 박테리아 플라스미드 안에 클론화된 불완전 *P* 인자 안으로 ry^+ 유전자를 삽입시켰다(■ **그림** 17.16). 우리는 이 재조합 인자를 $P(ry^+)$라 한다. 다른 플라스미드에는 *P* 인자 전이효소를 지정할 수 있는 완전 *P* 인자를 클론화하였다. 루빈과 스프래들링은 돌연변이 *ry* 대립인자가 동형접합성인 초파리 알에 두 플라스미드를 주사하였다. 그들은 완전 *P* 인자에 의해 전이효소가 만들어지고, ry^+ 유전자를 운반하는 불완전 인자가 생식세포계의 염색체 안으로 들어가기를 바랐다. 주사된 초파리가 성충이 된 후 루빈과 스프래들링은 그들을 *ry* 돌연변이들과 교배하였다. 자손 중에서 그들은 많은 붉은 눈을 가진 개체들을 발견했다. 계속된 분자 수준의 분석에서 이들 붉은 눈 초파리들은 $P(ry^+)$ 인자를 갖고 있었다. 사실상, 루빈과 스프래들링은 야생형의 *rosy* 유전자를 초파리의 유전체에 삽입시킴으로써 돌연변이 눈 색을 교정하였던 것이다—즉, 그들은 돌연변이 초파리를 야생형의 초파리에서 얻은 DNA로 유전적 형질 전환을 일으킨 것이었다. 이런 중요한 성공에 대해 더 자세히 알기를 원한다면 Student Companion 사이트에 제공되어 있는 "A Milestone in Genetics: Transformation of *Drosophila* with *P* elements"를 참고하라.

루빈과 스프래들링이 개발한 기술은 클론화된 DNA로 초파리를 형질 전환시키는데 일반적으로 쓰이고 있다. 불완전 *P* 인자는 형질전환 벡터로, 완전 *P* 인자는 주사되는 알의 염색체 안으로 벡터가 삽입되는 데 필요한 전이효소의 공급원으로 쓰인다. 벡터라는 말은 라틴어로 "*운반자*(*carrier*)"라는 의미이다. 이런 의미로 불완전 *P* 인자는 DNA 단편을 유전체 안으로 운반하는 것이다. 실제로 어떤 DNA서열도 벡터 안으로 넣을 수 있고 동물 안으로 삽입시킬 수 있다.

불행하게도, *P* 인자는 다른 종에서는 형질전환 벡터로 효과가 없다. 그러나 유전학자들은 대체할 수 있는 몇몇 전이인자를 찾아내었다. 예를 들면, 나방의 *piggyBac* 전이인자는 많은 다른 종에서 형질전환 벡터로 쓰일 수 있고, 연어의 *Sleeping Beauty* 전이인자는 사람을 포함해서 척추동물에서 작동하므로 유전자 치료를 위한 소재로 개발 중에 있다.

전이인자와 유전체의 구성

어떤 염색체 영역은 전이인자 서열이 특히 풍부하다. 초파리에서 가장 상세한 연구들이 수행되었는데, 전이인자들은 동원체의 이질염색질과, 각각의 염색체 팔의 진정염색질(euchromatin)과 인접해 있는 이질염색질(heterochromatin)에 집중되어 있다. 하지만, 이들 전이인자의 대부분은 돌연변이에 의해 운동성이 없다. 유전적으로 그들은 '주검'과 같다. 그러므로 이질염색질은 퇴화된 전이인자들로 가득한 묘지라고 할 수 있다.

임정기 박사에 의한 초파리의 세포학적인 연구는 전이인자들이 염색체 구조의 진화에

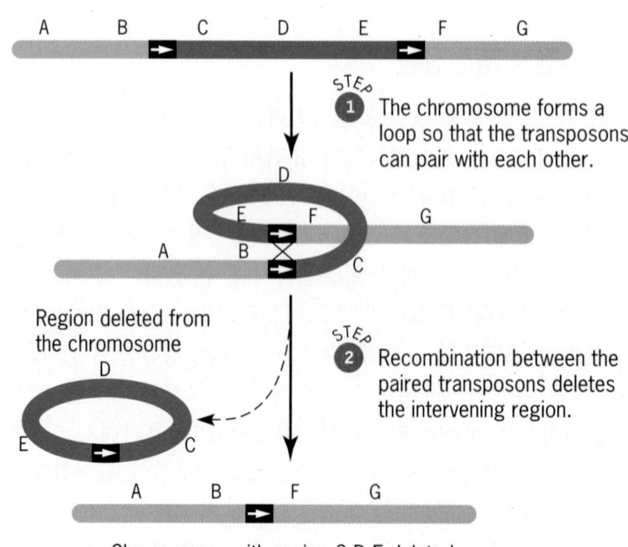

■ 그림 17.17 같은 방향의 두 전이인자 사이에서 발생하는 염색체 내의 재조합에 의한 결실 형성.

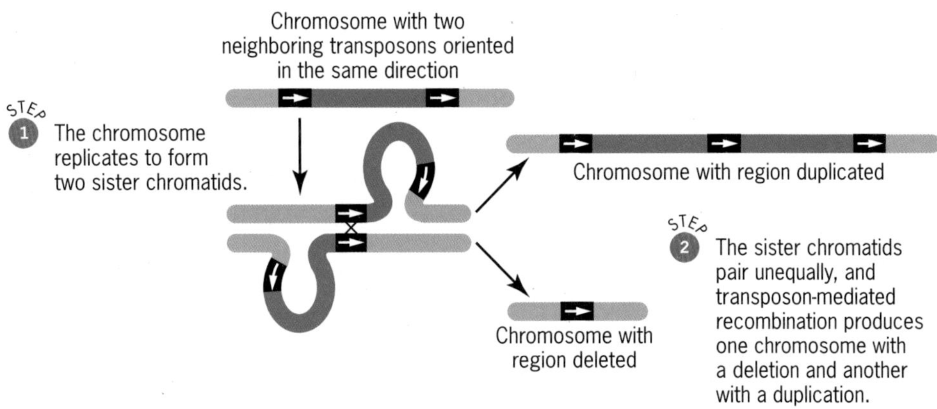
Chromosome with two neighboring transposons oriented in the same direction
STEP 1 The chromosome replicates to form two sister chromatids.
Chromosome with region duplicated
STEP 2 The sister chromatids pair unequally, and transposon-mediated recombination produces one chromosome with a deletion and another with a duplication.
Chromosome with region deleted

■ 그림 17.18 자매염색분체들 사이의 전이인자 매개성 불균등 교차에 따른 중복과 결실.

영향을 끼친다는 증거를 제시한다. 몇몇 초파리 전이인자들은 염색체의 재배열에 연관되었고, 몇몇은 특히 높은 빈도의 재배열을 일으킨다는 것이 그것이다. 한 가지 가능한 기작은 염색체의 다른 위치에서 있는 상동 전이 인자들 사이에서의 교차이다. 만일 두 전이 인자들이 같은 방향으로 쌍을 이루고 교차된다면, 그들 사이의 절편은 소실될 것이다(■ **그림 17.17**).

다른 염색체에 위치하는 전이인자 사이에 교차가 일어나는 것 또한 가능하다. ■ **그림 17.18**은 전이인자의 교차가 두 자매 염색분체 사이에서 일어나는 예를 보여준다. 각 염색분체들은 같은 방향의 이웃한 전이인자들을 갖고 있다. 이 교차로 이후의 한 염색분체에서는 두 전이인자 사이의 절편이 결실되고, 다른 한 염색분체에서는 이 절편이 중복된다. 이웃한 전이인자들 간의 교차는 염색체 단편의 중복이나 결실을 일으킬 수 있어 유전체 영역을 확장시키거나 축소시킨다.

요점

- *전이인자들은 돌연변이를 유발하는 유전 연구에 사용된다.*
- *전이인자들은 유전체 내에서, 또 유전체들 사이에서 DNA를 운반하는 벡터로 사용된다.*
- *전이인자 쌍들 간의 교차는 염색체 재배열을 만들 수 있다.*

기초 연습문제

기본적인 유전분석 풀이

1. 박테리아의 환형 플라스미드에 삽입된 *IS* 인자를 그리고 (a) 전이 효소 유전자, (b) 역위 말단반복서열, (c) 목표 자리 중복의 위치를 지적하라.

답:

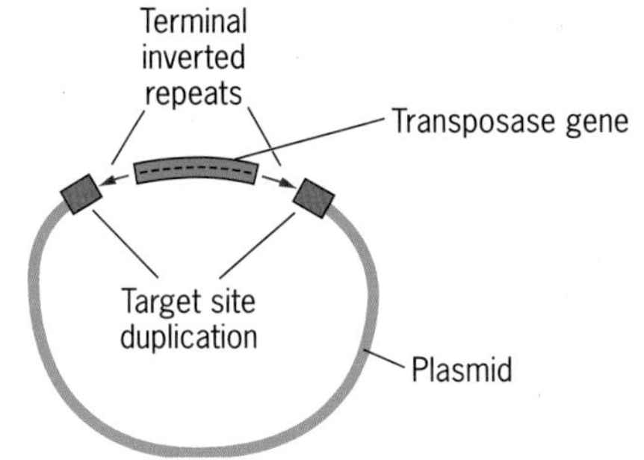
Terminal inverted repeats
Transposase gene
Target site duplication
Plasmid

2. 옥수수 염색체의 팔 안으로 *Ds* 인자가 삽입되기 위하여 어떤 요인이 존재하여야 하는가?

답: *Ds* 인자가 움직이기 위해서는 *Ac* 인자가 갖고 있는 전이효소가 있어야 한다. 그러므로 *Ac* 인자가 옥수수 유전체 안에 존재해야만 한다.

3. 유전학자가 두 계통의 초파리를 가지고 있다. 하나는, *P* 인자가 전혀 없는 오랫동안 실험실에서 유지되어온 흰 눈(w) 계통이고, 다른 하나는 과일가게에서 채집된 야생형 초파리들로 초파리의 유전체 속에 *P* 인자를 가지고 있다. 다음 교배 중에 자손에서 잡종부전 현상이 예측되는 것은? (a) 흰 눈 암컷 × 야생형 수컷, (b) 흰 눈 수컷×야생형 암컷, (c) 흰 눈 암컷 × 흰 눈 수컷, (d) 야생

형 암컷 × 야생형 수컷

답: (a) 흰 눈 암컷 × 야생형 수컷. 흰 눈 암컷의 유전체에는 *P* 인자가 존재하지 않아 M 세포형이다. M 세포형은 *P* 인자가 존재한다면 활성을 가질 수 있는 조건이다. 이 조건은 알을 통해서 자손으로 전달된다. 야생형 수컷은 유전체 속에 *P* 인자를 가지고 있고, 이들 인자의 활성을 억제시키는 P 세포형을 가진다. 그러나 P 세포형은 정자를 통해서 전달할 수 없다. 그러므로 야생형 수컷을 흰 눈 암컷과 교배하면, 자손들은 아버지로부터 *P* 인자를, 어머니로부터 M 세포질을 물려받는다. 이러한 인자의 조합은 아버지로부터 물려받은 *P* 인자가 자손의 생식 조직에서 활동성을 가지게 하고, 잡종부전현상이 일어난다.

4. 레트로바이러스(retroviruses)와 레트로바이러스 유사인자(retroviruslike element) 그리고 레트로포존(retroposons) 사이의 유사점과 차이점은 무엇인가?

답: 세 형태의 역요소(retroelement)들 모두 세포 유전체의 새로운 위치로 그들이 RNA를 역전사 효소를 사용하여 DNA 복사본을 전사하여 삽입시킨다. 그리고, 역전사를 촉매하는 효소(역전사효소)는 각 형태의 인자들에 의해 암호화된다. 레트로바이러스와 레트로바이러스 유사인자의 경우 세포질에서 RNA의 역전사가 일어나며, 레트로포존은 핵질에서 역전사가 일어난다. 레트로바이러스와 레트로바이러스 유사인자는 세포질에서 바이러스 또는 바이러스 유사입자를 조립할 수 있는 단백질을 암호화한다. 레트로포존은 그 RNA와 결합하여 핵 안으로 이동하게 하는 다른 단백질을 암호화한다. 레트로바이러스의 RNA는 바이러스 입자에 포장되어 세포로부터 방출된다. 이와 같은 방출에는 바이러스 유전체 내의 *env* 유전자에 의해 암호화된 단백질이 필요하다. 레트로바이러스 유사인자나 레트로포존은 *env* 유전자가 없기 때문에 그들의 RNA는 세포로부터 방출되기 위해 포장될 수 없다. 따라서 레트로바이러스는 전염성을 가졌지만 레트로바이러스 유사인자와 레트로포존은 전염성이 없다.

5. 인간의 유전체에는 어떤 전이인자가 가장 풍부한가?

답: *L1*이라고 알려진 LINE은 가장 많은 인간 전이인자이다. 전체 인간 DNA의 대략 17%를 차지하고 있다.

6. 한 염색체 상에 존재하는 같은 종류의 두 전이인자들이 어떻게 그들 사이에 끼인 DNA서열의 결실을 일으키는가?

답: 두 전이인자들이 같은 방향으로 존재하여야 한다. 그 전이인자들 사이의 짝짓기 후에 재조합이 뒤따르게 되면 사이의 염색체 부분이 절제될 것이다. 그림 17.17을 참고하라.

지식검사

서로 다른 개념과 기술의 통합

1. 초파리의 *white* 유전자(w^+)를 불완전 *P* 인자의 중앙에 삽입하여 완전 인자를 갖고 있는 플라스미드와 혼합하였다. 그리고 *white* 유전자가 영 돌연변이(null mutation; w^-)인 동형접합체의 초파리 알에 주사하였다. 성체는 모두 흰 눈을 가졌다. 그러나 플라스미드가 주사되지 않은 흰 눈의 초파리와 교배하였더니 그들의 자손 중 몇몇은 빨간 눈을 가졌다. 이 빨간 눈 자손이 나온 원인을 설명하라.

답: 완전 *P* 인자를 갖고 있는 플라스미드는 주사된 알의 생식세포계에서 *P* 인자의 전이를 촉매하는 P 전이효소를 만든다. 불완전 *P* 인자를 갖고 있는 플라스미드는 이 효소의 목표가 된다. 만일 불완전 *P* 인자가 전이효소에 의해 주사된 배의 염색체로 플라스미드로부터 나와 전이되었다면, 발생된 파리의 생식세포계는 야생형 *white* 유전자의 한 복제물을 갖고 있다(*P* 인자 이동은 생식세포계에 제한된다. 그러므로 불완전 *P* 인자는 눈과 같은 체세포의 염색체에서는 전이되지 않는다). 유전적으로 형질 전환된 파리는 결과적으로 w^-/w^-; $P(w^+)$ 또는 w^-/Y; $P(w^+)$의 생식세포 인자형을 가진다. $P(w^+)$는 불완전 *P* 인자가 w^+ 유전자를 포함하는 것을 나타낸다. 이 인자는 어떤 염색체에도 삽입될 수 있다. 만일, 형질 전환된 파리들이 주사하지 않은 흰 눈 파리와 교배된다면, 자손은 삽입된 $P(w^+)$를 물려받기 때문에 빨간 눈으로 발생된다. 빨간 눈 자손은 불완전 *P* 인자 위의 w^+ 유전자에 의해 흰 눈 돌연변이가 유전적으로 형질전환된 것이다.

2. *Alu* 인자는 인간 염색체에 있는 SINEs 중의 하나이다. 각각의 *Alu* 레트로포존은 약 300 염기쌍으로 되어 있고 역전이 과정동안 *Alu* RNA에서 *Alu* DNA로의 전환을 촉매시키는 역전사 효소를 암호화할 정도로 길지는 않다. 이러한 결핍에도 불구하고, *Alu* 인자는 인간 DNA의 11% 정도(복제수가 100만이 넘음)의 양을 축적시킨다. 인간 계통의 진화적인 역사에서 *Alu*에서 암호화되는 역전사효소 없이 어떻게 이런 굉장한 *Alu* 인자의 확장이 일어났겠는가?

답: *Alu* 인자는 역전사효소나 적어도 다른 하나의 폴리펩티드를 암호화할 수 있을 정도로 큰 *L1* 인자 같은 다른 레트로포존에 의해 암호화된 역전사효소를 "빌려왔을" 것이다. 만약 *L1*이 암호화하는 역전사효소 또는, 몇몇 다른 레트로포존(아마도 다른 LINE)에 의해 암호화된 역전사효소가 *Alu* RNA에 결합할 수 있다면, 역전사 효소가 *Alu* RNA를 *Alu* DNA로 합성하기 위해 사용된다는 것은 있을 법한 일이다. 진화적 시간을 거치는 동안 이러한 과정의 반복으로 인간의 유전체에서 *Alu* 인자의 수많은 복

사본 축적현상을 설명할 수 있다.

3. 사람의 X-연관 유전자인 혈액응고 단백질 factor VIII 유전자에 *Alu* 인자가 삽입되어 생긴 혈우병 돌연변이를 어떤 기술로 증명할 수 있을까?

답: 분자 유전학자들이라면 유전자의 암호화된 서열에 *Alu*가 삽입되어 생긴 혈우병 유전자의 변이를 증명하는 몇 가지 방법을 보여 줄 수 있다. 한 가지 기법은 유전체에 대한 서던 블롯(Southern blotting)이다. 혈우병 환자의 유전체 DNA는 다른 제한 효소에 의해 분해되어 전기영동 젤에 의해 크기에 따라 분리될 수 있고 DNA-결합 막에 부착될 수 있다. 부착된 DNA 단편은 복제된 *인자(factor) VIII* 유전자로부터 만들어진 DNA 탐침자와 혼성화시킨다. 이렇게 혼성화된 DNA의 단편의 크기를 분석함으로써 돌연변이 유전자의 제한지도(restriction map)를 작성하고 그것을 비돌연변이 유전자 지도와 비교하는 것이 가능하다. 이러한 비교로 돌연변이 유전자에 삽입이 일어난 것을 알 수 있다. 또한 삽입된 유전자의 서열도 알 수 있다(*Alu* 인자는 제한효소에 의해 단편으로 잘려진다. *Alu* I 제한효소를 그 단편 분석에 사용할 수 있다). 더 간단한 기법으로는 PCR(Polymerase Chain Reaction)을 이용해서 *인자 VIII* 유전자를 암호화하는 서열부분을 증폭시키는 것이다. 프라이머 한 쌍이 암호화된 서열의 적절한 위치에 결합하면 증폭 반응에 사용될 수 있을 것이다. 각 프라이머 쌍으로 *인자 VIII* 유전자를 증폭시킬 수 있다. PCR 산물의 크기는 전기영동으로 분석한다. 유전자의 특정 단편에 있는 *Alu* 삽입물은 단편의 크기가 약 300bp까지 증가할 것이다. *Alu* 삽입물은 정상보다 더 큰 PCR 산물의 DNA서열을 결정하는 것으로 최종적으로 확인될 수 있다.

연습문제

이해력 증진과 분석력 개발

17.1 아래 DNA서열의 염기 중에서 박테리아의 IS 인자의 말단반복서열을 나타낸 것은? 그 이유를 설명해보라.

(a) 5′-GAATCCGCA-3′와 5′-ACGCCTAAG-3′
(b) 5′-GAATCCGCA와 5′-CTTAGGCGT-3′
(c) 5′-GAATCCGCA와 5′-GAATCCGCA-3′
(d) 5′-GAATCCGCA와 5′-TGCGGATTC-3′

17.2 아래 DNA서열의 염기 중에서 IS*50*인자의 삽입이 일어난 곳을 알 수 있는 목표 자리 중복을 나타낸 것은? 그 이유를 설명해보라.

(a) 5′-AATTCGCGT-3′와 5′-AATTCGCGT-3′
(b) 5′-AATTCGCGT-3′와 5′-TGCGCTTAA-3′
(c) 5′-AATTCGCGT-3′와 5′-TTAAGCGCA-3′
(d) 5′-AATTCGCGT-3′와 5′-ACGCGAATT-3′

17.3 스트렙토마이신에 대한 저항성을 가지는 대장균의 한 계통과 암피실린에 저항성이 있는 다른 계통이 있다. 두 계통을 함께 배양하여 스트렙토마이신과 암피실린이 포함된 배지에 도말하였다. 그 결과 몇 개의 군락이 나타났다. 이 세포들이 두 항생물질에 저항성을 갖고 있다는 것을 알아냈다. 이중 저항성을 갖게 되는 메커니즘에 대해 설명해보라.

17.4 박테리아의 IS 인자와 Tn*3* 인자의 차이점은?

17.5 대장균 염색체에서 유전자의 원형순서는 **A B C D E F G H** 이다. 여기서 *표시는 서로 접착하는 염색체의 말단을 표시한다. 두 IS 인자의 복제물들이 이 염색체의 *C*와 *D* 유전자 사이와 *D*와 *E* 유전자 사이에 각각 위치한다. 또한 F 플라스미드에 단일 인자복제물이 존재한다. F 플라스미드가 염색체에 통합된 2가지 Hfr 균주가 얻어졌다. 접합하는 동안 한 계통은 *D E F G H A B C* 순서로 염색체의 유전자를 운반한다. 그리고 다른 것은 *D C B A H G F E*의 순서로 운반한다. 이들 두 Hfr 계통의 기원을 설명해보라. 왜 그들은 다른 순서로 유전자를 이동시키는가? 대장균 염색체의 유전자 전이순서로 IS 인자의 방향을 알 수 있는가?

17.6 복합전이인자인 Tn*5*는 세 개의 항생제 저항성유전자의 양 옆에 위치하는 두 개의 IS*50* 인자로 구성된다. 완전한 단위인 IS*50*L kan^r ble^r str^r IS*50*R은 대장균 염색체에서 새로운 위치로 전이할 수 있다. 하지만, 두 IS*50*인자 중 IS*50*R만이 활성이 있는 전이효소를 생산한다. 복합전이인자 Tn*5*로부터 IS*50*R이 이탈되어 다른 염색체로 삽입될 수 있는가? 또한 IS*50*L도 이와 같이 되겠는가?

17.7 대장균의 IS*1* 인자가 우연히 IS2 인자 가까이 삽입되었다. 그들 사이 유전자 sug^+의 어떤 특정 당에 대한 대사능력을 부여한다. IS*1* sug^+ IS2 단위는 합성전이인자가 될 수 있는지를 설명해보라.

17.8 연구자가 IS*50*L *strr* ble^r kan^r IS*50*L 구조를 가진 새로운 Tn*5* 인자를 발견하였다. 이 인자의 기원은 무엇이라 생각하나?

17.9 *tnpA* 유전자의 해독틀 이동 돌연변이를 가진 Tn*3* 인자가 상호통합체를 형성할까? *tnpR* 유전자의 해독틀 이동 돌연변이를 가진 Tn*3* 인자가 상호통합체를 형성하겠는가?

17.10 Tn*3*의 복제성 전이에는 어떤 효소가 필요한가? 그것의 기능은 무엇인가?

17.11 세균의 전이인자가 의학의 임상치료에서 갖는 의미는?

17.12 옥수수의 *Ac* 전이인자의 구조를 서술하라. 어찌하여 *Ds* 전이인자는 *Ac* 전이인자와 구조적으로, 기능적으로 다른가?

17.13 동형접합조건에서 *c* 유전자의 결실돌연변이 c^n은 흰색의 옥수수 낟알을 만들었다. 우성 야생형 대립유전자 *C*는 자주빛 낟알을 만든다. 새로운 *c* 유전좌위의 열성돌연변이로 규명한 c^m은 같은 표현형으로 흰색 낟알을 만든다. 그러나 c^mc^m과 c^nc^n 식물을 교배하면 그들은 자주빛 줄무늬의 흰색 낟알을 만들었다. 만일 c^nc^n 식물에 *Ac* 인자가 존재한다면, c^m 돌연변이는 무엇인지 설명해보라.

17.14 옥수수에서 배젖의 질감을 조절하는 *O2* 유전자는 염색체 7번에 위치한다. 그리고 색을 조절하는 *C* 유전자는 9번 염색체에 위치한다. 염색체 7번 유전자는 두 대립유전자를 가진다. 열성 *o2* 유전자는 배젖을 부드럽게, 우성 *O2* 유전자는 단단하게 한다. 9번 염색체 유전자 또한 대립유전자를 가지는데, 열성 c 유전자는 색깔을 나타내고, 우성 C^I 유전자는 착색을 억제한다. C^I 유전자의 동형접합자 계통에 9번 염색체의 *C* 유전자와 동원체 사이에 *Ds* 인자가 삽입되어 있다. 이 인자는 적절한 교배에 의해 *Ac* 인자가 도입되면 활성을 갖게 된다. *Ds*의 활성으로 염색체 절단에 의해 C^I 대립인자를 잃어버리게 된다. $C^I/c/c$ 낟알에서 이와 같은 결실은 흰색 배경에 반점을 나타낸다. 유전학자들은 유전자형 *o2/o2*; C^I *Ds*/C^I *Ds* 계통과 *O2/o2*; *c/c* 계통을 교배하였다. 후자 계통은 유전체 어디엔가 *Ac* 인자를 갖고 있다. 자손들 중에서 단단한 배젖들만 반점을 보인다. 여러분은 *Ac* 인자가 *O2/o2*; *c/c* 계통의 어느 위치에 있다고 말할 수 있는가?

17.15 옥수수에서 열성대립인자 *bz*는, 우성대립인자 *Bz*에 비해 좀 더 밝은 색깔의 호분을 만들어낸다. 동형접합체인 *bz/bz* 식물체의 낟알을 동형접합체 *Bz/Bz* 식물체의 화분으로 수정하면, 그 결과 어두운 바탕 위에 약간의 밝은 점이 존재하는 낟알이 생긴다. 이 현상에 대하여 설명해보라.

17.16 X-연관된 *singed* 유전좌위는 초파리의 성체의 강모(bristles) 형성을 조절하는 좌위 중의 하나이다. 돌연변이 *singed* 대립인자가 반수체인 수컷은 강모가 굽고 꼬여있으며 크기도 작다. *P* 인자가 삽입된 *singed* 좌위가 *P* 인자가 이탈되면 다시 야생형으로 되돌아가기도 한다. 어떤 조건이 이렇게 다시 대립인자가 회복되게 하는가?

17.17 초파리에서 잡종부전은 *P* 인자 전이의 결과로 돌연변이 비율을 높인다. 어떻게 이런 상황을 이용하여 X 염색체 상에 *P* 인자가 삽입된 돌연변이를 얻을 수 있겠는가?

17.18 노랑초파리의 *P* 인자 삽입에 의한 *white* 유전자 돌연변이와 야생형 *white* 유전자로부터 DNA를 정제하여 변성시키고 둘을 섞어 재생시켰다. 전자현미경으로 보면 혼성 DNA 분자는 어떻게 보일까?

17.19 완전 *P* 인자들은 M 계통의 알에 주사되었을 때 생식세포의 염색체에 전이된다. 그리고 이들 알에서 키워진 자손들은 새로운 P 계통을 확립하는데 이용할 수 있다. 하지만 완전 *P* 인자들은 이 인자가 없는 모기와 같은 곤충의 알에 주사하면 생식세포의 염색체로 전이되지 않는다. 이러한 염색체 삽입이 다른 곤충에서 실패하는 것은 어떤 *P* 인자 전이 특성 때문인가?

17.20 (a) 레트로트랜스포존이란 무엇인가? (b) 효모와 초파리의 레트로트랜스포존의 예를 들라. (c) 어떻게 레트로트랜스포존이 전이하는가? (d) 레트로트랜스포존이 염색체에 삽입된 후, 다시 빠져 나올 수 있는가?

17.21 때때로 Ty*1* 인자들의 LTR이 효모 염색체 상에서 하나만 발견되기도 한다. 어떻게 이런 단일 LTR들이 생길 수 있을까?

17.22 인트론을 가지고 있는 레트로트랜스포존 유전자가 가능할지 설명해보라.

17.23 *TART* 레트로포존이 각 초파리 유전체의 염색체의 말단소립에 있는지를 결정하는 방법을 제시하라.

17.24 초파리의 *hobo* 전이인자는 내부염색체 재조합(intrachrosomal recombination)을 중재하는 것으로 밝혀졌다. 즉, 두 개의 *hobo* 인자는 동일한 염색체상에서 서로 재조합을 일으킨다. 만일 *hobo* 인자가 염색체 상에서 같은 방향성을 갖고 있다면 재조합의 결과는 어떻게 될까? 만일 그 방향이 반대 방향이라면 어떻게 되나?

17.25 어떤 전이인자는 단순한 유전적 기생물이 아니라는 증거는 무엇인가?

17.26 대략적으로 초파리에서의 자연발생 돌연변이의 반은 전이인자의 삽입에 의해 일어난다. 하지만 인간에서는 대부분의 자연발생 돌연변이가 전이인자의 삽입에 의해서 일어나지 않았다는 증거들이 제시되었다. 이것을 밝힐 수 있는 다른 가설을 제시하라.

17.27 Z. Ivics, Z. Izsvák and P. B. Hackett는 연어의 DNA로부터 움직이지 못하는 Tc1/mariner 그룹의 전이인자를 분리하여 부활시켰다. 그들은 연어전이인자의 전이 기능을 회복시키기 위하여 전이효소 유전자의 12개 코돈을 개조하였다. 개조된 것을 "잠자는 숲 속의 공주(*Sleeping beauty*)"라고 불렀으며, 쥐나 제브라피시 같은 척추동물의 유전적 형질전환 실험에 사용하였다. 당신이 만약 *Sleeping beauty*가 삽입된 *gfp*(green fluorescent protein) 유전자가 포함된 세균 플라스미드가 있다면, *gfp*가 발현되는 쥐나 제브라피시를 어떻게 얻어낼 수 있겠는가?

17.28 인간의 유전체는 약 5,000개의 "가공위유전자(processed pseudogenes)"를 가지고 있다. 가공위유전자는 많은 다양한 유전

자로부터 유래된 mRNA 분자의 DNA 카피의 삽입으로 유래된 것이다. 이러한 위(僞)유전자의 구조를 예측하라. 가공위유전자의 각각의 유형으로 인간 유전체에서 레트로트랜스포존의 새로운 군을 발견할 것으로 기대되는가? *Alu* 군의 카피 수가 그러한 것처럼 가공위유전자의 각 종류의 카피 수가 진화과정에서 주목할 만큼 증가할 것으로 기대되는가? 설명해보라..

18 원핵생물의 유전자발현 조절

장의 개요

- 구성적, 유도적 및 억제적 유전자발현
- 유전자발현의 양성 및 음성 조절
- 오페론: 유전자발현의 공조적 조절
- 대장균의 락토오스 오페론: 유도와 분해대사물 억제
- 대장균의 트립토판 오페론: 억제와 전사감쇄
- 유전자발현의 번역 수준 조절
- 번역후 조절기작

파지요법으로 인간의 이질을 치료하려던 데렐의 꿈

1910년, 프랑스계 캐나다 사람인 미생물학자 펠릭스 데렐(Felix d'Hérelle)은 멕시코에서 엄청난 메뚜기 집단을 몰살시킨 세균성 질병에 대해 연구하고 있었다. 감염된 메뚜기들은 심각한 설사 증세를 보였는데, 죽기 직전에는 거의 순수한 간균의 현탁액을 배설하였다. 데렐은 배설물의 세균을 분리하고 연구하였는데, 세균들이 자라는 한천배지에 원형의 맑은 반점이 나타나는 것을 관찰하였다. 그렇지만, 그는 그 맑은 반점에 있는 물질을 현미경으로 조사하였으나 아무 것도 관찰할 수 없었다. 데렐은 1915년에 파리에 있는 파스퇴르 연구소로 돌아왔고, 그 곳에서 프랑스에 주둔하던 군대에 퍼지고 있던 세균성 이질의 전염에 대해 연구하면서 다시 한 번 세균이 자라서 퍼진 한천 배지 위에 맑은 반점들이 출현하는 것을 관찰하였다. 뿐만 아니라, 그는 이질균(*Shigella*)을 죽이는 정체가 밝혀지지 않은 물질이 세균은 전혀 통과할 수 없는 도자기 필터에도 여과됨을 관찰하였다. 데렐은 1917년에 연구 결과를 발표하였는데, 현미경으로는 관찰되지 않는 세균을 죽이는 물질을 박테리오파지(bacteriophage: 세균-파괴라는 그리스어로부터 유래)라 명명하였다. 비슷한 시기에 영국인 의학 세균학자 프레데릭 W. 트워트(Frederick W. Twort)도 세균을 죽이는 유사한 초현미경적 물질을 관찰하였다. 불행하게도 트워트의 연구는 1차 세계대전 중 왕립 의무부대에 징집됨으로써 중단되고 말았다.

반면, 데렐은 *Shigella*균을 죽이는 초현미경적 물질에 대한 연구를 계속하였다. 그는 자기의 실험 결과에 대해 다음과 같은 의견을 제시하였다. "나는 갑자기 맑은 반점을 만드는 물질이 실제로는 눈에 보이지 않는 미생물로서 필터에 걸리지 않는 바이러스인데, 특히 세균에 기생하는 바이러스라는 것을 깨달았다. '만약 이것이 사실이라면, 지난 밤 위급한 상태의 환자에게도 똑같은 현상이 일어났을 것이다. 즉, 그의 내장 속에서도 나의 시험관 속에서와 같이 이질균이 그들 기생자에 의해 용균되었을 것이다. 그렇다면 이제 그는 치유될 수 있을 것이다' 나는 병원으로 달려갔다. 실제로 지난 밤 동안 그 환자의 상태는 많이 좋아졌으며, 비슷한 현상이 시작되고 있었다"(d'Hérelle, F. 1949. The Bacteriophage. *Science News* 14:44-59).

실제로 데렐은 세균에 의해 유발되는 인간의 질병이 박테리오파지 치료에 의해 치유되고, 심지어는 근절될 수도 있을 것이라는 믿음에 빠졌다. 그러나 불행히도 곧 이런 단순한 박테리오파지 치료가 세균 감염을 치료하는 데 효과적이지 않음이 증명되었는데, 그것은 파지에 저항성을 갖는 세균의 돌연변이가 너무 빨리 일어나기 때문이었다. 그럼에도 불구하고, 데렐의 연구는 완전히 새로운 연구 분야(미생물 유전학)를 탄생시켰으며, 아울러 미생물의 유전자발현의 조절기작에 대한 연구를 예고하였다. 이 장에서 이런 기작들에 대하여 논의하게 될 것이다.

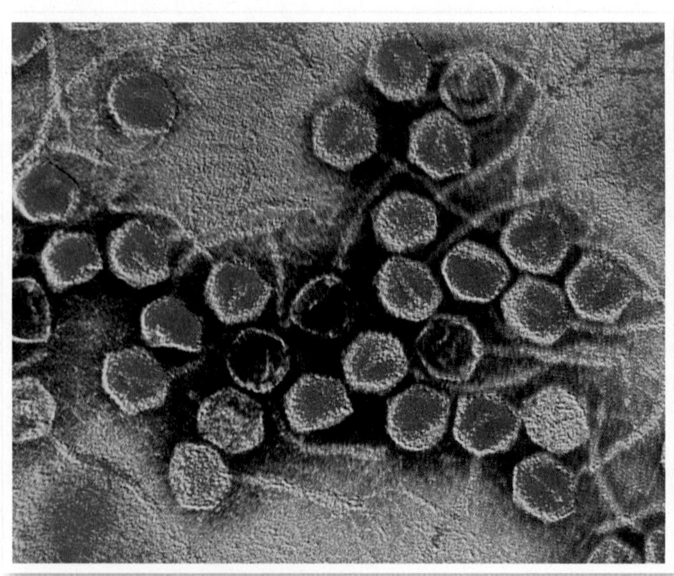

박테리오파지 람다의 전자현미경 사진.

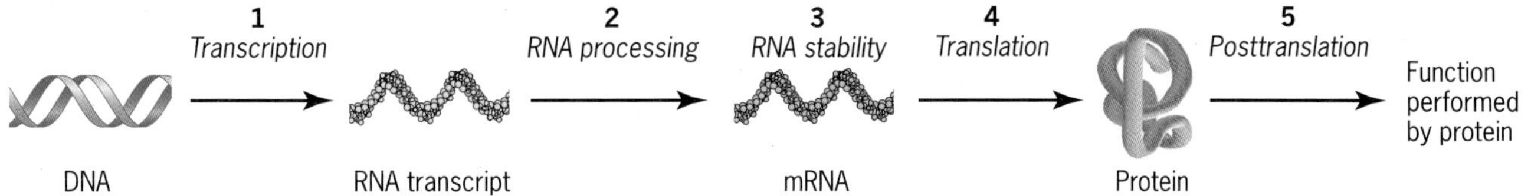

■ 그림 18.1 원핵생물의 5가지 중요한 조절 단계를 보여주는 간단한 유전자발현 경로.

미생물들은 다양한 환경 조건에 적응할 수 있는 탁월한 능력을 보여준다. 이 적응력의 상당한 부분은 환경의 변화에 반응하여 특정 유전자군의 발현을 개시하거나 종결할 수 있는 조절 능력에 의해 얻어진다. 특정 유전자의 발현은 이 유전자의 산물이 성장을 위해 요구될 때 개시되며, 그 유전자 산물이 더 이상 필요 없을 때 발현은 중단된다. 유전자의 전사체와 번역물의 합성에는 상당한 에너지 소모를 요구한다. 특정 유전자 산물이 필요하지 않을 때 유전자발현을 멈춤으로써, 생물체는 에너지를 절약할 수 있고, 절약된 에너지는 최대 성장률을 위해 필요한 산물을 만드는 데 이용된다. 그렇다면 미생물들이 환경의 변화에 대응하여 유전자발현을 조절하는 기작은 어떤 것일까?

원핵생물에서 유전자발현은 몇 가지의 단계 즉, 전사, mRNA 공정, mRNA 분해속도, 번역 및 번역후 공정에 의해 조절된다(■ 그림 18.1). 그렇지만, 표현형에 가장 큰 영향을 미치는 조절기작은 전사 단계에서 이루어진다.

일반적인 전사조절에 대해 밝혀진 내용을 기준으로 했을 때, 다양한 조절기작은 두 가지 범주로 묶을 수 있다.

1. *환경 변화에 대응한 유전자발현의 신속한 개시 및 중단과 관련된 기작.* 미생물들은 종종 갑작스런 환경의 변화를 맞이해야 하기 때문에 이와 같은 조절기작은 매우 중요하다. 이러한 기작으로 인해 미생물들은 광범위한 환경 변화의 조건하에서도 최대의 성장과 번식을 위해 대사과정을 조절할 수 있는 "유연성(plasticity)"을 가진다.
2. *미리 프로그램된 유전자발현 회로 혹은 다단계의 유전자발현 기작.* 이런 경우에는 어떤 변화가 단일 유전자가 아닌 일련의 유전자군의 발현을 촉발시킨다. 유전자들 중 하나(혹은 둘 이상)의 산물(혹은 산물들)은 첫 번째 유전자군의 전사를 멈추게 하거나 혹은 두 번째 유전자군의 전사를 개시하게 한다. 이어서 두 번째 유전자군의 하나 혹은 그 이상의 산물은 세 번째 유전자군의 발현을 개시시키며, 세 번째 유전자군 이후에도 같은 현상이 계속된다. 이런 경우에, 유전자들의 순차적 발현은 유전적으로 미리 프로그램화되어 있으며, 이 유전자들은 이러한 순서가 아니고서는 잘 발현되지 않는다. 이와 같은 프로그램화된 순서에 의한 유전자발현은 원핵생물과 원핵생물을 공격하는 바이러스에서 잘 알려져 있다. 예를 들면, 용균성 박테리오파지가 세균에 침입하였을 때, 바이러스 유전자들은 이미 정해진 순서에 의해 발현되며, 이러한 시간적 순서는 바이러스의 증식과 형태형성에 요구되는 유전자 산물의 요구 순서와 직접적으로 일치한다. 잘 알려진 프로그램화된 유전자발현의 대부분은 발현 회로의 주기성을 보여준다. 예를 들면, 바이러스의 감염 동안 바이러스 DNA(혹은 RNA)를 단백질 외피로 포장하는 일련의 과정은 나중에 자손 바이러스가 새로운 숙주세포에 감염되었을 때도 동일한 유전자발현 순서가 일어나도록 유전적 프로그램을 입력시킨다.

구성적, 유도적 및 억제적 유전자발현

단백질 합성에 관여하는 리보솜 RNA나 단백질들 같이 어떤 세포에서든 기능을 수행하는 필수 구성물을 만드는 유전자는 구성적으로 발현된다. 다른 유전자들은 유전적 산물이 성장을 위해 필요할 때만 발현된다.

유전자 산물들 중, 세포 내 "하우스키핑(housekeeping)" 기능이라 불리는 tRNA 분자, rRNA 분자, 리보솜 단백질, RNA 중합효소, 대사과정을 촉매하는 효소와 같은 분자들은 거의 모든 세포에서 필수적인 요소들이다. 이런 종류의 산물을 생산하는 유전자들은 대부분의 세포에서 연속적으로 발현된다. 이러한 유전자들은 항상 발현되는데, **구성적 유전자(constitutive gene)**라 부른다.

어떤 유전자 산물은 단지 특정 환경 조건하에서만 성장을 위해 요구된다. 더 빠른 성장을 위해 사용될 수 있는 에너지를 필요 없는 유전자 산물의 구성적 생산에 사용하는 것은 낭비적으로 보일 수도 있다. 생명체가 오로지 필요로 하는 시간과 장소에서만 유전자 산물을 합성하도록 하는 조절기작의 진화는 이와 같은 조절기능을 갖지 못한 생물에 비해 분명한 선택적 장점을 부여한다. 이것은 왜 세균과 바이러스를 포함하는 모든 생명체들이 유전자발현의 매우 효율적인 조절기작을 보유하는지에 대한 명백한 이유가 된다.

대장균(*Escherichia coli*)과 대부분의 다른 세균들은 포도당, 설탕, 갈락토오스, 아라비노오스, 락토오스(젖당)와 같은 여러 탄수화물 중 하나만 에너지원으로 존재해도 성장할 수 있는 능력을 갖고 있다. 만약 주변 환경에 포도당이 존재한다면, 대장균은 우선적으로 포도당을 이용할 것이다. 그렇지만, 포도당이 없더라도 대장균은 다른 탄수화물을 이용하여 매우 잘 성장할 수 있다. 예를 들면, 유일한 탄소원으로 락토오스만이 존재하는 배지에서 자라는 세포는 락토오스의 분해과정에만 특별하게 요구되는 β-갈락토시다아제(β-galactosidase)와 β-갈락토시드 퍼미아제(β-galactoside permease) 두 효소를 합성한다. β-갈락토시드 퍼미아제가 락토오스를 세포 내로 유입시키면, β-갈락토시다아제는 락토오스를 포도당과 갈락토오스로 분해한다. 대장균 세포가 더 이상 락토오스를 이용할 수 없다면, 두 효소 모두는 세포 내에서 어떤 용도로도 필요치 않다. 두 효소의 합성은 상당한 에너지의 소모를 요구한다(ATP나 GTP와 같은 형태의 에너지를 필요로 함: 제11장 및 제12장 참조). 그래서 대장균 세포는 락토오스가 존재할 때는 락토오스 대사와 관련된 효소의 발현을 작동시키고 없을 때는 중단시키는 조절기작을 진화시켜 왔다.

자연환경(소화관 내 혹은 하수구)에서 대장균이 포도당은 없고 락토오스만 존재하는 상황을 직면하는 일은 아마도 드물 것이다. 따라서 대장균에서 락토오스 대사와 관련된 효소들을 암호화하는 유전자는 대부분의 시간에는 작동되지 않는다. 락토오스가 아닌 다른 탄수화물이 포함된 배지에서 자라던 대장균을 유일한 탄소원으로 락토오스만이 있는 배지로 옮기게 되면, 그들은 신속히 락토오스의 대사에 필요한 효소들을 합성한다(■ 그림 18.2*a*). 이와 같이 환경에 존재하는 물질에 반응하여 유전자발현이 개시되는 과정을 **유도(induction)**라 한다. 이와 같은 방법으로 발현이 조절되는 유전자들을 **유도성 유전자(inducible gene)**라 하며, 그 산물이 효소인 경우 **유도성 효소(inducible enzyme)**라 부른다.

락토오스, 갈락토오스나 아라비노오스의 분해대사와 같은 **이화(분해) 경로(catabolic pathway)**에 관여하는 효소들은 특징적으로 유도성이다. 다음에 논의되겠지만, 유도는 전사 수준에서 일어난다. 유도는 효소의 합성 속도를 변경시키는 것으로, 현재 존재하고 있는 효소 분자 각각의 활성도의 변화를 유도하는 것은 아니다. 작은 분자가 효소와 결합함으로써 활성도를 증가시키는(그러나 합성 속도에는 영향을 미치지 못하는) 효소 활성화 기작과 유도를 혼돈하지 말아야 한다.

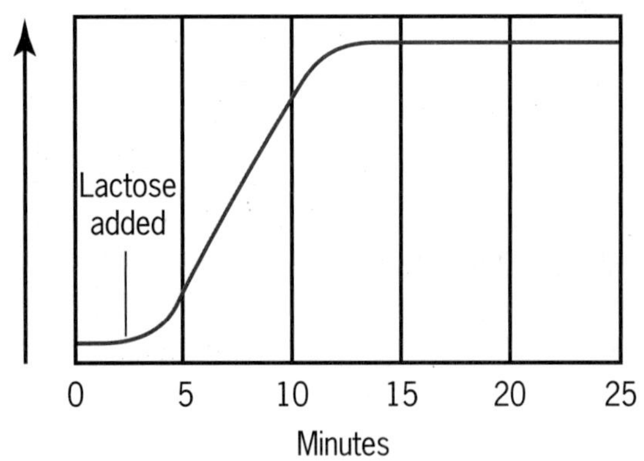

■ 그림 18.2 대장균에서 (*a*) 에너지원인 락토오스 대사를 위하여 요구되는 효소들의 합성 유도와 (*b*) 트립토판 생합성에 요구되는 효소들의 합성 억제. 낮은 수준의 효소 합성은 대사물의 존재 유무와 상관없이 일어남을 주목하라.

세균은 성장을 위해 요구되는 아미노산, 퓨린, 피리미딘, 비타민 등 대부분의 유기분자들을 합성할 수 있다. 예를 들면, 대장균의 유전체는 트립토판의 생합성 과정을 촉매하는 다섯 개의 유전자를 포함하고 있다. 이 다섯 유전자는 대장균이 트립토판이 결핍된 환경에서 계속적인 단백질 합성을 하며 생존하기 위해서는 반드시 발현되어야 한다.

만약 대장균이 최적 성장을 할 수 있을 만큼 충분한 양의 트립토판이 있는 환경에서 살아간다면, 환경으로부터 트립토판을 받아들여 이용할 수 있으므로, 트립토판 생합성 효소들의 계속적인 합성은 에너지의 낭비일 것이다. 따라서 *E. coli*는 외부 환경으로부터 트립토판의 이용이 가능할 때 트립토판 생합성 효소들의 합성을 중단시키는 기작을 진화시켜 왔다(■ 그림 18.2*b*). 이와 같은 방법으로 어떤 유전자의 발현이 중단되는 것을 "억제되었다"고 하며, 이 과정을 **억제(repression)**라 부른다. 해당 유전자의 발현이 다시 작동될 때 "탈억제되었다"고 하며, 이런 반응을 **탈억제(derepression)**라 부른다.

동화(합성) **경로(anabolic pathway)**의 요소로서 활동하는 효소들은 대개 억제성이다. 유도와 마찬가지로 억제도 전사 수준에서 일어난다. 억제를 어떤 생합성 경로의 산물이 그 경로의 첫 번째 효소에 결합하여 활성도를 저해시키는(효소의 합성에는 영향을 미치지 못하는) 피드백 억제(feedback inhibition)와는 혼돈하지 말아야 한다.

요점

- *원핵생물에서 rRNA, tRNA, 리보솜 단백질, DNA 혹은 RNA 중합효소와 같은 하우스키핑 기능을 수행하는 유전자들은 구성적으로 발현된다. 그렇지 않은 유전자들은 대개 그 산물이 요구될 때만 발현된다.*
- *이화 경로에 관여하는 효소들을 암호화하는 유전자들은 보통 그 효소의 기질이 존재할 때만 발현되는데, 이와 같은 발현을 유도성이라 한다.*
- *동화 경로에 관여하는 효소들을 암호화하는 유전자들은 대개 경로의 최종 산물이 존재할 때 발현이 중단되는데, 이와 같은 현상을 억제성이라 한다.*
- *비록 유전자발현의 조절은 여러 수준에서 이루어지지만, 전사 수준의 조절이 가장 일반적인 기작이다.*

유전자발현의 양성 및 음성 조절

어떤 조절유전자의 산물은 하나 혹은 그 이상의 유전자발현을 개시하는데 요구된다. 반면 다른 조절유전자의 산물은 하나 혹은 그 이상의 유전자발현을 중단시키는데 요구된다.

유전자발현의 조절(유도 혹은 발현 개시, 억제 혹은 발현 중단)은 두 가지 기작 즉, 양성 조절기작과 음성 조절기작에 의해 이루어진다. 두 기작에는 다른 유전자의 발현을 조절하는 산물을 만드는 **조절유전자(regulator gene)**가 관여한다. **양성 조절기작(positive control mechanism)**에서는 조절유전자의 산물이 하나 혹은 그 이상의 구조유전자(효소나 구조 단백질의 아미노산 서열을 지정하는 유전자)의 발현을 개시하게 하며, **음성 조절기작(negative control mechanism)**에서는 조절유전자의 산물이 구조유전자의 발현을 중단시킨다. ■ 그림 18.3은 양성 및 음성 조절의 유도성 및 억제성 기작에 대해 설명하고 있다.

RNA 중합효소가 프로모터에 부착하여 암호화 부위를 포함하는 RNA 전사체를 합성하는 유전자발현을 먼저 상기하자(제11장 참조). 조절유전자의 산물은 구조유전자의 프로모터 옆에 위치한 조절단백질 결합자리(regulator protein binding site: *RPBS*)에 결합하여 기능을 수행한다. 조절유전자 산물이 *RPBS*에 결합했을 경우, 양성 조절기작에서는 구조유전자의 전사가 개시되며(그림 18.3, 오른쪽), 음성 조절기작에서는 전사가 중단된다(그림 18.3, 왼쪽). 조절유전자 산물은 양성 조절기작에서는 유전자발현을 활성화시키므로 **활성자(activator)**라 부르고, 음성 조절기작에서는 유전자발현을 저해시키므로 **억제자(repressor)**라 부른다. 조절단백질이 *RPBS*에 결합할 수 있거나 없는 것은 세포 내의 **실행자 분자(effector molecule)**의 존재 유무에 의존한다. 실행자는 대개 아미노산, 당, 혹은 이들로부터 유래한 대사물과 같은 작은 분자들이다. 실행자가 유전자발현의 유도에 관여할 때는 **유도자**

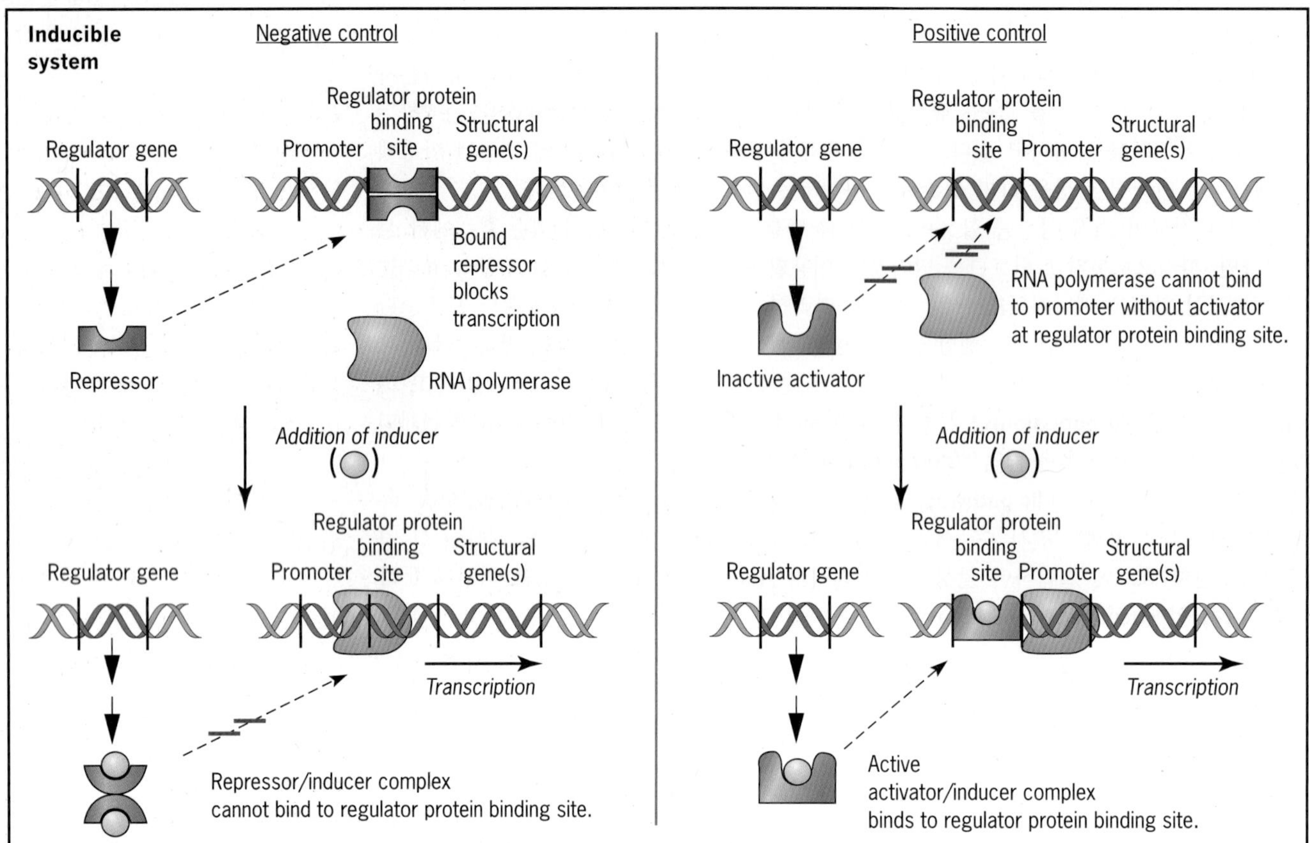

(a)

Repressible system

Negative control

Regulator gene
Promoter
Regulator protein binding site
Structural gene(s)
Transcription
Naked repressor cannot bind to regulator protein binding site.
Addition of co-repressor
Regulator gene
Promoter
Regulator protein binding site
Structural gene(s)
Blocks transcription
RNA polymerase
Repressor/co-repressor complex binds to regulator protein binding site.

Positive control

Regulator gene
Regulator protein binding site
Promoter
Structural gene(s)
Transcription
Active free activator binds to regulator protein binding site.
Addition of co-repressor
Regulator gene
Regulator protein binding site
Promoter
Structural gene(s)
RNA polymerase cannot bind to promoter without activator at regulator protein binding site.
Inactive activator/co-repressor complex cannot bind to regulator protein binding site.

(b)

■ 그림 18.3 유도성(*a*) 및 억제성(*b*) 유전자발현의 양성 및 음성 조절기작. 조절유전자 산물이 양성 조절 회로에서는 유전자발현을 개시하는 데 요구되고, 음성 조절기작에서는 유전자발현을 중단시키는 데 요구된다.

(inducer)라 부르고, 유전자발현의 억제에 관여할 때는 **보조억제자(co-repressor)**라 부른다.

실행자(유도자와 보조억제자)는 조절유전자의 산물(활성자와 억제자)에 결합하여 이들 단백질의 3차원적 구조를 변화시킨다. 작은 분자의 결합에 기인한 단백질 구조의 변화를 **알로스테릭 트랜지션(allosteric transition)**이라 부른다. 단백질의 구조적 변화는 종종 단백질 활성화의 변화를 초래한다. 활성자와 억제자의 경우, 실행자의 결합에 의해 초래된 알로스테릭 트랜지션은 대개 발현을 조절하고자 하는 구조유전자의 프로모터 옆에 위치한 *RPBS*에 대한 결합력을 변화시킨다.

음성 유도성 조절기작에서, 유도자의 부재로 인해 자유로운 억제자는 *RPBS*에 결합하여 구조 유전자의 전사를 저해한다(그림 18.3*a*, 왼편). 유도자가 존재하게 되면, 유도자는 억제자와 결합하고, 억제자-유도자 복합체(repressor/inducer complex)는 *RPBS*에 결합하지 못한다. 억제자가 *RPBS*에 결합하지 않은 상태에서, RNA 중합효소는 프로모터에 부착하여 구조유전자의 전사를 개시한다. 양성 유도성 조절기작에서는, 유도자가 없으면 활성자는 *RPBS*에 결합할 수 없으며, 활성자-유도자 복합체(activator/inducer complex)가 *RPBS*에 결합되어 있지 않으면 RNA 중합효소는 구조유전자의 전사를 개시할 수 없다(그림 18.3*a*, 오른편). 따라서 구조유전자의 전사는 유도자가 존재할 때만 개시된다.

음성 억제성 조절기작에서, 구조유전자의 전사는 보조억제자가 없을 경우에 일어나고, 보조억제자가 존재하면 전사는 저해된다(그림 18.3*b*, 왼편). 만약 억제자-보조억제자 복합체(repressor/co-repressor complex)가 *RPBS*에 결합하면, RNA 중합효소에 의한 구조유전자의 전사는 방해된다. 보조억제자가 없으면, 자유로운 억제자는 단독으로 *RPBS*에 결합할 수 없으므로 RNA 중합효소는 프로모터에 결합하여 구조유전자의 전사를 개시한다. 양성 억제성 조절기작에서, 구조유전자의 프로모터에 RNA 중합효소가 결합하여 전사를 개시하기 위해서는 조절유전자의 산물인 활성자는 반드시 *RPBS*에 결합되어야 한다(그림 18.3*b*, 오른편). 만약 보조억제자가 존재하면, 활성자-보조억제자 복합체(activator/co-repressor complex)가 형성되어 *RPBS*에 결합할 수 없으므로, 결과적으로 RNA 중합효소는 프로모터에 부착되지 못하며 구조유전자의 전사는 일어나지 못한다.

이상의 네 가지 조절기작을 정확히 이해하기 위해서는 그들의 핵심이 되는 차이점을 이해하여야 한다. (1) 조절유전자 산물로서 활성화인자는 양성 조절기작에서 유전자발현의 개시에 관여하는 반면, 조절유전자 산물인 억제인자는 음성 조절기작에서 유전자발현의 중단에 관여한다. (2) 양성 및 음성 조절기작 모두에서, 유전자발현이 유도성인지 억제성인지는 자유로운 조절단백질이나 조절단백질-실행자의 복합체가 *RPBS*에 결합하는지에 의해 결정된다.

요점

- *유전자발현은 두 가지 양성 및 음성 조절기작에 의해 조절된다.*
- *양성 조절기작에서는 조절유전자 산물인 활성자가 구조유전자의 발현을 개시하는데 요구된다.*
- *음성 조절기작에서는 조절유전자 산물인 억제자가 구조유전자의 발현을 억제시키는데 요구된다.*
- *활성자와 억제자는 구조유전자의 프로모터 옆쪽에 위치한 조절단백질 결합자리에 부착함으로써 유전자발현을 조절한다.*
- *조절 단백질이 그들의 결합자리에 부착할지 못할지는 조절 단백질과 복합체를 형성하는 작은 실행자의 존재 유무에 의존한다.*
- *실행자를 유도성 시스템에서는 유도자라 부르고, 억제성 시스템에서는 보조 억제자라 부른다.*

오페론: 유전자발현의 공조적 조절 단위

원핵생물에서는 종종 기능이 서로 연관된 유전자들은 오페론이라 부르는 공조적으로 조절되는 유전적 단위로 존재한다.

음성 조절기작의 하나인 **오페론 모델(operon model)**은 1961년 프란코이스 쟈콥(François Jacob)과 잭큐스 모노드(Jacques Monod)가 *E. coli*에서 락토오스의 대사에 필요한 효소들을 암호화하는 유전자

The operon: components

Promoter for regulator gene (PR)
Regulator gene (R)
Operon
Promoter for operon (P)
Operator (O)
Structural genes
SG1 SG2 SG3
Transcription
Translation
Repressor
Effector molecule (inducer or co-repressor)

(a)

The operon: induction

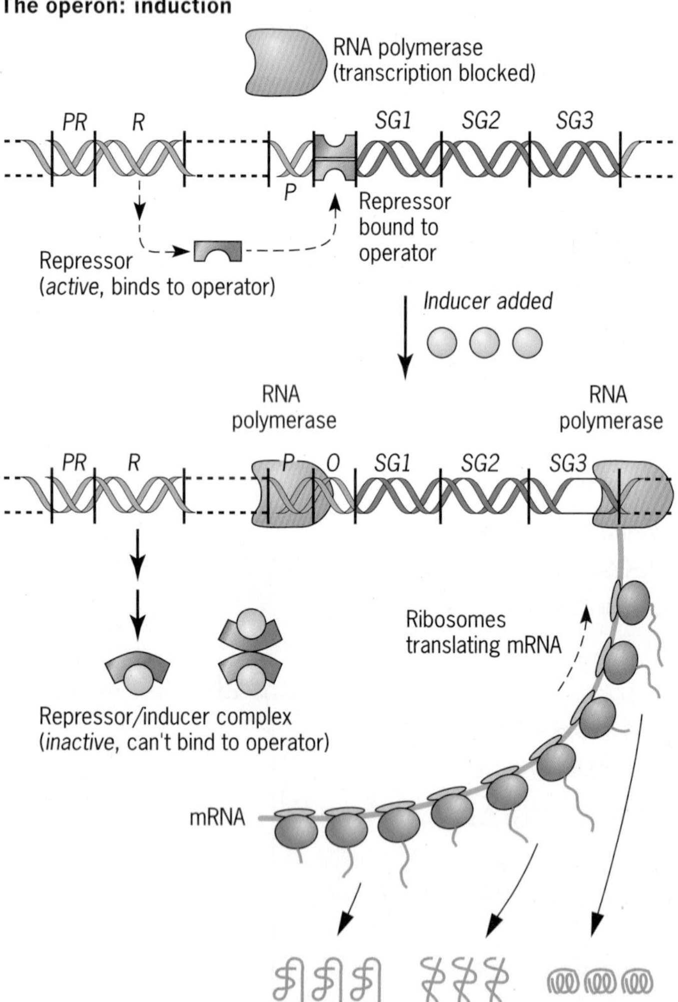

(b)

The operon: repression

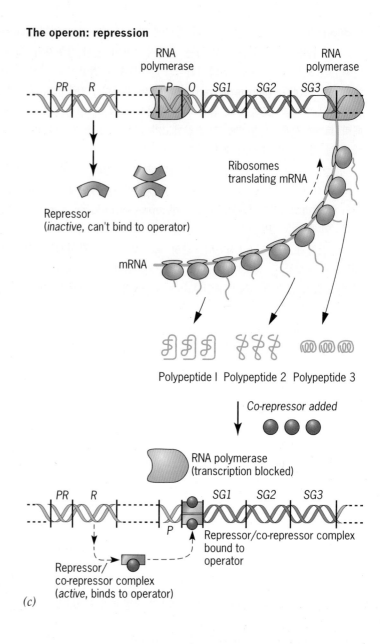

RNA polymerase
RNA polymerase
PR R P O SG1 SG2 SG3
Ribosomes translating mRNA
Repressor (*inactive*, can't bind to operator)
mRNA
Polypeptide I Polypeptide 2 Polypeptide 3
Co-repressor added

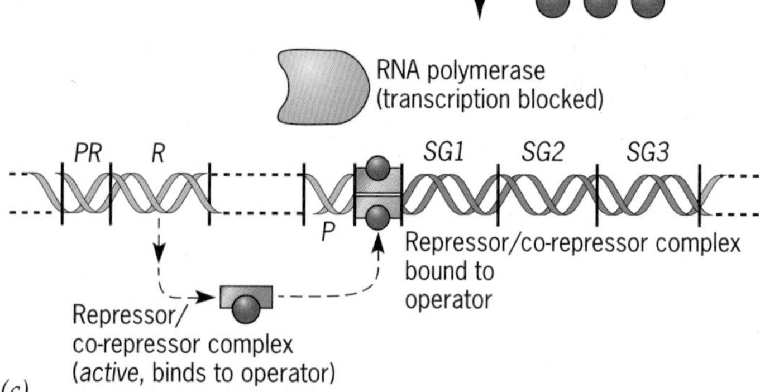

(c)

■ 그림 18.4 오페론 기작에 의한 유전자발현의 조절. (*a*) 오페론의 구성요소: 하나 혹은 그 이상의 구조유전자(그림에서는 *SG1*, *SG2*, *SG3* 세 개가 있음), 인접한 작동자(*O*) 및 프로모터(*P*) 서열. 조절유전자(*R*)의 전사는 조절유전자 프로모터(*PR*)에 부착하는 RNA 중합효소에 의해 개시된다. 억제자가 작동자에 결합하면, RNA 중합효소가 구조유전자의 전사를 개시할 수 없도록 공간적인 방해를 한다. 유도성 오페론(*b*)과 억제성 오페론(*c*)의 차이를 보면, 자유로운 억제자가 유도성 오페론에서는 작동유전자에 부착할 수 있는 반면, 억제자-실행자의 복합체가 억제성 오페론에서는 작동유전자에 부착할 수 있다는 점이다. 따라서 실행자(유도자)가 없으면 유도성 오페론은 작동하지 않으며, 실행자(보조억제자)가 없으면 억제성 오페론은 작동한다.

들의 발현 조절을 설명하기 위해 착안되었다. 오페론 모델을 착안하고 발전시킨 실험 결과들에 대해서는 Student Companion site의 "유전학의 이정표: 쟈콥, 모노드, 그리고 오페론 모델"에서 접하게 될 것이다. 쟈콥과 모노드는 연속적으로 배열된 구조유전자군의 전사가 두 개의 조절 요소에 의해 조절된다는 것을 주장하였다(■ **그림 18.4*a***). 두 요소 중 하나인 억제유전자는 억제자를 암호화하고, 억제자는 적절한 조건에서 두 번째 요소인 **작동자(operator)**에 결합한다. 작동자는 언제나 발현이 조절되는 구조 유전자와 인접하게 위치한다. 다음에 논의하게 될 락토오스 오페론을 포함하여 일부 오페론은 여러 개의 작동자를 가지지만, 여기서는 가능한 기작을 단순화시키기 위해 단일 작동자만 존재하는 것으로 가정하였다.

전사는 구조유전자의 암호화 지역으로부터 바로 앞 상류방향(5′)에 위치한 프로모터에서 시작된다. 억제자가 작동자에 결합하면, 이것은 공간적으로 RNA 중합효소가 오페론에 존재하는 구조유전자들을 전사하지 못하도록 방해한다. 작동자 지역은 언제나 프로모터 지역과 인접해서 존재하는데, 때로는 작동자와 프로모터는 짧은 DNA서열을 공유하며 서로 겹치기도 한다. 작동자 서열은 대개 프로모터와 구조유전자 사이에 위치한다. 구조유전자, 작동자 및 프로모터를 포함하는 완전한 연속적인 단위를 **오페론(operon)**이라 한다(그림 18.4*a*).

오페론에서 억제자가 작동자에 부착하여 구조유전자의 전사를 중단시킬 것인지에 대한 결정은 앞 단원에서 언급한 바와 같이 실행자의 존재 유무에 의해 결정된다. 유도성 오페론과 억제성 오페론의 구분은 자유로운 억제자가 작동유전자에 부착하는지 억제자-실행자 복합체가 부착하는지에 따라 결정된다.

1. 유도성 오페론에서는 자유로운 억제자가 작동자에 결합하여 전사를 중단시킨다(그림 18.4*b*).
2. 억제성 오페론에서는 반대 상황이 나타난다. 즉, 자유로운 억제자는 작동자에 부착할 수 없다. 단지 억제자-실행자(보조억제자) 복합체만이 작동자에 부착할 수 있다(그림 18.4*c*).

자유로운 억제자가 작동자에 결합하는지 억제자-실행자 복합체가 작동자에 부착하는지의 결합 특성 차이 외에는 유도성 및 억제성 오페론은 동일하다.

단일 mRNA 전사체가 오페론의 전체 암호화 정보를 보유한다. 따라서 둘 이상의 구조유전자로 구성되어진 오페론의 mRNA는 다유전자성(multigenic)이다. 예를 들면, *E. coli*의 트립토판 오페론 mRNA는 다섯 개의 서로 다른 유전자의 암호화 서열을 포함한다. 그들은 모두 동시에 전사되므로, 한 오페론 내에서 모든 구조유전자들은 공조적으로 발현이 조절된다. 전사조절의 공조성이 서로 다른 유전자 산물의 분자 수가 동일하다는 것을 의미하는 것은 아니지만(번역 개시의 효율성이 서로 다를 수 있기 때문에), 한 오페론 내의 유전자들에 의해 만들어진 다른 폴리펩티드의 상대적 양은 오페론의 유도와 억제의 상태와 상관없이 언제나 일정하다.

요점

- *세균에서, 기능적으로 관련되어 있는 유전자들은 종종 오페론이라는 공조적 조절 단위로 존재한다.*
- *각 오페론은 구조유전자, 프로모터(RNA 중합효소 결합 부위) 및 작동자(억제자로 불리는 조절단백질의 결합 부위)가 하나의 연속적인 단위로 구성되어 있다.*
- *오페론에서 억제자가 작동자에 결합하게 되면, RNA 중합효소는 구조유전자의 전사를 개시할 수 없다. 만약 작동자가 억제자로부터 자유롭게 되면, RNA 중합효소는 오페론의 전사를 개시할 수 있다.*

대장균의 락토오스 오페론: 유도와 분해대사물 억제

lac 오페론의 구조유전자는 락토오스는 존재하고 포도당은 없을 때만 전사된다.

쟈콥과 모노드는 대장균에서 락토오스(*lac*) 오페론에 대한 연구 결과를 기초로, 오페론 모델을 제안하였다(Student Companion site의 유전학의 이정표:

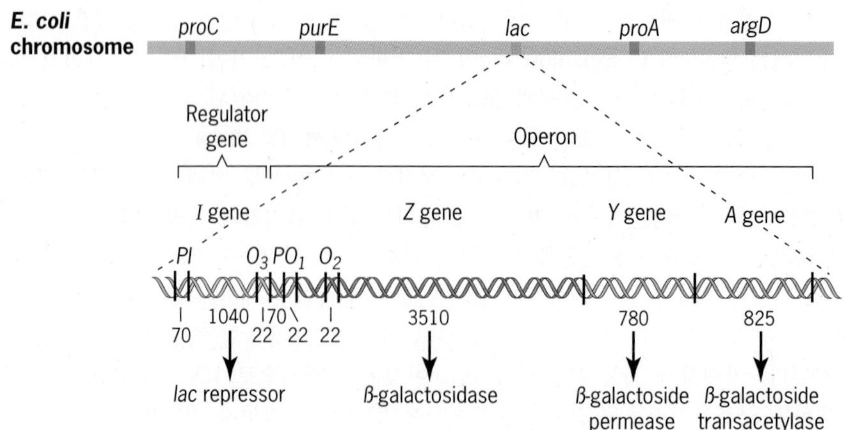

■ 그림 18.5 대장균의 *lac* 오페론. *lac* 오페론은 세 개의 구조유전자 *Z*, *Y*, *A*와 프로모터(*P*), 그리고 세 개의 작동자(O_1, O_2 및 O_3)로 구성된다. 조절유전자(*I*)는 *lac* 오페론의 경우에는 오페론과 인접해서 위치하고 있다. 조절유전자는 자신의 자체 프로모터(*PI*)를 가진다. 다양한 유전적 요소 아래에 표기한 숫자는 DNA 염기쌍의 길이를 나타낸다.

쟈콥, 모노드, 그리고 오페론 모델 참조). *lac* 오페론은 프로모터(*P*), 세 개의 작동자(O_1, O_2 및 O_3) 및 β-갈락토시다아제(β-galactosidase), β-갈락토시드 퍼미아제(β-galactoside permease), β-갈락토시드 트랜스아세틸라아제(β-galactoside transacetylase)를 각각 암호화하는 세 개의 구조유전자 *lacZ*, *lacY*, *lacA*로 구성되어있다(■ 그림 18.5). β-갈락토시드 퍼미아제는 락토오스를 세포 내로 "유입"시키며, β-갈락토시다아제는 유입된 락토오스를 포도당과 갈락토오스로 분해한다(■ 그림 18.6). 트랜스아세틸라아제의 생물학적 기능은 밝혀지지 않았다.

쟈콥과 모노드의 모델에서는 *lac* 오페론이 단일 작동자(O_1)를 가졌다. 그렇지만, 그 후 두 개의 추가적인 작동자(O_2 및 O_3)가 더 발견되었다. 처음에는 O_2와 O_3는 아주 사소한 역할만을 수행하는 것으로 여겼다. 그런데, 베노 뮐러-힐(Benno Müller-Hill) 및 그 동료들은 두 "사소한" 작동자의 결손이 오페론 전사 수준에 큰 영향을 미침을 관찰하였다. 좀 더 최근의 연구는 *lac* 오페론의 효율적인 억제를 위해서는 주 작동자인 O_1 외에 최소한 보조 작동자(O_2 및 O_3) 중 하나를 필요로 한다는 것을 밝혔다. 그럼에도 불구하고, 여기서는 먼저 단일 작동자를 가지는 쟈콥과 모노드의 *lac* 오페론 모델에 대해서만 논의하게 될 것이며, 뒤에 나오는 단원의 "*lac* 오페론의 전사를 조절하는 단백질-DNA 상호작용"에서 모델을 확장하여 세 작동자의 역할에 대해 알아볼 것이다.

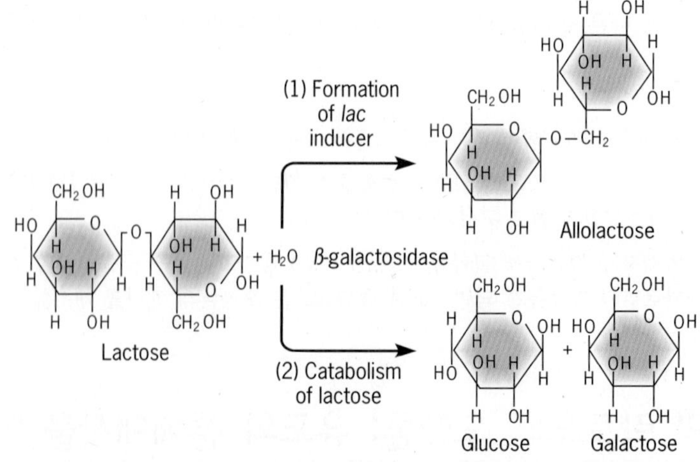

■ 그림 18.6 β-갈락토시다아제가 촉매하는 생리적으로 중요한 두 가지 반응: (1) 락토오스가 *lac* 오페론 유도자인 알로락토오스(allolactose)로 전환되는 것과, (2) 단당류인 포도당과 갈락토오스를 생산하는 락토오스의 분해.

표 18.1

***lac* 오페론에서 억제자 유전자(*I*)와 작동자(*O*) 돌연변이의 표현형적 효과**

Genotype	β–Galactosidase Activity[a] With Lactose	β–Galactosidase Activity[a] Without Lactose	β–Galactoside Permease Activity[a] With Lactose	β–Galactoside Permease Activity[a] Without Lactose	Deduction
$I^+P^+O^+Z^+Y^+$	100 units	1 unit	100 units	1 unit	Wild–type is inducible
$I^+P^+O^+Z^+Y^+$/F' $I^+P^+O^+$ Z^-Y^-	100 units	1 unit	100 units	1 unit	Z^+ is dominant to Z^- Y^+ is dominant to Y^-
$I^+P^+O^+Z^+Y^+$/F' $I^+P^+O^+Z^+Y^+$	200 units	2 units	200 units	2 units	Activity depends on gene dosage
$I^-P^+O^+Z^+Y^+$	100 units	100 units	100 units	100 units	*lacI*$^-$ mutants are constitutive
$I^+P^+O^+Z^+Y^+$/F' $I^-P^+O^+Z^+Y^+$	200 units	2 units	200 units	2 units	I^- is dominant to I^-
I^+P^+ O^c Z^+Y1	100 units	100 units	100 units	100 units	*lacO*^{c} mutants are constitutive
I^+P^+ O^c Z^+Y^-/F' $I^+P^+O^+Z^-Y^+$	100 units	100 units	100 units	1 unit	O^c and O^- are *cis*–acting regulators

[a]Activity levels in wild–type bacteria have been set at 100 units for both β–galactosidase (the product of gene *Z*) and β–galactoside permease (the product of gene *Y*). The *A* gene and its product, β–galactoside transacetylase, are not shown for the sake of brevity.

유도

lac 오페론은 음성적으로 조절되는 유도성 오페론으로 *lacZ*, *lacY*, *lacA* 유전자는 락토오스가 존재할 때만 발현된다. *I*로 표시하는 *lac* 조절유전자는 360개의 아미노산으로 구성된 억제자를 암호화한다. 그렇지만, *lac* 억제자의 활성화 형태는 *I* 유전자 산물 4개로 구성된 4량체(tetramer)이다. 유도자가 없으면, 억제자는 *lac* 작동자에 부착하고, 이어서 RNA 중합효소에 의한 세 구조유전자의 전사가 방해를 받는다(그림 18.4*b*). (쟈콥과 모노드가 발견한 처음의 작동자(O_1)만 그림 18.4, 18.7 및 18.8에는 표시되었음을 주의하기 바람.) 유도되지 않은 상태에서도 *lacZ*, *lacY*, *lacA* 유전자의 산물은 아주 미량으로 존재하여, 이들 효소는 아주 낮은 기본 활성도를 나타낸다. 이런 낮은 효소 활성도의 유지는 *lac* 오페론의 유도에 필수적인데, 그 이유는 *lac* 오페론의 유도자인 알로락토오스(allolactose)가 β-갈락토시다아제의 촉매에 의해 락토오스로부터 만들어지기 때문이다(그림 18.6). 일단 유도자가 형성되면, 알로락토오스는 억제자에 부착하여 작동자로부터 분리시킨다. 이와 같은 방식으로 알로락토오스는 *lacZ*, *lacY*, *lacA* 구조유전자의 전사를 유도한다(그림 18.4*b*).

lacI 유전자, *lac* 작동자 O_1 및 *lac* 프로모터는 모두 *lac* 오페론 유전자의 비정상적인 발현을 보이는 돌연변이체의 분리에 의해 유전적으로 동정되었다. *I* 유전자와 작동자의 돌연변이는 보통 *lac* 유전자 산물의 구성적 합성을 나타낸다. 이들 돌연변이들은 각각 I^-와 O^c로 표기한다. I^-와 O^c 구성적 돌연변이들은 유전자 지도에서 뿐만 아니라, *lac* 구조유전자의 돌연변이에 대해 *cis* 혹은 *trans* 상태의 부분적 이배체들이 보이는 표현형의 차이에 의해서도 구분될 수 있다(표 18.1). 부분 이배체는 염색체 유전자를 가지는 수정(F) 인자인 F′ 인자를 이용하여 제작될 수 있음을 기억하라(제8장). *lac* 오페론을 포함하는 F′ 인자는 오페론의 여러 구성 요소들 간의 상호 작용을 연구하는데 유용하게 이용되어졌다.

반수체 야생형($I^+P^+O^+Z^+Y^+A^+$) 세포와 마찬가지로, 유전자형이 F′ $I^+P^+O^+Z^+Y^+A^+/I^+P^+O^+Z^-Y^-A^-$ 혹은 F′ $I^+P^+O^+Z^-Y^-A^-/I^+P^+O^+Z^+Y^+A^+$인 부분 이배체[부분접합체(merozygote)로도 불림]도 유일한 탄소원으로 락토오스를 사용하기 위해 유도된다. 세 구조 유전자의 야생형 대립유전자(Z^+, Y^+, A^+)는 돌연변이형 대립유전자(Z^-, Y^-, A^-)에 대해 우성이다. 이와 같은 우성은 야생형 대립유전자가 기능을 수행하는 효소를 생산하는 반면, 돌연변이체 대립유전자는 효소를 생산하지 못하거나 결함이 있는 효소를 생산하는 것으로 예상할 수 있다. 유전자형이 $I^+P^+O^+Z^+Y^+A^+/I^-P^+O^+Z^+Y^+A^+$ (I^+/I^-)인 부분 이배체도 역시 *lac* 오페론의 세 효소의 합성에 대해 유도적이다. I^+는 정상적인 억제자 분자를 암호화하는 데 비해 I^- 대립유전자는 불활성화된 억제자를 생산하기 때문에, 예상대로 I^+의 I^-에 대해 우성

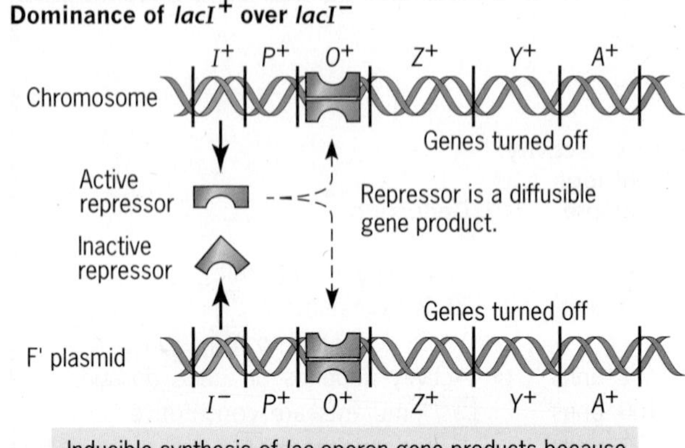

(a)

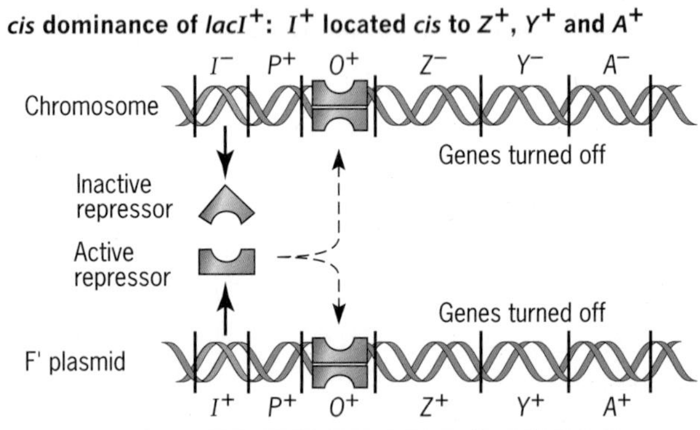

(b)

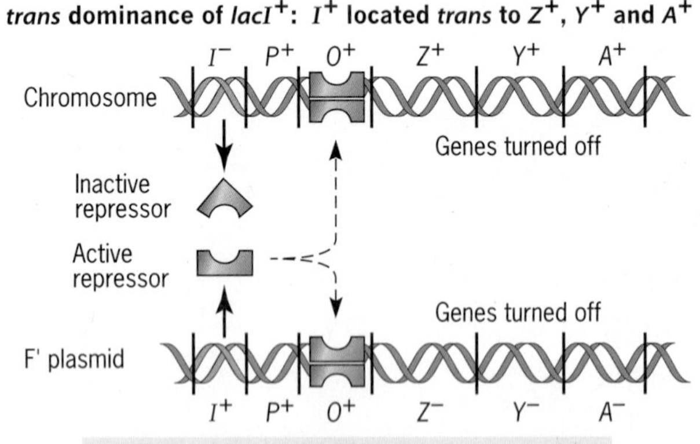

(c)

■ 그림 18.7 대장균의 부분 이배체에 대한 연구에서 $lacI^+$ 대립유전자는 $lacI^-$ 대립유전자에 대해 우성이며(*a*), *lac* 작동자와 *cis*(*b*) 혹은 *trans*(*c*)의 모든 상태에 대해 조절함을 보여주었다. 이런 특성은 *lacI* 유전자 산물이 확산될 수 있음을 의미한다. *lac* 억제자의 기능적 형태는 본래 4량체이지만, 모식도의 단순성을 위해 그림에서는 두 억제자만 결합한 2량체로 표시하였다.

이다. 또한, I^+가 I^-에 대한 우성은, 한 염색체에만 존재하는 $lacI^+$에 의해 생산된 억제자가 확산되어 세포 내의 양 염색체 모두에 존재하는 오페론의 *lac* 구조유전자의 발현을 중단시킨다는 것을 의미한다(■ **그림 18.7*a***).

야생형 세포와 마찬가지로, 유전자형이 F′ $I^+P^+O^+Z^+Y^+A^+/I^-P^+O^+Z^-Y^-A^-$이거나 F′ $I^+P^+O^+Z^-Y^-A^-/I^-P^+O^+Z^+Y^+A^+$인 부분 이배체도 β-갈락토시다아제, β-갈락토시드 퍼미아제 및 β-갈락토시드 트랜스아세틸라아제를 유도한다. 이들 유전자형의 유도성은 *lac* 억제자(I^+유전자 산물)가 $lacI^+$ 대립유전자에 대해 구조유전자들이 *cis*(■ **그림 18.7*b***)나 *trans*(■ **그림 18.7*c***) 어떤 상태로 존재해도 발현을 조절할 수 있다는 것을 의미한다.

작동자의 구성적 돌연변이(O^c)는 단지 *cis* 상태에서만 적용된다. 즉, O^c 돌연변이는 구조유전자와 동일 염색체에 존재할 때만 발현에 영향을 미친다. *O* 돌연변이의 *cis*-작동 성질은 작동자의 기능과 일치한다. 작동자는 억제자에 대한 결합부위로 작용하기 때문에, *O* 돌연변이는 *trans* 방식으로 활동할 수 없다. 작동자는 어떤 종류의 확산 가능한 산물을 암호화하는 것은 아니다. 조절유전자는 단지 확산 가능한 산물을 암호화하기 때문에 *trans* 방식으로 기능을 발휘해야 한다. 따라서 유전자형이 F′ $I^+P^+O^cZ\text{-}Y^-A^-/I^+P^+O^+Z^+Y^+A^+$인 부분 이배체는 *lac* 오페론의 세 구조유전자의 발현에 대해 유도성이지만(표 18.2, ■ **그림 18.8*a***), 유전자형이 F′ $I^+P^+O^cZ^+Y^+A^+/I^+P^+O^+Z^-Y^-A^-$인 부분 이배체는 세 효소의 합성에 대해 구성성을 나타낸다(표 18.2, ■ **그림 18.8*b***).

I^{-d}로 표기하는 일부 *I* 유전자 돌연변이는 야생형 대립유전자(I^+)에 대해 우성이다. 이와 같은 우성은 작동자에 부착하기 위하여 형성된 억제자의 다량체가 야생형과 돌연변이형 폴리펩티드가 모두 섞인 이형다량체(heteromutimer)를 형성하여 기능을 나타낼 수 없기 때문이다(*lac* 억제자는 4량체를 형성하여 기능을 나타낸다는 사실에 주의해야 한다). 다른 *I* 유전자 돌연변이인 I^s(superrepressed)는 *lac* 오페론의 비유도성을 초래한다. I^s를 가지는 세포에서, *lac* 구조유전자는 매우 높은 농도의 유도자가 존재할 때는 유도되지만, 유도자의 정상적인 농도에서는 유도되지 못한다. 이 돌연변이에 대한 세포배양 실험에서, 돌연변이체 I^s 폴리펩티드는 작동 유전자에 부착하기 위한 4량체를 형성하였다. 그렇지만, 돌연변이체는 유도자와 결합하지 못하거나 유도자에 대한 매우 낮은 친화력을 보임이 관찰되었다. 즉, I^s 돌연변이는 *lac* 억제인자의 유도자 결합 자리가 변형된 것이다.

프로모터 돌연변이는 *lac* 오페론의 유도성에 변화를 주지는 않는다. 대신에 유도 혹은 비유도 상태에서, *lac* 오페론 전사의 개시 속도를 변화시킴으로써 유전자발현의 수준을 변경시킨다. 즉, RNA 중합효소의 프로모터에 대한 결합 효율성을 변화시키는 것이다.

lac 프로모터는 실제로 두 개의 분리된 요소를 가진다. 즉, (1) RNA 중합효소 결합자리와, (2) 포도당이 존재할 경우 *lac* 오페론의 유도를 억제하는 분해대사물 활성화 단백질(*c*atabolite *a*ctivator *p*rotein: CAP)에 대한 결합 자리이다. 이 두 번째 조절 기작은 이어서 논의될 것으로, 에너지원으로 포도당의 이용이 가능할 때, 다른 탄소원보다 포도당을 우선적으로 이용할 수 있게 해준다.

분해대사물 억제

포도당이 존재하면 *lac* 오페론은 물론 탄수화물의 이화작용에 관여하는 다른 효소들을 조절하는 오페론들의 유도도 언제나 억제되었다. 이와 같은 현상을 **분해대사물 억제(catabolite repression)** 혹은 *포도당 효과*(*glucose effect*)라 부르는데, 포도당이 다른 효율이 낮은 에너지

표 18.2

***lac* 억제자 유전자(*I*)는 *cis*와 *trans* 모든 배열에서 작동하지만; *lac* 작동자는 *cis* 배열에서만 작용한다**

Genotype	β–Galactosidase Activity[a] With Lactose	β–Galactosidase Activity[a] Without Lactose	β–Galactoside Permease Activity[a] With Lactose	β–Galactoside Permease Activity[a] Without Lactose	Deduction
$I^+P^+O^+Z^+Y^+$	100 units	1 unit	100 units	1 unit	Wild–type is inducible
$I^+P^+O^+\ Z^+Y^+$/F' $I^-P^+O^+\ Z^-Y^-$	100 units	1 unit	100 units	1 unit	
$I^-P^+O^+Z^+Y^+$/F' $I^+P^+O^+\ Z^-Y^-$	100 units	1 unit	100 units	1 unit	I^+ acts both *cis* and *trans*
$I^+P^+O^+Z^+Y^+$/F' $I^+P^+\ O^cZ^-Y^-$	100 units	1 unit	100 units	1 unit	O^+ acts only in *cis*
$I^+P^+O^+\ Z^-Y^-$/F' $I^+P^+O^c\ Z^+Y^+$	100 units	100 units	100 units	100 units	O^c acts only in *cis*

[a]Activity levels in wild-type bacteria have been set at 100 units for both β-galactosidase (the product of gene *Z*) and β-galactoside permease (the product of gene *Y*). The *A* gene and its product β-galactoside transacetylase are not shown for the sake of brevity.

Inducible synthesis of the *lac* operon gene products in an F' $I^+P^+O^cZ^-Y^-A^-/I^+P^+O^+Z^+Y^+A^+$ bacterium

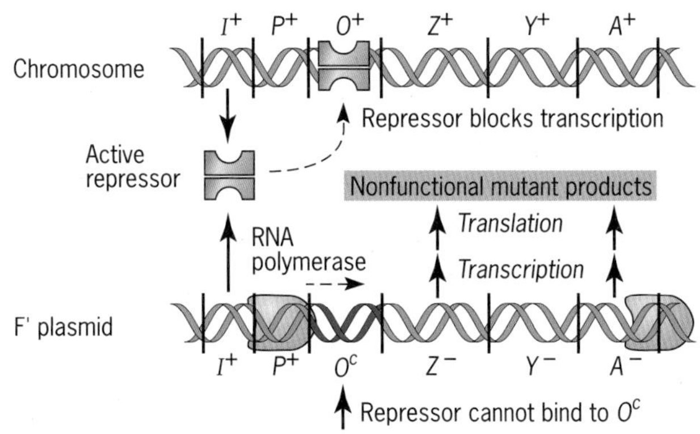

Inducer absent; no functional *lac* operon gene products are synthesized

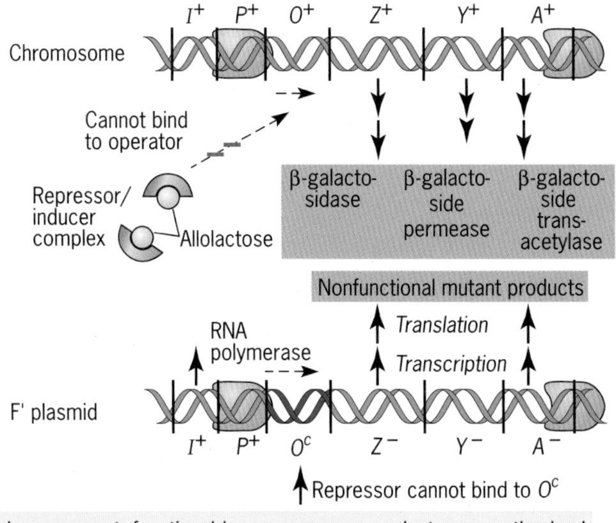

Inducer present; functional *lac* operon gene products are synthesized

(*a*)

Constitutive synthesis of the *lac* operon gene products in an F' $I^+P^+O^cZ^+Y^+A^+/I^+P^+O^+Z^-Y^-A^-$ bacterium

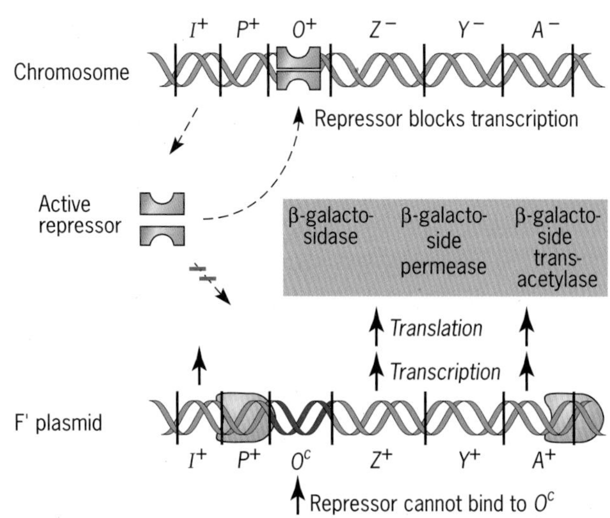

Inducer absent; functional *lac* operon gene products are synthesized

(*b*)

■ 그림 18.8 대장균의 부분 이배체 연구에서 작동자는 오로지 *cis* 상태의 배열에서만 작동한다. 세 효소 β-갈락토시다아제, β-갈락토시드 퍼미아제 및 β-갈락토시드 트랜스아세틸라아제의 합성에 있어, (*a*) 부분 이배체의 유전자형이 *F'* $I^+P^+O^cZ^-Y^-A^-/I^+P^+O^+Z^+Y^+A^+$인 경우 유도성을 나타내며, (*b*) 부분 이배체의 유전자형이 *F'* $I^+P^+O^cZ^+Y^+A^+/I^+P^+O^+Z^-Y^-A^-$인 경우는 구성성을 나타낸다. 이와 같은 결과는 작동자(*O*)는 *cis* 활동성으로, 구조유전자와 동일 염색체에 위치할 때만 조절이 가능함을 의미한다.

문제 풀이 기술

lac 오페론에 대한 이해력 테스트

문제

다음 표는 *E. coli*의 *lac* 좌위에 대해 서로 다른 유전자형을 가진 세포들에 대한 β-갈락토시다아제와 β-갈락토시드 퍼미아제 효소의 상대적 활성도를 보여준다. 야생형 세포의 각 효소가 유도된 수준에서 보여주는 활성도를 임의로 100 unit로 표시하고, 다른 세포에서의 효소 활성도는 야생형의 활성도와 상대적으로 표시하였다. 유전자형 1에서 4로부터 얻어진 데이터를 참조하여, 유전자형 5에서 예상되는 효소 활성도를 결정하여 주어진 ( )를 채워라.

	β-갈락토시다아제		β-갈락토시드 퍼미아제	
유전자형	−유도자	+유도자	−유도자	+유도자
1. $I^+O^+Z^+Y^+$	0.2	100	0.2	100
2. $I^-O^+Z^+Y^+$	100	100	100	100
3. $I^+O^cZ^+Y^+$	75	100	75	100
4. $I^-O^+Z^+Y^-$/F' $I^-O^+Z^+Y^+$	200	200	100	100
5. $I^-O^cZ^-Y^+$/F' $I^+O^+Z^+Y^+$	( )	( )	( )	( )

사실과 개념

1. *lacZ*와 *lacY* 유전자는 각각 β-갈락토시다아제와 β-갈락토시드 퍼미아제 효소를 암호화한다. β-갈락토시드 퍼미아제는 락토오스를 세포 내로 운반하며, β-갈락토시다아제는 락토오스를 포도당과 갈락토오스로 분해한다. $lacZ^+$와 $lacY^+$ 대립유전자는 기능성 효소를 만들고, $lacZ^-$와 $lacY^-$ 대립유전자는 비기능성 유전자 산물을 만든다.
2. 야생형 *E. coli* 세포에서, $lacZ^+$와 $lacY^+$ 유전자는 락토오스가 존재할 때만 전사된다. β-갈락토시다아제와 β-갈락토시드 퍼미아제가 분해하거나 운반할 락토오스가 없을 경우는 이 유전자들의 전사는 억제된다. 이들의 전사는 배지에 락토오스가 첨가될 때 유도된다(그림 18.4*b* 참조).
3. *E. coli*의 구성적 돌연변이체는 락토오스가 있든 없든 상관없이 β-갈락토시다아제와 β-갈락토시드 퍼미아제를 계속적으로 합성한다. 구성적 돌연변이는 두 종류로 구분되는데, *lac* 오페론 안이나 주변에 뚜렷이 구분되는 두 자리에서 일어난다. 어떤 구성적 돌연변이 중에는 *lac* 억제자를 암호화하는 유전자에서 돌연변이가 일어난 lac^-와 *lac* 억제자가 결합하는 작동자 부위에서 돌연변이가 일어난 $lacO^c$가 있다.
4. *lac* 억제자($lacI^+$ 유전자 산물)는 *lac* 작동자(*O*)와 결합함으로써, RNA 중합효소가 *lac* 프로모터에 결합하여 *lac* 오페론의 유전자의 전사 수행을 방해한다(그림 18.4 참조). $lacI^-$ 돌연변이 대립유전자는 *lac* 작동자와 결합할 수 없는 불활성 억제인자를 암호화한다. $lacI^+$ 대립유전자는 $lacI^-$ 대립유전자에 대해 우성이다.
5. *lac* 억제자는 확산성 단백질이므로, $lacI^+$는 *cis*(동일 염색체상에 위치)나 *trans*(서로 다른 염색체상에 위치) 배열 상태에 관계없이 *lac* 오페론 유전자의 전사를 조절한다. 이런 유형의 조절 인자를 *cis*-활동성 및 *trans*-활동성이라 부른다.
6. 야생형 작동자(O^+)는 *lac* 억제자가 결합하여 기능을 수행할 수 있는 염기서열을 가진다. 작동자-구성적 돌연변이체(O^c)는 *lac* 억제자가 결합할 수 없거나 낮은 효율로 결합하는 작동자 염기서열을 가진다. $lacO^+$와 $lacO^c$ 작동자는 동일 염색체상에 존재하는 *lac* 유전자만의 발현을 조절하므로, 이들은 *cis*-활동성 조절자로 불린다.
7. 어떤 세포에서 생산되는 β-갈락토시다아제와 β-갈락토시드 퍼미아제의 양은 그 세포 속에 존재하는 기능성 $lacZ^+$와 $lacY^+$ 유전자의 개수에 의존한다.

분석과 해결

1. 유전자형 1($I^+O^+Z^+Y^+$ = 야생형)에서 주어진 데이터는 각 효소에 대한 생산량이 락토오스가 없을 경우 각각 0.2 unit이며, 락토오스가 존재할 경우 100 unit를 보여준다.
2. 유전자형 2($I^-O^+Z^+Y^+$ = 억제자-구성성 돌연변이체)에서 주어진 데이터는 각 효소에 대한 생산량은 락토오스가 있거나 없거나 상관없이 언제나 100 unit를 보여준다.
3. 작동자-구성적 돌연변이체(유전자형 3, $I^+O^cZ^+Y^+$)는 락토오스가 없을 경우 두 효소의 합성량은 75 unit, 존재할 경우 100 unit를 보여준다. 비록 효소 합성은 구성적이지만, 락토오스가 없는 상태에서 *lac* 억제자가 *lac* 작동자에 일부 결합한다. 락토오스가 존재하면, 결합은 더 이상 일어나지 않으며, *lac* 효소의 생산은 완전히 유도된 수준(100 unit)으로 증가한다.
4. 유전자형 4(부분 이배체 $I^-O^+Z^+Y^-$/F′ $I^-O^+Z^+Y^+$)에서는 유전자 수와 비례하는 효과를 보여준다. 세포는 야생형 유전자가 2개 존재하는 경우 2배의 효소를 생산한다.
5. 유전자형 5($I^-O^cZ^-Y^+$/F′ $I^+O^+Z^+Y^+$)는 *lac* 오페론의 두 복사본을 가지는 부분 이배체이다. Y^+는 2개를 가지지만 Z^+는 단지 한 개만을 가진다. F′에 하나의 I^+ 대립유전자가 있으므로, 기능성 억제자가 세포 내에 존재하게 된다. 염색체 유전자의 전사는 O^c에 의해 조절되지만, F′에 있는 유전자의 전사는 O^+에 의해 조절될 것이다. 모든 β-갈락토시다아제는 F′에 있는 Z^+ 대립유전자에 의해 만들어질 것이다. 염색체에는 하나의 Z^- 돌연변이가 존재한다. F′는 하나의 야생형 *lac* 오페론을 가지므로, 락토오스가 없는 상태에서 0.2 unit의 β-갈락토시다아제를 생산할 것이다. β-갈락토시드 퍼미아제의 경우, Y^+ 유전자가 2개 존재하므로 세포당 효소의 합성량도 두 복사본으로부터 만들어지는 양을 합해서 계산해야 한다. 락토오스가 없는 경우, 염색체 Y^+ 유전자로부터 75 unit가 만들어지고 F′의 유전자로부터는 0.2 unit가 만들어져 합해서 75.2 unit가 생산될 것이다. 락토오스가 존재할 경우, 각 Y^+ 유전자로부터 100 unit가 만들어질 것이므로 합해서는 200 unit가 될 것이다.

더 많은 논의를 보고 싶으면 Student Companion 사이트를 방문하라.

원의 당과 함께 존재할 때 우선적으로 포도당을 먼저 에너지원으로 분해함을 의미한다.

lac 오페론과 몇가지 다른 오페론의 분해대사물 억제는 **분해대사물 활성화 단백질(*c*atabolite *a*ctivator *p*rotein: CAP)**로 불리는 조절단백질과 **cyclic AMP**(adenosine-3′,5′-monophosphate: cAMP)로 불리는 작은 실행자에 의해 매개된다(■ **그림** 18.9). CAP은 cAMP가 높은 농도로 존재할 때 cAMP와 결합하기 때문에 때로는 cAMP 수용체 단백질로도 불린다.

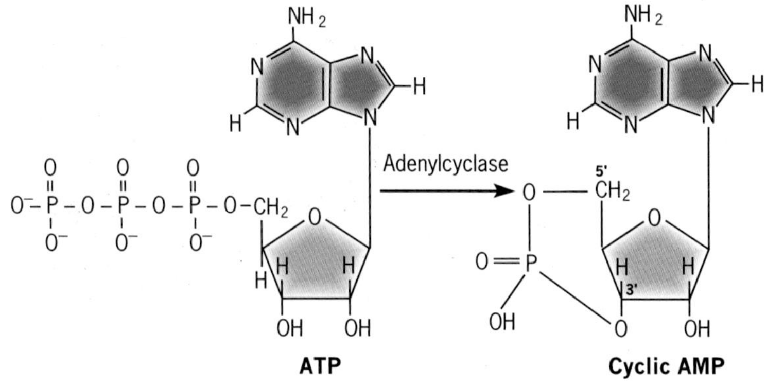

■ 그림 18.9 아데닐시클라아제의 촉매에 의한 ATP로부터 cyclic AMP(cAMP)의 합성.

lac 프로모터는 두 개의 서로 분리된 결합자리를 가지는데, RNA중합효소 결합자리와 CAP/cAMP 복합체 결합 자리가 그것이다(■ **그림** 18.10). 오페론이 정상적으로 유도되기 위해서는 CAP/cAMP 복합체가 반드시 *lac* 프로모터의 결합자리에 부착되어야만 한다. 따라서 CAP/cAMP 복합체는 *lac* 오페론의 전사를 양성적으로 조절한다. 이것은 작동자에 결합하는 억제자의 활동과 비교할 때 정확하게 반대의 역할이다. CAP/cAMP가 어떤 기작으로 RNA 중합효소의 결합을 촉진하는지는 아직 정확히 모르지만, *lac* 오페론의 양성 조절은 생체(*in vivo*) 및 세포배양(*in vitro*) 실험 모두로부터 명확히 증명되었다. CAP은 2량체로 활동하는데, *lac* 억제자와 마찬가지로 기능적인 상태일 때 다량체로 존재한다.

CAP/cAMP 복합체만이 오로지 *lac* 프로모터에 결합할 수 있고, cAMP가 없는 상태에서 CAP 단독으로는 결합할 수 없다. 그래서 cAMP는 *lac* 오페론 전사 조절에서 CAP의 역할을 결정하는 실행자로 작용한다. 세포 내 cAMP의 농도는 세포 내 포도당의 존재 여부에 따라 민감하게 반응한다. 높은 농도의 포도당은 세포 내 cAMP의 농도를 급격히 저하시킨다. 포도당은 ATP를 cAMP로 전환시키는 아데닐시클라아제(adenylcyclase)의 활성을 저해한다. 따라서 포도당의 존재는 세포 내 cAMP의 농도를 감소시키는 결과를 가져온다. cAMP 농도가 낮은 상태에서는 CAP은 *lac* 오페론의 프로모터에 결합할 수 없다. 이어서 RNA 중합효소는 CAP/cAMP의 결합이 없는 상태에서 *lac* 프로모터에 효율적으로 결합할 수가 없다. 포도당이 있을 때의 *lac* 오페론의 전사는 포도당이 없는 상태에서 오페론이 유도되었을 때 전사 비율의 2%를 절대 넘지 못한다. 비슷한 기작으로, CAP과 cAMP는 포도당이 존재할 때 *E. coli*의 아라비노오스(*ara*)와 갈락토오스(*gal*) 오페론의 전사도 억제시킨다.

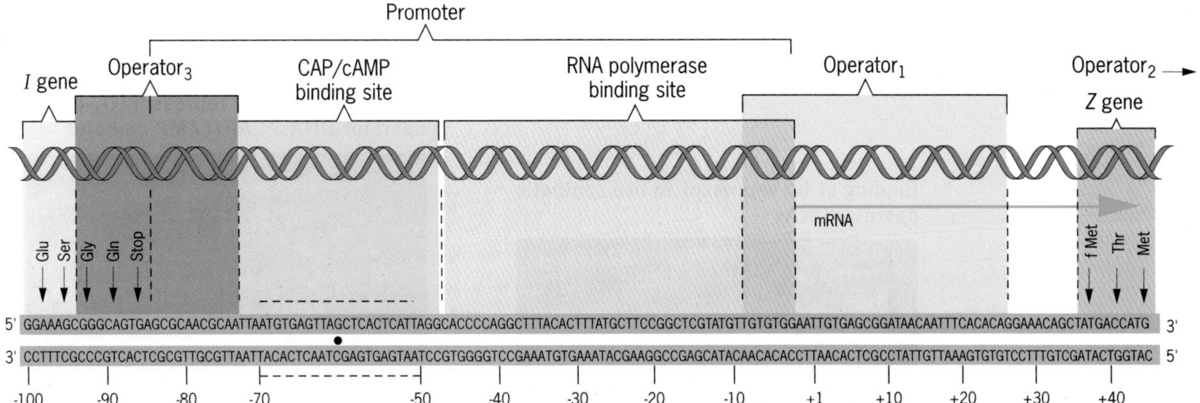

■ 그림 18.10 *lac* 오페론의 프로모터-작동자 지역의 구조. 프로모터는 두 개의 요소 즉, (1) CAP/cAMP 복합체가 결합하는 자리와 (2) RNA 중합효소 결합 자리로 구성되어 있다. 인접해서 존재하는 *lacI*(억제자)와 *lacZ*(β-갈락토시다아제) 구조 유전자 및 *lac* 작동자 O_1과 O_3가 보인다. 작동자 O_2는 *lacZ* 유전자가 있는 아래쪽(+412 서열에 해당)으로 위치한다. 화살표로 표시된 mRNA는 오페론의 전사가 개시되는 지점(*lac* mRNA의 5′-말단)을 보여준다. 그림의 아래쪽의 숫자는 전사 개시점(+1로 표시)으로부터의 거리를 나타낸다. 두 뉴클레오티드 가닥 사이의 점은 불완전한 회문구조(palindrome) 대칭의 중심을 나타낸다.

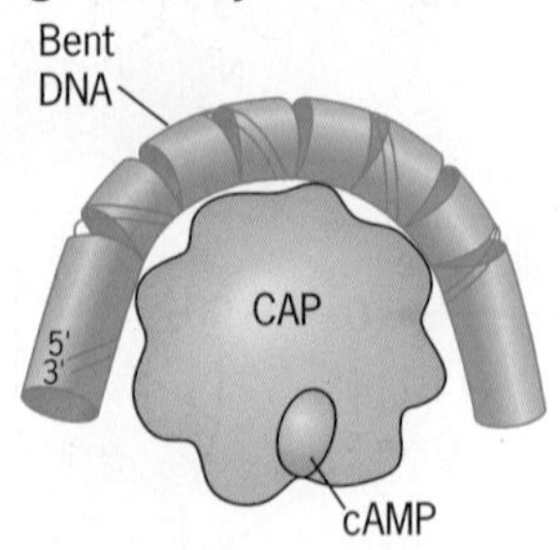

(a)

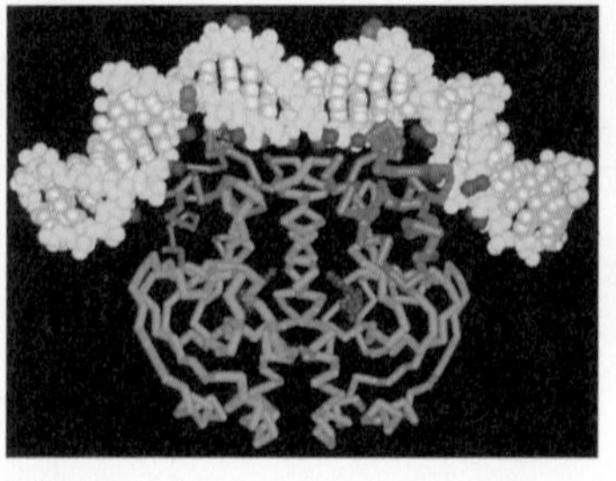

(b)

■ 그림 18.11 *lac* 프로모터의 결합자리와 CAP/cAMP의 상호작용. (*a*) 양성 조절인자인 CAP/cAMP가 *lac* 프로모터에 결합하면, DNA의 90° 굽힘이 유도된다. (*b*) CAP/cAMP와 CAP/cAMP 결합자리를 포함하는 합성된 30 bp-DNA 분자 사이에 형성된 복합체의 구조(X-ray 결과에 기초함).

lac 오페론의 전사를 조절하는 단백질-DNA 상호작용

lac 오페론의 전체 조절 부위에 대한 염기서열을 그림 18.10에서 보여준다. 돌연변이와 야생형간의 프로모터와 작동 유전자의 염기서열의 비교 분석은, CAP/cAMP, RNA 중합효소와 억제자의 결합에 대한 세포배양 연구 및 X-ray 결정 데이터와 더불어, *lac* 오페론의 전사를 조절하는 서열 특이적 *단백질-핵산 상호작용*(*sequence-specific protein-nucleic acid interaction*)에 대한 중요한 정보를 제공해 준다.

첫 번째 중요한 상호작용중 하나는 RNA 중합효소가 프로모터에 있는 결합자리에 붙는 것이다(제11장 참조). 두 번째 중요한 상호작용은 CAP/cAMP가 *lac* 프로모터의 결합 자리와 결합하는 것이다(앞 단원에서 다루었음). 세 번째는 *lac* 억제자와 작동자의 결합이다.

먼저 CAP/cAMP가 *lac* 프로모터에 있는 결합자리와 상호작용하는 것에 대해 알아보자. CAP/cAMP는 분해대사물 억제를 조절한다. *lac* 오페론의 효율적인 유도를 위해서는 프로모터에서의 CAP/cAMP의 결합이 요구된다. CAP/cAMP의 결합은 *lac* 구조유전자의 전사를 어떻게 촉진시키는 것일까? RNA 중합효소는 CAP/cAMP가 먼저 결합되지 않으면, 자신의 프로모터 결합 자리에 제대로 결합하지 못한다. CAP/cAMP가 DNA에 부착되면, DNA를 구부러지게 한다(■ 그림 18.11*a*). X-ray 연구는 DNA가 CAP/cAMP 복합체의 바깥을 감싸면서 굽어지는 것을 보여준다(■ 그림 18.11*b*). CAP/cAMP와 RNA 중합효소의 결합자리는 *lac* 프로모터 내에서 서로 인접해 있음을 상기하라(그림 18.10). CAP/cAMP에 의한 DNA의 굽어짐은 아마도 RNA 중합효소의 결합부위에 대한 결합을 촉진함으로써 구조유전자의 전사를 증가시키는 것으로 추측된다. 그렇지만, RNA 중합효소와 CAP/cAMP의 접촉에 대한 직접적인 증거도 있으므로, 전체적인 상황은 단지 DNA의 굽어짐만으로 가정하는 것보다는 훨씬 복잡할 것이다.

다음은 오페론에서 RNA 중합효소에 의한 구조유전자의 전사를 방해하는 *lac* 억제자와 작동자간의 결합에 대해 알아보자. *lac* 오페론은 세 개의 작동자, 즉 첫 번째 작동자 O_1 그리고 두개의 2차적 작동자인 O_2와 O_3에 의해 조절됨을 상기하자(그림 18.5와 18.10 참조). O_1은 쟈콥과 모노드에 의해 처음으로 밝혀진 작동자로서, 프로모터와 *Z* 유전자 사이에 위치하고 있다. O_2는 O_1의 뒤쪽(하류) 부위인 *Z* 유전자 안에 위치하며, O_3는 프로모터의 앞 부위에 존재한다. 오페론의 최대 억제는 3개의 작동자 모두를 요구하지만, O_1과 더불어 O_2와 O_3 중 하나만 존재해도 강력한 억제가 일어난다. 왜 효율적인 억제를 위해서는 2개의 작동자가 요구

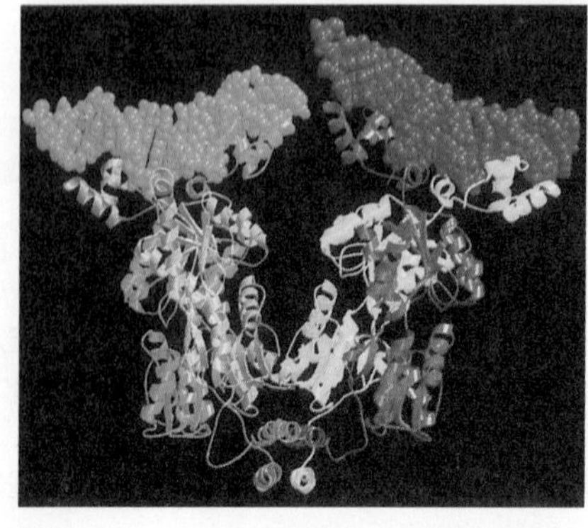

(a)

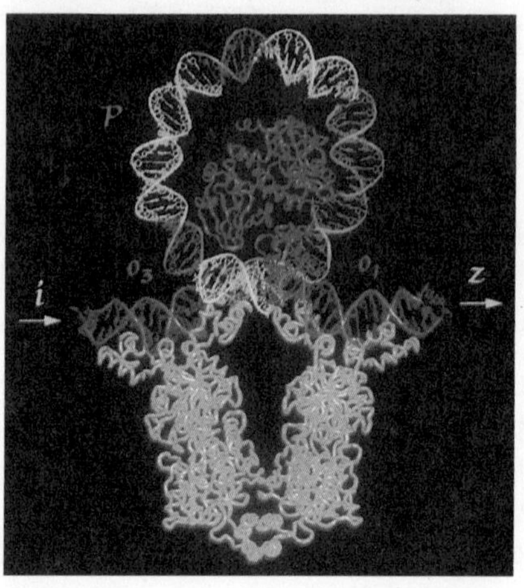

(b)

■ 그림 18.12 *lac* 작동자의 결합자리와 *lac* 억제자의 상호작용. (*a*) *lac* 억제자 4량체와 억제자 인지서열을 포함한 두 개의 21-bp DNA 조각과의 결합. (*b*) 4량체 억제자가 작동자 O_1 및 O_3과 결합했을 때 형성된 93-bp 루프의 구조. CAP/cAMP(파란색)는 *lac* 프로모터의 결합부위를 가진 루프의 안쪽에 위치하고 있다.

되는 것일까? 이 물음에 대한 답을 얻기 위해서는, 억제자와 작동자간의 서열-특이적 결합을 살펴볼 필요가 있다.

lac 억제자의 활성화 구조는 *lacI* 유전자의 4개 산물을 포함하는 4량체이다. *lac* 억제자와 합성한 21 bp-결합자리간의 결합 구조에 대한 X-ray 연구는 각 4량체 억제자가 두 작동자 서열에 동시에 결합함을 보였다(■ **그림 18.12*a***). 좀 더 정확히 표현하면, 4량체는 두 개의 이량체로 구성되고 각 이량체는 서열-특이적 결합자리와 결합하는 것이다. 두 2량체 중에서 하나는 O_1과 결합하고 나머지는 O_2나 O_3와 결합한다. 이런 결합이 일어나기 위해서는 억제자는 DNA를 구부려 머리핀구조(O_1과 O_2)나 루프(O_1과 O_3)를 유도한다. 예상되는 O_1-O_3-억제자 복합체의 구조를 ■ **그림 18.12*b***에서 보여준다. *lac* 억제자가 두 O_1과 O_3에 결합하면서 형성된 DNA 루프내에 CAP/cAMP가 존재함을 주목하라(그림 18.12*b*).

단백질 활성자나 억제자의 결합으로 형성되는 DNA 루프는 *lac* 오페론 외에도 대장균과 다른 세균의 오페론에서도 관찰된다. 조절 단백질들은 서열-특이적 방법으로 DNA에 결합하는 능력을 가지며, DNA의 구조를 변형시켜 인접한 구조유전자의 전사를 촉진하거나 억제한다. 유전자발현의 조절에 대한 완전한 이해를 위해서는 이런 중요한 상호작용에 대한 더 자세한 지식을 여전히 필요로 한다.

요점

- *E. coli의 lac 오페론은 음성 유도성 및 분해대사물 억제성 시스템으로, 오페론 내에 세 개의 구조유전자는 오로지 락토오스만 존재하고 포도당은 없을 때만 높은 수준으로 전사된다.*
- *락토오스가 존재하지 않으면, lac 억제자는 lac 작동자에 결합하여 RNA 중합효소에 의한 오페론의 전사 개시를 방해한다.*
- *분해대사물 억제는, 선호하는 에너지원으로서 포도당이 존재할 때, lac 오페론과 같은 탄수화물 이화대사에 관여하는 효소들을 암호화하는 오페론의 전사를 억제한다.*
- *CAP/cAMP 복합체가 lac 프로모터의 결합자리에 결합하면, DNA를 굽어지게 하여 RNA 중합효소가 더 잘 접근할 수 있게 해준다.*
- *lac 억제자는 두 작동자(O_1과 O_2 혹은 O_1과 O_3)와 동시에 부착하여 DNA를 머리핀이나 루프 구조로 각각 굽어지게 한다.*

대장균의 트립토판 오페론: 억제와 전사감쇄

트립토판 오페론에서 구조유전자는 트립토판이 없거나 낮은 농도로 존재할 때만 전사된다. 트립토판이 충분히 존재할 때, *trp* 오페론의 유전자발현은 전사 개시의 억제와 전사감쇄(조기 종결)에 의해 조절된다.

대장균의 *trp* 오페론은 트립토판의 생합성을 촉매하는 효소들의 합성을 조절한다. *trp* 오페론의 5개 구조유전자와 인접 조절 서열의 기능은 샤를 야노프스키(Charles Yanofsky)와 그의 동료들에 의해 상세히 연구되었다. 5개의 구조유전자는 코리스민산(chorismic acid)을 트립토판으로 전환시키는 효소들을 암호화한다. *trp* 오페론의 발현은 두 단계로 조절된다. 즉, 전사 개시를 조절하는 억제와 조기 전사 종결의 비율을 조절하는 전사감쇄(attenuation)로 이루어진다. 다음 두 단원에서는 이러한 조절기작에 대해 논의하게 될 것이다.

억제

대장균의 *trp* 오페론은 음성 억제성 오페론이다. *trp* 오페론의 구성과 트립토판의 생합성 경로에 대해서는 ■ **그림 18.13**에서 보여준다. *trp* 억제자를 암호화하는 *trpR* 유전자는 염색체상에서 *trp* 오페론과는 떨어져 위치한다. *trp* 오페론의 작동자(O) 부위는 1차 프로모터(P_1)

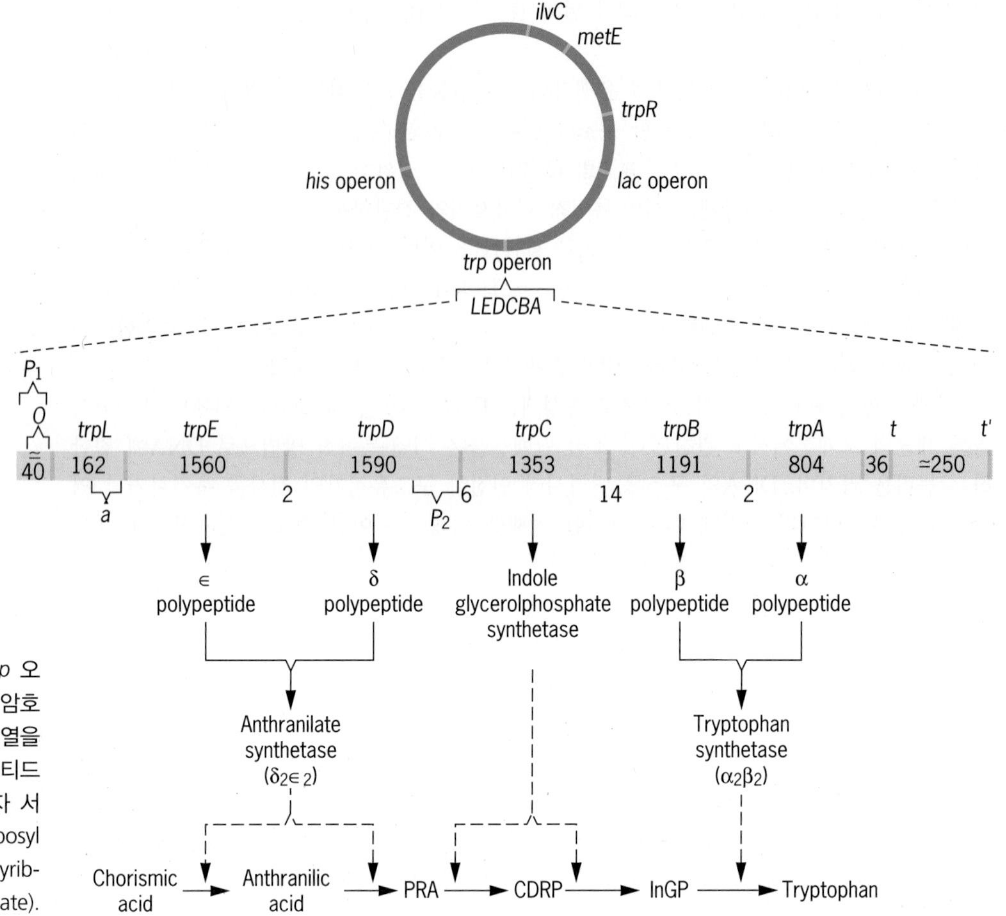

■ 그림 18.13 대장균의 *trp* 오페론의 구성. *trp* 오페론은 트립토판의 생합성에 관여하는 효소를 암호화하는 다섯 개의 구조유전자와 *trpL* 조절 서열을 가진다. 각 유전자의 길이와 위치는 뉴클레오티드 쌍으로 나타내었고, 각 유전자 간 간격은 유전자 서열 아래쪽에 표시하였다(약자: PRA, phosphoribosyl anthranilate; CDRP, carboxyphenylamino-deoxyribulose phosphate; InGP, indole-glycerol phosphate).

지역 내에 존재한다. 또한 약한 프로모터(P_2)가 *trpD* 유전자의 말단(작동자로부터 먼 쪽)에 존재한다. P_2 프로모터는 *trpC*, *trpB*, *trpA* 유전자의 기초 수준의 전사를 약간 증가시키는 역할을 한다. 두 개의 전사 종결 서열(*t* 및 *t'*)이 *trpA*의 뒷쪽에 위치하고 있다. *trpL*은 162 bp 길이의 mRNA 선도서열(leader sequence)을 만든다.

trp 오페론의 전사 조절은 그림 18.4*c*에서 도식화하였다. 트립토판(보조억제자)이 없으면, RNA 중합효소는 프로모터 부위에 결합하여 오페론의 구조유전자를 전사시킨다. 트립토판이 존재하게 되면, 보조억제자/억제자 복합체는 작동자 부위에 결합하여 RNA 중합효소의 전사개시를 방해한다.

탈억제된 상태(트립토판이 없을 때)에서 *trp* 오페론의 전사 속도는 억제된 상태(트립토판의 존재)에 비해 70배가 높다. 그런데 기능성 억제자를 만들지 못하는 *trpR* 돌연변이체에 대해 배지에 트립토판을 첨가하면, 트립토판 생합성효소(*trp* 오페론의 구조유전자 산물)의 합성 속도는 여전히 10배 정도로 감소된다. 이와 같은 부가적인 *trp* 오페론 발현의 감소는 전사감쇄에 기인하는데, 이것에 대해서는 다음 절에서 논의될 것이다.

전사감쇄

trpL 서열의 일부를 잘라낸 결실(그림 18.13)은 *trp* 오페론의 발현 속도를 증가시킨다. 그렇지만, 이와 같은 결실은 *trp* 오페론의 억제성에는 영향을 미치지 못한다. 즉, 억제와 탈억제는 $trpL^+$ 세포와 동일하게 일어난다. 이런 결과는 *trp* 오페론에 두 번째 수준의 조절 기작이 있음을 의미하는데, 두 번째 기작은 트립토판 생합성 효소의 합성이 *trp* 오페론의 억제/탈억제 조절과는 관련없이 *trp* 오페론의 *trpL* 부위의 염기서열을 필요로 한다.

Regulatory components of the *trpL* region

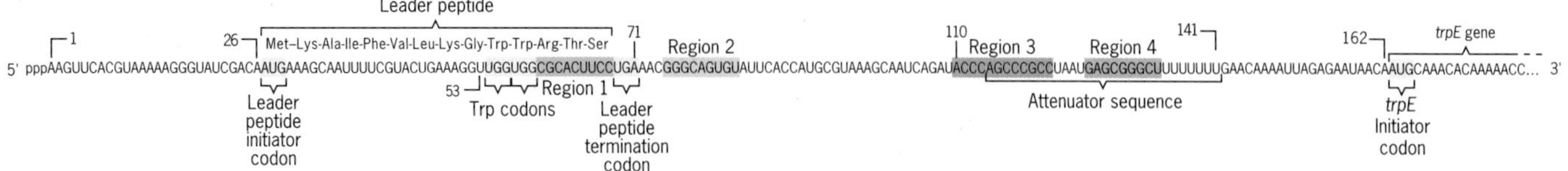

(a)

Alternate secondary structures formed by the *trpL* transcript

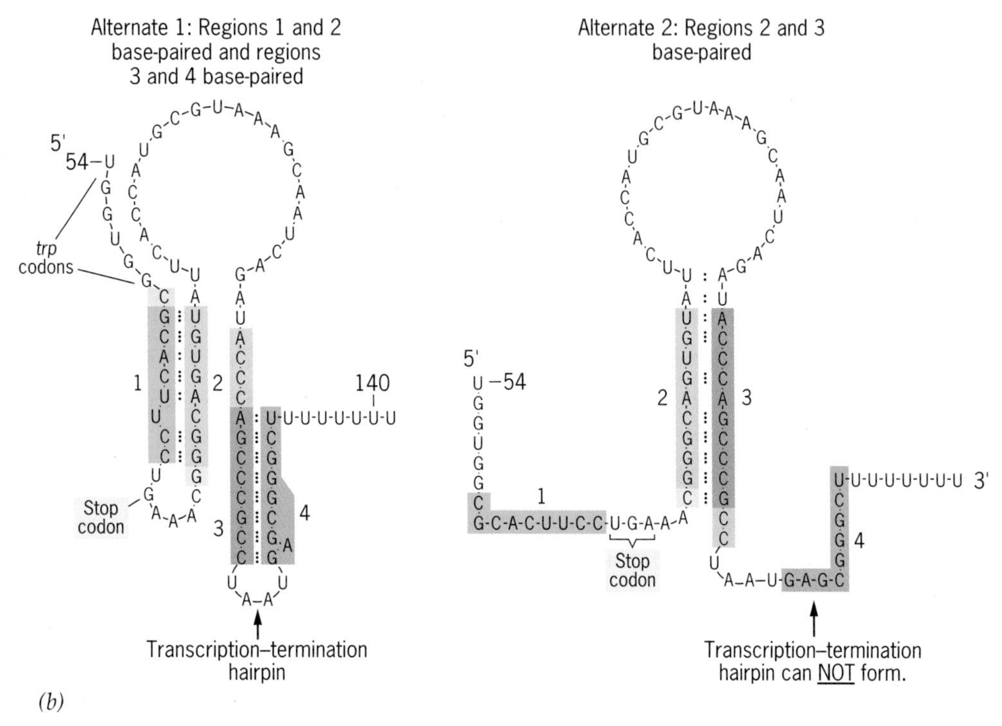

(b)

■ 그림 18.14 전사감쇄와 관련된 *trp* mRNA의 선도 지역(leader region)의 염기서열. (*a*) 선도 펩티드(leader peptide)를 암호화하는 *trpL* 서열, 전사감쇄 조절과 연관된 연속해서 존재하는 두 트립토판 코돈들과, 머리핀 구조와 관련된 네 영역(음영처리 부분)을 (*b*)에서 보여준다. (*b*) *trpL* mRNA에 의해 형성되는 선택적 2차 구조: (1) 영역 1이 영역 2와 짝을 짓고, 영역 3이 영역 4와 짝을 지어 전사-종결 헤어핀 구조를 형성하거나, (2) 영역 2가 영역 3과 짝을 지어서 영역 3이 영역 4와 짝짓기를 하지 못하게 하는 구조. 세포 내 트립토판의 농도가 *trp* 오페론 전사 동안 어떤 2차 구조가 형성될지를 결정한다.

trp 오페론의 두 번째 수준의 조절기작을 **전사감쇄(attenuation)**라 부르며, 이와 같은 현상을 조절하는 *trpL* 내의 염기서열을 **감쇄자(attenuator)**라 부른다(■ 그림 18.14*a*). 전사감쇄는 mRNA 선도서열 말단 근처에서 전사 종결의 조절에 의해 일어난다. 이와 같은 오페론 전사의 "빠른" 종결은 트립토판과 결합된 $tRNA^{Trp}$이 존재할 때만 일어난다. 만약 조기 종결 혹은 전사감쇄가 일어나면, 불완전한 짧은 *trp* 전사체(140 nt)가 만들어진다.

감쇄자 염기서열은 대부분의 세균 오페론들의 말단에서 발견되는 *전사-종결신호*(*transcription-termination signal*)와 기본적으로 비슷한 서열을 가진다. 종결 신호는 G:C가 풍부한 회문구조에 이어서 나타나는 몇 개의 A:T 염기쌍으로 구성된다. 이와 같은 종결 신호의 전사는 수소 결합에 의한 머리핀 구조를 형성할 것으로 예상되며, 뒤이어 몇 개의 우라실을 가지는 RNA를 생산할 것이다. 만약 새로이 만들어지는 RNA가 머리핀 구조를 형성한다면, RNA 중합효소의 활동과 관련된 형태적 변화가 초래되는 것으로 여겨지며, 뒤따른 약한 수소 결합을 보이는 $(A:U)_n$ DNA-RNA 염기쌍 부위 내에서 결국 전사 종결이 이루어지는 것으로 여겨진다.

따라서 감쇄자의 염기서열 구조가 어떻게 *trp* 오페론의 전사를 조기 종결하는지를 설명해 준다. 그렇다면, 어떻게 트립토판의 존재 유무에 따라서 조기 종결이 조절되는가?

첫째, 원핵생물에서 전사와 번역은 동시에 일어난다는 사실에 주목해야 한다. 즉, 전사가 일어나고 있는 동안에 리보솜은 이미 전사중인 mRNA의 번역을 개시한다. 따라서 번역 과정 동안 발생하는 사건들은 전사에도 영향을 미칠 수 있을 것이다.

둘째, *trp* 오페론 mRNA의 162 nt 길이의 선도서열은 선택적인 줄기-루프(stem-and-loop) 혹은 머리핀 구조를 형성할 수 있는 서열을 포함하고 있음을 주목하라(**■ 그림 18.14.*b***). 머리핀 구조를 형성하기 위해 염기쌍 결합을 할 수 있는 네 개의 선도 서열의 영역은 (1) nt 60-68, (2) nt 75-83, (3) nt 110-121, 및 (4) nt 126-134이다. 이들 영역에서 실제적으로 서로 쌍을 짓는 부위의 길이는 어떤 서열과 서로 짝을 이루느냐에 따라 약간씩 달라진다. 이들 네 영역의 염기서열에서 영역 1은 영역 2와 짝을 이룰 수 있으며, 영역 2는 영역 3과, 영역 3은 영역 4와 짝을 이룰 수 있다. 영역 2는 영역 1이나 영역 3과 짝을 지을 수 있지만, 어느 한 주어진 시간에는 반드시 한 영역에 대해서만 짝을 지을 수 있다. 따라서 *trp* 선도서열은 두 가지 2차 구조가 가능하다. 즉, (1) 영역 1이 영역 2와 짝을 이루고 영역 3은 영역 4와 짝을 이루거나, (2) 영역 2가 영역 3과 짝을 이루고, 나머지 영역 1과 4는 머리핀 구조를 형성하지 못하는 구조이다. 영역 3과 4의 짝은 전사-종결 머리핀 구조를 형성시킨다. 만약 영역 3이 영역 2와 짝을 지으면, 영역 4는 짝을 지을 수 없으며, 전사-종결 머리핀 구조는 형성되지 못한다. 지금쯤 아마도 여러분들이 예상하겠지만, 트립토판의 존재 유무에 의해서 어떤 2차 구조가 선택될지가 결정된다.

셋째, 선도서열은 AUG 번역-개시 코돈에 이어 13개의 아미노산 코돈 및 UAG 번역-종결 코돈이 차례로 배열되어 있음을 주목하라(그림 18.14*a*). *trp* 선도서열은 AUG 개시 코돈에서 효율적인 번역의 개시를 위한 리보솜-결합 부위도 가지고 있다. 지금까지의 여러가지 실험 증거는 그림 18.14*a*의 모식도와 같이 14 아미노산들로 이루어진 "선도 펩티드(leader peptide)"가 합성됨을 제시하고 있다.

정상적인 *trp* 오페론의 전사-종결 머리핀 구조의 형태는 그림 **■ 그림 18.15*a***와 같으며, 전사가 조기 종결되는 전사감쇄 기작의 구조는 **■ 그림 18.15*b*** 및 **18.15*c***와 같이 예상된다. 선도 펩티드는 두 개의 트립토판 코돈의 연속적인 배열을 가진다. 트립토판의 농도가 낮으면(즉, Trp-tRNA^{Trp}의 농도가 낮으면) 리보솜은 영역 2와 3의 머리핀 구조에 도달하기 전에 두 트립토판 코돈 중의 하나에서 머물게 될 것이다(그림 18.15*b*). 낮은 트립토판 농도에서 영역 2와 3사이의 짝짓기는 영역 3과 4 사이의 짝짓기에 의한 전사-종결 머리핀 구조를 형성하지 못하게 함으로써, 전사가 감쇄자를 통과하여 *trpE* 유전자로 계속 진행되도록 할 것이다.

충분한 농도의 트립토판이 존재하면, 리보솜은 트립토판 코돈을 번역하여 통과한 후 선도 펩티드 종결 코돈까지 진행한다. 이 과정 동안, 영역 2와 3간의 머리핀 구조는 해체될 것이다. 그 결과, 자유롭게 된 영역 3은 영역 4와 짝을 지음으로써 전사-종결 머리핀 구조를 형성하게 된다(그림 18.15*c*). 따라서 트립토판이 충분히 존재하는 상황에서 전사는 감쇄자 부위에서 높은 비율로 종결되며(약 90%의 비율로 종결), *trp* 구조유전자에 대한 mRNA의 양은 줄어들게 된다.

trp 오페론의 전사는 대략 700배의 넓은 범위에서 조절되는데, 이것은 억제(70배까지 가능)와 전사감쇄(10배까지 가능)의 조절 기능이 합쳐지기 때문이다.

전사감쇄에 의한 전사 조절이 *trp* 오페론에서만 유일하게 나타나는 것은 아니다. 다른 다섯 오페론(*thr, ilv, leu, phe, his*)에서도 전사감쇄에 의해 조절이 일어나는 것으로 알려져 있다. 지난 수년간 억제성으로 알려졌던 *his* 오페론은 현재 전적으로 전사감쇄에 의해서만 조절이 되는 것으로 여겨진다. 전사감쇄 기작에 있어 세부적인 부분은 오페론에 따라 사소

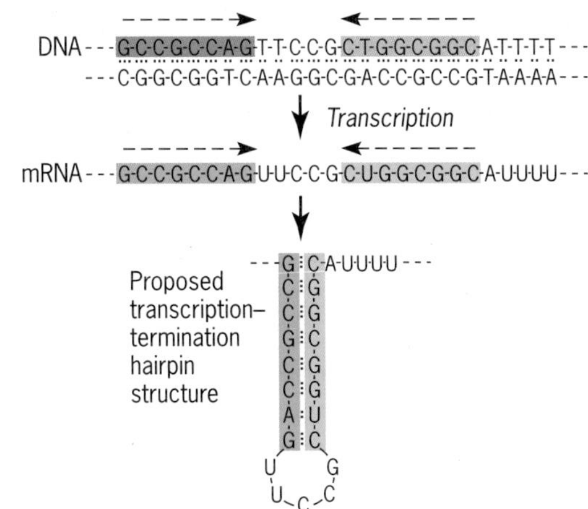

(*a*) Structure of *trp* operon transcription–termination sequence *t* and formation of the transcription–termination hairpin.

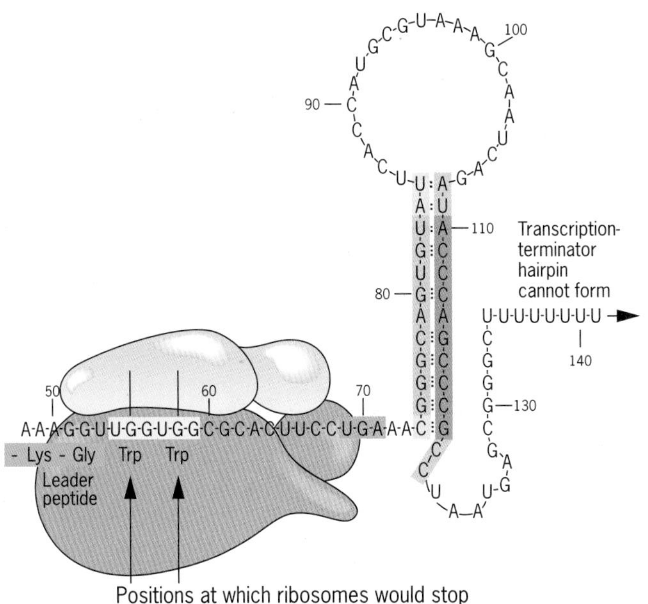

(*b*) With low levels of tryptophan, translation of the leader sequence stalls at one of the Trp codons. This stalling allows leader regions 2 and 3 to pair, which prevents region 3 from pairing with region 4 to form the transcription–termination hairpin. Thus transcription proceeds through the entire *trp* operon.

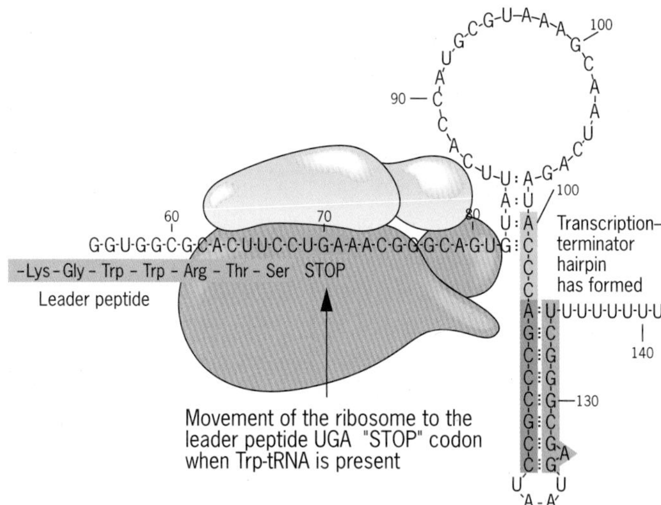

(*c*) In the presence of sufficient tryptophan, translation proceeds past the Trp codons to the termination codon and disrupts the base-pairing between leader regions 2 and 3. This process leaves region 3 free to pair with region 4 to form the transcription–termination hairpin, which stops transcription at the attenuator sequence.

■ 그림 18.15 전사감쇄에 의한 *trp* 오페론의 조절. (*a*) *E. coli*에서 전사종결 신호는 mRNA가 머리핀 구조를 형성할 수 있는 역방향 대칭 영역(화살표)을 가지고 있다. (*b*) 트립토판의 농도가 낮으면, 전사는 감쇄자 서열을 통과하여 *trp* 오페론 전체에서 일어난다. (c) 높은 농도의 트립토판이 존재하면, 전사는 대부분 감쇄자 서열에서 종결된다.

한 차이는 있지만, 중요한 특징은 여섯 오페론에서 동일하다. 이와 연관된 조절 기작을 더 잘 이해하기 위해서는 ON THE CUTTING EDGE: '리신 리보스위치'를 읽어보기 바란다.

요점

- *대장균의 trp 오페론은 음성 억제성 오페론으로, 상당한 양의 트립토판이 존재하면 오페론 내의 다섯 구조유전자의 전사는 억제된다.*
- *trp 오페론과 같이 아미노산 생합성 경로에 관여하는 효소를 암호화하는 오페론들은 때로 전사감쇄라 불리는 2차적 조절기작을 가진다.*
- *세균이 자라는 환경에 트립토판이 충분히 존재하면, mRNA 선도서열(암호화 서열로부터 5′ 방향의 서열)에서 전사의 조기 종결에 의한 전사감쇄가 일어난다.*

ON THE CUTTING EDGE

리신 리보스위치

효소가 작은 분자와 결합 후에 구조와 활성도의 변화를 나타낸다는 것은 오래전부터 알려져 왔다. 지난 10년 동안, RNA 분자도 대사물과 결합하여 비슷한 구조적 변화를 나타낸다는 것이 밝혀졌다. 실제로, 많은 세균의 mRNA에 있는 대사물-결합 도메인(metabolite-binding domain)은 유전자발현의 조절에 중요한 역할을 한다. 이런 RNA의 대사물-결합 도메인과 함께 구조적 변화를 나타내는 도메인을 **리보스위치(riboswitch)**라 부른다. 리보스위치는 특정 대사물과 결합한 후 구조적 변화에 의해 유전자발현을 조절한다. 구조적 변화는 전사나 번역을 활성화시키거나 중단시킬 수 있다.

리보스위치는 일반적으로 대장균의 *trp* 오페론의 전사감쇄와 유사한 전사-종결 헤어핀 구조에 의해 전사를 종결시킨다(그림 18.15*c* 참조). 혹은 리보스위치는 수소결합으로 만들어진 헤어핀 구조내의 샤인–달가르노 서열(Shine-Dalgarno sequence: 리보솜 결합 자리)을 격리시킴으로써 번역을 저해하는데, 이 경우 리보솜이 mRNA에 결합할 수 없다. 지금까지 밝혀진 대부분의 리보스위치는 세균에서 동정된 것이지만, 고세균, 균류 및 식물에서도 동정되었다. 균류와 식물에서, 리보스위치는 간혹 mRNA 스플라이싱과 3' 공정을 변경시킨다.

리보스위치는 다음 두 개의 필수 요소를 가진다. 즉, (1) 특정 대사물과 결합하는 능력을 가진 접혀진 지역인 **앱타머 도메인(aptamer domain)**과 (2) 두 종류의 특징적인 구조로 접혀서, 한 구조는 유전자발현을 촉진하고 다른 구조는 억제하는 **발현 도메인(expression domain)**이다. 두 도메인은 보통 번역 개시코돈으로부터 앞쪽의 mRNA에 존재한다.

특정 리보스위치의 예로서, 리신의 합성은 물론 리신의 세포 내 운반을 조절하는 **리신 리보스위치(lysine riboswitch)**에 대해서 알아보도록 하자. 세균은 연속적인 효소-촉매 반응에 의해 아스파르트산으로부터 리신을 합성한다. 대장균에서 *lysC* 유전자는 리신 생합성의 첫 단계를 촉매하는 아스파르토키나아제(aspartokinase)를 암호화하며, *lysC* 유전자의 선도서열에서의 돌연변이는 리신의 구성적 합성을 보여준다. *lysC* mRNA의 이 부위는 매우 잘 보존되었으며, 리신-결합 주머니를 둘러싸는 다섯 개의 나선으로 구성된 구조로 접혀진다. *E. coli*와 *B. subtilis* 리보스위치의 보존적 서열은 다른 세균의 유전체로부터 유사서열을 동정하는데 사용되었다. 그 결과는 매우 명확했는데, 리신 리보스위치는 세균의 세계에서 매우 잘 보존되고 광범위하게 분포하였다. ■ **그림 1**은 37종의 세균으로부터 분리된 71개의 리신 리보스위치의 비교연구로부터 예상된 리신 리보스위치의 앱타머(리신-결합) 도메인의 구조를 보여준다.

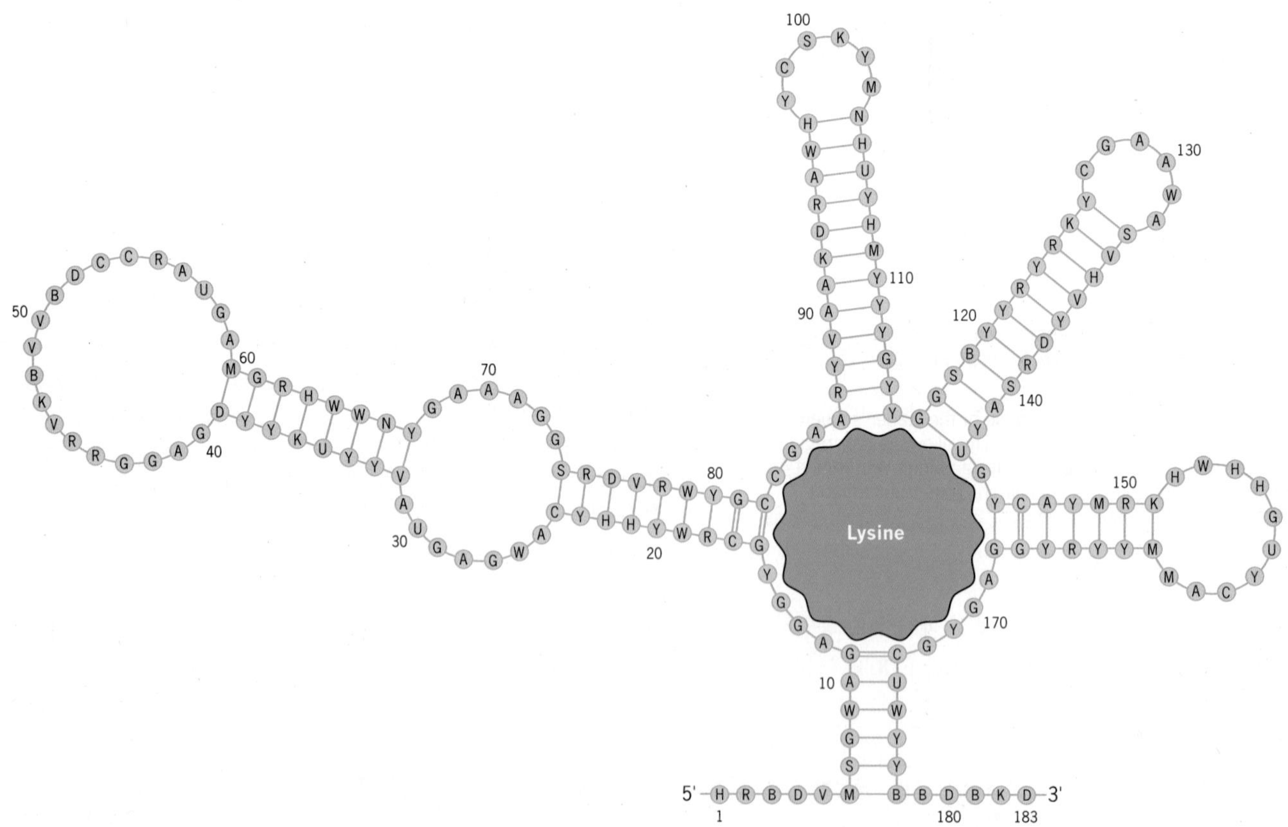

■ 그림 1 리신 리보스위치의 리신-결합 도메인의 구조. 예측 구조는 리신-결합 주머니(파란색)를 둘러싸는 보존된 스템-루프 구조를 보여준다. 그림에 표기된 염기서열은 수많은 종으로부터 동정된 리신 리보스위치의 비교유전체 분석으로부터 얻어졌다. 다섯 스템-루프 구조는 리신-결합 주머니와 같이 매우 잘 보존되었다. G, A, C, U는 변이성이 없는 뉴클레오티드이다. R = 퓨린, G 혹은 A; Y = 피리미딘, C 혹은 U; W = A 혹은 U; S = G 혹은 C; M = A 혹은 C; K = G 혹은 U; H = A, U 혹은 C; B = G, C 혹은 U; D = A, G 혹은 U; V = A, C 혹은 U; N = A, G, C 혹은 U.

리신이 없을 경우, 리신 리보스위치의 발현 도메인은 *lysC* 유전자와 다른 구조유전자의 암호화 지역으로부터 앞쪽에 위치한 항종결자(antiterminator)로 불리는 수소결합에 의한 헤어핀 구조를 형성한다(■ **그림** 2*a*). 항종결자 헤어핀의 아래 쪽 서열은 리신이 존재할 때 형성되는 전사-종결 헤어핀의 위 쪽 서열과 중복된다. 따라서 리신이 없을 경우, 항종결자 헤어핀의 존재는 종결자 헤어핀의 형성을 방해하여 *lysC*와 다른 구조유전자에 대한 전사의 계속 진행을 촉진시킨다. 세균이 자라는 배지에 리신을 첨가하면, 리신은 앱타머와 결합하여(그림 1) 리보스위치의 발현 도메인의 구조적 변화를 초래한다(■ **그림** 2*b*). 이런 구조적 변화는 앱타머의 리신-결합 주머니의 일부분인 항종결자 헤어핀의 앞쪽 서열을 고정시킨다. 결과적으로, 항종결자의 아래 쪽 서열이 자유롭게 노출되면 전사-종결 헤어핀의 일부가 되어 *lysC* 암호화 지역의 전사를 종결시킨다(그림 2*b*). 그 결과, 세균은 리신의 합성이 더 이상 필요하지 않을 때 생합성을 멈추며, 절약된 에너지는 다른 대사 과정을 촉진하는데 사용된다.

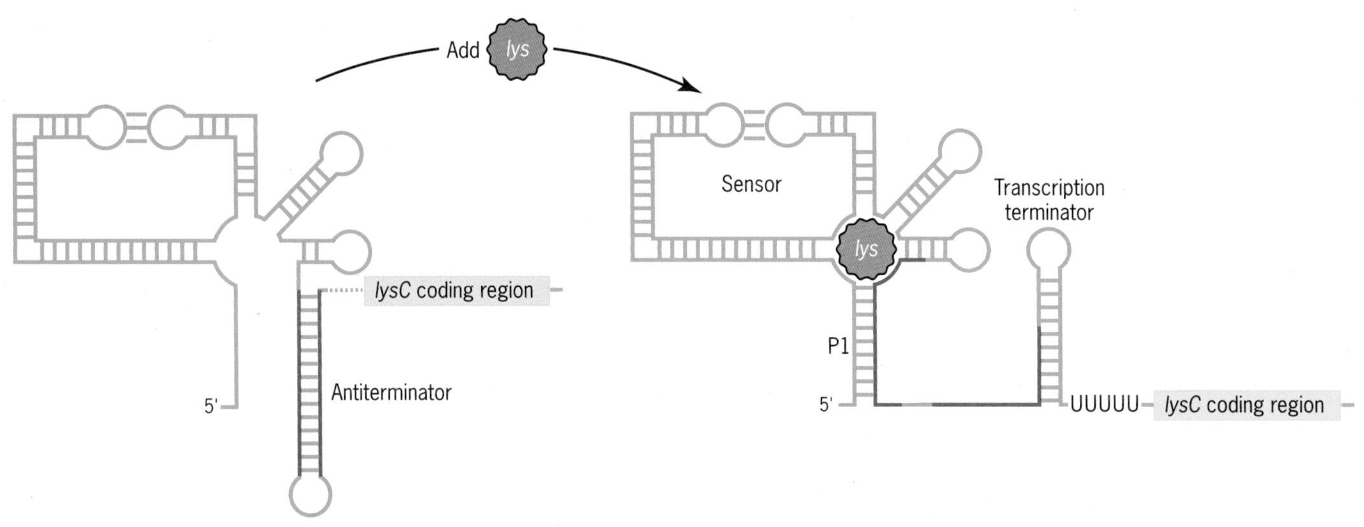

(*a*) **Lysine absent, *lysC* gene is transcribed.** (*b*) **Lysine present, *lysC* transcription is terminated.**

■ 그림 2 리신 리보스위치에 의한 전사 조절. (*a*) 리신이 없을 경우, 조절유전자(그림에서 *lysC*로 표기)의 번역 개시 앞쪽의 발현 도메인에서 항종결자 헤어핀이 형성되고, 전사-종결 헤어핀의 형성은 방해된다. 그 결과, 유전자의 전사는 중단된다. (*b*) 리신이 존재할 경우, 리신은 앱타머와 결합되고 항종결자의 앞쪽 서열은 리신-결합 주머니의 일부분인 기본 헤어핀 내로 편입된다. 그 결과, 항종결자의 뒤쪽 서열은 자유롭게 되어 구조유전자(*lysC*로 표시)의 암호화 서열 앞쪽의 전사-종결 헤어핀의 구조에 참여하게 된다. 따라서 전사는 중단된다.

유전자발현의 번역 수준 조절

유전자발현은 간혹 번역개시의 빈도나 폴리펩티드 합성 속도의 조절에 의해 정교한 조율이 이루어진다.

원핵생물에서 유전자발현은 압도적으로 전사 수준에서 조절되지만, 정교한 조절이 번역 수준에서도 간혹 일어난다. 원핵생물에서, mRNA 분자들은 보통 여러 개의 유전자를 암호화하는 서열을 가지는 다유전자형이다. 예를 들면, *E. coli lac* 오페론의 mRNA는 β-갈락토시다아제, β-갈락토시드 퍼미아제, β-갈락토시드 트랜스아세틸라아제를 암호화하는 염기서열을 가진다. 그래서 이 단백질들을 암호화하는 세 유전자는 동시에 전사되기 때문에, 전사 수준에서 함께 전사가 개시되거나 종결된다. 그럼에도 불구하고, 이 세 유전자의 산물이 동일한 양으로 합성되지는 않는다. 유일한 탄소원으로 락토오스가 충분히 포함된 배지에서 자라는 *E. coli* 세포는 대략 3,000 분자의 β-갈락토시다아제, 1,500 분자의 β-갈락토시드 퍼미아제 및 600 분자의 β-갈락토시드 트랜스아세틸라아제를 가진다. 이 단백질들의 농도 차이는 전사후 조절이 일어남을 확실하게 보여준다.

원핵생물에서는 전사, 번역 및 mRNA 분해가 서로 연계되어 있음을 상기하라. 즉 한 mRNA 분자는 같은 시간에 세 가지의 모든 과정을 보통 동시에 수행한다. 그래서 여러 가지 조절기작에 의해 같은 전사체로부터 서로 다른 양의 유전자 산물이 생산될 수 있다.

1. *서로 다른 유전자들의* ATG 개시 코돈들에서 불균등한 번역개시 효율이 나타나는 것으로 알려져 있다.
2. *리보솜 이동의 변화된 효율*이 전사체의 유전자 간 지역(intergenic region)을 통과할 때 아주 흔히 나타난다. 번역 속도의 감소는 mRNA를 따라 이동하는 리보솜을 방해하는 머리핀 혹은 다른 2차 구조로 인해 종종 발생한다.
3. *분해 속도의 차이*가 mRNA 분자에서 부위-특이적으로 일어난다.

요점

- *유전자발현의 정교한 조절이 때로는 폴리펩티드 사슬의 개시나 신장의 속도를 조절하는 번역 수준에서 발생한다.*

번역후 조절기작

어떤 생합성 경로의 최종 산물이 경로의 첫 번째 효소의 활성을 억제하여 그 산물의 합성을 신속하게 멈추게 할 경우, 피드백 억제가 일어난다.

이 장의 앞부분에서, 우리는 생합성 경로에 관여하는 효소를 암호화하는 세균 유전자의 전사는 그 경로의 산물이 배지에 존재하면 억제되는 기작에 대해 알아보았다. 두 번째 더 빠른 대사의 미세 조정이 효소 활성도 수준에서 종종 일어난다. 생합성 경로의 최종 산물이 충분한 농도로 존재하면, 합성 경로의 첫 번째 효소를 저해한다(■ 그림 18.16). 이와 같은 현상을 **피드백 억제(feedback inhibition)** 또는 **최종산물 억제(end-product inhibition)**라 부른다. 피드백 억제는 최종산물이 배지에 첨가되면, 거의 대부분의 합성을 빠르게 정지시킨다.

*E. coli*의 트립토판 생합성 경로는 피드백 억제의 좋은 예를 제공한다. 최종 산물인 트립토판은 합성 경로의 첫 효소인 안트라닐레이트 합성효소(anthranilate synthetase)와 결합하여(그림 18.13 참조) 효소의 활성을 완전히 억제하여 트립토판의 합성을 즉시 멈추게 한다.

피드백 억제-민감성 효소들은 기질 결합 자리 외에도 최종산물 결합 자리를 가지고 있다. 여러 개의 소단위로 구성된 효소의 경우, *최종산물 결합자리(end-product binding site)* 혹은 *조절 결합자리(regulatory binding site)*는 보통 기질이 부착하는 하위 단위와는 다른 소단위에 존재한다. 최종산물이 결합하면, 효소들은 기질에 대한 친화력을 감소시키는 알로스테릭 전이(allosteric transition)가 일어난다. 이와 같은 구조적 변화를 일으키는 단백질들을 알로스테릭 단백질이라 한다. 아마도 대부분의 효소들은 약간의 알로스테릭 전이의 성질을 보여준다.

효소가 하나 혹은 그 이상의 기질이나 다른 작은 분자와 결합했을 때, 알로스테릭 전이는 효소 활성화에도 관여하는 것으로 보인다. 일부 효소는 서로 다른 많은 분자들과의 결합에 의해 활성화되거나 억제되는 매우 넓은 영역을 보여준다. 한 가지 예는, 글루타민 생합성의 최종 단계를 촉매하는 글루타민 합성효소이다. 이 효소는 원핵생물과 진핵생물 모두에서 복잡하게 많은 소단위로 구성되어 있다. *E. coli*의 글루타민 합성효소는 알로스테릭 전이를 통해 16개의 다른 대사물과 결합하여 활성화되거나 억제된다.

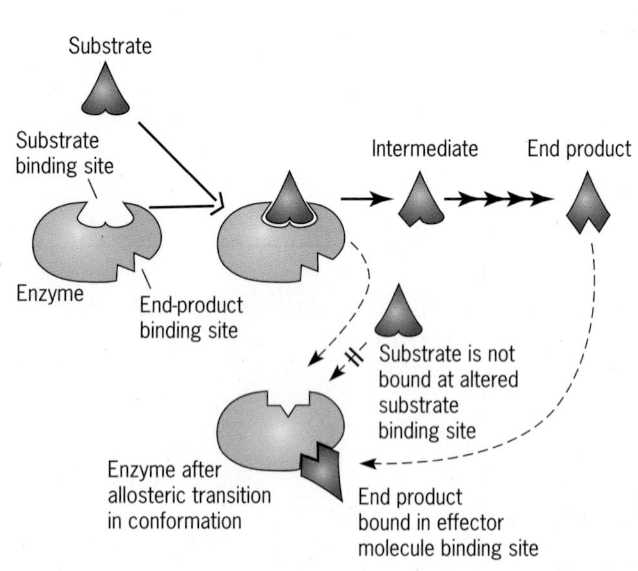

■ 그림 18.16 유전자 산물 활성도의 피드백 억제. 생합성 경로의 최종 산물은 종종 그 합성 경로에 있는 첫 번째 효소에 결합하여 활성도를 떨어뜨림으로써, 최종 산물의 합성을 신속하게 중단시킨다.

요점

- *피드백 억제에서는 생합성 경로의 최종 산물이 경로에 있는 첫 번째 효소의 활성을 억제하여 신속하게 그 산물의 합성을 중단시킨다.*
- *기질이나 다른 실행자 분자들이 효소와 작용하여 효소의 활성을 증가시키면, 생합성 경로의 최종 산물의 합성 속도가 증가된다.*

기초 연습문제

기본적인 유전적 분석 풀이

1. 양성 및 음성 조절기작은 어떻게 구분될 수 있는가?

답: 비기능성 산물을 암호화하는 조절유전자에서의 돌연변이는 양성 조절계와 음성 조절계에서 매우 다른 효과를 보인다. 양성 조절에서는 이런 돌연변이가 조절을 받는 유전자의 발현 개시를 불가능하게 만들지만, 음성 조절기작에서는 조절을 받는 유전자의 발현을 중단시키는 것이 불가능하다.

2. 유도성 및 억제성 오페론은 어떻게 구분될 수 있는가?

답: 실행자가 없을 때 유도성 오페론은 발현이 중단되지만, 억제성 오페론에서는 발현이 개시될 것이다.

3. *cis*- 및 *trans*-활동 인자는 어떻게 구분될 수 있는가?

답: 조절을 받는 유전자에 대해 조절인자를 (1) *cis*-배열로 하거나, (2) *trans*-배열로 된 부분 2배체를 생산함으로써 구분이 가능해진다. *cis*-활동 인자는 해당 유전자와 동일한 염색체에 존재할 때만 발현에 영향을 미치지만, *trans*-활동 인자는 동일 염색체 여부에 상관없이 기능을 발휘한다(그림 18.7과 18.8을 비교해 보라).

4. 전사감쇄란 무엇이며, 어떻게 작용하는가?

답: 전사감쇄란 전사물의 선도 지역에서 전사의 조기 종결에 의해 유전자발현을 조절하는 기작이다. 대장균의 *trp* 오페론의 경우, 최종 산물인 트립토판의 존재 유무에 의해 전사감쇄가 일어날 것인지 아닐지가 결정된다. 오페론의 mRNA의 선도 서열은 선택적인 헤어핀 구조를 형성할 수 있는데, 한 구조는 전형적인 전사-종결 신호이다. 전사-종결을 유도하는 헤어핀 구조가 형성될 것인지는 두 연속된 트립토판 잔기를 가지는 선도 펩티드의 번역에 의존한다. 낮은 농도의 트립토판이 존재하면, 번역은 트립토판 코돈에서 멈추게 되고, 이것은 전사-종결 헤어핀의 형성을 억제한다(그림 18.15*b* 참조). 충분한 양의 트립토판이 존재하면, 번역은 트립토판 코돈을 지나서 번역-종결 코돈까지 진행되면서 첫 번째 헤어핀 구조를 파괴시킨다. 이렇게 되며, 전사-종결 헤어핀이 형성되어 전사감쇄(전사감쇄자에서의 전사 종결)가 일어나게 된다(그림 18.15*c* 참조). 전사감쇄는 트립토판 생합성 효소의 합성량을 10배 수준까지 떨어뜨린다. 전사감쇄는 원핵생물에서 전사와 번역이 동시에 일어나면서 번역이 전사에 영향을 줄 수 있기 때문에 가능하다.

5. 대장균이 자라고 있는 배지에 히스티딘을 첨가하였을 경우, 히스티딘 생합성 효소들의 합성이 멈춰지기 훨씬 전에 히스티딘 합성은 신속히 중단된다. 이 현상은 어떻게 설명할 수 있는가?

답: 히스티딘 합성 효소들의 합성을 중단시키는 일 외에도, 히스티딘은 피드백 억제로 불리는 기작에 의해서 히스티딘 생합성 경로의 첫 번째 효소인 *N*′-5′-포스포리보실-ATP 전달효소의 활성도를 억제시킨다. 이 효소는 히스티딘-결합 부위를 가지고 있기 때문에, 히스티딘과 결합하면 활성을 저해시키는 구조적 변화를 일으킨다(그림 18.16 참조). 따라서 피드백 억제는 히스티딘 합성의 즉각적인 중단을 보여준다.

지식검사

서로 다른 개념과 기술의 통합

1. 대장균의 락토오스 분해에 관여된 효소 합성을 조절하는 오페론 모델은 조절유전자(*I*), 작동자(*O*), 구조유전자 β-갈락토시다아제(*Z*), 및 다른 구조유전자 β-갈락토시드 퍼미아제(*Y*)를 포함한다. β-갈락토시드 퍼미아제가 락토오스를 세균 안으로 이동시키면, β-갈락토시다아제는 락토오스를 갈락토오스와 포도당으로 분해한다. *lac* 오페론의 돌연변이는 다음과 같은 반응을 보인다. Z^-와 Y^- 돌연변이체는 각각 기능성 β-갈락토시다아제와 β-갈락토시드 퍼미아제를 생산할 수 없는 반면, I^-와 O^c 돌연변이체는 *lac* 오페론 유전자 산물을 구성적으로 합성하게 한다. 다음 그림은 *lac* 오페론을 두 개 갖는 대장균의 부분 이배체를 보여준다. 이 부분

이배체 지도에 β-갈락토시다아제의 구성적 합성과 β-갈락토시드 퍼미아제의 유도적 합성을 나타낼 수 있는 유전자형을 표시하라.

I O Z Y

I O Z Y

답: 몇 가지 다른 유전자형이 β-갈락토시다아제의 구성적 합성과 β-갈락토시드 퍼미아제의 유도적 합성을 나타낼 수 있다. 그 유전자형들은 다음 두 가지 요구 조건이 맞아야 한다. (1) 세포는 억제인자를 암호화하는 I^+ 유전자를 적어도 하나는 가져야 하며, (2) Z^+ 유전자와 O^c 돌연변이는 같은 염색체에 위치해야 한다. 작동자는 언제나 *cis* 상태로 활동하기 때문에, 동일 염색체에 존재하는 유전자의 발현에만 영향을 준다. 반대로, I^+ 유전자에 대해서는 동형접합이든 이형접합이든 가능하다. 만약 이형접합자인 경우라면 I^+는 두 염색체 중 어느 것에 있어도 무방하다. 그 이유는 I^+가 I^-에 대해 우성이고 I^+가 *cis*와 *trans* 상태 모두에 작용하기 때문이다. 한 가지 가능한 유전자형을 다음 부분 이배체 지도에 나타내었다.

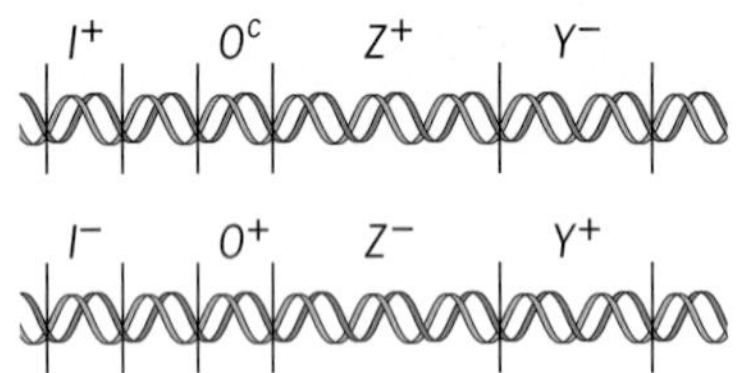

지도에 표시한 유전자형 외에도, β-갈락토시다아제의 구성적 합성과 β-갈락토시드 퍼미아제의 유도적 합성을 나타낼 수 있는 유전자형은 얼마나 더 있을까?

2. 야생형 대장균 세포는 매우 낮은 농도의 트립토판이 포함된 배지에서 20분 동안 기하급수적으로 성장하였는데, 누군가 배지에 트립토판을 대량 첨가하였다. 트립토판 첨가 후 세포에서는 어떤 생리적 변화가 일어났겠는가?

답: (a) 세포에서 일어날 수 있는 현상으로 첫째로 생각할 수 있는 것은 트립토판 생합성 경로의 첫 번째 효소인 안트라닐레이트 합성효소에 트립토판이 결합함으로써 효소의 활성도를 저해하여 트립토판 합성을 즉각적으로 중단시키는 것이다. 이런 조절 기작을 피드백 저해라 한다(그림 18.16 참조). (b) 두 번째 현상으로 높은 아미노산의 농도가 조기 종결(전사감쇄)에 의해 트립토판 생합성 효소의 합성 속도를 떨어뜨리는 일이다(그림 18.14와 18.15 참조). (c) 세 번째 예상되는 현상은 높은 트립토판 농도는 *trp* 오페론의 전사를 저해하여 트립토판 생합성 효소의 합성 속도를 떨어뜨리는 일이다(그림 18.4*c* 참조). 세포 내에서 피드백 저해, 전사감쇄, 억제/탈억제 현상은 서로 공조적으로 역할을 수행함으로써 환경의 변화(여기서는 트립토판 농도의 증가)에 대해 훨씬 빠르고 정확한 조절이 이루어진다.

연습문제

이해력 증진과 분석력 개발

18.1 미생물의 유도성 및 억제성 효소들은 어떻게 구별할 수 있을까?

18.2 생합성 경로의 최종산물에 의해 조절되는 (a) 억제와, (b) 피드백 억제를 구별하라. 이 두 조절 현상은 대사 작용의 효율적인 조절을 위해 어떻게 서로 보완하는가?

18.3 대장균의 *lac* 오페론에서, 다음 유전자와 요소들은 어떤 기능을 수행하는가? (a) 조절자, (b) 작동자, (c) 프로모터, (d) 구조유전자 *Z*, (e) 구조유전자 *Y*.

18.4 대장균의 *lac* 오페론에서, 다음 유전자 부위의 돌연변이에 의한 불활성화는 어떤 결과를 가져오겠는가? (a) 조절자, (b) 작동자, (c) 프로모터, (d) 구조유전자 *Z*, (e) 구조유전자 *Y*.

18.5 락토오스 오페론과 관련된 대립유전자 그룹은 다음과 같다(각 대립유전자 그룹에서 우성 순으로 나열함). 억제인자, I^s(과억제자), I^+(유도성), I^-(구성성); 작동자, O^c(구성성, *cis*⁻ 우성), O^+(유도성, *cis*-우성); 구조유전자 Z^+ 및 Y^+. (a) 다음의 어떤 유전자형이 락토오스가 존재할 때 β-갈락토시다아제와 β-갈락토시드 퍼미아제를 생산하겠는가? (1) $I^+O^+Z^+Y^+$, (2) $I^-O^cZ^+Y^+$, (3) $I^sO^cZ^+Y^+$, (4) $I^sO^+Z^+Y^+$, (5) $I^-O^+Z^+Y^+$. (b) 위의 유전자형 중 어떤 것이 락토오스가 존재하지 않을 때 β-갈락토시다아제와 β-갈락토시드 퍼미아제를 생산하겠는가? 그 이유를 설명해보라.

18.6 야생형 억제자가 작동자에 떨어지지 않은 결합을 보이는 *lac* 작동자의 돌연변이를 가진 새로운 *E. coli* 돌연변이체를 동정

했다고 가정하자. 이 작동자 돌연변이체는 O^{sb}(superbinding)로 명명되었다. (a) 부분 이배체의 유전자형이 $I^+O^{sb}Z^-Y^+/I^+O^+Z^+Y^-$일 때, β-갈락토시다아제와 β-갈락토시드 퍼미아제의 합성과 관련하여 어떤 표현형이 예상되는가? (b) 새로운 O^{sb} 돌연변이는 *lac* 오페론의 조절에서 *cis*와 *trans* 우성 중 어떤 특징을 보이겠는가?

18.7 대장균 *lac* 오페론의 O^c 돌연변이는 I^s 돌연변이에 대해 왜 상위를 나타내는가?

18.8 다음과 같은 부분 이배체에서, 효소 합성의 구성성을 나타내는 것과 유도성을 나타내는 것은 각각 무엇인가(우성 관계에 대해서는 문제 19.5를 참조하라)? 그 이유를 설명해보라.

(a) $I^-O^+Z^+Y^+/I^-O^+Z^+Y^+$
(b) $I^+O^+Z^+Y^+/I^-O^+Z^+Y^+$
(c) $I^+O^+Z^+Y^+/I^+O^cZ^+Y^+$
(d) $I^+O^cZ^+Y^+/I^+O^cZ^+Y^+$
(e) $I^+O^+Z^+Y^+/I^+O^+Z^+Y^+$.

18.9 다음과 같은 표현형을 나타내는 균주의 부분 이배체의 유전자형을 구하라. (a) β-갈락토시다아제는 구성성으로, 퍼미아제는 유도성으로 생산, (2) β-갈락토시다아제는 구성성으로 생산되고, Y^+ 유전자가 존재하지만 퍼미아제는 구성성이지도 않고 유도성이지도 않음.

18.10 당신은 유전학사를 연구하는 사람으로서, *E. coli*의 락토오스 오페론에 대한 자콥과 모노드의 고전적인 실험을 일부 반복하고 있다. F′ 플라스미드를 사용하여 *lac* 오페론에 대해 부분 이배체의 유전자형이 다음과 같은 *E. coli* 균주들을 얻었다. (1) $I^+O^cZ^+Y^-/I^sO^+Z^-Y^+$, (2) $I^sO^+Z^-Y^-/I^+O^+Z^+Y^+$, (3) $I^-O^+Z^+Y^+/I^+O^+Z^-Y^-$, (4) $I^+O^cZ^-Y+/I^+O^+Z^+Y^-$, 및 (5) $I^+O^cZ^+Y^-/I^+O^+Z^-Y^+$. (a) 어떤 균주가 락토오스의 존재 유무와 상관없이 기능성 β-갈락토시다아제를 생산하겠는가? (b) 어떤 균주가 기능성 β-갈락토시드 퍼미아제의 구성적 합성을 보이겠는가? (c) 어떤 균주가 유전자 *Z* 및 *Y* 모두를 구성적으로 발현시키며 기능성 효소(β-갈락토시다아제 및 β-갈락토시드 퍼미아제)를 생산하겠는가? (d) 어떤 균주가 *lac* 오페론 조절 요소에 대한 *cis* 우성을 보이겠는가? (e) 어떤 균주가 *lac* 오페론 조절 요소에 대한 *trans* 우성을 보이겠는가?

18.11 구성적 돌연변이들은 항상 증가된 농도의 효소를 합성한다. 이 돌연변이들은 O^c와 I^-의 두 가지 형이 있을 수 있다. 모든 다른 DNA는 야생형이라고 가정한다. 이 두 구성적 돌연변이들을 다음 사항들에 대해 어떻게 구분할 수 있을지 간단히 서술하라. (a) 염색체지도 위치, (b) O^c/O^+ 대 I^-/I^+ 부분 이배체에서 효소 농도의 조절, (c) 부분 이배체에서 O^c 돌연변이와 I^- 돌연변이체에 의해 각각 영향을 받는 구조유전자의 위치.

18.12 대장균의 트립토판 오페론은 어떻게 생겨나게 되었으며, 그리고 어떻게 진화에 의해 유지되어 왔겠는가?

18.13 분해대사물 억제 현상의 생물학적 중요성은 무엇인가?

18.14 *E. coli* 세포가 자라는 배지에서 포도당의 농도는 어떻게 cyclic AMP의 세포 내 농도를 조절하는가?

18.15 *lac* 오페론에 대한 CAP-cAMP의 역할이 양성 조절인지 음성 조절인지를 말하고, 그 이유를 설명해보라.

18.16 *lac* 오페론의 전사가 분해대사물 억제에 대해 민감하지 않은 *E. coli* 돌연변이체의 분리는 가능하겠는가? 가능하다면, 어떤 유전자에서 돌연변이가 일어나야 하겠는가?

18.17 예를 들어 음성 조절기작과 양성 조절기작의 차이점을 설명하라.

18.18 다음 표는 대장균에서 *lac* 좌위에서의 서로 다른 유전자형에 따른 세포 내 β-갈락토시다아제와 β-갈락토시드 퍼미아제 효소의 상대적인 활성도를 보여준다. F′를 갖지 않은 야생형 *E. coli*에서 각 효소의 활성도 수준을 임의로 100으로 표시하였으며, 다른 값은 야생형에 대한 상대적인 활성도의 측정값이다. 다음 표에서 주어진 유전자형 1부터 4에서 주어진 데이터를 활용하여, 다섯 번째 유전자형에 대한 활성도를 결정하라.

	β-Galactoside		β-Galactosidase Permease	
Genotype	**−Inducer**	**+Inducer**	**−Inducer**	**+Inducer**
1. $I^+O^+Z^+Y^+$	0.2	100	0.2	100
2. $I^-O^+Z^+Y^+$	100	100	100	100
3. $I^+O^cZ^+Y^+$	20	100	20	100
4. $I^-O^+Z^+Y^-$/F′ $I^-O^+Z^+Y^+$	200	200	100	100
5. $I^-O^cZ^-Y^+$/F′ $I^+O^+Z^+Y^+$	——	——	——	——

18.19 *E. coli*에서 *trp* 오페론의 전사 속도는 (1) 억제/탈억제 및 (2) 전사감쇄 두 현상에 의해 조절된다. 두 과정 중, 어떤 기작이 전사체 수준에서 *trp* 오페론을 조절하는가?

18.20 트립토판이 존재하는 배지에서 자라는 대장균에서, *trp* 오페론의 *trpL* 부위의 결실은 오페론 내의 다섯 유전자로부터 암호화되는 효소들의 합성 속도에 어떤 영향을 미치겠는가?

18.21 트립토판이 존재하는 배지에서 자라는 대장균이 어떤 기작에

의해서 *trp* 오페론 전사의 조기 종결이나 전사감쇄를 불러일으키는가?

18.22 mRNA 선도서열에 있는 두 UGG Trp 코돈 (염기서열 54-56 및 57-60)을 GGG Gly 코돈으로 바꾸는 *trpL* 서열의 부위-특이적 돌연변이를 만들었다고 가정하자(그림 18.14 참조). 돌연변이 *E. coli*가 자라는 배지에 트립토판의 존재 유무에 따라 여전히 *trp* 오페론의 전사감쇄 기작이 작동되겠는가?

18.23 *trp* 오페론의 전사감쇄와 리신 리보스위치는 어떤 면에서 공통점을 가지는가?

18.24 *E. coli*에서 *trp* 전사체의 수준을 조절하는 전사감쇄와 같은 기작이 진핵생물에서도 나타날 수 있겠는가?

진핵생물 유전자발현의 조절

19

장의 개요

- 진핵생물 유전자발현의 조절 기작: 개요
- 환경과 생물학적 요인에 의한 전사 유도
- 진핵생물 전사의 분자적 조절
- RNA 간섭에 의한 유전자발현의 전사후 조절
- 유전자발현과 염색질 구조
- 전체 염색체의 활성화와 불활성화

아프리카 트리파노솜: 분자 위장술의 천재

19세기가 끝나갈 무렵, 영국 의료원의 외과 의사인 데이비드 브루스(David Bruce)는 남아프리카의 야생동물과 가축에서 발생하는 한 질병에 대한 관찰과 실험 결과를 요약했다. "영혼의 소실"이라는 뜻을 지닌 나가나(nagana)라고 불리는 이 질병은 고열, 부종, 무기력 및 쇠약 증세가 나타나는 것이 특징이다. 브루스는 나가나가 아프리카 관목 평원의 탁트인 지역에 흔히 서식하는 무는 파리의 일종인 체체파리에 의해 전염된다는 것을 밝혔다. 또한 감염되어 죽은 동물들을 대상으로 수행한 실험으로부터 그 원인이 체체파리가 물 때, 동물의 혈액 속으로 침투되는 단세포 원생동물의 하나인 편모충류라는 것도 알게 되었다. 트리파노솜(Tripanosome)의 일종인 이 혈액 기생충은 브루스의 업적을 기려 *Trypanosoma brucei*라고 명명되었다. 사람도 역시 체체파리가 옮기는 트리파노솜에 감염되면 아프리카 수면병으로 불리는 질병에 걸리게 된다.

사람이나 동물 모두에 있어서, 트리파노솜의 감염은 오랫동안 지속된다. 혈액 안에서 트리파노솜은 끊임없이 면역계의 공격 대상이 된다는 점에서 이는 놀라운 일이다. 면역계가 매번 공격할 때마다 트리파노솜은 대부분 죽지만, 극소수가 항상 살아남아 다시 혈액 내에서 증식하기 때문에 감염 상태를 유지하게 된다. 이렇게 다시 재기하는 비결은 트리파노솜이 자신의 표면을 덮고 있는 단백질의 종류를 바꿀 수 있는 능력을 갖고 있기 때문이다. 각 트리파노솜은 약 1,000만개의 단일 종류의 당단백질로 덮여 있다. 면역계가 트리파노솜의 이 단백질 외피를 인식하면, 면역세포는 트리파노솜을 에워싸고 파괴시키려 할 것이다. 그러나 감염된 트리파노솜이 모두 제거되기 전에 일부 트리파노솜은 표면 당단백질을 면역계가 즉각 알아차리지 못할 만한 다른 종류로 변화시킨다. 이렇게 변장한 트리파노솜은 죽음을 피하고 증식하게 된다. 결국은 면역계가 변장된 트리파노솜을 다시 인식하게 되지만, 또다시 다른 변장된 트리파노솜이 생겨나서 감염 상태가 지속된다. 트리파노솜의 분자 위장(molecular disguise)이 끝없이 가능한 것처럼 보이는 이유는, 변형 표면 당단백질(variant surface glycoprotein: VSG)을 암호화하는 수많은 유전자들을 가지고 있기 때문이다. 어느 한 시점에서는 이들 중 오직 하나의 유전자만이 발현되지만, 감염이 유지되는 동안 발현되는 유전자가 계속 바뀌게 된다. 발현되는 유전자가 바뀔 때마다 트리파노솜은 새로운 표면 단백질을 얻게 되어 동물의 면역 방어 체계보다 한 발 앞서 나가는 것이다. 따라서 감염 상태는 감염된 동물이 지쳐 죽을 때까지 수개월 동안 지속된다.

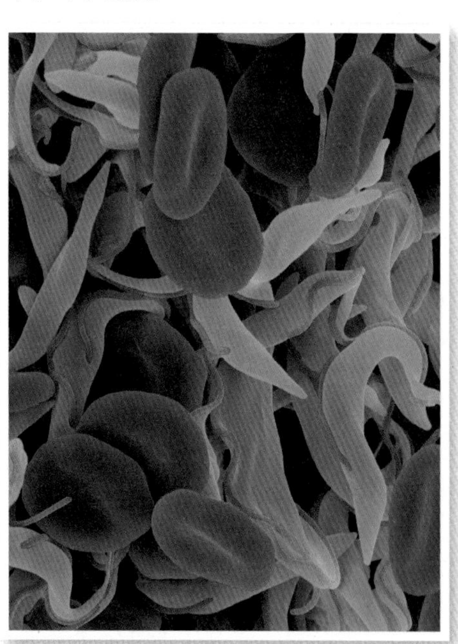

적혈구 세포와 섞여있는 트리파노솜.

진핵생물 유전자발현의 조절 기작: 개요

진핵생물의 유전자발현은 전사, 공정 및 번역 수준에서 조절될 수 있다.

진핵생물 유전자발현의 시 · 공간적 조절

트리파노솜이 면역계로부터의 공격을 어떻게 피하는지에 대한 이야기는 유전자 조절의 이야기이다. 다른 *vsg* 유전자들은 서로 다른 시간에 발현된다. 즉 *vsg* 유전자는 시간적으로 조절된다. 진핵생물(특히 사람과 같은 다세포 생물)들의 유전자는 또한 공간적으로도 조절된다. 다세포생물은 조직과 기관을 구성하는 많은 다른 종류의 세포를 가진다. 어떤 특정 유전자는 혈구세포에서는 발현되지만, 신경세포에서는 발현되지 않는다. 다른 유전자는 반대의 발현 현상을 보일 수도 있다. 유전자발현에서의 이런 차이를 만드는 조절은 다세포 진핵생물의 해부학적, 생리학적 복잡성을 만드는 기초이다.

진핵생물의 유전자발현은 원핵생물과 마찬가지로 DNA에서 RNA가 만들어지는 전사에 이어 RNA에서 폴리펩티드를 만드는 번역 과정으로 이루어진다. 그러나 번역되기 이전에 대부분의 진핵생물 RNA는 "공정(processing)" 과정을 거친다. 공정 과정 동안 RNA는 5′말단에 캡(cap)이 형성되고, 3′말단은 폴리-A 꼬리(poly(A) tail)가 만들어지며, 그리고 전사체 내부적으로는 암호를 갖지 않은 인트론 서열이 잘려 나간다(제11장 참조). 원핵생물 RNA는 일반적으로 말단 및 내부 공정이 일어나지 않는다.

진핵생물에서 유전자발현은 원핵생물의 유전자발현보다 더욱 복잡한데, 이는 진핵세포가 정교한 막 구조물로 구획화되어 있기 때문이다. 구획화의 결과로 세포는 소기관으로 구분되는데, 가장 두드러진 것이 핵이다. 또한 진핵세포는 미토콘드리아와 엽록체(식물세포에만 존재), 소포체라는 소기관을 갖는다. 각각의 소기관은 서로 다른 기능을 수행한다. 핵은 유전 물질을 저장하고, 미토콘드리아와 엽록체는 에너지를 생산하며, 소포체는 세포 내 물질 수송을 담당한다.

진핵세포에서 소기관으로의 세분화는 유전자발현 과정도 물리적으로 구분시킨다. DNA에서 RNA가 만들어지는 처음의 과정은 핵에서 일어난다. 캡 형성, 폴리-A 꼬리 형성 및 인트론 제거와 같은 RNA 전사체의 공정도 핵에서 수행된다. 이렇게 만들어진 mRNA는 세포질로 이동되어 리보솜과 결합되는데, 리보솜의 상당수는 소포체 막에 존재한다. 일단 리보솜과 결합하면, mRNA는 폴리펩티드로 번역된다. 유전자발현 과정이 물리적으로 구분되어 있기 때문에, 그 조절 또한 각기 다른 장소에서 일어난다(■ **그림 19.1**). 즉, 핵에서 DNA나 RNA 수준에서의 조절이 가능하고, 세포질에서는 RNA나 폴리펩티드 수준에서의 조절이 가능하다.

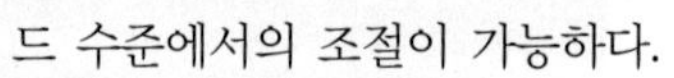

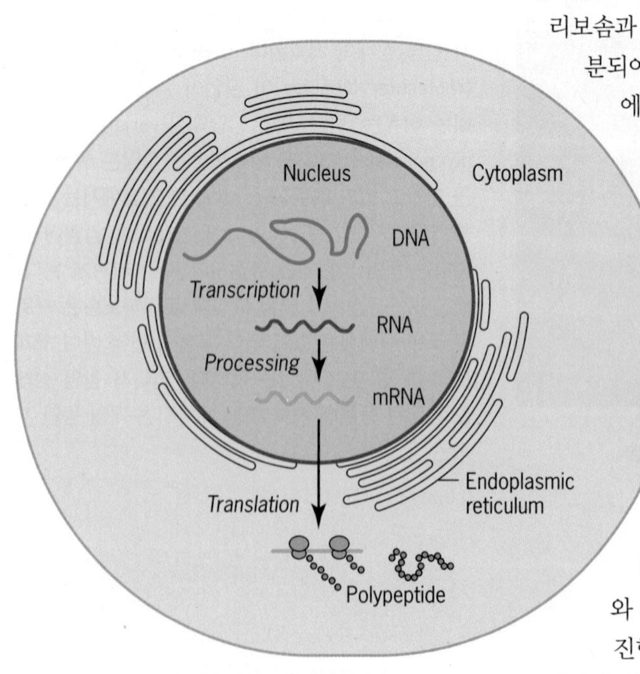

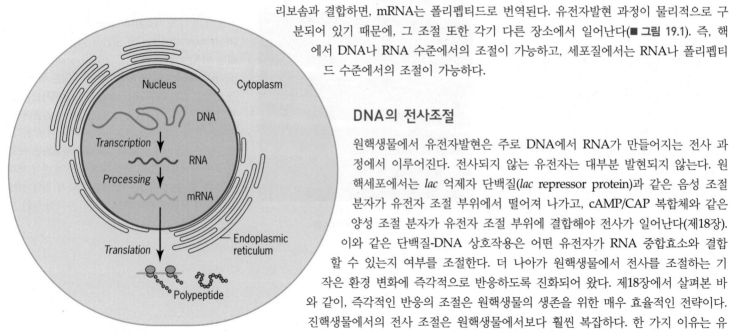

■ 그림 19.1 진핵세포에서 유전자발현이 조절되는 각 단계: 전사, 공정 그리고 번역.

DNA의 전사조절

원핵생물에서 유전자발현은 주로 DNA에서 RNA가 만들어지는 전사 과정에서 이루어진다. 전사되지 않는 유전자는 대부분 발현되지 않는다. 원핵세포에서는 *lac* 억제자 단백질(*lac* repressor protein)과 같은 음성 조절 분자가 유전자 조절 부위에서 떨어져 나가고, cAMP/CAP 복합체와 같은 양성 조절 분자가 유전자 조절 부위에 결합해야 전사가 일어난다(제18장). 이와 같은 단백질-DNA 상호작용은 어떤 유전자가 RNA 중합효소와 결합할 수 있는지 여부를 조절한다. 더 나아가 원핵생물에서 전사를 조절하는 기작은 환경 변화에 즉각적으로 반응하도록 진화되어 왔다. 제18장에서 살펴본 바와 같이, 즉각적인 반응의 조절은 원핵생물의 생존을 위한 매우 효율적인 전략이다.

진핵생물에서의 전사 조절은 원핵생물에서보다 훨씬 복잡하다. 한 가지 이유는 유전자가 핵 안에 격리되어 있기 때문이다. 환경 신호가 전사 수준에 영향을 주기 위해서는 세포 표면으로부터 접수된 신호가 세포질을 통과하고 핵막을 거쳐 최종적으로 염색체에 도달해야 한다. 따라서 진핵세포는 DNA 전사를 조절하기 위한 내부 신호 전달체계가 필요하다. 또 다른 복잡한 원인은 대부분의 진핵생물이 다세포 생물이라는 점이다. 환경 신호가 특정 조직의 유전자 전사에 영향을 미치기 위해서는 여러 층의 세포를 통과해야 한다. 따라서 세포 간의 교신 기작 역시 진핵세포 전사조절의 중요한 요인으로 작용한다.

원핵생물에서와 마찬가지로 진핵생물에서 전사조절은 단백질-DNA 상호 작용에 의해 중재된다. 음성 조절 단백질과 양성 조절 단백질들이 DNA의 특정 부위에 결합하여 전사를 촉진시키거나 억제시킨다. 이런 단백질들을 통틀어서 **전사인자(transcription factor)**라고 한다. 다양한 종류의 전사인자가 밝혀졌는데, 대부분의 전사인자가 DNA와 상호 결합할 수 있는 특징적인 도메인을 가진다. 전사인자 단백질들의 구조 및 DNA와 상호 결합하는 특징 등에 대해서는 뒤에서 논의하도록 하겠다.

Exons in rat troponin T gene

5' 1 2 3 4 5 6 7 8 9 10 11 12 13 14 15 16 17 18 3'

Alternate splicing of exons produces 64 different mRNAs.

- Exons 1–3, 9–15, and 18 are present in all mRNAs.
- Exons 4–8 are present in various combinations in mRNAs.
- Exons 16 or 17, but not both, are present in all mRNAs.

Examples of mRNAs

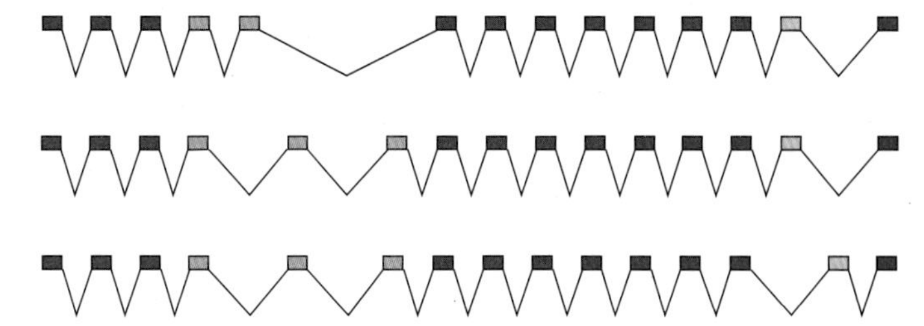

■ 그림 19.2 쥐의 트로포닌 T 유전자의 전사체에 대한 선택적 스플라이싱. 64 종류의 가능한 mRNA 중에서 단지 세 가지만을 보여준다.

RNA의 선택적 스플라이싱

대부분의 진핵생물 유전자는 폴리펩티드의 아미노산을 결정짓는 서열 중간에 끼어있는 비암호화 부위인 인트론을 갖고 있다. 암호화 서열이 적절히 발현되기 위해서는 모든 인트론이 RNA 전사체로부터 제거되어야 한다. 제11장에서 살펴본 바와 같이, 인트론 제거는 엑손이라 불리는 폴리펩티드 암호화 서열만이 정확하게 연결되어 mRNA를 만드는 과정이다. 인트론 제거에 의한 mRNA의 형성은 스플라이소좀(spliceosome)이라는 핵 내 조그만 소기관에 의해 이루어진다.

여러 개의 인트론을 갖는 유전자들은 RNA 스플라이싱 기작에 대해 흥미있는 문제를 야기한다. 스플라이싱 기구가 어떻게 RNA와 상호 작용하는지에 따라 인트론의 제거는 개별적으로 이루어지기도 하고, 혹은 몇 개가 조합되어 이루어지기도 한다. 연속된 두 개의 인트론이 한꺼번에 제거되면 두 인트론 사이에 있던 엑손도 제거될 것이다. 따라서 스플라이싱 기구는 일부 엑손들을 제거하는 방식을 통하여 RNA의 암호화 서열을 변경시킬 수도 있다. 서로 다른 방식으로 RNA 전사체를 스플라이싱시키는 현상은 분명히 유전 정보를 효율적으로 운용하는 수단이다. 일부 유전자나 유전자 일부의 중복 대신, 전사체의 *선택적 스플라이싱(alternate splicing)*은 단일 유전자가 서로 다른 폴리펩티드들을 암호화할 수 있도록 한다.

선택적 스플라이싱의 예는 트로포닌 T 유전자의 발현에서 찾아볼 수 있다. 척추동물의 골격근에서 발현되는 트로포닌 T 단백질의 크기는 대략 150 내지 250개의 아미노산으로 다양하다. 쥐의 경우, 트로포닌 T 유전자는 그 길이가 16 kb 이상이며 18개의 엑손을 가진다(**■ 그림 19.2**). 트로포닌 T 유전자의 전사체는 서로 다른 방식으로 스플라이싱되어 여러 종류의 mRNA를 만든다. 따라서 여러 종류의 mRNA들은 번역되어 서로 다른 트로포닌 T 단백질을 생산할 것이다. 모든 트로포닌 T 폴리펩티드는 엑손 1–3, 9–15, 18에서 유래한 아미노산을 포함한다. 그러나 엑손 4–8이 암호화하는 부위는 스플라이싱 양상과 조합 방식에 따라 폴리펩티드 내에 존재하기도 하고 결실되기도 한다. 엑손 16과 17의 경우는 양자택일의 현상을 보인다. 즉, 엑손 16은 있지만 17이 없거나, 아니면 반대의 경우가 일어난다. 이와 같이 서로 다른 형태의 트로포닌 T는 아마도 근육에서 서로 약간씩 다른 방식으로 기능을 수행할 것으로 생각되며, 근육세포 기능의 다양성에 기여할 것이다.

세포질의 mRNA 안정성 조절

전령 RNA(mRNA)는 핵에서 세포질로 이동되어 폴리펩티드 합성의 주형으로 제공된다.

일단 세포질로 이동되면, 특정 mRNA는 mRNA를 따라 움직이는 여러 개의 리보솜들에 의해 순차적으로 번역된다. 이와 같은 번역 과정은 mRNA가 분해될 때까지 계속된다. 따라서 mRNA 분해는 유전자발현의 전체 과정 중에 일어나는 또 다른 조절 단계이다. 수명이 긴 mRNA는 여러 차례에 걸친 폴리펩티드 합성이 가능하겠지만 수명이 짧은 mRNA는 그렇지 못할 것이다.

빠르게 분해되는 mRNA는 새로운 전사체로 신속히 보충되어야 한다. 그렇지 않으면, 그 mRNA에 의해 암호화되는 폴리펩티드의 합성은 중단될 것이다. 이와 같은 폴리펩티드 합성의 중단이 때로는 발생 프로그램의 한 부분일 수 있다. 일단 폴리펩티드가 그 기능을 다하면 더 이상 필요가 없으며, 만약 계속해서 합성된다면 해로울 수도 있다. 이런 경우, mRNA의 신속한 분해는 불필요한 폴리펩티드 합성을 방지하는 효율적인 방법이 될 것이다.

mRNA의 수명은 몇 가지 요인에 의해 영향을 받는다. 폴리-A 꼬리는 mRNA를 안정화시키는 것으로 여겨진다. 폴리-A 꼬리 앞부분에 존재하는 3′-비번역 부위(3′ untranslated region: 3′ UTR)도 또한 mRNA의 안정성에 영향을 주는 것으로 여겨진다. 몇몇 짧은 수명의 mRNA들에서 3′ UTR에 AUUUA 서열이 여러 번 반복되어 나타난다. 만약 비교적 안정한 mRNA의 3′ UTR에 AUUUA 반복 서열을 인위적으로 삽입시키면, 이들 또한 불안정하게 됨을 볼 수 있다. 호르몬과 같은 화합물도 mRNA 안정성에 영향을 줄 수 있는 것으로 보인다. 양서류의 일종인 *Xenopus laevis*에서 난황 단백질을 암호화하는 *vitellogenin* 유전자는 스테로이드 호르몬인 에스트로겐에 의해 전사가 활성화된다. 그런데, 에스트로겐은 *vitellogenin* 유전자의 전사를 촉진할 뿐만 아니라, *vitellogenin* mRNA의 수명도 연장시킨다.

최근의 연구에 의하면, mRNA의 안정성과 mRNA의 폴리펩티드로의 번역은 짧은 간섭 RNA(small interfering RNA: siRNA) 혹은 microRNA(miRNA)로 불리는 작은 비암호화 RNA 분자들에 의해서도 조절됨이 밝혀졌다. 대략 21–28 nt 길이의 이런 조절 RNA는 더 긴 이중가닥의 RNA로부터 만들어지는데, 이런 현상은 균류, 식물 및 동물을 포함하는 매우 다양한 진핵생물들로부터 관찰된다. 짧은 siRNA 혹은 miRNA가 특정 mRNA의 서열과 짝을 이루게 되면, 조절 RNA는 mRNA를 절단시켜 분해시키거나 혹은 mRNA의 번역을 간섭한다. 일부 식물에서 이런 짧은 RNA 분자들은 RNA 바이러스의 감염에 대한 결정적인 방어 기작을 제공한다. 또한 동물 및 식물에서 이런 조절 RNA들이 성숙과 발생에 관여된 유전자들의 발현을 조절하는 것으로 알려졌다. 짧은 조절 RNA에 대해서는 이 장의 뒤에서 자세히 논의하게 될 것이다.

요점

- *전사인자로 불리는 단백질들은 DNA와 결합하여 진핵생물 유전자의 전사를 조절한다.*
- *진핵생물 유전자의 전사체는 선택적 스플라이싱을 통해 서로 다르지만 유사한 폴리펩티드를 암호화하는 mRNA들을 생산할 수 있다.*
- *진핵생물 mRNA의 안정성은 폴리펩티드 합성의 수준에 영향을 줄 수 있다.*

환경과 생물학적 요인에 의한 전사 유도

진핵생물의 유전자발현은 온도와 같은 환경적 요인이나 호르몬, 성장인자와 같은 신호 분자에 의해 유도될 수 있다.

대장균의 락토오스 오페론 연구를 통해 자콥과 모노드는 락토오스 대사에 필요한 유전자들이 세포에 락토오스가 주어졌을 때만 특이적으로 전사된다는 것을 밝혔다. 즉, 락토오스가 유전자 전사의 **유도자(inducer)**임을 밝혔던 것이다. 자콥과 모노드의 선례를 따라 많은 연구자들이 진핵생물 유전자 전사의 특이적 유도자를 찾으려고 시도했다. 이런 시도는 상당한 연구 성과를 거두기는 했지만, 환경 및 영양 요인에 의해 유도되는 진핵생물 유전자들의 비율은 대체로 원핵생물에 비해 낮은 것으로 추정된다. 우리는 진핵생물에서 유도성 유전자발현의 두 가지 사례를 살펴보기로 하겠다.

온도: 열-충격 유전자

생물체가 고온의 스트레스에 처하게 되면, 세포 내부 환경의 안정화에 도움을 주는 일련의 단백질들을 합성하게 된다. 원핵생물과 진핵생물에서 모두 발견되는 이런 *열-충격 단백질(heat-shock protein)*은 매우 잘 보존된 폴리펩티드이다. 진화적으로 매우 동떨어진 대장균과 초파리의 열-충격 단백질들의 아미노산 서열을 비교하면 이들은 40–50%가 동일하다. 이것은 이 두 생물체가 갈라져 나온 진화 시간을 고려할 때 매우 주목할 만한 보존성이다.

열-충격 단백질들의 발현은 전사 수준에서 조절된다. 즉, 열 스트레스가 열-충격 단백질을 암호화하는 유전자들의 전사를 특이적으로 유도한다(■ **그림** 19.3). 예를 들면, 초파리에서 HSP70(*h*eat-shock *p*rotein, 분자량 *70* kDa)으로 불리는 열-충격 단백질은 한 상염색체 상에 인접한 두 클러스터내에 있는 유전자족에 의해 암호화된다. 두 개의 클러스터 안에는 합쳐서 다섯 내지 여섯 개의 *hsp70* 유전자들의 복사본이 존재한다. 무더운 여름날과 같이 온도가 33°C를 넘게 되면, 각각의 유전자들이 전사되어 RNA를 만들고, 공정 및 번역을 거쳐 HSP70 폴리펩티드가 만들어진다. *hsp70* 유전자들의 열-유도성 전사는 초파리 세포의 핵 내에 존재하는 열-충격 전사인자(heat-shock transcription factor: HSTF)에 의해 조절된다. 초파리가 열에 의한 스트레스를 받게 되면, HSTF는 인산화가 됨으로써 화학적으로 변한다. 변화된 상태의 HSTF는 *hsp70* 유전자의 앞쪽에 존재하는 뉴클레오티드 서열에 특이적으로 결합하여 대부분의 단백질-암호화 유전자들의 전사를 촉매하는 효소인 RNA 중합효소 II가 보다 쉽게 조절부위에 접근할 수 있도록 도와준다. 그 결과, *hsp70* 유전자의 전사가 왕성하게 촉진된다. 인산화된 HSTF가 결합하는 DNA서열을 *열-충격 반응인자(heat-shock response element: HSE)*라 한다.

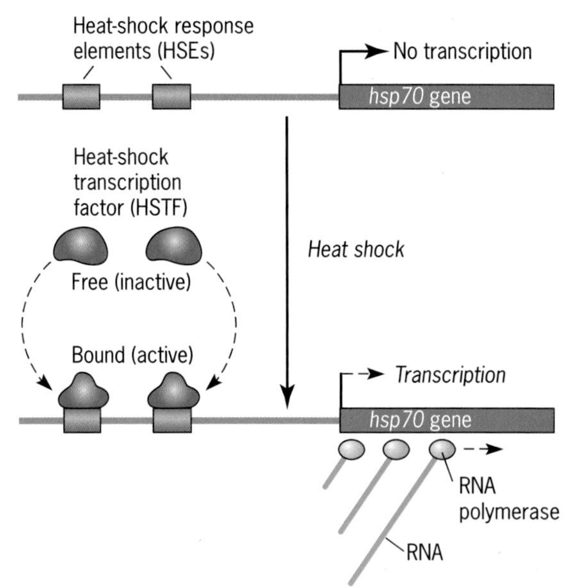

■ **그림 19.3** 열 충격에 의한 초파리 *hsp70* 유전자의 전사 유도. HSE는 전사 개시점(화살표)의 40에서 90 염기쌍 상류 지역 사이에 위치한다.

신호 분자: 호르몬에 반응하는 유전자

다세포 진핵생물에서, 어떤 유형의 세포는 **호르몬**을 분비하여 다른 세포에게 신호를 전달할 수 있다. 호르몬은 몸 전체를 순환하다가 표적세포를 만나게 되면, 특정 유전자들의 발현을 조절하는 일련의 과정을 일으킨다. 동물의 경우에는 일반적으로 두 종류의 호르몬이 있다. 첫 번째 종류인 *스테로이드* 호르몬은 지용성 저분자로 콜레스테롤에서 유래한다. 스테로이드 호르몬의 지질성 때문에 세포막을 투과하는 데 별다른 문제가 없다. 스테로이드 호르몬의 예로는 암컷의 생식주기에 중요한 기능을 하는 에스트로겐과 프로게스테론, 수컷의 분화와 행동에 영향을 주는 테스토스테론, 혈당을 조절하는 글루코코르티코이드, 곤충의 발생을 조절하는 용화호르몬(ecdysone) 등이 있다. 스테로이드 호르몬이 일단 세포 안으로 들어가면, *호르몬 수용체*로 불리는 세포질 혹은 핵 단백질과 상호작용한다. 수용체/호르몬 복합체는 DNA와 결합하여 전사인자처럼 작용하여, 특정 유전자들의 발현을 조절하게 된다(■ **그림** 19.4).

두 번째 종류인 *펩티드 호르몬*은 아미노산의 선형 사슬이다. 다른 폴리펩티드와 마찬가지로, 펩티드 호르몬 역시 유전자에 의해 암호화된다. 펩티드 호르몬의 예로는 혈당을 조절하는 인슐린, 성장호르몬의 하나인 소마토트로핀(somatotropin), 여성의 유방 조직을 표적으로 하는 프로락틴 등이 있다. 펩티드 호르몬은 세포막을 자유로이 투과하기에는 너무 크기 때문에 *막-결합 수용체 단백질*에 의해 그 신호를 세포 안으로 전달해야 한다(■ **그림** 19.5). 펩티드 호르몬이 수용체와 결합하게 되면, 수용체의 형태적 변화를 일으키고, 결국 세포 내부에 존재하는 다른 단백질들의 변화를 초래하게 한다. 이와 같이 연속적인 변화를 통하여 호르몬의 신호는 세포질에서 핵 안으로 전달되고, 결국 특정 유전자들의 발현 조절의

■ 그림 19.4 스테로이드 호르몬에 의한 유전자발현의 조절. 호르몬은 표적 세포의 내부에서 수용체와 결합한다. 본 그림에서는 수용체가 세포질에 존재하지만, 일부 스테로이드 호르몬 수용체는 핵 속에 존재하기도 한다. 스테로이드/호르몬 수용체의 복합체는 핵으로 들어가서 특정한 유전자의 전사를 활성화시킨다.

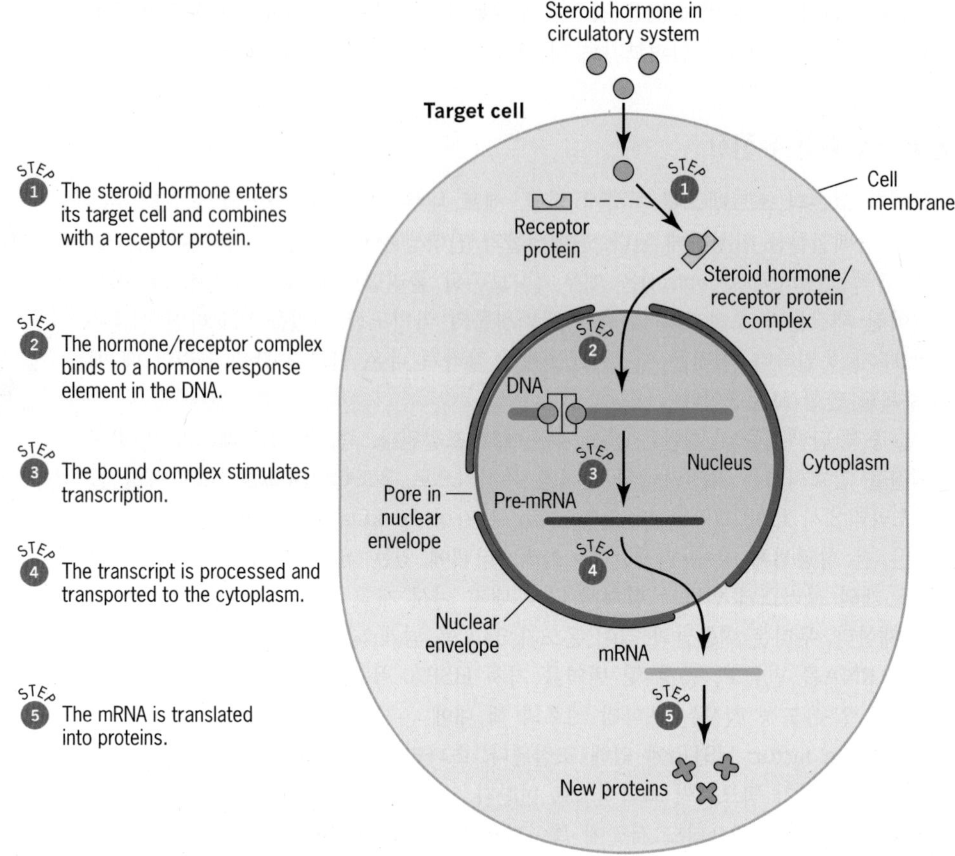
STEP 1 The steroid hormone enters its target cell and combines with a receptor protein.
STEP 2 The hormone/receptor complex binds to a hormone response element in the DNA.
STEP 3 The bound complex stimulates transcription.
STEP 4 The transcript is processed and transported to the cytoplasm.
STEP 5 The mRNA is translated into proteins.
Steroid hormone in circulatory system
Target cell
Cell membrane
Receptor protein
Steroid hormone/ receptor protein complex
DNA
Nucleus
Cytoplasm
Pore in nuclear envelope
Pre-mRNA
Nuclear envelope
mRNA
New proteins

■ 그림 19.5 펩티드 호르몬에 의한 유전자발현의 조절. 호르몬(세포 외부 신호)은 표적 세포의 막에 존재하는 수용체와 결합한다. 호르몬/수용체 복합체는 세포 내부의 연쇄적인 신호전달 반응을 유발하는 세포질 단백질을 활성화시킨다. 연쇄적인 반응의 신호가 핵으로 전달되면, 전사인자가 특정 유전자의 발현을 촉진시킨다.

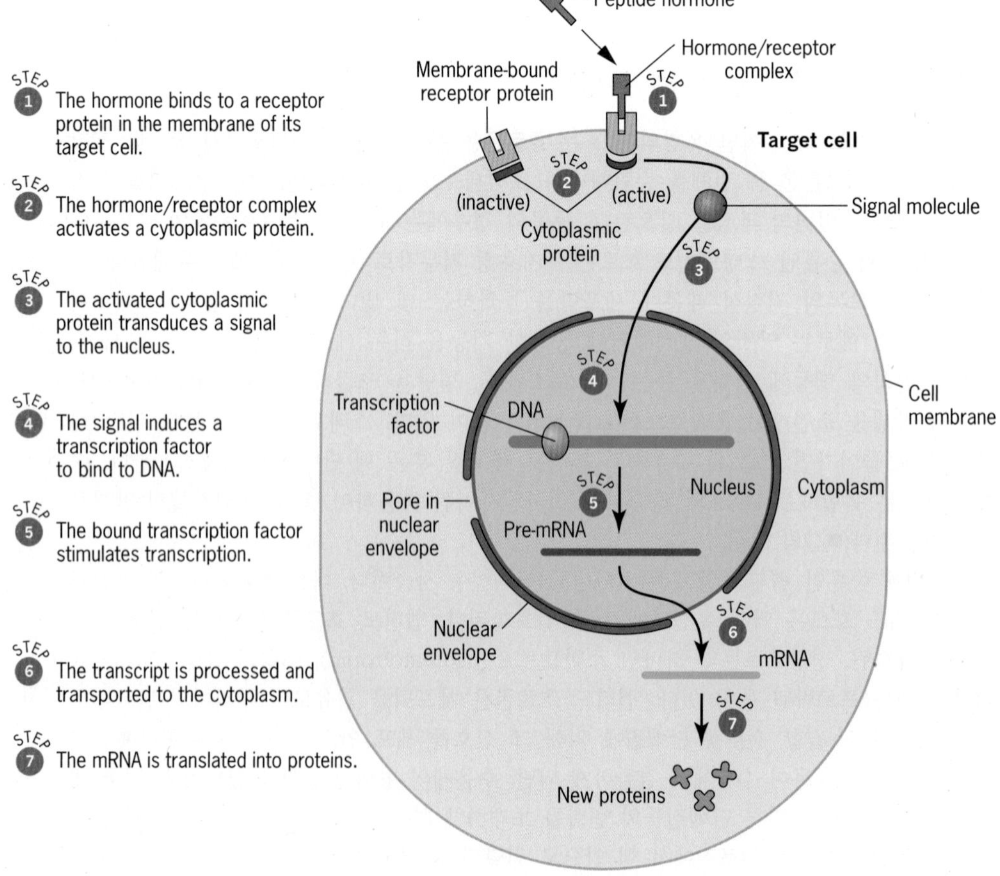
STEP 1 The hormone binds to a receptor protein in the membrane of its target cell.
STEP 2 The hormone/receptor complex activates a cytoplasmic protein.
STEP 3 The activated cytoplasmic protein transduces a signal to the nucleus.
STEP 4 The signal induces a transcription factor to bind to DNA.
STEP 5 The bound transcription factor stimulates transcription.
STEP 6 The transcript is processed and transported to the cytoplasm.
STEP 7 The mRNA is translated into proteins.
Peptide hormone
Membrane-bound receptor protein
Hormone/receptor complex
Target cell
(inactive)
(active)
Cytoplasmic protein
Signal molecule
Transcription factor
DNA
Nucleus
Cytoplasm
Cell membrane
Pore in nuclear envelope
Pre-mRNA
Nuclear envelope
mRNA
New proteins

결과로 나타난다. 호르몬 신호가 세포를 통과하여 핵으로 전달되는 과정을 **신호전달(signal transduction)**이라 한다.

호르몬에 의해 유도되는 유전자발현은 DNA 상의 특이적 서열에 의해 매개된다. *호르몬 반응인자(hormone response element: HRE)*로 불리는 DNA서열은 앞에서 살펴본 열-충격 반응인자(HSE)와 유사하다. HRE는 조절 대상이 되는 유전자와 인접하게 위치하여 전사인자가 결합하는 부위로 작용한다. 에스트로겐과 같은 스테로이드 호르몬의 경우 HRE에는 호르몬/수용체 복합체가 결합하여 전사를 촉진한다. 전사 반응의 활성은 HRE의 개수에 달려 있다. 여러 개의 HRE가 존재하면, 호르몬/수용체 복합체들이 서로 협동적으로 HRE에 결합하여 전사율을 훨씬 높은 비율로 증가시킨다. 다시 말하면, 두 개의 HRE를 갖는 유전자는 하나의 HRE를 갖는 유전자보다 두 배 이상의 전사 활성을 갖는다. 펩티드 호르몬의 경우, 일반적으로 호르몬과 복합체를 이룬 이후에도 수용체는 세포막에 결합된 형태로 남아 있다. 따라서 호르몬 신호는 다른 단백질들에 의해 핵으로 전달되고, 핵으로 신호를 전달하는 단백질 중 일부가 호르몬에 의해 조절되는 유전자에 인접한 서열에 결합하여 전사인자로 작용한다.

특정한 분비샘이나 기관에서 만들어지지 않기 때문에 고전적 의미로 호르몬이라 부를 수 없는 다른 여러 종류의 단백질들에 의해서도 전사 활성은 유도된다. 신경 성장인자, 표피 성장인자, 혈소판 유도 성장인자 등과 같이 분비되어 순환되는 분자들과 세포 표면이나 세포 사이의 기질에 결합되어 있는 비순환성 분자들이 이에 속한다. 이와 같은 단백질들은 각각이 고유한 특성을 갖고 있지만, 전사를 유도하는 일반적인 기작은 펩티드 호르몬과 유사하다. 신호 단백질과 막-결합 수용체간의 상호작용은 세포 내부에서 일련의 연쇄반응을 일으켜 특정 유전자에 특이적 전사인자가 결합되어 전사될 수 있도록 한다.

요점

- *고온에 반응하는 hsp70 유전자의 전사는 열-충격 전사인자에 의해 매개된다.*
- *스테로이드 호르몬과 수용체 단백질은 복합체를 이루어 특정 유전자의 발현을 조절하는 전사인자로 작용한다.*
- *펩티드 호르몬은 막-결합 수용체 단백질과 결합함으로써 특정 유전자의 발현을 조절하는 신호전달 시스템을 활성화시킨다.*

진핵생물 전사의 분자적 조절

진핵생물 유전자의 전사는 유전자나 주변 DNA서열과 단백질 간의 상호작용에 의해 조절된다.

진핵생물의 유전자발현에 대한 대부분의 연구는 전사를 조절하는 요인에 초점을 두고 있다. 전사조절 연구에 중점을 두는 이유의 일부는 유전자 조절을 매우 상세히 분석할 수 있는 실험 기술이 발전하였기 때문이며, 한편으로는 원핵생물 유전자 연구의 성과로부터 얻은 아이디어도 원인을 제공했다. 원핵생물과 진핵생물 모두에서 전사는 유전자발현의 첫번째 과정이므로, 유전자발현이 조절되는 가장 기본적인 수준인 것이다.

전사조절에 관련된 DNA서열

전사는 유전자의 프로모터에서 시작되는데, 프로모터는 RNA 중합효소가 인지하는 부위이다. 그러나 제11장에서 살펴본 바와 같이, 진핵생물의 유전자 프로모터에서 전사가 정확히 개시되려면, 몇 가지 보조 단백질 혹은 *기본 전사인자(basal transcription factor)*를 필요로 한다. 각 단백질은 프로모터 내에 존재하는 서열에 결합하여 RNA 중합효소가 DNA의 주형가닥에 정확하게 결합할 수 있도록 도와준다.

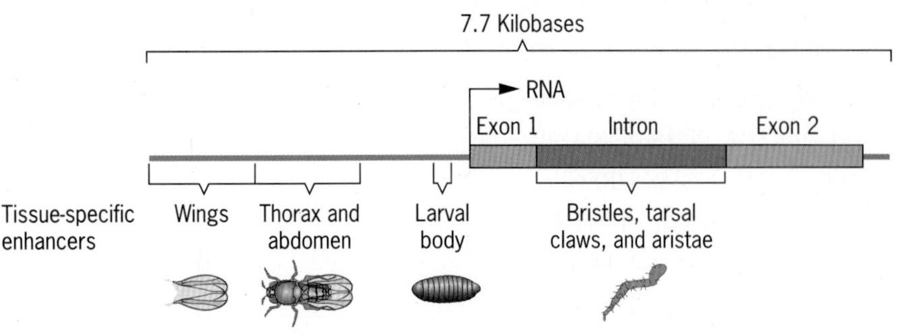

■ 그림 19.6 초파리 *yellow* 유전자의 조직-특이적 인핸서.

앞 단원에서 살펴 본 열이나 호르몬에 의해 유도되는 유전자들의 조절에서 볼 수 있듯이, 진핵생물 유전자의 전사는 다양한 종류의 특수 *전사인자(special transcription factor)*에 의해서도 조절된다. 이 같은 전사인자들은 유전자 근처에 있는 반응인자(response element) 또는 흔히 **인핸서(enhancer)**로 불리는 서열에 결합한다. 인핸서에 결합한 특수 전사인자들은 유전자의 프로모터에 결합하는 기본 전사인자 및 RNA 중합효소와 상호작용한다. 특수 전사인자, 기본 전사인자 그리고 RNA 중합효소 간의 상호작용에 의해 특정 유전자의 전사 활성이 조절된다.

인핸서는 다음과 같이 세 가지 뚜렷한 기본적인 특성을 보인다. (1) 인핸서는 상대적으로 먼 거리에 걸쳐 작용하는데, 조절 대상 유전자로부터 수천 염기쌍 떨어진 경우도 있다. (2) 인핸서가 유전자발현에 미치는 영향은 방향과 상관이 없어서, DNA 내에서 정방향이든 역방향이든 관계없이 똑같이 작용한다. (3) 인핸서의 효과는 위치에 상관이 없다. 즉, 유전자의 앞쪽(upstream)이나 뒤쪽(downstream) 또는 인트론 내부에 위치하기도 하며, 어느 곳에 위치하든 유전자발현에 크게 영향을 준다. 이상의 세 가지 특징 때문에 인핸서는 전형적으로 유전자 바로 앞쪽에 존재하면서 오직 한 방향으로만 기능을 수행하는 프로모터와는 구분된다.

인핸서는 그 길이가 상대적으로 길어서 수백 염기쌍에 이르기도 한다. 때때로 인핸서는 반복서열을 갖기도 하는데, 반복서열에 의해 스스로의 부분 조절 기능을 갖는다. 대부분의 인핸서는 조직 특이적인 기능을 한다. 다시 말해, 인핸서는 특정 조직에서만 전사를 촉진하고, 다른 조직에서는 기능을 하지 못한다. 조직 특이성의 대표적인 사례는 초파리의 *yellow* 유전자에서 찾아 볼 수 있다(■ **그림** 19.6). *yellow* 유전자는 초파리의 날개, 다리, 가슴, 배 등 다양한 신체 부위의 색소형성을 담당한다. 야생형 초파리의 신체 부위는 짙은 흑갈색 색소를 갖지만, 돌연변이형 초파리는 옅은 황갈색 색소를 갖는다. 일부 돌연변이체는 어떤 조직에서는 흑갈색 색소를 갖고 어떤 조직에서는 황갈색 색소를 갖는 모자이크 형태의 색소형성을 보이기도 한다. 이와 같은 모자이크 형태는 *yellow* 유전자의 전사를 어떤 조직에서는 변화시키고 다른 조직에서는 변화시키지 않는 돌연변이 때문이다. 파멜라 게이어(Pamela Geyer)와 빅터 코르세스(Victor Corces)는 *yellow* 유전자가 여러 종류의 인핸서에 의해 조절되며, 인핸서들 중 일부는 인트론 속에 존재하고, 각각의 인핸서가 서로 다른 조직에서 전사를 활성화시킨다는 것을 밝혔다. 예를 들어, 날개에서 발현되는 데 필요한 인핸서에 돌연변이가 생기면 날개의 강모가 흑갈색 대신 황갈색을 띠게 된다. 즉, *yellow* 유전자와 관련된 일련의 인핸서가 *yellow* 유전자의 발현이 조직 특이적으로 일어나도록 하는 것이다. 인핸서에 대해 다른 방식의 이해를 원한다면, "문제 풀이 기술: 유전자발현을 위해 필요한 서열의 결정"을 읽어보기 바란다.

인핸서는 어떻게 유전자의 전사에 영향을 줄 수 있을까? 인핸서에 결합하는 단백질이 기본 전사인자 및 RNA 중합효소 등과 같이 프로모터에 결합하는 단백질들의 활성에 영향을 주는 것으로 여겨진다. 두 그룹의 단백질들은 최소한 20종류의 단백질로 구성된 복합체를 구성함으로써 서로 물리적인 결합을 하는 것으로 보인다. 이 *매개자 복합체(mediator complex)*는 아마도 DNA의 접힘을 유도하여 인핸서에 부착된 단백질이 프로모터에 부착된 단백질과 공간적으로 겹쳐질 수 있도록 하는 것 같다. 이런 방식으로 인핸서에 결합된 단백질은 포로모터에서 개시되는 전사를 조절할 수 있다.

전사조절에 관여하는 단백질: 전사인자

최근 30년간의 연구를 통해 전사를 촉진하는 많은 종류의 진핵세포 단백질들이 밝혀졌다.

문제 풀이 기술

유전자발현을 위해 필요한 서열의 결정

문제

튜불린은 진핵생물 세포골격의 중요한 단백질이다. 애기장대에서 *TUA1* 유전자에 의해 암호화되는 튜불린은 주로 꽃 속의 화분에서 발현된다. 조직-특이적 발현에 관여하는 서열을 결정하기 위해, *TUA1*의 전사개시 앞쪽 서열 533 bp와 5′-비번역 지역(5′-UTR)의 처음 56 bp를 대장균의 β-글루쿠로니다아제(β-glucuronidase: *GUS*) 유전자의 암호화 서열과 융합시켰다. 대장균의 β-글루쿠로니다아제는 X-gluc로 불리는 무색의 기질을 진한 파란색 색소로 전환시킨다. 따라서 X-gluc-처리 조직에서의 파란 염색은 *GUS* 유전자가 발현된 증거가 된다. 이와 같은 실험을 *TUA1* 유전자의 앞쪽 서열과 *GUS*의 융합 유전자로 형질전환시킨 애기장대에 적용하였다. 그 결과, 화분은 진한 파란색으로 염색되었지만, 나머지 조직들은 무색을 유지했다. *TUA1* 앞쪽 서열을 연속적으로 결실시킨 후 *GUS*와 융합시킨 융합유전자의 형질전환을 이용하여 앞의 전체 실험은 반복하였다. ■ **그림** 1의 결과로부터, *TUA1* 유전자의 발현을 위해 필요한 앞쪽 서열은 어디겠는가?

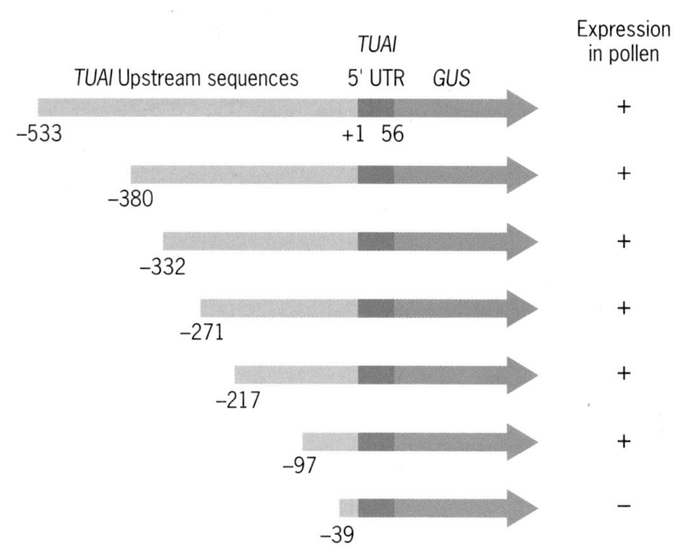

■ 그림 1 애기장대 화분에서의 *TUA1*/*GUS* 형질전환 유전자의 발현. *TUA1* 유전자의 연속적으로 결실시킨 앞쪽 서열과 짧은 5′-비번역 지역 서열을 대장균의 *GUS* 유전자의 암호화 서열과 융합시켰다. *TUA1* 유전자의 전사개시점은 +1로 표시하였다. 전사개시점으로부터 왼쪽의 서열은 음수로 표시하였다. 형질전환 화분에서 GUS 활성도가 있으면 "+"로, 없으면 "–"로 표시하였다. 자세한 실험과정을 이해하기 위해서는 다음을 참조하기 바란다: Carpenter, J., S. E. Ploense, D. P. Snustad, and C. D. Silflow, 1992. Preferential expression of an α-tubulin gene of *Arabidopsis* in pollen. *The Plant Cell* 4: 557-571.

사실과 개념

1. 유전자의 전사개시점의 앞쪽 서열은 유전자의 프로모터를 포함한다.
2. 이 지역은 또한 시·공간적으로 특이하게 유전자의 발현을 조절하는 인핸서를 포함할 수 있다.
3. 유전자의 5′-비번역 지역은 전사개시점과 번역개시점 사이에 위치한다.
4. *GUS*와 같은 대장균 유전자가 진핵생물의 프로모터와 융합되면, 애기장대와 같은 진핵생물에서 발현될 수 있다.

분석과 해결

연속된 시리즈로 수행된 실험에서, *GUS*는 *TUA1* 유전자의 앞쪽 서열이 유전자발현을 유도하는지를 알려주는 "리포터(repoter)"로 사용되었다. 가장 작은 조각의 앞쪽 서열이 융합된 경우를 제외한 다른 모든 경우에서 유전자발현이 일어났다. 따라서 –97에서 –39 사이의 *TUA1* 앞쪽 서열이 유전자발현에 필수적임을 알 수 있다. 만약 –97에서 –39 서열이 없다면, *TUA1* 유전자는 발현되지 않을 것이다. 또한, 이 짧은 서열은 성숙한 화분에서 *TUA1* 발현을 유도하는 데 충분하다. 따라서 이 서열은 *TUA1* 유전자에서 인핸서 조절의 조직–특이적 발현을 가능하게 한다.

더 많은 논의를 보고 싶으면 Student Companion 사이트를 방문하라.

이런 단백질의 대부분은 적어도 두 가지 중요한 화학적 도메인을 가진다. 즉, DNA-결합 도메인(DNA-binding domain)과 전사 활성 도메인(transcriptional activation domain)이다. 각각의 도메인은 한 분자 내에서 서로 떨어져서 존재하기도 하고 서로 겹쳐 존재하기도 한다. 한 예로 효모의 GAL4 전사인자의 경우, DNA 결합 도메인은 폴리펩티드의 아미노 말단 가까이에 존재하고, 두 개의 전사 활성 도메인 중 하나는 대략 중앙에 위치하며 다른 하나는 카르복시 말단 가까이에 존재한다. 동물의 전사인자인 스테로이드 호르몬 수용체 단백질에서는 DNA 결합 도메인은 중앙에 위치하며, 전사 활성 도메인은 DNA-결합 도메인과 일부 중복된 형태로 아미노 말단까지 걸쳐져 존재한다. 또한, 스테로이드 호르몬 수용체는 스테로이드 호르몬과 결합하는 세 번째 도메인을 가진다.

전사 활성의 조절에는 단백질들 간의 물리적 상호작용이 관여하는 것으로 보인다. 한 인핸서에 결합한 단백질은 다른 인핸서에 결합한 하나 혹은 다수의 단백질들과 접촉하거나 프로모터에 결합하고 있는 단백질들과 직접 상호작용할 수 있다. 이와 같은 접촉과 상호

Zinc-finger motif

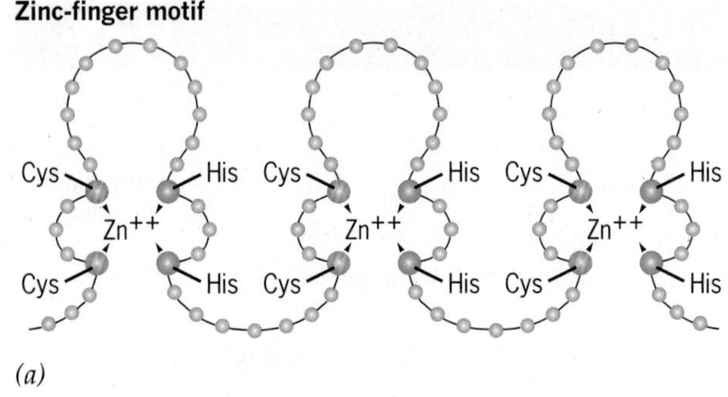

(a)

Helix-turn-helix motif

Helix 2
Turn
Helix 3
Helix 1
Turn

(b)

Leucine zipper motif

Leu··Leu
Leu··Leu
Leu··Leu

(c)

Helix-loop-helix motif

Helix 2
Loop
Helix 1

(d)

■ 그림 19.7 다양한 다른 전사인자로부터 관찰되는 구조적 모티프. (*a*) 포유동물의 전사인자 SP1의 징크-핑거 모티프, (*b*) 호메오도메인 전사인자의 헬릭스-턴-헬릭스 모티프, (*c*) 두 폴리펩티드가 결합한 후 DNA에 결합하는 류신 지퍼 모티프, (*d*) 두 폴리펩티드가 결합한 후 DNA에 결합하는 헬릭스-루프-헬릭스 모티프.

작용을 통하여 전사인자의 전사 활성 도메인은 모여진 단백질들의 구조적 변화를 유도해서 RNA 중합효소가 전사를 개시할 수 있도록 길을 터준다.

많은 진핵생물 전사인자들은 폴리펩티드 사슬 내부에 있는 아미노산 간의 상호 연관성에 의해 생긴 특징적인 구조적 모티프(motif)를 갖고 있다. 이런 모티프의 하나인 *징크 핑거*(*Zinc finger*) 모티프는 폴리펩티드의 한쪽에 있는 두 개의 시스테인과 반대쪽에 있는 두 개의 히스티딘이 하나의 아연 이온과 결합하여 생기는 짧은 펩티드 고리로서, 두 쌍의 아미노산 사이에 있는 펩티드 부분이 일종의 손가락처럼 단백질의 바깥쪽으로 뻗어 나와 있다(**■ 그림 19.7*a***). 돌연변이 분석 결과 핑거는 DNA 결합에 중요한 역할을 하는 것으로 밝혀졌다.

많은 전사인자에서 발견되는 두 번째 모티프는 *헬릭스-턴-헬릭스*(*helix-turn-helix*) 모티프로 아미노산의 짧은 α-나선 세 개가 그 사이의 만곡부(turn)에 의해 분리되는 구조이다(**■ 그림 19.7*b***). 유전학적 및 생화학적 분석 결과 카르복시 말단에 가까운 나선 부분이 DNA와 결합하는데 필요하며, 다른 나선들은 단백질 2량체 형성에 필요한 것으로 밝혀졌다. 많은 전사인자에서 헬릭스-턴-헬릭스 모티프는 *호메오도메인*(*homeodomain*)으로 불리는 대략 60개의 아미노산으로 구성된 매우 잘 보존된 부위와 함께 발견된다. 호메오도메인이란 이름은 초파리의 호메오 유전자(homeotic gene)에 의해 암호화되는 단백질에서 발견된 것으로부터 유래하였다. 고전적 분석을 통하여 이런 유전자의 돌연변이는 한 그룹의 세포에 대한 발생의 운명을 바꾼다는 사실이 밝혀졌다(제20장). 예를 들면, *Antennapedia* 유전자의 돌연변이는 촉각(antenna)을 다리로 발생하도록 변화시킨다. 이 같은 기묘한 표현형은 발생 동안 몸의 한 부분이 다른 부분으로 대체되는 호메오 형질전환(homeotic transformation)의 한 예이다. 초파리의 호메오 유전자를 분자적으로 분석한 결과, 각각의 유전자는 호메오도메인을 갖는 단백질을 암호화하고 이들 단백질은 DNA에 결합한다는 사실이 밝혀졌다. 호메오도메인 단백질은 발생과정 동안 시 · 공간 특이적으로 특정 유전자의 전사를 촉진한다. 인간을 포함한 다른 여러 생물에서도 역시 호메오도메인 단백질이 발견되었으며, 전사인자로서 중요한 기능을 담당할 것으로 여겨진다.

전사인자에서 발견되는 세 번째 구조적 모티프는 *류신 지퍼*(*leucine zipper*)로, 매 7번째 위치마다 류신을 갖는 아미노산 서열이다(**■ 그림 19.7*c***). 류신 지퍼를 갖는 폴리펩티드는 각각의 류신 지퍼 부위에 있는 류신 간의 상호작용을 통하여 2량체를 형성할 수 있다. 보통 지퍼 서열은 양성 전하를 띠는 아미노산 서열에 인접해 있다. 두 개의 지퍼가 상호작용을 할 때, 양성 전하를 띤 부위는 서로 반대 방향으로 펼쳐져 음성 전하를 띤 DNA와 결합할 수 있는 표면을 형성한다.

일부 전사인자들에서 발견되는 네 번째 모티프는 두 개의 나선 부위가 비나선 고리(loop)로 연결된 구조를 갖는 *헬릭스-루프-헬릭스*(*helix-loop-helix*)이다(**■ 그림 19.7*d***). 두 나선 부위는 두 개의 폴리펩티드간의 2량체 형성에 관여한다. 때때로, 헬릭스-루프-헬릭스 모티프는 양성 전하를 띤 염기성 아미노산의 서열에 인접해서 나타나는데, 2량체를 형성하면 양성 전하를 띤 아미노산들이 음성 전하를 띠는 DNA에 결합하게 된다. 이 같은 특성을 갖는 단백질은 *염기성 HLH* 혹은 *bHLH* 단백질로 불린다.

류신 지퍼나 헬릭스-루프-헬릭스와 같은 2량체 형성 모티프를 갖는 전사인자들은 이론적으로 동일한 폴리펩티드와 결합하여 동종 2량체(homodimer)를 형성하거나, 다른 폴리펩티드와 결합하여 이종 2량체(heterodimer)를 형성할 수 있다. 이종 2량체 형성에 의하여 복잡한 양상의 유전자발현이 가능하다. 특정 조직에서 어떤 유전자의 전사는 그 조직에서 각각의 폴리펩티드가 합성될 때에 한해서만 형성되는 이종 2량체에 의해 활성화될 수 있다. 더욱이, 두 폴리펩티드의 양이 동종 2량체를 형성하기보다는 이종 2량체를 형성하기에 더 적당한 경우가 되어야 할 것이다. 따라서 유전자발현의 미묘한 조절은 이종 2량체를 구성하는 두 폴리펩티드의 농도 변화에 의해 이루어 질 수 있다.

요점

- *인핸서는 방향과 무관하게 상당한 먼 거리에 걸쳐 유전자의 프로모터에서 개시되는 전사를 조절한다.*
- *전사인자는 인핸서 내의 특정 DNA서열을 인지하고 결합한다.*
- *전사인자는 징크 핑거, 헬릭스-턴-헬릭스, 류신 지퍼 및 헬릭스-루프-헬릭스와 같은 특징적인 구조적 모티프를 갖는다.*

RNA 간섭에 의한 유전자발현의 전사후 조절

작은 비암호화 RNA는 mRNA와의 결합을 통해 진핵생물 유전자의 발현을 조절할 수 있다.

진핵생물 유전자발현의 조절이 대부분 전사 수준에서 일어나지만, 최근의 연구는 전사후 기작 또한 진핵생물 유전자의 발현을 조절하는 데 중요한 역할을 담당함을 보여준다. 이런 기작의 일부는 작은 비암호화 RNA에 의해 수행된다. 이들 작은 RNA는 mRNA 분자에 존재하는 표적 서열과 결합함으로써 유전자발현을 저해한다. 따라서 이런 유형의 전사후 유전자발현 조절을 **RNA 간섭(RNA interference:** 약자로 보통 **RNAi**로 표시함)이라 한다. 대부분의 진핵생물들은 RNAi를 수행한다. 이에 대한 유전적 모델 생물체로는 꼬마선충, 초파리 및 애기장대를 들 수 있다. RNAi는 또한 사람을 포함한 포유동물에서도 나타난다. 흥미롭게도 RNAi가 출아 효모인 *Saccharomyces cerevisae*에서는 존재하지 않지만, 분열 효모인 *Schizosaccharomyces pombe*에서는 존재한다. RNAi에 의해 유전자발현을 조절하는 진핵생물의 광범위한 조절능력은 유전학자들로 하여금 일반적인 유전학적 접근이 불가능한 생물에서의 유전자들의 기능을 분석할 수 있도록 해주었다.

RNAi의 경로

■ **그림 19.8**에 요약된 RNA 간섭 현상에는 작은 간섭 RNA(small interfering RNA: siRNA) 혹은 microRNA(miRNA)로 불리는 짧은 RNA 분자가 간여한다. 대략 21에서 28 bp 길이의 작은 RNA 분자는 이중가닥 RNA-특이적 엔도뉴클레아제라는 효소의 작용에 의해 긴 이중가닥 RNA 분자로부터 생성된다. 긴 RNA를 작은 조각으로 자르는 이 엔도뉴클레아제 효소는 *Dicer*로 불린다. 선충류인 *Caenorhabditis elegans*는 단일 종류의 Dicer 효소를 생산하며, 초파리는 두 종류, 애기장대 식물은 최소한 세 종류의 Dicer를 생산한다. 꼬마선충과 초파리에서는 Dicer 효소가 세포질에서 활동하는 반면, 애기장대에서는 Dicer가 아마도 핵에서 활동하는 것으로 보인다. Dicer 활성에 의해 만들어지는 siRNA와 miRNA는 3′-말단의 두 염기를 제외하고는 전체 길이를 따라 염기쌍을 짓는다.

세포질에서 siRNA와 miRNA는 리보핵산단백질 입자와 결합한다. 리보핵산단백질 입자에 의해 siRNA 혹은 miRNA는 이중가닥이 풀리며, 두 가닥 중 한 가닥이 우선적으로 제거된다. 남은 단일가닥 RNA는 특이적 mRNA 분자와 결합할 수 있게 된다. 이 결합은 RNA-단백질 복합체에 남은 단일가닥 RNA와 mRNA 분자내에 존재하는 상보적 서열 간의 염기쌍 형성으로 이루어진다. 이러한 상호작용이 mRNA를 생산한 유전자의 발현을 억제하기 때문에, RNA-단백질 복합체를 **RNA-유도 침묵 복합체(RNA-Induced Silencing Complex: RISC)**라 부른다.

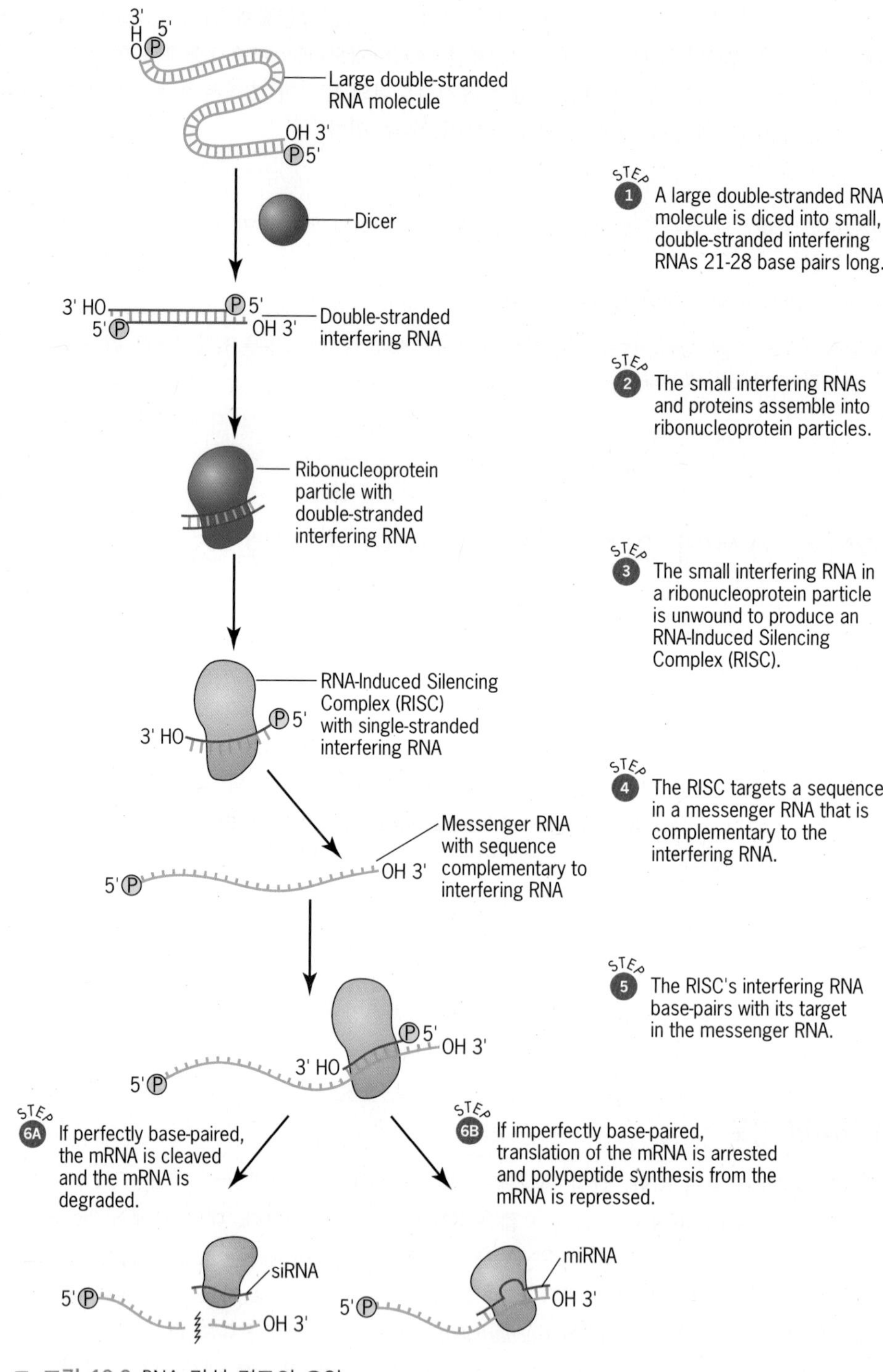
3' HO 5' P
Large double-stranded RNA molecule
OH 3' P 5'
Dicer
STEP 1 A large double-stranded RNA molecule is diced into small, double-stranded interfering RNAs 21-28 base pairs long.
3' HO P 5'
5' P OH 3'
Double-stranded interfering RNA
STEP 2 The small interfering RNAs and proteins assemble into ribonucleoprotein particles.
Ribonucleoprotein particle with double-stranded interfering RNA
STEP 3 The small interfering RNA in a ribonucleoprotein particle is unwound to produce an RNA-Induced Silencing Complex (RISC).
RNA-Induced Silencing Complex (RISC) with single-stranded interfering RNA
3' HO P 5'
STEP 4 The RISC targets a sequence in a messenger RNA that is complementary to the interfering RNA.
Messenger RNA with sequence complementary to interfering RNA
5' P OH 3'
STEP 5 The RISC's interfering RNA base-pairs with its target in the messenger RNA.
5' P 3' HO P 5' OH 3'
STEP 6A If perfectly base-paired, the mRNA is cleaved and the mRNA is degraded.
STEP 6B If imperfectly base-paired, translation of the mRNA is arrested and polypeptide synthesis from the mRNA is repressed.
siRNA
5' P OH 3'
miRNA
5' P OH 3'

■ 그림 19.8 RNA 간섭 경로의 요약.

RISC는 생물체에 따라 크기와 구성이 다양하다. 그렇지만, 모든 RISC는 특이한 이름의 아르고너트 족(Argonaute family)의 단백질을 최소한 하나 이상 포함한다. 이 단백질의 기능은 아직 완전히 이해되지 못했다. RISC의 RNA와 mRNA의 표적 서열간의 염기쌍 형성이 완전히 이루어지거나 거의 그렇게 될 때마다, RISC는 표적 mRNA의 염기쌍 형성의 중간을 절단한다. 절단된 RNA는 곧 분해되어 없어진다. mRNA의 절단을 담당하는 효소는 아직 밝혀지지 않았지만, 아르고너트 단백질일 가능성이 높다. RISC는 절단 후에는 다른 mRNA 분자와 결합하여 절단을 유도한다. 자신의 손상없이 표적 서열과 결합하여 절단시키는 능력을 반복적으로 나타낼 수 있기 때문에, RISC는 촉매와 같은 특징을 보인다.

mRNA 절단을 초래하는 RISC-결합 RNA는 보통 **작은 간섭 RNA(short interfering RNA: siRNA)**로 불린다. RISC 내의 RNA가 표적 서열과 불완전하게 염기쌍을 지을 때는 mRNA는 대개 절단되지 않지만, 대신에 그 mRNA의 번역이 억제된다. 이런 효과를 나타내는 RISC-결합 RNA는 보통 **microRNA(miRNA)**로 불린다. 동물에서 RISC의 표적이 되는 서열이 mRNA 분자의 3′-비번역 부위(3′ UTR)에서 발견되는데, 때로는 3′-비번역 부위 내에서 이 서열이 여러 차례 존재하기도 한다. 식물에서서는 RISC의 표적 서열이 대개 mRNA의 암호화 부위이거나 혹은 mRNA의 5′ UTR에 나타난다.

siRNA와 miRNA의 기원

RNAi를 유도하는 작은 RNA 분자의 일부는 microRNA 유전자의 전사체로부터 유래된다. 흔히 *mir*로 표기되는 이들 유전자는 많은 종류의 진핵생물의 유전체에서 발견된다. 대략 100 *mir* 유전자가 꼬마선충과 초파리 유전체에 존재하며, 척추동물의 유전체에는 약 250 *mir* 유전자가 존재한다. 초기 연구에서 다른 유전자의 발현을 변경시키는 돌연변이 분석을 통해 몇 개의 *mir* 유전자가 동정되었다. 돌연변이 연구로부터 밝혀진 *mir* 유전자를 분자 수준에서 분석하였을 때, 단백질 암호화 능력은 없지만, 이 유전자들은 독특한 구조를 보유하였다. 즉, 모든 *mir* 유전자는 DNA의 짧은 간섭 서열 주변에 서로 반대 방향으로 반복된 짧은 염기서열을 갖고 있었다. 전사가 되면, 반대 방향의 반복 서열은 접혀져 단일가닥 고리를 가지는 짧은 이중가닥 스템 구조를 형성한다(■ **그림** 19.9*a*). "Drosha"로 불리는 효소는 스템-고리 지역을 인지하고 *mir* 유전자의 1차 전사체로부터 잘라낸다. 절단되어진 스템-고리는 세포질로 수송된 후, Dicer에 의해 절제되어 miRNA가 형성된다. 꼬마선충에서는 Dicer가 고리를 제거하여 각 가닥을 22 염기 길이의 작은 RNA 가닥으로 만든다. 단일가닥의 miRNA는 RISC에서 성숙된 후, 다른 유전자에 의해 만들어진 mRNA의 표적 서열에 결합할 수 있게 된다. ■ **그림 19.9*b***는 꼬마선충의 *mir* 유전자 *lin-4*로부터 유래한 miRNA와 단백질-암호화 유전자인 *lin-14* mRNA의 3′ UTR에 존재하는 표적 서열간의 염기쌍 형성을 보여준다. 이와 같은 염기쌍 형성을 통해 *lin-4* miRNA는 *lin-14* mRNA의 번역을 억제시킨다.

돌연변이 분석으로 처음 *mir* 유전자가 발견된 이후로, 특징적인 역 반복 서열에 대한 컴퓨터 프로그램에 의한 검색을 통해 수많은 다른 *mir* 유전자가 꼬마선충, 초파리 및 다른 모

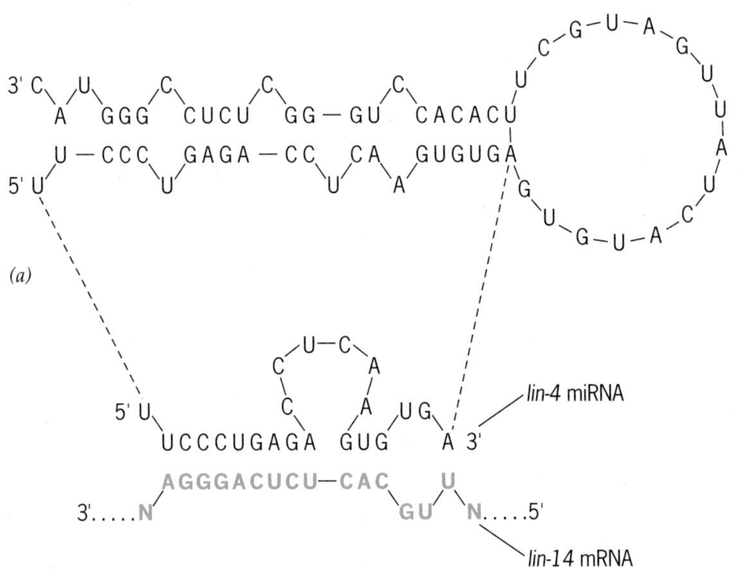

■ 그림 19.9 RNA 간섭에 의한 유전자발현의 조절. (*a*) 꼬마선충의 microRNA 유전자인 *lin-4* 전사체의 스템-고리 구조. (*b*) *lin-4* 전사체로부터 만들어진 microRNA와 *lin-14* mRNA의 3′-비번역 부위에 있는 서열과의 염기쌍 형성.

델 생물의 유전체에서 발견되었다. 컴퓨터 프로그램 분석으로 동정된 수많은 추정 *mir* 유전자는 세포 추출물에서 이들 유전자로부터 유래된 miRNA가 실제로 검출됨으로써 확인되었다. miRNA의 표적이 되는 서열을 가진 mRNA를 만드는 유전자들도 컴퓨터 프로그램과 생체 실험의 병행으로부터 동정되어졌다. 많은 miRNA의 표적 유전자는 전사인자나 발생에 중요한 기능을 수행하는 단백질을 암호화한다.

RNAi를 유도하는 RNA의 일부는 전이인자(transposon)나 전이유전자(transgene)와 같은 유전체의 전이성 요소들로부터 유도되며, 또한 RNA 바이러스로부터도 유도된다. 이런 유형의 간섭 RNA가 형성되는 과정에 대해서는 아직 완전히 밝혀지지 못했다. 전이유전자, 전이인자, 바이러스 RNA의 이런 현상은 일반적이지는 못하다. 식물과 선충류에서 이런 RNA는 RNA-의존성 RNA 중합효소(RNA-dependent RNA polymerase: RdRP)로 불리는 효소에 의해 상보적 RNA 분자로 복제될 수 있다. 만약 상보적 RNA 가닥이 주형 RNA 가닥과 염기쌍을 형성하면, 이중가닥 RNA 분자는 Dicer 부류의 효소에 의해 절단된다. 이렇게 형성된 siRNA는 RNAi 경로로 들어가게 되며, 처음 그들을 만들게 한 RNA 집단을 표적으로 삼게 된다. 이런 방식으로, 전이유전자, 전이인자 및 바이러스로부터 유래된 질병 등의 문제를 일으킬 수도 있는 RNA들은 억제나 분해의 표적이 되게 한다. 이런 RNAi의 적용은 생명체를 바이러스 침입이나 전이 행동으로부터 보호하는 기본적인 기능을 제공한다. 반면, 꼬마선충에서와 같은 생물에서 입증된 유전자 조절에 대한 복잡한 miRNA-기반 시스템은 RNAi의 고도로 진화된 적용을 보여주는 것이다.

RNAi는 또한 재조합된 유전자나 유전자 조각의 전사에 의해 시험관에서 만들어진 이중가닥 RNA에 의해서도 유도될 수 있음이 밝혀졌다(Student Companion site의 '유전학의 이정표: RNA 간섭의 발견' 참조). DNA는 적절한 벡터의 두 프로모터 사이에 반대 방향으로 끼워 넣거나 단일 프로모터의 아래쪽에 역방향의 DNA 가닥을 삽입하게 되면, 양방향으로 전사된다(제16장 참조). 이와 같은 재조합체로부터 유도된 이중가닥 RNA 분자는 배양세포에 형질도입될 수 있으며, 또는 살아있는 생물체내로 투입될 수 있다. 일단 이중가닥 RNA가 세포 내로 도입되면 RNAi 경로로 들어가게 된다. 즉, siRNA로 절단된 후 RNA-단백질 복합체 속으로 편입되며, 상보적 서열을 가진 mRNA를 표적으로 삼게 된다. 표적이 된 mRNA는 대개 분해된다. 따라서 특정 이중가닥 RNA가 도입된 세포나 생물체는 그 RNA에 해당되는 유전자를 녹-아웃시키거나 발현을 현저히 감소시키는 효과를 나타낸다. 이것은 해당 유전자의 비기능성 혹은 저기능성 돌연변이를 유도하는 것과 동일한 효과를 나타낸다. 이런 접근을 통해, 유전학자들은 다양한 생물체에서 유전적 분석이 어렵거나 불가능한 특정 유전자의 발현을 제거하였을 경우의 효과를 연구할 수 있게 되었다. RNAi는 요즘 비교적 단순한 모델 생물인 꼬마선충, 초파리 및 애기장대 외에도, 어류, 설치류 및 사람의 유전자 기능을 분석하는 데 활용되고 있다.

요점

- *짧은 siRNA와 microRNA는 Dicer 엔도뉴클레아제의 작용에 의해 큰 이중가닥 전구체로부터 생성된다.*
- *RNA-유도 침묵 복합체(RISC)에서 siRNA와 miRNA는 단일가닥으로 전환되므로, mRNA 분자의 상보적 서열을 표적으로 결합할 수 있다.*
- *siRNA의 표적이 되는 mRNA는 분해되며, miRNA의 표적이 되는 mRNA는 폴리펩티드 합성의 주형으로 사용되지 못하도록 방해를 받는다.*
- *진핵생물의 유전체에는 miRNA를 만들 수 있는 수 백 개의 유전자들이 존재한다.*
- *전이인자와 전이유전자는 siRNA의 합성을 촉진시킬 수 있다.*
- *RNA 간섭은 세포나 전체 생물체의 유전자발현을 녹-아웃시키거나 저하시키는 연구 방법으로 활용된다.*

유전자발현과 염색질 구조

염색질의 다양한 구조적 특징은 유전자의 전사에 영향을 준다.

진핵생물의 염색체는 DNA와 단백질이 대략 비슷한 양으로 구성되어 있는데, 우리는 이와 같은 물질을 통틀어 **염색질(chromatin)**이라 한다. 염색질의 화학적 특성은 염색체의 위치에 따라 다양하다. 예를 들면, 일부 지역에서는 염색질을 구성하는 핵심 단백질인 히스톤이 아세틸화되어있으며, 다른 지역에서는 DNA를 구성하는 뉴클레오티드가 메틸화되어있다. 이런 화학적 변형은 유전자의 전사 활성에 영향을 줄 수 있다. 염색질 구조의 다른 측면으로 "포장(packaging)" 단백질이 유전자 발현에 중요한 역할을 한다. 이 절에서는 염색질의 구성과 구조가 유전자발현에 어떻게 영향을 주는지에 대해 알아보도록 한다.

진정염색질과 이질염색질

세포의 핵에 존재하는 염색질의 밀도가 다양하기 때문에 염색체의 부위에 따라 다르게 염색이 된다. 진하게 염색되는 부위를 **이질염색질(heterochromatin)**이라 하고 약하게 염색되는 부위를 **진정염색질(euchromatin)**이라고 한다. 이처럼 다른 형태의 염색질 구조가 갖는 기능적 의미는 무엇일까?

유전학적 및 분자적 분석을 통해 대부분의 진핵생물 유전자는 진정염색질에 존재한다는 것이 밝혀졌다. 더욱이, 진정염색질에 존재하던 유전자를 인위적으로 이질염색질 환경으로 옮겨주면, 비정상적 기능을 하는 경향이 있고 심지어 어떤 경우에는 전혀 기능을 하지 못한다. 이 같은 유전자 기능의 손상은 단일 개체 내에서 정상과 돌연변이 특성이 혼합된 상태가 형성되도록 하는데, 이를 **위치-효과 얼룩(position-effect variegation)**이라고 한다. 이는 표현형의 차이가 진정염색질 유전자의 위치 변화, 특히 진정염색질 유전자가 이질염색질로 이동될 때 발생하기 때문에 붙여진 이름이다. 초파리에서 위치-효과 얼룩의 여러 사례가 발견되었는데, 대부분 진정염색질 유전자가 이질염색질로 옮겨진 역위나 전좌와 관련된 것들이다. *흰 반점(white mottled)* 대립유전자는 좋은 예이다. 이 경우에서 *white* 유전자의 야생형 대립유전자는 역위에 의해 재배치되는데, X 염색체의 진정염색질의 *white* 유전자 근처와 이질염색질 지역간의 절단으로 *white* 유전자가 재배치된다. 이런 재배열은 *white* 유전자의 정상적인 발현을 방해하여 반점을 갖는 눈의 표현형을 나타나게 한다(**■ 그림 19.10**). 진정염색질에 있던 *white* 유전자는 이질염색질 환경에서는 그 기능을 제대로 나타내지 못할 것이다. 지금까지 여러 가지 예를 통해 볼 때, 아마도 이질염색질은 전사 기구가 접근할 수 없는 상태로 염색질이 농축되어 있어서 유전자 기능이 억제될 것이라는 예상을 하게 한다.

초파리에서 X 염색체 재배열을 가진 *white* 유전자가 보여준 표현형의 변화는 염기서열의 변이가 없는 조건에서도 유전자발현이 영향을 받을 수 있다는 것을 의미한다. 또한 *white* 유전자는 눈의 일부 구역에서는 발현되고 다른 구역에서는 그렇지 않았기 때문에, 일단 발현 조건이 확립되면, 세포분열을 하더라도 확립된 조건은 딸세포로 전달된다는 것을 말해한다. 이런 조건은 *white* 유전자의 기본 구조의 상위에 있기 때문에, 이런 현상을 **후성유전학적(epigenetic)**이라 한다. 그리스어로 "epi"라는 접두어는 "위쪽의(above)"라는 의미이며, 여기서는 유전자의 실제 서열 변이가 아닌 다른 유전되는 상태가 유전자발현을 조절한다는 아이디어를 내포한다. 초파리 *white* 유전자의 경우에, 후성유전학적 상태는 *white* 유전자가 재배치된 주변의 염색질의 구조적 특성을 포함한다. 다음 이어지는 절에서는 유전자발현의 후성유전학적 조절의 다른 예들을 접할 것이다.

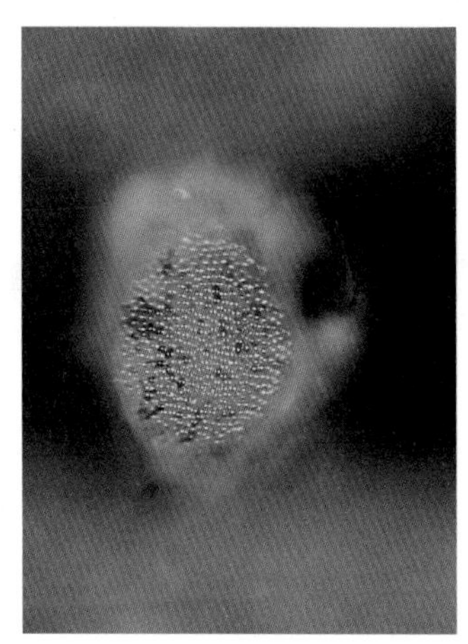

■ 그림 19.10 초파리의 재배열된 X 염색체에 위치하는 *white mottled* 대립유전자에 의해 발현된 얼룩 눈 색의 표현형.

전사가 활발히 일어나는 DNA의 분자 구조

전사가 활발히 일어나고 있는 DNA의 분자적 구조는 어떤 특징을 가질까? 전사가 활발한 DNA는 과연 전사가 일어나지 않는 DNA에 비해 더 "개방"되어 있는가? 이 의문에 대한 해답은 췌장 DNA 분해효소(DNase I)의 분해 작용에 대한 DNA의 민감도를 측정함으로써 얻을 수 있었다. 마크 그라운딘(Mark Groudine)과 해롤드 와인트라우브(Harold Weintraub)는 1976년에 전사 활동이 활발한 DNA가 전사가 일어나지 않는 DNA에 비해 DNase I에 대해 훨씬 민감함을 밝혔다. 그라운딘과 와인트라우브는 닭의 적혈구에서 염색질을 분리하여 DNase I을 제한적으로 처리하였다. DNase I 처리 후 적혈구에서 활발히 전사되는 β-글로빈 유전자와 전사되지 않는 오브알부민(ovalbumin) 유전자 각각에 대한 탐침으로 남아 있는 DNA를 분석하였다. 그들은 오브알부민 DNA의 10%만이 DNase I에 의해 분해된 것에 비하여, β-글로빈 DNA의 50% 이상이 DNase I에 의해 분해된 것을 관찰할 수 있었다. 이 연구 결과는 활발히 전사되는 유전자가 핵산가수분해효소의 공격에 대하여 훨씬 "개방"되어 있음을 명백하게 입증한 것이다. 계속된 연구를 통하여 활발히 전사되는 유전자의 핵산가수분해효소 민감도는 HMG14 및 HMG17(*h*igh *m*obility *g*roup: 전기영동에서 매우 빠르게 이동하기 때문에 붙여진 이름임)라는 두 작은 비히스톤성 단백질에 대해 의존적임이 밝혀졌다. 전사가 활발히 일어나는 염색질에서 이 두 단백질들을 제거하면 핵산가수분해효소 민감도가 사라지지만, 다시 넣어주면 민감성이 복구되었다.

아주 낮은 농도의 DNase I을 분리된 염색질에 처리하면 DNA는 *DNase I 고감수성 부위*(*DNase I hypersensitive site*)로 불리는 아주 일부의 특정 부위에서만 잘리게 된다. DNase I 고감수성 부위 중 일부는 활발히 전사가 일어나는 유전자의 앞쪽 부분 즉, 프로모터나 인핸서가 위치하는 곳임이 밝혀졌다. DNase I 고감수성 부위의 기능적 중요성은 아직 분명하지 않지만, 전사가 개시됨으로써 국부적으로 DNA가 풀린 지역을 나타낸다는 증거들이 있다.

인간의 β-글로빈 유전자의 경우, 몇 개의 DNase I 고감수성 부위가 β-글로빈 유전자의 앞쪽에 있는 15 kb 길이의 *유전좌위 조절영역*(*locus control region: LCR*)에 존재한다(■ **그림 19.11**). 사람의 β-글로빈 유전자 클러스터는 염색체 11에 28 kb 길이에 걸쳐 존재한다. 클러스터의 각 유전자는 조상 β-글로빈 유전자의 복사체들이다. 긴 진화 동안, 각 유전자들은 우연적인 돌연변이의 축적에 의해 오늘날과 같이 다양하게 되어, 각각은 조금씩 다른 폴리펩티드를 암호화하게 되었다. 유전자 중의 일부에서 일어난 사슬-종결 돌연변이는 폴리펩티드를 만드는 능력을 없앴다. 이런 비암호화 유전자는 위유전자(pseudogene)로 불리고, 그리스 문자 Ψ로 표시한다. Ψβ-글로빈 유전자는 클러스터에 존재한다.

사람의 β-글로빈 유전자들은 공간적 · 시간적으로 조절된다. 클러스터에 존재하는 유전자들의 가장 뚜렷한 특징은 각 유전자들이 발생동안 서로 다른 시간에 발현된다는 것이다. ε 유전자는 배아시기에 발현되고, 두 개의 γ 유전자는 태아기에 발현되며, δ와 β 유전자는 유아와 성년기에 발현된다. 클러스터 내에서 이런 순차적 유전자발현은 사람의 발생 과정 동안 약간씩 다른 종류의 헤모글로빈을 필요로 하는 것과 연관된 것으로 보인다. 배아, 태아 그리고 유아는 각각 다른 산소 요구량, 다른 순환계, 그리고 다른 육체적 환경을 가진다. β-글로빈 유전자발현의 발생단계별 스위치는 상황의 변화에 대한 적응의 결과로 여겨진다.

β-글로빈 유전자의 LCR은 각 유전자의 전사를 예비 활성화시키는 전사인자가 결합하는 자리를 가진다. 전사의 예비 활성화 현상은 LCR 내의 DNA가 낮은 농도의 DNase I에 의해 민감하게 분해되는 현상으로 알 수 있다. β-글로빈 유전자가 실제로 전사가 일어나려면 이같이 예비 활성화가 필요하며, β-글로빈 유전자 복합체의 특정 인핸서에 결합하는 전사인자들에 의해 촉진된다. 그렇지만, β-글로빈 유전자발현의 조직 및 시간적 특이성은 LCR 내에 내재된 염기서열에 의존한다. 형질전환 생쥐를 이용한 실험에서 LCR은 다양한 β-글로빈 유전자를 조절하는 단순한 인핸서의 커다란 집합체가 아님을 알게 했다. LCR은 반드시 β-글로빈 유전자의 앞쪽에 위치하면서 원래 상태의 방향을 유지해야만 유전자발현을 적합하게 조절할 수 있다. 즉, LCR은 방향-의존적 방식에 의해 기능을 나타낸다. 전형적인 인핸서는 방향-비의존성 방식을 보이며, 유전자의 프로모터에 비해 여러 다른 위치에서도 기능을 나타낸다. LCR은 단순한 인핸서와 구별되는 또 하나

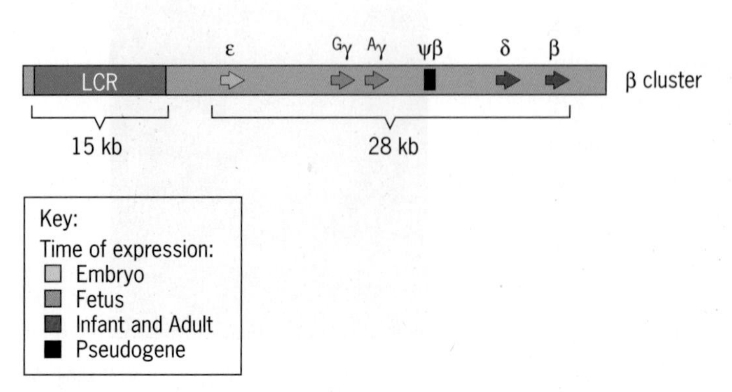

■ **그림 19.11** 사람의 11번 염색체상에 존재하는 β-글로빈 유전자 클러스터.

의 특징을 보인다. 완전한 유전자 클러스터(LCR과 β-글로빈 유전자를 모두 포함)가 다른 염색체 부위에 삽입되면 LCR은 β-글로빈 유전자의 발현을 조절할 수 있다. 반면, 일반적인 인핸서는 해당 유전자와 함께 다른 염색체 부위로 옮겨지면 대개 기능을 나타내지 못한다. 따라서 LCR은 β-글로빈 유전자를 둘러싸는 주변 염색질의 영향으로부터 유전자들을 지켜주는 역할을 하는 것으로 보인다.

염색질 리모델링

DNase I의 분해 작용에 대한 DNA의 민감성을 확인한 실험은 핵산가수분해효소의 공격에 대해 전사가 일어나고 있는 DNA가 비전사 DNA에 비해 더 빠르게 분해됨을 증명했다. 전사중인 DNA는 뉴클레오솜으로 포장되어 있을까? 포장되어 있다면, 전사 동안 뉴클레오솜에 어떤 구조적 변화가 일어나는 것일까? RNA 중합효소가 DNA 주형을 따라 이동하는 동안 뉴클레오솜은 "개방"되거나 "폐쇄"되는 것일까? 이런 물음에 대한 해답을 얻기 위한 노력은 유전학과 생화학의 복합적 접근으로 이루어졌으며, 전사중인 DNA도 실제로 뉴클레오솜으로 포장되어 있음이 입증되었다. 그렇지만, 전사중인 DNA는 RNA 중합효소의 활동을 촉진시키는 다중단백질 복합체에 의해 궁극적으로 뉴클레오솜의 구조는 바뀌게 된다. 전사를 위한 뉴클레오솜의 변화를 **염색질 리모델링(chromatin remodeling)**이라 한다.

두 가지 유형의 염색질-리모델링 복합체가 동정되었다. 한 유형은 뉴클레오솜을 구성하는 히스톤의 특정 위치에 존재하는 아미노산 리신에 아세틸기를 운반하는 효소들로 구성된다. 이 효소 그룹은 히스톤 *아세틸트랜스퍼라아제*(*histone acetyl transferase: HAT*)로 불린다. 히스톤의 아세틸화는 유전자발현의 활성과 관련된다는 수많은 연구 결과들이 있는데, 아마도 아세틸 그룹의 부착은 뉴클레오솜 내에서 DNA와 히스톤 8량체 간의 결합을 느슨하게 하기 때문인 것으로 여겨진다. 인산기를 운반하여 부착시키는 효소인 *키나아제*도 또한 이 염색질-리모델링 복합체와 함께 중요한 역할을 하는 것으로 보인다. 예를 들면, 히스톤 H4에서 리신-14의 아세틸화를 위해서는 그 단백질의 세린-10의 인산화가 보통 선행되는 것으로 알려졌다. 결론적으로 히스톤 H4의 두 변형은 전사 활성을 증가시키는 방향으로 염색질을 "개방"시키는 것으로 여겨진다.

다른 유형의 염색질-리모델링 복합체는 유전자의 프로모터 주변에 있는 뉴클레오솜의 구조를 파괴하는 역할을 한다. 이런 유형의 복합체중 가장 잘 연구된 것은 효모에서 동정된 SWI/SNF 복합체이다. 이 복합체의 이름은 두 형태의 돌연변이체로부터 유래되었다(*sw*itching-*i*nhibited 및 *s*ucrose *n*on*f*ermenter). 이와 유사한 복합체는 사람을 포함한 다른 생물체에서도 발견되었다. SWI/SNF 복합체는 최소한 8개의 단백질로 구성되어있다. 이 복합체는 뉴클레오솜에서 DNA를 따라 부착된 히스톤 8량체를 밀어냄으로써 전사를 조절한다. 이 복합체는 또한 밀어낸 8량체를 DNA의 다른 부위로 이동시키기도 한다. SWI/SNF 복합체에 의해 매개된 뉴클레오솜 이동은 전사인자의 DNA에 대한 접근을 허용하며, 이어 결합된 전사인자에 의해 유전자발현이 촉진된다.

우리는 지금까지 유전자 활성화의 측면에서 염색질 리모델링에 대해 살펴보았다. 그렇지만, 활동적인 염색질이 또한 비활동적인 염색질로 리모델링될 수도 있다. 이런 역 리모델링에는 뉴클레오솜의 히스톤에 대한 두 가지 생화학적 변형이 관여하는데, *히스톤 디아세틸라아제*(*histone deacetylase: HDAC*)에 의한 탈아세틸화와 *히스톤 메틸트랜스퍼라아제*(*methyl transferase: HMT*)로 불리는 효소 그룹에 의한 메틸화가 그것이다. 다음 절에서는 DNA의 일부 염기가 *DNA 메틸트랜스퍼라아제*(*DNA methyl transferase: DNMT*)로 불리는 효소 그룹에 의해 메틸화되는 것에 대해 알아볼 것이다. 이런 변형의 대상이 되는 염색질은 전사적 침묵을 지키게 된다.

DNA 메틸화

진핵생물, 특히 포유류의 뉴클레오티드에서 발생하는 화학적 변형도 유전자발현 조절에 중

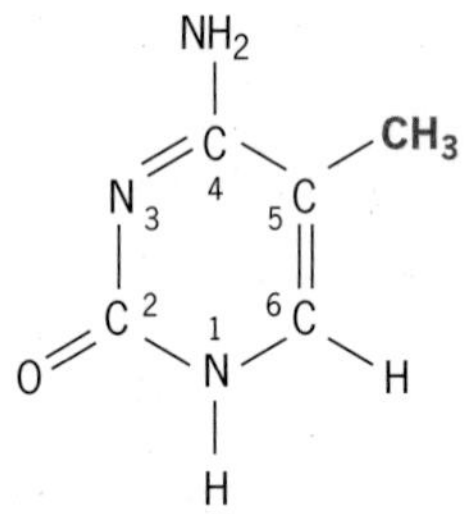

■ 그림 19.12 5-메틸시토신의 구조.

요한 것으로 알려졌다. 전형적인 포유동물 유전체가 갖는 약 3십억 염기쌍 중 약 40%는 G:C 염기쌍으로 이루어졌으며, G:C 염기쌍 중 약 2-7%는 시토신에 메틸기가 추가되어 있다(■ 그림 19.12). 메틸화된 시토신의 대부분은 다음과 같은 구조를 갖는 2 bp-염기쌍에서 발견된다.

5′ mCpG 3′
3′ GpCm 5′

여기서 mC는 메틸시토신을, C와 G 사이의 p는 각각의 DNA 가닥에서 인접한 뉴클레오티드 간에 형성된 인산디에스테르 결합을 나타낸다. 이 구조는 보통 mCpG와 같이 한 가닥의 구조만으로 간단하게 표기하기도 한다. 메틸화된 CpG 2-nt는 화학적 변형에 민감한 제한효소를 이용하여 DNA를 절단하면 검출할 수 있다. 예를 들어, *Hpa*II 제한효소는 CCGG 서열을 인식하여 자른다. 그러나 인식 부위의 두 번째 시토신이 메틸화되어 있으면, *Hpa*II는 인식 부위를 자르지 못한다. 따라서 *Hpa*II 제한효소로 DNA를 자르게 되면, 메틸화된 DNA와 메틸화되지 않은 DNA는 서로 다른 제한효소 단편 양상을 보인다.

CpG 2-nt는 포유동물 유전체에서 예상보다 낮은 빈도로 나타나는데, 아마도 진화 과정동안 CpG 2-nt가 TpG 2-nt로 돌연변이가 일어났기 때문인 듯하다. 더욱이 CpG 2-nt의 분포는 불균등하여, 수많은 짧은 DNA 단편들에서 유전체의 다른 부분보다 고밀도의 CpG 2-nt가 발견된다. 이와 같은 CpG-풍부 단편들은 보통 약 1-2kb 길이에 달하며, 이를 **CpG섬(CpG island)**이라고 한다. 인간의 유전체에는 약 30,000개의 CpG 섬이 분포하고, 이들 대부분은 전사 개시점 근처에 위치하고 있다. 분자적 분석에 의하면 CpG 섬의 시토신이 메틸화되어 있는 경우는 아주 드물며, 시토신의 비메틸화 혹은 저메틸화는 전사를 유도한다. 따라서 CpG 섬 주변의 DNA는 DNase I 분해에 대해 매우 민감하며, 뉴클레오솜도 유전체의 다른 부분에서 볼 수 있는 일반적인 뉴클레오솜과는 다른 형태를 보이는데, 전형적으로 적은 수의 히스톤 H1을 가지고 있으며, 중심 히스톤(core histone)의 일부는 아세틸화되어 있다.

메틸화된 DNA가 발견되는 지역은 전사 억제와 관련되어 있다. 이 같은 현상은 불활성 X 염색체가 광범위하게 메틸화되는 포유동물의 암컷에서 가장 극명하게 나타난다. 포유동물 유전체에서 전이성 인자를 많이 포함하는 반복 서열들의 영역 또한 메틸화되어 있는데, 아마도 전이인자의 발현과 이동에 의해 유발되는 나쁜 영향을 방지하는 전략인 것으로 보인다. 메틸화된 DNA가 전사적으로 침묵 상태가 되는 기작이 완전히 밝혀지지는 않았지만, 적어도 전사를 억제하는 두 개의 단백질이 메틸화된 DNA에 결합하는 것이 알려져 있고, 이 중 MeCP2라는 단백질은 염색질의 구조 변화를 일으킨다는 것이 보고되었다. 따라서 메틸화된 CpG 2-nt에 특이적인 단백질들이 결합하여 이웃한 유전자의 전사를 방해하는 복합체를 이룰 것으로 여겨진다.

메틸화된 상태는 세포분열동안 딸세포에게로 전달된다. 한 DNA서열이 메틸화되면, 서열의 양 가닥이 메틸기를 획득한다. DNA가 복제되면, 두 분자의 DNA는 각각 메틸화된 부모 DNA 가닥과 비메틸화된 가닥으로 구성될 것이다. DNA에 메틸기를 부착시키는 DNA 메틸트랜스퍼라아제 효소는 비대칭을 인지하고, 비메틸화된 가닥에 메틸기를 부착시킨다. 따라서 두 복제된 DNA는 모두 완전히 메틸화된 상태가 된다. 이와 같은 기작에 의해, DNA 복제가 일어나면 메틸화된 상태는 언제나 충실하게 전달되는 것이다(전달되는 충실도에는 약간의 차이가 있음). 이런 점에서, DNA 메틸화는 염색질의 후성유전학적 변형이다. 히스톤 아세틸화 패턴이 세포분열동안 어떻게 딸세포에게 전달되는 지는 확실하지 않지만, 히스톤 아세틸화도 또한 후성유전학적 변형으로 여겨진다. 'ON THE CUTTING EDGE: 쌍둥이의 후성유전학'에서는 인간에서의 이런 변형이 가지는 잠재적 중요성에 대해 논의할 것이다.

ON THE CUTTING EDGE

쌍둥이의 후성유전학

많은 쌍둥이들은 비슷한 모습과 행동을 보이므로, 우리는 그들을 서로 구분하는 데 어려움을 종종 가진다. 그렇지만, "일란성(identical)" 쌍둥이의 부모들은 각 쌍둥이 형제가 각각 독특하고, 그들의 독특성은 나이를 먹음에 따라 더욱 뚜렷해진다는 것을 알고 있다. 한 쌍둥이가 대담하다면, 다른 쌍둥이는 소심할 수 있다. 한 쪽이 운동선수라면 다른 쪽은 예술가일 수 있다. 연령이 높아져도 여전히 둘은 비슷해 보이지만, 한쪽은 당뇨와 같은 만성 질병에 시달리고, 다른 쪽은 그렇지 않을 수 있으며, 노년기가 되어 한쪽은 알츠하이머성 치매에 걸리지만 다른 쪽은 그렇지 않을 수 있다. 일란성 쌍둥이는 정확하게 동일한 유전자형으로 인생을 출발하였다는 것을 알기 때문에, 이런 차이점에 대해 우리는 호기심을 가진다. 수정란은 두 배아를 형성하기 위해 분리되어지고, 각 조각은 독립된 완전한 사람으로 발생한다. 그들의 기원이 단일 수정란으로부터 출발하였다는 사실을 강조하기 위해, 이런 쌍둥이를 **일란성(motozygotic)**이라 부른다.

2005년에 한 국제적인 연구팀은 유전적으로 동일한 쌍둥이가 후성유전학적으로는 다를 수 있다는 가능성을 발표하였다.[1] 그들은 스페인에서 40쌍의 일란성 쌍둥이에 대해 조사하였다. 그들의 나이는 3세에서부터 74세의 범위에 있었으며, 인생 경험의 정도는 다양하였다. 연구자들은 쌍둥이들로부터 채취한 백혈구 세포의 염색질에 대해 DNA 메틸화와 히스톤 아세틸화의 두 가지 후성유전학적 변형을 조사하였다.

대부분의 쌍둥이 쌍들은 놀랍도록 비슷한 후성유전학적 프로필을 보였다. 그렇지만, 35%의 쌍에서는 전체적인 DNA 메틸화와 히스톤 아세틸화의 정도에 주목할만한 차이가 있었다. 쌍둥이 쌍이 연령이 높을수록, 같이 생활한 시간이 짧을수록, 혹은 다른 건강 기록을 가질수록, 이런 차이는 더 확실하였다. DNA 메틸화의 차이는 대략 절반은 쌍둥이 유전체의 레트로트랜스포존(retrotransposon)과 관련되었으며, 나머지 반은 알려진 (혹은 예상되는) 유전자와 연관되었다. 세포유전학적 지도는 이런 차이가 유전체 전체를 통해 분포함을 보였다. 즉, 후성유전학적 차이는 몇몇 염색체의 말단소체, 1번 염색체의 단완과 장완의 유전자-풍부 지역, 3번 염색체의 단완, 혹은 8번 염색체의 장완에서 관찰되었다. RNA 수준에서 조사하였을 때, 고메틸화된 DNA서열은 침묵하거나 저활성화를 나타낸다. 따라서 쌍둥이 사이의 후성유전학적 차이는 기능적 중요성을 가질 수 있다.

이 연구는 동일한 유전자형을 가진 쌍둥이가 다른 "후성유전자형(epigenotype)"을 가질 수 있고, 쌍둥이 간의 표현형적 차이의 일부는 후성유전학적 차이에 기인할 수 있으며, 이것은 쌍둥이 간의 서로 다른 인생사를 가지게 할 수 있다. 따라서 이 연구는 인간의 긴 시간에 거친 경험들 — 식사, 사회적 및 물리적 활동, 의료, 다른 환경의 노출, 등등 — 은 "후성유전체(epigenome)" 만들기에 기여하며, 이것은 해당 유전체가 어떻게 발현될 것이냐에 영향을 미칠 수 있음을 암시했다.

2010년 가을, 다른 국제적 연구팀이 쌍둥이의 후성유전학적 차이를 연구하기 위해 결성되었다. 이 "Epitwin" 프로젝트는 영국과 중국의 학자를 중심으로 구성되었으며, 다양한 조건이나 비만, 당뇨, 골다공증, 장수와 같은 질병의 감수성에 영향을 주는 후성유전학적 변형에 대해 연구한다. 5,000명의 쌍둥이 쌍이 분석될 것이다. 따라서 이런 대규모 연구는 후성유전학적으로 조절되는 유전자발현이 복합 형질의 표현형에 어떻게 영향을 주는지를 밝힐 것으로 기대된다.

[1] Fraga, M. F., et al., 2005. Epigenetic differences arise during the lifetime of monozygotic twins. *Proc. Natl. Acad. Sci. USA* 102: 10604–10609.

각인

포유동물에서 DNA 메틸화는 한 유전자의 발현이 그 유전자가 어느 부모로부터 물려받은 것인가에 따라 조절되는 특이적인 기작과도 연관된다. 예로서, 생쥐의 인슐린-유사 성장인자(*i*nsulin-like *g*rowth *f*actor)를 암호화하는 *Igf*2 유전자는 부계로부터 물려받은 경우에만 발현되고 모계로부터 물려받은 경우는 발현되지 않는다. 반대로, *H19*로 명명된 유전자는 모계로부터 물려받은 것만 발현되고 부계로부터 받은 것은 발현되지 않는다. 특정 유전자의 발현이 어느 부모로부터 물려받았는지에 따라 조절될 때, 유전학자들은 이 유전자가 **각인(imprinting)**되었다고 한다. 각인이란 유전자가 어떤 방식으로 어느 부모로부터 전달받은 것인지를 "기억"하기 위해 표지되어 있다는 개념을 표현한 용어이다.

최근의 분자적 분석 결과에 의해, 어떤 유전자발현을 조절하는 표지는 해당 유전자 주변에 있는 하나 혹은 그 이상의 CpG 2-nt의 메틸화인 것으로 밝혀졌다. 메틸화된 2-nt는 부모의 생식세포에서 처음 형성된다(**■ 그림 19.13**). 예를 들어 *Igf*2 유전자는 암컷 생식세포에서는 메틸화되지만 수컷에서는 메틸화되지 않는다. 수정이 되면서, 암컷으로부터 유래한 메틸화된 *Igf*2 유전자와 수컷으로부터 유래한 비메틸화된 *Igf*2 유전자가 공존하게 된다. 그렇지만, 배발생이 진행되는 동안 유전자가 복제될 때마다 메틸화 상태는 계속 유지된다. 메틸화된 유전자는 침묵하기 때문에, 발생중인 동물에서 발현되는 *Igf*2 유전자는 오로지 부계에

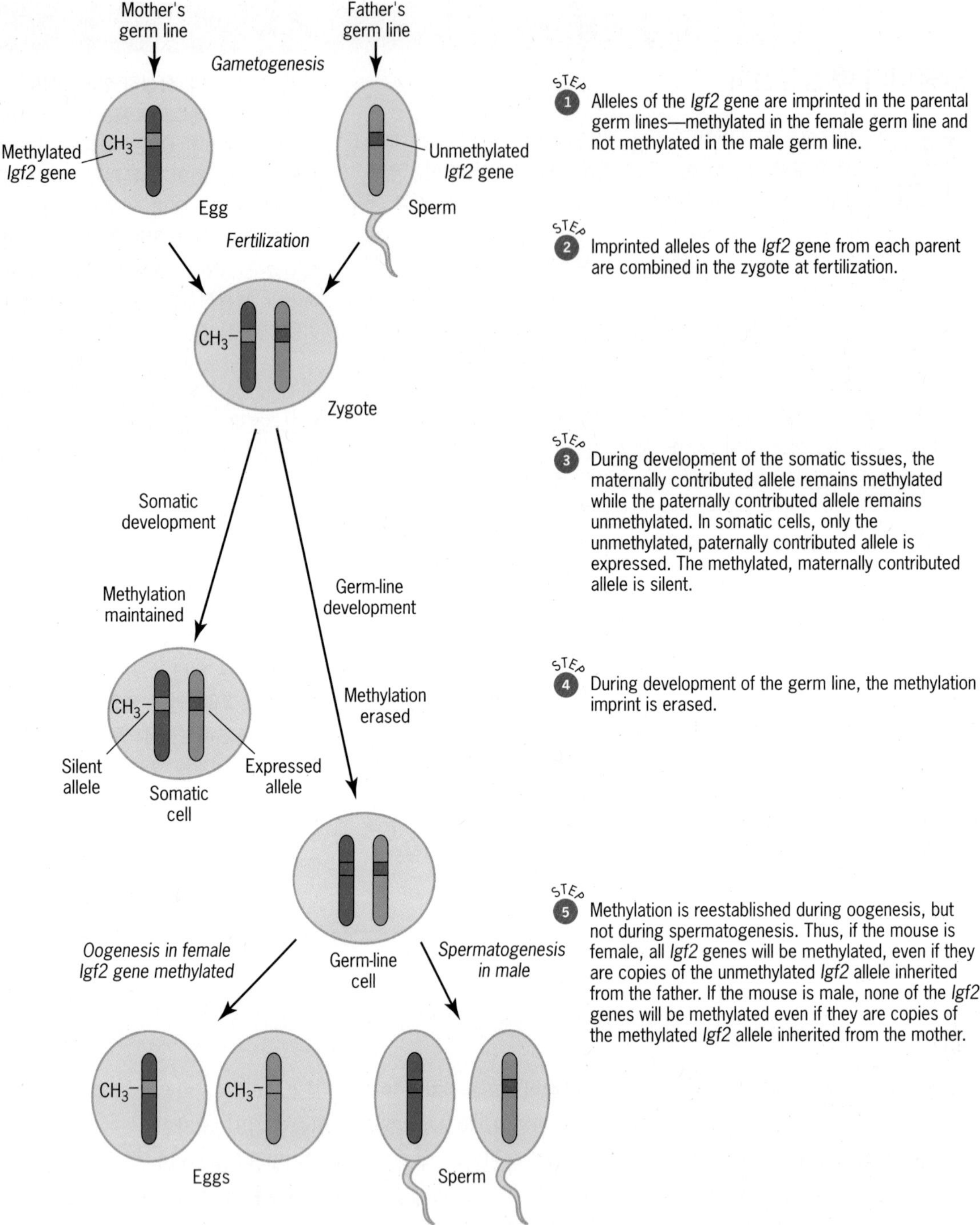
Mother's germ line
Father's germ line
Gametogenesis
STEP 1 Alleles of the Igf2 gene are imprinted in the parental germ lines—methylated in the female germ line and not methylated in the male germ line.
Methylated Igf2 gene
CH_3–
Unmethylated Igf2 gene
Egg
Sperm
Fertilization
STEP 2 Imprinted alleles of the Igf2 gene from each parent are combined in the zygote at fertilization.
Zygote
STEP 3 During development of the somatic tissues, the maternally contributed allele remains methylated while the paternally contributed allele remains unmethylated. In somatic cells, only the unmethylated, paternally contributed allele is expressed. The methylated, maternally contributed allele is silent.
Somatic development
Methylation maintained
Germ-line development
STEP 4 During development of the germ line, the methylation imprint is erased.
Methylation erased
Silent allele
Somatic cell
Expressed allele
STEP 5 Methylation is reestablished during oogenesis, but not during spermatogenesis. Thus, if the mouse is female, all Igf2 genes will be methylated, even if they are copies of the unmethylated Igf2 allele inherited from the father. If the mouse is male, none of the Igf2 genes will be methylated even if they are copies of the methylated Igf2 allele inherited from the mother.
Oogenesis in female Igf2 gene methylated
Germ-line cell
Spermatogenesis in male
Eggs
Sperm

■ 그림 19.13 생쥐 *Igf*2 유전자의 메틸화와 각인. *Igf*2 유전자는 암컷의 생식세포에서는 메틸화되지만, 수컷에서는 그렇지 않다.

서 전달받은 것이다. *H19* 유전자는 부계 생식세포에서 메틸화되고 모계 생식계통에서는 비메틸화되기 때문에 정확히 정반대의 현상이 일어난다. 인간과 생쥐에서 20개 이상의 각인된 유전자들이 밝혀졌다. 각 유전자의 메틸화 각인은 부모의 생식세포에서 확립된다. 그러나 한쪽 부모에서 물려받은 메틸화된 유전자는 반대되는 성을 갖는 자손을 거치는 동안 비메틸화될 수 있다. 따라서 메틸화 각인은 성별에 따라 매 세대마다 재확립된다. 일부 유전자들이 한 성에서는 메틸화되어 있고 다른 성에서는 그렇지 않다는 사실은 메틸화 기구를 조절하는 성-특이적 인자들의 존재를 암시한다.

요점

- *이질염색질은 전사 억제와 연관된다.*
- *위치-효과 얼룩은 유전자발현의 후성유전학적 조절의 한 예이다.*
- *전사는 느슨하게 구성된 염색질에서 우선적으로 일어난다.*
- *전사적으로 활발한 DNA는 DNase I의 분해에 대해 더 민감한 경향을 보인다.*
- *전사 활동을 하는 동안, 염색질은 다중단백질 복합체에 의해 리모델링된다.*
- *포유동물에서 DNA 메틸화는 유전자 침묵과 관련된다.*
- *각인된 유전자의 발현은 그 유전자의 부모 기원에 따라 다르게 조절된다.*

전체 염색체의 활성화와 불활성화

포유류, 초파리 그리고 선충류는 암컷과 수컷에 따른 X-염색체의 양적 차이를 보정하기 위한 독특한 전략을 가진다.

XX/XY 혹은 XX/XO 성결정 체계를 갖는 생물들은 암수 간에 X-연관 유전자들의 활성을 동일하게 해야 하는 문제에 직면하게 된다. 포유동물에서는 이 문제를 암컷의 두 X 염색체 중 하나를 무작위로 불활성화시켜 해결하는데, 이럴 경우 암컷은 수컷과 동일한 수의 전사활성 X-연관 유전자를 갖게 된다. 초파리에서는 두 개의 X 염색체 중 어떤 것도 불활성화시키지 않는 대신에, 수컷이 갖고 있는 하나의 X 염색체에 존재하는 유전자들의 전사가 훨씬 왕성하게 일어나서 암컷의 두 X 염색체에 있는 유전자들의 전사량과 비슷하게 된다. 꼬마선충에서는 또 다른 방법으로 X-연관 유전자들의 양적 불균형 문제를 해결하고 있다. 꼬마선충에서는 XX 개체는 자웅동체(암컷과 수컷 모두의 기능을 수행함)이고 XO 개체는 수컷이다. 자웅동체 개체의 두 X 염색체에 있는 유전자를 부분적으로 억제하여, 두 유전자형 사이의 X-연관 전사 활성을 같게 한다. 즉, 포유류, 초파리, 그리고 선충류는 각각 다른 방식으로 X-연관 유전자의 양적 문제를 해결한다(■ **그림 19.14**). 즉, 포유동물에서는 하나의 X 염색체가 불활성화되며, 초파리에서는 수컷이 갖는 하나의 X 염색체가 고활성화되고, 꼬마선충에서는 자웅동체의 두 X 염색체 모두가 저활성화된다.

불활성화(*inactivation*), *고활성화*(*hyperactivation*), 및 *저활성화*(*hypoactivation*)의 세 가지 **양적보정(dosage compensation)** 기작에는 중요한 공통점이 있다. 즉, 동일한 염색체에 존재하는 많은 유전자들이 동시에 똑같이 발현이 조절된다는 점이다. 이 같이 염색체 전체에 걸친 조절은 이들 유전자의 시간적 혹은 공간적 발현에 관여하는 다른 어떤 조절 기작보다 우선한다. 무엇이 이 같은 전체적인 조절 기작을 가능하게 하는 것일까? 지난 수십년 동안, 유전학자들은 양적 보정의 분자 기작을 밝히려는 노력을 기울여 왔는데, 가장 믿을만한 가설은 어떤 인자들이 X 염색체에 특이적으로 결합하여 전사활성을 변화시킨다는 것이었다. 최근의 연구 결과는 이 가설이 옳음을 보여준다.

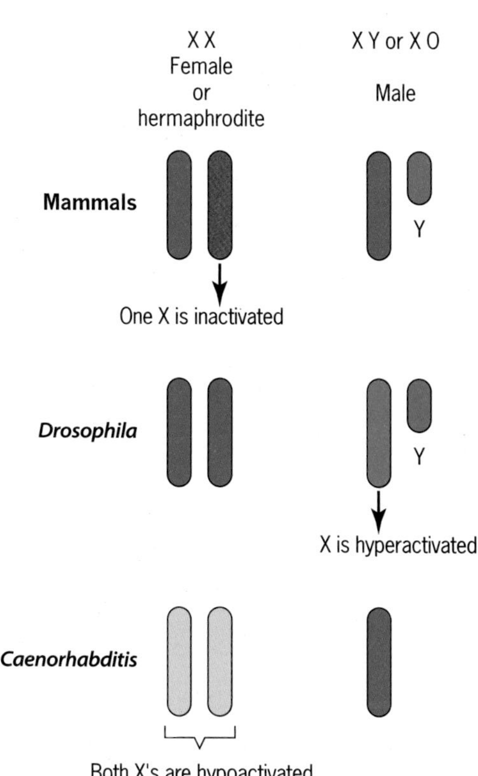

■ **그림 19.14** X-연관 유전자의 양적 보정을 위한 세 가지 기작: 불활성화, 고활성화, 및 저활성화.

포유동물 X 염색체의 불활성화

포유동물에서 X 염색체의 불활성화는 *X 불활성화 센터*(*X inactivation center: XIC*)라는 특정 부위에서 시작되어 염색체 끝을 향하여 양 방향으로 확산된다. 그런데 불활성된 X 염색체의 모든 유전자들이 전사적으로 침묵되지는 않는다. 활성을 띤 채 남아 있는 유전자 중 *XIST*(*X inactive specific transcript*)로 불리는 유전자는 XIC 내에 존재한다(■ **그림 19.15**). 최근 연구 결과에 의하면, 인간의 *XIST* 유전자는 ORF(open reading frame)를 갖지 않는 17 kb 전사체를 암호화한다. 따라서 *XIST* 유전자는 단백질을 암호화하지 않을 것으로 여겨진다. 대신에 RNA 자체가 아마도 *XIST* 유전자의 기능적 산물일 것으로 여겨진다. 폴리아데닐화 서열을 갖지만, *XIST* 유전자의 RNA는 핵에만 존재한다. *XIST* RNA는 불활성 X 염색체에만 특이적으로 위치하며, 암컷이나 수컷 모두에서 *XIST* RNA는 활성 X 염색체에는 부착하지 않는다.

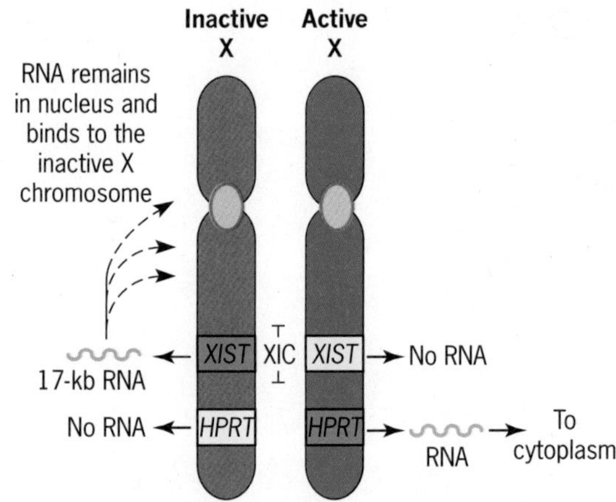

■ 그림 19.15 여성의 불활성 X 염색체에서 *XIST* 유전자의 발현. 그림에서 발현 양상의 비교를 위하여, 활성 X 염색체에서의 *HPRT* 유전자의 발현을 보여준다. 이 유전자는 퓨린의 대사에 중요한 역할을 하는 효소인 하이포크산틴 포스포리보실 트랜스퍼라아제를 암호화한다.

상대적으로 자세한 실험 분석이 가능한 생쥐에서 인간의 *XIST* 유전자에 대한 상동유전자가 발견되었는데, 이 유전자는 배발생 이른 초기에 암컷에 있는 두 개의 X 염색체 양쪽에서 낮은 수준으로 전사된다. 암컷 생쥐의 *Xist* 유전자들로부터 전사된 전사체는 매우 불안정하며, 각각의 유전자 가까이에서 결합된 상태로 존재한다. 발생이 진행됨에 따라 두 개의 유전자 중 하나로부터 전사된 전사체가 안정화되어, 결국 그 유전자가 있는 X 염색체 전체와 결합하여 둘러싸게 된다. 반면 나머지 *Xist* 유전자의 전사체는 분해되며, 그 유전자의 프로모터에 있는 뉴클레오티드의 메틸화에 의해 더 이상의 전사는 억제된다. 따라서 암컷 생쥐에서 *Xist* 유전자가 계속 전사되는 하나의 X 염색체만 *Xist* RNA로 코팅이 되고, 다른 염색체는 코팅이 되지 않는다. 어떤 X 염색체가 *Xist* RNA로 코팅될 것인지는 무작위로 결정되는 것으로 보인다. *Xist* RNA 코팅의 기작은 덜 밝혀졌지만, 그로 인한 결과는 명확하다. 코팅된 염색체에 존재하는 대부분의 유전자들의 발현은 억제되고 그 염색체는 불활성 X 염색체가 된다. 따라서 포유동물의 양적 보정 체계에서 활성화된 X 염색체는 역설적으로 *Xist* 유전자가 억제되어 있는 염색체이다.

포유동물의 세포에서 불활성 X 염색체는 쉽게 구별할 수 있다. 불활성 X 염색체는 세포분열 간기 동안에 짙게 염색되어 덩어리 상태로 응축되어 핵막에 부착된다. 바소체(Barr body)로 불리는 이 덩어리는 불활성 X 염색체의 복제를 위하여 S기에는 응축이 풀어진다. 그러나 바소체의 응축이 풀리는 데는 다소 시간이 걸리기 때문에 불활성 X 염색체의 복제는 다른 염색체의 복제보다 늦게 이루어진다. 따라서 불활성 X 염색체는 다른 염색체들과는 매우 다른 염색질 구조를 갖고 있음이 틀림없다. 이런 차이점은 DNA와 결합되어 있는 히스톤의 종류에 따라 부분적으로 결정된다. 네 가지 중심 히스톤의 하나인 H4는 폴리펩티드 사슬에 존재하는 여러 리신 아미노산 중 일부에 아세틸기가 추가되어 화학적으로 변형될 수 있다. 아세틸화된 H4는 인간 유전체의 모든 염색체와 관련되어 있다. 그러나 불활성 X 염색체에서는 일부 활성화된 유전자들이 존재하는 부위에 해당하는 상당히 좁은 세 지역에서만 제한적으로 아세틸화된 H4가 관찰된다. 다른 일반적인 염색체에서도 이질염색질 부위에서는 아세틸화된 H4가 결핍되어 있다. 이상의 결과로 볼 때, 아세틸화된 H4의 결핍이 불활성 X 염색체의 핵심적인 특징으로 여겨진다.

초파리 X 염색체의 고활성화

초파리에서 양적 보정을 위해서는 적어도 서로 다른 다섯 유전자의 단백질 산물을 필요로 한다. 이 유전자들에서 영(null) 돌연변이가 생기면 수컷의 단일 X 염색체가 고활성화되지 못하기 때문에 수컷만 특이적으로 치사한다. 수컷 돌연변이는 대개 유충 후기나 번데기 초기에 치사한다. 따라서 이들 양적 보정 유전자들을 수컷-특이적 치사(male-specific lethal: *msl*) 좌위라 하며, 그 산물들은 MSL 단백질이라 한다. MSL 단백질에 대한 항체는 세포 내에서 이들 단백질의 위치를 추적하는 데 사용된다. 흥미로운 결과는 각 MSL 단백질이 수컷의 X 염색체에만 특이적으로 결합한다는 것이다(■ **그림 19.16**). 이 단백질들은 수컷 유전체의 다른 염색체나 암컷 유전체의 X 염색체를 포함한 어떤 염색체와도 결합하지 않는다. 수컷 X 염색체와 MSL 단백질의 결합은 X 염색체의 유전자로부터 전사된 *roX1*과 *roX2*(*R*NA *o*n the *X* chromosome)로 불리는 두 종류의 RNA 분자에 의해 촉진된다.

최근에 제안된 모델은 MSL 단백질들이 *roX* RNA들과 결합하여 복합체를 형성한다는 것이다. 이렇게 형성된 복합체는 수컷 X 염색체 상에 두 *roX* 유전자의 좌위를 포함하여 대략 30에서 40 부위에 결합한다. MSL/*roX* 복합체는 고활성화되는 수컷 X 염색체 상의 모든 유전자에 도달할 때까지 각 결합 부위로부터 양방향으로 퍼져나간다. 고활성화의 과정에는 MSL/*roX* 복합체에 의한 염색질 리모델링이 관여될 것으로 여겨진다. MSL 단백질 중의 하나가 히스톤 아세틸 트랜스퍼라아제인데, 히스톤 H4의 특별한 아세틸화된 형태는 오로지 고활성화된 X 염색체에서만 관찰된다.

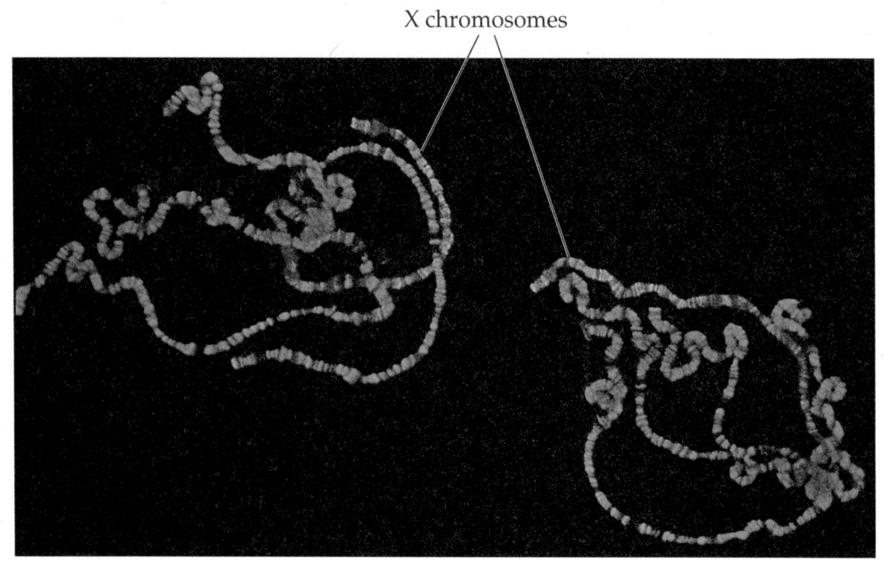

■ 그림 19.16 초파리 *msl* 유전자의 단백질 산물이 수컷의 단일 X 염색체에 결합한 모습.

꼬마선충 X 염색체의 저활성화

꼬마선충에서 양적 보정은 자웅동체의 체세포에서 X-연관 유전자들의 부분적 억제에 의해서 일어난다. 그 기작이 완전히 파악된 것은 아니지만, 몇몇 유전자의 산물이 관련됨이 밝혀졌다. 초파리의 MSL 단백질들처럼, 이러한 유전자로부터 암호화되는 단백질들은 X 염색체에 특이적으로 결합한다. 그러나 초파리의 상황과는 달리, 이 단백질들은 두 개의 X 염색체가 있을 때만 X 염색체와 결합한다. 이 단백질들은 수컷의 단일 X 염색체나 수컷 또는 자웅동체의 상염색체에는 결합하지 않는다. 따라서 꼬마선충의 양적 보정은 초파리의 양적 보정과는 정확히 반대되는 기작에 의한 것으로 여겨진다. 다시 말해 단백질 복합체가 X 염색체에 결합하여 전사를 활성화시키는 것이 아니라 억제시킨다.

요점

- *포유동물의 XX 암컷에서 한 X 염색체의 불활성화는 X 염색체에 위치하는 XIST 유전자로부터 전사된 비암호화 RNA에 의해 매개된다.*
- *수컷 초파리에서 단일 X 염색체의 고활성화는 염색체의 많은 부위에 결합해서 유전자들의 발현을 촉진시키는 RNA-단백질 복합체에 의해 매개된다.*
- *꼬마선충의 자웅동체에서 두 X 염색체의 저활성화는 X 염색체에 결합해서 유전자들의 전사를 부분적으로 저해하는 단백질에 의해 매개된다.*

기초 연습문제

기본적인 유전분석 풀이

1. 다음의 사항에 대해 먼저 일어나는 것부터 나중에 일어나는 순서대로 배열하라. (a) RNA 분자의 스플라이싱, (b) mRNA 분자의 세포질로의 이동, (c) 유전자의 전사, (d) mRNA 분자의 분해, (e) 폴리펩티드 합성.

답: c-a-b-e-d.

2. 어떤 요인에 의해 초파리의 *hsp70* 유전자의 발현이 유도되는가?

답: *hsp70* 유전자는 열 충격에 의해 유도된다.

3. 진핵세포에서 유전자발현의 조절과 관련되는 다음의 현상에 대해, 핵과 세포질 어느 곳에서 일어나는 지를 결정하라.

(a) 전사인자에 의한 유전자발현의 촉진
(b) 유전자의 1차 전사체의 선택적 스플라이싱
(c) 유전자의 1차 전사체의 폴리아데닐화
(d) mRNA의 번역
(e) mRNA에 대한 microRNA의 결합으로 번역 저해
(f) siRNA에 의해 유도되는 mRNA의 분해
(g) 펩티드 호르몬이 수용체와 결합함
(h) 스테로이드 호르몬이 수용체와 결합함
(i) 이질염색질에 의한 유전자발현의 침묵
(j) 전체 염색체의 불활성화

답: (h)는 스테로이드 호르몬의 종류에 따라 세포질이나 핵 모두에서 일어날 수 있다. (a), (b), (c), (i), (j)는 핵에서 일어나며, 나머지 현상들은 세포질에서 일어난다.

4. 진정염색질과 이질염색질은 어떻게 서로 다른가?

답: 이질염색질은 전 세포 주기 동안 진하게 염색되지만, 진정염색질은 간기 동안 진하게 염색되지 않는다. 이질염색질에는 반복 DNA서열과 전이 인자들이 많이 분포하지만, 진정염색질에도 반복 DNA서열과 전이 인자들이 존재하더라도 이질염색질보다는 적게 분포한다. 이질염색질은 단백질-암호화 유전자를 거의 포함하지 않지만, 진정염색질은 많은 단백질-암호화 유전자를 가진다.

5. 다음 사항들은 유전자의 활성화와 불활성화 중 어느 쪽과 연관되는 지를 밝혀라. (a) DNA 메틸화, (b) 히스톤 아세틸화, (c) 히스톤 메틸화, (d) 이질염색질, (e) 유전자좌위 조절영역(LCR), (f) GAL4 단백질, (g) DNase I 민감성.

답: (a) 불활성화, (b) 활성화, (c) 불활성화, (d) 불활성화, (e) 활성화, (f) 활성화, (g) 활성화.

6. 다음의 생물체에서 어떤 기작으로 X-연관 유전자발현의 수준을 두 성에서 비슷하게 조절하는가? (a) 인간, (b) 초파리, (c) 선충.

답: (a) 여성의 두 X 염색체 중의 하나가 무작위로 불활성화된다. (b) 초파리 수컷에서 단일 X 염색체가 고활성화된다. (c) 선충류에서 자웅동체의 두 X 염색체는 저활성화된다.

지식검사

서로 다른 개념과 기술의 통합

1. β-갈락토시다아제를 암호화하는 세균의 *lacZ* 유전자를 초파리의 *P* 전이성 인자(transposable *P* element: 제17장)에 삽입하여 *P* 인자의 프로모터에 의해 전사되게 하였다. 이렇게 만든 융합 유전자를 *P* 인자의 전이를 촉매하는 효소와 함께 초파리 배의 원생식세포에 주입하였다. 변형된 *P* 인자는 일부 원생식세포들의 염색체 안으로 삽입되어졌다. 융합 유전자가 주입된 초파리로부터 나온 자손들을 개체별로 표준 계통과 교배시켜 유전체 안에 *P*/*lacZ* 융합 유전자를 갖는 계통들을 확립시켰다. 확립된 계통 중, 세 계통에 대해 성체의 조직 절편을 X-gal로 염색하여 *lacZ* 발현을 분석하였다. X-gal은 β-갈락토시다아제가 있으면 파란색으로 변하는 발색 기질이다. 첫 번째 계통에서는 눈에서만, 두 번째 계통에서는 내장에서만, 그리고 세 번째 계통에서는 모든 조직에서 파랗게 염색되는 것이 관찰되었다. 이와 같은 실험 결과를 설명하라.

답: 세 가지 계통은 분명히 *P*/*lacZ* 융합 유전자가 명백히 서로 다른 곳에 삽입되어 있다(모식도 참조). 각각의 계통에서 *P*/*lacZ* 융합 유전자의 발현은 *P* 프로모터와 상호작용하여 *lacZ* 유전자의 전사를 일으킬 수 있는 서로 다른 조절 서열이거나 인핸서의 영향하에 있을 것이다. 첫 번째 계통에서는 변형된 *P* 인자가 눈-특이적 인핸서 근처에 삽입되어 눈의 조직에서만 전사를 이끌었을 것이다. 두 번째 계통에서는 *P* 인자가 내장 세포에서 전사를 조절하는 인핸서 근처에 삽입되었을 것이고, 세 번째 계통에서는 *P* 인자가 조직에 상관없이 모든 세포 또는 거의 모든 세포에서 전사를 조절하는 인핸서 주변에 삽입되었을 것이다. 아마도 이같이 서로 다른 세 개의 인핸서는 각각 해당 인핸서의 조절에 의해 정상적으로 발현되는 어떤 유전자 근처에 존재할 것이다. 예를 들면, 눈-특이적 인핸서는 눈의 기능이나 발생에 필요한 어떤 유전자 근처에 있을 것이다. 이와 같은 결과는 *P*/*lacZ* 융합 유전자가 무작위적으로 삽입되는 것을 이용하여 서로 다른 유형의 인핸서들을 찾아낼 수 있고, 각각의 인핸서가 조절하는 유전자를 찾아낼 수 있음을 시사한다. 따라서 이와 같은 융합 유전자 삽입을 일반적으로 *인핸서 트랩*(*enhancer trap*)이라고 한다.

2. 앤드류 파이어(Andrew Fire)와 그 동료들에 의해 게재된 RNA 간섭에 관한 중요한 논문에는 *mex-3* 유전자에 의해 유래된 RNA를 꼬마선충의 자웅동체에 주입한 실험의 결과를 기술하고 있다(1998 *Nature* 391: 806–811). RNA가 주입된 자웅동체로부터 얻어진 자손 배아를 *mex-3* RNA을 탐침자로 하여 *in situ* 혼성화 실험을 수행하였다. 탐침자는 *mex-3* mRNA와 결합할 수 있도록 디자인되었는데, 정상적으로 *mex-3* mRNA는 자웅동체의 생식소와 그들의 배아에서 축적된다. 탐침자가 표지되어 있

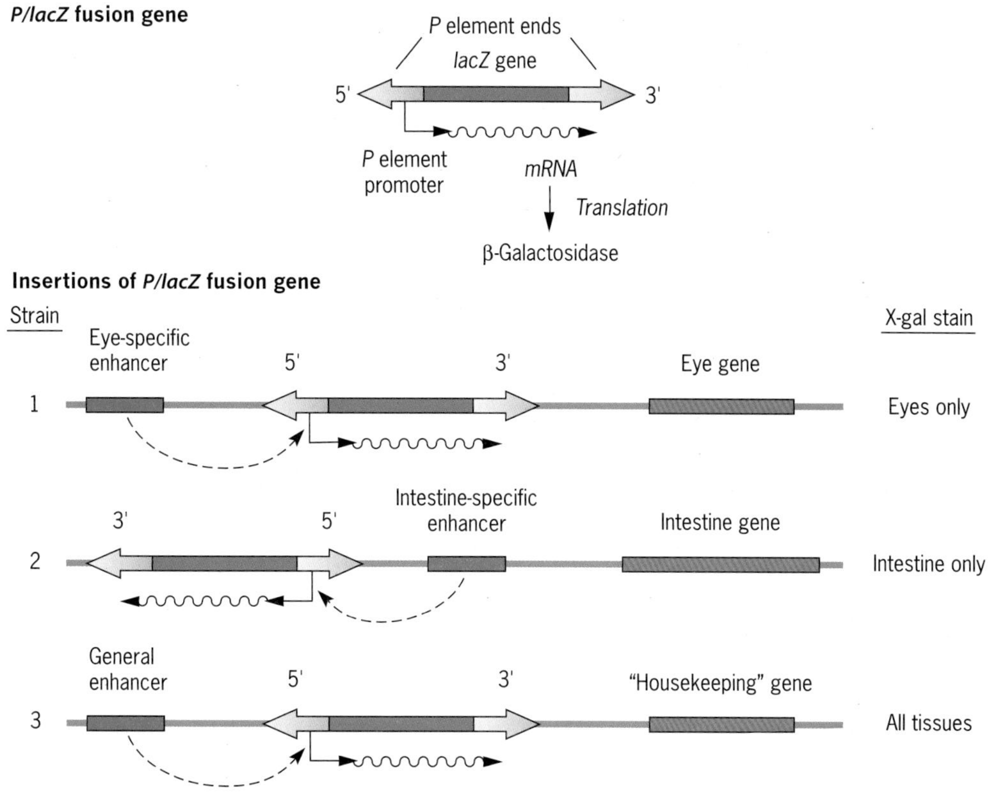

다면, 배아에서 탐침자와 mRNA 간의 결합은 쉽게 탐지된다. 파이어 등이 이런 *in situ* 혼성화 실험을 수행하였을 때, 이중가닥 *mex-3* RNA가 주입된 선충으로부터 얻은 배아는 탐침자 분자에 의해 표지되지 않았지만, *mex-3* mRNA와 상보적인 단일가닥 RNA(즉, 안티센스 *mex-3* RNA)를 주입한 선충으로부터 얻은 배아는, 아무것도 주입되지 않은 선충으로부터 얻은 배아에서 만큼 진하게 표지된 것은 아니지만, 그래도 상당히 표지되었다. 이러한 결과는 유전자발현을 억제하기 위해 이중가닥 RNA를 사용하는 것과 단일가닥 안티센스 RNA를 사용하는 것의 효율에 대해 어떤 점을 시사하는가?

답: 이 *in situ* 혼성화 실험의 결과는 이중가닥 RNA가 꼬마선충의 배에서 *mex-3* 유전자발현의 강력한 침묵자임을 보여주고 있다. 반면, 단일가닥 안티센스 RNA는 *mex-3* 유전자발현에 별로 영향을 주지 못했다. 이중가닥 *mex-3* RNA로 주입된 선충으로부터 얻은 배는 검출될 만큼의 *mex-3* mRNA를 보유하지 못했다. 이 배에서 *mex-3* mRNA의 부재는 주입된 이중가닥 *mex-3* RNA에 의해 유도된 RNA 간섭의 결과이다. 단일가닥 안티센스 *mex-3* RNA를 주입한 선충으로부터 얻은 배에서는 약간의 *mex-3* mRNA가 검출되었다. 따라서 단일가닥 안티센스 *mex-3* RNA는 RNAi 유도에 있어서 이중가닥 *mex-3* RNA보다 효과적이지 못하다.

3. 별갑이 고양이의 얼룩 표현형(제5장)은 털색에 대한 X-연관 유전자의 다른 대립유전자(한 대립유전자는 옅은 색의 털을, 다른 것은 진한 색의 털을 유도)에 대해 이형접합인 암컷에서 발생하는 X 염색체의 무작위적 불활성화로 기인된 것이다. 암수 모자이크 초파리의 얼룩 표현형(제6장)은 초기 난할 동안의 X 염색체 비분리로 인한 것이다. 만약 XX 접합자가 X-연관 *white* 유전자에 대해 야생형과 돌연변이형의 이형접합성이라면, 비분리는 오로지 돌연변이 대립유전자만 가지는 XO 세포의 계보를 생산하여 눈의 일부가 하얗게 될 수 있다. 반면에, XX 세포로부터 유래한 조직은 *white* 유전자의 야생형 대립유전자를 가지기 때문에 빨간색으로 될 것이다. 이런 두 얼룩 표현형에서 어느 경우가 유전자발현의 후성유전학적 조절의 예가 되겠는가? 그렇게 대답한 이유를 설명하라.

답: 별갑이 고양이의 얼룩 표현형이 성체에서 색소-생산 세포로 분화되는 운명을 가진 각 세포의 무작위적 X 염색체 불활성화의 후성유전학적 현상에 의해 초래되었다. 모든 색소-생산 세포는 유전적으로 동등하므로, 즉 그들은 동일한 DNA를 가진다. 얼룩 표현형은 동물의 배발생 동안 유전자형의 변화로 일어난 현상이 아니다. 이것은 오히려 한 X 염색체의 상태 변화와 변화된 상태가 딸세포를 통해 전달되는 현상에 기인하는 것이다. 따라서 고양이 털의 밝고 어두운 얼룩은 후성유전학적으로는 다르지만, 유전적으로는 다르지 않다. 초파리 암수 모자이크의 얼룩 표현형은 발생동안 유전적 변화에 기인하는 것이다. X 염색체 중의 하나가 소실되었다. 암수 모자이크의 희고 빨간 얼룩 반점은 유전적으로 동일하지 않다. 따라서 그 차이는 후성유전학적이 아니라 오히려 유전적이다.

연습문제

이해력 증진과 분석력 개발

19.1 오페론은 세균에서는 보편적으로 나타나지만, 진핵생물은 그렇지 않다. 왜 그런지 이유를 제시하라.

19.2 세균에서는 mRNA의 번역이 mRNA의 합성이 완성되기 이전에 개시된다. 왜 전사와 번역의 "동시수행"이 진핵생물에서는 불가능한가?

19.3 사람의 근이양증(muscular dystrophy)은 디스트로핀(dystrophin)으로 불리는 단백질을 암호화하는 X-연관 유전자의 돌연변이에 의해 발병된다. 이 유전자가 피부세포, 신경세포, 근육세포와 같은 서로 다른 조직에서 활성화되는지를 어떤 실험이나 기술을 이용하여 결정할 수 있겠는가?

19.4 펩티드 호르몬이 세포 표면에 있는 수용체와 결합하는 데 비하여 스테로이드 호르몬은 세포 내부에 존재하는 수용체와 결합하는 이유는 무엇인가?

19.5 초파리 유충의 다사염색체에서(제6장), 유충에 고온 처리를 하였을 때, 일부 띠(band)는 큰 "퍼프(puff)"를 형성한다. 이런 퍼프는 열-충격 처리에 반응하여 왕성하게 전사되는 유전자를 포함한다는 사실을 어떻게 입증할 수 있겠는가?

19.6 인핸서와 프로모터를 어떻게 구분할 수 있겠는가?

19.7 트로포마이오신은 근육 수축에 관여하는 액틴과 트로포닌의 상호작용을 매개하는 단백질이다. 고등동물에서 트로포마이오신은 밀접하게 연관된 하나의 단백질족으로, 일부 아미노산 서열은 공유하지만 어떤 부위는 서로 다르게 구성되어 있다. 어떻게 단일 유전자의 전사체로부터 이와 같이 다른 단백질들이 만들어질 수 있는지를 설명하라.

19.8 한 폴리펩티드가 3개의 구분되는 아미노산 서열, A—B—C로 구성되었다. 다른 폴리펩티드는 서열 A와 C는 포함하지만 서열 B는 없다. 이 두 폴리펩티드가 단일 유전자의 선택적 스플라이싱된 전사체의 번역에 의해 만들어진 것인지, 혹은 서로 다른 두 유전자로부터 유래한 mRNA의 번역에 의해 만들어진 것인지를 어떻게 결정하겠는가?

19.9 식물체에 빛을 조사하였을 때 어떤 식물 유전자의 전사가 일어나는지를 보여줄 수 있는 기술에는 어떤 것이 있는가?

19.10 인트론이 처음 발견되었을 때, 인트론은 어떤 기능도 가지지 않는 유전적 "쓰레기(junk)" 서열로 여겨졌다. 실제로 인트론은 유전자의 암호화 서열을 단절시키기 때문에 쓰레기보다 더 나쁜 것 처럼 보인다. 그렇지만 진핵생물에서, 대부분의 유전자들이 인트론을 가지며, 생물에서 광범위하게 분포하는 것은 대체로 기능을 가진다. 인트론은 어떤 기능을 가질 수 있겠는가? 인트론은 생물체에게 어떤 이익을 부여할 수 있겠는가?

19.11 효모의 GAL4 전사인자는 인접한 *GAL1*과 *GAL10* 유전자의 사이에 존재하는 DNA서열에 결합함으로써 두 유전자의 전사를 조절한다. 두 유전자는 염색체에서 서로 반대 방향으로 전사되는데, 한 유전자는 GAL4 단백질 결합 부위의 왼쪽으로, 다른 유전자는 오른쪽으로 전사된다. 인핸서의 어떤 특징으로 이와 같은 조절을 가능하게 하는가?

19.12 유전공학 기술을 이용하여 초파리 *hsp70* 유전자의 열-충격 반응인자(HSE)와 해파리의 녹색 형광단백질(green fluorescent protein: *gfp*) 유전자의 암호 부위에 대한 융합유전자를 만들었다. 이렇게 만든 융합유전자를 전이인자-매개 형질전환 기술(제17장)을 활용하여 살아 있는 초파리의 염색체에 삽입시켰다. 형질전환 초파리가 어떤 조건일 때, 녹색 형광단백질이 합성될지 설명하시오.

19.13 앞 문제에서 *hsp70/gfp* 융합유전자를 만드는 데 사용된 *hsp70* 유전자의 서열 내의 열-충격 반응인자들 모두가 돌연변이를 갖는다고 가정하자. 형질전환 초파리에서 이 같은 융합 유전자로부터 암호화된 녹색 형광단백질이 합성될 수 있을까?

19.14 두 유전자 *A*, *B*는 전사인자로 활동하는 폴리펩티드를 생산한다. 이 폴리펩티드들은 이량체를 형성하는데, AA 동형이량체, BB 동형이량체 및 AB 이형이량체를 만든다. 만약 세포 내에서 A와 B가 동일한 농도로 존재하고, 이량체 형성은 무작위적이라면, 이 세포에서 이형이량체에 대한 동형이량체 형성의 비율은 어떻게 예상되는가?

19.15 한 특수 전사인자는 40개의 다른 유전자의 인핸서에 결합한다. 이 전사인자를 암호화하는 유전자의 암호화 서열에서 동형접합 번역틀변경(frameshift) 돌연변이를 가진 개체의 표현형을 예상하라.

19.16 초파리 *doublesex* 유전자에서 전사된 RNA의 선택적 스플라이싱으로 생성된 mRNA는 어느 한 성징의 발달을 억제하는 데 필요한 단백질들을 암호화한다. 암컷에서 만들어지는 단백질은 수컷 성징 발달을 방해하고, 수컷에서 만들어진 단백질은 암컷 성징 발달을 억제한다. *doublesex* 유전자에 대해 영(null) 돌연변이 동형접합체인 XX 및 XY 초파리의 표현형을 예상해 보시오.

19.17 초파리 *Sex-lethal*(*Sxl*) 유전자의 RNA는 선택적인 스플라이싱을 한다. 수컷에서, 일차 전사체로부터 만들어진 mRNA의 서열은 *Sxl* 유전자의 모든 8개 엑손을 포함한다. 암컷에서는 스플라이싱 동안 엑손 3이 인접 인트론과 함께 잘려 나가기 때문에, mRNA는 단지 7개의 엑손만 가진다. 암컷의 mRNA에서 암호화 서열의 길이가 수컷의 mRNA보다 더 짧다. 그렇지

만, 암컷의 mRNA로부터 암호화된 단백질이 수컷의 그것보다 더 길다. 이런 모순을 어떻게 설명하겠는가?

19.18 초파리에서 *yellow* 유전자의 발현은 여러 종류의 조직에서 검은 색소를 생산하는 데 필요하며, 만약 *yellow* 유전자가 발현되지 않으면 조직의 색이 노랗게 된다. 날개에서는 *yellow* 유전자의 발현이 *yellow* 유전자의 전사개시점 앞쪽에 존재하는 인핸서에 의해 조절된다. 발목에서 *yellow* 유전자의 발현은 유전자 내부의 유일한 인트론에 존재하는 인핸서에 의해 조절된다. 유전공학적으로 날개 인핸서를 인트론으로 옮기고, 발목 인핸서를 전사개시점 앞쪽으로 옮겼다고 가정하자. 이렇게 변형된 *yellow* 유전자를 갖는 초파리가 정상적으로 검은 색소를 가진 날개와 발목을 가지겠는가? 설명해보라.

19.19 한 연구자가 550 bp 길이의 인트론에 애기장대 근단 조직에서만 특이적으로 발현되는 어떤 유전자의 발현을 유도하는 인핸서를 포함하는 것으로 예상하였다. 이 예상을 증명하기 위한 실험을 디자인하라.

19.20 다음과 같은 각 효소 그룹의 특성은 무엇인가? 각 효소 그룹은 염색질에 어떤 영향을 미치는가? (a) HATs, (b) HDACs, (c) HMTs.

19.21 초파리 유충의 침샘 세포에서 수컷이 갖는 한 개의 X 염색체는 확대되고 부풀어 있는 것이 관찰된다. 이 같은 관찰 결과는 초파리 수컷에서 X-연관 유전자들이 고활성화된다는 개념과 일치하는가?

19.22 어떤 사람에서 β-글로빈 유전자 클러스터의 LCR이 두 11번 염색체 중 한 개에서 결실되었다고 가정하자. 이 결손으로 어떤 질병이 발병할 것으로 예상되는가?

19.23 인트론으로부터 유래된 이중가닥 RNA는 RNA 간섭을 유도할 수 있겠는가?

19.24 RNA 간섭은 전이인자의 조절과 관련되어 있다. 초파리에서 RNA 간섭에 관여하는 핵심 단백질중의 두 개가 *aubergine*과 *piwi* 유전자에 의해 암호화된다. 이들 유전자의 돌연변이 대립유전자에 대해 동형접합인 초파리는 치사 혹은 불임을 나타내지만, 이형접합성 초파리는 생존하며 임성을 가진다. 만약 당신이 *aubergine*이나 *piwi*의 돌연변이 대립유전자에 대한 이형접합성 초파리 계통을 가지고 있다고 가정하자. 이 돌연변이 계통에서 유전체 돌연변이 비율이 야생형보다 더 높게 일어나는 원인은 무엇이겠는가?

19.25 *Igf2* 유전자에 대해 *b* 대립유전자로 동형접합인 암컷 생쥐가 *a* 대립유전자로 동형접합인 수컷과 교배하였다고 가정하자. F_1 자손에서 두 대립유전자 중 어떤 것이 발현되겠는가?

19.26 후성유전학적 상태는 세포분열을 하더라도 딸세포에게 전달된다. 이와 같은 상태가 어떤 현상에 의해 역전되거나 재조정되겠는가?

19.27 어떤 과학자가 생쥐의 유전자 *A*는 간세포에서 활발히 전사되고, 유전자 *B*는 뇌세포에서 왕성히 전사된다고 가정하였다. 과학자가 이 가정을 검정하기 위해서는 어떤 실험을 수행하겠는가?

19.28 위의 문제에서, 유전자 *A*와 *B*는 각각 간세포와 뇌세포에서 왕성하게 전사된다는 가정이 맞다고 가정하자. 이번에는 과학자가 간과 뇌조직으로부터 동량의 염색질을 추출하여 추출물에 DNase I을 제한된 짧은 시간동안 처리하였다. 효소처리 후 DNA를 젤 전기영동으로 분리한 후, 유전자 *A*-특이적 방사성 표지 탐침자를 이용한 서던 블롯(Southern blotting)을 실시하였다. 어느 조직의 추출물에서 자가방사사진에 더 강한 신호가 검출될 것으로 예상되는가? 그렇게 생각하는 이유를 설명해보라.

19.29 초파리에서 *msl* 유전자의 영 돌연변이는 왜 암컷에는 영향을 주지 않는가?

19.30 어떤 여성의 한 X 염색체에서 *XIST* 좌위가 결실되었다고 가정하자. 이 여성의 다른 X 염색체는 정상 *XIST* 좌위를 가진다. 이 여성의 몸에서는 어떤 패턴의 X-불활성화가 관찰되겠는가?

19.31 초파리 *white mottled* 대립유전자의 우성 상염색체 돌연변이는 이질염색질 단백질 1(HP1)을 암호화하는 유전자의 기능을 소실시킴으로써, 얼룩 표현형의 발현을 억제시킨다. HP1은 이질염색질 구성을 위해 중요한 요소이다. *white mottled* 대립유전자와 억제 돌연변이를 가진 초파리의 눈은 거의 동일한 빨간색을 나타내지만, 억제 돌연변이가 없으면 눈은 빨간색과 흰색 조직의 모자이크를 보인다. 억제 돌연변이의 역할에 대해 설명할 수 있겠는가?

19.32 돌리(Dolly)는 처음으로 복제된 포유동물이다(제2장). 돌리는 암양의 젖샘으로부터 채취된 세포의 핵을 미수정란으로 삽입함으로써 창조되었다. 이식된 핵은 두 개의 X 염색체를 가지는데, 이미 분화된 세포로부터 유래되었기 때문에 둘 중 하나는 불활성화되어 있어야 한다. 만약 젖샘세포가 최소 하나의 X-연관 유전자에 대해 이형접합성이고, 이 유전자의 발현을 추적할 수 있는 방법이 확립되었다면, 돌리의 모든 세포는 동일한 X 염색체 불활성화를 가질 것이라는 전제를 증명할 수 있겠는가? 그런데, 실제 실험을 수행하였을 때, 돌리의 세포는 X 염색체 활성화에 대해 모자이크를 보였다. 즉 다른 X가 세포의 다른 클론들에 따라 활성을 보였다. 돌리가 만들어지는 배발생 동안 어떤 일이 일어났을까?

20 동물 발생의 유전적 조절

장의 개요

- 발생의 유전적 전망
- 발생 중의 모계유전자 활성
- 발생중에 접합자의 유전자 활성
- 척추동물 발생의 유전적 분석

줄기세포 치료

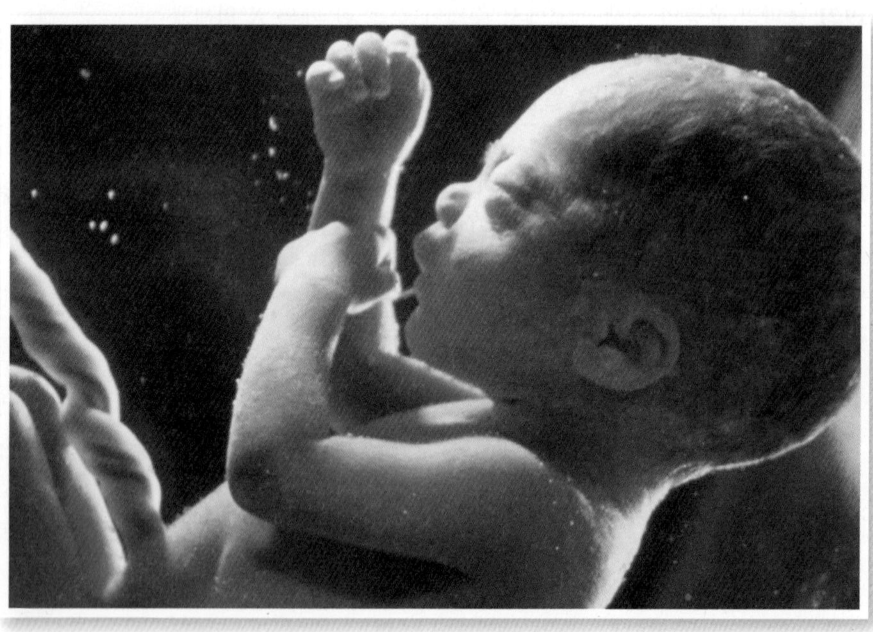

발생 후기의 인간 태아.

줄기세포가 뉴스에 등장하고 있다. 과학자들은 줄기세포가 여러 사람들에게 사용가능한 지에 대해 논의하였다. 정치가, 종교가, 저널리스트, 파킨슨 병 같은 질병의 희생자. 당뇨병 관절염 그리고 헐리웃 유명인들도 토론에 참가하였다. 그들 자체를 구별 짓긴 어렵지만, 줄기세포는 근섬유, 림프구, 신경, 뼈세포와 같은 특별한 세포 형태로 분화할 수 있는 자손을 생산하는 능력이 있다. 그러므로 그들은 마모된 조직을 재생시키고, 잃어버린 조직이나 신체부분을 제자리를 찾게 하고, 상처를 고치고, 생화학적 결손을 완화시킨다. 이러한 전망은 서로 다른 종류의 세포들이 어떻게 그들의 특화된 기능을 요구하는지, 또한 어떻게 다세포 기관이 시간에 따라 순서적으로 조직과 기관을 형성하는지를 이해하는 것이 왜 중요한지를 지적하고 있다. 다른 말로 말하면 그들은 수정란에서 배아를 거쳐 성체로의 발생 과정의 중요성을 지적하는 것이다. 줄기세포 치료에 대한 가능성은 중요한 윤리적 문제를 낳았다. 줄기세포는 배아파괴의 파생물일까? 배아의 생명은 성인의 수명 연장과 건강을 위해 희생되어야 하는 것인가? 치료 목적으로 줄기세포를 얻기 위해 배아 세포를 생산하는 것을 정당화할 수 있나? 전세계적으로 사람들과 각 국가는 과학자들이 줄기세포의 특성과 그들을 어떻게 사용할 것인지를 계속 찾고 있는 동안 이러한 윤리적인 문제에 대해 논쟁하고 있다.

발생의 유전적 전망

초파리(*Drosophila*)는 동물 발생의 유전 분석에 이용된 최초의 모델이다.

수정란으로부터 다세포 동물의 발생은 유전자 발현 조절을 강력히 입증하고 있다. 유전자들은 세포가 정확한 시간에 순차적으로 조직과 기관을 만들고 동물의 몸을 형성하는 특이성을 갖도록 발현되어야만 한다. 그러므로 동물 발생의 과정은 동물의 DNA에 암호화되어 있는 유전 프로그램의 충실한 실행에 의존적이다. 일반적으로 유전학은 이 과정을 우리가 이해할 수 있도록 도와주고 있다.

발생학, 형태학과 같은 고전적인 학문은 수정란이 분열하여 배아가 되고, 배아 내부의 세포가 발달하여 조직이 형성되고, 후에 이 조직들이 분화해서 서로 다른 기관을 만드는 것과 같은 발생을 사건 위주로 설명하고 있다. 이 고전 학문은 성게, 개구리, 닭과 같은 특별한 몇몇 동물에 집중되어 있다. 이런 동물들의 난자는 실험적으로 조작할 수 있고 모체 밖에서 배 발생이 가능하기 때문이다. 그러므로 발생학자들은 실험적인 처리에 따라 배가 어떻게 발달하는지를 볼 수 있다. 유전학자들이 발생을 연구하기 시작했을 때, 이들은 초파리와 예쁜꼬마선충 같이 교잡이 쉬운 동물에 초점을 두고 있었다. 그들의 목표는 중요한 발생과정에 관계하는 물질을 발현하는 유전자를 확인 하는 것이다. 이러한 목표를 성취하기 위한 유전학자들의 표준 방법은 돌연변이들을 수집하는 것이다. 예를 들면 만약 유전학자가 초파리 날개의 발생 연구를 원한다면, 이들은 날개 형성을 방해하거나 변형시키는 돌연변이를 모아야 한다. 그때 이 돌연변이는 다른 대립형질과 시험되어 적절한 유전자좌위의 위치가 확정된 염색체에 지도화 되어야 한다. 이 유전자좌위가 확정되면, 유전학자들은 그 돌연변이가 다른 것들에 상위인지를 결정하기 위해 서로 짝을 바꿔 각 유전자좌위의 대표적인 돌연변이를 조합해야 한다. 이러한 상위 시험은 어떻게 서로 다른 유전자가 서로 다른 발생과정에 공헌하는지를 밝혀줄 수 있다(4장 참조). 마지막으로 유전자 행동의 분자적인 기초를 조사하고 유전자 산물이 발생과정에서 행하는 역할을 밝히기 위해, 유전학자들은 각각의 유전자를 분리해 내어 현재 이용할 수 있는 모든 실험 방법 — 서열화, RNA와 단백질 블럿법(blotting), RT-PCR, 형광 표시법과 형질전환 산물 등등 — 을 사용하여 그들을 연구해야 한다(14, 16장 참조).

이런 일반적인 전략을 이용해서, 유전학자들은 초파리와 예쁜꼬마선충의 발생과정을 상세히 연구하였다. 어떻게 세포가 특성화되는지, 어떻게 조직과 기관이 형성되는지, 그리고 어떻게 완전한 성체가 되는지, 많은 것들이 지금 알려져 있다. 이 지식은 쥐와 같은 척추동물을 포함한, 다른 동물들의 발생 연구에 지적인 이정표가 되었다. 이러한 쥐의 연구는 인간 발생 과정에 많은 지식을 제공하였다. 그러나 이 주제를 공부하기 전에, 우리는 초파리와 같은 발생의 유전적 조절 연구를 위한 최초 모델에 대한 발생의 기본적인 모습을 약간 논의할 필요가 있다.

Drosophila 성체는 최대직경이 길이 1 mm, 너비 0.5 mm 정도의 타원형의 난자로부터 발생한다(■ **그림 20.1*a***). 각각의 난자는 *장막*(*chorion*)에 의해 둘러싸여 있는데, 이것은 단단한 껍질 모양의 구조로 난소에 있는 체세포에 의해 형성되는 물질로 만들어진다. 난자의 앞쪽 끝은 두 개의 필라멘트에 의해 구분되며, 이 필라멘트는 산소를 난자로 옮기는 일을 도와준다. 정자는 *정자주공*(*micropyle*)이라는 앞쪽에 있는 다른 구조를 통해 난자로 들어간다. 수정 후에 세포 분열은 빠르게 진행되며, 사실 너무 빨라서 딸세포 사이의 막이 만들어질 시간이 없다. 따라서 초파리 초기배는 실제로 동일한 핵을 많이 가지고 있는 하나의 세포이다. 이러한 세포를 *다핵체*(*syncytium*)라고 부른다(■ **그림 20.1*b***). 다핵체 내에서 분열을 9번 한 후에 만들어지는 512개의 핵은 배의 주변 부위에 있는 세포막으로 이동되고, 배 주변부위에서 핵이 4번 더 계속해서 분열한다. 게다가 몇 개의 핵은 배의 뒤쪽 끝으로 이동한다. 분열을 13번 한 후, 다핵체의 모든 핵은 세포막에 의해 분리되어 배 표면에 하나의 세포층을 이루게 된다. 이러한 단일층을 다른 생물체의 포배와 같은 *세포 배반엽*(*cellular blasto-*

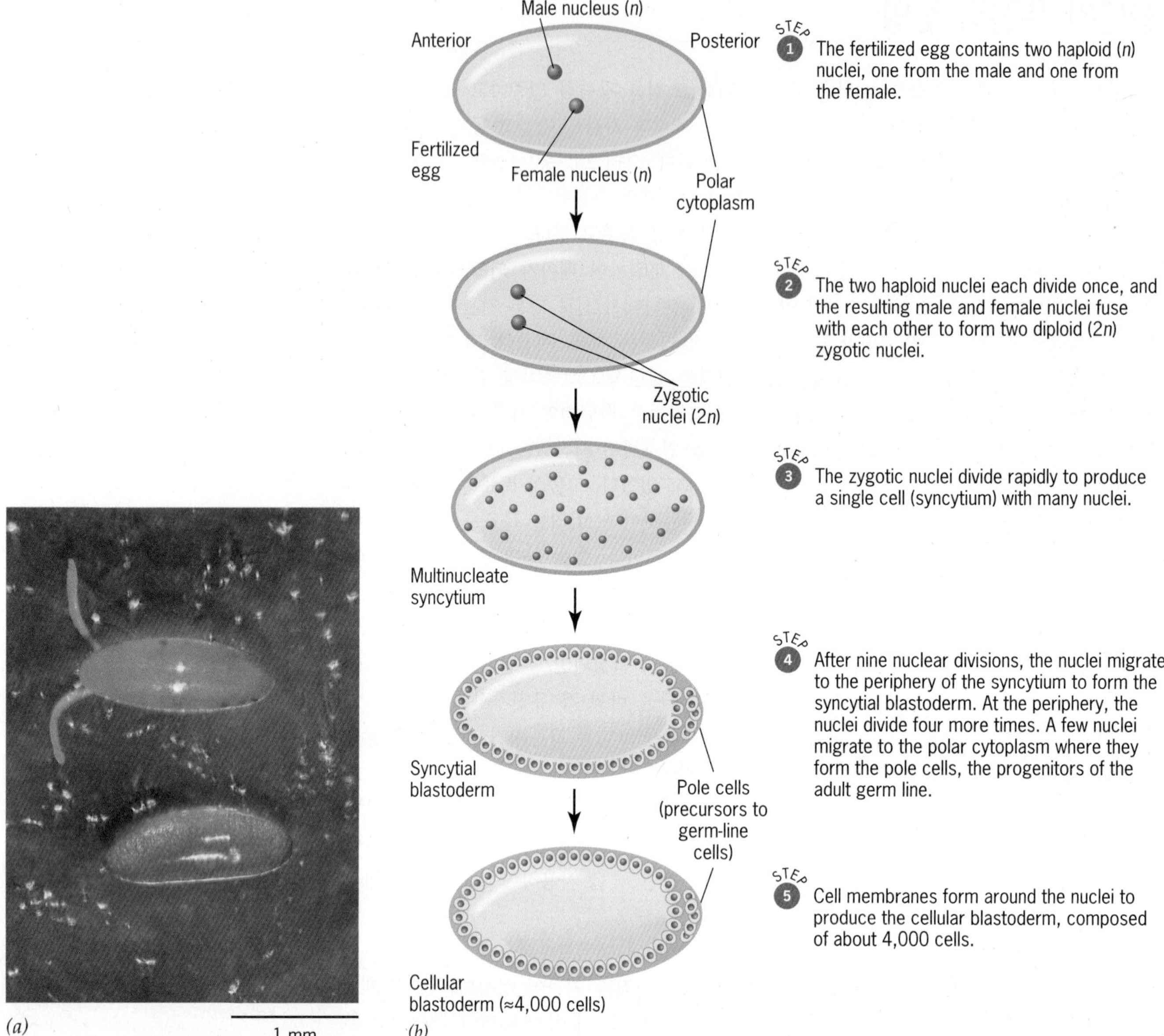
Male nucleus (n)
Anterior
Posterior
Fertilized egg
Female nucleus (n)
Polar cytoplasm
STEP 1 The fertilized egg contains two haploid (n) nuclei, one from the male and one from the female.
Zygotic nuclei (2n)
STEP 2 The two haploid nuclei each divide once, and the resulting male and female nuclei fuse with each other to form two diploid (2n) zygotic nuclei.
Multinucleate syncytium
STEP 3 The zygotic nuclei divide rapidly to produce a single cell (syncytium) with many nuclei.
Syncytial blastoderm
Pole cells (precursors to germ-line cells)
STEP 4 After nine nuclear divisions, the nuclei migrate to the periphery of the syncytium to form the syncytial blastoderm. At the periphery, the nuclei divide four more times. A few nuclei migrate to the polar cytoplasm where they form the pole cells, the progenitors of the adult germ line.
Cellular blastoderm (≈4,000 cells)
STEP 5 Cell membranes form around the nuclei to produce the cellular blastoderm, composed of about 4,000 cells.
(a)
1 mm
(b)

■ 그림 20.1 초파리 발생의 기본 도해 (*a*) 이 사진은 초파리의 알이며, 위는 장막으로 싸여 있지만 아래는 장막이 없다. (*b*) 초파리의 초기 배 발생.

derm)이라고 하며, 이것은 동물의 모든 체세포 조직의 근원이 된다. 알의 뒤쪽 끝에 있는 핵은 *극세포(pole cells)*를 만드는데, 이것은 성체의 생식세포계를 만드는 역할을 한다. 따라서 발생의 초기단계에서 미래의 체세포와 생식세포 계통이 이미 분리된다.

Drosophila 배가 벌레 모양의 유충(*larva*)이 되기까지는 약 하루가 걸린다. 유충은 껍질을 벗으면서 성장하고, 부화 후 5일 정도면 움직이지 않고 껍질이 딱딱한 번데기(*pupa*)가 된다. 다음 4일 동안, 많은 유충조직이 파괴되고, 유충단계 동안 격리된 세포의 편평한 덩어리가 확장되면서 안테나, 눈, 날개, 다리와 같은 성체 구조로 분화된다. 성숙한 곤충은 성충(*imago*)이라고 불리기 때문에, 이러한 세포의 덩어리를 *성충원기(imaginal discs)*라 부른다. 이러한 해부학적 재구성이 완성되면 성충은 번데기 껍질로부터 빠져 나와 날 수도 있고, 번식할 수도 있게 된다.

요점

- *초파리는 알, 배아, 유충, 번데기, 그리고 성충 순으로 발생한다.*
- *초기 초파리 배아는 한 세포에 많은 핵이 있는 다핵체(syncytium)이다.*
- *성충 초파리 구조는 성충원기(imaginal discs)라 불리는 세포 뭉치로부터 발달한다.*

발생 중의 모계유전자 활성

난자 형성과정 중 난자로 운반되는 물질들은 배 발생에서 중요한 역할을 한다.

동물발생에서 중요한 일들은 난자가 수정되기 전부터 일어난다. 이때, 발생에 필요한 영양물질과 결정물질들이 세포 주위로부터 난자로 이동된다. 이들은 모계의 체세포 생식조직과 생식선 조직에서만 발현된다. 이러한 유전자들의 산물은 총체적으로 수정 후 배(embryo)로 발생할 수 있는 난자를 형성하도록 도와준다. 어떤 종에서는 이러한 모계 유전자 산물들이 꼬리와 머리, 등과 배를 구별하는, 배(embryo)의 기본 몸체 계획(body plan)을 설계한다. 모계로부터 공급된 물질들은 배의 발생을 이끄는 분자적으로 조화된 시스템을 만들게 된다. 어떻게 모계유전자 활성이 발생에 영향을 주는지를 설명하기 위해, 우리는 초파리의 발생에 초점을 맞추어 보다.

모계-영향유전자

건강한 난자(egg)의 형성에 관여하는 유전자들의 돌연변이는 그러한 난자를 만드는 암컷의 생존이나 외형에는 영향을 주지 않는다. 대신에, 그 영향은 다음 세대에 나타난다. 그러한 돌연변이는 모계의 돌연변이 유전자형에 의해 자손의 돌연변이 표현형이 나타나기 때문에 **모계-영향돌연변이(maternal-effect mutation)**라 부른다.

그러한 돌연변이로 동정된 유전자들을 **모계-영향 유전자(maternal-effect gene)**라 부른다. 초파리에서 *dorsal*(*dl*) 유전자가 좋은 예이다(■ **그림 20.2**). 열성돌연변이인 이 유전자의 동형접합 초파리들 간의 교배는 생존 불가능한 자손을 낳는다. 이러한 치사효과(lethal effect)는 분명히 모계적이다. 동형접합 돌연변이 암컷과 야생형 수컷 간의 교배는 생존 불가능한 자손을 낳지만, 상반교잡(동형접합성 수컷과 야생형 암컷)은 생존 가능한 자손을 낳는다. 그러므로 *dorsal* 돌연변이의 치사효과는 수컷의 유전자형은 관계가 없이 오직 암컷이 동형접합일 때만 나타난다.

Dorsal 유전자의 분자적 분석은 모계효과에 대한 기초를 제시했다. *Dorsal* 유전자는 전사인자를 암호화하는데, 난자형성(oogenesis) 과정에 만들어져 난자에 저장된다. 발생초기에 이 전사인자는 배아의 등쪽과 배쪽의 분화에 중요한 역할을 한다. 만약 이것이 기능을 잃게 되면 등쪽은 존재하여도 배쪽이 부정확하게 분화하여 결국 두 개의 등을 가지는 배아를 만들게 된다. *Dorsal* 유전자는 배아에서 전사되지 않으므로 이러한 치사조건은 아버지로부터 전해지는 야생형 *dorsal* 대립유전자로는 막을 수 없다. 이 유전자는 암컷의 생식세포에서만 발현된다. 따라서 *dorsal* 유전자의 돌연변이는 모계-영향 치사성이다.

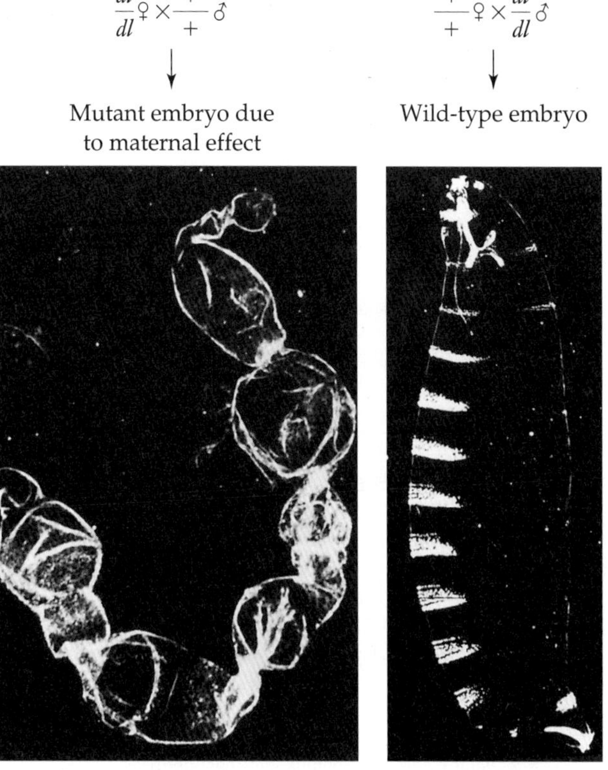

■ **그림 20.2** *Drosophila*의 *dorsal*(*dl*) 돌연변이 유전자의 모계적 영향(maternal effect). 돌연변이체의 표현형은 복부조직이 없는 등면화된 배(embryo)이다.

등-배 축과 전-후 축의 결정

좌우대칭적인 동물은 두 개의 기본적인 체축을 가지고 있으며 하나는 등과 배 다른 하나는 머리와 꼬리의 축이다. 이 두 개의 축은 발생 초기에 확립되고, 어떤 종은 수정 전에도 확립된다. 초파리에 있어서 축 형성의 과정은 배발생 과정에 영향을 주는 돌연변이 유전자의 연구에 의해 알려졌다.

1970년대와 1980년대에, 크리스티앙 뉘슬라인-폴하르트(Christiane Nüsslein-Volhard), 에릭 비샤우스(Eric Wieschaus), 트루디 쉬프바하(Trudi Schüpbach), 게르트 유르겐스(Gerd Jurgens)과 그 동료들에 의해 그러한 돌연변이에 대한 많은 연구가 수행되었다. 이 연구자들은 초파리 염색체 내에 화학돌연변이원을 이용하여 돌연변이를 유도하였다. 많은 돌연변이 실험에 의해 *dorsal*과 같은 모계영향 치사유전자가 동정되었다. 이러한 돌연변이의 분자유전학적 분석은 초기 초파리 발생 과정에 중요한 정보를 제공하였다.

등-배 축의 형성

등-배 축(dorsal-ventral axis)에 따른 초파리 배아의 분화는 *dorsal* 유전자에 의해 암호화되는 전사인자에 의해 형성된다(■ **그림 20.3**). 이 단백질은 모계적으로 합성되고 난자의 세포질에 저장된다. 배반엽의 형성시에 dorsal 단백질은 배아의 복부쪽에 있는 핵들의 안으로 들어가서 *twist*, *snail*(돌연변이 표현형에서 이름을 따옴)이라고 불리는 두 개 유전자의 전사를 유도한다. 같은 핵에서 이것은 *zerknüllt*(독일어로 "구겨진"이란 뜻)과 *decapentaplegic*(그리스어로 "15"와 "타격"의 뜻)유전자를 억제한다. 이러한 유전자의 선택적 유도와 억제는 배쪽의 세포가 중배엽이라 불리는 조직의 원시 배아층으로 분화되도록 한다. 배아의 반대편은 dorsal 단백질이 핵에 존재하지 않아 *twist*, *snail*은 유도되지 않고 *zerknüllt*, *decapentaplegic*은 억제되지 않는다. 그 결과 이 세포는 배아 상피로 분화된다. dorsal 전사인자의 배쪽 핵으로의 유입과 등쪽 핵으로 부터의 제거로 등-배 축을 만들어낸다.

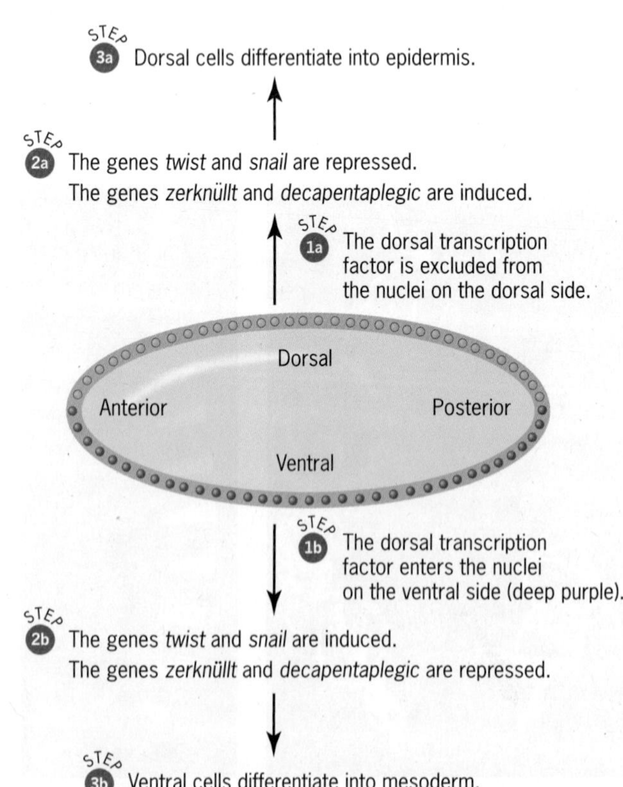
STEP 3a Dorsal cells differentiate into epidermis.
STEP 2a The genes *twist* and *snail* are repressed.
The genes *zerknüllt* and *decapentaplegic* are induced.
STEP 1a The dorsal transcription factor is excluded from the nuclei on the dorsal side.
Dorsal
Anterior
Posterior
Ventral
STEP 1b The dorsal transcription factor enters the nuclei on the ventral side (deep purple).
STEP 2b The genes *twist* and *snail* are induced.
The genes *zerknüllt* and *decapentaplegic* are repressed.
STEP 3b Ventral cells differentiate into mesoderm.

■ 그림 20.3 *Drosophila* 배(embryo)의 복부 쪽 핵에서만 작용하는 전사인자인 dorsal 단백질에 의한 등-배축(dorsla-ventral axis)의 결정. *twist*, *snail*, *zerknüllt*, 그리고 *decapentaplegic* 유전자는 dorsal 단백질에 의하여 조절된다.

그러면 무엇이 dorsal 단백질을 배아의 한 면의 핵 속으로 이동시키는 것일까? 그에 대한 답은 발달 중인 배아의 복부 쪽 표면에 있는 두 가지 단백질들 간의 상호작용에 있다(■ **그림 20.4**). 그 중 하나는 *Toll* 유전자(독일어로 "장식술"의 의미)의 산물로 배아의 표면에 골고루 분포되어 있다. 다른 하나의 단백질은 *spätzle* 유전자(독일어로 "작은 경단"이라는 의미)의 산물로 원형질막과 외부 난황막 사이의 액체로 채워진 공간인 위란강(perivitelline space)에서 발견된다. *Easter*(부활절 날 발견됨) 유전자에 의해 만들어지는 단백질 분해효소의 작용으로 spätzle 단백질이 잘려져서 Toll 단백질과 상호작용을 하는 폴리펩티드가 된다. 그러나 spätzle 단백질의 절단은 난소 안쪽에서 난자를 둘러싸고 있는 세포들의 패턴 때문에, 배아 등쪽의 위란강에서만 발생한다. Toll 단백질이 복부쪽에서만 생긴 spätzle 폴리펩티드와 상호작용을 할 때, 궁극적으로 dorsal 단백질을 배아의 핵으로 보내는 배아 내의 연속적 사건이 개시된다. Dorsal 단백질의 기능은 *twist*, *snail*, *decapentapledic* 그리고 *zerknüllt* 유전자의 발현을 조절하는 전사인자이다. 그러므로 막결합 Toll 단백질은 결정적인 spätzle 폴리펩티드의 수용체로 작용하며, 이들 두 분자는 배의 등-배 축 분화의 유전적 프로그램의 방아쇠 신호역할을 한다.

전-후 축의 형성

초파리에 있어서 전-후 축(anterior-posterior axis)은 *hunchback*과 *caudal* 유전자가 만들어내는 전사인자의 지역적 합성에 의하여 만들어진다(■ **그림 20.5**). 이들 두 유전자는 모계 생식계의 영양세포(nurse cell)에서 전사된다. 이 특별한

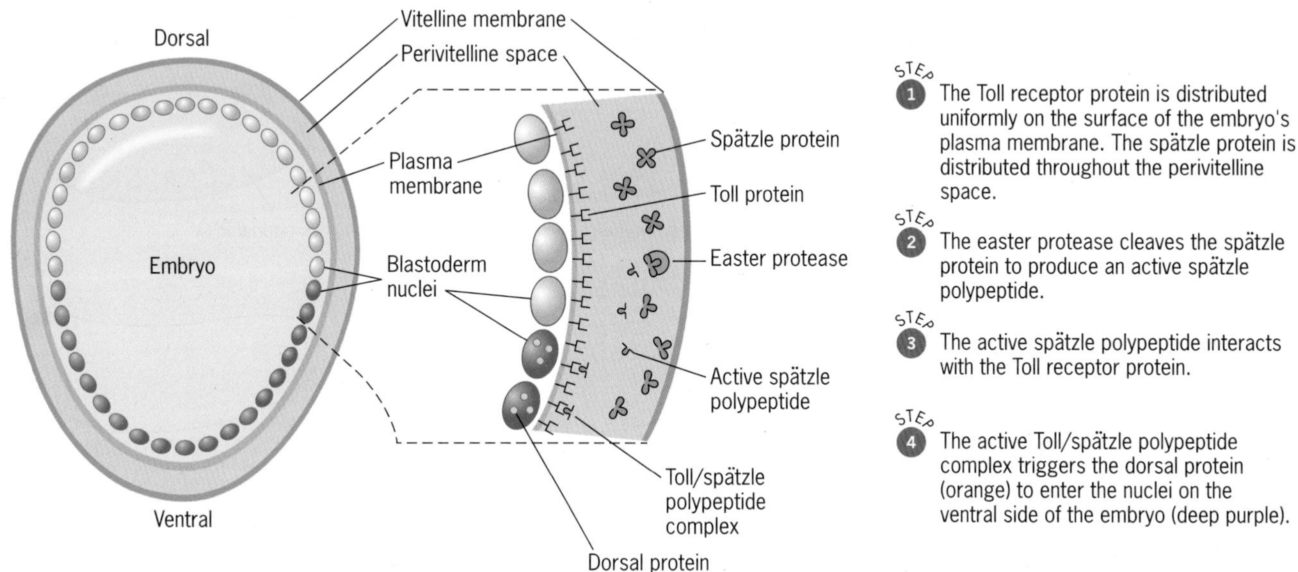

Dorsal
Vitelline membrane
Perivitelline space
Plasma membrane
Embryo
Blastoderm nuclei
Spätzle protein
Toll protein
Easter protease
Active spätzle polypeptide
Toll/spätzle polypeptide complex
Dorsal protein
Ventral
STEP 1 The Toll receptor protein is distributed uniformly on the surface of the embryo's plasma membrane. The spätzle protein is distributed throughout the perivitelline space.
STEP 2 The easter protease cleaves the spätzle protein to produce an active spätzle polypeptide.
STEP 3 The active spätzle polypeptide interacts with the Toll receptor protein.
STEP 4 The active Toll/spätzle polypeptide complex triggers the dorsal protein (orange) to enter the nuclei on the ventral side of the embryo (deep purple).

■ 그림 20.4 초파리 배아에서의 등-배 축 분화. 이 단면은 막 결합 Toll 수용체 단백질과, 등-배 축을 따라 분화를 유도하는 spätzle 단백질로부터 생기는 폴리펩티드와의 상호작용을 보여주고 있다. spätzle 단백질과의 상호작용은 배아의 등쪽에 위치하는 원형질막과 난황막 사이의 공간에서 발생한다.

세포들은 난모세포들의 성장과 발생을 돕는다. *Hunchback*과 *caudal* 유전자의 모계 전사체는 난모세포로 운반되어 세포질에 균일하게 분포한다. 그러나 두 가지 전사체들의 번역은 배아의 서로 다른 부분에서 이루어진다. Hunckback RNA는 앞쪽에서만 번역되며, caudal RNA는 뒤쪽에서만 번역된다. 이와 같은 번역 차이에 의해 이들 두 유전자가 만들어 내는 단백질의 농도 구배가 만들어진다. 즉, hunchback 단백질은 배의 앞 쪽에 농축되고 caudal 단백질은 뒤쪽에 농축된다. 이들 두 단백질들은 배의 전-후 축을 따라 분화에 관여하는 유전자들의 전사를 활성화하거나 억제시키는 역할을 한다.

무엇이 hunchback RNA의 번역을 배아의 앞, caudal RNA는 뒤쪽에 국한시키는 것인가? 여기에는 모계에서 공급받는 *bicoid* 유전자와 *nanos* 유전자로부터 전사되는 RNA가 관여 한다. 이들 RNA들은 모두 모계 생식세포의 영양세포(nurse cell)에서 합성되어, 난모세포로 이동된다. Bicoid RNA는 발생중인 배의 앞면에 유도되고 nanos RNA는 뒷면 끝으로 유도된다. 수정 후, 각 RNA형은 각 지역에서 번역되므로 bicoid 단백질은 앞, nanos 단백질은 뒤쪽 끝에 축적되어 농도의 구배가 형성된다.

Bicoid 단백질은 두 가지 기능을 가지고 있다. 첫째로, 그것은 *hunchback*을 포함하는 몇몇 유전자로부터 RNA합성을 자극하는 전사인자로 작용한다. 이들 RNA들은 배의 앞면구조 형성을 조절하는 단백질로 번역된다. 둘째로, bicoid 단백질은 caudal RNA의 3′ 비번역 영역의 서열과 결합하여 번역을 방해한다. 그러므로 bicoid 단백질이 풍부한(배의 앞면)곳에서는 caudal RNA가 단백질로 번역되지 못한다. 반대로, bicoid 단백질이 드믄(배의 뒷면)곳에서는 caudal RNA 단백질이 번역된다. Bicoid 단백질에 의한 caudal RNA의 번역 조절은 배아 내에서 caudal 단백질의 구배를 만들게 된다. Caudal 단백질은 배아의 뒤쪽 분화를 조절하는 유전자들의 활성자이므로, caudal 단백질이 높게 농축된 곳은 뒷면 구조로 발생된다.

Bicoid 단백질과는 다르게, nanos 단백질은 전사인자로 작용하지 않는다. 그러나 bicoid 단백질과 같이 번역을 조절하는 기능을 갖고 있다. Nanos 단백질은 배의 뒤쪽에 농축되어 있으며, 그곳에서 hunchback RNA의 3′ 비번역 영역에 결합하여 RNA를 분해시킨다. 그러므로 hunchback 단백질은 배의 뒤쪽에서는 합성되지 않는다. 대신에 그것의 합성은 배의 앞면에 국한되어 일어나며, 앞면-뒷면 분화에 관련되는 유전자들의 발현을 조절하는 전

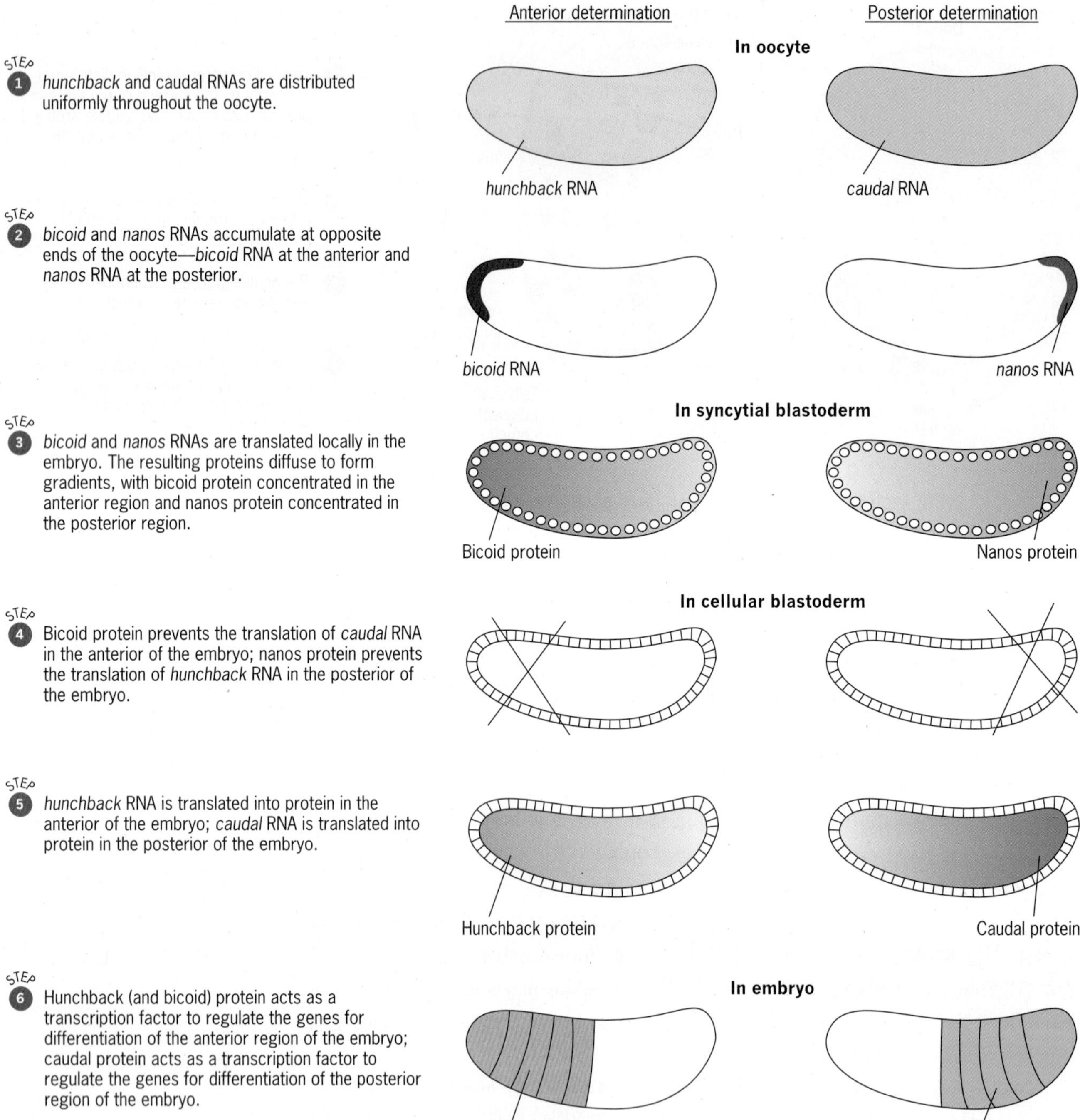

Anterior determination
Posterior determination
In oocyte
STEP 1 hunchback and caudal RNAs are distributed uniformly throughout the oocyte.
hunchback RNA
caudal RNA
STEP 2 bicoid and nanos RNAs accumulate at opposite ends of the oocyte—bicoid RNA at the anterior and nanos RNA at the posterior.
bicoid RNA
nanos RNA
In syncytial blastoderm
STEP 3 bicoid and nanos RNAs are translated locally in the embryo. The resulting proteins diffuse to form gradients, with bicoid protein concentrated in the anterior region and nanos protein concentrated in the posterior region.
Bicoid protein
Nanos protein
In cellular blastoderm
STEP 4 Bicoid protein prevents the translation of caudal RNA in the anterior of the embryo; nanos protein prevents the translation of hunchback RNA in the posterior of the embryo.
STEP 5 hunchback RNA is translated into protein in the anterior of the embryo; caudal RNA is translated into protein in the posterior of the embryo.
Hunchback protein
Caudal protein
In embryo
STEP 6 Hunchback (and bicoid) protein acts as a transcription factor to regulate the genes for differentiation of the anterior region of the embryo; caudal protein acts as a transcription factor to regulate the genes for differentiation of the posterior region of the embryo.
Anterior segments
Posterior segments

■ 그림 20.5 모계에서 공급되는 RNA들에 의한 초파리의 전-후 축 결정. 이 RNA들은 *hunchback*, *biocoid*, 그리고 *nanos* 유전자들로부터 나온 것이다. 각 난모세포나 배아 그림에서 앞쪽은 좌측, 뒤쪽은 우측에 그려져 있다.

사인자로 작용한다. 배의 어느 곳이든지 hunchback 단백질이 합성되는 곳은 앞면구조로 발생된다.

Bicoid와 nanos 단백질들은 농도 의존 방식에 의해 발생 사건을 조절하는 물질인 **형태형성인자(morphogen)**들이다. 이 두 형태형성인자들의 농도 기울기는 서로 반대이다; bicoid 단백질이 많은 곳에서는 nanos 단백질이 적고, 또한 bicoid 단백질이 적은 곳에서는 nanos 단백질이 많다. 따라서, 초파리에서의 전-후 축은 이 형태형성인자들이 배아 발생 초기에 양 말단에 높게 유지됨으로써 결정된다.

요점

- *Dorsal, hunchback, bicoid, nanos과 같은 모계-영향 유전자들에 의해 암호화되는 RNA와 단백질들은 난자 형성 과정 중 초파리 알로 운반된다.*
- *모계-영향 유전자 생산물들은 초파리 배의 앞, 뒷면의 축과 등, 배면의 축의 결정에 관여한다.*
- *모계-영향 유전자의 열성돌연변이들은 동형접합체 암컷이 생산하는 배에서만 발현된다.*

발생중 접합자의 유전자 활성

세포 형태의 분화와 기관들의 형성은 특정 시간과 공간에서 활성화되는 유전자들에 의존적이다.

동물발생에서 최초의 사건은 모계적으로 생성된 인자들에 의해 조절된다. 그러나 어떤 시점에서는, 배(embryo)에서 유전자들이 선택적으로 활성화되고 새로운 물질들이 만들어진다. 이런 과정은 알이 수정된 후 일어나기 때문에 *접합자의 유전자 발현(zygotic gene expression)*이라고 한다. 접합자의 유전자 발현의 초기 활성화는 모계적으로 생성되는 인자들에 의해 일어난다. 예를 들어, 초파리에서는 모계적으로 공급된 dorsal 전사인자가 접합자의 유전자인 *twist*와 *snail*을 활성화시킨다. 발생이 진행 될수록 다른 접합자 유전자들의 활성은 유전자 발현의 복잡한 연쇄반응을 이끌어낸다. 이제부터 우리는 어떻게 이러한 접합자의 유전자들이 발생 과정을 진행시키는지 검토할 것이다. 다시 우리는 초파리의 발생에 초점을 맞추고 있다.

체절화(BODY SEGMENTATION)

많은 무척추동물의 몸체는 *체절(segment)*이라고 불리는 잇닿은 배열로 구성된다. 예를 들어 초파리 성체는 머리와 3개의 분명한 흉부 분절, 그리고 8개의 복부 분절을 가진다. 흉부와 복부의 각각의 체절들은 색깔, 강모패턴, 그리고 부착되어 있는 부속기에 의해 동정될 수 있다. 이러한 체절들은 또한 배(embryo)와 유충(larva)에서도 동정될 수 있다(■ **그림 20.6**). 척추동물은 분절양식이 성체에서는 증명되지 않지만, 배에서 중추신경계의 신경섬유(nerve fiber)들의 성장, 머리에서 새궁(branchial arch)들의 형성, 그리고 전-후 축(anterior-posterior axis)을 따라서 근육덩어리가 구성되는 것으로부터 알 수 있다. 발생 말기에는 이러한 특징들은 수정되고 본래의 체절화 양식은 모호해진다. 그럼에도 불구하고, 척추동물과 많은 무척추동물의 체절화는 전체적인 몸체 계획의 중요한 양상이다.

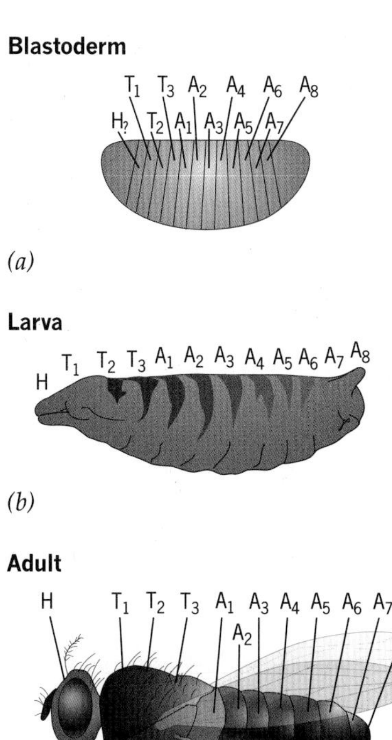

■ 그림 20.6 초파리 발생 단계의 (*a*) 포배, (*b*) 유충, 그리고 (*c*) 성충에서 나타나는 체절화. 포배에서는 체절들이 보이지는 않지만 그 세포들은 이미 여기 나타낸 대로 체절을 구성하는 방식으로 운명이 결정되었다; H: 머리체절, T: 흉부체절, A: 복부체절.

호메오틱 유전자(homeotic gene)

체절화(segmentation)의 유전적 조절에 대한 관심은 한 개의 체절에서 다른 체절로 전환되는 돌연변이의 발견으로 시작되었다. 그러한 첫 번째 돌연변이는 1915년에 캘빈 브리지스(Caviln Bridges)에 의해 초파리에서 발견되었다. 그는 그것이 2개의 흉부체절이 나타나는 식으로 영향을 주기 때문에 *bithorax(bx)*라 명명하였는데, 이 돌연변이에서 3번째 흉부체절은 약하지만 2번째 흉부체절로 전환되어 변형되는 대신에 작은 한 쌍의 흔적날개를 가진 초파리가 된다(■ **그림 20.7**). 나중에 다른 체절전환 돌연변이(segment-transforming mutation)가 초파리에서 발견되었는데, 예를 들면 *Antennapedia(Antp)*는, 머리에 있는 더듬이가 흉부의 특징적인 다리로 부분 전환된 돌연변이체이다. 이러한 돌연변이들은 그것들이 한쪽 몸부분을 다른 것처럼 보이게 하기 때문에 **호메오틱 돌연변이(homeotic mutation)**라 부르게 되었다. Homeotic이라는 단어는 윌리암 베이트슨(William Bateson)으로부터 유래되었는데, 베이트슨은 "어떤 것이 다른 것과 비슷하게 변하는" 경우를 일컬어 *homeosis*라는 용어를 만들었다. 베이트슨이 만들어낸 다른 많은 단어들처럼 이것은 기본적인 현대 유전학 용어가 되었다.

■ 그림 20.7 *Drosophila*에서 *bithorax* 돌연변이의 표현형.

이중가슴(bithorax)과 촉수다리(Antennapedia) 표현형은 **호메오틱 유전자(homeotic gene)들**의 돌연변이에 의해 나타난다. 여러 개의 그와 같은 유전자들이 현재 초파리에서 동정되었는데, 이것들은 한 개의 상염색체(autosome)에 2개의 커다란 무리를 형성한다(■ 그림 20.8). 일반적으로 *BX-C*로 표시하는 *bithorax complex*는 *Ultrabithorax*(*Ubx*), *abdominal-A*(*Abd-A*) 그리고 *Abdominal-B*(*Abd-B*)의 3개의 유전자로 구성된다. *ANT-C*로 표시되는 *Antenna-pedia complex*는 *labial*(*lab*), *proboscipedia*(*Pb*), *Deformed*(*Dfd*), *Sex combs reduced*(*Scr*), 그리고 *Antennapedia*(*Antp*)의 5개의 유전자들로 구성된다. 이러한 유전자들의 분자적인 분석으로 이 유전자들이 모두 잘 보존된 60개의 아미노산 부위를 가진 helix-turn-helix 전사인자(transcription factor)를 암호화한다는 것을 밝혀냈다. **호메오도메인(homeodomain)**이라 불리는 이 부위는 DNA와의 결합에 관여한다.

BX-C는 2개의 호메오틱 유전자 복합체 중에서 유전학적으로 처음 분석되었다. 이 복합체의 분석은 에드워드 루이스(Edward Lewis)의 연구로 1940년대 말에 시작되었다. BX-C에서의 돌연변이 연구로 루이스는 복합체의 각 부분의 야생형 기능(wild-type function)은 동물발생에서 특정부위에 제한된다는 것을 알았다. 후에 분자적인 분석으로 이런 결론이 재확인되고 뒷받침되었다. ANT-C의 연구는 1970년대에 시작되었는데 토마스 카우프만(Thomas Kaufman), 매튜 스콧(Matthew Scott)과 그의 동료들의 연구를 통해서 이루어졌다. 유전학과 분자적 분석의 조합을 통하여 이 연구자들은 ANT-C의 유전자들 또한 영역별로 특정한 방식으로 발현되는 것을 밝혀내었다. 그러나 ANT-C 유전자들은 BX-C 유전자들보다 더 앞쪽에서 발현되었다. 왜 그런지는 아직 분명하지 않지만 놀랍게도, 전-후축(anterior-posterior axis)을 따르는 ANT-C와 BX-C 유전자들의 발현방식은 염색체상의 유전자들의 순서에 정확하게 일치한다(그림 20.8); 이것이 왜 그런지는 아직 명확하지 않다. 각 세포가 택하는 발생 경로는 세포 내에서 발현되는 호메오틱 유전자들의 세트에 단순히 의존적으로 보인다. 사실상, 각각의 세포들의 발생 과정은 그 안에서 발현되는 호메오틱 유전자들이 개개의 세포들의 체절독자성을 선별하는 데 중요한 역할을 하기 때문에 그들은 종종 **선택유전자(selector gene)**라고 불린다.

호메오틱 유전자들에 의해 암호화되는 단백질들은 호메오도메인을 갖고 있는 전사인자이다. 이러한 단백질들은 bithorax와 Antennapedia 복합체 자체내에 있는 것도 포함한, DNA 상의 조절서열(regulatory sequence)에 결합한다. 예를 들어, UBX와 ANTP 단백질들은 *Ubx* 유전자의 프로모터(promoter)내의 서열에 결합한다(호메오틱 유전자들이 그들과 서로간을 조절할 수 있다는 하나의 가설). 호메오도메인 전사인자의 다른 목표유전자들이 밝혀졌는데 다른 타입의 전사인자들을 암호화하고 있는 유전자들 이 포함되어있다. 호메오틱 유전자들은 따라서 각각의 세포들의 체절독자성을 순차적으로 결정하는 목표유전자들의 연쇄반응을 조절하는 것처럼 보인다. 그러나 호메오틱 유전자들은 이런 연쇄반응 조절의 정상에 있지는 않다. 그들의 활성들은 발생 초기에 발현되는 유전자들에 의해 조절된다.

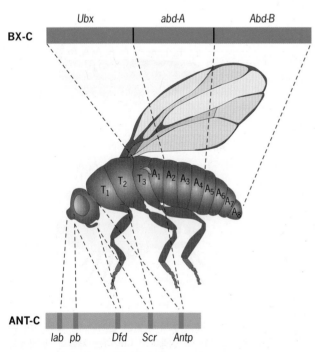

■ 그림 20.8 *Drosophila*의 Bithorax 복합체(BX-C)와 Antenna-pedia 복합체(ANT-C)에서의 호메오틱 유전자들(homeotic gene). 각각 발현되는 몸부분을 표현하였다.

체절화 유전자(Segmentation Gene)

대부분의 호메오틱 유전자들은 초파리 성체의 표현형이 변화하는 돌연변이들에 의해서 밝혀졌다. 그러나 이와 같은 돌연변이들의 표현형적 영향은 배와 유충단계에서 나타난다. 이런 발견은 체절화에 관련된 다른 유전자들이 배와 유충의 결함을 야기하는 돌연변이를 검색함으로써 발견할 수 있다는 것을 말한다. 1970년대와 1980년대에 크리스티앙 뉘슬라인-폴하르트(Christiane Nüsslein-Volhard)와 에릭 비샤우스(Eric Wieschaus)가 그러한 검색을 실행하였다(Student Companion 사이트에 제공된 "A Milestone in Genetics: Mutations that Disrupt Segmentation in *Drosophila*"를 참고하라). 그들은 전-후축에 따른 체절화에 필요한 유전자들의 새로운 세트를 발견하였다. 크리스티앙

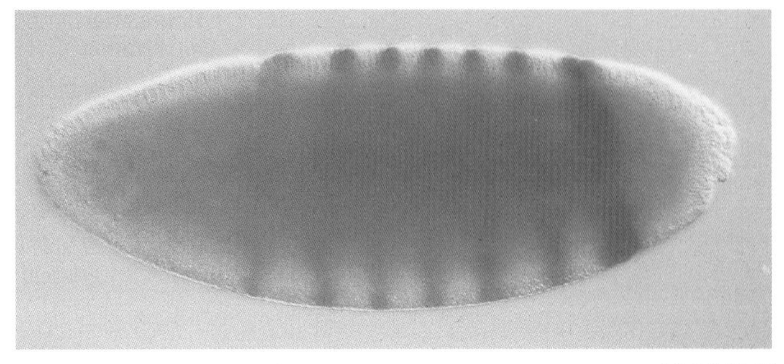

■ 그림 20.9 *Drosophila* 포배(blastoderm)의 페어-룰 유전자인 *fushi-tarazu*(*ftz*) 유전자의 7개 줄무늬 RNA발현 양상. RNA는 *ftz*-특이 탐침자를 이용하여 *in situ* hybridization 방법으로 추적할 수 있다. 왼쪽이 머리방향이고, 위쪽이 등쪽이다.

뉘슬라인과 에릭 비샤우스는 이러한 **체절화 유전자(segmentation gene)** 들을 배아의 돌연변이 표현형에 근거하여 3가지 그룹으로 분류하였다.

1. ***갭 유전자(Gap Gene).*** 이 유전자들은 배에서 체절부위들을 결정한다. 갭 유전자들에서의 돌연변이는 인접한 몸체 체절세트 전체를 상실하게 만든다. 즉, 갭 유전자는 앞-뒤축을 따라서 해부학적인 간극(gap)을 형성하게 한다. 다음과 같은 4개의 갭 유전자들이 잘 연구되었다: *Krüppel*(독일어로 "불구"의 뜻), *giant*, *hunchback*, 그리고 *knirps*(독일어로 "난장이"의 뜻). 각각은 모계 영향 유전자인 *bicoid*와 *nanos*의 조절하에서 초기배의 특정부위에 발현된다. 이들 갭 유전자는 전사 요소들을 암호화 한다.
2. ***페어-룰 유전자(Pair-rule Gene).*** 이 유전자들은 배에서 체절의 양식을 결정한다. 페어-룰 유전자들은 갭 유전자들에 의해 조절되고 전-후 축을 따라 7개의 다른 밴드나 줄무늬에서 발현되어 14개의 분명한 지역 또는 *의사체절*(*parasegment*)로 나눈다(■ 그림 20.9). 여러 개의 페어-룰 유전자들에서의 돌연변이들은 야생형보다 절반 정도의 의사체절을 가진 배를 만든다. 비록 서로 다른 페어-룰 돌연변이체들에서 없어지는 의사체절들이 동일하지는 않지만, 이들 돌연변이체들 각각에서는 하나 건너 하나씩의 의사체절들이 상실된다. 페어-룰 유전자들의 예로 *fushi tarazu*(일본어로 "부족하다"의 뜻)와 *even-skipped*가 있다. *Fushi tarazu* 돌연변이체에서는, 각각의 홀수번호의 의사체절들이 상실되며, *even-skipped* 돌연변이체에서는 각각의 짝수번호의 의사체절들이 상실된다. 대부분의 페어-룰 유전자들은 전사인자를 암호화한다.
3. ***체절-극성 유전자(Segment-Polarity Genes).*** 이 유전자들은 전-후 축을 따라 각의 체절들의 전부와 후부 구획을 결정한다. 체절-극성 유전자(segment-polarity genes)들의 돌연변이는 각 체절 부분이 인접한 체절의 절반에 대한 거울상복사(mirror-image copy)로 대체된다. 예를 들어, 체절-극성 유전자인 *gooseberry*의 돌연변이들은 각 체절들의 후부 절반이 근접한 전부(anterior) 절반체절의 거울상복사로 대체된다. 다수의 체절-극성 유전자들은 전-후축을 따라 14개의 협소한 밴드에서 발현된다. 따라서 페어-룰 유전자들에 의해 이루어진 체절양식이 보다 정교하게 된다. 가장 잘 연구된 체절-극성 유전자는 *engrailed*와 *wingless*이다. *Engrailed*는 전사인자를 암호화하고 *wingless*는 신호분자를 암호화한다.

이 세 그룹의 유전자들은 조절위계를 형성한다(■ 그림 20.10). 모계영향 유전자들에 의해 활성화되는 갭 유전자들은 페어-룰 유전자들의 발현을 조절하고 그 다음에 페어-룰 유전자들은 체절-극성 유전자들의 발현을 조절한다. 이 과정과 동시에 호메오틱 유전자들은 전-후축을 따라 형성하는 체절들에게 정체성을 갖게 하기 위하여 틈 유전자와 페어-룰유전자들의 조절 하에서 활성화된다. 이 모든 유전자들의 산물간 상호작용들은 체절의 경계를 정교하게 하여 안정화시킨다. 이런 방식으로 초파리 배는 점차적으로 더 작은 발생단위로 세분화된다.

기관형성(ORGAN FORMATION)

여러 종류의 많은 세포들이 특정목적을 위해 조직되어 기관을 형성한다. 심장, 위장, 간, 신장, 그리고 눈 등이 모든 기관들의 예이다. 기관의 가장 두드러진 특징 중의 하나는 몸의 특정부분에 형성된다는 것이다. 머리에서 심장이 발생된다든지, 흉부에서 눈이 발생되는 것은 지극히 비정상적인 일일 것이며, 아마도 무엇이 잘못되었을까 하는 궁금증을 갖게 할 것이다. 해부학적으로 정확한 기관형성은 분명한 유전적 조절 하에 있는 것이다.

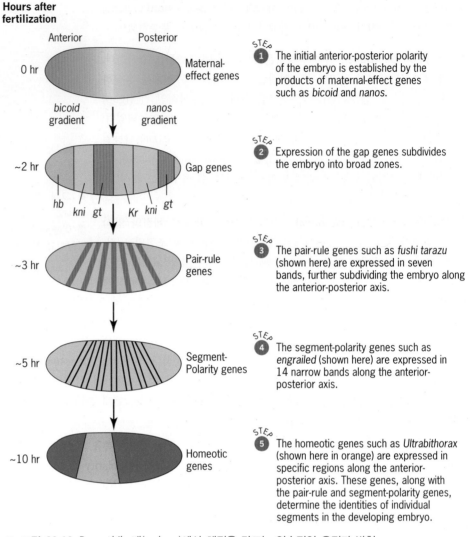

Hours after fertilization

Anterior Posterior

0 hr — Maternal-effect genes

bicoid gradient / nanos gradient

STEP 1 The initial anterior-posterior polarity of the embryo is established by the products of maternal-effect genes such as *bicoid* and *nanos*.

~2 hr — Gap genes

hb *kni* *gt* *Kr* *kni* *gt*

STEP 2 Expression of the gap genes subdivides the embryo into broad zones.

~3 hr — Pair-rule genes

STEP 3 The pair-rule genes such as *fushi tarazu* (shown here) are expressed in seven bands, further subdividing the embryo along the anterior-posterior axis.

~5 hr — Segment-Polarity genes

STEP 4 The segment-polarity genes such as *engrailed* (shown here) are expressed in 14 narrow bands along the anterior-posterior axis.

~10 hr — Homeotic genes

STEP 5 The homeotic genes such as *Ultrabithorax* (shown here in orange) are expressed in specific regions along the anterior-posterior axis. These genes, along with the pair-rule and segment-polarity genes, determine the identities of individual segments in the developing embryo.

■ 그림 20.10 *Drosophila* 배(embryo)에서 체절을 만드는 연속적인 유전자 발현.

유전학자들은 초파리에서 또 다른 유전자를 연구하면서 이 조절의 성질에 관한 인식을 얻게 되었다. 이 유전자는 이것에 대한 돌연변이 초파리의 표현형을 보고 *eyeless*라 부르게 되었다(■ **그림** 20.11). 야생형 *eyeless* 유전자는 발생과정에 관여하는 수천 개의 여러 유전자들을 작동시키는 호메오도메인 전사인자를 암호화한다. 처음에는 몇 개의 하위 조절 유전자들이 활성화된다. 그들의 산물들이 다시 후속 사건을 개시하는 연속적인 조절이 일어나 발생중인 눈 내부에서 특정 세포들이 형성된다.

Eyeless 유전자의 역할은 정상적으로 눈을 형성하지 않는 조직들에서의 발현으로 밝혀지게 되었다(■ **그림** 20.12). 월터 게링(Walter Gehring)과 그의 동료들은 *eyeless* 유전자를 특정 조직을 활성화시키는 프로모터(promoter)와 결합시켜 형질전환 초파리를 만들어 연구하였다. 이 프로모터의 활성화로 정상 발현하는 도메인 밖에서 *eyeless* 유전자의 전사를 일으켰다. 그랬더니 순차적으로 날개, 다리나 더듬이 같은 다른 장소에서 눈을 생성시켰다. 이 여분의 외부 눈은 해부학적으로 잘 발달되었고, 기능적이었고, 그들의 광수용체는 빛에 반응하였다.

더욱 놀랄만한 발견은 *Pax6*라고 불리는 포유동물의 *eyeless*의 상동유전자 역시, 초파리 염색체에 삽입되면, 여분의 눈을 만든다는 것이다. 게링과 그의 동료들은 *eyeless*에 상동성을 갖는 생쥐의 유전자를 이용하여 초파리를 형질전환 시켰을 때, *eyeless* 유전자 자체로 형질전환 시킨 것과 같은 결과를 얻었다. 이것으로 생쥐의 유전자(homeodomain 단백질을 발

■ 그림 20.11 *Drosophila*의 *eyeless* 돌연변이 표현형.

현하는)가 기능적으로 초파리 유전자와 동등하다는 것을 알 수 있다. 즉 이 유전자는 눈 발생 과정을 조절하고 있다. 그러나 생쥐의 유전자가 초파리 유전자에 삽입되더라도 생쥐의 눈이 아닌 초파리의 눈이 만들어진다. 삽입된 생쥐 유전자의 조절명령에 대응하는 유전자는, 물론 초파리 눈의 형성을 지정하는 정상적인 초파리 유전자이기 때문에 초파리의 눈이 발생된다. 생쥐에서 *eyeless* 유전자와 상동성을 갖는 유전자에 돌연변이가 생기면 눈의 크기가 작아진다. 이러한 이유 때문에 그 유전자는 *Small eye*라 부르고 있다. *Eyeless* 유전자 그리고 *Small eye* 유전자와 상동성을 갖는 유전자는 인간에서도 발견된다. 이 유전자에서의 돌연변이는 *aniridia*라고 불리는 증상을 유발하는데, 홍채가 줄어들거나 없어진다.

서로 다른 생물에서 눈 발생을 조절하는 상동성 유전자의 발견은 진화적으로 큰 의미를 갖는다. 이러한 유전자의 기능은 매우 오래되었으며, 초파리와 포유동물의 공통된 선조로부터 시작되었음을 의미한다. 아마도 선조생물의 눈은 원시적인 *eyeless* 유전자의 조절에 의해 구성된, 빛을 감지하는 세포의 덩어리 이상은 아니었을 것이다. 오랜 진화과정의 시간 동안 이 유전자는 더 복잡한 눈 발생과정을 계속해서 조절하여, 오늘날 곤충과 포유동물의 눈과 같이 전혀 다른 눈이 이 유전자의 조절을 받고 있다.

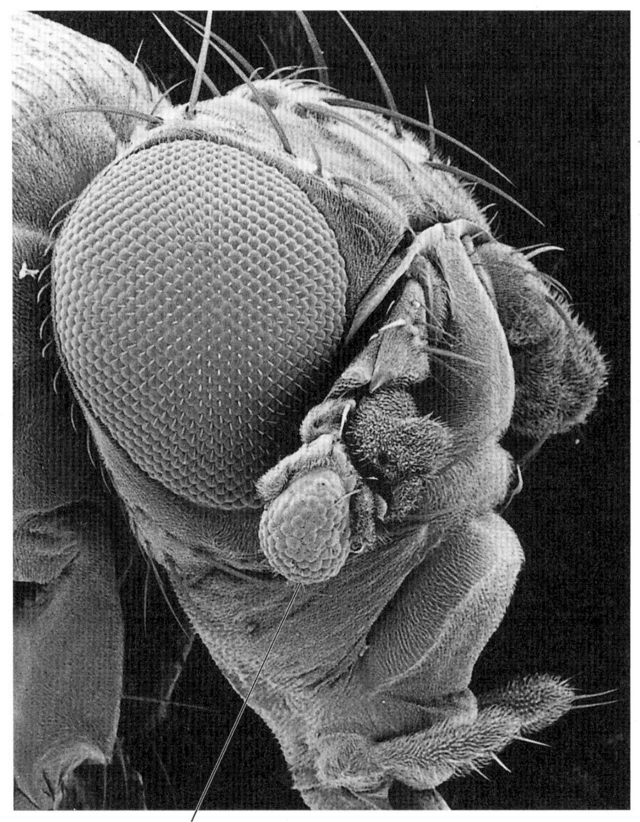

■ 그림 20.12 초파리(*Drosophila*)의 더듬이에서 야생형 *eyeless* 유전자 발현에 의해 생겨난 여분의 눈.

세포형태의 특수화

기관 내에서 세포들은 특수한 방식으로 분화된다. 예를 들어, 일부 세포들은 뉴런이 되고, 다른 세포들은 그를 지지하는 세포가 된다. 이런 분화를 조절하는 기작은 몇 가지 분명한 세포 형태들이 관여하는 매우 단순한 상황을 연구함으로써 분석되어 왔다. 그러한 상황 한 가지는 바로 초파리 눈의 발달 과정에서 발생한다(■ 그림 20.13).

초파리에서 각각의 커다란 겹눈은 한 개의 성충원기의 편평한 세포판으로부터 발생한다. 처음에는 이런 상피판의 세포들은 모두 같아 보이지만, 유충말기에 주름이

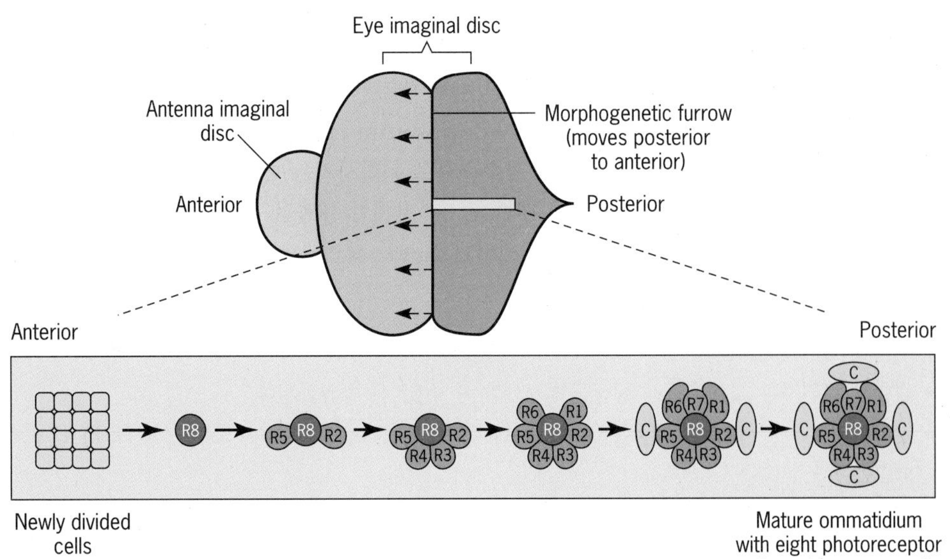

■ 그림 20.13 *Drosophila* 눈(eye)의 발생. 형태 발생적 주름(furrow)이 눈-더듬이 성충원기(eye-antenna imaginal disc)의 앞부분을 향하여 이동함에 따라, 급격한 세포분열이 진행된다. 새롭게 분열된 세포들은 곧 특정한 타입으로 분화되기 시작한다. 밑의 확대그림은 겹눈의 홑눈(facet)을 형성하는 광수용체(R1-R8)와 원추세포(C)의 분화를 보여준다.

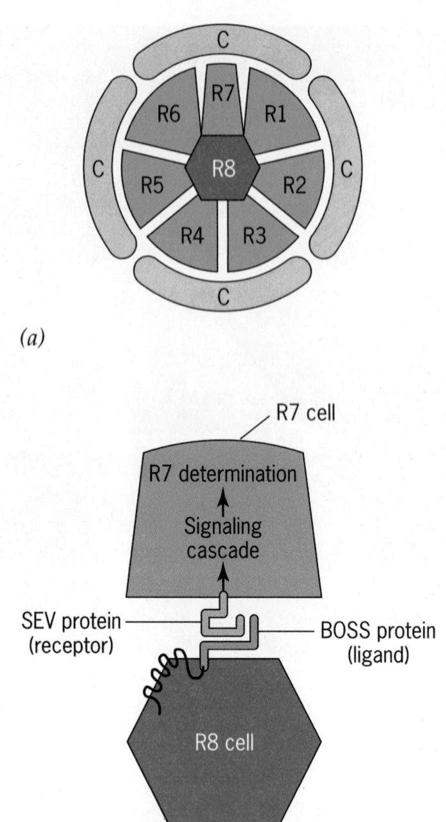

■ 그림 20.14 초파리의 겹눈에서 낱눈에 존재하는 R7 광수용체의 결정. (*a*) 낱눈 내 8개의 광수용체들(1~8)의 배열과 네 개의 원추세포들(*C*). (*b*) 분화된 R8 세포와 R7 세포로 가정된 세포 사이의 신호작용. R8 세포 표면의 bride of sevenless 단백질(Boss)은 R7 세포 표면의 sevenless 수용체(SEV)의 리간드이다. 이 수용체의 활성화는 분화를 유도하는 R7 세포 내의 순차적인 신호전달 작용이 개시되도록 한다.

원기의 후측 부근에 형성된다. 이 주름이 원기의 앞쪽으로 이동함에 따라 세포분열의 활동도 따라서 시작된다. 새로 분열된 세포들은 성충눈의 800개의 낱눈을 형성하기 위하여 특정 세포 형태로 분화한다. 각각의 낱눈은 20개의 세포들로 구성된다. 8개는 빛을 흡수하기 위해 고안된 광수용체신경이고, 4개는 빛을 광수용체로 집중시키기 위한 렌즈를 분비하는 원추 세포이다. 6개는 절연과 지지를 제공하기 위한 수초세포이며 나머지 2개의 세포는 눈 표면의 감각모를 형성한다. 따라서, 편평한 한 겹의 동일한 세포들로부터 매우 분화된 낱눈들이 고도로 패턴화된 방식으로 배열된다. 무엇이 이러한 변화를 일으키는가?

제랄드 루빈(Gerald Rubin)과 그의 동료들은 눈 발생이 잘못되는 돌연변이들을 수집함으로써 이 문제에 대한 해답을 찾고자 하였다. 그들의 연구는, 각 낱눈 내 세포형의 특수화는 일련의 세포-세포 상호작용에 의한다는 생각을 갖게 하였다. 8개의 광수용체세포(약어로 R1, R2, . . . R8)의 분화를 **■ 그림 20.14**에 나타내었다. 완전하게 형성된 낱눈에서 6개(Rl-R6)의 광수용체는 다른 2개(R7, R8) 주변에 원형으로 배열된다. 중심 세포인 R8은 낱눈이 발생하는 데 있어 가장 첫 번째로 분화된다. R8의 출현에 이어 주변 세포인 R2와 R5의 분화가 이뤄지며, 그 다음 R3와 R4, R1과 R6, 그리고 마지막으로 두 번째 중심 세포인 R7이 광수용체로 분화된다.

이 마지막 단계는 매우 자세하게 연구되었다. 루빈과 그의 동료들은 R7 세포의 분화가 미리 분화된 R8 세포로부터의 신호수신에 의존한다는 것을 밝혀내었다. 이 신호를 받기 위해서, *sevenless*(*sev*) 유전자에 의해 암호화되는 막결합 단백질인 특정 수용체를 생성하여야 한다. 이 유전자의 돌연변이는 수용체의 기능을 없애 R7 세포가 뉴런으로 분화되지 못하고 원추세포로 분화되도록 한다. R7 수용체에 대한 신호는 *bride of sevenless*(*boss*) 유전자에 의해 만들어지며 R8 세포의 표면 위에 특이하게 발현된다. 분화된 R8 세포와 분화되지 않은 R7 세포 간의 접촉으로 R8의 **리간드(ligand)** 신호가 R7 수용체와 작용하여 R7 세포를 활성화시킨다. 이러한 활성화는 최종적으로 R7 세포 내에서 광수용뉴런으로 분화시키는 변화의 연속반응을 일으킨다. 이런 분화는, 추측컨데 R7 핵 내에서 유전자들에 작용하는 l개 이상의 전사인자들에 의하여 중재되는 것 같다. 따라서 R8 세포로부터의 신호는 R7 핵으로 전달되어 유전자 발현양식을 변화시킨다. 그러므로 초파리에서의 눈 발달에 대한 분석은, 분화된 세포로부터 나온 신호가 비분화세포의 운명을 결정하는 과정인 *유도*(*induction*)가 세포 형태의 특수화에 중요한 역할을 담당하고 있음을 보여준다.

Sev 유전자에 의해 암호화되는 단백질은 티로신 키나아제(tyrosine kinase)로서, 다른 단백질의 티로신 잔기에 인산화를 일으키는 단백질이다. 일단 SEV 단백질이 BOSS 리간드에 의해 활성화되면, 그것은 R7 세포 내의 다른 단백질들을 인산화시킨다. 이들 세포 내 단백질들은 BOSS 신호에 반응하는 하류 활성자(downstream effector)들이다. 궁극적으로, 그들은 전사인자들을 활성화시켜 R7 세포를 광수용체로 분화시키는 데 관여하는 유전자들의 발현을 촉진한다. BOSS-SEV 상호작용에 대한 좀 더 자세한 내용을 위해서는 문제 풀이 기술의 "눈 발생 과정의 돌연변이 효과들"에 제시된 문제를 풀어보도록 하라.

요점

- *접합자 유전자는 모계유전자 생산물에 반응하여 수정 후 활성화된다.*
- *초파리에서 체절화 유전자 산물들이 배아의 전-후 축을 따라 체절을 순차적으로 다시 나누게 조절한다.*
- *각 체절의 정체성은 Bithorax와 Antennapedia 호메오틱 유전자 복합체의 산물에 의해 결정된다.*
- *기관의 형성은 초파리 eyeless와 같은 주요조절 유전자의 생성물에 의존한다.*
- *초파리에서는 체절의 정체성이 결정된 후에 특수한 세포 형태의 분화가 이루어진다.*
- *분화 사건들에는 한 세포에서 생산된 신호와 또 다른 세포에 의해 생산된 수용체가 관여한다.*

문제 풀이 기술

눈 발생 과정의 돌연변이 효과들

문제

초파리에서, SEV와 BOSS 단백질 사이의 상호 작용은 R7 세포가 겹눈(compound eye)의 낱눈(ommatidia) 안에 있는 광수용체(photoreceptors)로 분화하도록 신호를 보낸다; 이 상호 작용이 일어나지 않을 때는, R7 세포가 원추세포(cone cell)로 분화한다. SEV 또는 BOSS 단백질은 초파리의 어느 발생 단계에서도 필요하지 않다. (*a*) *sev* 또는 *boss* 유전자중 하나에서 발생한 기능상실 돌연변이(loss-of-function) 열성인자에 동형접합자인 초파리의 표현형을 예상해 보라. (*b*) SEV 단백질을 지속적으로 활성화하는 기능획득 돌연변이(gain-of-function) 우성에 대한 이형접합자인 초파리의 표현형을 예상해 보라. (*c*) 이러한 우성 기능획득 *sev* 돌연변이 사본 하나가, *boss* 유전자의 열성 기능상실 돌연변이에 동형접합인 초파리에 도입되었다고 가정해 보자. 이 초파리에서 어떤 표현형이 나타나겠는가?

사실과 개념

1. 유전자의 기능상실 돌연변이는 그 유전자 단백질 산물의 기능을 없앤다.
2. 유전자의 기능획득 돌연변이는 새로운 기능을 갖는 유전자 산물을 만든다.
3. 지속적, 혹은 구성적(constitutively)으로 활성화된 단백질은 항상 그 기능을 수행한다.

분석과 해결

이 문제는 초파리의 발생과정 — R7 광수용체 세포의 분화 — 에 초점이 맞춰져 있다. 이 과정에 중요한 단계는 일찍 분화된 R8 세포막에 끼어 있는 BOSS 리간드(ligand) 분자와, 분화되지 않은 R7 세포막에 위치한 SEV 수용체 사이의 신호이다(그림 20.14). 두 단백질 중 어느 하나의 기능 이상은 신호의 연속적 흐름을 방해할 것이다. (a) Sev와 boss 유전자의 기능상실 돌연변이(열성)는 초파리 낱눈의 R7 광수용체가 없는 초파리를 발생시킬 것이다. (b) 그러나 SEV 단백질을 활성화 하는 기능획득 돌연변이(우성)는 R7 분화를 유도할 수 있을 것으로 기대된다. (c) 초파리가 *boss* 유전자에 대해 열성 기능상실 돌연변이라고 해도, 여기서는 분화가 일어날 것으로 예상되는 데, 왜냐하면 BOSS의 기능과는 상관없이 지속적으로 활성화된 SEV 단백질이 존재하기 때문이다.

더 많은 논의를 보고 싶으면 Student Companion 사이트를 방문하라.

척추동물 발생의 유전적 분석

발생의 유전적 조절에 관한 대부분의 지식은 모델 무척추동물의 연구에서 비롯되었다. 유전학자들은 이 지식을 척추동물에 적용하고 확장시키고 싶어 한다. 물론 궁극적인 목표는 우리 인간 발생의 유전적 조절에 대해 아는 것이다. 이 목표를 달성하기 위한 하나의 전략은 무척추동물 유전자를 탐침자로 이용하여, 그들과 상동성을 갖고 있는 척추동물의 유전자를 클로닝 하는 것이다. 다른 전략은 무척추 동물에서 이용했던 기술을 이용하여 척추동물 모델을 연구하는 것이다.

유전학자들은 쥐와 같은 척추동물 모델 내에서 돌연변이를 분석함으로써, 무척추동물 모델의 연구를 통해 얻은 지식을 응용함으로써, 그리고 줄기세포의 분화를 실험함으로써 척추동물 발생에 대한 연구를 할 수 있다.

무척추동물 유전자와 척추동물 유전자의 상동성

일단 유전자가 클로닝 되면 그것은 다른 생물의 상동성 유전자를 클론하기 위한 탐침자로 이용할 수 있다. 만약 유전자의 서열이 진화적으로 잘 보존되어 있다면, 이런 방법은 유연관계가 먼 종에서도 쓰일 수 있다. 그러므로 초파리와 예쁜꼬마선충 유전자를 탐침자로 이용해서 다양한 종의 척추동물로부터 유전자를 클로닝 하는 것이 가능해 졌다. 척추동물 유전자의 클로닝은 RNA와 단백질 수준에서 유전자의 발현 분석을 포함한 많은 실험적인 분석을 가능하게 한다.

이런 접근에서 가장 극적인 응용 중 하나는 척추동물이 초파리의 호메오틱 유전자에 대한 상동체를 포함하고 있음을 보여주었다. *Hox*라 불리는 유전자가 초파리의 호메오틱 유전자를 탐침자로 하여 생쥐와 인간 유전체 DNA로부터 동정되었다. 그 후에 교차 혼성화 DNA 단편이 클로닝 되었고, 제한효소 지도가 작성되고, 염기서열이 밝혀졌다. 이와 같은 분석의 결과 생쥐, 사람 그리고 다른 모든 척추동물이 유전체상에 지금까지 조사된 바로는 38개의 *Hox* 유전자를 갖고 있음이 밝혀졌다. 이 유전자들은 4개의 무리로 구성되며, 그 각각은 길이가 약 120kb 정도이고, 생쥐와 사람에서 각 무리는 각각 다른 염색체상에 존재한다. 척추동물이 갖고 있는 4개의 *Hox* 유전자 무리는 척추동물의 진화과정에서 매우 이른 시기, 아마도 5-6억 년 전에 최초의 무리가 4배로 중복되어 생성된 것으로 보인다.

각 *Hox* 집단 내 유전자들은 같은 방향에서 전사되고, 그들의 발현은 공간적으로나(배의 앞부분에서 뒷부분으로) 시간적으로(발생의 초기에서 후기로) 그 유전자 집단의 한 끝에서 다른 끝으로 진행 된다. 그러므로 초파리에서의 ANT-C 유전자와 BX-C 유전자의 발현 양상과 거의 평행이다. 비교 연구들에서 *Hox* 유전자들은 척추동물의 여러 다른 형태 내 배아에서 특별한 지역의 정체성을 확립하는 중요한 역할을 수행한다.

생쥐: 무작위 삽입 돌연변이와 유전자 특이적 녹아웃 돌연변이

척추동물 발생의 유전학적 연구는 무척추동물인 초파리에서 해왔던 기존의 연구 방법으로는 접근할 수 없다. 기존의 방법으로는 기술적으로나 이론적으로 한계가 있다. 척추동물은 초파리와 비교해 볼 때 긴 생활주기를 가지며, 그것들을 키우는 데 상당히 비용이 많이 들고, 발생에 관련된 돌연변이 계통도 몇 종류 되지 않는다. 그러나 이와 같은 어려움이 있음에도 유전학자들은 몇몇 척추동물에서, 특히 생쥐, 발생 과정의 유전학적 분석에서 몇 가지 좋은 성과를 거두었다.

500개 이상의 유전자좌위가 동정되었으며, 이들 중 발생 과정과 관련된 몇 개의 유전자좌위를 동정하였다. 이러한 유전자좌위들은 생쥐의 자연발생 돌연변이 연구를 하는 과정에서 밝혀지게 되었다. 이와 같은 연구는 많은 생쥐들을 사육하여, 표현형의 차이를 조사하고 그 차이가 발견되면 모두 유전적으로 후손에게 전달되는가를 시험해야 한다. 그렇기 때문에 세심한 주의력이 필요할 뿐만 아니라 비용이 많이 들어서 전 세계적으로 몇 군데의 학술 재단(영국의 한 곳, 미국의 두 곳)의 지원을 받는 연구소 외에는 할 엄두를 못 내고 있다. 그러나 일단 돌연변이를 찾게 되면 염색체 위에 유전자지도를 작성할 수 있으며, 돌연변이 유전자는 밝혀지고 분자 수준에서 분석할 수 있다. 유전자 내에 알려진 DNA서열을 끼워 넣어 돌연변이를 유도하는 기술은 이 과정을 진척시켰다. 삽입 돌연변이는 그들이 삽입된 DNA에 의해 표지되므로 자연 발생적인 돌연변이 보다 지도 작성과 분석이 쉬워졌다. 더욱이 트랜스포존(transposon) 또는 비활성 리트로바이러스(retrovirus)와 같은 삽입 물질은 그 유전체 내에 삽입되는 자리가 정해져 있지 않으므로 이 기술로 그들이 돌연변이를 일으키는 유전자는 무작위적이다. 연구 중 발생에 관련이 있는 유전자들의 대부분은 삽입으로써 "hit" 할 수 있고 후에 밝혀지게 된다.

생쥐를 연구하는 유전학자들은 특별한 유전자를 돌연변이 시키는 방법을 개발했다. 16장에서 논의된 이 방법은 완전한 유전자에 이 유전자를 특별히 표적으로 하는 삽입체를 삽입시켜 이 유전자를 파괴하는 것이다. **녹아웃 돌연변이(knockout mutation)**라 부르는 이 파괴는, 발생 동안 정상적인 유전자가 무슨 역할을 수행하는지를 결정할 수 있도록 연구자들을 도울 것이다. 예를 들면 *Hoxc8* 유전자에 녹아웃 돌연변이 동형접합 쥐는 정상적인 갈비뼈 뒤에 여분의 갈비뼈 쌍이 생기며 앞발의 발가락들이 오무라지게 된다. 이와 같은 돌연변이 생쥐에서 여분의 갈비뼈를 갖는 표현형은 초파리에서 연구된 호메오틱 돌연변이와 유사하다. 따라서, 생쥐의 이 *hoxc8* 유전자는 전-후 축을 따른 조직의 정체성을 형성하는 데 관여하며, 손발가락 내의 조직 형성에도 관여하는 것으로 보인다.

생쥐의 발생단계의 유전학적 분석은 인간의 발생단계를 이해하는 단서가 될 것이다. 예를 들어 최소 2종류의 생쥐의 돌연변이 유전자가 인간의 신체기관의 비정상적인 좌우비대칭과 관련이 있어 보인다. 보통, 인간과 생쥐를 비롯한 척추동물들은 몸의 중심선을 기준으로 좌우비대칭을 이룬다. 심장의 관이 항상 오른쪽으로 굽어져 있다든지 간과 위, 그리고 기타 내장의 기관들이 몸의 중심을 기준으로 좌우로 약간씩 떨어져 있다는 것 등이 예가 될 수 있겠다. 그러나 돌연변이 개체는 이와 같은 비대칭성이 보이지 않는데 이것은 아마도 기본적인 신체 구조를 확립하는 기작의 결함 때문일 것이다. 이런 종류의 생쥐 돌연변이체 연구를 통해 인간의 신체 각 기관이 어떻게 자기 자리에 위치하는지를 알 수 있게 된다.

포유동물의 줄기세포 연구

사람 몸의 림프구, 신경세포, 근섬유 등과 같은 최종 분화과정의 세포는 일반적으로 분화하지 않는다. 이런 형태의 세포들이 죽어 소실될 때는 반드시 새로운 공급이 이루어져야 하며, 그렇지 않으면 그 조직은 퇴화될 것이다. 새로운 공급은 조직의 분화되지 않은 세포가 분열하여 생산된 세포에 의하여 이루어지고, 그 후에 특수화한 세포 형태로 분화된다. 이런 특수화 세포의 전구체인 미분화세포를 **줄기세포(stem cell)**라 부른다. 예를 들면, 사람 대퇴부의 골수에는 여러 형태의 혈구를 보충할 수 있는 미분화세포를 포함하고 있다. *조혈모 줄기세포(hematopoietic stem cell)*는 림프구, 적혈구, 혈소판을 공급하여 순환계를 유지시킨다. 심장과 같은 몇몇 기관의 조직은 줄기세포를 거의 가지고 있지 않다; 따라서, 잃어버리거나 손상된 부분을 재생시키는 그들의 능력은 한계가 있다. 한편 장기 내부나 피부와 같은 조직은 분화된 세포가 손상되었을 때 활발하게 대체할 수 있는 많은 줄기세포 집단을 가지고 있다. 이러한 종류의 줄기세포는 성숙한 생물체에서 발견되기 때문에, 이들을 *성체 줄기세포(adult stem cell)*라고 부른다.

또한 줄기세포는 발생 과정의 생물체에서 발견된다. 사실상, 발생의 초기단계에는 거의 대부분의 세포들은 줄기세포의 특성을 가지고 있다. 예를 들면, 생쥐 배아로부터 얻은 세포들은 시험관에서 배양 될 수 있고, 그 후에 다른 쥐의 배아에도 이식할 수 있으며, 이들이 분화하여 궁극적으로 여러 조직이나 기관의 구성물이 될 수 있다. *배아줄기세포(embryonic stem cell, ES cell)*는 무한한 발생 가능성을 갖고 있다; 즉, 그들 세포는 **다능적(pluripotent)**이다—여러 종류의 세포로 발생할 수 있다.

배아조직이나 성체조직에서 줄기세포를 얻어내면, 특이한 세포 형태의 분화에 관한 기작을 연구할 수 있다. 줄기세포는 생쥐나 원숭이 그리고 사람을 포함한 다양한 포유류에서 얻을 수 있다. 그들은 시험관에서 배양될 수도 있고, 숙주생물체에 이식되어 자라는 동안 분화에 관한 실험을 할 수 있다. 배양되는 동안 줄기세포가 특정한 방향의 분화를 유발하는가를 규명하는 여러 방법의 처리를 할 수 있다. 유전자칩 기술을 포함한 분자 수준 기술에 의하여, 연구자들이 발생 프로그램의 전개에 의해 세포의 어떤 유전자가 발현되는가를 결정할 수 있게 한다.

배아줄기세포는 가장 큰 발생 가능성을 가지기 때문에, 이런 종류의 분석 연구에 이상적이다. 이런 세포는 일반적으로 체외 수정으로 생긴 배의 내세포괴(inner cell mass)로부터 유도된다. 이렇게 세포 덩어리로부터 분리된 세포들은, 유사분열을 하지 않으나 세포분열을 자극하는 성장 인자를 제공하는 "사육 세포(feeder cell)" 층 위에서 평판 배양된다. 배양되는 생쥐 배아줄기세포의 세포분열에 걸리는 시간은 약 12시간이다; 사람 배아줄기세포의 세포분열에 걸리는 시간은 약 36시간이다. 분리된 배아세포들이 한동안 사육세포 위에서 자란 후에는, 이들을 떼어 내어 다시 키움으로써 클론 줄기세포 집단을 만들게 되는데, 이들은 이후에 상당히 오랜 기간 동안 동결 보관되기도 한다. 한 클론 세포 집단은 한개의 조상세포로부터 유래하는 것이다.

배아줄기세포는 사육세포 배양에서 적합한 배지의 현탁 배양으로 바꾸면 분화되기 시작한다. 이 조건에서 배아줄기세포들은 분화된 세포와 비 분화된 세포가 응집된 다세포의 **배상체(embryoid bodies)**를 형성한다. 몇 종에서는 배상체가 초기 배아와 비슷하다. 이 배상체의 세포는 세 1차 조직층—외배엽, 중배엽 그리고 내배엽—의 각각에서 유도된 특수화된 세포의 형태로 분화될 수 있다. 예를 들연 외배엽에서 유도되는 신경세포; 중배엽에서 유도되는 평활근세포나 주기적으로 수축하는 심장 세포; 또는 내배엽에서 유도되는 췌장의 섬 세포를 만들 것이다. 특정 유전자들이 돌연변이된 여러 세포주들에서 이러한 과정을 관찰함으로써, 다양한 세포 형태들로의 분화에 관여하는 유전적 상호작용 네트워크를 자세히 들여다 볼 수 있게 되었다.

물론 인간 배아줄기세포의 획득과 분석의 문제는 논쟁의 여지가 있다. 현재 일반적으로 사용되고 있는 인간 배아줄기세포주는 의학적으로 체외수정을 통해 아이를 가지려는 사람들이 기증한 배아로부터 유도된다. 당연히, 이 과정에서는 결국 아이를 만드는 데 사용될 배아보다 더 많은 배아들이 만들어진다. 부부는 사용하지 않은 배아를 연구 목적으로 기증할 수 있다. 그런 배아들로부터 ES 세포를 얻는 것은 필연적으로 배아를 파괴시키게 된다. 어떤 사람들은 초기 배아의 파괴를 용인할 수 있는 일이라고 생각한다; 그러나 다른 사람들은 부도덕하다고 생각한다. 이 일을 둘러싼 논쟁은 정부가 인간 배아줄기세포의 연구비 지원을 제한하거나 보류하는 원인이 된다.

당뇨병(췌장 랑게르한스섬이 결여된)과 파킨슨씨병(뇌의 특정부위에서 어떤 유형의 뉴런이 결여된)같은 특정 세포유형의 결실로 인한 질병의 치료를 위해 인간의 ES 세포를 이용하려는 기대로 인간의 ES 세포 연구에 연구비를 지급할 것인가에 관한 논쟁이 일어났다. ES 세포를 이용한 치료법은 또한 척수 손상으로 인해 생긴 장애의 치료법으로 제안되었다. 그러한 아이디어는 ES 세포로부터 얻어진 이식세포(transplant)를 질병에 걸렸거나 손상당한 조직에 주입하고, 그 세포가 결실되거나 손상당한 조직부위를 재생하게 한다. 생쥐와 쥐를 이용한 실험으로 이러한 계획이 인간에게도 적용될 수 있는 가능성을 발견했다. 그러나 아직 해결해야 될 기술적인 문제점이 많이 있다. 예를 들어 특정 형태의 분화 세포 만을 순수 배양하는 것이 아직 불가능하다. 인간의 ES 세포를 배양하면 그들은 다양한 종류의 세포로 분화한다. 한 종류의 세포(예를 들연 심장 세포)를 분리해 내는 일은 만만치 않은 기술적 도전이다.

인간 줄기세포를 이용한 치료법을 지지하는 사람은 또한 다른 종류의 문제도 해결해야 한다. 시험관 내에서 배양된 세포는 통제 불가능하게 분열하고 숙주로 이식된 세포가 종양을 형성하거나, 숙주의 면역 체계에 의해 소멸될지도 모른다. 후자의 문제를 해결하기 위해서 연구자들은 이식하는 세포를 숙주세포와 유전적으로 똑같이 만드는 방법을 제안했다. 이 같은 유전적으로 똑같은 세포는 숙주 체세포로 ES 세포의 개체군을 만들어 냄으로써 만들 수 있다. 숙주의 체세포를 여자 기증자(숙주일 필요는 없다)로부터 얻은 제핵란(enucleated egg) 세포에 융합시킬 수 있다. 유전적으로 바뀐 알은 이배체이며, 분열하여 배아를 만들면, 배아에서 분리된 세포로 ES 세포주를 만들 수 있다. 그 ES 세포주는 숙주로 이식하기 위한 유전적으로 숙주와 동일한 재료이다.

체세포의 핵을 제핵란으로 이식하여 ES 세포를 만드는 것을 **치료용 클로닝(치료용 복제, therapeutic cloning)**이라 한다. 줄기세포들은 체세포들을 분화되지 않은 상태로 다시 되돌리도록 하는 역분화 과정을 유도함으로써도 얻을 수 있다. 최근 미국과 일본에서 수행된 실험들은 이러한 접근이 가능함을 시사한다. 분화된 피부 세포들이 네 개의 유전자 클론들을 이용해 한꺼번에 형질전환 됨으로써 다능성 세포로 변화될 수 있었다. 그러나 이 실험에 사용되었던 유전자 중 몇 개가 부적절하게 발현되면 종양을 형성하는 능력과 관계된다. 따라서, 줄기세포 치료에 사용될 다능성 세포들을 유도하기에 앞서 더 많은 연구가 필요할 것이다.

생식용 클로닝

치료용 클로닝은 **생식용 클로닝(생식용 복제, reproductive cloning)**과는 다른데, 생식용 클로닝은 공여자에게서 얻은 핵을 제핵 난자에 이식하여 완전한 개체로 발생시키는 것이 목적이기 때문이다. 이렇게 발생한 개체는 공여자와 유전적으로 동일한 사본이 된다. 1997년에 스코틀랜드 로슬린 연구소(Roslin Institute)의 연구자들은 최초로 복제된 포유동물을 생산해 냈는데 바로 돌리(Dolly)라는 이름의 양이었다(2장의 도입 에세이 참조). 돌리는 성체가 된 암컷 양의 유선세포에서 얻어진 핵으로 난자의 핵을 대체함으로써 만들어졌다. 이식된 핵은 그것이 비록 이미 분화된 세포에서 온 것이었음에도 돌리의 발생을 지시하는 데 필요한 모든 유전적 정보를 갖고 있음이 분명했다. 돌리의 창조 이후, 과학자들은 생쥐, 고양이, 소, 그리고 염소 등 다른 많은 동물들을 이와 같은 생식용 복제를 이용해 만들어 냈다. 따라서, 분화된 세포들은 발생을 지시할 수 있는 유전적 능력을 갖고 있는 것으로 보인다.

그러나 생식용 클로닝으로부터 생산된 동물들은 비정상적인 발생을 나타내고 수명이 짧다. 대부분 그들은 잘 자라지 못한다. 이러한 활력의 결핍은 생식용 클로닝에 사용된 체세포 핵이 수정으로부터 기인된 접합체 핵과 다르다는 것을 제시한다. 아마 체세포 핵은 돌연변이가 축적되어 있거나, 뉴클레오티드의 메틸화 또는 히스톤 단백질의 아세틸화 등등과 같은 염색체 불활성 또는 유전적 각인(genetic imprinting)과 같은 변화를 겪었기 때문일 것이다. 체세포의 핵이 접합자 핵으로 기능하기 위해서는 그러한 변화가 역전되어야만 할 것이다. 동물들의 생식용 클로닝에 맞닥뜨린 문제 때문에, 국제 과학 연맹(international scientific community)은 인간의 생식용 클로닝을 안전한 것으로 생각하지 않는다. 결과적으로 사람의 생식용 클로닝이 시도되지 말아야 한다는 것에 대한 동의가 확산되어 있다.

척추동물 면역세포 분화에서의 유전적 변화

비록 생식용 클로닝이 분화된 세포가 수정된 난자와 같은 함량의 DNA를 함유하고 있다는 증거를 제시한다고 해도, 우리는 분화된 척추동물의 몇몇에서는 그렇지 않다는 것을 알고 있다. 이들 세포들은 바이러스, 세균, 곰팡이와 원생동물로부터의 감염에 대하여 동물체를 보호하는 시스템인 — 면역시스템의 구성 성분들이다.

포유동물에서, 연구자들이 가장 중점을 두고 있는 면역 시스템은 골수에 있는 줄기세포로부터 분화된 여러 형태의 세포로 구성되어 있다. 이들 줄기세포는 특별한 면역 세포의 전구체뿐만 아니라 그들 자신 보다 더 많은 종류의 세포로 나눠진다. 두 종류의 특별한 면역세포는 침입한 병원체와 직접 싸운다. *B형질세포(plasma B cell)*는 **항체(antibody)**라고 알려진 **면역글로불린(immunoglobulin)** 단백질을 생산하여 분비하고, *킬러 T 세포(killer T cell)*는 그들의 표면에 돌출되어 다양한 물질에 수용체로써 작용하는 단백질을 생산한다. B-세포 항체와 T-세포 수용체는 자물쇠와 열쇠(lock-and-key) 작용에 의하여 병원체로부터 분비된 외부 물질을 인지할 수 있다. **항원(antigen)**이라 불리는 외부 분자는 B 세포 항체 또는 T 세포 수용체가 만든 자물쇠에 딱 맞는 열쇠이다(■ 그림 20.15). 이 딱 맞는 특이성은 병원체에 대해 자신을 방어하는 동물의 능력의 초석이다. 그러나 많은 종류의 서로 다른 병원체가 있기 때문에 동물은 감염을 격퇴하기 위해 많은 종류의 서로 다른 항체와 많은 종류의 서로 다른 수용체를 생산할 수 있어야만 한다.

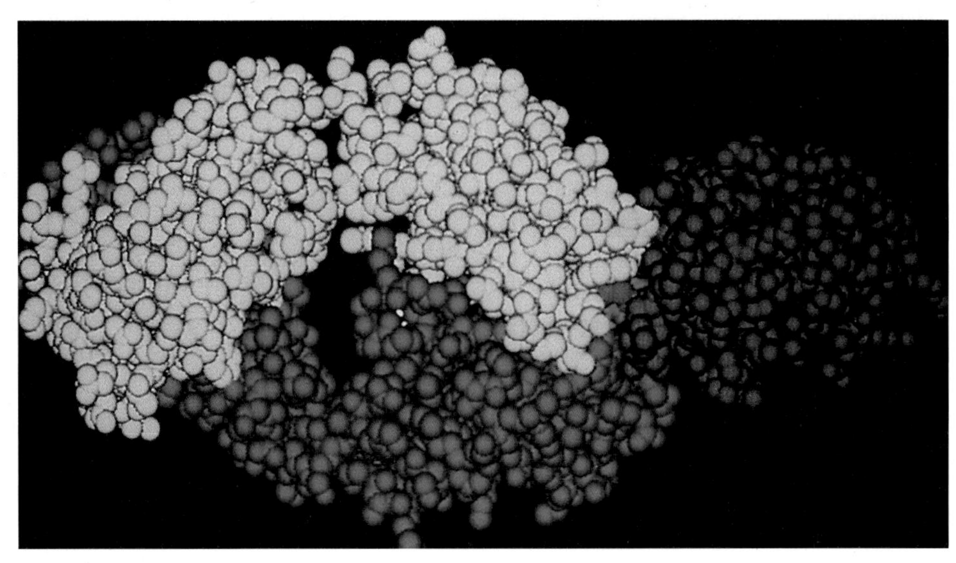

■ 그림 20.15 항원 항체 복합체의 3 차원적 구조. 항체의 두 항원 결합 자리에 한 개의 항원만이 결합한 것을 보여준다. 항원(녹색)은 리소자임(lysozyme)이라는 효소이다. 항체의 항원 결합 자리는 경쇄(노랑)과 중쇄(파랑)의 아미노 말단 부분으로 되어있다. 항체의 결합자리에 결합되어 있는 리소자임으로부터 돌출되어 있는 글루타민 잔기는 붉은색으로 보여준다. 이 구조는 X-선 회절 데이터로부터 얻어졌다.

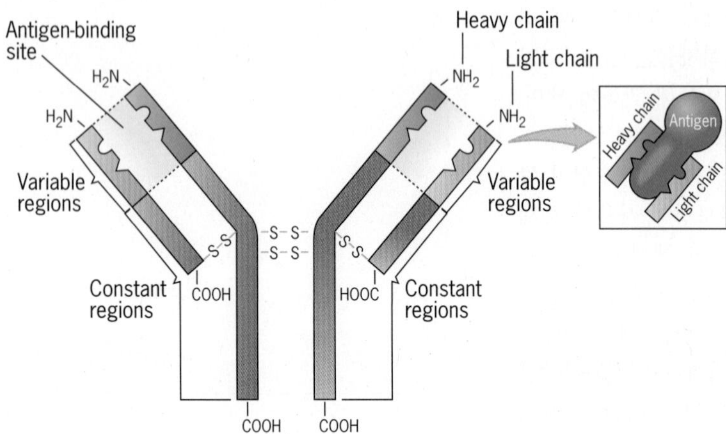

■ 그림 20.16 항체 분자의 구조. 옆에 삽입된 그림은 항체와 항체를 알아차리는 항원 사이의 자물쇠-와-열쇠 상호 작용을 보인다.

항체와 T 세포 수용체는 단백질이고, 이 단백질은 유전자로부터 암호화된다. 그러므로 항체와 T 세포 수용체를 많이 생산하는 것은 가능한 모든 병원체에 대항하기 위해 필요하고, 동물들은 자신들의 유전체에 걸맞지 않게 거대한 수의 유전자를 갖고 있어야만 한다. 이 어려운 상황이 수년동안 유전학자들을 당황케 했다. 그러나 20세기 후반 쯤에, 연구자들은 어떻게 한 동물이 작은 유전 인자들을 재조합시켜 기능적인 유전자를 만들어 냄으로써 엄청난 수의 항체와 T-세포 수용체를 생산할 수 있는지를 발견했다. 유전자 절편들의 조합 뒤섞임(combinational shuffling)으로부터 얻어지는 암호화 잠재력(coding potential)은 실로 놀랄 만하다. 면역 시스템 기능에 관여하는 알맞은 양의 DNA로부터, 동물들은 침입자의 외부 분자에 자물쇠 역할을 하는 서로 다른 능력을 소유한 수십만 종류의 항체와 T 세포 수용체를 생산할 수 있다.

이 재조합 시스템이 어떻게 작동하는지를 보면, 우리는 항체 생산을 이해할 수 있다. 각각의 항체는 네 개의 폴리펩티드로 구성된 사합체(tetramer)이고, 이것은 2개의 동일한 *경쇄(light chain)*와 2개의 동일한 *중쇄(heavy chain)*로 구성되어 있으며 서로 이황화 결합(disulfide bond)으로 연결되어 있다(■ **그림 20.16**). 경쇄는 220개의 아미노산으로 되어 있고 중쇄는 445개의 아미노산으로 되어 있다. 경쇄와 중쇄 모두, 서로 다른 종류의 항체에서 다양한 아미노산 서열을 갖는 아미노 말단 *가변부(variable region)*와 일정한 종류에서는 같은 아미노산 서열을 갖는 카르복실 말단 *불변부(constant region)*를 갖고 있다.

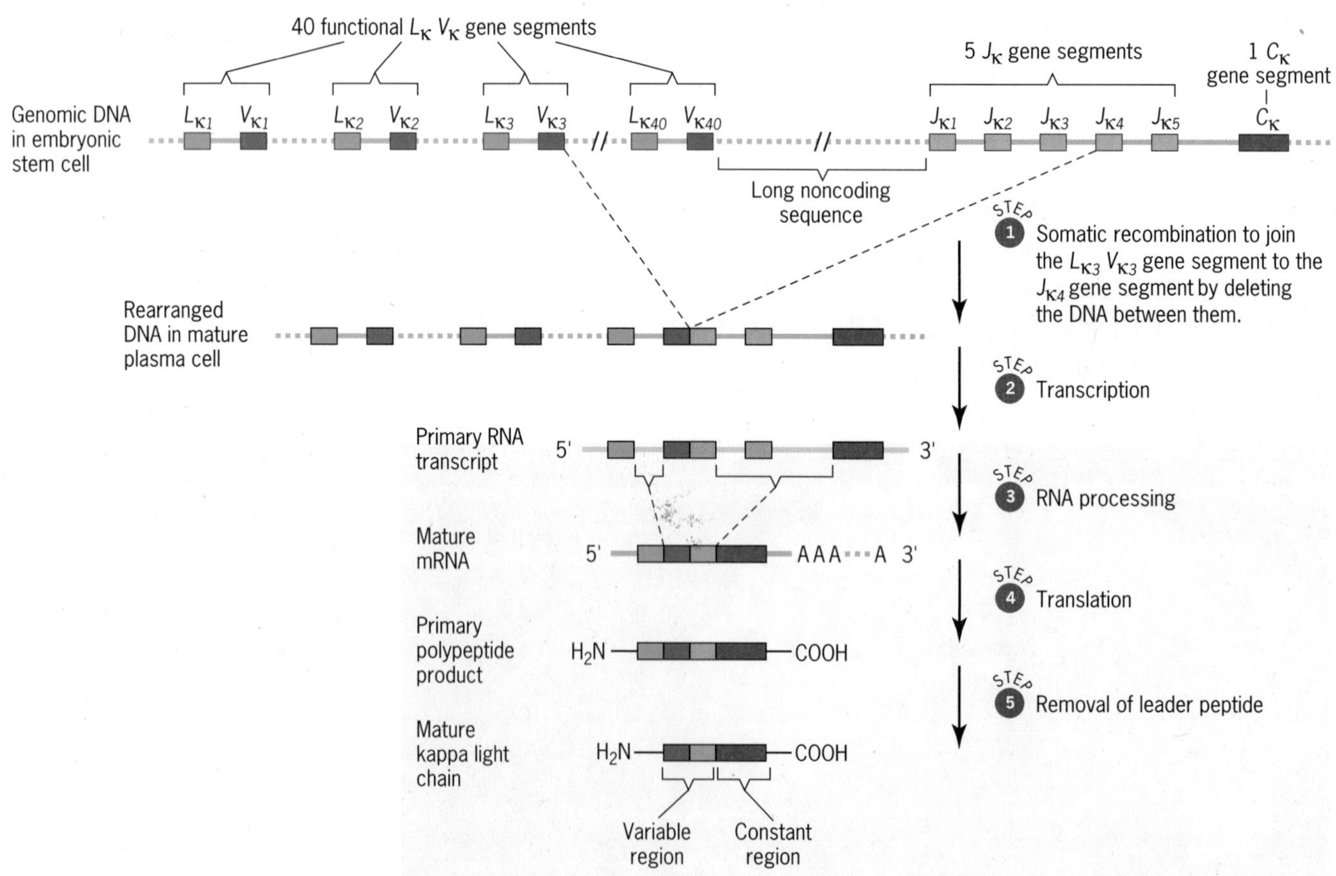

■ 그림 20.17 인간의 항체 중 카파 경쇄의 유전적 조절. 각 카파 경쇄들은 2번 염색체 면역글로불린 카파 유전자좌위(IGK)내 유전자 절편들이 다른 형태로 조립된 유전자로부터 암호화된다. 이 조립은 면역 시스템의 형질 B 세포의 분화 동안에 일어난다.

항체의 경쇄와 중쇄는 유전체의 다른 유전자좌위(locus)에서 암호화된다. 사람에게는 2개의 경쇄 유전자좌위가 있는데 2번 염색체의 카파(κ) 유전자좌위와 22번 염색체의 람다(λ) 유전자좌위가 그것이고, 또한 1개의 중쇄 유전자좌위가 있는데 이는 14번 염색체에 위치하고 있다. 이 유전자좌위들에는 유전자 절편들이 길게 배열되어 있다. 우리는 카파 유전자좌위에 초점을 맞춰 어떻게 그 유전자 절편들이 조직화되어 있고, 이들이 어떻게 재조합되어 서로 다른 폴리펩티드를 생산하는 연속된 암호화 서열을 만들게 되는지 살펴 볼 것이다.

카파 폴리펩티드는 3종류의 유전자 절편으로부터 암호화되어진다:

1. $L_\kappa V_\kappa$ 유전자 절편은 선도(*l*eader)펩티드와 카파 가벼운 사슬 가변부(variable region)의 아미노 말단 95 아미노산을 암호화 한다; 그 선도 펩티드는 항체 합성 형질 세포 내에서 소포체의 막을 통해 초기의 폴리펩티드가 인도된 뒤 절단되어 카파 경쇄로부터 제거된다.
2. J_κ 유전자 절편은 카파 경쇄 가변부의 적어도 13 아미노산을 암호화 한다; 이 유전자 절편에 사용하는 상징 부호 J_κ는 그것이 암호화하는 펩티드가 $L_\kappa V_\kappa$로부터 암호화 되는 아미노 말단에 그 다음 유전자 절편에서 생기는 펩티드의 카르복시 말단을 연결(join)시키기 때문이다.
3. C_κ 유전자 절편은 카파 경쇄의 불변부(constant region)를 암호화 한다.

사람의 카파 유전자좌위는 76 $L_\kappa V_\kappa$ 유전자 절편(비록 40개만 기능이 있을지라도)과 5개의 J_κ 유전자 절편과 한 개의 C_κ 유전자 절편을 갖고 있다. J_κ 유전자 절편은 $L_\kappa V_\kappa$ 유전자 절편과 C_κ 유전자 절편 사이에 놓여 있다. 생식 세포에서 5개의 J_κ 절편은 긴 비암호화 서열에 의해 $L_\kappa V_\kappa$ 절편으로부터 분리되어져 있고, 약 2kb 되는 또 다른 비암호화 서열에 의해 C_κ 유전자 절편과 분리되어져 있다(■ **그림 20.17**). 특정 B 세포의 발생 과정 동안, 체세포성 재조합 과정에 의해 각각 하나씩의 $L_\kappa V_\kappa$, J_κ, 그리고 C_κ 절편으로부터 발현될 카파 경쇄 유전자가 조립된다. 40개의 기능이 있는 $L_\kappa V_\kappa$ 유전자 절편 중 오직 한 개만이 이 과정 중에 5개의 J_κ 절편 중 한 개와 연결될 수 있다; 연결된 절편 사이의 DNA는 간단히 제거된다(■ **그림 20.18**). 연결은 재조합 신호 서열(RSS)이라 불리는 자리에 의해 매개되는데, 이 자리는 유전자 절편 각각에 근접해 있다. 이 자리들은 12-에서 23-염기쌍 간격으로 떨어져 있는 7-에서 9-염기쌍의 반복 서열로 구성되어 있다. $L_\kappa V_\kappa$ 유전자 절편의 바로 아래쪽 RSS 내부의 반복서열들은 J_κ 유전자 절편의 바로 위쪽 RSS 내부의 반복서열과 상보적이다. 이 반복서열들이 짝지어질 때 단백질 복합체는 $L_\kappa V_\kappa$ 절편과 J_κ 절편 사이의 재조합을 촉매할 수 있다. 재조합 활성화 유전자(*r*ecombination *a*ctivating *g*ene) 단백질1과 2(RAG1과 RAG2)는 이 복합체의 중요한 구성 요소이다; 그들은 함께 재조합 사건의 특이성을 조절한다.

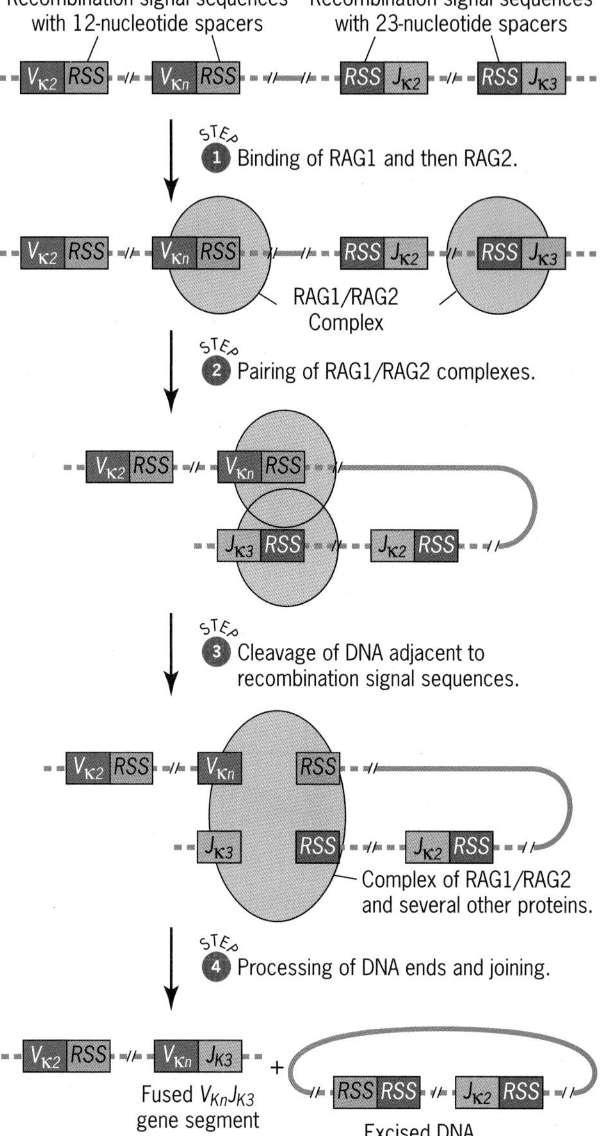

■ 그림 20.18 V_κ-J_κ 연결의 단순화된 모델. 연결 진행 과정은 V_κ와 J_κ 유전자 절편 근처에 있는 재조합 신호 서열(recombination signal sequence, RSS)에 RAG1과 RAG2가 특이적으로 결합함으로써 이루어진다. 각 V_κ 절편 근처에 있는 RSS는 12-뉴클레오티드 스페이서(spacer)를 함유하고 있고; J_κ 절편 가까이에 있는 것은 23-뉴클레오티드 스페이서를 함유한다. RAG1/RAG2 복합체는 한 RSS가 12-뉴클레오티드 스페이서를 함유하고 다른 RSS가 23-뉴클레오티드 스페이서를 함유하고 있을 때만 재조합을 촉매한다.

이 재조합으로부터 만들어진 $L_\kappa V_\kappa J_\kappa$ 융합체는 카파 경쇄의 가변부를 암호화 한다. 재배열된 카파 유전자좌위 전체 DNA서열은 — $L_\kappa V_\kappa J_\kappa$-비암호화 서열-$C_\kappa$ — 그때 전사되어 진다. 합쳐진 $L_\kappa V_\kappa J_\kappa$ 절편과 C_κ 절편 사이의 비암호화 서열은 다른 유전자의 인트론처럼 RNA 가공(processing) 과정 동안에 제거되고 그결과 만들어진 mRNA가 폴리펩티드를 번역하여 합성한다. 아미노 말단 선행 펩티드는 완성된 카파 경쇄를 합성한 이 폴리펩티드로부터 잘려나가게 된다. 이 작용으로부터 합성된 기능적인 카파 경쇄의 전체 숫자는 40(기능적인 $L_\kappa V_\kappa$ 유전자 절편 수) × 5(J_κ 유전자 절편 수) × 1(C_κ 유전자 절편 수) = 200이다. 유사한 방법으로 유전자 절편의 재조합은 120 종류의 서로 다른 람다 경쇄와, 6,600개의 서로 다른 중쇄를 만들어 낼 수가 있다. 사람에게서 가능한 이 모든 사슬의 조합적 조립은 320(200 + 120) × 6,600 = 2,112,000의 서로 다른 항체를 생산하여 만들 수 있다. 그러나 서로 다른 항체의 실제 종류는 재조합이 일어날 때 그 자리에 약간의 변이가 있고 항체 사슬의 가변부를 암호화하는 서열에 과잉돌연변이능력(hypermutability) 때문에 훨씬 많다. 모든 이러한 일들은 형질 B 세포의 전구체에 독립적으로 일어난다. 이들 세포들이 분화됨으로써 각각 세포들은 서로 다른 항체를 생산할 수 있는 능력을 얻는다.

요점

- *많은 척추동물 유전자(예를 들면 Hox 유전자)들은 초파리와 선충과 같은 생물체에서 분리된 유전자와의 상동성에 근거하여 분리 동정되었다.*
- *척추동물 중 생쥐는 발생단계에 영향을 미치는 돌연변이를 연구하기에 적합하다.*
- *포유동물 줄기세포는 배아로부터 얻고, 시험관에서 배양하여 분화의 기초가 되는 메커니즘 연구를 할 수 있다.*
- *생식용 클로닝으로부터 생산된 동물들은 분화된 세포가 접합자와 동일한 유전적 능력을 갖고 있음을 시사한다.*
- *면역 세포 분화에서 유전자 절편 사이에 재조합으로 항체의 중쇄와 경쇄를 암호화하는 염기서열이 만들어진다.*

기초 연습문제

기본적인 유전분석 풀이

1. *Drosophila melanogaster*의 발생 과정을 초기부터 순차적으로 정렬하라: pupa(번데기), blastula(포배), zygote(접합자), gastrula(낭배), unfertilized egg(미수정란), larva(애벌레), adult(성충).

답: unfertilzed eggs, zygote, gastrula, larva, pupa, adult.

2. 새로 발견된 열성형질인 상염색체 돌연변이를 동형접합체로 갖는 암컷 초파리가 낳은 알은, 배우자의 유전자형에 상관없이 애벌레로 부화하지 않는다. 하지만 암컷 초파리 자신들은 어떤 이상도 나타나지 않는다. 이 새로운 돌연변이는 어떤 유전자인가?

답: 새로운 돌연변이는 모계 영향 유전자이다.

3. 열성형질인 기능 상실 돌연변이인 *sevenless* 유전자를 동형접합체로 가지는 초파리 눈의 표현형을 예측하라. 열성형질인 기능 상실 돌연변이인 *bride of sevenless* 유전자를 동형접합체로 가지는 초파리의 눈도 똑같은 표현형을 갖게 되는가?

답: *Sevenless* 돌연변이 유전자를 동형접합체로 가지는 초파리는 겹눈을 구성하는 각각의 낱눈 안에 있는 R7 광수용체가 발생되지 않는다. *Sevenless* 유전자는 R7 세포의 분화를 유도하는 세포 밖 리간드를 위한 막 결합수용체를 만든다; 리간드는 *bride of sevenless* 유전자에 의해 만들어진다. 그러므로 *bride of sevenless* 돌연변이 유전자를 동형접합체로 가지는 초파리는 *sevenless* 돌연변이 유전자 동형접합체와 똑같은 표현형을 가지게 된다.

4. 항체의 경쇄 유전자가 서로 다른 세 개의 유전자 절편들로부터 조립된다고 가정하자. 만일 그 유전체가 세 가지 절편들에 대해 각각 5, 20, 200개 사본을 포함하고 있다면 몇 가지의 서로 다른 사슬이 생산될 수 있겠는가?

답: 만약 한 유전자가 그 절편들의 각 사본을 이용하여 조립된다고 하면, $5 \times 20 \times 200 = 20{,}000$개의 다른 유전자가 가능하다.

지식검사

서로 다른 개념과 기술의 통합

1. 초파리의 *dorsal*(*dl*) 유전자의 단백질 산물을 복부형태 발생물질이라고 부른다. 즉, 포배엽(blastoderm)의 복부에 있는 핵에 고농도로 분포하여 배의 복부구조를 형성시키는 물질이다. 그러나 dorsal 단백질은 배의 복부표면에서 수용체(recetopr)가 활성화되어야만 복부의 핵으로 들어갈 수 있다. 이 수용체는 *Toll*(*Tl*) 유전자에 의하여 암호화된다. Toll 수용체에 대한 세포외 리간드는

대부분이 *spätzle*(*spz*) 유전자(독일어로 땅딸보의 뜻)에 의해 암호화된다. 그러나 이 리간드는 "원형(native)"과 "변형형(modified)" 상태의 2가지로 존재하는데, 변형된 상태는 Toll 수용체를 활성화 한다. *Snake*(*snk*), *easter*(*ea*), *gastrulation defective*(*gd*) 3개의 유전자의 산물은 원형의 리간드를 변형된 리간드로 변환시키는 데 필요하다. 이 3개의 유전자 산물들은 폴리펩티드 사슬의 특정 세린 잔기에서 단백질을 절단할 수 있는 세린 프로테아제(serine protease)이다. 이러한 사실을 이용하여, 최종적으로 초파리 배에서 *dorsal* 유전자가 복부구조의 형성을 유도하는 발생과정을 도해하시오.

답: 여기에 한 도표가 있다.

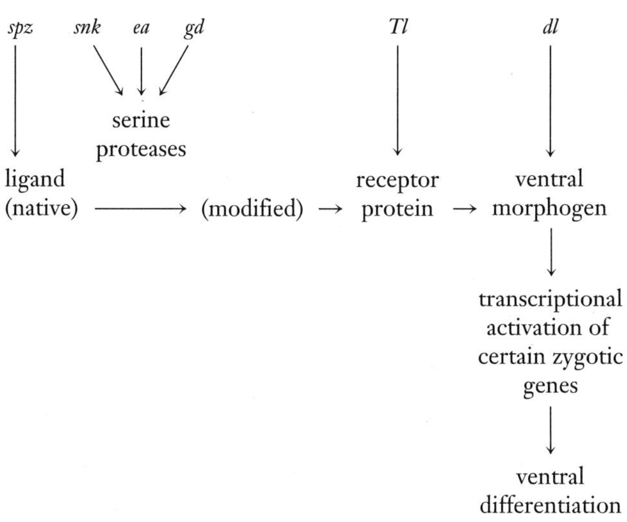

Spz 유전자의 단백질산물은 *snk*, *ea*, *gd* 유전자들에 의하여 생성되는 세린 프로테아제(serine protease)에 의해 변경된다. 변경된 형태의 리간드는 Toll 수용체 단백질을 활성화시킬 수 있으나, 그 활성은 배(embryo)의 복부 쪽에 제한된다(이러한 한정된 활성에 대한 이유는 아직 분명하지 않다). Toll 수용체가 활성화되면(아마도 변경된 spätzl 리간드에 결합함으로써), 신호를 배아의 세포질로 전달한다. 이 신호는 최종적으로 복부의 분화에 관여하는 접합자 유전자들의 발현을 조절하는 전사인자(transcription factor)인 dorsal 단백질을 배의 복부 쪽에 있는 핵으로 이동하게 만든다.

2. 위에 기술된 과정(pathway)을 고려하면, *spz*와 *Tl* 유전자의 열성 기능상실 돌연변이(recessive loss-of-function mutation)의 표현형은 어떠할까?

답: 주목해야 할 것은, *dl* 유전자의 열성기능상실 돌연변이가 모계영향치사(maternal effect lethal)라는 것에 주목해야 한다. 즉, *dl*/*dl* 모계로부터의 배(embryo)는 발생 동안에 죽게 된다. 이러한 치사배를 조사하여 보면 복부구조가 없다는 것을 알 수 있었다. 유전학자들은 그들이 등쪽화(dorsalized) 되었다고 말한다. 이런 독특한 표현형은 dorsal 전사인자가 복부쪽 핵에서 적절한 발생의 유도에 실패하기 때문이다. 이러한 유도가 없으면, 복부세포는 배의 등쪽에 있는 것처럼 분화한다. *Spz*와 *Tl*의 돌연변이는 최종적으로 dorsal 단백질이 복부분화를 유도하는 과정을 막기 때문에 같은 표현형적 영향을 가질 것으로 기대될 수 있다. 그러므로 *spz*와 *Tl*에서의 돌연변이는 모계영향치사이다. 이러한 돌연변이가 동형접합인 암컷은 발생 과정 중에 죽게 되는 등쪽화된 배아를 생산한다.

연습문제

이해력 증진과 분석력 개발

20.1 난자 형성 동안, 동물난자의 세포질에 영양물질과 결정인자를 풍부하게 하는 기작은 무엇인가?

20.2 초파리의 후배부 극 세포(posterior pole cell)가 레이저빔으로 파괴되어진 배아로부터 발생하는 표현형을 예측하시오.

20.3 초파리와 같은 모델 생명체 발생의 유전적 분석에 사용되는 주요 단계를 기술하시오.

20.4 왜 초기 초파리 배는 다핵체(syncytium)인가?

20.5 초파리의 어떤 유충조직이 성충의 외부기관을 생성하는가?

20.6 *Dorsal*처럼, *biacoid*는 초파리의 확실한 모계-영향 유전자이다. 즉, 접합자에서는 발현되지 않는다. *Bicoid*(*bcd*)의 열성돌연변이는 전부구조(anterior structure)의 형성을 막음으로써 배를 죽게 만든다. (a) *bcd*/*bcd* 암컷과 *bcd*/+ 수컷과의 교배에 의해 생산된 *bcd*/+ 개체의 표현형은? (b) *bcd*/+ 암컷과 *bcd*/*bcd* 수컷과의 교배에 의해 생산된 *bcd*/+ 개체의 표현형은? (c) 이형접합성 수컷과 암컷의 교배에 의해 생산된 *bcd*/*bcd* 개체의 표현형은? (d) *bcd*/+ 암컷과 *bcd*/*bcd* 수컷과의 교배에 의해 생산된 *bcd*/*bcd* 개체의 표현형은? (e) *bcd*/*bcd* 암컷과 *bcd*/+ 수컷과의 교배에 의해 생산된 *bcd*/*bcd* 개체의 표현형은?

20.7 왜 페닐케톤뇨증을 일으키는 돌연변이 대립유전자에 동형접합성인 여자만(남자는 아니고) 신체적으로, 정신적으로 장애를 가지는 아이를 낳게 되는가?

20.8 초파리에서, 등-배 축(dorsal-ventral axis)을 결정하는 열성돌연변이 유전자인 *dorsal*(*dl*)유전자가 *dl*/*dl*인 모계에 의하여 생산되는 배(embryo)는 등면화 표현형을 나타낸다. 즉, 복부구조가 발생하지 않는다. 전-후 축(anterior-posterior axis)을 결정

하는 열성돌연변이 유전자인 *nanos*에 동형접합성인 암컷에 의해 생산되는 배의 표현형을 예측하시오.

20.9 한 연구자가 초파리 배(embryo)의 체절화에서 첫번째 단계를 조절하는 갭 유전자의 돌연변이를 수집하려고 한다. 갭 돌연변이에 대한 조사에서 연구자가 조사하여야 할 표현형은 무엇인가?

20.10 한 연구자가 초파리 발생에서 초기단계를 조절하는 모계-영향 유전자(maternal-effect gene)돌연변이들을 수집하려고 계획 중이다. 모계-영향 돌연변이에 대한 조사에서 연구자가 조사하여야 할 표현형은 무엇인가?

20.11 초파리 난소 내에서 생성되는 난자 주위를 둘러싸고 있는 체세포들이 난자가 수정된 후 생성되는 배아의 등-배 축의 형성에 어떤 영향을 미치는가?

20.12 초파리 배아의 앞면에 hunchback 단백질의 높은 농도는 어떤 일을 유발하는가?

20.13 초파리 눈(eye)의 낱눈에서의 R7 광수용체 분화에서 *sevenless* (*sev*)와 *bride of sevenless*(*boss*) 유전자 역할을 보여주는 과정을 도해하시오. 이 과정 중 *eyeless*(*ey*) 유전자는 어느 곳에서 역할을 하고 있을까?

20.14 Sev^{B4} 대립인자는 온도 민감성이다; 이 유전자에 동형접합성인 초파리들은 R7 광수용체들을 정상적으로 발달시키지만, 24.3°C에서는 광수용체를 발달시키지 못한다. Sos^{2A}는 *son of sevenless*(*sos*) 유전자 내에서 기능상실성 돌연변이 열성 인자이다. 만약 초파리가 22.7°C에 있다면 sev^{B4}/sev^{B4}; $sos^{2A}/+$ 인자형을 가진 초파리는 R7 광수용체를 발달시키지 못한다. 그러므로 sos^{2A}가 이 온도에서는 sev^{B4}의 우성 인핸서로 작용한다. 이 관찰에 근거하여 R7 분화 경로를 담당하는—SOS라 불리는— 야생형 *sos* 유전자 단백질은 어디에서 생산 되겠는가?

20.15 초파리 유전자인 *eyeless*와 상동성을 갖는 생쥐의 *Pax6* 유전자가 초파리에서 발현되면, 정상의 초파리 눈처럼 낱눈으로 구성된 여분의 겹눈을 만든다. 만약 초파리 *eyeless* 유전자가 생쥐에게 도입되고 그 곳에서 발현된다면, 당신이 기대 할 수 있는 효과는 무엇이겠는가? 설명하시오.

20.16 바다 성게와 불가사리 같은 방사상 대칭성 동물에서 초파리의 BX-C와 ANT-C 유전자의 상동 유전자를 발견할 수 있다고 당신은 기대하는가? 이 질문에 당신은 어떠한 실험적 제안을 하겠는가?

20.17 당신은 어떻게 2개의 생쥐 *Hox* 유전자들이 발생하는 동안에 다른 조직들과 다른 시간에 발현되는지를 보여 주겠는가?

20.18 치료용 클로닝과 생식용 클로닝 차이를 구별하시오.

20.19 생식용 클로닝의 과학적 중요성은 무엇인가?

20.20 DNA의 메틸화, 히스톤의 아세틸화 그리고 어떤 종류의 단백질에 의한 크로마틴으로 DNA가 포장되는 현상들은 DNA의 후성적 변형(epigenetic modification)이다. 이러한 변형은 생식용 클로닝을 어렵게 한다. 이런 현상은 특정 세포형이 소실되어 생기는 질병을 치료하기 위해 치료용 클로닝이나 줄기세포를 이용하는 것에도 어려움을 야기할까?

20.21 어떤 동물이 10억 개의 항체를 생산할 수 있고 그 항체 각각은 200 아미노산 길이의의 경쇄와 500 아미노산 길이의 중쇄를 포함한다고 가정하자. 이 유전자 서열들을 암호화하기 위해서는 얼마나 많은 DNA가 필요하겠는가?

20.22 염색체 2번의 카파 경쇄 유전자좌위에 존재하는 각 $L_\kappa V_\kappa$ 유전자 절편은 두 개의 암호화 엑손으로 구성되어 있다. 하나는 리더 펩티드에 대한 것이고 다른 하는 경쇄의 가변부를 위한 것이다. 두 번째 엑손(V_κ)의 암호화 서열의 끝 부분쯤에서 종결코돈이 발견될 것이라고 기대할 수 있겠는가?

암의 유전학적 기초

21

장의 개요

- 암: 유전병
- 종양유전자
- 종양억제유전자
- 암의 유전적 발생 경로

가족의 분자적 연결

엘리손 로마노(Allison Romano)는 어느 대학으로 지원할지를 고민하면서, 그녀는 직접 실험을 수행하며 유전학을 깊이있게 공부할 수 있는 학교를 원했다. 그녀의 계획은 어떤 측면에서 보면 유전학적으로 동기 부여가 주어졌다. 12세 때, 그녀는 한쪽 부신에서의 종양을 진단받았다. 종양은 수술로 제거되었고, 그리고 긴 회복기간 후에 엘리손은 건강하고 행복한 모습으로 중학교 1학년이 되어 돌아왔으며, 자신을 괴롭힌 질병을 공부하는 것에 흥미를 갖고 심취하기 시작했다. 고등학교에서 엘리손은 더욱 그녀의 관심분야로 과목을 집중시켰다. 그녀는 많은 독서를 하였으며, 생물학 공부에 흥미를 가진 몇몇 학생들을 만났다. 그때 또다시 부신암이 발생하였는데, 이번에는 엘리손이 아니라 그녀의 아버지에게서 발생하였다. 루이스 로마노의 골프공 크기의 종양은 성공적으로 제거되었고, 루이스는 완전히 회복하였다.

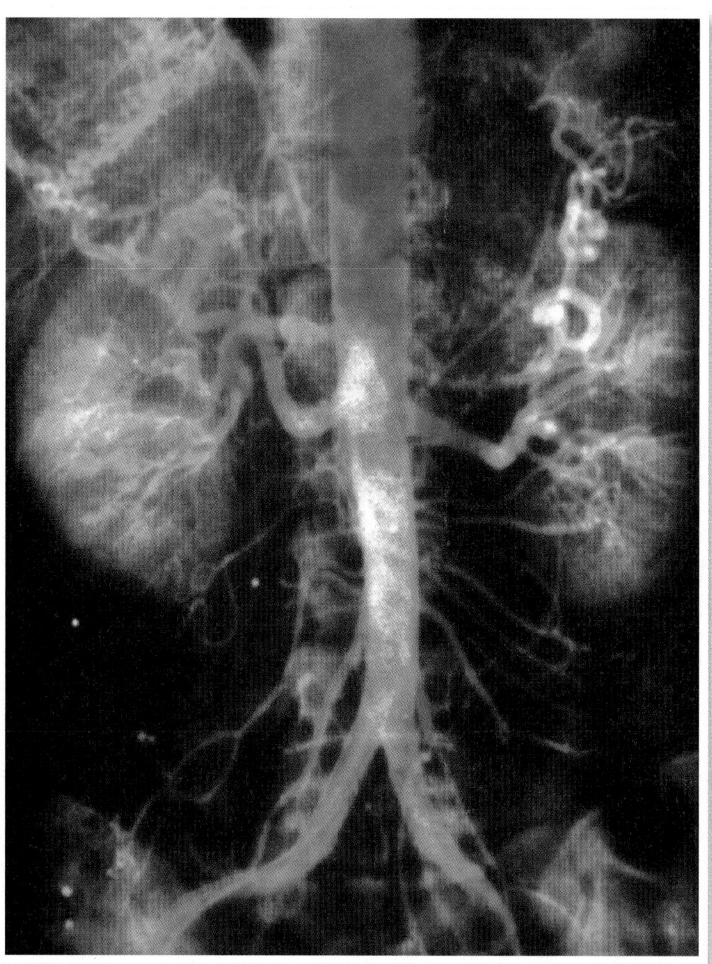

인간의 크롬친화성세포종에서 혈관이 종양조직 속으로 과잉 성장하는 X-레이 칼라 영상

이 일이 있은 후, 종양학자는 루이스와 엘리손이 동시에 드문 종류의 크롬친화성세포종(pheochromocytoma)인 부신종양에 걸린 것에 대해 관심을 가졌는데, 왜냐하면 그들은 3번 염색체의 단암에 위치한 *VHL* 유전자에 돌연변이를 가졌기 때문이다. 해당 돌연변이가 간혹 이런 종류의 종양과 연관될 수 있다는 연구논문이 있었다. 따라서 종양학자는 루이스와 엘리손의 DNA 검체를 유전학 연구실로 보냈다. DNA 검사는 루이스와 엘리손 둘 다 *VHL* 돌연변이 대립유전자에 대해 이형접합임을 밝혔다. *VHL* 유전자의 490번 뉴클레오티드에서 G:C 염기쌍이 A:T 염기쌍으로 교체되어 폴리펩티드의 93번이 세린에서 글리신으로 치환된 것이다.

엘리손이 이런 결과에 대해 알았을 때, 유전학을 전공하기로 결심하였다. 크롬친화성세포종에 대해 어떤 증상도 보이지 않은 그녀의 언니도 돌연변이 대립유전자에 대한 검사를 받았는데, 그녀 역시 돌연변이를 가지고 있었다. 그녀의 의사는 크롬친화성세포종의 징후를 조기발견하기 위해 규칙적인 정기검진을 조언했다. 루이스 로마노의 두 형제에 대해서도 *VHL* 돌연변이에 대해 검사를 권고했지만, 그들은 누구도 검사를 받지 않았다. 엘리손은 그 후 한 큰 대학교에서 생물학을 전공하였으며, 두 학기 동안 종양유전학 연구실에서 일했다. 생쥐에서 종양-연관 유전자의 동정에 대한 그녀의 프로젝트는 대학내 학부생을 위한 연구 심포지움에서 포스터로 발표되었는데, 그 곳에서 그녀의 아버지와 언니는 자신들의 가족이 보여준 분자적 연결로부터 엘리손이 어떻게 연구목적을 설정했는지를 이해할 수 있었다.

암: 유전병

세포성장과 분열을 조절하는 유전자의 돌연변이는 암을 유발할 수 있다.

악성 종양은 매년 수십만 명의 미국인들을 사망하게 한다. 어떤 원인이 종양을 형성시키고, 어떤 원인으로 일부 종양세포들을 퍼지게 하는 것일까? 왜 일부 종류의 종양들은 가족성 발병 경향을 보이는 것일까? 암에 대한 취약성도 유전되는가? 환경적 요인이 암의 발생에 관여하는가? 최근의 이와 같은 질문들은 암의 생물학적 기초에 대한 엄청난 연구를 수행하게 만들었다. 여전히 암에 대한 상세한 기작의 이해는 많이 부족하지만, 가장 확실한 사실은 암이 유전적으로 비정상적인 기능에서부터 유발된다는 것이다. 그런데 이런 비정상은 음식물, 지나친 태양광선의 노출 및 화학적 오염물 등의 환경요인들에 의해 발생되거나 촉진될 수 있다. 암은 결정적인 유전자에 돌연변이가 일어났을 때 발생된다. 이들 돌연변이는 생화학적 과정을 비정상으로 유도하며 조절 불능의 세포 증식을 초래시킨다. 조절 기작이 결여된 세포들은 끊임없이 분열하여 다른 세포층 위에 계속해서 세포층을 형성하여 종양을 형성시킨다. 일부 세포들이 한 종양으로부터 떨어져서 주변의 다른 조직으로 침투한다면, 그런 종양을 *악성(malignant)*이라 부른다. 만약 종양세포들이 주변의 다른 조직으로 침투하지 못하면 *양성(benign)*이라 부른다. 악성 종양은 신체의 다른 부위로 퍼져서 2차 종양을 형성할 수 있다. 이런 과정을 **전이(metastasis)**라 부르는데, 그리스어로 "상태 변경"이라는 뜻이다. 양성 및 악성 종양 모두는 세포분열을 조절하는 시스템의 오류를 가진다. 오늘날 과학자들은 이 조절 기능의 소실이 유전적 결함에서 기인한다는 것을 확실히 인식하고 있다.

암의 다양한 종류

암은 단일 질병이 아니라, 질병의 한 그룹으로 보는 것이 오히려 타당할 것이다. 암은 신체의 많은 다른 조직에서 기원할 수 있다. 일부는 급속히 성장하는 반면, 일부는 느리게 성장한다. 몇 가지 종류의 암은 적절한 의학적 치료에 의해 완치시킬 수 있는 반면, 그렇지 못한 종류도 있다. ■ **그림 21.1**은 미국에서 암의 유형별로 새로이 발병하는 환자 빈도와 사망자 수를 보여준다. 가장 빈번하게 발생하는 암은 폐암으로, 흡연의 영향이 작용했을 것이다. 유방암과 전립선암도 높은 빈도의 발병률을 보여준다.

높은 발생 빈도를 보이는 암의 종류는 대장, 허파 및 전립선의 상피세포와 같은 왕성하게 세포분열을 하는 세포집단으로부터 유래한다. 희귀한 발생을 보이는 암은 분화된 근육이나 신경세포와 같이 분열을 거의 하지 않는 세포 집단으로부터 유래한다.

비록 암으로 인한 사망률은 여전히 높지만, 암의 검진과 치료에 대해서는 상당한 진전이 있어왔다. 분자유전학적 기술은 과학자들로 하여금 이전에는 가능하지 못했던 방법으로 암을 규명하게 하였고, 암의 치료에 대한 새로운 전략을 고안하게 하였다. 암의 기초 연구

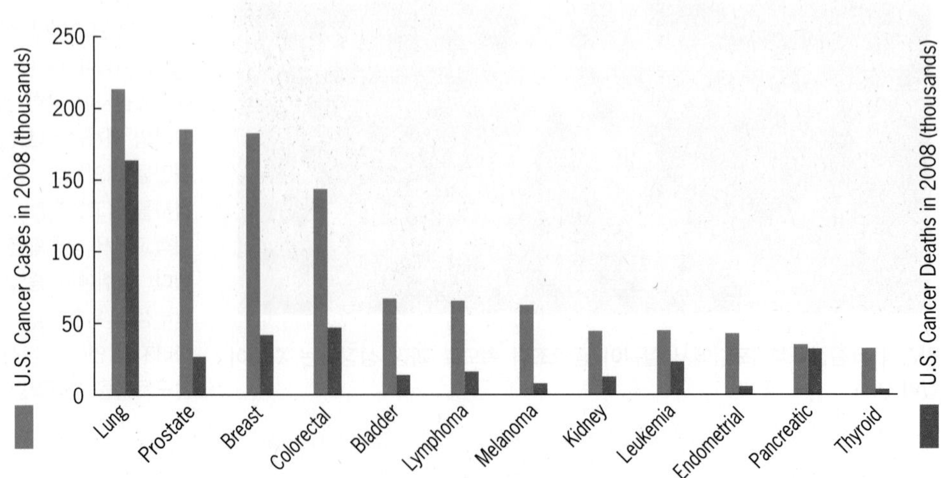

■ 그림 21.1 2008년에 미국에서 새로 발병한 환자 수와 사망자 수를 암종별로 추정한 통계자료.

를 위해 엄청난 투자가 이루어졌음은 의심할 여지가 없다.

암세포는 실험적 목적을 위해 절제한 종양조직을 각각의 단일 세포로 분리시킴으로써 얻을 수 있다. 해리된 종양세포들은 적절한 영양분을 공급하여 배양할 수 있는 데, 때로는 무한정 계대 배양이 가능하다. 암세포는 또한 정상 세포의 배양에서 종양 유발원을 처리함으로써 유도할 수 있다. 즉, 방사선, 돌연변이를 유발하는 화학물질 및 일부 바이러스 등은 비가역적으로 정상 세포를 암세포로 전환시킬 수 있다. 이와 같은 형질전환을 유발하는 요인들을 **발암원(carcinogen)**이라 한다.

모든 암세포의 가장 확실한 특징은 그들의 증식이 조절되지 못한다는 것이다. 정상 세포를 배양하면 배지의 표면에 단일 세포층을 형성한다. 그러나 암세포의 경우는 과잉 성장을 지속하여 배지의 표면에 여러 층으로 쌓여서 덩어리를 형성한다. 세포분열의 조절 불능으로 인한 세포 덩어리의 형성은 암세포들이 세포분열을 억제시키는 화학적 신호에 대해 반응하지 못하며 이웃 세포들끼리 안정한 결합을 형성하지 못하기 때문이다.

암세포의 배양에서 외형적인 비정상은 세포 내부의 심한 비정상과 관련된다. 암세포는 종종 세포골격이 제대로 형성되지 못하며, 특이한 단백질을 형성하여 세포 표면에 진열시키거나, 이수체(aneuploid)와 같은 비정상적인 염색체 수를 간혹 보인다.

암과 세포주기

세포주기는 성장기, DNA 합성기 및 분열기로 구성된다. 주기의 길이 및 각 단계의 소요 시간은 외부적 및 내부적 화학 신호에 의해 조절된다. 주기의 단계적 전환은 특이적 화학 신호들의 통합과 이들 신호에 대한 정확한 반응을 필요로 한다. 만약 화학 신호가 부정확하게 전달되거나, 또는 세포가 정확하게 반응하지 못한다면, 그 세포는 암세포로 될 수 있다.

세포주기의 조절에 대한 최근의 연구는 각 단계(G_1, S, G_2 및 M; 제2장 참조) 간의 전환이 "**체크포인트(checkpoint)**"에서 조절되는 것으로 밝혀졌다. 체크포인트는 DNA 합성과 같은 특정 단계가 완결될 때까지, 혹은 손상을 입은 DNA가 복구될 때까지 주기의 진행을 멈추게 하는 기작이다. 각 체크포인트를 조절하는 분자적 기구는 매우 복잡하다. 그렇지만, 두 종류의 단백질, 즉 *사이클린(cyclin)*과 약자로 CDK로 불리는 *사이클린-의존성 키나아제(cyclin-dependent kinase)*가 특히 중요한 기능을 수행하는 것으로 알려졌다. 싸이클린과 CDK의 복합체는 세포주기를 진행하게 한다.

CDK는 세포주기의 진행을 촉매하는 중요한 구성요소 중의 하나이다. 이 단백질은 다른 단백질의 활성을 인산기 전달을 통해 조절한다. 그러나 CDK의 인산화 능력은 사이클린 존재에 의존한다. 사이클린은 사이클린/CDK 복합체를 형성함으로써 CDK가 그 기능을 수행하게 한다. 사이클린이 없으면 복합체가 형성될 수 없으며, CDK는 불활성화된다. 따라서 세포주기의 진행은 사이클린/CDK 복합체의 선택적인 형성과 분해를 요구한다.

*START*는 가장 중요한 세포주기의 체크포인트 중의 하나로, G_1기의 중간에 존재한다 (■ **그림 21.2**). 세포는 S기로 진행할 적합한 시기를 결정하기 위해 이 체크포인트에서 외부 및 내부 신호를 받아들인다. *START* 체크포인트는 CDK4와 결합하는 D형 사이클린에 의해 조절된다. 만약 세포가 사이클린 D/CDK4 복합체에 의해 *START* 체크포인트를 통과하게 되면, 세포는 이제 DNA 복제를 허용한다. 영양분의 부족이나 DNA의 손상과 같은 후기 G_1기에서 나타날 수 있는 문제점을 감지하는 능력을 가진 억제성 단백질은 사이클린/CDK4 복합체를 파괴시킴으로써 세포가 S기로 진입하는 것을 막는다. 그러나 문제점이 발견되지 않으면, 사이클린 D/CDK4 복합체는 세포를 G_1 말기에서 S기로 이동시키고, 이어 세포분열의 전주곡인 DNA 복제를 개시하게 한다.

암세포에서는 세포주기의 체크포인트가 대개 조절불능을 보인다. 이 조절부재의 원인은 사이클린/CDK 복합체의 농도를 선택적으로 높이거나 낮추는 기구에 대한 유전적인 결함이 발생했기 때문이다. 예를 들면, 사이클린이나 CDK를 암호화하는 유전자, 사이클린/CDK 복합체에 의해 반응하는 단백질을 암호화하는 유전자, 혹은 사이클린/CDK 복합체의 세포 내 농도를 조절하는 단백질을 암호화하는 유전자들에 돌연변이가 일어날 수 있다. 많

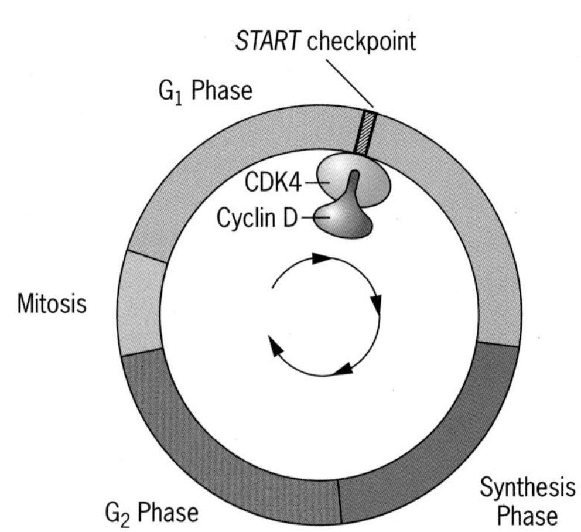

■ 그림 21.2 포유동물의 세포주기에서 *START* 체크포인트의 모식도. 세포주기에서 이 체크포인트의 통과는 사이클린 D/CDK4 단백질 복합체의 활성도에 의존한다.

은 종류의 유전적 결함들이 세포주기의 조절을 막음으로써, 궁극적으로 세포가 암으로 전환될 수 있다.

START 체크포인트가 기능을 수행하지 못하는 세포들은 특히 암세포로 전환되는 경향이 높다. *START* 체크포인트는 세포주기에서 S기로의 진입을 통제한다. 만약 세포 내의 DNA가 손상되었다면, DNA가 복구될 때까지 S기로의 진입을 지연시키는 일은 매우 중요하다. 그렇지 않으면, 손상된 DNA가 복제되어 모든 자손세포들에게 손상된 DNA를 전달하게 될 것이다. 정상세포는 DNA 복제를 명령하기 전에 DNA 복구를 완성할 때까지 *START* 체크포인트에서 주기의 진행이 중단되도록 예정되어 있다. 반면, *START* 체크포인트의 기능이 작동되지 못하는 세포에서는 손상된 DNA의 복구 없이 S기로의 진입이 일어난다. 세포주기가 반복되면서, 복구되지 않는 DNA의 복제로 생산된 돌연변이는 계속해서 축적되어 세포주기의 조절을 더욱 불가능하게 만든다. 따라서 *START* 체크포인트의 기능이 파손된 세포 집단은 암세포로 전환될 가능성이 매우 높다.

암과 예정된 세포죽음

어떤 암에서든 원치 않는 세포들이 늘어난다. 많은 동물들에서, 불필요한 세포들은 스스로 프로그램된 기작에 의해 제거된다. 예정된 세포죽음(programmed cell death)은 많은 동물에서 기본적인 기작으로 광범위하게 관찰되는 현상이다. 예정된 세포죽음이 없다면, 기관의 형성 및 기능은 "제멋대로 행동하는 세포들"에 의해 손상을 받을 것이다.

예정된 세포죽음은 또한 암의 출현을 억제하는데도 중요하다. 만약 비정상적인 DNA 복제 능력을 가진 세포가 죽어서 없어진다면, 잠재적으로 위험한 암을 형성할 세포증식이 일어날 수 없다. 따라서 예정된 세포죽음은 생명체에서 통제 불능의 증식을 하는 변절된 세포를 제거하는 중요한 확인 기작이다.

예정된 세포죽음을 **세포자살(apoptosis)**이라 부르는데, 그리스어 어원으로 "멸망하다(falling away)"라는 의미를 가진다. 세포죽음을 촉발시키는 기작에 대해서 단지 일부만을 이해할 뿐이다(이 장의 뒤 부분에서 다시 학습하게 될 것이다). 그렇지만, 세포의 구체적인 죽음의 과정에 대해서는 비교적 상세히 알려져 있다. *캐스파아제(caspase)*로 불리는 한 단백질 분해 효소족이 세포죽음의 현상에 매우 중요한 역할을 담당한다. 캐스파아제는 펩티드 결합을 절단함으로써 다른 단백질들의 일부분을 제거시킨다. 이 효소적인 절단을 통해 표적 단백질을 불활성화시킨다. 캐스파아제는 많은 종류의 단백질을 공격하는데, 그 중 하나로서 핵막의 내층과 세포골격의 여러 요소를 구성하는 라민(lamin)을 포함한다. 단백질 분해의 영향은 세포의 본래 모습을 상실하게 한다. 즉, 염색질이 조각조각으로 분해되고, 세포질의 수포가 세포 표면에 형성되고, 결국 세포가 오그라들기 시작한다. 이런 현상을 나타내는 세포는 대개 면역계의 식균세포에 의해 포획된 후 분해된다. 만약 세포자살 기작이 손상을 입었거나 불활성화되면, 죽어야 할 세포가 살아남아 증식하게 될 것이다. 이런 세포가 통제 불능의 세포분열 능력을 획득한다면, 암이 되는 세포 덩어리를 형성하는 잠재력을 가질 것이다.

암의 유전적 기초

최근에 종양은 분자유전학 기술의 적용을 통하여 상당한 수준까지 이해되고 있다. 그렇지만, 분자유전학 기술이 과학자들에게 활용되기 이전에도, 암의 근본적인 원인은 유전적이라는 강력한 증거를 확보하고 있었다. 첫째, 암의 상태가 모든 딸세포들(클론)에게 전달됨이 밝혀졌다. 즉, 암세포를 배양하게 되면, 모든 딸세포들도 암세포가 된다. 암의 상태가 세포분열이 일어날 때 각각의 세포에서 딸세포로 전달되는데, 이 현상은 암의 유전적(혹은 후성유전학적) 기초를 암시해 준다. 둘째, 특정 종류의 바이러스들은 실험동물에게 종양 형성을 유도할 수 있음이 알려졌다. 바이러스에 의한 암의 유도는 바이러스 유전자에 의해 암호화된 단백질이 암 발생에 관여함을 의미한다. 셋째, 암이 돌연변이를 일으키는 물질에 의해 발생될 수 있음이 알려졌다. 돌연변이를 유발하는 화학물질이나 이온화 방사선은 실험용 동물에게 암을 발생시킨다. 또한, 수많은 역학적 데이터는 이런 요인들이 사람의 암도 유발시킴을 보였다. 넷째, 일부 종류의 암은 가족의 여러 세대를 통해 나타난다. 특히 드물게 눈에 발생하는 암인 망막아세포종(retinoblstoma)이나 일부 직장암의 발병은, 비록 불완전 침투도와 다양한 발현도를 가지기는 하지만, 우성으로 유전되는 것으로 보인다. 이들 특정 암의 발병이 유전되는 것을 볼 때, 모든 암은 유전적 결함에 기초하여 발생한다는 주장이 설득력을 가지게 한다. 유전적 결함은 부모로부터 물려받은 선천적 돌연변이거나 개인의 일생 동안 획득한 체세포 돌연변이가 있을 수 있다. 마지막으로, 일부 백혈구에 발생하는 암(백혈병 및 림프종)은 특정 염색체의 이상과 연관됨이 밝혀졌다. 종합해 보면, 이러한 다양한 현상들은 암이 유전적 기능이 잘못되어 일어난다는 것을 강하게 암시한다.

1980년대 분자유전학 기술이 처음으로 암의 연구에 적용되었을 때, 과학자들은 암의 유형을 구체적인 유전적 결함으로 추적할 수 있음을 알았다. 그러나 정상세포를 암세포로 변환시키기 위해서는 일반적으로 하나의 유전적 결함이 아닌 여러 결함을 요구한다. 종양학자들은 돌연변이에 의한 암세포의 발생과 연관된 유전자를 크게 두 종류로 분류하였다. 한 종류의 돌연변이 유전자는 세포분열을 왕성하게 촉진시키며, 다른 종류의 돌연변이 유전자는 세포분열의 억제에 실패한다. 첫 번째 종류의 유전자를 **종양유전자(oncogene)**라 하고, 두 번째 종류의 유전자를 **종양억제유전자(tumor suppressor genes)**라 한다. 다음 절에서 여러 종류의 암-관련 유전자들의 동정과 특징 및 중요성에 대하여 논의하게 될 것이다.

요점

- *암은 세포 성장과 분열이 조절되지 못하는 질병의 그룹이다.*
- *암은 예정된 세포죽음(세포자살)의 기작이 손상을 입으면 발생할 수 있다.*
- *암 발생은 세포주기를 조절하는 단백질을 암호화하는 유전자의 돌연변이에 기인한다.*

종양유전자

많은 종류의 암에는 특정 유전자의 과잉발현이나 돌연변이 단백질의 비정상적인 활성도가 관여할 수 있다.

종양유전자들은 세포 내에서 정상적인 생화학적 활성을 조절하는 데 중요한 역할을 수행하는 다양한 유전자들로 구성되는데, 특히 세포분열 조절에 관여하는 유전자도 포함된다. 종양유전자는 척추동물인 숙주에서 종양을 유도하는 RNA 바이러스의 유전체에서 처음으로 발견되었다. 그 후, 바이러스의 종양유전자들과 유사한 세포 내 유전자들이 초파리에서부터 인간에 이르기까지 다양한 동물들에서 발견되었다.

종양-유도 레트로바이러스와 바이러스성 종양유전자

암의 유전성에 대한 기본적 토대는 종양-유도 바이러스의 연구로부터 얻어졌다. 이런 바이러스의 대부분은 DNA 대신 RNA로 구성된 유전체를 가진다. 바이러스가 세포 내로 감염된 후, 바이러스 RNA는 상보적 DNA 합성을 위한 주형으로 사용되며, 합성된 상보적 DNA는 숙주세포의 염색체 한 곳 또는 그 이상의 위치에 삽입된다. RNA로부터 DNA의 합성은 바이러스 효소인 역전사 효소에 의해 촉매된다. DNA로부터 RNA로 전달되는 정상적인 유전정보 흐름의 역류 현상은 생물학자들을 상당히 흥분시켰는데, 이와 같은 병원체들을 **레트로바이러스(retrovirus)**라 불렀다(제17장 참조).

첫 번째 종양-유도 바이러스는 1910년에 페에톤 라우스(Peyton Rous)에 의해 발견되었는데, 그 바이러스는 닭의 결합조직에 특이한 종류의 종양 혹은 육종을 유발시켰는데, 라우스 육종바이러스(Rous sarcoma virus)로 불려졌다. 레트로바이러스의 RNA 유전체는 4개의 유전자를 가진다. 즉, 바이러스 입자의 캡슐 단백질을 암호화하는 *gag*, 역전사 효소를 암호화하는 *pol*, 바이러스 막의 단백질을 암호화하는 *env* 그리고 감염된 세포의 원형질막 속으로 삽입되는 단백질 키나아제를 암호화하는 *v-src*이다. 키나아제 효소의 구별되는 특징

표 21.1

레트로바이러스의 종양유전자

Oncogene	Virus	Host Species	Function of Gene Product
abl	Abelson murine leukemia virus	Mouse	Tyrosine-specific protein kinase
abl	Abelson murine leukemia virus	Mouse	Tyrosine-specific protein kinase
erbA	Avian erythroblastosis virus	Chicken	Analog of thyroid hormone receptor
erbB	Avian erythroblastosis virus	Chicken	Truncated version of epidermal growth-factor (EGF) receptor
fes	ST feline sarcoma virus	Cat	Tyrosine-specific protein kinase
fgr	Gardner–Rasheed feline sarcoma virus	Cat	Tyrosine-specific protein kinase
fms	McDonough feline sarcoma virus	Cat	Analog of colony stimulating growth-factor (CSF-1) receptor
fos	FJB osteosarcoma virus	Mouse	Transcriptional activator protein
fps	Fuginami sarcoma virus	Chicken	Tyrosine-specific protein kinase
jun	Avian sarcoma virus 17	Chicken	Transcriptional activator protein
mil (*mht*)	MH2 virus	Chicken	Serine/threonine protein kinase
mos	Moloney sarcoma virus	Mouse	Serine/threonine protein kinase
myb	Avian myeloblastosis virus	Chicken	Transcription factor
myc	MC29 myelocytomatosis virus	Chicken	Transcription factor
raf	3611 murine sarcoma virus	Mouse	Serine/threonine protein kinase
H-ras	Harvey murine sarcoma virus	Rat	GTP-binding protein
K-ras	Kirsten murine sarcoma virus	Rat	GTP-binding protein
rel	Reticuloendotheliosis virus	Turkey	Transcription factor
ros	URII avian sarcoma virus	Chicken	Tyrosine-specific protein kinase
sis	Simian sarcoma virus	Monkey	Analog of platelet-derived growth factor (PDGF)
src	Rous sarcoma virus	Chicken	Tyrosine-specific protein kinase
yes	Y73 sarcoma virus	Chicken	Tyrosine-specific protein kinase

은 다른 단백질들을 인산화시킨다는 것이다. 네 유전자 중, *v-src* 유전자만이 종양을 유발시키는 바이러스의 능력과 연관된다. *v-src* 유전자가 결손된 바이러스는 감염성은 유지하지만 종양을 발생시키지는 못한다. *v-src* 유전자와 같이 암을 유발시키는 유전자를 종양유전자(oncogene)라 부른다.

다른 종양-유도 레트로바이러스의 연구로부터 적어도 20 종류 이상의 바이러스성 종양유전자가 밝혀졌는데, 보통 *v-onc*로 표시한다(표 21.1). 바이러스성 종양유전자의 각 종류는 이론적으로 세포의 성장과 분화를 조절하는 세포성 유전자의 발현을 조절하는 역할을 한다. 이런 단백질의 일부는 세포의 특정 활성도를 자극하는 신호분자로 활동하고, 다른 단백질은 이런 신호를 수용하는 수용체나 신호를 원형질막에서 핵으로 전달하는 세포 내 매개자로서의 역할을 수행하는 것으로 보인다. 또다른 종류의 바이러스성 종양 단백질은 유전자 발현을 촉진하는 전사인자로 작용할지도 모른다.

바이러스성 종양유전자의 세포성 상동체: 원종양유전자

바이러스의 종양유전자에 의해 암호화되는 단백질들은 중요한 조절 기능을 가지는 세포성 단백질들과 유사하다. 이들 세포성 단백질들의 많은 경우가 바이러스 종양유전자에 대한 세포성 상동체를 분리함으로써 실제로 확인되었다. 예를 들면, *v-src* 유전자의 상동유전자가 감염되지 않은 닭 세포를 대상으로 만들어진 유전체 DNA 라이브러리의 탐색으로부터 얻어졌다. 탐색을 위해서는 *v-src* 유전자가 탐침자로 사용되었다. 이 재조합 클론의 분석으로 *v-src*와 비슷한 유전자가 닭 세포의 유전체에 포함되어 있다는 사실이 밝혀졌으며, 두 유전자 간의 진화적 연관성을 암시하였다. 그렇지만, 세포성 상동유전자는 숙주세포의 염색체에 삽입되어진 육종 프로바이러스의 *v-src* 유전자와는 달리 인트론을 가진다는 측면에서 매우 중요한 차이를 보인다. 즉, *v-src*의 닭 상동유전자는 11개의 인트론을 가지는 데 비해, *v-src* 유전자는 단 한 개의 인트론도 가지지 않는다. 이와 같은 발견은 *v-src* 유전자가 아마도 정상적인 세포성 유전자로부터 진화되었으며, 그 후 인트론을 잃어버린 것으로 추정하게 한다.

바이러스성 종양유전자에 대한 세포성 상동유전자를 **원종양유전자(proto-oncogene)**, 또는 *정상 세포성 종양유전자(normal cellular oncogene)*라 부르며, *c-onc*로 표기한다. 즉, *v-src*의 세포성 상동유전자가 *c-src*이다. 이 두 유전자의 암호화 부위의 염기서열은 매우 유사하여, 단지 18개의 염기에서만 차이가 나타난다. *v-src*는 526 아미노산의 단백질을 암호화하고, *c-src*는 533 아미노산의 단백질을 암호화한다. 탐침자로서 *v-onc* 유전자를 이용하여, 사람을 포함한 많은 동물로부터 *c-onc* 유전자를 분리하였다. 세포성 종양유전자는 구조적인 면에서 다른 종간에 높은 보존성을 보여준다. 예를 들면, 초파리는 척추동물의 세포성 종양유전자인 *c-abl*, *c-erbB*, *c-fps*, *c-raf*, *c-ras* 및 *c-myb*와 매우 유사한 상동유전자들을 가지고 있다. 서로 다른 종 사이에서 보여주는 종양유전자들의 보존성은 이들 유전자로부터 암호화되는 단백질들이 중요한 세포 기능에 관여함을 암시한다.

왜 *c-onc*는 인트론을 가지는 반면에 *v-onc*는 가지지 않을까? 가장 설득력 있는 대답은 전사후 공정을 완전히 마친 *c-onc* mRNA가 레트로바이러스의 유전체로 삽입되는 기작으로 *v-onc*가 *c-onc*로부터 유래되었다는 것이다. 이와 같은 재조합 DNA를 가지는 바이러스들은 다른 숙주세포들을 감염시킬 때마다 *c-onc* 유전자를 전달할 수 있다. 감염되는 동안 재조합 RNA는 DNA로 역전사되어 세포의 염색체 내로 통합된다. 바이러스가 숙주 유전체에 통합되어 거기 승차한 마당에, 숙주 세포의 증식을 촉진하는 새로운 유전자를 얻는 것보다 더 좋은 일이 무엇이겠는가?

레트로바이러스가 종양유전자를 획득할 때, 많은 경우 약간의 바이러스의 유전물질의 소실이 발생한다. 잃어버린 유전물질은 바이러스 복제에 필요한 부분이기 때문에, 이들 종양-유도 바이러스들은 오직 헬퍼 바이러스가 존재할 때에만 증식할 수 있다. 이런 면에서, 그들은 제8장에서 논의된 바 있는 결함 형질도입 박테리오파지를 닮았다고 할 수 있다.

왜 *v-onc*는 암을 유도하나 정상적인 *c-onc*은 그렇지 못할까? 일부의 경우에 있어, 바이러스성 종양유전자들은 세포성 유전자에 비해 훨씬 많은 단백질을 생산하는 데, 이것은 아마도 바이러스 유전체가 보유한 인핸서에 의해 전사가 활성화되기 때문으로 보인다. 예를 들면, 닭의 암세포에서 *v-src* 유전자는 *c-src* 유전자에 비해 100배나 많은 티로신 키나아제를 생산한다. 키나아제의 지나친 과잉공급은 세포분열을 조절하는 정교한 신호기작을 비정상으로 만들어 무절제한 세포성장을 유발한다. 다른 *v-onc* 유전자들은 부적절한 시기에 단백질을 생산하게 하거나 변형된 형태(돌연변이)의 단백질을 생산함으로써 종양을 유도하는 것으로 보인다.

세포성 종양유전자의 돌연변이와 암

*c-onc*의 산물들은 세포의 활동성을 조절하는 데 중요한 역할을 수행한다. 결과적으로, 이들 유전자 중에서의 돌연변이는 세포 내의 생화학적 균형을 무너뜨려서 암으로 전환되는 경로로 들어가게 할 수 있다. 사람의 여러 종류의 암에 대한 연구결과는 세포성 종양유전자의 돌연변이가 암발생과 연관이 있음을 설명해 주고 있다.

암과 *c-onc* 돌연변이를 연결시켜주는 첫 번째 증거는 인간의 방광암

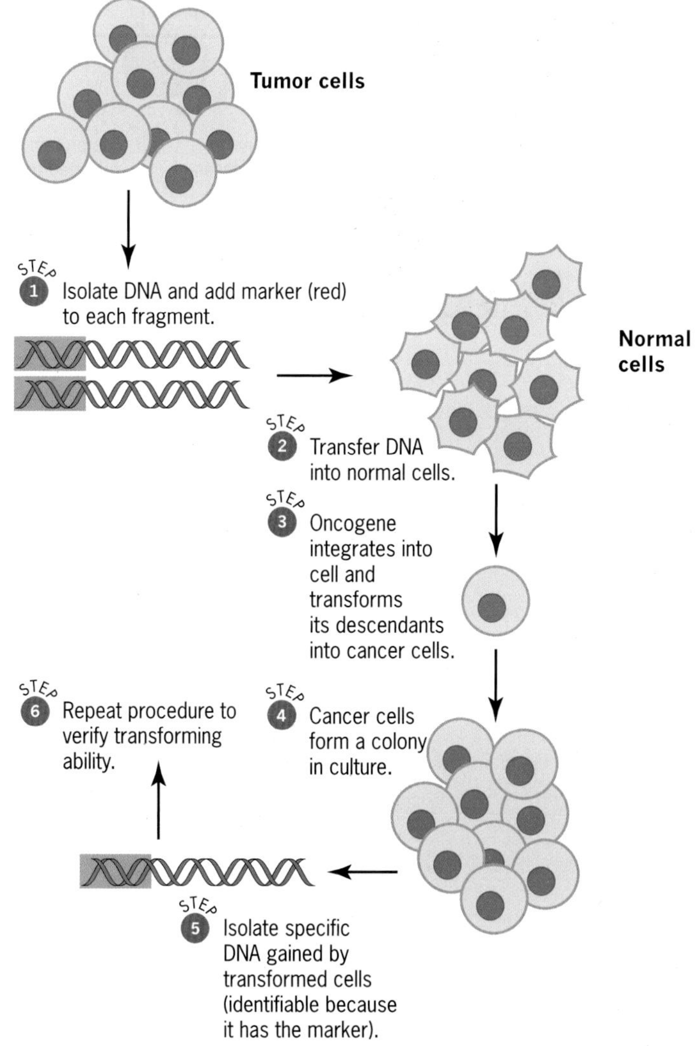
Tumor cells
STEP 1 Isolate DNA and add marker (red) to each fragment.
Normal cells
STEP 2 Transfer DNA into normal cells.
STEP 3 Oncogene integrates into cell and transforms its descendants into cancer cells.
STEP 4 Cancer cells form a colony in culture.
STEP 5 Isolate specific DNA gained by transformed cells (identifiable because it has the marker).
STEP 6 Repeat procedure to verify transforming ability.

■ 그림 21.3 정상 세포를 암세포로 전환시키는 능력을 가지는 DNA서열을 분리하기 위한 형질도입 검사.

에 대한 연구로부터 얻어졌다. 방광암의 원인을 제공한 *c-onc* 돌연변이는 로버트 와인버그(Robert Weinberg)와 그의 동료들에 의해 수행된 *형질도입 실험*으로부터 동정되었다(■ 그림 21.3). DNA를 암 조직으로부터 추출하여 작은 조각으로 절단한 후, 각 조각들을 분자적 마커를 포함하는 세균 DNA의 조각과 연결시켰다. 이렇게 만든 DNA 조각들은 배양 중인 세포에 형질도입시켜 어떤 DNA 조각이 정상세포를 암세포 상태로 전환시키는지를 관찰하였다. 암세포로의 전환 상태는 부드러운 한천 배지의 표면에서 자라는 세포가 작은 덩어리를 형성하는 특징을 관찰함으로써 확인할 수 있다. 암으로 전환된 세포로부터 DNA를 추출한 후, 본래 도입된 조각에 연결된 분자적 마커를 확인하였다. 마커가 확인되면, 해당 DNA의 암을 유발시키는 능력에 대한 반복실험을 수행하였다. 이런 몇 가지의 실험으로, 와인버그 연구팀은 배양세포를 암세포로 형질전환시키는 능력의 재현성을 보여주는 본래 방광암으로부터 유래된 DNA 조각을 찾을 수 있었다. 이렇게 분리된 DNA 조각은 쥐 육종바이러스의 하베이 균주(Harvey strain)에서 발견된 한 종양유전자의 상동체인 *c-H-ras* 대립유

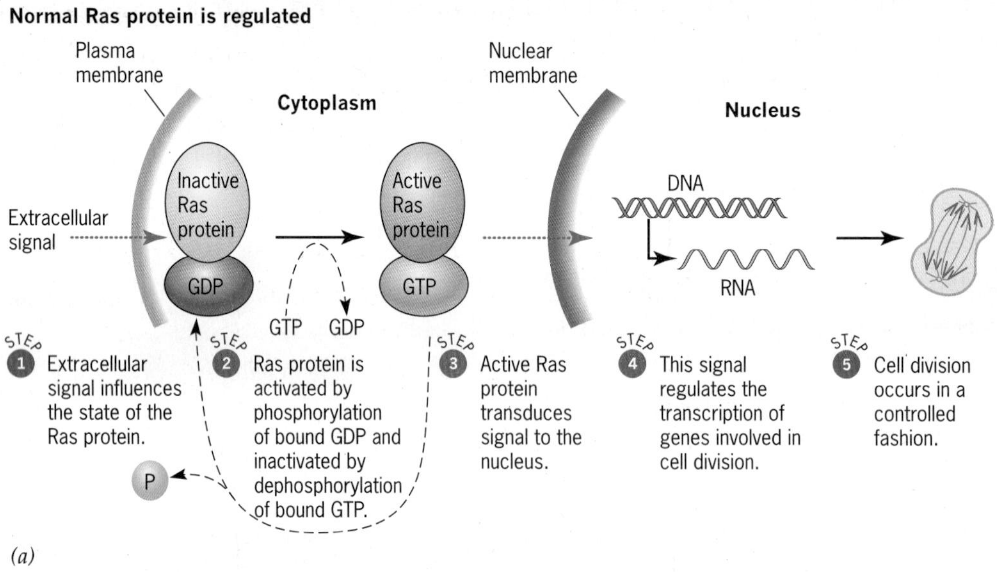
Normal Ras protein is regulated
Plasma membrane
Cytoplasm
Nuclear membrane
Nucleus
Extracellular signal
Inactive Ras protein
GDP
Active Ras protein
GTP
GTP GDP
DNA
RNA
P
STEP 1 Extracellular signal influences the state of the Ras protein.
STEP 2 Ras protein is activated by phosphorylation of bound GDP and inactivated by dephosphorylation of bound GTP.
STEP 3 Active Ras protein transduces signal to the nucleus.
STEP 4 This signal regulates the transcription of genes involved in cell division.
STEP 5 Cell division occurs in a controlled fashion.
(a)

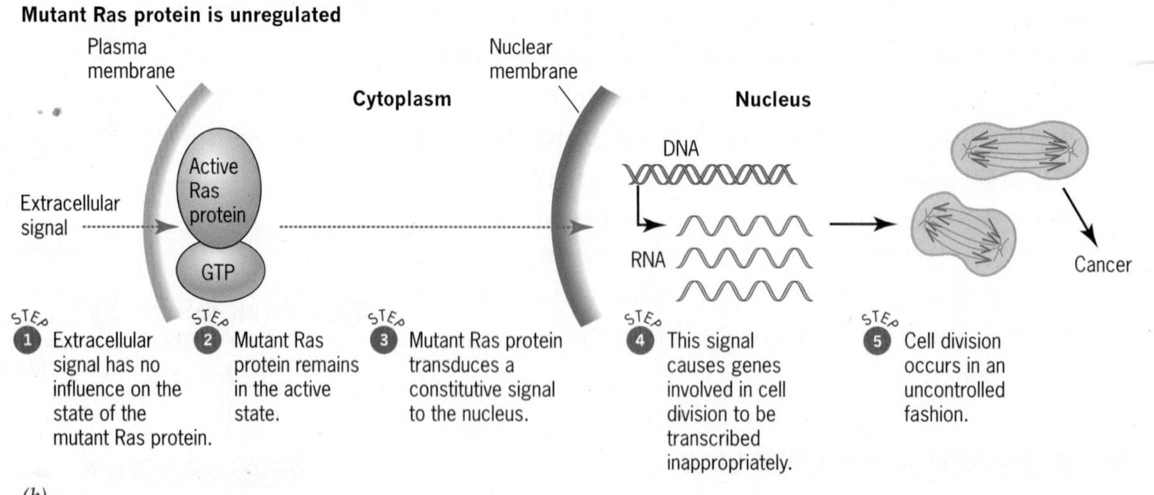
Mutant Ras protein is unregulated
Plasma membrane
Cytoplasm
Nuclear membrane
Nucleus
Extracellular signal
Active Ras protein
GTP
DNA
RNA
Cancer
STEP 1 Extracellular signal has no influence on the state of the mutant Ras protein.
STEP 2 Mutant Ras protein remains in the active state.
STEP 3 Mutant Ras protein transduces a constitutive signal to the nucleus.
STEP 4 This signal causes genes involved in cell division to be transcribed inappropriately.
STEP 5 Cell division occurs in an uncontrolled fashion.
(b)

■ 그림 21.4 Ras 단백질의 신호전달과 암. (*a*) *ras* 유전자의 정상 단백질은 GDP나 GTP 중 어떤 것이 부착되었는지에 따라 불활성 및 활성화 상태를 조절한다. 성장인자와 같은 세포 외부의 신호는 불활성 Ras를 활성화된 Ras로 전환시킨다. 활성화된 Ras를 통해 외부 신호는 세포 내 다른 단백질로 전달되며, 최종적으로 핵까지 전달되어 세포분열에 관여하는 유전자들의 발현을 유도한다. 이와 같은 신호전달은 단속적이며 조절 가능하므로, 세포분열은 통제된 상태를 유지한다. (*b*) 돌연변이성 Ras 단백질은 대부분 활성화 상태로 존재한다. 이 단백질은 신호를 계속적으로 전달하여 암의 특징인 무절제한 세포분열을 유도한다.

전자를 가지고 있었다. 이어서 수행된 DNA서열 분석으로부터, 이 대립유전자의 코돈 12의 한 염기에 돌연변이가 일어남으로써 정상적인 c-H-ras 단백질의 글리신이 발린으로 치환되었음을 확인하였다.

오늘날 유전학자들은 이와 같은 돌연변이가 어떻게 정상 세포를 암세포로 전환시키는지에 대해 어느 정도 이해를 하고 있다. 바이러스성 종양유전자들과는 달리, 돌연변이가 일어난 *c-H-ras* 유전자는 비정상적으로 많은 양의 단백질을 생산하지는 않는다. 대신에 코돈 12에서의 글리신-발린 치환이 기질 중의 하나인 GTP를 가수분해하는 c-H-ras 단백질의 능력에 손상을 입힌다. 이 손상 때문에 돌연변이 단백질은 활성화된 상태를 계속 유지하게 되고, 계속적인 세포분열의 신호를 내보냄으로써, 결국 무절제한 세포분열을 초래하게 된다(■ 그림 21.4).

지금까지 *c-ras* 종양유전자의 돌연변이들이 폐암, 직장암, 유방암, 전립선암, 방광암은 물론, 신경아세포종(신경세포암), 섬유아세포종(결합조직암), 기형암종(배아세포암) 등 사람에서 발생하는 여러 종양에서 발견된다. 모든 돌연변이는 코돈 12, 59 혹은 61 중 한 곳에서의 아미노산 치환을 보인다. 각 아미노산의 치환은 활성적 신호 상태를 멈추게 하는 Ras 단백질의 기능에 손상을 입힌다. 따라서 이런 돌연변이는 세포를 계속적으로 성장하고 분열하게 만든다.

이런 유형의 암에서는 두 개의 *c-ras* 유전자 중 단지 하나에서만 돌연변이를 보인다. 단일 돌연변이 대립유전자는 세포를 암의 상태로 전환시키는 데 우성방식으로 작용한다. 이와 같은 방식으로 암을 유발시키는 *c-ras*와 다른 세포성 종양유전자에서의 돌연변이는 무절제한 세포성장의 *우성 활성자*(*dominant activator*)로 작동한다.

암 발생에 관여하는 종양유전자의 우성 돌연변이들은 생식세포를 통하여 유전되는 경우는 매우 드물며, 오히려 대부분의 돌연변이는 체세포의 세포분열 동안 스스로 생겨난 것이다. 사람은 일생 동안 매우 많은 세포분열을 수행하므로(10^{16}회 이상), 수천 번의 종양을 유발할 가능성이 있는 돌연변이가 발생할 것이며, 이런 돌연변이 각각이 무절제한 세포성장의 우성 활성자로서의 역할을 한다면, 암의 발생은 피할 수 없을 것이다. 그렇지만, 많은 사람들은 암에 걸리지 않고 오래 산다. 이런 모순에 대한 설명으로 각 종양유전자의 돌연변이는 단독으로는 암을 거의 유발하지 못한다는 것이다. 사람의 세포는 단일 종양유전자 돌연변이에 의한 해로운 효과를 막을 수 있는 방법을 가지는 것으로 보인다. 그렇지만, 한 세포 내에서 여러 개의 다른 성장-조절 유전자들이 돌연변이에 의해 변형된다면, 그 세포는 각각의 효과를 모두 봉쇄할 수 없으며, 성장이 무절제하게 이루어져 암으로 진행된다. 많은 종양은 세포성 종양유전자에서 적어도 이러한 해로운 돌연변이를 하나 이상 가진다. 그래서 이런 유전자의 그룹은 인간의 암에 대한 병인학(etiology)에서 매우 중요한 역할을 한다.

염색체 재배열과 암

사람 암의 일부는 염색체 재배열과 관계가 있다. 예를 들면, 만성 골수성 백혈병(chronic myelogenous leukemia: CML)은 22번 염색체의 이상과 관련이 있다. 이 비정상적인 염색체는 처음 필라델피아에서 발견되었기 때문에 *필라델피아 염색체*(*Philadelphia chromosome*)로 불린다. 처음에는 필라델피아 염색체를 긴 팔의 단순한 결실로 생각했었지만, 그 후 계속된 분자생물학적 연구는 필라델피아 염색체가 염색체 9번과 22번 간의 상호전좌의 결과임을 밝혔다(일반적인 전좌에 대해서는 제6장 참조). 필라델피아 전좌에서 9번 염색체 긴 팔의 말단 부분이 22번 염색체로 전좌되고, 22번 염색체의 말단 부분은 9번 염색체로 전좌된다(■ 그림 21.5*a*). 9번 염색체에서 전좌의 절단점은 티로신 키나아제를 암호화하는 *c-abl* 종양유전자에 존재하고, 22번 염색체의 절단점은 *bcr*이라 불리는 유전자에 존재한다. 전좌를 통하여 *bcr*과 *c-abl* 유전자들은 직접적으로 연결되어, bcr 단백질의 아미노-말단과 abl 단백질의 카르복실기-말단의 폴리펩티드를 생산하는 융합유전자를 형성한다. 아직 분자적 기작은 정확히 밝혀지지 않았지만, 이 융합 폴리펩티드가 백혈구를 암으로 되게 한다. 발병기작은 c-Abl 단백질의 티로신 키나아제의 기능이 관여하는 것으로 여겨지는데, 정상 세포에

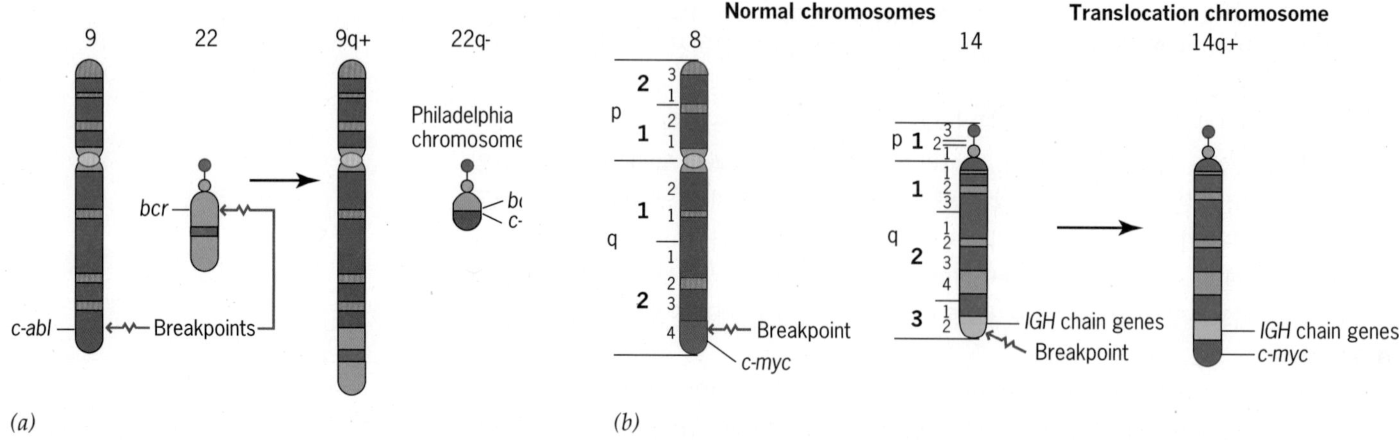

■ 그림 21.5 사람의 암이 연루된 전좌. (*a*) 만성 골수성 백혈병을 유발하는 필라델피아 염색체가 관여된 상호전좌. (*b*) 버킷림프종을 유발하는 상호전좌. *c-myc* 종양유전자와 면역글로불린의 무거운 사슬유전자(*IGH*)를 모두 가지는 전좌된 염색체(14q+)를 보여준다.

서는 효소의 활성도가 엄격하게 조절되지만, 융합단백질이 생산되는 세포에서는 조절이 이루어지지 않는다. 효과 면에서, *bcr*/*c-abl* 유전자 융합에 의한 c-Abl 단백질의 티로신 키나아제 기능은 항상 활성화되어있다. 따라서 이 융합은 c-Abl 티로신 키나아제의 우성 활성자로 작용한다. c-Abl 티로신 키나아제의 통제 불능은 세포주기를 조절하는 단백질을 포함하여 다른 단백질의 비정상적인 인산화를 유발시킨다. 이런 단백질의 인산화된 상태는 세포의 성장과 분열의 통제를 어렵게 한다.

버킷림프종(Burkitt's lymphoma)은 상호전좌와 연관된 백혈구 암의 또 다른 예이다. 이 전좌는 언제나 염색체 8번과 면역글로불린(항체로도 불림: 제20장 참조)을 암호화하는 유전자를 가지는 세 염색체(2, 14 및 22번) 중의 한 염색체 사이에서 발생한다. 염색체 8번과 14번이 관여하는 전좌가 가장 흔하다(■ **그림 21.5*b***). 이 전좌로 염색체 8번의 *c-myc* 종양유전자는 염색체 14번의 면역글로불린 무거운 사슬(*IGH*)을 암호화하는 유전자 바로 옆에 나란히 위치하게 된다. 이 재배열은 면역글로불린 무거운 사슬을 생산하는 B림프구에서 *c-myc* 종양유전자의 지나친 발현을 초래하고, 이 과잉 발현은 B림프구를 암세포로 전환시킨다. *c-myc* 유전자는 세포분열을 촉진하는 유전자를 활성화시키는 전사인자를 암호화한다. t8;14 전좌의 결과로, *c-myc*/*IGH* 융합유전자를 가진 세포가 나타내는 *c-myc*의 과잉발현은 해당 세포를 암으로 되게 한다.

요점

- *일부 바이러스는 동물의 종양을 형성할 수 있는 유전자(종양유전자)를 가진다.*
- *바이러스성 종양유전자들은 세포성 유전자(원종양유전자)와 상동성을 보이며, 원종양유전자는 과발현되거나 비정상적으로 활성화된 방향으로 돌연변이가 일어났을 때 종양이 유발될 수 있다.*
- *원종양유전자에서의 돌연변이는 세포 증식을 촉진시킨다.*
- *일부 암은 원종양유전자의 발현을 촉진시키거나 이들 유전자 산물의 기능을 변형시키는 염색체 재배열에 의해 유발된다.*

종양억제유전자

많은 암에서 세포주기의 조절을 위해 중요한 역할을 담당하는 유전자의 불활성화가 관여한다.

*c-ras*나 *c-myc*과 같은 유전자의 정상 대립유전자는 세포주기를 조절하는 단백질을 생산한다. 이 유전자들이 과도하게 발현되거나 또는 우성 활성자로서 기능을 가지는 단백질을 생산할 때, 세포는 암세포로 되려는 경향을 나타낸다. 그러나 완전히 암의 상태로 전환되기 위해서는 보통 추가적인 돌연변이를 요구하는데, 이런 돌연변이는 보통 세포성장을 억제시키는 유전자에게 영향을 준다.

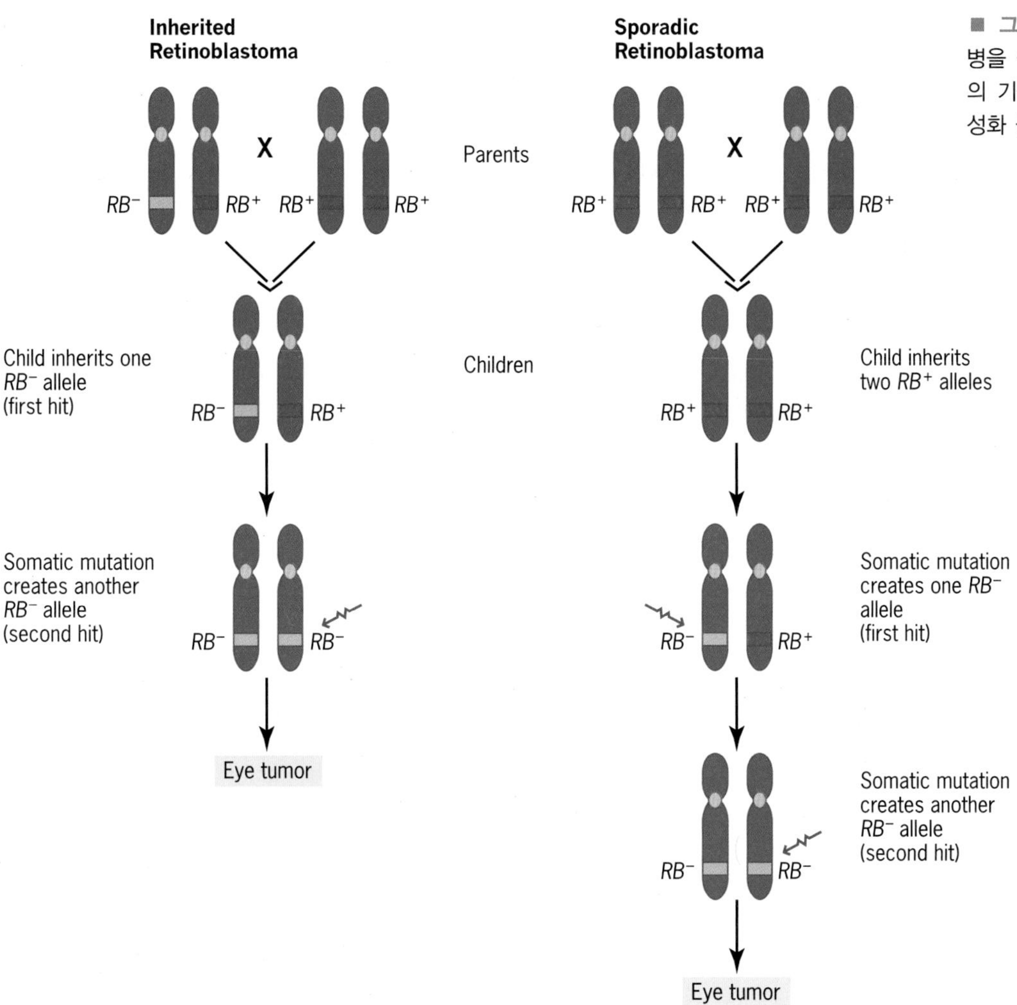

■ 그림 21.6 망막아세포종의 선천성 및 산발성 발병을 설명하는 누드손의 이중-충격 가설. *RB* 유전자의 기능을 완전히 제거하기 위해서는 두 번의 불활성화 돌연변이를 요구한다.

따라서 이런 돌연변이들은 암-관련 유전자의 두 번째 그룹으로 분류하여 항종양유전자(anti-oncogene), 혹은 종양억제유전자(tumor suppressor gene)라 부른다.

유전성 암과 누드손의 이중-충격 가설

많은 종양억제유전자가 우성 유전 방식으로 암발생 경향을 보인다는 사실이 희귀 암의 분석으로부터 밝혀졌다. 이런 경향성은 종양억제유전자의 선천성 기능-소실돌연변이에 대한 이형접합성에 기인한다. 암은 오로지 2차 돌연변이가 체세포에서 일어났을 때와 돌연변이가 정상적인 종양억제유전자의 기능을 완전히 상실시켰을 때 발생한다. 따라서 암의 발생은 두 개의 기능-소실 돌연변이를 요구한다. 즉, 종양억제유전자의 두 대립유전자 각각을 불활성화시키는 이중 "충격(hit)"이 필요하다.

알프레드 누드손(Alfred Knudson)은 1971년에 어린이의 눈에 드물게 발생하는 암인 *망막아세포종(retinoblastoma)*의 발생에 대하여 설명하면서 위와 같은 제안을 하였다. 망막아세포종의 발병 빈도는 대략 어린이 100,000명당 5명꼴이다. 이 암에 대한 가계도 분석은 발병자의 대략 40%는 암 발병의 경향성을 보이는 선천성 돌연변이를 포함하였다. 나머지 발병자의 60%에서는 특별한 선천성 돌연변이를 보이지 않는다. 이런 비선천성인 경우를 *산발성(sporadic)*이라 한다. 통계학적 분석에 기초하여, 누드손은 망막아세포종의 선천성 및 산발성 모두의 발병은 특정 유전자의 두 대립유전자가 모두 불활성화되어 일어난다고 제안하였다(■ 그림 21.6). 선천성의 경우, 두 불활성화 돌연변이 중의 하나는 생식세포를 통해 전달받으며, 다른 하나는 눈 조직의 발생 동안 체세포 돌연변이가 일어난 것이다. 산발성의 경우는 두 불활성화 돌연변이 모두가 눈의 발생 과정동안 일어난 것이다. 따라서 선천성이나 산발

표 21.2

유전성 암 증후군

Syndrome	Primary Tumor	Gene	Chromosomal Location	Propose Protein Function
Familial retinoblastoma	Retinoblastoma	*RB*	13q14.3	Cell cycle and transcriptional regulation
Li-Fraumeni syndrome	Sarcomas, breast cancer	*TP53*	17p13.1	Transcription factor
Familial adenomatous polyposis (FAP)	Colorectal cancer	*APC*	5q21	Regulation of β-catenin
Hereditary nonpolyposis colorectal cancer (HNPCC)	Colorectal cancer	*MSH2*	2p16	DNA mismatch repair
		MLH1	3p21	
		PMS1	2q32	
		PMS2	7p22	
Neurofibromatosis type 1	Neurofibromas	*NF1*	17q11.2	Regulation of Ras-mediated signaling
Neurofibromatosis type 2	Acoustic neuromas, meningiomas	*NF2*	22q12.2	Linkage of membrane proteins to cytoskeleton
Wilms' tumor	Wilms tumor	*WT1*	11p13	Transcriptional repressor
Familial breast cancer 1	Breast cancer	*BRCA1*	17q21	DNA repair
Familial breast cancer 2	Breast cancer	*BRCA2*	13q12	DNA repair
von Hippel-Lindau disease	Renal cancer	*VHL*	3p25	Regulation of transcriptional elongation
Familial melanoma	Melanoma	*p16*	9p21	Inhibitor of CDKs
Ataxia telangiectasia	Lymphoma	*ATM*	11q22	DNA repair
Bloom's syndrome	Solid tumors	*BLM*	15q26.1	DNA helicase

Source: Fearon, E. R. 1997. Human cancer syndromes: clues to the origin and nature of cancer. *Science* 278:1043–1050.

성의 모든 망막아세포종에서, 눈에서 종양 형성을 억제하는 유전자의 기능을 완전히 없애기 위해서는 이중 돌연변이적 "충격"을 요구한다.

그 후의 연구 결과는 누드손의 "이중-충격 가설"이 정확했음을 입증하였다. 첫째로, 망막아세포종의 일부 경우는 염색체 13번의 긴 팔에서 일어난 작은 결실과 연관됨을 보였다. 따라서 정상적으로 망막아세포종을 억제하는 retinoblstoma(*RB*) 유전자는 결실된 부위 내에 위치하여야 한다. 더욱 정밀한 세포유전학적 지도 작성은 예상 *RB* 유전자가 13q14.2 좌위에 위치하고 있음을 밝혔다. 둘째, 위치클로닝 기술이 예상 *RB* 유전자를 분리하는 데 이용되었다. 일단 분리된 후 그 유전자의 구조, 염기서열 및 발현 양상이 결정되었다. 셋째로 예상 유전자의 구조를 종양의 눈 조직으로부터 유래한 세포에서 조사하였다. 누드손의 이중-충격 가설에 의해 예상한 대로, 이 유전자의 두 대립유전자는 모두 망막아세포종 세포에서 불활성화된 상태였다. 따라서 예상 유전자는 진정한 *RB* 유전자로 여겨졌다. 마지막으로 세포 배양 실험에서, 예상 유전자의 정상 대립유전자로부터 얻은 cDNA는 종양세포를 정상으로 전환시킴을 보여 주었다. 이 같은 암의 정상 세포로의 반전 실험은 더 이상 의심할 나위 없이 예상 유전자가 확실히 *RB* 종양억제유전자라는 것을 입증시켰다. 그 후 이 유전자의 산물인 pRB 단백질은 여러 조직들에서 발견되었으며, 세포주기의 조절에 관여하는 전사인자족과 상호작용하는 것으로 밝혀졌다.

누드손의 이중-충격 가설은 다른 유전성 종양에도 적용되었는데, 빌름스종양(Wilms' tumor), 리-프라우메니증후군(Li-Fraumeni syndrome), 신경섬유종(neurofibromatosis), 폰힙펠-린다우증후군(von Hippel-Lindau syndrome) 및 일부 직장암과 유방암 등에 적용되었다(표 21.2). 각각의 종양에는 서로 다른 종양억제유전자가 관여한다. 예를 들면, 요생식기에 발생하는 빌름스종양은 염색체 11번의 짧은 팔에 위치한 *WT1* 종양억제유전자가, 양성 종양과 피부 외상의 특징을 보이는 신경섬유종은 염색체 17번의 긴 팔에 위치하는 *NF1* 유전

문제 풀이 기술

망막아세포종에서 돌연변이율의 측정

문제

알프레드 누드손의 암에 대한 "이중-충격 가설"은 망막아세포종의 통계적 분석에 기초를 두고 있다. 망막아세포종(RB) 환자는 한쪽 눈에서만 종양을 가지거나(unilateral RB), 양쪽 눈 모두에 종양을 가지는데(bilateral RB), 각 눈에서는 하나 이상의 종양이 존재한다. 부모로부터 하나의 *RB* 유전자 돌연변이를 물려받은 환자의 경우, 누드손은 형성된 종양의 평균 수는 3임을 밝혔다. 또한 그는 배아의 망막을 형성하는 세포인 망막아세포의 수는 각 눈에 대해 대략 2백만개인 것으로 추정하였다. 이 그룹의 환자에서 각 종양이 출생후 첫 2년 동안 다른 *RB* 유전자 돌연변이의 유발(누드손 가설의 2차 충격)에 기인한다면, 1년간 *RB* 유전자에서의 체세포 돌연변이율은 얼마인가?

사실과 개념

1. 망막아세포종은 두 *RB* 유전자 모두가 돌연변이에 의해 불활성화되었을 때 발병한다.
2. 불활성화 돌연변이 중 하나는 부모로부터 유전받을 수 있다.
3. 망막아세포종의 산발성 환자는 눈 발생동안 두 개의 불활성화 돌연변이가 일어났을 때 발생한다.
4. 두 사건이 서로 독립적일 때, 두 사건이 동시에 일어날 확률은 각 사건이 일어날 확률을 곱하여 얻는다.

분석과 해결

체세포 돌연변이율을 추정하기 위해서는 전체 사건의 가능성 중에서 돌연변이 사건이 일어난 수를 계산하여야 한다. 평균 종양의 개수(3)는 돌연변이 사건의 평균 수를 추정한 것이다. 돌연변이 사건이 일어날 전체 가능성은 종양을 유발하는 돌연변이가 일어날 수 있는 유전자의 총 숫자에 대한 함수이다: 1 RB^+ 유전자/cell(한개의 RB^- 돌연변이는 이미 한 부모로부터 물려받았음) $\times 2 \times 10^6$ cells/eye $\times$ 2 eye/patient $= 4 \times 10^6$가 돌연변이 사건이 발생할 수 있는 전체 가능성(확률)이다. 따라서 돌연변이율은 $3/(4 \times 10^6) = 7.5 \times 10^{-7}$ 돌연변이, 혹은 1년 간의 내용을 기초로 하여, 7.5×10^{-7} mutations/2년 $= 3.7 \times 10^{-7}$ 돌연변이/year이다.

더 많은 논의를 보고 싶으면 Student Companion 사이트를 방문하라.

자가, 직장에서 빈번하게 출현하는 종양인 가족성 선종폴립증(familial adenomatous polyposis)은 염색체 5번의 긴 팔에 위치한 *APC* 유전자가 관여한다. 망막아세포종과 마찬가지로 이 세 질병들도 드물게 나타나며, 발병자의 일부분에서만 관련 종양 억제유전자에서 선천성 돌연변이를 보인다. 나머지 경우는 관련 유전자에서의 독립적인 두 번의 체세포 돌연변이에 의하거나 아직까지 밝혀지지 않은 다른 종양억제유전자의 돌연변이에 의한 것이다. 이중-충격 가설의 유전적 본질을 보다 깊게 이해하기 위해서는, "문제 풀이 기술: 망막아세포종에서 돌연변이율의 측정"을 읽어보기 바란다.

종양억제단백질의 세포 내 역할

모든 암 중에서 단지 약 1%만이 유전성이다. 그렇지만, 20종 이상의 유전성 종양증후군이 동정되었는데, 거의 모든 경우에서 종양유전자가 아닌 종양억제유전자의 결함에 기인한 것으로 밝혀졌다. 종양억제유전자로부터 암호화되는 단백질은 세포분열, 분화, 예정된 세포죽음 및 DNA 복구 등 세포기작에 광범위하게 관여한다. 다음 절에서 지금까지 많이 연구된 종양억제단백질들에 대해 알아보고자 한다.

pRB

최근의 연구는 RB 종양억제단백질이 세포주기 조절에 중요한 역할을 한다는 것을 밝혔다. 처음 *RB* 유전자는 망막아세포종과의 연관으로부터 알려졌지만, 그 후 이 유전자에서의 돌연변이는 폐소세포암(small cell lung carcinomas), 골육종(osteosarcomas), 방광암, 자궁경부암 및 전립선암을 포함하는 여러 다른 종류의 암과도 관련있다는 것이 밝혀졌다. 또한 *RB* 녹아웃 돌연변이에 대해 동형접합인 생쥐는 배 발생 동안 죽는다. 그러므로 *RB* 유전자 산물은 생명 현상에 필수적임을 알 수 있다.

RB 유전자 산물은 세포주기를 조절하는 105 kDa의 핵단백질이다. *RB* 유전자와 상동성을 보이는 두 종류의 유전자가 포유동물의 유전체에서 발견되었는데, 이들의 산물인 p107과 p130(각 단백질의 분자량(kDa)으로부터 이름이 붙여졌음)도 역시 세포주기의 조절에 중

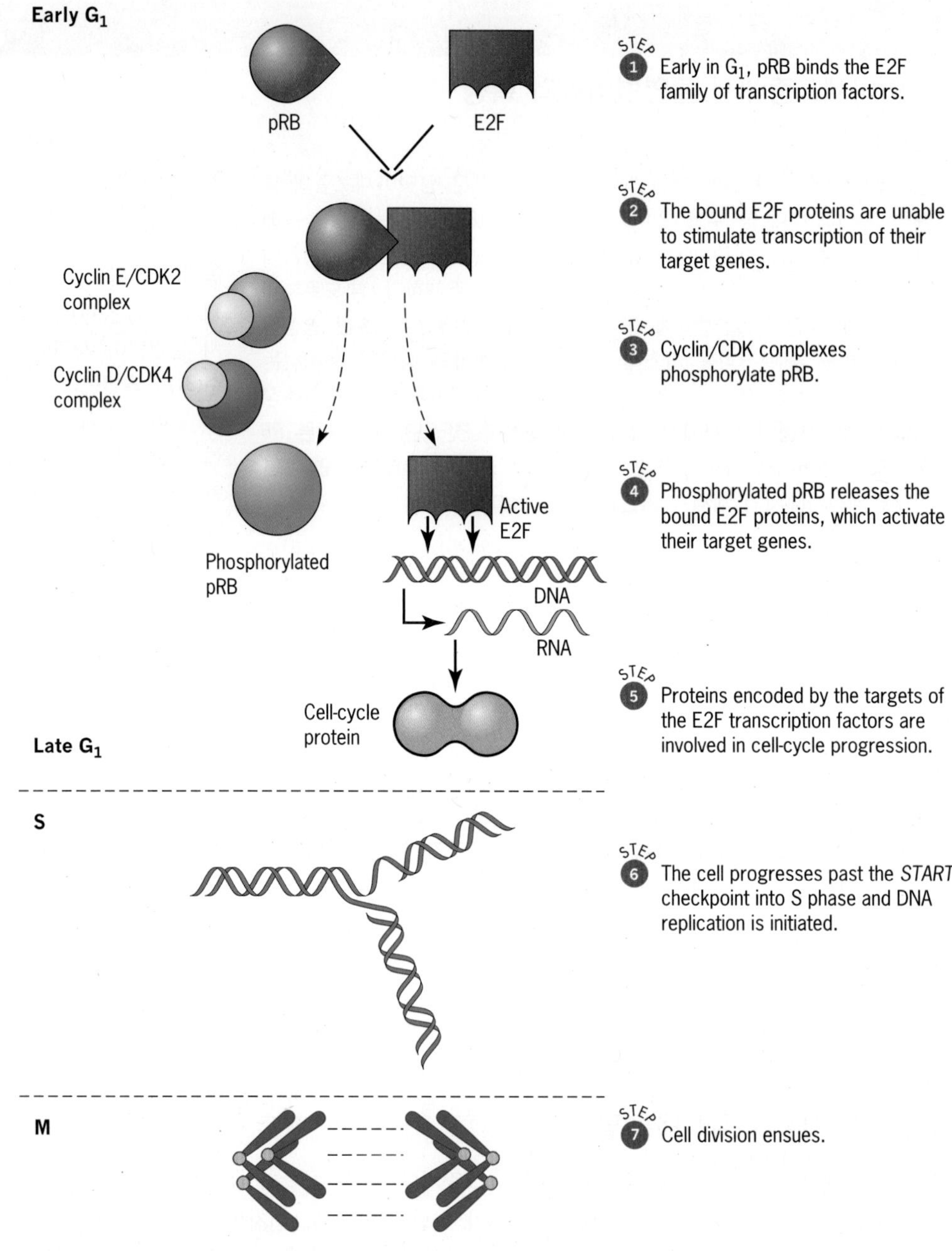
Early G_1
pRB
E2F
STEP 1 Early in G_1, pRB binds the E2F family of transcription factors.
STEP 2 The bound E2F proteins are unable to stimulate transcription of their target genes.
Cyclin E/CDK2 complex
Cyclin D/CDK4 complex
STEP 3 Cyclin/CDK complexes phosphorylate pRB.
Active E2F
Phosphorylated pRB
DNA
RNA
STEP 4 Phosphorylated pRB releases the bound E2F proteins, which activate their target genes.
Cell-cycle protein
Late G_1
STEP 5 Proteins encoded by the targets of the E2F transcription factors are involved in cell-cycle progression.
S
STEP 6 The cell progresses past the START checkpoint into S phase and DNA replication is initiated.
M
STEP 7 Cell division ensues.

■ 그림 21.7 세포주기의 진행과 pRB의 역할. pRB는 E2F 전사인자와 결합하여 전사 활성화를 억제함으로써 세포주기를 G_1기에서 멈추게 한다. 사이클린/CDK 복합체에 의해 pRB가 인산화되면, E2F는 pRB로부터 지유롭게 분리되어 *START* 체크포인트에서 S기로 이동시키는 단백질을 암호화하는 표적 유전자들을 활성화시킨다.

요한 역할을 수행하는 것으로 보인다. 사람의 어떤 종양에서도 이 두 유전자 중의 하나에서 불활성화 돌연변이를 보인 적은 없으며, 두 유전자 중의 하나에 대한 동형접합 녹아웃 생쥐들도 비정상적인 표현형을 보이지는 않는다. 그렇지만, 두 유전자 모두에 대한 동형접합 녹아웃 돌연변이체는 태어난 후 곧 죽었다. 그러므로 p107과 p130을 포함하는 RB족 단백질들은 중요한 세포기작에 관여하고 있음을 알 수 있다.

분자생물학 및 생화학적 분석은 세포주기의 조절에서 pRB의 역할을 밝혔다(■ 그림 21.7). 세포주기의 초기 G_1기에, pRB는 E2F 전사인자와 결합한다. E2F 단백질은 세포주기를 진행시키는 몇몇 유전자의 발현을 조절한다. E2F 전사인자가 pRB와 결합된 상태에서는 표적 유전자에 존재하는 특이적 인핸서 서열에 부착할 수 없다. 결과적으로, 표적 유전자들에 의해서 암호화되는 세포주기 조절 단백질은 생산되지 못하고, DNA 합성과 세포분열의 기구는 멈추게 된다. 후기 G_1기가 되면 pRB는 사이클린-의존성 키나아제에 의해 인산화된다. 이와 같은 상태에서는 pRB는 E2F 전사인자로부터 떨어지게 된다. 자유롭게 된 E2F 전사인자는 표적 유전자들을 활성화시켜, 세포가 S기를 경유하여 유사분열기로 이동하게 하는 단백질들을 암호화한다. 유사분열 후, pRB는 탈인산화되며, 각각의 딸세포는 새로운 세포주기의 간기로 들어간다.

세포주기를 통한 이와 같은 순서적이고 규칙적인 리듬이 암세포에서는 지켜지지 못한다. 망막아세포종뿐만 아니라 많은 종류의 암에서, 두 *RB* 대립유전자가 모두 불활성화되어 있는데, 그 원인은 결실이나 혹은 E2F 전사인자와의 결합 능력에 손상을 입히는 돌연변이에 기인한다. pRB가 전사인자와의 결합 능력을 소실하는 것은 E2F의 표적 유전자들에 대한 계속적인 활성화를 방치하는 결과를 초래하므로, 따라서 DNA 합성과 세포분열 기구는 작동의 상태로 조정이 된다. 실제로, 세포분열의 과정에서 제동장치 중의 하나가 풀린 것이다. 제동장치가 없으면, 세포들은 세포주기를 빠르게 진행시키려는 경향이 있다. 만약 세포주기의 다른 제동장치도 작동하지 않는다면, 세포들은 끊임없이 분열하여 종양을 형성한다.

p53

53 kDa의 종양억제단백질 p53은 특정 DNA 바이러스에 의한 암의 유발에 대한 연구로부터 발견되었다. 이 단백질은 *TP53*으로 불리는 종양억제유전자에 의해 암호화된다. *TP53*에서의 선천성 돌연변이는 드문 빈도를 보이며 우성 방식을 보이는 리-프라우메니증후군과 그 외 종양과 연관을 가진다. *TP53*의 두 대립유전자가 불활성화된 체세포 돌연변이는 다양한 암의 유발을 보인다. *TP53* 돌연변이는 사람의 거의 모든 암에서 관찰된다. 따라서 p53 기능의 소실은 종양 발생의 중요한 단계이다.

p53 단백질은 393 아미노산 길이의 전사인자로서, N-말단의 전사활성 도메인(TAD), 중앙의 DNA-결합 코아 도메인(DBD) 및 C-말단의 동형-올리고중합체 형성 도메인(OD)의 세 개의 구분되는 도메인으로 구성되어 있다(■ **그림 21.8*a***). p53을 불활성화시키는 돌연변이의 대부분은 DBD에 위치한다. DBD에서의 돌연변이는 표적 유전자에 내재하는 특이적 염기서열에 결합하는 p53의 능력에 손상을 입히거나 소실되게 함으로써, 그 유전자들의 전사 활성화를 억제시킨다. 그래서 DBD에서의 돌연변이는 전형적인 열성 기능-소실(loss-of function) 돌연변이이다. 일부 돌연변이는 폴리펩티드의 OD 부위에서 발견된다. 이런 종류의 돌연변이를 가지는 p53 분자는 정상적인 p53 폴리펩티드와 중합체를 형성하여, 정상 폴리펩티드가 전사인자로서의 기능을 수행하지 못하게 방해한다. 따라서 OD에서의 돌연변이는 p53의 기능에 *우성 음성(dominant negative)* 방식의 효과를 나타낸다.

p53 단백질은 스트레스에 대한 세포 반응의 핵심적인 역할을 수행한다(■ **그림 21.8*b***). 정상 세포에서 p53의 농도는 매우 낮지만, 세포가 방사선과 같은 DNA-손상원에 노출되었을 때는 그 농도가 급속도로 증가한다. DNA 손상에 대한 p53의 농도 증가는 p53의 분해 속도를 낮추는 방식에 의해 조절된다. p53은 DNA 손상에 반응하여 인산화되어 안정하고 활성화된 형태로 전환된다. 일단 활성화되면, p53은 세포주기를 멈추게 하는 단백질을 만드는 유전자들의 전사를 활성화시켜서 손상된 DNA를 복구하게 하거나, 또는 손상된 세포를 결국 죽게 만드는 산물을 생산하는 다른 세트의 유전자를 활성화시킨다.

세포주기를 멈추게 하는 잘 알려진 분자 중의 하나가 p21 단백질로서, p53 전사인자에 의해 유전자 발현이 활성화되어 생성된다. p21 단백질은 사이클린/CDK 복합체의 저해제이다. p21이 세포의 스트레스에 반응하여 합성되면, 사이클린/CDK 복합체는 불활성화되고 세포주기는 멈추게 된다. 멈춘 동안, 손상된 DNA는 복구될 수 있다. 따라서 p53은 세포주기의 제동장치를 활성화시키는 역할을 수행하며, 이 제동은 세포를 본래 유전적 본성을 그대로 유지할 수 있게 한다. p53의 기능이 결여된 세포는 이와 같은 세포분열의 제동장치를 작동하기 어렵다. 만약 제동 불능의 세포들이 세포주기를 계속 진행시켜서 세포분열이 계속된다면, 추가적인 돌연변이들이 축적되어 세포들은 더욱더 조절 불능의 상태가 될 것이다. 따라서 p53의 돌연변이에 의한 불활성화는 종종 암 발생 경로의 핵심 단계가 된다.

p53 단백질은 또한 세포 스트레스에 대한 다른 반응을 중재할 수도 있다. 세포의 손상된 DNA를 복구하려는 총체적인 노력 대신에, p53은 손상된 세포를 스스로 파괴시키는 프

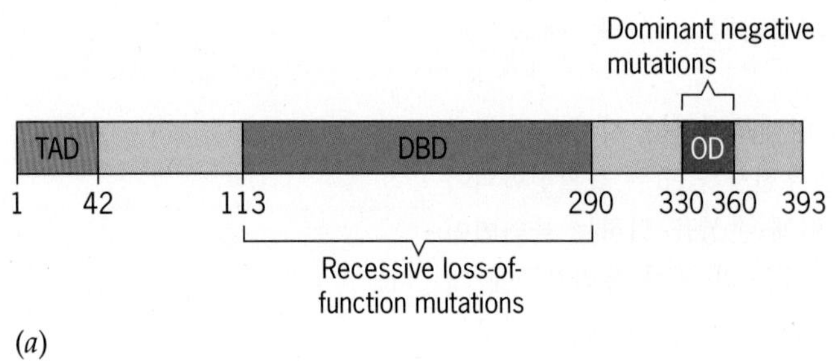

(*a*)

Damage to the DNA induces an increase in the abundance of p53.

p53

Cell-Cycle Arrest Pathway

STEP 1 Acting as a transcription factor, p53 induces the synthesis of p21.

STEP 2 The p21 protein inhibits the phosphorylation activities of the CDKs.

STEP 3 The pRB protein remains in a hypophosphorylated state.

STEP 4 Hypophosphorylated pRB inhibits E2F transcription factors.

STEP 5 E2F proteins are unavailable to induce transcription of their target genes.

STEP 6 The proteins encoded by the targets of E2F transcription factors are not produced, and the cell cycle is arrested.

p21

CDKs

pRB

Hyperphosphorylated pRB

E2F

Target genes

Protein products

Cell-cycle arrest

BAX

BCL-2

Apoptotic pathway

Cell death

Apoptotic Pathway

STEP 1 Acting as a transcription factor, p53 induces the synthesis of the BAX protein.

STEP 2 BAX protein antagonizes the BCL-2 protein, a repressor of the apoptotic pathway.

STEP 3 In the absence of repressor, the apoptotic pathway is activated and the cell is destroyed.

(*b*)

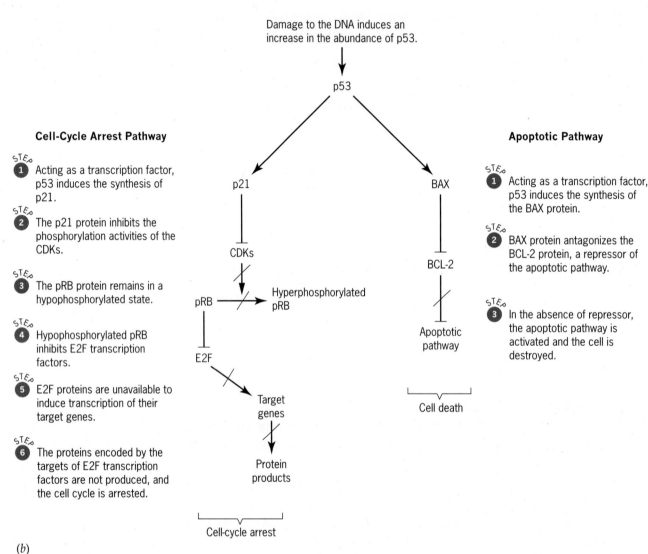

■ 그림 21.8 (*a*) p53의 중요한 도메인들. TAD = 전사 활성화 도메인; DBD = DNA-결합 도메인; OD = 올리고중합체 형성 도메인. 아래쪽의 숫자는 폴리펩티드에서 아미노산의 위치를 표시한다. (*b*) DNA 손상에 대한 세포반응에서 p53의 역할. 두 가지 반응 경로가 밝혀졌다. 각 경로에서 화살표(→)는 양성 작용이나 정방향성 변화(즉, 단백질이 합성되거나 인산화되는 것, 단백질이 어떤 반응을 촉매하는 것, 혹은 어떤 유전자가 발현되는 것 등)를 의미하고, 뭉툭한 화살표(⊣)는 음성 작용(즉, 단백질 합성이나 단백질 활성의 저해 또는 어떤 경로의 억제)을 의미한다. 화살표에 걸쳐진 사선은 양성 혹은 음성의 작용이 봉쇄되는 것을 나타낸다.

로그램인 자살반응을 불러일으킬 수 있다. p53이 예정된 세포죽음을 유도하는 기작에 대해서는 잘 밝혀지지는 않았다. 그렇지만, 한 기작은 *BAX* 유전자의 산물이 관여하는 것으로 여겨진다. BAX 단백질은 정상적으로 세포자살을 억제하는 BCL-2로 불리는 다른 단백질의 길항제이다. *BAX* 유전자가 p53에 의해 활성화되면, BAX 단백질은 BCL-2 단백질의 억제 기능을 수행하지 못하게 한다. 이렇게 되면, 세포는 세포자살의 경로로 들어가게 되며, 세포는 자기 자신을 파괴하는 과정을 수행하게 된다.

이상하게도 p53 단백질은 배 발생 과정에서 일어나는 예정된 세포죽음에는 그다지 중요한 역할을 수행하지 않는 것처럼 보인다. *TP53*에 대해 동형접합으로 녹아웃된 돌연변이 생쥐들은 연령이 증가함에 따라 암을 발생시키는 경향은 보이지만, 발생은 정상적으로 진행된다. 따라서 스트레스에 대한 세포 반응에서 p53이 매우 중요한 역할을 수행함에도 불구하고, p53은 배 발생의 과정에는 영향을 주지 않는 것으로 여겨진다.

pAPC

310 kDa의 pAPC 단백질은 대장암을 유발시키는 선천성 *선종양결장폴립증(adenomatous*

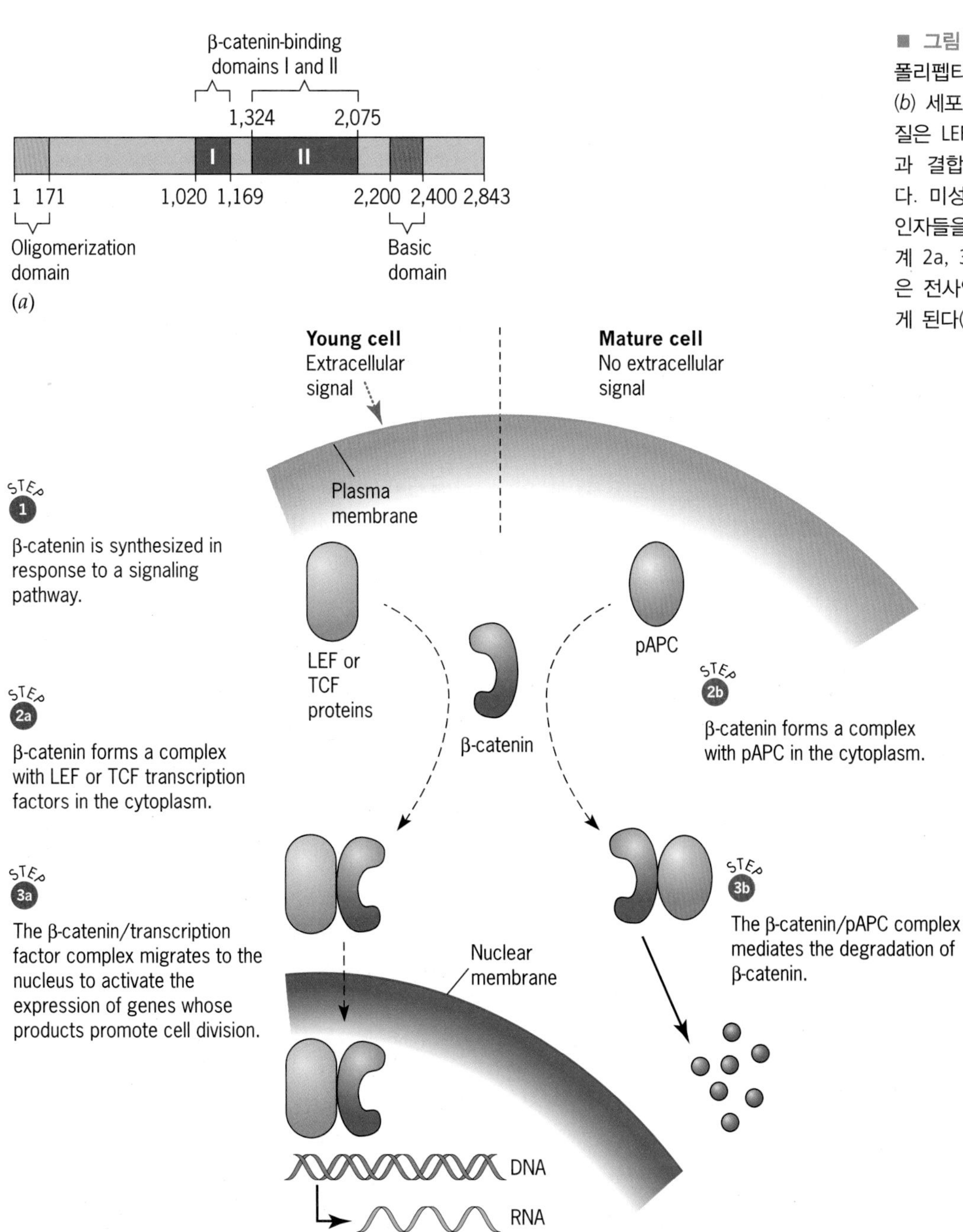
β-catenin-binding domains I and II
1,324
2,075
I
II
1
171
1,020
1,169
2,200
2,400
2,843
Oligomerization domain
Basic domain
(a)
Young cell
Extracellular signal
Mature cell
No extracellular signal
Plasma membrane
STEP 1
β-catenin is synthesized in response to a signaling pathway.
LEF or TCF proteins
β-catenin
pAPC
STEP 2a
β-catenin forms a complex with LEF or TCF transcription factors in the cytoplasm.
STEP 2b
β-catenin forms a complex with pAPC in the cytoplasm.
STEP 3a
The β-catenin/transcription factor complex migrates to the nucleus to activate the expression of genes whose products promote cell division.
STEP 3b
The β-catenin/pAPC complex mediates the degradation of β-catenin.
Nuclear membrane
DNA
RNA
(b)

■ 그림 21.9 (*a*) pAPC의 중요한 도메인. 숫자는 폴리펩티드 내에서 아미노산의 위치를 표시한다. (*b*) 세포주기의 조절에서 pAPC의 역할. pAPC 단백질은 LEF나 TCF 전사인자를 활성화시키는 β-카테닌과 결합함으로써 세포주기의 진행에 영향을 미친다. 미성숙세포에서 세포 외부의 신호는 이들 전사인자들을 활성화시켜 세포분열을 촉진하게 되며(단계 2a, 3a), 성숙세포에서 pAPC과 β-카테닌의 결합은 전사인자의 활성화를 억제시켜서 세포분열을 막게 된다(단계 2b, 3b).

polyposis coli)의 연구로부터 동정되었다. pAPC은 2,834 아미노산으로 구성된 큰 단백질로서 (■ **그림 21.9*a***), 대장의 내피나 상피조직을 구성하는 세포들의 교체를 조절하는 데 중요한 역할을 한다. 비록 이 과정을 조절하는 기작이 완전히 밝혀지지는 않았지만, 최근의 연구 결과는 pAPC가 대장의 상피조직에서 세포의 증식과 분화를 조절하는 것으로 여겨진다. pAPC 기능이 소실되면, 대장의 상피조직에서 손가락 모양의 돌기를 구성하는 세포들이 미분화 상태로 유지된다. 이 세포들이 계속적인 분열을 하여 세포 수가 증가하게 되면, 작은 크기의 많은 양성 종양을 유발시킨다. 이런 종양들을 *폴립종*(*polyps*) 또는 *선종*(*adenomas*)이라 부르며, 이것의 발병 경향은 드물게 나타나는 상염색체 우성 방식의 *가족성 선종양폴립증*(*FAP*)을 보인다. 서양에서 FAP가 발생하는 빈도는 7천 명 중에 한 명 정도이다.

FAP를 가진 환자는 10대나 20대 초반에 여러 선종이 발생한다. 비록 선종들이 처음에는 양성으로 시작하지만, 여러 선종 중 적어도 하나 이상은 악성 종양으로 발전할 가능성이 매우 높다. 그래서 비교적 어린 나이에(미국에서는 평균 연령이 42세임) FAP 돌연변이의 보유자는 대장암이 발생한다.

다수의 선종들이 FAP 돌연변이에 대해 이형접합인 사람들의 소화관에서 발생하는데, 그 원인은 소화관 상피의 재생과정 동안 정상 *APC* 대립유전자에서 여러 차례에 걸친 돌연변이들이 일어나기 때문이다. 이러한 돌연변이가 발생하면, 세포는 기능을 가지는 pAPC 단백질의 합성 능력을 소실하게 된다. 이 단백질의 부재는 세포 증식에 대한 하나의 중요한 제동이 풀리게 하여, 세포분열이 조절과정 없이 진행되게 한다. 따라서 FAP 이형접합자의 대장에서 나타나는 수많은 양성 종양의 형성은 대장 상피에서 독립적인 2차 돌연변이의 "충격"에 기인된 것이다. FAP 돌연변이를 보유하지 않은 사람이 다수의 선종을 발생시키는 일은 거의 없다. 그렇지만, 한 세포에서의 양 *APC* 유전자가 모두 체세포 돌연변이에 의해 불활성된다면, 하나 또는 그 이상의 선종을 형성할 수도 있다.

pAPC 단백질은 세포 내부에 존재하는 β-카테닌과의 결합을 통해 세포분열을 조절하는 것으로 여겨진다. β-카테닌은 세포분열을 조절하는 유전자의 발현을 촉진하는 전사인자를 포함하여 여러 단백질들과 결합한다. 이런 전사인자와의 상호작용은 세포 표면의 신호가 세포가 분열하게 하는 힌트를 줄 때 일어난다(■ **그림 21.9*b***). 신호-유도 세포증식은 대장의 상피에서 필수적인 과정이다. 왜냐하면 상피 조직은 매일 엄청난 숫자의 세포를 잃기 때문에(사람에서 매일 대략 10^{11} 세포 소실), 소실된 세포는 세포분열에 의해 공급되는 새로운 세포들로 채워져야 한다. 정상적으로 새로이 생성된 세포는 본래 세포분열이 일어났던 상피의 부위로부터 바깥으로 이동하면서 성숙 상피세포가 되어 세포분열 능력은 잃어버린다. 분열가능 상태에서 분열불능 상태로의 전환은 성숙 상피세포가 세포분열을 촉진하는 세포 외부 신호를 접수하지 못하기 때문이다. 외부 신호가 없으면, pAPC는 세포질의 β-카테닌과 복합체를 형성하며, 복합체의 β-카테닌은 분해의 표적이 된다. pAPC는 성숙 상피세포 내의 β-카테닌 농도를 낮게 유지시키므로, β-카테닌이 세포분열을 촉진하는 전사인자와 결합해서 활성화시킬 기회는 거의 없다. pAPC 돌연변이를 가진 세포는 β-카테닌의 농도를 조절하는 능력을 상실한다. β-카테닌 농도 조절의 부재는 세포의 분열 능력을 계속 유지시키고, 적절한 숫자의 성숙 상피세포로의 분화에 실패하게 된다. 이것의 결과로서 대장의 내피 표면에 종양이 발생하게 된다. 따라서 정상적인 pAPC 분자는 대장에서의 종양 형성을 억제하는 데 매우 중요한 역할을 담당한다.

phMSH2

phMSH2 단백질은 세균과 효모에서 발견된 MutS로 불리는 DNA 복구 단백질에 대한 사람의 상동성 단백질이다. 이 단백질의 암에 대한 연관성은 상염색체 우성 *유전성 비폴립증 대장암*(*hereditary nonpolyposis colorectal cancer: HNPCC*)의 연구를 통하여 밝혀졌는데, 이 암은 대략 500명에 1명 비율로 발생한다. FAP와는 다르게, HNPCC는 작은 수의 선종이 나타나는 특징을 보이는데, 발생한 선종 중의 하나가 결국은 암으로 진행된다. 미국에서 암이 발생하는 평균 연령은 42세로, FAP 환자에서 악성 종양의 출현 연령과 비슷하다.

과학자들이 HNPCC 종양에서 세포들의 일반적인 유전적 불안전성을 관찰한 이후, *hMSH2* 유전자가 HNPCC의 유전과 연관되었음을 밝혔다. 이들 세포의 유전체에서 2- 또는 3-염기의 미소부수체(microsatellite) 반복서열의 길이가 빈번하게 유전체 불안정성을 보인다(제13장 참조). 이 불안정성은 세균에서 DNA 미스매치 복구(제13장 참조)를 조절하는 유전자 돌연변이의 경우와 비교될 수 있다. 인간의 상동유전자가 염색체 2번의 짧은 팔에 위치하는 것으로 밝혀졌는데, 이 부위는 연관분석에 의해 이미 HNPCC와의 관련성이 예상된 곳이다. *hMSH2*로 표기된 이 유전자의 염기서열 분석은 일부 HNPCC 환자로부터 절취한 종양 조직에서는 이 유전자가 불활성되었음을 밝혔다. 따라서 *hMSH2*의 기능 소실은 원인적으로 HNPCC 종양에서 관찰되는 유전체 불안정성과 연관된다. 후속 연구는 *hMSH2*나 혹은 세균의 미스매치 복구유전자에 대한 사람의 또다른 세 상동성 유전자들에서의 생식세포 돌연변이들이 HNPCC의 유전성과 연관됨을 보였다.

pBRCA1 및 pBRCA2

종양 억제유전자 *BRCA1* 및 *BRCA2*의 많은 돌연변이는 유전성 유방암 및 난소암과 연루됨이 밝혀졌다. *BRCA1*은 1990년에 17번 염색체에 위치함이 밝혀졌으며 1994년에 유전자가 분리되었고(Student Companion 사이트에 있는 "*유전학의 이정표: BRCA1 유전자의 분리*" 참조), *BRCA2*는 1994년에 13번 염색체에 위치함이 밝혀졌으며 1995년에 분리되었다. 두 유전자는 모두 큰 단백질을 암호화하는데, pBRCA1은 220 kDa의 폴리펩티드이며, pBRCA2는 384 kDa의 폴리펩티드이다. 세포학 및 생화학적 연구로부터 각 단백질은 정상적인 세포의 핵 속에 존재하며, 전사활성화 도메인으로 추정되는 부위를 가진다. pBRCA1과 pBRCA2 단백질은 또한 다른 단백질과 직접적으로 상호결합하는 도메인을 포함하는데, 특히 RecA로 알려진 박테리아의 DNA 복구단백질에 대한 진핵생물의 상동체인 pRAD51과 결합한다. 그래서 pBRCA1과 pBRCA2는 사람의 세포에서 손상된 DNA를 복구하는 여러 시스템 중의 하나와 관련될 수 있다.

pBRCA1과 pBRCA2는 모두 세포 내에서 중요한 역할을 수행한다. 이들 유전자에 대해 동형 접합성 녹아웃 돌연변이체 생쥐는 배 발생 초기에 죽는다. 아직까지 사람의 종양 발생 과정에서 pBRCA1과 pBRCA2의 돌연변이성 단백질들이 어떤 역할을 수행하는지는 확실하지 않다. 아마도 이 유전자들은 손상된 DNA를 탐지하거나 복구하는 능력을 나타낼 가능성이 있다.

미국에서 *BRCA1*과 *BRCA2* 유전자에서의 돌연변이는 전체 유방암 환자의 대략 7%, 전체 난소암 환자의 대략 10% 정도에서 관찰되었다. 각각의 유전자에서, 이런 암의 발병 경향은 높은 침투도를 가지는 우성 대립유전자에 의해 유전됨을 보인다. 돌연변이 보유자는 비보유자에 비해 유방암이나 자궁암이 발병할 위험이 10-25배나 더 높으며, 일부 가계의 경우 대장암이나 전립선암의 발병 위험이 역시 증가함을 보였다. *BRCA1*과 *BRCA2*에 대한 불활성화 돌연변이들이 인류 집단에서 매우 다양하고 많으므로, 이런 돌연변이를 보유한 가족들에 대한 유전상담을 어렵게 한다("FOCUS ON: 암과 유전상담" 참조).

요점

- *종양억제유전자는 망막아세포종과 같은 희귀 선천성 종양과의 연관성 연구를 통해 밝혀졌다.*
- *다양한 종양억제유전자의 돌연변이에 의한 불활성화는 대부분의 종양에서 관찰된다.*
- *한 세포에서 종양 억제유전자 두 대립유전자의 기능을 모두 제거하기 위해서는 두 번의 돌연변이 충격이 요구된다.*
- *종양 억제유전자에 의해 암호화되는 단백질들은 세포주기를 조절하는 데 중요한 기능을 수행한다.*

FOCUS ON

암과 유전상담[1]

종양억제유전자에서의 선천성 돌연변이의 분리는 유전상담의 신기원을 열었다. 이런 돌연변이의 보유자는 상대적으로 어린 나이에 생명을 위협하는 암에 걸릴 위험률이 높다. 만약 분자생물학적 검사를 통해 어떤 사람이 종양억제유전자의 돌연변이를 보유함을 확인하였다면, 그 사람의 치명적인 암 발병률을 낮추기 위해 다양한 의학적 접근이 이루어질 것이다. 예를 들면, *APC* 유전자 돌연변이를 가진 어린이에 대해서는 주기적인 대장의 내시경 검사를 통해 의심스러운 손상 부위를 제거할 것이며, *BRCA* 유전자의 돌연변이를 가진 여성에 대해서는 예방적 차원에서 유방절제술이나 난소절제술이 시행될 수 있다.

종양억제유전자에 대한 돌연변이 검사로부터 음성적인 판정을 받은 경우에는, 그 검사과정을 신뢰한다면 이것은 하나의 축복임에 틀림없다. 집단 내에 존재하는 수 많은 종류의 돌연변이 대립인자들을 가지는 커다란 유전자들에 대해 유전자의 도처에 숨겨져 있을 돌연변이를 탐색하기 위해 비용을 절감할 수 있는 효율적인 검사법을 디자인하는 일은 쉬운 일이 아니다. 이런 검사는 일반적으로 중합효소연쇄반응(PCR)에 의존하는데, 대부분의 돌연변이 대립유전자를 탐색할 수 있도록 고안되어졌다. 한 사람에 대한 어떤 종양억제유전자의 검사에서, 지금까지 빈번하게 관찰되는 돌연변이 대립유전자들에 대해서는 정확하게 검색될 것이다. 그렇지만, 이 검사로부터 음성 판정을 받았더라도 안심할 수만은 없다. 왜냐하면 지금까지 동정되지 않은 새로운 혹은 *개인-특이적인*(*private*) 돌연변이를 가질 수도 있기 때문이다.

새로운 개인-특이적 대립유전자의 존재는 유전성 암의 상담을 어렵게 만든다. 예를 들면, *BRCA1* 유전자에서 지금까지 300 종류 이상의 돌연변이가 발견되었는데, 돌연변이의 대략 50%는 개인-특이적인 돌연변이이다. 유방암의 가족력을 가진 사람이 유전상담을 받기 위해 왔다면, 상담자는 어떤 돌연변이들에 대해 조사해 보아야 할 것인가? 때로는 가족의 다른 구성원들의 데이터나 여러 인류 집단들로부터 수집된 정보들이 실마리를 제공해 줄 수 있다. 만약 그 가족의 다른 구성원이 특정한 돌연변이 대립유전자를 보유한다면, 상담자는 그 대립유전자에 대해 검사해야 할 것이다. 만약 특정 돌연변이 대립유전자들이 그 개인이 속한 인종 특이적이라면, 카운슬러는 그 대립유전자들에 대해 조사해야 한다. 예를 들면, 독일이나 폴란드 지역에 사는 유태인 집단에서는 *BRCA1*과 *BRCA2* 돌연변이 대립유전자에 대해 2.5%의 높은 출현 빈도를 보인다. 비-유태인 백인 집단에서 모든 *BRCA* 돌연변이 대립인자의 전체 빈도는 단지 0.1%이다. 따라서 독일이나 폴란드 지역에 사는 유태인들은 유방암 및 난소암에 대해 자신의 가족 내에서 특정 대립유전자가 있는지를 검사해야 한다.

종양억제유전자에서 돌연변이 검출을 위한 유전학적 검사는 많은 심리학적 문제를 제기시킨다. 치료 목적의 의료 행위가 효과가 없을 경우, 어떤 환자는 잠정적으로 치사 돌연변이 대립유전자를 보유할 수 있다는 생각과 더불어 삶에 대한 심리적 부담이 압도하기 때문에, 유전자 검사를 받지 않기를 원할지도 모른다. 어떤 사람이 돌연변이 보유자라는 것을 알게 되면, 그 사람의 직업계획이나 결혼 및 임신에 대한 결정에 영향을 미칠 것으로 예상된다. 일찍 죽게되리라는 생각은 한 개인이 결혼과 출산, 그리고 직업을 지속적으로 유지하려는 욕구를 감소시킬 것이며, 돌연변이 대립유전자를 자식에게 전달할 기회를 줄이기 위해 그 사람은 출산을 단념하게 될 수 있다. 어떤 사람이 돌연변이를 보유하고 있다는 사실은 가족 구성원, 친구 및 같이 일하는 사람들에게도 영향을 미칠 수도 있다. 어머니가 *BRCA1* 돌연변이를 가졌다는 것을 아는 어린 딸은 자신도 동일한 돌연변이 유전자를 가졌을 가능성 때문에 불안에 휩싸일 것이며, 부인이 *BRCA1* 돌연변이를 가진 남편은 치료적 차원에서 난소를 절제해야 하는 지, 혹은 평생 자신들의 아기를 갖지 말아야 하는 지 등에 대한 어려운 결정에 대해 상의를 해야만 할 것이다.

종양억제유전자의 돌연변이에 대한 검사는 많은 윤리적 문제를 야기한다. 검사 결과는 누구까지 알려야 하는가? 환자의 가족? 부모? 고용주? 집주인? 보험사? 사회는 유전자 검사 결과의 프라이버시를 위한 안전장치로 어떤 일을 할 것인가? 정부는 유전정보에 기초한 차별로부터 개인을 보호할 어떤 정책을 마련해야 하는가? 보험이나 고용 규정은 어떻게 변경되어야 하는가? 해로운 돌연변이를 가진 개인의 출산 권리는 제한되어져야 하는가? 분자생물학적 기술이 발전하면서, 종양 억제유전자의 돌연변이를 검색하는 능력의 확보는 우리가 앞으로 어떻게 대처해야할 지에 대한 많은 질문을 남긴다. 현재 이런 질문에 대한 해답은 여전히 불확실한 상태로 남아있다.

[1] Ponder, Bruce. 1997. Genetic testing for cancer risk. *Science* 278: 1050–1054.

암의 유전적 발생 경로

암은 원종양유전자와 종양억제유전자의 체세포 돌연변이의 축적으로 발생한다.

대부분의 암에서, 악성 종양의 형성은 단일 원종양유전자의 조절력을 상실한 활성화나 단일 종양억제유전자의 불활성화가 원인이 되지는 않았다. 오히려, 종양 형성, 성장 및 전이는 대개 몇몇 다른 유전자들에서의 돌연변이 축적에 의존한다. 그러므로 암의 유전적 경로는 다양하고 복잡하다.

우리는 서로 다른 종류의 암의 형성 및 진행으로부터 다양성과 복잡성을 확인할 수 있다. 예를 들면, 대장의 양성 종양은 *APC* 유전자의 불활성화 돌연변이를 가지는 사람에게서 발생한다. 그렇지만, 이런 종양이 치명적인 암으로 전환되기 위해서는 몇몇 다른 유전자에서의 돌연변이를 요구한다. 이와 같은 돌연변이에 의한 암 발생 경로를 ■ **그림 21.10*a***에

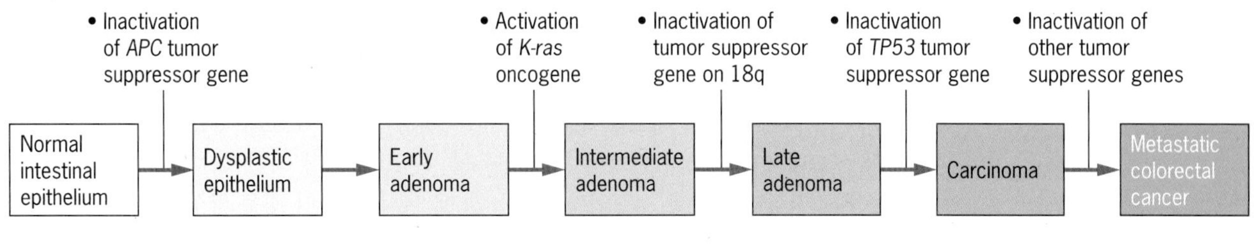

(a)

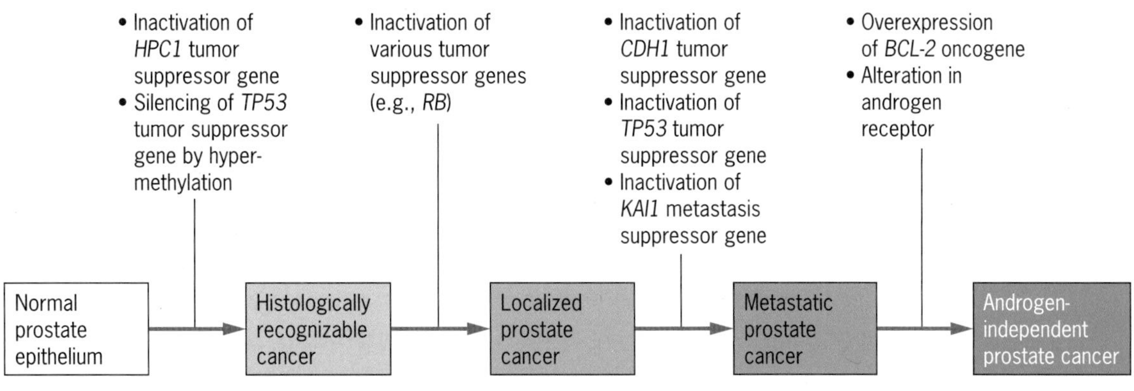

(b)

■ 그림 21.10 암의 유전적 발생 경로.

서 보여준다. *APC* 유전자의 불활성화 돌연변이는 대장 상피조직의 비정상적인 조직 발생을 유도함으로써 종양 형성 과정을 개시한다. 이런 비정상 조직은 특이적인 형태와 확장된 크기의 핵을 가지는 이형성 세포(dysplastic cell)를 포함하는데, 이들이 초기 단계의 선종으로 자란다. 만약 *K-ras* 원종양유전자가 이런 선종 중의 하나에서 활성화된다면, 그 선종은 훨씬 빨리 증식될 것이다. 이어서 염색체 18번의 긴 팔에 위치한 몇몇 종양억제유전자 중에서의 불활성화 돌연변이는 선종을 훨씬 빨리 증식시키며, 17번 염색체에 위치한 *TP53* 종양억제유전자의 불활성화 돌연변이는 선종을 왕성하게 증식되는 암으로의 전환을 유도시킬 것이다. 추가적인 종양억제유전자의 돌연변이는 종양세포들이 조직으로부터 떨어져 나와 다른 조직으로 침투하게 한다. 그래서 대장에서 암이 발생하기 위해서는 적어도 7개의 독립적인 돌연변이(두 개의 *APC* 유전자의 불활성화 돌연변이, 한 개의 *K-ras* 유전자의 활성화 돌연변이, 18번 염색체에 위치한 종양억제유전자에서의 두 불활성화 돌연변이 및 두 개의 *TP53* 유전자의 불활성화 돌연변이)가 요구되며, 종양이 다른 조직으로 전이되기 위해서는 추가적인 돌연변이가 요구될 가능성이 높다.

전립선암에 대한 유전적 발생 경로도 밝혀졌다(■ 그림 21.10*b*). 1번 염색체의 긴 팔에 위치한 유전성 전립선암 유전자인 *HPC1*의 돌연변이는 전립선 종양의 출발점에 연루된 것으로 보인다. 염색체 13, 16, 17 및 18번에 위치한 다른 종양억제유전자들의 돌연변이는 전립선 종양을 전이성 종양으로 전환시키며, *BCL-2* 원종양유전자의 과잉 발현은 전립선암의 일반적인 치료법인 안드로겐 박탈치료(androgen deprivation therapy)를 소용없게 만든다. 스테로이드 호르몬인 안드로겐은 전립선 상피세포의 증식을 위해 요구된다. 안드로겐이 결핍되면, 이들 세포는 예정화된 죽음을 맞이한다. 그러나 전립선 종양세포는 안드로겐이 결핍된 상태에서도 생존할 수 있는 능력을 획득하는데, 이것은 아마도 *BCL-2* 유전자의 지나치게 생산된 산물이 예정된 세포죽음의 경로를 억제시키는 것으로 여겨진다. 안드로겐-비의존적인 상태로 진행된 전립선암은 대부분 치명적이다.

더글라스 하나한(Douglas Hanahan)과 로버트 와인버그(Robert Weinberg)는 악성 종양으로 발생되는 경로의 6가지 핵심적인 특징을 제안하였다.

1. *암세포는 세포분열과 성장을 촉진하는 신호전달에 대한 자가-충족성(self-sufficiency)을 획득한다.* 자가-충족성은 세포를 분열하게 하는 세포 외적인 요소나 신호를 전달하는 시스템의 세포내적인 요소의 변화에 의해 획득될 수 있다. 가장 극단적인 경우로, 자가-충족성은 자기자신이 생산한 성장인자와 반응할 때 나타난다. 이 경우 양성 피드백 순환경로가 만들어져 세포분열을 끊임없이 촉진하게 된다.
2. *암세포는 세포성장을 억제하는 신호에 대해 비정상적으로 둔감하다.* 세포분열은 다양한 화학 신호에 의해 촉진되지만, 일부 다른 신호들에 의해서는 분열이 억제된다. 정상 세포에서는 이런 상호 대응하는 요인들은 서로 균형을 이루므로, 세포성장은 결과적으로 조절된 상태로 일어난다. 암세포는 촉진 신호가 우세하기 때문에 성장의 통제가 불가능해진다. 악성 종양으로 진행된 상태에서의 암세포는 성장을 억제하는 신호에 대해 적절하게 반응하는 능력을 소실한다. 예를 들면, 대장의 선종은 pRB로 하여금 세포 주기의 진행을 차단시키는 단백질인 TGFβ에 대해 더 이상 반응하지 못한다. 이 차단에 실패하면, 세포는 G_1기에서 S기로 진행되어 DNA 복제가 일어나 결국 분열하게 된다. 이런 세포들은 악성 종양을 형성하려는 자신들의 길을 가게 된다.
3. *암세포는 예정된 세포죽음을 피할 수 있다.* 앞에서 살펴보았듯이, p53은 자신의 생명을 위협할 수 있는 손상된 세포의 축적을 방지하는 핵심 역할을 수행한다. 아직은 덜 이해된 상태이지만, p53은 손상된 세포를 자가-파괴의 경로로 가게 하여 신체로부터 완전히 제거시킨다. p53이 기능을 수행하지 못하면, 자가-파괴 경로가 차단되어 손상된 세포는 살아남아 증식될 것이다. 이런 세포는 자기보다도 더 비정상인 자손 세포들을 생산할 수 있다. 결론적으로 손상된 세포로부터 유래된 후손 세포들은 암의 상태로 진행되기 쉽다. 따라서 예정된 세포죽음을 피하는 세포의 능력은 악성 종양으로의 진행에 대한 핵심적인 특징이다.
4. *암세포는 무한한 DNA 복제 능력을 획득한다.* 정상 세포들은 대략 60회에서 70회 정도 분열할 수 있다. 이런 한계는 DNA가 복제될 때마다 염색체의 끝으로부터 작은 부분이지만 피할 수 없는 DNA의 소실에 기인한다(제10장). DNA 소실의 누적적인 효과는 세포의 분열 능력을 제한시킨다. 한정된 분열 횟수가 지난 세포는 유전적으로 불안정해져서 죽게 된다. 암세포는 잃어버린 DNA를 다시 보충함으로써 자손 세포가 이런 한계를 극복하게 한다. 암세포는 염색체의 끝에 DNA서열을 첨가하는 효소인 텔로머라아제(telomerase)의 활성도를 증가시킴으로써 DNA를 채운다. 세포가 염색체 끝에서 일어나는 DNA의 소실을 극복하고 무한정의 복제 능력을 획득하였을 때, 그런 세포를 *영생화(immortalized)*되었다고 한다.
5. *암세포는 스스로 자신에게 영양을 공급하는 방법을 개발한다.* 복잡한 다세포 생물의 모든 조직은 자신에게 영양분을 공급할 혈관 시스템을 필요로 한다. 사람이나 다른 척추동물은 순환계가 이 기능을 제공한다. 예비악성 종양 상태의 세포들은 순환계로부터 직접적으로 영양분을 공급받지 못하기 때문에 공격적인 성장에 실패한다. 그렇지만, *혈관형성과정(angiogenesis)*에 의해 세포들 사이로 혈관형성이 유도되면, 종양은 영양분을 공급받아 확장하게 된다. 따라서 악성종양으로의 진행에 대한 중요한 단계가 종양세포에 의한 혈관성장의 유도이다. 혈관형성을 촉진하거나 억제하는 많은 요인들이 밝혀졌다. 정상 조직은 이들 요인들이 균형을 이루어 혈관은 신체 내에서 적절하게 성장한다. 그렇지만, 암 조직에서는 균형이 유도 요인 쪽으로 기울어져 혈관 발생을 촉진하게 된다. 일단 모세혈관이 종양 속으로 자라게 되면, 영양공급의 믿을 수 있는 수단을 확보하게 되는 것이다. 그러면 종양은 스스로 영양분을 공급받아 생명체에 위험을 주는 크기로 성장할 수 있다.

6. *암세포는 다른 조직으로 침투하여 그곳에 정착하는 능력을 획득한다.* 암 사망의 90% 이상은 암이 신체의 다른 부위로 전이하기 때문이다. 종양이 전이되기 위해서는 암세포는 1차 암조직에서 떨어져서 혈관을 타고 다른 부위로 이동하게 된다. 그 세포는 새로운 조직에서 생존할 터전을 마련하지만, 끝내는 주변 세포를 죽게 만든다. 전이가 일어나기 위해서는 엄청난 변화가 암세포 표면에서 일어나야 한다. 전이 과정이 일어나면, 2차 종양은 1차 종양과는 멀리 떨어진 조직에서 일어날 수 있다. 이와 같은 방식으로 퍼진 암은 치료하기가 극히 어려워진다. 따라서 전이는 암의 진행에서 가장 심각한 사건이다.

지금까지의 수많은 연구는 모든 종양의 형성과 진행에는 체세포 돌연변이가 기초하고 있음을 밝혔다. 악성의 경로로 암이 진행됨에 따라, 세포들은 점점 조절불능의 상태로 바뀐다. 돌연변이가 축적되고, 전체 염색체나 일부 염색체 단편이 소실되기도 한다. 이와 같은 유전적 불안정성은 위에서 언급한 바와 같은 암의 핵심 특징을 출현시킨다.

암의 병리학에서 체세포 돌연변이의 중요성 때문에, 돌연변이율을 증가시키는 요인들은 암의 발생률의 증가와도 연관된 것으로 본다. 오늘날 많은 국가들은 돌연변이원과 발암원을 동정하는 연구를 계속하고 있다(화학적 돌연변이원을 분리하기 위해 활용되는 에임즈 검사에 대해서는 제13장을 참조하라). 이와 같은 요인들을 찾아내게 되면, 보건 당국은 그 요인들에 대한 사람의 노출을 최소화시키기 위한 정책을 수립한다. 그렇지만, 어떤 환경도 발암원으로부터 완전히 자유로운 곳은 없으며, 흡연, 과도한 일광욕 및 적은 섬유질과 고지방 음식물의 섭취 등과 같은 암에 대한 발생 위험을 높이는 사람들의 행동도 바꾸기 쉽지 않다. 암의 발생기작에 대한 이해는 상당한 수준으로 진전되었다. 앞으로, 우리는 이와 같은 이해력을 바탕으로 암의 예방과 치료에 대한 훨씬 효과적인 전략을 수립하게 될 것으로 기대한다.

요점

- *다른 종류의 암들은 서로 다른 유전자의 돌연변이와 관련을 가진다.*
- *암세포는 자신의 성장과 분열을 촉진할 수 있다.*
- *암세포는 세포성장을 억제하는 요인에 대해서는 반응하지 않는다.*
- *암세포는 비정상 세포를 죽이는 자연적인 기작을 피할 수 있다.*
- *영생화된 암세포는 끝없이 분열할 수 있다.*
- *종양은 자신들에게 영양분을 공급할 혈관의 성장이 유도되었을 때 암조직을 확장할 수 있다.*
- *전이성 암세포는 다른 조직으로 침투하여 정착할 수 있다.*

기초 연습문제

기본적인 유전분석 풀이

1. 세포주기에서 어떤 체크포인트가 손상된 DNA의 복제로부터 세포를 보호하는가?

답: 세포주기의 G_1기의 중간 지점에 있는 *START* 체크포인트.

2. (a) 어떤 종류의 유전자가 우성 기능-획득 돌연변이 방식으로써 암을 유발하는가? (b) 어떤 종류의 유전자가 열성 기능-소실 돌연변이 방식으로써 암을 유발하는가?

답: (a) 종양유전자, (b) 종양억제유전자.

3. 일부 염색체 재배열은 어떻게 암을 유도하는가?

답: 재배열의 절단점은 간혹 세포성 종양유전자를 엄청나게 발현시키는 프로모터 옆에 위치하도록 만든다. 세포성 종양유전자의 과잉 발현은 지나친 세포분열과 성장을 유도할 수 있다.

4. 대장암은 *APC* 유전자에서의 불활성화 돌연변이를 가지는 사람에게서 나타난다. β-카테닌 유전자의 돌연변이를 가지는 사람에서도 또한 대장암이 발생할 수 있는 근거는 무엇인가?

답: β-카테닌과 pAPC의 결합을 특이하게 억제시키는 돌연변이는 암을 유도할 수 있다. pAPC와 결합하지 못하는 β-카테닌은 세포분열과 성장을 촉진하는 단백질을 암호화하는 유전자의 발현을 촉진하는 전사인자와 결합할 수 있을 것이다.

5. 인간의 암에서 어떤 종양억제유전자에서 가장 빈번하게 돌연변이가 발견되는가?

답: p53을 암호화하는 *TP53* 유전자.

지식검사

서로 다른 개념과 기술의 통합

1. 레트로바이러스의 유전체 내에 있는 종양유전자는 매우 높은 빈도로 암을 유발하는 능력을 가지지만, 세포 내 정상적인 염색체에 있는 종양유전자는 암을 유발하지 않는다. 만약 이 두 종양유전자들이 정확히 동일한 폴리펩티드를 암호화한다면, 그들의 서로 다른 특성을 어떻게 설명할 수 있겠는가?

답: 적어도 세 가지 가능성으로 설명할 수 있다. (*a*) 첫째는 바이러스가 단순히 세포에 추가적인 종양유전자 사본을 추가시켜, 집합적으로 더 많은 폴리펩티드를 생산한다는 것이다. 폴리펩티드의 과잉 생산은 무절제한 세포분열을 초래하여 암을 유발시킬 수 있다. (*b*) 두 번째는 바이러스성 종양유전자가 바이러스 DNA 내에 존재하는 인핸서의 조절하에 부적절하게 발현을 한다는 것이다. 이 인핸서는 종양유전자의 발현을 부적절한 시기에 일어나게 하거나, 연속적인 발현을 일어나게 할 수 있다. 어떤 경우든, 폴리펩티드는 부적절하게 생산되어 세포분열의 정상적인 조절을 혼돈에 빠뜨릴 수 수 있다. (*c*) 세 번째 가능성은 바이러스 DNA가 감염세포의 염색체 속으로 통합되면서, 바이러스 종양유전자가 염색체 DNA에 존재하는 특정 인핸서 부근으로 위치하게 된다는 것이다. 이렇게 되면, 그 인핸서는 종양유전자의 적절치 못한 발현을 유발시킬 것이다. 이상 세 가지 가능성의 설명은 종양유전자의 발현이 정확하게 조절되어야 한다는 점을 강조하고 있다. 종양 유전자의 잘못된 발현이나 과잉발현은 무절제한 세포분열을 유도할 것이다.

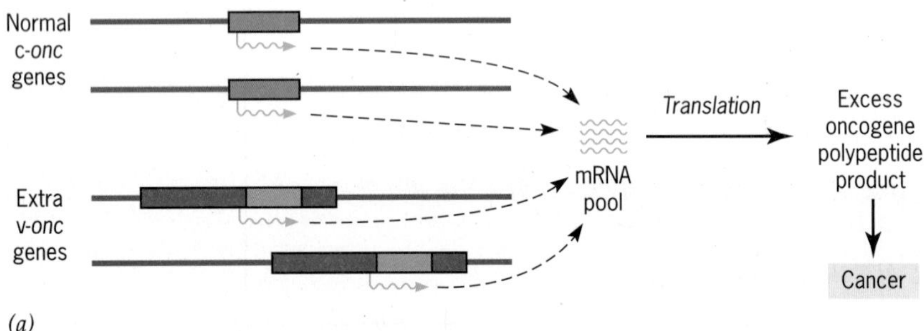

(*a*)

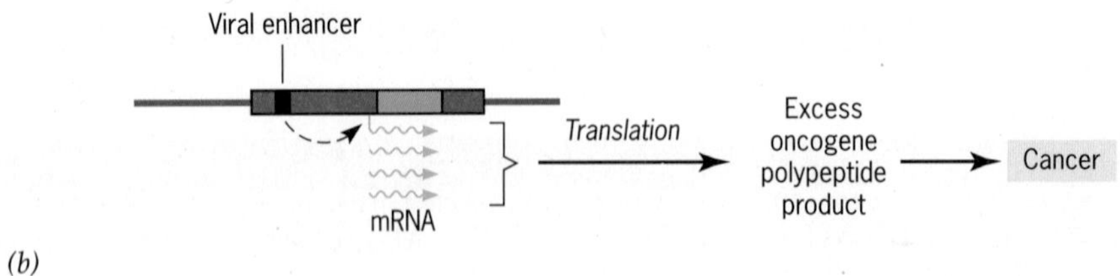

(*b*)

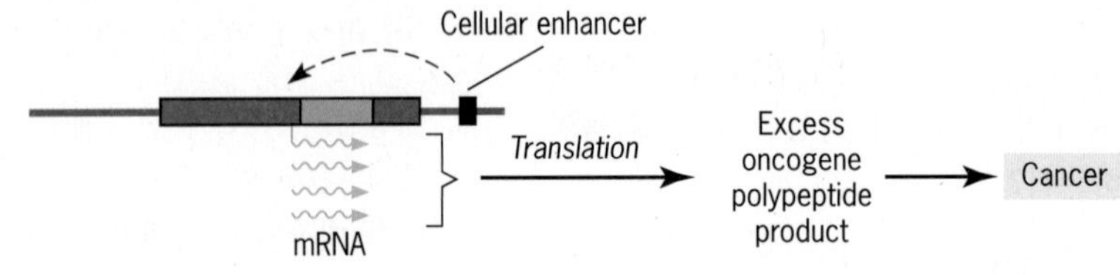

(*c*)

연습문제

이해력 증진과 분석력 개발

21.1 여러 암의 발생에는 환경적 요인들이 관여하는 것으로 보인다. 그런데도 왜 암을 유전병이라 부르는가?

21.2 배아세포와 암세포는 모두 빠르게 분열한다. 어떻게 이 두 종류의 세포를 서로 구분할 수 있겠는가?

21.3 대부분의 암세포는 이수성이다. 이수성이 어떻게 세포주기의 조절불능 상태에 관여할 수 있는지 이유를 설명해보라.

21.4 전사후 공정을 마친 세포성 종양억제유전자를 유전체에 가진 종양-유발 레트로바이러스가 발견될 수 있다고 생각하는가?

21.5 정상적인 세포성 종양유전자들이, 단순히 적절하게 조절되는 통합된 레트로바이러스성 종양유전자와 같은 것은 아니라는 사실을 어떻게 알 수 있는가?

21.6 레트로바이러스성 종양유전자에서 인트론이 없다는 사실과 감염된 동물에서의 과발현을 어떻게 연관하여 설명할 수 있겠는가?

21.7 세포성 종양유전자를 서로 다른 동물로부터 분리하여 비교하였더니, 폴리펩티드의 아미노산 서열이 매우 유사하였다. 이들 폴리펩티드의 기능과 관련하여 이런 유사성이 암시하는 바는 무엇인가?

21.8 종양조직으로부터 얻은 *c-ras* 종양유전자의 대부분은 암호화 서열의 코돈 12, 59 및 61에 돌연변이를 가진다. 그 의미를 설명해보라.

21.9 코돈 12에서 발린이 글리신으로 교체된 돌연변이를 가진 *c-H-ras* 종양유전자를 배양 NIH 3T3 세포에 형질도입시켰더니, 암세포로 형질전환되었다. 그런데 동일한 돌연변이를 가진 종양유전자를 배양 배아세포에 형질도입시켰을 때는 형질전환이 일어나지 않았다. 왜 그렇겠는가?

21.10 *ras* 세포성 종양유전자의 돌연변이는 이형접합자 상태에서 암을 유발하지만, *RB* 종양 억제유전자의 돌연변이는 오로지 동형접합자 상태에서만 암을 유발한다. 이와 같은 우성과 열성 돌연변이의 차이로부터, 정상 세포 활동에서 *ras*와 *RB* 유전자의 역할에 대해서 어떤 차이점을 예상할 수 있겠는가?

21.11 비유전성 망막아세포종을 가지는 사람은 단지 한쪽 눈에서만 종양이 발생하지만, 유전성 망막아세포종을 가지는 사람은 흔히 양쪽 눈에 종양이 발생한다. 그 이유를 설명해보라.

21.12 불활성화된 *RB* 유전자를 물려받은 사람의 약 4%는 망막아세포종이 발생하지 않는다. 이 통계적 수치로부터 눈의 망막 조직을 형성하기 위한 세포 분열의 회수를 예측하라. *RB* 유전자를 불활성화시키는 체세포 돌연변이의 비율은 10^8 세포분열마다 1회 일어난다고 가정한다.

21.13 망막아세포종과 같은 선천성 암은 우성 방식으로 유전된다. 그렇지만, 유전적 결함을 살펴보면 열성의 기능-소실 돌연변이이다(종종 결실에 기인함). 어떻게 우성 방식의 유전과 돌연변이의 열성적인 특성이 서로 양립될 수 있겠는가?

21.14 다음의 가계도는 *BRCA1* 유전자의 돌연변이가 원인이 된 가족성 난소암의 유전을 보여준다. II-3은 암 유발의 경향성을 보이는 돌연변이를 확인하기 위한 검사를 받아야 하는가? 이런 유전자 검사의 장점과 단점에 대하여 논하여라.

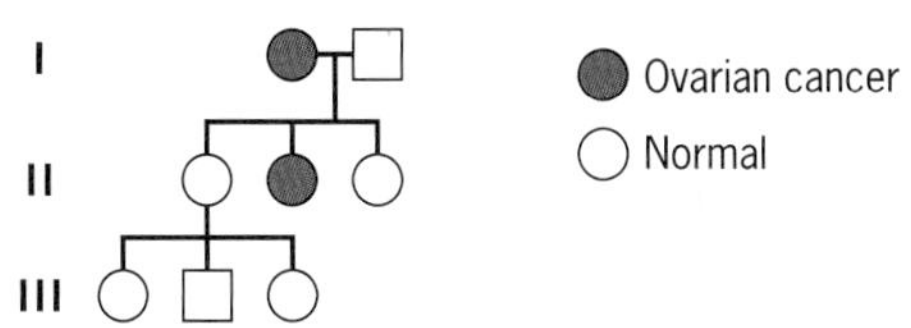

21.15 pRB가 어떤 점에서 E2F 전사인자의 음성 조절자인가?

21.16 E2F 전사인자는 표적 유전자의 프로모터에 존재하는 TTTC-GCGC 서열을 인지한다. 이 E2F 전사인자를 암호화하는 유전자의 온도-민감성 돌연변이는 그 단백질 산물이 전사를 활성화시키는 특성의 변화를 초래한다. 25°C에는 돌연변이성 단백질은 정상적으로 전사를 활성화시키지만, 35°C가 되면 전사를 전혀 활성화시키지 못한다. 그렇지만, 그 단백질이 표적 DNA 서열을 인지하는 능력은 양 온도에서 손상을 받지 않는다. 이 같은 온도-민감성 돌연변이에 대해 이형접합자인 세포는 25°C에서 정상적인 세포분열을 수행할 수 있겠는가? 35°C에서는 어떻겠는가? 만약 E2F 단백질이 동형이량체로서 기능을 수행한다면 당신의 답을 바꾸겠는가?

21.17 세포주기가 진행되는 동안, p16 단백질은 사이클린/CDK 활성에 대한 저해제로 작용한다. p16을 암호화하는 유전자에 대한 기능-소실 돌연변이를 동형접합 상태로 가진 세포의 표현형을 예상하라. 이 유전자는 원종양유전자와 종양억제유전자 중 어떤 종류로 분류되겠는가?

21.18 *BCL-2* 유전자는 프로그램된 세포죽음의 경로를 억제하는 단백질을 암호화한다. 이 유전자의 우성 활성화 돌연변이에 대해 동형접합인 세포의 표현형을 예상하라. *BCL-2* 유전자는 원종양유전자와 종양억제유전자 중 어떤 종류로 분류되겠는가?

21.19 *BAX* 유전자의 산물은 *BCL-2* 유전자의 산물을 음성적으로 조절한다. 즉, BAX 단백질은 BCL-2 단백질의 기능을 저해한다. *BAX* 유전자에서 기능-소실 돌연변이를 이형접합 상태로 가진 세포의 표현형을 예상하라. 이 유전자는 원종양유전자와 종양

억제유전자 중 어떤 종류로 분류되겠는가?

21.20 암세포에서는 종종 *TP53* 유전자에 대한 동형접합성 기능-소실 돌연변이가 관찰된다. *TP53* 돌연변이의 대부분은 p53의 DNA-결합 도메인에 존재한다. 어떻게 이런 돌연변이들이 정상 세포를 암으로 전환시키는지 설명해보라.

21.21 p53이 표적 유전자의 DNA에 구성성으로 강하게 결합하는 돌연변이에 대해 이형접합인 세포를 가정해 보자. 이 돌연변이는 세포주기에 어떤 영향을 미치겠는가? 이 세포가 이온화 방사선에 대해 더욱 민감해질지 덜 민감해질지를 예상하라.

21.22 *TP53* 유전자에 대해 녹아웃 돌연변이를 동형접합 상태로 가진 생쥐는 생존한다. 이 생쥐들이 이온화 방사선의 치사 효과에 대해 더욱 민감해질지 덜 민감해질지를 예상하라.

21.23 *APC* 유전자의 암-유발 돌연변이는 pAPC의 β-카테닌에 대한 결합력을 증가시킬지 감소시킬지를 예상하라.

21.24 *RB* 유전자의 녹아웃 돌연변이에 대해 이형접합인 생쥐는 뇌하수체 및 흉선 종양이 발병한다. 이 돌연변이에 대해 동형접합인 생쥐들은 배발생 과정 동안 죽는다. *RB*의 상동체인 p130을 암호화하는 유전자의 동형접합 녹아웃 돌연변이와 *RB*의 상동체인 p107을 암호화하는 유전자에서의 이형접합 녹아웃 돌연변이를 가지는 생쥐는 종양이 발생되는 경향을 보이지 않는다. 그렇지만, 이 두 유전자 모두에 대한 동형접합 녹아웃 돌연변이체는 배 발생 동안 죽는다. 이와 같은 결과들로부터 예측할 수 있는 *RB*, *p139* 및 *p107* 유전자의 배아 및 성체에서의 역할은 무엇이겠는가?

21.25 섬유질의 함유량은 낮고 지방의 함유량이 높은 음식을 섭취하는 사람이 결장암에 걸릴 위험률이 높은 것으로 알려져 있다. 저 섬유질과 고 지방의 음식물은 대장의 상피조직에 염증을 유발할 수 있다. 어떻게 이런 염증이 결장암의 위험률을 증가시키겠는가?

21.26 *KAI1* 유전자의 mRNA는 정상 전립선 조직에서는 강하게 발현되지만, 전이성 전립선암으로부터 유래된 세포주에서는 약하게 발현된다. 이와 같은 사실로부터 *KAI1* 유전자 산물의 전립선암 유발과 관련된 병인학 측면에서의 역할은 무엇이겠는가?

21.27 p21 단백질은 방사선을 조사받은 세포에서 강하게 발현된다. 과학자들은 이 강한 발현이 전사인자로 활동하는 p53 단백질에 의한 *p21* 유전자의 전사 활성화에 기인된 것으로 예상한다. 이 예상은 *TP53* 유전자의 동형접합 녹아웃 돌연변이체 생쥐에게 방사선 조사를 하면 p21의 발현이 유도된다는 관찰과 일치하는가? 대답의 이유를 설명해보라.

22 복합형질의 유전

장의 개요

- 복합형질
- 양적유전학의 통계학
- 양적형질의 분석
- 친척 간의 상관관계
- 인간행동형질의 양적유전학

심혈관 질병: 유전과 환경요인의 결합

12월 말 경 미국 펜실바니아주 피츠버그시 외곽의 한 고등학교에서 생물을 가르치는 47세의 Paul Reston 선생님은 토요일 아침에 학생들의 성적을 정리하고 있었다. 그날 그는 약간 피로하였고 속이 좀 좋지 않다고 느꼈다. 또한 왼쪽 팔과 어깨에 약간의 통증도 있었다. 이런 증상은 수일 동안 계속되었다. Reston 선생님은 피로한 것은 감기증상일 것으로 생각했지만, 팔과 어깨의 통증은 다른 가능성, 즉 혹시 심장병이 아닌가 하는 생각이 들었다. 그 가능성은 자신의 아버지가 45세의 젊은 나이에 심장마비로 돌아가셨다는 것을 회상했을 때 더욱 실감이 들었다. 자신의 건강관리 담당의원의 간호원과 통화를 한 후 그의 아들이 Reston 선생님을 태워 차를 몰고 근처 병원으로 가서 두 시간 동안 응급실에서 진료를 받았다. 담당의사는 그의 상태를 알기 위한 종합검사를 하였다. 그의 심장박동과 혈압은 정상이고 심전도도 어떤 이상이 없었다. 심장손상의 증상을 확인하는 생화학적 검사도 모두 정상이었다. 그의 가족 중에 심장병이 있었다는 것 외에는 Reston 선생님에게는 심장병에 관련된 아무런 요인도 없었다. 그는 비만도 아니고 담배도 피우지 않고 운동도 정상적으로 해왔다. 의사는 그를 돌려보내고 다음 주에 심장 징후에 대한 여러 가지 검사를 받도록 병원에 오라고 하였다. 그 다음 주 월요일 그는 런닝 머신에서 달리기 하면서 심장기능 검사를 받았다. 검사결과는 좋았다. 검사기록에 근거한 담당 심장의사의 결론은 Reston 선생님은 치명적인 심장마비에 걸릴 확률이 1% 미만이라는 것이다.

심장질환에 대한 가족력이 있음에도 불구하고 Reston씨는 이 질환에 걸릴 가능성이 아주 낮았다. 심장병에 걸리는 원인은 여러 가지 요인, 즉 영양실조, 운동부족, 흡연, 절대적이지는 않지만 가족 중에 심장병에 걸린 경험이 있는 경우 등이라고 전문가는 설명하였다. 그의 아버지가 심장병으로 사망하였기 때문에 그도 심장병이 걸릴 수 있는 유전자들을 물려받았다. 그렇지만, 이 병은 간단한 유전양상을 나타내는 것이 아니라 여러 가지 많은 유전적, 환경적 요인의 상호작용으로 나타나는 것 같다.

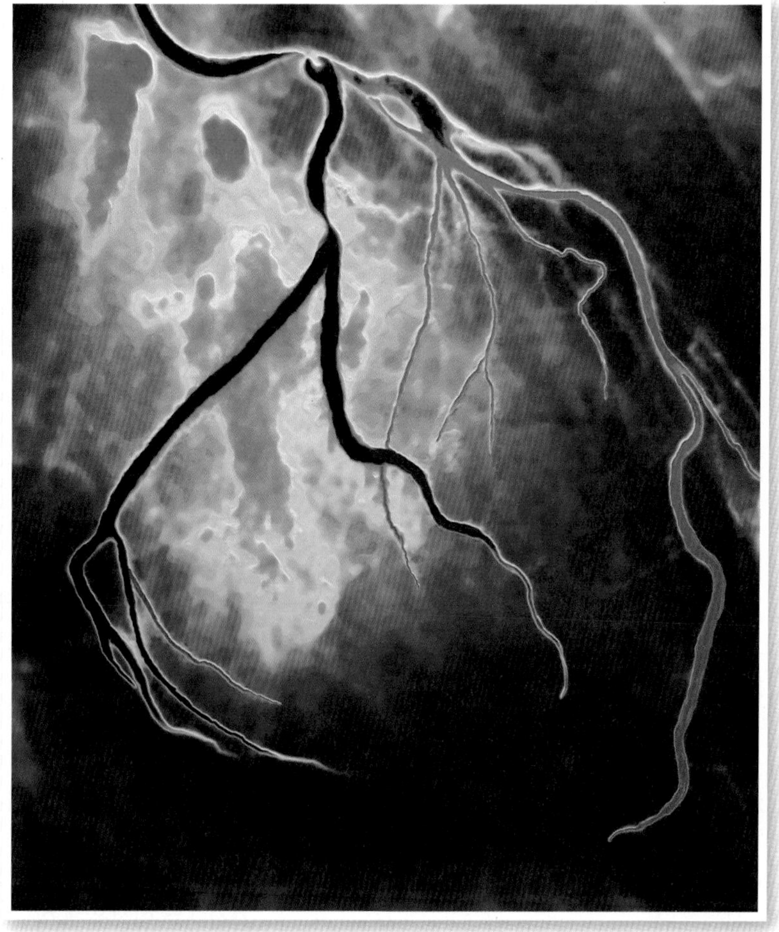

관상동맥의 하나(왼쪽 중앙)가 좁아지는 것을 보여주는 심장의 천연색 혈관조영 영상. 치료하지 않으면 심장마비에 걸린다.

복합형질

교배실험이나 친척인 개체 간의 비교는 복합적 표현형이 유전적 요인과 환경적 요인에 영향을 받을 수 있음을 보여준다.

질병의 감수성, 체구의 크기, 영양상태, 여러 가지 행동학적인 면 등 많은 형질들은 간단한 유전양식을 나타내지는 않는다. 그럼에도 불구하고 우리는 이런 형질들에서의 변이가 유전적 조절을 받고 있음을 알고 있다. 그 첫째 징조는 유전적으로 가까운 사람들은 서로 유사하다는 것이다. 이런 유사성은 형제간, 부모와 자식간, 때로는 더 먼 친척 간에도 볼 수 있다. 극단적인 예가 하나의 수정란에서 발생한 쌍둥이인 일란성 쌍생아이다. 즉 이들 쌍둥이는 때로는 구분할 수 없을 정도로 외형이 같고 일상적인 버릇까지도 같다. 유전적으로 조절을 받는다는 두 번째 징조는 이 형질들을 선택적 품종개량으로 변화시킬 수 있다는 것이다. 농업에서는 목적하는 바의 형질을 가지는 개체, 즉 더 많은 단백질 함량, 저지방, 생산량 증대, 내병성 등을 가진 작물과 가축을 번식시켜 오고 있다. 선택적 품종개량을 통해 이런 표현형을 변화시킬 수 있는 능력은 이 형질들의 변이가 유전적인 기초를 가지고 있음을 드러낸다. 그러나, 일반적으로 이런 유전적 기초는 복잡하다. 몇 개부터 아주 많은 수까지의 유전자들이 관여하며, 그 유전자들 각각의 효과도 일반적인 유전적 분석법으로는 결정하기가 매우 어렵다. 결과적으로, 복합형질의 유전을 연구하기 위해서는 다른 기술이 필요하다.

복합형질의 정량화

많은 복합형질은 집단에서 연속적 변이를 보인다. 하나의 표현형은 다음 단계의 표현형과 어느 사이엔가 섞여버리는 것처럼 보인다. 그 예가 체구, 신장, 체중, 효소활성, 혈압, 생식력이다. 이런 형질들의 표현형적 변이는 집단 내 개체들의 표본에서 그 형질을 측정하여 정량화할 수 있다. 예를 들어, 곡간에서 쥐를 잡아 그들의 체중을 측정할 수도 있고, 들에서 옥수수 대를 수집하여 각각의 알의 수를 계수 할 수도 있다. 이런 양적 분석법으로 표본에서 각 개체의 표현형을 어떤 수치로 분류할 수 있다. 이런 수치들은 여러 가지 통계학적인 기법으로 분석될 수 있으며, 이로써 우리는 궁극적으로 이런 형질들의 유전적 기초를 연구할 수 있다. 이런 종류의 처리가 가능한 형질을 **양적형질(quantitative trait)**이라고 한다. 그들의 필수적인 특징은 측정될 수 있다는 것이다.

양적형질에 영향을 주는 유전적 환경적 요인

덴마크의 생물학자 빌헬름 요한센(Wilhelm Johansen)은 양적형질에서 변이는 유전적 요인과 환경적 요인의 조합에 기인한다는 것을 알아 낸 선구자이다. 요한센은 잠두(*Phaseolus vulgaris*)의 종자 무게를 연구하였다. 그가 이용한 식물 중에서 콩의 무게는 가장 가벼운 150 mg에서 가장 무거운 900 mg까지 아주 다양했다. 요한센은 이 모든 범주들의 각 종자들로부터 계통을 만들고, 각 계통들을 수 세대 동안 자가 교배하여 유지시켰다. 이렇게 만들어진 순계(pure line)들로부터 나온 콩들은 그 계통이 처음 만들어졌던 콩들과 비슷한 경향을 보였다. 특징적으로 다른 종자 무게를 가지는 콩들이 특정 계통을 형성하는 능력은 이 형질에서의 일부 변이가 유전적 차이 때문임을 시사한다. 그러나 요한센은 각 순계 내에서도 종자 무게의 변이가 있음을 관찰하였다. 이러한 여분의 변이들은 유전적 차이 때문이라고는 할 수 없었는데, 왜냐하면 각 계통이 모든 유전자에 대해 동형접합성이 되도록 조직적으로 계통내 교배가 이루어졌기 때문이다. 오히려, 그것은 환경에 존재하는 조절 불가능한 요인들에 의한 것임에 틀림없었다. 따라서, 1903년과 1909년에 발표되었던 요한센의 연구는 양적형질에서의 표현형적 변이가 두 가지 요소들—즉, 유전적 요소와 환경적 요소—을 가진다는 인식을 끌어내게 되었다.

양적형질에 대한 여러 유전자들의 영향

스칸디나비아인 과학자인 헤르만 닐슨-엘르(Herman Nilsson-Ehle)는 이들 변이의 유전적 요인은 여러 가지 다른 유전자들의 작용에 의한 것이라는 증거를 제시하였다. 닐슨-엘르는 밀의 색깔변이를 연구하였다. 그가 흰색의 품종과 진한 적색의 품종을 교배시켰을 때 F_1의 중간색인 것을 얻었다(■ 그림 22.1). F_1이 자가수정에서 얻은 F_2는 흰색에서 진한 적색에 이르기까지 7가지 뚜렷한 색의 계급을 형성하였다. 닐슨-엘르가 관찰한 F_2 계급의 수와 표현형 비는 밀의 색을 결정하는 데는 3개의 독립적으로 분리되는 유전자가 관여한다는 것을 암시하고 있다. 닐슨-엘르는 각 유전자가 하나는 적색을 만들고 다른 하나는 흰색을 유발하는 두 개의 대립유전자를 가지는 있고, 적색을 결정하는 대립유전자는 부가적으로 색소 강도에 기여한다고 제안했다. 이 가정에 따르면 흰색 양친의 유전자형을 *aa bb cc*로 그리고 적색 양친의 유전자형은 *AA BB CC*로 나타낼 수 있다. F_1의 유전자형은 *Aa Bb Cc*일 것이고 F_2는 색소에 기여하는 대립인자들의 수가 다른 일련의 유전자형들을 가지는 개체들을 포함할 것이다. F_2에서 각 표현형 계급은 색소에 작용하는 대립유전자의 수가 다르다. 예를 들어, 흰색의 계급은 색소에 작용하는 대립유전자가 없을 것이고, 중간형은 3개를 가질 것이고 진한 적색은 6개의 인자를 가질 것이다. 1909년에 출간된 닐슨-엘르의 연구는 복합 유전양상은 여러 유전자들의 독립적 분리로 설명될 수 있다는 것을 보여준다.

미국의 유전학자인 에드워드 M. 이스트(Edward M. East)는 F_2에서 간단히 멘델유전 비율을 보이지 않는 하나의 형질에 대해 닐슨-엘르의 연구를 적용하였다. 이스트는 담배 화관의 길이를 연구하였다(■ 그림 22.2*a*). 한쪽 순계에서 화관의 평균 길이는 41 mm이었고 다른 순계에서의 평균 길이는 93 mm이었다. 각 순계 내에서 이스트는 어느 정도의 표현형에서의 변이, 즉 아마 환경적 영향일 수 있는 변이를 관찰하였다(■ 그림 22.2*b*). 두 순계 간의 교배로부터 이스트는 중간 정도의 길이이지만 두 양친 순계에서 나타났던 정도만큼의 변이를 보이는 F_1을 얻었다. 이스트는 F_1 간의 교배로부터

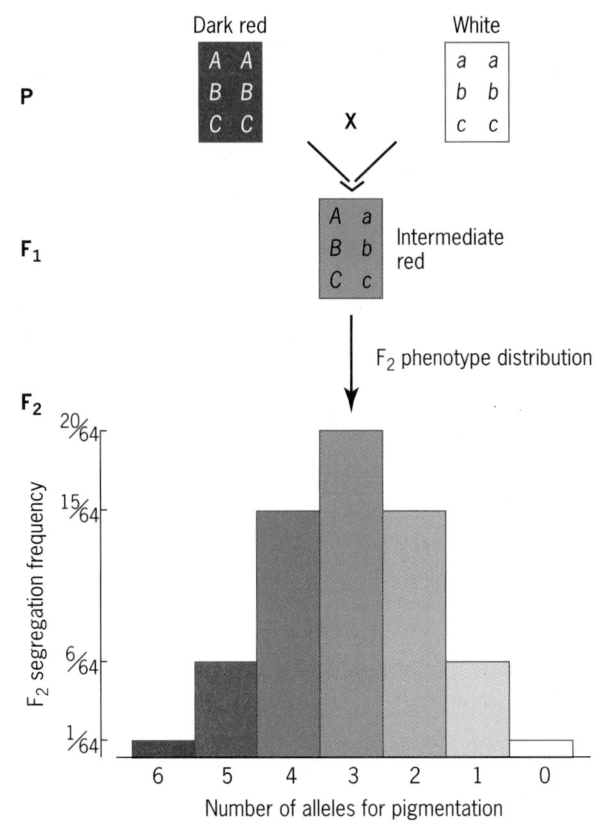

■ 그림 22.1 밀 알의 색에 관한 유전. 3개의 독립적으로 분리되는 유전자 (*A*, *B*, *C*)가 이 형질에 관여하는 것 같다. 각 유전자는 두 개의 대립유전자를 가진다. 색소형성에 부가적으로 기여하는 대립유전자들은 대문자로 나타내었다.

■ 그림 22.2 양적형질인 화관의 길이. (*a*) 긴 화관을 보여주는 담배 꽃. (*b*) 담배에서 화관 길이의 유전. 최소한 5개의 유전자가 관여한다.

화관길이의 평균은 F_1과 거의 같았지만 변이는 훨씬 큰 F_2를 얻었다. 이 변이는 다음 두 가지 원인, 즉 (1) 화관길이를 조절하는 여러 쌍의 대립유전자 각각의 독립분리 그리고 (2) 환경적 요인에 기인한다. 이스트는 F_2 식물의 몇 개를 자가수정으로 F_3를 얻었는데 F_2에서보다 F_3에서 변이가 적은 것이 여러 종류 있었다. F_3 계통 내에서 변이가 감소한 것은 대립유전자의 차이가 적은 것들의 분리에 기인한다. 따라서 East는 화관 길이로 관찰한 복합유전 양상은 유전적 분리와 환경적 영향의 조합으로 설명될 수 있다.

이스트가 연구한 담배계통에서 화관길이를 결정하는 데는 얼마나 많은 유전자가 관여할 것인가? 우리는 F_2 개체와 교배에 사용했던 두 양친 계통의 각각을 비교함으로써 대충 추측할 수 있다. 짧은 화관을 가진 계통은 동형접합성인 대립유전자의 한 세트이고 긴 화관은 동형접합성의 대립인자들로 이루어진 다른 한 세트라고 가정하자. 또 긴 화관에 관여하는 대립유전자는 부가적으로 작용하고, 화관 길이에 관여하는 모든 유전자는 독립적으로 분리되며, 각 유전자는 표현형에서 동일하게 표현형에 작용한다고 가정하자. 만약 화관길이가 하나의 유전자 즉 *a* 대립유전자(짧은 화관)와 *A*대립유전자(긴 화관)에 의해 결정된다면 우리는 F_2에서 1/4은 짧은 화관(양친계통과 같이)을 가질 것이고 1/4은 긴 화관(긴 양친계통과 같이)을 가질 것으로 예상할 수 있다. 만약 두 개의 유전자가 화관길이를 결정한다면 1/16이 짧은 화관인 양친에 유사할 것이고, 1/16은 긴 화관인 양친에 유사할 것이다. 만약 3개의 유전자가 관여한다면, F_2에서의 각 양친형이 나타날 수 있는 빈도는 1/64일 것이고 4개의 유전자가 관여한다면 그 빈도는 1/256일 것이고 5개의 유전자가 관여한다면 F_2에서의 양친형의 빈도는 각각 1/1,024일 것이다. 이스트의 실험에서는 444개체의 F_2 식물을 얻었지만 어느 쪽의 양친형도 발견되지 않았다. 이런 결과는 화관길이를 결정하는 유전자가 4개보다 적지는 않을 것 같다는 추론을 낳는다. 따라서 우리는 이스트가 실험한 두 교배 계통 간의 화관길이의 차이는 최소한 5개의 유전자가 관여한다고 결론 지을 수 있다.

역치 형질

콩의 크기, 밀의 색깔, 화관의 길이와 같은 연속적 변이를 보이는 형질은 복잡한 요인, 즉 유전적 요인과 환경적 요인에 의해 지배된다. 유전학자들은 집단 내에서 연속적 변이를 나타내지 않는 일부 형질들 역시 여러 요소들에 의해 영향을 받는 것으로 나타날 것이라는 사실을 발견했다. 예를 들어, 많은 사람들이 50-60대에 심장질환에 걸린다. 심장질환은 통상적인 의미에서 양적형질이 아니다. 즉 사람이 걸릴 수도 있고 걸리지 않을 수도 있다. 그렇지만, 체중, 운동량, 식이요법, 혈중 콜레스테롤 수준, 흡연과 비흡연, 부모형제 등 가까운 친척에서의 심장질환 경력과 같은 많은 인자가 심장질환에 걸리게 할 수 있다. 이런 어떤 질환에 깔려있는 위험인자를 *경향성(liability)*이라고 부른다. 유전학자들은 경향성이 어느 수준 즉, 역치를 넘어섰을 때 그 형질이 나타난다. 그럼으로 이런 형질을 **역치형질(threshold trait)**이라고 한다(■ 그림 22.3).

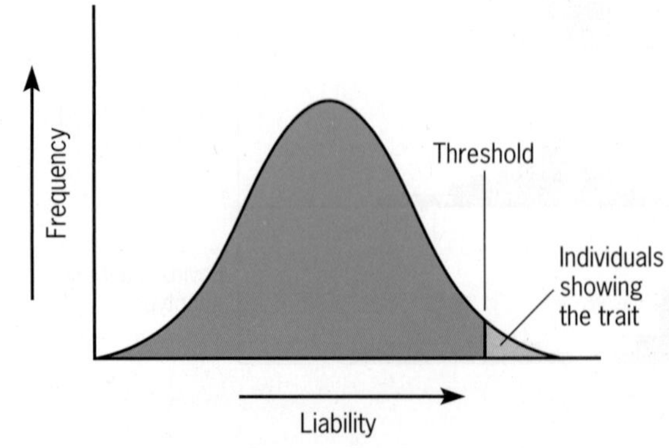

■ 그림 22.3 역치형질을 나타내는 모형. 아래의 변수 즉, 취약성이 역치에 도달했을 때 그 형질이 나타난다. 이러한 변수는 집단에서 연속적으로 분포한다.

사람에서 역치형질이 유전적 요소들에 영향을 받는다는 증거는 친척들 간의 비교, 특히 쌍생아 간의 비교에서 알 수 있다. 경우에 따라 사람의 수정란은 나뉘어 유전적으로 똑같은 일란성쌍생아가 된다. 이런 접합자에서 발생한 사람들을 하나의 난자에서 생겨났다 하여 **일란성쌍생아(monozygotic twins: MZ twins)**라고 한다. 그들은 100% 유전자가 동일하다. 일란성보다 더 빈도가 높게 나타나는 것으로 독립적으로 수정된 두 개의 수정란이 어머니의 자궁에서 발생하기도 한다. 이런 경우는 **이란성쌍생아(dizygotic twins: DZ twins)**로 불리며 이런 쌍생아는 보통 형제자매와 같은 혈연관계를 갖는다. 따라서 그들은 50%의 유전자를 공유한다. 이들 쌍생아의 유전적 일치 때문에 우리는 이란성쌍생아보다 일란성쌍생아가 표현형적으로 더 유사할 것으로 예상한다.

역치형질의 유사성은 **일치율(concordance rate)** 즉 쌍둥이 중 한 명이 어떤 형질을 나타낼 때 다른 한 명도 그 형질을 나타내는 비율을 결정함으로써 평가된다. 배 발생 중 선천성 이상으로 생기는 구순열의 경우 일란성쌍생아의 경우 일치율은 40%인데 반해 이란성쌍생아는 4%이다. 일란성쌍생아에서 일치율이 더 높다는 것은 구순열이 발생하는 데 유전적 요인이 작용한다는 것을 강하게 암시하고 있다. 정신분열증이나 조울증과 같은 정신이상도 역치형질로 간주한다. 정신분열증의 경우 일란성쌍생아의 일치율이 30-60%이고 이란성쌍생아는 6-18% 정도이다. 조울증의 경우 일란성쌍생아의 일치율은 70-80%인 반면 이란성쌍생아는 약 20%이다. 따라서 쌍생아 연구는 이 두 가지 정신질환이 유전적 요인에 의해 영향을 받는다는 것을 시사한다.

요점

- *친척 간의 유사성과 선택적 교배에 대한 반응은 복합형질이 유전적 기초를 가진다는 것을 나타낸다.*
- *어떤 복합형질은 유전분석을 위해 정량화 할 수 있다.*
- *많은 유전적 환경적 요인이 양적형질에서 관찰되는 변이에 영향을 준다.*
- *표현형적 분리는 어떤 양적형질에 영향을 주는 유전자의 수를 측정하는 한 가지 방법이 된다.*
- *어떤 형질에 기여하는 연속적 변이(경향성)가 어떤 역치에 도달했을 때 나타나는 형질은 유전적 요인에 영향을 받을 수 있다.*
- *사람에서 역치형질이 유전적 요인에 의해 영향을 받는다는 사실은 쌍생아 연구로 알 수 있다.*
- *일치율은 쌍생아 중 어느 한 명이 어떤 형질을 나타낼 때 다른 한 명의 쌍생아가 그 형질을 나타내는 비율이다.*

양적유전학의 통계학

양적 형질의 빈도분포는 약식통계학으로 특성을 분석할 수 있다.

양적형질의 특징은 개체들로 이루어진 개체군에서 연속적인 변이를 보인다는 것이다. 이런 형의 변이는 유전학자들에게는 많은 문제점이 된다. 표현형의 종류가 너무 많고 하나의 표현형이 다른 표현형과 중첩되어 나타나기 때문에 분리 비를 결정하는 것이 불가능한 것은 아니지만 아주 어렵다. 양적 변이를 보이는 형질들에 대해서는 우리가 완두의 종자 색이나 사람의 백색증에서 해 왔던 일반적 유전분석이 맞지 않다. 이런 형태의 형질에 대해서는 다른 종류의 분석법에 의존할 수 밖에 없는데, 한 가지는 집단 내의 표현형에 대한 통계적 설명에 기초한 것이다. 바로 다음 절에서 우리는 이런 종류의 분석에 필요한 기본 통계학적 개념을 다루고자 한다.

빈도분포

어떤 양적형질을 연구하는 데 있어 첫 단계는 집단에서 개체들의 측정치를 모으는 것이다. 보통 집단 내 모든 개체들 중에 일부를 측정할 수 있는데, 이런 그룹을 **표본(sample)**이라 한다. 그 표본에서 얻은 자료를 **빈도분포(frequency distribution)**라는 그래프로 나타낼 수 있다. 그래프의 x축은 표본에서 얻어진 그 형질의 측정치이다. 이 축은 집단 내 각 개체를 구분 지을 수 있는 일정한 구간으로 나누어진다. 따라서 표본에서의 각 관찰치는 x축 상의 어느 구간에 놓여질 수 있다. y축은 각 구간에서의 관찰 빈도를 나타낸다.

■ **그림 22.4**는 밀의 유전적 연구에서 얻은 빈도분포를 나타내고 있다. 연구자들은 밀이 성숙하는 데 걸리는 시간을 측정하였다. 밀의 다른 4가지 집단을 동일한 시기에 실험 화분에서 키워, 각 집단에서 40개체씩 밀이 성숙될 때까지를 계산하였다. 각 개체의 성숙 시간은 일별로 기록하였다. 두 집단(A와 B)은 근교계통이고 한 집단은 이들 두 계통으로 얻은 F_1이고 다른 한 집단은 F_1 간의 교잡으로 얻은 F_2 집단이다.

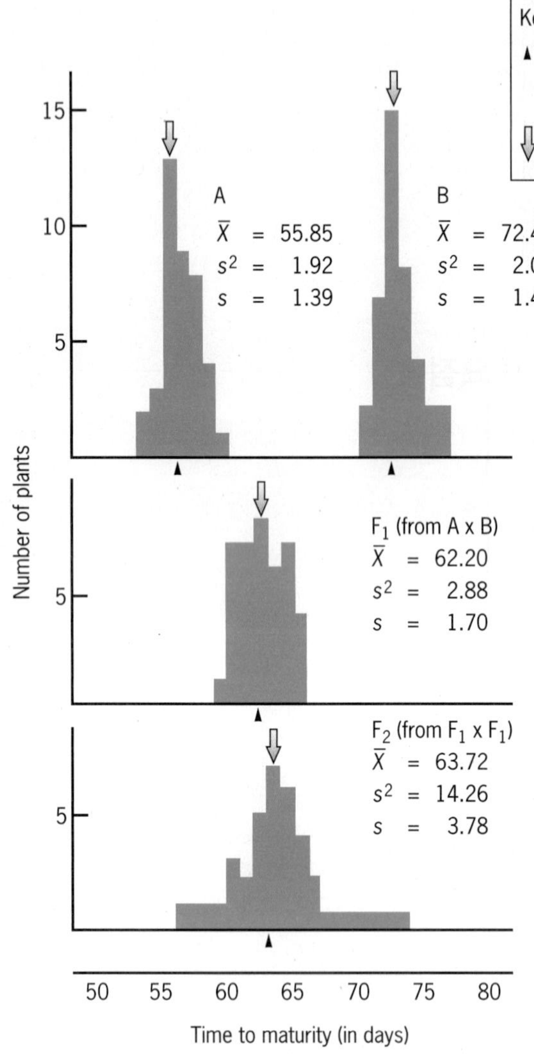

■ 그림 22.4 네 집단의 밀에서 성숙 시기를 설명하는 통계와 빈도 분포. A와 B는 F_1 잡종을 만든 근교계통들이다. F_1 식물들은 이후에 서로 교배되어 F_2를 생산했다. 여기서 얻어진 네 식물 집단의 모든 종자들은 같은 계절에 심어져 성숙시기가 측정되었다. 각 경우에서, 자료값들은 40개의 식물개체들로부터 얻었다. 평균값($\overline{X}$), 최빈값, 분산(s^2), 그리고 표준편차(s) 등이 제시되어 있다.

두 양친계통 A와 B는 거의 완전한 동형접합성인 고도의 근교품종이었다. 빈도분포에서 나타낸 바와 같이 A 계통은 빨리 성숙하고 B 계통은 느리게 성숙한다. 이들 두 계통에서 표본 간에 중복된 표현형이 없다는 것은 유전적 차이가 있다는 증거가 된다. 분명히 계통 A와 B는 성숙기간을 조절하는 유전자들의 다른 대립유전자에 대해 동형 접합자이었다. 그렇지만, 각 계통 내에 표현형의 변이를 보이는 것은 아마 실험 구간 내에서의 환경적 차이일 것이다.

F_1과 F_2 표본의 분포는 이들 집단이 중간 정도의 성숙기간을 가진다는 것을 보여주고 있다. x축 상의 중간 점은 성숙시간을 조절하는 대립유전자가 부가적으로 그 형질에 관여한다는 것을 암시한다. F_2 표본의 분포가 F_1 표본의 분포보다 상당히 더 넓은 것에 주목하라. F_2 집단에서 더 많은 변이성을 보이는 것은 F_1 식물을 교배시켰을 때 일어난 유전적 분리를 암시하고 있다. 우리는 이제 양적 유전학자들이 빈도 분포에서의 자료를 요약하는 방법에 대해 살펴보고자 한다.

평균과 최빈치 계급

빈도 분포의 핵심적인 특징은 자료에서 계산된 간단한 통계학으로 나타낼 수 있다. 이들 중의 하나가 **평균(mean)**이다. 이것은 분포곡선의 중앙이 된다. 표본 평균($\overline{X}$)은 모든 자료를 합하여, 표본의 전체 관찰 수(n)로 나눔으로써 계산된다. 따라서 평균은 다음과 같다.

$$\overline{X} = (\Sigma X_k)/n$$

이 공식에서 그리스문자 Σ는 모든 개체의 측정치의 합, 즉 $\Sigma X_i = (X_1 + X_2 + X_3 + \ldots X_n)$이고, 여기서 X_k는 n개체의 관찰 중 k번째를 나타낸다. 그림 22.4에서 표본평균의 위치는 아래에 삼각형으로 나타내었다. F_1과 F_2의 평균은 각각 62.20과 63.72일이고 이들 두 값은 두 양친 근교계통의 평균치(64.16일)보다 약간 낮다.

어떤 표본에서 **최빈치 계급(modal class)**은 가장 높은 빈도의 관찰치를 보이는 계급이다. 평균과 같이 이것은 빈도의 중앙을 차지한다. 그림 22.4에서 최빈치 계급은 작은 화살표로 나타내었다. 우리는 각 분포도에서 평균이 최빈치 계급에 가까이 있음을 알 수 있다. 이런 현상은 분포가 대칭이라는 것을 의미한다. 즉 각 분포도에서 거의 같은 수의 관찰치가 평균과 최빈치의 좌우에 있다. 모든 분포가 이런 것은 아니다. 어떤 것은 많은 관찰치가 한쪽 말단에 모이고 다른 말단에는 약간만 분포함으로 인해 긴 꼬리 형을 이루는 편향을 보인다. 통계학자들은 *정규분포(normal distribution)*라고 하는 특정 대칭형의 이론을 개발하였다(■ **그림 22.5**). 이 종 모양의 분포에서 평균과 최빈치 계급은 정확히 중간에 있다. 가끔 표본자료의 분포가 정규분포의 모양을 이룬다. 따라서 우리는 어떤 자료를 분석하는 데 정규분포에 대한 많은 이론을 응용할 수 있다.

분산과 표준편차

빈도분포에서 자료는 널리 퍼져 있을 수도 있고 모여 있을 수도 있다. 빈도분포에서 자료의 산포를 측정하기 위해서 우리는 **분산(variance)**이라는 통계를 이용한다. 널리 퍼져있는 자료는 분산이 클 것이고 함께 밀집되어 있는 자료는 분산치가 작다. s^2로 나타내는 표본분산은 다음 공식으로 계산된다.

$$s^2 = \Sigma (X_k - \overline{X})^2/(n - 1)$$

이 공식에서, $(X_k - \overline{X})^2$은 k번째의 관찰 치와 평균 간의 차의 제곱(가끔 *평균의 편차의*

제곱)이다. 여기서 Σ는 모든 편차의 제곱의 합을 나타낸다. 편차제곱의 합은 $n - 1$로 나눔으로써 평균이 된다. (기술적인 이유로 분모는 $n - 1$로 한다.) 부호 s^2에서 지수 2는 표본 변이를 계산할 때 우리가 제곱된 값을 사용함을 기억나게 한다.

우리는 분산의 두 가지 양상을 주목할 것이다. 첫째 평균 주위의 자료의 산포를 측정한다. 분산을 계산할 때 우리는 분포의 중앙값이 되는 평균을 계산하고 표본에서 평균과 각 관찰치 간의 차이를 찾아낸다. 둘째 분산은 항상 양수이다. 우리가 분산을 계산할 때는 평균과 각 관찰치 간의 차이를 제곱하여 모두 합한다. 각 차이를 제곱한 것은 양수이기 때문에 이들 차이를 제곱하여 합한 것으로 계산된 분산은 양수이다.

비록 분산이 유용한 수리적 성질을 가진다 할지라도 측정 단위가 제곱되어 있기 때문에 해석하기 어렵다(예로, s^2 = 2.88일^2). 결과적으로 **표준편차(standard deviation)**라는 또 다른 통계치가 변이를 기술하는 데 이용되었다. 표준편차(s)는 표본분산의 제곱근이다.

$$s = \sqrt{s^2}$$

이 통계치는 원래 관찰한 것과 같은 단위로 나타내기 때문에 분산보다는 해석하기가 쉽다.

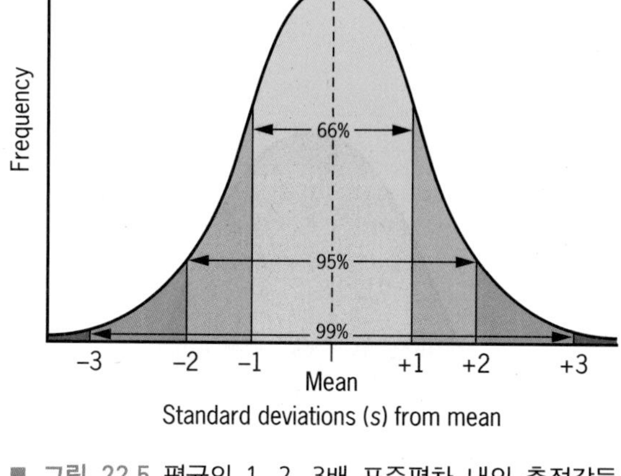

■ 그림 22.5 평균의 1, 2, 3배 표준편차 내의 측정값들이 차지하는 백분율을 보여주는 정규 빈도 분포.

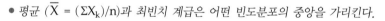

4개의 밀 집단에서 분산과 표준편차는 그림 22.4에 나타내었다. F_2 집단은 성숙기간을 조절하는 유전자들이 분리되기 때문에 의심할 여지없이 가장 큰 분산과 표준편차를 가지고 있다. F_2 개체에서는 유전적 차이와 환경적 차이가 관찰된 변이에서 모두 나타났다. 다른 집단에서 관찰된 변이는 완전하지는 않지만 대부분 환경적 요인에 기인한다. 두 양친계통의 각각은 고도로 근친교배되어 있기 때문에 유전자의 대부분은 동형접합자일 것으로 예상된다. F_1 식물은 두 양친계통에서 다른 대립유전자를 받은 이형접합자이지만 이들 모두는 같은 유전자형을 가진다. 따라서 양친계통이나 F_1은 식물체 간에 유전적 변이는 없는 것으로 예상된다. 다음 절에서 우리는 양적형질에서 나타나는 분산의 어느 정도가 집단 내 개체들 사이의유전적 차이에 기인하는 것인가를 추정하는 법을 알아볼 것이다.

위에서 서술한 바와 같이 양적형질의 분포는 가끔 정규분포에 가까운 것으로 나타난다. 정규분포의 모양과 위치는 전적으로 평균과 표준편차로부터 도출된다. 따라서 만약 우리가 어떤 양적형질의 평균과 표준편차를 알고 그 형질이 정규적으로 분포한다고 가정한다면 우리는 그 형질분포의 모양을 대충 구축할 수 있다. 즉 모든 개체의 66%는 평균의 표준편차 내에 있을 것이고, 95%는 평균에서 두 배의 표준편차 내에 있을 것이다. 그리고 99%는 평균에서 3배의 표준편차 내에 있을 것이다(그림 22.5).

요점

- *평균* ($\overline{X} = (\Sigma X_k)/n$)*과 최빈치 계급은 어떤 빈도분포의 중앙을 가리킨다.*
- *분산* ($s^2 = \Sigma(X_k - \overline{X})^2/(n - 1)$*와 표준편차* $s = \sqrt{s^2}$ *는 빈도분포의 자료가 평균에서 얼마나 퍼져 있는가를 나타내는 통계값이다.*

양적형질의 분석

양적형질을 연구하는 유전학자들은 분산으로 측정되는 표현형들의 다양성 분석에 초점을 맞춘다.

이 절에서 우리는 양적형질의 유전분석에 통계학이 어떻게 이용되는지를 알아 볼 것이다. 분석의 요지는 어떤 형질에서 관찰된 변이를 유전적 요인과 환경적 요인으로 나누는 것이고, 그 다음 특정교배에서 자식의 표현형을 예측하기 위하여 유전적 요인을 이용하는 것이다.

복합인자 가설

양적 유전학의 기본 개념은 그 형질이 환경과 유전자형에서 많은 여러 종류의 인자에 의해 지배된다는 것이다. 이런 **복합인자 가설(multiple factor hypothesis)**은 이스트, 요한센, 닐슨-엘르 등의 실험조사를 통해 20세기 초에 나타났다. 그렇지만, 복합인자 가설을 오늘날의 형태로 정립한 사람은 이론 통계학자인 R. A. 피셔(R. A. Fisher)였다. 피셔는 1차 세계대전 중 영국에서 교사로 재직하면서 이런 업적을 이루어냈다. 그의 업적은 세계대전이 끝나던 해인 1918년에 출간되었다.

피셔는 양적형질의 특정 값 T는 유전적 요인과 환경적 요인의 복합적인 결과라고 가정하였다. 그는 이들 요인의 효과를 전체 집단 평균에 대한 편차로써 다음과 같이 나타내었다.

$$T = \mu + g + e$$

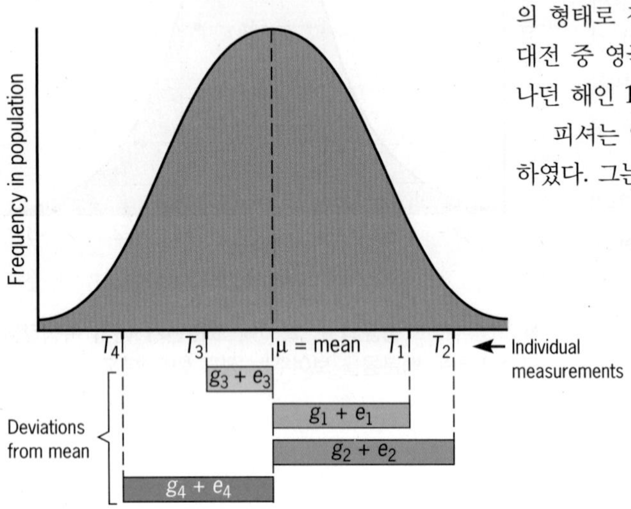

이 공식에서 μ는 집단의 평균이고, g는 유전적 요인에 기인한 평균의 편차이고, e는 환경적 요인에 기인한 평균으로부터의 편차이다. 피셔의 개념에서 집단 내의 특정형질의 위치 T는 그 형질에 영향을 미치는 유전적 요인과 환경적 요인에 의존한다(■ 그림 22.6). 어떤 인자들은 큰 값의 T를 만들고 어떤 요인들은 작은 값의 T를 만든다. 개체에 따라서 이들 인자도 다르다. 피셔의 다수의 인자가 관여한다고 강조하였다. 그는 많은 수의 유전자가 양적형질에 작용한다고 가정하였고, 환경의 여러 가지 면도 작용한다고 가정하였다. 오늘날 우리는 많은 유전자에 의해 지배되는 형질을 **다유전자성(polygenic)**이라고 한다.

■ 그림 22.6 양적형질의 표현형과 집단의 평균으로부터 개체 측정치의 편차. 각 개체의 편차는 유전자형(g)에 기인한 편차와 환경에 기인한 편차(e)를 포함한다고 가정한다.

표현형적 분산의 분할

이런 단순한 생각으로, 피셔는 양적 형질의 다양성을 그에 기여하는 유전적 요인과 환경적 요인들로 분석할 수 있는 방법을 개발할 수 있었다. 형질의 다양성을 측정하기 위해서 그는 분산이라고 하는 통계학에 초점을 맞추었다. 특히 그는 형질의 모든 분산을 두 가지 분산, 즉 유전적 효과의 차이를 측정하는 것과 환경적 효과를 측정하는 것으로 어떻게 나누는지를 알아냈다. 따라서 피셔의 분석에서 V_T로 나타내는 어떤 양적형질의 분산은 *유전적 분산*(V_g)와 *환경적 분산*(V_e)의 합과 같다.

$$V_T = V_g + V_e$$

이 분산공식에서 양적형질의 분산 V_T는 *전체 표현형적 분산*으로 간주한다.

전체 표현형적 분산을 유전적 분산과 환경적 분산으로 나누는 피셔의 방법에 대한 논의는 이 교재 이상의 지식이 필요하기 때문에 여기서는 언급하지 않겠다. 그렇지만, 이런 방법은 많은 다른 내용에서도 사용되어 왔고, *분산분석(analysis of variance)*이라 불리는 일반적인 통계법이 나오게 되었다.

기본적인 개념을 알기 위하여 그림 22.4에서 나타낸 밀의 F_2 집단에서 성숙시간의 분산을 나누어보자. 이 집단의 전체 표현형적 분산(V_T)은 14.26일^{2}이다. 피셔의 분산공식의 입장에서 이 전체 분산은 유전적 분산(V_g)과 환경적 분산(V_e)의 합이므로 두 가지 분산은 다른 자료에서 계산해야만 한다. 환경적 분산을 계산하기 위하여 우리는 양친계통과 F_1 집단의 자료를 이용할 수 있다. 양친계통의 집단은 그들이 근연관계이기 때문에 유전적으로 균일하다. 모든 F_1 식물은 근연인 양친집단에서 차이가 있는 유전자들에 대해 유전적으로 이형접합자인 것으로 예상된다. 이런 유전적 균일성 때문에 이들 세 집단 각각에서 볼 수 있는 변이성은 환경적 요인에 의해 기인한다. V_e에 대한 대표적인 값을 얻기 위하여 우리는 이들 그룹의 분산을 평균할 수 있다.

$$V_e = (V_A + V_B + V_{F1})/3$$
$$= (1.92\text{일}^2 + 2.05\text{일}^2 + 2.88\text{일}^2)/3$$
$$= 2.28\text{일}^2$$

이 환경적 분산치를 이용하여 우리는 전체분산인 V_T에서 환경적 분산을 빼냄으로써 V_g를 계산할 수 있다.

$$V_g = V_T - V_e$$
$$= 14.26\text{일}^2 - 2.28\text{일}^2$$
$$= 11.98\text{일}^2$$

따라서 F_2 밀 집단에서 성숙에 대한 전체 표현형적 분산은 두 가지 구성원으로 나누어진다.

$$V_T = V_g + V_e$$
$$14.26\text{일}^2 = 11.98\text{일}^2 + 2.28\text{일}^2$$

여기서 우리는 F_2 밀 집단에서 성숙시간에서의 분산의 대부분은 개체 간의 유전적 차이에 기인한다는 것을 알 수 있다. 이 유전적 변이성은 F_1 식물이 번식할 때 유전자의 분리와 독립분리로 인해 발생한 것이다. 이들 식물은 양친집단에서 차이를 나타낸 유전자들에 대해 이형접합성이다. 그들이 생식할 때는, 분리와 분배에 의해 일련의 유전자형들—즉, 각 이형접합성 유전자들에 대해 세 가지의 독립된 유전자형들—이 생겨난다. 우리가 F_2에서 볼 수 있는 변이는 일차적으로 이들 유전자형 간의 표현형적 차이에 기인한다.

광의의 유전율

종종 전체 표현형적 분산에서 집단 내 개체들 사이의 유전적 차이에 기인한 분산의 비율을 계산하는 것은 상당히 유용하다. 이 비가 H^2로 나타내는 **광의의 유전율(broad-sense heretability)**이다. 피셔의 분산의 구성으로 환산하면

$$H^2 = V_g/V_T$$
$$= V_g/(V_g + V_e)$$

광의의 유전율 H^2의 표시는 분산, 즉 제곱 양으로 계산되었다는 것을 염두에 두기 위해 지수인 2를 사용하고 있다.

계산되는 방법으로 인해 광의의 유전율은 0에서 1 사이에 있다. 만약 0에 가깝다면 집단에서 관찰된 변이가 개체 간의 유전적 차이 때문이 아니라는 것이다. 만약 1에 가깝다면 관찰된 변이의 대부분이 유전적 차이에 의해 일어난 것이라는 의미이다. 그러므로, 광의의 유전율은 관찰된 집단의 변이에 대해 유전적 요인과 환경적 요인의 상대기여도로 요약된다. 그렇지만, 이러한 통계는 집단-특이적이라는 것을 알 필요가 있다. 어떤 주어진 형질에 대해 여러 집단이 다른 광의의 유전율을 가질 수도 있다. 따라서 한 집단에서의 광의의 유전율은 다른 집단에서의 광의의 유전율을 나타낸다고는 할 수 없다.

밀의 F_2 집단에서 $H^2 = 11.98/14.26 = 0.84$이다. 이 결과는 이 집단에서 밀 성숙 시간에서 관찰된 변이의 84%가 개체 간의 유전적 차이에 기인한다는 것이다. 그렇지만, 밀에서 실제 이런 차이가 있다고는 말 할 수 없다. 광의의 유전율이 관여하는 유전적 분산은 유전자형이 다른 표현형을 가지도록 하는 모든 요인이 내포되어 있다. 즉 각 대립유전자의 효과, 대립유전자 간의 우열관계 또는 다른 유전자 간의 상위관계 등이 있다. 4장에서 우리는 이들 요인이 표현형에 어떻게 영향을 미치는지를 배웠다. 다음 두 절에서 우리는 유전적 변이

의 이들 구성을 해부하고 개별 대립인자들의 효과가 관여하는 구성성분에 대해 초점을 둠으로써, 그들 양친의 표현형에 대한 정보로부터 자손의 표현형을 예상할 수 있음을 배우게 될 것이다.

협의의 유전율

양적형질에서 예측할 수 있는 능력은 각 대립유전자의 효과에 기인한 유전적 변이의 양에 의존한다. 우성과 상위에 기인한 유전적 변이는 거의 알아낼 수 없다.

우성이 예측할 수 있는 능력을 어떻게 제한하는지를 알아보기 위해 사람의 ABO혈액형을 생각해 보자(4장의 표 4.1). 이 형질은 엄격히 유전자형에 의해 결정된다. 환경적 변이는 표현형에 거의 관여하지 않는다. 그렇지만, 우성관계가 있기 때문에 동일한 표현형을 가지는 두 사람이 다른 유전자형을 가질 수 있다. 예를 들어, A형인 사람은 $I^A I^A$ 또는 $I^A i$ 중 어느 하나일 것이다. 만약 A형인 두 사람이 한 아이를 가진다면 우리는 그 아이의 혈액형이 무엇이 될 것인지 정확히 예측할 수 없다. 양친의 유전자형에 따라 A형 아니면 O형이 될 것이다. 그렇지만 우리는 B형이나 AB형은 나오지 않는다는 것을 안다. 따라서 비록 우리가 아이의 표현형에 대해 어떤 종류는 예측이 가능하다 할지라도 우성은 정확한 예측을 불가능하게 한다.

자손의 표현형에 대해 우리가 예측할 수 있는 능력은 우성에 의해 유전자형이 혼돈되지 않는 상태에서 향상된다. 예를 들어, 금어초의 꽃 색 유전을 생각해 보자. 이 식물의 꽃은 유전자형에 따라 흰색, 적색, 또는 분홍색이다(4장의 그림 4.1). ABO혈액형과 마찬가지로 꽃 색에서의 변이는 환경적 영향은 완전히 없다. 모든 분산은 유전적 차이의 결과이다. 그렇지만, 꽃 색의 형질에 대해서 어떤 개체의 표현형은 우성의 영향이 없이 결정된다. 두 개의 w를 가진 식물은 흰색이고 두 개의 W를 가진 식물은 적색의 꽃을 가진다. 이런 형에서 표현형은 단지 W대립유전자의 수에 의존한다. 각 W대립유전자는 일정양의 색의 강도에 영향을 미친다. 따라서 색을 결정하는 대립유전자는 엄격히 부가적인 방법으로 표현형에 기여한다. 이런 부가적인 방법은 다른 식물 간의 교잡에서 예측할 수 있는 능력을 부여하고 있다. 두 개의 적색 꽃을 가진 식물 간의 교잡은 적색인 자손을 만들 것이고 두 개의 흰색 꽃을 가진 식물 간의 교잡은 단지 흰색의 자손을 만들 것이다. 적색과 흰색식물 간의 교잡은 단지 분홍색 꽃을 가진 자손을 만들 것이다. 단지 불확실한 경우는 두 개체의 이형접합자 간의 교잡이고, 이 경우 불확실한 것은 우성에 의한 것이 아니고 멘델의 분리의 법칙에 의한 것이다.

양적형질을 연구하는 유전학자들은 부가적인 방법으로 작용하는 대립유전자(방금 논한 꽃 색의 예와 같은)에 기인한 유전적 분산과 우성에 기인한 유전적 분산을 구별한다. 이런 다른 분산을 다음과 같이 나타낸다.

$$V_a = \text{부가적 유전 분산}$$
$$V_d = \text{우성분산}$$

그 외에 유전학자들은 다른 유전자의 대립유전자 때문에 생기는 상위의 상호작용에 기인한 변이를 제3의 분산의 구성원으로 생각하고 있다.

$$V_i = \text{상위적 분산}$$

우성과 마찬가지로 상위의 상호작용은 표현형을 예측하는 데는 도움이 되지 않는다. 그렇다 할지라도, 이들 세 가지 분산 구성요소들이 전체 유전적 분산을 형성한다.

$$V_g = V_a + V_d + V_i$$

우리는 $V_T = V_g + V_e$라는 것을 알고 있음으로 전체 표현형적 분산은 4가지 구성원의 합으로 나타낼 수 있다.

$$V_T = V_a + V_d + V_i + V_e$$

이들 4가지 분산의 구성원 중에 단지 부가적인 유전분산 V_a만이 양친의 표현형에서 자손의 표현형을 예측하는 데 이용할 수 있다. 전체 표현형적 분산에 대한 이 분산의 비율을 **협의의 유전율(narrow-sense heretability)**이라고 하고 h^2로 나타낸다.

$$h^2 = V_a/V_T$$

광의의 유전율과 마찬가지로 h^2는 0과 1 사이에 있다. 그 값이 1에 가까우면 가까울수록 전체 표현형적 분산에 미치는 부가적 유전자들의 효과가 크다는 것이고, 자손의 표현형을 예측하기가 훨씬 쉽다. 표 22.1은 여러 가지 형질에 대한 협의의 유전율에 대한 측정치를 나타내고 있다. 사람의 신장은 유전성이 아주 높지만 돼지의 체구는 그렇지 않다. 따라서 만약 우리가 양친의 표현형을 안다면, 돼지 새끼의 크기를 예측하기보다는 사람의 자식의 신장을 예측하기가 훨씬 쉽다.

표 22.1

양적형질들에 대해 추정된 협의의 유전율(h^2)

Trait	h^2
Stature in human beings	0.65
Milk yield in dairy cattle	0.35
Litter size in pigs	0.05
Egg production in poultry	0.10
Tail length in mice	0.40
Body size in *Drosophila*	0.40

Source: D. S. Falconer. 1981. *Introduction to Quantitative Genetics*, 2nd ed., p. 51. Longman, London.

표현형 예측

협의의 유전율에 대한 인식을 가지기 위하여 ■ **그림 22.7**에 나타낸 상황을 생각해 보자. Michael(M)과 Frances(F)는 표준화된 지능검사를 하여 지능지수(IQ)를 확인한 바 Michael의 IQ는 110이었고 Frances의 IQ는 120이었다. 그들이 거주하는 집단의 평균 IQ는 100이었다. Michael과 Frances는 어린 아들 Oswald(O)를 낳았고 이 아이가 태어났을 때 양자로 주기로 결정했다. 양부모는 Oswald의 IQ를 알고 싶었다. 만약 IQ에 유전적 요인이 관여하지 않는다면, Oswald의 IQ는 집단의 평균인 100일 것이다. 우리는 이 아이가 어떤 가정환경의 영향을 받았는지를 예측할 수 없기 때문에 어떤 요인의 비유전적 요인이 그의 지능발달에 영향을 미칠 것인지를 예측할 수 없다. Oswald의 IQ를 예측하는 데는 두 양친의 IQ를 이용할 방법밖에 없다. 왜냐하면 부모가 아이에게 전했던 유전자만이 정신발육과 연계할 수 있기 때문이다. 그렇지만, 많은 연구에서 IQ의 변이에 유전적 요인이 관여할 수 있다는 것을 확인하였다. 사실 IQ에 대한 협의의 유전율은 약 0.4, 즉 IQ점수에서 변이의 40%가 대립유전자의 부가적인 효과에 의한 것으로 계산되었다. 이런 통계를 이용하여 양친의 IQ로부터 Oswald의 IQ를 예측할 수 있을까?

Oswald, Michael, Frances의 IQ를 각각 T_O, T_M, T_F로 나타내고 집단의 평균을 μ로 나타내자. Oswald의 IQ의 최적 예상치는 다음과 같다.

$$T_O = \mu + h^2[(T_M + T_F)/2 - \mu]$$

괄호와 함께 나타낸 식인, $(T_M + T_F)/2$는 일반적으로 양친의 중간치로써 두 양친의 표현형의 평균이다. 만약 양친의 중간치를 T_P로 나타낸다면, Oswald의 표현형을 예측하는 공식은 다음과 같이 요약할 수 있다.

$$T_O = \mu + h^2[T_P - \mu]$$

괄호 안의 $[T_P - \mu]$는 양친의 중간치와 집단의 평균치 간의 차이이다. 이 차이와 협의의 유전율의 곱이 집단의 평균에서 자식의 표현형에서 예측되는 편차이다. 사실 협의의 유전율은 양친의 중간치와 집단의 평균 간의 차이를 자손에서 예측할 수 있는 유전적 차이로 바꾸어 놓은 것이다. 이런 유전적 차이를 평균에 더함으로써 자손의 표현형을 예측할 수 있다.

예측 방정식에서 각각의 값 즉, $\mu = 100$, $T_P = (110 + 120)/2 = 115$, 그리고 $h^2 = 0.4$를 대입하여 보자 T_O의 예측 값은 다음과 같다.

$$T_O = 100 + (0.4)[115 - 100] \\ = 106$$

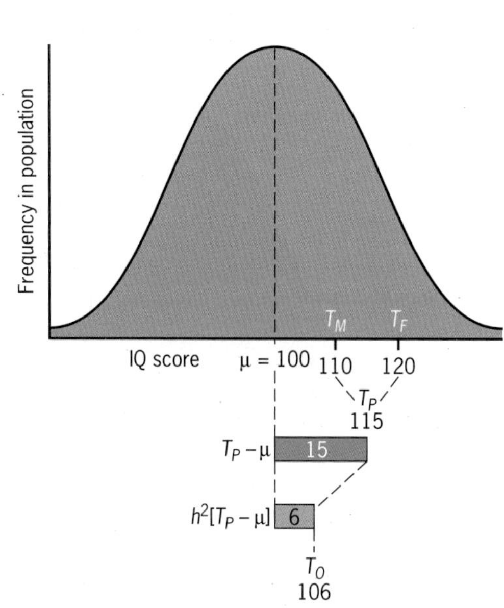

■ 그림 22.7 부모의 표현형과 형질에 대한 협의의 유전율을 바탕으로 자손의 표현형 예측하기. 집단 평균에서 부모들의 중간값(T_P)을 뺀 차이의 일부분만이 유전된다. 이 일부분의 크기는 협의의 유전율에 의해 결정된다.

이 결과는 Oswald의 IQ는 두 양친의 평균치(115)와 집단의 평균치(100) 사이에 있을 것으로 예측된다. 사실, 집단의 평균과 두 양친의 평균치 간의 거리의 약 40%지점에 있다. 이 40%라는 값은 협의의 유전율(0.4)과 일치한다. 만약 IQ에 대한 협의의 유전율이 0.4보다 크다면, Oswald의 IQ의 예상치는 양친의 중간치에 더욱 접근할 것이다. 완전히 유전된다면 h^2 = 1이 될 것이고 자식의 예측 치는 두 양찬의 표현형의 평균이 될 것이다. 따라서 협의의 유전율은 중요한 통계 값이다. 그것은 자손들이 그들의 양친의 평균과 얼마나 유사할 것인지를 말해 준다. 그렇지만, Oswald에게서 계산된 IQ점수는 우리가 확신할 수 없는 단지 예측된 값이라는 것을 강조해야만 한다. 만약 두 부부의 평균 IQ가 115인 수천 쌍을 고려해 본다면, 그들 아이들의 빈도분포를 예측할 수 있을 것이다. 이 빈도분포의 평균 IQ는 106일 것이다. 그렇지만 대부분의 아이들은 더 높거나 낮은 IQ를 가진다. 즉 어떤 아이들은 한쪽 양친의 IQ보다 더 높을 수도 있고 어떤 아이들은 집단의 평균인 100보다 더 낮을 수도 있다. 이런 분포에서의 변이는 IQ에 영향을 주는 대립유전자들의 멘델유전에 따른 분리와 환경에서의 요인에 의해 일어날 것이다. 예를 들어, 만약 Oswald가 지능에 관련된 여건이 좀 부족한 곳에서 성장하였고, 식사도 제대로 하지 못하고 여타 다른 좋지 못한 여건이 주어졌다면, 그의 IQ는 106보다 상당히 낮을 수도 있다. 반면에 양육가정의 여건이 정반대였다면, Oswald의 IQ는 106보다 훨씬 높을 수도 있다. 그렇지만, 우리는 Oswald의 IQ를 106이라고 예측하였다. 이 값은 수학적으로 정해진 값이 아닌 예측되는 값이라는 것을 명심하여야 한다.

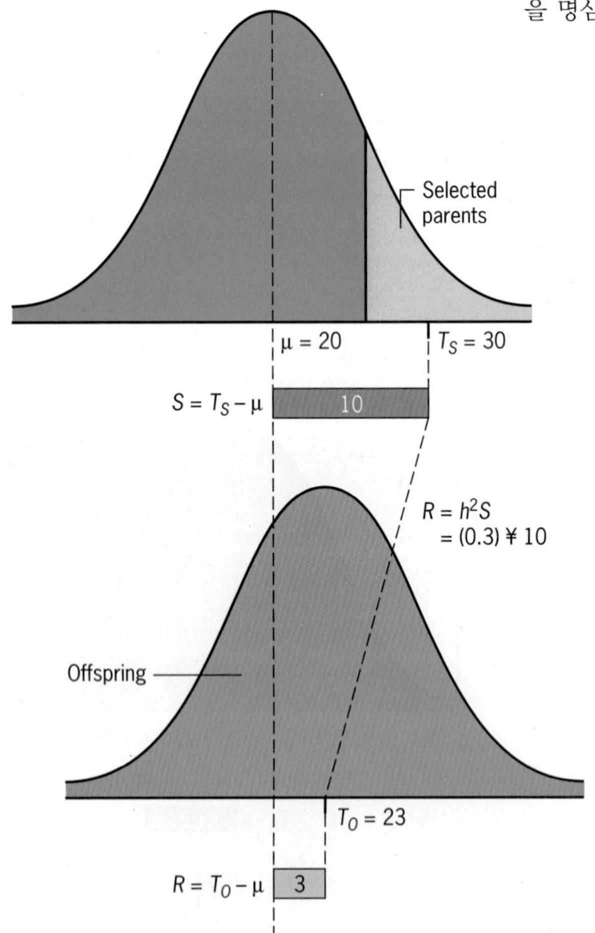

■ 그림 22.8 인위적 선택의 과정. 선택계수(S)는 선발된 양친의 평균과 집단의 평균간의 차이이다. 선택에 대한 반응(R)은 자손들의 평균치와 그들의 양친이 속해있는 전체 집단의 평균간의 차이이다. R/S의 비는 협의의 유전율과 같다.

인위적 선택

자손의 표현형을 예측하는 것 외에 협의의 유전율은 집단에서 선발 육종계획의 결과를 예측하는 또 다른 용도를 가지고 있다. 이런 견해는 양친과 자손 사이에 어떤 양적형질의 빈도분포를 나타낸 ■ **그림 22.8**에 요약하였다. 양친세대에서 그 형질의 평균치는 20단위이다. 다음 세대를 이루기 위해서 우리는 분포도의 위의 값을 가지는 개체들을 양친으로 선발한다. 선발된 부모가 될 개체들의 평균은 30단위이다. 우리는 선발된 양친으로부터 자손들의 평균치를 예측할 수 있을까? 답은 그 형질의 협의의 유전율을 안다면 가능하다는 것이다. 예측 공식은 다음과 같다.

$$T_O = \mu + h^2[T_S - \mu]$$

여기서 T_O는 자손의 평균이고, μ는 선발된 양친의 평균, h^2은 협의의 유전율이다. 이 방정식에서 T_P 대신에 T_S로 바꾼 것 외에는 한 명의 자손의 표현형을 예측하는 공식과 같다는 것을 알아야 한다. 실제로 많은 양친(*선발*된 양친이지만)이 많은 자손을 만들고 이 자손들이 다음 세대에서 집단을 구성하는 것을 하나의 자손을 예측하는 공식에 적용하였다. 따라서 집단의 평균을 예측하는 데는 양친으로 사용될 개체들을 선발함으로써 집단의 평균이 어떻게 변하는지를 예측하는 새로운 공식이 있어야 한다. 우리는 이 과정을 **인위적 선택(artificial selection)**이라고 한다. 이 방법은 동식물 육종에 바로 적용되고, 이것은 농업에서 이용되는 고생산성 작물계통에 광범위하게 이용되고 있다.

우리는 선택방정식의 항을 재정비함으로써 선택이 집단 내의 어떤 양적형질을 어떻게 변화시키는지를 더 분명히 할 수 있다. 공식의 우변의 μ를 좌변항으로 옮겨 괄호로 묶으면 다음과 같다.

$$[T_O - \mu] = h^2[T_S - \mu]$$

오른쪽에 중괄호로 묶은 항$[T_s - \mu]$를 *선발차이(selection differential)*라고 한다. 이것은 선발된 양친과 양친이 선발되었던 모집단의 평균의 차이이다. 선발차이는 인위적 선발의 강도를 나타낸다. 왼쪽의 중괄호인 $[T_O - \mu]$는 선발반응이다. 즉 자손의 평균과 이전세대의 집단의 평균 간의 차이이다. 따라서 선발반응은 형질의 평균이 한 세대에서 얼마나 많이 변화되었는지를 나타낸다. 만약 선발반응을 R이라고 하고 선발차이를 S라고 한다면 다음과 같이 더욱 간편화할 수 있다.

$$R = h^2S$$

따라서 선발반응은 선발차이와 협의의 유전율의 곱이다. 앞의 예에서 $\mu = 20$, $T_S = 30$이고 $h^2 = 0.3$을 적용하여 보자. 이들 값으로 $S = 10$이고, $R = (0.3) \times 10 = 3$이다. 따라서 $T_O = 20 + 3 = 23$이 된다. 만약에 선발과정을 여러 세대 계속한다면, 집단의 평균이 점차적으로 증가함을 알 수 있다. 이것이 어떻게 이루어지는지는 FOCUS ON에 제공된 "인위적 선택"을 참고하라.

FOCUS ON

인위적 선택

인위적 선택은 작물이나 가축을 육종하기 위한 하나의 일반적인 방법이다. 그렇지만, 농업적으로 중요한 종의 세대기간이 몇 주나 몇 개월이 아닌 일년이기 때문에 품종개량은 보통 느리게 진행된다. 인위적 선택의 효율을 연구하기 위하여 Franklin Enfield 등은 실험동물로써 밀가루벌레인 *Tribolium castaneum*을 가지고 광범위한 연구를 수행하였다. 이들 실험에서 Enfield는 체구가 증가되는 것을 선택하였다. 그는 번데기시기에 체구를 측정하여 가장 큰 번데기를 다음 대의 양친으로 선발하였다. 이 과정을 125세대 동안 계속하였다. 실험을 시작할 당시 각 번데기의 무게는 1,800 μg에서 3,000 μg 범위이고 평균은 2,400 μg이었고 분산은 40,000 μg^2이었다. 선택이 이루어진 후 125세대 후 평균 번데기의 무게는 시작했을 때보다 두 배 이상인 5,800 μg이었다. 더욱이 선택된 집단의 어느 개체도 처음 시작했던 집단의 가장 큰 개체보다 작은 것이 없었다 (■ **그림 1**). 빈도분포에서 중복되는 것이 없다는 것은 집단의 유전적 조성이 완전히 바뀌었다는 것을 의미한다.

이런 놀라운 결과를 얻기 위하여 Enfield는 매 세대마다 200 μg의 선발차이를 이용하였다. 원래 번데기 무게의 협의의 유전율은 약 0.3인 것으로 계산되었다. 따라서 선택으로 예상되는 반응은 세대 당 0.3 × 200 μg = 60 μg이다. 처음 40세대 동안 이것은 Enfield가 관찰했던 것과 거의 일치하였다. 그렇지만 이 기간 동안 누적반응은 2,000 μg으로, 예상했던 2,400 μg(60 μg × 40세대)보다는 약간 작았다. 이 차이는 선택효과를 감소시키는 인자 즉 선택된 개체들 간의 불임과 같은 것에 기인한 것이었다. 따라서 비록 협의의 유전율이 몇몇 세대 동안은 선택에 대한 반응의 좋은 지표가 된다 할지라도 오랜 세대로 가면 이 반응이 낮아지는 경향이 있다.

Enfield의 실험에서 이후의 세대들은 이러한 점을 잘 보여준다. 40세대에서 125세대 사이에서 누적 반응은 1,400 μg이었는데, 이것도 큰 값이긴 하지만, 예상된 반응값인 5,100 μg(60 μg/세대 × 85 세대)보다는 훨씬 작았다. 자세한 분석은 이 세대들 동안 선택의 효율이 크기와 생식능력간의 음의 상관관계에 의해 심각하게 감소했음이 드러났다 — 일정 지점 후에는, 벌레가 커질수록, 그 생식력이 감소되었다. 이것이 선발차이를 감소시키고 크기가 더 증가하는 선택을 어렵게 만들었다.

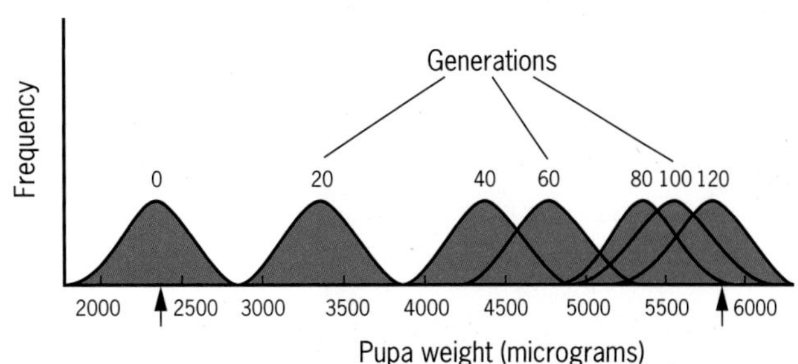

■ **그림 1** 크기 증가에 따라 선발된 밀가루벌레(*Tribolium*) 집단들에서의 번데기 무게 별 빈도 분포. 분포 모양은 대략적이다. 0세대와 120세대에서의 평균은 화살표로 나타내었다.

이제 협의의 유전율을 알 수 없는 다른 형질에서의 변화를 위해 선발한다고 가정하자. 이 형질에 대해 집단의 평균이 100이고 선발양친의 평균은 120이다. 이들 양친들 중의 자손의 평균은 104이다. 이 형질에 대한 협의의 유전율은 얼마일 것인가? 선발반응에 대한 공식으로부터 $R/S = h^2$이고, 이 예에서 $R = 104 - 100 = 4$이고, $S = 120 - 100 = 20$이다. 따라서 협의 유전율은 $R/S = 4/20 = 0.2 = h^2$이다. 이 예에서, 인위선택 실험에 대한 반응은 협의의 유전율을 측정하는 데 이용할 수 있다.

양적형질의 유전자좌위

1918년 피셔의 논문이 발표된 이후 양적유전을 연구하는 학자들에게는 통계학적 분석이 주축을 이루었다. 이런 분석으로 양적형질을 연구하는 학자들은 많은 생물에서 다른 많은 형질을 연구해 오고 있고, 최근에는 복합형질에 영향을 주는 각 유전자를 확인하는 기법이 개발되었다. 각 유전자는 유전체를 구성하는 DNA 분자 내의 특정 위치를 차지하고 있다. 이들 DNA 분자는 염색체라고 하는 별개의 구조를 이루고 있다. 염색체에서 어떤 유전자의 위치는 *좌위*(*locus*, *복수*: *loci*)라고 불리며, 양적 형질에 영향을 미치는 유전자들의 좌위는 **양적형질 좌위(quantitative trait locus)**, 줄여서 QT좌위, 혹은 더 간단히 QTL이라고 불린다.

오늘날 분자적 기법들을 이용하여 QT유전자좌위를 동정할 수 있게 되었다. 초파리와 쥐 등의 실험동물, 옥수수와 벼 등 농업에서 중요한 작물, 돼지와 소 등 가축과 사람에서 특정 염색체상에 QT유전자좌위가 동정되고 지도 작성되었다. 연구한 형질 중에는 초파리의 강모 수, 쥐의 비만도, 벼와 옥수수의 수확량, 젖소의 우유 생산량, 돼지의 지방 축적과 생장속도, 그리고 사람의 당뇨병, 암, 심장혈관 질환, 정신분열증과 같은 질병에 대한 감수성 등이 있다.

■ 그림 22.9 토마토 과일의 크기, 모양과 색상.

교배실험이 가능한 생물에서 QT유전자좌위를 동정하기 위한 방법을 이해하기 위하여 스티븐 탱슬리(Steven Tanksley) 등이 수행한 토마토의 과일 무게의 대한 연구를 생각해 보자. 재배종 토마토는 *Lycopersicon esculentum*에 속한다. 토마토는 많은 변종들이 있고, 각 변종에 따라 독특한 과일 크기, 모양과 색을 가진다(**■ 그림 22.9**). 이들 모든 변종들은 남미가 원산지인 야생 토마토를 인위적으로 선택하여 만든 것이다. 작은 딸기모양의 과일이 달리는 *L. pimpinellifolium*는 재배토마토의 유전적 조상인 것으로 생각된다. *L. pimpinellifolium* 과일의 무게는 약 1g 정도이다. 반면, 재배품종 중의 하나인 Giant Heirloon 과일무게는 1,000g 정도인 것으로 보아 인위적 선택의 힘이 대단하다는 것을 알 수 있다.

탱슬리 등은 토마토의 12개의 염색체 각각에 대한 상세한 분자적 지도를 구축함으로써 토마토 과일무게의 변이에 대한 유전자좌위를 발굴하기로 하였다. 그들은 *L. pimpinellifolium*과 *L. esculentum*은 그들의 유전체 DNA에서 제한효소에 의한 절단 점이 다르다는 것을 알았다. 예를 들어, *Eco*RI은 *L. esculentum*의 DNA를 특정 위치에서 절단할 수 있으나 *L. pimpinellifilolium*의 DNA내 이 부위는 *Eco*RI이 인지하는 염기서열(GAATTC)에서 변이가 있어났기 때문에 절단하지 못하였다. 이런 종류의 차이는 서던 블로팅(Southern blotting)으로 분석할 수 있는 제한효소 길이 절편 다형현상(RFLPs)를 만든다(그림 15.3참조). 이들은 토마토들에서 많은

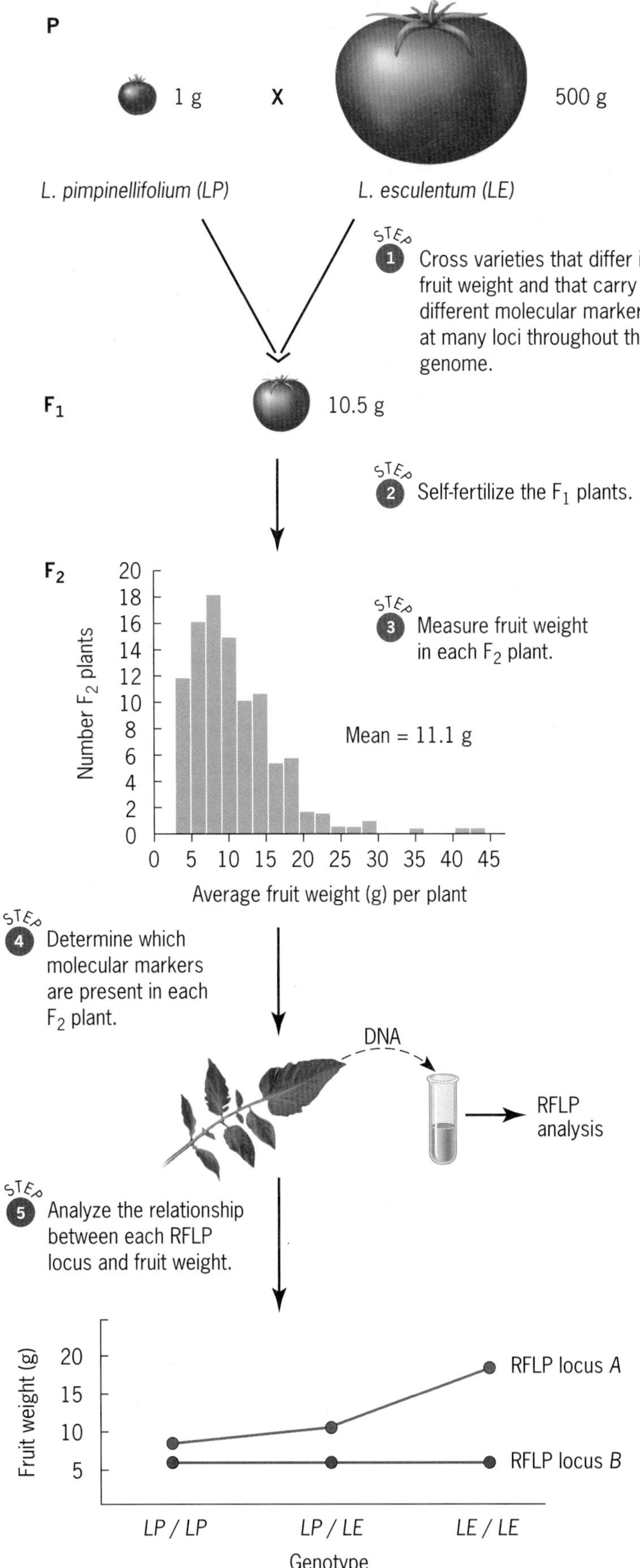

■ 그림 22.10 토마토의 과일 무게와 관련된 QT 유전자좌위를 찾는 방법. 서로 다른 두 종류의 토마토 품종을 교배시켜 F_1 식물을 얻고 이들을 교배시켜 F_2 식물을 얻은 다음, F_2 식물 각각에 대해 과일무게를 측정하고 관련된 많은 유전자좌위에 대해 제한효소 절편 다형현상(RFLPs)을 결정한다. 얻어진 자료를 분석하여 과일무게가 RFLP중 어느 것과 관련이 있는지를 결정한다. *LP* 대립유전자는 *L. pimpinellifolium*에서 유래한 것이고, *LE* 대립유전자는 *L. esculentum*에서 유래한 것이다. 하나의 RFLP(*A*)에 대해 *LE* 대립유전자는 그들이 동형접합성일 때 과일무게가 증가된다. 다른 *RFLP* 유전자좌위(B)에 대해서 LE는 과일무게에 영향을 주지 않는다. 그러므로, 과일무게에 대해 하나의 QTL이 RFLP 유전자좌위 A 부근에 위치하는 것으로 나타난다. 자료 제공은 2001년 Lippman, Z.와 S. Tanksley에 의함. 작은 과일 종인 *Lycopersicon pimpinellifiloum*과 *L. esculentum* var. *Giant Heirloom* 간의 교잡을 통해 토마토 과일 크기증대를 최대화 하기 위한 유전적 경로 분석. *Genetics* 158: 413–422.

수의 RFLP의 목록을 작성한 다음 두 다른 품종 간의 교배로 만든 잡종에서 재조합의 빈도를 조사하는 식으로 하여 염색체상에 유전적 지도를 작성하였다. 실제로 그들은 RFLP를 분자적 유전표지로 사용하였고 7장에서 논한 표현형적 표지를 이용한 것과 유사한 재조합 실험을 수행하였다. 전체적으로 88개의 RFLP 유전자좌위에 대해 토마토 염색체상에 위치를 결정하였다. 그 후 탱슬리와 재커리 리프만(Zachary Lippman)은 이들 유전자좌위의 어느 것이 과일 무게와 관련이 있는지를 결정하기 위한 실험을 수행하였다. 실험과정은 ■ **그림 22.10**에 요약하였다.

그들은 *L. pimpinellifolium*을 *L. esculentum*의 변종인 Giant Heirloom에 교잡시켰으며, 그 후 F_2 자손을 얻기 위하여 하나의 F_1 식물을 자가 수정시켰다. 실험 초기에 먼저 각 식물의 과일의 무게를 달았다. 양친 계통은 과일 무게가 완전히 차이가 났다. 즉, *L. pimpinellifolium*은 1g인 반면 *L. esculentum*은 500g였다. F_1 식물의 과일은 평균 10.5g이었고 188개체의 F_2 식물의 평균 과일무게는 11.1g이었다. 그렇지만, F_2 식물들의 과일 무게는 어떤 것은 20g 이상이 될 정도로 상당한 변이를 보였다. 이러한 변이는 과일의 무게에 영향을 주는 유전자들의 분리에 기인한다. 이들 유전자의 위치 즉 *QT* 유전자좌위를 유전적 지도상에 정하기 위하여, 탱슬리와 리프만은 F_2 식물의 RFLP 유전자형을 결정하였다. DNA를 각 식물에서 추출하여 제한효소로 처리한 후 어떤 RFLP 표지가 존재하는지를 결정하기 위하여 Southern blotting으로 분석하였다. 특정 RFLP 유전자좌위에 대해서 생각하면, 어떤 F_2 식물은 *L. pimpinellifolium*의 표지에 동형접합성일 수도 있고, *L. esculentum*의 것에 동형접합성일 수도 있고, 또는 두 종의 표지를 하나씩 가지는 이형접합성일 수도 있다. 우리는 이런 유전자형을 각각 *LP/LP*, *LE/LE*, *LP*/*LE*로 나타낼 수 있다. 각 F_2 식물은 88개의 RFLP 유전자좌위에 대해 엄청난 일이지만 *LP*와 *LE*의 유전자형을 정할 수 있다.

그 후 탱슬리와 리프만은 각 *RFLP*에서의 유전자형과 과일 무게 간의 상관관계를 연구하였다. 예를 들어, 2번 염색체상의 *TG167* RFLP에서 그들은 *LP*표지에 대해 동형접합성인 식물의

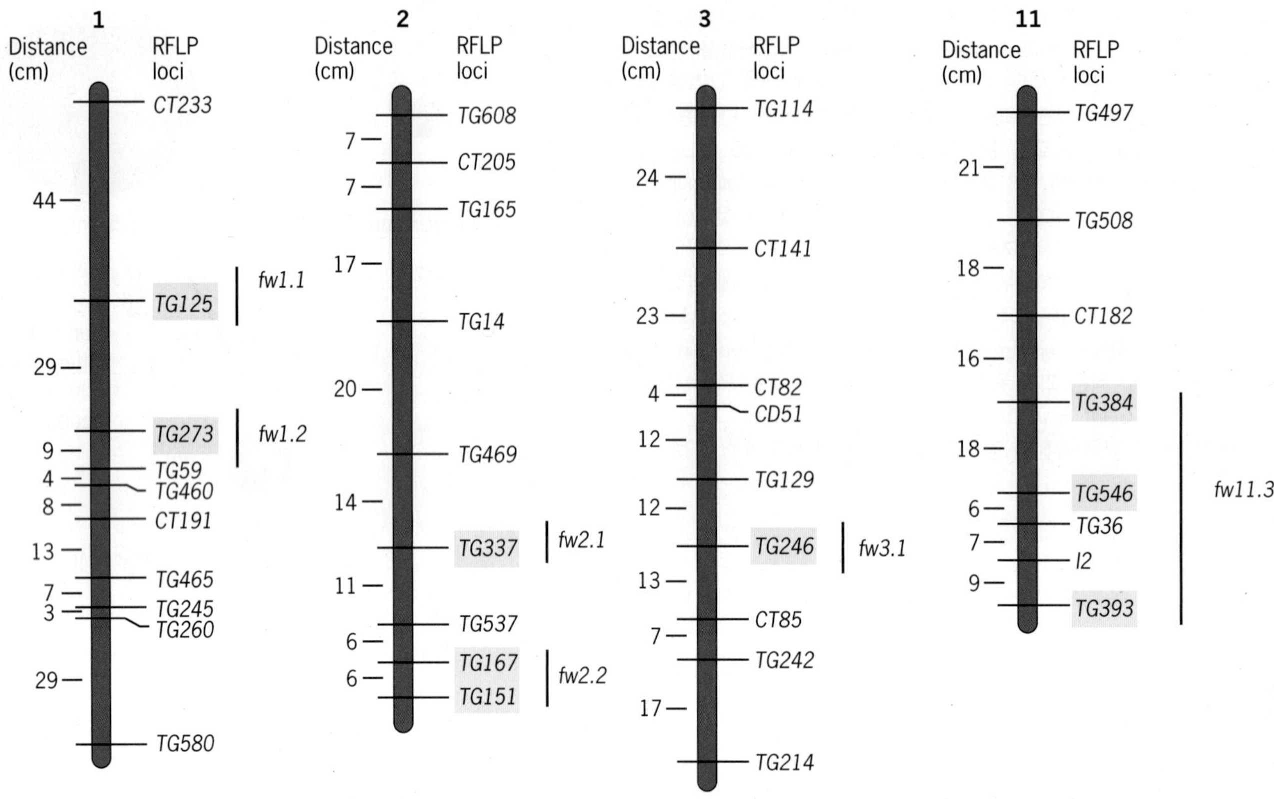

■ 그림 22.11 토마토 유전체의 네 염색체 상에 위치하는 과일 무게와 관련한 RFLP와 QT 좌위들. 밝게 표시한 RFLP 좌위들은 과일 무게에 대한 영향과 관련되어 있다. *fw*라는 글자로 표시된 QT 좌위들이 근처에 위치해 있다. 자료: Lippman, Z와 S. Tanksley. 2001. Dissecting the genetic pathway to extreme fruit size in tomato using a cross between the small-fruited wild species *Lycopersicon pimpinellifolium* and *L. esculentum* var. Giant Heirloom. Genetics 158: 413–422.

과일무게는 8.4g이었고, *LP*와 *LE*에 대해 이형접합성인 식물의 과일무게는 10.0g이고, *LE*에 대해 동형접합성인 식물의 과일무게는 17.5g이었다. 따라서 RFLP로 보면, *LE*표지가 과일무게의 증가와 관련이 있고, *L. esculentum*에서 *TG167* 좌위 근처 어디인가에 과일 무게를 증가시키는 대립유전자가 있다는 것을 추측할 수 있다. 그렇지만 우리는 무게증가에 대한 대립유전자가 *TG167* 좌위에 있다고 결론지을 수는 없다. 단지 그 근처에 있다고 추측할 수 있을 뿐이다. 따라서 이 분석으로 과일무게에 영향을 주는 QTL이 2번 염색체의 *TG167* 근처에 존재한다고 생각할 수 있었다. 탱슬리와 리프만은 이 유전자좌위를 *fw2.2*라고 지정하였다.

모든 RFLP 유전자좌위에서 유전자형과 과일무게 간의 상호관계를 실험한 후에, 탱슬리와 리프만은 2번 염색체에 또 다른 하나, 1번 염색체에 2개, 3번과 11번 염색체에 각각 한 개를 포함한 총 5개의 과일무게 유전자좌위가 있다고 결론지었다(**■ 그림** 22.11). 탱슬리 등은 더 상세한 유전자 지도 작성으로 *fw2.2* 지점을 찾아낼 수 있었고, 그것은 하나의 유전자 ORFX임을 보여준다. 이 유전자는 꽃의 발아 초기에 발현되며 구조적으로 사람의 *c-ras* 유전자와 비슷하다. 따라서 이 유전자 산물은 세포 내의 신호전달에 관여할 수도 있다(20장과 21장 참조). 토마토에서 QT 유전자좌위에 대한 더 심도 있는 탐구를 하고자 하면, 문제풀이 기술에 제시된 "QTL에서의 우성 탐색"을 읽어보라.

탱슬리의 연구는 QT 유전자좌위를 찾고 지도를 작성하는 작업이 정교하고 엄청난 실험시간을 요구한다는 것을 보여 준다. 다행히, 하나의 뉴클레오티드 다형현상을 찾는 유전자 칩과 같은 더 새로운 기법이 연구를 가속화시키고 있다. 이런 기법은 분자적 표지와 다유전

문제 풀이 기술

QTL에서 우성 탐색

문제

a. 그림 22.10은 Zachary Lippman과 Steven Tanksley가 토마토의 과일무게에 대한 QT를 동정한 것을 나타내고 있다. 처음 교배에서 양친계통들은 과일의 평균무게가 각각 1g과 500g로 큰 차이가 있었다. F_1 과일은 평균 중량이 10.5g이었고, F_2의 평균 중량은 11.1g이었다. 이 자료에서 토마토의 과일무게를 결정하는 데 있어 우성이 중요한 역할을 하는 이유는 무엇인가?

b. Lippman과 Tanksley는 과일무게에 영향을 주는 6개의 QT유전자좌위를 동정하였다. 하나의 유전자좌위 *fw11.3*으로 나타낸 것은 11번 염색체상의 RFLP 유전자좌위 *TG36* 근처에 위치하고 있다. 또 다른 유전자좌위 *fw2.2*는 2번 염색체상의 RFLP 유전자좌위 *TG167* 부근에 위치하였다. F_2 식물에 대해 이들 두 유전자좌위의 유전자형을 정하였을 때, Lippman과 Stansley는 유전자형과 평균 과일무게(모든 값의 단위는 g임) 사이에 다음과 같은 상관관계가 있음을 알았다.

		F_2의 유전자형		
QTL	**RFLP 유전자좌위**	***LP*/*LP***	***LP*/*LE***	***LE*/*LE***
fw11.3	*TG36*	6.2	12.2	20.0
fw2.2	*TG167*	8.4	10.0	17.5

QTL의 어느 것이 과일무게에 대해 우성을 나타내는가? 대립유전자 *LE*와 *LP*중 어느 것이 우성인가?

[1]Data from Lippman, Z. and S. Tanksley. 2001. Dissecting the genetic pathway to extreme fruit size in tomato using a cross between the small-fruited wild species *Lycopersicon pimpinellifolium* and *L. esculentum* var. Giant Heirloom. Genetics 158: 413–422.

사실과 개념

1. 대립유전자들이 부가적으로 작용할 때 이형접합자의 표현형은 두 동형접합자 표현형의 중간을 나타낸다.
2. 양적형질을 연구하는 유전학자들에게 우성은 그 대립인자들이 엄격히 부가적 방식으로 행동하지 않을 때 존재한다. 따라서 우성은 엄격한 부가성에서 나타나는 편차이다.
3. 어떤 형질에 작용하는 하나의 유전자좌위에서 우성은 이형접합자의 표현형이 두 동형접합자의 표현형의 중간이 아닐 때 나타난다.
4. 한 형질에 영향을 미치는 많은 좌위들에서, 우성은 F_1의 표현형이 두 양친 표현형 사이의 중간이 아닐 때 드러난다.

분석과 해결

a. P, F_1, F_2 세대에서의 평균 과일무게는 이 양적형질을 결정하는 데 우성이 중요한 역할을 한다는 것을 나타낸다. F_1과 F_2의 평균이 *L. esculentum*보다는 *L. pimpinellifolium*의 과일무게에 근접하고 있다. 이런 쏠림은 우성이 존재한다는 것을 의미한다.

b. QTL *fw2.2*는 우성인 반면, *fw11.3* QTL은 우성이 아님을 나타낸다. *fw2.2*에 대해서 이형접합자의 표현형은 두 동형접합자의 표현형의 중간이 아니고 *LP*/*LP*동형접합자의 표현형에 근접하고 있다. 이런 결과는 *fw2.2* QTL의 대립유전자 *LP*는 *LE*대립유전자에 대해 부분 우성임을 나타낸다. 반면에, *fw11.3* QTL에서 이형접합자의 표현형은 두 양친 표현형의 거의 중간에 있다. 따라서 이 유전자좌위의 대립유전자들은 과일무게를 결정하는 데 어느 정도 부가적인 것으로 나타난다.

더 많은 논의를 보고 싶으면 Student Companion 사이트를 방문하라.

자에 기인하는 역치형질을 보이는 것을 포함한 여러 가지 사람의 질병 간의 연관성을 찾는 데 이용될 수 있다. 가끔 표지와 질병과의 관계는 가계도에서 나타나지만, 일반 집단의 표본에서 연관성이 더 자주 나타난다.

우리는 산업화 시대에 접어들면서 사람의 주요 사망의 원인이 된 심장질환에 관한 이야기로 이 장을 시작하였다. 이 질환에 대한 감수성은 유전적 요인에 영향을 받는다는 것은 오래 전부터 알고 있다. 예를 들어, 관상동맥심장질환에 걸린 사람과 그들의 유전자 반을 공유하는 친척들은 이 질환에 걸리지 않은 사람의 동급의 친척보다 7배나 더 높게 이 질환에 걸릴 수 있다. 더욱이, 일란성쌍생아에서 쌍둥이 중 한 명이 65세 이전에 관상동맥심장질환으로 사망하였을 때 다른 한 명이 이 질환에 걸릴 가능성은 이란성쌍생아의 경우보다 3배에서 7배 정도 더 높다. 이런 여타 통계적 자료는 심장질환에 대한 감수성은 유전적 요인이 있다는 것을 나타낸다. 오늘날 학자들은 이 질환을 일으킬 수 있는 인자들을 중심으로 변이에 기여하는 특정유전자를 찾아내는 데 초점을 맞추고 있다. 이런 인자들은 혈장 콜레스테롤 수준, 비만, 혈압, 고밀도 또는 저밀도 지방단백질 수준, 트리글리세리드 수준에 관여하는 인자들이다. 표 22.2는 이런 노력으로 찾아 낸 QT 유전자좌위의 목록이다.

표 22.2

심혈관계 질환에 대한 위험인자의 변이에 기여하는 양적형질 유전자좌위

Locus	Gene Product	Chromosome	Risk Factor
AGT	Angiotensin	1	Blood pressure
APOA-1	Apolipoprotein A1	11	HDL[a] cholesterol
APOA-2	Apolipoprotein A2	1	HDL cholesterol
APOA-4	Apolipoprotein A4	11	HDL cholesterol, triglycerides
APOB	Apolipoprotein B	2	LDL[b] cholesterol
APOC-3	Apolipoprotein C3	11	Triglycerides
APOE	Apolipoprotein E	19	LDL cholesterol, triglycerides
CETP	Cholesterol ester transfer protein	16	HDL cholesterol
DCP	Dipeptidyl carboxypeptidase	17	HDL cholesterol, blood pressure
FGA/B	Fibrinogen A and B	4	Fibrinogen
HRG	Histidine-rich glycoprotein	3	Histidine-rich glycoprotein
LDLR	Low-density lipoprotein receptor	19	LDL cholesterol
LPA	Lipoprotein (a)	6	HDL cholesterol, triglycerides
LPL	Lipoprotein lipase	8	Triglycerides
PLAT	Plasminogen activator tissue–type	8	Tissue plasminogen activator level
PLANH1	Plasminogen activator inhibitor-1	7	PAI-1 level

Source: G. P. Vogler et al. 1997. Genetics and behavioral medicine: risk factors for cardiovascular disease. *Behavioral Medicine* 22:141–149.
[a] High-density lipoprotein.
[b] Low-density lipoprotein.

요점

- *전체 표현형적 분산는 유전적 분산과 환경적 분산으로 나눌 수 있다. 즉* $V_T = V_g + V_e$*이다.*
- *유전적으로 동일한 집단에서의 표현형적 변이는* V_e *값을 추정할 수 있도록 해준다.*
- *광의의 유전율은 전체 표현형적 분산에 대한 유전적 분산의 비이다. 즉* $H^2 = V_g / V_T$*이다.*
- *유전적 분산은 부가적 분산, 우성분산과 상위분산으로 나눌 수 있다. 즉,* $V_g = V_a + V_d + V_i$ *이다.*
- *협의의 유전율은 대립유전자들의 부가적 효과에 기인하는 표현형적 분산의 비이다. 즉,* $h^2 = V_a/V_T$*이다.*
- *협의의 유전율은 양친의 평균 표현형(*T_P*)과 양친이 속한 집단에서의 평균 표현형(*μ*)이 주어지면 자식의 표현형(*T_O*)을 예측할 수 있도록 해준다. 즉,* $T_O = \mu + h^2 (T_P - \mu)$*이다.*
- *인위적 선택에 대한 반응은 협의의 유전율과 선발차이로부터 예측할 수 있다. 즉,* $R = h^2S$ *이다.*
- *분자적 표지를 이용하여 유전학자들은 양적형질에 관련된 유전자좌위를 찾고 지도를 작성할 수 있다.*

친척 간의 상관관계

친척 간의 유사성에 대한 양적형질의 분석으로 광의의 유전율과 협의의 유전율을 계산할 수 있다.

부모와 자식, 형제자매, 반 형제자매 등등 친척간을 비교하여 많은 고전적 유전분석이 이루어졌다. 일반적인 과정은 일련의 결혼을 통해 특정형질을 추적하거나 가계도를 수집하여 추적하는 것이다. 자료를 분석하여 그 형질이 유전적 기초를 가지고 있는지 없는지를 구분할 수가 있다. 만약 유전적 근거가 확인되면 학자들은 관련된 유전자나 유전자들을 동정하고 염색체

상에 이들 유전자들의 위치를 결정하고 궁극적으로 분자 수준에서 이들 유전자들을 분석할 수 있다. 많은 유전자들이 관여하고 환경적 인자들에 의해 영향을 받는 복합형질에 대해 이런 종류의 분석은 아주 어렵다. 그럼에도 불구하고, 친척 간의 비교는 그 형질에서 일어나는 유전적 변이에 대한 유용한 정보를 제공하고 있다.

친척 간의 양적형질 표현형의 상관

가끔 친척들은 양적형질에서 유사한 표현형을 가진다. 예를 들어, 일란성쌍생아의 신장을 생각해 보자. ■ **그림 22.12*a***는 이 그래프의 각 쌍둥이 개인의 신장을 각 점으로 나타낸 자료를 보여주고 있다. 각 쌍의 한 사람의 신장은 *x*축에 나타내었고 쌍둥이 중 다른 한 명은 *y*축에 나타내었다. 그래프에서 일란성쌍생아는 신장에 대해서는 아주 유사한 것이 명백하다. 쌍둥이 중 한 명이 작다면 다른 한 명도 작다. 한 명이 큰 경우에는 다른 한 명도 크다.

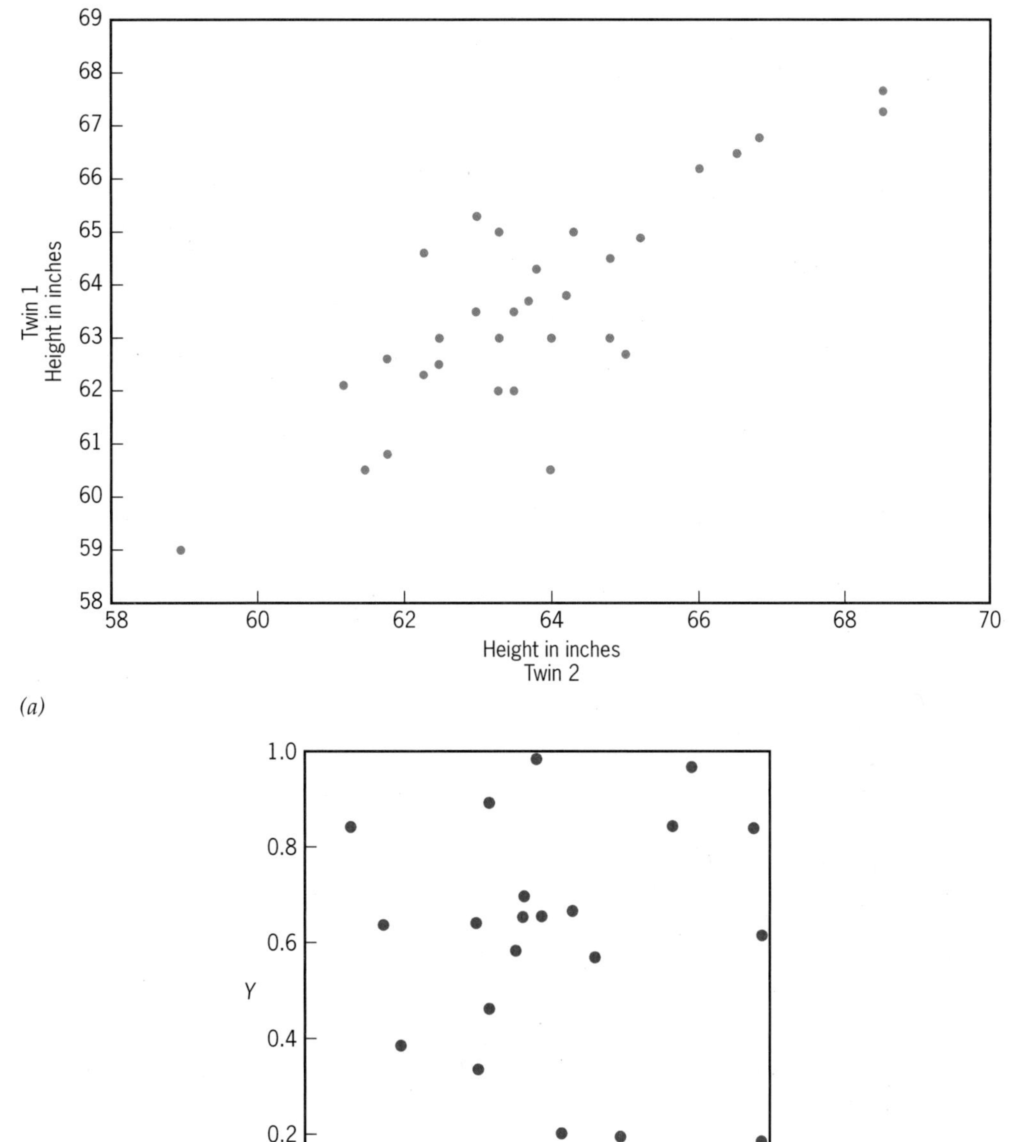

■ 그림 22.12 쌍을 이룬 자료 점의 상관. (*a*) 일란성 쌍생아 간의 신장은 양의 상관을 가진다. 자료는 미네소타 대학의 Thomas Bouchard 제공. (*b*) 상관이 거의 0인 상관 표.

우리는 이런 유사성의 형태를 양의 상관이라고 하고, 보통 r로 표시하는 상관계수라고 하는 통계를 계산함으로써 양적으로 요약한다. x축에는 쌍둥이의 신장을 X라 하고 다른 y축에 나타낸 쌍둥이의 신장을 Y라고 나타내면 모든 쌍생아 쌍에 대한 상관계수는 아래 식으로 계산된다.

$$r = \Sigma[(X_k - \overline{X})(Y_k - \overline{Y})]/[(n - 1)s_X s_Y]$$

이 공식에서 $\overline{X}$와 $\overline{Y}$는 x축과 y축에서 나타낸 쌍생아 표본의 평균이고, s_X와 s_Y는 각 표본의 표준편차이고, n은 쌍생아 쌍의 수이다. 그리스어인 Σ는 모든 쌍생아 쌍에서 지수 k에 대한 값의 합이다.

이 공식은 그래프에서 쌍생아의 신장과 같은 한 세트의 쌍을 이룬 측정치에 대해 어떤 수적 점수를 할당하는 방법을 학자들에게 제공한다. 상관계수의 값은 −1에서 +1 사이에 있고, 상관계수가 −1이라는 것은 X와 Y의 값(한 축에서 높은 값이면 다른 축에서는 일률적으로 작은 값으로 짝을 이루는) 완전 음의 상관이고 상관계수 +1이라는 것은 완전히 양의 상관을 나타내는 것이다. 상관계수가 0이면, 우리는 측정치들이 서로 관계없다고 한다. 이런 종류의 그래프는 그림 22.12*b*에서 나타내었는데, x축과 y축 상에 작성된 값들 간에는 어떤 상관관계도 없다. 그림 22.12*a*에서 자료의 상관계수는 +0.84이며 이는 +1에 아주 가깝다. 따라서 일란성 쌍생아는 신장에 대해 아주 강한 양의 상관을 나타낸다.

상관계수는 신장, 체중, IQ점수 등등 모든 종류의 양적형질의 표현형에 대해 계산할 수 있다. 더욱이 이들 상관계수는 여러 종류의 친척에 대한 자료, 즉 쌍생아 쌍들, 형제자매 간의 쌍들, 반 형제자매 간의 쌍들, 사촌 간의 쌍들에서 계산할 수 있다. 또한 우리는 대학 기숙사 동료와 같은 남남 간에도 상관계수를 계산할 수 있다. 만약 양적형질에서 어떤 변이가 개체 간의 유전적 차이에 기인한다면, 우리는 유전적 관계가 가까우면 상관계수가 높아질 것으로 예상한다. 따라서 100% 그들의 유전자를 공유하는 일란성 쌍생아는 12.5%를 공유하는 사촌간보다 더 강하게 상관될 것이다.

친척 간의 상관관계의 해석

우리는 이미 양적형질에서의 변이는 유전적 성분과 환경적 성분으로 나눌 수 있음을 살펴보았다. 광의의 유전율(H^2)은 한 집단에서 유전적 변이에 기인한 표현형적 분산의 비이고 협의의 유전율(h^2)은 한 집단에서 부가적인 유전적 변이에 기인한 표현형적 분산의 비이다. 만일 우성과 상위가 한 형질에 영향을 준다면 광의의 유전율이 협의의 유전율보다 더 클 것으로 예상된다. 만약 이들 요인이 어떤 형질에 영향을 미치지 않는다면, 광의의 유전율과 협의의 유전율은 같게 된다.

앞 절에서 나타낸 공식으로 계산된 상관계수는 광의의 유전율과 협의의 유전율로 해석될 수 있다. 유전학자들은 피셔의 선발연구를 시작으로 하여 이 양들에 대한 상관을 분석했다. 이 분석은 어떤 개체에서 한 형질의 값인 T는 집단의 평균(μ)에 유전적 편차(g)와 환경적 편차(e)를 더한 값과 같다고 가정한다.

$$\begin{aligned} T &= \mu + g + e \\ &= \mu + a + d + i + e \end{aligned}$$

이 식에서 용어 a, d, i는 유전적 편차에 대해 각각 상가, 우성, 상위의 성분을 나타낸다. 표현형에 영향을 주는 유전적 요인은 환경인자들과는 무관하다는 것을 가정할 필요가 있다. 이런 가정 하에서 한 쌍의 친척에 대한 상관계수는 친척들이 공유하는 유전적 요인과 환경적 요인에 기인한 형질에서의 전체 분산의 비와 같다. **표 22.3**은 여러 종류의 사람 쌍에 대한 상관계수의 이론적 해석을 나타내고 있다.

표 22.3

동시 양육 또는 분리 양육에 따른 일란성쌍생아, 이란성쌍생아, 타인들의 상관계수에 대한 이론 값

Relationship	Theoretical Value of Correlation Coefficient (r)
MZA	H^2
MZT	$H^2 + C^2$
DZA	$(1/2)h^2 + D^2$
DZT	$(1/2)h^2 + D^2 + C^2$
URA	0
URT	C^2

분리 양육시킨 일란성 쌍생아(MZA)는 동일한 유전자형을 가진다. 따라서 이들 쌍생아는 대립유전자의 부가적인 효과, 우성의 효과, 상위의 효과를 포함하는 양적형질의 값을 g로 나타낸 모든 유전적 분산을 공유한다. 그렇지만, MZA는 분리 양육되었기 때문에 그들은 식에서 e로 나타낸 환경적 효과는 공유하지 않는다. 결론적으로 MZA 간의 상관은 그들의 동일한 유전자형에 의존한다. 양적 유전학의 원리에서, 이러한 상관은 쌍둥이 쌍들 간의 유전적 차이에 기인하는 전체 표현형적 분산에 대한 비율과 같다—즉, 광의의 유전율인 H^2과 동일하다.

같이 양육시킨 일란성 쌍생아(MZT)는 유전자형이 동일할 뿐만 아니라 같은 환경을 가지고 있다. 그러므로, 그들 간의 상관은 공유한 유전자형에 기인한 전체 표현형적 분산의 비와 공유한 환경적 요인에 기인한 비를 합한 것과 같다. 표 22.3에서 C^2로 나타낸 후자의 성분을 **환경성(environmentality)**라고 부른다.

이란성 쌍생아는 형제자매와 같이 아주 근친이다. 이란성 쌍생아 간의 상관계수를 해석하기 위하여 우리는 이란성 쌍생아가 공동조상에 의해 공유하는 유전자의 분획인 인수 1/2로 유전적 성분을 줄여야만 한다. 더욱이 비록 이란성 쌍생아는 그들이 공유한 유전자에 대해 같은 부가적인 효과를 가진다 할지라도 우성과 상위도 같은 효과를 가진다. 우성과 상위에 기인한 이런 유사성의 감소는 이란성 쌍생아는 그들의 양친으로부터 대립유전자를 특정 조합으로 유전 받을 확률이 낮다는 것을 의미한다. 그러므로, 이란성 쌍생아에 대한 상관계수는 $(1/2)h^2$보다 더 크거나 같지만 $(1/2)H^2$보다는 더 작거나 같을 것이다. 만약 우성과 상위가 무시된다면 상관계수는 $(1/2)h^2$와 같다. 만약 우성과 상위가 다소 존재한다면 상관계수는 $(1/2)h^2$에 $(1/2)H^2$와 $(1/2)h^2$의 차이 만큼을 합한 것과 같다. 표 22.3에서, 이 부분을 D^2로 나타내었다. 같이 양육시킨 이란성 쌍생아(DZT)에 대해 상관계수는 공유한 환경의 효과(C^2)도 포함하고 있다. 이 효과는 환경을 공유하지 않은 분리 양육시킨 이란성 쌍생아(DZA) 간의 상관에는 작용하지 않을 것이다.

분리 양육시킨 혈연이 없는 개체(URA)와 함께 양육시킨 혈연이 없는 개체(URT)는 공동조상에 의한 유전자를 공유하지 않는다. 결과적으로 이런 개체들 간의 상관은 유전적 성분을 포함하지 않는다. 그렇지만 만약 이들을 같은 곳에서 양육시킨다면 환경(C^2)을 공유할 것이다.

이런 여러 가지 이론적 결과는 유전학자들로 하여금 양적형질에서의 광의의 유전율과 협의의 유전율을 계산하는 데 친척 간의 상관계수를 이용하게 하였다. 분리 양육시킨 일란성 쌍생아 간의 상관은 광의의 유전율을 계산할 수 있게 하고, 분리 양육시킨 이란성 쌍생아 간의 상관은 최대의 협의의 유전율을 계산하게 한다. 형제자매, 반 형제자매, 사촌 등 다른 종류의 친척들 간의 상관 역시 최대 협의의 유전율을 계산하게 한다. 그렇지만, 이런 모든 계산은 연구하는 집단에서 만날 수도 있고 없을 수도 있는 여러 가지 단순화한 가정에 의존한다. 따라서 그들의 해석은 상당한 불확실성도 배제할 수 없다.

요점

- *상관계수는 짝을 이루는 측정치인 X_k와 Y_k 간의 연관성의 정도를 요약하고 있다. X_k와 Y_k의 상관:* $r = \Sigma[(X_k - \bar{X})(Y_k - \bar{Y})]/[(n - 1)s_X s_Y]$.
- *상관계수는 양적 형질에서 친척들이 공유하는 유전적, 혹은 환경적 요소들에 의한 총분산의 비율을 계산하는 데 사용될 수 있다.*
- *분리 양육시킨 일란성쌍생아 간의 상관은 광의의 유전율을 계산할 수 있게 한다.*
- *분리 양육시킨 이란성쌍생아 간의 상관은 최대 협의의 유전율을 계산하게 한다.*

인간행동형질의 양적유전학

양적유전학 이론은 사람에서 지능과 인간성의 유전율을 평가하는 데 이용되어 왔다.

동물들은 섭식, 구애, 생식, 그 외의 많은 활동에 대해 광범위한 행동을 나타낸다. 이런 행동의 유전적 결정인자는 실험을 통해 이제 동정되기 시작하고 있다. 지렁이, 초파리, 쥐의 돌연변이체들에서의 연구는 행동에 영향을 미치는 여러 종류의 유전자가 있음을 드러낸다. 사람의 행동에 대한 연구도 유전적 요인에 영향을 받는다는 것을 알았다. 예를 들어, 헌팅턴 병에 걸린 사람은 운동조절과 정신기능을 점차 잃게 된다. 즉 병세가 진행됨에 따라 그들은 우울증세를 보이며 심지어 정신병자가 되기도 한다. 헌팅턴 병은 보통 30세 이후의 성인에서 많이 나타나며 우성 돌연변이에 기인한다. 현재로는 치료법이 없다. 페닐케톤뇨증은 행동학적 표현형과 관련이 있는 또 다른 사람의 유전증세이다. 이 병에 걸린 사람은 뇌를 포함한 신경조직에 독성이 있는 대사물질이 축적된다. 음식에 페닐알라닌을 없게 하는 등의 치료를 하지 않으면 이 질환에 걸린 환자들은 정상적인 정신발육이 되지 않는다. 유전자형이 행동에 어떻게 미치는지에 대한 또 다른 예는 여분의 21번 염색체로 인해 일어나는 다운증후군이다. 이 증후군에 걸린 사람은 정신작용이 정상에 못 미치며, 만약 중년까지 산다면 염색체가 정상인 사람의 경우 비록 빈도는 낮지만 보통 노인에서 발생하는 치매의 일종인 알쯔하이머 병에 걸린다. 알쯔하이머 병에 걸린 사람은 점진적이지만 회복이 되지 않으며 기억과 지능을 잃게 된다. 환자들은 기억력과 방향성도 점차 잃게 되어 자신이나 다른 사람에게 상처를 주지 못하도록 항시 감시할 필요가 있다. 오늘날 알쯔하이머 병은 21번 염색체에 존재하는 한 유전자의 대립유전자의 변이 아니면 여분의 유전자 사본들 때문에 발생한다고 학자들은 믿고 있다. 다른 유전자에서의 돌연변이 역시 이 병을 일으킬 수 있다.

헌팅턴 병, 페닐케톤뇨증, 다운증후군과 같은 증상은 유전적 요인이 사람의 행동에 영향을 미칠 수 있다는 것을 지적한다. 그렇지만, 이런 증상은 우리가 일반집단에서 보는 행동학적 차이의 근본을 찾아내는 데는 큰 의미가 없다. 유전적 변이로 인해 이런 행동학적 차이가 일어나는지? 만약 그렇다면 모든 변이성의 어느 정도가 유전적 요인에 기인하는가? 이런 의문은 양적유전학의 범위 내에 있다. 다음 절에서 우리는 두 종류의 복잡한 사람의 행동학적 형질인 지능과 인간성을 연구하는 데 양적유전학의 이론을 응용하고자 한다.

지능

지능이란 용어는 어휘와 수학적 관계의 분석, 기억력과 상상력, 추리와 문제해결, 여러 사물에 대한 식별과 공간 배치의 분석을 포함한 정신능력의 한 종류라고 한다. 1세기 이상에 걸쳐 심리학자들은 지능검사를 실시하는 데 이런 능력을 특성화하고 정량화 하고자 노력해왔다. 여러 가지 다른 검사법이 사용되어 온 지능검사는 일반적인 인지능력을 측정

표 22.4

동시 양육과 분리 양육한 일란성쌍생아와 이란성쌍생아에 대한 IQ의 상관관계[a]

Study	MZT	MZA	DZT	DZA
Newman et al. 1937		0.71		
Juel-Nielsen 1980		0.69		
Shields 1962		0.75		
Bouchard et al. 1990	0.83	0.75		
Pedersen et al. 1992	0.80	0.78	0.22	0.32
Newman et al. 1998				0.47
Average	0.82	0.75	0.22	0.38

[a]Data and references from Bouchard, T. J. 1998. Genetic and environmental influences on adult intelligence and special mental abilities. *Human Biol.* 70: 257–279. By permission of the Wayne State University Press.

하고자 한다. 각 개인이 이들 검사 중 어느 하나를 검사한 점수는 그 집단에서의 평균이 100이고 표준편차가 15가 되도록 조정된 *지능지수* 즉 *IQ*로 나타내었다. 비록 IQ점수가 실제로 무엇을 측정한 것인지에 대한 상당한 논란 즉 이런 점수가 그 사람의 지능을 반영할 수 있는가? 와 같은 논란이 있다 할지라도, 이 점수는 지능에서의 변이가 유전적 요인을 가지고 있는지를 평가하는 데 이용되어 왔다. 가장 잘 나타난 자료는 일란성쌍생아와 이란성쌍생아의 연구에서 알 수 있었다.

IQ점수에 대해 동일 거주하거나 분리 거주하거나 간에 일란성쌍생아의 상관계수는 그 값이 0.7-0.8 정도로 아주 높다(표 22.4). 이것과 비교하여 이란성쌍생아의 상관계수는 아마 그들의 유전자 중 반을 공유하기 때문인지 더 낮은 경향이 있고 동일 거주하는 혈연이 없는 사람들의 상관은 거의 0에 가깝다. 이런 분석은 IQ가 어떻게 측정되었든지 간에 유전적 요인이 크다는 것을 강하게 암시하고 있다. 이 결론은 다른 상관분석으로도 뒷받침하고 있다. 예를 들어, 양자를 간 아이의 IQ는 그들의 양아버지보다 친아버지의 IQ와 더 강하게 상관되어 있다. 따라서 IQ를 결정하는 데 있어 부모와 아이 간의 생물학적(즉, 유전자) 관계는 환경적 영향보다 더 영향을 주는 것 같다.

사람에서 IQ점수 변이의 얼마 정도가 유전적 차이에 의해 일어나는가? 가장 직접적인 계산은 분리 거주한 일란성쌍생아의 상관계수에서 나온다. 이 상관계수의 관찰치는 0.7이다. 따라서 IQ점수 변이의 약 70%는 집단에서 유전적 변이에 기인한다. 광의의 유전율에 대한 이런 계산은 IQ검사로 측정한 지능에서 보면 사람들은 환경적 요인으로 인한 것 보다는 유전적 요인에 의해 더 서로 간의 차이가 있다는 것을 의미한다.

인간성

지능과 마찬가지로 인간성 형질은 검사로 평가할 수 있다. 심리학자들은 여러 가지 검사를 이용하는 데, 일부는 인성적 특징을 평가하고자, 또 다른 것들은 직접관련 흥미나 사회적 관심을 평가하기 위한 것들이다. 이런 검사의 결과는 IQ검사만큼 신빙성은 없다. 그럼에도 불구하고, 유전적 영향을 분석할 수 있는 방법으로 사람의 인간성의 여러 가지 면을 정량화한다.

아마 일반 집단에서 인간성의 유전에 대한 가장 치밀한 분석은 미네소타 대학에서 수행한 장기간 연구에서의 분리 양육한 쌍생아에 대한 연구일 것이다. (Student Companion 사이트에 제공된 유전학의 이정표: 분리 양육한 쌍생아의 미네소타 연구 참조.) 이 연구 결과는 아마 사람의 인간성에 해당하는 전반적 변이의 50% 정도가 유전적 차이의 유의적 분획

표 22.5

동시 양육 혹은 분리 양육된 일란성 쌍둥이들에 대한 평균 상관계수. (인성 형질, 심리적 관심 분야, 그리고 사회적 태도 등이 측정되었다. 미네소타의 분리 양육된 쌍둥이 연구의 일부)

Test Instrument	MZT	MZA
Personality traits		
Multidimensional Personality Questionnaire	0.49	0.50
California Psychological Inventory	0.49	0.48
Psychological interests		
Strong Campbell Interest Inventory	0.48	0.39
Jackson Vocational Interest Survey	NA	0.43
Minnesota Occupational Interest Scales	0.49	0.40
Social attitudes		
Religiosity Scales	0.51	0.49
Nonreligious Social Attitude Items	0.28	0.34
MPQ Traditionalism Scale	0.50	0.53

[a]Abstracted with permission from Bouchard et al. 1990. *Science* 250: 223–228. Copyright 1990 American Association for the Advancement of Science.

에 해당된다는 것을 암시하고 있다(**표 22.5**). 분리 양육한 일란성쌍생아의 인간성과 심리적 관심에 대한 검사의 상관계수가 0.39–0.50 범위에 있다. 따라서 이 형질들에 대한 광의의 유전율은 상당히 높은 편이다. 인간성의 유전적 조절에 대한 다른 연구는 조울증, 정신분열증, 알코올중독과 같은 연구도 행하였다. MZ와 DZ 쌍둥이들에 대해 이런 형질을 조사하였는데, 일반적으로 MZ 쌍둥이가 DZ 쌍둥이보다 더 유사한 것으로 밝혀졌다. 예를 들어, 한 명이 알코올 중독자인 남자 일란성 쌍생아에서 다른 한 명이 알코올중독인 경우는 41%였다. 반면에 이란성 쌍생아의 경우는 22%였다. 일란성쌍생아 간에 일치율이 더 크다는 것은 이 형질이 유전적 요인에 영향을 받는다는 것이다.

요점

- *같이 양육시키거나 분리 양육시키거나 간에 일란성쌍생아와 이란성쌍생아를 연구하는 것은 일반 사람집단에서 유전자의 어느 정도가 행동에 영향을 주는지를 평가하는 데 유용하였다.*
- *IQ로 측정되는 지능에 대한 광의의 유전율은 70%인 것으로 계산되었다.*
- *인간성 형질에 대한 광의의 유전율은 34–50% 사이인 것으로 계산되었다.*

기초 연습문제

기본적인 유전분석 풀이

1. 식물에서 줄기길이는 4개의 독립적으로 분리되는 유전자 즉 *A*, *B*, *C*, *D*에 의해 결정된다. 즉, 하나의 유전자에 대해 위첨자 0으로 나타낸 것은 기본 값 10 cm에 더 길게 하는 것이 없는 것인 반면, 위첨자 1로 나타낸 다른 대립유전자는 기본 값에 1 cm씩 증가하게 한다. 만약 이들 유전자의 모든 대립유전자가 줄기길이를 결정하는 데 부가적인 방법으로 작용한다면, (a) 유전자형이 A^0A^1 B^0B^1 C^0C^1 D^0D^1인 식물의 표현형은 얼마이며, (b) 만약 이 식물이 자가 수정된다면 자손 중의 얼마가 10 cm인 것이 되겠는가?

답: (a) 4쌍의 이형접합자의 표현형의 기본 길이(10 cm)와 위첨자 1로 된 대립유전자 각각의 기여(4 cm)를 합해 14 cm가 될 것이다. (b) 자가수정으로 생긴 개체들 중에 모든 위첨자가 0으로 된 동형접합자만이 기본 값인 10 cm가 될 것이다. 이런 4쌍이 0으로 된 동형접합자가 될 빈도는 $(1/4)^4 = 1/256$일 것이다.

2. 정신분열증에 대해 일란성쌍생아의 일치율은 60%이고 이란성쌍생아에서는 10%이다. 이 사실은 정신분열증이 유전적 기초를 가진 역치형질이라 할 수 있는가?

답: 유전적으로 동일한 일란성쌍생아에서 일치율이 더 크다는 것은 유전적 기초를 가진 역치형질이라고 말할 수 있다. 이란성쌍생아에서 일치율이 더 낮은 것은 아마 그들이 유전자의 50%만 공유한다는 사실을 반영하고 있다.

3. 아래에 나타낸 두 종류의 빈도분포에서 어느 것이 (a) 더 큰 평균치, (b) 더 큰 분산, (c) 더 큰 표준편차를 가지는가?

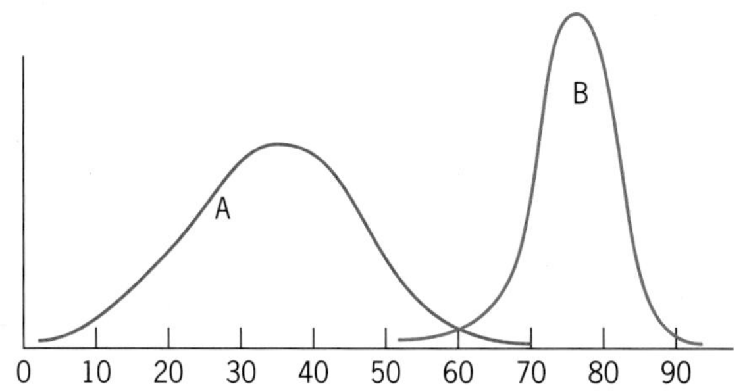

답: B의 분포가 더 큰 평균치를 가진다. A의 분포는 더 큰 분산과 표준편차를 가진다.

4. 두 가지 표현형적으로 다른 고도의 근친계통인 P_1과 P_2를 교잡시켜 F_1을 만들고 다시 F_1를 교잡시켜 F_2를 만들었다. 어떤 양적 형질에 대해 어느 계통이 집단에서 유전적 분산이 0보다 더 클 것으로 예상되는가?

답: 유전적 분산은 처음 교잡이 유전적 차이가 있는 P_1과 P_2의 교잡에서 이루어져서 분리되었기 때문에 F_2 집단에서 0보다 더 크게 될 것으로 예상된다. 두 근친계통과 그들의 교잡으로 이루어진 F_1 집단은 어쨌든 유전적 변이가 거의 없는 것으로 예상된다. 따라서 이들 집단 각각에서 유전적 분산은 근본적으로 0이 될 것이다.

5. 광의의 유전율과 협의의 유전율을 구분하라.

답: 광의의 유전율은 전체 표현형 분산에 대한 분획으로써 모든 유전적 분산이 포함된다. 협의의 유전율은 전체 표현형 분산에 대한 분획으로써 부가적인 유전적 분산만이 포함된다.

6. 분리 양육한 사람의 이란성쌍생아 간의 신장에 대한 상관계수는 0.30이다. 이 집단에서 사람의 신장에 대한 협의의 유전율의 값에 대해 이 계수는 무엇을 암시하는가?

답: 이론적으로 분리 양육한 이란성쌍생아에 대한 상관계수는 $(1/2)h^2 + D^2$로 계산되고, 여기서 D^2는 우성과 상위에 기인한 상관을 나타낸다. 만약 우리가 이 형질에서 우성과 상위의 어느 것도 변이에 영향을 주지 않는다면, 상관계수는 $(1/2)h^2$이다. 따라서 우리는 상관계수를 두 배 함으로써 협의의 유전율의 최대치를 얻는다. 즉 $h^2 < 2 \times 0.30 = 0.60$이 된다.

지식검사

서로 다른 개념과 기술의 통합

1. 한 연구팀이 초파리 암컷의 복부에 있는 강모 수의 변이를 연구하였다. 강모 수가 틀리는 두 종류의 근친계통을 교배시켜 F_1 잡종을 만들었다. F_1 초파리에서 강모 수의 분산은 3.33이었다. 이들 F_1 초파리들끼리 교배시켜 F_2 집단을 얻었는데 이들의 강모 수에 대한 분산은 5.44였다. F_2 집단에서 강모 수에 대한 광의의 유전율을 계산하라.

답: F_1 초파리는 두 종류의 근친계통 간의 교배에 의해 생겨났기 때문에 그들은 유전적으로 동일하다. 그래서 이들 초파리에서 관찰된 분산은 환경적 분산인 V_e이다. F_2 초파리에서 관찰된 분산인 V_T는 유전적 분한인 V_g와 환경적 분산인 V_e의 합이다. 따라서 우리는 F_2 초파리에서 관찰된 분산에서 F_1에서 관찰된 분산을 빼면 V_g를 얻을 수 있다. 즉 $V_g = V_T - V_e = 5.44 - 3.33 = 2.11$이다. V_g/V_T로 정의하는 광의의 유전율은 $2.11 / 5.44 = 0.37$이다.

2. 어떤 형질의 평균값은 100단위이고 협의의 유전율은 0.3이다. 각각 130과 90단위로 확인된 한 마리의 수컷과 암컷을 교배시켜 많은 자손을 만들어 이들을 임의적인 환경에서 생육시켰다. 이 자손들의 형질에서 예상되는 값은 얼마인가?

답: 양친의 중간치(두 양친의 평균)는 $(130 + 90) / 2 = 110$이다. 이 값은 평균(100)으로부터 10의 편차를 가진다. 만약 이 형질에 대한 협의의 유전율이 0.3이라면, 이 편차의 30%가 유전될 수 있다. 따라서 이들 양친의 자손에서 이 형질의 예상되는 값은 $100 + (0.3 \times 10) = 103$이다.

3. 동일거주와 분리거주의 MZ와 DZ쌍둥이에 대한 연구에서, 스웨덴의 한 연구팀은 IQ에 대해 다음과 같은 상관계수를 얻었다. 즉 MZT, 0.80; MZA, 0.78; DZT, 0.22; DZT, 0.32이다. 이들 상관

으로부터 IQ점수에서 변이의 어느 정도가 유전적 변이에 기인하는가? 이 결과는 모든 곳에서 일치하는가?

답: 분리 거주한 일란성쌍생아의 상관이 0.78이라는 것은 IQ에서 모든 집단의 변이성의 78%가 유전적 변이에 기인한다는 것을 의미한다. 즉 광의의 유전율이 0.78이다. 동일 거주한 일란성쌍생아에서 약간 더 높은 상관은 이 결론을 뒷받침해주고 있고 IQ에서 환경에 의한 상관계수를 무시할 수 있다. 따라서 일반적으로 환경적 영향은 집단 내에서 IQ의 모든 변이의 단지 몇 %에 불과하다는 것이다. 이란성쌍생아에 대한 상관은 이 견해에 대체로 일치하지만, 동일 거주한 DZ의 상관이 분리 거주한 DZ의 것보다 더 낮게 나타난 이변이 있다. 우리가 예상하기로는 동일 거주한 DZ의 상관이 분리 거주한 DZ의 상관보다 더 클 것으로 예상했다. 만약 우리가 분리 거주한 DZ의 상관을 얻어진 값 그대로 받아들여 IQ에 대한 광의의 유전율을 계산하기 위해 배가시키면, 이 형질에서 일어나는 모든 유전적 변이가 부가적인 효과로 일어난다는 가정 하에 $2 \times 0.32 = 0.64$이다. 그렇지만, 이 결과는 분리 거주한 일란성쌍생아 간의 상관에서 계산된 광의의 유전율(0.78)보다 적은 값이다. 이런 오류(이 자료에 관한 모든 불확실성이 그렇게 존재하지 않는다 하더라도)는 IQ에서의 어떤 유전적 변이는 우성과 상위와 같은 부가적인 효과를 나타내지 않는 유전적 요인에 기인한다는 것을 암시하고 있다.

연습문제

이해력 증진과 분석력 개발

22.1 만약 심장질환이 역치형질인 것으로 생각된다면, 어떤 사람이 이 질환에 걸리는 경향성에 어떤 유전적 요인과 환경적 요인이 작용하는가?

22.2 적색 알을 가진 밀 품종(유전자형이 *A′A′ B′B′*)을 회색 알을 가진 품종(유전자형이 *AA BB*)과 교배시켰다. F_1의 자가수정으로 F_2를 얻었다. 만약 프라임을 붙인 각 대립유전자가 동일한 양으로 밀알의 색소증가에 관여한다면, F_2는 어떤 것으로 기대되는가? *A*와 *B*가 연관되어 있지 않다면 표현형적 빈도는 얼마일까?

22.3 알코올중독에 대해 일란성쌍생아의 일치율은 58%이고 이란성쌍생아는 24%이다. 이 자료로 보아 알코올중독은 유전적 근거가 있다고 생각할 수 있는가?

22.4 성숙기의 밀 이삭의 높이는 여러 유전자에 의해 지배된다. 한 품종에서, 이삭의 높이는 땅에서 정확히 7인치였다. 또 다른 품종에서는 34인치였다. 9인치인 개체를 33인치인 개체에 수정시켜 얻은 F_1 식물의 높이는 20인치였다. F_1 식물의 자가수정으로 F_2 식물체를 얻었는데 그 중 7인치인 개체와 34인치인 개체의 빈도가 각각 1/256인 것으로 나타났다. (a) 이들 밀의 품종에서 높이를 결정하는 데 얼마나 많은 유전자가 관여하는가? (b) 이들 유전자의 각 대립유전자는 이삭 높이에 얼마나 작용하는가? (c) 만약 20인치인 F_1 식물체를 7인치인 식물체에 교잡시켰을 때 자손 중에 14인치인 개체는 얼마일 것으로 기대되는가?

22.5 토끼에서의 체구의 크기는 기여도가 동일하고 부가적인 유전자에 의해 결정된다고 가정하자. 순계의 큰 개체와 작은 개체와의 교배에서 2,560개체의 F_2 자손으로부터 8마리는 원래 근친계통의 작은 개체만큼 작고 11마리는 원래 근친계통의 큰 개체만큼 컸다. 이 교잡에서 크기를 결정하는 유전자가 얼마나 많이 분리되었는가?

22.6 어떤 집단에서 10개체의 식물표본을 인치 단위로 측정한 결과는 다음과 같다. 17, 21, 20, 22, 20, 21, 20, 22, 19, 23. (a) 평균, (b) 분산, (c) 표준편차를 계산하라.

22.7 양적형질을 연구하는 학자들은 표본자료에서 산포도의 측정으로 분산을 이용한다. 그들은 각 측정치와 표본평균 간의 각 편차를 제곱하여 평균치를 계산하여 사용한다. 그들은 편차의 평균을 이용하지 않고 왜 힘들게 편차의 평균을 제곱한 계산으로 측정하는가?

22.8 옥수수의 두 근교계통을 교배시켜 F_1을 만들고 다시 상호 교배시켜 F_2를 만들었다. F_1과 F_2 개체들의 표본에서 이삭 길이의 자료에서 표현형적 분산은 각각 15.2 cm^2와 27.6 cm^2였다. F_1에서 보다 F_2에서 표현형적 분산이 더 큰 이유는 무엇인가?

22.9 초파리 암컷의 복부 강모 수에 대한 양적 변이의 연구에서 $V_T = 6.08$, $V_g = 3.17$, $V_e = 2.91$이었다. 광의의 유전율은 얼마인가?

22.10 어떤 학자가 옥수수의 알의 수를 연구해왔다. 아주 근친인 한 계통에서 알 수의 분산은 426이다. 이 계통 내에 알의 수에 대한 광의의 유전율은 얼마인가?

22.11 옥수수의 3계통 즉, 두 계통은 근교이고 한 개체군은 두 근교계통에서 무작위로 수분된 집단에서 이삭 길이를 측정하였다. 두 근교계통의 표현형적 분산은 8.2 cm^2와 8.6 cm^2이고 무작위 수분된 집단은 30.4 cm^2였다. 이들 집단의 이삭 길이에 대한 광의의 유전율을 계산하라.

22.12 그림 22.4는 밀의 집단에서 성숙기간에 대한 자료를 요약하고

대립유전자 빈도 이론

집단 내 개체들이 무작위로 결혼한다면, 그들의 구성 대립유전자 빈도로부터 유전자형의 빈도를 예측하기가 쉽다.

피트케언 섬의 집단은 서로 다른 두 종류의 사람들 즉, 영국인과 폴리네시아인의 혼합으로 이루어진 결과이다. 처음에 정착했던 주민의 자손은 이들 두 집단의 유전자를 받았고, 이들이 다시 자손을 낳았을 때 이들 유전자의 일부를 자식들에게 전해 주어 궁극적으로 현재의 이 섬의 집단에 전해졌다. 집단을 만든 효시의 유전자는 시간이 지나면서 어떻게 전해졌는가? 건강, 체력, 사람들의 생식 능력, 그들이 배우자를 선택하는 방법과 같은 요인들은 유전적 후손으로 되는 데 어떤 영향을 미쳤는가? 섬의 유전적 다양성이 증가하였는가? 감소하였는가 아니면 정지 상태에 있는가? 집단 크기의 유의성은 무엇인가? 시간이 지남에 따라 집단의 유전적 구성이 변화 즉 진화하였는가?

피트케언 섬에 거주하는 사람들의 유전적 조성과 역사에 대한 이런 여러 가지 문제는 개체군내의 유전자를 연구하는 분야인 *집단유전학*(*population genetics*)의 범위에 속한다. 집단유전학은 개체내의 대립유전자의 변이, 양친에서 자손으로 세대 간의 대립유전자 변이의 전달, 그리고 체계적이고 무작위 진화로 인해 어떤 집단의 유전적 조성에서 일어나는 시간적 변화를 다루고 있다.

집단유전학의 이론은 대립유전자 빈도에 대한 이론이다. 유전체에서 각 유전자는 여러 종류의 대립적인 상태에 있으며, 만약 특정유전자를 고려한다면 2배체인 개체는 동형접합자이거나 이형접합자일 것이다. 개체들로 이루어진 한 집단에서 우리는 어떤 유전자의 다른 동형접합자와 이형접합자의 빈도를 계산할 수 있고, 이들 빈도로부터 그 유전자의 대립유전자의 빈도를 계산할 수 있다. 이런 계산은 집단유전학 이론의 기초가 된다.

대립유전자 빈도 계산

전체의 집단은 보통 너무 커서 연구할 수가 없기 때문에 우리는 그 집단에서 개체의 대표적 표본을 분석하여 이용한다. 표 23.1은 M-N혈액형을 검사한 사람 표본의 자료를 나타내고 있다. 이런 혈액형은 4번 염색체상에 있는 한 유전자의 두 종류의 대립유전자에 의해 결정된다. 즉 L^M은 M혈액형을 만들고 L^N은 N혈액형을 만든다(4장 참조). L^ML^N은 이형접합자이며 MN혈액형이 된다.

L^M과 L^N의 빈도를 계산하기 위하여 표본의 모든 대립유전자 중에 각각의 출현빈도를 간단히 계산할 수 있다.

1. 표본에서 각 개체는 혈액형 유전자좌위에서 두 개의 대립유전자를 가지기 때문에, 표본에서 전체 대립유전자의 수는 표본 크기의 두 배, 즉 2 × 6,169 = 12,258이다.
2. L^M 대립유전자의 빈도는 L^ML^M 동형접합자 수의 두 배와 L^ML^N인 이형접합자의 수이며, 이를 표본 전체 대립유전자 수로 나눈다. 즉 [(2 × 1,787) + 3,039]/12,258 = 0.5395이다.
3. L^N 대립유전자의 빈도는 L^NL^N 동형접합자 수의 두 배와 L^ML^N인 이형접합자의 수이며, 이를 표본 전체 대립유전자의 수로 나눈다. 즉 [(2 × 1,303) + 3,039]/12,258 = 0.4605이다.

표 23.1

6,129명의 표본에서 M-N혈액형의 빈도

Blood Type	Genotype	Number of Individuals
M	L^ML^M	1,787
MN	L^ML^N	3,039
N	L^NL^N	1,303

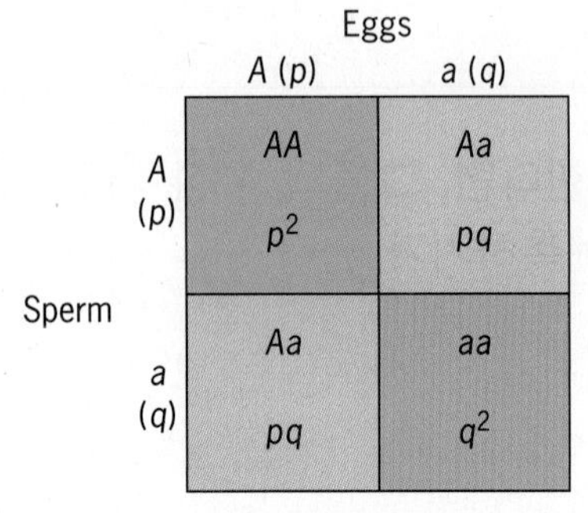

■ 그림 23.1 하디-바인베르크 원리를 나타내는 퍼네트 사각형.

따라서 L^M 대립유전자의 빈도를 p라고 하고 L^N 대립유전자의 빈도를 q라고 하면 우리의 표본이 채취된 집단에서 $p = 0.5395$이고 $q = 0.4605$이다. 더욱이 L^M과 L^N의 경우에는 이 특정유전자에서 단지 두 종류의 대립유전자만 있기 때문에 $p + q = 1$이다.

대립유전자 빈도와 관련 유전자형 빈도: 하디-바인베르크의 법칙

계산된 대립유전자의 빈도는 다른 어떤 예측할 수 있는 능력을 가질 것인가? 우리는 유전자형의 빈도를 예측하기 위하여 대립유전자 빈도를 이용할 수 있는가? 20세기 초에 이런 의문이 영국의 수학자인 G. H. 하디(G. H. Hardy)와 독일의 의사인 빌헬름 바인베르크(Wilhelm Weinberg)에 의해 독자적으로 제기되었다. 1908년에 하디와 바인베르크는 대립유전자빈도와 유전자형 빈도간의 수학적 관계를 다루는 논문을 독자적으로 발표하였다. **하디-바인베르크 법칙(Hardy Weinberg principle)**이라고 하는 이 관계는 대립유전자의 빈도로부터 어떤 집단의 유전자형빈도를 예측할 수 있도록 한다.

어떤 집단에서 한 유전자가 A와 a라는 두 개의 대립유전자로 분리되고 A의 빈도는 p, a의 빈도는 q라고 가정하자. 만약 집단의 개체들 간에는 무작위로 교배가 일어나고 다음 세대의 2배체의 유전자형은 반수체 난자와 반수체 정자의 무작위결합으로 이루어질 것이다(**■ 그림 23.1**). 난자(또는 정자)가 A를 가질 확률은 p이고 a를 가질 확률은 q이다. 따라서 집단 내에서 AA동형접합자인 개체가 생길 확률은 $p \times p = p^2$이고, aa동형접합자인 개체를 만들 확률은 $q \times q = q^2$이다. 이형접합자 Aa에 대해서는 두 가지 가능성이 있다. 즉 A정자가 a난자에 결합할 수 있고, a정자가 A난자에 결합할 수 있다. 이들 각각의 사상은 $p \times q$의 확률로 일어나고 그들은 거의 같기 때문에 Aa접합자가 형성될 수 있는 전체 확률은 $2pq$이다. 따라서 무작위교배라고 가정할 때, 집단 내에서 예상되는 세 가지 유전자형의 빈도는 다음과 같다:

유전자형	빈도
AA	p^2
Aa	$2pq$
aa	q^2

이런 예상 빈도는 이항전개 $(p + q)^2 = p^2 + 2pq + q^2$이다. 집단유전학자들은 이것을 하디-바인베르크 유전자형 빈도라고 한다.

하디 바인베르크 법칙에 기초가 되는 가장 중요한 가정은 집단 내의 모든 개체가 연구 중인 유전자에 대해 무작위로 교배가 일어난다는 것이다. 이러한 가정은 집단 내의 성체들이 필연적으로, 수정시에 무작위로 조합되어 다음 세대의 접합자들을 만드는 배우자의 집단(gametic pool)을 형성한다는 뜻이기도 하다. 만약 접합자가 성체까지 똑 같은 생존 기회를 가진다면, 수정 시에 형성된 유전자형 빈도도 보존될 것이고, 다음 세대로 넘어가도 이 빈도는 자손 세대에서 다시 그대로 나타날 것이다. 따라서 무작위 교배와 집단 내 구성원들 간에 생존과 생식에 차이가 없다면 하디-바인베르크 유전자형 빈도는 그들의 대립유전자의 빈도도 마찬가지이지만 세대를 거듭하여도 그대로 유지될 것이다. 이런 상태를 *하디-바인베르크 평형*(*Hardy-Weinberg Equilibrium*)이라고 한다. 이 장의 후반에서 우리는 대립유전자의 빈도를 변화시킴으로써 이런 평형이 깨어지는 힘, 즉 돌연변이, 이주, 자연선택, 무작위 유전적 부동 등 진화과정에 중요한 역할을 하는 것에 대해 알아보고자 한다.

하디-바인베르크 법칙의 응용

하디-바인베르크 법칙의 지적 뿌리는 Student Companion 사이트의 유전학의 이정표 부분에 논의되어 있다. 여기서는 하디-바인베르크 법칙이 실제 집단에서 어떻게 응용되는지를 알아보기 위하여 M-N 혈액형을 다시 생각해 보자. 표 23.1에서 주어진 자료에서 L^M 대립유전자빈도는 $p = 0.5395$로 계산되었고 L^N 대립유전자빈도는 $q = 0.4605$로 계산되었다. 하디-바인베르크 법칙에서 M-N혈액형의 유전자형 빈도를 예측하는 데 이들 대립유전자의 빈도를 이용할 수 있다:

유전자형	하디-바인베르크 빈도
L^ML^M	$p^2 = (0.5395)^2 = 0.2911$
L^ML^N	$2pq = 2(0.5395)(0.4605) = 0.4968$
L^NL^N	$q^2 = (0.4605)^2 = 0.2121$

이런 예측은 두 개의 대립유전자 빈도가 계산된 원래의 자료에 부합하는가? 이런 의문을 해결하기 위하여, 우리는 관찰된 유전자형의 수를 하디-바인베르크 법칙에 의해 예상된 수와 비교해야만 하는데, 이런 예측된 수는 하디-바인베르크 빈도를 집단에서 취한 표본의 크기로 곱하여 얻는다:

유전자형	예상되는 개체 수
L^ML^M	$0.2911 \times 6129 = 1784.2$
L^ML^N	$0.4968 \times 6129 = 3044.8$
L^NL^N	$0.2121 \times 6129 = 1300.0$

이 결과는 표 23.1에 나타낸 원래의 표본자료와 놀라울 정도로 같다. 우리는 관찰 수와 기대 수를 카이제곱 검정으로 확인할 수 있다(3장 참조):

$$\chi^2 = \frac{(1{,}787 - 1{,}784.2)^2}{1{,}784.2} + \frac{(3{,}039 - 3{,}044.8)^2}{3{,}044.8} + \frac{(1{,}303 - 1{,}300.0)^2}{1{,}300.0} = 0.0223$$

이 카이제곱 통계에서 (1) 세 가지 예측된 수의 합은 표본의 크기에 의해 고정되어 있고, (2) 대립유전자 빈도 p는 표본 자료에서 직접 계산될 수 있기 때문에 자유도는 $3 - 2 = 1$이다(대립유전자 q는 $1 - p$로 직접 계산될 수 있고 더 이상 자유도를 줄일 수 없다). 자유도 1에서 카이제곱 검정의 적합성 기준은 관찰수보다 더 큰 3.841이다(표 3.2 참조). 결과적으로, 예측된 유전자형 빈도는 표본에서 관찰된 빈도와 같고 표본이 추출된 집단에서 M-N 혈액형의 유전자형은 하디-바인베르크 비율로 존재하고, 즉 결혼이 혈액형과 무관하다는 것과 일치한다.

앞의 분석은 대립유전자의 빈도로부터 유전자형의 빈도를 예측하기 위하여 하디-바인베르크 법칙을 어떻게 이용하는지를 나타내고 있다. 하디-바인베르크 법칙을 역으로 즉 유전자형의 빈도에서 대립유전자의 빈도를 예측하는 데 사용할 수 있을까? 예를 들어, 미국에서 열성 대사이상인 페닐케톤뇨증(PKU)의 출현빈도는 약 0.0001이다. 이 통계 값으로 PKU를 일으키는 돌연변이 인자의 빈도를 계산할 수 있을까?

우리는 이형접합자와 정상의 동형접합자를 표현형으로 구별할 수 없기 때문에 집단에서 나타나는 변이형과 정상의 여러 가지 대립유전자를 계산하는 앞의 방법에 따를 수 없다. 대신에 변이형 대립유전자의 빈도를 계산하기 위하여 역으로 하디-바인베르크의 법칙을 응용하여야 한다. PKU의 출현빈도가 0.0001이라는 것은 집단에서 변이형 동형접합자의 빈도이다. 무작위 교잡을 가정할 때, 이들 개체는 변이형 대립유전자의 제곱과 같이 나타낼 것이다. 이 대립유전자의 빈도를 q라고 하면 우리는 다음과 같이 나타낸다:

$$q^2 = 0.0001$$
$$q = \sqrt{0.0001} = 0.01$$

따라서 집단 내에서 1%의 대립유전자가 돌연변이가 된 것으로 계산된다. 보통의 하디-바인베르크 법칙에 의하면 우리는 집단 내에서 돌연변이 인자를 가지고 있는 이형접합자인 사람의 빈도를 예측할 수 있다:

$$\text{보인자 빈도} = 2pq = 2(0.99)(0.01) = 0.0198$$

따라서 집단의 약 2%는 보인자인 것으로 예측된다.

하디-바인베르크 법칙은 X-연관 유전자와 복대립유전자를 가진 유전자에도 응용된다. 색맹을 조절하는 것과 같은 X-연관 유전자에 대해, 대립유전자 빈도는 남자의 유전자형 빈도에서 계산되고, 여자의 유전자형 빈도는 이렇게 계산된 대립유전자의 빈도를 하디-바인베르크 법칙에 응용함으로써 얻을 수 있다. (물론, 남자와 여자 모두 대립유전자 빈도가 같다는 가정에서 동일하다.) 예를 들어, 북유럽 집단에서는, 약 88%의 사람들이 정상 시각을 가지며, 12% 정도의 사람들이 색맹이다. 따라서 이런 집단에서는, 정상 시각 대립인자(C)의 빈도는 $p = 0.88$이고 색맹 대립인자(c)의 빈도는 $q = 0.12$가 된다. 무작위 결혼이 이루어진다는 가정 하에서, 두 성 간의 같은 대립인자 빈도는 다음과 같이 얻어진다:

성	**유전자형**	**빈도**	**표현형**
남자	C	$p = 0.88$	정상
	c	$q = 0.12$	색맹
여자	CC	$p^2 = 0.77$	정상
	Cc	$2pq = 0.21$	정상
	cc	$q^2 = 0.02$	색맹

복대립유전자의 경우 하디-바인베르크 유전자형의 비는 다항전개로 얻어진다. 예를 들어, A–B–O 혈액형은 세 개의 대립유전자 I^A, I^B, i에 의해 결정된다. 만약 이들 대립유전자의 빈도를 각각 p, q, r이라고 하면 A–B–O 혈액형은 6가지 유전자형이 3항식 $(p + q + r)^2 = p^2 + q^2 + r^2 + 2pq + 2qr + 2pr$ 전개로 다음과 같이 얻을 수 있다:

혈액형	**유전자형**	**빈도**
A	I^AI^A	p^2
	I^Ai	$2pr$
B	I^BI^B	q^2
	I^Bi	$2qr$
AB	I^AI^B	$2pq$
O	ii	r^2

하디-바인베르크 법칙의 예외

하디-바인베르크 법칙이 특정 집단에서 응용될 수 없는 많은 이유가 있다. 교배가 무작위가 아니거나, 여러 가지 대립유전자를 가지는 집단의 개체들은 생존과 번식기회가 같지 않고, 집단이 부분적으로 격리되어 나누어지거나, 최근 이주로 인해 합쳐진 여러 집단의 혼합체인 경우가 그러하다. 우리는 하디-바인베르크 법칙의 예외가 되는 이들 각각에 대해 간단히 생각해 보자.

1. *선택적 교배(nonrandom mating).* 무작위 교배는 하디-바인베르크 법칙에 있어 주요한 가정이다. 만약 교배가 무작위가 아니라면, 대립유전자 빈도와 유전자형 빈도 간의 간단한 상호관계가 무너질 것이다. 한 집단의 구성원들이 비무작위로 결혼할 수 있는 두 가지 방법이 있다. 예를 들어, 그들은 유전적으로 관련이 있기 때문에는 결혼할 수도 있다. 근친교배라고 하는 이런 선택교배는 하디-바인베르크 유전자형 빈도와 비교하여 동형접합자의 빈도를 증가시키고 이형접합자의 빈도를 감소시킨다(4장 참조). 한 유전자에 두 개의 대립유전자 A와 a가 있고 각각의 빈도는 p와 q이고 유전자가 분리되는 그 집단의 근친계수가 F라고 가정하자(4장에서 F의 범위는 0에서 1 사이이고 0은 근친교배가 전혀 없다는 것이며, 1이라는 것은 완전 근친이라는 의미이다). 이 집단에서 유전자형 빈도는 다음 공식으로 나타낼 수 있다:

유전자형	근친결혼에 의한 빈도
AA	$p^2 + pqF$
Aa	$2pq - 2pqF$
aa	$q^2 + pqF$

이들 식에서 두 종류의 동형접합자의 빈도는 하디-바인베르크 빈도에 비해 분명히 증가하고 이형접합자의 빈도는 하디-바인베르크 빈도에 비해 감소하였다. 각 유전자형에 대해 빈도의 변화는 근친계수에 정비례한다. 완전근친인 즉 $F = 1$인 집단이 있다면 유전자형 빈도는 다음과 같이 될 것이다:

유전자형	$F = 1$일 때 빈도
AA	p
Aa	0
aa	q

2. *생존의 차이(unequal survival).* 만약 무작위교배로 만들어진 접합자들이 다른 생존율을 가진다면, 우리는 이들 접합자에서 생겨난 개체들의 유전자형 빈도는 하디-바인베르크 예측과 맞지 않을 것이다. 예를 들어, 상염색체에 있는 어떤 유전자가 두 개의 대립유전자 A_1과 A_2로 분리되는 초파리의 무작위교배집단을 생각해보자. 이 집단에서 200마리의 성체 표본에서 다음과 같은 자료를 얻었다:

유전자형	관찰 수	기대 수
A_1A_1	26	46.1
A_1A_2	140	99.8
A_2A_2	34	54.1

기대 수는 표본 초파리에서 두 개의 대립유전자의 빈도를 계산하여 얻었다. 즉 A_1 대립유전자의 빈도는 $(2 \times 26 + 140)/(2 \times 200) = 0.48$이고, A_2 대립유전자의 빈도는 $1 - 0.48 = 0.52$이다. 그 다음 하디-바인베르크 공식을 이들 계산 빈도에 적용하였다. 분명히 예상 수는 관찰 수와 일치하지 않으며, 관찰 수는 이형접합자가 증가하고 두 종류의 동형접합자는 거의 없는 실정이다. 여기서 상호일치하지 않는 것은 명백하기 때문에 관찰 수와 기대 수간의 적합성 검정을 위한 카이제곱 검정은 할 필요가 없다. 이런 불일치

결과는 접합자에서 성체로 발생하는 중 세 가지 유전자형 간에 생존율의 차이로 설명할 수 있다. A_1A_2이형접합자가 두 가지 동형접합자보다 살아가는 능력이 높다고 볼 수 있다. 그러므로, 생존율의 차이는 하디-바인베르크 예상 값에서 벗어나는 유전자형 빈도를 일으키게 된다.

3. *집단의 분할(population subdivision)*. 어떤 집단이 교배가 가능한 하나의 집단일 때 **범생식(panmictic)**이라고 한다. **범생식집단(Panmixis)**이란 집단 내의 어떤 개체가 어느 다른 개체와도 교배가 가능하다는 것, 즉 집단 내의 지리적, 생태적 경계가 없다는 것을 의미한다. 그렇지만, 자연에서 집단은 가끔 나누어지기도 한다. 우리는 강에 직접 연결된 여러 호수에서의 물고기의 생활이나 다도해의 섬 무리에 살고 있는 새를 생각할 수 있다. 이런 집단은 유전적 차이와 관련될 수 있는 지형적, 생태적 특징들로 이루어져 있다. 예를 들어, 하나의 호수에 살고 있는 물고기는 *A* 대립유전자를 높은 빈도로 가지는 반면에 다른 호수에 있는 물고기는 이 대립유전자의 빈도를 낮은 빈도로 가질 수도 있다. 비록 각 호수에서의 유전자형 빈도는 하디-바인베르크 법칙에 따른다고 할지라도 물고기 집단 전체를 고려해 보면 그렇지 않다. 지형적인 세분은 집단을 유전적으로 동질화되지 않도록 하고 이런 현상은 집단 전체에 걸쳐 대립인자의 빈도는 일정하다는 암묵적인 하디-바인베르크 가정을 위반한다.

4. *이주(migration)*. 어떤 개체들이 한 영역에서 다른 영역으로 옮겨갈 때, 그들은 그들의 유전자를 가지고 간다. 새로운 이주자들에 의한 유전자들의 도입은 대립인자와 유전자형 빈도를 집단 내에서 바뀌게 할 수 있으며 하디-바인베르크 평형 상태를 깨뜨릴 수 있다.

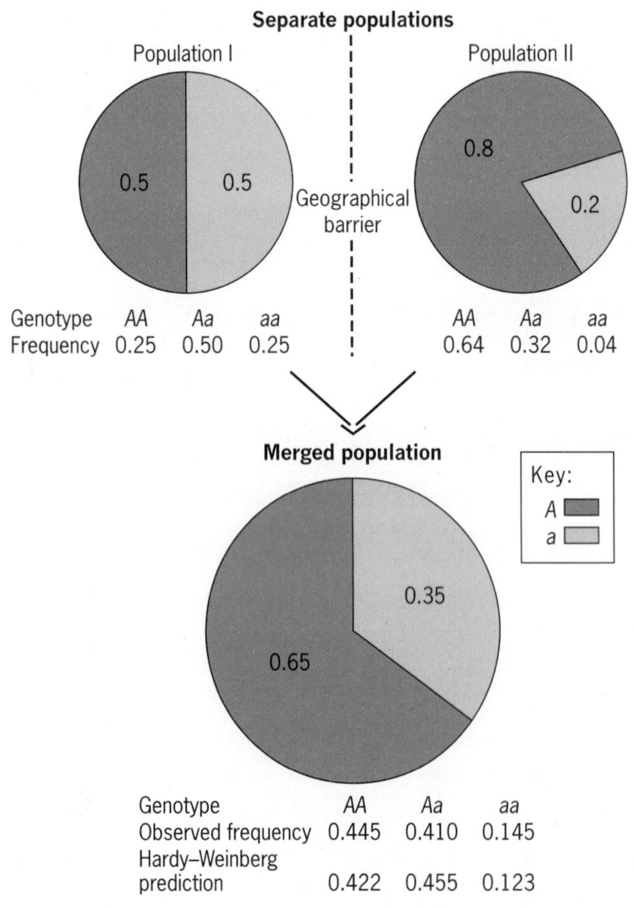

■ **그림** 23.2 대립유전자와 유전자형에 대한 집단합병의 효과.

한 예로써, ■ **그림 23.2**의 경우를 생각해 보자. 크기가 같은 두 집단이 지형학적으로 분리되어 있다. 집단 I에서의 *A*와 *a*의 빈도는 각각 0.5인 반면, 집단 II에서의 *A*의 빈도는 0.8이고 *a*의 빈도는 0.2이다. 각 집단에서 무작위교배가 일어난다면, 하디-바인베르크 법칙은 두 집단에서 다른 유전자형 빈도들이 나올 것으로 예상한다(그림 23.2 참조).

집단 간의 장벽이 무너지고 두 집단이 완전히 합병된다고 가정하자. 합병된 집단에서 대립유전자의 빈도는 분리된 집단의 평균일 것이다. 즉 *A*의 빈도는 (0.5 + 0.8)/2 = 0.65이고 *a*의 빈도는 (0.5 + 0.2)/2 = 0.35일 것이다. 또한 합병된 집단에서의 유전자형 빈도는 분리 집단의 평균일 것이다. *AA*유전자형 빈도는 (0.25 + 0.64)/2 = 0.445일 것이고, *Aa*의 빈도는 (0.50 + 0.32)/2 = 0.410이고, *aa*에 대해서는 (0.25 + 0.04)/2 = 0.145일 것이다. 이런 관찰된 유전자형 빈도는 하디-바인베르크 법칙에 의한 기대치 즉 *AA*에 대해서는 $(0.65)^2$ = 0.442, *Aa*에 대해서는 2(0.65)(0.35) = 0.455이고, *aa*에 대해서는 $(0.35)^2$ = 0.123과는 일치하지 않는다. 이렇게 일치하지 않는 이유는 관찰된 유전자형 빈도가 합병된 전체 집단 내에서 무작위교배로 된 것이 아니기 때문이다. 오히려, 그들은 분리되었던 무작위 집단 내 유전자형 빈도의 합병으로 만들어졌다는 것이다. 따라서 두 무작위 교배집단의 합병은 하디-바인베르크 유전자형 빈도를 만들 수 없다. 그렇지만, 만약 합병된 집단이 한 세대만 무작위 교배가 일어난다면, 하디-바인베르크 유전자형 빈도가 이루어질 것이고 합병된 집단의 대립유전자 빈도는 이들 유전자형 빈도의 예측에 사용할 수 있을 것이다. 이 예는 무작위 교배하는 집단을 합병하면 하디-바인베르크 법칙이 깨진다는 것을 입증하고 있다. 한 집단에서 다른 집단으로 개체들의 이주도 일시적으로 하디-바인베르크 법칙을 흐트러지게 할 수 있다. 그렇지만, 만약 어떤 집단이 이주해온 개체들에게 한 세대만 무작위교배가 일어나게 하면, 하디-바인베르크 평형을 회복할 것이다.

유전상담에서 대립유전자빈도의 이용

가끔 유전상담자들은 어떤 유전질환에 걸릴 위험을 계산하는 데 가계도 분석과 함께 대립유전자의 빈도 자료를 이용한다. 간단한 경우가 ■ **그림 23.3**에 제공되어 있다. I세대에서의 남자와 여자는 3명의 자녀를 두었으며 막내아이가 어떤 집단에서 0.017 정도의 빈도를 가지는 상염색체 열성 돌연변이(*ts*)에 의해 일어나는 테이-삭스 병(Tay-Sachs disease)에 걸렸다. II-1이 속한 인류 집단에서 변이 대립유전자의 빈도가 0.017이라고 가정한다면, 그녀가 보인자일 기회는 하디-바인베르크 법칙에 의해 2(0.017)(0.983) = 0.033, 즉 1/30이다. 그녀의 남편(II-2)이 보인자일 기회는 가계도를 분석하여 결정된다. II-4는 테이-삭스 병으로 죽었기 때문에 우리는 I-1과 I-2가 변이 대립유전자에 대해 이형접합자라는 것을 알 수 있다. 그들 중의 어느 누구도 II-2에 이 대립유전자를 전해 줄 수 있다. 그렇지만, II-2는 이 질환에 걸리지 않았기 때문에 두 사람 모두가 그에게 변이 대립유전자를 전해주지는 않았다. 따라서 II-2가 변이 대립유전자에 대해 보인자일 기회는 2/3이다. II-1과 II-2가 테이-삭스 병에 걸린 아이를 가질 기회를 계산하기 위하여, 우리는 각 부모가 보인자(II-1에 대해서는 1/30이고 II-2에 대해서는 2/3)일 확률과 만약 그들이 보인자일 경우 자식에게 변이 대립유전자를 전해 줄 수 있는 확률(1/2 × 1/2 = 1/4)을 도입한다. 따라서 아이가 테이-삭스 병에 걸릴 위험은 (1/30) × (2/3) × (1/4) = 1/180 = 0.006이며, 이 값은 변이 대립유전자의 빈도가 0.017인 집단에서 무작위 결혼으로 생겨날 위험보다 20배나 더 크다.

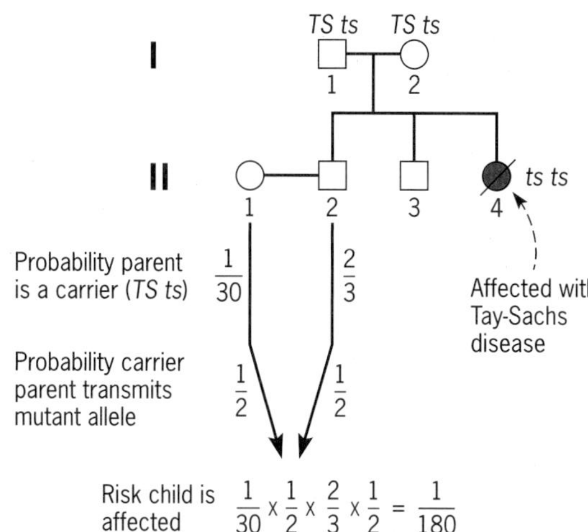

■ **그림 23.3** 한 아이가 테이-삭스 병에 걸릴 위험을 계산하기 위해 집단 자료를 이용한 가계도 분석.

요점

- *대립유전자 빈도는 집단에서 추출한 표본에서 유전자형을 계수하여 계산될 수 있다.*
- *무작위 교배의 가정 하에서, 하디–바인베르크 법칙은 대립유전자 빈도로부터 예측되는 상염색체성이거나 X-연관유전자의 유전자형 빈도를 계산할 수 있도록 한다.*
- *하디-바인베르크 법칙은 근친교배, 유전자형에 따른 생존의 차이, 지형적 세분집단, 이주에서는 응용할 수 없다.*
- *하디-바인베르크 법칙은 유전상담에 이용된다.*

자연선택

대립유전자 빈도는 유전자형에 따른 생존과 생식의 차이로 인해 집단 내에서 변화될 수 있다.

찰스 다윈은 집단에서 진화적 변화를 일으키는 주요한 힘에 대해 서술하였다. 그는 생물이란 환경에서 유지할 수 있는 것 보다 더 많은 자손을 만들고 살아남기 위한 투쟁이 계속해서 일어난다고 말했다. 이런 경쟁을 통해 살아서 번식하는 개체는 생존과 번식이 유리한 형질을 그들의 자손에게 전해준다. 많은 세대에 걸친 이런 경쟁이 지나면, 강한 경쟁력과 관련된 형질이 집단 내에서 많아지게 되고 약한 경쟁력을 가진 형질은 사라지게 된다. 경쟁이란 면에서 생존과 번식에 대한 선택은 어떤 종의 물리적, 행동적 특성을 변화시키는 기작이다. 이런 과정을 다윈은 **자연선택(natural selection)**이라고 했다.

적응도의 개념

자연선택을 유전학적 맥락에 넣기 위해서는, 우리는 살아남아 번식할 수 있는 능력이 한 가지 표현형 — 말할 것도 없이 가장 중요한 — 이며, 이것은 적어도 부분적으로는 유전자들에 의해 결정된다는 사실을 인식해야만 한다. 유전학자들은 살아남고 번식할 수 있는 이 능력을 w로 나타내는 양적변수로 하여 **적응도(fitness)**로 간주한다. 집단 내에서 각 개체는 각각

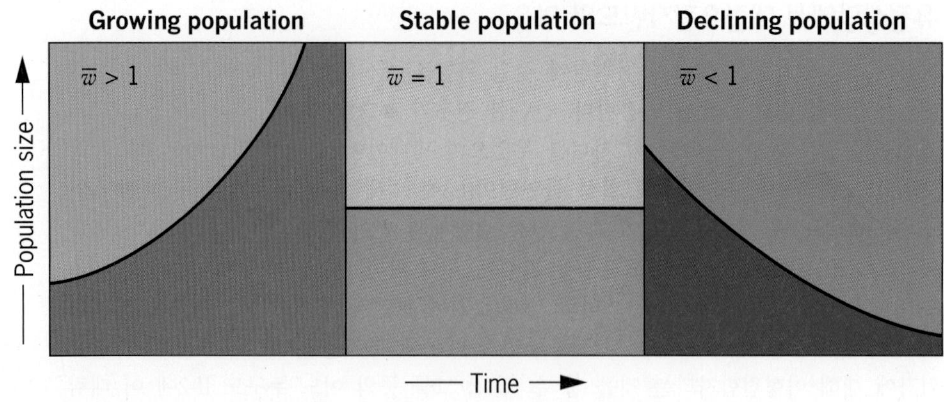

■ **그림 23.4** 사간을 함수로 나타낸 집단의 크기에 대한 평균 적응도($\overline{w}$)의 중요성. 집단의 크기는 평균 적응도 값에 따라 증가하거나 안정되거나 감소한다.

의 적응도를 가진다. 만약 죽거나 생식할 수 없다면, 적응도는 0이고 살아서 한 개체의 자손을 만든다면 적응도는 1이고, 두 개체의 자손을 만든다면 2라는 식으로 정할 수 있다. 이들 모든 값의 평균을 집단의 평균 적응도라 하여 $\overline{w}$로 나타낸다.

안정된 크기를 가진 집단에 대해 평균 적응도는 1이다. 그 집단에서 각 개체는 평균 한 개체의 자손을 만든다. 물론 어떤 개체는 그 이상의 자손을 만들 것이고, 어떤 개체는 자손을 만들지 못할 것이다. 그렇지만, 집단의 크기가 변하지 않는다면 자손의 수(즉 평균 적응도)는 1이다. 크기가 줄어드는 집단에서 평균 자손의 수는 1보다 작고 커지는 집단에서는 1보다 크다(■ **그림 23.4**).

유전자 수준에서 자연선택

개체간의 적응도의 차이가 집단의 특징에 어떻게 변화를 주는지를 알아보기 위하여 특정 곤충의 한 종류에서 적응도가 *A*와 *a* 두 개의 대립유전자로 분리되는 한 유전자에 의해 결정된다고 가정하자. 대립유전자 *A*는 곤충의 색을 검게 만들고, 대립유전자 *a*는 엷은 색으로 만들고, *A*는 *a*에 대해 완전우성이라고 가정하자. 식물의 성장이 좋아 곤충이 사는 숲에서는 검은색 곤충은 엷은 색보다 더 살기 좋다. 결과적으로 유전자형이 *AA*와 *Aa*인 것의 적응도가 유전자형이 *aa*인 것보다 크다. 반면에 식물이 거의 없는 들판에서는 엷은 색 곤충이 검은색보다 살기가 더 좋아 적응도가 그 반대가 된다.

우리는 이런 상호관계를 수학적으로 **상대적응도(relative fitness)**란 개념을 응용하여 나타낼 수 있다. 두 종류 각각에서 우리는 경쟁적으로 우위인 유전자형의 적응도를 1과 같다고 인위적으로 정의하고 열세에 있는 적응도를 1에서의 편차로 나타낸다. 이 적응도의 편차를 *s*로 나타내고 **선택계수(selection coefficient)**라고 한다. 즉 선택계수는 집단 내의 유전자형에 작용하는 자연선택의 강도이다. 우리는 두 가지 서식지의 각각에서 곤충의 유전자형 간의 적응도 상관관계를 아래 표로 요약할 수 있다:

유전자형:	*AA*	*Aa*	*aa*
표현형:	검은색	검은색	밝은색
숲에서의 상대적응도:	1	1	$1 - s_1$
들판에서의 상대적응도:	$1 - s_2$	$1 - s_2$	1

이런 상대적응도는 두 서식지에서 유전자형에 따른 절대적인 생식력을 말하는 것은 아니다. 그렇지만 각 유전자형이 특정 환경 내에서 다른 유전자형과 어떻게 경쟁하는지를 나타내고 있다. 예를 들어, 숲 서식지에서 *aa*는 *AA*나 *Aa*보다 경쟁력이 떨어진다는 것이다. 물

론 얼마나 떨어지느냐는 선택계수 s_1의 실제 값에 따라 다르다. 만약 s_1이 1이라면, *aa*는 치명적인 유전자형(상대적응도가 0이다)이고, 자연선택으로 인해 집단에서 *a* 대립유전자가 도태되는 것을 예상할 수 있다. 만약 s_1이 0.01 정도로 더 작다면, 자연선택이 *a* 대립유전자를 도태시키지만 아주 서서히 일어 날 것이다.

대립유전자 빈도에 대한 자연선택의 영향을 알아보기 위하여 숲의 곤충집단에 대해 생각해 보자. 우리는 초기의 *A* 대립유전자빈도 $p = 0.5$라고 하고, $s_1 = 0.1$이라고 가정하자. 또한, 집단은 무작위로 교배하고 유전자형은 매 세대 당 수정 시에는 하디-바인베르크 빈도를 나타낸다고 가정하자. (유전자형에 따른 생존의 차이는 성체에서의 이들 빈도를 변화시킬 것이다.) 이런 가정 하에 집단의 초기 유전적 조성은 다음과 같다:

유전자형;	*AA*	*Aa*	*aa*
상대적응도:	1	1	1 − 0.1 = 0.9
수정 시 빈도;	$p^2 = 0.25$	$2pq = 0.50$	$q^2 = 0.25$

다음 세대를 이루는 데 있어, 각 유전자형은 그 빈도와 상대적응도에 비례해서 배우자에 기여할 것이다. 따라서 세 가지 유전자형에 대한 상대기여도는 다음과 같을 것이다:

유전자형:	*AA*	*Aa*	*aa*
다음 세대에서의 상대적응도:	(0.25) × 1 = 0.25	(0.50) × 1 = 0.50	(0.25) × 0.9 = 0.225

만약 우리가 이들 상대기여도를 전체 합(0.25 + 0.50 + 0.225 = 0.975)으로 나누면 다음 세대에서의 각 유전자형에 따른 기여 비를 얻을 수 있다:

유전자형;	*AA*	*Aa*	*aa*
다음 세대에서의 기여 비;	0.256	0.513	0.231

이들 값에서 선택이 일어난 한 세대 후의 *a* 대립유전자의 빈도는 *aa* 동형접합자로부터 전해진 모든 유전자와 *Aa* 이형접합자로부터 전해진 유전자의 반이 *a*라는 것을 알기 때문에 쉽게 계산할 수 있다. 다음 세대에서 q'으로 나타낸 *a*의 빈도는

$$q' = 0.231 + (1/2)(0.513) = 0.487$$

로 계산될 것이고 이 값은 0.5보다 약간 적은 값이다. 따라서 숲에서는 *aa* 동형접합자에 대해 낮은 적응도로 작용하는 자연선택은 *a*의 빈도를 0.5에서 0.487로 감소시켰다. 세대를 계속할수록 *a*의 빈도는 *aa* 동형접합자 도태로 인해 감소하게 되어 결국에는 이 대립유전자가 집단에서 모두 제거될 것이다. ■ **그림 23.5*a***는 자연선택이 *a* 대립유전자를 감소시키는 것을 보여주고 있다.

들판에서 *aa* 동형접합자는 다른 두 유전자형에 비해 선택적으로 우위에 있다. 따라서 $q = 0.5$이고, 하디-바인베르크 유전자형 빈도이고 $s_2 = 0.1$로 시작한다면 우리는 다음과 같은 것을 얻을 수 있다:

유전자형	*AA*	*Aa*	*aa*
상대적응도	1 − 0.1 = 0.9	1 − 0.1 = 0.9	1
수정 시 빈도	$p^2 = 0.25$	$2pq = 0.50$	$q^2 = 0.25$

야외 자생지에서 선택을 거친 한 세대후의 *a*의 빈도는 초기 빈도보다 약간

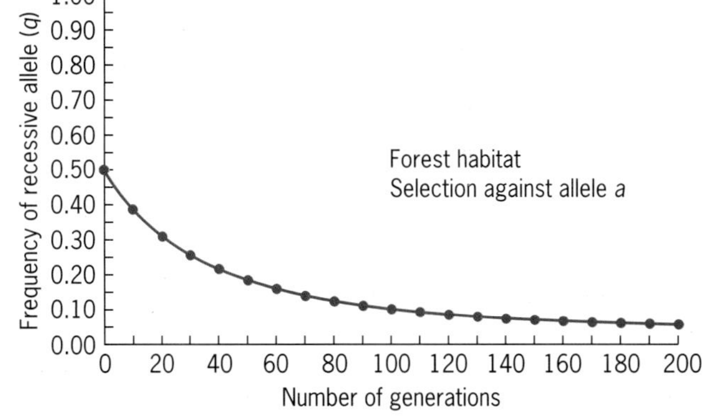

(*a*)

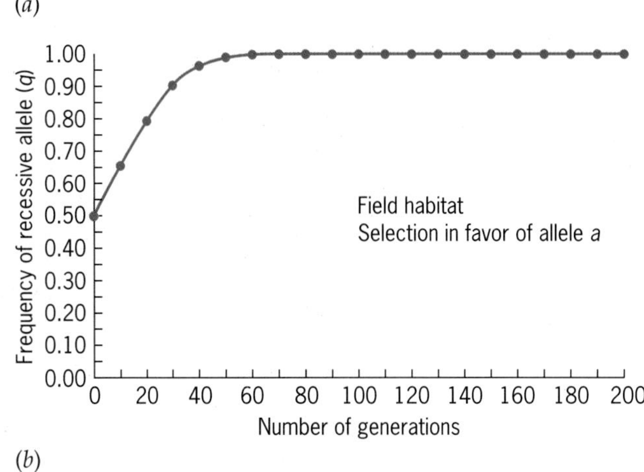

(*b*)

■ 그림 24.5 (*a*) 서식지에서의 숲 열성 대립유전자 *a*에 대한 도태. (*b*) 들판 서식지에서의 열성 대립유전자 *a*에 대한 선택.

높은 $q' = 0.513$일 것이다. 세대가 진행됨에 따라 a의 빈도는 증가할 것이고, 결국은 집단에서 대립유전자가 완전히 고정된 것이라고 하는 점의 빈도 1에 도달할 것이다. ■ **그림 23.5*b***는 a의 고정이 일어나는 선택에 의한 경로를 보여주고 있다.

이런 두 가지 시나리오는 열성 대립유전자를 위한 것인가 열성 대립유전자에 반대되는 선택인가를 설명해 주고 있다. 숲에서 열성 대립유전자 a는 동형접합자에 불리하고 도태를 받도록 한다. 들판에서는 우성 동형접합자와 이형접합자가 불리하기 때문에 대립유전자 a가 우성 대립유전자 A보다 우위에 있다.

열성 대립유전자를 *위한* 선택 다시 말해 유해한 우성 대립유전자에 *대해* 도태를 시키는 선택은 열성 대립유전자를 도태시키는 것 보다 더 효과적이다. 그림 23.5*b*는 집단에서 열성 대립유전자가 고정되는 점인 그래프 상단으로 가파르게 상승한다. 이 그래프에서 보여준 과정은 열성 대립유전자의 빈도를 효율적으로 변화시키고, 모든 우성 대립유전자가 도태되므로, 최종 값인 1에 빨리 도달한다. 우성이기 때문에 이형접합성인 상태에서 우성 대립유전자를 숨길 수 없다.

그림 23.5*a*의 곡선은 열성 대립유전자에 대한 도태와 시간의 관계를 보여주고 있다. 이 곡선은 그림 23.5*b*에서보다 더 서서히 변화하며 점근선적으로 열성 대립유전자의 소실을 나타내는 그래프가 바닥에 도달하는 데 한계가 있다. 도태는 열성 대립유전자가 동형접합성일 때만 작용하기 때문에 이런 경우는 효과가 적다. 열성 대립유전자의 빈도가 감소할 때마다 열성 대립유전자의 빈도는 드물어지게 된다. 즉 대부분 살아있는 개체에서의 열성 대립유전자는 그들이 도태에 작용을 받지 않는 이형접합자 개체에 존재할 것이다. 그림 23.5의 두 그래프를 비교해보면, 우리는 유해한 열성 대립유전자가 유해한 우성 대립유전자보다 집단에서 더 오래 머무를 수 있다는 것을 알 수 있다.

영국 산림에서 서식하는 나방(*Biston betularia*)의 연구는 우리가 논한 종류와 같은 선택이 자연에서 대립유전자의 빈도를 바꾼다는 것을 알 수 있다. 보통 흑 반점 흰 날개 나방으로 알려진 이 종은 검은색과 흰색 두 가지 형으로 존재한다(■ **그림 23.6**). 흰색 계통은 열성 대립유전자 c에 대해 동형접합자이고 검은색 계통은 우성 대립유전자 C를 가지고 있다. 1850년 이후, 검은색 계통의 빈도가 영국 특히 중부 상업지역의 어떤 장소에서 급격히 증가하였다. 예를 들어, 버밍햄과 맨체스터의 중공업도시에서 검은색 계통의 빈도는 1%에서 90%로 증가하였다. 이런 급격한 증가는 산업지역의 공해로 그을린 전경에서 흰색에 대한 도태가 작용한 결과이다. 최근에 공해 정도가 상당히 개선되고 흰색 나방이 산업화 전의 빈도까지는 아니지만 돌아오고 있다. 밝은색 나방에 작용했던 과정이 무엇이었던지 간에, 영국에서 이 지역의 환경 복원은 그 과정을 역전시킨 것으로 보인다.

(a)

(b)

■ 그림 23.6 *(a)* 지의류로 덮힌 나무둥치에 붙은 검은색의 나방. *(b)* 산업공해로 그을린 나무둥치에 붙은 밝은색의 나방.

요점

- *자연선택은 유전자형이 살아남고 생식할 수 있는 능력이 다를 때 즉 유전자형에 따라 적응도가 다를 때 일어난다.*
- *자연선택의 강도는 선택계수로 정량화된다.*
- *유전자 수준에서 자연선택은 집단에서 대립유전자의 빈도를 변화시킨다.*

무작위 유전적 부동

대립유전자의 빈도는 생식 중의 불확실성으로 인해 집단에서 무작위로 방향도 없이 변화한다.

“*종의 기원*”이란 책에서 다윈은 진화에서의 체계적 영향으로써 자연선택의 역할을 강조하였다. 그렇지만 다윈은 진화가 무작위과정으로도 일어난다는 것을 알았다. 어떤 집단에서 새로운 돌연변이체가 예상외로 많이 나타난다. 따라서 모든 유전적 변이의 근본적 원천인 돌연변이는 진화에 깊이 관여하는 하나의 무작위과정이다. 즉 돌연변이 없이 진화는 있을 수도 없다. 다윈은 유전(물론 그는 유전에 대해 알지도 못하였지만)은 예상할 수 없다는 것을 인지하였다. 형질이 유전되지만 그들 양친의 정확한 복사물은 아니다. 즉 한 세대에서 다음 세대로 어떤 형질을 전달하는 데는 예외도 있다. 멘델의 원리가 재발견된 이후인 20세기에 이런 예상외의 진화는 시월 라이트(Sewall Wright)와 R. A. 피셔(R. A. Fisher)에 의해 연구되었다. 그들의 이론적 분석에 의하면, 멘델기작과 관련한 무작위성은 진화에 영향을 미친다는 것이 명백하다. 다음 절에서 불확실한 유전적 전달이 어떻게 대립유전자 빈도에서 무작위 변화, 즉 **무작위 유전적 부동(random genetic drift)**이라는 이 현상을 일으킬 수 있는지를 알아보고자 한다.

대립유전자 빈도의 무작위적 변화

멘델기작과 관련한 어떤 불확실성이 대립유전자 빈도를 어떻게 무작위로 변화시킬 수 있는지를 조사하기 위하여, 집단에서 각 개체를 대체할 수 있는 두 명의 자손을 만드는 두 이형접합자 간의 교배, 즉 *Cc* × *Cc*를 생각해 보자(■ **그림 23.7**). 우리는 두 자손의 가능한 유전자형을 열거할 수 있고, 3장에서 논한 방법으로 확률을 계산할 수 있다. 예를 들어, 첫째 자손이 *CC*일 확률은 1/4이고, 두 번째 자손도 *CC*일 확률은 1/4이다. 따라서 두 자손 모두 *CC*일 확률은 (1/4) × (1/4) = 1/16이다. 한 자손은 *CC*이고 다른 자손은 *Cc*일 확률은 (1/4) × (1/2) × 2 (왜냐하면 두 가지 가능한 순서: *CC* 다음에 *Cc* 또는 *Cc* 다음에 *CC*가 있기 때문에)이다. 자손의 여러 가지 유전자형의 조합의 전체 확률분포는 그림 23.7에 나타내었다. 이 그림은 각 조합과 관련한 대립유전자 *c*의 빈도도 보여주고 있다.

부모들에서 *c*의 빈도는 0.5이다. 이 빈도는 두 자손에서 나타나는 *c* 대립인자의 빈도 중 가장 가능성이 높은 것이기도 하다 사실 대립유전자 *c*의 빈도가 양친과 자손 간에 변화되지 않을 확률은 6/16이다. 그렇지만, 대립유전가 *c*의 빈도가 자손 중에 증가하거나 감소할 기회가 멘델기작과 관련한 불확실성으로 인해 일어날 수 있다. 대립유전자 *c*의 빈도가 증가할 수 있는 기회가 5/16인 반면 감소할 수 있는 기회도 5/16이다. 따라서 대립유전자 *c*의 빈도가 한 방향이나 다른 방향으로 변화할 수 있는 기회, 즉 5/16 + 5/15 = 10/16이라는 값은 실제 빈도가 변화하지 않고 남아있을 수 있는 기회보다 더 크다.

이런 상황은 무작위 유전적 부동을 설명해 주고 있다. 하나의 유전자가 다른 대립유전자로 분리되는 집단에서의 모든 양친에 대해 멘델기작이 그들의 대립유전자의 빈도를 변화시킬 수 있는 기회가 있다. 이런 무작위 변화를 모

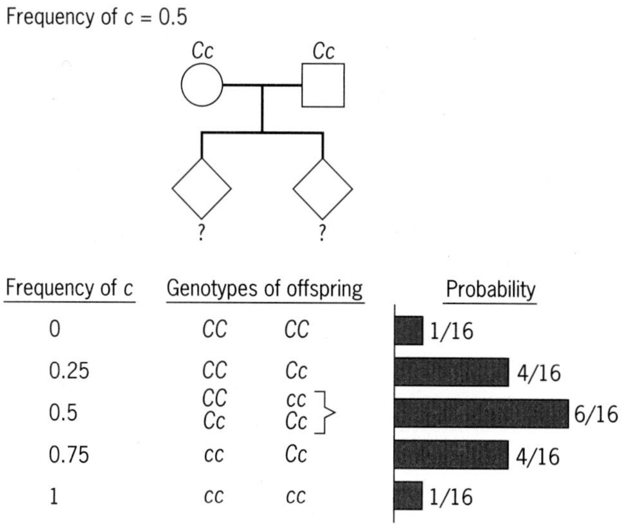

Frequency of *c* = 0.5

Cc *Cc*

? ?

Frequency of *c*	Genotypes of offspring		Probability
0	*CC*	*CC*	1/16
0.25	*CC*	*Cc*	4/16
0.5	*CC* *Cc*	*cc* *Cc*	6/16
0.75	*cc*	*Cc*	4/16
1	*cc*	*cc*	1/16

■ 그림 23.7 이형접합성 부모들의 두 아이에서 나타나는 대립유전자 *c*의 빈도와 관련한 확률.

든 양친에 대해 종합하면, 대립유전자 빈도에서의 전체적인 변화가 생길 수 있다. 따라서 집단의 유전적 조성은 자연선택의 영향 없이도 변화할 수 있다.

집단 크기의 영향

무작위 유전적 부동에 대한 집단의 감수성은 그 크기에 의존한다. 집단이 크면 유전적 부동의 영향은 적지만 작은 집단에서의 유전적 부동의 효과는 일차적으로 진화의 요인이 될 수 있다. 유전학자들은 시간이 지남에 따라 변화하는 이형접합자의 빈도를 조사함으로써 집단 크기의 효과를 측정한다. 다시 한 번, 대립유전자 *C*와 *c*의 빈도를 각각 *p*와 *q*라고 하고 어느 대립유전자도 적응도에 효과가 없는, 즉 *C*와 *c*는 선택적으로 중립이라고 가정하자. 또한 집단이 무작위로 교배하고 어느 한 세대에서의 유전자형이 하디-바인베르크 비를 나타낸다고 가정하자.

크기가 아주 무한인 큰 집단에서 *C*와 *c*의 빈도는 일정하고 이들 두 대립유전자를 가지는 이형접합자의 빈도는 $2qp$일 것이다. 또한 일정한 크기 *N*인 작은 집단에서 대립유전자의 빈도는 유전적 부동의 결과로 변화할 것이다. 이런 변화로 인해 **이형접합성(heterozygosity)**의 빈도는 변화할 것이다. 한 세대 당 이런 변화의 양을 나타내기 위하여 현재의 이형접합자의 빈도를 *H*라고 하고 다음 세대에서의 이형접합자의 빈도를 *H′*이라고 하자. *H′*와 *H*와의 수리적 상호관계는

$$H' = \left(1 - \frac{1}{2N}\right)H$$

이다. 이 공식은 한 세대에서 무작위 유전적 부동은 $\frac{1}{2N}$의 계수만큼 이형접합자의 수를 감소시키게 됨을 보여준다. 전체 *t*세대에서 다음 방정식에 주어진 만큼 이형접합자의 빈도가 감소하게 된다.

$$H_t' = \left(1 - \frac{1}{2N}\right)^t H$$

이 방정식은 많은 세대가 지남에 따라 발생하는 무작위 유전적 부동에 의한 누적효과를 보여준다. 각 세대마다 이형접합자는 계수 $\frac{1}{2N}$씩 감소되어가고, 많은 세대가 지남에 따라 이형접합자는 집단에서의 모든 유전적 변이가 없어지는 점인 0이 될 것이다. 이 점에서 집단은 단지 하나의 대립유전자만 있는 유전자를 갖게될 것이고, $p = 1$이고 $q = 0$이거나 $p = 0$이고 $q = 1$일 것이다. 따라서 대립유전자의 무작위 변화를 통해 부동은 끊임없이 어떤 집단의 유전적 변이를 없애 버려서 궁극적으로 어떤 대립유전자는 고정되거나 소실된다. 이 과정은 거의 집단의 크기에 의존한다는 것이 중요하다(■ 그림 23.8). 작은 집단은 부동에 의한 변이의 감소효과에 아주 예민하다. 큰 집단은 작은 집단보다는 덜 예민하다. 이 장의 서두에 서술한 피트케언 섬 집단에서 어떻게 유전적 부동이 변이성을 감소시키는지를 알기 위하여 문제 풀이에 제시된 "피트케언 섬에 대한 유전적 부동의 적용"을 풀어보라.

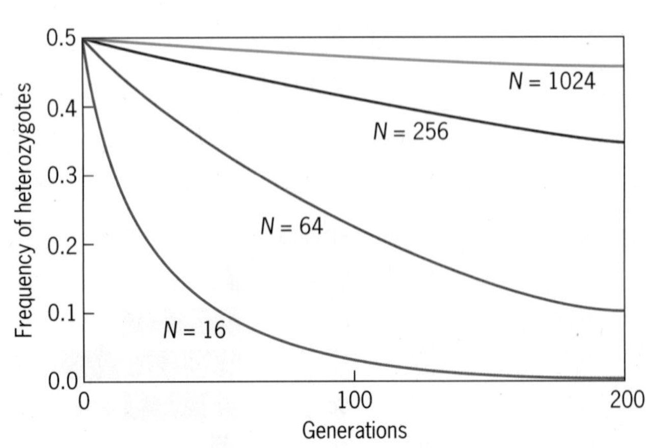

■ 그림 23.8 집단의 크기 *N*이 다른 집단에서 무작위 유전적 부동에 의한 이형접합자 빈도의 감소경향. 집단은 $p = q = 0.5$로 출발하였다.

만약 우리가 논의해 왔던 종류의 선택적으로 중립인 어떤 대립유전자가 궁극적으로 고정되거나 소실된다면, 이들 두 가지 궁극적 결과와 관련된 가능성을 결정할 수 있는가? 현재 *C* 대립유전자의 빈도가 *p*이고 *c* 대립유전자의 빈도가 *q*라고 가정하자. 또 대립유전자가 선택에서 중립이고 무작위 교배가 일어나는한, 특정 대립유전자가 집단에서 고정될 확률은 특정 대립유전자가 집단 내에 고정될 가능성은 그것의 현재 빈도 — 즉, *C*에 대해서는 *p*이고, *c* 대립인자에 대해서는 *q* — 이고, 집단 내에서 그 대립인자가 궁극적으로 소실될 가능성은 1에서 그 빈도를 뺀 $1 - p$(*C*의 소실 가능성)와 $1 - q$(*c*의 소실 가능성)가 된다. 따라서 무작위 유전적 부동이 진화의 추진력일 때는, 가능한 진화적 결과에 대한 특정 가능성을 결정할 수 있으며, 이런 가능성들은 개체군의 집단 크기에 매우 의존적이다.

문제 풀이 기술

피트케언 섬에 대한 유전적 부동의 응용

문제

H.M.S 바운티 호에 탔던 플레처와 그의 동료인 폭도들은 피트케언 섬에 종착했을 때, 자신들이 유전적 실험의 효시였다는 것을 몰랐다. 개척자 집단이 되었던 남녀들은 각각 영국과 폴리네시안의 두 큰 집단에서의 표본들로, 한정된 유전자를 가져왔다. 1790년에 시작하여, Pitcairn 섬 주민들은 근본적으로 폐쇄된 집단이 되었다. 어떤 사람들은 이 섬을 떠났지만 이 섬으로 이주해 온 사람은 거의 없었다. 오늘날 이 섬에 존재하는 대부분의 대립유전인자들은 개척자들이 가져왔던 그 대립유전자들의 복사본들이다. 물론 개척자들이 가져왔던 모든 대립유전자들이 오늘날 존재하는 것은 아니다. 어떤 대립유전자는 그 대립유전자들을 가진 사람의 사망이나 수정이 되지 않아 사라졌다. 평균 Pitcairn 섬의 인구가 20명이고 그들이 개척자들이었고, H(이형접합성)이 0.2라고 가정하자. 개척자 집단을 이룬 후 10세대가 경과하였다면, 오늘날 H의 값은 얼마가 될 것인가?

사실과 개념

1. 이형접합성은 집단에서 유전적 변이성의 한 척도이다.
2. 크기가 N인 집단에서, 유전적 부동은 이형접합성을 세대 당 $1/2N$로 감소시킬 것으로 기대된다.
3. 변이의 소실은 축적된다. t세대 후 이형접합성은 $H_t = (1 - 1/2N)^t H$ 이다.

분석과 해결

오늘날 H값을 예측하기 위하여, 우리는 아래 방정식을 이용한다.

$$H_t = (1 - 1/2N)^t H$$

이 식에 $t = 10$, $N = 20$, $H = 0.20$을 대입한다.

$$H_{10} = (1-1/2N)^{10} H$$
$$= (1 - 1/20)^{10}(0.20)$$
$$= (0.78)(0.20)$$
$$= 0.15$$

그러므로, 유전적 부동은 약 25%까지 피트케언 섬에서 유전적 변이성을 감소시킬 것으로 예상된다.

더 많은 논의를 보고 싶으면 Student Companion 사이트를 방문하라.

요점

- *집단에서 대립유전자 빈도의 무작위 변화인 유전적 부동은 멘델의 분리법칙의 불확실성에 기인한다.*
- *2배체 생물에서 무작위 유전적 부동에 의해 유전적 변이를 상실하는 율은 1/2N이고 여기서 N은 집단의 크기이다.*
- *작은 집단은 큰 집단보다 부동에 더 민감하다.*
- *부동은 궁극적으로 어떤 유전자좌위를 하나의 대립유전자로 고정시키고, 다른 대립유전자는 소실되도록 한다. 한 대립유전자가 궁극적으로 고정될 수 있는 확률은 집단에서의 현재의 빈도와 같다.*

유전적 평형집단

돌연변이, 선택, 그리고 부동 등의 진화력들은 서로 반작용을 일으켜 대립유전자들이 더 이상 변하지 않는 동적 평형 상태를 만들기도 한다.

대립유전자의 빈도를 변화시키는 선택이나 유전적 부동이 없고, 새로운 대립유전자가 들어오게 하는 이주나 새로운 돌연변이가 없이 무작위로 교배가 일어나는 집단에서는 하디-바인베르크 유전자형 빈도는 무한대로 영속된다. 이런 이상적인 집단을 유전적 평형상태에 있다고 한다. 실제로 이런 상황은 더 복잡하다. 선택이나 부동, 그리고 이주와 돌연변이는 거의 항상 작용하고 있으며 따라서 집단의 유전적 조성은 끊임없이 변하고 있다. 그러나 이런 진화력들은 서로 반대되는 방향으로 작용하여 대립유전자 빈도에서 실질적인 변화가 없는 *동적 평형*(*dynamic equilibrium*) 상태를 만들기도 한다. 이런 식의 평형은 이상적인 하디-바인베르크 집단의 평형과는 근본적으로 다르다. 이런 동적인 평형에서 집단은 동시에 반대방향으로 변화하고자 하는 경향이 있지만 이런 반대 방향은 서로 상쇄되어 균형을 갖춘 집단이 된다. 이상적인 하디-바인베르크 평형에서 집단은 진화적 요인이 작용하지 않기 때문에 변화하지 않는다. 이제 우리는 반작용하는 진화력들이 어떻게 집단 내에서 동적인 평형을 이루는지에 대해 알아보고자 한다.

균형선택

동적인 평형 중 하나는 선택이 집단 내에서의 동형접합자의 어느 형보다 이형접합자를 선호할 때 일어난다. *균형선택(balancing selection)* 또는 *이형접합자 우세(heterozygote advantage)*라고 하는 이런 상황에서 우리는 이형접합자의 적응도를 1로 하고 다른 두 동형접합자의 적응도는 1보다 적게 할당한다:

유전자형:	AA	Aa	aa
상대적응도:	$1 - s$	1	$1 - t$

이 공식에서 $1 - s$와 $1 - t$란 용어는 0과 1 사이에 있는 것으로 추측되는 선택계수(여기서는 도태계수)를 포함하고 있다. 따라서 각 동형접합자는 이형접합자보다 낮은 적응도를 가진다. 이형접합자의 우세성은 이따금씩 초우성으로 간주하기도 한다.

이형접합자의 우세의 경우, 동형접합자에 대한 도태의 영향에 따라 대립유전자 A와 a를 제거하는 경향이 있지만, 이형접합자 선택의 영향으로 이들 대립유전자의 빈도가 유지되기도 한다. 어느 점에서 이런 반대되는 두 경향성이 서로 균형을 이루게 되어 동적인 평형이 이루어진다. 평형상태에서의 두 대립유전자의 빈도를 결정하기 위하여, 우리는 선택과정을 나타내는 공식을 유도한 다음 반대되는 선택의 영향이 균형을 이룰 때, 즉 대립유전자의 빈도가 더 이상 변화가 없을 때(표 23.2), 대립유전자 빈도에 대한 이 공식을 풀어야 한다. 이 균형점에서 A의 빈도인 $p = t/(s + t)$이고, a의 빈도인 $q = s/(s + t)$이다.

한 예로써, AA동형접합자는 치사 ($s = 1$)이고 aa동형접합자의 적응도는 이형접합자 적응도의 50% ($t = 0.5$)라고 가정하자. 이런 가정 하에서 집단은 $p = 0.5/(0.5 + 1) = 1/3$이고 $q = 1/(0.5 + 1) = 2/3$일 때 동적인 평형이 이루어질 것이다. 두 대립유전자는 이형접합자 선호에 대한 적당한 빈도, 즉 **균형 다형형상(balanced polymorphism)**으로 알려진 상태를 유지할 것이다.

사람에서 겸상적혈구 빈혈증은 균형 다형현상과 관계가 있다. 이 병에 걸린 사람은 HBB^S라고 하는 β-글로빈 유전자의 변이인자에 대해 동형접합자이고, 그들은 헤모글로빈 분자가 혈액 속에서 결정화되어 심한 빈혈을 앓게 된다. 이 결정체는 적혈구 세포를 낫 모양으로 만든다. 겸상적혈구 빈혈은 의학적 치료를 하지 않으면 보통 태아 초기에 일어나고 HBB^SHBB^S 동형접합자의 적응도는 거의 0이다. 그렇지만, 세계의 어떤 지역에서는 HBB^S의

표 23.2

균형선택인 경우 평형상태 대립유전자 빈도의 계산

Genotypes:	AA	Aa	aa
Relative fitnesses:	$1 - s$	1	$1 - t$
Frequencies:	p^2	$2pq$	q^2

Average relative fitness: $\overline{w} = p^2 \times (1 - s) + 2pq \times 1 + q^2 \times (1 - t)$

Frequency of A in the next generation after selection:

$$p' = [p^2(1 - s) + (1/2)2pq]/\overline{w} = p(1 - sp)/\overline{w}$$

Change in frequency of A due to selection:

$$\Delta p = p' - p = pq(tq - sp)/\overline{w}$$

At equilibrium, $\Delta p = 0$; $p = t/(s + t)$ and $q = s/(s + t)$

빈도가 0.2 정도이다. 이런 해로운 효과가 있는 데도 어떻게 HBB^S 대립유전자가 집단 내에서 남아 있을 수가 있는가?

여기에 대한 해답은 야생형 대립유전자 HBB^A를 가진 동형접합자에 대해 어느 정도 선택이 있다는 것이다. 이런 동형접합자는 말라리아를 일으키는 병원균에 대한 감염 감수성이 HBB^SHBB^A 이형접합자보다 더 높고 이런 적응도 감소를 일으키는 질병이 HBB^S 대립유전자 빈도가 높은 지역에서 만연하기 때문에 이형접합자의 적응도보다 더 낮다(■ **그림 23.9**). 우리는 글로빈 유전자의 각 유전자형에 상대적응도를 할당함으로써 이런 상황을 체계화할 수 있다:

유전자형:	HBB^SHBB^S	HBB^SHBB^A	HBB^AHBB^A
상대적응도:	$1 - s$	1	$1 - t$

만약 HBB^S의 평형빈도가 서부 아프리카에서 일반적인 값인 $p = 0.1$이고, HBB^SHBB^S 동형접합자는 치사하기 때문에 $s = 1$이라면, 우리는 HBB^AHBB^A 동형접합자가 말라리아에 더 감수성을 가지기 때문에 선택에 대한 강도를 계산할 수 있다:

$$p = t(s + t)$$
$$0.1 = t/(1 + t)$$
$$t = (0.1)/(0.9) = 0.11\text{이 된다.}$$

이 결과는 HBB^AHBB^A 동형접합자는 HBB^SHBB^A 이형접합자보다 적응도가 11% 적다는 의미이다. 따라서 이형접합자와 비교하여 HBB^SHBB^S와 HBB^AHBB^A 동형접합자에 대한 도태적 선택은 β-글로빈 유전자의 두 대립유전자가 집단 내에서 유지되는 균형 다형현상을 이룬다.

HBB 대립유전자의 다른 여러 가지 변이가 말라리아가 있거나 과거 전염되었던 세계 열대와 아열대지역에서 적당한 빈도로 나타났다. 이 대립유전자들은 균형선택에 의해서도 사람집단에서 유지되는 것 같다.

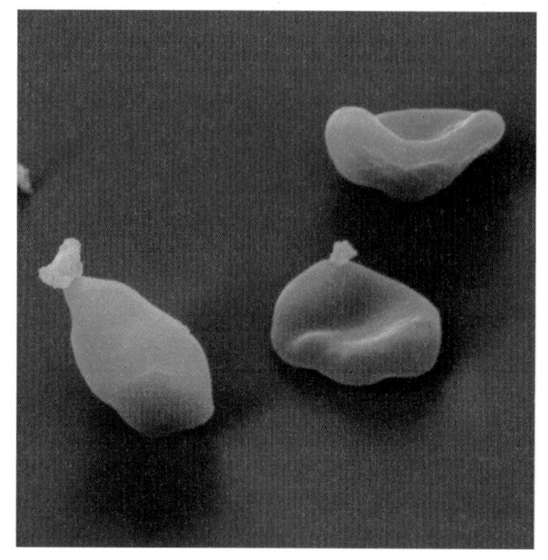
5 μm

■ 그림 23.9 감염된 적혈구에서 나타나는 말라리아 충(*Plasmodium falciparum*)(노란색).

돌연변이와 선택 사이의 균형

다른 또 한 가지 동적 평형은 선택이 계속적인 돌연변이로 만들어진 유해한 대립유전자를 제거할 때 일어난다. 예를 들어, 야생형 대립유전자 *A*가 돌연변이율 *u*로 유해한 대립유전자 *a*를 만드는 경우를 생각해 보자. 돌연변이율 *u*의 일반적인 값은 세대 당 3×10^{-6}이다. 비록 이런 비율은 아주 낮다 할지라도, 시간이 지남에 따라 변이인자는 집단에 축적될 것이고, 변이인자가 열성이기 때문에 어떤 해로운 영향을 나타내지 않고 이형접합자에서 존재할 수 있다. 그렇지만, 어떤 시점에서 변이인자는 집단에서 *aa* 동형접합자가 되기에 충분할 정도로 빈도가 높아질 것이고, 이들은 그들의 빈도와 선택계수 *s*에 비례하여 도태의 대상이 될 것이다. 이런 동형접합자에 대한 도태는 집단에 변이인자가 생기게 하는 돌연변이와 반작용을 나타낼 수 있다.

만약 집단에서 무작위교배가 일어나고 *A*의 빈도를 *p*로 그리고 *a*의 빈도를 *q*로 나타낸다면, 우리는 다음과 같이 상황을 요약할 수 있다:

돌연변이:		선택:		
*a*를 만든다.		*a*를 제거한다.		
$A \rightarrow a$	유전자형:	*AA*	*Aa*	*aa*
돌연변이율 = *u*	상대적응도:	1	1	1 − s
	빈도:	p^2	$2pq$	q^2

돌연변이는 변이인자를 *u*의 비율로 집단에 도입하고, 도태는 sq^2의 비율로 변이인자를 제거한다(■ **그림 23.10**). 이런 두 과정이 균형을 이룰 때, 동적 평형이 이루어질 것이다. 도태에

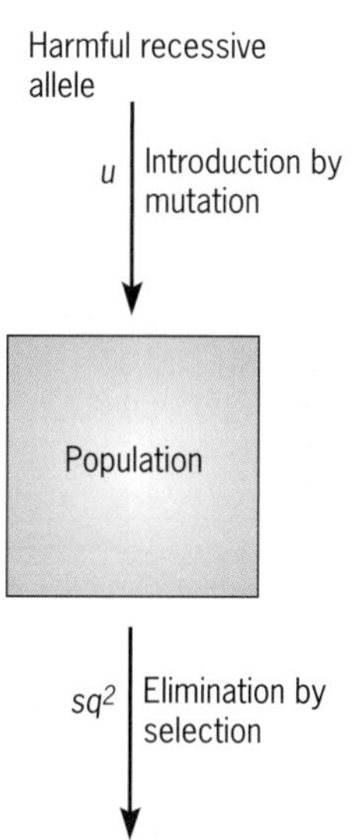

■ 그림 23.10 빈도가 *q*인 해로운 열성 대립인자에 대한 돌연변이-선택 균형. 돌연변이율 *u*의 속도로 이 집단에 이 해로운 유전자가 도입되는 것이, 그 대립인자의 열성 동형접합자가 그에 대한 선택 강도 *s*로 제거되는 것과 균형을 이룰 때 유전적 평형에 도달한다.

의한 제거율에 돌연변이율을 등식화함으로써 돌연변이-도태에 의해 이루어진 평형상태에서의 변이인자의 빈도를 계산할 수 있다:

$$u = sq^2\text{이다.}$$

따라서 q를 풀면 다음과 같이 된다:

$$q = \sqrt{u/s}$$

변이인자에 대해 동형접합자인 경우 치사이면 $s = 1$이고, 변이인자의 평형빈도는 간단히 돌연변이율의 제곱근이다. 만약 우리가 위에서 주어진 u의 값을 이용한다면, 열성치사인자의 평형빈도 $q = 0.0017$이 된다. 만약 변이인자가 동형접합자인 경우 완전치사가 아니라면 평형빈도는 $1/\sqrt{s}$에 의한 계수만큼 0.0017보다 높을 것이다. 예를 들어, 만약 $s = 0.1$이라면 평형상태에서 다소 유해한 대립유전자의 빈도 $q = 0.0055$로 열성치사인 경우의 평형빈도보다 3.2배나 높다.

초파리의 자연집단에 대한 연구에서 치사 인자의 빈도는 앞에서 계산한 기대치보다 낮다. 관찰치와 기대치 간의 차이는 변이인자의 부분적 우성, 즉 이들 대립유전자가 완전히 열성이 아닌 것에 기인한다. 자연도태는 동형접합자인 경우와 마찬가지로 이형접합성인 것에 대해서도 작용하기도 한다. 따라서 이들 대립유전자의 평형빈도는 여러 가지 방법으로 예측한 것보다 낮다. 동형접합자나 이형접합자인 상태에서 변이인자에 작용하는 도태는 가끔 *정화도태(purifying selection)*라고 한다.

돌연변이와 부동 사이의 균형

우리는 이미 무작위 유전적 부동은 집단에서 변이를 제거한다는 것을 알고 있다. 어떤 반작용하는 영향이 없다면, 이 과정은 집단을 완전히 동형접합자로 만들 것이다. 그렇지만, 돌연변이는 부동에 의해 잃어버린 변이를 다시 소생시킨다. 어떤 점에서 돌연변이와 유전적 부동의 반작용은 균형을 이루어 동적 평형이 일어난다.

앞에서 우리는 유전적 변이성이 집단에서의 이형접합체, 즉 통계에서 H라고 나타내는 이형접합체의 빈도를 계산함으로써 정량화할 수 있음을 배웠다. 집단에서 동형접합자의 빈도는 $1 - H$와 같다. 시간이 지남에 따라, 유전적 부동은 H를 감소시키고, 돌연변이는 바로 이와 반대가 된다(■ **그림 23.11**). 모든 돌연변이는 도태를 받지 않는다고 가정하자. 크기가 N인 무작위 교배집단에서 부동으로 인해 H가 감소하는 비율은 $(\frac{1}{2N})$이다(앞 절의 집단 크기의 효과 참조). 돌연변이로 인해 H가 증가하는 비율은 집단에서의 동형접합자의 빈도 $(1 - H)$와 특정 동형접합자의 두 개의 대립유전자 중 하나가 다른 대립유전자로 변이를 일으켜 동형접합자가 이형접합자로 바뀌는 확률에 비례한다. 이런 확률은 동형접합자의 두 개의 대립유전자 각각에 대한 돌연변이율 u이다. 따라서 특정 동형접합자가 이형접합자로 바뀌는 돌연변이의 확률은 $2u$이다. 그러므로, 한 집단에서 돌연변이로 H를 증가시키는 비율은 $2u(1 - H)$와 같다.

돌연변이와 부동의 반작용이 균형을 이룰 때, 집단은 $\hat{H}$로 나타내는 변이의 평형수준에 도달한다. 우리는 H의 이 평형 값을 돌연변이가 H를 증가시키는 비율과 부동이 H를 감소시키는 비율을 등식화함으로써 계산할 수 있다:

$$2u(1-H) = \left(\frac{1}{2N}\right)H$$

H에 대해 풀기 전에, 우리는 돌연변이-부동 균형점에서의 평형 이형접합성 값을 얻어야 한다:

$$\hat{H} = 4Nu/4Nu+1)$$

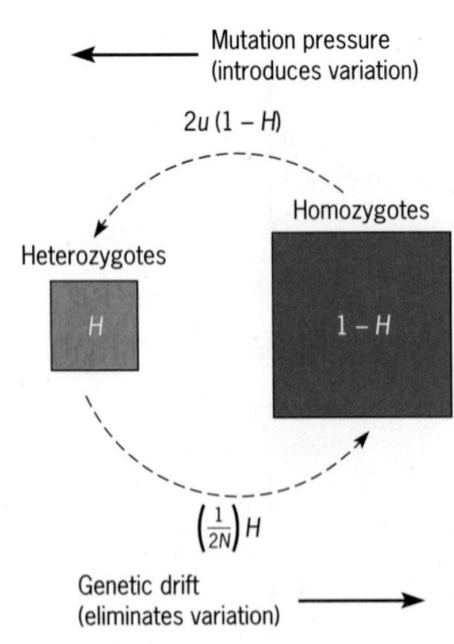

■ **그림 23.11** 크기가 N인 집단에서 이형접합자의 빈도 H로 측정된 다양성에 대한 돌연변이-부동 균형. 돌연변이율 u의 속도로 도입되는 다양성이, $1/2N$의 속도로 나타나는 유전적 부동에 의해 사라지는 것과 균형을 이룰 때, 이형접합자의 평형 빈도에 도달한다.

따라서 변이성의 평형수준은 집단의 크기와 돌연변이의 함수이다.

만약 돌연변이율 $u = 1 \times 10^{-6}$이라면, N이 변화함에 따른 $\hat{H}$를 도표 상에 설정할 수 있다(■ 그림 23.12). N이 <10,000인 경우, 그 평형집단에서 이형접합자의 빈도는 아주 낮다. N이 돌연변이율의 역수인 $1/u$이라면, 이형접합자의 평형빈도는 0.8이고, N이 더 커지면 이형접합자의 빈도는 1을 향해 비대칭적으로 증가한다. 따라서 큰 집단에서는 돌연변이가 부동보다 더 크게 작용한다. 즉 모든 돌연변이는 새로운 돌연변이를 만들고, 각 새로운 대립유전자는 큰 집단에서 무작위 유전적 부동이 새로운 변이인자를 제거할 수 있기 때문에 이형접합자를 만드는 데 기여한다.

자연집단에서 $\hat{H}$의 값은 종에 따라 다양하다. 예를 들어, 아프리카 치타에서 $\hat{H}$는 1% 이하인데, 이는 진화가 진행됨에 따라 이 종에서의 집단의 크기가 작아졌다는 것을 암시하고 있다. 사람에서 $\hat{H}$는 약 12%인데, 이는 진화가 진행됨에 따라 집단의 크기가 평균 30,000–40,000이었다는 것을 의미한다. 이형접합자 자료에서 추정한 집단크기의 계산은 통계조사에서 얻은 측정치보다 훨씬 적다. 이런 이유는 이형접합자 수에 근거한 측정치가 유전적으로 유효집단크기, 즉 교배 개체의 수에서 일시적인 이동뿐만 아니라 교배와 생식에 제한된 크기에 기초하고 있기 때문이다. 어떤 집단에서 유전적으로 유효한 집단크기는 보통 집단의 통계자료보다 적다.

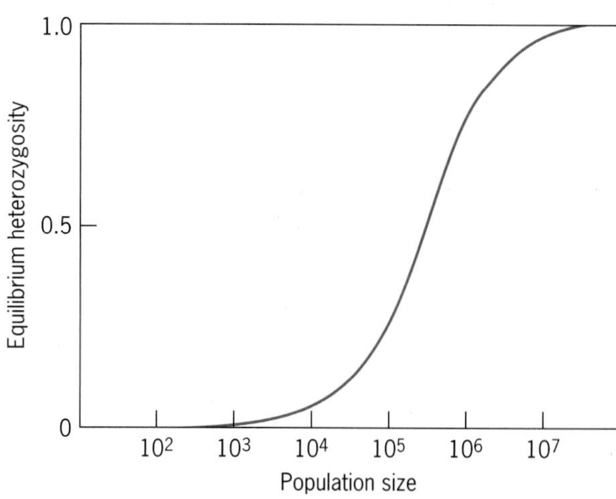

■ 그림 23.12 돌연변이-부동 균형 하에서의 이형접합자의 평형 빈도(이형접합성). 유전적 유효집단 크기의 함수로 나타난다. 돌연변이율은 10^{-6}으로 가정했다.

요점

- *이형접합자 우세(균형선택)인 경우의 선택은 여러 종류의 대립유전자가 동형접합자인 경우 불리함에도 불구하고 집단에서 유지되는 동적 평형을 이룬다.*
- *사람에서 겸상적혈구 빈혈증은 β-글로빈 유전자좌위에서의 균형선택과 관계가 있다.*
- *집단에서 돌연변이로 생겨나는 유해한 열성 대립유전자에 대한 선택은 열성 대립유전자의 빈도가 돌연변이율과 선택계수의 간단한 함수관계 즉 $q = \sqrt{us}$ 인 동적 평형을 이끈다.*
- *돌연변이가 일어났지만 선택적으로 중립인 대립유전자의 집단 내 축적은 유전적 부동에 의한 이들 대립유전자의 소실로써 균형을 이룬다. 평형상태에서 이들 대립유전자를 가지고 있는 이형접합자 빈도는 집단의 크기와 돌연변이율의 함수관계 즉 $H = 4Nu/(4Nu + 1)$이다.*

기초 연습문제

기본적인 유전분석 풀이

1. 다음 집단에서의 대립유전자의 빈도를 계산하라.

유전자형	개체수
AA	68
Aa	42
aa	24
Total	134

답: A 대립유전자의 빈도 p는 $[(2 \times 68) + 42]/(2 \times 134) = 0.664$이고, a 대립유전자의 빈도 q는 $[(2 \times 68) + 42]/(2 \times 134) = 0.336$이다.

2. 기본문제 1에서 계산된 대립유전자 빈도를 이용하여 하디-바인베르크 빈도를 계산하라. 이 계산된 빈도는 관찰된 빈도와 일치하는가?

답: 기본적인 계산은 아래 표와 같다.

유전자형	관찰수	H-W 빈도	예상수	관찰–예상 수
AA	68	$p^2 = 0.441$	59.1	8.9
Aa	42	$2pq = 0.446$	59.8	−17.8
aa	24	$q^2 = 0.113$	15.1	8.9

관찰 수와 예상 수가 일치하는지를 검정하기 위하여 우리는 자유도 1을 가진 χ^2 검정 통계를 응용한다. 여기서 $\chi^2 = \Sigma$(관찰

수 − 예상수)^2/예상수 = 12.0으로 이 검정에서 임계 값을 넘어간다. 따라서 우리는 하디-바인베르크 법칙으로 계산된 유전자형 빈도는 관찰된 빈도와 일치한다는 가설을 기각한다. 분명히 집단은 하디-바인베르크 평형에 있지 않다.

3. 여러 세대에 걸쳐 무작위교배가 일어난 집단에서 두 가지 표현형이 나타났다. 하나는 우성 대립유전자 *G*에 의한 것이고 다른 하나는 열성 대립유전자 *g*에 의한 것이다. 우성과 열성 표현형의 빈도는 각각 0.7975와 0.2025이다. 우성 대립유전자와 열성 대립유전자의 빈도를 계산하라.

답: 우성 표현형의 빈도는 하디-바인베르크 유전자형 빈도 두 종류의 합, 즉 $p^2(GG) + 2pq(Gg)$이다. 열성 표현형의 하디-바인베르크 유전자형빈도는 $q^2(gg)$이다. 열성 대립유전자의 빈도를 계산하는 데 있어 우리는 관찰된 열성 표현형의 빈도의 제곱근, 즉 $q = \sqrt{0.2025} = 0.45$을 얻을 수 있다. 우성 대립유전자의 빈도 $p = 1 - q = 0.55$이다.

4. 하나의 유전자가 집단에서 두 개의 대립유전자로 분리된다. 열성 동형접합자의 적응도는 이형접합자와 우성 동형접합자 적응도의 90%이다. 열성 대립유전자의 자연선택의 강도를 나타내는 선택계수의 값은 얼마인가?

답: 선택계수를 *s*로 나타내어 적응도를 표시하면 아래와 같다.

유전자형	상대 적응도
AA	1
Aa	1
aa	$1 - s$

열성 동형접합자는 다른 두 종류의 유전자형 적응도의 90%이기 때문에 $1 - s = 0.9$이고 따라서 $s = 0.1$이다.

5. 유전자 *T*의 대립유전자들은 선택적 중립이라고 가정하자. 개체수가 50인 집단에서 현재 34%가 이형접합자이다. 향후 10세대 후 이형접합자 빈도를 예측하라. 집단의 크기는 일정하고 교배는 완전히 무작위(자가 수정 포함)라고 가정하자.

답: 선택적으로 중립인 유전자에 대해서 진화는 무작위 유전자 부동에 의해 일어난다. 이때의 방정식은 $H_t = (1 - \frac{1}{2N})^t H$이고, 여기서 H_t는 t세대에서 이형접합자 빈도이고 N은 집단의 크기, 그리고 H는 현재 이형접합자의 빈도이다. 문제에서 주어진 자료에서 $N = 50$, $H = 35/50 = 0.68$, $t = 10$이다. 따라서 $H_t = (0.99)^{10} \times (0.68) = 0.615$이다.

6. 정화도태는 집단에서 유해한 열성 대립유전자를 제거하지만 돌연변이는 이들을 다시 만들게 한다. 유전자 *B*의 열성 대립유전자는 세대당 2×10^{-6}의 율로 생겨난다고 가정하자. 돌연변이-선택 평형인 어떤 집단에서 치사 대립유전자의 예상빈도는 얼마인가?

답: 치사 대립유전자의 빈도 $q = \sqrt{u/s}$이고, 여기서 u는 돌연변이율(정상 우성 대립유전자에서 열성 대립유전자로)이며, s는 유해 치사 대립유전자에 대한 선택강도(이 경우에 $s = 1$)이다. 따라서 치사 대립유전자의 예상 빈도 $q = \sqrt{2 \times 10^{-6}} = 0.0014$이다.

지식검사

서로 다른 개념과 기술의 통합

1. 어느 고립된 동네에서 1,000명에 대한 A-B-O 혈액형 조사에서 다음과 같은 자료를 얻었다.

혈액형	사람 수
A	42
B	672
AB	36
O	250

이 자료에서 A-B-O 혈액형 유전자 I^A, I^B 그리고 i의 빈도를 계산하라.

답: 유전자 *I*에 대한 대립유전자 I^A, I^B 및 i의 빈도를 각각 p, q, r이라고 하고, 이 유전자의 유전자형은 하디-바인베르크 비에 있다고 가정하자. 우리는 i 대립유전자의 빈도인 r을 먼저 계산한다. 이것을 계산하기 위하여 우리는 이 자료에서 O 혈액형 빈도 250/1,000 = 0.25가 유전자형 ii의 하디-바인베르크 빈도인 r^2와 같다고 놓고 풀 수 있다. 따라서 우리는 하디-바인베르크 법칙의 역수를 이용한다면, i 대립유전자의 빈도 $r = \sqrt{0.250} = 0.500$으로 계산할 수 있다.

I^A 대립유전자의 빈도인 p를 계산하기 위하여, 우리는 $(p + r)^2 = p^2 + 2pq + r^2$이 $A(p^2 + 2pr)$과 $O(r^2)$혈액형의 빈도와 일치함을 알 수 있다. 이 자료에서 이들을 합한 빈도는 (42 + 250)/1000 = 0.292이다. 만약 우리가 $(p + r)^2 = 0.292$이고 제곱근을 취하면 $p + r = 0.540$이다. 그 다음 r을 뺌으로써 우리는 I^A 대립유전자의 빈도 $p = 0.540 - 0.500 = 0.040$으로 계산할 수 있다. I^B 대립유전자 q를 계산하기 위하여 우리는 $p + q + r = 1$이라는 것을 안다. 따라서 $q = 1 - p - r = 1 - 0.040 - 0.500$

= 0.460이 된다.

2. 두 사람 모두 색맹에 대해 정상인 부부가 3명의 아이를 낳았는데, 한명의 아들은 색맹이었다. 이 부부가 살고 있는 집단에서 색맹인 남자의 출현빈도는 0.30으로 X-연관 색맹으로서는 아주 높은 편이다. 만약 색맹인 남자가 정상인 여자와 결혼한다면, 그들의 첫째 아이가 색맹일 가능성은 얼마인가?

답: 분명히 부부가 색맹인 아이를 낳을 수 있는 위험은 여자의 유전자형에 의존하고 있다. 만약 부인이 색맹 대립유전자에 대해 이형접합자이면, 그 여자가 이 대립유전자를 전해줄 수 있는 확률은 1/2이다. 남자는 대립유전자를 가진 X 염색체 아니면 Y 염색체를 전해줄 것이다. 어느 경우이거나 접합자에게 여자의 작용이 결정적이다. 여자가 색맹 대립유전자에 대해 이형접합자인 확률을 계산하는 데 있어 우리는 집단에서 남자의 색맹의 출현빈도가 0.30이라는 것을 알고 있다. 이 수는 집단에서의 변이 대립유전자 q이다. 야생 대립유전자 p는 $1 - q = 0.70$이다. 만약 집단에서 유전자형이 하디-바인베르크 비에 있다면 이형접합자 여자의 빈도는 $2pq = 2 \times (0.7) \times (0.3) = 0.42$이다. 그렇지만, 정상인 여자 중에 이형접합자 빈도는 전체에서 변이인자에 대해 동형접합자 여자가 배제되기 때문에 더 크다. 이런 문제를 조정하기 위하여 우리는 정상 동형접합자와 이형접합자 그리고 변이 동형접합자 수를 뺀 것에 대한 이형접합자의 비를 계산한다. 즉 우리는 $2pq/(p^2 + 2pq) = 2pq/[p(p + 2q)] = 2q/(p + q + q) = 2q/(1 + q)$. 마지막 식에서 $p = 0.3$을 대입하면, 우리는 정상인 여자(정상 우성 동형접합자 + 이형접합자) 중에 이형접합자 빈도는 $2 \times (0.3)/(1 + 0.3) = 0.46$이라는 것을 계산할 수 있다. 이 수는 문제의 여자가 변이인자에 대해 이형접합자일 가능성이다. 그 여자의 첫째 아이가 색맹일 확률은 그 여자가 보인자일 기회(0.46)에 그 여자가 아이에게 변이 대립유전자를 전해줄 수 있는 확률 (1/2)을 곱한 것이다. 따라서 아이가 색맹이 될 수 있는 기회는 $(0.46) \times 1/2 = 0.23$이다.

3. 겸상적혈구 빈혈증에 관여하는 HBB^S 대립유전자는 이형접합성일 때 말라리아에 의한 감염에 내성을 가지기 때문에 많은 사람 집단에서 유지되고 있다. 그렇지만, 동형접합자인 경우 이 대립유전자는 치사인자이다. 따라서 말라리아가 없어지면 HBB^S 대립유전자도 사람집단에서 사라질 것으로 예상된다. 만약 정상인 대립유전자 HBB^A가 세대 당 10^{-8}의 비율로 HBB^S 대립유전자로 돌연변이를 일으킨다면, 말라리아가 없는 세상에서 HBB^S 대립유전자의 최종빈도는 얼마가 될 것인가?

답: 말라리아가 없는 세상에서, 균형 다형현상에서 HBB^S 대립유전자를 유지할 수 있는 이점은 사라질 것이다. HBB^SHBB^A 이형접합자는 HBB^AHBB^A 동형접합자와 같은 적응도를 가질 것이고, HBB^SHBB^S 동형접합자는 아주 낮은 적응도, 즉 두 종류의 유전자형에 비하면 0일 것이다. 이런 상황에서 HBB^S 대립유전자의 빈도는 동형접합성인 상태에서의 도태(도태계수 $s = 1$)와 세대당 $u = 10^{-8}$의 비율로 돌연변이에 의한 도입 간의 균형에 의해 결정된다. HBB^S 대립유전자의 평형 빈도 $q = \sqrt{u/s} = 0.0001$일 것이고 세계적으로 말라리아가 감염되고 있는 현재의 빈도보다 1,000배나 적을 것이다.

연습문제

이해력 증진과 분석력 개발

23.1 M-N혈액형에 대한 다음의 자료는 미국의 북부와 중부 지역의 원주민 마을에서 조사되었다.

지역군	표본의 크기	M	MN	N
중앙아메리카	86	53	29	4
북아메리카	278	78	61	139

두 집단에서 L^M과 L^N 대립유전자 빈도를 계산하라.

23.2 어떤 무작위로 결혼하는 집단에서 하나의 대립유전자 빈도가 0.2이다. 이형접합성인 보인자의 빈도는 얼마일까?

23.3 열성형질인 백색증의 출현빈도는 인간집단에서 0.0004이다. 만약 이 형질에 대한 결혼이 집단 내에서 무작위로 일어난다면, 열 성대립유전자의 빈도는 얼마인가?

23.4 미국인 집단의 표본에서 L^M과 L^N 대립유전자 빈도는 각각 0.78과 0.22였다. 만약 집단 내에서 M-N혈액형에 대해 무작위로 결혼이 이루어진다면, 표현형 M, MN, N의 예상빈도는 얼마인가?

23.5 우성 대립유전자 T를 가지고 있는 사람은 페닐티오카바마이드(phenylthiocarbamide: PTC)란 물질에 쓴맛을 느낀다. 이 대립유전자의 빈도가 0.4인 집단에서 어떤 유미자가 동형접합성일 확률은 얼마인가?

23.6 한 유전자는 세 개의 대립유전자 A_1, A_2, A_3이 있고 빈도는 각각 0.5, 0.3, 0.2이다. 무작위 교배를 가정할 때, 집단 내 모든 가능한 이형접합자의 예상빈도는 얼마인가?

23.7 혈우병은 X-연관 열성 대립유전자에 의해 일어난다. 특정 집단에서 혈우병에 걸린 남자의 빈도는 1/4,000이다. 혈우병에 걸

릴 여자의 예상빈도는 얼마인가?

23.8 초파리에서 진홍색 눈의 표현형은 열성이고 X-연관 변이인자에 의해 일어난다. 야생형 눈은 적색이다. 실험실에서 초파리 집단은 25%가 진홍색 눈을 가진 암컷, 25%는 적색에 대한 동형접합자 암컷, 5%는 진홍색 눈의 수컷, 45%는 적색 눈의 수컷으로 시작하였다. (a) 만약 이 집단에서 한 세대동안 무작위 교배가 일어난다면, 진홍색 눈을 가진 암컷과 수컷의 예상되는 빈도는 얼마인가? (b) 수컷과 암컷에서 각각 열성 대립유전자의 빈도는 얼마인가?

23.9 X-연관 우성인 대립유전자에 의해 결정되는 어떤 형질은 100% 침투도를 가지고 있고, 한 집단 내에 여자의 36%가 이 형질이 발현되었다. 집단이 하디-바인베르크 평형이라는 가정하에 이 집단에서 남자의 몇 %가 이 형질을 나타낼 것인가?

23.10 표현형이 정상인 부부가 정상인 아이 한 명과 상염색체 열성 유전병인 낭포성 섬유증에 걸린 아이 한 명을 낳았다. 이 부부가 살고 있는 집단에서 이 질환의 출현빈도는 1/500이다. 만약 이들 부부의 정상인 아이가 자라 동일 집단 내 표현형이 정상인 사람과 결혼한다면, 이들 신혼부부가 이 유전병을 가진 아이를 낳을 위험성은 얼마인가?

23.11 무작위 교배가 일어나는 집단에서 대립유전자 *A*와 *a*의 빈도가 얼마일 때 이형접합자의 빈도가 최대가 되겠는가?

23.12 어떤 격리된 집단에서 A-B-O 혈액형 유전자의 대립유전자 I^A, I^B, i의 빈도는 각각 0.15, 0.25, 0.60이다. 만약 A-B-O 혈액형 유전자의 유전자형이 하디-바인베르크 비에 있다면, 이 집단에서 A형인 사람 중 I^A 대립유전자에 대해 동형접합성인 사람의 비는 얼마인가?

23.13 자연집단에서 채집한 나방의 한 조사에서 학자는 51마리의 검은색과 49마리의 밝은색을 발견하였다. 검은색 나방은 하나의 우성 대립유전자를 가지고 밝은색 나방은 열성 대립유전자에 대해 동형접합성이다. 만약 이 집단이 하디-바인베르크 평형이라면, 집단에서 열성 대립유전자의 빈도는 얼마인가? 표본에서 우성 대립유전자에 대해 동형접합성인 것은 몇 마리일 것으로 예상되는가?

23.14 하와이의 초파리 집단에서 phosphoglucose isomerase(*PGI*) 유전자에 대해 두 개의 대립유전자 p^1과 p^2로 분리된다. 이 집단의 100마리 초파리 표본에서, 35마리는 p^1p^1 동형접합자이고, 60마리는 p^1p^2 이형접합자이고, 10마리는 p^2p^2 동형접합자이었다. (a) 이 표본에서 p^1과 p^2의 빈도는 얼마인가? (b) 표본에서의 유전자형이 하디-바인베르크 비로 존재하는지를 카이제곱 검정하라. (c) 이 표본이 집단을 대표한다고 가정할 때, 이 집단이 하디-바인베르크 비에 도달하는 데 얼마나 많은 세대가 걸릴 것인가?

23.15 무작위 교배로 번식하는 큰 집단에서 유전자형 *GG*, *Gg*, *gg*의 빈도는 각각 0.04, 0.32, 0.64이다. 기후변화 때문에 이 집단은 자가 수정으로만 번식한다고 가정하자. 여러 세대에 걸친 자가 수정 후 이 집단에서 유전자형 빈도를 예측하라.

23.16 어떤 식물의 집단에서 대립유전자 *A*와 *a*의 빈도가 각각 0.6와 0.4이다. 많은 세대를 무작위 교배시킨 후 집단을 한 세대 동안 자가 수정시켰다. 자가 수정을 한 식물체 중 이형접합자의 예상 빈도는 얼마인가?

23.17 하디-바인베르크 평형을 이룬 두 격리된 집단 각각의 유전자형 빈도는 다음과 같다.

유전자형:	*AA*	*Aa*	*aa*
집단 1의 빈도:	0.04	0.32	0.64
집단 2의 빈도:	0.64	0.32	0.04

(a) 만약 이들 두 집단의 크기가 같고, 이들이 하나의 큰 집단을 이루기 위해 합쳐진다면, 합쳐진 후 바로 이 큰 집단에서의 대립유전자의 빈도와 유전자형 빈도를 예측하라.

(b) 만약 합쳐진 집단이 무작위 교배로 번식한다면, 다음 세대에서의 유전자형 빈도를 예측하라.

(c) 만약 합쳐진 집단에서 계속해서 무작위교배가 일어난다면, 유전자형 빈도는 얼마에서 고정될 것인가?

23.18 어떤 집단에서 25%는 키가 크고(유전자형 *TT*), 25%는 키가 작고(유전자형 *tt*), 50%는 중간크기(유전자형 *Tt*)이다. 만약 세대에 걸쳐 엄격히 조화교배(키가 큰 개체는 큰 개체와 작은 개체는 작은 개체와 중간크기는 중간크기와 교배)가 일어난다면 최종적 표현형과 유전자형 빈도를 예측하라.

23.19 여러 가지 유전자형을 가진 곤충을 대상으로 한 실험에서 학자들은 수정란에서 성체 즉, 생식이 가능한 성체까지의 생존 확률을 조사하였다. 3가지 유전자형을 대상으로 한 생존 확률은 0.92(*GG*), 0.90(*Gg*), 0.56(*gg*)이었다. 만약 성체가 동일한 임성을 가진다면, 3가지 유전자형에 따른 상대 적응도는 얼마인가? 두 가지 적응도가 낮은 유전자형에 대한 도태계수는 얼마인가?

23.20 아주 큰 무작위교배가 일어나는 집단에서, 개체의 0.84는 우성 대립유전자 *A*의 표현형을 나타내고 0.16은 열성 대립유전자 *a*의 표현형을 나타낸다. (a) 우성 대립유전자의 빈도는 얼마인가? (b) 만약 *aa*동형접합자가 두 개의 다른 유전자형보다 적응도가 5% 낮다면, 다음 세대에서의 *A*의 빈도는 얼마인가?

23.21 낭포성 섬유증 환자들은 사춘기가 되기 전에 죽기 때문에 그들에 대한 선택계수 $s = 1$이다. 이 질환에 관계된 열성 대립유전자의 이형접합자는 야생형 동형접합자의 적응도와 같고, 집단에서의 대립유전자의 빈도는 0.02라고 가정하자. (a) 선택으로 한 세대가 지난 후 집단에서의 낭포성 섬유증의 출현빈도

를 예측하라. (b) 낭포성 섬유증은 $s = 1$이라고 하더라도 거의 변화하지 않는 이유는 무엇일까?

23.22 유전자형 *AA*, *Aa*, *aa*에 대해 상대적응도가 다른 아래 각 경우에 대해 선택이 어떻게 작용하는지를 설명해보라. 단 $0 < t < s < 1$이다.

	AA	*Aa*	*aa*
Case 1	1	1	$1 - s$
Case 2	$1 - s$	$1 - s$	1
Case 3	1	$1 - t$	$1 - s$
Case 4	$1 - s$	1	$1 - t$

23.23 열성치사 대립유전자에 대해 동형접합자인 신생아의 빈도는 25,000명 중 한명이다. 이 집단에서 이 대립유전자를 가진 이형접합자의 예상빈도는 얼마인가?

23.24 집단의 크기가 50인 것이 계속 그 수를 유지하는 식으로 번식한다. 만약 교배가 무작위로 일어난다면, 이형접합자의 빈도를 고려하여 이 집단에서 얼마나 빨리 유전적 변이성을 소실할 것인가?

23.25 어떤 집단에서 세 가지 대립유전자 A_1, A_2, A_3이 각각 0.2, 0.5, 0.3의 빈도를 가지고 분리되고 있다. 만약 이들 대립유전자가 선택을 받지 않는다면, A_2가 궁극적으로 유전적 부동에 의해 고정될 확률은 얼마인가? A_3가 유전적 부동에 의해 궁극적으로 소실될 확률은 얼마인가?

23.26 아주 작은 섬의 생쥐집단에 거의 동수의 암수가 있다. 수컷의 1/4은 Y 염색체가 이질염색질의 증가로 인해 다른 수컷의 Y 염색체보다 길이가 두 배나 길다. 만약 큰 Y 염색체를 가진 쥐가 작은 Y 염색체를 가진 쥐와 동일한 적응도를 가진다면, 이 집단에서 큰 Y 염색체가 고정될 확률은 얼마인가?

23.27 서부 아프리카의 어떤 지역에서 HBB^S 대립유전자 빈도는 0.2이다. 만약 이 빈도는 HBB^SHBB^A 이형접합자에 대한 우세 적응도에 의한 동적 평형의 결과이고, HBB^SHBB^S 동형접합자는 원래 치사한다면, HBB^AHBB^A 동형접합자에 대한 선택강도는 얼마인가?

23.28 유전자형이 *Hh*인 생쥐는 동형접합자 *HH*와 *hh*의 어느 것보다 두 배의 적응도를 가진다. 무작위 교배가 이루어지고, 쥐 집단이 균형선택에 의해 평형에 도달했을 때 *h* 대립유전자의 예상빈도는 얼마인가?

23.29 완전열성 대립유전자 *g*는 동형접합자인 경우 치사한다. 만약 우성 대립유전자 *G*가 *g*로 세대당 10^{-6}의 비율로 변이가 일어난다면, 집단이 돌연변이-선택 평형에 도달했을 때 치사 대립유전자의 예상빈도는 얼마인가?

23.30 유전자형이 *bb*인 개체는 유전자형이 *BB*이거나 *Bb*인 개체보다 20% 적응도가 낮다. 만약 대립유전자 *B*가 세대 *b*당 10^{-6}의 비율로 변이가 일어난다면, 집단이 돌연변이-선택 평형에 도달했을 때 대립유전자 *b*의 예상빈도는 얼마인가?

24 진화유전학

장의 개요

- 진화론의 출현
- 자연집단에서 유전적 변이
- 분자 진화
- 종 분화
- 인류 진화

우리는 어디에서 왔으며, 우리는 무엇이고, 우리는 어디로 가는가?

1897년 프랑스의 화가 폴 고갱(Paul Gauguin)은 "우리는 어디에서 왔으며, 우리는 무엇이고, 우리는 어디로 가는가?"라는 제목의 거대한 유화를 그렸다. 지금 보스턴 미술박물관에 전시되고 있는 이 유화에는 젊은 사람과 늙은 사람이 기이한 색으로 나타낸 배경에서 누워있고, 앉아있고, 뭔가를 먹고 있는 폴리네시아 사람들을 묘사하고 있다. 그들의 모습은 쓸쓸해 보이고 마음을 비운 것 같았다. 몇몇은 마치 고갱이 그림 가장자리에 새겨놓은 세 가지 질문들을 던지면서 우리를 빤히 보고 있는 듯하다. 고갱의 말년에 그려진 이 우울한 그림은 삶에 대한 심오한 질문들 몇 가지에 대한 대답을 좇던 화가의 개인적 탐구를 보여주는 것 같다. 그러나 이것은 남쪽의 바다에서 영감, 자유, 그리고 만족을 추구했던 한 개인의 진술 이상이다. 고갱의 그림은 인간이 된다는 것이 무엇인가에 대한 보편적 질문을 반영한다. 특히 진화론의 출현으로 19세기 동안 사람들은 이 문제를 새로운 관점에서 보기 시작했다. 1859년에 처음 출판되었던 찰스 다윈(Charles Darwin)의 "종의 기원(The Origin of Species)"은 종이 고정되어 있지 않으며 생물 집단은 시간에 따라 변한다는 생각을 발전시켰다. 이후의 책 "인간의 유래(The Descent of Man)"에서 다윈은 인간 종 역시 진화적 힘에 노출되어 있음을 제시했다. 다윈의 생각은 많은 사람들에게 논쟁을 불러 일으켜왔다.

우리는 어디에서 왔고, 우리는 무엇이며, 우리는 어디로 가는가? 1897년 프랑스 화가 폴 고갱의 작품.

진화론의 출현

찰스 다윈에 의해 발표된 진화론은 유전적 이론에 근거하고 있다.

1859년 '*종의 기원*'의 출판은 극렬한 논쟁을 불러일으켰는데, 종이 진화한다는 생각이 새로워서가 아니라, 다윈이 그에 대한 설명을 매우 훌륭하게 해 냈기 때문이었다. 다윈의 책은 이론이 그럴싸하게 서술되었고 여기에 따른 증거도 충분하였다. 다윈은 종이 오랜 시간에 걸쳐 점진적으로 변화한다고 하였다. 어떤 종은 두 개 이상의 다른 종으로 분할되고 어떤 종은 멸종된다. 다윈의 관념은 각 종은 신에 의해 창조되었고 개체 간에는 미미한 변이를 제외하고는 종은 변하지 않는다, 즉 그들은 불변이라는 관념이 꽉 박혀 있는 많은 사람들에게 혼란을 가중시켰다. 다윈의 책은 이런 점에 의문을 제기하였다. 비록 그는 지구상에서 처음 생물체의 기원에 대해서는 언급하지 않았지만, 수백만 년에 걸쳐 생물체는 변화하였고 오늘날 살고 있는 많은 종을 만들기 위해 다양화되었다고 주장하였다. 더욱이 다윈은 소위 "형질의 분기(divergence of character)"라고 하는 이런 변화와 다양성은 순전히 자연적 과정의 결과였다고 주장하였다.

다윈의 진화론

다윈은 어떤 종은 여러 세대에 걸친 개체간의 경쟁의 결과로 변화한다고 주장하였다. 어떤 종 내의 개체들은 살아가고 번식할 수 있는 능력에 영향을 주는 유전적 형질이 다양하다. 이런 형질을 가진 개체들은 갖지 않는 개체들보다 평균적으로 더 많은 자손을 가진다. 다음 세대에 기여하는 이러한 차이로 인해 생존과 번식을 높이는 형질은 종 내에서 더 많아지게 된다. 다윈이 자연선택이라고 불렀던 여러 세대에 걸친 이러한 과정은 종의 형질이 바뀌도록 한다—즉, 종은 진화한다. 그의 저서에서 다윈은 *자연선택*에 대한 그의 생각을 다음과 같이 요약하였다.

> 또한 초기의 종이라고 불렀던 어떤 품종이 같은 종의 다른 품종과는 서로 완전히 다른 우수하고 분리된 종으로 어떻게 변화되는지에 대해 질문을 받을 수도 있다. 다른 속으로 이루어진 종의 무리가 같은 속의 종과는 서로 어떻게 다르게 생겨나는가? 이런 모든 결과는 . . . 생활 중 투쟁에서 생겨난다. 이런 투쟁으로 인해 미약하나마 변이들은 그들이 다른 유기체와 그들의 생활에 대한 물리적 생태에 대해 무한의 복합적 관계에서 어떤 종의 개체에 어느 정도 유리할 수만 있다면, 그런 개체는 보존되고 보통 자손으로 유전될 수 있는 경향이 있다. 또한 이런 자손은 주기적으로 태어나는 어떤 종의 많은 개체들 무리에서 살 수 있는 기회가 더 좋지만 적은 수가 생존할 수 있다. 나는 유용한 것이라면 사소한 변이가 일어나서 보존되는 이 원리를 자연선택이라고 부른다.

다윈은 그가 인위적 선택으로 가축 등의 형질이 어떻게 변화되었는지를 분명히 알았기 때문에 선택이란 자연에서 진화의 추진력이었다고 가정하였다. 그는 인위적인 선택이 여러 종류의 소, 개, 가금류를 만들었다는 것을 알았다(■ **그림 24.1**). 또한 그는 식물의 원예품종과 작물의 품종을 만드는 데 있어 선택의 역할을 알았다.

다윈은 최상의 자연주의학자였다. 젊었을 때 그는 영국의 순양선 비글호에서 5년을 보냈다. 그의 대학교수 중 한 사람의 추천으로 다윈은 배의 자연주의학자로 임명되었다. 비글호는 1831년에 영국을 출항하여 남미를 거쳐 1836년에 영국으로 돌아왔다. 남

Cocker spaniel

English bulldog

Golden Laced Wyandotte

Light Brahma's Bantam

■ 그림 24.1 개와 닭 품종의 변이.

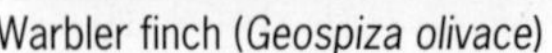
Warbler finch (*Geospiza olivace*)

Common cactus finch (*G. scandens*)

Medium ground finch (*G. fortis*)

■ 그림 24.2 갈라파고스 섬에 서식하는 작은 피리새들.

미 해안을 따라 오랜 기간 머무르는 동안 다윈은 식물, 동물, 그리고 지질학적 형성을 관찰할 많은 기회를 가질 수 있었다. 예를 들어, 에콰도르 해안에서 멀리 떨어져 있는 갈라파고스 섬에서 그는 각기 외모와 행동이 다른 여러 종의 새들을 관찰했지만 곧 그 새들은 서로 연관이 있었으며, 남미 본토의 새들과도 관련이 있다는 것을 깨달았다(**■ 그림 24.2**). 이런 여러 가지 관찰을 통해 다윈은 종이란 정지하고 있는 것이 아니라는 견해에 도달하였다. 오히려 그들은 시간이 지남에 따라 변화하고 어떤 종은 그가 여행 중에 보았던 화석으로 멸종되었다는 것을 추론하였다.

다윈은 비글호로 항해하던 중 수집한 자료를 분석하고 해석하는 데 20여 년을 보냈다. 또한 영국 켄트지방의 그의 시골 저택에서 그는 식물과 가축의 품종을 가지고 실험을 하였다. 그가 이 실험에서 얻은 관찰들은 광범위한 독서와 비글호 여행에서 모았던 자료를 분석한 것과 더불어 그로 하여금 결국 "*종의 기원*"을 출판하도록 했던 통찰을 얻을 수 있게 했다.

진화유전학

다윈의 진화론은 주요한 약점을 갖고 있었다. 개체들 사이의 변이가 생기는 기원에 대한 설명을 제공하지 못했으며, 어떻게 특정 변이가 유전되는지도 설명할 수 없었다. 결국 다윈은 획득형질의 유전에 대한 유전학설을 제창하였다. 그렇지만, 그의 학설은 결점을 남겼다. 진화에 대한 다윈의 생각과 견해를 같이 했던 많은 생물학자들은 다윈이 고심했던 것과 마찬가지로 자연선택을 받은 변이체가 어떻게 양친에서 자손으로 전해지는지를 설명하는 데 고심하였다. 1900년대에 멘델의 원리들이 재발견되면서 이 오랜 기간 추구되었던 질문에 설명이 제공되었다: 즉 형질은 다른 대립유전자로 분리되는 유전자에 의해 결정되고, 유전자는 그들의 양친이 만든 배우자로 자손에게 전해진다는 것이다. 실험적 교배와 가계도에서 유전적 전달을 분석하는 것은 곧 전체 집단을 포함하는 새로운 형태의 분석법을 탄생시켰다. 진화유전학의 원리가 1930년대에 이르러 생겨나게 되었고, 시월 라이트(Sewall Wright), R.A. 피셔(R.A. Fisher), 그리고 J. B. S. 홀데인(J. B. S. Haldane) 등의 공헌에 힘입어 다윈의 이론을 위한 기초가 마련되었다.

요점

- *찰스 다윈은 종이 자연선택을 통해 진화한다는 이론을 공론화하였다.*
- *멘델의 업적이 재발견된 이후로, 다윈의 생각은 멘델의 유전 원리에 바탕을 두게 되었다.*

자연집단에서 유전적 변이

많은 실험적 방법들은 개체군 내의 유전적 변이에 대한 정보를 제공한다.

다윈의 "*종의 기원*"은 변이에 대한 논의로 시작한다. 변이가 없다면 집단은 진화할 수 없다. 멘델의 원리들이 재발견된 직후에, 생물학자들은 자연집단에서의 유전적 변이에 대한 증거를 제공하기 시작했다. 처음에는 이러한 노력들이 두드러진 표현형적 특징들—색소의 침착이나 크기 등과 같은—에 초점이 맞추어졌었다. 이후에는 염색체나 유전자들과 좀 더 직접적으로 연관된 특징들이 강조되었다. 여기서는 표현형적, 염색체적, 그리고 분자적 수준에서의 변이들에 대해 논의해 보도록 하자.

표현형 변이

박물학자들은 많은 종내 표현형적 변이에 대해 서술하였다. 예를 들어, 육상달팽이는 껍질에 다양한 색의 띠를 가지며, 다람쥐와 소형 포유류는 다양한 색상의 털을 가지며, 나비와 나방은 그들의 날개가 다양하다(■ **그림 24.3**). 식물계에서 표현형적 변이는 여러 종류의 꽃에

Brown-banded snail (*Liguus fasciatus*)

Yellow-banded snail

Gray squirrel (*Sciurus carolinensis*)

Albino squirrel

Yellow tiger swallowtail (*Papilio glaucus*)

Black tiger swallowtail

■ 그림 24.3 육상달팽이, 다람쥐, 나비에서 자연적으로 일어난 표현형적 변이.

표 24.1

여러 인구 집단에서 Duffy혈액형 유전자좌위의 대립유전자빈도

Allele	Korea	South Africa	England
Fy^a	0.995	0.060	0.421
Fy^b	0.005	0.940	0.579

Source: Data from Cavalli-Sforza, L. L., and A. W. F. Edwards. 1967. Phylogenetic analysis: models and estimation procedures. *Evolution* 21: 550–570.

의해 입증될 수도 있다. 이런 일련의 표현형적 차이는 유전적 기초를 가질 수가 있다. 그렇지만, 관련된 유전적 요인을 해석하는 데는 생물체를 실험실로 옮겨 그들 서로 간에 교배시켜 보아야 할 필요가 있다. 불행하게도, 많은 생물체에서 이런 방법은 쉽지 않았다. 따라서, 유전학자들은 자연적으로 발생하는 표현형적 변이들에 대한 그들의 탐구를, 실험실에서 키울 수 있고 교배가 가능한 생물들에 대한 것으로 초점을 맞추는 경향이 있다.

전통적인 연구들 중 일부는 러시아에서 수행된 것으로, 여기서는 연구자들이 자연 집단에서 초파리를 잡아서 그들끼리 교배시키고 흰 눈(붉은 눈 대신)이나 노랑 체색(회색 체색이 아닌)과 같은 돌연변이 유전자들과 관계된 특징들에 대해 자손들을 조사하였다. 이러한 작업은 자연 집단들 내에 돌연변이 대립유전자들이 존재하고 있음을 보여주었다.

인간들 역시 다형적이다. 가계도 분석과 집단 표본조사로 연구자들은 인간에서의 많은 다형성들을 찾아낼 수 있었다. 고전적인 자료는 세포표면에 있는 항원에 의해 결정되는 혈액형연구에서 나왔다. 예를 들어, Duffy 혈액형은 두 종류의 항원이 있는데, 각각은 1번 염색체상에 있는 하나의 유전자의 다른 대립유전자에 의해 암호화된다. Fy^a와 Fy^b로 나타내는 두 종류의 Duffy 대립유전자는 집단에 따라 빈도가 다르다(표 24.1). 영국에서 Fy^a와 Fy^b 두 종류가 거의 동일한 빈도를 가진 반면, 한국에서는 Fy^a가 대부분이고 남부 아프리카에서는 Fy^b가 대부분이다. 따라서 Duffy 다형현상은 인종에 따라 다르다.

염색체 구조 변이

표현형적 변이는 그 기저의 유전적 다양성을 반영하는 것일 수 있다. 유전물질 자체를 살펴봄으로써 다양성을 추적할 수 있는 방법이 있을까? 초파리 유충의 침샘에 존재하는 다사 염색체(polytene chromosome)는 연구자들에게 염색체의 구조 변이를 살필 수 있는 비할 데 없이 좋은 기회를 제공한다. 야생에서 포획한 초파리를 실험실에 가지고 와서 유충을 만들기 위해 교잡을 시키고, 그 유충에서 다사염색체의 띠의 양상을 조사할 수 있다. 25년 이상에 걸쳐 테오도시우스 도브잔스키(Theodosius Dobzhansky)와 그 동료들은 북미와 남미의 원종인 초파리 여러 종에서 이런 분석을 수행하였다. 그들은 서부와 북부 아메리카까지 그 지역의 원종인 여러 종류의 초파리를 분석하였다. 서부 북미지역에서 발견된 아주 근연종인 *D. pseudoobscura*, *D. persimilis*, *D. miranda* 3종에 대해 가장 철저히 연구하였다.

도브잔스키와 그 동료들은 이 초파리 종들의 다사염색체들에서 나타나는 띠 형태들이 여러 가지의 배열로 존재함을 발견하였다. 각 배열들은 가장 흔한 띠 형태의 한 번 이상의 역위들로 구성된다. 예를 들어, *D. pseudoobscura*의 3번 염색체에서 그들은 17개의 서로 다른 배열들이 자연 집단에 존재함을 발견했다. ST라고 표시된 표준 띠 형태는 캘리포니아 해안을 따라 채집된 집단과 멕시코 북부의 집단에서 가장 흔했다; 이 지역들에서 포획된 파리들에서는 48~58%의 모든 3번 염색체들이 ST 띠 형태를 보였다. 다른 지역에서는 다른 배열들이 우세했다. 예를 들면, 화살머리(AR)로 표시된 배열은 유타 주와 네바다 주 및 애리조나 주 지역에서 채집된 88%의 염색체들에서 발견되었고, 파이크스 피크(PP)로 표시된 배열은 텍사스에서 채집된 샘플의 71%에 해당하는 염색체에서 발견되었다. 선별된 집단에서의 반복된 표본조사는 이 배열들의 빈도가 계절에 따라 변한다는 사실을 알려주었다. 예를 들어, 캘리포니아의 피논 플라츠(Pinon Flats) 지역에서는 ST 배열의 빈도가 3월에는 50% 이상이었다가 6월이 되면 30% 근처까지 감소한다. 빈도에서의 이러한 변화는 표본이 채집되었던 여러 해마다 관찰되었다. 그리고, 도브잔스키와 그 동료들은 일부 집단들에서의 배열 변화 빈도가 장기적으로 변화하는 것을 관찰했다. 한 예로, 캘리포니아의 론 파인(Lone Pine)에서는 ST 배열이 1938년에는 21%였으나 1963년에는 65%까지 증가하였다. 이 연구자들은 서로 다른 염색체 배열을 가지고 있는 파리들의 경쟁력을 측정하기 위한 실험실 연구도 수행했다. 그들의 연구는 자연집단에서의 이러한 염색체 다형성을 유지하는 데 균형선택이 중요한 역할을 하고 있음을 시사한다.

단백질 구조에서 변이

1966년에 R. C. 르원틴(R. C. Lewontin)과 J. L. 허비(J. L. Hubby), 그리고 H. 해리스(H. Harris)는 젤 전기영동 기술을 단백질에서의 아미노산 차이를 추적하는 데 적용함으로써 자연 집단 내의 유전적 변이에 대한 연구의 새 시대를 열었다. 르원틴과 허비는 초파리에서의 단백질 변이를 연구하였고, 해리스는 인간에서의 단백질 변이를 연구했다. 그들의 기법을 이용한 실험은 아주 성공적이어서 불가사리, 야생귀리, 거품 벌레 같은 다양한 생물체를 포함한 많은 종의 생물체에서 유전적 변이를 연구하는 데 적용되었다. 이 기술을 이용하여, 연구자는 특정 단백질의 서로 다른 두 형태를 구별할 수 있었는데, 각 형태의 단백질들이 전기영동 젤을 특정 속도로 움직이기 때문이었다. 이런 형태들은 해당 단백질에 대한 유전자가 서로 다른 대립인자를 갖고 있음을 보여주는 것으로, 일부는 "빠른" 것이고, 일부는 "느린" 형태이다. 따라서 우리는 한 개체에 어떤 대립인자들이 존재하는지를 알아낼 수 있고, 많은 개체들을 분석함으로써 집단 내 대립인자들의 빈도를 추정할 수 있다.

단백질 젤 전기영동법은 분자수준에서 유전적 변이에 대한 광범위한 증거를 처음으로 제공해주었다. 많은 종들에서 전체 유전자의 1/4~1/3 정도가 전기영동상 다형성을 보이는 수용성 단백질을 암호화하며, 어느 하나의 특정한 다형성 유전자에 대해서는 집단 내의 약 12~15%의 개체들이 그 유전자에 대해 이형접합성이다. 이런 두 가지 통계 — 다형성인 유전자의 비율과 이형접합성인 개체들의 비율 — 는 집단 내 유전적 다양성의 양을 측정할 수 있는 간단하고 편리한 방법이다.

뉴클레오티드 염기서열 변이

DNA서열화는 유전적 변이에 대한 궁극적인 자료를 제공한다. 어떤 서열이든 — 암호화, 비암호화, 유전자, 비유전자 등 — 분석이 가능하다. DNA서열화에 의해 유전적 변이를 연구하려는 초기의 노력은 서로 다른 개체들의 유전체에서 분리된 유전물질을 사용했다. 그 클론들을 서열화되었고 길이를 따라 차이점이 비교되었다.

이런 분석의 한 예로써, 마틴 크레이트만(Martin Kreitman)이 수행한 초파리의 알코올 탈수소효소, 즉 *Adh*유전자 내에서 염기서열 변이성의 한 연구결과를 생각해 보자. 연구 자료를 얻기 위하여 다른 집단에서 11개의 클론화한 *Adh*유전자를 염기서열을 분석하였다. *Adh*유전자는 4개의 엑손과 3개의 인트론을 가지고 있다. *Adh*유전자의 전사는 두 개의 프로모터, 즉 하나는 성체에서 작동하고 다른 하나는 유충에서 작동하는 프로모터 중 어느 하나에 의해 시작된다. 성체의 프로모터는 유충의 프로모터 상류에 위치한다. 따라서 *Adh*유전자의 성체의 전사 결과는 4개의 엑손과 3개의 인트론 모두를 가지고 있는 반면, 유충의 전사 산물은 마지막 3개의 엑손과 두 개의 인트론을 가지고 있다. *Adh*유전자의 암호화서열은 두 번째 엑손에서 시작한다. 그러므로 모든 암호화서열은 성체나 유충에서 같이 나타난다. 크레이트만은 그가 염기서열을 분석한 *Adh*유전자들의 차이를 목록으로 작성하였다(■ **그림 24.4**). 전체적으로 보아, 43자리에서 다형현상이 나타났다. 다형현상의 대부분은 *Adh*유전자 중에 암호화하지 않는 부위, 즉 인트론이나 3′과 5′의 비번역 부위나 유전자 양쪽의 DNA

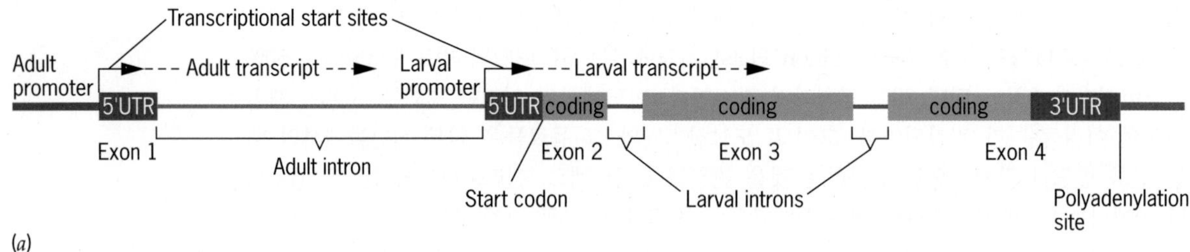

(*a*)

	Size	Number of polymorphic positions	Density of polymorphic positions (× 10^3)
Coding regions	765 bp	14	18.3
Introns	789 bp	18	22.8
Untranslated regions (5' and 3' UTRs)	332 bp	3	9.0
Flanking regions	863 bp	8	9.3

(*b*)

■ 그림 24.4 (*a*) 초파리의 알코올 탈수소효소(*Adh*) 유전자의 분자적 구조. (*b*) *Adh*유전자의 여러 부위에서 DNA염기서열의 다형현상. 자료출처: 1983년 Kreitman, M. Nucleotide polymorphism at the alcohol dehydrogenase locus of *Drosophila melanogaster*. *Nature* 304: 412-417.

에서 나타났다. 일부 다형성들은 유전자의 암호화서열에서도 발견되었으나, 이런 다형성 중 오직 하나만이 Adh 폴리펩티드의 아미노산을 변화시켰다. 192번 위치에서의 리신(lysine)이냐 트레오닌(threonine)이냐의 이러한 차이는 젤 전기영동에서의 Adh 단백질 이동도를 변화시킨다; 리신을 가진 폴리펩티드는 트레오닌을 가진 것 보다 더 빠르게 이동한다. 암호화서열에서의 다른 모든 뉴클레오티드 차이는 폴리펩티드의 아미노산 서열에 영향을 미치지 않는다. 유전학자들은 이들을 *침묵 다형성*(*silent polymorphism*)이라고 부른다; 이들은 유전 암호의 퇴화(degeneracy)에 기인한 것이다—즉, 하나 이상의 코돈이 폴리펩티드에 특정한 하나의 아미노산을 삽입시킬 수 있는 경우이다.

오늘날, 자연적으로 발생하는 유전적 변이를 연구하기 위해 DNA서열 자료를 얻는 것은 예전보다 훨씬 쉽다. 유전체의 특정 영역은 PCR에 의해 증폭될 수 있으며, 여기서 얻어진 DNA 산물들은 기계에 의해 서열화 될 수 있다. 정교한 컴퓨터 프로그램들이 이 서열 자료를 분석하여 각 개체들 사이의 차이를 찾아내는 데 사용될 수 있다. 이런 기술은 연구자들이 엑손과 인트론의 비교처럼 기능이 다른 DNA 영역에서의 변이 수준을 측정할 수 있도록 해준다.

유전자칩 기술들(15장 참조)은 DNA 수준에서의 변이를 기록하는 또 다른 방법을 제공한다. 이 기술들은 연구자들이 유전체 DNA를 검색하여 1~2kb 마다 발견되는 단일 뉴클레오티드 다형성(single-nucleotide polymorphism, SNP)들을 찾아낼 수 있도록 한다. 서로 다른 여러 유전체 DNA 시료들이 한꺼번에 분석될 수 있으며, 하나의 칩 상에서 엄청나게 많은 수의 SNP들이 추적될 수 있다.

요점

- *자연집단에서 유전적 변이는 표현형, 염색체 그리고 분자 수준에서 탐색할 수 있다.*
- *고전적 연구들은 눈에 띄는 표현형적 형질과 혈액형 등에 대한 유전적 변이가 존재함을 밝혔다.*
- *염색체 구조에서의 다형현상은 초파리의 여러 종을 대상으로 다사염색체에서 띠의 형태를 연구하여 입증하였다.*
- *폴리펩티드 구조에서의 다형현상은 단백질 젤 전기영동 기법으로 탐색할 수 있다.*
- *DNA 구조에서의 다형현상은 클론화한 DNA, PCR로 증폭한 DNA의 염기서열을 분석하거나, 그리고 진단용 유전자 칩을 이용하여 탐색할 수 있다.*

분자 진화

DNA의 염기서열과 단백질의 아미노산 서열은 여러 생물간의 계통학적 관계와 진화학사에 대한 정보를 제공한다.

어떤 형태의 생물체로부터 DNA 분자를 분리, 증폭, 조작 및 서열화하는 능력은 진화 연구에 커다란 영향을 미쳐왔다. '종의 기원'에서 다윈은 계속해서 진화가 "변형혈통(descent with modification)"의 과정임을 강조했다. 그의 초점은 다소 확신할 수 없는 방식으로 매 세대마다 자손으로 전달되는 생물의 형질들에 맞춰져 있었지만 그 형질 역시 생물체가 변화하는 환경 조건에 적응함에 따라 변형을 겪는 것이었다. 오늘날, 유전이 DNA의 뉴클레오티드 서열에 의존적임을 알고 있으므로, 우리는 다윈 개념의 분자적 기초를 알고 있다. DNA 분자들은 부모에서 자손으로 세대마다 전달된다. 그러나, 이 유전적 전달의 과정은 완벽하지 않다. 돌연변이가 발생하고, 이런 일이 일어날 때는 변화된 DNA 분자가 자손으로 전달된다. 오랜 기간 동안에 걸쳐 돌연변이들은 축적되고, DNA서열은 변화된다; DNA 분자들의 부분들이 중복되거나 재배열될 수도 있다. 분자 진화의 이런 과정은 다윈이 기술했던 생물 진화의 근간이 된다.

진화학사의 증거자료로써의 분자

다윈이 종은 진화한다는 것을 제창하게 한 증거의 하나는 땅속의 암석들에 대한 연구에서 생겨났다. 동물과 식물이 죽은 후 오랜 동안 광물화된 잔해인 화석은 다윈시대에는 아주 열심히 수집되었다. 이런 진기한 암석들은 빅토리아 여왕의 응접실에 골동품으로 진열되었지만 그것들은 한때 지구상에 생물이 살았다는 증거들이기도 하다. 화석에 대한 자세한 연구에서 박물학자들은 대충이라도 고대 생물이 어떻게 생겼으며 어떻게 행동하였는지를 재구성할 수 있었다. 현존생물과 멸종된 생물체의 화석 잔유물의 비교는 종의 기원에 대해 추측하도록 하였다. 따라서 화석을 연구하여 얻은 견해를 가지고 박물학자들은 생명의 역사에 대해 생각하기 시작하였다.

화석과 마찬가지로 DNA 분자는 생명의 역사에 대한 정보를 가지고 있다. 오늘날 생물체에 존재하는 DNA 분자는 그들의 조상—부모나 조부모처럼 제일 처음의 생물체들로 거슬러 올라가는—들로부터 물려받은 것이다. 각 DNA 분자는 돌연변이, 재조합, 선택, 유전적 부동 등 오랜 역사적 과정의 최종 결과이다. 은유적인 용어로서 표현하면, DNA 분자 내의 뉴클레오티드 서열은 세대를 거듭하면서 복사되는 과정을 통해 바뀌고(돌연변이), 끊어붙이고(재조합), 값어치가 유지되고(선택), 무작위로 버릴 것은 버리면서(부동의 주체) 복사되어 온 고대 서적의 현대판이다. 분자 진화 연구의 선구자들 중의 한 사람인 에밀 주커캔들(Emile Zuckerkandl)은 DNA 분자는 "진화역사의 기록"이라고 하였다.

단백질 분자도 마찬가지이다. 폴리펩티드는 DNA 분자의 단편인 유전자에 의해 암호화된다. 유전자가 진화하면서 단백질도 진화한다. 그러므로, 유전학자들은 DNA의 뉴클레오티드 서열이나 단백질의 아미노산 서열을 연구하여 분자수준의 진화를 조사하였다.

DNA와 단백질 서열의 분석은 비교해부학, 비교생리 및 발생학에 근거한 진화연구에 대한 고전적인 방법보다 여러 가지 이점을 가지고 있다. 첫째, DNA와 단백질 서열은 간단한 유전법칙을 따른다. 반면에, 해부학적, 생리학적, 발생학적 형질은 복잡한 유전현상을 일으키는 모든 영향을 받는다(22장 참조). 둘째, 분자적 서열의 자료는 얻기가 쉽고 진화 유전학적 맥락에서 양적분석이 가능하다. 이런 분석의 해석은 형태학적 자료에 근거한 해석보다 더 직접적이다. 셋째, 분자적 서열의 자료는 학자들이 표현형적으로 유사하지 않은 생물체들 간의 진화학적 유연관계를 조사할 수 있도록 해준다. 예를 들어 박테리아, 효모, 원생동물과 사람의 DNA와 단백질 서열은 그들 간의 진화적 상호관계를 연구하기 위하여 비교될 수 있다.

진화에 대한 분자적 접근의 한 가지 문제점은 학자들이 멸종된 생물의 DNA와 단백질 서열의 자료를 통상적으로 얻을 수 없다는 것이다. 몇 가지 예외인 경우 화석에서 이런 자료를 얻을 수 있다. 그렇지만, 이런 경우의 어느 자료도 수 만년을 넘은 화석은 없다. 따라

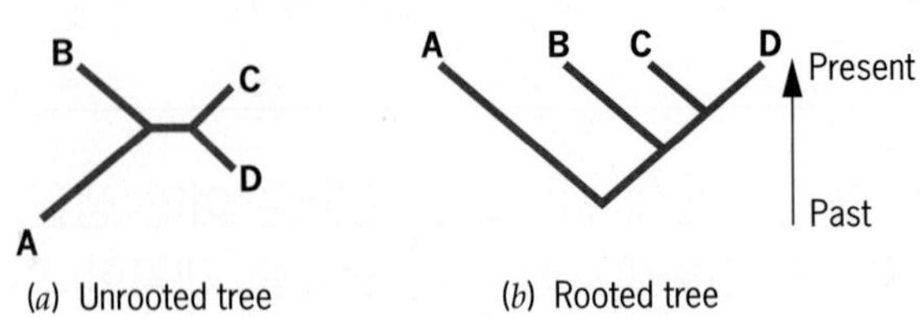

(*a*) Unrooted tree (*b*) Rooted tree

■ 그림 24.5 무근계통수와 근계통수와의 차이.

서 진짜 고생물에 대해서는 어떤 분자적 조사는 불가능하다. 또 다른 문제는 분자적 진화 자료가 표현형적 수준에서 진화에 대한 문제를 반드시 해결해주는 것은 아니라는 것이다.

분자 계통

생물체간의 진화적 상호관계는 **계통수(phylogenetic tree)** 또는 간단히 표현하여 **계통(phylogeny)**이라고 하는 모식도로 요약된다. 이런 계통수는 단지 생물체간의 상호관계를 나타내거나, 각 생물체가 어떻게 진화되었는지를 나타내기 위하여 시간이란 선상에 놓아 표시할 수 있다. 단지 상호관계만 나타내는 계통을 *무근계통수(unrooted tree)*라고 하고 그들의 유래를 나타낸 계통수를 *근계통수(rooted tree)*라고 한다(■ **그림 24.5**). 두 종류의 계통수에서 계통은 가지를 만들면서 분지한다. 계통수의 끝에 있는 가지는 연구하고 있는 생물체이다. 계통수에서 각 분지의 갈라진 점은 계통수에서 뻗어 나온 공통조상을 나타낸다.

진화적 상호관계의 분자적 분석에서, 생물체는 DNA나 단백질 서열로 표현된다. 어떤 분석은 하나의 유전자나 유전자 산물에 근거하기도 한다. 또 다른 분석은 다른 유전자나 유전자 산물의 서열에서 얻은 자료를 종합하기도 한다. 가끔 생물체 간의 상호관계를 확인하기 위하여 유전자가 아닌 DNA서열을 이용한다.

한 고대 DNA나 단백질 서열의 후예들은 그들이 공통조상에서 유의적으로 분지되어 서로 다른 경우라 할지라도 *상동(homologous)*이라고 한다. 비록 그들은 완전히 다른 공통조상에서 유래되었다 할지라도 서로 유사한 두 개의 서열은 *상사(analogous)*라고 한다. 계통수의 구축은 상동인 서열의 분석에 근거하여야 한다.

DNA나 단백질 서열 자료로부터 계통수를 구성하는 데는 여러 가지 방법이 있다. 보통 이들 방법은 4가지 공통점을 가진다. (1) 그들 간을 비교하도록 서열을 정렬하고 (2) 어떤 두 개의 서열 간에 유사성(또는 차이)을 확인하고 (3) 유사정도에 따라 서열을 묶고 (4) 계통수의 끝에 서열을 배치하는 것이다.

■ **그림 24.6**은 사람, 침팬지, 고릴라, 오랑우탄과 긴팔원숭이의 미토콘드리아 DNA서열을 비교하여 구축한 계통수이다. 이들 유인원 각각의 미토콘드리아 DNA(mtDNA)는 약 16,600 염기쌍을 가지는 환형 구조이다. 각 종의 미토콘드리아에서 896 염기쌍 길이의 단편을 클론하여 염기서열을 분석하였다. 그 다음 얻어진 서열은 서로 유사성(또는 차이)을 결정하기 위하여 비교하였다. 분석한 896 염기쌍 중의 283곳에서 염기서열의 차이가 발견되었다. 그림 24.6의 계통수는 여러 종류의 mtDNA가 공통조상으로부터 어떻게 유래되었는지를 설명하는 데 필요한 돌연변이 변화 수를 최소화하는 *단순성원리(principle of parsimony)*를 이용하여 구축하였다. 계통수 A에 필요한 돌연변이 건의 수는 145개이고 계통수는 B는 147개이고 계통수 C는 148개이다. 다른 모든 가능한 계통수들은 최소한 더 많은 돌연변이 사건들을 요구한다. 따라서 단순성원리에 따라 유인원들의 진화적 상호관계를 그럴듯하게 설명하는 3종류의 계통수가 얻어진다. 이들 계통수로부터 우리는 긴팔원숭이와 오랑우탄이 침팬지와 고릴라보다 사람과의 유연관계가 더 멀다는 것을 알 수 있다. 그렇지만 우리는 사람, 침팬지, 고릴라가 서로 어떻게 관련이 있는지를 구분 할 수는 없다. 계통수 A, B, C는 3가지 가능성을 나타낸다. 각 가지의 길이를 측정하는 통계적 기법을 응용한 자료 분석을 보면 B계통수가 가장 적당하다. 이 계통수는 다른 DNA서열의 분석으로도 지지된다. 따라서 사람은 고릴라보다 침팬지와 더 가깝고, 고릴라는 오랑우탄과 가깝고 긴팔원숭이와는 가장 가깝지 않다. 사람의 특정 인종들에서 개체 간의 mtDNA서열을 계통수로 작성하는 것을 이해하기 위해서는 문제풀이: "미토콘드리아 DNA를 이용한 계통 확립"을 풀어 보라.

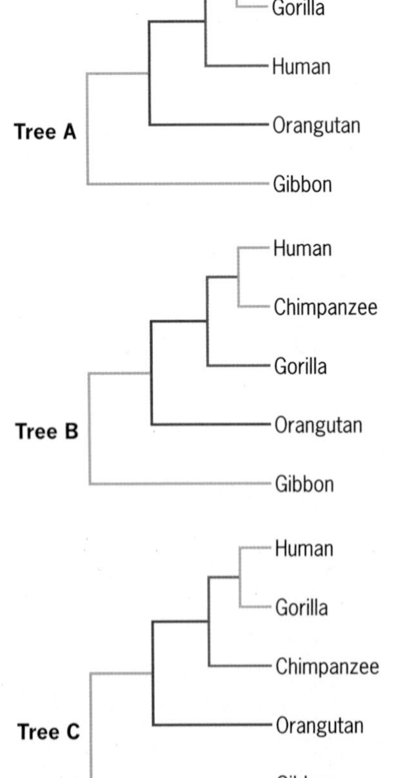

■ 그림 24.6 미토콘드리아 DNA의 896쌍의 서열 분석으로 구축한 유인원의 계통수.

분자 진화의 비율

분자적 계통수는 DNA나 단백질 서열들간의 진화적 상호관계를 알 수 있게 한다. 만약 우

문제 풀이 기술

미토콘드리아 DNA를 이용한 하나의 계통수 구축

문제

데베네바(Derbeneva) 등 (2002. *Am. J. Hum.* Genet. 71: 415–421)은 미국 영토인 알류샨 열도의 가장 서쪽인 한 섬에 거주하는 주민 30명의 표본에서 얻은 미토콘드리아 DNA의 염기서열을 결정하였다. 로마 숫자로 나타낸 9종류의 뚜렷한 종류가 동정되었다. 아래 표에 나타낸 것들은 표준으로 삼은 VIII형에서 나타난 염기서열과 차이가 있는 뉴클레오티드의 위치를 나타낸다. 이런 차이들은 다양한 형태들 전반에 걸쳐 일관적이었는데, 즉 I형의 9667 지점에서의 뉴클레오티드 변화는 II형의 9667 지점에서의 뉴클레오티드 변화와 같은 것이었다. 이들 자료를 가지고 이 섬 주민의 여러 종류의 mtDNA에서의 계통학적 상호관계를 보여 주는 모식도를 구축하라.

형	표본 수	VIII형으로부터 차이가 나는 뉴클레오티드의 위치
I	13	8910, 9667
II	4	6554, 8639, 8910, 9667, 16311
III	3	8910, 9667, 16519
IV	3	8910, 9667, 11062
V	1	8460, 8910, 9667
VI	1	8910, 9667, 10695, 11113
VII	1	8910, 9667, 10695, 11113
VIII	3	Standard
IX	1	16092

사실과 개념

1. 사람의 mtDNA는 환형 구조이고 16,570염기쌍으로 되어 있다(15장 참조).
2. 두 개의 mtDNA염기서열을 비교할 때, 단지 하나의 염기쌍의 차이는 돌연변이를 나타낸다.
3. 계통수는 서로 간에 가장 유사한 염기서열로 묶고, DNA서열 중에 차이를 설명하기 위하여 필요한 돌연변이 수를 최소화함으로써 구축할 수 있다.

분석과 해결

이 섬 거주민의 mtDNA의 표준형은 IX형과 하나의 뉴클레오티드의 차이가 있다(16092). I형과는 위치 8910과 9667에서의 차이와 최소한 모든 형에서 다른 한 곳에서 차이를 보이는 등 각 형에 따라 2곳 이상에서 차이를 보이고 있고, I형에서 두 번의 돌연변이 단계를 거쳤다. 다른 모든 형은 I형에서 한 번 이상의 돌연변이 단계를 거쳤다. 우리는 계통적 모형으로 각 형들 간의 상호관계를 요약할 수 있다. 그렇지만, mtDNA 중 어느 것이 조상인지를 말할 수 없는 소위 무근계통수일 것이다.

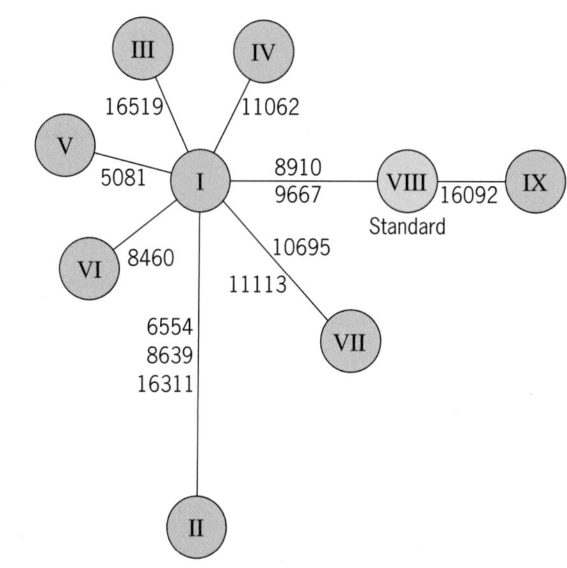

더 많은 논의를 보고 싶으면 Student Companion 사이트를 방문하라.

리가 계통수의 가지 점을 서열의 진화 역사의 특정 시기와 연결 짓는다면, 우리는 서열이 진화된 비율을 결정할 수 있다. 이런 종류의 분석의 한 예로써, 혈액 헤모글로빈에 있는 두 종류의 폴리펩티드 중의 하나인 α-글로빈을 생각해 보자. α-글로빈 폴리펩티드는 141개의 아미노산으로 되어 있다. 우리는 어떤 생물의 α-글로빈의 아미노산 서열과 다른 생물의 α-글로빈 서열을 비교하여, 두 생물 간의 차이를 보이는 아미노산 수를 계수한다. 이런 차이는 **표 24.2**에 표로 나타내었다. 사람과 쥐의 α-글로빈이 가장 차이가 적었다(16개). 잉어와 상어는 가장 큰 차이를 보였다(85).

화석기록은 표 24.2에 나타낸 6종의 진화적 역사에서 중요한 사건에 대한 정보를 제공하고 있다. 예를 들어, 사람과 쥐로 나누어진 진화적 선은 중생대 말경인 약 8천만 년 전에 분지하였고, 잉어와 상어가 나누어진 선은 고생대의 오르도비스기 말인 4억 4천만 년 전에 분지하였다. 6종류의 다른 생물의 진화적 역사에서 이런 여러 분지 점을 ■ **그림 24.7**에 묘사

표 24.2

대표적인 척추동물들이 α-글로빈에서 차이를 보이는 아미노산의 수

	Mouse	Chicken	Newt	Carp	Shark
Human	6	35	62	68	79
Mouse		39	63	68	79
Chicken			63	72	83
Newt				74	84
Carp					85

하였다.

그림 24.7의 계통수는 화석 기록에 나타난 증거를 이용하여 구축한 것이다. 그렇지만, 그 구조는 표 24.2에 나타낸 분자적 자료와 일치한다. 사람과 쥐는 α-글로빈에서 가장 적은 아미노산 차이를 보여 주었으며 그들은 아주 가까운 관계여서 그림 24.7에서 가장 짧은 진화적 시간에 의해 나누어졌다. 닭의 α-글로빈은 그 다음으로 사람과 가장 가깝고, 그 다음은 영원, 잉어, 상어 순서이다. 이들 6종의 생물에서 아미노산 서열이 다른 정도는 α-글로빈이 진화해오는 속도를 계산하는 데 이용할 수 있다.

이 비율을 얻기 위하여, 우리는 하나의 공통조상에서 두 개의 계통으로 나누어진 후 일어났던 변화된 아미노산의 평균수를 결정할 필요가 있다. 우리는 α-글로빈 141개 중 16개가 다른 가장 가까운 두 종의 생물인 사람과 쥐로 시작할 수 있다. 그러므로, 이들 두 생물의 α-글로빈에서 다른 부위의 비는 16/141 = 0.11이며, 이 값은 아미노산 당 평균 차이의 수이다. 이제 두 종의 유연관계가 아주 먼 사람과 잉어를 생각해 보자. 이들 두 생물에서 α-글로빈의 차이는 141개 중 68개이기에 다른 부위의 비는 68/141 = 0.48이며, 이는 두 종이 만들어진 계통의 진화 중에 대충 아미노산 부위의 반이 변화되었다는 것이다. 변화된 부위의 빈도가 높다는 것은 우리가 이들 부위의 어떤 것이 여러 번 변화되었다고 예측할 수 있다. 다른 부위로 관찰된 비율 0.48은 사람과 잉어계통이 나누어진 후 오랜 시간 동안 일어났던 변화의 평균수가 과소평가되었음이 틀림없다. 다행히, 우리는 특정부위에서 여러 번 아미노산 치환을 고려하여 관찰 비율을 상향조정할 수 있다. 이런 조정은 부록 E: 진화 비율에서 설명한 *푸아송 수정*(*Poisson correction*)이라고 하는 통계적 과정이다. 표 24.3은 생물체에 따른 각 쌍의 Poisson수정이 이루어진 차이를 보여주고 있다. 각 값은 공통조상에서 진화 계통이 나누어진 후, α-글로빈에서 아미노산 부위 당 일어난 평균 변화수를 계산한 값이다. 사람과 잉어의 계통에서 아미노산 위치 당 평균 변화의 수는 0.66으로써 사람과 잉어의 α-글로빈간의 아미노산 차이의 관찰된 비율의 1.4배이다.

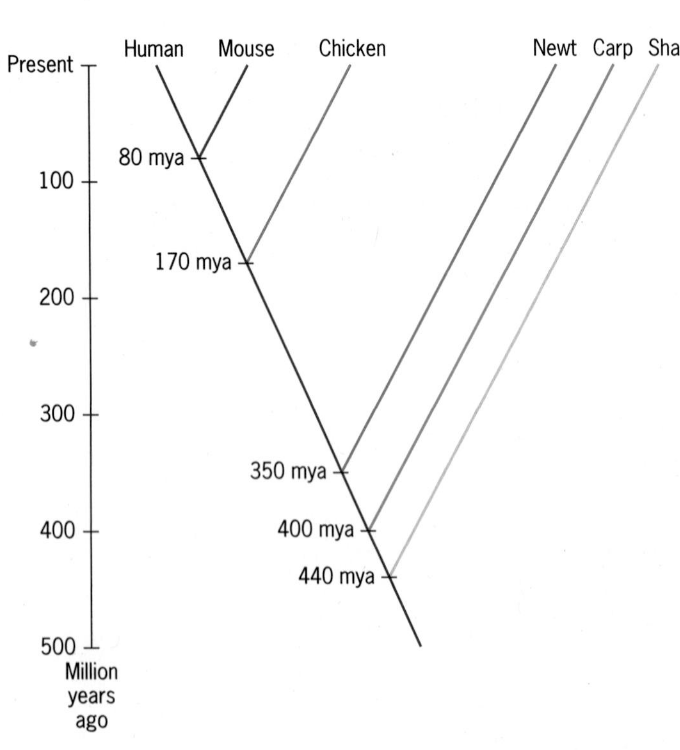

■ 그림 24.7 화석 기록으로 구축한 대표적 척추동물의 계통수.

각 쌍의 생물체에 대한 아미노산 부위 당 평균 변화의 수로 우리는 α-글로빈이 진화해 온 비율을 계산할 수 있다. 이 비율은 아미노산 부위 당 평균 변화의 수를 두 계통이 진화해 온 전체 기간으로 나눈다. 예를 들어, 사람과 쥐를 만든 계통은 공통조상으로부터 8천만 년 전에 나누어졌다. 그럼으로 이들 계통이 진화해온 전체 기간은 2 × 8천만 = 1억 6천만 년이다. 만약 우리가 부위 당 평균 아미노산 수의 변화를 시간 길이로 나누면, 우리는 사람-쥐 계통에서 α-글로빈의 진화 비율의 값을 얻게 된다. 표 24.3에서 부위 당 Poisson 수정된 평균 아미노산 변화 수를 이용하면, 전체 진화 기간 중 부위 당 평균 아미노산 변화 수는 부위 당 0.12 아미노산 변화/1억 6천만 년 = 0.74×10^{-9} 부위 당 아미노산 변화/년이 된다. 이 비율과 표 24.3에 나타낸 여러 비

표 24.3

대표적인 척추동물의 α-글로빈에서 부위 당 아미노산 차이에 대한 Poisson 수정 후의 평균치와 진화 비율[a]

	Mouse	Chicken	Newt	Carp	Shark
Human	0.12 0.74	0.28 0.84	0.58 0.83	0.66 0.82	0.82 0.93
Mouse		0.33 0.95	0.59 0.85	0.66 0.82	0.82 0.93
Chicken			0.59 0.85	0.72 0.89	0.89 1.01
Newt				0.74 0.93	0.91 1.03
Carp					0.92 1.05

[a]The top number is the average number of amino acid differences between the α–globins of the two organisms. The bottom number is the annualized rate of amino acid substitution per site during the evolution of the α–globins in the lineages that produced these organisms ($\times 10^9$ years).

율로부터 우리는 α-글로빈은 매 10억 년 당 하나의 아미노산 조금 못 미치게 변화한다는 것을 알 수 있다.

분자시계

표 24.3에서 각 생물체 쌍에 대해 계산한 값은 α-글로빈이 분석된 진화적 계통에서 모두 다소 같은 비율로 진화해 오고 있다는 의미를 가지고 있다. 이런 뚜렷이 일관된 비율은 다른 단백질에 대한 연구에서도 같은 경향이었다. 진화생물학자들에게 아미노산 치환은 시간에 지남에 따라 시계와 같이 정확히 일어난다는 것을 암시한다. 따라서 그들은 가끔 은유법을 사용하여 진화과정은 *분자시계(molecular clock)*에 따라 일어난다고 말한다. 광범위한 분석을 통해 분자적 진화 비율은 계통에 따라 다소 차이가 있다는 것을 지적하였다. 우리는 포유류에서 계산된 진화 비율이 다른 계통에서의 것 보다 다소 적다는 것을 표 24.3에 있는 자료에서 이런 변이의 암시를 볼 수 있다. 그러므로, 모든 진화하는 계통에서 사용될 수 있는 보편적인 분자시계는 같은 시간을 유지하지 않을 수도 있다. 그렇지만, 계통 안에서 분자 진화적 변화는 거의 일정하다.

분자시계의 가정에 근거한 계산은 역사적 시기에서 공통조상으로부터 계통이 분지했을 시기를 계산하는 데 도움이 된다. 이런 방법은 화석의 증거가 거의 없는 사람의 진화에서 어떤 사건의 시기를 추적하는 데 이용된다. 예를 들어, 사람과 침팬지가 생겨난 지점은 5~6천만 년에 분지된 것으로 계산되었다.

단백질 서열의 진화에서 변이

α-글로빈 폴리펩티드는 매 10억 년마다 부위 당 하나의 아미노산이 치환되는 것보다 다소 낮은 비율로 진화되는 것 같다. 다른 단백질도 이런 비율로 진화하는가? 많은 연구 결과 어떤 것은 더 빠르거나 더 느리게 진화한다는 것을 보여주었다. 관찰된 아미노산 서열의 진화 속도는 세 자리수 이상의 범위로 나타난다. 극단적으로, 혈액 응고에 관여하는 단백질에서 유래된 피브리노펩티드(fibrinopeptide)는 매 10억 년마다 부위 당 8개 이상의 아미노산 치환비율로 진화한다. 반면에 DNA와 긴밀하게 상호 작용하는 히스톤은 매 10억 년마다 부위 당 0.01개의 아미노산 치환의 비율로 진화한다. 또한 우리는 일부 폴리펩티드 내에서도 진화 비율의 변이를 볼 수 있다. 예를 들어, α-글로빈 분자의 표면의 존재하는 아미노산은 매

10억 년마다 부위 당 약 1.3개의 치환비율로 변화되는 반면, 내부에 존재하는 아미노산은 매 10억 년마다 부위 당 0.17개의 치환비율로 변화한다.

펩티드 계통의 호르몬인 인슐린의 전구체인 프리프로인슐린(preproinsulin)은 진화비율에서 분자 내 변이의 또 다른 예를 제공한다. 이 폴리펩티드는 4개의 단편으로 되어 있다. 첫째 단편은 신호서열이고, 2번째와 4번째 단편은 활성적인 인슐린 분자를 형성하고, 세 번째 단편은 두 개의 활성적인 단편을 연결하는 펩티드 다리이다. 활성적인 인슐린이 되면, 이들 다리 단편은 소실되고 두 개의 활성적인 단편이 S-S결합으로 서로 공유결합을 한다. 신호단편과 다리를 담당하는 단편은 매 10억 년마다 부위 당 하나의 아미노산 치환보다 다소 높게 진화한다. 그렇지만, 두 개의 활성적인 단편은 매 10억 년마다 단지 0.2개의 아미노산 치환으로 진화한다. 따라서 프리프로인슐린 폴리펩티드 내에서의 진화비율이 유의적인 차이가 있다.

진화비율에서 관찰된 변이를 어떻게 설명할 것인가? 더 빠르게 진화하는 단백질에서는 아미노산 서열의 정확도가 느리게 진화하는 단백질에서보다 덜 중요하다는 가설을 세운다. 그들은 일부 단백질에서 아미노산 변화는 비교적 상관이 없지만, 다른 단백질에서의 변화는 아미노산 변화가 심하게 제한된다고 생각하고 있다. 이런 견해에 따라서, 진화비율은 단백질 내의 아미노산 서열이 단백질의 기능을 유지하는 선택에 제한을 받는 정도에 의존한다. 서서히 진화하는 단백질은 빨리 진화하는 단백질보다 더 많은 제한을 받는다. 그러므로, 진화비율의 변이는 아미노산 서열에서 *기능적 제한*(*functional constraint*)의 양에 의해 설명된다. 이런 생각은 일부 단백질에 응용된다. 예를 들어, 효소의 활성부위나 그 주변에 있는 특정 아미노산은 활성인슐린을 형성하는 중에 떨어져 나가는 다리 단편의 아미노산과 같은 단지 공간을 채우는 아미노산보다 선택에 의해 더 왕성히 제한을 받을 것으로 예상된다. 따라서 기능적으로 더 중요한 단백질이나 단백질 부위는 기능적으로 중요하지 않는 부위보다 더 느리게 진화한다.

DNA염기서열에서 변이

진화비율에서의 변이는 DNA염기서열로 조사했을 때도 나타났다. 유전자가 번역 틀 이동이나 정지돌연변이와 같은 하나 이상의 손상으로 인해 기능적인 산물을 암호화하지 못하는 중복된 유전자인 위유전자에서의 DNA서열은 높은 진화비율을 보인다. 예를 들어, α-글로빈의 위유전자인 αψ1의 진화비율은 매 10억 년마다 5.1개의 아미노산 치환이 일어난다. 반면에 기능적인 α-글로빈 유전자의 코돈에서 첫 번째와 두 번째 위치의 뉴클레오티드는 매 10억 년마다 0.7 뉴클레오티드 치환의 비율로 진화한다. 진화비율에서 7배의 차이는 기능적 제한의 개념으로 설명된다. 위유전자에서의 뉴클레오티드는 위유전자의 기능이 이미 없어졌기 때문에 선택에 의한 제한을 받지 않는다. 그렇지만, 기능적 유전자에서 코돈의 첫 번째와 두 번째 뉴클레오티드의 경우, 그들의 변화는 그 코돈에 의해 정해진 아미노산을 변화시킬 것이기 때문에 제한을 받는다. 이런 변화 중 일부는 새로운 아미노산이 구조적, 기능적으로 원래의 것과 같을 것이라는 의미에서 보존적인 것일 수 있다. 예를 들어, 만약 코돈 CTT에서 첫 번째 뉴클레오티드가 A로 돌연변이가 일어난다면, 이 코돈에 의해 정해진 아미노산인 류신이 이소류신으로 변화될 것이다. 이들 두 아미노산은 유사한 성질을 가진다. 그렇지만 이 코돈에서 다른 치환은 아미노산 서열을 바꿀 수 있다. 예를 들어, 만약 CTT가 TTT로 돌연변이가 일어난다면, 코돈에서 지정하는 아미노산인 류신이 다른 화학적 성질을 가진 페닐알라닌으로 바뀌게 된다.

기능적 유전자 내의 코돈의 세 번째 뉴클레오티드는 흥미롭고 특수한 경우이다. 이들 뉴클레오티드는 첫 번째와 두 번째 뉴클레오티드 어느 것보다 더 빨리 진화한다. 이런 기작은 유전암호의 퇴화에 기인한다. 예를 들어, 프롤린은 4개의 다른 코돈, 즉 CCT, CCC, CCA, CCG에 의해 지정된다. 하나의 코돈에서 처음 두 개의 뉴클레오티드는 모두 C이고 세 번째 뉴클레오티드는 4가지나 된다. 즉 3번째 뉴클레오티드는 4중으로 퇴화되었다. 예를 들어, 하

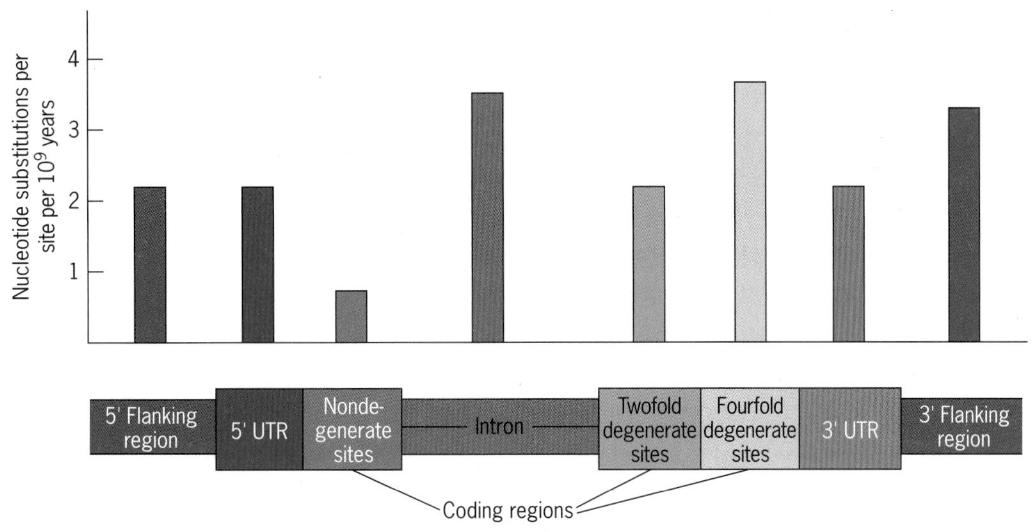

■ 그림 24.8 유전자 내 여러 부위에 따른 진화비율의 변이.

나의 프롤린 코돈에서 마지막 뉴클레오티드의 변화, 예를 들어, CCT에서 T가 코돈 CCC를 만들기 위해 C로 바뀌어도 한 유전자에 의해 암호화되는 폴리펩티드의 구조와 기능에는 중요하지 않을 것이다. 그렇지만, CCT의 첫 번째나 두 번째 뉴클레오티드가 다른 어떤 뉴클레오티드로 변화하는 것은 코돈이 지정하는 아미노산이 바뀔 수 있다. 그러므로, CCT코돈에서 처음 두 위치는 세 번째보다 더 제한을 받는다.

모든 코돈의 약 반은 세 번째 뉴클레오티드 위치에서 4중 퇴화를 보인다. 모든 다른 코돈의 대부분은 이 위치에서 2중 퇴화, 즉 세 번째 위치에서 두 종류의 뉴클레오티드가 동일한 아미노산을 지정한다. 더 큰 수준의 퇴화를 보이는 곳에서는 세 번째 위치의 뉴클레오티드에서 나타나는 진화비율이 더 빠르다.

코돈에 의해 지정되는 아미노산을 변화시키지 않는 뉴클레오티드 치환을 *동의치환*(*synonymous*)이라고 한다. 코돈에 의해 지정되는 아미노산이 바뀌는 뉴클레오티드 치환을 *비동의치환*(*nonsynonymouus*)이라고 한다. 풍부한 DNA염기서열 자료는 진화하는 계통에서 동의치환이 비동의치환보다 더 빈번히 일어난다는 것이 지금 입증되고 있다.

또한 우리는 유전자 내 비암호화 부위 내 뉴클레오티드의 진화비율에서의 변이를 알 수 있다(**■ 그림 24.8**). 인트론에서의 뉴클레오티드의 진화비율은 5′UTR과 3′UTR부위보다 더 빠르게 진화한다. 이런 비암호화 서열에서 관찰된 진화비율의 차이는 아마 유전자 내 기능적 제한에서의 변이라고 생각한다. 일반적으로 이런 종류의 서열은 위유전자만큼 빠르게 진화하지는 않지만, 코돈의 첫째와 두 번째의 뉴클레오티드만큼 느리게 진화하지도 않는다. 오히려 그들은 중간정도의 진화비율을 나타낸다.

분자 진화의 중립설

진화유전학자등은 DNA와 단백질 서열의 진화를 설명하기 위하여 중립설(Neutral Theory)이라는 하나의 학설을 개발하였다. 이 학설은 돌연변이, 정화선택, 무작위 유전적 부동에 초점을 두고 있다.

돌연변이(*mutation*)는 진화 중에 일어나는 모든 뉴클레오티드와 아미노산 치환의 원인이 된다. 돌연변이가 없이 DNA와 단백질 분자는 진화할 수가 없다. 실험에서 결정된 돌연변이율은 매 세대 뉴클레오티드 당 $10^{-9} \sim 10^{-8}$ 정도이다. 이런 율은 중합효소에 의한 오류와 DNA의 화학적 손상의 영향으로 본다. 돌연변이율은 만약 세포가 복제과오를 방지하고 손상된 DNA를 회복하는 각종 기작이 준비되어 있지 않다면 훨씬 높아질 것이다.

자연적으로 일어나는 어떤 돌연변이는 생물체의 적응도를 증진시킨다. 즉 그들은 시간이 지남에 따라 한 집단에서 더욱 퍼지게 되고 고정되는 유익한 돌연변이이다. 다른 돌연변이는 적응도를 낮추어 한 집단에서 *정화선택*(*purifying selection*)에 의해 사라질 것이다. 각 유전자는 이미 오랜 진화과정의 최종 결과이기 때문에 아주 많은 새로운 돌연변이가 유전자의 기능을 증진시킨다는 것은 불가능하다. 복잡한 기계의 일부에서 무작위 변화와 같이 많은 돌연변이는 기능을 손상시킬 것 같다. 그렇지만, 어떤 돌연변이는 적응도에 거의 영향을 주지 않을 수도 있다. 유전학자들은 이런 돌연변이를 *선택적으로 중립*(*selectively neutral*)이라고 한다. 코돈의 세 번째 위치에서의 동의 뉴클레오티드 치환은 이미 이전에 돌연변이에 의해 손상을 입은 위유전자에서 어떤 종류의 뉴클레오티드 치환과 같이 선택적으로 중립일 것이다. 단백질에서 보존적 아미노산 치환도 선택적 중립일 수 있다.

선택적으로 중립인 어떤 돌연변이의 운명은 완전히 *무작위적 유전적 부동*(*random genetic drift*)에 의존한다. 대부분의 선택적으로 중립인 돌연변이는 처음 변이가 나타난 후 곧 집단에서 사라진다. 그들 변이 중의 아주 일부가 수 세대 동안 살아 남아서 그중 더 작은 일부가 집단으로 퍼져나가 고정된다. 무작위 유전적 부동에 의해 돌연변이가 일어났을 때, 고정되는 비율은 유전자가 선택적으로 중립인 대립유전자로 돌연변이가 일어나는 비율이다.

그렇지만, 중립설에서 진화비율은 집단의 크기, 선택의 효율, 교배계통의 특이성에 의존하지 않는다. 그것은 시간이 지남에 따라 여러 분지계통에서 다소 일정할 것으로 생각되는 중립 돌연변이 비율에 달려 있다. 따라서 중립설은 왜 치환비율이 오랜 진화기간동안 많은 계통에서 일정한지를 설명하고 있다.

그렇지만, 중립설은 모든 폴리펩티드와 DNA염기서열이 같은 비율로 진화되어야 한다고 주장하지는 않는다. 어떤 서열 내의 어느 위치에 대해 거의 대부분의 돌연변이는 선택적으로 중립일 것이다. 예를 들어, 위유전자 내부와 4중 퇴화인 하나의 코돈에서의 3번째 위치에서의 뉴클레오티드가 여기에 해당된다. 다른 위치에 대해서 모든 돌연변이의 더 작은 분획만이 선택적으로 중립일 것이고 어떤 돌연변이는 거의 선택적으로 중립이 아닐 수도 있다. 따라서 중립설이란 기능적 제한에서 차이를 일으켜 단백질이나 DNA부위 중에 관찰된 진화비율의 변이를 설명한다. 가장 높은 비율은 기능을 유지하는 데 있어 선택에 의한 제한을 받지 않는 분자나 분자의 일부에서 관찰된다. 즉 돌연변이로 인한 변화가 기능에 전혀 영향을 주지 않는 분자이다. 가장 낮은 진화비율은 선택압이 가장 강한 분자에서 관찰된다.

중립설은 분자수준에서 진화를 연구하는 데 엄청난 영향을 끼쳤다. 우리는 중립설의 지적인 근거를 Student Companion 사이트의 유전학의 이정표: '분자 진화의 중립설'에서 논할 것이다.

분자 진화와 표현형 진화

정의로 보면 중립설은 적응하고 있는 형질의 진화에 대해서는 말 할 것이 없다. 기린의 긴 목, 코끼리의 몸체, 낙타의 혹은 적응도를 높이기 위한 모든 적응이다. 또한 크고 아주 많은

(a) Nile crocodile (*Crocodylus niloticus*)

(b) Great white shark (*Carcharodon carcharias*)

(c) Horseshoe crab (*Limulus polyphemus*)

■ 그림 24.9 "살아있는 화석"으로 생각되는 몇몇 생물들.

주름을 가진 사람의 뇌도 마찬가지이다. 다윈은 이와 같은 적응은 자연선택이 이런 것을 좋아했기 때문이라고 누누이 강조하였다. 고전적인 다윈적 견해로 보면, 진화는 어떤 유해한 돌연변이체에 대한 음의 선택이 아닌 어떤 것에 대한 양의 선택을 의미하는 것이고, 중립설이 가정한 것과 같은 선택은 결코 없다는 것이다. 그 외에도 다윈은 적응의 진화와 생물체의 다양성간의 관계를 인지하였다. 생물체가 다윈이 "생명의 조건(the conditions of life)"이라고 하는 데 까지 적응하면 그들은 서로 다르게 된다. 이 과정 중에 일어나는 표현형적 변화는 결국 새로운 품종이 되고 결국 새로운 종을 만든다.

적응의 진화와 생물의 다양성은 궁극적으로 분자수준에서의 변화에 의한 것임은 틀림없다. 그렇지만, 분자수준에서의 변화가 표현형적 진화로 이어질 것이라는 보증은 없다. 악어, 상어, 참게는 조류, 포유류와 곤충과 같은 아주 다양한 동물 군과 비슷한 비율로 아미노산과 뉴클레오티드 변화를 축적시켜 왔다(■ **그림 24.9**). 그러나 화석기록에서 판단하기로는 이런 생물체는 그들이 처음 나타난 수억 년 전의 표현형과 큰 차이가 없다. 그러므로 "살아있는 화석"은 표현형적 수준에서 다양하게 분지한 생물체와 같이 분자 진화 비율이 거의 같은 것 같다. 이런 관찰은 많은 뉴클레오티드와 아미노산 치환이 표현형적 진화에 거의 작용하지 않았다는 것을 암시한다.

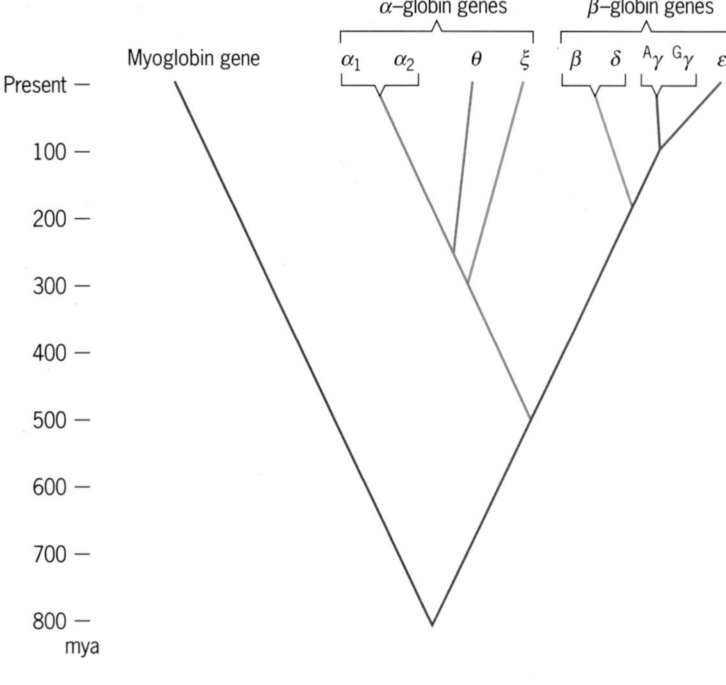

■ 그림 24.10 글로빈 유전자의 진화에서 유전자 중복의 역할.

어떤 종류의 유전적 변화가 특이한 표현형 진화를 담당하는가? 몇 가지 가능한 해답이 유전체 연구 계획사업과 발생유전학에서 수행되고 있는 연구에서 나오고 있다. 한 가지 관찰은 유전자는 가끔 진화 중에 중복되고 중복된 유전자들은 가끔 다른 기능을 발휘한다는 것이다. *유전자 중복*의 고전적인 예가 동물의 글로빈 유전자 연구에서 나오고 있다(■ **그림 24.10**). 오늘날 우리는 두 종류의 글로빈 유전자, 즉 혈액에서 산소를 운반하는 헤모글로빈을 암호화하는 유전자와, 근육에서 산소를 저장하는 미오글로빈을 암호화하는 유전자가 있다는 것을 알고 있다. 이들 기능적으로 다른 유전자 군은 약 8억 년 전 고생대의 초기 동물이 분화되기 오래 전에 시원 글로빈 유전자에서 유래되었다. 다시 말하면, 헤모글로빈 유전자는 척추동물의 진화 중에 여러 번 중복되었다. 쉽게 표현하자면, α-와 β-글로빈 유전자는 턱을 가진 어류의 출현 시기인 4억 5천만 년 전에 중복에 의해 만들어졌다. 턱이 없는 어류인 칠성장어 등은 단지 한 종류의 유전자(α)만 가지고 있고 상어와 뼈가 있는 어류는 최소한 두 개를 가지고 있다. 약 3억 ~ 3억 5천만 년 전 α-와 β-글로빈 유전자는 서로 분리되어 각각 다른 염색체에 자리를 잡았다. 이들 유전자 각각은 여러 번의 중복과정을 거쳐서 α-와 β-글로빈 유전자 군을 만들었다. 예를 들어, 사람에서 7개의 α-글로빈 유전자가 11번 염색체에 모여 있다. 사람에서 α-글로빈 유전자 중의 3개와 β-글로빈 유전자 중의 한 개가 기능이 없는 위유전자이다. 이들 유전자 군에 있는 다른 글로빈 유전자들은 다른 폴리펩티드를 암호화하지만, 살아가는 중의 다른 시기에 혈액에서 산소를 수송하는 것과 관련된 폴리펩티드들이다. 이들 폴리펩티드 중의 어떤 것은 배 시기에만 작용하고 어떤 것은 태아 시기에만 작용하고, 어떤 것은 성인에서 작용한다. 따라서 이들 헤모글로빈 유전자 족은 중복된 유전자들이 다른 기능을 획득할 수 있다는 것을 나타낸다.

표현형적 진화를 설명하는 데 도움을 주는 또 다른 현상은 유전자의 일부가 중복이 되어 다른 유전자와 재조합되는 것이다. 진핵세포 유전자는 인트론과 엑손으로 된 단편이다. 이런 단편이 발견되자마자 월터 길버트(Walter Gilbert)는 각 유전자 내의 엑손은 유전자의 폴리펩티드 산물에서 다른 기능적 도메인을 암호화한다고 생각했다. 그는 더 나아가 한 유전자의 엑손들이 다른 유전자의 엑손들과 결합하여 원래 각 유전자 산물의 어떤 성질을 부분적으로 나타내는 어떤 암호화 서열을 만든다고 가정하였다. 따라서 그는 특이한 단백질이

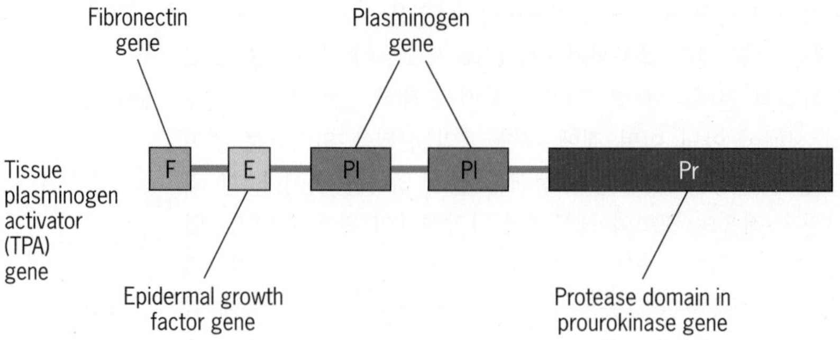

■ 그림 24.11 조직 플라스미노겐 활성인자(TPA)를 예로 한 엑손 뒤섞기. 최소한 4개의 다른 유전자의 엑손들이 재조합되어 *TPA* 유전자를 만들게 되었다.

*엑손 뒤섞임(exon shuffling)*이라는 고정으로 만들어질 수 있다고 가정하였다(**■ 그림 24.11**). DNA 염기서열의 연구들은 길버트의 가설을 뒷받침하였다. 예를 들어, 혈전을 파괴하는 데 관여하는 단백질인 TPA(tissue plasminogen activator)는 기원이 다른 여러 종류의 엑손에서 얻은 것 같은 하나의 유전자에 의해 암호화된다. 즉 하나의 엑손은 피브로넥틴의 유전자에서 왔고, 또 하나의 엑손은 상피생장인자에서 왔고 두 개의 엑손은 플리스미노겐의 유전자에서 왔고 하나의 엑손은 단백질가수분해효소에서 기원된 것이다. 그 후 모두 최소한 4개가 합쳐져서 *TPA* 유전자의 엑손을 만들었다. 진화적으로 입증된 엑손의 재조합은 모자이크 단백질을 생성하는 무한의 가능성을 제시하고 있다. 엑손을 뒤섞어 맞춤으로써 그들이 암호화하는 폴리펩티드 도메인들을 구성하는 것은 진화의 중요한 과정이고 진핵세포가 왜 해부학적으로 생리학적으로 행동학적으로 그렇게 다양한지에 대한 설명이 일부 가능하다.

유전자 중복과 엑손 뒤섞기 이외에, 진화적 다양성은 유전자 발현에 있어 시공간적 변화, 특히 그들의 산물이 다른 유전자의 발현을 조절하는 예에서 찾을 수 있다. 예를 들어, 호메오박스 유전자는 전후 축을 따라 동물의 몸을 이루는 데 중요한 역할을 한다. 이들 유전자는 전사인자를 암호화한다. 특정 호메오박스 유전자가 발현되는 시간과 장소를 변화시키는 것은 동물의 외형을 크게 변화시킨다. 호메오박스에 대해 철저히 연구된 초파리에서 이들 유전자 하나 혹은 몇 개의 발현 형태의 변경은 두 개가 아닌 4개의 날개를 가지거나 머리나 가슴부위에 여분의 부속기관을 만든다. 실험실에서 이런 종류의 관찰을 가지고 자연에서 이런 유사한 변화가 진화과정 중에 일어났을 거라고 생각하기는 어렵다.

요점

- *DNA와 단백질의 아마노산 서열에 기초한 계통수는 생물체간의 진화적 관계를 보여준다.*
- *분자 진화비율은 하나의 선조계통에서 두 개 이상의 계통으로 진화된 후 한 분자에서 부위 당 일어났던 아미노산 치환의 평균수이다.*
- *여러 계통수에서 거의 분자 진화비율이 같은 것은 은유적으로 "분자시계"라고 부른다.*
- *진화비율은 DNA와 단백질의 서열에 따라 다를 수 있고 이런 서열은 어느 정도 그들의 기능을 유지하는 자연선택에 제한을 받는다.*
- *선택적으로 중립인 돌연변이는 중립돌연변이비율로 집단 내에서 고정된다.*
- *유전자 중복과 엑손 뒤섞기는 진화에 중요한 역할을 한다.*
- *유전자 조절의 시공간적 변화는 어떤 생물의 빠른 진화를 일으킬 수 있다.*

종 분화

종은 생물체의 집단이 유전적으로 다른 군으로 나누어져 그들이 상호 교배가 일어나지 않을 때 생겨난다.

생물학자들은 많은 식물, 동물, 미생물 종에 대해 이름을 붙였고 서술하였다. 지금도 더 많은 종이 동정되고 있다. 이 모든 다양성은 어디에서 왔는가? 왜 여러 종들은 서로 구별이 되는가? 어떻게 그 종은 유지되는가? 종을 이루는 데 어떤 인자들이 관여하는가? 찰스 다윈은 약 150년 전에 *종의 기원*이란 책에서 이런 의문을 제시하였다. 오늘날 생물학자들은 진화유전학의 중심인 종 분화의 문제를 거론하면서 종들을 파악하고 있다.

종이란 무엇인가?

종(*species*)이란 용어는 어떤 특징을 공유한 생물체의 군이다. 그렇지만, 종을 여러 가지 방법으로 정의해 왔다. 고전적인 분류학에서, 하나의 종은 오로지 표현형적 특징에 근거하여 정의되었다. 만약 생물체의 두 군의 특징이 아주 다르면, 그 군들은 다른 종으로 생각했다. 하나의 종을 정의하는 이런 방법은 동물원, 식물원, 식물표본실이나 박물관 수집품의 표본, 더 나아가 그들의 행동 또는 그들의 형태를 연구할 수 있는 자연환경의 서식지까지 어떤 생물체에 대한 신중한 관찰에 근거하고 있다. 또한 하나의 종을 정의하는 이런 방법은 만약 생물체의 군이 다른 종으로써 그들의 분류가 정당화하기에 충분한 차이를 보인다면 결정할 책임이 있는 분류학자들의 감정에 의존한다. 따라서 다른 사람에 맡겨서도 다른 부류라고 할 수 있는 하나의 주관적인 방법이다.

진화유전학에서 하나의 종은 공유한 유전자 풀에 근거하여 정의된다. 상호교배가 가능한 군이나 다른 군과 유전자를 교환할 수 없는 잠정적으로 교배가 가능하다고 보는 생물체의 군을 하나의 종으로 간주하였다. 진화유전학자들은 각 종은 모든 다른 종과 *생식적 격리*(*reproductively isolated*)가 되었다고 말한다. 하나의 종을 정의하는 이런 방법은 자연에서 유전자의 상호교환이 일어났는지를 결정하는 학자의 능력에 의존한다. 만약 생물체가 상호교환을 하였다면, 그들은 같은 종으로 취급되고, 그렇지 않았다면, 다른 종으로 취급한다. 그러므로, 종을 정의하는 유전적 방법은 생물군들이 생식적으로 서로 격리되었는지 아닌지의 객관적인 평가가 관여한다.

종을 정의하는 이런 두 가지 방법은 반드시 일치하지 않는다. 생물체들은 생식적으로는 격리될 수 있지만, 그들이 쉽게 알아볼 수 있는 표현형적 특징으로 구별되지 않을 수도 있다. 분류학에서 이런 생물체들은 하나의 종으로 간주될 것이지만 진화유전학에서 이들은 다른 종으로 간주할 것이다. 반대로, 생물체들이 다른 표현형적 특징을 가질 수도 있지만 그들이 생식적으로 격리되지 않을 수도 있다. 어떤 분류학자는 이런 생물체들을 다른 종으로 간주하지만, 진화유전학자들은 같은 종으로 간주할 것이다. 다른 생물체들이 생식적으로 격리될 수 있는지를 결정할 수 있을 때, 우리는 유전학적 종의 정의를 응용할 수 있다. 그렇지만, 이런 차이가 불가능할 때, 즉 예를 들어, 화석생물인 경우 우리는 분류학적 정의에 따를 수밖에 없다.

생식격리는 종의 진화적 정의의 중요한 열쇠가 된다. 동일한 영역에 서식하는 생물체 군은 다른 기작으로 인해 생식적으로 격리될 수 있다. *접합자 이전 격리기작*(*postzygotic isolating mechanism*)은 서로 다른 그룹의 개체들이 잡종자손을 생산하지 못하도록 한다. *접합자 이후 격리기작*(*postzygotic isolating mechanism*)은 생산된 어떤 잡종자손들도 그들의 유전자를 후속 세대에 전하지 못하도록 한다.

접합자 이전 격리기작은 다른 생물체 집단의 개체와는 교배를 못하게 하거나 이들 개체의 배우자와 결합하여 접합자를 만들지 못하게 한다. 예를 들어, 동일 지역에 서식하는 두 집단의 생물체는 그 지역 내 다른 서식지를 추구한다. 만약 서식지 추구가 강하게 작용하면, 두 집단의 개체들은 서로 거의 또는 전혀 접촉이 불가능하다. 그러므로 서식지 선호에 근거한 생태학적 격리는 잡종 접합자를 만들지 못한다. 생물체의 집단 간에 시간적 행동학적 요인으로 인해 생식적 격리를 일으킬 수 있다. 예를 들어, 생물은 다른 시기에 성숙될 수 있거나 다른 구애소리를 가질 수 있다. 생물체들이 성공적으로 교배가 일어나지 않거나 화분을 교환할 수 없거나 정자 또는 화분이 그들의 배우자의 생식조직에서 죽을 수도 있다. 만약 생태학적, 시간적, 행동학적 격리기작이 다른 생물과의 교배에 문제가 되지 않는다면, 그들의 생식기관이나 배우자에서 해부학적, 화학적 불화합성이 동일 지역을 점유하는 집단 간에 유전자 상호교환을 방지할 것이다.

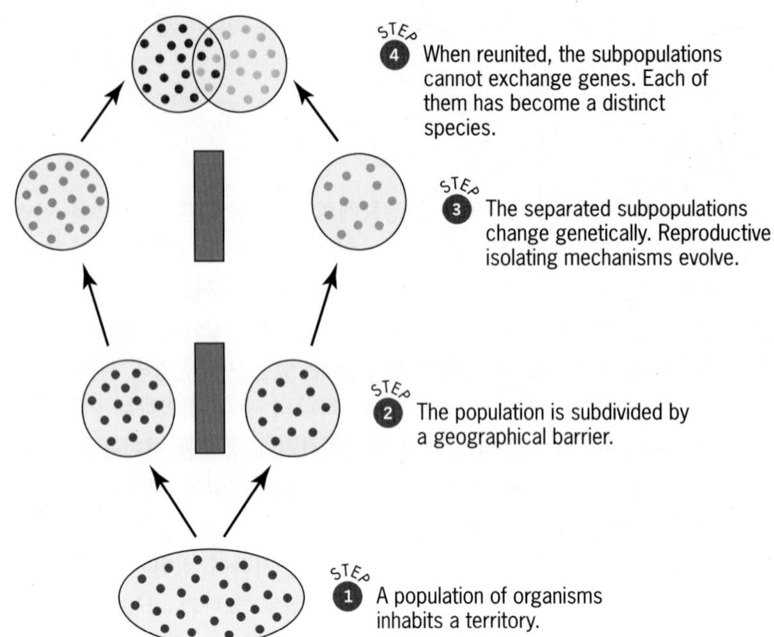

■ 그림 24.12 이소적 종 분화 과정.

접합자 이후 격리기작은 잡종 접합자가 생겨난 후 잡종의 생활력을 감소시키거나 잡종 임성에 해를 주어 작용한다. 다른 두 종간의 교배로 생겨난 접합자는 살 수 없을 수도 있고 또는 살더라도 성숙단계에 도달하지 못할 수도 있다. 만약 그들이 성숙단계에 도달할 수 있다 하더라도 그들은 기능을 가진 배우자를 만들지 못한다. 이런 여건들은 동일 영역에 서식하는 생물체 집단이 유전자를 상호 교환하는 것을 방지한다.

종 분화의 양식

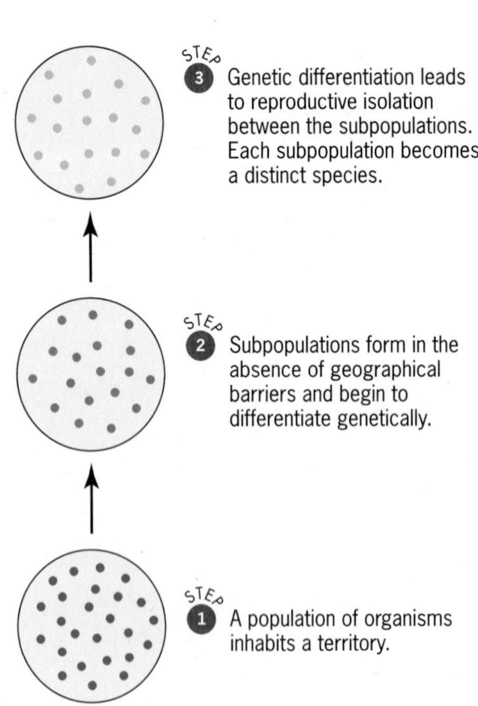

■ 그림 24.13 동소적 종 분화 과정.

종 분화에서 중요한 열쇠는 생물체의 집단이 서로 생식적으로 격리되는 하나 이상의 세부집단으로 나누어지는 것이다. 이런 일이 일어나는 가장 간단한 방법은 세부집단이 지리적으로 격리되어 독립적으로 진화하는 즉, 지리적 장벽이 세부집단을 만들어 시간이 지남에 따라 그들 자신의 유전적 변화를 이루는 것이다(■ **그림 24.12**). 그 후 만약 세부집단의 지리적 장벽이 없어져서 하나의 집단으로 되었을 때 그들이 축적한 유전적 변화에 의해 서로 서로 생식적으로 격리될 수도 있다. 예를 들어, 하나의 세부집단은 특정 영양원을 선호하는 쪽으로 진화하고 다른 세부집단은 다른 영양원을 선호하는 쪽으로 될 수도 있다. 두 세부집단이 하나의 영역에 다시 섞이더라도 그들의 뚜렷한 영양원 선호는 집단 간에 교배가 결코 일어날 수 없을 정도로 집단 내에 한계를 지을 수도 있다. 또 다른 가능성은 세부집단이 분리되어 있던 기간 중에 그들이 다른 생리적 과정이나 교배 양식으로 진화할 수도 있다. 세부집단이 다시 결합하였을 때, 그들은 서로 교배가 일어나지 않을 수도 있고, 만약 교배가 서로 가능하더라도 그들의 잡종은 살 수 없거나 임성이 없을 수도 있다. 어떤 원인이든지 간에 세부집단이 지리적으로 분리되어 있는 중에 생식적 격리를 일으키는 과정을 소위 **이소적 종 분화(allopatric speciation)**라고 한다.

세부집단이 지리적 격리가 일어나지 않아도 생식적 격리를 일으킬 수 있다는 것을 상상할 수 있다(■ **그림 24.13**). 아마 세부집단이 생태학적으로 특수하게 되어 그들이 다소 독립적으로 진화하거나 아니면 그들의 구성원이 선택적으로 교배하여 세부집단 간에 유전적 상호교환이 없거나 거의 또는 완전히 일어나지 않을 수도 있다. 동일지역에서 존재하는 세부집단들이 생식적 격리로 진화하는 과정을 **동소적 종 분화(sympatric speciation)**라고 한다.

■ 그림 24.14 하와이 군도에서 채집한 4종의 초파리. 위의 왼쪽부터 시계방향으로 *D. heteroneura*, *D. grimshawi*, *D. ornata*, *D. differens*이다. 여러 초파리 종들은 지난 수 백년 동안 태평양 안쪽이나 근처의 육지들과 멀리 떨어져 있는 하와이의 여러 섬들에서 진화해 왔다.

(*a*)

(*b*)

■ 그림 24.15 이소적 종 분화로 생겨난 것으로 보이는 콩새들. (*a*) 미국 서부에서 발견된 검은머리 콩새(*Pheucticus melanocephalus*). (*b*) 미국 동부에서 발견된 장미가슴 콩새(*P. ludovicianus*).

생식적 격리의 진화는 수천 년을 필요로 하기 때문에 연구하기가 쉽지 않다. 종 분화를 연구하는 대부분의 조사는 이미 종이 형성된 후인 분화 후(*post factum*)의 것을 수행한다. 종에서 수집한 자료를 근거로 하여 학자들은 그들이 생식적으로 어떻게 그리고 왜 격리되었는지를 결정하는 것이다.

이런 연구의 한 가지 이슈는 어떤 종이 이소적으로 아니면 동소적으로 진화했느냐에 관한 문제이다. 그들이 지리적으로 격리되어 있던 중에 생식적 격리기작이 발전하였는가 아니면 그들이 같은 영역에 있으면서 이런 기작이 생겨났는가? 보통 이런 문제는 확실히 풀어낼 수 없다. 그렇지만, 대부분의 진화유전학자들은 이소적 종 분화가 동소적 종 분화보다 더 잘 일어난다는 쪽으로 더 선호하는 경향이 있다. 예를 들어, 적은 수의 생물체가 먼 해양의 섬에 이주하여 거기서 그들이 가까운 육지의 원래 집단과는 독립적으로 진화한 하나의 집단을 만들었다고 생각해 보자. 섬의 집단은 시간이 지남에 따라 유의적으로 변화되어 결국 대륙에서의 아주 가까운 종과 생식적으로 격리될 수 있다. 순수하고 간단한 이소적 종 분화일 수 있는 이 시나리오는 대양의 섬들에서 여러 번 일어났을 수도 있다(**■ 그림 24.14**). 사실 다윈이 남아메리카 서부 해안에서 떨어져 있는 갈라파고스 섬에서 그가 관찰한 식물과 동물에 대한 설명으로 이소적 종 분화를 제안하였다. 사막과 산 등은 대륙을 나누어 놓았고, 강수의 감소는 호수와 하천을 격리시킬 수 있고, 땅 덩어리가 융기하여 해양을 갈라놓을 수도 있다. 이런 장벽으로 인해 세분된 집단들은 뚜렷하고 생식적으로 격리된 종으로 진화하기 위한 잠재력을 갖는다(**■ 그림 24.15**).

비록 이소적 종 분화는 오늘날 생존하는 종을 만드는 데 더 좋은 방법일 수는 있다 할지라도, 동소적 종 분화 역시 종 다양성에 기여하였다는 증거도 있다. 동소적 종 분화에 대한 가장 강력한 증거는 아프리카 중서부에 위치한 두 개의 작은 분화구 호수에 서식하는 한 담수어의 경우이다. 오늘날 이들 호수는 다른 중요한 수로에 의해 격리되어 있다. 그렇지만, 그렇게 오래되지 않은 과거에 주변 수계로부터 담수어가 분명히 합쳐졌다. 이들에서 지금 호수에서 서식하는 여러 종으로 진화하였다. 미토콘드리아 DNA서열의 분석은 각 호수에 서식하는 담수어종은 공통조상에서 유래하였고, 그들은 주변수계에서 나타나는 이 담수어보다 서로 더 근연임을 나타내고 있다. 각 호수의 물가는 모두 규칙적이고 그들이 옛날 언젠가 나누어진 흔적이 없는 것 같다. 따라서 분화구 호수는 동소적으로 다른 종으로 진화된 것이 틀림없다.

이 담수어는 열대 아프리카에 있는 많은 호수와 강에 서식하고 있으며, 특히 동부 아프리카의 큰 호수인 빅토리아 호수, 말라위 호수, 탕가니카 호수에서 약 1,500종 이상이 동정되었다. 서부 중앙아프리카의 작은 분화구 호수에서 이 담수어의 출현은 이런 큰 호수에서 어떤 종이 동소적으로 생겨났을 수도 있다는 가능성을 불러일으킨다. 이런 큰 호수의 이 담수어가 어떻게 진화하였는지를 결정하는 데는 더 많은 연구가 필요하다.

요점

- *진화유전학에서 한 종은 공동 유전자 풀을 공유하는 집단이다.*
- *집단 간의 생식격리의 발달은 종 분화과정의 중요한 열쇠가 된다.*
- *종 분화는 집단이 지리적으로 격리되거나(이소적) 동일영역에서 공존할 때(동소적) 일어날 수 있다.*

인류 진화

화석증거와 DNA염기서열분석은 현대인의 기원에 대한 정보를 제공해 주었다.

다윈이 1859년에 그의 진화론을 제창하고, 그 뒤 그가 더 원시적인 생물체에서 인류가 진화되었다는 것을 제창했을 때, 그는 커다란 논란을 일으켰다. 생물이 진화한다는 관념 특히 인류가 진화한다는 것은 많은 사람들에게 충격을 주었다. 150년에 걸쳐 많은 사람들이 인류의 진화과정에 대해 연구하였다. 고생물학자들은 현대인의 조상으로 여겨지는 생물화석을 분석하였고, 유전학자들은 인간과 가장 가까운 생물인 유인원간의 상호관계를 연구하기 위하여 DNA서열을 분석하였다. 다음 절에서 우리는 이런 분석에 대해 알아본다.

인간과 유인원

인간은 침팬지나 고릴라와 여러 가지 형태학적 면에서 구별이 된다. 원숭이는 현대인보다

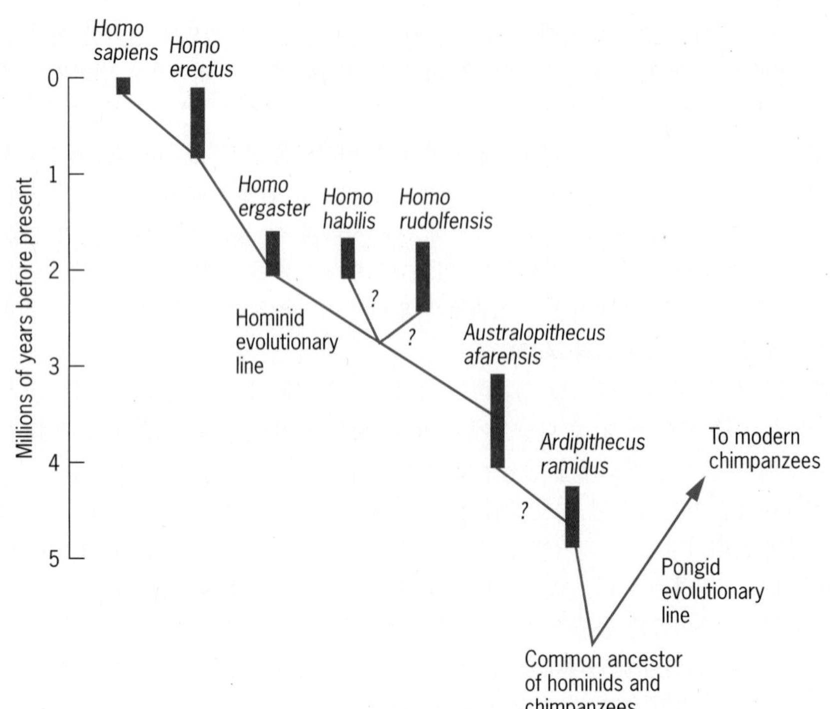

■ 그림 24.16 화석증거를 통해 밝혀진 인류의 조상들. 인류 진화 선은 사람과 침팬지의 공통조상에서 현대인으로 이어져 있다. 유인원의 진화선은 이 공통조상에서 침팬지로 이어져 있다. 인류 진화선에서 불확실한 것은 물음표로 나타내었다.

더 큰 송곳니와 앞니를 가지고 있고, 그들의 턱이 더 크고 무겁다. 원숭이의 뇌는 사람보다 더 작고 뇌와 척수가 연결되는 점은 사람보다 더 두개골 쪽에 위치한다. 원숭이 몸의 형태와 상대적인 비도 사람과는 서로 다르다. 원숭이에서 몸통은 밑으로 갈수록 더 넓은 반면, 사람은 어깨에서 허리까지 거의 같다. 원숭이의 다리는 사람의 다리에 비해 상대적으로 짧고, 골반은 서서 걷도록 되어있지 않다. 비록 원숭이는 두 다리로 서서 걸을 수 있지만, 그들은 오랜 시간 동안 서서 있을 수는 없다. 반면에 사람은 아기일 때를 제외하고는 두 발로 걷는다. 원숭이의 손과 발도 사람과는 다르다. 원숭이는 엄지가 떨어져 있고, 발은 두 발로 걸을 수 있도록 되어 있지 않다.

이런 형태학적 차이에도 불구하고, 사람과 유인원의 DNA는 아주 유사하다. 인간과 침팬지의 유전체를 변성과 재결합 기법으로 비교하였을 때, 99% 이상이 같다는 것을 알았다. 이런 고도의 동질성은 침팬지와 인간이 아주 가까운 관계에 있고, 그들은 진화의 시간을 보면 그렇게 멀지 않은 약 5-6백만 년 전에 공통조상에서 나누어졌다는 것을 암시하고 있다. 또 다른 유인원의 한 종인 고릴라는 인간과 침팬지의 관계 만큼 가깝지는 않다.

화석기록에서 인류의 진화

드물기는 하지만, 화석은 인간의 진화에 대한 중요한 정보를 제공해 주고 있다(■ **그림 24.16**). 인류 진화과정의 계통으로 생각되는 가장 오래된 화석은 그들이 400-500만 년 전에 형성되었던 동부 아프리카에서 나타났다. 이들 첫 번째 사람과 흡사한 생물체를 호미닌 *Ardipithecus ramidus*라고 하였다. 그 후 화석기록에서 300-400만 년 전의 것으로 보이는 또 다른 인간과 같은 생물인 호미닌이 발견되었다. *Australopithecus afarensis*로 알려진 이 생물은 키가 1-1.5m정도이고 최소한 짧은 거리는 서서 걸을 수 있었다. Lucy로 알려진 화석이 바로 이 생물체의 표본이다.

*Homo sapiens*로서 같은 속으로 분류되는 첫 번째 생물체는 200-250만 년 전에 나타났다. 두 종류는 *H. rudolfensis*와 *H. habilis*라고 불리었다. 원시 인간에 속하는 이들 두 종은 원숭이와 많이 닮았다. 그렇지만, *Australopithecus*와 비교하면 척수가 열린 부위가 두개골의 중간 부근이고, 두개골 자체는 모든 인간의 조상으로 생각되는 생물과 같이 길이는 짧고 폭은 넓다. 그럼에도 불구하고 많은 고생물학자들은 이들 두 종이 *Homo* 속에 속하는 것을 의문시하여 왔고, *Australopithecus* 속에 이들을 재분류해야 한다는 일부의 견해도 있다.

150-190만 년 전 사이에 또 다른 호미닌이 화석기록에서 나타났다. *Homo ergaster*라고 하는 이 생물체는 현대인간과 비슷한 체형과 팔 다리의 형태를 가졌으며, 그들의 턱과 치아도 인간과 비슷하다. 따라서 *Homo ergaster*는 *Homo* 속에 확실히 넣을 수 있는 첫 번째 생물이다.

초기의 이런 화석은 모두 아프리카에서 발견되었다. 아프리카가 아닌 다른 지역에서 화석이 된 첫 번째 호미닌 종은 *Homo erectus*이다. 약 100만 년 전에 형성된 이 화석은 캐나다와 인도네시아에서 발견되었다. 따라서 *H. erectus*는 널리 퍼져 살았었고, 유럽, 아시아, 아프리카에서 고대 인류 집단으로 생겨났다. 가장 잘 알려진 고대 인류는 네안데르탈인인데 유럽과 극동에서 수백만 년 전에 생겨난 종이다. 사실, 그들은 현대인으로 진화한 집단과 하나의 경쟁자였고, 결국 그들은 경쟁에서 졌고 멸종되었다.

현대인은 유럽, 아시아, 아프리카에서 각각 존재하였던 인류의 조상에서 동시에 진화하였거나, 아니면 하나의 대륙, 즉 아마도 아프리카에서 진화하여 다른 지역으로 전파되었을 것이다. 화석의 증거로는 이들 두 가설을 구분할 수 없다. 그렇지만, 현존하는 인간의 DNA 염기서열을 연구하여 얻은 유전적 증거는 이들을 검정하는 방법을 제시하고 있다.

DNA 염기서열 변이와 인류의 기원

유전적 자료를 이용하여 학자들은 현존하는 인간 집단 간의 상호관계를 조사함으로써 인간의 진화를 연구할 수 있었다. 아주 관련이 있는 집단은 멀리 떨어져 있는 집단에서 공유하

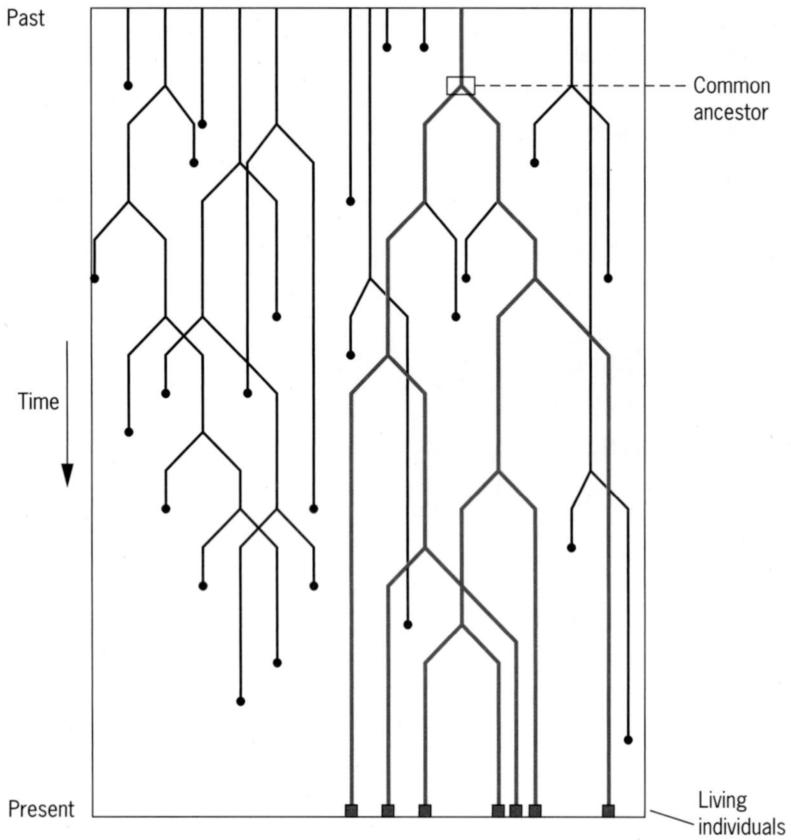

■ 그림 24.17 병합과정. 만약 현존 개체들에서 발현되는 DNA서열 계통이 과거로 추적될 수 있다면, 이들은 하나의 공통조상들로 병합된다. 이런 계통선들이 시간선에서 붉은색으로 강조되어 있다. 과거의 다른 DNA서열들은 현존하는 개체들에서 나타나지 않는다; 사라진 각 시간선들은 점으로 표시되어 있다.

지 않은 유전적 성질을 공유하고 있었다. 따라서 유전자, 유전자 산물, DNA염기서열을 분석함으로써 이런 인종간의 관계를 결정하고 그들을 진화적 계통수에 배열할 수 있다. 유전적 분석은 인간의 진화 역사에서 중요한 사건을 해독하는 데도 이용할 수 있다.

인간의 진화를 연구하기 위하여 혈액형, 알로자임 다형성, RFLP, 직렬반복서열 길이의 변이, DNA염기조성의 변이 등 여러 가지 유전적 변이를 이용할 수 있다. 핵과 미토콘드리아 모두의 유전적 변이를 조사하였다. 핵의 유전체는 인간 다형현상의 장점을 가지고 있지만, 미토콘드리아 유전체는 특히 여자를 통해서만 전해지는 독특한 장점이 있다. 그러므로 미토콘드리아 DNA의 변이는 인간의 진화 역사에서 모성계보를 추적할 수 있는 방법을 제공해 준다.

다른 종과 비교하여 보면, 인간은 유전적으로 아주 균일하다. 뉴클레오티드 수준에서, 사람은 침팬지의 유전적 변이의 약 1/4를 가지고 있고 초파리와는 약 1/10이다. 또한, 인간에서의 유전적 변이의 대부분, 즉 85–95%는 집단 간보다는 집단 내의 변이이다.

인간집단에서 유전적 변이가 상대적으로 적거나 없다는 것은 진화과정 중에 인간집단의 유전적 유효크기가 작았다는 것, 즉 10,000–100,000명 정도라는 것을 의미한다. 통계조사는 이보다 훨씬 클 수도 있지만, 기아, 질병, 기후의 악조건 등으로 인해 이러난 교배양식, 생식에 대한 제한, 크기에서의 병목현상은 분명히 100,000명 이하의 유효 집단크기를 유지하게 하였다. 이런 집단에서, 무작위 유전적 부동은 선택적으로 중립인 대립유전자들에 대한 변이의 평형수준을 결정하는 데 돌연변이보다 더 강하게 작용한다(23장 참조).

여러 인간집단을 대상으로 유전적 변이를 분석하였을 때, 아프리카 사람들이 다른 사람들보다 변이가 크다는 것을 알았다. 아프리카 집단에서 유전적 변이의 누적이 크다는 것은 이들 집단이 가장 오래되었다는 것, 즉 인류는 아프리카에서 기원하여 다른 대륙으로 퍼져 나갔다는 가설과 일치한다는 것을 암시한다. 이 가설에 대한 그럴듯한 증거가 여러 인간집단의 미토콘드리아 DNA염기서열 연구에서 나타나고 있다. 살아있는 사람들의 염기서열을 비교하여 봄으로써 모든 현존하는 서열이 생겨난 조상서열을 추적할 수 있다. 이 조상서열은 그들 모두의 공통조상, 즉 한 개체로 모을 수 있다(■ **그림 24.17**). 그 후 조상서열과 현존서열 간에 일어났던 돌연변이 수를 계산하고, 이들을 알고 있는 돌연변이 비율로 이 수를 나눔으로써 공통조상이 존재한 이후 경과된 시간을 계산할 수 있다.

이런 종류의 분석을 미토콘드리아 DNA염기서열로 수행하였을 때, 현대인과 공통조상이 살았던 시간과의 경과된 시간은 10만 내지 20만 년 전인 것으로 계산되었다. 남자를 통해서만 유전이 되는 Y 염색체에 대한 DNA염기서열의 분석에서도 유사한 결과를 얻었다. 따라서 병합원리(coalescent principle)는 모든 현대인은 10–20만 년 전에 살았던 부모의 공통조상의 후예임을 암시하고 있다. 그렇지만, 이 결과는 이들 공통조상이 단지 먼 옛날에 살았던 단지 두 사람이라는 의미는 아니다. 틀림없이 다른 사람들도 같이 살았을 것이다. 하지만 그들의 유전적 계보, 즉 여자인 경우는 미토콘드리아에서 남자인 경우는 Y 염색체에서의 계보는 없어졌다. 병합방법(coalescent method)으로 현재의 DNA염기서열은 미토콘드리아나 Y 염색체 계보가 살아있고 돌연변이의 무작위 과정으로 다소 수정은 되었겠지만 사람을 통해 사람이 퍼지게 된 과정을 역으로 추정할 수 있다.

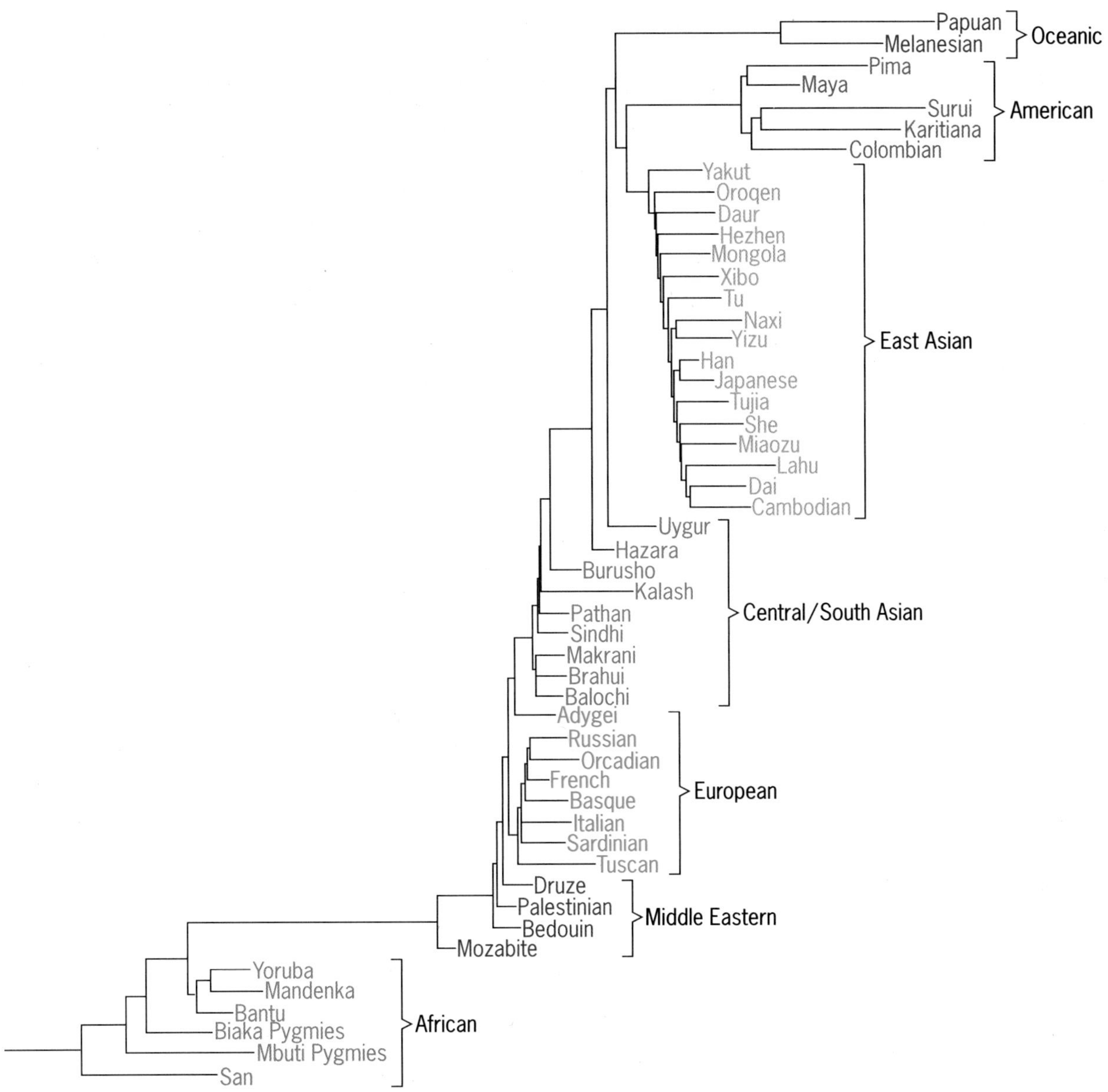

■ 그림 25.24 단일 뉴클레오티드 다형현상 분석에 기초한 인류 집단의 계통도.

이들 미토콘드리아와 Y-연관 DNA 염기서열을 이용한 이런 분석에 지금 상염색체의 DNA 염기서열 분석을 추가하고 있다. 최근의 한 연구는 전 세계 51개 다른 집단에서 900명 이상의 사람 유전체에서 단일 뉴클레오티드 다형현상을 분석하였다(■ 그림 24.18) 이들 분석에 따르면, 현대인은 비교적 최근에 생겨났고 아프리카의 고대 인간집단에서 기원되었다는 것이다. 아프리카에서 사람이 아시아, 유럽으로 이주해 가고 나중에 호주와 미 대륙으로 옮겨가서 결국은 온 지구를 지배하게 되었다고 생각한다.

요점

- *화석 증거로 보아 현대인의 가장 최근의 조상은 아프리카에서 4–5백 만 년 전에 진화되었다.*
- *유전적 증거로 보아 현대인은 아프리카에서 약 10–20만 년 전에 나타나서 다른 대륙으로 퍼져 나갔다.*

기초 연습문제

기본적인 유전분석 풀이

1. 네빈 애스핀월(Nevin Aspinwall)은 미국 알래스카에서 워싱턴까지 북부의 서북해안으로 흐르는 강에서 채집한 연어에서 α-glycerophosphate dehydrogenase(α-GPDH)를 암호화하는 유전자에 대해 전기영동으로 구분이 가능한 대립유전자의 빈도를 조사하였다(1974, *Evolution* 28: 295–305). 본 연구에서 α-GPDH는 빨리 이동하는 것, 느리게 이동하는 것, 그리고 잡종의 알로자임을 확인하였다. 즉 빠르거나 느리게 이동하는 알로자임은 그 유전자의 다른 대립유전자에 의해 암호화되고, 잡종인 알로자임은 이들 대립유전자에 대해 이형접합성인 어류에서 만들어졌다. 워싱턴의 Dungeness강의 표본에서 Aspinwall은 32마리에서는 느리게, 6마리는 잡종이고 1마리에서는 빠른 알로자임을 관찰하였다. 이 지역의 표본에서, 빠른 대립유전자와 느린 대립유전자의 빈도는 얼마인가?

답: Dungeness강에서 잡은 39마리의 표본들은 각각 α-*GPDH* 유전자 두 카피를 가지고 있다. 빠른 대립유전자의 빈도는 $(2 \times 1 + 6)/(2 \times 39) = 0.10$이고, 느린 대립유전자 빈도는 $1 - 0.10 = 0.90$이다.

2. 세 종류의 생물의 진화적 상호관계는 얼마나 많은 종류의 두 갈래로 나누어지는 근계통수를 만들 수 있는가?

답: 만약 각 생물을 A, B, C라고 한다면 3종류의 근계통수가 그들 간의 상호관계를 보여 줄 것이다.

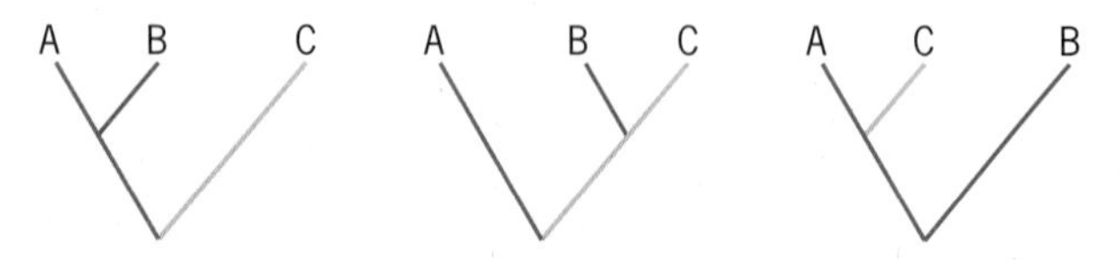

3. 사람과 말의 α-글로빈 폴리펩티드는 141개의 아미노산에서 18개가 다르다. 사람과 말의 계통이 공통조상에서 나누어진 후 발생한 폴리펩티드의 부위 당 아미노산 평균 치환은 얼마인가? 만약 포유류 중 α-글로빈의 진화비율이 0.74치환/부위/10억 년이라고 한다면, 사람과 말의 공통조상에서 경과한 기간은 얼마인가?

답: 사람과 말의 α-글로빈의 차이는 18/141 = 0.128/아미노산이다. 사람과 말의 α-글로빈이 독립적으로 진화한 이래 부위 당 일어난 아미노산 치환의 평균수를 얻기 위하여, 우리는 Poisson수정(부록 E: 진화비율 참조)을 수행한다. $-\ln(1 - 0.128) = 0.136$치환/부위임을 알 수 있다. 그 다음 사람과 말의 공통조상 이후 경과한 기간을 계산하기 위하여, 우리는 0.136 아미노산 치환/부위를 포유류의 계산된 진화비율 (0.74아미노산 치환/10억 년)로 구할 수 있으며, 0.136/0.74 = 1억 8천 4백만 년이다. 이 시간 간격은 말과 사람 사이의 것으로, 공통조상에 존재했던 이후의 시간을 구하기 위해서는 똑같이 나누어야 한다. 따라서 2로 나누면 9천 2백만 년이 된다.

4. 분자 진화의 중립설에 근거하면 무작위 유전적 부동에 의해 집단에서 선택적으로 중립인 돌연변이가 고정될 수 있는 비율은 얼마인가?

답: 선택적으로 중립인 돌연변이의 고정 비율은 이들 돌연변이가 일어나는 비율이다.

5. 종의 유전적 정의는 무엇인가?

답: 종은 다른 집단과 생식적으로 격리된 집단이다. 즉, 다른 집단과 유전자를 상호 교환할 수 없다.

지식검사

서로 다른 개념과 기술의 통합

1. 알래스카에서 워싱턴 주까지 강에 서식하는 연어의 알로자임 연구에서, Nevin Aspinwall은 1969년, 1970년, 1971년에 포획한 성체 연어의 자료를 모았다. 연어는 강에서 부화한 후 9개월 후 대양으로 이주하여 체구가 커진다. 그들은 2년이 지나면 그들이 부화한 강으로 되돌아와서 죽게 된다. 2년이란 수명으로 인해 연어는 상호교배가 일어날 수 없는 기수 년과 우수 년 연어로 나누어진다. Aspinwall은 기수 년에 잡은 연어 중에 870마리는 α-*GPHD*의 느린 대립유전자에 대해 동형접합성이고, 17마리는 빠른 대립유전자에 대해 동형접합성이고, 231마리는 이형접합성이라는 것을 알았다. 우수 년에 잡은 연어 중에 649마리는 느린 대립유전자에 대해 동형접합성이고, 45마리는 빠른 대립유전자에 대해 동형접합성이고 309마리는 이형접합성이었다. 이들 자료에서 흥미로운 점은 무엇인가?

답: Aspinwall이 요약한 자료에서 우리는 α-*GPHD* 유전자의 빠른 대립유전자의 빈도를 기수 년과 우수 년 별로 계산할 수 있다. 기수 년 집단에서 빈도는 (2 × 17 + 231)/(2 × 1118) = 0.119 이고, 우수 년 집단에서 빈도는 (2 × 45 + 309)/(2 × 1003) = 0.199이다. 따라서 우수 년 집단에서 빠른 대립유전자 빈도가 기수 년 빈도보다 거의 두 배나 높다. 두 연어 집단은 동일지역에 서식하기 때문에 그들은 아마 동일한 선택압을 받는다. 따라서 이들 집단 사이에서 관찰된 두 대립유전자 빈도의 차이는 무작위 유전적 부동에 의해 달라진 것이라고 본다.

2. 아래 표는 시토크롬 c 분자에서 아미노산 차이의 수를 나타내고 있다.

	다랑어	누에	밀
사람	20	26	35
다랑어		27	40
누에			37

만약 이들 분자 간에 비교할 수 있는 아미노산 부위의 수가 110 이라면, 각 쌍의 생물의 진화 중 부위 당 일어난 아미노산 치환의 평균수는 얼마인가? 척추동물에서 시토크롬 c의 진화비율은 얼마인가? 만약 척추동물의 진화비율을 다른 시토크롬 c분자에 응용할 수 있다면, 공통조상으로부터 곤충과 어류는 얼마 전에 분지하였는가? 동물과 식물은 공통조상으로부터 분지한지 얼마나 되었는가?

답: 부위 당 아미노산 치환의 평균수를 계산하기 위하여 우리는 먼저 관찰된 차이를 시토크롬 c분자의 전체 부위인 110으로 나누어 대조되는 생물체에 대한 아미노산 차이의 비율을 계산하여야 한다. 그 후 우리는 Poisson수정(부록 E: 진화비율 참조)을 이용하여 부위 당 아미노산 치환의 평균수를 계산한다. 만약 두 생물체간의 시토크롬 c분자의 아미노산 차이의 수를 *d*라고 한다면, 부위 당 아미노산 치환의 평균수는 $-\ln(1 - d)$란 공식으로 얻어진다. 아래 표에서 아미노산 차이의 비율은 검은 색으로 부위 당 아미노산 치환의 평균수는 적색으로 나타내었다.

	다랑어	누에	밀
사람	0.18	0.24	0.32
	0.20	0.27	0.38
다랑어		0.24	0.36
		0.28	0.45
누에			0.34
			0.42

척추동물의 진화비율을 계산하기 위하여 우리는 사람과 다랑어의 시토크롬 c들을 비교하여야 한다. 관찰된 아미노산 차이의 비는 0.18이고, 부위 당 아미노산 치환의 평균수는 0.20으로 약간 높다. 화석기록에서 어류(다랑어로 나타냄)와 사지류(사람으로 나타냄) 계통은 4억 4천만 년 전에 분지하였다. 이들 두 계통의 진화 경과 시간은 2 × 4억 4천만 년 = 8억 8천만 년이다. 우리는 부위 당 아미노산 치환의 평균수를 전체 경과된 기간으로 나눔으로써 시토크롬 c에서 부위 당 아미노산 치환 평균수를 얻는다. 즉, 부위 당 0.20 아미노산 치환/ 8억 년 = 0.23 아미노산 치환/부위/10억 년이다.

만약 이 비율이 사지류, 어류, 곤충, 식물에 공히 적용된다고 가정하고 즉, 분자시계로 간주한다면, 우리는 어류와 곤충 계통, 동물과 식물이 공통조상으로부터 분지된 후 경과된 기간을 계산할 수 있다. 어류와 곤충의 공통조상에 대해 우리는 다랑어와 누에의 시토크롬 c분자들을 비교하면 된다. 아미노산 차이의 관찰된 비는 0.24이고 계산된 아미노산 치환 평균수는 0.28이다. 이 평균을 시토크롬 c의 계산된 진화비율 (0.23/부위/10억 년)로 나누면 전체 경과된 기간을 알 수 있다. 즉, 부위 당 0.28치환/10억 년 마다 부위 당 0.23치환 = 12억 년이다. 우리는 이 기간을 어류와 곤충의 경과기간으로 나누어야만 한다. 따라서 그들이 공통조상으로부터 분지한 시기는 6억 년 전이다. 동물과 식물에 대해서 보면 우리는 누에와 밀의 시토크롬 c 사이를 비교하면 된다. 아미노산 차이의 관찰 비율은 0.34이고 부위 당 아미노산 치환 평균수는 0.42이다. 시토크롬 c의 진화의 계산된 비율로 평균을 나누면, 전체 경과된 기간은 1억 8천 2백만 년이고 이를 두 계통으로 나누면 공통조상에서 분지한 후 경과된 기간은 9억 1천만 년이다.

3. 미국인 3그룹 간의 단일 뉴클레오티드 다형현상(SNPs)에 대한 많은 분석에서, David Hind 등(2005, *Science* 307: 1072-1079)은 마이크로어레이 기법으로 검사한 1,586,383개의 SNP 중에 23명의 미국 흑인은 93.5%, 24명의 유럽계 미국인은 81.1%, 24명의 동양계 미국인에서는 73.6%가 분리되었다. 이 자료는 이들 3그룹에서 유전적 다양성에 대해 무엇을 나타내고, 사람의 진화역사에 대해 오늘날의 관점과 어떤 관계에 있는가?

답: 만약 우리가 집단에서 분리되는 SNP의 백분율을 유전적 다양성의 지표로 이용한다면 아프리카 흑인 그룹이 연구한 3그룹 중에 가장 다양하다. 아프리카 흑인이 가장 다양하다는 사실은 현대인이 아프리카에서 기원하였단 개념과 일치한다. 모든 현대인의 집단 중 가장 오래된 아프리카 집단은 가장 오랫동안 유전적 변이를 축적하였다.

연습문제

이해력 증진과 분석력 개발

24.1 Charles Darwin에게 종이 시간이 지남에 따라 변화한다고 생각하게 한 증거들은 무엇인가?

24.2 다윈은 종이 자연선택에 의해 진화한다고 강조하였다. 그의 학설에서 중요한 결점은 무엇인가?

24.3 표 24.1을 이용하고 결혼이 혈액형에 대해 무작위로 일어난다고 가정한다면, 미국 남부와 영국인 집단에서 Duffy혈액형 유전자좌위의 3가지 유전자형의 빈도를 계산하라.

24.4 Theodosius Dovzahnsky 등은 미국 서부지역에 서식하는 *Drosopila pseudoobscura*와 그 자매 종에 대한 염색체 다형현상을 연구하였다. Siera Nevada주의 요세미티 지역의 여러 곳에서 채집한 *D. pseudoobscura*의 3번 염색체 다형현상의 연구에서 Dovzahnsky는 다음과 같은 빈도의 ST형을 발표하였다.

지역	ST빈도	고도(피트)
Jacksonville	0.46	850
Lost Claim	0.41	3,000
Mather	0.32	4,600
Aspen	0.26	6,200
Porcupine	0.14	8,000
Tuolumne	0.11	8,600
Timberline	0.10	9,900
Lyell Base	0.10	10,500

이들 자료에서 흥미로운 점은 무엇인가?

24.5 초파리의 알코올 탈수소효소 유전자의 유전적 변이가 가능한 전기영동 실험 조사에서 한 연구자는 두 가지 형 즉, F(빨리 이동하는 형)와 S(느리게 이동하는 형)가 집단에 존재함을 알았다. 32개체는 *F*대립유전자에 대해 동형접합성이고, 22개체는 S대립유전자에 대해 동형접합성이고, 나머지 46개체는 *F*와 *S*로 된 이형접합성이었다. 이들 관찰된 유전자형의 빈도는 하디-바인베르크 평형집단이라는 가정과 일치하는가?

24.6 한 학자가 어류집단에서 한 염색체의 특정 부위에 미세부수체 반복서열을 PCR을 이용하여 증폭하여 유전적 변이를 연구하고 있다(16장 참조). 아래 도형은 10종의 다른 어종에서 DNA를 증폭하고 전기영동을 수행한 것을 나타내고 있다. 미세부수체 유전자좌위의 대립유전자 수는 젤에 나타난 것으로 보아 몇 개 이겠는가?

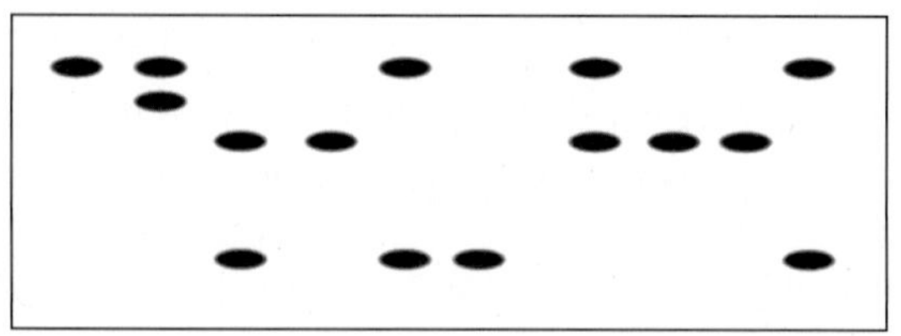

24.7 어떤 유전자의 암호화 부위 내에서 침묵다형현상을 가장 찾기 쉬운 곳은 어디일까?

24.8 인트론에 있는 뉴클레오티드의 서열이 엑손의 뉴클레오티드 서열보다 왜 다형현상이 많은가?

24.9 DNA와 단백질 분자는 "진화역사의 증거물"이다. 왜 전분, 셀룰로오즈, 글리코겐같은 복잡한 탄수화물 분자는 "진화역사의 증거물"로서 고려하지 않는가?

24.10 한 유전학자가 4개체에서 클로닝한 유전자의 염기서열을 분석하였다. 4개의 클론은 몇 가지 염기쌍의 차이, 결실(gap), 전이인자 삽입(TE)를 제외하고는 동일하였다.

Sequences

1	G/C	gap		TE
2		gap	A/T	TE
3	C/G	gap	T/A	
4	A/T		C/G	G/C

이 정보를 이용하여, 다음 계통수에서 4종류의 염기서열(1, 2, 3, 4)의 편차를 설명하는 데 필요한 돌연변이의 최소수를 계산하라.

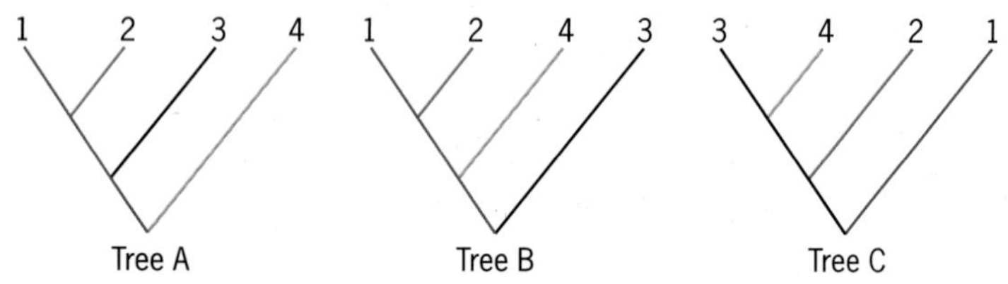

이들 계통수 중 어느 것이 4종류의 DNA염기서열의 진화 역사에 대해 가장 적합한 설명인가?

24.11 헤모글로빈의 헴 기는 글로빈 폴리펩티드에 있는 히스티딘들에 의해 자리를 잡는다. 모든 척추동물의 글로빈은 이 히스티딘들을 가진다. 분자 진화의 중립설의 관점에서 이런 관찰을 설명하라.

24.12 척추동물의 진화역사의 초기에 시원 글로빈 유전자는 α-글로빈과 β-글로빈 유전자를 만들기 위해 중복되었다. 이들 중복된 유전자들에 의해 암호화된 폴리펩티드의 진화율은 매 10억 년마다 부위 당 0.9 아미노산 치환으로 계산되었다. 사람의 α-글로빈과 β-글로빈 부위 당 아미노산 치환 평균수가 0.800인 것과 비교하여 α-글로빈과 β-글로빈 유전자를 만든 중복 사건이 언제 일어났는지를 계산하라.

24.13 RNA를 분해시키는 단백질인 리보뉴클레아제는 124개의 아미노산으로 되어 있다. 소와 쥐에서 이 효소의 아미노산 서열을 비교한 결과 40개의 차이가 있었다. 이들 두 진화계통에서 부위 당 일어난 아미노산 치환 평균수는 얼마인가? 만약 소와 쥐 계통은 8천만 년 전에 공통조상에서 분지되었다면, 이 효소의 진화율은 얼마인가?

24.14 만약 무작위 교배 집단이 한 유전자에 대해 *n*개의 선택적으로 중립인 대립유전자로 분리되고, 각 대립유전자는 동일 빈도를 가진다면, 집단 내에서 모든 동형접합성의 빈도는 얼마인가?

24.15 만약 단백질에서 아미노산의 진화비율이 *K*라고 한다면, 이 단백질에서 연속적인 아미노산 치환들 간의 평균 기간은 얼마인가?

24.16 초파리의 알코올 탈수소효소(*Adh*)유전자의 암호화 서열은 765 뉴클레오티드(255 코돈)이다. 즉, 이들 뉴클레오티드 중 192개는 기능적으로 침묵 돌연변이로, 다시 말하면 Adh 폴리펩티드에서 아미노산 변화를 일으키지 않고 변화될 수 있다. Martin Kreitman은 192개의 뉴클레오티드 중 13개가 다형적임을 관찰하였다. 만약 *Adh*유전자에서 침묵이 아닌 뉴클레오티드에서도 같은 수준의 다형현상이 일어난다면, 그가 연구한 집단에서 얼마나 많은 아미노산 다형현상이 나타날 것인가?

24.17 피브리노펩티드와 히스톤 3의 진화비율에서 1000배의 차이가 있다는 것을 어떻게 설명할 수 있는가?

24.18 한 유전학자가 A, B, C 3종에서 한 유전자의 서열을 연구하였다. 종 A와 B는 자매종이고 종 C는 유연관계가 더 멀다. 유전학자는 유전자의 암호화 부위에서 동의 뉴클레오티드 치환(S)에 대한 비동의 뉴클레오티드 치환(NS)의 비를 다음 두 가지 과정으로 계산하였다. 첫째는 종 A와 C의 유전자 서열을 비교하였고, 두 번째는 종 B와 C의 유전자 서열을 비교하였다. 종 B와 C의 비교에서 NS:S비는 종 A와 C의 비교에서의 비보다 6배나 더 컸다. NS:S의 비에서 이런 차이는 무엇을 암시하는가?

24.19 전이인자와 같이 산재되어 반복되는 서열은 유전체 내에서 짧은 부위를 중복시키는 데 중요한 역할을 한다. 그 기작을 설명할 수 있겠는가? (17장 참조)

24.20 엑손 뒤섞기는 복합 단백질을 암호화할 수 있는 하나의 연속된 서열로 되도록 다른 유전자의 엑손들이 결합하는 기작이다. 대체 스플라이싱(alternate splicing)은 한 유전자의 형질발현 중에 엑손을 빠지게 하는 기작이다. 즉, 대체 스플라이싱에 의해 생성된 여러 mRNA는 다르지만 유사한 폴리펩티드를 암호화할 수 있다(19장 참조). 이들 두 기작은 진핵생물의 유전체에서 유전자 수에 대해 어떤 관계를 설명할 수 있는가? 이런 기작은 토양선충의 유전자 수가 사람의 유전자 수와 왜 큰 차이가 없는지를 설명할 수 있게 하는가?

24.21 *Drosophila mauritiana*는 인도양의 Mauritus섬에 서식하고 근연종인 *Drosophila simulans*는 전 세계에 널리 분포한다. 이 두 종이 다른 종인지를 결정하기 위하여 어떤 실험적 검사를 수행하여야 하는가?

24.22 종 분화에 대해 이소적과 동소적 분화를 구별하라.

24.23 초파리에서 *prune*(*pn*)이라는 유전자는 X-연관이다. 이 유전자의 돌연변이 대립유전자는 눈을 적색이 아닌 갈색으로 만든다. 큰 상염색체 상에 존재하는 또 다른 우성 돌연변이 대립유전자는 반접합성이거나 동형접합성인 *pn* 초파리를 죽게 한다. 이 우성 돌연변이 대립유전자는 *Killer of prune*(*Kpn*)이라고 한다. 이와 같은 돌연변이 초파리는 집단 간의 생식적 격리에서 어떤 역할을 하는가?

24.24 한 사람의 어느 DNA 단편은 다른 사람의 동일한 DNA 단편과 여러 개의 뉴클레오티드 위치에서 차이가 있을 수 있다. 예를 들면, 한 개체는 그 서열이 … A … G … C …이고 다른 개체의 서열은 … T … A … A …일 수가 있다. 이들 두 개의 뉴클레오티드는 3곳에서 서열의 차이가 있다. 각 단편 내의 뉴클레오티드들은 아주 강하게 연관되어 있어 그들은 재조합에 의한 뒤섞임이 없이 하나의 단위로써 유전되는 경향을 보일 수가 있다. 우리는 이것을 유전성 DNA 반수체형(단상형, haplotype)이라고 한다. 표본채집과 DNA염기서열을 통해 학자들은 DNA 반수체형이 특정 집단에서 존재하는 것을 결정할 수 있다. 예를 들어, 미토콘드리아 DNA의 어떤 단편의 염기서열을 결정하여 이런 분석을 수행하였을 때, 아프리카인의 표본이 다른 대륙의 표본보다 더 다양함을 발견하였다. 이 결과는 인류 진화에 대해 무엇을 말해 주는가?

Appendix A
확률의 법칙

확률 이론은 사건의 빈도를 설명한다 — 예를 들어, 동전을 던져 앞면이 나올 확률, 한 벌의 카드에서 에이스를 꺼낼 확률, 혹은 두 명의 이형접합자들 사이의 교배에서 우성 동형접합자가 나올 확률 등이다. 이러한 경우 사건이란 동전을 던지거나, 카드를 뽑거나, 혹은 자손을 생산하는 과정들의 결과를 뜻한다. 모든 사건의 집합을 *표본공간(Sample space)*이라고 부른다. 동전 던지기의 경우, 표본공간은 앞면과 뒷면의 두 가지 사건만을 포함한다; 카드 뽑기라면, 한 개의 카드 당 하나씩 52개의 사건을 포함한다; 이형접합자 커플이 자손을 생산하는 경우라면, *GG*, *Gg*, 그리고 *gg*의 3가지를 포함한다. *한 사건의 확률이란 표본공간에서 그 사건이 차지하는 빈도를 포함한다.* 예를 들어 이형접합자들 사이의 교배에서 각 자손들이 나올 확률은 각각 1/4(*GG*), 1/2(*Gg*), 1/4(*gg*)이다.

확률과 관련하여 2종류의 질문이 종종 제기된다; (1) A와 B 사건이 동시에 일어날 확률은? (2) A 사건과 B 사건 중 적어도 한 가지 사건이 일어날 확률은? 첫 번째 질문은 두 사건의 동시 발생을 묻는 것이므로 질문의 조건을 만족시키기 위해서는 A와 B가 동시에 일어나야만 한다. 두 번째 질문은 덜 엄격한 조건으로, A나 B가 발생하면 다음 질문을 만족할 것이다. 이들 두 질문의 서로 다른 의미를 설명하기 위해 다음과 같은 간단한 그림을 살펴보자.

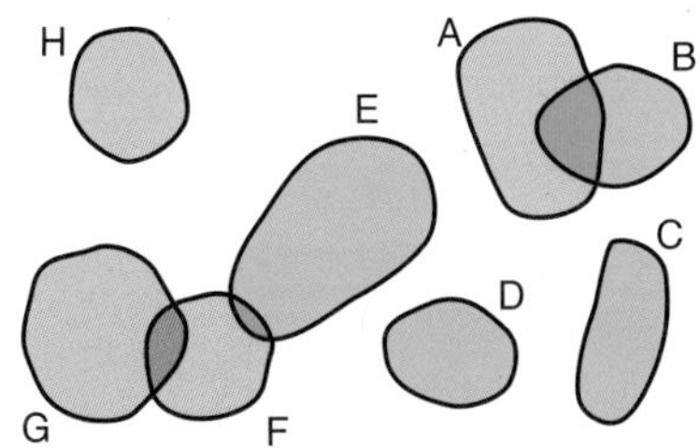

이 그림의 모양들은 표본 공간들의 사건들을 나타내는 것이고, 각 모양들의 크기는 상대적인 빈도를 나타낸다. 모양들이 겹쳐진 곳은 두 사건이 동시에 나타나는 것이다. 만약 사건들이 겹치지 않는다면, 그들은 절대로 동시에 일어날 수 없다. 처음 질문은 A와 B가 동시에 일어날 확률을 찾는 것이다; 이 확률은 두 사건들이 겹쳐진 부분의 크기에 의해 표시된다. 두 번째 질문은 A나 B가 일어날 확률을 묻는 것이었으므로, 이 확률은 두 사건의 연결된 부분에 의해 계산된다. 물론, 둘 사이의 겹친 부분까지를 포함하는 것이다.

곱셈의 법칙: 만약 A와 B가 독립적으로 일어난다면, 두 사건이 동시에 일어날 확률은 P(A and B)로 표시되며 P(A) × P(B)로 계산한다.

여기에서 P(A)와 P(B)란 각 사건들의 확률을 뜻한다. 독립적이라는 것이 그들이 표본공간에서 겹치지 않는다는 것을 뜻하지는 않는다. 사실상, 연결되지 않은, 즉, 겹치지 않는 사건들은 독립적이지 않다. 한 사건이 일어나면 다른 사건은 일어날 수 없다. 확률 이론에서는, 독립적이란 말은 한 사건이 다른 사건에 대해 아무런 정보를 제공하지 않는다는 뜻이다. 예를 들어, 카드 한 벌에서 한 장의 카드를 뽑는 경우 에이스가 나와도 우리는 그 카드

짝패에 대해 아무런 정보도 얻을 수 없다. 그러므로, 하트의 에이스를 뽑는 것은 서로 다른 두 가지의 독립사건들이 동시에 발생한 것이다. 즉, 그 카드는 에이스(A)이면서, 하트(H)이다. 곱셈의 법칙에 따르면 P(A And H) = P(A)×P(H), 그리고 P(A) = 4/52이고, P(H) = 1/4이므로 P(A And H) = (4/52) × (1/4) = 1/52이 된다.

덧셈의 법칙: 만약 A와 B가 독립적이라면, 둘 중 적어도 한 사건이 발생할 확률은 P(A or B)로 표시되며, P(A) + P(B) − P(A) × P(B)로 계산한다.

여기서 P(A) × P(B)라는 것은 A와 B가 동시에 일어날 확률을 뜻하는 것으로, 이들 각 사건의 확률을 더한 값 P(A) + P(B)에서 빼라는 것이다. 왜냐하면 그냥 두 확률을 더할 경우 이 숫자가 두 번 더해지기 때문이다. 일례로, 한 벌의 카드에서 카드 한 장을 뽑는다고 할 때, 에이스거나 하트일 확률을 계산해보자. 덧셈의 법칙에 의하면, P(A or H) = P(A) + P(H) − P(A) × P(H) = (4/52) + (1/4) − (4/52) × (1/4) = 16/52가 된다.

만약 두 사건들이 표본공간에서 서로 겹치지 않는다면 덧셈의 법칙은 좀 더 간단하게 P(A or B) = P(A) + P(B)로 계산된다. 예를 들어, 카드를 한 장 뽑을 때 에이스거나 킹을 뽑을 확률은 이들 두 사건이 겹치지 않고 서로 배타적인 사건이 되므로 그냥, P(A or k) = P(A) + P(k) = (4/52) + (4/52) = 8/52이 된다.

Appendix B
이항분포

교배로 얻어지는 자손들은 종종 두 개의 뚜렷한 집단으로 분리된다. 즉, 남자 혹은 여자이거나, 건강하거나 병들었거나, 정상이거나 돌연변이거나, 우성이거나 열성 표현형을 나타낸다. 일반화하자면, 우리는 이 두가지 자손 개체를 P나 Q로, 그리고 그 각각의 확률을 P에 대해서는 p로, Q에 대해서는 q로 표시할 수 있다. 두 가지 사건 밖에 없기 때문에 $q = 1 - p$가 된다. 자손의 총 수를 n이라고 하고, 각각이 독립적으로 생산된다고 하자. 여기서, 우리는 한 표현형의 자손이 x, 다른 표현형의 자손이 y로 나오는 경우 **이항분포**를 계산할 수 있다. 집단 P에서 x이면서, 집단 Q에서 y가 나올 확률은

$$\text{Probability of } x \text{ in class P and } y \text{ in class Q} = \left[\frac{n!}{x!y!}\right] p^x q^y$$

괄호 안의 항목은 세 개의 계승(factorial)함수들을 포함한다($n!$, $x!$, 그리고 $y!$). 각각은 감소하는 숫자들을 곱함으로서 얻어지는 값인데, 예를 들어 $n! = n(n-1)(n-2)(n-3)\ldots(3)(2)(1)$로 계산한다. 0! 값은 1로 정의한다. 이 식에서 괄호 안의 항목은 P집단의 자손이 x, Q집단의 자손이 y로 나뉘는 사건이 생기는 서로 다른 방법의 수나 순서가 된다. $p^x q^y$는 각 방법이나 순서의 확률을 뜻한다. 순서 각각은 일어날 가능성이 동등하므로 괄호 안의 항목과 이것을 곱하는 것은 이 사건이 일어날 순서와는 무관하게 P집단에서 x자손을, 그리고 Q집단에서 y자손을 얻을 확률이 된다.

만약 정해진 숫자가 n, p, q라면 우리는 x와 y를 변화시키며 체계적으로 모든 가능성을 계산할 수 있다. 이러한 확률 세트는 *이항확률분포*를 구성한다. 이러한 분포를 이용해 우리는 "x가 특정 숫자를 초과할 확률은 얼마인가?" 혹은 "x가 두 숫자 사이에 존재할 확률은?"과 같은 질문에 대답할 수 있다. 예를 들어, 6명의 자녀가 있는 가족에서 적어도 4명이 여자아이일 확률은? 이 질문에 답하기 위해서는 특정 여자아이가 될 확률(p)는 1/2이며, 소년이 될 확률(q) 역시 1/2임을 주목할 필요가 있다. 그러므로 이 가족에서 딸 4명, 아들 2명이 될 확률은 $(6!)(4!2!)(1/2)^4(1/2)^2 = 15/64$로서, 이항분포의 항 항목이 된다. 그러나 적어도 4명이 여자아이가 될 확률(아들이 2명이하가 될 확률)은 이 분포의 3항목을 더한 값이 된다.

Event	Binomial Formula	Probability
4 girls and 2 boys	$[(6!)/(4!\ 2!)]\ 3\ (1/2)^4\ (1/2)^2 =$	15/64
5 girls and 1 boy	$[(6!)/(5!\ 1!)]\ 3\ (1/2)^5\ (1/2)^1 =$	6/64
6 girls and 0 boys	$[(6!)/(6!\ 0!)]\ 3\ (1/2)^6\ (1/2)^0 =$	1/64

그러므로 이 문제의 답은(15/64) + (6/64) + (1/64) = 22/64가 된다.

이항분포는 다른 종류의 질문에 대한 해답도 제공한다. 예를 들어 적어도 여자아이가 1~4명 사이일 확률은?

Event	Binomial Formula	Probability
1 girl and 5 boys	$[(6!)/(1!\ 5!)] \times (1/2)^1\ (1/2)^5 =$	6/64
2 girls and 4 boys	$[(6!)/(2!\ 4!)] \times (1/2)^2\ (1/2)^4 =$	15/64
3 girls and 3 boys	$[(6!)/(3!\ 3!)] \times (1/2)^3\ (1/2)^3 =$	20/64
4 girls and 2 boys	$[(6!)/(4!\ 2!)] \times (1/2)^4\ (1/2)^2 =$	15/64

이 답은 다음 네 항목의 항이 된다. 모두 합하면 56/64의 답을 얻는다.

앞서 예를 든 낭포성 섬유증에 대해 생각해보자. 둘 다 낭포성 섬유증에 대해 열성 돌연변이 대립인자를 가진 이형접합성 남녀가 4명의 아이를 가지려고 한다. 이 중 1명의 아이만 환자가 되고 나머지는 아닐 확률은? 우리는 이미 이 문제에 대해 108/256이라는 답을 가지고 있다(그림 3.14 참조). 그러나 이 답은 이항공식을 사용하여 얻을 수도 있다. 특정 아이가 병에 걸릴 확률은 p = 1/4이고, 병에 걸리지 않을 확률은 q = 3/4이다. 아이들의 수가 모두 n = 4이다. 병에 걸린 아이 수는 x = 1이고, 병에 걸리지 않은 아이 수는 y = 3이다. 모두 넣어 계산하면 이 부부의 한 아이가 낭포성섬유증에 걸릴 확률을 얻을 수 있다. 이 식에서 괄호 안의 항목은 4명의 아이들 중 한 아이만 병에 걸리고 나머지가 그렇지 않을 수 있는 방법의 수이다. 이 항목은 종종 이항계수(binomial coefficient)라고 불린다. 이것은 특정 사건이 일어날 수 있는 방법의 수를 뜻한다. 많은 가능한 결과들을 포함하는 상황에서 이 계수는 항목들을 일일이 열거하지 않아도 쉽게 우리가 찾는 확률을 계산할 수 있게 해준다.

$$[4!/1!\ 3!]\ (1/4)^1\ (3/4)^3 = 4 \times (1/4) \times (27/64) = 108/256$$

Appendix C
In situ 혼성화 반응

1969년 May Lou Pardue와 Joseph Gall은 유리 슬라이드 상에서 염색체 속에 있는 상보적인 DNA와 방사성을 띠는 DNA를 붙일 수 있는 일련의 과정을 개발하였다. ***In situ* 혼성화 (*In situ* hybridization)**라 불리는 이러한 방법을 이용해 이들은 염색체 상의 반복적인 DNA 서열의 위치를 결정할 수 있었다(*in situ*는 라틴어로 '그 자리에'라는 의미이며, 혼성화란 전체 또는 부분적으로 상보적인 DNA와 RNA가닥을 결합시킴으로써 '혼성'된 이중분자를 형성한다는 의미이다). *In situ* 혼성화는 다음의 과정이 포함된다. 즉, 체세포 혹은 감수분열기의 염색체를 슬라이드 상에 펼치고(그림 6.1), 알칼리로 처리해 염색체 내의 DNA를 변성시킨 후(0.07 *N* NaOH에 수 분간 처리), 알칼리 용액을 제거하고 완충 용액으로 닦아낸다. 그리고 찾고자 하는 염기서열을 방사성 동위원소로 표지시킨 용액에 슬라이드를 반응시키고, 이후 염색체 상에 있는 상보적인 서열과 혼성화 되지 않은 가닥들을 제거한다. 그리고 이 슬라이드를 약한 방사성에너지에 민감한 사진감광제에 노출시킨 후 자동방사선 사진을 현상한 다음 염색체 사진과 자동방사선 사진을 합성한다(그림 1*a*).

Paudue와 Gall이 수행한 최초의 *in situ* 혼성화 실험 중 하나는 쥐의 부수체 DNA서열이 염색체의 동원체 양쪽의 이질염색체 영역에 존재한다는 것을 밝혔다(그림 1*b*). 쥐의 유전체는 약 106카피의 부수체 DNA를 포함하고 있는데 이들은 약 400염기쌍이며 전체 유전자의 10%를 차지하고 있다. 여러 가지 종에서 부수체 DNA로 유사한 연구가 계속 행해져 오고 있으며 이러한 DNA 반복서열은 보통 동원체 이질염색질 혹은 말단소체에 인접하여 존재한다. DNA 반복서열은 밀도구배 원심분리의 과정에서 메인 띠와 구별될 만큼 차별적인 염기구성을 포함할 때만이 부수체로 확인될 수 있다. 따라서 모든 반복서열을 선별하는데 있어 원심분리를 사용할 수는 없다. 부수체 DNA서열은 보통 발현되지 않는다. 즉 이들은 RNA나 단백질을 암호화하고 있지 않다.

오늘날, *in situ* 혼성화 실험은 종종 형광염색물질이나 형광화합물로 표지되어 있는 항체에 연결된 혼성화 탐침을 이용하여 수행한다(그림 1*c*와 *d*). 한 방법에서는 DNA나 RNA 탐침이나 단백질인 아비딘(avidin)에 높은 친화도를 가지고 결합하는 단백질인 비오틴(biotin)에 연결된다(그림 1*c*). 형광염색물질에 공유 결합한 아비딘을 이용하여, 혼성화한 탐침의 염색체상의 위치는 염색물질의 형광으로 검출된다. **FISH**(**F**lourescent ***I****n* ***S****itu* **H**ybridization) 라고 불리는 이 과정은 인간 염색체 말단소체 내의 반복서열 TTAGGG의 존재를 보여주는데 사용되었다(그림 1*d*). 이 FISH 절차는 매우 민감하여 인간 체세포분열과 휴지기 염색체에서 단일 카피서열의 위치를 파악하는데 사용될 수 있다(그림 16.6*b*).

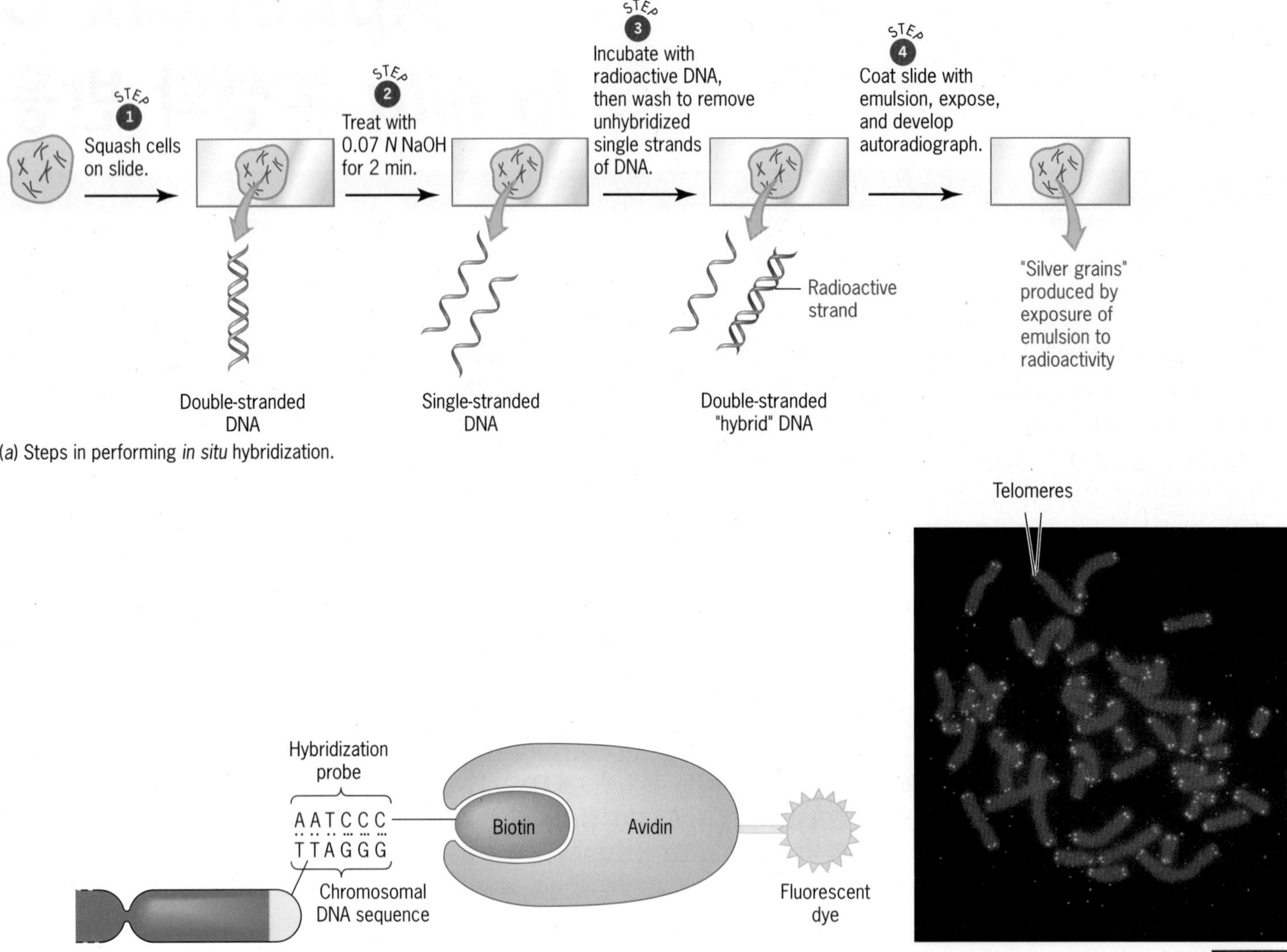

(*a*) Steps in performing *in situ* hybridization.

(*b*) Visualization of human telomeres by using fluorescent dyes and *in situ* hybridization.

(*c*) Human telomeres visualized using fluorescent probes and *in situ* hybridization.

■ 그림 1 반복되는 DNA서열의 염색체 내에서의 위치 지정은 방사능탐침(*a*)이나 형광탐침(*b*, *c*)을 이용한 *in situ* hybridization을 통해 수행되어진다. 이 기법은 (*a*)에서 보여지듯 Pardue와 Gall에 의해 개발되었다. 인간 텔로미어의 TTAGGG서열반복을 위치화하기 위한 형광염료의 사용은 (*b*)에 나와 있다. 그것의 텔로미어 구역의 현미경 사진은 (*c*)에 나와있다.

Appendix D
불안정한 mRNA에 대한 증거

단백질 합성에 있어 RNA중간물질의 존재에 대한 첫 번째 검증은 Ellot Volkin과 Lawrence Astrachen의 세균성 바이러스에 감염된 세균 연구에서 시작되었다. 그 결과는 1956년에 출간되었고, 감염된 세균의 바이러스 단백질 합성에 바이러스 DNA에 의한 특정한 불안정 RNA 분자가 관련되어 있었다. 이들은 박테리오파지 T2에 감염된 대장균에서 생성되는 RNA합성을 조사했다. 방사성 동위원소로 표지된 ^{32}P를 이용하여 RNA에 표지 처리한 후, 새로이 생성된 RNA분자들을 본 결과 수 분 정도의 반감기를 가질 정도로 불안정하였다. 게다가 불안정한 RNA의 뉴클레오티드 조성이 대장균의 DNA와는 달리 T2 DNA의 조성과 유사하였다. 이 결과들은 곧 다른 과학자들에 의해 연구되어졌다.

1961년 Sol Spiegelman 등은 파지 T4가 감염세포에서 생성시킨 불안정한 RNA가 변성된 대장균의 DNA와는 달리 변성된 T4 DNA와 RNA-DNA 이중가닥을 형성할 수 있다는 것을 알았다. 그들이 T4 파지로 감염시킨 후 여러 시간대에 ^{3}H-U(우리딘)으로 세균을 표지 처리하고 이 세포들에서 전체 RNA를 분리하여 방사능을 띈 RNA 분자가 대장균의 DNA나 파지 T4 DNA 중 어느 것과 결합하는지 결정하였다. 그들의 실험결과는 그림 1과 같다.

그들의 결과(그림 2)에서 감염 후 가장 짧게 지속된 합성 RNA 분자는 파지 T4 DNA의 한쪽 가닥과 상보적이고, 대장균 DNA의 한쪽 가닥과는 상보적이지 않았다. 이는 대장균의 DNA가 주형이 아니라 파지 T4 DNA가 주형으로 사용되어졌음을 의미한다.

같은 해 Sol Spiegelman과 그의 동료들이 그들의 결과를 발표했을 때, Sydney Brenner, Francois Jacob, Matthew Meselson은 파지 T4 DNA가 대장균 리보솜에서 생성된다고 설명했다. 그래서 T4 단백질의 아미노산 서열은 리보솜의 구성요소에 의해 조절되지 않고 대신 리보솜은 단백질 합성의 장소로 제공된다는 것이다. 그러나 각 개별적 단백질의 특이성은 제공되지 않았다. 이런 결과들은 처음으로 Francois Jacob과 Jacques Monod가 1961년 불안정한 RNA분자가 리보솜으로 각 유전자 산물의 아미노산 서열의 특이성을 제공한다는 생각을 지지하는 것이었다. 잇따른 연구로 지금은 mRNA, 전령 RNA라 부르는 불안정한 RNA가 세포질에서 단백질 합성의 장소로 유전자로부터 유전정보를 이동시키는 역할을 한다는 것이 확립되었다.

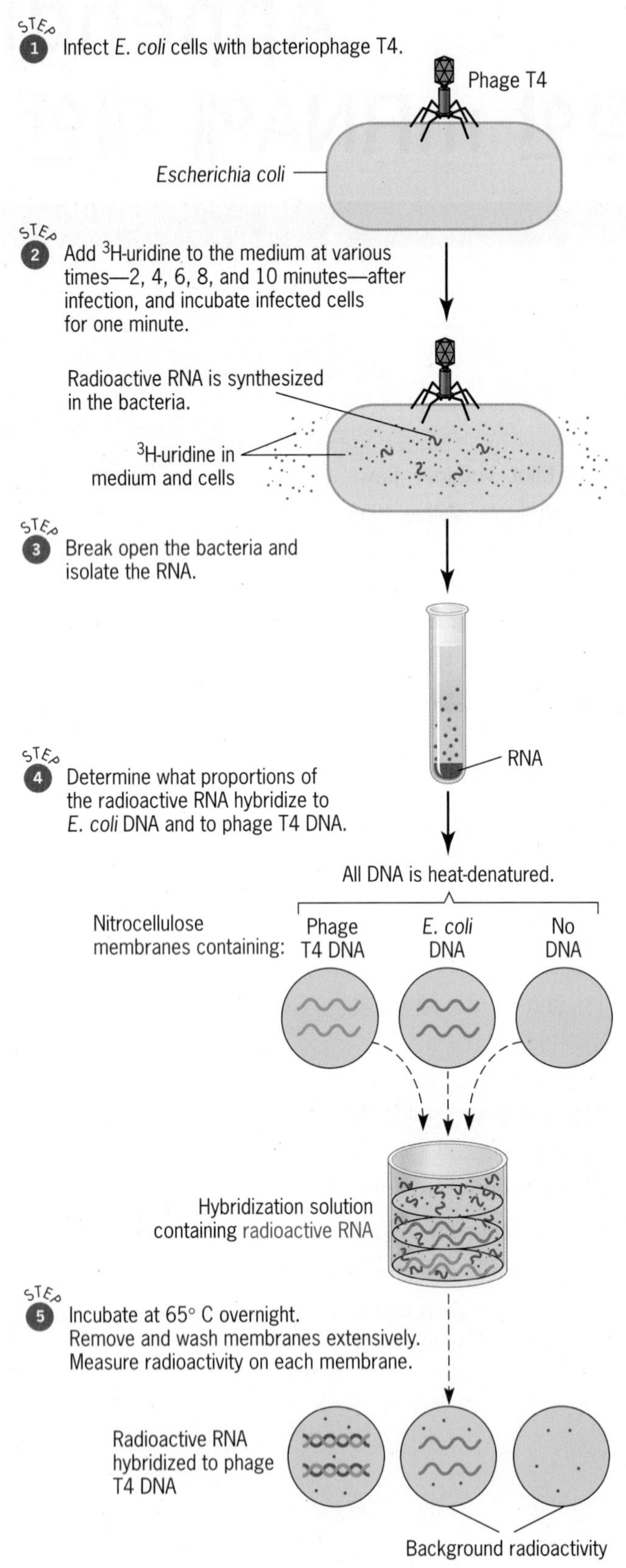
STEP 1 Infect E. coli cells with bacteriophage T4.
Phage T4
Escherichia coli
STEP 2 Add ³H-uridine to the medium at various times—2, 4, 6, 8, and 10 minutes—after infection, and incubate infected cells for one minute.
Radioactive RNA is synthesized in the bacteria.
³H-uridine in medium and cells
STEP 3 Break open the bacteria and isolate the RNA.
RNA
STEP 4 Determine what proportions of the radioactive RNA hybridize to E. coli DNA and to phage T4 DNA.
All DNA is heat-denatured.
Nitrocellulose membranes containing:
Phage T4 DNA
E. coli DNA
No DNA
Hybridization solution containing radioactive RNA
STEP 5 Incubate at 65° C overnight. Remove and wash membranes extensively. Measure radioactivity on each membrane.
Radioactive RNA hybridized to phage T4 DNA
Background radioactivity

■ 그림 1 Spiegelman의 실험.

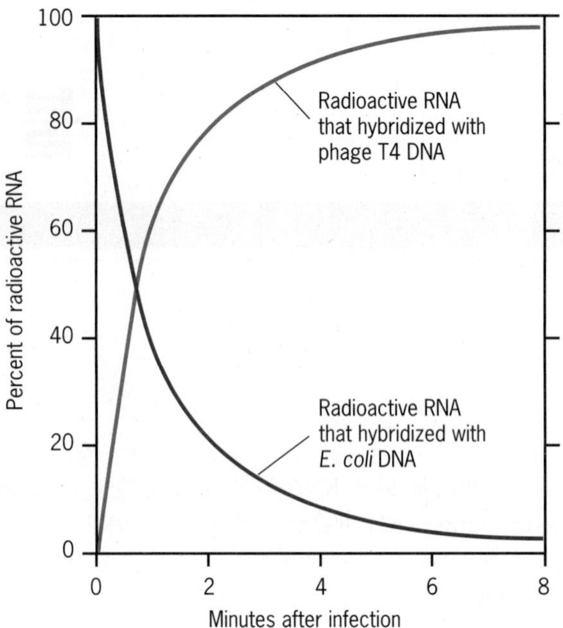
100
80
60
40
20
0
Percent of radioactive RNA
Radioactive RNA that hybridized with phage T4 DNA
Radioactive RNA that hybridized with E. coli DNA
0
2
4
6
8
Minutes after infection

■ 그림 2 T4로 감염된 대장균에서 세균 유전자의 전사가 T4 파지 유전자의 전사로 빠르게 바뀜.

Appendix E
진화율

뉴클레오티드와 아미노산 서열은 분자 진화 연구의 기초 자료이다. 다른 생물체들의 상동성 서열을 정렬하면 분자 안의 얼마나 많은 위치가 같거나 다른가를 우리는 확인할 수 있다. 그러면 생물체의 역사에 관한 화석 자료의 도움으로도 우리는 분자 진화율을 추정할 수 있다.

가장 간단한 예는 두 상동성 폴리펩티드의 아미노산 서열을 비교하는 것이다. 그림 1에 보여준 두 폴리펩티드를 예를 들어 보자. 이들 두 폴리펩티드 안의 네 위치 중 세 위치의 아미노산은 동일하다. 나머지 위치에서는 이들이 다르다. 하나의 폴리펩티드에서는 글리신이고 다른 것은 세린이다. 이 한 아미노산의 차이가 나타내는 것은 두 폴리펩티드의 진화과정 중에서 아미노산 치환이 일어났다는 것이다. 조상 아미노산이 세린이었다면 다른 폴리펩티드 안의 글리신이 치환된 것이고, 조상 아미노산이 글리신이었다면 다른 폴리펩티드 안의 세린이 치환된 것이다.

그러나 이들 폴리펩티드들의 역사는 더 복잡한 것일 수 있다. 변이 위치의 조상 아미노산이 세린이나 글리신이 아니라 다른 것, 예를 들면 아르기닌일 수 있다. 이 경우 자손 폴리펩티드들 모두 그들의 진화과정 동안 아미노산 치환이 있었다. 그러므로 아미노산 치환의 최소수는 2이다.

우리가 "최소"라고 하는 것은 그들의 진화과정 동안 각 자손 폴리펩티드의 다양한 위치에서 치환이 일어날 수 있기 때문이다. 그러므로 일치하는 상동성 폴리펩티드의 아미노산 차이에만 초점을 맞춘다면, 우리는 그곳에서 실제로 일어난 아미노산 치환 수를 셀 수 없다. 우리가 말할 수 있는 전부는 실제로 치환이 일어난 것의 "최소한"인 것이다. 이 분자 진화율을 추정하는 문제는 폴리펩티드들이 분화한 후 진화한 전체 시간 동안 일어나기 때문에 아미노산 치환의 전체 수는 불확실하다.

이 문제에 관한 우리의 초점은 역설적으로 두 폴리펩티드의 아미노산은 같다는 것이다. 이들 아미노산들은 공통 조상으로부터 분지된 두 진화 선상에서 (아마도) 바뀌지 않는다. 그러므로 그들은 진화과정동안 아미노산 치환이 일어나지 않았을 가능성을 제공한다. 만약 우리가 이 가능성을 추정할 수 있으면, 우리는 주변 상황을 바꿀 수 있으며, 상황이 일어났을 가능성을 추정할 수 있고, 진화율을 얻을 수 있다.

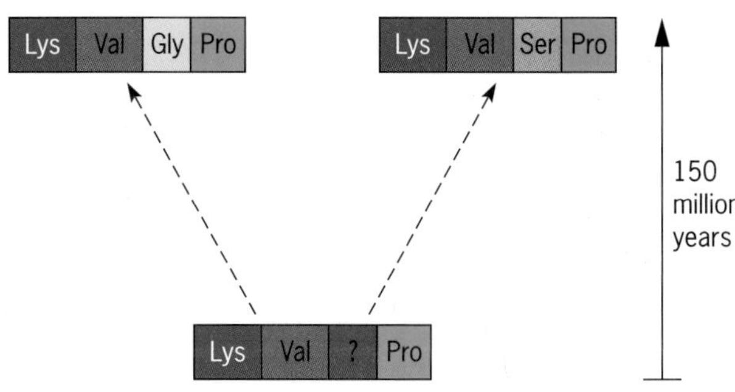

■ 그림 1 1억 5천만 년 동안 독립적으로 진화해 온 두 상동성 폴리펩티드의 비교.

S를 두 폴리펩티드 안의 같은 아미노산의 비율이라 가정하자. 우리가 예를 든 것은, S = 0.75이고 v는 각 폴리펩티드 안의 위치에서 진화 기간의 1년 당 일어난 아미노산 치환 확률(로, v는 이들 폴리펩티드 안의 위치에서 1년 당 아미노산 치환율)이다. 이런 정의에 의해, 1 − v는 진화 기간의 1년 당 한 위치에서 아미노산 치환이 일어나지 않을 확률이다.

화석기록으로부터 우리는 이들 폴리펩티드가 공통 조상으로부터 분지된 두 계보를 결정할 수 있다. 그림 1의 폴리펩티드들은 1억 5천만 년 전에 분지가 일어났다. 일반적으로 공통 조상으로부터 분지된 시간이 T년이라면 두 계보의 전체 진화 시간은 $T + T = 2T$년이다. 이 합이 나타내는 것은 폴리펩티드 진화에서 특정 위치에서 아미노산 치환이 일어날 전체 햇수이다. 그것은 또 치환이 일어나지 않을 전체 햇수이다. 그러므로 진화과정의 끝에서 각 폴리펩티드의 특정 위치에서 아미노산 치환이 일어나지 않을 확률은 $(1 - v)^{2T}$이다. 달리 말하면 진화과정 중 두 폴리펩티드 안의 아미노산들이 같을 확률은 그들의 어떤 것도 어느 해에도 변화가 없을 확률과 같이 $(1 - v)^{2T}$이다. 우리는 두 폴리펩티드 안의 같은 아미노산의 비율에 의해 확률을 추정할 수 있는데 그것이 S이다. 그러므로

$$S = (1 - v)^{2T}$$

년 당 위치 당 아미노산 치환율인 v를 풀어보면, 식의 양변을 자연대수를 취한다.

$$\ln S = \ln(1 - v)^{2T}$$
$$\ln S = 2T \ln(1 - v)$$

v는—0에 거의 수렴할 정도로 매우 작은 수이므로—$\ln(1 - v)$는 대략적으로 $-v$와 같다(대수 곡선은 독립변수 대수의 밑이 1이 되면 거의 직선이 된다). 그러므로

$$\ln S = -2Tv$$

즉

$$v = (-\ln S)/2T$$

이 식에 의해 (1) 그들 안의 위치 비율은 같다고 계산, (2) 이 비율의 자연대수를 취하고, (3) 전체 경과된 진화 시간으로 나누어, 우리는 두 상동성 폴리펩티드의 분자 진화율을 추정할 수 있다. 우리의 예는, $S = 0.75$ 그리고 $2T$ = 3억 년; 그러므로 v는 $[-\ln(0.75)]/300 = 0.97$ 10억 년 당 아미노산 치환이 된다.

위에서 보았듯이, 어떤 아미노산 위치는 두 폴리펩티드에서 진화과정 중 한 번 또는 두 번 아니면 복수의 치환이 있었을 경우 차이가 있다. 수량 $2Tv$는 폴리펩티드 진화과정 중에서 위치 당 일어난 평균 아미노산 치환 개수이다. 만약 우리가 아미노산 치환이 무작위적으로 일어나고 독립적이라고 가정하면, 우리는 이 평균을 이용하여 한 위치에서 몇 번 변했는가의 확률을 계산할 수 있다. 계산은 과학자들이 넓게 사용하고 있는 확률 분포 공식을 사용한다. 그것은 *푸아송 확률 분포(Poisson probability distribution)*이다.

$$\text{아미노산 위치에서 } n\text{번 변화가 일어날 확률} = e^{-2Tv}(2Tv)^n/n!$$

위치 당 일어날 아미노산 치환의 평균 개수가 이 식에서 첫 번째는 지수로 두 번째는 거듭 제곱 함수의 독립변수로 두 번 나타난다. 그러므로 그($2Tv$)것이 푸아송 공식의 핵심 척도이다.

우리의 예에서 $2Tv$는 $-\ln S = -\ln(0.75)$에서 0.29 위치 당 아미노산 치환으로 추정된다. 이 추정치는 각 위치에서 일어날 수 있는 복수의 치환 확률을 넣어 얻은 것이기 때문에, 두 폴리펩티드 안의 차이($1 - S = 0.25$)가 있는 아미노산 비율보다 조금 크다. 우리는 $2Tv$를 두 폴리펩티드 사이의 다른 아미노산의 푸아송 수정값(Poisson-corrected number)라 한다.

$2Tv$의 추정치로 우리는 특정 아미노산 위치에서 한 번 또는 두 번 등의 변화했을 확률

을 포아손 공식을 이용하여 계산할 수 있다.

$$1번\ 변화\ 확률 = e^{-2Tv}(2Tv) = 0.22$$
$$2번\ 변화\ 확률 = e^{-2Tv}(2Tv)^2/2 = 0.03$$

변화가 일어나지 않을 확률은

$$0번\ 변화확률 = e^{-2Tv} = 0.75$$

이 예에서 두 번 이상 변화가 일어날 확률은 무시할 수 있다. 그러나 만약 푸아송 척도 $2Tv$가 크다면 복수 변화가 일어날 기회가 있다. 예를 들면 만약 $2Tv = 0.7$이라면 한 위치에서 3번 변화할 확률은 0.03이고 4번 변화할 확률은 0.005이다.

푸아송 보정과 유사한 상동성 DNA서열의 비교로 진화율을 추정하는 통계학적 방법이 개발되었다. 그러나 이 방법은 두 DNA서열 안의 변화한 염기의 식별이 이들 서열의 진화 과정 중의 변화하지 않은 것과 동일시 될 수 있어 더욱 복잡하다. 이 과제 해결 방법은 분자 진화 관련 교과서에서 자세히 다룬다.

Answers to Odd-Numbered Questions and Problems

CHAPTER 1

1.1 Mendel postulated transmissible factors—genes—to explain the inheritance of traits. He discovered that genes exist in different forms, which we now call alleles. Each organism carries two copies of each gene. During reproduction, one of the gene copies is randomly incorporated into each gamete. When the male and female gametes unite at fertilization, the gene copy number is restored to two. Different alleles may coexist in an organism. During the production of gametes, they separate from each other without having been altered by coexistence.

1.3 The bases present in DNA are adenine, thymine, guanine, and cytosine; the bases present in RNA are adenine, uracil, guanine, and cytosine. The sugar in DNA is deoxyribose; the sugar in RNA is ribose.

1.5 ATTCGGACG.

1.7 AUCGAAUCA.

1.9 Sometimes DNA is synthesized from RNA in a process called reverse transcription. This process plays an important role in the life cycles of some viruses.

1.11 The two mutant forms of the b-globin gene are properly described as alleles. Because neither of the mutant alleles can specify a "normal" polypeptide, an individual who carries each of them would probably suffer from anemia.

CHAPTER 2

2.1 Sugars combine to form carbohydrates; amino acids combine to form proteins.

2.3 In a eukaryotic cell the many chromosomes are contained within a membrane-bounded structure called the nucleus; the chromosomes of prokaryotic cells are not contained within a special subcellular compartment. Eukaryotic cells usually possess a well-developed internal system of membranes, and they also have membrane-bounded subcellular organelles such as mitochondria and chloroplasts; prokaryotic cells do not typically have a system of internal membranes (although some do), nor do they possess membrane-bounded organelles.

2.5 Prokaryotic chromosomes are typically (but not always) smaller than eukaryotic chromosomes; in addition, prokaryotic chromosomes are circular, whereas eukaryotic chromosomes are linear. For example, the circular chromosome of *E. coli*, a prokaryote, is about 1.4 mm in circumference. By contrast, a linear human chromosome may be 10 to 30 cm long. Prokaryotic chromosomes also have a comparatively simple composition: DNA, some RNA, and some protein. Eukaryotic chromosomes are more complex: DNA, some RNA, and lots of protein.

2.7 Interphase typically lasts longer than M phase. During interphase, DNA must be synthesized to replicate all the chromosomes. Other materials must also be synthesized to prepare for the upcoming cell division.

2.9 (1) Anaphase: (f), (g); (2) metaphase: (c), (a); (3) prophase: (d), (e), (b); (4) telophase: (i), (h).

2.11 Chromosomes 11 and 16 would not be expected to pair with each other during meiosis; these chromosomes are heterologues, not homologues.

2.13 Crossing over occurs *after* chromosomes have duplicated in cells going through meiosis.

2.15 Chromosome disjunction occurs during anaphase I. Chromatid disjunction occurs during anaphase II.

2.17 Among eukaryotes, there doesn't seem to be a clear relationship between genome size and gene number. For example, humans, with 3.2 billion base pairs of genomic DNA, have about 20,500 genes, and *Arabidopsis* plants, with about 150 million base pairs of genomic DNA, have roughly the same number of genes as humans. However, among prokaryotes, gene number is rather tightly correlated with genome size, probably because there is so little nongenic DNA.

2.19 It is a bit surprising that yeast chromosomes are, on average, smaller than *E. coli* chromosomes because, as a rule, eukaryotic chromosomes are larger than prokaryotic chromosomes. Yeast is an exception because its genome—not quite three times the size of the *E. coli* genome—is distributed over 16 separate chromosomes.

2.21 One of the pollen nuclei fuses with the egg nucleus in the female gametophyte to form the zygote, which then develops into an embryo and ultimately into a sporophyte. The other genetically functional pollen nucleus fuses with two nuclei in the female gametophyte to form a triploid nucleus, which then develops into a triploid tissue, the endosperm; this tissue nourishes the developing plant embryo.

2.23 (a) 7, (b) 7, (c) 7, (d) 14.

CHAPTER 3

3.1 (a) All tall; (b) 3/4 tall, 1/4 dwarf; (c) all tall; (d) 1/2 tall, 1/2 dwarf.

3.3 The data suggest that coat color is controlled by a single gene with two alleles, *C* (gray) and *c* (albino), and that *C* is dominant over *c*. On this hypothesis, the crosses are: gray (*CC*) × albino (*cc*) → F_1 gray (*Cc*); $F_1 \times F_1$ → 3/4 gray (1 *CC*: 2 *Cc*), 1/4 albino (*cc*). The expected results in the F_2 are 203 gray, 67 albino. To compare the observed and expected results, compute χ^2 with one degree of freedom: $(198 - 203)^2/203 + (72 - 67)^2/67 = 0.496$, which is not significant at the 5 percent level. Thus, the results are consistent with the hypothesis.

3.5 (a) Checkered, brown (*CC bb*) 3 plain, red (*cc BB*) F_1 all checkered, red (*Cc Bb*); (b) F_2 progeny: 9/16 checkered, red (*C- B-*), 3/16 plain, red (*cc B-*), 3/16 checkered, brown (*C- bb*), 1/16 plain, brown (*cc bb*).

3.7 Among the F_2 progeny with long, black fur, the genotypic ratio is 1 *BB RR*: 2 *BB Rr*: 2 *Bb RR*: 4 *Bb Rr*; thus, 4/9 of the rabbits with long, black fur are heterozygous for both genes.

3.9

F_1 Gametes	F_2 Genotypes	F_2 Phenotypes
(a) 2	3	2
(b) 2 × 2 = 4	3 × 3 = 9	2 × 2 = 4
(c) 2 × 2 × 2 = 8	3 × 3 3 3 = 27	2 × 2 × 2 = 8
(d) 2^n	3^n	2^n, where *n* is the number of genes

3.11 (a) 1, reject; (b) 2, reject; (c) 3, accept; (d) 3, accept.

3.13 $c^2 = (40 - 25)^2/25 + (10 - 25)^2/25 = 18$, which is more than 3.84, the 5 percent critical value for a chi-square statistic with one degree of freedom; consequently, the observed segregation ratio is not consistent with the expected ratio of 1:1.

3.15 Half the children from *Aa* × *aa* matings would be normal/nonalbino. In a family of three children, the chance that one will be unaffected and two affected is $3 \times (1/2)^1 \times (1/2)^2 = 3/8$.

3.17 Man (*Cc ff*) × woman (*cc Ff*). (a) *cc ff*, (1/2) × (1/4) = 1/8; (b) *Cc ff*, (1/2) × (1/4) = 1/8; (c) *cc F_*, (3/4) × (1/2) = 3/8; (d) *Cc F_*, (1/2) × (3/4) = 3/8.

3.19 $(1/2)^4 = 1/16$.

3.21 (10/32) + (10/32) + (5/32) + (1/32) = 26/32.

3.23 (a) (1/2) × (1/4) = 1/8; (b) (1/2) × (1/2) × (1/4) = 1/16; (c) (2/3) × (1/4) = 1/6; (d) (2/3) × (1/2) × (1/2) × (1/4) = 1/24.

3.25 For III-1 3 III-4, the chance of an affected child is 1/2. For III-5 3 IV-2, the chance is zero.

3.27 1/4.

3.29 The researcher has obtained what appears to be a non-Mendelian ratio because he has been studying only families in which at least one child shows albinism. In these families, both parents are heterozygous for the mutant allele that causes albinism. However, other couples in the population might also be heterozygous for this allele but, simply due to chance, have failed to produce a child with albinism. If a man and a woman are both heterozygous carriers of the mutant allele, the chance that a child they produce will not have albinism is 3/4. The chance that four children they produce will not have albinism is therefore $(3/4)^4 = 0.316$. In the entire population of families in which two heterozygous parents have produced a total of four children, the average number of affected children is 1. Among families in which two heterozygous parents have produced at least one affected child among a total of four children, the average must be greater than 1. To calculate this *conditional average*, let's denote the number of children with albinism by *x*, and the probability that exactly *x* of the four children have albinism by *P*(*x*). The average number of affected children among families in which at least one of the four children is affected—that is, the conditional average—is therefore S *xP*(*x*)/(1 − *P*(0)), where the sum starts at *x* = 1 and ends at *x* = 4. We start the sum at *x* = 1 because we must exclude those cases in which none of the four children is affected. The divisor (1 − *P*(0)) is the probability that the couple has had at least one affected child among their four children. Now *P*(0) = 0.316 and S *xP*(*x*) = 1. Therefore, the average we seek is simply 1/(1 − 0.316) = 1.46. If, in the subset of families with at least one affected child, the average number of affected children is 1.46, then the average number of unaffected children is 4 − 1.46 = 2.54. Thus the expected ratio of unaffected to affected children in these families is 2.54:1.56, or 1.74:1, which is what the researcher has observed.

CHAPTER 4

4.1 MN.

4.3

	Parents	Offspring
(a)	yellow × light belly	2 yellow: 1 light belly: 1 black and tan
(b)	yellow × yellow	2 yellow: 1 light belly
(c)	light belly × light belly	all light belly
(d)	black and tan × yellow	2 yellow: 1 black and tan: 1 black
(e)	yellow × yellow	2 yellow: 1 light belly
(f)	yellow × agouti	1 yellow: 1 light belly
(g)	black and tan × black	1 black and tan: 1 black
(h)	agouti × black and tan	1 agouti: 1 black and tan
(i)	light belly × yellow	1 yellow: 1 light belly

4.5 (a) 1 AB: 1 B; (b) all B; (c) 1 A: 1 B: 1 AB: 1 O; (d) 1 A: 1 O.

4.7 No. The woman is I^AI^B. One man could be either I^AI^A or IAi; the other must be *ii*. Given the uncertainty in the genotype of the man with type A blood, either could be the father of the child.

4.9 The woman is I^AI^B LMLM; the man is *ii* L^ML^N; the blood types of the children will be A and M, A and MN, B and M, and B and MN, all equally likely.

4.11 The individuals III-4 and III-5 must be homozygous for recessive mutations in different genes; that is, one is *aa BB* and the other is *AA bb*; none of their children is deaf because all of them are heterozygous for both genes (*Aa Bb*).

4.13 No. The test for allelism cannot be performed with dominant mutations.

4.15 The mother is X^BX^b and the father is X^BY. The chance that a daughter is *Bb* is 1/2 (a) The chance that the daughter will have a bald son is (1/2) × (1/2) = 1/4. (b) The chance that the daughter will have a bald daughter is (1/2) × (1/2) × 1/4.

4.17 (a) 1/8 pea, 1/8 single; (b) 1/2 rose, 1/2 single; (c) 3/4 walnut, 1/4 rose; (d) 1/2 walnut, 1/2 pea.

4.19 1/2 white, 1/2 yellow, 0 green.

4.21 1/4 dark red (wild-type), 1/4 brownish-purple, 1/4 bright red, 1/4 white.

4.23 9 black: 39 gray: 16 white.

4.25 (a) yellow × orange; (b) proportion white (aa) = 1/4; (c) proportion red (*A_B_C_dd*) = (3/4)(1/2)(1/2)(1/2) = 3/32, proportion white (*aa*) = 1/4 = 8/32, proportion blue (*A_B_cc Dd*) = (3/4)(1/2)(1/2)(1/2) = 3/32.

4.27 (a) Because the F_2 segregation is approximately 9 red: 7 white, flower color is due to epistasis between two independently assorting genes: red = *A-B-* and white = *aa B-*, *A-bb*, or *aa bb*. (b) colorless precursor—*A* colorless product —*B* red pigment.

4.29 $F_A = (1/2)^5 = 1/32$; $F_B = 2 \times (1/2)^6 = 1/32$; $F_C = 2 \times (1/2)^7 = 1/64$.

4.31 The pedigree is as follows.

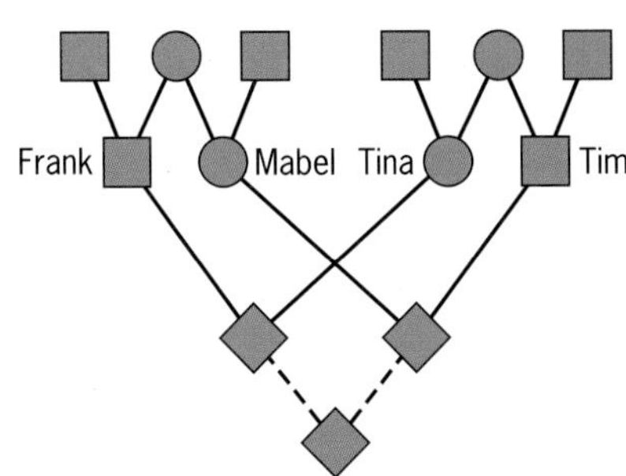

The coefficient of relationship between the offspring of the two couples is obtained by calculating the inbreeding coefficient of the imaginary child from a mating between these offspring and multiplying by 2: $[(1/2)^5 \times 2] \times 2 = 1/8$.

4.33 The mean ear length for randomly mated maize is 30 cm and that for maize from one generation of self-fertilization is 20 cm. The inbreeding coefficient of the offspring of one generation of self-fertilization is 1/2, and the inbreeding coefficient of the offspring of two generations of self-fertilization is (1/2)(1 + 1/2) = 3/4. Mean ear length (*Y*) is expected to decline linearly with inbreeding according to the equation $Y = 30 - b F_1$ where *b* is the slope of the line. The value of b can be determined from the two values of *Y* that are given. The difference between these two values (10 cm) corresponds to an increase in *F* from 0 to 1/2. Thus, $b = 10/(1/2) = 20$ cm, and for $F = 3/4$, the predicted mean ear length is $Y = 30 - 20 \times (3/4) = 15$.

CHAPTER 5

5.1 The male-determining sperm carries a Y chromosome; the female-determining sperm carries an X chromosome.

5.3 All the daughters will be green and half of the sons will be rosy, while the other half of the sons will be green.

5.5 XX is female, XY is male, XXY is female, XXXY is male, XO is female (but sterile).

5.7 No. Defective color vision is caused by an X-linked mutation. The son's X chromosome came from his mother, not his father.

5.9 The risk for the child is P(mother is *c*/*c*) × P(mother transmits *c*) × P(child is male) = (2/2) × (2/2) × (1/2) = 4/8 or 1/2; if the couple has already had a child with color blindness, P(mother is *C*/*c*) = 1, and the risk for each subsequent child is 2/4 or 1/2.

5.11 Each of the rare vermilion daughters must have resulted from the union of an X(*v*) X(*v*) egg with a Y-bearing sperm. The diplo-X eggs must have originated through nondisjunction of the X chromosomes during oogenesis in the mother. However, we cannot determine if the nondisjunction occurred in the first or the second meiotic division.

5.13 Each of the white-eyed daughters must have resulted from the union of an X(*w*) X(*w*) egg with a Y-bearing sperm.

5.15 Female.

5.17 Male.

5.19 (a) Female; (b) intersex; (c) intersex; (d) male: (e) female; (f) male.

5.21 *Drosophila* does not achieve dosage compensation by inactivating one of the X chromosomes in females.

5.23 Because the centromere is at the end of each small X chromosome but in the middle of the larger Y, X_1 and X_2 both pair at the centromere of the Y during metaphase. Then during anaphase, the two X chromosomes disjoin together and segregate from the Y chromosome.

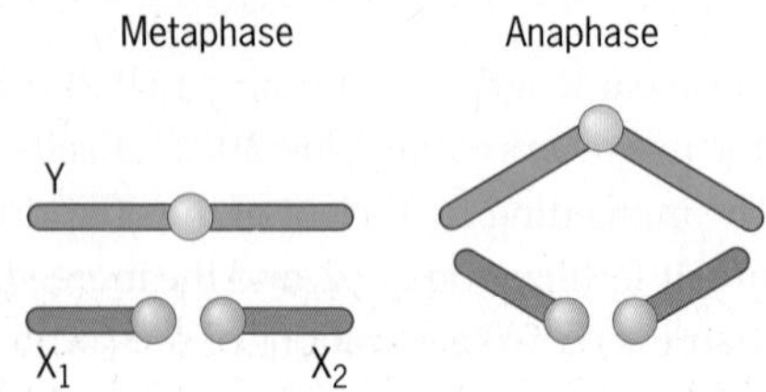

5.25 Eye color in canaries is due to a gene on the Z chromosome, which is present in two copies in males and one copy in females. The allele for pink color at hatching (*p*) is recessive to the allele for black color at hatching (*P*). There is no eye color gene on the other sex chromosome (*W*), which is present in one copy in females and absent in males. The parental birds were genotypically *p*/*W* (cinnamon females) and *P*/*P* (green males). Their F_1 sons were genotypically *p*/*P* (with black eyes at hatching). When these sons were crossed to green females (genotype *P*/*W*), they produced F_2 progeny that sorted into three categories: males with black eyes at hatching (*P*/-, half the total progeny), females with black eyes at hatching (*p*/*W*, a fourth of the total progeny), and females with pink eyes at hatching (*p*/*W*, a fourth of the total progeny). When these sons were crossed to cinnamon females (genotype *p*/*W*), they produced F_2 progeny that sorted into four equally frequent categories: males with black eyes at hatching (genotype *P*/*p*), males with pink eyes at hatching (genotype *p*/*p*), females with black eyes at hatching (genotype *p*/*W*), and females with pink eyes at hatching (genotype *p*/*W*).

CHAPTER 6

6.1 Use one of the banding techniques.

6.3 In allotetraploids, each member of the different sets of chromosomes can pair with a homologous partner during prophase I and then disjoin during anaphase I. In triploids, disjunction is irregular because homologous chromosomes associate during prophase I by forming either bivalents and univalents or by forming trivalents.

6.5 The fertile plant is an allotetraploid with 7 pairs of chromosomes from species A and 9 pairs of chromosomes from species B; the total number of chromosomes is $(2 \times 11) + (2 \times 5) = 32$.

6.7 XXX is female, XY is male, XO is female (but sterile), XXX is female, XXY is male (but sterile), XYYY is male.

6.9 The fly is a gynandromorph, that is, a sexual mosaic. The yellow tissue is X(*y*)/O and the gray tissue is X(*y*)/X(+). This mosaicism must have arisen through loss of the X chromosome that carried the wild-type allele, presumably during one of the early embryonic cleavage divisions.

6.11 Nondisjunction must have occurred in the mother. The color blind woman with Turner syndrome was produced by the union of an X-bearing sperm, which did not carry the mutant allele for color blindness, and a nullo-X egg.

6.13 XYY men would produce more children with sex chromosome abnormalities because their three sex chromosomes will disjoin irregularly during meiosis. This irregular disjunction will produce a variety of aneuploid gametes, including the XY, YY, XYY, and nullo sex chromosome constitutions.

6.15 (a) Deletion:

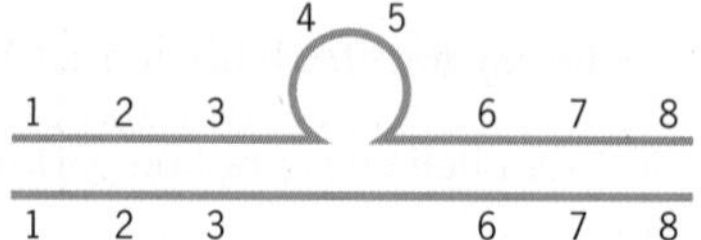

(b) Duplication:

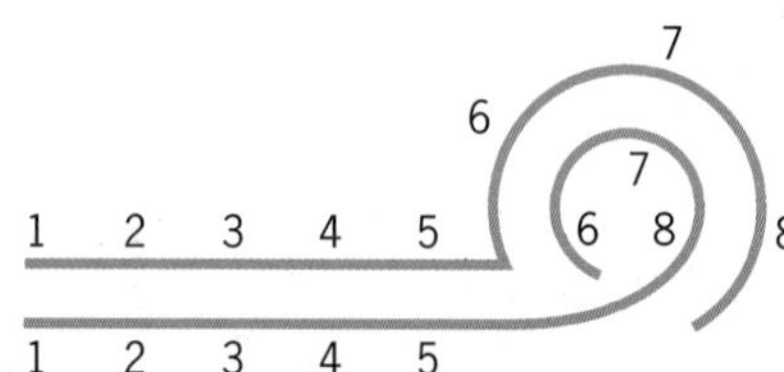

(c) A terminal inversion:

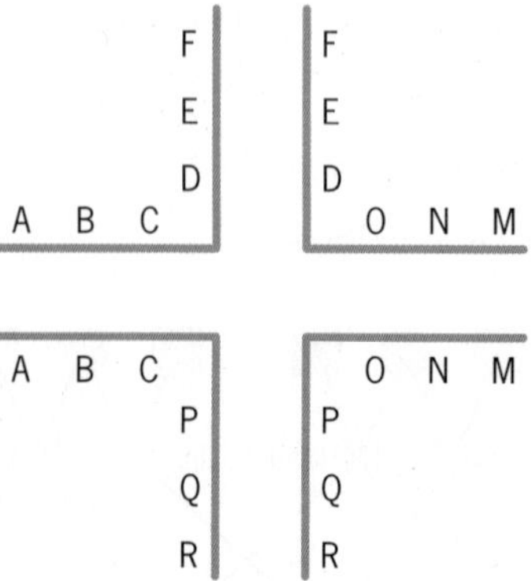

6.17

6.19 The boy carries a translocation between chromosome 21 and another chromosome, say chromosome 14. He also carries a normal chromosome 21 and a normal chromosome 14. The boy's sister carries the translocation, one normal chromosome 14, and two normal copies of chromosome 21.

6.21 All the daughters will be white eyed and all the sons will be yellow bodied.

6.23 The three populations are related by a series of inversions:

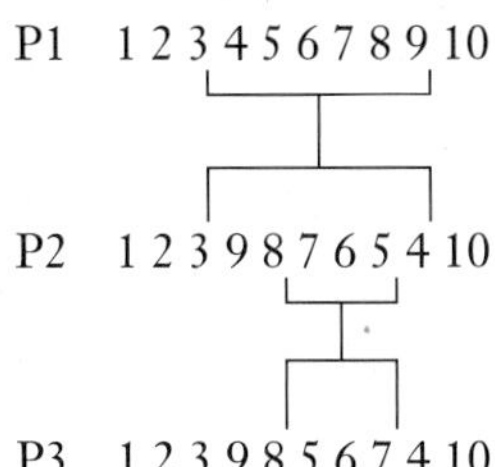

6.25 The mother is heterozygous for a reciprocal translocation between the long arms of the large and small chromosomes; a piece from the long arm of the large chromosome has been broken off and attached to the long arm of the short chromosome. The child has inherited the rearranged large chromosome and the normal small chromosome from the mother. Thus, because the rearranged large chromosome is deficient for some of its genes, the child is hypoploid.

6.27 The sons will have bright red eyes because they will inherit the Y chromosome with the bw^+ allele from their father. The daughters will have white eyes because they will inherit an X chromosome from their father.

6.29 XX zygotes will develop into males because one of their X chromosomes carries the *SRY* gene that was translocated from the Y chromosome. XY zygotes will develop into females because their Y chromosome has lost the SRY gene.

CHAPTER 7

7.1 If Mendel had known of the existence of chromosomes, he would have realized that the number of factors determining traits exceeds the number of chromosomes, and he would have concluded that some factors must be linked on the same chromosome. Thus, Mendel would have revised the Principle of Independent Assortment to say that factors on different chromosomes (or far apart on the same chromosome) are inherited independently.

7.3 No. The genes *a* and *d* could be very far apart on the same chromosome—so far apart that they recombine freely, that is, 50 percent of the time.

7.5 Yes, if they are very far apart.

7.7 (a) Cross: $a^+ b/a^+ b \times a\ b^+/a\ b^+$. Gametes: $a^+ b$ from one parent, $a\ b^+$ from the other. F_1: $a^+ b/a\ b^+$. (b) 35% $a^+ b$, 35% $a\ b^+$, 15% $a^+ b^+$, 15% a b. (c) F_2 from testcross: 35% $a^+ b/a\ b$, 35% $a\ b^+/a\ b$, 15% $a^+ b^+/a\ b$, 15% $a\ b/a\ b$. (d) Repulsion linkage phase. (e) F_2 from intercross:

		Sperm			
		35% $a^+ b$	35% $a\ b^+$	15% $a^+ b^+$	15% $a\ b$
Eggs	35% a^+b	12.25% $a^+ b/a^+ b$	12.25% $a^+ b/a\ b^+$	5.25% $a^+ b/a^+ b$	5.25% $a^+ b/a\ b$
	35% $a\ b^+$	12.25% $a\ b^+/a^+ b$	12.25% $a\ b^+/a\ b^+$	5.25% $a\ b^+/a^+ b$	5.25% $a\ b^+ya\ b$
	15% a^+b^+	5.25% $a^+ b^+/a^+ b$	5.25% $a^+ b^+/a\ b^+$	2.25% $a^+ b^+/a^+ b^+$	2.25% $a^+ b^+/a\ b$
	15% $a\ b$	5.25% $a\ b/a^+ b$	5.25% $a\ b/a\ b^+$	2.25% $a\ b/a^+ b^+$	2.25% $a\ b/a\ b$

Summary of phenotypes:

a^+ and b^+	47%	a and b^+	22.75%
a^+ and b	28%	a and b	2.25%

7.9 Coupling heterozygotes $a^+ b^+/a\ b$ would produce the following gametes: 35% $a^+ b^+$, 35% $a\ b$, 15% $a^+ b$, 15% $a\ b^+$; repulsion heterozygotes $a^+ b/a\ b^+$ would produce the following gametes: 35% $a^+ b$, 35% $a\ b^+$, 15% $a^+ b^+$, 15% $a\ b$. In each case, the frequencies of the testcross progeny would correspond to the frequencies of the gametes.

7.11 Yes. Recombination frequency = (39 + 42) / (140 + 39 + 42 + 147) = 0.171. Cross:

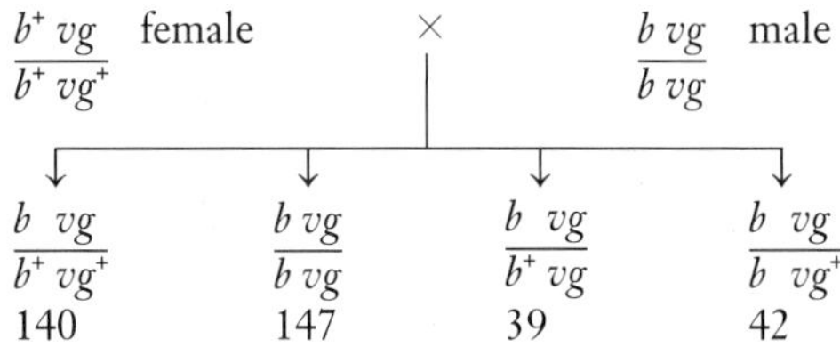

7.13 Yes. Recombination frequency is estimated by the frequency of black offspring among the colored offspring: 21/ (58 + 21) = 0.27. Cross:

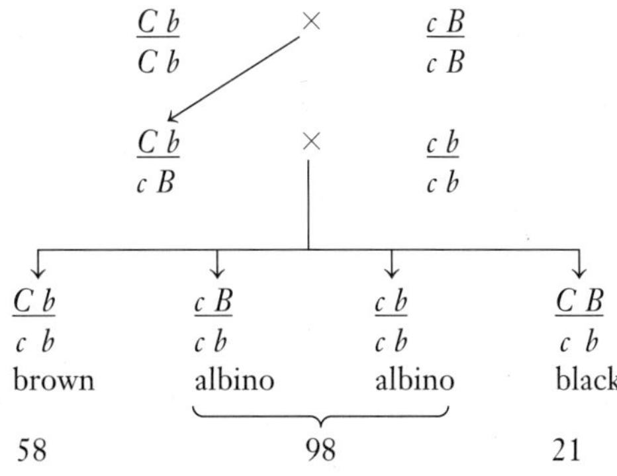

7.15 (a) The F_1 females, which are $sr\ e^+/sr^+\ e$, produce four types of gametes: 44% $sr\ e^+$, 44% $sr^+\ e$, 6% $sr\ e$, 6% $sr^+\ e^+$. (b) The F_1 males, which have the same genotype as the F_1 females, produce two types of gametes: 50% $sr\ e^+$, 50% $sr^+\ e$; remember, there is no crossing over in *Drosophila* males. (c) 44% striped, gray; 44% unstriped, ebony; 6% striped, ebony; 6% unstriped, gray. (d) The offspring from the intercross can be obtained from the following table.

		Sperm	
		$sr\ e^+$ (0.5)	$sr^+\ e$ (0.5)
	$sr\ e^+$ (0.44)	$sr\ e^+/sr\ e^+$ (0.22)	$sr\ e^+/sr^+\ e$ (0.22)
Eggs	$sr^+\ e$ (0.44)	$sr^+\ e/sr\ e^+$ (0.22)	$sr^+\ e/sr^+\ e$ (0.22)
	$sr\ e$ (0.06)	$sr\ e/sr\ e^+$ (0.03)	$sr\ e/sr^+\ e$ (0.03)
	$sr^+\ e^+$ (0.06)	$sr^+\ e^+/sr\ e^+$ (0.03)	$sr^+\ e^+/sr^+\ e$ (0.03)

Summary of phenotypes:

striped, gray	0.25	striped, ebony	0
unstriped, gray	0.50	unstriped, ebony	0.25

7.17 (a) The F_1 females, which are *cn* vg^+/cn^+ vg, produce four types of gametes: 42.5% *cn* vg^+, 42.5% cn^+ *vg*, 7.5% cn^+ vg^+, 7.5% *cn vg*. (b) 42.5% cinnabar eyes, normal wings; 42.5% reddish-brown eyes, vestigial wings; 7.5% reddish-brown eyes, normal wings; 7.5% cinnabar eyes, vestigial wings.

7.19 In the enumeration below, classes 1 and 2 are parental types, classes 3 and 4 result from a single crossover between *Pl* and *Sm*, classes 5 and 6 result from a single crossover between *Sm* and *Py*, and classes 7 and 8 result from a double crossover, with one of the exchanges between *Pl* and *Sm* and the other between *Sm* and *Py*.

Class	Phenotypes	(a) Frequency with no Interference	(b) Frequency with Complete Interference
1	purple, salmon, pigmy	0.405	0.40
2	green, yellow, normal	0.405	0.40
3	purple, yellow, normal	0.045	0.05
4	green, salmon, pigmy	0.045	0.05
5	purple, salmon, normal	0.045	0.05
6	green, yellow, pigmy	0.045	0.05
7	purple, yellow, pigmy	0.005	0
8	green, salmon, normal	0.005	0

7.21 The double crossover classes, which are the two that were not observed, establish that the gene order is *y*—*w*—*ec*. Thus, the F_1 females had the genotype *y w ec*/+ + +. The distance between *y* and *w* is estimated by the frequency of recombination between these two genes: (16 + 14)/2000 = 0.015; similarly, the distance between *w* and *ec* is (36 + 46)/2000 = 0.041. Thus, the genetic map for this segment of the X chromosome is *y*—1.5 cM—*w*—4.1 cM—*ec*.

7.23 (a) Two of the classes (the parental types) vastly out-number the other six classes (recombinant types); (b) *st* + +/+ *ss e*; (c) *st*—*ss*—*e*; (d) [(290 + 244) × 1 + (36) × 2]/2000 = 30.3 cM; (e) (244 + 36)/2000 = 14.0 cM; (f) (0.018)/(0.163 × 0.140) = 0.789. (g) *st* + +/+ *ss e* females × *st ss e*/*st ss e* males 2 parental classes and 6 recombinant classes.

7.25 The F_1 females are genotypically *pn* +/+ *g*. Among their sons, 30 percent will be recombinant for the two X-linked genes, and half of the recombinants will have the wild-type alleles of these genes. Thus the frequency of sons with dark red eyes will be 1/2 × 30% = 15%.

7.27 $(P/2)^2$.

7.29 From the parental classes, + + *c* and *a b* +, the heterozygous females must have had the genotype + + *c*/*a b* +. The missing classes, + *b* + and *a* + *c*, which would represent double crossovers, establish that the gene order is *b*—*a*—*c*. The distance between *b* and *a* is (288 + 330)/3000 = 20.6 cM, and that between *a* and *c* is (195 + 225)/3000 = 14.0 cM. Thus, the genetic map is *b*—20.6 cM—*a*—14.0 cM—*c*.

7.31 II-1 has the genotype *C h*/*c H*; that is, she is a repulsion heterozygote for the alleles for color blindness (*c*) and hemophilia (*h*). None of her children are recombinant for these alleles.

7.33 The woman is a repulsion heterozygote for the alleles for color blindness and hemophilia—that is, she is *C h*/*c H*. If the woman has a boy, the chance that he will have hemophilia is 0.5 and the chance that he will have color blindness is 0.5. If we specify that the boy have only one of these two conditions, then the chance that he will have color blindness is 0.45. The reason is that the boy will inherit a nonrecombinant X chromosome with a probability of 0.9, and half the nonrecombinant X chromosomes will carry the mutant allele for color blindness and the other half will carry the mutant allele for hemophilia. The chance that the boy will have both conditions is 0.05, and the chance that he will have neither condition is 0.05. The reason is that the boy will inherit a recombinant X chromosome with a probability of 0.1, and half the recombinant X chromosomes will carry both mutant alleles and the other half will carry neither mutant allele.

7.35 A two-strand double crossover within the inversion; the exchange points of the double crossover must lie between the genetic markers and the inversion breakpoints.

CHAPTER 8

8.1 Viruses reproduce and transmit their genes to progeny viruses. They utilize energy provided by host cells and respond to environmental and cellular signals like other living organisms. However, viruses are obligate parasites; they can reproduce only in appropriate host cells.

8.3 Bacteriophage T4 is a virulent phage. When it infects a host cell, it reproduces and kills the host cell in the process. Bacteriophage lambda can reproduce and kill the host bacterium—the lytic response—just like phage T4, or it can insert its chromosome into the chromosome of the host and remain there in a dormant state—the lysogenic response.

8.5 The insertion of the phage λ chromosome into the host chromosome is a site-specific recombination process catalyzed by an enzyme that recognizes specific sequences in the l and *E. coli* chromosomes. Crossing over between homologous chromosomes is not sequence-specific. It can occur at many sites along the two chromosomes.

8.7 The *a*, *b*, and c mutations are closely linked and in the order *b*—*a*—*c* on the chromosome.

8.9 Perform two experiments: (1) determine whether the process is sensitive to DNase, and (2) determine whether cell contact is required for the process to take place. The cell contact requirement can be tested by a U-tube experiment (see Figure 8.9). If the process is sensitive to DNase, it is similar to transformation. If cell contact is required, it is similar to conjugation. If it is neither sensitive to DNase nor requires cell contact, it is similar to transduction.

8.11 (a) F′ factors are useful for genetic analyses where two copies of a gene must be present in the same cell, for example, in determining dominance relationships. (b) F′ factors are formed by abnormal excision of F factors from Hfr chromosomes (see Figure 8.21). (c) By the conjugative transfer of an F′ factor from a donor cell to a recipient (F^-) cell.

8.13 IS elements (or insertion sequences) are short (800–1400 nucleotide pairs) DNA sequences that are transposable—that is, capable of moving from one position in a chromosome to another position or from one chromosome to another chromosome. IS elements mediate recombination between nonhomologous DNA molecules—for example, between F factors and bacterial chromosomes.

8.15 Cotransduction refers to the simultaneous transduction of two different genetic markers to a single recipient cell. Since bacteriophage particles can package only 1/100 to 1/50 of the total bacterial chromosome, only markers that are relatively closely linked can be cotransduced. The frequency of cotransduction of any two markers will be an inverse function of the distance between them on the chromosome. As such, this frequency can be used as an estimate of the linkage distance. Specific cotransduction-linkage functions must be prepared for each phage–host system studied.

8.17

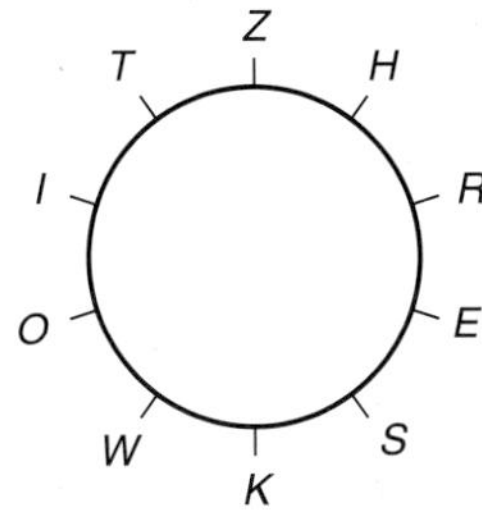

8.19 *pro*—*pur*—*his*.

8.21

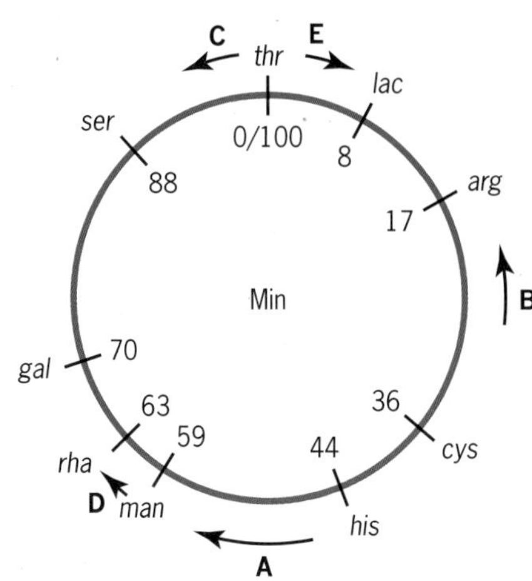

CHAPTER 9

9.1 (a) Griffith's *in vivo* experiments demonstrated the occurrence of transformation in pneumococcus. They provided no indication as to the molecular basis of the transformation phenomenon. Avery and colleagues carried out *in vitro* experiments, employing biochemical analyses to demonstrate that transformation was mediated by DNA. (b) Griffith showed that a transforming substance existed; Avery et al. defined it as DNA. (c) Griffith's experiments did not include any attempt to characterize the substance responsible for transformation. Avery et al. isolated DNA in "pure" form and demonstrated that it could mediate transformation.

9.3 Purified DNA from Type III cells was shown to be sufficient to transform Type II cells. This occurred in the absence of any dead Type III cells.

9.5 (a) The objective was to determine whether the genetic material was DNA or protein. (b) By labeling phosphorus, a constituent of DNA, and sulfur, a constituent of protein, in a virus, it was possible to demonstrate that only the labeled phosphorus was introduced into the host cell during the viral reproductive cycle. The DNA was enough to produce new phages. (c) Therefore DNA, not protein, is the genetic material.

9.7 (a) The ladderlike pattern was known from X-ray diffraction studies. Chemical analyses had shown that a 1:1 relationship existed between the organic bases adenine and thymine and between cytosine and guanine. Physical data concerning the length of each spiral and the stacking of bases were also a vailable. (b) Watson and Crick developed the model of a double helix, with the rigid strands of sugar and phosphorus forming spirals around an axis, and hydrogen bonds connecting the complementary bases in nucleotide pairs.

9.9 (a) 800,000; (b) 40,000; (c) 800,000; (d) 136,000 nm.

9.11 No. TMV RNA is single-stranded. Thus the base-pair stoichiometry of DNA.

9.13 3′-TGACGTGT-5′.

9.15 (a) double-stranded DNA; (b) single-stranded DNA; (c) single-stranded RNA.

9.17 The value of T_m increases with the GC content because GC base pairs, connected by three hydrogen bonds, are stronger than AT base pairs connected by two hydrogen bonds.

9.19 (1) The nucleosome level; the core containing an octamer of histones plus 146 nucleotide pairs of DNA arranged as $1\frac{3}{4}$ turns of a supercoil (see Figure 9.18), yielding an approximately 11-nm diameter spherical body; or juxtaposed, a roughly 11-nm diameter fiber. (2) The 30-nm fiber observed in condensed mitotic and meiotic chromosomes; it appears to be formed by coiling or folding the 11-nm nucleosome fiber. (3) The highly condensed mitotic and meiotic chromosomes (for example, metaphase chromosomes); the tight folding or coiling maintained by a "scaffold" composed of nonhistone chromosomal proteins (see Figure 9.22).

9.21 (a) 85.48 °C. (b) about 15%.

9.23 The satellite DNA fragments would renature much more rapidly than the main-band DNA fragments. In *D. virilus* satellite DNAs, all three have repeating heptanucleotide-pair sequences. Thus essentially every 40 nucleotide-long (average) single-stranded fragment from one strand will have a sequence complementary (in part) with every single-stranded fragment from the complementary strand. Many of the nucleotide-pair sequences in main-band DNA will be unique sequences (present only once in the genome).

9.25 Interphase. Chromosomes are for the most part metabolically inactive (exhibiting little transcription) during the various stages of condensation in mitosis and meiosis.

9.27 (a) Histones have been highly conserved throughout the evolution of eukaryotes. A major function of histones is to package DNA into nucleosomes and chromatin fibers. Since DNA is composed of the same four nucleotides and has the same basic structure in all eukaryotes, one might expect that the proteins that play a structural role in packaging this DNA would be similarly conserved. (b) The nonhistone chromosomal proteins exhibit the greater heterogeneity in chromatin from different tissues and cell types of an organism. The histone composition is largely the same in all cell types within a given species—consistent with the role of histones in packaging DNA into nucleosomes. The nonhistone chromosomal proteins include proteins that regulate gene expression. Because different sets of genes are transcribed in different cell types, one would expect heterogeneity in some of the nonhistone chromosomal proteins of different tissues.

CHAPTER 10

10.1 (a) Both 3′ → 5′ and 5′ → 3′ exonuclease activities. (b) The 3′ → 5′ exonuclease "proofreads" the nascent DNA strand during its synthesis. If a mismatched base pair occurs at the 3′-OH end of the primer, the 3′ → 5′ exonuclease removes the incorrect terminal nucleotide before polymerization proceeds again. The 5′ → 3′ exonuclease is responsible for the removal of RNA primers during DNA replication and functions in pathways involved in the repair of damaged DNA (see Chapter 13). (c) Yes, both exonuclease activities appear to be very important. Without the 3′ → 5′ proofreading activity during replication, an intolerable mutation frequency would occur. The 5′ → 3′ exonuclease activity is essential to the survival of the cell. Conditional mutations that alter the 5′ → 3′ exonuclease activity of DNA polymerase I are lethal to the cell under conditions where the exonuclease is nonfunctional.

10.3 ^{15}Nitrogen contains eight neutrons instead of the seven neutrons in the normal isotope of nitrogen, ^{14}N. Therefore, ^{15}N has an atomic mass of about 15, whereas ^{14}N has a mass of about 14. This difference means that purines and pyrimidines containing ^{15}N have a greater density (weight per unit volume) than those containing ^{14}N. Equilibrium density-gradient centrifugation in 6M CsCl separates DNAs or other macromolecules based on their densities, and *E. coli* DNA, for example, that contains ^{15}N has a density of 1.724 g/cm^2, whereas *E. coli* DNA that contains ^{14}N has a density of 1.710 g/cm^2.

10.5 If nascent DNA is labeled by exposure to ^{3}H-thymidine for very short periods of time, continuous replication predicts that the label would be incorporated into chromosome-sized DNA molecules, whereas discontinuous replication predicts that the label would first appear in small pieces of nascent DNA (prior to covalent joining, catalyzed by DNA ligase).

10.7

Two

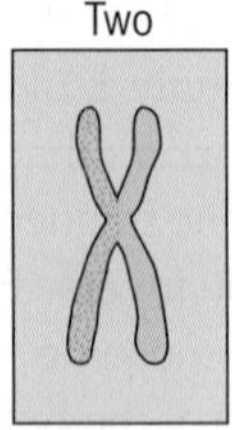

Plus two

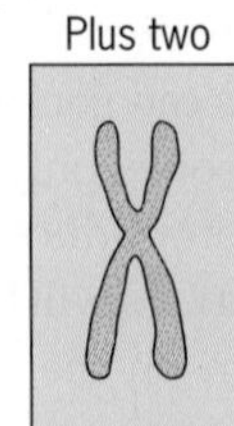

For both the large and small chromosomes

10.9 That DNA replication was unidirectional rather than bidirectional. As the intracellular pools of radioactive ^{3}H-thymidine are gradually diluted after transfer to nonradioactive medium, less and less ^{3}H-thymidine will be incorporated into DNA at each replicating fork. This will produce autoradiograms with tails of decreasing grain density at each growing point. Since such tails appear at only one end of each track, replication must be unidirectional. Bidirectional replication would produce such tails at both ends of an autoradiographic track (see Figure 10.31).

10.11 Current evidence suggests that polymerases α, δ, and/or ε are required for the replication of nuclear DNA. Polymerase δ and/or ε are thought to catalyze the continuous synthesis of the leading strand, and polymerase α is believed to function as a primase in the discontinuous synthesis of the lagging strand. Polymerase γ catalyzes replication of organellar chromosomes. Polymerases β, ζ, η, υ, ι, κ, λ, μ, σ, ϕ, and Rev1 function in various DNA repair pathways (see Chapter 13).

10.13 No DNA will band at the "light" position; 12.5 percent (2 of 16 DNA molecules) will band at the "hybrid" density; and 87.5 percent (14 of 16 DNA molecules) will band at the "heavy" position.

10.15 (a) DNA gyrase; (b) primase; (c) the 5′ → 3′ exonuclease activity of DNA polymerase I; (d) the 5′ → 3′ polymerase activity of DNA polymerase III; (e) the 3′ → 5′ exonuclease activity of DNA polymerase III.

10.17 In eukaryotes, the rate of DNA synthesis at each replication fork is about 2500 to 3000 nucleotide pairs per minute. Large eukaryotic chromosomes often contain 107 to 10^8 nucleotide pairs. A single replication fork could not replicate the giant DNA in one of these large chromosomes fast enough to permit the observed cell generation times.

10.19 No. *E. coli* strains carrying *polA* mutations that eliminate the 3′ → 5′ exonuclease activity of DNA polymerase I will exhibit unusually high mutation rates.

10.21 (a) Rolling-circle replication begins when an endonuclease cleaves one strand of a circular DNA double helix. This cleavage produces a free 39-OH on one end of the cut strand, allowing it to function as a primer. (b) The discontinuous synthesis of the lagging strand requires the *de novo* initiation of each Okazaki fragment, which requires DNA primase activity.

10.23 DNA helicase unwinds the DNA double helix, and single-strand DNA-binding protein coats the unwound strands, keeping them in an extended state. DNA gyrase catalyzes the formation of negative supercoiling in *E. coli* DNA, and this negative supercoiling behind the replication forks is thought to drive the unwinding process because superhelical tension is reduced by unwinding the complementary strands.

10.25 DnaA protein initiates the formation of the replication bubble by binding to the 9-bp repeats of *OriC*. DnaA protein is known to be required for the initiation process because bacteria with temperature-sensitive mutations in the *dnaA* gene cannot initiate DNA replication at restrictive temperatures.

10.27 Nucleosomes and replisomes are both large macromolecular structures, and the packaging of eukaryotic DNA into nucleosomes raises the question of how a replisome can move past a nucleosome and replicate the DNA in the nucleosome in the process. The most obvious solution to this problem would be to completely or partially disassemble the nucleosome to allow the replisome to pass. The nucleosome would then reassemble after the replisome had passed. One popular model has the nucleosome partially disassembling, allowing the replisome to move past it (see Figure 10.33*b*).

10.29 (1) DNA replication usually occurs continuously in rapidly growing prokaryotic cells but is restricted to the S phase of the cell cycle in eukaryotes. (2) Most eukaryotic chromosomes contain multiple origins of replication, whereas most prokaryotic chromosomes contain a single origin of replication. (3) Prokaryotes utilize two catalytic complexes that contain the same DNA polymerase to replicate the leading and lagging strands, whereas eukaryotes utilize two or three distinct DNA polymerases for leading and lagging strand synthesis. (4) Replication of eukaryotic chromosomes requires the partial disassembly and reassembly of nucleosomes as replisomes move along parental DNA molecules. In prokaryotes, replication probably involves a similar partial disassembly/reassembly of nucleosome-like structures. (5) Most prokaryotic chromosomes are circular and thus have no ends. Most eukaryotic chromosomes are linear and have unique termini called telomeres that are added to replicating DNA molecules by a unique, RNA-containing enzyme called telomerase.

10.31 The chromosomes of haploid yeast cells that carry the *est1* mutation become shorter during each cell division. Eventually, chromosome instability results from the complete loss of telomeres, and cell death occurs because of the deletion of essential genes near the ends of chromosomes.

CHAPTER 11

11.1 (a) RNA contains the sugar ribose, which has an hydroxyl(OH) group on the 2-carbon; DNA contains the sugar 2-deoxyribose, with only hydrogens on the 2-carbon. RNA usually contains the base uracil at positions where thymine is present in DNA. However, some DNAs contain uracil, and some RNAs contain thymine. DNA exists most frequently as a double helix (double-stranded molecule); RNA exists more frequently as a single-stranded molecule; but some DNAs are single-stranded and some RNAs are double-stranded. (b) The main function of DNA is to store genetic information and to transmit that information from cell to cell and from generation to generation. RNA stores and transmits genetic information in some viruses that contain no DNA. In cells with both DNA and RNA: (1) mRNA acts as an intermediary in protein synthesis, carrying the information from DNA in the chromosomes to the ribosomes (sites at which proteins are synthesized). (2) tRNAs carry amino acids to the ribosomes and function in codon recognition during the synthesis of polypeptides. (3) rRNA molecules are essential components of the ribosomes. (4) snRNAs are important components of spliceosomes, and (5) miRNAs play key roles in regulating gene expression (see Chapter 19). (c) DNA is located primarily in the chromosomes (with some in cytoplasmic organelles, such as mitochondria and chloroplasts), whereas RNA is located throughout cells.

11.3 3′—TACGA—5′.

11.5 Protein synthesis occurs on ribosomes. In eukaryotes, most of the ribosomes are located in the cytoplasm and are attached to the extensive membranous network of endoplasmic reticulum. Some protein synthesis also occurs in cytoplasmic organelles such as chloroplasts and mitochondria.

11.7 Both prokaryotic and eukaryotic organisms contain messenger RNAs, transfer RNAs, and ribosomal RNAs. In addition, eukaryotes contain small nuclear RNAs and micro RNAs. Messenger RNA molecules carry genetic information from the chromosomes (where the information is stored) to the ribosomes in the cytoplasm (where the information is expressed during protein synthesis). The linear sequence of triplet codons in an mRNA molecule specifies the linear sequence of amino acids in the polypeptides produced during translation of that mRNA. Transfer RNA molecules are small (about 80 nucleotides long) molecules that carry amino acids to the ribosomes and provide the codon-recognition specificity during translation. Ribosomal RNA molecules provide part of the structure and function of ribosomes; they represent an important part of the machinery required for the synthesis of polypeptides. Small nuclear RNAs are structural components of spliceosomes, which excise noncoding intron sequences from nuclear gene transcripts. Micro RNAs are involved in the regulation of gene expression.

11.9 "Self-splicing" of RNA precursors demonstrates that RNA molecules can also contain catalytic sites; this property is not restricted to proteins.

11.11 The introns of protein-encoding nuclear genes of higher eukaryotes almost invariably begin (5′) with GT and end (3′) with AG. In addition, the 3′ subterminal A in the "TACTAAC box" is completely conserved; this A is involved in bond formation during intron excision.

11.13 (a) Sequence 2. It contains the conserved intron sequences: a 5′ GU, a 3′ AG, and a UACUAAC internal sequence providing a potential bonding site for intron excision. Sequence 4 has a 5′ GU and a 3′ AG, but contains no internal A for the bonding site during intron excision. (b) 5′—UAGUCUCAA—3′; the putative intron from the 5′ GU through the 3′ AG has been removed.

11.15

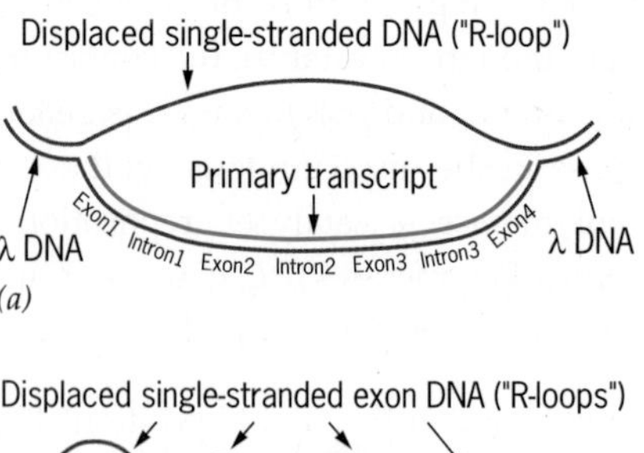

(a)

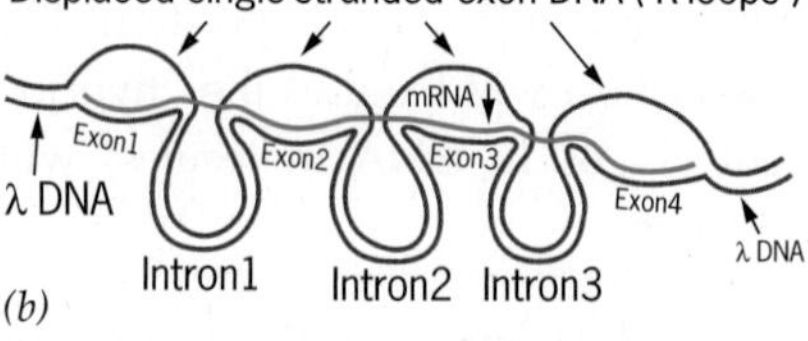

(b)

11.17 Assuming that there is a −35 sequence upstream from the consensus −10 sequence in this segment of the DNA molecule, the nucleotide sequence of the transcript will be 5′-ACCCGACAUAGCUACGAUGACGAUAAGC-GACAUAGC-3′.

11.19 Assuming that there is a CAAT box located upstream from the TATA box shown in this segment of DNA, the nucleotide sequence of the transcript will be 5′-UUAGCGCCAUGCU-AGCGCCAGUAAU-3′.

11.21 According to the central dogma, genetic information is stored in DNA and is transferred from DNA to RNA to protein during gene expression. RNA tumor viruses store their genetic information in RNA, and that information is copied into DNA by the enzyme reverse transcriptase after a virus infects a host cell. Thus the discovery of RNA tumor viruses or retroviruses —retro for backwards flow of genetic information—provided an exception to the central dogma.

11.23 DNA, RNA, and protein synthesis all involve the synthesis of long chains of repeating subunits. All three processes can be divided into three stages: chain initiation, chain elongation, and chain termination.

11.25 The primary transcripts of eukaryotes undergo more extensive posttranscriptional processing than those of prokaryotes. Thus the largest differences between mRNAs and primary transcripts occur in eukaryotes. Transcript processing is usually restricted to the excision of terminal sequences in prokaryotes. In contrast, eukaryotic transcripts are usually modified by (1) the excision of intron sequences; (2) the addition of 7-methyl guanosine caps to the 5′ termini; (3) the addition of poly(A) tails to the 3′ termini. In addition, the sequences of some eukaryotic transcripts are modified by RNA editing processes.

11.27 In eukaryotes, the genetic information is stored in DNA in the nucleus, whereas proteins are synthesized on ribosomes in the cytoplasm. How could the genes, which are separated from the sites of protein synthesis by a double membrane—the nuclear envelope—direct the synthesis of polypeptides without some kind of intermediary to carry the specifications for the polypeptides from the nucleus to the cytoplasm? Researchers first used labeled RNA and protein precursors and autoradiography to demonstrate that RNA synthesis and protein synthesis occurred in the nucleus and the cytoplasm, respectively.

11.29 A simple pulse- and pulse/chase-labeling experiment will demonstrate that RNA is synthesized in the nucleus and is subsequently transported to the cytoplasm. This experiment has two parts: (1) Pulse-label eukaryotic culture cells by growing them in ^{3}H-uridine for a few minutes, and localize the incorporated radioactivity by autoradiography. (2) Repeat the experiment, but this time add a large excess of nonradioactive uridine to the medium in which the cells are growing after the labeling period, and allow the cells to grow in the nonradioactive medium for about an hour. Then localize the incorporated radioactivity by autoradiography. The radioactivity will be located in the nucleus when the culture cells are pulse-labeled with ^{3}H-uridine and in the cytoplasm on ribosomes in the pulse-chase experiment.

11.31 The first preparation of RNA polymerase is probably lacking the sigma subunit and, as a result, initiates the synthesis of RNA chains at random sites along both strands of the *argH* DNA. The second preparation probably contains the sigma subunit and initiates RNA chains only at the site used *in vivo*, which is governed by the position of the 210 and 235 sequences of the promoter.

11.33 TATA and CAAT boxes. The TATA and CAAT boxes are usually centered at positions −30 and −80, respectively, relative to the startpoint (+1) of transcription. The TATA box is responsible for positioning the transcription startpoint; it is the binding site for the first basal transcription factor that interacts with the promoter. The CAAT box enhances the efficiency of transcriptional initiation.

11.35 RNA editing sometimes leads to the synthesis of two or more distinct polypeptides from a single mRNA.

11.37 This zygote will probably be nonviable because the gene product is essential and the elimination of the 5′ splice site will almost certainly result in the production of a nonfunctional gene product.

CHAPTER 12

12.1 Proteins are long chainlike molecules made up of amino acids linked together by peptide bonds. Proteins are composed of carbon, hydrogen, nitrogen, oxygen, and usually sulfur. They provide the enzymatic capacity and much of the structure of living organisms. DNA is composed of phosphate, the pentose sugar 2-deoxyribose, and four nitrogen-containing organic bases (adenine, cytosine, guanine, and thymine). DNA stores and transmits the genetic information in most living organisms. Protein synthesis is of particular interest to geneticists because proteins are the primary gene products—the key intermediates through which genes control the phenotypes of living organisms.

12.3 It depends on how you define alleles. If every variation in nucleotide sequence is considered to be a different allele, even if the gene product and the phenotype of the organism carrying the mutation are unchanged, then the number of alleles will be directly related to gene size. However, if the nucleotide sequence change must produce an altered gene product or phenotype before it is considered a distinct allele, then there will be a positive correlation, but not a direct relationship, between the number of alleles of a gene and its size in nucleotide pairs. The relationship is more likely to occur in prokaryotes where most genes lack introns. In eukaryotic genes, nucleotide sequence changes within introns usually are neutral; that is, they do not affect the activity of the gene product or the phenotype of the organism. Thus, in the case of eukaryotic genes with introns, there may be no correlation between gene size and number of alleles producing altered phenotypes.

12.5 (a) Singlet and doublet codes provide a maximum of 4 and $(4)^2$ or 16 codons, respectively. Thus neither code would be able to specify all 20 amino acids. (b) 20. (c) $(20)^{306}$.

12.7 (a) The genetic code is degenerate in that all but 2 of the 20 amino acids are specified by two or more codons. Some amino acids are specified by six different codons. The degeneracy occurs largely at the third or 3′ base of the codons. "Partial degeneracy" occurs where the third base of the codon may be either of the two purines or either of the two pyrimidines and the codon still specifies the same amino acid. "Complete degeneracy" occurs where the third base of the codon may be any one of the four bases and the codon still specifies the same amino acid. (b) The code is ordered in the sense that related codons (codons that differ by a single base change) specify chemically similar amino acids. For example, the codons CUU, AUU, and GUU specify the structurally related amino acids, leucine, isoleucine, and valine, respectively. (c) The code appears to be almost completely universal. Known exceptions to universality include strains carrying suppressor mutations that alter the reading of certain codons (with low efficiencies in most cases) and the use of UGA as a tryptophan codon in yeast and human mitochondria.

12.9 His → Arg results from a transition; His → Pro would require a transversion (not induced by 5-bromouracil).

12.11 Ribosomes are from 10 to 20 nm in diameter. They are located primarily in the cytoplasm of cells. In bacteria, they are largely free in the cytoplasm. In eukaryotes, many of the ribosomes are attached to the endoplasmic reticulum. Ribosomes are complex structures composed of over 50 different polypeptides and three to five different RNA molecules.

12.13 Messenger RNA molecules carry genetic information from the chromosomes (where the information is stored) to the ribosomes in the cytoplasm (where the information is expressed during protein synthesis). The linear sequence of triplet codons in an mRNA molecule specifies the linear sequence of amino acids in the polypeptide(s) produced during translation of that mRNA. Transfer RNA molecules are small (about 80 nucleotides long) molecules that carry amino acids to the ribosomes and provide the codon-recognition specificity during translation. Ribosomal RNA molecules provide part of the structure and function of ribosomes; they represent an important part of the machinery required for the synthesis of polypeptides.

12.15 A specific aminoacyl-tRNA synthetase catalyzes the formation of an amino acid-AMP complex from the appropriate amino acid and ATP (with the release of pyrophosphate). The same enzyme then catalyzes the formation of the aminoacyl-tRNA complex, with the release of AMP. The amino acid-AMP and aminoacyl-tRNA linkages are both high-energy phosphate bonds.

12.17 Crick's wobble hypothesis explains how the anticodon of a given tRNA can base-pair with two or three different mRNA codons. Crick proposed that the base-pairing between the 5′ base of the anticodon in tRNA and the 3′ base of the codon in mRNA was less stringent than normal and thus allowed some "wobble" at this site. As a result, a single tRNA often recognizes two or three of the related codons specifying a given amino acid (see Table 12.2).

12.19 (a) Inosine. (b) Two.

12.21 Translation occurs by very similar mechanisms in prokaryotes and eukaryotes; however, there are some differences. (1) In prokaryotes, the initiation of translation involves base-pairing between a conserved sequence (AGGAGG)—the Shine-Dalgarno box—in mRNA and a complementary sequence near the 3′ end of the 16S rRNA. In eukaryotes, the initiation complex forms at the 5′ end of the transcript when a cap-binding protein interacts with the 7-methyl guanosine on the mRNA. The complex then scans the mRNA processively and initiates translation (with a few exceptions) at the AUG closest to the 5′ terminus. (2) In prokaryotes, the amino group of the initiator methionyl-$tRNA_f^{Met}$ is formylated; in eukaryotes, the amino group of methionyl-$tRNA_i^{Met}$ is not formylated. (3) In prokaryotes, two soluble protein release factors (RFs) are required for chain termination. RF-1 terminates polypeptides in response to UAA and UAG condons; RF-2 terminates chains in response to UAA and UGA codons. In eukaryotes, one release factor responds to all three termination codons.

12.23 Assuming 0.34 nm per nucleotide pair in B-DNA, a gene 68 nm long would contain 300 nucleotide pairs. Given the triplet code, this gene would contain 300/3 = 100 triplets, one of which must specify chain termination. Therefore, this gene could encode a maximum of 99 amino acids.

12.25 453 nucleotides—3 × 150 = 450 specifying amino acids plus three (one codon) specifying chain termination.

12.27 (a) Related codons often specify the same or very similar amino acids. As a result, single base-pair substitutions frequently result in the synthesis of identical proteins (degeneracy) or proteins with amino acid substitutions involving very similar amino acids. (b) Leucine and valine have very similar structures and chemical properties; both have nonpolar side groups and fold into essentially the same three-dimensional structures when present in polypeptides. Thus, substitutions of leucine for valine or valine for leucine seldom alter the function of a protein.

12.29 (a) Ribosomes and spliceosomes both play essential roles in gene expression, and both are complex macromolecular structures composed of RNA and protein molecules. (b) Ribosomes are located in the cytoplasm; spliceosomes in the nucleus. Ribosomes are larger and more complex than spliceosomes.

12.31 Met-Ser-Ile-Cys-Leu-Phe-Gln-Ser-Leu-Ala-Ala-Gln-Asp-Arg-Pro-Gly.

12.33 (UAG). This is the only nonsense codon that is related to tryptophan, serine, tyrosine, leucine, glutamic acid, glutamine, and lysine codons by a single base-pair substitution in each case.

CHAPTER 13

13.1 (a) Transition, (b) transition, (c) transversion, (d) transversion, (e) transition, (f) frameshift.

13.3 (a) *ClB* method, (b) attached-X method (see Chapter 6).

13.5 Probably not. A human is larger than a bacterium, with more cells and a longer lifespan. If mutation frequencies are calculated in terms of cell generations, the rates for human cells and bacterial cells are similar.

13.7 The X-linked gene is carried by mothers, and the disease is expressed in half of their sons. Such a disease is difficult to follow in pedigree studies because of the recessive nature of the gene, the tendency for the expression to skip generations in a family line, and the loss of the males who carry the gene. One explanation for the sporadic occurrence and tendency for the gene to persist is that, by mutation, new defective genes are constantly being added to the load already present in the population.

13.9 The sheep with short legs could be mated to unrelated animals with long legs. If the trait is expressed in the first generation, it could be presumed to be inherited and to depend on a dominant gene. On the other hand, if it does not appear in the first generation, F_1 sheep could be crossed back to the short-legged parent. If the trait is expressed in one-half of the backcross progeny, it is probably inherited as a simple recessive. If two short-legged sheep of different sex could be obtained, they could be mated repeatedly to test the hypothesis of dominance. In the event that the trait is not transmitted to the progeny that result from these matings, it might be considered to be environmental or dependent on some complex genetic mechanism that could not be identified by the simple test used in the experiments.

13.11 If both mutators and antimutators operate in the same living system, an optimum mutation rate for a particular organism in a given environment may result from natural selection.

13.13 (a) Yes. (b) A block would result in the accumulation of phenylalanine and a decrease in the amount of tyrosine, which would be expected to result in several different phenotypic expressions.

13.15

Amino Acid	mRNA	DNA
Glumatic acid	–GAA S	–GAA → ←CTT– ← Transcribed strand T Mutation
Valine	–GUA S	–GTA→ ←CAT– Mutation
Lysine	–AAA S	–AAA→ ←TTT–

13.17 Mutations: transitions, transversions, and frameshifts.

13.19 6%; 7%; 10%.

13.21 Radioactive iodine is concentrated by living organisms and food chains.

13.23 $(x^+ m^+ z)$ $(x^+ m^+ z^+)$ $(x\ m^+ z)$ $(x\ m\ z^+)$ or equivalent.

13.25 Transitions.

13.27 Nitrous acid acts as a mutagen on either replicating or nonreplicating DNA and produces transitions from A to G or C to T, whereas 5-bromouracil does not affect nonreplicating DNA but acts during the replication process causing GC ↔ AT transitions. 5-Bromouracil must be incorporated into DNA during the replication process in order to induce mispairing of bases and thus mutations.

13.29 5-BU causes GC ↔ AT transitions. 5-BU can, therefore, revert almost all of the mutations that it induces by enhancing the transition event that is the reverse of the one that produced the mutation. In contrast, the spontaneous mutations will include transversions, frameshifts, deletions, and other types of mutations, including tran-sitions. Only the spontaneous transitions will show enhanced reversion after treatment with 5-BU.

13.31 (a) Frameshift due to the insertion of T at the 11th nucleotide from the 5′ end; (b) normal: 5′-AUGCCGUACUGCCAGCU-AACUGCUAAAGAACAAUUA-3′. mutant: 5′-AUGCCU-GUACUGCCAGCUAACUGCUAAAGAACAAUUA-39. (c) normal: NH_2-Met-Pro-Tyr-Cys-Gln-Leu-Thr-Ala-Lys-Glu-Gln-Leu. mutant: NH_2-Met-Pro-Val-Leu-Pro-Ala-Asn-Cys.

13.33 No. Leucine → proline would occur more frequently. Leu (CUA) —5-BU→ Pro (CCA) occurs by a single base-pair transition, whereas Leu (CUA) —5-BU→ Ser (UCA) requires two base-pair transitions. Recall that 5-bromouracil (5-BU) induces only transitions (see Figure 13.7).

13.35 Yes:

DNA:	←GGX– 'CCX′→	$\xrightarrow{HNO_2}$	←GGX– –UCX′→
	↓		↓
mRNA:	GGX		AGX
	↓		↓
Polypeptide:	Gly		Ser or Arg (depending on X)

or

DNA:	←GGX– –CCX′→	$\xrightarrow{HNO_2}$	←GGX– –CUX′→
	↓		↓
mRNA:	GGX		GAX
	↓		↓
Polypeptide:	Gly		Asp or Glu (depending on X)

or

DNA:	←GGX– –CCX′→	$\xrightarrow{HNO_2}$	←GGX– –UUX′→
	↓		↓
mRNA:	GGX		AAX
	↓		↓
Polypeptide:	Gly		Asn or Lys (depending on X)

Note: The X at the third position in each codon in mRNA and in each triplet of base pairs in DNA refers to the fact that there is complete degeneracy at the third base in the glycine codon. Any base may be present in the codon, and it will still specify glycine.

13.37 Tyr → Cys substitutions; Tyr to Cys requires a transition, which is induced by nitrous acid. Tyr to Ser would require a transversion, and nitrous acid is not expected to induce transversions.

13.39 5′-UGG-UGG-UGG-AUG-CGA or AGA-GAA or GAG-UGG-AUG-3′.

13.41 Two genes; mutations 1, 2, 3, 4, 5, 6, and 8 are in one gene; mutation 7 is in a second gene.

13.43 The complementation test for allelism involves placing mutations pairwise in a common protoplasm in the *trans* configuration and determining whether the resulting *trans* heterozygotes have wild-type or mutant phenotypes. If the two mutations are in different genes, the two mutations will complement each other, because the wild-type copies of each gene will produce functional gene products (see Figure 13.23*a*). However, if the two mutations are in the same gene, both copies of the gene in the trans heterozygote will produce defective gene products, resulting in a mutant phenotype (see Figure 13.23*b*). When complementation occurs, the *trans* heterozygote will have the wild-type phenotype. Thus, the complementation test allows one to determine whether any two recessive mutations are located in the same gene or in different genes. Because the mutations of interest are sex-linked, all the male progeny will have the same phenotype as the female parent. They are hemizygous, with one X chromosome obtained from their mother. In contrast, the female progeny are trans heterozygotes. In the cross between the white-eyed female and the vermilion-eyed male, the female progeny have red eyes, the wild-type phenotype. Thus, the white and *vermilion* mutations are in different genes, as illustrated in the following diagram:

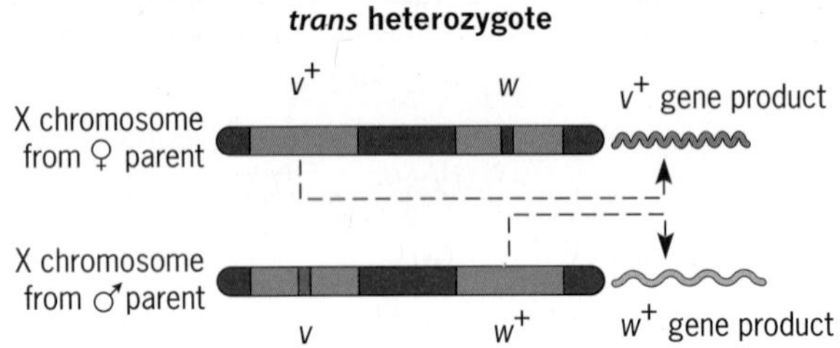

In the cross between a white-eyed female and a white cherry-eyed male, the female progeny have light cherry-colored eyes (a mutant phenotype), not wild-type red eyes as in the first cross. Since the *trans* heterozygote has a mutant phenotype, the two mutations, *white* and *white cherry*, are in the same gene:

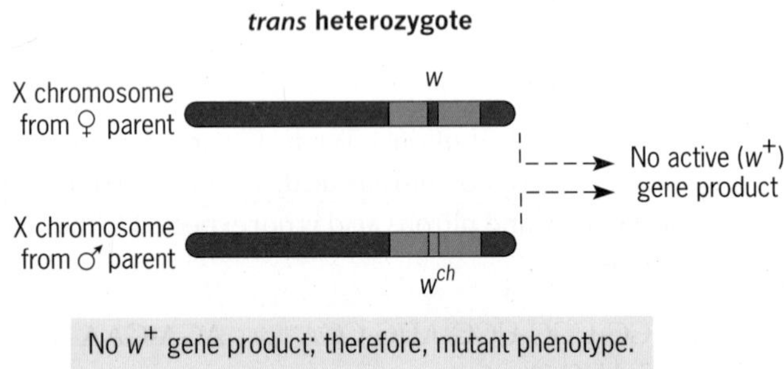

CHAPTER 14

14.1 (a) Both introduce new genetic variability into the cell. In both cases, only one gene or a small segment of DNA representing a small fraction of the total genome is changed or added to the genome. The vast majority of the genes of the organism remain the same. (b) The introduction of recombinant DNA molecules, if they come from a very different species, is more likely to result in a novel, functional gene product in the cell, if the introduced gene (or genes) is capable of being expressed in the foreign protoplasm. The introduction of recombinant DNA molecules is more analogous to duplication mutations (see Chapter 6) than to other types of mutations.

14.3 (a) $(1/4)^3 = 1/64$; (b) $(1/4)^4 = 1/256$.

14.5 Recombinant DNA and gene-cloning techniques allow geneticists to isolate essentially any gene or DNA sequence of interest and to characterize it structurally and functionally. Large quantities of a given gene can be obtained in pure form, which permits one to determine its nucleotide-pair sequence (to "sequence it" in common lab jargon). From the nucleotide sequence and our knowledge of the genetic code, geneticists can predict the amino acid sequence of any polypeptide encoded by the gene. By using an appropriate subclone of the gene as a hybridization probe in northern blot analyses, geneticists can identify the tissues in which the gene is expressed. Based on the predicted amino acid sequence of a polypeptide encoded by a gene, geneticists can synthesize oligopeptides and use these to raise antibodies that, in turn, can be used to identify the actual product of the gene and localize it within cells or tissues of the organism. Thus, recombinant DNA and gene-cloning technologies provide very powerful tools with which to study the genetic control of essentially all biological processes. These tools have played major roles in the explosive progress in the field of biology during the last three decades.

14.7 Restriction endonucleases are believed to provide a kind of primitive immune system to the microorganisms that produce them—protecting their genetic material from "invasion" by foreign DNAs from viruses or other pathogens or just DNA in the environment that might be taken up by the microorganism. Obviously, these microorganisms do not have a sophisticated immune system like that of higher animals (Chapter 20).

14.9 A foreign DNA cloned using an enzyme that produces single-stranded complementary ends can always be excised from the cloning vector by cleavage with the same restriction enzyme that was originally used to clone it. If a *Hin*dIII fragment containing your favorite gene was cloned into *Hin*dIII-cleaved Bluescript vector DNA, it will be flanked in the recombinant Bluescript clone by *Hin*dIII cleavage sites. Therefore, you can excise that HindIII fragment by digestion of the Bluescript clone with endonuclease *Hin*dIII.

14.11 Most genes of higher plants and animals contain noncoding intron sequences. These intron sequences will be present in genomic clones, but not in cDNA clones, because cDNAs are synthesized using mRNA templates and intron sequences are removed during the processing of the primary transcripts to produce mature mRNAs.

14.13 The maize *gln*2 gene contains many introns, and one of the introns contains a *Hin*dIII cleavage site. The intron sequences (and thus the *Hin*dIII cleavage site) are not present in mRNA sequences and thus are also not present in full-length *gln*2 cDNA clones.

14.15 (a) Southern, northern, and western blot procedures all share one common step, namely, the transfer of macromolecules

(DNAs, RNAs, and proteins, respectively) that have been separated by gel electrophoresis to a solid support—usually a nitrocellulose or nylon membrane—for further analysis. (b) The major difference between these techniques is the class of macromolecules that are separated during the electrophoresis step: DNA for Southern blots, RNA for northern blots, and protein for western blots.

14.17 All modern cloning vectors contain a "polycloning site" or "multiple cloning site" (MCS)—a cluster of unique cleavage sites for a number of different restriction endonucleases in a nonessential region of the vector into which the foreign DNA can be inserted. In general, the greater the complexity of the MCS—that is, the more restriction endonuclease cleavage sites that are present—the greater the utility of the vector for cloning a wide variety of different restriction fragments. For example, see the MCS present in plasmid Bluescript II shown in Figure 14.3.

14.19 Because the nucleotide-pair sequences of both the normal *CF* gene and the *CF Δ508* mutant gene are known, labeled oligonucleotides can be synthesized and used as hybridization probes to detect the presence of each allele (normal and D508). Under high-stringency hybridization conditions, each probe will hybridize only with the CF allele that exhibits perfect complementarity to itself. Since the sequences of the *CF* gene flanking the *Δ508* site are known, oligonucleotide PCR primers can be synthesized and used to amplify this segment of the DNA obtained from small tissue explants of putative CF patients and their relatives by PCR. The amplified DNAs can then be separated by agarose gel electrophoresis, transferred to nylon membranes, and hybridized to the respective labeled oligonucleotide probes, and the presence of each CF allele can be detected by autoradiography. For a demonstration of the utility of this procedure, see Focus on Detection of a Mutant Gene Causing Cystic Fibrosis. In the procedure described there, two synthetic oligonucleotide probes—oligo-N = 3′-CTTTTATAGTAGAAACCAC-5′ and oligo-ΔF = 3′-TTCTTTTATAGTA—ACCACAA-5′ (the dash indicates the deleted nucleotides in the *CFΔ508* mutant allele) were used to analyze the DNA of CF patients and their parents. For confirmed CF families, the results of these Southern blot hybridizations with the oligo-N (normal) and oligo-ΔF (*CFΔ508*) labeled probes were often as follows:

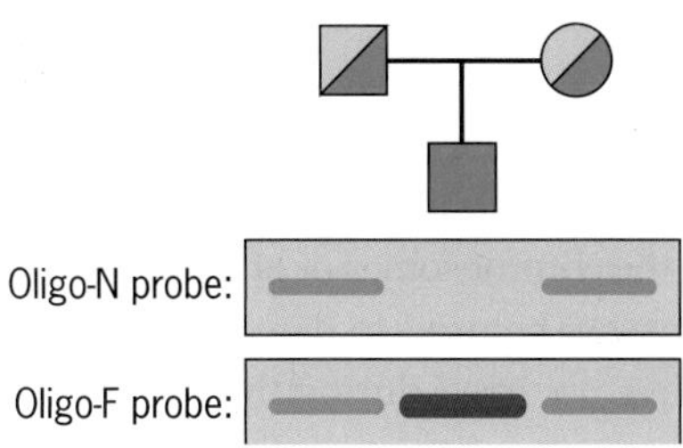

Both parents were heterozygous for the normal *CF* allele and the mutant *CF Δ508* allele as would be expected for a rare recessive trait, and the CF patient was homozygous for the *CF Δ508* allele. In such families, one-fourth of the children would be expected to be homozygous for the *Δ508* mutant allele and exhibit the symptoms of CF, whereas three-fourths would be normal (not have CF). However, two-thirds of these normal children would be expected to be heterozygous and transmit the allele to their children. Only one-fourth of the children of this family would be homozygous for the normal *CF* allele and have no chance of transmitting the mutant *CF* gene to their offspring. Note that the screening procedure described here can be used to determine which of the normal children are carriers of the *CF Δ508* allele: that is, the mutant gene can be detected in heterozygotes as well as homozygotes.

14.21 Genetic selection is the most efficient approach to cloning genes of this type. Prepare a genomic library in an expression vector such as Bluescript (see Figure 14.3) using DNA from the kanamycin-resistant strain of *Shigella dysenteriae*. Then, screen the library for the kanamycin-resistance gene by transforming kanamycin-sensitive *E. coli* cells with the clones in the library and plating the transformed cells on medium containing kanamycin. Only cells that are transformed with the kanamycin-resistance gene will produce colonies in the presence of kanamycin.

14.23

H H
8.03 4.03 9.43 5.53 3.03 4.93
E E E

14.25 There are two possible restriction maps for these data as shown below:

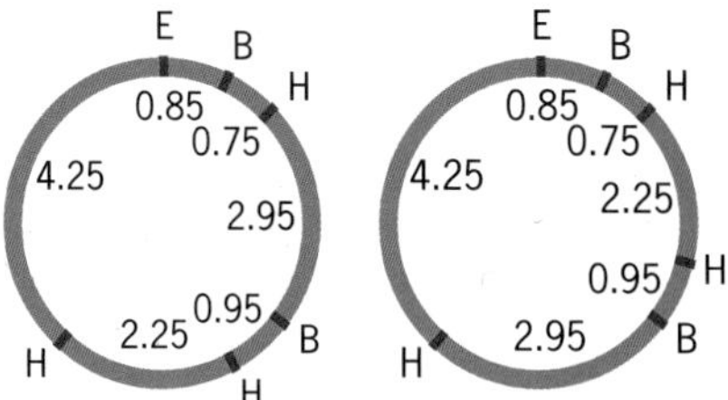

Restriction enzyme cleavage sites for *Bam*HI, *Eco*RI, and *Hind*III are denoted by B, E, and H, respectively. The numbers give distances in kilobase pairs.

14.27

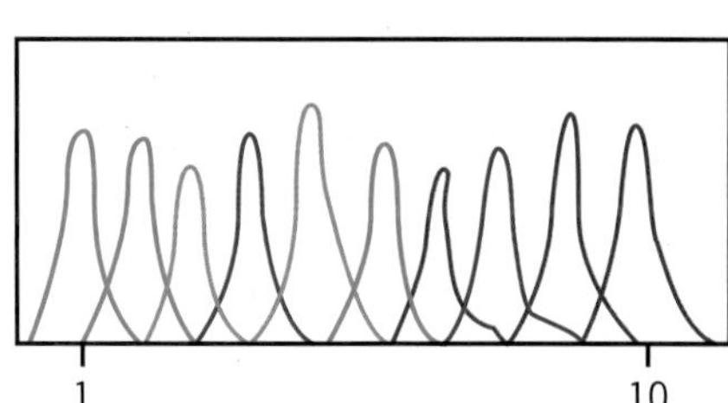

CHAPTER 15

15.1 Genetic map distances are determined by crossover frequencies. Cytogenetic maps are based on chromosome morphology or physical features of chromosomes. Physical maps are based on actual physical distances—the number of nucleotide pairs (0.34 nm per bp)—separating genetic markers. If a gene or other DNA sequence of interest is shown to be located near a mutant gene, a specific band on a chromosome, or a particular DNA restriction fragment, that genetic or physical marker (mutation, band, or restriction fragment) can be used to initiate a chromosome walk to the gene of interest (see Figure 15.7).

15.3 A contig (*contig*uous clones) is a physical map of a chromosome or part of a chromosome prepared from a set of overlapping genomic DNA clones. An RFLP (*r*estriction *f*ragment *l*ength *p*olymorphism) is a variation in the length of a specific restriction fragment excised from a chromosome by digestion with one or more restriction endonucleases. A VNTR (*v*ariable *n*umber *t*andem *r*epeat) is a short DNA sequence that is present in the genome as tandem repeats and in highly variable copy number. An STS (*s*equence *t*agged *s*ite) is a unique DNA sequence that has been mapped to a specific site on a chromosome. An EST (*e*xpressed *s*equence *t*ag) is a cDNA sequence—a genomic sequence that is transcribed. Contig maps permit researchers to obtain clones harboring genes of interest directly from DNA Stock Centers—to "clone by phone." RFLPs are used to construct the high-density genetic maps that are needed for positional cloning. VNTRs are especially valuable RFLPs that are used to identify multiple sites in genomes. STSs and ESTs provide molecular probes that can be used to initiate chromosome walks to nearby genes of interest.

15.5 (a)

STS1	12 cM	STS5	25 cM	STS3	17 cM	C	3 cM	STS4	12 cM	STS2

(b) 3.3 ′ 10^9 bp / 3.3 ′ 103 cM = 1 ′ 10^6 bp/ cM. The total map length is 69 cM, which equates to about 69 ′ 106 or 69 million bp.

(c) The cancer gene (C) and STS4 are separated by 3 cM or about three million base pairs.

15.7 With a clone of the gene available, fluorescent *in situ* hybridization (FISH) can be used to determine which human chromosome carries the gene and to localize the gene on the chromosome. Single-stranded copies of the clone are coupled to a fluorescent probe and hybridized to denatured DNA in chromosomes spread on a slide. After hybridization, free probe is removed by washing, and the location of the fluorescent probe is determined by photography using a fluorescence microscope (see Appendix C: *In Situ* Hybridization).

15.9 Variable number tandem repeats (VNTRs) are composed of repeated sequences 10 to 80 nucleotide pairs long, and short tandem repeats (STRs) are composed of repeated sequences 2 to 10 nucleotide pairs long.

15.11 The resolution of radiation hybrid mapping is higher than that of standard somatic-cell hybrid mapping because the frequency of recombination is greatly increased in radiation hybrids by using X rays to fragment the human chromosomes prior to cell fusion. The rationale of radiation hybrid mapping is that the probability of breaking a DNA molecule in the region between the two genes and thus separating them is directly proportional to the physical distance (number of base pairs) between them.

15.13 The goals of the Human Genome Project were to prepare genetic and physical maps showing the locations of all the genes in the human genome and to determine the nucleotide sequences of all 24 chromosomes in the human genome. These maps and nucleotide sequences of the human chromosomes helped scientists identify mutant genes that result in inherited diseases. Hopefully, the identification of these mutant disease genes will lead to successful treatments, including gene therapies, for at least some of these diseases in the future. Potential misuses of these data include invasions of privacy by governments and businesses—especially employment agencies and insurance companies. Individuals must not be denied educational opportunities, employment, or insurance because of inherited diseases or mutant genes that result in a predisposition to mental or physical abnormalities.

15.15 An EST is more likely than an RFLP to occur in a disease-causing human gene. ESTs all correspond to expressed sequences in a genome. RFLPs occur throughout a genome, in both expressed and unexpressed sequences. Because less than 2 percent of the human genome encodes proteins, most RFLPs occur in noncoding DNA.

15.17 (a) Segment 5; (b) segment 4; (c) segment 1, 6, or 10.

15.19 The major advantage of gene chips as a microarray hybridization tool is that a single gene chip can be used to quantify thousands of distinct nucleotide sequences simultaneously. The gene-chip technology allows researchers to investigate the levels of expression of large numbers of genes more efficiently than was possible using earlier microarray procedures.

15.21 The DNA sequences in human chromosome-specific cDNA libraries can be coupled to fluorescent dyes and hybridized *in situ* to the chromosomes of other primates. The hybridization patterns can be used to detect changes in genome structure that have occurred during the evolution of the various species of primates from common ancestors. Such comparisons are especially effective in detecting new linkage relationships resulting from translocations and centric fusions.

15.23 (a) Order of STS sites: 3-1-5-4-6-2.

(b)

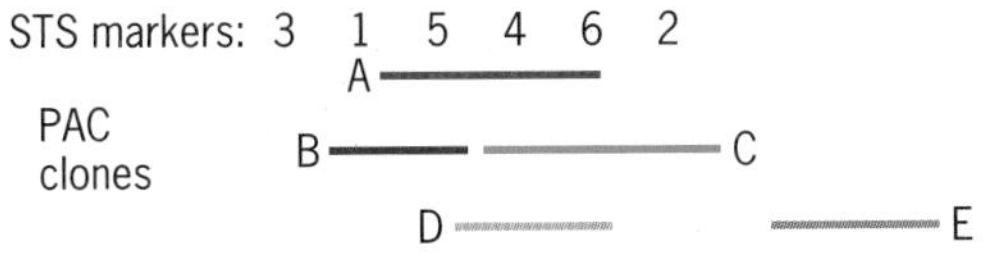

STS markers: 3 1 5 4 6 2

PAC clones

A

B C

D E

15.25 All of the sequences identified by the megablast search encode histone H2a proteins. The query sequence is identical to the coding sequence of the *Drosophila melanogaster* histone *H2aV* gene (a member of the gene family encoding histone H2a proteins). The query sequence encodes a *Drosophila* histone H2a polypeptide designated variant V. The same databank sequences are identified when one-half or one-fourth of the given nucleotide sequence is used as the query in the megablast search. Query sequences as short as 15 to 20 nucleotides can be used to identify the *Drosophila* gene encoding the histone H2a variant. However, the results will vary depending on the specific nucleotide sequence used as the query sequence.

15.27 Reading frame 5′ → 3′ number 1 has a large open reading frame with a methionine codon near the 5′ end. You can verify that this is the correct reading frame by using the predicted translation product as a query to search one of the protein databases (see Question 15.26).

CHAPTER 16

16.1 CpG islands are clusters of cytosines and guanines that are often located just upstream (5′) from the coding regions of human genes. Their presence in nucleotide sequences can provide hints as to the location of genes in human chromosomes.

16.3 The *CF* gene was identified by map position-based cloning, and the nucleotide sequences of *CF* cDNAs were used to predict the amino acid sequence of the *CF* gene product. A computer search of the protein data banks revealed that the *CF* gene product was similar to several ion channel proteins. This result focused the attention of scientists studying cystic fibrosis on proteins involved in the transport of salts between cells and led to the discovery that the *CF* gene product was a transmembrane conductance regulator—now called the CFTR protein.

16.5 Oligonucleotide primers complementary to DNA sequences on both sides (upstream and downstream) of the CAG repeat region in the *MD* gene can be synthesized and used to amplify the repeat region by PCR. One primer must be complementary to an upstream region of the template strand, and the other primer must be complementary to a downstream region of the nontemplate strand. After amplification, the size(s) of the CAG repeat regions can be determined by gel electrophoresis (see Figure 16.2). Trinucleotide repeat lengths can be measured by including repeat regions of known length on the gel. If less than 30 copies of the trinucleotide repeat are present on each chromosome, the newborn, fetus, or pre-embryo is homozygous for a wild-type *MD* allele or heterozygous for two different wild-type *MD* alleles. If more than 50 copies of the repeat are present on each of the homologous chromosomes, the individual, fetus, or cell is homozygous for a dominant mutant *MD* allele or heterozygous for two different mutant alleles. If one chromosome contains fewer than 30 copies of the CAG repeat and the homologous chromosome contains more than 50 copies, the newborn, fetus, or pre-embryo is heterozygous, carrying one wild-type *MD* allele and one mutant MD allele.

16.7 The transcription initiation and termination and translation initiation signals or eukaryotes differ from those of prokaryotes such as *E. coli*. Therefore, to produce a human protein in *E. coli*, the coding sequence of the human gene must be joined to appropriate *E. coli* regulatory signals—promoter, transcription terminator, and translation initiator sequences. Moreover, if the gene contains introns, they must be removed or the coding sequence of a cDNA must be used, because *E. coli* does not possess the spliceosomes required for the excision of introns from nuclear gene transcripts. In addition, many eukaryotic proteins undergo posttranslational processing events that are not carried out in prokaryotic cells. Such proteins are more easily produced in transgenic eukaryotic cells growing in culture.

16.9 Sixteen, ranging in multiples of 3, from 15 to 60 nucleotides long.

16.11 DNA profiles are the specific patterns (1) of peaks present in electropherograms of chromosomal STRs or VNTRs amplified by PCR using primers tagged with fluorescent dyes and separated by capillary gel electrophoresis (see Figures 16.11 and 16.12) or (2) of bands on Southern blots of genomic DNAs that have been digested with specific restriction enzymes and hybridized to appropriate STR or VNTR sequences (see Figure 16.10). DNA profiles, like epidermal fingerprints, are used as evidence for identity or nonidentity in forensic cases. Geneticists have expressed concerns about the statistical uses of DNA profile data. In particular, they have questioned some of the methods used to calculate the probability that DNA from someone other than the suspect could have produced an observed profile. These concerns have been based in part on the lack of adequate databases for various human subpopulations and the lack of precise information about the amount of variability in DNA profiles for individuals of different ethnic backgrounds. These concerns have been addressed by the acquisition of data on profile frequencies in different populations and ethnic groups from throughout the world.

16.13 Contamination of blood samples would introduce more variability into DNA profiles. This would lead to a lack of allelic matching of profiles obtained from the blood samples and from the defendant. Mixing errors would be expected to lead to the acquittal of a guilty person and not to the conviction of an innocent person. Only the mislabeling of samples could implicate someone who is innocent.

16.15 Probing Southern blots of restriction enzyme-digested DNA of the transgenic plants with 32P-labeled transgene may provide evidence of multiple insertions, but would not reveal the genomic location of the inserts. Fluorescence *in situ* hybridization (FISH) is a powerful procedure for determining the genomic location of gene inserts. FISH is used to visualize the location of transgenes in chromosomes (see Appendix C).

16.17 Transgenic mice are usually produced by microinjecting the genes of interest into pronuclei of fertilized eggs or by infecting pre-implantation embryos with retroviral vectors containing the genes of interest. Transgenic mice provide invaluable tools for studies of gene expression, mammalian development, and the immune system of mammals. Transgenic mice are of major importance in medicine; they provide the model system most closely related to humans. They have been, and undoubtedly will continue to be, of great value in developing the tools and technology that will be used for human gene therapy in the future.

16.19 Posttranslationally modified proteins can be produced in transgenic eukaryotic cells growing in culture or in transgenic plants and animals. Indeed, transgenic sheep have been produced that secrete human blood-clotting factor IX and a1-antitrypsin in their milk. These sheep were produced by fusing the coding sequences of the respective genes to a DNA sequence that encodes the signal peptide required for secretion, and introducing this chimeric gene into fertilized eggs that were then implanted and allowed to develop into transgenic animals. In principle, this approach could be used to produce any protein of interest.

16.21 The vector described contains the HGH gene; however, it does not contain a mammalian HGH-promoter that will regulate the expression of the transgene in the appropriate tissues. Construction of vectors containing a properly positioned mammalian HGH-promoter sequence should result in transgenic mice in which HGH synthesis is restricted to the pituitary gland.

16.23 RNAi involves the use of double-stranded RNAs, where one strand is complementary to the mRNA and the other strand is equivalent to the mRNA, to silence the expression of target genes. RNAi makes use of the RNA-induced silencing complex (RISC) to block gene expression (see Figure 16.23).

16.25 Plants have an advantage over animals in that once insertional mutations are induced they can be stored for long periods of time and distributed to researchers as dormant seeds.

16.27 (a) You would first want to check the Salk Institute's Genome Analysis Laboratory web site to see if a T-DNA or transposon insertion has already been identified in this gene (see Question 16.28). If so, you can simply order seeds of the transgenic line from the *Arabidopsis* Biological Resource Center at Ohio State University. If no insertion is available in the gene, you can determine where it maps in the genome and use transposons that preferentially jump to nearby sites to identify a new insertional mutation (see http://www.arabidopsis.org/abrc/ima/jsp). (b) You can construct a gene that has sense and antisense sequences transcribed to a single mRNA molecule (see Figure 16.23*b*), introduce it into *Arabidopsis* plants by *A. tumefaciens*-mediated transformation, and study its effect(s) on the expression of the gene and the phenotype of transgenic plants. The transcript will form a partially base-paired hairpin that will enter the RISC silencing pathway and block the expression of the gene (see Figure 16.23*b*).

CHAPTER 17

17.1 The pair in (d) are inverted repeats and could therefore qualify.

17.3 Resistance for the second antibiotic was acquired by conjugative gene transfer between the two types of cells.

17.5 In the first strain, the F factor integrated into the chromosome by recombination with the IS element between genes *C* and *D*. In the second strain, it integrated by recombination with the IS element between genes *D* and *E*. The two strains transfer their genes in different orders because the two chromosomal IS elements are in opposite orientation.

17.7 No. IS*1* and IS*2* are mobilized by different transposases.

17.9 The *tnpA* mutation: no; the *tnpR* mutation: yes.

17.11 Many bacterial transposons carry genes for antibiotic resistance, and it is relatively simple for these genes to move from one DNA molecule to another. DNA molecules that acquire resistance genes can be passed to other cells in a bacterial population, both vertically (by descent) and horizontally (by conjugative transfer). Over time, continued exposure to an antibiotic will select for cells that have acquired a gene for resistance to that antibiotic. The antibiotic will therefore no longer be useful in combating these bacteria.

17.13 The c^m mutation is due to a *Ds* or an Ac insertion.

17.15 The paternally inherited *Bz* allele was inactivated by a transposable element insertion.

17.17 Cross dysgenic (highly mutable) males carrying a wild-type X chromosome to females homozygous for a balancer X chromosome; then cross the heterozygous F_1 daughters individually to their brothers and screen the F_2 males that lack the balancer chromosome for mutant phenotypes, including failure to survive (lethality). Mutations identified in this screen are probably due to *P* element insertions in X-linked genes.

17.19 Factors made by the fly's genome are required for transposition; other insects apparently lack the ability to provide these factors.

17.21 Through crossing over between the LTRs of a Ty*1* element.

17.23 *In situ* hybridization to polytene chromosomes using a *TART* probe (see Appendix C).

17.25 *TART* and *HeT-A* replenish the ends of *Drosophila* chromosomes.

17.27 The *Sleeping Beauty* element could be used as a transformation vector in vertebrates much like the *P* element has been used in *Drosophila*. The *gfp* gene could be inserted between the ends of the *Sleeping Beauty* element and injected into eggs or embryos along with an intact *Sleeping Beauty* element capable of encoding the element's transposase. If the transposase that is produced in the injected egg or embryo acts on the element that contains the *gfp* gene, it might cause the latter to be inserted into genomic DNA. Then, if the egg or embryo develops into an adult, that adult can be bred to determine if a Sleeping *Beauty*/*gfp* transgene is transmitted to the next generation. In this way, it would be possible to obtain strains of mice or zebra fish that express the *gfp* gene.

CHAPTER 18

18.1 By studying the synthesis or lack of synthesis of the enzyme in cells grown on chemically defined media. If the enzyme is synthesized only in the presence of a certain metabolite or a particular set of metabolites, it is probably inducible. If it is synthesized in the absence but not in the presence of a particular metabolite or group of metabolites, it is probably repressible.

18.3

Gene or Regulatory Element	Function
(a) Regulator gene	Codes for repressor
(b) Operator	Binding site of repressor
(c) Promoter	Binding site of RNA polymerase and CAP-cAMP complex
(d) Structural gene *Z*	Encodes β-galactosidase
(e) Structural gene *Y*	Encodes β-galactoside permease

18.5 (a) 1, 2, 3, and 5; (b) 2, 3, and 5.

18.7 The O^c mutant prevents the repressor from binding to the operator. The I^s mutant repressor cannot bind to O^c. The I^s mutant protein has a defect in the allosteric site that binds allolactose, but has a normal operator binding site.

18.9 (a) $\dfrac{I^+O^cZ^+Y^-}{I^+O^+Z^-Y^+}$;

(b) $\dfrac{I^sO^cZ^+Y^-}{I^sO^+Z^-Y^+}$

18.11 (a) The O^c mutations map very close to the Z structural gene; I^- mutations map slightly farther from the structural gene (but still very close by; see Figure 18.5). (b) An $I^+O^+Z^+Y^+$/$I^+OcZ^+Y^+$ partial diploid would exhibit constitutive synthesis of b-galactosidase and β-galactoside permease, whereas an $I^+O^+Z^+Y^+/I^-O^+Z^+Y^+$ partial diploid would be inducible for the synthesis of these enzymes. (c) The O^c mutation is *cis*-dominant; the I^- mutation is *trans*-recessive.

18.13 Catabolite repression has evolved to assure the use of glucose as a carbon source when this carbohydrate is available, rather than less efficient energy sources.

18.15 Positive regulation; the CAP-cAMP complex has a positive effect on the expression of the *lac* operon. It functions in turning on the transcription of the structural genes in the operon.

18.17 Negative regulatory mechanisms such as that involving the repressor in the lactose operon block the transcription of the structural genes of the operon, whereas positive mechanisms such as the CAP-cAMP complex in the *lac* operon promote the transcription of the structural genes of the operon.

18.19 Repression/derepression of the *trp* operon occurs at the level of transcription initiation, modulating the frequency at which RNA polymerase initiates transcription from the *trp* operon promoters. Attenuation modulates *trp* transcript levels by altering the frequency of termination of transcription within the trp operon leader region (trpL).

18.21 First, remember that transcription and translation are coupled in prokaryotes. When tryptophan is present in cells, tryptophan-charged $tRNA^{Trp}$ is produced. This allows translation of the *trp* leader sequence through the two UGG Trp codons to the *trp* leader sequence UGA termination codon. This translation of the *trp* leader region prevents base-pairing between the partially complementary mRNA leader sequences 75–83 and 110–121 (see Figure 18.15*b*), which in turn permits formation of the transcription–termination "hairpin" involving leader sequences 110–121 and 126–134 (see Figure 18.15*c*).

18.23 Both *trp* atttenuation and the lysine riboswitch turn off gene expression by terminating transcription upstream from the coding regions of the regulated genes. Both involve the formation of alternative mRNA secondary structures—switching between the formation of antiterminator and transcription–terminator hairpins—in response to the presence or absence of a specific metabolite (compare Figure 18.15 and Figure 2 in On the Cutting Edge: The Lysine Riboswitch).

CHAPTER 19

19.1 In multicellular eukaryotes, the environment of an individual cell is relatively stable. There is no need to respond quickly to changes in the external environment. In addition, the development of a multicellular organism involves complex regulatory hierarchies composed of hundreds of different genes. The expression of these genes is regulated spatially and temporally, often through intricate intercellular signaling processes.

19.3 Activity of the *dystrophin* gene could be assessed by blotting RNA extracted from the different types of cells and hybridizing it with a probe from the gene (northern blotting); or the RNA could be reverse-transcribed into cDNA using one or more primers specific to the *dystrophin* gene and the resulting cDNA could be amplified by the polymerase chain reaction (RT-PCR). Another technique would be to hybridize *dystrophin* RNA *in situ*—that is, in the cells themselves—with a probe from the gene. It would also be possible to check each cell type for production of dystrophin protein by using anti-dystrophin antibodies to analyze proteins from the different cell types on western blots, or to analyze the proteins in the cells themselves—that is, *in situ*.

19.5 One procedure would be to provide larvae with radioactively labeled UTP, a building block of RNA, under different conditions—with and without heat shock. Then prepare samples of polytene cells from these larvae for autoradiography. If the heat shock-induced puffs contain genes that are vigorously transcribed, the radioactive signal should be abundant in the puffs.

19.7 By alternate splicing of the transcript.

19.9 Northern blotting of RNA extracted from plants grown with and without light, or PCR amplification of cDNA made by reverse-transcribing these same RNA extracts.

19.11 That enhancers can function in either orientation.

19.13 Probably not unless the promoter of the *gfp* gene is recognized and transcribed by the *Drosophila* RNA polymerase independently of the heat-shock response elements.

19.15 The mutation is likely to be lethal in homozygous condition because the transcription factor controls so many different genes and a frameshift mutation in the coding sequence will almost certainly destroy the transcription factor's function.

19.17 Exon 3 contains an in-frame stop codon. Thus, the protein translated from the *Sxl* mRNA in males will be shorter than the protein translated from the shorter *Sxl* mRNA in females.

19.19 The intron could be placed in a GUS expression vector, which could then be inserted into *Arabidopsis* plants. If the intron contains an enhancer that drives gene expression in root tips, transgenic plants should show GUS expression in their root tips. See the Problem-Solving Skills feature in Chapter 19 for an example of this type of analysis.

19.21 Yes. The diffuse, bloated appearance indicates that the genes on this chromosome are being transcribed vigorously—the chromatin is "open for business."

19.23 Short interfering RNAs target messenger RNA molecules, which are devoid of introns. Thus, if siRNA were made from double-stranded RNA derived from an intron, it would be ineffective against an mRNA target.

19.25 The maternally contributed allele (b) will be expressed in the F_1 progeny.

19.27 RNA could be isolated from liver and brain tissue. Northern blotting or RT-PCR with this RNA could then establish which of the genes (*A* or *B*) is transcribed in which tissue. For northern blotting, the RNA samples would be fractionated in a denaturing gel and blotted to a membrane, and then the RNA on the membrane would be hybridized with gene-specific probes, first for one gene, then for the other (or the researcher could prepare two separate blots and hybridize each one with a different probe). For RT-PCR, the RNA samples would be reverse-transcribed into cDNA using primers specific for each gene; then the cDNA molecules would be amplified by standard PCR, and the products of the amplifications would be fractionated by gel electrophoresis to determine which gene's RNA was present in the original samples.

19.29 The *msl* gene is not functional in females.

19.31 HP1, the protein encoded by the wild-type allele of the suppressor gene, is involved in chromatin organization. Perhaps this heterochromatic protein spreads from the region near the inversion breakpoint in the chromosome that carries the white mottled allele and brings about the "heterochromatization" of the white locus. When HP1 is depleted by knocking out one copy of the gene encoding it—that is, by putting the suppressor mutation into the fly's genotype, the "heterochromatization" of the white locus would be less likely to occur, and perhaps not occur at all. The white locus would then function fully in all eye cells, producing a uniform red eye color.

CHAPTER 20

20.1 Unequal division of the cytoplasm during the meiotic divisions; transport of substances into the oocyte from surrounding cells such as the nurse cells in *Drosophila*.

20.3 Collect mutations with diagnostic phenotypes; map the mutations and test them for allelism with one another; perform epistasis tests with mutations in different genes; clone individual genes and analyze their function at the molecular level.

20.5 Imaginal discs.

20.7 In homozygous condition, the mutation that causes phenylketonuria has a maternal effect. Women homozygous for this mutation influence the development of their children *in utero*.

20.9 Female sterility. Females affected by the mutations will lay abnormal eggs that will not develop into viable embryos.

20.11 The somatic cells surrounding a developing *Drosophila* egg in the ovary determine where the spätzle protein, which is the ligand for the Toll receptor protein, will be cleaved. This cleavage will eventually occur on the ventral side of the developing embryo.

20.13 *ey* → *boss* → *sev* ◎ R7 differentiation

20.15 Because the *Pax6* gene gave the same phenotype in flies as overexpression of the *eyeless* gene, the genes must be functionally homologous, as well as structurally homologous. Therefore, expect extra mouse eyes or eye primorida when expressing *eyeless* in the mouse.

20.17 Northern blotting of RNA extracted from the tissues at different times during development. Hybridize the blot with gene-specific probes.

20.19 Reproductive cloning of mammals such as sheep, mice, and cats indicates that somatic-cell nuclei have all the genetic information to direct the development of a complete, viable organism. It also shows that epigenetic modifications of chromatin, such as X chromosome inactivation, can be reset.

20.21 If each antibody consists of one kind of light chain and one kind of heavy chain, and if light and heavy chains can combine freely, the potential to produce 100 million different antibodies implies the existence of 10,000 light chain genes and 10,000 heavy chain genes (10,000 × 10,000 = 100 million). If each light chain is 200 amino acids long, each light chain gene must comprise 3 × 200 = 600 nucleotides because each amino acid is specified by a triplet of nucleotides; similarly, each heavy chain gene must comprise at 3 × 500 = 1500 nucleotides. Therefore, the genome must contain 10,000 × 600 = 6.0 million nucleotides devoted to light chain production and 10,000 × 1,500 = 15.0 million nucleotides devoted to heavy chain production. Altogether, then, the genome must contain 21 million nucleotides dedicated to encoding the amino acids of the various antibody chains.

CHAPTER 21

21.1 Cancer has been called a genetic disease because it results from mutations of genes that regulate cell growth and division. Nonhereditary forms of cancer result from mutations in somatic cells. These mutations, however, can be induced by environmental factors including tobacco smoke, chemical pollutants, ionizing radiation, and UV light. Hereditary forms of cancer also frequently involve the occurrence of environmentally induced somatic mutations.

21.3 Aneuploidy might involve the loss of functional copies of tumor suppressor genes, or it might involve the inappropriate duplication of proto-oncogenes. Loss of tumor suppressor genes would remove natural brakes on cell division, and duplication of proto-oncogenes would increase the abundance of factors that promote cell division.

21.5 They possess introns.

21.7 The products of these genes play important roles in cell activities.

21.9 The cultured NIH 3T3 cells probably carry other mutations that predispose them to become cancerous; transfection of such cells with a mutant *c-H-ras* oncogene may be the last step in the process of transforming the cells into cancer cells. Cultured embryonic cells probably do not carry the predisposing mutations needed for them to become cancerous; thus, when they are transfected with the mutant *c-H-ras* oncogene, they continue to divide normally.

21.11 Retinoblastoma results from homozygosity for a loss-of-function (recessive) allele. The sporadic occurrence of retinoblastoma requires two mutations of this gene in the same cell or cell lineage. Therefore retinoblastoma is rare among individuals who, at conception, are homozygous for the wild-type allele of the *RB* gene. For such individuals, we would expect the frequency of tumors in both eyes to be the square of the frequency of tumors in one eye. Individuals who are heterozygous for a mutant *RB* allele require only one somatic mutation to occur for them to develop retinoblastoma. Because there are millions of cells in each retina, there is a high probability that this somatic mutation will occur in at least one cell in each eye, causing both eyes to develop tumors.

21.13 At the cellular level, loss-of-function mutations in the *RB* gene are recessive; a cell that is heterozygous for such a mutation divides normally. However, when a second mutation occurs, that cell becomes cancerous. If the first *RB* mutation was inherited, there is a high probability that the individual carrying this mutation will develop retinoblastoma because a second mutation can occur any time during the formation of the retinas in either eye. Thus, the individual is predisposed to develop retinoblastoma, and it is this predisposition that shows a dominant pattern of inheritance.

21.15 By binding to E2F transcription factors, pRB prevents those transcription factors from activating their target genes—which encode proteins involved in progression of the cell cycle; pRB is therefore a negative regulator of transcription factors that stimulate cell division.

21.17 Cells homozygous for a loss-of-function mutation in the *p16* gene might be expected to divide in an uncontrolled fashion because the p16 protein would not be able to inhibit cyclin-CDK activity during the cell cycle. The *p16* gene would therefore be classified as a tumor suppressor gene.

21.19 Cells heterozygous for a loss-of-function mutation in the *BAX* gene would be able to prevent repression of the programmed cell death pathway by the BCL-2 gene product. Consequently, these cells would be able to execute that pathway in response to DNA damage induced by radiation treatment. Such cells would not continue to divide and accumulate mutations; ultimately, they would not have a good chance of becoming cancerous. The *BAX* gene would therefore be classified as a tumor suppressor gene.

21.21 If a cell were heterozygous for a mutation that caused p53 to bind tightly and constitutively to the DNA of its target genes, its growth and division might be retarded, or it might be induced to undergo apoptosis. Such a cell would be expected to be more sensitive to the effects of ionizing radiation because radiation increases the expression of p53, and in this case, the p53 would be predisposed to activate its target genes, causing the cell to respond vigorously to the radiation treatment.

21.23 They would probably decrease the ability of pAPC to bind β-catenin.

21.25 The increased irritation to the intestinal epithelium caused by a fiber-poor, fat-rich diet would be expected to increase the need for cell division in this tissue (to replace the cells that were lost because of the irritation), with a corresponding increase in the opportunity for the occurrence of cancer-causing mutations.

21.27 No. Apparently there is another pathway—one not mediated by p53—that leads to the activation of the *p21* gene.

CHAPTER 22

22.1 Some of the genes implicated in heart disease are listed in Table 22.2. Environmental factors might include diet, amount of exercise, and whether or not the person smokes.

22.3 The concordance for monozygotic twins is approximately twice as great as that for dizygotic twins. Monozygotic twins share twice as many genes as dizygotic twins. The data strongly suggest that alcoholism has a genetic basis.

22.5 Because 11/2560 is approximately 1/256 = $(1/4)^4$, it appears that four size-determining genes were segregating in the crosses.

22.7 Because $\Sigma(X_i - \text{mean}) = 0$.

22.9 3.17/6.08 = 0.52.

22.11 V_e is estimated by the average of the variances of the inbreds: 8.4 cm^2. V_g is estimated by the difference between the variances of the randomly pollinated population and the inbreds: $(30.4 - 8.4) = 22$ cm^2. The broad-sense heritability is $H^2 = V_g/V_T = 22/30.4 = 0.72$.

22.13 Broad-sense heritability must be greater than narrow-sense heritability because $H^2 = V_g/V_T > V_a/V_T = h^2$.

22.15 $(15 - 13)(0.1) + 13 = 13.2$ bristles.

22.17 $b^2 = R/S = (17.5 - 15)/(20 - 15) = 0.5$; selection for increased growth rate should be effective.

22.19 Half-siblings share 25 percent of their genes. The maximum value for h^2 is therefore 0.23/0.25 = 0.92.

22.21 The correlations for MZT are not much different from those for MZA. Evidently, for these personality traits, the environmentality (C^2 in Table 22.3) is negligible.

CHAPTER 23

23.1 Frequency of L^M in Central American population: $p = (2 \times 53 + 29)/(2 \times 86)$ 5 0.78; $q = 0.22$. Frequency of LM in North American population: $p = (2 \times 78 + 61)/(2 \times 278) = 0.39$; $q = 0.61$.

23.3 $q^2 = 0.0004$; $q = 0.02$.

23.5 Frequency of tasters (genotypes *TT* and *Tt*): $(0.4)^2 + 2(0.4)(0.6) = 0.64$. Frequency of *TT* tasters among all tasters: $(0.4)^2/(0.64) = 0.25$.

23.7 $(0.00025)^2 = 6.25 \times 1028$.

23.9 In females, the frequency of the dominant phenotype is 0.36. The frequency of the recessive phenotype is $0.64 = q^2$; thus, $q = 0.8$ and $p = 0.2$. The frequency of the dominant phenotype in males is therefore $p = 0.2$.

23.11 Frequency of heterozygotes = H = $2pq = 2p(1 - p)$. Using calculus, take the derivative of H and set the result to zero to solve for the value of p that maximizes H: $dH/dp = 2 - 4p = 0$ implies that $p = 2/4 = 0.5$.

23.13 Under the assumption that the population is in Hardy–Weinberg equilibrium, the frequency of the allele for light coloration is the square root of the frequency of recessive homozygotes. Thus, $q = \sqrt{0.49}$, and the frequency of the allele for dark color is $1 - q = p = 0.3$. From $p^2 = 0.09$, we estimate that $0.09 \times 100 = 9$ of the dark moths in the sample are homozygous for the dominant allele.

23.15 Ultimate frequency of *GG* is 0.2; ultimate frequency of *gg* is 0.8.

23.17 (a) Frequency of A in merged population is 0.5, and that of a is also 0.5; (b) 0.25 (*AA*), 0.50 (*Aa*), and 0.25 (*aa*); (c) frequencies in (b) will persist.

23.19 The relative fitnesses can be obtained by dividing each of the survival probabilities by the largest probability (0.92). Thus, the relative fitnesses are 1 for *GG*, $0.98 = 1 - 0.02$ for *Gg*, and $0.61 = 1 - 0.39$ for *gg*. The selection coefficients are $s_1 = 0.02$ for *Gg* and $s_2 = 0.39$ for *gg*.

23.21 (a) Use the following scheme:

Genotype	*CC*	*Cc*	*cc*
Hardy–Weinberg frequency	$(0.98)^2 =$ 0.9604	$2(0.98)(0.02) =$ 0.0392	$(0.02)^2 =$ 0.0004
Relative fitness	1	1	0
Relative contribution to next generation	$(0.9604) \times 1$	$(0.0392) \times 1$	0
Proportional contribution	0.9604/0.9996 = 0.9608	0.0392/0.9996 = 0.0392	0

The new frequency of the allele for cystic fibrosis is (0.5)

(0.0392) = 0.0196; thus, the incidence of the disease will be $(0.0196)^2 = 0.00038$, which is very slightly less than the incidence in the previous generation. (b) The incidence of cystic fibrosis does not change much because selection can only act against the recessive allele when it is in homozygotes, which are rare in the population.

23.23 $q^2 = 4 \times 10^{-5}$; thus $q = 6.3 \times 10^{-3}$ and $2pq = 0.0126$.

23.25 Probability of ultimate fixation of A_2 is 0.5; probability of ultimate loss of A_3 is $1 - 0.3 = 0.7$.

23.27 $p = 0.2$; at equilibrium, $p = t/(s + t)$. Because $s = 1$, we can solve for t; $t = 0.25$.

23.29 At mutation-selection equilibrium $q = \sqrt{u/s} = \sqrt{10^{-6}/1} = 0.001$.

CHAPTER 24

24.1 Among other things, Darwin observed species on islands that were different from each other and from continental species, but that were still similar enough to indicate that they were related. He also observed variation within species, especially within domesticated breeds, and saw how the characteristics of an organism could be changed by selective breeding. His observations of fossilized organisms indicated that some species have become extinct.

24.3 The frequency of the *a* allele is 0.06 in the South African population and 0.42 in the English population. The predicted genotype frequencies under the assumption of random mating are:

Genotype	South Africa	England
aa	$(0.06)^2 = 0.004$	$(0.42)^2 = 0.18$
ab	$2(0.06)(0.94) = 0.11$	$2(0.42)(0.58) = 0.49$
bb	$(0.94)^2 = 0.88$	$(0.58)^2 = 0.33$

24.5 In the sample, the frequency of the *F* allele is $(2 \times 32 + 46)/(2 \times 100) = 0.55$ and the frequency of the S allele is $1 - 0.55 = 0.45$. The predicted and observed genotype frequencies are:

Genotype	Observed	Hardy–Weinberg Predicted
FF	32	$100 \times (0.55)^2 = 30.25$
FS	46	$100 \times 2(0.55)(0.45) = 49.5$
SS	22	$100 \times (0.45)^2 = 20.25$

To test for agreement between the observed and predicted values, we compute a chi-square statistic with 1 degree of freedom: $\chi^2 = \Sigma(\text{obs.} - \text{pred.})^2/\text{pred.} = 0.50$, which is not significant at the 5 percent level. Thus, the population appears to be in Hardy–Weinberg equilibrium for the alcohol dehydrogenase locus.

24.7 In the third position of some of the codons. Due to the degeneracy of the genetic code, different codons can specify the same amino acid. The degeneracy is most pronounced in the third position of many codons, where different nucleotides can be present without changing the amino acid that is specified.

24.9 Complex carbohydrates are not "documents of evolutionary history" because, although they are polymers, they are typically made of one subunit incorporated repetitiously into a chain. Such a polymer has little or no "information content." Thus, there is little or no opportunity to distinguish a complex carbohydrate obtained from two different organisms. Moreover, complex carbohydrates are not part of the genetic machinery; their formation is ultimately specified by the action of enzymes, which are gene products, but they themselves are not genetic material or the products of the genetic material.

24.11 The histidines are rigorously conserved because they perform an important function—anchoring the heme group in hemoglobin. Because these amino acids are strongly constrained by natural selection, they do not evolve by mutation and random genetic drift.

24.13 Estimate the average number of substitutions per site in the ribonuclease molecule as $-\ln(S)$, where $S = (124 - 40)/124 = 0.68$, the proportion of amino acids that are the same in the rat and cow molecules. The average number of substitutions per site since the cow and rat lineages diverged from a common ancestor is therefore 0.39. The evolutionary rate in the cow and rat lineages is $0.39/(2 \times 80$ million years$) = 2.4$ substitutions per site every billion years.

24.15 The reciprocal of the rate, that is, $1/K$.

24.17 The protein with the higher evolutionary rate is not as constrained by natural selection as the protein with the lower evolutionary rate.

24.19 Repetitive sequences that are near each other can mediate displaced pairing during meiosis. Exchange involving the displaced sequences can duplicate the region between them.

24.21 Cross *D. mauritiana* with *D. simulans* and determine if these two species are reproductively isolated. For instance, can they produce offspring? If they can, are the offspring fertile?

24.23 The *Kpn-pn* interaction is an example of the kind of negative epistasis that might prevent populations that have evolved separately from merging into one panmictic population. The *Kpn* mutation would have evolved in one population and the *pn* mutation in another, geographically separate population. When the populations merge, the two mutations can be brought into the same fly by interbreeding. If the combination of these mutations is lethal, then the previously separate populations will not be able to exchange genes; that is, they will be reproductively isolated.

용어해설

이 용어해설은 본문에서 자주 되풀이 되는 기본적인 용어에 대한 해설이다. 특히 성분의 이름, 전문 용어의 정의 그리고 기본적인 이름의 변형들은 제외하였으나 찾아보기에는 포함시켰으니 용어해설에 있는 용어는 찾아보기를 참조하기 바란다.

A

Abscissa. 그래프상의 수평 값.

Acentric chromosome(무동원체염색체). 동원체가 없는 염색체.

Acquired immune deficiency syndrome(후천성 면역결핍증후군). **AIDS** 참조.

Acridine dyes(아크리딘 염료) DNA염기 사이에 끼어들어 해독틀 돌연변이를 유발시키는 양전하를 띠는 폴리사이클린 분자.

Acrocentric(단부) 말단 가까이에 동원체가 위치해 있는 염색체나 염색분체.

Activator (of gene expression)(활성제, 활성화 인자). 다른 유전자의 활성화나 혹은 활동을 일으키게 하는 정상 유전자의 산물.

***Activator* (*Ac*)(활성화인자).** Ac인자와 *Ac*/*Ds*족의 다른 인자의 이동을 촉진시키는 집행전이효소를 암호화하는 옥수수에서 전이성 인자.

Adaptation(적응). 환경에 대한 생물이나 개체군의 조정.

ADA$^-$ SCID (adenosine deaminase-deficient severe combined immunodeficiency disease)(가혹한 면역 결핍증과 관련된 아데노신 디아민아제 결핍증). 사람에서 아데노신 디아민아제의 결핍에 의해 생기는 상염색체성 열성유전병. 그 효소는 데옥시아데노신의 파괴를 촉진한다. 이 효소의 결여는 이 뉴클레오시드의 독성파생물을 축척하여 감염에 정상적 면역 반응을 요구하는 세포를 죽인다.

Additive allelic effects(상가복대립유전자 효과). 측량의 선상척도 상에서 표현형의 값이 상승하던지 혹은 저하하는 유전적 요소들.

Additive genetic variance(상가유전분산). 약적형질에서 대립유전자의 상가적 영향을 받는 전체적 형질 분산 일부.

Adenine(아데닌). RNA와 DNA에서의 퓨린염기 중 하나.

A-DNA. 한바퀴당 11염기쌍을 가지고 오른쪽으로 도는 DNA 이중나선형. 부분적으로 탈수되었을 때 이 형태로 존재한다.

***Agrobacterium tumefaciens*-mediated transformation(*A. tumefaciens* 중재 형질전환).** 자연 상태에서 *A. tumefaciens* 세균으로부터 식물로 DNA 전달이 일어나는 과정.

AIDS (acquired immunodeficiency syndrome)(후천성 면역결핍 증후군). 인간 면역부전 바이러스(HIV)에 의해 면역계가 파괴되는 치명적인 질환.

Albinism[백색증(=백화현상)]. 동물의 피부, 머리카락, 눈에서의 색소결핍. 식물에서의 엽록소 결핍.

Aleurone(호분층). 종자배젖의 가장 바깥쪽 층.

Alkaptonuria(알캅톤뇨증). 유전적 물질대사이상. Alkaptonurics는 소변에서 homogentisic acid(alkapton)를 다량 분비한다.

Alkylating agents(알킬화제). DNA 염기에 알킬(메틸, 에틸 등)기를 전달하는 화학물질.

Allele (allelomorph; *adj*., allelic, allelomorphic)(대립유전자). 염색체의 일정한 자리에 있으면서 한 쌍 중의 하나 또는 유전자의 대체형의 시리즈. 대립유전자는 같은 의미를 연상하는 기호로 표시한다. (예를 들면 키 큰 완두 tall을 *D*, 작은 것은 dwarf로 *d*) [**복대립형질(Multiple alleles)** 참조].

Allele frequency(대립유전자 빈도). 개체군내의 한 유전자 좌위의 모든 대립유전자에 대한 각 대립유전자의 비.

Allopatric speciation(이소적 종분화). 지리적 격리로 인해 일어난 종분화.

Allopolyploid(이질배수체). 다른 종들로부터의 염색체 세트를 가지는 배수체; 둘 이상의 종들에서 유래한 유전적으로 다른 염색체를 가지는 배수체.

Allosteric transition(알로스테릭 전이). 단백질 분자의 모양을 바꾸고 결과적으로 이 단백질과 세 번째 분자의 상호작용을 바꾸게 만드는 분자의 가역적인 반응.

Allotetraploid(이질4배체). 다른 종들의 혼성화로부터 유래한 네 개의 유전체를 가진 생물. 흔히 네 개의 유전체 중 두 개의 유전체가 한 종에서. 다른 두 개의 유전체는 다른 종에서 유래되어 형성된다.

Allozyme(알로자임). 전기영동법에 의해서 밝혀진 효소의 변이형.

Amino acid(아미노산). 아미노기와 카르복실기를 가지고 있는 유기화합물의 일종. 아미노산들은 단백질을 구성한다. 알라닌, 프롤린, 트레오닌, 히스티딘, 리신, 글루타민, 페닐알라닌, 트립토판, 발린, 아르기닌, 티로신, 류신이 일반적인 아미노산이다.

Aminoacyl (*A*) site(아미노아실 (*A*) 부위). 아미노아실 tRNA와 결합하는 리보솜상의 부위.

Aminoacyl-tRNA synthetases(아미노아실-tRNA 합성효소). 아미노산과 tRNA분자 사이의 고에너지 결합을 형성하는데 촉매하는 효소.

Amniocentesis(양수천자). 임산모로부터 양수를 얻는 과정. 양수의 화학성분은 질병을 진단하는데 연구된다. 배양한 세포의 중기염색체로 이상을 조사한다(예를 들어, 다운증후군).

Amnion(양막). 배가 고등 척추동물로 발달하는데 액체로 채워져 있는 주머니를 둘러싸는 얇은 막.

Amniotic fluid(양수). 고등 척추동물 배세포의 양막강의 액체. 세포와 액은 배나 태아의 유전적 비정상을 진단하는데 이용한다.

Amorphic(아모르픽). 유전자 발현이 완전히 파괴된 돌연변이 대립유전자를 말하는 용어. 그런 유전자를 무형유전자(amorph)라 한다.

Amphidiploid(복2배체). 종의 F_1 잡종의 염색체가 두 배가 되는 식물 종 또는 형태; allopolyploid. Amphidiploid에서는 두 종이 알려져 있으나 allopolyploid에서는 알려지지 않는다.

Amplification (recombinant DNA molecules)(증폭). 새롭게 만들어진 재조합 DNA 분자의 많은 복제의 생산.

Anabolic pathway(동화경로). 대사산물이 합성되는 과정; 생합성 과정.

Anaphase(후기). 체세포분열과 감수분열 단계 중 딸염색체가 적도판에서 양극으로 이동하는 시기. 후기는 중기와 말기사이의 시기.

Anaphase I(후기 I). 제1감수분열에서 복제된 상동염색체가 서로 분리되고 세포의 반대극으로 이동하는 시기.

Anaphase II(후기 II). 제2감수분열에서 복제된 염색체의 자매염색분체가 서로 분리되고, 세포의 반대극으로 이동하는 시기.

Anchor gene(안고 유전자). 한 염색체상의 물리적지도와 유전자지도에 위치한 유전자.

Androgen(안드로젠). 척추동물의 성적 활성을 조절하는 웅성호르몬.

Anemia(빈혈). 적혈구 수의 감소나 헤모글로빈의 결핍으로 인한 창백한 안색, 허약체질, 무호흡증 등의 증상을 보이는 질환.

Anueploid(이수체). 유전체 monoploid(n)의 정수배가 아닌 수의 염색체를 가지는 생물체, 많은 경우는 hyperploid(예: $2n + 1$), 적은 경우는 hypoploid(예: $2n - 1$)이다. 염색체의 일부가 중복되거나 결실된 경우에도 적용된다.

Anther(약). 꽃에서 꽃가루(화분)를 생산하는 기관.

Antibody(항체). 외부의 물질 (항원)에 대해서 길항작용을 하는 신체의 체액이나 조직에 존재하는 물질.

Anticodon(안티코돈). mRNA에 있는 특정 코돈의 세 염기에 상보적인 tRNA의 세염기.

Antigen(항원). 보통은 단백질이며 척추동물에 주입되었을 때 항체나 T 세포 수용체와 결합하는 물질.

Antisense RNA(안티센스 RNA). 한 유전자에서 생산된 pre-mRNA나 혹은 mRNA에 대한 상보적인 RNA.

Apomixis(무수정생식, 단위생식). 감수분열없이 알이 발생하는 무성생식. 그 알은 수정없이 발생한다(보통 이배체로).

Apoptosis(세포자살). 진핵세포 내에서 유전적으로 계획된 세포의 죽음 현상.

Aptamer domain(앱타머 구역). 리보스위치(riboswitch)의 중간 생성물 결합 영역.

Artificial selection(인위선택). 생식을 위해 집단으로부터 개체를 선별하는 작업으로 보통은 이러한 개체들이 하나 이상의 원하는 형질을 가지고 있기 때문에 행해진다.

Ascospore(자낭포자). *Neurospora*와 같은 어떤 균류의 자낭에 저장되어 있는 포자 중의 하나.

Ascus (*pl.*, asci)(자낭). 특정 종류 균류(Ascomycetes)의 생식 시기에 존재하는 생식낭으로 자낭포자가 형성된다.

Asexual reproduction(무성생식). 다른 성이나 생식형으로부터 온 배우자의 결합이나 배우자 형성을 포함하지 않는 생식과정.

Assortative mating(동류교배). 표현형상으로 유사하기 때문에 짝이 선택되는 짝짓기.

Asynapsis(비접합). 감수분열 전기 중에 상동염색체의 접합에 있어서의 완전 혹은 부분적 실패.

ATP (Adenosine triphosphate)(아데노신3인산). 세포 내에서의 어떤 활동을 일으키는 고에너지의 화합물질.

Attenuation(감쇠). 전사의 미성숙종결을 포함하는 원핵생물의 유전자 발현 조절기작.

Attenuator(감쇠인자). 유전자(혹은 RNA)의 5′에 존재하는 뉴클레오티드 서열로서 전사의 미성숙종결을 일으키며, 2차 구조 형성에 의한 것으로 생각됨.

Autocatalytic reaction(자기촉매반응). 다른 촉매물질없이 기질에 의해 촉매되는 반응.

Autoimmune disease(자가면역병). 개체의 면역계가 개체 자신에 의해 형성된 항원에 대해서 항체를 만드는 증세.

Autonomous(자율성). 그 자신에 대한, 즉 다른 단위체의 도움 없이 작용하는 생물학적 단위에 적용되는 용어로, 그 자신이 전이하는 데 필요한 효소를 암호화하는 전이인자가 그 예이다(cf. **Nonautonomous**).

Autopolyploid(동질배수체). 동일하거나 유사한 염색체 (유전체) 세트가 중복된 다배체. 동일한 원래 종류로부터 유래한 유전체를 가진 다배체.

Autoradiograph(방사선자동사진). 트리티움-티미딘과 같은 방사성원소로 DNA와 같은 물질을 표지해서 얻어지는 사진이나 기록으로, 필름에 현상하게 하는 일정기간 동안의 방사선 붕괴에 의해 생성되는 상을 얻게 한다.

Autosome(상염색체). 성염색체가 아닌 모든 염색체.

Auxotroph(영양요구주). 최소배지에서 자라지 못하고 어떤 특정 물질(비타민이나 아미노산)을 요구하는 돌연변이 미생물체(박테리아나 효모 등).

B

Backcross(역교배). 부모 형질의 어느 하나와 F_1 잡종과의 교배. 이러한 교배를 통해 얻어진 자손을 역교배 세대 또는 역교배 자손이라 한다[**검정교잡(Testcross)** 참조].

Back mutation(복귀돌연변이). 어떤 유전자내에서 두 번째 돌연변이가 같은 좌위에서 원래 일어난 돌연변이와 동일하게 일어나 야생형의 염기서열을 회복하는 것.

BACs (bacterial artificial chromosomes)(박테리아 인공염색체). 염성인자(fertility (F) factor)로부터 만들어진 클로닝 백터. YAC 백터와 마찬가지로 크기 200~500kb의 큰 삽입서열을 수용할 수 있다.

Bacteriophage(박테리오파지). 박테리아를 공격하는 바이러스. 이러한 바이러스들은 박테리아 숙주를 파괴하기 때문에 박테리오파지라고 불린다.

Balanced lethal(평형치사). 같은 염색체쌍에 있는 다른 유전자에 있는 치사돌연변이로 교차 억제 혹은 가까운 연관관계 때문에 상반에 있다. 닫힌 군집에서는 치사돌연변이에 대해 trans 이형접합자(l_1 + / + l_2) 만이 살아남는다.

Balanced polymorphism(평형다형성). 동일한 교배 군집에서 유지되는 2~3가지의 형의 개체.

Balancer chromosome(균형 염색체). 초파리 유전학에서 우성으로 표시되고, 다중역위 염색체가 구조적으로 정상인 상동염색체와 재조합이 억제되는 염색체.

Barr body(바소체). 태반 포유동물의 핵에서 발견되는 응축된 염색체 덩어리로 한 개 혹은 그 이상의 X염색체가 포함되어 있다. 발견자인 Murray Barr의 이름을 따 명명되었다.

Basal body(기저체). 섬모나 편모가 부착된 소립.

Basal transcription factors(기본전사요소). 진핵생물에서 전사개시를 위해 요구되는 단백질.

Base analogs(염기유사물). 정상적인 염기와 약간 다른 비정상적인 퓨린 혹은 피리미딘 염기로 핵산 내로 삽입될 수 있다. 보통 돌연변이 유발성이다.

Base excision repair(염기절단수선). DNA에서 비정상적이거나 화학적으로 변형된 염기의 제거.

Base substitution(염기치환). DNA 분자 내에서의 단일염기의 변화(**전이**(Transition); **전환**(Transversion) 참조).

B-DNA(B형 디엔에이). DNA의 2중 나선이 오른쪽으로 감기며, 1회전 도는 사이에 10.4 염기쌍이 존재하고 저염도의 수용액을 나타낼 때 DNA의 구조.

Binomial coefficient(이항계수). 오직 두 가지 결과만이 가능한 실험에서 가능한 두 가지 결과값들을 얻는 방법의 수를 나타내는 용어.

Binomial expansion(이항전개). $(a + b)^n$과 같이 (+)기호와 (−)기호로 연결된 두 문자로 구성된 수식의 지수곱.

Binomial probability(이항확률). 동전을 던졌을 때 정면과 이면이 나오는 것처럼 오직 2가지 가능한 결과가 나오는 현상과 관련된 빈도.

Bioinformatics(생물정보학). 컴퓨터나 통계학적 기술을 이용하여 유전학과 생물학적 정보를 연구하는 분야.

Biometry(수리측정학). 생물학적 문제를 연구함에 있어 통계학적 방법을 적용하는 것.

Bivalent(이가성). 연결되거나 연합된 상동염색체쌍으로 복제가 되면 4개의 염색분체를 형성한다.

Blastomere(할구). 동물발생학에서 초기 몇번의 분열로부터 유래한 세포 하나하나.

Blastula(포배). 동물발생에서 상실배가 뒤에 형성되는 초기 배. 세포 한 층으로 된 판이나 구가 특징적이다.

B lymphocyte (B cell)(B 림프구). 골수에서 성숙되는 중요한 세포로 항체 매개 혹은 체액성 면역반응에 주로 관계한다. 이들은 면역계의 몇몇 다른 세포 및 항체를 생성하는 혈장세포의 근원이다.

Broad-sense heritability(광의유전율). 양적 유전학에서 전체 표현형 변이의 비율이 유전자형 변이인 것.

C

CAAT box(CAAT 구역). 진핵생물의 프로모터 부위의 보존된 염기서열로 전사의 개시에 관여한다.

Carbohydrate(탄수화물). 탄소, 수소 및 산소가 1:2:1의 비율로 구성하는 한 분자; 설탕의 분자 혹은 설탕의 구성단위로 형성된 고분자.

5′ cap (mRNA)(5′캡). 대부분의 진핵생물 mRNA 전사후에 첨가되는 7-메칠구아노신 캡.

Carcinogen(발암물질). 생물체에서 암을 유발할 수 있는 물질.

Carrier(보인자). 발현되지 않는 (즉, 우성유전자에 의해 가려지는) 열성 대립 유전자를 운반하는 개체.

Catabolic pathway(이화반응경로). 생장과 다른 세포활동에 필요한 에너지를 얻기 위하여 유기분자가 분해되는 대사경로. 분해적 대사경로.

Catabolite activator protein (CAP)(이화대사산물 활성화단백질). CAMP 존재하에 오페론의 푸로모터 영역에 붙어 전사를 자극하는 양성조절 단백질. CAP/CAMP는 락토스, 아라비노스 및 다른 설탕같은 효율적인 에너지원이 적을 때 글루코스가 탄소원으로 이용됨을 확신한다. 포도당이 존재할 때 그것은 CAMP의 합성을 방해하여 CAP/CAMP에 의한 전사의 활성화를 방해한다.

Catabolite repression(이화물질억제). 이화대사경로에 관여된 특정 효소를 지정하는 오페론의 전사율이 포도당 매개로 감소.

cDNA (complementary DNA)(상보적 DNA). 시험관 내에서 RNA 주형으로부터 DNA 분자를 합성하는 것.

cDNA library(cDNA 모음). 어떤 개체나 또는 그 개체의 특정 조직이나 세포 종류로부터 분리된 RNA 카피를 포함하는 cDNA 클론의 집합.

Cell cycle(세포주기). 체세포분열 동안 일어나는 주기적인 사건. 세포주기는 체세포분열과 간기 사이를 반복하고 G_1, S 그리고 G_2로 나누어진다.

Centi/Morgan(센티모건). **교차단위**(Crossover unit) 참조.

Centriole(중심립). 많은 동물세포에서 체세포분열 동안 방추사 형성에 관련되어 나타나는 세포소기관.

Centromere(동원체). 염색체에서 방추사가 붙는 자리.

Centrosome(중심체). 동물세포에서 유사분열 방추체와 연관된 통모양의 세포내 소기관.

Chain-termination codon(사슬종결코돈). 아미노산의 연합보다 폴리펩티드 사슬종결을 지정하는 암호. 여기에는 3가지(UAA, UAG 및 UGA)가 있고, 그들은 tRNA보다 오히려 요인(인자)을 방출하는 단백질에 의하여 인지된다.

Chaperone(샤페론). 단백질의 형성 폴리펩티드가 적당한 3차 구조를 이루도록 돕는 단백질.

Character (형질, Characteristic을 *단축한 단어*). 개별적인 개체를 만드는 구조, 형태, 물질 또는 기능 등의 많은 세부 특징들 중의 하나.

Checkpoint(확인점). 진핵세포 주기를 통해서 반응의 진행을 멈추게 하는 기작.

Chemotaxis(주화성). 어떤 물질의 확산에 대한 유기체의 접근이나 도피.

Chiasma (교차점, *pl.*, Chiasmata). 감수 제1분열 전기 동안에 4개 염색분체 그룹 중 2개에서 일어나는 뚜렷한 짝교환 또는 교차. 감수분열의 복사기에서, 2가염색체의 4개의 염색분체는 짝을 이루어 연결되어 있지만, 이러한 방법으로 2개의 염색분체 중에 한 부분은 교환된다. 이러한 짝을 교환하는 지점을 교차점이라고 한다.

Chimera (animal)(키메라). 실험적인 간섭에 의해 두 개의 배로부터 만들어진 개체.

Chimera(plant)(키메라(식물), 융합). 한 식물체에서 다른 부분과 비교하여 유전적으로 서로 다른 조성을 가지는 한 부분. 이것은 같이 생장한 다른 배우체나 인위적인 융합(접붙이기)으로부터 형성될 수 있다. 이것은 유전적으로 서로 다른 조직의 세포층을 가진 부위이다.

Chimeric selectable marker gene(키메라 선별표식 유전자). 두 개 또는 더 많은 다른 유전자들의 부분으로부터 구성되어진 하나의 유전자로서, 이 유전자가 없었다면 죽었을 환경에서 숙주세포가 살아남을 수 있도록 한다.

Chi-square(카이제곱). 가설을 예상하기 위해서 자료의 적합성 정도를 검증하기 위해 사용하는 통계법.

Chloroplast(엽록체). 식물체의 세포질에 있는 녹색 세포소기관으로, 엽록소를 함유하고 녹말을 합성한다. 핵유전자와 독립된 세포질 유전방식은 이러한 세포질 소기관과 연관되어 있다.

Chloroplast DNA(엽록체 DNA). **cpDNA** 참고.

Chorionic biopsy(융포막 생검). 유전적 검사의 목적으로 배아에서 세포를 적출하는 방법.

Chromatid(염색분체). 체세포분열이나 감수분열에서 염색체의 자가복제의 결과로 생기는 두 개의 동일한 가닥 중의 하나.

Chromatin(염색질). 염색체의 데옥시리보뉴클레오히스톤; 특정 색소에 의해 쉽게 염색되기 때문에 붙여진 이름이다.

Chromatin fibers(염색사). DNA와 DNA에 결합된 단백질이 평균직경 30nm의 가닥을 형성한 진핵생물 염색체의 기본적인 구성단위.

Chromatin remodeling(염색질 개조). 단백질 복합체에 의한 DNA의 구조, 특히 히스톤과 관련된 개조(변경), 흔히 이 개조는 히스톤의 화학적 수식을 내포한다.

Chromatography(크로마토그래피). 유사한 화학적, 물리적인 특성을 가진 분자들의 혼합물로부터 그 구성 분자들을 분리하고 밝히는 방법.

Chromocenter(염색체중심립). 특정 쌍시류의 다사 조직(예, 침샘)에서 염색체의 이질염색질 부분의 융합에 의해 생성된 것.

Chromomers(염색립). J. Belling에 의해 밝혀진 작은 소체로, 그것의 특징적인 크기와 염색체를 따라 존재하는 선형 배열에 의해 특징지어진다.

Chromonema (*pl.*, Chromonemata)(염색사). 각각의 염색체 안에서 축의 구조를 형성하는 광학적인 단일 실가닥.

Chromosome aberration(염색체이상). 염색체의 수나 구조가 비정상적인 것. 결핍, 중복, 역위, 전위, 이수체, 배수체 또는 정상패턴에서 벗어난 것을 포함한다.

Chromosome banding(염색체분염법). 염색체의 길이를 따라서 밝고 어두운 부분이 생기도록 염색체를 염색하는 방법. 띠 비교로 상동염색체를 밝힌다. 인간의 각 염색체는 이 띠 패턴에 의해 확인할 수 있다.

Chromosome jumping(건너뛰기식 염색체 탐색법). 염색체를 따라 한 부분에서 다른 부분으로 도약하기 위해서 커다란 DNA조각을 이용하는 과정(**Positional cloning** 참조).

Chromosome painting(염색체채색). 상이한 파장에서 광을 발산하는 형광염료로 표지된 DNA 탐침을 이용한 *in situ* 활성화반응으로 염색체의 구성과 진화의 연구.

Chromosomes(염색체). 세포분열시 관찰되는 어둡게 염색된 핵단백질체. 각각의 염색체는 선형으로 정렬된 유전자를 가지고 있다.

Chromosome Theory of Heredity(유전의 염색체학설). 염색체가 유전정보를 가지고 있고, 감수분열시 염색체의 행동이 분리와 독립법칙의 물리적 기초를 제공한다는 이론.

Chromosome walking(더듬기식 염색체 탐색법). 한 부분에서 다른 부분으로 염색체를 따라 탐색하기 위해서 겹치는 클론을 사용하는 과정(**Positional cloning** 참조).

Cilium (*pl.*, cilia; *adj.*, ciliate)(섬모). 특정 세포에 있는 운동성 털 구조; 섬모를 가진 원생생물의 운동 구조.

***cis*-acting sequence(수평작용염기서열).** 동일한 염색체상에 위치한 유전자의 발현에만 영향을 주는 염기서열.

***cis* configuration(수평배열).** **상인(Coupling)** 참조.

***cis* heterozygote(시스 이형접합체).** 두 개의 돌연변이를 시스 상태로 가지고 있는 이형접합체(예를 들면 $a^+ b^+ / a\ b$).

***cis-trans* position effect(시스-트랜스 위치효과).** 시스와 트랜스-이형접합자에서 돌연변이가 나타날때 서로 다른 표현형의 발생.

***cis-trans* test(시스-트랜스 검정).** 돌연변이가 동일유전자에서 일어났는지 혹은 다른 두 유전자에서 일어났는지를 결정하기 위한 시스 및 트랜스 이형접합자의 구조와 분석법. 유익한 검정은 시스이형접합자는 야생형이어야 한다. 만약 이 조건이 합당하면, *trans* 이형접합체가 돌연변이를 갖는다면 두 돌연변이는 동일한 유전자 내에 존재해야 하고, 그리고 만약 *trans* 이형접합체가 야생형을 갖는다면 두 유전자는 두 개의 다른 유전자에 존재한다.

***ClB* Chromosome(*ClB* 염색체).** 초파리에서 봉상안(bar-shaped eye). 큰 역위속에 열성치사돌연변이를 일으키는 유전자를 지닌 X-염색체.

ClB* method(*ClB* 검정법).** 초파리에서 새로운 열성 X-연관치사 돌연변이를 검정하기 위하여 바눈과 큰 역위속에 열성치사 돌연변이를 일으키는 특이한 X-염색체를 이용하는 방법. 이 방법은 H.J.Muller가 X-선 돌연변이 유발원을 이용하여 실시했다(ClB* 염색체** 참고).

Clone(클론). 단일 기원의 개체로부터 영양생식에 의해 만들어진 모든 개체. 분자생물학에서는 다른 생물체의 특정 DNA 서열을 가지고 있는 동일한 DNA 분자군을 일컫는다.

Cloning (gene)(클로닝). 한 유전자 또는 특이 DNA염기 배열의 많은 사본을 생산하는 것.

Cloning vector(클로닝 벡터). 작고, 자기복제를 할 수 있는 DNA 분자(보통 플라스미드나 바이러스성 염색체)로서, 외래 DNA나 흥미있는 DNA 서열을 벡터에 삽입한다.

Codominant alleles(공동우성 대립유전자). 이형접합체일 때 독립적인 영향을 주는 대립인자.

Codon(코돈). mRNA 분자상의 세 개의 이웃한 염기세트로서, 아미노산을 폴리펩티드 사슬에 삽입을 지정하거나 폴리펩티드 합성의 종결 신호를 준다. 후자의 기능을 갖는 코돈을 종결코돈이라고 한다.

Coefficient(계수). 특정 조건하에서 어떤 변화나 효과의 양을 표현하는 수 (예를 들어 내교배의 계수).

Coefficient of coincidence(일치계수). 2중교차빈도가 동일한 염색체 구역 내에서 독립적으로 일어날 것으로 가정하고 계산한 값과 관찰에 의해 얻은 값(빈도)의 비율.

Coefficient of relationship(근연계수 혈연계수). 공통조상의 효력에 의하여 두 개체가 공통적으로 지니고 있는 유전자의 일부를 나타내는 척도.

Coenzyme(조효소). 효소의 활성에 필요한 물질.

Coincidence(병발교차). 관찰된 이중교차 빈도와 예상되는 이중교차 빈도의 비. 예상 빈도는 두 교차가 각각 독립적으로 일어나는 것으로 가정하여 계산한다.

Cointegrate(통합). 두 개의 다른 DNA 분자의 융합에 의해서 형성된 DNA 분자로 보통 전이인자에 의해 매개된다.

Colchicine(콜히친). 가을 크로커스 식물의 알카로이드 유도체로, 방추사 형성을 억제하여 체세포분열을 막는 물질로 사용된다.

Colinearity (*adj.*, colinear)(직선대응선). 한 분자의 단위가 그것이 지정하는 다른 분자의 단위로서의 동일한 서열로 나타나는 관계. 예를 들면, 한 유전자의 염기서열이 그 유전자에 의해 암호화되는 폴리펩티드에서 아미노산과 일치(colinear)한다.

Colony(집락, 군체, 콜로니). 단일 조상세포에 의하여 생산된 세포의 조밀한 수집물.

Comparative genomics(비교유전체학). 서로 다른 종의 유전체 구조와 기능을 비교하는 유전체학의 분야.

Competence (*adj.*, competent)(수용능). 박테리아가 DNA를 통합하여 유전학적으로 형질전환을 이루는 능력.

Competence (Com) proteins(수용단백질). 박테리아에서 형질전환의 과정을 중재하는 단백질. 그들의 합성은 수용페로몬(competence pheromones)이라는 작은 펩티드에 의해서 유도된다.

Complementarity(상보성). DNA의 두 가닥 사이의 관계. 한 가닥에 티민이 있으면 다른 가닥에서는 아데닌이 나타나고, 한 가닥에 시토신이 있으면 다른 가닥에서는 구아닌이 나타난다.

Complementation screening(상보성 선별). 돌연변이 기주 세포 구제에 대한 능력에 기초를 둔 cDNA 혹은 유전체 클론을 위한 선별발현 라이브러리.

Complementation test (trans test)(상보성 검사). 두 개의 열성 돌연변이가 그 유전자의 대립유전자인지. 즉 그 유전적 기능에 영향을 주는지 결정하기 위해서 한 세포 내에 주입하는 것. 만약 돌연변이가 대립유전자라면 m_1 + / + m_2의 유전자형은 돌연변이 표현형을 나타내는 반면, 대립유전자가 아니라면 야생형의 표현형을 나타낼 것이다.

Composite transposon(복합전이인자). 두개의 동일하거나 거의 동일한 전이인자가 서로 DNA의 비전이 인자 내에 끼여들어 갈 때 형성되는 전이인자. 예를 들어 박테리아의 전이인자인 Tn*5*.

Compound chromosome(복합염색체). 부착 X염색체 또는 부착 X-Y 염색체와 같이 두 개의 분리된 염색체가 합쳐져 이뤄진 염색체.

Concordance rate(일치율). 한 개체가 가지고 있는 특이한 형질이 다른 개체에서 똑같이 나타나는 확률.

Conditional lethal mutation(조건치사돌연변이). 환경조건(제한적인 조건)의 한 세트하에서 죽게 되나 또 다른 환경 조건 (허용되는 조건) 하에서는 살게 되는 돌연변이.

Conidium (*pl.*, conidia)(분생포자). 균류의 특이적인 균사에 의해 생성되는 무성포자.

Conjugation(접합). 수정중 성세포(배우체) 또는 단세포 개체의 결합; 대장균에서 공여체(웅성세포)로부터 수용체(자성세포)에게로 유전물질을 한 방향으로 옮기는 것.

Conjugative R plasmid(접합 R 플라스미드). 세균이 접합하고 있는 동안 한 세균에서 다른 세균으로 이동될 수 있는 고리형 DNA 분자.

Consanguineous mating(동계교배, 근친교배, 근친결혼). 혈연관계가 있는 암수 사이에서의 교배.

Consanguinity(혈족, 근친관계). 공통조상으로부터 후손까지의 관계.

Consensus sequence(공통서열). 특별한 기능을 하는 유전적 서열 또는 요소의 대부분을 차지하는 핵산서열.

Constitutive enzyme(구성효소). 생육조건에 관계없이 항상 일정량이 합성되는 효소(**유도성 효소**와 **억제성 효소** 비교).

Constitutive gene(구성유전자). 개체의 모든 세포에서 계속적으로 발현되는 유전자.

Contig(부분 중복클론). 염색체의 위치에 대한 생리적 지도를 만들기 위한 중복클론.

Continuous replication(연속복제). DNA 사슬의 3′-OH 말단에 뉴클리오티드가 연속적으로 첨가하므로서 DNA의 신생사슬(가닥) 형성. 선도가닥 합성의 특성으로 신장하는 가닥의 방향은 5′ → 3′ 방향으로 이루어진다.

Continuous variation(연속변이). 뚜렷한 분류에 의해 나타나지 않는 변이. 개체는 각기 서로 분류되고, 측정 자료가 분석을 위해 필요하다(**비연속적인 변이** 참조). 보통 다수의 유전자가 변이의 이러한 유형을 책임진다.

Controlling element(조절인자). 옥수수에서, 가까이 있는 유전자의 발현에 영향을 미칠 수 있는 *Ac* 또는 *Ds*와 같은 전이요소.

Coordinate repression(동등억제). 오페론에서 오퍼레이터 서열과 상호작용하는 분자에 의한 구조유전자의 연관된 조절.

Copolymer(혼성중합체). 하나의 단합체 이상으로 구성된 혼합체. 예를 들어, 우라실, 시토신과 같은 두 종류의 유기적인 염기로 구성된 다합체(poly-UC)는 유전적 암호의 연구를 위해 결합된 것이다.

Co-repressor(보조 억제인자). 억제인자와 복합체를 이루고 유전자 또는 유전자세트의 발현을 억제시키는 작동분자.

Correlation(상관관계). 다양한 것들 사이의 통계적인 관련.

Cosmids(코스미드). 람다파지 염색체와 플라스미드 간의 혼성물인 클로닝 벡터; 람다 **코스** 위치와 플라스미드의 복제 시점을 가진다.

Coupling (*cis* configuration)(짝지음). 2개의 이형접합자가 두 개의 연관된 돌연변이를 한쪽 부모로부터 받고, 야생형을 다른 한쪽 부모로부터 받았을 경우 (예를 들어, *a b*/*ab*×+ +/+ +는 *a b*/+ +를 생산한다[**엇갈림**(**Repulsion**) 참조)].

Covalent bond(공유결합). 두 개의 인접한 전자쌍이 동일하게 양자를 공유하는 결합.

Covariance(공분산). 다양한 것들 사이의 통계적인 관련의 측정.

cpDNA(엽록체 DNA). 엽록체 안에 들어 있는 식물의 플라스미드 DNA.

CpG islands(CpG 섬). 인간 유전자의 상류에 종종 존재하는 시토신과 구아닌의 cluster.

Cri-du-chat syndrome(고양이 울음 증후군). 사람의 한 5번 염색체의 짧은 팔 끝 부위에 작은 결실이 생겨 나타나는 증상.

Critical value(임계치). 통계학에서 빈도분포의 끝단을 구분하는 통계적 역치.

Crossbreeding(교배육종). 서로 다른 계열 또는 종 사이의 교배.

Crossing over(교차). DNA 분자의 잘림과 재결합을 통해 염색체가 물질을 교환하는 과정.

Crossover unit(교차단위). 감수분열 동안 일어나는 교차의 평균수에 기초하는 유전자지도에서의 거리 측정. 한 교차단위의 길이인 지도간격(센트로미어라고도 함은 감수분열중 백 개의 크로마티드 마다 오직 하나에서 교차가 일어났음을 의미한다.

Cut-and-paste transposon(잘라 붙이기 전이인자). 짤린 전이유전인자가 전이효소의 작용을 통해서 유전자의 한 위치에서 다른 위치에 삽입되는 전이인자.

Cyclic AMP(고리형 아데노신 1인산). 이화물질 활성화 단백질(CAP)에 의하여 결합되는 작은 분자인 아데노신-3′, 5′일인산, 진핵생물, 원핵생물 모두 고리형 AMP분자를 유전자 발현조절인자로 이용하는 외에 점균에서는 acrasin으로 기능이 있음도 알려져 있다. 대장균에서는 오페론의 전사에 고리형 AMP가 필요하다.

Cystic fibrosis(낭포 섬유증). 점액이 허파, 췌장 및 간에 기능을 방해함으로서 만성 감염의 결과 사람의 상염색체성 열성질환. 낭포섬유증 환자의 평균 수명은 약 35세이고 미국 백인에서 나타나는 발병률은 1/2,000이다.

Cytogenetics(세포유전학). 유전학적으로 염색체와 염색체 간의 관계를 연구하는 생물학의 한 분야.

Cytokinesis(세포질분열). 세포분열과 감수분열중에 핵분열을 제외하고 세포질 분열과 다른 변화.

Cytological map(세포학적 지도). 여러가지 염색으로 나타난 띠 모양에 기초를 두고 그 위치를 염색체 상에 그린 그림.

Cytology(세포학). 세포의 구조와 기능에 대한 연구.

Cytoplasm(세포질). 세포소기관(미토콘드리아, 색소체 등)을 제외하고, 핵을 제외한 원형질; 핵을 제외한 모든 살아있는 부분.

Cytoplasmic inheritance(세포질유전). 핵유전자를 통해서라기보다는 세포질 또는 세포질에 있는 구조에 의존하는 유전적인 전달; 염색체 외 유전. 예: 식물에서 색소체의 특성은 핵 유전자와는 별도의 기작에 의해 유전된다.

Cytosine (C)(시토신). RNA와 DNA에서 발견되는 피리미딘 염기.

Cytoskeleton(세포골격). 세포질을 통하여 세포의 성분을 이동시키고 세포 형태를 이루는 섬유와 필라멘트의 복합체계. 동물의 몸을 이루는 골격과는 다르다.

D

Dalton(달톤). 수소원자의 질량.

Daughter cell(딸세포). 세포분열 생긴 2개의 세포.

Deficiency (deletion)(결핍). 염색체 절편의 부재현상.

Degeneracy (of the genetic code)(축중, 퇴화). 한 개 이상의 코돈에 의한 아미노산의 나열.

Degree of freedom(자유도). 표본 자료에서 계산된 빈도분포와 관련된 지수.

Denaturation(변성). 거대분자의 원래의 모양을 잃어, 대개 생물학적 활성을 잃게 되는 것. 변성된 단백질은 종종 자신의 폴리펩티드사슬을 펴고 용해도의 특성을 바꾼다.

***de novo*(드 노보).** 다시 새로이, 한번 더.

Deoxyribonuclease (DNase)(DNA가수분해효소). DNA를 가수분해하는 효소.

Deoxyribonucleic acid. DNA 참조.

Derepression(억제해제). 유전자 또는 유전자 세트의 억제되었던 발현을 다시 발현되게 만드는 과정.

Determination(결정). 배에서 미분화된 세포의 특정한 세포형, 예를 들면 뉴런, 섬유아세포, 근육세포 등으로 발달하게 되는 과정.

Deviation(편차). 통계에서 사용되는 것처럼, 예상되는 결과로부터의 거리.

Diakinesis(이동기). 감수분열에서 중기 I로 가기 직전의 단계로, 2가염색체가 짧고 굵어진다.

Dicentric chromosome(2동원체염색체). 하나의 염색체가 두 개의 동원체를 갖고 있는 것.

Dicot(쌍떡잎식물). 두 개의 떡잎을 가지는 식물.

2′,3′-Dideoxyribonucleoside triphosphates (ddNTPs)(2′,3′-디데옥시리보뉴클레오시드 3인산). 정상 DNA전구물질에서 3′ 탄소에 결합하는 히드록실(OH)기 대신 결합하는 수소(H)를 가진 사슬종결 DNA전구물질. ddNTPs는 DNA 염기서열반응에 이용된다.

Differentiation(분화). 세포가 발달하여 특징적인 구조와 기능을 갖게 되는 과정.

Dihybrid, Dihybrid cross(양성잡종). 두 쌍의 대립유전자가 이질적인 개체; 두가지 형질이 다른 동형양친들 사이에서 태어난 자손.

Dimer(2합체). 동등한 비의 다른 구성 요소를 가지지만 분자량이 2배인 복합체; 중합반응에 의해 형성된다.

Dimorphism(2형성). 성, 크기, 색깔과 같은 특성에 의하여 구별되는 한 그룹 안의 두 가지 다른 형태.

Diploid(2배체). 염색체($2n$)나 유전체 두 개의 세트를 갖는 생물이나 세포. 고등 식물과 동물의 체조직들은 일반적으로 염색체 구성이 이배체이며, 배우자는 반수체(일배체)이다.

Diplonema (*adj.*, diplotene)(쌍사기). 제1차 감수분열 전기의 태사기와 이동기 사이의 시기로 동원체 주변이 2가염색체로 분리되는 시기.

Discontinuous replication(불연속복제). DNA의 단편(Okazaki 절편)에 의해 DNA의 신생사슬의 합성. 그 절편은 결과적으로 DNA연결효소에 의해 결합된다. 지연가닥합성의 특징은 3′ → 5′ 방향으로 신장된다.

Discontinuous variation(불연속변이). 붉은 색과 흰색, 키다리와 난쟁이 같은 구별의 표현형적 변이(**Continuous variation** 참조).

Discordant(불일치성). 한 쌍의 구성원이 같지 않고 다른 특성.

Disjunction(분리). 유사분열이나 감수분열의 후기 중 상동염색체의 나뉨 (**Nondisjunction** 참조).

Dissociation (Ds)(해리). 옥수수에서 전이성 인자, 원래는 다른 전이성 인자인 활성화인자(*Activator*, A_c)효과에 대응하여 염색체 절단을 꾀하는 물질로서 발견되었다.

Dizygotic (DZ) twins(2란성 쌍생아). 이난자성이거나 형체성 쌍생아.

DNA(데옥시리보핵산). 유전자를 포함하는 정보를 갖고 있는 유전물질.

DNA는 포스포디에스테르 결합에 의하여 연결된 데옥시리보뉴클레오티드 긴 사슬의 거대분자. 각 데옥시리보뉴클레오티드는 포스페이트 그룹, 5탄당 2-데옥시리보스와 질소를 포함하는 베이스로 이루어져 있다.

DNA Chip(DNA 칩). **Gene chip** 참고.

DNA fingerprint(DNA 지문). **DNA profile** 참고.

DNA gyrase(DNA 자이라제). DNA의 음성슈퍼코일을 만드는 박테리아의 효소.

DNA helicase(DNA 헬리카아제). DNA 이중나선의 상보적 가닥을 풀어주는 효소.

DNA ligase(DNA 연결효소). DNA 이중나선의 한 가닥에 생긴 홈의 공유결합을 메워주는 효소.

DNA photolyase(DNA 광분해효소). DNA에서 자외선이 티민, 시토신 및 시토신 티민-2합체를 공유상호연관으로 유도하는데 그것을 분열시키는데 청광으로부터 에너지를 사용하는 효소.

DNA polymerase(DNA 중합효소). DNA의 합성을 촉매하는 효소.

DNA primase(DNA 프리마아제). DNA 가닥의 합성을 개시하는 RNA의 짧은 가닥을 합성하는 효소.

DNA profile (DNA print)(DNA 윤곽). DNA 다형성이 기록된 양상.

DNA profiling (DNA fingerprinting)(DNA 분석). 개인의 정체성을 밝히는 경우에 있어서 특별히 고도의 다양성 단종열반복(STR)과 가변수 종열반복(VTNR)의 DNA 염기서열 자료의 이용.

DNA repair enzymes(DNA 수선효소). 손상된 DNA의 수리를 촉매하는 효소.

DNA topoisomerase(DNA 토포이소머라아제). DNA로부터 슈퍼코일을 유도하거나 제거하는 효소.

Dominant(우성). 이형접합자에서 상이한 대립유전자의 기능을 배제할 만한 능력을 분명히 나타내는데 이용되는 용어.

Dominant-negative mutation(우성-방해 돌연변이). 야생형 대립유전자의 기능을 방해하는 한 유전자의 돌연변이 대립유전자는 돌연변이와 야생형 대립유전자를 이형으로 가진 개체에서 한 돌연변이 표현형을 나타낸다.

Dominant selectable marker gene(우성선별표지 유전자). 다른 것은 모두 죽는 조건에서 숙주세포가 살 수 있게 하는 유전자.

Donor cell(공여세포, 공여세균). 세균의 재조합이 일어나는 동안 다른 세포(수여 세포)에 DNA를 공여하는 세균(**Recipient cell** 비교).

Dosage compensation(유전자량 보정). 세포의 유전자 카피 수에 따라 유전자의 활성을 증가 시키거나 감소시키는 현상.

Double helix(이중나선). 두 상보적 가닥으로 구성된 DNA분자.

Downstream sequence(하류배열). 전사 출발 자리 허락하는 전사 단위에 있는 염기배열. 전사체(RNA)의 5′끝에서 뉴클레오티드에 상당한 DNA의 뉴클레오티드 쌍은 +1로 쓰인다. 다음의 뉴클레오티드 쌍은 +2로 표시된다. 모든 아래의 (+)뉴클레오티드 염기 배열은 하류배열이다(**Upstream sequence** 비교).

Down syndrome(다운증후군). 사람에서 21번 염색체를 3개 가지고 있기 때문에 나타나는 표현형.

Drift(부동). **Random genetic drift** 참조.

Duplication(중복). 같은 염색체나 유전체를 한 번 이상 갖거나 세포가 복수화 되는 것.

E

Ecdysone(탈피호르몬). 곤충의 발생에 영향을 주는 호르몬.

Eclosion(우화). 번데기 시기로부터 성충으로 탈피.

Ecotype(생태형). 특수한 서식처에 적응한 생물의 집단이나 계통.

Ectopic(이소적). 비정상적 장소에서 일어나는 현상을 설명하기 위하여 사용되는 용어.

Effector molecule(이펙터 분자). 억제단백질과 같은 조절분자의 행동에 영향을 주는 분자로 유전자 발현에 영향을 준다.

Egg (ovum)(난자). 여성 기관에 의하여 생산되는 생식세포.

Electrophoresis(전기영동). 전장에서 작은 구성성분을 이동시킴.

Electroporation(전기천공법). 강렬한 전장을 공급하여 세포막을 DNA가 통과할 수 있게 하는 방법.

Elongation (of DNA, RNA, or protein synthesis)(신장). 거대분자(DNA, RNA, 폴리펩티드)의 합성중에 뉴클레오티드 또는 아미노산이 두 번째 그리고 계속하는 구성단위로 합쳐지는 현상.

Elongation factors(신장인자). 폴리펩티드 사슬신장에 필요한 수용성 단백질.

Embryo(배, 씨눈). 사람의 자궁 속에서 처음 두 달 사이의 초기발생 기관.

Embryoid bodies(배상체). 태아의 줄기세포로 부터 획득한 분화된 미분화된 세포의 무리.

Embryonic stem cells (ES cells)(배줄기(간)세포). 많은 상이한 형태의 조직 혹은 기관으로 분화될 수 있는 배아의 세포.

Embryo sac(배낭). 고등식물의 성숙한 자성배우체의 난자와 수정 후 배 발생하는, 배가 들어 있는 종자식물의 얇은 벽으로 둘러싸인 큰 공간.

Endomitosis(핵내 유사분열). 핵분열 없는 염색체의 중복으로 세포의 염색체 수가 증가한다. 염색사는 나뉘지만 세포는 나뉘어지지 않는다.

Endonuclease(핵산내부가수분해효소). DNA내부를 절단하는 효소로, DNA 재조합에 관여한다.

Endoplasmic reticulum(소포체). 리보솜이 붙는 세포질 안의 막들의 네트워크.

Endopolyploidy(핵내배수성). 이배체 생물의 세포가 복수인 염색체 수($4n$, $8n$ 등)를 갖는 시기.

Endosperm(배유). 대부분의 피자식물 배낭에 생기는 영양조직. 그것은 보통 배낭의 두 개의 일차 배유핵과 두 개의 웅성배우자 핵 중 하나와의 융합이 수정 후에 생긴다. 대부분의 이배체 식물들의 배유는 3배체($3n$)이다.

Endosymbiosis(세포내 공생). 한 개체가 다른 개체 내에서 생활하는 상태에서 서로 이용하는 관계.

End-product inhibition(최종-산물 저해). **Feedback inhibition** 참조.

Enhancer(증폭자). 화학적 활성이나 생리적 과정을 증가시키는 물질이나 물체로, 주로 근처의 유전자 전사에 영향을 주어 생리적 과정이 증가된다.

Environment(환경). 생명체의 생활과 발생에 영향을 미치는 외부조건의 총합.

Environmentality(환경성). 양적 형질에서 전체 표현형 분산 중 환경의 영향이 차지하는 비율.

Enzyme(효소). 생명체의 특이적 화학반응을 가속시키는 단백질.

Epigenetic(후생적). 표현형의 비유전적 원인.

Episome(에피솜). 다른 세포에 존재하거나 존재하지 않는 유전인자로, 염색체에 삽입될 수도 있고 세포질에 독립적으로 있을 수도 있다[예로 대장균의 임성인자(F)].

Epistasis(상위). 비대립 유전자의 산물간 상호작용. 유전자 억제를 본질적 의미라고 한다. 우성은 대립쌍의 유전자의 관계인 반면, 에피스타시스는 비대립 유전자 산물간의 상호작용이다.

Equational division(균등분열). 감수분열에서 제2차 분열과 같은 유사성 분열; 체세포유사분열과 감수분열의 비감소분열이 있다.

Equational plate(적도판). 유사분열에서 방추사 중앙(적도면)의 염색체에 의하여 만들어지는 모양.

Equillibrium(평형). 실질 변화가 없는 동적 시스템의 상태.

Equillibrium density gradient centrifugation(평형밀도구배원심분리법). 밀도(용적당 무게)에 따라 거대분자를 분리하는 방법.

Estrogen(여성호르몬). 여성호르몬 혹은 발정기-생산 화합물.

ESTs(expressed sequence tags). 물리적 지도나 유전적 지도(RFLP) 연결에 쓰이는 짧은cDNA 서열.

Euchromatin(진정염색질). 간기에 염색제로 진하게 염색되지 않는 유전물질로 많은 종류의 유전자들을 포함하고 있다(**Heterochromatin** 참조).

Eugenics(우생학). 인종의 개선을 위한 유전학 원리의 응용.

Eukaryote(진핵생물). 세포 안에 막으로 둘러싸인 핵을 같은 생명체의 큰 그룹(**Prokaryote** 참조).

Eukaryotic cell(진핵세포). 진핵생물로 분류된 개체의 세포. 이 세포들은 염색체 DNA를 함유한 막으로 둘러쌓인 핵을 가지고 있는 특성이 있다.

Euploid(정배수체). 단배수체(n)나 반배수체의 정확한 배수의 염색체 수를 갖고 있는 생물이나 세포. 이 용어는 2배수체, 3배수체, 4배수체 등의 유플로이드 시리즈와는 다르게 쓰인다(**Aneuploid** 참조).

Excinuclease(엑시뉴클리아제). 절제회복 동안 손상된 DNA의 단편을 절제하는 엔도뉴클리아제를 포함하는 단백질 복합체.

Excision repair(절제수선). 손상된 DNA 단편을 제거하고 상보가닥을 주형으로 새 가닥을 합성하여 채우는 DNA 회복과정.

Exit (*E*) site(*E* 자리). 유리 tRNA가 떨어져 나가기 전에 리보솜에 결합자리.

Exon amplification(엑손 증폭). 인트론의 5′과 3′절단자리 옆의 코딩 부위끼리 연결되는 과정.

Exons(엑손). 진핵생물 유전자의 최종 RNA전사체의 염기서열과 일치하는 서열.

Exonuclease(핵산말단가수분해효소). DNA나 RNA의 가닥 끝을 소화시키는 효소.

Expression domain(발현구역). 촉진유전자 발현과 유전자발현 차단인 2입체구조를 지닐 수 있는 리보스위치의 영역.

Extrachromosomal(염색체 외). 염색체의 일부가 아닌, 세포질 유전이 조절되는 세포질의 DNA 단위.

F

F_1. 첫 번째 자식의 세대, 주어진 교배로부터 내려온 첫 세대.

F_2. F_1끼리 교배하거나 자화수분에 의해 만들어진 두 번째 세대. 주어진 교배의 손자들, 그러나 F_1 자화수분 실험으로 유전적인 조절이 됨.

F^+ cell(F^+ 세포). 자치적 생식인자(fertility factor, F)를 지닌 세균(F factor 참고).

F factor(F인자). 접합과정에서 유전적 공여체(웅성)의 기능을 할 수 있는 박테리아의 에피좀. 박테리아의 임성 인자.

Feedback inhibition(되먹임억제). 생화학적경로의 최종산물의 축적이 그 산물의 합성을 멈추게 한다. 합성경로의 후기 대사물이 경로의 초기과정에서 합성을 조절한다.

Female gametophyte(자성배우체). 대포자가 감수분열로 유도한 8개의 동일한 반수체 핵을 포함하고 있는 얇은 벽으로 이루어진 공간.

Fertilization(수정). 웅성배우자(정자)와 자성배우자(난자)가 융합되어 배우자를 만든다.

Fetus(태아). 태생동물의 배아시기와 출생시기 사이의 출생 전 시기. 사람의 경우는 출생전 마지막 7개월간을 말한다.

Filial(자식). F_1과 F_2 참조.

Fission(분열, 분리). 원핵생물에서 모세포의 유전물질이 복제되어 두 딸세포로 똑같이 분리되는 세포분열의 한 모습.

Fitness(적응도). 개체에 의하여 남겨진 자손의 수. 흔히 집단의 평균치나 특별한 유전자형에 의해 남겨진 자손과 같은 다른 표준과 비교한다.

Fixation(고정). 집단으로부터 한 유전자 좌위에 한 대립유전자만 제외하고 모두 제거되는 현상. 남은 대립유전자의 빈도가 100%일 때 고정되었다고 한다.

Flagellum (*pl.*, flagella; *adj.*, flagellate)(편모). 채찍을 닮은 세포의 운동기관. 편모충의 운동기관.

Fluorescence *in situ* hybridization (FISH)(제자리형광잡종화(염색)). DNA나 RNA프로브에 형광을 띠는 염색체를 결합시켜 생체잡종을 만드는 방법.

Folded genome(접힌 유전체). 박테리아의 핵양체 안의 DNA가 응축된 상태. DNA는 도메인으로 나눠어지고 각 도메인은 독립적으로 음성 슈퍼코일 상태이다.

Founder principle(창시자 원리). 새로운 조그만 격리된 집단은 큰 주집단으로부터 무작위 표본화된 개체들을 시조로 해서 유전적으로 분화될 수 있다.

Frameshift mutation(틀이동 돌연변이). 염기의 결실이나 삽입에 의하여 mRNA의 해독틀이 변화된 돌연변이.

Frequency distribution(빈도분포). 집단의 계급 그래프가 상관적이거나, 완전 발생도를 보임. 계급은 분리되거나 연속변이를 보일 수 있다. 후자의 경우 각 계급은 측정치의 다른 간격을 나타낸다.

Fusion protein(융합단백질). 둘이나 그 이상의 유전자의 부분을 갖는 재조합 유전자가 만들어 내는 폴리펩티드. 다른 유전자들은 그들의 코딩 염기배열이 연결되어 같은 해독틀을 갖는다.

G

Gain-of-function mutation(기능획득 돌연변이). 새로운 기능을 지닌 유전자 산물을 만드는 돌연변이.

Gall(혹). 식물의 암화성장.

Gamete(배우자). 성숙된 암컷이나 수컷의 생식세포(정자나 난자).

Gametogenesis(배우자형성). 배우자를 만드는 것.

Gametophyte(배우체). 배우자를 낳는 식물생활주기의 시기. 세포들은 n개의 염색체를 갖는다.

Gametophytic incompatibility(배우체 불화합성). 식물의 S복합체 유전자 좌위의 조절에 의하여, 같은 S대립유전자를 갖고 있는 화분과 배주는 수정할 수 없는 현상. 예를 들어 S_1 화분은 S_1/S_2 식물체의 배주와 수정되지 못한다.

Gap gene(간극유전자). 초파리 몸의 인접 체절 형성을 조절하는 유전자.

Gastrula(낭배). 두 겹의 세포로 이루어진 초기 동물의 배. 포배기 이후의 배 발생시기.

GenBank(미국유전자은행). 미국 NIH에 있는 National Center for Biotechnology Information에 의해 유지되는 DNA 염기배열의 유전자 자료은행. 비슷한 자료은행은 유럽에 the European Molecular Biology Laboratory Data Library와 일본에 the DNA Data Bank of Japan이 있다.

Gene(유전자). 특이한 생물학적 기능을 유전적으로 결정함. 염색체의 고정된 곳에 위치하는 유전단위(DNA). DNA 단편은 한 폴리펩티드를 지정하고 *cis-trans*나 상보성 실험에 의해 기능적으로 정의됨.

Gene addition(유전자 첨가). 생물의 유전체에 유전자의 기능적 카피를 첨가함.

Gene amplification(유전자 증폭). 유전자 복제수의 증가를 위해서 특이 유전자나 유전자 세트가 독립적으로 복제되는 현상.

Gene chip(유전자 칩). 다량의 oligonucleotide나 혹은 cDNA 활성화 probe를 지닌 작은 실리콘 웨이퍼. 그 표면에는 특이한 양식이나 microarray로 고안되어있다.

Gene cloning(유전자클로닝). 관심 있는 유전자를 자기-복제 DNA 분자에 편입시켜 적당한 숙주세포 안에서 재조합 DNA 분자를 증폭시킴.

Gene conversion(유전자전환). 재조합과 관련되어 가끔, 한 대립유전자가 다른 것으로 치환되어 비-멘델 분리비가 유도되는 과정. 예를 들어 전체 사분염색체가 4:4의 기대치 대신에 6:2나 5:3의 분리비가 될 수 있다.

Gene expression(유전자발현). 유전자가 RNA와 단백질을 만들고 그것의 영향으로 생물체의 표현형에 영향을 주는 과정.

Gene flow(유전자확산). 이주에 의하여 한 교배집단으로부터 유전자가 퍼져나가 대립유전자의 빈도가 변화하는 것.

Gene pool(유전자급원). 주어진 시간에 집단의 교배원이 갖고 있는 모든 다른 대립유전자의 총합.

Generalized transduction(보편형 형질도입). 박테리오파지에 의한 박테리아의 재조합이 공여세균에서 수용세균으로 이동하여 생기는 현상(**Specialized transduction** 비교).

Gene replacement(유전자치환). 상동성 재조합에 의하여 염색체의 원래 위치에 외래유전자를 편입시킴. 그러므로 유전자 좌위에 원래 존재하던 유전자의 카피는 치환된다.

Gene therapy(유전자치료). 잘못된 유전자에 의한 유전병 환자의 세포에 야생형 카피를 주어 유전병을 치료하는 것. 만약 생식세포가 변형되면 그것은 생식계 유전자 치료 혹은 유전가능 유전자 치료라 한다. 만약 생식세포 이외의 세포가 변형되면 체세포 유전자치료 또는 비유전성 유전자 치료라 한다.

Genetic code(유전암호). 20 아미노산과 폴리펩티드 사슬의 개시와 종결을 결정하는 64종류의 삼염기 세트.

Genetic drift(유전적 부동). **Random genetic drift** 참조.

Genetic equilibrium(유전적 평형). 임의 교배 생물체 그룹에서 항상 일정한 대립유전자의 빈도를 유지하는 상태.

Genetic map(유전자지도). 유전자 사이의 재조합빈도 — centiMorgan을 기초로 하여 염색체상에 표시한 유전자 거리 도표.

Genetics(유전학). 유전과 변이를 연구하는 과학.

Genetic selection(유전적 선택). 환경조건에 생물이나 세포의 노출은 개체나 세포가 특이 유전자나 유전적 요소를 지니고 있다면 생존할 수 있다.

Genome(유전체). 한 부모로부터 유전되는 단위인 염색체(유전자들)의 완전한 세트(n).

Genomic DNA library(유전체 DNA 라이브러리). 생물체의 유전체 DNA 염기를 포함하는 클론의 수집물.

Genomics(유전체학). 전체 유전체의 구조와 기능을 연구하는 학문.

Genotype(유전자형). 생물체의 유전적 조성(**Phenotype** 참조).

Germ cell(생식세포). 성숙시 수정되어 완전한 생물체를 만들 수 있는 생식세포(**Somatic cell** 참조).

Germinal mutation(생식세포 돌연변이). 신체의 생식세포에서 발생한 돌연변이는 자손으로 전달된다(**Somatic mutation** 참고).

Germ line(생식계통). 궁극적으로 배우자를 생산하는 조직.

Germ-line (heritable) gene therapy(생식세포유전자 치료). 개인이 결함 유전자의 생식세포에 정상 유전자를 첨가시켜서 유전병을 치료하는 것(**Somatic-cell[nonheritable]gene therapy** 참고).

Germ plasm(생식질). 생식세포를 통하여 자손에게 전달되는 유전물질.

Globulins(글로불린). 물에 녹지 않고 염용액에 녹는 혈액의 일반적인 단백질. 알파, 베타 그리고 감마 글로불린이 사람의 혈액에 있다. 감마 글로불린은 질병의 면역력 증강에 중요하다.

Glucocorticoid(글루코코르티코이드). 고등동물의 유전자 발현을 조절하는 스테로이드 호르몬.

Golgi complex(골지복합체). 세포내에서 막성구조물인데 세포성 물질의 분비기능을 함유한다.

Gonad(생식소). 배우자를 생산하는 생식기관(난소나 정소).

Green fluorescent protein (GEP)(녹생형광단백질). 해파리(*Aequorea victoria*)가 합성하는 자연적 형광단백질.

Guanine(구아닌). DNA나 RNA의 퓨린 잔기.

Guide RNAs(안내 RNA). RNA 편집과정에서 주형기능을 하는 염기서열을 포함하는 RNA 분자.

Gynandromorph(암수모자이크). 몸의 한 부분은 암컷이고 다른 부분은 수컷인, 즉 성적 모자이크인 개체.

H

Haploid (monoploid)(반수체). 염색체의 한 세트(n)나 한 유전체만 가진 생물체 또는 세포.

Haplotype(단상형). 염색체 상에서 단일 뉴클레오티드 다형인 연관된 유전적 변이체의 한 세트.

Haptoglobin(합토글로빈). 혈액의 혈청단백질인 알파글로빈.

Hardy-Weinberg Principle(하디-바인베르크의 법칙). 임의 교배집단 내의 구성 대립유전자의 빈도로부터 기대되는 유전자형의 빈도가 실제와 잘 일치하는 수학적 관계.

Helix(나선). 나선모양의 구조. 왓슨과 크릭의 DNA 모델은 이중나선 구조이다.

Helper T cells(도움 T세포). 마이크로파지에 의해 제시된 항원에 반응하는 T세포. B림프구 세포와 T림프구 세포를 자극하여, 각각 항체-생산 형질세포와 킬러T세포로 된다.

Hemizygote(반접합성). 반성이나 결실의 결과로 한 대립유전자만 있는 상태.

Hemoglobin(헤모글로빈). 척추동물의 적혈구에 있는 철분을 함유하는 접합단백질 복합체. 몸의 세포로 산소를 전달하는 데 중요하다.

Hemolymph(헤몰림프). 무척추동물의 체강안의 혈액과 다른 액체의 혼합체.

Hemophilia(혈우병). 경미한 상처에도 출혈이 멈추지 않는 출혈증. 반성 열성유전자에 의해 유전된다.

Heredity(유전). 어버이로부터 자손에게 형질이 전달되어 관련된 개체가 닮는 것.

Heritability(유전력). 유전에 의하여 주어진 형질이 조절되는 정도(**광의의 유전율**과 **협의의 유전율** 참조).

Hermaphrodite(자웅동체, 암수한몸). 웅성 생식기관과 자성 생식기관을 모두 갖고 있는 개체.

Heteroalleles(이형대립유전자). 유전자의 다른 자리에 돌연변이가 발생하여 생긴 기능적으로는 동좌성이나 구조적으로는 동좌적이지 않음.

Heterochromatin(이질염색질). 간기에도 짙게 염색되는 염색질. 주로 약간의 유전자를 갖는 반복DNA를 포함한다.

Heteroduplex(이형 2중가닥). 하나나 그 이상의 미스매치(비상보적)를 갖고 있는 핵산의 이중가닥.

Heterogametic sex(이형성염색체배우자성). 성염색체로 인해 같지 않은 배우자를 만듦. 사람은 남성은 이형성이고, 여성은 동형성이다.

Heterogeneous nuclear RNA (hnRNA)(이형핵 RNA). 진핵세포 핵 안의 일차 전사체의 집단.

Heterologous chromosome(이형염색체). 다른 유전자를 세트로 가진 염색체.

Heterosis(잡종강세). 호모접합체보다 하나 그 이상의 형질이 헤테로상태인 접합체가 유전적으로 더 우월함.

Heterozygosity(이형접합성). 집단 내의 이형접합성 개체의 비율. 유전적 변이량의 측정에 이용.

Heterozygote (*adj.*, heterozygous)(이형접합체). 어떤 대립유전자의 쌍이 서로 다른 것을 갖고 있는 생물체로 같지 않은 배우자를 만든다.

Hfr (High-frequency recombination)(고빈도 재조합). 대장균의 높은 빈도로 재조합을 일으키는 균주. 이 균주는 F인자가 박테리아 염색체에 편입되어져 있다.

Histones(히스톤). 염기성 아미노산이 풍부한 단백질 그룹. 그들은 염색체의 DNA를 꼬아감는 기능과 유전자활성의 조절기능이 있다.

HIV (human inmmunodeficiency virus)(사람 면역결핍 바이러스). 사람의 후천성면역결핍증(AIDS)의 원인이 되는 레트로바이러스.

Holoenzyme(완전효소). 모든 구성 폴리펩티드가 존재하는 다량체 효소의 형태.

Homeobox(호메오박스). 동물 몸의 다른 기관의 특이성에 관여하는 몇몇 유전자에서 발견되는 DNA 염기서열. 동물의 체절화에 영향을 주는 특유한 유전자에서 발견됨. 이들 유전자에 의해 만들어지는 폴리펩티드의 아미노산 서열 중 호메오박스에 일치하는 서열을 호메오도메인이라 한다.

Homeodomain(호메오도메인). **Homeobox** 참고.

Homeotic genes(체절결정 유전자). 전후방축 따른 체절 영역에서 다른 유전자의 발현을 조절함에 의해서 배의 체형성을 조절하는 유전자 그룹.

Homeotic mutation(체절돌연변이). 생물체의 적합치 못한 위치에서 몸이 발생하는 원인이 되는 유전자. 예를 들면, 초파리의 다리가 머리의 더듬이 자리에 발생하는 돌연변이.

Homoalleles(동형 대립유전자). 기능적이고 구조적으로 같은 유전자 좌위인 돌연변이. 돌연변이들은 같은 유전자의 같은 자리에 생긴 것이다.

Homogametic sex(동형성염색체). 성염색체에 관하여 같은 배우자를 만드는 성(**Heterogametic sex** 참조).

Homologous chromosomes(상동염색체). 하나는 부친으로부터, 다른 하나는 모친으로 부터 물려받은. 유전적으로 크기와 모양이 같은 쌍의 염색체들. 이런 염색체들은 유전자 배열을 갖는다.

Homologous genes(상동유전자). 공통 조상의 유전자로부터 물려받은 유전자(cf. **Orthologous genes; Paralogous genes**).

Homologues(상동의, 동형의). **Homologous chromosomes, Homologous genes** 참조.

Homozygote (*adj.*, homozygous)(동형접합체). 유전자의 두 카피가 같은 대립유전자인 개체.

Hormone(호르몬). 몸의 체액이 전달되어 다른 부분을 활성화시키는, 몸의 일부분 세포가 만드는 유기적 산물이나 동등한 물질.

Human Genome Organization (HUGO)(인간 유전체 기구). 인간 유전체의 염기배열과 지도작성을 통합 조정하기 위하여 형성된 과학자의 국제적 단체.

Human Genome Project(인간 유전체 연구사업). 전체 인간 유전체의 유전자 지도와 염기서열을 결정하는 거대한 국제적 과제.

Human growth hormone (HGH)(인체 생장 호르몬). 인간의 정상적 생장을 위하여 요구되는 신호적 폴리펩티드.

Human immunodeficiency virus (HIV)(사람 면역결핍 바이러스). 인간의 면역결핍증후군(AIDS)을 얻는데 원인이 되는 바이러스(retrovirus).

Huntington's disease (HD)(헌팅턴 질병). 상염색체성 우성돌연변이에 의하여 발병하며 지발성(후발성)(30~50세)신경퇴행성 질병. *huntingtin* 유전자 산물이 비정상적으로 긴 폴리글루타민 영역근처에서 아미노말단을 암호화하는 뉴클레오티드 반복$(CAG)_n$의 연장이 유전적 결함을 나타낸다.

Hybrid(잡종). 한 유전자나 다수의 유전자가 서로 다른 호모 접합자 부모의 자손. 일반적으로 관련이 없는 계통들 사이에 의한 교배의 자손.

Hybrid dysgenesis(교잡불임성). 초파리에서 전이인자 활성의 결과 돌연변이, 염색체 절단 그리고 불임과 같은 생식계 형질이 비정상화되는 증상.

Hybridization(잡종형성). 식물과 동물의 종, 아종, 변이종들 간의 교잡. 다른 식물간의 교잡수분이나 다른 동물간의 교배에 의하여 잡종이 만들어지는 과정.

Hybrid vigor (heterosis)(잡종강세). 강하지 못한 두 호모접합체 부모간의 헤테로접합 F_1 잡종이 일반적으로 잘 자라고 강건하며 건강이 우월한 현상.

Hydrogen bonds(수소결합). 전기적 음성 원자와 다른 전기적 음성 원자가 연결되어 있는 수소원자(전기적 양성)사이의 약한 상호작용.

Hydrophobic interactions(소수성 상호작용). 물에서 그들의 비용해성 때문에 수용액내에서 서로 비극성 그룹이 모이는 것.

Hydroxylating agent(수산화제). 돌연변이 유발원인 히드록실아민과 같은 화학물질인데 그것은 히드록실 그룹을 다른 분자에 옮긴다.

Hyperploid(고배수체). 유전자형에서 염색체나 염색체의 단편이 더 많은 유전적 상태(**Hypoploid** 참조).

Hypersensitive sites(과민성 부위). 엔도뉴클리아제에 고도로 감수성을 갖고 잘 잘리는 DNA 영역.

Hypomorphic(저차형태대립유전자). 야생형 대립유전자보다 약하게 발현하는 돌연변이 대립유전자에 이용하는 용어. 그러나 발현이 완전히 없어지는 것은 아니다. 그런 돌연변이 대립유전자를 hypomorph라 한다.

Hypoploid(저배수체). 유전자형에서 염색체나 염색체의 단편이 적은 유전적 상태(**Hyperploid** 참조).

Hypothesis(가설). 과학에서 한 현상이 어떻게 설명될 수 있는지에 대한 성명.

I

Imaginal disc(성충원기). 더듬이나, 눈 그리고 날개와 같은 특이한 성충기관이 되는 초파리와 다른 완전변태 곤충 유충의 세포덩어리.

Immunoglobulin(면역글로불린). **Globulin** 참조.

Imprinting(각인). 뉴클레오티드 배열은 변함없이 유전자의 기능 상태를 변화시키는 과정. 그것은 흔히 유전자에서 특이한 뉴클레오티드의 메틸화(methylation)와 관계된다. 그 변형된 상태는 생식세포에서 이루어지고, 자식의 생명을 통해서 존속할 수 있는 지식에 전달된다. 이 방법으로 변화된 유전자는 각인되었다고 한다.

***In situ*(제자리에).** 그 위치에서라는 의미의 라틴어. 세포나 조직의 추출물이 아니라 그 자체에 실험적으로 처리함.

***In situ* colony or plaque hybridization(인시튜 콜로니 잡종화 실험).** 특이한 DNA 염기서열을 갖고 있는 플레이트나 막 위에서 자라는 콜로니나 용균반점(플라크)의 선별을 위한 과정. 이들 콜로니나 용균반점 안의 DNA 분자에 핵산 프로브를 잡종화시킨다.

***in situ* hybridization(인시튜 잡종화실험).** 염색체의 특이한 DNA 염기서열의 위치를 결정하는 방법. 변성된 염색체의 DNA에 표지된 DNA나 RNA를 잡종화시켜, 방사성이나 형광현미경으로 확인한다.

Intein(인테인). 폴리펩티드가 그대로 존재할 수 있는 1차 번역물의 짧은 아미노산 배열.

***In vitro*(시험관내; 생체외).** 라틴어로 "유리안에서"라는 뜻. 생체 밖, 즉 시험관이나 다른 용기에서 시행되는 실험과정.

***In vivo*(생체내).** 라틴어로 "살아 있는 생물체 안에서"라는 뜻.

Inbred line(근친계, 근교계). 근친교배나 자가수정을 반복함으로써 다수의 유전자 자리가 호모접합체로 되어있는 주(계통).

Inbreeding(동계교배). 동계 개체간 교배.

Inbreeding coefficient(근교계수). 한 개체의 두 대립유전자가 공통조상으로부터 각각 물려받아 서로 같을 확률.

Inbreeding depression(근교약세). 근친교배의 개체(자손)가 비근친교배의 자손보다 약함을 나타내는 현상.

Incomplete dominance(불완전우성). 호모접합 부모의 발현과 헤테로접합체의 발현이 차이를 보이는 헤테로 접합체가 갖고 있는 두 대립유전자의 발현.

Independent assortment(독립분리). 유전자들이 다른 염색체에 위치할 때 배우자의 대립유전자 분포가 무작위적이다. 대립유전자 한 쌍의 분포는 비상동염색체에 위치하는 다른 유전자와 독립적으로 분리한다.

Induced mutation(유도 돌연변이). DNA나 RNA의 구조 변화를 일으키는 화학적 또는 물리적 작용인자에 대해서 생물이 노출된 결과로 생긴 돌연변이(**Spontaneous mutation** 참고).

Inducer(유도원). 오퍼레이터에 길게 결합하지 못하게 억제자와 결합하여 복합체를 만드는 낮은 분자량의 물질. 그러므로 유도물질이 있으면 오퍼레이터에 의하여 조절 받는 유전자가 발현된다.

Inducible enzyme(유도효소). 유도물질로만 작용하는 물질의 존재하에서만 합성되는 효소.

Inducible gene(유도유전자). 유도물질과 같은 특이한 대사물질의 존재하에서만 발현되는 유전자.

Induction(유도). 유도물질에 의하여 유전자나 유전자 세트의 발현이 바뀌는 과정.

Inhibitor(인자, 억제제). 화학반응을 지연시키는 물질이나 대상. 반응을 방해하는 주유전자나 수식유전자.

Initiation (of DNA, RNA, or protein synthesis)(개시). 거대분자(DNA, RNA 혹인 폴리펩티드)의 합성 중에 첫 구성단위(뉴클레오티드 혹은 아미노산)의 혼성.

Initiation codon(개시 코돈). mRNA에서 3 뉴클레오티드의 염기서열 — 주로 AUG, 때로는 GUG — 은 번역 동안에 새로운 폴리펩티드의 개시를 신호한다.

Initiation factors(개시인자). 번역의 개시과정에 필요한 용해단백질.

Insertion Sequence(삽입배열). IS를 참고할 것.

Insertional mutation(삽입돌연변이). 아그로박테리아의 Ti 플라스미드의 T-DNA 혹은 전이요소와 같은 외부 DNA의 삽입에 의해서 생기는 돌연변이.

Interaction(상호작용). 통계학의 상가성을 벗어나 관여 인자들의 상가적 역할에 의하여 설명되지 않는 효과.

Intercalating agent(삽입시약). DNA 분자의 근접한 염기쌍 사이에 삽입 가능한 화학물질.

Intercross(잡종간 교배). 두 잡종 사이의 교배로 얻은 F_1 잡종간의 교배.

Interference(간섭). 한 점에서 교차가 일어나면 근처에서 다른 교차가 감소한다. 셋 또는 더 많은 유전자의 교차 연구에서 밝혀졌다.

Interphase(간기). 세포가 나뉘지 않을 때 DNA 복제가 일어나는 대사시기로 세포주기의 하나. 세포분열의 말기 이후의 시기로, 다음 세포분열의 전기가 시작하기 까지이다.

Intersex(간성). 웅성과 자성 사이의 중간적 이차성징을 나타내는 생물체. 웅성과 자성 모두의 몇몇 표현형적 특성을 나타낸다.

Introns(인트론). 진핵생물의 유전자 안의 개재 DNA서열. 일차 RNA 전사체에서 잘려나가기 때문에 완성된 RNA 전사체에는 없다.

Invariant(불변의). 종에 분자의 비율이 같아 일정하고 불변인 것.

Inversion(역위). 염색체의 유전자의 선형 배열이 반대인 배열.

Inverted repeat(역반복). 반대 방향으로 DNA 분자가 두 번 존재하는 염기서열.

Ionic bonds(이온결합). 반대 전하를 띠는 그룹간의 끌어당김.

Ionizing radiation(이온화 방사선). 분자의 양성전하와 음성전하(이온쌍)의 생산의 결과 생기는 전자기 스펙트럼의 부분. X선과 감마선은 이온화 방사선의 예이다(**Nonionizing radiation** 비교).

IS element (insertion sequence)(IS 인자). 새로운 유전체 자리로 전이될 수 있는 박테리아에서 발견되는 짧은(800-1400 bp) DNA염기서열. IS 인자와 함께 다른 DNA 서열이 전이될 수 있다.

Isoalleles(동위대립유전자). 같은 표현형이나 매우 닮은 표현형을 나타내는 대립유전자의 일종.

Isochromosome(동완염색체, 2중팔염색체). 두 개의 동완과 같은 유전자를 갖고 있는 염색체. 염색체의 팔들은 서로 거울상이다.

Isoform(동형). 매우 연관된 단백질 족의 일원. 단백질의 아미노산 서열은 공통이고 일부가 다르다.

K

Kappa chain(카파사슬). 항체 가벼운 사슬의 둘 중 한 사슬(**Lambda chain** 참조).

Karyotype(핵형). 세포나 개체를 구성하는 염색체. 염색체 길이의 순서와 동원체의 위치 그리고 사람의 삼염색체-21은 47, XX + 21과 같이 나타낸다.

Kinetics(운동역학). 운동에 관한 동적인 과정.

Kinetochore(동원체). 진핵(생물)세포분열 중 염색체의 중심립과 관련된 단백질의 구조. 분열진행을 통하여 염색체 이동을 위해서 미소관이 부착하는 지점.

Klinefelter syndrome(클리네펠터 증후군). 인간 핵형에 2개의 X염색체와 1개의 Y염색체가 들어있는 상태.

Knockout mutation(녹아우트 돌연변이). 유전자 기능이 완전하게 폐지된 돌연변이.

Kozak's rules(코자크 법칙). 진핵생물 m-RNA에서 (5′)AUG 암호에서 최적의 전사개시를 위해서 5′GCC(A 혹은 G) CCAUGG-3′ 배열요구(최초로 제기한 Marilyn Kozak의 이름을 인용해서 붙임).

L

Lagging strand(지체가닥). 복제 동안 불연속적으로 합성되는 DNA 사슬.

Lambda chain(람다사슬). 항체 무거운 사슬의 둘 중 한 사슬(**Kappa chain** 참조).

Lamella(라멜라, 층판). 서로 평형으로 놓인 두 막에 의하여 만들어지는 판이나 소낭의 이중막 구조.

Leader sequence(선도서열). mRNA 분자의 5′말단에서 번역 개시 코돈까지의 단편.

Leading strand(선도가닥). 복제 동안 연속적으로 합성되는 DNA 사슬.

Leptonema (*adj.*, leptotene)(세사기). 염색체가 하나의 뚜렷한 실 모양 구조로 급히 시냅시스를 만드는 감수분열 시기(DNA 복제는 이미 끝나 이들은 사실 두 가닥이다).

Ligand(리간드). 세포의 안이나 위에 다른 분자를 결합시킬 수 있는 분자.

Ligase(연결효소). 핵산의 두 가닥 끝을 연결하는 효소.

Ligation(연결). 공유결합에 의하여 둘이나 그 이상의 DNA 분자를 연결시킴.

LINEs (long interspersed nuclear elements)(긴고반복(염기) 순서). 진핵생물에서 중간 크기의 반복성 전이인자(평균길이 = 6500 bp).

Linkage(연관). 동일 염색체상에 존재하는 유전자간의 관계. 그러한 유전자는 함께 유전되는 경향이 있다.

Linkage equilibrium(연관평형). 연관된 위치의 대립인자의 상태는 집단의 다른 염색체 각각에 대해 무작위적이란 상태.

Linkage map(연관지도). 유전적 분석으로 결정된 염색체상에 존재하는 유전자의 위치를 나타내는 도표.

Linkage phase(연관시기). 이형접합체에서 연관된 유전적 표지 유전자의 배열정돈. 표지유전자가 상인(짝지음)상태에서는 (*A B*/*a b*)로 될 수 있고, 상반(거절)상태에서는 (*A b*/*a B*)로 될 수 있다.

Linker (DNA)(연결 DNA). 뉴클레오솜을 얽어매지 않은 (묶지 않은) DNA의 이중나선.

Lipid(지질). 지방산과 트리글리세리드로 구성된 분자.

Locus (*pl.*, loci)(좌위). 주어진 유전자 또는 그 대립유전자의 하나에 의해 얻어진 염색체상에 고정된 위치.

Long terminal repeats(긴단말반복배열). 2중나선 DNA분자가 역전사효소에 의해서 레트로바이러스나 혹은 레트로바이러스 모양의 RNA 사슬에서 합성될 때 생기는 2중나선의 긴양말단부(250~1200 염기쌍), 전형적인 이 길이는 적어도 300 염기쌍 길이, 약자로 LTRs로 표시한다.

Loss-of-function mutation(기능상실 돌연변이). 유전자 산물의 기능이나 유전자 발현이 파괴된 돌연변이.

Lymphocyte(림프구). 백혈구의 일반적 부류로서 척추동물 면역계의 중요한 구성성분.

Lysine riboswitch(리신 리보스위치). 세균에서 mRNA가 리신을 결합할 때 활성(전사)상태로부터 불활성(비전사)구조로 변화하는 mRNA.

Lysis(용균). 바이러스 감염에 의한 세포막의 파괴로 세포가 터지는 것.

Lysogenic bacteria(용원성 세균). Temperate 박테리오파지를 가지는 박테리아.

Lysosome(리소좀). 거대분자의 퇴화를 제공하는 효소를 함유한 작고 막으로 둘러싸인 세포내 소기관.

Lytic phage(용균성 파지). **Virulent phage** 참고.

M

Macromolecule(거대분자). 커다란 분자; 단백질과 핵산분자를 나타내는 용어.

Male gametophyte(웅성배우체). 화분립 속에 들어있는 3개의 동형반수체 핵.

Map unit(지도단위). **교차단위(Crossover unit)** 참조.

Mass selection(집단선발). 식물과 동물의 사육에서 행해지는데, 이들 친족의 표현형을 근거로 하기보다는 각 개체의 표현형을 근거로 전체 집단으로부터 생식을 위한 개체의 선발.

Maternal effect(모계효과). 어머니의 유전자에 의해 조절되는 형질이나 자손에서 발현된다.

Maternal-effect gene(모계영향 유전자). 여성 유전자를 보유한 자식에서 작용을 하는 유전자.

Maternal-effect mutation(모계영향 돌연변이). 모계 자신은 돌연변이체 표현형을 나타내지 않으나 돌연변이를 가진 모계의 자손에서 돌연변이체 표현형이 나타나는 돌연변이.

Maternal inheritance(모계유전). 알을 통해서 전달되는 염색체 외 인자에 의해서 조절되는 유전.

Mean(평균). 산술평균; 한 표본에서 모든 측정치 혹은 값의 총합을 표본 크기로 나눈 값.

Median(중앙값). 측정치 중에서 중앙값으로 이보다 크거나 작은 값의 개수는 같음.

Megaspore(대포자). 식물의 자성 생식조직에서 감수분열의 종료 후 생산된 단일 큰 세포.

Meiosis(감수분열). 생식세포의 염색체 수가 반으로 줄어듦. 동물에서는 배우자 형성시, 식물에서는 포자 형성시 발생. 재조합을 통한 다양성의 중요한 원천.

Melanin(멜라닌). 갈색 또는 검은색 색소.

Membrane(막, 생체막). 미토콘드리아나 엽록체처럼 세포내에 존재하는 세포내 소기관의 일부 혹은 세포를 둘러싼 지질과 단백질로 구성된 거대분자의 구조, 또한 세포내의 소포체의 구성성분.

Mendelian population(멘델집단). 공통적 유전자 급원(gene pool)을 가지는 유성적으로 생식하는 생물이나 동물의 자연적 이종교배 단위.

Mesoderm(중배엽). 초기동물 배에 형성된 중부 생식세포 층으로서 뼈와 결합조직 같은 부분을 만든다.

Messenger RNA (mRNA)(전령 RNA). RNA 분자로서, DNA에서 리보솜으로 단백질 합성에 필요한 정보를 전달하는 RNA.

Metabolism(대사). 살아 있는 세포의 화학반응의 총합으로서, 이 반응으로 에너지가 제공되어 사용된다.

Metacentric chromosome(중부동원체성염색체). 동원체로부터 양 팔의 길이가 거의 같은 염색체.

Metafemale (superfemale)(초자성). 초파리에서 비정상적인 암컷으로 보통 불임이며 상염색체 세트와 비교해서 X염색체가 과도함(예, XXX; AA).

Metaphase(중기). 세포분열 단계에서 염색체가 가장 분명하고 적도판에 배열된다. 전기 다음, 후기 이전.

Metaphase I(중기 I). 제1회 감수분열 동안에 복제된 상동염색체가 응축된 쌍을 짓고 세포의 적도면에 모이는 시기.

Metaphase II(중기 II). 제2회 감수분열 동안 복제된 염색체가 세포의 적도면에 모이는 시기.

Metaphase plate(중기판). 체세포분열의 중기 동안에 복제된 염색체가 세포의 가운데로 모여서 이루는 전도면.

Metastasis(전이). 종양(암)세포가 떨어져서 정상기관으로 이동하는 것. 그래서 새로운 암이 생기는 현상.

Methylation (of DNA and RNA)(메틸화, 메틸화 반응). 핵산에서 뉴클레오티드 1~2개의 메틸기($-CH_3$)의 첨가.

Microarray(유전자 미세 배열). 수천개의 올리고뉴클레오티드나 핵산 탐침자를 포함하고 있는 막 혹은 지지물로 DNA나 RNA의 상보성을 검정하는 데 사용된다.

Microprojectile bombardment(미량투사충격). 식물세포를 형질전환시키는 절차로서 DNA를 덮은 텅스텐이나 금 입자를 세포 내로 쏜다.

MicroRNA(미소RNA). **Short interfering RNA** 참조.

Microsatellite(미소부수체). 2~5 뉴클레오티드 쌍이 종렬 반복배열을 이루어 다형을 이루는 DNA의 염기배열.

Microspore(소포자). 식물의 웅성 생식조직에서 감수분열의 결과로 만들어진 4개의 포장 중 하나.

Microtubule Organizing Center (MTOC)(미세소관형성중심). 세포분열 동안에 이용되는 microtubule을 만드는 진핵세포 내의 영역. 동물세포에 있어서 MTOC는 중심체라고 부르는 뚜렷한 세포내 소기관과 관련된다.

Microtubules(미세소관). 세포질 내의 속이 빈 섬유로서, 운동성 세포의 운동기구의 일부를 구성; 체세포분열시의방추사구성성분.

Midparent value(어버이 값). 양적 유전학에서 두 상대자의 표현형의 평균.

Mismatch repair(짝짝이 수선). DNA 수리과정으로서, 잘못 수소결합된 염기쌍을 수정한다.

Missense mutation(과오돌연변이). 하나의 아미노산을 다른 아미노산으로 암호화하는 코돈으로 변환된 돌연변이.

Mitochondria(미토콘드리아). 동물과 식물세포의 세포내소기관으로, 산화적 인산화반응으로ATP를 생산한다.

Mitochondrial DNA(미토콘드리아 DNA). **mt-DNA** 참고.

Mitosis(유사분열). 복제된 염색체의 분리와, 세포질의 분리로 두 개의 유전적으로 동일한 딸세포를 생산한다.

Modal class(대중계층). 빈도의 분포에서, 가장 큰 빈도를 가지는 계급.

Model(모델). 생물학적 현상의 수학적 기술(서술).

Model organisms(모델 생물). 유전분석에 일상적으로 이용되는 식물, 동물 및 미생물들.

Modifier (modifying gene)(간섭인자). 다른 유전자의 발현에 영향을 주는 유전자.

Monohybrid(단성잡종). 하나의 유전자 좌위의 대립유전자가 서로 다른 두 동형접합자 양친의 자손.

Monohybrid cross(단성잡종교배). 하나의 형질이 다른 양친간의 교배 또는 여기서 오직 하나의 형질만이 고려됨.

Monomer(단합체, 단위체). 단일의 분자적 실재로서, 다른 것과 결합하여 더욱 복잡한 구조를 형성함.

Monoploid (haploid)(반수체). 한 세트의 염색체나 하나의 유전체를 가지는 생명체(염색체 수 n).

Monosomic(1염색체결손). 염색체 하나가 부족한 이배체 생물($2n-1$); aneuploid. Monosome은 하나의 염색체를 말함, disome은 동일종류의 2개의 염색체를, trisome은 3개의 염색체를 말함.

Monozygotic twins(일란성 쌍생아). 일란성 또는 동일한 쌍둥이.

Morphogen(형태형성물질). 생명체의 형태나 구조의 발생을 자극하는 물질.

Morphology(형태학). 한 생명체의 형태에 관한 학문; 가시성 구조의 발생 역사와, 다른 생명체간의 유사구조의 비교 관계.

Mosaic(모자이크). 다른 유전자형의 세포로 구성된 개체 또는 일부 개체.

Mother cell(모세포). 체세포분열 혹은 감수분열적으로 분열이 준비된 세포.

Motility(운동성). 섬모와 편모처럼 분화된 구조의 활성을 통해서 주로 이루어지는 세포운동.

mtDNA 미토콘드리아의 DNA.

Multifactorial trait(다유전자성 형질). 몇 가지 유전적 요인과 환경적 요인의 조합으로 결정되는 유전형질.

Multigene family(다유전자군). 염기서열이 유사하거나 비슷한 아미노산 서열을 갖는 폴리펩티드를 만드는 유전자군.

Multiple alleles(복대립유전자). 개체 집단에서 세 개 또는 그 이상의 대립형질을 나타내는 특별한 유전자 조건.

Multiple Factor Hypothesis(다인자 가설). R. A. Fisher 등에 의해서 신장, 체중, 질병의 감염성 등과 같은 복잡한 표현형의 변이성을 설명하는데 제안된 이론.

Mutable genes(돌연변이성 유전자). 특이하게 높은 돌연변이율을 갖는 유전자.

Mutagen(돌연변이원). 돌연변이를 일으킬 수 있는 환경적, 화학적, 물리적 요인.

Mutant(돌연변이체). 돌연변이를 일으키는 유전인자 또는 그 효과를 나타내는 개체.

Mutation(돌연변이). 한 유전인자가 대립인자의 한쪽에서 다른 것으로 바뀌는 것. 때로는 넓은 의미로 염색체 이상도 포함된다.

Mutation pressure(돌연변이압). 한 집단에 돌연변이 유전자가 더해지는 일정한 돌연 변이율, 즉 한 집단에서 돌연변이의 반복되는 발생.

Mycelium (*pl.*, mycelia)(균사체). Thallus 곰팡이의 생장 부분을 구성하는 실 같은 선.

N

Narrow-sense heritability(좁은의미유전력). 양적 유전학에서 표현형의 다양성 비율로서, 대립유전자의 부가적 효과에 기인함.

Natural selection(자연선택). 환경에 더 잘 적응된 개체가 유리한 자연에서의 차등적인 생존과 생식에 적응. 즉 덜 적응된 개체는 도태됨.

Negative control mechanism(음성조절 기작). 유전자 발현을 멈추기 위한 조절단백질의 작용기작.

Negative supercoiling(음성 초나선 꼬임). DNA 분자가 아래(하부)에 상처가 났을 때 고정된 끝 가진 이중나선 DNA 분자에서 꼬인 3차 구조의 형성.

Neutral mutation(중립돌연변이). 한 유전자의 뉴클레오티드 서열은 변화시키나 이 개체의 적응도에는 영향을 주지 못하는 돌연변이.

Neutral theory(중립설). 적응도에 거의 영향을 주지 못하는 형질의 진화는 돌연변이와 유전적 부동을 포함하는 무작위 과정이라는 학설.

Nitrous acid(아질산). HNO_2, 유력한 화학적 돌연변이 유발원.

Nonautonomous(비자율성). 스스로 기능을 할 수 없는 생물학적인 단위, 다른 단위 또는 헬퍼의 도움을 필요로 하는 단위(cf. **Autonomous**).

Nondisjunction(비분리). 세포분열에서 염색체가 양 극으로 이동하지 못하여 그 결과 딸세포의 염색체 수가 같아지지 않는 경우.

Nonhistone chromosomal proteins(비히스톤염색체단백질). Histone을 제외한 염색체의 모든 단백질.

Nonionizing radiation(비이온화 방사선). 분자에서 음양이온쌍 발생을 하지 않는 전자기 스펙트럼의 부분. 가시광선이나 자외선은 비이온화 방사선의 예이다(**Ionizing radiation** 참고).

Nonpolypoid Colorectal Cancer(비배수체 결직장암). 가끔 우성으로 유전되는 하부소화관에서 발견되는 암형태.

Nonsense mutation(정지돌연변이). 아미노산의 코돈을 종결코돈으로 바꾸는 돌연변이.

Nonsynonymous substitution(비동의 치환). 유전암호에 의하여 특이 아미노산이 변하게 하는 암호내의 한 염기쌍의 변화.

Nontemplate strand(비주형가닥). 전사에서 DNA의 전사가 되지 않는 서열, RNA 전사물과 같은 서열을 갖는다. 단, DNA의 T는 전사체의 U로 대치된다.

Northern blot(노던 블랏). 전기영동 젤로부터 RNA 분자를 모세관작용에 의해 셀룰로오스 또는 나일론 막으로 이동하는 것.

Nuclease(핵산가수분해효소). 핵산의 분해를 촉매하는 효소.

Nucleic acid(핵산). 인산, 5탄당 그리고 유기염기로 구성된 거대분자. DNA 및 RNA.

Nucleolar Organizer (NO)(인형성부위). rRNA의 합성을 조절하는 유전자가 포함된 염색체 단편, 대부분 염색체의 2차 수축에 존재.

Nucleolus(인). 대사세포의 핵에 존재하는 RNA가 풍부한 구형의 주머니, 핵 구성물과 관련되어 있고, 리보솜과 리보솜 전구체의 저장장소.

Nucleoprotein(핵단백질). 핵산과 단백질로 구성된 결합단백질, 염색체를 만드는 물질.

Nucleoside(뉴클레오시드). 리보스 또는 데옥시리보오스와 공유결합하고 있는 염기로 구성된 유기 복합체.

Nucleosome, nucleosome core(뉴클레오솜). 히스톤 8합체 주변을 음성 고차나선으로 1.65 번 휘감은 DNA의 약 146 뉴클레오티드로 이루어진 염색질의 뉴크레아제-저항성 구성단위. 그 히스톤 2분자의 각각은 H2a, H2b, H3 및 H4이다.

Nucleotide(뉴클레오티드). DNA와 RNA 분자의 소단위로서, 인산기, 당, 질소를 함유한 유기염기로 구성.

Nucleotide excision repair(뉴클레오티드 절제수리). 미미한 결함을 나타내는 DNA절편의 절제를 비롯하여 DNA의 티민 2합체 같은 상대적으로 큰 결함을 절제하고 상대성 가닥을 주형으로 사용하여 DNA중합효소로 수리를 합성한다.

Nucleus(핵). 염색체를 포함하고 있는 진핵세포의 일부; 세포질과 막으로 분리되어 있음.

Null allele(무효대립유전자). 기능적 산물을 생산하지 않는 대립유전자.

Nullisomic(영염색체성). 한 쌍의 염색체(2개)가 결핍된 개체(염색체 표시).

Null mutation(삭제돌연변이). 유전자의 발현을 완전히 파괴시키는 돌연변이(**Amorphic** 참조).

O

Octoploid(8배체). 8개의 염색체 세트를 가지는 세포나 개체(염색체 수 $8n$).

Oncogene(암유전자). 동물세포 배양시 암적형질변화를 유발하며, 동물세포 자체를 종양 형성시키는 유전자.

Oocyte(난모세포). 난세포를 형성하기 위해 두 번의 감수분열을(난자 발생) 한 세포. 첫번째 난모세포는 첫 번째 감수분열이 완성되기 전, 두 번째 난모세포는 첫 번째 감수분열이 완성된 후.

Oogenesis(난자형성). 동물에서 알 또는 난자형성 과정.

Oogonium (*pl.*, oogonia)(난원세포). 감수분열하기 전의 암컷의 생식세포.

Open Reading Frame (ORF)(번역개시위치). 폴리펩티드를 암호화하기 위해 요구되는 염기배열을 가진 DNA 절편. ORF의 RNA 전사물은 번역 출발코돈으로 시작해서 특이한 아미노산 암호의 배열이 뒤따르고, 번역 종결코돈으로 마친다. ORF는 상상적이고, 폴리펩티드를 암호화하는 것은 알려져 있지 않다.

Operator(작동유전자). 하나 또는 그 이상의 조절단백질의 결합부위로 제공되어 하나 또는 그 이상의 구조유전자 발현을 조절하는 오페론의 한 부분.

Operon(오페론). 조절단위를 구성하는 유전자군, 오퍼레이터, 프로모터, 구조유전자로 구성.

Operon model(오페론 모형). 구조유전자들의 세트를 동시전사하는 통합조절을 설명하기 위하여 1961년에 Monod와 Jacob에 의해 제안된 음성조절기작. 이 기작에는 전사를 조절하는 억제물질형성을 암호화하는 조절유전자를 내포하며, 억제물질이 작동유전자에 결합하면 RNA중합효소에 의한 구조유전자군의 전사를 절단시킨다.

Order(in the genetic code)(순서, 규칙). 유전암호에 있어서 순서에는 2모형이 있다. (1) 일정한 아미노산을 위한 암호는 세 번째 자리에서만 일반적으로 다른 다중유전암호가 있고, (2) 유사한 화학적 성질을 지닌 아미노산 위한 유전암호는 밀접하게 관련되어 있다.

Ordinate(세로좌표). 그래프상의 수직축.

Organelle(세포소기관). 특별한 기능을 하는 세포의 특성화된 부분(예, 원생동물의 섬모).

Organizer(형성체). 특정 세포나 세포군의 발생에서 운명을 결정하는 생활계의 화학물질, 유도물질.

Origin of replication(복제기점). 염색체 혹은 DNA상에서 복제가 개시되는 뉴클레오티드 배열 혹은 자리.

Orthologous genes(이종상동유전자). 다른 종 내에 존재하는 상동유전자 (cf. **Homologous genes**).

Orthologues. **Orthologous genes** 참고.

Outbreeding(이계교배). 서로 관련이 없는 개체간의 교배.

Ovary(난소, 씨방). 밑씨가 있는 식물 꽃의 암술 부분, 동물에서 여성의 생식기관 또는 생식선.

Overdominance(초우성). 관련된 동형접합체에 비해 이형접합체가 우세한 상태.

Ovule(밑씨, 배주). 씨로 되는 꽃식물의 거대포자.

P

P. 부모세대를 나타내는 표시.

Pachynema (*adj.*, pachytene)(태사기 염색사). 접합이 완전하게 되는 감수분열 전기의 한 시기, 드물게 4개의 염색분체가 발견된다.

Pair-rule gene(쌍지배유전자). 노랑초파리의 몸체 형성에 영향을 주는 유전자.

Palindrome(회문배열, 역상보성 염기순서). 양쪽 방향에서 읽어도 같은 염기서열을 갖는 DNA.

Panmictic population(범생식집단). 무작위로 교배가 일어나는 집단.

Panmixis(난교배). 집단에서 임의로 교배하는 것.

Paracentric inversion(동원체비포함역위). 역위 부분에 동원체를 포함하지 않는 경우.

Paralogues(파라로오구스). **Paralogous gene** 참고.

Paralogous genes(유사유전자). 한 종 내에 존재하는 상동유전자(cf. **Homologous genes**).

Parameter(매개변수). 전체 집단을 근거로 한 값 또는 상수(cf. **Statistic**).

Parental(어버이의). 교배에서 사용되는 창시주(계통)를 가리키는 것. 창시계통의 특징은 보유한다. 교배의 연속에서 양친세대를 **P**로 기호화한다.

Parthenogenesis(단성 생식, 처녀 생식). 미수정난에서 새로운 개체의 발생.

Paternal(부계). 부계의.

Pathogen(병원체). 질병을 유발하는 생명체.

Pattern baldness(대머리 유형). 머리이마(통)에서 머리카락이 빠진 대머리의 유전적 형태.

PCR. **Polymerase chain reaction** 참조.

Pedigree(가계도). 한 개체의 조상을 나타내는 도표.

P element(P인자). 초파리에서 전이성 인자. 활성화됐을 때 교잡발생이상을 일으킨다.

Penetrance(침투도). 특정 표현형을 가지고 있으면서 실제로 그 표현형을 보이는 개체의 백분율.

Peptide(펩티드). 단백질 대사에서 분열 또는 합성단위이며, 아미노산을 포함하는 화합물.

Peptide bond(펩티드 결합). 단백질에서 아미노산을 연결하는 화학결합.

Paptidyl (*P*) site(펩티드 결합부위). 폴리펩티드 사슬이 붙는 tRNA가 포함된 리보솜 부착부위.

Peptidyl transferase(펩티드기전달효소). 유전정보를 번역하는 동안 아미노산의 펩티드결합을 촉매하는 효소.

Pericentric inversion(동원체 포함역위). 동원체를 포함하는 역위, 즉 염색체의 양쪽 팔을 포함한다.

Peroxisome(퍼옥시솜). 지방산과 아미노산 분해에 관련된 효소를 간직한 세포소기관.

Phage(파지). Bacteriophage 참조.

Phagemids(파지플라스미드 복합체). 파지 염색체와 플라스미드에서 유래한 성분을 포함하는 클로닝 벡터.

Phenocopy(표현모사). 표현형이 환경에 의해서 변하여 다른(돌연변이) 표현형의 개체를 닮은 개체.

Phenotype(표현형). 한 개체의 관찰되는 특징.

Phenylalanine(페닐알라닌). 아미노산 참조.

Phenylketonuria(페닐케톤뇨증). 대사 이상으로 나타나는 정신지체. 열성유전이며 유아기에 식이요법으로 치료된다.

Photoreactivation(광회복). 빛 의존적인 DNA 수리과정.

Phylogeny(계통발생). 관련된 개체집단 진화적인 역사.

Physical map(물리적 지도). bp, kb, Mb로 나타내는 거리를 가진 염색체 또는 DNA 분자의 표시.

Pistil(암술). 꽃에서 난소를 가진 중심부에 위치한 기관.

Plasma cells(혈장세포). B림프구로부터 기인하며, 항체를 생성하는 백혈구 세포.

Plasmid(플라스미드). 염색체 외에서 자가복제되는 유전물질, 독립적으로 염색체로 전이된다.

Plastid(색소체). 식물세포와 몇 몇 원생동물에서 발견되는 세포질 부분. 예를 들어 엽록체는 광합성 작용을 하는 엽록소를 생성한다.

Pleiotropy (*adj*., **Pleiotropic)(다면발현).** 하나의 유전자가 하나 이상의 형질에 영향을 미치는 상태.

Pluripotent(다능의). 발생운명의 결정이 되지 않아서 장래에 여러 가지 기능의 세포나 조직으로 변할 능력.

Point mutation(점돌연변이). 유전자의 특정한 부위에서 나타나는 변화, 뉴클레오티드쌍의 치환 그리고 하나 또는 몇 개의 뉴클레오티드쌍의 삽입이나 결실이 있다.

Polar bodies(극체). 암컷 동물에서 감수분열시 생성되는 작은 세포로서 난세포로 발생하지 않는다. 첫 번째 극체는 분열 I에서 생성되고 분열 II로 가지 않는다. 두 번째 극체는 분열 II에서 생성된다.

Pole cells(극세포). 노랑초파리 배의 뒤쪽에 존재하는 세포군으로 성체 생식선으로 되는 전구체이다.

Pollen grain(화분립). 고등식물의 웅성 배우체.

Polyadenylation(아데닐산중합반응). 진핵세포의 유전자 전사체(RNAs)의 꼬리에 poly(A)가 부가되는 것.

Poly(A) polymerase(폴리A 중합 효소). 진핵세포 유전자의 전사체의 (RNAs) 3′말단에 poly(A)를 부가시키는 효소.

Poly(A) tail (mRNA)(폴리A 꼬리). 대부분의 진핵생물 mRNA가 전사 후 3′ 끝에 부착하는 20~200개의 폴리아데노신 긴 꼬리.

Polydactyly(다지). 손가락 또는 발가락 수가 보통보다 더 많이 나타나는 것.

Polygene (*adj*., **polygenic)(다원유전자).** 정량적 유전에 관련된 많은 유전자들 중의 하나.

Polylinker (multiple cloning site)(연결폴리뉴클레오티드). 특별한 제한효소 절단 부위를 포함하는 DNA 조각.

Polymer(중합체). 중합과정 결과 생성되는 많은 작은 단위로 구성된 화합물.

Polymerase(중합효소). DNA 또는 RNA의 형성을 촉매하는 효소.

Polymerase chain reaction(PCR). 변성, 시발체의 혼성화, 그리고 특정 DNA의 서열을 증폭하는 폴리뉴클레오티드 합성의 다중 사이클을 포함하는 절차.

Polymerization(종합). 같은 종류의 두 개 이상의 분자가 화학적으로 결합하여 새로운 화합물을 형성한다. 같은 비율로 같은 원소들을 포함하지만 분자량이 더 크고 다른 물리적 특징을 가진다.

Polymorphism(다형현상). 집단에 둘 이상의 변이체가 존재하는 현상, 적어도 그 둘 이상의 변이체 빈도는 1% 이상이어야 한다.

Polynucleotide(폴리뉴클레오티드). DNA 또는 RNA에서 뉴클레오티드와 연결된 선형서열.

Polypeptide(폴리펩티드). 둘 또는 그 이상의 아미노산과 하나 또는 그 이상의 펩티드군을 갖는 분자. 아미노산의 수에 따라 디펩티드, 트리펩티드라 부른다.

Polyploid(배수체). 두 조 이상의 염색체 또는 유전체를 갖는 개체. 예를 들어 3배체($3n$), 4배체($4n$), 5배체($5n$), 6배체($6n$), 7배체($7n$), 8배체($8n$) 등이 있다.

Polysaccharide capsules(다당류캡슐). 여러 종류의 박테리아에 존재하는 항원 특이성을 갖는 탄수화물 덮개.

Polytene chromosomes(다사염색체). 분열없이 간기복제에 의해 만들어진 거대염색체. 예: 초파리침샘염색체.

Population(집단). 한 종류의 개체로 구성된 완전한 모임. 식물 또는 동물의 이종교배군. 표본을 추출하는 광범위한 군락.

Population (effective)(집단 (유효한)). 집단의 교배 구성원.

Population genetics(집단유전학). 번식 집단에서 대립인자와 유전자형의 빈도를 다루는 유전학의 한 부류.

Positional cloning(위치클로닝). 유전체의 위치지도에 근거하여 유전자 또는 다른 DNA 서열의 클론을 분리하는 것.

Position effect variegation(무늬 형성 위치효과). 한 유전자의 게놈 위치에서 변화로 생긴 개체 내의 표현형적 변이. 흔히 이 변이의 타입은 자연히 진정염색질에 있는 유전자가 이 게놈의 이형염색질 영역에 염색체 재배열로 이동되었을 때 나타난다.

Positive control mechanism(양성조절기작). 유전자 발현을 이루기 위한 조절단백질의 작용기작.

Postreplication repair(복제후 수선). 손상된 DNA를 수리하기 위한 재조합의 존성기구.

Pre-mRNA(전 mRNA). 진핵생물의 mRNA 생산을 위하여 그 이전에 전사된 유전자의 1차 전사체.

Primary transcript(일차전사체). 전사 후 수식 전에 전사에 의해서 생산된 RNA 분자; 진핵생물에서는 pre-mRNA라고 부름.

Primer(시발체). 주형을 따라서 DNA 합성을 시발할 수 있는 반응성 3′ OH를 가진 짧은 뉴클레오티드.

Primosome(프리모솜). 불연속 합성시 오카자키 단편의 시발을 촉매하는 단백질 복제 복합체. 그것은 DNA primase와 DNA helicase의 활성이 있다.

Probablity(확률). 사건의 발생 빈도.

Proband(계보발단자). 가계에서 하나의 유전성 형질이 처음 발견된 가족 일원.

Progerias(유전조로증). 조로(早老)의 특징을 보이는 유전성 질환.

Prokaryote(원핵생물). 박테리아와 청녹조류를 포함하는 생명체로서 세포 내에 진정한 핵이 없고 감수분열도 없음.

Prokaryotic cells(원핵세포). 원색생물로 분류된 생물의 세포. 그 세포들은 염색체 DNA를 함유하는 핵이 핵막으로 둘러 쌓이지 않은 것이 특성으로 되어 있다.

Promoter(촉진유전자). RNA 중합효소가 결합하여 전사를 시발시키는 뉴클레오티드 서열; 양성(良性)의 세포를 악성으로 형질전환을 증가시키는 화학물질.

Proofreading(교정). 효소가 잘못 결합된 염기쌍과 같은 DNA의 구조적 결함을 찾는 것.

Prophage (provirus)(푸로파지). 용원성 박테리아의 염색체에 결합된 temperate 박테리오파지의 유전체로서 숙주염색체와 함께 복제됨.

Prophase(전기). 간기와 중기 사이의 유사분열기. 이 기간 동안, 중심립이 분열하여 두 개의 딸 중심립은 서로 떨어져 이동한다. 간기의 복제로부터 각각의 딸 DNA 가닥이 꼬이고, 염색체는 동원체 부위만 제외하고 두 배가 된다. 각각의 부분적으로 분리된 염색체를 염색분체라 한다. 한 염색체의 두 염색분체를 딸 염색분체라 한다.

Prophase I(전기 I). 제1회 감수분열 동안에 복제된 상동염색체가 응축하고 쌍을 짓는 시기.

Prophase II(전기 II). 제2회 감수분열 동안에 복제된 상동염색체가 응축하고 세포의 적도면으로 이동할 준비 시기.

Protamines(프로타민). 어떤 정자세포 염색체에서 히스톤 대신에 있는 조그만 기본 단백질.

Protease(단백질가수분해효소). 단백질을 가수분해하는 효소.

Protein(단백질). 한 개 내지 여러 개의 폴리펩티드로 구성된 거대분자. 폴리펩티드는 펩티드 결합으로 연결된 아미노산사슬로 구성됨.

Proteome(단백질체). 유전체에 의해서 암호화된 단백질의 완전한 세트.

Proteomics(단백질체학). 생명체에서 생산된 모든 단백질의 구조와 기능을 결정하는데 초점을 가진 과학.

Proto-oncogene(원발암유전자). 돌연변이에 의해서 종양유전자로 변할 수 있는 세포 내의 정상유전자.

Protoplast(원형질체). 세포벽이 제거된 상태의 식물세포나 박테리아.

Prototroph(원영양체). 최소배지에서 자라는 박테리아.

Provirus(프로바이러스). 숙주(원핵 또는 진핵생물)의 유전체에 결합된 바이러스의 염색체(**Prophage** 참조).

Pseudoautosomal gene(유사상염색체유전자). X염색체와 Y염색체에 모두 존재하는 유전자.

Pseudogene(위유전자). 불활성이지만 안정된 유전체의 구성성분. 유사 유전자와 돌연변이에 의해서 활성이 있는 유전자로 부터 유래됨.

Purine(퓨린). 핵산의 이중고리 질소를 가지는 염기; 아데닌과 구아닌은 대부분의 DNA와 RNA의 퓨린임.

Pyrimidine(피리미딘). 핵산의 단일고리 질소를 함유하는 염기; 시토신과 티민은 DNA에 공통적이며, 우라실은 RNA에서 티민을 대신하고 있다.

Q

Quantitative inheritance(양적유전). 측정 가능한 형질의 유전으로, 여러 유전자가 누적되어 작용하며, 각각의 유전자는 표현형에 조금씩 영향을 준다.

Quantitative trait loci (QTL)(양적 형질 유전자 좌위). 하나의 정량적 형질에 영향을 주는 둘 이상의 유전자 좌위.

Quantitative traits(양적 형질). 신장, 체중, 생장률과 같은 측정할 수 있는 표현형.

R

Race(품종, 인종). 생명체 중 하나의 특정 종의 구별 가능한 집단.

Radiation hybrid mapping(방사선 잡종 지도작성). 사람 세포 염색체에 방사선을 조사하여 두 유전자를 분리시키고, 그것을 쥐의 세포와 융합시켜 융합세포에서 두 유전자가 분리한 빈도를 근거로 두 유전자의 지도 작성법.

Radioactive isotope(방사성 동위원소). 이온화 방사선을 방출하는 불안정한 동위원소(원자의 형태).

Random genetic drift(마구잡이 유전적 부동). 작은 사육집단에서 기회 변동으로 인한 대립유전자 빈도의 변화.

Reading frame(해독 틀). 뉴클리오티드 트리플렛으로, mRNA의 번역시에 리보솜의 부위에 순서적으로 위치하며; mRNA의 코돈과 서로 상응하는 DNA의 트리플렛임.

Receptor(수용기). 리간드와 결합하는 분자.

Recessive(열성). 대립유전자쌍의 한 일원으로서 다른 우성 인자가 있으면 표현형으로 나타나지 않음.

Recessive lethal mutation(열성치사 돌연변이). 동형유전자를 가진 개체가 열성치사를 일으키는 유전자의 돌연변이형.

Recipient cell(수용세포(세균)). 세균이 재조합을 이루는 동안 다른 세포(세균)로부터 DNA를 수용하는 세균(cf. **Donor cell**).

Reciprocal crosses(상반교잡). 성을 바꾸어 다른 변종과 교배; 예를 들면, A(♀)×B(♂)와 A(♂)×B(♀).

Recombinant sequence (-35 sequence)(재조합 (염기) 서열). 전사의 개시 중 RNA 중합효소의 시그마 인자가 결합하기 위한 원핵생물의 촉진유전자에 있는 뉴클레오티드 염기배열 (일치 TTGACA).

Recombinant DNA molecule(재조합 DNA 분자). 두 개의 DNA 분자의 일부나 전부를 결합시켜서 만들어진 DNA 분자.

Recombination(재조합). 양친에 없는 새로운 유전자 조합의 발생. 비상동성 염색체의 분배와 감수분열시 상동성 염색체 사이의 교차로 발생. 연관된 유전자는 재조합 빈도가 유전자 지도거리를 산출하는데 사용할 수 있다. 그러나, 고빈도(50%에 가까운)는 정확하지 않다.

Reduction division(감수분열). 감수분열의 한 시기로 2가의 모성과 부성 염색체가 분리한다(cf. **Equational division**).

Regulator gene(조절유전자). 다른 유전자(들)의 발현율을 조절하는 유전자. 예: *lacI* 유전자는 *E. coli*의 *lac* 오페론의 구조유전자 발현을 조절하는 단백질을 생산한다.

Relative fitness(상대 적응도). 집단에 한 유전자형의 생존과 생식능력을 그 집단의 다른 유전자형의 생존과 생식능력과 비교.

Release factors (RF)(방출인자). mRNA에서 종말유전자 암호를 알리고 그 암호들에 의하여 번역을 종결하는 가용성 단백질.

Renaturation(복원). 분자가 본래의 상태로 회복되는 것. 핵산 생화학에서 상보성 단일나선 분자에서 이 용어는 이중나선의 형성을 나타냄.

Repetitive DNA(반복 DNA). 여러 개의 복제본으로 유전체에 존재하는 DNA 서열인데, 종종 백만 번 이상이다.

Replica plating(복제평판법). 박테리아 군락의 복사본을 만드는 과정. 한 천 배지에서 자란 군락을 한 페트리 디쉬에서 다른 페트리디쉬로 복제한다.

Replication(복제). 주형으로부터 복사되는 DNA의 복제과정(예, DNA 수준에서는 생식).

Replication bubble(복제 기포). DNA 복제 개시동안 복제기점에서 생기는 상보적 가닥의 분리가 일어나는 지역적 영역.

Replication fork(복제 포크). 새로운 상보적인 사슬의 합성을 위해서 주형으로 이용되는 두개의 양친형 DNA 이중나선에 생긴 Y자 모양의 구조.

Replicative transposon(복제적 전이인자). 전좌과정 중에 복제된 전이성 인자. 예를 들면 대장균에서 Tn*3*.

Replicon(복제단위). 복제의 단위. 박테리아에서, 레플리콘은 세포막의 단편과 연결되어 있는데, 이것은 복제를 조절하며, 세포분열과 복제를 조절한다.

Replisome(레플리솜). 완전한 복제기구(機具)복제포크에 있으며, DNA의 반보존적 복제를 수행한다.

Repressible enzyme(억제효소). 조절분자에 의해서 효소합성이 감소되는 효소.

Repression(억제). 하나의 유전자 또는 그 이상의 유전자 발현을 환경적 신호에 의해서 통제하는 과정.

Repressor(억제인자). DNA에 결합하여 유전자의 발현을 억제하는 단백질.

Repressor gene(억제유전자). 억제자를 암호화하는 유전자.

Reproductive cloning(생식 복제). 공여체와 유전학적으로 동일한 새로운 개체를 생산할 목적으로 이미 발생한 개체(공여체)의 세포핵을 알의 핵과 교체하는 과정.

Repulsion (*trans* configuration)(엇갈림). 이중 이형접합체가 양친으로부터 하나의 돌연변이 대립유전자와 야생형 대립유전자를 받았을 때, 예를 들면, *a* + / *a* +×+ *b* / + *b*는 *a*+ / + *b*를 생산한다(**Coupling** 참조).

Resistance factor(내성인자). 세균이 항생물질에 대한 내성을 가지게 하는 플라스미드.

Restriction endonuclease(제한 핵산내부가수분해효소). **Restriction enzyme** 참고.

Restriction enzyme(제한효소). DNA 내 짧은 서열을 인지하고 그 서열이나 부근에서 DNA분자를 절단하는 핵산내부가수분해효소.

Restriction fragment(제한단편). 단일 또는 그 이상의 핵산내부가수분해효소로 DNA분자를 절단함으로서 생긴 DNA 단편.

Restriction fragment length polymorphism (RFLP)(제한효소 단편길이 다형성). 동일한 제한효소에 의해서 동일생물의 다른 개체의 DNA에서 나타나는 제한단편길이가 나타내는 다양성. 돌연변이나 유전병의 스크린에 유용함.

Restriction map(제한지도). 여러 가지 제한효소로 절단된 부위를 나타내는 DNA 분자의 선형 또는 환형 물리적 지도.

Restriction site(제한효소절단위치). 제한효소에 의해 절단되는 DNA 염기서열.

Reticulocyte(그물 적혈구). 어린 적혈구 세포.

Retroelement(역전사인자). RNA 종양바이러스나 이와 유사한 전이인자가 숙주염색체에 취입된 상태.

Retroposon(레트로포손). 역전사 효소에 의해 RNA에서 DNA로 새로운 카피가 이루어지지만 긴 말단 반복서열을 가지지 않는 전이인자.

Retrotransposon(역전사전이인자, RNA유래전이인자). RNA 종양바이러스를 제외한 이와 유사한 형태로 취입된 전이인자.

Retrovirus(레트로 바이러스). RNA에 자신의 유전정보를 가지고 있으며, 역전사 효소로 자신의 RNA 유전체에 대한 DNA를 합성하는 바이러스.

Retroviruslike element(레트로바이러스형 요소). 레트로바이러스와 통합한 형을 닮은 레트로트렌스포손의 한 타입.

Reverse genetics(역유전학). 유전자의 돌연변이를 분리하던지 혹은 그 발현을 막고 과정을 궁리하기 위하여 뉴클레오티드 배열을 사용하는 유전적 접근.

Reverse transcriptase(역전사효소). RNA주형을 이용하여 DNA의 합성을 촉매하는 효소.

Reversion (reverse mutation)(복귀 돌연 변이). 변이유전자가 야생형 유전자, 또는 최소한 야생형 표현형을 나타내는 어떤 형으로의 복구. 더 쉽게 말하면 먼 조상형질의 출현.

RFLP (Restriction Fragment Length Polymorphism)(제한효소단편길이 다형성). 한 종류나 그 이상의 제한효소 처리로 생긴 DNA 단편을 비교함으로써 나타나는 개체간의 유전적 차이.

Ribonuclease (RNase)(RNA가수분해효소). RNA를 가수분해하는 효소.

Ribonucleic acid(리보핵산). **RNA** 참조.

Ribosomal RNAs (rRNAs)(리보솜 RNA). 리보솜을 구성하는 RNA 분자들.

Ribosome(리보솜). 단백질 합성이 일어나는 세포질 내의 소기관.

Riboswitch(리보스위치). 특이 대사물질 결합으로 형태변화를 이루어 유전자발현-전사 혹은 번역을 조정할 수 있는 mRNA 분자.

RNA-induced silencing complex (RISC)(RNA-유도 침묵복합체). 진핵세포 내에서 2중가닥 RNA를 생산하고 상보적 mRNA에 작은 간섭 RNA를 목표로 정하는 단백질 복합체.

R-loop(R고리). DNA-DNA 이중나선보다 더 안정한 RNA-DNA 이중나선인 상태하에서 시험관 내에서 이루어진 RNA-DNA 결합시에 나타나는 외가닥 DNA 부위.

RNA(리보핵산). 어떤 바이러스의 유전정보 물질. 일반적으로는 전사에 의해 DNA에서 만들어진 분자는 세포소기관의 구조(리보솜 RNA), 아미노산을 운반하는 정보 (전령 RNA)를 가질 수도 있고, 자체나 다른 RNA분자의 생화학적 변형을 하게 할 수도 있다.

RNA interference (RNAi)(RNA 방해). 2가닥 RNA는 적어도 RNA 부분에 대한 상동유전자가 발현을 방해하는 현상.

RNA polymerase(RNA 중합효소). RNA 합성을 촉매하는 효소.

RNA primer(RNA프리머)(시발체). DNA의 새로운 가닥을 합성을 개시하기 위해 사용되는 RNA의 짧은 가닥(10~60뉴클레오티드) 그것은 DNA프리마제 효소로 합성된다.

Robertsonian translocation(로버트손이안 전좌). 2개의 비상동염색체가 하나의 염색체로 재구성된 전좌. 일반적으로 재결합한 이외의 짧은 염색체 끝은 소실된다.

Roentgen (r)(렌트겐). 이온화하는 방사능의 단위.

Rolling-circle replication(회전환 복제). 환상DNA 분자의 복제방식의 한가지. DNA의 한가닥(양친가닥)의 복제기점에서 복제되며 반면 다른 한 가닥은 본래대로 남는다. 갈라진 가닥의 5′말단은 감겨지지 않고 불연속적으로 복제된다. 반면 다른 가닥의 계속 복제는 원래의 환형가닥이 주형으로 되어 3′말단에서 일어난다.

S

Sample(표본). 대 집단을 나타내기 위해서 선발된 표본의 그룹.

Satellite band(부수체 띠 밴드). 밀도구배 원심부리를 하였을 때 명백한 띠 DNA와 보다 작은 DNA로 부터 형성된 띠가 보인다. 부수체 띠는 주요(명백한)-띠 DNA보다 낮거나 높은 밀도를 가진 부수체 DNA라는, 반복된 DNA 염기서열을 함유하고 있다.

Satellite DNA(부수체 DNA). 밀도구배 원심분리에 의해 다른 것과 별도로 분리되는 유전체의 구성 DNA. 보통 짧은 고반복 염기서열이다.

Scaffold(스캐폴드). 응축된 염색체 안쪽의 중심구조. 골격은 비히스톤 단백질로 되어 있다.

SCID(Severe combined immunodeficiency syndrome)(중증혼합면역결핍증). 체액이나 세포에서 면역반응이 불가능하여 일어나는 질병군.

Secondary oocyte(제2난모세포). **난모세포** 참조.

Secondary spermatocyte(제2정모세포). **정모세포** 참조.

Segmentation genes(분절형성 유전자). 초파리 초기발생을 조절하는 유전자 무리. 그들의 생산물은 전후 축에 따라 분절을 결정한다.

Segment-polarity gene(분절극성 유전자). 초파리에서 체절의 전후부를 정하기 위해 작용하는 유전자.

Segregation(*v.*, segregate)(분리). 감수분열에서 부계성 염색체와 모계성 염색체의 분리. 이형접합자에서 각각의 대립인자의 분리. 이형접합성인 양친에서 염색체와 대립인자 분리로 인한 자식들 간의 표현형적 차이의 출현. 멘델 유전의 제1법칙.

Selection(선택). 유전자형에 따른 차별적 생존력과 생식. 큰 집단에서 대립인자 빈도를 변화시키는 가장 중요한 요인.

Selection coefficient(선택계수). 어떤 유전자형의 상대적 적응도를 측정한 수치.

Selection differential(선택차). 식물과 동물번식에서 전체 집단의 평균과 양친으로 선발한 개체들의 평균간 차이.

Selection pressure(선택압). 한 집단에서 대립인자의 빈도를 변화시키는 데 있어 차별적 생존과 번식력.

Selection response(선택반응). 식물과 동물번식에서 전체 집단의 평균과 양친으로 선발한 개체들의 평균간 차이.

Selector gene(선택유전자). 초파리에서 특정체절의 발생에 영향을 주는 유전자.

Selenocysteine(셀렌오시스테인). cyctein의 유황기자리에 selenium(원자번호 34)을 가진 아미노산.

Selenoprotein(셀렌오단백질). selenocysteine이란 아미노산을 가진 단백질.

Self-fertilization(자가수정). 같은 식물의 화분이 자방과 수정하는 과정. 이런 식으로 수정된 식물을 자가수정되었다고 한다. 선충이나 연체동물과 같은 동물에서도 유사한 과정이 일어난다.

Semiconservative replication(반보존적 복제). DNA는 새로운 상보적 가닥을 합성하기 위하여 원래의 가닥이 주형으로 보존되면서 DNA가 복제됨.

Seminominant(반후보자). 상응하는 동형접합자들의 표현형 사이에서 중간 정도를 나타내는 이형접합자의 표현형에 대한 대립유전자에 적응된 용어.

Semisterility(반불임성). 식물 접합자에서(예, 옥수수), 단지 부분적 수정. 보통 전좌와 관계있다.

Sense RNA(의미 RNA). 하나의 폴리펩티드를 만들기 위해 해독되어지는 하나의 암호화부위(인접한 코돈들의 서열)를 가지고 있는 일차 전사물, 즉 mRNA.

Sense strand (of RNA)(전사가닥). **Sense RNA** 참고.

-20 Sequence(-20 염기배열). **TATAAT sequence(염기배열)** 참고.

-35 Sequence(-35 염기배열). **Recognition sequence** 참고.

Sex chromosomes(성염색체). 성의 결정에 관여하는 염색체.

Sexduction(반성도입). 세균의 유전자가 F인자에 취입된 후 수용세포로 접합관을 통한 그들의 이동.

Sex factor(성인자). 세포를 유전물질의 증여자로 되게 할 수 있는 세균이 가지는 소체(예를 들어, 대장균의 F인자). 성인자는 세포질에서 증식할 수도 있고 세균염색체에 취입될 수도 있다.

Sex-influenced dominance(종성우성). 우성의 표현이 암수에 따라 다르게 일어나는 것. 예를 들어, 양의 어떤 잡종에서의 뿔은 수컷에서는 우성이고 암컷에서는 열성이다.

Sex-limited(한성). 단지 한쪽 성에서만 일어나는 어떤 형질의 발현. 예: 포유류의 우유생산, 메리노 양의 뿔, 닭의 산란.

Sex linkage(성연관). 성과 유전형질의 관련 또는 연계. 유전자는 성염색체 특히 X염색체에 있다. 가끔 동의어로 X-연관을 사용한다.

Sex mosaic(성모자이크). **자웅동주** 참조.

Sexual reproduction(유성생식). 성숙한 생식세포(즉 난자와 정자)의 형성으로 이루어지는 생식.

Shelterin(쉘테린). 염색체의 말단소립(telomere)에 결합하여 DNA 퇴화를 보호하는 단백질 복합체.

Shine-Dalgarno sequence(샤인-달가르노 순서). 16S 리보솜RNA의 5′말단 부근의 어떤 서열에 상보적인 원핵세포 mRNA의 보존적 서열이며 해독의 개시에 관여한다.

Short interfering RNA (siRNA)(단방해 RNA). 21~28 염기쌍을 가진 2가닥 RNA 분자로서 RNA 방해 현상을 조정하며, microRNA 분자

로도 알려져 있다.

Short tandem repeat (STR)(microsatellite)(작은 종렬반복배열). DNA 2중나선 길이에 2~5 뉴크레오티드쌍의 염기배열이 고도로 다양성 종렬 반복배열.

Shuttle vector(왕래 벡터, 유전자 운반체). 효모와 대장균 같이 두 종류의 다른 생물체에서 복제 가능한 플라스미드.

Sib-mating (crossing of siblings)(동포교배). 같은 부모에서 나온 두 개체간의 결혼. 남매간 결혼.

Sigma factor(시그마인자). 특정 개시 서열에서 전사개시를 담당하는 원핵세포의 RNA중합효소의 소단위.

Signal transduction(시그널 트랜스덕션, 신호도입). 세포가 호르몬 같은 분자신호를 수용하면 세포내 영향을 주도록 분자 시스템에 의해 신호가 내부로 통과하는 과정.

Silencer(침묵자, 촉진유전자억제유전자). 부근의 유전자의 형질발현을 감소시키거나 억제시키게 하는 DNA 서열.

Silent polymorphism(침묵다형성). 단백질의 아미노산 배열을 변화시키지 않는 DNA의 변이체.

Simple tandem repeat(단순종렬반복배열). DNA길이에 1~6 뉴클레오티드가 종렬로 반복배열.

SINEs (short interspersed nuclear elements)(짧은 산재형 핵인자). 진핵생물의 짧고(150~300 염기쌍) 적당히 반복된 전이인자 족. 가장 잘 알려진 SINE가 사람의 Alu족이다.

Single nucleotide polymorphism (SNP)(단일 뉴클레오티드 다형성). 집단 내에서 변이를 일으킨 DNA의 단일염기쌍의 다형성.

Single-strand DNA-binding protein(외가닥DNA결합 단백질). 외가닥 DNA를 감싸서 외가닥 DNA를 쭉 펼쳐진 상태로 유지시키는 단백질.

Sister chromatid(자매염색분체). 세포분열 중 염색체의 중복으로 새로 생긴 동일한 염색체의 하나.

Small nuclear ribonucleoprotein (snRNPs)(소형핵리보핵산단백질). 스플리이소좀의 구성원인, RNA-단백질복합체.

Small nuclear RNAs (snRNAs)(소형핵 RNA). 진핵세포의 핵에 존재하는 작은 RNA 분자. 대부분의 snRNA는 pre-mRNA에서 인트론을 제거하는 스플라이소좀의 구성성분이다.

Somatic cell(체세포). 수정되었을 때 생물체를 만들 수 있는 생식세포와는 반대로 몸의 구성원인 세포.

Somatic-cell (nonheritable) gene therapy(체세포 유전자 치료). 한 개체의 세포 유전자가 비생식 세포에 의한 결함을 가졌을 때 그 유전자의 정상기능 유전자를 첨가하여 유전적 결함을 치료하는 것(cf. **Germ-line [heritable] gene therapy**).

Somatic hypermutation(체세포 고빈도 돌연변이). B림프구가 항체 생성 혈장세포로 분화하는 중 항체의 다양한 부위를 암호화하는 유전자 분절에서 일어나는 고빈도 돌연변이.

Somatic mutation(체세포 돌연변이). 신체의 비생식세포(체세포)에 일어나는 돌연변이이며 그 변이형질은 자손에게 유전하지 않는다(cf. **Germinal mutation**).

SOS response(비상반응). 심하게 손상된 DNA(예를 들면, 자외선 조사후)를 가지는 세균에서 DNA 회복, 재조합, 복제단백질의 전체를 합성.

Southern blot(서던 블랏). 모세관 작용에 의한 전기 영동 젤에서 셀룰로오스나 나일론막으로 DNA 단편의 이동.

Specialized transduction(특수형질도입). 공여세균의 작은 염색체 분절에 있는 유전자가 박테리오파지에 의해 수용 세균속에 들어가 재조합을 이루는 일(**Generalized transduction** 참고).

Species(종). 생식적으로 다른 군과 격리되는 상호교잡이 되는 자연집단.

Sperm(정자)(abbreviation of spermatozoon의 약칭. *pl*., spermatozoa). 성숙한 남자의 생식세포.

Spermatids(정세포). 정자형성 과정에서 감수분열에 의해 만들어진 4개의 세포. 정세포는 성숙한 정자가 된다.

Spermatocyte (sperm mother cell)(정모세포). 정자 모세포 4개의 정자를 형성하기 위해 두 번의 감수분열(정자형성 과정)을 거치는 세포. 제1 정모세포는 감수분열이 제1분열이 완성되기 전의 세포. 제2 정모세포는 감수분열 제1분열이 완성된 세포.

Spermatogenesis(정자형성). 수컷 배우자(정자)의 성숙이 일어나는 과정.

Spermatogonium (*pl*., spermatogonia)(정원세포). 더 많은 정원세포를 만들기 위해 체세포분열에 의해 분열될 수 있는 시원수컷 생식세포. 정원세포는 성장기를 거쳐 제1정모세포로 될 수 있다.

Spermiogenesis(정자변형). 정세포에서 정자의 형성. 정모세포에서 감수분열에 이은 정자형성의 일부 단계임.

Spindle(방추체). 분열하는 진핵세포에서 각 딸세포의 중복 염색체에 동등하게 그리고 정확하게 분포하는 미세소관 시스템.

Spliceosome(스포라이스오솜). 진핵생물에서 핵유전자의 1차 전사물로부터 인트론을 절제한 RNA/단백질 복합체.

Splicing(스플라이싱 이어 맞추기). DNA의 엑손 부분이 공유적으로 결합하고 개제한 인트론 서열을 제거하는 과정.

Spontaneous mutation(자연 돌연변이). 원인 모르게 일어나는 돌연변이(**Induced mutation** 참고).

Sporophyte(포자체). 감수분열로 반수체 포자를 만드는 식물의 생활주기 중의 이배체세대.

***SRY* (Sex-determining region *Y*)(에스알와이).** 인간과 다른 포유류에서 정소결정 요소인 단백질을 암호화하는 Y-염색체 상의 유전자. 그것은 수컷발생의 열쇠역할을 한다.

Stamen(수술). 현화식물에서 약을 지니고 있는 신장된 구조.

Standard deviation(표준편차). 일련된 자료의 변이성 측정. 분산의 제곱근.

Standard error(표준오차). 집단의 평균에서의 변이 측정치.

Statistic(통계치). 한 집단의 값이나 모수를 얻을 수 있는 표본이나 집단 표본에 근거한 값.

Stem cell(줄기세포). 체세포분열이 왕성한 체세포이며, 여기서 분화에 의해 다른 세포가 생겨난다.

Sterility(불임성, 불염성). 자손을 만들 수 없는 것.

Structural gene(구조유전자). 폴리펩티드의 합성을 지정하는 유전자.

STSs (Sequence-tagged sites)(서열 표지 부위). PCR에 의해 증폭된 짧고 단일카피인 DNA 서열(보통 200~500 염기쌍)이며, 물리적 지도작성이나 유전적 지도작성에 이용된다.

Subspecies(아종). 형태적으로나 지리적으로 두 종류 이상이 뚜렷하지만 한 종의 상호교배 집단에 속하는 한 종류.

Supercoil(초코일). 너무 감기거나[정(+)의 슈퍼코일] 덜 감긴[부(−)의 슈퍼코일] 결과로써 여분의 나선을 가지는 DNA 분자.

Suppressor mutation(억제돌연변이). 다른 돌연변이의 표현형적 효과를 부분적으로 또는 완전히 숨기는 어떤 돌연변이.

Suppressor sensitive mutant(억제유전자 감수성 돌연변이체). 제2의 유전적 요인, 즉 억제자가 있으면 살아가고 이 요인이 없으면 살 수 없는 생물체.

Suppressor tRNA(억제 tRNA). 유전암호중 정지암호 하나 이상에서 알려진 돌연변이. tRNA 정지암호 자리에는 정상적으로 아미노산이 들어간다.

Symbiont(공생자). 유사성이 없는 다른 생물과 친밀한 관계에서 살고 있는 생물.

Sympatric speciation(동소적 종분화). 지형적으로 같거나 중복되는 장소에 서식하는 집단에 의한 신종 형성.

Synapsis(접합). 감수분열 전기에서 상동염색체간의 짝짓기.

Synaptinemal complex(접합사복합체). 감수분열 제1분열 전기 말에 염색체 길이를 따라 염색분체들이 결합하고 염색분체간의 교환을 쉽게 하도록 대합된 상동염색체간에 형성된 리본 같은 구조.

Syndrome(증후군). 특별한 병에서 나타나며 여러 가지 증상이 함께 나타나는 병세의 일종.

Synonymous substitution(동의 치환). 특이한 아미노산으로 변화를 일으키지 않는 유전암호에서의 염기쌍 변화.

Synteny(신테니). 그들 간의 거리에 관계없이 동일 염색체상의 두 유전자 좌위의 출현.

T

***Taq* polymerase(온천세균중합효소).** 호열성 세균인 *Thermus aquaticus*에서 분리한 열안정성 DNA 중합효소.

Target site duplication(표적부위중복). 전이인자가 삽입되었을 때 중복되는 DNA 서열. 보통 삽입의 양쪽 말단에서 나타난다.

TATAAT sequence(-10배열). 원핵생물의 프로모터에 AT-다수배열. 그러므로서 DNA 풀림을 용이하게 하며, RNA합성의 개시를 촉진한다.

TATA box(TATA 상자). 전사의 시작을 결정하는 촉진 유전자 내의 공통 염기배열.

Tautomeric shift(호변이성). 유기분자의 한 위치에서 다른 위치로 수소원자의 이동.

Tay-Sachs disease(테이삭스 병). 사람에서 신경퇴하 특성으로 상염색체성 열성치사형질인데 어린아이때 죽는다. 이 병은 hexosaminidase A라는 효소 결핍으로 발병한다.

T cell receptor(T세포 수용체). 킬러 T세포의 표면 위에 위치하여 포유류의 세포성 면역반응을 중재하는 항원 결합단백질. T세포항원을 암호화하는 유전자는 T림파구 분화중에 일어나는 체세포 재조합과정의 유전자분절과 유사하다.

T-DNA. 식물세포로 옮겨가서 식물의 염색체에 취입되는 *Agrobacterium tumefaciens*의 Ti 플라스미드 내의 DNA 단편.

Telomerase(말단소체복원효소). 진핵세포 염색체의 말단에 말단소립 서열을 붙여주는 효소.

Telomere(말단소립). 진핵세포 염색체의 말단에 나타나는 독특한 구조.

Telophase(말기). 체세포분열과 감수분열의 마지막 단계로 염색체가 방추사에 의해 양극에 모인다.

Telophase I(말기 I). 제1감수분열중에 복제된 염색체가 분열세포의 극에서 합치고 탈응축되는 시기.

Telophase II(말기 II). 제2감수분열중에 복제된 염색체가 분열세포의 극에서 합치고 탈응축되는 시기.

Temperate phage(용원성 파지). 숙주에 들어가지만 숙주(박테리아 세포) (cf. **Virulent phage**)를 파괴(용균)할 수 없는 파지(바이러스). 그렇지만 뒤에 용균으로 갈 수 있다.

Temperature-sensitive mutant(온도감수성돌연변이체). 어떤 온도에서는 자랄 수 있지만 다른 온도에서는 자랄 수 없는 생물체.

Template(주형). 어떤 형태나 틀. DNA는 암호화된 정보를 가지고 있으며, 그 정보에서 상보적인 DNA 가닥을 만들거나 전령 RNA로 전사되는 데 주형으로 작용한다.

Template strand(주형가닥). 전사에서, 상보적인 RNA 가닥을 만들기 위해 복사되는 DNA 가닥.

Terminal inverted repeat(말단역위반복배열). 절단하고 부착한 트랜스포존(전이인자)의 정반대 말단에서 동일하거나 거의 동일한 DNA의 염기배열. 한 염기배열은 다른 것의 도치된 거울상이다.

Terminalization(말단이론). 감수분열 전기의 중복기에 2가염색체의 동원체의 반발이동이며, 2가염색체의 말단을 향해 키아즈마가 이동한 것이 보임.

Terminal transferase(말단전달효소). DNA 분자의 3′ 말단 뉴틀레오티드를 붙여주는 효소.

Termination (of DNA, RNA, or protein synthesis)(종결, 종지). 최종기본단위(뉴클레오티드, 아미노산)의 혼합 후 완전한 분자(DNA, RNA 또는 폴리펩티드)의 방출.

Termination signal(종결신호). 전사에서 RNA 사슬의 종결을 지시하는 뉴클레오티드서열.

Testcross(검정교배). 열성인 양친형에 역교배, 또는 문제의 개체가 어떤 대립인자에 대해 이형접합성인지 동형접합성인지를 결정하기 위하여 완전 열성인 개체와 유전자형을 모르는 개체간의 교잡.

Testis-determining factor (TDF)(정소결정인자). 포유류 수컷 발생의 초기에 생성되는 단백질. 그 물질은 배아의 생식소로부터 정소의 분화를 자극한다.

Testosterone(테스토스테론). 남성의 성징발달을 유도하는 스테로이드 호르몬.

Tetrad(4분자, 4분자염색체). 식물(화분 4분자)이나 균류(자낭포자)에서 감수분열 제2분열의 결과로 생겨난 4개의 세포. 이 용어는 감수분열중 복제된 상동염색체들에 의해 이루어진 네겹으로 된 염색분체에도 사용된다.

Tetraploid(4배체). 세포가 4조의 반수체(4*n*)염색체나 유전체를 가진 생물체.

Tetrasomic (*noun*, tetrasome)(4염색체성). 이배체 염색체 구성인 것 중에서 어느 한 염색체의 수만 4개인 것(염색체 표시: $2n + 2$).

TFILX (Transcription Factor X for RNA polymerase II). 진핵생물에서 RNA중합효소II에 의한 전사의 개시를 위하여 요구되는 단백질.

Therapeutic cloning(치료의 클로닝). 공여세포와 동일한 유전자형을 갖는 줄기세포 집단을 형성(분화로 가능한)하기 위하여 공여세포의 핵으로 치환된 알세포의 핵이 이루어지는 과정. 이들 줄기세포는 공여체에서 유실세포를 되돌려 놓기 위하여 사용될 수 있다.

Threshold trait(역치형질). 불연속적으로 명백한 형질이나 연속적이고 환경적 변이의 기초가 되는 기능을 한다.

Thymine (T)(티민). DNA에서 발견되는 피리미딘계 염기의 일종. 다른 3가지 유기염류는 아데닌(A), 시토신(C), 구아닌(G)인데 DNA와 RNA에서 발견된다. 그러나, RNA에서 티민(T)은 유라실(U)로 치환되어 있다.

Ti plasmid(Ti 플라스미드). *Agrobacterium tumefaciens*내의 커다란 플라스미드. 근두암종을 가진 식물에서 종양유도를 담당하며, 식물 특히 쌍자엽식물 내로 유전자를 전이하는 중요한 운반체이다.

t-loop(t-고리). 선상 염색체의 말단에서 말단부 반복배열에 의하여 형성된 DNA의 고리. 그 때 3′ 말단에서 외가닥은 상류반복단위로 들어가 대등한 사슬을 제거하면서 상보성사슬(가닥)과 짝을 짓는다.

T lymphocytes (T cells)(T림프구). 갑상선에서 분화하며 일차적으로 T세포 중재 면역반응을 담당하는 세포.

Topoisomerase(DNA회전효소). DNA에서 초나선을 제거하거나 유도하는 효소.

Totipotent cell (or nucleus)(분화전능성 세포). 유리하여 이식하였을 때 완전한 배로 발생할 수 있는 할구같은 분화가 안 된 세포.

Trafficking(이동왕래). 세포질을 통해서 물질의 이동왕래. 그것을 일반적으로 생체막, 낭포 및 세포골격의 구성요소에 의해 유도된다.

***trans*-acting(트랜스 작용).** 세포 내 확산될 수도 있고, 공간적으로 분리된 정체로 있을 수 있는 물질에 대해 사용하는 용어.

***trans* configuration(엇갈린배열).** **(Repulsion** 참조).

Transcript(전사물). 유전자의 전사로 형성된 RNA 분자.

Transcription(전사). DNA 주형을 따라 RNA가 만들어지는 과정. RNA 중합효소는 리보핵산 삼인산에서 RNA의 형성을 촉매한다.

Transcriptional antiterminator(전사항종결자). 특정 전사종결 서열에서 전사종결을 못하게 RNA 중합효소에 작용하는 단백질.

Transcription bubble(전사 기포). RNA 전사물이 합성되는 동안 공간적으로 감기지 않은 DNA분절.

Transcription factor(전사인자). 유전자의 전사를 조절하는 단백질.

Transcription unit(전사단위). 전사개시와 전사종결 신호를 가지고 있는 DNA 분절이며, 하나의 RNA 분자로 전사된다.

Transcriptome(전사체). 유전체로부터 전사된 RNA의 완전한 세트.

Transduction (t)(형질도입). 박테리오파지에 의해 중재되는 세균의 유전적 재조합. 불임형질도입: 박테리아 DNA가 파지에 의해 하나의 박테리아로 들어갔으나 복제할 수 없는 것. 일반 형질도입: 몇 종류의 박테리아 유전자가 파지에 의해 수용세균에 옮겨질 수 있는 것. 특수 형질도입: 용균성 파지에 의한 세균 DNA의 이동이 박테리아 염색체의 단지 한 부위에 한정되는 것.

Transfection(형질주입). 진핵세포 내로 DNA를 빨아들여서 세포의 유전체 내에 있는 유전적 표지자와의 취입이 일어나는 것.

Transfer RNAs (tRNAs)(운반 RNA). 아미노산이 단백질로 구성되는 리보솜으로 아미노산을 운반하는 RNA.

Transformation (cancerous)(암적 형질전환). 조절불능한 세포성장 상태에서 진핵생물 세포성장의 변환(종양세포의 성장과 유사함).

Transformation (genetic)(유전적 형질전환). 외부에서 이질적 DNA가 세포 내로 편입을 일으킨 생물의 유전적 변환.

Transgene(형전이유전자). 생물체 내로 들어 온 외부 유전자.

Transgenic(형질전환의). 생물체 내로 DNA분자가 도입됨으로써 변화를 일으킨 생물체에 대해 사용하는 용어.

Transgressive variation(일탈변이). 양친 세대의 어느 것보다 어떤 형질의 변이가 벗어난 개체가 F_2나 그 이후의 출현.

***trans* heterozygote(트랜스 이형접합자).** 트랜스 배열로 된 두 개의 돌연변이를 가진 이형접합자. 예를 들면, $a\ b^+ / a^+\ b$.

Transition(트랜지션, 전이). DNA나 RNA에서 한 종류의 퓨린이 다른 종류의 퓨린으로 치환 또는 한 종류의 피리미딘이 다른 종류의 피리미딘으로의 치환을 일으키는 돌연변이.

Translation(해독). 특정 전령RNA에 의해 지시되는 단백질(폴리펩티드)의 합성. 리보솜에서 일어난다.

Translocation(전좌). 한 염색체의 분절의 위치가 동일염색체나 다른 염색체의 부위로의 변화.

Transposable genetic element(전이유전인자). 유전체 내 한 부위에서 다른 부위로 옮겨갈수 있는 DNA 인자.

Transposase(전이효소). DNA 분자 내에서 어떤 DNA 서열을 다른 부위로 이동하는 것을 촉매하는 효소.

Transposons(전이인자). DNA 분자 내에서 한 곳에서 다른 곳으로 이동할 수 있는 DNA 인자.

Transposon tagging[전이인자 표지(법)]. 한 유전자 내부나 부근에 전이인자의 삽입. 그러므로 알려진 DNA 서열로 그 유전자를 표지하는 것.

Transversion(교차염기전이). DNA나 RNA에서 한 종류의 퓨린이 다른 종류의 피리미딘으로, 또는 한 종류의 피리미딘이 다른 종류의 퓨린으로 치환되어 일어난 돌연변이.

Trihybrid(3성잡종). 세 쌍의 유전자에서 차이가 있는 동형접합성 양친에서 나온 자손.

Trinucleotide repeats(3자암호반복). 많은 인간 유전자 내에 나타나는 3개의 뉴클레오티드의 직렬반복. 여러 경우에서 이들 반복서열의 반복수의 증가로 인해 유전병이 된다.

Trisomic(3염색체성). 한 쌍의 염색체에 하나의 염색체를 더 가지는 생물체 또는 다른 이배체 세포(염색체 표시: $2n + 1$).

Trivalent(3가, 삼가염색체). 감수분열 동안 세 유전자 사이에서 관련.

$tRNA^{Met}$. 개시암호(**$tRNA_f^{Met}$**, **$tRNA_i^{Met}$**)보다 오히려 내부 메티오닌 암호에 대응하는 메티오닌 tRNA

$tRNA_f^{Met}$. 원핵생물(**$tRNA^{Met}$**, **$tRNA_i^{Met}$**)에서 polypeptide사슬의 개시를 지정하는 메티오닌 tRNA

$tRNA_i^{Met}$. 진핵생물(**$tRNA_f^{Met}$**, **$tRNA^{Met}$**) 폴리펩티드 사슬의 개시를 지

정하는 메티오닌 tRNA

Tubulin(튜불린). 진핵세포의 미세소관을 구성하는 주 단백질 성분.

Tumor suppressor gene(종양억제유전자). 세포분열의 억제에 관련된 물질생산을 하는 유전자.

Turner syndrome(터너증후군). 사람에서 XO 인자형이 나타내는 표현형.

U

Ultraviolet (UV) radiation(자외선복사). 이온화 방사선과 가시광선 사이, 즉 파장이 1~350 nm인 전자파 부위. 자외선은 DNA가 흡수하기 때문에 단세포 생물과 다세포 생물의 표피에는 아주 강한 돌연변이원이다.

Unequal crossing over(부등교차). 짝을 지워서는 안되는 반복된 DNA 서열간의 교차이며, 중복된 산물과 결실된 산물을 만든다.

Univalent(1가염색체). 감수분열에서 쌍을 못 이루는 염색체.

University (on the genetic code)(보편성, 유전암호의). 예외는 있지만 거의 모든 종에서 같은 의미를 가지는 코돈.

Upstream sequene(상류염기서열). 전사개시자리에서 진행되는 (5′에 위치한) 전사의 한 단위 내 염기서열. RNA 전사체의 5′ 말단에서 뉴클레오티드에 상응하는 DNA 뉴클레오티드 쌍은 +1로 표시된다. 진행되는 뉴클레오티드 쌍은 −1로 표시된다. 모든 진행중인 (−) 뉴클레오티드 염기서열은 상류염기서열이다(**Downstream sequence** 참고).

Uracil(우라실). RNA에서 보여주는 한 피리미딘 계통의 염기. 그러나 DNA에는 없고 티민으로 대치된다.

V

Van der Waals interaction(반데르발스 상호작용). 아주 인접해 있는 원자간의 약한 결합력.

Variable number tandem repeat (VNTR) (minisatellite)(직렬반복변수). 길이가 10~80 뉴클레오티드쌍의 염기배열이 고도로 다형적 직렬 반복배열.

Variance(분산). 집단에서 변이의 측정치. 표준편차의 제곱.

Variation(변이). 생물학에서 개체간 차이의 출현.

Vector(백터, 운반체). 살아 있는 세포 내로 DNA 도입을 위해서 재조합 DNA 분자를 구성하기 위해 이용되는 플라스미드나 바이러스 염색체.

Viability(생존력). 정상적으로 살아가고 발생할 수 있는 능력.

***vir* region (of Ti plasmid)(*vir* 영역).** 세균으로부터 식물 세포로 T-DNA의 운반을 위해 요구되는 단백질을 암호화하는 유전자를 지닌 *Agrobacterium tumefaciens*의 Ti 플라스미드의 영역.

Virulent phage(독성파지). 숙주(세균)세포를 파괴하는 파지(바이러스) (cf. **Temperate phage**).

VNTR(variable number of tandem repeat(직렬반복서열 수의 다양성). 직렬배열이고 아주 다양한 반복수를 가지는 짧은 DNA 염기서열.

W

Western blot(웨스턴 블랏). 전기력을 이용한 전기영동젤에서 셀룰로오스나 나일론 막으로 단백질의 이동 분리법.

Whole-genome shotgun sequencing(전-유전체 숏트건 염기배열 검사). 전 유전체를 무작위적으로 작은 절편으로 나뉘어 염기배열을 시도하는 검사. 이들 절편의 말단 염기 배열상태를 초대형 컴퓨터로 조작하여 중첩된 염기배열을 한 줄로 정열시켜 완전한 염기배열을 결정하는 검사.

Wild type(야생형). 보통 나타나는 표준형의 표현형.

Wobble hypothesis(동요가설). 하나의 운반 RNA가 두 개의 코돈을 어떻게 인지할 수 있는지를 설명하는 가설. mRNA 코돈과 안티코돈의 첫 번째 두 결합은 어느 정도 쌍을 이루지만, 안티코돈의 세 번째 염기는 한 종류 이상의 염기와 쌍을 이루게 되는 어떤 역할(유종)을 가진다.

X

X chromosome(X 염색체). 성 결정과 관련있는 염색체. 대부분의 동물에서 암컷은 두 개, 수컷은 한 개의 X 염색체를 가진다.

Y

YACs (yeast artificial chromosomes)(효모인공염색체). 효모 염색체의 필수적인 인자로 구성된 선형 클로닝 운반체. 그들은 크기가 200~500 kb 정도의 외부 DNA 삽입이 허용된다.

Y chromosome(Y 염색체). 많은 동물 종의 수컷에 있는 X 염색체의 상대 염색체.

Z

Z-DNA. GC가 많은 DNA 분자에서 이루어지는 좌회전 이중나선. Z는 이런 DNA 형성에서 당-인산이 지그재그형이라는 말이다.

Zygonema (*adj.*, zygotene)(접합사). 감수분열 중에 대합이 이루어지는 시기. 감수분열 전기의 세사기와 태사기 사이.

Zygote(접합자, 접합체). 생식에서 두 개의 성세포(배우자)의 결합으로 만들어진 세포. 또 이런 세포에서 발생되는 개체를 나타내는 데 유전학에서 사용한다.

Photo Credits

Chapter 1 Opener: Science Photo Library/Getty Images, Inc. Fig. 1.1: James King-Holmes/Photo Researchers, Inc. Fig. 1.3: Perrin Pierre/ ©Corbis. Fig. 1.5: Scott Sinklier/AGStock USA/Photo Researchers, Inc. Fig. 1.9 (left): Omikron/Photo Researchers. Fig.1.9 (right): Omikron/Photo Researchers, Inc. Fig. Fig. 1.11 (left): A. Humek/Alamy. Fig. 1.11(center left): Lynn Stone/AG Stock Images/ ©Corbis. Fig. 1.11(center right): J.L. Klein & M.L Hubert/Photolibrary. 1.11(right): Armin Floreth/ imagebroker/Alamy. Fig. 1.12(left): Courtesy John Doebley, Genetics, University Wisconsin. Fig. 1.12(right): Courtesy John Doebley, Genetics, University Wisconsin. Fig. 1.13a: Courtesy Mycogen. Fig 1.13b: Courtesy Mycogen.

Chapter 2 Opener (left): Najlah Feanny-Hicks/©Corbis SABA; opener inset: Getty Images. Fig. 2.2a: Dr. Gopal Murti/Photo Researchers, Inc. Fig. 2.2b: Alfred Pasieka/Photo Researchers, Inc. Fig. 2.4a: Courtesy Conley L. Rieder. Fig. 2.4b: From Jerome B. Rattner and Stephanie G. Phillips, *J. Cell Biol.* 57:363, 1973. Reproduced with permission of Rockefeller University Press. Fig. 2.5: Dr. Andrew S. Bajer, Professor Emeritus, University of Oregon. Fig. 2.6a: ©Dr. David Phillips/ Visuals Unlimited/ ©Corbis. Fig. 2.6b: Wood/CMSP/Getty Images, Inc. Fig. 2.7: L. Willatt/Photo Researchers, Inc. Fig. 2.9: Clare A. Hasenkampf/Biological Photo Service. Fig. 2.10a: From M. Westergaard and D. von Wettstein, *Annual Review of Genetics*, Vol. 6; ©1972 by Annual Reviews, Inc. Original photograph courtesy of D. von Wettstein. Fig. 2.11: From Bernard John, Meiosis, Cambridge University Press, 1990.

Chapter 3 Opener: Melanie Acevedo/Botanica/Getty Images, Inc. Fig. 3.3, 3.4, & 3.5: Martin Shields/Photo Researchers, Inc. Fig. 3.10b: Niall Benvie/ ©Corbis. Fig. 3.11: Martin Shields/Photo Researchers, Inc.

Chapter 4 Opener: John Glover/ Oxford Scientific/Getty Images, Inc. Fig. 4.10a: Biophoto Associates/Photo Researchers. Fig. 4.12a: Photolibrary. Fig. 4.12b: Lauren Bess Berley/ Photolibrary. Fig. 4.12c&d: iStockphoto. Fig. 4.15a: ©TH Foto-Werbung/Science Photo Library/Photo Researchers, Inc. Fig. 4.15 (inset top right): ©TH Foto/Alamy. Fig. 4.18a& b: Photo by Leah Sandall, University of Nebraska-Lincoln, Plant and Soil Science Library, http://plantandsoil.unl.edu.

Chapter 5 Opener: Nigel Cattlin/ Photo Researchers, Inc. Fig. 5.8: Corbis-Bettmann. Fig. 5.15: Flickr/Getty Images, Inc. Fig. 5.16: Michael Abbey/Photo Researchers, Inc.

Chapter 6 Opener: Richard Boll/ Photographer's Choice/Getty Images, Inc. Fig. 6.2: From C.G. Vosa, 1971. "The quinacrine-flourescence patterns of the chromosomes of Albium carinatum, Fig. 1, *Chromosoma* 33:382–385. Fig. 6.3: from R.M Patterson & J.C. Petricciani, 1973. "A Comparison of Prophase & Metaphase G-bands in the Muntjak." *J. of Heredity* 64 (2): 80-82. Fig. 2A. Fig. 6.4: Health Protection Agency/Photo Researchers. Fig. 6.5: Phototake. Fig. 6.7a: C. G. Maxwell/Photo Researchers, Inc. Fig. 6.7b: Clive Champion/ Photographer's Choice/Getty Images, Inc. Fig. 6.7c: Ken Wagner/Phototake. Fig. 6.7d: Hal Beral/Visuals Unlimited/Getty Images, Inc. Fig. 6.11: Courtesy Todd R. Laverty, HHMI/Berkeley Drosophila Genome Project. Fig. 6.14a: Hattie Young/Photo Researchers, Inc. Fig. 6.14b: Courtesy of Robert M. Fineman, Dean, Health and Human Services, North Seattle Community College. Page 123: Yoav Levy/Phototake. Fig. 6.17: L. Willatt, East Anglian Regional Genetics Service/Photo Researchers. Fig. 6.17 inset: Addenbrookes Hospital/Photo Researchers. Fig. 6.18: Courtesy J. K. Lim.

Chapter 7 Opener: Kevin Summers/Photographer's Choice/ Getty Images, Inc. Fig. 7.9: Courtesy Bernard John.

Chapter 8 Opener: Medical RF/ Phototake. Fig. 8.1b: A. K. Kleinschmidt, *Biophys. Acta.* 61, 1962, p. 861, Fig. 1, Elsevier Publishing Company. Fig. 8.3: Courtesy A. F. Howatson, From *Gene Expression*, Vol. 3, John Wiley & Sons, 1977. Fig. 8.6: MN Tremblay/Flickr/Getty Images, Inc. Fig. 8.10: From O.T. Avery, C.M. MacLeod, and M. McCarty, J. *Exp. Med.* 79:153, 1944; by copyright permission of Rockefeller University Press. Fig. 8.13: T. F. Anderson, E. Wollman, and F. Jacob, from *Annals Institute Pasteur*, Masson and Cie, Editors.

Chapter 9 Opener: G. Murti/ Photo Researchers. Fig. 9.8 (top left): A. Barrington Brown/Photo Researchers, Inc. Fig 9.8 (top right): Corbis-Bettmann. Fig. 9.8 (bottom left): Courtesy National Institute of Health. Fig. 9.8 (bottom right): A. Barrington Brown/Photo Researchers, Inc. Fig. 9.9: Omikron/Science Source/Photo Researchers, Inc. Fig. 9.13: Courtesy Dr. Svend Freytag. Fig. 9.17: Courtesy Victoria Foe. Fig. 9.19: Reprinted with permission from Karolyn Luger, et al, *Nature* 389:251m 1997, courtesy of Timothy J. Richmond. Fig. 9.20: Gunter F. Bahr/ Biological Photo Service. Fig. 9.21a: Courtesy Barbara Hamkalo. Fig. 9.21b: Reprinted from Bednar et al., 1998 *Proc. Natl. Acad. Sci.* USA 95: 14173–14178 with permission. Photos courtesy Dr. Christopher L. Woodcock, University of Massachusetts, Amherst. Fig. 9.22: From J.R. Paulson & U.K. Laemmli, *Cell* 12: 817-828, 1977. Copyright 1977, MIT; published by MIT Press. Original photo courtesy U.K. Laemmli. Fig. 9.24: From Huntington F. Willard, *Trends Genetics* 6:414, 1990.

Chapter 10 Opener: Joel Sartore/ NG Image Collection. Fig. 10.5: From J. H. Taylor, "The Replication and Organization of DNA in Chromosomes," *Molecular Genetics*, Par I, J. H. Taylor (ed), Academic Press, New York, 1963. Fig. 10.7a: J. Cairns, Imperial Cancer Research Fund, London, England. Reproduced with permission from Cold Spring Harbor Sympos. *Quant. Biol.* 28:43, 1963. Original photo courtesy John Cairns. Fig. 10.9c: Photo reproduced with permission from M. Schnos and R.B. Inman, *J. Mol. Biol.* 51: 61–73, 1970. © 1970 by Academic Press, Inc. (London), Ltd./Elsevier Limited. Fig. 10.11: Original micrographs courtesy of David Dressler, Harvard University. Fig. 10.24: From S. Doublie, S. Tabor, A.M.

Long, C.C. Richardson, and T. Ellenberger, *Nature* 391:251–258. Fig. 10.25: From X.P. Kong et al., *Cell* 69:425–437, 1992. © Cell Press/Elsevier. Original photograph courtesy Dr. John Kuriyan, Howard Hughes Medical Institute, Rockefeller University. Fig. 10.29 (inset): Original micrograph courtesy of David Dressler, Harvard University. Fig. 10.31a&b: Reproduced with permission from J. A. Huberman and A.D. Riggs, *Journal of Molecular Biology* 32:327–341 © 1968 by Academic Press. Original photographs courtesy J. A. Huberman. Fig. 10.33a: Courtesy of Steven L. McKnight and Oscar L. Miller, Jr. Fig. 10.35: Gerald Herbert/ ©AP/Wide World Photos.

Chapter 11 Opener: Dr. Mark J. Winter/Photo Researchers. Fig. 11.11: From O.L. Miller, Jr., B.A. Hamkalo, and C.A. Thomas, Jr., *Science* 169:392-395, 1970. Copyright (c) 1970 by the American Association for the Advancement of Science. Original micrograph courtesy O. L. Miller, Jr. Fig. 11.15a: P. Cramer, D.A. Bushnell, & R.D. Kornberg, "A Structural Basis of Transcription," *Science*, Vol. 292: 1863-1876, Fig. 1b (2001). Fig.11.19b: From Tilghman et al., Proceedings of The National Academy of Sciences, U.S.A. 75:1309–1313. Fig. 11.19c: Courtesy Pierre Chambon.

Chapter 12 Opener: Eye of Science/Photo Researchers. Fig. 12.13a: From S.H. Kim, F.L. Suddath, G.J. Quiqley, A. McPherson, J.L. Sussman, A.H.J. WAng, N.C. Seeman, and A. Rich, *Science* 185: 435-440, 1974 by the American Association for the Advancement of Science. Original photo courtesy S. H. Kim. Fig. 12.14b: Courtesy Dr. Joachim Frank. From Frank, et al. 1995. Biochemistry and Cell Biology 73: 357. Fig. 12.15a: Reproduced with permission of M. Yusupov et al., *Science* 292: 823-826, 2001. Courtesy Albion Baucom and Harry Noller. Fig. 12.19: From S.L. McKnight, N.L. Sullivan, and O.L. Miller, Jr., *Prog. Nucleic Acid Res. Mol. Biol.* 19:313–318, 1976. Micrograph courtesy S.L. McKnight and O.L. Miller, Jr., University of Virginia.

Chapter 13 Opener: Sarah Leen/ NG Image Collection. Fig. 13.3: Courtesy of H. Potter, University of South Florida and D. Dressler, Harvard University. Fig. 13.14: ©Corbis. Fig. 13.24: From B.N. Ames, J. McCann, and E. Yamasaki, *Mutat. Res.* 31:347, 1975. Photograph courtesy B.N. Ames. Fig. 13.28: ©Frederic Larson/San Francisco Chronicle/ Corbis. Fig. 13.30 Courtesy of H. Potter, University of South Florida and D. Dressler, Harvard University

Chapter 14 Opener: ©H. Raguet/ Pr. Lavery, Laboratory of Biochemical Theory/Phototake. Fig. 14.1: Based on an X-ray structure by John Rosenberg, U. of Pittsburgh. Fig. 14.4: Courtesy S. Kopczak and D.P. Snustad, University of Minnesota. Fig. 14.10: Courtesy D.P. Snustad. Fig. 14.12a: Photographs courtesy of S.R. Ludwig and D.P. Snustad, University of Minnesota. Fig. 14.12b: Prof. D. Peter Snustad. Fig. 14.13: Courtesy of S.R. Ludwig and D.P. Snustad, University of Minnesota. Page 383: From Kerem, et al. (1989), *Science* 245:1073–1080.

Chapter 15 Opener: ©AP/Wide World Photos. Fig. 15.15 Courtesy CLONTECH Laboratories, Inc. Fig. 15.16a: Sam Ogden/ Photo Researchers. Fig. 15.16b: Deco/Alamy. Fig. 15.17b-d: Ludin & Matus, 1998. *Trends in Cell Biology*, 8:72, Elsevier.

Chapter 16 Opener: Stephen Voss/Redux Pictures. Fig. 16.2: From *Cell* 72:971-983, Fig. 7, March 26,1993, Copyright © 1993 Cell Press, Elsevier. Page 443: From Richards and Sutherland, *Trends in Genetics*, vol. 8 (7), p. 249, 1992. Photo courtesy Grant Sutherland. Fig. 16.9: Getty Images, Inc. Fig. 16.13: Orchid Cellmark. Fig. 16.18: Dr. R. L. Brinster, School of Veterinary Medicine, University of Pennsylvania.

Chapter 17 Opener: Gregory G. Dimijian, M.D./Photo Researchers. Fig. 17.11: NIBSC/Photo Researchers.

Chapter 18 Opener: CNRI/Photo Researchers. Fig. 18.11b: Courtesy T.A. Steitz, Yale University. Fig. 18.12: Courtesy Ponzy Lu and Mitchell Lewis, University of Pennsylania. Lewis et al. 1966. *Science*, 271:1247–1254, Fig. 6.

Chapter 19 Opener: Dennis Kunkel Microscopy, Inc/ Phototake. Fig. 19.10: Courtesy of Joseph Fong, University of Minnesota. Fig. 19.16: from M. I. Kuroda et al, *Cell* 66:935–947, 1991, Fig. 6. Photograph courtesy of Dr. Mitzi Kuroda.

Chapter 20 Opener: Petit Format/ Photo Researchers. Fig. 20.1: Courtesy Kevin Haley, University of Minnesota. Fig. 20.2: Daniel St. Johnston and Christiane Nusslein-Vohard, *Cell* 68:201–219, 1992. Photograph courtesy of Christiane Nusslein-Vohard. Fig. 20.9: Courtesy of Matthew Scott, Howard Hughes Medical Institute. Fig. 20.12: Courtesy Walter Gehring, Universitat Basel, Switzerland. Fig. 20.15: From Amit et al., *Science* 233:747, Copyright (c) 1986 the American Association for the Advancement of Science. Photograph courtesy of R. J. Poljak.

Chapter 21 Opener: VEM/Photo Researchers.

Chapter 22 Opener: Zephyr/ Photo Researchers. Fig. 22.2: Th Foto-Werbung/SPL/Photo Researchers, Inc. Fig. 22.9: iStockphoto.

Chapter 23 Opener: Danita Delimont/Alamy. Fig. 23.6a: Stephen Dalton/Minden Pictures, Inc. Fig. 23.6b: Martin Withers/ Minden Pictures, Inc. Fig. 23.9: Eye of Science/Photo Researchers, Inc.

Chapter 24 Opener: SuperStock. Fig. 24.1(top left): Herbert Spichtinger/zefa/©Corbis. Fig. 24.1(top right): Gregg Stott/ Masterfile. Fig. 24.1(bottom left): Ron Chapple Stock/Photolibrary. Fig. 24.1(bottom right): Kenneth H. Thomas/Photo Researchers. Fig. 24.2: Tui De Roy/Minden Pictures, Inc. Fig. 24.3(top left and top right): J. H. Robinson/Photo Researchers, Inc. Fig. 24.3(center left): Alvin E. Staffan/Photo Researchers, Inc. Fig. 24.3(center right): Gregory K. Scott/Photo Researchers, Inc. Fig. 24.3 (bottom left): John Kaprielian/ Photo Researchers, Inc. Fig. 24.3 (bottom right): Millard Sharp/ Photo Researchers, Inc. Fig. 24.9a: Taxi/Getty Images. Fig. 24.9b: Mike Parry/Minden Pictures, Inc. Fig. 24.9c: Rich Reid/National Geographic Society. Fig. 24.14: Photo by K.Y. Kaneshiro and K. T. Kaneshiro, U. of Hawaii. Fig. 24.15a: Donald M. Jones/Minden Pictures, Inc. Fig. 24.15b: S & D & K Maslowski/Minden Pictures, Inc.

Appendices

Appendix C, p. 690: From J. Meyne, in R.P. Wagner, *Chromosomes*: A Synthesis, Copyright (c) 1993. Reprinted with permissions of Wiley-Liss, Inc., a subsidiary of John Wiley & Sons, Inc.

Illustration Credits

Chapter 3 Fig. 3.15: H.T. Lynch, R. Fusaro, and J.F. Lynch. 1997. Cancer genetics in the new era of molecular biology. *NY Acad. Sci.* 833:1.

Chapter 4 Fig. 4.10*b*: *Principles of Human Genetics,* 3/e by Curt Stern, © 1973 by W. H. Freeman and Company. Used with permission. Fig. 4.17: Nance, W. E., Jackson, C. E., and Witkop, C. J., Jr. 1970. *American Journal of Human Genetics* 22:579–586. Used with permission of the University of Chicago Press.

Chapter 8 Fig. 8.3*b*: After Pfashne *A Genetic Switch* 2e. Cell and BSP Press. Blackwell.

Chapter 9 Fig. 9.23: After Figure 1 in The ENCODE Project Consortium. *Science* 306:636–640, Oct. 22, 2004.

Chapter 10 Fig. 10.28: Adapted from DNA Replication by Kornberg and Baker © 1992 by W. H. Freeman and Company. Used with permission.

Chapter 11 Fig. 11.21: Reprinted with permission of *Nature* from Zang, N. J., Grabowski, P. J., and Cech, T. R. 1983. *Nature* 301: 578–583. Copyright 1983 Macmillan Magazines Limited.

Chapter 12 Figs. 12.3: Alberts, B., et al., *Molecular Biology of the Cell, 3/e,* page 114. New York: Garland Publishing Inc., 1994. Fig. 12.4: Figure from *Biology,* Second Edition by Claude A. Villee, Eldra Pearl Solomon, Charles E. Martin, Diana W. Martin, Linda R. Berg, and
P. William Davis, copyright © 1989 by Saunders College Publishing, reproduced by permission of Harcourt Brace & Company. Fig. 12.12: Reprinted with permission from Holley, R.W., et al., 1965. *Science* 147: 1462–1465. Copyright 1965 American Association for the Advancement of Science.

Chapter 14 Fig. 14.1*b*: X-ray drawing by John Rosenberg, Univ. of Pittsburgh.

Chapter 15 Fig. 15.1: After Messing, J. W., and Llaca, V. 1998. *Proceedings of the National Academy of Sciences* 95: 2017. Copyright 1998 National Academy of Sciences, U.S.A. Fig. 15.4: Based on data from NIH/CEPH Collaboration Mapping Group, 1992. *Science* 258: 67–86. Fig. 15.8: From Stewart, E. A., et al. 1997. Genome Research 7:422–433. Figs. 15.9 and 15.10: Venter et al. (2000). *Science* 291: 1304–1351. Fig. 16.12: Data from the International Human Genome Sequencing Consortium. (2001). *Nature* 409:860–921. Fig. 15.11: Data from the International Human Genome Sequencing Consortium. (2001). *Nature* 409:860–921. Fig. 15.12: After Figure 1 in The ENCODE Project Consortium. *Science* 306:636–640, Oct. 22, 2004. Fig. 15.20: Creation of a Bacterial Cell Controlled by a Chemically Synthesized Genome; *Science* 329 (5987): 52–26. Fig. 15.23: After Moore, et al. 1995. *Current Opinion Genetics & Development* 5:537 and Gale, M. D., and Devos, K. M. 1998. *Proceedings of the National Academy of Sciences* 95: 1971–1973. Fig. 15.24: Chowdhary B. P., et al., 1998 Genome Research 8: 577–584.

Chapter 16 Fig. 16.1: From Huntington's Disease Collaborative Research Group. 1993. *Cell* 72:971–983. Copyright Cell Press. Fig. 16.3: From Marx, J. L. 1989. *Science* 245:923–925. Reprinted with permission of Dr. Lapchee Tsui, The Hospital for Sick Children, Toronto, Canada. Figs. 16.4, 16.5: Reprinted by permission from Collins, F. S., 1992. *Science* 256:774–779. Copyright 1992 American Association for Advancement of Science. Fig. 16.8: McCormack and Rabbitts. 2004. *New England Journal of Medicine.* 350:913–922 (Feb. 26, 2004 #9). Fig. 16.12a: Promega International Symposium on Human Identification Conference Proceedings. Fig. 16.22: José M. Alonso, Anna N. Stepanova, Thomas J. Leisse, Christopher J. Kim, Huaming Chen, Paul Shinn, Denise K. Stevenson, Justin Zimmerman, Pascual Barajas, Rosa Cheuk, Carmelita Gadrinab, Collen Heller, Albert Jeske, Eric Koesema, Cristina C. Meyers, Holly Parker, Lance Prednis, Yasser Ansari, Nathan Choy, Hashim Deen, Michael Geralt, Nisha Hazari, Emily Hom, Meagan Karnes, Celene Mulholland, Ral Ndubaku, Ian Schmidt, Plinio Guzman, Laura Aguilar-Henonin, Markus Schmid, Detlef Weigel, David E. Carter, Trudy Marchand, Eddy Risseeuw, Debra Brogden, Albana Zeko, William L. Crosby, Charles C. Berry, and Joseph R. Ecker (2003) Genome-Wide Insertional Mutagenesis of Arabidopsis thaliana Science 301: 653–657.

Chapter 17 Fig. 17.17 and 17.18: From Lim, J. K., and Simmons, M. J. 1994. *BioEssays* 16:269–275. © ICSN Press.

Chapter 18 On the Cutting Edge Fig. 1: Wellcome Sanger Institute: http://rfam.sanger.ac.uk/family/varna/RF00168. On the Cutting Edge Fig. 2:

Chapter 19 Fig. 19.3: *Molecular Cell Biology* by Darnell, Lodish and Baltimore. © 1996, 1990, 1985 by Scientific American Books. Used with permission by W. H. Freeman and Company.

Chapter 21 Fig. 22.10*a*: From Kinzler, K. W., and Vogelstein, B. 1996. *Cell* 87:159–170. Copyright Cell Press. Fig. 22.120: Based on Latil, A., and Lidereau, R. 1998. *Virchow's Archive* 432:389–406.

Chapter 24 Fig. 24.16: Based on Wood, B. 1996. BioEssays 18:945–954. Copyright © 1996 John Wiley & Sons, Inc. Reprinted with permission of Wiley-Liss, Inc., a division of John Wiley & Sons, Inc.

찾아보기

숫자

기호

ㄱ

ㄴ

ㄷ

E

F

G

H

I

K

L

M

N